石家庄工大化工设备有限公司
Shijiazhuang Gongda Chemical Industry Equipment Co.,Ltd
拥有自主知识产权，并已形成规模化生产，以干燥、蒸发、结晶、过滤、气（汽）液分离技术为核心，化工工艺工程及设备等为主要产品的高新技术企业。具备A1\A2\A3压力容器设计、制造资质，B级压力管道设计、安装资质，机电安装专业承包三级资质。取得了美国ASME“U”钢印和欧盟承压设备PED指令。能为客户提供设计、制作、安装、调试、培训等全过程的技术咨询和工程总包服务工作。公司及其子公司现有员工1500人，总资产超过10亿元，总占地面积100多万平方米。
工大

颇尔公司(Pall Corporation)于1946年由颇尔博士(Dr. David B Pall)创建于美国纽约。从Dr.Pall发明世界上第一款过滤器开始，颇尔已发展成为目前世界上最大的专注于过滤、分离、纯化技术的跨国公司，全球拥有10,000余名雇员和众多的分支机构，2014年销售额逾30亿美元。颇尔公司产品遍及工业和生命科学两大领域，在全球拥有25个实验室，并通过不断收购专业领域中拥有高品质产品和技术的顶级企业，以保持其技术方面的领先。

颇尔过滤器（北京）有限公司是Pall Corporation于1993年在华成立的独资企业，并在香港、上海、广州、长春、石家庄、成都、厦门等地设有办事处，负责所有颇尔产品在中国境内的市场推广、产品销售及其相应的技术服务。

化工应用领域

- **Oil & Gas 石油&天然气**
  气体输送，海上平台（FPSO）
- **Chemicals 化工**
  煤化工,精细化工，各类化工品等
- **Polymers 聚合物**
  纤维（聚酯、尼龙、氨纶、碳纤维等）
  工程塑料、薄膜包装、瓶片等
- **Refinery 炼厂**
  炼厂和石油化工等

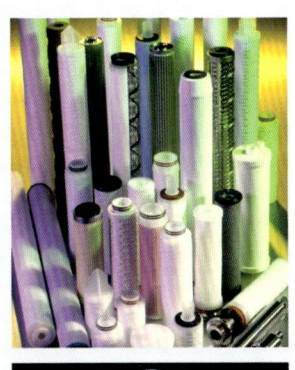

颇尔过滤器（北京）有限公司

地址：北京经济技术开发区宏达南路12号
上海浦东新区张江高科园区上科路88号
电话：010-67802266
传真：010-67802329
E-mail：Zing_Wang@ap.pall.com
网址：http://www.pall.com

一九七九年开始研究生产磁力泵，是中国第一家专业生产磁力泵的企业，一九八二年完成了化工部第一台国产CSB型塑料磁力泵的任务。三十多年来，本公司一直致力于磁力泵的研发生产，具有独立研发生产磁力泵能力，拥有三个授权的发明专利与三个实用新型专利技术的产品，成为一个专业化生产磁力泵的工厂。率先实现金属磁力泵使用温度400℃，塑料磁力泵200℃，产品填补国际空白。产品被广泛应用各行各业各种液体化学品输送，主要使用单位国外驻中国企业：巴斯夫公司、拜耳公司、德固赛公司、帝斯曼公司、罗地亚公司、亨斯迈公司等。国内企业有：中国石油、中国石化、宝钢集团、中化集团、中化国际等。

国内领先
专业生产

2003年7月获得国家技术监督局颁发的磁力泵生产许可证；IMC型碳纤维增强塑料磁力泵1999年江苏省科技厅确认为高新技术产品；塑料磁力泵2006年又被江苏省科技厅确认为高新技术产品；2007年企业被江苏省科技厅确认为高新技术企业；天祥牌磁力泵2007年被江苏省质量技术监督局授予质量信用产品以及江苏省工商行政管理局认定为著名商标；2008年塑料磁力泵获得科技部火炬项目和创新基金立项，以及塑料磁力驱动化工流程泵科技部创新基金立项。2011年被科技部火炬中心确认为火炬重点高新技术企业。

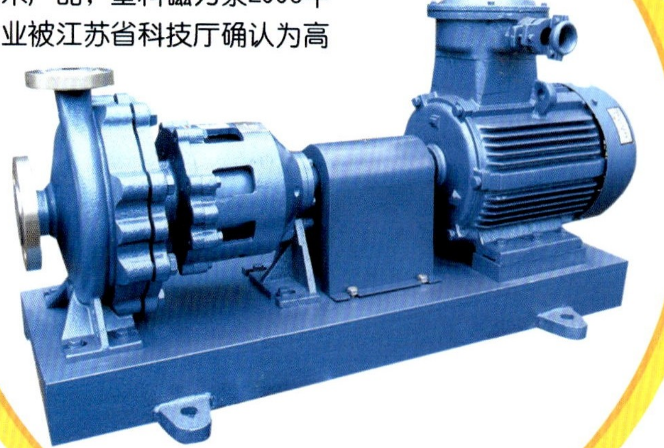

主要产品

一、IMC型金属塑料磁力离心泵	流量：3—400m³/h；	扬程：15—140m
二、IMCX型塑料磁力离心泵	流量：3—400m³/h；	扬程：15—125m
三、CSB型塑料磁力离心泵	流量：3—400m³/h；	扬程：15—125m
四、CLH型金属磁力齿轮泵	流量：3—100m³/h；	扬程：15—60m
五、CLH型金属磁力齿轮泵	流量：1—3m³/h；	扬程：18—130m
六、CKW型金属磁力旋涡泵	流量：0.3—7m³/h；	扬程：20—60m
七、磁力传动装备以及磁力传动联轴器		
八、ETFE、HDPE旋转成型钢塑复合管件		

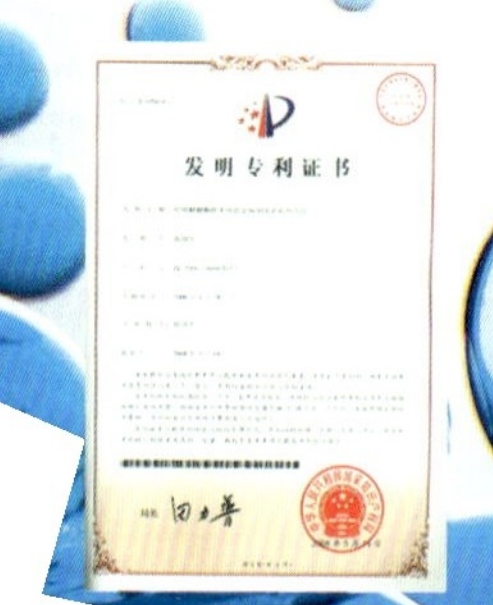

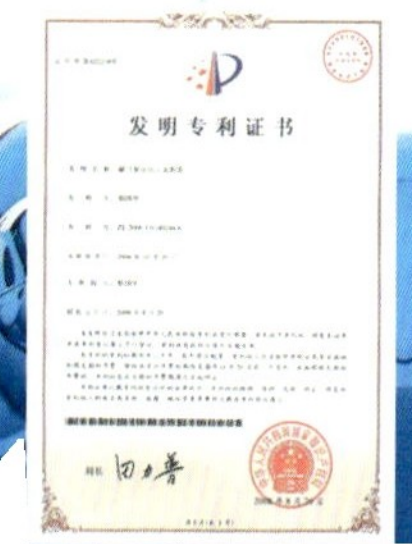

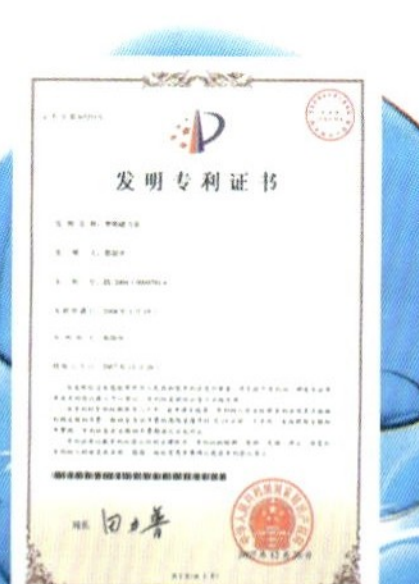

太仓市城西南路11号

浙江轻机实业有限公司 ZHEJIANG QINGJI IND.CO.,LTD

有分离难题 找浙江轻机

浙江轻机实业有限公司是国内生产分离机和离心机的专业厂家，曾荣获国家级的发明三等奖、科技进步三等奖和质量银质奖，企业通过ISO9001:2008质量体系认证,其产品远销海内外。公司以“质量第一、信誉第一”为宗旨，精心打造一流的分离机械产品，拥有先进的设计、加工和服务能力，在境外办有合资企业。

“浙轻”牌P系列双级活塞推料离心机是国内唯一拥有瑞士苏尔寿公司技术的产品，主要型号有：P-40、P-500、P-60、P-85、P-100型，该系列产品对具有良好过滤性的含晶粒、颗粒及纤维物料的液-固分离有着极好的适应性，成功地分离200多种不同的物料，可广泛地应用于化工、轻工、环保等行业，如：氯化钠、硫酸钠、硫酸铵、硝酸铵、硝化纤维、醋酸纤维、尿素、PVC、氯化钾、硝酸钾、硫酸钾、碳酸钾、磷酸盐、赖氨酸、重铬酸钠、氯乙酸、轻灰、重灰等。

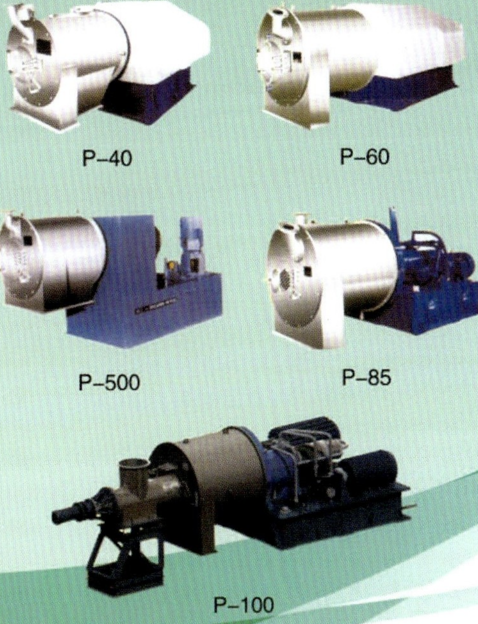

P-40 P-60 P-500 P-85 P-100

型号	P-40	P-500	P-60	P-85	P-100
转鼓直径/mm	290/360	438/500	560/630	738/820	920/1000
推料次数/次.mm-1	40-80	40-80	40-108	30-108	30-80
最大工作转速/r.mm-1	2500	2000	1900	1500	1300
工作油压/MPa	2.5	2	8	8	12
油泵电机/kW	2-7.5	11-22	13-30	22-45	30-75
主电机/kW	7-25	35-55	37.5-75	45-100	55-132
处理量/r.h-1	2-9	10-20	15-40	25-65	30-75

“西湖”牌系列蝶式分离机对“液-固”、“液-液-固”或“液-液”的分离效果显著，几十年来成功地用于胶乳、棕榈油、酵母、果汁、饮料、啤酒、葡萄酒、牛奶等，亦可用于各种果汁及液体澄清，在农业深加工、食品饮料、日用化工、粮油、毛纺及医药行业广泛应用。

QTD-350HZ

DRY-366

DBN-420

DBP-420

DPZ-450

LX-460

LX-560

地址：浙江省杭州市建国北路658#海华广场1404室 邮编：310004 电话：13396715155 +86-571-28976668

生产基地：杭州富阳东洲工业功能区12号路6号 邮编：311401 传真：+86-571-28976666

网址：http://www.chinaseparator.com 网络实名：浙江轻机 E-mail: zlimp@126.com zlimp2@126.com

技术领先
dvanced technology

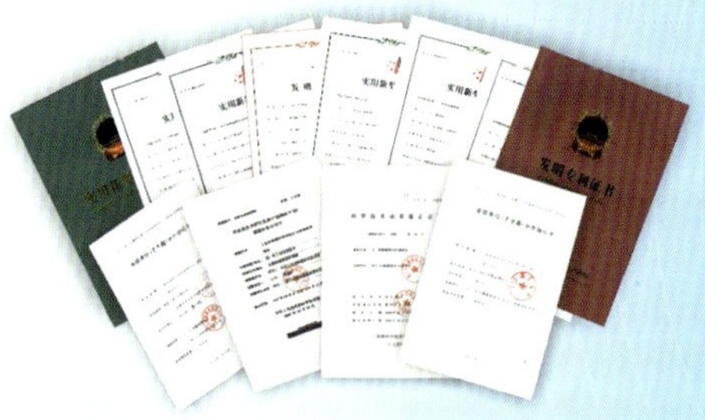

拥有博士、教授级高工组成的专业研发与设计团队，承担了国家“863”项目与火炬计划项目等大量搅拌科研课题，60余项专利成果是我们技术的结晶。我们拥有为用户提供研发、设计成套新型搅拌设备的经验和能力。

实验　模拟

质量可靠
ssurable quality

- 搅拌设备相关行业标准与国家标准的起草单位
- 完善的加工工艺流程
- 精良的加工检测设备

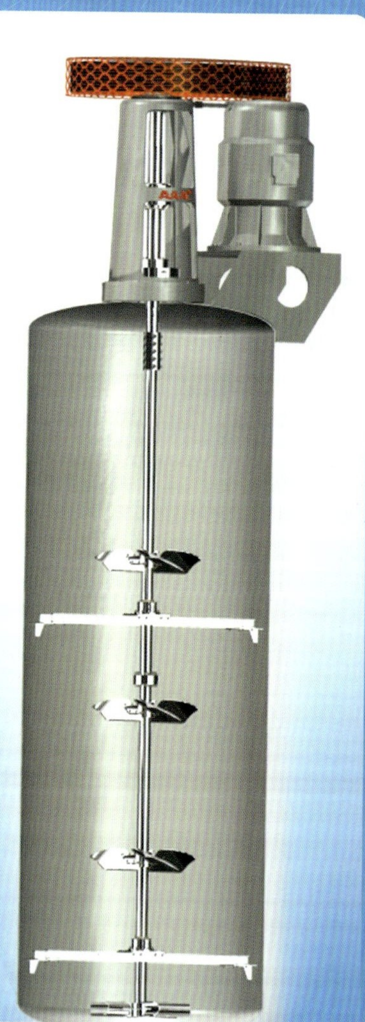

信誉至上
uthentic reputation

兰州海兰德泵业有限公司

中国无泄漏磁力驱动泵技术的领导者

CQB型磁力驱动离心泵

DGC型磁力驱动多级离心泵

CQF型磁力驱动氟塑料衬里泵

CW型磁力驱动旋涡泵

DR磁力驱动导热油泵

CWL型磁力驱动多级旋涡泵

CYQ磁力驱动液化石油气泵

MZ型磁力驱动自吸泵

FMZ型氟塑料衬里磁力驱动自吸泵

KCB型磁力驱动齿轮泵

CFY型磁力驱动液下泵

CG型磁力驱动管道泵

- 1981年在甘肃兰州生产出了中国第一台磁力驱动泵。
- 获得多项国家专利，创立了具有自主知识产权的磁力驱动全密封泵专利技术。
- 大型磁力驱动泵技术达到了国际领先水平，目前已开发并投入使用磁力驱动泵功率已达250kW，流量800m³/h，扬程600m，转速2900r/min，入口压力达到30MPa，代表着中国磁力驱动泵最先进的水平。
- 采用了获国家发明奖的推拉磁路设计技术，将泵的入口压力提高到30MPa的高压下仍可正常工作，达到国际先进水平。
- 产品有磁力驱动的单级、多级离心泵、旋涡泵、齿轮泵、油泵和高温导热油泵、自吸泵、乳化泵等多个系列。
- 可提供卧式、立式、低温、高温和高压型的多种金属及非金属泵。
- 解决复杂工业系统中易散性物料的泵送问题，广泛应用于油田、炼油、石油化工、化学制品、制药酿造、电力和核工业等行业。

电话：0931–7651026

地　址：甘肃省兰州市安宁区长新路41号　／　传　真：0931-7661708

邮　箱：lzhighland@126.com　／　网　站：http://www.lzhighland.com

石油化工设计手册

化工单元过程（上）

王子宗　主编

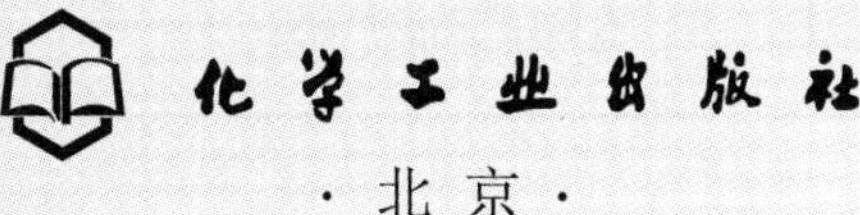

·北京·

《石油化工设计手册》（修订版）共分四卷出版。第三卷“化工单元过程”分上下两册，上册内容有流体输送机械，非均相分离，搅拌与混合，制冷与深度冷冻，换热器，蒸发，工业结晶过程与设备设计，蒸馏；下册内容有气体吸收与解吸，液液萃取，吸附与变压吸附，气液传质设备，膜分离，干燥，化学反应器，并列举相应的实际应用实例。可以指导设计人员在相应的化工单元过程设计中正确选取运用。

适合从事石油化工、食品、轻工等行业技术人员阅读参考。

图书在版编目（CIP）数据

石油化工设计手册. 第3卷，化工单元过程. 上/王子宗主编. —修订版. —北京：化学工业出版社，2015. 5（2020.1重印）
ISBN 978-7-122-23166-6

Ⅰ. ①石… Ⅱ. ①王… Ⅲ. ①石油化工-化工过程-技术手册 Ⅳ. ①TE65-62

中国版本图书馆CIP数据核字（2015）第039116号

责任编辑：王湘民　谢丰毅　　　　文字编辑：刘志茹　陈　雨　王湘民
责任校对：蒋　宇　　　　装帧设计：王晓宇

出版发行：化学工业出版社（北京市东城区青年湖南街13号　邮政编码100011）
印　　装：中煤（北京）印务有限公司
787mm×1092mm　1/16　印张86¾　字数2241千字　　2020年1月北京第2版第2次印刷

购书咨询：010-64518888　　　　售后服务：010-64518899
网　　址：http://www.cip.com.cn
凡购买本书，如有缺损质量问题，本社销售中心负责调换。

定　　价：328.00元　

京化广临字2015—22号

《石油化工设计手册》（修订版）编委会

主任委员 袁晴棠　中国石油化工集团公司科学技术委员会常务副主任，中国工程院院士

副主任委员 王松汉　中国石化工程建设公司原副总工程师、教授级高级工程师，第一版主编

委　　员（以姓氏笔画为序）

王子宗　中国石油化工集团公司副总工程师、教授级高级工程师

王静康　天津大学教授，中国工程院院士

孙国刚　石油大学教授

吕德伟　浙江大学教授

汪文川　北京化工大学教授

张旭之　中国石油化工集团公司原发展战略研究小组组长、教授级高级工程师

张霁明　中国石化工程建设有限公司副总工程师、高级工程师

肖雪军　中石化炼化工程（集团）股份有限公司副总工程师兼技术部主任、教授级高级工程师

罗北辰　北京化工大学教授

周国庆　化学工业出版社副总编辑、编审

施力田　北京化工大学教授

赵　勇　中国石化工程建设有限公司质量安全标准部副主任、教授级高级工程师

赵广明　中国石化工程建设有限公司工厂系统室主任、教授级高级工程师

费维扬　清华大学教授，中国科学院院士

袁天聪　中国石化工程建设有限公司高级工程师

徐承恩　中国石化工程建设有限公司，中国工程院院士，设计大师

麻德贤　北京化工大学教授

蒋维钧　清华大学教授

谢丰毅　化学工业出版社原副总编辑、编审

《石油化工设计手册》（修订版）编写人员

主　　编　王子宗　中国石油化工集团公司副总工程师、教授级高级工程师
全国勘察设计注册工程师化工专业管理委员会委员
注册化工工程师、注册咨询工程师

副 主 编　肖雪军　中石化炼化工程（集团）股份有限公司副总工程师兼技术部主任、教授级高级工程师
全国注册化工工程师执业资格考试专家组副组长
注册化工工程师

袁天聪　中国石化工程建设有限公司高级工程师
注册化工工程师

第三卷（上）编写人员

第一章　吴　青

第二章　时铭显　朱企新　刘隽人　康　永　张建伟　赵　扬
施从南　都丽红　姬忠礼　孙国刚

第三章　施力田　王英琛　林猛流　黄雄斌　高正明

第四章　高光华

第五章　朱士亮　陈卫航　陆善娟　宁　静　高丽萍

第六章　胡修慈　史晓平

第七章　王静康　龚俊波

第八章　蒋维钧　汪永宗　袁希钢

前　言

《石油化工设计手册》第一版出版以来深受读者欢迎，对提高石化工程设计水平，产生了积极的影响。十年来，石化工程建设在装置大型化和清洁化上有了长足的进步，工程装备技术水平有了重要的进展，设计手段、方法和理念也得到了提高和提升。为适应这些变化，我们组织有关专家学者对手册进行了修编工作。

设计质量是衡量石油化工装置建设质量的一个重要因素。好的设计工具书、手册可以指导和规范设计工作，对推动石油化工技术进步和提高设计质量水平具有重要意义。

手册第一版出版后，我们收到一些读者的意见，他们坦诚地指出了书中的个别错误，也期待着在再版时能够得到修正，并进一步提高图书的内容质量。正是读者的热爱，激励着我们认真地进行再版的修编工作。

修订版的修订原则是：保持特点、充实风容，尊重原著、继承风格，在实用性、可靠性、权威性、先进性方面再下功夫，反映时代特点和要求；内容要简明扼要，一目了然，突出手册特点，提高手册的水平。手册的定位则以石油化工工艺设计人员所需的设计方法和设计资料为主要内容。

手册仍分四卷：第一卷——石油化工基础数据；第二卷——标准规范；第三卷——化工单元过程；第四卷——工艺和系统设计。

感谢参与本手册第一版编写工作的各位专家，他们有着一丝不苟、认真负责和谦虚谨慎、艰辛耕耘的精神，本次修订是在他们已获得成功的成果之上，进行再次开发。

本次手册的修订出版，得到了中国石化工程建设有限公司的全力支持。中国石化工程建设有限公司是世界知名的工程公司，近年来承担了大量的石化工厂、炼油厂、煤化工工厂的工程设计，有一大批国内知名的设计专家。参加修订工作的编者很多来自中国石化工程建设有限公司，他们经验丰富，手册内容也基本反映了编者的实践经验和与国际接轨的做法。此外，清华大学、天津大学、中国石油大学、北京化工大学、浙江大学、上海理工大学、大连理工大学、北京工商大学、河北工业大学、上海化工研究院、大连化学物理研究所、四川天一科技股份有限公司的相关专家教授在修订工作中也付出了辛勤劳动，在此一表表示感谢。

衷心希望这套手册能够成为工程设计人员实用的工具书，对提高石化工业的设计水平有所裨益。

由于编写经验不足，书中疏漏和不妥之处，敬请专家和读者不吝指正。

王子宗

2015 年 4 月

第一版序

《石油化工设计手册》就要正式出版了。《手册》全面收集了石油化工设计工作中所需要的具体技术资料、图表、数据、计算公式和方法，详细介绍了工程设计的步骤和工程设计中应该考虑的问题，列有大量参考文献名录，注出图表、数据、公式等的出处，读者希望对有关问题深入了解时，可以很方便的去查阅相关的文献资料。手册选用的材料准确，有科学根据，图表、数据、公式等均经过严格的核实，手册收集的资料一般都经过实践检验，对那些正在科研阶段或虽已经过鉴定，但未工业化的科研成果和资料均未编入，有些方向性的新技术编入时，也都注明其成熟程度。手册充分体现了实用性、可靠性、权威性、先进性相结合，尤其突出实用性，是一套非常适合从事石油化工和化工设计、施工、生产、科研工作的广大技术人员查阅使用的工具书，也可作为大中专院校的师生查阅使用。

为编纂这套《手册》，国内100多位有很高学术理论水平和丰富经验的专家学者做出了极大努力，他们克服各种困难，查阅大量资料，伏案整理写作，反复修改文稿，经过五个寒冬酷暑春去秋来，终成这套《手册》。可以说《手册》是他们五年心血的结晶，《手册》是他们学识和智慧的硕果。当你阅读《手册》时请一定记住他们的名字，这是对他们最好的感谢。在《手册》出版之际，我也要向为《手册》提供资料和其他方便条件的单位和同志们表示衷心的感谢。

我相信，这套《手册》一定会成为石油化工、化工行业广大工程技术人员十分喜爱的工具书。

中国工程院院士

2001年8月

第1版前言

石油化学工业是能源和原材料工业的重要组成部分，在国民经济中具有举足轻重的地位和作用。2000年我国原油加工能力2.737亿吨/年，加工原油2.106亿吨，居世界第三位；乙烯生产能力446.32万吨/年，产量470.00万吨，列世界第七位。我国的石化工业已形成完整的工业体系，具有比较雄厚的实力。在石化工业发展的过程中，石化战线的设计工作者进行了大量的设计实践，积累了丰富的经验，提高了设计技术水平，亟需进行归纳整理，使其系统化、逻辑化、规范化，提供给广大设计工作者及有关工程技术人员应用。为此，化学工业出版社组织有关专家编写了《石油化工设计手册》。

这套手册已列为“十五”国家重点图书。手册共分四卷，约900余万字。自1997年开始组织，先后有100余人参加编写，这些作者都是具有扎实的理论功底和丰富实践经验的专家、教授。他们在编写工作的前期，仔细研究了国内外石油化工设计工作的现状，明确了指导思想，制定了编写大纲，此后多次征求有关方面的意见，并反复进行补充修改。在编写过程中，始终坚持理论联系实际、实事求是、突出实用等原则，对标准、规范、图表、公式和数据资料进行精心筛选，慎重取材。形成文稿后，又对稿件进行多次审查，重点章节经反复讨论、推敲，最后交执笔专家修定。各位专家一丝不苟、认真负责和谦虚谨慎、艰辛耕耘的精神令人钦佩。相信这套手册的出版不仅为石化广大工程技术人员提供一套重要的工具书，而且会对我国石化工业的发展有所裨益。

由于在国内第一次出版石油化工专业的设计手册，经验不足，书中疏漏和不妥之处，敬请专家和读者不吝指正。

袁晴棠　张旭之

2001年10月

上册目录

第1章　流体输送机械

第 2 章 非均相分离

第 3 章 搅拌与混合

第 4 章 制冷与深度冷冻

第 5 章 换热器

第 6 章 蒸发

第 7 章 工业结晶过程与设备设计

第8章 蒸馏

第1章　流体输送机械

1.1　泵

1.1.1　概述

1.1.1.1　泵的主要参数

① 流量（Q）　单位时间内泵排出口所输出液体的体积。常用单位为 m^3/s、m^3/h 或 L/s。

② 额定流量　泵在规定的保证点工况下输出的液体流量。

③ 扬程（H）　也称压头，单位质量液体通过泵时所获得的能量增值。常用单位为 J/N 或 mH_2O。

④ 轴功率（N）　泵工作时由驱动机输入泵轴的功率。单位为 W，即 J/s。

⑤ 有效功率（N_e）　泵在单位时间内对液体所做的功，单位为 W。

$$N_e = \rho g Q H \tag{1-1}$$

式中　ρ——液体密度，kg/m^3。

⑥ 效率（η）　泵有效功率与泵轴功率之比。泵效率与泵的类型和泵输液能力有关。

$$\eta = \frac{N_e}{N} \tag{1-2}$$

⑦ 转速　常指泵额定转速，即叶轮每分钟旋转的额定次数，单位为 r/min。

1.1.1.2　泵的分类及特点

(1) 按泵作用于液体原理来分类

① 叶片式泵（动力式泵）　由泵内叶片在旋转时产生的离心力作用将液体连续地吸入并排出。叶片式泵包括离心泵、混流泵、轴流泵、部分流泵及旋涡泵。

② 容积式泵（正排量泵）　容积式泵包括往复式泵和回转式泵。往复式泵内由活塞做往复运动或回转式泵内由转子做旋转运动产生推挤作用将液体吸入并压出。其前者排液过程是间歇的。常用的往复式泵有各种型式的活塞泵、柱塞泵及隔膜泵等。常用的回转式泵有外啮合齿轮泵、内啮合齿轮泵、螺杆泵、回转径向柱塞泵、回转轴向柱塞泵、滑片泵、罗茨泵及液环泵等。

③ 其他类型泵　包括一些利用流体静压或流体动能输送液体的流体动力泵。如喷射泵、空气升液器、水锤泵等。另外还有利用电磁力输送液体的电磁泵。

石化装置常用泵的类型见表1-1。

④ 各类泵的特点　石化装置中常用泵的特点见表1-2。

(2) 按泵用途分类的特点及选用要求

按泵的用途可分为进料泵、回流泵、塔底泵、循环泵、产品泵、注入泵、补给泵、冲洗泵、排污泵、燃料油泵、润滑油泵和封液泵等。每种泵的特点和选用要求见表1-3。

1.1.1.3　石油化工用泵的选用

(1) 选泵时应考虑的因素

① 输送介质的物理化学性质　介质的物理化学性质直接影响泵的性能、材料和结构，是

选型时需要考虑的重要因素。介质的物理化学性质包括：介质特性（如腐蚀性、磨蚀性、毒性等），固体颗粒含量及颗粒大小，操作条件下的密度、黏度、饱和蒸气压。必要时还应考虑介质中气体的含量，介质是否容易结晶等。

表 1-1　石化装置常用泵的类型

叶片式泵	离心泵	(按壳体型式分类)蜗壳泵、分段式泵、中开式泵、透平式泵
		(按叶轮吸入口分类)单吸泵、双吸泵
		(按叶轮级数分类)单级泵、多级泵
		(按支承方式分类)悬臂泵、两端支承泵
		(按泵轴位置分类)立式泵、卧式泵
		(按特殊结构分类)屏蔽泵、磁力传动泵、高速泵等
		(按叶轮形式分类)闭式泵、开式泵、半开式泵
	旋涡泵	(按叶轮型式分类)闭式泵、开式泵
		(按叶轮级数分类)单级泵、多级泵
		自吸式泵、非自吸式泵类
	混流泵	
	轴流泵	
	管道泵	
	淤浆泵	
	液下泵	
容积式泵	往复泵	计量泵
		(按工作机构分类)活塞泵、柱塞泵、隔膜泵
		(按作用特点分类)单作用泵、双作用泵、差动泵
		(按活塞或柱塞每分钟往复次数分类)低速泵、中速泵、高速泵和超高速泵
		(按缸数分类)单缸泵、双缸泵和多缸泵
	转子泵	齿轮泵
		螺杆泵(单螺杆、双螺杆、三螺杆、五螺杆泵)
		旋转活塞泵
		滑片泵
		真空泵
		罗茨泵
		挠性叶轮泵

表 1-2　石油化工装置中常用泵的特点

类别	动力式泵		容积泵	
	离心泵	旋涡泵	往复泵	转子泵
主要构件	叶轮与泵体	叶轮与泵体	活塞(柱塞)与泵缸	转子与定子
作用原理	叶轮旋转产生离心力,使液体能量增加;泵体中蜗壳(导轮)使部分速度能转变为压力能	叶轮旋转产生离心力,使液体形成径向旋涡,同时叶片间又形成纵向旋涡,使液体在泵内多次反复增能	活塞(柱塞)往复运动,使泵缸内工作容积周期变化,泵阀控制液体单向吸入和排出,形成工作循环,使液体能量增加	旋转的转子与定子间工作容积变化输送液体,使液体能量增加

续表

类别	动力式泵		容积泵	
	离心泵	旋涡泵	往复泵	转子泵
性能	流量和扬程范围较大，均匀、稳定，扬程随流量的改变而变化（流量：1.6～30000m^3/h，扬程：10～2600m）。但流量调节过小时（即对流量过分节流时），则会引起液体温度升高，流动不稳定，产生气蚀和振动	流量小而均匀，扬程较高，并随流量的改变而变化（流量：0.4～10m^3/h，扬程：8～150m）	中小流量，流量不均匀（脉动）。没有缓冲罐时，流量几乎不随压力变化而改变（流量：0～600m^3/h，扬程：0.2～100m）	流量小，但较均匀，流量几乎不随压力变化而改变（流量：1～600m^3/h，扬程：0.2～60m）
	扬程大小决定于叶轮外径和转速	扬程大小决定于叶轮外径和转速	压力大小决定于泵本身动力、强度及密封结构	压力大小决定于泵本身动力、强度及密封结构
	扬程和轴功率与流量存在对应关系，扬程随流量的增大而缓慢降低，轴功率随流量的增大而增加	扬程和轴功率与流量存在对应关系，扬程随流量增大降低较快，轴功率随流量的增大而显著降低	压力与流量几乎无关，只是由于压力的增加而使泄漏量增大，轴功率随压力和流量的大小而变化	压力与流量几乎无关，只是由于压力的增加而使泄漏量增大，轴功率随压力和流量的大小而变化
	吸入高度较小，易产生气蚀现象，造成振动，必需的吸入高度随流量的大小而变化	吸入高度较小，开式叶轮闭式流道，泵有自吸能力	吸入高度大，不易产生抽空现象，有自吸能力	吸入高度小，易产生气蚀现象
	在小流量时，效率较低；但在设计点上，效率较高；大型泵效率较高	在小流量下效率较高，但不如容积式泵高	效率较高，在不同的压力和流量下，工作效率仍保持较高值	在低流量下，效率较低，且效率随压力的升高而降低
	用于液体黏度至650mm^2/s。随着黏度的增高，其流量、扬程及效率均降低	可用于黏度至55mm^2/s的液体	适用于较宽的液体黏度范围	适用于高黏度液体。黏度低，内部泄漏量增大，流量、效率也随之降低
	转速高	转速较高	转速低	转速较低
	效率高	效率较低	效率高	效率较高
操作与调节	启动前必须关闭出口阀，灌满液体。通常只用出口阀进行调节，不宜在小流量下操作	启动前必须灌满液体。启动时必须打开出口阀，不用出口阀而采用旁路调节流量	启动前不用灌泵。启动时必须打开出口阀，采用旁路阀改变转速或活塞（柱塞）行程调节流量	启动时必须打开出口阀。不用出口阀而采用旁路阀调节流量
结构特点	结构简单紧凑，易于安装和检修，占地面积小，基础小，可与电机直接连接	结构简单紧凑，易安装检修，占地面积小，基础小，可与电机直接连接	结构复杂，易损件多，易出故障，维修麻烦，占地面积大，基础大	结构简单紧凑，易安装检修，占地面积小，基础小，可与电机直接连接
适用范围	大流量、中低扬程、低黏度的液体，并适用于输送悬浮液和不洁净液体	小流量、扬程较高、低黏度液体。不宜输送不洁净的液体	流量较小、扬程高、黏度高的液体。不宜用于输送不洁净液体	流量较小，扬程较高，黏度高的液体。不宜于输送非润滑性和不洁净的液体

表 1-3　泵的特点和选用要求

泵名称	特点	选用要求
进料泵（包括原料泵和中间给料泵）	1.流量稳定 2.一般扬程较高 3.有些原料黏度较大或含固体颗粒 4.泵入口温度一般为常温，但某些中间给料泵入口温度也可大于100℃ 5.工作时不能停车	1.一般选用离心泵 2.扬程很高时，可考虑用容积式泵或高速泵 3.泵的备用率为100%
回流泵（塔顶、中段及塔底回流泵）	1.流量变动范围大，扬程较低 2.泵入口温度不高，常为30～60℃ 3.工作可靠性要求高	1.一般选用单级离心泵 2.泵的备用率为50%～100%

续表

泵名称	特　点	选用要求
塔底泵	1.流量变动范围大 2.流量较大 3.泵入口温度较高，一般大于100℃ 4.液体一般处于气液两态，$(NPSH)_a$小 5.工作可靠性要求高 6.工作条件苛刻，一般有污垢沉淀	1.一般选单级离心泵，流量大时可选用双吸泵 2.选用低气蚀余量泵，并采用必要的灌注头 3.泵的备用率为100%
循环泵	1.流量稳定，扬程较低 2.介质种类繁多	1.选用单级离心泵 2.按介质选用泵的型号和材料 3.泵的备用率为50%～100%
产品泵	1.流量较小 2.扬程较低 3.泵入口温度低(塔顶产品一般为常温，中间抽出和塔底产品温度稍高) 4.某些产品泵间断操作	1.宜选用单级离心泵 2. 对纯度高或贵重产品，要求密封可靠，泵的备用率为100%。对一般产品，备用率为50%～100%。对间断操作的产品泵，一般不设备用泵
注入泵	1.流量很小，计量要求严格 2.常温下工作 3.排液压力较高 4. 注入介质为化学药品，往往有腐蚀性颗粒	1.选用柱塞泵或隔膜计量泵 2.对有腐蚀性介质，泵的过流元件通常采用耐腐蚀材料
排污泵	1.流量较小，扬程较低 2.污水中常有腐蚀性介质和磨蚀性颗粒 3.连续输送时要求控制流量	1.选用污水泵、渣浆泵 2.泵备用率为100% 3.常需采用耐腐蚀材料
燃料油泵	1.流量较小，泵出口压力稳定(一般为1.0～1.2MPa) 2.黏度较高 3.泵入口温度一般不高	1.一般可选用转子泵或离心泵 2.由于黏度较高，一般需加温输送 3.泵的备用率为100%
润滑油泵和封液泵	1.润滑油压力一般为0.1～0.2MPa 2.机械密封液压力一般比密封腔压力高0.05～0.15MPa	1.一般均随主机配套供应 2.一般均为螺杆泵和齿轮泵，但离心式压缩机的集中供油往往使用离心泵

② 工艺参数　工艺参数是选泵的最重要依据，应根据工艺流程和操作变化范围来确定。主要有以下几个参数。

a. 流量　(a) 如果已经给出正常、最小和最大流量，选泵时应按最大流量考虑。(b) 如果已给出正常流量，选泵时应按装置及工艺过程的具体情况，采用适当的安全系数，通常按正常流量的1.1～1.15倍考虑；(c) 如果给出的是质量流量，选泵时应折算为体积流量。

b. 扬程　一般要求泵的额定扬程为装置所需扬程的1.05～1.1倍。

c. 入口压力和出口压力　进出口压力指泵进出接管法兰处的压力，主要影响壳体的耐压和轴封的要求。

d. 有效气蚀余量　指泵输入系统所提供的有效气蚀余量。

e. 现场条件　包括泵的安装位置（室内、室外）、环境温度、相对湿度、大气压力、大气腐蚀状况及危险区域的划分等级等条件。

(2) 泵的选型方法

① 泵类型的选择

a. 选择计量泵的条件：$\frac{\rho Q}{P}<0.8$ 且 $Q<0.8$；需要精确计算。

b. 选择旋涡泵的条件：$\frac{\rho Q}{P}<0.8$，且 $Q<0.8$；黏度<37.4mPa·s；不需精确计算；

不允许脉动。

c. 选择往复泵的条件：$H>470$，Q 且 $Q>40$ 及（$v<22\text{mPa}\cdot\text{s}$ 或 $v<\frac{16P}{Q}$）或者低润滑性；$\frac{v}{Q^{1/2}H^{1/4}}>20$ 或 $v>105\text{mPa}\cdot\text{s}$；含磨蚀性固体颗粒且 $P_d<17.24\text{bar}$；允许脉动（$1\text{bar}=10^5\text{Pa}$）。

d. 选择转子泵的条件：$\frac{v}{Q^{1/2}H^{1/4}}>20$ 或 $v>105\text{mPa}\cdot\text{s}$；不含磨蚀性固体颗粒；允许脉动。

e. 选择离心泵的条件：不允许脉动。

f. 选择轴流泵、混流泵的条件：不允许脉动；$3.65\frac{n\sqrt{Q}}{H^{3/4}}>300$ 且 $H\leqslant 20\text{m}$（$n=1450\text{r/min}$）。

② 确定泵基本类型的步骤

a. 根据工艺所需流量、扬程，由图 1-1 得到表 1-4 所列的一种泵类型。

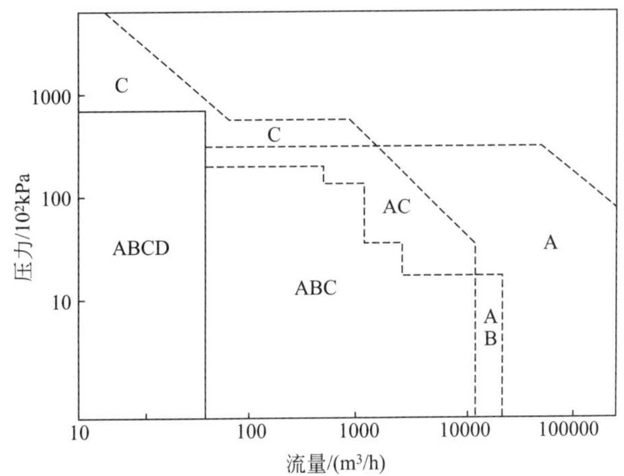

图 1-1 由流量和扬程确定泵型

图中 A、B、C、D 含义见表 1-4 注释

表 1-4 确定泵的类型

由图 1-1 选的泵		参考上述六点选的泵			
		离心泵	转子泵	往复泵	计量泵
A	离心泵	只能选离心泵，对转子泵和往复泵来说，流量太大	最好选转子泵，但操作能力可能会超出转子泵的操作范围	最好选往复泵，但操作能力可能会超出往复泵的操作范围	最好选计量泵，但操作能力可能会超出计量泵的操作范围
AB	离心泵、转子泵	最好选离心泵，也可选转子泵	最好选转子泵	最好选往复泵，但操作能力可能会超出往复泵操作范围	最好选计量泵，但操作能力可能会超出计量泵操作范围
ABC	离心泵、转子泵、往复泵	最好选离心泵，也可选转子泵和往复泵	最好选转子泵，也可选往复泵	最好选往复泵	最好选计量泵，但操作能力可能会超出计量泵操作范围
AC	离心泵、往复泵	最好选离心泵，也可选往复泵	最好选转子泵，但操作能力可能会超出转子泵操作范围	最好选往复泵	最好选计量泵，但操作能力可能会超出计量泵的操作范围
C	往复泵	最好选离心泵，但操作能力可能会超出离心泵操作范围	最好选转子泵，但操作能力可能会超出转子泵操作范围	只能选往复泵，对离心泵和转子泵来说，扬程太高	最好选计量泵，但操作能力可能会超出计量泵操作范围
ABCD	计量泵	最好选计量泵	最好选计量泵	最好选计量泵	最好选计量泵

注：A 表示无轴承箱装置，以电机直联传动；B 表示悬臂支承装置，皮带传动，皮带轮在轴承中间；C 表示悬臂支承装置，皮带传动，皮带轮在轴承外侧；D 表示悬臂支承装置，用联轴器连接传动。

b. 根据a 中得到的类型，在表 1-4 中由上至下、由左至右找到相交框，最后确定泵的类型。

③ 根据介质特性决定选用哪种特性泵，如清水泵、耐腐蚀泵；是否选用无泄漏泵；是否选用低气蚀余量泵等。

④ 离心泵的型式选择

a. 根据现场安装条件选择卧式泵或是立式泵（含液下泵、管道泵）；b. 根据流量大小选用单吸泵、双吸泵或小流量离心泵；c. 根据扬程高低选用单级泵、多级泵，或高速离心泵等；d. 根据固含量、固体颗粒粒度及性质选用相应的闭式泵、开式泵或半开式泵。

⑤ 安装在存有腐蚀性气体的场合的泵，要求采取防大气腐蚀的措施；安装在室外环境温度低于−20℃的泵，要求考虑泵的冷脆现象，采用耐低温材料。

⑥ 根据工艺要求、液体物性、泵的质量及价格、操作周期以及故障所导致的后果等因素进行综合评定来确定泵的备用率。一般可参考表 1-5 确定泵的备用率。当两种液体的性质相近，操作条件差异不大，而又允许少量液体互混时，可以公用一台备用泵。公用泵的条件应选取较苛刻者。

表 1-5　泵备用原则

序号	项　　目	备用率/%	典型实例
1	停泵较大地降低全厂或重要装置处理量	100	常减压、催化裂化原料泵、回流泵
2	停泵较大地降低一般装置处理量	50	一般装置原料泵
3	停泵较大地降低产品的产量	50	常减压侧线泵
4	停泵较大地降低次要产品的产量	0	催化裂化沉清油泵
5	操作条件苛刻的泵	100	高温油泵、油浆泵
6	质量要求严格的产品泵	100	航空煤油泵
7	中段循环回流泵	50	中段循环泵
8	机泵密封油和润滑油泵	100	压缩机密封油泵
9	燃料油泵	100	燃料油泵
10	装置自设冷却水泵	100	塔顶冷凝器冷水泵
11	间断操作泵	0	污油抽出泵
12	联合装置各部分间有关联的泵	100	减压供催化裂化做原料的泵

⑦ 泵的类型、系列、材料和数量确定后，就可以根据泵厂提供的样本及有关资料确定泵的型号。

(3) 石油化工用泵的产品型号

① 化工流程离心泵　化工流程离心泵根据泵轴相对于地面的空间位置可分为卧式化工流程离心泵和立式化工流程离心泵。

a. 卧式化工流程离心泵　按照载荷大小可分为轻、中载荷与重载荷。

轻、中载荷化工流程离心泵包括 IH、IHE 型单级单吸化工离心泵，CZ、CZS 型化工流程泵，SES 型单级单吸化工泵，MPH 型流程泵，XL、DXL 型小流量化工流程泵，ZXA 型石油化工流程泵，MFR 型标准化工泵，AF 型耐腐蚀泵，ECZ 型化工流程泵，F 型耐腐蚀泵，FS 型耐强腐蚀泵，HT 型化工通道泵，IE 型飞铁密封化工泵，IEJ 型系列标准化工泵，IEL 型小流量高扬程化工泵，IFW 型无泄漏化工泵，U 型耐腐蚀泵，IR 型耐腐蚀保温泵，MHT 型系列耐磨耐腐蚀泵，QH 型气密式化工泵。

重载荷化工流程离心泵包括 AY 型单两级、多级离心油泵，HP 型流程泵，DSJH 型石油化工流程泵，GSJH 型石油化工流程泵，MY 型多级离心油泵，ZGP 系列石油化工流程泵，LC 型、LC-I 型小流量化工流程泵，AYP 型单级、AYQ 型多级离心油泵，SJA-P 型石油化工流程泵，EDS 型轴向剖分双吸流程泵，EAP 型石油化工流程泵，AYG 型离心式油泵，DM、TDM 型高压除焦泵，DY、DYP 型多级离心油泵，EMC 型多级泵，GSG 型多级筒式卧式泵，HKL 型小流量离心泵，TD、TDY 型高压多级泵，Y（单吸）、YS（双吸）型离心油泵，Y、YS 型离心冷油泵，Y、YS 型离心热油泵，ZA、ZAS、EZA 型化工流程泵，ZE 型石油化工流程泵。

b. 立式化工流程离心泵　包括液下泵、立式管道离心泵、筒形泵。

液下泵有：FYL 型磷酸料浆液下泵，LSD 系列高温浓硫酸液下泵，YU 系列耐腐蚀耐磨液下泵，YH 型耐腐蚀液下泵，HTCN 型悬臂式液下泵，CFY 型耐腐蚀液下泵，FY 型耐腐蚀液下泵，FYG 型高温液下泵，HY 型化工用液下泵，LC 型槽罐泵，LJYA 磷酸料浆泵，LSB 型高温浓硫酸液下泵，LYA 型长轴液下泵，SY 型液下泵，TR 型液下泵，Y 型液下泵，YLJ 型液下料浆泵，YLH 型液下硫黄泵，YLS 型液下硫酸泵。

立式管道离心泵有：GD、GDS 型立式管线泵，GDK、GDKS、GKS 型输油管线泵，GY、GYU 型便拆式管道流程泵，DWG 型多级管道泵，HG 型化工管道泵，IGLR 型高温管道泵，ISG、IRG、IHG、IHGB 型管道泵，SHDB 型石化电泵，SL 型管道泵。

筒形泵有：DL 型立式筒形泵，TTMC 型立式筒袋泵，ELTD 系列立式筒袋多级泵，LDTN 型立式筒袋泵。

② 杂质泵和污水泵

a. 杂质泵有：LC 系列渣浆泵，IWZ 型无阻塞纸浆泵，ZJ、ZJL 系列渣浆泵，UHB-ZK-A 系列耐腐耐磨砂浆泵，ESE 系列纸浆渣浆泵，AZ 型纸浆泵，CAG 型保温化工泵，CYBW 型冲压不锈钢离心高温浓浆泵，AHR、LR 型烟气脱硫泵，G、GH 型挖泥泵、砂砾泵，LS 型系列砂泵，MC 型中浓浆泵，SRL 型橡胶内衬磨蚀性渣浆泵，S、SH 型溶液泵，DT 系列脱硫泵，WJ 型无堵塞耐腐蚀浆泵，ZGB 型高扬程渣浆泵，ZM 型渣浆泵。

b. 污水泵有：WQ 型污水污物潜水电泵，WL 型立式排污泵，AS、AV 型无堵塞潜水排污泵，JYWQ、JPWQ 型自动搅匀排污泵，PW、PWF 型污水泵，KWP 型卧式、KVR 型立式无堵塞污水泵，PWL 型立式污水泵，W 型无堵塞排污泵，WQ、KQW 型潜水排污泵，XH 型循环泵。

③ 自吸式离心泵　包括 HGZ 型立式自吸化工泵，ZX 系列自吸式化工离心泵，FSZ-K、FSZ-Z 系列耐腐蚀自吸泵，FTZ 型耐腐蚀筒式自吸泵，EHS 型自吸式离心泵，FZB、PZB 型自吸耐腐蚀泵，HZX 型化工自吸泵，IHE 型耐腐蚀自吸泵，JMZ、FMZ 型全不锈钢自吸泵，TMS 型自吸式离心泵，WFB 型无密封自控自吸泵，ZF 型氟塑料自吸泵，ZYW 型自吸式污油泵，ZW 型自吸式污水泵。

④ 磁力驱动泵和屏蔽泵

a. 磁力驱动泵有：HMD 胜达因（GT 系列、GS 系列、CS 系列、GSP 系列、AL 系列、SP 系列、HP 系列、MAGMAX 系列）无泄漏磁力驱动泵，（MCN 型、MCNF 型、MCNK 型、MCAH 型）磁力驱动泵，GYC、GYUC 型磁力管道流程泵，IMC 型磁力化工流程泵，CQ、MA 型磁力泵，CQ-G、MA-G 型高温磁力泵，IM-Ⅱ型磁力驱动化工泵，CQB 型氟塑料磁力泵，CGB 型高温磁力驱动泵，CSB 型氟塑料磁力驱动离心泵，MDHT 型磁力传动高温泵，MDX 型磁力传动小流量多级轻烃泵。

b. 屏蔽泵有：日机装牌（HN 型、HT 型、HS 型、HQ 型、HB 型、DN 型）屏蔽泵，（F 型、R 型、B 型、G 型、F-X 型、D 型、FA-M 型、X 型、S 型）屏蔽电泵，海密梯克（CN 型、CNF 型、CNK 型、CAM 型、CAMK 型）屏蔽电泵，L 型吸收式空调机用屏蔽电泵，CP 型常温立式屏蔽泵，FDG 型防垢屏蔽泵，GPL 型高温立式屏蔽泵，NB 型暖水屏蔽电泵，PB 系列屏蔽电泵，PW 型常温卧式屏蔽泵，SPG 系列超低噪声屏蔽管道泵。

⑤ 非金属离心泵　包括 IHF 型化工衬氟泵，S 型玻璃钢离心泵，FTZ、FTK 系列陶瓷泵，FSF 系列直联式防腐蚀泵，FSB、FSB-L 型氟塑料金属合成离心泵，HYF 型氟塑料增强合金液下泵，FS 型耐强腐蚀泵，FS 型玻璃钢耐酸离心泵，SL 型玻璃钢管道泵，SY 型玻璃钢液下泵，WSY、FSY 型玻璃钢液下泵。

⑥ 深井泵和潜水（油）泵　包括 LT 型深井泵，QJ 型深井潜水泵，QJ 型不锈钢深井潜水泵，YQY 型液动卸槽潜油泵，QFY 型不锈钢潜水电泵，JC/K、JC/S 系列长轴深井泵，LTA 型深井泵，QJ 系列潜水电泵，QW 型潜水排污泵，QW 型潜污泵，TM、XLM 型家用深井潜水泵，WQ 型潜水排污泵，WQK 型工程用污水潜水电泵。

⑦ 旋涡泵　包括 W 型旋涡泵，WX 型离心旋涡泵，IEW 型小流量高扬程耐腐蚀旋涡泵，NIKUNI 涡流泵，MTA 系列磁力驱动旋涡泵，CKW 型磁力驱动旋涡泵，Whirl-Flo 涡流泵，FVQ 型自吸涡流不堵式泵，IFZ 型螺旋不堵式泵。

⑧ 混流泵　包括 PP 系列化工混流泵，SNT-M 型潜水混流泵，HW、HWG 型卧式混流泵，HW 型化工混流泵，HL 型立式混流泵，HSP 型化工混流泵，MECP 型混流式蒸发循环泵，大型立式混流泵。

⑨ 轴流泵　包括 HZW 系列化工轴流泵，ECP 型轴流式蒸发循环泵，HZ 型化工轴流泵，FJX 系列大型蒸发循环泵，ZLB、YZ 型立式轴流泵，ZLB、ZLQ 型轴流泵。

⑩ 转子泵　包括齿轮泵、螺杆泵及其他转子泵。

a. 齿轮泵有：（CN、CNY、CNR）型内啮合齿轮泵，YCB 圆弧齿、KCB、2CY 型齿轮泵，（GP、HD、PD、CD、ED）型 ROTAN 内齿轮泵，2CRY 型电动齿轮热油泵，2CY 型双齿轮齿轮泵，2CY 型不锈钢齿轮式润滑泵，（32 系列、75 系列、12 系列、19 系列、4076 系列、磁力系列、SG 系列、RP 系列）IDEX VIKING 威肯齿轮泵，CB 型直齿圆柱齿轮泵，CSH 型磁力驱动齿轮泵，FXA 型不锈钢齿轮泵，KCG、2CG 型高温齿轮泵，NCB、NCB-BW 型内啮合齿轮泵。

b. 螺杆泵有：EH 型单螺杆泵，（2G、2GF、2GL、2GS、2GN、2GNF、2GNL、2GNS、2GR）型双螺杆泵，（2H 卧式、2V 立式、2HE、2HM、2VE、2VM、2HR、2HH、2HC、2H、2HG）型双螺杆泵，SN 型三螺杆泵，奈莫（NEMO）泵，G、GS 型单螺杆泵，2GCS、2GS 型双螺杆泵，LPG 型双螺杆抽吸泵，3G 型三螺杆泵，SM 型自吸三螺杆泵，SPF 型内置轴承自吸三螺杆泵，SZ 型双吸立式三螺杆泵，WV 型双螺杆泵。

c. 其他转子泵有：WZB 型稠油泵，HLB 型滑片式动力往复泵，HGBW、HGB 型滑片式管道泵，NYP 型内环式转子泵，WH 型外环流（旋转）活塞泵，3RP 型凸轮转子泵，LC 型罗茨油泵，QB 型球形转子泵，Ismatec 蠕动泵，TGB 型系列管子泵。

⑪ 往复泵、计量泵

a. 往复泵有：JA 型甲铵泵，YA 型液氨泵，H 型灰浆泵，HY 型混合液泵，T 型铜液泵，XD、GL 型细颗粒料浆泵，ZY 型冲洗泵，AS 型氨水泵，S、W 型高压柱塞水泵，KM 型高低压隔膜泵，FELUWA 型软管隔膜活塞泵，ZB 型直动波纹泵，3D 型电动往复泵，BCO_2 型低温液体泵，DWB 型低温液体泵，QBY 型气动隔膜泵，WB、WBR 型高温电动往复泵，EKSP、KSP 型施维英污泥泵。

b. 计量泵有：J 系列计量泵，LJ 系列计量泵，MILTON ROY 电机驱动电磁驱动隔膜计量泵，（Mf、Mh、PS、DR）ORLITA 普罗名特精密计量泵，（Dura-meter、EVA、EV1、EV2、EV3）液压隔膜计量泵，BJ 型（行程可调节）机械隔膜变量泵，（ZJ1、ZJ2、ZJ3、ZJ4）柱塞计量泵，2J、3J 多联计量泵，（A10P、M1、M2R、E1R、E2、E3）Bono 柱塞计量泵，GM 型机械隔膜计量泵，SZJ3 型双头计量泵，YJM 型遥控双调节计量泵。

1.1.1.4 泵轴的密封

泵轴的密封装置用于防止泵轴与壳体间的泄漏。常用的轴封型式有填料密封、机械密封和动力密封。叶片式泵、转子泵的轴封可以用填料密封、机械密封或动力密封。往复泵的轴封一般用填料密封。若输送介质时不允许泄漏，可采用隔膜泵。

（1）填料密封

填料密封用于输送一般介质，不适宜输送易燃、易爆、有毒和贵重的介质。它的特点是结构简单、价格便宜、维修方便，但功耗损失大、泄漏量大。

（2）机械密封

机械密封，也称作端面密封，适宜在石油化工中输送各种不同黏度、强腐蚀性和含颗粒的介质。机械密封的密封效果好，泄漏量小，寿命长，但价格高，加工、安装、维修、保养要求高。

（3）动力密封

动力密封分为背叶片密封和副叶轮密封两类。其原理是泵工作时，在离心力作用下使轴封处的介质压力下降，不产生泄漏。停车时依然采用填料密封。动力密封性能可靠、价格便宜、维修方便，适宜输送固体颗粒含量较多的介质。但功率损失大且停车密封装置的寿命较短。

为了保证停车时填料密封的寿命，采用动力密封的泵，应对泵进口压力进行限制，即：

$$P_s < 10\% P_d$$

式中 P_s——泵进口压力，MPa；

P_d——泵出口压力，MPa。

1.1.1.5 泵用联轴器及选用

泵用联轴器常用挠性联轴器。在传递功率时可降低泵轴与电机轴连接的准确对中要求，同时减缓冲击，并避免轴系自振产生的危害性振动。

泵用联轴器有爪型弹性联轴器、弹性柱销联轴器、膜片联轴器和液力偶合器。

（1）爪型弹性联轴器

爪型弹性联轴器又称弹性块联轴器。特点是体积小、重量轻、结构简单、安装方便、价格低廉，多用于小功率及次要场合。爪型弹性联轴器在泵行业的标准代号是 B1104，其最大许用扭矩为 850N·m，最大轴径 50mm。

（2）弹性柱销联轴器

弹性柱销联轴器的特点是结构简单、安装方便、体积小、重量轻、更换容易、传动扭矩大，应用于各种旋转泵。弹性柱销联轴器在泵行业的标准代号是 B1101，其最大许用扭矩为 8316N·m，最大轴径 200mm。IS、IH 等泵可采用加长型弹性柱销联轴器。加长型弹性柱销联轴器在泵行业的标准代号是 YB101，其许用扭矩、最大轴径与 B1101 的相仿。

（3）膜片联轴器

膜片联轴器的特点是结构简单、可靠性高、无需润滑与维护、传动扭矩大。泵行业推荐使用的膜片联轴器标准代号为 ZB/TJ 19022—90，最大许用扭矩为 200000N·m，最大轴径 360mm。

（4）液力偶合器

液力偶合器用于大功率泵或工况需经常改变的大型泵，如炼油厂的减压泵和增压泵、石油管线的输油泵等。其特点是起动平稳，无级调速［调速范围为（4∶1）～（5∶1）］，过载保护、节约能耗。

1.1.2 离心泵

离心泵的工艺计算首先要确定泵输送系统的工艺设计所要求的流量、扬程，输入系统所提供的有效气蚀余量 $(NPSH)_a$、压力和温度等各项基本参数。部分生产厂家常用泵的型号和参数见本节最后各表。

1.1.2.1 离心泵的有关参数

（1）流量

① 工艺流量　由工艺物料平衡所决定的流量称为泵的工艺流量。设计中有正常流量、最小流量及最大流量，还有运转初期、终期的流量，选择的泵为了能满足这些要求，应按最大流量来选择。在无最大流量数据时，宜按正常流量的 1.1～1.15 倍考虑。

② 泵的额定流量　泵的额定流量是由制造厂实测给出的。泵样本上给出的泵性能曲线表明该台泵在一定转速下运转时，各个扬程对应的流量。

泵的额定流量不是泵性能曲线给出的最大流量。

大流量下操作时，随流量的增加，泵的扬程下降很快。在低于额定流量操作时，泵效率低，长期运转不经济。泵样本上使用范围规定的最小流量约为额定流量的一半。

③ 防止泵发生气蚀的最小流量　泵在小流量下操作时，一般把出口阀关小，泵叶轮出口的液体部分返回叶轮吸入口，液体温度将会上升，从而使吸入液体的饱和蒸气压升高，也会使泵的输入系统所提供的有效气蚀余量相对降低。在操作状态下，泵所需的必需气蚀余量等于输入系统所提供的有效气蚀余量时，泵将发生气蚀。

估算时，最小流量可近似地取额定流量的 30%。

④ 理论流量　理论流量 Q_T 是指单位时间内流入叶轮中的液体体积量。它与泵的流量 Q 的关系为：

$$Q_T = Q + \Sigma q \tag{1-3}$$

式中　Σq——单位时间内泵的泄漏量，m^3/s。

（2）泵的扬程

泵样本或泵铭牌上标注的泵的扬程是用水测出的值，当输送液体的黏度不超过水的黏度时，恒转速下泵的扬程与液体的密度无关（泵的轴功率与密度有关）。

理论扬程 H_T 是指泵叶轮传给单位质量液体的能量，它与泵扬程 H 的关系为：

$$H_T = H + \Sigma h \tag{1-4}$$

式中　Σh——单位质量液体流经泵的阻力损失，m。

（3）气蚀余量（$NPSH$）

泵入口总压力加上相应的大气压力减去相应温度下所输送液体的汽化压力。

（4）必需气蚀余量 $(NPSH)_r$

由泵制造厂所确定的在泵进口处单位重量液体必需的超过汽化压力的富余能量并换算到基

准面上的米液柱值。

(5) 有效气蚀余量 $(NPSH)_a$

又叫装置气蚀余量，是由用户根据泵装置系统确定的，在泵进口处单位质量液体具有超过汽化压力的富余能量并换算到基准面上的米液柱值。

1.1.2.2 泵的性能曲线

离心泵的性能曲线（见图 1-2）是反映泵在恒速下流量与扬程（Q-H）、流量与轴功率（Q-N）、流量与效率（Q-η）、流量与必需气蚀余量［Q-$(NPSH)_r$］关系的曲线。这些曲线是泵制造厂用 20℃的清水试验得出的。

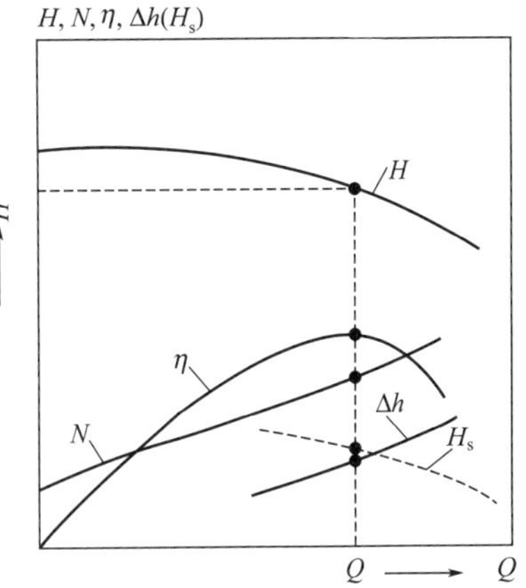

图 1-2 离心泵的性能曲线

1.1.2.3 管路系统的运行

(1) 液体输送系统所需泵的扬程

输送系统中泵的扬程是用来克服：a. 两端容器液面间的位差；b. 两端容器液面上压力作用的压头差；c. 泵进出口、管线、管件、阀件、仪表组件和设备的阻力损失；d. 两端液体出口和进口的速度头差。

上述液体输送系统所需的扬程 H，可用下式计算：

$$H=\frac{P_d-P_s}{\rho g}+(H_d+H_s)+\frac{V_d^2-V_s^2}{2g}+(h_d+h_s) \tag{1-5}$$

式中 H——泵输送系统所需的扬程，m 液柱；

P_s、P_d——吸入侧、排出侧容器液面上的压力，Pa；

H_d——排出侧（最高）液面至泵中心几何高度，m 液柱；

H_s——吸入侧（最低）液面至泵中心几何高度，当液面低于泵中心（吸上）时，H_s 取正值；当液面高于泵中心（灌注）时，H_s 取负值，m 液柱；

h_d、h_s——排出侧、吸入侧管系阻力头，m 液柱；

V_d、V_s——排出侧、吸入侧管内液体的流速，m/s；

g——重力加速度，$g=9.81\text{m/s}^2$；

ρ——输送温度下的液体密度，kg/m^3。

在工艺设计计算过程中可能会遇到管路系统的数据不完全具备，加上生产过程的条件也会改变，如随着操作时间的增长产生结垢、结焦等原因，系统的阻力也会增加。因此，计算出的扬程不够准确，设计上应留有余地。一般情况下，选用泵的扬程应是计算出的需要扬程的 1.05～1.1 倍。

(2) 管路系统特性曲线

从式(1-5) 可以看出，泵输送系统所需的扬程，其中液位差（$H_g=H_d+H_s$）及液面上的压力差（$H_p=\dfrac{P_d-P_s}{\rho g}$），在工艺条件确定后，不因流量 Q 的改变而变化；阻力头（$h=h_s+h_d$）及速度头差（$\dfrac{V_d^2-V_s^2}{2g}$）则随流量 Q 的改变而变化；流量增大，所需扬程增加；反之，所需扬程减小。通常为一抛物线关系，称为管路系统特性曲线，如图 1-3 所示。

从图中可以看出，H 曲线的原点在纵坐标轴上，随排出侧和吸入侧液面的压力差和几何高度差（H_p+H_g）而变化。曲线的斜率决定于管路的特性系数 K（包括设备、控制仪表、

阀门、管线和管件等综合的阻力系数)。公式变为:

$$H_{系统}=H_{静}+KQ^2 \tag{1-6}$$

式中 $H_{静}=\dfrac{P_d-P_s}{\rho g}+(H_d+H_s)$

管路系统特性曲线与泵的 Q-H 曲线配合,用以确定一台泵输送系统的工作点,一般尽可能使工作点选在高效率区内,可以节省能量。我国评价《企业合理用电技术导则》(GB 3485—83) 中规定:"离心泵、轴流泵的效率低于 60%必须改造或更换。"因此,选泵时效率 η 必须大于 60%。

(3) 离心泵的不稳定工况

有些低比转数泵的特性曲线是一条驼峰状特性曲线,如图 1-4 所示。泵的特性曲线和管路特性曲线有可能交于 K 和 M 两点。M 点是稳定工作点,而 K 点则为不稳定工作点。泵在工作时,如果由于一些原因使其工作点在最高点左侧的不稳定工作段内,则泵的特性曲线就会移动,造成工况点的跳动,管路中液体的流量及压力也随之有周期性的变化,管路中将产生脉动的水击、噪声和振动。因此在实际应用中应避免泵在不稳定工况下运行。

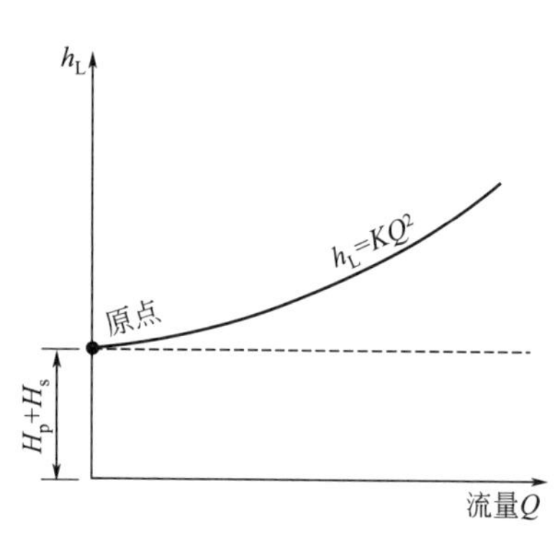

图 1-3 管路系统特性示意

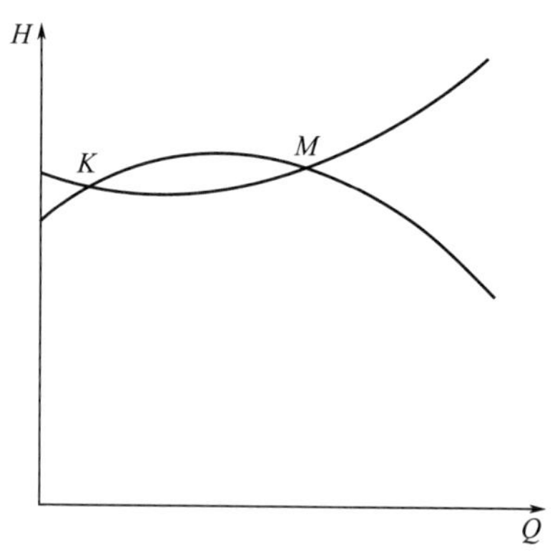

图 1-4 泵的不稳定工况

(4) 离心泵的串联与并联运行

① 离心泵的串联运行 当一台离心泵的扬程难以满足生产上的需要时,可以将两台泵串联起来工作,如图 1-5 所示。在相同流量下,两台泵串联时泵的压头是单台泵的二倍。应选用性能相同的两台泵串联使用才不会降低效率。

② 离心泵的并联运行 当一台离心泵的流量难以满足生产上的需要时,可以将两台或多台泵并联起来工作,如图 1-6 所示。两台泵并联工作时,在扬程相同的条件下,流量是单台泵工作时的两倍,但并联后管路通过的流量小于两台泵单独工作时流量之和。

(5) 离心泵运行工况的调节

泵在系统中运行时,由于生产过程的变化,常常要对泵进行流量调节,同时还要使泵的工作点保持在高效率区内。离心泵运行工况的调节一般采用改变泵的 H-Q 特性曲线或改变管路特性曲线,以便使泵和管路在新的工作点上运行能满足生产的要求。

① 改变管路特性曲线

a. 节流法 此法是改变排出管路上调节阀的开启度,来改变管路特性系数 K,使管路特性曲线发生变化。这种调节方法的优点是装置简单,调节方便,低比转速的离心泵在启动时关死调节阀,可起到减小启动功率的作用;缺点是由于通过改变调节阀处的局部阻力系数进行调节,因而产生节流损失。

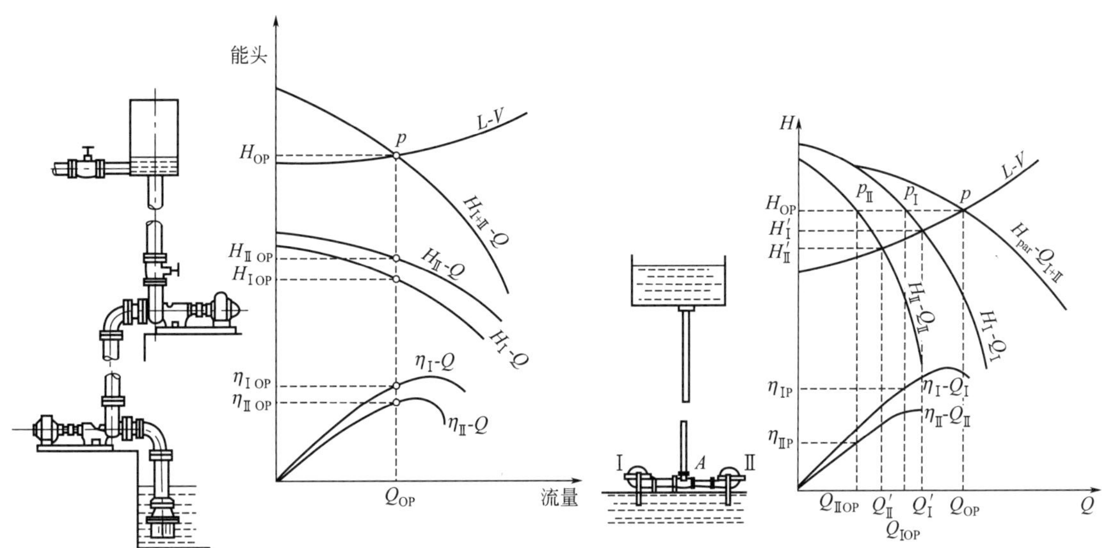

图 1-5　离心泵的串联运行　　　　图 1-6　两台离心泵的并联运行

b. 旁通阀调节法　此法是将泵排出液体的一部分通过旁路和旁路阀引入其他装置或重新引回泵的吸入系统，使泵输出的流量得到调节。高比转速泵，采用这种调节方法是经济的。同时这种调节方法可以避免泵在小流量下运转，防止气蚀的发生。

c. 吸液罐液位变化自动调节法　吸液罐的液位变化会使管路特性曲线发生平移，从而改变泵的运行工况点，达到调节泵流量的目的。这种装置的调节系统简单。但吸液罐的液位应在小范围内变化，否则泵的运行效率低，严重时泵的工作条件恶化，引起气蚀，使泵的液流中断。

② 改变泵的特性曲线

a. 改变泵的转速　改变泵的转速，使泵的特性曲线升高或降低，泵特性曲线与管路特性曲线的交点位置随之改变，泵的流量也就发生变化。由于没有节流损失，这是一种最经济的调节方法。

b. 改变叶轮几何参数　最常用的是叶轮切割法。由于叶轮切割量在允许范围内，改变泵的 H-Q 特性曲线调节流量，没有不必要的能量损失，其经济性好。这种方法适用于流量减小、调节流量范围不大、要求流量作长期改变的场合。

若输送的液体黏度随季节变化，可以配备几种直径的叶轮备件，随时更换以满足其工艺要求。

采用将原有的宽叶轮换成窄叶轮的方法，在扬程基本不变的情况下可降低泵的流量。但叶轮宽度不能减小太多，否则引起效率下降。

还可采用锉削叶轮出口处叶销的方法，改变叶片出口安置角，使泵的 H-Q 特性曲线变化，进而改变工况点。

c. 改变叶轮数目　对于多级泵，泵的扬程是单级扬程与叶轮个数的乘积。改变叶轮数目就可以改变 H-Q 特性曲线的位置。减少叶轮数目，在同样流量下，就可降低扬程；若扬程不变，则流量减小。

改变叶轮级数时，不能拆卸第一级叶轮，否则吸入侧阻力增加，泵的气蚀性能恶化。拆除叶轮应在出口端进行。

d. 改变泵的运行台数　对于大型泵装置，可采用改变运行的泵的数目来调节流量。

在上述这些调节流量方法中，以节流法应用最广。其他方法只能根据不同情况合理采用。

(6) 离心泵运行注意事项

① 离心泵开机运行前将进出口阀门关闭，灌泵使泵内充满液体，排除气体。

② 开机前一定要盘车，以保证泵轴顺利转动。

1.1.2.4 泵的气蚀参数

(1) 气蚀余量（*NPSH*）

泵吸入口处单位质量液体超出液体汽化压力的富余能量，称作气蚀余量。其值为：

$$NPSH=\frac{P_a}{\rho g}+\frac{u_s^2}{2g}-\frac{P_v}{\rho g} \tag{1-7}$$

式中 P_a——从基准面算起的泵吸入口压力（绝压），Pa；

P_v——液体在该温度下的饱和蒸气压（绝压），Pa；

u_s——泵吸入口的平均流速，m/s；

ρ——液体密度，kg/m^3。

基准面按以下两种原则取定位置。

① ISO 标准、GB 标准规定　基准面为通过叶轮叶片进口边外端所描绘的圆中心的水平面。多级泵以第一级叶轮为基准，立式双吸泵以上部叶片为基准。见图 1-7。

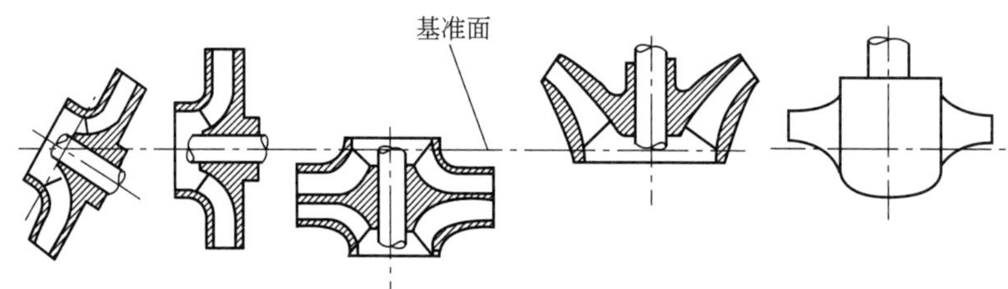

图 1-7　ISO、GB 标准中的基准面

② API 标准规定　卧式泵，其基准面是泵轴中心线；立式管道泵，其基准面是泵吸入口中心线；其他立式泵，其基准面是基础的顶面。

③ 本手册基准面规定　以 API 标准规定确定。

(2) 必需气蚀余量 $(NPSH)_r$

$(NPSH)_r$ 可以理解为泵结构本身所要求的防止发生气蚀的入口的最小压头。要使泵正常操作，泵的入口处流体的压力不仅不能低于泵在吸入温度下液体的汽化压力，而且要高出汽化压力一个指定的最小值，这样才能保证泵安全运行。这个高出汽化压力的最小值，即为泵在操作状态下的 $(NPSH)_r$。此值与泵的类型和泵的结构设计有关，该数据是由泵的制造厂家提供或由制造厂标示在性能曲线中。

在石油化工装置中，泵输送的物料往往是黏性液体，比水的黏度大得多，而且操作条件也与测试时不同。当离心泵输送液体的运动黏度大于 $20\times10^{-6}m^2/s$ 时，要修正泵样本上查出的 $(NPSH)_r$ (H_2O)。

注意：计算中 μ 的黏度单位是动力黏度（Pa·s）即 1000mPa·s，泵样本用的是运动黏度 $\upsilon[10^{-6}m^2/s]$ 即 mm^2/s，要单位一致。

可按式(1-8) 换算：

$$\mu=\rho\upsilon \tag{1-8}$$

式中 ρ——密度，kg/m^3。

有的样本上用恩氏黏度（°E），恩氏黏度与运动黏度 υ 换算关系见图 1-8。

图中运动黏度 υ 单位是 cm^2/s。

也可按式(1-9)换算：

$$\upsilon=(7.31°E-6.31/°E)\times10^{-6} \quad (1\text{-}9)$$

式中 υ——运动黏度，m^2/s；

°E——恩氏黏度，°E。

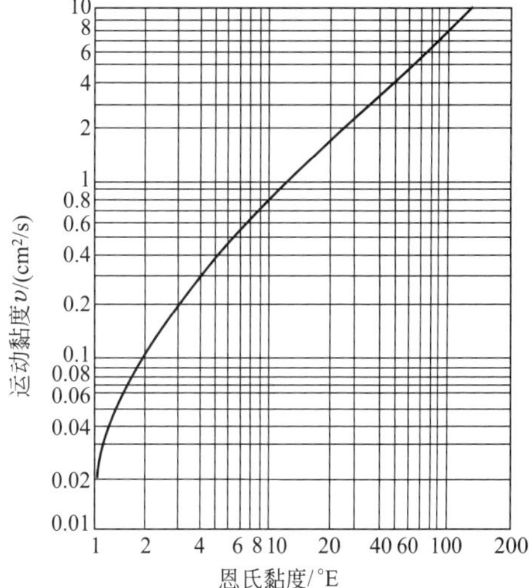

图 1-8 恩氏黏度与运动黏度换算

(3) 有效气蚀余量 $(NPSH)_a$

有效气蚀余量的大小由吸液管路系统的参数和管路中的流量所决定，与泵结构无关。泵输入系统提供的有效气蚀余量可按式(1-10)计算：

$$(NPSH)_a=\frac{p_s-p_i}{\rho g}+H_s-h_f \quad (1\text{-}10)$$

式中 $(NPSH)_a$——泵装置输入系统提供的有效气蚀余量，m；

p_s——泵吸入侧容器中被输送液体液面上的压力，Pa；

p_i——泵入口处液体蒸气压力，(计算温度为输入系统操作条件下温度)，如果液体是烃类混合物，V_p 必须用泡点法测量，但在设计过程中，往往用输送温度下介质的饱和蒸气压数据；

H_s——吸入侧容器中被输送液体液面至泵中心线间的液体位差，灌注时取正值，吸上时取负值，m 液柱；

h_f——容器与泵入口间吸入管路的各种摩擦阻力头的总和，m；

ρ——输送温度下液体的密度，kg/m^3。

泵输入系统所提供的 $(NPSH)_a$ 应大于选用泵所需的必需气蚀余量 $(NPSH)_r$ 才能保证泵安全、稳定地运行。

当输入系统所提供的 $(NPSH)_a$ 比较小，不能满足泵所需要的 $(NPSH)_a$ 要求时，通常采用的方法是增加液位差，例如抬高吸入侧容器的液面或降低泵的安装高度等。总之，必须保证 $(NPSH)_a$ 大于 $(NPSH)_r$。

在计算泵输入系统所提供的有效气蚀余量时，吸入端容器的液面应取该容器的最低液面，液面上（或界面上）的压力取最低值，温度取最高温度。在输出端处的液面和压力取最高值。

在计算泵输送系统的管路阻力时，物料黏度取最低温度时的黏度。

(4) 离心泵 $(NPSH)_a$ 的安全裕量 S

为确保不发生气蚀，离心泵的 $(NPSH)_a$ 必须有一个安全裕量 S，满足

$$(NPSH)_a-(NPSH)_r\geqslant S$$

一般的离心泵，S 取 0.6～1.0m，但是对于一些特殊用途或特殊条件下使用的离心泵，S 取值需增加，如锅炉给水泵的 S 应取 2.1m。

(5) 提高离心泵抗气蚀性能的措施

提高离心泵抗气蚀性能一是可以改进泵进口结构参数，使泵具有尽可能小的气蚀余量，或使用抗气蚀材料，提高泵的使用寿命；二是合理确定吸入管路尺寸、安装高度等，使泵具有足够的有效气蚀余量。

① 提高离心泵本身抗气蚀性能的措施。

a. 适当加大叶轮吸入口直径和叶片入口边宽度，以改进叶轮吸入口或吸入室的形状，使泵有尽可能小的气蚀余量。

b. 使用具有较好抗气蚀性能的双吸式叶轮。

c. 采用合理的叶片进口边位置及前盖板形状。

d. 在泵的第一级叶轮前安装前置诱导轮，以提高泵的吸入性能。

e. 若泵使用过程中不能避免发生气蚀时，应采用抗气蚀材料制造叶轮。常用的材料有铝铁青铜 9-4、不锈钢 2Cr13、稀土合金铸铁和高镍铬合金等。

② 提高装置有效气蚀余量　增大吸液罐液面上压力，合理确定泵的几何安装高度，都可以提高装置的有效气蚀余量。在石油化工厂内，可采用灌注头吸入装置，即吸液罐液面位置高于泵轴线位置。

尽量减小吸入管路阻力损失能头，降低液体饱和蒸气压力。在确定吸入管路时，尽可能使用大直径、短长度的管子，减少弯头和阀门，降低输送液体的温度。若工作条件许可，适当减小泵的流量或转速。

1.1.2.5 泵的功率和效率

(1) 泵的有效功率

其值等于：

$$N_e=\frac{QH\rho}{367\times1000} \tag{1-11}$$

式中　N_e——泵的有效功率，kW；

Q——在输送温度下泵的流量，m^3/h；

H——扬程，m 液柱；

ρ——输送温度下液体的密度，kg/m^3。

(2) 泵的轴功率 N

$$N=\frac{QH\rho}{367\eta1000} \tag{1-12}$$

式中　η——泵的效率。

(3) 泵的效率

$$\eta=\frac{N_e}{N}\times100\% \tag{1-13}$$

泵的效率与泵的类型和泵的能力大小有关。泵输送黏稠液体时，效率会有所下降。表 1-6 列出不同泵的效率近似值。

表 1-6　泵的效率

泵的类型			泵的效率 η
动力式泵	离心泵	大型	85%
		中型	75%
		小型	70%
	旋涡泵		30%～40%
容积式泵	往复泵	电动往复泵	65%～85%
		蒸气往复泵	80%～90%
	活塞泵	大型	85%～90%
		小型	75%～85%
	齿轮泵		60%～75%
	三螺杆泵		55%～80%

（4）电机功率 N_m

按下式计算

$$N_m = K \frac{N}{\eta_t} \tag{1-14}$$

式中 η_t——电机传动效率；当泵联轴器与轴直接传动时，$\eta_t=1$；当用皮带传动时，$\eta_t=0.95$；

K——电机额定功率安全系数，与轴功率大小有关，按表 1-7 选取。

表 1-7 电机额定功率安全系数

轴功率 N/kW	安全系数 K
<22	1.25
22～75	1.15
≥75	1.10

选用的电机的额定功率必须大于或等于 N_m。泵样本中电机功率一般是以水为介质选配的。

当工艺物料用泵需要考虑装置开工前的水冲洗和试运行等输水工况时，一般应按泵输水时最小流量要求的功率进行核算（包括压差可能不同），若此值超过了按正常运转条件下的轴功率，则应按增大后的轴功率来选用电机。

1.1.2.6 泵的比转速

石油化工装置选用泵，由于输送介质绝大部分不是清水，有时不得不需要改变泵的转速、叶轮直径以适应工艺条件，因此引入了比转速的概念。比转速是泵的一个综合性参数，比转速的大小与叶轮形状和泵性能曲线形状有密切的关系，比转速值按下式计算：

$$n_s = \frac{Cn\sqrt{Q}}{H^{3/4}} \tag{1-15}$$

式中 C——比例系数。一般情况下 $C=3.56$，必须注意不同的介质，C 值不同，公式的形式也会有差别，使用时要加以注意；

n——泵轴转速，r/min；

Q——泵额定流量，m^3/s，对于双吸式叶轮应为 $Q/2$；

H——泵的额定扬程，m 液柱，对于多级泵应为 $\frac{H}{i}$，m（液柱）；

i——级数。

泵的比转速大小，反映了泵性能的特点，图 1-9 表示了各种比转速下泵的允许吸上真空高度与额定流量的关系曲线，从图中看出，随着流量增加，允许吸上真空高度减小，同时比转速小的离心泵，其允许吸上真空高度大，抗气蚀性能好。泵的比转速大小也反映了泵的效率高低，即泵经常运转的经济性。

图 1-10 表示单级泵的效率与 n_s 和 Q 的关系：比转速低，效率低；比转速过高，效率也低；在 $n_s=90$～300 时效率较高。大流量效率高，小流量效率低。选泵时应尽可能使比转速在高效率区内。

图 1-11 表示石油化工装置工艺用离心泵的效率（平均值）与比转速的关系曲线。

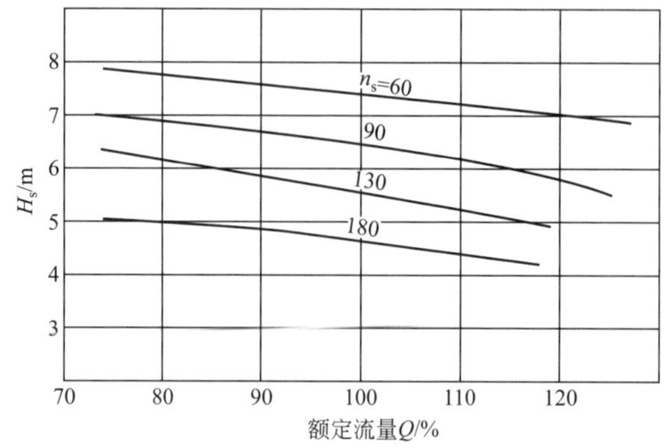

图 1-9 各种 n_s 离心泵的允许吸上真空高度与额定流量的关系

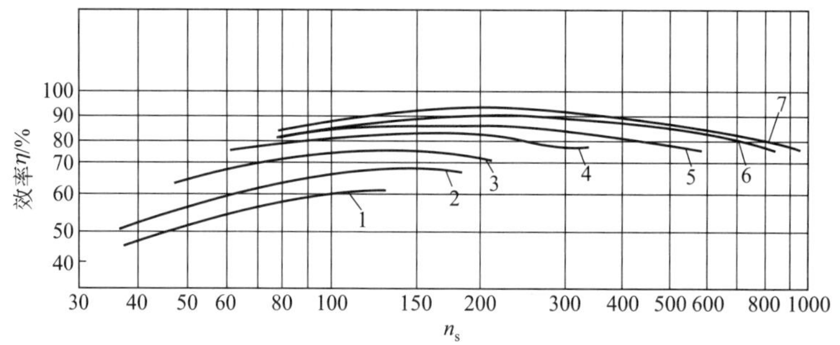

图 1-10 单级泵的效率与 n_s 和 Q 的关系

1—$Q<6$L/s；2—$Q=6\sim12$L/s；3—$Q=12\sim30$L/s；

4—$Q=30\sim60$L/s；5—$Q=60\sim100$L/s；

6—$Q=100\sim650$L/s；7—$Q>650$L/s

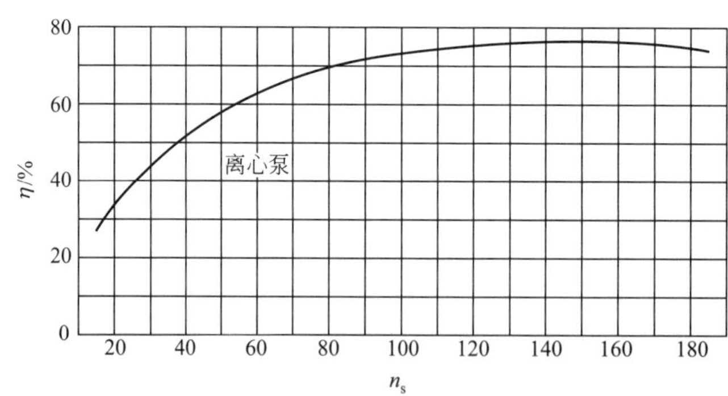

图 1-11 石油化工装置工艺用离心泵的效率（平均值）与比转速的关系曲线

1.1.2.7 离心泵的性能换算

（1）离心泵的相似原理

当离心泵的转速、叶轮直径和输送介质密度改变时，可利用相似原理来换算特性。

离心泵的相似三定律：当离心泵流通部分几何相似，则其相似工况点的流量 Q、轴功率 N 与叶轮直径 D、转速 n 关系如下：

$$\frac{Q_1}{Q_2}=\left(\frac{D_1}{D_2}\right)^3\left(\frac{n_1}{n_2}\right) \tag{1-16}$$

$$\frac{H_1}{H_2}=\left(\frac{D_1}{D_2}\right)^2\left(\frac{n_1}{n_2}\right)^2 \tag{1-17}$$

$$\frac{N_1}{N_2}=\left(\frac{\rho_1}{\rho_2}\right)\left(\frac{D_1}{D_2}\right)^5\left(\frac{n_1}{n_2}\right)^3 \tag{1-18}$$

式中，下标 1 和 2 分别为两台相似泵代号。适用范围：相似泵叶轮直径尺寸比＜2～3；转速比＜20％。

（2）泵的转速和叶轮直径变化

① 转速变化的特性换算　实际生产中，如果改变泵的转速，而泵内流动状况仍然保持相似（泵的效率保持不变），则特性的各对应点可近似换算，见表 1-8。

② 叶轮外径改变时的特性换算　为了减少泵的品种，扩大泵的使用范围，提高泵的通用程度，往往将同一台泵的叶轮外径车削小来满足另外一些参数需要。如果将叶轮外径车削小，在泵效率不变的前提下，泵特性换算见表 1-8。叶轮外圆的最大切割量见表 1-9。

表 1-8　泵的转速和叶轮直径变化

参数名称	转速变化 $n_1 \to n_2$	车削小叶轮外径 $D_1 \to D_2$
流量	$\frac{Q_1}{Q_2}=\frac{n_1}{n_2}$	$\frac{Q_1}{Q_2}=\frac{D_1}{D_2}$
扬程	$\frac{H_1}{H_2}=\left(\frac{n_1}{n_2}\right)^2$	$\frac{H_1}{H_2}=\left(\frac{D_1}{D_2}\right)^2$
必需气蚀余量	$\frac{(NPSH)_{r1}}{(NPSH)_{r2}}=\left(\frac{n_1}{n_2}\right)^2$	
轴功率	$\frac{H_1}{H_2}=\left(\frac{n_1}{n_2}\right)^3$	$\frac{H_1}{H_2}=\left(\frac{D_1}{D_2}\right)^3$

表 1-9　叶轮外圆允许的最大切割量

比转速 n_s	≤60	60～120	120～200	200～300	300～350	350 以上
允许切割量 $\frac{D_1-D_2}{D_1}$	20％	15％	11％	9％	7％	0
效率下降	每车削小 10％，下降 1％		每车削小 4％，下降 1％		—	

注：1. 旋涡泵和轴流泵叶轮不允许切割。

2. 叶轮外圆的切割一般不允许超过本表规定的数值，以免泵的效率下降过多。

③ 输送介质变化　泵样本上给出的特性是用水测得的；若物料性质与水不同，就应考虑介质性质对泵性能的影响，需要对泵特性进行换算。

对泵特性有影响的液体性质有：密度、黏度、饱和蒸气压、温度和含固体颗粒浓度等。

a. 输送液体密度的影响。输送液体的密度与常温清水的密度不同时，泵的扬程、流量、效率不变，只有泵的轴功率 N 随输送介质的密度变化，见下式。

$$N'=N\frac{\rho'}{\rho} \tag{1-19}$$

式中　N'——输送介质的轴功率，kW；

N——常温清水的轴功率，kW；

ρ'——输送介质的密度，kg/m^3；

ρ——常温清水的密度，kg/m^3。

b. 输送介质的黏度对泵性能的影响

a）黏度对泵性能参数的影响。离心泵输送黏性液体时，泵性能参数变化如下。

ⅰ. 泵流量。由于液体黏度增大，切向黏滞力的阻滞作用逐渐扩散到叶片之间的液流中，叶轮内液体流速降低，使泵流量减少。

ⅱ. 泵扬程。黏度大，使得克服黏性摩擦力所需要的能量增加，因而会使泵产生的扬程降低。

ⅲ. 泵的轴功率。输送黏性液体时，叶轮外盘面与液体摩擦引起的功率损失增大，液体与内盘面摩擦的水力损失亦增大，将引起轴功率的增加。

ⅳ. 泵的效率。虽然黏度增加后漏损减少，提高了泵的容积效率，但泵的水力损失和盘面摩擦损失的增大，使泵的水力效率和机械效率降低，造成泵的总效率下降。

ⅴ. 泵的必需气蚀余量。由于泵进口至叶轮入口的动压降随黏度增加而增加，因而泵的 $(NPSH)_r$ 增大。

综上所述，在输送黏液时，泵性能发生变化。

根据试验，离心泵输送物料黏度小于 $20\times10^{-6}m^2/s$ 时，黏度对泵性能（主要是效率）影响不大，不必进行性能特性换算；如果黏度大于 $20\times10^{-6}m^2/s$，则应进行特性换算。用离心泵输水的特性乘上修正系数，得出离心泵输送黏液的特性。

b）根据泵的流量、扬程等性能参数求修正系数。图 1-12 是离心泵输送黏性液体时泵特性换算计算图。适用于输送石油类液体、吸入口径为 50～200mm 的离心泵。双吸泵取 $Q/2$，多吸泵取相当于第 1 级的扬程。

使用方法：流量 Q→扬程→黏度→K_η、K_Q、K_H

例如：某离心泵输送黏度为 $114\times10^{-6}m^2/s$，相对密度（与 4℃水相比，全书同）γ 为 0.866，流量 Q 为 $150m^3/h$，扬程 H 为 140m 液柱的液体。试选择泵类型。

从流量 $Q=150m^3/h$ 引直线向上，与扬程 $H=140m$ 液柱相交，再向右引水平线与黏度 $114\times10^{-6}m^2/s$ 相交，并向上引垂直线分别与 K_η、K_Q、$1.0Q$ 的 K_H 曲线相交，向左引水平线查得

$$K_\eta=0.78,\ K_Q=0.99,\ K_H=0.94$$

Q 从 $0.6Q$～$1.2Q$ 是指流量从 0.6 倍的 Q～1.2 倍的 Q 变化。再根据下列公式计算输送黏液时泵的性能参数

$$Q=K_QQ_W \tag{1-20}$$

$$H=K_HH_W \tag{1-21}$$

$$\eta=K_\eta\eta_W \tag{1-22}$$

算得

$$Q_W=Q/K_Q=150/0.99m^3/h=152\ (m^3/h)$$

$$H_W=H/K_H=140/0.94m\text{液注}=149\ (m\text{液柱})$$

根据 $Q_W=152m^3/h$，$H_W=149m$ 液柱，选用 150AY150 型离心油泵，该泵在此两项参数下的效率 $\eta_W=0.69$，

$$\eta=K_\eta\eta_W=0.78\times0.69=0.54$$

则
$$N=(\gamma Q_WH_W)/(367\eta)=(0.866\times152\times149)/(367\times0.54)kW=99kW$$

c）根据泵叶轮尺寸和性能参数求修正系数。根据泵叶轮尺寸和性能参数求修正系数见图 1-13。已知液体运动黏度 υ、叶轮外径 D_2、叶轮出口宽度 b_2 及流量 Q，可从图中查出修正系数 K_Q、K_H、K_η 及 $K_{\Delta h}$，然后求出泵输送黏液时的 Q_r、H_r、η_r 及 N_r，并根据下式求出泵

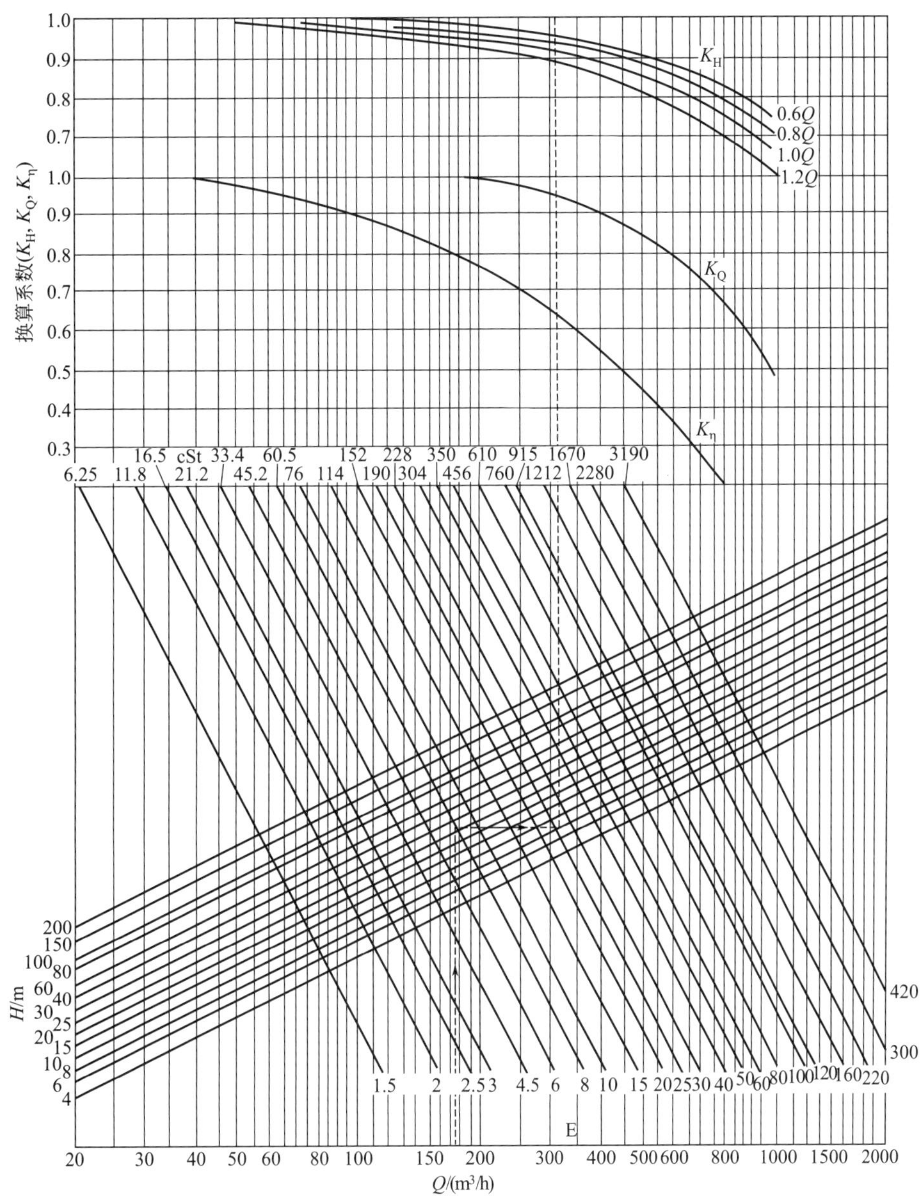

图 1-12　离心泵输送黏性液体时泵特性换算计算图

输送黏性液体时的 $(NPSH)_r$，即：

$$(NPSH)_r(\text{介质})=K_{\Delta h}(NPSH)_r(\text{水}) \tag{1-23}$$

图 1-13 是根据 $n_s=50\sim130$ 的离心泵输送水和输送黏性液体的试验数据，利用 Re 数综合得出的修正系数 K_Q、K_H、K_η。而必需气蚀余量修正系数 $K_{\Delta h}$ 与 Re 关系曲线，是根据 $n_s=50\sim130$ 的离心泵作气蚀试验得出的。

图 1-14 是输送黏性液体时离心泵特性曲线换算系数图使用步骤，从 (1)→(2)→(3)。

d）小流量离心泵用修正系数图表。图 1-15 适用于吸入口径为 $DN20\sim70$ 的小流量离心泵，根据液体黏度、流量和扬程得修正系数，用法与图 1-12 离心泵输送黏液时泵特性换算计算图相同，此处不再说明。

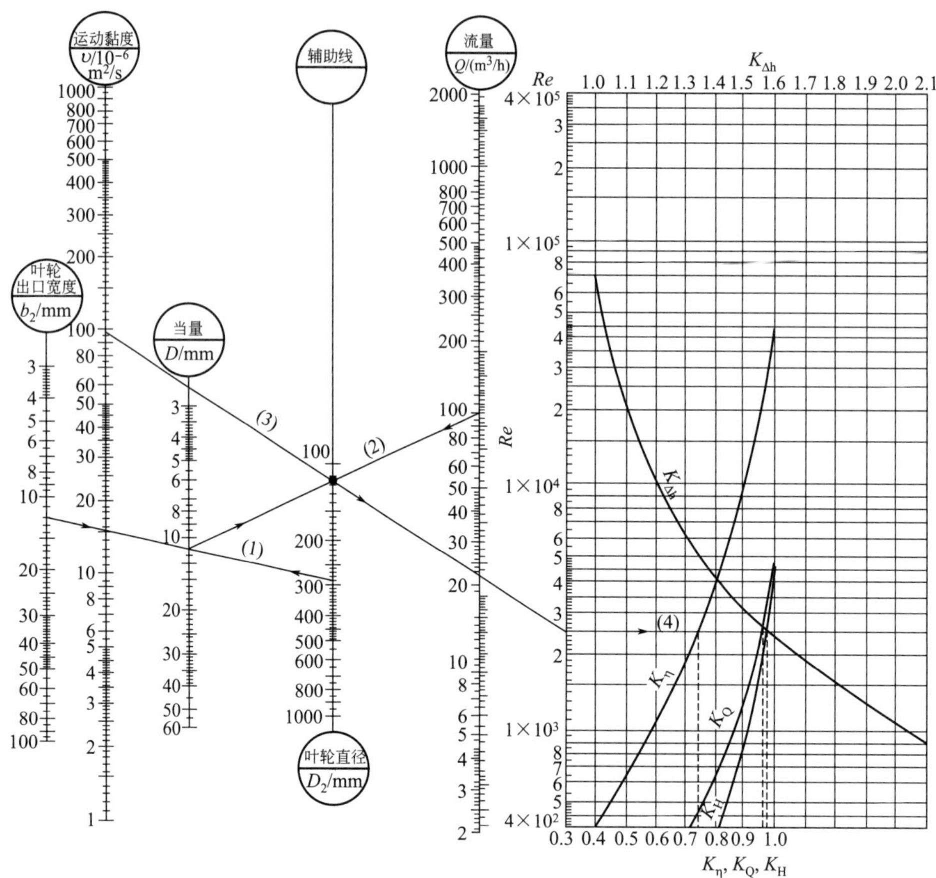

图 1-13　输送黏性液体时离心泵特性曲线换算系数

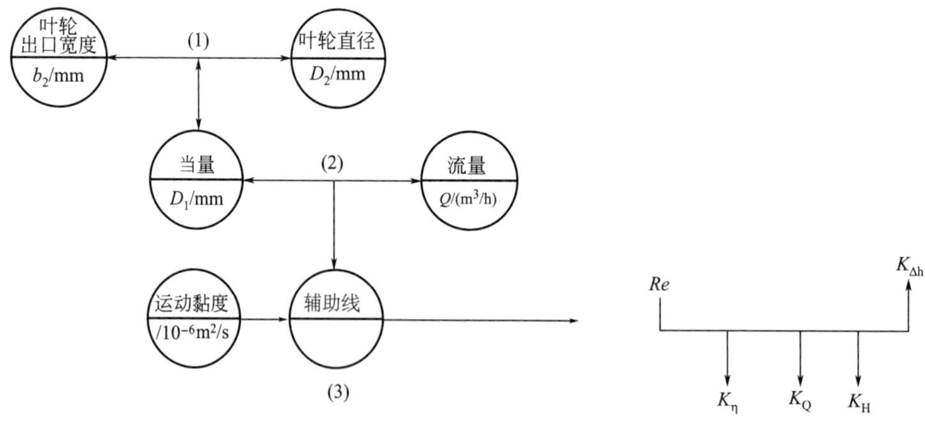

图 1-14　输送黏性液体时离心泵特性曲线换算系数图的使用步骤

c. 输送非黏性介质对泵性能的影响。当输送非黏性烃类时，泵所需要的必需气蚀余量 $(NPSH)_r$ 减小，这与烃的饱和蒸气压和输送温度下烃的密度有关，见图 1-16 非黏性烃类气蚀余量修正图。适用于黏度小于水的烃类。从图中查出修正系数 $K_{\Delta h}$。

$$(NPSH)_r(\text{介质})=K_{\Delta h}(NPSH)_r(\text{水}) \tag{1-24}$$

在输送温度下烃的蒸气压<0.1013MPa(G)时，$K_{\Delta h}=1$

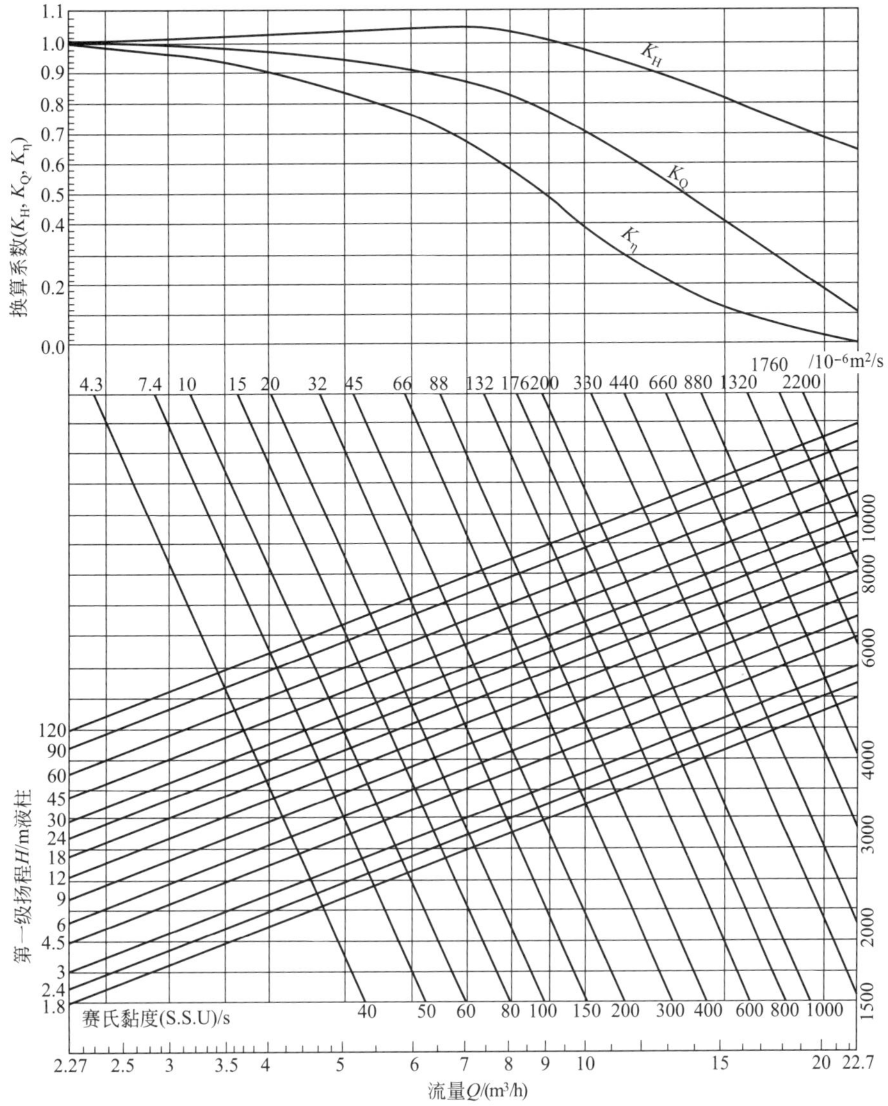

图 1-15　小流量离心泵黏度换算系数图

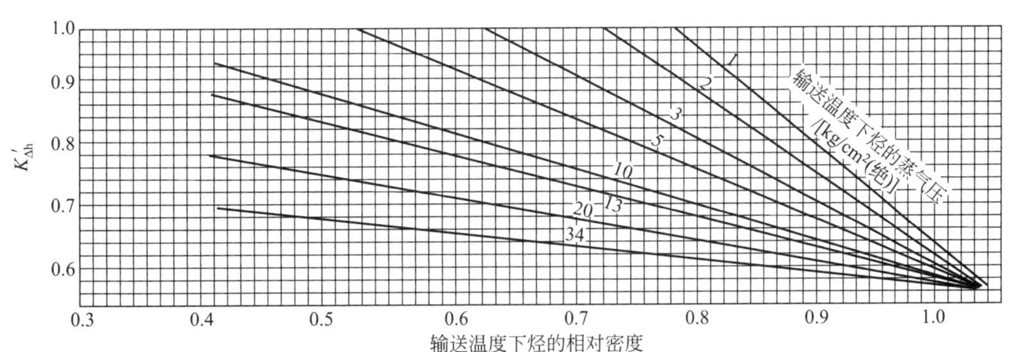

图 1-16　非黏性烃类气蚀余量修正图

d. 泵在操作状态下必需气蚀余量的修正。泵在操作状态下所需的必需气蚀余量应经过综合修正。泵在输送黏性液体、非黏烃时，要修正泵样本上所给出的必需气蚀余量，得到泵实际所需的最小必需气蚀余量[$(NPSH)_{min}=(NPSH)_r$(水)-0.3]，再采用气蚀安全系数 ϕ($\phi=1.1\sim1.4$) 计算出操作状态下泵所需的必需气蚀余量$(NPSH)_r$。

$$(NPSH)_{min}=[(NPSH)_r(\text{水})-0.3]K_{\Delta h}\phi \tag{1-25}$$

式中 $(NPSH)_{min}$——操作状态下泵所需的必需气蚀余量，m 液柱；

$K_{\Delta h}$——黏性液体修正系数；

ϕ——气蚀安全系数；

$(NPSH)_r$(水)——泵样本上查出水的$(NPSH)_r$，m 液柱。

若泵样本上查出的是泵的允许吸上真空高度 H_s，上式即为：

$$(NPSH)_r=(10-H_s-0.3)K_{\Delta h}\phi \tag{1-26}$$

e. 液体温度的影响。液体温度的变化会引起密度、黏度及饱和蒸气压的改变。均质液体黏度改变所引起的泵性能的变化可参照表 1-10 和图 1-12 进行换算。此外，由于液体的饱和蒸气压与密度的变化，还需对泵的装置气蚀余量进行修正。

表 1-10 输送黏性液体时泵的性能换算

$\frac{Q}{Q_{opt}}$			0.6	0.8	1.0	1.2
清水	流量 $Q/(m^3/h)$		102	136	170	204
	效率 $\eta/\%$		72.5	80	82	79
	扬程 H/m		34	32.5	30	26
油	油的黏度/(mm^2/s)(°E)		206(27)			
	换算系数	f_Q	0.94			
		f_η	0.635			
		f_H	0.96	0.94	0.92	0.89
	流量 $Q_m f_Q/(m^3/h)$		96	128	160	192
	效率 $\eta_m f_\eta/\%$		46	50.8	52	50
	扬程 f_H/m		32.5	30.5	27.6	23.1
	密度/(kg/m^3)		91.74			
	轴功率 N/kW		17.15	19.24	21.25	22.22

f. 液体浓度的影响。液体中含有粒度在 0.05mm 以下固形物时，可看作是均质混合液，其影响与液体的黏度影响基本相同。

对于颗粒直径超过 1mm 的粗粒度固形物，泵的 H-Q 曲线随浓度增高而显著下降。轴功率大致与混合液密度成正比增加。

1.1.2.8 离心泵的型号与结构形式

(1) 离心泵的型号

目前我国石油化工行业使用的离心泵产品大致有离心式清水泵、离心式耐腐蚀泵、离心式油泵、离心式杂质泵、化工流程离心泵、自吸式化工离心泵、磁力驱动离心泵、非金属离心泵、潜油泵等。

我国离心泵产品型号编制主要由三部分组成：第一部分为泵吸入口径代号，以 mm 表示吸入口直径；第二部分是以汉语拼音字母的字首或英文大写字母表示泵的基本结构、型式、特征、用途及材料等；第三部分是用数字表示的米液柱为单位的泵扬程以及级数。有时泵的型号尾部还带有字母 A 或 B，这是泵的变型产品标志，表示在泵中装的是第一次切割或第二次切割过的叶轮。此外，根据石油化工行业的发展，一些生产厂家推出了新的产品型号。

(2) 离心泵的结构形式

① 卧式中、轻载荷化工流程离心泵

a. IH、IHE 型单级单吸化工离心泵

(a) IH 型化工离心泵　IH 型化工离心泵为单级单吸悬臂式离心泵，是节能型更新产品。主要用于化工、石油、造纸等工业部门，可输送不含固体颗粒的硝酸、硫酸、磷酸、碱等。输送介质温度一般为－20～105℃。泵性能范围：流量 Q＝3.4～460m³/h；扬程 H＝3.6～132m。

ⅰ. IH 型化工离心泵的型号意义如下：

例如 IH80-50-250

IH——化工离心泵系列产品；80——泵吸入口直径，mm；50——泵排出口直径，mm；250——叶轮名义直径，mm。

IH 型化工离心泵结构为卧式径向剖分，后开门。检修时不用拆卸管路。

ⅱ. IH 型化工离心泵部分产品性能参数见表 1-11。

表 1-11　IH 泵性能参数（配电机按介质相对密度 1.5 计算）

序号	型 号	流 量 $Q/(m^3/h)$	扬 程 H/m	效 率 $\eta/\%$	必需气蚀余量 $(NPSH)_r/m$	轴功率 N/kW	电 机		泵质量/kg
							型 号	功率/kW	
1	50-32-125	12.5 6.3	20 5	51 44	2.0	1.33 0.19	Y90L-2 Y801-4	2.2 0.55	44
2	50-32-160	12.5 6.3	32 8	46 39	2.0	2.37 0.35	Y112M-2 Y90S-4	4 1.1	48
3	50-32-200	12.5 6.3	50 12.5	39 33	2.0	4.36 0.65	Y132S2-2 Y90S-4	7.5 1.1	60
4	50-32-250	12.5 6.3	80 20	33 27	2.0	8.25 1.27	Y160M2-2 Y100L1-4	15 2.2	99
5	65-50-125	25 12.5	20 5	62 55	2.0	2.2 0.31	Y112M-2 Y90S-4	4 1.1	44
6	65-50-160	25 12.5	32 8	57 51	2.0	3.82 0.53	Y132S2-2 Y90S-4	7.5 1.1	50
7	65-40-200	25 12.5	50 12.5	52 46	2.0	6.55 0.93	Y160M1-2 Y90L-4	11 1.5	63
8	65-40-250	25 12.5	80 20	46 39	2.0	11.84 1.75	Y180M-2 Y100L2-4	22 3	99
9	65-40-315	25 12.5	125 32	39 33	2.0	21.8 3.3	Y225M-2 Y132S-4	45 5.5	115
10	80-65-125	50 25	20 5	69 64	3.0 2.5	3.95 0.53	Y132S2-2 Y90S-4	7.5 1.1	51
11	80-65-160	50 25	32 8	67 62	2.3	6.5 0.88	Y160M-2 Y100L1-4	11 2.2	58
12	80-50-200	50 25	50 12.5	63 57	2.5 2.0	10.8 1.49	Y160L-2 Y100L2-4	18.5 3	69
13	80-50-250	50 25	80 20	58 52	2.5	18.78 2.62	Y200L1-2 Y132S-4	30 5.5	102
14	80-50-315	50 25	125 32	52 46	2.0	32.73 4.736	Y250M-2 Y160M-4	55 11	119

续表

序号	型号	流量 $Q/(m^3/h)$	扬程 H/m	效率 $\eta/\%$	必需气蚀余量 $(NPSH)_r/m$	轴功率 N/kW	电机		泵质量/kg
							型号	功率/kW	
15	100-80-125	100 50	20 5	73 69	4.5 3.6	7.46 0.99	Y160M2-2 Y100L1-4	15 22	58
16	100-80-160	100 50	32 8	73 69	4.3 3.4	11.9 1.58	Y180M-2 Y100L2-4	22 3	77
17	100-65-200	100 50	50 12.5	72 68	3.9 2.5	18.9 2.5	Y200L1-2 Y132S-4	30 5.5	81
18	100-65-250	100 50	80 20	67 63	3.6 2.5	32.5 4.3	Y250M-2 Y132M-4	55 7.5	116
19	100-65-315	100 50	125 32	62 58	3.2 2.0	54.9 7.51	Y280M-2 Y160L-4	90 15	127
20	125-100-200	200 100	50 12.5	77 73	5.0 2.9	35.4 4.66	Y250M-2 Y160M-4	55 11	98
21	125-100-250	200 100	80 20	75 71	4.5 2.3	58.1 7.67	Y280M-2 Y160L-4	90 15	132
22	125-100-315	200 100	125 32	70 67	5.0 2.5	97.27 13.01	Y315M2-2 Y180L-4	160 22	147
23	125-100-400	100	50	62		21.96	Y225S-4	37	165
24	150-125-250	200	20	77	2.8	14.1	Y180L-4	22	168
25	150-125-315	200	32	75	2.8	23.2	Y225S-4	37	189
26	150-125-400	200	50	70	2.5	38.9	Y280S-4	75	237
27	200-150-250	400	20	79	4.3	27.58	Y225M-4	45	194
28	200-150-315	400	32	79	3.5	44.1	Y280S-4	75	268
29	200-150-400	400	50	78	3.5	69.8	Y315S-4	110	289

(b) IHE 型化工离心泵　IHE 型化工离心泵是 IH 型的改进型，为单级单吸悬臂式离心泵。泵输送介质温度≤150℃，主要用于石油、化工、矿山、冶金等部门，可输送不含固体颗粒的硝酸、硫酸、磷酸、有机酸、碱及其腐蚀性介质。

ⅰ. 型号意义：例如　IHE50-32-200

IH——化工离心泵系列产品；E——改进型；50——泵吸入口直径，mm；32——泵排出口直径，mm；200——叶轮的名义直径，mm。

ⅱ. IHE 型化工离心泵部分产品性能参数见表 1-12。

表 1-12　IHE 泵性能参数表（配电机按介质相对密度 1.5 计算）

序号	型号	流量 $Q/(m^3/h)$	扬程 H/m	效率 $\eta/\%$	必需气蚀余量 $(NPSH)_r/m$	轴功率 N/kW	电机		泵质量/kg
							型号	功率/kW	
1	32-25-125	3.6	16	41		0.384	Y80S-2	0.75	30
2	32-25-160	3.6	25	32		0.77	Y90S-2	1.5	30
3	32-25-200	3.6	41	23		1.75	Y100L-2	3	32
4	40-32-125	7.2	16	49		0.63	Y90S-2	1.5	30
5	40-32-160	7.2	26	44		1.14	Y90L-2	2.2	35
6	40-32-200	7.2	40	35		2.21	Y112M-2	4	40
7	40-32-250	7.2	65	26		4.91	Y160M1-2	11	50
8	50-32-125	12.5 6.3	20 5	51 44	2.0	1.33 0.19	Y90L-2 Y801-4	2.2 0.55	44

续表

序号	型号	流量 $Q/(m^3/h)$	扬程 H/m	效率 $\eta/\%$	必需气蚀余量 $(NPSH)_r/m$	轴功率 N/kW	电机		泵质量/kg
							型号	功率/kW	
9	50-32-160	12.5 6.3	32 8	46 39	2.0	2.37 0.35	Y112M-2 Y90S-4	4 1.1	40
10	50-32-200	12.5 6.3	50 12.5	39 33	2.0	4.36 0.65	Y132S2-2 Y90S-4	7.5 1.1	60
11	50-32-250	12.5 6.3	80 20	33 27	2.0	8.25 1.27	Y160M-2 Y100L1-4	15 2.2	99
12	65-50-125	25 12.5	20 5	62 55	2.0	2.2 0.31	Y112M-2 Y90S-4	4 1.1	44
13	65-50-160	25 12.5	32 8	57 51	2.0	3.82 0.53	Y132S2-2 Y90S-4	7.5 1.1	50
14	65-40-200	25 12.5	50 12.5	52 46	2.0	6.55 0.93	Y160M1-2 Y90L-4	11 1.5	63
15	65-40-250	25 12.5	80 20	46 39	2.0	11.84 1.75	Y180M-2 Y100L2-4	22 3	99
16	65-40-315	25 12.5	125 32	39 33	2.0	21.8 3.3	Y225M-2 Y132S2-4	45 5.5	115
17	80-65-125	50 25	20 5	69 64	3.2 2.5	3.95 0.53	Y132S2-2 Y90S-4	7.5 1.1	51
18	80-65-160	50 25	32 8	67 62	2.3	6.5 0.88	Y160M-2 Y100L1-4	11 2.2	58
19	80-50-200	50 25	50 12.5	63 57	2.5 2.0	10.8 1.49	Y160L-2 Y100L2-4	18.5 3	69
20	80-50-250	50 25	80 20	58 52	2.5	18.78 2.62	Y200L1-2 Y132S-4	30 5.5	102
21	80-50-315	50 25	125 32	52 46	2.0	32.73 4.736	Y250M-2 Y160M-4	55 11	119
22	100-80-125	100 50	20 5	73 69	4.5 3.6	7.46 0.99	Y160M2-2 Y100L-4	15 2.2	58
23	100-80-160	100 50	32 8	73 69	4.3 3.4	11.9 1.58	Y180M-2 Y100L2-4	22 3	77
24	100-65-200	100 50	50 12.5	72 68	3.9 2.5	18.9 2.5	Y200L1-2 Y132S-4	30 5.5	81
25	100-65-250	100 50	80 20	67 63	3.6 2.5	32.5 4.3	Y250M-2 Y132M-4	55 7.5	116
26	100-65-315	100 50	125 32	62 58	3.2 2.0	54.9 7.51	Y280M-2 Y160L-4	90 15	127
27	125-100-200	200 100	50 12.5	77 73	5.0 2.9	35.4 4.66	Y250M-2 Y160M-4	55 11	98
28	125-100-250	200 100	80 20	75 71	4.5 2.3	58.1 7.67	Y280M-2 Y160L-4	90 15	132
29	125-100-315	200 100	125 32	70 67	5.0 2.5	97.27 13.01	Y315M2-2 Y180L-4	160 22	147
30	125-100-400	100	50	62	2.8	21.96	Y225S-4	37	165
31	150-125-250	200	20	77	2.8	14.1	Y180L-4	22	168
32	150-125-315	200	32	75	2.8	23.2	Y225S-4	37	189
33	150-125-400	200	50	70	2.5	38.9	Y280S-4	75	237
34	200-150-250	400	20	79	4.3	27.58	Y225M-4	45	194

续表

序号	型号	流量 $Q/(m^3/h)$	扬程 H/m	效率 $\eta/\%$	必需气蚀余量 $(NPSH)_r/m$	轴功率 N/kW	电机		泵质量/kg
							型号	功率/kW	
35	200-150-315	400	32	79	3.5	44.1	Y280S-4	75	268
36	200-150-400	400	50	78	3.5	69.8	Y315S-4	110	289
37	250-250-315	500	10				Y280S-6	45	1350
38	300-300-315	800	8	85		20.5	Y250M-6	37	

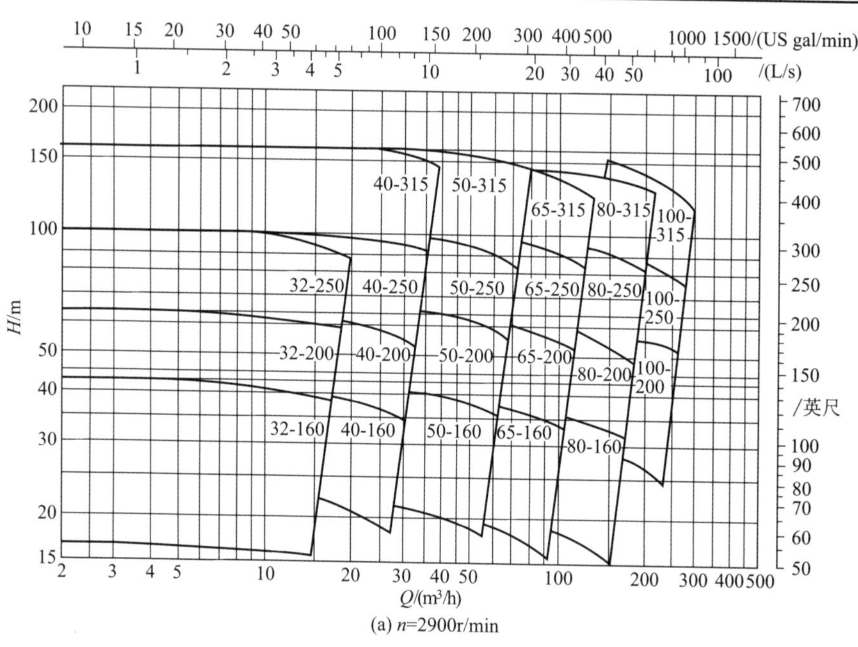

(a) n=2900r/min

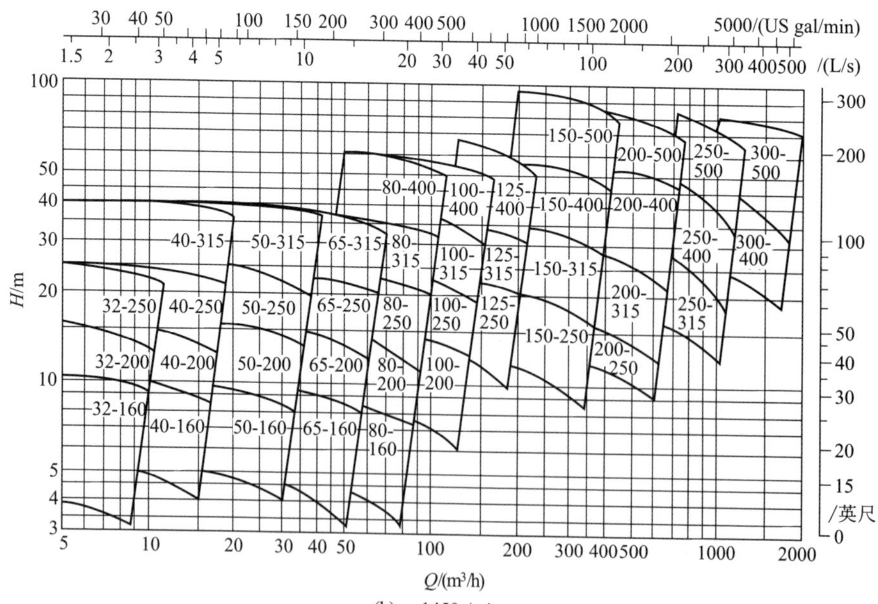

(b) n=1450r/min

图 1-17 CZ、CZS 型化工流程泵选型图（50Hz）

（1 英尺＝0.3048m；1US gal＝3.78541dm³）

b. CZ、CZS 型化工流程泵 CZ 型（CZS 型）泵为卧式单级单吸离心泵，可与 IH 型泵互换。用于输送低温或高温液体、中性或有腐蚀性液体、清洁或含有固体颗粒的液体，包括各种浓度的硫酸、硝酸、盐酸和磷酸等无机酸和有机酸，氢氧化钠和碳酸钠等碱性溶液，各种盐溶液，各种液态石油化工产品、有机化合物以及有腐蚀性的原料和产品。

泵性能范围：流量可达 2000m³/h，扬程可达 160m，工作压力 2.5MPa，工作温度－80～300℃，口径 DN32～300mm。

(a) CZ 型（CZS 型）化工流程泵选型见图 1-17。

(b) CZ 型（CZS 型）化工流程泵部分产品性能见表 1-13。

表 1-13　CZ、CZS 型化工流程泵性能参数

型号	叶轮直径	流量 Q/(m³/h)	扬程 H/m	电机转速 n=2900r/min						流量 Q/(m³/h)	扬程 H/m	电机转速 n=1450r/min					
				相对密度 γ=1.00		相对密度 γ=1.35		相对密度 γ=1.84				相对密度 γ=1.00		相对密度 γ=1.35		相对密度 γ=1.84	
				电机功率及型号								电机功率及型号					
				/kW	型号	/kW	型号	/kW	型号			/kW	型号	/kW	型号	/kW	型号
CZ CZS40-315	A	46	140	45	Y225M-2					22	36	11	Y160M-4	11	Y160M-4	11	Y160M-4
	B	44	130	37	Y200L2-2					22	32	5.5	Y132S-4				
	C	40	100	30	Y200L1-2	37	Y200L2-2			20	24	4	Y112M-4	5.5	Y132S-4		
	D	34	80			30	Y200L1-2	37	Y200L2-2	18	18			4	Y112M-4	5.5	Y132S-4
CZ CZS50-160	A	55	34	11	Y160M1-2	11	Y160M1-2	15	Y160M2-2	30	8	1.5	Y90L-4	2.2	Y100L1-4	3	Y100L2-4
	B	50	30	7.5	Y132S2-2					26	7	1.1	Y90S-4	1.5	Y90L-4	2.2	Y100L1-4
	C	46	26	5.5	Y132S1-2	7.5	Y132S2-2	11	Y160M1-2	24	6			1.1	Y90S-4	1.5	Y90L-4
	D	40	18			5.5	Y132S1-2	7.5	Y132S2-2	20	4					1.1	Y90S-4
CZ CZS50-200	A	65	56	18.5	Y160L-2						14	3	Y100L2-4	4	Y112M-4	5.5	Y132S-4
	B	65	50	15	Y160M2-2	18.5	Y160L-2			34	12	2.2	Y100L1-4	3	Y100L2-4	4	Y112M-4
	C	50	40	11	Y160M1-2	15	Y160M2-2	18.5	Y160L-2	30	10	1.5	Y90L-4	2.2	Y100L1-4	3	Y100L2-4
	D	40	32	7.5	Y132S2-2	11	Y160M1-2	15	Y160M2-2	24	7			1.5	Y90L-4	2.2	Y100L1-4
CZ CZS50-250	A	65	85	30	Y200L1-2	37	Y200L2-2			34	21	5.5	Y132S-4	5.5	Y132S-4	11	Y160M-4
	B	60	80							30	20	4	Y112M-4				
	C	55	65	22	Y180M-2	30	Y200L1-2	37	Y200L2-2	26	16	3	Y100L2-4	4	Y112M-4	5.5	Y132S-4
	D	45	50	15	Y160M2-2	15	Y160M2-2	22	Y180M-2	24	12	2.2	Y100L1-4	3	Y100L2-4	4	Y112M-4
CZ CZS50-315	A	80	140							42	36	11	Y160M-4	11	Y160M-4	15	Y160L-4
	B	75	135	55	Y250M-2					42	32						
	C	70	110	45	Y225M-2					40	26					11	Y160M-4
	D	65	85	37	Y200L2-2	45	Y225M-2			36	20						
CZ CZS65-160	A	100	32	15	Y160M2-2	18.5	Y160L-2			50	8	2.2	Y100L1-4	3	Y100L2-4	4	Y112M-4
	B	90	32					22	Y180M-2	48	7						
	C	90	24	11	Y160M1-2	15	Y160M2-2	18.5	Y160L-2	46	6			2.2	Y100L1-4	3	Y100L2-4
	D	80	14	5.5	Y132S1-2	7.5	Y132S2-2	11	Y160M1-2	38	4						
CZ CZS65-200	A	100	54	22	Y180M-2	30	Y200L1-2			50	13	4	Y112M-4	4	Y112M-4	5.5	Y132S-4
	B	90	50							46	12	3	Y100L2-4				
	C	90	40	18.5	Y160L-2	22	Y180M-2	30	Y200L1-2	42	10			3	Y100L2-4	4	Y112M-4
	D	70	30	11	Y160M1-2	15	Y160M2-2	18.5	Y160L-2	36	7	2.2	Y100L1-4	2.2	Y100L1-4	3	Y100L2-4

续表

型号	叶轮直径	流量 Q/(m³/h)	扬程 H/m	电机转速 n=2900r/min						流量 Q/(m³/h)	扬程 H/m	电机转速 n=1450r/min					
				相对密度 γ=1.00		相对密度 γ=1.35		相对密度 γ=1.84				相对密度 γ=1.00		相对密度 γ=1.35		相对密度 γ=1.84	
				电机功率及型号								电机功率及型号					
				/kW	型号	/kW	型号	/kW	型号			/kW	型号	/kW	型号	/kW	型号
CZ CZS65-250	A	115	85	45	Y225M-2	55	Y250M-2			54	21	11	Y160M-4	11	Y160M-4	11	Y160M-4
	B	115	75							50	20	5.5	Y132S-4				
	C	100	65	37	Y200L2-2	45	Y225M-2			46	16	4	Y112M-4	5.5	Y132S-4		
	D	80	50	30	Y200L1-2	30	Y200L1-2	37	Y200L2-2	40	10			4	Y112M-4	5.5	Y132S-4
CZ CZS65-315	A	135	135	90	Y280M-2					64	32	11	Y160M-4	15	Y160L-4	18.5	Y180M-4
	B	130	125							61	30						
	C	115	115	75	Y280S-2	90	Y280M-2			56	28			11	Y160M-4	15	Y160L-4
	D	110	110	55	Y250M-2	75	Y280S-2			54	24						
	E	90	85	45	Y225M-2	55	Y250M-2	75	Y280S-2	50	20	5.5	Y132S-4			11	Y160M-4
	F	75	70	30	Y200L1-2	45	Y225M-2	55	Y250M-2	52	16			5.5	Y132S-4		
CZ CZS80-160	A	170	30	22	Y180M-2					75	8	3	Y100L2-4	4	Y112M-4	5.5	Y132S-4
	B	160	26	18.5	Y160L-2	22	Y180M-2			70	7			3	Y100L2-4	4	Y112M-4
	C	150	22	15	Y160M2-2	18.5	Y160L-2			70	5	2.2	Y100L1-4				
	D	130	16	11	Y160M1-2	15	Y160M2-2	18.5	Y160L-2	65	4			2.2	Y100L1-4	2.2	Y100L1-4
CZ CZS80-200	A	150	50	37	Y200L2-2					80	12	5.5	Y132S-4	11	Y160M-4	11	Y160M-4
	B	140	46	30	Y200L1-2	37	Y200L2-2			75	11	4	Y112M-4	5.5	Y132S-4		
	C	130	38	22	Y180M-2	30	Y200L1-2			65	9	3	Y100L2-4	4	Y112M-4	5.5	Y132S-4
	D	110	26	15	Y160M2-2	18.5	Y160L-2	30	Y200L1-2	60	6			3	Y100L2-4	4	Y112M-4
CZ CZS80-250	A	190	80							95	20	11	Y160M-4	11	Y160M-4	15	Y160L-4
	B	180	75	55	Y250M-2					90	19						
	C	170	70	45	Y225M-2					85	17						
	D	150	55	37	Y200L2-2	55	Y250M-2	75	Y280S-2	75	14	5.5	Y132S-4			11	Y160M-4
	E	130	47	30	Y200L1-2	37	Y200L2-2	55	Y250M-2	70	11			5.5	Y132S-4		
CZ CZS80-315	A	200	130	110	Y315S-2	160	Y315M2-2			100	32	15	Y160L-4	18.5	Y180M-4	30	Y200L-4
	B	180	125			132	Y315M1-2			95	30						
	C	160	100	75	Y280S-2	90	Y280M-2	132	Y315M1-2	85	24			15	Y160L-4	18.5	Y180M-4
	D	150	75	55	Y250M-2	75	Y280S-2	90	Y280M-2	70	18					15	Y160L-4
CZ CZS80-400	A									105	52	30	Y200L-4				
	B									100	50						
	C									90	44			30	Y200L-4		
	D									80	38	18.5	Y180M-4				
	E									75	30			18.5	Y180M-4	30	Y200L-4
CZ CZS100-200	A	220	45	45	Y225M-2	55	Y250M-2			115	11	5.5	Y132S-4	11	Y160M-4	11	Y160M-4
	B	200	40	30	Y200L1-2	45	Y225M-2	55	Y250M-2	100	10						

续表

型号	叶轮直径	流量 Q/(m^3/h)	扬程 H/m	电机转速 $n=2900$r/min						流量 Q/(m^3/h)	扬程 H/m	电机转速 $n=1450$r/min					
				相对密度 $\gamma=1.00$		相对密度 $\gamma=1.35$		相对密度 $\gamma=1.84$				相对密度 $\gamma=1.00$		相对密度 $\gamma=1.35$		相对密度 $\gamma=1.84$	
				电机功率及型号								电机功率及型号					
				/kW	型号	/kW	型号	/kW	型号			/kW	型号	/kW	型号	/kW	型号
CZ CZS100-200	C	180	30	22	Y180M-2	30	Y200L1-2	45	Y225M-2	90	8	5.5	Y132S-4	5.5	Y132S-4	5.5	Y132S-4
	D	150	25					37	Y200L2-2	80	6						
CZ CZS100-250	A	280	75	90	Y280M-2	110	Y315S-2	160	Y315M2-2	130	20	15	Y160L-4	30	Y200L-4	30	Y200L-4
	B	250	70	75	Y280S-2			132	Y315M1-2	130	18	11	Y160M-4	15	Y160L-4		
	C	230	55	55	Y250M-2	75	Y280S-2	110	Y315S-2	120	14			11	Y160M-4	15	Y160L-4
	D	200	40	37	Y200L2-2	55	Y250M-2	75	Y280S-2	100	10					11	Y160M-4
CZ CZS100-315	A	270	135	160	Y315M2-2					132	32	30	Y200L-4	30	Y200L-4		
	B	250	130	132	Y315M1-2					120	30	18.5	Y180M-4			30	Y200L-4
	C	230	100	110	Y315S-2	132	Y315M1-2			100	26	15	Y160L-4	15	Y160L-4		
	D	200	85	75	Y280S-2	110	Y315S-2	132	Y315M1-2	90	21					18.5	Y180M-4
CZ CZS100-400	A									150	50	45	Y225M-4	45	Y225M-4		
	B									140	48	30	Y200L-4				
	C									120	40			30	Y200L-4	45	Y225M-4
	D									100	30	18.5	Y180M-4			30	Y200L-4
CZ CZS125-250	A									200	20	18.5	Y180M-4	22	Y180L-4		
	B									200	18	15	Y160L-4	18.5	Y180M-4		
	C									190	14	11	Y160M-4	15	Y160L-4		
	D									160	10			11	Y160M-4	15	Y160L-4
CZ CZS125-315	A									200	30	30	Y200L-4				
	B									180	30			30	Y200L-4		
	C									170	24	18.5	Y180M-4			30	Y200L-4
	D									100	18	15	Y160L-4	18.5	Y180M-4		
CZ CZS125-400	A									220	50						
	B									200	48						
	C									180	46						
	D									170	42	30	Y200L-4				
	E									150	36			30	Y200L-4		
	F									150	30						
CZ CZS150-250	A									320	17	22	Y180L-4	30	Y200L-4	37	Y225S-4
	B									300	15	18.5	Y180M-4				
	C									280	13						
	D									260	12	15	Y160L-4	18.5	Y180M-4	30	Y200L-4
	E									240	11	11	Y160M-4	15	Y160L-4	22	Y180L-4

续表

型号	叶轮直径	流量Q/(m³/h)	扬程H/m	电机转速 $n=2900$r/min 电机功率及型号 相对密度 $\gamma=1.00$ /kW	型号	相对密度 $\gamma=1.35$ /kW	型号	相对密度 $\gamma=1.84$ /kW	型号	流量Q/(m³/h)	扬程H/m	电机转速 $n=1450$r/min 电机功率及型号 相对密度 $\gamma=1.00$ /kW	型号	相对密度 $\gamma=1.35$ /kW	型号	相对密度 $\gamma=1.84$ /kW	型号
CZ CZS150-315	A									380	30	45	Y225M-4				
	B									340	26	37	Y225S-4	45	Y225M-4		
	C									320	20	30	Y200L-4	37	Y225S-4	55	Y250M-4
	D									300	17	22	Y180L-4	30	Y200L-4	37	Y225S-4
CZ CZS150-400	A									400	48	75	Y280S-4				
	B									340	40	55	Y250M-4	75	Y280S-4		
	C									300	34	45	Y225M-4			90	Y280M-4
	D									260	28	37	Y225S-4	45	Y225M-4	75	Y280S-4
CZ CZS150-500	A									420	80	132	Y315M1-4				
	B									400	70	110	Y315S-4	160	Y315M2-4		
	C									360	65			132	Y315M1-4		
	D									340	50	75	Y280S-4	110	Y315S-4	132	Y315M1-4
	E									300	45	55	Y250M-4	75	Y280S-4	110	Y315S-4
CZ CZS200-250	A									600	12	30	Y200L-4	37	Y225S-4		
	B									540	11	22	Y180L-4	30	Y200L-4		
	C									500	10					37	Y225S-4
CZ CZS200-315	A									650	24	55	Y250M-4				
	B									600	20						
	C									550	16	37	Y225S-4	45	Y225M-4		
	D									500	13	30	Y200L-4	37	Y225S-4	55	Y250M-4
CZ CZS200-400	A									650	52	132	Y315M1-4				
	B									550	45	90	Y280M-4	132	Y315M1-4		
	C									500	40	75	Y280S-4	110	Y315S-4	160	Y315M2-4
	D									450	30	55	Y250M-4	75	Y280S-4	110	Y315S-4
CZ CZS200-500	A									700	75						
	B									650	65	160	Y315M2-4				
	C									550	55	110	Y315S-4	160	Y315M2-4		
	D									450	40	75	Y280S-4	110	Y315S-4	132	Y315M1-4
CZ CZS250-315	A									950	22	75	Y280S-4	90	Y280M-4		
	B									900	20						
	C									800	16	55	Y250M-4	75	Y280S-4		
CZ CZS250-400	A									1000	44	160	Y315M2-4				
	B									900	38	132	Y315M1-4				
	C									850	30	110	Y315S-4	160	Y315M2-4		
	D									800	24	90	Y280M-4	110	Y315S-4	160	Y315M2-4

续表

型号	叶轮直径	流量 Q/(m³/h)	扬程 H/m	电机转速 n=2900r/min						流量 Q/(m³/h)	扬程 H/m	电机转速 n=1450r/min					
				相对密度 γ=1.00		相对密度 γ=1.35		相对密度 γ=1.84				相对密度 γ=1.00		相对密度 γ=1.35		相对密度 γ=1.84	
				电机功率及型号								电机功率及型号					
				/kW	型号	/kW	型号	/kW	型号			/kW	型号	/kW	型号	/kW	型号
CZ CZS250-500	A									1200	80						
	B									1100	70						
	C									1000	55						
	D									850	45	160	Y315M2-4				
CZ CZS300-400	A									1500	40						
	B									1400	30	160	Y315M2-4				
	C									1300	25	132	Y315M1-4				
	D									1300	20	110	Y315S-4	160	Y315M2-4		
CZ CZS300-500	A									1700	70						
	B									1500	60						
	C									1300	50						
	D									1100	40						

c. SES型单级单吸化工泵　SES型单级单吸离心泵具有可靠性强、效率高、结构合理、寿命长、运行成本低、流量及扬程范围大、安装及维修方便等特点。SES型单级单吸离心泵特别适合输送化学介质及其他腐蚀性的液体，液体中可以含少量颗粒物质。泵输送介质温度可以达到110℃，如备有冷却系统，液体最高温度可以高达250℃。SES泵材质采用耐腐蚀材料。

(a) SES型单级单吸化工泵型号意义如下：

例如 SES100-80-125

SES——单级单吸不锈钢材质离心泵；100——泵吸入口直径，mm；80——泵排出口直径，mm；125——叶轮名义直径，mm。

(b) SES型单级单吸化工泵选型见图1-18。

(c) SES型单级单吸化工泵部分产品性能见表1-14。

d. MPH型化工流程泵　MPH型化工流程泵为小流量、高扬程流程泵，适用于为石油化工、化学工业等部门输送石油及产品，也可用来输送沸水。泵的使用范围：流量0.5～7.8m³/h，扬程15～138m，介质温度－20～400℃。

MPH型化工流程泵为单级悬臂结构，有 n=2900r/min 和 n=5900r/min 两种转速。对于 n=5900r/min 的泵，是将增速器与电机连接在一起，泵与增速器通过联轴器连接。

(a) MPH型化工流程泵选型见图1-19。

(b) MPH型化工流程泵部分产品性能见表1-15。

e. XL、DXL型小流量化工流程泵　XL、DXL型为小流量、高扬程化工泵，用于石油精炼、石油化工和化学工业输送不含固体颗粒的石油制品、液态烃、工艺流程用水以及一般腐蚀性的酸碱液等，输送介质温度－45～350℃。

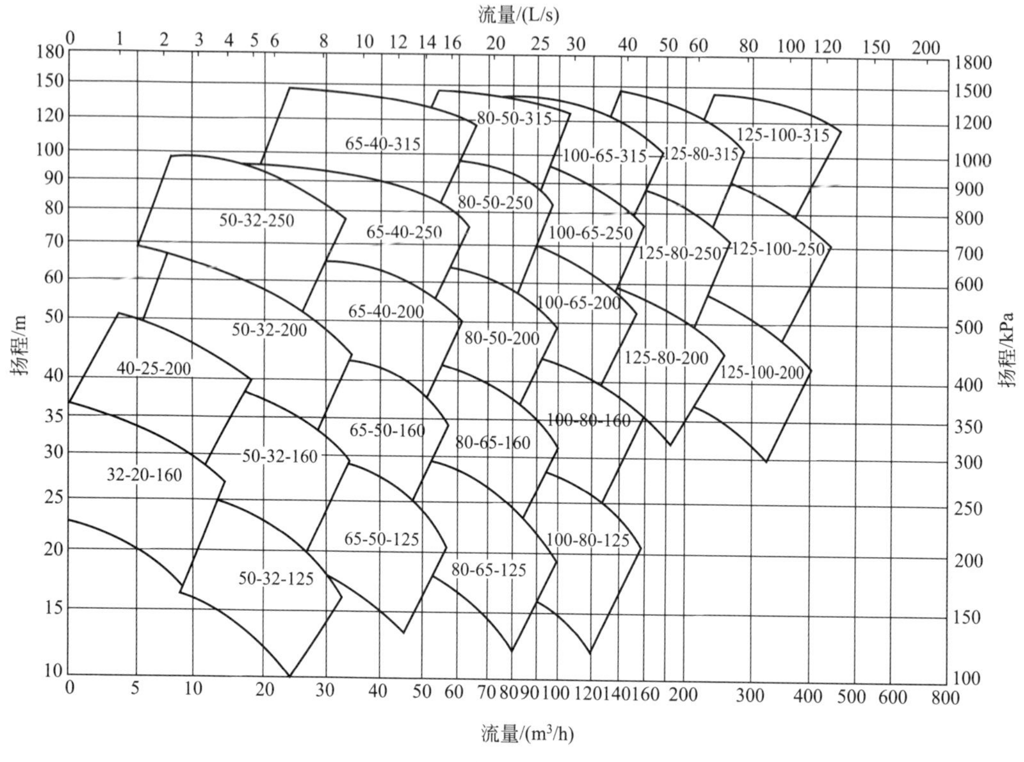

(a) n=2900r/m

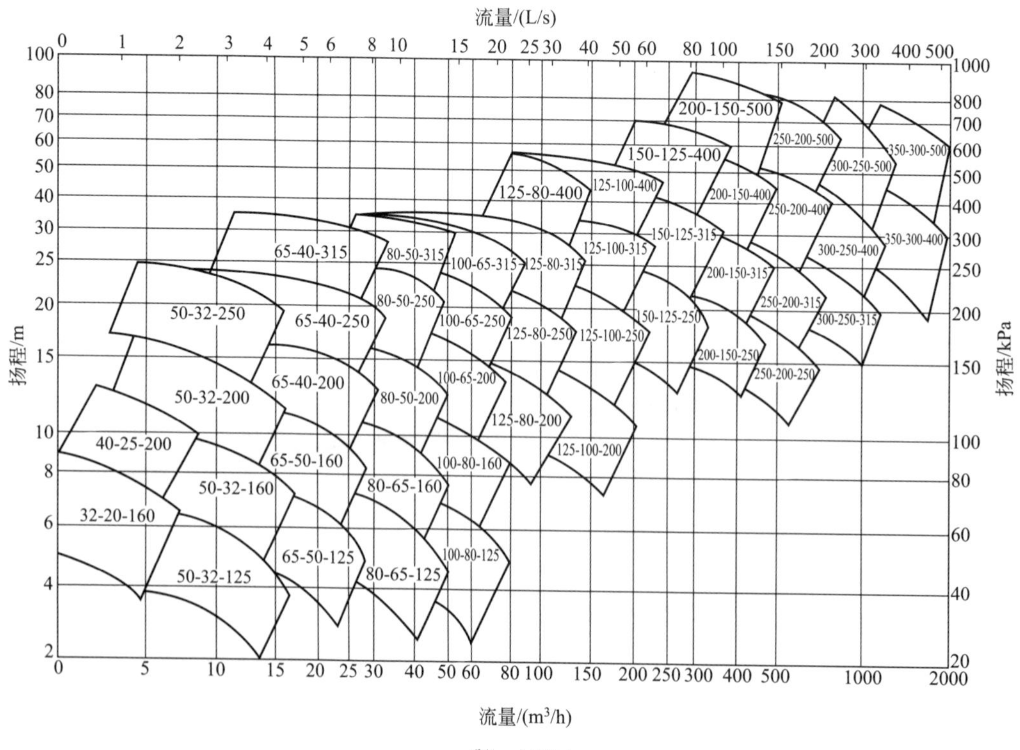

(b) n=1450r/m

图 1-18　SES 型单级单吸化工泵选型

表 1-14　SES 型单级单吸化工泵性能参数

泵型号	流量 Q /(m³/h)	流量 Q /(L/s)	扬程 H /m	效率 η/%	转速 n/(r/min)	功率 P 轴功率/kW	功率 P 最大电机功率/kW	必需气蚀余量 $(NPSH)_r$/m	质量/kg
200-200-250	420.0	116.7	14.5	75	1450	22.1	22	3.0	265
	600.0	166.7	12.0	85		23.1		4.0	
	720.0	200.0	8.5	80		20.8		5.0	
200-200-250	280.0	77.8	6.5	77	970	6.4	7.5	1.4	265
	400.0	111.1	5.5	85		7.1		1.6	
	480.0	133.3	3.6	80		5.9		2.2	
65-40-315	32.2	8.9	140.0	46	2900	26.7	45	5.3	132
	46.0	12.8	135.0	53		31.9		6.8	
	55.2	15.3	120.0	50		36.1		7.8	
65-40-315	26.6	7.4	33.0	53	1450	4.5	7.5	2.5	132
	38.0	10.6	30.0	58		5.4		4.0	
	45.6	12.7	26.0	55		5.9		5.0	
80-50-315	84.0	23.3	99.5	61	2900	37.3	55	4.3	138
	120.0	33.3	90.0	64		46.0		6.0	
	130.0	36.1	85.9	63		48.3		6.5	
80-50-315	45.5	12.6	34.8	62	1450	7.0	11	2.5	138
	65.0	18.1	33.2	69		8.5		2.9	
	71.0	19.7	32.4	68		9.2		3.1	
100-65-315	126.0	35.0	156.0	71	2900	76.0	110	5.0	186
	180.0	50.0	144.0	76		92.9		7.0	
	216.0	60.0	130.0	72		106.3		9.0	
100-65-315	63.0	17.5	39.0	68	1450	9.8	18.5	1.8	186
	90.0	25.0	36.0	72		12.3		2.7	
	108.0	30.0	33.0	71		13.7		3.5	
125-80-315	147.0	40.8	140.0	75	2900	74.8	110	4.0	191
	210.0	58.3	126.0	79		91.3		5.1	
	252.0	70.0	106.0	73		99.7		6.5	
125-80-315	70.0	19.4	36.0	70	1450	9.8	15	2.0	191
	100.0	27.8	33.0	75		12.0		2.2	
	120.0	33.3	29.0	73		13.0		2.8	
125-100-315	234.5	65.1	160.0	75	2900	136.3	200	4.5	194
	335.0	93.1	150.0	79		173.3		7.0	
	370.0	102.8	142.0	77		185.9		7.8	
125-100-315	126.0	35.0	39.8	77	1450	17.9	30	2.2	194
	180.0	50.0	37.0	81		22.4		3.8	
	216.0	60.0	33.5	76		25.9		5.0	

续表

泵型号	流量 Q /(m³/h)	流量 Q /(L/s)	扬程 H /m	效率 η/%	转速 n/(r/min)	功率 P 轴功率/kW	功率 P 最大电机功率/kW	必需气蚀余量 $(NPSH)_r$/m	质量/kg
125-100-315D	210.0	58.3	182.0	71	2900	146.2	250	4.0	194
	300.0	83.3	172.0	76		186.2		6.0	
	360.0	100.0	162.0	75		211.9		8.0	
125-100-315D	126.0	35.0	41.0	74	1450	19.0	37	2.2	194
	180.0	50.0	38.0	77		24.2		4.0	
	216.0	60.0	34.5	75		27.1		5.2	
150-125-315	231.0	64.2	44.0	79	1450	35.1	55	2.5	258
	330.0	91.7	40.0	84		42.8		3.0	
	396.0	110.0	35.5	82		46.7		3.8	
150-125-315	154.0	42.8	19.5	78	970	10.5	15	1.0	258
	220.0	61.1	18.0	84		12.8		1.5	
	264.0	73.3	16.0	82		14.0		1.8	
200-150-315	406.0	112.8	37.0	74	1450	55.3	75	3.8	267
	580.0	161.1	32.0	80		63.2		5.0	
	696.0	193.3	27.0	76		67.4		6.0	
200-150-315	268.8	74.7	16.5	74	970	16.3	22	1.8	267
	384.0	106.7	14.5	80		19.0		2.0	
	460.8	128.0	12.5	77		20.4		2.5	
250-200-315	490.0	136.1	31.0	79	1450	52.4	75	5.8	329
	700.0	194.4	26.0	85		58.3		6.2	
	840.0	233.3	20.0	78		58.7		7.1	
250-200-315	308.0	85.6	12.3	76	970	13.6	18.5	1.6	329
	440.0	122.2	10.5	83		15.2		2.0	
	528.0	146.7	8.5	78		15.7		2.5	
300-250-315	728.0	202.2	28.0	77	1450	72.1	90	4.0	411
	1040.0	288.9	24.0	86		79.1		5.0	
	1220.0	338.9	19.0	77		82.0		7.0	
300-250-315	527.8	146.6	12.5	80	970	22.5	0	1.6	411
	754.0	209.4	10.0	85		24.2		2.6	
	840.0	233.3	8.0	79		23.2		3.5	
125-80-400	72.1	20.0	54.0	56	1450	18.9	30	2.3	243
	103.0	28.6	48.0	61		22.1		2.5	
	123.6	34.3	42.0	58		24.4		2.6	
125-80-400	49.0	13.6	24.5	56	970	5.8	11	1.0	243
	70.0	19.4	21.5	61		6.7		1.1	
	84.0	23.3	18.5	56		7.6		1.2	

续表

泵型号	流量Q		扬程 H /m	效率 η/%	转速 n/(r/min)	功率P		必需气蚀余量 $(NPSH)_r$/m	质量/kg
	/(m^3/h)	/(L/s)				轴功率/kW	最大电机功率/kW		
125-100-400	126.0	35.0	60.5	71	1450	29.3	55	2.0	259
	180.0	50.0	57.0	77		36.3		3.0	
	216.0	60.0	52.0	74		41.6		4.0	
125-100-400	84.0	23.3	27.0	72	970	8.6	15	1.0	259
	120.0	33.3	25.5	77		10.8		1.4	
	144.0	40.0	23.0	74		12.2		1.8	
150-125-400	252.0	70.0	68.0	80	1450	58.4	90	2.5	256
	360.0	100.0	62.0	83		73.3		3.5	
	432.0	120.0	55.0	78		83.0		4.5	
150-125-400	161.0	44.7	30.5	78	970	17.2	30	1.0	256
	230.0	63.9	29.0	83		21.9		1.5	
	276.0	76.7	26.0	80		24.4		2.0	
200-150-400	420.0	116.7	60.0	81	1450	84.8	132	3.0	317
	600.0	166.7	54.0	85		103.9		4.0	
	720.0	200.0	47.0	82		112.5		5.0	
200-150-400	280.0	77.8	27.0	81	970	25.4	37	1.4	317
	400.0	111.1	24.0	85		30.8		1.8	
	480.0	133.3	21.0	82		33.5		2.2	
250-200-400	455.0	126.4	56.0	78	1450	89.0	132	3.2	385
	650.0	180.6	50.0	83		106.7		4.0	
	780.0	216.7	46.0	81		120.7		4.2	
250-200-400	301.0	83.6	25.0	78	970	26.3	45	1.3	385
	430.0	119.4	23.0	84		32.1		1.7	
	516.0	143.3	20.0	80		35.2		2.1	
300-250-400	700.0	194.4	55.0	81	1450	129.5	180	4.5	488
	1000.0	277.8	50.0	87		156.6		5.0	
	1200.0	333.3	42.0	82		167.5		6.0	
300-250-400	455.0	126.4	22.0	75	970	36.4	45	2.0	488
	650.0	180.6	19.0	83		40.5		2.2	
	780.0	216.7	16.0	80		42.5		2.5	
350-300-400	1050.0	291.7	46.0	76	1450	173.2	220	4.5	548
	1500.0	416.7	38.0	87		178.5		4.8	
	1760.0	488.9	34.0	83		196.5		8.0	
350-300-400	700.0	194.4	19.0	76	970	47.7	75	2.0	548
	1000.0	277.8	16.0	87		50.1		2.5	
	1200.0	333.3	14.0	83		55.2		3.5	
200-150-500	301.0	83.6	88.0	73	1450	98.9	160	1.8	398
	430.0	119.4	80.0	78		120.2		2.5	
	516.0	143.3	73.0	77		133.3		4.2	

续表

泵型号	流量Q /(m³/h)	流量Q /(L/s)	扬程 H /m	效率 η/%	转速 n/(r/min)	功率P 轴功率/kW	功率P 最大电机功率/kW	必需气蚀余量 $(NPSH)_r$/m	质量/kg
200-150-500	203.0	56.4	39.0	73	970	29.6	45	0.8	398
	290.0	80.6	36.0	78		36.5		1.1	
	348.0	96.7	33.0	76		41.2		2.0	
250-200-500	504.0	140.0	88.0	79	1450	153.0	220	2.0	482
	720.0	200.0	78.0	82		186.6		3.0	
	864.0	240.0	70.0	80		206.0		4.0	
250-200-500	322.0	89.4	36.0	76	970	41.6	75	1.0	482
	460.0	127.8	32.0	82		48.9		1.3	
	552.0	153.3	28.0	80		52.6		1.8	
300-250-500	840.0	233.3	88.0	83	1450	242.7	355	4.0	610
	1200.0	333.3	81.0	87		304.4		6.0	
	1440.0	400.0	72.0	85		332.4		7.0	
300-250-500	560.0	155.6	38.0	82	970	70.7	110	2.0	610
	800.0	222.2	35.0	87		87.7		2.5	
	960.0	266.7	31.0	85		95.4		3.0	
350-300-500	1232.0	342.2	81.0	78	1450	348.6	500	5.0	685
	1760.0	488.9	70.0	84		402.1		7.0	
	2112.0	586.7	57.0	78		420.6		9.0	
350-300-500	805.0	223.6	35.0	77	970	99.7	132	2.0	685
	1150.0	319.4	29.0	84		108.8		3.0	
	1380.0	383.3	25.0	78		120.5		4.0	

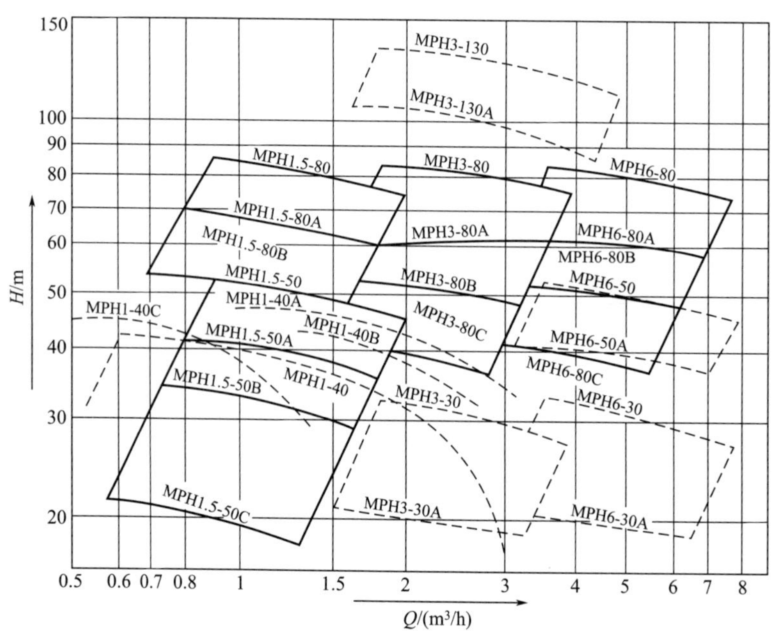

图 1-19 MPH 型化工流程泵选型

实线为 $n=5900$r/min 时的性能；虚线为 $n=2900$r/min 时的性能

表 1-15 MPH 型化工流程泵性能参数

泵型号	流量 Q /(m^3/h)	流量 Q /(L/s)	扬程 H /m	转速 n/(r/min)	功率/kW 轴功率	功率/kW 电机功率	必需气蚀余量 $(NPSH)_r$/m	叶轮直径 D/mm
MPH1-40	0.6	0.17	41.5	2900	0.97	2.2	1.8	185
	1.0	0.28	40		0.99			
	2.0	0.56	32		1.0			
	3.0	0.83	15		0.91		2.5	
MPH1-40A	1.0	0.28	48	2900	1.0	2.2	1.8	185
	1.7	0.47	46		1.15			
	2.4	0.67	42		1.34			
	3.1	0.86	34.5		1.49		2.6	
MPH1-40B	0.8	0.22	45	2900	0.89	2.2	1.8	185
	1.5	0.42	43		1.0			
	2.2	0.61	38.5		1.14			
	2.9	0.81	31		1.23		2.5	
MPH1-40C	0.5	0.14	45	2900		2.2	1.8	185
	1.0	0.28	40					
	1.4	0.39	30					
MPH1.5-80	0.9	0.25	82.5	5900	1.26	3～4	4	122
	1.5	0.42	80		1.5			
	2	0.56	78		1.65			
MPH1.5-80A	0.8	0.22	67.5	5900	0.98	3	4	111
	1.33	0.37	65		1.18			
	1.77	0.49	63		1.26			
MPH1.5-80B	0.7	0.19	54	4770	0.86	3	4	122
	1.21	0.34	52		0.95			
	1.6	0.44	49.5		0.98			
MPH1.5-50	0.9	0.25	52.5	5900	0.72	2.2	4	98
	1.5	0.42	50		0.85			
	2	0.56	47		0.94			
MPH1.5-50A	0.8	0.22	42	5900	0.54	2.2	4	89
	1.33	0.37	40		0.66			
	1.77	0.49	37		0.69			
MPH1.5-50B	0.7	0.19	35	4770	0.52	2.2	4	98
	1.21	0.34	32.6		0.54			
	1.6	0.44	30		0.57			
MPH1.5-50C	0.55	0.15	22	4770	0.30	2.2	4	80
	0.93	0.26	20		0.32			
	1.23	0.34	18		0.34			
NPH3-80	1.8	0.5	82.5	5900	2.25	4	4.5	126
	3	0.83	80		2.56			
	4	1.11	78		2.78			
NPH3-80A	1.54	0.43	59	5900	1.37	4	4.5	112
	2.57	0.71	61		1.7			
	3.4	0.94	63.5		1.95			
MPH3-80B	1.45	0.4	54	4770	1.19	4	4.5	126
	2.42	0.67	52		1.37			
	3.2	0.89	50		1.45			
MPH3-80C	1.26	0.35	42	4770	0.85	4	4.5	112
	2.1	0.58	40		0.95			
	2.8	0.78	38		1.0			

续表

泵 型 号	流量 Q		扬程 H /m	转速 n/(r/min)	功率/kW		必需气蚀余量 $(NPSH)_r$/m	叶轮直径 D/mm
	/(m^3/h)	/(L/s)			轴功率	电机功率		
MPH3-30	1.8 3 4	0.5 0.83 1.11	32 30 28	2900	0.68 0.76 0.8	2.2	4	158
MPH3-30A	1.42 2.37 3.1	0.39 0.66 0.86	22 20 18	2900	0.45 0.46 0.47	2.2	4	132
MPH6-80	3.6 6 7.8	1.0 1.67 2.17	82.5 80 78	5900	3.24 3.74 4.14	5.5	4	125
MPH6-80A	3.12 5.2 6.9	0.87 1.44 1.92	65 62 60	5900	2.5 2.75 2.93	5.5	4	112
MPH6-80B	2.9 4.85 6.45	0.81 1.35 1.79	54 52 50	4770	2.13 2.37 2.41	5.5	4	125
MPH6-80C	2.52 4.2 5.58	0.7 1.17 1.55	42 40 38	4770	1.45 1.65 1.7	5.5	4	112
MPH6-50	3.6 6 7.8	1.0 1.67 2.17	52 50 48	2900	1.6 1.9 2.12	4	3.5	200
MPH6-50A	3.16 5.27 6.85	0.88 1.46 1.9	42 40 38	2900	1.16 1.37 1.5	4	3.5	181
MPH6-30	3.6 6 7.8	1.0 1.67 2.17	32 30 28	2900	1.25 1.45 1.5	3	3.5	164
MPH6-30A	2.85 4.75 6.3	0.79 1.32 1.75	21.8 20 18	2900	0.85 0.86 0.87	3	3.5	137
MPH3-130	1.8 3 5	0.5 0.83 1.39	138 130 111	2900	12.3 12.8 13	18.5	2.0 2.15 2.4	335
MPH3-130A	1.8 3 5	0.5 0.83 1.39	109 100 87	2900	11.9 11.7 11.5	15	2.0 2.15 2.4	300

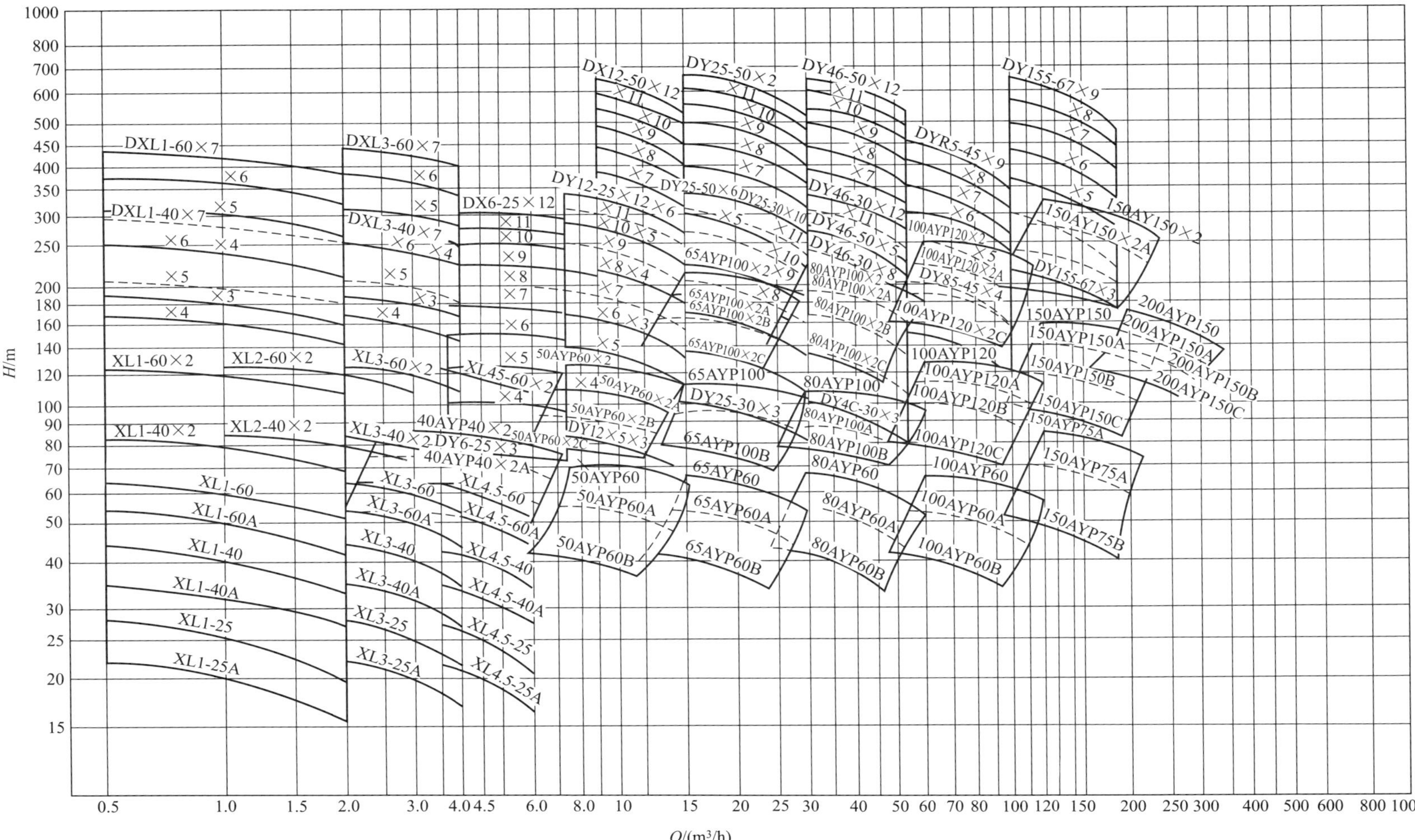

图 1-20　XL、DXL 型小流量化工流程泵选型

XL 为单级、双级型：流量 0.5～6m³/h，扬程 16～125m。DXL 为多级流程泵：流量 0.5～4m³/h，扬程 144～440m。

XL、DXL 型小流量化工流程泵型号意义示例：

例如，XL3-60A；DXL3-60×3

XL——小流量；DXL——多级小流量；3——泵流量，m³/h；60——单级扬程，m；A——第一次切割；×3——级数。

(a) XL、DXL 型小流量化工流程泵选型见图 1-20。

(b) XL、DXL 型小流量化工流程泵部分产品性能见表 1-16。

表 1-16　XL 型小流量化工流程泵标准性能参数

型号	流量 $Q/(m^3/h)$	扬程 H/m	转速 $n/(r/min)$	气蚀余量 $NPSH/m$	轴功率 P/kW	配带电机		吸入口径 /mm	排出口径 /mm
						型号	功率/kW		
XL1-25	0.5	28	2900	3.0	0.32	YB801-2 YAg801-2	0.75	25	25
	1.0	25			0.43				
	2.0	20			0.50				
XL1-25A	0.5	22			0.21				
	1.0	20			0.30				
	2.0	16			0.36				
XL3-25	2.0	28		2.8	0.64	YB90S-2 YAg90S-2	1.5	32	
	3.0	25			0.68				
	4.0	22			0.73				
XL3-25A	2.0	22			0.46				
	3.0	20			0.51				
	4.0	17			0.55				
XL4.5-25	3.5	28		2.5	0.78			40	32
	4.5	25			0.81				
	6.0	21			0.86				
XL4.5-25A	3.5	22			0.58				
	4.5	20			0.61				
	6.0	17			0.66				
XL1-40	0.5	44		4.0	0.88			25	20
	1.0	40			0.91				
	2.0	33			1.12				
XL1-40A	0.5	35			0.59				
	1.0	32			0.62				
	2.0	27			0.82				
XL3-40	2.0	44		3.0	1.41	YB90L-2 YAg90L-2	2.2	32	25
	3.0	40			1.49				
	4.0	35			1.59				
XL3-40A	2.0	35			1.06				
	3.0	32			1.09				
	4.0	27			1.13				
XL4.5-40	3.5	43		2.8	1.52			40	
	4.5	40			1.63				
	6.0	35			1.68				
XL4.5-40A	3.5	35			1.15				
	4.5	32			1.23				
	6.0	28			1.35				
XL1-60	0.5	64		4.8	1.45	YB100L-2 YAg100L-2	3.0	25	20
	1.0	60			1.92				
	2.0	52			2.02				
XL1-60A	0.5	54		4.5	1.13				
	1.0	50			1.36				
	2.0	42			1.53				

续表

型号	流量 $Q/(m^3/h)$	扬程 H/m	转速 $n/(r/min)$	气蚀余量 $NPSH/m$	轴功率 P/kW	配带电机 型号	配带电机 功率/kW	吸入口径 /mm	排出口径 /mm
XL3-60	2.0	64	2900	3.0	2.49	YB112M-2 YAg112M-2	4.0	32	25
	3.0	60			2.88				
	4.0	54			2.94				
XL3-60A	2.0	54		3.0	2.10	YB100L-2 YAg100L-2	3.0		
	3.0	50			2.27				
	4.0	44			2.40				
XL4.5-60	3.5	64		2.5	3.39	YB132S1-2 YAg132S1-2	5.5	40	
	4.5	60			3.50				
	6.0	53			3.77				
XL4.5-60A	3.5	53			2.53	YB112M-2 YAg112M-2	4.0		
	4.5	50			2.79				
	6.0	44			3.0				
XL1-40×2	0.5	84		4.0	1.9	YB100L-2 YAg100L-2	3.0	25	20
	1.0	80			2.18				
	2.0	70			2.72				
XL2-40×2	1.0	85		3.5	2.1	YB112M-2 YAg112M-2	4.0	32	25
	2.0	80			2.9				
	3.0	74			3.36				
XL3-40×2	2.0	84		3.0	3.27	YB132S1-2 YAg132S1-2	5.5		
	3.0	80			3.63				
	4.0	74			4.03				
XL1-60×2	0.5	125		4.8	4.26	YB132S2-2 YAg1322-2	7.5	25	20
	1.0	120			4.67				
	2.0	108			5.35				
XL2-60×2	1.0	125		4.0	4.86			32	25
	2.0	120			5.94				
	3.0	110			5.99				
XL3-60×2	2.0	125	2950	3.5	6.19	YB160M1-2 YAg160M1-2	11		
	3.0	120			6.54				
	4.0	110			7.04				
XL4.5-60×2	3.5	125		3.0	7.45			40	
	4.5	120			8.17				
	6.0	110			8.99				
DXL1-40×4	0.5	168	2900	3.5	4.15	YB132S2-2 YAg132S2-2	7.5	25	25
	1.0	160			4.54				
	2.0	144			5.23				
DXL1-40×5	0.5	210			5.4				
	1.0	200			5.79				
	2.0	180			6.62				
DXL1-40×6	0.5	252	2950		6.73	YB160M1-2 YAg160M1-2	11		
	1.0	240			7.10				
	2.0	216			8.05				
DXL1-40×7	0.5	294			8.16				
	1.0	280			8.47				
	2.0	252			9.53				
DXL3-40×4	2.0	168		3.0	6.53			32	32
	3.0	160			7.26				
	4.0	148			8.06				
DXL3-40×5	2.0	210			8.47	YB160M2-2 YAg160M2-2	15		
	3.0	200			9.34				
	4.0	185			10.33				
DXL3-40×6	2.0	252			10.56				
	3.0	240			12.25				
	4.0	222			12.73				

续表

型号	流量 $Q/(m^3/h)$	扬程 H/m	转速 $n/(r/min)$	气蚀余量 $NPSH/m$	轴功率 P/kW	配带电机		吸入口径 /mm	排出口径 /mm
						型号	功率/kW		
DXL3-40×7	2.0	294	2950	3.0	12.81	YB160L-2 YAg160L-2	18.5	32	32
	3.0	280			14.76				
	4.0	260			15.3				
DXL1-60×3	0.5	189		4.0	6.43	YB160M1-2 YAg160M1-2	11	25	25
	1.0	180			7.2				
	2.0	162			7.67				
DXL1-60×4	0.5	252			9.03	YB160M2-2 YAg160M2-2	15		
	1.0	240			9.90				
	2.0	216			10.4				
DXL1-60×5	0.5	315			11.91				
	1.0	300			12.77				
	2.0	270			13.24				
DXL1-60×6	0.5	376			15.6	YB160L-2 YAg160L-2	18.5		
	1.0	360			15.8				
	2.0	325			16.24				
DXL1-60×7	0.5	438			18.6	YB180M-2 YAg180M-2	22		
	1.0	420			19.06				
	2.0	380			19.34				
DXL3-60×3	2.0	189			9.11	YB160M2-2 YAg160M2-2	15	32	32
	3.0	180			9.80				
	4.0	171			10.35				
DXL3-60×4	2.0	252		3.0	12.70	YB160L-2 YAg160L-2	18.5		
	3.0	240			13.5				
	4.0	228			14.2				
DXL3-60×5	2.0	315			16.7	YB180M-2 YAg180M-2	22		
	3.0	300			17.5				
	4.0	285			18.3				
DXL3-60×6	2.0	378			21.0	YB200L1-2 YAg200L1-2	30		
	3.0	360			21.8				
	4.0	342			22.6				
DXL3-60×7	2.0	440			25.8				
	3.0	420			26.4				
	4.0	400			27.2				

f. ZXA 型石油化工流程泵　ZXA 型石油化工流程泵为卧式径向剖分、单级单吸离心泵。适用于输送含有颗粒的、低温或高温的、中性或有腐蚀性的液体，例如各种无机酸和有机酸、各种碱性溶液、各种盐溶液、各种液态石油化工产品、有机化合物以及有腐蚀性的原料和产品。主要应用于炼油、化学工业、油精炼、煤炭工业、造纸业等。

该泵是根据 API 610 和 VDMA 24297（轻/中型）规范设计的。

ZXA 型石油化工流程泵性能范围：口径 25～300mm，流量可达 1050m^3/h，扬程可达 200m，工作压力可达 2.5MPa，工作温度为－80～450℃。

(a) ZXA 型石油化工流程泵选型见图 1-21。

(b) ZXA 型石油化工流程泵部分产品性能见表 1-17。

g. MFR 系列标准化工泵　MFR 系列标准化工泵为单级卧式离心泵，其尺寸设计符合 ISO 标准。适合于输送各种含颗粒、含结晶及黏性物质的液体。主要用于化工、石油化工、钢铁工业、建筑业、食品加工等行业。MFR 系列标准化工泵的性能范围为：使用温度－30～350℃，流量0.5～2500m^3/h，扬程 2～150m，工作压力1.6～2.5MPa。

(a) MFR 系列标准化工泵选型见图 1-22。

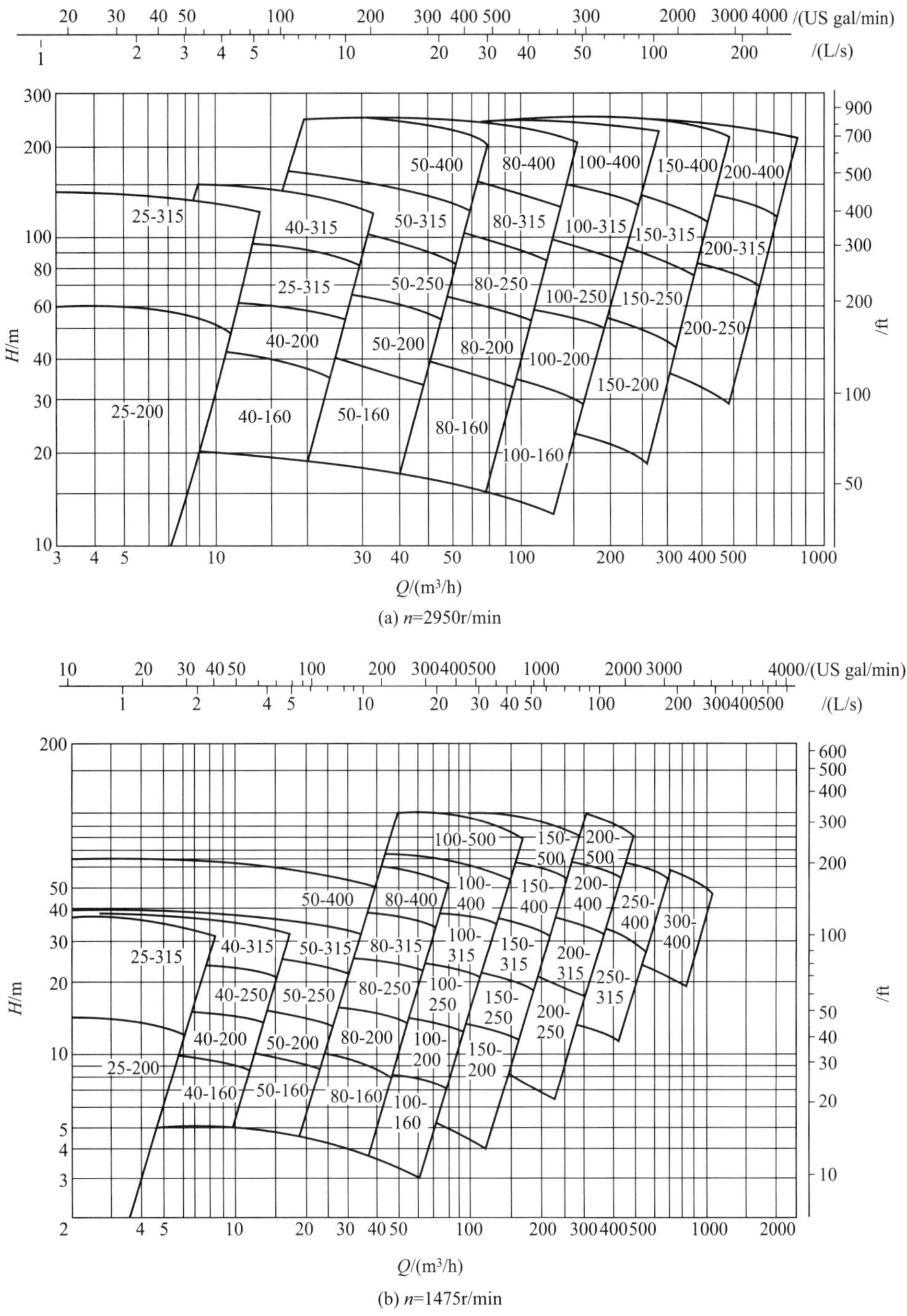

(a) n=2950r/min

(b) n=1475r/min

图 1-21 ZXA 型石油化工流程泵选型图

(1ft=0.3048m；1US gal=3.78541dm³)

② 卧式重载荷化工流程离心泵

a. AY 型单级、两级、多级离心油泵 AY 型油泵系列是经改造并重新设计的新产品，其特点是可靠性高、效率比老油泵高 5%～8%、零部件通用化程度高。AY 型油泵可用于石油精制、石油化工和化学工业输送不含固体颗粒的石油、液化石油气和其他介质，特别适用于输送高温、高压以及易燃、易爆或有毒的液体。

表 1-17 ZXA 型石油化工流程泵标准性能参数

型号	叶轮形式	泵额定转速 $n=2950r/min$						泵额定转速 $n=1475r/min$					
		流量Q/(m^3/h)	扬程H/m	轴承架LK	电机型号/功率/kW			流量Q/(m^3/h)	扬程H/m	轴承架LK	电机型号/功率/kW		
					相对密度 $\gamma=1.00$	相对密度 $\gamma=1.35$	相对密度 $\gamma=1.84$				相对密度 $\gamma=1.00$	相对密度 $\gamma=1.35$	相对密度 $\gamma=1.84$
ZXA25-200	A	11	48	1	Y132S1-2/5.5	Y132S2-2/7.5	Y160M1-2/11	5.5	12	1	Y90S-4/1.1	Y190S-4/1.1	Y90L-4/1.5
	B	10	42		Y112M-2/4	Y132S1-2/5.5	Y132S2-2/7.5	5	105				Y90S-4/1.1
	C	9	36		Y100L-2/3	Y112M-2/4	Y132S1-2/5.5	4.5	9				
	D	8	28		Y90L-2/2.2	Y100L-2/3	Y112M-2/4	4	7				
	E	6	16		Y90S-2/1.5	Y90S-2/1.5	Y90L-2/2.2	3	4				
ZXA40-160	A	28	32	1	Y132S1-2/5.5	Y132S2-2/7.5	Y160M1-2/11	14	8	1	Y90S-4/1.1	Y90S-4/1.1	Y90S-4/1.5
	B	26	28					13	7				
	C	22	22		Y112M-2/4	Y132S1-2/5.5	Y132S1-2/5.5	11	5.5				Y90S-4/1.1
	D	20	16		Y90L-2/2.2	Y100L-2/3	Y112M-2/4	10	4				
ZXA40-200	A	28	52	1	Y160M1-2/11	Y160M2-2/15	Y160L-2/18.5	14	13	1	Y90L-4/1.5	Y10CL1-4/2.2	Y100L2-4/3
	B	25	48		Y132S2-2/7.5	Y160M1-2/11	Y160M2-2/15	12.5	12		Y90S-4/1.1	Y9CL-4/1.5	Y100L1-4/2.2
	C	22	40		Y132S1-2/5.5	Y132S2-2/7.5	Y160M1-2/11	11	10			Y9CS-4/1.1	Y90L-4/1.5
	D	18	20		Y112M-2/4	Y132S1-2/5.5	Y132S1-2/7.5	9	5				Y90S-4/1.1
ZXA40-250	A	32	76	2	Y160L-2/18.5	Y180M-2/22	Y200L-2/30	16	19	1	Y100L2-4/3	Y112-4/4	Y132S-4/5.5
	B	30	72		Y160M2-2/15	Y160L-2/18.5		15	8		Y100L1-4/2.2	Y100L2-4/3	Y112M-4/4
	C	24	60		Y160M1-2/11	Y160M2-2/15	Y160L-2/18.5	12	15		Y90L-4/1.5	Y100L1-4/2.2	Y100L2-4/3
	D	20	48		Y132S2-2/7.5	Y160M1-2/11	Y160M2-2/15	10	12		Y90S-4/1.1	Y90L-4/1.5	Y100L1-4/2.2
ZXA40-315	A	42	112	2	Y200L2-2/37	Y225M-2/45	Y280S-2/75	21	28	1	Y132S-4/5.5	Y132M-4/7.5	Y160M-4/11
	B	40	108		Y200L1-2/30		Y250M-2/55	20	27				
	C	34	80		Y180M-2/22	Y200L-2/30	Y225M-2/45	17	20		Y112M-4/4	Y132S-4/5.5	Y132M-4/7.5
	D	30	60		Y160M2-2/15	Y180M-2/22	Y200L1-2/30	15	15		Y100L2-4/3	Y100L2-4/3	Y132S-4/5.5
ZXA50-160	A	50	32	2	Y160M1-2/11	Y160M2-2/15	Y160M2-2/15	25	8	1	Y90L-4/15	Y100L1-4/2.2	Y100L1-4/2.2
	B	45	28		Y132S2-2/7.5	Y160M1-2/11		22.5	7			Y90L-4/1.5	
	C	38	22		Y132S1-2/5.5	Y132S2-2/7.5	Y160M1-2/11	19	5.5		Y90S-4/1.1	Y90S-4/1.1	Y90L-4/1.5
	D	32	16		Y100L-2/3	Y112M-2/4	Y132S1-2/5.5	16	4				Y90S-4/1.1

续表

型号	叶轮形式	泵额定转速 $n=2950r/min$						泵额定转速 $n=1475r/min$					
		流量Q /(m^3/h)	扬程 H/m	轴承架 LK	电机型号/功率/kW			流量Q /(m^3/h)	扬程 H/m	轴承架 LK	电机型号/功率/kW		
					相对密度 $\gamma=1.00$	相对密度 $\gamma=1.35$	相对密度 $\gamma=1.84$				相对密度 $\gamma=1.00$	相对密度 $\gamma=1.35$	相对密度 $\gamma=1.84$
ZXA50-200	A	60	52	2	Y100L-2/18.5	Y180M-2/22	Y200L1-2/30	30	13	1	Y100L2-4/3	Y100L2-4/3	Y112M-4/4
	B	56	46		Y160M2-2/15	Y100L-2/18.5	Y180M-2/22	28	11.5		Y100L1-4/2.2		
	C	50	36		Y160M1-2/11	Y160M2-2/15	Y160L-2/18.5	25	9		Y90L-4/1.5	Y100L1-4/2.2	Y100L2-4/3
	D	44	28		Y132S2-2/7.5	Y160M1-2/11	Y160M2-2/15	22	7		Y90S-4/1.1	Y90L-4/1.5	Y100L1-4/2.2
ZXA50-250	A	70	80	2	Y200L1-2/30	Y200L2-2/37	Y250M-2/55	35	20	2	Y112M-4/4	Y132S-4/5.5	Y132M-4/7.5
	B	66	74				Y225M-2/45	33	18.5				
	C	60	60		Y180M-2/22	Y200L1-2/30	Y200L2-2/37	30	15		Y100L2-4/3	Y112M-4/4	Y132S-4/5.5
	D	50	44		Y160M2-2/15	Y160L-2/18.5	Y180M-2/22	25	11		Y100L1-4/2.2	Y100L2-4/3	Y100L2-4/3
ZXA50-315	A	86	112	3	Y250M-2/55	Y280S-2/75	Y315S-2/110	43	28	2	Y160M-4/11	Y160M-4/11	Y160L-4/15
	B	80	100		Y225M-2/45		Y280M-2/90	40	25		Y132M-4/7.5		
	C	70	76		Y200L1-2/30	Y225M-4/45	Y250M-2/55	35	19		Y132S-4/5.5	Y132M-4/7.5	Y160M-4/11
	D	60	56		Y180M-2/22	Y200L1-2/30	Y200L2-2/37	30	14		Y100L2-4/3	Y112M-4/4	Y132S-4/5.5
ZXA50-400	A	82	192	3	Y315S-2/110	Y315M2-2/160		41	48	2	Y160L-4/15	Y180L-4/22	Y200L-4/30
	B	76	172		Y280M-2/90	Y315M1-2/132	Y315M2-2/160	38	43			Y180M-4/18.5	Y180L-4/22
	C	70	140		Y280S-2/75	Y280M-2/90	Y315M1-2/132	35	35		Y160M-4/11	Y160L-4/15	Y180M-4/18.5
	D	60	100		Y225M-2/45	Y280S-2/75	Y280M-2/90	30	25		Y132M-4/7.5	Y160M-4/11	Y160L-4/15
ZXA80-160	A	94	32	2	Y160M2-2/15	Y160L-2/18.5	Y200L1-2/30	47	8	2	Y100L1-4/2.2	Y100L2-4/3	Y112M-4/4
	B	84	28		Y160M1-2/11	Y160M2-2/15	Y160L-2/18.5	42	7			Y100L1-4/2.2	Y100L2-4/3
	C	76	22			Y160M1-2/11	Y160M2-2/15	38	5.5		Y90L-4/15		Y100L1-4/2.2
	D	66	16		Y132S1-2/5.5	Y132S2-2/7.5	Y160M1-2/11	33	4		Y90S-4/1.1	Y90S-4/1.1	Y90L-4/1.5
ZXA80-200	A	102	54	1	Y200L1-2/30	Y200L2-2/37		51	13.5	1	Y112M-4/4	Y132S-4/5.5	Y132M-4/7.5
	B	94	48		Y180M-2/22	Y200L1-2/30	Y200L2-2/37	47	12		Y100L2-4/3	Y112M-4/4	Y132S-4/5.5
	C	84	38		Y160M2-2/15	Y180M-2/22	Y200L1-2/30	41	9.5		Y100L1-4/2.2	Y100L2-4/3	Y112M-4/4
	D	70	30		Y160M1-2/11	Y160M2-2/15	Y180M-2/22	35	7.5		Y90L-4/1.5	Y100L1-4/2.2	Y100L2-4/3

续表

型号	叶轮形式	泵额定转速 $n=2950$r/min 流量Q/(m^3/h)	扬程 H/m	轴承架LK	电机型号/功率/kW 相对密度 $\gamma=1.00$	相对密度 $\gamma=1.35$	相对密度 $\gamma=1.84$	泵额定转速 $n=1475$r/min 流量Q/(m^3/h)	扬程 H/m	轴承架LK	电机型号/功率/kW 相对密度 $\gamma=1.00$	相对密度 $\gamma=1.35$	相对密度 $\gamma=1.84$
ZXA80-250	A	126	80	2	Y225M-2/45	Y280S-2/75	Y280M-2/90	63	20	2	Y132M-4/7.5	Y160M-4/11	Y160L-4/15
	B	120	76			Y250M-2/55	Y280S-2/75	60	19			Y132M-4/7.5	Y160M-4/11
	C	105	60		Y200L1-2/30	Y225M-2/45	Y250M-2/55	52.5	15		Y112M-4/4	Y132S-4/5.5	Y132M-4/7.5
	D	90	44		Y180M-2/22	Y200L1-2/30	Y200L2-2/37	45	11		Y100L2-4/3	Y112M-4/4	Y132S-4/5.5
ZXA80-315	A	140	126	2	Y280M-2/90			70	31.5	2	Y160L-4/15	Y180M-4/18.5	Y180L-4/22
	B	132	120		Y280S-2/75			66	30		Y160M-4/11	Y160L-4/15	
	C	110	96		Y250M-2/55	Y280S-2/75		55	24			Y150M-4/11	Y160L-4/15
	D	90	72		Y200L1-2/30	Y225M-2/45	Y280S-2/75	45	18		Y132S-4/5.5	Y132M-4/7.5	Y160M-4/11
ZXA80-400	A	170	184	3	Y315M-2/160			85	46	2	Y180L-4/22	Y200L-4/30	Y225M-4/45
	B	160	168					80	42		Y180M-4/18.5		Y225S-4/37
	C	130	130		Y280M-2/90	Y315M1-2/132		65	32.5		Y160L-4/15	Y180M-4/18.5	Y200L-4/30
	D	110	100		Y280S-2/75	Y280M-2/90	Y315M1-2/132	55	25		Y160M-4/11	Y160L-4/15	Y180M-4/18.5
ZXA100-160	A	162	28	2	Y180M-22	Y200L1-2/30	Y200L2-2/37	81	7	2	Y100L2-4/3	Y112M-4/4	Y132S-4/5.5
	B	150	24		Y160M2-2/15	Y180M-2/22	Y200L1-2/30	75	6		Y100L1-4/2.2	Y100L2-4/3	Y112M-4/4
	C	130	16		Y160M1-2/11	Y160M1-2/15	Y160L-2/18.5	65	4		Y90L-4/1.5	Y100L1-4/2.2	Y100L2-4/3
	D	110	12		Y132S2-2/7.5	Y160M1-2/11	Y160M2-2/15	55	3		Y90S-4/1.1	Y90L-4/1.5	Y100L1-4/2.2
ZXA100-200	A	190	50	2	Y225M-2/45	Y250M-2/55	Y280S-2/75	95	12.5	2	Y132S-4/5.5	Y132M-4/7.5	Y160M-4/11
	B	180	44		Y200L2-2/37	Y225M-2/45		90	11				
	C	160	34		Y200L1-2/30	Y200L2-2/37	Y225M-2/45	80	8.5		Y112M-4/4	Y132S-4/5.5	Y132M-4/7.5
	D	140	24		Y160L-2/18.5	Y200L1-2/30	Y200L2-2/37	70	6		Y100L2-4/3	Y100L2-4/3	Y112M-4/4

续表

型号	叶轮形式	泵额定转速 $n=2950$r/min						泵额定转速 $n=1475$r/min					
		流量Q/(m³/h)	扬程 H/m	轴承架 LK	电机型号/功率/kW			流量Q/(m³/h)	扬程 H/m	轴承架 LK	电机型号/功率/kW		
					相对密度 $\gamma=1.00$	相对密度 $\gamma=1.35$	相对密度 $\gamma=1.84$				相对密度 $\gamma=1.00$	相对密度 $\gamma=1.35$	相对密度 $\gamma=1.84$
ZXA100-250	A	230	78	2	Y280S-2/75	Y280M-2/90		115	19.5	2	Y160M-4/11	Y160L-4/15	Y180-4/18.5
	B	220	72					110	18			Y160M-4/11	Y160L-4/15
	C	190	56		Y225M-2/45	Y280S-2/75	Y280M-2/90	95	14		Y132M-4/7.5		Y160M-4/11
	D	170	44		Y200L2-2/37	Y225M-2/45	Y280S-2/75	85	11		Y132S-4/5.5	Y132M-4/7.5	Y132M-4/7.5
ZXA100-315	A	250	124	3	Y315M-2/132			125	31	2	Y180M-4/18.5	Y200L-4/30	Y225S-4/37
	B	240	120			Y315M2-2/160		120	30			Y180L-4/22	Y200L-4/30
	C	208	96		Y280M-2/90	Y315M1-2/132	Y315M2-2/160	104	24		Y160L-4/15	Y180M-4/18.5	Y180L-4/22
	D	170	70		Y280S-2/75	Y280S-2/75	Y315S-2/110	85	17.5		Y160M-4/11	Y160M-4/11	Y160L-4/15
ZXA100-400	A	300	192	4				150	48	3	Y225S-4/37	Y225M-4/45	Y280S-4/75
	B	290	180					145	45		Y200L-4/30		Y250M-4/55
	C	260	144					130	36		Y180L-4/22	Y200L-4/30	Y225M-4/45
	D	224	104		Y315S-2/110	Y315M2-2/160		112	26		Y160L-4/15	Y180L-4/22	Y200L-4/30
ZXA100-500	A							180	75	3	Y280S-4/75	Y280M-4/90	Y315S-4/110
	B							168	68		Y250M-4/55	Y280S-4/75	
	C							142	53		Y225S-4/37	Y250M-4/55	Y280S-4/75
	D							120	42		Y200L-4/30	Y225S-4/37	Y250M-4/55
ZXA150-200	A	320	44	2	Y250M-2/55	Y280S-2/75		160	11	2	Y132M-4/7.5	Y160M-4/11	Y160L-4/15
	B	300	38		Y225M-2/45		Y280M-2/90	150	9.5				
	C	270	30		Y200L2-2/37	Y225M-2/75	Y280S-2/75	135	7.5		Y132S-4/5.5	Y132M-4/7.5	Y160M-4/11
	D	230	22		Y180M-2/22	Y225M-2/45	Y225M-2/45	115	5.5		Y100L2-4/3	Y112M-4/4	Y132S-4/5.5
ZX150-250	A	390	72	3	Y315S-2/110	Y315M2-2/160		195	18	2	Y160L-4/15	Y180L-4/22	Y200L-4/30
	B	360	64		Y280M-2/90	Y315S-2/110	Y315M2-2/160	180	16			Y180M-4/18.5	Y180L-4/22
	C	320	46		Y280S-2/75	Y280M-2/90	Y315S-2/110	160	11.5		Y160M-4/11	Y160M-4/11	Y160L-4/15
	D												

续表

型号	叶轮形式	泵额定转速 $n=2950$r/min						泵额定转速 $n=1475$r/min					
		流量Q/(m^3/h)	扬程 H/m	轴承架LK	电机型号/功率/kW			流量Q/(m^3/h)	扬程 H/m	轴承架LK	电机型号/功率/kW		
					相对密度 $\gamma=1.00$	相对密度 $\gamma=1.35$	相对密度 $\gamma=1.84$				相对密度 $\gamma=1.00$	相对密度 $\gamma=1.35$	相对密度 $\gamma=1.84$
ZXA150-315	A	440	124	3				220	31	3	Y200L-4/30	Y225M-4/45	Y250M-4/55
	B	420	120					210	30			Y225S-4/37	
	C	362	96		Y315M2-2/160			180	24		Y180L-4/22	Y200L-4/30	Y225S-4/37
	D	310	68		Y280M-2/90	Y315M1-2/132	Y315M2-2/160	155	17		Y160-4/15	Y180M-4/18.5	Y180-4/22
ZXA150-400	A	520	200	4				260	50	3	Y250M-4/55	Y280S-4/75	Y315S-4/110
	B	500	190					250	47.5				Y280M-4/90
	C	450	152					225	38		Y225S-4/37	Y250M-4/55	Y280S-4/75
	D	400	112					200	28		Y100L-4/30	Y225S-4/37	Y250M-4/55
ZXA150-500	A							300	76	3	Y315S-4/110	Y315M1-4/132	
	B							283	72		Y280M-4/90	Y315M1-4/132	Y135M2-4/160
	C							233	58		Y280S-4/75	Y280M-4/90	Y315S-4/110
	D							208	45		Y225M-4/45	Y280S-4/75	Y280S-4/75
ZXA200-250	A	610	70	3	Y315M2-2/160			305	17.5	3	Y180L-4/22	Y200L-4/30	Y225M-4/45
	B	580	64		Y315M2-2/160			290	16		Y180M-4/18.5	Y200L-4/30	Y225S-4/37
	C	520	48		Y315S-2/110	Y315M1-2/132		260	12		Y160L-4/15	Y180M-4/18.5	Y200L-4/30
	D	480	32		Y280S-2/75	Y280M-2/90	Y315S-2/110	240	8		Y160M-4/11	Y160L-4/15	Y160M-4/15
ZXA200-315	A	700	120	4				350	30	3	Y225M-4/45	Y250M-4/55	Y280S-4/75
	B	680	112					340	28		Y225S-4/37	Y250M-4/55	Y280S-4/75
	C	600	88					300	22		Y200L-4/30	Y225S-4/37	Y250M-4/55
	D	480	64		Y315M1-2/132			240	16		Y180M-4/18.5	Y180L-4/22	Y200L-4/30

续表

型号	叶轮形式	流量Q /(m³/h)	扬程 H/m	轴承架 LK	电机型号/功率/kW 相对密度 γ=1.00	电机型号/功率/kW 相对密度 γ=1.35	电机型号/功率/kW 相对密度 γ=1.84	流量Q /(m³/h)	扬程 H/m	轴承架 LK	电机型号/功率/kW 相对密度 γ=1.00	电机型号/功率/kW 相对密度 γ=1.35	电机型号/功率/kW 相对密度 γ=1.84
		泵额定转速 $n=2950$r/min						泵额定转速 $n=1475$r/min					
ZXA200-400	A	850	200	4				425	50	3	Y280M-4/90	Y315S-4/110	Y315M2-4/160
	B	830	150					415	47.5		Y280S-4/75	Y315S-4/110	Y315M1-4/132
	C	750	144					375	36		Y250M-4/55	Y280S-4/75	Y315S-4/110
	D	670	104					335	26		Y225M-4/45	Y250M-4/55	Y280S-4/75
ZXA200-500	A							500	82	4			
	B							470	80		Y315M2-4/160		
	C							400	63		Y315S-4/110	Y315M2-4/160	
	D							330	48		Y280S-4/75	Y280M-4/90	Y315M1-4/132
ZXA250-315	A							540	26	3	Y250M-4/55	Y280S-4/75	Y315S-4/110
	B							525	24		Y250M-4/55	Y280S-4/75	Y280M-4/90
	C							480	18		Y225M-4/37	Y250M-4/55	Y280S-4/75
	D							430	13		Y200L-4/30	Y225S-4/37	Y225M-4/45
ZXA250-400	A							660	48	4	Y315M1-4/132	Y315M2-4/160	
	B							630	45		Y315S-4/110		
	C							570	35		Y280S-4/75	Y315S-4/110	Y315M2-4/160
	D							500	24		Y250M-4/55	Y280S-4/90	Y280S-4/90
ZXA300-400	A							1050	47	4			
	B							1000	44		Y315M2-4/160		
	C							900	34		Y315M1-4/132	Y315M2-4/160	
	D							780	25		Y280M-4/90	Y315M1-4/132	Y315M2-4/160

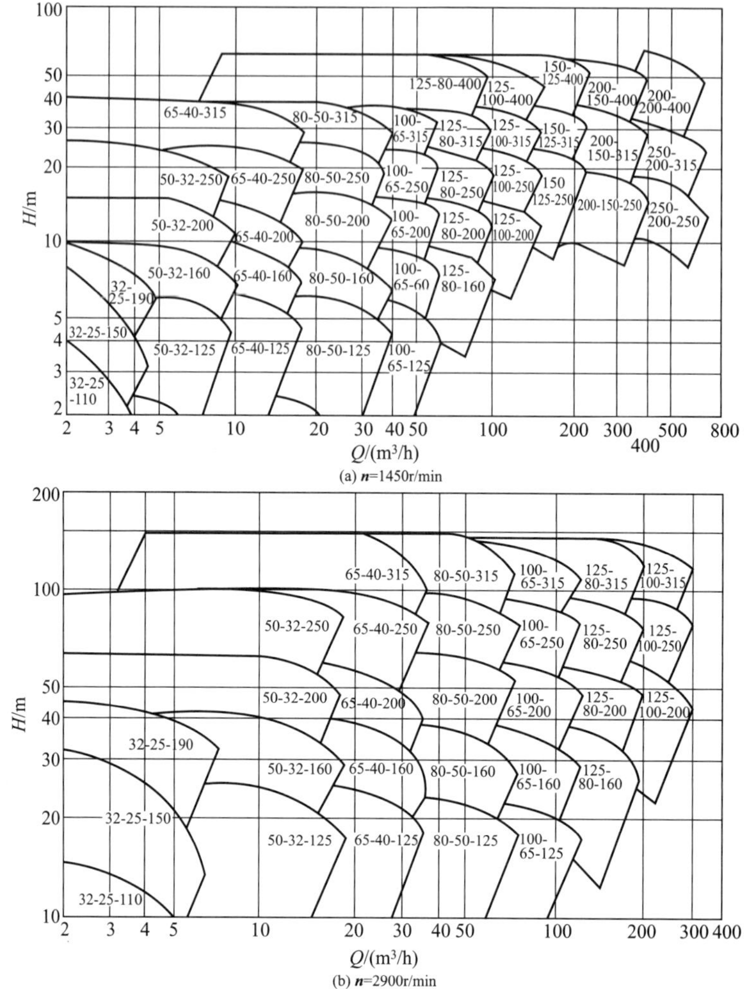

图 1-22　MFR 系列标准化工泵选型图

AY 型油泵分为单级单吸和两级单吸悬臂式、单级双吸悬臂式，单级双吸和两级双吸两端支承式、两级单吸两端支承式等结构形式。

(a) AY 型单级、两级离心油泵　AY 型单级、两级离心油泵性能范围：流量 2.5～600m³/h，扬程 30～330m，温度－45～420℃。

AY 型单级、两级离心油泵型号意义示例：

例如 50AY60×2B

50——吸入口直径 mm；A——第一次改造；Y——离心油泵；60——单级扬程 m；×2——级数；B——叶轮切割次数，顺序以 A、B、C……表示。

250AYS150C

250——吸入口直径 mm；A——第一次改造；Y——离心油泵；S——第一级叶轮为双吸；150——单级扬程 m；C——叶轮切割次数，顺序以 A、B、C……表示。

AY 型离心油泵分为单级单吸和两级单吸悬臂式，单级双吸悬臂式，单级双吸和两级双吸两端支承式，两级单吸两端支承式等结构形式。壳体径向剖分，其安装方式为水平中心线支撑。特别适用于输送高温、高压以及易燃、易爆或有毒的液体。

ⅰ. AY 型离心油泵选型见图 1-23。

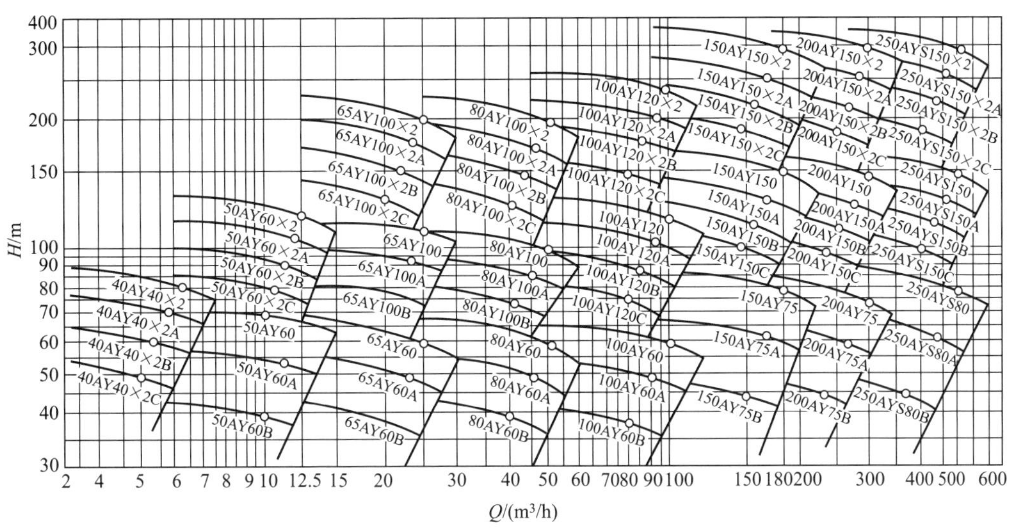

图 1-23　AY 型离心油泵选型图

ⅱ. AY 型离心油泵产品性能参数见表 1-18。

（b）AY 型多级离心油泵系列　AY 型多级离心油泵系列是消化引进国外先进技术设计的，也是以提高可靠性和节能为中心更新换代发展的新产品。可用于为石油精制、石油化工和化学工业输送不含固体颗粒的石油、液化石油气及其他易燃、易爆或有毒的高温、高压液体。其特点是效率比 Y 型油泵高 2%～5%、全部采用滑动轴承和轴向推力轴承、零部件通用化程度高。

AY 型多级离心油泵性能范围：流量 6.25～155m³/h，扬程 70～603m，介质温度－20～300℃。

AY 型多级离心油泵型号意义示例：

例如，80AY50×5

80——吸入口直径 mm；A——第一次改造；Y——离心油泵；50——单级扬程 m；5——级数。

ⅰ. AY 型多级油泵选型见图 1-24。

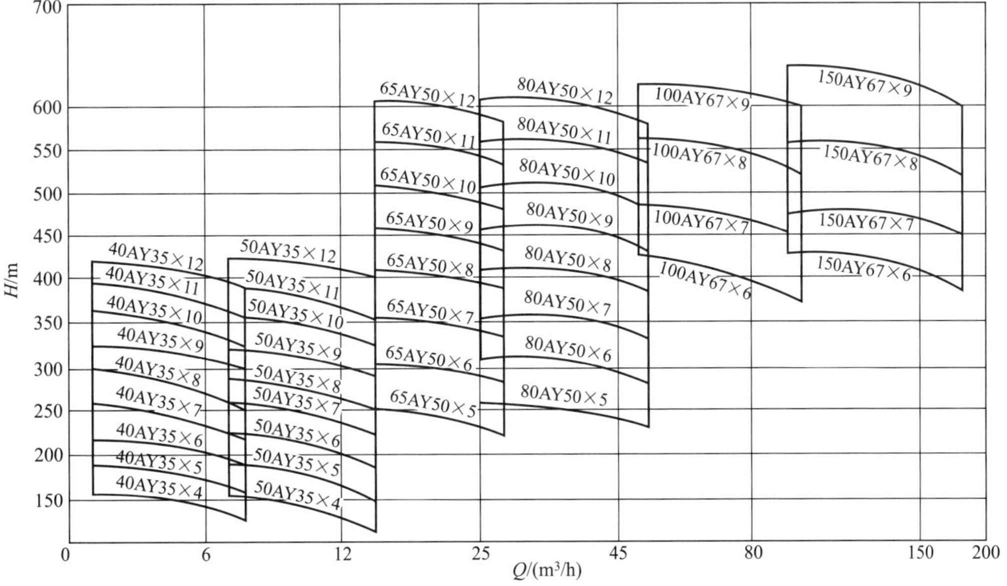

图 1-24　AY 型多级油泵选型图

ⅱ.AY 型多级油泵产品性能参数见表 1-19。

表 1-18　AY 型离心油泵性能参数

泵型号	流量 Q /(m³/h)	扬程 H/m	转速 n /(r/min)	泵效率 η/%	气蚀余量 $NPSH$ /m	轴功率 P /kW	配带电机/kW		泵质量 /kg	附注
							型　号	功率		
40AY40×2	6.25	80	2950	31	2.7	4.4	YB132S2-2	7.5	163	
40AY40×2A	5.85	70				3.6	YB132S1-2	5.5		
40AY40×2B	5.4	60				2.85	YB112M-2	4		
40AY40×2C	4.9	50				2.17	YB100L-2	3		
50AY60	12.5	70		42	2.9	5.67	YB132S2-2	7.5	130	
50AY60A	11.2	53		39		4.1	YB132S1-2	5.5		
50AY60B	9.9	39		37	2.8	2.8	YB112M-2	4		
50AY60×2	12.5	120			2	11	YB160M2-2	15	210	
50AY60×2A	12	105		36		9.5	YB160M2-2	15		
50AY60×2B	11	90		35	1.9	7.7	YB160M1-2	11		
50AY60×2C	10	76			1.7	6	YB160M1-2	11	170	
65AY60	25	60		56	3.1	7.3	YB160M1-2	11		
65AY60A	22.5	49		54	2.8	5.6	YB132S2-2	7.5		
65AY60B	20	37.5		52	2.5	3.9	YB132S1-2	5.5		
65AY100	25	110		47	3	15.9	YB180M-2	22	190	
65AY100A	23	92		46	2.9	12.5	YB160L-2	18.5		
65AY100B	21	73		44		9.5	YB160M2-2	15		
65AY100×2	25	205		48	2.8	29.1	YB225M-2	45		
65AY100×2A	23	178		47	2.7	23.7	YB200L2-2	37	310	
65AY100×2B	22	154		46		20.1	YB200L1-2	30		
65AY100×2C	20	130		45	2.6	15.7	YB180M-2	22		
80AY60	50	60		62	3.2	13.2	YB160L-2	18.5	200	
80AY60A	45	49		61	3	9.9	YB160M2-2	15		
80AY60B	40	38		60		6.9	YB160M1-2	11		
80AY100	50	104		59	3.1	24	YB200L2-2	37	220	
80AY100A	45	85		56	3	18.6	YB200L1-2	30	200	
80AY100B	40	76		54	2.9	15.3	YB180M-2	22		
80AY100×2	50	200		57	3.6	47.8	YB280S-2	75	380	
80AY100×2A	47	175		55	3.5	40.7	YB250M-2	55		
80AY100×2B	43	153		53	3.3	33.8	YB225M-2	45		
80AY100×2C	40	125		51		26.7	YB200L2-2	37		
100AY60	100	63		72	4	23.8	YB200L2-2		220	
100AY60A	90	49		71	3.8	16.9	YB200L1-2	30		
100AY60B	79	38		67	3.5	12.2	YB160L-2	18.5		
100AY120	100	123		66	4.3	50.6	YB280S-2	75	320	
100AY120A	93	108		62	4.0	44.1	YB280S-2			
100AY120B	86	94		62	3.8	35.5	YB250M-2	55		
100AY120C	79	75		59	3.6	27.5	YB200L2-2	37		
100AY120×2	100	240		61	4.5	107.2	YB315M2-2	160	500	
100AY120×2A	93	205		60	4.3	86.6	YB315M1-2	132		
100AY120×2B	86	178		59	4.2	70.7	YB315S-2	110		
100AY120×2C	79	150		58	4.1	55.7	YB280S-2	75		
150AY75	180	80		75	3.9	52.3	YB280S-2		290	
150AY75A	160	66		74	3.8	38.9	YB250M-2	55		
150AY75B	145	46		73	3.6	24.9	YB200L2-2	37		

续表

泵型号	流量 Q /(m^3/h)	扬程 H/m	转速 n /(r/min)	泵效率 η/%	气蚀余量 $NPSH$ /m	轴功率 P /kW	配带电机/kW 型号	功率	泵质量 /kg	附注
150AY150	180	157	2950	69	3.6	111.6	YB315M2-2	160	600	
150AY150A	168	137		68	3.3	92.2	YB315M1-2	132		
150AY150B	155	116		67	3.2	73.1	YB315S-2	110		
150AY150C	140	94		65	3.1	55.5	YB280S-2	75	550	
150AY150×2	180	300		67	3.6	219.5	YB355L-2	315	1500	高压电机也可
150AY150×2A	167	258		65	3.2	180.5	YB355S4-2	250		
150AY150×2B	155	222		62	3	151.1	YB355S3-2	220		
150AY150×2C	140	181		60	2.9	115	YB315M2-2	160		
200AY75	300	75		79	5.5	77.6	YB315S-2	110	275	
200AY75A	275	67		75	6.3	67	YB280M-2	90		
200AY75B	248	57		72	6.1	53.5	YB280S-2	75		
200AY150	300	150		76	4.7	161	YB355S3-2	220	620	高压电机也可
200AY150A	270	137		75	4.2	132	YB355S1-2	185		
200AY150B	243	127		73	3.8	115.1	YB315M2-2	160		
200AY150C	219	112		72	3.5	92.8	YB315M1-2	132		
200AY150×2	300	300		74	5.5	331.2	YB450M1-2	450	1400	6000V
200AY150×2A	287	270		73	5.4	289	YB450S3-2	400		6000V
200AY150×2B	270	239		72	5.2	244	YB450S2-2	355		6000V
200AY150×2C	247	195		70	5.0	187.4	YB355S4-2	250		高压电机也可
250AYS80	500	80		82	6.5	132.8	YB355S1-2	185	450	
250AYS80A	440	62		81		91.7	YB315M1-2	132		
250AYS80B	370	44		80		55.4	YB280M-2	90		
250AYS150	500	153		79	4.8	264	YB450S1-2	315	1500	6000V
250AYS150A	472	136		78	4.6	224	YB355M-2	280		高压电机也可
250AYS150B	444	119		77	4.2	187	YB355S4-2	250		高压电机也可
250AYS150C	400	96		76	4	138	YB355S1-2	185		高压电机也可
250AYS150×2	500	303		79	4.8	522	JBO710M2-2	630	2500	6000V
250AYS150×2A	472	272		79	4.5	443	JBO710S2-2	560		6000V
250AYS150×2B	444	230		78	4.3	357	YB450S3-2	400		6000V
250AYS150×2C	400	190		77	4	269	YB450S1-2	315		6000V

表 1-19　AY 型多级油泵性能参数

泵型号	流量 Q /(m^3/h)	扬程 H /m	转速 n (r/min)	效率 η /%	功率 P/kW 轴功率	电机功率	气蚀余量 $NPSH$/m	叶轮直径 D_2 /mm
40AY35×3	6.25	111	2950	28	6.7	7.5	2.8	175
40AY35×4	6.25	148	2950	28	8.9	11	2.8	175

续表

泵型号	流量 Q /(m³/h)	扬程 H /m	转速 n (r/min)	效率 η /%	功率 P/kW		气蚀余量 $NPSH$/m	叶轮直径 D_2 /mm
					轴功率	电机功率		
40AY35×5	6.25	185	2950	28	11.2	15	2.8	175
40AY35×6	6.25	222	2950	28	13.5	18.5	2.8	175
40AY35×7	6.25	259	2950	28	15.8	22	2.8	175
40AY35×8	6.25	296	2950	28	18	22	2.8	175
40AY35×9	6.25	333	2950	28	20.3	30	2.8	175
40AY35×10	6.25	370	2950	28	22.5	30	2.8	175
40AY35×11	6.25	407	2950	28	24.8	30	2.8	175
40AY35×12	6.25	444	2950	28	27.1	37	2.8	175
50AY35×3	12.5	114	2950	43	9	11	3.5	175
50AY35×4	12.5	152	2950	43	12	15	3.5	175
50AY35×5	12.5	190	2950	43	15	18.5	3.5	175
50AY35×6	12.5	228	2950	43	17.9	22	3.5	175
50AY35×7	12.5	266	2950	43	21	30	3.5	175
50AY35×8	12.5	304	2950	43	24.1	30	3.5	175
50AY35×9	12.5	342	2950	43	27.1	37	3.5	175
50AY35×10	12.5	380	2950	43	30.1	37	3.5	175
50AY35×11	12.5	418	2950	43	33.1	45	3.5	175
50AY35×12	12.5	456	2950	43	36.1	45	3.5	175
65AY50×5	25	250	2950	49	34.5	45	3.5	200
65AY50×6	25	300	2950	49	41.4	55	3.5	200
65AY50×7	25	350	2950	49	48.3	55	3.5	200
65AY50×8	25	400	2950	49	55.2	75	3.5	200
65AY50×9	25	450	2950	49	62.1	75	3.5	200
65AY50×10	25	500	2950	49	69.1	90	3.5	200
65AY50×11	25	550	2950	49	75.9	90	3.5	200
65AY50×12	25	600	2950	49	82.8	110	3.5	200
80AY50×5	45	270	2950	61	54.2	75	4	200
80AY50×6	45	324	2950	61	65.1	75	4	200
80AY50×7	45	378	2950	61	75.9	90	4	200
80AY50×8	45	432	2950	61	86.8	110	4	200
80AY50×9	45	486	2950	61	97.6	110	4	200
80AY50×10	45	540	2950	61	108.5	132	4	200
80AY50×11	45	594	2950	61	119.3	132	4	200
80AY50×12	45	648	2950	61	130.2	160	4	200
100AY67×6	80	402	2950	66	132.6	160	4.5	235
100AY67×7	80	469	2950	66	154.8	185	4.5	235
100AY67×8	80	536	2950	66	176.8	200	4.5	235
100AY67×9	80	603	2950	66	198.9	200	4.5	235
150AY67×6	150	402	2950	74	221.9	280	4	240
150AY67×7	150	469	2950	74	258.9	315	4	240
150AY67×8	150	536	2950	74	295.9	355	4	240
150AY67×9	150	603	2950	74	332.9	400	4	240

b. HP 型流程泵　HP 型离心流程泵可为石油精制、石油化工和化学工业输送不含固体颗粒的石油、液化气及其他介质，特别适用于输送高温、高压、易燃、易爆或有毒液体。HP 型流程泵根据结构可分为 HP 型、HP-P 型、HP-T 型、HP-D 型四种形式。全部符合美国石油学会 API 610 规范。

HP 型是垂直吸入单级单吸悬臂式离心泵；HP-P 型是轴向吸入单级单吸悬臂式离心泵；HP-T 型是两级单吸两端支承式离心泵；HP-D 型是单级双吸两端支承式离心泵。

HP 型流程泵性能范围：流量 5～1740m^3/h，扬程 17～330m，使用温度－45～450℃。

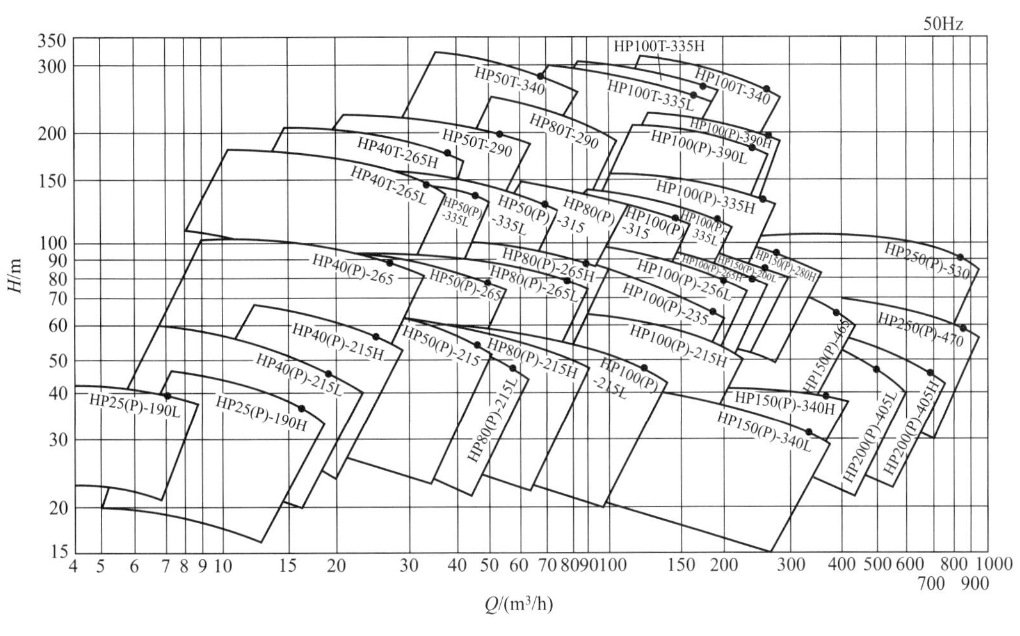

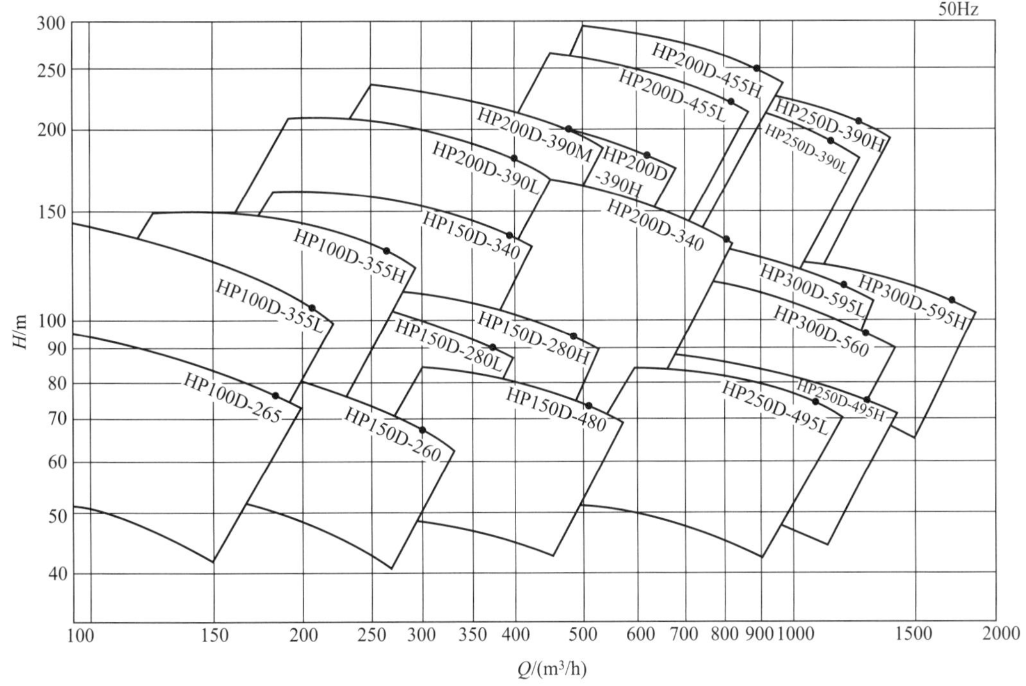

图 1-25　HP、HP-D、HP-P、HP-T 型离心流程泵选型图

HP 型流程泵型号意义示例：

HP100(P)-215L-A

HP——垂直吸入单级单吸悬臂式离心泵；100——排出口直径；P——轴向吸入单级单吸悬臂式离心泵；215——叶轮直径；L——叶轮模型代号（单个模型不表示）；A——叶轮切割次数，依次为 A、B、C…。

HP50T-290-A　　　HP150D-260-A

HP ＊＊T——两级单吸两端支承式离心泵；HP ＊＊D——单级双吸两端支承式离心泵；其余同上。

(a) HP、HP-P、HP-T、HP-D 型离心流程泵选型见图 1-25。

(b) HP、HP-P 型离心流程泵性能曲线见图 1-26。

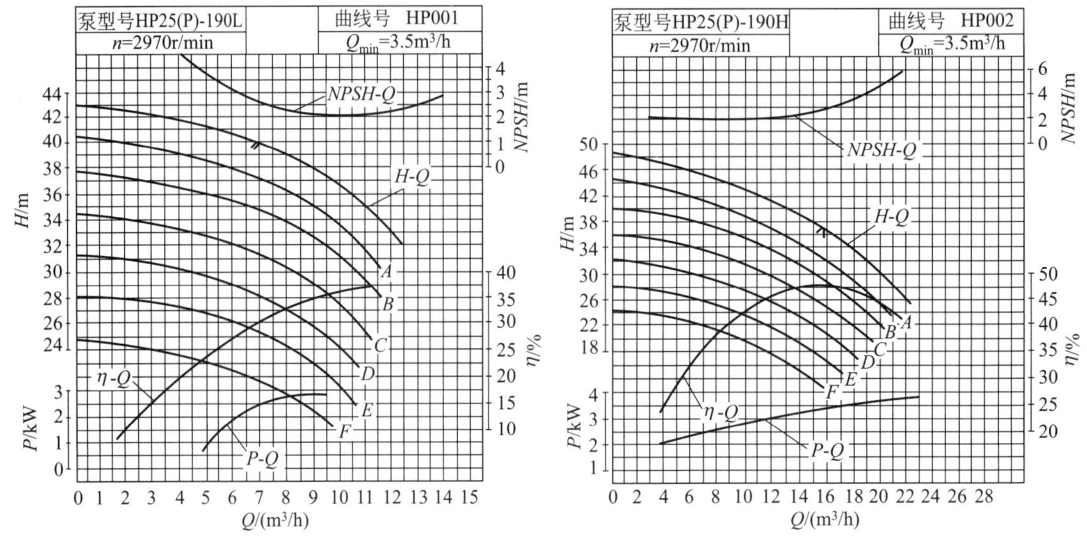

图 1-26　HP、HP-P 型离心流程泵性能曲线

(c) HP、HP-P 型离心流程泵产品性能参数见表 1-20。

表 1-20　HP、HP-P 型离心流程泵性能参数

泵型号	流量 Q /(m³/h)	扬程 H /m	转速 n /(r/min)	效率 η /%	气蚀余量 $NPSH$/m	轴功率 P /kW	配带电机		泵本体质量/kg
							型号	功率/kW	
HP100(P)-235	190	65	2970	82	4.5	41.0	YB250M-2	55	270
HP100(P)-235-A	179	61		81	3.9	36.7	YB225M-2	45	
HP100(P)-235-B	169	54		80	3.8	31.1	YB225M-2	45	
HP100(P)-235-C	159	49		79	3.7	26.9	YB200L2-2	37	
HP100(P)-235-D	150	43		78	3.7	22.5	YB200L1-2	30	
HP100(P)-265L	200	80	2970	77	4.0	56.6	YB280S-2	75	280
HP100(P)-265L-A	194	75		76.5	3.9	51.8	YB280S-2	75	
HP100(P)-265L-B	186	70		76	3.9	46.7	YB280S-2	75	
HP100(P)-265L-C	182	66		75.5	3.8	43.3	YB280S-2	75	
HP100(P)-265L-D	176	62		75	3.7	39.6	YB250M-2	55	
HP100(P)-265L-E	170	58		74	3.7	36.3	YB250M-2	55	

续表

泵型号	流量 Q /(m³/h)	扬程 H /m	转速 n /(r/min)	效率 η /%	气蚀余量 NPSH/m	轴功率 P /kW	配带电机 型号	配带电机 功率/kW	泵本体质量/kg
HP100(P)-265L-F	164	54	2970	73	3.6	33.0	YB225M-2	45	280
HP100(P)-265L-G	158	50		72	3.5	29.9	YB225M-2	45	
HP100(P)-265L-H	152	46		71	3.4	26.8	YB200L2-2	37	
HP100(P)-265H	240	80.5	2970	78	5.9	67.5	YB280M-2	90	280
HP100(P)-265H-A	235	75		77.5	5.5	61.9	YB280M-2	90	
HP100(P)-265H-B	228	70		77	5.2	56.4	YB280S-2	75	
HP100(P)-265H-C	221	66		76.5	5.0	51.9	YB280S-2	75	
HP100(P)-265H-D	214	61		76	4.8	46.8	YB280S-2	75	
HP100(P)-265H-E	206	58		75	4.6	43.4	YB250M-2	55	
HP100(P)-265H-F	199	54		74	4.4	39.5	YB250M-2	55	
HP100(P)-265H-G	192	50		74	4.2	35.3	YB225M-2	45	
HP100(P)-265H-H	185	46		72	4.1	32.2	YB225M-2	45	
HP100(P)-315	149	120	2970	68	3.5	71.5	YB280M-2	90	300
HP100(P)-315-A	146	113		67.5	3.4	66.6	YB280M-2	90	
HP100(P)-315-B	142	107		67.5	3.4	61.3	YB280M-2	90	
HP100(P)-315-C	138	100		67	3.3	56.1	YB280S-2	75	
HP100(P)-315-D	133	94		66.5	3.2	51.2	YB280S-2	75	
HP100(P)-315-E	130	88		66.5	3.1	46.8	YB280S-2	75	
HP100(P)-315-F	126	80		65.5	3.1	41.9	YB250M-2	55	
HP100(P)-315-G	123	75		65.5	3.1	38.4	YB250M-2	55	
HP100(P)-335L	192	117	2970	70	6.0	87.4	YB315M-2	132	305
HP100(P)-335L-A	187	111		69.5	5.8	81.3	YB315S-2	110	
HP100(P)-335L-B	181	105		69	5.4	75.0	YB315S-2	110	
HP100(P)-335L-C	176	99		68	5.1	69.8	YB280M-2	90	
HP100(P)-335L-D	171	93		67.5	5.0	64.2	YB280M-2	90	
HP100(P)-335L-E	166	88		67	4.8	59.4	YB280M-2	90	
HP100(P)-335L-F	161	82.5		66	4.6	54.8	YB280S-2	75	
HP100(P)-335L-G	156	77		65	4.4	50.3	YB280S-2	75	
HP100(P)-335L-H	150	72		64.5	4.1	45.6	YB280S-2	75	
HP100(P)-335H	250	135	2970	76	6.0	120.9	YB315L1-2	160	306
HP100(P)-335H-A	243	127		75.5	5.8	111.3	YB315L1-2	160	
HP100(P)-335H-B	238	118		75.5	5.3	101.3	YB315M-2	132	
HP100(P)-335H-C	231	111		75	5.1	93.1	YB315M-2	132	
HP100(P)-335H-D	224	105		74.5	5.0	86.0	YB315S-2	110	
HP100(P)-335H-E	218	99		74	4.8	79.4	YB315S-2	110	
HP100(P)-335H-F	212	93		73.5	4.7	73.1	YB315S-2	110	

续表

泵　型　号	流量 Q /(m³/h)	扬程 H /m	转速 n /(r/min)	效率 η /%	气蚀余量 $NPSH$/m	轴功率 P /kW	配带电机		泵本体质量/kg
							型号	功率/kW	
HP100(P)-335H-G	205	87	2970	72.5	4.4	67.0	YB280M-2	90	306
HP100(P)-335H-H	198	81		72	4.1	60.7	YB280M-2	90	
HP100(P)-390L	240	186	2970	72	5.1	167.9	YB355M1-2	220	350
HP100(P)-390L-A	237	175		72	4.8	156.9	YB355S2-2	200	
HP100(P)-390L-B	232	167		71.5	4.7	147.6	YB355S1-2	185	
HP100(P)-390L-C	226	159		71.5	4.4	136.9	YB355S1-2	185	
HP100(P)-390L-D	221	151		71	4.2	128.0	YB315L1-2	160	
HP100(P)-390L-E	215	143		71	4.0	117.9	YB315L1-2	160	
HP100(P)-390L-F	209	135		70.5	3.9	109.0	YB315L1-2	160	
HP100(P)-390L-G	203	127		70.5	3.8	99.6	YB315M-2	132	
HP100(P)-390L-H	197	120		70	3.7	92.0	YB315M-2	132	
HP100(P)-390H	260	195	2970	72	6.0	191.8	YB355M2-2	250	352
HP100(P)-390H-A	254	185		72	5.8	177.7	YB355M1-2	220	
HP100(P)-390H-B	248	175		72	5.6	164.2	YB355M1-2	220	
HP100(P)-390H-C	240	166		71.5	5.5	151.7	YB355S2-2	200	
HP100(P)-390H-D	234	157		71.5	5.3	139.9	YB355S1-2	185	
HP100(P)-390H-E	227	148		71	5.1	128.9	YB355S1-2	185	
HP100(P)-390H-F	221	140		71	5.0	118.7	YB315L1-2	160	
HP100(P)-390H-G	215	132		70	5.0	110.4	YB315L1-2	160	
HP100(P)-390H-H	209	125		70	4.9	101.6	YB315M-2	132	
HP150(P)-280L	258	85	2970	78	6.5	76.6	YB315S-2	110	370
HP150(P)-280L-A	240	80		78	4.7	67.0	YB280M-2	90	
HP150(P)-280L-B	227	75		77	4.2	60.2	YB280M-2	90	
HP150(P)-280L-C	204	70		76	3.5	51.2	YB280S-2	75	
HP150(P)-280L-D	186	65		75	3.0	43.9	YB280S-2	75	
HP150(P)-280L-E	172	62		74	2.9	39.2	YB250M-2	55	
HP150(P)-280H	280	95	2970	80	4.7	90.6	YB315M-2	132	365
HP150(P)-280H-A	272	89		80	4.6	82.4	YB315M-2	132	
HP150(P)-280H-B	263	84		79	4.5	76.2	YB315S-2	110	
HP150(P)-280H-C	254	78		78	4.4	69.2	YB315S-2	110	
HP150(P)-280H-D	246	73		78	4.3	62.7	YB280M-2	90	
HP150(P)-280H-E	238	68		77.5	4.2	56.9	YB280M-2	90	
HP150(P)-280H-F	230	65		77	4.1	52.9	YB280S-2	75	
HP150(P)-280H-G	221	60		76	4.0	47.5	YB280S-2	75	
HP150(P)-340L	320	33	1480	79	2.4	36.4	YB250M-4	55	650
HP150(P)-340L-A	311	31		78.5	2.3	33.4	YB225M-4	45	

续表

泵 型 号	流量 Q /(m³/h)	扬程 H /m	转速 n /(r/min)	效率 η /%	气蚀余量 NPSH/m	轴功率 P /kW	配带电机		泵本体质量/kg
							型号	功率/kW	
HP150(P)-340L-B	300	29	1480	78.5	2.2	30.2	YB225M-4	45	650
HP150(P)-340L-C	290	27		78	2.1	27.3	YB225S-4	37	
HP150(P)-340L-D	280	25		77	2.0	24.8	YB225S-4	37	
HP150(P)-340L-E	259	21		76	1.9	19.5	YB200L-4	30	
HP150(P)-340L-F	238	18.5		74	1.8	16.2	YB200L-4	30	
HP150(P)-340H	376	39	1480	82	4.0	48.6	YB280S-4	75	650
HP150(P)-340H-A	362	36.5		81.5	3.8	44.2	YB280S-4	75	
HP150(P)-340H-B	350	33.5		81	3.6	39.4	YB250M-4	55	
HP150(P)-340H-C	334	31		80.5	3.4	35.0	YB250M-4	55	
HP150(P)-340H-D	321	28.5		80	3.2	31.1	YB225M-4	45	
HP150(P)-340H-E	308	26		79.5	3.0	27.4	YB225S-4	37	
HP150(P)-340H-F	295	23.5		79	2.9	23.9	YB225S-4	37	
HP150(P)-340H-G	285	21.5		78.5	2.7	21.3	YB200L-4	30	
HP150P-465	395	65	1480	76	3.0	92	YB315M-4	132	680
HP150P-465-A	385	62.5		76	2.8	86.2	YB315M-4	132	
HP150P-465-B	375	60		75.5	2.6	81.2	YB315S-4	110	
HP150P-465-C	365	57.5		75	2.4	76.2	YB315S-4	110	
HP150P-465-D	355	54		74	2.3	70.5	YB315S-4	110	
HP150P-465-E	345	52		73.5	2.2	66.5	YB280M-4	90	
HP150P-465-F	325	48		72	2.1	59	YB280M-4	90	
HP150P-465-G	310	43		71	2.0	51.1	YB280S-4	75	
HP150P-465-H	293	40		70	1.9	45.6	YB280S-4	75	
HP200(P)-405L	500	46	1480	82	3.9	76.4	YB315S-4	110	750
HP200(P)-405L-A	483	43		81.5	3.8	69.4	YB280M-4	90	
HP200(P)-405L-B	462	39		81	3.8	60.6	YB280M-4	90	
HP200(P)-405L-C	442	36		81	3.7	53.5	YB280S-4	75	
HP200(P)-405L-D	420	32.5		80	3.6	46.5	YB280S-4	75	
HP200(P)-405L-E	400	29		79	3.5	40.0	YB250M-4	55	
HP200(P)-405L-F	378	26		78	3.5	34.3	YB225M-4	45	
HP200(P)-405H	687	45	1480	83	5.0	101.4	YB315M-4	132	755
HP200(P)-405H-A	660	41.5		82.5	4.7	90.4	YB315M-4	132	
HP200(P)-405H-B	630	38		82	4.5	79.5	YB315S-4	110	
HP200(P)-405H-C	601	34.5		81.5	4.2	69.3	YB280M-4	90	
HP200(P)-405H-D	573	31.5		81	3.9	60.7	YB280M-4	90	
HP200(P)-405H-E	545	28		80	3.7	51.9	YB280S-4	75	
HP200(P)-405H-F	516	25		79	3.5	44.5	YB250M-4	55	

续表

泵型号	流量 Q /(m³/h)	扬程 H /m	转速 n /(r/min)	效率 η /%	气蚀余量 $NPSH$/m	轴功率 P /kW	配带电机		泵本体质量/kg
							型号	功率/kW	
HP250(P)-470	850	58.5	1480	84	4.9	161.2	YB355S2-4	200	955
HP250(P)-470-A	828	55.5		84	4.8	149.0	YB355S1-4	185	
HP250(P)-470-B	805	52		83.5	4.7	136.5	YB355S1-4	185	
HP250(P)-470-C	781	49		83.5	4.6	124.8	YB315L1-4	160	
HP250(P)-470-D	759	47		83	4.5	117.0	YB315L1-4	160	
HP250(P)-470-E	736	44		83	4.4	106.3	YB315M-4	132	
HP250(P)-470-F	712	41		82.5	4.3	96.4	YB315M-4	132	
HP250(P)-470-G	690	38.5		82	4.2	88.2	YB315S-4	110	
HP250(P)-470-H	667	36		81.5	4.1	80.2	YB315S-4	110	
HP250P-530	815	90	1480	83	4.9	240.7	YB355L2-4	315	1000
HP250P-530-A	800	85		83	4.7	223.1	YB355L2-4	315	
HP250P-530-B	770	80		82	4.6	204.6	YB355L1-4	280	
HP250P-530-C	760	75		81	4.4	191.6	YB355M2-4	250	
HP250P-530-D	745	68		81	4.4	170.3	YB355M2-4	250	
HP250P-530-E	735	64		81	4.3	158.2	YB355M1-4	220	
HP250P-530-F	726	60		80.5	4.1	147.4	YB355S2-4	200	
HP250P-530-G	700	56		80	4.0	133.4	YB355S1-4	185	
HP250P-530-H	672	52		79	3.8	120.5	YB315L1-4	160	
HP250P-530-I	654	48		78	3.7	109.6	YB315L1-4	160	
HP250P-530-J	635	45.5		78	3.7	100.9	YB315M-4	132	

(d) HP-T 型离心流程泵产品性能参数见表 1-21。

表 1-21 HP-T 型离心流程泵性能参数

泵型号	流量 Q /(m³/h)	扬程 H /m	转速 n /(r/min)	效率 η /%	气蚀余量 $NPSH$/m	轴功率 P /kW	配带电机		泵本体质量/kg
							型号	功率/kW	
HP40T-265L	35.5	145	2970	50	2.9	28.0	YB200L2-2	37	310
HP40T-265L-A	34	138		49.5	2.9	25.8	YB200L2-2	37	
HP40T-265L-B	33	131		49	2.8	24.0	YB200L2-2	37	
HP40T-265L-C	32	122		48.5	2.8	21.9	YB200L1-2	30	
HP40T-265L-D	31	114		48	2.7	20.1	YB200L1-2	30	
HP40T-265L-E	30	106		47.5	2.7	18.2	YB200L1-2	30	
HP40T-265L-F	29	100		47	2.6	16.8	YB200L1-2	30	
HP40T-265L-G	28	95		46	2.6	15.7	YB180M-2	22	
HP40T-265L-H	27.5	89		44	2.5	15.2	YB180M-2	22	

续表

泵　型　号	流量 Q /(m³/h)	扬程 H /m	转速 n /(r/min)	效率 η /%	气蚀余量 $NPSH$/m	轴功率 P /kW	配带电机		泵本体质量/kg
							型号	功率/kW	
HP40T-265H	38	180	2970	55	3.7	33.9	YB225M-2	45	300
HP40T-265H-A	37	170		55	3.6	31.1	YB225M-2	45	
HP40T-265H-B	36	161		55	3.5	28.7	YB225M-2	45	
HP40T-265H-C	35	151		54	3.4	26.7	YB200L2-2	37	
HP40T-265H-D	33.5	140		54	3.3	23.7	YB200L2-2	37	
HP40T-265H-E	32.5	130		52	3.2	22.1	YB200L2-2	37	
HP40T-265H-F	31.5	121		51	3.1	20.4	YB200L1-2	30	
HP40T-265H-G	30.5	112		50	3.0	18.6	YB200L1-2	30	
HP40T-265H-H	29.5	105		49	2.9	17.2	YB200L1-2	30	
HP50T-290	57	200	2970	58	3	53.5	YB280S-2	75	345
HP50T-290-A	56	190		57.5	3	50.4	YB280S-2	75	
HP50T-290-B	55	182		57	2.9	47.8	YB280S-2	75	
HP50T-290-C	54	174		57	2.9	44.9	YB280S-2	75	
HP50T-290-D	53	165		57	2.8	41.8	YB250M-2	55	
HP50T-290-E	51.5	157		56.5	2.8	39.0	YB250M-2	55	
HP50T-290-F	50.5	144		56.5	2.7	36.3	YB250M-2	55	
HP50T-290-G	49	141		56	2.7	33.4	YB225M-2	45	
HP50T-290-H	48	135		56	2.6	31.5	YB225M-2	45	
HP50T-340	70	292	2970	52	3.8	107.0	YB315M-2	132	520
HP50T-340-A	68	278		51	3.7	100.9	YB315M-2	132	
HP50T-340-B	66	265		50	3.6	95.3	YB315M-2	132	
HP50T-340-C	65	252		49	3.5	91.0	YB315M-2	132	
HP50T-340-D	63	238		48	3.4	85.1	YB315M-2	132	
HP50T-340-E	61	224		47	3.3	79.2	YB315S-2	110	
HP50T-340-F	59.5	211		46	3.2	74.3	YB315S-2	110	
HP50T-340-G	57.5	198		45	3.1	68.9	YB315S-2	110	
HP50T-340-H	56.5	191		44	3.1	66.8	YB280M-2	90	
HP80T-290	95	209	2970	68	3.8	79.5	YB315S-2	110	660
HP80T-290-A	93	200		67	3.7	75.6	YB315S-2	110	
HP80T-290-B	91	192		66	3.6	72.1	YB315S-2	110	
HP80T-290-C	89	184		65	3.5	68.6	YB280M-2	90	
HP80T-290-D	86	175		64	3.4	64.0	YB280M-2	90	
HP80T-290-E	84	166		63	3.3	60.3	YB280M-2	90	
HP80T-290-F	82	156.5		62	3.2	56.4	YB280S-2	75	
HP80T-290-G	79	147		61	3.0	51.8	YB280S-2	75	
HP80T-290-H	77	137.5		60	2.9	48.1	YB280S-2	75	

续表

泵 型 号	流量 Q /(m^3/h)	扬程 H /m	转速 n /(r/min)	效率 η /%	气蚀余量 $NPSH$/m	轴功率 P /kW	配带电机		泵本体质量/kg
							型号	功率/kW	
HP100T-335L	170	265	2970	69	6.0	177.8	YB355M1-2	220	850
HP100T-335L-A	165	251		68	5.8	175.8	YB355M1-2	220	
HP100T-335L-B	161	237		67	5.5	155.1	YB355S2-2	200	
HP100T-335L-C	156	224		67	5.2	142.0	YB355S1-2	185	
HP100T-335L-D	151.5	211		66	5.0	131.9	YB355S1-2	185	
HP100T-335L-E	147	199		66	4.8	120.7	YB315L1-2	160	
HP100T-335L-F	142	187		65	4.6	111.3	YB315L1-2	160	
HP100T-335L-G	138	175		64	4.3	102.8	YB315M-2	132	
HP100T-335L-H	133	162		63	4.1	93.1	YB315M-2	132	
HP100T-335H	180	283	2970	69	5.0	201.1	YB355M2-2	250	850
HP100T-335H-A	176	271		68	4.8	191.0	YB355M2-2	250	
HP100T-335H-B	173	252		67	4.6	177.2	YB355M1-2	220	
HP100T-335H-C	169	243		66	4.5	169.5	YB355M1-2	220	
HP100T-335H-D	165	231		65	4.4	159.7	YB355S2-2	200	
HP100T-335H-E	161	219		64	4.2	150.0	YB355S1-2	185	
HP100T-335H-F	152	197		63	3.9	129.4	YB355S1-2	185	
HP100T-335H-G	148	184		62	3.7	119.6	YB355L1-2	160	
HP100T-335H-H	142	172		61	3.6	109.0	YB355L1-2	160	
HP100T-340	250	278	2970	76	7.2	249.0	YB355L2-2	315	910
HP100T-340-A	246	270		75	7.0	241.2	YB355L2-2	315	
HP100T-340-B	242	262		75	6.9	230.2	YB355L2-2	315	
HP100T-340-C	239	254		74	6.8	223.4	YB355L1-2	280	
HP100T-340-D	234	245		73	6.5	213.9	YB355L1-2	280	
HP100T-340-E	230	235		72	6.2	204.4	YB355L1-2	280	
HP100T-340-F	225	227		71	6.0	195.9	YB355M2-2	250	
HP100T-340-G	221	218		70	5.8	187.4	YB355M2-2	250	
HP100T-340-H	217	209		70	5.7	176.4	YB355M1-2	220	

(e) HP-D型离心流程泵产品性能参数见表1-22。

表1-22 HP-D型离心流程泵性能参数

泵 型 号	流量 Q /(m^3/h)	扬程 H /m	转速 n /(r/min)	效率 η /%	气蚀余量 $NPSH$/m	轴功率 P /kW	配带电机		泵本体质量/kg	备注
							型号	功率/kW		
HP100D-335H	260	126.5	2970	72	3.0	124.4	YB315L1-2	160	630	
HP100D-335H-A	254	120		71.5	2.9	116.1	YB315L1-2	160		
HP100D-335H-B	248	114		71.5	2.8	107.7	YB315L1-2	160		
HP100D-335H-C	241	109		71	2.6	100.8	YB315M-2	132		

续表

泵型号	流量 Q /(m³/h)	扬程 H /m	转速 n /(r/min)	效率 η /%	气蚀余量 NPSH/m	轴功率 P /kW	配带电机 型号	配带电机 功率/kW	泵本体质量/kg	备注
HP100D-335H-D	235	103	2970	71	2.5	92.8	YB315M-2	132	630	
HP100D-335H-E	228	97		70.5	2.4	85.4	YB315M-2	132		
HP100D-335H-F	220.5	91		70	2.4	78.1	YB315S-2	110		
HP100D-335H-G	213	84.5		69	2.3	71.0	YB315S-2	110		
HP100D-335H-H	204	78		68.5	2.2	63.3	YB280M-2	90		
HP150D-260	320	65	2970	80	4.0	70.8	YB280M-2	90	710	
HP150D-260-A	308	62		79	3.7	65.8	YB280M-2	90		
HP150D-260-B	295	57		77	3.4	59.5	YB280M-2	90		
HP150D-260-C	285	53		75	3.1	54.8	YB280S-2	75		
HP150D-260-D	272	50		74	3.0	50.1	YB280S-2	75		
HP150D-260-E	259	45		73	2.9	43.5	YB280S-2	75		
HP150D-260-F	245	41		72	2.6	38.0	YB250M-2	55		
HP150D-260-G	234	37		70	2.5	33.7	YB225M-2	45		
HP150D-260-H	200	32		69	2.4	26.4	YB200L2-2	37		
HP150D-280L	375	91	2970	80	4.5	116.2	YB315L1-2	160	710	
HP150D-280L-A	369	86		80	4.1	108.0	YB315L1-2	160		
HP150D-280L-B	360	82		79	4.0	101.8	YB315M-2	132		
HP150D-280L-C	353	79		79	3.9	96.1	YB315M-2	132		
HP150D-280L-D	340	74		79	3.8	86.7	YB315S-2	110		
HP150D-280L-E	330	69		79	3.5	78.5	YB315S-2	110		
HP150D-280L-F	315	63		78	3.3	69.3	YB280M-2	90		
HP150D-280L-G	300	57		77	3.3	60.5	YB280M-2	90		
HP150D-280H	485	95	2970	83	5.5	151.2	YB355S2-2	200	710	
HP150D-280H-A	472	88		83	5.3	136.3	YB355S1-2	185		
HP150D-280H-B	457	82		82.5	5.0	123.7	YB355S1-2	185		
HP150D-280H-C	439	76		82	4.8	110.8	YB315L1-2	160		
HP150D-280H-D	422	70		81	4.7	99.3	YB315M-2	132		
HP150D-280H-E	404	64		80	4.5	88.0	YB315M-2	132		
HP150D-280H-F	387	59		79	4.0	78.7	YB315S-2	110		
HP150D-280H-G	367	53		78	3.8	67.9	YB315S-2	110		
HP150D-340	400	131	2970	76	4.5	187.8	YB355M2-2	250	800	
HP150D-340-A	389	125		76	4.3	174.2	YB355M1-2	220		
HP150D-340-B	379	119		76	4.1	161.6	YB355M1-2	220		
HP150D-340-C	367	112		75	3.9	149.3	YB355S2-2	200		
HP150D-340-D	355	104		75	3.8	134.1	YB355S1-2	185		
HP150D-340-E	345	98		74	3.7	124.4	YB355S1-2	185		

续表

泵 型 号	流量 Q /(m^3/h)	扬程 H /m	转速 n /(r/min)	效率 η /%	气蚀余量 $NPSH$/m	轴功率 P /kW	配带电机		泵本体质量/kg	备注
							型号	功率/kW		
HP150D-340-F	334	92	2970	73	3.5	114.6	YB315L1-2	160	800	
HP150D-340-G	323	86		72.5	3.2	104.3	YB315L1-2	160		
HP150D-340-H	311	80		72.5	3.1	93.5	YB315M-2	132		
HP150D-480	520	75	1480	76	2.4	139.7	YB355S1-4	185	1200	
HP150D-480-A	0	70		76	2.2	125.4	YB355S1-4	185		
HP150D-480-B	481	64		76	1.9	110.3	YB315L1-4	160		
HP150D-480-C	461	59		75	1.9	98.8	YB315M-4	132		
HP150D-480-D	439	53.5		75	1.7	85.3	YB315M-4	132		
HP150D-480-E	418	48		73	1.4	74.9	YB315S-4	110		
HP150D-480-F	395	43		72	1.3	64.2	YB280M-4	90		
HP200D-340	800	138	2970	80	6.5	375.8	YB450M2-2	500	940	6000V
HP200D-340-A	769	133		79.5	6.2	350.4	YB450M1-2	450		
HP200D-340-B	749	126		79.5	6.0	323.3	YB450S3-2	400		
HP200D-340-C	726	118		79	5.8	295.3	YB450S2-2	355		
HP200D-340-D	702	111		78.5	5.5	270.3	YB450S2-2	355		
HP200D-340-E	682	104		78	5.4	247.6	YB400S1-2	315		
HP200D-340-F	661	98		77.5	5.3	227.6	YB400M2-2	280		
HP200D-340-G	638	89		76.5	5.0	202.1	YB400M1-2	250		
HP200D-340-H	620	83		75	4.9	186.9	YB400M1-2	250		
HP200D-390L	400	183	2970	76	5.0	262.3	YB450S2-2	355	960	6000V
HP200D-390L-A	390	173		76	4.9	241.8	YB450S1-2	315		
HP200D-390L-B	379	165		75.5	4.8	225.6	YB450S1-2	315		
HP200D-390L-C	369.5	156		75.5	4.6	207.9	YB400M2-2	280		
HP200D-390L-D	359	147		75	4.5	191.6	YB400M1-2	250		
HP200D-390L-E	348	138		75	4.3	174.4	YB400S2-2	220		
HP200D-390L-F	337	130		75	4.2	159.0	YB400S1-2	200		
HP200D-390L-G	326	121		74.5	4.0	144.2	YB355M-2	185		
HP200D-390L-H	315	113		74	3.9	131.0	YB355M-2	185		
HP200D-390M	480	202	2970	77	5.5	342.9	YB450M1-2	450	960	6000V
HP200D-390M-A	470	191		77	5.3	317.5	YB450S3-2	400		
HP200D-390M-B	458	182		76.5	5.0	296.7	YB450S2-2	355		
HP200D-390M-C	447	173		76.5	4.9	275.3	YB450S2-2	355		
HP200D-390M-D	435	164		76	4.8	255.6	YB450S1-2	315		
HP200D-390M-E	423	155		75.5	4.6	236.5	YB450S1-2	315		
HP200D-390M-F	412	147		75.5	4.5	218.5	YB400M2-2	280		
HP200D-390M-G	400	139		75	4.3	201.9	YB400M1-2	250		
HP200D-390M-H	389	131		74	4.1	187.5	YB400M1-2	250		

续表

泵型号	流量 Q /(m^3/h)	扬程 H /m	转速 n /(r/min)	效率 η /%	气蚀余量 $NPSH$/m	轴功率 P /kW	配带电机 型号	配带电机 功率/kW	泵本体质量/kg	备注
HP200D-390H	630	180	2970	78	5.7	395.9	YB560S1-2	500	950	6000V
HP200D-390H-A	614	170		78	5.4	364.4	YB450M1-2	450		
HP200D-390H-B	597	162		77	5.2	342.1	YB450M1-2	450		
HP200D-390H-C	579	152		77	5.0	311.3	YB450S3-2	400		
HP200D-390H-D	560	142		76	4.8	284.9	YB450S2-2	355		
HP200D-390H-E	540	131		75	4.7	256.9	YB450S2-2	355		
HP200D-390H-F	517	122		74	4.6	232.1	YB450S1-2	315		
HP200D-455L	810	220	2970	76	8.5	638.5	YB560M2-2	710	1230	6000V
HP200D-455L-A	785	207		76	7.9	582.3	YB560M2-2	710		
HP200D-455L-B	760	198		75	7.3	546.4	YB560M1-2	630		
HP200D-455L-C	738	186		74	6.8	505.2	YB560M1-2	630		
HP200D-455L-D	715	178		74	6.4	468.4	YB560S2-2	560		
HP200D-455L-E	692.5	168		73	6.1	434.0	YB560S1-2	500		
HP200D-455L-F	670	157		72	5.7	397.9	YB560S1-2	500		
HP200D-455L-G	645	145		72	5.2	353.7	YB450M1-2	450		
HP200D-455L-H	613	134		71	4.9	315.1	YB450S3-2	400		
HP200D-455L-I	590	122		69	4.6	284.1	YB450S2-2	355		
HP200D-455L-J	567.5	110		68	4.3	250.0	YB450S1-2	315		
HP200D-455H	874	250	2970	77	6.0	772.8	YB630S2-2	900	1230	6000V
HP200D-455H-A	840	238		76	5.6	716.4	YB630S2-2	900		
HP200D-455H-B	817	223		75.5	5.5	657.2	YB630S1-2	800		
HP200D-455H-C	795	210		75	5.2	606.2	YB560M2-2	710		
HP200D-455H-D	760	198		74	4.9	553.8	YB560M1-2	630		
HP200D-455H-E	738	188		74	4.9	510.6	YB560M1-2	630		
HP200D-455H-F	715	174		73	4.6	464.1	YB560S2-2	560		
HP200D-455H-G	681	161		73	4.4	409.0	YB560S1-2	500		
HP200D-455H-H	658	147		72	4.3	365.9	YB450M1-2	450		
HP200D-455H-I	624	136		71	4.0	325.5	YB450S3-2	400		
HP200D-455H-J	602	125		70	4.0	292.8	YB450S2-2	355		
HP250D-390L	1160	190	2970	80	8.6	750.3	YB630S2-2	900	1530	6000V
HP250D-390L-A	1113	185		80	8.5	700.9	YB630S2-2	900		
HP250D-390L-B	1090	176		79	8.5	661.3	YB630S1-2	800		
HP250D-390L-C	1067	164.5		79	8.1	605.1	YB560M2-2	710		
HP250D-390L-D	1044.5	152		79	7.9	547.3	YB560M1-2	630		
HP250D-390L-E	1022	143		78	7.8	510.3	YB560M1-2	630		
HP250D-390L-F	988	131		78	7.4	451.9	YB560S2-2	560		
HP250D-390L-G	965	120		77	7.4	409.6	YB560S1-2	500		
HP250D-390L-H	942	112		76	7.3	378.1	YB450M1-2	450		

续表

泵 型 号	流量 Q /(m³/h)	扬程 H /m	转速 n /(r/min)	效率 η /%	气蚀余量 $NPSH$/m	轴功率 P /kW	配带电机		泵本体质量/kg	备注
							型号	功率/kW		
HP250D-390H	1250	205	2970	83	10.5	840.8	YB630S2-2	900	1530	6000V
HP250D-390H-A	1215	195		82.5	9.8	782.1	YB630S2-2	900		
HP250D-390H-B	1180	185		81.5	9.4	729.4	YB630S2-2	900		
HP250D-390H-C	1147	176		81	9.0	678.7	YB630S1-2	800		
HP250D-390H-D	1112	165		80	8.5	624.6	YB560M2-2	710		
HP250D-390H-E	1090	155		79.5	8.3	578.7	YB560M2-2	710		
HP250D-390H-F	1067	148		79	8.2	544.4	YB560M1-2	630		
HP250D-390H-G	1022	136		78	7.9	485.3	YB560S2-2	560		
HP250D-390H-H	988	129		77.5	7.6	447.9	YB560S2-2	560		
HP250D-390H-I	954	122		77	7.3	411.6	YB560S1-2	500		
HP250D-495L	1090	70	1480	82	4.5	250.3	YB355L2-4	315	1860	
HP250D-495L-A	1056	63		81.5	4.2	220.9	YB355L1-4	280		
HP250D-495L-B	1022	59		81	4.0	200.3	YB355M2-4	250		
HP250D-495L-C	988	52		80	3.9	172.7	YB355M1-4	220		
HP250D-495L-D	954	46		79	3.7	149.4	YB355S1-4	185		
HP250D-495L-E	920	40		78	3.5	126.9	YB315L1-4	160		
HP250D-495L-F	885	35		77	3.4	108.1	YB315M-4	132		
HP250D-495H	1282	75	1480	82	5.0	319.3	YB450S3-4	400	1860	6000V
HP250D-495H-A	1249	68		81.5	4.9	283.8	YB450S2-4	355		
HP250D-495H-B	1180	62.5		81	4.5	248	YB450S1-4	315		
HP250D-495H-C	1136	57		80	4.2	220.4	YB400M2-4	280		
HP250D-495H-D	1090	52		80	4.0	192.9	YB400M1-4	250		
HP250D-495H-E	1045	45.5		78	3.9	166	YB400S1-4	200		
HP250D-495H-F	1022	40		78	3.7	142.7	YB355M-4	185		
HP300D-560	1270	95	1480	83	4.0	395.9	YB450M2-4	500	2500	6000V
HP300D-560-A	1200	88		82	3.8	350.8	YB450M1-4	450		
HP300D-560-B	1150	84		81	3.8	324.8	YB450S3-4	400		
HP300D-560-C	1100	78		80	3.2	292.1	YB450S2-4	355		
HP300D-560-D	1050	72		79	3.0	260.6	YB450S1-4	315		
HP300D-560-E	1000	65		78	2.8	226.9	YB400M2-4	280		
HP300D-560-F	950	58		77	2.6	194.9	YB400M1-4	250		
HP300D-560-G	900	52		76	2.5	167.7	YB400S1-4	200		
HP300D-560-H	800	47		75	2.4	136.5	YB355M-4	185		
HP300D-595L	1180	114	1480	83	3.5	441.4	YB560S2-4	560	2170	6000V
HP300D-595L-A	1165	106		83	3.3	405.2	YB560S1-4	500		
HP300D-595L-B	1126	99		82	3.3	370.2	YB450M1-4	450		

续表

泵　型　号	流量 Q /(m^3/h)	扬程 H /m	转速 n /(r/min)	效率 η /%	气蚀余量 $NPSH$/m	轴功率 P /kW	配带电机		泵本体质量/kg	备注
							型号	功率/kW		
HP300D-595L-C	1088	92.5	1480	81	3.2	338.4	YB450M1-4	450	2170	6000V
HP300D-595L-D	1050	86		80	3.2	307.4	YB450S3-4	400		
HP300D-595L-E	1012	80		79	3.2	279.1	YB450S2-4	355		
HP300D-595L-F	973	74		78	3.1	251.4	YB450S1-4	315		
HP300D-595L-G	935	68		77	3.1	224.9	YB400M2-4	280		
HP300D-595L-H	897	62.5		71	3.0	215.0	YB400M2-4	280		
HP300D-595H	1700	107	1480	82	6.5	604.1	YB560M2-4	710	2170	6000V
HP300D-595H-A	1658	102		82	5.8	561.7	YB560M2-4	710		
HP300D-595H-B	1612	96		82	5.4	513.9	YB560M1-4	630		
HP300D-595H-C	1544	91		81.5	5.0	469.5	YB560S2-4	560		
HP300D-595H-D	1499	85		81	4.8	428.4	YB560S1-4	500		
HP300D-595H-E	1453	80		80	4.6	395.7	YB560S1-4	500		
HP300D-595H-F	1385	74		79	4.3	353.3	YB450M1-4	450		
HP300D-595H-G	1317	67		78	4.1	308.1	YB450S2-4	355		
HP300D-595H-H	1249	60		76	4.0	268.5	YB450S2-4	355		
HP300D-595H-I	1203	54		75	3.8	235.9	YB450S1-4	315		

c. DSJH 型石油化工流程泵　DSJH 型石油化工流程泵是单级双吸两端支承式离心泵，引

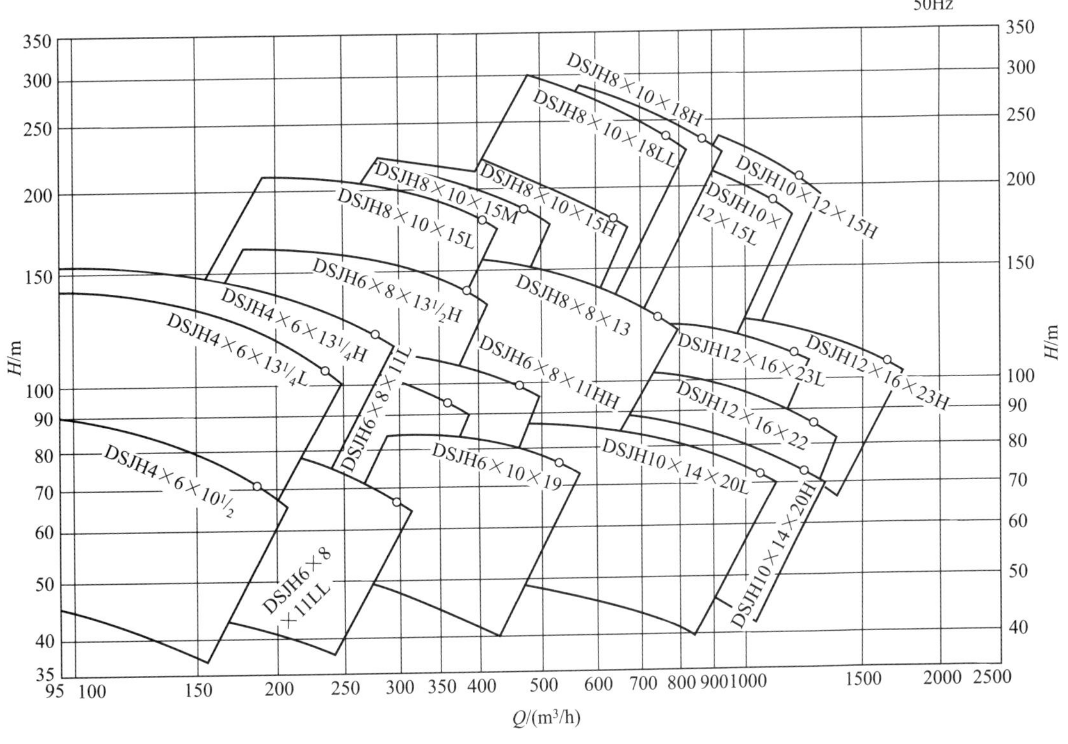

图 1-27　DSJH 型石油化工流程泵选型图

进的是美国B.J公司技术，符合美国石油学会API 610规范。可为石油精制、石油化工和化学工业等输送石油及其产品，特别适用于输送高温、高压以及易燃、易爆或有毒的液体。此类泵可靠性高，使用寿命长，通用化程度高，最为突出的是效率高。

DSJH流程泵性能范围：流量95～1740m³/h，扬程38～280m，使用温度－45～450℃（特殊需要可降低到－196℃）。

DSJH型石油化工流程泵型号意义示例：

DSJH4×6×13¼L-A　　　DSJH4×6×13¼H

DSJH——单级双吸两端支承式流程泵；4——泵排出口直径，英寸；6——泵吸入口直径，英寸；×13¼——叶轮最大直径，英寸；L、H——叶轮型式代号；A——叶轮切割次数，即第一次切割（1英寸＝25.4mm）。

(a) DSJH型石油化工流程泵选型见图1-27。

(b) DSJH型石油化工流程泵产品性能参数见表1-23。

表1-23　DSJH型石油化工流程泵性能参数

型　　号	流量 Q /(m³/h)	扬程 H /m	转速 n /(r/min)	效率 η /%	气蚀余量 $NPSH$/m	轴功率 P/kW	功率/kW	泵质量 /kg
DSJH4×6×10½	186	76	2970	71	2.5	54.2	75	670
DSJH4×6×13¼L	209	106	2970	68	3.0	88.7	110	670
DSJH4×6×13¼H	265.5	125	2970	71	3.0	127.3	160	670
DSJH6×8×11LL	306.5	67	2970	80	4.0	69.9	90	700
DSJH6×8×11L	377	91	2970	79	4.5	118.3	160	700
DSJH6×8×11HH	488	94	2970	82	5.5	152.3	200	700
DSJH6×8×13½H	399.5	138	2970	75	4.5	200.2	250	800
DSJH6×10×19	545	73	1480	80	2.5	135.4	160	1180
DSJH8×10×13	790	140	2970	80	6.5	376.7	450	930
DSJH8×10×15L	418	177	2970	76	5.5	265.3	315	950
DSJH8×10×15M	482	201	2970	76	5.5	347.4	400	950
DSJH8×10×15H	624	183	2970	77	5.5	404	450	950
DSJH8×10×18LL	794.5	223	2970	74	8.0	652	710	1230
DSJH8×10×18H	874	250	2970	80	6.0	744	800	1230
DSJH10×12×15L	1135	192	2970	82	8.5	723.7	800	1530
DSJH10×12×15H	1248.5	206	2970	84	10.5	833.8	900	1530
DSJH10×14×20L	1089.5	75	1480	83	4.5	268.1	315	1850
DSJH10×14×20H	1282.5	75	1480	82	5.0	319.4	400	1850
DSJH12×16×22	1271	95	1480	83	4.0	396	500	2100
DSJH12×16×23L	1203	113	1480	82	3.5	457.5	560	2165
DSJH12×16×23H	1702.5	108	1480	82	6.5	610.7	710	2165

注：表中所列轴功率及其配带功率均为介质相对密度为1.0时的计算值。所有泵还可配切割叶轮，介质相对密度大于1或小于1时的任何防爆电机型号及其功率。

d. GSJH型石油化工流程泵　GSJH型石油化工流程泵是两级两端支承式离心泵，引进美国 B.J 公司技术，符合美国石油学会 API 610 规范。可为石油精制、石油化工和化学工业等输送石油及其产品，特别适用于输送高温、高压以及易燃、易爆或有毒的液体，具有可靠性高、使用寿命长、效率高等特点。

GSJH 型石油化工流程泵性能参数范围：流量 7.5～280m^3/h；扬程 80～330m；使用温度 −45～450℃（特殊需要可降低到−196℃）。

GSJH 型石油化工流程泵型号意义示例：

GSJH4×6×13 $\frac{1}{4}$L-C　　　　GSJH4×6×13 $\frac{1}{4}$H

GSJH——两级单吸两端支承式离心流程泵；4——泵排出口直径，英寸；6——泵吸入口直径，英寸；×13 $\frac{1}{4}$——叶轮最大直径，英寸；L、H——叶轮形式代号；C——叶轮切割次数，即第三次切割（1 英寸＝0.0254m）。

（a）GSJH 型石油化工流程泵选型见图 1-28。

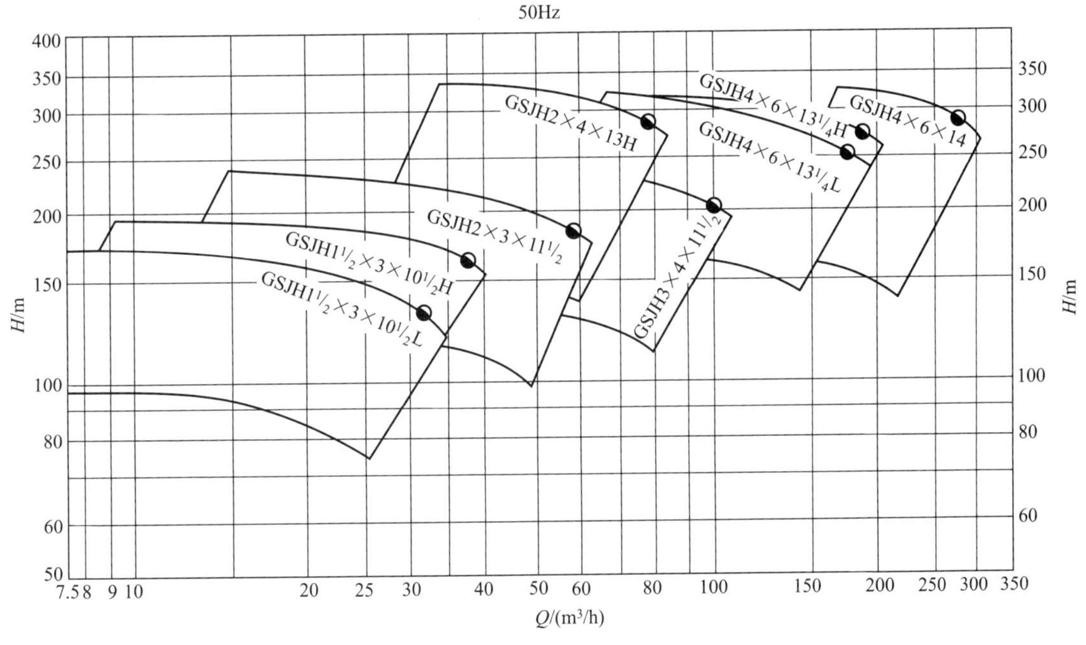

图 1-28　GSJH 型石油化工流程泵选型图

（b）GSJH 型石油化工流程泵产品性能参数见表 1-24。

e. MY 型多级离心油泵　MY 型多级离心油泵系列可用于为石油精制、石油化工和化学工业输送不含固体颗粒的石油、液化石油气和其他易燃、易爆或剧毒的高温高压液体。

MY 型多级离心油泵性能参数范围：流量 6.25～155m^3/h，扬程 70～603m，介质温度 −20～300℃。

MY 型多级离心油泵型号意义示例：

MY80-50×6Ⅱ

MY——多级离心油泵；80——吸入口直径，mm；50——单级扬程，m；6——级数；Ⅱ——材料等级。

（a）MY 型多级离心油泵选型见图 1-29。

表 1-24　GSJH 型石油化工流程泵性能参数

型　　号	流量 Q /(m^3/h)	扬程 H /m	转速 n /(r/min)	效率 η /%	气蚀余量 $NPSH$/m	轴功率 /kW	配带功率 /kW	泵本体质量 /kg
GSJH1$\frac{1}{2}$×3×10$\frac{1}{2}$L	35	146	2970	50	2.9	27.8	37	300
GSJH1$\frac{1}{2}$×3×10$\frac{1}{2}$H	38	180	2970	55	3.7	33.9	45	300
GSJH2×3×11$\frac{1}{2}$	58	192	2970	58	3	53.9	75	352
GSJH2×4×13H	77	280	2970	53	4.0	110.8	132	520
GSJH3×4×11$\frac{1}{2}$	100	206	2970	68	4.0	82.5	110	650
GSJH4×6×13$\frac{1}{4}$L	175	262	2970	69	6.2	180.9	220	860
GSJH4×6×13$\frac{1}{4}$H	182	280	2970	69	5.0	201.1	250	860
GSJH4×6×14	261	271	2970	76	8.0	253.5	315	900

注：表中所列轴功率及其配带功率均为介质相对密度为 1.0 时的计算值。所有泵还可配切割叶轮，介质相对密度大于 1 或小于 1 时的任何防爆电机型号及其功率。

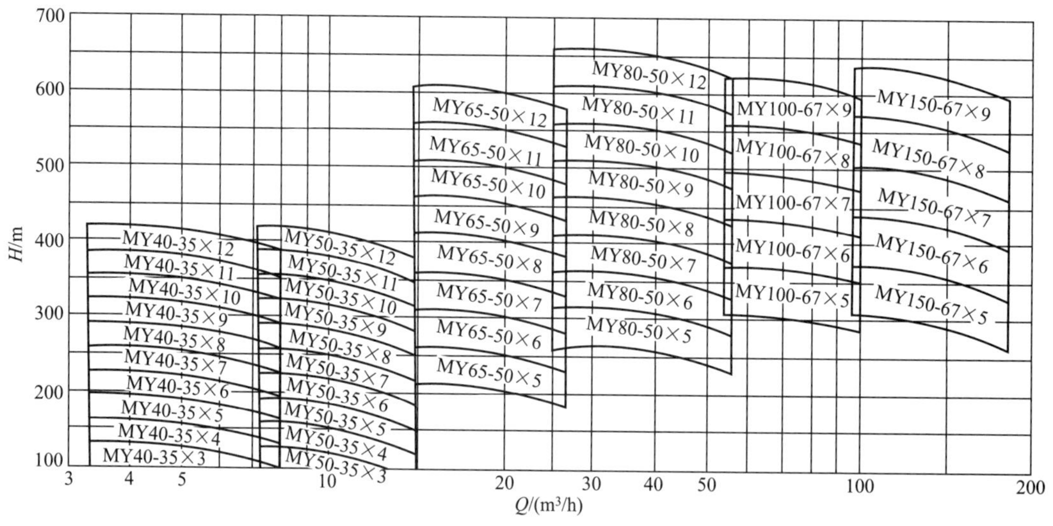

图 1-29　GSJH 型石油化工流程泵选型图

(b) MY 型多级离心油泵产品性能参数见表 1-25。

表 1-25　MY 型多级离心油泵性能参数

型号	流量 Q /(m^3/h)	流量 Q /(L/s)	扬程 H /m	转速 n /(r/min)	功率/kW 额定轴功率	功率/kW 电机功率	效率 /%	必需气蚀余量 $(NPSH)_r$ /m	叶轮直径 /mm	泵质量 /kg
MY40-35×9	6.25	1.74	315	2950	17.9	18.5	32	2.5	175	510
						22				
						30				

续表

型号	流量 Q		扬程 H /m	转速 n /(r/min)	功率/kW		效率 /%	必需气蚀余量 $(NPSH)_r$ /m	叶轮直径 /mm	泵质量 /kg
	/(m^3/h)	/(L/s)			额定轴功率	电机功率				
MY40-35×10	6.25	1.74	350	2950	19.9	18.5 22 30	32	2.5	175	550
MY40-35×11	6.25	1.74	385	2950	21.8	22 30 37	32	2.5	175	590
MY40-35×12	6.25	1.74	420	2950	23.8	22 30 37	32	2.5	175	630
MY50-35×3	12.5	3.47	105	2950	9	11	45	2.8	175	319
MY50-35×4	12.5	3.47	152	2950	12	11 15	5	2.8	175	359
MY50-35×5	12.5	3.47	190	2950	15	15 18.5 22	45	2.8	175	401
MY50-35×6	12.5	3.47	228	2950	18.1	15 18.5 22 30	45	2.8	175	443
MY50-35×7	12.5	3.47	266	2950	21.1	15 18.5 22 30	45	2.8	175	485
MY50-35×8	12.5	3.47	304	2950	24.1	18.5 22 30 37	45	2.8	175	527
MY50-35×9	12.5	3.47	342	2950	27.1	18.5 22 30 37 45	45	2.8	175	569
MY50-35×100	12.5	3.47	380	2950	30.1	18.5 22 30 37 45	45	2.8	175	611
MY50-35×11	12.5	3.47	418	2950	33.1	22 30 37 45 55	45	2.8	175	653
MY50-35×12	12.5	3.47	456	2950	36.1	22 30 37 45 55	45	2.8	175	695
MY65-50×5	25	6.9	250	2950	34.7	30 37 45	51	3.4	200	440

续表

型号	流量 Q		扬程 H /m	转速 n /(r/min)	功率/kW		效率 /%	必需气蚀余量 $(NPSH)_r$ /m	叶轮直径 /mm	泵质量 /kg
	/(m³/h)	/(L/s)			额定轴功率	电机功率				
MY65-50×6	25	6.9	300	2950	41.7	37 45 55	51	3.4	200	480
MY65-50×7	25	6.9	350	2950	48.6	45 55 75 37	51	3.4	200	520
MY65-50×8	25	6.9	400	2950	55.6	45 55 75	51	3.4	200	560
MY65-50×9	25	6.9	450	2950	62.5	55 75	51	3.4	200	600
MY65-50×10	25	6.9	500	2950	69.5	55 75 90	51	3.4	200	640
MY65-50×11	25	6.9	550	2950	76.4	75 90 110	51	3.4	200	680
MY65-50×12	25	6.9	600	2950	83.4	75 90 110	51	3.4	200	720
MY80-50×5	45	12.5	270	2950	54.2	37 45 55	63	4.0	200	430
MY80-50×6	45	12.5	324	2950	65.1	45 55 75	63	4.0	200	480
MY80-50×7	45	12.5	378	2950	75.9	55 75 90	63	4.0	200	530
MY80-50×8	45	12.5	432	2950	86.8	55 75 90 110	63	4.0	200	580
MY80-50×9	45	12.5	486	2950	97.6	75 90 110	63	4.0	200	630
MY80-50×10	45	12.5	540	2950	108.5	90 110 132	63	4.0	200	680

续表

型号	流量 Q		扬程 H /m	转速 n /(r/min)	功率/kW		效率 /%	必需气蚀余量 $(NPSH)_r$ /m	叶轮直径 /mm	泵质量 /kg
	/(m^3/h)	/(L/s)			额定轴功率	电机功率				
MY80-50×11	45	12.5	594	2950	119.3	90 110 132	63	4.0	200	730
MY80-50×12	45	12.5	648	2950	130.2	110 132 160	63	4.0	200	780
MY100-67×6	80	22.2	402	2950	136.9	100 132 160 185 200	66	4.5	235	1040
MY100-67×7	80	22.2	469	2950	159.7	132 160 185 200 220	66	4.5	235	1100
MY100-67×8	80	22.2	536	2950	179.5	160 185 200 220 250 280	66	4.5	235	1160
MY100-67×9	80	22.2	603	2950	199.3	185 200 220 250 280	66	4.5	235	1230
MY150-67×6	150	41.7	402	2950	221.9	200 220 250 280 315	76	5.0	240	1140
MY150-67×7	150	41.7	469	2950	258.9	220 250 280 315 355 400	76	5.0	240	1240
MY150-67×8	150	41.7	536	2950	295.9	250 280 315 355 400 450	76	5.0	240	1340
MY150-67×9	150	41.7	603	2950	332.9	280 315 355 400 450 500	76	5.0	240	1440

f. ZGP 系列石油化工流程泵　ZGP 系列石油化工流程泵是改进的卧式单级单吸离心泵，其性能范围、效率、气蚀余量、最小连续流量、振动值等指标均优于原设计水平。ZGP 系列石油化工流程泵特别应用于化学和石油化学工业、炼油厂、造纸厂和纸浆业、制糖业。可输送的介质包括各种温度和浓度的硫酸、硝酸、盐酸和磷酸等无机酸和有机酸；各种温度和浓度下的氢氧化钠和碳酸钠等碱性溶液；各种盐溶液；各种液态石油化工产品、有机化合物，液化石油气以及有腐蚀性的原料和产品。

ZGP 系列石油化工流程泵性能范围：口径 25～400mm，流量约 2600m^3/h，扬程约 300m，功率 1.1～500kW，工作温度－80～450℃，工作压力 5MPa。

(a) ZGP 系列石油化工流程泵选型见图 1-30。

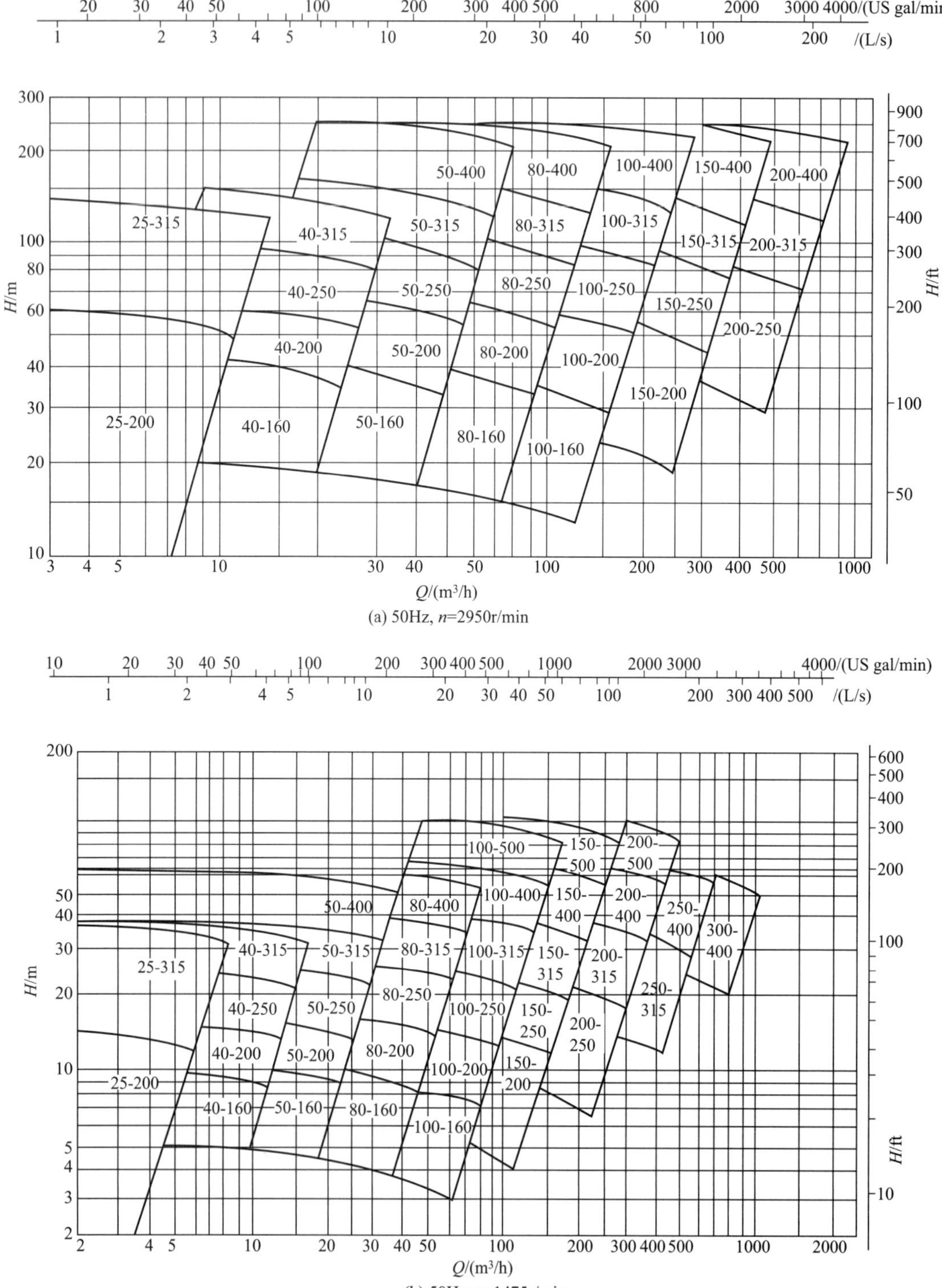

图 1-30 ZGP 系列石油化工流程泵选型图

(1ft=0.3048m; 1US gal=3.78541dm³)

(b) ZGP 系列石油化工流程泵产品性能参数见表 1-26。

表 1-26 ZGP 系列石油化工流程泵性能参数

型号	叶轮形式	泵额定转速 $n=2900$r/min									泵额定转速 $n=1450$r/min								
		流量Q /(m³/h)	扬程 H /m	轴承架 LK	相对密度 $\gamma=1.00$		相对密度 $\gamma=1.35$		相对密度 $\gamma=1.84$		流量Q /(m³/h)	扬程 H /m	轴承架 LK	相对密度 $\gamma=1.00$		相对密度 $\gamma=1.35$		相对密度 $\gamma=1.84$	
					电机功率及型号									电机功率及型号					
					/kW	型号	/kW	型号	/kW	型号				/kW	型号	/kW	型号	/kW	型号
ZGP80-250	D	87	45	2	22	Y180M-2	30	Y200L1-2	37	Y200L2-2	46	11	2	3	Y100L2-4	4	Y112M-4	5.5	Y132S-4
ZGP80-315	A	141	127	2	90	Y280M-2					70	33	2	15	Y160L-4	18.5	Y180M-4	22	Y180L-4
	B	135	121		75	Y280S-2					66	30		11	Y160M-4	15	Y160L-4		
	C	115	97		55	Y250M-2	75	Y280S-2			56	24				11	Y160M-4	15	Y160L-4
	D	90	74		37	Y200L2-2	45	Y225M-2	75	Y280S-2	45	18		5.5	Y132S-4	7.5	Y132M-4	11	Y160M-4
ZGP80-400	A	171	187	3	160	Y315M2-2					85	46	2	22	Y180L-4	30	Y200L-4	45	Y225M-4
	B	159	170		160	Y315M2-2					80	42		18.5	Y180M-4	30	Y200L-4	37	Y225S-4
	C	135	130		90	Y280M-2	132	Y315M1-2			65	33		15	Y160L-4	18.5	Y180M-4	30	Y200L-4
	D	116	95		75	Y280S-2	90	Y280M-2	132	Y315M1-2	53	25		11	Y160M-4	15	Y160L-4	18.5	Y180M-4
ZGP100-160	A	162	29	2	22	Y180M-2	30	Y200L1-2	37	Y200L2-2	81	7.2	2	3	Y100L2-4	4	Y112M-4	5.5	Y132S-4
	B	150	24		15	Y160M2-2	22	Y180M-2	30	Y200L1-2	73	6		2.2	Y100L1-2	3	Y100L2-4	4	Y112M-4
	C	130	17		11	Y160M1-2	15	Y160M2-2	18.5	Y160L-2	63	4.3		1.5	Y90L-4	2.2	Y100L1-4	3	Y100L2-4
	D	110	12		7.5	Y132S2-2	11	Y160M1-2	15	Y160M2-2	55	3		1.1	Y90S-4	1.5	Y90L-4	2.2	Y100L1-4
ZGP100-200	A	193	50	2	45	Y225M-2	55	Y250M-2	75	Y280S-2	95	12.5	2	5.5	Y132S-4	7.5	Y132M-4	11	Y160M-4
	B	180	44		37	Y200L2-2	458	Y225M-2			90	10.5							
	C	155	35		30	Y200L1-2	37	Y200L2-2	45	Y225M-2	80	8.5		4	Y112M-4	5.5	Y132S-4	7.5	Y132M-4
	D	135	26		18.5	Y160L-2	30	Y200L1-2	37	Y200L2-2	70	6		3	Y100L2-4	3	Y100L2-4	4	Y112M-4
ZGP100-250	A	230	79	2	75	Y280S-2	90	Y280M-2			115	20	2	11	Y160M-4	15	Y160L-4	18.5	
	B	218	73								110	18				11	Y160M-4	15	Y160L-4
	C	190	28		45	Y225M-2	75	Y280S-2	90	Y280M-2	100	14		7.5	Y132M-4			11	Y160M-4
	D	170	44		37	Y200L2-2	45	Y225M-2	75	Y280S-2	90	10		5.5	Y132S-4	7.5	Y132M-4	7.5	Y132M-4

续表

型号	叶轮形式	泵额定转速 $n=2900$r/min 流量Q /(m³/h)	扬程 H /m	轴承架 LK	相对密度 $\gamma=1.00$ 电机功率及型号 /kW	型号	相对密度 $\gamma=1.35$ /kW	型号	相对密度 $\gamma=1.84$ /kW	型号	泵额定转速 $n=1450$r/min 流量Q /(m³/h)	扬程 H /m	轴承架 LK	相对密度 $\gamma=1.00$ 电机功率及型号 /kW	型号	相对密度 $\gamma=1.35$ /kW	型号	相对密度 $\gamma=1.84$ /kW	型号
ZGP100-315	A	250	126	3	132	Y315M1-2					125	31	2	18.5	Y180M-4	30	Y200L-4	37	Y225S-4
	B	240	120				160	Y315M2-2			119	29				22	Y180L-4	30	Y200L-4
	C	203	97		90	Y280M-2	132	Y315M1-2	160	Y315M2-2	104	24		15	Y160L-4	18.5	Y180M-4	22	Y180L-4
	D	170	71		75	Y280S-2	75	Y280S-2	110	Y315S-2	86	17.5		11	Y160M-4	11	Y160M-4	15	Y160L-4
ZGP100-400	A	300	194	4							150	48	3	37	Y225S-4	45	Y225M-4	75	Y280S-4
	B	290	180								145	44		30	Y200L-4			55	Y250M-4
	C	260	145								130	36		22	Y180L-4	30	Y200L-4	45	Y225M-4
	D	224	105		110	Y315S-2	160	Y315M2-2			115	26		15	Y160L-4	22	Y180L-4	30	Y200L-4
ZGP100-500	A										180	75	3	75	Y280S-4	90	U280M-4	110	Y315S-4
	B										167	68		55	Y50M-4	75	Y280S-4		
	C										142	53		37	Y225S-4	55	Y250M-4	75	Y280S-4
	D										120	42		30	Y200L-4	37	Y225S-4	55	Y250M-4
ZGP150-200	A	320	44	2	55	Y250M-2	75	Y280S-2			160	11	2	7.5	Y132M-4	11	Y160M-4	15	Y160L-4
	B	300	39		45	Y225M-2			90	Y280M-2	152	9.5							
	C	265	30		37	Y200L2-2	45	Y225M-2	75	Y280S-2	140	7		5.5	Y132S-4	7.5	Y132M-4	11	Y160M-4
	D	220	23		22	Y180M-2	30	Y200L1-2	45	Y225M-2	123	5		3	Y100L2-4	4	Y112M-4	5.5	Y132S-4
ZGP150-250	A	390	74	3	110	Y315S-2	160	Y315M2-2			195	18.5	2	15	Y160L-4	22	Y180L-4	30	Y200L-4
	B	355	62		90	Y280M-2	110	Y315S-2	160	Y315M2-2	180	16				18.5	Y180M-4	22	Y180L-4
	C	325	46		75	Y280S-2	90	Y280M-2	110	Y315S-2	160	11.5		11	Y160M-4	11	Y160M-4	15	Y1600L-4
	D																		

续表

型号	叶轮形式	泵额定转速 n=2900r/min									泵额定转速 n=1450r/min								
		流量Q /(m³/h)	扬程 H /m	轴承架 LK	相对密度 γ=1.00		相对密度 γ=1.35		相对密度 γ=1.84		流量Q /(m³/h)	扬程 H /m	轴承架 LK	相对密度 γ=1.00		相对密度 γ=1.35		相对密度 γ=1.84	
					电机功率及型号									电机功率及型号					
					/kW	型号	/kW	型号	/kW	型号				/kW	型号	/kW	型号	/kW	型号
ZGP150-315	A	442	125	3							220	32.5	3	30	Y200L-4	45	Y225M-4	55	Y250M-4
	B	430	120								210	30				37	Y225S-4		
	C	372	94		160	Y315M2-2					180	24		22	Y180L-4	30	Y200L-4	37	Y200L-4
	D	310	68		90	Y280M-2	132	Y315M1-2	160	Y315M2-2	150	17		15	Y160L-4	18.5	Y180M-4	22	Y180L-4
ZGP150-400	A	520	205	4							260	51	3	55	Y250M-4	75	Y280S-4	110	Y315S-4
	B	498	190								250	48						90	Y280M-4
	C	453	151								225	38		37	Y225S-4	55	Y250M-4	75	Y280S-4
	D	400	113								200	28		30	Y200L-4	37	Y225S-4	55	Y250M-4
ZGP150-500	A										300	77	3	110	Y315S-4	132	Y315M1-4		
	B										283	72		90	Y280M-4	132	Y315M1-4	160	Y315M2-4
	C										233	59		75	Y280S-4	90	Y280M-4	110	Y315S-4
	D										208	45		45	Y225M-4	75	Y280S-4	75	Y280S-4
ZGP150-560	A										335	104	4	160	Y315M2-4				
	B										315	97		132	Y315M1-4				
	C										260	80		90	Y280M-4	132	Y315M1-4	160	Y315M2-4
	D										212	60		75	Y280S-4	90	Y280M-4	110	Y315S-4
ZGP150-630	A										360	115	4						
	B										338	106							
	C										274	82		132	Y315M1-4	160	Y315M2-4		
	D										220	60		75	Y280S-4	110	Y315S-4	160	Y225M2-4

续表

型号	叶轮形式	泵额定转速 $n=2900r/min$									泵额定转速 $n=1450r/min$								
		流量Q/(m^3/h)	扬程H/m	轴承架LK	相对密度 $\gamma=1.00$		相对密度 $\gamma=1.35$		相对密度 $\gamma=1.84$		流量Q/(m^3/h)	扬程H/m	轴承架LK	相对密度 $\gamma=1.00$		相对密度 $\gamma=1.35$		相对密度 $\gamma=1.84$	
					电机功率及型号									电机功率及型号					
					/kW	型号	/kW	型号	/kW	型号				/kW	型号	/kW	型号	/kW	型号
ZGP200-250	A	610	72	3	160	Y315M2-2					305	17.5	3	22	Y180L-4	30	Y200L-4	45	Y225M-4
	B	580	65		160	Y315M2-2					290	16		18.5	Y180M-4	30	Y200L-4	37	Y225S
	C	520	47		110	Y315S-2	132	Y315M1-2			260	12		15	Y160L-4	18.5	Y180M-4	30	Y200L-4
	D	470	32		75	Y280S-2	90	Y280M-2	110	Y280S-2	240	8		11	Y160M-4	15	Y160L-4	15	Y160L-4
ZGP200-315	A	71	122	4							350	30	3	45	Y225M-4	55	Y250M-4	75	Y280S-4
	B	688	114								340	29		37	Y225S-4	55	Y250M-4	75	Y280S-4
	C	600	87								300	22		30	Y200L-4	37	Y225S-4	55	Y250M-4
	D	480	65		132	Y315M1-2					250	15		18.5	Y180M-4	22	Y180L-4	30	Y200L-4
ZGP200-400	A	850	203	5							426	50	3	90	Y280M-4	110	Y315S-4	160	Y315M2-4
	B	830	150								410	47		75	Y280S-4	110	Y315S-4	132	Y315M1-4
	C	750	145								370	36.5		55	Y250M-4	75	Y280S-4	110	Y315S-4
	D	670	106								332	27		45	Y225M-4	55	Y250M-4	75	Y280S-4
ZGP200-500	A										495	84	4						
	B										470	79		160	Y315M2-4				
	C										400	63		110	Y315S-4	110	Y315S-4		
	D										330	48		75	Y280S-4	90	Y280M-4	132	Y315M1-4
ZGP200-560	A										540	105	5						
	B										510	98							
	C										430	81		160	Y315M2-4				
	D										350	62		110	Y315S-4	132	Y315M1-4		
ZGP200-630	A										580	132	5						
	B										550	125							
	C										468	100							
	D										372	75		132	Y315M1-4				

续表

型号	叶轮形式	泵额定转速 n=2900r/min									泵额定转速 n=1450r/min								
		流量Q /(m³/h)	扬程 H /m	轴承架 LK	相对密度 γ=1.00		相对密度 γ=1.35		相对密度 γ=1.84		流量Q /(m³/h)	扬程 H /m	轴承架 LK	相对密度 γ=1.00		相对密度 γ=1.35		相对密度 γ=1.84	
					电机功率及型号									电机功率及型号					
					/kW	型号	/kW	型号	/kW	型号				/kW	型号	/kW	型号	/kW	型号
ZGP250-315	A										545	27	3	55	Y250M-4	75	Y280S-4	110	Y315S-4
	B										528	25		55	Y250M-4	75	Y280S-4	90	Y280M-4
	C										480	19		37	Y225S-4	55	Y250M-4	75	Y280S-4
	D										434	13		30	Y200L-4	37	Y225S-4	45	Y225M-4
ZGP250-400	A										660	49	4	132	Y315M1-4	160	Y315M2-4		
	B										630	46		110	Y315S-4				
	C										565	36		75	Y280S-4	110	Y315S-4	160	Y315M2-4
	D										500	24		55	Y250M-4	75	Y280S-4	90	Y280M-4
ZGP250-500	A										800	82	5						
	B										770	76							
	C										700	58		160	Y315M2-4				
	D										630	42		110	Y315S-4	160	Y315M2-4		
ZGP250-560	A										860	106	5						
	B										830	98							
	C										760	78							
	D										665	57		160	Y315M2-4				
ZGP250-630	A										855	128	6						
	B										816	119							
	C										720	96							
	D										625	71							
ZGP300-400	A										1050	48	4						
	B										1010	45		160	Y315M2-4				
	C										900	34		132	Y315M1-4	160	Y315M2-4		
	D										780	26		90	Y280M-4	132	Y315M1-4	160	Y315M2-4

续表

型号	叶轮形式	泵额定转速 $n=2900$r/min										泵额定转速 $n=1450$r/min									
		流量Q /(m³/h)	扬程 H /m	轴承架 LK	相对密度 $\gamma=1.00$		相对密度 $\gamma=1.35$		相对密度 $\gamma=1.84$			流量Q /(m³/h)	扬程 H /m	轴承架 LK	相对密度 $\gamma=1.00$		相对密度 $\gamma=1.35$		相对密度 $\gamma=1.84$		
					电机功率及型号										电机功率及型号						
					/kW	型号	/kW	型号	/kW	型号					/kW	型号	/kW	型号	/kW	型号	
ZGP300-500	A											1240	78	5							
	B											1170	75								
	C											1015	57								
	D											870	42		160	Y315M2-4					
ZGP300-560	A											1340	104	6							
	B											1280	97								
	C											1140	77								
	D											950	56								
ZGP300-630	A											1450	132	6							
	B											1375	125								
	C											1170	100								
	D											950	75								
ZGP400-500	A											1870	74	6							
	B											1800	70								
	C											1520	52								
	D											1300	38								
ZGP400-560	A											2040	98	6							
	B											1950	91								
	C											1760	74								
	D											1500	54								
ZGP400-630	A											2390	125	7							
	B											2280	117								
	C											1960	95								
	D											1610	70								

表中有流量、扬程值而无功率值的泵，其功率超过160kW，需订货时确定。

g. LC、LC-Ⅰ型小流量高扬程化工流程泵　LC、LC-Ⅰ系列小流量高扬程化工离心泵为卧式单级、多级悬臂结构。应用于腈纶、涤纶、精细化工等化工行业，适合作为化工流程泵，输送水、酸、碱、盐、有机溶剂或其他液态化学介质。特点是高效节能，可靠性和寿命较高。LC 系列泵符合 ISO 2858 标准，工作压力 1.6MPa，最高使用温度 400℃。LC-Ⅰ系列泵符合 APⅠ 610 标准第八版，工作压力 2.5MPa，最高使用温度 400℃。LC(F) 和 LC-Ⅰ(F) 系列小流量、高扬程化工离心泵分为常温型与高温型两种，常温型许用温度 105℃，高温型许用温度 400℃。

LC、LC-Ⅰ型小流量高扬程化工流程泵型号意义示例：

LC(F、G) 6.3-32×3　　　(ISO 2858 标准)

LC-Ⅰ(G) 6.3-32　　　(APⅠ 610 标准第八版)

LC、LC-Ⅰ——ISO 标准形式是 LC，API 标准形式是 LC-Ⅰ；F——部分流叶轮形式（常规离心叶轮形式省略）；G——高温型（常温型省略）；6.3——流量，m^3/h；32——单级扬程，m；×3——级数。

(a) LC(F) 单级化工离心泵选型见图 1-31。

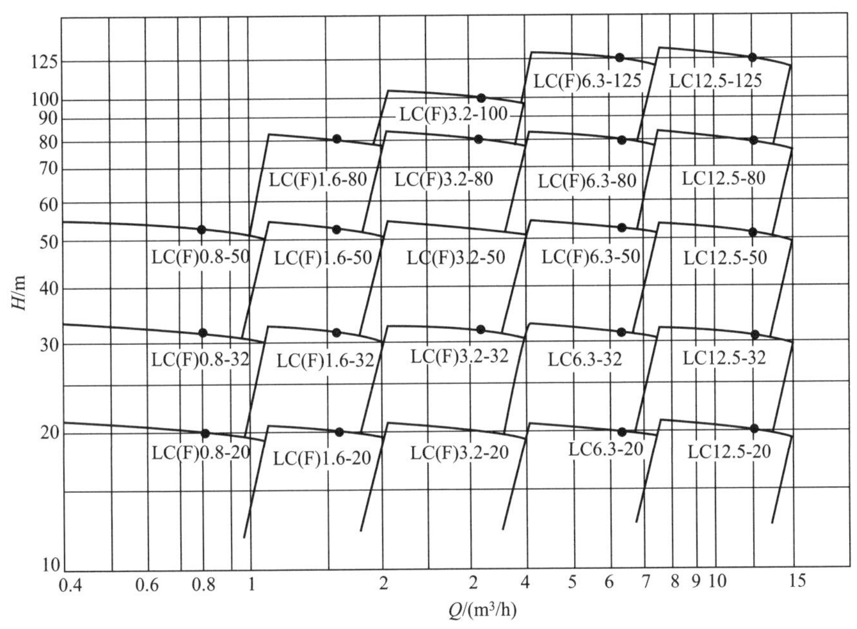

图 1-31　LC(F) 单级化工离心泵选型图

(b) LC(F) 单级化工离心泵产品性能参数见表 1-27。

表 1-27　LC(F) 单级化工离心泵性能参数

型　号	流量 Q /(m^3/h)	扬程 H /m	轴功率 N /kW	电机功率 $P(\gamma=1)$ /kW	效率 η /%	转速 n /(r/min)	气蚀余量 $NPSH$ /m
LC(F)0.8-20	0.8	20	0.30	0.75	15	2825	1.5
LC(F)1.6-20	1.6		0.38	0,75	23		
LC(F)3.2-20	3.2		0.50	1.1	35		
LC(F)6.3-20	6.3		0.76	1.5	45		1.8
LC12.5-20	12.5		1.36	2.2	50		2.0

续表

型　　号	流量 Q /(m^3/h)	扬程 H /m	轴功率 N /kW	电机功率 $P(\gamma=1)$ /kW	效率 η /%	转速 n /(r/min)	气蚀余量 $NPSH$ /m
LC(F)0.8-32	0.8	32	0.69	1.1	10	2840	1.5
LC(F)1.6-32	1.6		0.70	1.1	20		
LC(F)3.2-32	3.2		1.00	1.5	28		
LC(F)6.3-32	6.3		1.37	2.2	40		1.8
LC12.5-32	12.5		2.42	3	45		2.0
LC(F)0.8-50	0.8	4	1.55	2.2	7	2880	1.5
LC(F)1.6-50	1.6		1.65	2.2	13		
LC(F)3.2-50	3.2		2.18	3	20		
LC(F)6.3-50	6.3		3.06	4	28		1.8
LC12.5-50	12.5		4.26	5.5	40		2.0
LC(F)1.6-80	1.6	80	3.87	5.5	9	2900	1.5
LC(F)3.2-80	3.2		5.36	7.5	13		
LC(F)6.3-80	6.3		6.87	11	20		1.8
LC12.5-80	12.5		9.73	15	28		2.0
LC(F)3.2-100	3.2	100	7.26	11	12	2930	1.5
LC(F)6.3-125	6.3	125	14.3	18.5	15		1.8
LC12.5-125	12.5		17.3	22	25		2.0

(c) LC(F) 多级化工离心泵选型见图 1-32。

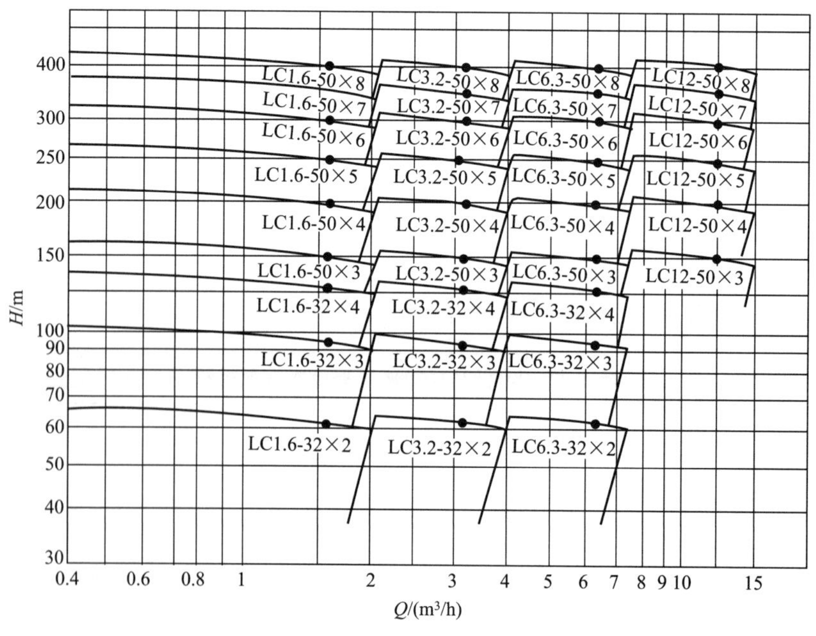

图 1-32　LC(F) 多级化工离心泵选型图

(d) LC(F) 多级化工离心泵产品性能参数见表 1-28。

表 1-28 LC(F) 多级化工离心泵性能参数

型　　号	流量 Q /(m^3/h)	扬程 H /m	轴功率 N /kW	电机功率 $P(\gamma=1)$ /kW	效率 η /%	转速 n /(r/min)	气蚀余量 $NPSH$ /m	备注
LC1.6-32×2	1.6	64	1.39	2.2	20	2900	1.5	叶轮悬臂布置结构
LC3.2-32×2	3.2		1.99	3	28			
LC6.3-32×2	6.3		2.75	4	40			
LC1.6-32×3	1.6	96	2.09	3	20			
LC3.2-32×3	3.2		2.99	4	28			
LC6.3-32×3	6.3		4.12	5.5	40			
LC1.6-32×4	1.6	128	2.79	4	20			
LC3.2-32×4	3.2		3.98	5.5	28			
LC6.3-32×4	6.3		5.49	7.5	40			
LC1.6-50×3	1.6	150	5.03	7.5	13	2900	1.8	叶轮两端支承结构
LC3.2-50×3	3.2		6.54	7.5	20			
LC6.3-50×3	6.3		9.20	11	28			
LC1.6-50×4	1.6	200	6.70	11	13			
LC3.2-50×4	3.2		8.72	11	20			
LC6.3-50×4	6.3		12.26	15	28			
LC1.6-50×5	1.6	250	8.38	11	13			
LC3.2-50×5	3.2		10.90	15	20			
LC6.3-50×5	6.3		15.33	18.5	28			
LC1.6-50×6	1.6	300	10.06	15	13			
LC3.2-50×6	3.2		13.08	18.5	20			
LC6.3-50×6	6.3		18.40	22	28			
LC1.6-50×7	1.6	350	11.73	15	13			
LC3.2-50×7	3.2		15.25	22	20			
LC6.3-50×7	6.3		21.45	30	28			
LC1.6-50×8	1.6	400	13.40	18.5	13			
LC3.2-50×8	3.2		17.44	22	20			
LC6.3-50×8	6.3		24.52	30	28			

③ 立式化工流程离心泵

1）液下泵

a. FYL 型磷酸料浆泵　FYL 型液下泵为单级单吸离心泵，在液面下工作。适用于输送萃取磷酸，料浆 30%～32%磷酸，温度 30～70℃，液固比（2.5～3）∶1，亦可用于其他腐蚀介质或悬浮液的输送。

FYL 型磷酸料浆泵型号意义示例：

FYL65-40-315

F——耐腐蚀系列；Y——液下泵；L——磷酸料浆；65——泵吸入口直径，mm；40——

泵排液口直径，mm；315——叶轮的名义直径，mm。

FYL 型磷酸料浆泵性能参数见表 1-29。

表 1-29　FYL 型磷酸料浆泵性能参数

型号	流量/(m^3/h)	扬程/m	转速/(r/min)	电机	
				功率/kW	型号
FYL65-40-200	12.5	12.5	1420	2.2	Y100L14-WF1-V1
FYL65-40-250	10	18	1440	4	Y112M-4-F2-V1
FYL80-50-250	27	18	1440	5.5	Y132S-4-F2-V1
FYL100-40-300	15	18	1440	5.5	Y132S-4-WF1-V1
FYL65-40-315	10	30	1440	5.5	Y132S-4-WF1-V1
FYL125-80-300	50	18	1460	15	Y160M-4-F2-V1
FYL80-65-310	40	23	1460	11	Y160M-4-WF1-V1

b. LSD 系列高温浓硫酸液下泵　LSD 高温浓硫酸液下泵是立式单级单吸离心泵，主要用于硫酸生产中的干燥和吸收循环。特点是：性能稳定、高效节能、经久耐用、经济合理、运行平稳可靠、拆装维护方便。

LSD 系列高温浓硫酸液下泵性能参数范围：流量 10～1400m^3/h，扬程 15～50m，使用温度小于 110℃（98%H_2SO_4）或小于 80℃（93%H_2SO_4）。

LSD 高温浓硫酸液下泵型号意义示例：

LSD20-30B

LSD——立式硫酸液下泵；20——泵设计流量，m^3/h；30——设计扬程值，m；B——叶轮经第二次切割。

(a) LSD 高温浓硫酸液下泵选型。见图 1-33。

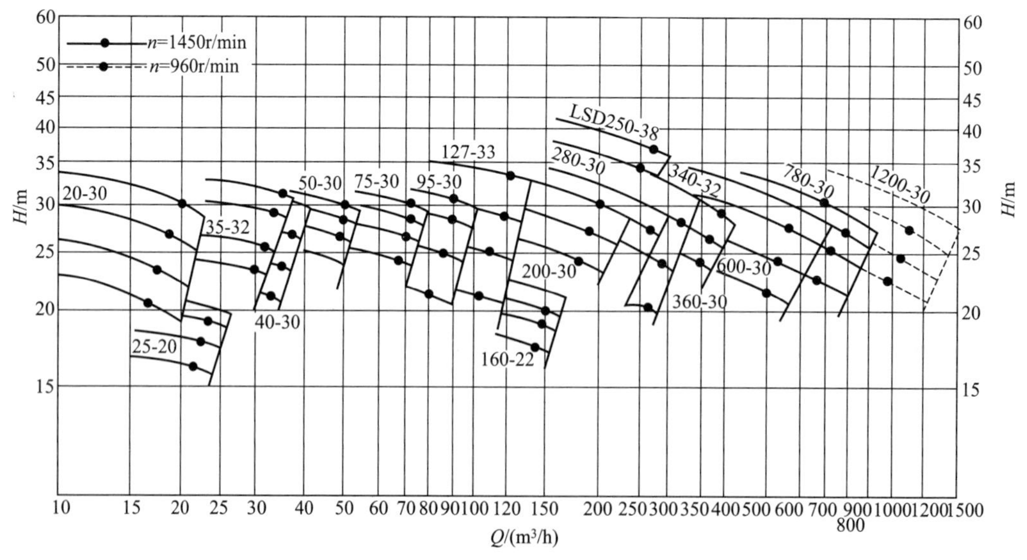

图 1-33　LSD 高温浓硫酸液下泵选型图

(b) LSD 高温浓硫酸液下泵产品性能参数见表 1-30。

表 1-30　LSD 高温浓硫酸液下泵性能参数

泵型号	Q /(m^3/h)	H/m	n /(r/min)	η /%	功率/kW		质量 /kg	泵型号	Q /(m^3/h)	H/m	n /(r/min)	η /%	功率/kW		质量 /kg
					P_a	P_{gr}							P_a	P_{gr}	
LSD20-30	20	30	1480	43	3.8	11	730	LSD127-33C	110	22.5	1450	70	9.5	18.5	945
LSD20-30A	19	27	1480	42	3.3	11	730	LSD160-22	160	22	1450	80	11.97	30	980
LSD20-30B	18	24	1480	41	2.9	7.5	730	LSD160-22A	156	20	1450	79	10.8	22	980
LSD20-30C	17	21.5	1480	40	2.5	7.5	730	LSD160-22B	150	18.5	1450	78	9.7	118.5	980
LSD25-20	25	20	1450	60	2.3	5.5	780	LSD160-22C	142	17.5	1450	77	8.8	18.5	980
LSD25-20A	24	18	1450	59	2.0	5.5	780	LSD200-30	200	30	1450	78	20.9	55	1020
LSD25-20B	23	17.5	1450	58	1.9	5.5	780	LSD200-30A	190	27	1450	77	18.1	45	1020
LSD25-20C	22	16	1450	57	1.7	4	780	LSD200-30B	180	24	1450	76	15.5	37	1020
LSD35-32	35	32	1480	50	6	15	860	LSD250-38	250	38	1450	82	31.6	75	1020
LSD35-32A	33.5	28	1480	49	5.2	11	860	LSD280-30	280	30	1450	79	29	75	1020
LSD35-32B	31	25	1480	48	4.4	11	860	LSD280-30A	266	27	1450	78	25	55	1020
LSD35-32C	30	23	1480	47	4.0	7.5	860	LSD280-30B	252	24	1450	77	21.4	55	1020
LSD40-30	40	30	1450	53	6.2	15	980	LSD340-32	340	32	1450	80	37.1	75	1600
LSD40-30A	38	27	1450	52	5.4	15	980	LSD340-32A	310	28	1450	79	29.9	75	1600
LSD40-30B	36	24	1450	51	4.6	11	980	LSD340-32B	290	24	1450	78	24.3	45	1600
LSD40-30C	34	21.5	1450	50	4.0	11	980	LSD340-32C	260	20	1450	77	18.4	45	1600
LSD50-30	50	30	1450	59	6.9	15	880	LSD360-30	360	30	1450	80	36.6	90	1590
LSD50-30A	45	29	1450	58	6.1	15	880	LSD360-30A	340	34	1450	79	31.8	75	1590
LSD50-30B	43	27	1450	57	5.5	11	880	LSD600-30	600	30	1450	82	59.8	132	2665
LSD50-30C	41	25	1450	56	5.0	11	880	LSD600-30A	570	27	1450	81	51.7	110	2665
LSD75-30	75	30	1450	66	9.3	18.5	880	LSD600-30B	540	24	1450	80	44.1	110	2665
LSD75-30A	72	28	1450	65	8.3	18.5	880	LSD600-30C	510	21	1450	79	36.9	90	2665
LSD75-30B	70	26	1450	64	7.8	15	880	LSD780-30	780	30	1450	75	85	200	3000
LSD75-30C	69	24	1450	63	7.2	15	880	LSD780-30A	740	27	1450	74	73.5	185	3000
LSD95-30	95	30	1450	68	11.4	22	945	LSD780-30B	702	24.3	1450	73	63.5	160	3000
LSD95-30A	90	28	1450	67	10.2	22	945	LSD780-30C	663	21.7	1450	72	54.4	132	3000
LSD95-30B	82	25	1450	66	8.5	18.5	945	LSD1200-30	1200	30	960	79	124	250	5600
LSD95-30C	70	22.5	1450	65	6.6	15	945	LSD1200-30A	1140	27	960	78	107.5	220	5600
LSD127-33	127	33	1450	73	15.6	30	945	LSD1200-30B	1080	24	960	77	91.7	185	5600
LSD127-33A	120	28.5	1450	72	12.9	30	945	LSD1200-30C	1023	21.8	960	76	80	160	5600
LSD127-33B	113	25	1450	71	10.8	22	945								

注：1. 轴功率（P_a）按常温清水密度计算，电机功率（P_{gr}）按浓硫酸密度 1840kg/m^3 选配。

2. 质量指泵头部分，不包括电机质量。

3. 叶轮切割只列出了 2～3 种，实际上可以根据流量和扬程的不同切割成许多种。

c. YU 系列耐腐蚀耐磨液下泵　YU 系列耐腐蚀耐磨液下泵，用于低位槽中输送含固料浆和含少量短纤维污物的腐蚀性介质。YU 型系列泵包括 YU-1 手提式液下泵系列和 YU-2 全塑型耐腐蚀耐磨液下泵系列。泵体、叶轮等过流部件均采用性能优异的泵用耐腐蚀耐磨工程塑料——超高分子量聚乙烯（UHMWPE）材料整体模压而成。它具有优异的耐磨性、耐冲击性、抗蠕变性，同时还具有极好的耐腐蚀性。

（a）YU-1 系列耐腐蚀耐磨液下泵　YU-1 手提式液下泵适宜输送－20～80℃范围内的酸、碱性清液或料浆。该系列泵的电机轴与泵轴直联、液下深度小于 1m。该泵突出优点是结构简单、价格低廉。

YU-1 系列耐腐蚀耐磨液下泵型号意义示例：

1YU-1-40-10

1——泵进口直径，英寸；YU——耐腐蚀耐磨液下泵；1——手提式液下泵深度小于 1m；40——流量，m^3/h；10——扬程，m。

YU-1 系列耐腐蚀耐磨液下泵产品性能见表 1-31。

表 1-31　YU-1 系列耐腐蚀耐磨液下泵性能参数

型号	流量/(m^3/h)	扬程/m	转速/(r/min)	电机功率/kW	出口直径/mm	整机质量/kg	型号	流量/(m^3/h)	扬程/m	转速/(r/min)	电机功率/kW	出口直径/mm	整机质量/kg
1YU-1-5-15					25		3YU-1-50-25	50	25	2900	11	65	
1YU-1-5-25	5	25	2900	2.2		80	3YU-1-60-20	60	20	2900	11～15		280
1YU-1-10-20	10	20	2900	2.2		80	4YU-1-60-35	60	35	2900	15～18.5	80	350
1YU-1-15-15	15	15	2900	2.2		80	4YU-1-80-30	80	30	2900	18.5～22		350
2YU-1-15-30	15	30	2900	5.5	40	150	4YU-1-100-28	100	28	2900	18.5～22		350
2YU-1-20-25	20	25	2900	5.5		150	6YU-1-150-30	150	30	1450	37	125	550
2YU-1-20-30	20	30	2900	5.5		150	6YU-1-180-28	180	28	1450	37		550
2YU-1-30-15	30	15	2900	5.5		150	6YU-1-200-25	200	25	1450	37		550
2YU-1-40-10	40	10	2900	4～5.5		200	6YU-1-250-25	250	25	1450	37～45		550
2YU-1-40-20	40	20	2900	5.5～7.5		200	8YU-1-280-28	280	28	1450	55	150	580
3YU-1-40-30	40	30	2900	7.5～11	65	280	8YU- 1-300-32	300	32	1450	75		650
3YU-1-45-25	45	25	2900	7.5～11		280	8YU- 1-350-30	350	30	1450	75		650

（b）YU-2 系列全塑型耐腐蚀耐磨液下泵　YU-2 系列耐腐蚀耐磨液下泵，适宜输送－20～90℃范围内的酸性、碱性料浆和酸性、碱性清液。该系列泵具有较好的耐温性、防腐蚀性、力学稳定性、耐磨性以及运行费用低等优点，因此是稀贵金属泵的理想替代产品。广泛应用于化学工业、有色金属冶炼业、化肥工业等。

YU-2 系列全塑型耐腐蚀耐磨液下泵型号意义示例：

40YU-2-25-18-L

40——泵出口直径，mm；YU——耐腐蚀耐磨液下泵；2——全塑型（改型序号）；25——流量，m^3/h；18——扬程，m；L——液下深度（当液下深度为 1.2m 时，省略不写）。

YU-2 系列全塑型耐腐蚀耐磨液下泵产品性能见表 1-32。

d. YH 型耐腐蚀液下泵　YH 型耐腐蚀液下泵是立式单级离心泵，用于输送悬浮和易结晶的有腐蚀性液体，被输送介质的温度为－20～105℃。化工、食品、矿山、石油、环保等部门均可使用。

表 1-32　YU-2 系列全塑型耐腐蚀耐磨液下泵性能参数

序号	型号	清水性能				出口直径/mm	质量/kg
		流量/(m³/h)	扬程/m	转速/(r/min)	配用电机/kW		
1	25YU-2-5-20	4	22	2900	1.1	25	75
		5	20				
		6.5	17				
2	25YU-2-8-18	6.4	21	2900	1.5	25	75
		8	18				
		10.4	14				
3	25YU-2-10-20	8	22	2900	2.2	25	75
		10	20				
		13	15				
4	32YU-2-15-15	10	18	2900	2.2	32	80
		15	15				
		18	11				
5	32YU-2-10-30	8	33	2900	3	32	80
		10	30				
		15	25				
6	40YU-2-25-18	20	20	2900	4	40	135
		25	18				
		30	15				
7	40YU-2-20-30	12	38	2900	5.5	40	150
		20	30				
		25	28				
8	50YU-2-35-20	30	25	2900	5.5	50	190
		35	20				
		40	15				
9	50YU-2-30-30	24	33	2900	7.5	50	200
		30	30				
		40	20				
10	65YU-2-45-18	40	20	2900	7.5	65	200
		45	18				
		50	15				
11	65YU-2-45-32	40	35	2900	11	65	280
		45	32				
		50	30				
12	65YU-2-45-50	60	30	2900	15	65	320
		45	50				
		40	45				

续表

序号	型号	清水性能				出口直径/mm	质量/kg
		流量/(m^3/h)	扬程/m	转速/(r/min)	配用电机/kW		
13	80YU-2-60-30	50	32	2900	15	80	320
		60	30				
		72	27				
14	80YU-2-60-45	50	50	2900	18.5	80	350
		60	40				
		80	35				
15	80YU-2-60-50	50	58	2900	22	80	370
		60	50				
		70	45				
16	80YU-2-120-15	100	20	2900	15	80	320
		120	15				
		140	10				
17	80YU-2-120-20	100	25	2900	18.5	80	350
		120	20				
		140	15				
18	80YU-2-120-40	100	36	2900	30	80	420
		120	40				
		145	28				
19	100YU-2-140-18	120	25	2900	22	100	480
		140	18				
		150	15				
20	100YU-2-120-35	100	40	2900	30	100	500
		120	35				
		140	25				
21	100YU-2-140-30	120	32	2900	30	100	500
		140	30				
		160	24				
22	125YU-2-135-22	120	25	1450	30	125	510
		135	22				
		150	20				
23	125YU-2-190-28	180	30	1450	37	125	550
		190	28				
		210	26				
24	125YU-2-200-25	160	32	1450	37	125	550
		200	25				
		270	20				

续表

序号	型号	清水性能				出口直径/mm	质量/kg
		流量/(m^3/h)	扬程/m	转速/(r/min)	配用电机/kW		
25	125YU-2-250-25	200	32	1450	45	125	580
		250	25				
		300	25				
26	150YU-2-300-30	260	34	1450	55	150	650
		300	30				
		350	25				
27	150YU-2-300-40	250	45	1450	75	150	720
		300	40				
		350	34				
28	150YU-2-400-18	350	20	1450	45	150	650
		400	18				
		500	12				

注：1. 液下深度最大为2m。

2. 按介质实际密度选配电机。

3. 电机为Y系列B5型。

4. 表中所述参数均为用清水做试验获得，如输送其他类型的介质，则电机功率随介质密度的不同而变化。

YH型耐腐蚀液下泵性能参数范围：流量2～400m^3/h，扬程12～65m，转速n=2900r/min或1450r/min。

YH型耐腐蚀液下泵型号意义示例：

YH50-32-200A(B)

YH——液下立式化工泵；50——吸入口直径，mm；32——排液口直径，mm；200——叶轮名义直径，mm；A(B)——A为叶轮第一次切割，B为第二次切割。

YH型耐腐蚀液下泵产品性能见表1-33。

表1-33　YH型耐腐蚀液下泵性能参数

型号	流量		扬程 H/m	转速/(r/min)	功率/kW		效率/%	必需气蚀余量 $(NPSH)_r$/m	泵口径/mm		吐出锥管口径/mm	总质量/kg
	/(m^3/h)	/(L/s)			轴功率	配用功率			进	出		
65-50-160	15	4.17	35	2900	2.65	5.5	54	2.0	65	50	65	168
	25	6.94	32		3.35		65	2.0				
	30	8.33	30		3.71		66	2.5				
	7.5	2.08	8.8	1450	0.36	0.75	50	2.0				101
	12.5	3.47	8.0		0.45		60	2.0				
	15.0	4.17	7,2		0.49		60	2.5				
65-50-160A	14	3.89	30.5	2900	2.24	4	52	2.0				137
	23.4	6.5	28		2.78		64	2.0				
	28	7.78	26		3.13		63.3	2.5				
	7.0	1.94	7.7	1450	0.30	0.55	49	2.0				100
	11.7	3.25	7.0		0.38		58.7	2.0				
	14	3.89	6.3		0.41		58.6	2.5				
65-50-160B	13	3.61	26.3	2900	2.12	3	44	2.0				127
	21.7	6.02	24		2.22		64	2.0				
	26	7.22	22.5		2.45		65	2.5				

续表

型号	流量		扬程	转速	功率/kW		效率	必需气蚀余量	泵口径/mm		吐出锥管口径	总质量
	/(m³/h)	/(L/s)	H/m	/(r/min)	轴功率	配用功率	/%	$(NPSH)_r$/m	进	出	/mm	/kg
65-40-200	15	4.17	53	2900	4.42	7.5	49	2.0	65	40	65	179
	25	6.94	50		5.67		60	2.0				
	30	8.33	47		6.29		61	2.5				
	7.5	2.08	13.2	1450	0.63	1.1	43	2.0				118
	12.5	3.47	12.5		0.77		55	2.0				
	15.0	4.17	11.8		0.85		57	2.5				
65-40-200A	14	3.88	46.5	2900	2.2	5.5	49	2.0				174
	23.4	6.5	44		4.6		60	2.0				
	28	7.77	41		5.14		61	2.5				
	7.0	1.94	11.6	1450	0.52	0.75	43	2.0				113
	11.7	3.25	11		0.64		55	2.0				
	14	3.89	10		0.67		57	2.5				
65-40-200B	12.6	3.5	37	2900	2.67	4	47.5	2.0				138
	21	5.83	35.3		3.48		58	2.0				
	24.1	6.69	33		3.67		59	2.5				
	6.3	1.75	9.1	1450	0.37	0.55	42	2.0				101
	10.5	2.91	8.6		0.45		54	2.0				
	12.6	3.5	8.0		0.5		56	2.5				
80-65-125	30	8.33	22.5	2900	2.87	5.5	64	3.0	80	65	80	164
	50	13.9	20		3.63		75	3.0				
	60	16.7	18		3.98		74	3.5				
	15	4.17	5.6	1450	0.42	0.75	55	2.5				96
	25	6.94	5.0		0.48		71	2.5				
	30	8.33	4.5		0.51		72	3.0				
80-65-125A	28	7.78	18.6	2900	2.34	4	66.6	3.0				132
	46.7	12.9	16.6		2.96		72	3.0				
	56	15.5	14.9		3.25		70	3.5				
	14	3.89	4.8	1450	0.34	0.55	54	2.5				95
	23.4	6.5	4.3		0.39		70	2.5				
	28	7.78	3.9		0.42		71	3.0				
80-65-125B	26	7.22	16.4	2900	1.93	3	60	3.0				122
	43.4	12.1	14.6		2.43		71	3.0				
	52	14.6	13.1		2.67		69	3.5				
80-65-160	30	8.33	36	2900	4.82	7.5	61	2.5	80	65	80	179
	50	13.9	32		5.97		73	2.5				
	60	16.7	29		6.59		72	3.0				
	15	4.17	9.0	1450	0.67	1.5	55	2.5				124
	25	6.94	8.0		0.79		69	2.5				
	30	8.33	7.2		0.86		68	3.0				
80-65-160A	28	7.78	31.4	2900	3.93	5.5	61	2.5				174
	46.8	13.0	28		4.9		73	2.5				
	56	15.6	25.3		5.4		72	3.0				
	14	3.89	7.9	1450	0.55	1.1	55	2.5				118
	23.4	6.5	7.0		0.65		69	2.5				
	28	7.78	6.3		0.71		68	3.0				
80-65-160B	25	6.94	25	2900	2.83	4	60	2.5				138
	42	11.7	22		3.49		72	2.5				
	50	13.9	20		3.84		71	3.0				
	12.5	3.47	6.2	1450	0.39	0.75	54	2.5				113
	20.8	5.78	5.8		0.48		68	2.5				
	25	6.94	5.5		0.56		67	3.0				

续表

型号	流量		扬程	转速	功率/kW		效率	必需气蚀余量	泵口径/mm		吐出锥管口径	总质量
	/(m³/h)	/(L/s)	H/m	/(r/min)	轴功率	配用功率	/%	$(NPSH)_r$/m	进	出	/mm	/kg
80-50-200	30	8.33	53	2900	7.87	15	55	2.5	80	50	80	247
	50	13.9	50		9.87		69	2.5				
	60	16.7	47		10.8		71	3.0				
	15	4.17	13.2	1450	1.06	2.2	51	2.5				139
	25	6.94	12.5		1.31		65	2.5				
	30	8.33	11.8		1.44		67	3.0				
80-50-200A	28	7.78	47	2900	6.66	11	54	2.5				239
	46.8	13.0	44		8.25		68	2.5				
	56.4	15.7	41		9		70	3.0				
	14	3.89	11.6	1450	0.89	1.5	50	2.5				134
	23.4	6.5	11		1.1		64	2.5				
	28	7.78	10.4		1.2		66	3.0				
80-50-200B	26	7.22	40	2900	5.27	7.5	54	2.5				189
	43.3	12.0	38		6.6		68	2.5				
	52.4	14.6	36		7.33		70	3.0				
	13	3.61	10	1450	0.73	1.1	49	2.5				128
	21.7	6.03	9.5		0.89		63	2.5				
	26	7.22	9		0.98		65	3.0				
100-80-125	60	16.7	24	2900	5.86	11	67	4.0	100	80	100	233
	100	27.8	20		7.00		78	4.5				
	120	33.3	16.5		7.28		74	5.0				
	30	8.33	6	1450	0.77	1.5	64	2.5				128
	50	13.9	5		0.91		75	2.5				
	60	16.7	4		0.92		71	3.0				
100-80-125A	56	15.6	20.3	2900	4.79	7.5	64.8	4.0				184
	93.5	26.0	17		5.73		75.6	4.5				
	112	31.1	14		5.95		71.7	5.0				
	28	7.8	5	1450	0.63	1.1	60.7	2.5				122
	46.8	13.0	4		0.74		69	2.5				
	56	15.6	3.2		0.75		65	3.0				
100-80-160	60	16.7	36	2900	8.42	15	70	3.5	100	80	100	295
	100	27.8	32		11.2		78	4.0				
	120	33.28	28		12.2		75	5.0				
	30	8.33	9.2	1450	1.12	2.2	67	2.0				164
	50	13.9	8.0		1.45		75	2.5				
	60	16.7	6.8		1.57		71	3.5				
100-80-160A	56	15.6	31.5	2900	6.99	11	69	3.5				286
	93.5	26.0	28		9.27		77	4.0				
	114	31.7	24.5		10.3		74	5.0				
	28	7.78	8	1450	0.93	1.5	66	2.0				158
	46.8	13.0	7		1.21		74	2.5				
	56	15.6	6		1.31		70	3.5				
100-80-160B	49.7	13.8	24.4	2900	4.8	7.5	68	3.5				236
	82.4	22.9	21.7		6.4		76	4.0				
	100	27.8	19		7		73	5.0				
	24.7	6.86	6.2	1450	0.63	1.1	66	2.0				152
	41.2	11.4	5.3		0.81		74	2.5				
	49.4	13.7	4.5		0.88		70	3.5				
100-65-200	60	16.7	54	2900	13.6	22	65	3.0	100	65	100	339
	100	27.8	50		17.9		76	3.6				
	120	33.3	47		19.9		77	4.8				
	30	8.33	13.3	1450	1.84	4	60	2.0				183
	50	13.8	12.5		2.33		73	2.0				
	60	16.7	11.8		2.61		74	2.5				

续表

型号	流量		扬程	转速	功率/kW		效率	必需气蚀余量	泵口径/mm		吐出锥管口径	总质量
	/(m³/h)	/(L/s)	H/m	/(r/min)	轴功率	配用功率	/%	(NPSH)r/m	进	出	/mm	/kg
100-65-200A	56.5 93.5 112.7	15.7 26.0 31.3	47.5 44 41.4	2900	11.27 14.75 16.47	18.5	65 76 77	3.0 3.6 4.8	100	65	100	314
	28.2 46.8 56.4	7.83 13.0 15.7	11.9 11 10.4	1450	1.52 1.92 2.16	3	60 73 74	2.0 2.0 2.5				174
100-65-200B	52.4 86.6 104.4	14.6 24.1 29.0	41 38 36	2900	9.14 12 13.5	15	64 75 76	3.0 3.6 4.8				298
	26.1 43.3 52.4	7.25 12.0 14.6	10.3 9.5 9	1450	1.24 1.57 1.76	2.2	59 72 73	2.0 2.0 2.5				174

2）立式管道泵

a. GDK、GDKS、GKS型管线油泵　GDK、GDKS、GKS型管线油泵，适用于输送温度不高于80℃的原油、汽油、柴油等石油产品及其他不含杂质、无腐蚀性的介质。GDK、GDKS型泵为卧式多级离心泵，GDKS型泵首级叶轮为双吸。GKS型泵为单级双吸离心泵，双吸叶轮。GDK、GDKS、GKS型管线油泵性能参数范围：流量120～2000m³/h，扬程100～750m。

GDK、GDKS、GKS型管线油泵型号意义示例：

150GDK(N)100×6　　300GDKS(N)145×3　　350GKS(N)230

150、300、350——吸入口直径，mm；GDK——水平中开多级离心输油泵；S——首级叶轮为双吸；GKS——单级双吸水平中开泵；N——从泵方向看电机为逆时针方向运转；100、145、230——单级扬程，m；×6、×3——级数。

GDK、GDKS、GKS型管线油泵产品性能见表1-34。

表1-34　GDK、GDKS、GKS型管线油泵性能参数

型号	流量/(m³/h)	扬程/m	转速/(r/min)	效率/%	(NPSH)r/m	轴功率/kW	电机功率/kW	质量/kg
150GDK(N)74×4	145	296	2960	76	5	154	185	2700
150GDK(N)74×5	145	370	2960	76	5	192	250	2700
150GDK(N)74×6	145	444	2960	77	5	228	280	2700
150GDK(N)74×7	145	518	2960	77	5	266	315	3500
150GDK(N)74×8	145	592	2960	76	5	308	355	3500
150GDK(N)74×9	145	666	2960	76	5	346	400	3500
150GDK(N)74×10	145	740	2960	77	5	380	450	3500
200GDK(N)100×5	300	500	2980	78	6.5	524	630	3500
200GDK(N)100×6	300	600	2980	79	6.5	621	800	3500
200GDK(N)100×7	300	700	2980	79	6.5	724	1000	3500
200GDK(N)100×8	300	800	2980	79	6.5	827	1000	3550
250GDKS(N)125×3	500	375	2980	80	6.5	638	800	3800

续表

型号	流量 /(m³/h)	扬程 /m	转速 /(r/min)	效率 /%	$(NPSH)_r$ /m	轴功率 /kW	电机功率 /kW	质量 /kg
250GDKS(N)125×4	500	500	2980	80	6.5	851	1000	3800
250GDKS(N)125×5	500	625	2980	80	6.5	1064	1250	5200
250GDKS(N)125×6	500	750	2980	80	6.5	1277	1600	5200
300GDKS(N)145×3	850	435	2980	82	6	1228	1600	4000
300GDKS(N)145×4	850	580	2980	84	6	1598	1800	4120
300GDKS(N)145×5	850	725	2980	84	6	1998	2200	4700
300GDKS(N)145×6	850	870	2980	84	6	2398	2800	4750
350GKS(N)100	1450	100	2980	86	22	459	630	2800
350GKS(N)230	1450	230	2980	87	20	1044	1250	2800
350GKS(N)280	1450	280	2980	86	18	1286	1600	2800

b. GY、GYU 型便拆式石油化工管道流程泵

(a) 普通 GY、GYU 型便拆式石油化工管道流程泵　GY、GYU 型便拆式管道泵为立式单级单吸离心泵，是国家专利产品，可输送清洁的或含有少量固体物的石油、液化气等介质，特别是输送易燃、易爆或有毒的液体。其特点是安全可靠，效率更高，安装方便，占地面积小。

GY、GYU 型便拆式石油化工管道流程泵按设计点的性能参数范围：流量 5.3～1500m³/h，扬程 10.8～200m，工作压力 2.5MPa；输送介质温度－35～105℃，安装冷却系统后，输送介质的最高温度可达 350℃。

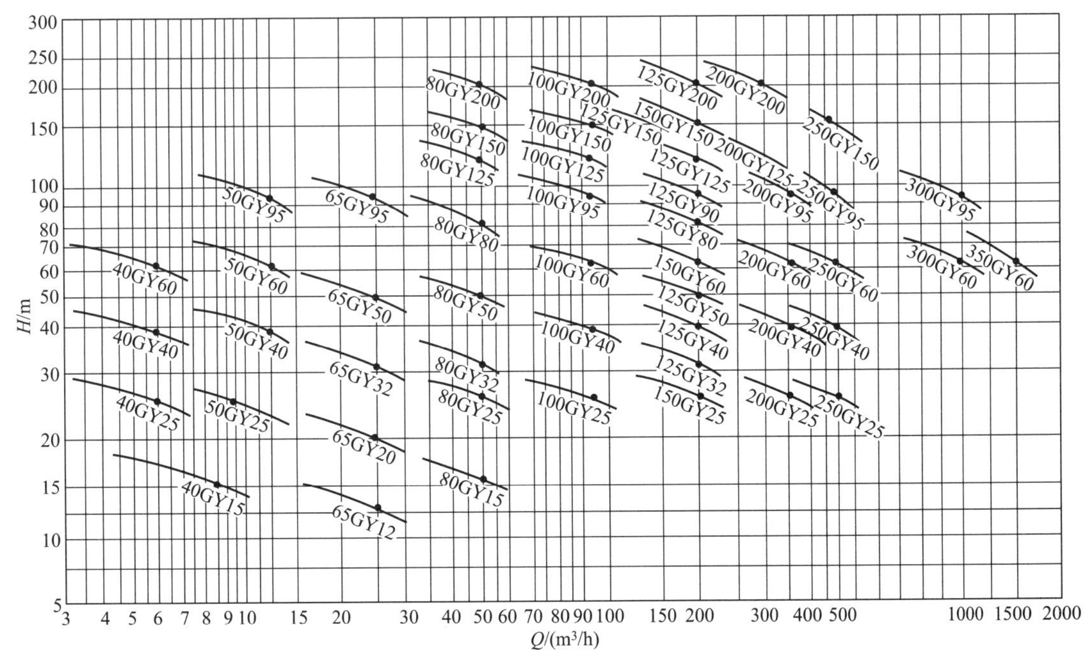

图 1-34　GY、GYU 型便拆式石油化工管道流程泵选型图

GYU 型泵的性能范围与 GY 型泵的相同

GY、GYU 型便拆式石油化工管道流程泵型号意义示例：

100GY60×2A

100——泵吸入口直径，mm；GY——吸入口与排出口中心线在同一水平直线上的便拆式石油化工管道流程泵；60——泵扬程，m；2——叶轮级数；A——叶轮外径切割次数，以 A、B、C……表示。

125GYU32A

125——泵吸入口直径，mm；GYU——吸入口与排出口在泵体同侧的便拆式石油化工管道流程泵；32——泵扬程，m；A——叶轮外径切割次数，以 A、B、C……表示。

ⅰ. GY、GYU 型便拆式石油化工管道流程泵选型见图 1-34。

ⅱ. GY、GYU 型便拆式石油化工管道流程泵产品性能参数见表 1-35。

表 1-35　GY、GYU 型便拆式石油化工管道流程泵性能参数

型号		流量 /(m^3/h)	扬程 /m	转速 /(r/min)	效率 /%	电机功率 /kW	气蚀余量 /m	质量 /kg
GY 型	GYU 型							
40GY40A	40GYU40A	5.3	28.9	2900	30	2.2	1.8	103
40GY60	40GYU60	6.25	60	2900	20	7.5	1.8	151
40GY60A	40GYU60A	5.3	43.4	2900	20	5.5	1.8	143
50GY20	50GYU20	12.5	23	2900	55	2.2	2	89
50GY20A	50GYU20A	12.5	18	2900	55	1.5	2	85
50GY40	50GYU40	12.5	40	2900	45	4	2	115
50GY40A	50GYU40A	10.6	28.9	2900	45	3	2	105
50GY60	50GYU60	12.5	60	2900	36.1	7.5	2	142
50GY60A	50GYU60A	10.6	43.4	2900	36	5.5	2	134
50GY95	50GYU95	12.5	95	2900	25.8	18.5	2	225
50GY95A	50GYU95A	10.6	68.6	2900	22.8	15	2	207
65GY12	65GYU12	25	12.5	2900	63.8	2.2	2.5	105
65GY12A	65GYU12A	22.25	10	2900	59.8	1.1	2.5	100
65GY20	65GYU20	25	20	2900	65	3	2.5	108
65GY20A	65GYU20A	21.25	14.5	2900	64	2.2	2.5	98
65GY32	65GYU32	25	32	2900	60	4	2.5	151
65GY32A	65GYU32A	21.25	23.1	2900	58	3	2.5	108
65GY50	65GYU50	25	50	2900	52.1	7.5	2.5	203
65GY50A	65GYU50A	21.25	36.1	2900	52	5.5	2.5	195
65GY95	65GYU95	25	95	2900	42.1	18.5	2.5	270
65GY95A	65GYU95A	21.25	68.6	2900	41	15	2.5	252
65GY95B	65GYU95B	19.5	57.8	2900	39	11	2.5	241
80GY15	80GYU15	50	15.52	2900	68.8	4	3	138
80GY15A	80GYU15A	42.4	10.8	2900	64.5	3	3	127
80GY25	80GYU25	50	26	2900	68.7	5.5	3	175
80GY25A	80GYU25A	42.5	18	2900	67	4	3	138
80GY32	80GYU32	50	32	2900	67.2	7.5	3	183
80GY32A	80GYU32A	42.5	23.1	2900	66	5.5	3	174
80GY50	80GYU50	50	50	2900	63.1	11	3	258
80GY50A	80GYU50A	42.5	36.1	2900	62	7.5	3	215
80GY80	80GYU80	50	80	2900	57	22	3	296
80GY80A	80GYU80A	42.5	57.8	2900	55	15	3	235
80GY125	80GYU125	50	125	2900	49	45	3	496
80GY125A	80GYU125A	42.5	90	2900	48	30	3	420

续表

型号		流量 /(m^3/h)	扬程 /m	转速 /(r/min)	效率 /%	电机功率 /kW	气蚀余量 /m	质量 /kg
GY 型	GYU 型							
80GY150	80GYU150	50	150	2900	48	55	3	565
80GY150A	80GYU150A	42.5	125	2900	48	45	3	496
80GY150B	80GYU150B	40	96	2900	48	30	3	326
80GY200	80GYU200	50	200	2900	38.8	90	3	895
80GY200A	80GYU200A	42.5	144.5	2900	37.5	75	3	825
100GY25	100GYU25	100	25	2900	73	11	4	340
100GY25A	100GYU25A	85	18.1	2900	71	7.5	4	262
100GY40	100GYU40	100	40	2900	72.5	18.5	4	340
100GY40A	100GYU40A	85	28.9	2900	71	11	4	302
100GY60	100GYU60	100	60	2900	70.3	30	4	440
100GY60A	100GYU60A	85	43.4	2900	67.5	22	4	360
100GY95	100GYU95	100	95	2900	64.9	45	4	550
100GY95A	100GYU95A	85	68.6	2900	64.5	30	4	460
100GY125	100GYU125	100	125	2900	61.5	75	4	825
100GY125A	100GYU125A	85	90	2900	60	45	4	840
100GY150	100GYU150	100	150	2900	58.8	90	4	910
100GY150A	100GYU150A	85	108	2900	55.8	55	4	649
100GY200	100GYU200	100	200	2900	53	132	4	960
100GY200A	100GYU200A	85	144.5	2900	52	90	4	1290
125GY32	125GYU32	200	32	1450	80	30	3	610
125GY32A	125GYU32A	180	24	1450	77	20	3	520
125GY50	125GYU50	200	50	1450	74	55	3	871
125GY50A	125GYU50A	180	38	1450	71.5	37	3	701
125GY80	125GYU80	200	80	1080	68	90	3	1080
125GY80A	125GYU80A	180	61	1450	66	75	3	950
125GY125	125GYU125	200	125	2900	74	110	5	1350
125GY125A	125GYU125A	180	97	2900	71.5	90	5	1150
125GY150	125GYU150	150	150	2900	64.5	110	5	1380
125GY150A	125GYU150A	127.5	108	2900	63	75	5	1060
125GY200	125GYU200	200	200	2900	68	200	5.2	2100
125GY200A	125GYU200A	180	155	2900	66	160	5.2	1850
150GY25	150GYU25	200	25	1450	76	22	2.5	464
150GY25A	150GYU25A	170	18.1	1450	72	15	2.5	403
150GY40	150GYU40	200	40	1450	73.2	37	2.5	730
150GY40A	150GYU40A	170	28.9	1450	70	22	2.5	560
150GY60	150GYU60	200	60	1450	68.6	55	2.5	946
150GY60A	150GYU60A	170	43.4	1450	65.5	45	2.5	795
150GY95	150GYU95	200	95	2900	73.7	90	5.5	1115
150GY95A	150GYU95A	170	68.6	2900	70.5	55	5.5	854
150GY150	150GYU150	200	150	2900	68	132	5.5	1390
150GY150A	150GYU150A	170	108	2900	68	90	5.5	960
200GY25	200GYU25	360	25	1450	79.1	37	3.6	710
200GY25A	200GYU25A	306	18.1	1450	75	22	3.6	584
200GY40	200GYU40	360	40	1450	78.5	55	3.6	880
200GY40A	200GYU40A	306	28.9	1450	76	37	3.6	710
200GY60	200GYU60	360	60	1450	75.9	90	3.6	1130
200GY60A	200GYU60A	306	43.4	1450	72.9	55	3.6	880
200GY95	200GYU95	31.7 60	95	1450	70.9	160	3.6	1450

续表

型号		流量 /(m³/h)	扬程 /m	转速 /(r/min)	效率 /%	电机功率 /kW	气蚀余量 /m	质量 /kg
GY 型	GYU 型							
200GY95A	200GYU95A	306	68.6	1450	69.9	90	3.6	1130
200GY125	200GYU125	300	125	1450	63.7	185	3.6	1950
200GY125A	200GYU125A	255	90	1450	62.5	132	3.6	1450
200GY200	200GYU200	300	200	1450	56.3	355	3.6	4750
200GY200A	200GYU200A	255	144.5	1450	55	220	3.6	3150
250GY25	250GYU25	500	25	1450	80.5	55	4.5	980
250GY25A	250GYU25A	425	18.1	1450	76.5	30	4.5	770
250GY40	250GYU40	500	40	1450	80.5	75	4.5	1100
250GY40A	250GYU40A	425	28.9	1450	76.5	55	4.5	980
250GY60	250GYU60	500	60	1450	78.5	110	4.5	1450
250GY60A	250GYU60A	425	43.4	1450	75	75	4.5	1100
250GY95	250GYU95	500	95	1450	74.1	200	4.5	2050
250GY95A	250GYU95A	425	68.5	1450	71	160	4.5	1550
250GY150	250GYU150	500	150	1450	68.2	355	4.5	4920
250GY150A	250GYU150A	425	108	1450	67	220	4.5	3820
300GY60	300GYU60	1000	60	980	80	250	4	3800
300GY60A	300GYU60A	900	45	980	77.5	160	4	3750
300GY95	300GYU95	1000	95	980	75.5	400	4	4900
300GY95A	300GYU95A	850	68.5	980	74.5	250	4	3800
350GY60	350GYU60	1500	60	980	82	355	5	4950
350GY60A	350GYY60A	1350	45	980	80	250	5	4050

(b) GY 型便拆式大型管道油泵　GY 型便拆式大型管道油泵是立式单吸管道式离心泵，也是中国专利产品。可输送原油或含少量固体物的石油产品，特别适用于输送高压、易燃、易爆、有毒液体。输送介质的温度为－20～85℃。其特点是效率高、气蚀性能好。口径 150～350mm 的管道油泵为导叶式多级泵结构。

GY 型便拆式大型管道油泵产品性能见表 1-36。

表 1-36　GY 型便拆式大型管道油泵性能参数

型号	流量 Q /(m³/h)	扬程 H /m	转速 n /(r/min)	效率 η /%	轴功率 $P_{轴}$ /kW	配用功率 P/kW	气蚀余量 $NPSH$ /m	工作压力 /MPa	机组质量 /kg
150GY100×2	200	200	2980	73.2	148.8	185	6.1	10	4500
150GY100×2A	180	162	2980	72	110.29	132	6.1		4040
150GY100×3	200	300	2980	73.2	223.2	250	6.1		6300
150GY100×3A	180	243	2980	72	165.4	185	6.1		5300
150GY100×4	200	400	2980	73.2	297.6	355	6.1		6850
150GY100×4A	186	346	2980	72.5	241.7	280	6.1		6800
150GY150×4	200	600	2980	68.8	475	560	5.3		10300
150GY150×4A	182	500	2980	67.5	367.1	400	5.3		9050
200GY100×2	360	200	2980	78.5	249.8	280	9.7	10	7000
200GY100×2A	324	162	2980	77.2	185.2	200	9.7		5800
200GY100×3	360	300	2980	78.5	374.7	450	9.7		7950
200GY100×3A	324	243	2980	77.2	277.7	315	9.7		7550
200GY100×4	360	400	2980	78.5	499.6	560	9.7		10600
200GY100×4A	335	346	2980	77.5	407.3	450	9.7		9550
200GY150×4	360	600	2980	76.14	772.6	900	9.1		12900

续表

型号	流量 Q /(m^3/h)	扬程 H /m	转速 n /(r/min)	效率 η /%	轴功率 $P_{轴}$ /kW	配用功率 P/kW	气蚀余量 $NPSH$ /m	工作压力 /MPa	机组质量 /kg
200GY150×4A	328	500	2980	75	595.5	710	9.1		12640
250GY100×2	540	200	1485	74.5	394.8	450	4.6		8450
250GY100×2A	486	162	1485	73	293.7	355	4.6		8150
250GY100×3	540	300	1485	74.5	592.2	710	4.6	5	12120
250GY100×3A	486	243	1485	73	440.6	500	4.6		10850
250GY100×4	540	400	1485	74.5	789.6	900	4.6		13350
250GY100×4A	502	346	1485	73	648	710	4.6		12620
300GY100	800	100	1485	78.7	278.24	315	6.2		7050
300GY100A	720	81	1485	76.5	207.6	250	6.2		6900
300GY100×2	800	200	1485	78.7	556.5	630	6.2		10710
300GY100×2A	720	162	1485	76.5	415.2	500	6.2	5	9650
300GY100×3	800	300	1485	78.7	834.7	900	6.2		13550
300GY100×3A	720	243	1485	76.5	622.8	710	6.2		12820
300GY100×4	800	400	1485	78.7	1107.3	1250	6.2		20250
300GY100×4A	744	346	1485	76.5	976.4	1000	6.2		17350
350GY100	1100	100	1485	81	369.8	400	8		7550
350GY100A	990	81	1485	79.5	274.7	315	8		7250
350GY100×2	1100	200	1485	81	740	800	8		12540
350GY100×2A	990	162	1485	79.5	549.4	630	8		11910
350GY100×3	1100	300	1485	81	1109.4	1250	8	5	21250
350GY100×3A	990	243	1485	79.5	824.1	900	8		18100
350GY100×4	1100	400	1485	81	1479.2	1600	8		22750
350GY100×4A	1023	346	1485	79.5	1212.5	1400	8		22450
400GY40	1500	40	980	83.6	195.5	220	5.7		6830
400GY40A	1275	28.9	980	80.6	124.5	132	5.7		4650
400GY60	1500	60	980	82	299	355	5		7140
400GY60A	1350	48.6	980	80	223.3	250	5		6970
400GY100	1500	100	980	79.2	515.8	560	5	2.5	10338
400GY100A	1350	81	980	77.2	385.7	450	5		8828
400GY150	1500	150	1485	80.8	758.3	910	8.5		10750
400GY150A	1350	121.5	1485	78.8	566.9	630	8.5		9810
400GY240	1500	240	1485	74.8	1310.7	1400	8		17700
400GY240A	1350	194.4	1485	72.8	981.7	1120	8	5	17380
500GY40	2100	40	980	84.2	271.7	315	7		8500
500GY40A	1785	28.9	980	81.2	173	200	7		8320
500GY60	2100	60	980	84.2	407.5	450	7		9200
500GY60A	1890	48.6	980	82.2	304.3	355	7	2.5	8980
500GY100	2100	100	980	81.8	699.1	800	6		12300
500GY100A	1890	81	980	79.8	522.4	630	6		11560
500GY150	2100	150	980	77.6	1105.5	1250	6		18800
500GY150A	1890	121.5	980	75.6	827.2	1000	6		15960
600GY40	3000	40	980	85	384.5	450	9.5		9580
600GY40A	2550	28.9	980	81.5	246.3	280	9.5		9100
600GY60	3000	60	980	85	576.7	630	9		10500
600GY60A	2700	48.6	980	83	430.5	500	9	2.5	10500
600GY100	3000	100	980	84.15	970.8	1120	8.5		17950
600GY100A	2700	81	980	82.1	725.4	800	8.5		14600

c. GD、GDS型立式管线泵　GD、GDS系列立式管线泵为单级单吸径向剖分式离心泵，根据API 610规范《石油、重化学和天然气工业用离心泵》（第八版）和GB 3215—82标准

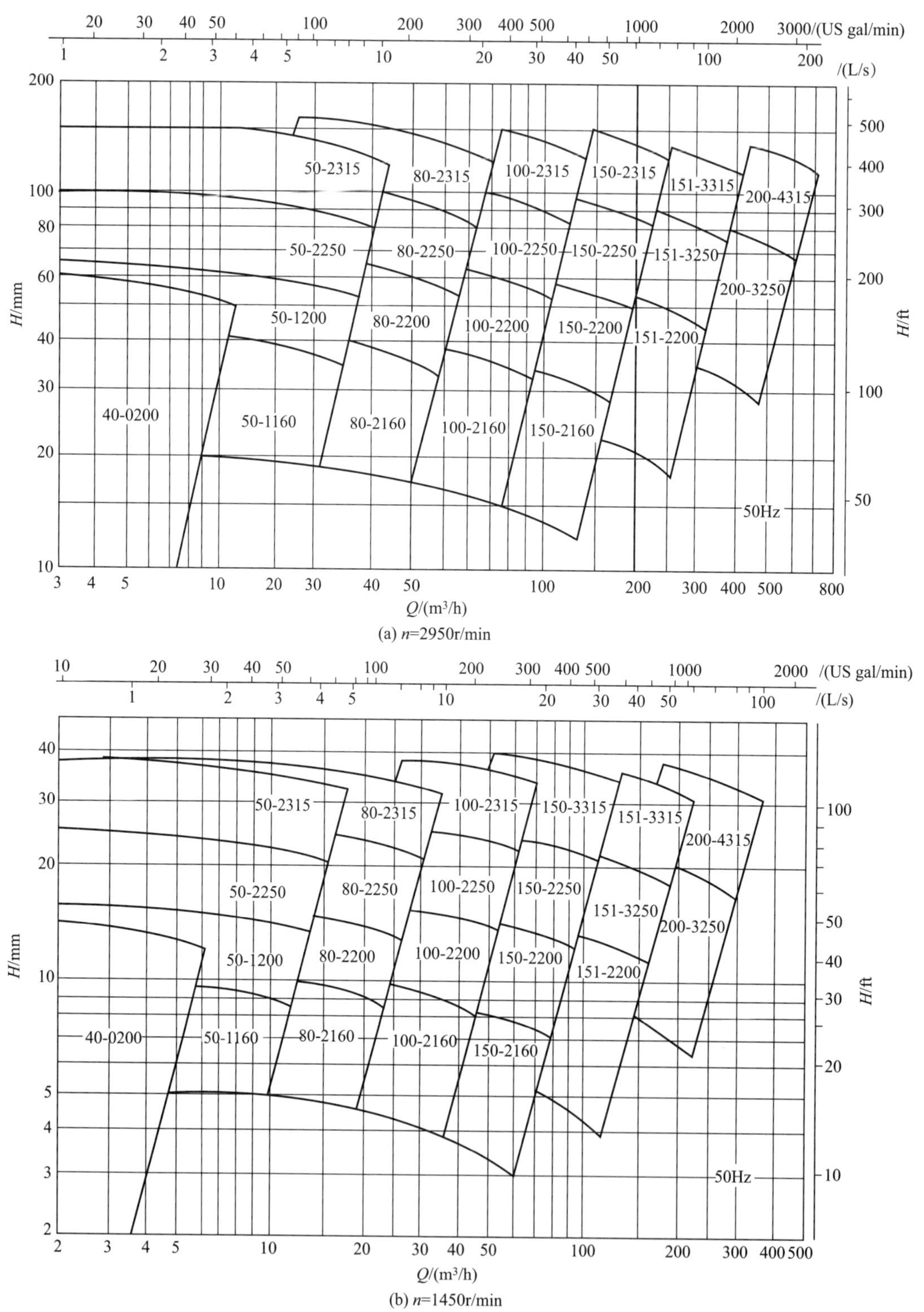

图1-35　GD、GDS型立式管线泵选型图

（1ft=0.3048m；1US gal=3.78541dm³）

《炼厂化工及石油化工流程用离心泵通用技术条件》进行设计。适宜为石油化工、炼油厂、化学工业等输送各种液态石油化工产品、有机化合物及其他有腐蚀性的原料和产品，各种温度和浓度的硫酸、硝酸、盐酸、磷酸等无机酸和有机酸，各种温度和浓度的氢氧化钠和碳酸钠等碱性溶液，各种盐溶液。

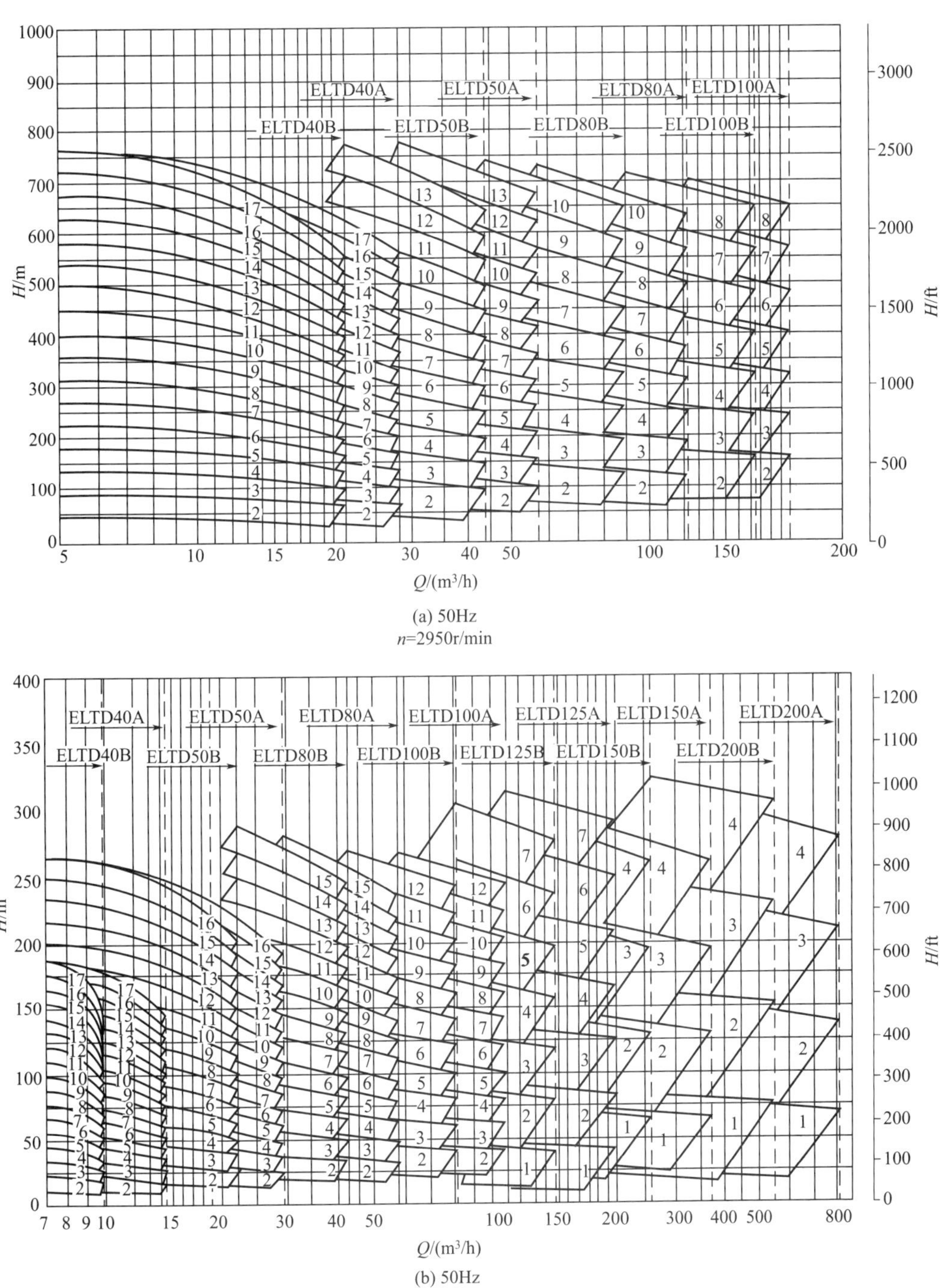

图 1-36　ELTD 系列筒袋多级泵选型图

（1 英尺＝0.3048m）

GD、GDS 型立式管线泵性能参数范围：流量 3～600m^3/h，扬程 4～120m，压力 0～2.5MPa；GD 系列泵的温度－20～150℃；GDS 系列泵的温度－20～250℃。

GD、GDS 型立式管线泵型号意义示例：

GD（GDS）100-2200

GD（GDS）——泵系列代号；100——泵法兰口径；2——轴承架号；200——叶轮名义直径。

GD、GDS 型立式管线泵选型见图 1-35。

3）筒形泵

a. ELTD 系列筒袋多级泵　ELTD 系列筒袋泵为立式多级泵，用于输送稍有污染的低温或高温有腐蚀性的液体，广泛应用于精炼厂、石油化工厂、低温工程、管线加工、海上石油平台及液化气工程等项目。

ELTD 系列筒袋多级泵性能参数范围：流量 5～800m^3/h，扬程 15～760m，温度－180～180℃，压力 10MPa。

ELTD 系列筒袋多级泵型号意义示例：

ELTD50-10A

ELTD——系列代号；50——排出口直径，mm；10——级数；A——叶轮组别。

（a）ELTD 系列筒袋多级泵选型见图 1-36。

（b）ELTD 系列筒袋多级泵产品性能参数见表 1-37。

b. DL 型立式筒形泵　DL 型立式筒形泵为多级泵，适宜输送稍有污染、低温或高温、化学中性或有腐蚀性的液体，多用于炼油厂、石油化工厂、发电厂、煤加工工程、低温工程、管线加压、海上采油平台。其性能参数范围：流量 2～50m^3/h，扬程 15～400mm，工作压力 6.4MPa，工作温度－105～180℃。

DL 型立式筒形泵选型见图 1-37。

表 1-37　ELTD 系列筒袋多级泵性能参数

泵型号	叶轮组别	吸入口直径/mm	排出口直径/mm	叶轮直径/mm	流量 Q		扬程 H /m	转速 n /(r/min)	效率 η /%	比转速 n_s
					/(m^3/h)	/(L/s)				
ELTD50-2	B	100	50	215	42	11.7	101	2950	60	61.4
ELTD50-3							151.5			
ELTD50-4							202			
ELTD50-5							252.5			
ELTD50-6							303			
ELTD50-7							353.5			
ELTD50-8							404			
ELTD50-9							454.5			
ELTD50-10							505			
ELTD50-11							555.5			
ELTD50-12							606			
ELTD50-13							656.5			

续表

泵型号	叶轮组别	吸入口直径/mm	排出口直径/mm	叶轮直径/mm	流量 Q		扬程 H/m	转速 n/(r/min)	效率 η/%	比转速 n_s
					/(m³/h)	/(L/s)				
ELTD50-2	B	100	50	215	21	5.9	25.2	1475	57	61.4
ELTD50-3							37.8			
ELTD50-4							50.4			
ELTD50-5							63			
ELTD50-6							75.6			
ELTD50-7							88.2			
ELTD50-8							100.8			
ELTD50-9							113.4			
ELTD50-10							126			
ELTD50-11							138.6			
ELTD50-12							151.2			
ELTD50-13							163.8			
ELTD50-14							176.4			
ELTD50-15							189			
ELTD50-16							201.6			
ELTD80-2	A	150	80	240	108	30	130	2950	72	81.5
ELTD80-3							195			
ELTD80-4							260			
ELTD80-5							325			
ELTD80-6							390			
ELTD80-7							455			
ELTD80-8							520			
ELTD80-9							585			
ELTD80-10							650			
ELTD80-2	A	150	80	240	54	15	32	1475	71	81.5
ELTD80-3							48			
ELTD80-4							64			
ELTD80-5							80			
ELTD80-6							96			
ELTD80-7							112			
ELTD80-8							128			
ELTD80-9							144			
ELTD80-10							160			
ELTD80-11							176			
ELTD80-12							192			
ELTD80-13							208			
ELTD80-14							224			
ELTD80-15							240			

续表

泵型号	叶轮组别	吸入口直径/mm	排出口直径/mm	叶轮直径/mm	流量Q/(m³/h)	流量Q/(L/s)	扬程H/m	转速n/(r/min)	效率η/%	比转速n_s
ELTD80-2	B	150	80	240	79	21.9	134	2950	70	68.1
ELTD80-3							201			
ELTD80-4							268			
ELTD80-5							335			
ELTD80-6							402			
ELTD80-7							469			
ELTD80-8							536			
ELTD80-9							603			
ELTD80-10							670			
ELTD80-2	B	150	80	240	38.5	10.7	33.6	1475	68	68.1
ELTD80-3							50.4			
ELTD80-4							67.2			
ELTD80-5							84			
ELTD80-6							100.8			
ELTD80-7							117.6			
ELTD80-8							134.4			
ELTD80-9							151.2			
ELTD80-10							168			
ELTD80-11							184.8			
ELTD80-12							201.6			
ELTD80-13							218.4			
ELTD80-14							235.2			
ELTD80-15							252			
ELTD100-2	A	150	100	260	201.6	56	164	2950	76	93.5
ELTD100-3							246			
ELTD100-4							328			
ELTD100-5							410			
ELTD100-6							492			
ELTD100-7							574			
ELTD100-8							656			
ELTD100-2	A	150	100	260	100.8	28	41	1475	75	93.5
ELTD100-3							61.5			
ELTD100-4							82			
ELTD100-5							102.5			
ELTD100-6							123			
ELTD100-7							143.5			

续表

泵型号	叶轮组别	吸入口直径/mm	排出口直径/mm	叶轮直径/mm	流量 Q		扬程 H/m	转速 n/(r/min)	效率 η/%	比转速 n_s
					/(m^3/h)	/(L/s)				
ELTD100-8	A	150	100	260	100.8	28	164	1475	75	93.5
ELTD100-9							184.5			
ELTD100-10							205			
ELTD100-11							225.5			
ELTD100-12							246			
ELTD100-2	B	150	100	260	162	45	165	2950	74	83.4
ELTD100-3							247.5			
ELTD100-4							330			
ELTD100-5							412.5			
ELTD100-6							495			
ELTD100-7							577.5			
ELTD100-8							660			
ELTD100-2	B	150	100	260	76	21.1	41	1475	73	83.4
ELTD100-3							61.5			
ELTD100-4							82			
ELTD100-5							102.5			
ELTD100-6							123			
ELTD100-7							143.5			
ELTD100-8							164			
ELTD100-9							184.5			
ELTD100-10							205			
ELTD100-11							225.5			
ELTD100-12							246			
ELTD125-1	A	200	125	360	195	54.2	41.8	1475	74	76.2
ELTD125-2							83.6			
ELTD125-3							125.4			
ELTD125-4							167.2			
ELTD125-5							209			
ELTD125-6							250.8			
ELTD125-7							292.6			
ELTD125-1	B	200	125	360	137	38.1	40	1475	70	66
ELTD125-2							80			
ELTD125-3							120			
ELTD125-4							160			
ELTD125-5							200			
ELTD125-6							240			
ELTD125-7							280			

续表

泵型号	叶轮组别	吸入口直径/mm	排出口直径/mm	叶轮直径/mm	流量Q		扬程 H /m	转速 n /(r/min)	效率 η /%	比转速 n_s
					/(m^3/h)	/(L/s)				
ELTD150-1	A	300	150	465	370	102.8	65	1475	76	75.6
ELTD150-2							130			
ELTD150-3							195			
ELTD150-4							260			
ELTD150-1	B	300	150	465	252	70	65	1475	72	62
ELTD150-2							130			
ELTD150-3							195			
ELTD150-4							260			
ELTD200-1	A	400	200	480	720	200	70	1475	81	98.6
ELTD200-2							140			
ELTD200-3							210			
ELTD200-4							280			
ELTD200-1	A	400	200	480	470	130	31	980	80	98.6
ELTD200-2							62			
ELTD200-3							93			
ELTD200-4							124			
ELTD200-1	B	400	200	500	520	144.4	77	1475	78	78.7
ELTD200-2							154			
ELTD200-3							231			
ELTD200-4							308			
ELTD200-1	B	400	200	500	345	95.8	34	980	76	78.7
ELTD200-2							68			
ELTD200-3							102			
ELTD200-4							136			

注：表中所列的参数为常温清水时设计点的数据。

c. TTMC 型立式筒袋泵　TTMC 型立式筒袋泵是由单级或多级离心叶轮组成的多级、径向剖分式筒袋形结构泵，执行 AD（压力容器）规范、APⅠ 610（第六版）及 ASME（美国工程师学会）Ⅷ（压力容器）+Ⅸ（焊接和钎焊质量合格条件），适宜输送稍有污染、低温或高温、化学中性或有腐蚀性的液体，可运行在对气蚀性能要求苛刻的条件下，即具有很低的 $(NPSH)_r$ 值。适用于精炼厂、石油化工厂、低温工程、管线加压、海上采油平台、液化气工程。

TTMC 型立式筒袋泵性能参数范围：规格 DN40～200mm，流量约 800m^3/h，扬程约 800m，工作压力约 10.0MPa，工作温度－180～180℃。

TTMC 型立式筒袋泵选型见图 1-38。

④ 杂质泵

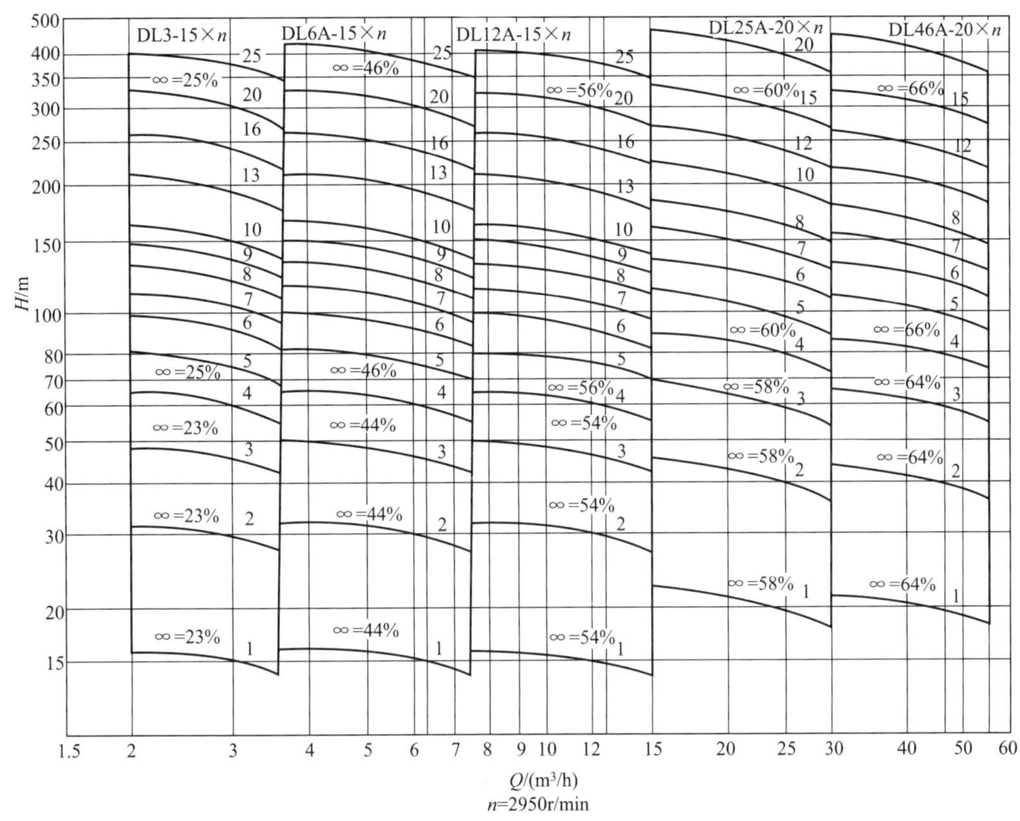

图 1-37 DL 型立式筒形泵选型图

a. LC 系列渣浆泵 LC 系列渣浆泵是输送含固相颗粒介质的高效离心泵，最高固含量可达 65%。具有结构紧凑、密封效果好、寿命长、耐磨性能好、安装拆卸调整方便等优点。

LC 系列渣浆泵共有卧式和立式两种形式：LC、LC-B 是卧式，共有 14 种规格；PLC 为立式，性能参数与同规格的 LC 泵相同。

LC 系列渣浆泵选型见图 1-39。

b. UHB-ZK-A 系列耐腐蚀耐磨砂浆泵 UHB-ZK-A 系列耐腐蚀耐磨砂浆泵是单级单吸悬臂式离心泵，过流部件采用钢衬新一代泵用耐腐蚀耐磨工程塑料（UHMWPE）。最突出的是具有优异的耐磨性、耐冲击性（尤其是耐低温冲击）、抗蠕变性（耐环境应力开裂）和极好的耐腐蚀性。该系列泵可适应各种不同工况，如输送酸、碱性清液浆；各种腐蚀性矿浆；硫酸行业各类稀酸等。特别适宜输送含量 80%以下的硫酸、50%以下的硝酸以及各种浓度的盐酸、液碱。

UHB-ZK-A 系列耐腐蚀耐磨砂浆泵性能参数范围：使用温度－20～80℃（对特殊要求、使用改性材质，可提高到 105℃），进液口 ϕ32～350mm，流量 5～2600m^3/h，扬程 65m 以内。

UHB-ZK-A 系列耐腐蚀耐磨砂浆泵型号意义示例：

150-UHB-ZK-A-148-11

150——泵进口直径，mm；UHB——工程塑料泵代号；Z——杂质砂浆；K——K 型动力密封；A——改进型；148——流量，m^3/h；11——扬程，m。

(a) UHB-ZK-A 系列耐腐蚀耐磨砂浆泵选型见图 1-40。

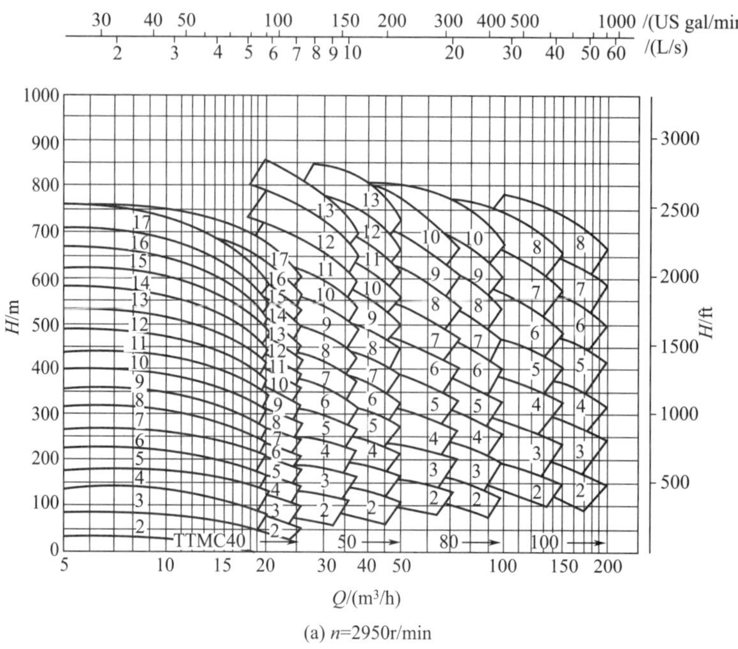

(a) n=2950r/min

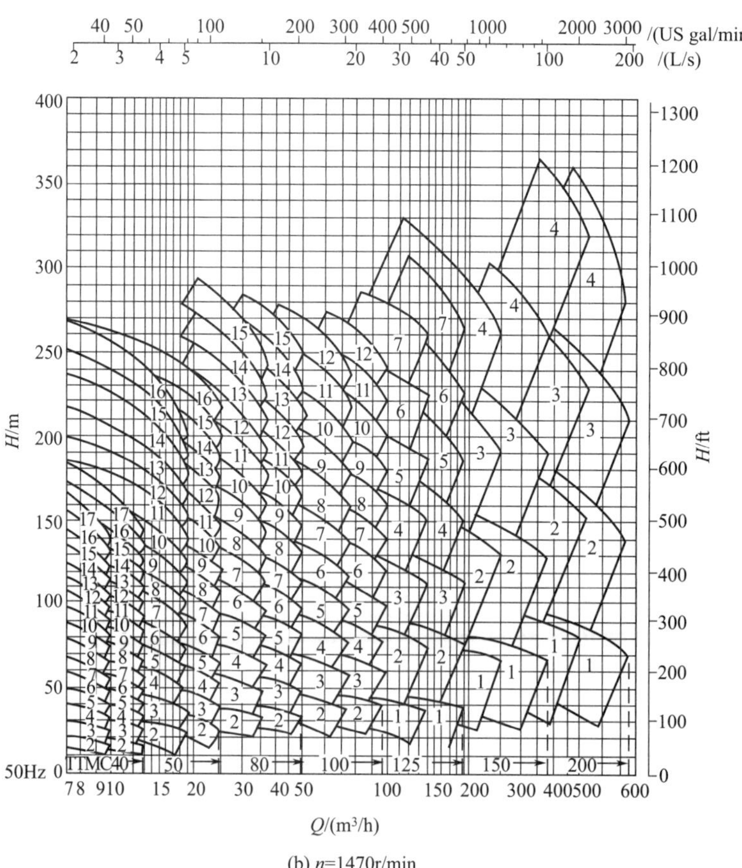

(b) n=1470r/min

图 1-38　TTMC 型立式筒袋泵选型（50Hz）图

（1 英尺＝0.3048m；1US gal＝3.78541dm^3）

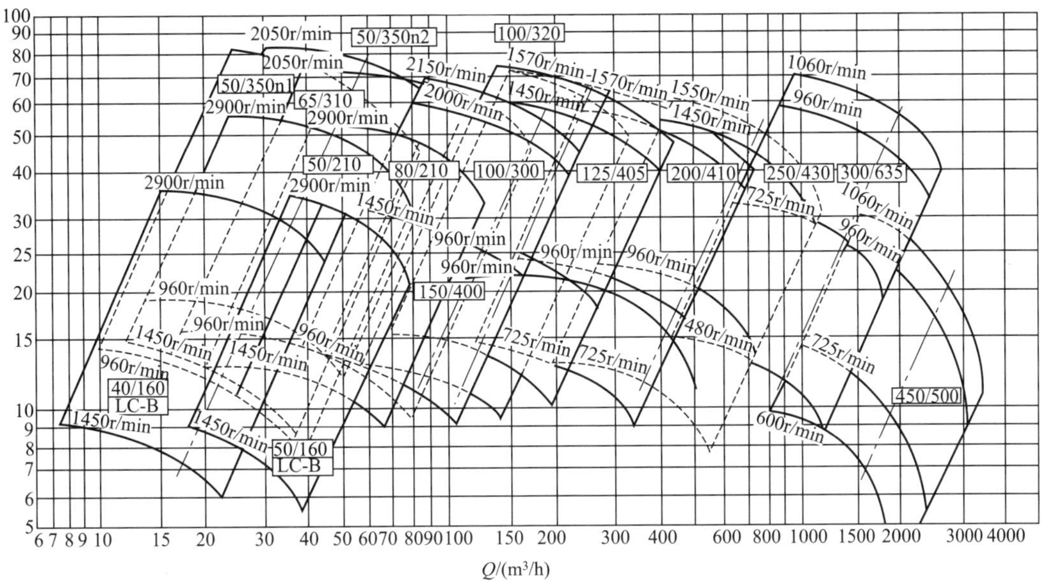

图 1-39　LC 系列渣浆泵选型图

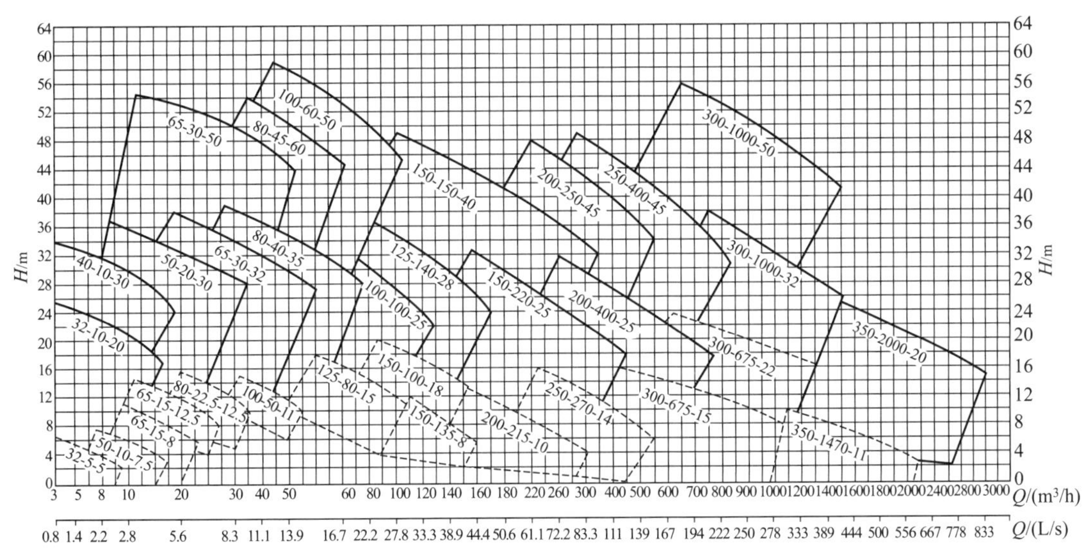

图 1-40　UHB-ZK-A 系列耐腐蚀耐磨砂浆泵选型图

(b) UHB-ZK-A 系列耐腐蚀耐磨砂浆泵产品性能参数见表 1-38。

⑤ FSZ-K、FSZ-Z 系列耐腐蚀自吸泵　FSZ-K 和 FSZ-Z 系列泵是用超高分子量聚乙烯或 F46 为衬里材料的钢衬塑料泵，具有钢的强度和塑料的耐腐蚀性；衬层采用 10mm 以上厚度超高分子材料，耐腐蚀性极好。

FSZ-K、FSZ-Z 系列泵使用温度均为－20～80℃，外形尺寸及安装尺寸相同，其区别在于采用不同的密封。

FSZ-K 耐腐蚀耐磨自吸泵采用动力密封，可以输送带固相物料的酸碱类介质，如腐蚀性污水、灰浆、废酸、涂料、矿浆等；FSZ-Z 耐腐蚀自吸泵为自调式密封或 WB2 密封，可以输送酸碱盐类清液介质。

表 1-38 UHB-ZK-A 系列耐腐蚀耐磨砂浆泵性能参数

序号	型号	流量/(m^3/h)	扬程/m	转速/(r/min)	功率/kW		进出口直径/mm	质量/kg
					轴功率	配备电机		
1	32UHB-ZK-A-5-20	5	20	2900	0.72	1.1	32×25	80
2	32UHB-ZK-A-8-18	8	18	2900	1.2	1.5		
3	32UHB-ZK-A-12-15	12	15	2900	1.3	2.2		
4	32UHB-ZK-A-5-25	5	25	2900	1.1	2.2		
5	32UHB-ZK-A-10-20	10	20	2900	1.6	2.2		
6	32UHB-ZK-A-5-5	5	5	1450	0.25	0.75		
7	32UHB-ZK-A-15-15	15	15	2900	1.7	2.2		
8	40UHB-ZK-A-10-30	10	30	2900	2.2	3	40×32	130
9	40UHB-ZK-A-15-25	15	25	2900	2.7	3		
10	40UHB-ZK-A-7.5-6	7.5	6	1450	0.4	0.75		
11	40UHB-ZK-A-18-20	18	20	2900	2.6	3		
12	40UHB-ZK-A-10-18	10	18	2900	1.3	2.2		
13	40UHB-ZK-A-15-15	15	15	2900	1.7	2.2		
14	50UHB-ZK-A-15-32	15	32	2900	3.5	5.5	50×40	170
15	50UHB-ZK-A-20-30	20	30	2900	4.3	5.5		
16	50UHB-ZK-A-10-7.5	10	7.5	1450	0.6	1.1		
17	50UHB-ZK-A-25-28	25	28	2900	5.0	5.5		
18	50UHB-ZK-A-10-35	10	35	2900	3.2	4		
19	50UHB-ZK-A-12-40	12	40	2900	3.8	5.5		
20	50UHB-ZK-A-15-43	15	43	2900	5.6	7.5		
21	50UHB-ZK-A-20-20	20	20	2900	3.0	4		
22	50UHB-ZK-A-25-18	25	18	2900	3.2	4		
23	50UHB-ZK-A-30-15	30	15	2900	3.1	4		
24	65UHB-ZK-A-30-25	30	25	2900	5.3	5.5	65×50	220
25	65UHB-ZK-A-35-20	35	20	2900	5.1	5.5		
26	65UHB-ZK-A-40-15	40	15	2900	4.5	5.5		
27	65UHB-ZK-A-30-32	30	32	2900	6.5	7.5		
28	65UHB-ZK-A-15-8	15	8	1450	0.9	1.1		
29	65UHB-ZK-A-35-25	35	25	2900	6.2	7.5		
30	65UHB-ZK-A-40-20	40	20	2900	5.9	7.5		
31	65UHB-ZK-A-10-50	10	50	2900	4.8	7.5		
32	65UHB-ZK-A-5-11	5	11	1450	0.6	1.1		
33	65UHB-ZK-A-10-40	10	40	2900	4.2	5.5		
34	65UHB-ZK-A-20-50	20	50	2900	8.7	11		
35	65UHB-ZK-A-10-12.5	10	12.5	1450	1.2	2.2		
36	65UHB-ZK-A-30-50	30	50	2900	12	15		
37	65UHB-ZK-A-15-12.5	15	12.5	1450	1.6	2.2		
38	65UHB-ZK-A-30-40	30	40	2900	9.6	11		

续表

序号	型号	流量/(m³/h)	扬程/m	转速/(r/min)	功率/kW		进出口直径/mm	质量/kg
					轴功率	配备电机		
39	80UHB-ZK-A-40-20	40	20	2900	5.8	7.5	80×65	270
40	80UHB-ZK-A-45-18	45	18	2900	6.1	7.5		
41	80UHB-ZK-A-50-15	50	15	2900	5.6	7.5		
42	80UHB-ZK-A-35-45	35	45	2900	10.8	11		
43	80UHB-ZK-A-17.5-11	17.5	11	1450	1.5	2.2		
44	80UHB-ZK-A-40-35	40	35	2900	10.2	11		
45	80UHB-ZK-A-45-32	45	32	2900	10.1	11		
46	80UHB-ZK-A-50-30	50	30	2900	10.2	11		
47	80UHB-ZK-A-60-30	60	30	2900	12.6	15		
48	80UHB-ZK-A-45-50	45	50	2900	14.8	15		
49	80UHB-ZK-A-22.5-12.5	22.5	12.5	1450	2.3	3		
50	80UHB-ZK-A-55-40	55	40	2900	15	15		
51	100UHB-ZK-A-50-58	50	58	2900	21	22	100×80	370
52	100UHB-ZK-A-50-50	50	50	2900	17.5	18.5		
53	100UHB-ZK-A-60-50	60	50	2900	21.5	22		
54	100UHB-ZK-A-60-40	60	40	2900	16.8	18.5		
55	100UHB-ZK-A-60-30	60	30	2900	13.8	15		
56	100UHB-ZK-A-70-45	70	45	2900	22.1	22		
57	100UHB-ZK-A-80-35	80	35	2900	17.8	18.5		
58	100UHB-ZK-A-100-27	100	27	2900	18.4	18.5		
59	100UHB-ZK-A-80-15	80	15	2900	10.2	11		
60	100UHB-ZK-A-100-20	100	20	2900	15	15		
61	100UHB-ZK-A-80-50	80	50	2900	27	30		
62	100UHB-ZK-A-100-45	100	45	2900	28	30		
63	100UHB-ZK-A-50-11	50	11	1450	4.2	5.5		
64	100UHB-ZK-A-120-40	120	40	2900	28.5	30		
65	100UHB-ZK-A-145-28	145	28	2900	29.5	30		
66	100UHB-ZK-A-80-30	80	30	2900	17.5	18.5		
67	100UHB-ZK-A-100-25	100	25	2900	17.9	18.5		
68	100UHB-ZK-A-120-20	120	20	2900	17.2	18.5		
69	100UHB-ZK-A-140-15	140	15	2900	16.8	18.5		
70	100UHB-ZK-A-100-20	100	20	2900	14.9	15		
71	100UHB-ZK-A-120-15	120	15	2900	14.2	15		
72	100UHB-ZK-A-140-10	140	10	2900	14.5	15		
73	100UHB-ZK-A-100-55	100	55	2900	32.9	37		
74	100UHB-ZK-A-80-58	80	58	2900	29.8	37		
75	100UHB-ZK-A-50-65	50	65	2900	20.1	22		

续表

序号	型号	流量/(m^3/h)	扬程/m	转速/(r/min)	功率/kW		进出口直径/mm	质量/kg
					轴功率	配备电机		
76	125UHB-ZK-A-100-40	100	40	2900	28.8	30	125×100	480
77	125UHB-ZK-A-120-35	120	35	2900	29.4	30		
78	125UHB-ZK-A-140-25	140	25	2900	25	30		
79	125UHB-ZK-A-120-32	120	32	2900	26.8	30		
80	125UHB-ZK-A-140-28	140	28	2900	27.6	30		
81	125UHB-ZK-A-160-24	160	24	2900	28.1	30		
82	125UHB-ZK-A-120-20	120	20	2900	17.2	18.5		
83	125UHB-ZK-A-140-18	140	18	2900	21	22		
84	125UHB-ZK-A-150-15	150	15	2900	21.5	22		
85	125UHB-ZK-A-80-15	80	15	1450	10.2	11		
86	150UHB-ZK-A-120-25	120	25	1450	22	30	150×125	1000
87	150UHB-ZK-A-80-11	80	11	980	8.9	11		
88	150UHB-ZK-A-150-20	150	20	1450	24.5	30		
89	150UHB-ZK-A-180-30	180	30	1450	35.5	37		
90	150UHB-ZK-A-210-26	210	26	1450	36.4	37		
91	150UHB-ZK-A-148-11	148	11	980	15	15		
92	150UHB-ZK-A-240-24	240	24	1450	37	37		
93	150UHB-ZK-A-270-20	270	20	1450	36	37		
94	150UHB-ZK-A-190-18	190	18	1450	22	22		
95	150UHB-ZK-A-135-8	135	8	980	10.5	11		
96	150UHB-ZK-A-260-16	260	16	1450	28	30		
97	150UHB-ZK-A-280-14	280	14	1450	28.2	30		
98	150UHB-ZK-A-120-40	120	40	1450	33.6	37		
99	150UHB-ZK-A-150-40	150	40	1450	42	45		
100	150UHB-ZK-A-101-18	101	18	980	12.8	15		
101	150UHB-ZK-A-200-32	200	32	1450	44	45		
102	150UHB-ZK-A-250-30	250	30	1450	44.5	45		
103	150UHB-ZK-A-300-25	300	25	1450	45	45		
104	200UHB-ZK-A-320-32	320	32	1450	55	55	200×150	1200
105	200UHB-ZK-A-210-14	210	14	980	18.4	18.5		
106	200UHB-ZK-A-350-28	350	28	1450	55	55		
107	200UHB-ZK-A-400-25	400	25	1450	70	75		
108	200UHB-ZK-A-250-45	250	45	1450	74	75		
109	200UHB-ZK-A-168-20	168	20	980	27	30		
110	200UHB-ZK-A-300-38	300	38	1450	72	75		
111	200UHB-ZK-A-350-34	350	34	1450	73.8	75		

续表

序号	型号	流量/(m^3/h)	扬程/m	转速/(r/min)	功率/kW		进出口直径/mm	质量/kg
					轴功率	配备电机		
112	200UHB-ZK-A-320-24	320	24	1450	42	45	200×150	1200
113	200UHB-ZK-A-215-10	215	10	980	15.6	18.5		
114	200UHB-ZK-A-350-20	350	20	1450	43	45		
115	200UHB-ZK-A-400-18	400	18	1450	44	45		
116	200UHB-ZK-A-500-12	500	12	1450	45	45		
117	250UHB-ZK-A-400-45	400	45	1450	112	132	250×200	2200
118	250UHB-ZK-A-270-20	270	20	980	35	37		
119	250UHB-ZK-A-500-37	500	37	1450	118	132		
120	250UHB-ZK-A-600-30	600	30	1450	120	132		
121	250UHB-ZK-A-400-32	400	32	1450	85	90		
122	250UHB-ZK-A-270-14	270	14	980	25	30		
123	250UHB-ZK-A-500-26	500	26	1450	79	90		
124	250UHB-ZK-A-600-20	600	20	1450	84	90		
125	300UHB-ZK-A-860-33	860	33	1450	135	160	300×250	2200
126	300UHB-ZK-A-1000-32	1000	32	1450	145	160		
127	300UHB-ZK-A-1180-31	1180	31	1450	155	160		
128	300UHB-ZK-A-600-15	675	15	980	48	55		
129	300UHB-ZK-A-850-51	850	51	1450	220	250		
130	300UHB-ZK-A-1000-50	1000	50	1450	226	250		
131	300UHB-ZK-A-1100-48.8	1100	48.8	1450	242	250		
132	300UHB-ZK-A-675-22.8	675	22.8	980	69.8	75		
133	300UHB-ZK-A-1270-66	1270	66	1450	414	500	300×250	3000
134	300UHB-ZK-A-1420-60	1420	60	1450	430	500		
135	300UHB-ZK-A-960-27.4	960	27.4	980	115	132		
136	350UHB-ZK-A-1600-25	1600	25	980	149	160	350×350	3500
137	350UHB-ZK-A-2000-20	2000	20	980	151	160		
138	350UHB-ZK-A-2600-16	2600	16	980	153	160		
139	350UHB-ZK-A-1470-11	1470	11	720	64	75		

注：表中所述参数均为用清水做试验获得，如输送其他类型的介质，则电机功率随介质密度的不同而变化。

为输送不同质量介质在同时确保流量、扬程、电机功率三者的前提下，按相对密度1.0、1.35、1.85，加大电机功率，满足用户需要。

FSZ-K、FSZ-Z系列耐腐蚀自吸泵型号意义示例：

a. FSZ-K系列

80FSZ-K-40-25

80——进口直径，mm；FS——悬臂式耐腐蚀离心泵；Z——自吸泵代号；K——K型密封；40——流量，m^3/h；25——扬程，m。

b. FSZ-Z 系列

80FSZ-Z-40-25

80——进口直径，mm；FS——悬臂式耐腐蚀离心泵；Z——自吸泵代号；Z——机械密封；40——流量，m^3/h；25——扬程，m。

FSZ-K 系列耐腐蚀自吸泵产品性能参数见表 1-39。

表 1-39 FSZ-K 系列耐腐蚀自吸泵性能参数

型号	流量/(m^3/h)	扬程/m	介质相对密度	配套电机		自吸高度/m	进口×出口/mm
				型号	功率/kW		
32FSZ-K-5-20	5	20	1.0	Y801-2	1.1	2.3	32×25
	5	20	1.35	Y802-2	1.1	2	32×25
	5	20	1.85	Y90S-2	2.2	1.5	32×25
32FSZ-K-10-20	10	20	1.0	Y90S-2	1.5	2.3	32×25
	10	20	1.35	Y90S-2	2.2	2.0	32×25
	10	20	1.85	Y90S-2	2.2	1.8	32×25
50FSZ-K-20-30	20	25	1.0	Y112M-2	4	3.4	50×40
	20	30	1.35	Y132S1-2	5.5	3.0	50×40
	20	30	1.85	Y132S2-2	7.5	2.8	50×40
65FSZ-K-30-30	30	30	1.0	Y132S2-2	7.5	3.5	65×50
	30	30	1.35	Y132S2-2	7.5	3.0	65×50
	30	30	1.85	Y160M1-2	11	2.8	65×50
80FSZ-K-40-25	40	25	1.0	Y132S2-2	7.5	2.8	80×65
80FSZ-K-45-35	45	35	1.0	Y132S2-2	11	3.0	80×65
	45	35	1.35	Y160M1-2	15	2.5	80×65
	45	35	1.85	Y160M2-2	18.5	1.5	80×65
100FSZ-K-60-35	60	35	1.0	Y160M2-2	15	3.2	100×80
	60	35	1.35	Y160L-2	18.5	2.4	100×80
	60	35	1.85	Y180-2	22	1.5	100×80
100FSZ-K-100-40	100	40	1.0	Y180-2	22	3.2	100×80
	100	40	1.35	Y200L2-2	30	2.4	100×80
	100	40	1.85	Y200L2-2	37	1.5	100×80

FSZ-Z 系列耐腐蚀自吸泵产品性能见表 1-40。

⑥ IMC 型磁力化工流程泵

IMC 型磁力化工流程泵是采用推拉式磁路结构，将动密封变为静密封，达到无泄漏的耐腐蚀泵。用于不含固体颗粒的各种酸碱盐及有机物。在化工、石油化工、炼油、化纤、化肥、制药、易燃、易爆、剧毒及其他贵重液体加工行业有着广泛的前途，是目前国内新一代磁力泵产品。

泵性能、外形安装尺寸符合国际标准 ISO 2858/国标 GB 5662，可以替换 IH 型化工泵。

表 1-40 FSZ-Z 系列耐腐蚀自吸泵性能参数

型号	流量/(m³/h)	扬程/m	介质相对密度	配套电机		自吸高度/m	进口×出口/mm
				型号	功率/kW		
32FSZ-Z-5-20	5	20	1.0	Y801-2	1.1	3.5	32×25
	5	20	1.35	Y802-2	1.1	3.0	32×25
	5	20	1.85	Y90S-2	2.2	2.5	32×25
32FSZ-Z-10-20	10	20	1.0	Y90S-2	1.5	3.5	32×25
	10	20	1.35	Y90S-2	2.2	3.0	32×25
	10	20	1.85	Y90S-2	2.2	2.8	32×25
50FSZ-Z-20-30	20	25	1.0	Y112M-2	4	3.5	50×40
	20	30	1.35	Y132S1-2	5.5	3.0	50×40
	20	30	1.85	Y132S2-2	7.5	2.8	50×40
65FSZ-Z-30-30	30	30	1.0	Y132S2-2	7.5	3.2	65×50
	30	30	1.35	Y132S2-2	7.5	3.0	65×50
	30	30	1.85	Y160M1-2	11	2.8	65×50
80FSZ-Z-40-25	40	25	1.0	Y132S2-2	7.5	2.8	80×65
80FSZ-Z-45-35	45	35	1.0	Y132S2-2	11	3.0	80×65
	45	35	1.35	Y160M1-2	15	2.5	80×65
	45	35	1.85	Y160M2-2	18.5	1.5	80×65
100FSZ-Z-60-35	60	35	1.0	Y160M2-2	15	3.2	100×80
	60	35	1.35	Y160L-2	18.5	2.4	100×80
	60	35	1.85	Y180-2	22	1.5	100×80
100FSZ-Z-100-40	100	40	1.0	Y180-2	22	3.0	100×80
	100	40	1.35	Y200L2-2	30	2.4	100×80
	100	40	1.85	Y200L2-2	37	1.5	100×80

IMC 型磁力化工流程泵型号意义示例：

IMC50-32-250A

IMC——国际标准磁力驱动离心泵；50——吸入口直径，mm；32——排出口直径，mm；250——叶轮名义直径，mm；A——叶轮切割次数，依次为 A、B。

a. IMC 型磁力化工流程泵选型见图 1-41。

b. IMC 型磁力化工流程泵产品性能参数见表 1-41。

⑦ 屏蔽电泵

大连屏蔽电泵厂与日本株式会社帝国电机制作所合资生产的屏蔽电泵，有基本型（F 型）、逆循环型（R 型）、低 n_s 型、高温分离型（B 型）、自吸型（G 型）、高熔点液用外部循环型（K-S 型）、高温液用超耐热型（F-X 型）、高熔点液用超耐热型（Y 型）、泥浆密封型（D 型）、多级型（FA-M 型）、泥浆用气封型（X 型、S 型）等多种型号，总流量范围可达 500m³/h，扬程达 450m，工作温度达 400℃。

此种屏蔽电泵选型见图 1-42。

⑧ 非金属离心泵

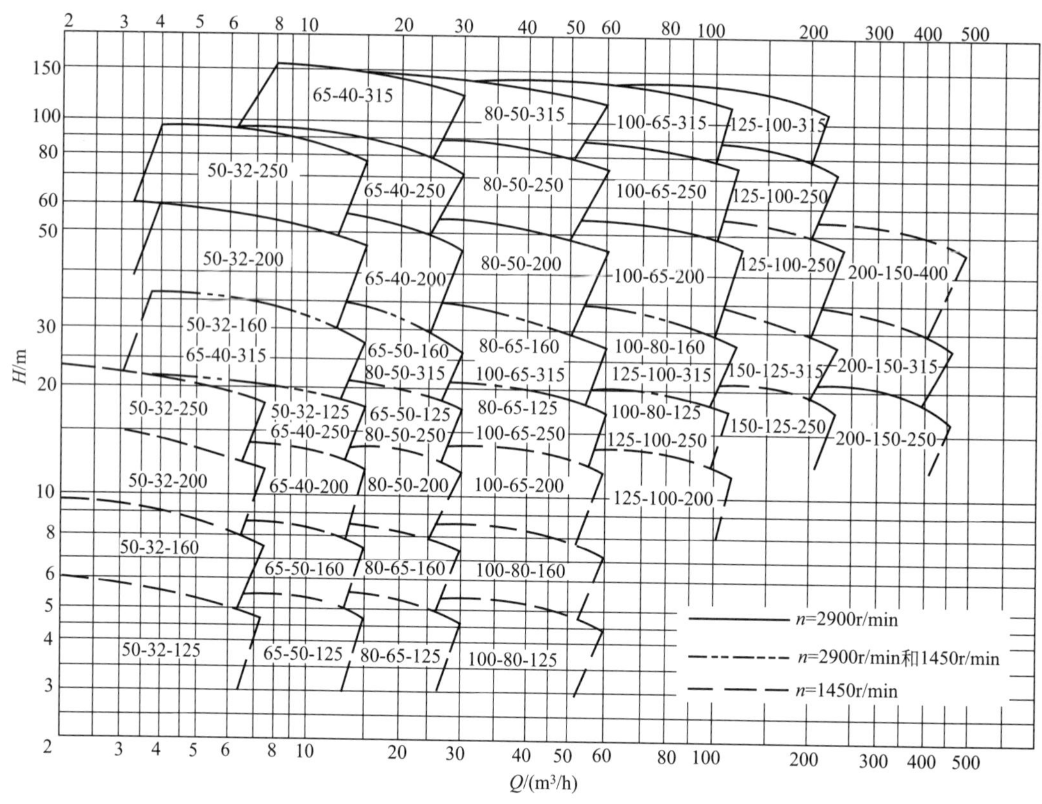

图 1-41 IMC 型磁力化工流程泵选型图

表 1-41 IMC 型磁力化工流程泵性能参数

型号	流量 $Q/(m^3/h)$	扬程 H/m	转速 n /(r/min)	轴功率 P/kW	效率 η /%	气蚀余量 $NPSH/m$	配带电机型号功率/kW		
							输送介质相对密度		
							1	1.35	1.85
IMC80-50-250	15	21	1450	2.32	37	2.3	Y 112M-4 YB 4	Y 132S-4 YB 5.5	Y 132M-4 YB 7.5
	25	20		2.83	48	2.3			
	30	18.8		3.13	49	2.8			
80-50-250A	13.5	16.8	1450	1.72	36	2.3	Y 100L2-4 YB 3	Y 112M-4 YB 4	Y 132S-4 YB 5.5
	22.5	16.3		2.13	47	2.3			
	27	15.1		2.31	48	2.8			
80-50-250B	12.8	15	1450	1.45	36	2.3	Y 100L1-4 YB 2.2	Y 100L2-4 YB 3	Y 112M-4 YB 4
	21.3	14.5		1.79	47	2.3			
	25.6	13.4		1.95	48	2.8			
IMC80-50-315	15	32.5	1450	4.92	27	2.3	Y 132M-4 YB 7.5	Y 160M-4 YB 11	Y 160L-4 YB 15
	25	32		5.58	39	2.3			
	30	31.5		6.43	40	2.8			
80-50-315A	13.5	25.8	1450	3.65	26	2.3	Y 132S-4 YB 4	Y 132M-4 YB 7.5	Y 160M-4 YB 11
	22.5	25.2		4.06	38	2.3			
	27	24.5		4.62	39	2.8			

续表

型号	流量 $Q/(m^3/h)$	扬程 H/m	转速 n /(r/min)	轴功率 P/kW	效率 η /%	气蚀余量 $NPSH/m$	配带电机型号功率/kW 输送介质相对密度 1	1.35	1.85
80-50-315B	12.8 21.3 25.6	23 22.5 22	1450	3.09 3.44 3.93	26 38 39	2.3 2.3 2.8	Y 112M-4 YB 4	Y 132S-4 YB 5.5	Y 132M-4 YB 7.5
IMC100-80-125	30 50 60	6 5 4.1	1450	0.88 1.02 1.05	56 67 64	2.5 2.5 3.0	Y 90S-4 YB 1.1	Y 90L-4 YB 1.5	Y 100L1-4 YB 2.2
100-80-125A	27.6 46 55.2	4.5 4.1 3.6	1450	0.62 0.78 0.86	55 66 63	2.5 2.5 3.0	Y 90S-4 YB 1.1	Y 90L-4 YB 1.5	Y 100L1-4 YB 2.2
100-80-125B	25.5 42.5 51	4 3.6 3.3	1450	0.50 0.63 0.73	55 66 63	2.5 2.5 3.0	Y 802S-4 YB 0.75	Y 90S-4 YB 1.1	Y 90L-4 YB 1.5
IMC100-80-160	30 50 60	9.2 8.0 6.8	1450	1.32 1.68 1.83	57 65 61	2.5 2.5 3.5	Y 100L1-4 YB 2.2	Y 100L2-4 YB 3	Y 112M-4 YB 4
100-80-160A	27.6 46 55.2	7.1 6.5 5.8	1450	0.95 1.27 1.45	56 64 60	2.5 2.5 3.5	Y 100L1-4 YB 2.2	Y 100L1-4 YB 2.2	Y 100L2-4 YB 3
100-80-160B	25.5 42.5 51	6.4 5.8 5.1	1450	0.79 1.05 1.18	56 64 60	2.5 2.5 3.5	Y 90L-4 YB 1.5	Y 100L1-4 YB 2.2	Y 100L1-4 YB 2.2
IMC100-65-200	30 50 60	13.5 12.5 11.8	1450	2.25 2.75 3.07	49 62 63	2.3 2.3 2.8	Y 112M-4 YB 4	Y 132S-4 YB 5.5	Y 132M-4 YB 7.5
100-65-200A	27.6 46 55.2	10.8 10.1 9.6	1450	1.69 2.07 2.33	48 61 62	2.3 2.3 2.8	Y 100L2-4 YB 3	Y 112M-4 YB 4	Y 132S-4 YB 5.5
100-65-200B	25.5 42.5 51	9.6 9.0 8.5	1450	1.39 1.71 1.90	48 61 62	2.3 2.3 2.8	Y 100L1-4 YB 2.2	Y 100L2-4 YB 3	Y 112M-4 YB 4
IMC100-65-250	30 50 60	21.3 20 19	1450	3.78 4.62 5.10	46 59 61	2.3 2.3 2.8	Y 132S-4 YB 5.5	Y 132M-4 YB 7.5	Y 160M-4 YB 11
100-65-250A	27.6 46 55.2	16.8 16.3 15.9	1450	2.81 3.52 3.98	45 58 60	2.3 2.3 2.8	Y 112M-4 YB 4	Y 132S-4 YB 5.5	Y 132S-4 YB 5.5

续表

型号	流量 $Q/(m^3/h)$	扬程 H/m	转速 n /(r/min)	轴功率 P/kW	效率 η /%	气蚀余量 $NPSH/m$	配带电机型号功率/kW 输送介质相对密度 1	1.35	1.85
100-65-250B	25.5 42.5 51	15 14.5 14	1450	2.31 2.89 3.24	45 58 60	2.3 2.3 2.8	Y 112M-4 YB 4	Y 132S-4 YB 5.5	Y 132M-4 YB 7.5
IMC100-65-315	30 50 60	34 32 30	1450	7.12 8.55 9.45	39 51 52	2.3 2.3 2.8	Y 160M-4 YB 11	Y 160L-4 YB 15	Y 180M-4 YB 18.5
100-65-315A	27.6 46 55.2	26 25.2 24.5	1450	5.14 6.31 7.22	38 50 51	2.3 2.3 2.8	Y 132M-4 YB 7.5	Y 160M-4 YB 11	Y 160L-4 YB 15
100-65-315B	25.5 42.5 51	23 22.5 22	1450	4.20 5.21 5.99	38 50 51	2.3 2.3 2.8	Y 132M-4 YB 7.5	Y 160M-4 YB 11	Y 160L-4 YB 15
IMC125-100-200	60 100 120	14.5 12.5 11.0	1450	4.40 5.01 5.36	54 68 67	2.8 2.8 3.5	Y 132S-4 YB 5.5	Y 132M-4 YB 7.5	Y 160M-4 YB 11
125-100-200A	54 90 108	11.5 10.5 9.8	1450	3.19 3.84 4.37	53 67 66	2.8 2.8 3.5	Y 132S-4 YB 5.5	Y 132M-4 YB 7.5	Y 160M-4 YB 11
125-100-200B	48 80 96	9.8 9.0 8.5	1450	2.42 2.93 3.37	53 67 66	2.8 2.8 3.5	Y 112M-4 YB 4	Y 132S-4 YB 5.5	Y 132M-4 YB 7.5
IMC125-100-250	60 100 120	21.3 20 19	1450	6.71 8.39 9.26	52 65 67	2.3 2.3 2.8	Y 160M-4 YB 11	Y 160L-4 YB 15	Y 180M-4 YB 18.5
125-100-250A	54 90 108	16.8 16.3 15.9	1450	4.84 6.24 7.08	51 64 66	2.3 2.3 2.8	Y 132M-4 YB 7.5	Y 160M-4 YB 11	Y 160L-4 YB 15
125-100-250B	48 80 96	15.0 14.5 14.0	1450	3.84 4.94 5.55	51 64 66	2.3 2.3 2.8	Y 132M-4 YB 7.5	Y 132M-4 YB 7.5	Y 160M-4 YB 11
IMC125-100-315	60 100 120	33.5 32 30.5	1450	12.2 14.5 16.3	45 60 61	2.5 2.5 30	Y 180M-4 YB 18.5	Y 180L-4 YB 22	Y 200L-4 YB 30

a. IHF 型化工衬氟泵　IHF 泵为单级单吸化工离心泵，依照国际标准设计制造。该泵具有耐腐蚀、耐磨、机械强度高、运行平稳、结构先进合理、密封性能可靠、拆卸检修方便、使

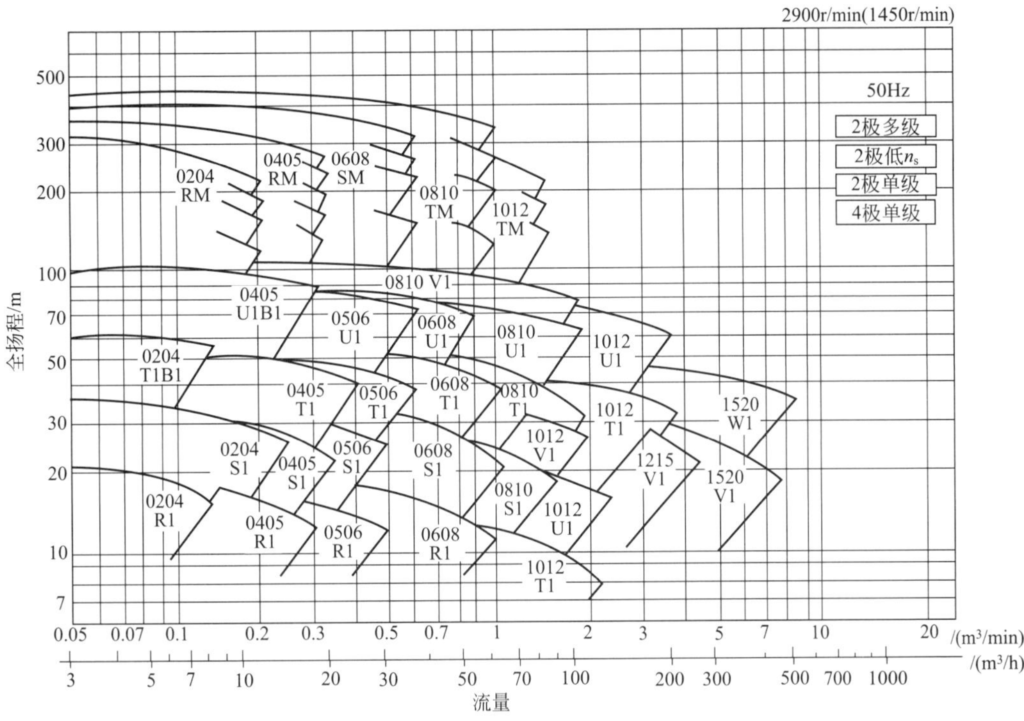

图 1-42 屏蔽电泵选型图

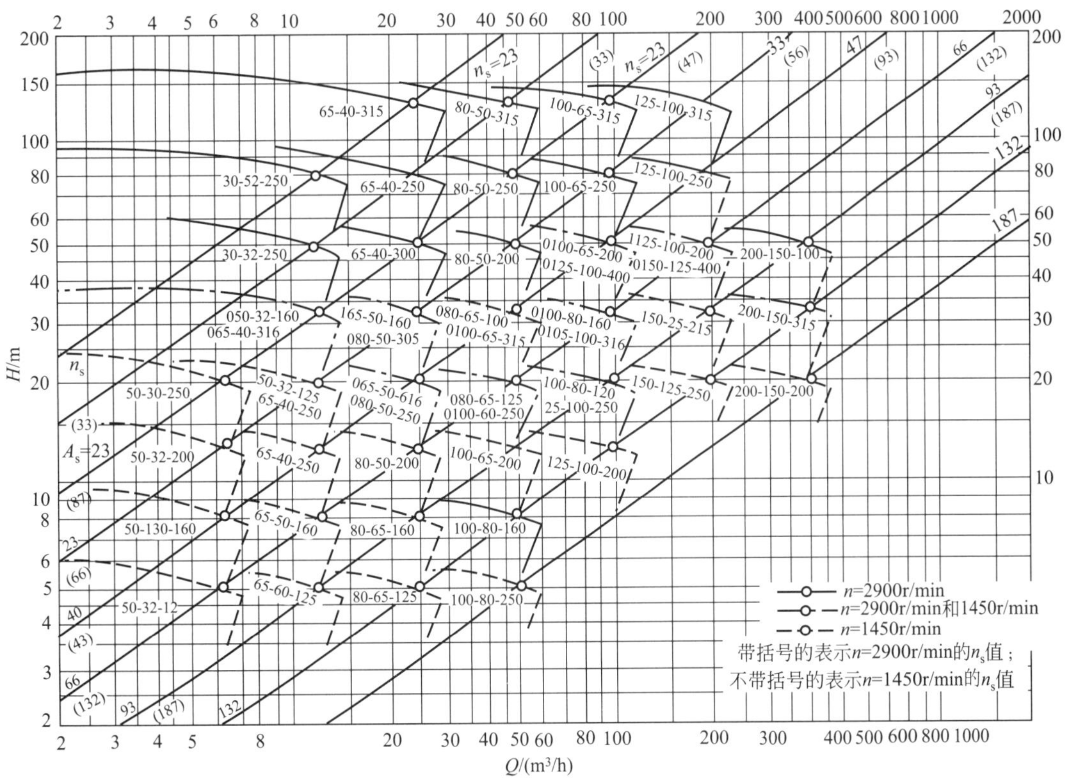

图 1-43 IHF 型化工衬氟泵选型图

用寿命长等优点。广泛适用于石油、化工、制药、冶金等行业，在－20～120℃温度条件下长期输送任何浓度的硫酸、盐酸、醋酸、氢氟酸、硝酸、强碱、强氧化剂、有机溶剂、还原剂等强腐蚀性介质，可以取代 FSB 型氟泵、IH 型化工离心泵。

IHF 型化工衬氟泵型号意义示例：

IHF100-80-160A

IH——国际标准化工泵系列产品；F——泵过流部分材质（F46）；100——泵进口直径，mm；80——泵出口直径，mm；160——叶轮名义直径，mm；A——叶轮外径第一次切割。

IHF 型化工衬氟泵性能范围：流量 6.3～400m^3/h，扬程 5～125m。过流部件可选用聚全氟乙丙烯（F46）、聚偏氟乙烯（PVDE）等材质。

（a）IHF 型化工衬氟泵选型见图 1-43。

（b）IHF 型化工衬氟泵产品性能参数见表 1-42。

表 1-42　IHF 型化工衬氟泵性能参数

型号	流量 Q		扬程 H/m	转速 n /(r/min)	功率 N/kW		效率 η/%	允许气蚀余量 Δh/m
	/(m^3/h)	/(L/s)			轴功率	电机功率		
IHF50-32-125	12.5	3.47	20	2900	1.33	按液体的密度和黏度选用	51	1.8
IHF50-32-160			32		2.37		46	
IHF50-32-200			50		4.38		39	
IHF50-32-250			80		8.25		33	
IHF65-50-125	25	6.94	20		2.2		62	2.0
IHF65-50-160			32		3.82		57	
IHF65-40-200			50		6.55		52	
IHF65-40-250			80		11.84		46	
IHF65-40-315			125		21.8		39	
IHF80-65-125	50	13.88	20		3.95		69	2.4
IHF80-65-160			32		6.5		67	
IHF80-50-200			50		10.8		63	
IHF80-50-250			80		19.11		57	
IHF80-50-315			125		36.21		47	
IHF100-80-125	100	27.77	20		7.074		77	3.2
IHF100-80-160			32		11.9		73	
IHF100-65-200			50		18.9		72	
IHF100-65-250			80		32.0		68	
IHF100-65-315			125		54.9		62	
IHF125-100-200	200	55.55	50		35.4		77	4.5
IHF125-100-250			80		58.1		75	
IHF125-100-315			125		97.26		70	
IHF50-32-125	6.3	1.75	5	1450	0.19		45	1.0
IHF50-32-160			8		0.34		40	
IHF50-32-200			12.5		0.65		33	
IHF50-32-250			20		1.27		27	

续表

型号	流量 Q		扬程 H/m	转速 n /(r/min)	功率 N/kW		效率 η/%	允许气蚀余量 Δh/m
	/(m^3/h)	/(L/s)			轴功率	电机功率		
IHF65-50-125	12.5	3.47	5	1450	0.31	按液体的密度和黏度选用	55	1.2
IHF65-50-160			8		0.53		51	
IHF65-40-200			12.5		0.93		46	
IHF65-40-250			20		1.75		39	
IHF65-40-315			32		3.3		33	
IHF80-65-125	25	6.94	5		0.53		64	1.4
IHF80-65-160			8		0.88		62	
IHF80-50-200			12.5		4.19		57	
IHF80-50-250			20		2.569		53	
IHF80-50-315			32		5.067		43	
IHF100-80-125	50	13.88	5		0.92		74	1.7
IHF100-80-160			8		1.58		69	
IHF100-65-200			12.5		2.5		68	
IHF100-65-250			20		4.3		65	
IHF100-65-315			32		7.5		58	
IHF125-100-200	100	27.77	12.5		4.66		73	2.2
IHF125-100-250			20		7.56		72	
IHF125-100-315			32		12.82		68	
IHF125-100-400			50		22.69		60	
IHF150-125-250	200	55.55	20		14.1		77	3.2
IHF150-125-315			32		23.2		75	
IHF150-125-400			50		38.9		70	
IHF200-150-250	400	111.1	20		26.9		81	4.5
IHF200-150-315			32		44.1		79	
IHF200-150-400			50		69.8		78	

b. S型玻璃钢离心泵　S型玻璃钢离心泵用于输送强腐蚀性液体，广泛应用于石油、石化、化工、医药、农药等领域。流量参数范围 3.2～100m^3/h，扬程 12.5～50m。工作温度参考表 1-43。

S型玻璃钢离心泵型号意义示例：

S50×40-20

S——S型离心泵；50——吸入口直径，mm；40——排出口直径，mm；20——扬程，m。

(a) S型玻璃钢离心泵选型见图 1-44。

(b) S型玻璃钢离心泵用玻璃钢耐腐蚀性能及使用温度见表 1-43。

(c) S型玻璃钢离心泵产品性能参数见表 1-44。

c. FTZ、FTK系列陶瓷泵　FTZ、FTK系列陶瓷泵具有优良的耐腐蚀特性和可靠的化学稳定性，广泛应用于石油化工、农药、染料等行业中。FTZ型陶瓷泵可输送除氢氟酸、热浓

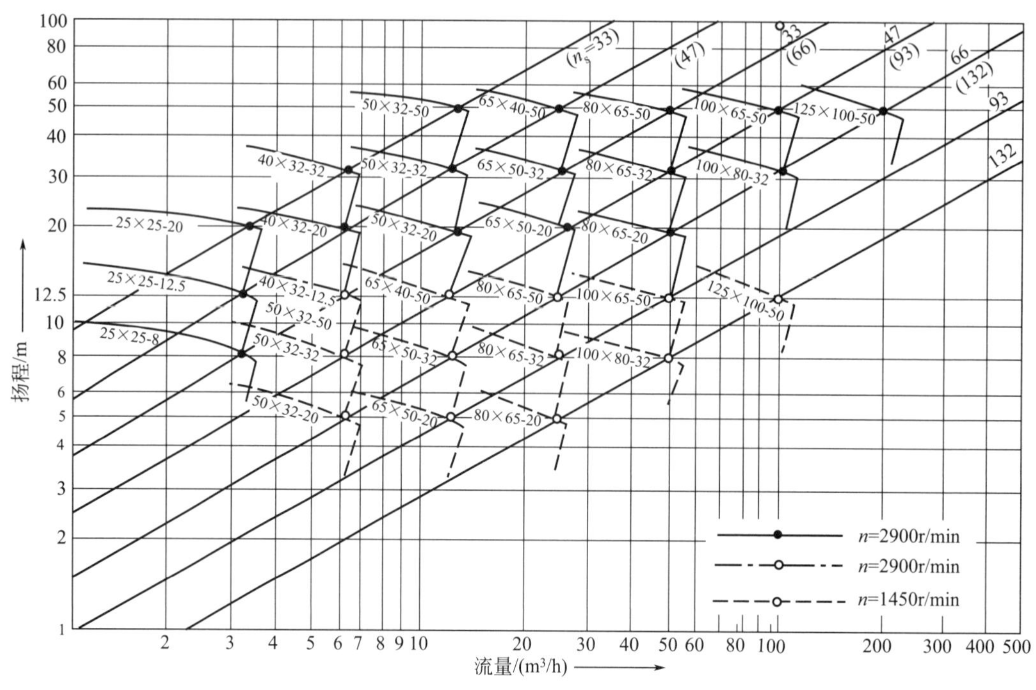

图 1-44　S型玻璃钢离心泵选型图

n_s 值带括号的表示 $n=2900\text{r/m}$，不带括号的表示 $n=1450\text{r/min}$

表 1-43　玻璃钢耐腐蚀性能及使用温度

介质名称	含量/%	使用温度/℃
盐酸	任意	120
盐酸(气体)		40～60
硫酸	35 左右	80～110
硫酸	4～5	80～100
硝酸	5～10	常温
乙酸	98～99	常温
乙酸	30	100
	≤30	120
氯乙酸	70	－10～120
磺酸	30	80～100
乳酸	80	100
苯酚磺酸液	70～80g/L	60±2
芒硝	硫酸钠 $d=1.3$	90～95
硫氰酸钠	51	120
含氯化铵水蒸气		100
氯化铵饱和溶液	pH＝7～9	110～150
盐水	饱和	－10～120
甲醇	＞98	－10～120
氯醛	40～98	－10～20
硫酸酯		55

介质名称	含量/%	使用温度/℃
异丙醚	99	常温
乙酸酐	65	90～130
三氧化硫		80
三氯甲烷	95	－10～120
苯	90	－10～120
甲苯		－20～110
乙酸含氯离子混合液		80
溴化氢、盐酸、三氯氧磷混合液		80
光气甲苯溶液		－20～110
偶氮二异丁腈原液		110
维纶醛化液	硫酸钠 200g/L	68～72
	硫酸 315g/L	
	甲醛 32g/L	
纺丝凝固液	硫酸钠 416g/L pH＝3.2	45
烃化液含盐酸苯等	pH＝2	105
苯乙酸、盐酸 三氯化铝混合液		95
含 10%～15%氯化氢的氯化铵溶液		100～105
污水	pH＝5.4～9.5	常温

注：1. 数据仅供选择参考。

2. 不在此范围内的介质、浓度、温度要进行腐蚀试验。

表 1-44　S 型玻璃钢离心泵性能参数

型　　号	流量 $Q/(m^3/h)$	扬程 H/m	转速 $n/(r/min)$	效率 $\eta/\%$	气蚀余量 $NPSH/m$	电机功率/kW
S25×25-12.5	3.2	12.5	2900	41	3	0.55
S40×32-20	6.3	20	2900	50	3	1.1
S40×32-32	6.3	32	2900	45	3	2.2
S50×40-20	12.5	20	2900	53	3	2.2
S50×32-32	12.5	32	2900	51	3	4.0
S65×50-20	25	20	2900	64	3	3.0
S65×50-25	25	25	2900	61	3	3.0
S65×50-32	25	32	2900	60	3	5.5
S80×65-32	50	32	2900	69	4	7.5/11
S100×80-50	100	50	2900	73	5	22/30

碱及浓热磷酸外的各种无机和有机清液；FTK 型陶瓷砂浆泵可输送含固相颗粒的腐蚀性介质。该系列泵使用温度小于 105℃。

FTZ、FTK 系列陶瓷泵型号意义示例：

80FTZ-45-35；80FTK-45-35

80——进口直径，mm；F——耐腐蚀泵；T——陶瓷代号；Z——自调式密封；K——K 形密封；45——流量，m^3/h；35——扬程，m。

FTZ、FTK 系列陶瓷泵性能参数见表 1-45。

表 1-45　FTZ、FTK 系列陶瓷泵性能参数

型号	流量 $Q/(m^3/h)$	扬程 H/m	转速 $n/(r/min)$	电机功率/kW
32FTK(Z)-10-20	10	20	2900	2.2
50FTK(Z)-20-30	20	30	2900	5.5
80FTK(Z)-45-35	45	35	2900	11
100FTK(Z)-60-35	60	35	2900	15～18.5
100FTK(Z)-100-40	100	40	2900	30
150FTK(Z)-120-25	120	25	1450	22～30
150FTK(Z)-150-40	150	40	1450	45
150FTK(Z)-200-25	200	25	1450	37～45

d. FSF 系列直联式防腐蚀泵　FSF 系列直联式防腐蚀泵为直联式全塑型耐腐蚀单级单吸离心泵，其特点是内外防腐蚀、结构简单、价格便宜、高效节能，过流部件材料为聚全氟乙丙烯（F46）或增强聚丙烯（FRPP）或超高分子量聚乙烯（UHMWPE）。用聚全氟乙丙烯（F46）制成的泵，可输送－40～120℃温度范围内不含固体颗粒的任意强酸、强碱、强氧化剂、有机溶剂、各种混酸等；用增强聚丙烯、超高分子量聚乙烯制成的泵，可输送－20～90℃范围内的一般腐蚀性介质：如含量 60%以下硫酸、30%以下硝酸、全浓度盐酸、含量 20%以下氢氧化钠和氢氧化钾等。该系列泵广泛用于化工、冶炼、稀土、农药等行业。

FSF 系列直联式防腐蚀泵型号意义示例：

50FSF-15-20

50——泵进口直径，mm；FS——耐腐蚀离心泵；F——过流部件为整体全塑；15——流量，m^3/h；20——扬程，m。

FSF 系列直联式防腐蚀泵产品性能参数见表 1-46。

表 1-46　FSF 系列直联式防腐蚀泵性能参数

型号	流量 /(m^3/h)	扬程 /m	转速 /(r/min)	电机功率 /kW	进出口直径 /mm	质量 /kg
25FSF 6.5 15	6.5	15	2900	1.1	25×25	32
40FSF-12-18	12	18	2900	2.2	40×32	42
40FSF-10-20	10	20	2900	2.2		
50FSF-15-20	15	20	2900	3	50×32	50
50FSF-12.5-25	12.5	25	2900	3	50×32	50
50FSF-25-20	25	20	2900	4		
65FSF-35-22	35	22	2900	5.5	65×50	88
65FSF-40-20	40	20	2900	5.5～7.5		

e. FSB、FSB-L 型氟塑料金属合成离心泵　FSB、FSB-L 型氟塑料金属合成离心泵（L 为连轴式）采用聚四氟乙烯（F4）和聚全氟乙丙烯（F46）等多种氟塑料经合理配方、模压加工制成的，适用于－80～200℃条件下长期输送任意浓度的各种酸、碱、盐溶液、氧化剂及多种强腐蚀性介质，具有不老化、无毒素分解等优点。

FSB、FSB-L 型氟塑料金属合成离心泵型号意义示例：

80FSB-30L

80——吸入口直径，mm；FSB——直连式氟塑料泵；30——扬程，m；L——连轴式。

FSB 型氟塑料金属合成离心泵性能参数见表 1-47。

表 1-47　FSB 型氟塑料金属合成离心泵性能参数

型号	流量 /(m^3/h)	扬程 /m	口径		配用电机 /kW	转速 /(r/min)	吸上高度 /m	效率 /%
			吸入 /mm	排出 /mm				
25FSB-10	1.5	10	25	20	1.5	2900	6	25
25FSB-18	3.6	18	25	20	2.2	2900	6	27
40FSB-20	10	20	40	32	3	2900	6	47
40FSB-30	10	30	40	32	3	2900	6	55
50FSB-20	15	20	50	40	3	2900	6	55
50FSB-25	15	25	50	40	3	2900	6	53
50FSB-30	15	30	50	40	4	2900	6	64.5
65FSB-32	29	32	65	50	5.5	2900	5.5	70
80FSB-20	50	20	80	65	5.5	2900	5.5	72
80FSB-30	50	30	80	65	7.5	2900	5.5	64

FSB-L 型氟塑料金属合成离心泵性能参数见表 1-48。

表 1-48 FSB-L 型氟塑料金属合成离心泵性能参数

型号	流量/(m^3/h)	扬程/m	口径		配用电机/kW	转速/(r/min)	吸上高度/m	效率/%
			吸入/mm	排出/mm				
25FSB-10L	1.5	10	25	20	2.2	2900	6	29
25FSB-18L	3.6	18	25	20	3	2900	6	27
40FSB-20L	10	20	40	32	4	2900	6	51
40FSB-25L	10	25	40	32	4	2900	6	47
40FSB-30L	10	30	40	32	4	2900	6	55
40FSB-40L	10	40	40	32	5.5	2900	5.5	35
40FSB-50L	10	50	40	32	7.5	2900	5.5	33
50FSB-20L	15	20	50	40	4	2900	6	55
50FSB-25L	15	25	50	40	4	2900	6	56
50FSB-30L	15	30	50	40	4	2900	6	64.5
50FSB-40L	15	40	50	40	5.5 7.5	2900	5.5	39
50FSB-50L	15	50	50	32	7.5 11	2900	5.5	38
65FSB-32L	29	32	65	50	5.5	2900	6	70
65FSB-40L	29	40	65	50	11	2900	6	53
80FSB-20L	50	20	80	65	5.5	2900	5.5	72
80FSB-25L	50	25	80	65	5.5	2900	5.5	64
80FSB-30L	50	30	80	65	7.5	2900	5.5	68
80FSB-34L	50	34	80	50	11	2900	5.5	65
80FSB-40L	50	40	80	50	11 15	2900	5.5	67
80FSB-50L	50	50	80	50	15 18.5	2900	5.5	65
100FSB-15L	80	15	100	65	11	2900	5.5	53
100FSB-30L	100	30	100	80	15	2900	6	72
100FSB-40L	100	40	100	80	22	2900	6	74
100FSB-50L	100	50	100	80	30	2900	5.5	72
125FSB-12L	90	12	125	80	7.5	1450	5.5	73
125FSB-40L	150	40	125	80	37	2900	6	78

f. HYF 型氟塑料增强合金液下泵　HYF 耐腐蚀泵为立式单级单吸离心泵。适宜输送不含颗粒的酸、碱、盐、油脂等液体物料，使用温度为−5～100℃，用于化工、石油、轻工、环保、医药等工业部门。其最大特点是高节能、低噪声、无泄漏、耐腐蚀性强、使用寿命长、安装使用维修方便等。HYF 耐腐蚀泵的结构为增强聚丙烯和耐腐蚀金属的组合。

HYF 型氟塑料增强合金液下泵型号意义示例：

80HYF-30

80——进口直径，mm；H——化工；Y——液下泵；F——氟塑料增强合金泵；30——扬程，m。

HYF 型氟塑料增强合金液下泵产品性能参数见表 1-49。

表 1-49　HYF 型氟塑料增强合金液下泵性能参数

型号	流量 /(m^3/h)	扬程 /m	口径/mm		配用功率 /kW	转速 /(r/min)
			吸入	排出		
25HYF-16	3.6	16	25	20	1.5	2900
40HYF-20	10	20	40	25	2.2	2900
40HYF-26	10	25	40	25	3	2900
50HYF-20	15	20	50	40	3	2900
50HYF-25	15	25	50	40	4	2900
65HYF-25	29	25	65	50	5.5	2900
65HYF-32	29	32	65	50	5.5	2900
80HYF-24	50	24	80	65	7.5	2900
80HYF-30	50	30	80	65	11	2900
100HYF-40	100	40	100	80	18.5	2900

⑨ YQY 型液动卸槽潜油泵　YQY 型液动卸槽潜油泵是输送轻质油品及类似无腐蚀性液体的专用泵，能从根本上解决轻质油品传输的气阻、气蚀现象。其设计制造符合美国石油协会 API 610《一般炼厂用离心泵标准》、国家 GB 3125—82《炼厂化工及石油化工流程用离心泵通用技术条件》，同时也符合《石油库安全规程》的有关规定。

YQY 型液动卸槽潜油泵型号意义示例：

YQY60-40

YQY——液动卸槽潜油泵；60——流量，m^3/h；40——扬程，m。

a. YQY 型液动卸槽潜油泵性能曲线见图 1-45。

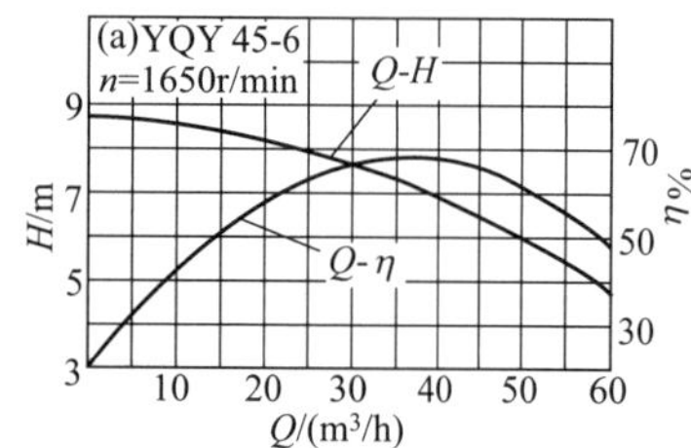

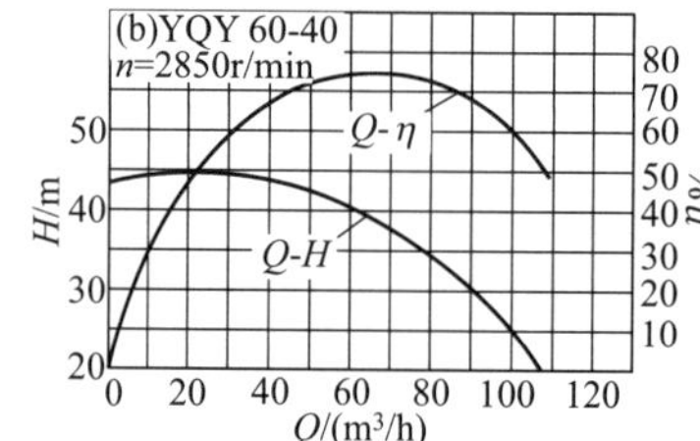

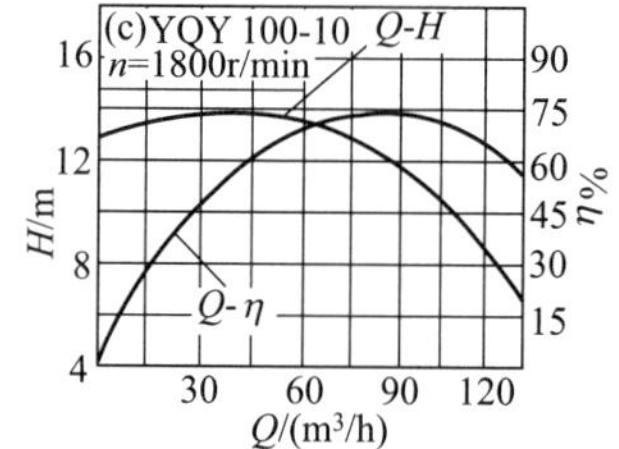

图 1-45　YQY 型液动卸槽潜油泵性能曲线

b. YQY 型液动卸槽潜油泵性能参数见表 1-50。

表 1-50　YQY 型液动卸槽潜油泵性能参数

泵型号	流量 Q /(m^3/h)	扬程 H /m	转速 n /(r/min)	泵口径 /mm	质量(单泵) /kg	功率 /kW
YQY45-6	45	6	1650	90	10	3
YQY60-40	60	40	2850	90	15	18.5
YQY100-10	100	10	1800	90	13	7.5

1.1.2.9　离心泵选型的一般顺序

(1) 离心泵选型的要求

根据实际生产的工艺要求选择离心泵时，应考虑以下几点：

a. 能够满足生产工艺提出的流量、扬程以及所输送的液体性质的要求；

b. 有良好的吸入性能，轴封严密可靠，润滑冷却良好，零部件有足够的强度，便于操作和维修；

c. 泵的工作区域范围宽，工况变化时仍能在高效区内工作；

d. 泵的设计合理，结构简单，尺寸小，质量轻，成本低；

e. 可满足某些特殊要求，如防爆、防腐蚀等。

（2）离心泵选型的方法和步骤

① 列出基本参数　根据生产工艺条件，列出基本参数，如输送液体的物理性质（密度、黏度、饱和蒸气压、腐蚀性）、操作条件（操作温度、泵进出口两侧设备内的压力及流量等）以及安装泵的位置情况（环境温度、海拔高度、装置平行度或垂直度的要求、进口与排出口两侧设备内液面至泵中心线距离和管线当量长度等）。

② 估算泵的流量和扬程　如果工艺设计中同时给出了正常流量、最大流量和最小流量，选泵时可直接采用最大流量；若只给出装置的正常流量，则应乘上适当的安全系数估算出泵的最大流量。当工艺设计中给出了所需扬程时，可直接采用；若没有给出扬程值，则根据已知的管路条件，考虑流动损失，利用能量方程式计算被输送液体所需的扬程。

③ 选择泵的类型和型号　根据泵输送的液体性能、流量、扬程以及对泵的其他方面的要求确定泵的大类型，例如输送腐蚀性较强的介质时，则应从耐腐蚀泵系列产品中选取；输送石油产品时，则应选取各种油泵。

在选择泵的型式时，应与泵的台数同时考虑。正常操作一般用一台泵，某些特殊情况下，也可采用两台泵同时操作。选用两台离心泵联合工作时应尽可能采用同型号的泵，以便于操作和维修。

选定泵的型式后，将流量和扬程值标绘到该泵型的选型图上，由两直线交点落在的工作区四边形或线框，读出所选泵的型号和转速。如果交点落在四边形或线框内，但不是恰好落在四边形的上边，则选用该泵后，可以采用把叶轮适当切割或改变转速的方法，使改变后的特性曲线通过其工作交点。这时应从泵样本或系列性能参数表中查出该泵的性能参数，或利用切割定律进行换算。如果被输送介质黏度较大，可以根据工艺提出的黏性液体的流量、扬程和黏性值在黏性换算图表中查出扬程、流量等换算系数，求得输送水时的相应流量和扬程等参数，再通过选型图读出应选泵的型号和转速。假如交点没有落在图中任何一个四边形或线框内，而是落在某些四边形或线框附近，则说明没有一台泵能够单靠切割叶轮的方法满足工艺参数要求使其在效率较高的范围内工作。在此情况下，可以选用与工作交点最接近的四边形或线框所代表的那台泵，但使用时必须用切割叶轮径的方法。也可通过改变泵的台数或工作条件（如用排出阀调节等）来满足要求。

选泵时还需考虑生产过程的特点，使选出的离心泵性能曲线形状满足生产过程的要求。

④ 核算泵的性能　由选型图计算最大流量时，可将泵装置的有效气蚀余量与该泵的允许值比较；也可根据泵的允许气蚀余量，计算出泵允许的几何安装高度，再与工艺流程图中确定的安装高度比较。若不能满足要求，则必须另选其他泵，或变更泵的位置，或采取其他措施，以便保证泵的正常运转，防止气蚀现象的发生。

当输送介质的密度较大时，应校核泵的功率消耗和气蚀性能的变化情况。

⑤ 计算泵的轴功率和驱动机功率　根据泵所输送介质的工作点参数（Q、H、η），按式（1-12）可求出泵的轴功率，并求出驱动机功率，选配合适的驱动机。

1.1.2.10　离心泵数据表

离心泵的各项参数确定好后，要填写离心泵数据表。表 1-51 是离心泵数据。

表 1-51　离心泵数据

单　位	离心泵数据表	项目号： 文件号：　　修改： 第 2 页 共 7 页					
1	符号与适用：○由买方填写　□由制造厂填写　△由制造厂或买方填写						
2	用户		装置		位号		
3	地点		数量		工作	备用	
4	用途		型式				
5	制造厂		型号		级数		
6	○概况						
7	泵用?		驱动电机台数		驱动汽轮机台数		
8	(并联/串联)运行		泵设备编号		泵设备编号		
9	齿轮箱设备编号		电机设备编号		汽轮机设备编号		
10	齿轮箱供货者		电机供货者	泵供货商	汽轮机供货者		
11	齿轮箱安装者		电机安装者	泵供货商	汽轮机安装者		
12	数据单编号		数据单编号		数据单编号		
13	操作条件						
14	○流量	正常　额定　(m^3/h)	○扬程　(m)　$(NPSH)_a$　(m)				
15		其他　(m^3/h)	○流程调节范围				
16	○压力　吸入	额定/最大　/　(MPaG)	○起动条件				
17	排出	(MPaG)	使用方式：○连续　○间歇(启动次数/日)　/				
18	○压力差	(MPa)	○需要并联运行				
19			备注：				
20	现场安装条件		现场基础数据				
21	○室内　○有采暖　○有遮棚		○海拔　(m)　大气压　(kPaA)				
22	○露天　○无采暖　○部分侧面(设有挡墙)		○环境温度:最高/最低　/　(℃)				
23	○地面　○二层楼面　○		○相对湿度:最大/平均　/　(%)				
24	○电气危险区分类　○是　○否		非常条件：○粉尘　○烟雾				
25	分区　气体级别　温度级别		○其他				
26	○必需防寒冬气候条件措施　○必需防湿热气候条件措施						
27	公用物料及能量消耗量						
	电	高压电机	低压电机	加热	控制	蒸汽	入口 (MPaG) (℃)　出口 (MPaG) (℃)
28	V	6000	380				
29	Hz	50	50			驱动机　最大	
30	Ph	3	3			驱动机　正常	
31						驱动机　最小	
32	冷却水					加热　最大	
33	进口温度　最高回水温度　℃					加热　正常	
34	正常压力　设计压力　(MPaG)					水源	
35	最小回水压力　(MPaG)					污垢系数	$(m^2 \cdot K)/W$
36	最大允许压差　(MPaA)					氯化物浓度	(μg/g)
37						仪表空气	最大/最小压力　/　(MPaG)
38	物料数据						
39	○液体名称					○黏度	(mPa·s)在　(℃)
40	○泵送温度					○最大黏度	(mPa·s)
41	正常　最大　最小　(℃)					○腐蚀/磨蚀剂	
42	○汽化压力　(MPaA)　在　℃					○氯化物浓度	(μg/g)
43	○相对密度					○硫化氢浓度	(μg/g)
44	正常　最大　最小					泵送介质	○有毒　○易燃
45	○比热 C_p　[kJ/(kg·℃)]					备注：	
46	泵性能						
47	□曲线号　□转速　/　(r/min)					□额定叶轮下最大扬程(关闭点)　(m)	
48	□叶轮直径　额定　最大　最小　(mm)					□额定叶轮下最大功率　(kW)	
49	□额定功率　kW	效率　(%)				□$(NPSH)_r$(额定流量下的)　(m)	
50	□最小连续流量					△吸入比转速	
51	热控　(m^3/h)	稳定　(m^3/h)				○允许的最大噪声　85　(dBA)	
52	□最佳工作区　到　(m^3/h)					□预期的最大噪声　(dBA)	
53	□允许工作区　到　(m^3/h)					备注：	
54							

续表

单　　位	离心泵数据表	项目号： 文件号：　　　修改： 第 3 页 共 7 页

1	结构					
2	适用的标准					○其他
3	○API 610 第 8 版					○必需圆柱螺纹
4	泵型(1.1.2)					泵壳安装方式：(立式泵，参见专用的数据单)
5	△OH2　△BB1　△VS1　△VS6					□中心线安装　□接近中心线安装
6	△OH3　△BB2　△VS2　△VS7					□底脚安装　□独立的安装底座
7	△OH6　△BB3　△VS3　△其他					□管道式安装
8	△BB4　△VS4					泵壳剖分型式
9	△BB5　△VS5					□轴向中开　□径向剖分
10	□管口接头					泵壳型式
11		口径	法兰压力等级	密封面	朝向位置	□单蜗壳　□多蜗壳　□导流壳(导叶)
12	吸入口			RF		△悬臂式　△两端支承式　△圆筒体
13	排出口			RF		泵壳压力等级
14	平衡鼓					□最大允许工作压力　(MPaG)　(℃)
15	压力泵壳管接头					□水静压试验压力　(MPaG)
16			数目	管径	型式	○吸入压力区必须按最大允许工作压力(MAWP)设计
17	□排(放)液					泵转向(从联轴器端看)
18	□排(放)气					□顺时针　□逆时针
19	□压力表					○叶轮分别独立固定
20	□温度表					备注：
21	□加热(暖泵)					
22	□平衡液/泄出液					○将 OH3 型泵用螺栓连接到安装底座/基础上
23	联轴器					
24	轴					联轴器　驱动机—泵
25	□联轴器处轴径　(mm)					○结构(型式)　弹性膜片带加长段
26	□轴承间轴径　(mm)					△型号
27	□轴承中心间跨距　(mm)					□联轴器等级 kW/100(r/min)
28	□轴承与叶轮间跨距　(mm)					○润滑　无
29	备注：					△必需端面有限浮动
30						△联轴器加长段长度
31	底座					△使用系数
32	□API 底座号					驱动机上联轴器半体安装者
33	○非灌浆结构底座					○泵制造厂　○驱动机制造厂　○买方
34	备注：					○联轴器按 API 671
35	材料					
36	○附录 H 中的代号					
37	○最小金属设计温度　(℃)					□联轴器，加长段/轮毂　/
38	□圆筒体/泵壳　叶轮					□联想器膜片(膜盘)
39	□泵壳口环/叶轮口环　/					备注：
40	□轴　□导叶					
41	轴承和润滑					
42	轴承(型式/代号)					○恒油位油杯(见备注)
43	□径向　/					○强制润滑系统　○API-610　○API-614
44	□止推　/					△油黏度 ISO 等级
45	○审查和批准止推轴承规格大小(承载能力)					加热
46	润滑方式					△必需油加热器　□电加热　□蒸汽加热
47	△润滑脂					○油压必需大于冷却剂压力
48	△淹没					
49	△油环					
50	△抛油环					备注：
51	○吹洗油雾(湿油池)					
52	△完全油雾(干油池)					
53	备注：					
54						
55						
56						

续表

单　　位	离心泵数据表	项目号： 文件号：　　修改： 第 4 页　共 7 页

1	机械密封或软填料	
2	密封数据：　○机械密封　○软填料	密封结构：
3	○参见所附的 API-682 数据单	□轴套材料
4	○非 API-682 密封	□压盖(密封端板)材料
5	○附录 H 密封的分类编码	○辅助密封装置
6	△密封制造厂	△需要冷却水室(夹套)
7	△型号/规格　　/	压盖(密封端板)上的丝孔：
8	△制造厂编码代号	△冲洗液(F)　△排(放)液(D)　△隔离液/缓冲液(B)
9	密封室数据：	△急冷(Q)　△冷却(C)　△润滑(G)
10	△温度　(℃)	△加热(H)　△泄漏　△(被)泵送液体(P)
11	△压力　(MPaG)	△平衡液(E)　△外供液注入(X)
12	△流量　(m^3/h)	
13	□密封室尺寸(规格编号)	
14	□总长度　(mm)　□净长度　(mm)	
15	密封液要求和现有的冲洗液	
16	○供给液源温度　最高　(℃)	○蒸汽压力(汽化压力)　(MPaA)在　(℃)
17	最低　(℃)	○危险　○易燃　○其他
18	○相对密度　在　(℃)	□最大流量/最小流量　(m^3/h)
19	○液体名称	□必需最大压力/最小压力　MPa
20	○比热 C_p　[kJ/(kg·℃)]	□必需最高温度/最低温度　(℃)
21	注：如果冲洗液是输送液体，则不需要上列冲洗液数据	
22	隔离液/缓冲液	
23	○液源温度，最高/最低　/　(℃)	○危险　○易燃　○其他
24	○相对密度　在　(℃)	□最大流量/最小流量　(m^3/h)
25	○液体名称	□必需最大压力/最小压力　MPa(G)
26	○蒸汽压力(汽化压力)　(MPaA)在　(℃)	□必需最高温度/最低温度　(℃)
27	急冷液体	
28	○液体名称	□流量　(m^3/h)
29	密封冲洗管路	
30	○密封冲洗管路系统布置方案图	○辅助冲洗系统布置方案图
31	△管子(Tubing)　△碳钢	△管子(Tubing)　△碳钢
32	△管(Pipe)　△不锈钢	△管(Pipe)　△不锈钢
33	管路装配	
34	△螺纹连接　△接管　△插入焊接	○液位计(布置方案 52/53)
35	△压力开关型式	○温度指示器(布置方案图 21,23,32,41,52,53)
36	○压力计	○换热器(布置方案图 52/53)
37	△液位开关型式	备注：
38	软填料数据(附录 C)	
39	制造厂	□流量　(m^3/h)在　(℃)
40	型式	□填料环
41	规格　圈数	备注：
42	□软填料必需注入液体	
43	蒸汽和冷却水管路系统	
44	△冷却水管路布置方案图	急冷　(m^3/h)在　MPa
45	□冷却水要求量	总冷却水量　(m^3/h)
46	密封/轴承，夹套　(m^3/h)在　MPa	○蒸汽管路：　○管子(Tubing)　○管(Pipe)
47	密封换热器　(m^3/h)在　MPa	备注：
48	仪表	
49	振动　○非接触式(API 670)　○传感器	○参见附属的 API-670 数据单
50	振动　○只供安装用的措施	○监测器和电缆
51	振动　○需要平坦表面	备注：
52	温度和压力	
53	△径向轴承金属温度　○止推轴承金属温度	其他
54	○仅供仪表的准备措施	○压力表型式
55	○参见附属的 API-670 数据单	位置
56	○温度计(带套管)	备注：

续表

单　　位	离心泵数据表	项目号： 文件号：　　修改： 第 5 页 共 7 页

1	电动机				
2	△制造厂			□型号	
3	□　(kW)　□　(r/min)			△防护等级	
4	△卧式　△立式			○最小启动电压	
5	△型式　异步感应鼠笼式			○温升　○绝缘等级	
6	△服务系数			△启动方式	
7	△电压/相/频率　/3　/50			备注：	
8	表面准备和涂漆				
9	○制造厂的标准			发货	○国内　○必需出口包装箱
10	○其他(见下列内容)			发货	○出口　○露天存放超过 6 个月
11	泵	○泵表面处理			
12	泵	○底漆　○面漆		包装的备用转子部件	
13	底座	○底座表面处理		○水平存放　○垂直存放	
	底座	○底漆　○面漆		○发运准备方式	
1	备注				
2	□质量				
3	驱动电机	泵质量(kg)		驱动汽轮机	汽轮机质量(kg)
4	驱动电机	电机质量(kg)		驱动汽轮机	底座质量(kg)
5	驱动电机	底座质量(kg)		驱动汽轮机	齿轮箱质量(kg)
6	驱动电机	齿轮箱质量(kg)		驱动汽轮机	总质量(kg)
7	驱动电机	总质量(kg)		驱动汽轮机	
8	驱动电机			驱动汽轮机	备注：

9	买方其他要求				
10	○需要双方协调会晤				△需要横向分析
11	○审查基础图				△转子动平衡
12	○审查管路图				△密封液箱与底座离开安装
13	○观察管路检查				△报价单中列出类似泵的业绩清单
14	○观察初次的同轴度检查				○备用转子垂直悬挂保管储存
15	○检查运转温度下的同轴度				○扭转分析/报告
16	○确认交接口的设计				○需要进度报告
17	○OH3 型泵需要起吊装置				备注：
18	○流体动压推力轴承大小(承载能力)需要审查				
19	质量检查和试验				
20	○审查卖方的质量计划				○铸件补焊方法需要批准
21	○性能曲线的批准				○接头(连接)焊缝需要探伤检查
22	○工厂检查				○磁粉探伤　○液体着色渗透
23	△用代用密封进行试验				○X 射线照相　○超声波探伤
24	试验	非目睹	目睹	观察	○铸件需要的探伤检查
25	水静压(试验)	○	○	○	○磁粉探伤　○液体着色渗透
26	性能试验	○	○	○	○X 射线照相　○超声波探伤
27	*NPSH*	○	○	○	○下列零件需要额外的检查：
28	整台机组试验	○	○	○	
29	声级试验	○	○	○	○磁粉探伤　○液体着色渗透
30	○最后装配之	○	○	○	○X 射线照相　○超声波探伤
31	前的清洁程度				○替代的验收准则(参见备注)
32	○管口载荷试验	○	○	○	○下列零件需要硬度试验：
33	○轴承室共振试验	○	○	○	
34	○在试验之后拆卸和检查	○	○	○	○表面活化剂(润湿剂)水静压试验
35	○流体动压轴承	○	○	○	○卖方提供试验方法
36	○辅助设备试验	○	○	○	○记录最终装配运转间隙
37	○	○	○	○	○检查用的检查清单(附录 N)
38	○	○	○	○	
39	○需要材料证明书				备注：
40	○泵壳　○叶轮　○轴				
41	○其他				
42					

续表

单　　位	离心泵数据表	项目号： 文件号：　　　　修改： 第　6　页　共　7　页
立式　　ΔVS1　　ΔVS2　　ΔVS3　　ΔVS4　　ΔVS5　　ΔVS6　　ΔVS7　　Δ其他		
备注：		
立式泵		
□泵推力：　（＋）向上　　（－）向下	长轴　　△开式　　△封闭式	
在最小流量　　（N）　　　　（N）	□长轴直径　　（mm）　□管直径　　　（mm）	
在额定流量　　（N）　　　　（N）	长轴联轴器：	
在最大流量　　（N）　　　　（N）	□轴套和键　　□螺纹连接	
最大推力　　（N）　　　　（N）	□外层吸入罐厚度　　　（mm）	
△独立底座　　X　　　　（mm）	□长度　　　（mm）	
□独立底座厚度　　　　（mm）	□直径　　　（mm）	
扬水管：　□法兰连接　　□螺纹连接	○吸入滤网型式	
直径　（mm）　长度　　　（mm）	○浮子和杆　　　○浮子开关	
导轴承：	○叶轮用弹性夹头固定可以接受	
□轴承数目	○轴承部位的轴套硬化处理	
□长轴导向轴承间隔　　　（mm）	○共振试验	
导向轴承润滑	○结构分析	
□水　　□油	○排液管通地面	
□润滑脂　□输送液		

液池(湿坑)布置

地平面
低液位
液池(混坑)深
泵长度
液池尺寸

吐出口中心线
地平面
基准面
(第一级叶轮)
低液位
泵长度
必需淹没深度

（尺寸的定义参阅美国水力学会标准）

○液池(湿坑)深 ______________（mm）
○液池尺寸 ______________（mm）
○低液位 ______________（mm）

□泵长 ______________（mm）
□必需淹没深度 ______________（mm）
□吐出口中心线高度 ______________（mm）
□基准面标高 ______________（mm）

续表

单　　位	离心泵数据表	项目号： 文件号：　　　　修改： 第　7　页　共　7　页

行					
1	供货范围				
2	说明：		1. 每台泵应至少包括以下所列各项。		
3			2. 卖方应提供和遵守有■标记的各项。		
4			细　　项	描述/说明	
5	□	1	泵	□API-610 8TH　　　□数据表	
6				□工程规定	
7	□	2	电机	□电机数据表	
8				□工程规定	
9	□	3	齿轮箱		
10					
11	□	4	强制润滑油系统	□润滑油系统安装在底盘内	
12				□定义了供货范围的 P&ID	
13	□	5	底盘	□焊接底盘　　　□接地耳	
14				□泵与驱动机共用　　　□非共用底盘	
15	□	6	联轴器及防护罩	□挠性　　　□钢性　　□加长段	
16				□API-671 3RD(转速>3800r/min 或额定功率>750kW)	
17	□	7	地脚螺栓及螺母、垫片		
18	□	8	对中调整螺丝	□垂直　　　□水平(驱动机功率>75kW)	
19	□	9	轴封及轴封系统	□密封系统安装在底盘内	
20				□定义了供货范围的 P&ID	
21	□	10	仪表	□参见 P&ID.　　□适用的数据表及工程规定	
22					
23	□	11	排净及放空阀	□提供法兰接口	
24	□	12	名牌		
25					
26					
27					
28					
29	补充要求/规定				
30					
31					
32					
33					
34					
35					
36					
37					
38					
39					
40					
41					
42					
43					
44					
45					
46					
47					

1.1.2.11　离心泵选择实例

例 1　某化工厂用泵将地面贮槽内75℃稀硫酸输送至高位槽中。该系统所需扬程为12m，流量要求为40m^3/h，间歇操作，现需选择泵的型号并决定其安装高度。

解　按以下步骤进行：

（1）介质、操作条件、性能数据　介质：无杂质稀硫酸，有腐蚀性，间歇操作。

密度：975kg/m^3；

	要求数据	选型数据
流量	40m^3/h	因间歇操作，不用扩大
扬程	12m	12×1.05≈12.6m

（2）确定泵型和系列　由流量Q=40m^3/h和扬程13m，参考泵的性能范围图，选择IHF型化工衬氟泵。

（3）确定具体型号　由H和Q查IHF型系列型谱图（见图1-43），查得型号为IHF100-65-200。

查表1-41得知IHF100-65-200耐腐蚀泵设计点的性能为：Q=50m^3/h，H=12.5m，轴功率为2.5kW，电机功率N查相关电机手册。n=1450r/min，η=68%，[H_s]=1.7m。从选型图上看，选择的泵参数点与设计点接近，故该泵完全合适。

（4）由于间歇操作，不考虑备用率。

（5）因介质密度小于20℃时水的密度，所以不用校核电机功率，原配电机可用。

（6）由于输送介质有腐蚀性，故将泵轴心线安在低于贮槽液面位置，不必灌泵即可启动。

例 2　某炼油厂常减压蒸馏装置初馏塔底原油被油泵抽出，经常压加热炉升温后进入常压蒸馏塔。试选择油泵。

解　（1）整理原始数据和操作条件

介质：原油；密度：800kg/m^3；黏度：ν=4mm^2/s；

含硫量：1.2%，要求材料耐硫腐蚀；

装置：① 操作条件：

输送温度225℃；　　相应的饱和蒸气压p_v=0.15MPa；

初馏塔塔底液面压力p_1=0.15MPa（A）；常压塔进料段绝对压力p_2=p_1；

吸入侧阻力损失$\sum h_f$=0.5m；　　排出侧阻力损失$\sum h_2$=200m；

初馏塔最低液面至泵中心高Z_1=7m；　泵中心至常压塔进口高度Z_2=14m；

② 性能要求：流量Q=450m^3/h（正常）；

扬程H=207.5m（略去很小的动能项）

③ 选型流量和扬程，各取正常值的1.1倍，即

Q=450×1.1=495m^3/h；H=207.5×1.1=228m

（2）确定泵型

根据介质是原油、黏度4mm^2/s（小于650mm^2/s）、不含杂质、流量大等性质，宜选用AY系列离心油泵。材料选用铬钼合金钢，耐硫酸腐蚀。

（3）选择具体型号和性能校核

由Q=495m^3/h、H=228m，从图1-23选择泵的具体型号为250AYS150×2A，是双吸两级离心油泵，叶轮切割一次。介质黏度4mm^2/s，小于20mm^2/s；密度800kg/m^3，小于998.2kg/m^2（20℃时水的密度）。因此黏度对Q、H的影响和密度对电机功率的影响不大。

对运行工作点和系统吸入性能的校核，步骤如下：

工作点校核：①在坐标图上绘出 250AYS150×2A 型泵的性能曲线；②作装置的管路系统性能曲线。

根据式(1-6)，$H_{系统}=H_{静}+KQ^2$

在泵曲线上 $Q=495\text{m}^3/\text{h}$，$H=250\text{m}$，而 $H_{静}=7\text{m}$，有

$$K=\frac{H-H_{静}}{Q^2}=\frac{250-7}{495^2}=0.000992,$$

$$H_{系统}=7+0.000992Q^2$$

由该公式代入数值，在坐标图上画出装置系统管路系统性能曲线，并与泵的性能曲线相交。交点落在高效区内，说明选的泵是合适的。

吸入性能校核：根据式(1-10)，泵输入系统提供的有效气蚀余量为：

$$(NPSH)_a=\frac{p_s-p_i}{\rho g}+H_s-h_f=(7-0.5)\text{m}=6.5\text{m}$$

根据产品样本，泵在 $Q=495\text{m}^3/\text{h}$ 时，$(NPSH)_r=4.7\text{m}$

在石油炼制设备中，为确保安全，允许气蚀余量 $(NPSH)'_r$ 要比必需气蚀余量 $(NPSH)_r$ 大 30%，有：

$$(NPSH)'_r \approx (NPSH)_r(水)-0.3\times k_{\Delta h}\phi\times 30\%$$

$$=(4.2-0.3)\times 0.64\times 1.3\times 30\%\text{m}=0.97\text{m}$$

故 $(NPSH)_a=6.5\text{m}$　$(NPSH)'_r=0.97\text{m}$。泵的吸入性能安全可靠。

(4) 决定备用率

由于该泵的地位重要，备用率取 100%。采用两台泵，一台正常操作，一台备用。

(5) 选型结果

泵名称　初馏塔底泵　　　泵型号　250AYS150×2A

操作流量　$495\text{m}^3/\text{h}$　　　扬程　228m 液柱

转速　2950r/min　　　轴功率　443kW

电机功率　560kW　　　台数　2

例 3　某离心泵输送水时的额定流量为 $2.84\text{m}^3/\text{min}$。若用此泵输送黏度为 $200\text{mm}^2/\text{s}$ 的油品，作出该泵输送油品时的性能曲线。

解　利用式(1-20)、式(1-21)、式(1-22) 计算输送油品时泵的性能，即

$$Q=K_Q Q_W,\quad H=K_H H_W,\quad \eta=K_\eta \eta_W$$

$Q_W=2.84\text{m}^3/\text{min}=170.4\text{m}^3/\text{h}$，由其性能曲线查得 $H_W=30\text{m}$、$\eta_W=0.82$，系数 K_η、K_Q、K_H 从离心泵输送黏液时泵特性换算计算图（图 1-12）查取。

在图中从流量 $170.4\text{m}^3/\text{h}$ 引直线向上，与扬程 30m 相交向右引水平线与黏度 $200\text{mm}^2/\text{s}$ 相交，再向上引垂直线分别交于 K_η、K_Q、K_H $(1.0Q_W)$，并向左引水平线查得：

$$K_\eta=0.62,\quad K_Q=0.93,\quad K_H=0.91$$

分别代入式(1-20)、式(1-21)、式(1-22)，得

$$Q=K_Q Q_W=0.93\times 170.4\text{m}^3/\text{h}=158.47\text{m}^3/\text{h}$$

$$H=K_H H_W=0.91\times 30\text{m}=27.3\text{m}$$

$$\eta=K_\eta \eta_W=0.62\times 0.82=50.8(\%)$$

将 Q_r、H_r、η_r 绘在性能曲线图上，得到的曲线即为输送油品时泵的性能曲线。

1.1.3 旋涡泵

旋涡泵是流量很小、扬程较高的叶片泵。其特点是结构简单，尺寸小，扬程曲线陡，效率低。适用于输送低黏度无固体颗粒的清洁液体。旋涡泵分为开式旋涡泵和闭式旋涡泵两种。常用的汽油泵、碱泵都是闭式旋涡泵。

1.1.3.1 旋涡泵的工作

(1) 旋涡泵工作原理

旋涡泵结构见图 1-46。旋涡泵的工作部分由具有多个径向叶片的叶轮和有环形流道的泵体组成。叶轮端面靠近泵体。流道由叶轮、泵体、泵盖之间的环形空腔组成。流道中的吸入口与排出口用隔舌分开，以防止排出液体回流到吸入口。

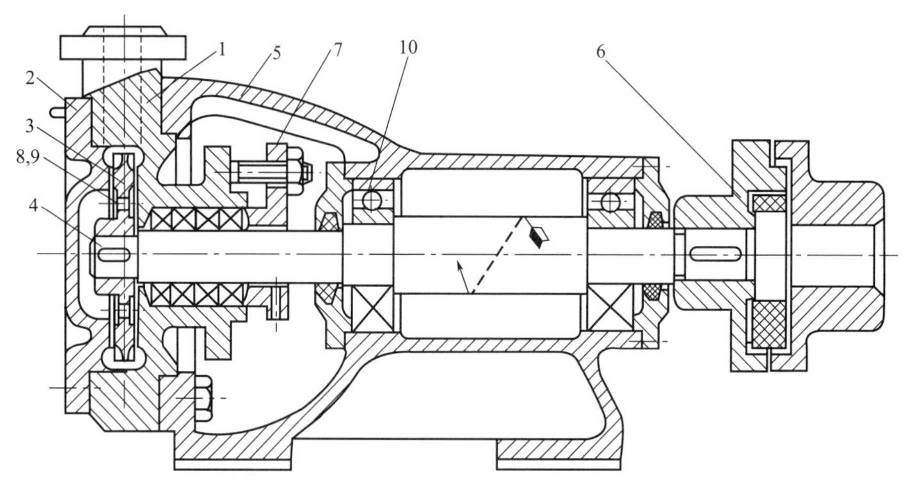

图 1-46 旋涡泵结构

1—泵体；2—泵盖；3—叶轮；4—轴；5—托架；6—联轴器；7—填料压盖；8，9—平衡孔与拆装用螺孔；10—轴承

液体进入流道和叶轮后，随着叶轮转动，叶轮内运动液体受到的离心力与流道中运动液体受到的离心力之差形成纵向旋涡，使得流道内的液体从吸入至排出过程中，多次返回叶轮获得能量。而从叶轮流至流道时，又与流道中运动的液体相混合产生动量交换，使流道中液体的能量不断得到增加。

在小流量工况下，纵向旋涡的作用增强，泵扬程提高；流量增大，情况相反，因此旋涡泵的特性曲线呈陡降形。液体混合时产生较大撞击损失，使得旋涡泵的效率较低。

(2) 旋涡泵的特点

① 在同样叶轮尺寸和转速下，旋涡泵的扬程要高于离心泵 2～4 倍。旋涡泵的尺寸小，结构简单。在比转速 n_s=10～40 范围内，采用旋涡泵比较合适。

② 扬程和功率曲线下降较陡，需在出口阀开启的情况下启动。外部压力波动对泵的流量影响小。旋涡泵可以在排出管路和吸入管路之间接一旁路形成回流来调节流量，用此方法调节较经济。

③ 开式旋涡泵能自吸，有些旋涡泵还可以输送气液混合物。在石油化工厂中，旋涡泵用来输送汽油等易挥发产品。旋涡泵吸入性能不如离心泵，若与离心泵配合使用可提高扬程并改善吸入能力。由于液体在流道内产生较大冲击损失，所以旋涡泵的效率较低，一般不超过45%，通常为 36%～38%。旋涡泵只适用于小功率的泵（40kW 以下）。闭式旋涡泵的气蚀性能较差，在叶轮前加一级离心叶轮（离心旋涡泵）可以得到改善。

④ 旋涡泵的主要零部件结构简单，加工制造容易。用于输送腐蚀性介质的旋涡泵叶轮、泵体等可用耐腐蚀材料制造。有的旋涡泵零件可用塑料、尼龙模压出来。

(3) 旋涡泵的使用

对旋涡泵的使用要求：①旋涡泵不适用于输送高黏度液体。一般黏度应不大于 111mm^2/s (15°E)；②输送的液体应洁净、不含杂质。旋涡泵叶轮端面与泵盖及泵体之间的轴向间隙一般只有 0.1～0.15mm，闭式旋涡泵的叶轮外圆与隔舌之间的径向间隙为 0.15～0.30mm。通常，旋涡泵的叶轮可在轴上滑动，使两侧轴向间隙大致相等，以减小轴功率。

旋涡泵常用来作为输送酒精、汽油、碱液等料液的高压小流量化工用泵。

1.1.3.2 旋涡泵结构型式

旋涡泵分为开式泵和闭式泵。开式旋涡泵的叶轮为开式叶轮，叶片较长，叶片内径小于流道内径。液体从吸入口处进入叶轮，然后再流进流道。闭式旋涡泵的叶轮为闭式叶轮，叶片较短，分布在叶轮的外周上，叶片内径等于流道内径。液体从吸入口处进入流道，再从叶轮外周处流入叶轮。

旋涡泵的流道形状有开式流道、闭式流道和半开式流道三种。开式流道与泵的吸入、排出口直接相通，与闭式叶轮配合使用，结构简单、效率较高，但抗气蚀性能较差。闭式流道与泵的吸入、排出口不直接相通，与开式叶轮配合使用，抗气蚀性能较好，可自吸，但效率较低。半开式流道介于开式与闭式之间，流道末端做成向心式。半开式流道配合开式叶轮使用与开式叶轮配合闭式流道的旋涡泵相同。

开式泵的特点是气蚀性能比闭式泵好，能够自吸，可输送液气混合物，效率为 20%～40%。闭式泵的特点是扬程曲线陡降很快，在相同叶轮圆周速度下扬程为开式泵的 1.5～3 倍，装上简单的附件后也能自吸，但不能液气混合输送，效率为 30%～45%。

开式旋涡泵的自吸原理与液环真空泵相似。为使闭式旋涡泵也能自吸，可在泵出口处附加气液分离器或采用具有突然扩大的排出管等方法，但前者效果较好。

1.1.3.3 旋涡泵参数选择

(1) 常用参数

旋涡泵的常用参数主要有流量 Q、扬程 H，其次是气蚀性能的要求或进口压力、工作温度、介质密度、介质黏度等。

(2) 转速的确定

转速高，效率也高，体积小、质量轻，因此应尽量选择较高的转速。但对于旋涡自吸泵，转速高，气液分离困难，自吸性能会受到影响。小流量旋涡泵及离心式旋涡泵的转速可取 2900r/min，开式旋涡泵的转速宜取 1450r/min。

(3) 比转速

$$n_s=\frac{3.65n\sqrt{Q}}{H^{\frac{3}{4}}} \tag{1-27}$$

对于多级旋涡泵

$$n_s=\frac{3.65n\sqrt{Q}}{\left(\frac{H}{i}\right)^{\frac{3}{4}}} \tag{1-28}$$

式中 Q——流量，m^3/s；

H——扬程，m；

n——转速，r/min；

i——级数。

按单级计算，一般旋涡泵比转速 $n_s=6\sim40$。开式多级旋涡泵的级数最多至 6 级为宜，闭式旋涡泵至 2 级。

1.1.3.4　旋涡泵结构选择

（1）旋涡泵结构型式选择特点

根据气蚀性能要求、是否自吸或液气混输、是单级还是多级等因素，决定叶轮及流道的形式以及泵的结构型式。为了进行强度计算和选配动力，需要估算最大扬程 H_{max} 和最大功率 N_{max}，在使用范围内的最大扬程和最大功率即是最小流量点的扬程和功率，其值为：

$$H_{max}=(1.4\sim1.7)H \tag{1-29}$$

$$N_{max}=(1.2\sim1.6)N \tag{1-30}$$

其中系数的数值，在 n_s 大时取小值；对于开式叶轮，系数可取得更小些。

（2）旋涡泵结构型式选择

① IEW 型小流量、高扬程耐腐蚀旋涡泵　IEW 型小流量、高扬程耐腐蚀旋涡泵是单级或多级悬臂式旋涡泵。其过流部件为高级不锈钢或聚四氟乙烯材料，耐腐蚀性能优良，轴封采用机械密封。叶轮有相当多的叶片，液体反复多次通过叶轮获得能量，因此这种旋涡泵的扬程很高，特别适宜小流量、高扬程场合。应用于化工、石油化工、炼油、化纤、化肥、农药、制药等部门抽送不含固体颗粒的腐蚀性液体。输送温度 $-50\sim200$℃。

型号意义示例：

50IEW-45×2

50——泵入口直径，mm；IEW——耐腐蚀旋涡泵；45——泵单级扬程，m；2——泵的级数，单级不注。

IEW 型小流量、高扬程耐腐蚀旋涡泵性能参数见表 1-52。

表 1-52　IEW 型小流量高扬程耐腐蚀旋涡泵性能参数

型号	流量 /(m^3/h)	扬程 /m	转速 /(r/min)	轴功率 /kW	配用功率 /kW	效率 /%	气蚀余量 /m
20IEW-20	0.36 0.72 0.90	28 20 15	2900	0.196 0.178 0.175	0.75	14 22 21	3 3.5 4
25IEW-25	0.792 1.44 1.80	40 25 18	2900	0.507 0.378 0.353	1.5	17 26 25	3.5 4 4.5
32IEW-30	1.73 2.88 3.60	52 30 20	2900	1.066 0.735 0.632	1.5	23 32 31	3.5 4 4.5
40IEW-40	3.6 5.4 6.48	60 40 26	2900	2.36 1.73 1.35	4	25 34 34	4 5 6
50IEW-45	6.12 9 10.8	66 45 28	2900	4.23 3.06 2.35	5.5	26 36 35	5 6 7
65IEW-50	10.1 14.4 16.9	81 50 30	2900	7.97 5.03 3.74	11	29 39 37	5.5 6.5 7.5

续表

型号	流量 /(m^3/h)	扬程 /m	转速 /(r/min)	轴功率 /kW	配用功率 /kW	效率 /%	气蚀余量 /m
20IEW-65	0.36 0.72 0.9	80 65 50	2900	1.12 0.85 0.816	2.2	7 15 15	3.5 4 4.5
25IEW-70	0.792 1.44 1.8	110 70 52	2900	1.826 1.25 1.11	3	13 22 23	4 4.5 5
32IEW-75	1.73 2.88 3.6	115 75 53	2900	2.36 1.96 1.73	4	23 30 30	4.5 5 5.5
40IEW-90	3.6 5.4 6.48	132 90 63	2900	5.63 4.01 3.37	7.5	23 33 33	5.5 6.5 7.5
25IEW-120	2.5	120	2900	2.64	3.0	31	61

注：1. 如果介质相对密度大于1，则电机功率应相应放大。

2. 表中性能为单级泵参数，多级泵的流量和效率与表中值相同，扬程和轴功率则为表中值乘以级数。

② MTA系列磁力驱动旋涡泵　MTA系列磁力驱动旋涡泵是小流量高扬程应用最理想的选择。用于非润滑性流体和高压差且气蚀余量很低的场合，可输送危险或有放射性的液体、溶剂、酸、碱、冷冻剂、易燃易爆介质以及导热油，还可输送含20%气体的液体，广泛应用于石油化工、化工、造纸、医药等行业。

MTA系列磁力驱动旋涡泵主要性能参数：扬程约180m，通过变频增速最高可达500m；系统压力为2.5MPa，最大可达25MPa；介质相对密度可达2；温度范围－100～315℃。

MTA系列磁力驱动旋涡泵性能曲线见图1-47。

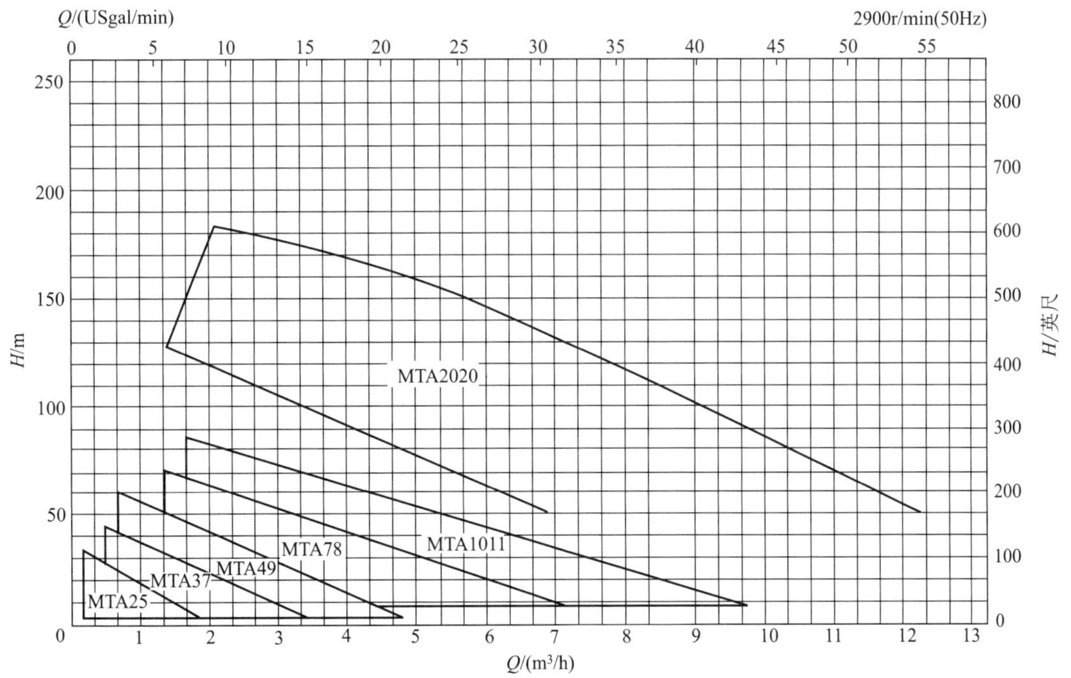

图1-47　MTA磁力驱动旋涡泵选择性能曲线

1.1.4 混流泵

1.1.4.1 混流泵原理

混流泵的结构与离心泵、轴流泵相似，但叶轮结构有所不同。液体斜向流出叶轮，液体的流动方向相对于叶轮有径向速度和轴向速度，其特性也介于离心泵与轴流泵之间。

1.1.4.2 PP 系列化工混流泵

PP 系列化工混流泵可输送大流量、低扬程、含有一定颗粒的中性或有腐蚀性的液体。广泛应用于化工流程中强制循环，煤气工程、水处理系统等。泵在整个性能范围内能耗均匀，过流面积大，不易堵塞。PP 系列化工混流泵性能范围：流量可达 7000m^3/h，扬程可达 25m，工作压力可达 0.6MPa，工作温度为－20～120℃。PP 系列化工混流泵结构见图 1-48。

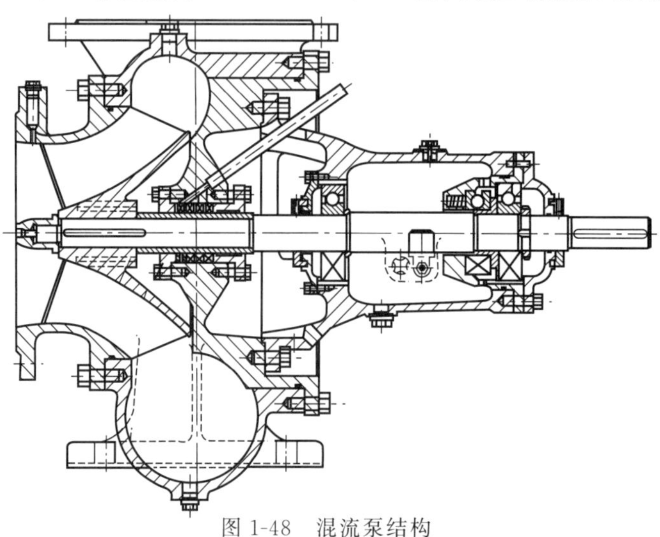

图 1-48　混流泵结构

① PP 系列化工混流泵选型见图 1-49。

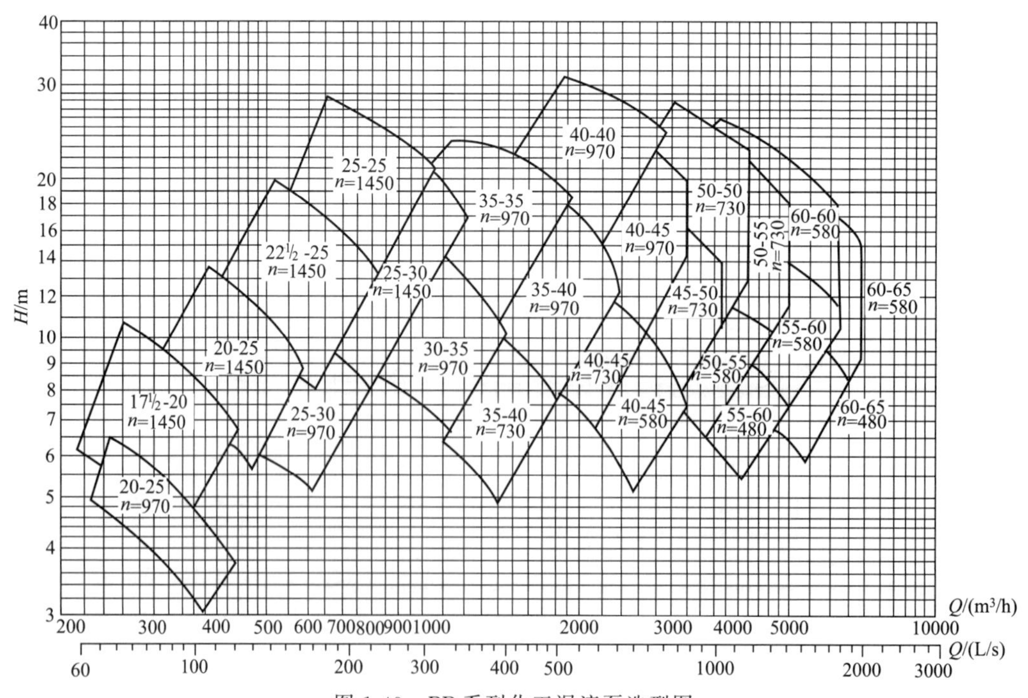

图 1-49　PP 系列化工混流泵选型图

② PP 系列化工混流泵性能参数见表 1-53。

表 1-53 PP 系列化工混流泵性能参数

泵型号转速/(r/min)	叶轮代号	叶轮外径/mm	流量 Q/(m^3/h)	扬程 H/m	气蚀余量 $NPSH$/m	效率/%	相对密度					
							1		1.35		1.84	
							电机型号及功率/kW					
PP17½-20 n=1450	A	236	360	8.5	3.2	80	15	160L	18.5	180M	22	180L
	B	222	340	7.5	3		11	160M	15	160L	18.5	180M
	C	210	320	6.3	3		11	160M	11	160M	15	160L
	D	198.5	300	5.0	4.5		7.5	132M	11	160M	11	160M
PP20-25 n=1450	A	270	530	11.2	4	82	22	180L	30	200L		
	B	254	500	10	3.9		22	180L	30	200L		
	C	240	460	8.5	3.8		18.5	180M	22	180L	30	200L
	D	226.5	430	7	5.5		15	160L	18.5	180M	22	180L
PP20-25 n=970	A	270	350	5	4	82	7.5	160M	11	160L	15	180L
	B	254	330	4.5	3.8		7.5	160M	11	160L	11	160L
	C	240	300	3.9	3.6		5.5	132M2	7.5	160M	11	160L
PP22½-25 n=1450	A	304	700	15.8	5	82	45	225M	55	250M	75	280S
	B	285	650	14	5		37	225S	55	250M	75	280S
	C	270	625	11.5	5		30	200L	45	225M	55	250M
	D	255	575	9.5	5		22	180L	30	200L	45	225M
PP25-25 n=1450	A	338	900	24	6	83	90	280M	110	315S		
	B	317	850	21	5.9		75	280S	90	280M		
	C	300	780	18	6		55	250M	75	280S	110	315S
	D	283.5	725	14	6.1		45	225M	75	280S	75	280S
PP25-30 n=1450	A	338	1100	19.5	6.4	83	90	280M	110	315S		
	B	317	1040	17	6		75	280S	90	280M		
	C	300	950	14.8	5.8		55	250M	75	280S	110	315S
	D	283.5	880	12	9		45	225M	5S	250M	75	280S
PP25-30 n=970	A	338	750	8.5	4.7	82	30	225M	37	250M	45	280S
	B	317	700	7.6	4		22	200L2	30	225M	37	250M
	C	300	650	6.5	3.8		18.5	200L1	22	200L2	30	225M
	D	283.5	600	5.3	7.2		15	180L	18.5	200L1	30	225M
PP30-35 n=970	A	405	1300	12.2	4.4	82	75	315S	75	315S	110	315M2
	B	380	1200	11	4		55	280M	75	315S	90	315M1
	C	360	1150	9	4		45	280S	55	280M	75	315S
	D	340	1050	7.2	6		30	225M	45	280S	55	280M
PP35-35 n=970	A	472	1600	21	5.2	82	132	315M3	160	355S2		
	B	444	1500	17	5.3		90	315M1	132	315M3		
	C	420	1450	13.5	5.5		75	315S	110	315M2	132	315M3
	D	396.5	1300	11	7.8		55	280M	75	315S	110	315M2
PP35-40 n=970	A	472	2000	17	6	84	132	315M3	160	355S2		
	B	444	1900	15	5.5		110	315M2	160	355S2		
	C	420	1800	12.2	5.2		90	315M1	110	315M2	160	355S2
	D	396.5	1700	10	8		75	315S	90	315M1	110	315M2
PP35-40 n=730	A	472	1500	9.6	4	84	55	315S	75	315M1	110	315M3
	B	444	1450	8.1	3.9		45	280M	75	315M1	90	315M2
	C	420	1350	7	3.6		37	280S	55	315S	75	315M1
	D	396.5	1250	5.7	5.8		30	250M	37	280S	55	315S

续表

泵型号转速 /(r/min)	叶轮代号	叶轮外径 /mm	流量 Q /(m³/h)	扬程 H/m	气蚀余量 NPSH /m	效率 /%	相对密度 1 电机型号及功率/kW		相对密度 1.35 电机型号及功率/kW		相对密度 1.84 电机型号及功率/kW	
	A	540	2400	28	7		250	355L				
PP40-40	B	507	2300	22	7		185	355S3	250	355L		
n=970	C	480	2100	18	7	84	132	315M3	185	355S3	250	355L
	D	453	2000	14.5	9.8		110	315M2	160	355S2	185	355S3
	A	540	3200	20.6	8		250	355L				
PP40-45	B	507	3000	18.5	7.5		200	355S4				
n=970	C	480	2800	16	7.1	83	160	355S2	220	355M		
	D	453	2500	13.5	7		132	315M3	185	355S3	250	355L
	A	540	2400	11.6	6		110	315M3	132	355S2	185	355M
PP40-45	B	507	2200	10.9	5.4		90	315M2	132	355S2	160	355S4
n=730	C	480	2000	9.5	5	83	75	315M1	110	315M3	132	355S2
	D	453	1800	8	8		55	315S	75	315M1	110	315M3
	A	608	3300	15.8	5.2		185	355M				
PP45-50	B	570	3100	13.8	5		160	355S4				
n=730	C	540	2900	12	5	85	132	355S2	160	355S4		
	D	510	2600	10.2	7.3		110	315M3	132	355S2	185	355M
	A	608	2600	10	3.4		90	355S2	132	355M		
PP45-50	B	570	2500	8.6	3.1		75	315M3	110	355S4	160	355L
n=580	C	540	2300	7.8	3	83	75	315M3	90	355S2	132	355M
	D	510	2200	6	5.8		55	315M2	75	315M3	90	355S2
	A	675	3700	24	5							
PP50-50	B	634	3400	20	5	82						
n=730	C	600	3200	16	5		185	355M				
	D	567	3000	12.8	8		132	355S2	185	355M		
	A	675	4500	20	5.5							
PP50-55	B	634	4300	17.5	5.1							
n=730	C	600	4000	15	5	85						
	D	567	3800	12.3	7.6		185	355M				
	A	675	3600	12.6	3.8		160	355L				
PP50-55	B	634	3400	11	3.4		132	355M				
n=580	C	600	3200	9.4	3.1	85	110	355S4	160	355L		
	D	567	3000	8	5.8		90	355S2	132	355M	160	355L
	A	742	4800	15	5.2							
PP55-60	B	696	4400	13.5	5	85						
n=580	C	660	4100	11.5	4.9		132	355M				
	D	623	3900	9.5	7.2		132	355M				
	A	742	3900	10.5	3.5							
PP55-60	B	696	3700	9.1	3.2	85						
n=480	C	660	3400	8	2.9							
	D	623	3200	6.5	2.7							
	A	810	5200	21.5	5.6							
PP60-60	B	760	5000	17	5.6	86						
n=580	C	720	4500	14	5.6							
	D	680	4300	11	7.8							
	A	810	6200	17	6.2							
PP60-65	B	760	5800	15	6	86						
n=580	C	720	5400	13	5.8							
	D	680	5100	10.5	8							

续表

泵型号转速 /(r/min)	叶轮代号	叶轮外径 /mm	流量 Q /(m^3/h)	扬程 H/m	气蚀余量 $NPSH$ /m	效率 /%	相对密度					
							1		1.35		1.84	
							电机型号及功率/kW					
PP60-65 n=480	A	810	5200	11.5	4.3	85						
	B	760	4900	10	3.8							
	C	720	4700	8.5	3.7							
	D	680	4400	7	7							

1.1.5 轴流泵

1.1.5.1 轴流泵的特点及主要结构

（1）特点

轴流泵属于一种高比转速的叶片式泵。其特点是大流量、低扬程。比转速范围一般为500～1200。常用的小型轴流泵的流量为 $Q=18\sim48\text{m}^3/\text{min}$，而大型轴流泵的流量为 $Q=480\sim1800\text{m}^3/\text{min}$，甚至可达 $Q=3000\sim3600\text{m}^3/\text{min}$。轴流泵的扬程一般小于25m，通常使用扬程为4～12m。

轴流泵按照轴的安装位置可分为立式、卧式和斜式三种。我国大多数轴流泵采用立式结构，大型轴流泵也都是立式结构。斜式结构多用于尺寸较小的轴流泵。

轴流泵按照叶片角度是否可调分为固定叶片式轴流泵、半调节叶片式轴流泵和全调节叶片式轴流泵三种。

（2）轴流泵的主要结构

图1-50为轴流泵的工作原理，其过流部分由吸入室、叶轮、导叶、泵体和出水弯管组成。轴流泵的总体结构由泵体部分、转动部分、传动装置部分和水力流道部分组成。

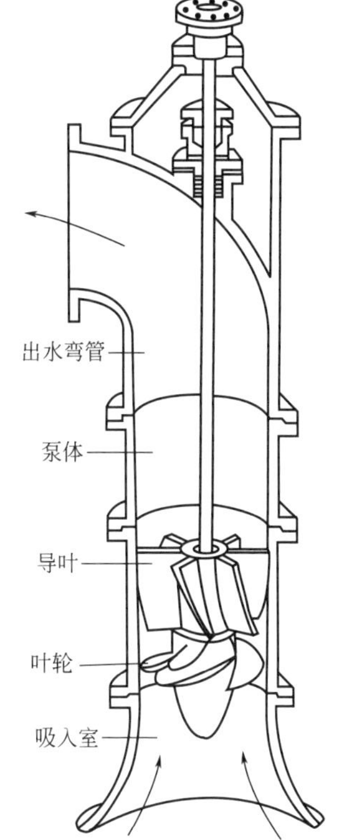

图1-50 轴流泵工作原理

1.1.5.2 轴流泵主要参数的确定

轴流泵的基本理论与离心泵的大致相同，但在计算方法上有其本身的特点。

轴流泵叶轮结构参数选取是否合理，对轴流泵的能量性能和气蚀特性有很大影响。下面是轴流泵常用的叶轮参数确定方法。

（1）叶轮外径

叶轮外径 D 一般是根据轴面速度来确定的，如果轴面速度选择不合适，往往会影响计算出的叶片安放角，给选择翼型带来困难。叶轮进口前的轴面速度 v_m 为

$$v_m=(0.06\sim0.08)\sqrt[3]{\frac{n^2Q}{60}}\quad(\text{m/s})\tag{1-31}$$

式中 n——泵的转速，r/min；

Q——泵的流量，m^3/min。

叶轮外径 D 为

$$D=\frac{84.6}{n}K_{u2}\sqrt{H}\quad(\text{m})\tag{1-32}$$

式中　K_{u2}——速度系数，$K_{u2}=\frac{n_s}{584}+0.8$；

n_s——比转速；

H——扬程，m。

（2）叶片数

叶轮叶片数 z 按表 1-54 通过比转速 n_s 来选取。

表 1-54　叶轮叶片数的选择

n_s	500～600	600～1000	1000～1400
z	6～5	4～3	3～2

1.1.5.3　轴流泵的特性曲线和调节方法

（1）轴流泵的特性曲线

轴流泵的特性曲线主要由扬程-流量曲线、功率-流量曲线和效率-流量曲线组成。

轴流泵的特性曲线是在一定转速下通过试验做出的。如图 1-51 所示，扬程曲线与功率曲线有类似的形状，而效率曲线上的高效率区与离心泵相比则较狭窄。

在扬程曲线上，当流量由最佳工况点 A 开始减小时，其扬程逐渐增大，若流量减小到 Q_1 时，则扬程增大到转折点 B；若流量继续减小则扬程也减小，直至第二个转折点 C，自 C 点开始随流量的减小而扬程则迅速增加。流量 $Q=0$ 时，扬程可达最佳工况扬程的二倍左右，此时扬程最高，功率最大。

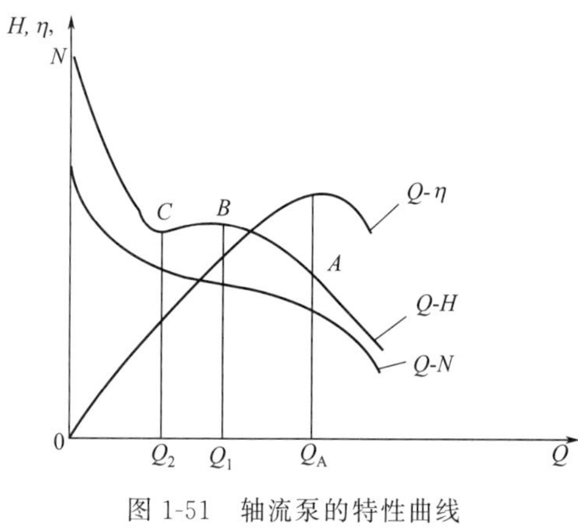

图 1-51　轴流泵的特性曲线

根据轴流泵特性曲线的特点，关闭阀门启动时，往往使轴流泵难以启动并有烧坏电机的危险。所以在启动轴流泵时，出水管路阀门必须全开，以减小启动功率。

固定叶片轴流泵只有上述一组曲线。对于可调节叶片轴流泵，转动叶片较多就可以使扬程-流量曲线、功率-流量曲线和效率-流量曲线的位置移动，工作参数随叶片安放角而变化，但最高效率几乎没有变化。可将不同叶片安放角的特性曲线在同一张图上绘成综合特性曲线，如图 1-52所示。这样轴流泵高效区比较宽，有利于运行调节。

（2）轴流泵的调节方法

轴流泵在运行时，由于外界条件（如进、出水位）的变化，将引起运行工况点的变更。为了使轴流泵能够经常在高效率区域内运行，就需要对运行工况进行调节。

根据轴流泵的工作特点，一般采用的调节方法如下。

① 改变叶片安放角　由于结构上和调节方式上的不同，可分为半调节叶片轴流泵和全调节叶片轴流泵。

半调节叶片轴流泵可以按泵的特性曲线调节叶片安放角，但需要停机、拆卸叶轮后才能进行调节。

全调节叶片轴流泵可以根据需要的扬程和流量，通过机械或液压调节机构，改变叶片安放角。它可以在不停机或只停机而不拆卸叶轮的情况下来进行调节。这种轴流泵的叶片角度可以

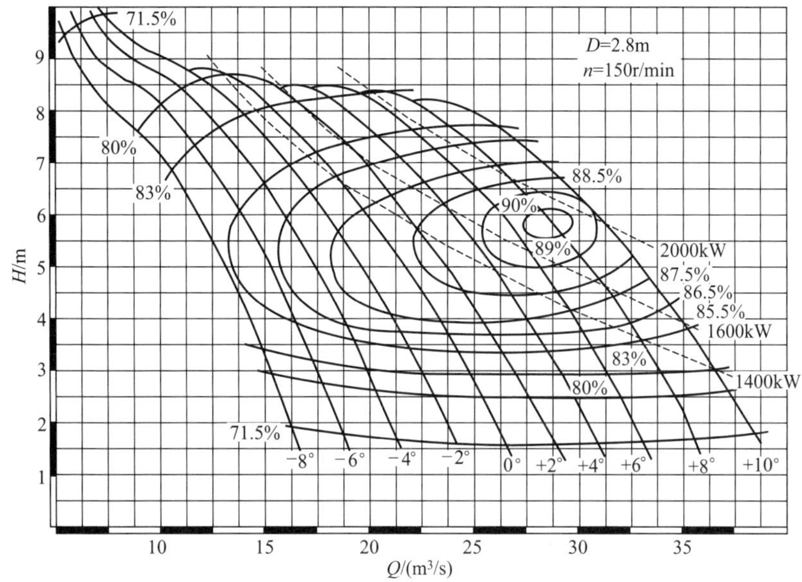

图 1-52　轴流泵综合特性曲线

在一定范围内任意调节，所以它的高效率区较宽。一般大中型轴流泵采用这种调节方式。

② 改变轴流泵的转速　改变轴流泵的转速可以改变其特性曲线的位置，以达到调节运行工况的目的。实践证明，当转速改变时轴流泵的最高效率仍然比较接近，所以也扩大了轴流泵的高效率运行区。但是，在实际中转速的变更往往受条件所限，一般情况下都采用改变叶片角度的方式来调节泵的运行工况点。

1.1.5.4　化工轴流泵的结构选择

(1) HZW 系列化工轴流泵

HZW 系列化工轴流泵为悬臂式结构，主要应用于大流量、低扬程的场合。特别适用于制盐、制碱的强制循环系统，可输送 0～180℃的各种强腐蚀性介质。

HZW 系列化工轴流泵性能参数见表 1-55。

表 1-55　HZW 系列化工轴流泵性能参数

泵规格	流量/(m^3/h)	扬程/m	转速/(r/min)	泵规格	流量/(m^3/h)	扬程/m	转速/(r/min)
HZW300	460～900	2.75～3.5	1450	HZW600	3000～4000	2.4～4.8	650
HZW350	760～1500	4.8～5.5	1450	HZW700	4000～6500	3～5	750
HZW450	1300～2000	4.0～5.5	850	HZW800	6000～9000	3～5	750
HZW500	2000～3000	3.2～5.2	800	HZW900	9000～11000	3～4.5	580

(2) ECP 型轴流式蒸发循环泵

ECP 型轴流式蒸发循环泵广泛用于化工、制盐等行业的蒸发、结晶、化学反应等工艺过程。ECP 型轴流式蒸发循环泵性能范围：口径 350～900mm，流量 800～10000m^3/h，扬程 2～8m，工作压力≤0.6MPa，工作温度≤250℃。

① ECP 型轴流式蒸发循环泵型号意义如下：

ECP600-HDN

ECP——蒸发循环泵；600——泵体进出口公称直径，mm；H——安装方式：H，卧式无弹簧；T，卧式有弹簧；S，悬挂式；D——传动方式：D，直联；V，皮带传动；G，减速器；N——轴封形式：M，机械密封；P 填料密封。

② ECP 型轴流式蒸发循环泵性能参数见表 1-56。

表 1-56　ECP 型轴流式蒸发循环泵性能参数

泵型号	流量/(m^3/h)	扬程/m	转速/(r/min)	电机功率/kW	泵型号	流量/(m^3/h)	扬程/m	转速/(r/min)	电机功率/kW
ECP350	800～1300	6	980	45	ECP700	3000～5700	2.5～5	470～650	55～185
ECP400	1200～1800	2.4～5.8	740～1200	22～45	ECP800	4800～7600	2.5～5	470～580	75～220
ECP500	1500～2400	2.4～6.2	680～980	37～90	ECP900	6600～9000	2.5～5	370～490	75～250
ECP600	2000～3300	2.4～6	580～980	45～132					

(3) HZ 型化工轴流泵

HZ 型化工轴流泵为卧式单级悬臂式轴流泵，可输送腐蚀性化学药液或化工料浆。输送温度范围为－80～150℃，工作压力可达 0.4MPa，介质固含量（质量比）可达 30%。

① HZ 型化工轴流泵型号意义如下：

HZ-30

HZ——化工轴流泵；30——泵进出口直径，cm。

② HZ 型化工轴流泵性能参数见表 1-57。

表 1-57　HZ 型化工轴流泵性能参数

泵规格	转速/(r/min)	流量/(m^3/h)	扬程/m	电机型号	电机功率/kW	液体相对密度
HZ-20	2950	500	6	Y180M-2	22	1
	1450	200	2.2	Y132S-4	5.5	1
HZ-30	1450	800	8	Y225M-4	45	1
	950	400	4.2	Y160M-6	7.5	1
HZ-35	1450	1200	8	Y250M-4	55	1
	950	780	3.4	Y160L-6	11	1
HZ-35A	950	750	4.3	Y225M-6	37	1.6
HZ-40	1450	1600	8	Y315S-4	110	1
	950	1000	4	Y180L-6	15	1
HZ-45	1450	2600	8	Y315M1-4	132	1
	950	1700	3.4	Y200L2-6	22	1
HZ-45A	950	1400	4.3	Y315S-6	75	1.6
HZ-50	1450	4500	8	Y315M2-4	160	1
	950	2000	4.2	Y225M-6	30	1

(4) FJX 系列大型蒸发循环泵

FJX 系列大型蒸发循环泵多用于化工厂烧碱及纯碱生产过程中的蒸发、制糖工业的蒸发和无机盐制造等，可输送带少量固体颗粒的酸性、碱性或中性液体的强制循环。

① FJX 系列大型蒸发循环泵型号意义如下：

FJX-550

F——耐腐蚀；JX——强制循环泵；550——叶轮直径，mm。

② FJX 系列大型蒸发循环泵性能参数见表 1-58。

表 1-58　FJX 系列大型蒸发循环泵性能参数

泵规格	流量/(m^3/h)	扬程/m	功率/kW		效率/%	转速/(r/min)
			轴功率	电机功率		
FJX-350	1350	4	29.6	37	65	980
FJX-450	2200	4	46.8	55	68	980
FJX-550	4000	4	62.8	110	70	750

1.1.6　部分流泵

1.1.6.1　部分流泵的基本原理和特点

（1）部分流泵的基本原理

部分流泵也称作高速离心泵或切线增压泵。它的基本原理与离心泵相同，但却是一种叶片出口安放角 $\beta_{e2}=90°$ 的辐射状直叶片全开式叶片泵，其结构示意见图 1-53。部分流泵的性能范围为：比转速 15～50，扬程 11～1800m，流量 0.5～90m^3/h，功率 7.5～440kW，转速 2960～31800r/min。部分流泵输送液体的温度为－110～250℃，而且可以抽送含有悬浮颗粒的液体。

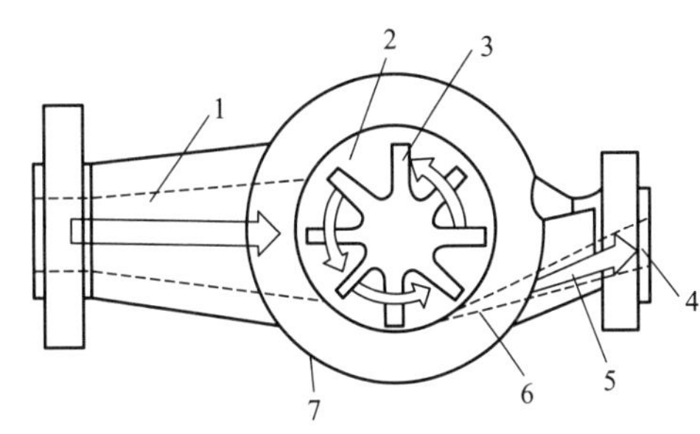

图 1-53　部分流泵结构示意

1—吸入口；2—环形空间；3—叶轮；4—压出口；5—扩散锥管；6—喷嘴；7—泵体

当工艺要求流量较小且比转数 n_s＜40 时，采用部分流泵。

（2）部分流泵的特点

部分流泵具有以下特点。

① 在低比转速下，部分流泵效率高。

② H-Q 曲线几乎为一直线。在其他条件不变时，可以通过改变扩散锥管喉部面积 A_t 来改变流量 Q，保证泵在最佳工况点附近运转。还可以调节转速改变扬程。通过不同组合可使部分流泵的性能范围扩展，扩大其应用区域。

③ 叶轮强度高，适合采用诱导轮可以使转速大大很高（通常在 10000r/min 以上）。泵的体积小，质量轻。

④ 除扩散锥管外，部分流泵的其他零件极易加工制造。对扬程和转速要求不高的部分流泵，一般小企业就可以生产。

⑤ 叶轮密封简单，与压出室侧壁之间仅有的间隙 δ 大到 3mm，也不影响泵的性能，适宜输送含有悬浮颗粒及高黏度的液体。

⑥ 影响泵主要性能的因素少，便于标准化、系列化和通用化。

1.1.6.2　部分流泵的选择计算

部分流泵的选择计算是确定主要的性能参数和结构参数。

（1）扬程及叶轮外径的确定

扬程 H 主要取决于叶轮外径圆周速度 u_2，可用下式计算：

$$H=\frac{\psi u_2^2}{g} \tag{1-33}$$

式中　ψ——扬程系数，取 0.6～0.7。

叶轮外径 D_2 为

$$D_2=\frac{59.82}{n}\sqrt{\frac{H}{\psi}} \tag{1-34}$$

式中　n——泵的转速，r/min。

叶片一般为6～8片；泵壳的内径 D_3 与叶轮外径 D_2 之比取 $D_3/D_2=1.1\sim1.2$。

(2) 流量的确定

在转速 n 和叶轮外径 D_2 为常数的条件下，流量取决于扩散锥管喉部面积 A_t。图1-54所示为转速 $n=2960$r/min时，叶轮外径 D_2 不变，由最小喉部面积 A_{tmin} 和最大喉部面积 A_{tmax} 组成的性能曲线组以及不同 D_2 时组成的性能曲线组。

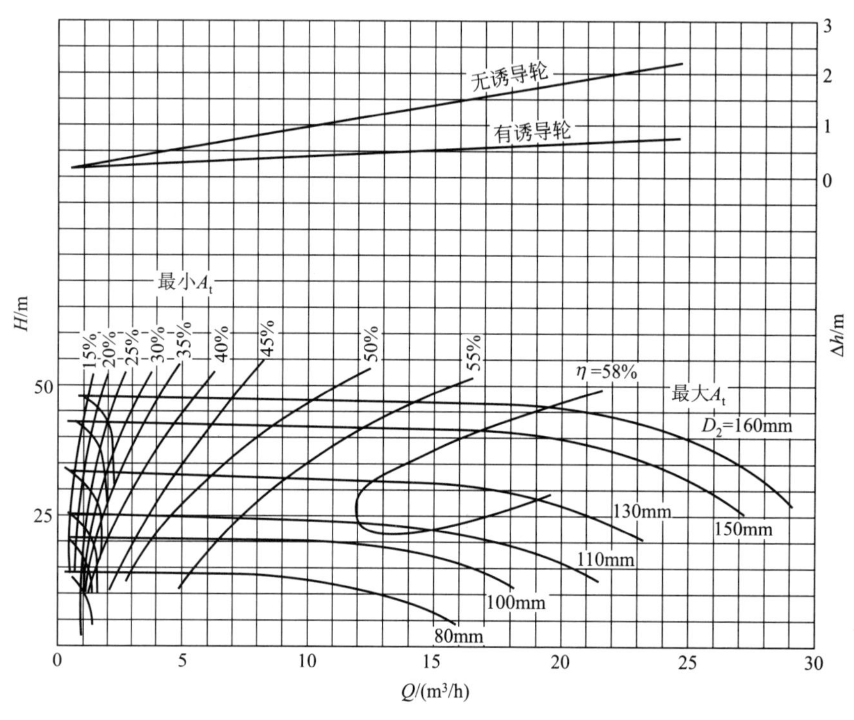

图1-54　n、D_2 及 A_t 对泵特性的关系

相对某一喉部面积 A_t，最高效率点均在最大流量（即扬程开始下降的流量）附近。

扩散锥管喉部流速 v_t 为主要设计参数，取

$$v_t=(0.7\sim0.75)u_2 \tag{1-35}$$

扩散锥管的扩散角一般取8°～10°。

在靠近扩散锥管出口处设置孔板可以调节至小流量。

(3) 效率的确定

确定效率时可参考由叶轮外径 D_2 和各种扩散锥管喉部直径所组合的效率曲线（见图1-55）。

(4) 齿轮及转速的选择

① 齿轮的最大圆周速度不大于80m/s。

② 齿轮的最小齿数以轴的强度来定。

③ 齿轮模数的选择：功率不超过7.5kW时，选齿轮模数 $m=0.8$mm；功率为10～160kW时，选 $m=1.25$mm；功率为160～440kW时，选 $m=2$mm。

④ 齿面硬度HRC=62～65。

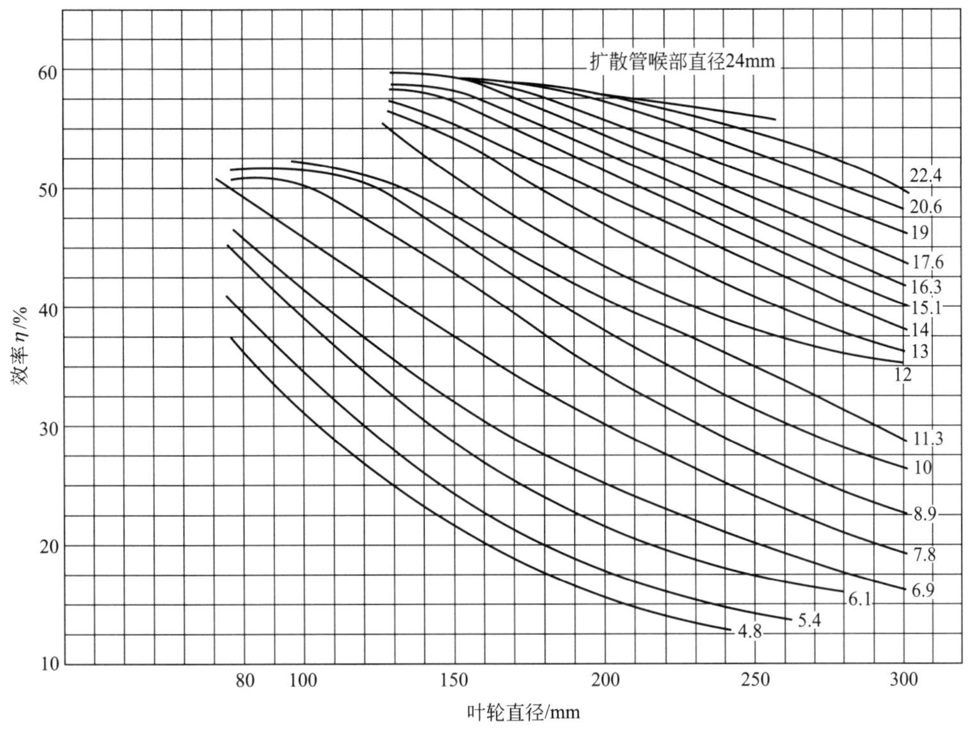

图 1-55　由 D_2 与 A_t 确定效率

⑤ 在一台泵内可采用多个等级的高转速，例如功率为 10～160kW 时，一级齿轮增速为 4800～12400r/min，共分 8 个等级，二级齿轮增速为 7850～22700r/min，共分 14 个等级。

⑥ 确定转速时，泵的气蚀余量参考表 1-59 的 n_s 值选取；对带诱导轮的部分流泵，n_s 值范围为 2000～3000，少数情况下可达 3500。

表 1-59　气蚀比转数 n_s 与流量 Q 的关系

流量 $Q/(m^3/h)$	5	10	30	50	70
气蚀比转速 n_s	1180～1280	1150～1250	980～1050	820～890	730～790

1.1.7　螺旋离心泵

1.1.7.1　螺旋离心泵结构

螺旋离心泵的核心部件是螺旋离心叶轮，它由叶轮主体与前端连接的螺旋导叶两部分组成（见图 1-56）。螺旋导叶提供轴向推力，在导叶尾端形成一个偏转分力，使入口处的水流沿着叶轮的切向方向而不是与叶轮成直角或某一角度进入泵体。既能降低叶轮对进水水流的剪切作用，减少水力损失，又降低了泵的净吸压头，提高了抗气蚀能力。

螺旋离心泵叶轮旋转时形成的开阔通道可以允许较大直径的固体颗粒通过，螺旋导叶的轴向推力使水流平稳向前运动至离心叶轮主体，再由离心叶轮主体为水提供能量并排出。此泵融合了螺旋泵与离心泵的优点，输送的料液在泵内的全过程平稳流畅，流向逐渐改变，因此输送效率高，其 Q-H 曲线相对于其他叶轮形式的泵更接近清水环境下的测定值。特别适宜输送含有大颗粒、长纤维物质的液体及含气量高、含固率高、高黏度、含易破损物质的特殊流体，如石油化学工业中输送含结晶物液体、含油废水（不发生乳浊）、不改变介质性质的料液等，造纸行业中输送含长纤维纸浆或回用纸浆。

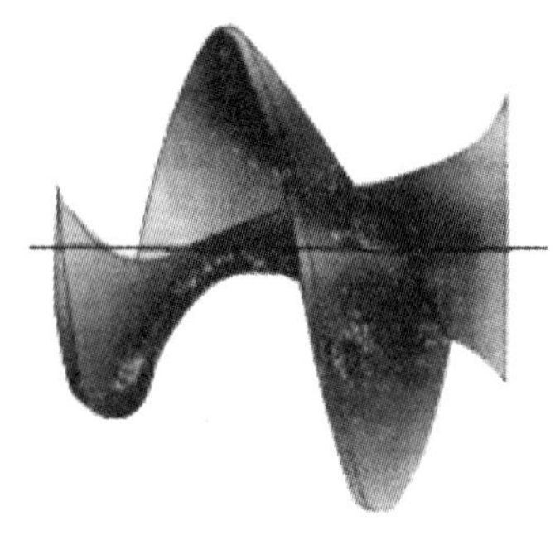

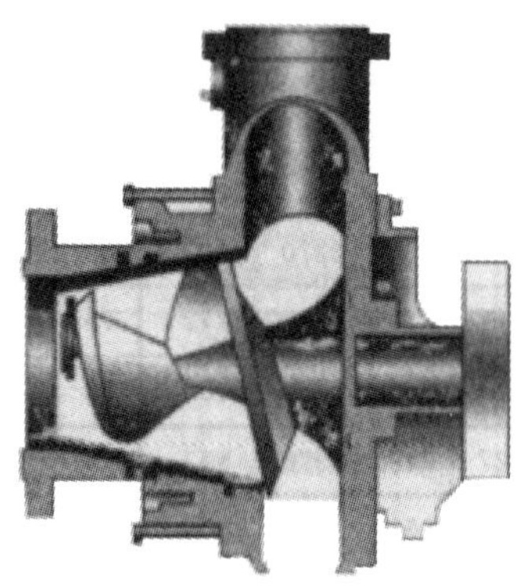

图 1-56　螺旋离心泵

1.1.7.2　螺旋离心泵特点

① Q-H 曲线陡峭，泵的平稳运行区域宽阔，在泵送复杂介质的情况下曲线漂移量小。

② 运行效率高，高效区范围宽，运行、维护费用低。

③ 抗气蚀能力强，停机水位低，可大大降低投资成本。

④ 功率曲线平滑下降，无过载区。

⑤ 真正无堵塞、不缠绕。

⑥ 输送平缓，可完好无损地输送易碎物质；在污水厂的活性污泥回流工艺中，对菌胶团破坏仅为其他形式泵的 1/10。

⑦ 可以输送含固率高的介质，甚至输送的浆料含固率可高达 18%。

1.1.7.3　螺旋离心泵性能参数

螺旋离心泵的性能参数见表 1-60。

表 1-60　螺旋离心泵的性能参数

序号	型号	吸水口径 D_1 /mm	出水口径 D_2 /mm	通径 D /mm	效率 η/%	电机参数		推荐流量范围 /(L/s)	推荐扬程范围 /m
						标称功率 PN/kW	转速 n /(r/min)		
1	A2QR4	50	50	50	50	0.5	1360	1.5～4	8～4
2	A2QR4	50	50	50	56	0.5	1360	1.5～5	12～4
3	A2QE4	50	50	50	56	0.5	1360	1.6～6	16～8
4	B065-R	65	65	50	54	0.9	1470	1～6	3～0.6
5	B065-S	65	65	50	58	0.9	1470	1.5～7	4～0.7
6	A2QR2	50	50	50	51	1.1	2835	2～8	2～1
7	B050-M	80	50	30	58	0.9	2900	2.5～9	23～5
8	A2QS2	50	50	50	57	1.5	2730	3～10	3～1.5
9	C080-MH	100	80	60	61	1.1	1460	7～14	5～3
10	B065-T	65	65	50	65	0.9	1375	3～10	10～3
11	D080-LL	100	80	35	58	1.5	1460	4～12	9～1.5
12	A2QE2	50	50	50	57	1.5	2130	3～12	4～2
13	B065-R	65	65	50	55	1.5	2845	3～12	8.5～3
14	B065-S	65	65	50	58	1.5	2790	4～14	11～4

续表

序号	型号	吸水口径 D_1 /mm	出水口径 D_2 /mm	通径 D /mm	效率 η/%	电机参数		推荐流量范围 /(L/s)	推荐扬程范围 /m
						标称功率 PN/kW	转速 n /(r/min)		
15	B065-E	65	65	50	67	2.2	2840	5～15	16～7
16	B050-H	80	50	40	67	0.9	2900	5～15	22～10
17	C080-HH	100	80	60	65	1.1	1460	6～17	7～2.5
18	D080-LH	100	80	35	57	1.5	1460	4～15	12～1
19	C080-MH	100	80	60	63	5.5	2900	12～24	23～14
20	B065-T	65	65	50	62	3.0	2820	6～19	20～7
21	D080-HH	100	80	50	62	1.5	1460	6～20	10～3
22	D080-SH	100	80	50	63	3.0	1460	6～21	12～3
23	C080-R	100	80	75	50	1.1	1460	6～22	4～1
24	C080-M	100	80	75	59	1.1	1460	7～23	6～2
25	D080-LL	100	80	35	60	7.5	2900	7～23	40～8
26	C080-MX	100	80	72	62	1.1	1460	7～24	5～2
27	D03Q-S	100	80	60	70	11.0	1460	7～24	10～2
28	D100-L	100	100	75	69	3.0	1460	10～28	8～3
29	D080-LH	100	80	35	60	11.0	2900	9～27	48～14
30	D100-S	100	100	100	74	2.2	970	10～30	5～3
31	C080-S	100	80	75	65	1.5	1460	9～29	7～2
32	D080-LM	100	80	50	70	7.5	2900	11～31	32～11
33	D080-E	100	80	65	64	3.0	1460	8～29	12～3
34	C080-RL	100	80	75	62	3.0	2900	11～33	13～5
35	C080-LH	100	80	60	62	5.5	2900	9～31	20～5
36	C080-L	100	80	75	62	3.0	2900	11～34	5～2.5
37	C080-HH	100	80	60	68	7.5	2900	11～34	29～12
38	D080-HH	100	80	50	69	11.0	2900	13～38	10～3
39	C080-RX	100	80	72	58	5.5	2900	11～36	15～4
40	D100-H	100	100	75	74	4.0	1460	12～38	12～5
41	C080-R	100	80	75	56	7.5	2900	12～38	20～7
42	D100-R	100	100	100	66	3.0	1460	13～40	8～4
43	D100-M	100	100	75	70	3.0	1460	11～39	9～2.5
44	D080-SH	100	80	50	65	15.0	2900	13～42	49～9
45	E125-L	150	125	100	69	2.2	970	17～47	6～2
46	E080-MH	150	80	65	70	7.0	1460	8～40	21～7
47	C080-M	100	80	75	62	7.5	2900	13～45	25～8
48	D03Q-S	100	80	60	72	3.0	2900	13～45	39～12
49	D100-L	100	100	75	70	15.0	2900	19～52	34～14
50	F04K-MH	150	100	64	68	4.0	730	8～42	8～2

续表

序号	型号	吸水口径 D_1 /mm	出水口径 D_2 /mm	通径 D /mm	效率 η/%	电机参数		推荐流量范围 /(L/s)	推荐扬程范围 /m
						标称功率 PN/kW	转速 n /(r/min)		
51	D080-E	100	80	65	70	22.0	2900	18～52	50～20
52	C080-MX	100	80	72	63	7.5	2900	14～49	21～7
53	D100-E	100	100	75	73	7.0	1460	14～50	14～5
54	D100-S	100	100	100	70	5.5	1460	10～47	13～6
55	E125-H	150	125	100	75	4.0	970	17～55	9～4
56	D100-M	100	100	75	72	22.0	2900	23～62	37～17
57	E05Q-ML	200	125	100	72	2.2	970	20～62	5～2
58	D100-H	100	100	75	74	22.0	2900	25～68	47～26
59	F06K-S	200	150	115	70	5.5	730	46～90	6～4
60	E125-L	150	125	100	76	9.0	1460	25～70	15～5
61	D100-E	100	100	75	74	30.0	2900	27～76	58～28
62	F06K-M	200	150	115	77	7.5	970	32～82	9～7
63	F06K-M	200	150	115	77	4.0	730	24～74	7～2
64	E125-SH	150	125	76	72	50.0	2900	45～95	71～41
65	F04K-MH	150	100	64	70	7.5	970	17～68	16～5
66	F04K-S	150	100	75	70	7.5	970	17～68	16～5
67	F04K-MH	150	100	64	72	15.0	1460	26～78	29～8
68	E080-MH	150	80	65	70	50.0	2900	20～72	76～37
69	F06K-H	200	150	115	76	4.0	730	28～82	6～3
70	E125-HH	150	125	76	70	40.0	2900	35～90	62～23
71	E05Q-HL	200	125	100	75	4.0	970	18～74	7～2
72	E05Q-SL	200	125	100	75	5.5	970	24～80	8～3
73	E125-H	150	125	100	79	15.0	1460	27～85	20～9
74	E05Q-ML	200	125	100	73	9.0	1460	35～95	11～4.5
75	H05K-MH	250	150	95	74	11.0	730	20～80	10～3
76	F06K-S	200	150	115	75	15.0	970	54～120	12～7
77	F06K-H	200	150	115	76	7.5	970	40～108	12～5
78	E125-M	150	125	100	77	75.0	2970	65～133	67～43
79	F10K-MD	250	250	110	75	7.5	970	54～124	8～3
80	E125-S	150	125	90	78	15.0	1460	30～100	23～9
81	E200-ML	200	200	100	77	7.0	1460	40～114	9～3
82	F10K-HD	250	250	120	78	5.5	730	50～125	4～1
83	E05Q-HL	200	125	100	75	11.0	1460	32～107	15～6
84	F04K-S	150	100	75	75	30.0	1460	26～104	36～12
85	E05Q-SL	200	125	100	75	15.0	1460	41～120	18～7
86	H05K-MH	250	150	95	75	22.0	970	30～112	22～6

续表

序号	型号	吸水口径 D_1 /mm	出水口径 D_2 /mm	通径 D /mm	效率 η/%	电机参数		推荐流量范围 /(L/s)	推荐扬程范围 /m
						标称功率 PN/kW	转速 n /(r/min)		
87	F06K-M	200	150	115	79	18.5	1460	55～140	21～8
88	F10K-MD	250	250	110	78	22.0	1460	83～174	17～7
89	F06K-H	200	150	115	79	22.0	1460	62～160	25～11
90	E200-HL	200	200	100	77	15.0	1460	46～146	13～2.5
91	H05K-MH	250	150	95	76	55.0	1460	52～158	47～15
92	F10K-HD	250	250	120	80	11.0	970	75～185	8～2
93	F10K-HD	250	250	120	80	37.0	1460	120～235	18～6
94	F10K-SD	250	250	120	75	11.0	960	60～180	10～3
95	F06K-S	200	150	115	80	45.0	1460	80～200	28～15
96	H05K-S	250	150	145	75	75.0	1460	68～192	54～25
97	H12K-MD	300	300	145	78	22.0	970	84～210	7～1
98	E200-SL	200	200	100	78	15.0	1460	41～170	17～4
99	F10K-SS	250	250	120	78	5.5	730	44～180	6～1
100	H08K-M	250	200	145	75	22.0	970	70～208	15～4
101	F10K-SS	250	250	120	78	15.0	970	72～220	10～2.5
102	H08K-H	250	200	145	80	30.0	970	80～250	18～6
103	F10K-SD	250	250	120	80	37.0	1460	95～286	24～6
104	H08K～M	250	200	145	77	55.0	1460	100～300	36～10
105	I06K-MH	300	150	125	74	132.0	1460	110～316	75～25
106	F10K-SS	250	250	120	80	45.0	1460	123～330	22～5
107	I10K-M	300	250	160	78	55.0	970	150～375	22～7
108	H12K-HD	300	300	150	80	110.0	1486	205～430	32～13
109	H12K-SS	300	300	150	75	22.0	730	110～340	9～0.5
110	H08K-H	250	200	145	81	110.0	1460	105～340	44～17
111	I16K-MD	400	400	180	78	22.0	585	160～415	6～1.8
112	H12K-MD	300	300	145	79	75.0	1460	140～400	28～5
113	H08K-S	250	200	145	79	132.0	1460	130～400	48～22
114	I06K-S	300	150	125	78	200.0	1460	124～400	90～42
115	H12K-SS	300	300	150	79	45.0	970	140～425	14～3.5
116	I10K-H	300	250	160	80	90.0	970	150～450	30～10
117	I10K-M	300	250	160	79	175.0	1460	250～550	48～17
118	I16K-HD	400	400	180	78	22.0	585	160～480	8～2
119	I16K-MD	400	400	180	80	37.0	730	210～530	9～2.5
120	I16K-SS	400	400	180	80	30.0	585	200～550	8.5～1.5
121	I16K-HD	400	400	180	80	45.0	730	220～590	12～3.5
122	H12K-SD	300	300	150	80	110.0	1460	230～600	32～9

续表

序号	型号	吸水口径 D_1 /mm	出水口径 D_2 /mm	通径 D /mm	效率 η/%	电机参数		推荐流量范围 /(L/s)	推荐扬程范围 /m
						标称功率 PN/kW	转速 n /(r/min)		
123	I16K-SS	400	400	180	81	55.0	730	260～670	13.5～2.5
124	I16K-MD	400	400	180	80	90.0	970	280～710	16～4.5
125	H12K-SS	300	300	150	80	132.0	1460	220～650	33～9
126	I10K-H	300	250	160	82	250.0	1460	230～660	66～25
127	L20K-SD	500	500	230	75	15.0	365	150～600	5～0.5
128	L20K-HD	500	500	230	78	55.0	585	320～770	8.5～3
129	L12K-HS	400	300	220	78	250.0	970	350～840	42～22
130	I16K-HD	400	400	180	81	90.0	970	300～800	22～6
131	I16K-SS	400	400	180	82	110.0	970	350～850	23～7
132	L20K-SS	500	500	230	80	75.0	585	290～800	12～5
133	L20K-SS	500	500	230	83	132.0	730	480～1000	19～8
134	L12K-H	400	300	220	81	175.0	970	325～850	41～12.5
135	L20K-SD	500	500	230	78	37.0	490	220～760	8～2
136	L20K-HD	500	500	230	79	90.0	730	410～950	13.5～5
137	L20K-SD	500	500	230	80	75.0	585	300～900	10～3
138	L20K-SS	500	500	230	83	300.0	970	640～1300	33～16
139	L20K-SD	500	500	230	81	132.0	730	390～1120	18～5
140	L20K-SD	500	500	230	82	250.0	970	660～1400	28～11
141	L20K-HD	500	500	230	80	250.0	970	480～1250	24～10

1.1.8 齿轮泵

1.1.8.1 齿轮泵的特点

齿轮泵是一种容积式泵（见图 1-57），它是依靠一对齿轮在相互啮合过程中所引起的工作容积变化来输送液体的。

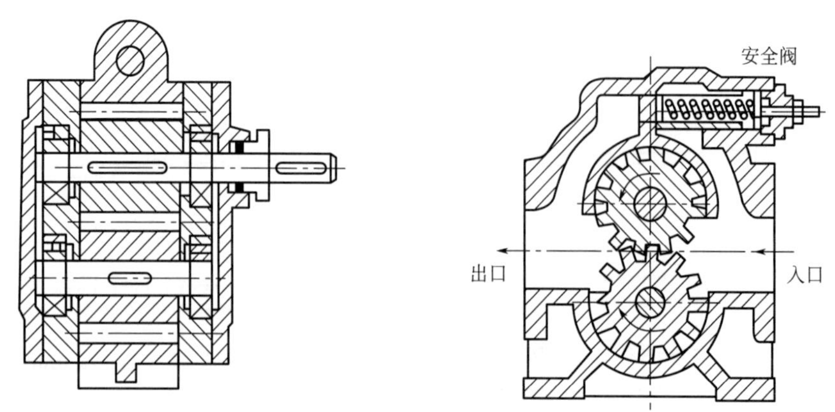

图 1-57　齿轮泵结构简图

齿轮泵具有以下特点：

① 流量基本上与排出压力无关；

② 齿轮啮合时齿间容积变化不均匀，引起流量不均匀，产生流量和压力脉动，噪声较大；

③ 结构简单，制造容易，工作可靠，维护方便；

④ 可自吸，不用灌泵。

齿轮泵分为外啮合与内啮合两种。外啮合齿轮泵有直齿、斜齿、人字齿等几种齿轮，一般采用渐开线齿形，外啮合直齿的齿轮泵应用很广泛。内啮合齿轮泵采用圆弧-摆线齿形或渐开线齿形。

1.1.8.2 齿轮泵主要性能参数确定

(1) 流量

① 齿轮泵的实际流量　齿轮泵的实际流量（近似计算式）

$$Q=\frac{\pi(D^2-d^2)bn\eta_v}{120} \tag{1-36}$$

或

$$Q=\frac{\pi m^2 bZn\eta_v}{30} \tag{1-37}$$

式中　D——齿轮顶圆直径，m；

b——齿宽，m；

d——齿轮节圆直径，m；

n——泵轴转速，r/min；

m——齿轮模数，m；

η_v——齿轮泵的容积效率；

Z——齿数。

② 瞬时流量　瞬时流量为齿轮泵每瞬时排出的液体体积。外啮合齿轮泵（渐开线展角为θ）的瞬时理论流量Q'_{th}为

$$Q'_{th}=\omega b(r_0^2-r'^2-l^2)\times10^{-9} \tag{1-38}$$

式中　ω——角速度，rad/s；

l——啮合点至啮合节点的距离，$l=r_g\theta$，m；

r_0——齿轮顶圆半径，m；

r_g——基圆半径，m；

r'——齿轮节圆半径，m。

齿轮泵的瞬时流量是脉动的，其脉动频率为

$$f=\frac{Zn}{60} \tag{1-39}$$

影响齿轮泵流量的因素如下。

a. 转速n　转速提高，同样结构尺寸下流量提大。转速n一般由选配的电机来确定。一般齿顶线速度应限制在6m/s以内。

b. 齿轮的模数m和齿数Z　外形尺寸一定，齿数少，则模数大，流量就大。常用齿数在8～14范围内。但模数大，齿数少，则流量脉动和压力脉动的振幅增大。

为了减少齿数，避免根切，一般采用修正齿轮。

(2) 功率

齿轮泵的有效功率 N_e 为

$$N_e=\frac{pQ}{612.24} \tag{1-40}$$

式中　p——齿轮泵全压力，×100kPa。

齿轮泵的轴功率 N 为

$$N=\frac{pQ}{612.24\,\eta} \tag{1-41}$$

式中　η——齿轮泵的效率，$\eta=0.6\sim0.8$。

(3) 效率

齿轮泵内的能量损失主要是机械损失和容积损失，水力损失可忽略。

① 容积效率　容积损失主要是轴向间隙以及径向间隙的泄漏损失。其中轴向间隙泄漏占总泄漏量的75%～80%，一般轴向间隙为0.03～0.04mm。容积效率

$$\eta_v=\frac{Q}{Q_{th}} \tag{1-42}$$

一般 $\eta_v=0.70\sim0.90$，小流量、高压泵的 η_v 低。

② 机械效率　齿轮泵的机械效率 $\eta_m=0.80\sim0.90$，大流量、高压泵的 η_m 低。

③ 总效率

$$\eta\approx\eta_v\,\eta_m \tag{1-43}$$

通常轴向间隙固定的齿轮泵，$\eta=0.6\sim0.8$，轴向间隙补偿泵，$\eta>0.80$。

(4) 转速

齿轮泵的流量与转速成正比。转速过高，会引起气蚀，增大噪声并加剧磨损，尤其对高黏度液体，影响更大，因此必须限制转速。

齿轮泵的最高转速 n_{max} 用下面的经验公式或按表1-61确定。

$$n_{max}\leqslant\frac{117}{d_0\sqrt[4]{°E}} \tag{1-44}$$

式中，d_0 为齿轮顶圆直径；°E为液体恩氏黏度。

表1-61　容许最高节圆线速度 u'_{max}

液体黏度/°E	2	6	10	20	40	72	104
u'_{max}/(m/s)	5	4	3.7	3	2.2	1.6	1.25

1.1.8.3　齿轮泵的选择

齿轮泵的选择步骤如下：

① 初选齿轮节圆直径 d'，确定转速 n；

② 计算齿轮旋转的实际流量；

③ 计算齿轮泵的轴功率；

④ 确定齿轮泵的类型。

吸入和排出口径

$$d=4.6\sqrt{\frac{Q}{c}}\times10^{-3} \tag{1-45}$$

式中　d——吸入口径 d_s 或排出口径 d_d，m；

c——吸入口流速 c_s 或排出口允许流速 d_d，m/s；一般 $c_s=1.3\sim1.6$，$c_d=3.0\sim3.6$。大流量、高压时取大值。

1.1.8.4　齿轮泵选型

(1) CN 型内啮合齿轮泵

CN 型内啮合化工齿轮泵是一种采用摆线转子的容积式泵，其工作原理见图 1-58，广泛应用于石油、化工、医药、日化等工业。CN 型泵包括 CNY 型、CNR 型；其中 Y 代表油，R 代表热。CN 型齿轮泵适用于输送介质黏度 10～100000mPa・s，温度为－20～80℃，粒度≤0.02mm 的腐蚀性或非腐蚀性液体介质。CNY（油）型齿轮泵用于输送原油、重油、机械油或物理性质相类似，黏度在 10～3000mPa・s、温度在－20～100℃的非腐蚀性、有一定润滑性、无固体颗粒的液体介质。CNR（热）型齿轮泵用于输送介质黏度在 100～200000mPa・s，温度在 80～300℃需要保温或不保温的无固体颗粒的液体介质。

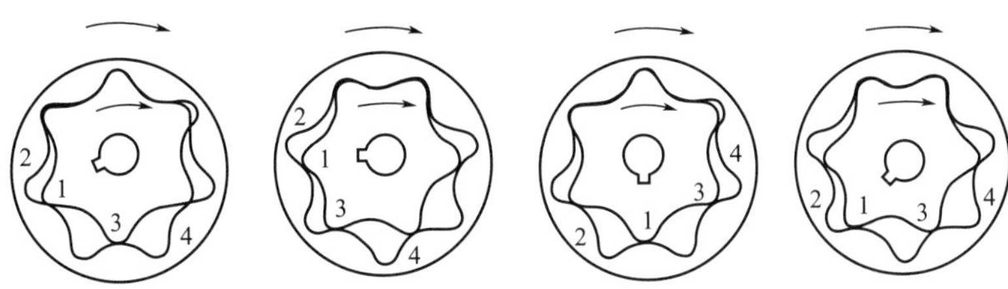

图 1-58　CN 型内啮合齿轮泵工作原理

CN 型内啮合齿轮泵的特点如下：

① 泵内的摆线转子相对滑动速度很低，运转平稳，磨损少，噪声小，使用寿命长；

② 泵吸入侧面积大，齿间容积变化缓慢，压力脉动小，吸入能力高（最高可达 5m，一般 $NPSH=4$m）；

③ 泵单位体积排量大，可通过改变转子厚度在很大范围内改变泵的流量；

④ 泵的流量和转速成正比，借助调速器可实现流量的自动调节；

⑤ 泵的不锈钢内外转子采用热处理专利技术，表面硬度可达到 HV≥700，经久耐用；

⑥ 高温泵可带保温夹套，也可通保温蒸气或导热油对泵保温，保温温度可达 400℃；

⑦ 泵的结构紧凑，零部件少，维护操作方便，工作可靠；

⑧ 泵的加工精度高，容积效率可达 90%。

a. CN 型内啮合齿轮泵型号意义示例：

CN2AR1-5.0/2.5-T-Ⅳ

CN——CN 型齿轮泵；2A——转子代号；R1——介质或保温介质温度：R1 为 80～150℃，R2 为 150～300℃；5.0——额定流量，m^3/h；2.5——工作压力，MPa；T——密封；Ⅳ——材料。

b. CNY 型内啮合齿轮泵性能参数见表 1-62。

(2) KCB、2CY 系列外啮合齿轮泵

① KCB 系列外啮合齿轮泵　KCB 系列齿轮泵适用于输送不含固体颗粒和纤维，无腐蚀性，温度不高于 80℃，黏度为 $(5\times10^{-6})\sim(1.5\times10^{-3})m^2/s$ 的润滑油或性质类似润滑油的其他液体。

该系列泵在输油系统中可用作传输、增压泵；在燃油系统中可用作输送、加压、喷射的燃油泵；在一切工业领域中，均可作润滑油泵用。

表 1-62　CNY 型内啮合齿轮泵性能参数

泵型号	流量		压力/MPa	转速/(r/min)	电机功率/kW	电机型号
	/(m^3/h)	/(L/min)				
CNY1A-1.0/0.8	1.0	16.7	0.1～0.8	1400	1.1	YB90S-4
CNY1A-1.0/1.6			0.8～1.6		1.1	YB90S-4
CNY1A-1.0/2.5			1.6～2.5		1.5	YB90L-4
CNY1B-2.0/0.8	2.0	33.3	0.1～0.8	1400	1.1	YB90S-4
CNY1B-2.0/1.6			0.8～1.6		1.5	YB90L-4
CNY1B-2.0/2.5			1.6～2.5		2.2	YB100L1-4
CNY1C-2.0/0.8	3.2	53.3	0.1～0.8	1400	1.5	YB90L-4
CNY1C-3.2/1.6			0.8～1.6		2.2	YB10L-4
CNY1C-3.2/2.5			1.6～2.5		3.0	YB100L2-4
CNY1D-4.0/0.8	4.0	66.6	0.1～0.8	1400	2.2	YB100L1-4
CNY1D-4.0/0.6			0.8～1.6		3.0	YB100L2-4
CNY1D-4.0/2.5			1.6～2.5		4.0	YB112M-4
CNY2A-6.5/0.5	6.5	108.3	0.1～0.5	1440	2.2	YB100L1-4
CNY2A-6.5/1.0			0.5～1.0		4	YB112M-4
CNY2A-6.5/1.6			1.0～1.6		5.5	YB132S-4
CNY2A-10/0.5			1.6～2.5		7.5	YB132M-4
CNY2B-10/0.5	10	166.7	0.1～0.5	1440	3	YB100L2-4
CNY2B-10/1.6			0.5～1.0		5.5	YB132S-4
CNY2B-10/1.6			1.0～1.6		7.5	YB132M-4
CNY2B-10/2.5			1.6～2.5		11	YB60M-4
CNY2C-15/0.5	15	250	0.1～0.5	1440	4	YB112M-4
CNY2C-15/1.0			0.5～1.6		7.5	YB132M-4
CNY2C-15/1.6			1.0～1.6		11	YB160M-4
CNY2C-15/2.5			1.6～2.5		18.5	YB180M-4
CNY2D-20/0.5	20	333.3	0.1～0.5	1440	5.5	YB132S-4
CNY2D-20/1.0			0.5～1.0		11	YB160M-4
CNY2D-20/1.6			1.0～1.6		15	YB160L-4
CNY2D-20/2.5			1.6～2.5		30	YB200L-4
CNY3A-23/0.5	23	383.3	0.1～0.5	970	7.5	YB160M-6
CNY3A-23/1.0			0.5～1.0		11	YB160L-6
CNY3A-23/1.6			1.0～1.6		18.5	YB200L1-6
CNY3A-23/2.5			1.6～2.5		30	YB225M-6
CNY3B-30/0.5	30	500.0	0.1～0.5	970	11	YB1160L-6
CNY3B-30/1.0			0.5～1.0		18.5	YB200L1-6
CNY3B-30/1.6			1.0～1.6		30	YB225M-6
CNY3B-30/2.5			1.6～2.5		37	YB250M-6

续表

泵型号	流量		压力/MPa	转速/(r/min)	电机功率/kW	电机型号
	/(m^3/h)	/(L/min)				
CNY3C-40/0.5	40	666.7	0.1～0.5	980	11	YB160L-6
CNY3C-40/1.0			0.5～1.0		22	YB200L2-6
CNY3C-40/1.6			1.0～1.6		37	YB250M-6
CNY3C-40/2.5			1.6～2.5		45	YB280S-6
CNY4A-52/0.5	52	866.7	0.1～0.5	740	15	YB200L-8
CNY4A-52/1.0			0.5～1.0		30	YB250M-8
CNY4A-52/1.6			1.0～1.6		45	YB280M-8
CNY4A-52/2.5			1.6～2.5		55	YB315S-8
CNY4B-70/0.5	70	1166.7	0.1～0.5	740	22	YB225M-8
CNY4B-70/1.0			0.5～1.0		45	YB280M-8
CNY4B-70/1.6			1.0～1.6		55	YB315S-8
CNY4B-70/2.5			1.6～2.5		75	YB315M-8

该系列齿轮泵内全部零件的润滑均在泵工作时利用输送介质而自动达到。泵内有设计合理的泄油和回油槽，使齿轮在工作中承受的扭矩力最小，因此轴承负荷小，磨损小，泵效率高。

a. KCB型外啮合齿轮泵选型见图1-59。

b. KCB型外啮合齿轮泵性能参数见表1-63。

表1-63　KCB型外啮合齿轮泵性能参数

型号	流量 Q		转速/(r/min)	排出压力/MPa	必需气蚀余量 $(NPSH)_r$/m	效率 η/%	电机	
	/(m^3/h)	/(L/min)					功率/kW	型号
KCB-18.3 2CY-1.1/1.45	1.1	18.3	1400	1.45	5	44	1.5	Y90L-4
KCB-33.3 2CY-2/1.45	2	33.3	1420	1.45	5	44	2.2	Y100L1-4
KCB-55 2CY-3.3/0.33	3.3	55	1400	0.33	7	41	1.5	Y90L-4
KCB-83.3 2CY-5/0.33	5	83.3	1420	0.33	7	43	2.2	Y100L1-4
KCB-135 2CY-8/0.33	8	135	940	0.33	5	46	2.2	Y112M-6
KCB-200 2CY-12/0.33	12	200	1440	0.33	5	46	4	Y112M-4
KCB-300 2CY-18/0.36	18	300	960	0.36	5	42	5.5	Y132M2-6
KCB-483.3 2CY-29/0.36	29	483.3	1440	0.36	5.5	42	11	Y160M-4

续表

型号	流量Q		转速 /(r/min)	排出压力 /MPa	必需气蚀余量 $(NPSH)_r$/m	效率η /%	电机	
	/(m^3/h)	/(L/min)					功率/kW	型号
KCB-633 2CY-38/0.28	38	633	970	0.28	6	43	11	Y160L-6
KCB-960 2CY-58/0.28	58	960	1470	0.28	6.5	43	18.5	Y180M-4
KCB-1200	72	1200	740	0.6	7	43	37	Y280S-8
KCB-1600	95	1600	980				45	Y280S-6
KCB-1800	112	1800	740	0.6	7.5	43	55	Y315S-8
KCB-2500	150	2500	985				75	Y315S-6
KCB-2850	170	2850	740	0.6	8	44	90	Y315L1-8
KCB-3800	230	3800	989				110	Y315L1-6
KCB-4100	245	4100	743	0.6	8	44	132	Y355M1-8
KCB-5400	325	5400	989				160	Y355M1-6
KCB-5600	330	5600	744	0.6	8	44	160	Y355M2-8
KCB-7600	460	7600	989				200	Y355M3-6
KCB-7000	420	7000	744	0.6	8	44	185	Y355L1-8
KCB-9600	570	9600	989				250	Y355L2-6

② 2CY 系列外啮合齿轮泵

2CY 系列泵适用于输送不含固体颗粒和纤维，无腐蚀性，温度不高于 80℃，黏度为 $(5\times10^{-6})\sim(1.5\times10^{-3})m^2/s$ 的润滑油或性质类似润滑油的其他液体以及用于液压传动系统。

该系列泵在输油系统中可用作传输、增压泵；在液压传动系统中可用作提供液压动力的液压泵。此类泵的压力稳定，输出流量脉动小，容积效率高。

a. 2CY 型外啮合齿轮泵选型见图 1-60。

b. 2CY 型外啮合齿轮泵性能参数见表 1-64。

表 1-64　2CY 型外啮合齿轮泵性能参数

型号	流量Q		转速 /(r/min)	排出压力 /MPa	必需气蚀余量 $(NPSH)_r$/m	效率η /%	电机	
	/(m^3/h)	/(L/min)					功率/kW	型号
2CY-1.08/2.5	1.08	18	1440	2.5	9.5	58	1.5	Y90L-4
2CY-2.1/2.5	2.1	35	1440	2.5	9.5	58	3	Y100L2-4
2CY-3/2.5	3	50	1440	2.5	9.5	59	4	Y112M-4
2CY-4.2/2.5	4.2	70	1440	2.5	9.5	59	5.5	Y132S-4
2CY-7.5/2.5	7.5	125	1440	2.5	9.5	63	7.5	Y132M-4
2CY-12/2.5	12	200	1460	2.5	9.5	63	15	Y160L-4

(3) ROTAN 内齿轮泵

ROTAN 内齿轮泵是世界最大的内啮合齿轮泵制造商——DESM ROTAN 公司采用先进标准化结构设计的产品。该泵只需稍作调整就能够改变流体的流向，因此可以提供超强的自吸能力和平稳的输送性，同时可以输送高黏度介质。在出厂前，每一台 ROTAN 内齿轮泵都要通过流体测试和性能测试并取得合格证书。

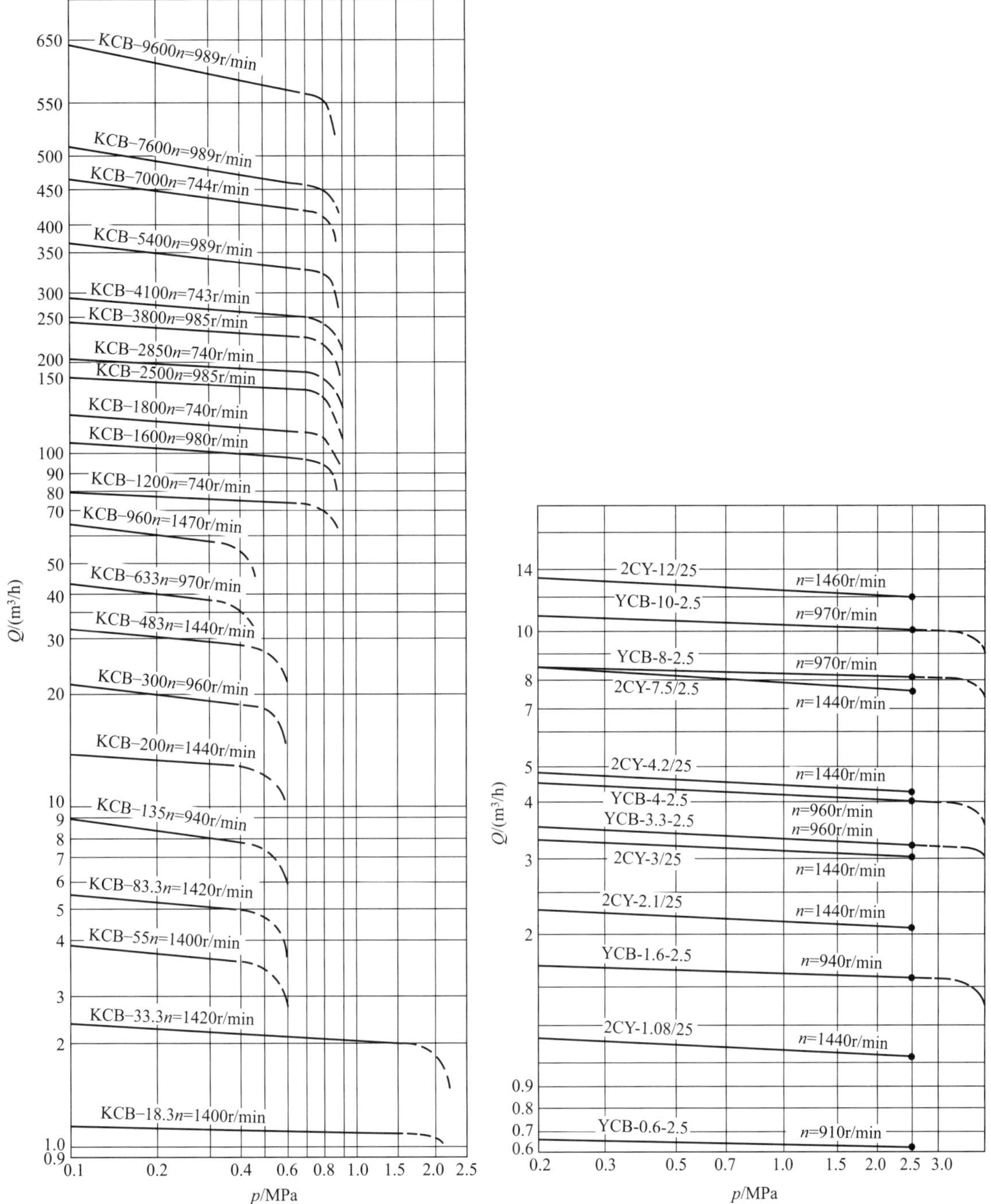

图 1-59　KCB 型外啮合齿轮泵选型图　　　图 1-60　2CY 型外啮合齿轮泵选型图

① PD 石化型 ROTAN 内齿轮泵　PD 石化型 ROTAN 内齿轮泵选用碳钢材料，专为石化和炼油应用设计。典型的应用包括输送燃料油、汽油、润滑油、油脂以及其他碳氢化合物类液体。该泵符合 API 676 标准。

PD 石化型 ROTAN 内齿轮泵性能范围：流量达 $170m^3/h$，转速达 1750r/min，压差可达 1.6MPa，吸上能力在抽吸时达 0.05MPa 真空度，输送时达 0.08MPa 真空度，黏度达 $250000mm^2/s$，温度可达 250℃。

② CD 化工型 ROTAN 内齿轮泵　CD 化工型 ROTAN 内齿轮泵采用不锈钢材料，设计为输送腐蚀性介质。主要应用于化工、食品、医药等行业，包括输送有机酸、脂肪酸、碱性物质、苛性钠、苏打水、聚合物、肥皂、洗发精、动物脂肪、菜油、巧克力以及其他特殊流体。

CD 化工型 ROTAN 内齿轮泵性能范围：流量达 $170m^3/h$，转速达 1750r/min，压差可达 1.6MPa，吸上能力在抽吸时达 0.05MPa 真空度，输送时达 0.08MPa 真空度，黏度达 $250000mm^2/s$，温度可达 250℃。

③ ROTAN 内齿轮泵的选型

a. ROTAN 内齿轮泵选型　ROTAN 内齿轮泵选型见图 1-61。

b. ROTAN 内齿轮泵选型图的用法　通过泵的选型图选择泵的尺寸，仅需要知道流量和黏度。从图上端黏度刻度向下画一条直线，保持与被选择黏度线相平行（见示例）；然后从图右边相应流量点位置画一水平线（见示例）。这两条线的相交点所在的斜线确定了泵的尺寸。如果不能准确地使两条线相遇在其中一条泵的尺寸线上，那么就适量地增大或减小流量。泵的转速就是该点垂直向下与底线交叉点的数值（见示例），泵的最大转速由每台泵尺寸线的端点（小黑圆点表示）向下作垂直线得到。当输送有大量磨损颗粒的液体或乳状液时，转速必须降到最大转速的 50%以下。当知道工作压力时，可以用以下计算公式计算轴功率：

$$E(\text{kW})=0.007\times\text{转速}(\text{m}^3/\text{h})\times\text{工作压力}(\text{MPa})$$

若使用小型 ROTAN 泵输送高黏度介质（黏度超过 $10000mm^2/s$）时，额定功率必须增加 35%；若使用大型 ROTAN 泵输送低黏度介质（黏度低于 $500mm^2/s$）时，额定功率则需要降低 35%。

c. ROTAN 内齿轮泵配置的确定

(a) 泵的系列　GP 通用型泵，铸铁材质的一体式泵；HD 铸铁材质的重载型泵；PD 碳钢材质的石化型泵；CD 不锈钢材质的化工型泵；ED 环保型泵，磁力驱动，铸铁、碳钢及不锈钢材质。

(b) 规格尺寸

26 *DN* 25-1″[1]	101 *DN* 100-4″
33 *DN* 32-1¼″	126 *DN* 125-5″
41 *DN* 40-1½″	151 *DN* 150-6″
51 *DN* 50-2″	152 *DN* 150-6″
66 *DN* 65-2½″	201 *DN* 200-8″
81 *DN* 80-3″	

根据泵的规格尺寸和材料可采用法兰或螺纹连接。GP 泵的可用规格尺寸至 101，CD 和 PD 泵没有 152 的规格。

法兰连接标准参照：

ISO 2084　DIN 2501　BS 4504　1969ANSI　B16.1/B16.5

随后是选择结构、连字号、主要部件材质代码、润滑、惰轮轴承材质代码、主轴承材料代号、轴封。若是特殊结构还需标有 S。

1.1.9 转子泵

1.1.9.1 WZB 型外环流转子式稠油泵

WZB 型稠油泵是一种新型的外环流转子式容积泵，是获得国家专利的为输送高黏稠流体

---

[1] 1″=1in=0.254m。

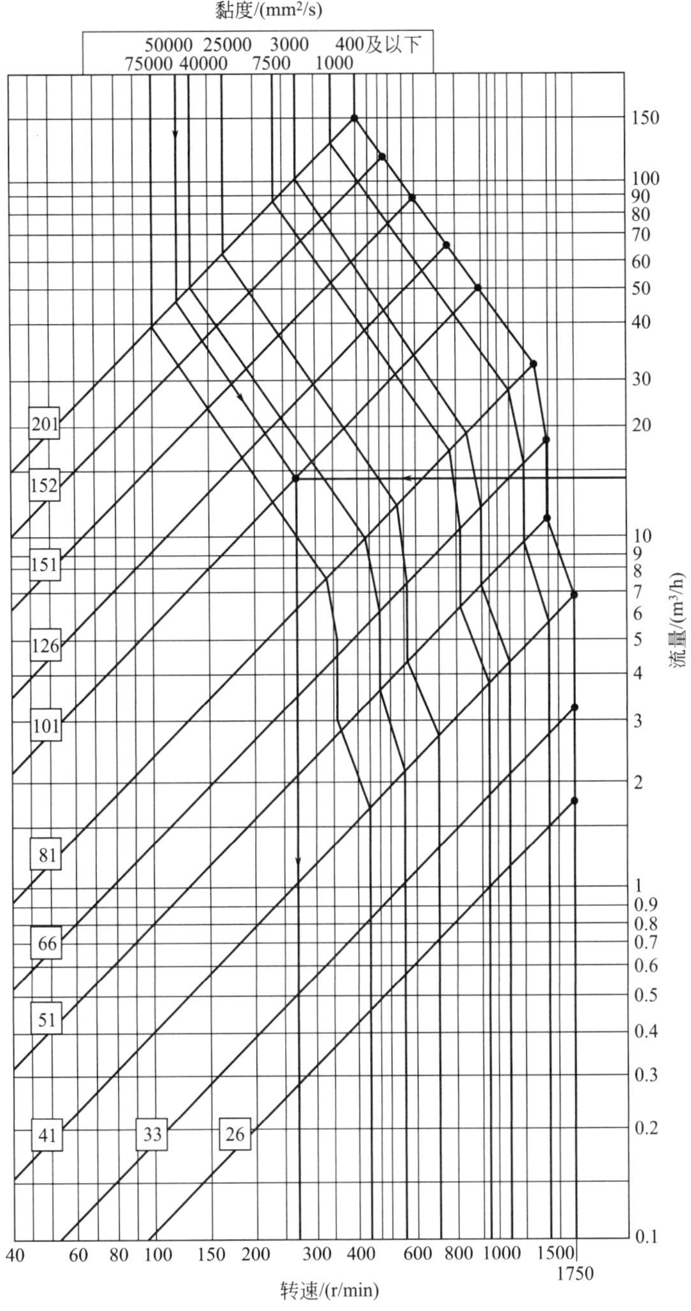

图 1-61 ROTAN 内齿轮泵选型

设计的高效油泵。该泵可输送黏度为 0.02～100Pa·s，压力不大于 3.2MPa 的各类流体及非牛顿流体，是目前石油、化工、油田、炼油厂等行业最为理想的输送设备。

WZB 型外环流转子式稠油泵性能范围：流量为 1～300m^3/h；压力为 0.6～3.2MPa，使用温度为－50～230℃，黏度范围在 0.02～100Pa·s。

WZB 型外环流转子式稠油泵的型号意义示例：

WZB-100/2.0

WZB——外环流转子式稠油泵；100——泵流量，m^3/h；2.0——泵工作压力，MPa。

（1）WZB型外环流转子式稠油泵工作原理

WZB型外环流转子式稠油泵的结构见图1-62。

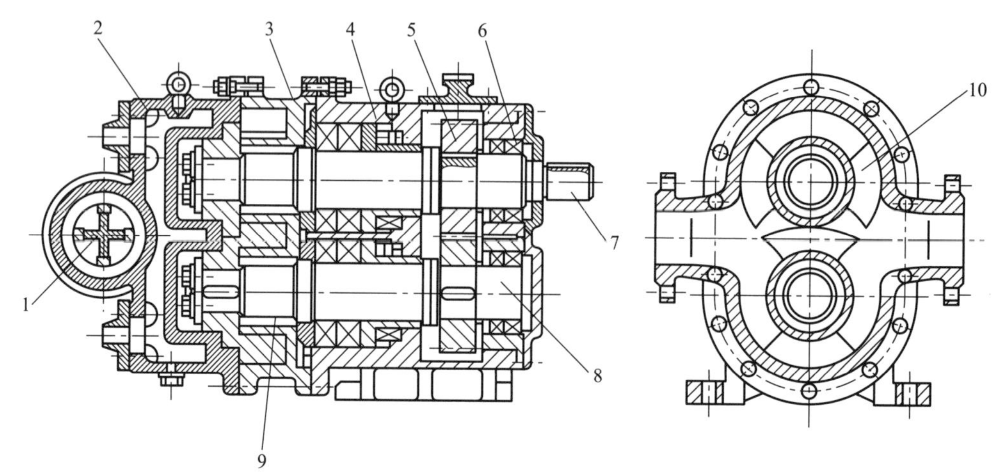

图1-62 WZB型外环流转子式稠油泵结构

1—安全阀；2—安全阀体；3—泵体；4—轴承箱体，5—齿轮；6—滚动轴承；7—主动轴；8—从动轴；9—轴封；10—转子

其工作原理是：主动轴7将动力传给齿轮5，一对齿轮带动转子10做差位同步旋转运动。转子旋转过程中，吸入区容积逐渐增大，压力降低，形成真空，从而将介质吸入泵室内，转子继续运转将介质逐渐输送到高压区。随着转子的转动，介质继续被送入高压区时，工作腔容积不断减少，介质压力增高，最终被压出泵室外。转子不停地转动，使工作腔容积不断发生周期性变化，从而将介质连续吸入并排出。由于泵转速较低，自吸能力较强，流动性能较差的黏性介质有充分时间和速度充满泵内空间，因此这类泵非常适宜输送高黏度介质。泵内部密封面大，内泄漏少，所以也可输送如汽、柴油等较稀介质。

（2）WZB型外环流转子式稠油泵性能参数见表1-65。

1.1.9.2 HLB型滑片式动力往复泵

① HLB型滑片式动力往复泵是一种容积式转子泵，具有自吸能力强、输送黏度范围大、效率高、变转速调节流量稳定、结构简单、装拆容易、滑片磨损可自动补偿等特点。适合化工、石油化工、制药工业等领域用于送料、定量输送及混合输送等。

HLB型滑片式动力往复泵性能范围：流量为500m^3/h，压力为0.2～2.5MPa，使用温度为−40～200℃，黏度范围在0.02～100Pa·s。

HLB型滑片式动力往复泵的型号意义示例：

HLB（W)-30/2.5

HLB——滑片式动力往复泵；W——泵带预热夹套；30——泵流量，m^3/h；2.5——泵工作压力，MPa。

HLB型滑片式动力往复泵结构见图1-63。泵壳内有固定的偏心衬套，泵转子安装在偏心衬套内。位于转子内的滑片旋转时在离心力作用下被甩出来，沿偏心衬套内表面滑动。在不断的旋转过程中，若干个滑片与偏心衬套组成的密封空腔逐渐增大，再逐渐减少，直至为零。转子与滑片间空腔内充满的液体吸入，然后压向压力区，空成输送过程。两滑片之间有活塞杆，当输送黏性介质时，活塞杆的往复运动保证了滑片从转子体内甩出并沿偏心衬套内表面滑动。

表 1-65　WZB 型外环流转子式稠油泵性能参数

规格型号	额定流量/(m^3/h)	轴功率/kW	配带电机		进出口径/mm	泵效率/%	吸上高度/m	额定工作压力/MPa	安全阀回流压力/MPa	适应介质黏度/Pa·s	工作温度/℃	泵转数/(r/min)	质量/kg	备注
			电机型号	功率/kW										
WZB-1/2.0	1	1.31	YB112M-6	2.2	25	57						170	485	
WZB-2/2.0	2	2.16	YB132S-6	3	40	58	4					170	525	
WZB-3/2.0	3	3.25	YB132M1-6	4	40	58						160	575	
WZB-5/2.0	5	4.62	YB132M2-6	5.5	50	59						151	980	
WZB-8/2.0	8	7.45	YB160L-6	11	65	59						151	1050	
WZB-10/2.0	10	9.08	YB160L-6	11	80	59						151	1180	
WZB-12.5/2.0	12.5	11.05	YB180L-6	15	80	62						160	1250	
WZB-16/2.0	16	14.15	YB200L1-6	18.5	80	62						170	1450	
WZB-20/2.0	20	17.61	YB200L2-6	22	100	62						154	2050	
WZB-25/2.0	25	22.38	YB225M-6	30	100	64		2	2.15～2.3		Ⅰ类密封 −20～150℃ Ⅱ类密封 −40～200℃ Ⅲ类密封 −50～230℃	154	2300	流量、吸上高度、转速及电机功率是基于N46号机械油得出的，如泵送高的相对密度或高黏度液体时，基数值有所变化
WZB-31.5/2.0	31.5	26.82	YB225M-6	30	150	64						146	2400	
WZB-36/2.0	36	30.65	YB250M-6	37	150	64	5			0.02～100		154	2520	
WZB-40/2.0	40	34.25	YB250M-6	37	150	64						167	3450	
WZB-50/2.0	50	40.67	YB280S-6	45	200	67						167	3600	
WZB-63/2.0	63	51.25	YB280M-6	55	200	67						167	3800	
WZB-80/2.0	80	65.21	YB315S-6	75	200	67						154	4500	
WZB-100/2.0	100	77.95	YB315M-6	90	200	70						154	4750	
WZB-125/2.0	125	97.51	YB315L1-6	110	300	70						154	5200	
WZB-160/2.0	160	124.56	YB315L2-6	132	300	70						154	5450	
WZB-1/2.5	1	1.48	YB112M-6	2.2	25	56						170	485	
WZB-2/2.5	2	2.68	YB132S-6	3	40	56	4	2.5	2.65～2.8			170	525	
WZB-3/2.5	3	4.35	YB132M2-6	5.5	40	57						160	595	

续表

规格型号	额定流量/(m^3/h)	轴功率/kW	配带电机		进出口径/mm	泵效率/%	吸上高度/m	额定工作压力/MPa	安全阀回流压力/MPa	适应介质黏度/Pa·s	工作温度/℃	泵转数/(r/min)	质量/kg	备注
			电机型号	功率/kW										
WZB-5/2.5	5	5.67	YB160M-6	7.5	50	57	5	2.5	2.65～2.8	0.02～100	Ⅰ类密封 −20～150℃ Ⅱ类密封 −40～200℃ Ⅲ类密封 −50～230℃	151	1020	流量、吸上高度、转速及电机功率是基于N46号机械油得出的，如泵送高的相对密度或高黏度液体时，基数值有所变化
WZB-8/2.5	8	9.08	YB160L-6	11	65	57						151	1050	
WZB-10/2.5	10	11.35	YB180L-6	15	80	57						151	1250	
WZB-12.5/2.5	12.5	13.75	YB180L-6	15	80	59						160	1300	
WZB-16/2.5	16	18.16	YB200L2-6	22	100	59						170	1500	
WZB-20/2.5	20	23.1	YB225M-6	30	100	59						154	2125	
WZB-25/2.5	25	26.19	YB225M-6	30	100	63						154	2400	
WZB-31.5/2.5	31.5	34.1	YB250M-6	37	150	63						146	2500	
WZB-36/2.5	36	40.87	YB280S-6	45	150	63						154	2620	
WZB-40/2.5	40	41.95	YB280S-6	45	150	63						167	3550	
WZB-50/2.5	50	56.76	YB315S-6	75	200	66						167	3700	
WZB-63/2.5	63	71.5	YB315S-6	75	200	66						167	3900	
WZB-80/2.5	80	90.8	YB315L1-6	110	200	66						154	4600	
WZB-100/2.5	100	113.5	YB315L2-6	132	200	69						154	4850	
WZB-1/3.2	1	2.02	YB132S-6	3	25	55	4	3.2	3.35～3.5			170	500	
WZB-2/3.2	2	3.28	YB132M1-6	4	40	55						170	545	
WZB-3/3.2	3	5.65	YB160M-6	7.5	40	56						170	800	
WZB-5/3.2	5	8.51	YB160L-6	11	50	57	5					160	1050	
WZB-8/3.2	8	12.24	YB180L-6	15	65	57						160	1100	
WZB-10/3.2	10	15.3	YB200L1-6	18.5	80	57						151	1320	
WZB-12.5/3.2	12.5	18.47	YB200L2-6	22	80	59						170	1560	
WZB-16/3.2	16	23.65	YB225M-6	30	100	59						146	1850	
WZB-20/3.2	20	29.56	YB250M-6	37	100	59						146	2250	
WZB-25/3.2	25	34.6	YB250M-6	37	100	63						154	2316	
WZB-31.5/3.2	31.5	43.6	YB280M-6	55	150	63						154	2520	
WZB-36/3.2	36	52.32	YB280M-6	55	150	63						167	2600	
WZB-40/3.2	40	55.36	YB315S-6	75	150	63						183	3770	
WZB-50/3.2	50	72.66	YB315S-6	75	200	66						154	3770	
WZB-63/3.2	63	91.55	YB315L1-6	110	200	66						167	4250	
WZB-80/3.2	80	116.25	YB315L2-6	132	200	66						167	4980	

表 1-66　HLB 型滑片式动力往复泵性能参数

规格型号	额定流量/(m^3/h)	轴功率/kW	配带电机		进出口径/mm	泵效率/%	吸上高度/m	额定工作压力/MPa	适应介质黏度/Pa·s	工作温度/℃	泵转数/(r/min)	质量/kg	外形尺寸/mm	备注
			电机型号	功率/kW										
HLB-1/2.5	1	97	YB100L1-4	2.2	25	70	5	2.5	0.02～100	≤200				流量、转速及电机功率是基于泵送N46号机械油得出的，如泵送高的相对密度或高黏度液体时，基数值有所变化
HLB-2/2.5	2	195	YB100L2-4	3	40	70								
HLB-3/2.5	3	295	YB132S-4	5.5	40	70								
HLB-5/2.5	5	4.87	YB132M-4	7.5	50	70								
HLB-8/2.5	8	7.79	YB160M-4	11	50	71								
HLB-10/2.5	10	9.73	YB160L-4	15	65	72								
HLB-12/2.5	12	11.67	YB180M-4	18.5	65	72								
HLB-16/2.5	16	14.45	YB180L-4	22	80	76								
HLB-20/2.5	20	17.95	YB200L-4	30	80	76								
HLB-25/2.5	25	22.4	YB200L-4	30	80	76								
HLB-30/2.5	30	26.2	YB225S-4	37	100	78								
HLB-36/2.5	36	31.45	YB225M-4	45	100	78								
HLB-40/2.5	40	34.94	YB225M-4	45	100	78								
HLB-50/2.5	50	42.57	YB280S-4	75	150	80								
HLB-63/2.5	63	53.64	YB280S-4	75	150	80								
HLB-80/2.5	80	68.12	YB280M-4	90	150	80								
HLB-100/2.5	100	85.15	YB315S-4	110	200	80								
HLB-125/2.5	125	103.84	YB315M-4	132	200	82								
HLB-160/2.5	160	136.24	YB355S1-4	185	300	82								
HLB-200/2.5	200	166.15	YB355S3-4	220	300	82								
HLB-245/2.5	245	203.53	YB335S4-4	250	300	82								

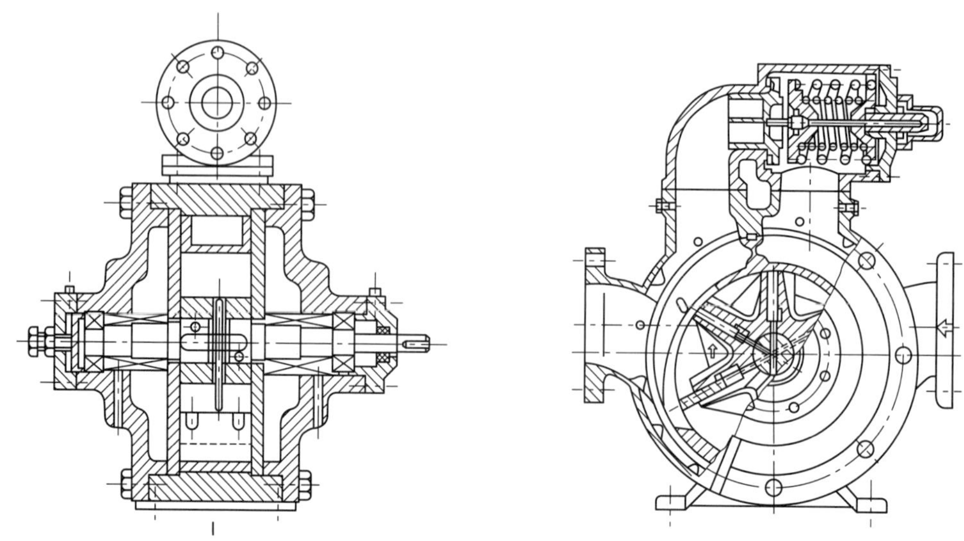

图 1-63 HLB 型滑片式动力往复泵结构

② HLB 型滑片式动力往复泵性能参数见表 1-66。

1.1.9.3 HGBW 型、HGB 型滑片式管道泵

(1) HGBW 型滑片式管道泵

HGBW 型滑片式管道泵是消化吸收国外先进技术而设计的新一代容积泵，可输送、充装、倒卸液化石油气、汽油、煤油、航空油、黏油或物理、化学性质类似的其他介质，输送介质温度为−40～80℃。

HGBW 型滑片式管道泵的特点是卧式结构，可以直接安装在管路中，使用寿命长、运行安全可靠、效率高、振动小、噪声低和自吸性能好，并可实现泵的正反运转。

HGBW 型滑片式管道泵性能参数见表 1-67。

表 1-67 HGBW 型滑片式管道泵性能参数

型号	流量 /(m^3/h)	工作压差 /MPa	最高工作压力 /MPa	吸入极限真空度 /MPa	自吸性能 /(s/5m)	效率 /%	转速 /(r/min)	电机功率 /kW	质量 /kg
HGBW10-6	10	0.6	2.5	0.06～0.09	<60	68	940	4	160
HGBW12-6	12.5	0.6	2.5	0.06～0.09	<60	68	940	4	160
HGBW15-6	15	0.6	2.5	0.06～0.09	<60	70	960	5.5	182
HGBW20-6	20	0.6	2.5	0.06～0.09	<60	70	960	5.5	260
HGBW25-6	25	0.6	2.5	0.06～0.09	<60	72	970	7.5	300
HGBW30-6	30	0.6	2.5	0.06～0.09	<60	72	970	11	316
HGBW40-6	40	0.6	2.5	0.06～0.09	<60	74	730	11	440
HGBW50-6	50	0.6	2.5	0.06～0.09	<60	75	730	15	510
HGBW60-6	60	0.6	2.5	0.06～0.09	<60	76	730	18.5	560
HGBW80-6	80	0.6	4	0.06～0.09	<60	76	460	22	740
HGBW100-6	100	0.6	4	0.06～0.09	<60	78	460	30	830
HGBW150-10	150	1.0	4	0.06～0.09	<60	82	300	55	1540
HGBW200-10	200	1.0	4	0.06～0.09	<60	85	300	75	1760

(2) HGB型滑片式管道泵

HGB型滑片式管道泵是引进国外先进技术经消化吸收而设计的新型容积泵，可输送、充装、倒卸液化石油气、汽油、煤油或物理、化学性质类似的其他介质，输送介质温度为−40～80℃。

HGB型滑片式管道泵的特点是立式结构，可直接安装在管路中，使用寿命长、运行安全可靠、效率高、振动小、噪声低和自吸性能好，并可实现泵的正反运转。

HGB型滑片式管道泵性能参数见表1-68。

表1-68 HGB型滑片式管道泵性能参数

型号	流量 /(m^3/h)	工作压差 /MPa	最高工作压力 /MPa	吸入极限真空度 /MPa	自吸性能 /(s/5m)	效率 /%	转速 /(r/min)	电机功率 /kW	质量 /kg
HGB10-6	10	0.6	2.5	0.06～0.09	<60	68	1440	4	110
HGB12-6	12.5	0.6	2.5	0.06～0.09	<60	68	1440	4	110
HGB15-6	15	0.6	2.5	0.06～0.09	<60	70	1440	5.5	130
HGB20-6	20	0.6	2.5	0.06～0.09	<60	70	960	5.5	272
HGB25-6	25	0.6	2.5	0.06～0.09	<60	72	970	7.5	312
HGB30-6	30	0.6	2.5	0.06～0.09	<60	72	970	11	328
HGB40-6	40	0.6	2.5	0.06～0.09	<60	74	730	11	460
HGB50-6	50	0.6	2.5	0.06～0.09	<60	75	730	15	530
HGB60-6	60	0.6	2.5	0.06～0.09	<60	76	730	18.5	580
HGB80-6	80	0.6	4	0.06～0.09	<60	76	460	22	720
HGB100-6	100	0.6	4	0.06～0.09	<60	78	460	30	810
HGB200-6	200	0.6	4	0.06～0.09	<60	85	300	55	1500

1.1.9.4 NYP系列内环式转子泵

NYP系列内环式转子泵是一种新型容积式泵。可输送不同性质、不同黏度的介质，广泛用于石油、化工、油脂、染料等行业。适宜介质温度为−10～200℃（其中NYP0.78和NYP2.3的适宜温度为−10～80℃）；适用介质黏度为1.0×10^{-6}～$300000\times10^{-6}\,m^2/s$（其中NYP0.78和NYP2.3的适用黏度为$1.0\times10^{-6}$～$10000\times10^{-6}\,m^2/s$）。

NYP系列内环式转子泵的优点是输液平稳，无脉动，振动小，噪声低，有很强的自吸性能，磨损小，使用寿命长，特别是可以通过适当改变转速来改变泵的流量。

(1) NYP系列内环式转子泵工作原理

驱动齿轮（外转子）的内齿带动内转子在全封闭的泵体内作同方向转动，泵体和前盖的月牙板将吸液口与排液口隔开。泵工作时，在吸液口形成负压，液体被吸入，并在转子带动下受压排出泵体。

(2) NYP系列内环式转子泵结构

NYP系列内环式转子泵主要由内转子、外转子、轴、泵体、前盖、托架、密封、轴承等组成，见图1-64。密封有机械密封和填料密封两种形式。

(3) NYP系列内环式转子泵的型号意义示例：

NYP320

NYP——内环式转子泵；320——理论排量，L/100r。

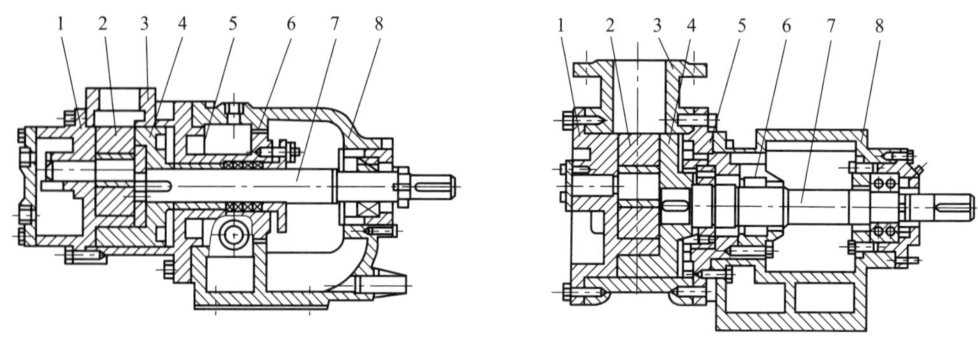

图 1-64 NYP 系列内环式转子泵结构

1—前盖；2—内转子；3—泵体；4—外转子；5—滑动轴承或滚动轴承；

6—填料密封或机械密封；7—主轴；8—托架

(4) NYP 系列内环式转子泵性能参数见表 1-69。

表 1-69 NYP 系列内环式转子泵性能参数

型号	通径/mm	理论排量/(L/100r)	黏度/($\times10^{-6}m^2/s$)	转速/(r/min)	压差/MPa			
					0.4	0.6	0.8	1.0
					轴功率/kW/流量/(L/min)			
NYP220	100	220	2000	254	9.1/544	11.0/537	13.0/530	15.1/523
			6000	244	10.1/483	11.9/478	13.6/473	15.4/468
			20000	160	9.1/347	10.5/345	11.9/343	13.3/341
			60000	117	8.4/256	9.4/255	10.4/254	11.4/253
NYP320	100	320	20	430	13.0/1306	18.0/1270	22.0/1235	26.0/1200
			60	430	13.0/1316	18.5/1285	22.0/1255	26.5/1225
			200	355	11.8/1091	15.5/1068	19.1/1046	22.8/1024
			600	320	13.2/987	16.5/968	19.7/950	22.9/932
			2000	284	14.2/881	17.4/867	20.6/854	23.8/841
			6000	222	13.7/693	16.2/684	18.7/675	21.2/666
			20000	168	13.2/529	15.3/525	17.3/522	19.4/519
			60000	125	12.0/397	13.7/396	15.3/395	16.9/394
NYP650	125	650	20	315	19.0/1921	26.0/1857	33.0/1794	
			60	315	20.0/1940	26.4/1886	33.2/1832	
			200	284	17.9/1756	24.0/1711	30.4/1666	
			600	253	17.6/1572	22.7/1534	28.9/1500	
			2000	196	15.7/1225	20.6/1201	24.5/1176	
			6000	160	16.0/1008	19.8/993	22.6/978	
			20000	117	13.6/745	16.5/738	19.2/731	
			60000	100	15.0/645	17.2/643	19.5/640	
NYP727(原型号：NYP50)	150	727	20	315	21.5/2135	29.4/2058	37.3/1980	
			60	315	22.4/2157	29.8/2090	37.3/2026	
			200	280	19.6/1928	26.7/1874	33.5/1820	

续表

型号	通径/mm	理论排量/(L/100r)	黏度/($\times 10^{-6}m^2/s$)	转速/(r/min)	压差/MPa			
					0.4	0.6	0.8	1.0
					轴功率/kW/流量/(L/min)			
NYP727（原型号：NYP50）	150	727	600	245	19.6/1696	25.1/1652	31.2/1611	
			2000	200	18.7/1394	23.3/1363	28.5/1334	
			6000	170	19.2/1195	23.3/1175	27.9/1155	
			20000	125	17.0/888	20.1/878	23.3/868	
			60000	100	16.8/720	19.5/717	22.3/713	
NYP1670	200	1670	20	250	38.0/3852	52.0/3690	66.0/3529	
			60	250	40.0/3900	54.0/3763	68.0/3626	
			200	225	37.5/3535	50.0/3424	62.5/3313	
			600	195	37.0/3079	48.0/2990	58.6/2900	
			2000	160	35.0/2547	44.0/2485	53.0/2422	
			6000	135	34.6/2177	42.0/2138	50.0/2100	
			20000	112	35.0/1830	41.5/1810	48.0/1790	
			60000	85	36.0/1405	35.7/1400	40.6/1392	

1.1.9.5 WH 型旋转（外环流）活塞泵

WH 型旋转活塞泵也称作外环流活塞泵或稠油泵。通过一对无接触的转子相对运转，造成容积变化，实现介质的输送。适用于为石油、炼油、化纤、橡胶、化工、日化等行业输送高黏度、均质或含有一定微小颗粒的介质。其特点是自吸性能好、运行平稳、噪声低、效率高，不会改变介质的性质。WH 型旋转活塞泵性能参数：流量为 0.5～200m^3/h，转速为 65～355r/min，工作压力≤3.2MPa，工作温度≤250℃，工作黏度在 0.02～10Pa·s。

WH 型旋转活塞泵性能参数见表 1-70。

1.1.10 往复泵

1.1.10.1 往复泵的分类与结构

(1) 往复泵的分类

往复泵分为活塞泵、柱塞泵和隔膜泵。根据其原理又分为单作用泵、双作用泵、差动泵、单缸泵、双缸泵、三缸泵、多缸泵等。还可按往复泵的活塞（或柱塞）中心线所处的位置分为卧式泵、立式泵、角度式泵、对置式泵和轴向平行式（无曲柄）泵等。还有电机驱动的电动泵和其他动力驱动的直动泵。

根据往复泵排出压力（p_2）的高低分为低压泵（p_2<1MPa）、中压泵（p_2≥1～10MPa）、高压泵（p_2>10～100MPa）、超高压泵（p_2>100MPa）。

常见的往复泵类型见图 1-65，往复泵类型示例见图 1-66。

(2) 往复泵的结构特点

往复泵主要由液缸部件和传动部分组成，如图 1-67 所示。

往复泵属于容积式泵，适用于小流量、高压、高黏度以及要求泵流量恒定或定量（计量）输送各种液体、要求吸入性能好或有自吸性能的场合。

表 1-70　WH 型旋转活塞泵性能参数

型号	流量/(m³/h)	排出压力/MPa	电机功率/kW	型号	流量/(m³/h)	排出压力/MPa	电机功率/kW
WH-0.5/0.6	0.5	0.6	0.55	WH-36/0.6	36	1.6	11～15
WH-1.0/0.6	1		0.55～0.75	WH-40/0.6	40		11～15
WH-1.6/0.6	1.6		0.75～1.5	WH-50/0.6	50		15～18.5
WH-2.5/0.6	2.5		1.5～2.2	WH-63/0.6	63		18.5～22
WH-3.2/0.6	3.2		1.5～2.2	WH-80/0.6	80		22～30
WH-4.0/0.6	4		1.5～3.0	WH-100/0.6	100		30～37
WH-5.0/0.6	5		2.2～3.0	WH-120/0.6	120		30～37
WH-6.0/0.6	6		3.0～4.0	WH-150/0.6	150		37～45
WH-8.0/0.6	8		3.0～4.0	WH-200/0.6	200		55
WH-10/0.6	10		3.0～5.5	WH-2.5/1.6	2.5		3.0～4.0
WH-12.5/0.6	12.5		5.5～7.5	WH-4.0/1.6	4		4.0～5.5
WH-16/0.6	16		5.5～7.5	WH-6.0/1.6	6		7.5～11
WH-20/0.6	20		7.5～11	WH-10/1.6	10		11～15
WH-25/0.6	25		11～15	WH-16/1.6	16		15～18.5
WH-32/0.6	32		11～15	WH-25/1.6	25		18.5～22
WH-36/1.6	36		30～37	WH-36/1.0	36		18.5～22
WH-50/1.6	50		37～45	WH-40/1.0	40		18.5～22
WH-80/1.6	80		55～75	WH-50/1.0	50		22～30
WH-120/1.6	120		75～90	WH-63/1.0	63		30～37
WH-200/1.6	200		132～160	WH-80/1.0	80		37～45
WH-20/2.5	20	2.5	30～37	WH-100/1.0	100		45～55
WH-25/2.5	25		30～37	WH-120/1.0	120		55～75
WH-32/2.5	32		37～45	WH-150/1.0	150		75～90
WH-36/2.5	36		45～55	WH-200/1.0	200		90～110
WH-40/2.5	40		45～55	WH-3.2/1.6	3.2	1.6	3.0～4.0
WH-50/2.5	50		55～75	WH-5.0/1.6	5		5.5～7.5
WH-0.5/1.0	0.5	1	0.55～0.75	WH-8.0/1.6	8		7.5～11.0
WH-1.0/1.0	1		1.1～1.5	WH-12.5/1.6	12.5		11～15
WH-1.6/1.0	1.6		1.5～2.2	WH-20/1.6	20		18.5～22
WH-2.5/1.0	2.5		2.2～3.0	WH-32/1.6	32		22～30
WH-3.2/1.0	3.2		2.2～3.0	WH-40/1.6	40		30～37
WH-4.0/1.0	4		3.0～4.0	WH-63/1.6	63		45～55
WH-5.0/1.0	5		3.0～4.0	WH-100/1.6	100		75～90
WH-6.0/1.0	6		4.0～5.5	WH-150/1.6	150		90～100
WH-8.0/1.0	8		5.5～7.5	WH-15/0.6T	15	0.6	7.5
WH-10/1.0	10		5.5～7.5	WH-20/3.2	20	3.2	37～45
WH-12.5/1.0	12.5		7.5～11.0	WH-25/3.2	25		37～45
WH-16/1.0	16		11～15	WH-32/3.2	32		45～55
WH-20/1.0	20		11～15	WH-36/3.2	36		55～75
WH-25/1.0	25		15～18.5	WH-40/3.2	40		55～75
WH-32/1.0	32		15～18.5	WH-50/3.2	50		75～90

往复泵的特点是：①瞬时流量不均匀、脉动；②往复次数一定时，泵流量（平均流量）恒定；③在排出管路上必须设置安全阀，泵启动前必须把管路上的排出阀门全部打开；④具有自吸能力，启动前不需灌泵；⑤流量可以调节、控制和精确计量。

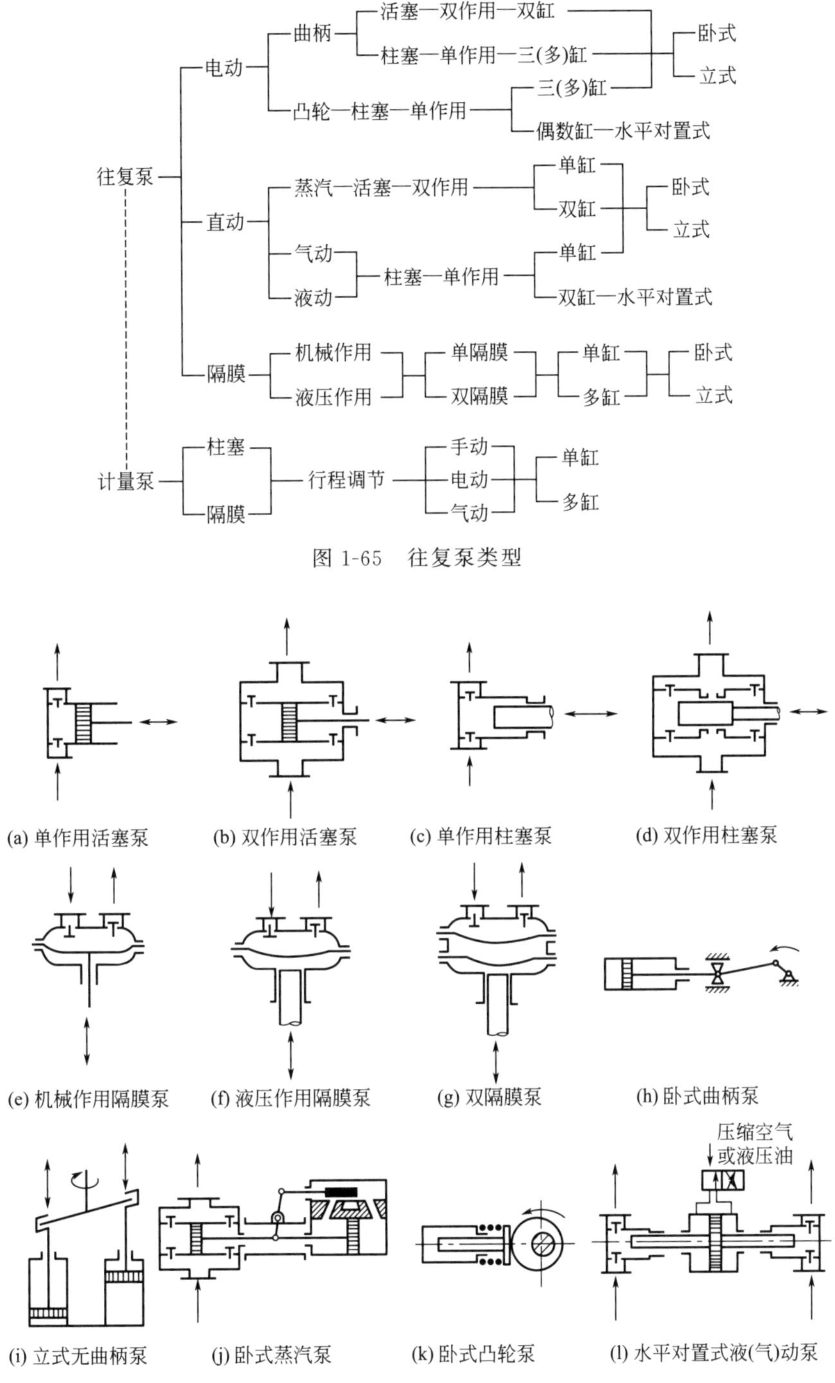

图 1-65　往复泵类型

图 1-66　往复泵类型示例

各类往复泵的性能特点见表 1-71。

1.1.10.2　往复泵的工作

(1) 往复泵的主要性能参数

① 流量

a. 理论平均流量 V_t　单缸单作用泵

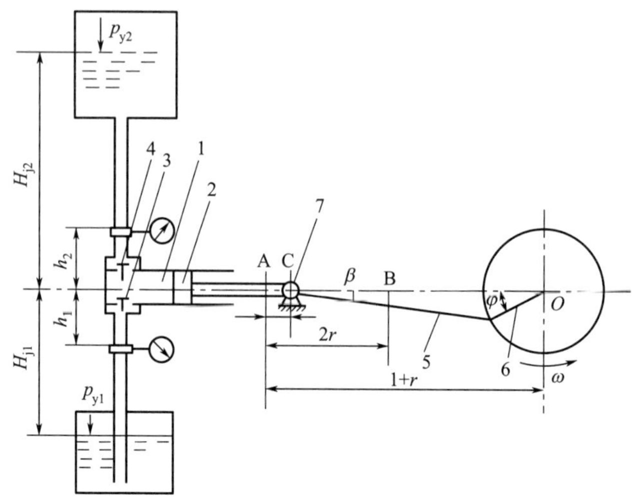

图 1-67　往复泵示意

1—液缸；2—活塞；3—吸入阀；4—排出阀；5—连杆；6—曲柄；7—十字头

表 1-71　各类往复泵的性能特点

泵型	性能特点	适用范围
电动泵	1. 泵的流量基本上是定值，流量调节必须采取专门措施 2. 当流量为定值时，排出压力取决于管路特性 3. 瞬时流量有脉动。单缸、双缸泵脉动较大，三缸以上的泵脉动较小	适用范围广
直动泵	1. 泵的排出压力取决于蒸气、压缩空气或液压油的压力 2. 泵的流量取决于蒸气、压缩空气、液压油的流量，调节比较方便。当蒸气压力一定时，流量随排出管路特性的改变而自动变化 3. 瞬时流量比电动泵均匀	蒸汽泵一般用于锅炉给水及要求防火防爆的场合 液动泵和气动泵用于高压、超高压及要求流量比较平稳的恒压场合
隔膜泵	1. 流量、压力特性由驱动方式定 2. 输送介质无外漏可能 3. 可实现远距离操纵	适于输送易燃、易爆、贵重及危险的液体，含固体颗粒及有放射性的液体
计量泵	1. 流量可在零至最大值之间任意进行调节 2. 计量精度高，一般在±1%以内	适于计量输送和比例输送，有利于实现工艺流程的连续化和自动化

$$V_t=\frac{ASn}{60} \tag{1-46}$$

式中　A——活塞面积，m^2；

S——活塞行程，m；

n——转速，r/min。

单缸双作用泵

$$V_t=\frac{(2A-a)Sn}{60} \tag{1-47}$$

式中　a——活塞杆横断面积，m^2。

多缸双作用泵

$$V_t=i\ \frac{(2A-a)Sn}{60} \tag{1-48}$$

式中　i——缸数。

b. 瞬时流量及流量不均匀性　对单缸单作用电动泵，有简化公式：

$$V_{ts} \approx \frac{\pi ASn}{60}\sin\varphi \tag{1-49}$$

对多缸单作用机动泵，合成瞬时流量是每一液缸在同一瞬时输送液体量之和。随着缸数增加，排出管排出的合成瞬时流量越均匀。在实际生产中应用最多的是流量均匀的三缸单作用泵。

② 功率与效率

a. 有效功率　往复泵的有效功率为

$$N_e = \frac{\rho gVH}{1000} \tag{1-50}$$

式中　ρ——液体密度，kg/m^3；

V——泵的实际容积流量，m^3/s；

H——泵的实际扬程，m。

b. 轴功率　往复泵的轴功率为

$$N = \frac{N_e}{\eta} \tag{1-51}$$

式中　η——泵的效率。

c. 机械效率　往复泵的机械效率为

$$\eta_m = \frac{N_i}{N} \tag{1-52}$$

式中　N_i——指示功率，kW。

曲柄泵η_m＝0.88～0.95，蒸汽泵η_m＝0.90～0.96。

d. 容积效率　往复泵的容积效率为

$$\eta_v = \frac{V}{V+V_L} \tag{1-53}$$

式中　V_L——通过阀的密封面及填料箱、活塞环等密封处的泄漏流量，m^3/s。

通常η_v＝0.88～0.99。常温清水泵η_v＝0.80～0.98；石油、热水及液化烃泵η_v＝0.60～0.80。高压小流量、往复次数高、余隙容积大、制造精度低的泵以及输送高温、高黏度或低黏度、高饱和蒸气压的液体和含有固体颗粒的泵则η_v小。

e. 泵的总效率　往复泵的总效率为

$$\eta = \eta_h \eta_v \eta_m \tag{1-54}$$

式中　η_h——水力效率。

对于电动往复泵，η＝0.6～0.9；对于蒸汽往复泵，η＝0.8～0.95。

（2）泵的启动

泵在启动时，工作腔和吸入管内充满空气，必须先将空气排出才能吸入液体。无负荷下启动时的自吸能力要优于带负荷启动时的自吸能力。

1.1.10.3　空气室的类型

往复泵排出流量的不均匀造成排出压力波动和流量脉动。当排出压力变化频率与排出管线的自振频率相同或成整数倍时，则将引起共振，严重的会破坏管路和机器。同时，泵的压力波动使得原动机负载不断改变，造成工作条件恶化。减少流量不均匀度，最好是在装置上采用空气室。空气室是两个封闭容器，利用气体压缩来储存一部分液体或利用气体膨胀来放出一部分液体，以达到减小管路中流量不均匀的目的，其作用与活塞式压缩机的飞轮相似。设置空气室后，只是将脉动减小到允许的范围内，还不能完全消除流量脉动。

（1）常压式空气室

空气室内部充进常压空气。由于空气与液体互相接触，部分空气会溶解于液体中（特别是在高压下）或被液体带走，使空气量减少，影响空气室的效能。这种结构不适用于不能与空气接触的液体。常压式空气室结构简单，但体积较大。

（2）预压式空气室

预压式空气室利用弹性元件（如橡胶囊等）将压缩空气或氮气与液体隔开。它适用于不允许与空气或氮气接触的液体，但结构复杂，工作的可靠性取决于弹性元件的质量和寿命。

吸入空气室的空气容积一般为 5 倍行程容积（$5V_s$）即可满足要求，总的空气室容积取 $V_{aco}=10V_s$。空气室直径不小于 2 倍吸入管内径。

1.1.10.4 往复泵类型选择

（1）JA 型甲铵泵

JA 型甲铵泵是卧式三柱塞单作用往复泵，在尿素流程中用于输送一段氨基甲酸铵溶液和二段氨基甲酸铵溶液。泵按 API 674 或 GB/T 9234—1997《机动往复泵》标准制造。

① JA 型甲铵泵型号意义示例：

3JA-16/22-TB

3——缸数；JA——输送介质（氨基甲酸铵）；16——流量，m^3/h；22——排出压力，MPa；T——调速；B——防爆。

② JA 型甲铵泵性能参数见表 1-72。

表 1-72 JA 型甲铵泵性能参数

型号	流量/(m^3/h)	进口压力/MPa	出口压力/MPa	介质温度/℃	电机功率/kW
3D-JA2/2.4-T	0.66～2.0	0.3	2.4	40	3
3D-JA3/2.4-T	1.0～3.0	0.25	2.4	40	5.5
3D-JA3/2.4-PB	1.0～3.0	0.2	2.4	45	4
3JA-4/2.16	4	0.2	2.16	49	4
3D-JA5.5/2-T	1.83～5.5	0.3	2	40	5.5
3D-JA5.5/2-TB	1.83～5.5	0.3	2	40	7.5
3JA-5.5/2.16-T	1.8～5.5	0.343	2.16	40	7.5
3JA-6/2.3	6	0.38	2.3	145	5.5
3D-JA7.5/2-T	2.5～7.5	0.3	2	40	7.5
3JA-8.3/18.2-T	0.83～8.3	1.7	18.2	100	7.5
3JA-8.76/15.5-TB	2.63～8.76	0.377	15.333	75	55
3JA-9/1.89-T	3～9	0.45	1.89	40	11
3D-JA9/2.4-PT	3～9	正常 0.3～0.4 最大 0.7	正常 2.4 最大 2.7	40	15
3JA-9/2.5-T	3～9	0.3	2.5	40	15
3JA-9/2.5-TB	3～9	0.6	2.5	70～100	15
3JA-11.4/16.5-B	11.4	0.4	16.5	≤71	75
3D-JA11.5/16-B	11.5	0.4	16	90	75
3JA-12/15.68-T	3～12	0.36	15.68	75	75

续表

型　　号	流量/(m^3/h)	进口压力/MPa	出口压力 /MPa	介质温度 /℃	电机功率 /kW
3JA-12/21-TB 3JA-12/21-T	4～12	1.8	21	90～100	90
3JA-12.9/16	12.9	0.4	16	≤90	75
3JA-14/21-TB	4.7～14	1.7	21	90～100	110
3JA-14/21-TB	4.7～14	额定 1.58 最大 1.77	额定 21.5	≤95	110
3JA-14.5/2.06-T	7.7～14.5	0.255	2.06	77	15
3JA-15/22-TB	5～15	1.8	22	105	132
3JA-15.2/15.68-TB	8.9～15.2	0.36(A)	15.68(A)	75	90
3JA-16/21-B 3JA-16/21	16	1.7	21	90～100	132
3JA-16/21-TB 3JA-16/21-T	5.4～16				
3JA-16/22-B 3JA-16/22	16				
3JA-16/22-TB 3JA-16/22-T	5.4～16	1.8	22	90～100	132
3JA-18/20.68-B 3JA-18/20.68	18				
3JA-18/20.68-TB 3JA-18/20.68-T	5.4～18	1.76	20.68	90～100	132
3JA-18/21-B 3JA-18/21	18				
3JA-18/21-TB 3JA-18/21-T	5.6～18	1.76	21	90～100	132
3JA-19/21.6-T	6.5～19	1.67	21.6	90～100	160
3JA-19/15.3-B 3JA-19/15.3	19	最低 1.47 正常 1.74			
3JA-19/15.3-TB 3JA-19/15.3-T	6.3～19	额定 2.22	15.3	75	110
3JA-21/15-TB	额定 21 正常 15.6	0.48	14.95	74	132
3JA-26.4/22-T	8～24 最大 26.4	1.6～2.0	22	100 最高 125	200
3JA-45/15.6-TB	15～45	1.8	15.6	75	250

(2) YA 型液氨泵

YA 型液氨泵是卧式三柱塞或五柱塞单作用往复泵，在尿素生产流程中用于输送液氨至合成塔。

泵按 API 674 或 GB/T 9234—1997《机动往复泵》标准制造。

① YA 型液氨泵型号意义示例：

3YA-29/21-TB

3——缸数；YA——输送介质（液氨）；29——最大流量，m^3/h；21——排出压力，MPa；T——调速；B——防爆。

② YA 型液氨泵主要技术参数见表 1-73。

表 1-73　YA 型液氨泵性能参数

型号	流量/(m³/h)	进口压力/MPa	出口压力/MPa	介质温度/℃	电机功率/kW
3YA-4/2.6-T	1.5～4	1.6	2.6	40	5.5
3YA-6/20-TB	2～6	1.86	20	30～40	45
3YA-10/17.6-T	1～10	1.86	17.64	40	75
3YA-12/21-B 3YA-12/21 3YA-12/21-TB 3YA-12/21-T	12 4～12	1.7	21	35	90
3D-YA-13.6/17.9	13.6	1.2	17.9	35	90
3YA-14.7/17.9-B	14.7	2.3	17.9	40	90
3YA-14.7/17.9	14.7	2.3	17.9	40	90
3YA-15/21-B 3YA-15/21 3YA-15/21-TB 3YA-15/21-T	15 5～15	1.7	21	35	110
3YA-18/17.6-B 3YA-18/17.6 3YA-18/17.6-TB 3YA-18/17.6-T	18 9.8～18	2.25(A)	17.6(A)	40	110
3A-20/21-B 3A-20/21 3A-20/21-TB 3A-20/21-T	20 6.67～20	1.8	21	35	132
3D-YA24/21-B	24	1.7	21	35	180
3D-YA24/21-TB	8～24	1.7	21	35	180
3D-YA24/21-T	8～24	1.7	21	35	185
3YA-24/21-TB	8～24	额定 1.681 最大 1.816	额定 21.02	35	180
3YA-24/21.58-TB	8～24	1.77	21.85	35	200
3YA-25/17.64-T	13.6～25	2.06	17.64	40	160
3A-29/21-B 3A-29/21 3A-29/21-TB 3A-29/21-T	29 11.6～29	正常 1.7 最大 2.9	21	操作 40 设计 60	220
3YA-29/21.5-B 3YA-29/21.5 3YA-29/21.5-TB 3YA-29/21.5-T	29 11.6～29	最低 1.961 正常 2.157 额定 2.843	21.572	36	250
3YA-29/22-B	29	2.2 最低 1.7	22	40 最小(－33℃) 最高(120℃)	250
3D-YA30/22	30	1.7	22	30 最高 40	220
3D-YA30/22-TB	10～30	1.7	22	30 最高 40	220
3D-YA31/20.68-B 3D-YA31/20.68 3D-YA31/20.68-TB 3D-YA31/20.68-T	31 10～31	1.76	20.68	30 最高 40	220

续表

型号	流量/(m³/h)	进口压力/MPa	出口压力/MPa	介质温度/℃	电机功率/kW
3YA-31/22-B 3YA-31/22 3YA-31/22-TB 3YA-31/22-T	31 10～31	1.8	22	30 最高 40	220
3TA-39.2/16.5-TB	额定 39.2， 正常 35.6	1.97	16.5	40	220
3YA-76/18.2-TB	76	2.5	18.2	40	500
5YA-76/22-TB	25～76	2.2	22	30～40	630
3A-20/21-B 3A-20/21 3A-20/21-TB 3A-20/21-T	20 6.67～20	1.8	21	35	132
3D-YA24/21-B	24	1.7	21	35	180
3D-YA24/21-TB	8～24	1.7	21	35	180
3D-YA24/21-T	8～24	1.7	21	35	185
3YA-24/21-TB	8～24	额定 1.681 最大 1.816	额定 21.02	35	180
3YA-24/21.58-TB	8～24	1.77	21.85	35	200
3YA-25/17.64-T	13.6～25	2.06	17.64	40	160
3A-29/21-B 3A-29/21 3A-29/21-TB 3A-29/21-T	29 11.6～29	正常 1.7 最大 2.9	21	操作 40 设计 60	220
3YA-29/21.5-B 3YA-29/21.5 3YA-29/21.5-TB 3YA-29/21.5-T	29 11.6～29	最低 1.961 正常 2.157 额定 2.843	21.572	36	250
3YA-29/22-B	29	2.2 最低 1.7	22	40 最小(－33℃) 最高(120℃)	250
3D-YA30/22	30	1.7	22	30 最高 40	220
3D-YA30/22-TB	10～30	1.7	22	30 最高 40	220
3D-YA31/20.68-B 3D-YA31/20.68 3D-YA31/20.68-TB 3D-YA31/20.68-T	31 10～31	1.76	20.68	30 最高 40	220
3YA-31/22-B 3YA-31/22 3YA-31/22-TB 3YA-31/22-T	31 10～31	1.8	22	30 最高 40	220
3YA-39.2/16.5-TB	额定 39.2， 正常 35.6	1.97	16.5	40	220
3YA-76/18.2-TB	76	2.5	18.2	40	500
5YA-76/22-TB	25～76	2.2	22	30～40	630

(3) HY 型混合液泵

HY 型混合液泵是卧式三柱塞式单作用往复泵，主要在化工流程中用于输送甲醇、液氨等混合液介质。按 API 674 或 GB/T 9234—1997《机动往复泵》标准制造的 HY 型混合液泵可满足连续运行，且电机和电气控制都按用户防爆环境要求等级配置。

① HY 型混合液泵型号意义示例：

3HY-60/6-B

3——缸数；HY——输送介质（混合液）；40——流量，m^3/h；6——排出压力，MPa；B——防爆。

② HY 型混合液泵主要技术参数见表 1-74。

表 1-74 HY 型混合液泵主要技术参数

型号	流量/(m^3/h)	进口压力/MPa	出口压力/MPa	介质温度/℃	电机功率/kW
3HY-24/6-B	24	1.0	6	20～30	55
3HY-40/6-B	40	1.3～1.6	6	40	90
3HY-60/6-B	60	1.3～1.6	6	40	132

（4）T 型铜液泵

T 型铜液泵是卧式三柱塞作用往复泵，主要在合成氨流程中用于向铜洗塔输送乙酸铜氨液。泵按 API 674 或 GB/T 9234—1997《机动往复泵》标准制造。

① T 型铜液泵型号意义示例：

3T-44/15-T

3——缸数；T——输送介质（乙酸铜氨液）；44——流量，m^3/h；15——排出压力，MPa；T——调速。

② T 型铜液泵主要技术参数见表 1-75。

表 1-75 T 型铜液泵主要技术参数

型　号	流量/(m^3/h)	进口压力/MPa	出口压力/MPa	介质温度/℃	电机功率/kW
136	4	0.05～0.1	15		22
6BT1	6	0.05～1	13		30
6BT2	8	0.05～0.1	13		37
6BT3	10	0.05～0.15	13	8～15	45
6BT4	12	0.05～0.15	13	8～15	55
3T-12/13	12	0.07～0.25	13	8～15	55
3D-T15/13	15	0.05～0.1	13		75
3D-T15/15	15	0.05～0.1	15		75
3T-20/13	20	0.07～0.25	13	8～15	110
3D-T21/13-TP	7～21	0.07～0.25	13	8～15	110
3T-27/13-T	9～27	0.07～0.25	13	8～15	132
3D-T27/13-TP	9～27	0.07～0.25	13	8～15	132
3TY-27/15	27	0.07～0.25	15	8～15	160
3D-T27/13.5	27	0.07～0.25	13.5	8～15	132
3D-T27/13.5-TP	9～27	0.07～0.25	13.5/14	8～15	132
3D-T30/13-T	10～30	0.07～0.25	13	8～15	160
3D-T34/13.5	34	0.07～0.25	13.5	8～15	185
3T-44/15-T	15～44	0.002	15	常温	250
3T-48/13-T	16～48	0.07～0.25	13	常温	220

(5) XD 型、GL 型细颗粒料浆泵（洗涤剂料浆泵、硅酸铝泵）

XD 型、GL 型细颗粒料浆泵是三柱塞式单作用往复泵，可用于洗涤剂厂为喷雾干燥塔输送洗涤剂料浆或在硅酸铝催化剂工程中用于输送硅酸铝胶体，也可用作炼油、浆料流程用泵。料浆用泵按 API 674 或 GB/T 9234—1997《机动往复泵》标准制造。

① 型号意义示例

3XD-23/7-TB，3GL-12/17-T

3——缸数；XD、GL——输送介质（XD 为洗涤剂料浆，GL 为硅酸铝胶液）；23、12——流量，m^3/h；7、17——排出压力，MPa；T——调速；B——防爆。

② XD 型细颗粒料浆泵（洗涤剂料浆泵）主要技术参数见表 1-76，GL 型细颗粒料浆泵（硅酸铝泵）主要技术参数见表 1-77。

表 1-76　XD 型细颗粒料浆泵（洗涤剂料浆泵）**主要技术参数**

型号	企业编号	流量/(m^3/h)	进口压力/MPa	出口压力/MPa	介质温度/℃	电机功率/kW
3W-6BX1		4.5	常压	8		22/7.3
3X-5.2/8-T		5.2	≥0.1	8	60～70	22
3X-6/8-T		2～6	≥0.1	8	60～70	22
3X-11/4.5-TP		3.67～11	0.1	4.5	70	30
3W-6BX2		3.67～11	≥0.1	4.5		30/20
3XD-13/4.5-T		7.8～13	0.15	4.5		30
3XD-15/7.5-T		5～15	≥0.2	7.5		45
3XD-15/4.5-T		12～15	0.1	4.5		30
3XD-20/10-T		8～20	≥0.2	10		75
3XD-23/7-T		7.6～23	≥0.2	7		75

表 1-77　GL 型细颗粒料浆泵（硅酸铝泵）**主要技术参数**

型号	流量/(m^3/h)	进口压力/MPa	出口压力/MPa	介质温度/℃	电机功率/kW
3GL-3/10-T	2～3	0.2/0.6	10	常温	11
3GL-10/15-TP	6～10	0.2/0.6	15	50	55
3GL-12/17-T	12	0.2/0.6	17	常温 最高 50	75
3W-2BG1	4～12	0.6	20		100/33.3

(6) AS 型氨水泵

AS 型氨水泵是卧式三柱塞单作用往复泵，可用于为任何规模的尿素流程输送氨水。泵按 API 674 或 GB/T 9234—1997《机动往复泵》标准制造。

① AS 型氨水泵型号意义示例：

3AS-12/13-T

3——缸数；AS——输送介质（氨水）；12——流量，m^3/h；13——排出压力，MPa；T——调速。

② AS 型氨水泵主要技术参数见表 1-78。

(7) KM 型高、低压隔膜泵

表 1-78　AS 型氨水泵主要技术参数

型号	流量/(m^3/h)	进口压力/MPa	出口压力/MPa	介质温度/℃	电机功率/kW
3D-AS2/2.4-T	0.66～2.0	0.25	2.4	40	3
3D-AS2/2.4-PB	0.67～2.0	0.2	2.4	45	3
3D-AS3/2.4-T	1.0～3.0	0.25	2.4	40	5.5
3D-AS7.5/2.0	7.5	0.3	2.0	40	7.5
3AS-7.5/2.4-TB	2.5～7.5	0.3	2.4	40	11
3AS-12/13-T	4～12	0.02	13	5～14	55
3W-6BAS1	12	0.2～0.5	13	20～25	55

KM 型高、低压隔膜泵为卧式双缸双作用或三缸单作用活塞隔膜式往复泵。其特点是利用隔膜将料浆与推进液分成两个腔，提高了活塞、密封圈、缸套等易损件的使用寿命。料腔内的进排液阀由于泵速低，大大延长了使用期限。该隔膜泵用于压力输送煤、铁、铝矾土等各种强腐蚀、高磨蚀、大颗粒（≤3mm）的悬浮液。KM 型隔膜泵集气动、液压、电气、机械于一体，是 20 世纪 90 年代往复泵领域内一大突破。

① KM 型高、低压隔膜泵型号意义示例：

3KM-20/12-T

3——缸数；K——颗粒；M——隔膜；20——流量，m^3/h；12——排出压力，MPa；T——调速。

② KM 型高压隔膜泵主要技术参数见表 1-79，KM 型低压隔膜泵主要技术参数见表 1-80。

表 1-79　KM 型高压隔膜泵主要技术参数

型号	3KM-15/20-T	3KM-20/12-T	3KM-45/12-T	3KM-75/12.5-T	3KM-23.3/5.6-T
输送介质	铝矾土矿浆				水煤浆
介质温度/℃	95～100				38～60
吸入压力/MPa	0.075	0.085	0.085	0.25～0.28	0.09～0.133
排出压力/MPa	20	12	12	12.5	5.6
流量/(m^3/h)	7～15	10～20	20～45	50～75	9.4～23.3
电机功率/kW	132	90	220	355	75
进口管径/mm	ϕ89×4.5	ϕ89×4.5	ϕ133×6		ANSI B16.5 6″RF150 级
出口管径/mm	*DN*65 *PN*25 MPa	*DN*65 *PN*25 MPa	ϕ114×11		ANSI B16.5 4″RF600 级
设备外形尺寸/mm	3120×3924×2834	3120×4274×2834	4242×5340×3063		3411×4107×2535
设备质量/kg	14347	14216	25326		13263

表 1-80　KM 型低压隔膜泵主要技术参数

型　　号	2KM-23.3/1.3-T	2KM-60/1-T
输送介质	水煤浆	水煤浆
介质温度/℃	38～60	38～60
吸入压力/MPa	0.092～0.112	
排出压力/MPa	0.824～1.332	1
流量/(m^3/h)	9.4～23.3	20～60

续表

型　　号	2KM-23.3/1.3-T	2KM-60/1-T
电机功率/kW	18.5	30
进口管径/mm	ANSI B16.5 4″RF150lb	ϕ133×4
出口管径/mm	ANSI B16.5 4″RF300lb	ϕ168×9
设备外形尺寸/mm	2280×2120×2115	3070×2630×2665
设备总量/kg	3740	6005

(8) FELUWA 软管隔膜活塞泵

FELUWA 软管隔膜活塞泵是一种高效低能耗的无泄漏往复式容积泵，能够可靠地处理有化学或机械侵蚀性的浓度各异的浆料或膏状物料及高黏度流体，干固体物含量可高达 80%。泵的使用范围：流量为 0～200m^3/h，压力为 0～32MPa，最高温度可达 150℃。

FELUWA 软管隔膜活塞泵的显著优点是：无故障运行时间长、有很高的操作安全性、介质输送无波动、对高/低温不敏感、操作压力高、易于清洗、维修间隔时间长。

FELUWA 软管隔膜活塞泵的工作原理：往复运动的活塞推动的一次液压油挤压平隔膜。平隔膜通过二次液压液将运动传递给软管隔膜，进而使工作介质流动。它可以在高流量和最低磨损的条件下，处理很高黏度的介质，以及浆料和其他腐蚀性和（或）侵蚀性化学品。

(9) ZB 型直动波纹泵

ZB 型直动式波纹隔膜泵，可以传送温度为－15～100℃，黏度≤2000mm^2/s 的高黏稠度、含固体颗粒的腐蚀性或非腐蚀性介质，特别适宜输送氢氧化钠、石油浆体、腐蚀性溶剂、硫酸、盐酸、硝酸、氢氟酸等介质。广泛应用在精细化工、化肥、石油开采、炼制业、石油生产企业的储槽沉淀油脚的吸送清理，高黏度、高稠度油渣的吸送等。

① 基本结构　ZB 型直动波纹泵由电机、摆线针轮减速机、对置直动式往复传动装置和液力工作端构成。

② 工作原理　活塞杆带动挠性支承的波纹隔膜做往复运动。当活塞移至后止点时，泵过流腔内形成最大真空容积，吸入阀自动打开，液体由进口管吸入，并充填波纹管隔膜位移形成的空腔；而当活塞体向前运动时，吸入阀关闭，排出阀打开，液体经过出液管排出。周而复始，连续工作。

③ ZB 型直动波纹泵型号意义示例：

A32 1-59 ZB 0.54/0.5-□

A——动力端机座型号；32——泵头出口通径，mm；1——泵头数（1 为单头；2 为单缸双作用；4 为双缸双作用；6 为三缸双作用）；59——泵速，次/min；ZB——系列代号；0.54——最大流量，m^3/h；0.5——额定最大排出压力，MPa；□——过流部件材料代号。

④ ZB 型直动波纹泵主要技术参数见表 1-81。

表 1-81　ZB 型直动波纹泵主要技术参数

编号	型　　号	泵头数	泵速/(次/min)	流量范围/(m^3/h)							出口额定最大压力/MPa	功率/kW
				压力/MPa								
				0	0.2	0.4	0.6	0.8	1.0	1.2		
1	A251-59ZB 0.2/0.4-□	1	59	0.2	0.2	0.2					0.4	1.1
2	A251-85ZB 0.3/0.4-□	1	85	0.3	0.3	0.2					0.4	1.1

续表

编号	型号	泵头数	泵速/(次/min)	流量范围/(m³/h)							出口额定最大压力/MPa	功率/kW
				压力/MPa								
				0	0.2	0.4	0.6	0.8	1.0	1.2		
3	A251-117ZB 0.4/0.4-□	1	117	0.4	0.3	0.2					0.4	1.1
4	A321-59ZB 0.54/0.5-□	1	59	0.54	0.5	0.4	0.4				0.5	1.1
5	A321-85ZB 0.7/0.5-□	1	85	0.7	0.6	0.5	0.5				0.5	1.2
6	A321-117ZB 0.88/0.5-□	1	117	0.9	0.7	0.7	0.6				0.5	1.1
7	B401-59ZB 1.2/1-□	1	59	1.2	1	0.9	0.9				1	2.1
8	B401-85ZB 1.6/0.63-□	1	85	1.6	1.3	1.2	1.1	1.0			0.63	2.2
9	B401-117ZB 2/0.4-□	1	117	2	1.7	1.5	1.4	1.3			0.4	2.2
10	B402-59ZB 2.4/1-□	2	59	2.4	2.0	1.8	1.7	1.6	1.4		1	2.2
11	B402-85ZB 2.8/0.8-□	2	85	2.8	2.3	2.2	2.0	1.8			0.8	2.2
12	B402-11ZB 4/0.63-□	2	117	4	3.3	3.1	2.8				0.63	2.2
13	B404-59ZB 4/1-□	4	59	4	3.3	3.1	2.8	2.6	2.4	2.4	1	3
14	B404-85ZB 6.3/0.63-□	4	85	6.3	5.2	4.9	4.5				0.63	3
15	B404-117ZB 8/0.5-□	4	117	8	6.6	6.2	5.7				0.5	3
16	B501-59ZB 2/0.8-□	1	59	2	1.7	1.5	1.4	1.3			0.8	4
17	B501-85ZB 3/0.6-□	1	85	3	2.5	2.3	2.1				0.6	4
18	B501-117ZB 4/0.5-□	1	117	4	3.3	3.1	2.8				0.5	4
19	C502-59ZB 4/0.8-□	2	59	4	3.3	3.1	2.8	2.6			0.8	4
20	C502-85ZB 5/0.6-□	2	85	5.4	4.5	4.2	3.8				0.6	4
21	C502-117ZB 8/0.5-□	2	117	8	6.6	6.2	5.7				0.5	4
22	C504-59ZB 8/1-□	4	59	8	6.6	6.2	5.7	5.2	4.8		1	7.5
23	C504-85ZB 10/0.8-□	4	85	10	8.3	7.7	7.1	6.5			0.8	7.5
24	C504-117ZB 14/0.6-□	4	117	14	11.6	10.8	9.9				0.6	7.5
25	C652-59ZB 7/0.8-□	2	59	7	5.8	5.4	5.0	4.7			0.8	7.5
26	C652-85ZB 10/0.6-□	2	85	10	8.3	7.7	7.2				0.6	7.5
27	C652-117ZB 14/0.5-□	2	117	14	11.6	10.8	10.1				0.5	7.5
28	D652-57ZB 8/1.2-□	2	59	8	6.6	6.2	5.7	5.2	4.8	4.6	1.2	11
29	D652-85ZB 12/1.0-□	2	85	12	1.0	9.2	8.5	7.8	7.2		1.0	11
30	D652-117ZB 16/0.8-□	2	117	16	13.3	12.3	11.4	10.4			0.8	11
31	D654-59ZB 16/1-□	4	59	16	13.3	12.3	11.4	10.4	9.6		1	11
32	D654-85ZB 24/0.8-□	4	85	24	19.9	18.5	17.0	15.6			0.8	11
33	D654-117ZB 32/0.63-□	4	117	32	25.6	24.6	22.7	20.8			0.63	11
34	D656-59ZB 24/1-□	6	59	24	19.9	18.5	17.0	15.6	14.4		1	15
35	D656-85ZB 36/0.8-□	6	85	36	29.9	27.7	25.6	23.4			0.8	15
36	D656-117ZB 45/0.6-□	6	117	45	37.4	34.7	32.0				0.6	15
37	C802-59ZB 10/0.8-□	2	59	10	8.3	7.7	7.1				0.8	7.5
38	D802-85ZB 16/0.63-□	2	85	16	13.3	12.3	11.4	10.4			0.63	7.5
39	D802-117ZB 20/0.5-□	2	117	20	16.6	15.4	14.2				0.5	7.5
40	F802-57ZB 20/0.5-□	2	59	10	8.3	7.7	7.1	6.5	6	5.7	1.2	15
41	F802-85ZB 16/1-□	2	85	16	13.3	12.3	11.4	10.4	9.6		1	15
42	F802-117ZB 20/0.8-□	2	117	20	16.6	15.4	14.2	13			0.8	15
43	F804-57ZB 20/1.2-□	4	59	20	16.6	15.4	14.2	13	12	11.4	1.2	18.5
44	F804-85ZB 32/1-□	4	85	32	26.6	24.6	22.7	20.8	19.2		1	18.5
45	F804-117ZB 40/0.8-□	4	117	40	33.2	30.8	28.4	26			0.8	18.5
46	F806-85ZB 48/1-□	6	85	48	39.8	36.7	34.1	31.2	28.9		1	22
47	F806-117ZB 63/0.8-□	6	117	63	52.3	48.5	44.7	41.0			0.8	22
48	F1002-85ZB 25/0.8-□	2	85	25	20.8	19.3	17.8	16.3			0.8	15

1.1.11 螺杆泵

1.1.11.1 螺杆泵的工作原理和特点

(1) 螺杆泵的工作原理

螺杆泵也是一种容积式泵，利用两根或多根相互啮合的螺杆间容积的变化输送液体。常用的螺杆泵有单螺杆泵、双螺杆泵、三螺杆泵、五螺杆泵等（见图 1-68）。螺杆泵流量一般为 1.5～600m³/h（大型螺杆泵流量可达 2000m³/h)，排出压力高达 70MPa，转速一般为 1500～3000r/min（高转速的可达 18000r/min)。

(2) 螺杆泵的特点

螺杆泵流量均匀，流量几乎不随压力变化，效率高；受力良好，工作可靠，使用寿命较长，双吸式结构可以平衡轴向力；无往复运动件，转速较高；结构简单紧凑，体积小、质量轻；运转平稳，无振动，噪声小；有少量杂质颗粒不妨碍工作；具有自吸能力，允许液体黏度变化范围大；启动不用灌泵，可输送气液两相流。

各种螺杆泵的特点和应用范围见表 1-82。

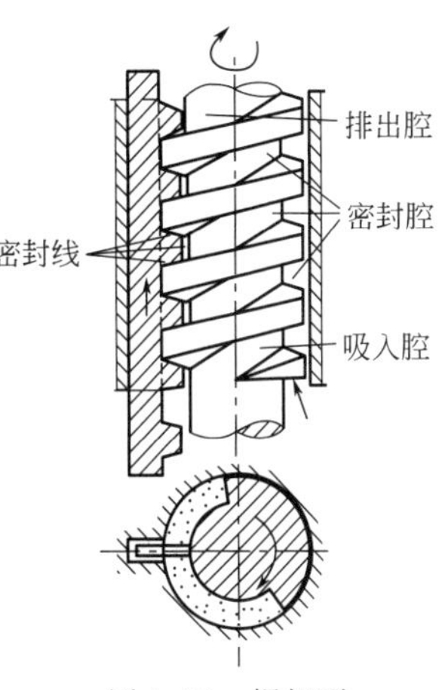

图 1-68 螺杆泵输液原理

1.1.11.2 螺杆泵的参数

(1) 螺杆泵的流量

表 1-82 各种螺杆泵的特点和应用范围

类型	压力/MPa	流量/(m³/h)	输送的液体特性	结构特点	应用举例
单螺杆泵	低于4,特殊可达 10	0.3～40	可含有固体颗粒、有腐蚀性的液体,黏度范围大	泵体内衬套常用橡胶制作,螺杆与衬套形成的工作容积大,密封性较好	使用普通,常用作高黏度泵、化工泵、污水泵、深井泵
双螺杆泵	低于1.5,特殊可达 8	0.4～400	可含微小固体颗粒、有腐蚀性的液体,黏度范围较大	螺杆与螺杆、螺杆与泵体之间不接触,有一定间隙,密封性较差	使用较普遍,常用作燃油泵、输油泵、化工泵、黏胶泵
三螺杆泵	低于20,特殊可达 40	0.6～600	不含固体颗粒、无腐蚀性的润滑性液体,黏度范围较大	螺杆与螺杆、螺杆与泵体内衬套(或泵体)之间接触,相互间的间隙很小,密封性好	使用普遍,常用于液压泵、滑油泵、输油泵、燃油泵
五螺杆泵	低于 1	50～400	不含固体颗粒、无腐蚀性、黏度较低的润滑性液体	螺杆与内衬套不接触、螺杆与螺杆相互接触,存有一定间隙,密封性较差	一般作为大流量滑油泵使用(例如船舶主机滑油泵),其他场合很少使用

$$Q=(F-f)tn\eta_v \qquad (1\text{-}55)$$

式中 F——泵缸的横截面积，m²；

f——螺杆的横截面积，m²；

t——螺距，m；

n——泵轴转速，r/min；

η_v——泵容积效率。

(2) 容积效率 η_v

$$\eta_v=\frac{Q}{Q+\Delta Q} \qquad (1\text{-}56)$$

对螺杆泵 $$\Delta Q=\Delta Q_1+\Delta Q_2+\Delta Q_3$$

式中 ΔQ_1——液体压缩膨胀引起的容积损失量，m^3/min；

ΔQ_2——阀关闭滞后引起的容积损失量，m^3/min；

ΔQ_3——泄漏量，m^3/min。

常见螺杆泵的容积效率 η_v 一般为 0.70～0.95。

1.1.11.3 三螺杆泵的主要性能参数确定

三螺杆泵主要是由一根主动螺杆、两根从动螺杆和泵套组成，见图 1-69。动螺杆的螺纹为凸型双头，从动螺杆的螺纹为凹型双头，二者螺纹方向相反。

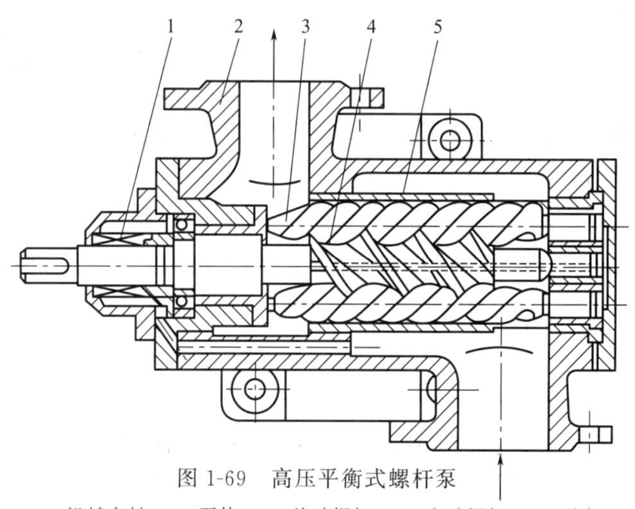

图 1-69 高压平衡式螺杆泵

1—机械密封；2—泵体；3—从动螺杆；4—主动螺杆；5—泵套

(1) 三螺杆泵的主要性能参数

① 流量 三螺杆泵的实际流量 Q 为

$$Q=ATn\ \eta_v\times10^{-6} \tag{1-57}$$

式中 A——泵的过流面积，m^2；

T——螺杆导程，m；

n——转速，r/min；

η_v——泵的容积效率，$\eta_v=0.75\sim0.95$；压力低，螺杆节圆直径 d_j 大时，η_v 取大值。

② 功率 三螺杆泵的总功率 N 为

$$N=\frac{1.67\times10^{-12}nTpd_j^2}{\eta_m} \tag{1-58}$$

式中 p——泵进出口压力差，×100kPa；

d_j——螺杆节圆直径，m；

η_m——泵的机械效率，一般 $\eta_m=0.65\sim0.95$，压力低，转速高时，η_m 取小值。

③ 效率 η 常见的三螺杆容积泵的效率一般为 0.55～0.8。

(2) 三螺杆泵的计算 给定设计参数：流量 Q (m^3/min)、压力 p (×100kPa)、临界吸上真空高度 H_{scr} (m 水柱)、输送液体性质（重度、黏度、温度等）。

计算步骤：

① 确定吸入口内径与排出口内径　一般按吸入口流速不大于 1.2m/s，排出口流速不大于3m/s 进行计算。

② 确定泵的转速　当 H_{scr}≤5m 水柱、液体黏度为 3～20°E 时

$$n \leqslant K_n / \sqrt{\frac{Q}{\eta_v}} \quad (r/min) \tag{1-59}$$

式中　K_n——常数，$T=3.33d_j$ 时，$K_n=63000$；$T=1.67d_j$ 时，$K_n=89000$。

当 H_{scr} 较高或黏度较大时，应将上述计算值适当降低。

③ 确定螺杆节圆直径

$$d_j = K_d \sqrt[3]{\frac{Q}{n\ \eta_v}} \tag{1-60}$$

式中　K_d——常数，$T=3.33d_j$ 时，$K_d=6.2$；$T=1.67d_j$ 时，$K_d=7.8$。

把计算结果圆整为 3 的整数倍。

根据 d_j 值，按式(1-57) 计算泵实际流量。

1.1.11.4　螺杆泵的类型选择

(1) EH 型单螺杆泵

EH 型单螺杆泵用于在石油工业、化学工业、造纸工业输送具有腐蚀性的液体、各种悬浮液、含有气体或易产生气泡的液体、高黏度或低黏度液体、含有纤维物的液体。EH 型单螺杆泵性能范围：最大压力为单级 0.6MPa，双级 1.2MPa，四级 2.4MPa；最大流量 300m^3/h；允许最高温度 200℃；最大黏度 2.7×10^5 mm^2/s。

① EH 型单螺杆泵型号意义示例：

E2H1500-P-W201

E——偏心螺旋转子泵；2——级数（见表 1-83）；H——系列（H 系列为基本系列，卧式泵）；1500——规格；P——轴封；W201——材料组合

表 1-83　EH 型单螺杆泵的级数

级数	规格	最大压力	级数	规格	最大压力
1	63～6300	0.6MPa	4	63～2650	2.4MPa
2	63～6300	1.2MPa			

② EH 型单螺杆泵性能见表 1-84。

表 1-84　EH 型单螺杆泵性能

泵规格	压力 1.2MPa			压力 1.6MPa			压力 2.0MPa			压力 2.4MPa		
	转速/(r/min)	流量/(m^3/h)	轴功率/kW	转速/(r/min)	流量/(m^3/h)	轴功率/kW	转速/(r/min)	流量/(m^3/h)	轴功率/kW	转速/(r/min)	流量/(m^3/h)	轴功率/kW
63	214	0.03	0.03	214	0.02	0.04	214	0.01	0.04	214	0.01	0.05
	284	0.04	0.04	284	0.03	0.05	284	0.02	0.05	284	0.02	0.06
	388	0.06	0.05	388	0.05	0.07	388	0.04	0.08	388	0.03	0.09
	570	0.09	0.08	570	0.08	0.09	570	0.07	0.10	570	0.06	0.12
	710	0.11	0.09	710	0.10	0.12	710	0.09	0.14	710	0.08	0.15
	910	0.15	0.12	910	0.14	0.14	910	0.13	0.17	910	0.12	0.20

续表

泵规格	压力 1.2MPa			压力 1.6MPa			压力 2.0MPa			压力 2.4MPa		
	转速/(r/min)	流量/(m^3/h)	轴功率/kW	转速/(r/min)	流量/(m^3/h)	轴功率/kW	转速/(r/min)	流量/(m^3/h)	轴功率/kW	转速/(r/min)	流量/(m^3/h)	轴功率/kW
100	214	0.06	0.06	214	0.05	0.07	214	0.04	0.09	214	0.03	0.10
	284	0.09	0.08	284	0.08	0.08	284	0.07	0.10	284	0.06	0.13
	388	0.13	0.10	388	0.12	0.12	388	0.11	0.15	388	0.10	0.17
	570	0.19	0.15	570	0.18	0.17	570	0.17	0.22	570	0.16	0.25
	710	0.26	0.18	710	0.25	0.23	710	0.24	0.25	710	0.23	0.30
	910	0.33	0.23	910	0.32	0.28	910	0.31	0.33	910	0.30	0.38
164	214	0.14	0.11	214	0.13	0.14	214	0.11	0.16	214	0.10	0.19
	284	0.19	0.15	284	0.17	0.19	284	0.16	0.22	284	0.16	0.25
	388	0.30	0.21	388	0.28	0.26	388	0.27	0.30	388	0.25	0.34
	570	0.44	0.30	570	0.43	0.36	570	0.42	0.43	570	0.40	0.48
	710	0.56	0.37	710	0.55	0.45	710	0.53	0.52	710	0.52	0.60
	910	0.72	0.48	910	0.71	0.57	910	0.70	0.66	910	0.68	0.76
236	217	0.41	0.28	217	0.36	0.33	217	0.31	0.38	217	0.21	0.43
	288	0.57	0.36	288	0.51	0.42	288	0.45	0.50	288	0.29	0.57
	393	0.80	0.50	393	0.74	0.58	393	0.68	0.69	393	0.62	0.77
	579	1.21	0.73	579	1.15	0.85	579	1.09	1.0	579	1.03	1.15
	710	1.50	0.89	710	1.45	1.07	710	1.40	1.22	710	1.35	1.42
	940	2.00	1.18	940	1.95	1.41	940	1.90	1.59	940	1.85	1.88
375	217	0.9	0.66	217	0.8	0.82	217	0.7	0.97	217	0.6	1.09
	288	1.3	0.86	288	1.2	1.08	292	1.1	1.30	292	1.0	1.46
	399	1.9	1.20	399	1.8	1.50	399	1.7	1.70	399	1.6	2.0
	458	2.2	1.38	458	2.1	1.70	458	2.0	1.94	458	1.9	2.29
	587	2.9	1.76	587	2.80	2.15	571	2.60	2.38	571	2.5	2.66
	710	3.5	2.13									
600	217	1.5	1.01	223	1.4	1.22	223	1.2	1.43	220	0.7	1.62
	292	2.1	1.33	292	1.9	1.60	292	1.6	1.87	327	1.9	2.39
	399	3.1	1.81	399	3.0	2.18	383	2.5	2.44	442	2.8	3.22
	442	3.4	2.01	442	3.2	2.41	442	3.0	2.82	504	3.3	3.68
	571	4.5	2.59	571	4.3	3.11	571	4.1	3.64	605	4.2	4.41
	720	5.7	3.25	720	5.5	3.92	720	5.3	4.58			
1024	171	1.4	1.6	171	1.2	1.71	171	1.0	2.2	171	0.6	2.33
	244	2.0	2.14	244	1.6	2.45	250	1.5	3.2	250	1.0	3.38
	327	3.2	2.73	327	3.2	3.38	355	2.8	4.6	355	2.5	4.85
	472	5.1	4.1	472	5.0	4.8	472	4.7	5.67	470	4.2	6.47
	571	6.8	4.92	571	6.3	6.0	545	5.5	6.6	545	5.3	7.65

续表

泵规格	压力 1.2MPa			压力 1.6MPa			压力 2.0MPa			压力 2.4MPa		
	转速/(r/min)	流量/(m^3/h)	轴功率/kW	转速/(r/min)	流量/(m^3/h)	轴功率/kW	转速/(r/min)	流量/(m^3/h)	轴功率/kW	转速/(r/min)	流量/(m^3/h)	轴功率/kW
1500	161	3.2	3.2	161	2.7	3.64	161	2.1	4.03	164	1.5	4.59
	250	5.9	4.5	250	5.3	5.62	254	4.7	6.25	254	4.3	7.24
	360	9.1	6.3	360	8.6	7.60	360	8.0	8.64	360	7.4	9.9
	479	12.7	8.15	479	12.1	9.60	479	11.5	11.4	479	11.0	12.7
	545	14.6	9.1	545	14.1	10.9						

(2) 2G 系列双螺杆泵

2G 系列双螺杆泵有普通型、高黏度型、高温型、高压型、耐腐蚀型等多种形式，且每种形式均有卧式（无代号）、立式（L）、支架式（F）结构。用于输送黏度在 1.2～100°E 的各种润滑性、非润滑性介质。

① 2G 系列双螺杆泵的流量、压力及温度范围见表 1-85。

表 1-85　2G 系列双螺杆泵的流量、压力及温度范围

形式 / 系列	名　称	流量 Q/(m^3/h)	压力 p/MPa	温度 T/℃
2G 系列双螺杆泵	2G 型普通双螺杆泵	1.0～230	≤3.0	≤150
	2GN 型高黏度专用泵	1.1～250	≤4.0	≤150
	2GM 型中压双螺杆泵	1.0～230	≤6.0	≤150
	2GH 型高压双螺杆泵	1.0～230	≤10.0	≤150
	2GE 型超高压双螺杆泵	1.0～100	≤20.0	≤150
	2GR 型高温专用泵	1.0～230	≤4.0	≤450
	2GS 型双吸大流量双螺杆泵	120～2050	≤2.5	≤150
	2GNS 型高黏度大流量专用泵	150～2060	≤4.0	≤150
	2GB 型耐腐蚀双螺杆泵	1.0～230	≤4.0	≤150
	2GT 型特制双螺杆泵	（根据用户要求而定）		

② 2G 系列双螺杆泵 $(NPSH)_r$ 曲线见图 1-70

③ 2G 系列双螺杆泵性能参数见表 1-86。

表 1-86　2G、2GF、2GL 型普通双螺杆泵性能参数

序号	泵型号	转速/(r/min)	出口压力/MPa	运动黏度/(mm^2/s)									
				6		20		40		75		150	
				流量/(m^3/h)	轴功率/kW	流量/(m^3/h)	轴功率/kW	流量/(m^3/h)	轴功率/kW	流量/(m^3/h)	轴功率/kW	流量/(m^3/h)	轴功率/kW
17	116-190	1450	0.5	113.4	19.6	115.6	22.1	116.9	24.5	117.6	27.4	117.3	32.0
			1.0	106.4	36.0	110.5	38.6	113.0	40.9	114.4	43.9	115.8	48.4
			1.5	98.8	52.5	105.3	55.0	109.1	57.4	111.2	60.3	113.3	64.9
			2.0	91.4	68.9	100.1	71.5	105.1	73.8	108.0	76.8	110.8	81.3
			2.5	84.1	85.4	95.0	87.9	101.2	90.3	104.8	93.2	108.3	97.8
			3.0	76.7	101.8	89.8	104.4	97.3	106.7	101.6	109.7	105.8	114.2

续表

序号	泵型号	转速/(r/min)	出口压力/MPa	运动黏度/(mm²/s)									
				6		20		40		75		150	
				流量/(m³/h)	轴功率/kW	流量/(m³/h)	轴功率/kW	流量/(m³/h)	轴功率/kW	流量/(m³/h)	轴功率/kW	流量/(m³/h)	轴功率/kW
17	116-190	950	0.5	71.8	12.4	74.0	13.8	75.2	15.0	75.9	16.6	76.6	19.0
			1.0	64.5	23.2	68.8	24.6	71.3	25.8	72.7	27.4	74.1	29.8
			1.5	57.1	34.0	63.7	35.3	67.4	36.6	69.6	38.2	71.7	41.6
			2.0	49.8	44.8	58.5	46.1	63.5	47.4	66.4	48.9	69.2	51.3
			2.5	42.4	55.5	53.4	56.9	59.6	58.1	63.2	59.7	66.7	52.1
			3.0	35.1	66.3	48.2	67.7	55.7	68.9	60.0	70.5	64.2	72.9
18	126-180	1450	0.5	127.2	21.8	129.5	24.5	130.9	27.1	131.6	30.3	132.3	35.2
			1.0	119.5	40.1	124.1	42.9	126.7	45.5	128.2	48.7	129.7	53.6
			1.5	111.7	58.5	118.6	61.3	122.7	63.9	124.9	67.1	127.1	72.0
			2.0	103.9	76.9	113.2	79.7	118.5	82.2	121.5	85.5	124.4	90.4
			2.5	96.2	95.3	107.7	98.1	114.3	100.6	118.1	105.8	121.8	108.8
			3.0	88.4	113.7	102.3	116.5	110.2	119.0	114.7	122.2	119.2	127.2
		950	0.5	80.7	13.8	83.0	15.3	84.3	16.7	85.1	18.4	85.8	21.0
			1.0	72.9	25.9	77.5	27.4	80.2	28.7	81.7	30.4	83.2	33.0
			1.5	65.2	37.9	72.1	39.4	76.0	40.8	78.3	42.5	80.5	45.1
			2.0	57.4	50.0	66.6	51.5	71.9	52.8	74.9	54.5	77.9	57.1
			2.5	49.6	62.0	61.2	63.5	67.8	64.9	71.6	66.6	75.3	69.2
			3.0	41.9	74.1	55.7	75.6	63.7	76.9	68.2	78.6	72.6	81.2
19	126-210	1450	0.5	148.4	25.4	151.1	28.6	152.7	31.6	153.5	35.3	154.4	41.1
			1.0	139.4	46.8	144.8	50.1	147.8	53.0	149.6	56.8	151.3	62.5
			1.5	130.3	68.3	138.4	71.5	143.0	74.5	145.7	78.2	148.3	84.0
			2.0	121.3	89.7	132.0	93.0	138.2	96.0	141.7	99.7	145.2	105.4
			2.5	112.2	111.2	125.7	114.4	133.4	117.4	137.8	121.2	142.1	126.9
			3.0	103.2	132.7	119.3	135.9	128.6	138.9	133.9	142.6	139.0	148.4
		950	0.5	94.1	16.1	96.8	17.9	98.4	19.4	99.2	21.4	100.1	24.5
			1.0	85.1	30.2	90.5	31.9	93.5	33.5	95.3	35.5	97.0	38.5
			1.5	76.0	44.3	84.1	46.0	88.7	47.5	91.4	49.5	94.0	52.6
			2.0	67.0	58.3	77.7	60.0	83.9	61.6	87.4	63.6	90.9	66.6
			2.5	57.9	72.4	71.4	74.1	79.1	75.7	83.5	77.6	87.8	80.7
			3.0	48.8	86.4	65.0	88.1	74.3	89.7	79.6	91.7	84.7	94.7
20	140-196	1450	0.5	171.7	29.1	174.6	32.7	176.3	36.0	177.2	40.1	178.2	46.5
			1.0	162.0	53.8	167.8	57.4	171.1	60.7	173.0	64.8	174.9	71.2
			1.5	152.3	78.5	161.0	82.1	165.9	85.4	168.8	89.6	171.6	95.9
			2.0	142.6	103.2	154.2	106.8	160.8	110.1	164.6	114.3	168.3	120.7
			2.5	132.9	128.0	147.3	131.6	155.6	134.9	160.3	139.0	165.0	145.4
			3.0	123.2	152.7	140.5	156.3	150.4	159.6	156.1	163.7	161.7	170.1
		950	0.5	109.2	18.5	112.1	20.4	113.7	22.2	114.7	24.4	115.6	27.7
			1.0	99.5	34.7	105.1	36.6	108.5	38.3	110.4	40.6	112.3	43.9
			1.5	89.7	50.9	98.4	52.8	103.4	54.6	106.2	56.8	109.0	60.1
			2.0	80.0	67.1	91.6	69.0	98.2	70.8	102.0	73.0	105.7	76.3
			2.5	70.3	83.3	84.8	85.2	93.0	86.9	97.8	89.2	102.4	92.5
			3.0	60.6	99.5	77.9	101.4	87.9	103.1	93.5	105.3	99.1	108.7
21	140-230	1450	0.5	201.5	34.1	204.9	38.3	206.9	42.2	208.0	47.1	209.1	54.6
			1.0	190.1	63.1	196.9	67.4	200.8	71.2	203.0	76.1	205.2	83.6
			1.5	178.7	92.1	188.9	96.4	194.7	100.2	198.1	105.1	201.3	112.6
			2.0	167.3	121.2	180.9	125.4	188.7	129.2	193.1	134.1	197.5	141.6

续表

序号	泵型号	转速/(r/min)	出口压力/MPa	运动黏度/(mm²/s)									
				6		20		40		75		150	
				流量/(m³/h)	轴功率/kW	流量/(m³/h)	轴功率/kW	流量/(m³/h)	轴功率/kW	流量/(m³/h)	轴功率/kW	流量/(m³/h)	轴功率/kW
21	140-230	1450	2.5	155.9	150.2	172.9	154.4	182.6	158.2	188.1	163.1	193.6	170.6
			3.0	144.5	179.2	164.9	183.4	176.5	187.3	183.2	192.1	189.7	199.6
		950	0.5	128.1	21.7	131.5	24.0	133.4	26.0	134.6	28.6	135.6	32.6
			1.0	116.7	40.7	123.5	43.0	127.4	45.0	129.6	47.6	131.8	51.6
			1.5	105.3	59.7	115.5	62.0	121.3	64.0	124.6	66.6	127.9	70.6
			2.0	93.9	78.7	107.5	81.0	115.2	83.0	119.7	85.6	124.0	89.6
			2.5	82.5	97.7	99.5	100.0	109.2	102.0	114.7	104.6	120.2	108.6
			3.0	71.1	116.8	91.4	119.0	103.1	121.0	109.8	123.6	116.3	127.6
22	164-190	1450	0.5	229.8	38.4	233.2	42.9	235.2	47.1	236.3	52.3	237.4	60.3
			1.0	218.2	71.3	225.1	75.8	229.1	79.9	231.3	85.0	233.5	93.2
			1.5	206.6	104.1	217.0	108.7	222.9	112.8	226.3	118.1	229.6	126.1
			2.0	195.0	137.0	208.8	141.6	216.7	145.7	221.3	150.9	225.7	159.0
			2.5	183.5	169.9	200.7	174.4	210.6	178.6	216.2	183.8	221.7	191.9
			3.0	171.9	202.8	192.6	207.3	204.4	211.5	211.2	216.7	217.8	224.8
		950	0.5	146.6	24.5	150.0	26.9	152.0	29.1	153.1	31.8	154.2	36.1
			1.0	135.0	46.0	141.9	48.4	145.8	50.6	148.1	53.4	150.3	57.6
			1.5	123.4	67.6	133.7	70.0	139.7	72.2	143.0	74.9	146.4	79.2
			2.0	111.8	89.1	125.6	91.5	133.5	93.7	138.0	96.5	142.4	100.7
			2.5	100.2	110.6	117.5	113.0	127.3	115.2	133.0	118.0	138.5	122.3
			3.0	88.6	132.2	109.3	134.6	121.2	136.8	127.9	139.6	134.6	143.8
23	164-210	1450	0.5	254.0	42.4	257.8	47.4	260.0	52.0	261.2	57.8	262.4	66.7
			1.0	241.2	78.8	248.8	83.8	253.2	88.4	255.7	94.1	258.1	103.0
			1.5	228.4	115.1	239.8	120.1	246.4	124.7	250.1	130.5	253.8	139.4
			2.0	215.6	151.5	230.8	156.5	239.5	161.1	244.5	166.8	249.4	175.7
			2.5	202.8	187.8	221.8	192.8	232.7	197.4	239.0	203.2	245.1	212.1
			3.0	190.0	224.1	212.8	229.2	225.9	233.7	233.4	239.5	240.7	248.4
		950	0.5	162.0	27.0	165.8	29.7	168.0	32.1	169.2	35.2	170.4	39.9
			1.0	149.2	50.8	156.8	53.5	161.2	55.9	163.7	59.0	166.1	63.7
			1.5	136.4	74.7	147.8	77.3	154.4	79.7	158.1	82.8	161.8	87.5
			2.0	123.6	98.5	138.8	101.1	147.5	103.6	152.5	106.6	157.4	111.3
			2.5	110.8	122.3	129.8	124.9	140.7	127.4	147.0	130.4	153.1	135.2
			3.0	98.0	146.1	120.8	148.8	133.9	151.2	141.4	154.3	148.7	159.0

(3) 2H、2V 系列双螺杆泵

2H、2V 系列双螺杆泵用于石油化工行业、化学工业输送不含固体颗粒的各种石油产品、各种乳状流体介质，甚至极高黏性的糊膏状介质。对于腐蚀性或是气液多相介质，也有广泛的通用性和可靠性。2H、2V 系列双螺杆泵性能范围：流量为 0.5～2300m³/h，压力为 0.1～6.0MPa，黏度为 0.5～100000mm²/s，温度为－30～300℃。

① 2H、2V 系列双螺杆泵型号意义示例：

2HE 800-60 M1 W1 Z1

2——双螺杆泵代号；H——安装形式代号（H 为卧式安装、V 为立式安装）；E——支承结构代号；800-60——泵规格代号；M1——密封形式代号；W1——材料组合代号；Z1——泵体结构代号。

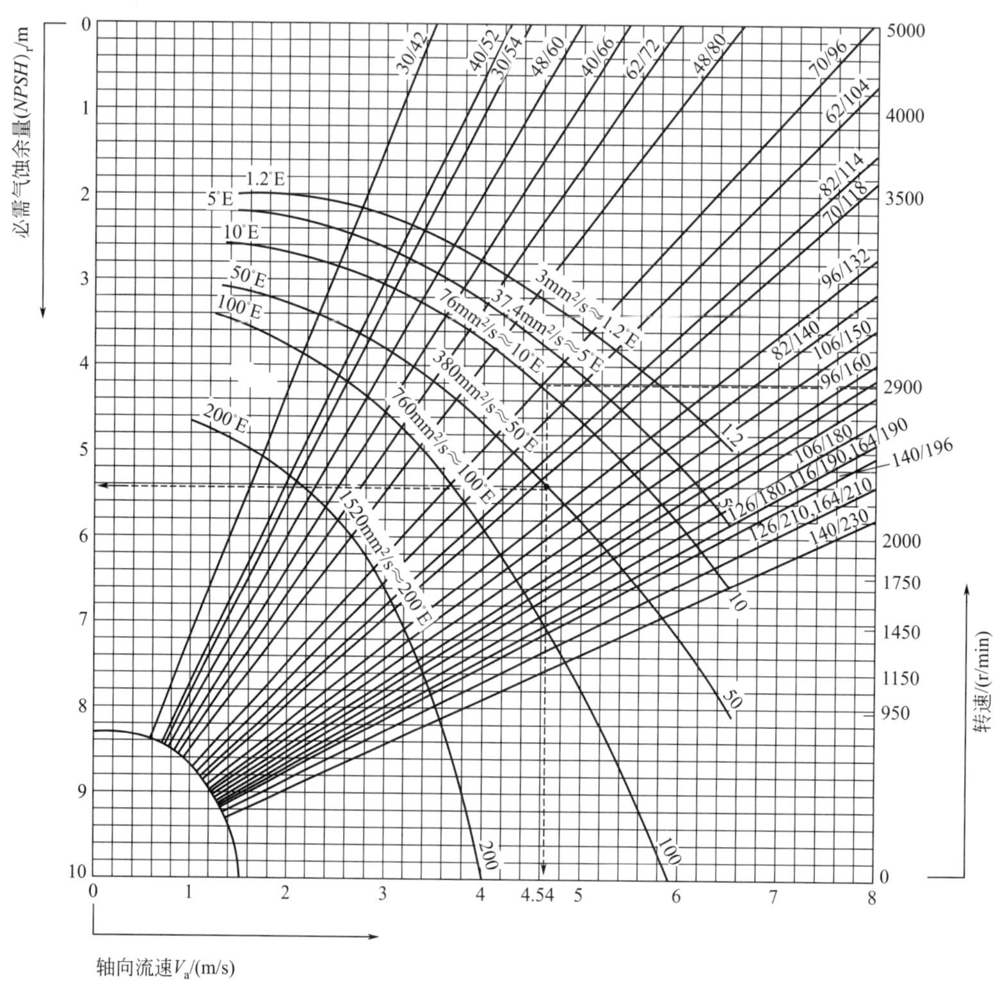

图 1-70 2G 系列双螺杆泵（NPSH）r 曲线

图中（NPSH）r 只适用于不含气体的介质。图示举例：泵型号 2G70-96，转速 n=2900r/min，黏度 50°E，结论（NPSH）r=5.4m

泵型号的进一步技术说明：

双螺杆泵的支承结构是泵适用工况范围的主要决定因素，泵的选型首先是泵的支承结构的选择，因此双螺杆泵系列代号是由双螺杆泵代号、安装形式代号及支承结构代号三个基本部分组成。

泵规格代号由螺杆代号及导程两部分组成，每一种规格对应的性能参数见性能参数表。例如：800-60，800 为螺杆代号；60 为螺杆导程。

螺杆代号根据每种螺杆的名义流量（mL/r）来确定，单吸泵有 160、260、360、460 四种，双吸泵有 280、560、800、1400、2500、4200、9800、18000、36000 九种。

同一种代号的螺杆有四种标准的导程及各种特殊导程。

② 2H、2V 双螺杆泵系列分类

a. 2HE、2HM 卧式通用双螺杆泵　性能范围：流量 2～2200m^3/h，出口压力 0.1～2.5MPa，介质黏度 0.5～$10^5$$mm^2$/s，进口压力－0.08～0.8MPa，介质温度－20～120℃，转速 400～2900r/min。

适用范围：2HE用于输送各种具有润滑性无固体杂质的油品，2HM用于输送不含固体杂质的各种油品、化学品及高分子物料，亦可输送含气量小于60%的洁净介质。

b. 2VE、2VM立式通用双螺杆泵　性能范围：流量2～2200m^3/h，出口压力0.1～2.5MPa，介质黏度0.5～10^{5}mm^2/s，进口压力−0.08～0.8MPa，介质温度−20～120℃，转速400～2900r/min。

适用范围：2VE用于输送具有润滑性无固体杂质的各种油品，2VM用于输送不含固体杂质的各种油品、化学品及高分子物料，亦可输送含气量小于60%的洁净介质。

c. 2HR高温高黏双螺杆泵　性能范围：流量2～1600m^3/h，出口压力0.1～2.5MPa，介质黏度1.0～6×10^{5}mm^2/s，进口压力−0.08～0.8MPa，介质温度−20～300℃，转速100～1500r/min。

适用范围：用于介质温度较高且不小于120℃或介质需要加热保温的场合。如介质黏度极高需采用填料密封时可使用此系列泵。此系列泵有泵体底部保温、泵体局部保温及泵体整体保温等多种结构形式。

d. 2HH高压大流量双螺杆泵　性能范围：流量20～1000m^3/h，出口压力2.0～6.0MPa，介质黏度100～4000mm^2/s，进口压力−0.06～0.6MPa，介质温度−20～100℃，转速750～1500r/min。

适用范围：用作输送黏度大于100mm^2/s的各类流体介质的大流量高压长距离输送泵或高压大流量装置主供给泵。

e. 2HC低压大流量双螺杆泵　性能范围：流量500～2500m^3/h，出口压力0.1～1.6MPa，介质黏度1～10^{4}mm^2/s，进口压力−0.05～0.5MPa，介质温度−20～120℃，转速750～1500r/min。

适用范围：用于油品罐区在倒灌状态下输送大流量低压力各种流体介质场所。

f. 2H小流量双螺杆泵　性能范围：流量1～60m^3/h，出口压力0.2～2.5MPa，介质黏度0.5～10^{4}mm^2/s，进口压力−0.08～1.4MPa，介质温度−20～120℃，转速400～2900r/min。

适用范围：用于输送压差Δp小于1.2MPa、流量小于60m^3/h不含固体杂质的各种低、中、高黏介质有腐蚀性的场所，亦可制成移动式结构。

g. 2HG食品化工双螺杆泵　性能范围；流量1～60m^3/h，出口压力0.2～2.0MPa，介质黏度0.5～10^{4}mm^2/s，进口压力−0.08～1.4MPa，介质温度−20～120℃，转速400～2900r/min。

适用范围：采用不锈钢材质以适合食品、化工行业的特殊要求，可制成小车移动式结构。

③ 2H系列双螺杆泵性能见表1-87。

表1-87　2H系列双螺杆泵性能参数（转速n=1450r/min）

规格	压力Δp/0.1MPa	黏度/(mm^2/s)															
		1		15		35		75		150		350		750		1500	
		流量/(m^3/h)	功率/kW	流量/(m^3/h)	功率/kW	流量/(m^3/h)	功率/kW	流量/(m^3/h)	功率/kW	流量/(m^3/h)	功率/kW	流量/(m^3/h)	功率/kW	流量/(m^3/h)	功率/kW	流量/(m^3/h)	功率/kW
260-25	2	7.2	1.3	7.5	1.6	7.7	1.9	7.9	2.2	8.0	2.7	8.1	3.4	8.2	4.2	8.2	4.8
	3	6.8	1.6	7.2	1.8	7.4	2.1	7.7	2.5	7.8	2.9	8.0	3.6	8.1	4.5	8.1	5.0
	4	6.4	1.8	6.9	2.1	7.2	2.4	7.5	2.8	7.7	3.2	7.9	3.9	8.0	4.7	8.1	5.3
	5	6.0	2.1	6.6	2.4	7.0	2.6	7.3	3.0	7.5	3.5	7.8	4.2	7.9	5.0	8.0	5.5
	6	5.7	2.4	6.4	2.6	6.8	2.9	7.1	3.3	7.4	3.7	7.7	4.4	7.8	5.3	8.0	5.8
	7	5.3	2.6	6.1	2.9	6.6	3.2	7.0	3.5	7.3	4.0	7.6	4.7	7.8	5.5	7.9	6.1
	8	4.8	2.8	5.9	3.1	6.4	3.4	6.8	3.8	7.2	4.2	7.5	4.9	7.7	5.8	7.8	6.3
	9			5.7	3.3	6.2	3.7	6.7	4.1	7.1	4.5	7.4	5.2	7.6	6.0	7.8	6.6
	10			5.5	3.5	6.0	4.0	6.6	4.3	6.9	4.8	7.3	5.5	7.6	6.3	7.7	6.8

续表

规格	压力 Δp /0.1 MPa	黏度/(mm²/s)															
		1		15		35		75		150		350		750		1500	
		流量/(m³/h)	功率/kW	流量/(m³/h)	功率/kW	流量/(m³/h)	功率/kW	流量/(m³/h)	功率/kW	流量/(m³/h)	功率/kW	流量/(m³/h)	功率/kW	流量/(m³/h)	功率/kW	流量/(m³/h)	功率/kW
260-34	2	10.0	1.6	10.4	1.8	10.6	2.1	10.8	2.5	10.9	3.0	11.1	3.7	11.2	4.6	11.2	5.2
	3	9.5	1.9	10.0	2.2	10.3	2.5	10.6	2.9	10.8	3.4	10.9	4.1	11.0	5.0	11.1	5.6
	4	9.1	2.3	9.7	2.5	10.0	2.8	10.4	3.2	10.6	3.7	10.8	4.5	10.9	5.4	11.1	5.9
	5	8.6	2.6	9.3	2.9	9.8	3.2	10.2	3.6	10.4	4.1	10.7	4.8	10.9	5.7	11.0	6.3
	6	8.2	3.0	9.0	3.2	9.5	3.5	10.0	4.0	10.3	4.4	10.6	5.2	10.8	6.1	10.9	6.6
	7	7.8	3.4	8.7	3.6	9.3	3.9	9.8	4.3	10.1	4.8	10.4	5.5	10.7	6.4	10.8	7.0
	8	7.4	3.8	8.4	4.0	9.1	4.3	9.6	4.7	10.0	5.1	10.3	5.9	10.6	6.8	10.8	7.3
260-50	2	15.0	1.9	15.4	2.2	15.7	2.5	16.0	3.0	16.2	3.5	16.3	4.3	16.4	5.2	16.5	5.8
	3	14.3	2.5	14.9	2.8	15.3	3.1	15.7	3.5	15.9	4.0	16.1	4.8	16.3	5.7	16.4	6.3
	4	13.7	3.0	14.5	3.3	15.0	3.6	15.4	4.0	15.7	4.5	16.0	5.3	16.2	6.3	16.3	6.8
	5	13.2	3.5	14.1	3.8	14.6	4.1	15.1	4.5	15.5	5.0	15.8	5.8	16.1	6.8	16.2	7.4
	6	12.7	4.0	13.7	4.3	14.3	4.6	14.9	5.1	15.3	5.6	15.7	6.3	15.9	7.3	16.1	7.9
260-72	2	21.6	2.5	22.3	2.8	22.7	3.2	23.1	3.7	23.3	4.2	23.6	5.1	23.7	6.1	23.8	6.8
	3	20.7	3.3	21.6	3.6	22.1	3.9	22.6	4.4	23.0	5.0	23.3	5.8	23.5	6.9	23.7	7.5
	4	19.8	4.0	20.9	4.3	21.6	4.7	22.2	5.2	22.6	5.7	23.0	6.6	23.3	7.6	23.5	8.3
	5	18.9	4.7	20.3	5.1	21.1	5.4	21.8	5.9	22.3	6.5	22.8	7.3	23.2	8.4	23.4	9.0
360-32	2	14.1	2.0	14.4	2.3	14.7	2.6	14.9	3.1	15.0	3.7	15.1	4.5	15.2	5.6	15.3	6.3
	3	13.6	2.4	14.0	2.8	14.4	3.1	14.6	3.6	14.8	4.2	15.0	5.0	15.1	6.1	15.2	6.7
	4	13.1	2.9	13.7	3.2	14.1	3.6	14.4	4.1	14.6	4.6	14.9	5.5	15.0	6.6	15.1	7.2
	5	12.6	3.4	13.3	3.7	13.8	4.1	14.2	4.6	14.5	5.1	14.7	6.0	14.9	7.0	15.0	7.7
	6	12.2	3.9	13.0	4.2	13.5	4.6	14.0	5.0	14.3	5.6	14.6	6.5	14.8	7.5	15.0	8.2
	7	11.8	4.4	12.7	4.7	13.3	5.0	13.8	5.5	14.2	6.1	14.5	6.9	14.7	8.0	14.9	8.7
	8	11.4	4.9	12.4	5.2	13.1	5.5	13.6	6.0	14.0	6.6	14.4	7.4	14.7	8.5	14.8	9.1
	9	11.0	5.4	12.1	5.7	12.8	6.0	13.4	6.5	13.9	7.0	14.3	7.9	14.6	9.0	14.8	9.6
	10			11.8	6.2	12.5	6.5	13.3	7.0	13.7	7.5	14.2	8.4	14.5	9.4	14.7	10.1
360-40	2	17.6	2.3	18.1	2.6	18.4	3.0	18.6	3.5	18.8	4.0	18.9	5.0	19.1	6.1	19.1	6.8
	3	17.0	2.9	17.6	3.2	18.0	3.6	18.3	4.1	18.5	4.6	18.8	5.6	18.9	6.7	19.0	7.4
	4	16.4	3.5	17.2	3.8	17.6	4.2	18.0	4.7	18.3	5.2	18.6	6.2	18.8	7.3	18.9	8.0
	5	15.9	4.1	16.7	4.4	17.3	4.8	17.8	5.3	18.1	5.8	18.4	6.8	18.7	7.9	18.8	8.6
	6	15.3	4.7	16.3	5.0	17.0	5.4	17.5	5.9	17.9	6.4	18.3	7.4	18.6	8.5	18.7	9.2
	7			16.0	5.6	16.7	6.0	17.3	6.5	17.7	7.0	18.2	8.0	18.4	9.1	18.7	9.8
	8					16.4	6.6	17.1	7.1	17.6	7.6	18.0	8.6	18.3	9.7	18.6	10.4
360-60	2	26.6	2.9	27.2	3.3	27.6	3.6	27.9	4.2	28.2	4.8	28.4	5.7	28.5	6.9	28.7	7.6
	3	25.8	3.8	26.6	3.1	27.1	4.5	27.5	5.1	27.9	5.7	28.1	6.6	28.4	7.8	28.5	8.5
	4	25.0	4.7	26.0	5.0	26.6	5.4	27.2	6.0	27.6	6.6	27.9	7.5	28.2	8.7	28.4	9.4
	5			25.4	5.9	26.2	6.3	26.8	6.9	27.3	7.5	27.7	8.4	28.0	9.6	28.2	10.3
	6					25.7	7.2	26.5	7.8	27.0	8.4	27.5	9.3	27.9	10.5	28.1	11.2
360-80	2	34.8	3.5	35.8	3.9	36.4	4.3	36.9	4.9	37.3	5.5	37.7	6.5	37.9	7.7	38.1	8.5
	3	33.3	4.7	34.7	5.1	35.5	5.5	36.3	6.1	36.8	6.7	37.3	7.7	37.6	8.9	37.9	9.7
	4	32.0	5.9	33.7	6.3	34.8	6.7	35.7	7.3	36.3	7.9	36.9	8.9	37.3	10.1	37.6	10.9
	5					34.0	7.9	35.1	8.5	35.8	9.1	36.6	10.1	37.1	11.3	37.4	12.1

续表

规格	压力 Δp /0.1 MPa	黏度/(mm²/s)															
		1		15		35		75		150		350		750		1500	
		流量/(m³/h)	功率/kW	流量/(m³/h)	功率/kW	流量/(m³/h)	功率/kW	流量/(m³/h)	功率/kW	流量/(m³/h)	功率/kW	流量/(m³/h)	功率/kW	流量/(m³/h)	功率/kW	流量/(m³/h)	功率/kW
460-38	2	25.0	4.9	25.5	5.9	25.8	7.0	26.1	8.6	26.3	10.3	26.4	13.1	26.6	16.5	26.7	18.6
	3	24.3	5.7	25.0	6.7	25.4	7.9	25.8	9.4	26.0	11.2	26.3	14.0	26.4	17.3	26.5	19.5
	4	23.7	6.5	24.5	7.6	25.0	8.7	25.5	10.2	25.8	12.0	26.1	14.8	26.3	18.1	26.4	20.3
	5	23.1	7.4	24.0	8.4	24.7	9.5	25.2	11.1	25.6	12.8	25.9	15.6	26.2	19.0	26.3	21.1
	6	22.5	8.2	23.6	9.2	24.3	10.4	24.9	11.9	25.3	13.7	25.7	16.5	26.0	19.8	26.2	22.0
	7	21.9	9.0	23.2	10.1	24.0	11.2	24.7	12.7	25.1	14.5	25.6	17.3	25.9	20.7	26.1	22.8
	8	21.4	9.9	22.8	10.9	23.7	12.0	24.4	13.6	24.9	15.3	25.4	18.1	25.8	21.5	26.0	23.6
	9	20.9	10.7	22.4	11.7	23.4	12.9	24.2	14.4	24.8	16.2	25.3	19.0	25.7	22.3	26.0	24.5
	10			22.0	12.6	23.1	13.7	23.9	15.2	24.6	17.0	25.2	19.8	25.6	23.2	25.9	25.3
460-50	2	33.6	5.7	34.2	6.9	34.6	8.1	34.9	9.8	35.1	11.7	35.3	14.7	35.5	18.4	35.6	20.8
	3	32.8	6.8	33.6	8.0	34.0	9.2	34.5	10.9	34.8	12.8	35.1	15.9	35.3	19.6	35.5	21.9
	4	32.0	8.0	33.0	9.1	33.6	10.3	34.2	12.0	34.5	13.9	34.9	17.0	35.1	20.7	35.3	23.0
	5	31.3	9.1	32.4	10.2	33.2	11.4	33.8	13.1	34.3	15.0	34.7	18.1	35.0	21.8	35.2	24.1
	6	30.6	10.2	31.9	11.3	32.8	12.5	33.5	14.2	34.0	16.2	34.5	19.2	34.8	22.9	35.1	25.2
	7	30.0	11.3	31.4	12.4	32.4	13.6	33.2	15.3	33.8	17.3	34.3	20.3	34.7	24.0	35.0	26.3
	8	29.3	12.4	30.9	13.5	32.0	14.7	32.9	16.4	33.5	18.4	34.1	21.4	34.6	25.1	34.9	27.4
	9			30.5	14.6	31.6	15.9	32.6	17.5	33.3	19.5	24.0	22.5	34.4	26.2	34.7	28.5
	10		460			31.3	17.0	32.3	18.6	33.1	20.6	33.8	23.6	34.3	27.3	34.6	29.7
460-75	2	50.6	7.4	51.5	8.8	52.0	10.2	52.4	12.2	52.8	14.5	53.1	18.0	53.3	22.3	53.4	25.1
	3	49.5	9.1	50.6	10.4	51.3	11.9	51.9	13.8	52.3	16.1	52.7	19.7	53.0	24.0	53.2	26.7
	4	48.4	10.8	49.7	12.1	50.6	13.5	51.4	15.5	51.9	17.8	52.4	21.3	52.8	25.7	53.0	28.4
	5	47.3	12.4	49.0	13.8	50.0	15.2	50.9	17.2	51.5	19.5	52.1	23.0	52.6	27.3	52.9	30.1
	6	46.4	14.1	48.2	15.4	49.4	16.9	50.4	18.8	51.2	21.1	51.9	24.7	52.4	29.0	52.7	31.7
	7	45.4	15.8	47.5	17.1	48.9	18.5	50.0	20.5	50.8	22.8	51.6	26.3	52.1	30.7	52.5	33.4
	8			46.8	18.8	48.3	20.2	49.6	22.2	50.5	24.5	51.4	28.0	52.0	32.3	52.4	35.1
	9					47.8	21.9	49.2	23.8	50.2	26.1	51.1	29.7	51.8	34.0	52.2	36.7
	10							48.8	25.5	49.9	27.8	50.9	31.3	51.6	35.7	52.1	38.4
460-96	2	63.5	8.8	64.7	10.3	65.5	11.9	66.1	14.1	66.6	16.7	67.0	20.7	67.3	25.5	67.6	28.6
	3	61.7	10.9	63.3	12.4	64.4	14.0	65.3	16.2	65.9	18.8	66.5	22.8	67.0	27.7	67.3	30.7
	4	60.1	13.0	62.1	14.5	63.4	16.1	64.5	18.3	65.3	20.9	66.1	24.9	66.6	29.8	67.0	32.8
	5	58.6	15.2	61.0	16.6	62.5	18.3	63.8	20.5	64.8	23.0	65.7	27.0	66.3	31.9	66.7	34.9
	6	57.2	17.3	60.0	18.8	61.7	20.4	63.2	22.6	64.3	25.1	65.3	29.1	66.0	34.0	66.5	37.0
	7			58.9	20.9	60.9	22.5	62.5	24.7	63.8	27.3	64.9	31.2	65.7	36.1	66.2	39.2
	8					60.1	24.6	61.9	26.8	63.3	29.4	64.5	33.3	65.4	38.2	66.0	41.3
	9							61.3	28.9	62.8	31.5	64.1	35.5	65.1	40.3	65.8	43.4
	10									62.3	33.6	63.8	37.6	64.8	42.4	65.6	45.5

(4) SN 系列三螺杆泵

SN 系列三螺杆泵运转时吸入性能极好，在化学工业、石油化工中作为装载、输送和供液泵用于输送各种不含固体颗粒、无腐蚀性的油类和具有润滑性的液体，还可以根据所输送介质的需要，提供加热或冷却结构形式。

① SN 系列三螺杆泵型号意义示例：

SN F 210 R 46 K2 Y-W3

SN—系列；F—形式；210—规格；R—主杆的旋向（R 为右旋，L 为左旋）；46—螺旋角，(°)；K2—结构特性及轴承与轴封；Y—泵体；W3—材料组合。

a. 系列　见下表。

系列	主要特征	最大流量/(L/min)	规格范围	最大排出压力/MPa
SN	中压,单吸,轴向力液压平衡	5300	40～5300	4.0

b. 形式　见下表。

符号	结构说明	符号	结构说明
H	卧式地脚安装泵	E	插装式泵组,从驱动侧插入
F	法兰安装式泵	T	筒型泵组,从带止口吸入侧插入
S	立式柱脚式	G	不带轴封的(齿轮)传动装置泵,进出口轴向U形布置

② SN系列三螺杆泵性能见表1-88。

表1-88　SN系列三螺杆泵性能参数（转速 $n=2900\text{r/min}$）

规格	压力/MPa	运动黏度/(mm²/s)																	
		3		6		12		20		40		75		150		380		760	
		流量/(L/min)	轴功率/kW	流量/(L/min)	轴功率/kW	流量/(L/min)	轴功率/kW	流量/(L/min)	轴功率/kW	流量/(L/min)	轴功率/kW	流量/(L/min)	轴功率/kW	流量/(L/min)	轴功率/kW	流量/(L/min)	轴功率/kW	流量/(L/min)	轴功率/kW
660-40	0.5	1048	16.2	1055	16.2	1060	16.2	1064	16.2	1067	16.2	1070	18.7	1071	21.8	1073	28.7	1074	37.8
	1.0	1025	25.1	1039	25.1	1047	25.1	1054	25.1	1060	25.1	1065	27.7	1067	30.7	1070	37.7	1072	46.8
	1.5	1004	34.1	1024	34.1	1035	34.1	1046	34.1	1053	34.1	1060	36.6	1064	39.7	1068	46.6	1070	55.7
	2.0	984	43.1	1009	43.1	1024	43.1	1037	43.1	1047	43.1	1055	45.6	1060	48.7	1065	55.6	1068	64.7
	2.5	964	52.0	995	52.0	1013	52.0	1029	52.0	1041	52.0	1051	54.6	1057	57.6	1063	64.6	1066	73.7
	3.0	945	61.0	982	61.0	1002	61.0	1021	61.0	1035	61.0	1047	63.5	1054	66.6	1061	73.5	1065	82.6
	3.5	927	70.0	968	70.0	992	70.0	1013	70.0	1029	70.0	1043	72.5	1051	75.6	1059	82.5	1063	91.6
	4.0	909	78.9	955	78.9	982	78.9	1006	78.9	1023	78.9	1039	81.5	1048	84.5	1057	91.5	1061	101
660-44	0.5	1181	17.4	1192	17.4	1198	17.4	1204	17.4	1208	17.4	1211	19.9	1213	23.0	1215	29.9	1217	39.0
	1.0	1150	27.5	1169	27.5	1181	27.5	1190	27.5	1198	27.5	1204	30.1	1208	33.1	1212	40.1	1214	49.2
	1.5	1121	37.7	1148	37.7	1164	37.7	1178	37.7	1189	37.7	1198	40.2	1203	43.3	1208	50.2	1211	59.2
	2.0	1093	47.9	1129	47.9	1149	47.9	1167	47.9	1180	47.9	1192	50.4	1199	53.5	1205	60.4	1209	69.5
	2.5	1067	58.0	1110	58.0	1134	58.0	1156	58.0	1172	58.0	1186	60.6	1194	63.6	1202	70.6	1206	79.7
	3.0	1041	68.2	1091	68.2	1120	68.2	1145	68.2	1164	68.2	1180	70.7	1190	73.8	1199	80.7	1204	89.8
	3.5			1073	78.4	1105	78.4	1134	78.4	1156	78.4	1174	80.9	1185	84.0	1196	90.9	1202	100
	4.0			1055	88.5	1092	88.5	1124	88.5	1148	88.5	1169	91.1	1181	94.1	1193	101	1200	110
660-46	0.5	1281	18.2	1292	18.2	1298	18.2	1304	18.2	1308	18.2	1311	20.7	1313	23.8	1315	30.7	1317	39.8
	1.0	1250	29.2	1269	29.2	1281	29.2	1290	29.2	1298	29.2	1304	31.7	1308	34.8	1312	41.7	1314	50.8
	1.5	1221	40.2	1248	40.2	1264	40.2	1278	40.2	1289	40.2	1298	42.7	1303	45.8	1308	52.7	1311	61.8
	2.0	1193	51.2	1229	51.2	1249	51.2	1267	51.2	1280	51.2	1292	53.7	1299	56.8	1305	63.7	1309	72.8
	2.5	1167	62.2	1210	62.2	1234	62.2	1256	62.2	1272	62.2	1286	64.7	1294	67.8	1302	74.7	1306	83.8
	3.0	1141	73.2	1191	73.2	1220	73.2	1245	73.2	1264	73.2	1280	75.7	1290	78.8	1299	85.7	1304	94.8
	3.5			1173	84.2	1205	84.2	1234	84.2	1256	84.2	1274	86.7	1285	89.8	1296	96.7	1302	106
	4.0			1155	95.5	1192	95.5	1224	95.5	1248	95.5	1269	97.7	1281	101	1293	108	1300	117
940-42	0.5	1516	23.4	1530	23.4	1538	23.4	1545	23.4	1550	23.4	1555	26.9	1558	31.0	1560	40.7	1562	53.1
	1.0	1475	36.4	1500	36.4	1515	36.4	1528	36.4	1537	36.4	1546	39.9	1551	44.1	1555	53.8	1558	66.1
	1.5	1438	49.5	1473	49.5	1494	49.5	1512	49.5	1526	49.5	1537	53.0	1544	57.1	1551	66.8	1555	79.2
	2.0	1403	62.5	1448	62.5	1474	62.5	1497	62.5	1514	62.5	1530	66.0	1538	70.2	1547	79.9	1552	92.2
	2.5	1368	75.6	1423	75.6	1455	75.6	1483	75.6	1504	75.6	1522	79.1	1533	83.2	1543	92.9	1549	105
	3.0	1335	88.6	1399	88.6	1436	88.6	1469	88.6	1493	88.7	1515	92.1	1527	96.3	1539	106	1546	118
	3.5	1303	102	1376	102	1418	102	1455	102	1483	102	1507	105	1521	109	1535	119	1543	131
	4.0			1353	115	1400	115	1442	115	1473	115	1500	118	1516	122	1532	132	1540	114

续表

规格	压力/MPa	运动黏度/(mm^2/s)																	
		3		6		12		20		40		75		150		380		760	
		流量/(L/min)	轴功率/kW	流量/(L/min)	轴功率/kW	流量/(L/min)	轴功率/kW	流量/(L/min)	轴功率/kW	流量/(L/min)	轴功率/kW	流量/(L/min)	轴功率/kW	流量/(L/min)	轴功率/kW	流量/(L/min)	轴功率/kW	流量/(L/min)	轴功率/kW
940-46	0.5	1830	26.0	1844	26.0	1852	26.0	1859	26.0	1864	26.0	1869	29.5	1872	33.6	1874	43.3	1876	55.7
	1.0	1789	41.7	1814	41.7	1829	41.7	1842	41.7	1851	41.7	1860	45.2	1865	49.3	1869	59.0	1872	51.3
	1.5	1752	57.3	1787	57.3	1808	57.3	1826	57.3	1840	57.3	1851	60.8	1858	65.0	1865	74.7	1869	87.0
	2.0	1717	73.0	1762	73.0	1788	73.0	1811	73.0	1828	73.0	1844	76.5	1852	80.6	1861	90.3	1866	103
	2.5	1682	88.7	1737	88.7	1769	88.7	1797	88.7	1818	88.7	1836	92.2	1847	96.3	1857	106	1863	118
	3.0	1649	104	1713	104	1750	104	1783	104	1807	104	1829	108	1841	112	1853	122	1860	134
	3.5			1690	120	1732	120	1769	120	1797	120	1821	124	1836	128	1849	137	1857	150
	4.0			1667	136	1714	136	1756	136	1787	136	1814	139	1830	143	1846	153	1854	165
940-50	0.5	2060	28.2	2082	28.2	2095	28.2	2106	28.2	2115	28.2	2122	31.7	2126	35.8	2131	45.5	2133	57.8
	1.0	1995	46.0	2035	46.0	2058	46.0	2079	46.0	2094	46.0	2108	49.5	2116	53.6	2123	63.3	2127	75.7
	1.5	1935	63.8	1992	63.8	2025	63.8	2054	63.8	2075	63.8	2094	67.3	2105	71.5	2116	81.2	2122	93.5
	2.0	1879	81.7	1951	81.7	1993	81.7	2030	81.7	2057	81.7	2082	85.2	2096	89.3	2110	99.0	2117	111
	2.5	1824	99.5	1911	99.5	1962	79.5	2007	99.5	2040	99.5	2069	103	2087	107	2103	117	2112	129
	3.0			1873	117	1932	117	1984	117	2023	117	2058	121	2078	125	2097	135	2107	147
	3.5			1835	135	1903	135	1962	135	2007	135	2046	139	2069	143	2091	153	2103	165
	4.0					1875	153	1941	153	1991	153	2035	157	2060	161	2085	170	2098	183
1300-38	0.5	1910	29.6	1823	29.6	1830	29.6	1836	29.6	1841	29.6	1846	34.6	1848	39.6	1851	53.7	1852	69.5
	1.0	1773	45.1	1796	45.1	1809	45.1	1821	45.1	1830	45.1	1837	50.1	1842	55.1	1846	69.2	1849	84.9
	1.5	1738	60.5	1771	60.5	1790	60.5	1806	60.5	1819	60.5	1830	65.5	1836	70.6	1842	84.7	1846	100
	2.0	1705	76.0	1747	76.0	1771	76.0	1793	76.0	1809	76.0	1822	81.0	1831	86.0	1839	100	1843	116
	2.5	1674	91.5	1725	91.5	1754	91.5	1779	91.5	1799	91.5	1815	96.5	1825	101	1835	116	1840	131
	3.0	1644	107	1703	107	1736	107	1766	107	1789	107	1809	112	1820	117	1831	131	1837	147
	3.5	1614	122	1681	122	1720	122	1754	122	1780	122	1802	127	1815	132	1828	147	1835	162
	4.0	1585	138	1660	138	1703	138	1742	138	1771	138	1796	143	1810	148	1824	162	1832	178
1300-42	0.5	2157	32.6	2174	32.6	2184	32.6	2193	32.6	2200	32.6	2206	37.6	2209	42.7	2213	56.8	2214	72.5
	1.0	2106	51.1	2138	51.1	2156	51.1	2172	51.1	2184	51.1	2195	56.1	2201	61.2	2207	75.3	2210	91.0
	1.5	2059	69.6	2104	69.6	2129	69.6	2152	69.6	2169	69.6	2184	74.6	2193	79.7	2201	93.8	2206	110
	2.0	2015	88.1	2071	88.1	2104	88.1	2133	88.1	2155	88.1	2174	93.1	2185	98.2	2196	112	2202	128
	2.5	1972	107	2040	107	2080	107	2115	107	2142	107	2164	112	2178	117	2191	131	2198	147
	3.0	1930	125	2010	125	2057	125	2098	125	2128	125	2155	130	2171	135	2186	149	2194	165
	3.5	1889	144	1981	144	2034	144	2080	144	2116	144	2146	149	2164	154	2181	168	2191	184
	4.0			1952	162	2011	162	2064	162	2103	162	2137	167	2157	172	2177	186	2187	202

(5) 奈莫(NEMO)泵

奈莫(NEMO)泵是一种容积泵，在化工、石油部门用于输送具有腐蚀性、磨蚀性、含气或易产生气泡、高黏度或低黏度以及含有纤维物或固体颗粒等单一的或多种介质的液体，输送介质黏度可达 5×10^4 mPa·s，含固量可达 60%。

① 奈莫(NEMO)泵的结构及工作　奈莫(NEMO)泵的主要工作部件是转子和定子。转子是一根具有大导程、大齿高和小螺纹内径的螺杆，而定子是一个有双头螺线的弹性衬套，相互配合的转子和定子形成了互不相通的密封腔。当转子在定子内转动时，密封空腔沿轴向由泵的吸入端向排出端方向运动，介质在空腔内连续地由吸入端被送向排出端。

② 奈莫(NEMO)泵的特点　定子与转子接触形成的螺旋密封线，将吸入腔与排出腔分开，具有阀门的作用；可实现液气固的多相混输；具有更高的吸上能力(可达 8.5m)；液流

的容积不变化，没有湍流、搅动和脉动；弹性定子能有效降低输送含固体颗粒介质时的磨耗；流量与转速成正比，可实现流量的自动调节。

③ 奈莫（NEMO）泵型号意义示例：

NM 090 S Y 02 S 12 B

NM——系列代号；090——泵的型号；S——驱动结构（S 为标准轴承架，B 为直联型）；Y——进料结构（Y 为标准型吸入室，F 为带螺旋进料器）；02——级数（导程数）；S——截面几何形状（S 为 1/2 标准型，13 为 2/3 型）；12——最大工作压力；B——联轴器形式（B 为销联轴器，K 为齿形联轴器，Z 为十字联轴器，F 为挠性联轴器）。

1.1.12 射流泵

1.1.12.1 射流泵的组成与分类

射流泵主要由喷嘴、喉管入口、喉管和扩散管等组成，见图 1-71。

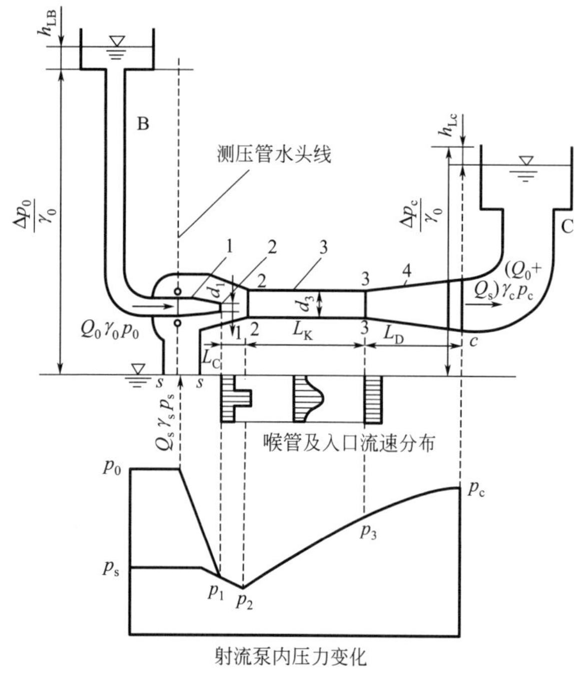

图 1-71 射流泵工作原理

射流泵与输入管路、工作泵（离心泵或往复泵等）和排出管路共同组成射流泵装置系统。

根据工作流体的种类，射流泵可分为液体射流泵和气体射流泵两种。

1.1.12.2 射流泵的特点

射流泵的优点：无运动构件，结构简单，安装维护方便；密封性好，便于综合利用，可兼作混合反应设备；各种有压能源（废水、废气）都可直接作为工作载体，其经济性好。

射流泵的缺点：能量损失较大，效率低。

1.1.12.3 射流泵的参数确定

通过最优参数方程和气蚀方程，可以确定射流泵的压力（扬程）、流量和几何尺寸。

（1）射流泵近似方程

为简化计算，采用近似的直线方程：

$$\frac{\varepsilon}{\varphi_1^2}=h_0\left(1-\frac{q}{q_0}\right) \tag{1-61}$$

式中 ε——压力比，即射流泵压力 Δp_c 与工作压力 Δp_0 之比；

$$\varepsilon=\frac{\Delta p_c}{\Delta p_0} \tag{1-62}$$

φ_1——喷嘴流速系数；

q——流量比，即被吸流体流量 Q_s 与工作流体流量 Q_0 之比；

$$q=\frac{Q_s}{Q_0} \tag{1-63}$$

在上式中，$q=0\sim4$。

当 $1.5<m\leqslant4$ 时，$h_0=2.667-0.00253\times(m+26.07)^2$；

当 $4<m<25$ 时，$h_0=1.45m^{-0.892}$；

当 $1.5<m\leqslant10$ 时，$q_0=(5m-0.9445)^{0.5}-1.75$；

当 $10<m<25$ 时，$q_0=(5m-0.94)^{0.5}-1.70$。

式中　m——面积比，即喉管截面积 A_3 与喷嘴出口截面积 A_1 之比，

$$m=\frac{A_3}{A_1} \tag{1-64}$$

（2）射流泵的最优参数方程

射流泵效率最高时的压力比 ε_{opt}、流量比 q_{opt} 和面积比 m_{opt} 为最优参数。选择射流泵时必须正确计算最优参数，使装置能在高效率区域内工作。

① 射流泵的装置形式及效率表达式　射流泵装置常用的是两类四种，见图 1-72。

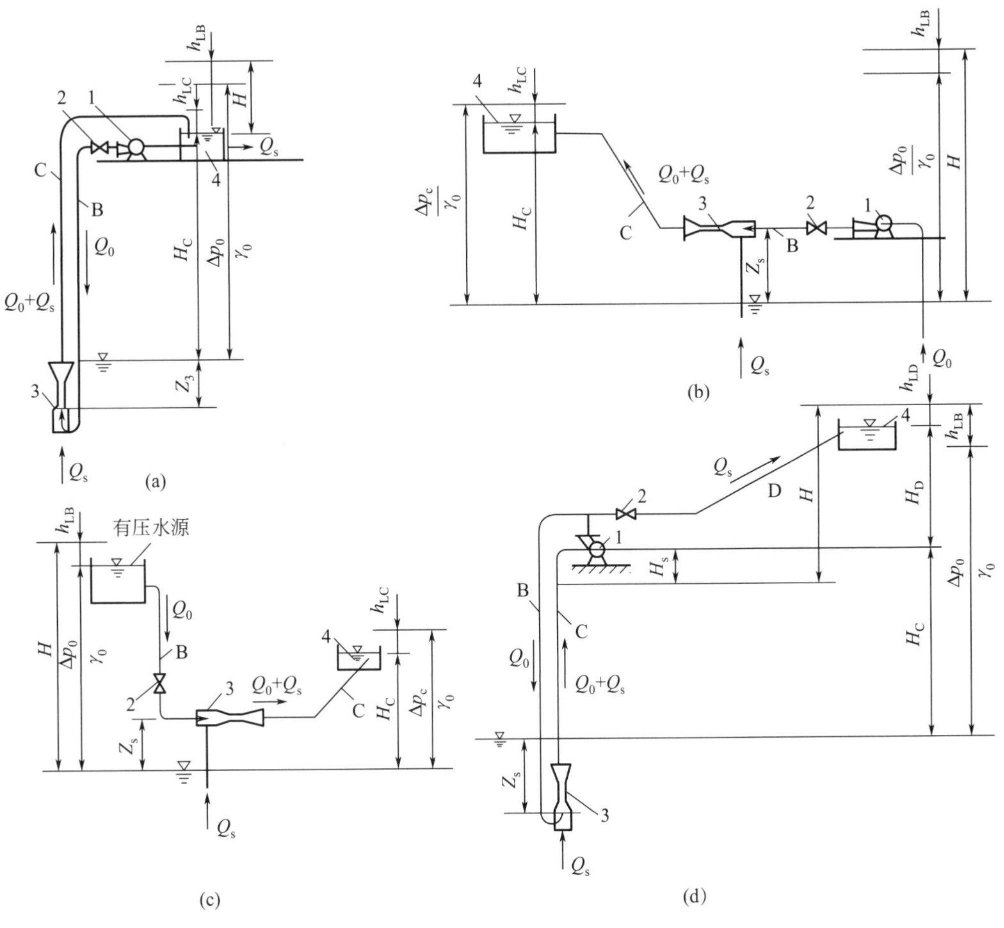

图 1-72　射流泵的装置形式

射流泵装置效率（管路损失除外）为

$$\eta=\eta_i\,\eta_n \tag{1-65}$$

式中　η_n——工作泵效率，对直接从压力源取工作液体的情况 $\eta_n=1$；

η_i——射流泵效率。

② 最优面积比的确定　在流量比 q 或压力比 ε 已定的情况下，射流泵基本特性曲线组的

包络线上各点所对应的面积比 m_{opt} 即是最优面积比，其近似表达式为

当 q 一定时，
$$m_{opt}=\frac{0.952\varphi_1^2\psi_0}{\varepsilon+0.003\varphi_1^2} \tag{1-66}$$

当 ε 一定时，
$$m_{opt}=\left[\left(\frac{q+0.75}{1.118}\right)^2+a\right]\psi_1 \tag{1-67}$$

式中　ψ_0、ψ_1——液体浓度修正系数；

φ_1——喷嘴流速系数；

a——常数，当 $1.5<m\leqslant 2.5$ 时，$a=0.80$；当 $2.5<m<25$ 时，$a=1.25$。

③ 最优流量比和最优压力比的确定　在面积比 m 已定的情况下，使射流泵效率达到最高的流量比为最优流量比 q_{opt}、效率达到最高的压力比为最优压力比 ε_{opt}，其条件为 $\frac{d\eta_i}{dq}=0$，或 $\frac{d\eta_i}{d\varepsilon}=0$。

不同类型装置最优参数的表达式见表 1-89。

表 1-89　最优参数 q_{opt} 和 ε_{opt}（当 m 一定时）的表达式

装置种类	q_{opt}、ε_{opt} 表达式	装置种类	q_{opt}、ε_{opt} 表达式
Ⅰa	$\varepsilon_{opt}^2-\varepsilon_{opt}-q_{opt}\frac{d\varepsilon}{dq}=0$	Ⅰc	$\varepsilon_{opt}+q_{opt}\frac{d\varepsilon}{dq}=0$
Ⅰb	$\bar{\rho}_s\varepsilon_{opt}+(1+\bar{\gamma}_s q_{opt})\frac{d\varepsilon}{dq}=0$	Ⅱ	$1-\varepsilon_{opt}+(1+q_{opt}\bar{\rho}_s)q_{opt}\frac{d\varepsilon}{dq}=0$

注：$\bar{\rho}_s$——密度比。

④ 效率最高的设计参数确定　在 m、q、ε 均未定的情况下选择射流泵时，应尽可能选取与效率达到最高时的设计参数 m'_{opt}、q'_{opt}、ε'_{opt} 最接近的值，使射流泵在最高效率下工作。不同装置型式射流泵最高效率的设计参数也不同。以下数据适用于 $\varphi_1=0.95$、$\varphi_2=0.975$、$\varphi_3=0.9$、$\varphi_4=0.8$ 的条件。

对于Ⅰa 装置的射流泵，$m'_{opt}=3.4$，$q'_{opt}=0.97$，$\varepsilon'_{opt}=0.27$；

对于Ⅰb 装置的射流泵，$m'_{opt}=1.0$，$q'_{opt}=0$，$\varepsilon'_{opt}=1.0$；

对于Ⅰc 装置的射流泵，$m'_{opt}=4.2$，$q'_{opt}=1.3$，$\varepsilon'_{opt}=0.97$；

对于Ⅱ装置的射流泵，$m'_{opt}=\infty$，$q'_{opt}=\infty$，$\varepsilon'_{opt}=0$。

(3) 气蚀方程

射流泵发生气蚀后不出现断流现象，但泵的效率急剧下降，吸入流量再也不能加大，此时相应的流量比即是临界流量比 q_{cr}。选择射流泵时必须保证 $q<q_{cr}$，以免发生气蚀。射流泵的气蚀状况与工作压力 Δp_0、安装高度 Z_s 和面积比 m 有关。试验表明，当 $Z_s>3$m 时，射流泵虽未发生气蚀，但效率下降，因此实际使用射流泵时应避免提高它的安装高度。

临界流量比 q_{cr} 为

$$q_{cr}=(m-1)\sqrt{\frac{h_{cr}}{h_{cr}+1.27}} \tag{1-68}$$

式中　h_{cr}——临界高度。

1.1.12.4　射流泵的选择

(1) 选择类型

根据给定条件，射流泵的选择有三种类型：

① 已知射流泵扬程或吸入流量、工作压力或工作泵性能，选择射流泵；

② 已知射流泵扬程或吸入流量、射流泵面积比 m，确定所需的工作压力或工作泵性能；

③ 已知射流泵扬程和吸入流量，确定所需的工作压力或工作泵性能。

(2) 射流泵选择步骤

① 对于第一种类型

a. 选取最优参数　根据公式：$m_{opt}=\dfrac{0.952\varphi_1^2\psi_0}{\varepsilon+0.003\varphi_1^2}$，确定最优面积比 m_{opt}。

b. 计算工作压力和吸入流量并进行校核，求出 q 或 ε 并校核：

选择所要求的吸入流量　$Q_s=Q_0q\geqslant Q_s'$；

选择给出的工作压头　$\dfrac{\Delta p_0}{\rho_0 g}=\dfrac{\Delta p_c}{\rho_0 gh}\leqslant\dfrac{\Delta p_0'}{\rho_0 g}$。

c. 计算临界流量比 q_{cr}　按式(1-68) 计算 q_{cr}，并校核 $q<q_{cr}$，如不能满足，则需要改变泵的安装高度 Z_s 或工作压力及面积比 m，重新进行计算。

② 对于第二种类型

a. 选择最优参数　根据采用的装置形式确定最优流量比 q_{opt} 和最优压力比 ε_{opt}。

b. 计算工作压力和吸入流量并进行校核　根据 q_{opt}、ε_{opt} 确定 $\dfrac{\Delta p_0}{\rho_0 g}=\dfrac{\Delta p_c}{\rho_0 gh}$，并校核 $Q_s=Q_0q_{opt}\geqslant Q_s'$。

c. 步骤与第一种类型相同。

③ 对于第三种类型

a. 选择最优参数　根据采用的装置形式选择与效率最高的设计参数相近的 m_{opt}、ε_{opt} 和 q_{opt}。

b. 计算工作压力和吸入流量并进行校核

根据 q_{opt}、ε_{opt} 确定 $\dfrac{\Delta p_0}{\rho_0 g}=\dfrac{\Delta p_c}{\rho_0 gh}$，并校核 $Q_s=Q_0q_{opt}\geqslant Q_s'$。

c. 步骤与第一种类型相同。

1.2 风　　机

1.2.1 概述

风机是把原动机的机械能转变为气体的压力能，用来为气体增压与输送气体的机械。

1.2.1.1 风机分类及应用

(1) 风机分类

风机类型繁多，常用的分类方法如下。

① 按工作原理分为叶片式、容积式和喷射式三类。

叶片式包括离心式、混（斜）流式、轴流式、横流（贯流）式，见图 1-73。容积式主要有罗茨式。

② 按排气压力（以绝对压力计）分为：通风机，排气压力低于 11.27×10^{-2} MPa；鼓风机，排气压力在 $(11.27\sim34.3)\times10^{-2}$ MPa 范围内。

常用的离心式风机和轴流式风机按其升压又可分为：高压离心式风机，升压为（2.94～

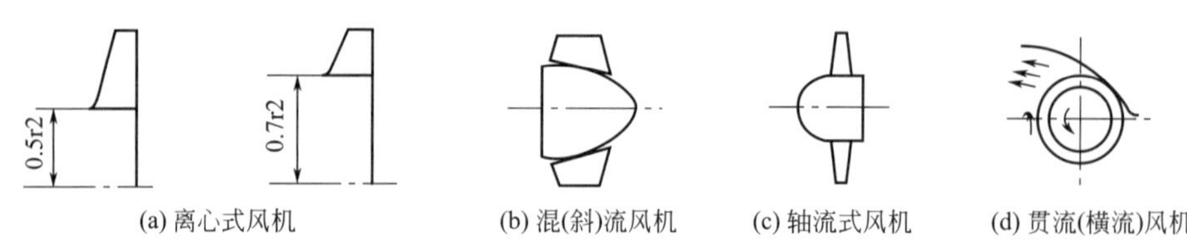

图 1-73 风机叶片类型简图

14.7)×10^{-3}MPa；中压离心式风机，升压为（0.98～2.94）×10^{-3}MPa；低压离心式风机，升压为0.98×10^{-3}MPa以下；高压轴流式风机，升压为（0.49～4.9）×10^{-3}MPa；低压轴流式风机，升压为0.49×10^{-3}MPa以下。

③ 按用途可分为锅炉引风机、气体输送风机、耐磨风机、高温风机等。

（2）风机应用

离心式风机适用于小流量、高压力场合，轴流式风机常用于大流量、低压力场合。通用风机都已实现了系列化。

化工行业常用风机主要有如下几类。

① 锅炉用风机　锅炉用风机通常选用离心式或轴流式。按其作用有向锅炉内输送常温空气的锅炉送风机和从锅炉内抽吸70～250℃烟气的锅炉引风机。根据所需流量变化要求，风机进口装有导流器，以调节流量。

② 通风换气用风机　通风换气用风机一般用于化工厂通风换气，要求压力不高、噪声低，常采用离心式或轴流式风机。主风机流量较大，用于大范围通风换气，采用轴流式或离心式；局部风机用于局部区域通风换气，流量、压力均小，多采用防爆轴流式风机。

③ 高温风机　用于为化工设备输送高温气体。

④ 防爆风机　用于输送易爆性化工气体。

⑤ 耐腐蚀风机　用于输送有腐蚀性的化工气体，常采用耐腐蚀塑料材料制造。

另外，还有化工冷却塔用风机、化工厂车间通风用风机、排尘风机等。

化工用风机的发展方向是高效率、低噪声、大型化、调节自动化。

1.2.1.2 风机主要性能参数

流量、压力、转速、功率和效率是风机的主要性能参数。

（1）流量

单位时间内流经风机的气体容积或质量，称为流量（又称风量）。

① 容积流量　单位时间内流经风机的气体容积。风机的容积流量是指标准状态下的容积，常用单位为m^3/s、m^3/min、m^3/h。

② 质量流量　单位时间内流经风机的气体质量，常用单位为kg/s、kg/min、kg/h。

（2）压头

风机压头指气体所获得的能量头增值，即气体在风机内压头升高值或风机进出口处气体压头之差，分为静压、动压和全压。性能参数指风机全压。单位有J/N、mH_2O、mmH_2O、mmHg等。

（3）转速

风机轴单位时间内转过的圈数。风机转速直接影响风机流量、压力、效率，单位为r/min。

（4）轴功率

由原动机传到风机轴上的功率为轴功率，单位是 kW。

（5）效率

效率反映风机能量的利用程度。

1.2.1.3 风机选择

选择风机时，要注意以下原则。

① 根据风机所输送气体的物理、化学性质不同（如清洁空气或易燃、易爆、腐蚀性气体、含尘烟气、高温烟气等），选择不同用途的风机。

② 选择风机时，要注意风机性能的标准状况。一般风机标准状况为：大气压力 $p=760\text{mmHg}$，温度 $t=20℃$，相对湿度 $\varphi=50\%$，空气密度 $\rho=1.2\text{kg/m}^3$。锅炉引风机标准状况为：大气压力 $p=760\text{mmHg}$，温度 $t=200℃$，空气密度 $\rho=0.745\text{kg/m}^3$。使用条件不同于标准状况时，要进行风机性能转换。

③ 选择离心式风机，若配用的电机功率小于或等于 75kW，可不装设仅为启动用的阀门。排送高温烟气或空气而选择锅炉引风机时，应设启动用阀门，以防冷态运转时造成过载。

④ 选择风机时，尽量避免采用风机并联或串联工作。当不可避免时，应选择同型号、同性能的风机参加联合工作。采用串联时，第一级风机与第二级风机之间应有一定管长。

⑤ 风机尽可能布置在地基或平台上，以利于维护和检修；风机布置在室外时，电机应加盖防日晒雨淋的防护罩。

⑥ 采用直联风机时，为检修方便，应把混凝土基础面降低到不妨碍风机叶轮同电机一起取出的高度。

⑦ 对有消音要求的通风系统，首先选择效率高、叶轮圆周速度低的风机，且使其在最高效率点附近工作，并采取相应消音和减振措施。风机和电机减振措施一般可采用减振基础，如弹簧减振器或橡胶减振器等。

1.2.2 离心式风机

1.2.2.1 离心式风机主要性能参数及性能曲线

（1）离心式风机主要性能参数

离心式风机主要性能参数包括总压头、风压、风量和功率。

① 总压头　对于风机系统，风机前后均连有风道。要确定风机在运转状态下通过一定风量时的风压和功率，必须先确定总压头 H_z，即风机全压。总压头 H_z 为：

$$H_z=\frac{p_3}{\rho_3 g}-\frac{p_0}{\rho_0 g}+\Sigma\Delta h_1+\Sigma\Delta h_2 \tag{1-69}$$

式中　p_0——风机吸风口外静压，×100kPa；

p_3——风机排风口外静压，×100kPa；

ρ_0——风机吸风口外气体密度，kg/m^3；

ρ_3——风机排风口外气体密度，kg/m^3；

$\Sigma\Delta h_1$——吸入管道流体阻力损失之和，J/N；

$\Sigma\Delta h_2$——排出管道流体阻力损失之和，J/N。

若管道两端都通大气，则

$$H_z=\Sigma\Delta h_1+\Sigma\Delta h_2 \tag{1-70}$$

通风系统总阻力降确定后，根据风机所能提供的压头，选取相应型号风机。通常情况下，压头 H_z 要比输送最大风量时管道中最大阻力降大 10%～20%。Δh_1 和 Δh_2 可按流体力学计算管道阻力方法进行计算。

② 风压　风机风压单位用 Pa 表示。根据风压和总压头关系，风机风压 H 为：

$$H=H_z\rho g \tag{1-71}$$

式中　ρ——气体密度，kg/m^3。

③ 风量　若知风机最大风量 Q_{max}，根据管道中气体流速分别用下两式计算进口管道直径 D_1 和出口管道直径 D_2。

$$\left.\begin{aligned}D_1=\sqrt{\frac{Q_{max}}{\frac{\pi}{4}\nu_1}}\\ D_2=\sqrt{\frac{Q_{max}}{\frac{\pi}{4}\nu_2}}\end{aligned}\right\} \tag{1-72}$$

式中　ν_1——进口管道中气体流速，m/s；

ν_2——出口管道中气体流速，m/s。

气体流速一般取 4～8m/s。

④ 功率　知道风机全压和流量，就可以计算风机的有效功率 N_1

$$N_1=\rho gQH_z\times10^{-3} \tag{1-73}$$

考虑风机水力效率 η_w、容积效率 η_v、机械效率 η_m，则风机轴功率 N 为

$$N=\frac{N_1}{\eta_w\eta_v\eta_m}=\frac{N_1}{\eta} \tag{1-74}$$

式中　η——风机的全效率，$\eta=\eta_w\eta_v\eta_m$。

（2）离心式风机性能曲线

由风机风压 H、流量 Q、轴功率 N 和效率 η 之间的关系可作出风机的性能曲线（见图 1-74）。流动损失等在不同工况下数值难以精确计算，一般都采用通过试验测得实际性能曲线。它可检验设计参数与实测参数的误差，还可判定风机的适应性。

风机性能曲线中各参数均按气体在标准状态（$p_a=1\times100$kPa；温度 $t_a=293$K；相对湿度 $x=50\%$；空气密度 $\rho=1.2kg/m^3$）下的参数作出的。如风机吸入气体状态不同，性能曲线形状将有所变化。其相应各参数换算成标准状态下参数，便于比较和应用。因此，选用风机时，应把不同吸入状态下参数换算成标准状态下的数值，再使用图 1-74。

输送气体状态不同，气体密度有变化时，查性能曲线后应进行如下换算：

$$\left.\begin{aligned}Q=Q_0\\ H=\frac{\rho}{1.2}H_0\\ N=\frac{\rho}{1.2}N_0\end{aligned}\right\} \tag{1-75}$$

式中　Q_0、H_0、N_0——标准状态下性能参数；

Q、H、N——气体密度为 ρ 时的性能参数。

1.2.2.2　离心式风机无量纲性能曲线及选择曲线

（1）离心式风机无量纲性能曲线

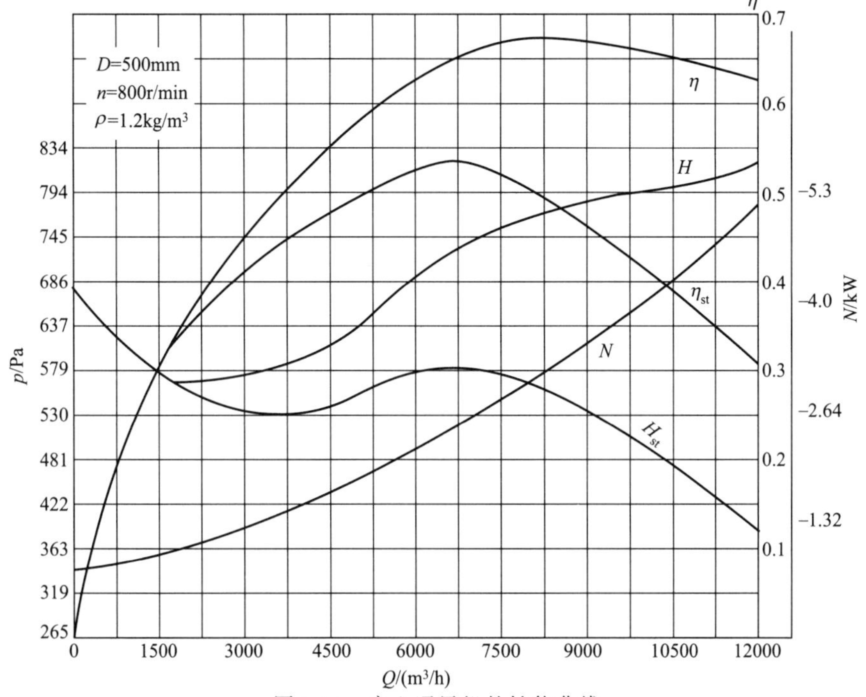

图 1-74　离心通风机的性能曲线

离心式风机性能曲线 Q-H、Q-N、Q-η 是对特定风机在固定转速下通过特定流体用实验测定的。性能曲线只与叶轮大小、叶片形状、叶轮转速和流体流动状态有关。对于某一类风机，可以根据相似理论，用无量纲性能曲线来描述。为此引入三个无量纲系数，即流量系数 $\bar{Q}$、风压系数 $\bar{H}$ 和功率系数 $\bar{N}$。对某一风机做实验后，即可得到无量纲性能曲线 $\bar{Q}$-$\bar{H}$、$\bar{Q}$-$\bar{N}$、$\bar{Q}$-$\bar{\eta}$。在风机几何形状相似的前提下，无论多大尺寸和转速，都可以用这条无量纲性能曲线反映出与此模型风机相类似的一组风机性能。

① 流量系数 $\bar{Q}$　流量系数 $\bar{Q}$ 可以用下式求得：

$$\bar{Q}=\frac{Q}{\pi D_2 b_2 u_2} \tag{1-76}$$

式中　b_2——叶轮宽度，m；

u_2——叶轮出口圆周速度，m/s。

② 风压系数 $\bar{H}$

$$\bar{H}=\frac{H}{u_2^2\rho} \tag{1-77}$$

③ 功率系数 $\bar{N}$

$$\bar{N}=\frac{N}{p\pi D_2 b_2 u_2^3} \tag{1-78}$$

用上面得到的无量纲性能系数 $\bar{Q}$、$\bar{H}$、$\bar{N}$ 来代替 Q、H、N，所得到的无量纲性能曲线可反映一组相似的风机在不同尺寸、不同转速下的性能。

有了某一类型风机无量纲性能曲线，可作出该类型风机的单独性能曲线。

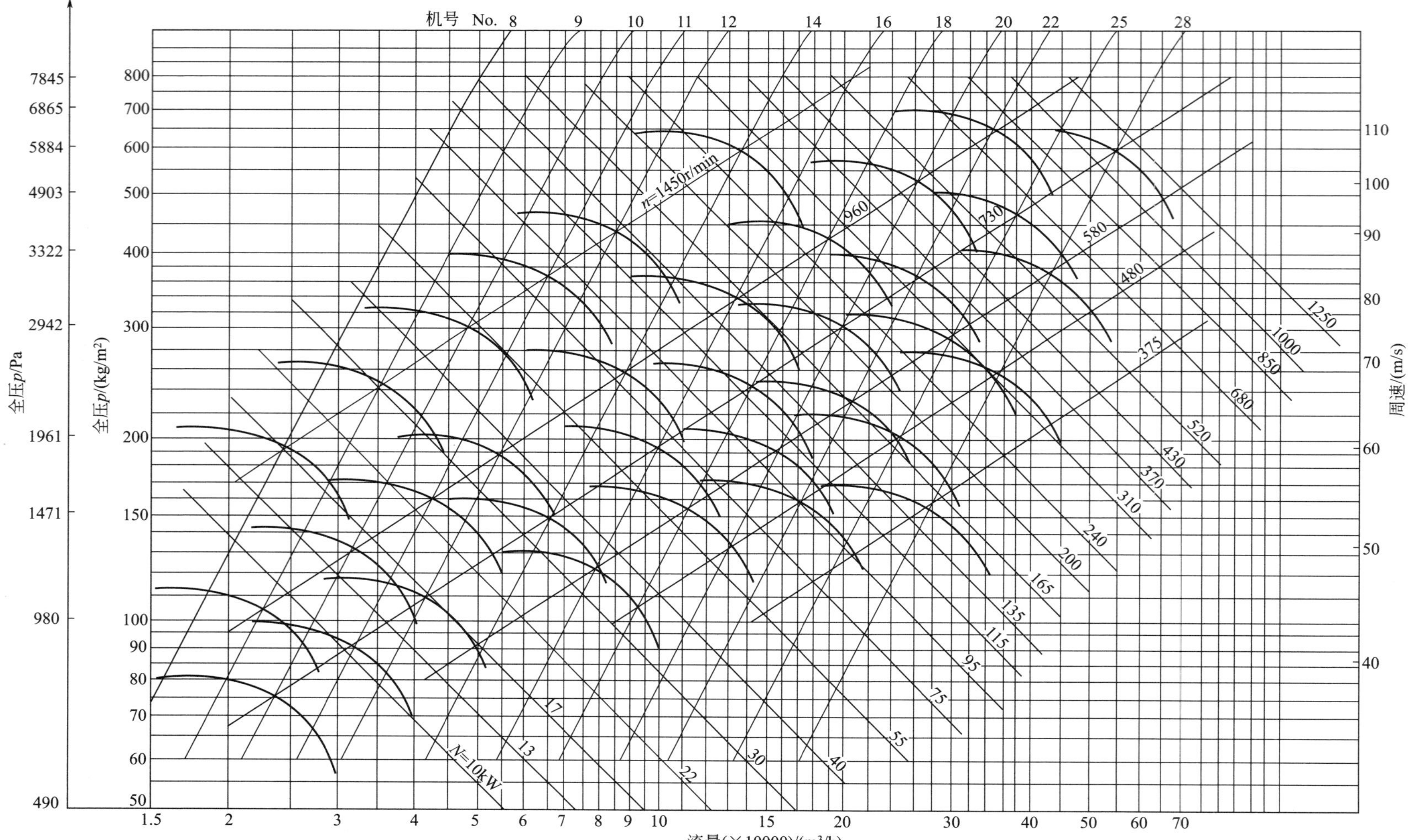

图 1-75　Y4-73 型单吸离心风机性能选择曲线

利用无量纲性能曲线，根据所需要的 Q 和 H 可选择合适风机。

确定转速 n 后，可按公式 $u_2=\frac{\pi D_2 n}{60}$ 求得合适的叶轮外径 D_2，从而确定风机机号。通常机号是风机叶轮外径 D_2 除以 100 而得的。如直径 800mm，除以 100 后得 8，即为 8 号风机。

(2) 离心式风机选择曲线

为了便于选用风机产品，制造厂提供风机选择曲线。选择曲线是指用对数坐标综合表示某一型号的一组风机在工作范围内的性能曲线。图 1-75 是 Y4-73 型单吸离心风机性能选择曲线。选择曲线纵、横坐标均采用对数坐标，图中有三组线：等外径线 D_2（即机号相同）、等转速线 n 和等功率线 N。

选择曲线上列出的机号为目前系列生产的机号，转速为电机铭牌转速或配上皮带轮后所能达到的转速，功率则为电机系列产品功率。选择曲线右面纵坐标上示出叶轮圆周速度 u_2 的数值，再从性能曲线上最高效率点处位置查得。

制造厂所给出的选择曲线和产品规格均是标准状态下的数据，在查用图、表时应先将工作状态下参数换算成标准状态。

1.2.2.3 离心式风机构造与系列

(1) 离心式风机构造

离心式风机由机壳、转子组件、密封组件、轴承、润滑装置以及其他辅助零部件等部分组成。低压离心式风机简化结构见图 1-76。

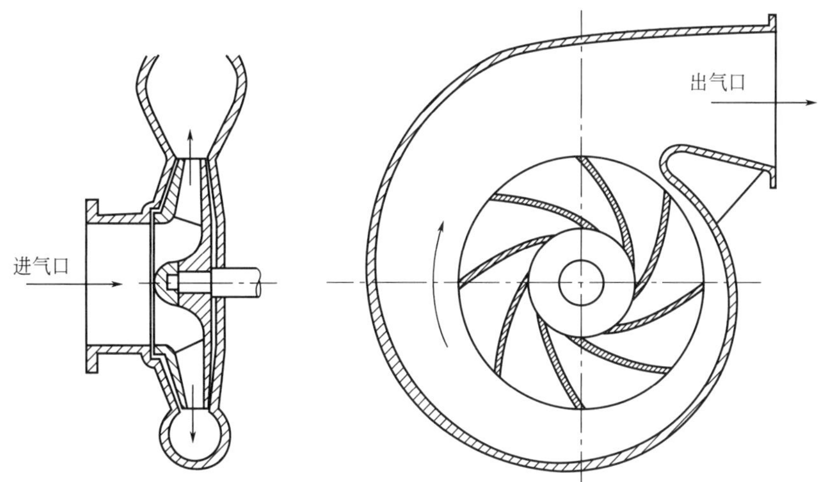

图 1-76 低压离心式风机简化结构

转子组件中的叶轮由叶片、轮盘和轮盖组成。叶轮轮盖有锥形和平面形两种，叶轮成形后铆接或焊接在轮盘上。为了保证叶轮刚度和强度，其宽度要求不大于 $0.45D_2$（D_2 为叶轮外径）。

风机机壳断面有矩形及圆形两种。低压及中压多数是矩形；高压则多为圆形。

(2) 离心式风机系列

风机应用极为广泛，性能又很相近，产品规格也多，已经形成标准化和系列化。我国已制定了一系列标准。部分离心式风机类型及性能见表 1-90。

(3) 离心式风机型号示例

4-72-11№6

表 1-90 部分离心式风机类型及性能

产品型号	产品名称	全压范围 H_z/mmH_2O	流量范围 $Q/(m^3/h)$	介质温度 /℃	介质密度 /(kg/m^3)	功率范围 N/kW	主要用途
4-72-11 №6～12	离心式风机	23～320	378～228400	20	1.2	1.1～210	一般厂房通风
8-18-12 №4～16	高压离心式风机	345～1690	619～48800	20	1.2	1.5～410	高压强制通风
Y4-73-11 №8～20	离心式风机	37～377	15900～32600	20	0.745	5.5～380	锅炉引风
G4-73-11 №8～20	离心式风机	59～269	15900～32600	20	1.2	10～550	锅炉送风
F4-62-1 №3～12	离心式风机	16～254	430～59580	20	1.2	1.1～5.5	输送酸性气体
B4-62-1 №3～12	离心式风机	16～254	430～59580	20	1.2	1.5～5.5	输送易挥发气体

4——风压系数 $\overline{H}$ 乘 10 后化成的整数；72——比转速 n_s 化整值；1——进风型式代号（1为单吸，0 为双吸，2 为两级串联）；1——第一次设计；6——机号，以叶轮直径表示（此风机叶轮直径 $D_2=600$mm）。

比转速 n_s 可由最高效率下流量 Q、风压 H 与转速 n 的关系式计算：

$$n_s=\frac{Q^{\frac{1}{2}}}{H^{\frac{3}{4}}}\times n \tag{1-79}$$

同一基本型号风机若有一种以上不同用途时，应按表 1-91 规定，在型号前加上用途代号以示区别。

表 1-91 风机用途代号

代号	C	M	L	G	F	W	B	Y
风机用途	排送尘屑	输送煤粉	工业炉用	锅炉送风	防腐蚀用	耐高温用	防爆用	锅炉引风

1.2.2.4 离心式风机类型选择

（1）离心式风机选用

选用风机时，需要最大风量 Q_{max} 和最大风压 H_{max}。

根据输送介质性质、风机工作条件来确定风机型式，再根据风量、风压确定风机具体型号。

通常情况下，风机调节是使流量 Q 和风压 H 下降，应按风机最大流量及风压来选择。确定管路阻力时一定会有误差；因此应使

$$Q>Q_{max}$$
$$H>H_{max}$$

一般情况下取

$$Q=1.1Q_{max}$$
$$H=1.2H_{max}$$

另外选择时应要求风机在最高效率的 90%范围内工作。

(2)离心式风机技术性能和主要用途

① 4-72 型离心式风机技术性能见表 1-92。

表 1-92　4-72 型离心式风机技术性能

机　号	转速 /(r/min)	全压 /Pa	风量 /(m^3/h)
No2.8A	2900	970～600	1330～2450
No3.2A	2900 1450	1270～800 320～200	1975～3640 991～1910
No3.6A	2900 1450	1650～1090 410～280	2930～5408 1470～2710
No4A	2900 1450	2040～1340 510～430	4020～7420 2010～3710
No4.5A	2900 1450	2580～1700 650～430	5730～10580 2860～5280
No5A	2900 1450	3240～2240 810～560	7950～14720 3977～7358
No6A	1450 960	1160～800 510～350	6840～12720 4520～8370
No6C	2240	2780～1920	10600～19600
	2000	2220～1980 1830～1530	9500～14100 15250～17600
	1800 1600 1250 1120 1000 900 800	1800～1240 1420～980 860～590 700～480 550～380 450～310 340～230	8520～15800 7560～14000 5920～11000 5300～9800 4730～8750 4250～7850 3780～7000
No8C	1800	3180～3130 3070～2990 2850～2410	20100～22600 25000～27450 29900～34800
	1600	2520～1880	17920～31000
	1250	1540～1440 1370～1160	14000～19100 20800～24200
	1120	1230～1100 1020～930	12500～18620 20120～21650
	1000	980～920 880～740	11200～15300 16600～19300
	900	790～710 660～600	10050～14950 16200～17400
No8C	800 710 630	630～470 490～380 390～290	8960～15500 7920～13710 7040～12200
No10C	1250	2390～2160 2040～1900	34800～44050 47100～50150
	1120	1920 1890～1820 1730～1520	31200 33900～36700 39450～45000
	1000	1530～1380 1300～1210	27800～35200 37650～40100
	900 800 710 630	1240～980 980～780 770～610 610～480	25050～36100 22150～32100 19780～28500 17540～25280
	560	480～450 430～380	15600～18350 19720～22470
	500	390～300	13910～20100
No12C	1120	2770～2620 2490～2190	53800～63280 68020～77500
	1000	2210～1990 1880～1750	48100～60820 65060～69300
	900	1780～1690 1610～1410	43200～50800 54600～62200
	800	1410～1270 1200～1120	38600～48860 52300～55700
	710	1110～1060 1020～880	34200～40260 43320～49500
	630	880～700	30400～43900
	560	690～660 630～550	27000～31750 34140～38900
	500	550～530 500～440	24100～28380 30520～34800
	450	450～400 380～350	21650～27380 29200～31200
	400	360～280	19280～27800
No16B	900	3180～3000 2800～2520	102800～121000 130100～148200
	800	2510 2480～1990	91200 99260～131500
	710	1970～1560	81100～116900
	630	1540～1220	72000～103700
	560	1220～1150 1080 1040～970	64000～75300 81100 86500～92300
	500	980～930 880～780	57100～67200 72300～82300
	450	790～620	51400～74100
	400	630～620 590～500	45700～49700 53800～65800
	355	490～390	40600～58500
	315	390～380 370～310	36000～39200 42300～51900
No20B	710	3070～2530	157500～227500
	630	2420～2280 2190～1910	134000～161200 174800～202000
	560	1920～1730 1630～1520	124500～157800 168900～180000
	500	1520～1380 1290～1200	110000～136200 144600～153000
	450	1240～1210 1160～980	100000～108800 117600～144000
	400	970～770	89000～128500
	355	770～610	78800～113800
	315	610～590 570～480	70000～76200 82400～10100
	280	480～450 430～380	62100～73100 78600～89600
	250	380～300	55500～80000

② 5-29 型离心式风机技术性能见表 1-93。

表 1-93　5-29 型离心式风机技术性能

机　号	风量/(m^3/h)	风压/Pa	机　号	风量/(m^3/h)	风压/Pa
5.5C	2155～3410	3800～2770	6.5C	3984～7969	6670～4870
	2414～4828	4770～3480		4482～8965	8440～6160
	2715～5430	6040～4410	7.5C	5465～10930	7070～5160
6.5C	3557～7115	5320～3800		6120～12210	8880～6480

③ 5-48-11 型离心式风机技术性能见表 1-94。

表 1-94　5-48-11 型离心式风机技术性能

机　号	风量/(m^3/h)	风压/Pa	机　号	风量/(m^3/h)	风压/Pa
5D	6010～9870	3070～2100	10.5D	28000～45800	3390～2300
5.5D	8000～13200	3720～2540	11D	31900～52400	3720～2550
6D	10390～17050	4420～3020	11.5D	36600～60000	4050～2800
10D	23200～39500	3090～2110	12.5D	47000～77300	4810～3620

④ 9-19 型离心式风机技术性能见表 1-95。

表 1-95　9-19 型离心式风机技术性能

机号 No.	传动方式	转速/(r/min)	序号	全压/Pa	流量/(m^3/h)	内效率/%	电机	
							型　号	功率/kW
			1	3660	824	69.7	Y90L-2	2.2
			2	3750	1017	74.2		
			3	3720	1209	76.1	($JO_2$22-2)	(2.2)
4	A	2900	4	3610	1401	75.5	Y100L-2	3
			5	3470	1594	72.2		
			6	3290	1786	67.2	($JO_2$31-2)	(3)
			7	3110	1978	61.3		
			1	4690	1174	71.3		
			2	4800	1448	75.6	Y112M-2	4
			3	4760	1721	77.4	($JO_2$32-2)	(4)
4.5	A	2900	4	4630	1995	76.8		
			5	4450	2269	73.8	Y132S_1-2	5.5
			6	4250	2543	69.0		
			7	4040	2817	63.4	($JO_2$41-2)	(5.5)
			1	5850	1610	72.7		
			2	5980	1986	76.8	Y132S_2-2	7.5
5	A	2900	3	5940	2361	78.5		
			4	5770	2737	77.9	($JO_2$42-2)	(7.5)
			5	5580	3113	75.0		

续表

机号 No.	传动方式	转速 /(r/min)	序号	全压 /Pa	流量 /(m^3/h)	内效率 /%	电机 型号	电机 功率/kW
5	A	2900	6	5330	3488	70.5	Y160M$_1$-2 (JO$_2$51-2)	11 (10)
			7	5080	3864	65.1		
5.6	A	2900	1	7420	2262	74.0	Y160M$_1$-2 (JO$_2$51-2)	11 (10)
			2	7560	2790	77.9		
			3	7520	3317	79.6		
			4	7320	3845	79.0	Y160L-2 (JO$_2$61-2)	18.5 (17)
			5	7080	4373	76.3		
			6	6790	4901	71.9		
			7	6500	5429	66.9		
6.3	A	2900	1	9480	3221	75.3	Y160L-2 (JO$_2$71-2)	18.5 (22)
			2	9650	3972	79.0		
			3	9590	4723	80.6		
			4	9360	5475	80.0	Y200L$_1$-2 (JO$_2$72-2)	30 (30)
			5	9080	6226	77.4		
			6	8720	6978	73.3		
			7	8370	7729	68.5		
7.1	D	2900	1	12140	4610	76.5	Y200L$_2$-2 (JO$_2$82-2)	37 (40)
			2	12350	5685	80.0		
			3	12280	6761	81.5		
			4	12000	7837	81.0	Y250M-2 (JO$_2$91-2)	55 (55)
			5	11660	8912	78.5		
			6	11230	9988	74.6		
			7	10810	11064	70.0		
8	D	2900	1	15410	6594	76.5	Y280S-2 (JO$_2$92-2)	75 (75)
			2	15690	8133	80.0		
			3	15600	9672	81.5		
			4	15230	11211	81.0		
			5	14800	12749	78.5	Y315S-2 (JO$_2$93-2)	110* (100)
			6	14260	14288	74.6		
			7	13720	15827	70.0		
8	D	1450	1	3790	3297	74.2	Y132M-4 (JO$_2$52-4)	7.5 (10)
			2	3860	4067	78.0		
			3	3840	4836	79.7		
			4	3740	5605	79.1	Y160L-4 (JO$_2$61-4)	15 (13)
			5	3620	6375	76.4		
			6	3470	7144	72.1		
			7	3320	7913	67.0		

续表

机号 No.	传动方式	转速 /(r/min)	序号	全压 /Pa	流量 /(m^3/h)	内效率 /%	电机 型号	电机 功率/kW
9	D	1450	1	4840	4695	75.4	Y160L-4	15
			2	4930	5790	79.1		
			3	4910	6886	80.7	($JO_2$62-4)	(17)
			4	4790	7981	80.1	Y180L-4	22
			5	4640	9076	77.5		
			6	4470	10172	73.4	($JO_2$71-4)	(22)
			7	4280	11267	68.6		
10	D	1450	1	6020	6440	76.5	Y200L-4	30
			2	6130	7943	80.0		
			3	6090	9445	81.5		
			4	5950	10948	81.0	($JO_2$72-4)	(30)
			5	5780	12451	78.5		
			6	5570	13953	74.6	Y225S-4	37
			7	5360	15456	70.0	($JO_2$82-4)	(40)
11.2	D	1450	1	7550	9048	76.5	Y225M-4	45
			2	7690	11159	80.0		
			3	7640	13270	81.5	($JO_2$82-4)	(40)
			4	7460	15381	81.0	Y280S-4	75
			5	7250	17492	78.5		
			6	6990	19603	74.6	($JO_2$92-4)	(75)
			7	6720	21714	70.0		
11.2	D	960	1	3290	5990	75.6	Y180L-6	15
			2	3350	7388	79.2		
			3	3330	8786	80.8		
			4	3250	10183	80.2	($JO_2$71-6)	(17)
			5	3150	11581	77.6		
			6	3030	12979	73.6	Y200L_2-6	22
			7	2910	14376	68.8	($JO_2$72-6)	(22)
12.5	D	1450	1	9410	12578	76.5	Y280S-4	75
			2	9570	15513	80.0		
			3	9520	18448	81.5	($JO_2$92-4)	(75)
			4	9300	21383	81.0	Y315S-4	110*
			5	9030	24317	78.5		
			6	8700	27252	74.6	(JS114-4)	(115)
			7	8370	30187	70.0		

续表

机号 No.	传动方式	转速 /(r/min)	序号	全压 /Pa	流量 /(m^3/h)	内效率 /%	电机 型号	电机 功率/kW
12.5	D	960	1	4120	8327	76.5	Y200L$_2$-6 (JO$_2$72-6)	22 (22)
			2	4200	10271	80.0		
			3	4170	12214	81.5		
			4	4080	14157	81.0	Y250M-6 (JO$_2$82-6)	37 (40)
			5	3960	16100	78.5		
			6	3820	18043	74.6		
			7	3670	19986	70.0		
14	D	1450	1	11800	17671	76.5	Y315M$_1$-4 (JS115-4)	132* (135)
			2	12010	21794	80.0		
			3	11940	25918	81.5		
			4	11660	30041	81.0	Y355M$_1$-4 (JS126-4)	200* (225)
			5	11330	34164	78.5		
			6	10920	38287	74.6		
			7	10500	42411	70.0		
14	D	960	1	5170	11700	76.5	Y250M-6 (JO$_2$-826)	37 (40)*
			2	5260	14429	80.0		
			3	5230	17159	81.5		
			4	5110	19889	81.0	Y315S-6 (JO$_2$92-6)	75* (75)
			5	4970	22619	78.5		
			6	4790	25349	74.6		
			7	4600	28079	70.0		
16	D	1450	1	15410	26378	76.5	Y355M$_3$-4 (JS128-4)	315* (300)
			2	15690	32533	80.0		
			3	15600	38688	81.5		
			4	15230	44842	81.0		
			5	14800	50997	78.5	JS138-4	410
			6	14260	57152	74.6		
			7	13720	63307	70.0		
16	D	960	1	6760	17464	76.5	Y315S-6 (JS115-6)	75* (75)
			2	6880	21539	80.0		
			3	6840	25614	81.5		
			4	6680	29689	81.0	Y315M$_3$-6 (JS117-6)	132 (115)
			5	6490	33764	78.5		
			6	6250	37839	74.6		
			7	6010	41914	70.0		

⑤ 9-26 型离心式风机技术性能见表 1-96。

表 1-96　9-26 型离心式风机技术性能

机号 No.	传动方式	转速 /(r/min)	序号	全压 /Pa	流量 /(m^3/h)	内效率 /%	电机 型号	电机 功率/kW
4	A	2900	1	3930	2198	74.7		
			2	3850	2473	75.7	Y132S_1-2	5.5
			3	3740	2748	74.7		
			4	3590	3022	72.4	(J$O_2$41-2)	(5.5)
			5	3420	3297	69.0		
			6	3210	3572	65.1	Y132S_2-2	7.5
			7	3000	3847	61.3	(J$O_2$42-2)	(7.5)
4.5	A	2900	1	5010	3130	76.1	Y132S_2-2	7.5
			2	4920	3521	77.1	(J$O_2$42-2)	(7.5)
			3	4790	3912	76.1		
			4	4610	4303	73.9	Y160M_1-2	11
			5	4400	4695	70.7		
			6	4160	5086	67.1	(J$O_2$51-2)	(10)
			7	3900	5477	63.4		
5	A	2900	1	6230	4293	77.2	Y160M_2-2	15
			2	6130	4830	78.2		
			3	5960	5367	77.2	(J$O_2$61-2)	(17)
			4	5750	5903	75.1		
			5	5510	6440	72.1	Y160L-2	18.5
			6	5220	6977	68.6		
			7	4920	7513	65.1	(J$O_2$61-2)	(17)
5.6	A	2900	1	7870	6032	78.4	Y180M-2	22
			2	7740	6786	79.2	(J$O_2$71-2)	(22)
			3	7540	7540	78.4		
			4	7300	8294	76.4	Y200L_1-2	30
			5	7000	9048	73.5		
			6	6670	9802	70.2	(J$O_2$72-2)	(30)
			7	6310	10556	66.9		
6.3	A	2900	1	10020	8588	79.4	Y225M-2	45
			2	9860	9662	80.3		
			3	9630	10735	79.4	(J$O_2$82-2)	(40)
			4	9340	11809	77.5	Y250M-2	55
			5	8990	12882	74.8		
			6	8570	13956	71.6	(J$O_2$91-2)	(55)
			7	8140	15029	68.5		

续表

机号 No.	传动方式	转速 /(r/min)	序号	全压 /Pa	流量 /(m^3/h)	内效率 /%	电机 型号	电机 功率/kW
7.1	D	2900	1	12800	12293	80.4	Y280S-2 (JO_2-92-2)	75 (75)
			2	12610	13830	81.2		
			3	12330	15366	80.4	Y315S-2 (JO_2-93-2)	110① (100)
			4	11970	16903	78.6		
			5	11540	18439	76.0		
			6	11050	19976	73.0		
			7	10520	21513	70.0		
8	D	2900	1	16250	17585	80.4	Y315M_1-2 (JK-112-2)	132 (125)
			2	16010	19783	81.2		
			3	15650	21982	80.4	Y355M_1-2 (JK-122-2)	200* (185)
			4	15200	24180	78.6		
			5	14660	26378	76.0		
			6	14030	28576	73.0		
			7	13360	30774	70.0		
8	D	1450	1	4020	8793	78.4	Y180M-4 (JO_2-62-4)	18.5 (17)
			2	3950	9892	79.3		
			3	3850	10991	78.4		
			4	3730	12090	76.5	Y200L-4 (JO_2-72-4)	30 (30)
			5	3580	13189	73.6		
			6	3410	14288	70.3		
			7	3220	15387	67.0		
9	D	1450	1	5110	12519	79.5	Y200L-4 (JO_2-72-4)	30 (30)
			2	5040	14084	80.3		
			3	4920	15649	79.5	Y225M-4 (JO_2-91-4)	45 (55)
			4	4770	17214	77.6		
			5	4590	18779	74.9		
			6	4380	20344	71.8		
			7	4160	21909	68.6		
10	D	1450	1	6350	17173	80.4	Y250M-4 (JO_2-91-4)	55 (55)
			2	6250	19320	81.2		
			3	6110	21466	80.4		
			4	5940	23613	78.6	Y280S-4 (JO_2-92-4)	75 (75)
			5	5730	25760	76.0		
			6	5480	27906	73.0		
			7	5220	30053	70.0		

续表

机号 No.	传动方式	转速 /(r/min)	序号	全压 /Pa	流量 /(m^3/h)	内效率 /%	电机 型号	电机 功率/kW
11.2	D	1450	1	7960	24127	80.4	Y315S-4 (JO$_2$-93-4)	110① (100)
			2	7850	27143	81.2		
			3	7670	30159	80.4		
			4	7450	33175	78.6		
			5	7180	36190	76.0	Y315M$_1$-4 (JS-115-4)	132① (135)
			6	6870	39206	73.0		
			7	6550	42222	70.0		
11.2	D	960	1	3470	15974	79.6	Y225M-6 (JO$_2$-81-6)	30 (30)
			2	3420	17970	80.4		
			3	3340	19967	79.6		
			4	3240	21964	77.7		
			5	3120	23961	75.0	Y250M-6 (JO$_2$-82-6)	37 (40)
			6	2980	25957	71.9		
			7	2830	27954	68.8		
12.5	D	1450	1	9920	33541	80.4	Y315M$_2$-4 (JS116-4)	160① (155)
			2	9770	37734	81.2		
			3	9550	41927	80.4	Y355M$_2$-4 (JS-126-4)	250* (225)
			4	9280	46119	78.6		
			5	8950	50312	76.0		
			6	8560	54505	73.0		
			7	8150	58697	70.0		
12.5	D	960	1	4350	22207	80.4	Y280S-6 (JO$_2$-91-6)	45 (55)
			2	4280	24982	81.2		
			3	4190	27758	80.4		
			4	4070	30534	78.6	Y315S-6 (JO$_2$-92-6)	75① (75)
			5	3920	33310	76.0		
			6	3750	36086	73.0		
			7	3570	38862	70.0		
14	D	1450	1	12440	47123	80.4	Y355M$_2$-4 (JS-127-4)	250① (260)
			2	12260	53013	81.2		
			3	11980	58904	80.4	JS-138-4	410
			4	11640	64794	78.6		
			5	11220	70685	76.0		
			6	10740	76575	73.0		
			7	10230	82465	70.0		

续表

机号 No.	传动方式	转速/(r/min)	序号	全压/Pa	流量/(m³/h)	内效率/%	电机	
							型　号	功率/kW
14	D	960	1	5450	31199	80.4	Y315S-6 (JS-115-6)	75① (75)
			2	5370	35099	81.2		
			3	5250	38998	80.4	Y315M$_2$-6 (JS-117-6)	110① (115)
			4	5100	42898	78.6		
			5	4920	46798	76.0		
			6	4710	50698	73.0		
			7	4480	54598	70.0		
16	D	1450	1	16250	70341	80.4	JSQ-147-4 (3000V)	500
			2	16010	79134	81.2		
			3	15650	87926	80.4	JSQ-158-4 (3000V)	850
			4	15200	96719	78.6		
			5	14660	105512	76.0		
			6	14030	114304	73.0		
			7	13360	123097	70.0		
16	D	960	1	7120	46571	80.4	Y355M$_1$-6 (JS-126-6)	160① (155)
			2	7020	52392	81.2		
			3	6860	58213	80.4		
			4	6660	64035	78.6	Y355M$_3$-6 (JS-128-6)	250① (215)
			5	6420	69856	76.0		
			6	6150	75677	73.0		
			7	5850	81499	70.0		

① 暂定值。

⑥ 10-19 型离心式风机技术性能见表 1-97。

表 1-97　10-19 型离心式风机技术性能

机　号	风量/(m³/h)	风压/Pa	机　号	风量/(m³/h)	风压/Pa
8D	8975～13462	17600～17910	8.6D	11149～16724	20340～20700
8.4D	10389～15584	19400～19750	9D	12778～19167	22280～22670

⑦ C4-73-11 型离心式风机技术性能见表 1-98。

表 1-98　C4-73-11 型离心式风机技术性能

机　号	风量/(m³/h)	风压/Pa	机　号	风量/(m³/h)	风压/Pa
3.6C	4250～7700	3200～1900	4.5C	7400～13500	4000～2300
	3780～6910	2500～1500		6500～11900	3150～1850
	3150～5750	1900～1150		5800～10500	2500～1450
	2990～5450	1600～950		5220～9500	2000～1150
	2640～4870	1250～750		4650～8500	1600～950
	2380～4350	1050～600		4150～7600	1250～750
	2140～3900	800～450		3700～6800	1000～600
	1930～3510	650～400		3300～6050	800～480
	1725～3150	500～300		2900～5300	620～370

续表

机　号	风量/(m^3/h)	风压/Pa	机　号	风量/(m^3/h)	风压/Pa
5.5C	10600～19350	3740～2220	5.5C	6060～11100	1240～730
	9500～17300	2960～1760		5260～9650	920～550
	8400～15350	2360～1400		4750～8650	740～440
	7550～13800	1960～1110		4220～7700	590～350
	6800～12400	1500～890			

⑧ C6-46 型离心式风机技术性能见表 1-99。

表 1-99　C6-46 型离心式风机技术性能

机　号	风量/(m^3/h)	风压/Pa	机　号	风量/(m^3/h)	风压/Pa
2A	400～700	680～450	4C	1962～2366	1370～1360
3A	1183～1427	1490～1480		2770～3982	1360～1250
	1671～2891	1480～1230		4386～4790	1200～1130
3C	1260～2037	1680～1650		1815～2937	1180～1150
	2290～3073	1610～1390		3211～4433	1120～970
	1100～1778	1280～1260		1747～2106	1090～1080
	2004～2682	1230～1070		2465～3183	1080～1040
	1021～2076	1110～1120		3542～4260	1000～900
	2287～2498	980～920		1678～2370	1010～1000
	985～2406	1030～860		2176～4100	980～830
	945～2303	950～790		1608～2598	920～900
	904～2203	870～720		2928～3918	880～760
	863～2109	790～660		1541～2809	850～810
	827～2017	720～600		3126～3760	770～700
	785～1919	650～540		1468～3582	770～630
	746～1817	590～490		1327～3283	620～520
4A	1401～3420	690～580		1260～3080	560～470
4C	2240～3160	1790～1770		1188～2896	500～410
	3620～4080	1750～1710	5A	2733～4977	1150～1100
	4540～5460	1640～1470		5538～6660	1050～950
	2093～2955	1570～1550	5C	3280～3655	1650～1640
	3386～4679	1530～1370		4630～5980	1640～1580
	5110	1270		6655～8005	1520～1360

⑨ 耐高温离心式风机技术性能见表 1-100。

表 1-100　耐高温离心式风机技术性能

型　号	机号	风量/(m^3/h)	风压/Pa	风口方向/度	工作温度/℃
FW-11	7C	6500	1100	右 135	450
	8C	950	3040	右 180	450
FW8-2×18	16	100000	6600	左 90	280～350
FW9-27	9.5	24000～28000	1830	右	<450
	12B	47500	3440	左	<450
	14F	65000	4500	左 0	<450
FW9-2×35	20	300000	7000	左 40	200
FW4-68-21	10	125000	1900	右 90	250～150
W-11	14F	19150	5060	右 90	450

续表

型　号	机号	风量/(m^3/h)	风压/Pa	风口方向/度	工作温度/℃
W-11	18D	210000	2500	右 90	180～350
W4-66	10C	47920	2080	左 90	350
W4-66	16C	125500	2080	左 90	350
W5-47	71C	13000	1550	左 90	320～400
W-60	9C	39850	2040	右 90	375～450
W6-44	9C	31000	3500	左 135	400～450
W9-26	12.5D	33550～58720	4780～3920	左 90	250～400
W9-35	15.5	65000～80000	3300～3700	右	<300
W4-70-11	4C	2430～4840	320～240		600
W4-70-11	4C	2430～4840	390～290		450
W4-70-11(无壳)	12C	110000～125000	1100～1500		550
W4-73-11	8D	19000～31500	860～600		450
	10B	37200～61600	1430～1020		400
	14B	67300～113000	1030～730		450
W4-80(立式无壳)	7D	14814～18421	1300～840		800
	7.5D	18220～22657	1490～960		800
W5-32-11	6D	4800	1670		600
W5-32-11	6.5D	5000	3000		350
W5-32-11	6.5D	6000	1850		600
W5-40-11	18D	100000	6000		350
W5-47-11	5C	5360～9230	770～600		600
W5-47-11	5C	5360～9230	920～730		450
W5-47-11	5C	4840～8320	620～490		600
W5-47-11	5C	4840～8320	750～600		450
W5-47-11	6C	15000	1500		650
W5-47-11	6C	9110～15670	1060～850		600
W5-47-11	6C	9110～15670	1280～1020		450
W5-47-11	6C	8370～14400	900～710		600
W5-47-11	6C	8370～14400	1080～860		450
W9-26-11	12.5F	33541～58697	3530～2900		550
W9-28-01	17F	172576～302010	8790～7940		350
W9-35-01	18F	132559～331397	2240～2440		350
W9-35-11	20D	54960～137400	1630～1760		350
W9-35-11	20D	69200～173000	2580～2800		350

⑩ F9-19-11 防腐风机及 F4-68 型防腐风机技术性能见表 1-101。

表 1-101　F9-19-11 型、F4-68 型防腐风机技术性能

机　号	风量/(m^3/h)	风压/Pa	机　号	风量/(m^3/h)	风压/Pa
8D	3297～5605	3790～3740		12979～14376	3030～2910
8D	6375～7913	3620～8320	11.2D	9048～13270	7550～7640
	6594～11211	15410～15230		15381～21714	7460～6720
11.2D	12749～15807	14800～13720	F4-68 型防腐风机,8D	27942	175
	5990～11581	3290～3150			

1.2.3　罗茨式风机

1.2.3.1　罗茨式风机应用范围及特点

(1) 罗茨式风机的应用

罗茨式风机在石油、化工行业中主要用于气体输送。输送介质一般为空气，改变密封结构可输送煤气、二氧化硫及各种化学稳定性气体。罗茨式风机适宜中、小排气量及低压力比的场合，流量范围在 0.37～1083.83m^3/min，升压范围在 9.8～98.1kPa，单级压力比通常小于 1.7，输送介质温度不高于 40℃，介质中微粒或杂质含量不得大于 100mg/m^3。

（2）罗茨式风机的特点

① 无内压缩过程　罗茨式风机中气缸容积内是等容积压缩使气体压力提高。它的压缩功消耗较高，效率通常比有内压缩的各种风机低。

② 如果忽略气体通过的泄漏，罗茨式风机没有余隙容积。

③ 叶轮之间以及叶轮与机体之间具有一定间隙，除轴承及同步齿轮外，罗茨式风机不存在其他摩擦运动。机器具有转速高、基础小、无振动、寿命长、机械效率高等优点。同时也不需要对气缸进行润滑，以避免所输送介质含油。但叶轮之间以及叶轮与机体之间的间隙，会造成气体泄漏，影响了罗茨式风机向高压力、高效率发展。

④ 转子旋转一周，四个腔室依次与吸、排气孔口相通，吸、排气过程是间断地、周期性地进行，造成吸、排气管道中气体压力脉动。

罗茨式风机周期性吸、排气以及瞬时等容积压缩形成气流速度与压力脉动，会产生较大的气体动力噪声。

罗茨式风机具有强制输气（相对于速度式风机）、介质不含油以及结构简单、制造容易、维修方便等优点，更多地作为压缩空气源，用于粒状化工产品等固体颗粒输送装置上。在化工流程中，罗茨式风机也广泛应用于提高化学反应速率的“沸腾床”上。

1.2.3.2　罗茨式风机工作原理和结构

（1）罗茨式风机工作原理

罗茨式风机主要由机壳、轴、传动齿轮、同步齿轮以及一对“8”字形转子组成，其简化结构如图 1-77 所示。电机通过联轴器或皮带轮带动罗茨式风机主动轴转动时，安装在主动轴上的齿轮带动从动轴上的齿轮，互为反向同步旋转，使相互啮合的转子转动，气体从进气口进入机壳与两个转子间形成的空间并在此空间受到压缩再被转子排出出气口。而当转子与机壳的另一边形成空间时，新气体又进入。随着转子的转动，气体就不断地被吸入、压缩、排出。

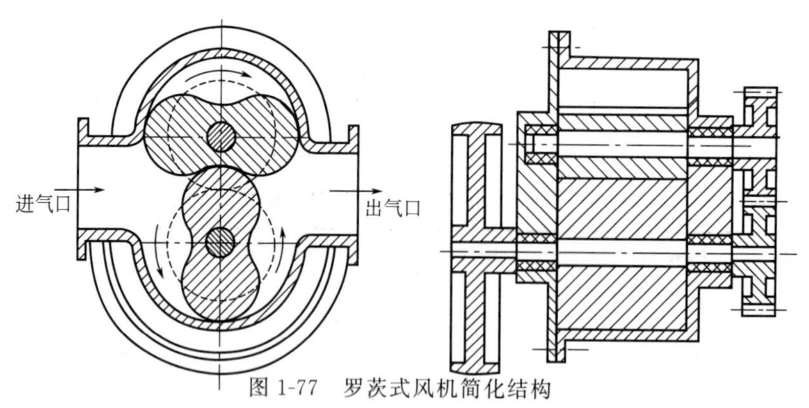

图 1-77　罗茨式风机简化结构

（2）罗茨式风机结构

罗茨式风机分为立式和卧式两种。立式罗茨式风机两转子轴线所确定的平面垂直于地面。卧式罗茨式风机两转子轴线所确定的平面平行于地面。小型罗茨式风机多采用立式结构。大型罗茨式风机采用卧式结构。习惯上按叶轮最大外径来分界，即 $D\leqslant360$mm，用立式结构；

$D>360\text{mm}$，用卧式结构。卧式结构进出风口气流速度一般为 15～25m/s。

罗茨式风机有风冷与水冷两种形式。风冷结构在单层壳体上铸有许多散热肋片；水冷结构壳体铸成夹层，内通冷却水。风机静压升 $\Delta p>0.05\text{MPa}$ 时，排气温度高达 90～100℃以上，此时需要采用水冷却。

罗茨式风机密封形式有填料压盖式、涨圈式、迷宫式以及机械密封等，应根据气体性质（是否有毒、能否与润滑油相接触、是否易燃易爆、是否洁净、是否贵重等）决定选用何种形式。

1.2.3.3 罗茨式风机热力计算

(1) 理论排气量与容积效率

罗茨式风机理论排气量（或称理论风量）V_t 为

$$V_t=\frac{\pi}{2}clD^2n \tag{1-80}$$

式中 c——面积利用系数；

l——叶轮有效轴向长度，m；

D——叶轮外径，m；

n——叶轮转速，r/min。

标准渐开线叶型面积利用系数 $c=0.5185$。

标准渐开线叶型理论排气量 V_t 为

$$V_t=0.8145lD^2n \tag{1-81}$$

考虑泄漏等因素，罗茨式风机实际排气量 q_v 为

$$q_v=\left(\frac{p_s}{p_0}-\frac{T_d}{T_0}\right)V_t \tag{1-82}$$

式中 p_s——吸气口压力，kPa；

p_0——吸气状态下压力，kPa；

T_d——泄漏气体温度，K；

T_0——吸气状态下温度，K。

罗茨式风机容积效率 η_v 为

$$\eta_v=\frac{p_s}{p_0}-\frac{2f}{Dlc}\frac{u\Psi p_d\sqrt{RT_d}}{p_0u} \tag{1-83}$$

$$\Psi=\sqrt{2\times\frac{k}{k-1}\left(\varepsilon^{\frac{2}{k}}-\varepsilon^{\frac{k+1}{k}}\right)} \tag{1-84}$$

式中 Ψ——流量函数；

f——罗茨式风机所有泄漏面积之和，m^2

$$f=l(\delta_1+2\delta_2)+(D+A-2d)(\delta_3+\delta_4) \tag{1-85}$$

u——泄漏系数，一般可取 $u=0.6\sim0.8$；

p_d——排气口压力，kPa；

R——气体常数；

u——圆周速度，m/s；

k——气体绝热指数；

ε——膨胀比，$\varepsilon=\frac{p_s}{p_d}$；

δ_1——转子之间平均间隙，m；

δ_2——风叶外圆与气缸内圆之间平均间隙，m；

δ_3——风叶与气缸吸气端面间隙，m；

δ_4——风叶与气缸排气端面间隙，m；

d——轴径，m；

A——两转子中心距，m。

选择风机时，先按实际排气量初选容积效率，得到理论排气量，进而确定有关尺寸及转数，然后再按容积效率公式［式(1-83)］复算容积效率，直到与初选容积效率相符为止。现代罗茨式风机容积效率一般为$\eta_v=0.7\sim0.9$。高转速、大排量、低压力比机器可取上限。

(2) 功率、效率与排气温度

罗茨式风机轴功率N_z为

$$N_z=\frac{q_v p_s(\tau-1)}{60\eta_v\eta_m}\times10^{-3} \tag{1-86}$$

式中　τ——压力比，$\tau=\frac{p_d}{p_s}$；

η_m——机械效率，可取$\eta_m=0.86\sim0.95$。

罗茨式风机绝热理想功率N_{ad}为

$$N_{ad}=\frac{q_v p_s}{60}\frac{k}{k-1}(\tau^{\frac{k-1}{k}}-1)\times10^{-3} \tag{1-87}$$

罗茨式风机全绝热效率η_{ad}为

$$\eta_{ad}=\frac{k(\tau^{\frac{k-1}{k}}-1)}{(k-1)(\tau-1)}\eta_v\eta_m \tag{1-88}$$

把压缩过程看作假想的多方过程，罗茨式风机终温为

$$T_d\approx T_s\left(1+\frac{m-1}{m}\frac{p_d-p_s}{p_s}\right) \tag{1-89}$$

式中　m——多方指数，$m=\frac{k\eta_v}{1-k(1-\eta_v)}$。

1.2.3.4　罗茨式风机主要结构参数选取

(1) 转子外径

根据给定的排气量，选择适宜长径比及转速，确定转子外径

$$D=\sqrt[3]{\frac{2V}{\pi\frac{l}{D}cn\lambda}} \tag{1-90}$$

长径比$\frac{l}{D}$增加，D值减小，经济性好，但轴承间跨距l增加，主轴刚性下降；$\frac{l}{D}$减小，主轴刚性增强，泄漏面积增大，排气系数λ下降，D值增大。通常取$\frac{l}{D}=0.8\sim1.5$，最佳值$\frac{l}{D}\approx1.1$。排气系数$\lambda=0.6\sim0.9$。

(2) 间隙选取

若气缸与转子材料相同，取 $\delta_2=(0.0004\sim0.0008)D$；$\delta_1=\delta_3=\delta_4=(0.0008\sim0.0016)D$。若气缸与转子材料不同，则根据压力比算出温升和热膨胀量。确定间隙时应预留热膨胀值。

(3) 比值$\frac{A}{D}$

比值$\frac{A}{D}$是影响叶型、面积利用系数、转子刚度、叶轮啮合性能的重要参数。对头数 $z=2$ 的叶型，若为铸铁叶轮，一般取$\frac{A}{D}=\frac{2}{3}$。

(4) 圆周速度

罗茨式风机最大外径 D 处的圆周速度 u 取决于转子材料、整机质量、尺寸要求、噪声以及原动机等因素。对铸铁叶轮，圆周速度范围为 $u=15\sim20\text{m/s}$。

1.2.3.5 罗茨式风机类型选择

L31LD～L64LD 系列罗茨式风机为立式结构，两个转子中心线在同一垂直平面内，进风口与出风口分别在风机两侧。L72WD～L84WD 系列罗茨式风机为卧式结构，两个转子中心线在同一水平面内，进风口和出风口分别在风机上部和下部。特点是当升压变化时，其流量变化不大，在额定升压范围内，用户可根据需要选用排气压力。因不需要对气缸润滑，故不污染被输送介质。

(1) 罗茨式风机型号示例

L81WD

L——罗茨式风机（SL 为水冷罗茨式风机）；8——机号（1～11）；1——叶轮长度序号；W——卧式（L 为立式）；D——电机通过联轴器直联（B 为皮带轮中间支承，C 为皮带轮悬臂支承）。

一般用途罗茨式风机基本参数应符合表 1-102 的规定值。

表 1-102 罗茨式风机基本参数

机号序号	流 量 /(m^3/min)	压 升 /kPa	机号序号	流 量 /(m^3/min)	压 升 /kPa
1	0.37～4.85	9.8～49.0	7	34.90～164.53	9.8～98.1
2	1.65～11.77	9.8～49.0	8	37.85～272.18	9.8～98.1
3	3.31～26.74	9.8～49.0	9	74.04～377.04	9.8～98.1
4	3.90～34.05	9.8～98.1	10	167.46～714.05	9.8～98.1
5	5.25～66.76	9.8～98.1	11	236.55～1083.83	9.8～98.1
6	19.83～101.41	9.8～98.1			

(2) 罗茨式风机技术性能见表 1-103。

1.2.4 轴流式风机

1.2.4.1 轴流式风机原理及性能特点

(1) 轴流式风机原理

轴流式风机的特点是气体始终沿轴向流动。风机由叶轮、导叶、集风器和扩压筒等组成，典型结构见图 1-78。气体从集风器进入前导叶，通过叶轮获得能量，又经后导叶从扩散筒流出。导叶将部分偏转气流的动能转变为静压能，扩散器将部分轴向气流的动能转换为静压能。

表 1-103　罗茨式风机性能

风机型号	压　升 Δ*p* /Pa	进口流量 *Q* /(m³/min)	电　机	
			型　号	功率 /kW
L31LD L31WD	9806	6.25	Y90L-4	1.5
	19613	5.69	$Y100L_2$-4	3
	29419	5.24	Y132S-4	5.5
	39226	4.83	Y132M-4	7.5
	49032	4.45	Y160M-4	11
	9806	14.03	Y100L-2	3
	19613	13.48	$Y132S_2$-2	1.5
	29419	13.04	$Y160M_1$-2	11
	39226	12.66	$Y160M_2$-2	15
	49032	12.31	$Y160M_2$-2	15
L32LD L32WD	9806	8.97	$Y100L_1$-4	2.2
	19613	8.32	Y132S-4	5.5
	29419	7.81	Y132M-4	7.5
	39226	7.35	Y160M-4	11
	49032	6.91	Y160M-4	11
	9806	19.77	$Y132S_1$-2	5.5
	19613	19.14	$Y160M_1$-2	11
	29419	18.63	$Y160M_2$-2	15
	39226	18.19	Y160L-2	18.5
	49032	17.78	Y180M-2	22
L33LD L33WD	9806	12.27	$Y100L_2$-4	3
	19613	11.52	Y132S-4	5.5
	29419	10.92	Y160M-4	11
	39226	10.39	Y160M-4	11
	49032	9.89	Y160L-4	15
	9806	26.75	$Y132S_1$-2	5.5
	19613	26.01	Y160M-2	11
	29419	25.42	Y160M-2	18.5
	39226	24.9	Y180M-2	22
L41LD L41WD	9806	7.48	Y112M-6	2.2
	19613	6.14	$Y132M_1$-6	4
	29419	6.13	$Y132M_1$-6	4
	39226	5.58	Y160M-6	7.5
	49032	5.06	Y160L-6	11
	9806	11.88	$Y100L_2$-4	3
	19613	11.14	Y132S-4	5.5
L41LD L41WD	29419	10.55	Y160M-4	11
	39226	10.03	Y160M-4	11
	49032	9.55	Y160L-4	15
L42LD L42WD	9806	11.74	Y132S-6	3
	19613	10.86	$Y132M_2$-6	5.5
	29419	10.13	Y160L-6	11
	39226	9.52	Y160-6	11
	49032	8.93	Y180L-6	15
	9806	18.33	Y112M-4	4
	19613	17.46	Y160M-4	11
	29419	16.77	Y160L-4	15
	39226	16.15	Y180M-4	18.5
	49032	15.59	Y180L-4	22
L43LD L43WD	9807	14.93	$Y132M_1$-6	4
	19613	13.95	Y160M-6	7.5
	29419	13.16	Y160L-6	11
	39226	12.46	Y180L-6	15
	9806	23.18	Y132S-4	5.5
	19613	22.2	Y160M-4	11
	29419	21.42	Y160L-4	15
	39226	20.14	Y180L-4	22
	49032	20.11	Y200L-4	30
L51LD	9806	10.63	Y132M-8	3
	19613	9.44	$Y160M_2$-8	5.5
	29419	8.46	Y180L-8	11
	39226	7.57	Y180L-8	11
	49032	6.69	Y200L-8	15
	9806	15.10	Y132M-6	4
	19613	14.02	Y160M-6	7.5
	29419	13.06	Y160L-6	11
	9806	23.79	Y132S-4	5.5
	19613	22.62	Y160M-4	11
	29419	27.68	Y180M-4	18.5
	39226	20.86	Y180L-4	22
	49032	20.06	Y200L-4	30
	58838	17.13	Y225S-4	37

续表

风机型号	压升 Δp /Pa	进口流量 Q /(m^3/min)	电机	
			型号	功率 /kW
L52LD	9806	15.77	Y160M$_1$-8	4
	19613	14.39	Y160L-8	7.5
	9806	22.26	Y132M$_2$-6	5.5
	19613	20.89	Y160L-6	11
	29419	19.79	Y180L-6	15
	39226	18.81	Y200L$_2$-6	22
	49032	17.91	Y225M-6	30
	58838	14.32	Y225M-6	30
	9806	34.46	Y132M-4	7.5
	19613	33.10	Y160L-4	1.5
	29419	32.01	Y180L-4	22
	39226	31.06	Y200L-4	30
	49032	30.18	Y225S-4	37
	58838	26.79	Y225M-4	45
L53LD	9806	20.43	Y160M$_2$-8	5.5
	19613	18.88	Y180L-8	11
	29419	17.62	Y200L-8	15
	9806	28.66	Y160M-6	7.5
	19613	27.11	Y180L-6	11
	29419	25.87	Y200L$_2$-6	22
	39226	24.78	Y225M-6	30
	49032	23.77	Y250M-6	37
	58838	19.81	Y250M-6	37
	9806	44.12	Y160M-4	11
	19613	42.58	Y180M-4	18.5
	29419	41.35	Y200L-4	30
	39226	40.28	Y225S-4	37
	49032	39.30	Y250M-4	55
	58838	35.50	Y250M-4	55
L54LD	9806	25.83	Y160L-8	7.5
	19613	24.06	Y200L-8	15
	29419	22.06	Y225S-8	18.5
	39226	21.39	Y250M-8	30
	9806	36.06	Y160L-6	11
	19613	34.31	Y200L$_1$-6	18.5
	29419	32.91	Y225M-6	30
	39226	31.68	Y250M-6	37
	49032	30.54	Y280S-6	45
	58838	26.11	Y280M-6	55
	9806	55.30	Y160L-4	15
	19613	53.56	Y200L-4	30
	29419	52.17	Y225S-4	37
	39226	50.96	Y250M-4	55
	49032	49.85	Y280S-4	75
	58838	45.57	Y280S-4	75
L61LD	9806	23.40	Y160M$_2$-8	5.5
	19613	21.43	Y180L-8	11
	29419	19.83	Y225S-8	37
	9806	32.97	Y160M-6	7.5
	19613	31.01	Y180L-6	15
	29419	29.44	Y200L$_2$-6	22
	39226	28.04	Y225M-6	30
	49032	26.75	Y250M-6	37
	58838	22.32	Y280S-6	45
	9806	50.95	Y160M-4	11
	19613	49.00	Y180L-4	22
	29419	47.45	Y225S-4	37
	39226	46.10	Y225M-4	45
	49032	44.84	Y250M-4	55
	58838	40.62	Y280S-4	75
L62LD	9806	31.20	Y160L-8	7.5
	19613	29.00	Y200L-8	15
	29419	27.22	Y225M-8	22
	39226	25.65	Y250M-8	30
	9806	43.62	Y160L-6	11
	19613	41.43	Y200L$_2$-6	22
	29419	39.68	Y225M-6	30
	39226	38.14	Y280S-6	45
	49072	36.11	Y280M-6	55
	58838	31.87	Y315S-6	75
	9806	66.97	Y160L-4	15
	19613	64.79	Y200L-4	30

续表

风机型号	压升 Δp /Pa	进口流量 Q /(m³/min)	电机	
			型号	功率 /kW
L62LD	29419	63.06	Y225M-4	45
	39226	61.54	Y280S-4	75
	49032	60.15	Y280S-4	75
	58838	55.47	Y280M-4	90
L63LD	9806	39.77	Y180L-8	11
	19613	37.32	Y225S-8	18.5
	29419	35.35	Y250M-8	30
	39226	33.60	Y280S-8	37
	49032	31.98	Y280M-8	45
	58838	26.40	Y315S-8	55
	9806	55.34	Y180L-6	15
	19613	52.84	Y225M-6	30
	29419	50.94	Y250M-6	37
	39226	49.23	Y280M-6	55
	49032	47.65	Y315S-6	75
	58838	42.31	Y315S-6	75
	9806	94.59	Y180M-4	18.5
	19613	82.16	Y226S-4	37
	29419	80.22	Y250M-4	55
	39226	70.53	Y280S-4	75
	49032	76.99	Y280M-4	90
	58839	71.79	Y315S-4	110
L64LD	9806	47.96	Y180L-8	11
	19613	45.26	Y225M-8	22
	29419	43.10	Y280S-8	37
	39226	41.19	Y280M-8	45
	49032	39.42	Y315S-8	55
	58838	33.37	Y315M-8	75
	9806	66.52	Y180L-6	15
	19613	63.83	Y225M-6	30
	29419	61.69	Y280S-6	45
	39226	59.81	Y315S-6	75
	49032	58.09	Y315S-6	75
	58838	52.25	Y315M$_1$-6	90
	9806	101.41	Y180L-4	22
	19613	98.75	Y225M-4	45

风机型号	压升 Δp /Pa	进口流量 Q /(m³/min)	电机	
			型号	功率 /kW
L64LD	29419	96.67	Y280S-4	75
	39226	94.75	Y280M-4	90
	49032	93.06	Y315S-4	11.0
	58838	87.36	Y315M$_1$-4	132
L71WD	9806	46	Y180L-8	11
	19613	43.1	Y225M-8	22
	29419	40.7	Y250M-8	30
	39226	38.6	Y280M-8	45
	9806	64.1	Y180L-6	15
	19613	61.1	Y225M-6	30
	29419	58.8	Y280S-6	45
	39226	56.8	Y280M-6	55
	49032	54.9	Y315S-4	75
	58838	48.5	Y315M$_1$-6	90
L72WD	9806	64.2	Y200L-8	15
	19613	60.9	Y250M-8	30
	29419	58.3	Y280M-8	45
	39226	55.9	Y315S-8	55
	49032	53.8	Y315M$_1$-8	75
	58838	46.5	Y315M$_2$-8	90
	9806	88.8	Y200L$_2$-6	22
	19613	85.5	Y250M-6	37
	29419	80.6	Y280M-6	55
	39226	78.5	Y315S-6	75
	49032	71.4	Y315M$_1$-6	90
	58838	68.9	Y315M$_2$-6	110
L73WD	9806	77.4	Y225S-8	18.5
	19613	73.8	Y280S-8	37
	29419	70.9	Y315S-8	55
	39226	68.4	Y315M$_1$-8	75
	49032	66.1	Y315M$_2$-8	90
	58838	58.2	Y315M$_3$-8	110
	9806	106.8	Y200L$_2$-6	22
	19613	103.2	Y280S-6	45
	29419	100.4	Y315S-6	75
	39226	97.8	Y315M$_1$-6	90

续表

风机型号	压升 Δ*p* /Pa	进口流量 *Q* /(m³/min)	电机 型号	电机 功率 /kW
L73WD	49032	95.6	Y315M_2-6	110
	58838	87.9	Y315M_3-6	132
L74WD	9806	93.1	Y225M-8	22
	19613	89.2	Y280M-8	45
	29419	86.1	Y315M_1-8	75
	39226	83.3	Y315M_2-9	90
	49032	80.8	Y315M_3-8	110
	58838	72.3	Y355M_1-8	132
			JS128-8	130
	9806	128.1	Y225M-6	30
	19613	124.2	Y280M-6	55
	29419	118.4	Y315M_1-6	90
	39226	115.9	Y315M_2-6	110
	49032	107.5	Y315M_3-6	132
	58838	104.7	Y355M_1-6	160
			JS126-6	155
L81WD	9806	96.6	Y225M-8	22
	19613	92.2	Y280M-8	45
	29419	88.7	Y315M_1-8	75
	39226	85.6	Y315M_2-8	90
	49032	82.8	Y315M_3-8	110
	58838	74.5	Y315M_3-8	132
			JS127-8	130
	9806	133	Y225M-6	30
	19613	129	Y280M-6	55
	29419	125	Y315M_1-6	90
	39226	122	Y315M_2-6	110
	49032	119	Y355M_1-6	160
			JS126-6	155
	58838	111	Y355M_1-6	160
			JS127-6	185
L82WD	9806	123	Y250M-8	30
	19613	118	Y315S-8	55
	29419	114	Y315M_2-8	90
	39226	111	Y315M_3-8	110

风机型号	压升 Δ*p* /Pa	进口流量 *Q* /(m³/min)	电机 型号	电机 功率 /kW
L82WD	49032	108	Y355M_1-8	132
			JS127-8	130
	58838	99	Y355M_2-8	160
			JS128-8	155
	9806	169	Y250M-6	37
	19613	164	Y315S-6	75
	29419	161	Y315M_2-6	110
	39226	157	Y355M_1-6	160
			JS126-6	155
	49032	154	Y355M_2-6	200
			JS127-6	185
	58838	145	Y355M_3-6	250
			JS128-6	215
L83WD	9806	158	Y280S-8	37
	19613	153	Y315M_1-8	75
	29419	148	Y315M_3-8	110
	39226	144	Y355M_1-8	132
			JS127-8	130
	49032	141	Y355M_2-8	160
			JS136-8	180
	58838	131	Y355M_3-8	200
			JS137-8	210
	9806	217	Y280S-6	45
	19613	211	Y315M_1-6	90
	29419	207	Y315M_3-6	132
	39226	203	Y355M_2-6	200
			JS127-6	185
	49032	200	Y355M_3-6	250
			JS128-6	215
	58838	190	JS137-6	280
L84WD	9806	199	Y280M-8	45
	19613	193	Y315M_2-8	90
	29419	188	Y355M_1-8	132
			JS127-8	130
	39226	184	Y355M_3-8	160
			JS136-8	180

续表

风机型号	压 升 Δp /Pa	进口流量 Q /(m^3/min)	电 机		风机型号	压 升 Δp /Pa	进口流量 Q /(m^3/min)	电 机	
			型 号	功率 /kW				型 号	功率 /kW
L84WD	49032	180	Y355M2-8	200	L84WD	29419	261	Y355M2-6	200
			JS137-8	210				JS127-6	185
	58838	168	JS138-8	245		39226	257	Y355M3-6	250
	9806	272	Y315S-6	75				JS128-6	215
	19613	266	Y315M2-6	110		49032	253	JS137-6	280
						58838	242	JS1410-6	380

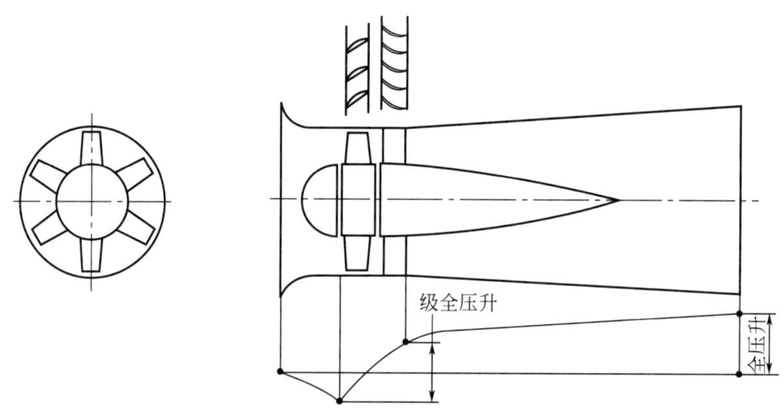

图 1-78　轴流通风机结构简图

叶轮和导叶组成风机的级。轴流式风机压力较低，一般都采用单级。低压轴流式风机压力低于 490Pa，高压轴流式风机压力一般也在 4900Pa 以下，因此轴流式风机具有流量大、体积小、压头低的特点。

轴流式风机型式和构造多种多样。小型轴流式风机叶轮直径只有 100 多毫米，大型的直径有 20 多米。大型轴流式风机流量可达 $1500\times10^4 m^3/h$。风机布置型式有立式和卧式。轴流式风机多采用电机直联传动，也可通过其他装置进行变速传动。为便于安装和维护，轴流式风机多采用滚动轴承。

轴流式风机叶轮外径圆周速度一般小于 130m/s。圆周速度较高时，会产生比离心式风机大得多的噪声。

轴流式风机叶轮叶片或导叶常做成可调节的，即安装角可调，以扩大运行工况范围，可明显提高变工况下效率，经济性比离心式风机好。

轴流式风机广泛用于化工通风换气、空气调节、冷却塔通风、锅炉鼓风引风等方面。

单级轴流式风机全压效率可达 90%以上，带有扩散筒的单级风机静压效率可达 83%～85%。轴流式风机压力系数 $\bar{p}<0.3$，流量系数 $\bar{Q}=0.3\sim0.6$。单级轴流式风机比转速为 $n_s=18\sim90$。

(2) 轴流式风机型号命名

轴流式风机型号包括名称、型号、机号、传动方式、气流方向及风口位置六部分。

① 名称　轴流式风机名称前可冠以通风机用途汉字或汉语拼音缩写。一般用途的可以省略此项。

② 型号　型号由基本型号与变型型号组成，分两组且中间用横线隔开。基本型号为前一组，用风机轮毂比（叶轮轮毂直径与叶轮直径之比）取其百分数和机翼型代号（见表 1-104）以及设计序号表示；变型型号为后一组，用风机叶轮级数和结构的设计序号表示。

表 1-104　轴流式风机机翼型代号

代号	形　式		代号	形　式	
A	机翼型	扭曲叶片	B	机翼型	扭曲叶片
C	对称机翼型	扭曲叶片	D	对称机翼型	扭曲叶片
E	半机翼型	扭曲叶片	F	半机翼型	扭曲叶片
G	对称半机翼型	扭曲叶片	H	对称半机翼型	扭曲叶片
K	等厚板型	扭曲叶片	L	等厚板型	扭曲叶片
M	对称等厚板型	扭曲叶片	N	对称等厚板型	扭曲叶片

③ 机号　叶轮直径的分米数表示，有小数尾数时取整数或 1/2，在前面冠以符号"№"。

④ 传动方式　传动方式有六种型式，用汉语拼音按表 1-105 的规定表示。对于传动方式为 A 或 E 的轴流式风机，且仅有一种传动方式时，则传动方式、气流方向和风口位置均省略不写。有 A 和 E 两种传动方式时，则仅表示传动方式。

表 1-105　轴流式风机传动方式

代号	传动方式	代号	传动方式
A	无轴承，电机直联传动	D	悬臂支承，联轴器传动(有风筒)
B	悬臂支承，皮带轮在轴承中间	E	悬臂支承，联轴器传动(无风筒)
C	悬臂支承，皮带轮在轴承外侧	F	齿轮直联传动

⑤ 气流方向　气流方向可区别吸气、出气流向，按表 1-106 的规定表示。

表 1-106　轴流式风机气流方向

代号	代表意义
入	正对风口气流顺面方向流入
出	正对风口气流迎面方向流入

⑥ 风口位置　风口位置分进风口与出风口两种，用入、出角度表示，若无进出风口位置，则可不表示。基本风口位置有四个，特殊用途可增加，如表 1-107 所示。

表 1-107　轴流式风机风口位置

基本	0°	90°	180°	270°
补充	45°	135°	225°	315°

示例：K70B2-1　1 №18 D

K——矿井用；70——轮毂比为 0.7；B——通风机叶片为机翼型非扭曲叶片；2——叶片第二次设计；1——叶轮为一级；1——风机第一次结构设计；№18——叶轮直径为 1800mm，无进、出风口位置；D——悬臂支承联轴器传动。

(3) 轴流式风机主要参数

① 轴流式风机全压、动压和静压

全压 p

$$p=(p_2-p_1)+\rho\frac{c_2^2}{2}-\rho\frac{c_1^2}{2} \tag{1-91}$$

式中 p_1——轴流式风机进口压力，Pa；
p_2——轴流式风机出口压力，Pa；
c_1——轴流式风机进口速度，m/s；
c_2——轴流式风机出口速度，m/s；
ρ——气体密度，kg/m^3。

动压 p_d

$$p_d=\rho\frac{c_2^2}{2} \tag{1-92}$$

静压 p_{st}

$$p_{st}=(p_2-p_1)-\rho\frac{c_1^2}{2} \tag{1-93}$$

② 主要无量纲参数

压头系数 $\bar{h}$

$$\bar{h}=\frac{h}{u_t^2} \tag{1-94}$$

式中 h——轴流式风机压头，$h=\frac{p}{\rho}$，J/kg；
u_t——工作叶片外径圆周速度，m/s。

全压系数 $\bar{p}$

$$\bar{p}=\frac{p}{\rho u_t^2} \tag{1-95}$$

静压系数 $\bar{p}_{st}$

$$\bar{p}_{st}=\frac{p_{st}}{\rho u_t^2} \tag{1-96}$$

流量系数 $\bar{Q}$

$$\bar{Q}=\frac{Q}{\frac{\pi}{4}D_t^2u_t} \tag{1-97}$$

式中 Q——容积流量，m^3/s；
D_t——叶轮外径，m。

功率系数 $\bar{N}$

$$\bar{N}=\frac{pQ}{\frac{\pi}{4}\rho u_t^3D_t^2} \tag{1-98}$$

理论压力系数 $\bar{p}_t$

$$\bar{p}_t=\bar{H}_t \tag{1-99}$$

通风机全压效率η

$$\eta=\frac{pQ}{N_z} \tag{1-100}$$

式中　N_z——轴流式风机轴功率，W。

通风机静压效率：

$$\eta_{st}=\frac{p_{st}Q}{N_z} \tag{1-101}$$

1.2.4.2　轴流式风机结构

轴流式风机主要由叶轮、导叶、集风器和扩压筒等组成。

(1) 叶轮

叶轮由叶片和轮毂构成。输送腐蚀性气体的叶片采用不锈钢、塑料或在普通钢材上喷涂树脂。输送含尘较多的气体，则应在叶片上堆焊碳化钨或其他耐磨材料。

在结构参数中，轮毂比ν是叶轮内径D_1和外径D_2的比值$\nu=D_1/D_2$。ν值过小，会使该处叶栅相互干涉，性能下降；ν值过大，壁面摩擦损失增加，效率下降。通常取$\nu=0.30\sim0.75$。

叶轮外径D_2为

$$D_2=\frac{242K_u\sqrt{p}}{\pi n} \tag{1-102}$$

式中　K_u——统计经验系数，$K_u=\frac{n_s}{170}$，其中n_s为比转速。

叶片数Z为

$$Z=\frac{6\nu}{1-\nu} \tag{1-103}$$

计算的叶片数列于表1-108，表中给出了产品实际叶片数的范围。

表1-108　轴流式风机叶片数Z的选择

ν		0.3	0.4	0.5	0.6	0.7
Z值	按式(1-103)计算	3	4	6	9	14
Z值	产品选用的数值	2～6	4～8	6～12	8～16	10～20

叶片顶部与机壳的间隙为径向间隙S_r。对风机性能有影响的是相对径向间隙S_r/l，l为叶片高度。S_r/l值过小则制造困难，运转不安全，风机性能提高不明显，常取$S_r/l\leqslant1\%$。表1-109按叶轮直径列出了轴流式风机径向间隙范围。

表1-109　轴流式风机径向间隙

叶轮直径/mm	≤600	＞600～800	＞800～1200	＞1200～2000	＞2000～3000	＞3000～5000	＞5000～8000	＞8000
径向间隙/mm	1～2	1～3	1.5～4.0	2～6	3～8	4～12	5～16	6～20

叶轮叶片和导叶的间隙为轴向间隙s_z，s_z过小则进入导叶的气流不均匀，损失和噪声增大，引起叶片振动。s_z过大会使轴向尺寸加长，壁面磨损增加。取平均半径处，$s_z=(0.25\sim0.40)b$。

(2) 导叶

导叶分前导叶和后导叶。前导叶使气流进入叶轮前产生负旋绕，圆周速度相同时可获得较高压力，气流方向在动叶出口处为轴向。变工况时效率较稳定。若前导叶可调，变工况经济性更好，但流动效率较低。后导叶将叶轮出口一部分动能转变为压力能。后导叶出口气流方向为轴向或略带旋绕。

（3）集流器与整流罩

集流器使进气速度均匀，可提高风机效率。它呈圆弧形，半径大于叶轮外径的0.2倍。为减少气流对叶轮轮毂的冲击损失，改善进气条件，减少噪声，在使用集流器时加上整流罩。整流罩有半球形、半椭圆形或其他流线形。

（4）出口扩压器

为使流出后导叶气流的部分动能转化为压力能，大型风机尾部装有出口扩压器。扩压器按芯筒形状分为：等直径、锥形、流线形。扩压器扩张角以6°～12°为宜。

（5）尾部导流体

为提高风机效率，可用流线形体作为扩压器尾部导流体。

1.2.4.3 轴流式风机类型选择

（1）轴流式风机参数转换

选择轴流式风机常利用系列性能参数表。系列性能参数表中所列性能参数是指风机在标准状态下（即大气压力为760mmHg，大气温度为20℃，相对湿度为50%的空气状态。空气密度为1.2kg/m^3）输送空气的性能参数，如果使用条件不同，根据相似理论，其性能应按下列各式进行换算，然后按换算后性能参数进行选择。

① 通风机

a. 改变介质ρ、转速n的换算式：

$$\left.\begin{aligned} Q&=Q_0\frac{n}{n_0}\\ p&=p_0\left(\frac{n}{n_0}\right)^2\frac{\rho}{\rho_0}\\ N&=N_0\left(\frac{n}{n_0}\right)^3\frac{\rho}{\rho_0}\\ \eta&=\eta_0 \end{aligned}\right\} \tag{1-104}$$

式中 Q——风机实际工作条件下流量，m^3/s；

p——风机实际工作条件下全压，N/m^2；

N——风机实际工作条件下功率，W；

η——风机实际工作条件下效率；

n——风机实际工作条件下转速，r/min；

Q_0——性能参数表中流量，m^3/s；

p_0——性能参数表中全压，N/m^2；

N_0——性能参数表中功率，W；

η_0——性能参数表中效率；

n_0——性能参数表中转速，r/min。

b. 大气压力p_b及其温度t改变时换算式

$$\left.\begin{aligned}&Q=Q_0\\&p=p_0\frac{p_b}{p_{b0}}\frac{273+20}{273+t}\\&N=N_0\frac{p_b}{p_{b0}}\frac{273+20}{273+t}\\&\eta=\eta_0\end{aligned}\right\}\tag{1-105}$$

式中　p_b——风机实际工作条件下的气压，N/m^2；

t——风机实际工作条件下的温度，℃；

p_{b0}——性能参数表中的气压，N/m^2。

② 引风机

$$\left.\begin{aligned}&Q=Q_0\\&p=p_0\frac{p_b}{p_{b0}}\frac{273+200}{273+t}\\&N=N_0\frac{p_b}{p_{b0}}\frac{273+200}{273+t}\\&\eta=\eta_0\end{aligned}\right\}\tag{1-106}$$

轴流式风机根据其轴功率并使所选配电机留有一定功率储备，所选配电机计算功率为

$$N_M=\frac{pQ}{\eta}K\times10^{-3}\tag{1-107}$$

式中　K——电机容量储备系数。

当电机计算功率 $N_M>5$ 时，$K=1.05\sim1.1$。功率储备过多，对降低噪声不利。

(2) 轴流式风机类型选择

① B30 型防爆轴流式风机技术性能见表 1-110。

表 1-110　B30 型防爆轴流式风机技术性能

机号	叶轮		主轴转数/(r/min)	叶片数4						
	直径/mm	周速/(m/s)		叶片角度/(°)	风量/(m³/h)	压力/Pa	轴功率/kW	所需轴功率/kW	电机型号	电机功率/kW
4	400	30.4	1450	15	1820	38	0.0645	0.075	BJO2-11-4	0.6
				20	2200	43	0.086	0.1		
				25	2600	43	0.114	0.131		
				30	3000	45	0.114	0.165		
5	500	38	1450	15	4000	80	0.197	0.23	BJO2-11-4	0.6
				20	4900	85	0.261	0.3		
				25	5850	90	0.343	0.395		
				30	6750	90	0.343	0.5		
6	600	45.5	1450	15	7250	150	0.5	0.575	BJO2-12-4	0.8
				20	9500	150	0.67	0.77	BJO2-12-4	0.8
				25	11300	155	0.875	1.01	BJO2-22-4	1.5
				30	13150	160	1.11	1.16		
6	600	30.2	960	15	4200	55	0.147	0.17	BJO2-21-6	0.8
				20	5500	55	0.195	0.225		
				25	6600	59	0.255	0.295		
				30	7700	61	0.322	0.37		

续表

机　号	叶轮		主轴转数/(r/min)	叶　片　数　4						
	直径/mm	周速/(m/s)		叶片角度/(°)	风　量/(m³/h)	压　力/Pa	轴功率/kW	所需轴功率/kW	电机	
									型　号	功率/kW
7	700	53.1	1450	15	11500	180	1.09	1.25	BJO2-22-4	1.5
				20	15100	180	1.45	1.67	BJO2-31-4	2.2
				25	17100	200	1.81	2.2	BJO2-32-4	3
				30	19000	205	2.42	2.8		
		35.2	960	15	6650	75	0.296	0.34	BJO2-21-6	0.8
				20	8900	75	0.399	0.445		
				25	10500	78	0.512	0.59		
				30	12200	82	0.655	0.75		

② 30 型轴流式风机　技术性能见表 1-111。

表 1-111　T30 型轴流式风机技术性能

机号	叶轮直径/mm	主轴转速/(r/min)	全压/Pa	风量/(m³/h)	电机					
					1		2		3	
					型号	功率/kW	型号	功率/kW	型号	功率/kW
2½	250	2900	120～135 140～150	1100～1740 2000～2280	A25632 A25622	0.12 0.18	—	—	—	—
		1450	31～37	550～1140	A25634	0.09	—	—	—	—
3	300	2900	175 180 190～200 210	1760 2400 300～3400 3900	A25622 A25612 A27112 A27122	0.18 0.25 0.37 0.55	—	—	—	—
		1450	44～55	980～1950	A25634	0.09	—	—	—	—
3½	350	2900	240～280 300	3100～5500 6200	JO2-11 JO2-12	0.8 1.1	—	—	—	—
		1450	64～70 74～80	1550～2400 2750～3100	A25634 A25614	0.09 0.18	—	—	—	—
4	400	2900	315～365 390	4600～8200 9200	JO2-21 JO2-22	1.5 2.2	JO2-21-2	1.5	JO3-802-2	1.5
		1450	80～100	2300～4600	JO2-21	1.1	JO2-11-4	0.6	JO3-801-4	0.75
5	500	1450	125～150	4500～9000	JO2-21	1.1	JO2-12-4	0.8	JO3-802-4	1.1
		960	50～67	3000～6000	JO2-21	0.8	JO2-21	0.8	JO3-802-6	0.75
6	600	1450	175～195 200 220	7800～12000 13700 15500	JO2-21 JO2-22 JO2-31	1.1 1.5 2.2	JO2-21 JO2-22 JO2-31	1.1 1.5 2.5	JO3-802-4 JO3-90S-4 JO3-100S-4	1.1 1.5 2.2
		960	78～97	5150～10000	JO2-21	0.8	JO2-21	0.8	JO3-802-6	0.75
7	700	1450	240 260 265～280 300	12500 15000 19000～22000 25000	JO2-22 JO2-31 JO2-32 JO2-41	1.5 2.2 3 4	JO2-22 JO2-31 JO2-32 JO2-41	1.5 2.2 3 4	JO3-90S-4 JO3-100S-4 JO3-100L-4 JO3-112S-4	1.5 2.2 3 4
		960	105～115 120～130	8300～12500 14500～16500	JO2-21 JO2-22	0.8 1.1	JO2-21 JO2-22	0.8 1.1	JO3-802-6 JO3-90S-9	0.75 1.1

续表

机号	叶轮直径/mm	主轴转速/(r/min)	全压/Pa	风量/(m³/h)	电机					
					1		2		3	
					型号	功率/kW	型号	功率/kW	型号	功率/kW
8	800	1450	315 340 350 365～539	18000 22500 28500 32000～36500	JO2-32 JO2-41 JO2-42 JO2-51	3 4 5.5 7.5	JO2-32 JO2-41 JO2-42 JO2-51	3 4 5.5 7.5	JO3-100L-4 JO3-112S-4 JO3-112L-4 JO3-140S-4	3 4 5.5 7.5
		960	140 145 150 160～170	12000 15000 19000 21500～24500	JO2-21 JO2-22 JO2-31 JO2-32	0.8 1.1 1.5 2.2	JO2-21 JO2-22 JO2-31 JO2-32	0.8 1.1 1.5 2.2	JO3-90S-6 JO3-90S-6 JO3-100S-6 JO3-100L-6	1.1 1.1 1.5 2.2
9	900	960	170 180 190～200 215	17500 21500 27000～31000 35000	JO2-31 JO2-32 JO2-41 JO2-42	1.5 2.2 3 4	JO2-31 JO2-32 JO2-41 JO2-42	1.5 2.2 3 4	JO3-100S-6 JO3-100L-6 JO3-112S-6 JO3-112L-6	1.5 2.2 3 4
10	1000	960	210 230 240～250 270	24000 30000 37000～42500 48000	JO2-41 JO2-42 JO2-51 JO2-52	3 4 5.5 7.5	JO2-41 JO2-42 JO2-51 JO2-52	3 4 5.5 7.5	JO3-112S-6 JO3-112L-6 JO3-140S-6 JO3-140M-6	3 4 5.5 7.5

③ 4-72 型塑料风机技术性能见表 1-112。

表 1-112 4-72 型塑料风机技术性能

机号	转速/(r/min)	电机 功率/kW	全压/Pa	风量/(m³/h)	机号	转速/(r/min)	电机 功率/kW	全压/Pa	风量/(m³/h)
2A	1450 2900	0.37 0.75	130～90 520～360	395～730 780～1460	4A	1450	1.1	510～340	2010～3710
					4.5A	1450	1.1	650～430	2860～5280
3A	1450 2900	1.1 1.5	290～200 1150～750	859～1589 1700～3120	5A	1450	2.2	810～560	3977～7358
					6A	960 1450	1.5 4	510～350 1160～800	4520～8370 6840～12700
3.5A	1450 2900	1.1 3	360～250 1560～1030	1340～2480 2780～4960	8	960	5.5	910～690	10730～18560

④ T40-11 型轴流式风机技术性能见表 1-113。

1.2.5 混流式风机与斜流式风机

1.2.5.1 混流式风机结构与原理

混流式风机主要由叶轮、扩压器和蜗壳等部分组成，见图 1-79。混流式风机叶轮轮毂和主体风筒形状为圆锥形。气体沿轴向进入叶轮，在叶轮中流动方向则与轴线成某一角度，气体流动具有三维特征。混流式风机在结构和性能上介于离心式风机与轴流式风机之间，又兼有离心式和轴流式风机的特点。其压强系数高于轴流式风机，而流量系数则高于离心式风机，混流式风机比转速 n_s 约为 98.8。

1.2.5.2 斜流式风机结构与应用

斜流式风机是混流式风机的改进，其基本原理和特点相似，见图 1-80。不同的是混流式风机保持风筒不变径，内置集流器，主要通过叶轮优化扭曲（斜流子午加速方法）特殊设计制造。而斜流式风机采用鼓型风筒，以改变叶轮形状达到斜流。相似型号斜流式风机的风压要高于混流式风机的风压，斜流式风机适用于直管道和加压送风与排风，占地面积小、安装简便，水平或垂直安装均可。

表 1-113　T40-11 型轴流式风机技术性能

机号	叶轮			主轴转速/(r/min)	叶片数 4							
	直径/mm	当量面积/m^2	周速/(m/s)		叶片角度 θ/(°)			流量系数 $\overline{Q}$		压力系数 $\overline{H}$		
					15　20 25　30 35			0.168　0.215 0.277　0.300 0.338		0.0724　0.0800 0.0810　0.0861 0.1068		
					叶片角度	风量/(m^3/h)	全压/Pa	效率	轴功率/kW	采用轴功率/kW	电机	
											型号	功率/kW
2½	250	0.0492	38.0	2900	15	1130	128	78	0.0502	0.0578	2AO5022	0.090
					20	1450	141	81	0.0681	0.0783	2AO5022	0.090
					25	1860	143	84	0.0862	0.0992	2AO5612	0.120
					30	2010	152	83	0.0995	0.1145	2AO5612	0.120
					35	2270	188	80	0.1440	0.1657	2AO5622	0.180
			19.0	1450	15	564	32	78	0.0063	0.0072	2 AO5014	0.040
					20	723	35	81	0.0035	0.0098	2AO5014	0.040
					25	931	36	84	0.0108	0.0124	2AO5014	0.040
					30	1010	38	83	0.0124	0.0143	2AO5014	0.040
					35	1140	47	80	0.0180	0.0207	2AO5014	0.040
3	300	0.0707	45. 5	2900	15	1950	184	78	0.125	0.144	2AO5622	0.180
					20	2500	203	81	0.170	0.195	2AO6312	0.250
					25	3220	206	84	0.214	0.247	2AO6312	0.250
					30	3480	219	83	0.248	0.285	2AO6322	0.370
					35	3930	271	80	0.358	0.413	2AO6332	0.550
			22.6	1450	15	970	46	78	0.0155	0.0130	2AO5614	0.090
					20	1250	51	81	0.0212	0.0244	2AO5614	0.090
					25	1610	52	84	0.0268	0.0368	2AO5614	0.090
					30	1740	55	83	0.0310	0.0356	2AO5614	0.090
					35	1960	68	80	0.0448	0.0516	2AO5614	0.090
3½	350	0.0690	53.1	2900	15	3100	250	78	0.270	0.311	2AO6322	0.370
					20	3970	277	81	0.367	0.422	2AO6332	0.550
					25	5120	280	84	0.463	0.533	2AO6332	0.550
					30	5520	298	83	0.535	0.615	2AO7112	0.750
					35	6240	370	80	0.775	0.892	JO212-2	1.100

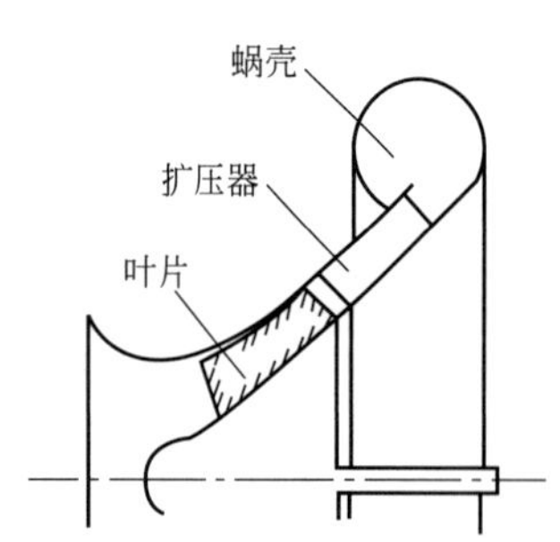

图 1-79　混流式风机剖面

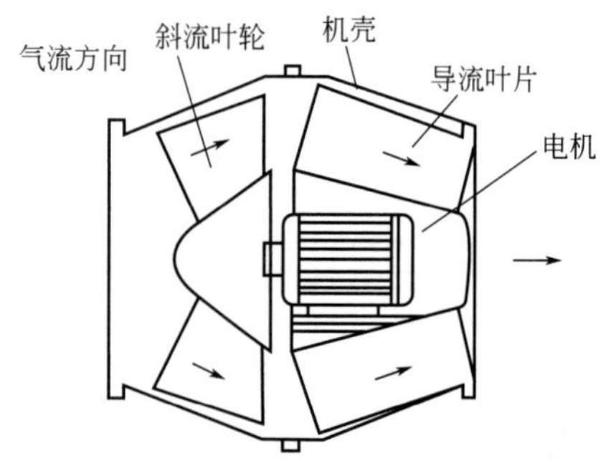

图 1-80　斜流式风机结构简图

1.2.5.3　GXF(SJG) 系列斜流式风机

(1) GXF(SJG) 系列斜流式风机特性曲线

GXF(SJG) 系列斜流式风机特性曲线见图 1-81。

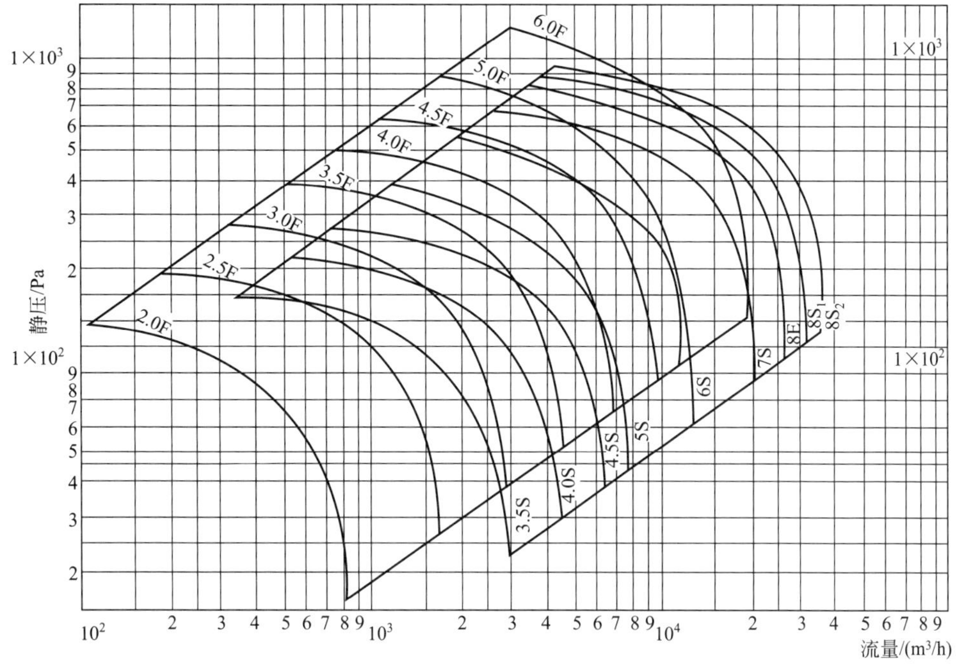

图 1-81 GXF(SJG) 系列斜流式风机特性曲线

(2) GXF(SJG) 系列斜流式 风机技术性能参数

GXF(SJG) 系列斜流式 风机技术性能参数见表 1-114。

表 1-114 GXF(SJG) 系列斜流式风机技术性能参数

型号 NO	转速 /(r/min)	工况	风量 /(m³/h)	静压 /Pa	功率 /kW	壳体噪声 /dB(A)	质量 /kg
2F	1450	1	200	110	0.04	≤58	16
		2	400	91			
		3	500	70			12
		4	600	54			
2.5F	1450	1	300	180	0.12	≤60	24
		2	450	165			
		3	600	150			16
		4	1000	110			
3F	1450	1	500	260	0.25	≤61	27
		2	750	240			
		3	1500	170			19
		4	2000	130			
3.5S	960	1	800	140	0.18	≤59	42
		2	1500	100			
		3	2000	80			21
		4	2500	50			

续表

型号 NO	转速 /(r/min)	工况	风量 /(m^3/h)	静压 /Pa	功率 /kW	壳体噪声 /dB(A)	质量 /kg
3.5F	1450	1	1000	320	0.37	≤61	45
		2	2000	200			
		3	3000	190			21
		4	4000	110			
4S	960	1	1000	190	0.18	≤60	61
		2	2000	150			
		3	3000	110			22
		4	4000	51			
4F	1450	1	1500	420	0.75	≤62	67
		2	2500	390			
		3	4000	280			34
		4	5000	220			
4.5S	960	1	1500	360	0.37	≤61	70
		2	3000	275			
		3	4000	175			25
		4	5000	100			
4.5F	1450	1	2000	580	1.1	≤68	80
		2	4000	480			
		3	6000	350			34
		4	7000	250			
5S	960	1	1500	360	0.75	≤63	90
		2	2500	290			
		3	4000	240			30
		4	6000	150			
5F	1450	1	2000	710	2.2	≤69	110
		2	4000	580			
		3	7000	480			41
		4	10000	345			
6S	960	1	3000	480	1.5	≤65	150
		2	6000	360			
		3	8000	260			37
		4	11000	240			
6F	1450	1	4000	900	5.5	≤75	165
		2	8000	870			
		3	12000	690			96
		4	18000	380			

续表

型号 NO	转速 /(r/min)	工况	风量 /(m^3/h)	静压 /Pa	功率 /kW	壳体噪声 /dB(A)	质量 /kg
7S	960	1	4000	600	3	≤72	215
		2	8000	500			
		3	15000	350			54
		4	18000	260			
8E	720	1	6000	700	4	≤68	372
		2	10000	585			
		3	15000	510			160
		4	25000	210			
$8S_1$	960	1	6000	780	5.5	≤65	320
		2	10000	700			
		3	15000	600			110
		4	25000	400			
$8S_2$	960	1	6000	880	7.5	≤72	360
		2	10000	790			
		3	15000	685			150
		4	25000	510			

1.2.6 喷射式风机

喷射式风机主要由喷嘴、吸入室、混合室和扩散管等部分组成，如图 1-82 所示。高压工作流体通过喷嘴加速喷出，在湍流黏性应力作用下，将喷嘴附近气体带走，形成局部真空，使得吸入管内气体被吸入，在混合室中与射流混合并进行能量交换，混合流体进入扩散管将大部分动能转换为压力能随后排出。由于具有两种速度的不同流体混合来传递能量，因此喷射式风机损失较大，最高效率为 30%～40%。喷射式风机的特点是结构简单，工作可靠，使用方便，广泛应用于高温、高压等特殊工作条件的场合。

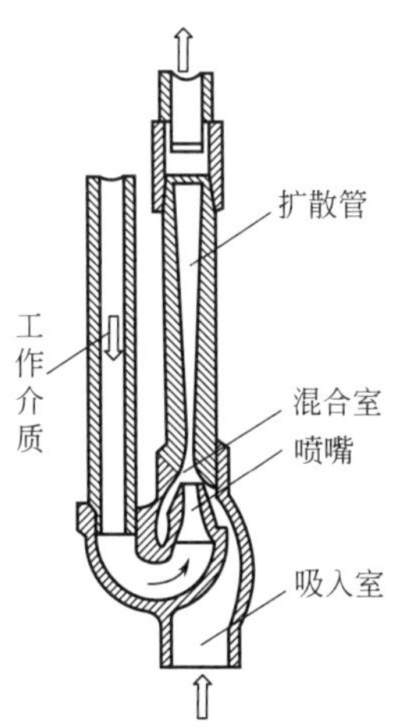

图 1-82　喷射式风机结构简图

1.3 压 缩 机

1.3.1 概述

1.3.1.1 压缩机的类型及应用

压缩机是压缩气体以提高气体压力或输送气体的机械。随着生产技术的发展，压缩机的种类和结构形式日益增多。

压缩机按工作原理分为两大类：容积式和速度式。

容积式压缩机利用在气缸内做往复运动的活塞或做回转运动的转子，使气体体积缩小，从而提高气体压力。

速度式压缩机利用高速旋转叶轮做功或由另一高速流动气体携带，提高气体的压力能和动能，随后在扩压器中将气体的部分动能进一步转化为压力能。

压缩机按结构形式不同，分类如下：

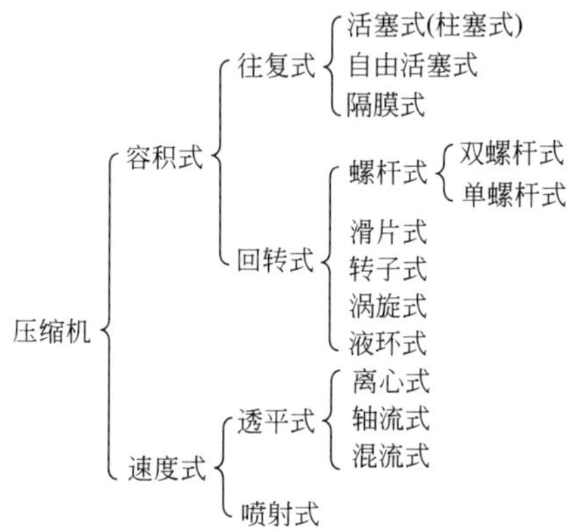

压缩机在石油化工行业生产中已成为极其关键的设备，主要应用见表 1-115。

1.3.1.2 各类压缩机的特点及比较

各类压缩机的容积流量及压力范围见表 1-116。

表 1-115 压缩机主要应用场合

应用场合		压缩气体	工作压力(表压)/MPa
石油化工	气体提纯	烃 丙烯 乙烯	1.82 1.87 1.5
石油化工	乙烯装置	裂解气 丙烯 乙烯	3.7 1.7 1.9
石油化工	丙烯腈	空气 丙烯	0.2 2.0
石油化工	甲醇(低压合成)	合成气 循环气	5.0 5.0
石油化工	液化天然气	丙烷 混合制冷剂	1.6 4.3
石油化工	塑料	氯气 乙烯	0.5 150～350
石油化工	合成纤维	二氧化碳 空气 乙炔	0.4 0.35～1.2 1.2
石油化工	合成橡胶	生成气 丙烯	1.6 2.0
石油化工	硝酸生产	二氧化氮	0.2～0.96
炼油	催化裂化	裂解气 空气	0.95 0.25,0.35
炼油	重整 脱硫 加氢精炼	烃 氢气＋烃 氢气	2.75 7,11,16 2.6～3.6,7～9, 15,32
氮肥工业	合成氨	氮氢混合气 空气 氮 氨	15,20,32,60 3.5 2.5～3.5 1.5
氮肥工业	尿素	二氧化碳	15,21
制冷工业	制冷及空调	氨	0.8～1.2

(1) 活塞式压缩机

活塞式压缩机的特点：①气流速度低，损失小，效率高；②压力范围广，适用于从低压到超高压；③适用于中、小流量场合；④适应性强，调节容积流量时排气压力几乎不变；⑤外形尺寸及质量大，结构复杂，易损件多，排气脉动性大。

表 1-116　各类压缩机的排气量及压力范围

分类	容积流量范围(按进气状态计)/(m^3/min)	分类	排气压力范围/MPa
微型压缩机	$V \leqslant 1$	风机	$p_d \leqslant 0.2$
小型压缩机	$1 < V \leqslant 10$	低压压缩机	$0.2 < p_d \leqslant 1$
中型压缩机	$10 < V \leqslant 100$	中压压缩机	$1 < p_d \leqslant 10$
大型压缩机	$100 < V \leqslant 1000$	高压压缩机	$10 < p_d \leqslant 100$
		超高压压缩机	$p_d > 100$

(2) 透平式压缩机

透平式压缩机的特点：①气流速度高，损失大；②适用于中、低压力，大流量的场合；③流量和出口压力变化由性能曲线决定，若进气流量低于最小进气流量，则会发生喘振而无法运行；④外形尺寸及质量小，结构简单，易损件少，排气均匀无脉动。

(3) 回转式压缩机

回转式压缩机的特点：①容积流量与排气压力几乎无关，输气均匀，压力脉动小；②适应性强，在很宽的工况范围内保持高效率；③动力平衡好，转速高，基础小；④无气阀，工作介质可以是污浊和带液滴、含粉尘的工艺用气体；⑤零部件少，结构简单，制造方便，成本低廉，不维修运转的周期长，操作简便；⑥转子表面多是复杂曲面，加工检测较复杂且气体泄漏大。

1.3.2　活塞式压缩机

1.3.2.1　分类

活塞式压缩机的型式分类如下。

① 按气缸中心线相对位置可分为立式、卧式、角度式（L 型、V 型、W 型、扇型）、对置式、单列、双列、对称平衡式（H 型、M 型）等。

② 以气缸冷却方式分为水冷式和风冷式。连续操作的大型压缩机采用水冷式，而小型移动式压缩机多为风冷式。

③ 按最终排气压力所需级数分为单级、双级和多级。小排气量及排气压力低于 800kPa 的压缩机多采用单级压缩。

④ 以气缸内活塞作用方式分为单作用式、双作用式和级差式三种。

⑤ 以传动件润滑方式分为飞溅式和压力式。气缸部分又分为有油润滑和无油润滑。压缩气体不允许被油污染时，采用无油润滑压缩机。

⑥ 按可移动性分为固定式和移动式。大中型压缩机采用固定式，小型及微型压缩机可根据工作需要采用移动式。

⑦ 以排气量高低分为微型、小型、中型和大型压缩机。

⑧ 以最终排气压力分为风机和低压、中压、高压、超高压压缩机。

⑨ 按运动机构特点分为有十字头（多为固定式）和无十字头（多为移动式）。

1.3.2.2　活塞式压缩机结构、参数及方案选择

(1) 活塞式压缩机结构型式

立式压缩机气缸垂直安放，基础尺寸小，机器占地面积小。但管道布置困难，不易改型；大中型结构的操作维修不便。多用于中小排气量与级数少的场合。立式压缩机转速一般为300～750r/min。小型无十字头的压缩机速度可达1500r/min。

卧式非对称平衡式压缩机气缸水平布置，一般在曲轴一侧。结构简单，运动机构装拆方便。但往复惯性力不易平衡；转速低，一般为100～300r/min；机器和基础质量大；多级压缩的活塞机构复杂。多应用在小型高压场合。

卧式对称平衡式压缩机气缸分布在曲轴两侧，相对两列气缸的曲柄错角为180°。惯性力可平衡；转速可达250～1000r/min；机器与基础尺寸小，质量轻；多列结构中装拆方便。但两列时需配置较大飞轮。四列以上根据驱动电机位置不同，分为M型和H型。M型压缩机的电机位于机身一侧，安装简便，有利于变型。H型压缩机的电机位于两个机身之间，列间距大，便于维修。对称平衡式压缩机适用于大中型。最高排气压力可达10^2MPa。

对置式压缩机气缸水平布置在曲轴两侧。对于多列对置式压缩机相邻两相对列曲柄错角不等于180°。

角度式压缩机气缸中心线形成一定角度。常用的有V型、W型、L型、扇型、星型。气阀装拆、级间冷却器和级间管道设置方便，结构紧凑，平衡性良好。多用于小型移动式装置。V型结构气缸中心线夹角为90°，各列往复质量相等时平衡性最好。夹角为60°时结构最紧凑。W型结构气缸中心线夹角为60°，各列往复质量相等时平衡性最好。L型结构在两列往复运动质量相等时，机器运转平稳性高于其他角度式。多用于固定式动力用空气压缩机。扇型和星型压缩机结构复杂，平衡性欠佳，只应用在特殊场合。

（2）结构参数选择

结构参数包括转速n、活塞平均速度C_m和行程S。

① 转速　转速提高，容积流量增大，机器尺寸减小，质量减轻，总经济性较好。但会使不平衡惯性力和力矩增大，加剧机器和基础振动，加快运动件磨损，降低易损件寿命。转速取值范围如下：

微型和小型　　1000～3000r/min

中型　　500～1000r/min

大型　　250～500r/min。

② 活塞平均速度　活塞平均速度对压缩机寿命、气阀型式和被压缩介质有关。取值范围如下：

采用环状阀及网状阀的大中型压缩机，$C_m=3.5\sim4.5$m/s；大型压缩机取上限值。

采用直流阀的压缩机，$C_m=5\sim6$m/s；动力用固定式空气压缩机，$C_m=3\sim4$m/s；移动式压缩机，$C_m=4\sim5$m/s；微型和小型压缩机，$C_m=1\sim2.5$m/s；无油润滑迷宫式压缩机，$C_m\geqslant4$m/s；聚四氟乙烯或石墨密封环的压缩机，$C_m\leqslant3.5$m/s；乙烯超高压压缩机，$C_m\leqslant2.5$m/s；乙炔气体压缩机，$C_m\approx1$m/s。

③ 行程　行程的选择要考虑下列因素。

a. 容积流量　容积流量大，行程取长些，反之应短些。

b. 机器结构形式　对于立式及角式结构，为降低机器高度，活塞行程要取短些。

c. 气缸结构要考虑行程与一级缸径比S/D_1　常压吸气及转速小于500r/min时，$S/D_1=0.4\sim0.7$；当转速高于500r/min时，$S/D_1=0.32\sim0.45$。

行程S的统计关系式为：

$$S=A\sqrt{P}\times10^{2} \tag{1-108}$$

式中 P——最大活塞力，N；

A——系数，取值范围0.065～0.095，较小值适用于短行程机器，较大值适用于长行程机器。

排气压力 $p_d<10^2$ MPa，固定式带十字头压缩机主要结构参数推荐值见表1-117。

表1-117 活塞式压缩机主要结构参数

活塞力 P /×10^4 N	行程 S /mm	推荐转速 n /(r/min)	推荐转速下的活塞平均速度 $C_m=\frac{nS}{30}\times10^{-3}$ /(m/s)	活塞力 P /×10^4 N	行程 S /mm	推荐转速 n /(r/min)	推荐转速下的活塞平均速度 $C_m=\frac{nS}{30}\times10^{-3}$ /(m/s)
1	80	980	2.61	8	240	500	4.00
	100	980	3.27	12	280	428	4.00
2	100	980	3.27				
	140	730	3.40	16	320	375	4.00
3.5	140	730	3.40	22	360	375	4.50
	180	600	3.60	32	400	333	4.44
5.5	180	600	3.60				
	220	500	3.67	45	450	300	4.50

活塞式压缩机趋向于采用高转速、短行程。

（3）方案选择

① 列数选择 每一连杆对应的气缸、活塞组构成一列，每列可配置若干级。气缸在列中排列的要求是：a. 各列往复止点活塞力相等，超高压压缩机中各列功应相等；b. 气体泄漏小；c. 级间管道布置短且拆装方便；d. 同级若分几个气缸容积，各气缸进气和排气按时间错开。

② 各列曲柄错角 四列对称平衡式压缩机相对两列曲柄错角为180°，为使切向力均匀，两列曲柄相错90°。六列对称平衡式压缩机相对两列曲柄错角为180°，三对曲柄互为120°。一般卧式两列大型压缩机采用曲柄错角为90°结构；小型高速两列立式压缩机采用曲柄错角为180°结构。

③ 级数选择 分级压缩可降低排气温度，节省功率，降低活塞力，提高气缸容积效率。但级数多结构复杂，成本高。工业上常用的对压缩终了温度有限制的气体见表1-118。

表1-118 工业上常见对压缩终了温度有限制的气体

气体	温度限制范围/℃	限制原因	气体	温度限制范围/℃	限制原因
稀乙炔	<120	防止爆炸	石油气	<90～110	防止结焦
乙炔	<90	防止爆炸	干氯气	<90～110	防止腐蚀

工业上常用气体压缩机级数见表1-119。

④ 级在列中配置 各级气缸在列中的配置要求最大活塞力相等并减少气体泄漏，在曲轴一侧配置较低的压力级，制造装配方便以及降低流动损失，减小气流脉动。当一列中只有一级时，采用双作用气缸。如一列中有好几级，采用级差式气缸。

1.3.2.3 热力计算

（1）容积流量与功率

① 实际工作循环

表 1-119　工业上常用气体压缩机级数

压缩气体	压力范围/MPa		用途	级数
	进气	排气		
空气	大气压	0.6	充气、喷漆、食品、纺织、自控	1～2
		0.8		
		1		
		0.9	动力	2
		3.1	自控、船用、电站	3～4
		4.1		
		6.1		
		15.1	船用、水压机配套	3
		35.1		4
		4.1～51.2	空分装置	3～4
		20.1	空分装置	4～5
氮氢气	0.103	15.1	合成氨	4
		32.1		6
石油气	0.1	1.5	延迟焦化	2
	0.0864	3.6～4.3	石油气裂解	3～4
天然气	0.6	4.3	合成氨	2
焦炉气	0.105	2.3	合成氨	3
炼厂气	0.5	2.8	合成氨	2
一氧化碳	约 0.102	32.1	有机合成	6
二氧化碳	0.103	20.1～22.1	合成尿素	5
氯气	大气压	1.0～1.6	氯气液化	2～3
氮气	0.1	0.9	塑料	2
	2.8	30.1	合成氨	3
氦气	0.105	3.5	液化	4
		4.1		
稀乙炔	0.117	1.3	有机合成	4
乙烯		1.9		3
氧气	大气压	1.0～3.1	输送	3
	大气压约 0.6	2.5～4.1		2～4
	大气压	15.1～16.5	充瓶	3～4

a. 示功图　示功图也称作压力-容积图（p-V 图）。它将气缸内气体压力变化随气体容积变化的函数关系用曲线描绘，是一个封闭图形。图形面积即 pV 的乘积是一个工作循环所需的功。示功图可用来判断各工作过程的完善程度，确定气缸实际吸气容积，确定气缸容积的指示功率。

b. 实际工作循环　实际工作循环的 p-V 图见图 1-83。它由 $c \rightarrow d$ 膨胀过程、$d \rightarrow a$ 进气过程、$a \rightarrow b$ 压缩过程、$b \rightarrow c$ 排气过程组成。

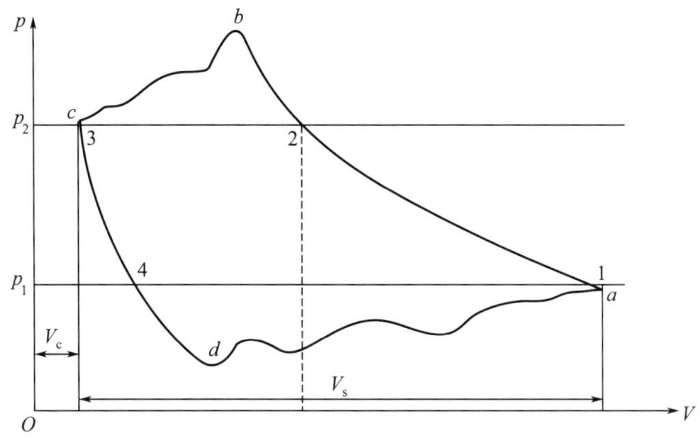

图 1-83　实际工作循环的 p-V 图

② 容积流量　容积流量是在压缩机排气端测得的单位时间内排出的气体容积，换算到压缩机进气条件（压力、温度、湿度）下的数值。吸气量是指排出的气体转换成标准状态（$p_0=0.1033\text{MPa}$，$T_0=273\text{K}$）下干燥气体的体积。

容积流量 V 与吸气量 V_d 的关系为

$$V=\frac{p_0 T_s}{(p_s-\varphi p_{sa})T_0}V_d \tag{1-109}$$

式中　T_s——进气状态的温度，K；

p_s——进气状态的压力，MPa；

φ——进气状态的相对湿度；

p_{sa}——进气温度下的饱和蒸汽压力，MPa。

a. 行程容积　行程容积 V_s 为气缸理论吸气量。V_s 与气缸型式有关。

对单作用气缸

$$V_s=\frac{\pi}{4}D^2 Sni \tag{1-110}$$

对带不贯穿活塞杆的双作用气缸

$$V_s=\frac{\pi}{4}(2D^2-d^2)Sni \tag{1-111}$$

对带贯穿活塞杆的双作用气缸

$$V_s=\frac{\pi}{2}(D^2-d^2)Sni \tag{1-112}$$

对级差活塞的双作用气缸

$$V_s=\frac{\pi}{2}\left[D^2-\left(\frac{d^2+D_x^2}{2}\right)Sni\right] \tag{1-113}$$

式中　D——气缸直径，m；

S——气缸行程，m；

n——压缩机转速，r/min；

i——同级气缸数；

d——活塞杆直径（见表 1-120），m；

D_x——级差活塞的小端直径，m。

表 1-120 活塞杆直径与活塞力的关系

<table>
<tr><td>活塞力 P（×10⁴）/N</td><td>1</td><td>2</td><td>3.5</td><td>5.5</td><td>8</td><td>12</td><td>16</td><td>22</td><td>32</td><td>45</td></tr>
<tr><td rowspan="2">活塞杆直径 d/mm</td><td rowspan="2">25</td><td>30</td><td>40</td><td>50</td><td>60</td><td>70</td><td>80</td><td>90</td><td>110</td><td rowspan="2">130</td></tr>
<tr><td>35</td><td>45</td><td>55</td><td>65</td><td>80</td><td>90</td><td>100</td><td>120</td></tr>
</table>

实际气体多级压缩机中间级的行程容积为

$$V_{si}=\frac{\mu_{di}\mu_{oi}}{\lambda_i}\frac{p_{s1}}{p_{si}}\frac{T_{si}}{T_{s1}}\frac{Z_{si}}{Z_{s1}}V \tag{1-114}$$

式中 p_{s1}、p_{si}——第 1 级和第 i 级的进气压力，MPa；

T_{s1}、T_{si}——第 1 级和第 i 级进气温度，K；

Z_{s1}、Z_{si}——第 1 级和第 i 级进气条件下气体压缩系数；

λ_i——第 i 级排气系数；

μ_{oi}——第 i 级抽气系数，表示中间级抽去或加入部分气量时，对该级和以后各级气缸容积的影响程度；

μ_{di}——第 i 级干气系数，表示前面各级因析出水分而使 i 级进气容积减小的程度。

μ_{di}有如下关系式：

$$\mu_{di}=\frac{p_{s1}-\varphi_1 p_{sa1}}{p_{s2}-\varphi_i p_{sai}}\frac{p_{si}}{p_{s1}} \tag{1-115}$$

式中 p_{sa1}、p_{sai}——第 1 级和第 i 级在进气温度下的饱和蒸气压力，MPa；

φ_1、φ_i——第 1 级和第 i 级进口气体相对湿度。

实际气体考虑气体分子本身体积和分子间作用力，以气体压缩系数 Z 表述。工程上采用二参数法和三参数法计算实际气体的气体压缩系数 Z。

（a）二参数法

$$Z=Z_c=\frac{p_r V_r}{T_r} \tag{1-116}$$

式中 Z_c——气体临界压缩系数；

p_r、V_r、T_r——对比压力、对比比容、对比温度，$p_r=p/p_c$、$V_r=V/V_c$、$T_r=T/T_c$；

p_c、V_c、T_c——气体的临界压力、临界比容和临界温度，均为定值。p_c、T_c 由气体物性表查得。

由实验得知，工业上常用的 20 多种气体（特别是烃类气体）的临界压缩系数 $Z_c=0.25\sim0.3$。图 1-84 是 $Z_c=0.27$ 的气体通用 Z 值曲线。对于 Z_c 不等于 0.27 的气体，应用图 1-84 误差小于 5%。

（b）三参数法

由于各种气体的 Z_c 不相等，为减少误差，考虑非球形分子偏心引起的吸力偏差，引进偏心因子 ω。在 $T_r=0.7$ 时有

$$\omega=-\lg(p_{rs})-1.000 \tag{1-117}$$

式中 p_{rs}——气体的对比饱和蒸气压力。某些气体的 ω 可由该气体物性表上查得。

三参数法求 Z 的方法如下：

$$Z=Z^{(0)}+\omega Z^{(1)} \tag{1-118}$$

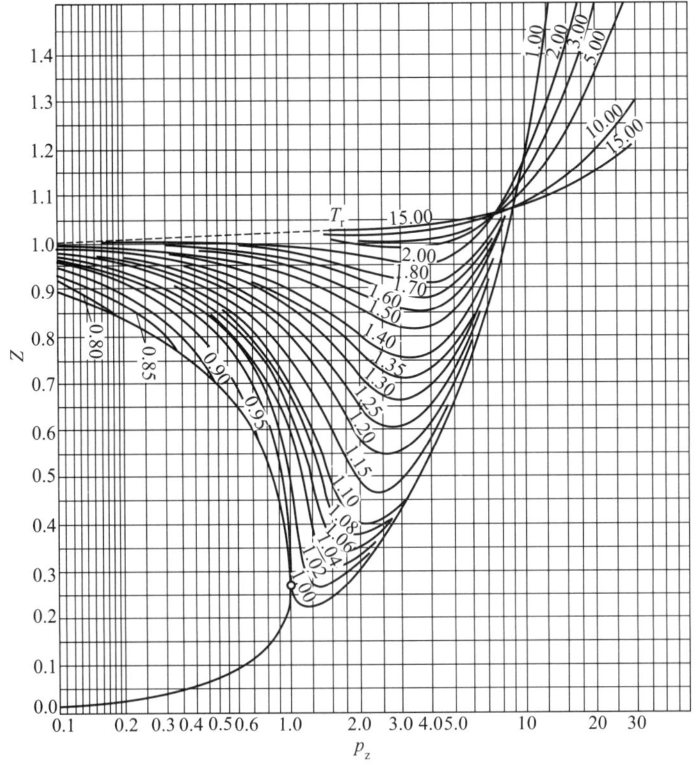

图 1-84 气体通用 Z 值曲线（$Z_c=0.27$）

式中 $Z^{(0)}$——球形分子结构（如惰性气体氩、氪、氙）的气体压缩系数。

$\omega Z^{(1)}$ 可看作对 $Z^{(0)}$ 的修正项。$Z^{(0)}$、$Z^{(1)}$ 都是 p_r、T_r 的函数，通过其数据表查得。

b. 容积效率 容积流量 V 与气缸行程容积 V_s 之比为容积效率 η_V。

$$\eta_V=\frac{V}{V_s}=\lambda_V\lambda_p\lambda_t\lambda_1 \tag{1-119}$$

式中 λ_V——容积系数；

λ_p——压力系数；

λ_t——温度系数；

λ_1——泄漏系数。

(a) 容积系数 λ_V 容积系数 λ_V 表示余隙容积 V_c 对气缸行程容积 V_s 的利用程度。对实际气体

$$\lambda_V=1-\alpha\left(\frac{Z_s}{Z_d}\varepsilon^{\frac{1}{m}}-1\right) \tag{1-120}$$

式中 α——相对余隙容积，$\alpha=V_c/V_s$；

Z_s、Z_d——进气和排气气体压缩系数；

ε——压力比，$\varepsilon=\dfrac{p_d}{p_s}$；

m——多变膨胀过程指数。

排气压力 $p_d\leqslant$2MPa 时，$\alpha=0.07\sim0.15$；2MPa$<p_d\leqslant$32MPa 时，$\alpha=0.12\sim0.18$。

对微型压缩机，$V<0.2\text{m}^3/\text{min}$，$\alpha=0.088\sim0.10$；$V>0.2\text{m}^3/\text{min}$，$\alpha=0.035\sim0.05$。隔膜式压缩机的$\alpha=0.025\sim0.035$。超高压压缩机$\alpha$值可达0.25。

多级压缩时各级m值按表1-121确定。表中k为气体绝热指数。对理想气体在标准状态下，单原子气体的$k=1.66\sim1.67$；双原子气体的$k=1.40\sim1.41$；多原子气体的$k=1.10\sim1.30$。

表1-121 多变膨胀过程指数

进气压力（绝压）/MPa	m值	进气压力（绝压）/MPa	m值
	绝热指数k为任意值		绝热指数k为任意值
≤0.15	$m=1+0.5(k-1)$	1～3	$m=1+0.88(k-1)$
0.15～0.4	$m=1+0.62(k-1)$	>3	$m=k$
0.4～1	$m=1+0.75(k-1)$		

对实际气体需要用温度绝热指数k_T进行计算。几种气体的温度绝热指数k_T见表1-122。

表1-122 几种气体的温度绝热指数k_T

气体名称	温度/℃	p/MPa						
		0.1	10	20	30	60	80	100
氮	20	1.410	1.416	1.400	1.379	1.345	1.340	1.346
	100	1.406	1.419	1.426	1.419	1.377	1.372	1.373
	200	1.400	1.409	1.409	1.408	1.387	1.380	1.374
氢	25	1.404	1.407	1.408	1.407	1.402	1.394	1.390
	100	1.398	1.399	1.400	1.401	1.396	1.393	1.388
	200	1.396	1.397	1.398	1.399	1.396	1.394	1.392
二氧化碳	25	1.400	1.433	1.414	1.394	1.349	1.344	1.341
	100	1.400	1.422	1.424	1.422	1.395	1.390	1.390
	200	1.399	1.407	1.415	1.422	1.408	1.403	1.398
甲烷	25	1.32	1.36	1.28	1.24	1.22	1.21	1.21
	100	1.27	1.30	1.30	1.28	1.25	1.23	1.22
	200	1.23	1.26	1.25	1.25	1.24	1.24	1.23
氨	150	1.271	1.335	1.086	1.073	1.079	1.083	1.094
	300	1.234	1.252	1.286	1.286	1.216	1.187	1.179
氮氢混合气（N_2+3H_2）	25	1.405	1.407	1.406	1.404	1.397	1.393	1.395
	100	1.399	1.397	1.402	1.403	1.400	1.396	1.395
	200	1.398	1.400	1.402	1.407	1.403	1.398	1.395

若是双原子气体，可以用理想气体绝热指数k代替温度绝热指数k_T。

(b) 压力系数λ_p　压力系数λ_p表示进气阀弹簧力以及进气管道中压力脉动使进气终点压力降低对行程容积利用程度的影响。多级压缩机中1级、2级$\lambda_p=0.95\sim0.98$，3级以后$\lambda_p\approx1$。管道内有强烈脉动时$\lambda_p>1$或$\lambda_p<1$。

(c) 温度系数λ_t　温度系数λ_t表示进气被加热使实际进气容积降低的程度，随压力比增高而降低，$\lambda_t=0.92\sim0.98$。

(d) 泄漏系数λ_l　泄漏系数λ_l表示由于机器、管道及附属设备等密封不严造成泄漏的程度，其值与多种因素有关，$\lambda_l=0.90\sim0.98$。

表1-123列出了一些压缩机的容积效率。

③ 功率和效率

表 1-123　气体压缩机容积效率

类型	主要参数			容积效率 η_V	类型	主要参数			容积效率 η_V
	排气量/（m^3/min）	排气压力/MPa	级数			排气量/（m^3/min）	排气压力/MPa	级数	
微型	0.15～0.90	0.7	1	0.58～0.60	氮氢气压缩机	≤40	15.1～32.1	4～6	0.73～0.79
	0.015～0.05	0.7	1	0.33～0.40		>100	32.1	6	0.75～0.80
小型V、W	1～3	0.7	2	0.60～0.70	石油气压缩机	10～117	1.1～4.3	2～4	0.65～0.80
	3～12	0.7	2	0.76～0.85	CO_2 压缩机	45～62	21.1	5	0.75～0.76
L型	10～100	0.7	2	0.72～0.82	O_2 压缩机	33～120	2.1～4.5	2～4	0.65～0.73

a. 功率　压缩机实际工作循环消耗的功率为指示功率。

(a) 实际气体指示功率　对于多级压缩，实际气体指示功率 N_i 为

$$N_i=\frac{1}{60}n\sum_{i=1}^{Z}\left\{p_{si}V_{si}\lambda_V\frac{k_T}{k_T-1}\left[\left(\frac{p'_{di}}{p'_{si}}\right)^{\frac{k_T-1}{k_T}}-1\right]\frac{Z_{si}+Z_{di}}{2Z_{si}}\right\} \tag{1-121}$$

压缩机各级考虑压力损失后的吸气压力 p'_s 和排气压力 p'_d 为

$$p'_{si}=p_{si}(1-\delta_{si}) \tag{1-122}$$

$$p'_{di}=p_{di}(1-\delta_{di}) \tag{1-123}$$

式中　δ_{si}、δ_{di}——i 级进气和排气相对压力损失平均值。

进气相对压力损失 δ_s 和排气相对压力损失 δ_d 可按图 1-85 中曲线选取。曲线是按总相对压力损失 δ 计算绘出，δ_s 约占 δ 的 30%，δ_d 约占 δ 的 70%。图中实线为 $\delta=\frac{0.24}{p^{0.3}}$，虚线为 $\delta=\frac{0.15}{p^{0.25}}$。当活塞平均线速度 C_m 不同时，可用图上查得的 δ 值，按 $\delta'=\delta\left(\frac{C_m}{3.5}\right)^2$ 进行修正。当气体密度 ρ' 与空气密度 ρ 相差较大时，按 $\delta'=\delta\left(\frac{\rho'}{\rho}\right)^{\frac{2}{3}}$ 进行修正。对阻力较大的气阀及管路系统可按实线查取。

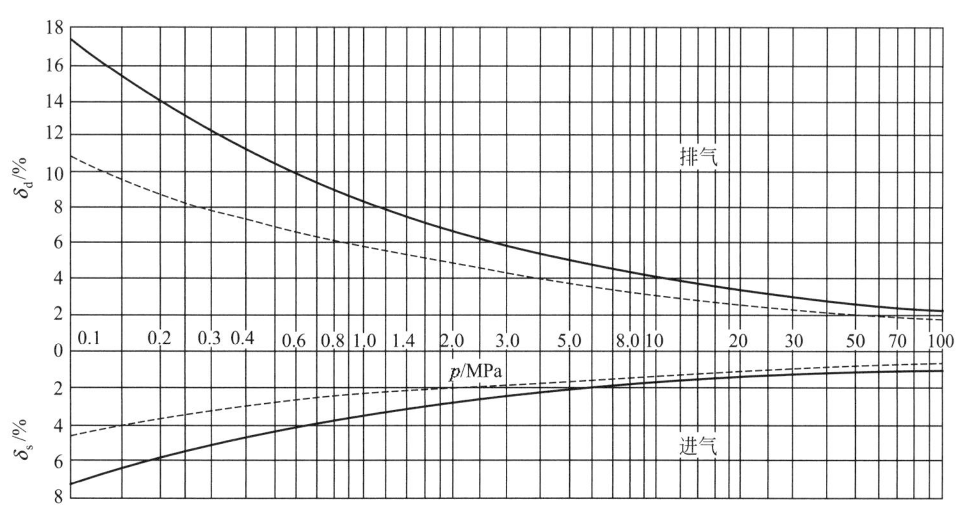

图 1-85　相对压力损失曲线

(b) 轴功率　压缩机轴功率 N_Z 为

$$N_Z=\frac{N_i}{\eta_m} \tag{1-124}$$

式中　η_m——压缩机机械效率。大、中型压缩机η_m＝0.86～0.92；小型压缩机η_m＝0.85～0.90；微型压缩机η_m＝0.82～0.90。

（c）输出功率　压缩机与驱动机之间如有传动装置，则驱动机输出功率 N 为

$$N_d=\frac{N_Z}{\eta_t} \tag{1-125}$$

式中　η_t——传动效率。V 型皮带传动η_t－0.96～0.98；齿轮传动η_t－0.97～0.99；半弹性联轴器η_t＝0.995；刚性联结η_t＝1。

（d）驱动机功率　选用驱动机时，应有一定的功率储备。电机为 5%～15%；内燃机为 20%。

b. 效率

（a）绝热效率η_{ad}　绝热效率η_{ad}为绝热功率 N_{ad}与轴功率 N_Z 之比

$$\eta_{ad}=\frac{N_{ad}}{N_Z} \tag{1-126}$$

一般压缩机绝热效率范围：大型压缩机η_{ad}＝0.80～0.85；中型压缩机η_{ad}＝0.70～0.80；小型压缩机η_{ad}＝0.65～0.70。

（b）比功率　比功率为一定排气压力下，单位容积流量消耗的功率。可用来评价工作条件相同、介质相同的动力用压缩机的经济性。但要注意，对比两台压缩机的比功率时，排气压力、进气条件、冷却水入口温度、冷却水耗量等都应相同，否则就失去可比性。

1.3.2.4　基础确定条件及其数据估算

（1）基础确定条件

压缩机基础除承受机器质量外，还承受机器内部没有得到平衡的惯性力和惯性力矩。这些作用力中，只有机器质量是不变量。不平衡惯性力是由各运动零部件做不等速运动或做旋转运动而产生的。多个惯性力不共线形成惯性力矩，其大小和方向是周期性变化，造成基础振动，且传递范围相当大。强烈振动影响仪表和设备工作，使压缩机基础下沉，并导致与压缩机相连管道或其他连接件拉断。基础设计应保证能可靠地承受机器质量和防止产生过大振动。

压缩机基础沿顶面允许的振幅值见表 1-124。

表 1-124　压缩机基础振幅允许值

振动形式		每分钟振动频率				
方位	符号	达 500	超过 500	超过 700	超过 1000	超过 1500
垂直振幅	A_X	0.15	0.12	0.09	0.075	0.06
水平振幅	A_Z	0.20	0.16	0.13	0.11	0.09

（2）数据估算

① 基础振动估算

根据基础受力，确定基础振动形式，再求出相应振幅。振动形式与压缩机型式及惯性力和惯性力矩作用特点有关。

a. 卧式压缩机　不平衡往复惯性力沿气缸中心线作用，引起压缩机沿此方向移动。该力与基础及机组质心构成绕曲轴轴线方向的力矩，此力矩引起基础及机组转动。在基础顶面边缘

沿气缸中心线方向振幅为

$$A_{x\psi}=A_x+A_\psi h_1 \tag{1-127}$$

式中　A_x——基础及机组总质心的水平移动振幅，m；

A_ψ——围绕通过基础及机组的轴转动振幅，rad；

h_1——从基础顶面至基础及机组总质心距离，m。

此类压缩机采用装平衡重方法，使部分水平作用往复惯性力转移到垂直方向上，此时机器还有垂直方向移动和转动。如果垂直振幅不大，且地基在垂直方向刚度大于水平方向刚度，则可以忽略。如果必须计算该部分振幅，则可按立式压缩机来算。

b. 立式压缩机　如果压缩机往复惯性力作用线通过基础及机组质心，则振动只是沿垂直方向的位移。位移振幅按下式计算

$$A_z=\frac{F_z}{K_z\left(1-\frac{\omega^2}{\omega_{0z}^2}\right)} \tag{1-128}$$

式中　F_z——垂直方向往复惯性力，m；

K_z——地基抗压刚度，kN/m；

ω_{0z}——基础及机组在垂直方向固有频率，1/s。

若往复惯性力作用线不通过基础及机组质心，其基础顶面垂直振幅按下式计算

$$A_{z\psi}=A_z+A_\psi a_1 \tag{1-129}$$

式中　A_ψ——基础及机组总质心水平移动的振幅，m；

a_1——从基础及机组总质心至基础顶面要求控制振幅的某点的水平距离，m。

c. 对称平衡式压缩机　此类压缩机旋转惯性力和往复惯性力都能得到平衡。剩余未平衡的往复惯性力矩其振动形式主要为水平扭转振动。只需计算绕基础底面形心、垂直于地面的扭转振动，其振幅按下式计算

$$A_{x\psi}=A_\psi L_1 \tag{1-130}$$

式中　$A_{x\psi}$——因扭转振动而产生的水平振幅，m；

A_ψ——基础及机组绕基础底面形心垂直于地面的扭转振动振幅，rad；

L_1——控制振幅的某点与纵轴间的距离，m。

d. 角度式压缩机　角度式压缩机的振动兼有立式压缩机和卧式压缩机振动特点，其振幅分别按立式压缩机振幅公式和卧式压缩机振幅公式求得。双 L 型压缩机还会有扭转振动。

e. 振动载荷确定　在基础振动估算中，通常只需考虑由最大不平衡惯性力和力矩引起的振动。如果压缩机中同时存在一阶和二阶不平衡往复惯性力及力矩，而二阶惯性力和力矩比一阶惯性力和力矩小很多，则把惯性力和力矩相叠加，然后按一阶惯性力频率计算振幅值。如果一阶惯性力和力矩得到部分平衡，而二阶惯性力和力矩数值接近或大于未平衡一阶惯性力和力矩的数值，则需分别按一阶和二阶作用力和力矩求得各自振幅，总振幅值按一阶和二阶振幅相叠加。如果一阶惯性力和力矩得到全部或大部分平衡，而二阶惯性力和力矩没有平衡，不平衡一阶惯性力和力矩作用明显小于二阶惯性力和力矩作用，则计算中把惯性力和力矩叠加，然后按二阶惯性力频率计算振幅值。

f. 地基刚度　求基础振幅时，要考虑地基的各种刚度特点，数值分别按下式确定

地基抗压刚度

$$K_z=C_zF \tag{1-131}$$

地基抗弯刚度 $K_{\varphi}=2C_zJ$ (1-132)

地基抗剪刚度 $K_x=0.75C_zF$ (1-133)

地基抗扭刚度 $K_{\psi}=1.5C_zJ_t$ (1-134)

式中 C_z——地基抗压系数，kN/m^3，见表 1-125；

F——基础底面面积，m^2；

J——基础底面积通过底面形心的抗弯惯性矩，m^4；

J_t——基础底面积通过底面形心的抗扭惯性矩，m^4。

表 1-125 按地基计算强度分类的抗压系数 C_z 值 单位：kN/m^2

地基计算强度 R_d (×10)	地基抗压系数 C_z ($\times10^6$)	地基计算强度 R_d (×10)	地基抗压系数 C_z ($\times10^6$)
150	200000	30	50000
75	100000	20	40000
50	70000	10	20000
40	60000	7.5	15000

② 基础确定要点 为确保压缩机的基础处于良好工作状态，应注意以下几点。

a. 为避免基础产生不均匀下沉，应使基础及机组重心垂直通过基础底面形心。对于计算强度小于 $10^5N/m^2$ 的软弱土壤，基础及机组重心对基础及机组底面形心偏心率，按与偏心平行的底边长度计，不应大于 3%；其他类型土壤，不应大于 5%。对于垂直惯性力偏于一端的立式或 L 型机器，偏心很难避免。这时基础底面形心在轴线方向的偏心，应移向惯性力侧。

b. 为防止发生共振，应使机器惯性力和力矩频率低于基础及机组固有频率的 0.75 倍或大于基础及机组固有频率的 1.25 倍。如干扰频率低于基础及机组固有频率，基础埋置深度适当浅一些。基础最小厚度应能满足地脚螺栓长度、切口和槽孔下面最小厚度要求。预埋螺栓至基础底边距离应不小于 0.5m。露天基础要满足基础底面处于冰冻线以下的要求。

基础顶面最小外形尺寸决定于压缩机布置条件，并使设备支座和底板边缘至基础边缘距离不小于 1m。

如干扰频率高于基础及机组固有频率，尽量使基础及机组固有频率低于干扰频率，以减小基础及机组振动。为此，转速高于 1500r/min 的压缩机，如果地基是高强度土壤，则在地基和机器之间连有弹性衬板；机身强固的小型高速压缩机，可将机器直接放在由钢弹簧和橡胶弹性衬垫上，橡胶须经硫化且与钢板连接牢固。转速为 500～1500r/min 的小型机器，在基础下面设置弹性元件，以使基础及机组固有频率变得很低。

几台压缩机安装在一起时，可使用联合基础，以减小振动。联合基础底板厚度应满足刚度要求，且不小于 8m。增大基础长度会降低基础在垂直方向刚性，立式压缩机不宜采用联合基础。

c. 机器无地下室时，基础应做成大块式；有地下室时，为节省材料，应做成墙式，但墙式基础整体刚性应与大块式相接近。

d. 为减弱基础及机组振动的传播，压缩机基础与厂房间距离不应小于 0.3～0.5m。

e. 如果压缩机振动对邻近机器、仪器、房屋以及操作人员产生不良影响，应采取各种消除振动的措施。

1.3.2.5 气体管路与管道振动

(1) 气体管路

气体管路应满足以下要求。

① 安全可靠　组成管路的各部件应有足够强度和良好密封性；为防止高压气体倒流，压缩机末级排气管和中间抽气管上应设置止回阀。考虑气体脉动和温度变化等不利影响，管路支承要可靠，位置要合适。

② 管路内阻力损失应尽量小，管路尺寸要短小紧凑。

③ 管路装拆要方便，避免不必要交叉。

④ 管路元件应尽量按现行标准选择。

（2）管道振动

① 气流脉动

a. 气流脉动　活塞式压缩机吸气和排气的周期性，使吸、排气管路中气流压力和速度具有脉动性，给压缩机工作带来不利影响，可使级指示功率增加；降低气阀使用可靠性和寿命；破坏安全阀严密性以及造成管路和设备振动。

b. 减小气流脉动措施　活塞式压缩机系统的气流脉动不可避免，但可以采取下述措施减小气流脉动。

（a）尽量避免气流共振　选取管路时，改变管路配置与尺寸，算出管路气流固有频率，使管路自振频率比干扰频率低 30%或高 30%；

（b）减小压力脉动　算出气流压力脉动最大值 p_{max}和最小值 p_{min}，其差值被压力变化的平均值 p_0 除，即可求出压力脉动不均匀度 δ_p。δ_p 应限制在允许范围内，见表 1-126。

表 1-126　[δ_p] 值

压力 p/MPa	许用压力不均匀度[δ_p]	压力 p/MPa	许用压力不均匀度[δ_p]
0.5	0.02～0.08	10～20	0.02～0.05
0.5～10	0.02～0.06	20～50	0.02～0.04

（c）设置缓冲器　在靠近气缸吸、排气口处安装缓冲器是最有效的方法。它能使缓冲器前后管道内气流脉动缓和，降低气体冲击损失。缓冲器最好直接配置在气缸旁。缓冲器上接管配置对压力脉动衰减程度也有影响。若缓冲器上进出气管位置彼此错开，则缓冲作用比直通进出气管高 15%～20%；若改变气流方向，则压力脉动振幅比直通管降低 60%；

（d）声学滤波器消振　声学滤波器消振作用好，阻力小，是有效的消振装置。它分为声阻式、声抗式及组合式三种。声阻式滤波器靠黏性摩擦力使脉动能量变为热能；声抗式滤波器根据滤波原理，阻止一定频率脉动在滤波器后面管道中通行。组合式滤波器兼有声阻与声抗的作用，是压缩机最常用的滤波器。

（e）其他方法　加大管道直径或在管道上安装节流孔板都能使气流脉动得到一定程度缓和，但不及上几种方法有效，经济性差，只作为已有装置的补救措施。

② 管道振动

a. 管道振动　管道振动对管道连接件强度和密封可靠性有不利影响，可能导致安装在压缩机上的仪表发生故障。产生管道振动的原因多数是由于气流脉动。另外，管道有急剧拐弯，气流方向突然发生变化，会使管壁产生巨大的反作用压力，加剧管道振动。管道自振频率与干扰力频率相等或相近时，管道振动特别大，其振幅有时可达 10mm。

b. 减小管道振动措施　减小气流脉动是主要措施，但还应注意以下几点：

（a）避免管道机械共振，管道系统机械振动的自振频率比干扰频率低 30%或高 30%；

（b）减少弯头，避免急转弯；必须转弯处，曲率半径要大一些，并配以适当的支撑；

（c）加强管道支撑　管道中要安装中间支座或将振动段悬挂在弹性支座上。在振动段，管道与支座间加装木质或橡胶衬垫，防止管道因振动出现过大磨损。

1.3.2.6　冷却系统及冷却水量

（1）冷却系统

活塞式压缩机冷却系统由中间冷却器、气缸和填料水套、润滑油冷却器、后冷却器、冷却水管路以及其他附件组成。冷却系统配置原则是：进入中间冷却器的水温在系统中为最低；气缸和填料水套进水温度不应过低；风冷式压缩机采用吸风式，最冷空气要先进入冷却器；系统耗水量小，管路简单；运行时检视和调节水量方便。

① 冷却系统配置基本方案

a. 串联系统　冷却水先进入中间冷却器，再进入气缸水套，经后冷却器排出。串联冷却系统适用于两级压缩机，三级以上不应用。特点是耗水量小，管路简单，检视和调节水量、水温装置较少。但导管截面尺寸较大，安装不便，各冷却部分不能单独调节，若密封性受到破坏时，气体漏入冷却水中，无法检视其破坏位置。

b. 并联系统　冷却水总管分出若干支管，分别通至每一冷却部分，最后通到泄水管中。并联冷却系统适用于多级压缩机。特点是各级中间冷却器进水温度均为最低，能使气体得到完善冷却，各部分所需冷却水量、水温能任意调节，系统各部位彼此独立，容易判断损坏部位。但耗水量大，管路复杂，调节检视装置较多。

c. 混联系统　混联系统适用于两级和多级压缩机。系统中每一中间冷却器与相应气缸水套组成串联系统，各级之间构成并联形式。它具有串联和并联两者的优点，不仅冷却水量利用合理，且各级具有相同回冷完善度。

在上述三种冷却系统中，填料冷却安置部分和气缸冷却相同，润滑油冷却器通常配置在后冷却器前面。冷却水在通路中流动，分有压流动和溢流流动。后者各部分相对几何位置逐渐下降，以利溢流。冷却水流速为：对有压流动，气缸部分通常为 1～1.5m/s，中间冷却器可取 2m/s；对溢流流动，小于 1m/s。冷却气缸用水耗量，以同级冷却器水耗量百分数计：低压级占 15％～20％；中压级占 10％～15％；高压级占 5％～10％。

有压流动可用指流计来检视水流状况。溢流流动可在冷却水排出管端装溢水槽检视。

② 对冷却水水质的要求

a. 冷却水接近中性，即氢离子浓度 pH 值在 6.5～9.5 之内。

b. 有机物和悬浮杂质都不大于 25mg/L，含油量不大于 5mg/L。

c. 硬度不大于 10°。

上述要求达不到时，采取沉淀池、过滤池净化处理，并用回收器脱油，以改善水质。

（2）冷却水量

冷却水用量一般在产品样本中给出。也可用下式进行估算：

$$V_s = \frac{860N_t}{1000\Delta t} \tag{1-135}$$

式中　N_t——压缩机指示功率，kW；

Δt——冷却水进出口温度差，℃。

也可用下式进行计算：

$$G = \frac{Q}{C_p \Delta t} \tag{1-136}$$

式中　Q——冷却器热负荷，J/h；

C_p——冷却水比热容，J/(kg·℃)。

冷却器中气体终温和冷却水初温之差取 5～10℃，冷却器进出口水温差值取 15～20℃，冷却器和气缸出口水温不应超过 40℃，否则需用软水。

动力用排气压力为 0.9MPa 的两级空气压缩机，单位气量冷却水消耗量小于 4kg/min。

1.3.2.7　气量调节、安全运转自控

(1) 气量调节

对已有压缩机，若排气量不满足工艺要求，可在低于额定排气量范围内进行调节。

① 补充余隙调节法　气缸余隙附近配置补充余隙容积，使气缸容积系数发生变化，达到调节气量的目的。

② 顶开吸入阀调节法　吸入阀处安一个开压叉装置。排气过程中，强行顶开吸气阀，使部分气体返回吸入管道，达到调节气量的目的。

③ 旁路回流调节法　排气管与吸气管之间接一旁路阀。调节旁路阀，使排出气体部分或全部回到吸入管道，减少输气量达到调节的目的。

④ 节流吸入调节法　吸入管道装节流阀，降低吸入压力。气体密度降低，气体质量流量减少，达到调节气量的目的。

⑤ 改变转速调节法　此法简单易行。用于内燃机或可变频电机驱动的压缩机。

⑥ 改变操作台数调节法　使用压缩机台数较多时，根据需用气量可适当增减压缩机台数，以增加或减少系统输气量。

(2) 安全运转自控

为保证压缩机安全运转，应注意以下几点。

① 气路系统控制在工艺指标规定范围内。吸气压力不得低于规定值；排气压力如短时间超压，必须小于工艺指标的 10%；各级排气温度均不得大于 160℃；排气量调节需按制造厂提供的方法并在规定范围内进行。

② 润滑系统、气缸润滑系统不可断油，油位不得低于规定值；循环润滑系统集油箱内油位不得低于 1/3 高度，油质量必须符合规定，油泵出口处压力不得低于规定值，油冷却器出口处油温不得大于 40℃。

③ 水冷却系统压力大于 0.15MPa，温度小于 32℃。

④ 主轴承、曲轴轴承、十字头滑板与机身滑道、气缸填料函摩擦部位温升小于 65～70℃。

⑤ 电机电压、电流在规定之内；电机温度不得超过 70℃。

⑥ 辅助系统设备和管道不得有泄漏，振动振幅不得超过规定，压力在工艺指标范围内。

⑦ 出现异常声响要查明来源，及时清除；有泄漏立即排除；经常检查连接件紧固情况；保持系统清洁。

为使压缩机能够满足工艺过程中对于压缩气体的要求，当管网特性变化时，如用气量变化等，需要对压缩机参数如气体流量、压力和温度进行自动控制和调节。

自动调节系统包括主令机构、传递机构和执行机构。主令机构为调节器，具有传感元件，接收流量、压力和温度等变化信号。传递机构利用气体、液体或电磁方式传递信号。执行机构为伺服器和调节机构，用来完成调节动作。

1.3.2.8　活塞式压缩机噪声

(1) 活塞式压缩机噪声

活塞式压缩机噪声包括机械敲击噪声和气流动力噪声。前者为气阀启闭敲击声；后者有进排气阀开启时气体压差爆破声及气缸间歇进气激发气体脉动噪声。另外还有风扇和电机声。

噪声衡量标准通常用声压级表示，其数学式为

$$L_p=20\lg\frac{p}{p_0} \tag{1-137}$$

式中 L_p——声压级，dB；

p——声压，Pa；

p_0——基准声压，等于 2×10^{-5}Pa。

噪声对人危害不仅决定于声压级大小，还与声频高低有关。压缩机噪声一般都在300Hz以下。考虑到噪声对人体的影响，压缩机噪声应低于85dB。

（2）噪声控制

① 消声措施　已有压缩机要采取消声措施。消声措施主要是装消声器或采用隔声罩。在压缩机进口装设消声器能消除部分进气噪声。隔声罩能控制全部噪声。消声器一般分为两类：阻性消声器和抗性消声器。还有阻抗复合消声器及微孔板消声器。所有消声器在降低噪声方面都结合了阻性和抗性两方面作用。

阻性消声器利用气流通道里吸声材料消声。抗性消声器利用一些容积和管子适当组合，使某些特定频率噪声反射回声源或得到大幅度吸收，它与阻性消声器区别在于没有吸声材料。

阻抗复合消声器可在较宽频率范围内得到良好消声效果。微孔板消声器也是阻抗复合消声器。它用微穿孔板吸声材料制成，比一般抗性消声器频率特性好得多。金属微孔板消声器用纯金属薄板制成，它能耐高温及气流冲击，不怕油雾和水泡；微孔板孔细而密，摩擦系数很小，这种消声器阻力损失很小。

许多经验表明，在压缩机装置上加隔声罩来隔绝噪声，可以取得较好效果。

② 气流速度对消声器性能影响　消声器消声效果随气流速度的增加而降低。当气流通过消声器时，遇到障碍物产生涡流，生成再生噪声。低速时再生噪声不明显，但在高速时不可忽略。高速气流冲击下，消声器元件、管壁会发生振动，有可能产生系统共振，放大某些频率噪声或改变声衰减规律。高速气流使消声器内部或出口产生喷气噪声，消声器失去作用。

对于压缩机，消声器中流速控制在30m/s以下。

1.3.2.9　润滑及无油润滑压缩机

（1）活塞式压缩机润滑

活塞式压缩机所有相对运动表面都要注入润滑油（无油润滑除外），以减小摩擦功率，减少磨损，冷却摩擦表面，同时起到密封及防止零件生锈的作用。

根据压缩机结构特点不同，大致有两种润滑方式。

① 飞溅润滑　多用于小型无十字头单作用式压缩机。特点是气缸与传动部件摩擦面，均靠装在连杆上的打油杆将油飞溅到润滑部位进行润滑。气缸和传动机构采用同一种润滑油。飞溅润滑简单，但耗油量较难控制。

② 压力润滑　常用于大中型有十字头压缩机。注油点和注油量可以控制，应用广泛。压力润滑分为两个独立系统：气缸及填料函部分靠注油器供油润滑；传动部件靠齿轮油泵供油润滑。

对于空气、氮气、氢气、氮氢气、二氧化碳、一氧化碳、石油气、水煤气、焦炉气等气体多选用压缩机油（冬季用13号压缩机油、夏季用19号压缩机油），也可用50号机械油。

传动系统润滑油，工作温度一般在70℃以下，且不直接与气体接触，可用一般机械油，如30、40、50号机械油。黏度较高的油用于大功率压缩机。

（2）无油润滑压缩机

无油润滑压缩机特点是活塞的活塞环、导向环及填料密封元件一般采用填充聚四氟乙烯自润滑材料，气缸内不需加润滑油。有的实现了整机无液体润滑油润滑。

1.3.2.10 常用活塞式压缩机型号编制和选择

（1）常用活塞式压缩机型号编制

活塞式压缩机型号意义如下：

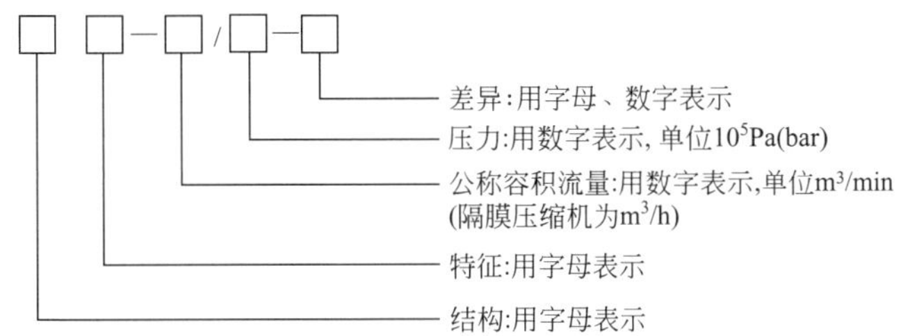

① 结构代号见表1-127。

表1-127 活塞式压缩机的结构代号

机型代号	结构代号涵义	机型代号	结构代号涵义	机型代号	结构代号涵义
V	V型活塞式压缩机	Z	立式活塞压缩机	DZ	对置式活塞压缩机
W	W型活塞式压缩机	P	卧式活塞压缩机	H	H型活塞式压缩机
S	扇型活塞式压缩机	M	M型活塞式压缩机	HY	回转活塞式或摆杆活塞式压缩机
L	L型活塞式压缩机	D	两列对称平衡型活塞式压缩机	G	隔膜式压缩机

② 特征代号见表1-128。

表1-128 活塞式压缩机的特征代号

特征代号	代号的涵义	特征代号	代号的涵义
W	无润滑	D	低噪声罩式
WJ	无基础	B	直联便携式

③ 活塞式压缩机型号示例

a. VD-0.25/7空气压缩机 活塞式、V型，低噪声罩式，公称容积流量0.25m^3/min，公称排气压力7×10^5Pa。

b. M-285/320-c型氮氢气压缩机 活塞式、M型，公称容积流量285m^3/min，公称排气压力320×10^5Pa，第c种变形产品。

（2）常用活塞式压缩机选择

① 3m^3/min以下低压微型活塞移动式空气压缩机

a. Z-0.025/6、Z-0.05/6、Z-0.05/6D型移动式空气压缩机。该机为立式、单列、单级、单缸、单作用、风冷空气压缩机，适用于压力为0.6MPa以下的压缩空气源。压缩机由电机通过三角皮带传动。采用飞溅润滑和自动控制装置。其技术性能见表1-129。

b. 2V-0.1/10和2V-0.3/10均为V型、双缸、两级、风冷移动式活塞式压缩机。此种类型压缩机和电机均安装在储气罐上，构成一个可移动整体。压缩机由电机通过三角皮带传动。

气缸和运动部件润滑方式为飞溅式。容积流量调节采用压力自动控制。此系列压缩机适用于压力为1MPa以下压缩空气气源。其技术性能见表1-130。

表1-129 Z-0.05/6型移动式空气压缩机技术性能

项目 \ 型号	Z-0.05/6	Z-0.05/6	项目 \ 型号	Z-0.05/6	Z-0.05/6
压缩机			排气温度/℃	<60	<180
容积流量/(m^3/min)	0.05	0.05	外形尺寸(长×宽×高)/mm	900×400×840	700×310×670
进气压力	大气压	大气压	电机		
额定排气压力/MPa	0.6	0.6	型号	JY2A-4	Y801-4
转速/(r/min)	400	900	额定功率/kW	0.75	0.75
行程/mm	55	40	额定转速/(r/min)	1420	1420
气缸数×气缸直径/mm	1×75	1×65			
轴功率/kW	0.6	0.6			

表1-130 2V-0.1/10、2V-0.3/10型压缩机性能

项目 \ 型号	2V-0.1/10	2V-0.3/10	项目 \ 型号	2V-0.1/10	2V-0.3/10
压缩机			轴功率/kW	—	2.85
容积流量/(m^3/min)	0.1	0.3	排气温度/℃	<180	<180
进气压力	大气压	大气压	外形尺寸(长×宽×高)/mm	1094×416×796	1390×500×884
额定排气压力/MPa	1.0	1.0	电机		
转速/(r/min)	600	1000	型号	Y90S-4	Y100L2-4
行程/mm	56	60	额定功率/kW	1.1	3
气缸数×气缸直径/mm			额定转速/(r/min)	1400	1420
一级	1×75	1×90	额定电压/V	380	380
二级	1×45	1×65			

c. 2V-0.3/10空气压缩机、2V-0.4/7-B、2V-0.5/7-B、2V-0.6/7-B移动式空气压缩机。其型式为V型、单级、双列、双缸、单作用、风冷、无十字头可移动空气压缩机，其技术性能见表1-131。

表1-131 2V型单级空气压缩机性能

项目 \ 型号	2V-0.4/7-B	2V-0.5/7-B	2V-0.6/7-B
压缩机			
容积流量/(m^3/min)	0.4	0.5	0.6
进气压力	大气压	大气压	大气压
额定排气压力/MPa	0.7	0.7	0.7
转速/(r/min)	850	1050	1200
行程/mm	55	55	55
气缸数×气缸直径/mm	2×90	2×90	2×90
轴功率/kW	<3.2	<3.8	<4.73
排气温度/℃	<200	<200	<200
外形尺寸(长×宽×高)/mm	1120×480×900	1120×480×900	1120×480×900
电机			
型号	Y112M-2	Y112M-2	Y132S1-2
额定功率/kW	4	4	5.5
额定转速/(r/min)	2900	2900	2900
额定电压/V	380	380	380

d. 3W型空气压缩机　该机为W型、两级、三缸、单动、风冷、无十字头移动式空气压缩机。其技术性能见表1-132。

表 1-132 3W 型空气压缩机性能

项目＼型号	3W-0.6/10-B	3W-0.8/10-B	3W-1.6/10C	3W-1/14	3W-2/5
压缩机					
容积流量/(m^3/min)	0.6	0.8	1.6	1	2
进气压力	大气压	大气压	大气压	大气压	大气压
额定排气压力/MPa	1.0	1.0	1.0	1.4	0.5
转速/(r/min)	1000	1350	1460	970	1460
行程/mm	55	55	70	70	70
气缸数×气缸直径/mm					
一级	2×90	2×90	2×115	2×115	3×115
二级	1×65	1×65	1×90	1×90	—
轴功率/kW	<4.5	<5.8	<13.5	<9.8	<12.6
排气温度/℃	<180	<180	<180	<180	<200
外形尺寸(长×宽×高)/mm	1260×460×860	1220×600×780	1330×820×1120	1330×820×1120	1130×820×1120
电机					
型号	Y132S1-2	Y132S2-2	Y160L-4	Y160L-6	Y160L-4
额定功率/kW	5.5	7.5	5	—	15
额定转速/(r/min)	2900	2900	1460	970	1460
额定电压/V	380	380	380	380	380

② 低压活塞式空气压缩机

a. BV-3/8、BV-6/7、BV-9/7、BV-12/7 型空气压缩机。本系列压缩机为 V 型、风冷、两级、单作用、固定式活塞式空气压缩机。其技术性能见表 1-133。

表 1-133 BV 型空气压缩机技术性能

项目＼型号	BV-3/8	BV-6/7	BV-9/7	BV-12/7
压缩机				
容积流量/(m^3/min)	3	5.8	9	12
进气压力	大气压	大气压	大气压	大气压
额定排气压力/MPa	0.8	0.7	0.7	0.7
转速/(r/min)	970	1480	1480	1480
行程/mm	80	100	80	100
气缸数×气缸直径/mm				
一级	1×260	1×260	2×260	2×260
二级	1×155	1×155	2×155	2×155
轴功率/kW	<19	<40	57	76
排气温度/℃	<180	<180	<180	<180
外形尺寸(长×宽×高)/mm		—	—	—
电机				
型号	Y200L2-2	Y225M-4	Y280S-4	Y280M-4
额定功率/kW	22	45	75	90
额定转速/(r/min)	970	1480	1480	1480
额定电压/V	380	380	380	380

b. V-6/8-1 型空气压缩机。本机为 V 型、两级、四缸、单作用、水冷、固定式活塞空气压缩机。其技术性能见表 1-134。

c. VY-12/7、VY-9/7、VY-6/7、DVY-12/7、DVY-9/7、DVY-6/7 型移动式空气压缩机。该系列压缩机为 V 型、两级、风冷、单作用、移动式空气压缩机。其技术性能见表 1-135。

表 1-134　V 型空气压缩机技术性能

项目＼型号	V-6/8-1	项目＼型号	V-6/8-1	项目＼型号	V-6/8-1
压缩机		气缸数×气缸直径/mm		电机	
容积流量/(m^3/min)	6	一级	2×210	型号	Y250M-6
进气压力	大气压	二级	2×120	额定功率/kW	37
额定排气压力/MPa	0.8	轴功率/kW	<37	额定转速/(r/min)	980
转速/(r/min)	980	排气温度/℃	<160	额定电压/V	380
行程/mm	110	外形尺寸(长×宽×高)/mm	1110×1140×1150		

表 1-135　VY 型空气压缩机技术性能

项目＼型号	VY-12/7	VY-9/7	VY-6/7	VYD-6/7	DVY-9/7	DYV-12/7
压缩机						
容积流量/(m^3/min)	12	9.2	6	5.8	9	11.7
进气压力	大气压	大气压	大气压	大气压	大气压	大气压
额定排气压力/MPa	0.7	0.7	0.7	0.7	0.7	0.7
转速/(r/min)	1500	1500	1500	1480	1480	1480
行程/mm	100	80	100	100	80	100
气缸数×气缸直径/mm						
一级	1×260	1×260	1×260	1×260	2×260	2×260
二级	1×155	1×155	1×155	1×155	2×155	2×155
轴功率/kW(hP)	105hP	78hP	54hP	<40kW	57kW	76kW
排气温度/℃	180	180	180	180	180	180
外形尺寸(长×宽×高)/mm	4100×1700×1930	4000×1700×1800	3470×1700×1800	3100×1700×1800	3200×1700×1800	3500×1700×1970
驱动机	柴油机	柴油机	柴油机	电动机	电动机	电动机
型号	6135	6135	4135	Y225M-4	Y280S-4	Y280M-4
额定功率/kW(hP)	150hP	120hP	80hP	45kW	75kW	90kW
额定转速/(r/min)	1500	1500	1500	1480	1480	1480

③ 固定式活塞压缩机

a. 3L-10/8 型空气压缩机。本机为 L 型、两列、两级、复动、水冷、有十字头、固定式的活塞式空气压缩机。其技术性能见表 1-136。

表 1-136　3L 型空气压缩机技术性能

项目＼型号	3L-10/8	项目＼型号	3L-10/8	项目＼型号	3L-10/8
压缩机		气缸数×气缸直径/mm		电机	
容积流量/(m^3/min)	10	一级	1×300	型号	JR115-6
进气压力	大气压	二级	1×180	额定功率/kW	75
额定排气压力/MPa	0.8	轴功率/kW	<60	额定转速/(r/min)	975
转速/(r/min)	480	排气温度/℃	<160	额定电压/V	220/380
行程/mm	220	外形尺寸(长×宽×高)/mm	1898×875×1813		

b. 4L-20/8 型空气压缩机。本机为 L 型、两列、两级、双缸、复动、水冷、有十字头、固定式活塞空气压缩机。其技术性能见表 1-137。

c. 4L-30/3.5、4L-36/3.5、4L-36/4、4L-40/3.5 型空气压缩机。本机为 L 型、两列、单

级、双缸、复动、水冷、有十字头、固定式活塞空气压缩机。其技术性能见表 1-138。

表 1-137　4L 型压缩机技术性能

项目＼型号	4L-20/8	项目＼型号	4L-20/8	项目＼型号	4L-20/8
压缩机		气缸数×气缸直径/mm		电机	
容积流量/(m^3/min)	20	一级	1×420	型号	JR127-8
进气压力	大气压	二级	1×250	额定功率/kW	130
额定排气压力/MPa	0.8	轴功率/kW	118	额定转速/(r/min)	730
转速/(r/min)	400	排气温度/℃	<160	额定电压/V	220/380
行程/mm	240	外形尺寸(长×宽×高)/mm	2260×1550×1935		

表 1-138　4L 型压缩机技术性能

项目＼型号	4L-30/3.5	4L-36/3.5	4L-36/4	4L-40/3.5
压缩机				
容积流量/(m^3/min)	30	36	36	40
进气压力	大气压	大气压	大气压	大气压
额定排气压力/MPa	0.35	0.35	0.4	0.35
转速/(r/min)	330	400	400	440
行程/mm	240	240	240	240
气缸数×气缸直径/mm	2×420	2×420	2×420	2×420
轴功率/kW	124	156	153	162
排气温度/℃	<170	<170	<170	<170
外形尺寸(长×宽×高)/mm	2630×1150×2252	2630×1150×2252	2630×1150×2252	2630×1150×2252
电机				
型号	JR-127-8	JR-136-8	JR-136-8	JR-128-8
额定功率/kW	130	180	180	155
额定转速/(r/min)	730	730	730	730
额定电压/V	220/380	220/380	220/380	220/380

d. 5LA-55/4.5、5L3-55/3.5 型空气压缩机。本机为 L 型、两列、两级、双缸、双作用、水冷、有十字头、固定式活塞空气压缩机。适用于海拔 1700m 高原上的压缩空气气源。压缩机由电机直接传动。其技术性能见表 1-139。

e. L12-100/8 型空气压缩机。本机为 L 型、两列、两级、双缸、复动、水冷、有十字头、固定式活塞空气压缩机。适用于压力在 0.8MPa 以下压缩空气气源。该机曲轴悬臂端与同步电机相连。本机气量可自动调节，超压和排气温度过高时可自动报警。其技术性能见表 1-140。

④ 无油润滑活塞式压缩机

a. 2V-0.3/7、2V-0.4/7 型移动式全无油润滑空气压缩机。本系列为 V 型、单级、双缸移动式全无油润滑空气压缩机。压缩机由电机通过三角皮带传动。活塞环和导向环均用高级填充聚四氟乙烯自润滑材料制成，整机不需要润滑。气缸进气口处装有空气滤清消声器。储气罐上装有安全阀和压力自动开关。其技术性能见表 1-141。

b. 3W-0.5/14、3W-0.6/10、3W-0.9/7 型移动式全无油润滑空气压缩机。本系列空气压缩机为风冷移动式全无油润滑空气压缩机。曲柄两端及连杆大头采用密封油脂润滑滚珠轴承，活塞环采用自润滑材料聚四氟乙烯，实现了整机无液体润滑油润滑。本系列空气压缩机排出气体完全不含油，特别适合于压缩高质量纯净气体。广泛用于化工、食品、轻纺、电子、塑料、仪表等部门。其技术性能见表 1-142。

表 1-139　5L 型压缩机技术性能

项目＼型号	5LA-55/4.5	5L3-55/3.5
压缩机		
容积流量/(m^3/min)	55	55
进气压力	大气压	大气压
额定排气压力/MPa	0.45	0.35
转速/(r/min)	428	428
行程/mm	240	240
气缸数×气缸直径/mm		
一级	1×650	1×650
二级	1×430	1×430
轴功率/kW	<240	<240
排气温度/℃	<160	<100
外形尺寸(长×宽×高)/mm	3510×1720×2430	2370×1600×2400
电机		
型号	TK250-14/180	TDK118/24-14
额定功率/kW	250	250
额定转速/(r/min)	428	428
额定电压/V	6000/380	6000/380

表 1-140　L12-100/8 型压缩机技术性能

项目＼型号	L12-100/8	项目＼型号	L12-100/8
压缩机		轴功率/kW	560
容积流量/(m^3/min)	100	排气温度/℃	<160
进气压力	大气压	外形尺寸(长×宽×高)/mm	3000×1900×2900
额定排气压力/MPa	0.8	电机	
转速/(r/min)	428	型号	TDK143/29-14
行程/mm	280	额定功率/kW	560
气缸数×气缸直径/mm		额定转速/(r/min)	428
一级	1×820	额定电压/V	380
二级	1×490		

表 1-141　2V-0.3/7、2V-0.4/7 无油润滑压缩机技术性能

项目＼型号	2V-0.3/7	2V-0.4/7
压缩机		
容积流量/(m^3/min)	0.3	0.4
进气压力	大气压	大气压
额定排气压力/MPa	0.7	0.7
转速/(r/min)	700	830
行程/mm	60	60
气缸数×气缸直径/mm	2×90	2×90
轴功率/kW	<2.9	<3.5
排气温度/℃	<200	<200
外形尺寸(长×宽×高)/mm	1415×475×1075	1415×475×1075
电机		
型号	Y100L2-4	Y112M-4
额定功率/kW	3	4
额定转速/(r/min)	1420	1440
额定电压/V	380	380

表 1-142　3W 型无油润滑压缩机技术性能

项目＼型号	3W-0.5/14	3W-0.6/10	3W-0.9/7
压缩机			
容积流量/(m^3/min)	0.5	0.6	0.9
进气压力	大气压	大气压	大气压
额定排气压力/MPa	1.4	1.0	0.7
转速/(r/min)	670	820	860
行程/mm	65	65	65
气缸数×气缸直径/mm			
一级	2×100	2×100	3×100
二级	1×75	1×75	—
轴功率/kW	<5.3	<5.3	<7.2
排气温度/℃	<180	<180	<180
外形尺寸(长×宽×高)/mm	1600×500×1080	1600×500×1080	1600×500×1080
电机			
型号	Y132S-4	Y132S-4	Y132S2-2
额定功率/kW	5.5	5.5	7.5
额定转速/(r/min)	1440	1440	2880
额定电压/V	380	380	380

c. 4L-5/4-16、4L-10/30 型无油润滑氢气压缩机。本机为 L 型、两列、水冷、有十字头、固定式活塞氢气压缩机，适用于石油化工工艺流程。压缩机由防爆电机通过弹性联轴器直联驱动。

为保证压缩介质不含油，活塞环、导向环、填料密封元件除采用填充聚四氟乙烯自润滑材料，气缸内不需加润滑油外，另设有加长的中体，以避免活塞杆带油进入气缸。活塞杆填料密封可靠，并采取泄漏气体排放措施。其技术性能见表 1-143。

表 1-143　4L 型无油润滑氢气压缩机技术性能

项目＼型号	4L-10/30	4L-5/4-16
压缩机		
容积流量/(m^3/min)	10	5
进气压力/MPa	常压	0.4
额定排气压力/MPa	3.0	1.6
压缩级数	3	1
转速/(r/min)	420	420
行程/mm	240	240
气缸数×气缸直径/mm	320/250/140	160
轴功率/kW	<100	<100
排气温度/℃	<170	<170
外形尺寸(长×宽×高)/mm	3450×1180×2320	—
电机		
型号	JBO400S-14P	JBO400S-14P
额定功率/kW	110	110
额定转速/(r/min)	420	420
额定电压/V	380	380

⑤ L 型中、高压活塞式压缩机

a. 4L-10/22-I、4L-12.5/22-I 型丙烷气压缩机。本机为 L 型、两列、两级、双缸、复动、水冷、有十字头、固定式活塞丙烷气体压缩机。适用于石油炼厂丙烷脱沥青精制润滑油流程、油田回收轻烃、液化石油气装置以及其他石化工艺流程。压缩机由防爆电机通过弹性联轴器直接驱动。

为防止通过活塞杆填料泄漏丙烷气体，气缸与机身间设有封闭式中体，并在前置填料之间接有放空管道将泄漏气体引至室外，经前置填料漏到中体的部分丙烷气体也可通过连接于中体的管道排至室外。为满足防爆安全要求，电控设备需与压缩机隔离安装。其技术性能见表 1-144。

表 1-144　4L 型丙烷压缩机技术性能

项　目 ＼ 型　号	4L-10/22-Ⅰ	4L-12.5/22-Ⅰ
压缩机		
容积流量/(m^3/min)	10	12.5
进气压力/MPa	<0.05	<0.05
额定排气压力/MPa	2.2	2.2
转速/(r/min)	420	490
行程/mm	240	240
气缸数×气缸直径/mm		
一级	1×320	1×320
二级	1×160	1×160
轴功率/kW	<103	<118
排气温度/℃	<160	<160
外形尺寸(长×宽×高)/mm	2120×1205×2065	2120×1205×2065
电机		
型号	JBO400S-14	JBO400M-14
额定功率/kW	110	132
额定转速/(r/min)	420	490
额定电压/V	380	380

b. L3.3-17/320 型氮氢气压缩机。本机为 L 型、四列、六级（或七级）、有十字头、水冷、固定式氮氢气压缩机，是小型合成氨厂的主要设备。用户可通过截止阀或旁通阀调节气量。其技术性能见表 1-145。

表 1-145　L3.3-17/320 型氮氢气压缩机技术性能

项　目 ＼ 级　别	六　级	七　级
压缩机		
容积流量/(m^3/min)	17	17
进气压力	常压	常压
额定排气压力/MPa	32.0	32.0
转速/(r/min)	428	500
行程/mm	200	200
气缸数×气缸直径/mm		
一级	1×382	1×382
二级	1×208	1×300
三级	1×160	1×244
四级	1×160/120	1×155
五级	1×82	1×155/115
六级	—	1×82
轴功率/kW	245	293
排气温度/℃	<130	<130
外形尺寸(长×宽×高)/mm	2514×3750×2250	2450×3670×2430
电机		
型号	TDK118/20-14	TDK118/20-12
额定功率/kW	250	320
额定转速/(r/min)	428	500
额定电压/V	380	380

c. 4L-14/0.7-18、4L-16/1-24、4L-23/1.5-19、4L-28/0.5-5、4L-32/0.3-3、4L-40/0.3-3.5、4L-45/1-6 型石油气压缩机。本系列机为 L 型、两列、单（双）级、双缸、复动、有十字头、水（风）冷、固定式活塞石油气压缩机。适用于油田气增压集输、轻烃回收、液化石油气以及其他石化工艺流程。压缩机由防爆电机通过弹性联轴器直联驱动。其技术性能见表 1-146。

表 1-146　4L 型石油气压缩机技术性能

项目＼型号	4L-14/0.7-18	4L-16/1-24	4L-23/1.5-19	4L-28/0.3-5	4L-32/0.3-3	4L-40/0.3-3.5	4L-45/1-6
压缩机							
容积流量/(m^3/min)	14	16	23	28	32	40	45
进气压力/MPa	0.07	0.1	0.15	0.03	0.03	0.03	0.1
额定排气压力/MPa	1.8	2.4	1.9	0.5	0.3	0.35	0.6
压缩级数	2	2	2	1	1	1	1
转速/(r/min)	420	421	421	421	420	424	424
行程/mm	240	240	240	240	240	240	240
气缸数×气缸直径/mm	280/160	280/160	280/160	2×320	2×320	2×380	2×320
轴功率/kW	≤110	≤130	≤120	≤120	≤100	≤150	≤120
排气温度/℃	<130	<140	<130	<130	<130	<120	<130
外形尺寸(长×宽×高)/mm	3270×2519×2567	3270×2519×2567	3270×2519×2567	2517×3270×2520	2517×3270×2520	2900×3270×2910	2517×3270×2520
冷却方式	水冷	水冷	水冷	水冷	风冷	风冷	水冷
电机							
型号	JBO400S-14P	JBO400M-14P	JBO400M-14P	JBO400M-14P	JBO400S-14P	JBO450S-14P	JBO450S-14P
额定功率/kW	110	132	132	132	110	160	160
额定转速/(r/min)	420	421	421	421	420	424	424
额定电压/V	380	380	380	380	380	380	380

d. 2LY-120/5.5-30-1、2LY-120/5.5-44、2LY-188/5-30 型氧气压缩机。本机为立式、双列、两级、双缸、双作用、活塞式氧气压缩机，是空分设备配套用增压压缩机。压缩机由电机通过刚性联轴器直联传动。压缩部分无油润滑，活塞环、导向环、密封环均采用填充聚四氟乙烯自润滑材料制成，在机身上部装有刮油器，机身与气缸间的活塞杆上装有挡油圈，避免经刮油后的剩余油蒸气带入气缸及密封器。本机专设一台滑片式真空泵与刮油器接通，抽吸油蒸气保证机组安全运转。运动机构润滑靠齿轮油泵循环润滑。其技术性能见表 1-147。

⑥ V 型、W 型、扇型中、高压活塞式压缩机

a. CZ-0.1/200、1-0.27/150、1-0.27/150-1 型空气压缩机。本系列机为立式、单列、三级、水冷、固定式活塞压缩机。适用于压力为 20MPa 以下空气充瓶之用。压缩机由电机通过三角皮带传动。其技术性能见表 1-148。

b. 2V-0.535/150、2V-0.83/150、2V-1.25/150 型空气压缩机。本系列机为 V 型、两列、四级、六缸、水冷活塞式氧气压缩机，适用于压力为 15MPa 以下的工况。压缩机由电机通过联轴节直接传动。其技术性能见表 1-149。

⑦ 对称平衡型活塞式压缩机

a. 2DZ5.5-0.6/149-320、2DZ5.5-1.4/285-320、2DZ5.5-1.8/285-320 型氮氢气压缩机。本机为卧式、无油、双缸、双作用、水冷、对称平衡型活塞式压缩机。适用于小型化肥厂氮氢气循环增压。为延长填料使用寿命，运动部件采用了特殊结构。填料、活塞杆、气缸、润滑油

系统等都采用了不同冷却方式。根据小型化肥厂使用条件，仪表安装在主机上；用户可以自选压缩机安全阀的安装位置。该类机是小型化肥厂的理想配套设备。其技术性能见表 1-150。

表 1-147　2LY 型氧气压缩机技术性能

项　目 ＼ 型　号	2LY-120/5.5-30-1	2LY-120/5.5-44	2LY-188/5-30
压缩机			
容积流量/(m^3/min)	120	120	188
进气压力/MPa	0.55	0.55	0.5
额定排气压力/MPa	3.0	4.4	3.0
转速/(r/min)	375	495	495
行程/mm	240	240	240
气缸数×气缸直径/mm			
一级	1×480	1×385	1×480
二级	1×320	1×240	1×320
轴功率/kW	600	680	810
排气温度(经冷却器后)/℃	<40	<40	<40
外形尺寸(长×宽×高)/mm	2100×1350×3520	2100×1350×3520	2100×1350×3520
电机			
型号	JK800-16/1730	JSZ-800-12	JSZ-1000-12
额定功率/kW	800	800	1000
额定转速/(r/min)	375	495	495
额定电压/V	6000	6000	6000

表 1-148　CZ 型高压空气压缩机技术性能

项　目 ＼ 型　号	1-0.27/150	1-0.27/150-1	CZ-0.1/200
压缩机			
容积流量/(m^3/min)	0.27	0.27	0.1
进气压力	大气压	大气压	大气压
额定排气压力/MPa	15.0	15.0	20.0
转速/(r/min)	1010	1010	500
行程/mm	40	40	40
气缸数×气缸直径/mm			
一级	1×128	1×128	1×128
二级	1×110	1×110	1×110
三级	1×25	1×25	1×32
四级	—	—	1×20
轴功率/kW	7.5	7.5	4.5
排气温度/℃	<150	<150	<150
外形尺寸(长×宽×高)/mm	440×440×500	440×440×500	1200×600×1000
电机			
型号	汽油机	Y160M-4	Y132S-4
额定功率/kW	—	11	5.5
额定电压/V	—	380	380

b. 4M8(4)-10.4/6.2-320、4M8-11/13-90、4M8(3A)-36/320、4M8(2)-30/320、4M8(7)-47/38、4M8(6)-60/8 型压缩机。4M8 系列机为对称平衡型，四列，最大活塞力为 8000kg，可压缩各种介质。适用压力为 9.0～32.0MPa，最大电机功率为 1000kW。根据用户要求，本系列机备有自动控制系统，还可设计为无油润滑压缩机。该系列机广泛应用于炼油加氢精炼及以

煤和天然气为原料双加压流程或重油气化流程制取合成氨。还适用于年产量 $5\times10^6\sim1\times10^7$kg 氮肥厂、年产量 2.5×10^9kg 炼油厂的各流程，也是小化肥工业较为理想的压缩机。其技术性能见表 1-151。

表 1-149 2V 型中高压活塞压缩机技术性能

项目 \ 型号	2V-1.17/150	2V-0.83/150	2V-0.535/150	2V-0.83/150
压缩机				
容积流量/(m³/min)	1.17	0.83	0.535	0.83
进气压力/MPa	0.02～0.04	0.02～0.04	0.02～0.04	0.02～0.04
额定排气压力/MPa	15.0	15.0	15.0	15.0
转速/(r/min)	1470	980	730	980
行程/mm	55	55	55	55
气缸数×气缸直径/mm				
一级	2×125	2×125	2×125	2×125
二级	2×105	2×105	2×105	2×105
三级	1×40	1×40	1×40	2×31
四级	1×22	1×22	1×22	—
轴功率/kW	22	16	12	13
排气温度/℃	160	160	160	160
外形尺寸(长×宽×高)/mm	440×670×680	440×670×680	440×670×680	440×670×680
电机				
型号	YB200L-4	YB200L2-6	YB180L-4	YB200L-8
额定功率/kW	30	22	22	15

表 1-150 2DZ 型对称平衡压缩机技术性能

项目 \ 型号	2DZ5.5-0.6/149-320	2DZ5.5-1.4/285-320	2DZ5.5-1.8/285-320
压缩机			
容积流量/(m³/min)	0.6	1.4	1.8
进气压力/MPa	14.9	28.5	28.5
额定排气压力/MPa	32.0	32.0	32.0
行程/mm	240	240	240
转速/(r/min)	300	300	375
轴功率/kW	180	138	180
外形尺寸(长×宽×高)/mm	4720×3035×1050	4720×3000×1575	4720×3000×1575

表 1-151 4M8 型压缩机技术性能

项目 \ 型号	4M8-11/13-90	4M8(2)-30/320	4M8(4)-36/320	4M8(4)-10.4/5.2-320	4M8(6)-60/8	4M8(7)-47/38
压缩机						
容积流量/(m³/min)	11	30	36	10.4	60	47
额定排气压力/MPa	9.0	32.0	32.0	32.0	0.8	3.8
转速/(r/min)	375	375	375	375	375	333
行程/mm	320	320	320	320	320	320
轴功率/kW	767	490	630	626	341	486
外形尺寸(长×宽×高)/mm	6300×2780×1020	6460×3000×1100	6550×2873×1100	6460×2873×1100	6300×2800×1100	6400×2800×1100
用途	炼油加氢精炼	生产合成氨	生产合成氨	生产合成氨	生产尿素	油田注气

c. 2D3.5-15/12、2D3.5-17/10、2D3.5-15/7-12、2D3.5-20/7、2D3.5-20/8 型压缩机。本系列压缩机为对称平衡型，适用于氮肥工业氮氢气体的压缩，也可用于空气动力、医药、食

品、纺织等工业部门及自动化仪表控制等。其技术性能见表 1-152。

表 1-152　2D 型对称平衡型压缩机技术性能

项目＼型号	2D3.5-17/10	2D3.5-15/12	2D3.5-15/7-12	2D3.5-20/7	2D3.5-20/7	2D3.5-20/8
压缩机						
压缩介质	空气	空气	氮氢气	氮氢气	空气	空气
容积流量/(m^3/min)	17	15	15	20	20	20
进气压力/MPa	大气压	大气压	0.7	大气压	大气压	大气压
额定排气压力/MPa	1.0	1.2	1.2	0.7	0.7	0.8
转速/(r/min)	585	585	585	585	585	585
行程/mm	180	180	180	180	180	180
轴功率/kW	<112	<118	<145	<98	<108	118
外形尺寸(长×宽×高)/mm	3500×1000×800	4020×3005×2600	3492×3450×1700	3530×2800×2100	3738×2992×2680	3728×2992×2680
润滑方式	注油润滑	无油润滑	无润滑	注油润滑	无油润滑	无油润滑
电机						
型号	JR127-10	JR128-10	JRO160-10	DYB-110-10	JR127-10	JR128-10
额定功率/kW	115	130	160	110	115	130
额定转速/(r/min)	585	585	585	585	585	585

d. 4M12 系列压缩机。本系列压缩机为对称平衡型，四列，适用于最终排气压力为 32MPa 的各种介质，广泛应用于石油化学工业部门。其技术性能见表 1-153。

表 1-153　4M12 对称平衡压缩机技术性能

项目＼型号	4M12-45/210	4M12-75/32	4M12-60/20	4M12-60/20	4M12-100/42	4M12-45/210-1	4M12-77/21
压缩机							
压缩介质	二氧化碳	氢气	空气	天然气	石油气	空气	乙烯
容积流量/(m^3/min)	45	75	60	10	100	45	77
进气压力/MPa	大气压	大气压	大气压	0.3	大气压	大气压	0.1135
额定排气压力/MPa	21.0	3.2	1.9	2.3	4.2	21.0	2.1
转速/(r/min)	300	333	333	333	375	300	333
行程/mm	320	320	320	320	320	320	320
轴功率/kW	550	750	650	650	810	550	860
外形尺寸(长×宽×高)/mm	6500×3700×1730	6500×3720×1730	7440×3720×1730	7440×3720×1730	6040×3470×1520	6500×3720×1730	6210×3720×1271
用途	生成尿素	生产合成氨	生产合成氨	生产合成氨	生产合成橡胶输送天然气	生产合成氨	生产合成橡胶

项目＼型号	4M12-123/32	4M12-60/24	4M12(1)-11.55/15-320	4M12(2)-55/200	4M12(3)-60/200	4M12(4)-90/11
压缩机						
压缩介质	氨气	空气 天然气	氢氨混合气	二氧化碳	油田气	乙炔
容积流量/(m^3/min)	123	60　11	11.55	55	60	90
进气压力/MPa	0.085	大气压 0.3	1.5	大气压	0.103	0.127
额定排气压力/MPa	3.2	2.4　2.5	32.0	22.0	20.0	1.1
转速/(r/min)	375	333	375	333	333	375
行程/mm	320	320	320	320	320	320
轴功率/kW	1010	730	1570	720	800	540
外形尺寸(长×宽×高)/mm	8400×3500×1800	7440×3900×1800	7330×3612×1730	6329×3700×1520	6329×3700×1520	6171×3470×1520
用途	生产合成氨	生产合成氨	生产合成氨	生产尿素	油田注气	生产乙炔

1.3.2.11 常用气体压缩性系数图（图 1-86～图 1-95）

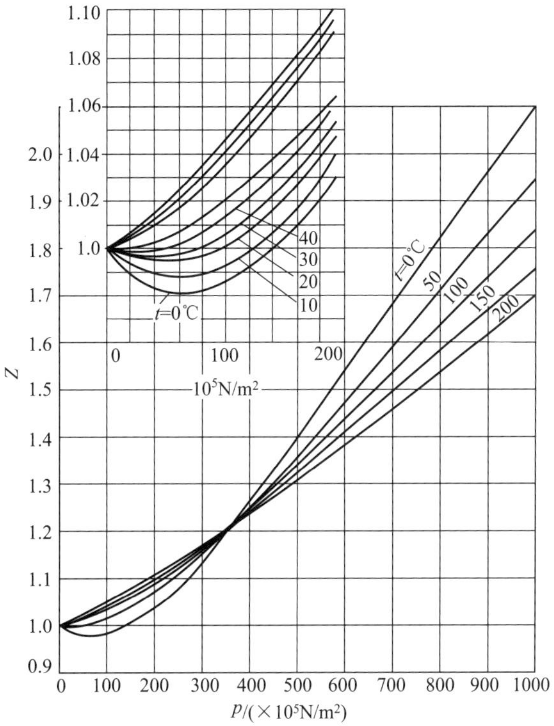

图 1-86　常用气体压缩性系数（一）

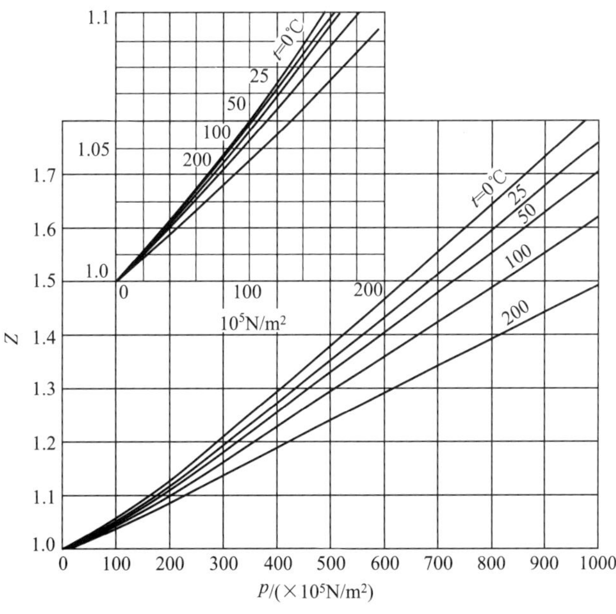

图 1-87　常用气体压缩性系数（二）

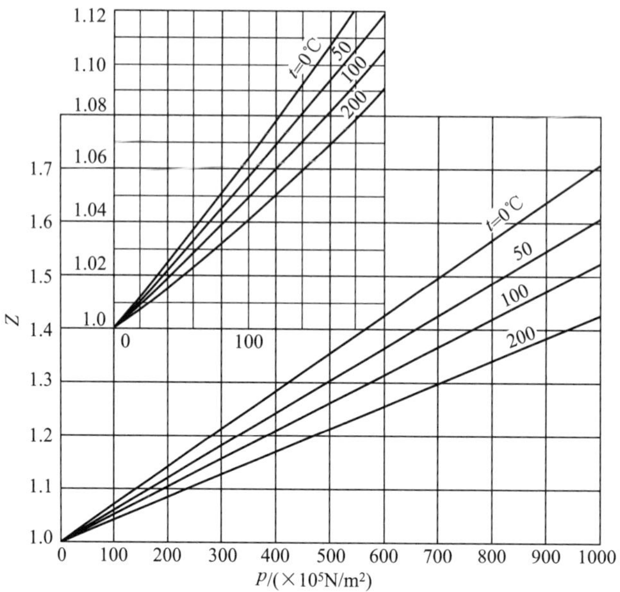

图 1-88 常用气体压缩性系数（三）

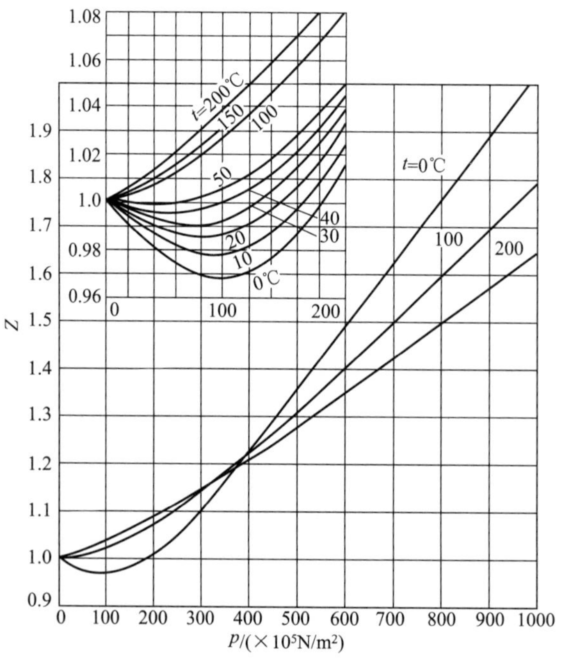

图 1-89 常用气体压缩性系数（四）

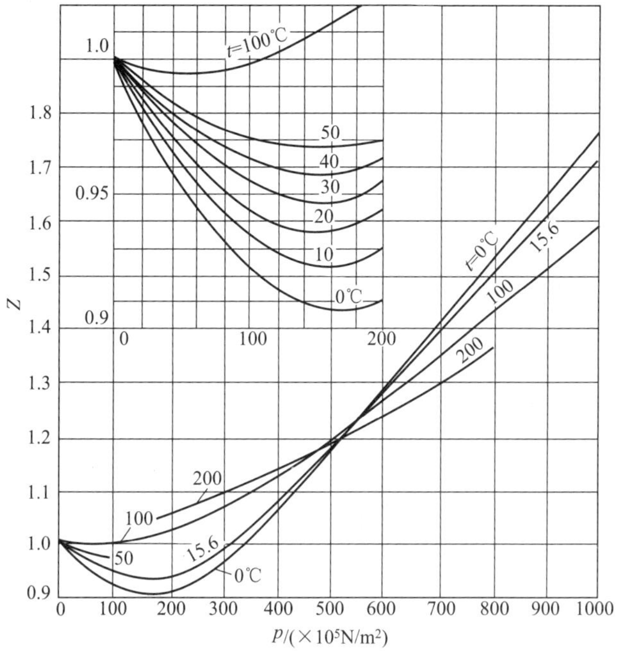

图 1-90　常用气体压缩性系数（五）

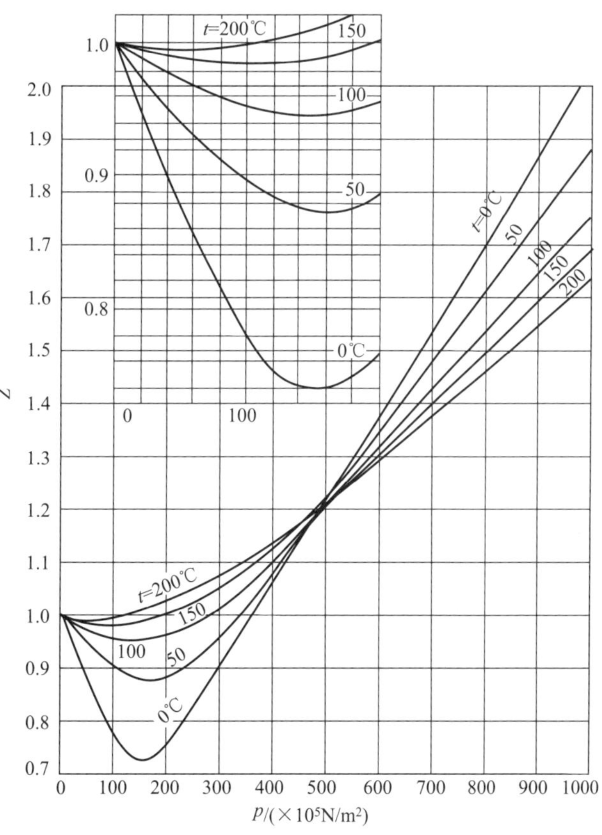

图 1-91　常用气体压缩性系数（六）

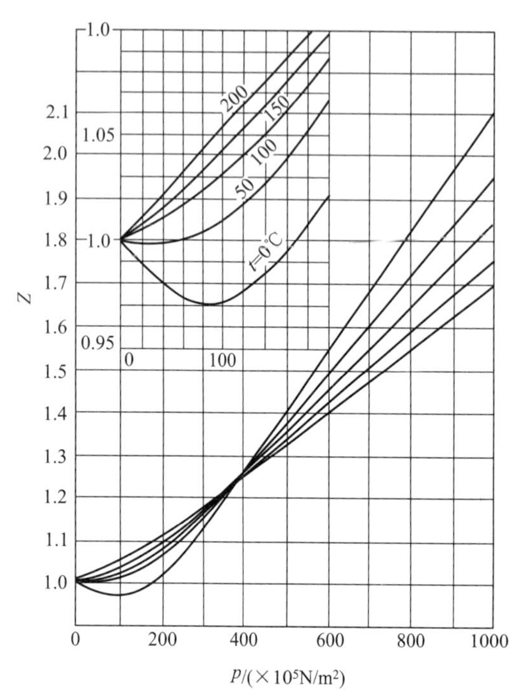

图 1-92　常用气体压缩性系数（七）

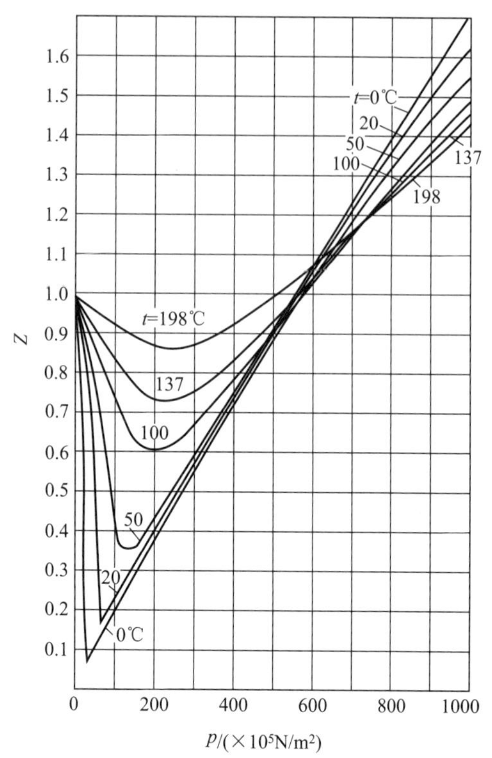

图 1-93　常用气体压缩性系数（八）

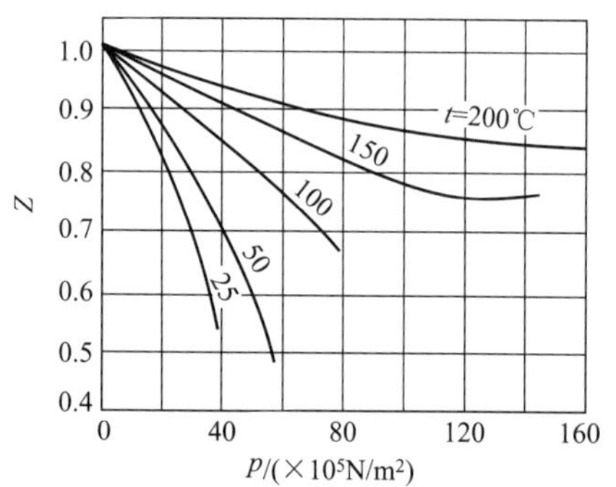

图 1-94　常用气体压缩性系数（九）

1.3.3　离心式压缩机

1.3.3.1　概述及主要结构

（1）概述

离心式压缩机属于叶轮（透平）式压缩机。在离心式压缩机中，叶轮高速旋转，气体在离心力作用下获得能量，通过扩压器后使压力得到提高。在石油化工生产中，离心式压缩机占有极其重要的地位。

离心式压缩机有以下特点：a. 排气量大，结构简单紧凑，质量轻，机组尺寸小，占地面积少；b. 运转平稳，操作可靠，连续运转时间长，利用率高，摩擦件少，维修费用及操作人员少；c. 不污染被压缩气体；d. 转速高，适宜用工业汽轮机或燃汽轮机直接拖动，可充分利用热能，降低能耗；e. 不适用于气量太小及压力比过高场合。

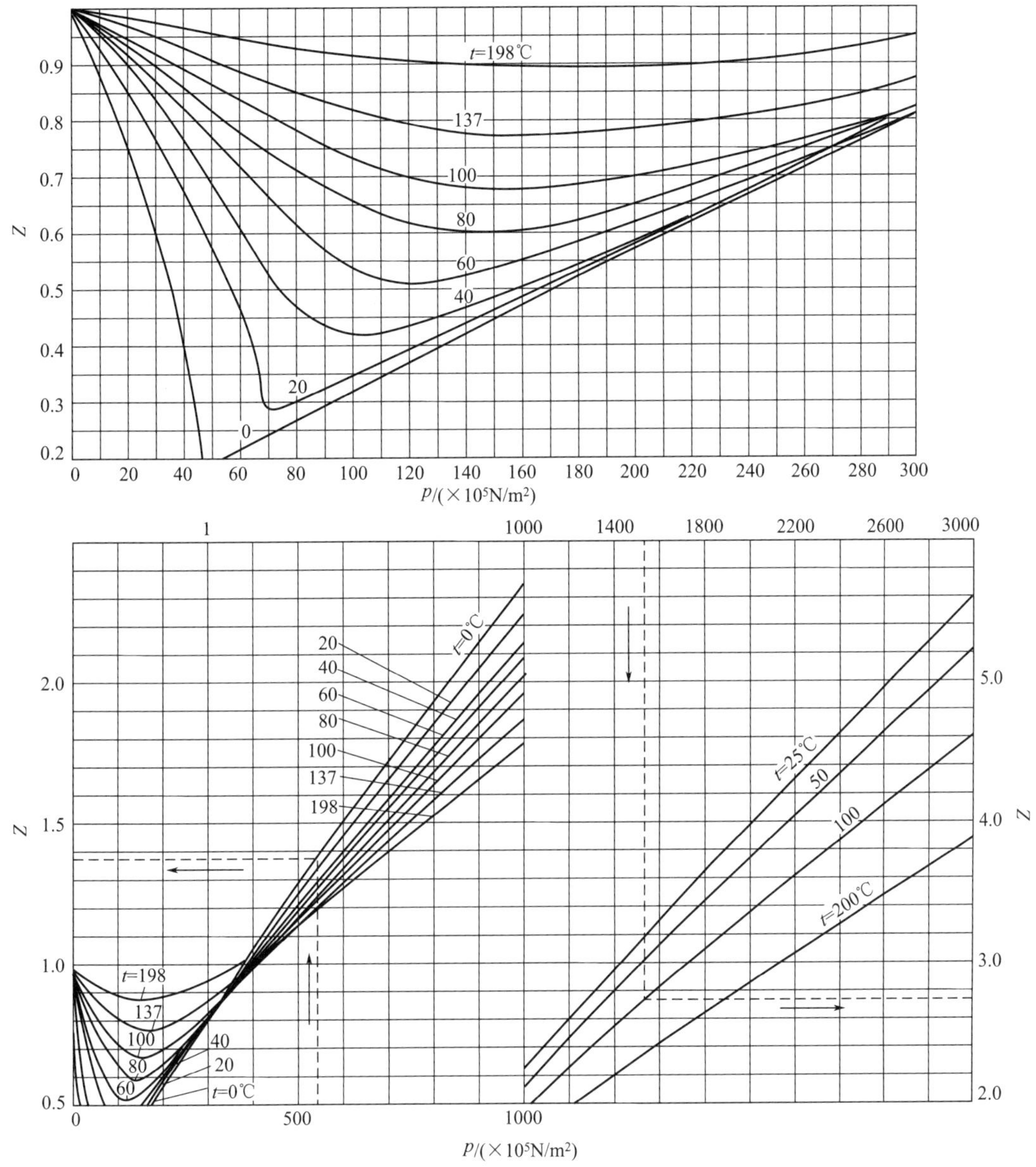

图 1-95　常用气体压缩性系数（十）

（2）离心式压缩机的主要结构

DA120-61 离心式压缩机结构见图 1-96，设计流量为 125m³/min，排气压力为 0.6MPa，工作转速为 13900r/min，由功率为 800kW 的电机通过增速器驱动。压缩机分为两段，每段由三级组成，每一级包括一个叶轮及相配合的固定元件。

离心式压缩机包括转子、静子和轴承等部件。转子由主轴、叶轮、平衡盘、推力盘和联轴器等组成。静子元件有机壳、扩压器、弯道、回流器和蜗壳等。还有主轴承和止推轴承及密封元件。

1.3.3.2　热力方案确定

离心式压缩机应用场合很广，使用条件差异较大，因而有各种不同要求。离心式压缩机选型较多采用效率法。根据已有压缩机生产和使用实验，预先给定级多变效率，按已有经验数据

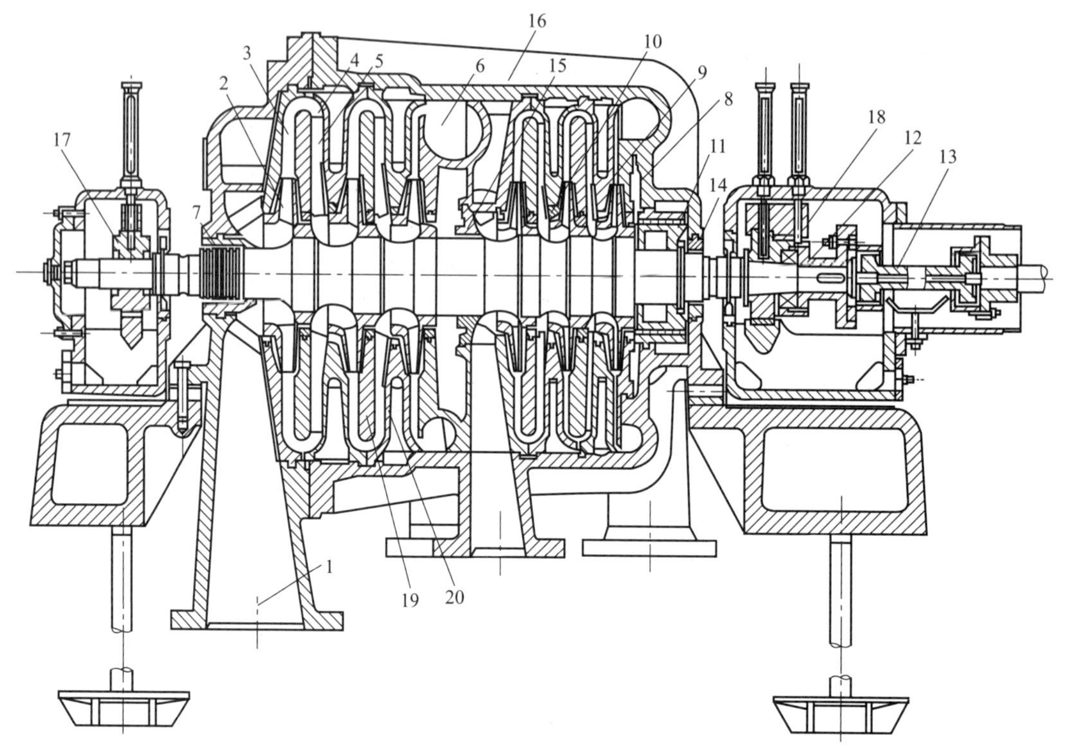

图 1-96　DA120-61 型离心式压缩机纵剖面结构

1—吸气室；2—叶轮；3—扩压器；4—弯道；5—回流器；6—涡室；7,8—密封；9—隔板密封；10—轮盖密封；11—平衡盘；12—推力盘；13—联轴节；14—卡环；15—主轴；16—机壳；17—轴承；18—推力轴承；19—隔板；20—导流叶片

选取级的主要几何参数相对值、主要气动参数和各元件的型式，再计算出压缩机流道部分几何尺寸。

热力方案计算包括：①工艺参数；②热力参数整理和计算；③压缩机分段和段压力比计算；④压缩机段的确定；⑤确定压缩机流道。

确定步骤如下。

(1) 工艺参数

① 输送气体介质　根据工艺要求，可以是单一气体或混合气体。输送混合气体时，给出组成混合气体的各种成分及其所占容积百分比或质量百分比。

② 压缩机进口气体状态参数　进口压力，绝对压力或表压，MPa；进口温度,℃（计算时用 K）；相对湿度。

③ 流量　容积流量或质量流量。

④ 出口压力。

⑤ 冷却水进口温度。

(2) 热力参数整理和确定

① 气体物性参数　气体物性参数主要指气体常数、分子量、绝热指数、等压比热容等。

② 流量　给定流量均应换算成进口状态下的流量。考虑到压缩机存在外泄漏，压缩机进口流量应比工艺参数流量大 1%～3%。流量大、压力比低的，选取小值；反之取大值。对于

小流量、高压力比压缩机，高压缸流量增大应提高到3%～5%。

③ 进、出口压力和压力比　进、出口压力均应换算成绝对压力，并计算出压力比。为了使压缩机性能不低于工艺参数要求，可把进出口压差提高2%～5%来确定所需压力比。

(3) 压缩机分段和段压力比确定

① 压缩机分段　根据介质物性参数和压力比，参照压力比及冷却次数，初步假定分段数，再按照省功原则，并考虑到压缩机结构与布置要求，就可以确定较合理的分数段。

② 各段压力比确定　各段压力比确定，除了从省功角度考虑外，还需将各段工作转速、级数、叶轮型式等选取不同参数，再经调整得到压力比。

(4) 压缩机段确定

压缩机段确定是选取与计算出各段及段中各级主要参数，从而确定各段各级主要气动参数、热力参数和几何参数。

压缩机段的计算主要有：各压缩机段的进口容积流量和段的多变功计算；各段各级主要参数选取与计算。

在段的计算中，应确定的主要参数有各段级数、各段各级圆周速度、压缩机转速、各段各级出口角及流量系数、各段各级叶轮叶片出口宽度或相对宽度、各段各级多变效率等。

采用一般合金钢制造的闭式叶轮，圆周速度宜在320m/s以下。输送有腐蚀性介质，为减缓应力腐蚀，圆周速度相应降低。

同样压力比下，压缩介质不同，所需级数不一样。各种气体的气体常数和绝热指数值相差很大。对氢、氦气等气体常数大，分子量较小的轻气体，气体常数愈大，把气体压缩到同样压力比所需功也愈大。但压力比过大，所需级数会增多，采用离心式压缩机不合适。

流道中各元件内损失值很难确定，因此级效率不能预先准确计算出来。可根据相近同类机器试验结果来选取效率。根据统计，压缩机级的多变效率η_{pol}一般为0.70～0.84。后弯式叶轮的级多变效率η_{pol}为0.76～0.84；径向直叶片叶轮的级多变效率η_{pol}为0.74～0.82；高压小流量的级η_{pol}仅为0.60左右。

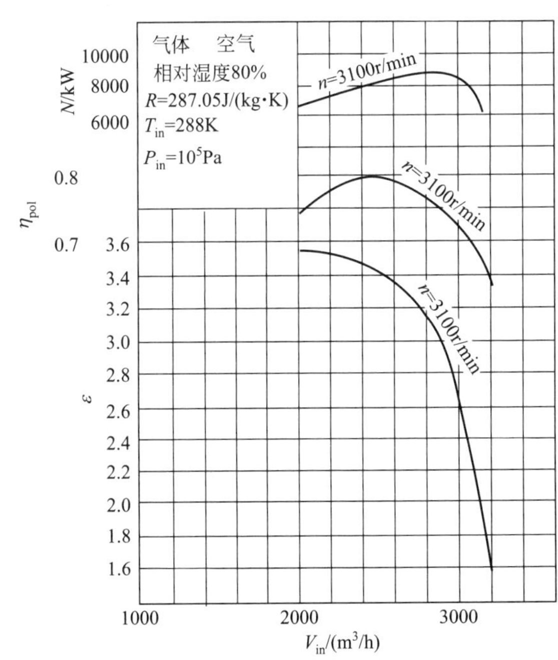

图1-97　离心式压缩机性能曲线

转速适当提高，可减小机器体积和质量。固定离心式压缩机转速一般在20000r/min以下。容积流量大，采用较低转速；反之容积流量小，采用较高转速。压缩机转速应避开其自身临界转速和油膜振动转速。

(5) 确定压缩机流道

确定压缩机流道包括压缩机流道逐级详细计算和压缩机功率计算。

1.3.3.3　操作性能

离心式压缩机操作性能的主要参数为压力比、功率、效率和流量等。常用性能曲线描述离心式压缩机性能参数之间的关系。性能曲线有流量-压力比曲线、流量-功率曲线、流量-效率曲线，见图1-97。性能曲线也反映稳定工况范围。

多级压缩机稳定工况范围较窄，且主要取决于最后几级。为扩大压缩机稳定工况范围，应尽量使后面几级性能曲线平坦些。

在一定转速下，增大流量，压缩机压力比将下降；流量为某值时，压缩机效率达到最高值，若流量大于或小于此值，效率都将下降。

压缩机稳定工况区左边是喘振工况区，在此区域气流强烈脉动和周期性振荡，叶片剧烈振动，叶轮动应力大大增加，噪声加重。压缩机稳定工况区右边是堵塞工况区，叶道最狭截面上气流速度达到声速，再增大流量已不可能。转速愈高，压缩机性能曲线愈陡，稳定工况区也愈窄。转速增高，压缩机性能曲线会向大流量方向移动。

压缩机级数愈多，气体密度变化影响愈大，性能曲线愈陡，稳定工况区域也愈狭窄。对有中间冷却的多段压缩机，应引起重视。

1.3.3.4 调节及防喘振控制

（1）调节

根据用户的不同要求，调节可分为等压力调节、等流量调节和比例调节。等压力调节是改变压缩机流量并保持压力不变；等流量调节是改变压缩机压力但保持流量稳定；比例调节是保证压力比例不变（如防喘振调节）或保证压送两种气体的容积流量百分比不变。

离心式压缩机调节方法有压缩机出口节流、压缩机进气节流、采用可转动进口导叶、采用可转动扩压器叶片和改变压缩机转速等。

① 压缩机出口节流调节　压缩机出口节流调节是一种简单调节方法。通过关小压缩机出口阀门调节流量。此方法相当于改变管路性能曲线，而压缩机性能曲线没有变动。由于管路阻力加大，使系统效率大大降低，因此很少采用。

② 压缩机进气节流调节　转速不变的压缩机，进气节流是一种简便而又广泛应用的调节方法。通过改变装在压缩机进气管上调节阀开度，来改变压缩机性能曲线位置，达到调节目的。

进口节流比出口节流经济性要好，所耗功率较小。在性能曲线较陡时，二者差别更明显。

进口节流另一优点是：节流后喘振流量向小流量方向移动，使压缩机可能在更小的流量下工作。采用这种调节方法，可以不改变转速，机器不必具有可转动叶片等复杂结构。对整个装置的成本和构造是有利的。

这种调节方法比出口节流有较好的经济性，但采用进口节流阀，仍带来一定节流损失。

③ 采用可转动进口导叶调节　采用可转动进口导叶调节也称作进气预旋调节，是一种改变叶轮前的进口导叶角度，使气流产生预旋的调节方法。进口导叶绕轴转过某个角度后可使进口气流产生与叶轮旋转方向一致的正旋转，也可使进口气流产生与叶轮旋转方向相反的负旋转。

可转动导叶形状设计得好，如有良好气动性能的翼型叶片，就不会产生较大附加损失，因此有较好的经济性。但若进气气流方向和叶轮叶片方向不一致，则会产生冲击损失。

多级压缩机如每一级都采用可转动导叶，整个装置就太复杂。若只对第一级采用可转动导叶，效果不大明显。

④ 采用可转动扩压器叶片调节　传动机构转动扩压器叶片，使压缩机在运行时，根据工况变化随时加以调节。这种方法可避免流量减小时出现喘振，使稳定工况区扩大。但若要求同时或单独改变压缩机出口压力，就有一定局限性。目前很少把它作为单独的调节方法使用，一般是和其他方法联合使用，特别是和改变转速的调节方法联合使用，效果很好。

⑤ 改变压缩机转速调节　利用调节压缩机转速的方法，移动压缩机性能曲线，改变工况点，可以满足用户要求。变转速调节不会引起其他附加损失，是一种最经济的调节方法。但调节后新工作点不一定是最高效率点，会使效率有所下降。这种方法不要求机器中装备供调节用的可动部件，因此压缩机本身结构简单，制造方便。

上述几种调节方法比较如下。

a. 改变压缩机转速的调节方法，经济性最好，调节范围广。它用于可以调速的驱动机带动的离心式压缩机。

b. 压缩机进气节流调节，方法简单，经济性较好，并具有一定的调节范围。固定转速的离心式压缩机常采用此法。

c. 转动进口导叶调节方法，调节范围较宽，经济性也好，但结构较复杂。

d. 转动扩压器叶片的调节方法，能使压缩机性能曲线平移，对减小喘振流量，扩大稳定工况范围很有效，经济性也好，但结构较复杂。适用于压力稳定、流量变化大的变工况场合。此方法常与其他调节方法联合使用。

e. 出口节流调节方法最简单，但经济性最差，一般很少采用。

f. 可以同时采用几种调节方法，取长补短，最有效地扩大压缩机稳定工况范围。

(2) 防喘振控制

离心式压缩机进口气量低于最小进气量会导致喘振发生，因此离心式压缩机管路中必须采取防喘振措施。常用以下几种。

① 放空法　压缩机排气口接有流量传感器和防喘振放空阀，放空阀由伺服电机带动。当机器排气量降低到接近喘振点时，检测气量变化的流量传感器发出讯号给伺服电机，使之动作而将防喘振放空阀打开，部分气流经放空阀放空。不论用户需气量多少，压缩机中流过气量由于防喘振放空阀作用，总是大于喘振气量使压缩机能正常工作。这种方法浪费部分压缩气体和部分压缩功。

② 回流法　这种防喘振措施是将部分气流经防喘振阀再由旁路管返回机器吸气管循环使用。主要用于输送有毒或易燃、易爆及经济价值高且不宜放空的气体。当回流气量较大时，应在回流管路中安装冷却器，降低回流气体温度，以减小回流气温对机器排气温度和功耗的影响。

③ 停止供气法　此种方法适用于供气系统中有几台机器并联工作，或供气系统容量很大，在一段时间内压缩机停止供气时用户仍可得到所需气量。由于机器与供气系统脱开，同时机器进气还采取节流措施，因此机器功耗大为减少。例如压力比为 7 的压缩机，采用这种措施后，功耗仅为机器在喘振点前功率的 15%。如采用放空或回流措施，则机器功耗与喘振点前工作是一样的。

④ 双参数控制防喘振措施　喘振点会随离心式压缩机转速变化而有对应变化。为解决机器工作转速较低时的功率浪费和避免单参数控制的缺点，可采用气量和压力两个参数开闭防喘振阀的双参数控制。

1.3.3.5　油路及密封系统

(1) 油路系统

油路系统是保证压缩机安全运转极为重要的条件。油路系统不完善，机器则不能启动。油路系统出故障，压缩机就得被迫停车。

离心式压缩机油路分为轴承、增速器润滑油系统和轴端密封油系统。其作用如下。

a. 对相对运动部件润滑。

b. 对轴承、密封器冷却，以防止轴承、密封器过热而发生咬合或抱轴（即巴氏合金熔化）等现象。

c. 在径向轴承、止推轴承、浮环密封中产生油膜来承受和传递载荷。

d. 在轴端密封中起密封作用，并防止压缩机内气体漏出机外或防止气体进入机内。

油路系统包括油箱、主油泵、辅助油泵、冷却器、过滤器、阀门及安全装置和自动控制调节元件。油泵、冷却器和过滤器均为两套，其中一套为备用。

离心式压缩机组中，有将压缩机油路系统和汽轮机油路系统分开的，有将压缩机系统和密封油系统分开的，也有将它们联合为一体的。一般离心式压缩机组配有密封油高位槽和轴承润滑油高位槽。密封油高位槽具有如下作用。

a. 轴封油具有稳定压差，使油压高于轴封气压 0.05MPa，保证油能顺利流入密封。

b. 当油泵突然停转而压缩机来不及停车时，轴承润滑油高位槽中油能自动流入轴承，保证轴承正常运转，同时轴封高位槽中油能自动流入油封中，保证密封良好，直至压缩机安全停车为止。轴封油注入轴封后，与泄漏气体一道排到集油罐中，在罐内油气分离。油面高度超过规定值就自动排油。

为保证压缩机安全运转，要求油路系统绝对干净并保证油的品质，润滑油必须经过精细过滤，要求润滑油颗粒精度小于 20μm、密封油颗粒精度小于 10μm，并控制好油温、油压和油面高度。

（2） 密封系统

为避免离心式压缩机转子与固定元件相碰，转子与固定件间有一定间隙。为减少通过间隙的漏气量，在气缸两端装有前后轴封；在气缸内部设有隔板内孔密封、平衡盘密封和叶轮轮盖密封。

离心式压缩机轴封主要有迷宫密封、浮环密封和机械密封。

低压离心式压缩机，如压缩气体有泄漏也不会发生危险，可采取抽走漏气措施，两个轴端前后轴封使用迷宫密封型式。高压或所压缩气体不允许外漏的离心式压缩机，两端轴封采用浮环密封（仍利用迷宫装置作预密封）或机械密封。冷冻用离心式压缩机，为保证停车时气体不漏，轴封常采用填料函密封或机械密封。

① 迷宫密封　迷宫密封又称梳齿密封，是离心式压缩机中使用广泛、廉价的密封型式。气缸内部级间密封都是用迷宫密封。常用的迷宫密封形式是曲折形迷宫密封。

迷宫密封是在密封处形成流动阻力极大的一段流道。有少量气流漏过时，产生一定阻力降，但仍有一定漏气量，不能完全密封。为提高密封效果，应增加气体流过密封装置的阻力。

迷宫密封齿片材料一般采用青铜、铜锑锡合金、铝合金。若温度超过 120℃，采用镍-铜-铁合金或不锈钢。气体具有爆炸性（如石油气、氧气等）时，应采用不会产生火花的材料（如铝或铝合金）。为了减少摩擦，可采用聚四氟乙烯。

② 浮环密封　浮环密封是一种液体密封，可以做到机内气体完全密封，特别适合于在高转速、高压差下工作。浮环密封广泛应用在离心式压缩机中。

浮环密封是利用注入稍高于气体压力的密封油，在浮环与轴（或轴套）之间形成稳定油膜，阻止气体泄漏，密封油流过浮环与轴间狭窄间隙时，产生大节流压降，以减小密封油泄漏量。为减少被密封油带走的气体，通常在浮环密封前设有迷宫密封。

由于浮环具有自动对正轴心特性，浮环与轴间间隙很小，特别适用于大压差条件下密封。在正常工作情况下，轴与浮环间油膜形成液体摩擦工况，浮环与轴不发生磨损，很安全，适合于高速机械。在启动、停车时，压力油膜没有建立起来，为防止浮环或轴被刮坏，浮环端面镀锡青铜，环内侧浇巴氏合金。

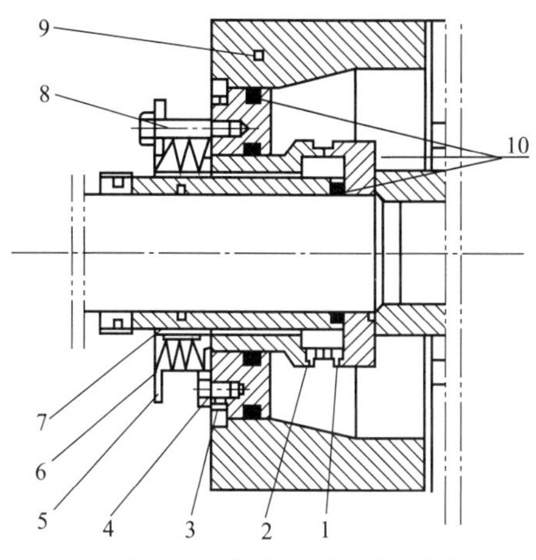

图 1-98　机械密封结构简图

1—动环；2—静环；3—防转销；4—螺钉；5—弹簧座；6—弹簧；7—间隔套；8—螺栓；9—后铲板；10—密封圈

浮环密封工作时要注意高压侧浮动环冷却问题。密封油与轴套的摩擦和流经间隙的节流压降转变的热量都会使浮环和油温升高，高压侧浮环漏油量要比大气侧小得多（小 1/2000～1/1000），热量不易被密封油带走。浮环温度升高，会使巴氏合金产生蠕变，出现抱轴现象，浮环损坏；同时油温升高，润滑性能变坏。解决办法是使密封油先通过高压环上部，再进入浮环与轴套间隙，以加强冷却。

③ 机械密封　要求压缩机中易燃、易爆、剧毒气体绝对不许外泄，可利用机械密封防止有害气体外漏。机械密封是由两个密封元件（动环和静环）的平直光滑端表面相互贴合，并做高速相对转动而构成的密封装置，如图 1-98 所示。它是靠弹性构件（如弹簧 6）和密封介质压力在旋转的动环和静环接触面（端面）上产生适当压紧力使两个端面紧密贴合。端面间维持一层极薄的具有流体动压力与静压力的液膜达到润滑与密封的目的。

1.3.3.6　常用离心式压缩机技术参数

国内石油化工行业使用的部分离心式压缩机技术参数见表 1-154。选购时采用的数据表如表 1-155 所示。

表 1-154　国内石油化工行业部分离心式压缩机主要技术参数

型　　号	流　　量	进口压力/MPa	出口压力/MPa	进口温度/℃	排出温度/℃	转速/(r/min)	功率/kW	介质
GLY2000-150/25	新鲜气段 121500(m³/h) 循环气段 686000(m³/h)	25.31 132.64	132.64 149.53	38 53.4	184 69	10440	19695	氢氮气
DA930-121	55800	0.896(绝)	36.3(绝)	37.8	低压缸 213 高压缸 174	低压缸 7100 高压缸 11300	轴功率 8600	空气
5CK57+7CK31	一段入口 54080(m³/h)	0.896(绝)	36.21(绝)	37.8	163	低压缸 6600 高压缸 10700	7983	空气
9C26+9B26	一段入口 8878(m³/h)	4.22(绝)	440.47(绝)	32.22	168	10800	4075	原料气
2BCG+2BF9-8	新鲜气段 一段入口 5616(m³/h) 循环气段 6424(m³/h)	25.31(绝) 134.15(绝)	134.15(绝) 149.53(绝)	37.78 43.3	172.2 67.9	10687	17577	氢氮气
4C57+7CK45	一段:27096kg/h 二段:48619.6kg/h 三段:64243.4kg/h	0.986(绝) 3.198(绝) 6.80	3.234(绝) 7.17 18.62	−32.3 30.7 35.2	66.1 107.2 133.3	低压缸 6700 高压缸 8900	9165	氨

续表

型　　号	流　量	进口压力/MPa	出口压力/MPa	进口温度/℃	排出温度/℃	转速/(r/min)	功率/kW	介质
2MCL607+2BCL306A	27636 干气	0.942(绝)	141.26(绝)	40	127	低压缸 7200 高压缸 13900	9660	二氧化碳
2M9-8	一段:24211 二段:50748	3.04 4.71	4.71 19.13	−7 4		10295	5078.6	氨
2MCL607+2BCL306A	28800	1.18	143.23	45		低压缸 6900 高压缸 13400	10184	二氧化碳
CMR66-1 + "3" + CM32-3′+3′	38300	0.981	35.32	32	145	低压缸 9330 高压缸 15320	9627.9	空气
2MCL805+2MCL456	38830 (干气)	0.924	35.90	32	164.9	低压缸 7520 高压缸 11630	11323	空气
3MCL607+MCL525	一段入口 16600(m^3/h)	1.982	18.21	−17.8	113	8500	6130	氨
MCL456 + BCL455 + BCL357	低压缸进口干气 7773(m^3/h)	4.473	41.59	35	105	10220	3680	原料气
2BC9+2BF9+2BF8-6	一段入口 6065(m^3/h)	25.56	236.37	37.8	34.4	10479	19066	氢氮气
VS707+VS106	27640	1.053	30.51	40	100	7050	5000	二氧化碳
RS2358	8926kg/h	1.02	19.62	−102	69.4	12765	1510	乙烯
R-287	38661kg/h	9.76	36.98	−34	−76	12360	2065	工艺气
RZ1716+R457	58204kg/h	1.32	12.95	40	93.8	6480	5150	裂解气
RS3717	125259kg/h	1.275	17.66	−40	92	4770	8690	丙烯
TC450/320-13Ⅱ	100000	290.38	313.92	35		2970	466	氢氮气
K480-41-2	28800(m^3/h)	0.907(绝)	1.96～2.45	40～50	120～130	8100	1500	氧化氮
K350-6-1	22020(m^3/h)	0.952(绝)	6.867			8600	1810	
4M9-5+4M3+3M10-8	109501	1.324	37.18	40	93	5140	23592	裂解气
2M9-7	一段:114181 二段:25181 三段:37184	1.07 4.21 9.04	4.21 9.04 18.37	−101 −44.6 −12.7	−10.3 10.4 46.3	9453	2860	乙烯
4M9-6	一段:115767 二段:144495 三段:159786	1.30 2.58 9.63	2.58 9.63 16.74		−7.8 58.9 87.8	4614	18039	丙烯
4M8-6+3M×5	39987	1.35	12.46	40	94	11256	5888	裂解气
1M5	34337	10.25	36.49	−34	77	11834	2265	工艺气
2M10	一段:6090 二段:9271 三段:16470	1.03 4.03 7.01	4.03 7.01 18.89	−102 −26 −18	−4 15 64	9150	1621	乙烯

续表

型　　号	流　　量	进口压力/MPa	出口压力/MPa	进口温度/℃	排出温度/℃	转速/(r/min)	功率/kW	介质
4M8-7	一段:60366 二段:83606 三段:77657 四段:81147	1.31 2.81 6.55 9.77	2.81 6.55 9.77 16.82	−40 −9 36 55	−6 36 56 88	4122	9574	丙烯

表 1-155　离心式压缩机数据表

	位号：	修改： 第 1 页共　　页

注：○由买方填写　　□由制造厂填写　　△双方共同填写

设备名称：　　台数：

压缩机制造厂：　　压缩机型号：

△操作条件

	○压缩介质组分(摩尔分数)/%		分子量	正　　常	额　　定	其他工况	备　注
1	1						
	2						
	3						
	4						
	5						
	6						
	7						
	8						
	9						
2	○质量流量(○干,○湿)　kg/h						
3	○体积流量(0.1013MPa,0℃)/(Nm^3/h)						
4	○　压力　MPa						
5	○　温度　℃						
6	○　相对湿度　%						
7	○　绝热指数 C_p/C_V(K_1 或 $K_{平均}$)						
8	□　压缩性系数(Z_1 或 $Z_{平均}$)						
9	□　容积流量(○干,○湿)　m^3/h						
10	○出口压力　MPa						
11	□　温度　℃						
12	□　绝热指数 C_p/C_V(K_2 或 $K_{平均}$)						
13	□　压缩性系数(Z_2 或 $Z_{平均}$)						
14	□性能曲线号						
15	□轴功率(包括全部损失)　kW						
16	□多变能量头　Nm/kg						
17	□多变效率　%						
18	□转速　r/min						
19	○保证点						
20	□预计的喘振范围(上述转速)m^3/h						

续表

		位号：				修改：		
						第 2 页共　　页		
21	操作方式	○连续	○间断	○备用				
22	驱动方式	○电机	○汽轮机	○详见文件号：				
23	流量调节方式	○可调进口导叶	○进口节流	○旁路	○变转速	○		
24	流量调节范围	○		○				
25	防喘振旁路	○手动	○自动	○无	○			
26	隔声措施	○消声器	○隔声罩	○无	□噪声值：　dBA			
27	信号源	○电信号：　mA		○气信号：　MPa		○其他：		

○安装环境及现场条件

28	环境	安装位置	○室内　○室外　○	环境温度		℃
29	环境	异常条件	○湿热带　○粉尘　○	环境湿度		%
30	环境	危险区域划分	○介质分级分组：　○危险区类别：	大气压		mmHg
31	冷却水	进水温度	℃	允许温升		℃
32	冷却水	进水压力	MPa	最大压降		MPa
33	冷却水	污垢系数				
34	仪表空气：　　压力：　　MPa 正常露点：　　℃					
35	供电	低压电源	V　Ph　Hz	高压电源		V　Ph　Hz
36	供电	应急电源	V　Ph　Hz	直流电源		V

○安装环境及现场条件

			最高压力	正常压力	最低压力	单位	最高温	正常温度	最低温	单位
37	供汽		最高压力	正常压力	最低压力	单位	最高温	正常温度	最低温	单位
38	供汽	驱动机用				MPa				℃
39	供汽	加热用				MPa				℃

1.3.4 轴流式压缩机

1.3.4.1 轴流式压缩机原理及主要结构

(1) 轴流式压缩机原理

轴流式压缩机转子高速旋转，气体进入气缸后，沿轴向流过动叶和导流器。动叶将机械能转变成气体压力能和动能，导流器将气体一部分动能转化为压力能。气体在流道出口处扩压器内降低速度，一部分气体动能转化为压力能。为提高气体压力，轴流式压缩机由多级构成。

亚声速轴流式压缩机中，级压力比可以达到 1.35～1.4，压力比大于此范围就必须设计成多级。如要达到总压力比为 3～10，轴流式压缩机必须由 5～20 级组成。级的连接是由一列串联级组成。只有保证通流部分的平直性和各级工作协调性，才能获得更高效率。轴流式压缩机效率可达 86%～92%。

(2) 轴流式压缩机应用及特点

在石油化工生产中，轴流式压缩机用在大流量、大功率场合，如空气分离、天然气输送等。

轴流式压缩机特点如下。

① 效率较高　单机效率可达到0.84～0.89。

② 单位面积通流能力大　径向尺寸小，适用于要求大流量场合。

③ 单级压力较低　亚声速级压力比为1.05～1.28。

④ 与离心式压缩机相比，稳定工况区较窄，等转速线较陡。在转速不变时流量调节范围很小。

⑤ 结构简单，运行维护方便。但工艺要求高，叶片型线复杂。

(3) 轴流式压缩机主要结构

轴流式压缩机由转子、进气管、收敛器、进气导流器、级组（动叶和中间导流器）、出口导流器、扩压器、出气管及气缸、轴承、密封等组成，见图1-99。

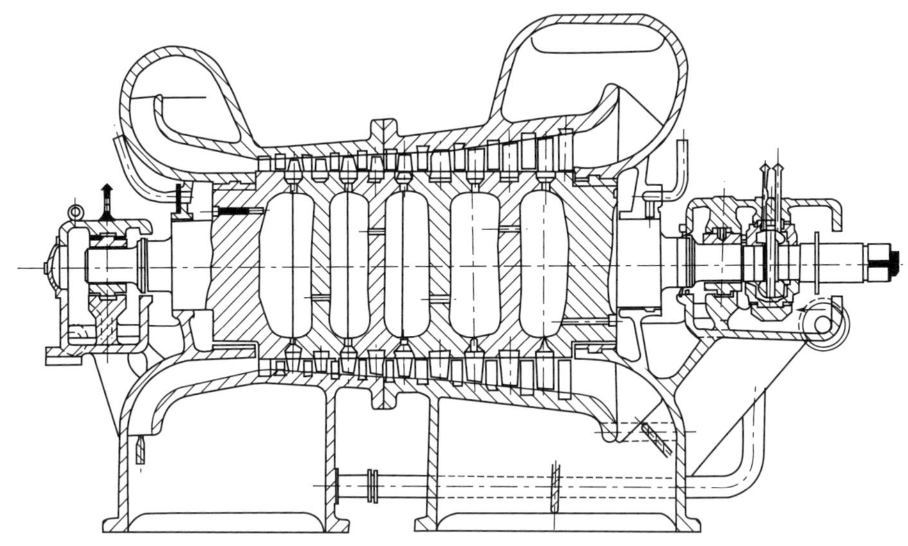

图1-99　Z3250-46轴流式压缩机

(4) 轴流式压缩机驱动方式

轴流式压缩机通常是由电机、汽轮机或燃气轮机驱动。选择驱动方式应根据使用部门的能源特点而定。在功率不大、工作转速不变时，可用交流电机驱动，使用维护较方便；在油田或气田中可选用分轴燃气轮机驱动；在有蒸汽的部门宜用变速汽轮机驱动。

对驱动机的要求如下。

① 驱动功率大　轴流式压缩机用于大流量压缩，耗功较大，通常在数千千瓦以上。

② 转速高　压缩机设计转速较高，一般大于4000r/min，宜采用高转速驱动机直接驱动压缩机。

③ 变速性能良好　为满足工业生产流程需要，常要求压缩机变工况运行。采用可变速驱动机，能避免或减少使用经济性不好的放气、节流等调节方法。

1.3.4.2　轴流式压缩机选定

(1) 主要性能参数

① 流量

a. 容积流量　一般指进气容积流量，多用于固定式压缩机中，单位为m^3/min，计算时用m^3/s。在空气分离、石油及化工等流程中应用的压缩机，常以标准状态（压力为0.101MPa，温度为273K，相对湿度为零的大气状态）下容积流量为指标。

b. 质量流量　多用在移动式压缩机及燃气轮机装置中，单位为 kg/s。

② 排气压力和压力比　固定式压缩机中常用的排气压力，单位为 0.1MPa。在燃气轮机驱动的压缩机中常使用压力比，即排气压力与进气压力的比值。

③ 转速　压缩机转子轴单位时间的转数，单位为 r/min。

④ 功率　包括气体压缩后所具有的气动力功率、驱动压缩机所需的轴功率和原动机功率等，单位为 kW。

⑤ 效率　效率是表征压缩机质量的主要指标之一。

（2）主要参数选择

① 转速与圆周速度　多级压缩机转速确定有两种情况：一种由用户给定；另一种根据采用的圆周速度和已求得的第一级尺寸大小确定。用于燃气轮机装置中的压缩机转速，应与燃气轮机转速保持一致。

圆周速度受临界马赫数、第一级声速以及叶片和转子强度限制。采用鼓筒式转子，叶根圆周速度不超过 200～210m/s；采用组合式转子，叶尖圆周速度不超过 300～320m/s；采用轮盘式转子，叶尖圆周速度不超过 350～400m/s。

② 级的能量头与效率　各级能量头根据各级工作不同特点进行合理分配。亚声速流动中，级的最大理论能量头受最大许可圆周速度与最大许可扭矩限制。先选取级的绝热能量头和绝热效率，再确定级的理论能量头。固定式压缩机级平均绝热能量头为 17.62～24.5kJ/kg，移动式压缩机为 19.6～34.3kJ/kg。

各级绝热效率一般是不等的。移动式压缩机第一级可取 0.84～0.86，中间级可取 0.89～0.92，末级可取 0.82～0.88，级的平均效率为 0.84～0.91。固定式压缩机第一级可取 0.88～0.90，中间级可取 0.90～0.92，末级可取 0.87～0.89，级的平均效率为 0.89～0.92。

③ 轴向速度或流量系数　固定式压缩机中第一级轴向速度为 90～120m/s，末级轴向速度为 80～110m/s；移动式压缩机中第一级轴向速度为 140～200m/s，末级轴向速度为 100～170m/s。

轴向速度选择后，已知平均半径上圆周速度就可得到流量系数。一般流量系数为 0.5～0.9，较小的流量系数与后面各级相适应。流量系数不应小于 0.4～0.5。

④ 轮毂比　轮毂比为级的内径与外径之比。压缩机第一级轮毂比不小于 0.5，大多为 0.5～0.75。移动式压缩机为在大流量下减少径向尺寸，可以小到 0.4～0.45。为不使末级叶片太短，轮毂比不应大于 0.85。高压力比压缩机为不使末级轮毂比太大，可采用双缸结构。

⑤ 叶栅稠度与叶片展弦比　叶栅稠度与叶片展弦比（相对叶高）是各级的重要几何参数。

压缩机中叶栅稠度与叶间通道中当量扩压器扩张角有密切关系。前几级中平均直径处选用叶栅稠度为 0.6～1.0。中间级与末几级能量头较高，平均直径上叶栅稠度可增加到 1.3～1.4。对各级静叶一般取平均直径处叶栅稠度不大于 1.2～1.3。

展弦比影响叶片宽度，也影响压缩机轴向尺寸。一般前几级展弦比取 3.5～4.0。末几级展弦比取 2～2.5。

1.3.4.3　轴流式压缩机特性及调节

（1）轴流式压缩机特性

轴流式压缩机特性指的是通流部分压力比、通流部分效率与决定压缩机工作状态参数如级压力、级温度、质量流量、转速之间的关系。压缩机在实际工作中要在设计工况下工作，还会在偏离设计工况下工作。压缩机远离设计工况工作时，产生不稳定工况，不仅使压缩机效率大大降低，并且产生旋转分离与喘振，导致整机破坏。

轴流式压缩机特性可用流量-压力比特性曲线和流量-效率特性曲线表示，见图 1-100。

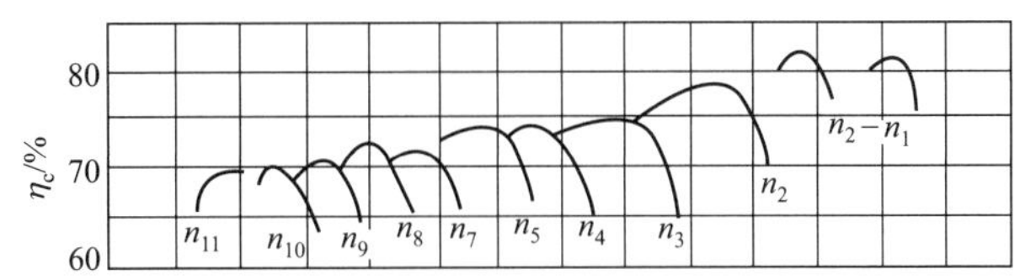

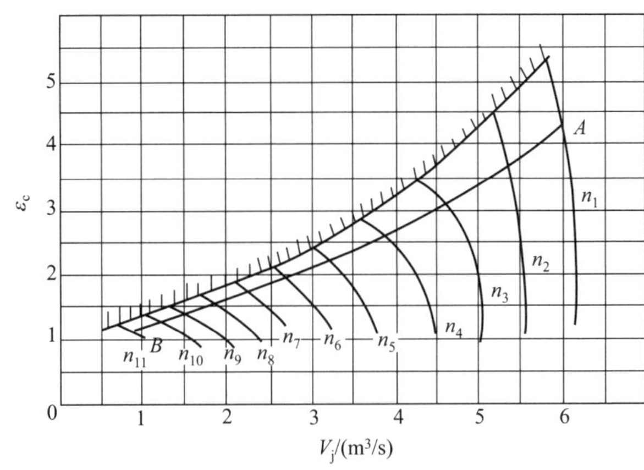

图 1-100 多级轴流式压缩机流量特性曲线

气体在压缩过程中有摩擦损失和冲击损失，因而特性曲线变陡，工作范围变窄，加大流量会使压力比与效率下降很快。进口温度与转速保持不变，进入压缩机的质量流量和压缩机功率将与进口压力成正比变化。进口温度降低，压力比加大，压缩机效率有一定降低。

（2）轴流式压缩机调节

① 轴流式压缩机不稳定工况

a. 第一级阻塞 转速不变，流量增加，气流在第一级叶栅进口最小截面平均速度将达到声速，压缩机流量达到最大值，不能再继续增加。

b. 末级阻塞 低转速下压缩机背压降低，后级会出现膨胀工况。继续加大流量，压缩机又会出现阻塞现象。

c. 旋转失速 小流量区内，气流流入叶栅时正冲角增大，叶片背面气流产生脱离，相继影响相邻叶片，使脱流现象逐渐向叶片背弧方向传播，形成旋转失速。旋转失速时叶片产生交变应力，使叶片发生疲劳破坏。

d. 轴流式压缩机的喘振 轴流式压缩机沿等转速特性曲线减小流量时，随气流沿叶高旋转分离的产生和进一步发展，压缩机和管路中全部气体流量和压力将周期性低频率、大振幅上下波动。这种脉动一产生，流经整个压缩机的连续稳定流动被完全破坏，并伴随有强烈的连续振动，形成喘振。如不及时防止或停车，将导致机器损坏。压缩机转速大于设计转速运转时，喘振首先发生在后几级中。压缩机正常工作点必须远离喘振不稳定工作界限——喘振线。轴流式压缩机喘振产生的原因有两个：一是气流在叶栅中产生失速区并继续扩展的结果；二是压缩机管路系统阻力变化形成工作不协调。

② 轴流式压缩机防喘振措施

a. 放气法 压缩机在较低转速下工作，可在多级轴流式压缩机中间级放气，防止发生喘振。中间级放气的结果，使放气口前几级流量增加，防止了前几级气体分离和喘振的发生，也提高了前几级增压比和效率；同时使放气口后几级流量减小，避免了后几级由于过大负冲角而产生阻塞现象，也提高了级增压比和效率。但放掉气体，增加了功率损失，因此经济性较差。由于结构简单，所以常用于增压比小于10～12的压缩机上。

b. 静叶调节法　此调节方法是通过旋转进口导向叶片改变级的气流预旋。转动进口导向叶片时，可使气流流入工作轮叶栅的相对速度方向在流量改变时仍保持设计状态方向，避免了气流分离和喘振，也扩大了压缩机稳定工况区域。多级轴流式压缩机中，采用静叶调节法防止喘振时，只需要转动前几级或最后几级静叶即可达到目的。中等压力比的9级压缩机，采用进口导叶及前三级静叶可调法后得到了较好的防喘振效果。静叶调节法虽然结构上较为复杂，但已被广泛采用。

c. 转速调节法　利用改变圆周速度防止喘振，在高增压比多级压缩机中已被广泛采用。若不增加设备，则要求驱动机能变速运行，在调节范围内，转子、叶片等部件自振频率应避免与工作转速接近而发生共振。总压力比高达10～12以上时，采用双转子压缩机进行调节具有显著优点。双转子法是把一台总压力比较高的压缩机分成两台压力比较低的压缩机，并且两台压缩机具有不同转速。每台压缩机各级都能协调工作，见图1-101。

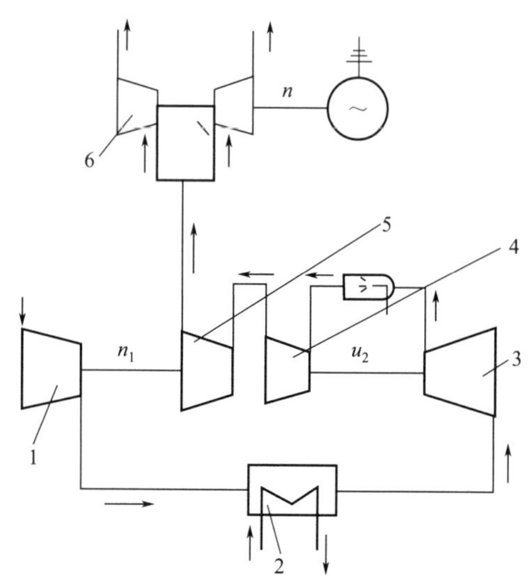

图1-101　50000kW分轴燃气轮机系统

在轴流式压缩机特性曲线上制定出运行范围，使每个工况点离开喘振边界都有足够富裕度，一般大于12%～15%。同时安全系统中设有防喘振装置，一旦压缩机发生喘振，自动迅速地打开防喘振阀，使压缩机回到稳定工况区工作。

1.3.5　螺杆式压缩机

1.3.5.1　螺杆式压缩机的特点及结构

（1）螺杆式压缩机特点

螺杆式压缩机属于容积式压缩机，兼有容积式压缩机和叶轮式压缩机的特点。

螺杆式压缩机广泛应用于石油、化工行业。其容积流量范围为0.74～800m^3/min。较大的喷油螺杆式压缩机容积流量为75～80m^3/min，较小的为2～2.5m^3/min。极限情况下压缩机容积流量为0.2～1m^3/min，排气压力达4.5MPa（通常排气压力＜2MPa）。螺杆式压缩机也可作为真空泵使用，单级真空度可达90%，两级的真空度在97%以上。

螺杆式压缩机具有以下特点。

① 螺杆式压缩机可与高速发动机直联，转速高达每分钟一万转以上。单位排气量的体积、重量、占地面积以及排气脉动均远比活塞式压缩机小。

② 螺杆式压缩机没有气阀、活塞环等易损件，运转可靠，寿命长，易于远距离控制。没有往复运动零部件，不存在不平衡惯性力（矩），基础小，可以实现无基础运转。

③ 无油螺杆式压缩机可保持气体洁净（不含油）；阳、阴螺杆齿面间实际上留有间隙，因而能耐液体冲击，可压送含液气体、较脏气体（含脏液、粉尘气体，易聚合气体等）。喷油螺杆式压缩机可获得较高单级压力比（最高达20～30）以及较低排气温度。

④ 螺杆式压缩机容积流量几乎不受排气压力影响，内压力比与速度、密度几乎无关系。

⑤ 螺杆式压缩机在相当宽工况范围内，仍能保持较高效率，没有小排气量的喘振现象。

⑥ 螺杆式压缩机齿间容积周期性地与吸、排气孔口连通以及气体经过间隙的泄漏等，会产生很强的中、高频噪声，必须采取消声减噪措施。螺杆齿面是空间曲线，加工精度要求高，需要在专用设备上进行加工。

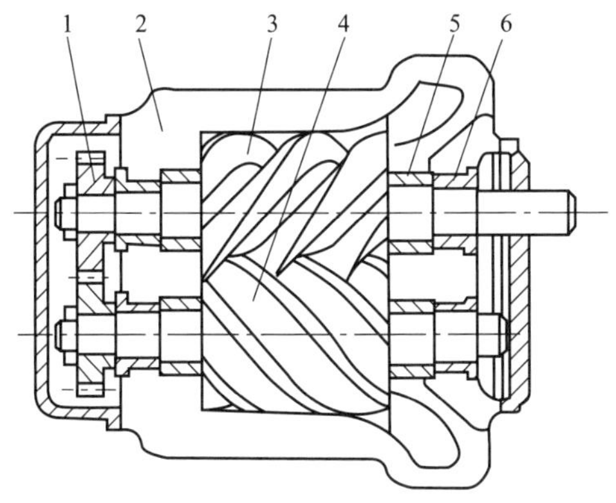

图 1-102 螺杆式压缩机结构示意

1—同步齿轮；2—气缸；3—阳转子；4—阴转子；5—轴密封；6—轴承

⑦ 螺杆式压缩机依靠间隙密封气体，螺杆刚度有一定限制，只适用于中、低压范围。

(2) 螺杆式压缩机结构

螺杆式压缩机结构如图 1-102 所示。在“∞”字形气缸中平行配置两个按一定传动比互为反向旋转又相互啮合的螺旋形转子——阳螺杆和阴螺杆。阳螺杆与驱动机连接。螺杆式压缩机主要零部件有：一对螺杆、气缸、轴承、同步齿轮（有时还有增速齿轮）以及密封组件等。

按运行方式不同，螺杆式压缩机可分为无油（干式）螺杆式压缩机和喷油螺杆式压缩机两类，其常用参数范围见表 1-156。

表 1-156 螺杆式压缩机常用参数范围

机 型	转速/(r/min)	排气量/(m^3/min)	排气压力/MPa
无油螺杆式压缩机	1800～22000	3～1000	<1.0
喷油螺杆式压缩机	1000～3000	5～100	<1.7

在无油（干式）螺杆式压缩机（包括喷水冷却压缩机）中，阳螺杆靠同步齿轮带动阴螺杆。阳、阴螺杆在啮合过程中互不接触，通过高速旋转来密封气体，提高气体压力。螺杆式压缩机的工作过程见图 1-103。同步齿轮的作用是传递运动、传输动力、确保螺杆间的间隙及其分配。

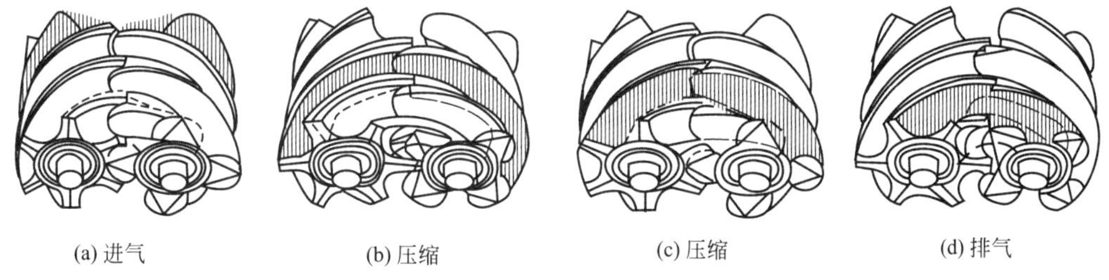

(a) 进气 (b) 压缩 (c) 压缩 (d) 排气

图 1-103 螺杆式压缩机工作过程

喷油螺杆式压缩机中，喷入机体的大量润滑油起着润滑、密封、冷却和降低噪声的作用。压缩机中不设同步齿轮，阳螺杆直接拖动阴螺杆，结构更为简单。根据螺杆齿型不同可分为对称齿型和不对称齿型。

1.3.5.2 螺杆式压缩机主要参数选择

影响螺杆式压缩机性能的主要参数有：最佳齿顶圆周速度、转速、导程、长径比、扭转角、螺杆直径、压力比和级数。

(1) 最佳齿顶圆周速度和转速

螺杆式压缩机最佳齿顶圆周速度范围见表1-157。

表1-157 螺杆式压缩机最佳齿顶圆周速度 单位：m/s

齿形	运行方式	
	无油压缩机	喷油压缩机
	最佳圆周速度	
对称圆弧齿形	80～120	30～45
不对称齿形	60～100	15～35

压缩机为高压差或高压力比时，最佳齿顶圆周速度应取表中范围的上限，反之取下限。圆周速度确定后，转速也随之而定。排气量相同时，不对称齿型螺杆式压缩机转速远低于对称齿型螺杆式压缩机转速。通常，喷油压缩机若为不对称齿型时，转速范围为730～4400r/min，可采用压缩机与电机直联，或采用“阴托阳”传动方式。无油压缩机转速范围为2960～15000r/min，甚至更高。

（2）导程、长径比和扭转角

螺杆导程是螺杆螺旋面（齿面）和以轴线为中心的圆柱面相交的同一条螺旋线上相应点间最小轴向距离。对同一螺杆直径，大螺旋角对应于短导程，小螺旋角对应于长导程。

长径比指压缩机螺杆的轴向长度与螺杆直径的比值，通常范围为0.9～1.5。排气量相同时，长径比小的螺杆直径较大，吸排气口面积大，气体流动损失小。高压差级中使用的螺杆长径比小，短而粗，具有良好刚度，增加了运转可靠性。较短的螺杆使总体结构更为紧凑。排气量大的压缩机，一般选用较大长径比。制冷螺杆式压缩机要求选用大长径比（1.60～1.65）。

阳螺杆扭转角范围是240°～300°，阴螺杆扭转角范围是160°～200°。不对称齿型取偏低值为宜。

（3）螺杆公称直径 D_0

我国规定的螺杆直径系列为（mm）：（63）、（80）、（100）、125、160、200、250、315、400、500、630、（800）。带括号的公称直径只适用于不对称齿形，其中以160、200、250、315最为常用。包括的容积流量范围为3～1200m^3/min。

（4）压力比和级数

螺杆式压缩机运行方式不同使其压力比也不同。排气温度是限制提高压缩机压力比的主要因素，而级压力差是限制压缩机压力比提高的另一重要因素。

在化工工艺流程中使用的螺杆式压缩机的压力比以及分配有其自身特点。要同时考虑螺杆式压缩机的特性以及流程要求来确定压力比。

标准齿数螺杆式压缩机采用不同级数达到的排气压力（仅限于常压吸气的空气）见表1-158。

表1-158 螺杆式压缩机压力和级数的关系 单位：MPa

类型 \ 压力 \ 级数	一级	二级	三级	四级
无油压缩机	<0.4	0.4～1.0	1.0～2.0	2.0～3.0
喷油压缩机	0.7～1.7	0.7～2.0		

1.3.5.3 容积流量及内压力比的确定

（1）容积流量确定

① 面积利用系数 C_n 面积利用系数 C_n 表征螺杆公称直径范围内总面积的利用程度。

$$C_n=\frac{z_1(A_{01}+A_{02})}{D_0^2} \tag{1-138}$$

式中 z_1——阳螺杆齿数；

A_{01}、A_{02}——阴、阳螺杆的端面齿间面积，m^2；

D_0——阳螺杆公称直径，m。

一些齿形为标准齿（4/6）时面积利用系数列于表 1-159 中。

表 1-159 标准齿（4/6）面积利用系数

转子齿形	面积利用系数		备注
	C_{n1}①	C_{n2}	
对称圆弧齿形	0.471	0.471	$r=0.18D_0$②
单边不对称摆线-销齿圆弧齿形	0.468	0.515	$r=0.205D_0$
单边不对称摆线-包络圆弧齿形	0.464	0.502	$r=0.205D_0$
双边不对称摆线-包络圆弧齿形	0.48	0.48	$r=0.19D_0$

① $C_{n1}=\frac{z_1(A_{01}+A_{02})}{D_1^2}$；$D_1$——阳螺杆外径，m。

② r 为螺杆齿形啮合线半径。

② 扭角系数 C_φ 扭角系数 C_φ 表征理论排气量（可能吸气的最大容积）与理想容积流量的比值。一般范围为 0.97～1.0。螺杆扭角大，C_φ 值较小；扭角小，C_φ 值较大。我国标准规定，不对称齿形（单边不对称摆线-销齿圆弧齿形，标准齿）扭角系数，阳螺杆扭转角分别为 240°、270°、300°时，扭角系数 C_φ 分别对应为 0.999、0.989、0.971。

③ 理论容称流量

$$V_{th}=C_\varphi C_n n_l l D_0^2 \tag{1-139}$$

式中 n_l——阳螺杆转速，r/min；

l——阳螺杆长度，m。

④ 实际容积流量

$$V=\eta_V V_{th} \tag{1-140}$$

式中 η_V——容积效率。

容积效率值与螺杆齿形、间隙值、螺杆尺寸、转速、有无喷液等因素有关。不同螺杆齿形的容积效率值见表 1-160。

表 1-160 不同螺杆齿形的容积效率值

螺杆齿形	无油螺杆	喷油螺杆
对称圆弧齿形	0.65～0.90	0.75～0.90
单边不对称齿形	0.70～0.90	0.80～0.95

（2）内压力比和内压缩转角的确定

① 内压力比的确定 压缩终了时，压缩机齿间容积与排气孔相连通前及连通时，齿间容积内气体的内压缩终了压力与吸气压力之比为内压力比 ε_i。

$$\varepsilon_i=\frac{p_i}{p_s}=\left(\frac{V_0}{V_0-V_r}\right)^m \tag{1-141}$$

式中 p_i——内压缩终了压力，MPa；

p_s——吸气终了压力，MPa；

V_0——阳、阴螺杆齿间容积之和，m；

V_r——阳、阴螺杆齿相互侵占引起的齿间容积减小值，m。

② 内压缩转角 φ_{1c}的确定

$$\varphi_{1c}=\tau_{1z}\left(1-\frac{1}{\varepsilon_i^{\frac{1}{m}}}\right)+\left(\varphi_{1k}-\frac{S_{01}}{A_{01}}\right) \tag{1-142}$$

式中　φ_{1k}——开始内压缩阶段结束时对应的压缩转角；

τ_{1z}——阳螺杆扭转角；

S_{01}——压缩至 φ_{1k}时所对应的阳螺杆齿形面积侵占曲线与横坐标所包围的面积，m^2。

③ 内压力比修正　考虑齿间容积内气体外泄漏、喷油以及扭角系数等因素影响，修正后内压力比 ε_i'为

$$\varepsilon_i'=\left[\frac{C_\varphi\eta_V V_0}{C_\varphi\eta_V V_0-V_r-C_\varphi\eta_V V_0 q}\right]^m \tag{1-143}$$

式中　q——单位体积容积流量喷入的油体积。

根据内压力比计算公式及转角与内压力比之间各关系式可绘出压力分布图，见图 1-104。由压力分布图可确定某齿间容积对应各转角时的气体压力，确定相邻齿间容积气体压力曲线，计算气体泄漏量，确定作用在螺杆上的气体力及其力矩。

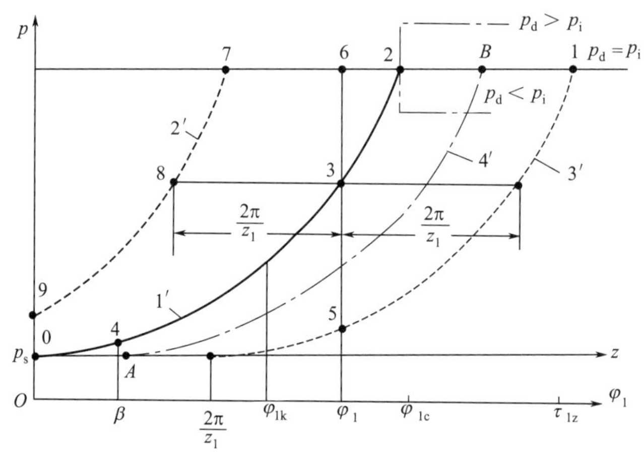

图 1-104　压力分布图

1.3.5.4　螺杆式压缩机气量调节

螺杆式压缩机气量调节常用的有变转速调节、关闭进气口调节和滑阀调节。

（1）变转速调节

变转速调节方法用于可变转速驱动机。螺杆式压缩机经济调速范围为

$$n=(0.5\sim0.6)n_0 \tag{1-144}$$

式中　n_0——驱动机额定转速，r/min。

（2）关闭进气口调节

关闭进气口调节方法简单方便，广泛用于小于 $20m^3/min$ 的螺杆式压缩机。空载功率较大，为额定功率的 50%～60%，经济性差。关闭进气口后能自动减少喷油量并导出积油，空载功率可降至额定功率的 20%左右。

(3) 滑阀调节

滑阀调节法经济性较高，能实现无级调节，但结构复杂。调节范围为额定排气量的50%～100%。

滑阀安装在气缸排气侧两内孔交接处。借油压活塞推动使滑阀沿与气缸轴线相平行的方向左右移动。

滑阀背部紧靠进气端固定部分时，达100%的排气量。调节时，滑阀移向排气端，背部便脱离固定部分，使齿间容积的一段继续与进气孔口相通，减小了螺杆工作长度，降低了排气量。

压缩机启动时，滑阀应处于最小排气量位置，减小启动力矩。

1.3.5.5 螺杆式压缩机型号选择

螺杆式压缩机结构代号用LG表示。一些螺杆式压缩机的性能参数见表1-161。

表1-161 螺杆式压缩机性能参数

类型	产品型号	压缩介质	容积流量/(m^3/min)	进气压力/MPa	排气压力/MPa	排气温度/℃	轴功率/kW
喷油式	LGFD-3.6/7-X	空气	3.6	常压	0.7	<40	<22
	LGFD-7/7-X	空气	7	常压	0.7	<40	<45
	LGFD-12/7-X	空气	12	常压	0.7	<40	<75
	LGFD-9.8/13-X	空气	9.8	常压	1.3	<40	<90
	LGD-17/10-X	空气	17	常压	1.0	<40	≤132
	LGD-20/8-X	空气	20	常压	0.8	<40	≤132
	LGFD-40/8-X	空气	40	常压	0.8	<40	≤280
无油式	LGW-40/7-XⅢ	空气	40	常压	0.7	≤40	260
	LGW-60/2.5-X	空气	60	常压	0.25	≤45	250
	LGWD-20/7-X	空气	20.1	常压	0.7	≤40	120
	LGWD-35/7-X	空气	34.85	常压	0.7	≤40	197
	LGW-80/7-X	空气、氮气	80	常压	0.7		520
	LGW-100/7-X	空气、氮气	100	常压	0.7		657
	LGW-100/8-X	空气、氮气	100	常压	0.8		700
移动式	LGⅡYF12-7/7-D	空气	7.14	常压	0.7	<115	<50
	LGⅡYF12-9/7-D	空气	9.48	常压	0.7	<120	<73
	LGFYD-10/7-XⅡ	空气	10	常压	0.7	80	73
	LGFYD-20/7-X	空气	20	常压	0.7	80	175
固定式	LG-12/7	各种气体	0.7～250		0.1～31.4		
	LG-22/7	各种气体	0.7～250		0.1～31.4		
	LGFD-3.2/7	空气	3.2		0.7		22
	LG16-6/7	空气	6	常压	0.7	<120	<40
	LG63C-385/1.9	煤气	385		0.04	0.19	900

1.3.5.6 螺杆式压缩机数据

螺杆式压缩机各项参数确定好后，要填写螺杆式压缩机数据表。表1-162是螺杆式压缩机数据。

表 1-162 螺杆式压缩机数据

单　位	螺杆式压缩机数据表 位号：	项目号： 文件号　　　　修改：
		第　页　　共　页

注：　○由买方填写　　□由制造厂填写　　△双方共同填写

设备名称：　　台数：

压缩机制造厂：　　压缩机型号：

△操作条件

	○压缩介质组分(摩尔分数)/%		分子量	正　常	额　定	其他条件	备注
1	1						
	2						
	3						
	4						
	5						
	6						
	7						
	8						
	9						
2	○质量流量(○干,○湿)	/(kg/h)					
3	○体积流量(0.1013MPa,0℃)	/(m^3/h)					
4	○进口压力	/MPa					
5	○温度	/℃					
6	○相对湿度	%					
7	□绝热指数 C_p/C_V(K_1 或 $K_{平均}$)						
8	□压缩系数(Z_1 或 $Z_{平均}$)						
9	□体积流量(○干,○湿)	/(m^3/h)					
10	○出口压力	/MPa					
11	□温度	/℃					
12	□绝热指数 C_p/C_V(K_2 或 $K_{平均}$)						
13	□压缩系数(Z_2 或 $Z_{平均}$)						
14	□性能曲线号						
15	□轴功率(包括全部损失)	/kW					
16	□压缩比						
17	□容积效率	%					
18	□转速	/(r/min)					
19	□消声器压降	/MPa					
20							

21	操作方式	○连续	○间断		
22	驱动方式	○电机,文件号		○汽轮机,文件号：	
23	流量调节方式	○滑阀调节	○进口节流	○旁路	○变转速○
24	流量调节范围	○			
25	流量调节执行方式	○手动	○自动	○	
26	隔声措施	○消声器	○隔声罩	○无	□噪声值(dB)
27	信号源	○电信号：	(mA)	○气信号：	(MPa)○其他：

○安装环境、公用物料及能量条件

28	环境	安装位置	○室内　○室外　○			环境温度	(℃)			
29		异常条件	○湿热带　○粉尘　○			环境湿度	%			
30		危险区域划分	○介质分级分组：　○危险区类别：			大气压	(kPa)			
31	冷却水	进水温度	(℃)			允许温升	(℃)			
32		进水压力	[MPa]			最大压降	(MPa)			
33		污垢系数	(m^2·K)/W							
34	仪表空气：	压力：	[MPa(G)]正常露点：				(℃)			
35	电	低压电源	(V)　Ph　(Hz)			高压电源	(V)　(Hz)			
36		应急电源	(V)　Ph　(Hz)			直流电源	(V)			
37	蒸汽		最高压力	正常压力	最低压力	单位	最高温度	正常温度	最低温度	单位
38		驱动机用				[MPa]				(℃)
39		加热用				[MPa]				(℃)

续表

单位	螺杆式压缩机数据表 位号：	项目号： 文件号　　修改： 第　页　共　页

△结构特点

序号	类别	项目	数据	序号	类别	项目	数据
40	转速	最高连续转速 (r/min)		92	轴承箱	型式	□独立 □
41		跳闸转速 (r/min)		93		剖分	□整体 □剖分
42		转子最高周速(额定转速时) (m/s)		94		材料	
43	临界转速	横向临界转速(一阶) (r/min)		95	径向轴承	型式/间距	/
44		横向临界转速(二阶) (r/min)		96		制造厂	
45		横向临界转速(三阶) (r/min)		97		基体材料	
46		扭转临界转速(一阶) (r/min)		98		瓦块数/材料	
47		扭转临界转速(二阶) (r/min)		99		单位载荷 (kPa)	
48		扭转临界转速(三阶) (r/min)		100	推力轴承	型式	
49	机壳	转向(从驱动机侧看)	□CW □CCW	101		制造厂	
50		振动允许值(峰-峰) (μm)		102		基体材料	
51		剖分型式	□水平 □垂直	103		瓦块数	
52		剖分处密封		104		单位载荷 (kPa)	
53		材料		105		润滑方式	
54		壁厚 (mm)		106		推力盘型式	
55		其中腐蚀裕度 (mm)		107		材料	
56		最高工作压力 (MPa)		108	轴承温度监测	○探测器型式	
57		最高设计压力 (MPa)		109		○制造厂	
58		安全阀整定压力 (MPa)		110		○用于径向轴承的数量	
59		水压试验压力 (MPa)		111		○用于推力轴承的数量	
60		最高工作温度 (℃)		112		○监测器型式	
61		最低工作温度 (℃)		113		○制造厂	
62		是否喷液	○是 ○否	114		量程 (℃)	
63		液体名称		115		报警设定值 (℃)	
64		型式		116		停车设定值 (℃)	
65	转子	直径		117		○延时 (s)	
66		齿数(阳转子/阴转子) (mm)	/	118		○安装位置	
67		制造方法		119		注：	
68		材料		120	轴振动监测	○探测器型式	
69		长径比(L/D)		121		○制造厂	
70		转子间间隙 (mm)		122		○每个轴承安装数量	
71		冷却	□内部冷却 □否	123		○监测器型式	
72				124		○制造厂	
73	轴及轴套			125		量程 (μm)	
74		轴端型式	○圆柱 ○圆锥	126		报警设定值 (μm)	
75		轴硬度		127		停车设定值 (μm)	
76		轴材料		128		○延时 (s)	
77		轴套材料(○轴密封处)		129		○安装位置	
78		轴封型式	○机械密封 ○迷宫 ○浮环 ○填料	130		注：	
79	轴封	○密封系统型式		131	轴位移监测	○探测器型式	
80		轴封稳定压力 (MPa)		132		○制造厂	
81		特殊操作条件		133		安装数量	
82		○缓冲气名称		134		○监测器型式	
83		缓冲气流量 (m^3/h)		135		○制造厂	
84		缓冲气压力 (MPa)		136		量程 (μm)	
85		接触型密封的附加设备		137		报警设定值 (μm)	
86		负压密封的加压气体		138		停车设定值 (μm)	
87		内漏油保证值 (l/d)		139		○延时 (s)	
88				140		○安装位置	
89		注：		141		注：	
90	其他	蓄能器压力 (MPa)		142	其他		
91				143			

续表

单　位	螺杆式压缩机数据表 位号：	项目号： 文件号：　　修改： 第　页　共　页

△结构特点(续)

		名称	数量	型式	规格	压力等级	密封面	方位	备注
144	主管口	名称	数量	型式	规格	压力等级	密封面	方位	备注
145		进口							
146		出口							
147	其他管口	润滑油进口							
148		润滑油出口							
149		密封油进口							
150		密封油出口							
151		机壳放净口							
152		喷液口							
153		放空口							
154		冷却水进口							
155		冷却水出口							
156		测压口							
157		测温口							
158		轴承箱吹扫口							
159		轴承与密封间吹扫口							
160		密封与气体间吹扫口							
161									
162	○管口法兰标准：								

		管路允许的力和力矩	进口		出口	
163	力和力矩	管路允许的力	进口		出口	
164		和力矩	力 (kN)	力矩 (kN·m)	力 (kN)	力矩 (kN·m)
165		轴向				
166		垂直				
167		水平 90 度				
168	管路振动					
169						
170						
171						

辅助设备及辅件

		安装位置	驱动机-齿轮箱	齿轮箱-压缩机	安装位置	驱动机-齿轮箱	齿轮箱-压缩机
172	联轴器	安装位置	驱动机-齿轮箱	齿轮箱-压缩机	安装位置	驱动机-齿轮箱	齿轮箱-压缩机
173		○型式			□加长段长 mm		
174		□型号			○防护罩型式		
175		□最大连续转矩(kN·m)			○润滑方式		
176		○制造厂			□安装方式		

177	底座齿轮箱	○分开底座　○共用底座，　装设:○压缩机		○驱动机　○齿轮箱	
178		○集液槽　○调水平凸台　○调水平垫块		○	
179		○型式		□齿轮材料	
180		○制造厂		□箱体材料	
181		□速比		□润滑方式	
182		□允许传递功率	(kW)		
183	同步齿轮	○型式		□齿轮材料	
184		○制造厂		□箱体材料	
185		□速比		□润滑方式	
186		□允许传递功率	(kW)		
187	其他	过滤器：			
188					
189		冷却器：			
190					
191		分离器：			
192					
193					
194					

续表

单　位	螺杆式压缩机数据表 位号：	项目号： 文件号　　修改： 第　页　　共　页

☐仪表

		用途	就地	就地盘	控制室			用途	就地	就地盘	控制室
195		用途	就地	就地盘	控制室	220		用途	就地	就地盘	控制室
196	压力表	压缩机进出口	☐	☐	☐	221	温度计	气体进口	☐	☐	☐
197		压缩机密封气	☐	☐	☐	222		气体出口	☐	☐	☐
198		润滑油总管	☐	☐	☐	223		冷却水进出口	☐	☐	☐
199		密封油总管	☐	☐	☐	224		油箱油温	☐	☐	☐
200		调节油总管	☐	☐	☐	225		润滑油冷却器出口	☐	☐	☐
201		润滑油过滤器压差	☐	☐	☐	226		密封油冷却器出口	☐	☐	☐
202		密封油过滤器压差	☐	☐	☐	227		密封油回油	☐	☐	☐
203		调节油过滤器压差	☐	☐	☐	228		径向轴承	☐	☐	☐
204		参比气压力	☐	☐	☐	229		径向轴承回油	☐	☐	☐
205		各油泵出口	☐	☐	☐	230		推力轴承	☐	☐	☐
206		密封室压力	☐	☐	☐	231		推力轴承回油	☐	☐	☐
207		平衡管线	☐	☐	☐	232		脱气槽	☐	☐	☐
208			☐	☐	☐	233		齿轮箱轴承回油	☐	☐	☐
209						234		联轴器回油	☐	☐	☐
210						235			☐	☐	☐
211						236			☐	☐	☐
212						237					
213	液位计	各气液分离器	☐	☐	☐	238	液流视镜指示	压缩机各轴承回油	☐		
214		润滑油箱	☐	☐	☐	239		各密封油回油	☐		
215		密封油箱	☐	☐	☐	240		联轴器回油	☐		
216		润滑油高位槽	☐	☐	☐	241		油冷却器水出口	☐		
217		密封油高位槽	☐	☐	☐	242					
218		密封油收集器	☐	☐	☐	243		轴位移指示	☐	☐	☐
219						244		轴振动指示	☐	☐	☐

☐报警及联锁停车

		项　目	接点信号		就地盘		控制室				项　目	接点信号		就地盘		控制室	
245									259								
246			报警	停车	报警	停车	报警	停车	260			报警	停车	报警	停车	报警	停车
247		进气压力低	☐	☐	☐	☐	☐	☐	261		段间分离器液位高	☐	☐	☐	☐	☐	☐
248		进气压力高	☐	☐	☐	☐	☐	☐	262		密封油-气压差低	☐	☐	☐	☐	☐	☐
249		进气温度高	☐	☐	☐	☐	☐	☐	263		润滑油箱油位低	☐	☐	☐	☐	☐	☐
250		排气压力低	☐	☐	☐	☐	☐	☐	264		密封油箱油位低	☐	☐	☐	☐	☐	☐
251		排气压力高	☐	☐	☐	☐	☐	☐	265		高位油箱油位低	☐	☐	☐	☐	☐	☐
252		排气温度高	☐	☐	☐	☐	☐	☐	266		润滑油总管压力低	☐	☐	☐	☐	☐	☐
253		平衡鼓压差高	☐	☐	☐	☐	☐	☐	267		密封油总管压力低	☐	☐	☐	☐	☐	☐
254		轴向位移大	☐	☐	☐	☐	☐	☐	268		调速油总管压力低	☐	☐	☐	☐	☐	☐
255		转子振动大	☐	☐	☐	☐	☐	☐	269		油过滤器压差高	☐	☐	☐	☐	☐	☐
256		径向轴承温度高	☐	☐	☐	☐	☐	☐	270		油冷却器出口油温高	☐	☐	☐	☐	☐	☐
257		推力轴承温度高	☐	☐	☐	☐	☐	☐	271								
258									272								

○车间检验与试验

		项　目	要求	见证	观察			项　目	要求	见证	观察
273		项　目	要求	见证	观察	284		项　目	要求	见证	观察
274		液压试验	○	○	○	285		扭振测量	○	○	○
275		机械运转试验	○	○	○	286		齿轮箱试验	○	○	○
276		轴端密封检查	○	○	○	287		氦检漏试验	○	○	○
277		备用转子机械运转试验	○	○	○	288		车间检查	○	○	○
278		性能试验	○	○	○	289		噪声测量	○	○	○
279		整机试验	○	○	○	290			○	○	○
280		全载荷/全速/全压试验	○	○	○	291			○	○	○
281		试验后拆卸检查	○	○	○	292			○	○	○
282			○	○	○	293					
283						294					

续表

单　位	螺杆式压缩机数据表 位号：	项目号： 文件号　　修改： 第　页　共　页

□润滑油、密封油、控制油系统

序号									
295	供油	供油对象	压缩机轴承	压缩机密封处	压缩机控制	驱动机轴承	驱动机调速	齿轮箱	联轴器
296		流量　(L/min)							
297		压力　(MPa)							
298		安全阀整定值　(MPa)							
299	油牌号：		动力黏度：		(Pa・s)首次充油量：				(m³)
300	油泵		型式	型号	流量(m³/h)	排压(MPa)	驱动机	功率(kW)	驱动机型号
301		主油泵							
302		辅助油泵							
303	容器		型式	配置	管子材料	壳体材料	设计压力管/壳（MPa）		换热面积（m²）
304		油冷却器							
305			型式	配置	过滤精度	壳体材料	设计压力（MPa）		切换压差（MPa）
306		油过滤器							
307			型式		容积(m³)	壳体材料	设计压力（MPa）		
308		油蓄能器							
309			总容积(m³)	工作容积(m³)		材料	加热方式		
310		油箱							
311	高位槽		总容积(m³)	设计压力(MPa)		材料			
312		润滑油							
313		密封油							
314	收集器		公称容积(L)	设计压力(MPa)		材料	操作方式		
315		低压密封油							
316		高压密封油							
317	脱气槽		最大容积(m³)	排气流量(m³/h)		材料	加热方式		
318									
319	备注：								

□公用物料及能量总消耗

序号					
320	冷却水　(m³/h)		仪表空气		(m³/h)
321	蒸汽　(kg/h)	□驱动机：　□加热器：	吹扫气	□空气　□氮气	(m³/h)
322	电	□驱动机：　□辅助设备：		□加热器：	(kW)
323	备注：				

□质量(kg)

序号								
324	压缩机		驱动机		润滑油站		齿轮箱	
325	压缩机转子		驱动机转子		密封油站		齿轮箱转子	
326	压缩机上机壳		底座		高位油箱		最大维修件	
327	机组总质量				总运输质量			
328	备注：							

□空间要求(m)

序号		长	宽	高	备注
329		长	宽	高	备注
330	整机				
331	润滑油站				
332	密封油站				
333	高位油箱				
334	备注：				

○主要供货范围

序号				
335	○压缩机	○就地仪表	○进口过滤器	○地脚螺栓及螺母垫片
336	○驱动机	○就地仪表盘	○后冷却器及分离器	○配对法兰及螺栓螺母垫片
337	○齿轮箱	○控制室仪表盘	○油系统	○专用工具
338	○底座	○振动监测系统	○消声器	○备用转子
339	○调速及控制系统	○轴位移监测系统	○联轴器及护罩	○开车备件(附清单)
340	○	○温度监测系统	○	○两年操作备件(附清单)
341				
342				

续表

单 位	螺杆式压缩机数据表 位号：	项目号： 文件号 修改： 第 页 共 页

	○图纸资料			
343	○外形尺寸图及管口表	○密封油路部件图及参数	○转速与启动转矩关系曲线	○焊接程序
344	○剖视图和材料表	○润滑油路示意图及材料表	○填充完整的数据表	○水压试验记录
345	○转子装配图及材料表	○润滑油路装配图及接口表	○振动分析数据	○机械运转试验记录
346	○止推轴承装配图及材料表	○润滑油路部件图及参数	○横向临界转速分析	○转子平衡记录
347	○径向轴承装配图及材料表	○电气仪表系统图及材料表	○扭转临界转速分析	○转子机械和电的总跳动值
348	○密封装配图及材料表	○电气仪表布置图及接点表	○瞬时扭矩分析	○操作和维护手册
349	○联轴器装配图及材料表	○启动转矩与转速关系曲线	○法兰的许用负荷	○推荐的备品备件清单
350	○密封油路示意图及材料表	○消声器图纸及规格书	○找正图	○
351	○密封油路装配图及管口表	○进口流量功率及出口温度与压比和转速的关系曲线		○
352	备注；			
	○总说明			
353				
354				
355				
356				
357				
358				
359				
360				
361				
362				
363				
364				
365				
366				
367				
368				
369				
370				
371				
372				
373				
374				
375				
376				
377				
378				
379				
380				
381				
382				
383				
384				
385				
386				
387				
388				
389				
390				
391				
392				
393				

1.3.6 压缩机噪声控制

1.3.6.1 压缩机噪声

由各种频率和不同强度声音组成的压缩机噪声可分为空气动力性和机械性两类。

(1) 空气动力性噪声

空气动力性噪声是空气在流动过程中产生涡流、冲击或者压力突变引起气体扰动产生的。一般空气动力性噪声频率比较高，特别刺耳难受。

(2) 机械性噪声

机械性噪声是由于压缩机构件振动而产生的，如在撞击、摩擦、压力脉动和交变应力作用下，机壳、管壁、轴承、齿轮和运动机构等都会发生振动，直接或间接向周围环境辐射出噪声。机器速度越高，撞击越大，摩擦越剧烈，噪声也就越大。

根据测试：在施工中，距离声源10m处，压缩机噪声为82～98dB，平均为90dB；距离声源30m处，压缩机噪声为73～86dB，平均为78dB。机械加工动力用空气压缩机噪声为85～100dB；产品试验用油泵噪声为97～103dB。

1.3.6.2 噪声允许标准和控制措施

(1) 噪声允许标准

工业噪声允许标准见表1-163。

表1-163 工业噪声允许标准参照

每个工作日接触噪声时间/h	新建、扩建、改建企业允许噪声级/dB	现有企业暂时达不到标准时，允许噪声级/dB
8	85	90
4	88	93
2	91	96
1	94	99
最高不得超过110dB		

(2) 控制措施

防治和控制噪声首先是控制振动。可以采取的措施有：合理地设计机器零部件，提高机器制造精度，提高动质量平衡，设置缓冲装置等。其次是控制噪声传播。当噪声源噪声不能降低到允许值以下时，必须在噪声传播途径中设置障碍，使声能在传播过程中被反射回去或进行衰减。主要有以下措施。

① 吸声　利用吸声材料或吸声结构来吸收声能。常用的吸声材料与结构有以下四种。

a. 多孔吸收材料　常用多孔吸收材料有棉、毛、麻等纤维和玻璃棉、矿渣棉、泡沫塑料等材料。多孔材料吸声特性与材料厚度、容量、纤维粗细有关。常用吸收材料的吸声系数见表1-164。

b. 薄板（薄膜）吸声结构　声波作用于板上，引起板弯曲振动，吸收一定的入射声能。这种结构多用于吸收低频声。

c. 微穿孔板吸声结构　微穿孔板吸声结构共振吸声，穿孔直径在1mm以下。此结构吸声系数和频率可以根据穿孔直径、穿孔率和后腔尺寸来计算。微穿孔板可用金属板材制成，可用于有火焰、有水汽或腐蚀气体的环境。

d. 空间吸声体　由多孔吸收材料或微穿孔板吸声结构制成各种形状的悬挂体，从各方面吸收声音，吸声效率可以大大提高。

表 1-164　常用吸收材料的吸声系数

材料名称	厚度/mm	密度/(kg/m³)	各频率下的吸声系数/Hz					
			125	250	500	1000	2000	4000
超细玻璃棉	25	15	0.02	0.07	0.22	0.59	0.94	0.94
	50	15	0.05	0.24	0.72	0.97	0.90	0.98
	100	15	0.11	0.85	0.88	0.83	0.93	0.97
酚醛玻璃纤维板(去除表面硬皮层)	40	100	0.08	0.21	0.55	0.93	0.99	0.95
	80	100	0.25	0.55	0.80	0.92	0.98	0.95
矿渣棉	60	240	0.25	0.55	0.78	0.75	0.87	0.91
聚氨酯泡沫塑料	40	45	0.10	0.19	0.36	0.70	0.75	0.80
工业毛毡	50	370	0.11	0.30	0.50	0.50	0.50	0.52
膨胀珍珠岩板	100	360	0.36	0.39	0.44	0.50	0.55	0.55
甘蔗板	20	190	0.09	0.14	0.21	0.25	0.37	0.40
木丝板	20		0.15	0.15	0.16	0.34	0.38	0.52

② 隔声　用密度大特性阻抗高的材料将部分声波反射回去，如用隔声罩或隔声间将噪声限制在声源附近，减少声能向外辐射。这是有效降低空气中传播噪声的措施。利用钢板制成隔声罩，将整个机器罩起来，可以降低噪声 20dB 以上。为了防止共振，要在罩子上涂上阻尼材料，阻尼涂层要大于钢板厚度。为降低罩内混响，提高隔声效果，罩内用吸声材料做成吸声层。常用的吸声材料有 50mm 厚超细玻璃棉、泡沫塑料及矿渣棉。

③ 消声　消声是利用消声器来降低气流噪声传播。消声器通常用在气流噪声方面。安装在管道中或进排气口上能让气流通过，有一定降噪效果。常用消声器有阻性消声器（见图 1-105）、抗性消声器（见图 1-106）、抗阻复合消声器（见图 1-107）。在排气噪声控制中广泛应用小孔消声器和多孔消声器。各类型消声器特点和用途见表 1-165。

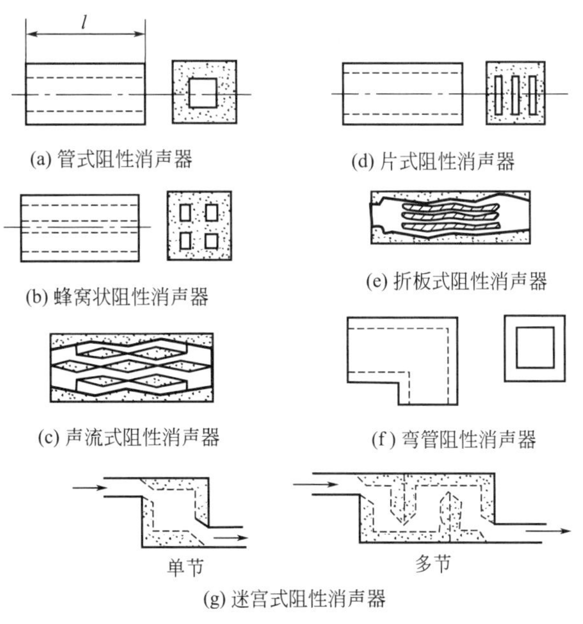

图 1-105　阻性消声器

④ 人体保护　采用遥控装置或建造屏蔽室，也可利用耳塞、耳罩或帽盔等器具实行人体保护。

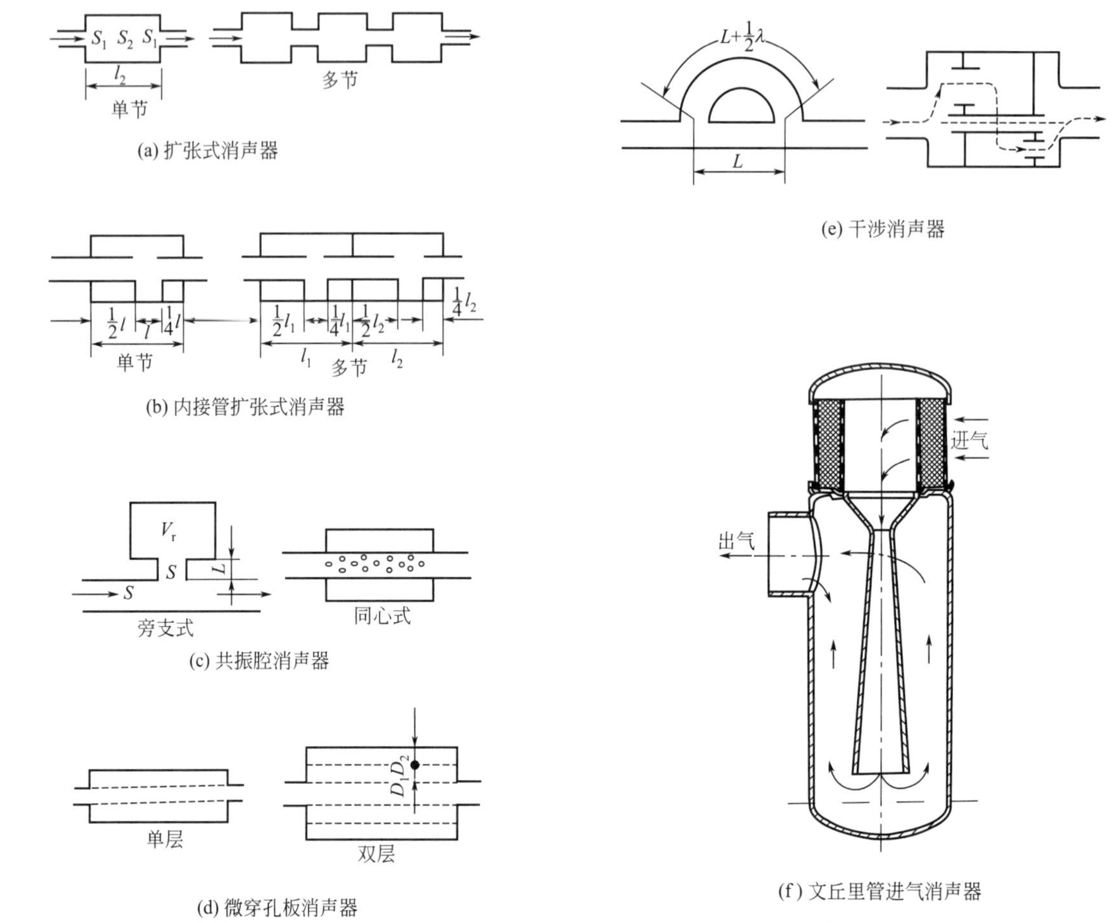

(a) 扩张式消声器

(b) 内接管扩张式消声器

(c) 共振腔消声器

(d) 微穿孔板消声器

(e) 干涉消声器

(f) 文丘里管进气消声器

图 1-106 抗性消声器

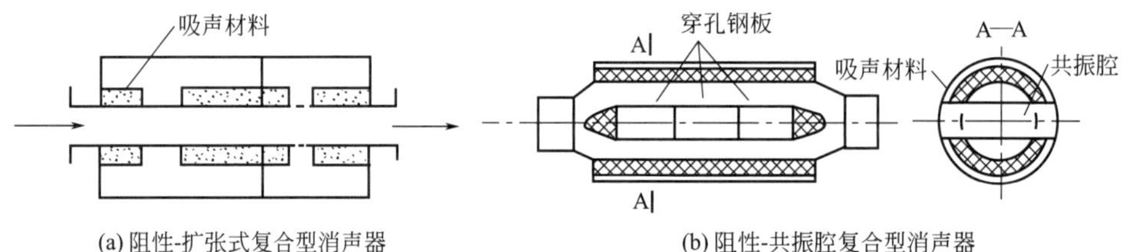

(a) 阻性-扩张式复合型消声器 (b) 阻性-共振腔复合型消声器

图 1-107 抗阻复合消声器

表 1-165 各类型消声器特点和用途

类型	型式	主要特点	适应范围
阻性消声器	1.管式阻性消声器	有良好中高频消声性能,阻力小	高压小流量风机
	2.片式阻性消声器	消声性能同 1,阻力比 1 稍大	低压大流量风机
	3.蜂窝状阻性消声器	消声性能同 1,阻力比 1 稍大	低压大流量风机
	4.折板式阻性消声器	消声性能较 1、2、3 强,但阻力大	鼓风机
	5.声流式阻性消声器	消声性能较 1、2、3 强,阻力较 4 略小	鼓风机
	6.弯管阻性消声器	高频消声性能好	管路系统
	7.迷宫式阻性消声器	低中频消声性能较好,阻力大	气流速度低的管路

续表

类型	型式	主要特点	适应范围
抗性消声器	1.扩张式消声器	低中频消声性能好,阻力大	柴油机,压缩机
	2.内接管扩张式消声器	低中频消声频带较1更宽些(频带)	柴油机,压缩机
	3.共振腔消声器	消声频带窄,对低频峰值噪声消声效果较好	多与阻性消声器组合使用
	4.微穿孔板消声器	消声频带较共鸣消声器宽,阻损小,耐高温,不怕水蒸气和油雾,成本较高	卫生空调系统,以及有蒸汽介质的管道中,特别适用于流速较高的场合
抗阻复合型消声器	1. 阻性-扩张式复合型消声器	消声频带宽	要求消声频带宽的管路系统进排气口上
	2.阻性-共振腔复合型消声器	消声频带宽,低频消声性能有改善	要求消声频带宽的管路系统进排气口上
其他	降压扩容消声器	利用节流原理降压并获得消声效果	高压容器或锅炉上

参 考 文 献

[1] 机械工业部. 机械产品目录：第四册. 北京：机械工业出版社，1996.

[2] 化工机械手册编辑委员会. 化工机械手册. 天津：天津大学出版社，1991.

[3] 机械工程手册、电机工程手册编辑委员会. 机械工程手册：第2版. 北京：机械工业出版社，1996.

[4] 张受谦. 化工手册. 济南：山东科学技术出版社，1989.

[5] 中国大百科全书出版社编辑部. 中国大百科全书：机械工程. 北京：中国大百科全书出版社，1987.

[6] 沈阳水泵研究所、中国农业机械化科学研究院. 叶片泵设计手册. 北京：机械工业出版社，1983.

[7] 全国化工设备设计技术中心站编. 工业泵推荐产品样本. 北京：化学工业出版社，2004.

[8] 化工部化工设备设计技术中心站机泵技术委员会. 工业泵选用手册. 北京：化学工业出版社，1998.

[9] 汪云英、张湘亚. 泵和压缩机. 北京：石油工业出版社，1985.

[10] 往复泵设计编写组. 往复泵设计. 北京：机械工业出版社，1987.

[11] 蔡增基、龙天渝. 流体力学泵与风机. 北京：中国建筑工业出版社，2009.

[12] 续魁昌. 风机手册，北京：机械工业出版社，1999.

[13] 孙研. 通风机造型实用手册. 北京：机械工业出版社，2000.

[14] 张汉旭. 通风机的使用与维修. 北京：机械工业出版社，1985.

[15] 吴玉林、陈庆光、刘树红. 通风机和压缩机. 北京：清华大学出版社，2005.

[16] 陈榕林、陆同理. 新编机械工程师手册. 北京：中国轻工业出版社，1994.

[17] 新编机械工程技术手册编写组. 新编机械工程技术手册. 北京：经济日报出版社，1991.

[18] 李天无. 简明机械工程师手册：下册. 昆明：云南科技出版社，1988.

[19] 国家机械工业委员会. 气体压缩机产品样本. 北京：机械工业出版社，1989.

[20] 郁永章. 容积式压缩机技术手册. 北京：机械工业出版社，2000.

[21] 方子严. 化工机器. 北京：中国石化出版社，1999.

[22] 浙江大学、北京化工学院等. 化工机器：上册. 北京：化学工业出版社，1989.

[23] 余国棕、孙启才、朱企新. 化工机器. 天津：天津大学出版社，1988.

[24] 武汉化工学院、青岛化工学院、南京化工学院等. 化工机器. 武汉：湖北科学技术出版社，1986.

[25] 陈宏钧编. 活塞式压缩机使用技术手册. 北京：机械工业出版社，1992.

[26] 华中工学院乐志成、吕文灿. 轴流式压缩机. 北京：机械工业出版社，1980.

[27] 西安交通大学邓定国、束鹏程. 回转压缩机. 北京：机械工业出版社，1982.

[28] 化工厂机械手册编辑委员会. 化工厂机械手册. 通用零部件和化工机器的维护检修. 北京：化学工业出版社，1989.

[29] 张建寿、谢咏絮等. 机械和液压噪声及其控制. 上海：上海科学技术出版社，1987.

第 2 章　非均相分离

2.1　概　　述

一般认为，混合物包括均相混合物和非均相混合物。工业上非均相分离主要指分散在流体中的固体颗粒从流体中分离出来的过程，非均相混合物的分离主要是非传递分离过程。可分为液固与气固分离两部分。

非均相分离技术是洁净能源、“三废”治理、水的再生、资源开发和循环利用以及传统工业、高技术产业中不可或缺的科学技术。本章结合该技术在各个领域的应用和要求，从非均相分离基础理论的应用、非均相分离设备及发展、过滤介质的选择及开发、强化非均相分离过程的技术、非均相分离工艺集成技术研究等多个方面阐述了非均相分离技术、发展与趋势。

非均相混合物实际上是分散相为颗粒与连续相的混合物，广义地讲，颗粒有气泡、液滴和固体颗粒，在此主要是指：液-固和气-固两类混合物。液-固混合物其连续相为液体，分散相为固体；气固相混合物其连续相为气体，分散相为固相。在生产和处理过程中，混合物是多种多样的，每一种混合物的性质也会因来源或原料种类、操作条件的变化而变化，它反映了混合物的多样性和复杂性。

非均相混合物的性质主要指液固、气固两相的物理性质、化学性质及其他性质。不同特性非均相混合物的分离，往往需要用不同的分离方法和条件，因此在选择分离方法前，首先必须了解其来源、种类和组分。

2.1.1　液固分离过程[1~3]

工业上常用液固分离过程有两大类：一类是沉降，依靠机械力如重力和离心惯性力等，利用液体与固粒间的密度差实现分离；另一类是过滤，依靠某种捕集物料对固体颗粒的拦截与碰撞等实现分离。

（1）沉降

重力沉降是借助重力对分离液体中的固体颗粒的作用，设备简单，但只适用于处理含大颗粒的低黏性液体体系，为增大其沉降效果，在工艺条件许可时，可添加凝聚剂或絮凝剂，使固体颗粒聚团沉降。

离心沉降是在离心力场下进行固体颗粒沉降分离的过程。此时，固体颗粒可受到比重力大十几倍到成百倍甚至到万倍的离心惯性力作用，因而对那些在重力场中不能有效分离的微粒和乳浊液显得十分有效，它有旋流器和离心机两大类。

旋流器无转动部件，依靠液固混合物从切向导入而产生旋流运动。它可以产生几百倍于重力的离心惯性力作用于颗粒上，性能稳定而且价廉可靠，所以广泛应用于分离与分级中，在液固分离中主要用于增浓操作。

沉降离心机是由高速旋转的转鼓带动悬浮液在鼓内旋转，由于在旋流中无显著的流体间剪切作用以及施加于颗粒上的作用力可几千倍甚至到万倍于重力，故对颗粒的分离有显著的效率，但造价及运行费用较高。

（2）过滤

过滤过程又可分为滤饼过滤与深层过滤两种。

滤饼过滤有一个形成过程，开始时主要起作用的是过滤介质的筛滤拦截作用；随即由于架桥、团聚、碰撞、拦截等作用，在过滤介质表面慢慢形成一薄层滤饼；此层滤饼逐渐增厚，成为过滤作用的主要承担者，决定了过滤精度与压降，而过滤介质只起支撑与形成滤饼的作用，滤饼过滤的方式根据推动液体穿过过滤介质的方式，又可分为：真空、加压和离心过滤三种。对于可压缩滤饼的脱液操作，可用液力挤压或机械挤压的方法来提高脱水效果，称为压榨操作。

在传统的滤饼过滤操作中，液体与固体颗粒都垂直于过滤介质而运动，滤饼不断增厚，使能耗增加；现代发展了一种动态过滤技术，用机械的、水力的或电场等方法限制滤饼的增厚，只保持薄层滤饼，所以可保持高过滤速率。

深层过滤是利用堆积成一定厚度的颗粒物料床层或某种多孔介质（滤芯）的内部孔隙来捕集液体中所含的固体颗粒，主要适用于液体中微粒含量相当低（约小于0.1%）的悬浮液，前者如砂滤器，后者如滤芯式过滤器。

（3）过滤介质

过滤过程中，将分散相的粒子沉积于介质表面或内部，而与连续相分离的多孔材质统称为过滤介质。过滤介质是影响分离质量的关键，其种类繁多，范围从沙（颗粒）层到滤布，从数十微米孔的金属板到微米孔的薄膜等，可分为织造和非织造过滤介质、金属过滤介质、陶瓷过滤介质、松散性过滤介质、选择性过滤介质等几大类。

随着科学技术和工业生产的不断发展，对过滤介质的要求越来越高，要求过滤介质不仅具有机械截流作用，同时还要具有其他功能，如带电荷吸附作用、含活性炭有吸附脱色作用、含催化剂起到催化反应作用等，新型多作用过滤介质应运而生。

（4）后处理洗涤、脱液

在需要回收固体物质的液体过滤中，往往液体中含有多种可溶性的固体杂质。滤饼洗涤是用与滤液相同或相溶性极好的纯净液体将滤饼内残留的滤液置换出来，以提高滤液的回收率或减少滤饼内滞留杂质含量的一种后处理方法。

工业生产中，在后续的操作过程中往往对滤饼的含湿量加以限制。通常对固体产品的含量有一定的标准。干燥是利用热能除去固体物料中湿分（水分或其他液体）的单元操作，但热能消耗很大，所以应尽可能采用机械方法减少滤饼中的含湿量，以降低能耗。有效地进行滤饼脱水可获得很好的经济效益。

随着工业的发展，分离对象越来越扩大；对分离的要求也更高、更严。为了使液固混合物有效和经济地进行分离，对于难分离的悬浮液需进行分离过程技术集成。如 a. 进行预处理：加入少量凝聚剂或絮凝剂，使悬浮液增浓；加入助滤剂改善过滤性能；还有超声处理、降黏处理、冷冻处理等。b. 多种过滤设备集成化。c. 设备的功能集成化——将多种功能集中于一种机器，满足各种工艺要求。d. 过滤介质的功能化集成，新型滤材可以添加高分子树脂、硅藻土、活性炭等；采用电化学吸附加深层机械截留的原理对物料进行选择性过滤。

2.1.2 气固分离过程

工业上常用的气固分离方法有四大类：机械力分离（重力沉降、惯性分离、离心分离）、过滤分离、洗涤分离和静电分离。

重力沉降设备最简单，造价低，但气速较低（1.3～2m/s），致使设备庞大；而且只能经济有效地分离 100μm 以上的粗粒，若利用惯性效应（使气流急剧转向）使颗粒从气体中分离出来，就可以大大提高气体流速到15～20m/s，使设备紧凑，压降又不会太大，可将40μm以上颗粒经济有效地分离出来。若使含粒气体做高速旋转，则颗粒可受到几百倍到几千倍于重力的离心力，从而可经济有效地分离出5～10μm以上颗粒，这就是目前使用最广泛的各种旋风分离器，这类机械力分离设备的结构都较简单，能在任意苛刻的操作条件下应用，造价又不高，维护管理简单可靠，所以应用最为广泛，但要分离5μm以下的固体颗粒，这类设备就不能胜任。

气固两相的过滤分离是用某种过滤介质（多孔介质）将气体中所含颗粒拦截捕集在过滤介质表面，只要过滤介质合理，可以有效地捕集1～0.1μm微粒，是四大类分离方法总捕集效率最高而又稳定的一种，只是滤速不能太高，一般只有0.01～0.3m/s，故设备庞大；过滤介质又易损坏，过滤介质的清灰再生是个不易处理好的难题；一般滤布只能用在150～200℃以下；对于高温场合，则需用昂贵的金属过滤介质，近年来还发展了各种颗粒层过滤器，可用于高温场合。

湿式洗涤分离是使气固混合物穿过液层或液膜或液滴群时，其中的颗粒就黏附在液体上而被分离出来，工业上常用的洗涤分离设备有鼓泡塔、喷淋塔、填料塔、文氏管洗涤器等。它们可分离1～5μm粗粒，效率高而可靠，只是气体内要夹带液雾，而且只能在较低温度下使用，设备较大，还要有一套液体回收及循环系统，所以应用范围有限。

静电分离对于0.01～1μm微粒有很好的捕集效率，但要求颗粒的比电阻值在10^4～2×10^{10} Ω·cm间，所含颗粒标态浓度一般不宜高于30g/m³。静电分离器的器内气流速度一般不宜大于0.8～1.5m/s，故设备庞大，造价较高，操作与维护要求较高，在高温高压下应用并不适宜。

对各类分离设备进行综合评价是很困难的，首先需要满足气体中微粒捕集的要求（如含尘浓度的要求、粒径的要求等），其次要综合计算该设备的年运行费（含动力费、用液费、管理费、维修费、设备折旧费等），最后优选出某种最合适的设备，所以都要因时因地制宜，没有一定之规。

2.2 悬浮液性质及预处理技术

2.2.1 悬浮液性质

固液分离处理的对象为固液两相组成的悬浮液，因此，固体颗粒、液体及由两者所构成的悬浮液的性质对固液分离方法的选择和分离效率的高低有很大的影响。

2.2.1.1 固体颗粒性质[4～6]

作为悬浮液中的分散相，固体颗粒的粒度分布、颗粒形状、密度、表面电性和湿润性能等都对固液两相的分离过程有很大影响。

（1）颗粒粒度及分布

固液分离中固体颗粒的粒度范围一般为0.01～10mm，粒度范围不同，所采用的测量方法也不一样，图2-1为颗粒的粒度范围及所采用的测量方法。测量方法不同，同一固体颗粒可以有不同的粒度值，表2-1给出了颗粒粒度的各种表示方法。

悬浮液中固体颗粒一般是以颗粒群的形式存在的，粒径从最小到最大按不同比例组成，称为固体颗粒的粒度分布。粒度分布的表示方法一般有三种：①特征值法，如众径、中位径和平均径；②图表法，即用坐标图、直方图或列表的形式表示各粒径的含量。这种方法可以较全面、实际地反映粒度分布的特点；③公式法或分布函数法，即用适当的数学公式描述颗粒的粒度分布，如正态分布、对数正态分布、*R-R*分布和哈里斯三参数分布函数。

表 2-1　固体颗粒粒度的表示方法

名　称	符号	定　　义	备　注
筛分粒度	d_a	能够通过颗粒的最小筛孔宽度	—
表面粒度	d_s	与颗粒具有相同表面积的球体直径	约 $1.28d_a$
体积粒度	d_v	与颗粒具有相同体积的球体直径	约 $1.10d_a$
比表面粒度	d_{sp}	与颗粒具有相同比表面积的球体直径	约 $0.81d_a$
投影粒度	d_p	在垂直于平面方向上与颗粒具有相同投影面积的球体直径	约 $1.41d_a$
自由沉降粒	d_f	在同一流体中与颗粒具有相同沉降速度的球体直径	—
斯托克斯粒	d_{st}	雷诺数 $Re<0.2$ 时的自由沉降速度	—

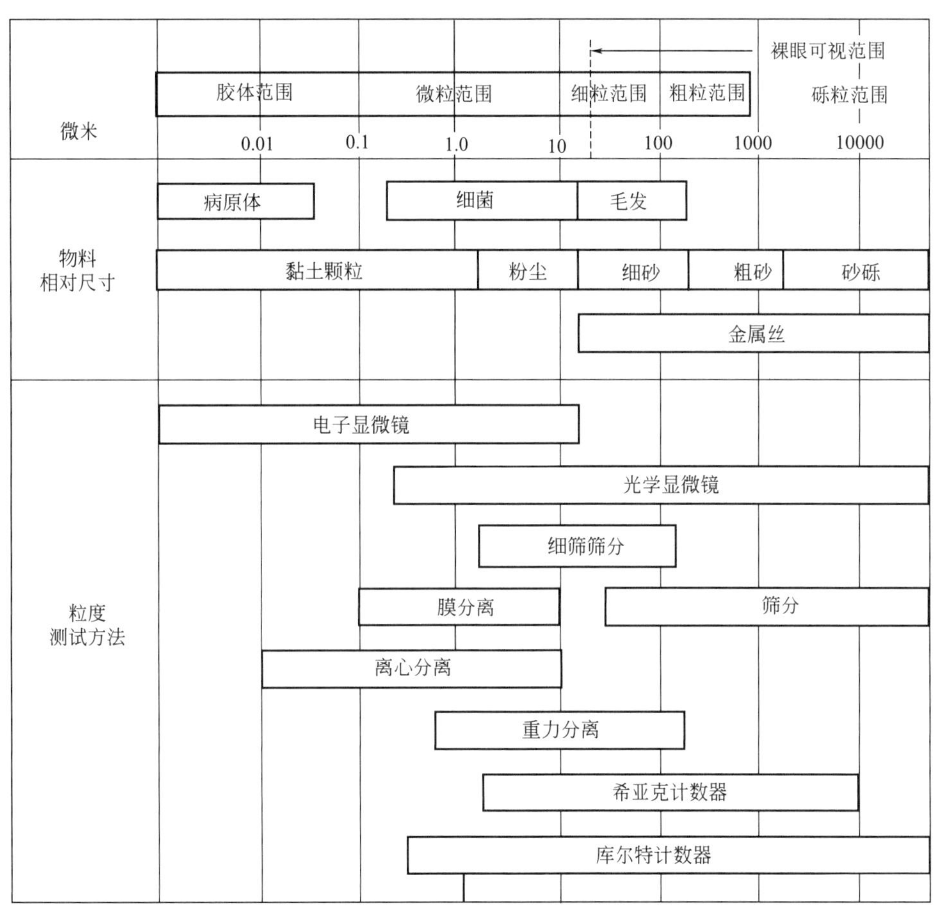

图 2-1　颗粒粒度范围及测量方法[6~8]

(2) 颗粒形状

固液分离中所处理的颗粒的形状一般是不规则的，目前对颗粒形状定量描述的方法还不成熟，一般用“球形系数 ψ”来反映颗粒的形状，其定义为

$$\psi=S_{bv}/S_{gv} \tag{2-1}$$

式中　S_{bv}——与颗粒具有相同体积的颗粒的表面积，m^2；

S_{gv}——实际颗粒的表面积，m^2。

除了球形系数外，也用面积形状系数、体积形状系数和比表面形状系数定量描述颗粒的形状特征。表 2-2 给出了不同形状的固体颗粒的形状系数。

表 2-2 常见各种固体颗粒的形状系数

颗粒形状	实　例	球形系数	面积形状系数	体积形状系数
球形颗粒	聚苯乙烯微粒	1	3.1416	0.5236
类球形颗粒	粉煤灰、水磨蚀的砂粒	0.817	2.7～3.4	0.32～0.41
多角状颗粒	煤粒、石灰石颗粒、石英砂	0.655	2.5～3.2	0.20～0.28
片状颗粒	石墨粉、滑石粉、石膏粉	0.543	2.0～2.8	0.12～0.16
薄片状颗粒	云母	0.216	1.6～1.7	0.01～0.03

(3) 密度

固体颗粒的密度分真密度或骨架密度、颗粒密度和堆积密度三种。真密度指单个固体颗粒单位体积（不包括颗粒内的空隙）的质量；颗粒密度指包括颗粒内空隙的单个颗粒单位体积的质量；堆积密度指包括颗粒间空隙的单位体积的颗粒群的质量。液固分离中一般使用真密度，气固分离中则用颗粒密度。

(4) 表面电性

在固液分离中，当固体颗粒在水（或其他分散液体）中分散时，其表面与水分子相互作用，从而使颗粒表面荷电，固体颗粒表面的荷电情况可以用电动电位来衡量。目前常用的测量方法有电泳和电渗，固体颗粒表面的荷电情况，对确定悬浮液的预处理方法（如凝聚和絮凝）有重要意义。

(5) 表面湿润性

表面湿润性是指固体颗粒表面对某种液体的亲和程度，常用湿润角或接触角来表示，一般而言，湿润性较好的物料，过滤后脱水比较困难，疏水性物料脱水则显得容易。

2.2.1.2 液相基本性质[8,12]

悬浮液中的液相种类较多，最常见的主要是水，在水的基本性质中，黏度和表面张力与固液分离密切相关，表 2-3 给出了水在不同温度下的动力黏度。在实际应用中，通过改变温度来调节悬浮液的黏度以达到最佳的分离效果，但由于能耗较大，使用时受到一定的限制。

表 2-3 水在不同温度下的动力黏度

温度/℃	20	25	30	40	50	60	70	80	90	100
黏度/mPa·s	1.0050	0.8937	0.8007	0.6560	0.5494	0.4688	0.4061	0.3565	0.3165	0.2838

水的表面张力高于其他任何液体的表面张力（汞除外），随着温度升高，水的表面张力下降，表 2-4 为不同温度下水的表面张力。调节水的表面张力对于改善滤饼或物料沉积层中的含水率有重要意义。但由于水的表面张力随温度变化不明显，在实际应用中一般往悬浮液中添加表面活性剂来减小水的表面张力。

表 2-4 不同温度下水的表面张力

温度/℃	0	10	20	30	40	50	60	70	80	90	100
表面张力/(mN/m)	75.6	74.1	72.7	71.2	69.6	67.7	66.2	64.3	62.6	60.7	58.8

2.2.1.3 固液两相体系的基本性质[8,9]

当固体颗粒分散于液相中形成非均匀分散体系时，固液两相间的相互作用使整个分散体系表现出既与两相性质相关但又不同于各相单独存在时的一些性质，其中与固液分离有关的主要包括悬浮液的含固量、黏度和稳定性。

(1) 含固量

悬浮液的含固量一般用固相的质量分数、体积分数或固液比来表示。悬浮液含固量越小，体积越不稳定，一般可采用澄清、重力浓缩和离心分离的方法来分离；相反，当悬浮液浓度较大时，可采用过滤的方法进行分离。

(2) 黏度

悬浮液的黏度因固体颗粒的存在一般要高于相同温度下液相的黏度，且随固体含量的增加而增大，对于固相为单分散球体且体积浓度小于10%的悬浮液，体积浓度与液相黏度之间服从爱因斯坦黏度方程

$$\mu_s=\mu_1(1+2.5c) \tag{2-2}$$

式中 μ_s——悬浮液黏度，Pa·s；

c——悬浮液固相的体积分数，%；

μ_1——液体黏度，Pa·s。

对于高黏度悬浮液，黏度的计算公式为

$$\mu_s=\mu_1(1+K_1c+K_2c+\cdots) \tag{2-3}$$

对于球形颗粒 $K_1=2.5$，$K_2=14.1$。

(3) 稳定性

悬浮液的稳定性是指固体颗粒在液相中维持均匀分散的能力。悬浮液的稳定性越好，固液分离越困难，因此需要对稳定性好的悬浮液进行预处理。如絮凝和凝聚等。悬浮液的稳定性与固液两相的密度差、悬浮液的浓度、固体颗粒的粒度分布、表面电性、温度及静置时间有关，这些因素对悬浮液稳定性的影响见表2-5。

表 2-5 悬浮液稳定性的影响因素

因素变化	固体密度增大	固体浓度增大	固体粒度增大	粒度范围变宽	颗粒表面电位增大	体系温度上升	静置时间延长
稳定性	下降	增加	下降	下降	增加	增加	下降

2.2.2 预处理技术

对于一些用常规分离方法难以分开的固液两相体系，可设法改变固液两相体系的稳定性，以达到分离的目的，这种对悬浮液进行适当处理以适合分离的方法，统称为预处理技术。目前常见的预处理方法有：凝聚、絮凝、调节黏度和表面张力、超声波处理、冷冻与解冻等。

2.2.2.1 凝聚与絮凝[2,5,9,11]

凝聚和絮凝是固液分离中最常见的预处理方法。所谓的“凝聚”是指通过添加电解质降低固体颗粒或胶体粒子表面电位而使之聚集成团的过程。“絮凝”是指通过添加有机高分子物质以“架桥”的形式将固体颗粒或胶体粒子聚集在一起的过程。凝聚和絮凝与悬浮液界面的电现象有关。

此外，还有不依靠絮凝架桥的疏水絮凝。

(1) 固液界面的电现象

固体颗粒或胶体粒子在水中通过各种方式产生表面电荷，并吸引水中的反离子而排斥同性离子，结果在固-液界面形成双电层，在外加电场的作用下，表面荷电的固体颗粒或胶体粒子会沿电场方向或电场相反的方向而运动，此现象称为电泳；而反离子带着液体介质运动的现象

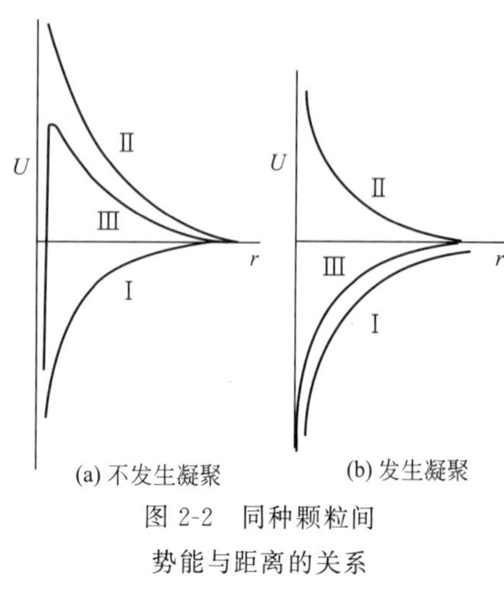

(a) 不发生凝聚　(b) 发生凝聚

图 2-2　同种颗粒间势能与距离的关系

则称为电渗。荷电颗粒表面与液体内部之间的电位差称为表面电位，用 φ_0 表示。固液两相发生相对运动的边界处与液体内部的电位差，称为电动电位，用 ζ 表示。测定电动电位的方法一般采用电泳或电渗法。

（2）凝聚与凝聚剂

促使颗粒凝聚所添加的电解质，统称为凝聚剂，添加凝聚剂的目的是压缩颗粒表面的双电层，降低 ζ 电位。悬浮液中凝聚剂的含量达到一定程度时，凝聚才会发生。达到能用肉眼观察到凝聚现象时所需悬浮液中凝聚剂的含量，称为凝聚剂的凝聚值。凝聚值越小，处理单位浓度单位体积悬浮液所用的凝聚剂越少（见图 2-2）。

目前工业上使用的凝聚剂大致可以分为三类：①无机盐电解质，如硫酸铝、硫酸铁、硫酸亚铁、三氯化铁等；②无机盐聚合电解质，如聚合硫酸铝、聚合硫酸铁和聚合氧化铝等；③无机酸，如硫酸、盐酸和碳酸等。常见无机凝聚剂的性质及用途见表 2-6。

表 2-6　常见无机凝聚剂的性质及用途

名称	分子式	性质及用途
硫酸铝	$Al_2(SO_4)_3 \cdot 8H_2O$	白色粉末或块状，有涩味，易发生水解反应。工业纯产品含 $Al_2(SO_4)_3$ 20%～25%，不溶物含量为 20%～30%；化学纯产品含 $Al_2(SO_4)_3$ 50%～60%，pH 值适宜范围为 6.0～7.8。当 pH=4～7 时，用于去除水中有机物；pH=6.4～7.8 时，处理高浓度和低色度废水，适宜温度 20～40℃，用量 15～100mg/L。高浓度硫酸铝水溶液具有腐蚀性，可以存放于塑料和不锈钢容器中
明矾	$Al_2(SO_4)_3 \cdot K_2SO_4 \cdot 24H_2O$	白色晶体，硫酸钾和硫酸铝的复盐，易溶于水，使用条件与硫酸铝相同
无水氯化铝	$AlCl_3$	无色透明片状晶体，工业品中因含铁、游离氯等杂质而呈淡黄、黄绿或棕红色，易溶于水、乙醇和乙醚中，不溶于苯。暴露于空气中易吸收水分并产生氯化氢气体，pH 值适宜范围为 4.5～7.5，适宜温度 20～40℃，用量应低于 300mg/L
水合氯化铝	$AlCl_3 \cdot 6H_2O$	无色晶体，工业品呈淡黄色或深黄色，吸湿性强，在空气中水解产生氯化氢白雾，加热水解，溶于水、乙醇、乙醚和甘油，微溶于盐酸，在水中呈酸性，用法同无水氯化铝相同，用量比无水氯化铝大
绿矾	$FeSO_4 \cdot 7H_2O$	蓝绿色，含铁 20%，呈颗粒、粉末或晶体状，溶于水，具有还原作用，适宜的 pH 值范围为 5.9～9.6，环境温度对其凝聚作用影响较小，适合于浓度高、碱性强的废水、凝聚速度快、凝聚体稳定
三氯化铁	$FeCl_3 \cdot 6H_2O$	片状或块状晶体，吸湿性强，易溶于水，水解生产棕色絮状氢氧化铁沉淀和氯化氢气体，能溶于乙醇、乙醚和苯胺等有机溶剂，适宜 pH 值为 6.0～11.0，最佳 pH 值范围为 6.0～8.4，用量为 5～1000mg/kg。适合于处理高浓度废水。．药剂具有强氧化剂、腐蚀性，应注意保存
聚合氯化铝	$[Al_2(OH)_mCl_{6-m}]_n$ $m\leqslant10, n=1\sim5$	无色或淡黄色固体，属无机高分子化合物，适宜 pH 值为 5.0～9.0，环境温度对其使用效果影响不大，用量比硫酸铝用量少，但效果显著
聚合硫酸铁	$Fe(OH)_n(SO_4)_{3-\frac{m}{2}}$	褐黄色、棕色固体颗粒或粉末、适宜 pH 值为 5.0～8.5，使用温度 20～40℃，对 COD 的去除率和脱色效果良好，凝聚体密实、凝聚效果良好、腐蚀性低于三氯化铁

（3）絮凝与絮凝剂

絮凝指利用高分子的官能团和长碳链将固体颗粒或胶体粒子通过“架桥”的形式连接成大的颗粒团（即絮团）的过程，所用的高分子物质称为絮凝剂。絮凝剂桥连悬浮固体颗粒的形态一般分为环式、尾式和列车式。环式指高分子絮凝剂的分子链伸向液体中的部分形成环状，环的两端吸附在固体颗粒表面；尾式指高分子絮凝剂首尾两端或者支链一端吸附于固体颗粒表面，另一端伸向液相中；列车式是指高分子被吸附于固体颗粒表面的链段。三种吸附形态如图 2-3 所示，环式和尾式吸附均能桥连固体颗粒。不管是哪一种桥连方式，都与絮凝剂种类相关。在实际应用中，除了要了解固液两相体系的电动现象外，还要科学地选择絮凝剂，才能获得最佳絮凝效果。

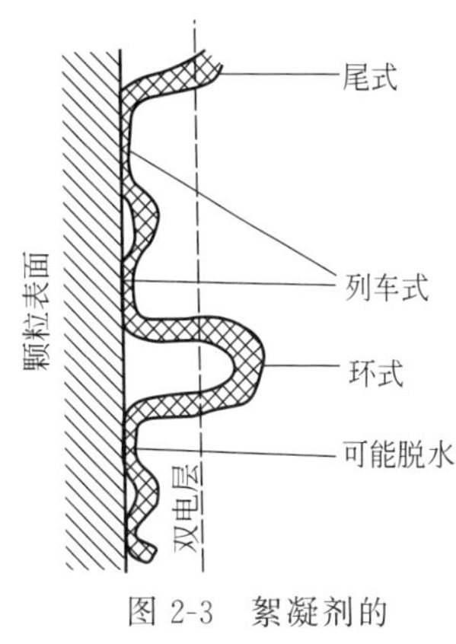

图 2-3　絮凝剂的三种吸附形态

目前市售絮凝剂有以下几类：天然非离子型、人工合成阴离子型、阳离子型和非离子型。

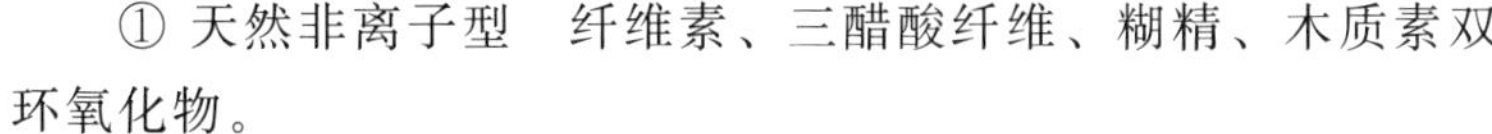
① 天然非离子型　纤维素、三醋酸纤维、糊精、木质素双环氧化物。

② 人工合成阴离子型　聚苯乙烯磺酸钠、聚丙烯酸钠、丙烯酰胺与丙烯酸钠共聚物、顺丁烯二酸酐-乙酸乙烯共聚物、甲基乙烯基醚-顺丁烯二酸酐共聚物、α-甲基苯乙烯顺丁烯二酸钠共聚物、甲基丙烯酸甲酯-顺丁烯二酸钠共聚物、苯乙烯-丙烯酸钠共聚物、聚乙烯醇-丙烯酸钠共聚物、丙烯酸胺-乙烯基磺酸钠共聚物、三聚氰胺缩甲醛-丙烯酸钠共聚物。

③ 人工合成阳离子型　丙烯酰胺-甲基丙烯酸-2-羟基丙酯基三甲基氯化铵共聚物、丙烯酰胺-甲基丙烯酸-乙酯基三甲基铵硫酸甲酯共聚物、丙烯酰胺-甲基丙烯酸乙酯基三甲基氯化铵共聚物、丙烯酰胺-丙烯酸乙酯基三甲基铵硫酸甲酯共聚物、聚二甲基二烯丙基氯化铵、丙烯酰胺-二甲基二烯丙基氯化铵共聚物、丙烯酰胺-丙烯酸二胺酯共聚物、聚亚胺。

④ 人工合成非离子型　聚乙烯醇、聚乙烯基甲基醚、聚丙烯酰胺、聚氧化乙烯、聚乙烯吡咯烷酮、聚乙酸乙烯酯水解物、聚 α-氰基丙烯酸甲酯、聚烷基酚-双氧乙烷。

（4）凝聚与絮凝的影响因素

凝聚与絮凝的影响因素可以分为三类：悬浮液性质（包括颗粒的 ζ 电位、悬浮液黏度、颗粒粒度与形状、悬浮液 pH 值等）；凝聚剂或絮凝剂性质（如凝聚剂中离子价数、絮凝剂官能团的电性和分子链长度等）；凝聚或絮凝条件（如凝聚剂或絮凝剂用量、悬浮液温度、混合程度等）。表 2-7 列出了各种因素对凝聚和絮凝效果的影响。

（5）凝聚剂与絮凝剂的选用

凝聚与絮凝药剂的选用目前仍需借助实验才能完成。在选择药剂之前，①需测定固体颗粒在液相中的 ζ 电位；②根据固体颗粒的 ζ 电位确定所用凝聚剂或絮凝剂的种类范围；③根据凝聚或絮凝试验确定最佳凝聚剂或絮凝剂；④确定适宜的 pH 值范围；⑤确定药剂的最佳用量；⑥确定最佳搅拌速度。按照以上步骤即可科学合理地选择凝聚剂和絮凝剂。

从发展看，除絮凝和凝聚以外，添加表面活性剂、疏水絮凝也是一个发展的方向。疏水絮凝分选工艺是处理微细颗粒物料很有前途的技术，是近年来研究的热点之一，目前应用范围不仅包括有色金属、黑色金属、精煤提纯，还涉及废水处理、生物工程及食品工程等领域。

疏水絮凝是基于颗粒表面选择性疏水后，主要依靠疏水作用势能的吸引作用而絮凝的一种聚团行为。疏水絮凝的一个基本特征是需要较长时间和中等或强烈搅拌，强湍流条件使颗粒具有足够大的动能，以克服颗粒间的排斥趋势，并增大聚团趋势，疏水作用是水中疏水性颗粒之间一种强烈的相互吸引作用。通过表面力的测量发现疏水作用比同等距离内的双电层力和范德华力大两个数量级，这说明在疏水聚团体系中，疏水作用起了决定性的影响。疏水引力大小决定于颗粒的疏水程度，疏水过程包括下述关键步骤：①颗粒充分分散；②颗粒表面疏水化；③疏水粒子的接近与碰撞；④形成聚团；⑤优化聚团结构及表面性质。

表 2-7　凝聚和絮凝效果的影响因素

因素变化趋势	ζ电位升高	粒度增大	黏度增大	粒级变宽	颗粒比表面积增大	pH值增大
凝聚效果	差	好	差	好	好	表面荷负电时，效果差；表面荷正电时，效果好
絮凝效果	絮凝剂官能团电性与颗粒表面电性相同时，效果差；反之则好	好	差	好	好	当颗粒与絮凝剂电性相反时，效果差；相同时则好
因素变化趋势	凝聚剂反离子价数增大	絮凝剂分子链增长	药剂用量增大	悬浮液浓度增大	温度升高	搅拌速度增大
凝聚效果	好	—	好	差	在某一适宜范围内效果好	在某一范围内效果好，超过该范围，效果变差
絮凝效果	—	好	在一定范围内效果良好，否则效果差	差	在某一适宜范围内效果好	在某一范围内效果好，超过该范围，效果变差

2.2.2.2　调节黏度[5]

高黏度悬浮液无论用哪种方法都难以分离。一般采用两种方法调节悬浮液的黏度。

① 通过加热来降低悬浮液的黏度　对于高黏度或非牛顿流体来说，较小的温度变化会使液体的黏度得到大幅度的改善，从而可以提高固液分离的效率。这种方法因消耗热量，故成本较高，若有废热利用则是最佳的选择方法。

② 利用低黏度液体进行稀释　如在石油脱蜡中用这种方法可以取得良好效果。

2.2.2.3　调节表面张力

固液界面表面张力的大小直接影响过滤分离中滤饼的含水率，表面张力随温度升高而降低，添加表面活性剂也可以降低表面张力，如煤泥脱水时添加表面活性剂就是为了降低滤饼的水分。

2.2.2.4　超声波处理

超声波用于悬浮液预处理，即利用一定频率和强度的超声波强化颗粒的运动，使颗粒聚集到一起，超声波的强度和频率对颗粒的聚集效果有很大的影响，使用不当会起到分散作用。

2.2.2.5　冷冻和解冻

冷冻和解冻方法已成功地用于污水及一些放射性污泥的预处理中，悬浮液经冷冻和解冻处理后，可显著改变固体颗粒的沉降和过滤特性，提高分离效果。这种方法需要制冷和加热，能耗大、成本高，因此一般只用于处理危害性较大的物料。

2.2.3　悬浮液增浓[2,12,5]

2.2.3.1　重力沉降

重力沉降指固体颗粒在液体中受重力作用而沿重力方向运动的现象。利用重力沉降现象进行固液分离的方法主要有两种，即澄清和浓缩。澄清主要针对浓度极低的悬浮液，而浓缩针对中等浓度的悬浮液。

（1）澄清设备

目前工业上具有代表性的澄清设备可以分为三类，即一次通过型澄清槽、流化床型澄清槽和固体再循环型澄清槽。

① 一次通过型澄清槽　一次通过型澄清槽有水平长槽和圆槽两种型式，见图 2-4。这类设备中都有添加絮凝剂和凝聚剂的装置。一般用于悬浮液含固量为 100mg/L 左右，最高不超过 2000mg/L 的悬浮液分离中，适合于固液分离的前段或中段作业，设备的澄清面积最小为 $10m^2$，最大为 $100m^2$。

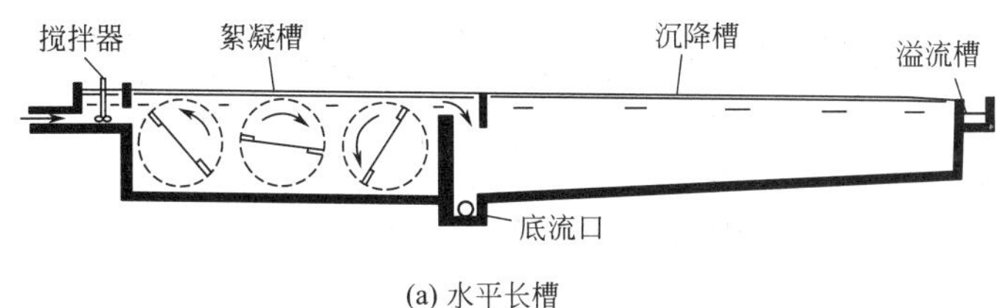

(a) 水平长槽

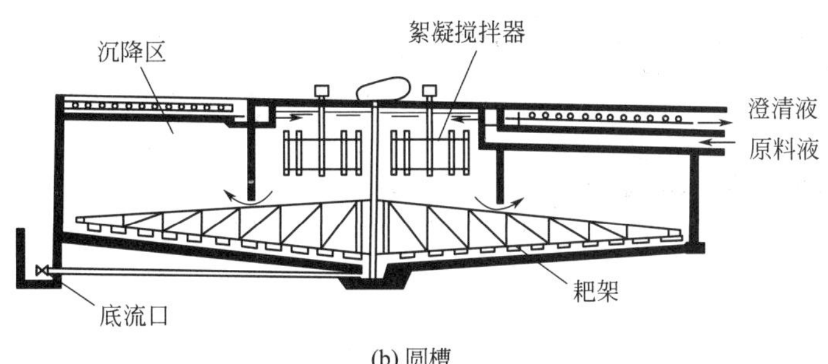

(b) 圆槽

图 2-4　一次通过型澄清槽结构示意

② 流化床型澄清槽　这类设备的主要特点是悬浮液中的颗粒或颗粒团停留于设备的某一区域并可在该区域内自由运动，类似于流化床中粒子的运动行为。图 2-5 是锥形流化床澄清槽，主要由絮凝剂混合系统、进料和絮凝系统、流化区、澄清区、溢流区、固体颗粒沉积区及底流排出系统组成。常见规格为 30～180m^2，设备广泛用于污水澄清中。

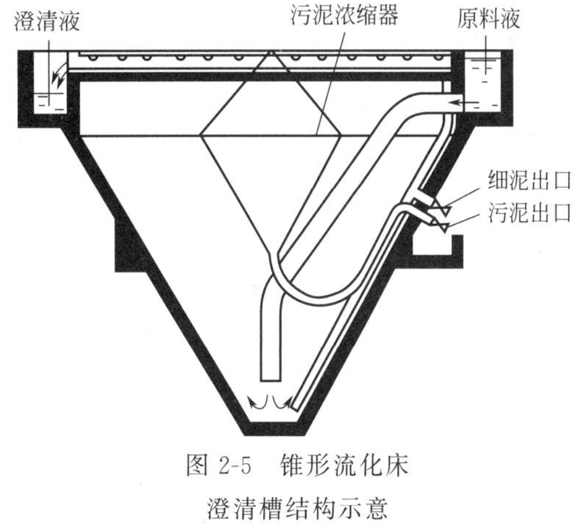

图 2-5　锥形流化床澄清槽结构示意

③ 循环型澄清槽　该设备的特点是将沉淀的固体颗粒以内循环或外循环的方式与原料浆混合，这样可以促进絮凝过程和微细颗粒碰撞聚集而加速颗粒沉降。这类设备主要是由加药混合系统、料浆与循环物料混合系统、絮凝系统、沉降区、溢流区、污泥循环和排出系统构成。设备结构如图 2-6 所示。循环型澄清槽有效面积为 20～100m^2。

（2）澄清设备的选择

澄清设备的大小是根据允许流量和分离液澄清度的要求，由溢流速度和悬浮液在澄清设备中的停留时间来确定，计算公式如下。

$$v_0 = Q/A \tag{2-4a}$$

$$t_d = H / v_0 \tag{2-4b}$$

式中 v_0——清液溢流速度，m/s；

t_d——颗粒在设备中的沉降时间，s；

Q——料浆流量，m^3/s；

H——颗粒在设备中的沉降高度，m；

A——澄清面积，m^2。

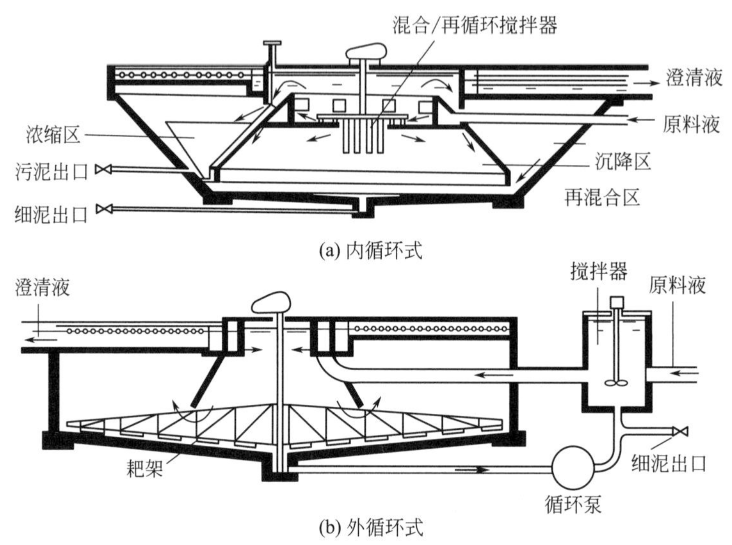

图 2-6 循环型澄清槽结构示意

为了保证所选择的设备能满足实际需要，必须用实际物料进行沉降试验，具体方法可参考文献［2］。

（3）浓缩设备

目前常见的浓缩设备有耙式、锥式及沉降区加倾斜板式三类。

① 耙式浓缩机 这类设备又分为中心传动式和周边传动式两种。

中心传动式浓缩机又可以分为桥式中心传动和柱式中心传动两种类型。

桥式中心传动浓缩机主要由桁架、传动装置、耙架提升装置、受料筒、耙架、倾斜板、浓缩池、环形溢流槽、中心轴和卸料斗构成，国内这种设备的直径范围为 1.8～12m。

柱式中心传动浓缩机主要由桁架、传动装置、溜槽、给料井、耙架等组成。设备直径有 16m、20m、30m、40m 和 53m。目前国内最大设备的直径为 100m，国外同类产品最大直径为 183m。

此外，由中心传动耙式浓缩机发展而成的高效浓缩机，其主要特点是在料浆中加入一定量的化学药剂，使浆体中的固体颗粒形成颗粒团，加速沉降，提高浓缩效率。加长给料筒，将絮凝或凝聚后的料浆送至澄清区与沉降区界面以下，自动控制浓缩机的运转，处理能力是相同规格普通浓缩机的 4～9 倍，按处理能力计算，其造价只有普通耙式浓缩机的 70%，目前已在矿业、煤炭、化工和环保部门推广使用。

周边传动耙式浓缩机由给料槽、浓缩池、卸料口、耙架、刮板和传动装置组成。我国生产的周边传动浓缩机的直径有 15m、18m、24m、30m、38m、45m 和 53m，最大直径可达 100m。美国 Eimco 公司生产的浓缩机最大直径可达 198m。

② 深锥式浓缩机　和普通浓缩机相比，深锥式浓缩机的结构特点是池深大于池体直径，整机呈锥形，并设有絮凝剂或凝聚剂添加装置，设备具有处理能力大、底流浓度高、可用皮带运输机运输、占地面积小等特点。我国生产的 NU-10 型深锥式浓缩机结构见图 2-7，该设备可以用来处理和回收各种微细物料，也可用于废水处理。

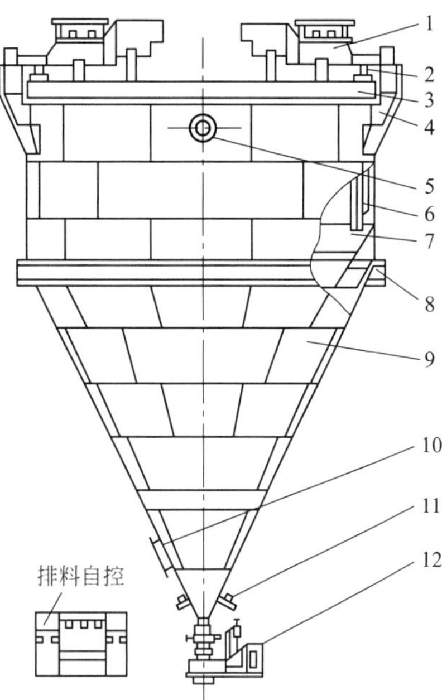

图 2-7　NU-10 型深锥式浓缩机

1—给料装置；2—排气装置；3—桥架；4—外卸斗；5—溢流口；6—挡板；7—受料锥；8—机座；9—池体；10—人孔；11—事故阀；12—排料装置

③ 加料斜板式浓缩机　加倾斜板式浓缩机是在中心传动耙式浓缩机中加倾斜板来提高浓缩机的处理能力，倾斜板装在澄清区下部，浆体沿倾斜板的空间向斜上方流动，使固体颗粒在两板之间垂直沉降，沉降距离缩短，沉降时间减少，沉降到倾斜板上的颗粒聚集到一起，沿倾斜板下滑，沉至浓缩机底部，图 2-8 为国产 NZQ-12Q 型加倾斜板浓缩机。

（4）浓缩设备的选择

① 选型　应根据进料量、颗粒粒度组成、物料沉降速度、进料和排料的液固比、黏度、药剂种类及料浆温度来确定设备类型。选型时应考虑如下因素：

a. 给料量较小时选用中心传动耙式浓缩机，给料量大时选用周边传动耙式浓缩机，物料密度小可用辊轮式，反之以齿条式浓缩机为宜；

b. 在场地较小或寒冷地区，设备应放于室内，干旱或缺水地区可选用高效浓缩机，但要考虑到絮凝剂的使用效果及对后续工序的影响和运营费用；

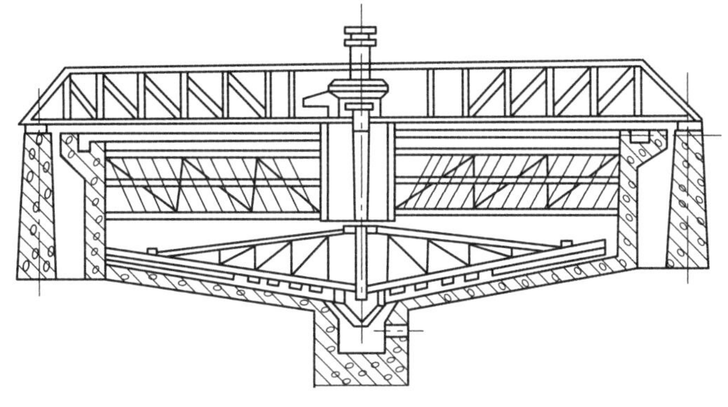

图 2-8　NZQ-12Q 型加倾斜板浓缩机外形

c. 既能满足后续作业对浓缩产品含水率的要求，又能减少随溢流损失的有价成分或溢流水的浊度；

d. 应尽量通过工业试验或模拟试验来确定设备的浓缩面积；

e. 在较准确掌握浓缩机料浆特性的情况下，可参选类似生产厂家的工艺指标用相应的设备。

② 耙式浓缩机有关尺寸的确定　耙式浓缩机高度可按下式计算：

$$H=H_1+H_2+H_3+H_4 \tag{2-5}$$

式中　H_1——澄清区高度，m；

H_2——沉降区高度，m；

H_3——压缩区高度，m；

H_4——浓缩区高度，m。

过渡区的高度通常不单独考虑，为保证溢流水质量，澄清区的高度应保持在0.5～0.6m，沉降区的高度一般为0.3～0.6m。

压缩区的高度可由试验和计算确定，在实验室中测出料浆浓缩机到规定浓度所需的时间，从而计算出压缩区高度 H_3。

$$H_3=\frac{(1+R)}{\rho_s}t \tag{2-6}$$

式中　R——料浆在压缩区中平均液固比；

ρ_s——固体物料的密度，t/m^3；

t——料浆在浓缩机中的停留时间，h。

浓缩区高度 H_4 的计算公式为：

$$H_4=\frac{D}{2}\tan\alpha \tag{2-7}$$

式中　D——浓缩机直径，m；

α——浓缩机底部倾角，(°)。

浓缩面积的计算方法主要有：按浓缩机单位面积处理量计算；按溢流中最大颗粒沉降速度计算；Coe-Clevenger 法；T-F 法和 Oltmann 法。这里只介绍按浓缩机单位面积处理量计算浓缩机面积的公式：

$$A=G_t/q \tag{2-8}$$

式中　q——浓缩机单位面积时间处理量，$t/(m^2 \cdot d)$；

G_t——进料中固体量，t/d；

A——浓缩机面积，m^2。

q 的取值一般根据工业或半工业试验确定，若无试验数据，可参考类似的生产指标选取。浓缩机面积确定后，再按下式计算浓缩机的直径 D（m）。

$$D=1.13\sqrt{A} \tag{2-9}$$

2.2.3.2　旋液分离器[2,12]

（1）结构及操作原理

旋液分离器又称水力旋流器，由圆锥体和圆柱体两部分组成，结构示意见图2-9，悬浮液沿进料口切向给入圆柱体内，固体颗粒因受离心力作用随旋转液体沿器壁向下运动，最后由底流口排出；清液或含微细颗粒的液体则从溢流口排出，称之为溢流。

旋液器的用途不同，其结构存在一定的差别，主要表现为：圆柱部分长度、锥体角度、进料口和底流口结构、溢流口结构及溢流排出方式、有无内衬及用于冲洗的装置、旋液器的安装位置等。

（2）操作和分离性能

旋液分离器的操作性能主要包括：给料压力、速度、浓度、处理能力、切割粒径和底流浓度等，各参数的变化范围见表2-8。

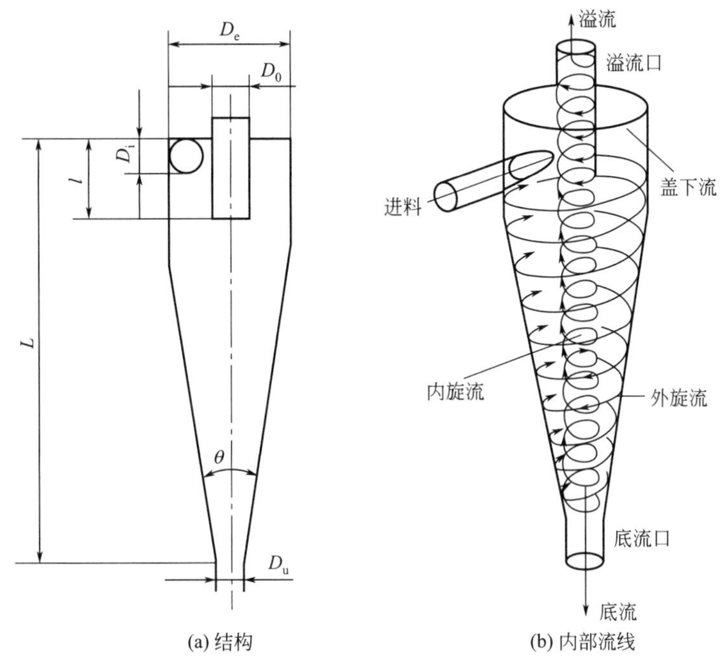

图 2-9　旋液分离器结构及内部流线示意

旋液分离器的分离性能主要用分离效率和分离精度来衡量，分离效率是指旋液分离器溢流中某粒级物料的增量与理想情况下溢流中该粒级物料的增量之比，其中物料的增量是指被计算粒级的物料与进料口该粒级物料的含量之差。分离效率 ε 可用下式表示。

$$\varepsilon=\frac{(\alpha-\theta)(\beta-\alpha)}{\alpha(1-\alpha)(\beta-\theta)}\times 100\% \tag{2-10}$$

式中　α、β、θ——某一粒级的物料在进料、溢流及底流中的含量（质量分数），%。

分离精度 ε 是衡量分离精确性的数量指标，指的是分离效率曲线上对应于 d_{50} 粒度处切线的斜率，通常以分离效率曲线上 50%两侧两个对应百分含量的物料粒径之比来表达，如 d_{20}/d_{80}、d_{25}/d_{75}等，显然，ε 越接近 1，分离精度越高。

（3）旋液分离器的选择

旋液分离器主要根据处理量（m^3/h）、所需分离效率和允许压力降等来选择，对于不同的工艺过程有不同的要求，一般首先确定旋液分离器的结构尺寸与比例，见表 2-9，然后确定旋液分离器筒体直径 D_c 值，D_c 的大小直接影响生产能力和分离粒度。因此，不能简单地以几何相似准则将旋液分离器模拟放大，实际工作中可利用图 2-10 来确定旋液分离器的直径，在分离精度允许的条件下，选择大直径可以减少堵塞。

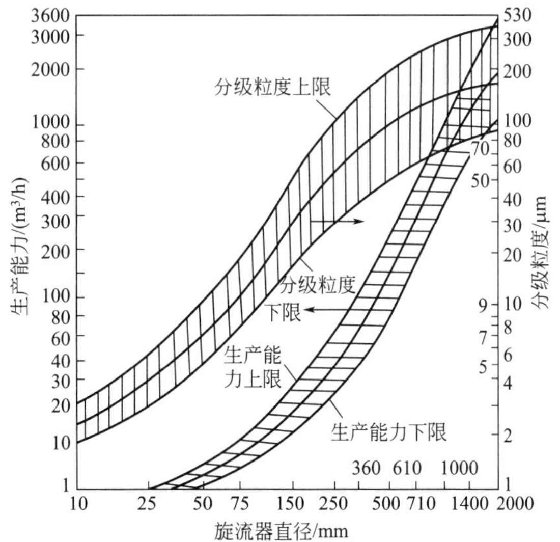

图 2-10　水力旋流器直径对生产能力与分离粒度的影响

表 2-8 旋液分离器操作性能范围

给料压力/×10^4Pa	给料速度/(m/s)	进料浓度(质量分数)/%	处理能力/(m^3/s)	切割粒径/μm	底流浓度(质量分数)/%
1.96～39.2	3.0～15.0	1.0～20.0	2.78×10^{-3}～8.33×10^{-3}	5.0～200.0	≤75.0

表 2-9 固液分离用旋流分离器适宜尺寸比例

参数比	D_i/D_e	D_o/D_e	L/D_e	l/D_e	θ	D_u/D_e	$L_{柱}/D_e$
取值范围	0.15～0.25	0.2～0.3	5.0～7.0	0.33～0.5	<15°	0.07～0.1	0.7～2.0

注：符号见图 2-8。

2.3 离 心 机

2.3.1 离心分离原理及分类[6,14,17]

2.3.1.1 离心力场中离心分离过程的基本特性

质量为 m 的质点，以半径 r 绕定轴做等角速度 ω 的回转运动，则沿径向作用在质点上的离心惯性力 F_c 为

$$F_c = mr\omega^2 = \frac{mr\pi^2 n^2}{900} \tag{2-11}$$

式中 r——回转半径，m；

n——转速，r/min；

ω——角速度，rad/s。

分离因数 F_r，是离心惯性力与重力的比值

$$F_r = \frac{F_c}{mg} = \frac{mr\omega^2}{mg} = \frac{r\omega^2}{g} \tag{2-12}$$

分离因数也表示离心加速度与重力加速度的比值。

分离因数是表示离心机分离能力的主要指标，是代表离心机性能的重要标志之一，分离因数值越大，物料受的离心力越大，分离效果也就越好，因此，对于固相颗粒小、液相黏度大和难分离的悬浮液，要采用分离因数较大的离心机。

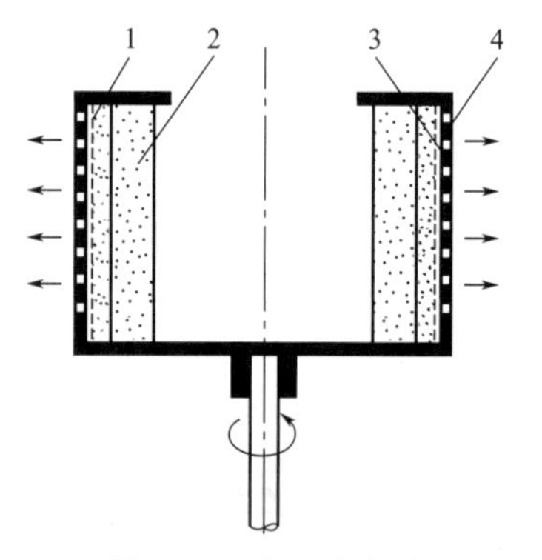

图 2-11 离心过滤原理
1—滤饼；2—悬浮液；3—过滤介质；4—转鼓

2.3.1.2 离心分离过程分类及原理

离心分离根据操作原理可分为两类：离心过滤和离心沉降。

(1) 离心过滤原理及分类

① 离心过滤原理 高速旋转的离心机转鼓的鼓壁上有许多小孔，转鼓内加入需分离的悬浮液，在离心惯性力作用下，液体穿过转鼓壁内侧的过滤介质，并经壁上的孔排出转鼓，固相颗粒截留在过滤介质表面。这一过程称为离心过滤。在过滤介质表面形成的固体颗粒层称为滤饼（见图 2-11)。

离心过滤主要用于滤饼压缩性不大的悬浮液的分离，离心过滤可获得比离心沉降湿含量低得多的滤饼。

② 过滤离心机分类 过滤离心机分连续操作式和间歇操作式两类。连续操作过滤离心机在恒定转速下连续操作，生产能力大；间歇操作过滤离心机有较好的适应性。各操作工序的持

续时间和转鼓转速可根据需要进行调节。

过滤离心机根据其操作方式和卸料方式分类如下：

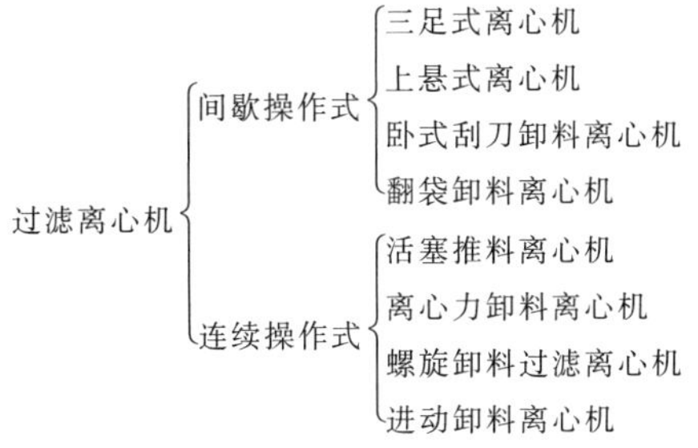

③ 间歇过滤离心机操作循环　一般操作循环包括：空转鼓加速（又称第一次加速）、加料、加速到全速（又称第二次加速）、全速运转（分离）、洗涤、甩干、减速和卸料等阶段（见图 2-12）。

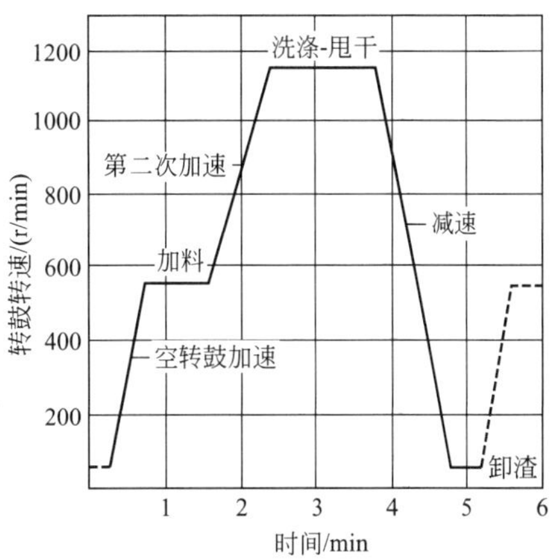

图 2-12　间歇操作过滤离心机典型操作循环

空转鼓加速阶段：是将离心机转鼓启动加速到加料所需的速度。它与转鼓的惯性矩，以及驱动电机的启动转矩等因素有关。

加料阶段：在分离物料的体积小于转鼓的容积时，应尽快地加料，以缩短加料时间。

第二次加速阶段：转鼓加速到全速，以尽可能快的速度过滤残余母液，这个阶段时间长短由工艺操作选定，同时也受电机性能限制。

全速运转阶段：转鼓达到最高转速为始点，直到料浆液面下降到滤饼层表面为止，这主要由物料特性决定。

洗涤阶段：用尽可能少量的洗涤液，最大限度地置换滤饼总残留的母液和洗去杂质。

甩干阶段：液面穿过滤饼层，使滤饼层的湿含量为最低。

卸料阶段：由多种因素控制。

（2）离心沉降原理和分类

① 离心沉降原理　无孔的沉降离心机转鼓，以角速度 ω 旋转，悬浮液从进料管连续加入转鼓内，由于固相和液相存在密度差，固相颗粒在离心惯性力的作用下，沿径向沉降到转鼓壁后形成沉渣，分离液沿轴向向转鼓溢流口流动，从溢流口流出转鼓。对于三足式沉降离心机或刮刀卸料沉降离心机，随着沉降分离过程的进行，当沉渣层逐渐增加到一定厚度时，需停止加入悬浮液，清除转鼓内的沉淀。螺旋卸料沉降离心机则可连续加料、连续排出分离液和沉渣。

② 沉降离心机的分类

沉降离心机
- 间歇操作式
  - 三足式沉降离心机
  - 刮刀卸料沉降离心机
- 连续操作式：螺旋卸料沉降离心机

沉降离心机适用于固液密度差大于 $0.05\times10^3\,kg/m^3$，固相质量分数为 3%～5%，固相颗粒粒度大于 10μm 的悬浮液，尤其适用于易堵塞滤布，固相浓度变化范围大、固相粒度分布宽的悬浮液。

（3）离心分离原理和分类

① 离心分离原理

分离机通常用于澄清含有少量微小的固相粒子的悬浮液或分离乳浊液。

离心澄清是在离心惯性力的作用下，使微小固体颗粒从液体中沉降分离的过程，其原理与重力沉降过程相似，图 2-13(a) 为重力沉降槽，从槽的一端连续加入悬浮液，固体颗粒向下沉降，到达槽底后留在槽内，澄清的液体从槽的另一端溢流排出，它的处理能力与沉降面积 A 成正比，而与高度 h 无关。如将沉降槽沿高度方向分隔为 N 层［见图 2-13(b)］，则处理能力增大 N 倍。为使沉降的固相能自动排入槽底，可采用倾斜的隔板分隔沉降槽［见图 2-13(c)］。将沉降槽空间分隔成薄层，借助于增加沉降面积来增大处理能力，即为薄层沉降分离原理，如果把沉降槽装在轴上转动，这时离心惯性力代替重力使固体颗粒沉降，这就是离心分离机的作用原理［见图 2-13(d)、(e)、(f)］。

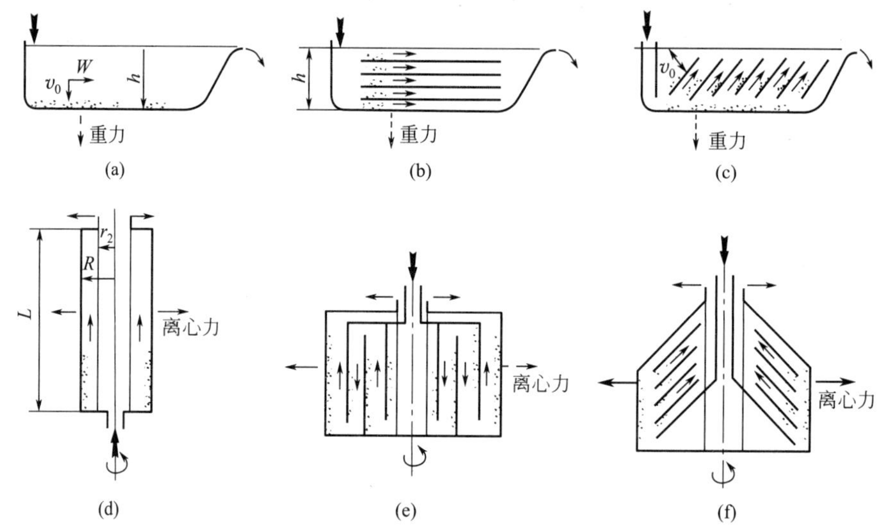

图 2-13　重力沉降和离心沉降原理

分离机亦用于分离乳浊液，乳浊液是两种互不相溶液体的混合物，其中一种液体以液滴的形式分散在另一种液体中，当组成乳浊液的两种液体存在有密度差时，在重力或离心惯性力作用下液滴产生沉降运动，使两种液体互相分离，乳浊液重力沉降分离原理如图 2-14(a) 所示，乳浊液在碟式分离中的离心分离过程如图 2-14(b) 所示。

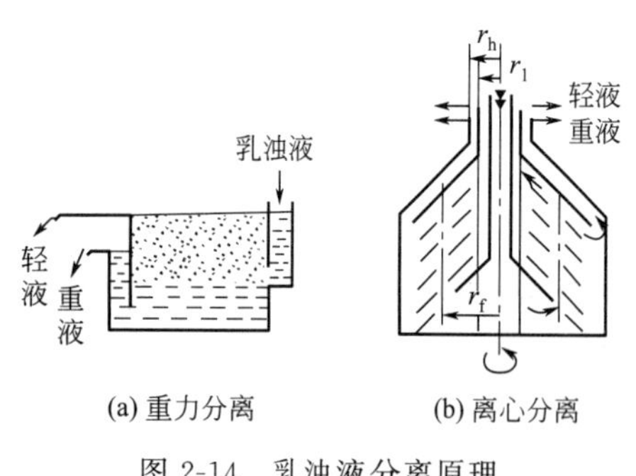

图 2-14　乳浊液分离原理

② 分离机分类

分离机按结构分为下列类型。

- 分离机
  - 碟式分离机
    - 人工排渣碟式分离机
    - 环阀排渣碟式分离机
    - 喷嘴排渣碟式分离机
  - 室式离心机
  - 管式离心机

2.3.2　离心机生产能力计算[4,6,14]

2.3.2.1　离心沉降理论

(1) 离心力场中固体颗粒在液体中的自由沉降

在重力作用下，单个球形颗粒在黏性液体或低黏度悬浮液中的沉降，与颗粒周围液体的流型有关，不同流型下固体颗粒的重力沉降终端速度 u_0 分别按以下公式计算。

层流（$Re_p \leqslant 1$）
$$u_0=\frac{d_p^2(\rho_p-\rho_1)g}{18\mu} \tag{2-13}$$

过渡区
$$u_0=0.1528\left[\frac{d_p^{1.6}(\rho_p-\rho_1)g}{\mu^{0.6}\rho_1^{0.4}}\right]^{1/1.4} \tag{2-14}$$

湍流区（$Re_p>500$）
$$u_0=1.741\left[\frac{d_p(\rho_p-\rho_1)g}{\rho_1}\right]^{1/2} \tag{2-15}$$

式中 d_p——球形颗粒直径，m；

ρ_1——液体密度，kg/m³；

ρ_p——球形颗粒的密度，kg/m³；

μ——液体动力黏度，Pa·s。

式(2-13) 称为 Stokes 公式，式(2-15) 称为 Newton 公式。

在离心力场中，单个球形颗粒在黏性液体中或低黏度悬浮液中受离心惯性力作用沿径向的沉降过程与重力场中的沉降过程相似，在沉降的初始阶段仍有极短的加速过程，当颗粒所受的离心惯性力等于阻力时，作用力与阻力处于随遇平衡状态，颗粒的沉降速度随所处半径的增加而增大。固体颗粒的离心沉降速度公式为

层流区
$$u_p=\frac{d_p^2(\rho_p-\rho_1)\omega^2 r}{18\mu}=u_0F_r \tag{2-16}$$

过渡区
$$u_p=0.1528\left[\frac{d_p^{1.6}(\rho_p-\rho_1)\omega^2 r}{\mu^{0.6}\rho_1^{0.4}}\right]^{1/1.4}=u_0F_r^{1/1.4} \tag{2-17}$$

湍流区
$$u_p=1.741\left[\frac{d_p(\rho_p-\rho_1)\omega^2 r}{\rho_1}\right]^{1/2}=u_0F_r^{1/2} \tag{2-18}$$

式中 F_r——分离因数，$F_r=\dfrac{\omega^2 r}{g}$；

u_p——离心沉降速度，m/s；

其余符号同前。

悬浮液的固体颗粒在离心力场中的沉降流型按下式判别。

$$A_r=\frac{d^3\rho_1(\rho_p-\rho_1)\omega^2 r}{\mu^2} \tag{2-19}$$

层流区 $A_r<28.8$

过渡区 $28.8<A_r<57600$

湍流区 $A_r>57600$

(2) 颗粒形状对沉降的影响

在被分离的悬浮液中，固体颗粒的形状有球体、针状体、片状体、长方体和圆柱体等，颗粒在液体中的沉降速度与颗粒的形状有关。球形颗粒与同体积的非球形颗粒相比，体积和表面积最小，沉降运动的阻力小，沉降速度大。对于非球形颗粒的沉降速度，可由两种方法确定：①直接用沉降法测定其沉降速度；②将非球形颗粒的尺寸换算为球形颗粒的当量直径 d_0，然后用式(2-13) 到式(2-19) 计算。几种典型形状颗粒的当量直径计算式见表 2-10。

表 2-10　某些形状颗粒的当量直径

颗粒形状	球状	立方体	针状体	长片体	方片体	圆片体	圆柱体
几何尺寸	直径 d	边长 a	直径×长度 $d \times l$	长×宽×厚 $a \times b \times s$	边长×厚度 $a \times s$	直径×厚度 $d \times s$	直径×长度 $d \times l$
当量直径 d_e	d	$1.182a$	$1.225(d^3 l)^{1/4}$	$1.547(s^2 ab)^{1/4}$	$1.547(as)^{1/2}$	$1.465(ds)^{1/2}$	$1.225\dfrac{(dl)^{1/2}}{(1/2+d/l)^{1/4}}$

(3) 悬浮液浓度对沉降的影响

悬浮液浓度较高时，颗粒群在沉降过程中会引起周围液体的扰动。悬浮液浓度愈高，干扰影响愈大，沉降速度随悬浮液浓度增加而降低。因此，悬浮液中固体颗粒的沉降速度公式(2-16)～式(2-18)应引入干涉沉降影响系数η进行修正。η是悬浮液中固相含量（体积分数）φ_0的函数。

$$u'_p = u_p \eta \tag{2-20}$$

$$\eta = (1-\varphi_0)^n \tag{2-21}$$

式中　u'_p——修正后的沉降速度，m/s；

u_p——修正前的沉降速度，m/s；

φ_0——悬浮液中固相浓度,%（体积分数）；

n——试验确定的无量纲数，按表 2-11 确定。

表 2-11　指数 n 的数值

雷诺数 Re	n	雷诺数 Re	n
$Re_p<0.2$	$4.65+19.5\left(\dfrac{d_e}{D}\right)$	$1<Re_p<200$	$(4.45+18d_e/D)Re^{-0.1}$
		$200<Re_p<500$	$4.45Re^{-0.1}$
$0.2<Re_p<1$	$\left[4.35+17.5\left(\dfrac{d_e}{D}\right)\right]Re^{-0.03}$	$Re_p>500$	2.39

注：表中 d_e——颗粒的当量直径，m；D——容器直径，m；Re——颗粒雷诺数。

(4) 离心力场中沉降分离的极限

在高分散的悬浮液中，固体颗粒很小，由于布朗运动产生的扩散作用，即使在离心力作用下颗粒仍长期处于悬浮状态而不能沉降。固体颗粒小到离心分离法不能分离的颗粒直径称为极限颗粒直径。极限颗粒直径随分离因数、固液两相密度差和温度而变化。极限颗粒直径用下式确定。

$$d_c = 1.734\left[\frac{T}{(\rho_p-\rho_1)\omega^2 r}\right]^{1/4} \tag{2-22}$$

式中　T——悬浮液的热力学温度，K。其余符号同前。

2.3.2.2　过滤离心机生产能力计算

(1) 间歇过滤离心机的离心过滤速率

在滤饼不可压缩或近于不可压缩的情况下，离心过滤的过滤速率 Q 为

$$Q = \frac{\rho_1 \omega^2 (R^2 - r_2^2)}{2\mu(\alpha_m m_c/A_1 A_a + R_m/A_2)} \tag{2-23}$$

式中　ρ_1——液体的密度，kg/m³；

α_m——滤饼比阻，m/kg；

ω——回转角速度，1/s；

m_c——单位过滤面积上的固相质量，kg；

R——滤饼层外半径，m；

A_1——滤饼层面积的对数平均值，m^2；

r_2——滤液层内半径，m；

A_2——过滤介质的面积，m^2；

μ——液体的动力黏度，Pa·s；

R_m——过滤介质阻力，1/m。

$$A_1=\frac{2\pi L(R-r_1)}{1nR/r_1}$$

$$A_a=\pi L(R+r_1)$$

式中 A_a——滤饼层面积的算术平均值，m^2；

r_1——滤饼层内半径，m。

滤饼比阻 α_m 可由压缩-渗透率实验定出，详见有关参考文献。

(2) 活塞推料离心机的生产能力

活塞推料离心机转鼓中，滤饼厚度 h 与有关参数的关系为

$$\frac{L}{h}\leqslant\frac{\beta\tan^2\left(\frac{\pi}{4}+\frac{\phi}{2}\right)}{f} \tag{2-24}$$

式中 L——转鼓长度，m；

f——滤饼对滤网的摩擦系数；

h——滤饼厚度，m；

ϕ——滤饼内摩擦角，度；

β——系数，取 0.6～0.7。

由此可知，活塞推料离心机按滤饼质量计算的最大生产能力 W 为

$$W=k\pi jgF_r\rho_s\rho_1L_0D\times\frac{c}{1-c} \tag{2-25}$$

式中 k——滤饼固有渗透率，$m^4/(N\cdot s)$；

j——系数，其值在 0～0.1 之间，它主要反映推料盘把初始料层向前推移，连续发生变形对生产能力的影响；

L_0——推料行程长度，m；

ρ_s——干固相堆积密度，kg/m^3；

ρ_1——液体的密度，kg/m^3；

D——转鼓内直径，m；

c——悬浮液中固相的体积分数；

F_r——分离因数。

2.3.2.3 沉降离心机的生产能力计算[6,14]

(1) Σ 理论

① Σ 概念　假设沉降离心机转鼓内流体像“水力活塞”那样整体地向溢流口流动，新进入转鼓内的流体置换转鼓内的全部流体，则转鼓内流体相对转鼓的径向速度和周向速度为零，流体的轴向速度在整个流动横截面上基本均匀分布。

沉降离心机以处理悬浮液体积计的生产能力 Q 为颗粒在重力场的沉降速度 u_0 与当量沉降面积 Σ 的乘积，当量沉降面积 Σ 代表与沉降离心机分离性能相同的重力沉降槽的沉降面积。Σ 值是沉降离心机分离性能的重要特征。

② 沉降离心机的当量沉降面积　在固体颗粒的沉降过程处于“活塞流”状态，固体颗粒与液体在轴向运动过程中无相对滑动的前提下，得出各种沉降离心机的当量沉降面积，见表 2-12。

(2) 沉降离心机的生产能力

① 理论生产能力　沉降离心机（包括离心分离机）的生产能力，理论上可按下式计算。

$$Q=u_0\Sigma \tag{2-26}$$

式中　Q——理论生产能力，m^3/s；

Σ——当量沉降面积，m^2；

u_0——重力场中的沉降速度，m/s。

表 2-12　各种形状转鼓的当量沉降面积

名　称	结　构　形　状	当　量　沉　降　面　积
圆柱形转鼓	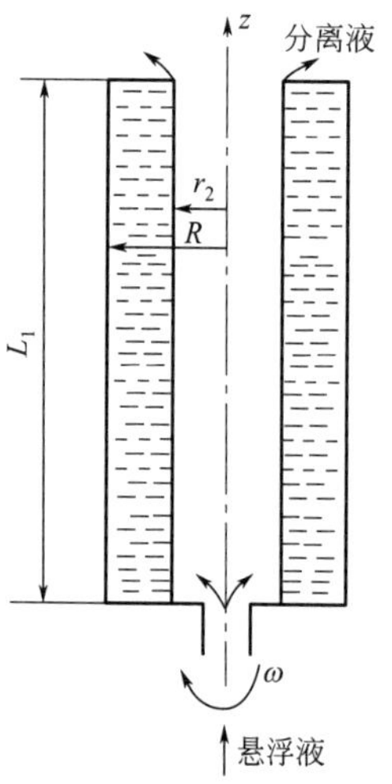	$\Sigma=\frac{2\pi\omega^2L_1}{g}\left(\frac{3R^2+r_2^2}{4}\right)$
圆锥形转鼓	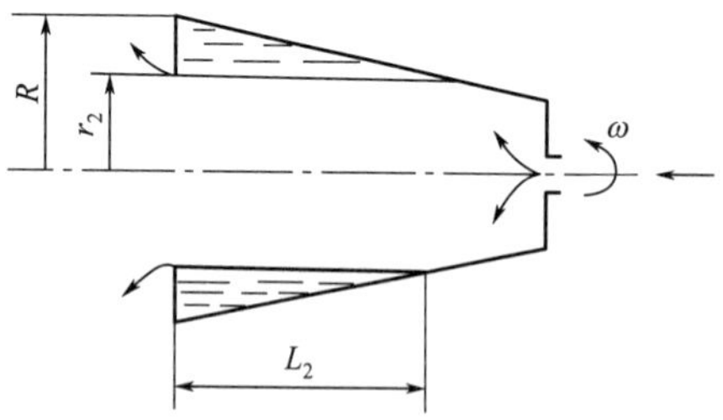	$\Sigma=\frac{2\pi\omega^2L_2}{8g}(R^2+3Rr_2+4r_2^2)$
柱锥形转鼓	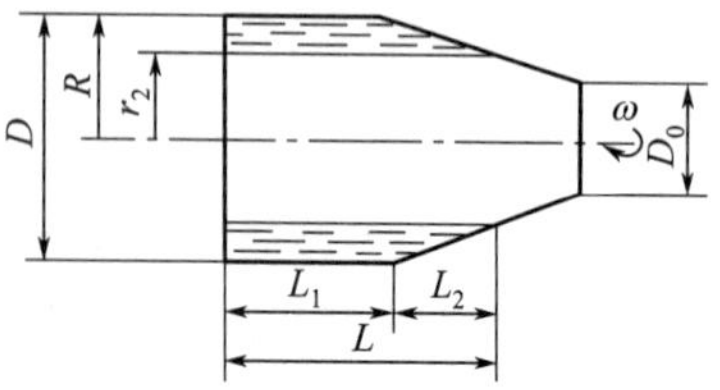	$\Sigma=\frac{2\pi\omega^2}{g}\left[L_1\left(\frac{3R^2+r_2^2}{4}\right)+L_2\left(\frac{R^2+3Rr_2+4r_2^2}{8}\right)\right]$

续表

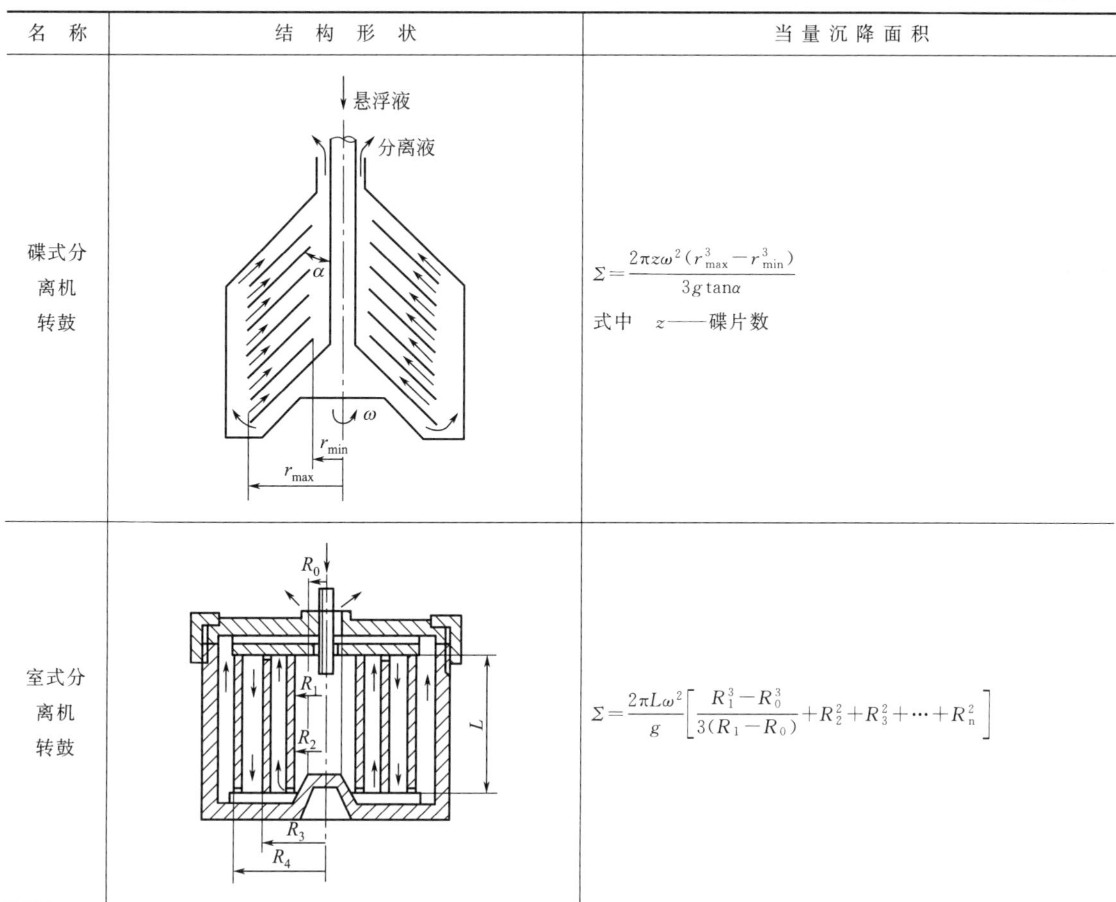

名称	结构形状	当量沉降面积
碟式分离机转鼓		$\Sigma=\dfrac{2\pi z\omega^2(r_{max}^3-r_{min}^3)}{3g\tan\alpha}$ 式中　z——碟片数
室式分离机转鼓		$\Sigma=\dfrac{2\pi L\omega^2}{g}\left[\dfrac{R_1^3-R_0^3}{3(R_1-R_0)}+R_2^2+R_3^2+\cdots+R_n^2\right]$

对于三足式沉降离心机、刮刀卸料沉降离心机、管式分离机，其当量沉降面积根据其结构形状可按表 2-12 中的圆柱形转鼓计算；对于螺旋卸料沉降离心机，其当量沉降面积可按表 2-12 中的锥形转鼓或柱锥形转鼓计算；其他各机种可按表 2-12 中对应形状转鼓来选取当量沉降面积。

在计算 u_0 时，颗粒直径 d_p 应用临界颗粒直径 d_c 替换，临界颗粒直径 d_c 定义为大于 d_c 的颗粒全部分离，小于 d_c 的颗粒部分分离，部分则随分离液溢流。

② 生产能力值的修正　上述理论生产能力是根据转鼓内液体的理想流态推导得到的。

但在实际生产中，还存在很多的影响因素，如进口处的扰动，液体周向速度的滞后，出口处的死区等，因此需按下式加以修正。

$$Q_{实}=\xi u_0\Sigma \tag{2-27}$$

式中　ξ——修正系数，按表 2-13 选取。

表 2-13　生产能力的修正系数

离心机类型	修正系数
刮刀卸料沉降离心机管式分离机	$\xi=12.54\left(\dfrac{\rho_p-\rho_1}{\rho_1}\right)^{2.3778}\left(\dfrac{d_c}{L}\right)^{0.2222}$
螺旋卸料沉降离心机	$\xi=16.64\left(\dfrac{\rho_p-\rho_1}{\rho_1}\right)^{0.3359}\left(\dfrac{d_c}{L}\right)^{0.3674}$

注：ρ_p——固相颗粒的密度，kg/m^3；d_c——固相颗粒的临界直径，m；ρ_1——液相的密度，kg/m^3；L——沉降区长度，m。

2.3.2.4 沉降离心机、分离机生产能力的模拟放大

为满足各种物料的分离要求，需用小型离心分离装置进行试验，再在满足相似条件的基础上进行放大。

(1) 相似条件

① 转鼓的几何相似，对应的几何尺寸成比例，对应的几何角度相等。

$$\frac{R_i}{R_i'}=\frac{R_{0i}}{R_{0i}'}=\frac{L_i}{L_i'},\alpha_i=\alpha_i' \tag{2-28}$$

式中 R_i、R_{0i}、L_i——工业离心机转鼓的内径、溢流口内径、沉降长度，m；

R_i'、R_{0i}'、L_i'——实验用离心机转鼓的内径、溢流口内径、沉降长度，m；

α_i、α_i'——工业离心机和实验离心机结构的倾角，(°)。

② 转鼓内流体动力学特性相似，严格地讲，应该要求

$$Re=Re',F_r=F_r' \tag{2-29}$$

式中 Re、F_r——工业离心机转鼓内流体的雷诺数、分离因数；

Re'、F_r'——实验用离心机转鼓内流体的雷诺数、分离因数。

但实验表明，当流体处于同一流型（同为湍流或层流）时，若雷诺数相近，也能保证流体动力学相似。

对于螺旋卸料沉降离心机，则

$$Re=\frac{Q}{(2h+b)\nu} \tag{2-30}$$

式中 Q——悬浮液体积流量，m^3/h；

b——螺旋通道宽度，m；

h——液池深度，m；

ν——液体运动黏度，m^2/s。

对于碟式分离机，要求碟片通道内的流体流动、沉降过程相似，即无量纲数 λ 相近。

$$\lambda=h_1(\omega\sin\alpha/\nu)^{1/2} \tag{2-31}$$

式中 h_1——碟片间距，m；

α——碟片半锥角；

ω——回转角速度，rad/s。

③ 固体颗粒沉降过程的动力特性相似，对于所有沉降离心机、分离机，均用下式判断。

$$A_r=\frac{d_p^3\rho_1(\rho_p-\rho_1)\omega^2 r}{\mu^2} \tag{2-32}$$

式中 d_p——颗粒粒径，m；

ω——转鼓回转角度，rad/s；

ρ_1——液相的密度，kg/m^3；

r——回转半径，m；

ρ_p——固相颗粒的密度，kg/m^3；

μ——液体动力黏度，Pa·s。

对实验用离心机和工业离心机，其沉降流型 A_r 必须在同一流型区内。

层流区 $A_r<28.8$

过渡区 $28.8<A_r<57600$

湍流区　$A_r>57600$

（2）相似关系式

在满足上述相似条件的基础上，可按照Σ理论对沉降离心机进行比例放大。

$$\frac{Q}{\Sigma}=\frac{Q'}{\Sigma'} \tag{2-33}$$

式中　Q、Σ——工业离心机的生产能力、当量沉降面积；

Q'、Σ'——实验用离心机的生产能力、当量沉降面积。

当以分离液的固体含量（澄清度）或固体回收率作为控制指标时，改变加料量和分离因数，即改变Q'/Σ，在实验用离心机上进行沉降分离试验，求得固体回收率E_T，作出E_T-Q/Σ图，再按工业离心机要求的固体回收率在E_T-Q/Σ图上查出对应的Q/Σ，进行工业离心机的放大，以确定Q及Σ值。

（3）离心沉降的分离效率

对于悬浮液的沉降分离，按照固体颗粒的质量平衡，可求出总分离效率，又称为固相回收率E_T。

$$E_T=1-\frac{M_f}{M} \tag{2-34}$$

式中　M_f——分离液中的固相质量流量，kg/s；

M——悬浮液中的固相质量流量，kg/s。

总分离效率也可用下式表达。

$$E_T=\left(1-\frac{c_f}{c}\right)\Big/\left(1-\frac{c_f}{100-W_0}\right) \tag{2-35}$$

式中　c——悬浮液中固体的质量分数，%；

W_0——沉渣中液体的质量分数，%；

c_f——分离液中固体的质量分数，%。

2.3.3　离心机类型及适用范围[6,14,17]

2.3.3.1　过滤离心机

（1）三足离心机

三足离心机主要由转鼓、机壳、弹性悬挂支撑装置、底盘和传动系数等部件组成。

该机是应用面最广的过滤离心机，它对物料的适用性强，可以用于成件产品的脱液，也可用于各种不同浓度和不同固相颗粒的悬浮液的分离、洗涤脱水，对一些细粒难分离悬浮液在无合适的分离设备时，也可用三足式离心机分离。由于在低速下或停车后卸除滤渣，对结晶粒破碎小。机械安装在弹性悬挂支撑上，质心低，运转平稳。机械结构简单，制造容易，安装方便，操作维护容易。

密闭防爆型三足式离心机用于分离易燃、易爆的悬浮液，或工作环境有防爆要求的场合。

三足式离心机均采用间歇操作方式，按卸料方式，分上部卸料和下部卸料，操作特点见表2-14。

图2-15～图2-17分别为三足式机械刮刀卸料离心机、气力抽送离心机、吊袋卸料离心机结构。

目前，国内外生产的三足式离心机参数的一般范围如下。

转鼓直径	ϕ255～3000mm	分离因数	2100～225
主轴转鼓	3500～500r/min	转鼓容量	3.4～1800L

表 2-14 三足式离心机操作特点

卸料方式	卸料			转鼓运转方式	适用典型物料
	操作方式	位置	卸料时机器状态		
人工卸料	人手	上部或下部	停机	恒速、间歇	各种物料
	可吊起的滤袋	上部	停机	恒速、间歇	毛线等织物
	手动刮刀	下部	低速	变速、连续	松软物料
机械卸料	液压驱动刮刀	下部	低速	变速、连续	有一定黏性物料
	气力提升	上部	低速	变速、连续	羽绒、短纤维
	螺旋提升	上部	低速	变速、连续	一般饼层物料

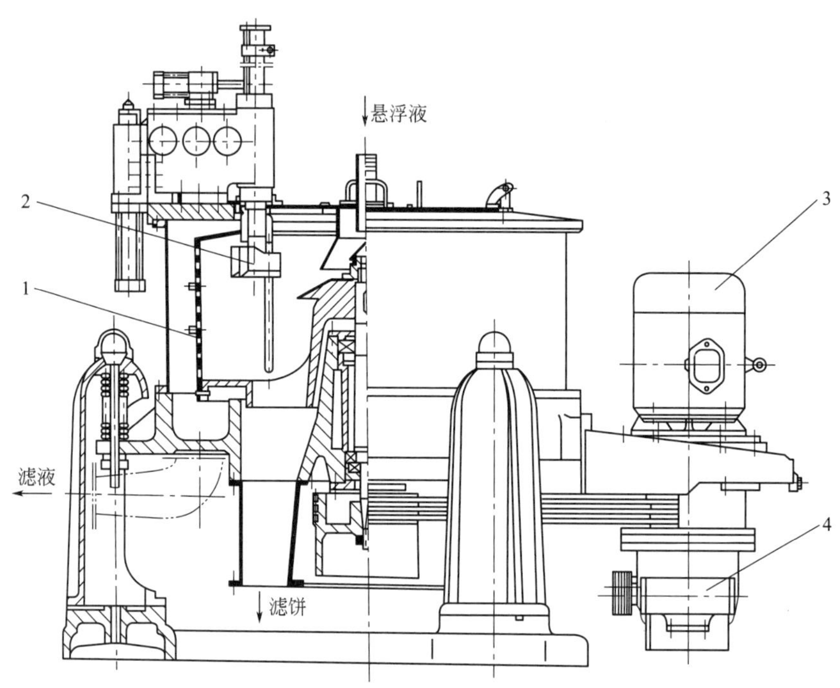

图 2-15 三足式刮刀下部卸料离心机

1—转鼓；2—刮刀；3—电机；4—传动机构

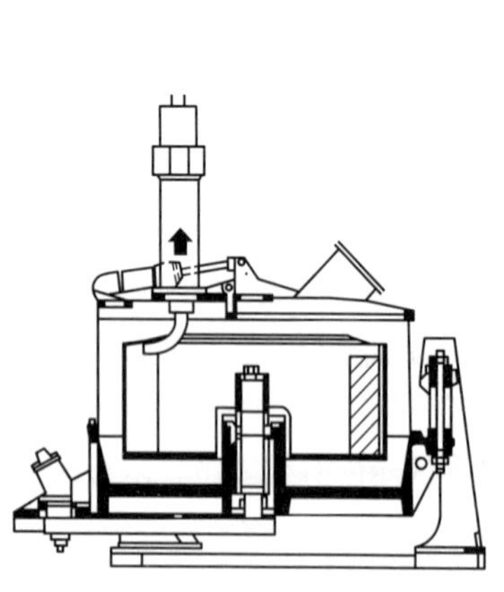

图 2-16 三足式气力抽送离心机

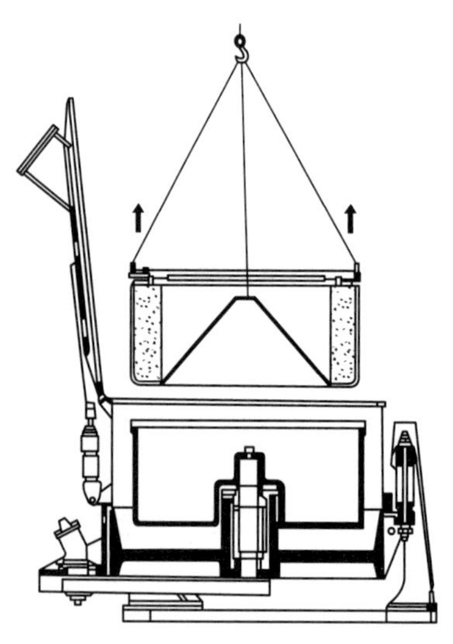

图 2-17 三足式吊袋卸料离心机

该机由于是间歇过滤操作，操作周期长，单机生产能力较低，主要用于中小型的生产规模，适用于固体颗粒粒度大于 5μm，含量为 5%～75%悬浮液的分离，以及成件产品、金属制品的脱液。

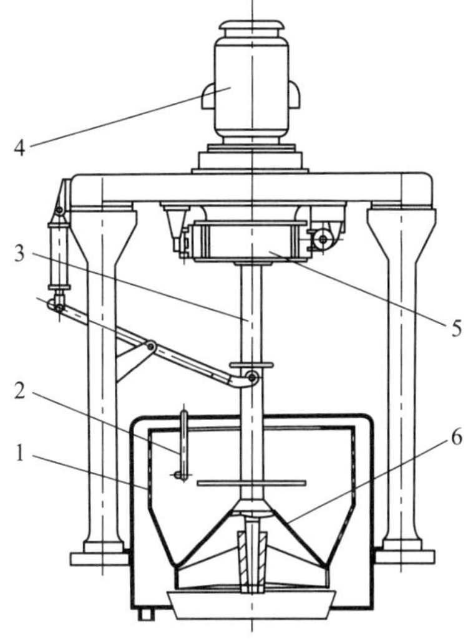

图 2-18　上悬式离心机
1—转鼓；2—洗涤管；3—主轴；4—电机；5—制动器；6—锥形罩等

(2) 上悬式离心机

上悬式离心机为立式离心机，结构设计上转鼓装在细长主轴的下端，主轴通过其上端的轴承垂直悬挂在铰接支撑上，如图 2-18 所示。上悬式离心机的支撑特点在于主轴的支点远高于转动部件的质量中心，轴本身又有较大的挠性，使转动部件具有自动对中性能，保证离心机运转平稳。

上悬式离心机均采用下部卸料，卸料方式有重力卸料、机械卸料。为适应不同的卸料方式，转鼓有两种结构形式，重力卸料转鼓为圆筒-圆锥形，机械卸料转鼓为圆筒形。对于重力卸料离心机转鼓，其锥段部分的半锥角 $\alpha=23°\sim25°$，为使物料能在重力作用下自动卸出，应当降低转鼓转速至

$$n<\frac{30}{\pi}\sqrt{\frac{g(1-f\tan\alpha)}{R(f+\tan\alpha)}} \tag{2-36}$$

式中　R——转鼓半径，m；

f——物料与筛网的摩擦系数；

α——半锥角，(°)。

该机的主要特点是：对物料适应性较强，特别适用于糖膏等黏稠物料的脱液，结构简单，安装、操作、维修方便。处理结晶形物料，采用重力卸料，晶形能保持完整无破损，适用于味精、砂糖类晶形要求严格的物料分离。上悬式离心机所适用的典型物料有：味精、轻质碳酸钙、碳酸镁、葡萄糖、聚氯乙烯等。

目前，我国上悬式离心机参数的一般范围如下。

转鼓直径	ϕ1000～1350mm	分离因数	1100～1500
转鼓转速	950～1450r/min	有效容积	210～750L

(3) 卧式刮刀卸料离心机

卧式刮刀卸料离心机主轴水平支撑在一对滚动轴承上，转鼓装在主轴的外伸端。离心机启动达到全速后，通过电-液压控制的加料阀经进料管向转鼓内加入被分离的悬浮液，滤液穿过过滤介质和转鼓上的开孔进入机壳的排出管排出。固相被过滤介质截留生成滤渣，当滤渣达到一定厚度时，由料层限位器或时间继电器控制关闭加料阀，滤渣在全速下脱液。如果滤渣需要洗涤，开启洗液阀，洗液经洗涤管洗涤滤渣，在滤渣进一步脱液后，刮刀活塞推动刮刀切削滤渣，切下的滤渣落入料斗沿排料斜槽或由螺旋输送器排出离心机。然后再经洗网进入下一过滤循环，可以半自动或全自动操作，其结构见图 2-19 所示。

卸料刮刀按形状分为宽刮刀和窄刮刀两种；按进刀方式分为径向移动式或旋转式，其特点和应用见表 2-15 所示。

该机的主要特点是：对进料浓度、进料量变化不敏感，过滤循环周期根据物料的特性和分

离要求调节，可获得滤渣（饼）含液量低、滤液澄清度高的分离效果，具有洗涤装置，可对滤渣（饼）进行充分洗涤，获得高纯度的产品。自动化程度高，生产能力大。同时，机器结构紧凑、体积小，但由于是采用刮刀卸料，对滤渣（饼）有一定的破碎作用。

表 2-15　刮刀机构的特点和应用

项目	宽刮刀		旋转窄刮刀	项目	宽刮刀		旋转窄刮刀
	径向移动式	旋转式			径向移动式	旋转式	
卸料转速	全速	全速	全速	特点	刚性好，结构简单	密封性好，刚性稍差	卸料力较小，运转较平稳，结构较复杂
适用滤饼	较松软	松软	较结实				

该机适用于分离含中等颗粒或细颗粒（0.01～5mm）的悬浮液，也可分离含短纤维（纤维长度小于 4mm）的悬浮液；悬浮液的含量范围 10%～60%，典型分离物料为硫酸铵、硫酸钠、氯化钠、蒽、硼酸、淀粉、农药、合成树脂、氰化钠、氯化钾、碳酸氢钴等。

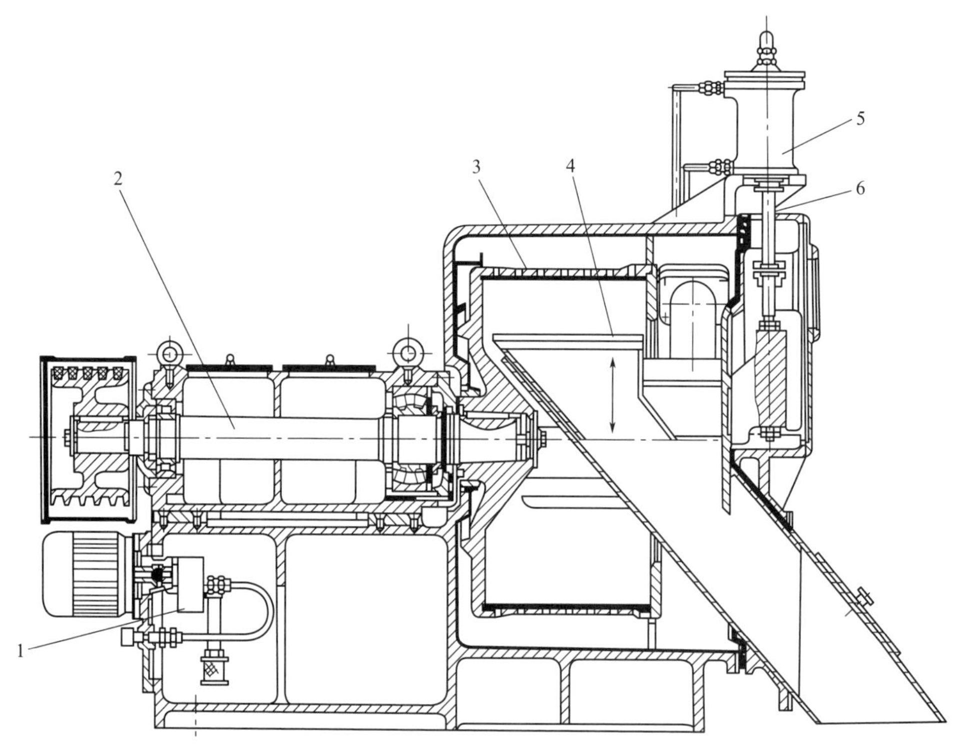

图 2-19　卧式刮刀卸料离心机

1—液压泵；2—主轴；3—转鼓；4—刮刀；5—液压缸；6—活塞杆

目前，我国卧式刮刀卸料离心机的主要技术参数如下。

转鼓直径　ϕ450～2200mm　　分离因数　140～2830

转鼓转速　450～4000r/min　　有效容积　15～1100L

（4）虹吸刮刀卸料离心机

虹吸刮刀卸料离心机是以普通刮刀卸料离心机为基础，利用虹吸作用增加过滤推动力的过滤离心机，其原理见图 2-20。

通过过滤介质 5 的滤液全部进入滤液室 7 和虹吸室 3，通过撇液管 4 排出转鼓，改变撇液管位置可控制虹吸室内液面位置，亦即可改变过滤速度。该机的操作方式及其优点如下：

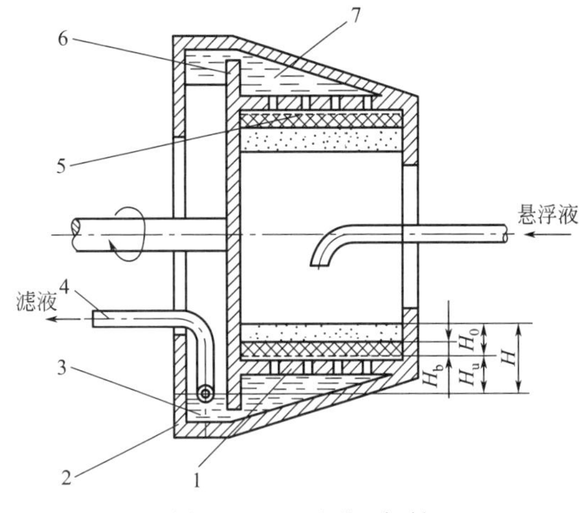

图 2-20 虹吸刮刀卸料离心机原理

1—转鼓；2—辅助转鼓；3—虹吸室；4—撇液管；5—过滤介质；6—挡板；7—滤液室

① 进料阶段减少 H_u 值（也可以向虹吸室充滤液，使 H_u 值为负值），降低过滤速度以形成厚度较均匀的滤饼；

② 过滤阶段增大 H_u 值，提高过滤速度和单位时间处理量；

③ 洗涤阶段减小 H_u 值，降低过滤速度，使洗涤液缓慢通过滤饼，提高洗涤效率；

④ 甩干阶段使 H_u 达到最大值，过滤推动力最大，可获得含液量低的滤饼；

⑤ 过滤介质再生阶段，从外部向虹吸室充冲洗液，冲洗液从滤液室通过过滤介质流向转鼓内部，实现过滤介质的反向冲洗，使过滤介质恢复过滤性能。

虹吸式刮刀卸料离心机用反向冲洗再生过滤介质，不但使过滤介质的过滤性能得到恢复，也使残余滤饼层呈松散状态，保持良好的渗透性；加上有虹吸作用使过滤推动力加大，因此采用虹吸式刮刀卸料离心机分离时，滤饼含液量低。虹吸式刮刀卸料离心机适合于生产量大、滤饼要求充分洗涤和含液量低的场合。它所适用的典型物料为淀粉、碳酸氢钠、聚丙烯腈、磷酸钙等。

目前，我国虹吸刮刀卸料离心机的主要技术参数如下。

转鼓直径	ϕ400～1800mm	分离因数	630～2000
转鼓转速	760～2000r/min	有效容积	11～1400L

（5）活塞推料离心机

活塞推料离心机是连续运转、自动操作、脉动卸料的过滤离心机，其结构如图 2-21 所示。

转鼓位于主轴端部，其转鼓内装有条状筛网或板状筛网，转鼓底部的推料器与转鼓同速旋转，同时由液压装置驱动做轴向往复运动。与推料器相连的布料器将悬浮液均匀分布在滤网上，生成的滤饼由推料器推动呈脉动状向前移动，最后排出转鼓。

双级活塞推料离心机（见图 2-22），由一级转鼓套装在二级转鼓内组成，一级转鼓的滤饼由推料器推动落入二级转鼓，二级转鼓的滤饼由一级转鼓推动而前移，并排出转鼓。此外，还有级数更多的多级活塞推料离心机，其原理与两级活塞推料离心机相同。

图 2-23 为改进的离心机转鼓。转鼓由圆锥段和圆柱组成。在圆锥部分，滤饼上作用着离心力 C 的分力 $F=C\sin\alpha$，减小了推料器推动滤饼前进所需的力。同时，滤饼在圆锥面上向大端移动的过程中厚度逐渐减薄，使液体更容易从滤饼中分离。转鼓的圆锥段的半锥角 α 应小于滤饼对滤网的摩擦角。

该机具有分离效率高，生产能力大，生产连续，操作稳定，滤渣含液量低，滤渣破碎小，功率消耗均匀等特点，适于中、粗颗粒、浓度高的悬浮液的过滤脱水。

活塞推料离心机的分离操作对悬浮液固相浓度变化很敏感，要求加料浓度稳定。如果悬浮液浓度突然变稀，将会冲走筛网上已形成的均匀滤渣层，造成物料分布不均，如果固相浓度突然升高，料浆流动性差将使物料在筛网上局部堆积，易引起机器的振动。

该机所适用的典型物料有：碳酸氢铵、硫酸铵、食盐、钾肥、硝化棉、尿素、碳酸钠等。

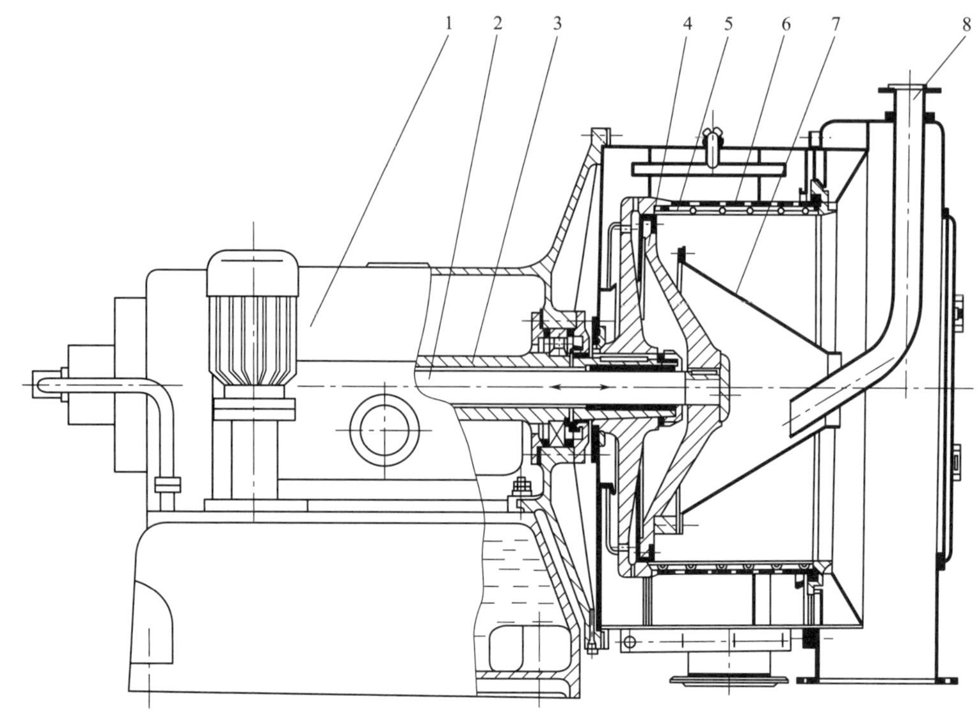

图 2-21　单级卧式活塞推料离心机

1—液压装置；2—推杆；3—主轴；4—推料器；5—滤网；6—转鼓；7—布料器；8—进料管

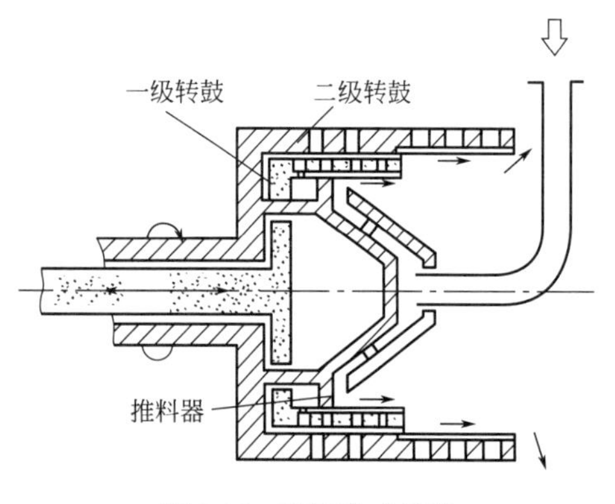

图 2-22　双级卧式活塞推料离心机转鼓

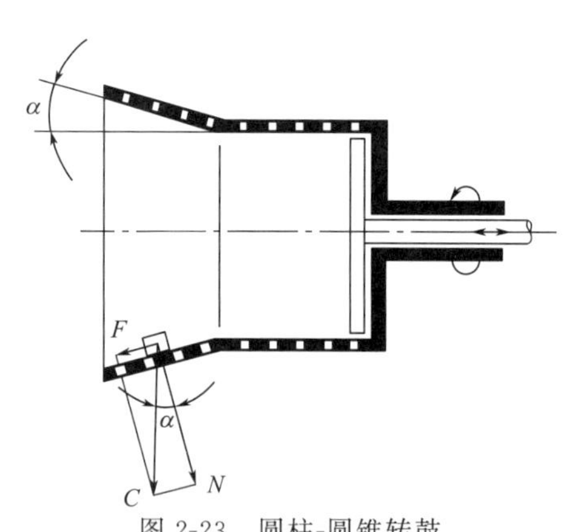

图 2-23　圆柱-圆锥转鼓

目前，我国卧式活塞推料离心机的主要技术参数如下。

转鼓直径	ϕ152～1600mm	推料往复次数	30～70 次/min
转鼓长度	125～760mm	分离因数	300～1000
转鼓级数	1，2 级	生产能力	20～70×10^3kg/h

(6) 离心力卸料离心机

离心力卸料离心机又称锥篮离心机，它是一种无机械卸料装置的自动连续卸料离心机。见图 2-24。

该机的转鼓呈截头-圆锥形，内壁装滤网。悬浮液由进料管加入离心机，在转鼓底加速后均布于转鼓小端滤网上，在离心力作用下液体经滤网和转鼓壁排出转鼓，固体颗粒在滤网上形

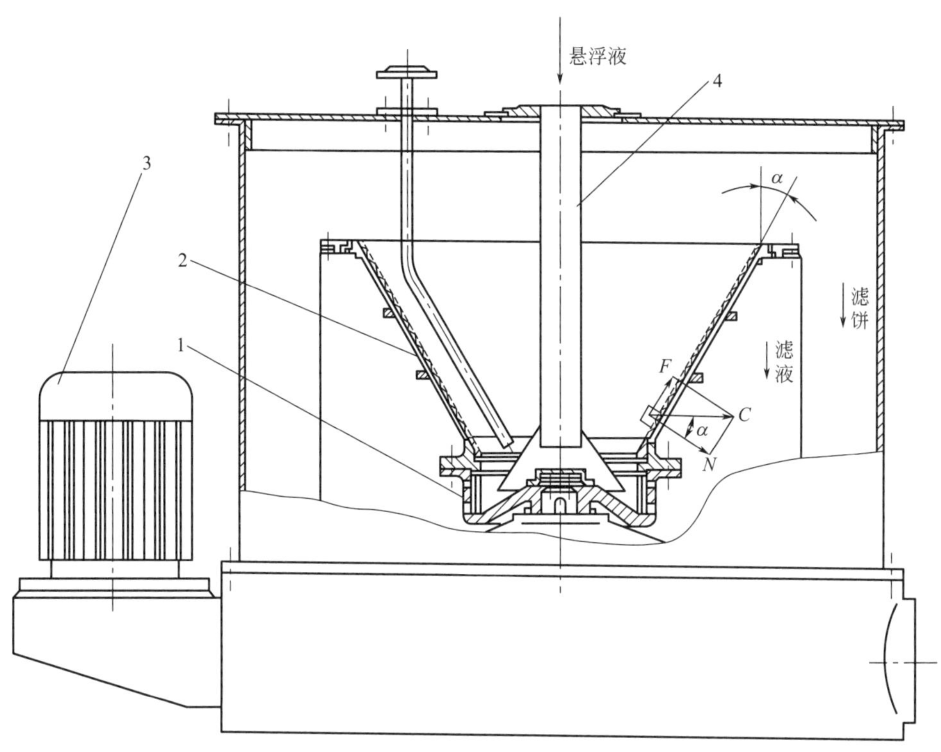

图 2-24 离心力卸料离心机

1—转鼓底；2—转鼓；3—电机；4—进料管

成滤饼。滤饼受离心力 C 的分力 $F=C\sin\alpha$ 作用向转鼓大端滑动，排出转鼓。

该机滤网上的滤饼层很薄，且处于连续运动状态，运动过程中，分离因数随转鼓半径的增大而不断增大，是一种动态薄层滤饼过滤过程，故分离效率较高，可获得较干的滤饼。

离心力卸料离心机的加料、过滤、卸渣操作自动连续，单机处理能力大，适于易分离物料的脱水、滤渣层薄，滤渣含液量低；机器结构简单，操作维护方便，但这种离心机对物料特性和悬浮液浓度的变化都很敏感，适应性差，不同的物料要求用不同锥角的转鼓分离，且滤渣在转鼓中的停留时间难以控制。

滤渣在转鼓内由小端向大端自动移动的条件为

$$\tan\alpha > f \tag{2-37}$$

式中 α——转鼓的半锥角；

f——滤渣与滤网的动摩擦系数。

滤网的类型、结构和参数对离心力卸料离心机的分离效果和操作性能影响较大，离心力卸料离心机用滤网的主要参数见表 2-16 所示。应根据固体颗粒大小、悬浮液浓度和黏度等特性以及生产工艺的要求来选用滤网。

表 2-16 离心力卸料离心机用滤网

名称	板厚/mm	缝隙宽/mm	缝间距/mm	开孔率/%
冲孔板网	0.3	0.15	1～1.3	9.37
剪切腐蚀网	0.5	0.14	1.5	8
剪切板网	0.3～0.5	0.13～0.16	1.4～1.65	7～7.5

续表

名称	板厚/mm	缝隙宽/mm	缝间距/mm	开孔率/%
挤压板网	0.5	0.15～0.18	1.3	7
电铸网	0.28～0.3	0.06～0.08	0.7	—
百叶窗网	0.5	0.15～0.18	1.5	—

离心力卸料离心机主要用于分离大于0.1mm的结晶颗粒、无定形物料以及纤维状物料，如食盐、碳酸氢铵、硫酸钛、醋酸纤维、联氨盐、氧化铁等。

我国离心力卸料离心机的主要参数如下。

转鼓大端直径　ϕ500～1000mm　　分离因数　650～2100

转鼓转速　1200～1800r/min　　转鼓半锥角　25°～35°

(7) 螺旋卸料过滤离心机

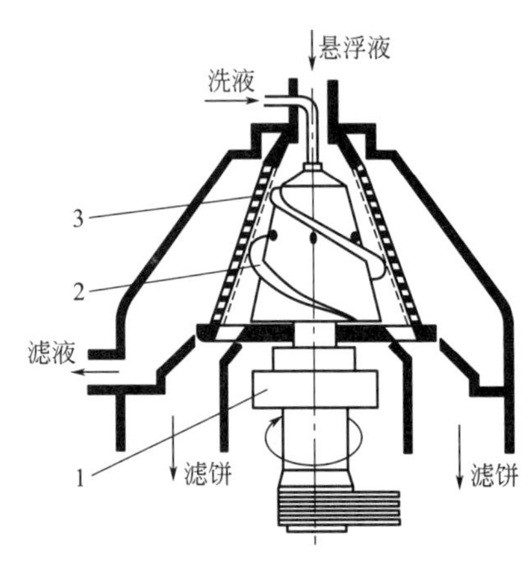

图 2-25　螺旋卸料过滤离心机

1—差速器；2—输料螺旋；3—转鼓

螺旋卸料过滤离心机结构示意如图2-25所示。

圆锥形转鼓内有输料螺旋，两者同向旋转但有转速差，该转速差通过主轴上的差速器获得，转鼓内表面装有板状滤网（有无数圆形或条状滤孔的金属薄板），悬浮液在滤网上过滤，形成滤饼，由于输料螺旋的推送，滤饼在滤网上由小端向大端连续移动，最后排出转鼓。

该离心机的转鼓半锥角大小随应用场合而定。螺旋卸料过滤离心机可以通过改变转鼓和输料螺旋的转速差，来改变滤渣在转鼓中的停留时间，进而改变滤渣的湿含量。

该机适合于分离固体颗粒较粗（颗粒粒度大于0.2mm）、悬浮液的浓度较高（质量浓度大于40%）的悬浮液，操作连续，滤渣含液量较低，处理量大。但在分离过程中会使固体颗粒遭到破碎，且有较多的细小颗粒进入滤液中。常用于分离钾盐、芒硝、硫酸锌、硫酸钠、氯化钠、硼砂等产品。

我国螺旋卸料离心机的主要参数如下。

转鼓大端直径　ϕ170～600mm　　分离因数　160～3000

转鼓转速　550～4000r/min

(8) 振动卸料离心机

振动卸料离心机是指附加了轴向振动或周向振动的离心力卸料离心机，图2-26所示为轴向振动卸料离心机。

该机的圆锥形转鼓一般由条状滤网焊接而成。转鼓由电机驱动旋转，在激振器3作用下同时做轴向振动。操作时，物料由进料管6加入，经旋转的布料斗被抛在转鼓7小端的筛网上，在离心惯性力的作用下，液体穿过筛网由排液口排出，其固相在离心惯性力和振动力的联合作用下，沿筛网表面向转鼓大端移动排出转鼓。改变转鼓振动振幅和频率，可调节滤饼在滤网上的移动速度。因此，可根据物料的特性和分离要求调节滤饼在转鼓中的停留时间。

转鼓的轴向振动不但使滤饼在滤网上移动，还促进滤饼层松散，强化了离心过滤过程，滤饼呈薄层脉动式的运动，有利于脱液和防止滤网堵塞。

振动卸料离心机的处理能力大，生产连续，能耗低，颗粒破碎小，适于分离含粗颗粒（颗粒粒度大于 200μm）、高固相浓度（质量浓度大于 30%）的悬浮液，但这种离心机受结构限制，分离因数低，只用来处理易过滤的悬浮液。常用于粉煤、海盐、矿石以及型砂等的脱水。

（9）进动卸料离心机

进动卸料离心机又称为颤动离心机或摆动离心机，见图 2-27。

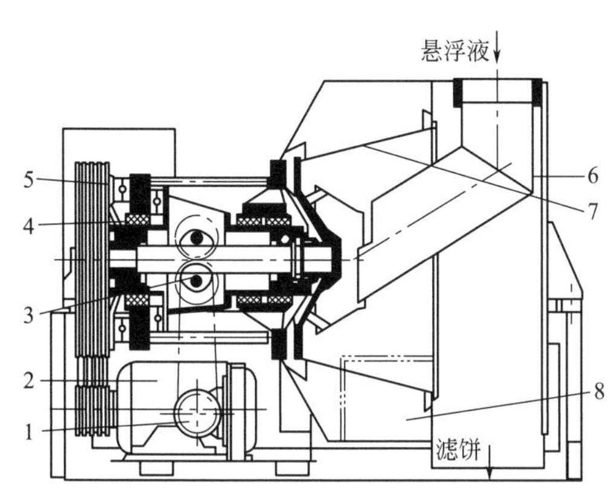

图 2-26 轴向振动卸料离心机

1—激振电机；2—主电机；3—激振器；4—环形橡胶弹簧；5—橡胶吸振器；6—进料管；7—转鼓；8—排液口

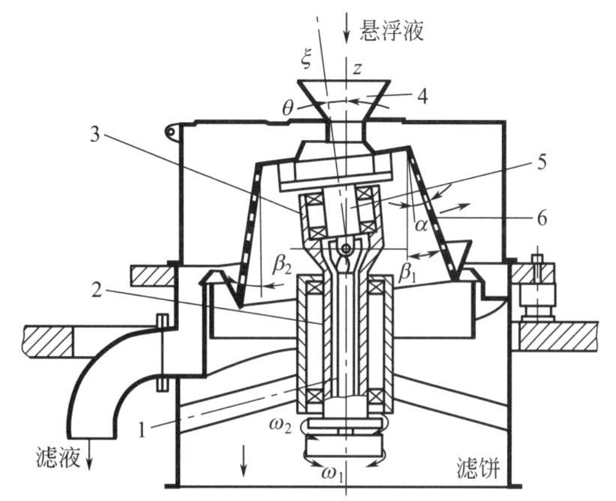

图 2-27 进动卸料离心机

1—实心轴；2—空心轴；3—进动头；4—进料管；5—主轴；6—转鼓

悬浮液从离心机上方经进料管 4 加入布料器，在布料器内加速后，由布料器底部均匀撒到筛网小口的周壁，滤液从筛网的缝隙中甩走，经排液管流出离心机。留在筛网上的滤渣由于进动运动产生的惯性力的作用，不断滑向筛网大口，不须任何卸料装置自动甩离转鼓。

进动离心机滤渣层处于运动状态，过滤阻力不大，由于进动运动给物料一个附加运动，使滤渣层在分离过程中不断减薄和疏松，从而强化了过滤和脱水效果。

进动卸料离心机的特点是，生产能力大，造价低廉，无卸料机构，可通过调节章动角、自转和公转速度以适应多种物料的分离。物料表面几乎不被磨损，耗能低，缺点是不能对滤饼进行有效的洗涤。

进动卸料离心机用于分离含粗颗粒的浓悬浮液，包括颗粒状的合成树脂、矿砂、细粒煤、硫酸铵、氯化钾、磷酸钙等物料。

2.3.3.2 沉降离心机[1,6,15]

（1）三足式沉降离心机

三足式沉降离心机的结构与三足式过滤离心机基本相同，主要区别是转鼓壁不开孔。悬浮液从转鼓中心的分布器预加速后均匀分布在转鼓内。固相颗粒向转鼓壁沉降，澄清液从溢流堰溢流或由排液管排除，沉渣用刮刀刮除或停机人工清除。转鼓材料通常为不锈钢，也可选用碳钢、钛合金以及碳钢衬橡胶或喷涂聚合物材料。

该机可任意调节澄清操作时间，对物料的适应性强，运作平稳，结构简单，造价低；缺点是间歇操作，生产辅助时间长，生产能力低，人工卸渣劳动强度大，机械卸料、程序控制的三足式沉降离心机可在转鼓底部排渣，实现自动化操作。

三足式沉降离心机的主要技术参数如下。

转鼓直径　　ϕ300～2000mm　　　　分离因数　　400～1200

转鼓速度　　500～3350r/min　　　　转鼓容积　　7.5～1000L

(2) 刮刀卸料沉降离心机

刮刀卸料沉降离心机除转鼓壁不开孔外，其他结构与卧式刮刀卸料离心机相似，见图 2-28。悬浮液经进料管加到转鼓底部沿流道进入转鼓，液体沿轴向流动，固体颗粒沉降到转鼓壁。液体在拦液板处溢流，随着分离过程的进行，沉渣逐渐增厚，当分离液澄清度降低到极限值时，应停止加料，用刮刀刮除滤渣。如果沉渣具有流动性，可用撇液管排除，该离心机用于不易过滤的低浓度悬浮液的分离。

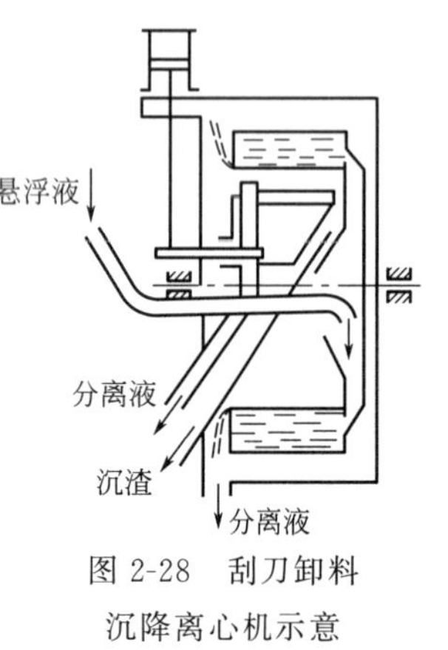

图 2-28　刮刀卸料沉降离心机示意

(3) 螺旋卸料沉降离心机

螺旋卸料沉降离心机见图 2-29。

转鼓支承在两端的主轴承座上，输料螺旋装在转鼓内的轴承上，转鼓壁与螺旋叶片外端面留有一定间隙，转鼓与螺旋有一定的转速差，以便由螺旋将转鼓内的沉渣推送出转鼓，悬浮液从加料管连续加料，进入转鼓，在离心力作用下，固相颗粒在转鼓壁形成沉渣，由螺旋的作用将沉渣推送到转鼓小端的排渣孔排出，澄清后的分离液沿螺旋叶片通道经转鼓的溢流孔流出转鼓，为防止负荷过大，差速器装有过载保护装置。

经过特殊结构设计的螺旋卸料沉降离心机，可用于处理易燃、易爆、易挥发及有毒的悬浮液。其基本结构与图 2-29 相同，为防止有害气体逸出，在转鼓两端的轴颈与机壳之间及加料管与转鼓轴颈内壁之间，设置迷宫密封或机械密封，并向机壳内充装惰性气体。

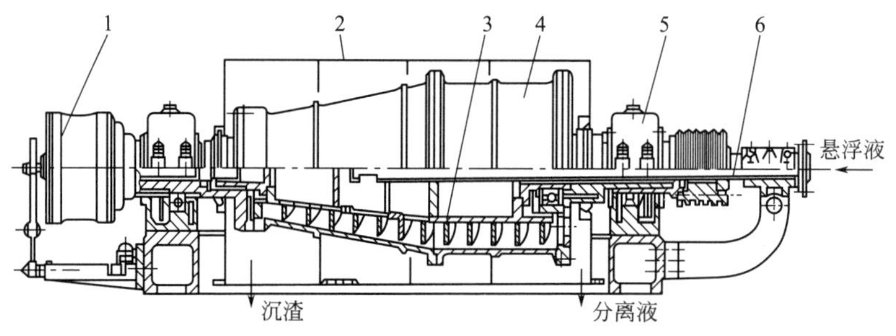

图 2-29　逆流式螺旋卸料沉降离心机

1—差速器；2—机壳；3—输料螺旋；4—转鼓；5—轴承座；6—进料管

根据分离要求（如生产能力、沉渣含液量等），可通过调整操作参数，如加料量、转鼓转速、转鼓与螺旋的转速差、转鼓大端的溢流孔位置与直径等，来改变分离效果。

特点是：操作连续、分离效果好，无滤网和滤布，能长期运转，维修方便，对物料适应性强，可以分离固相颗粒粒度 0.005～2mm、固相含量 1%～50%的悬浮液且对粒度变化和浓度变化不太敏感；易于实现密闭操作和在加压、低温下操作，分离因数高，单机生产能力大，但与过滤离心机相比，滤渣含液量较高。

螺旋卸料沉降离心机应用于下列四个方面。

① 固体脱液　当固体颗粒可压缩时优于过滤式离心机，如聚氯乙烯、聚丙烯、低压聚乙烯及聚苯乙烯等树脂的脱液、细煤末脱水等。

② 悬浮液的澄清　如活性污泥分离，酒厂和酒精厂醪液的分离等。

③ 固体颗粒分级　在转鼓内分离时，直径较大的固体颗粒沉到鼓壁排出转鼓，较小的颗粒随液体排出，实现分级，如二氧化钛、高岭土以及分散染料等的分级。

④ 三相分离　即将液-液-固三相经一次分离分开，如焦油-水-焦炭末的分离、油脂-水-油渣混合物的分离。

我国螺旋卸料沉降离心机的主要技术参数见表 2-17。

表 2-17　螺旋卸料沉降离心机技术参数

转鼓直径/mm	转速/(r/min)	分离因数	转鼓直径/mm	转速/(r/min)	分离因数
200	4000～6000	1788～4024	500	2000～3200	1120～2860
355	2500～4000	1240～3170	630	1400～2500	690～2200
400	2000～3550	1080～2810	800	1250～2000	700～1790
450	2000～3400	1000～2900	1000	900～1400	450～1100

2.3.3.3　离心分离机[6,14]

(1) 管式分离机

管式分离机的转鼓形状为管状，直径小、长径比高、转速高、分离因数大，见图 2-30。

管式分离机的转鼓 5 悬挂在细长的挠性轴 3 上，由电机通过传动机构传动，物料从转鼓下端加入，借助转鼓内的三翼板 6 与转鼓一起加速。在离心惯性力作用下，两种液相在转鼓内形成两个同心圆环，重相在外层，轻相在内层，在转鼓上部，轻相液由靠近转鼓轴心的轻液出口排出，重相由重液出口排出，微量固体沉降到转鼓壁上，待转鼓壁上的沉渣较多时停车清除。转鼓内装有调节环，用来调节重相出口，使轻、重液面处于合理的位置上。

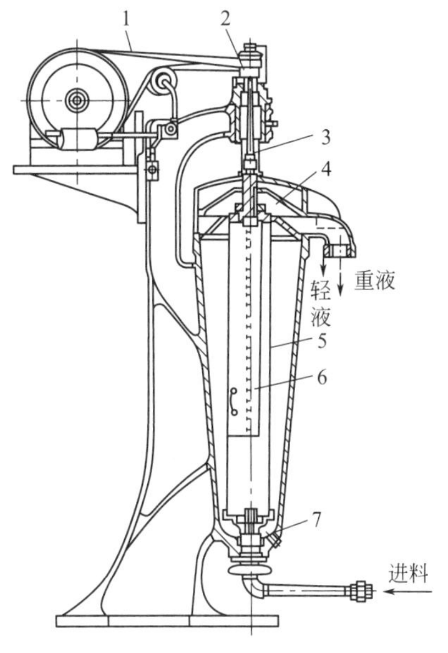

图 2-30　管式分离机

1—传动皮带；2—皮带轮；3—主轴；4—收集器；5—转鼓；6—三翼板；7—下轴承

该机分离因数高、分离能力强，能分离一般离心机不能分离的小颗粒和液固两相密度差小的物料，获得澄清度高的分离液。该机体积小，占地面积少，操作维修方便，缺点是分离操作是间歇式的，处理能力小。当转鼓内沉渣集聚较多时，需停机清除转鼓内的沉渣。

某些特殊用途的管式分离机在转鼓四周装有蛇管，用于冷却或加热转鼓，该分离机可在低温(−10℃)或较高温度(约 70℃)下操作。

管式分离机适用于固体含量低于 1%、固相粒度小于 5μm 以及固液两相密度差很小的悬浮液的澄清；也适用于轻液与重液的密度差小及分散性很高的乳浊液的分离。常应用的物料有：变压器油、燃料油、润滑油、植物油、鱼油、瓷釉、青霉素、清漆、硝基漆、血清等。

管式分离机的主要参数如下。

转鼓直径	ϕ45～150	转鼓容积	0.28～10L
转鼓转速	12000～50000r/min	分离因数	13000～65000

(2) 室式分离机

室式分离机见图 2-31，装在立轴上的转鼓 10 由电机通过螺旋齿轮增速传动驱动而高速旋转，需分离的物料经加料管进入转鼓 10，先进入分离室 2，再依次进入件号为 4、5、6、7、8 的分离室分离。最后从转鼓顶部开孔溢流入分离液收集室 3 的出口管排出，最大的固体颗粒在中心沉降。随着液体由中心向外流动，所流经的分离室的分离因数逐一增大，使细小的固体颗粒从液体中沉降出来，沉渣需在室式分离机停机后拆开转鼓人工清除。

该机分离因数高，被分离物料在转鼓内的停留时间长，分离液澄清度高，适合于处理固相颗粒粒度大于 0.1μm，固相含量小于 5%的悬浮液的澄清，处理能力 2.5～10m³/h。典型的应用有麦芽汁、果汁、糖蜜、涂料等的澄清，显像管行业回收荧光粉等。

(3) 碟式分离机

碟式分离机是一种应用十分广泛的高速沉降分离机，如图 2-32 所示。装在立轴 4 上的转鼓 3 由电机通过螺旋齿轮增速（或皮带增速传动）驱动而高速旋转，需分离的液体（悬浮液或乳浊液）经加料管进入转鼓。分离后的液体从转鼓中溢流排出或由向心泵排出，如进出口管路上有机械密封，液体在压力下直接从出料管排出。

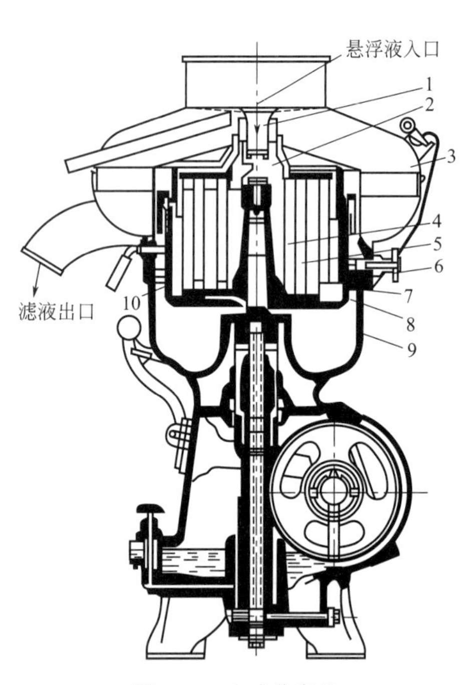

图 2-31 室式分离机

1—进料管；3—分离液收集室；

2,4～8—分离室；9—机壳；10—转鼓

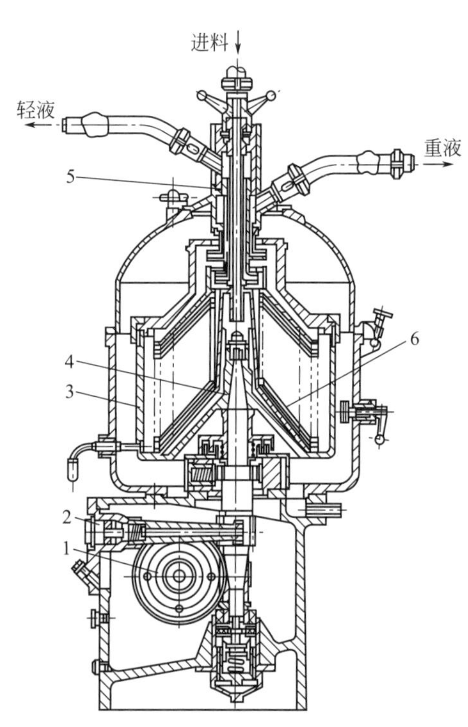

图 2-32 碟式分离机

1—传动齿轮；2—转速表；3—转鼓；

4—立轴；5—进出料装置；6-碟片

碟式分离机转鼓内有一组叠装在一起的碟片，其分离原理见图 2-33 所示。

图 2-33(a) 是两种液体组成的乳浊液的分离原理，(b) 是悬浮液的分离原理。在 (a) 中的碟片上开有中心孔 3，中心孔的位置由轻、重相液的密度和体积比确定。乳浊液自中心孔进入，轻相液沿碟片间的通道向中心流动到轻相液出口；重相液在碟片间沿通道向外运动，经转鼓与碟片外周边的环状通道流向重相液出口。通过调节出液口压力，使轻、重相液分界面正好在中心孔位置。

碟式分离机中的悬浮液在相邻两碟片间的通道内流动，由于碟片间隙很小，颗粒的沉降距离极短，形成薄层流动，极短的时间内即被分离。转速高，分离因数大，能很好地实现乳浊液的分离和高分散悬浮液的澄清。

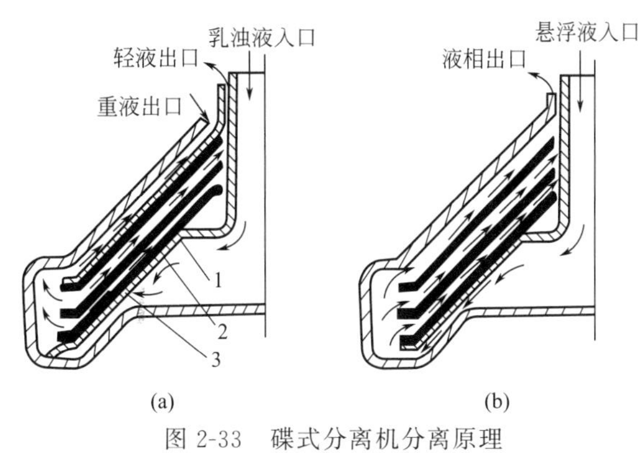

图 2-33　碟式分离机分离原理

1—转鼓底架；2—碟片；3—中心孔

按照排渣方式，碟式分离机有人工排渣、环阀排渣和喷嘴排渣三种型式。

人工排渣型是间歇操作的澄清型碟式分离机，当转鼓内沉渣较多，分离液澄清度下降时，停机打开转鼓，用人工清除沉渣。适用于固相含量少、固相体积含量低于1%，粒度小于0.1μm的悬浮液的澄清。

环阀排渣型又称为自动排渣或活塞排渣型，悬浮液连续加入转鼓，利用环阀活门的动作，启闭排渣口，断续排渣。适于处理固相粒度0.1～500μm，固液相密度差大于0.01g/cm^3，固相含量小于10%的悬浮液。

喷嘴排渣型是连续操作浓缩用的碟式分离机，其周边装有均匀的排渣喷嘴，环状空间内被增浓的料浆从喷嘴连续排出，该机可提高原料液的浓度5～20倍，适于处理固相颗粒粒度0.1～100μm，固相体积含量小于25%的悬浮液。

碟式分离机广泛用于乳品行业、矿物油生产、啤酒、胶乳、植物油、淀粉、酵母分离等行业。在矿物油行业中，碟式分离机常用于去除柴油、燃料油、润滑油等中的水分及固体杂质，进行液-液-固分离，船用柴油机的燃料油经碟式分离机分离后，机械杂质可减少75%～88%，水分几乎完全除去。

2.3.4 离心机功率计算及有关工艺参数的选定[1,4]

2.3.4.1 启动转鼓件所需功率

$$N_1=\frac{J_p\omega^2}{2000t_1} \tag{2-38}$$

式中　J_p——转动件的转动惯量，N·m·s^2，可根据具体结构形状，从参考文献［10］中查取；

ω——离心机的操作角速度，1/s；

t_1——启动时间，s，一般离心机取30～240s；一般分离机取120～360s。

转动件一般包括转鼓、皮带轮、制动轮及其他质量和半径较大的旋转零部件。各个转动件的转动惯量根据其结构形状、质量分布、回转半径进行计算，总转动惯量等于各个转动件的转动惯量之和。

2.3.4.2 转鼓内物料达到工作转速所消耗的功率

加速物料所消耗的功率 N_2，为加速滤饼（沉渣）和滤液（分离液）所耗功率之和。分间歇加料和连续加料两种情况。

（1）间歇加料离心机转鼓内物料加速到工作转速所消耗的功率

$$N'_2=\frac{\lambda\omega^2}{2000t_2}\left[\frac{m_2(r_1^2+R^2)}{2}+m_3R_0^2\right] \tag{2-39}$$

式中　m_2——每次加料所得滤饼的质量，kg；

m_3——每次加料所得滤液的质量，kg；

λ——考虑物料搅动和流体阻力损耗能量的系数，一般取 $\lambda=1.1\sim1.2$；

t_2——物料加速时间，一般取 $(1.15\sim1.20)t_1$，s；

R_0——滤液离开转鼓的位置半径，圆筒形过滤转鼓为 R，圆锥形过滤式转鼓为$\left(\frac{R+r_3}{2}\right)$，沉降式转鼓为分离液的溢流半径。

（2）连续加料离心机转鼓内物料加速到工作转速所消耗的功率

$$N''_2=\sum_{i=1}^{n}\frac{\lambda m_i R_i^2\omega^2}{2000} \tag{2-40}$$

式中 n——物料被分离成的组分数；

m_i——组分 i 在单位时间内从转鼓排出的质量，kg/s；

R_i——组分 i 离开转鼓处的位置半径，m。

2.3.4.3 轴承摩擦消耗的功率

$$N_3=\frac{f_1\omega(P_1d_1+P_2d_2)}{2000} \tag{2-41}$$

式中 f_1——轴承摩擦系数，一般对滑动轴承，f_1 取 0.1～0.5；对滚动轴承，f_1 取 0.0015～0.008；

d_1、d_2——两轴颈的直径，m；

P_1、P_2——两轴承的支反力，N。

对于立式离心机，轴承的支反力 P_1、P_2 值，根据偏心动载荷 $p=m_0e\omega^2$（这里 m_0 是转鼓等转动件与转鼓内物料的总质量，kg；e 是总质量的质心对转鼓回转轴的偏心距，m;），按质心位置分配到两轴承上；对于卧式离心机，轴承的支反力 P_1、P_2 值为转鼓等转动件与转鼓内物料的质量及其偏心动载荷之和，$p=m_0(g+e\omega^2)$，按质心位置分配到两轴承上。具体值见表 2-18。

表 2-18 回转件的偏心距

机型	间歇操作过滤离心机	间歇操作沉降离心机和连续操作过滤离心机	连续操作沉降离心机
偏心距	$2\times10^{-3}R$	$1\times10^{-3}R$	$0.5\times10^{-3}R$

注：R 为转鼓内半径，m。

2.3.4.4 转鼓及物料表面与空气摩擦消耗的功率

$$N_4=11.3\times10^{-6}\rho_a L\omega^3(R_0^4+r_2^4) \tag{2-42}$$

式中 ρ_a——空气密度，常温常压下取 1.29kg/m^3；

L——转鼓长度，m；

ω——回转角速度，1/s；

R_0——转鼓外半径，圆锥形转鼓取大端外半径和小端外半径的平均值，m；

r_2——物料层内半径，m。

2.3.4.5 卸出滤饼消耗的功率

（1）刮刀卸料消耗的功率

$$N''_5=\frac{\pi Bh_1(D-h_1)k_2}{1000t_s} \tag{2-43}$$

式中 B——刮刀刃长度，m；

h_1——滤饼层厚度，m；

D——滤饼层外半径，m；

t_s——刮料时间，s；

k_2——刮刀切割滤饼的比阻力，N/m^2，一般取为 $4\times10^6 N/m^2$。

（2）推料器推送滤饼层消耗的功率

$$N''_5=\frac{G_3R\omega^2f_2L_0n_2(1+\phi)\varepsilon}{60000} \tag{2-44}$$

$$\varepsilon=\frac{L_s}{L_0} \tag{2-45}$$

式中　G_3——滤渣层总质量，kg；

R——滤渣层外半径，m；

L_0——推料器行程，m；

L_s——推送过程中，长度为 L_0 的滤饼受压缩后的长度，m；

n_2——单位时间推料器往复次数，1/min；

ϕ——推料器返回行程时间与工作行程时间的比值，单级活塞推料离心机取 0.5～1.0，多级活塞推料离心机取 1.0；

ε——滤饼层被推送时的压缩变形系数，一般结晶状物料为 0.7～0.85，硝化棉纤维为 0.55；

f_2——滤饼与滤网的摩擦系数。

（3）输料螺旋输送沉渣消耗的功率

$$N'''_5=\frac{k_mG_1(R+R_0+2r_3)\omega^2L_d}{400g} \tag{2-46}$$

$$L_d=(R+R_0-2r_3)/2\tan\alpha \tag{2-47}$$

螺旋叶片母线垂直于锥段转鼓母线时：

$$k_m=f_3\cos\delta_1(\cot\delta_1+\cot\beta) \tag{2-48}$$

螺旋叶片母线垂直于转鼓轴线时：

$$k_m=f_3\cos\delta_1(\cot\delta_1+\cot\beta_1)\frac{1+\tan^2\alpha\sin\alpha\cos\beta}{1-f_3\tan\alpha\sin(\delta_1-\beta_0)} \tag{2-49}$$

$$\delta_1=\arccos\left[\frac{\tan\alpha}{\tan\lambda_1}\cdot\sin(\lambda_2+\beta)\right]-(\lambda_2+\beta) \tag{2-50}$$

$$\lambda_1=\arctan f_3$$

$$\lambda_2=\arctan f_4$$

式中　L_d——输送沉渣的计算长度，m；

λ_1——沉渣与转鼓壁的摩擦角；

f_3——沉渣与转鼓壁的摩擦系数；

λ_2——沉渣与螺旋叶片的摩擦角；

f_4——沉渣与螺旋叶片的摩擦系数；

β——L_d 段内螺旋叶片升角的平均值；

δ_1——沉渣在锥段转鼓的运动方向角。

其他符号意义见图 2-34 所示。

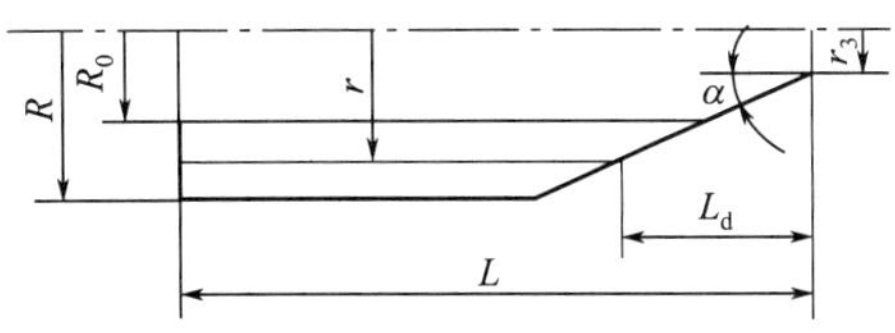

图 2-34　螺旋输送渣功率计算示意

2.3.4.6 机械密封摩擦消耗的功率

$$N_6=\frac{\pi D_s b_s f_s p_b v}{1000} \tag{2-51}$$

式中 D_s——摩擦副窄环端面内直径，m；

b_s——摩擦副窄环端面宽度，m；

f_s——摩擦副摩擦系数，一般取 0.02～0.2；

p_b——密封端面的比压力，Pa；

v——动环线速度，m/s。

2.3.4.7 向心泵排液所消耗的功率

$$N_7=\frac{G_1\omega^2 r_c^2(\lambda_3-1)}{2000} \tag{2-52}$$

式中 G_1——分离液排出流量，kg/s；

r_c——向心泵叶轮外半径，m；

λ_3——流体搅动和阻力损耗能量的系数，一般取 1.1～1.2；

ω——转鼓的角速度，1/s。

2.3.4.8 离心机、分离机的功率

(1) 间歇操作离心机的轴功率

间歇操作离心机（如三足式和上悬式离心机）操作周期短，启动频繁，启动阶段功率远大于运转阶段功率（特别是在启动时间短的情况下）。间歇操作离心机启动阶段轴功率为

$$N=N_1+N'_2+N_3+N_4 \tag{2-53}$$

如被分离物料在离心机启动后加入转鼓，则不计入 N'_2。

(2) 活塞推料离心机的轴功率

活塞推料离心机连续加料和卸料，运转时功率消耗是定值，电机运转阶段的轴功率为

$$N=N''_2+N_3+N_4 \tag{2-54}$$

(3) 刮刀卸料离心机的轴功率

该类离心机刮料阶段消耗功率最大，刮料阶段的轴功率为

$$N=1.5N_2+N_4+N'_5 \tag{2-55}$$

(4) 螺旋卸料离心机的轴功率

螺旋卸料离心机连续加料、连续卸料，电机按运转阶段的轴功率为

$$N=N''_2+N_3+N_4+N''_5+N_6+N_7 \tag{2-56}$$

如无机械密封，不计入 N_6 项；如无向心泵，不计入 N_7 项。

(5) 分离机的轴功率

碟式、室式和管式分离机的电机，按运转阶段的功率为

$$N=N''_2+N_3+N_4+N_6+N_7 \tag{2-57}$$

如无机械密封，不计入 N_6 项；如无向心泵，不计入 N_7 项。

(6) 离心机、分离机的电机功率

$$N_d=KN/\eta \tag{2-58}$$

式中 K——安全系数；

η——传动系统效率；

N——离心机轴功率。

2.4 过 滤 机

2.4.1 过滤分离原理[5,13]

2.4.1.1 概述

本节所讲的过滤是指将悬浮在液体中的固体颗粒分离的一种工艺，在推动力的作用下，液体通过过滤介质，固体颗粒则被过滤介质截留，从而实现液体和固体的分离。

过滤的目的是：①回收有价值的固体（舍弃液相）；②回收液体（舍弃固相）；③同时回收固相和液相；④不回收任何一相（但有其他目的）。由于过滤所处理的固体颗粒的粒度、粒度分布、形状、可压缩性、表面性质、密度的多种多样以及液固系统性质的“时间依存性”，在解决具体过滤设计及生产问题时，实践与经验比理论更重要。

过滤分离按过滤机理分为两大类，即深层过滤和滤饼过滤。

滤饼过滤通常处理体积浓度高于1%的悬浮液。过滤时，悬浮液流向过滤介质，大于或相近于过滤介质孔隙的固体颗粒以架桥方式在过滤介质表面形成初始层，其孔隙通道比过滤介质孔隙更小，能截留住更小的颗粒，因此其后沉积的固体颗粒逐渐在初始层上，形成一定厚度的滤饼，此时滤饼层起过滤介质的作用，过滤在过滤介质表面进行，由于滤饼的过滤阻力远大于过滤介质的过滤阻力，因而对过滤速率起决定性的影响。在大多数情况下，滤饼厚度为4～20mm，个别情况下为1～2mm或40～50mm。

实际过滤中以上两种过滤机理可能同时或先后发生。图2-35为两种不同过滤机理的示意图。

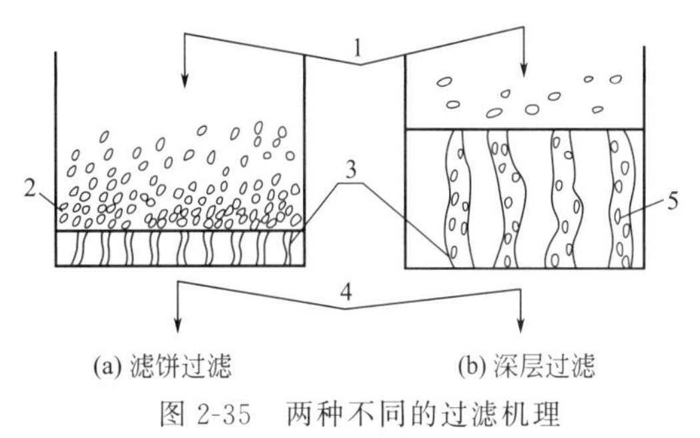

(a) 滤饼过滤　　(b) 深层过滤

图2-35　两种不同的过滤机理

1—料浆；2—滤饼；3—过滤介质；4—滤液；5—截留粒子

按照推动力的类型，常用的过滤分离方法可分为重力过滤、真空过滤、加压过滤和离心过滤。重力过滤的压强差由悬浮液的液柱高度形成。通常为50kPa左右；真空过滤的推动力为真空源，常用的真空度为0.053～0.08MPa；加压过滤的推动力由压缩机或压力泵提供，前者形成的过滤压力为50～800kPa，后者一般可达200kPa。离心过滤的推动力是离心惯性力。在工业生产中可根据不同的悬浮液性质以及对工艺指标的不同要求，采用不同的过滤推动力。

深层过滤多从很稀的悬浮液（体积分数低于0.1%）中分离微细颗粒，故一般用于液体净化。深层过滤时固体颗粒在过滤介质的孔隙内被截留，液固分离发生在整个过滤介质的内部，其过滤介质一般采用深层粒状介质（通常为砂粒或焦炭粒）。此外，用金属粉末、陶瓷、塑料等多孔介质以及滤毡和绕线滤芯等作为过滤介质时，若固相颗粒粒度小于介质孔隙尺寸，则其过滤过程也可称为深层过滤。深层过滤的过滤速度一般为5～15mm/h，其过滤阻力实质上为过滤介质阻力。处理自来水用的砂滤操作既为典型的深层过滤；陶瓷、塑料等多孔介质过滤器已广泛用于废水的处理。深层过滤通常可以得到含悬浮物量不大于5mg/L的澄清液，在与凝聚过程相结合的情况下，经沉降后进行过滤则可得到澄清度更高的滤液。

2.4.1.2 不可压缩滤饼和可压缩滤饼

过滤时，流过滤饼的流体，通过表面的动量传递，给固体颗粒一个曳力，此力通过颗粒向前传递，沿流动方向逐渐积累。若滤饼结构在此累积的曳力和过滤压力作用下，颗粒不相互错动，滤饼的孔隙率不发生变化，则称这种滤饼为不可压缩滤饼，否则为可压缩滤饼，大部分物料均为可压缩滤饼。

2.4.2 过滤基本方程及过滤机生产能力计算[3,5,10]

2.4.2.1 过滤基本方程

(1) Ruth 阻力方程

Ruth 阻力基本方程是关联过滤速率与悬浮液特性、过滤介质阻力与操作压力等关系的方程。当通过滤饼层的滤液的流动为层流，滤饼阻力 R_c（1/m）与单位过滤面积堆积的滤饼固定质量 W（kg/m²）或滤饼厚度 L_1（m）成正比，滤饼过滤微分方程为

$$\frac{1}{A}\frac{\mathrm{d}V}{\mathrm{d}t}=\frac{\mathrm{d}v}{\mathrm{d}t}=\frac{p}{\mu(R_c+R_m)} \tag{2-59}$$

$$v=V/A \qquad R_m=\alpha_m\frac{W}{A}=\alpha_m w \quad R_c=\alpha_v L_1$$

式中 R_m——过滤介质阻力，1/m；

R_c——滤饼阻力，1/m；

v——单位过滤面积所获得的滤液量，m³/m²；

A——过滤面积，m²；

μ——液体的动力黏度，Pa·s；

W——滤饼总质量，kg；

α_m——平均质量比阻的实测值，m/kg；

w——单位过滤面积上堆积的滤饼固体质量，kg/m²；

L_1——滤饼厚度，m；

α_v——平均体积比阻，实测值，m/m³；

(2) 平均过滤比阻

① 平均质量比阻，若滤饼阻力 R_c 与堆积在单位过滤面积上的滤饼质量（干固体）W 成正比，平均质量比阻 α_m 与过滤压力的关系有

$$\alpha_m=\beta+\alpha_0(p-p_m)^n\approx\beta+\alpha_0 p^n \tag{2-60}$$

式中 α_0——单位过滤压力比阻实测值，m/kg；

p——滤饼两侧压力差，Pa；

p_m——过滤介质表面的液压，Pa；

β——实验常数；

n——滤饼压缩性指数，由实验测定，高压缩性物料 $n>0.5$；中等压缩性物料 $n=0.3\sim0.5$；低压缩性物料 $n<0.3$。

根据滤饼平均质量比阻 α_m 的大小，可将物料分为三级：α_m 的数量级为 10^{11} m/kg，属于易过滤物料；α_m 的数量级为 $(10^{11}\sim10^{12})$ m/kg，属于中等易过滤物料；α_m 的数量级大于 10^{11} m/kg，属于难过滤物料。

② 平均体积比阻，若滤饼阻力 R_c 和滤饼层厚度 L_1 成正比，比例系数 α_V 称为平均体积比阻。

$$\alpha_V=\alpha_m\rho_v(1-\varepsilon_{aV}) \tag{2-61}$$

式中 ρ_v——滤饼中固相的真密度，kg/m³；

ε_{aV}——滤饼平均孔隙率。

部分过滤滤饼的平均体积比阻试验值见表 2-19。

表 2-19 过滤滤饼的平均体积比阻

试　　料	研究者	α_0	n	适用范围		α_V
				/Pa	/S	
硅藻土(微粒)	Carman				1.64×10^9	1.64×10^9
硅藻土(普通)	Carman	4.4×10^{10}	0.098			$(1.15\sim1.31)\times10^{11}$
活性炭	Carman	1.08×10^9	0.45	$(0.0945\sim0.0689)\times10^5$		$(1.19\sim1.03)\times10^{12}$
沉降碳酸钙	Carman	5.61×10^{10}	0.14	$(1.73\sim6.89)\times10^5$		$(2.20\sim2.68)\times10^{11}$
Fe_2O_3(颜料)	Carman	1.46×10^{10}	0.41	$(1.73\sim6.89)\times10^5$		$(0.304\sim1.42)\times10^{12}$
云母、黏土	Carman	7.95×10^9	0.42	$(1.73\sim6.89)\times10^5$		$(4.46\sim8.63)\times10^{11}$
胶质黏土	Carman	9.67×10^{11}	0.17	$(1.73\sim6.89)\times10^5$		$(5.10\sim6.45)\times10^{12}$
凝胶状氢氧化镁	Carman	1.50×10^{10}	0.55	$(1.73\sim6.89)\times10^5$		$(3.24\sim6.95)\times10^{12}$
凝胶状氢氧化铝	Carman	2.65×10^{10}	0.45	$(1.73\sim6.89)\times10^5$		$(2.16\sim4.02)\times10^{13}$
凝胶状氢氧化铁	Carman	5.34×10^9	0.81	$(1.73\sim6.89)\times10^5$		$(1.47\sim4.5)\times10^{13}$
硅石	Grace	7.66×10^9	0.76	$(0.129\sim0.89)\times10^5$		$(1.80\sim7.81)\times10^{12}$
硫化亚铅(高温)	Grace	3.99×10^{10}	0.44	$(0.254\sim0.787)\times10^3$		$(1.27\sim2.08)\times10^{12}$
硫化亚铅(低温)	Grace	1.37×10^{10}	0.80	$(0.250\sim0.790)\times10^5$		$(0.728\sim1.83)\times10^{13}$
氧化钛 R-110(pH=7.8)	Grace	1.59×10^{10}	0.34	$(1.60\sim11.87)\times10^5$		$(0.43\sim8.50)\times10^{13}$
氧化钛 R-110(pH=3.45)	Grace	9.43×10^{12}	0.067	$(1.565\sim31.38)\times10^5$		$(1.8\sim2.21)\times10^{13}$
水泥原料泥(1)	白户、岗村	4.23×10^{10}	0.25	$(0.245\sim1.96)\times10^5$	$0.350\sim0.667$	
水泥原料泥(2)	白户、岗村	5.69×10^{10} $(1\sim0.048s)$	0.236	$(0.98\sim8.83)\times10^5$	$0.349\sim0.601$	
香港高岭土(1)	白户、岗村	7.73×10^{10} $(1\sim0.0478s)$	0.332	$(0.98\sim8.83)\times10^5$	$0.060\sim0.279$	
香港高岭土(2)	白户、岗村	6.1×10^{10} $(1\sim0.040s)$	0.332	$(0.98\sim8.83)\times10^5$	$0.063\sim0.382$	
黏土	白户、岗村	6.63×10^{10} $(1\sim0.744s)$	0.471	$(0.98\sim8.83)\times10^5$	$0.025\sim0.252$	

过滤操作依过滤压力、速率的变化，可分为恒压、恒速及先恒速再恒压、变压等过滤过程。下面分别介绍不可压缩性滤饼和可压缩性滤饼的过滤过程。

2.4.2.2　不可压缩性滤饼的过滤

过滤操作按过滤压力、速率的变化可分为：恒压过滤、恒速过滤、先恒速后恒压过滤、变压变速过滤过程

(1) 恒压过滤

过滤压力保持不变的操作称为恒压过滤。生产中过滤机供料时，利用压缩空气维持料浆储罐压力或高位料槽和真空泵维持恒压力的过滤均属此类。

恒压过滤时，过滤方程可写成

$$\frac{dt}{dV}=aV+b \tag{2-62}$$

式中　$a=\frac{\mu\alpha_m C}{A^2\Delta p}$，$b=\frac{\mu R_m}{A\Delta p}$

C——悬浮液固体浓度（按单位体积滤液中的固体质量计），kg/m^3；

Δp——过滤压力，Pa；

R_m——过滤介质阻力，1/m；

μ——滤液黏度，Pa·s；

A——过滤面积，m^2；

V——在时间 t 间隔内测得的滤液量，m^3。

dt/dV 对 V 的关系可由不同过滤时间 t 测得的滤液量 V 求得，如图 2-36 所示，a，b 可由该图上求得，依据 a，b 可求得 α_m、R_m，从而

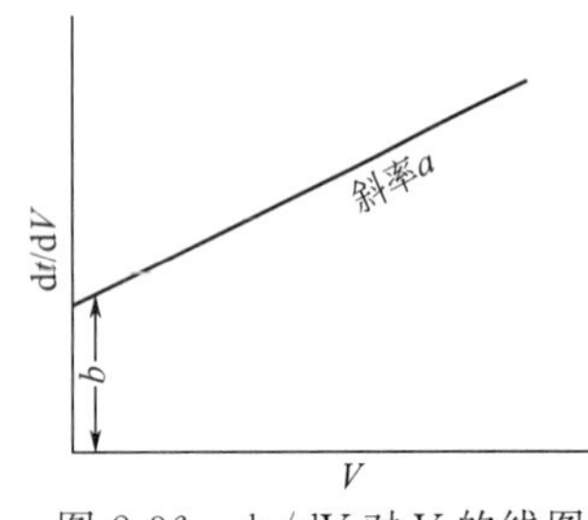

图 2-36　dt/dV 对 V 的线图

瞬时过滤速率　　$\frac{dV}{dt}=(aV+b)^{-1}$

达到某瞬时终速率 $(dt/dV)_f$ 时，滤液累计容积 V_f

$$V_f=a'(dt/dV)_f-b'$$

$$a'=a^{-1}=\frac{A^2\Delta p}{\mu\alpha_m C} \qquad b'=b/a=R_m A/\alpha_m C$$

获得滤液容积 V_f 所需时间 t_f

$$t_f=\frac{a}{2}V_f^2+bV_f \tag{2-63}$$

在过滤时间 t_f 内能获得的滤液容积 V_f

$$V_f=\frac{(2at_f+b^2)^{0.5}-b}{a} \tag{2-64}$$

（2）恒速过滤

在过滤过程中，过滤速率保持不变，过滤压力随过滤时间而升高，滤饼的平均质量比阻 α_m、过滤介质阻力 R_m 可由下式求出。

$$\Delta p=a''V+b''=a''\left(\frac{dV}{dt}\right)_c^2 t+b'' \tag{2-65}$$

$$a''=\frac{\mu\alpha_m C}{A^2}\left(\frac{dV}{dt}\right)_c，b''=\frac{\mu\alpha_m}{A}\left(\frac{dV}{dt}\right)_c$$

式中　dV/dt——恒速过滤时的过滤速率。

对于不可压缩滤饼的恒速过滤，Δp-V、Δp-t 都是直线关系，通过实验可以得到，然后可求得 α''、b''，进而求得 α_m、R_m 值。

（3）先恒速后恒压过滤

这种过滤过程在工业中比较常见，如用离心泵向板框和厢式压滤机供料时，过滤初期阻力较小，基本维持恒速过滤，当滤饼层增厚时，离心泵所提供压力并不能相应增加而接近恒压过滤。图 2-37 和图 2-38 表示这种过滤过程，恒速时，压力由 Δp_1 升至恒压阶段的过滤压力 Δp_s，此时（t_s 时刻）滤液体积为 V_s，而后进入恒压过滤（Δp_s）。

先恒速再恒压过滤方程为

$$\left.\begin{aligned}&\Delta p=a_1\left(\frac{V}{At}\right)^2 t+b_1\frac{V}{At} && 当\ t<t_s(恒速阶段)\\ &\Delta p=\Delta p_s && t>t_s(恒压阶段)\end{aligned}\right\} \tag{2-66}$$

式中，$a_1=\mu\alpha_m C$，$b_1=\mu R_m$。

$$\left.\begin{aligned}&V=\mu At=Q && 当\ V<V_s(恒速阶段)\\ &\frac{t-t_s}{V-V_s}=a(V+V_s)+b && V>V_s(恒压阶段)\end{aligned}\right\} \tag{2-67}$$

式中，$a=\dfrac{\alpha_m \mu C}{2A^2\Delta p}$，$b=\dfrac{\mu R_m}{A\Delta p}$，$V_s=Qt_s$。

式中　Q——滤液的流量，m^3/s。

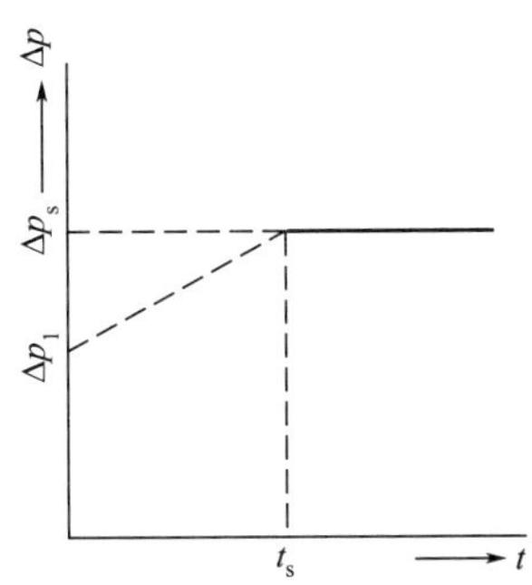

图 2-37　不可压缩滤饼先恒速后恒压条件下 $\Delta p=f(t)$ 图

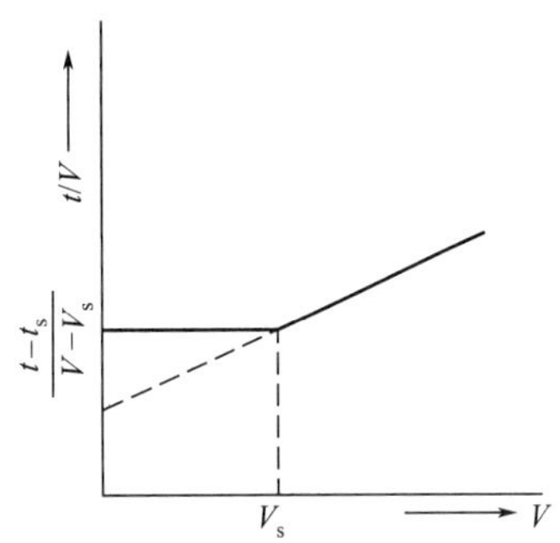

图 2-38　不可压缩滤饼先恒速后恒压条件下 $t/V=f(t)$ 图

［**例题 1**］

用一 635mm×635mm×60mm 的板框压滤机过滤某一悬浮液，先为恒速过滤，当压强差 $\Delta p_s=6\times10^4$Pa 后进入恒压过滤，滤框全部充满的时间为 700s，试求过滤过程中一个滤室所获得的滤液总体积。

解　解决此问题，用一面积为 $0.04m^2$ 的过滤器，并用与板框压滤机相同的滤布，以相同于板框压滤机恒速段的过滤速率（单位滤布面积上滤液流量）对该悬浮液作恒速过滤实验，实验时，过滤速率为 $10^{-4}m^3/s$，100s 和 500s 以后的过滤压差分别为 3×10^4Pa 和 9×10^4Pa。

由式(2-66)，在恒速段，$\Delta p=a_1\left(\dfrac{V}{tA}\right)_r^2+b_1\left(\dfrac{V}{tA}\right)$，因$\dfrac{V}{t}$、$A$ 均为定值，故上式可书写成 $\Delta p=a_1't+b_t'$，将实验数据代入其中，得：

$$\begin{cases}3\times10^4=100a_1'+b_1'\\9\times10^4=500a_1'+b_1'\end{cases}$$

解得
$$a_1'=150\quad b_1'=1.5\times10^4$$

即
$$\Delta p=150t+1.5\times10^4$$

显然，在板框压滤机上，恒速段过滤也应遵循上式规律。因此，达到恒压过滤（$\Delta p_s=6\times10^4$Pa）时所需的时间 t_s 为

$$t_s=\frac{\Delta p_s-b_1'}{a_1'}=\left(\frac{6\times10^4-1.5\times10^4}{150}\right)s=300s$$

在恒速段，过滤速率为$\dfrac{10^{-4}m^3/s}{0.04m^2}$，所得滤液总体积 V_s 为

$$V_s=t_sAu=300\times2\times0.635^2\times\left(\frac{10^{-4}}{0.04}\right)m^3=0.6048m^3$$

由式(2-67)，在恒压段 $t-t_s=a(V^2-V_s^2)+b(V-V_s)$

式中
$$a=\frac{\alpha_m\mu C}{2A^2\Delta p}=\frac{a_1'}{2(V/t)^2\Delta p}=\frac{150}{2\times(0.6048/300)^2\times6\times10^4}=307.5$$

$$b=\frac{\mu R_m}{A\Delta p}=\frac{b_1'}{(V/t)\Delta p}=\frac{1.5\times10^4}{(0.6048/300)\times6\times10^4}=124.0$$

代入 $t=700\text{s}$，$t_s=300\text{s}$，$V_s=0.3\text{m}^3$，得 $700-300=307.5\times10^2(V^2-0.3^2)+124.0(V-0.3)$

解得 $V=1.044\text{m}^3$，即该板框压滤机的一个滤室在过滤全过程中获得滤液 1.044m^3。

(4) 变压变速操作

整个过滤过程中过滤压强和过滤速率都随时间变化，这是生产实践中最为常见的一种过滤方式，过滤方程为

$$V=\frac{1}{\mu J_R CQ}\int_0^{p-p_1}\frac{\mathrm{d}p_s}{\alpha_{aV}} \tag{2-68}$$

获得 V 体积滤液所需时间 t

$$t=\int_0^V\frac{\mathrm{d}V}{Q}$$

凡是由离心泵供料的过滤机都属于这种过滤方式，排出压力增加，排出量减小，因此可以利用离心泵的性能曲线，由 Q 计算 V，作出 $1/Q$-V 关系曲线，用图解法积分求得 t。

[例题 2]

一台有 30 个滤框的 (1m×1m×0.03m) 板框压滤机，用离心泵（其 Δp-Q 曲线见例图 2.1）供料，以过滤滑石浆料，滤液黏度为 $0.00149\text{N}\cdot\text{s/m}^2$，浓度 $C=10.037\text{kg/m}^3$，过滤介质阻力 $R_m=6.57\times10^{10}\,1/\text{m}$，物料比阻为 $\alpha_m=1.05\times10^{11}\,\text{m/kg}$。试确定过滤 50m^3 悬浮液所需时间。

解　按题意，过滤面积 $A=1\times1\times30\times2\text{m}^2=60\text{m}^2$

利用式(2-68)，

由达西方程 $Q=\dfrac{\mathrm{d}V}{\mathrm{d}t}=K\dfrac{A\Delta p}{\mu L}$；Ruth 阻力方程 $\mu=\dfrac{\mathrm{d}V}{\mathrm{d}t}\dfrac{1}{A}=\dfrac{\Delta p}{\mu(\alpha_m\omega+R_m)}$

及 $\omega A=CV$（C 为悬浮液中的固体质量分数,%）联立求解得到：

$$\begin{aligned}V&=\frac{A}{\mu\alpha_m C}\left(\frac{\Delta pA}{Q}-\mu R_m\right)\\&=\frac{60}{1.49\times10^{-3}\times1.05\times10^{11}\times10.037}\left(\frac{\Delta p}{Q}\times60-1.49\times10^3\times6.57\times10^{10}\right)\text{m}^3\\&=2.29\times10^{-6}\left(\frac{\Delta p}{Q}-1.63\times10^6\right)\text{m}^3\end{aligned}$$

结合例图 2.2 所示的离心泵 P-Q 曲线，由 Q 计算得 V，所得结果列于下表，继而作出 $\dfrac{1}{Q}$-V 关系曲线图，最后用图解法求积分 $t=\int_0^V\dfrac{\mathrm{d}V}{Q}$，便可计算时间 t。

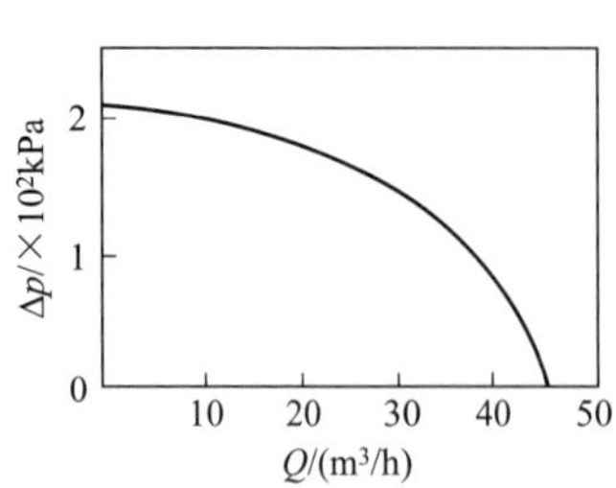

例图 2.1　离心泵特性曲线

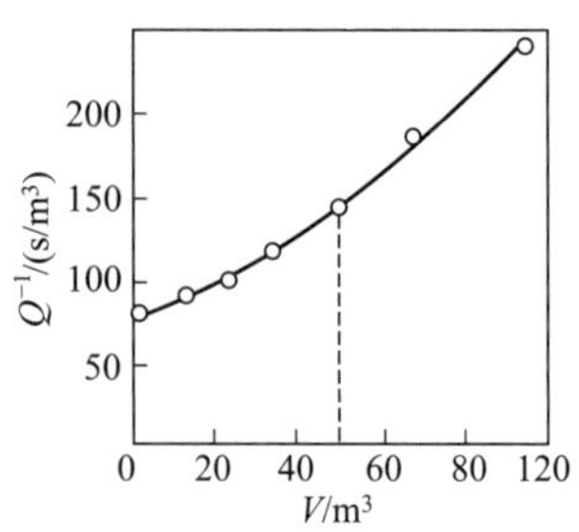

例图 2.2　$Q^{-1}=f(V)$

例题 2　计算数据

Q		$\Delta p/\times10^5$Pa	V/m^3	$Q^{-1}/(s/m^3)$
/(m^3/h)	/(m^3/s)			
40	0.0111	0.75	11.72	90
35	0.0097	1.15	23.39	103
30	0.0083	1.40	34.74	120
25	0.0069	1.60	49.02	144
20	0.0056	1.75	68.40	180
15	0.0042	1.80	95.19	240

按图解法对例图 2.2 所示的 $Q^{-1}=f(V)$ 曲线积分至 $V=50m^3$ 时，积分结果 $t=1.486h$。

2.4.2.3　可压缩滤饼的过滤

(1) 恒压过滤

恒压过滤不受滤饼可压缩性影响，可按照不可压缩性滤饼处理。但在比较精确的研究中，用

$$\frac{1}{A}\times\frac{dV}{dt}=\frac{\Delta p}{\mu(J_k\alpha_m w+R_m)}$$

式中，J_k 为修正因子，须考虑修正因子 J_k 的影响，当过滤时间大于 5min，或料浆浓度小于 10%时，J_k 约等于 1，因此

$$\frac{1}{A}\times\frac{dV}{dt}=\frac{\Delta p}{\mu(\alpha_m w+R_m)}$$

(2) 恒速过滤

同不可压缩滤饼一样，可压缩滤饼恒速过滤的基本方程仍可表示为

$$\Delta p=a''V+b''a''=\frac{\mu\alpha_0 p^n C}{A^2}\left(\frac{dV}{dt}\right)_c\quad b''=0\ (\text{介质阻力忽略不计})$$

对可压缩滤饼

$$\frac{\mu\alpha_0 C\left(\frac{dV}{dt}\right)_c^2}{A^2}t=p^{1-n}\tag{2-69}$$

可以看出，可压缩滤饼过滤时 p-t 为非线性关系，显示出压强增大的速率比过滤时间增加的速率要快，对一些压缩性不高的物料，在低压过滤时，p-t 仍保持线性关系。

(3) 先恒速、后恒压过滤

对于这种操作方式，不可压缩滤饼的基本方程及各种实用公式都可用于可压缩滤饼的计算，但须充分考虑可压缩性滤饼过滤过程中各因素对滤饼比阻的影响。恒速段过滤速率要由实验确定，过滤速率过大，会导致滤饼比阻增大而增加恒压段过滤时间；过滤速率过小，会延长恒速段过滤时间。对压缩指数 n 较大的物料，在恒速段应选用较低的过滤速率。在恒速段，对于连续生产的过滤机，过滤时间应取决于滤饼水分等因素。

(4) 变压、变速过滤

可压缩滤饼的变压、变速过滤可以采用下式计算：

$$dt=\frac{dV}{Q}\qquad t=\int_0^V\frac{dV}{Q}$$

依上式计算出所需的过滤时间，但 V-Δp 的关系式，要采用压榨滤饼的基本方程得出

$$V=\frac{1}{\mu J_{k}CQ}\int_{0}^{p-p_{s}}\frac{\mathrm{d}p_{s}}{\alpha_{aV}} \tag{2-70}$$

利用离心泵 p-Q 性能曲线，确定不同压力下 p、Q、V 之间的关系，再用基本过滤方程图解积分出所需的时间 t。

2.4.2.4 过滤机生产能力计算[1,4]

过滤机的生产能力是指单位时间内生产的干固体量或滤液量。

(1) 间歇式过滤机的最大生产能力

间歇过滤的一个操作周期内，一般包括过滤、洗涤、脱液、卸饼、清洗滤布和重新装机等过程，其中除洗涤时间外，其余均与过滤时间无关，以辅助时间记，则有

$$Q=\frac{V}{t+t_{w}+t_{0}} \tag{2-71}$$

式中 Q——过滤机的生产能力，m^3/min 或 m^3/h；

V——每个操作周期所获得的滤液体积，m^3；

t——过滤操作时间，min 或 h；

t_w——过滤洗涤时间，min 或 h；

t_0——辅助时间（卸饼、清洗滤布、吹干及重新组装等），min 或 h。

① 恒压过滤 洗涤时间为

$$t_{w}=\frac{aV^{2}}{kpA^{2}}=2at,\ a=\frac{V_{w}}{V} \tag{2-72}$$

式中 a——洗涤液量占滤液量的分率；

V_w——洗涤液量，m^3。

当洗涤液黏度 μ_w 与滤液黏度 μ 相差较大，或洗涤压力与过滤压力相差较大时，实际洗涤时间为

$$t'_{w}=t_{w}\left(\frac{\mu_{w}}{\mu}\right)\left(\frac{\rho}{\rho_{w}}\right) \tag{2-73}$$

式中 ρ、ρ_w——滤液和洗涤液的密度，kg/m^3。

② 恒速过滤 当过滤介质阻力忽略不计的条件下

$$V^{2}=KA^{2}\frac{t}{2}$$

$$K=2(1-mc)k\Delta p^{1-n} \tag{2-74}$$

式中 K——恒压过滤常数，m^2/s；

V——滤液体积，m^3；

k——悬浮液物性常数 $k=1/(\mu\rho c\alpha_m)$；

A——过滤面积，m^2；

c——悬浮液中固体颗粒的质量分率；

t——过滤时间，s；

m——滤饼的湿干质量比。

③ 先升压后恒压过滤

$$V^{2}-V_{1}^{2}=KA^{2}(t-t_{1}) \tag{2-75}$$

式中 t、V_1——升压过滤时间及相应的滤液体积。

（2）连续式过滤机的生产能力计算

连续式过滤机的操作与间歇式不同，其过滤、洗涤、卸饼及清理等工序操作在机内不同区域的过滤面上同时进行，对过滤工艺的操作而言，虽然是连续进行，但仅在一部分过滤面上才有滤液通过，以真空转鼓过滤机为例：

令 ϕ 表示转鼓过滤机的表面浸入度，以弧度计；β 表示表面浸入部分对应的圆心角，以弧度计，

$$\phi=\frac{\beta}{2\pi}=\frac{\tau}{T}=\frac{n\tau}{60}$$

式中　T——转鼓旋转一周所需时间，s；

τ——过滤操作时间，min 或 h；

n——每分钟内转鼓回转次数，r/min。

当过滤介质阻力忽略不计时

$$Q=60nV=60\sqrt{Ks^2 60\phi n} \tag{2-76}$$

式中　s——转鼓过滤面积，m^2；

K——恒压过滤参数，m^2/s。

上述计算中使用的恒压过滤常数 K 由实验确定，在恒压下测定不同过滤时间及其相应的滤液量，由计算得出。

2.4.2.5　滤饼洗涤[8]

（1）滤饼过滤中洗涤滤饼的目的

洗涤滤饼的目的是除去滤饼内残存的溶质，或回收滞留于滤饼中有价值的母液。滤饼的洗涤在整个过滤过程中占的时间很多。如在磷酸生产中，石膏的洗涤时间占分离过程的 80%以上。洗涤液用量和洗涤效率的高低是洗涤过程的关键。

洗涤过程有置换洗涤和再化浆洗涤。置换洗涤是洗涤液直接洗涤滤饼表面，并渗入滤饼孔隙进行置换与传质的过程。置换洗涤过程的计算以洗涤动力学为基础，洗涤动力学的直观描述即洗涤曲线。再化浆洗涤一般应采用新鲜的洗涤液将滤饼进行化浆，再过滤。一般置换洗涤较再化浆洗涤效率高。同时单级洗涤由于洗涤液用量大，所得洗液浓度低而不能达到预期目的，需要采用多级洗涤，多级洗涤又可分为并流洗涤和逆流洗涤[1,2]。

（2）洗涤过程的表征

置换洗涤的机理是洗液取代滤饼孔隙中的滤液。洗涤时，洗液以活塞流形式挤出滤液（其溶质浓度恰与滤饼中残存滤液的溶质浓度相等），置换洗涤是否彻底与滤饼结构、可压缩性、残留滤液黏度、洗液黏度等因素有关。洗涤过程的表征包括洗涤比和洗涤效率。

① 洗涤比 R[1]　洗涤比 R 是洗涤液体积 V_w（m^3）与过滤结束时留在滤饼孔隙中滤液体积 V_v（m^3）之比：

$$R=V_w/V_v=V_w/AL\varepsilon \tag{2-77}$$

式中　A——过滤面积，m^2；

L——滤饼厚度，m；

ε——滤饼孔隙率，%。

洗涤排出液中的相对溶质质量分数 Y（%），定义为

$$Y=(y-y_w)/(y_0-y_w) \tag{2-78}$$

式中　Y——洗涤排出液中的相对溶质质量分数，%；

y——某个洗涤时刻排出的洗液中的溶质质量分数，%；

y_w——洗液中原有溶质质量分数（常假定 $y_w=0$），%；

y_0——初始洗涤时排出的洗涤液中溶质质量分数（一般 y_0 即为滤饼中滤液质量分数），%。

当 $y_w=0$，$Y=y/y_0$。同理，以滤饼残存滤液的相对溶质质量分数 X（%）表示：

$$X=x/x_0 \tag{2-79}$$

式中 x_0——滤饼中滤液的初始溶质质量分数（显然 $x_0=y_0$），%；

x——某一时刻滤饼中滤液的溶质质量分数，%。

以横坐标为 R，纵坐标为 Y（或 X）作图即为洗涤曲线（见图 2-39）。由图 2-39 可知，理想的置换洗涤应是：$R=1$ 时，$Y=1$，即滤饼孔隙体积中的滤液被完全置换。实际上由于滤饼孔隙大小、形状不一，又有一些是不贯穿的孔，不可能完全置换。置换洗涤的机理是洗液取代滤饼孔隙中的滤液。洗涤时，洗液以活塞流形式挤出滤液（其溶质质量分数恰与滤饼中残存滤液的溶质质量分数相等），置换洗涤是否彻底与滤饼结构、可压缩性、残留滤液黏度、洗液黏度等有关。

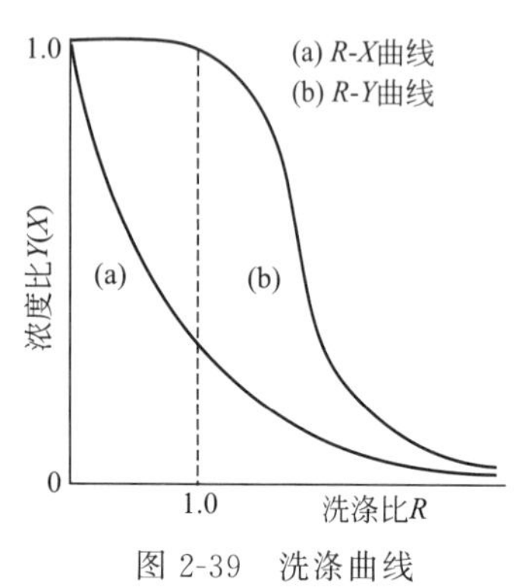

图 2-39 洗涤曲线

② 洗涤效率[1,3,4] 根据物料衡算进一步提出了洗涤后滤饼内残留溶质的百分数 X，为洗涤效率 E 与洗涤比 R 的函数，可表达为：

$$X=(1-E/100)R \tag{2-80}$$

式中 E——洗涤效率，%。

当 $R=1$ 时，洗涤液被带出的溶质的质量分数为 $X=(1-E/100)$，则：

$$E=(1-X)100\% \tag{2-81}$$

若以 $R=1$ 为基准，则洗涤效率也可按式(2-81) 表示。

洗涤效率与设备的结构、操作、洗涤方式、洗液分布均匀程度等有关，同时与滤饼的构成（粒度组成、厚度、分层），滤饼出现的纵向、横向沟流，滤饼裂缝等有关[1]。

2.4.3 过滤机类型和适用范围[4,15,5]

2.4.3.1 重力过滤设备

重力过滤设备是利用过滤介质表面或滤饼上的液层高度作为过滤推动力实现过滤过程的设备。其结构简单、附属设备少、价格便宜，对设备的强度要求低。缺点是过滤效率低，占地面积大，卸饼劳动强度大，在工业使用上受到一定限制。

（1）重力过滤器

重力过滤器具有一个可拆的假底，假底上钻有许多小孔或用多孔材料直接制造，起支撑过滤介质的隔板作用。悬浮液在自身压头作用下过滤，滤液贮存在过滤器下部收集器中或由管道排出，对于易洗涤的物料可直接进行置换洗涤，对难洗涤物料一般可装搅拌器，对滤饼连续搅拌使其保持悬浮，从而使滤饼内的杂质充分扩散，以提高洗涤质量。

重力过滤器一般直径小于 2.5m，容量约为 $9m^3$，过滤面积 $5m^2$，用陶瓷制造的过滤器一般直径在 1m 左右，容量约为 $0.4m^3$，过滤面积 $0.6m^2$。

（2）袋式过滤器

重力袋式过滤器是用编织纤维、毛毡、鞣革做成袋子悬挂在支架上实现过滤的设备，它仅用于一些简单的过滤过程，如从涂料颜料中除去团块，从润滑油中除去污垢，过滤油用的重力袋滤器，生产能力一般为 0.03～1m^3/h。

(3) 砂滤器

普通的砂滤器用砂层、无烟煤或其他颗粒构成床层。它由筒体或箱体组成，筒体内放置按大小等级分层的砂砾、砂、煤粒。从底部至顶部颗粒逐级减小，颗粒层作为过滤介质。在顶部加入料液，滤液通过假底上的滤液排出孔或通过埋置在过滤介质中的开孔排水管排出，作为一种澄清装置，用于水的过滤。如把砂滤器做成密闭型式，也可进行加压操作。

2.4.3.2 加压过滤机

在过滤表面施加高于大气压的压力，而滤液排出侧为常压或略高于常压，称为加压过滤。完成加压过滤的设备，称为加压过滤机，简称压滤机。加压过滤机的操作压力一般为 0.3～0.8MPa，个别可达 3.5MPa。由于采用了较高的过滤推动力，过滤速率快，结构紧凑，适用范围广，造价低。

加压过滤机的种类繁多，按操作方式分为连续式和间歇式两种，加压过滤机的分类见图 2-40。连续式加压过滤机由于带压卸饼困难、结构复杂、难于控制，设备投资较大，因而限制了它的使用。

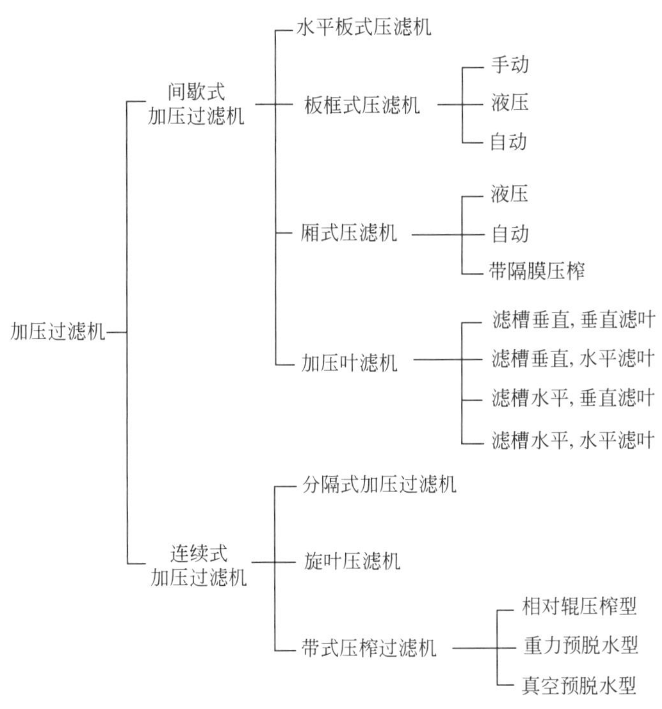

图 2-40 加压过滤机的分类

(1) 间歇操作加压过滤机

① 水平板式压滤机 图 2-41 所示为水平板式压滤机示意图。一组圆形滤板相互平行地固定装入与外壳同轴的圆筒内，滤纸或滤布作为过滤介质铺设在滤板上，悬浮液通过加料管导入滤板上表面进行过滤，当过滤进行到所要求的滤饼产量或由于滤饼阻力使过滤速率低到预定值时过滤结束，卸料时将滤板取出刮除滤饼，也可在适当位置设计喷头以冲洗滤板。这种压滤机的设计压力一般为 0.4MPa，最大工作压力可达 2.0MPa，其特点是结构紧凑，滤饼厚度均匀，洗涤效率高，可无菌操作。缺点是容量小、占地大、人工操作，主要用于产量小、工艺过程间歇、需要清洁、无菌操作的食品、医药工业上，这种压滤机的滤板直径一般为 200～800mm，

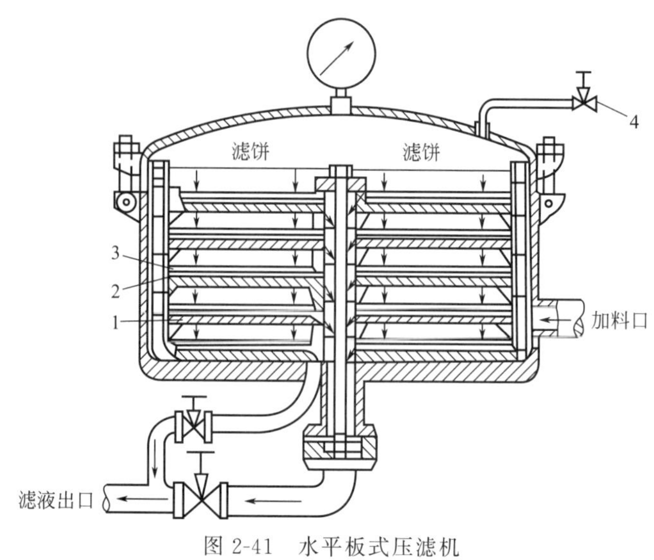

图 2-41 水平板式压滤机

1—钻孔板；2—滤板；3—滤布；4—气阀

单台机滤板可多达 42 块，过滤面积为 $20m^2$。

② 板框压滤机　板框压滤机是加压过滤机中结构简单和应用最广泛的一种机型，由板和框交替装配而成，如图 2-42 所示。滤板、滤框交替叠合架在两根平行的支承梁上，所有滤板和滤框的相应部位都有通液孔道，用于引入料浆或排出滤液。若滤液通道贯通压滤机全部长度，并接入末端排液管道，称为暗流式；如滤液通过每块滤板上的滤液阀流到压滤机下部的敞口槽中，称为明流式。过滤有毒或易挥发的物料采用暗流式。如滤饼须洗涤，可用加料管或另外通道向滤室通入洗涤液。液板和滤框的材质可以是金属、铝合金、衬里金属、高分子聚合物等。滤板上覆盖过滤介质（滤布、滤纸或滤膜），滤板表面的过滤介质与滤框构成的空间为滤室。

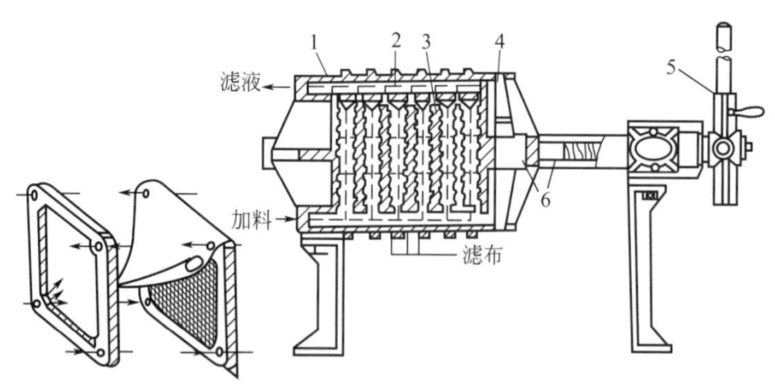

图 2-42 板框压滤机结构

1—固定端板；2—滤框；3—滤板；4—压紧板；5—压紧手轮；6—滑轨

板框压滤机不同的机型有不同的加料和排液方法。下部加料上部排液能够快速排除空气，并且对于一般物料的固体颗粒在过滤过程中能生产厚度非常均匀的滤饼；上部加料下部排液，滤液回收量最多，滤饼也最干，这对于含有大量固体颗粒，有堵塞下部进料口趋势的物料非常适宜；双排液口适用于高过滤速率、高黏度物料；对于某些固相含量极低的悬浮液（如酒类饮料）的过滤，为得到清澈的滤液，常在过滤介质表面预敷一层助滤剂（如硅藻土）。

金属材料制作的滤框，压紧装置的型式和结构影响压滤机的价格和可靠性，小尺寸采用手动压紧，大尺寸采用机械或液压压紧装置。

该机的优点是结构简单、价格便宜、生产能力可由增减板框的数量而变化，适应能力强。由于操作压力较高，滤饼含湿量低。缺点是生产辅助时间长、人工卸料劳动强度大、过滤介质易磨损、滤饼洗涤不充分、滤饼含湿量不均匀、不宜处理有毒或易挥发的物料。

板框压滤机上所用的滤布在板框压紧时受压变形，板框拉开时恢复其原状，因此在为板框压滤机选择滤布时应考虑选用延伸性能较好的滤布，即允许滤布有少量变形。

自动板框压滤机设有专门机构完成自动压紧、自动开框、自动卸料、自动冲洗滤布等操作，各步骤按预先设定的程序自动完成，整个过程实现半自动控制和远距离操纵。带隔膜压榨的自动板框压滤机，可用压缩空气或液压通入隔膜内腔，吹鼓隔膜，挤出滤饼水分，达到自动压干滤饼的目的。滤布进入洗涤过程中，喷水管自动喷淋，实现自动清洗滤布的目的。

③ 厢式压滤机　厢式压滤机与板框压滤机相比，工作原理相同，外表相似，但厢式压滤机滤板、滤框的功能合二为一，每块滤板的两个表面都呈凹形，相邻两块滤板的凹面压紧后组成滤室。滤板上覆盖滤布，悬浮液通过中心孔进入滤室，滤液排出方式与板框压滤机相同（见图 2-43）。

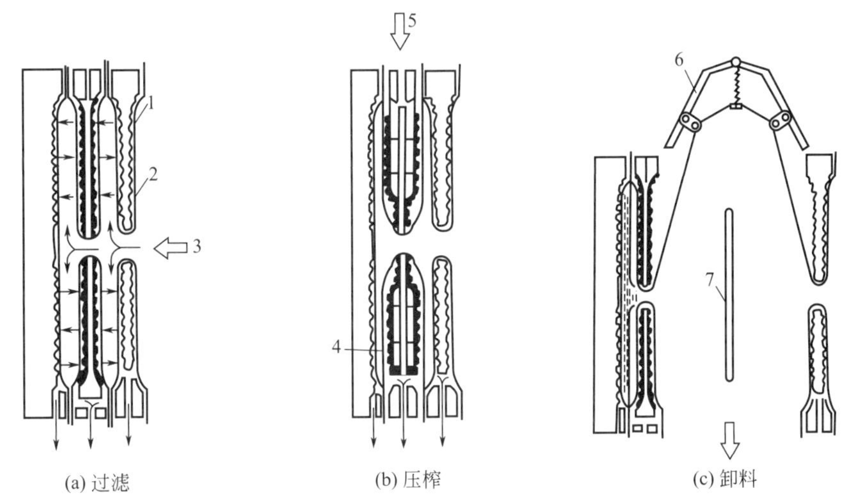

图 2-43　厢式压滤机工作原理

1—滤板；2—滤布；3—悬浮液；4—隔膜；5—压缩空气；
6—“人”字型滤布挂架；7—滤饼

厢式压滤机比相同过滤面积的板框压滤机的造价低 15%，且密封面少，密封可靠性好，但滤布磨损和折裂严重，所以增加了操作成本，滤布上的进料口小，容易被粗颗粒的料液所堵塞，滤饼厚度也不均匀。

自动厢式压滤机由压滤机主机、悬浮液进料泵、滤布洗涤装置、液压系统、控制系统等组成。按预定的控制程序依次进行进料、过滤、滤饼洗涤、压榨、卸料、滤布洗涤、合板压紧等工序。自动厢式压滤机如图 2-44 所示。

我国规定板框压滤机、厢式压滤机、自动厢式压滤机其滤板的基本参数、滤室深度、压力等级如下[18]。

方形滤板压滤机基本参数：

板外尺寸（mm）　250、280、315、400、500、630、800、1000、1250、1500、1600、2000、2500、3000（长方形和圆形滤板压滤机基本参数见：JB/T 4333.1—2005）。

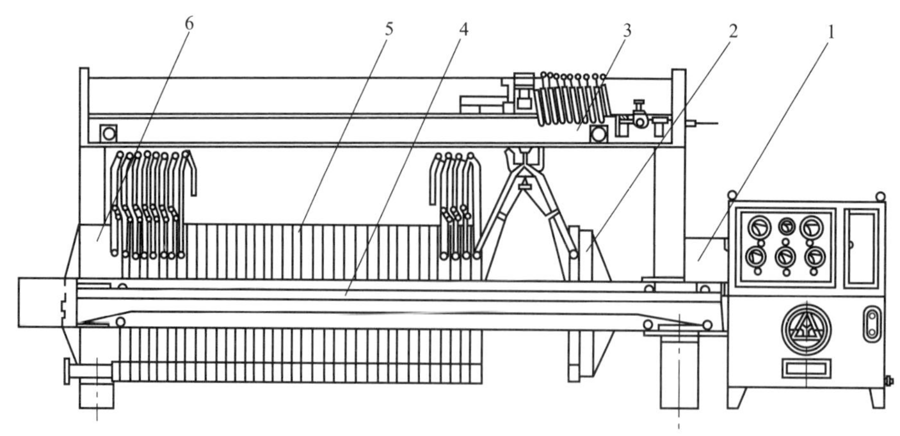

图 2-44 自动厢式压滤机

1—压紧装置；2—压紧板；3—振动卸料装置；4—滤板移动装置；5—滤板；6—止推板

过滤面积（m^2） 0.16～0.60、0.40～2.20、0.60～3.00、1.60～5.00、5～12、11～32、16～63、32～120、100～250、200～560、200～600、560～1180、800～1800、1000～2500。

压滤机滤室深度（mm） 15、20、25、30、32、35、40、45、50、60、70、80。

压滤机公称压力等级（MPa） 0.25、0.4、0.6、0.8、1.0、1.2、1.6、2.0、2.5、3.0、4.0。

板框、厢式压滤机都具有过滤压力高、滤液清澈、滤饼洗涤效果好、操作简单、使用方便可靠和适应性广的特点。对比阻小的物料可选用滤室较厚的压滤机，以提高生产效率；对比阻大的物料，可选用滤室较薄、采用隔膜挤压脱水和过滤压力较高的压滤机，以加快过滤速度；有腐蚀性、pH<7 的物料可选聚丙烯塑料滤板，机架采用防腐处理；对滤布磨损较大的物料，可在滤板表面镶橡胶压条，以降低对滤布的磨损。为了使压滤机长期可靠工作，应注意以下事项。

a. 为了提高使用效率，悬浮液浓度应尽可能提高。

b. 正确选择滤布，特别应考虑选用延伸性能好的滤布。

c. 每次卸料应干净、压紧面上残留滤饼将影响滤布的使用寿命和滤液澄清度。

d. 开始过滤后，切勿中途停车，对于铸铁滤板，中途停车可能会引起滤板大量损坏。

④ 立式自动压滤机

立式自动压滤机（简称立式压滤机）整机结构见图 2-45。压滤机滤室水平装置，压紧装置设在机架下部，卸料方式为无端滤布移动式，无端滤布穿行在各个滤室之间，滤室两侧装有导向辊。导向辊具有纠正滤布跑偏的功能。它的动作由气缸控制，在卸料时滤布移动，导向辊将滤布张紧，滤布跑偏时，导向辊将滤布向相反方向引导以纠偏。立式压滤机滤室分单侧过滤和双侧过滤两种类型。

⑤ 加压叶滤机　加压叶滤机由一个能够承受一定压力的壳体（滤槽）和扁平的过滤元件（滤叶）组成。滤叶由粗滤网或开槽的金属板、塑料板制成。将滤布或金属丝编织的滤网覆盖在滤板上，用锁环固定或压紧，在叶片中间形成滤液通道。根据滤槽轴线所处的位置，加压叶滤机分为卧式和立式两大类，这两类加压叶滤机的滤叶又有水平和垂直两种安装方式，常用的有垂直槽垂直滤叶加压叶滤机、水平滤叶离心力卸料加压叶滤机和快开式水平加压叶滤机三种。

图 2-46 所示为垂直槽垂直滤叶振动卸料加压叶滤机的结构示意。

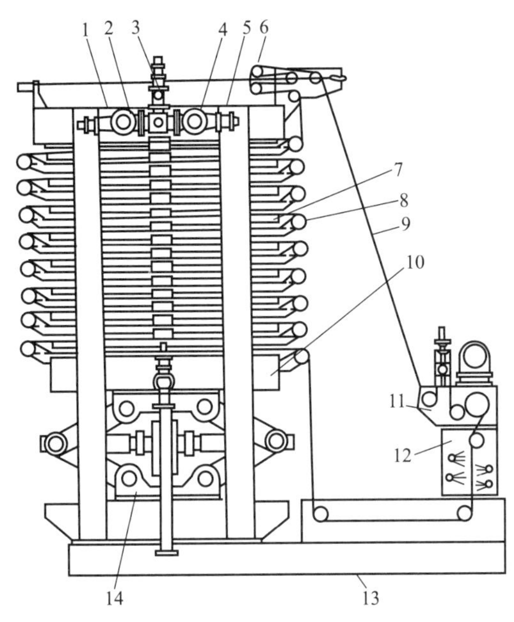

图 2-45 立式自动压滤机

1—止推板；2—料浆阀；3—空气阀；4—洗涤阀；5—立柱；6—张紧装置；7—滤室；8—导向辊；9—滤布；10—压紧板；11—驱动装置；12—洗涤装置；13—机座；14—压紧装置

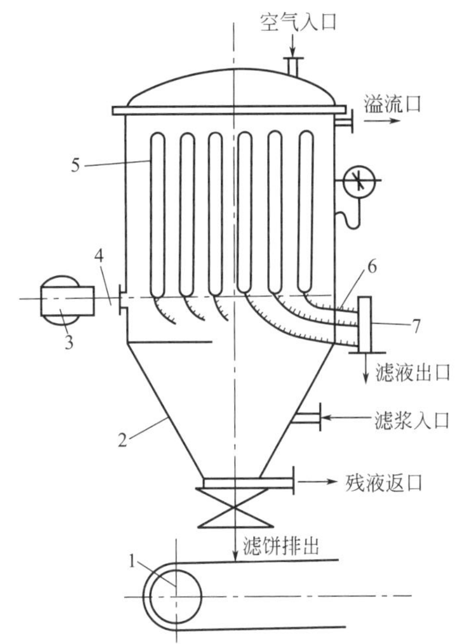

图 2-46 振动卸料加压叶滤机

1—滤饼输送器；2—过滤槽；3—振动装置；4—振动杆；5—滤叶；6—软管；7—集液管

加压叶滤机为间歇操作的压滤机，悬浮液用泵或气压升压器送入密闭的料槽内，当料液充满料槽后，过滤过程开始，固体颗粒被过滤介质（滤布、金属丝网）截留，在过滤介质表面形成滤饼，滤液穿过滤叶的过滤表面进入滤液通道，然后通过单独的输出管线排出或进入集流管排出。滤饼采用冲洗卸料、振动卸料、离心力卸料等卸料方式。根据需要，也可以对滤饼进行洗涤，特点是：有较大的容量、滤饼厚度均匀、操作稳定、可密闭操作；当处理物料为气化物、有味、有毒物质时密封性能好，采用冲洗或吹除方法卸除滤饼时劳动强度低。对于需要洗涤的物料，这种过滤机置换洗涤的效率高、洗涤充分、洗液用量少；其缺点是卸饼时若固体颗粒形成的滤饼全部充塞壳体空间，即滤饼被压实，卸饼就比较困难，因此其滤饼厚度应控制在一定范围内，这就需要根据操作经验判断操作周期结束前滤饼的状态来确定周期的长短，另外在过滤过程中，在竖直方向上会有粒度分级现象。

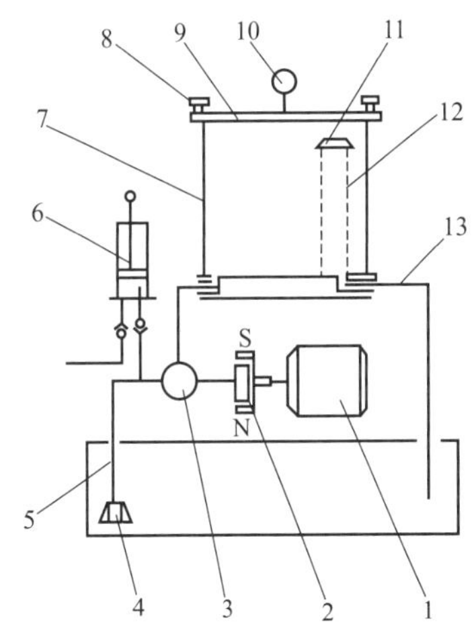

图 2-47 筒式压滤机

1—电机；2—磁性联轴器；3—离心泵；4—粗滤器；5—进液管；6—充液泵；7—筒体；8—把手；9—压盖；10—压力表；11—螺母；12—滤芯；13—出液管

这种过滤机和压榨过滤机相比，劳动强度低，设备投资较高，但与真空过滤机相比，灵活性大、设备投资低，用硅藻土预敷层预敷过滤的加压叶滤机使用更为广泛。

⑥ 筒式压滤机

筒式压滤机装置如图 2-47 所示，它由三大部分组成：筒体、滤芯和进料泵。筒式过滤机的滤芯可由多种材质制成，如微孔塑料、微孔陶瓷、微孔金属、高分子塑料、陶瓷、金属纤维、滤布、滤纸、毛线等。

筒式压滤机过滤精度高，耐腐蚀、价廉、寿命长、无泄漏、噪声低、更换滤芯方便、质量轻、适合于对滤液有某种特定要求的场合，如饮料业要求卫生、燃油业要求清洁等，其性能在很大程度上决定于滤芯的种类及材质。它的过滤面积较小，处理量低，适用于小型生产，结构简单，应用方便。

筒式加压过滤机过滤面积一般为 3～30m^2，工作压力一般为 0.2MPa。

(2) 连续操作加压过滤机

① 分隔式转鼓加压过滤机　对于不宜在连续真空过滤上过滤的高温、易挥发物的悬浮物料，可采用连续式加压转鼓过滤机过滤。图 2-48 是分隔式转鼓加压过滤机示意。

这种机型的结构类似转鼓真空过滤机，在旋转的内转鼓外另装了一个可加压的外筒；在两筒之间的环隙中以密封隔条将加压区、洗涤区和卸料区隔开；各区的分隔可以根据过滤工艺要求改变，各分隔室的密封靠压缩空气将隔板压在内转鼓的突起部分，隔板材料是合成树脂，各小滤室装有滤板、金属网和滤布组成的部件，并均有排液管与排液阀相连通。改变滤板下面衬垫的厚度可调节过滤面上的湿滤饼厚度。

主要优点是连续操作、滤饼含液量低，可广泛用于过滤各种有机和无机产品，处理易挥发的流体；洗涤、干燥性能好，可在常压下卸饼，缺点是结构复杂，由于压力室内存有细小颗粒，操作维修比较困难，和相同过滤面积的转鼓真空过滤机相比，其价格高 4 倍左右。

② 旋叶压滤机[5]　旋叶压滤机采用的是动态过滤原理。动态过滤是 20 世纪 60 年代兴起的新技术，通常应用于连续增浓过滤，其过滤机理与固定滤饼层过滤有根本区别，如图 2-49 所示。

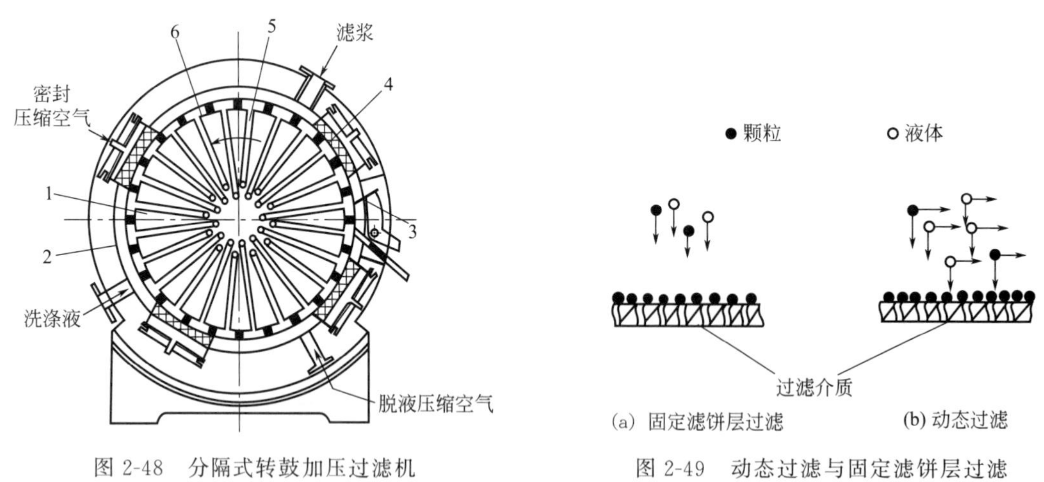

图 2-48　分隔式转鼓加压过滤机

1—内转鼓；2—外筒；3—滤饼刮除处；4—隔板；5—滤液管；6—滤板

图 2-49　动态过滤与固定滤饼层过滤

动态过滤的滤浆平行于过滤介质流动。在介质表面只积存薄层滤饼或不积存滤饼，这样大大减少了过滤阻力。滤浆在流动过程中不断增浓，最后以流动状态下的浓缩物排出。

图 2-50 所示为旋叶压滤机结构示意，悬浮液为旋转所带动，滤液经过滤介质通过滤框排出。离心作用与流体剪切作用限制了滤饼层的增厚，逐级过滤使滤浆逐渐增浓，最后以流动状

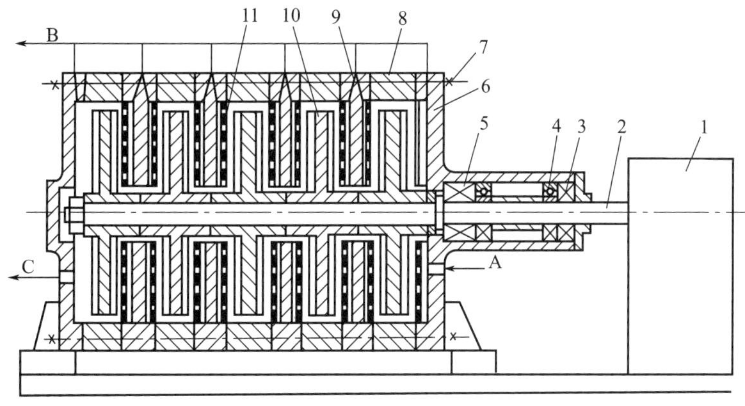

图 2-50　旋叶压滤机

1—调速传动器；2—轴；3,5—机械密封；4—轴承；6—端座；7—压紧螺栓组；
8—滤框；9—滤板；10—旋叶；11—过滤介质；
A—悬浮液入口；B—溢流排出管；C—浓缩浆出口

态的浓缩物经排料阀连续排出，因在流动状态下逐级进行过滤，有利于由于流动而使黏度降低的物料的过滤。

旋叶压滤机的优点是无滤饼或薄层滤饼过滤，过滤速度较滤饼过滤快许多倍，并能够连续过滤；在滤浆流动状态下进行洗涤，洗涤效率高、节省洗液、可对滤布正反冲洗、恢复其过滤性能，滤饼层的厚薄、过滤速度与悬浮液流动速度和浓度有关。这种压滤机适用于过滤要求滤饼含固量低于临界浓度的悬浮液的过滤，低浓度悬浮液的增浓过滤，适用于处理随转速增加黏度变小的流变性物料，对于稍有滤饼积存即造成极大过滤阻力的悬浮液，如金属氢氧化物类、金属氧化物类、黏土类、吸附剂类、烟灰类、催化剂及含溶剂的悬浮液、颜料、染料、合成树脂类及某些药物的过滤。

旋叶压滤机的过滤面积一般为 0.5～50m^2，操作压力可达 1MPa。旋转叶轮周速一般在 10～12m/s，过滤直径 0.3～1.27m，级数 9～21。表 2-20 是旋叶压滤机的应用实例。

表 2-20　旋叶压滤机部分应用实例

原料液				过滤压强/×10^{5}Pa	原液过滤速度/[kg/(m^2·h)]	滤渣	
料浆名称	含量/%	温度/℃	pH			含量/%	温度/℃
酸洗废水[含 $Fe(OH)_2$,Fe_2O_3]	0.43	32	11	5.4	640	25	67
酸洗废水[含 $Fe(OH)_2$,$Ca(OH)_2$]	3.54	20	11	4.0	330	18.5	63
催化剂废水[含 $Fe(OH)_2$,$Al(OH)_3$]	1.55	28	7	4.6	490	32	63
铝废水[含 $Al(OH)_3$]	0.7	18	7	4.0	350	13.2	85
铬表面处理废水[含 $Cr(OH)_3$]	0.03	23	10	5.0	470	9.5	35
氢氧化钴[含 $Co(OH)_2$]	1.0	15	12	1.0	810	—	—
氢氧化钽[含 $Ta(OH)_5$]	3.8	12	9	0.9	392	44.2	25
铅电池废水[含 Pb,PbO,$PbSO_4$]	<0.1	25	7	4.8	1390	82	—
染料(荧光染料)	6.0	55	9	4.0	470	35	80
染料(猩红染料)	4.4	36	8	6.0	57	61	72

续表

<table>
<tr><th colspan="4">原　料　液</th><th rowspan="2">过滤压强/×10^5Pa</th><th rowspan="2">原液过滤速度/[kg/(m^2·h)]</th><th colspan="2">滤　渣</th></tr>
<tr><th>料　浆　名　称</th><th>含量/%</th><th>温度/℃</th><th>pH</th><th>含量/%</th><th>温度/℃</th></tr>
<tr><td>染料</td><td>6.1</td><td>55</td><td>8.2</td><td>6.0</td><td>111</td><td>45</td><td>80</td></tr>
<tr><td>颜料(有机颜料)</td><td>5.0</td><td>14.5</td><td>7</td><td>5.0</td><td>102</td><td>12.7</td><td>17</td></tr>
<tr><td>石灰液($CaCO_3$)</td><td>3</td><td>10</td><td>7</td><td>1.8</td><td>820</td><td>25</td><td>28</td></tr>
<tr><td>石灰液($CaCO_3$)</td><td>14</td><td>10</td><td>7</td><td>4</td><td>820</td><td>35</td><td>28</td></tr>
<tr><td>石灰水[$Ca(OH)_2$ 等]</td><td>9.5</td><td>75</td><td>12</td><td>4.0</td><td>1090</td><td>50</td><td>79</td></tr>
<tr><td>涂料废水[涂料 $Al(OH)_3$]</td><td>3.3</td><td>21</td><td>7</td><td>5.5</td><td>122</td><td>25</td><td>76</td></tr>
<tr><td>净水污泥(河川污泥)</td><td>5</td><td>15</td><td>7</td><td>5.0</td><td>166</td><td>27</td><td>36</td></tr>
<tr><td>活性炭(含活性炭)</td><td>0.7</td><td>52</td><td>—</td><td>5.7</td><td>420</td><td>35</td><td>—</td></tr>
<tr><td>稀土类[RCO_3,R(OH)]</td><td>8.6</td><td>22</td><td>7</td><td>4.6</td><td>259</td><td>58</td><td>66</td></tr>
<tr><td>赤泥(Al_2O_3,Fe_2O_3)</td><td>28.6</td><td>75</td><td>12</td><td>4.2</td><td>312</td><td>63.6</td><td>81</td></tr>
<tr><td>碎石废水(石粉、黏土)</td><td>36.5</td><td>18</td><td>7</td><td>5.0</td><td>272</td><td>68.5</td><td>73</td></tr>
</table>

旋管压滤机的过滤机理是将悬浮液高速、平行地通过圆柱形的过滤介质。悬浮液的轴向流速要高于沿管壁过滤的速度，悬浮液继续流动，滤饼被剪切力及辅加的离心力旋转而去除，分离滤液后的悬浮液逐渐增浓，其含固量有时可比一般压滤机高 10%～20%。

表 2-21 所示为加压过滤机的型式及其应用范围[4,15]。

表 2-21　加压过滤机的型式及其应用范围

<table>
<tr><th>种　　类</th><th colspan="2">派　生　型</th><th>派生型特性</th><th>适　用　范　围</th><th>种　类　特　性</th></tr>
<tr><td rowspan="6">板　框
压滤机</td><td rowspan="2">滤液排出方式</td><td>明流</td><td>便于监察滤液，滤板排液孔上可装滤液阀，可开闭</td><td>滤液蒸汽无毒，对过滤过程需严格监测</td><td rowspan="6">优点
1. 额定过滤压力 0.5～1.0MPa
2. 品种规格较多
3. 对悬浮液的适应性较广
4. 整机价格较低
5. 滤饼含液量较低
6. 操作技术简单
7. 对滤饼洗涤效果好
缺点
1. 气密性差，不适合含有有毒气体的物料过滤
2. 卸料劳动力强度较大
3. 间歇性作业</td></tr>
<tr><td>暗流</td><td>滤液于机内集中排放</td><td>1. 滤液有大量蒸汽排出，影响操作场所安全卫生
2. 确保滤液不受污染</td></tr>
<tr><td rowspan="2">滤饼洗涤</td><td>反洗(可洗)型</td><td>洗液横穿滤饼层进行滤饼洗涤，洗涤效果较好</td><td>对滤饼需进行洗涤或采用压缩空气吹干</td></tr>
<tr><td>正洗(不可洗)型</td><td>滤板、滤框结构简单，滤饼洗涤效果不好</td><td>对滤饼无需洗涤</td></tr>
<tr><td rowspan="2">与悬浮液接触的材料</td><td>增强聚丙烯塑料</td><td>可耐酸碱腐蚀，但使用温度不得超过 80℃，重量较轻，价格较低</td><td>1. 温度低于 80℃的各种场合
2. 滤框强度较低，过滤压力较低</td></tr>
<tr><td>灰铸铁</td><td>强度较高，耐热性较好。但不耐酸性腐蚀</td><td>1. 悬浮液 pH≥7
2. 温度可达 100℃
3. 可承受较高过滤压力，比较耐用</td></tr>
</table>

续表

种类	派生型		派生型特性	适用范围	种类特性
厢式自动压滤机	滤液排出方式	明流	滤液便于监测	滤液蒸汽量少，无毒场合	优点 1. 额定过滤压力为0.7～1.6 MPa或更高 2. 卸料及其他程序均可实现自动操作 3. 对悬浮液适应性好 4. 派生规格较多，过滤面积为50～1000m^{2}或更大，适合工业上处理量大的悬浮液过滤 5. 对滤饼洗涤效果较好 6. 滤饼含液量较低 缺点 1. 气密性差，不适合悬浮液中含有毒气体物料之过滤 2. 间歇性作业
		暗流	滤液集中排放，便于控制，密封性较好	1. 滤液蒸汽散发量较少 2. 对进料系统更需要进行自动控制的场合	
	滤饼洗涤	不可洗型	洗涤效果不好	滤饼无洗涤要求	
		复合洗涤（交叉洗涤）型	洗涤效果较好	滤饼需进行洗涤	
	脱液方式	液力挤压	无特殊脱液结构，一般压滤机均可实现	滤饼可压缩性较小的悬浮液	
		隔膜压榨	采用橡胶隔膜以压缩空气为动力，对滤饼进行压榨，脱液速度快，效果好	1. 滤饼可压缩性较大的悬浮液 2. 对脱液效果和速度有要求者	
	脱饼推动力	滤布悬挂紧贴滤板表面	滤饼重力克服与滤布的黏结力，切向脱落	滤饼与滤布黏结力较低的悬浮液，如矿砂浆	
		滤布挂于“人”字形挂布架上	滤饼重力克服与滤布黏结力，拉开脱落	脱饼可靠，适应性较好	
		振动卸料	采用振动装置抖动滤布脱饼，脱饼动力大	滤饼与滤布黏结力特别高的悬浮液，如含重油类污泥	
	防爆保护	普通型	电气系统为普通元件	无防爆要求场合	
		防爆型	电气系统均采用防爆元件	操作场所有易燃、易爆气体，有防爆要求者	
加压叶滤机	垂直槽垂直滤叶型加压叶滤机		1. 和物料接触部位均为不锈钢材料 2. 结构比较简单	1. 一般均采用预敷层过滤 2. 广泛适用于啤酒类饮料、制药等对卫生条件要求较高的场合	1. 密闭性好，适合易挥发液体的过滤 2. 槽体外侧可进行保温或加热，适合要求在较高温度下操作的过滤
	水平滤液离心机卸料加压叶滤机		1. 和物料接触部位为不锈钢材料 2. 可湿法或干法卸料 3. 操作自动化程度高	1. 对物料适应性好 2. 卸料可靠 3. 可采用预敷层过滤	
	快开式水平加压叶滤机		1. 滤叶水平状，向上一面为过滤面，单侧过滤 2. 卸料时槽体端盖快开，全部滤叶自动移出槽外，旋转90°卸料	悬浮液含固量20%以下，滤饼需洗涤的悬浮液过滤	
筒式压滤机	微孔塑料滤芯		化学稳定性高，过滤精度高、无毒、过滤面积大，工作压力0.2MPa	化工、制药、食品等工业的精密过滤 适于含固量低的悬浮液，过滤精度为0.2～140μm	1. 滤芯均为可更换件 2. 密封性好 3. 整机结构简单，价格低，应用方便
	纸质滤芯		成本低、过滤面积大、过滤精度高	油类等的过滤 最高过滤精度为1.0μm	
	缠绕滤芯		纳污量大，过滤面积大，价格低	过滤精度为0.1～150μm	

续表

种类	派生型	派生型特性	适用范围	种类特性
立式自动压滤机	1. 间歇操作，每个过滤循环中可包括：过滤、洗滤饼、隔膜脱液、卸料、洗滤布等，操作均为自动 2. 滤室均为水平设置的单侧过滤板框型，对滤饼洗涤效果较好 3. 立式设置，占地面积较少 4. 整机价格较高，对滤布质量要求较高		1. 对于矿浆类比阻小固相物含量高的悬浮液过滤，经济效益较好 2. 对滤饼洗净度要求较高的悬浮液 3. 要求比较完善的自动化操作的生产场所	
分隔式转鼓加压过滤机	1. 连续操作，其结构类似于真空转鼓过滤机，但转鼓密封在圆筒形机壳中，过滤压力大于 0.1MPa 2. 操作程序包括过滤、洗饼、滤饼吹干、卸料及洗涤滤布等过程 3. 滤饼含液量较低		化工、矿山等连续生产中的悬浮液过滤	
旋叶压滤机	1. 处于无滤饼或薄饼状态下的动态过滤，过滤速度较滤饼层过滤快多倍，且是连续过滤 2. 滤饼层厚度和悬浮液流速相关，当大于某一临界流速时可实现无滤饼过滤，反之流速较慢，滤饼则增厚 3. 过滤速度和悬浮液中固相浓度相关，浓度低，过滤速度快；浓度高，过滤速度慢 4. 当悬浮液中固相浓度大于某一值时，悬浮液失去流动性，此时的浓度称为临界浓度，当接近临界浓度时，就无法进行过滤 5. 对机内过滤中的滤浆，可同时进行化浆洗涤		1. 滤渣含固量要求低于临界浓度的过滤 2. 低浓度悬浮液的增浓过滤 3. 固相物的密度接近于水的悬浮液浓缩 4. 催化剂可连续使用的化工生产，采用该压滤机，可实现催化剂在系统中的循环	
连续式螺旋卸料加压过滤机	1. 过滤介质表面的滤饼层不断地被旋转的螺旋形刮刀刮下处于薄滤饼层过滤 2. 卸料刮刀有挤压作用，可以适当降低滤饼的含液量		1. 悬浮液增浓 2. 滤饼含液量要求较高的固液分离 3. 固相物对过滤介质磨损较低的物料，如淀粉、果浆等	
板式纸板压滤机	过滤介质为厚 3mm 的滤纸，滤纸对悬浮液中的微粒进行吸附和截留，可使 0.2～0.5μm 以上的菌体全部截留		啤酒、白酒等液体饮料的精滤或除菌过滤	

2.4.3.3 真空过滤机[4,15]

真空过滤机和其他过滤机形式不同的是，在滤室的一侧以低于 1 个大气压的压力操作，因而推动力较小。真空过滤机的分类可用图 2-51 所示。

（1）间歇式真空过滤器

① 真空抽滤器　把能够承受负压的重力过滤器的滤液收集槽接入真空系统即称为真空抽滤器。倾倒式真空抽滤器为卧式台架上装有排液篦条的浅盘式过滤器。过滤介质铺设在表面，在其下面抽真空，过滤盘在手轮的作用下可旋转 180°，过滤结束后便于清除滤饼。这种过滤器操作稳定，使用方便，最早用于采矿业，如过滤浮选精矿。图 2-52 为真空抽滤器示意。

② 真空叶滤机　真空叶滤机是由一组与真空管路相连的滤叶装在机架上形成一个过滤元件组。每个滤叶由带钻孔管的滤框和在滤框上绷紧的滤布组成。升降器依次把整个机架送至料浆槽和储饼槽。当送至料浆槽时，真空管道提供真空吸力，滤液吸入叶片并排走，送至储饼槽中由反吹空气卸除滤饼，必要时可增设洗涤槽，在过滤后进行洗涤再卸除滤饼，它的优点是操作简单，卸除滤饼后可及时检修滤叶，更换方便，对那些滤饼生成周期长的物料有良好的适应性和充分洗涤功能，已广泛用于冶金工业和颜料制造业。图 2-53 为真空叶滤机示意。

我国真空叶滤机基本参数[18]如下。

过滤面积（m^2）　40、70、100、160、200。

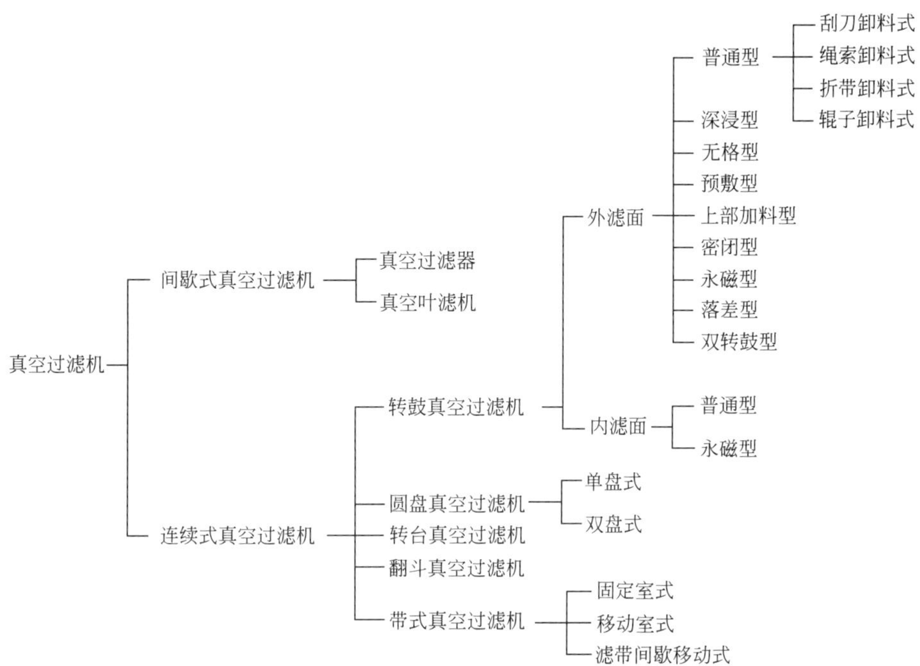

图 2-51　真空过滤机的分类

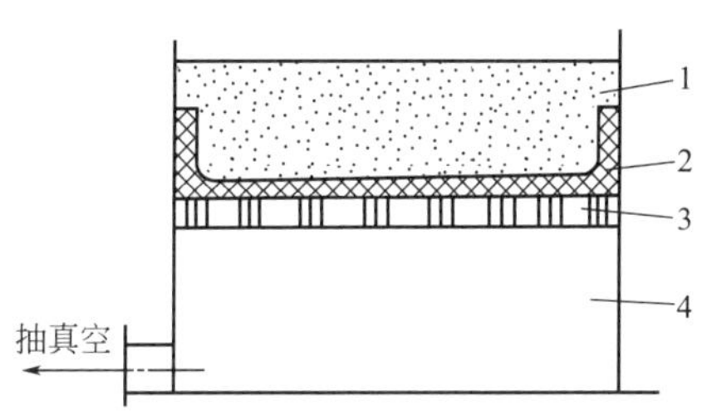

图 2-52　真空抽滤器示意

1—滤饼；2—滤布；3—多孔板；4—槽体

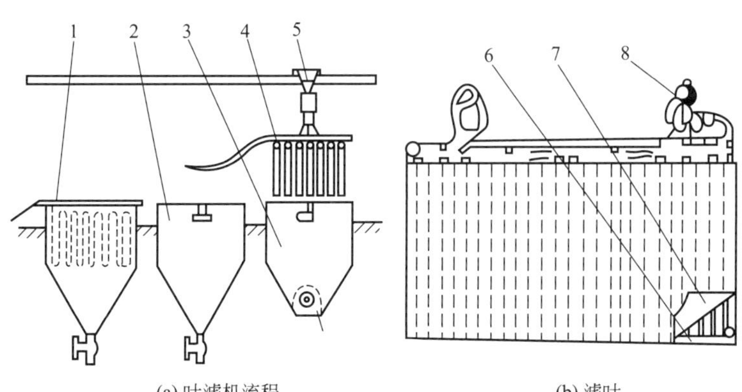

图 2-53　真空叶滤机示意

1—过滤槽；2—洗涤槽；3—滤饼卸除槽；4—滤叶；5—吊车；
6—滤框；7—滤布；8—排出管

真空度（MPa）　0.01～0.08

操作温度（≤℃）　55

（2）连续式真空过滤机

连续式真空过滤机的种类繁多，在工业生产中应用广泛。常见的有五种型式，即转鼓真空过滤机、圆盘真空过滤机、翻盘真空过滤机、转台真空过滤机和带式真空过滤机，应用最广泛的是转鼓真空过滤机和带式真空过滤机。

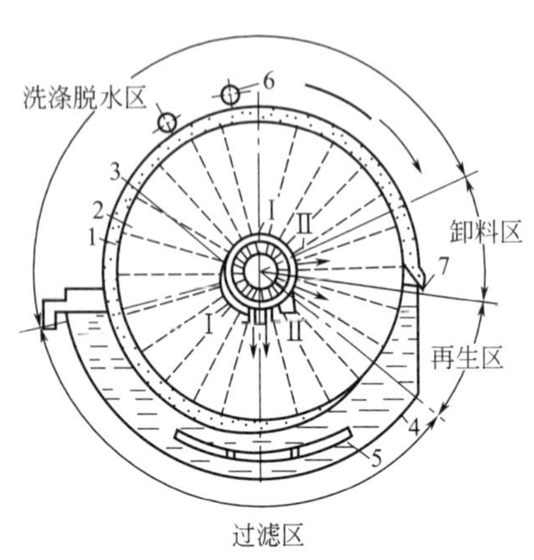

图 2-54　转鼓真空过滤机工作原理

1—滤饼；2—转鼓；3—分配头；4—滤浆槽；5—搅拌器；6—洗涤管；7—刮刀

① 转鼓真空过滤机　转鼓真空过滤机分外滤面和内滤面两种。

a. 外滤面转鼓真空过滤机　该机工作原理如图 2-54所示。水平放置的转鼓表面镶有若干块长方形筛板，筛板上铺金属网和滤布。筛板下的转鼓空间被径向筋片分离为若干个过滤室。每个过滤室以单独的孔道连接到轴颈端面的分配头上。转鼓部分浸在槽中。转鼓旋转时，各滤室通过分配头与各固定管顺序接通。因此整个转鼓的工作分为过滤、洗涤脱水、卸料和再生区，每个滤室顺序通过四个区完成一工作周期，若干个滤室在不同时间相继通过一区域即构成过滤机连续工作。

国外外滤面转鼓真空过滤机的过滤面积最大可达 131.9m^2，转鼓直径为 4.2m。

国内外滤面转鼓真空过滤机的标准系列[18]如下。

过滤面积（m^2）　0.25、0.5、1.0、2、3、4、5、6、8、10、13、15、20、25、30、35、40、45、55、60、65、75、80、100。

转鼓转速（r/min）　0.08～16。

优点：能连续和自动操作，操作人员少，效率高；适应性好；操作现场干净，易于检查和修理；检修费用低廉；能有效地进行洗涤与脱水；洗涤液和滤液可以分开。

缺点：成本高，使用范围受热液体或挥发性液体的蒸气压限制，沸点低的或在操作温度下滤液易挥发的物料不能过滤；难以处理含固量多和颗粒特性变化大的料浆。

转鼓真空过滤机的性能是通过调节转鼓速度、真空度和转鼓浸没率三个主要操作变量来控制的。任何一个变量都会同时影响到滤饼的形成、抽干时间、生产能力和滤饼的卸除。转速可在一定的范围内调节，在一定转速下得到所需的滤饼干燥程度和最大的生产能力。转鼓的浸没率视料浆的过滤特性而定，对于极易生成滤饼的料浆，浸没率可以小，甚至接近于10%；对于不易生成滤饼的料浆，浸没率可高达60%，常用的浸没率为25%～37%。滤饼厚度保持在40mm以内，对难过滤的胶状物料，厚度可小至10mm以下。所得滤饼的含湿量很少能低于10%，常可达30%左右。

外滤面转鼓真空过滤机广泛用于化工、冶金、食品、石油精炼、造纸以及废水处理等工业部门，用于过滤流动性好、不太稀薄的悬浮液。对难于过滤的或固相浓度低的悬浮液，如果转鼓各区在悬浮液中停留时间为4min，而滤饼的厚度还不到5mm时，最好不要采用外滤面转鼓真空过滤机；当固相密度大或颗粒太粗、固相沉降速度大于12mm/s时，此时固相即使在搅拌器的作用下，也会大量沉淀。采用外滤面转鼓真空过滤机也是不适当的。

外滤面转鼓真空过滤机按结构可分为下部加料、上部加料和预敷转鼓三种。其中下部加料式转鼓真空过滤机最为常用，其他两种型式可看做前者的改型。下部加料转鼓真空过滤机按卸料方式的不同，还可分为刮刀卸料式、折带式、绳索卸料式和辊卸料式。

(a) 刮刀卸料式　工作原理如图 2-55 所示，这类过滤机适用于分离粒度为 0.01～1mm、易过滤的悬浮液，具有连续操作、处理量大、滤布易再生、滤饼能洗涤的优点，广泛用于化工、制药、食品、染料、制糖等行业，结构简单，运转及保养容易，造价低。采用本机的料浆，必须能在 5min 内在转鼓过滤面上形成 3mm 以上均匀的滤饼，同时滤饼应有较好的透气性。但是，滤饼透气性过于好的物料也不宜使用该机，因为滤饼会从过滤面上脱落。

(b) 折带式　工作原理如图 2-56 所示，无端滤布在转鼓体上不固定，绕过几个辊轮后环绕在转鼓体上。转鼓旋转时，带动滤布运动，在真空作用下，料浆槽中的料浆被吸附在滤布上，形成滤饼。随着转鼓转动，滤饼中水分不断吸出，滤饼随滤布离开转鼓后，运行到卸料辊时被卸除。滤布被清洗后又返回转鼓体。这类过滤机适用于粒度小、不易沉淀、具有一般黏度的物料的过滤。广泛用于过滤浮选后的有色金属精矿和浮选后尾煤以及污水处理。优点是过滤速度恒定，效率高，滤饼含湿量低。

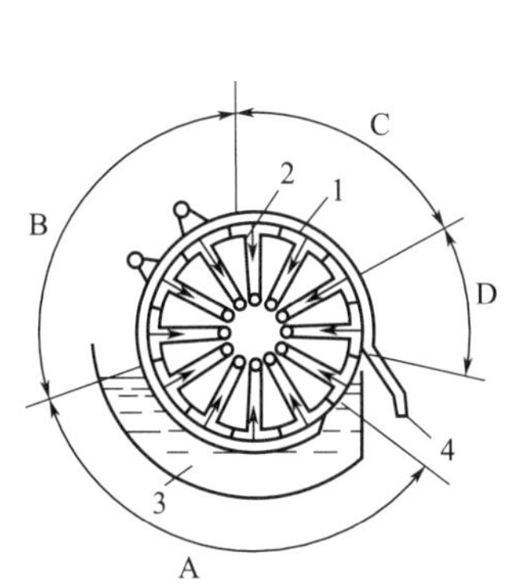

图 2-55　刮刀卸料外滤面转鼓真空过滤机工作原理

1—转鼓；2—滤室；3—滤浆槽；4—滤饼；A—过滤区；B—洗涤区；C—脱水区；D—卸料区

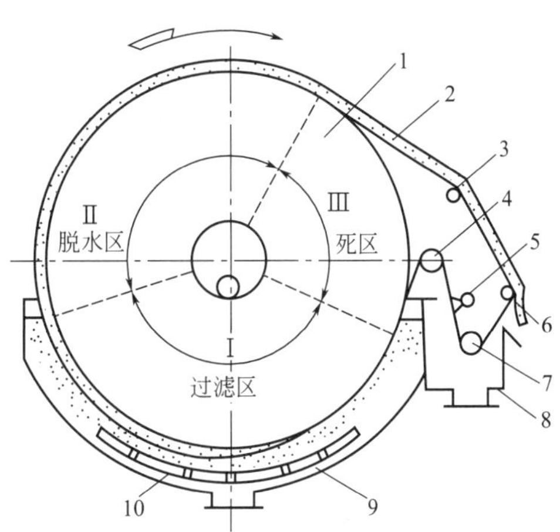

图 2-56　折带式外滤面转鼓真空过滤机工作原理

1—转鼓；2—滤布；3—分层辊；4—导向辊；5—清洗管；6—卸饼辊；7—张紧辊；8—清洗槽；9—搅拌槽；10—滤浆槽

(c) 绳索卸料式　工作原理如图 2-57 所示。用间距 1～3mm 的绳索（通常为尼龙绳）卸料。随着转鼓的旋转，绳索时而同转鼓接触，时而离开转鼓面循环运行，当绳索离开转鼓面时，便将滤饼从转鼓上剥离，并在反向辊处卸除。由于它可以成功地剥离非常薄的（如 1.6mm）滤饼，因此，可以过滤难过滤、黏性大的物料。如玉米淀粉、丙烯聚合物、锌钛白（立德粉）等，它不适合于过滤容易堵塞滤布、滤饼易龟裂的滤浆。

(d) 辊卸料式　辊卸料工作原理如图 2-58 所示，卸料辊安装在转鼓近旁真空停止区，当转鼓过滤面上的黏性滤饼与回转的卸料辊接触时，因附着力的作用将滤饼卷起，然后由刮刀或另一辊子将滤饼卸除。卸料辊用能黏附滤饼的材料制成，或者用这样的材料包覆而成。该机适用于在化学、制药、食品及过滤不易堵塞滤布的黏性料浆。它更换滤布容易，卸料不用反吹，也无需用金属丝压住滤布，缺点是滤布易堵塞，当滤饼厚度超过 5mm 时，滤饼便难以卸除。

(e) 其他型式　大颗粒物料由于沉降速度快，不能使用下部加料的转鼓真空过滤机，可使用上部加料转鼓真空过滤机。料浆在接近转鼓的顶部加入正在上升的转鼓表面，在底部卸除的滤饼落入收集槽中。

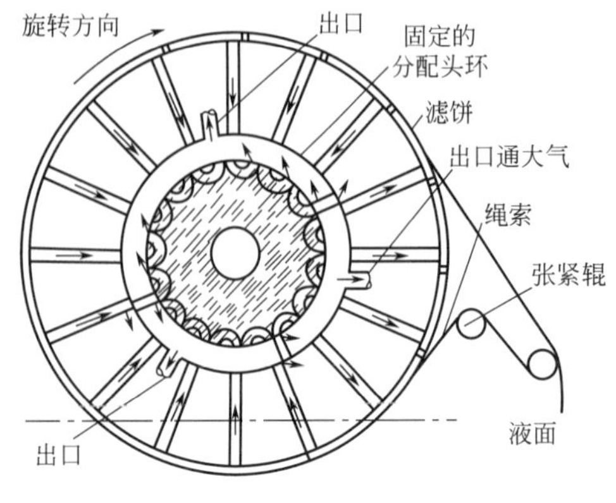

图 2-57　绳索卸料式外滤面转鼓真空过滤机工作原理

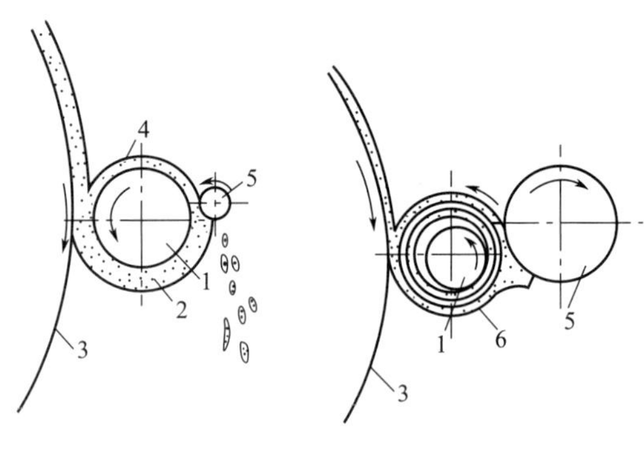

图 2-58　辊卸料方式

1—卸料辊；2—滤饼；3—转鼓；4—薄滤饼层；5—滤饼卸除辊；6—圆柱形筛

无格式转鼓真空过滤机主要用于处理过滤性能好的料浆，以效率高著称。没有分配头，转鼓内也无配管，所以真空系统的压力损失少，单位面积的过滤能力大，可卸除滤饼层的厚度为3～5mm。滤布不易堵塞，寿命长，缺点是真空源的容量大，投资多。

预敷转鼓式真空过滤机是在正式过滤前先在滤布上形成助滤剂层（即预敷层），正式过滤依靠预敷层来完成，优点是可以稳定地获得澄清的滤液，能过滤浓度极稀的液体；过滤速率快，不会堵塞滤布；能过滤含细微颗粒的料浆；但是卸除的滤饼中含有助滤剂，且预敷层的费用高，也增加了滤饼的体积，适合于处理黏性大、胶体状的或带有包含在胶体中的微量固体颗粒的溶液。主要用于医药品等的发酵、菌体的分离、纸浆白液的精制等。

外滤面转鼓真空过滤机的主要技术特性见表 2-22[18]。

表 2-22　外滤面转鼓真空过滤机的主要技术特性[18]

过滤面积/m^2	转鼓直径/m		转鼓转速/(r/min)	过滤面积/m^2	转鼓直径/m		转鼓转速/(r/min)
	第 1 系列	第 2 系列			第 1 系列	第 2 系列	
0.25,0.5	0.5	—	0.08～16	30,35	3	2.7,3.35,3.5	0.08～16
1,2	1.0			40,45			
3,4	1.6	1.25,1.75		50			
5				60,65	3.5	3.35 4.0	
6	2.0	1.8		70,75			
8,10		2.25		85	4.0	—	
13		2.6		100			
15,20,25	2.5	2.4,2.6					

注：转鼓转速一般为 0.08～4.5r/min。

外滤面转鼓真空过滤机已在下述领域进行过滤：直接黑偶氮染料、石棉、硅酸铝胶、砷酸钙和亚砷酸钙、碳酸氢钠、钒酸、钨酸、钨酸铝、氢氧化铝、氢氧化亚镍、石墨、高岭土、碳酸钙、碳酸镁、碳酸锌、碳酸盐渣、淀粉、硅氟酸、冰晶石、锌钡白、精选铜矿、白垩、偏碳酸、菱镁矿、石油脱蜡、萘、铁钒合金废水、磷酸钙肥料、萤石、硫酸钒、硫酸铬、硫酸锌、磷酸石膏、氟盐、水泥渣等。

b. 内滤面转鼓真空过滤机　内滤面转鼓真空过滤机的过滤表面在转鼓的内部，适用于过滤固相粒子粗细不同且沉降速度大（大于 8mm/s）的悬浮液。主要用于采矿、煤炭与冶金工业，工作原理如图 2-59 所示。转鼓 1 水平放置在托轮上，并在托轮的带动下旋转。转鼓的一段封闭，另一端装有环形拦液板 3，悬浮液经输送管送入转鼓内部，转鼓内壁焊有 16～20 根纵向板条 5，板条上铺设筛板和滤布，从而在转鼓、板条和滤布间形成若干个滤室 7，转鼓旋转时，滤室与轴颈上的分配头连接，各滤室顺序通过四个区完成一个工作周期，若干个滤室在不同时间相继通过同一区域即构成过滤机的连续工作。内滤面转鼓真空过滤机的转鼓直径一般为 1.2～4.2m，过滤面积为 1.5～25m²，我国最大的内滤面转鼓真空过滤机的过滤面积为 40m²。

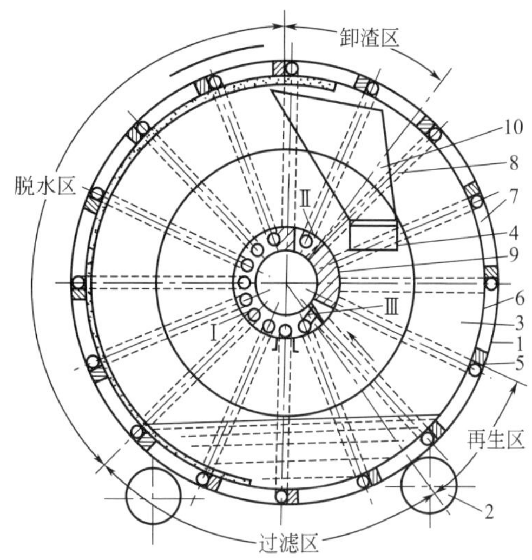

图 2-59　内滤面转鼓真空过滤机工作原理
1—转鼓；2—托轮；3—拦液板；4—带式输送机；5—纵向板条；6—滤布；7—过滤室；8—管道；9—分配头；10—料斗

优点：由于不需要料浆槽和搅拌装置，成本降低；进料浓度的变化不会给机器的操作带来太多的困难；由于过滤在转鼓的内侧，如果需要在高温下操作，很容易对这种过滤机采取保温措施。

缺点：转鼓表面积只有一部分得到利用；由于循环时间短，洗涤时间有限，且洗涤液只能以与重力相反的方向流动；滤饼需要有一定的黏性，否则到卸料位置前便会脱落，使真空度下降；进料料浆流量亦会发生变化；湿槽卸料只适宜于卸除易碎的滤饼；更换滤布困难。

内滤面转鼓真空过滤机主要应用于矿石和湿法冶金中，已在精选铅矿、锌矿、铜矿、磷精矿、浮选铁矿、浮选铁精矿、铅精矿、磁选铁精矿、混合铁精矿等选矿行业得到广泛应用。

内滤面转鼓真空过滤机的基本参数见表 2-23[18]。

表 2-23　内滤面转鼓真空过滤机的基本参数

型号	过滤面积/m²	转鼓尺寸/mm		滤室数目	浸没角度/(°)	脱液区角度/(°)	卸料区角度/(°)	滤布清洗区角度/(°)
		转鼓直径	转鼓长度					
GN-8	8	2956	1020	16	104	136	30	45
GN-12	12	2956	1370	16	104	136	30	45
GN-20	20	3668	1920	20	103	130	30	30
GN-30	30	3668	2720	20	103	130	30	30
GN-40	40	3668	3720	20	103	130	30	30

② 圆盘真空过滤机　圆盘真空过滤机适用于过滤粒子的粗细不匀或多少不一和沉降速度不高的悬浮液。它的工作原理如图 2-60 所示，根据拥有的圆盘数，该机可分为单盘或多盘两种。每个圆盘都由 10～30 个彼此独立的扇形滤叶 2 组成，两面均覆有滤布。许多这样的圆盘等距地固定在中央旋转空心轴上，各圆盘部分地浸没在盛有待过滤的悬浮液的槽 4 中，圆盘平面上都有肋条支撑滤布形成排液通道，轴是空心的，有两层壁，在内壁与外壁之间的环形孔隙中，用纵向的肋片分隔开来，设置了多个径向孔，每个扇形滤叶设有排液喷嘴与轴上的径向孔相通。各通道都通轴的一个端面上，过滤机的分配头 3 紧紧压在此表面上。轴转动时，各排液

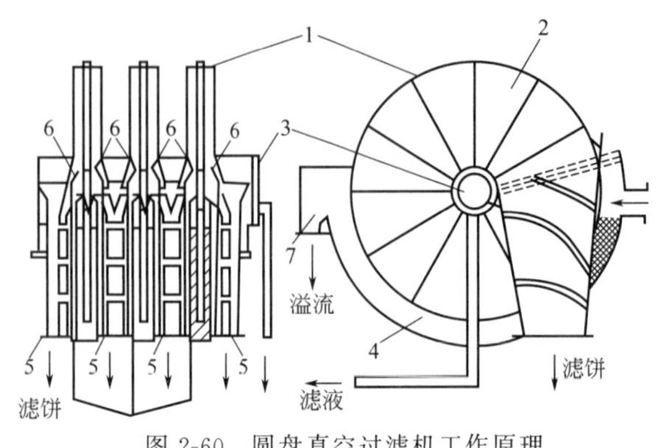

图 2-60 圆盘真空过滤机工作原理

1—过滤圆盘；2—滤叶；3—分配头；4—单独的滤浆槽；5—滤饼槽；6—刮刀；7—溢流

通道顺次与分配头的室连通，在过滤区，滤液穿过滤布，进入各通道，然后经轴的通道及分配头与真空相连，自过滤机中抽出，固相被阻挡于滤布的表面，形成滤饼层。在脱液区，滤液穿过滤布进入各通道，然后经轴的通道及分配头排出。在卸渣区，压缩空气进入排液通道，帮助滤饼从滤布上脱开，并用刮刀或锥形辊将其刮下。在再生区，空气或蒸汽进入过滤室，进行滤布的再生。因此，轴旋转一周完成过滤、脱水、卸除滤饼及滤布再生等操作。

圆盘真空过滤机的单个盘直径为1.8～4.0m，过滤面积一般为4～17m^2。目前最大的圆盘真空过滤机的过滤面积已达400m^2，圆盘直径为3.8m。我国圆盘过滤机最大过滤面积为120m^2，圆盘直径为2.8m。空心转轴转速较低，一般为每六分钟一转，高转速可达1～3r/min。

圆盘真空过滤机的优点如下：

a. 在所有的连续式真空过滤机中，按单位过滤面积计，圆盘真空过滤机是价格最便宜的；

b. 过滤面积大，占地面积小，可以不设置搅拌装置；

c. 更换滤布快；

d. 料浆槽若分割成数格，即可在一台单机上设置一个或两个分配头，同时处理两种不同的料浆；

e. 可用于处理量大、易过滤的物料。

圆盘真空过滤机的缺点如下。

a. 由于在竖直的滤饼表面过滤，且滤饼干燥时间短，因而滤饼不能洗涤；

b. 滤饼含湿量高于转鼓真空过滤机，滤饼厚度不均匀，易于龟裂；

c. 刮刀或锥形辊卸料，滤布磨损速率高，且滤布易堵塞；

d. 薄滤饼卸除较困难；

e. 不适合处理非黏性物料。

除不能洗涤外，圆盘真空过滤机的应用范围与刮刀卸料转鼓真空过滤机相同，适用于无机化工、制糖、淀粉造纸、制铝业、催化剂、煤的洗选、湿法冶金、废水处理等滤浆的过滤。

圆盘真空过滤机的主要技术参数见表2-24[18]。

圆盘真空过滤机在选矿行业的应用实例：精选铜矿、精选镍矿、精选黄铁矿、精选铅矿、铅矿渣、煤渣、高岭土渣、精选粗钼矿、精选锌矿、铜精矿、铅精矿、锌精矿等。

③ 转台真空过滤机[4,15]　转台真空过滤机的工作原理如图2-61所示。该机实际上是一个由若干个扇形平盘组成的旋转环形转台。圆台形过滤面的下面，有若干径向垂直隔板分隔成的许多彼此独立的扇形滤室。滤室的上方有筛板，用来支撑滤布。这些滤室在转台的下方直接与中央分配头相通，分配头的作用与转鼓真空过滤机的相同，圆台形过滤面的上面是布料器和卸料装置。当环形圆台的内外边缘较低时，用螺旋输送器或辊子卸料；当环形圆台的内外边缘较高时，则采用刮刀卸料。卸料后，滤布上要留下约3mm厚的滤饼层，为了消除残留滤饼对过滤的影响，便在加料位置用压缩空气反吹，由反吹空气将残留的滤饼吹入新加入的料浆。这种

过滤机适于要求洗涤效果好、颗粒状的、能快速过滤以及含有密度大的颗粒料浆。

表 2-24　圆盘真空过滤机主要技术参数

型　号	过滤面积/m^2	圆盘直径/mm	圆盘数量	圆盘转速/(r/min)
PG-20	20	1800	4	0.167～1.0
PG-30	30		6	
PG-40	40	270	4	
PG-60	60		6	
PG-80	80		8	
PG-100	100		10	0.215～0.97
PG-120	120		12	
PG-140	140	3800	7	0.14～0.87
PG-164	164		8	
PG-184	184		9	
PG-204	204		10	
PG-225	225	3800	11	0.14～0.87
PG-245	245		12	
PG-266	266		13	
PG-286	286		14	
PG-307	307		15	

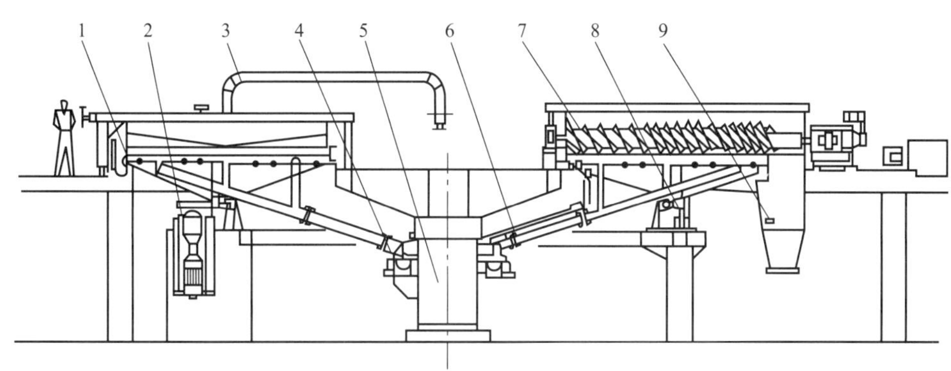

图 2-61　转台真空过滤机工作原理

1—橡胶带及边缘护板；2—驱动装置；3—加料管及加料箱；4—分配头；
5—中心立柱；6—出液管；7—变螺距螺旋卸料器；8—对中支撑辊；9—出料斗

转台真空过滤机的优点：结构简单，造价便宜；洗涤效果好，洗涤液可与滤液分开；对于脱水快的料浆，单台过滤机的处理量大；不需要料浆槽和搅拌器。

缺点是：占地面积大；虽然洗涤效果好，但滤饼上也难免出现液体的交叉混合；螺旋卸料，滤布磨损快，且滤布易堵塞。

转台真空过滤机适用于要求洗涤效果好和含有密度大的粗颗粒的料浆，也可以过滤含有密度小颗粒的料浆，可用于萃取磷酸过程中磷酸与磷石膏分离及其他化工、冶金等部门。

国内普通结构的过滤面积（m^2）[18]　4、8、14、18、25、34、45、55、65、80、100、120、140、160、180、200、220、240

相应的过滤面外径（m）　2.55、3.5、4.5、5.2、6.2、7.0、8.2、9.0、9.8、11.0、12.4、13.6、14.4、15.4、16.4、17.6、18.6、19.6

过滤盘数（个）　20～56

转台转速（r/min）　0.2～0.6

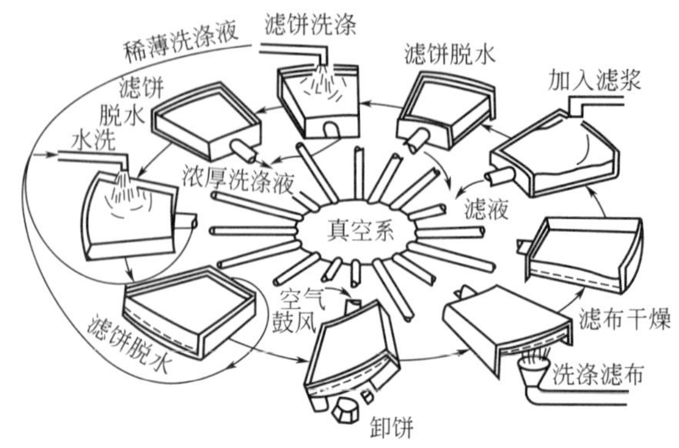

图 2-62　翻斗真空过滤机工作原理

④ 翻斗真空过滤机　翻斗真空过滤机是转台式真空过滤机的改型，它的结构原理如图 2-62 所示。

旋转的环形转台划分为一组扇形滤斗，每个滤斗是一个可翻转的独立元件，滤斗里有用橡胶或聚丙烯制成的筛板，筛板上覆盖滤布，滤斗通过滤液管与中央分配头连接，由装在圆环轨道上的辊轮带动扇形滤斗旋转。在滤饼卸除位置，用一个机构使扇形滤斗翻转，需要时还可借助空气的反吹将滤饼卸除，冲洗再生后，扇形滤斗回到初始位置准备接受新料浆。

翻斗真空过滤机的过滤面积一般为 2.0～73m^2，转速范围为 0.1～0.5r/min。国外最大的翻盘真空过滤机的过滤面积为 205m^2，直径为 23m。

翻斗真空过滤机的优点：可以单独确定滤饼厚度；能过滤黏性大的物料，洗涤充分；滤液易于排出，滤饼易于卸除，可充分而又迅速地冲洗滤布，适应性强；设备易于大型化。

缺点为：占地面积大；机械结构复杂，小型机械成本高。

翻斗真空过滤机性能通过调节转速、操作真空度和过滤强度（单位时间内每平方米处理干滤饼的质量）三个主要变量来控制。转速的确定是以满足被分离物料的工艺指标为原则，它的变化直接影响生产能力、滤饼含湿量等。在一般情况下，当物料液固比不变，速度慢会影响生产能力，速度太快则又会缩短滤液的过滤时间，降低滤饼含固量和滤液回收率。操作真空度和过滤强度均与所处理的物料工况、工艺条件及物料种类有关。

翻斗真空过滤机适用于分离固相含量大于 20%、颗粒较大、易分离、滤饼要求充分洗涤的悬浮液。目前多用于萃取磷酸生产过程中料浆的过滤，把磷酸和石膏分离，也可用于其他化工、冶金、轻工、国防等工业部门。

我国翻斗真空过滤机标准规定的主要技术参数见表 2-25[18]。

表 2-25　翻斗真空过滤机主要技术参数

型　号	过滤面积/m^2	滤盘数/个	转速/(r/min)	转盘外径/mm
F(S)2/12	2	12	0.1～0.5	2390
F(S)3/16	6.3	16		4780
F(S)14/16	14			6280
F(S)18/18	18	18		7200
F(S)25/20	25	20		8370
F(S)34/20	34			9130
F(S)42/20	42			10470
F(S)48/20	48			10470
F(S)55/20	55			11590
F(S)80/24	80	24		13552
F(S)100/24	100			15100
F(S)120/24	120			17010
F(S)140/30	140	30	0.1～0.4	19050
F(S)160/30	160			19450
F(S)200/30	200			21210
F(S)220/30	220			21910

⑤ 带式真空过滤机[18] 水平带式真空过滤机具有水平过滤面上加料和卸除滤饼方便等特点，是近年来发展最快的一种真空过滤设备。按结构原理分为橡胶带式真空过滤机（DU 型）、移动室带式真空过滤机（DI 型）和固定室撑带式真空过滤机（DJ 型）三种，分别适用于不同场合。

a. 橡胶带式真空过滤机（DU） 图 2-63 为橡胶带式真空过滤机示意。这种过滤机采用一条橡胶脱液带（简称橡胶带）作为支撑带，滤布放在橡胶带上，橡胶带上开有相当密的沟槽，沟槽中开有贯穿孔，橡胶带本身的强度足已支撑滤布承受真空吸力，因此滤布本身不受力，滤布寿命较长，特别适用于料浆过滤速度快、处理量大的场合。缺点是橡胶带成本较高，需定期更换，安装及调试均比其他两种带式真空过滤机难，对所有含溶剂的物料不能用这种类型的过滤机过滤。

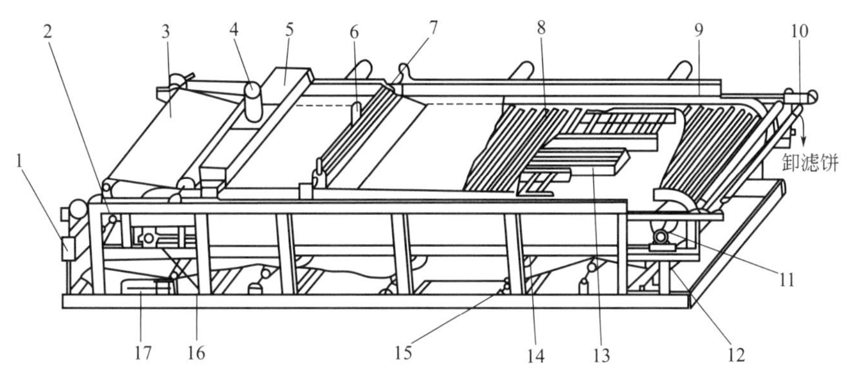

图 2-63 橡胶带式真空过滤机

1—滤布张紧装置；2—滤布脱水辊；3—滤布；4—加料管；5—加料槽；6—洗涤管；7—洗水槽；8—沟槽式脱液带；9—橡胶带裙边；10—卸料辊；11—驱动辊；12—滤布冲洗装置；13—真空室；14—方向支撑辊；15—滤布辊；16—橡胶带张紧装置；17—防跑偏装置

这种类型的水平带式真空过滤机结构先进，滤带在机上即作环状过滤带又作物料传送带，过滤、洗涤、吸干、排渣、清洗滤布连续作业。

b. 移动室带式真空过滤机（DI 型） 图 2-64 为移动室式带式真空过滤机的示意，这种型式的水平带式真空过滤机采用普通滤布作为环形滤带，真空室与滤布同步移动，真空吸滤时真空室与滤布向前一同移动一段距离，真空撤除后真空室返回到起始位置，重新开始吸滤。其特点是维护费用较低，在过滤过程中能够保持真空度，缺点是返回行程是空载，因而相对 DU 型带式真空过滤机，生产效率较低。

移动室带式真空过滤机的真空滤室返回时间为非工作时间，一般返回时间为 3～5s，为避免非工作时间所占的比例过大，滤带的移动速度不宜太高，一般为 0.3～6m/min。为进一步扩大使用范围，降低滤饼的含湿量，国外已开发全密闭加压和真空联合操作的移动室式带式真空过滤机，密闭式、带惰性气体热风循环干燥、带有机械挤压，滤室宽度为 2m。

c. 固定室撑带式真空过滤机（DJ 型）（见图 2-65）。

这种型式也是用滤布制成环形滤带，料浆和洗涤液连续地加到水平放置的覆有滤布的滤盘上，滤盘与真空系统接通。过滤时，滤盘（真空室）静止不动，滤带被真空吸在滤盘上，在真空作用下，料浆中的液体经过滤饼和滤布进入滤盘，经过真空切换阀进入气-液分离器。滤液留在分离器内，依靠泵或重力排出，气体与真空系统相连，滤带上的固体颗粒形成滤饼。在洗涤区滤饼由洗涤槽内淋下或洗涤喷雾器喷出的洗涤液进行洗涤，回收母液或纯化滤饼。当过滤

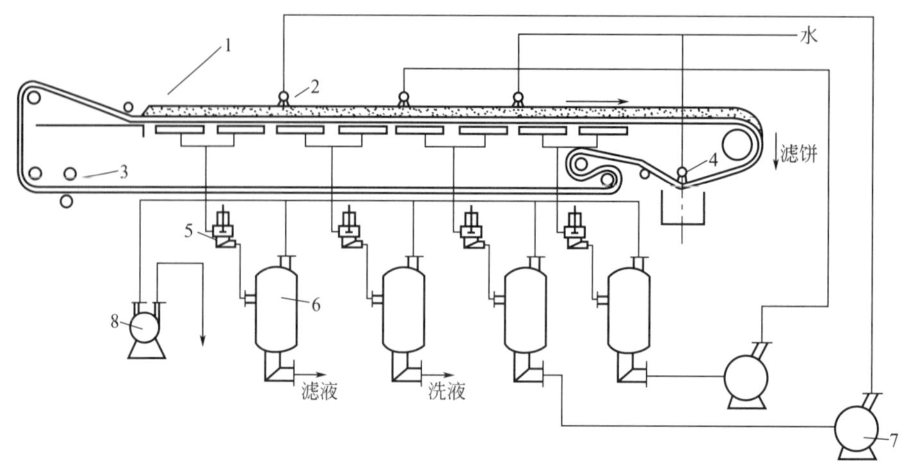

图 2-64 移动室式带式真空过滤机

1—加料装置；2—洗涤装置；3—纠偏装置；4—洗布装置；
5—切换阀；6—气液分离器；7—返水泵；8—真空泵

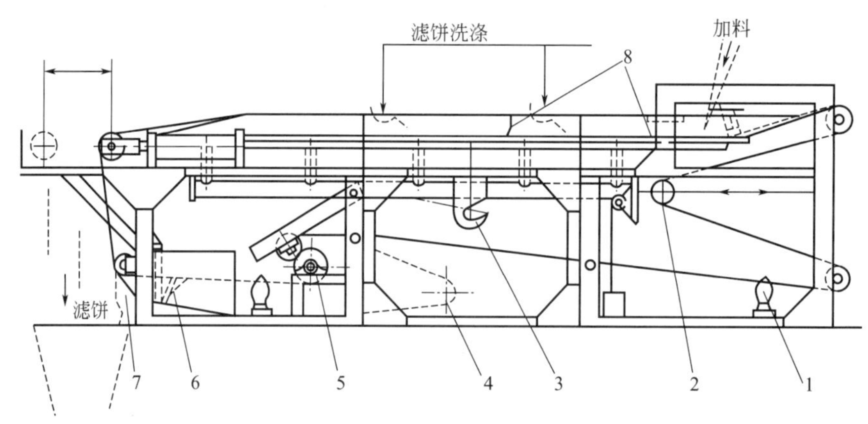

图 2-65 固定室撑带式真空过滤机

1—滤带监视机构；2—滤带张紧机构；3—排气阀和真空阀；4—气马达驱动机构；
5—滤带传动辊；6—滤带冲洗装置；7—卸料刮刀；8—堰

进行一定时间后，电-气控制系统将滤盘与真空系统切断，使得滤盘内的压力为常压，滤布在撑带气缸、撑带辊的作用下向前移动，至设定位置时，由撑带气缸上的电磁感应器的信号，通过 PLC 发出的信号使滤盘再次与真空系统接通，进入下一个工作循环。

DJ 型固定室撑带式真空过滤机与上述两种机型相比，其特点如下：

过滤循环周期可以在大范围内变动，操作弹性大，能适用于料浆过滤性能变化大的场合；过滤区、洗涤区、吸干区的分布可按工艺要求调整；滤盘可使用金属或非金属耐腐蚀材料制造，可适用于各种耐腐性强的物料；可附加滤饼的压干及吹干区，滤饼的含湿率低；可附加密闭装置，用于过滤洗涤有毒或易挥发料浆。

DJ 型固定室撑带式真空过滤机适用于各种物料的真空过滤过程，特别对滤饼洗涤要求高、滤饼含湿率控制严格，物料过滤性能变化大，腐蚀性强的场合尤为适用。如塑料助剂、催化剂、合成药、生物制剂、农药等生产过程中的液固分离。

美国 Dorr-Oliver 公司还开发了一种连续移动室带式真空过滤机。它结合了固定室式和移动室式过滤机的优点，应用前景较为宽广。主要特点是原来不可拆的真空滤室由许多个可分开或合拢的小滤盘代替。实现了滤盘和滤布一起向前移动，因而不必使用真空切换阀，控制系统也更加简单，工作可靠，同时降低了成本。

和其他真空过滤机相比，带式真空过滤机的优点是：适用于处理难以机械输送的易碎物料和沉降快、易絮凝的物料；滤布不易堵塞，工作周期短，单位过滤面积的处理能力大；可以最大限度地保持真空度；洗涤效果好，对物料的适用性好。

带式真空过滤机的缺点为：占地面积大。

带式真空过滤机的过滤面积一般为 0.25～120m^2，滤带宽度为 0.3～6m。

水平带式真空过滤机的性能是通过控制真空度和滤带速度两个主要操作变量，滤带速度快慢，需根据物料过滤性能的好坏来定，滤饼厚度以大于 3mm 为宜。实际过程要根据物料的工艺条件，通过试验选择适当的真空度及适宜的滤带速度。

常用国产带式真空过滤机的主要技术参数见表 2-26。

表 2-26　移动室型和固定室型带式真空过滤机主要技术参数[18]

滤带有效宽度/mm	315	630	1250	1600	2000	2500	3150
过滤面积/m^2	0.6	1.9	5.0	8.0	12	15.0	25
	0.9	2.5	6.3	9.6	14	17.5	28
	1.3	3.2	7.5	11.2	16	20.0	31
	1.6	3.8	8.8	12.8	18	22.5	34
	1.9	4.4	10.0	14.4	20	25.0	37
	2.2	5.0	11.2	16.0	22	27.5	40
	2.5	5.7	12.5	17.6	24	30.0	44
	—	6.3	13.8	19.2	26	32.5	47
	—	—	15.0	20.8	28	35.0	50
	—	—	—	22.4	30	37.5	53
	—	—	—	—	32	40.0	56
滤带速度/(m/min)	0.3～6						

注：滤带速度仅适用于 DI 型带式真空过滤机。

水平带式真空过滤机的适用范围很广，可应用于化工、制药（包括酶类及各种抗生素）、食品、冶金、矿山、农药、造纸、染料、污水处理等行业。对于沉降速度较快的物料的分离性能尤佳。当滤饼需逆流洗涤时更为优良。在冶金矿山行业，可用来处理铅锌、钒渣、铀矿水冶、黄金、仲钨酸铵、五氧化二钒、碳酸锰；合成树脂行业，可用来处理 ABS 树脂；催化剂行业，可用来处理氢氧化铝；肥料行业，可用来处理钾肥；农药行业，可用来处理四硝基间甲酚、40％嘧啶氧磷乳剂；食品行业，可用来处理柠檬酸、硫酸钙；在废水处理方面，可用来处理硫酸污泥、燃煤尘浆、含氟石灰；化工原料行业，处理硫酸铝残渣、火电厂烟气脱硫中石膏脱水等。

带式真空过滤机部分应用实例：煤化工中煤气化工序灰水处理系统，料浆中灰分含量约 12％，采用 15m^2DI 型带式真空过滤机处理量可达 4000kg(干饼)/h，滤饼含水率小于等于 50％；精细化工行业联二脲过滤，料浆中含固量约为 15％，采用 8m^2DJ 型带式真空过滤机处理量为 1200kg(干饼)/h，滤饼含水率为 25％；火电厂烟气脱硫中石膏脱水系统，石膏悬浮液固含量 40％～60％，采用 27m^2DU 型带式真空过滤机处理量达到 22000kg(干饼)/h，滤饼含水率小于等于 10％。

真空过滤机对不同滤饼的生成速度、悬浮液浓度、沉降速度适应性见表 2-27。

表 2-27　悬浮液过滤特性与真空过滤机选型[4,15,17]

悬浮液种类	过滤性能良好	过滤性中等	过滤性差	稀薄悬浮液	极稀薄悬浮液
悬浮液浓度(体积分数)/%	>20	20～10	10～1	<1	<0.1
滤饼形成速度	>25mm/s	>25mm/min	6～1mm/min	<1mm/min	不形成滤饼
悬浮液沉降速度	非常快	快	慢	非常慢	几乎不沉降
过滤速度(滤饼)/[$m^3/(m^2 \cdot h)$]	>2500	2500～250	250～25	<25	—
过滤速度(滤液)/[$m^3/(m^2 \cdot min)$]	200	200～8	0.8～0.4	80～0.4	80～0.4
外滤面转鼓真空过滤机	—	●	●	—	—
无格式转鼓真空过滤机	—	●	●	▲	—
顶部加料转鼓真空过滤机	●	●	—	—	—
转台真空过滤机	●	●	—	—	—
内滤面转鼓真空过滤机	●	●	—	—	—
翻斗真空过滤机	●	●	—	—	—
带式真空过滤机	●	●	—	—	—
圆盘真空过滤机	—	●	●	—	—
预敷转鼓真空过滤机	—	—	—	●	●
真空叶滤机	—	●	●	●	●

注：●表示适合；▲表示部分适合。

表 2-28 给出了真空过滤机的型式及其适用范围。

表 2-28　真空过滤机的型式及其适用范围[4,15]

<table>
<tr><th colspan="2">机　型</th><th>适用的滤浆</th><th>适用范围及注意事项</th></tr>
<tr><td rowspan="4">外滤面转鼓真空过滤机</td><td>刮刀卸料式</td><td>浓度为5%～60%的中～低过滤速度的滤浆，滤饼不黏且厚度超过5～6mm</td><td rowspan="4">是用途最广的机型，适用于化学工业、冶金、矿山、废水处理等领域
对于固体颗粒在滤浆槽内几乎不能悬浮的滤浆、滤饼通气性好、滤饼在自重下易从转鼓上脱落的滤浆不适宜
滤饼的洗涤效果不如水平带式真空过滤机、翻斗真空过滤机和转台真空过滤机</td></tr>
<tr><td>绳索卸料式</td><td>浓度为5%～60%的中～低过滤速度的滤浆，滤饼厚度超过1.6～5mm</td></tr>
<tr><td>折带卸料式</td><td>浓度为2%～65%的中～低过滤速度的滤浆，5min内必须在转鼓面上形成超过3mm厚的均匀滤饼</td></tr>
<tr><td>辊卸料式</td><td>浓度为5%～40%的低过滤速度的滤浆，滤饼有黏性，且厚度超过0.5～2mm</td></tr>
<tr><td colspan="2">上部加料式转鼓真空过滤机</td><td>浓度为10%～70%的过滤速度快的滤浆，滤饼厚度为12～20mm</td><td>用于含盐水中的结晶盐和结晶性化工产品的过滤，即对于沉降速度快、颗粒粗的滤浆适宜</td></tr>
<tr><td colspan="2">预敷转鼓式转鼓真空过滤机</td><td>浓度为2%以下的稀薄滤浆</td><td>用于各种稀薄滤浆的澄清过滤，适用于糊状、胶质和稀薄滤浆的过滤
适用于细微颗粒易堵塞过滤介质的难过滤滤浆，但滤饼中含有少量助滤剂，所以不宜用在滤饼为产品的场合</td></tr>
<tr><td colspan="2">内滤面转鼓真空过滤机</td><td>固体颗粒沉降速度快，颗粒较粗的滤浆，1min内至少要形成15～20mm厚的滤饼</td><td>用于采矿、冶金工业
用于滤饼易从滤布上脱落的场合，不宜用在滤饼需要洗涤的场合</td></tr>
<tr><td colspan="2">圆盘真空过滤机</td><td>过滤速度快的滤浆，1min内至少要形成15～20mm厚的滤饼</td><td>用于矿石、微粉煤、水泥原料等的过滤，因为过滤面垂直，所以滤饼不能洗涤</td></tr>
<tr><td colspan="2">转台真空过滤机</td><td>固体颗粒沉降速度快的滤浆，1min内形成超过20mm厚的滤饼</td><td>用于磷酸工业
适用于沉降速度快的滤浆以及颗粒密度小、浮在液面上的滤浆，宜用在要求滤饼洗涤效果好的场合</td></tr>
</table>

续表

机型	适用的滤浆	适用范围及注意事项
翻斗真空过滤机	浓度为30%～50%的过滤速度快的滤浆，滤饼厚12～20mm	广泛用于磷酸工业 适用于沉降速度快、颗粒粗的滤浆，能够多级逆流洗涤
水平带式真空过滤机	浓度为5%～70%的过滤速度快的滤浆，滤饼厚度超过4～5mm	用于磷酸工业、铝、各种无机化学工业、石膏以及纸浆等方面，适用于沉降速度快的粗粒滤浆，滤饼洗涤效果好
间歇式真空叶滤机	适用于各种滤浆	

注：表中浓度均为体积分数。

2.4.3.4 压榨过滤机[4,15]

半流动性或无流动性的固液混合物，通过压缩其体积实现固液分离的设备称为压榨过滤机。压榨过滤机的分类如图2-66所示。

(1) 间歇式压榨过滤机

隔膜压榨型板框、厢式压滤机在加压过滤机章节中已经介绍，本节只介绍隔膜压榨型筒式过滤机，如图2-67所示。

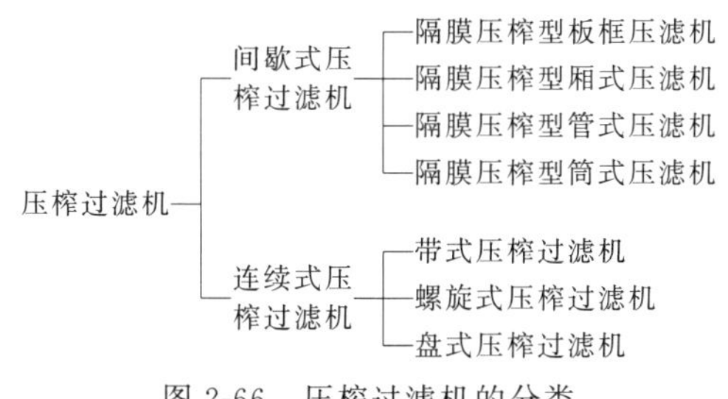

图2-66 压榨过滤机的分类

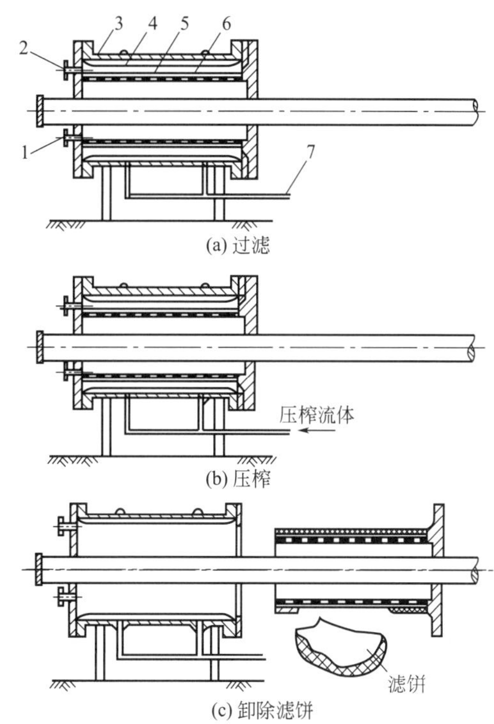

图2-67 隔膜压榨型筒式过滤机

1—排液口；2—进料口；3—外筒；4—压榨膜；5—过滤介质；6—多孔内筒；7—压榨系统

悬浮液在内外筒之间的环状间隙内加压过滤，滤液经过滤介质与多孔内筒排出。滤饼达到一定厚度时停止过滤，应用液压或压缩空气推动压榨膜进行压榨过滤。压力大小随悬浮液性质及对滤饼含湿量的要求而异。压榨膜卸压后借助液压传动装置将内筒从外筒中推出，卸除滤饼。这种过滤机过滤面积为0.314～6.5m^2。

(2) 连续压榨过滤机[4,15]

① 带式压榨过滤机　在我国城建系统和环保机械中也称带式污泥脱水机械，带式压榨过滤机是连续运转的污泥脱水设备。

用带式压榨过滤机进行脱水的原理是：污泥经过絮凝、重力脱水、预压脱水、压榨脱水后，泥饼随滤带运行到卸料辊时落下。

带式压榨过滤机主要用于如下方面。

a. 城市污水和工业废水的活性污泥、消化污泥、工业废水污泥的处理，选煤厂浮选精煤及尾煤的脱水，水泥半湿法生产中料浆的脱水。

b. 化工生产过程中的固液分离，如氨纶、煤化工、钛白粉等行业的固液分离，及化工污泥脱水工艺过程中。

c. 市政及相关工业生产行业，如造纸、矿山、钢铁、化工、制药、果蔬、酿酒、乳品、淀粉、饲料等行业生产过程中的固液分离。

带式压榨过滤机具有结构简单、操作简便稳定、自动化程度高、运行速度低、易保养、处理量大的特点。经化学调节后的悬浮液如污泥、尾煤等加在滤带上，随着滤带的移动，先经过重力过滤或真空过滤，后进入两条无端的、运动中滤带之间，借助压榨辊的压力挤出悬浮液中的液体，经过预压榨、压榨、高压压榨三个区，不仅悬浮液中颗粒表面和颗粒间孔隙的水能挤出，多孔体内部的水分及部分结合水在加压辊的作用下也能挤出（见图 2-68）。

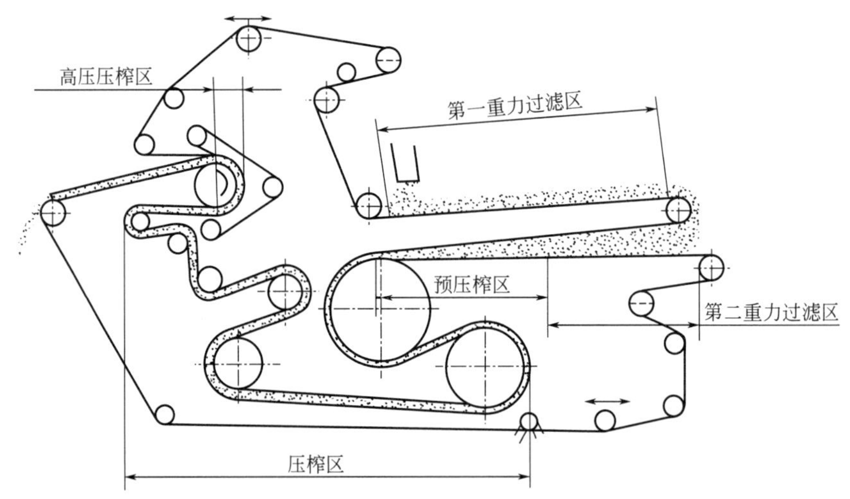

图 2-68　带式压榨过滤机工作原理

由于浓缩阶段要处理的脱水量很大，固体含量又少，难以分离，因此浓缩阶段是浓缩脱水一体化设备的技术关键。为满足逐步严格的污水排放标准，传统的污泥浓缩池已不再适合于一些特殊污泥的浓缩，如含有大量磷的污泥在重力浓缩池的缺氧或厌氧环境中可能形成磷的二次释放，使上游脱磷效果丧失。在这种情况下，浓缩带式压榨过滤机（又称浓缩脱水一体机）就应运而生。所以带式压榨过滤机（污泥脱水机械），根据所处理污泥进料浓度的不同，分为带式压榨过滤机和浓缩带式压榨过滤机两种。

带式压榨过滤机，一般用于污泥脱水，可以处理经过重力浓缩后的污泥，进泥含水率为97%左右。

带式压榨过滤机的主要技术参数是滤带有效宽度和滤带线速度。滤带有效宽度为 0.5～3m，滤带线速度范围为 0.3～10m/min。

带式压榨过滤机的应用技术关键是絮凝预处理和滤带的选用。

表 2-29 是我国带式压榨过滤机产品主要性能指标[18]。

表 2-29 带式压榨过滤机主要技术参数[18]

滤带宽度/mm	滤带线速度范围/(m/min)	滤带宽度/mm	滤带线速度范围/(m/min)
500	0.3～10	2000	0.3～10
1000		2500	
1500		3000	

表 2-30 是带式压榨过滤机应用实例。

表 2-30 带式压榨过滤机的应用实例[18]

应用领域	物料名称	进料浓度(质量分数)/%	滤饼含液量(质量分数)/%	生产能力/[kg(D·S)/(h·m)]
城市污水处理	消化污泥	3～5	68～79	100～270
	剩余污泥	3～5	77～85	45～150
	混合污泥	2～4	70～80	110～300
造纸工业	草浆污水混合污泥	2～4	76～78	80～120
	木浆污水混合污泥	2～5	75～78	150～300
	废纸浆污水混合污泥	2～5	72～78	250～380
	油毡原纸废水污泥	5～8	62～70	200～700
印染工业	生化污泥	2～4	80～82	80～120
啤酒工业	生化污泥	2～4	78～85	80～110
石化工业	混合污泥(初沉和生化污泥)	3～5	78～85	150～200
制革工业	初沉污泥和气浮污泥	2～4	78～85	100～200
钢铁冶炼	转炉污泥	10～20	25～30	1000～1100
	高炉污泥	10～20	20～25	1000～1500
	烧结污泥	10～20	20～25	1000～1300
淀粉生产	淀粉渣	10～25	50～55	1000～1200
金矿尾矿处理	氰化物尾渣	45～50	20	4000～8000
煤炭工业	浮选尾煤	30～40	22～28	3000～5000
	精煤浆	30～40	20～25	4000～6000

注：D.S表示“干固体”。

② 螺旋压榨过滤机　螺旋压榨过滤机的结构如图 2-69 所示。

预浓缩后的悬浮液通过料斗加入压榨过滤机内，由于螺旋通道截面积逐渐减小，滤饼在逐渐增大的压榨力下脱水。滤液从滤网孔中流出，滤饼由螺旋推送到排渣口排出。把重力脱水、过滤及压榨三个阶段融为一体，可以获得较高的分离效率。它结构简单、操作方便、压榨力大、功耗低、振动小、噪声低、连续操作、处理能力大、可实现密闭操作。常用于食品工业、合成橡胶、活性污泥及酒厂酒糟的分离。

螺旋压榨过滤机的主要性能参数指标：带孔圆筒直径 200～1000mm，螺旋轴长度 2～10m，螺旋轴功率 0.4～75kW，螺旋转速 0.05～1r/min。

③ 盘式压榨过滤机　盘式压榨过滤机的结构如图 2-70 所示。该机在运行之前可根据物料的性质调节 V 型过滤盘间的最大间隙和最小间隙比（压缩比）；V 型过滤盘旋转，物料从最大间隙处加入，随着滤盘缓慢旋转，物料受到逐渐增大的压榨力，液体透过滤盘上的筛网流出，脱水的滤饼从机侧刮出，这种过滤机压榨效率高、消耗动力少，滤饼含湿量及处理量可以调节，物料基本上是垂直过滤，不易破碎，结构简单，保养容易。

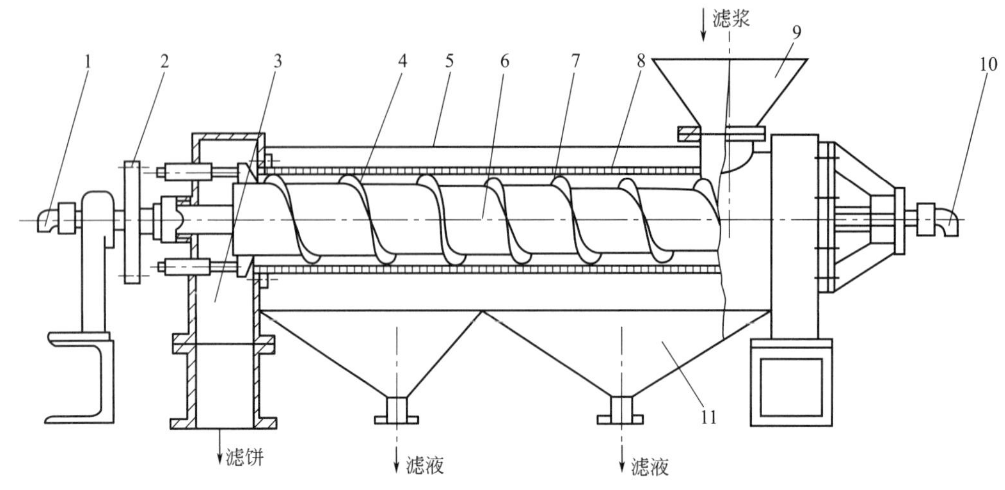

图 2-69　螺旋压榨过滤机结构

1—冷凝水出口；2—主动轮；3—排渣口；4—螺旋；5—外壳；6—空心螺旋轴；7—滤网；8—带孔圆筒；9—料斗；10—蒸汽入口；11—接液盘

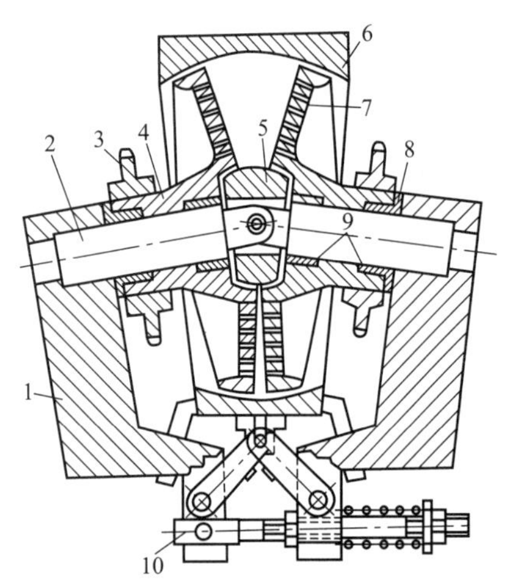

图 2-70　盘式压榨过滤机

1—连杆；2—轴；3—链轮；4—空心轴；5—中心圆盘；6—壳体；7—V 型过滤盘；8—推力轴承；9—径向轴承；10—叉形部

如聚乙烯、聚乙烯醇、羧甲基纤维素、合成橡胶、各种树脂等都可用此种机器进行压榨过滤。

该机器的主要性能参数是：V 型盘直径 0.5～1.5m，转速 1～12r/min，驱动功率为2.72～27.2kW。

2.4.4　过滤介质[16,19,20]

凡能使非均相中的流体通过，又将其中大部分固体颗粒截留以达到两相分离目的的多孔介质统称为过滤介质。它是各种过滤机和过滤器的关键部分。过滤介质的选用直接影响过滤的生产能力及过滤精度。如果选用不当，结构先进的过滤机也不能发挥其作用。

2.4.4.1　过滤介质的分类

由于被过滤物料性能及过滤要求千差万别，各种过滤机结构各不相同，对过滤介质的要求也多种多样，常用过滤介质分类如图 2-71 所示。

过滤介质按刚性、柔性分类，其种类及能阻挡的最小颗粒尺寸见表 2-31。

2.4.4.2　过滤介质的性能

过滤介质的性能包括截留率、渗透率、再生性能、剥离性能及相关物理性能和化学性能。

（1）截留率

截留率是过滤介质的主要性能指标，它是指被过滤介质截留颗粒量与参与过滤的全部颗粒量之比（以质量分数表示），表示过滤介质截留最小颗粒的能力。

（2）渗透率

渗透率反映流体流过过滤介质时的阻力，它影响过滤机的生产强度和过滤推动力的大小。过滤阻力越低，过滤速率就越高。如果过滤介质在使用中阻力迅速增加，渗透率明显下降，无论采用何种措施也无再生效果，这样的过滤介质即使截留率非常高也无实用价值。

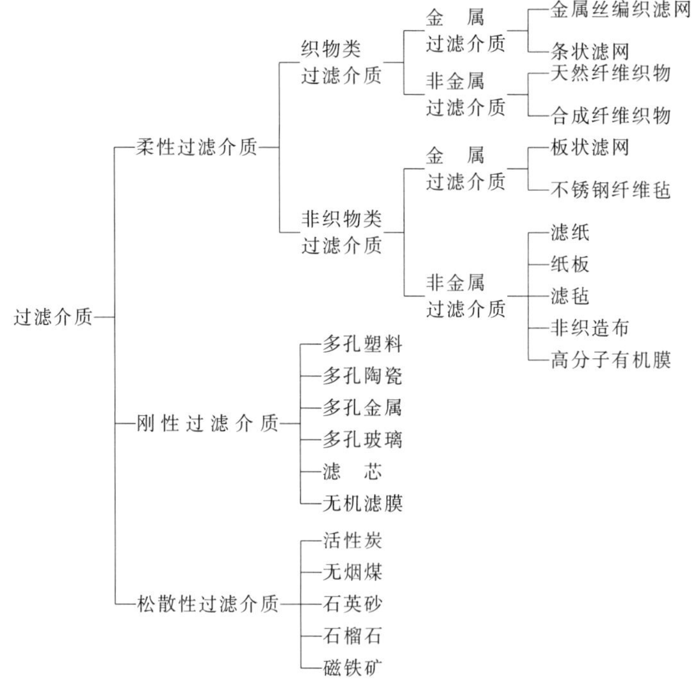

图 2-71 常用过滤介质分类

表 2-31 过滤介质种类及阻挡的最小颗粒直径[16,19]

过滤介质的种类	举例	截留的最小颗粒/μm
织物类	天然纤维与合成纤维滤布	10
非织物类	纤维为材料的滤纸	5
	玻璃纤维为材料的滤纸	2
	纤维板	0.1
	毛毡及针刺毡	10
	纯不锈钢纤维毡	6
滤网	金属丝平纹编织密纹滤网	40
	金属丝斜纹编织密纹滤网	5
刚性多孔介质	多孔塑料	3
	多孔陶瓷	1
	烧结金属	3
滤芯	表面式滤芯	0.5～50
	深层式滤芯	1
滤膜	反渗透膜	0.0001～0.001
	纳滤膜	0.0009～0.009 或 250～1000 相对分子质量
	超滤膜	0.001～0.1
	微孔膜	0.1～10
松散性颗粒	砂、炭深层过滤	<1

(3) 剥离性能

剥离性能是指过滤结束后能利用滤饼自身重力或压缩空气冲除、机械刮除等措施把滤饼从过滤介质表面分离的难易程度。过滤介质的材质、表面状态、悬浮液的性质都对滤饼的剥离性能产生很大的影响。剥离性能差，不但会影响生产能力，而且会使过滤介质的再生难度增加，还会影响连续过滤机的过滤操作。

(4) 再生性能

过滤介质的再生性能是指过滤介质表面或内部被固相颗粒阻塞后，用不同方法进行清洗使滤布表面或内部固体颗粒排出，过滤介质的过滤性能得以恢复的完全程度。过滤介质再生性能好坏将直接影响下一过滤循环的过滤周期与过滤速率。它也是反映过滤介质对物料适应程度的重要性能之一。

(5) 化学稳定性

过滤所处理的物料多种多样，化学性质各不相同，有酸性、碱性、强氧化性、耐溶剂性等，且都在一定的温度下过滤，就要求所选用的过滤介质能在被处理的物料中具有良好的化学稳定性、耐化学腐蚀、耐温度变化及耐微生物的作用。

(6) 物理、力学性能

材料的物理、力学性能包括吸湿性、耐磨性、断裂强度、断裂延伸率。这些都会影响过滤介质的正常使用和使用寿命，不同类型的过滤机对过滤介质的物理、力学性能也有差异。

2.4.4.3 常用织造滤布的主要性能和使用场合

(1) 各种纤维的物理化学性质

表 2-32 列出了各种纤维的物理化学性质。

表 2-32 各种纤维的物理化学性质

名称	湿断裂强度/(gf/den)①	断裂伸长率/%	耐腐蚀	相对密度	吸水性/%	耐热性(最高安全温度)/℃	耐酸性	耐碱性	耐氧化剂性	耐溶剂性
棉	3.3～6.4	5～10	可	1.55	16～22	良(93)	不可	良、不可	可	优
尼龙(聚酰胺)	3～8	30～70	优	1.14	6.5～8.3	良(107～121)	可、不可	优	可	优
聚酯(聚对苯二甲酸乙二醇酯质量分数 85%以上)	3～8	10～50	优	1.38	0.04～0.08	可、良(149)	良	良	良	优
聚乙烯(乙烯聚合体质量分数 85%以上)	1～7	10～80	良	0.92	0.01	可(66～110)	良	良	不可	优
聚丙烯(丙烯聚合体质量分数 85%以上)	4～8	15～35	优	0.91	0.01～0.1	可、良(121)	优	优	良	良
醋酸纤维素	0.8～1.2	30～50	可	1.30	9～14	良(100)	良	不可	良	优
聚丙烯腈(聚合物中丙烯腈质量分数 85%以上)	1.8～3	25～70	良	1.17	3～5	良(135～149)	良	可	良	优
丙烯腈类聚合物(聚合物中丙烯腈质量分数 35%～80%)	2～4	14～34	良	1.31	0.04～4	可(71～82)	良	良	良	良
莎纶(偏二氧乙烯聚合体质量分数 80%以上)	1.2～2.3	15～30	良	1.7	0.1～1.0	可(71～82)	良	良	可	良
碳氟纤维	1～2	13～27	可	2.3	0	优(204)	优	优	优	优
人造丝(由再生纤维素所组成的人造纤维)	0.7～4	6～40	可	1.52	20～27	良(100)	不可,良	可	可	良
羊毛	0.76～1.6	25～35	可	1.3	16～18	可(82～93)	可、不可	不可	不可、可	不可、可
玻璃纤维	3～6	2～5	不可	2.54	0.3 以内	优(288～316)	优	不可	优	优
金属纤维(金属、塑料包覆金属、金属包覆塑料)	—	—	良	—		良、优	—	—	—	—

① den 为旦（尼尔），表示纤维、纱线的细度，为 9000m 长纤维、纱线质量以 g 表示的数值。

(2) 滤布的构造与过滤性能

表 2-33 列出了滤布的构造与过滤性能。

表 2-33 滤布的构造与过滤性能[16]

纱线构成与织法		滤布过滤性质					
		截留粒子能力	过滤速率	滤饼最低含湿量	剥离性能	滤布寿命	滤布的再生性
纱线构成	单丝	较差	最好	最好	最好	较差	最好
	长复丝	中等	中等	中等	中等	中等	中等
	短丝	最好	较差	较差	较差	最好	较差
丝直径	大	最好	较差	较差	较差	最好	较差
	中	中等	中等	中等	中等	中等	中等
	小	较差	最好	最好	最好	较差	最好
捻度	高	较差	最好	最好	最好	较差	最好
	中	中等	中等	中等	中等	最好	中等
	低	最好	较差	较差	较差	中等	较差
织物密度	高	最好	较差	最好	最好	中等	较差
	中	中等	中等	中等	中等	最好	中等
	低	较差	最好	较差	较差	较差	最好
织法	平纹	最好	较差	较差	较差	中等	较差
	斜纹	中等	中等	中等	中等	最好	中等
	缎纹	较差	最好	最好	最好	较差	最好

(3) 国产常用滤布的适用范围

表 2-34 列出了国产常用滤布的适用范围。

表 2-34 国产常用滤布的适用范围[17]

序 号	型号/名称	适 用 范 围
1	涤纶 3927	使用温度通常在 80℃以下;适用于除浓磷酸以外的其他酸性物料,碱性物料不适用;适合要求过滤精度较高且浓度较低、细颗粒物料;其再生性能较差,更适于不可压缩类物料;因其强度高,伸长率较差,可用于操作压力高、对伸长率不作要求的场合
2	涤纶 621	使用温度通常在 80℃以下;适用于除浓磷酸以外的其他酸性物料,碱性物料不适用;抗拉强度及耐磨性较好;伸长率适中;除细黏物料外,再生性能尚可,所以应用非常广泛
3	涤纶 240	使用温度在 80℃以下;适用于除浓磷酸以外的其他酸性物料,碱性物料不适用;与涤纶 621 相比,强度、耐磨性、伸长率稍差;再生性能比涤纶 621 好,过滤速率略好于涤纶 621,广泛用于要求固相回收率较高、操作压力略低的场合
4	丙纶 60-14	使用温度在 90℃以下;适用于酸性或碱性物料;抗拉性能好、伸长率较大、孔隙大、过滤速率高、再生性能较好,适用于高浓度、大颗粒、处理量大、且对滤布的抗拉强度要求高、过滤精度要求较低的场合
5	维纶 295-108	使用温度在低于 100℃以下;适用于常温下的稀酸或稀碱性物料;抗拉强度、伸长率、耐磨性能差;用于半可压缩和不可压缩性物料时,有较高过滤速率和较好的过滤精度
6	涤纶 747	使用温度通常在 80℃以下;适用于除浓磷酸以外的其他酸性物料;抗拉强度和耐磨性能中等;有较高的过滤速率和良好的再生性能,适合于操作压力较低、物料平均粒径较大、对滤液浊度要求不高的场合
7	丙纶 750B	使用温度在 90℃以下;适用于酸性或碱性物料;与丙纶 60-14 相比,其抗拉强度及耐磨性较好;孔隙较大;再生性能略好,适用范围与丙纶 60-14 基本相同

续表

序　号	型号/名称	适　用　范　围
8	丙纶　60-13	使用温度在 90℃以下，适用于酸性或碱性物料；与丙纶 60-14 相比，其抗拉强度及耐磨性较好；孔隙略小；过滤速率相近；再生性能略好，适用范围与丙纶 60-14 基本相同
9	涤纶　260	使用温度通常在 80℃以下；适用于除浓磷酸以外的其他酸性物料；与涤纶 621 相比，抗拉强度、过滤精度接近；耐磨性较差；但过滤速率及再生性能明显优于涤纶 621，广泛适用于磨损程度较小的过滤操作中
10	尼龙　301	使用温度在 100℃以下；不适用于酸性物料，较适用于碱性物料；抗拉强度、伸长率及耐磨性较差；孔隙较小；过滤速率较低；过滤精度高；再生性能好；适合于细颗粒、稀薄料浆的过滤
11	丙纶　435A	使用温度低于 90℃；适用于酸性或碱性物料；与丙纶 750B、丙纶 60-13、丙纶 60-14 相比孔隙稍小；过滤速率略低；再生性能略好，适用于过滤精度要求较高的料浆过滤
12	尼龙　407	使用温度在 100℃以下；不适用于酸性物料，较适用于碱性物料；与尼龙 663 相比，强度较低；孔隙较小；过滤速率较低，适用于抗拉强度要求较低、颗粒较小、对过滤精度要求较高的料浆过滤
13	尼龙　663	使用温度在 100℃以下；不适用于酸性物料，较适用于碱性物料；因其抗拉强度、耐磨性、伸长率较好；孔隙较大；过滤速率及再生性能较好，适合于物料平均粒径较大、对滤液浊度要求不高的物料
14	维纶　295-102	使用温度在 100℃以下；适用于常温下的稀酸或稀碱性物料；与维纶 295-108 相比，抗拉强度高；耐磨性较好；孔隙小；过滤速率稍高；除可压缩物料外，再生性能较好
15	涤纶　734	使用温度通常在 80℃以下，适用于除浓磷酸以外的其他酸性物料；孔隙较大，厚度较薄；过滤速率高；再生性能较好；抗拉强度及耐磨性较差；易被细小颗粒穿透而造成过滤精度低；有时无法形成滤饼，所以不适用于平均粒径较小（$<10\mu m$）的稀薄料浆过滤
16	涤纶　130	使用温度通常在 80℃以下，适用于除浓磷酸以外的其他酸性物料；抗拉强度及耐磨性能一致；过滤速率、过滤精度都较高；再生性能也好，所以广泛用于机械强度不作特殊要求的稀薄料浆的过滤
17	丙纶　8212	使用温度在 90℃以下；适用于酸性或碱性物料；孔隙大；过滤速率高；再生性能较差；过滤精度比丙纶 60-13 略好，适合平均粒径$>10\mu m$的浓料浆过滤
18	尼龙帆布	使用温度在 100℃以下；不适用于酸性物料；适用于碱性物料；再生性能较差；抗拉强度高；伸长率较差，适合于过滤精度高、物料浓度较低且颗粒细、操作压力高，对伸长率和再生性能不作要求的场合
19	尼龙无纺布	使用温度在 100℃以下；不适用于酸性物料，适用于碱性物料；过滤速率高，再生性能、抗拉强度及耐磨性都差，仅适用于对滤布不需再生、料浆黏度高、浓度高、颗粒大的过滤
20	丙纶针刺毡	使用温度在 90℃以下；适用于酸性或碱性物料；应用要求与尼龙无纺布相同
21	棉帆布	使用温度在 90℃以下；适用于弱碱性或中性物料；适合要求过滤精度较高，且浓度较低、细颗粒物料；其再生性能很差，更适于过滤不可压缩性物料；因其伸长率较差，可用于对伸长率不作要求的场合

(4) 国产常用滤布鼓泡直径、最大透过粒径及再生效果

表 2-35 列出了常用国产滤布鼓泡直径。

表 2-36 列出了常用国产滤布最大透过粒径。

表 2-37 列出了常用国产滤布的实际再生效果。

表 2-38 列出了常用过滤介质的一些基本性能。

表 2-35　常用国产滤布鼓泡直径[16,19]

滤布型号	最大鼓泡孔径 D_m/μm	沸腾鼓泡孔径 D/μm	沸腾与最大孔径比 γ	滤布型号	最大鼓泡孔径 D_m/μm	沸腾鼓泡孔径 D/μm	沸腾与最大孔径比 γ
丙纶 750B	426.55	284.97	0.668	尼龙 407	145.67	124.47	0.854
丙纶 8212	402.70	253.50	0.630	维纶 295-102	134.31	98.31	0.732
丙纶 60-14	375.95	306.43	0.815	涤纶 240	133.78	79.04	0.591
丙纶 60-13	369.11	236.90	0.642	涤纶 260	126.34	64.84	0.513
涤纶 734	261.18	208.80	0.799	涤纶 621	115.76	85.49	0.739
丙纶 435A	252.41	190.09	0.753	涤纶 3927	86.59	31.79	0.367
尼龙 663	226.76	182.03	0.803	棉帆布	79.90	48.30	0.605
丙纶针刺毡	218.30	151.40	0.694	尼龙帆布	71.70	37.60	0.524
维纶 295-108	202.34	122.79	0.607	涤纶 130	67.80	44.90	0.662
涤纶 747	158.59	106.26	0.670	尼龙无纺布	621.60		
尼龙 301	147.30	86.62	0.588				

表 2-36　常用国产滤布最大透过粒径

滤布型号	最大粒子长轴×短轴($l\times b$)/μm	最大透过粒径 D/μm	滤布型号	最大粒子长轴×短轴($l\times b$)/μm	最大透过粒径 D/μm
丙纶 60-14	220×160	180.7	涤纶 240	70×45	57.2
丙纶 8212	200×145	135.2	涤纶 621	65×45	55.3
丙纶 750B	125×108	117.5	涤纶 260	55×35	46.5
丙纶 60-13	125×75	91.7	维纶 295-102	45×40	37.8
丙纶 435A	95×75	87.6	涤纶 130	26×25	25.2
涤纶 734	100×60	80.6	涤纶 3927	25×20	20.3
维纶 295-108	75×55	72.4	棉帆布	22×20	16.2
尼龙 407	75×60	68.6	尼龙帆布	21×20	16.1
尼龙 301	85×55	66.3	丙纶针刺毡	—	—
涤纶 747	80×55	65.5	尼龙无纺布	—	—
尼龙 663	70×55	61.8			

表 2-37　常用国产滤布的实际再生效果[16,19]

滤布型号	实际再生效率 η/%				进入再生稳定期测定次数 n/次			
	瓷土	轻质碳酸钙	硅藻土	烟道灰	瓷土	碳酸钙	硅藻土	烟道灰
尼龙 663	97.07	—	77.49	81.37	4	—	4	4
丙纶 60-13	96.67	—	94.06	86.19	7	—	4	4
丙纶 435A	94.86	—	91.59	96.92	4	—	4	5
丙纶 750B	88.82	—	86.79	90.32	5	—	4	4
尼龙 301	86.50	71.94	94.65	89.87	4	4	4	4
丙纶 60-14	81.17	—	84.00	78.45	4	—	4	4
涤纶 734	80.69	—	89.95	72.21	6	—	5	5
维纶 295-108	80.36	56.05	56.31	67.71	4	5	5	4

续表

滤布型号	实际再生效率η/%				进入再生稳定期测定次数 n/次			
	瓷土	轻质碳酸钙	硅藻土	烟道灰	瓷土	碳酸钙	硅藻土	烟道灰
涤纶 260	70.85	88.11	91.58	91.16	4	5	4	4
涤纶 240	60.00	61.75	80.84	93.58	5	6	4	4
涤纶 747	57.20	72.51	91.76	71.01	4	5	4	4
涤纶 130	54.50	54.40	71.30	82.30	5	4	4	4
丙纶 8212	49.70	65.50	65.70	62.40	5	4	4	4
尼龙 407	44.05	89.27	81.54	80.90	5	4	4	5
维纶 295-102	40.50	94.26	89.88	79.82	5	4	5	5
涤纶 621	37.88	68.26	72.80	83.33	8	5	4	4
尼龙帆布	11.50	18.90	19.20	21.90	6	5	7	5
棉帆布	6.80	52.50	8.50	16.40	6	5	9	8
涤纶 3927	6.61	23.36	10.96	34.92	8	6	5	4

表 2-38　常用过滤介质的孔隙率

介质名称	金属丝网斜纹、平纹	陶瓷和金属陶瓷	特级多孔陶瓷	薄膜	纸	硅藻土精制
空隙率 ε/%	15～25　30～35	30～50	70	80	60～95	80～90

2.4.4.4　金属过滤介质[16]

金属过滤介质对过滤行业产生的影响很大，如希望能够过滤高温流体，特别是气体。需求主要在以下几个方面。

高温气体的清洁：用来处理废气的净化，如废气的气固分离、柴油机废气的清洁排放或者回收热量的目的。

高温液体的液固分离：如石油化工生产过程中的高温高黏流体的液固分离。

中温的液体过滤，高温蒸汽消毒的使用、手术的需要等。

金属过滤介质将重点介绍楔形断面金属丝筛网、烧结金属过滤介质、烧结金属纤维介质。

(1) 楔形断面金属丝筛网

金属丝的断面形状对筛网的性能有影响，楔形断面金属丝筛网的孔眼不易被颗粒堵塞，而圆形断面金属丝筛网却相反。

表 2-39 为四种断面金属丝筛网的不同性能比较。

表 2-39　金属丝断面形状对筛网性能的影响

筛网性能	圆　形	三角形	长方形	楔　形
清洗性	差	好	尚可	好
强度	好	好	不好	好
负荷能力	不好	尚可	好	好
孔隙率	差	不好	好	好
使用寿命	尚可	不好	好	好
筛网效率	差	差	尚可	好

楔形金属丝筛网的材料为不锈钢、碳素钢、镀锌碳钢、黄铜、紫铜、磷青铜、蒙乃尔合金、铝合金及镍、钛等特殊合金。

(2) 烧结金属过滤介质

现在对合成纤维、塑料薄膜等塑料产品的质量要求越来越严格。这些产品的生产中，黏度极高、并有杂质的存在，是成本高、质量差的主要原因。在精加工和成型前必须对聚合物进行粗过滤和精密过滤。因而有些聚合物过滤是在高温、高压下采用金属过滤介质进行过滤。

所谓烧结金属，是指将金属置于真空中，使之受热至温度为熔点温度的 90%，并施加一定时间的压力，使金属各接触点的原子互相扩散而结合在一起。

烧结金属过滤介质有三类：金属网烧结体、粉末烧结体及纤维烧结体。

由于聚合物过滤大都应用在高温、高压下，所以主要使用金属材料，特别是不锈钢材料的过滤元件（见表 2-40）。

表 2-40　三种不锈钢过滤元件的比较

项　目	金属网烧结体	粉末烧结体	纤维烧结体
组成材料和尺寸/μm	不锈钢线材　20～100	不锈钢粉末　100～500	不锈钢纤维　1.0～50
过滤精度/μm	15～500	5～80	0.1～100
孔隙率/%	25～40	30～40	60～80
压力损失	中	大	小
寿命	小	中	大
强度	大	大	中

由表 2-40 可见，不锈钢纤维烧结过滤元件在过滤精度和寿命方面比较优越，近年来正在取代烧结金属网和粉末烧结过滤元件，并获得了广泛应用。

（3）烧结金属纤维介质

采用微米级不锈钢纤维烧结的过滤元件，又分成用长纤维烧结成的元件和用短纤维烧结成的元件两类。

长纤维元件是将微米级不锈钢纤维（材料为 SUS316L）作分散、分层，并对各接触点牢固烧结而成的深层过滤介质。纤维直径为 1～50μm，长度为 30～100mm。用梳棉机将这些纤维变成棉状层，并将纤维直径不同的两片棉状层重叠在一起，再放在真空中进行高温加压烧结，就得到了薄板状的多孔纤维烧结体。纤维层厚为 0.3～0.65mm。对这样的烧结体进行各种加工后，便能制成各种形状的过滤元件，如管型、筒型、圆板型、方型等。该介质有两层多孔纤维，即粗滤纤维层和精滤纤维层。这两层纤维滤层的两侧分别由支承金属网和保护金属网夹持着，以提高其耐压性。此外，短纤维烧结过滤元件的过滤精度更高（为 0.1μm）。

不锈钢纤维烧结过滤元件具有以下优点。

① 过滤精度高，压力损失小。这是由微米级细纤维构成了高空隙率的深层滤层所致；对 0.1～100μm 的颗粒能实现 95%的截留率。

② 异物截留容量大（过滤寿命长），这是由具有 70%～90%空隙率的三维结构进行深层过滤所致。大异物先由粗滤层截留，小异物由精滤层截留。

③ 强度（耐压性）高。纤维滤层的两面加有支撑金属网和保护金属网，并一同烧结。

④ 能在高温下过滤高黏度（数千至数万泊）聚合物。

⑤ 洗涤再生性好。由于耐腐蚀，所以可用酸、碱及各种有机溶剂洗涤。此外还可用超声波洗涤。纤维的材料除为不锈钢 SUS316L 外，还可采用耐腐蚀合金 Hasteloy/carpenter 20CB3。

烧结金属纤维过滤介质用于高聚合物、化学、医药、食品、燃料油、润滑油、液压油等的过滤。此外还可用于高温排气过滤和油雾过滤。

2.4.4.5 过滤介质的选用[16,17,19]

(1) 选用依据

① 过滤的目的与要求 过滤的目的是回收滤液还是回收固体或是两者都要，或者两者都弃去，对处理量、滤饼含湿量及滤液的澄清度的要求；

② 料浆的特性包括浓度、黏度、粒度、密度、温度及 pH 值等；

③ 滤饼的特性包括滤饼的形成速度、可压缩性、剥离性；

④ 过滤设备、过滤设备的型式、结构、参数及操作条件；根据以上所述，选择适当的过滤介质，以达到高的生产率，长的使用寿命，好的密封性能，大的固体回收率，高度澄清的滤液，易于卸除滤饼以及不易堵塞的目的。

(2) 选用方法

根据料浆的特性和过滤的要求，参考上节给出的资料，结合使用经验，预选出几种比较适合的过滤介质。常用国产滤布的拉伸性能、耐磨性能、滤布通气率、透水率等可参阅有关文献。

选用过滤介质应考虑的因素很多，经预选后还需要通过实验并根据经验作最后决定。

试验选型，预选出的过滤介质所需的试验包括小型试验、中间试验及工业性试验检验。小型试验在试验室用滤叶试验装置进行，测出过滤介质的过滤速率、过滤精度、滤饼含液量、洗涤效果等，并从中筛选出满意的过滤介质；中间试验主要是考核过滤介质的滤饼剥离能力和过滤介质的再生能力；工业性试验主要是考核过滤介质的使用寿命。完成以上试验后仍然会同时有几种过滤介质可供使用，这时应兼顾处理能力、过滤效果、使用寿命及价格等进行技术经济分析，最后从中确定一种最满意的过滤介质用于工业生产。

2.4.5 助滤剂[11,13]

助滤剂是加入料浆中或预涂在过滤介质上的一种分散性物质，用于增加滤饼的多孔性，改变料浆固体粒度分布，加快过滤的速度。助滤剂能够有效地防止胶状微粒对过滤介质孔隙的堵塞，改善滤液的澄清度。

助滤剂按其形状可分为颗粒状和纤维状两类。颗粒状助滤剂如硅藻土、膨胀珍珠岩、炭素等；纤维状助滤剂如纤维素、石棉等。

2.4.5.1 助滤剂的性能

(1) 硅藻土

硅藻土是古代硅藻残骸沉积矿物，用作助滤剂的是经选矿、粉碎、煅烧、分级而成的制成品，主要成分是 SiO_2，孔隙率为 85%～90%，与水的相对密度为 2～2.5，莫氏硬度 1～1.5，pH 值 6～10，熔点 1610～1750℃。颗粒粒度为 1～10μm。硅藻土有圆盘状、针状、羽状、方形状等。它的化学稳定性好，不溶于除氢氟酸外的任何强酸。由于孔隙率大，质轻松软、非压缩性、耐高温、无毒等优点，是理想的助滤剂，应用非常普遍。用于过滤澄清度要求很高的酒类和饮料类。

(2) 膨胀珍珠岩

膨胀珍珠岩是将珍珠在 800～1200℃高温下加热膨胀，然后经过破碎、细磨、分级而成。它的质地轻，呈白色球形，表面光滑。主要化学成分是 SiO_2 和 Al_2O_3。真密度为 2.2～2.3g/cm^3、堆积密度为 0.15～0.29g/cm^3、pH 值 6～8.5。它的化学性质与硅藻土相似，渗透率和孔径范围比硅藻土窄，其应用仅次于硅藻土。

(3) 纤维素

纤维素助滤剂以木浆为原料，经特殊加工而得，纤维占95%以上，粒度特征为细长状，直径和长度分别以16～20μm和40～110μm为宜，真密度为1.55～1.58g/cm^3、pH值为6～7、不溶于水，低温下有很强的耐碱性，这种助滤剂的制造成本高，可压缩，应用范围远小于硅藻土和膨胀珍珠岩，它能完全燃烧而无灰分，主要用于过滤50℃以下的碱溶液或用燃烧法回收滤饼的场合。

(4) 石棉

石棉经粉碎、分级而得的纤维可作为助滤剂，它的纤维形状为细管状。主要化学成分是硅酸镁，pH值为10.33，莫氏硬度为2.5～4。这种助滤剂的抗拉强度大，可达30MPa，具有强韧性和可压缩性，可以形成很薄的助滤层，因此常用于预敷于孔径大的过滤介质上或与硅藻土、膨胀珍珠岩混合使用以强化预敷层。石棉细粉对人体有害，应用时需要谨慎。

(5) 炭素

炭素是把含有沥青、焦炭等炭素的原料粉碎，在600℃左右急剧加热膨胀，然后燃烧掉挥发分，再经粉碎、分级而得的一种助滤剂。它的压缩性小，形成的助滤剂层密度高，化学稳定性好，可耐高温碱性和酸性溶液。用于二氧化硅可能被溶解或滤饼在燃烧后回收的场合。

助滤剂的主要特征如表2-41所示[11,13]。

表 2-41 助滤剂的主要特征

种类	主要成分	制法	过滤速度比	滤饼密度/(g/cm^3)	粒度	特性
硅藻土	SiO_2 80%～95%	硅藻土干燥后粉碎、分级，或在1000～1200℃下焙烧、粉碎、分级	1～15	0.25～0.35	约2～40μm(沉降法)	形状复杂、不可压缩，具备助滤剂的理想性质
膨胀珍珠岩	SiO_2 约70%	珍珠岩研成粉末，在1000℃左右急剧加热使之膨胀，然后，再将其粉碎、分级	4～12	0.15～0.29	约2～10μm(沉降法)	具有仅次于硅藻土的性能。其密度稍小于硅藻土，溶解性基本与硅藻土相同
纤维素	纤维素99.5%以上	以木浆为原料制成纤维素短纤维	7～15	0.14～0.32	直径15～20μm，长50～100μm(利用显微镜)	形状细长，具有可挠性和可压缩性，不含二氧化硅等矿物质，可完全燃烧。抗苛性碱比硅藻土强
石棉	硅酸镁	石棉经粉碎、分级后的短纤维。也有在其中混合百分之几硅藻土的制品	(和硅藻土混合品)1～15	(和硅藻土混合品)0.22～0.32	长1000μm左右(用显微镜观察)	形状细长，具有可挠曲性和可压缩性
炭素	炭素	将沥青焦炭等炭素原料，经粉碎后在近600℃急剧加热膨胀，烧去挥发成分再粉碎	8	0.25～0.32	+150目16%～20%，+200目40%～50%，+325目50%～70%	耐苛性碱，可完全燃烧

2.4.5.2 助滤剂的选用[11,13,12]

(1) 助滤方式的选择

在过滤操作中，应用助滤剂的方式有预敷、掺浆和预敷-掺浆三种方式。

预敷是在正式过滤前预先过滤助滤剂悬浮液，在过滤介质表面均匀敷上一层助滤剂，目的是增加滤液的澄清度，防止过滤介质孔隙堵塞，延长过滤周期，便于滤饼的卸除和过滤介质的清洗。预敷的主要操作参数是预敷用量、预敷层浓度和预敷循环流速三个参数。预敷质量的好坏将直接影响过滤速率和过滤精度，因此应力求预敷层厚度均匀，防止局部脱落。

掺浆是将助滤剂均匀地掺入待过滤的料浆中。目的是改善滤饼层的渗透性，减缓过滤阻力的增加，提高过滤速率，延长过滤周期。掺浆操作的主要参数是过滤速率和助滤剂添加量。

预敷-掺浆联合应用结合了上述两种操作，因而也就同时具有了两种助滤方式的优点。

(2) 助滤剂种类和粒度的选择

一般首选硅藻土，用量占助滤剂使用量的80%。其次是膨胀珍珠岩。如有特殊需要，可选用其他助滤剂或将几种助滤剂混合使用，以保证适当的过滤速率和满意的过滤效果。选择助滤剂粒度时要兼顾过滤精度和过滤速率的要求，粗颗粒的助滤剂过滤速率较高而过滤精度较低，一般在满足过滤精度的条件下可选择较粗的助滤剂，以提高过滤速率，缩短过滤周期，料浆中固体颗粒细时则应选择细颗粒的助滤剂。

(3) 助滤剂用量的选择

助滤剂用量过小，助滤剂的粒子易被杂质包围，造成滤饼层渗透性差，过滤阻力增大，过滤速率降低；助滤剂用量过大，消耗助滤剂较多，不经济。一般应按照所要求的过滤精度和适宜的过滤速率，根据料浆的浓度和颗粒性质等通过反复试验确定合适的助滤剂的用量。

表2-42列出了一些工业中掺浆过滤时助滤剂的用量。

表 2-42 一些工业中掺浆过滤时助滤剂的用量[4,11]

应用实例	目 的	助滤剂			使用量/%
		粗	中度	细分	
精制糖	洗糖液的澄清过滤			○	0.2～0.8
	洗糖蜜的澄清过滤		○		0.5～1.5
	再溶解糖的澄清过滤		○	○	0.1～0.2
石油	除去润滑油中白土		○		0.2～2.0
	解乳化状态		○	○	0.2～2.0
啤酒	麦汁	○	○		0.1～0.2
	发酵啤酒			○	0.1～0.15
	澄清过滤			○	0.02～0.04
油脂	去除镍催化剂屑			○	0.2～0.4
涂料	除去胶质不纯物	○	○	○	0.1～5.0
水	游泳池				0.001～0.1
	造纸废水	○	○	○	0.025～0.1
	废水再循环液		○	○	0.01～0.6
	自来水		○		0.006～0.2
干洗液	溶剂回收		○		10kg 衣服用 73g
医药品	抗生物质回收	○	○		0.1～2.0
食品	除去不纯物	○	○	○	0.1～2.0

2.5 固液分离设备的选型[4,5]

生产中要分离的液-固、液-液非均相混合物的种类繁多，且被分离物料的特性和分离要求又各不相同；其分离机械品种、规格日渐增多，但每一种分离机械的适用范围也都有一定的局限性，因此对分离机械选型是件复杂而又细致的工作。分离机械的正确选型应达到充分满足生产工艺要求、操作可靠、维护检修方便和费用低。

2.5.1 选型的依据

分离机械的选型方法，可以有表格法和图表法两种。

不论用哪种方法作为选型依据都必须预先了解：

① 欲分离物料的性能；

② 分离任务与要求；

③ 各种类型分离机械的适用范围。

2.5.1.1 物料特性

机械分离过程分离效果的优劣与被分离物料的性能有很大的关系。

利用沉降原理进行分离的重力沉降设备、离心沉降设备与固相颗粒的粒径大小、分布、形状、固-液相密度及两相密度差、黏度、表面张力等有关，各种沉降式分离机械的适用范围应依据物料这些主要性质来划分；用过滤原理进行分离的各种过滤机械则与固相颗粒粒径、分布、颗粒形状、颗粒群的比表面积、物料可压缩性、液相的黏度、表面张力、固液相间的亲和程度等有关，要系统测定这些主要性能，实验技术、仪器仪表等须有一定条件，又需耗费较多时间，为简化起见可以分别测定固相悬浮颗粒在液相中的沉降速度及对悬浮液过滤的滤饼生成速度，以便综合反映物料的物性，用于确定物料分离的难易程度。

（1）悬浮液沉降特性

将悬浮液放在 1000mL 的量筒中搅拌均匀后，测定固体颗粒的沉降速度，沉降 30min 时液相的澄清度，以及沉降 24h 的沉渣容积比（其结果用代号 A、B、C 依次编号）如图 2-72 所示。图中表示了固体颗粒沉降速度、分离液澄清度、沉渣容积比，A、D、F 则表明这类悬浮液难分离，通常需要采用浓缩、加热或絮凝等预处理才能得到满意的分离效果。

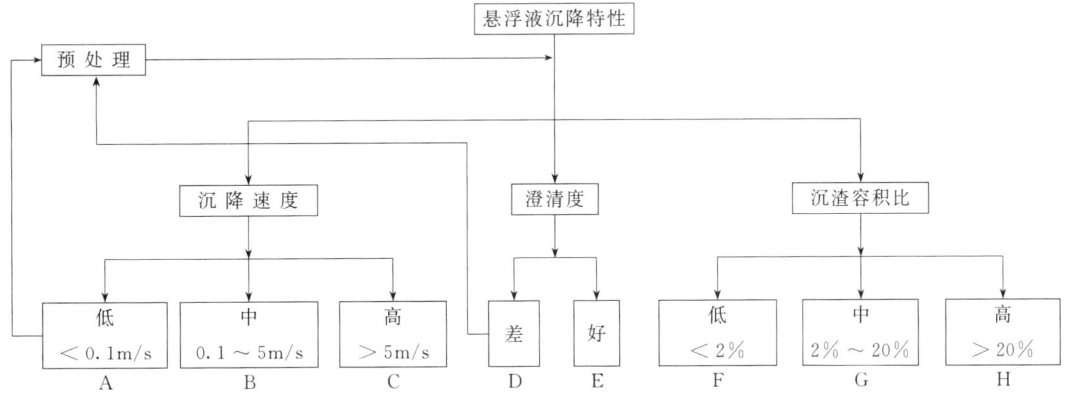

图 2-72 悬浮液的沉降特性

（2）悬浮液过滤特性

75mm 布氏漏斗中加入 240mL 悬浮液，在 49.33kPa 真空度下过滤，从滤饼的增长率得到如图 2-73 所示的悬浮液过滤特性。过滤时滤饼增长率慢的悬浮液，需要进行预处理。

悬浮液的沉降特性和过滤特性用来指导分离机械的初步选型。

2.5.1.2 分离任务与要求

分离工况和要求见图 2-74。例如，对于生产规模大，操作连续，液体要求澄清，固体需要洗涤、脱液并现场干燥的分离任务用 a、e、f、h、i 表示。

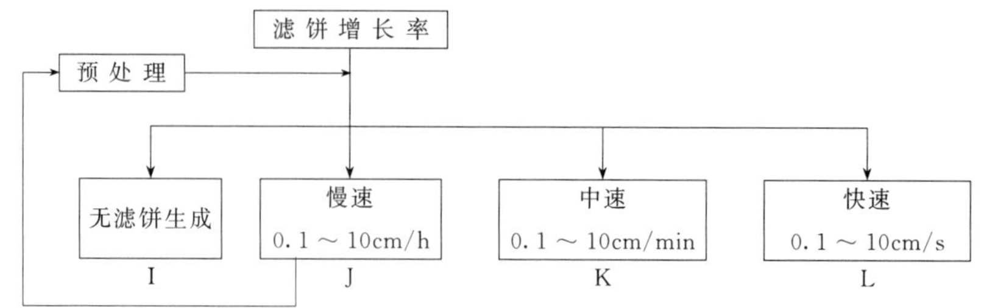

图 2-73 悬浮液的过滤特性

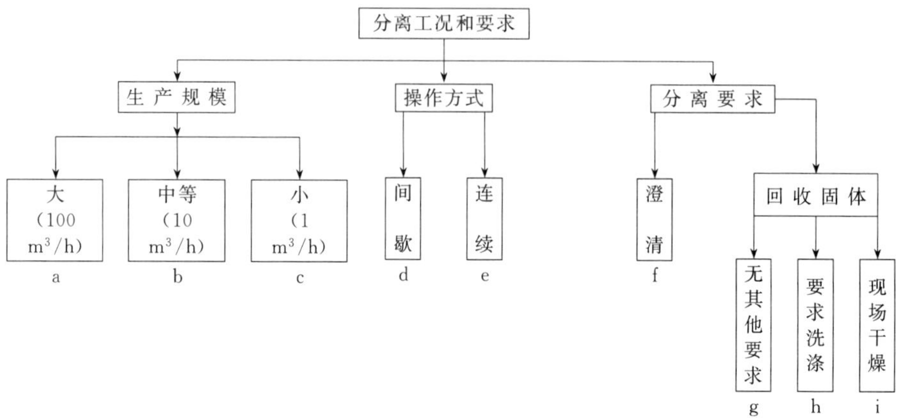

图 2-74 分离工况和要求

2.5.1.3 各种类型分离机械的适应范围

各种类型分离机械的适应性见表 2-43。

表 2-43 分离机械的适应性

序号	分离机械的型式	分离的任务和目的	悬浮液的沉降特性	悬浮的过滤特性
1	带垂直过滤元件的容器型间歇式加压过滤机	a、b 或 c d f、g、h 或 i	A 或 B D 或 E F 或 G	I 或 J
2	带水平过滤元件的容器型间歇式加压过滤机	b 或 c d g 或 h	A 或 B D 或 E F 或 G	J 或 K
3	带式挤压机	a、b 或 c e g	B D 或 E G	J
4	芯管式过滤器	b 或 c d f	A 或 B D 或 E F	
5	下加料转鼓过滤机	a、b 或 c e f、g、h 或 I	A 或 B D 或 E F、G 或 H	I、J 或 K
6	上加料转鼓过滤机	a、b 或 c e g、i(或 h)	C E	L
7	预敷层转鼓过滤机	a、b 或 c e f(或 g)	A D 或 E F(或 G)	I(或)J

续表

序 号	分离机械的型式	分离的任务和目的	悬浮液的沉降特性	悬浮的过滤特性
8	回转圆盘过滤机	a、b 或 c e g	A 或 B D 或 E G 或 H	J 或 K
9	水平带式过滤机 转台式翻盘过滤机	a、b 或 c d 或 e g 或 h	A、B 或 C D 或 E F、G 或 H	J、K 或 L
10	深层床式过滤器	a 或 b e f	A D F	
11	压滤机	a、b 或 c d	A(或 B) D 或 E	I 或 J
12	刮刀卸料过滤离心机	f、g、h 或 i a、b 或 c d	F、G 或 H A、B 或 C D 或 E	K 或 L
13	活塞推料过滤离心机	g 或 h a 或 b e	G 或 H B 或 C E	K 或 L
14	三足式离心机 上悬式离心机	g 或 h b 或 e d g 或 h	G 或 H A、B 或 C D 或 E G 或 H	J、K 或 L
15	振动卸料过滤离心机 离心力卸料过滤离心机	a e g	C E H	L
16	螺旋卸料过滤离心机	a e g	C E H	K 或 L
17	浮选设备	a 或 b e f 或 g	A 或 B D 或 E F	
18	重力沉降设备	a、b 或 c d 或 e f、g 或 h	B 或 C E F 或 G	
19	旋流器	a 或 b e f、g 或 h	B 或 C D 或 E F、G 或 H	
20	带薄膜挤压的变容积式压滤机	a、b 或 c d 或 e g(或 h)	A(或 B) D 或 E G 或 H	J 或 K
21	精细过滤设备 超细过滤设备	b、c(或 a) d(或 e)	A D	I
22	过滤筛	a、b 或 c E F 或 G	B 或 C E F 或 G	K 或 L
23	螺旋挤压机 水平挤压机	a 或 b d 或 e g	A D 或 E H	I 或 J

续表

序号	分离机械的型式	分离的任务和目的	悬浮液的沉降特性	悬浮的过滤特性
24	管式分离机	(b)或 c d f 或 g	A 或 B D 或 E F	
25	撇液管排液沉降离心机	b 或 c d f 或 g	B 或(A) D 或 E F、G 或 H	
26	碟式分离机	a、b 或 c d 或 e f 或 g	A 或 B D 或 E F 或 G	
27	螺旋卸料沉降离心机	a、b 或 c e f、g(h 或 i)	B、C 或(A) E(或 D) F、G 或 H	
28	叶滤机	a、b 或 c d f	A D F	I
29	粗滤器	a、b 或 c d 或 e f(或 g)	C E(或 D) F	K 或 L

注：表中悬浮液沉降特性、悬浮液的过滤特性、分离任务栏中的符号分别见图 2-72～图 2-74。

2.5.2 初步选型

2.5.2.1 表格法选型[4,5]

已知固相沉降速度中等，液相澄清度好，沉渣容积比中等，滤饼增长速度中等的物料，要满足生产规模中等，间歇操作，固体洗涤后要求回收的分离机械为例，其选型步骤如下。

① 从图 2-74 中查出满足上述要求的代码为 bdh，由此在表 2-43 中查得代号为 1、2、9、11、12、14、18 的 7 种分离机械可能完成该项分离任务。

② 从悬浮液的沉降和过滤试验得知，其固相沉降速度中等、液相澄清度好、沉渣容积比中等、滤饼增长率中等，由此在图 2-72 和图 2-73 中查得相应物料特性代码为 BEGK，由此进一步筛选出代码为 2、9、12、14 的四种分离机械。

③ 如物料是易挥发、易燃的悬浮液，分离操作应在密闭的设备中进行，故最后仅剩下水平滤叶加压叶滤机 2、刮刀卸料离心机 12 和密闭防爆型三足式离心机 14。

2.5.2.2 图表法选型[16,19]

也可用图表法选择分离机械，从图 2-75 和图 2-76 所示，只要根据悬浮液的固相浓度和颗粒的尺寸，便可进行过滤机或离心机的选择，这种方法比较粗糙，但可以与前节的表格法配套使用相互参考，例如滤饼含液量、洗涤程度、滤液澄清度是前节表格所没有的。

表 2-44 中汇总了各种离心机的分离因数范围和操作方式。

表 2-44 各种离心机的分离因数和操作方式

离心机	分离因数	操作方式	离心机	分离因数	操作方式
过滤式离心机		(卸料方式)	沉降式离心机		连续式
A 螺旋卸料式	200～2200	连续式	A 螺旋加料式	500～4000	连续式
B 振动卸料式	75～150	连续式	B 喷嘴排渣式分离机	6000～9000	连续式
C 活塞推料式	200～1200	连续式	C 环阀排渣式分离机	5500～7500	自动间歇式
D 卧式刮刀卸料式	200～2000	自动间歇式	D 管式分离机	12000～60000	人工间歇式
E 三足式	400～1300	间歇式、人工或自动	E 多室式分离机	4000～8000	人工间歇式
F 上悬式	400～1300	间歇式、人工或自动			

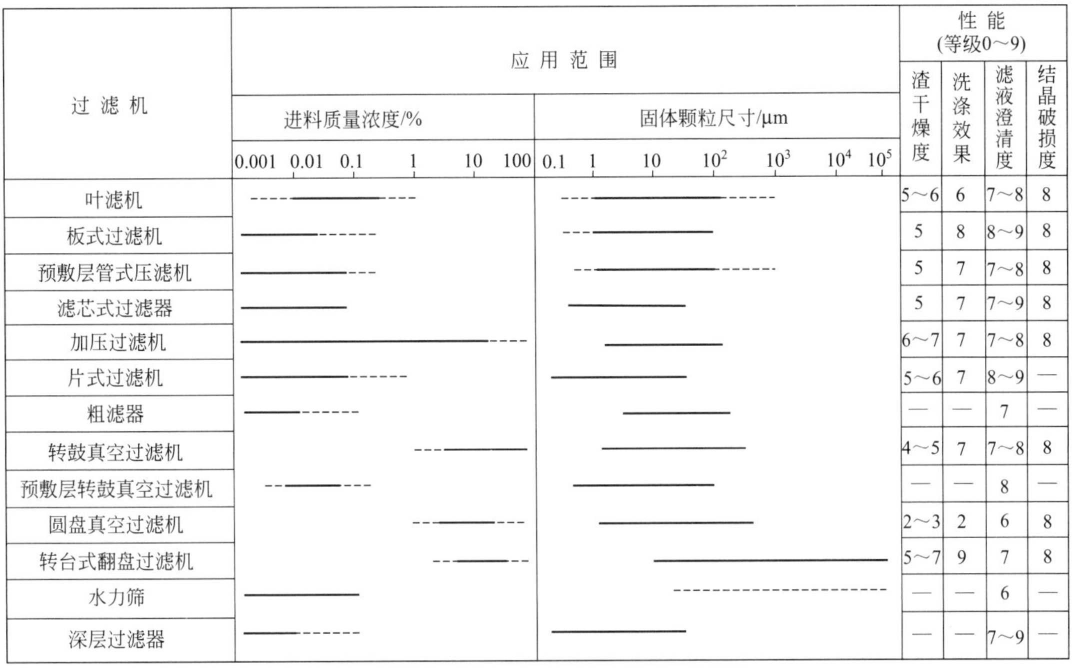

过滤机	应用范围		性能（等级0～9）			
	进料质量浓度/% 0.001 0.01 0.1 1 10 100	固体颗粒尺寸/μm 0.1 1 10 10^2 10^3 10^4 10^5	渣干燥度	洗涤效果	滤液澄清度	结晶破损度
叶滤机			5～6	6	7～8	8
板式过滤机			5	8	8～9	8
预敷层管式压滤机			5	7	7～8	8
滤芯式过滤器			5	7	7～9	8
加压过滤机			6～7	7	7～8	8
片式过滤机			5～6	7	8～9	—
粗滤器			—	—	7	—
转鼓真空过滤机			4～5	7	7～8	8
预敷层转鼓真空过滤机			—	—	8	—
圆盘真空过滤机			2～3	2	6	8
转台式翻盘过滤机			5～7	9	7	8
水力筛			—	—	6	—
深层过滤器			—	—	7～9	—

图 2-75　各种过滤机的适应范围和性能

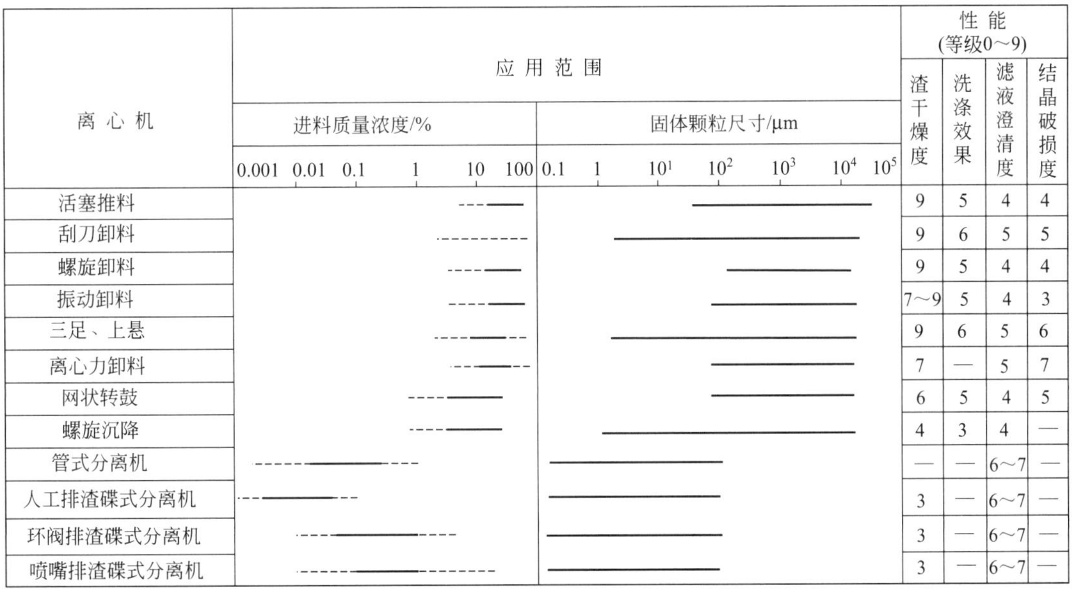

离心机	应用范围		性能（等级0～9）			
	进料质量浓度/% 0.001 0.01 0.1 1 10 100	固体颗粒尺寸/μm 0.1 1 10^1 10^2 10^3 10^4 10^5	渣干燥度	洗涤效果	滤液澄清度	结晶破损度
活塞推料			9	5	4	4
刮刀卸料			9	6	5	5
螺旋卸料			9	5	4	4
振动卸料			7～9	5	4	3
三足、上悬			9	6	5	6
离心力卸料			7	—	5	7
网状转鼓			6	5	4	5
螺旋沉降			4	3	4	—
管式分离机			—	—	6～7	—
人工排渣碟式分离机			3	—	6～7	—
环阀排渣碟式分离机			3	—	6～7	—
喷嘴排渣碟式分离机			3	—	6～7	—

图 2-76　各种离心机的适应范围和性能

表 2-45 中列举了各种过滤机（器）的过滤推动力和操作方式。

图 2-77 可供沉降离心机依据悬浮液中固相粒子尺寸（μm）或重力沉降速度以及清液流量来选择沉降离心机，图 2-78 可依据固相粒子尺寸（μm）来选择过滤机，但这两种方法都是粗略的，仅供参考，但较简便。

2.5.3　采用不同分离设备的互相匹配

在实际生产中常有如下情况。

表 2-45 各类过滤机汇总

过滤机	推动力	操作方式	过滤机	推动力	操作方式
垂直滤叶加压叶滤机	加压(真空)	间歇式	粗滤器	重力、真空或加压	间歇式或连续式
水平滤叶加压叶滤机	加压	间歇式	转鼓真空过滤机	真空	连续式
绕线式过滤器	加压	间歇式	预敷型转鼓真空过滤机	真空	连续式
筒式过滤机	加压	间歇式	带式圆盘真空过滤机	真空	连续式
厢式、板框压滤机	加压	间歇式	翻斗转台真空过滤机	真空	连续式
管式过滤器	加压	间歇式	带式压榨螺旋过滤机	压榨	连续式

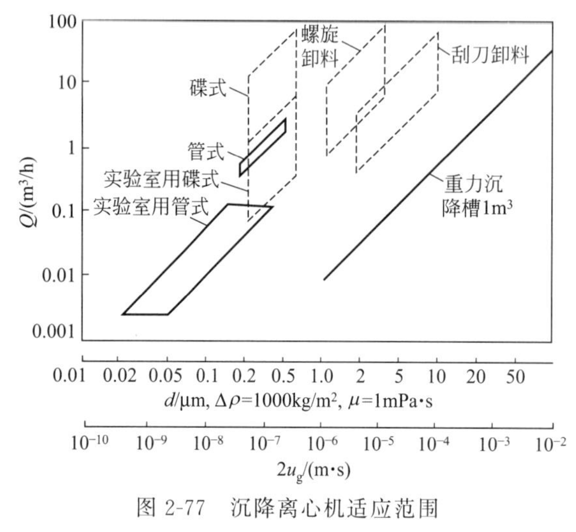

图 2-77 沉降离心机适应范围

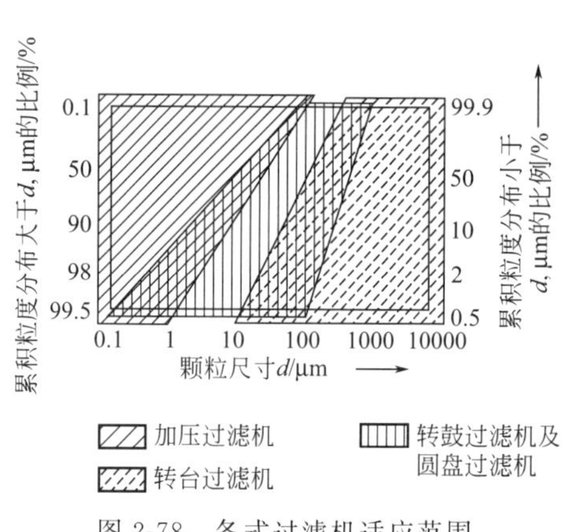

图 2-78 各式过滤机适应范围

① 物料性质特殊，如悬浮液浓度过低或固相粒子粒度分布范围过宽，因而只依靠某一种机型无法达到分离任务。

② 对分离任务有特殊要求的情况，如要求滤饼含液量极低，或要求分离产品（固相或液相）的杂质含量为最少，选一个机种无法达到要求。

③ 有些分离机械往往对进料条件有一定要求，才能达到较佳分离性能，如活塞推料离心机，进料浓度（质量分数）至少大于 20%，最佳的进料含量是 50%～75%，因此进料前必须增加如旋流器或重力增浓槽对悬浮液进行预浓缩。

在生产中往往要几种不同分离设备互相匹配完成分离要求，如玉米淀粉的生产，为提高淀粉质量等级，必须降低玉米淀粉中蛋白质的含量，生产流程中多采用旋流器与碟式分离机联用，对淀粉进行反复多次洗涤、脱水过程；在采矿作业中，精选矿石，为提高矿石中有用成分的含量，多采用粉碎、湿法细磨后，含细微颗粒的矿浆经浮选、浓缩、脱水等多机种的联合分离；在污水处理中，活性污泥脱水，污水在生化处理后由于固体含量较低（往往低于 1%），且固体密度低，多采用预处理（絮凝）后经浓缩，再经螺旋卸料沉降离心机（或带式真空过滤机）脱水，最后用带式压榨过滤分离，以便于污泥的运输或焚烧；又如含固体杂质较多（>1%）的变压器油，先用分离机（管式或碟片式）除去固体杂质和大部分水分，再用真空滤油机除去其余所含水分，才能得到介电常数较高、纯净的变压器油；又如要得到纯净的液相，如纯水，应先进行絮凝、消毒、沉降，再经深层过滤，要求更高的还应进行膜滤等。

因此，在分离设备选型时必须在全面了解物性的基础上，能具有综合的选型知识与能力。

2.5.4 选型试验[4,15]

对物料进行悬浮液的沉降特性试验和悬浮液过滤特性试验的方法，可以作为按表格法或图表法进行初步选型的依据。如仪器设备条件具备，应分别进行：重力沉降、离心沉降试验或真空漏斗过滤试验、真空滤叶试验、加压滤叶试验等，然后再进行设备选型可更为确切。

2.5.4.1 沉降试验

(1) 重力沉降试验

重力沉降试验所需的仪器非常简单，是一般分析实验室都具备的，如1000mL或100mL量筒、精度为0.1s的秒表、2000mL烧杯、试验性搅拌器（可变速型）、250～300mm钢直尺。

将被分离物料1～2L置于烧杯中，用搅拌棒搅匀（15～30min）后，倾入量筒中，至量筒满刻度线，并开始观察沉降情况，同时以秒表记录沉降时间，沉降速度以清液层和悬浮液层之间的界面为准，用界面下降的高度（距离）除以沉降时间，即得该物料的重力沉降速度。在重力沉降过程中，粗细粒子各以其自身沉降速度沉降，粗粒快、细粒慢，因而形成三层。至于用哪两层之间的界面的沉降速度作为选型的依据，则视分离要求而定。

最后，将盛有悬浮液的量筒静置至少24h，待固相全部沉降后，测量固相物质体积占总体积的百分比值。

(2) 离心沉降试验

将物料盛于烧杯中，用搅拌器搅拌15～30min，待搅拌均匀后倾入试管离心机的试管中，各试管的装料量应相等；将试管对称布置于试管离心机的试管架中，以免失去平衡，引起振动。然后启动，试验转速可定在分离因数为1000的转速，计算该分离因数时旋转半径的取值，可定在试管旋转起来后在空间位置（水平或倾斜）的试管长度的中间位置距转轴心的距离。达到预定转速后，运转15s停机，取出试管观察；如液体不清，再运转15s，再停机观察，如此继续试验，直至液体完全澄清为止。记录下总的运转时间，此时间称为分离因数为1000时的离心澄清时间。然后倾出试管上部清液，用玻璃棒取出沉渣，观察沉渣状况，该参数可作为选择沉降离心机的参考，选择沉降离心机可参见表2-46。

表2-46 沉降离心机的应用范围

沉降离心机型式	卧式螺旋卸料离心机	喷嘴排渣碟式分离机	环阀排渣碟式分离机	人工排渣碟式分离机	人工排渣管式分离机	三足式人工或刮刀卸料离心机
物料性质						
最小粒径[①]/μm	2	0.25	0.25	0.25	0.1	2
最大粒径/μm	5000	50	200	200	200	5000
物料质量分数/%	2～60	2～20	0.1～5	<1.0	<0.1	0.1～5
离心澄清时间/min	0～3	1～10	1～10	1～0	2～20	0～3
分离能力						
固相量/(kg/h)	50～50000	5～1600	0.5～750	0.5～50	0.05～2.5	10～2500
液相量/(m^3/h)	0.2～100	0.2～160	0.2～40	0.2～100	0.05～4	0.2～20
洗涤情况	可能	可能	不能	不能	不能	不能
沉渣状况	膏状、粒状	可流动性，膏状	可流动性，膏状	膏状，密实的	膏状，密实的	密实的
分离液澄清度	优良	优良	优良	优良	优良	优良

① 最小粒径系指能被该机种分离出的最小粒度，其大小指固液密度差为1.6，液相黏度为0.001Pa·s。其他密度差和黏度时的粒度则按Stokes公式进行转换。

2.5.4.2 过滤试验

为使过滤机选型恰当，也必须用物料进行过滤试验，包括真空漏斗过滤试验、真空滤叶试验、加压滤叶试验。

(1) 真空漏斗过滤试验

试验流程如图 2-79 所示，试验时，先将取得的待分离物料样品置于 2000mL 烧杯中，用搅拌器搅拌 10～30min，待搅拌均匀后，将物料 200～250mL 倾入烧杯内待用。操作时，启动真空泵，使真空度达到 0.066MPa (500mmHg)，将烧杯中的物料倾入布氏漏斗内，打开调节阀进行抽滤，维持其真空度为绝对压力 0.034MPa 左右，开始过滤时即计时，到过滤终止时(可观察到真空度突然下降，或流量计流量突然上升时，表明已有空气通过滤饼) 停止计时，此时记录过滤时间，用钢直尺测量滤饼厚度，由此两个数据即可算出滤饼的生成速率。

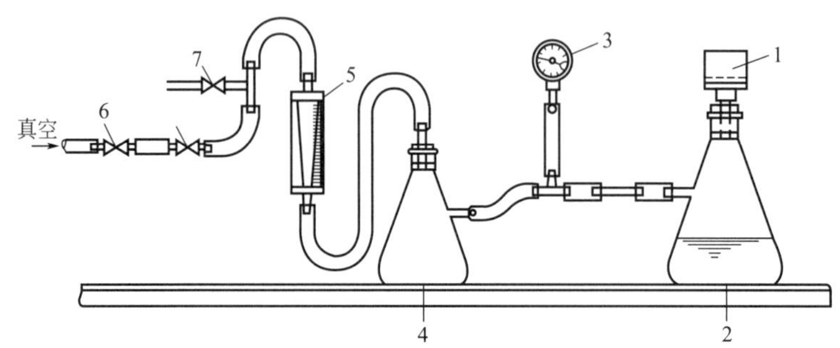

图 2-79　真空漏斗试验装置示意

1—布氏漏斗；2—2L 过滤瓶；3—真空表；4—干燥瓶；
5—流量计；6—调节阀；7—放空阀

(2) 真空滤叶试验

试验所需仪器及流程如图 2-80 所示。滤叶为方形或圆形均可，试验时，物料搅拌均匀后置于料浆容器中，真空维持在 0.056MPa 左右，将滤叶浸入物料中向上吸滤 (可模拟转鼓真空过滤机过滤工况)，同时开始计时，停止过滤时取出滤叶，并停止计时，测量滤饼厚度，即可计算出滤饼的生成速率。

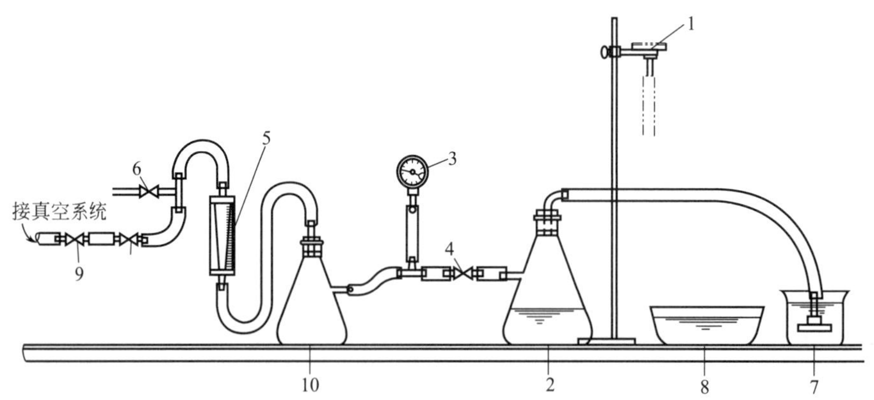

图 2-80　真空滤叶试验装置示意

1—滤叶；2—真空过滤瓶 (2L)；3—真空表；4—调节阀；5—流量计；
6—放空阀；7—料浆容器 (3～4L)；8—洗水容器 (2L)；9—截止阀；10—干燥瓶 (1L)

(3) 加压滤叶试验

试验装置如图 2-81 所示，由氮气瓶 1、缓冲槽 2、滤叶 3、物料槽 4 和洗涤水槽 5 组成，加压过滤的压力源由氮气瓶提供，其压力可在 0.1～0.5MPa 范围内选取，视物料过滤的难易

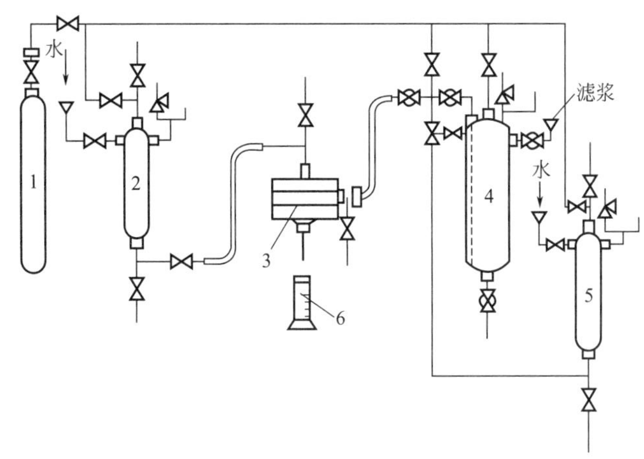

图 2-81　加压滤叶试验装置示意

1—加压氮气瓶；2—缓冲槽；3—滤叶；4—物料槽；5—洗涤水槽；6—量筒

程度而定，试验时将物料盛入物料槽中，可用氮气或空气搅拌（图中未标出），待搅匀后，用来自氮气瓶中的氮气压力将物料槽中的物料压入滤叶中进行过滤，用秒表记录过滤时间，终止过滤时停止供给物料，取下滤叶，测量滤饼厚度，计算滤饼的生成速率。

本试验装置也可以模拟带压榨隔膜的板框式或厢式压滤机的工况，此时，需在滤叶中装上隔膜，过滤终止后向预先装有水的缓冲槽中加压，通过压力水使安装在滤叶中的压榨隔膜鼓对滤饼加压，实现滤饼的压榨脱水，检验滤饼的最终含湿量。

加压滤叶实验时，如滤饼需要洗涤，停止过滤后用来自氮气瓶中的压力，将洗水槽中的洗水压入滤叶，对滤饼进行洗涤，用量筒测量通过滤饼流出的滤液或洗水量，计算洗水用量与滤饼总残留母液的关系，以确定生产中需用的洗水量。也可根据测定的滤饼形成时间，选择分离设备，表 2-47 列出了根据成饼速率和分离设备选择间的关系，可供参考。

表 2-47　成饼速率与设备选择

类 别	成饼速率	可 选 用 设 备	类 别	成饼速率	可 选 用 设备
快速过滤	0.1～10cm/s	重力盘、筛子、水平带式真空过滤机、顶部进料真空转鼓过滤机、过滤离心机	慢速过滤	0.1～10cm/h	压滤机、沉降式离心机
中速过滤	0.1～10cm/min	真空过滤机（圆盘、转鼓式）水平带式或转盘式真空过滤机	澄清	不成饼	深层过滤

也可以根据标准滤饼生成时间、固相粒子尺寸、物料浓度及按滤饼计算的生产能力，对过滤离心机作如下选择参考，如表 2-48 所示。

表 2-48　过滤离心机性能

过滤离心机型式	离心力卸料式	振动卸料式	螺旋卸料式	单级或多级活塞推料式	刮刀卸料卧式自动	自动刮刀卸料三足或上悬式	人工刮刀卸料三足或上悬式
物料性质							
最小粒子/μm	250	500	150	80	20	20	10
最大粒子/μm	10000	10000	5000	5000	2000	1000	1000
料浆含固量/%	40～80	40～80	25～75	15～75	10～50	5～20	2～10

续表

过滤离心机型式	离心力卸料式	振动卸料式	螺旋卸料式	单级或多级活塞推料式	刮刀卸料卧式自动	自动刮刀卸料三足或上悬式	人工刮刀卸料三足或上悬式
固体生产能力/(t/h)	5～40	5～150	1～150	0.5～50	0.25～20	0.1～5	0.1～1
洗涤性能	差	不能	差	良	良	优	优
滤饼状态	干 粒状	干 粒状	干 粒状	干 粒状	干 粒状	紧密 粒状	膏状 粒状
滤液澄清度	中	中	差	良	良	优	优

注：表中粒子尺寸范围是指该机种最适宜的应用范围。

2.5.4.3　实验中取样品应注意的问题

（1）取样

生产过程中的物料，由于生产条件不一定稳定，物料的浓度和其中固相粒子的粒度或物料的温度等都可能变动，因此，必须间断取样，间隔时间和次数则视物料本身的物性决定。例如，对有时效性的物料，则应特别注意，温度高于室温的饱和溶液，取样后温度下降会产生再结晶和晶粒的长大、粒度发生变化，使试验数据与生产现场条件差别较大，得出的结果会导致选型失误，又如，具有活性的生物物质（生化活性污泥），在长时间运输存储过程中会变质，对时效敏感的物料，条件允许最好在现场进行试验。

（2）物料样品的搅拌均化

从生产现场取得的样品，在运输储存过程中，固相粒子大多会沉降，造成悬浮液不均匀，实验前必须搅拌，使之均化，搅拌过程会造成固粒破碎，特别是絮凝团更易破裂，为了保持原有粒度，又使物料均匀，对选择搅拌桨型式和转速应特别注意。

2.5.5　小型试验机试验[4,15]

实验室试验不可能完全与实际生产的工况和操作条件吻合，仅根据实验室试验结果所选定的机种，用于实际生产时有可能导致失误。现代大工业生产，由于产品量大，或产品价值昂贵，或产品质量要求较高，或分离机械产品价格较高，都不允许出现选型失误的情况。

通常，可用初步选定的机种的小型试验机进行试验，试验场地可在工厂现场，用较少的物料，从生产线上分出支流，按预定的操作方法和实验方案进行试验，其结果最接近实际，这种现场小型机试验，最适合和满足连续生产的大型化生产线的要求。

在客观条件不允许做现场试验的情况下，也可以将小型试验机安装在实验室内进行试验，但需要较多的试验物料，并需安装一套试验系统，如加料系统、卸料系统、测试装置和仪表。小型试验机，可以用该机种的小规格尺寸生产用机做现场试验。

2.6　气固过滤器

从气体中分离出固体颗粒的主要方法有重力沉降、惯性除尘、旋风分离、过滤分离、湿法捕集及静电除尘等。过滤可以依靠不同孔隙结构的滤料从气体中有效地除去亚微米级的颗粒，是各种分离方法中分离效率最高而又稳定的一种；但也存在过滤速度低，设备庞大，操作温度受滤料耐温耐蚀性能影响，维修量大等缺点。由于应用条件及净化要求的差异，过滤器种类十分繁多，石化工业中可能用到的主要有袋式过滤器、空气过滤器、颗粒层过滤器等，并正在向高温过滤的方向发展，应用范围日益扩大。

2.6.1　袋式过滤器的分类和性能

2.6.1.1　袋式过滤器分类

袋式过滤器是工业过滤除尘设备中应用最广泛的一类，有多种多样的结构型式。

按滤袋形状可分为圆袋及扁袋两种；圆袋受力均匀，支撑骨架及连接简单，清灰容易，维护管理也比较方便。扁袋布置紧凑，可在同样体积空间布置较多的过滤面积，一般能节约20％～40％的空间。但扁袋结构复杂，清灰、检修和更换等较复杂，使其应用受到限制。

按含尘气流进入滤袋方向有内滤式及外滤式之分；内滤式过滤器的含尘气体由滤袋内侧向外侧流动，粉尘沉积在滤袋内侧表面。外滤式过滤器的含尘气体由滤袋外侧向滤袋内侧流动，粉尘沉积在滤袋外侧表面。外滤式可采用圆袋或扁袋，袋内需设置骨架，因此滤袋磨损较大。脉冲反吹和高压气流反吹等清灰方式多适用外滤式过滤器。

按其进气口位置可分为上进气和下进气两种方式：上进气方式为含尘气流从过滤器袋室上部进入过滤器，粉尘沉降方向与气流流动方向一致，有利于粉尘沉降，延长了清灰间隔时间；下进气方式为含尘气体从滤袋室底部或灰斗上部进入除尘器，这种过滤器结构简单，但在袋室中气体是自下而上流动，与清落的粉尘沉降方向相反，容易带出部分微细粉尘，降低了清灰效果，并增加了设备阻力。下进气式过滤器结构简单，成本低，应用较广。

按过滤器内的操作压力可分为正压式及负压式：正压式过滤器的风机设置在过滤器之前，过滤器在正压状态下工作，由于含尘气体先经过风机，会对风机磨损较严重，因此不适用于高浓度、粗颗粒、高硬度以及强腐蚀性的粉尘。而负压式过滤器的风机设置在过滤器之后，过滤器在负压状态下工作，由于气体净化后再进入风机，因此对风机磨损很小，应用场合较多。

按清灰方式分主要有机械振动、反吹风、脉冲反吹、复合式清灰四大类，其具体形式见2.6.3节相关内容。

2.6.1.2　袋式过滤器的性能

评价袋式过滤器性能优劣的主要性能指标有除尘效率、压降、过滤速度以及滤袋寿命等。

(1) 除尘效率

除尘效率是指含尘气体通过袋式过滤器时捕集下来的粉尘质量与进入过滤器的粉尘质量之比。除尘效率是衡量过滤器性能最基本的参数，它与滤料运行状态有关，并受粉尘物性、滤料种类、粉尘层厚度、过滤速度以及清灰方式等多种因素的影响。袋式过滤器只要选型设计合理和操作运行得当，对于1μm以上的尘粒，其除尘效率一般不难达到99％以上，甚至可达99.9％，而且可以捕集不同性质的粉尘。

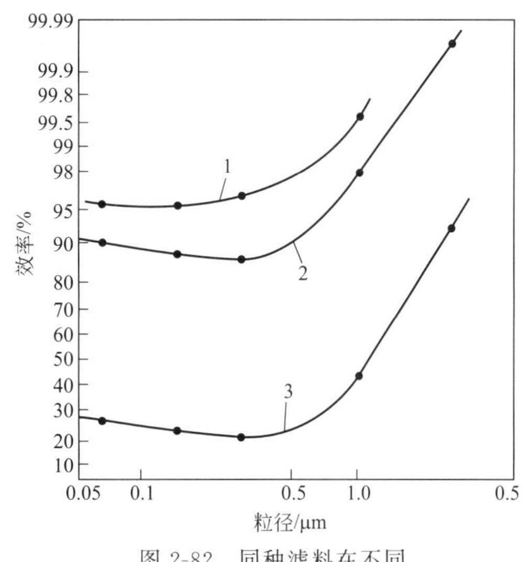

图 2-82　同种滤料在不同状态下的分级效率

1—积尘的滤料；2—清灰后的滤料；3—清洁滤料

图2-82是同一滤料在不同过滤状况下的除尘效率。新滤料的除尘效率相当低，积尘后的滤料则不难达到99％以上的效率，而清灰后由于滤料还保留一定的残留粉尘（称初始粉尘层），其效率虽稍有降低，但仍可正常工作。可见袋式过滤器起主要过滤作用的是滤料表面的粉尘层，滤料则主要起着形成和支撑粉尘层的作用。因此，清灰时应保留一定的初始粉尘层。过度清灰反而会引起清灰后的除尘效率有所下降和加快滤袋的损坏。

(2) 压降

袋式过滤器的压降不但决定其能耗，而且还影响除尘效率和清灰周期等。它与过滤器结构型式、滤料种类、气体和粉尘性质、过滤速度、入口含尘浓度以及清灰方式等诸多因素有关。

袋式过滤器的总压降 Δp，可由设备本体的阻力 Δp_c、洁净滤料的阻力 Δp_f 和滤料表面粉尘层的阻力 Δp_d 三部分组成，即

$$\Delta p=\Delta p_c+\Delta p_f+\Delta p_d \tag{2-82}$$

设备本体的阻力 Δp_c 系指气体通过过滤器进出口及内部挡板、文氏管等产生的压力损失，它与过滤器的结构型式及过滤速度有关，很难用统一表达式进行计算。通常为 200～500Pa。

洁净滤料的阻力 Δp_f 主要取决于滤料结构、过滤速度及气体黏度，可用下式计算。

$$\Delta p_f=\xi_f\mu_f v \tag{2-83a}$$

式中 ξ_f——滤料本身的阻力系数，1/m；

μ_f——气体的动力黏度，Pa·s；

v——过滤速度，m/s。

各种滤布的阻力系数可通过实验确定。

滤料上粉尘层的压降 Δp_d 为

$$\Delta p_d=\xi_d\mu_f v=am\mu_f v\ (\text{Pa}) \tag{2-83b}$$

式中 ξ_d——粉尘层的阻力系数，1/m；

a——粉尘层的比阻力，m/kg；

m——滤料上总粉尘负荷，kg/m^2。

这样，积尘滤料的压降 Δp_f 即为

$$\Delta p_t=\Delta p_f+\Delta p_d=(\xi_f+\xi_d)\mu_f v=(\xi_f+am)\mu_f v \tag{2-84}$$

实际工作中，由于这些参数往往难以获得，可采用相关经验公式进行计算。

例如，可降积尘滤料的压降表述为

$$\Delta p_t=(A+B)v^n \tag{2-85}$$

式中 A——滤袋的阻力系数；

v——过滤速度，m/min；

B——粉尘层的阻力系数；

n——滤料性能系数。

各系数列于表 2-49 中。

表 2-49　积尘滤料有关系数

滤料名称	滤料厚度/mm	滤料质量/(g/m^2)	粉尘负荷/(g/m^2)	A	B	n
细结构棉毛织物	3.75	463	305～1139	5.03×10^{-2}	0.24～0.90	1.01
半羊毛斜纹织物	1.6	300	117～367	5.34×10^{-2}	0.23～0.73	1.11
粗平纹布	0.6	171	201～361	3.24×10^{-2}	0.18～0.33	1.17
毛织厚绒布	1.56	255	145～603	4.97×10^{-2}	0.17～0.72	1.10
棉织厚绒布	1.07	362	183～330	7.56×10^{-2}	0.45～0.81	1.14

袋式过滤器的压力损失在很大程度上取决于过滤速度。滤料结构和表面处理情况也有一定影响。清灰方式对袋式过滤器压降也有很大影响，脉冲喷吹清灰压降最低，其他清灰方式的压降则较高。

(3) 过滤速度

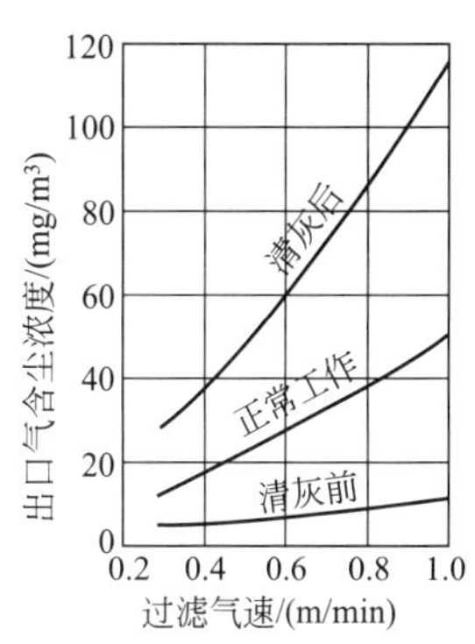

图 2-83　气速与出口气含尘浓度的关系

过滤速度是指含尘气体通过滤料表面积的平均速度，它是袋式过滤器处理气体能力的重要技术指标，其选择是由粉尘物性、滤料种类、清灰方式和清灰效率等因素而定。过滤速度一般选用范围为 0.2～6m/min。滤速高，则设备紧凑、费用低，但阻力高、效率低，还会导致滤料上的粉尘层厚度增加过快，使得清灰频繁。过滤速度对除尘效率有明显的影响。而积尘后，滤速的影响相对要小得多，如图 2-83 所示。实际上，过滤速度的影响主要表现在过滤器的压降。

对不同结构型式的袋滤器，亦有其适宜的过滤速度：

简易清灰袋滤器 0.15～0.6m/min；

机械振打清灰袋滤器 0.6～1.6m/min；

逆气流清灰袋滤器 0.5～1.2m/min；

逆气流机械振打联合清灰袋滤器 0.75～2m/min；

脉冲喷吹清灰袋滤器 2～4m/min；

气环反吹清灰袋滤器 3～6m/min。

(4) 滤袋寿命

滤袋寿命是衡量袋式过滤器性能的主要指标之一，滤袋的寿命一般以总袋数的 10%已破损时的使用时间，或由于粉尘堵塞，使风量减少 10%以上的时间来定义的。滤袋寿命与滤料的材质、过滤速度、气体的温度、气体湿度、气体含尘浓度、粉尘性质、过滤器结构以及清灰方式等因素有关。目前，滤袋的使用寿命普遍可达两年以上。

影响袋滤器性能的主要因素列于表 2-50。

表 2-50　影响袋式过滤器性能的因素

影响因素	减少压降	提高捕集效率	延长滤袋寿命	降低设备费
过滤速度	低①	低①	低①	高①
清灰作用力	大①	小①	小①	小
清灰周期	短①	长	长①	长
气体温度	低	低	低①	低
气体相对湿度		高	低	低
气体压力	低①	—	—	大气压
粒径	大①	大①	小	大
入口含尘浓度	小①	大	小	小
粉尘密度	—	大	小	—

① 表示影响大的因素。

2.6.2　袋式过滤器的滤料

滤料性能的优劣直接决定了袋滤器性能的高低。因此，正确选择滤料是选用设计袋滤器的关键。目前袋滤器主要以纤维织物作为滤袋材料。近年来出现了以塑料、金属、陶瓷制造的微孔过滤元件，以及陶瓷纤维制造的管状过滤元件，其应用逐渐增多。

2.6.2.1　滤料的特性指标

(1) 过滤效率与压力损失

滤料的过滤效率及压力损失既与滤料结构有关，更取决于滤料上所形成的粉尘层，如前所述。

(2) 容尘量

容尘量是指达到指定压力损失时，单位面积滤料上沉积的粉尘量（kg/m^2）。它与滤料的孔隙率及透气率等因素有关。在一定压力损失范围内，滤料的容尘量大可以延长清灰周期，增加滤袋的使用寿命。一般毛毡滤料较织物滤料容尘量大。

(3) 透气率

透气率，就清洁滤料而言，是指一定压差下，通过单位面积滤料的气体量［$m^3/(min \cdot m^2)$］，它取决于纤维的种类、细度以及滤料的结构及制造工艺。透气率低，过滤效率高，阻力也大；透气率高，单位面积上允许的气体流量也大。

(4) 粉尘剥落性。

粉尘剥落性主要影响清灰的难易，滤料表面愈光滑，剥落性愈好，清灰就愈容易。因此有时为了增加表面光滑性，需对一些滤料进行表面覆膜工艺处理。

滤料的性能指标除了以上过滤指标外，还包括理化性能指标和力学性能指标。滤料的理化性能指标主要包括：单位面积质量、厚度、密度、耐温耐热性、静电性、吸湿性、耐燃性等。而滤料的力学性能包括拉伸强度、断裂强度、耐磨性等。

2.6.2.2 滤料的结构类型及特点

滤料按加工方法可分为织造滤料、非织造滤料、覆膜滤料及特殊滤料等几种结构类型。

(1) 织造滤料

织造滤布可分为平纹、斜纹、缎纹及绒布等几种。

平纹布因其透气性较差，已很少用作滤料。斜纹布的过滤效率、清灰效率及耐磨性均较好，是织物滤料中较常用的一种。缎纹布的透气性及弹性均较好，但过滤效率及强度稍差。在气体过滤中常用斜纹及缎纹织布。

绒布是将一定组织的机织布经起绒工序而成，多为单面绒布。其过滤效率高、透气性好、容尘量大，能形成多孔的粉尘层，故亦为气体过滤所常用。

(2) 非织造滤料

采用非织造技术直接将纤维制成的滤料。常用的有针刺毡，它是在底布两面铺以纤维，或完全采用纤维以针刺法成型，再经后处理而成。针刺毡纤维间的细孔分布均匀，孔隙率可高达70%～80%。其压降低于织布，而过滤效率却高于织布，而且易于清灰，现已广泛用于各种反吹清灰类的袋滤器。

(3) 覆膜滤料

覆膜滤料是用两种或两种以上各具特点的滤料复合成一体。在针刺滤料或机织滤料表面覆以微孔薄膜滤料可实现表面过滤，使粉尘只停留于表面、容易脱落，即提高了滤料的剥离性。这种滤料的初阻力较覆膜前略有增加，但除尘器运行后，由于粉尘剥离性好、易清灰，当工况稳定后，滤料阻力不再上升而是趋于平稳，明显低于常规不覆膜滤料。

覆膜滤料性能优异，其过滤方法是膜表过滤，近100%截留被滤物。其具有以下特点：

① 表面过滤效率高　使用覆膜滤料，粉尘不能透入滤料，是表面过滤，无论是粗、细粉尘，全部沉积在滤料表面，即靠膜本身孔径截留被滤物，无初滤期，开始就是有效过滤，近百分之百的时间处于过滤。

② 低压降、高通量连续工作　传统的深层过滤滤料，一旦投入使用后，内部堆积的粉尘造成阻塞现象，透气性便迅速下降，从而增加了除尘设备的阻力。而覆膜滤料由于微细孔径，

使粉尘穿透率近于零，投入使用后提供极佳的过滤效率，当沉积在薄膜滤料表面的粉尘达到一定厚度时，就会自动脱落，易清灰，使过滤压力始终保持在很低的水平，气体流量始终保持在较高水平，可连续工作。

③ 容易清灰　由于滤料的操作压力损失直接取决于清灰后剩留或滞留在滤料表面上的粉尘量，传统深层滤料清灰时间长。而覆膜滤料仅需数秒即可，具有非常优越的清灰特性，每次清灰都能彻底除去尘层，滤料内部不会造成堵塞，能经常维持于较低压力损失的工况下工作。

④ 寿命长　覆膜滤料是一种强韧而柔软的纤维结构，与坚强的基材复合而成，所以有足够的机械强度，加之有卓越的脱灰性，降低了清灰强度，在低而稳的压力损失下，能长期使用，延长了滤料寿命。

覆膜滤料拥有脱灰性与完整的过滤机能相辅相成的效果，能以低而稳的压力损失长时间持续运转，从而提高过滤速度，减少过滤面积。

(4) 特殊滤料

包括无纺布、静电植绒布、特氟隆布、金属纤维毡等。此外，还有以塑料、陶瓷、金属等材料制成的微孔刚性过滤材料，以及陶瓷纤维滤料等。

(5) 可以反吹清灰的折叠滤料

近年来新开发的采用纸基、化纤或薄膜滤料制成的星形折叠式滤筒，其过滤面积为同体积普通滤袋的 20～30 倍，使其除尘器的体积和占地面积大大缩减。而且因其可以采用脉冲反吹及逆气流反吹清灰，使用寿命可达 1～2 年，是一种高效、低阻的节能型产品，目前已在国内开始推广采用。

2.6.2.3　滤料的种类

可以用作滤料的材质种类繁多，如天然纤维、合成纤维、玻璃纤维、陶瓷纤维、碳素纤维、金属纤维及复合纤维等。常用的纤维滤料种类及性能列于表 2-51。

(1) 天然纤维滤料

主要有棉、毛、丝等天然纤维，由于其表面呈鳞片状或波纹状，具有透气率高、阻力小、容尘量大以及易于清灰等特点，是袋式过滤器的传统滤料。但由于天然纤维的适用温度不能超过 100℃，因此它已不能满足现代工业对袋式过滤器的性能要求。

(2) 合成纤维滤料

随着石油、化工和纺织工业的迅速发展，出现了品种众多、性能优良的合成纤维滤料，合成纤维的强度高、耐磨蚀性好、耐温等性能皆优于天然纤维，已广泛应用于各行业。常用的合成纤维主要有以下几种。

① 聚酰胺纤维（尼龙、锦纶）　特点是强度高，耐磨性能优于其他纤维，表面光滑，弹性好，能耐连续屈曲，耐碱，但不耐浓酸。锦纶 66 的安全使用温度为 130℃，锦纶 6 为 90～95℃。

② 聚酯纤维（涤纶、的确良）　强度最高，耐磨性仅次于锦纶，耐酸，但不耐强碱。可在 130℃下长期工作，为应用最普遍的滤料。常用的“208”和“901”涤纶绒布性能见表 2-52。

还有一种采用聚酯纤维编织后经热定型而成的筒形聚酯滤料，其性能明显优于常用的“208”涤纶绒布，且清灰性能好，使用寿命长，制造也方便。筒形聚酯滤料的性能指标见表 2-53。

③ 聚丙烯腈纤维（腈纶、奥纶）　强度和耐磨性稍次于其他纤维，耐酸、耐碱性稍差。可在 110～130℃下长期工作，短期可达 150℃。

表 2-51　各种纤维的主要性能

类别	原料或聚合物	商品名称	密度/(g/cm³)	最高使用温度/℃	长期使用温度/℃	20℃以下的吸湿性/%		抗拉强度/×10⁵Pa	断裂延伸率/%	耐磨性	耐热性		耐有机酸	耐无机酸	耐碱性	耐氧化剂	耐溶性
						$\varphi=65\%$	$\varphi=95\%$				干热	湿热					
天然纤维	纤维素	棉	1.54	95	75～85	7～8.5	24～27	30～40	7～8	较好	较好	较好	较好	很差	较好	一般	很好
	蛋白质	羊毛	1.32	100	80～90	10～15	219	10～17	25～35	较好			较好	较好	很差	差	较好
	蛋白质	丝绸		90	70～80			38	17	较好			较好	较好	很差	差	较好
合成纤维	聚酰胺	尼龙、锦纶	1.14	120	75～85	4～4.5	7～8.3	38～72	10～50	很好	较好	较好	一般	很差	较好	一般	很好
	芳香族聚酰胺	诺梅克斯	1.38	260	220	4.5～5		40～55	14～17	很好	很好	很好	较好	较好	较好	一般	很好
	聚丙烯腈	腈纶	1.14～1.16	150	110～130	1～2	4.5～5	23～30	24～40	较好	较好	较好	较好	较好	一般	较好	很好
	聚丙烯	聚丙烯	1.14～1.16	100	85～95	0	0	45～52	22～25	较好	较好	较好	很好	很好	较好	较好	较好
	聚乙烯醇	维尼纶	1.28	180	<100	3.4				较好	一般	一般	较好	很好	很好	一般	一般
	聚氯乙烯	氯纶	1.39～1.44	80～90	65～70	0.3	0.9	24～35	12～25	差	差	差	很好	很好	很好	很好	较好
	聚四氟乙烯	特氟纶	2.3	280～300	220～260	0	0	33	13	较好	较好	较好	很好	很好	很好	很好	很好
	聚酯	涤纶	1.38	150	130	0.4	0.5	40～90	40～55	很好	较好	一般	较好	较好	较好	较好	很好
无机纤维	铝硼硅酸盐玻璃	玻璃纤维	3.55	315	250	0.3		145～158	3～0	很差	很好	很好	很好	很好	差	很好	很好
	铝硼硅酸盐玻璃	经硅油、聚四氟乙烯处理的玻纤		350	260	0	0	145～158	3～0	一般	很好	很好	很好	很好	差	很好	很好
	铝硼硅酸盐玻璃	经硅油、石墨和聚四氟乙烯处理的玻纤		350	300	0	0	145～158	3～0	一般	很好	很好	很好	很好	较好	很好	很好

表 2-52　工业涤纶绒布的性能

滤布名称	滤布结构			断裂强度/kg		曲磨次数/次		平磨次数/次	在不同过滤气速时的压力损失/mmH_2O		除尘效率/%
	织物组织	经线	纬线	经向	纬向	经向	纬向		3m/min	4m/min	
涤纶绒布	2/2 斜纹	20/2 涤纶	20/2 涤纶						4.3	5.7	99.98
工业涤纶绒布	双层 7/3 斜纹	20s/2	地纬 20s/2 绒纬 8s	231.7	104.8	1216	591	1022	3.7	4.9	99.50

表 2-53　聚酯纤维类滤料的性能指标

滤　料	"208" 工业涤纶布	"729-Ⅳb" 筒形聚酯滤料	日本滤料		备　注
			NAKAO	JAF	
厚度/mm	1.97	0.72	0.74	0.72	Y531 测定
单位面积质量/(g/m^2)	385	310.1	317	307	
断裂强度/(N/5cm)					
经　向	2141.5	2869.4	3173.5	2554.5	M1122 测定
纬　向	1005.5	2046.4	2100.3	1778.6	
透气率/[$m^3/(min \cdot m^2)$]	12.78	8.52	6.66	7.74	AP-360 测定
热收缩率/%	—	7.3	9.3	7.4	$t=200℃$
熔点/℃	270	274	262	273	No.821 测定
捕尘效率/%	99.85	99.90	99.90	99.86	电炉尘试验

④ 聚乙烯醇纤维（维纶）　强度好，耐磨性稍差，耐碱性强，不耐强酸，耐热性不如涤纶。

⑤ 聚丙烯纤维（丙纶）　强度好，耐磨性强，耐酸、碱性好，成本较低，耐热性稍差，100℃时收缩 0～5%。

⑥ 聚氯乙烯纤维（氯纶）　强度近于腈纶，耐磨性近于维纶，耐化学腐蚀性好，耐热性差，60～70℃即开始收缩。

⑦ 芳香族聚酰胺纤维（芳纶 1313、诺梅克斯或 Nomex）　各种性能均优良，耐温 210℃，短期可耐 260℃。是同类产品中价格较低的主要耐高温滤料。

⑧ 聚（苯）砜胺纤维（芳砜纶）　类似诺梅克斯，可在 200～230℃下长期工作。

⑨ 聚四氟乙烯纤维（特氟隆）　几乎能耐所有化学腐蚀。耐热性好，长期工作温度可达 260℃，是性能最佳的合成纤维滤料。但因价格昂贵，应用较少。

⑩ 聚胱亚胺纤维（P-84）　性能良好，抗酸、碱性强。纤维很细，断面形状不规则，能制成可形成表面过滤的滤料。耐热性好，长期工作温度为 260℃。

⑪ 聚苯硫醚纤维（莱通或 Rytocs）　性能优良，抗酸、碱及有机腐蚀性强。长期工作温度为 210℃，短时可达 232℃。

⑫ 聚噁二唑纤维（POD）　为性能优良的耐高温滤料，可在 170～230℃下长期工作。

（3）无机滤料

近年来，无机纤维发展很快，其显著特点是能耐高温。目前除了广泛使用玻璃纤维滤料外，已经开始使用金属纤维、陶瓷纤维等滤料。无机纤维具有抗拉强度大、延伸率低、耐酸性好、吸湿性小和耐高温等优点。无机纤维主要有以下两种。

① 玻璃纤维　玻璃纤维的原料是铝硼硅酸盐玻璃，根据氧化钠含量，可分为无碱、中碱及高碱纤维三类。性能比较见表 2-54。

表 2-54　三种玻璃纤维的性能比较

种类	Na_2O 含量/%	耐水性	耐酸性	耐碱性
无碱玻璃纤维	<0.6	好	较好	差
中碱玻璃纤维	0.6～1.4	较好	较好	较好
高碱玻璃纤维	>1.4	差	较好	好

玻璃纤维的特点是耐高温（使用温度为 230～280℃），吸湿性及延伸率小，抗拉强度大，耐酸性好，造价低。但不耐磨、不耐碱，其致命的弱点是抗折性差。

表面浸渍处理可改善和提高玻璃纤维的抗折、耐磨、耐温、疏水及柔软等性能。浸渍工艺有浸袋和浸纱两种。浸纱处理的强度高于浸袋处理的强度。浸渍处理后的性能见表 2-55。

表 2-55　表面处理的种类及性能

种类	表面浸渍	耐温性/℃	抗化学侵蚀性	粉尘剥落性	抗折强度	成本
标准有机硅	有机硅(唯一的)	220	尚好	好	尚好	一般
特级有机硅	有机硅＋聚四氟乙烯	240	尚好	极好	尚好	较高
Graf-0-Si Ⅰ	有机硅＋石墨＋聚四氟乙烯	280	好	好	好	较高
新的表面浸渍剂		7250	极好	极好	极好	极好

表 2-56 给出了常用玻璃纤维滤布的规格和性能。

表 2-56　玻璃纤维滤布规格和性能

规格(支/股)	经向 纬向	45/3 45/3	45/4 45/3	80N/12	75N/10	75N/19	62.5N/10
单根纤维公称直径/μm		8	8				
公称厚度/mm		0.24	0.24	0.65	0.6	0.4	0.5
周长/mm		400、500、570、630、(660)、730、800 850、950、1320、 1450、(1800)	660				
允许公差/mm		±20	±20				
质量/(g/m²)		270±30	285±30				
密度/(根/cm)	经向 纬向	20±1 20±2	20±1 16±1	20 18	20 18	16 12	
断裂强度不小于(N/每条25 根×100mm)	经向 纬向	700 700	800 600	1300 1250	1300 1200	1100 1000	1300 1000
织物组织		缎纹	2/2 斜纹	5/2 纬二重缎纹	5/2 纬二重缎纹	3/1 斜纹	5/2 纬三重缎纹 (白素袋)
使用温度/℃		300	300	300	260	260	200

② 金属纤维　金属纤维主要是由不锈钢制成的，也有金属纤维与一般纤维混纺制成的。金属纤维最大的优点是能耐高温，使用温度可达 500～600℃，非常适宜在高过滤风速下处理高粉尘负荷的高温烟气。并且其过滤效率高，阻力小，易于清灰，耐磨性及耐腐蚀性好，其柔软性与锦纶相似。此外，其还有防静电，抗放射、辐射等特性。

根据纤维的形状还可将滤料分为长纤维和短纤维滤料。两种纤维滤料的区别在于前者表面绒毛少、阻力高、过滤效率低，但粉尘层剥落性好，易清灰，且处理风量也大。而后者相反。

(4) 混合滤料

该种滤料为合成纤维与其他纤维混合的织物滤料。常用的有尼毛特 2 号及尼棉特 4A 号，为维尼纶纤维与羊毛和棉混合编织，并起绒，直接制成圆筒形。其耐磨性、过滤性能及透气性均较好，具体性能见表 2-57。

还有一种是格拉梅克斯 (Glamex)，为玻璃纤维与诺梅克斯纤维混编而成的混合滤料。

(5) 耐高温滤料

随着现代工业的发展，新型耐温更高的滤料不断出现，大致可以分为两个温度等级。

表 2-57 尼毛特 2 号和尼棉特 4A 号性能

滤料名称	平磨/次		断裂强度/kg		伸长/mm		突破强度/kg
	经向	纬向	经向	纬向	经向	纬向	
尼毛特 2 号	1703.5	884	206.7	80	64	39	>165
尼棉特 4A 号	2076	1107.5	167.5	120	66.5	34	>165
工业滤气呢	742	772.7	60	40.8	55.3	42	88.6

① 耐 200～300℃的高温滤料　目前适用此温度范围的滤料主要有：芳砜纶（耐温 200～230℃）、聚噁二唑（耐温 200～230℃）、诺梅克斯（耐温 180～210℃）、莱通（耐温 210℃）、特氟纶（耐温 220～260℃）、聚酰亚胺（耐温 260℃）以及玻璃纤维（耐温 230～280℃，经特殊处理可达 320℃）等。其主要性能见表 2-58。

表 2-58 常用高温滤布的性能指标

滤　料	结　构	厚度/mm	单重/(g/m²)	断裂强度/(N/5cm)		透气率/[m³/(min·m²)]	孔隙率/%	工作温度/℃
				经向	纬向			
芳砜纶	织布		400～440	1079	1275.3	>6		200～230
	绒布	1.287	400～440	1177.2	1373.4	>7.2		
	针刺毡	2.27	400～440	883	1079	7.2		
		3	479.38	693.6	449.7	13.32	88	
噁二唑	织布		400～440	1275.3	1471.5	76		200～230
	绒布	1.1	≥400	1226.3	851.5	13.8		
	针刺毡	2.2	450	726	834	12.6	85	
Vomex	针刺毡	2.0	350	638	981	19		180～210
		2.4	400	589	981	17		
		2.8	450	657	1020	16		
		2.9	500	618	1069	14	88	
莱通	针刺毡	1.8～2.0	540～580			9.2～15.3		210
玻璃纤维	长丝织布	0.418	497	1226	1226	9.2～15.3	53	230～280

② 耐 500～600℃的高温滤料　主要有以陶瓷纤维、金属纤维、碳纤维、金属丝网、微孔陶瓷及微孔金属等材料，经编织或烧结等方法制成的可耐 500～600℃的高温滤料，国外已有商业应用，国内亦相继开发出了陶瓷纤维、金属纤维、金属丝网和金属粉末等过滤材料，并且在石油化工和煤化工行业得到广泛应用。

2.6.3 袋式过滤器的清灰方式

清灰方式是决定袋式过滤器性能的一个重要因素，它与除尘效率、压力损失、过滤速度以及滤袋寿命等因素有关。国家颁布的袋式过滤器（除尘器）标准 GB/T 6179—2009 的分类标准就是按清灰方式分类的。按照清灰方式，可分为机械振动、反吹风、脉冲反吹、复合式清灰四大类，分类情况见表 2-59。表 2-60 对各种清灰方式进行了对比。

2.6.3.1 机械振打清灰

机械清灰可以包括人工敲打、机械振打及高频振动等型式。

(1) 人工敲打清灰

人工敲打清灰结构简单、造价低。但因存在振动分布不均，清灰效果不佳，对滤袋损伤大等缺点，目前仅在装有少量滤袋的小型机组上才有应用。

(2) 机械振打清灰

表 2-59　袋式过滤器的分类

分类	名　　称		定　　义
机械振打类	停风振打		使用各种振动频率在停止过滤状态下进行清灰
	非停风振打		使用各种振动频率在连续过滤状态下进行振动清灰
反吹风类	分室反吹类	大气反吹风	过滤器处于负压(或正压)状态下运行,将室外空气引入袋室进行清灰
		正压循环气体反吹风	过滤器处于正压状态下运行,将系统中净化后气体引入袋室进行清灰
		负压循环气体反吹风	过滤器处于负压状态下运行,将系统中净化后气体引入袋室进行清灰
	喷嘴反吹类	机械回转反吹	喷嘴为条口形或圆形,经回转运动,依次与各滤袋出口相对,进行反吹清灰
		气环反吹	喷嘴为环缝形,套在滤袋外面,经上下运动进行反吹清灰
		往复反吹	喷嘴为条形口,经往复运动,依次与各滤袋出口相对,进行反吹清灰
		回转脉动反吹	反吹气流呈脉动供给的回转反吹式
		往复脉动反吹	反吹气流呈脉动供给的往复反吹式
脉冲喷吹类	离线脉冲		滤袋清灰时切断过滤气流,过滤与清灰不同时进行。又可分为低压喷吹(低于 0.25MPa)、中压喷吹(0.25～0.5MPa)和高压喷吹(高于 0.5MPa)三种
	在线脉冲		滤袋清灰时不切断过滤气流,过滤与清灰同时进行。又可分为低压喷吹(低于 0.25MPa)、中压喷吹(0.25～0.5MPa)和高压喷吹(高于 0.5MPa)三种
	气箱式脉冲		过滤器为分室结构,清灰时把喷吹气流喷入一个室的净气箱,按程序逐室停风、喷吹清灰进行
	行喷式脉冲		以压缩空气用固定式喷管对滤袋逐行进行清灰
	回转式脉冲		以同心圆方式布置滤袋束,每束或几束滤袋布置 1 根喷吹管,每个脉冲阀承担 1 根喷吹管或几根喷吹管,对滤袋进行喷吹
复合式清灰类	机械振打与反吹风		同时使用机械振打和反吹风两种方式清灰
	声波清灰与反吹风		同时使用声波动能和反吹风清灰

表 2-60　袋式过滤器清灰方法的比较

清灰方法	适用滤料	允许工作温度	过滤气速	粉尘负荷	除超微粉尘的效率	清灰均匀性	滤袋磨损	设备耐久性	设备造价	动力费用
人工抖动	毡,织物	中	一般	低	好	好	高	一般	低	—
机械振打	织物	中	一般	一般	好	好	一般	低	一般	中低
逆气流										
不缩袋	织物	高	一般	一般	好	好	低	好	一般	中低
缩袋	织物	高	一般	一般	好	一般	高	好	一般	中低
气环反吹	毡,织物	中	很高	高	很高	很好	一般	低	高	高
脉冲喷吹										
整室	毡,织物	中	高	高	高	好	低	好	高	中
分排	毡,织物	中	高	很高	高	一般	一般	好	高	高

它是借助机械传动装置周期性地轮流振打各排滤袋进行清灰。振动方式可使滤袋沿垂直方向振动或水平方向振动，亦可垂直和水平两个方向相结合，还有使滤袋扭转一定角度，造成粉尘层破碎脱落。振打部位可分为上部振打和腰部振打，而对扁袋过滤器一般为顶部、底部都振

动。机械振打的振动幅度通常为25～75mm，振动频率一般为每秒数周，可以进行调节。机械振打袋滤器的过滤速度通常可取0.6～1.6m/min，压降为800～1200Pa。

振打清灰一般多采用停风清灰的间歇操作，而且振打完毕尚需经过30s到几分钟的沉降暂停时间后，才能再开始过滤。亦可采用多室顺序振打清灰，以实现整体连续操作。

机械振打清灰由于滤袋损坏较快，换袋及维修工作量大，目前已较少采用。

(3) 高频振动清灰

高频振动清灰是使悬挂滤袋的骨架产生频率高、振幅小的高频振动进行清灰。扁袋过滤器常采用此法清灰。其优点是清灰周期较长，滤袋寿命长，动力消耗低，但对粉尘适应范围较小，噪声较大。

2.6.3.2　反吹风清灰

反吹风清灰是借助于空气或压力较高的循环气体，以与含尘气流相反的方向通过滤袋进行清灰。一方面反方向气流可直接冲击粉尘层，同时还由于气流方向的改变，使滤袋发生胀缩变形，而使沉积于滤袋上的粉尘层破碎脱落。反吹风袋式过滤器可分为分室反吹和喷嘴反吹两大类。

(1) 分室反吹清灰

分室反吹类袋式过滤器采取分室结构，根据预定的周期（定时控制）或袋滤器的压降达到预定值（定压差控制）时，对各过滤室按顺序逐室进行清灰。按清灰过程可将分室反吹袋式过滤器分为分室二态反吹清灰、分室三态反吹清灰和分室脉动反吹清灰三种。图2-84为分室反吹清灰示意。

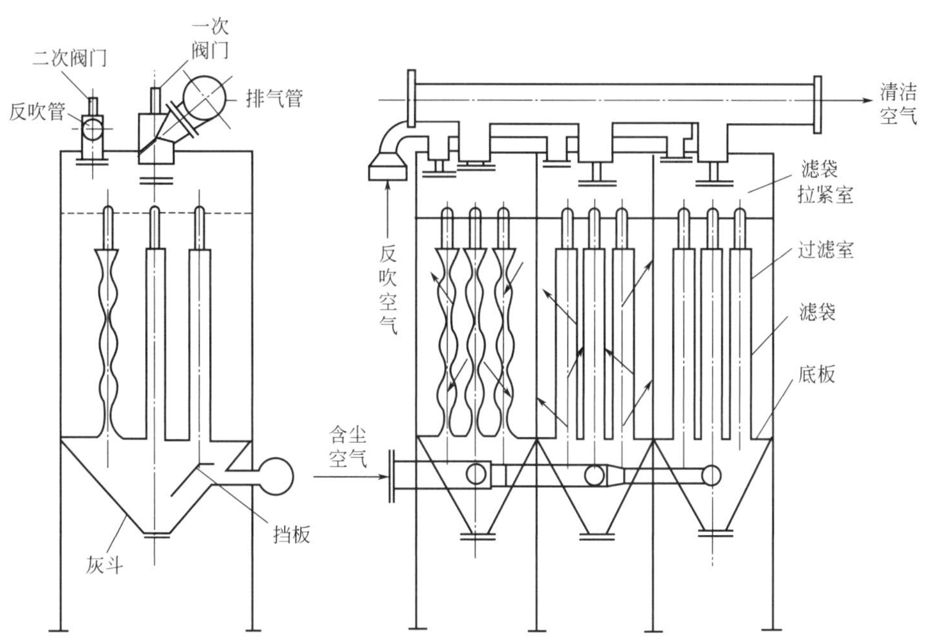

图2-84　分室反吹清灰示意

图2-85为负压操作，利用大气或循环净化气进行反吸清灰过程。反吸清灰操作可采用“二状态反吹清灰”（反吸-鼓胀），或“三状态反吹清灰”（反吸-沉降-鼓胀）。

采用二状态反吹清灰［见图2-85（a）］时，由于滤袋被吸瘪时间较短（10～20s），滤袋上部抖落的粉尘来不及落入灰斗，即被接着而来的过滤气流重新吸附到滤袋上，产生“返灰”现象。为防止返灰，在“反吸”及“鼓胀”之间，增加了“沉降”过程，即形成了“三状态清灰”。三状态反吹清灰又分两种形式：集中自然沉降［见图 2-85（b）］，即在二状态清灰后，集中一段时间，使其静止自然沉降；及分散自然沉降［见图 2-85（c）］，即在每次吸瘪鼓胀之间，均安排一段静止自然沉降时间。

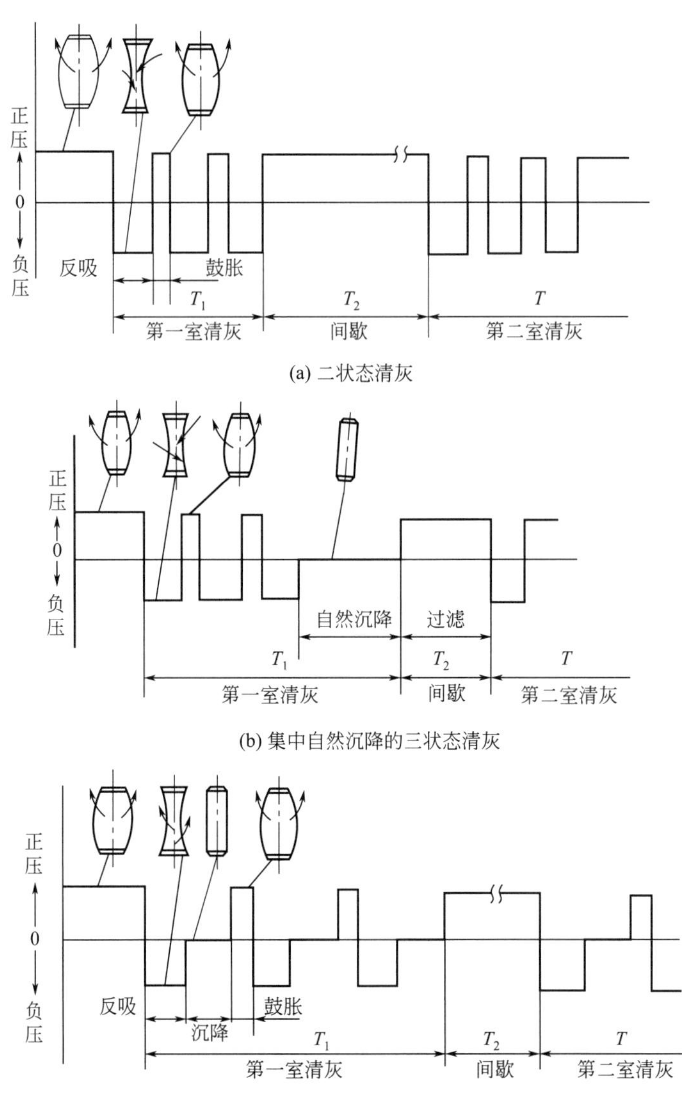

图 2-85　分室反吹清灰

逆气流清灰袋滤器的过滤速度较低，一般为 0.5～1.2m/min，压降通常控制在 1000～1500Pa。其滤袋直径较大，最大可达 300mm，滤袋长度一般为 10～12m，最长可达 15～18m。逆气流清灰的清灰时间一般为 3～5min（反吸时间为 10～20s），清灰周期为 0.5～3h，视粉尘和滤料特性及入口含尘浓度等因素而定。

这种袋滤器结构简单、对滤袋损伤少，维修方便，多用于处理大气量的场合；但其过滤速度较低，设备庞大，具清灰强度差，压降及运行能耗较高。

（2）气环反吹清灰

喷嘴反吹类是以高压风机或压缩机提供反吹气流，通过移动的喷嘴进行反吹清灰，使滤袋变形抖动并穿过滤料而清灰的袋式过滤器。喷嘴反吹按喷吹方式分为气环反吹、往复反吹、回转反吹和脉动反吹等。气环反吹是由高压离心鼓风机产生的高压空气（3.5～4.5kPa），通过软管（反吹风管）经沿滤袋以一定速度（7.8m/min）上下往复运动的气环上宽度为0.5～0.6mm的环缝，从内滤式滤袋外侧向其内侧进行喷吹，使附着于滤袋内侧的粉尘层剥离脱落而达到清灰的目的（见图2-86）。

由于气环反吹清灰能力强，其过滤速度可提高至4～6m/min，是目前袋滤器中滤速最高的。它适用于高浓度、较潮湿的粉尘，但滤袋极易磨损。

2.6.3.3 脉冲喷吹清灰

由于脉冲喷吹清灰具有显著的优点，发展很快，并形成了多种多样的结构型式和喷吹系统，是袋滤器的主要清灰方式。常见的有中心喷吹、环隙喷吹、低压喷吹、顺喷、对喷、分室喷吹及气箱喷吹等。

(1) 中心喷吹脉冲清灰

中心喷吹脉冲清灰是应用最广泛的脉冲清灰方式。如图2-87所示，它是在不中断过滤气

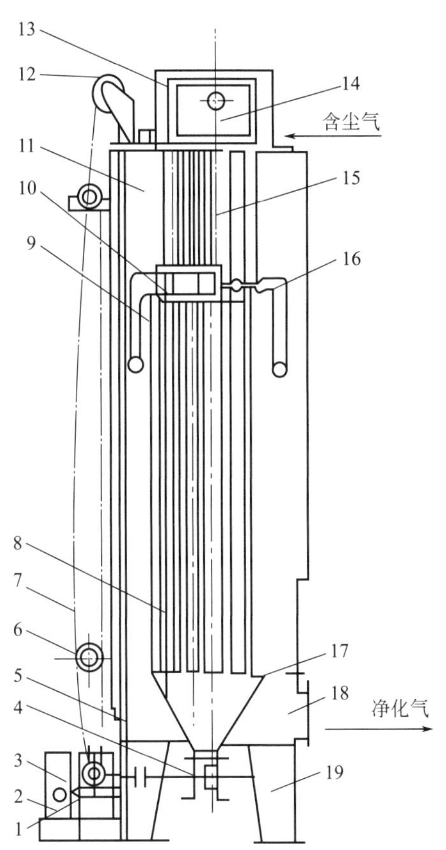

图2-86 气环反吹袋式过滤器

1—齿轮箱；2—减速机；3—传动装置；4—排灰阀；5—下部箱体；6—链轮；7—链条；8—滤袋；9—反吹气管；10—气环箱；11—中部箱体；12—滑轮组；13—上部箱体；14—进气口；15—钢丝绳；16—气环管；17—灰斗；18—排气口；19—支脚

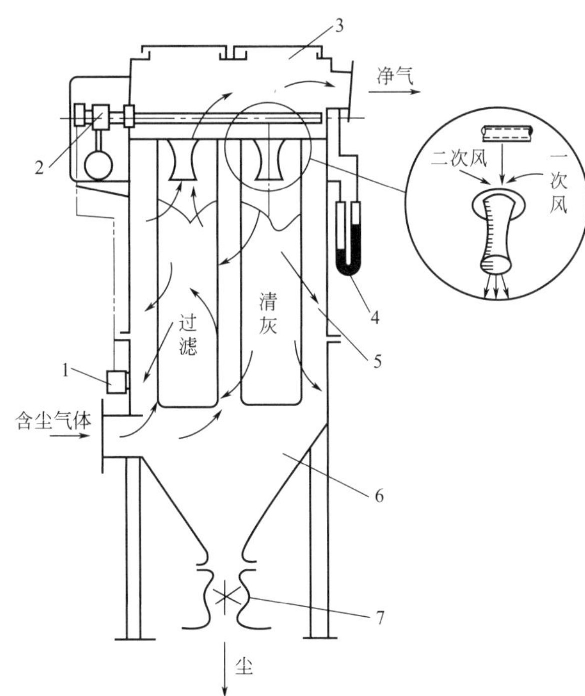

图2-87 中心脉冲喷吹系统

1—控制阀；2—喷吹系统；3—上箱体；4—U形压力计；5—中箱体；6—下箱体；7—排灰系统

流的情况下，压缩气体由脉冲控制仪控制，经脉冲阀由位于引射器上方的喷吹孔（或喷嘴）瞬时高速射向滤袋内，形成一次气流。同时，此高速气流经过引射器引射相当于自身体积 5～7 倍的净化气，形成二次气流，一起喷入滤袋内，使滤袋发生脉冲鼓胀变形或振动，将吸附于滤袋外表面上的粉尘层清除。这种清灰方式由于具有不需要中断过滤气流，且清灰强度大，效率高，允许过滤速度高，结构及操作均较简单等优点，成为目前袋滤器的一种主要清灰方式。

（2）环隙式喷吹脉冲清灰

它采用的是如图 2-88 所示的环隙式文氏管引射器。压缩空气从环隙式引射器向环形缝隙以声速喷出，并诱导二次气流，造成滤袋鼓胀振动进行清灰。与中心喷吹清灰相比，其清灰效果更好，可提高过滤速度 66%以上，但需多消耗 25%左右的压缩空气。

（3）低压喷吹脉冲清灰

通常的脉冲喷吹压力为 $(4.5\sim6)\times10^5$ Pa。由于采用了直接嵌入气包的低阻直通式脉冲阀，结构简单，其阻力仅为角式脉冲阀的 28%，并适当增大喷吹管径，以喷嘴取代喷孔，可使喷吹压力降低至 $(2\sim4)\times10^5$ Pa，不仅适应了工厂空压管网的压力，而且还降低了能量消耗，延长了脉冲阀膜片的使用寿命，减少了维修工作量。

（4）顺喷式脉冲清灰

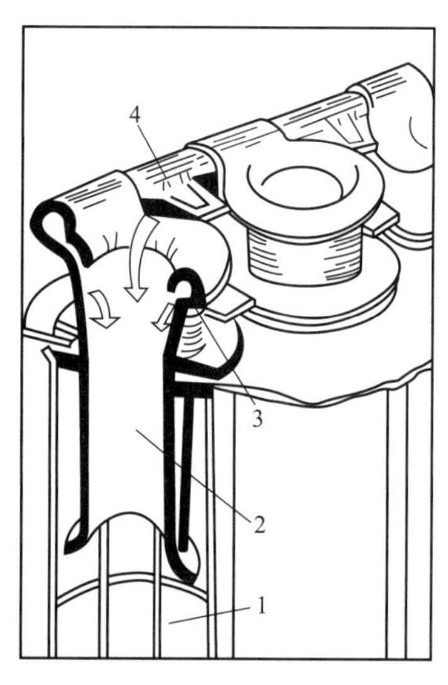

图 2-88 环隙式喷吹

1—滤袋；2—文氏管；3—环隙喷射器；4—喷吹管

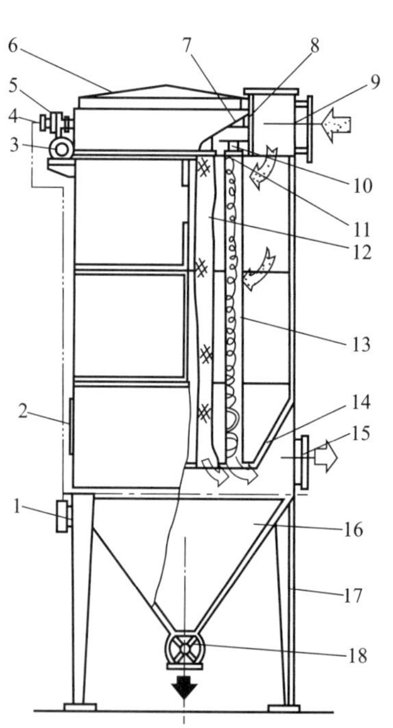

图 2-89 顺喷脉冲袋式过滤器

1—脉冲控制仪；2—检查门；3—气包；4—电磁阀；5—脉冲阀；6—上翻盖；7—喷吹管；8—进气箱；9—进风管；10—引射器；11—多孔板；12—滤袋；13—弹簧骨架；14—净气联箱；15—出风管；16—灰；17—支腿；18—排灰阀

用于上进气外滤式结构的脉冲袋滤器，过滤后的净化气不是经滤袋上口的引射器排出，而是经过滤袋底部的净气联箱汇集排出。而脉冲喷吹气流仍自上而下由引射器喷入滤袋，与过滤气流运动方向一致，故称“顺喷”，如图 2-89 所示。滤袋内以弹簧作为支撑骨架，喷吹时产生抖动，可加强喷吹效果。顺喷不仅有助于使清除掉的粉尘落入灰斗，还可大大降低引射器的阻力，使这种型式袋滤器的压降仅为普通脉冲袋滤器压降的二分之一左右，而且还可以提高过滤速度和加长滤袋。

(5) 对喷式脉冲清灰

如图 2-90 所示，可用于上进气、外滤式、滤袋底部联箱排气结构，由位于滤袋两端的上下喷吹管同时向滤袋内进行脉冲喷吹清灰。由于是上下同时喷吹，增加了喷吹强度，可使滤袋加长至 5m 以上，在同样的占地面积下，过滤面积可增加 50%左右。而且采用的是 (2～4)× 10^5 Pa 低压喷吹系统，适合一般工厂的空气压力管网，降低了能耗。

(6) 分室脉冲清灰

分室清灰是为了避免或削弱脉冲袋滤器在清灰过程中存在的“返灰”现象，而将其分隔成若干仓室，并在逐室停止过滤的状态下进行脉冲喷吹清灰，即“离线”清灰。可以将箱体完全分隔或仅分隔净化气排气室，每仓室出口均有停风阀，清灰时关闭此阀以阻断过滤气流。图 2-91 和图 2-92 分别为离线清灰脉冲袋滤器及气箱脉冲袋滤器工作原理。分室清灰的特点是：反吹周期可由通常的 2～5min 延长至 10～30min，大幅度降低压缩空气耗量，而且由于喷吹次数减少，滤袋及脉冲阀膜片的使用寿命可以成倍地延长；由于基本防止了通常脉冲喷吹时难以避免的“穿透”及“返灰”现象，可以降低排气含尘浓度。但也存在喷吹压力高，设备阻力略高，滤袋较短，占地面积大等缺点。

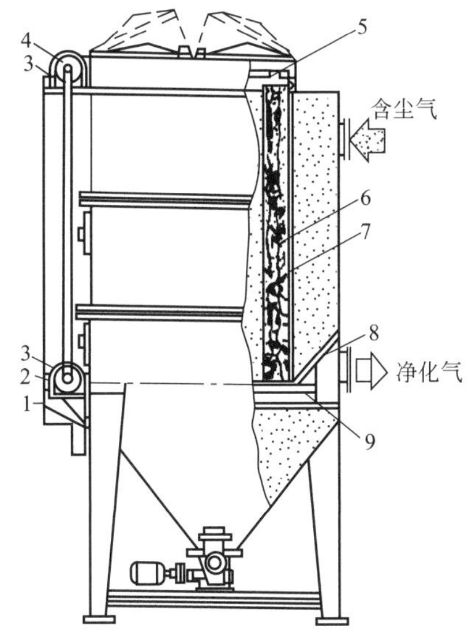

图 2-90 对喷脉冲袋式过滤器

1—数控仪；2—直通电磁差动阀；3—下气包；4—上气包；5—上喷吹管；6—弹簧骨架；7—滤袋；8—净气联箱；9—下喷吹管

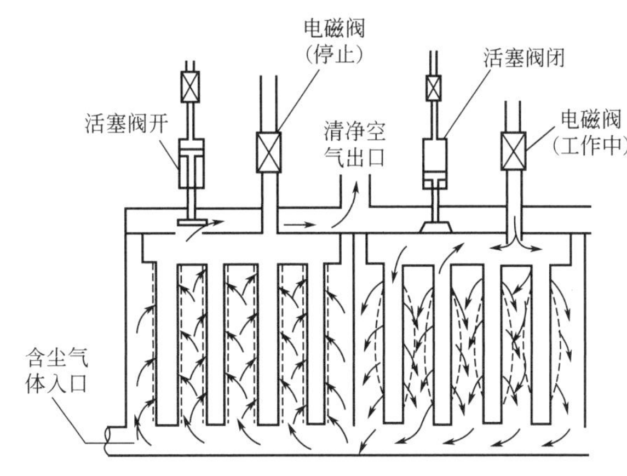

图 2-91 离线脉冲袋式过滤器工作原理

2.6.4 袋式过滤器的结构型式

2.6.4.1 脉冲喷吹袋式过滤器

根据各种不同的脉冲清灰方式设计的脉冲喷吹袋式过滤器结构型式很多，是应用最为广泛的袋滤器。

(1) 中心喷吹脉冲袋式过滤器

主要有 MC 型、MC-Ⅱ型等；按其处理气量的不同，可分为 24～120 袋 9 种规格。

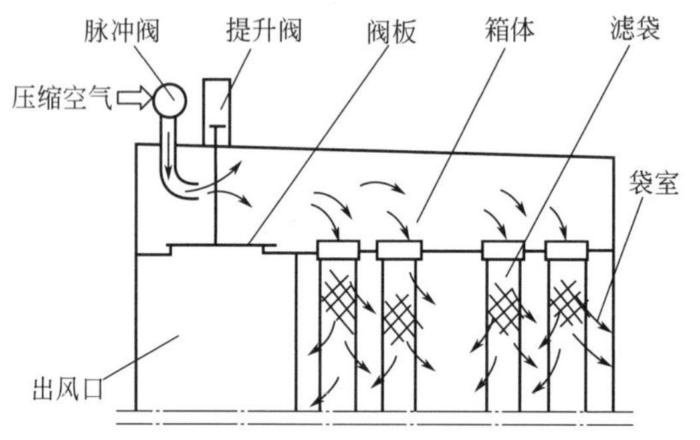

图 2-92　气箱脉冲袋式过滤器清灰原理

① MC24～120 型脉冲袋滤器　MC 型袋滤器为下进气、外滤式，侧开门式结构，如图 2-93所示，规格有 24～120 袋，其中 MC-24A 型带灰斗，MC-24B 型不带灰斗。MC 型的具体型号规格及技术性能见表 2-61。

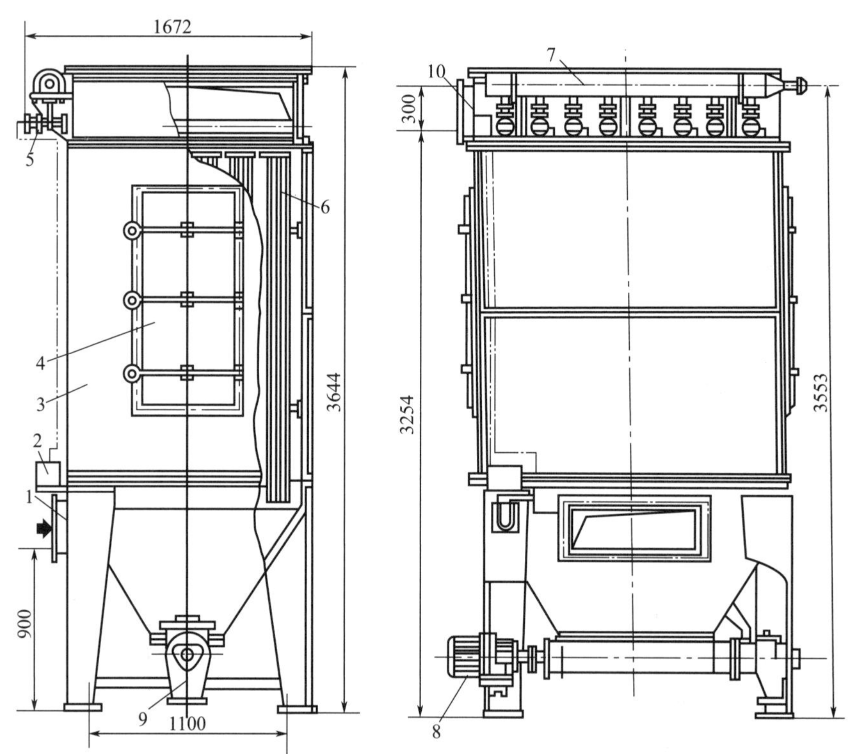

图 2-93　MC 型脉冲袋式过滤器

1—进气口；2—控制仪；3—中箱体；4—检修门；5—脉冲阀；6—滤袋；7—气包；8—减速电机；9—排灰阀；10—净气出口

表 2-61　MC24～120 型脉冲袋式过滤器技术性能

型　　号	含尘浓度 /(g/m³)	气速 /(m/min)	处理气量 /(m³/h)	压力损失 /Pa	除尘效率 /%	外形尺寸 (长×宽×高)/mm
MC-24A	5～10	2～4	2160～4300	1200～1500	99	1000×1400×3609
MC-24B	5～10	2～4	2160～4300	1200～1500	99	1000×1400×3609
MC-36	5～10	2～4	3250～6480	1200～1500	99	1400×1400×3609
MC-48	5～10	2～4	4320～8630	1200～1500	99	1800×1400×3646

续表

型　　号	含尘浓度 /(g/m³)	气速 /(m/min)	处理气量 /(m³/h)	压力损失 /Pa	除尘效率 /%	外形尺寸 (长×宽×高)/mm
MC-60	5～10	2～4	5400～10800	1200～1500	99	2200×1400×3646
MC-72	5～10	2～4	6450～12900	1200～1500	99	2600×1400×3646
MC-84	5～10	2～4	7550～15100	1200～1500	99	3000×1400×3646
MC-96	5～10	2～4	8650～17300	1200～1500	99	3400×1400×3646
MC-120	5～10	2～4	10800～20800	1200～1500	99	4200×1400×3646

型　　号	滤袋数量 /个	过滤面积 /m²	脉冲时间 /s	喷吹压力 /×10⁵Pa	喷吹空气量 /(m³/min)	脉冲周期 /s	质量 /kg
MC-24A	24	18	0.12～0.15	5～7	3.6	30～60	725
MC-24B	24	18	0.12～0.15	5～7	3.6	30～60	540
MC-36	36	27	0.12～0.15	5～7	5.4	30～60	850
MC-48	48	36	0.12～0.15	5～7	7.2	30～60	1230
MC-60	60	45	0.12～0.15	5～7	9.0	30～60	1410
MC-72	72	54	0.12～0.15	5～7	10.8	30～60	1590
MC-84	84	63	0.12～0.15	5～7	12.6	30～60	1770
MC-96	96	72	0.12～0.15	5～7	14.4	30～60	1950
MC-120	120	90	0.12～0.15	5～7	18.0	30～60	2300

② MC-Ⅱ型脉冲袋滤器

MC-Ⅱ型脉冲袋式过滤器为上揭盖结构，喷吹系统增设保护罩和改进的盖板结构，可露天设置，并有上、下两种进气方式。MC24-Ⅱ型的工作原理如图 2-94，其规格型号及技术性能见表 2-62。图 2-95 为 MC24-Ⅱ的结构尺寸。

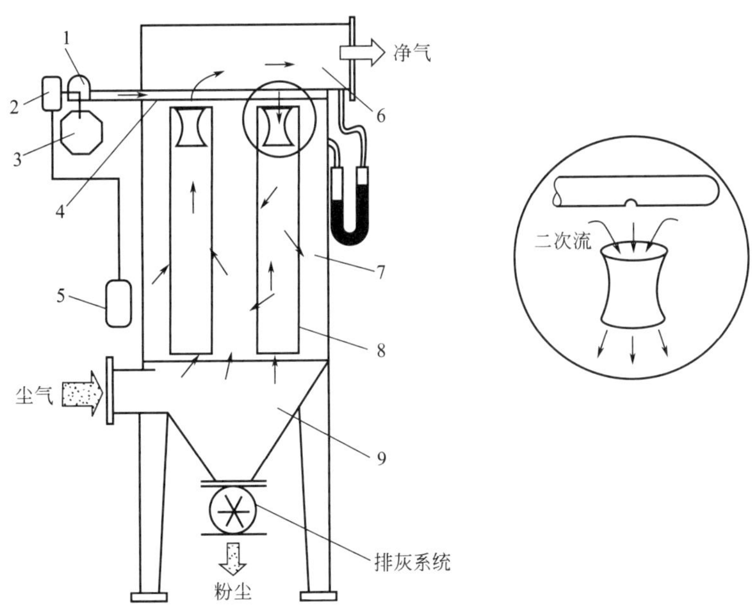

图 2-94　MC24-Ⅱ脉冲袋式过滤器工作原理

1—脉冲阀；2—控制阀；3—气包；4—喷吹管；5—控制仪；6—上箱体；7—中箱体；8—滤袋；9—下箱体

(2) 低压喷吹脉冲袋式过滤器

这种袋滤器为上开门结构，有上进气和下进气两种型式（见图 2-96），其主要特点是采用了低阻直通式脉冲阀，使喷吹压力降低至 $(2～4)\times10^5$Pa。

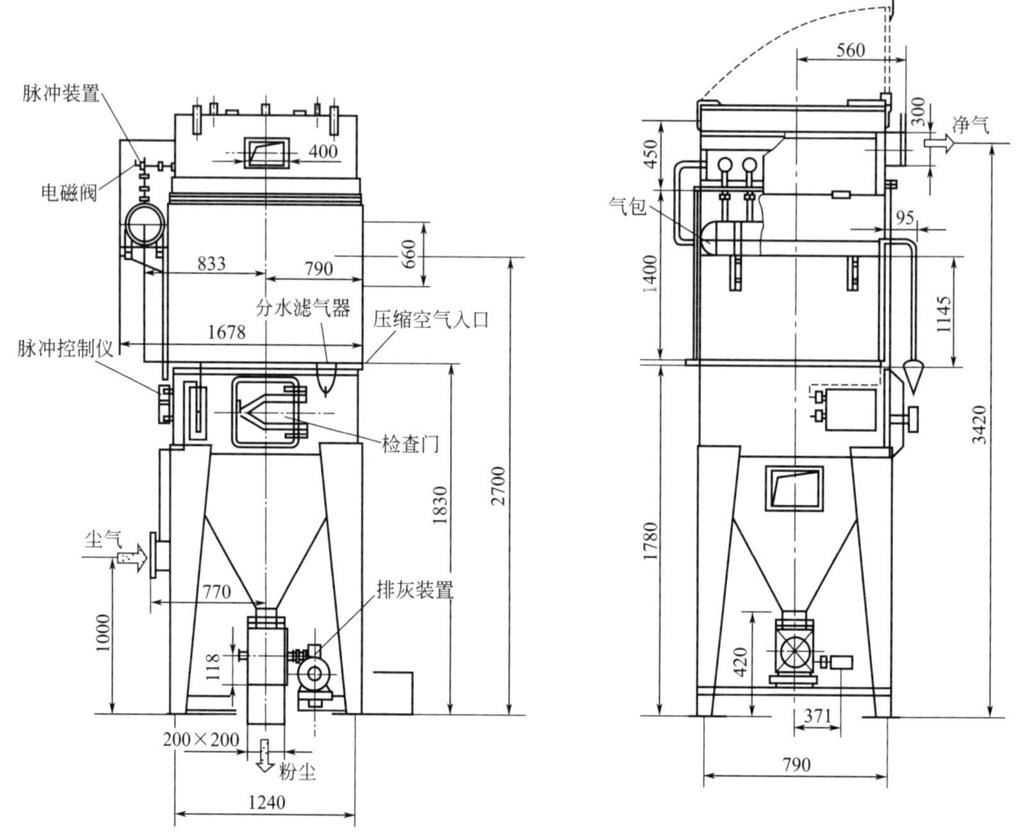

图 2-95 MC24-Ⅱ脉冲袋式过滤器总图

表 2-62 MC24-Ⅱ～120-Ⅱ型脉冲袋式过滤器技术性能

技术性能 \ 袋滤器型号	MC24-Ⅱ型	MC36-Ⅱ型	MC48-Ⅱ型	MC60-Ⅱ型	MC72-Ⅱ型	MC84-Ⅱ型	MC96-Ⅱ型	MC120-Ⅱ型
过滤面积/m^2	18	27	36	45	54	63	72	90
滤袋数量/条	24	36	48	60	72	84	96	120
脉冲阀数量/个	4	6	8	10	12	14	16	20
处理风量/(m^3/h)	2160～4300	3250～6480	4320～8630	5400～10800	6450～12900	7550～15100	8650～17300	10800～20800
滤袋规格(直径×长度)/mm	ϕ125×2050							
脉冲控制仪表	电控							
过滤效率/%	99～99.5							
设备压降/Pa	1200～1500							
过滤风速/(m/min)	2～4							
入口含尘浓度/(g/m^3)	3～15							
气源压力(×10^5)/Pa	4							
压缩空气耗量/(m^3/min)	0.08～0.34	0.13～0.5	0.17～0.67	0.21～0.84	0.25～1.01	0.3～1.18	0.34～1.34	0.42～1.68
最大外形尺寸(长×宽×高)/mm×mm×mm	1025×1678×3700	1425×1678×3696	1823×1678×3676	2225×1678×3676	2625×1678×3676	3075×1678×3676	3949×1678×3676	4389×1678×3676
设备重量/kg	830	1106	1224.3	1341.44	1564.32	2012.35	2130.22	2410

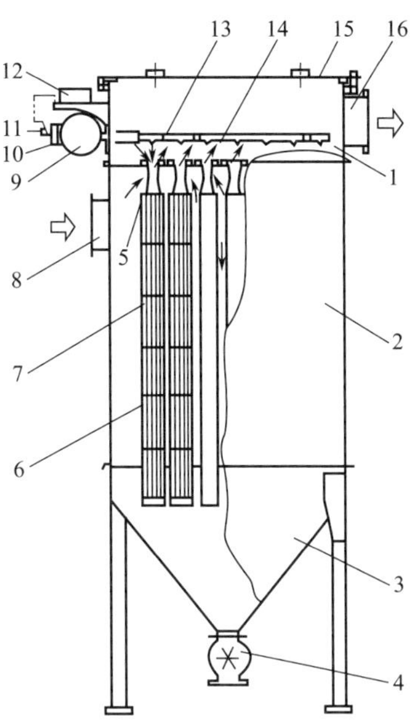

图 2-96 YDM-Ⅱ型低压喷吹脉冲袋式过滤器

1—上箱体；2—中箱体；3—下箱体；4—排灰阀；5—下进气口；6—滤袋框架；7—滤袋；8—上进气口；9—气包；10—脉冲阀；11—控制阀；12—脉冲控制仪；13—喷吹管；14—文氏管；15—顶盖；16—排气口

现有型号主要有 YDM-Ⅱ型及 DSM-Ⅰ型。YDM-Ⅱ型低压喷吹脉冲袋滤器的型号规格及技术性能见表 2-63。

表 2-63 YDM-Ⅱ型低压喷吹脉冲袋式过滤器技术性能

型号	排数	滤袋数/条	过滤面积/m²	过滤风速/(m/min)	风量/(m³/h)
YDM-Ⅱ型 28 袋	4	28	20.5	2.5～3.5	3070～4300
YDM-Ⅱ型 28 袋(B)	4	28	20.5	2.5～3.5	3070～4300
YDM-Ⅱ型 42 袋	6	42	30.8	2.5～3.5	4620～6470
YDM-Ⅱ型 56 袋	8	56	41.1	2.5～3.5	6470～8630
YDM-Ⅱ型 70 袋	10	70	51.4	2.5～3.5	7710～10800
YDM-Ⅱ型 84 袋	12	84	61.7	2.5～3.5	9250～12900
YDM-Ⅱ型 112 袋	16	112	82.2	2.5～3.5	12300～17200
YDM-Ⅱ型 140 袋	20	140	102.8	2.5～3.5	15400～21600
YDM-Ⅱ型 168 袋	24	168	120.3	2.5～3.5	18100～25900

型号	除尘效率/%	入口含尘浓度/(mg/m³)	设备阻力/Pa	质量/kg
YDM-Ⅱ型 28 袋	99～99.5	2000～16000	800～1000	920
YDM-Ⅱ型 28 袋(B)	99～99.5	2000～16000	800～1000	642
YDM-Ⅱ型 42 袋	99～99.5	2000～16000	800～1000	1090
YDM-Ⅱ型 56 袋	99～99.5	2000～16000	800～1000	1308
YDM-Ⅱ型 70 袋	99～99.5	2000～16000	800～1000	1520
YDM-Ⅱ型 84 袋	99～99.5	2000～16000	800～1000	1706
YDM-Ⅱ型 112 袋	99～99.5	2000～16000	800～1000	2340
YDM-Ⅱ型 140 袋	99～99.5	2000～16000	800～1000	2660
YDM-Ⅱ型 168 袋	99～99.5	2000～16000	800～1000	3090

(3) 环隙喷吹脉冲袋式过滤器

环隙喷吹脉冲袋滤器（见图 2-97）与中心喷吹脉冲袋滤器总体结构基本相同。其主要特点有：以环隙式引射器代替文氏管引射器；采用 YA-Ⅰ型角式双膜片脉冲阀，喷吹压力可降至 3.3×10^5Pa；采用 AL 型脉冲控制仪，实行定压差控制，节约了能耗，延长了滤袋及易损失的使用寿命。

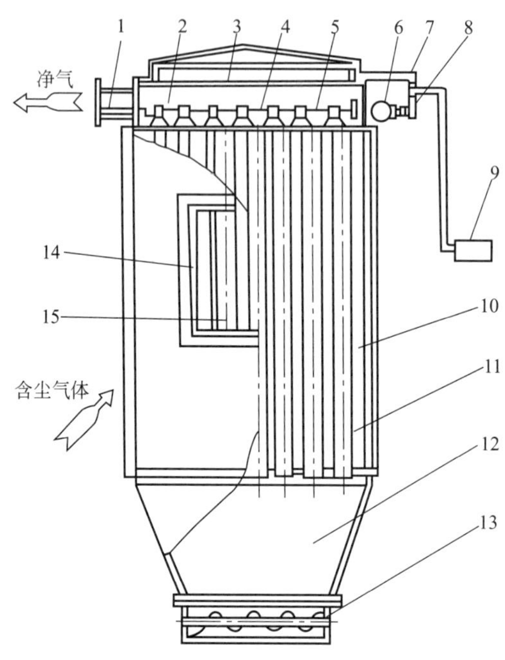

图 2-97 HD-Ⅱ型环隙喷吹脉冲袋式过滤器

1—出风口；2—引射器；3—上盖；4—插接管；5—花板；6—气包；7—YA-Ⅰ型脉冲阀；8—电磁阀；9—电控仪；10—滤袋；11—滤袋框架；12—灰斗；13—螺旋输灰机；14—进风口；15—挡板

现有型号为 HD-Ⅱ型，采用过滤单元组合式结构，每单元有 35 条滤袋，滤袋尺寸为 ϕ160mm×2250mm，可组成 12 种不同规格。HD-Ⅱ型脉冲袋滤器每个过滤单元及由 2～12 个过滤单元组合的规格及性能分别列于表 2-64 和表 2-65 中。

表 2-64 HD-Ⅱ型脉冲袋式过滤器过滤单元技术性能

名　　称	数　　值					
滤袋数量/只	35					
过滤面积/m^2	39.6					
滤袋规格/mm	ϕ160×2250					
喷吹压力/MPa	0.33	0.35	0.4	0.45～0.5	0.6	0.6
过滤风速/(m/min)	3.4	3.7	4.2	4.6	5.8	5.5
处理风量(标)/(m^3/h)	8100	8800	10000	11000	14000	13100
入口含尘浓度(标)/(g/m^3)	<15	<15	<20	<15	<15	<20
压缩空气耗量(标)/(m^3/min)						
设备阻力/Pa	<1200					
除尘效率/%	>99.5					
漏风率/%	<5					

续表

名　　称	数　　值
脉冲控制仪表/台	AL-22 型闭环电控仪
脉冲阀的个数/个	5
电磁阀的个数/个	5
脉冲宽度/s	0.1～0.15
脉冲周期/s	60
运进温度(空气入口)/℃	<130
设备质量/kg	1500
输灰电机型号 JO_2-21-6　　功率 0.8kW	

注：1. 本表所载为各规格的最大处理风量。压缩空气耗量以供气压力 0.5MPa 计算。

2. 本表各参数适于以筒磨黏土细粉为代表的工业粉尘。

表 2-65　2～12 个过滤单元组合式 HD-Ⅱ型袋滤器的主要性能

主要性能＼单元数	2	3	4	5	6	7	8	9	10	11	12
过滤面积/m^2	79.2	118.8	158.4	198	237.6	277.2	316.8	356.4	396	435.6	475.2
处理风量($\times10^4$)/(m^3/h)	2.4	3.6	4.8	6.0	7.2	8.4	9.6	10.8	12	13.2	15
压缩空气耗量(标)/(m^3/min)	0.54	0.81	1.08	1.35	1.62	1.89	2.16	2.43	2.70	2.97	3.24
输灰电机功率/kW	1.5					2.2					
设备质量/kg	3800	5200	6260	7631	9015	10057	11137	12513	13616	15014	16000
备注	处理风量及压缩空气耗量系以供气压力为 4.5×10^5Pa、过滤风速 5m/min 条件下计算的										

(4) LSB 型顺喷脉冲袋式过滤器

其主要特点是含尘气体从上部箱体进入过滤器，其流动方向与脉冲喷吹方向以及粉尘落入灰斗的方向一致，净化后的气体不经过引射器喉管，由净气联箱排出，因此可降低压降，节省动力消耗，如图 2-98 所示。

LSB 型顺喷脉冲袋滤器采用单元组合结构，每单元有 5 排共 35 条滤袋，可由 1～4 个单元组合为四种规格，见表 2-66。

表 2-66　LSB 型顺喷脉冲袋滤器的技术性能

技术性能＼型　号	LSB-35	LSB-70	LSB-105	LSB-140
入口含尘浓度/(g/m^3)	3～20	3～20	3～20	3～20
过滤风速/(m/min)	2～5	2～5	2～5	2～5
处理风量/(m^3/h)	3960～9900	7920～19800	11880～29700	15840～39600
喷吹压力/$\times10^5$Pa	4～7	4～7	4～7	4～7
除尘效率/%	99.5	99.5	99.5	99.5
设备阻力/Pa	500～1200	500～1200	500～1200	500～1200
过滤面积/m^2	33	66	99	132
滤袋数量/条	35	70	105	140
滤袋规格(直径×高)/mm	ϕ120×2500	ϕ120×2500	ϕ120×2500	ϕ120×2500
脉冲阀数量/个	5	10	15	20
脉冲控制仪表	电控或气控	电控或气控	电控或气控	电控或气控
最大外形尺寸(长×宽×高)/mm×mm×mm	1180×2000×5361			

(5) LDB 型对喷脉冲袋式过滤器

其总体结构与顺喷袋滤器相似，见图 2-99。由于在滤袋上下两端同时进行喷吹，增加了喷吹强度，加长了滤袋。同时采用了直通式双膜片脉冲阀，喷吹压力及能耗均大为降低。

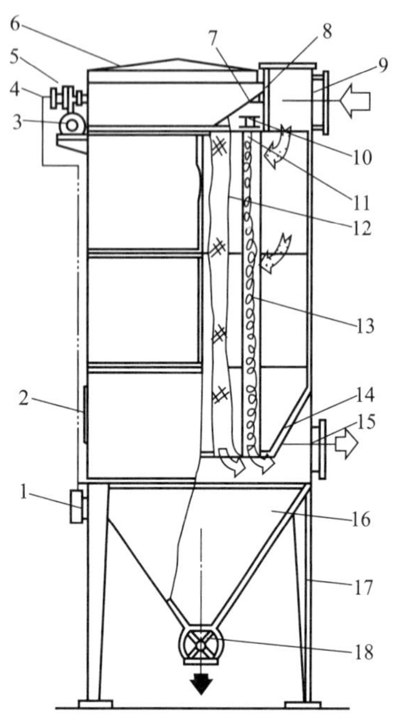

图 2-98 LSB 型顺喷脉冲袋式过滤器

1—脉冲控制仪；2—检查门；3—气包；4—电磁阀；5—脉冲阀；6—上翻盖；7—喷吹管；8—进气箱；9—进风管；10—引射器；11—多孔板；12—滤袋；13—弹簧骨架；14—净气联箱；15—出风管；16—灰斗；17—支腿；18—排灰阀

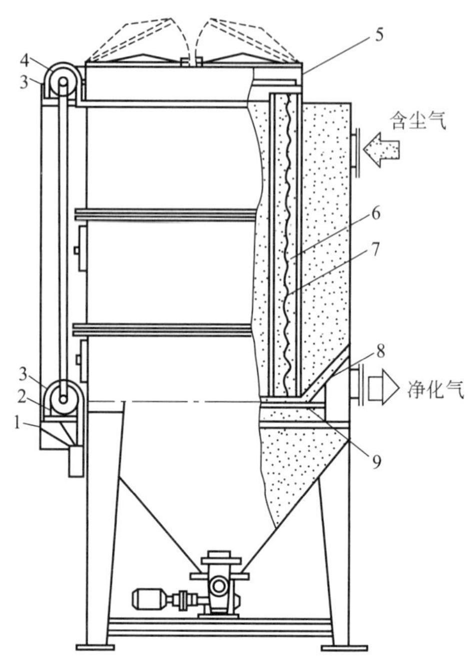

图 2-99 LDB 型对喷式脉冲袋滤器

1—数控仪；2—直通电磁差动阀；3—下气包；4—上气包；5—上喷吹管；6—弹簧骨架；7—滤袋；8—净气联箱；9—下喷吹管

LDB 型对喷脉冲袋滤器采用单元板式组合结构，每单元有 7 排共 35 条滤袋，可由 1～4 个单元组合为如表 2-67 所示的 4 种规格。

表 2-67 LDB 型对喷脉冲袋滤器技术性能

技术性能 \ 型号	LDB-35	LDB-70	LDB-105	LDB-140
过滤面积/m^2	66	132	198	264
滤袋数量/条	35	70	105	140
滤袋规格/mm	ϕ120×5000	ϕ120×5000	ϕ120×5000	ϕ120×5000
设备阻力/Pa	<1200	<1200	<1200	<1200
过滤效率/%	99.5	99.5	99.5	99.5
入口含尘浓度/(g/m^3)	<15	<15	<15	<15
过滤风速/(m/min)	1～3	1～3	1～3	1～3
处理风量/(m^3/h)	4000～11900	8000～23700	11900～35600	15800～47500
喷吹压力/×10^5Pa	2～4	2～4	2～4	2～4
脉冲数量/个	10	20	30	40
脉冲控制仪	电控	电控	电控	电控
外形尺寸(长×宽×高)/mm×mm×mm	2000×1100×8000	2000×2200×8000	2000×3300×8000	2000×4400×8000
设备质量/kg	1350	2700	4050	5400

（6）长袋低压大型脉冲袋式过滤器

它是为全面克服 MC 型传统产品的缺点而设计的新一代脉冲袋滤器，结构如图 2-100 所示。其主要特点是：①采用直径为 80mm 的直通式双膜片快速脉冲阀，内阻小，启闭快，节约能耗；②喷吹压力低，仅为（1～2.5）×10^5Pa；③采用 BMC 型微机脉冲控制后，实行定压差控制，减少了无效清灰；④滤袋长度可长达 6～8m，占地面积小，而且拆装维修方便；⑤每 15 条滤袋（过滤面积为 $34m^2$）共用一个脉冲阀，脉冲阀数量仅为传统型式的 1/7，且袋口不设引射器，称为“直接脉冲”，结构简单；⑥加大喷吹管直径，以喷嘴代替喷孔。

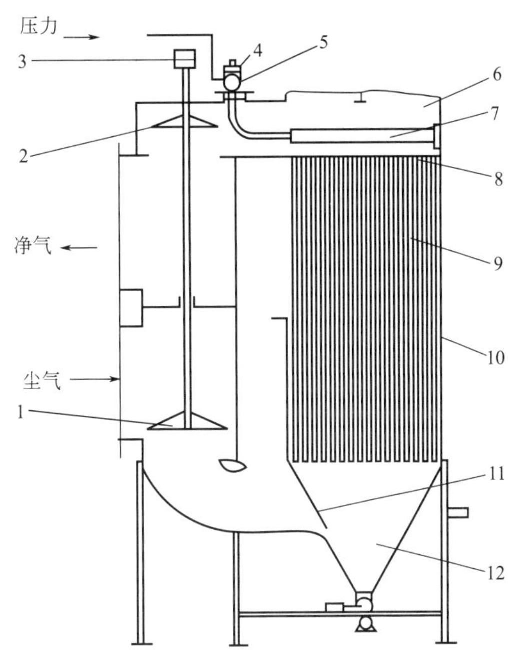

图 2-100 长滤袋大型脉冲袋式过滤器

1，2—圆盘阀；3—电动推杆或气缸；4—脉冲阀；5—气包；6—上箱体；7—喷吹管；8—花板；9—滤袋；10—中箱体；11—挡风板；12—灰斗

为清除脉冲清灰后的“返灰”现象，又发展了一种分室停风清灰的长袋低压脉冲袋滤器，每次喷吹时间可减少 50%。

CDY 型长袋低压脉冲袋滤器采用单元组合结构，每基本单元有 150 条滤袋，可由1～20 个单元组合为多种规格，处理风量可为（4～110）×$10^4 m^3/h$。部分规格型号及技术性能见表 2-68。

表 2-68 部分长袋低压大型脉冲袋式除尘器的主要性能

型　号	CDD-0.5	CDY-1	CDY-1.5	CDY-2	CDY-2.5	CDY-3	CDY-3.5	CDY-4	CDY-4.5	CDY-5
滤袋数/个	150	300	450	600	750	900	1050	1200	1350	1500
过滤面积/m^2	339	679	1018	1357	1696	2036	2375	2714	3054	3393
过滤风速/(m/min)	2～2.7									
处理风量/(m^3/h)	40680～54920	81480～110000	122160～165000	162840～220000	203520～275000	244320～330000	285000～385000	325680～440000	366480～495000	407160～550000
入口含尘浓度(标)/(g/m^3)	<60									
脉冲阀数/个	10	20	30	40	50	60	70	80	90	100
喷吹压力/×10^5Pa	1.5									
喷吹时间/ms	65～85									
喷吹周期 T/min	1.4～77									
压气耗量/(m^3/min)	$\frac{1.79}{T}$	$\frac{3.58}{T}$	$\frac{5.37}{T}$	$\frac{7.20}{T}$	$\frac{9.00}{T}$	$\frac{10.7}{T}$	$\frac{12.5}{T}$	$\frac{14.3}{T}$	$\frac{16.1}{T}$	$\frac{17.9}{T}$
设备压力损失/Pa	<1250									
外形尺寸(长×宽×高)/mm×mm×mm	4255×4120×11850	6220×5930×16900	8840×5930×16900	11460×5930×16900	14080×5930×16900	16700×5930×16900	19320×5930×16900	21940×5930×16900	24560×5930×16900	27180×5930×16900
设备质量/t	10.9	20.5	29.6	36.6	45.8	53.1	61.9	68.9	78.1	85.1

(7) 离线清灰脉冲袋式过滤器

由于采用了逐室停风脉冲清灰，即离线脉冲清灰，可延长反吹周期 5～6 倍，大幅度降低了压缩空气耗量，成倍地延长了滤袋及脉冲阀膜片的使用寿命，而且也明显提高了过滤性能，成为很有前途的新一代脉冲袋滤器。

LDML 型离线脉冲袋滤器应用情况及性能参数见表 2-69。

表 2-69 LDML 型离线脉冲袋式除尘器的性能参数

除尘器类型	LDML	LDLM	老设备改 LDML	LDML	LDML	LDML
处理风量/(m^3/h)	400000	600000	350000	600000	400000	45000
滤袋尺寸/mm	ϕ120×5500	ϕ120×5500	ϕ120×4500	ϕ120×4000	ϕ120×4000	ϕ120×4000
滤袋材料	涤纶针刺毡	涤纶针刺毡	涤纶针刺毡	涤纶针刺毡	涤纶针刺毡	涤纶针刺毡
总过滤面积/m^2	4320	5760	2860	2×2880	2880	3240
过滤速度/(m/min)	1.54	1.736	2.04	1.736	2.3	2.31
设备压力损失/Pa	<1800	<1800	2000	2000	1800	700
压缩空气压力/×10^5Pa	2～3	2～4	2～3	2～3	2～3	2～3
压缩空气用量/(m^3/min)	3	5	3	4	3	3

(8) 气箱脉冲袋式过滤器

气箱脉冲袋式过滤器结构如图 2-101 所示，它将箱体分隔成若干仓室，每一仓室出口有一停风阀（提升阀），以实现逐室停风脉冲反吹清灰。每个仓室配置 1～2 个双膜片角式脉冲阀，

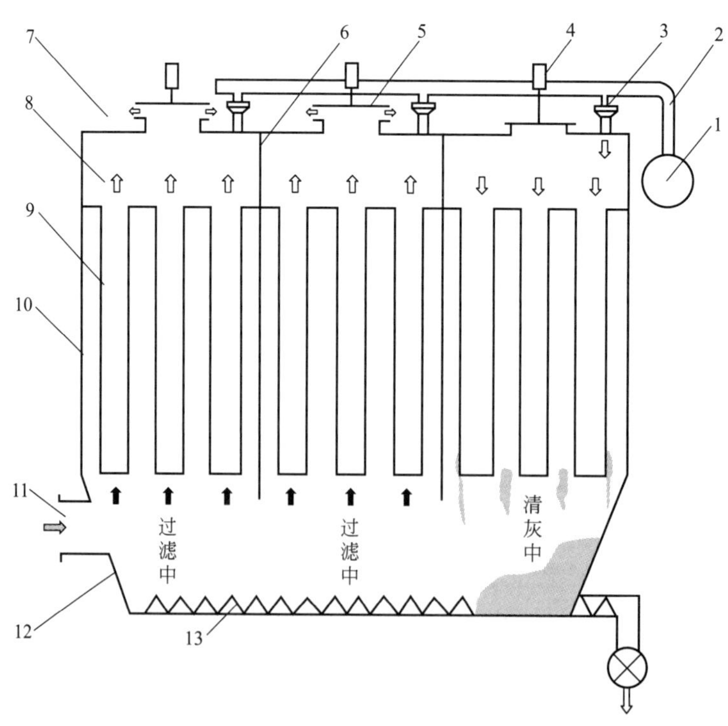

图 2-101 气箱脉冲袋式过滤器示意

1—气包；2—压气管道；3—脉冲阀；4—提升阀；5—阀板；6—袋室隔板；7—排气口；8—箱体；9—滤袋；10—袋室；11—进气口；12—灰斗；13—输灰机构

不设喷吹管和引射器，由脉冲阀喷出的清灰气流直接进入上箱体（净气箱）和滤袋内，形成瞬时正压进行脉冲反吹清灰，因此称为“气箱脉冲反吹”。喷吹压力为（5～7）×10^5Pa，喷吹时间为0.1～0.15s。因此它集分室反吹和脉冲反吹清灰袋滤器的优点，成为新一代脉冲袋滤器。但它也存在喷吹压力高、各袋喷吹强度不均，压降较大等缺点。

PPC型气箱脉冲袋滤器滤袋直径为ϕ120mm，长度为2448mm及3060mm。现有四个系列，每室的滤袋数分别为32条、64条、96条及128条，主要性能参数列于表2-70中。

表2-70 PPC系列气箱脉冲袋式除尘器性能

产品系列	PPC32	PPC64	PPC96	PPC128	说明
室数/个	2～6	4～8	4～20	6～28	PPC32;64全部单排列
每室滤袋数/个	32	64	96	128	
滤袋规格/mm	ϕ130×2448	ϕ130×2440	ϕ130×2448	ϕ130×3060	
每室过滤面积/m^2	31	62	93	155	
处理烟气量(标)/(m^3/h)	5580～26740	22320～44640	33480～167400	83700～390600	按v=1.5m/min计算
烟气温度/℃	≤120	≤120	≤120	≤120	若用诺曼克斯袋可达220℃
入口浓度(标)/(g/m^3)	≤200	≤200	≤1000	≤1000	最大可达1350以上
出口浓度(标)/(g/m^3)	<0.1	<0.1	<0.1	<0.1	
操作压力/Pa	－5000～＋2500	－5000～＋2500	－5000～＋2500	－5000～＋2500	本范围之外，定货时说明
压力损失/Pa	1470	1470	1470	1470	最大值
换袋空间高度/mm	2063	2063	2063	2675	指除尘器箱体顶部以上空间高度
脉冲阀规格/in	$1\frac{1}{2}$	$2\frac{1}{2}$	$2\frac{1}{2}$	$2\frac{1}{2}$	
每室脉冲阀个数/个	1	1	1～2	2	
压缩空气压力/×10^5Pa	5～7	5～7	5～7	5～7	

2.6.4.2 反吹风清灰袋式过滤器

反吹风清灰过滤器清灰时的气流方向与过滤时的气流方向相反，有气流反吹及气流反吸两种型式。由于需将过滤器分成若干仓室，并在逐室停止过滤的状态下进行反吹（或反吸）清灰，也叫分室清灰袋滤器。

反吸风清灰可以分为如图2-102和图2-103所示的正压滤袋循环气反吸清灰及负压滤袋大气反吸清灰两种形式。其清灰方式可采用“二状态”或“三状态”法，其中三状态分散自然沉降法清灰效率较高。

TFC型大型反吸风袋式过滤器规格及主要特性见表2-71。

表2-71 TFC（大型）反吹风袋式除尘器的主要性能和尺寸

型号规格	滤袋数量/个	过滤面积/m^2	入口含尘浓度/(g/m^3)	过滤风速/(m/min)	处理风量/(m^3/h)	设备压力损失/Pa	外形尺寸(长×宽×高)/mm	质量/kg
方形正压								
TFC-5200	592	5200	<30	0.6～1.0	187200～312000		16050×8200×26300	170000
TFC-7800	888	7800	<30	0.6～1.0	280800～468000		23850×8200×26300	250000
TFC-10400	1184	10400	<30	0.6～1.0	374400～624000		16050×16400×26300	320000

续表

型号规格	滤袋数量/个	过滤面积/m^2	入口含尘浓度/(g/m^3)	过滤风速/(m/min)	处理风量/(m^3/h)	设备压力损失/Pa	外形尺寸(长×宽×高)/mm	质量/kg
TFC-13000	1480	13000	<30	0.6～1.0	468000～780000	1800～2000	19950×16400×26300	416000
TFC-15600	1776	15600	<30	0.6～1.0	561600～936000		23850×16400×26300	445600
方形负压								
TFC-4000	448	4000	<30	0.6～1.0	144000～240000		18200×6400×25400	160000
TFC-6000	672	6000	<30	0.6～1.0	216000～360000		27300×6400×25400	240000
TFC-8000	860	8000	<30	0.6～1.0	288000～480000		18200×12800×25400	340000
TFC-10000	1120	10000	<30	0.6～1.0	360000～600000		22750×12800×25400	400000
TFC-12000	1344	12000	<30	0.6～1.0	432000～720000		27300×12800×25400	480000

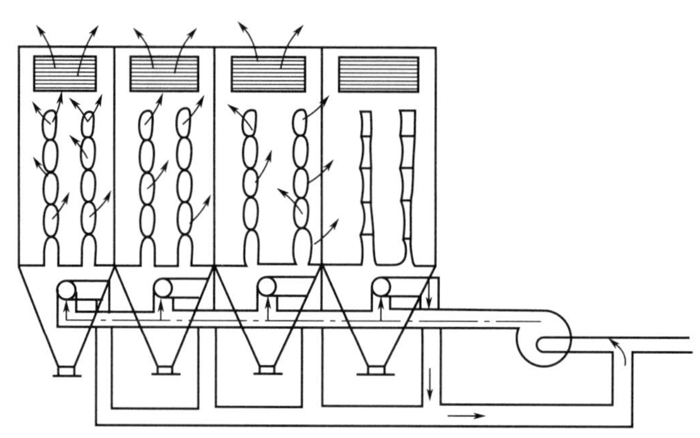

图 2-102　正压布袋循环烟气反吸清灰方式

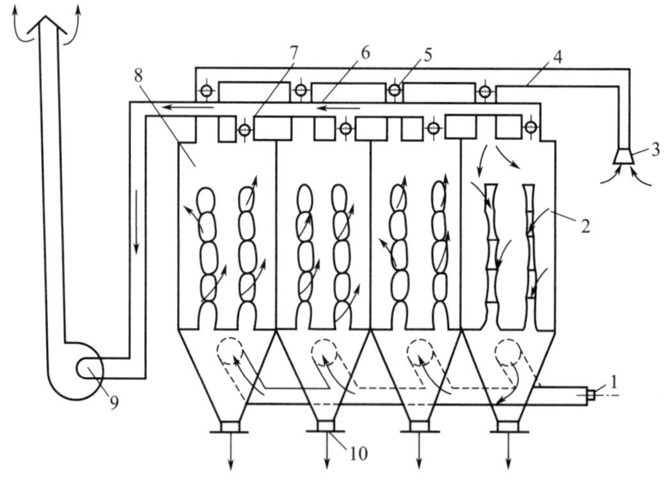

图 2-103　负压布袋吸大气反吹清灰示意

1—含尘气体入口；2—袋滤室清灰状态；3—反吹风吸入口；4—反吹风管；5—反吹风进气阀；6—净气排气管；7—净气出风口阀门；8—袋滤室过滤状态；9—引风机；10—排尘口

2.6.4.3　扁袋过滤器

扁袋过滤器由一系列扁长或楔形滤袋组成。和圆袋过滤器相比，它在单位体积内可以布置更多的过滤面积，结构紧凑，占地面积小。国内外发展很快，几乎可以采用各种清灰方式，型式多样。国内至今已形成十余个系列，最大过滤面积已达 2000m²，滤袋最长可达 7m。现仅介绍其中几种典型的扁袋过滤器。

（1）回转反吹扁袋过滤器

图 2-104 所示的扁袋过滤器采用圆筒形筒体，断面形状为梯形的滤袋，呈放射形立式布置在圆筒内，根据所需袋数，可分 1～3 圈布置。扁袋长度可有多种，最长可达 6m。为上部切向进气，外滤式结构。当滤袋压降增加到一定值时，反吹风机将净化气或空气经中心管送到上部回转臂上的反吹风口，向滤袋反吹清灰。旋臂每旋转一周，内外各圈每一滤袋均被反吹一次，所需时间即为反吹周期，在每条滤袋上的停留时间即为反吹时间。反吹风机及旋臂的转速一般采用定时控制，亦可定压差控制。

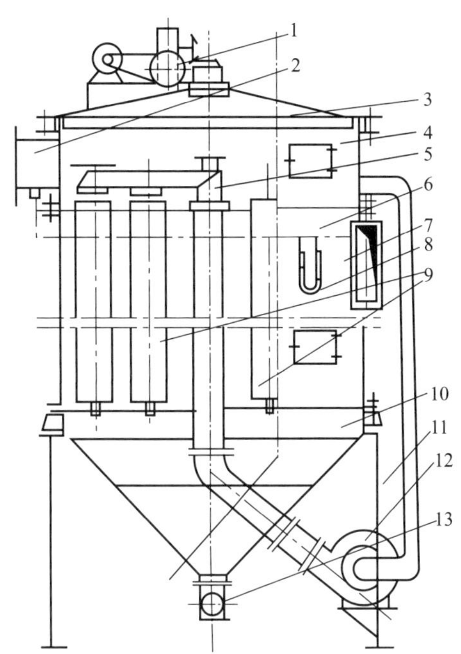

图 2-104　机械回转扁袋过滤器

1—减速机构；2—出风口；3—上盖；4—上箱体；5—反吹回转臂；6—中箱体；7—进风口；8—U 形管；9—扁滤袋；10—灰斗；11—支架；12—反吹风机；13—排灰装置

回转反吹扁袋过滤器的型号很多。表 2-72 中所列为 ZC 型回转反吹扁袋过滤器的规格及技术性能。

（2）脉冲喷吹扁袋过滤器

这种扁袋过滤器的工作原理基本上与圆袋过滤器相同，为上进气，外滤式结构，采用脉冲喷吹清灰，定时或定压差控制。文氏管引射器为扁长形，其喉部断面较圆形引射器大 2.4 倍。扁袋尺寸为长 1200mm、宽 480mm、厚 26mm。扁袋内用弹簧作支撑骨架，整个滤袋可以从侧面抽出。BMC 型脉冲喷吹扁袋过滤器采用标准单元式组合结构，可根据不同的单元数及扁袋数组合成七种规格，见表 2-73。

（3）旁插扁袋过滤器

PBC 型旁插扁袋过滤器是一种如图 2-105 所示的上进气、下排气、顺流、外滤吸入式、大气反吸风清灰、扁袋旁插式安装的扁袋过滤器。该过滤器由若干袋室组成，清灰时由程序控制各室分别自动停风，利用风机负压进行空气反吸风清灰。它具有结构紧凑，单位体积内可容纳的过滤面积大，能耗低，换装及维修方便等优点，其主要性能及尺寸见表 2-74。

表 2-72　ZC 型回转反吹扁袋过滤器的技术性能

序号	型　　号	过滤面积/m^2	过滤风速/(m/min)	处理风量/(m^3/h)	袋长/m	圈数	袋数	入口含尘质量浓度/(g/m^3)	设备阻力/Pa	反吹风电机			
										型　号	风量/(m^3/h)	全压/Pa	功率/kW
1	24ZCⅡ200	40	≤1.5	≤3600	2	1	24	<15	<1200	9-19№4A	1209	3720	2.2
2	24ZCⅡ300	60		≤5400	3	1	24			9-19№4.5A	1995	4630	4.0
3	24ZCⅡ400	80		≤7200	4	1	24			9-19№4.5A	3113	4630	4.0
4	72ZCⅡ200	110		≤9900	2	2	72			9-19№5A	3113	5580	7.5
5	72ZCⅡ300	170		≤15300	3	2	72			9-19№5A	3113	5580	7.5
6	72ZCⅡ400	230		≤20700	4	2	72			9-19№5A	3113	5580	7.5
7	144ZCⅡ300	340		≤30600	3	3	144			9-19№5A	3113	5580	7.5
8	144ZCⅡ400	450		≤40500	4	3	144			9-19№5A	3113	5580	7.5
9	144ZCⅡ500	570		≤51300	5	4	144			9-19№5A	3113	5580	7.5
10	240ZCⅢ400	760		≤60400	4	4	240			9-19№5.6A	4373	7080	18.5
11	240ZCⅢ500	950		≤85500	5	4	240			9-19№5.6A	4373	7080	18.5
12	240ZCⅢ600	1140		≤126000	6	4	240			9-19№5.6A	4373	7080	18.5

表 2-73　BMC 型脉冲喷吹扁袋过滤器规格

型　　号	BMC1-2-10	BMC1-3-10	BMC1-5-10	BMC2-3-10	BMC2-4-10	BMC3-3-10	BMC3-4-10
单元数	1			2		3	
滤袋层数	2	3	4	3	4	3	4
滤袋数量	20	30	40	60	80	90	120
滤袋尺寸(长×宽×厚)/mm×mm×mm	1200×480×26						
过滤面积/m^2	20	30	40	60	80	90	120
过滤风速/(m/min)	2～3						
处理风量/(m^3/h)	1200～1800	3600～7200	4800～9600	7200～14400	9600～19200	10800～21600	14400～28800
设备阻力/Pa	1200～1400						
进风口含尘浓度/(g/m^3)	<15						
脉冲阀个数/个	5	10		20		30	
喷吹压力/MPa	0.6						
喷吹气量/(m^3/min)	0.18	0.35		0.72		1.08	
外形尺寸(长×宽×高)/mm×mm×mm	1174×1730×1588	1174×1730×3618	1174×1730×14718	1174×1730×3616	1174×1730×4718	1174×1730×36188	1174×1730×4718

2.6.4.4　气环反吹袋式过滤器

气环反吹式过滤器是以高速气流通过可移动气环的环隙反吹滤袋，以达到清灰目的，其结构原理见图 2-86。

QH 型气环反吹袋滤器有 QH-24、QH-36、QH-48 和 QH-72 四种规格，其中 QH-24 和 QH-36 为单气环箱，QH-48 和 QH-72 为双气环箱，其技术性能列于表 2-75。

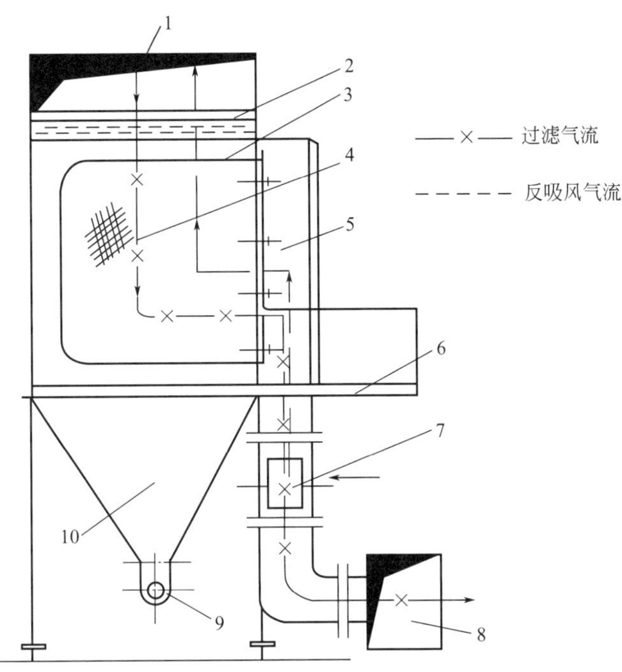

图 2-105　PBC 型旁插扁袋过滤器

1—含尘气体入口；2—气体分布网；3—过滤室；4—扁形滤袋；5—净气室；6—检修平台；
7—反吹风阀门；8—净气总管；9—排灰螺旋；10—灰斗

表 2-74　旁插扁袋除尘器主要性能和尺寸

型号规格	滤袋数量/个	过滤面积/m^2	入口含尘浓度/(g/m^3)	过滤风速/(m/min)	处理风量/(m^3/h)	设备压力损失/Pa	外形尺寸（长×宽×高）/mm		质量/kg
PBC-3/10	21	81	<30	1.3	6318	800～1200	3350×3205×4540	3350×3205×5240	2910
PBC-4/10	28	108	<30	1.3	8424		4000×3205×4540	4000×3205×4940	3880
PBC-5/10	35	135	<30	1.3	10530		4650×3205×4540	4650×3205×4940	4850
PBC-6/10	42	162	<30	1.3	12636		5300×3205×4540	5300×3205×4940	5650
PBC-7/10	49	189	<30	1.3	14742		5950×3205×4540	5950×3205×4940	6450
PBC-8/10	56	216	<30	1.3	16848		6600×3205×4540	6600×3205×4940	7250
PBC-3/20	42	162	<30	1.3	12636		3350×3205×6380	3750×3205×6780	
PBC-4/20	56	216	<30	1.3	16848		4000×3205×6780	4000×3205×6780	6360
PBC-5/20	70	270	<30	1.3	21060		4605×3205×6380	4650×3205×6780	7950
PBC-6/20	84	324	<30	1.3	25272		5300×3205×6380	5300×3205×6780	9370
PBC-7/20	98	378	<30	1.3	29784		5950×3205×6380	5950×3205×6780	10790
PBC-8/20	112	432	<30	1.3	33696		6600×3205×6380	6600×3205×6780	12210
2000 扁袋		1995	<30	1.1～1.2	128300～151600				37420

表 2-75　气环反吹袋式过滤器技术性能

项　目＼型　号	QH-24	QH-36	QH-48	QH-72
过滤面积/m^2	23	34.5	46	69
滤袋条数/条	24	36	48	72
滤袋(直径×长度)/mm	ϕ120×2540	ϕ120×2540	ϕ120×2540	ϕ120×2540
压力损失/Pa	1000～1200	1000～1200	1000～1200	1000～1200

续表

项目 \ 型号	QH-24	QH-36	QH-48	QH-72
除尘效率/%	99	99	99	99
含尘浓度/(g/m^3)	5～15	5～15	5～15	5～15
过滤气速/(m/min)	4～6	4～6	4～6	4～6
处理气量/(m^3/h)	5760～8290	8290～12410	11050～16550	16550～24810
气环箱内压力/Pa	3500～4500	3500～4500	3500～4500	3500～4500
反吹气量/(m^3/min)	720	1080	1440	2160
配套风机用电机型号	$JO_2$41-2	$JO_2$41-2	$JO_2$42-2	$JO_2$42-2
配套风机用电机功率/kW	5.5			
设备传动功率/kW	1.1			
外形尺寸(长×宽×高)/mm×mm×mm	1202×1400×4150	1680×1400×4150	2484×1400×4150	3204×1400×4150
设备质量/kg	1170	1480	1880	2200

2.6.5 袋式过滤器的选择设计

2.6.5.1 袋式过滤器选择设计步骤

(1) 收集设计资料

根据设计要求，应仔细调查和收集如下有关设计资料。

① 处理气量　需根据实际运行条件，计算工况下的实际气量，还需考虑混风量及漏风量。

② 含尘气体性质　包括气体成分、温度、压力、黏度、湿度、露点、毒性、腐蚀性及燃烧爆炸性等。

③ 粉尘性质　包括粉尘的成分、相对密度、比电阻、粒子形状、粒径分布、入口含尘浓度、含水率、吸湿性、黏附性、腐蚀性、毒性及燃烧爆炸性等。尤其是入口含尘浓度，它直接影响袋滤器的压降、清灰周期、使用寿命、装置的排尘能力以及是否需要预除尘装置等。

④ 净化要求　包括允许出口含尘浓度或粒度、允许压降、废气排放标准以及环境质量标准等。

⑤ 装置的技术经济分析　即对占地面积、设备费、操作费、使用寿命及回收综合利用等的综合分析。

(2) 确定运行温度

含尘气体温度决定着滤料的选择，其上限应在所选用滤料允许的长期使用温度之内，下限应高于露点温度 15～20°C，当气体中含有 SO_x 等酸性气体时，因其露点较高，应予以特别注意。

(3) 选择型号

选定袋滤器的结构型式、滤料种类、清灰方式以及附属设施和设备等。结合具体设计条件，确定过滤速度，计算所需过滤面积，选定袋滤器的处理能力。粉尘特性及清灰方式推荐的过滤速度见表 2-76。

(4) 袋滤器的选型与设计

通常可根据处理气量及总过滤面积选择定型产品袋滤器的型号规格，只有在特殊工况下才需自行设计。确定清灰方式及操作参数。过滤系统——包括预除尘、排尘及输送、回收及综合利用等系统配套设计。

各种袋式过滤器及滤料的使用实例见表 2-77。

表 2-76　袋式过滤器推荐的过滤速度　　单位：m/min

	粉尘种类	清灰方式		
		振打与逆气流联合	脉冲喷吹	反吹风
1	炭黑①、氧化硅(白炭黑)，铅①、锌①的升华物以及其他在气体中由于冷凝和化学反应而形成的气溶胶，化妆粉、去污粉、奶粉、活性炭、由水泥窑排出的水泥①等	0.45～0.5	0.8～2.0	0.33～0.45
2	铁①及铁合金①的升华物、铸造尘、氧化铝①、由水泥磨排出的水泥①、碳化炉升华物①、石灰①、刚玉、安福粉及其他肥料、塑料、淀粉	0.5～0.75	1.5～2.5	0.45～0.55
3	滑石粉、煤、喷砂清理尘①、飞灰①、陶瓷生产的粉尘①、炭黑(二次加工)、颜料、高岭土、石灰石①、矿尘①、铝土矿、水泥(来自冷却器)①、搪瓷①	0.7～0.8	2.0～3.0	0.6～0.9
4	石棉、纤维尘①、石膏、珠光石、橡胶生产中的粉尘①、盐、面粉、研磨工艺中的粉尘①	0.3～1.1	2.5～4.5	—
5	烟草、皮革粉、混合饲料、木材加工中的粉尘、粗植物纤维(大麻、黄麻等)	0.9～2.0	2.5～6.6	—

① 指基本上为高温的粉尘，多采用反吹风清灰袋式除尘器捕集。

表 2-77　各种袋式过滤器及滤料的典型使用实例

清灰方式	滤料种类	滤料材质	粉尘发生源	粉尘种类	粒径/μm	温度/℃	压降/Pa	过滤速度/(m/min)	滤袋标准寿命/a
机械振动型	织布	棉花	铝粉制造	铝粉	1～30	常温	1000	1	3
		涤纶	铁合金敞开式电弧炉	金属粉、硅粉	<1	130	1800～2000	0.6～0.7	1～3
			化铁炉	氧化铁	<30	130	1200～1500	0.9～1.0	2～3
			窑业原料干燥机	窑业原料粉	1～5	130	1000～1200	0.9～1.1	2
		丙纶	铸造翻砂	铸造砂	1～30	常温	1000～1200	0.9～1.2	2～3
			肥料干燥机	化肥	1～30	100	1200～1500	0.9～1.1	1.5～2.5
		尼龙	喷砂	氧化铁	1～10	常温	1000～1200	0.9～1.2	2
逆气流反吹型	织布	玻璃纤维	玻璃熔窑	CaF_2，$Ca(OH)_2$	1～30	250	1000	0.5～0.6	2
			石膏烧成釜	石膏粉	平均 10	120～160	1000～1200	0.7～0.9	3
			石灰煅烧窑	石灰	1～30	250	500	0.8～1.1	2
			电炉	FeSi	≤210 占 50%	150	750～2000	0.5～0.8	1
		涤纶	焦炉导焦车	焦粉	≤70 占 50%	<120	<1500	0.9～1.1	2
			筛焦	焦粉	≤33 占 50%	常温	<1500	1～1.2	2
			冷切割	氧化铁	≤48 占 50%	80	<1500	1～1.3	2
气环反吹型	针刺毡	涤纶	大气	大气粉尘	—	常温	<1000	4～5	2
	羊毛压缩毡	羊毛	大气	大气粉尘	—	常温	600～800	4.6	5
			喷雾干燥	DVe 微粉	1～10	50	1100～1200	2.4	3
逆气流振动联合	织布	玻璃纤维	炭黑制造	碳粉	<1	250	1200～1500	0.4	
		玻璃纤维	化铁炉	氧化铁		130～250	1000～1100	0.6	
	针刺毡	涤纶	焦炭干燥器	焦炭粉		100	1200	1.8	2～2.5
			水泥磨机	水泥		100	1200	1.3	2～2.5
		丙纶	铁矿烧结			90	1000	1.2	
			粮谷仓库			常温	1200	2.5	
脉动喷吹型	羊毛压缩毡	羊毛	面粉厂	小麦皮等		常温		6	
	针刺毡	涤纶	热镀锌槽	氯化铵、氯化锌	1～10	50～60		1.1～1.5	
			医药原料干流干燥	原料粉末	100 目通过	90～120	1000	1.6～1.7	
			农药厂原料输送	农药，添加剂		常温		1.5～1.6	
			铝电解炉	氧化铝	1～10	60～80		1.7	
		耐热尼龙	石灰回转窑	石灰石粉	1～30	180		1.6～25	

续表

清灰方式	滤料种类	滤料材质	粉尘发生源	粉尘种类	粒径/μm	温度/℃	压降/Pa	过滤速度/(m/min)	滤袋标准寿命/a
脉动喷吹型	针刺毡	丙纶	沥青混凝土生产	石粉、炭粉		130～180		1.5～2.0	
		涤纶、丙纶	等离子切割	氧化铁等	<48 占 50%	40		1.1～1.8	
		涤纶、羊毛毡表面处理	粉料喷涂室	粉状原料		常温		1.5～3.5	
脉动反吹型	针刺毡	涤纶	热镀锌	NH_4Cl,ZnO,$ZnCl_2$	1～10	50～60	1700	0.93	2
			高炉出铁场	氧化铁,石墨	2～10 占 61% 10～20 占 5.85%	40～60 最大 150	<2000	1.09	3
			木屑锅炉	未燃烧碳	<1 占 39% 1～7 占 42.8% >7 占 19%	120～130	2200～2400	1.5～1.8	0.5～1
			炼钢电炉 化铁炉 } 屋顶	氧化锌,其他	<0.1 占 48% 0.1～5 占 52%	40～50	2000～2500	2.5	1～3
		丙纶	混合机	炭黑	<1 占 10% 1～13 占 90%	80	1200	0.74	2～2.5
			喷丸	氧化铁	>5 占 90%	常温	700	1.54	5
			熟石灰运输	石灰		30～40	600	1.72	2.5～3
			硬质砂岩粉碎	SiO_2,CaO	5～30 占 80%	常温	1300	1.48	3
			铸造翻砂	铸造砂	<5 占 45% 5～50 占 45.7% >50 占 9.3%	约 50	1000	2～2.2	3～4
		诺梅克斯	煅烧炉	硅藻土,黏土	<10	180～200	1800	0.93	1～1.5
		康奈克斯	化铁炉	氧化铁	<1 占 39% <70 占 25%	120～170	3400	2.0	2

2.6.5.2 袋式过滤系统设计中的几个问题

袋式过滤系统设计中，除合理选用袋滤器结构型式、滤料和清灰方式外，尚需注意如下问题。

（1）高温高湿气体的处理

工业气体常因温度较高、湿度也较高，且粉尘细，黏附性强，给过滤净化带来困难。

对高温气体过滤，除选择合适的高温滤料外，很重要的是将高温气体冷却到允许的温度。最常用的方法是混风冷却，即在进入过滤器前混进环境空气以降温。此法最简便，但使处理气量增加，导致增加过滤面积和风机负荷。

对于100℃以下温度的气体，需考虑在开停工或运转状态发生变化时，存在结露的可能性，并采取必要的措施，如渗热风，保温，甚至加热，减少死角区域等，特别是对有腐蚀性的气体尤其重要。

（2）防火防爆措施

由于过滤器内部粉尘浓度由低到高，分布范围很广，而且还可能因静电、摩擦或冲击形成火花，因此需采取各方面措施，尽量提高安全程度。

（3）高含尘浓度气体的处理

对含尘浓度很高的气体，可采用旋风分离器作预除尘器，或改进入口结构，以使尽量多的粉尘直接落入灰斗。

（4）吸湿性、潮解性强的粉尘的收集

吸湿性、潮解性粉尘易在滤料表面吸湿板结，或潮解黏稠而堵塞滤料，需采用合理选择滤料、操作程序、保温、或预涂层等措施。

(5) 含油雾含尘气体的处理

用袋滤器净化含油雾的气体是困难的，但如果油雾含量不大，且粉尘浓度较高时，滤布上吸附的粉尘量远远超过油雾量，可防止油雾黏结，或加入适当粉料作助滤剂，也可使袋滤器正常工作。

(6) 预涂层过滤器

对于新滤袋，或含尘浓度极低的气体的过滤，对防止因过度清灰而发生短时间捕集效率下降的“冒灰”现象，可先加入如硅藻土或石灰粉等作助滤剂，形成预涂层，以保持较高的捕集效率。当然助滤剂需回收，或作为生产原料返回使用。

2.6.6 颗粒层过滤器

颗粒层过滤器是以松散堆积的颗粒物料，如石英砂、焦炭等作为滤料来净化含尘气体，它具有耐腐蚀、耐高温和除尘效率高等优点。但由于颗粒层容尘量有限，主要适用于气体含尘浓度不大的场合。

颗粒层滤尘一定时间后，颗粒层内充满了粉尘，压力损失迅速上升，这时需要进行反吹清洗，气流由下向上，耙子搅拌，使颗粒层浮动，在气流吹力下，粉尘被分离出颗粒层，其原理如图 2-106 所示。

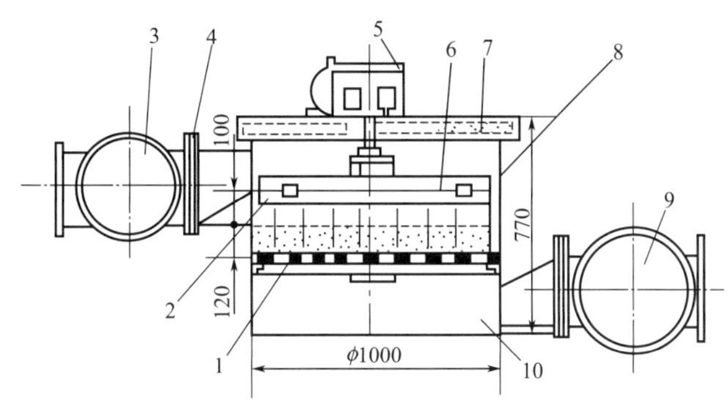

图 2-106 颗粒层过滤器

1—滤网板；2—活络支架；3—进气换向阀；4—斜垫铁；5—减速机；6—耙子；7—冷却水夹套；8—壳体；9—排气换向阀；10—净气室

2.6.6.1 颗粒层过滤器的分类及特点

按颗粒床层的位置可分为垂直床层和水平床层两种。垂直床层的颗粒滤料垂直放置，两侧以滤网或百叶片夹持，气流水平通过床层；水平床的滤料置于水平筛网或筛板上，气流垂直通过床层。

按床层的性质可分为固定床、移动床和流化床。目前大多采用固定床。

按清灰方式可分为不再生（或器外再生）、振动加反吹风清灰、耙子加反吹风清灰或沸腾反吹风清灰等。

按床层数量可分为单层、多层或多管式颗粒层过滤器。

2.6.6.2 颗粒层过滤器的性能和主要影响因素

国内外对颗粒层过滤器的性能进行了大量研究工作，推出了一些理论的、经验的和半经验的计算公式，但均难以用于工程计算，只能作为一种参考。

(1) 捕集效率

影响颗粒层捕集效率的因素很多，主要有颗粒直径 d、床层高度 h 和过滤速度 v。理论研究都把颗粒层简化为理想均匀球状滤料，考虑碰撞、拦截、扩散、重力沉降及静电吸引等效应对效率的影响，提出了各种计算公式。

例如由理论研究及小型实验得出颗粒层的起始捕集效率 η_0 为

$$\eta_0 = 1 - e^{-K\frac{h}{d^{5/3}v^{2/3}}} \tag{2-86}$$

由上式可以看出影响捕集效率的基本因素及其相对影响程度。影响最大的为颗粒直径 d，为 5/3 次方关系，减少颗粒直径可以显著提高效率；床层高度 h 为 1 次方关系，h 越大，η 越高；而过滤速度 v 与 η 仅为 2/3 方关系，影响较小。

实际上，在过滤过程中，随着颗粒层中吸附的粉尘量的增加，捕集效率亦不断增加。

(2) 压降

颗粒层过滤器过滤时是固定床，反洗时是流化床，二者的流体力学规律各不相同。

过滤时的床层压降 Δp 主要取决于滤料种类、粒径 d、床层高度 h 及过滤速度 v，可采用 Ergun 压降公式计算。

实际上，床层压降只有当其内含尘量达到一定值时，压降才突然显著增加，且开始波动，此时也需要反洗了。

反洗清灰是借助于自下而上的反洗气流使颗粒层松动，膨胀直至流化而吹走粉尘。故反洗气速应远大于最大粒径粉尘的自由沉降速度，而远小于床层滤料颗粒的自由沉降速度或稍小于滤料颗粒的临界流化速度。通常反洗气速可取为过滤速度的 1.2～1.67 倍。

2.6.6.3 颗粒层过滤器的结构型式

颗粒层过滤器的结构型式很多，有的国内已工业应用多年，有的尚在研制试用阶段。本节仅介绍几种已有工业应用的典型结构型式。

(1) 固定床颗粒层过滤器

图 2-106 所示的耙式颗粒层过滤器是应用最多的一种固定床过滤器。过滤时，含尘气体由进气换向阀进入，自上而下地通过颗粒滤层过滤，净化气经排气换向阀排出。反洗时，反洗气由排气换向阀进入，自下而上通过颗粒层，同时开动耙子搅动床层，吹走黏附其中的粉尘。

一般颗粒层采用 2～3mm 的石英砂，床层厚度为 120mm。过滤速度为 0.7m/s，压降为 900～1100Pa。反洗气速为 0.83m/s，压降为 1800Pa。反洗时间为 1min，反洗间隔为 12min，一般为 1～3 台并联运行，可轮流停气反洗。

(2) 移动床颗粒层过滤器

移动床颗粒层过滤器的结构如图 2-107 所示，它通过颗粒滤料因重力缓慢向下移动，达到更新滤料的目的，一般采用垂直床层。滤层可制成平板式，也可制成筒状，采用筛网或百叶窗的夹持下的定厚度垂直滤层。根据气流方向和颗粒移动方向可分为平行流式和交叉流式。目前多采用交叉流式，其优点是结构简单、实用，能连续运行。

(3) 沸腾颗粒层过滤器

它采用固定床过滤，沸腾床反洗，大大简化了清灰结构。如图 2-108 所示，其工作原理为：含尘气经旋风分离器预分离后，通过各过滤层进气分配管的三通阀，由上而下通过各颗粒层，净化后通过各排气管的三通阀排出。床层压降上升到一定值时，由控制系统控制逐层进行自动沸腾反洗清灰，反洗后的含尘气流返回预旋风分离器分离。

颗粒采用 1.3～2.2mm 的石英砂，床层厚度为 100～150mm，过滤速度为 0.25～0.42m/s，

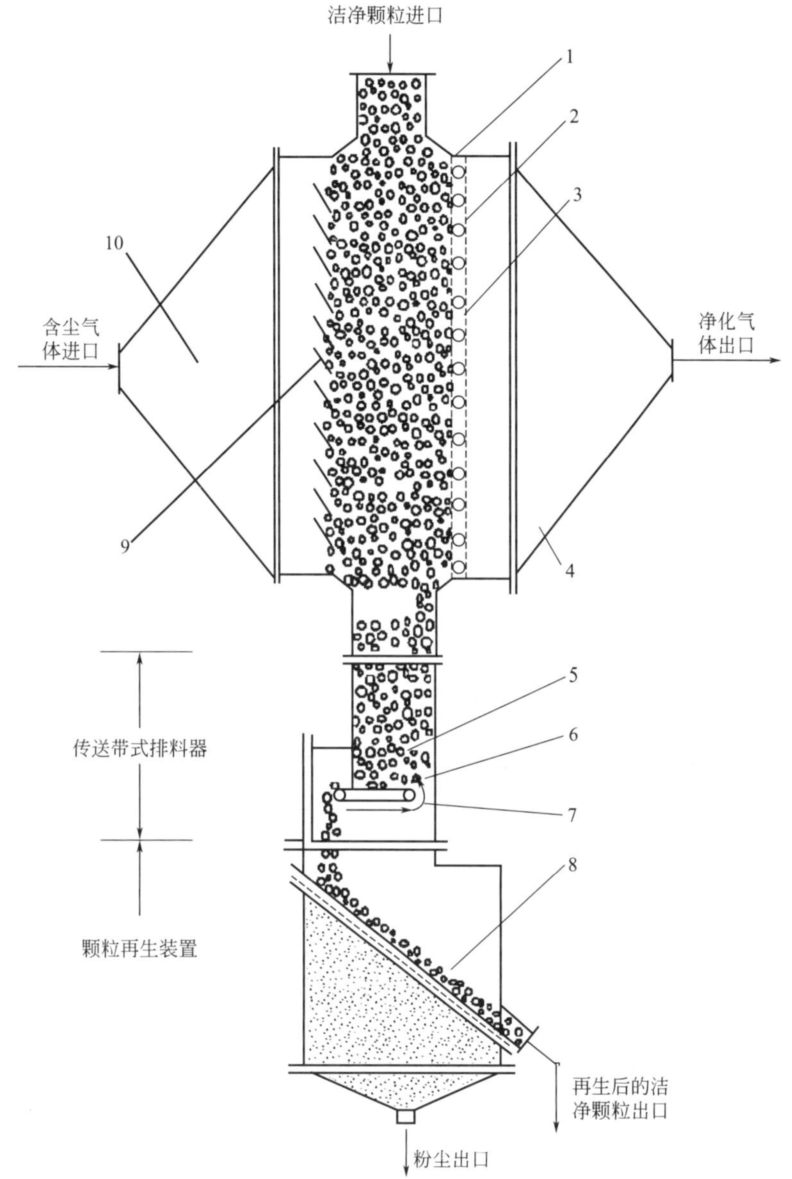

图 2-107 移动床颗粒层过滤器

1—颗粒层；2—支承轴；3—环状筛网；4—净气箱；5—可调节挡板；
6—传送带；7—转轴；8—筛网；9—百叶窗式挡板；10—进气箱

压降为 800～1200Pa，反洗气速为 0.83～1.22m/s，反洗风压为 1500～2600Pa，反洗时间为 5～10s。采用多层组合结构，每组可有 5～11 层，通常为两组并联。

（4）旋风颗粒层过滤器

由于颗粒层过滤器容尘量较小，需设置前置旋风分离器进行预分离，并把二者组合而形成如图 2-109 所示的旋风颗粒层过滤器。其过滤及反洗工作原理与耙式颗粒层过滤器相同。采用的颗粒直径为 1～6mm，床层直径为 1.3～2.8m，床层厚度为 100～200mm。过滤气速为0.4～0.5m/s，压降为 700～1300Pa。反洗气速为 0.48～0.6m/s，反洗时间为 2～3min，反洗周期为 1.5～4h。允许入口含尘浓度为 300g/m^3。一般许用温度为 350℃，短时最高可达 450℃。

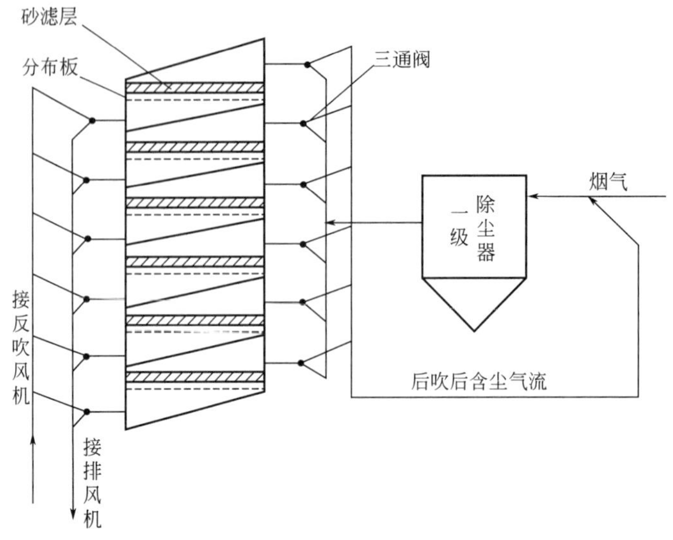

图 2-108　沸腾颗粒层过滤器及其系统

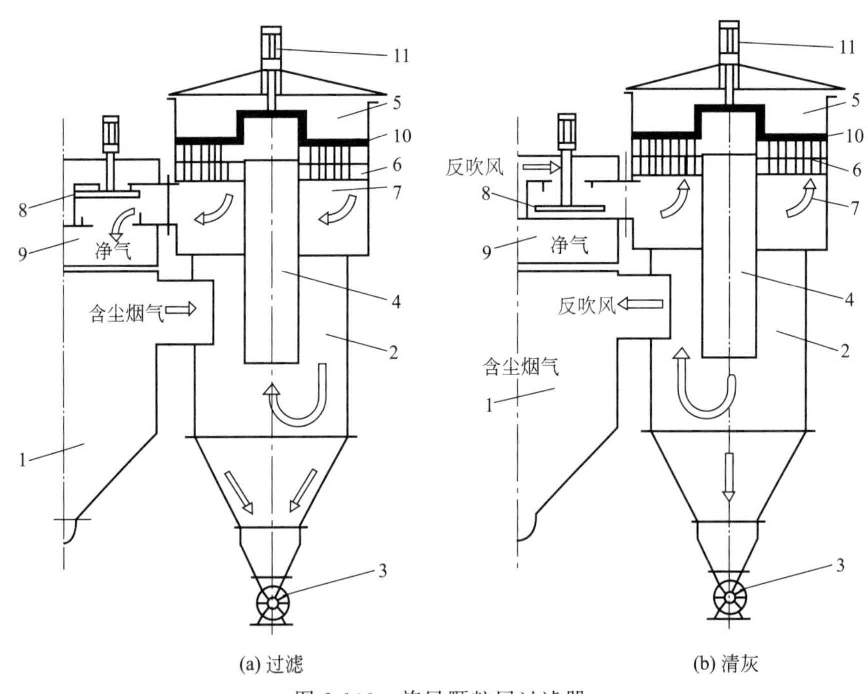

(a) 过滤　　(b) 清灰

图 2-109　旋风颗粒层过滤器

1—进气总管；2—旋风筒；3—卸压阀；4—插入管；5—过滤室；6—颗粒床；7—净气室；8—换向阀；9—排气总管；10—耙子；11—电机

(5) 塔式旋风颗粒层过滤器

图 2-110 所示为塔式旋风颗粒层过滤器，它采用多层结构，每层单体都是独立的。其结构尺寸完全相同，可根据处理气量选择所需层数。为满足容尘量的要求，设置单独的预旋风分离器。这种过滤器的基本工作原理同前。颗粒直径为 2～4.5mm，床层厚度为 100～150mm，过滤速度为 0.5～0.7m/s，压降为 900～1100Pa，反洗速度为 0.75～0.83m/s，压降为 1000～1100Pa，反吹时间为 1.5min，反洗周期为 30～40min。一般为 3～5 层组合为一单元，设备直

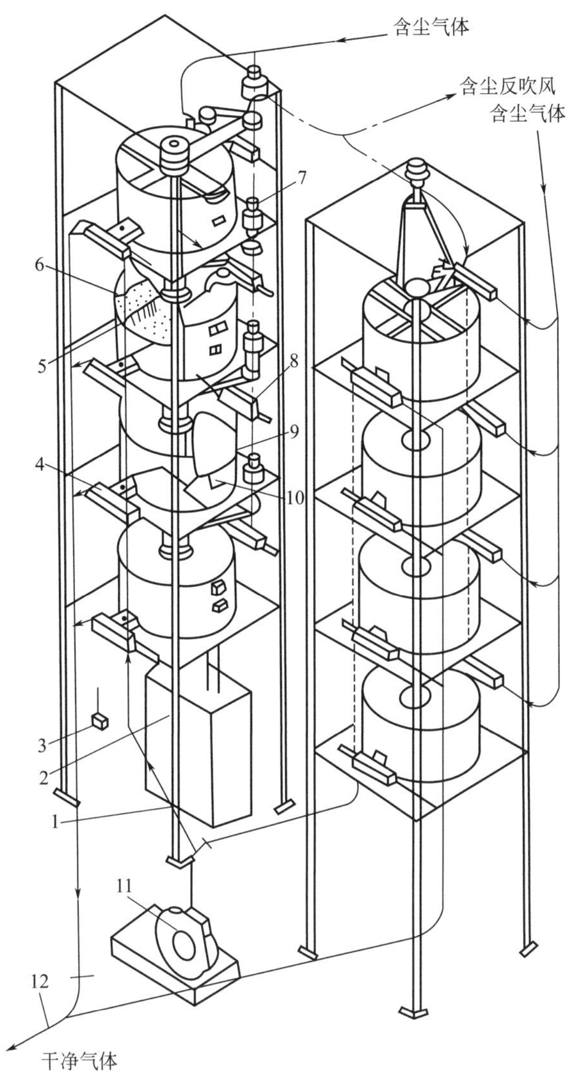

图 2-110　塔式旋风颗粒层过滤器

1—反吹风管；2—液压传动装置；3—程序控制仪；4—出口圆盘阀；5—耙子；6—过滤床层；7—电机；8—进口圆盘阀；9—过滤室；10—净气室；11—反吹气；12—净化气

径为 0.8～2.8m。适用温度小于 650℃。

2.7　旋风分离器

含有颗粒的气体做高速旋转运动时，其中的颗粒受到的离心力要比其重力大几百至几千倍，所以能高效地将颗粒从气流中分离出来。旋风分离器的结构简单、造价低、维护操作方便，寿命长，又可适应高压高温高尘量的苛刻条件，所以应用最为广泛。但它对于小于 5～10μm 的细颗粒的分离效率不高，一般压降也不能太低。旋风分离器的具体型式很多，工业中应用最为成熟的是各种型号的切流式旋风分离器。

2.7.1　旋风分离器工作原理

2.7.1.1　旋风分离器内气体流动特点[21]

图 2-111 是典型的切流式旋风分离器，由切向入口、圆筒和圆锥形成的分离空间、净化气

排出的升气管及颗粒排出口四部分构成。器内的气体流动是一种双层旋流，如图 2-112 所示。近壁部分为向下旋转，称外旋流；中心部分为向上旋转，称内旋流，两者的旋向是相同的。

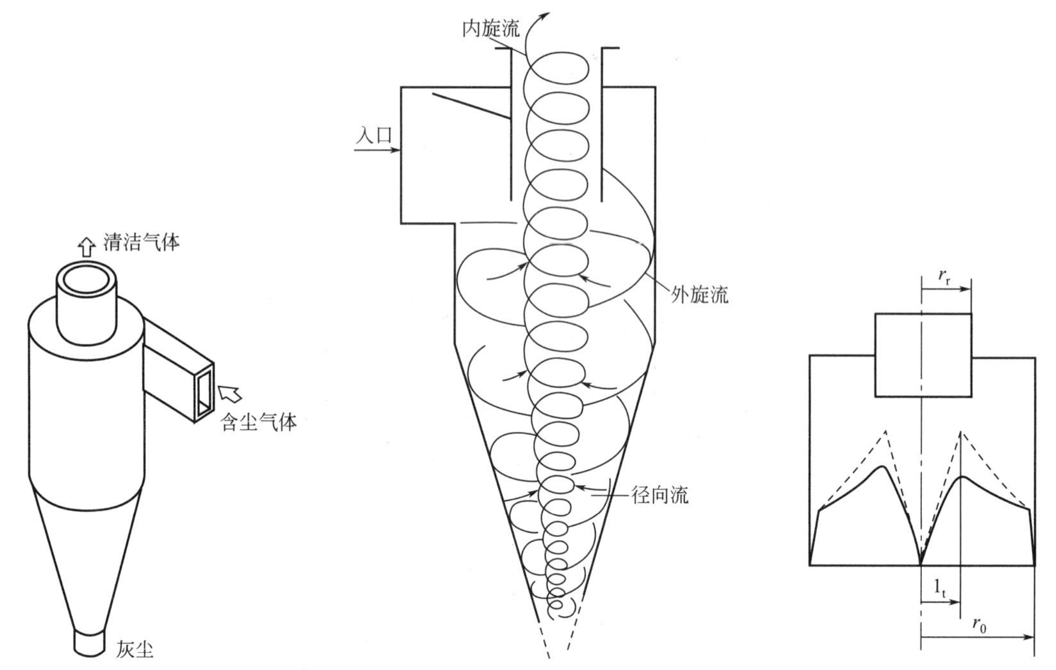

图 2-111　典型的切流式旋风分离器　　图 2-112　双层旋流示意　　图 2-113　切向速度分布形态

旋流中，切向速度占主导地位，由它带动颗粒作绕器轴高速旋转运动，从而使颗粒在离心效应下被甩向器壁而被分离出来，所以切向速度越大，分离效率就越高。沿径向上的切向速度分布形态如图 2-113 所示。内旋流是准强制涡，$v_t=c_1r^x$；外旋流是准自由涡，

$$v_t=c_2/r^y$$

式中，指数 x、y 均小于 1，与旋风分离器型式及尺寸等有密切关系，而且在旋风分离器内沿轴向各个截面上也不尽相同，迄今尚只能依靠实验来决定。内、外旋流的分界点处有最大的切向速度 v_{tm}，它一般是入口气速的 2～5 倍。分界点的半径 r_t 则主要取决于升气管下口半径 r_r，与轴向位置的关系不大，一般有 $r_t=(0.5\sim0.75)r_r$。

由于气流出口在中心部位，所以气流呈一边旋转一边向心流动的形态，对颗粒就产生一个向心的曳力 F_D，对分离是不利的。沿轴向平均的径向气速可写为

$$V_r=Q_i/2\pi rH \tag{2-87}$$

式中　Q_i——进入旋风分离器的总气量，m^3/s；

r——任意处半径，m；

H——半径 r 处的假想圆柱高（从升气管下端一直向下延伸到锥体壁），m。

它的大小一般也只有 1m/s 左右，但实际上沿轴向的分布是很不均匀的，如图 2-114 所示。OA 段内径向气速相当大，可达 4～8m/s，称为“短路流”，是影响分离效率的最主要因素之一。BC 段内径向气速不仅大而且还波动，呈强烈的非轴对称性，很容易把已浓集在器壁处的颗粒重新卷扬起来，大大影响了分离效率，称为“排尘口处偏心流”。AB 段内径向气速分布均匀，其值都小于 1m/s，是主要的有效分离区，被排尘口处偏心流卷扬夹带向上运动的颗粒在这段内还可被二次分离出来，所以这段高度大，对分离有利。

轴向气速的分布特点是：近壁处为下行流，中心部位是上行流，上、下行流的分界点半径为 r_{zo}，该处的轴向气速为零。上、下行流分界面大致与旋风分离器的形状类似，见图 2-115 所示。下行流是将浓集在器壁处的颗粒群带入灰斗的主要动力，是有利于分离的。下行流的流量沿轴向向下逐渐变小，但总有部分气体会进入灰斗，其量视排尘口大小而定，一般为旋风分离器总入口气量的 15%～40%。这部分气体在灰斗内把颗粒群沉降分离后又会折转向上，通过排尘口进入上部分离空间，为此使排尘口附近的气流十分紊乱而不稳定，产生了部分细颗粒又被夹带上来进入上行流的弊病，这又是严重影响分离效率的一个主要因素。

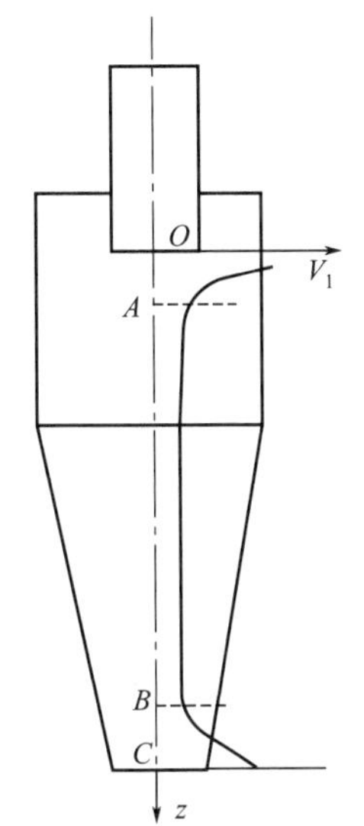

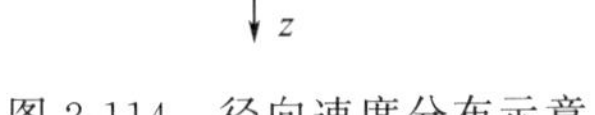
图 2-114　径向速度分布示意

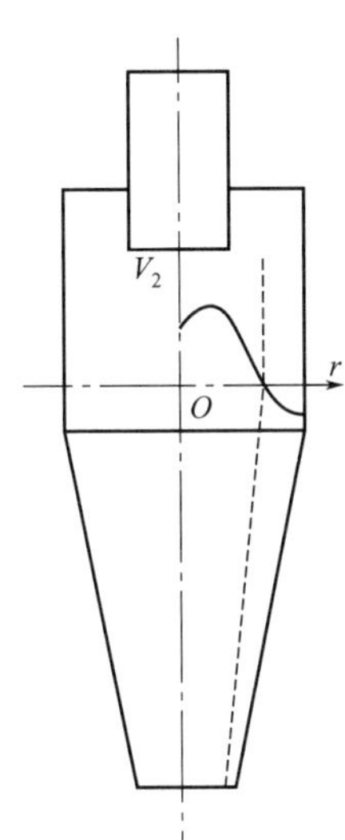

图 2-115　轴向气速分布示意

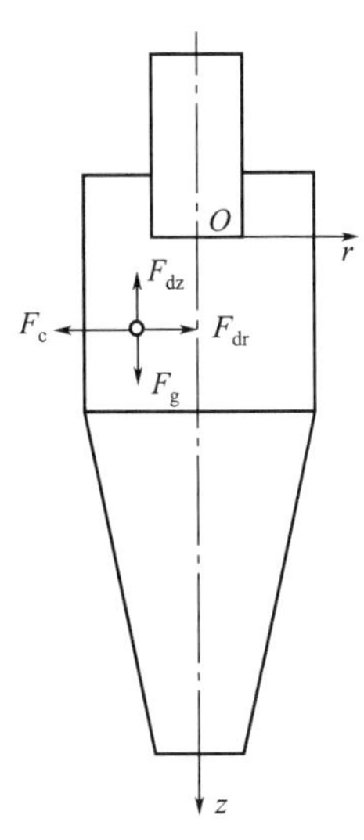

图 2-116　颗粒受力示意

旋风分离器内静压分布有如下近似关系

$$\frac{dp}{dr}=\rho_g\frac{V_t^2}{r}\quad 或 \quad p=\int\rho_g V_t^2\frac{dr}{r} \tag{2-88}$$

可见器内静压 p 随半径的变小而降低，器壁处静压与入口静压较接近，中心处静压则低于入口静压，而且还低于升气管内平均静压。灰斗内静压也低于入口静压，但稍高于升气管出口压力。认识这点，对于设计灰斗与料腿的密封排料是十分重要的。

2.7.1.2　旋风分离器内颗粒的运动与分离机理

在旋风分离器内旋转气流的作用下，颗粒主要受到曳力与重力作用，如图 2-116 所示。它们在径向上有

离心力　　$F_c=\frac{\pi}{6}d_p^3\rho_p\frac{v_t^2}{r}$

向心径向曳力　　$F_{dr}=3\pi f\mu d_p\Delta v_r$

在轴向上有

重力　　$F_g=\frac{\pi}{6}d_p^3\rho_p g$

轴向曳力　　$F_{dz}=\pm 3\pi f\mu d_p\Delta v_z$

式中　ρ_p——颗粒密度，kg/m^3；

d_p——颗粒的当量直径，m；

μ——气体的黏度，Pa·s；

ρ_g——气体密度，kg/m³；

Δv——在该方向上颗粒与气流间的相对速度，m/s；

v_t、v_r、v_z——气流的切向、径向与轴向速度分量，m/s。

$$f=1+\frac{1}{6}Re^{2/3} \qquad Re_p=\frac{\rho_g d_\mu \Delta v}{\mu}$$

实际上，除上述气流曳力与重力外，颗粒还受到各种扩散作用（尤其是湍流扩散）、颗粒间的相互碰撞、团聚及夹带、颗粒与器壁的碰撞弹跳等的影响，十分复杂，目前尚无法准确算出它们的实际运动轨迹。所以不同学者就作出许多不同的简化假设，从而出现了各种不同的分离机理模型，如早期的转圈理论[22,23]、平衡轨道理论[24,25]、边界层分离理论[26]及近期的分区横混模型[27]等。它们的主要论点及典型公式见表 2-78。

表 2-78　几种分离模型的简介

模型名称	主 要 论 点	代 表 公 式
转圈理论	颗粒在旋转 N 圈后到达器壁，便可被捕集	$d_{c50}=\sqrt{\frac{9\mu b}{2\pi\rho_p N V_i}}$
平衡轨道理论	在某个半径 r_B 处，总有某个颗粒 d_p，所受 $F_{Dr}=F_c$，它就在 r_B 轨道上作转圈运动	$d_{c50}=\sqrt{\frac{18\mu r_t V_{rm}}{\rho_p V_{tm}^2}}$
边界层分离理论	沿径向上颗粒浓度分布均匀，当颗粒在离心力作用下移到器壁边界层内就被捕集	$\eta_i(d_p)=1-\exp[-A(St)^{m/2}]$
分区横混模型	同上假设，但应分区考虑，有分三区，有分四区甚至更多	$\eta_i(d_p)=1-K\cdot\exp[-B(St)^{m/2}]$

表 2-78 中符号说明：d_{c50}——切割粒径，即分离效率 $\eta_i(d_p)=50\%$ 的粒径，m；$\eta_i(d_p)$——粒级效率，即粒径 d_p 的颗粒的分离效率，它与 d_{c50} 的关系一般为

$$\eta_i(d_p)=1-\exp\left[-0.693\left(\frac{d_p}{d_{c50}}\right)^n\right] \tag{2-89}$$

式中　St——斯托克斯数，$St=\frac{\rho_p d_p^2 v_i}{18\mu D}$；

v_i——旋风分离器入口气速，m/s；

v_{rm}，v_{tm}——在内、外旋流分界点处的径向气速与切向气速，m/s；

b——旋风分离器入口宽度，m；

D——旋风分离器筒体直径，m；

A、B、K——包含旋风分离器各部分尺寸参数在内的某种无量纲数；

n、m——与旋风分离器结构型式有关的指数。

这些简化机理模型的主要问题都在于没有考虑旋风分离器内的各种局部二次流（如升气管下口附近的短路流，排尘口附近不稳定气流的卷扬夹带等）和颗粒群所受的扩散、碰撞、夹带等作用，所以当处理的粉料越来越细时，这些机理模型就与实际不符合了。现代许多高效旋风分离器都有厂家自己的型号与相应的专有设计技术，但这些机理模型可用来作影响因素的定性分析。

2.7.1.3　影响旋风分离器性能的因素

(1) 结构参数的影响

① 入口尺寸的影响　入口一般用长矩形，高宽比 a/b 在 2.2～2.5 间为宜。对于直切入

口，宽度 b 必须小于$\frac{1}{2}(D-d_e)$，否则入口气流就会冲撞到升气管壁上，d_e 是升气管直径。入口截面比 K_A 的定义是分离器筒体横截面积$\frac{\pi}{4}D^2$ 与入口截面 ab 的比值。在一定气量下，若入口气速也一定，则 K_A 值越大，所需分离器体积就变大，气体的平均停留时间变长，效率可提高，而压降可变小。所以高效分离器常取 $K_A=6\sim10$；大气量分离器可取 $K_A\leqslant3$；一般较常用 $K_A=4\sim6$。

② 升气管尺寸的影响　升气管下口直径 d_e 十分重要，它决定了内外旋流分界点位置及最大切向速度值。因而此直径比 $\widetilde{d}_e$（$=d_e/D$）越小，效率可提高，压降也升高。综合兼顾，常取 $\widetilde{d}_e=0.5$。若压降许可，则高效旋风分离器可取 $\widetilde{d}_e=0.25\sim0.4$。升气管上部尺寸对效率无影响，但若采用扩散式或蜗壳式，其压降可减小些，如图 2-117 所示。图上数字代表压降相对值。升气管插入深度 h 的影响较小，一般可取 $h=(0.8\sim1.2)a$。

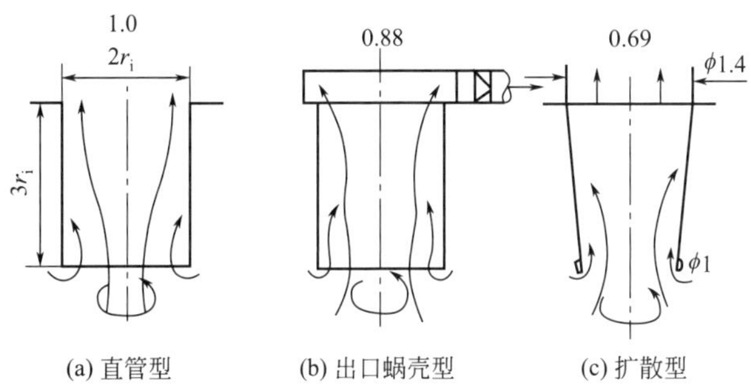

(a) 直管型　(b) 出口蜗壳型　(c) 扩散型

图 2-117　升气管出口型式

③ 排尘口尺寸的影响　排尘口直径 d_c 过大，进入灰斗的气量过大，返混加剧；但若 d_c 过小，则内旋流下端的不稳定摆动会将浓集在器壁处的粉料重新卷扬起来，也造成严重返混。所以排尘口直径 d_c 应稍大于内旋流的直径即可，一般常取 $d_c=(0.4\sim0.5)D$。排尘口尺寸确定后，还要合理选定锥体部分的锥角。为了避免产生灰环，对于粗颗粒，锥角应小些。此外还要考虑颗粒的滑动角大小，锥角不宜选大。一般取锥顶角在 15°～20°间为宜。

④ 高径比的影响　从表 2-78 中可以看出，旋风分离器直径 D 变小，离心力场可增强，效率可提高。所以在一定气量下，采用多个小直径分离器并联运行，其效率要比单台大旋风分离器高；当然前者的金属消耗量要大于后者。

影响旋风分离器效率的高径比主要是指升气管下口到排尘口的距离，即分离空间高度 H_s 与直径 D 的比值 $\widetilde{H}_s$。此值越大，灰斗与排尘口处返混夹带上来的颗粒获得二次再分离的效果就越好，但 $\widetilde{H}_s$ 超过 3.6～4 后，此种效果又不明显了，徒然增加金属的用量。所以一般宜用 $\widetilde{H}_s=3\sim3.6$。

（2）操作参数的影响

① 旋风分离器入口气速 v_i 是个关键参数。v_i 增大，离心力场增强，效率提高，但压降也随之上升。当 v_i 提高到某个数值后，由于湍流及颗粒碰撞弹跳等原因，效率反而会下降。所以 Kalen 和 Zenz[28] 根据水平管内颗粒跳跃现象而推出旋风分离器最宜入口气速为

$$(v_i)_{opt}=231.6\left(\frac{4g\mu\rho_p}{3\rho_g^2}\right)\left(\frac{b/D}{1-b/D}\right)b^{0.201} \qquad (2\text{-}90)$$

式中符号同前，均用SI制，可供参考。此外，还要考虑磨损等问题。当颗粒浓度很高时，v_i 宜选取小一些，例如16～18m/s。要求效率高时，可选用 $v_i=22$～24m/s。一般很少超过28～30m/s。

② 入口颗粒浓度 C_{si}（g/m^3）对效率的影响很大。浓度高，颗粒间相互夹带效应强，总的效率便会提高。对压降也有一定影响，但较复杂，一方面由于入口气固混合物密度增大而使压降上升，一方面又由于颗粒浓度大而减小了边壁上黏性边界层对阻力的影响，所以随着入口浓度的上升，开始时压降也随之下降，到某个浓度值后，压降又随之变为上升[29]。

③ 入口颗粒的粒径分布对效率的影响更为突出，对压降则基本无影响。粒径越粗，效率越高。所以评价旋风分离器性能不宜用总分离效率，而应用粒级效率 η_i（d_p）。一般代表粒径分布的指标有两个，一是中径 d_m（即其累积百分数为50%的粒径），一是代表分布宽度的有关指数（如对于正态概率分布就是标准偏差 σ），都可由粒度分析仪进行测定[21]。

④ 颗粒物料的密度 ρ_p 越大，效率也会提高，而压降则不受影响。此外，颗粒的黏附性与团聚性也对分离性能有影响，一方面由于团聚而使颗粒变大，有利于分离；另一方面又会黏附在器壁上，严重时会堵塞排尘通道，使分离器失效。当出现这些不良现象时，应提高入口气速，尽量使器壁光滑，采用较小的锥顶角或偏斜锥体，较大的排尘口，而且防止器壁上有冷凝水析出。

⑤ 灰斗与料腿应在锁气条件下通畅排料，一定要防止外界气体漏入灰斗内。相反，若能从灰斗内向外抽出一小部分气体，则可以减弱灰斗返气的夹带返混，对提高效率有好处。

（3）制造安装质量的影响

① 分离器的内壁不能有局部凸起或凹坑，尤其是顺着颗粒流动方向上不应有局部凸起，否则会产生局部旋涡而把颗粒重新扬起，降低效率。

② 分离器筒体的内表面不圆度应有较严格的限制，一般椭圆度不超过0.5%～1%D，所以要注意分离器筒壁的刚性。

③ 升气管与分离器筒体、锥体等都要力求同轴，尤其要保证升气管下口与锥体排出口间必须同心，一般不同轴度应控制在0.3%～0.5%D以内。

2.7.2 石油化工常用旋风分离器设计

2.7.2.1 常用旋风分离器类型

目前，在炼油和石油化工行业中最常用的旋风分离器主要有两大类型。

（1）矩形入口型

早期采用螺旋顶板和直切入口来消除顶灰环的不利影响，典型的如Ducon型［见图2-118(a)］，高径比 $\widetilde{H}_s$ 和排尘口 $\widetilde{d}_c$ 均较小，效率性能不理想。后改进成DE型，是简单的平顶和90°蜗壳入口，但高径比加大，各部分尺寸作了优化改进。常用有两个型号：VS800和TS800，前者为90°蜗壳入口，后者为直切入口，数字800相当于入口截面比为 $K_A=4.5$。我国自主研制的有PV型［见图2-118(b)］，它与DE型类似，但入口为180°蜗壳，矩形入口的内侧板向外斜一个角度以消除顶灰环的不利影响，各部分尺寸作了优化匹配以获得高效率。近年又在PV型基础上做了些改进，即在锥体排尘口之下增加一喇叭口，以消除灰斗上灰环，提高分离效率；升气管下口斜切，以减少短路流和压降；进气口稍稍下倾以降低进口上下气流的不均匀性，使分离性能有所提升，取名为PX型［见图2-118(c)］。

（2）异形入口型

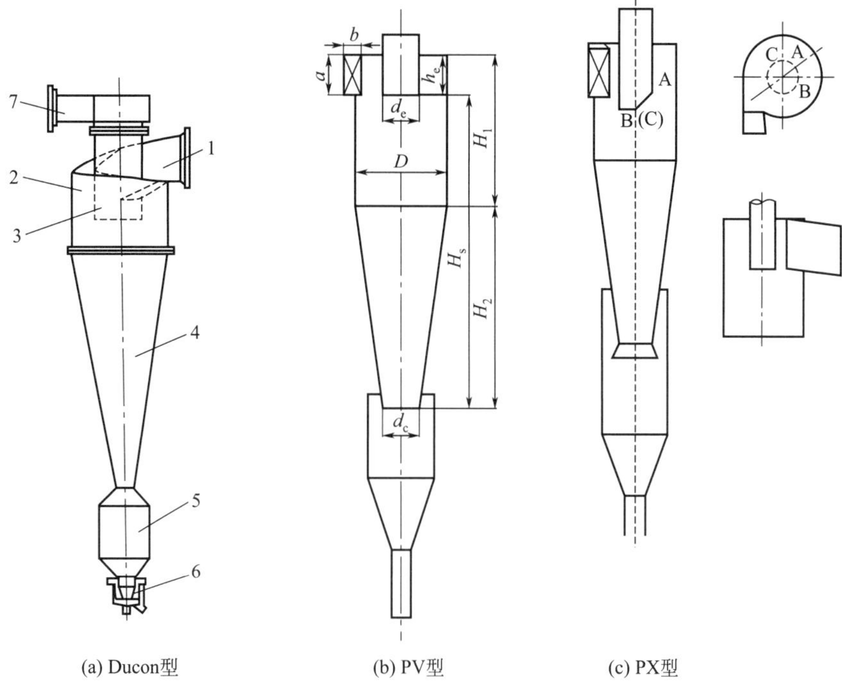

图 2-118　矩形入口型旋风分离器

1—进气口；2—外筒；3—排气管；4—锥体；5—灰斗；6—排灰阀；7—出口蜗壳

早期是采用上旁室来消除顶灰环的不利影响，典型的有 Buell 型［见图 2-119(a)］，国内应用也较多。后改进为结构简化而效率更高些的 Catclone Ⅱ型（国内简称为 GE 型），它的入口底板为倾角连续变化的扭曲形弯板［见图 2-119(b)］，要求图上尺寸有如下关系：$A \times B = C \times D$ = 常数，就可以消除不利的顶灰环。国内由上海化工研究院研制的 E-Ⅱ型则与 GE 型类似，但在入口处又加了一块渐缩导流挡板，此板顶端与分离器顶板间还留有一定间隙，可消除顶灰环和降低压降。

各类型旋风分离器的主要尺寸参数的比较见表 2-79。

表 2-79　几种旋风分离器尺寸比较

尺寸参数	Ducon 型	Buell 型	GE 型	DE 型	E-Ⅰ型	PV 型
a/b	2.58	2.14	2.25～2.3	2.28～2.39	～2	2.25～2.5
$K_A = \frac{\pi D^2}{4ab}$	6	4.3	3.7～7.5	4～4.5	3～8	3～12
入口型式	螺旋顶，倾角12°直切入口	180°蜗壳上旁室	180°蜗壳斜扭底板	90°蜗壳直切入口	斜底板蜗壳，导流挡板	180°蜗壳内侧斜板
h_r/a	1.33	0.774	0.8～1	0.8～0.85		0.85～1.2
$\tilde{d}_r = d_r/D$	0.54	0.44～0.54	0.25～0.5	0.32～0.58	0.4～0.6	0.25～0.6
H_1/D	0.9	1.33	1.3	1.8～1.9	～1.5	1.4～1.6
H_2/D	1.52	1.33	2.05	1.8～1.9	～2	2～2.25
$\tilde{H}_s = H_s/D$	1.65	2.18	2.9	～3.2	～3	3～3.3
$\tilde{d}_c = d_c/D$	0.24	0.4	0.4	0.4～0.38	0.25～0.4	0.4～0.5
锥顶角	28°	25.4°	16.65°	18°～21°		～15°

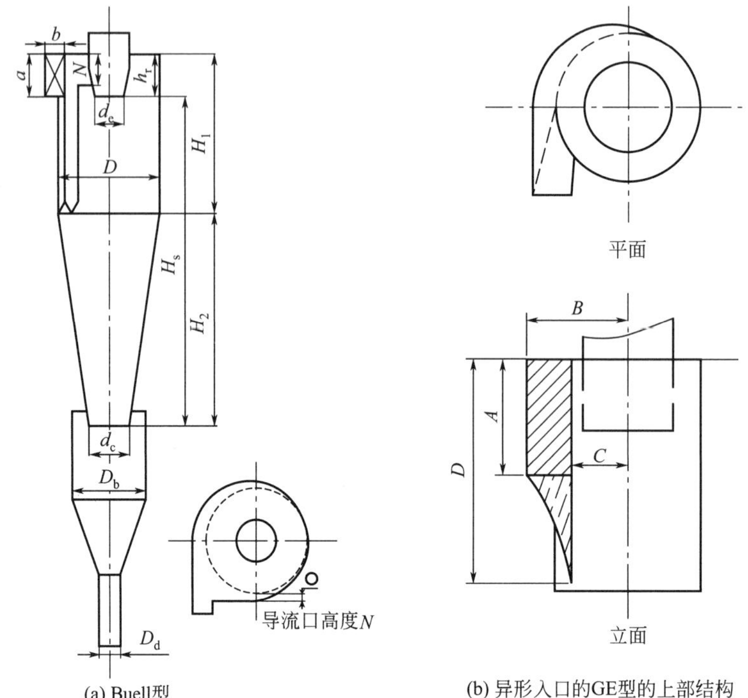

图 2-119　异形入口型旋风分离器

2.7.2.2　PV 型旋风分离器的优化设计方法

由石油大学、中国石化北京设计院和洛阳石化工程公司联合开发的 PV 型高效旋风分离器有一套优化设计方法[30]，它的主要内容包括三个部分。

(1) 旋风分离器尺寸分类优化理论

根据旋风分离器内流场与浓度场研究结果，可将旋风分离器各部分尺寸均对其直径 D 作无量纲化处理，就可进行相似放大设计，从而分成三类采用不同方法进行优化设计。

① 第一类尺寸　只对效率有影响，对压降基本无影响，可根据流场计算及性能实验确定它们的最佳值。这类尺寸主要有：

分离空间高径比 $\widetilde{H}_s$——最佳值在 3 左右；

排尘口直径比 $\widetilde{d}_c$——应稍大于内旋流直径，一般在 0.4～0.5 间；

升气管插入深度 h_r——一般应有 $h_r/a=0.85\sim1$；

入口高宽比 a/b——应在 2.25～2.5 间为好。

② 第二类尺寸　对效率和压降都有明显影响，主要有两个参数——入口截面比 K_A 和升气管下口直径比 $\widetilde{d}_r$。它们必须通过后述的组合优化匹配设计方法才能确定其最佳值。

③ 第三类尺寸　对效率与压降均无明显影响，主要有升气管上部尺寸和灰斗尺寸等，只能根据经验来确定。例如粉尘量较多，则灰斗直径宜取大些，可为 0.7～0.75D 等。

(2) 相似准数群关联的性能计算法

多级串联总效率　　$\sum\eta=1-(1-\eta_1)(1-\eta_2)(1-\eta_3)$　　(2-91)

各级旋风分离器的分离效率 η_1(η_2，η_3) 为

$$\eta=\sum_{i=j}^{n} f_i'\eta_i d_p \tag{2-92}$$

式中 f_i'——分离器入口粉料中各个粒径范围所占据的质量分率，可由粒径分析仪测定；

$\eta_i(d_p)$ ——当量粒径为 d_p 的粒级效率，可用下式计算[31]：

$$
\begin{aligned}
&\Psi>0.9 \quad \eta_i d_p=1-\exp(-4.046\Psi^{1.29}C_r^x)\\
&0.6\leqslant\Psi\leqslant0.9 \quad \eta_i d_p=1-\exp(-3.945\Psi^{1.05}C_r^x)\\
&\Psi<0.6 \quad \eta_i d_p=1-\exp(-11.855\Psi C_r^x)
\end{aligned}
\tag{2-93}
$$

压降则可用下式计算[29]：

$$
\Delta p=(\rho_g+C_i)\frac{v_i^2}{2}+\xi_i C_r^{-0.045}\left(\frac{\rho_g v_i^2}{2}\right) \tag{2-94}
$$

上式中的 $\Psi=f(St, Re, Fr, Dd, Dt, \widetilde{d}_e)$ 和 $\Phi=g$ $(St, Re, Fr, dp/D, \widetilde{d}_e)$ 均为相似准数关联群，由大量实验回归求得，可参考有关文献［30］。其中各相似准数的表达式为 $St=\dfrac{\rho_p d_p^2 v_i}{18\mu D}$，$Re=\dfrac{\rho_g v_i D}{K_A \widetilde{d}_r \mu}$，$Fr=\dfrac{gH_s K_A^2}{v_i^2}$，$Dd=d_p/d_m$，$Dt=d_m/D$，$C_r=C_i/C_{io}$，$C_{io}=0.01\mathrm{kg/m^3}$。

其他符号说明如下。

ρ_g，ρ_p——气体与颗粒的密度，$\mathrm{kg/m^3}$；

μ——气体黏度，Pa·s；

C_i——旋风分离器入口浓度，$\mathrm{kg/m^3}$；

v_i——旋风分离器入口气速，m/s；

d_m，d_p——入口粉料的中位粒径及任意粒径，m；

x——指数，当 $C_i\leqslant0.05\mathrm{kg/m^3}$ 时，$x=0.06$；当 $C_i>0.05\mathrm{kg/m^3}$ 时，$x=0.1$；

ξ_i——阻力系数。

$$
\xi_i=8.54K_A^{-0.833}\,\widetilde{d}_e^{\,-1.745}\widetilde{D}^{0.161}Re_i^{0.036}-1 \tag{2-95}
$$

$$
\widetilde{D}=D/1.0
$$

$$
Re_i=\rho_g v_i D/\mu
$$

上式适用范围为 $St<2$，$Re=10^5\sim2\times10^6$，$Fr=0.1\sim18$，$\widetilde{d}_e=0.2\sim0.6$，$C_r\leqslant300$。

(3) 四参数优化组合设计程序 PVOD

旋风分离器尺寸虽多，但需优化组合的主要是四个参数：D、K_A、$\widetilde{d}_e$，v_i。优化组合的目标是：在规定压降下获得最佳效率，这就是新开发的 PVOD 微机程序。只要输入已知参数：气量、台数、气体密度与黏度、颗粒密度与入口浓度、入口颗粒群的粒径分布等；再限定四个限值：最大许可压降、直径、入口气速与高径比；就可很快算出该 PV 型旋风分离器的各部分尺寸和性能（效率、压降、出口浓度等）。单台或多级串联旋风分离器均可用此办法算出。

现在 PV 型旋风分离器已全面推广于炼油厂催化裂化装置和石油化工丙烯腈装置，两级串级的总效率都在 99.995%以上，技术指标全面处于国际先进水平。

2.7.2.3 E-Ⅱ型旋风分离器的设计方法

上海化工研究院根据冷态下大量实验数据的回归，得出 E-Ⅱ型旋风分离器性能的计算模型为

$$
\eta_i(d_p)=1-\exp[-0.2256D^{-0.573}\widetilde{d}_e^{\,-0.499}v_i^{0.262}d_p^{1/\pi}] \tag{2-96a}
$$

$$\Delta p=(2.0686\,\tilde{d}_e^{\,-2.148})\left(\frac{\rho_g v_i^2}{2}\right) \tag{2-96b}$$

式中的指数 n 由实验确定，若粗估，可取下式作为参考。

$$n=1-(1-0.668D^{0.14})\left(\frac{T}{283}\right)^{0.3} \tag{2-97}$$

其他符号同前。详细方法可参阅文献［32］。

E-Ⅱ型旋风分离器应用于化肥厂碳化煤球造气炉出口煤气的除尘，性能如下[33]：

旋风分离器内径 ϕ1200mm，$K_A=4.243$，$\tilde{d}_r=0.5$。进气量（标）$Q_i=15592\text{m}^3/\text{h}$（吹风阶段）（标）约 5845m³/h（上行阶段）。进气温度 200～300℃，进气含尘浓度（标）35g/m³，入口粒径分布为

粒径 d_p/μm	＞150	150～106	106～75	75～38	38～25	25～20	＜20
f/%	48.27	15.53	10.69	12.36	7.55	3.68	1.92

平均粒径为 152μm。

实际运行中测得旋风分离器的出口净化煤气中含尘浓度约为（标）0.3g/m³，总效率为 99.1%，总压降小于 1kPa。

此外，用于水泥、磷肥行业等也均获得了较好效果。

2.7.3 多管式旋风分离器

对于很大的处理气量，又需很高分离效率的场合，往往采用许多小直径旋风分离器并联运行。为了简化进出口管路连接，使设备紧凑，就需要采用公用的进、排气室及灰斗，于是发展成了多管式旋风分离器。它目前在工业中应用的有两大类，一类是低阻型，主要用于燃煤锅炉尾气除尘；其内旋风子的排布方式有多种，如图 2-120 所示，可立置、斜置或卧置，或在箱体内增设预除尘。另一类是高效型，主要用于石油化工及能源工业中，温度与压力均较高，如石油催化裂化烟气能量回收中的第三级旋风分离器，有立管式［见图 2-121(a)］、卧管式［见图 2-121(b)］及小旋风分离器式［见图 2-122(a)］。图 2-122(b) 为国外 UOP 公司的轴向直排立管式多管旋风分离器。

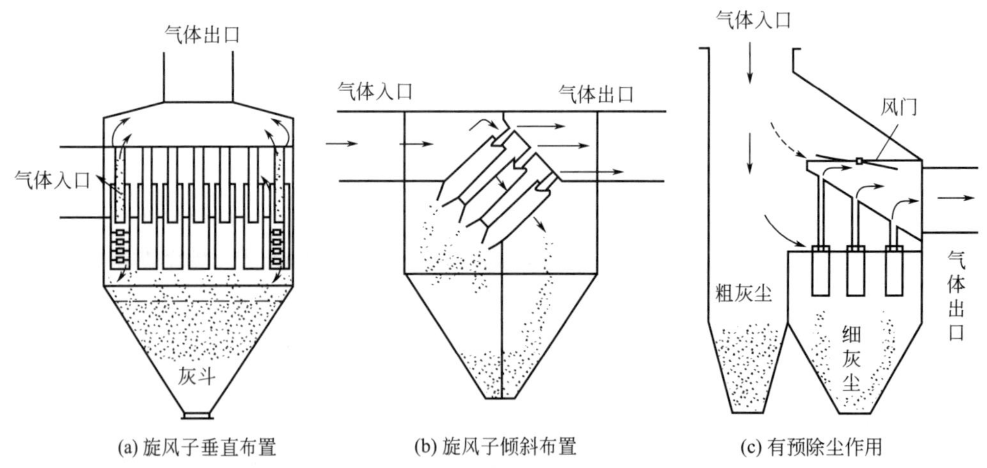

(a) 旋风子垂直布置　(b) 旋风子倾斜布置　(c) 有预除尘作用

图 2-120　多管旋风分离器及旋风子排布方式

多管旋风分离器的性能取决于每根旋风管，但它的分离效率有时会低于每根旋风管的分离

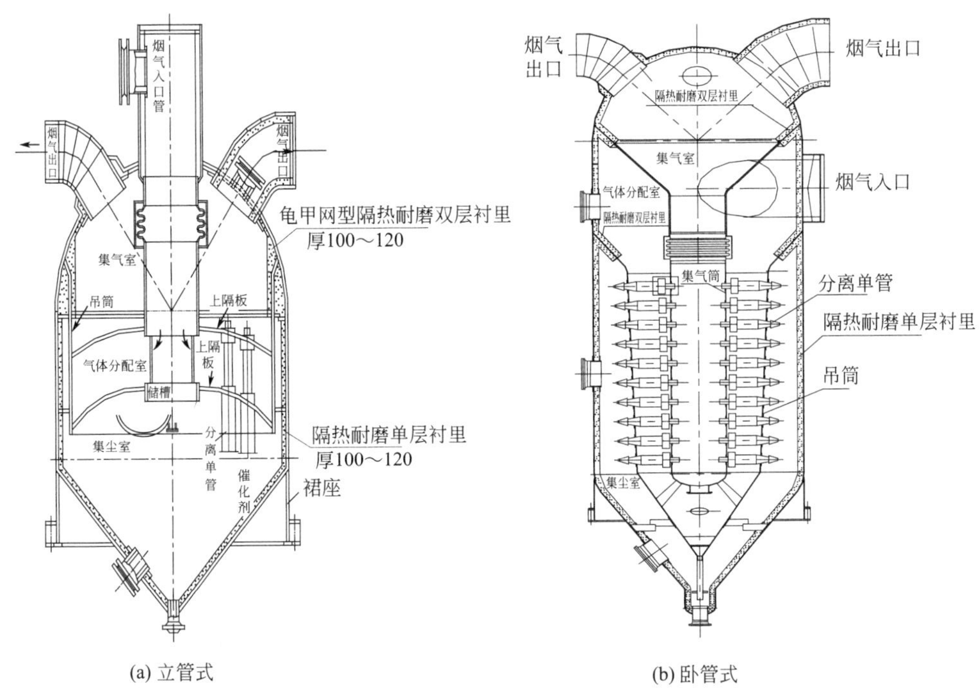

(a) 立管式

(b) 卧管式

图 2-121 催化裂化多管旋风分离器

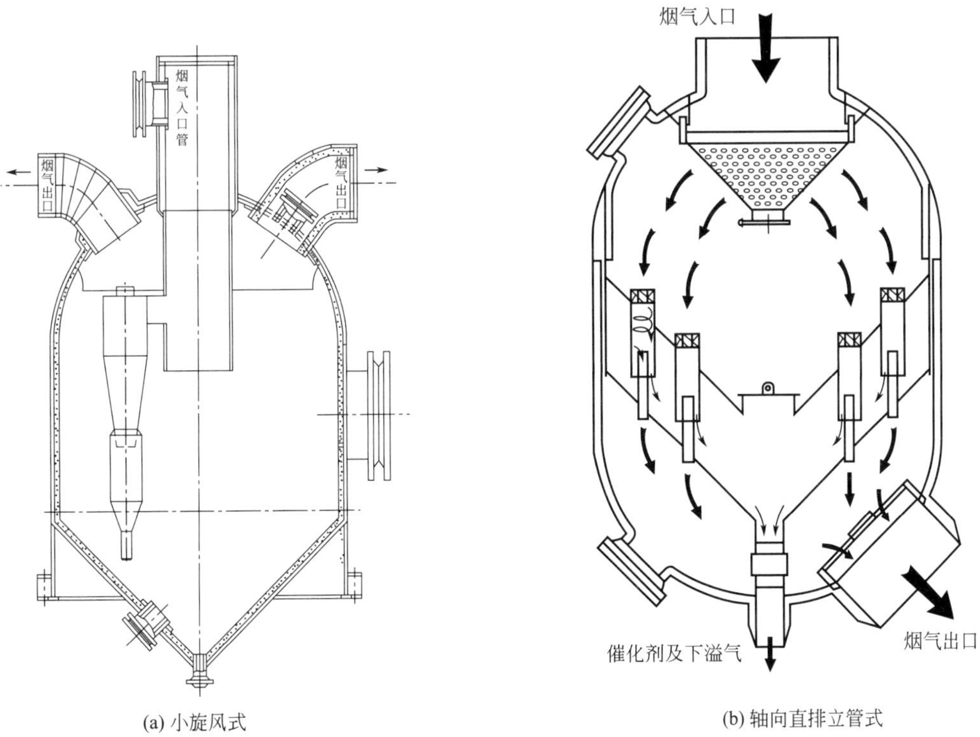

(a) 小旋风式

(b) 轴向直排立管式

图 2-122 多管旋风分离器

效率。其原因主要是各根旋风管的阻力系数若不一样，在公用灰斗的情况下，灰斗内含尘气会倒流入那些压降较高的旋风管内，产生所谓的“窜流返混”，使这些旋风管的效率大为降低，从而使多管旋风分离器的总效率会降低。所以一定要保证各根旋风管的阻力系数一样，公用进气室及灰斗的体积足够大，力求每根旋风管的进气量分配均匀。若有可能，还可从灰斗向外抽气，其量为进气量的 3%～4%即可防止窜流返混。

石化工业中应用的旋风管主要有两种类型，即切向进气型和轴向进气型。图 2-123(a) 是 Shell 公司的轴向进气导叶式旋风管[34,35]，常用 ϕ250mm，用于炼油催化裂化装置，可将烟气中 10～12μm 颗粒基本除净；图 2-123(b) 是我国自主开发的 PSC 型旋风管，常用 ϕ250mm，ϕ300mm。图 2-124 是卧管式旋风管。我国石油大学自主研制的 PT 系列切向进气的旋风管和 EPVC、PDC、PSC 系列轴向进气的旋风管，用于炼油催化裂化装置，均可在 650～700℃高温下基本除净 7～8μm 微粒，达到国际先进水平[36～44]。

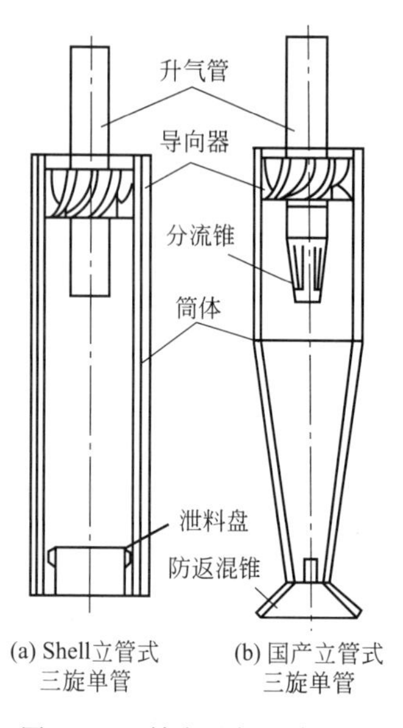

图 2-123　轴向进气型旋风管

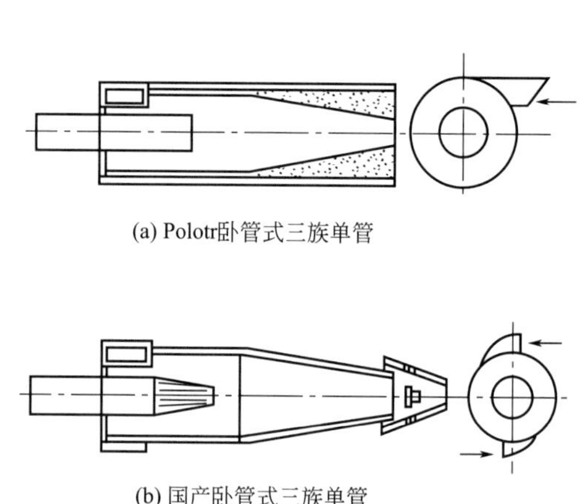

(a) Polotr卧管式三族单管
(b) 国产卧管式三族单管

图 2-124　切向进气型旋风管

2.8　洗涤分离过程

洗涤分离是采用某种液体（通常为水）捕集气体内所含固体颗粒的过程，又叫湿式除尘。它在捕集固体颗粒的同时还能除去气体中的有害组分，并对高温气体起到一定的降温冷却作用。它的捕集效率可以高于旋风分离器，能够除掉 0.1μm 以上的尘粒，且能处理黏附性大的粉料。但它分离下来的粉料是以废液或泥浆形式排出，还要增加后处理设备，以免造成二次污染。它不能用于憎水性和水硬性粉体的捕集分离。

2.8.1　洗涤分离过程的基本原理与分类

洗涤分离的关键是要使气-液两相充分接触，增加液体与固体颗粒的碰撞概率。现用的分离机理大体上有 3 种。

① 将液体雾化成细小液滴，而且要求雾化液滴尽可能均匀分散于气相内，依靠液滴对固体颗粒的碰撞、拦截、团聚等作用捕集固体颗粒。

② 使液体形成表面积很大的液膜，当气体与液膜接触时，利用黏附作用与扩散作用捕集固体颗粒。

③ 液体形成一些液层，气体则以气泡形式通过液层，此时，气泡中的固体颗粒依靠惯性、重力和扩散等作用而产生沉降，进入液相，达到气固分离的目的。

实际使用的湿法洗涤设备可能是上述两种甚至是三种分离机理兼而有之，故形成了众多的结构型式，有着各不相同的性能特点及设计方法。工程上常按烟气阻力将洗涤器分为低能与高能两类。低能洗涤器压力损失为 0.25～2kPa，如喷淋塔、旋风洗涤器等，一般运行的耗水量为 0.4～0.8L/m^3，对 10μm 以上的尘粒的捕集效率可达 90%～95%。高能洗涤器，压损大于 2kPa，如文丘里洗涤器，捕集效率可达 99%以上，可除去 0.25μm 以上的尘粒。

现在常用的几种类型的基本特征可参见表 2-80。

表 2-80　湿法洗涤器的分类

类　型	洗涤器名称	基　本　特　征
喷雾接触型	喷淋塔 (图 2-125)	用雾化喷嘴将液体雾化成细小液滴，气体是连续相，与之逆流运动，压降低，液量消耗大。可除去大于几个微米的颗粒
	喷射洗涤器 (图 2-126)	要用高压雾化喷嘴，气体与液滴是同向流，但两者间相对速度高。消耗高，可除净大于 1μm 的颗粒
	离心喷淋洗涤器 (图 2-127)	将离心分离与湿法捕集结合，可捕集大于 1μm 的颗粒。压降约为 750～2000Pa
气体雾化接触型	文氏管洗涤器 (图 2-128)	利用文氏管将气体速度升高到 60～120m/s，吸入液体，使之雾化成细小液滴，它与气体间的相对速度很高。高压降文氏管(10^4Pa)可清除小于 1μm 的亚微颗粒，很适用于处理粘性粉体
液膜接触型	填料塔 (图 2-129)	利用各种填料(如 Raschig 环，Pall 环，Intalox 环等)，使液体形成表面积很大的液膜，增大两相接触面积。每米床层压降约 10^5Pa。一个 2m 床层可清除大于几微米的颗粒，但入口的颗粒浓度不宜过高，以免堵塞床层
	湍球塔 (图 2-130)	将填料改为塑料球、玻璃球或圆卵石，使气体流速加大到可将球状填料浮动起来，液体可从上、下两面喷淋到床层，这样可加大气液相接触强度，又可清除填料上积尘。每级床压降为 700～1500Pa，可清除 1μm 颗粒
鼓泡接触型	泡沫洗涤器 (图 2-131)	在筛孔板上保持一定高度的液体层，气体从下而上穿过筛孔鼓泡入液层内形成泡沫接触。它又有无溢流及有溢流两种形成。板可有多层
鼓泡接触型	冲击式泡沫洗涤器(图 2-132)	气体鼓泡后又冲击到上面挡板上，可大大提高其净化效果，一般在压降 400Pa 时，可清除大于 1μm 颗粒
其他型式	冲击洗涤器 (图 2-133)	气体冲入液体内，转折 180°再冲出液面，激起水雾，可多次得到净化。压降为 (1～5)×10^3Pa，可清除几微米的颗粒

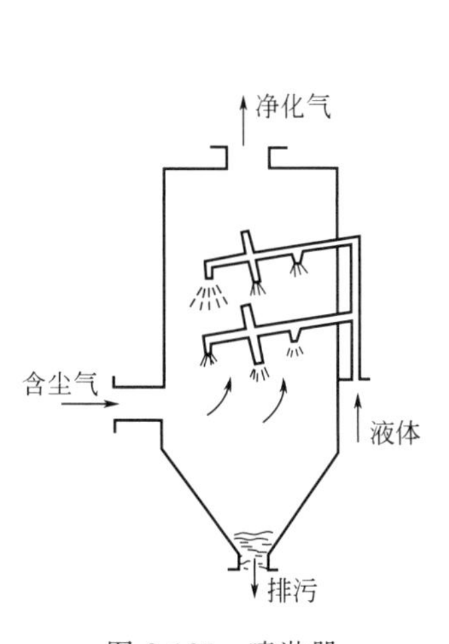

图 2-125　喷淋器

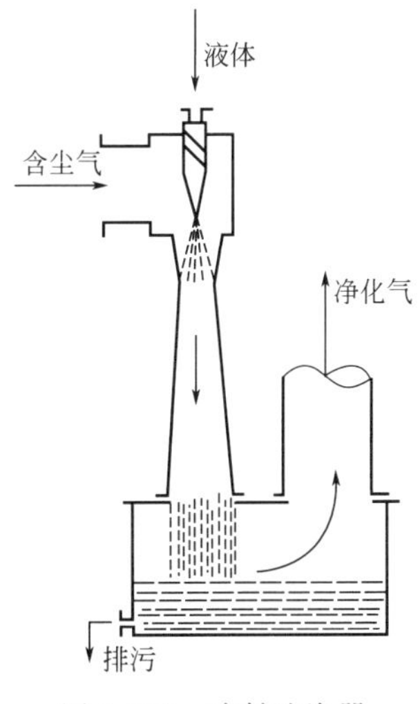

图 2-126　喷射洗涤器

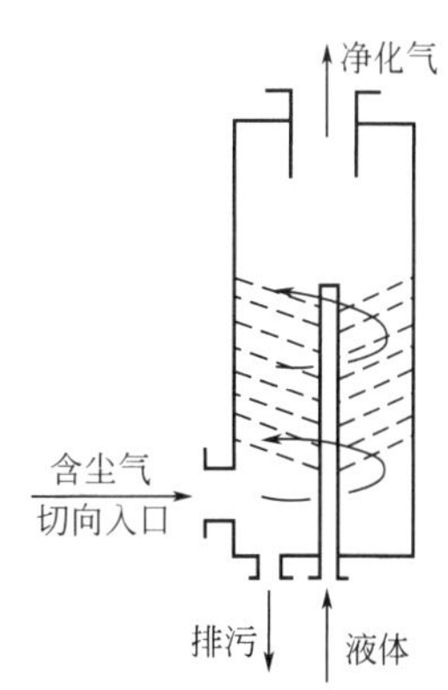

图 2-127　离心喷淋洗涤器

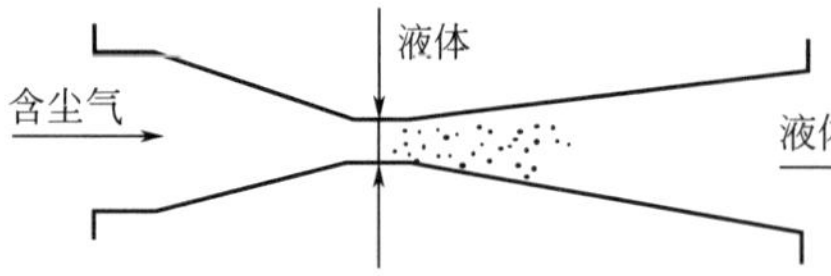

液体
含尘气
液体+气体

图 2-128　文氏管洗涤器

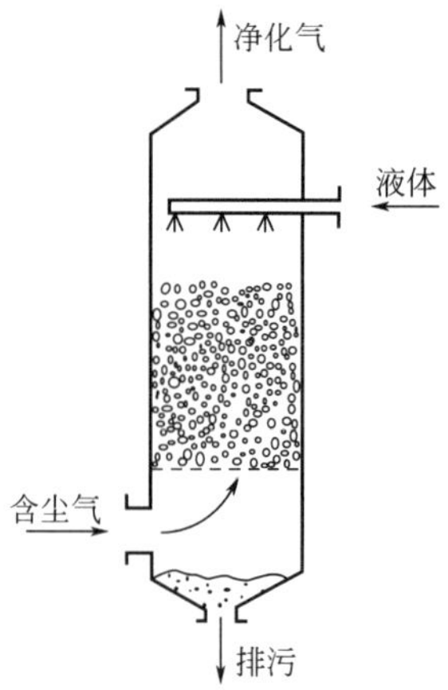

净化气
液体
含尘气
排污

图 2-129　填料塔

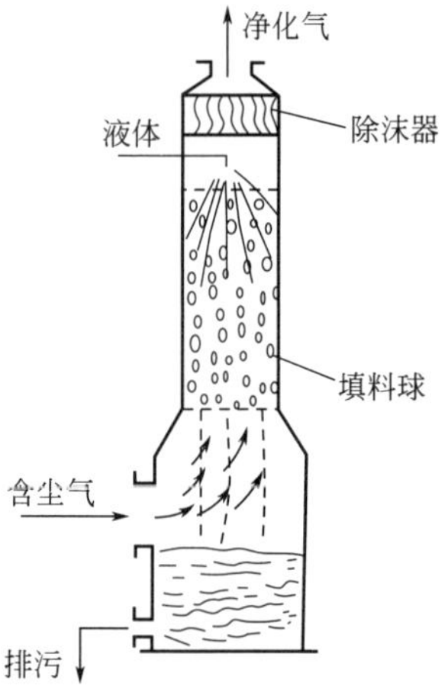

净化气
除沫器
液体
填料球
含尘气
排污

图 2-130　湍球塔

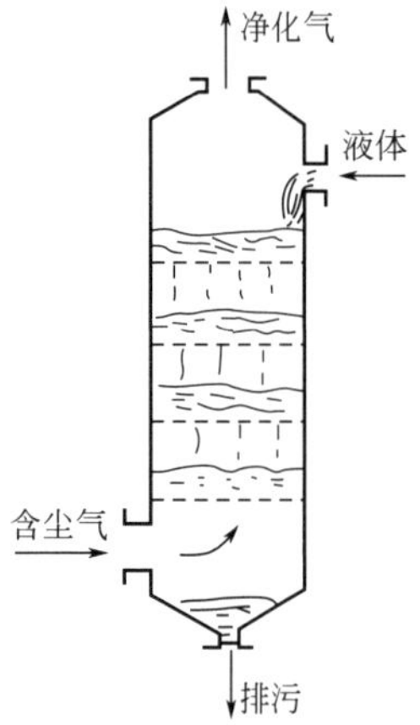

净化气
液体
含尘气
排污

图 2-131　泡沫洗涤器

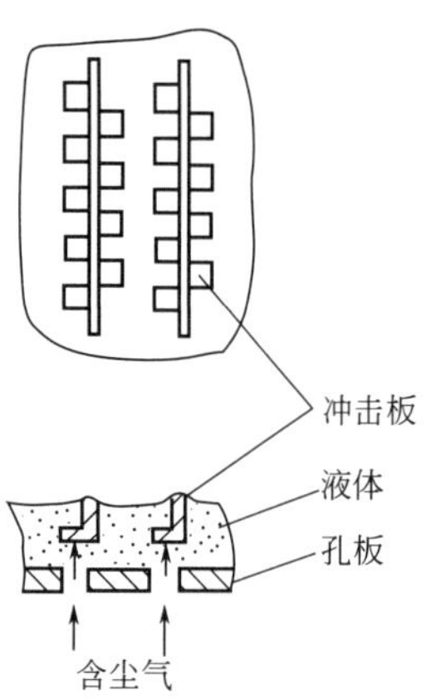

冲击板
液体
孔板
含尘气

图 2-132　冲击式泡沫洗涤器

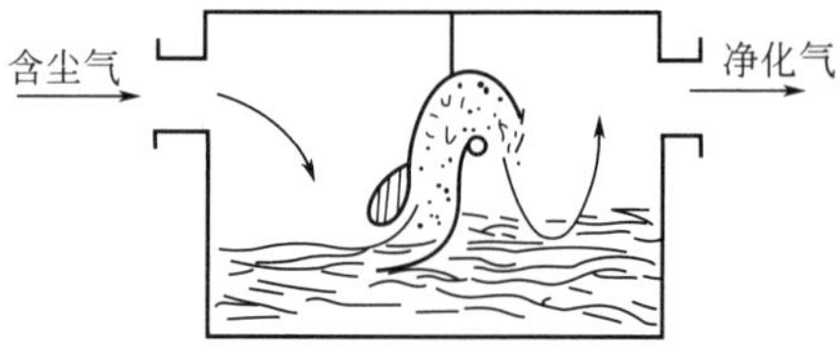

含尘气
净化气

图 2-133　冲击洗涤器

2.8.2　文氏管洗涤器

文氏管洗涤器主要由引液器（或喷雾器）、文氏管及脱液器 3 部分组成，见图 2-134 所示。含尘气体进入文氏管后逐渐加速，到喉管时速度达到最高，将该处引入的液体雾化成细小液滴。由于此处的气体与液滴的相对速度很高，故具有较高的捕集效率。此外，喉管处气体呈高速低压状态，同时又喷入大量液滴，使该处气段速度降低，压力回升，气体中饱和蒸汽就会冷凝而凝聚于固体颗粒上，使它们易于团聚变大，更易被分离出来。

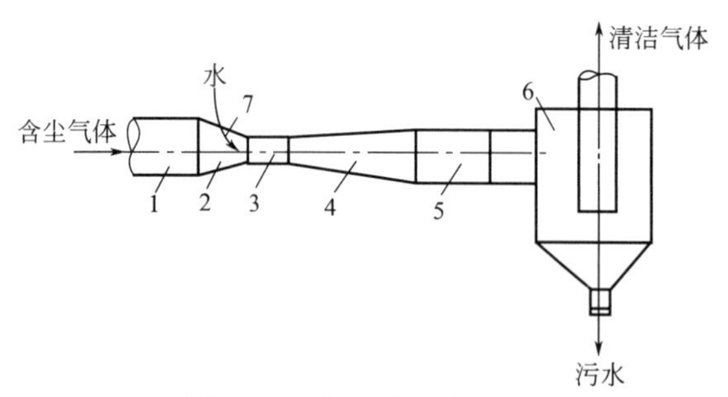

图 2-134　文氏管洗涤器组成

1—入口风管；2—渐缩段；3—喉管；4—渐扩段；5—风管；6—脱液器；7—雾化喷嘴

2.8.2.1　文氏管洗涤器的类型

文氏管洗涤器的类型较多。按外形可分为圆形与矩形两大类。按引液方式又可分为中心喷液、周边径向内喷、液膜引入及借气流能量引液等。文氏管的喉管气速是决定其除尘效率的关键，为了确保在含尘气量变化时，仍能维持最佳的喉管操作气流，出现了可调节喉管断面大小的各种方法[21]。

2.8.2.2　文氏管洗涤器的捕集效率

液体在喉部被高速气流抽引并雾化，液滴开始时的速度为 0，在气流曳力下被加速，直到十分接近于气体速度时为止。当液滴与气体间有相对速度时，气体内的固体颗粒主要以惯性碰撞效应被液滴捕集下来，此捕集过程直到两者相对速度为 0 时为止。随着相对速度的变小，捕集效率也逐步降低，所以精确计算此捕集过程十分困难。Calvert 等[45,46]在某些简化假设基础上，推得文氏管洗涤器的粒级效率公式为

$$\eta_i(d_p)=1-\exp\left[0.0364\left(\frac{Q_L}{Q_g}\right)\left(\frac{V_a d_1 \rho_1}{\mu_g}\right)F\right] \tag{2-98}$$

$$F=\frac{1}{St}\left[-0.35-fSt+0.71\ln\left(\frac{fSt+0.35}{0.35}\right)+\left(\frac{0.12}{fSt+0.35}\right)\right];$$

$$St=\frac{\rho_p d_p^2 v_a}{18\mu_g d_1}$$

式中　ρ_p——固体颗粒密度，kg/m^3；

ρ_1——液体密度，kg/m^3；

μ_g——气体黏度，Pa·s；

v_a——喉部气速，m/s；

Q_L——液体流量，m^3/h；

Q_g——气体流量，m^3/h；

f——修正系数；对亲水性颗粒 $f\approx0.25$；对憎水性颗粒 $f\approx0.4\sim0.5$；对煤飞灰 $f\approx0.5$；当 $Q_L/Q_g<0.2\times10^{-3}$时，f 值会增大；

d_1——液滴的面积体积平均直径，m；对于气体雾化，可用拔山-棚泽公式。

$$d_1=\frac{0.586}{V_a}\left(\frac{\sigma}{\rho_1}\right)^{0.5}+53.4\left(\frac{\mu_1}{\sqrt{\rho_1\sigma}}\right)^{0.45}\left(\frac{Q_L}{Q_g}\right)^{1.5} \tag{2-99}$$

式中　σ——液体表面张力，N/m；

μ_1——液体黏度，Pa·s；

d_p——固体颗粒直径，m。

若已测得气体内颗粒群的粒径分布 f'_i，则文氏管洗涤器的捕集效率便可由下式算得

$$\eta=\sum f'_i\eta_i d_p$$

影响文氏管洗涤器捕集效率的主要因素是喉管气速 v_a 和液气比（Q_L/Q_g）。对于细颗粒，气速的影响更为主要；而对于粗颗粒，则液气比的影响更重要。所以需依据不同情况，合理地选定最宜的气速与液气比。表 2-81 列出了一些应用实例，可供参考。

表 2-81　文氏管洗涤器应用实例

生产过程	粉尘名称	进口含尘浓度(标)/(g/m^3)	出口含尘浓度(标)/(g/m^3)	除尘效率/%
炭黑	炭黑	7.68	0.12	98.44
铅质涂料	铅粉	1.25	0.003	99.76
颜料生产	炭黑	0.685	0.0068	99
染料生产	靛蓝	0.047	0.013	72.34
石灰煅烧	石灰及氧化钠微粉	16.0	0.045	99.72
橡胶生产	炭黑	0.7	0.007	99.0
氧化铝生产	硅铝粉	2.0	0.005	99.75

2.8.2.3　文氏管洗涤器的压降

文氏管洗涤器的压降主要是干气流过的压降与气体粉碎并加速液滴所需的压降（称为湿压降）之和。

文氏管干气压降　$$\Delta p_{d}=\xi_{d}\frac{\rho_{g}v_{a}^{2}}{2} \tag{2-100}$$

文氏管湿压降　$$\Delta p_{l}=\zeta_{l}\left(\frac{Q_{L}}{Q_{g}}\right)\frac{\rho_{l}v_{a}^{2}}{2}\times10^{-3} \tag{2-101}$$

文氏管洗涤器的压降应为

$$\Delta p=\Delta p_{d}+\Delta p_{l}=[\zeta_{d}\rho_{g}+\zeta_{l}\rho_{l}(Q_{L}/Q_{g})\times10^{-3}]\frac{v_{a}^{2}}{2} \tag{2-102}$$

式中　ζ_{d}——干阻力系数。

当喉管长 l_a 为 $0.15d_a<l_a<10d_a$；$v_a<150$m/s；

$\alpha_i=25°$时（α_1 为收缩管锥度）

$$\zeta_{d}=0.165+0.034\left(\frac{l_a}{d_a}\right)+\left(0.06+0.028\frac{l_a}{d_a}\right)M \tag{2-103}$$

式中　M——马赫数，即为 v_a 与文氏管出口状态下的声速之比；

ζ_{d}——湿阻力系数。可按下式估算

$$\zeta_{l}=A\zeta_{d}(Q_{L}/Q_{g}\times10^{-3})^{B} \tag{2-104}$$

式中　A、B——实验常数，见表 2-82。

表 2-82　实验常数 A 与 B[47]

喷液方式	喉管气速 v_a/(m/s)	喉管长度 l_a/m	A	B
中心喷水膜淋	>80 <80	$(0.15\sim12)d_a$	$1.68\left(\frac{l_a}{d_a}\right)^{0.29}$ $3.49\left(\frac{l_a}{d_a}\right)^{0.266}$	$1-1.12\left(\frac{l_a}{d_a}\right)^{0.045}$ $1-0.98\left(\frac{l_a}{d_a}\right)^{0.026}$
在渐缩管前中心喷	40～150	$0.15d_a$	0.215	−0.54
在渐缩管内周边喷	>80 <80	$0.15d_a$	31.4 1.4	0.024 −0.316
喉口为环状，中心喷液	30～100	—	0.08	−0.502
最优形状的文氏管，中心喷液	40～150	$0.15d_a$	0.63	−0.3

2.8.2.4　文氏管洗涤器的设计

（1）圆形文氏管洗涤器

选定恰当的喉管流速 v_a，算出喉管直径 d_a

$$d_a=\sqrt{\frac{Q_g}{2826v_a}} \tag{2-105}$$

式中　Q_g——处理气量，m^3/h；

v_a——喉管流速，m/s；对于要求捕集效率不高时，选 $v_a=40\sim60$m/s；对于要求较高的捕集效率，选 $v_a=80\sim120$m/s。

喉管长度一般可取 $l_a>0.15d_a$。在周边喷雾时，应保证 $l_a>100$mm。对于大型文氏管，

当 $d_a>250$mm 时，应取较长 $l_a\approx(0.7\sim0.75)d_a$。

渐缩管的张角 α_1 一般可取 25°～28°，最大 30°。渐扩管的张角 α_2 一般可取 4°～7°，过大了易产生旋涡脱体，影响压降及效率。

(2) 矩形文氏管洗涤器

喉管截面积 A_a 可用下式确定。

$$A_a=\frac{Q_g}{C\sqrt{\Delta p/\rho_g}} \tag{2-106}$$

式中 Δp——许可压降，Pa；

C——校正系数，由实验定。对于 $\rho_g=0.96\text{kg/m}^3$ 的气体，不同液气比时的 C 值可见表 2-83。

表 2-83 矩形文氏管的 *C* 值[48]

$\frac{Q_L}{Q_g}\times10^3$	0	0.535	0.8	0.937	1.34	2	2.64	4	5.28	8
C	4823	4800	3840	3734	3560	3284	2985	2136	1539	1459

当 $\rho_g=1.6\text{kg/m}^3$，$Q_L/Q_g=1.34\times10^{-3}$ 时，上表中 C 值就会增大到 10910。

文氏管洗涤器设计时一般可按低阻型及高效型两类来考虑。低阻型文氏管洗涤器的主要参数为 $v_a=40\sim60$m/s；$Q_L/Q_g=(0.15\sim0.6)\times10^{-3}$，$\Delta p=0.6\sim5$kPa，适用于捕集粗粒及烟气调质。高效型文氏管洗涤器的主要参数为：$v_a=60\sim120$m/s，$Q_L/Q_g=(0.2\sim0.8)\times10^{-3}$，$\Delta p=5\sim20$kPa，可有效地捕集气体中 0.5～1μm 的微粒。

2.8.3 喷淋接触型洗涤器

喷淋接触型洗涤器是将液体雾化成细小液滴后，依靠众多的分散液滴来捕集气流中的固体颗粒。常用的有喷淋塔、喷射洗涤器及离心喷淋洗涤器三类。

2.8.3.1 喷淋塔

喷淋塔是最简单的洗涤器，如图 2-125 所示。它的设计参数为：雾化喷嘴的液压一般为 0.14～0.73MPa；液气比可用 $(0.066\sim0.266)\times10^{-3}$；塔内气体流速取 0.6～1.2m/s；塔高取气体停留时间 20～30s；气体压降一般为 200Pa 左右。在这种设计下，一般可捕集大于 5μm 颗粒，效率并不高。若要捕集更细颗粒，可将液滴雾化得更细。但细小液滴易于蒸发，又易被气流带走，也影响效率。所以 Stairmand[47] 给出了最佳的液滴直径在 0.5～1mm 之间，选用空心锥式或实心锥式的压力雾化喷嘴即可。这类雾化喷嘴的常用液压为 0.2～0.25MPa；喷嘴缩口直径为 0.5～50mm，相应的喷液量为（0.04～750）L/min；喷出角为 30°～100°，一般可使雾化液滴直径在 0.5mm 左右。

喷淋塔的粒级效率可用下式近似估算[21]。

$$\eta_i(d_p)=1-\exp\left[-1.5k\left(\frac{Q_L}{Q_g}\right)\left(\frac{H}{d_l}\right)\left(\frac{V_{SL}}{V_{SL}-V_g}\right)\frac{V_{SL}}{(V_{SL}+\psi)^2}\right] \tag{2-107}$$

式中 H——有效捕集高度，m；

d_l——液滴直径，m。

对于空心锥式喷嘴[45]，其以粒数计的体积平均径 $\overline{d}_{nv}$ 为

$$\lg\left(\frac{\overline{d}_{nv}}{d_o}\right)=AZ^2+BZ+C \tag{2-108}$$

对于实心锥式喷嘴[45]，它的质量中位直径 d_m 为

$$d_m=1.92\times10^{-6}\left(\frac{\sigma}{\rho_g V_r^2}\right)\left(\frac{V_r\mu_1}{\sigma}\right)^{2/3}\left(1+\frac{1000\rho_g}{\rho_1}\right)\left(\frac{d_o\rho_1\sqrt{V_1\mu_g}}{\mu_1^2}\right) \tag{2-109}$$

式中 d_o——喷嘴缩口直径，m；

σ——液体表面张力，N/m；

ρ_g、ρ_1——气体及液体的密度，kg/m^3；

μ_g、μ_1——气体及液体的黏度，Pa·s；

V_1——液体喷出速度，m/s；

V_r——气体与液体间相对速度，m/s；

$$Z=\lg\left[Re\left(\frac{We}{Re_1}\right)^a\left(\tan\frac{\theta}{2}\right)^b\right]$$

$$Re_1=\frac{d_o v_a\rho_1}{\mu_1};\ We=\frac{V_a^2 d_o\rho_g}{\sigma}$$

式中 v_a——喷嘴出口处液体平均轴向速度，m/s；

θ——最大喷雾锥顶角；

A，B，C，a，b——常数；对于水：$A=-0.144$，$B=0.702$，$C=-1.26$，$a=0.2$，$b=1.2$；对于有机物：$A=-0.0811$，$B=0.124$，$C=-0.186$，$a=0.55$，$b=1.2$。

v_{SL}——液滴终端沉降速度，m/s；可近似用下式计算

$$v_{SL}=1.74\sqrt{\frac{(\rho_1-\rho_g)gd_1}{\rho_g}} \tag{2-110}$$

$$\psi=\frac{6.3v_g d_1}{\rho_p d_p^2}$$

式中 d_p——固体颗粒直径，m；

v_g——塔内平均表观气速，m/s；

ρ_p——固体颗粒密度，kg/m^3；

k——由实验室得出的修正系数，一般可取 $k=0.5\sim0.1$，视喷嘴的布置疏密情况而定。液滴覆盖塔横截面较好时，可取较大的 k 值。

若在塔内每隔一定距离布置一排喷嘴，则上述效率会有所提高，可写为

$$\sum\eta_i d_p=1-(1-\eta_i d_p)^n \tag{2-111}$$

式中，n 为喷嘴排数。

2.8.3.2 离心喷淋洗涤器

典型的离心喷淋洗涤器如图 2-135 所示。含粉粒的气体切向进入，雾化喷嘴可放在中心［见图 2-135(a)］，也可放在器顶［见图 2-135(b)］。悬浮于气流中的粉粒既在离心效应下向着被湿润了的器壁运动而被捕集，又在运动过程中与液滴发生惯性碰撞而被捕集，所以它的捕集效率要高于一般喷淋塔或干式旋风分离器。这种离心喷淋洗涤器的常用设计参数为：切向入口气速 15～30m/s；器横截面上气速为 1.2～2.4m/s；压降为 0.5～2.5kPa；耗液量为 0.4～1.3L/m^3 气。Johnstone 和 Robert[49] 曾设直径 0.6m、入口气速 17m/s 的离心喷淋洗涤器的粒级效率作了计算，在向心加速度为 100g 的条件下，计算结果见图 2-136。可见有一个最佳液

滴直径，例如在 100μm 左右。某些工业应用实例见表 2-84。

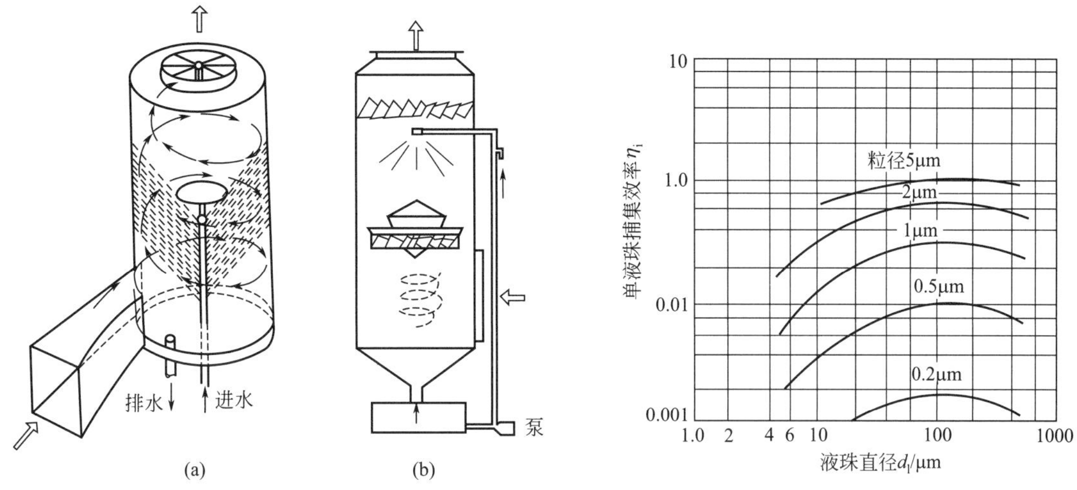

图 2-135　离心喷淋洗涤器

图 2-136　离心喷淋洗涤器的粒级效率

表 2-84　离心喷淋洗涤器的应用实例

尘　　源	粒　径 /μm	含尘浓度/(g/m³) 入　　口	出　　口	捕集效率 /%
锅炉飞灰	>2.5	1.12～5.9	0.046～0.106	88～98.8
铁矿石,焦炭	0.5～20	6.9～55	0.069～0.184	99
石灰窑	1～25	17.7	0.576	97
生石灰	2～40	21.2	0.184	99
铅反射炉	0.5～2	1.15～4.6	0.053～0.092	95～98

图 2-137 是另一种同心圆式离心喷淋洗涤器，其筒体由缺口同心圆挡板组成，每圈空间的上部均设有喷淋器，喷出的液雾在挡板的内外表面上形成水膜。由于各挡板间的径向宽度小，颗粒在离心效应下很快就到达挡板表面，被水膜捕集，所以总的捕集效率较高，只是金属用量较大。当洗涤器入口气速为 15m/s，颗粒密度$\rho_p=2600\text{kg/m}^3$，液滴直径 $d_l=200\mu$m 时，它的粒级效率计算值见表 2-85 所示。

表 2-85　同心圆式离心喷淋洗涤器的粒级效率[45]

项　目	d_p/μm	0.5	0.707	1	2	4
$\eta_i(d_p)$ /%	$\frac{Q_L}{Q_g}=0.8\times10^{-3}$	50	58.6	71	94.5	99
	$\frac{Q_L}{Q_g}=2\times10^{-3}$	54	68	85.9	97.5	99.6

2.8.3.3　喷射洗涤器

这种洗涤器的结构示意见图 2-126，外形很像文氏管洗涤器，只是液体由泵送到安装在器顶的雾化喷嘴内高速喷出。此时，由于高速液流的喷射，而且液气比较大，故在器的喉部可产生抽力而将含尘气体抽吸进来，这点刚好和文氏管洗涤器相反。所用液压一般为 0.15～0.5MPa（表），在液气比为 6～13L/m³ 时，可产生 250Pa 的抽力，使喉颈处气速为 12～14m/s。因为液

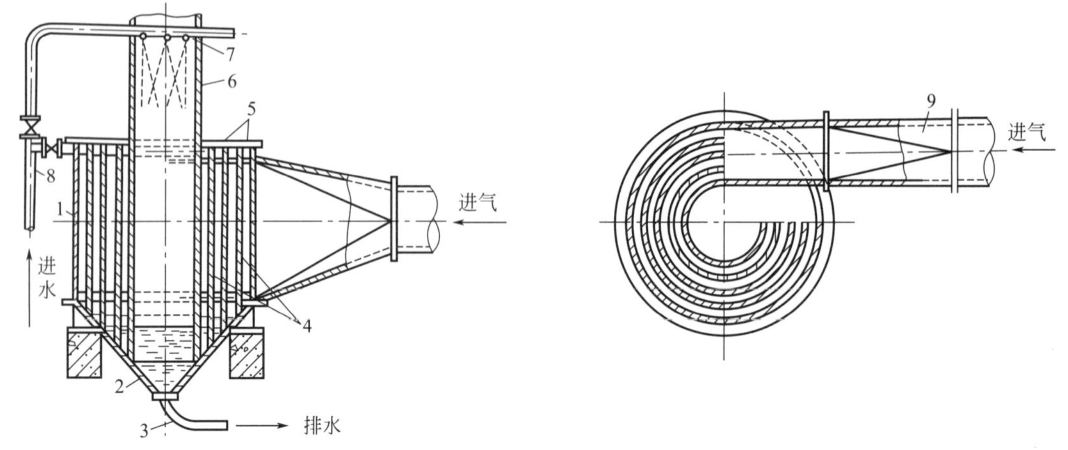

图 2-137　同心圆式离心喷淋洗涤器

1—外壳；2—水槽；3—泥浆出口；4—同心圆挡板；5,7—喷嘴；6—排气管；8—供水管；9—进气管

气间相对速度不大，故只可捕集 5～10μm 以上的颗粒。若要捕集更细的颗粒，可采用如图 2-138 所示的两级串联喷射洗涤器，其中第一级采用压缩空气或蒸汽来雾化液体以获得细小液滴，第二级则为常规的喷射洗涤器。该系统可用来捕集具有吸湿性的、直径为 $0.01\mu m < d_p < 1\mu m$ 的氯化铵粉体。

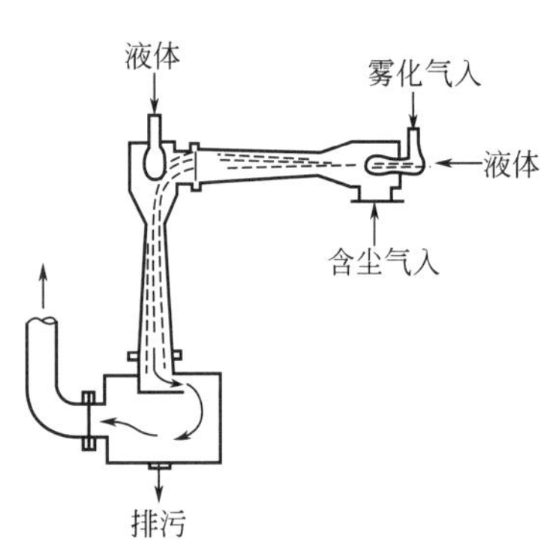

图 2-138　两级喷射洗涤器

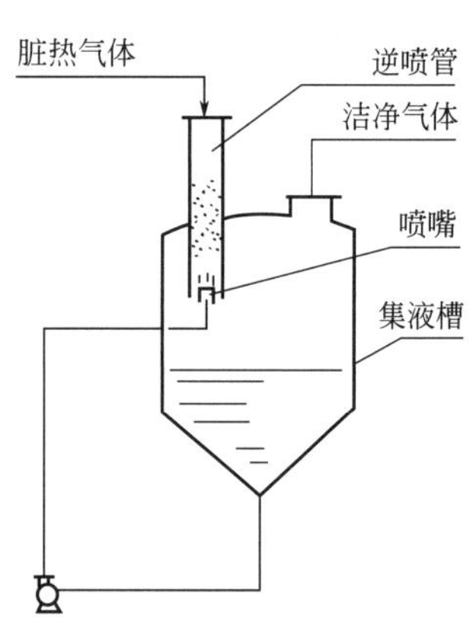

图 2-139　动力波洗涤器

2.8.4　其他型式洗涤器

2.8.4.1　动力波洗涤

动力波（Dyna-wave）洗涤技术是含尘气体湿法净化工艺的一项重大革新。洗涤液由一特有的喷头逆气流向上喷出，使气体通过一个强烈湍动的液膜泡沫区，利用泡沫区液体表面积大而且迅速更新的特点，强化了气液传质、传热过程，同时完成烟道气急冷、酸性气体脱出及固体粉尘脱出三项功能，其典型构型的工作原理如图 2-139 所示。这种洗涤器设备结构简单，尺寸小巧，操作维护简便。它的外观与一般烟道无多大区别，内部无任何活动或约束性的部件，气体流动通畅；喷嘴结构简单，开孔很大，不易堵塞；系统的可靠性高，运转周期长。器内气速可高达 12～20m/s，容许气量的变化范围为 50%～100%，工况变化的适应性较宽。洗涤过程既利用了气流的能量，也巧妙地利用了液流的能量；而且由于泵的效率通常高于风机，故与等效率的其他设备相比，它的运行能耗较低，气相压降通常只有文氏管洗涤器的一半。净化效

率远高于空塔、填料塔等传统设备，尤其对脱除亚微粒子更为有效。液气比常用61/m³，且液体可循环利用，实际液耗也不高，外排废液量很少。用三级动力波洗涤处理12500m³/h的硫酸工业尾气，造价比喷淋系统低约40%，对1μm以上粉尘的脱除效率大于99%。用于炼油厂催化裂化（FCC）尾气的除尘与脱硫，其效率均在99%以上。

2.8.4.2 冲击式洗涤器

冲击式洗涤器的特点是将含尘气体高速冲击液体，使固体颗粒在冲击惯性作用下进入液层而被捕集，同时气体的高速冲击又会将液层激起许多浪花及液滴，对固体颗粒也会起到碰撞拦截的捕集作用。

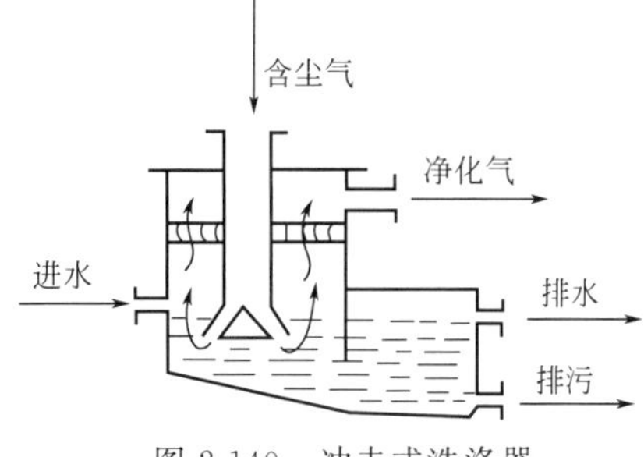

图 2-140　冲击式洗涤器

最简单的冲击式洗涤器如图 2-140 所示。影响它的效率与压降的关键是气流喷头埋入液面的深度及喷头气速。一般要求喷头气速大于11m/s，器内平均气流上升速度不要大于2m/s，液面以上1m处还设有挡液板。喷头埋入液面的深度可按表 2-86 选用。表 2-87 为水浴式洗涤器实测情况。

表 2-86　喷头埋入深度

颗粒性质	埋入深度/mm	气流喷出速度/(m/s)
密度大，粒径大	−30～0 0～+50	10～14 14～40
密度小，粒径小	−100～−50 −50～−30	5～8 8～10

注：表中+值为高于液面，−值为埋入液中。

表 2-87　冲击式洗涤器的实测性能

喷头气速/(m/s)	喷头埋入深度/mm	含尘浓度/(g/m³)		捕集效率/%	压降/Pa
		入口	出口		
8.12	−78.5	1.09	0.0225	97.9	1080
7.7	−85	3.34	0.1013	97	1355
5	−85	1.30	0.0444	96.5	1230

图 2-141 为一种效率较高的大型自激式洗涤器。它的主要特点是具有S形通道，有利于激起更多的液滴，加强液滴与颗粒的接触，所以捕集效率可提高。它的操作性能为：被气体激起的液量为2.67L/m³（气）；气体通过S形通道间隙时的速度一般要大于15m/s，推荐采用18～35m/s；耗液量约小于0.134L/m³（气）；设备压降常为1～2kPa；单位叶片长度上的处理气量以5800m³/h为宜。表 2-88 是该器的一些性能，表 2-89 是它的应用情况。

表 2-88　自激式洗涤器一些性能[49]

气速/(m/s)	激起液滴平均直径/μm	可捕集的颗粒直径/μm	气速/(m/s)	激起液滴平均直径/μm	可捕集的颗粒直径/μm
15.24	366	>5	121.92	72	<1
30.48	205	>2	189	58	<1
60.96	125	>1			

表 2-89　自激式洗涤器的应用情况[47]

尘　源	含尘浓度/(g/m³)		效率/%	尘　源	含尘浓度/(g/m³)		效率/%
	入口	出口			入口	出口	
电炉烟气	0.62	0.147	75.5	花岗岩粉尘	10	0.046	99.5
锅炉飞灰	3	0.011	99.4	石灰	10	0.4	96
褐煤尘	4	0.039	99	陶瓷磨光尘	0.92	0.018	98.8
烧结尘	5.9	0.045	99.3	喷砂	1.38	0.055	96.9
炭黑	0.51	0.005	99	金属抛光尘	0.28	0.03	90
石棉纤维	1	0.0046	99.5				

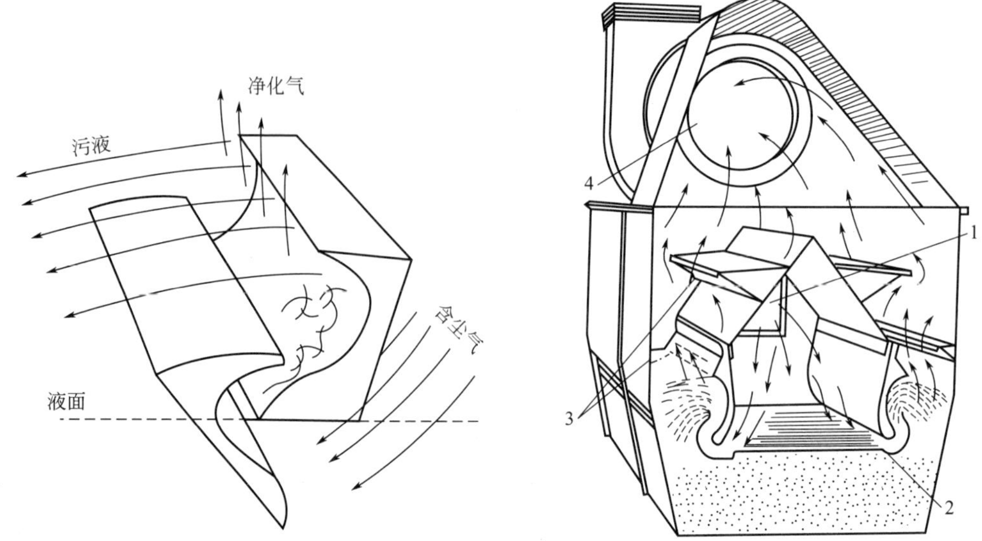

图 2-141　自激式洗涤器

1—进气装置；2—导向叶片；3—液滴分离器；4—气体导出装置

2.8.4.3　湍球塔

湍球塔是一种气、液、固三相流化床设备，典型结构如图 2-130 所示。在两块开孔率很大的孔板或栅板间，放置轻质空心球。含尘气从下部进入，以较大速度将空心球填料流化起来。洗涤用液则从上面喷淋下来，被流化状态下的小球激烈扰动，小球在湍动旋转及相互碰撞中，又使液膜表面不断更新，强化了气液两相间的接触，从而使效率提高。

常用的填料为聚乙烯、聚丙烯及多孔橡胶做成 ϕ15～40mm 的空心球，它们的密度比水小，一般为 160～650kg/m^3。操作压力大时可用密度较大的球。塔径 D 与小球直径 d_c 之比应大于 10，否则易发生节涌现象，流化不佳。

支撑孔板的开孔率一般为 30%～50%，最大可到 50%～60%。静止填料层高 H_0 与塔径 D 之比小于 1 时，易发生节涌与沟流等不良流化现象。此外 H_0 也应小于两筛孔板间距的 50%，否则小球湍动不佳。常取 H_0 为板间距的 15%～40%，一般多用 $H_0=150\sim600$mm，而且至少要大于 $(5\sim8)d_c$。

静止填料层的孔隙率 ε：在 $D/d_c>12$ 时，$\varepsilon=0.4$；在 $D/d_c\leqslant12$ 时，$\varepsilon\approx0.45$。

空塔气速应大于临界流化速度，一般按经验可取 $v_g=3\sim5$m/s；此时配合以中等的液流速度 1.35～2cm/s，湍球操作较为稳定。若气速低而液速高，球的运动太慢；若气速过高而液速很低，又易发生塞流，甚至液泛。

床层膨胀高度 H_c 可用下列经验公式计算

$$\frac{H_c}{H_0}=0.06v_g^{1.147}L^{0.7} \tag{2-112}$$

式中　L——液体喷淋密度，m^3/(m^2·h)，一般常取 35～40m^3/(m^2·h)。

此式适用范围为 $v_g=2\sim5$m/s，$L\geqslant25$m^3/(m^2·h)。两板间距可取为 1.25H_c。

1971 年 Bechtel[21] 给出计算湍球塔的压降公式、

$$\Delta p=H_0[0.119v_1^{0.33}+3.53(285v_1^{-0.25}-1.97v_g)^{-1.02}]\times10^{-2}+1.7\times10^{-4}v_g^2e^{0.77v_1} \tag{2-113}$$

式中　v_l——以空塔截面计算的液体速度，m/s；

v_g——空塔气速，m/s；

H_o——静止床层高，cm。

湍球塔的粒级效率可用下式计算[21]：

$$\eta_i d_p = 1 - \exp\left[-4.9\times10^6 v_l^3 v_g^{0.36} St\left(\frac{H_c}{d_c}\right)\right] \tag{2-114}$$

式中　$St=\dfrac{\rho_p d_p^2 v_{gb}}{18\mu_g d_c}$；

v_{gb}——填料床空隙实际气速，m/s；

$v_{gb}=v_g/\varepsilon$；

ε——填料床空隙率；

ρ_p——固体颗粒密度，kg/m³；

μ_g——气体黏度，Pa·s；

d_p——固体颗粒的直径，m；

d_c——填料球直径，m；

H_c——湍球床膨胀后高度，m。

2.8.4.4　强化型洗涤器

利用蒸汽冷凝在颗粒上及外加电场等作用，可以强化湿法捕集，提高洗涤器捕集细粒的效率。现简介几种新型洗涤器。

(1) Solivore 洗涤器

图 2-142 为 Solivore 洗涤器单级示意，含尘气先进入上部饱和室，依靠细雾使气体饱和水汽，并将粗粒捕集下来。而后，饱和水汽的气体以高速通过文氏管喉部，又将一部分细粒捕集下来。气体进入渐扩管后，速度降低而静压回升，水汽开始冷凝在细颗粒上。水滴与水膜包住的颗粒之间由于密度不同易产生速度差，使它们相互碰撞，形成团聚，便可将细粒捕集下来。此种洗涤器，用于锅炉除尘，只需一级，效率便可达 99%[48]。

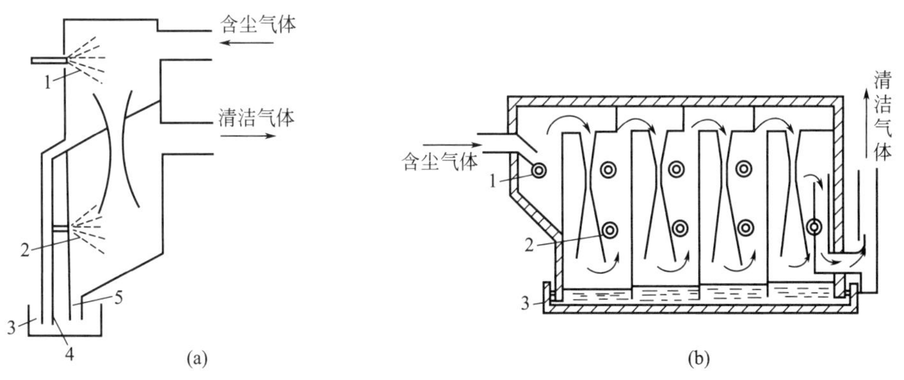

图 2-142　Solivore 洗涤器

1—细喷；2—粗喷；3—水槽；4—粗粒沉降；5—细粒沉降

(2) ADTEC 洗涤器

图 2-143 为 ADTEC 洗涤器示意。加热到 150～200℃的高温水由喷嘴 2 喷出，一部分生成平均直径小于 10μm 的细雾滴，一部分（约 15%）蒸发为水汽，形成双相高速气流，使水滴与颗粒间的速度差高达 240m/s，大大提高了惯性捕集效率。在随后的混合管中，蒸汽开始冷

凝，使颗粒直径增大，更易分离出来。所以这种洗涤器对于 0.1μm 微粒仍有较高效率。例如对于 0.5μm 以下的铁合金微粒，采用此洗涤器，水温 150～200℃，水气比 0.7～1.4kg/kg，捕集效率可高达 99%以上[47]。

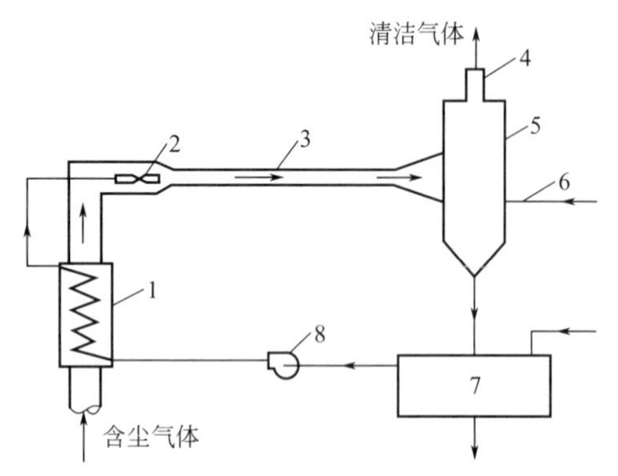

图 2-143　ADTEC 洗涤器

1—热交换器；2—两相喷嘴；3—混合管；4—烟囱；5—脱水器；6—补水；7—污水槽；8—水泵

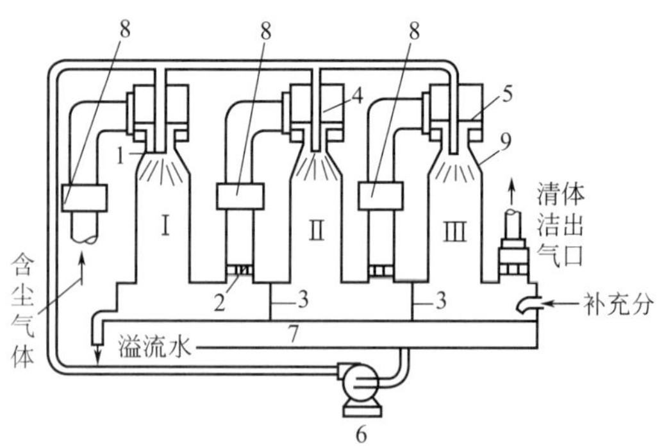

图 2-144　Electrodynactor 洗涤器

1—喷嘴；2—脱水器；3—挡板；4—增压室；5—撞击板；6—水泵；7—污水槽；8—电离器；9—洗涤器

（3）Electrodynactor 洗涤器

这种洗涤器由三级喷雾室串联而成，如图 2-144 所示。含尘气在进入每级前都先经过一个电离器，使尘粒荷电。1～1.7MPa 的压力水经喷嘴雾化后以 50m/s 速度喷入气流中，生成平均粒径小于 500μm 的水滴，受荷电尘粒的诱导，水滴荷反向电。这样，尘粒与水滴间既有惯性碰撞，又有静电吸引，故其捕集效率大为提高。对于 0.1～0.8μm 微粒的捕集效率可达 96%～98%，所用水气比为（0.67～1）$\times 10^{-3}\mathrm{m}^3/\mathrm{m}^3$，电离区电压为 15～24kV，总耗电量只增加 10%[47]。

2.8.5　液沫分离器

大多数湿法洗涤除尘器都存在着液沫夹带现象，由于液沫内往往都捕集了一些粉尘，因此，液沫夹带也就意味着已被捕集的粉尘将随液沫一起逃逸。而且，液沫夹带对生产系统中后续设备的操作也可能会带来一定的影响。所以在湿法洗涤除尘器出口处往往需要设置专用的除沫器。有些除沫器可直接安装在湿法除尘器内，有些只能作为单独设备串联在湿法除尘器后面。

从气流中分离液沫的方法有重力沉降、惯性碰撞、离心分离、静电吸引等。重力沉降法仅适用于大于 50μm 的液沫分离。惯性碰撞及离心分离方法能捕集 5μm 以上的液沫。现在工业上常用的有如下几种。

2.8.5.1　惯性捕沫器

惯性捕沫器是应用得较广泛的一种除沫器。它是利用惯性使液滴与固体表面撞击而使液滴凝并、黏附而被捕集的。它的常见形式如图 2-145 所示。利用气流通过曲折的挡板，产生多次折流，使液滴因惯性作用撞向挡板而被黏附捕集。

惯性碰撞效应随气流速度增加而增强，因而捕集效率也随之而增加。但气速过高又会产生二次夹带，所以要控制适宜的最大气速为[47]

$$v_{\mathrm{a,max}}=k\sqrt{\frac{\rho_1-\rho_{\mathrm{g}}}{\rho_{\mathrm{g}}}} \tag{2-115}$$

式中　k——系数，随设备结构型式而定。对于流线型挡板，$k=0.305$；对于百叶挡板，$k=0.122$；对于一般网格过滤，$k=0.107$～0.122。

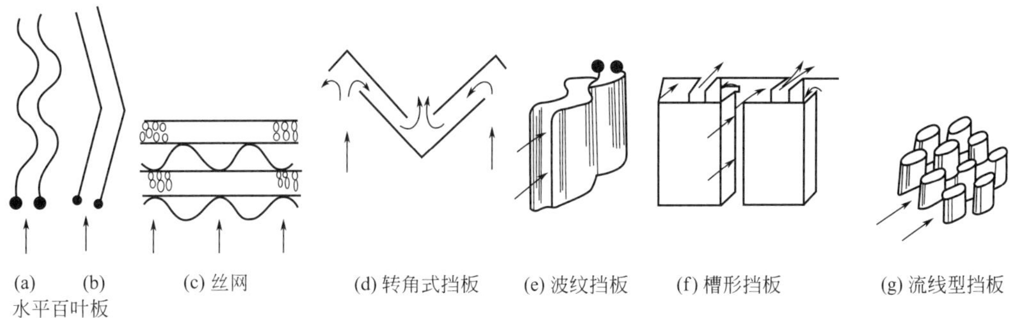

图 2-145 惯性捕沫器

2.8.5.2 复挡除沫器

复挡除沫器是由一个带切向进口管的垂直筒体及上、下两个锥体组成（见图 2-146）。在圆筒中心设置一根上端封闭的圆管，在圆管与外筒体之间的环形空间内，装有若干块同心圆弧挡板，构成了若干条槽道。气流从切向进口管进入圆筒体内，被圆弧挡板分隔成若干股气流，分别沿槽道作螺旋向上流动，最后汇合于设备的上锥体，从顶部中心的出口管排出。气流沿槽道作螺旋流动时，气流中夹带的雾沫或其他微小颗粒，在离心力的作用下，产生向外的径向位移，微粒一旦撞到垂直板面时就被黏附，形成液膜而被捕集，最后流入下锥体，从底部排液口排出。

上海化工研究院[50]研制的 ϕ530mm 矩形进口复挡除沫器的捕沫性能及压降的实测结果见表 2-90。

表 2-90 复挡除沫器的分离性能及压降[50]

进口气速 V_i/(m/s)	压降 Δp/Pa	阻力系数 ξ	实测效率/%	进口气速 V_i/(m/s)	压降 Δp/Pa	阻力系数 ξ	实测效率/%
6.71	88	3.07	86.7	18.51	610	2.80	94.6
11.89	253	2.81	91.2	23.41	1015	2.91	96.2
14.63	393	2.89	93.5	26.42	1226	2.76	97.9

注：液沫为真空泵油，平均粒径 d_1=40.5μm。

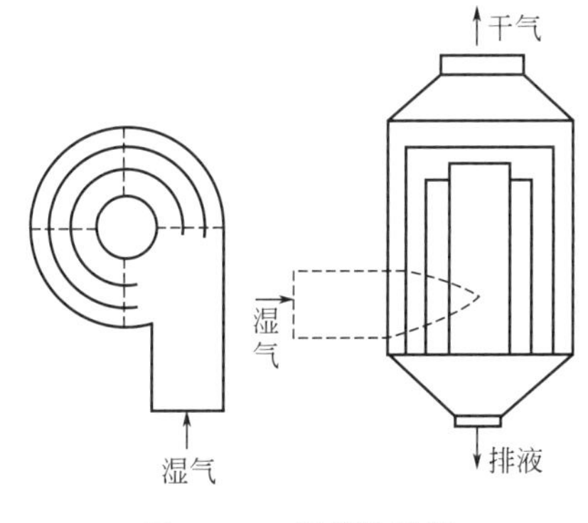

图 2-146 复挡除沫器

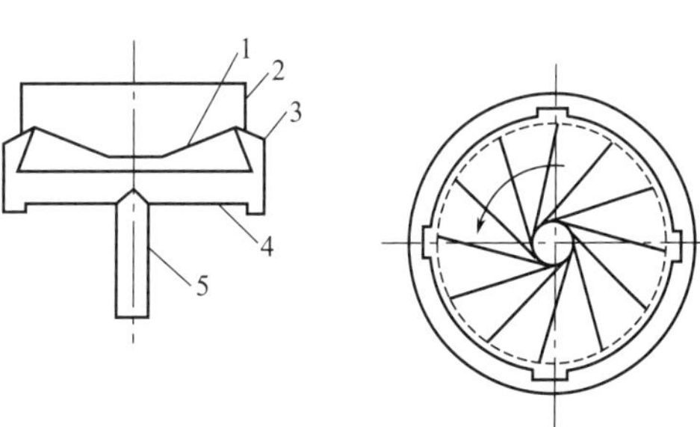

图 2-147 旋流板除沫器

1—旋流叶片；2—罩筒；3—溢流箱；4—溢流支管；5—中心溢流管

2.8.5.3 旋流板除沫器

旋流板除沫器一般可直接安装在塔器的顶部，结构如图 2-147 所示。主要由旋流叶片、罩筒与壁面溢流槽组成，结构简单，体积小。气流穿过旋流叶片变成旋转气流，它所夹带的液滴在离心力作用下以一定的仰角被甩向壁面，被壁面黏附、凝集，最后流入溢流槽而被捕集。旋流板除沫器的捕沫效率较高，在国内有不少工厂应用该设备，使用效果良好。

旋流板除沫器的切向气流速度一般可取 10～17m/s，与旋风分离器入口气速相近，但其阻力较小，可近似地按下式进行计算

$$\Delta p=\xi \frac{v_t^2}{2}\rho_g \quad (\mathrm{Pa}) \tag{2-116}$$

式中　ξ——阻力系数，一般为 1.4～2。

2.8.5.4　纤维除雾器

纤维除雾器常由两个同心筛网或者平行平板筛网和其间填入的压缩纤维床组成。常用过滤线速为 0.1～0.2m/s，一般可除去 3μm 以上细雾，效率 99.9%以上，压降为 0.6～3kPa，可消除可见的烟缕。高效设计时可捕集直径小于 0.1μm 或者更小的亚微米级雾粒。压缩纤维床材料可为特种玻璃、陶瓷、聚丙烯、聚四氟乙烯或者聚酯纤维、金属等，已广泛用于工业生产中，结构见图 2-148。

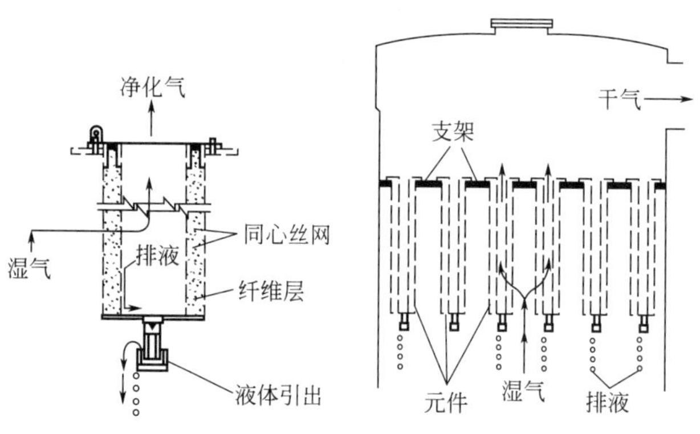

图 2-148　纤维除雾器

2.9　静电除尘器

静电除尘器是使含尘气体流过高压电场，在电场力的作用下，粉尘沉积于电板上，使尘粒从气体中分离出来的一种除尘设备。静电除尘器具有除尘效率高、能耗少、压力损失小等特点。静电除尘器可以通过加长电场长度来提高捕集效率，普遍使用的三电场静电除尘器，对一般烟气粉尘的捕集效率可达 99%，能捕集到 0.1μm 的粉尘；静电除尘器的烟气阻力一般仅为 200～300Pa，只有袋式除尘器的 1/5，运行费用比袋式除尘器低很多；静电除尘器还具有处理标准气流量大（10^5～10^8 m^3/h）、能连续操作、可在高温（400℃以下）或腐蚀性条件下工作的优点。可处理大风量，目前单台静电除尘器标准烟气处理量已达 200×10^4 m^3/h，这样大的烟气量用湿法或旋风除尘器都是不经济的。湿式静电除尘器还可同时除雾或脱硫等。

静电除尘器的不足之处是一次性投资费用高，占地面积相对较大，应用范围受粉尘比电阻限制，难以适应操作条件的变化，另外制造、安装质量要求较高。

2.9.1　静电除尘器基本原理

静电除尘器分离气体中的悬浮尘粒，其过程分为四个阶段：气体电离、尘粒获得离子而荷电、荷电尘粒向电极移动、将电极上的粉尘清除到灰斗中去。如图 2-149 所示，在除尘器的中

心极线和包围着的极管板上通以高压直流电，通常板线为阴极（电晕极），板管为阳极（收尘极）。两者之间保持一个足以使气体电离的静电场，当含尘气体流过时发生电离，形成气体离子和电子，使尘粒荷电。荷电粒子在电场力的作用下向收尘极移动并沉积在收尘极上，当收尘极上粉尘达到一定厚度时，借助于振打机构使粉尘落入灰斗，从而达到除尘的目的。

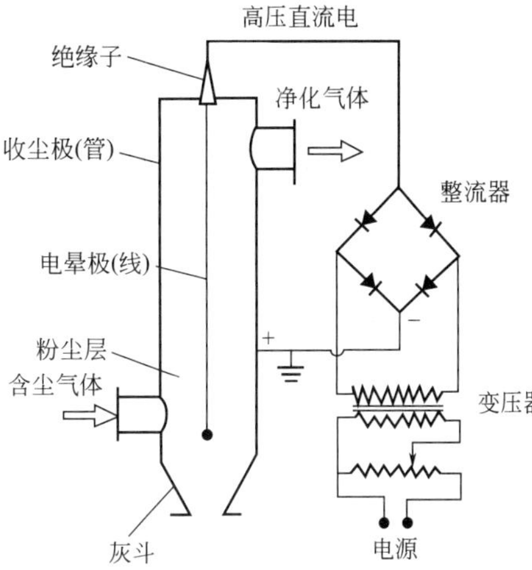

图 2-149　电除尘器基本原理

2.9.1.1　气体的电离

空气在通常状态下几乎不导电，但当气体分子获得一定能量时，就可能使气体分子中的电子脱离，这些电子成为输送电流的介质，这时气体就有了导电的性能。使气体具有导电本领的过程称为气体电离。

2.9.1.2　气体导电过程

气体导电现象分低电压导电和高电压导电两种。低电压气体导电是借放电极所产生的电子或离子部分传递电流，而气体本身并不起传递电流的作用。气体高压导电是依靠气体分子电离所产生的离子来传递电流，电除尘就属于这一类。

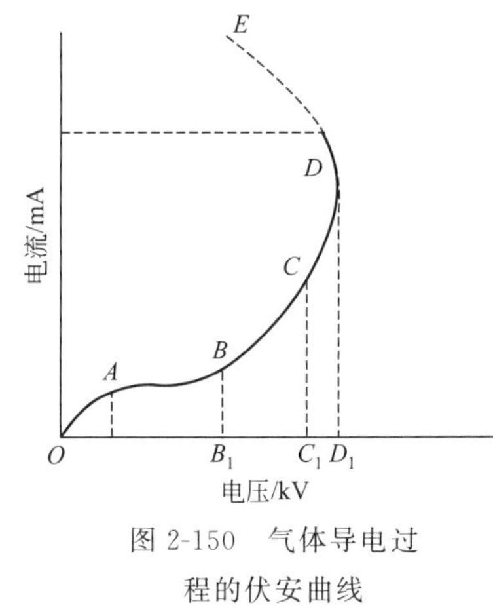

图 2-150　气体导电过程的伏安曲线

气体导电过程可用图 2-150 来表示。

在 OA 阶段，气体中仅存在少量的自由电子，在较低的外加电压作用下，自由电子做定向运动，形成很小电流。随着电压的升高，向两极运动的离子也增加，速度加快，而复合成中性分子的离子减少，电流逐渐增大。

在 AB 阶段，电压虽升高到 B_1 但电流并不增加，此时空气中游离电子获得足够动量，开始冲击气体的中性分子。当电压超过 B_1 点时，由于自由电子在电场中加速后超过了临界速度，气体中出现快速电子打击气体分子所产生的碰撞电离，于是电流开始明显增大，而且电压愈高，增大愈快。B_1 点就是气体的起始电离电压。

在 BC 阶段，随着电场强度的增加，活动度大的负离子也获得足够的能量来轰击中性原子或分子，使得电场中导电粒子越来越多，电流急剧增大。在大量气体被电离的同时，也有一部分离子在复合。复合时一般有光波辐射但无音响，故此阶段称为无声放电。如电压升到 C_1 点，则活动度较小的正离子也因获得足够的能量而轰击中性原子，从而不断地产生大量新离子。随着电压升高，通过电场的电流也得到更大的增长。与此同时，复合过程也趋激烈，特别是在电场强度最高的放电极附近，围绕着放电极，在黑暗处不仅可以看到一连串淡蓝色的光点或光环，或延伸成刷毛状，还可以听到咝咝响声。这种现象通常称为电晕。相应于 C_1 点的电压称为临界电晕电压。

曲线 CD 段称为电晕放电段，由于电子、正负离子都参与轰击作用，电场的离子浓度大幅度增加，随着电压继续升高，放电极周围的电晕区范围越来越大，电离如雪崩似地进行，当电压升高到 D_1 点时，正、负电极之间可能产生火花甚至电弧，气体介质局部电离击穿，电场阻抗突然减少，通过电场的电流急剧增加，电场电压下降而趋近于零，气体电离过程从而中止。相应于 D_1 点的电压，通常称为火花放电电压或临界击穿电压。

从临界电晕电压到临界击穿电压的电压范围，就是电除尘器的电压工作带。电除尘器运行时应经常保持在两电极间的气体处于不完全被击穿的电晕放电状态，尽量避免电离击穿产生短路现象。电压工作带除了和电极的结构形式有关外，还和生产工艺过程以及气体的性质有关。电压工作带越宽，允许电压波动的范围越大，静电除尘器的工作状况也越稳定。

2.9.1.3 收尘空间尘粒的荷电

尘粒荷电是电除尘过程中最基本的过程。尘粒荷电量的大小与尘粒的粒径、电场强度和停留时间等因素有关。尘粒的荷电机理有两种，一种称为电场荷电，另一种称为扩散荷电。电场荷电是指在外加电场的作用下，离子与悬浮于气流中的尘粒相碰撞，并黏附在尘粒上使之荷电。通常认为，这种尘粒荷电是在电晕区边界到收尘极之间的区域内进行的。这种荷电方式又称轰击荷电。尘粒的扩散荷电是由于离子无规则的热运动造成的。这种运动使离子通过气体扩散，并与电场内的粉尘碰撞，然后黏附其上使粉尘带电。扩散荷电主要取决于离子的热能、尘粒大小及有效作用时间。对于粒径大于 0.5μm 的尘粒，电场荷电是主要的；对于粒径小于 0.2μm 的尘粒，扩散荷电是主要的；而粒径在 0.2～0.5μm 之间的尘粒，二者均起重要作用。但是，就大多数实际应用的工业电除尘器所捕集的尘粒范围而言，电场荷电更为重要。

2.9.1.4 荷电尘粒的迁移和捕集

粉尘荷电后，在电场力的作用下，带着不同极性电荷的尘粒分别向极性相反的电极运动，并沉积在电极上。工业静电除尘器大多采用负电晕。在电晕区内，少量带正电荷的尘粒沉积到电晕极上，而电晕外区的大量尘粒带负电荷，因此向收尘极运动。电除尘的基本原理就是荷电的粉尘在电场中受力而被捕集。这个力的方向，取决于电荷的极性和电场方向。在工业静电除尘器中，影响收尘还有其他因素，但为简化收尘过程分析，通常不计及一些复杂的因素，而仅对收尘基本理论采取一些修正。

(1) 驱进速度

处于收尘极和电晕极之间的荷电尘粒，受到尘粒的重力、电场作用在荷电尘粒的静电力、惯性力、气体摩擦阻力四种力的作用，其运动服从牛顿定律。电除尘器中粉尘离子的运动主要取决于静电力和气体的摩擦阻力。

在场强为 E_p 的电场中，作用在荷电尘粒上的静电力

$$F_e = q_{ps} E_c \tag{2-117}$$

球形粉尘离子在受到静电力的同时，所受到的摩擦阻力

$$F_c = 6\pi a \mu \omega \tag{2-118}$$

在平衡条件下，此二力大小相等即可得，

$$\omega = q_p E_c / 6\pi a \mu \tag{2-119}$$

对于大于 0.5μm 粒径的尘粒，以电场荷电为主，代入电场荷电的 q_{ps} 值，并取收尘区的电场强度 $E_p = E_\infty$。令其与荷电区电场强度 E_c 相等，假设都等于 E，则上式可变为

$$\omega = \frac{2}{3} \times \frac{\varepsilon_0 D a E^2}{\mu} \tag{2-120}$$

$$D = \frac{3\varepsilon_r}{\varepsilon + 2}$$

式中　ε_0——真空介电常数，8.85×10^{-12}F/m 或 $C^2/(N^1 \cdot m^2)$；

a——尘粒的半径，m；

μ——介质的黏度，Pa·s；

E——电场强度，V/m；

ω——荷电尘粒的驱进速度，m/s。

粉尘驱进速度 ω 是静电除尘器设计中一个重要的数据。它与粉尘、尘粒半径、电场强度平方成正比，与气体黏度成反比。其方向指向收尘电极，与气流方向垂直。用电场荷电来推导驱进速度的公式，适用于大多数类型的尘粒。但在实际应用的静电除尘器中，荷电尘粒的实际驱进速度与计算值相差很大，因为影响 ω 值的因素很多，所以在设计静电除尘器时，通常采用测定实际运行中静电除尘器的有关参数反推算其 ω 值，该 ω 值通常称为有效驱进速度。

(2) 效率公式

除尘效率是静电除尘器的一个重要技术参数，也是设计计算、分析比较评价静电除尘器的重要依据。

静电除尘器的效率公式是多依奇（Deutsch）首先推导出来的，通常也称多依奇公式。

$$\eta = 1 - e^{\frac{A}{Q}\omega} \tag{2-121}$$

式中 η——除尘效率，%；

A——总收尘面积，m^2；

Q——处理烟气量，m^3/s；

ω——驱进速度，m/s；

e——自然对数的底。

多依奇公式还可以变换成下列形式。

对于板式静电除尘器 $$\eta = 1 - e^{-\frac{L}{Bv}} \times \omega \tag{2-122}$$

对于管式静电除尘器 $$\eta = 1 - e^{-\frac{2L}{Rv}} \times \omega \tag{2-123}$$

式中 L——板式或管式静电除尘器的极板宽度和长度，m；

B——异极间距，m；

v——电场气流速度，m/s；

R——管式静电除尘器极管半径，m。

多依奇公式的使用可以有以下四个方面。

① 根据给定的驱进速度（ω）、所处理的烟气量（Q）和总收尘面积（A），推算静电除尘器的除尘效率，如式(2-123) 所示。

② 根据对一定的静电除尘器测得的除尘效率及烟气量，计算出有效驱进速度，即 $\omega = \frac{\theta}{A}\ln\left(\frac{1}{1-\eta}\right)$。

③ 根据给定或测得的有效驱进速度，给定的处理烟气量和需要达到的除尘效率，计算静电除尘器必需的收尘极板面积，即 $A = \frac{\theta}{\omega}\ln\left(\frac{1}{1-\eta}\right)$。

④ 根据给定的有效驱进速度，总收尘极板面积和需要达到的除尘效率，计算静电除尘器所处理的最大烟气量。

但多依奇效率公式是在许多假定条件下导出的理论公式，与静电除尘器实际运行情况有较大的差别，因此许多从事静电除尘技术研究的学者，根据不同的物料和工艺过程，对多依奇公式进行修正，力求使其尽可能接近实际。可参考有关文献［52～54］。

2.9.1.5　被捕集粉尘的清除

集尘极表面的灰尘沉积到一定厚度后，会导致火花电压降低，电晕电流减小；电晕极上附有少量的粉尘，也会影响电晕电流的大小和均匀性。为了防止粉尘重新进入气流，保持集尘极和电晕极表面的清洁，应及时清灰。

电晕极的清灰一般采用机械振动的方式。在干式除尘器中，沉积在集尘极上的粉尘是由机械撞击或电极振动产生的振动力清除的。现代的静电除尘器大多采用电磁振打或捶式振打清灰，常用的振打器为电磁型和挠背锤型。

近年来还使用了振片式声波清灰器，它是一种增强型振片式声波清灰器，通过喇叭的声阻抗匹配产生低频高能声波，辐射到静电除尘器内的积灰区域，使灰尘在声波作用下产生振荡，脱离其附着表面，处于悬浮流化状态，在重力或气流的作用下进入灰斗或被清除。

湿式静电除尘器的清灰一般是用水冲洗集尘极板，使极板表面经常保持一层水膜，粉尘落在水膜上时，被捕集并顺水膜流下，从而达到清灰的目的。湿法清灰的主要优点是已除去的粉尘不会重新进入气相造成二次扬灰，同时也会净化部分有害气体，如 SO_2、HF 等；其主要缺点是极板腐蚀较为严重，含水污泥需要处理。

2.9.2　静电除尘器的工艺设计与主要参数的确定

静电除尘器在运行过程中能否达到预期的除尘效果，不但与静电除尘器的结构设计是否合理有关，而且在一定程度上还与工艺设计是否合理有关。影响静电除尘器性能的因素很多，主要有粉尘特性、烟气性质、结构因素和操作因素等，在工艺设计中应考虑粉尘和烟气性质对静电除尘器性能的影响。

2.9.2.1　粉尘特性的影响

粉尘特性主要包括粉尘的粒径分布、真密度和堆积密度、黏附性和比电阻等。

（1）粉尘的粒径

荷电粉尘的驱进速度随粉尘粒径不同而异，图 2-151 表示粒径在 0.1～10μm 范围内，它对理论驱进速度产生的影响。

试验证明，带电粉尘向收尘极移动的速度与粉尘的半径成正比，对于 1μm 以上的粉尘，粒径越大，除尘效率越高；而粒径在 0.2～0.5μm 之间，驱进速度有最低值。在此范围之外，驱进速度均有所提高。

新设计的静电除尘器在确定气流中粉尘的粒径分布时，应该在与之相似的气流条件下进行实际测定。在确定静电除尘器满足粉尘排放标准的能力时，所考虑的粉尘粒径分布应该比现有的预期稍小些，留有一定的裕量，以保证在操作条件发生变化时，仍能满足排放标准。

（2）粉尘密度

粉尘密度是指该粉尘单位体积的质量，或称真密度。包括尘粒间的空间在内的单位体积密度则称为堆积密度。尘粒的空间体积与包括尘粒在内的全部体积之比，称为空隙率。空隙率 ε、真密度 ρ_p 与堆积密度 ρ_b 之间的关系用下式表示：

$$\rho_b=(1-\varepsilon)\rho_p \tag{2-124}$$

堆积密度越小，由于粉尘再飞扬而对除尘性能的影响就越大。

（3）粉尘的比电阻

粉尘比电阻是衡量粉尘导电性能的一个指标，定义为厚 1cm、覆盖 $1cm^2$ 收尘面积的粉尘层电阻。它对静电除尘器的性能影响最为突出。根据粉尘比电阻对静电除尘性能的影响，大致可分为三个范围：①低比电阻粉尘<$10^4\Omega\cdot cm$；②常比电阻粉尘$10^4\sim5\times10^{10}\Omega\cdot cm$；③高比电阻粉尘>$5\times10^{10}\Omega\cdot cm$。一般情况下，静电除尘器运行最适宜的比电阻范围为$10^4\sim2\times10^{10}\Omega\cdot cm$（见图 2-152）。

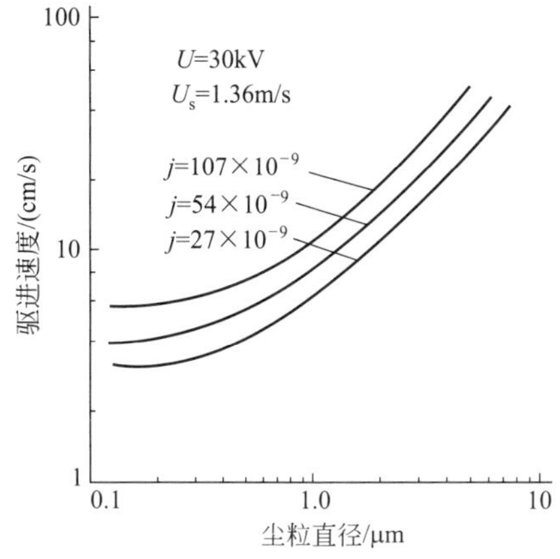

图 2-151　粉尘的理论驱进速度与粒径的关系

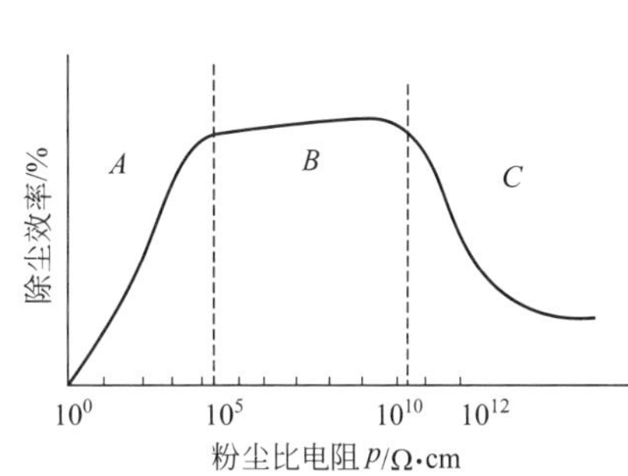

图 2-152　粉尘比电阻对电除尘效率的影响

低比电阻粉尘导电性好，当荷电粉尘到达电极时，会立即失去电荷，尘粒被斥离电极，重返气流中，这类粉尘不利于捕集。高比电阻粉尘，导电性特别差，难以捕集，对这种粉尘在工艺设计时应采取措施，使烟气温度能避开比电阻的峰值范围。目前，对高比电阻粉尘的捕集，主要采取以下措施。

① 对烟尘进行调质。如喷雾增湿或在烟气中加入化学添加剂，对烟气进行调质。

② 改变对除尘器的供电方式，采用脉冲供电。

③ 改进除尘器本体结构，如适当加宽极间距、加辅助电极等。

表 2-91～表 2-94 是有色冶金行业和国外测定的一些粉尘的比电阻数据。

表 2-91　重有色金属冶炼烟尘的比电阻

烟　尘　名　称	烟气温度/℃	烟气湿度/%	烟尘的比电阻/Ω·cm
铜焙烧烟尘	144	22	2×10^9
	250	22	1×10^8
铅烧结机烟尘	144	10	1×10^{12}
	52	9	2×10^{10}
	40	7.5	1×10^8
铅鼓风炉烟尘	204	5	4×10^{12}
	149	5	2×10^{13}
含锌渣烟化炉烟尘	204	1.3	4×10^9
	149	1.3	2×10^{10}
氧化镍回转窑烟尘	20		3×10^{10}
	65.5		8×10^9
	121		6×10^9
	177		5×10^8
	232		1×10^9
闪速炉镍烟尘			2.42×10^{10}
炼锡反射炉烟尘			3.46×10^{10}
锡渣烟化炉烟尘			1.75×10^{12}
大冶冶炼厂转炉烟尘			2.18×10^{10}

续表

烟尘名称	烟气温度/℃	烟气湿度/%	烟尘的比电阻/Ω·cm
大冶冶炼厂反射炉烟尘			8.6×10^{10}
云南会泽转炉粉尘			1.36×10^{11}
氧化锌烟尘			$5.0\times10^{10}\sim9.8\times10^{11}$
沸腾炉焙烧白银尾砂	常温		3.38×10^{9}
	100		1.396×10^{9}
	200		2.82×10^{9}
	250		8.35×10^{8}
	300		3.81×10^{8}

表 2-92 国外测定的粉尘比电阻

粉尘种类	气体温度/℃	湿含量/%	比电阻/Ω·cm
铝还原炉灰尘	75	1～2	1×10^{9}
氧化钡烟尘	120	7	1×10^{12}
同上,加水蒸气	120	—	1×10^{10}
同上,气体冷却	65	9	3×10^{9}
二氧化钛设备70%$CaSO_4$	370	14	5×10^{9}
30%TiO_2			
石油裂化设备产生的	175	25	
黏土催化剂灰尘	同上,用15×10^{-6}氨调理		1.4×10^{10}
锅焙烧炉灰尘	145	22	2×10^{9}
	250	22	1×10^{8}
水泥窑灰尘设备 A	300	41	5×10^{7}
设备 B	245	—	1×10^{10}
设备 C	170	5	2×10^{10}
旋转窑产生的石膏灰尘	150	31	7×10^{9}
	150	1	1×10^{13}
偏硼酸钡,未处理	150	20	1×10^{12}
	315	20	1×10^{11}
急骤煅烧炉产生的石膏灰	170	30	1×10^{12}
烧结厂逸出的铅烟尘	145	10	1×10^{12}
	60	9	2×10^{10}
	40	7.5	1×10^{6}
偏硼酸钡,硅处理	150	20	1.5×10^{14}
	315	20	6×10^{11}
石灰石粉尘	130		5×10^{12}
氧化镁粉尘	180		3×10^{12}
菱镁矿,镁砖,镁砂粉尘	160		3×10^{13}

表 2-93 国外测定在不同温度下粉尘的比电阻

粉尘种类	比电阻/Ω·cm				
	21℃	66℃	121℃	177℃	232℃
三氧化二铁	3×10^{8}	2×10^{9}	9×10^{10}	1×10^{11}	1×10^{10}
碳酸钙	3×10^{8}	2×10^{11}	1×10^{12}	8×10^{11}	1×10^{12}
二氧化钛	2×10^{7}	5×10^{7}	1×10^{8}	5×10^{8}	4×10^{9}
氧化镍	2×10^{6}	1×10^{6}	4×10^{5}	2×10^{5}	6×10^{4}
氧化铅	2×10^{11}	4×10^{12}	2×10^{12}	1×10^{11}	7×10^{9}
三氧化二铝	1×10^{8}	3×10^{8}	2×10^{10}	1×10^{12}	2×10^{12}
硫	1×10^{14}	/	/	/	/

续表

粉尘种类	比电阻/Ω·cm				
	21℃	66℃	121℃	177℃	232℃
水泥粉尘	8×10^{7}	7×10^{8}	7×10^{11}	8×10^{11}	9×10^{9}
飞灰A	8×10^{5}	8×10^{5}	8×10^{5}	1×10^{6}	1×10^{6}
B	3×10^{8}	5×10^{9}	2×10^{12}	4×10^{11}	1×10^{11}
C	2×10^{10}	3×10^{11}	7×10^{12}	5×10^{12}	7×10^{11}
石　灰	1×10^{8}	1×10^{9}	1×10^{11}	3×10^{11}	1×10^{11}
矾土粉尘	3×10^{8}	3×10^{11}	2×10^{12}	5×10^{11}	8×10^{8}
焊接的机器粉尘	2×10^{8}	3×10^{11}	1×10^{11}	7×10^{8}	8×10^{8}
平炉粉尘	1×10^{8}	3×10^{9}	3×10^{11}	1×10^{11}	9×10^{8}
氧化铬粉尘	2×10^{8}	4×10^{8}	2×10^{10}	9×10^{10}	3×10^{10}
氧化镍窑粉尘	3×10^{10}	8×10^{9}	6×10^{9}	5×10^{8}	1×10^{8}

表 2-94　国外测定的飞灰比电阻

飞　灰	气体温度/℃	比电阻/Ω·cm	备　注
A	120	1×10^{8}	高硫煤
B	180	5×10^{8}	高碳煤
C	220	5×10^{9}	
D	280	1×10^{10}	无烟煤尾矿,20%水分
E	160	3×10^{10}	正常锅炉负荷
	135	4×10^{8}	50%锅炉负荷
F	175	2×10^{10}	灰中有 0.8%SO_4
	175	2×10^{11}	灰中有 0.6%SO_4
G	150	平均 8×10^{10}	低硫煤(0.8%)
	150	平均 5×10^{9}	高硫煤(2.9%)
H	175 155	1×10^{12} 2×10^{11}	无烟煤和淤泥煤灰中有 0.1%SO_4^{2-}
	170 150	5×10^{10} 2×10^{10}	无烟煤和含 1/3 烟煤的淤泥灰中有 0.4%SO_4^{2-}
I	150	4×10^{10}	
	135	8×10^{9}	

2.9.2.2　烟气性质的影响

烟气性质主要包括烟气的成分、温度、压力、湿度和流速等。

(1) 烟气的成分

烟气的成分对负电晕放电特性影响很大，烟气成分不同，在电晕放电中电荷载体的有效迁移率也不同。在电场中，电子与中性气体分子相碰撞形成负离子的过程称为电子依附，其概率在很大程度上取决于烟气成分。根据统计原理，不同气体分子捕获电子的概率在数量级上是不同的，如表 2-95 所示。负电性气体和离子迁移率低的气体存在，可提高工作电压，对改善除尘器工作性能有利。

表 2-95　电子吸附所需要的碰撞次数

气　体	β(平均碰撞次数)	气　体	β(平均碰撞次数)	气　体	β(平均碰撞次数)
惰性气体	∞	C_2H_2	7.8×10^{6}	H_2O	4.0×10^{4}
N_2,H_2	∞	C_2H_6	2.5×10^{6}	O_2	8.7×10^{3}
CO_2	1.6×10^{8}	N_2O	6.1×10^{5}	Cl_2	2.1×10^{3}
NH_3	9.9×10^{7}	C_2H_5Cl	3.7×10^{5}	SO_2	3.5×10^{3}
C_2H_4	4.7×10^{7}	空气	4.3×10^{4}		

（2）烟气的温度和压力

对于同一种粉尘，即使在静电除尘器的规格和技术性能均相同的情况下，仅烟气温度不同也可以使静电除尘器的性能产生很大差别，这主要是因烟气温度不同而改变了粉尘比电阻的结果。图 2-153 是温度与粉尘比电阻的关系曲线。

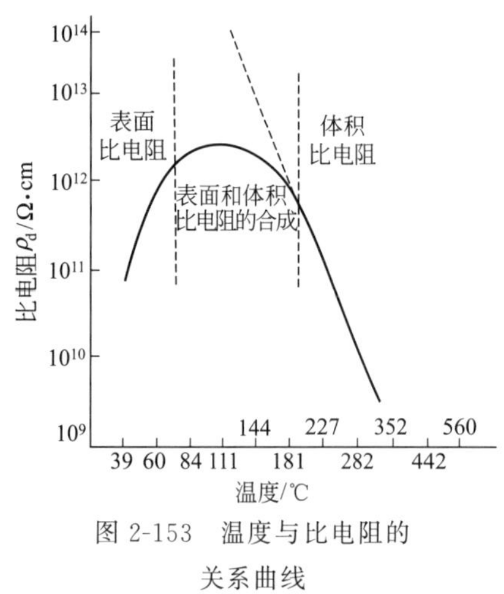

图 2-153　温度与比电阻的关系曲线

由图 2-153 可见，粉尘比电阻是两种独立的导电机理的综合：一种是通过粉尘内部的体积导电，它与粉尘的化学成分有关，体积比电阻与工作温度成反比；另一种是沿着粒子表面进行的表面导电，它与粉尘及烟气成分有关，表面比电阻与工作温度成正比。哪一种导电机理占主导地位，主要取决于烟气温度。在低温区，体积比电阻很高，而表面比电阻则随着温度的升高而增加。相反，高温时体积比电阻甚低，它不受并联的较高的表面比电阻的影响，温度介于两者之间，两种比电阻都起作用。图中虚线内的曲线，就是两种比电阻合成。根据这条曲线，可以确定最适合静电除尘器工作的温度。

烟气温度对静电除尘器性能的影响，还表现在温度对气体黏滞性的影响。气体黏滞性是随着温度的上升而增加的。气体的温度愈高，烟气的黏滞性愈大，则驱进速度愈低。烟气密度 ρ_g 随温度的升高和压力降低而减小，当ρ_g 降低时，电晕始发电压，起晕时电晕附近的场强和火花放电电压等都要降低。

（3）烟气的湿度

由于原料和燃料中含有一定的水分，参与燃烧的空气中也含有水分。因此，一般工业生产排出的烟气中都含有一定的水分。烟气的湿度通常以烟气露点温度来衡量，露点温度越高，烟气中湿度越大，吸收或凝结在粉尘表面上的水分也越多，导电性能也愈好。

水气分子使得烟气的电离减弱，电晕电流减小，空气间隙的耐压强度增加，击穿电压升高，火花放电较难出现。这就是通常所说的水蒸气对于空气的“去游离”作用。这一作用对静电除尘器来讲是有实用价值的，它使静电除尘器在提高电压的情况下稳定运行，而电场电压提高，不但电晕电流不会削弱，而且能增大电场强度，使除尘情况得到显著的改善。

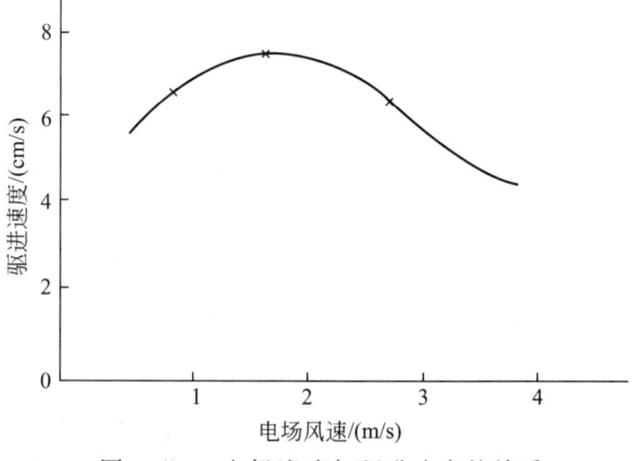

图 2-154　电场流速与驱进速度的关系

（4）烟气的流速

从降低静电除尘器的造价和占地面积的观点出发，应该尽量提高电场风速，以缩小电除尘器的体积。但对于一定的收尘面积，提高电场风速会使除尘效率下降。因此设计时通常对烟气的流速取低值，这主要是考虑避免沉积在收尘极板上的粉尘再次被气流带走，引起粉尘的再飞扬。确定电场风速的大小除了与粉尘性质有关外，还与收尘极板的结构形式、粉尘的黏附力、电晕极放电性能等因素有关。图 2-154 表示电场流速与驱进速度的关系，当流速较低时，驱进速度随着流速的增加而提高，但大于某一数值后，驱进速度却随着流速的增加而降低。某种粉尘在一定的工况条件下具有最大驱进速度的电场流速称为最佳流速，根据最佳流速来设计静电除尘器是较经济的。

2.9.2.3　工艺系统设计

（1）在流程中的设置

静电除尘器虽然可以应用于正压和负压条件下操作，但对于石油化工的静电除尘器大部分为处理的有毒烟尘，为防止烟气向外逸出，通常采用负压操作。若在工艺流程中需静电除尘器采用正压操作时，则需采取有效的防外逸措施。而特别是在电晕吊挂和振打传动装置处，必须配置热风吹扫装置，向内吹送热风，以防止因正压操作而使烟气中的粉尘沾污绝缘件，造成绝缘击穿，影响除尘正常运行。另外，若处于负压操作时，在流程上选择处于静电除尘器前的设备负压不要过大，以减少系统对静电除尘器漏气的影响。

（2）系统操作的最低温度

从温度对静电除尘器性能的影响来看，在静电除尘器的工艺系统设计中，只要有可能，使静电除尘器处于较低的温度下运行为好，因此在静电除尘器工艺系统设计时，一般在静电除尘器前设有气体冷却装置，一方面降低温度，另一方面利用烟气余热。但是静电除尘器的操作温度也不是愈低愈好。而尤其是当烟气湿含量较高，又含有 SO_3 等成分时，温度过低容易产生冷凝结露，造成清灰振打困难，电极、壳体腐蚀，绝缘件爬电等故障，结果使静电除尘器不能正常运行。因此，在任何情况下，烟气在静电除尘器中的操作温度必须高于露点温度20～30℃。

（3）系统的配套检测装置

静电除尘器的工艺系统设计必须考虑一定的配套检测装置，在进出口处配有温度计，以随时检测烟气的温度和系统保温情况。对处理含量较高的一氧化碳烟气时，在入口处还应装设一氧化碳含量的检测装置，以防止静电除尘器燃烧和爆炸。为了及时了解静电除尘器的运行效果，调节电流、电压的优化操作值，在电除尘出口应装设烟尘浓度测定仪。

（4）高海拔地区的系统设计

我国西北、西南高海拔地区与沿海地区相比较，即使在相同的工艺条件下，但电除尘的操作与整流机组的选型是不一样的。高海拔地区气量较大，随着海拔的增加，静电除尘器的工作电压降低，火花放电的电流密度也随气体压力降低（或随海拔的增加）而降低。海拔增加，W_e 降低，因此按正常情况考虑收尘面积是不够的，还必须考虑 W_e 因气压而变化的因素，高海拔地区的静电除尘器按等操作速度的设计原则，另在机组选型时应考虑高海拔地区的影响。详细可参考有关文献［54,55］。

2.9.2.4　原始参数

静电除尘器工艺设计计算需要有下列原始参数：

① 需净化的烟气量和最大量，通常是指工作状况下的含尘烟气量，m^3/h；

② 进出静电除尘器的烟气温度,℃；

③ 烟气的湿度，通常用烟气的露点值表示；

④ 烟气成分的体积分数,%；

⑤ 烟气进口的一般和最大含尘浓度，g/m^3；

⑥ 烟气出静电除尘器要求的最终含尘浓度，g/m^3；

⑦ 烟尘的性质包括粉尘的粒度组成质量分数,%；粉尘的化学组成；自然休止角、容重、

比电阻等；

⑧ 静电除尘器工作时壳体承受的压力（正压或负压），Pa；

⑨ 气象地质条件，包括地区最大风速、风载荷、雪载荷、地震烈度以及设备安装的海拔高度等。

2.9.2.5 主要参数的确定

静电除尘器工艺设计的主要参数包括：电场风速、收尘极面积、收尘极间距、粉尘有效驱进速度、通道数、电场数和供电容量的决定等参数。

（1）电场风速

工业静电除尘器常用的电场风速如表 2-96 所示。

表 2-96 静电除尘器常用风速

收尘极型式	电场风速/(m/s)	收尘极型式	电场风速/(m/s)
棒帏式、网式	0.4～0.8	袋式、鱼鳞式	1～2
C 型、Z 型	0.8～1.5	圆管、蜂窝式	0.6～1.5

电场断面积是收尘极板有效高度与电场内有效宽度的乘积，如图 2-155 所示。每个进口所对应的断面要接近正方形或高度略大于宽度（最大取高为宽的 1.3 倍），以便气流沿断面分布均匀。

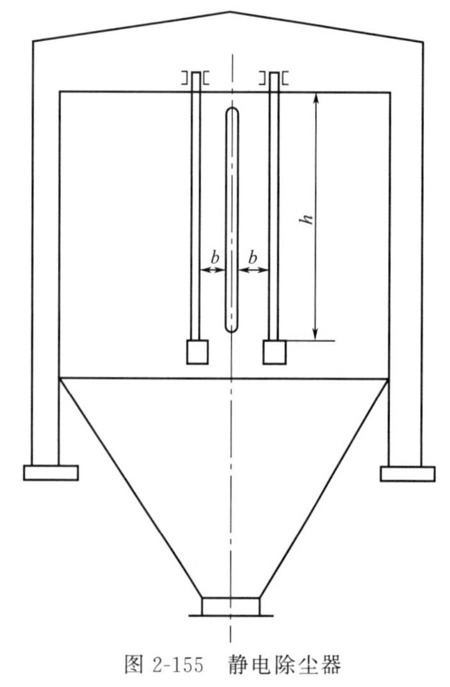

图 2-155 静电除尘器进气方向断面积

当电场断面积 $F<80\text{m}^2$ 时，取 $h=\sqrt{F}$；当 $F>80\text{m}^2$ 时，取 $h=\sqrt{\dfrac{F}{2}}$。

（2）收尘极面积

所需收尘极面积按下式计算：

$$A=\frac{-Q\ln(1-\eta)}{\omega}k \tag{2-125}$$

式中 A——所需收尘极面积，m^2；

Q——净化的烟气量，m^3/s；

η——除尘器要求的除尘效率；

ω——粉尘驱进速度，m/s；

k——储备系数。

$$\eta=\frac{W_{入}-W_{出}}{W_{入}}=1-\frac{q_{出}}{q_{入}} \tag{2-126}$$

式中 $W_{入}$——静电除尘器入口处的粉尘量，kg/h；

$W_{出}$——静电除尘器出口处的粉尘量，kg/h；

$q_{入}$——静电除尘器入口处烟气的含尘浓度，g/m^3；

$q_{出}$——静电除尘器出口处烟气的含尘浓度，g/m^3。

储备系数 k 选取时应考虑下面几点。

① 静电除尘器在工艺流程中所处的位置。如当静电除尘器出现故障时，可停机处理而不影响整个生产过程，k 值可取 1，反之，k 值取 1.1～1.3。

② 原始设计条件波动的可能性。硫酸厂用的静电除尘器，当原料含硫量变化较大时，k 值取 1.2～1.3。如原料与原始设计条件波动不大，取 k 值为 1。

③ 根据环保对烟气排放净化程度的要求。如对有些地区或有毒害的烟气，即使是在短时间也不允许超过排放值，k 值取 1.2～1.3。

根据上述情况，取其中较大者的 k 值（注意：不是它们的乘积）。

(3) 收尘极间距

根据多依奇效率公式，对于一定宽度的极式静电除尘器，在两排收尘极板之间应有一个最佳间距，此间距既保证在最高除尘效率时的收尘极板面积，又能保证最佳效率时的操作电压，对不同型式极板，极线、间距数值不同。一般对管式静电除尘器为 250～300mm，板式静电除尘器为 250～350mm。1975 年后国内外对加大极间距进行了广泛的研究，结果表明，由于极间距加宽，增加了绝缘距离，抑制了电场“闪络”，提高了电场电压，增大了粉尘驱进速度，在处理相同烟气量和达到相同除尘效率的条件下，所需收尘面积减少，整个设备耗材减少，安装维修方便。宽极间距一般为 400～1000mm。宽极间距的适用性，取决于电气工作条件。当火花电压随极间距扩宽而按比例升高，驱进速度提高；相反，极间距不宜增加。试验表明，当粉尘比电阻大于 $10^{11}\Omega \cdot cm$ 时，宽极间距比常规间距有明显的优越性。

(4) 粉尘有效驱进速度

粉尘有效驱进速度是静电除尘器工艺计算的重要参数之一。设计时实际应用的驱进速度一般都是根据现场测定或中间试验结果得到的有效驱进速度。该数值几乎每个国家、每个公司都有自己的经验数据。

选取有效驱进速度主要需要解决以下两个问题：一是如何判别原始工艺条件的相似程度；二是找到相似工艺条件的静电除尘器后，如何进一步引申推断出新的静电除尘器。

针对上述问题，根据研究结果，提出原始工况相似程度模拟判式。

$$\omega=\frac{\tau}{\tau+2\rho\varepsilon_1}\times\frac{2\varepsilon_1 E_c E_p a}{\mu}\left(1+A\ \frac{\lambda}{a}\right) \tag{2-127}$$

式中 ω——驱进速度，m/s；

E_c——粉尘荷电电场强度，V/m；

E_p——收尘极附近电场强度，V/m；

τ——特征时间常数，s；

ρ——粉尘比电阻，$\Omega \cdot cm$；

ε_1——绝对介电常数，即含尘烟气多相体系的等效介电常数，F/m；

μ——介质黏度系数，$Pa \cdot s$；

a——尘粒半径，m；

A——与 a 有关的滑动校正常数；

λ——气体分子平均自由行程，m。

如令 $\dfrac{\tau}{\tau+2\rho\varepsilon_1}\times\dfrac{2\varepsilon_1 a}{\mu}\left(1+A\ \dfrac{\lambda}{a}\right)=K$

则式(2-127) 可写成

$$\omega=KE_cE_p \tag{2-128}$$

特征时间常数 τ 取决于设计粒径 a、烟气黏度 μ 和温度；比电阻 ρ 主要受烟尘、烟气以及温度等条件的影响；设计粒径 a 主要取决于粉尘粒径分布规律和所要求的设计效率 η；常数 A 主要与设计粒径有关；黏度 μ 取决于烟气组成和温度；ε_1 主要与物相有关。由此可见，K 值几乎完全取决于原始工况参数的各主要因素。其大小反映了该工况下粉尘被捕集并达到所要求的除尘效率的难易程度，K 越大，则 ω 相应增大，说明易于实现所要求的除尘效率，反之，则相反。由于 K 集中体现了主要原始工况因素对驱进速度的影响，因此，不同的原始工况有不同的 K 值，根据 K 值之间差别的大小，就可判断原始工况间的相似程度，若两个 K 值相差不大，可以近似地认为这两种工况相似。

通过建立在理论模式基础上的 $\omega=KE_cE_p$ 和建立在实测基础上的 $\omega=-\ln(1-\eta)/f$，将已投入运行的静电除尘器中所派生出的运行参数和其运行效果的影响引申到相似的工况中，从而给出了根据已投入运行的静电除尘器推断相似工况新静电除尘器的依据。

$$f_2=\frac{\ln(1-\eta_2)}{\ln(1-\eta_1)}\times\frac{E_{c1}E_{p1}}{E_{c2}E_{p2}}\times\frac{K_1}{K_2}f_1 \tag{2-129}$$

式中　η_1——工况 1 的实测效率；

f_1——工况 1 的比集尘面积；

η_2——工况 2 所要求的设计效率；

f_2——工况 2 所需的比集尘面积；

K_1、K_2——两种工况的模拟值。

上式中 f_1、η_1、η_2 均为已知，K_1 和 K_2 通过计算得到，E_{c2} 和 E_{p2} 则要看工况 2 将要采用的基本结构和操作参数与工况 1 是否相近似。如果不同，则应考虑新结构以及操作参数的影响，并把影响程度引入到式(2-129) 中。如基本相同，则可近似地认为 $E_{c1}p_1=E_{c2}p_2$，此时则：

$$f_2=\frac{\ln(1-\eta_2)}{\ln(1-\eta_1)}\times\frac{K_1}{K_2}f_1 \tag{2-130}$$

使用式(2-129) 或式(2-130) 时，应注意原始工况应相似，即 $K_2\approx K_1$。究竟 K_2 和 K_1 在多大的误差范围内视为相似，这要看掌握已投入运行的静电除尘器资料多少而定。掌握的资料较多，条件越严格，精度越高，当 K_2 和 K_1 相差 20%时，引起的 f_2 和 f_1 的相对误差≤20%。

表 2-97 和表 2-98 为收集到的一些有效驱进速度数据。

表 2-97　主要工业窑炉静电除尘器的电场风速和有效驱进速度

主要工业炉窑的静电除尘器		电场风速 v/(m/s)	有效驱进速度 ω_e/(cm/s)
热电站锅炉飞灰		1.2～2.4	5.0～15
纸浆和造纸工业黑液回收锅炉		0.9～1.8	6.0～10
钢铁工业	烧结机	1.2～1.5	2.3～11.5
	高炉	2.7～3.6	9.7～11.3
	吹氧平炉	1.0～1.5	7.0～9.5
	碱性氧气顶吹转炉	1.0～1.5	7.0～9.0
	焦炭炉	0.6～1.2	6.7～16.1
水泥工业	湿法窑	0.9～1.2	8.0～11.5
	立波尔窑	0.8～1.0	6.5～8.6
	干法窑增湿	0.7～1.0	6.0～12
	不增湿	0.4～0.7	4.0～6.0
	烘干机	0.8～1.2	10～12
	磨机	0.7～0.9	9～10
	熟料篦式冷却机	1.0～1.2	11～13.5
都市垃圾焚烧炉		1.1～1.4	4.0～12
接触分解过程			3～11.8
铝煅烧炉			8.2～12.4

续表

主要工业炉窑的静电除尘器	电场风速 v/(m/s)	有效驱进速度 ω_e/(cm/s)
铜焙烧炉		3.6～4.2
有色金属转炉	0.6	7.3
冲天炉(灰口铁)	15	3.0～3.6
硫酸雾	0.9～1.5	6.1～9.1

表 2-98　某些部门实测的驱进速度

粉尘种类	驱进速度/(cm/s)	粉尘种类	驱进速度/(cm/s)	粉尘种类	驱进速度/(cm/s)
锅炉飞灰	4～20(4[①]～16)	焦油	8～23	石膏	19.5
水泥	9.45	石灰石	3～55	氧化铝熟料	13
铁矿烧结灰尘	6～20	镁砂	4.7	氧化铝	6.4
氧化亚铁 FeO	7～22	氧化锌,氧化铝	4		

① 为德国鲁奇公司数据。

(5) 通道数 Z

$$Z=\frac{F}{(2b-k')h} \tag{2-131}$$

式中　$2b$——相邻两极板的中心距，m；

h——极板高度，m；

k'——收尘极板阻流宽度，m，按图 2-156 选取。

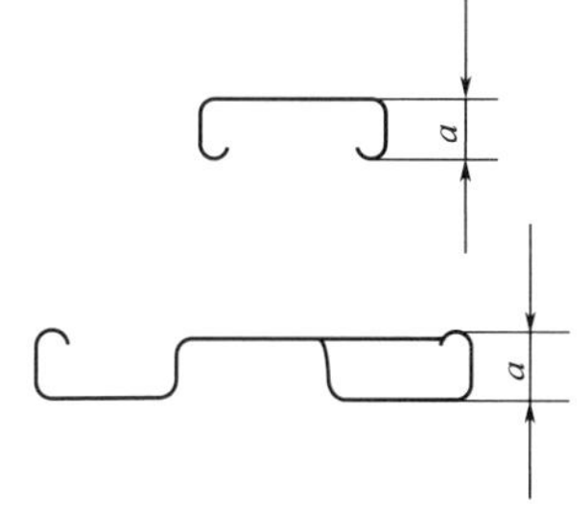

计算所得的通道数需取整数，当采用双进风口时，Z 应取偶数。这样电场有效宽度为

$$B_{有效}=Z(2b-k') \tag{2-132}$$

一个电场的长度为

$$l=\frac{A}{2nZh} \tag{2-133}$$

式中　n——电场数；

A——收尘极板面积，m^2；

Z——通道数；

h——极板高度，m。

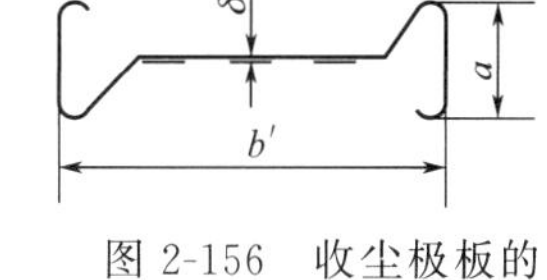

图 2-156　收尘极板的阻流宽度

(6) 电场数

为满足高效、可靠的运行要求，一般把电极沿气流方向分成几段，即称几个电场，电场数一般按如下原则确定。

① 按基本除尘效率表 2-99 确定电场数。

表 2-99　基本除尘效率 η_b

电场数 η	2	3	4	5	6
基本除尘效率 η_b/%	97.4	98.7	99.3	99.6	99.75

② 按配置的供电机组大小，考虑能达到的最佳电流-电压来确定电场数。

③ 按承载绝缘套管能承受载荷的大小来确定电场数。

根据我国的具体情况，单电场长度取 3.5～4.5m 为宜，电场数根据可靠性和效率的要求取 2～4 个，当要求更高时，也可设置 4 个以上的电场。

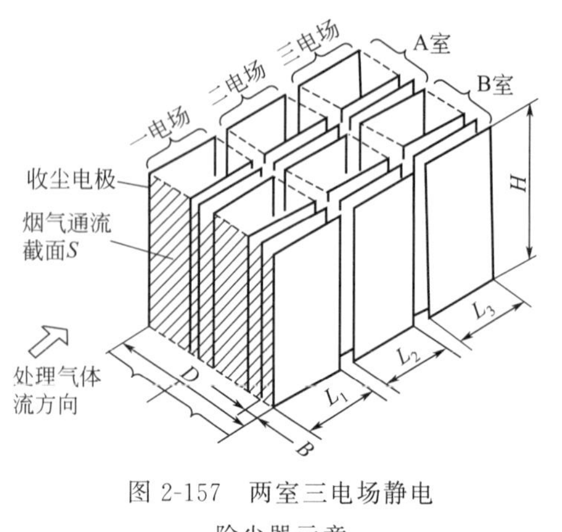

图 2-157　两室三电场静电除尘器示意

另外，在处理烟气量大的情况下，还可以将电场在处理烟气流方向上并行排列，图 2-157 为两室三电场静电除尘器示意。

沿气流方向第一电场长为 L_1，则第二、第三电场的长度为 L_2、L_3。沿处理气流方向电场长度总和为 $L=L_1+L_2+L_3$。

若处理烟气量的流速为 v，则处理烟气在电场中的停留时间 t 为

$$t=L/v(\mathrm{s}) \tag{2-134}$$

式中　L——电场总长度，m；

v——处理烟气流速，m/s。

(7) 供电区域的划分

供电电压提高，火花频率增加，电场强度提高，除尘效率也提高，相反，因火花发生而产生极间短路，除尘效率又会下降，这就意味着火花频率有个最佳值。

若用一台电源设备给静电除尘器供电，每当火花发生时，除尘器内短路，若划分若干个送电系统，每个系统分别由各自电源供电，则不会因局部火花放电影响整台除尘器，将除尘器划分为多个供电系统，电源设备数量增加，每一台电源设备的容量减小，每台电源设备的阻抗增加，阻抗增加可抑制火花放电电流，起到抑制火花放电而向弧光放电发展的作用。

另外，烟气入口电场和出口电场粉尘的浓度是不一样的，不论是使尘粒荷电或以除尘为主要目的的电场，其采用的电源电压和火花发生频率的设定方法均不相同。

由于上述原因，一般将电源按电场分别设置。

(8) 供电容量的选择

电源容量应根据静电除尘器工作的电压、电流值选取，额定电压按极间距的大小确定。当极间距为 300mm 时，额定电压取 60kV 左右；当极间距为 400mm 时，可取额定电压为 72kV。所以，一般情况下平均电场强度可选择在 3～3.5kV/cm。一般静电除尘器的工作电压（kV）为两极间距（cm）的 3～3.5 倍，空载电压（kV）为两极间距（cm）的 4 倍。

电流值可按电晕线的总长度进行计算，也可按收尘极的总面积计算，石油化工用静电除尘器以往都按电晕线的总长度计算，对于不同的线型，电流密度的数值不同，如表 2-100 所示。

表 2-100　线电流密度数值

线　型	线电流密度/(mA/m)	线　型	线电流密度/(mA/m)
圆线	0.1～0.15	锯齿线	0.2～0.35
星形线	0.15～0.25	管状芒刺线	0.3～0.4

根据计算求得的电压和电流值，再选用高压供电装置。

2.9.3　静电除尘器类型及适用范围

2.9.3.1　静电除尘器类型

静电除尘器有多种类型，根据收尘极和电晕极在静电除尘器中配置不同，可分为两大类。

(1) 单区静电除尘器

单区静电除尘器，尘粒的荷电和捕集是在同一个区域中进行的，即收尘极和电晕极都在一个区域。工业生产中大都用这种静电除尘器。

(2) 双区静电除尘器

双区静电除尘器具有前后两个区域，前区安放电晕极，称为电离区，粉尘进入此区首先荷电，后区安放收尘极，称为收尘区，荷电粉尘在此区域被捕集。双区静电除尘器的电压等级较低，通常采用正电晕放电。它主要用于空气净化。近年来，利用双区静电除尘器的原理设计的静电除尘器用于工业废气的净化，如用于沥青烟尘和高炉煤气的净化，都取得了较好的效果。

单区静电除尘器，按其结构不同又可分成多种类型。

① 按烟气在电场中的流动方向分为立式和卧式静电除尘器。立式静电除尘器气体通常由下向上流经电场，正压操作，排入大气。烟气出口在顶部，节约管道，占地面积少，这种除尘器气体分布不易均匀，只用于烟气流量较小、除尘效率要求不太高的场合。卧式静电除尘器内的气流是水平方向流动的，与立式静电除尘器相比，它可按不同除尘效率的要求，任意增加电场数和电场长度，能分电场供电，能处理较大的烟气量，可适用于负压操作，设备高度低，便于安装检修，目前在工业生产中普遍应用。

② 按清灰方式，可分为干式和湿式静电除尘器。干式静电除尘器的清灰方式是用振打的方式把粉尘从收尘极板上振落下来，收集的粉尘是干燥的，便于综合利用。湿式静电除尘器的清灰方式是用水冲洗电极，操作温度低，一般只在易爆气体净化或烟气温度过高，设有泥浆处理时才采用。

③ 按收尘极板的形状分为板式、管式和棒帏式静电除尘器。板式静电除尘器的收尘极呈板状，为了减少粉尘的二次飞扬和增加极板的刚度，通常将极板轧制成不同的凹凸槽形。它是工业生产中最广泛采用的形式。管式静电除尘器收尘极由一根或一组截面呈圆形、六角形或方形的管子组成，电场强度较高，场强均匀，通常用于湿式除尘。棒帏式静电除尘器的收尘极是用 $\phi 8$ 钢筋组成棒帏状，它结实，耐高温耐腐蚀，不易变形，但自重大，耗钢材多，且振打时容易产生烟尘重返气流的现象。

④ 按电晕极采用的极性分为正电晕和负电晕静电除尘器。正电晕静电除尘器电晕极施加正极高压，收尘极为负极接地，这种除尘器工作时不稳定，但在工作时不产生臭氧及氮氧化物，常用作空气净化。负电晕静电除尘器，是工业上最常用的静电除尘器，在电晕极上施加负极高压，收尘极为正极接地，工作时电晕稳定。

⑤ 按电极距离的大小分常规和宽间距静电除尘器。常规静电除尘器同极距离一般为250～300mm。同极间距超过300mm的称为宽间距静电除尘器，宽间距静电除尘器除了间距加大以外，在本体结构上与常规静电除尘器没有根本区别。但由于极间距加大，供电机组电压的提高，电场强度大，极电流密度均匀，驱进速度提高，有利于净化高比电阻粉尘，这是目前静电除尘器发展的一个新趋势。

2.9.3.2 静电除尘器的适用范围

静电除尘器在工业应用中主要的工艺数据、适用范围见表2-101。

表2-101 静电除尘器主要工艺数据的适用范围

主要参数	符号	单位	适用范围
总除尘效率	η	%	95～99.9
处理气量	Q	m^3/h	$1000 \sim 120 \times 10^4$
粉尘粒径	a	μm	0.1～100
进口含尘浓度	$q_{入}$	g/m^3	5～250
有效驱进速度	ω	cm/s	3～20

续表

主要参数	符号	单位	适用范围
气体流速	v	m/s	0.5～2
烟气停留时间	t	s	4～16
操作压力	p	Pa	+200～-2000
操作温度	T	℃	<400
粉尘比电阻	ρ	Ω-cm	10^4～10^{11}
单位收尘比面积(4m³/h)	$f=A/Q$	m²	10～100
通道宽度	B	mm	250～600
通道长高比	L/H	m/m	0.5～1.5
单位电晕功率(千 m³/h)	P_L/Q	W	30～300
单位电晕电流(按收尘极板面积)	I/A	mA/m²	55～775
单位电晕功率(按收尘极板面积)	P_C/A	W/m²	3.2～
单位电晕电流(按电晕线总长度)	$I/\Sigma l$	mA/m	0.07～0.45
单位能耗(×10³m³/h)	P/Q	kW·h	0.05～1
每台整流机所供电的收尘极板面积	A_s	m²/台	450～7200
阻力	Δp	Pa	200～500
电场数	Z	个	2～4
电场断面积	F	m²	5～200
电压	V	kV	50～72

在工业中具体的应用见表 2-102。

表 2-102 静电除尘器在工业中具体的应用

工业名称	具体应用
电力工业	燃煤、燃油锅炉的烟尘净化
钢铁工业	矿石破碎粉尘净化；活性石灰回转窑，镁砂回转窑；白云石回转窑；烧结厂机头、机尾；高炉出铁场，高炉煤气、高炉原料系统；炼钢吹氧平炉，电炉；轧钢火焰清理机，轧钢油雾等烟尘净化
水泥工业	湿法窑，立波尔窑，带余热锅炉干法长窑，预热器窑和预分解等炉窑的烟尘净化；熟料，冷却机，烘干机，原料磨，水泥磨，煤磨等粉尘净化
有色冶金	铜反射炉与转炉冶炼；铅锌烧结机；镍冶炼厂的矿热电炉，回转窑沸腾炉，转炉，贫化电炉，镍反射炉；锡、锑冶炼的熔炼炉和精炼炉；氧化铝熟料和氢氧化铝回转窑等烟尘净化
石油化工	硫酸生产，废酸浓缩；黄磷电炉；磷石膏烘干；磷肥高炉；无机肥料原料（磷矿粉，硫铁矿，氯化钾）干燥；塑料制品增塑剂；石油催化裂化粉状催化剂回收；石油油水分离；合成氨焦炉煤气和焦油；炭黑工厂等烟尘净化
造纸工业	碱回收，石灰窑烟气净化
废物焚烧	城市垃圾燃烧，火化炉，放射性物质焚烧烟尘净化
铸造工厂	钨铁电炉，型砂回收烟尘净化
空气净化	医疗单位空气除菌，汽车尾气排放，食品，制药，计算机，仪器和精密机械等空气净化

2.9.3.3 *在石油化工生产中的应用*

静电除尘器在中国的应用始于 20 世纪 30 年代，目前我国静电除尘器的技术水平已经达到国际先进水平，如我国的宽间距静电除尘技术研究成果是继日本以后又一重大突破，首先应用于电站锅炉和水泥干法回转窑；在水泥行业中，我国已能生产配套 10000t/d 水泥熟料生产线超大型静电除尘器，处理风量近 $200\times10^4 m^3/h$。

静电除尘器的应用范围几乎遍及整个工业领域，其处理粉尘方式可以是干式的，也可以是湿法洗涤式或电除雾式。静电除尘器与电除雾器在硫酸工业中大部分用于硫铁矿沸腾焙烧制酸生产，少部分静电除尘器用于其他石油化工生产中。

硫酸生产烟气化学成分、粉尘化学成分、粉尘粒径分布、酸雾粒度分布及粉尘比电阻分别见表 2-103～表 2-107。

表 2-103 烟气化学成分

工厂	烟气化学成分/%					
	N_2	O_2	SO_2	H_2O	SO_3	CO_2
开封化肥厂	75.19	6.31	9.92	8.44	0.16	
南化磷肥厂			10.77～12.16		0.1～0.2	
银山磷肥厂			12.5			
大峪口化工厂	83.9	1.7	12.86	8.27	0.153	1.37

表 2-104 粉尘化学成分

工厂	粉尘化学成分/%						
	Fe_2O_3	Al_2O_3	S	Cu	Zn	Pb	酸性不溶物
开封化肥厂	61.6	6.5	—	0.23	0.37	0.43	10.7
南化磷肥厂	70.66	4.81	2.58	1.02	0.19	—	12.72
银山磷肥厂	49.93	21.52	—	0.19	0.17	0.02	19.34

表 2-105 粉尘粒径分布

工厂	项目	粒径分布						
开封化肥厂	粒径/μm	<3.3	<6.62	<13.24	<16.65	<19.86	<23.17	<26.46
	/%	59.45	9.25	5.07	0.74	0.52	0.48	0.33
南化磷肥厂	粒径/μm /%	<4.41 78.2	4.41～ 8.82 19.7	8.82～ 13.23 1.71	13.23～ 17.64 0.43			
银山磷肥厂	粒径/μm /%	<3.31 62.94	>3.31 <6.62 30.95	>6.62 <9.93 4.45	>9.93 <13.24 1.26	>13.24 <16.55 0.34	>16.55 <39.22 0.45	

表 2-106 酸雾粒径分布

粒径/μm	<1	<2	<3	<4	<5	<6
比率/%	41	30	15	10	4	1

表 2-107 粉尘比电阻

温度/℃	常温	100	200	250	300
比电阻/Ω·cm	3×10^8	1×10^9	3×10^9	8×10^8	4×10^8

从以上各表所列硫酸烟气的理化性质，可以看出其对静电除尘器有如下主要影响。

① 烟气中含有大量 SO_2 和 SO_3，SO_3 具有吸附水分的特性，使粉尘比电阻降低，从而提高静电除尘器的效率，但也存在着腐蚀设备的一面。

② 一般粉尘粒径小于 3.3μm 的占 65%，酸雾粒径小于 2μm 的占 71%，因此，进入静电除尘器粉尘的浓度不宜太高。

③ 硫酸生产中静电除尘器是生产工艺中的重要环节，要求净化效率高，运行可靠。

用静电除尘器净化制酸的烟气有关数据见表 2-108。烟气粉尘的平均粒径一般为 3～5μm，烟气在电场内的平均流速一般取 0.6～0.8m/s。粉尘静电除尘器的浓度一般<60g/m³。大部分采用三个电场，除尘效率大于 99%。

表 2-108 静电除尘器净化制酸烟气的有关数据

工厂	入口浓度/(g/m³)	出口浓度/(mg/m³)	电场风速/(m/s)	除尘效率/%	驱进速度/(cm/s)	工厂	入口浓度/(g/m³)	出口浓度/(mg/m³)	电场风速/(m/s)	除尘效率/%	驱进速度/(cm/s)
无锡硫酸厂	26.34	170	0.64	99.35	10	抚顺石油二厂	41.54	186	0.6	99.56	6
银山磷肥厂	25	100	0.55	99.55	6	大峪口化工厂	30	120	0.81	99.6	7.8

硫酸用静电除尘器的主要品种规格见表 2-109。其中 DCC 型是全国产化的新型系列规格。

表 2-109　化工企业静电除尘器应用实例

参数 \ 型号	S_4L_{40}	Lu40	2DC-3-20	DCC-15	2DCZ-3-20	DCZ-13	LD1201	LD801	LD401	DCC-25	DCC-40
烟气量/(m^3/h)	111709	131100		34000			33000	22000	10970	57000	135000
有效截面/m^2	40	40	20	15	20	13	37	24.5	11.4	25	40
室数	单室	单室	双室	单室	双室	单室	单室	单室	单室	单室	单室
电场数	4	3	3	3	3	2	3	3	3	3	3
电场风速/(m/s)	0.8	0.95	0.6	0.65	0.6	0.6	0.57	0.53	0.64	0.8	0.8
极间距离/mm	150	一电场 300 二,三电场 150	150	一电场 200 二,三电场 150	150	150	150	150	150	200	200
极板型式	Z	CSW_2	棒帏	C	Z	Z	C	C	Z	C	ZT
极线型式	芒刺线	星型	圆线	RS	星型	RS	RS	RS	针刺	RS	RS
操作温度/℃	350	350	400	350	380	350	350	320	370	360	370
操作压力/kPa	−2.5	−2.0	−2.0	−2.0	−2.0	−2.0	−2.5	−1.5	−1.5	−2.5	−2.5
总收尘面积/m^2	3370	3730		856			$f=90$	$\omega=6.1$	365	1430	3700
收尘极振打方式	挠臂振打	挠臂振打	挠臂振打	挠臂振打	挠臂振打	挠臂振打	挠臂振打	挠臂振打	挠臂振打	挠臂振打	挠臂振打
电晕极振打方式	侧向振打	侧向振打	顶部	侧向振打	提升脱勾	侧向振打	侧向振打	侧向振打	侧向振打	侧向振打	侧向振打
入口含尘/(g/m^3)	35	250	25	65	25	30	30	20	20	65	100
出口含尘/(g/m^3)	0.2	0.1	0.2	0.2	0.2	0.2	0.2	0.2	0.2	0.2	0.2
效率/%	99.4	99.96	99	99.6	99	99.3	99.3	99	99	99.7	99.8
高压硅整流型号	GGA 0.4/60	1 场 VT 840/65 2,3 场 VT 1680/50	GGA 0.2/60	GGA 0.4/60	GGA 0.2/60	GGA 0.2/60	GGA 0.4/60	GGA 0.2/60	GGA 0.2/60	GGA 0.5/60	GGA 0.8/72 三场 1.6/72
高压硅整流台数	4	3	3	3	4	2	3	3	3	3	3

静电除雾器是硫酸生产净化工段中关键的除雾设备，该设备在我国已制订了管式静电除雾器的部颁标准和国家环境保护产品认定技术，静电除雾器按材料分铅静电除雾器和塑料静电除雾器两种，其中塑料静电除雾器又可分列管型和管束型两种，各种静电除雾器见图 2-158。

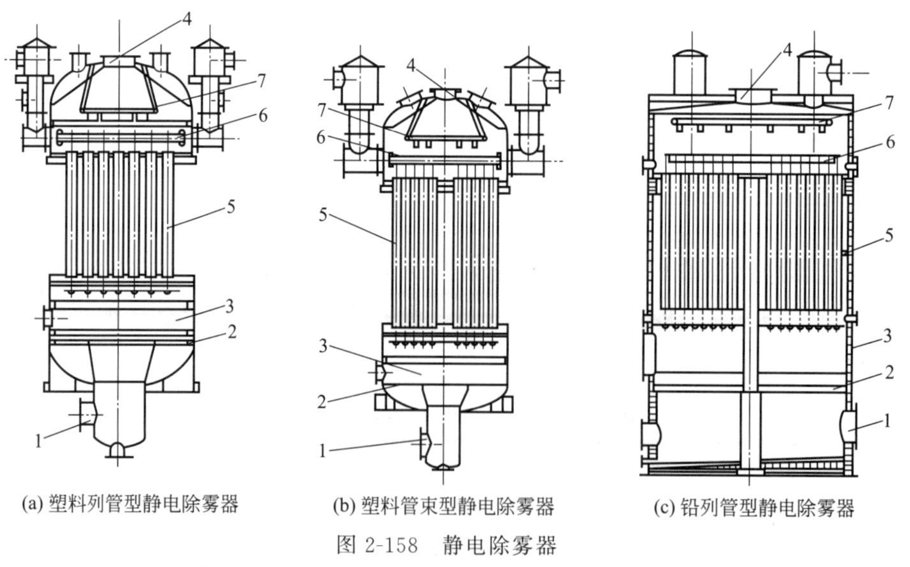

(a) 塑料列管型静电除雾器
(b) 塑料管束型静电除雾器
(c) 铅列管型静电除雾器

图 2-158　静电除雾器

1—进气口；2—气流分布装置；3—壳体；4—出气口；5—阳极系统；6—阴极系统；7—清洗系统

静电除雾器我国已有系列化产品见表 2-110，该产品中主要设计参数驱进速度为 6～8cm/s，比收尘面积 40～60(m^2·s)/m^3。根据部颁指标，一级电除雾最大允许酸雾排放量为 0.03g/m^3，二级电除雾最大允许酸雾排放量为 0.005g/m^3。

表 2-110　化工湿式静电除雾器

型　式	收尘管截面积/m^2	处理气量/(m^3/h)	收尘管直径/mm	电晕型式	工作压力/Pa	工作温度/℃	绝缘箱电加热器功率/kW
36 管塑料管束型	1.82	4300	250	ϕ12 包铅星型线	－7848	＜40	6×1.5
76 管塑料管束型	3.73	9100	250	ϕ12 包铅星型线	－7848	＜40	12×1.5
86 管塑料管束型	4.22	10000	250	ϕ12 包铅星型线	－7848	＜40	12×1.5
92 管塑料管束型	4.51	11000	250	ϕ12 包铅星型线	－7848	＜40	12×1.5
120 管塑料管束型	5.89	14400	250	ϕ12 包铅星型线	－7848	＜40	12×1.5
121 管塑料管束型	5.94	14500	250	ϕ12 包铅星型线	－7848	＜40	19.2
152 管塑料管束型	7.46	18240	250	ϕ12 包铅星型线	－7848	＜40	12×1.5
168 管塑料管束型	8.24	20100	250	ϕ12 包铅星型线	－7848	＜40	12×1.5
174 管塑料列管型	8.54	21000	250	ϕ12 包铅星型线	－7848	＜40	12×1.5
216 管塑料管束型	10.59	26000	250	ϕ12 包铅星型线	－7848	＜40	12×1.5
146 管铅列管型	7.16	17500	250	ϕ12 包铅星型线	－7848	＜40	9×1.5
177 管铅列管型	8.68	21240	250	ϕ12 包铅星型线	－7848	＜40	9×1.5
306 管铅列管型	15.01	36720	250	ϕ12 包铅星型线	－7848	＜40	9×1.5

国外石油催化裂化装置使用的静电除尘器典型数据是：除尘效率 90%～95%，气体速度 1.5～1.8m/s，气体通道宽度 200～250mm，电位梯度 6～7V/mm。粉尘中 90%的粒径小于 44μm。静电除尘器的电耗为 0.16～0.22/(W·h)/m^3。国内尚无安装静电除尘器的催化装置。

参　考　文　献

[1] 余国琮等. 化工机械工程手册：中卷. 北京：化学工业出版社，2002 年.

[2] L. Svarovsky. Solid-Liquid Separation：2 ed. 朱企新等译. 北京：化学工业出版社，1990.

[3] 时钧，汪宗鼎，余国琮，陈敏桓. 化学工程手册. 第二版. 北京：化学工业出版社，1996 年.

[4] 机械工程手册编委会. 机械工程手册：通用設备卷. 第二版. 1997.

[5] 陈树章，王绍亭等. 非均相物系分离. 北京：化学工业出版社，1992.

[6] 孙启才 . 分离机械 . 北京：化学工业出版社，1993.

[7] 罗茜 . 固液分离 . 北京：冶金工业出版社，1997.

[8] 化工部化学工程设计技术中心站 . 化学工程：第 24 卷增刊 . 过滤设计手册 . 1996.

[9] 卢寿慈. 工业悬浮液-性能、调制及加工. 北京：化学工业出版社. 2003.

[10] Perry's. Chemical Engineers' Handbook. 北京：科学出版社，2001.

[11] 吕维明等. 固液过滤技术. 高立图书有限公司，2004.

[12] A. Rushton，A. S. Ward，R. G. Holdich. 固液两相过滤及分离技术. 朱企新等译. 北京：化学工业出版社，2005.

[13] F. M. Tiller，WengpingLi：Theory and Practice of Solid/Liquid Separation，4ed 2002.

[14] 孙启才 . 金鼎五 . 离心机原理结构与设计计算 . 北京：机械工业出版社，1987.

[15] 章棣 . 分离机械选型与使用手册 . 北京：机械工业出版社，1998.

[16] 都丽红. 过滤介质的发展，精度表征与正确使用（Ⅰ），（Ⅱ）化工机械，2008. V. 35，No. 3、No. 4.

[17] 郭仁惠等. 滤布性能测定及选用. 北京：机械工业出版社，1997.

[18] 全国分离机械标准化委员会. 分离机械标准汇编. 2009.

[19] 康勇，罗茜. 液体过滤与过滤介质. 北京：化学工业出版社，2008.

[20] JB/T 11093-2011. 工业织造滤布过滤性能测试方法标准.

[21] 时铭显等. 化学工程手册：第 21 篇. 气态非均一系分离. 北京：化学工业出版社，1989.

[22] 陈明绍等. 除尘技术的基本原理及应用. 北京：中国建筑工业出版社，1981.

[23] Cheremisinoff N P. Encyclopedia of Fluid Mechanics：Solid and Ges-Solid Flow Chapt. Gulf Publishing Co，1986，41：

1281-1306

[24] Barth W. Berechnung und Auslegung von Zyklonabsch-eidern auf Grund nenerer Untersuchungen. Brennstoff-Wärme-Kraft，Bd，1956，8：H 1.

[25] Muschelknautz E. Auslegung von Zyklonabscheidern in der Technshen Praxis. Staub-Reinhalf Luft，1970Bd 30（5），H 1.

[26] Leith D，Licht w. The Collection Efficiency of cyclone type parfide collectors-A new theoretical approach，A. I. Ch. E. Symp. 1972，Series，68：196.

[27] Iozia D. L，Leith D，the Logistic Function and Cyclone Fractional Efficiency. Aerosol Science and Technology，1990，12：598-606.

[28] Kalen B，enz F. A.，A. I. Ch. E Symp. Series，1974，70：137.

[29] 陈建义等. 含尘条件下 PV 型旋风分离器压降的计算. 石油化工设备技术，1997，18（4）：1-3.

[30] Shi Mingxian，etc. Research on High Efficiency Cyclone Separator and their Optimum Design. ACTA PETRLEI SINICA（Petroleum Processing Section），Oct，1997，17-25

[31] 罗晓兰等. 入口含尘浓度对 PV 型旋风分离器分离效率的影响及其计算方法. 石油大学学报：自然科学版，1998，22：（3），63-66.

[32] 劳家仁，夏兴祥. 新型低阻高效 E-Ⅱ型旋风分离器. 化工设备设计，1997，34：（3），30-33.

[33] 夏兴祥，劳家仁. 新型高温旋风分离器的研究——用于高温下造气炉除尘系统. 洁净煤技术国际研讨会论文集. 1997，333-339.

[34] Wilson J. G，Dygert J. C. Separators and turbo-expander for errosive eavironments. 9th World Petroleum Congress. 1967，6.

[35] 英国专利，1411136. 1972.

[36] 中国专利，861009746. 1986.

[37] Shi Mingxian，et al. Development of new high efficiency multieyclone separators and their application in FCC units. Petroleum Processing and Petrochemicals. 1997，28：31-37.

[38] 时铭显，金有海. 新型高效多管旋风分离器的开发及应用. 炼油设计，1996，26（3）：28-31.

[39] 金有海，时铭显. PDC 型高效旋风管的开发研究. 石油炼制与化工，1996，27（2）：47-52.

[40] 中国专利，ZL 93216797. 7. 1993.

[41] 中国专利，ZL 93216798. 5. 1993.

[42] 中国专利，ZL 93232349. 9. 1993.

[43] 时铭显. 催化裂化卧管式三旋的开发与应用. 石油化工设备技术，1993，14（5）：2-7。

[44] 田志鸿等. 卧管式多管旋风分离器旋风管的研究. 石油炼制与化工，1999，30（7）：44-48.

[45] Calvert S.，Goldshmid J，Leith D，Mehta D. Wet Scrubber System Study，vol. I-Serubber Handbook. 1972.

[46] Licht W. Air Pollution Control Engineering-Basic Calculation for Particulate Collection. 1980.

[47] 谭天佑等. 工业通风除尘技术. 北京：中国建筑工业出版社，1984.

[48] Schifftner K. C，Hesketh H. E. Wet Scrubbers. 1983.

[49] Johnstone H. F，Robert M. H. I. E. C. 1954，46：1601.

[50] 陈俊杰等. 复挡除沫器的分离性能. 第二届全国非均相分离学术交流会论文集. 1990.

[51] 浙江大学化工原理教研组. 旋流板的试验和设计. 化学工程，1978，2：31

[52] H. J. 怀特著. 工业电收尘. 王成汉译. 北京：冶金工业出版社，1984，167-197.

[53] 嵇敬文. 除尘器. 北京：中国建筑工业出版社，1981，420-427.

[54] 施从南. 化学工程手册. 第二版. 下卷：第 23 篇. 5 章. 电除尘. 北京：化学工业出版社，1996.

[55] 汤桂华. 高海拔地区硫酸装置设计的特点. 硫酸工业，1989.

[56] 向晓东. 烟尘纤维过滤理论、技术及应用. 北京：冶金工业出版社，2007.

[57] 嵇敬文，陈安琪. 锅炉烟气袋式除尘技术. 北京：中国电力出版社，2006.

[58] 金国淼等. 除尘设备. 北京：化学工业出版社，2002.

[59] 张殿印，张学义. 除尘技术手册. 北京：冶金工业出版社，2002.

[60] 金国淼等. 除尘器. 北京：化学工业出版社，2008.

[61] 王纯，张殿印. 除尘设备手册. 北京：化学工业出版社，2009.

第 3 章 搅拌与混合

3.1 概　　论

搅拌与混合在石油化工、化工、制药、食品、冶金、环保等行业都有广泛的应用，其操作的目的主要分为下列四个方面。

① 制备均匀物性的混合物，减小颗粒尺度和不均匀度，如调和、乳化、固体悬浮等。

② 促进传质，如萃取、浸取、溶解、结晶、气体吸收等。

③ 促进传热，搅拌釜内物料的加热或冷却。

④ 上述三种目的之间的组合，特别是对于一些受传递控制的中快速反应体系，对混合、传质、传热的速率都有很高的要求，搅拌与混合的好坏往往成为过程的控制因素。

虽然搅拌与混合是一种很常规的单元操作，但由于搅拌与混合所涉及的工艺过程多种多样，从低黏度单相的简单流体到高黏度、非牛顿、多相的复杂流体，对于低黏度单相液体的混合，实验及理论方面的研究已较为完善，搅拌釜的放大和设计方法日趋完备，部分工艺过程已能实现无级放大；而对于高黏度、非牛顿、多相复杂体系，理论方面的研究还不够完善，特别是对于工业过程中常见的高固相含率多相体系相间作用的机理、复杂体系流变规律认识不足，对复杂体系搅拌釜的放大和设计还需借助大量的实验研究和相关的工程经验，并需经逐级放大才能完成。

本章首先介绍搅拌与混合的基础知识，然后分别介绍常用搅拌桨的特性，常见物料体系的搅拌过程特征、搅拌桨选型及其设计案例，搅拌釜间壁换热计算，计算流体力学（computational fluid dynamics，CFD）模拟优化新方法和搅拌釜工程放大及优化等问题。

3.1.1 搅拌釜的结构[1～4]

搅拌釜一般由釜体和搅拌器组成，典型搅拌釜的结构见图 3-1。

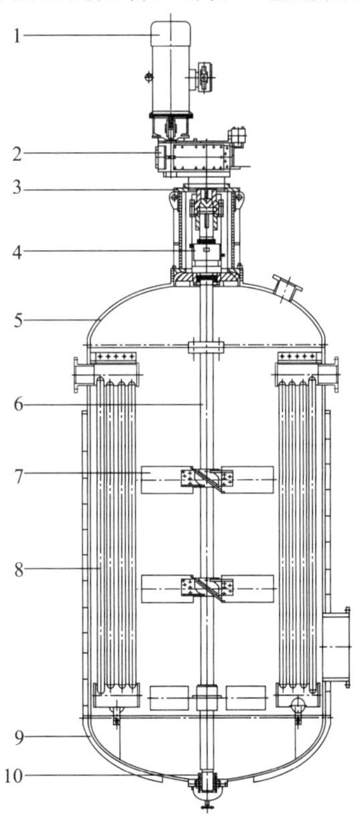

图 3-1　搅拌釜的结构

1—电机；2—减速机；3—机架；4—机械密封；5—容器；6—搅拌轴；7—搅拌桨；8—换热管；9—夹套；10—底支撑部件

3.1.1.1 釜体

搅拌釜的釜体通常由容器、换热构件、挡板和导流筒等组成。釜体容器通常为圆筒形，高径比为 1～6，少量采用方形或长方形釜，釜底封头以椭圆底为主，配合工艺过程的要求（如清洗、出料等)，也有采用平底、锥形底等。釜体安装方式主要有立式和卧式两种，以立式安装为主，通常为满足特殊过程的工艺目的，配合特殊结构的搅拌器可采用卧式安装。

根据工艺过程对传热的要求，釜体外可加夹套或半管，釜内增加换热构件如盘管、列管等，并通以热媒、冷媒等介质，如图 3-2 所示。

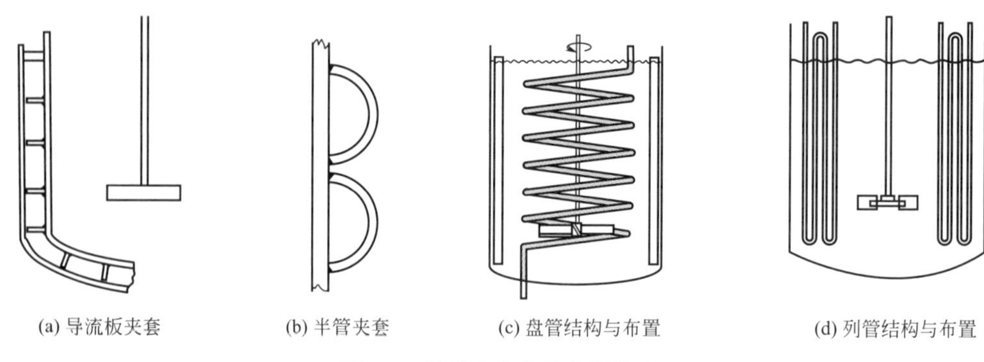

图 3-2　搅拌釜内的换热器形式

为了消除搅拌釜内搅拌桨转动时造成的液体打旋现象，以形成全釜的流体流动，通常在搅拌釜内加入挡板（见图 3-3），挡板数为 1～4 块，根据具体情况而定。搅拌釜内搅拌功耗，在桨型、桨径、转速确定后，随挡板数的增加而增加，挡板数增至 4 块后功耗基本不变，故称 4 块挡板为全挡板条件。挡板宽度取釜径的 1/12～1/10，挡板距离釜壁的距离取釜径的 1/60，对于高黏度物料体系需适当增加。当搅拌釜中需设置内换热管时，可采用立式换热管部分或全部替代挡板。

导流筒为一上下开口的圆筒，置于搅拌釜中心，并位于操作液位以下，其目的是对釜内流体的流动起导流作用，减少流体间的剪切作用以提高流体的循环效率，导流筒结构见图 3-4。

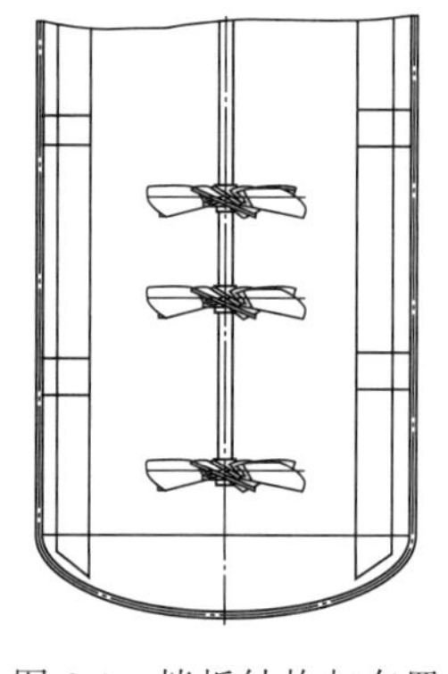

图 3-3　挡板结构与布置

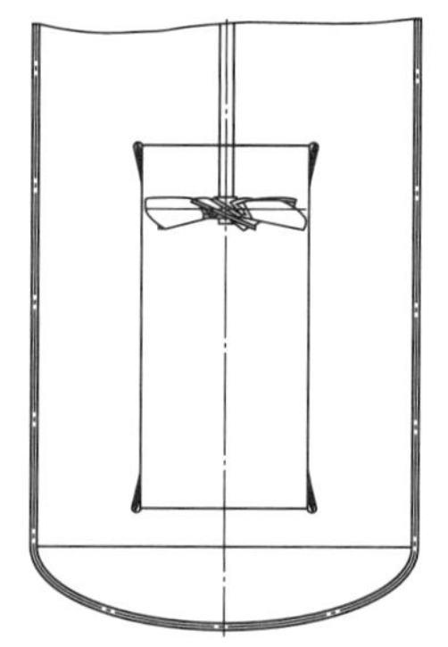

图 3-4　导流筒结构与布置

3.1.1.2　搅拌器

搅拌器一般由电机、减速机、机架、密封、搅拌轴、搅拌桨组成，对于搅拌轴较长的搅拌器往往采用底轴承甚至中间轴承，以保证设备运转的稳定性和可靠性。减速机是搅拌器的重要部件，通常采用齿轮减速机，其主要目的是为了保证在不降低电机功率输出的情况下得到适宜的操作转速，也有一些采用皮带轮减速的搅拌器，但机械效率及设备的可靠性不如减速机机械结构，有些工艺过程还配有变频器用于节能或优化操作参数。密封一般采用双端面机械密封，一些低压无害的物料也可采用单端面机械密封或填料密封。

搅拌桨是搅拌器的核心部件，根据搅拌桨在搅拌釜内产生的流型，搅拌桨基本上可以分为轴向流桨和径向流桨，例如推进式桨、翼型桨等为轴向流桨，直叶涡轮则为典型的径向流桨。

根据搅拌轴的安装方式可以将搅拌器分为顶伸式、底伸式和侧伸式三种，见图 3-5。依据不同的工艺过程要求选择不同的安装方式，相对应的搅拌桨型式与结构参数是有所区别的，特别是对于侧伸式搅拌器。

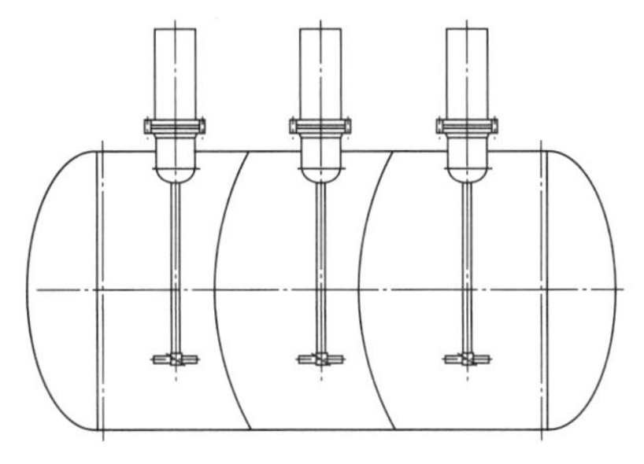

(a) 顶伸式搅拌器与卧式容器配置

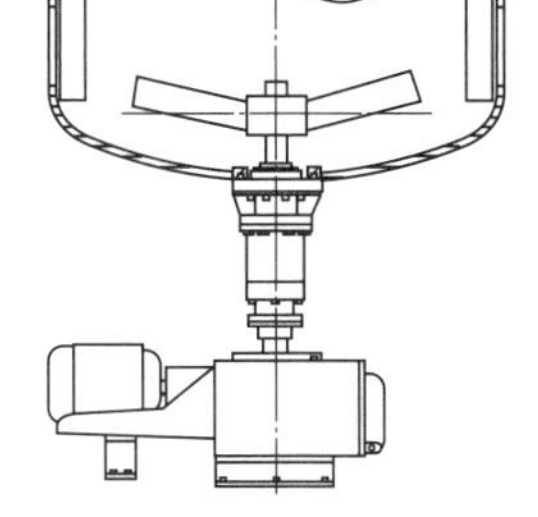

(b) 底伸式搅拌器与立式容器配置

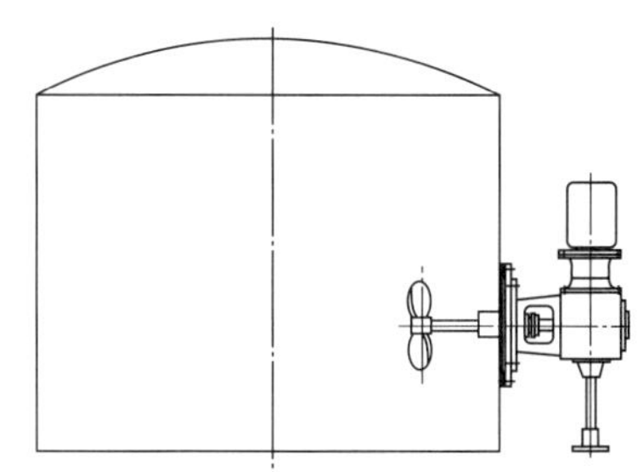

(c) 侧伸式搅拌器与立式容器配置

图 3-5 搅拌釜内轴的安装形式

3.1.2 搅拌釜的流场特性

搅拌釜内流体的流动状况非常复杂，是非稳定、非线性无规流动，对这种流体流动的研究分为两个方面，即实验研究与 CFD 数值模拟。采用激光颗粒成像测速仪（PIV）等先进测速技术，可测出搅拌釜内任意一个截面的瞬时速率、时均速度、脉动速度、剪切速率、湍流动能及湍流耗散。除了采用实验方法测定这些流动特性参数外，还可以采用先进的 CFD 方法来预测，根据数值求解湍流尺度的不同，CFD 方法可分为雷诺平均（RANS）、大涡模拟（LES）和直接数值模拟（DNS）三种，其预测精度依次增加，但其计算量呈现数量级的递增。由于受到计算机运行速度的限制，目前工程中搅拌釜内流体流动的预测以 RANS 方法为主，LES 方法的应用刚刚起步，但随着计算机和软件技术的快速发展，在可预见的将来可以采用 LES 甚至 DNS 方法应用于工程计算。准确的 CFD 模型和方法可提供搅拌釜内时间和空间上详尽的流体流动特性，为搅拌釜的设计和优化提供了参考和指导。工程中常用的 CFD 商用软件有 FLUENT、STAR-CD 和 CFX 等。

3.1.2.1 流型

搅拌釜内的流型取决于搅拌方式，桨型、釜体、挡板等的几何特征，流体性质，转速等因素。在一般情况下，搅拌轴在釜中心安装，搅拌将产生三种基本流型。

（1）切向流

在无挡板釜内，低黏度流体的流动形成同轴旋转的同心圆筒，即打旋现象，见图 3-6。出现这种流型时，流体的径向，特别是轴向混合效果很差。

（2）径向流

液体从桨叶以垂直于搅拌轴的方向排出，沿半径方向运动，然后向上、向下输送，见图 3-7，搅拌桨的圆盘是加强了径向流。

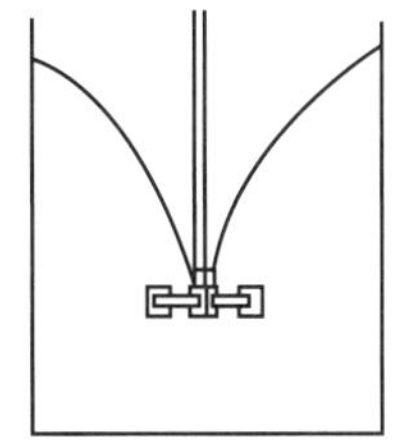

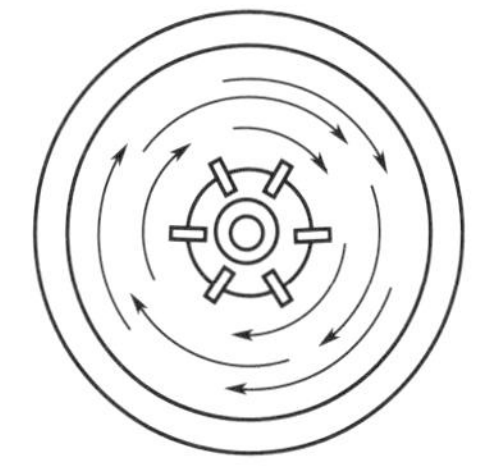

图 3-6 切向流型

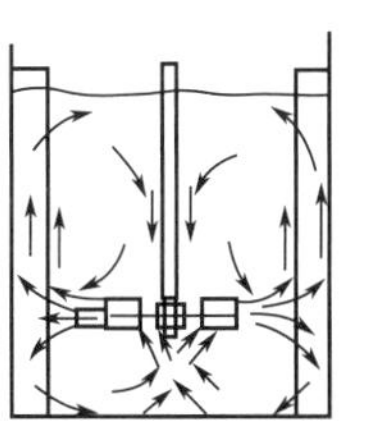

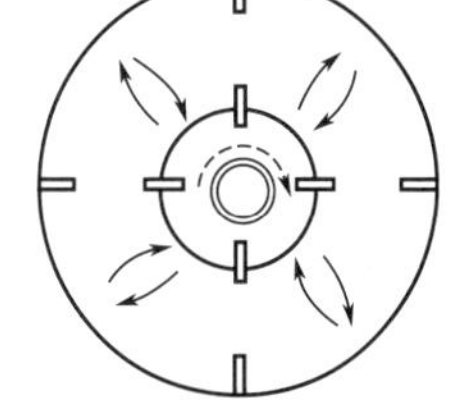

图 3-7 径向流型

（3）轴向流

液体进入桨叶并排出，沿着与搅拌轴平行的方向流动，见图 3-8，轴向流起源于流体对旋转叶片产生的升力的反作用力。

上述三种流型，通常可能同时存在。其中，轴向流与径向流对混合起主要作用，而切向流应加以抑制，可加入挡板削弱切向流，增强轴向流与径向流。在搅拌高黏度流体时，流体处于层流运动状态，其流型见图 3-9～图 3-13。

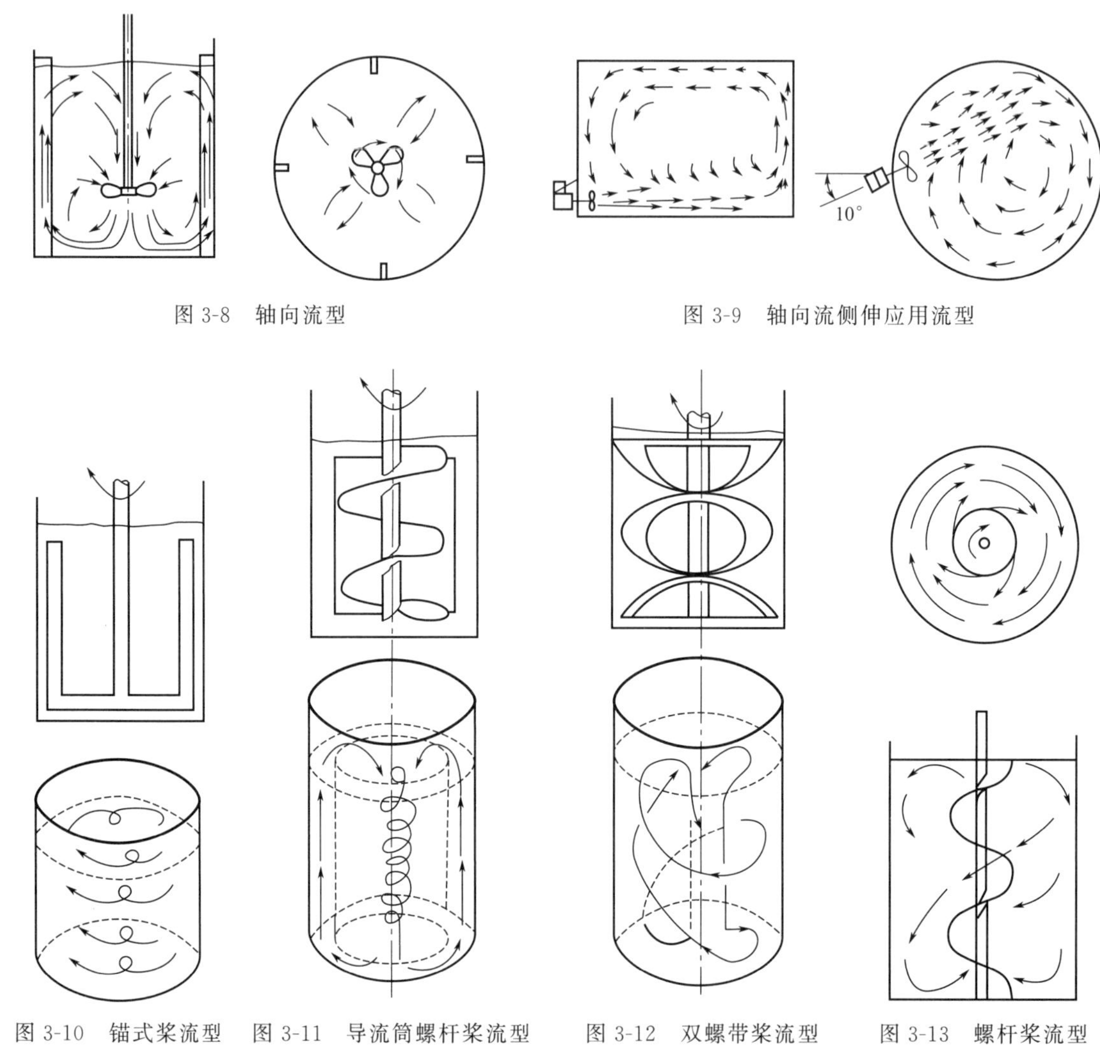

图 3-8　轴向流型

图 3-9　轴向流侧伸应用流型

图 3-10　锚式桨流型　图 3-11　导流筒螺杆桨流型　图 3-12　双螺带桨流型　图 3-13　螺杆桨流型

许多高黏度的非牛顿流体具有剪切稀化性质，当搅拌转速较低时，只有桨叶周围的流体被搅动，而远离桨叶的流体仍处于静止状态。

3.1.2.2　速度分布

搅拌釜内的流体流动是相当复杂的，其速度分布是三维非定常流动，是产生流场的剪切和循环流量的基础。搅拌釜的几何结构、操作条件和物性特征综合影响场内速度分布。其中核心的部件——搅拌桨起着决定性的贡献。图 3-14 和图 3-15 分别显示了六直叶涡轮搅拌桨在桨叶区的时均速度分布和脉动速度分布。

3.1.2.3　湍流特性

当流体黏度较低时，搅拌釜内流场通常处于湍流状态。在此流动状态，流场呈现的是大大小小的湍流涡的串级运动，搅拌桨源源不断地输出绝大部分的能量给大尺度湍流涡，大尺度的

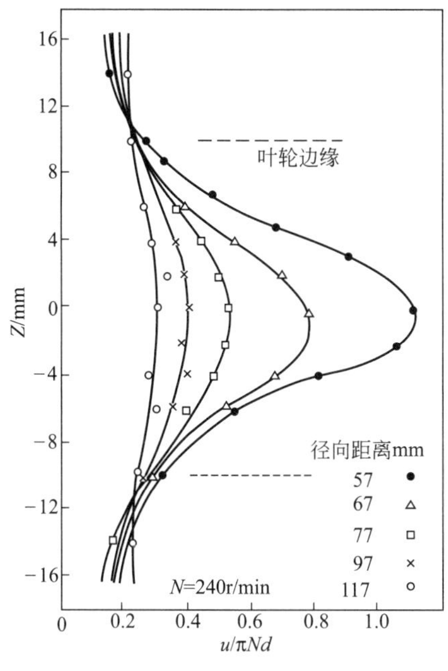

图 3-14　桨叶区的时均速度分布

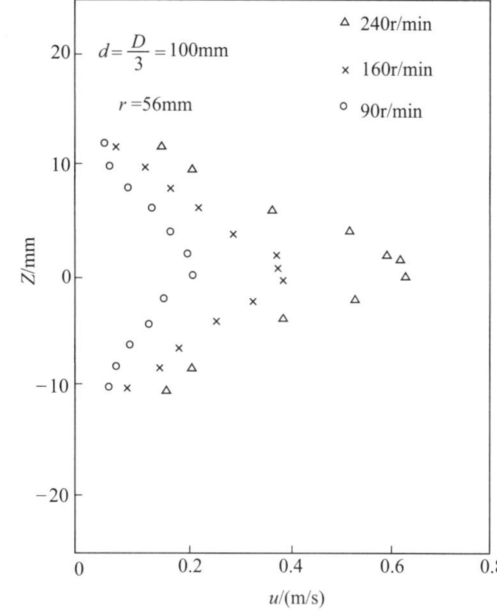

图 3-15　桨叶区的脉动速度分布

湍流涡在消耗很少能耗的情况下，分裂成众多尺度的湍流涡，同时将绝大部分湍流动能传递给中等尺度的湍流涡，携带湍流动能的中等尺度湍流涡在依靠惯性作用下，在不耗散任何能量的情况下，将湍流动能传递给达到耗散尺度上的 Kolmogorov 尺度的湍流涡，湍流动能将在这个尺度上将全部的湍流动能转变为黏性耗散，形成湍流动能传递-耗散机制。量化湍流运动过程特征有两个主要参数，一是湍流动能，二是湍流耗散率。前者是衡量中等尺度湍流涡携带的能量，也是表征湍流强度的大小，衡量耗散尺度湍流涡黏性耗散的速率，也是表征湍流动能传递速率的大小。图 3-16 和图 3-17 分别显示了六直叶涡轮搅拌桨在桨叶区的湍流动能分布和湍流耗散率分布。

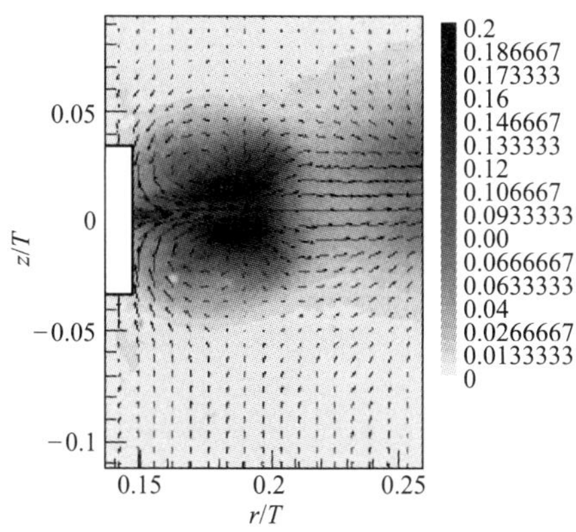

图 3-16　桨叶区的湍流动能分布[5]
（r 径向；T 槽径；z 轴向）

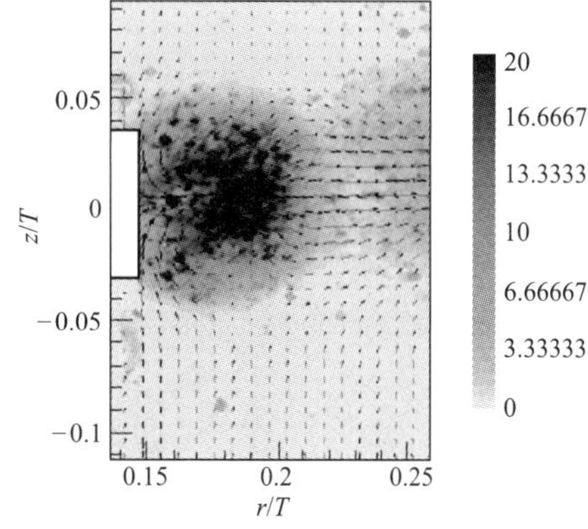

图 3-17　桨叶区的湍流耗散率分布[5]
（r 径向；T 槽径；z 轴向）

3.1.3　搅拌效果的量度及其影响因素

表 3-1～表 3-3 给出搅拌效果的表示方法及其影响因素。由表中可以看到不同的过程，有着完全不同的参数来表征，这也显出了搅拌混合过程的复杂性。人们在研究这些过程的规律性

时，往往会提出各种关联式，如 $N_{\theta M}$、N_{JS}、k_G 等的计算关联式，在选用时必须特别重视这些关联式的使用条件，以免引起误差。因为不同的搅拌效果表示方法和操作条件，其关联式的结果会有很大的差异。

表 3-1 操作目的和搅拌效果表示法

操作目的	搅拌物系	搅拌效果表示法
均匀混合	调和均相溶液系	混合时间 θ_M 或 $N_{\theta M}=N\theta_M$；混合指数
非均相分散	液-液相系	均匀分散(乳化)时间 θ_M；分散相液滴的比表面积 a，或滴径分布，或平均滴径 $\overline{d}_p$
	气-液相系	均匀分散时间 θ_M；气泡的比表面积 a，或气泡平均滴径直径 $\overline{d}_p$ 和气泡直径分布
	固-液相系	悬浮状态，悬浮临界转速 N_{JS}；悬浮固液浓度或比表面积 a
非均相传质	溶解(固-液相系)	溶解速度或平均溶解速度 以固粒表面积为基准的液膜传质系数 k_C，总容积传质系数 k_V
	萃取(液-液相系)	萃取速度，萃取效率，液滴比表面积 a；总容积传质系数 k_V 或液滴内(外)表面为基准的液膜传质系数 kc_d
	吸收(气-液相系)	吸收速度，气泡比表面积 a；总容积吸收系数 k_V，膜传质系数 k_G，k_L
传热	间壁换热	传热速率 Q(kcal/h)，单位容积传热速率 Q_V[kcal/(m^3·h)] 液膜传热系数 h_l，总传热系数 K

表 3-2 影响搅拌效果的因素

项　　目	主要影响因素
流动状态	流型，对流循环速率，湍流扩散，剪切流
物性	黏度或黏度差，密度或密度差、分子扩散系数、粒径； 表面张力、比热容、热导率、非牛顿流体的流变性
操作条件	叶轮型式、转速；溶质加入量、加入速度、分散状况和加入位置连续式或间歇式；溶质加入方法
几何因素	釜、叶轮及釜内构件(挡板、导流筒)的几何形状，相对尺寸安装方式和安装尺寸

表 3-3 流态及物性对各搅拌操作的影响程度

搅拌操作目的		流动状态				物　　性								
		连续相			相对速度	黏度	黏度差	密度	密度差	扩散系数	表面张力	热导率	比热容	粒径分布及浓度
		循环速率	湍流扩散	剪切流										
均相系混合	低黏度液	◎	◎							○				
	高黏度液	◎		◎		○	◎			◎				
分　散	液-液相系	◎	◎	◎		◎	○	○	◎		○			
	气-液相系	◎	◎	◎							○			
固体悬浮(固-液相系)		◎	◎		◎				◎					◎
溶解(固-液相系)		◎		○	◎	○		○	◎					◎
结晶(固-液相系)		◎	①	◎										
萃取(液-液相系)		◎	①	◎	○			○		○	◎			
吸收(气-液相系)		◎	○						○	○				
传热(固-液相系)		◎	○	○		◎	◎	○				◎	○	

① 对于萃取、晶析等操作，液流湍动程度的影响还不清楚。

注：表中◎○表示该因素的影响程度，◎>○。

3.1.4 搅拌与混合常用无量纲数群及其意义

为了便于量化和类比搅拌釜的流场及搅拌桨的特性，在搅拌与混合的研究和设计中，将用到如下常用的无量纲数群。

（1）搅拌雷诺数

与一般流体力学相似，搅拌釜内流体的流动状态（层流、湍流、过渡流）也是用雷诺数来度量的，其物理意义是流场中惯性力与黏性力之比。搅拌雷诺数由下式定义：

$$Re=\frac{\rho D^2 n}{\mu} \tag{3-1}$$

式中 D——搅拌叶轮直径，m；

ρ——物料密度，kg/m^3；

μ——物料黏度，kg/m·s；

n——搅拌桨转速，1/s。

此处用桨叶的叶端速度 ND 代替一般 Re 数中的流体速度，因而此 Re 称搅拌雷诺数，对于标准六直叶涡轮桨，当 $Re<10$ 时，釜内为层流；$Re>10^4$ 为湍流；Re 在 $10\sim10^4$ 之间为过渡流。

（2）搅拌弗鲁德数

弗鲁德数是表示重力对流动影响的准数，其物理意义是表示惯性力与重力之比。搅拌弗鲁德数由下式定义：

$$Fr=\frac{DN^2}{g} \tag{3-2}$$

式中 N——转速，1/s；

g——重力加速度，m/s^3；

D——桨叶直径，m。

（3）功率准数

功率准数衡量搅拌桨功率消耗的无量纲准数，由下式定义：

$$N_P=\frac{P}{\rho N^3 D^5} \tag{3-3}$$

式中 P——搅拌功率，W；

N——转速，1/s；

ρ——物料密度，kg/m^3；

D——桨叶直径，m。

（4）流量准数

流量准数是衡量搅拌桨循环能力的无量纲准数。流场循环是从桨叶排出的高速液流，卷吸周围的液体，形成循环流，因此流量准数 N_Q 可进一步分为排出流量准数 N_{QD} 与循环流量准数 N_{QC}，分别由式(3-4)、式(3-5) 定义，它们之间的关系见式(3-6)。

$$N_{QD}=\frac{Q_D}{ND^3} \tag{3-4}$$

式中 Q_D——桨叶排出流量，m^3/s。

$$N_{QC}=\frac{Q_C}{ND^3} \tag{3-5}$$

式中 Q_C——循环流量，m^3/s。

$$N_{QC}=N_{QD}\{1+0.16[(T/D)^2-1]\} \tag{3-6}$$

式中 T——搅拌釜直径，m。

（5）Metzner-Otto 常数

Metzner-Otto 常数是衡量搅拌桨在搅拌釜内平均剪切能力的无量纲准数。由下式定义：

$$k_s = \frac{\dot{\gamma}_{av}}{N} \tag{3-7}$$

式中 $\dot{\gamma}_{av}$——搅拌釜内平均剪切速率，1/s；

N——搅拌桨转速，1/s。

（6）混合时间

混合时间是达到规定的混匀标准时所需的时间，无量纲混合时间 $N_{\theta M}$ 是混合时间 θ_M 与转速 N 的乘积，即式(3-8)，其物理意义是达到规定的混匀标准时所需的搅拌器转速。

$$N_{\theta M} = \theta_M N \tag{3-8}$$

3.2 搅拌桨的类型及其特性

搅拌桨是搅拌混合中的关键部件，由于搅拌的物系千差万别，工艺过程的各不相同，如有的过程伴有化学反应，反应物系的性质随反应的进行不断发生变化，有的过程伴有冷却和加热，有的过程甚至发生物态的转变，这样就对过程的混合提出不同的要求，为了满足这些要求，必须根据搅拌桨的特性选择合适的桨型，同时还要优化其结构参数和操作参数。

用黏度值来区分搅拌釜内流体黏度的低、中、高界限是较难明确的，因为还需要考虑到搅拌釜的大小，例如直径分别为 100mm 和 1000mm 的搅拌釜，用同一种物料，相同 D/T 的桨叶，采用线速度相同，而其操作 Re 数也不相同，有时甚至在不同的流域中工作。Oldshue[3] 将流体按黏度大小分为低、中、高三类，5000mPa·s 以下为低黏度，5000～50000mPa·s 为中黏度，5×10^4 mPa·s 以上为高黏度，其条件是搅拌釜的直径必须大于 2m[3]。

尽管搅拌釜内流体黏度低、中、高的界限难以明确，但是由于搅拌与混合最基础的问题是流体流动，而流体流动的基本决定性因素是流体黏度，因此在这里将首先采用搅拌桨适用的流体黏度的不同来分类，分为中低黏度流体搅拌桨和高黏度流体搅拌桨，前者一般操作于湍流和部分过渡流的流态范围，后者操作于部分过渡流和层流的流态范围。

搅拌桨的型式和种类相当多，若考虑其相互组合的型式，则更是难于计数，但就其基本类型而言，其型式是有限的，这里只介绍各类典型的结构型式及其特性，对搅拌桨的具体选用，将在后面不同的操作过程中，根据各自的特点和要求分别予以介绍。

3.2.1 中低黏度流体搅拌桨

中低黏度流体搅拌桨按在釜内形成的流场流型不同而分为径流型搅拌桨和轴流型搅拌桨，它们有着明显不同的结构和特性。

3.2.1.1 径流型搅拌桨

此类搅拌桨的共同特点是流体通过搅拌桨时以径向排出为主，搅拌釜内其流型参见图 3-7。根据其结构特点可分为开式涡轮桨和盘式涡轮桨。图 3-18 给出了几种典型的开式和盘式涡轮桨结构及常用尺寸参数。图 3-19 给出了几种径流型搅拌桨的功率准数随雷诺数的变化规律。

图 3-18 中（a）、(b)、(c)、(d)、(e）属于开式涡轮桨。由于搅拌釜流场内的搅拌桨的上下压力并不对称，流体从桨叶片端部的排出方向只是近似径向，搅拌桨安置在不同的离釜底高度，流量排向有可能略微向上或向下。该类搅拌桨具有较高的剪切能力，因而主要适用于液相化学反应、液液分散、传质等过程。其中（d）和（e）搅拌桨叶片具有向后弯曲的特点，可以

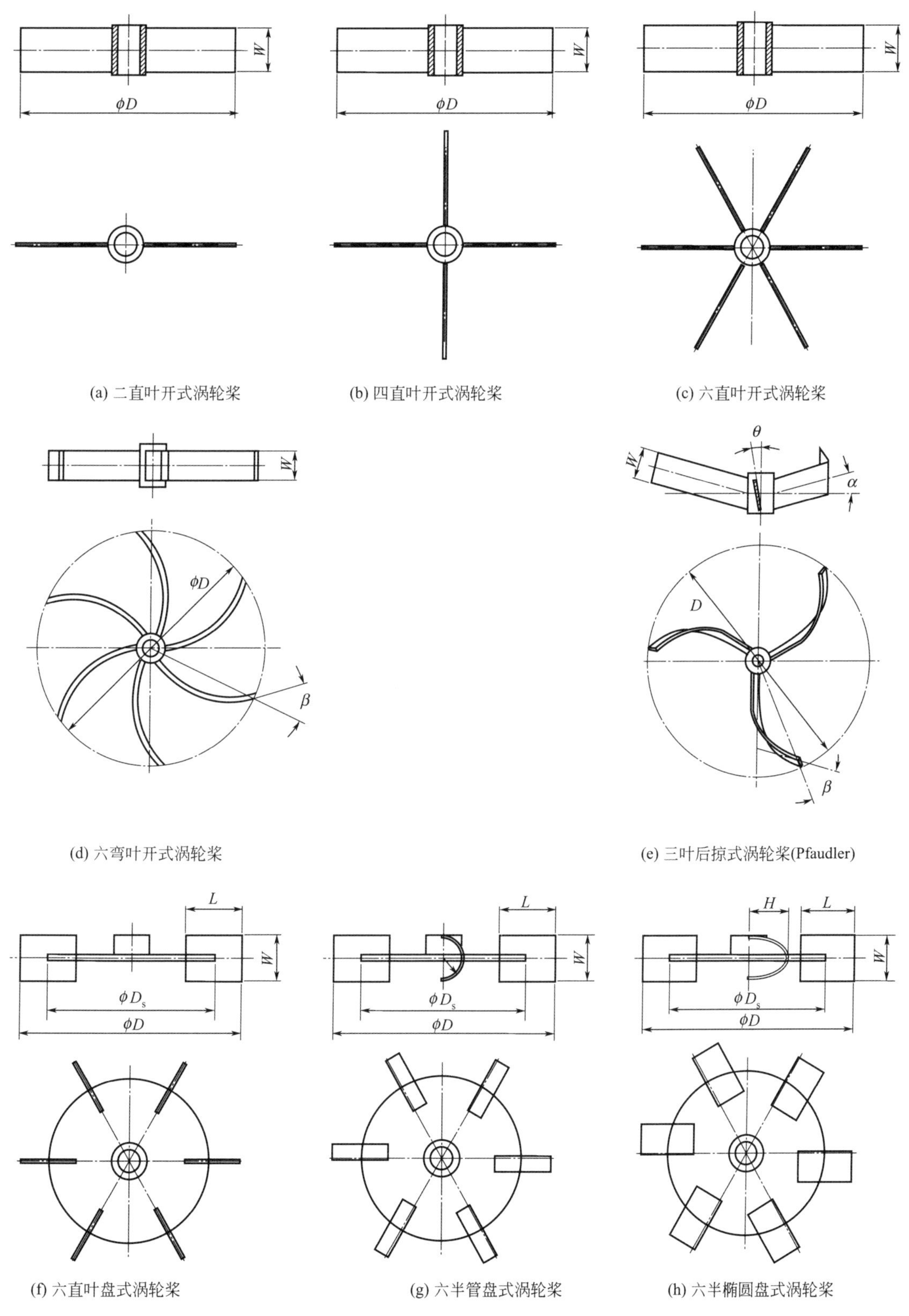

(a) 二直叶开式涡轮桨　(b) 四直叶开式涡轮桨　(c) 六直叶开式涡轮桨

(d) 六弯叶开式涡轮桨　(e) 三叶后掠式涡轮桨(Pfaudler)

(f) 六直叶盘式涡轮桨　(g) 六半管盘式涡轮桨　(h) 六半椭圆盘式涡轮桨

图 3-18　各类径流型搅拌桨结构

$D/T=0.35\sim0.8$；$W/D=0.1\sim0.25$；$L/D=0.25$；$D_s/D=0.66\sim0.75$；$\alpha=15°$；$\beta=40°\sim50°$；$\theta=10°$

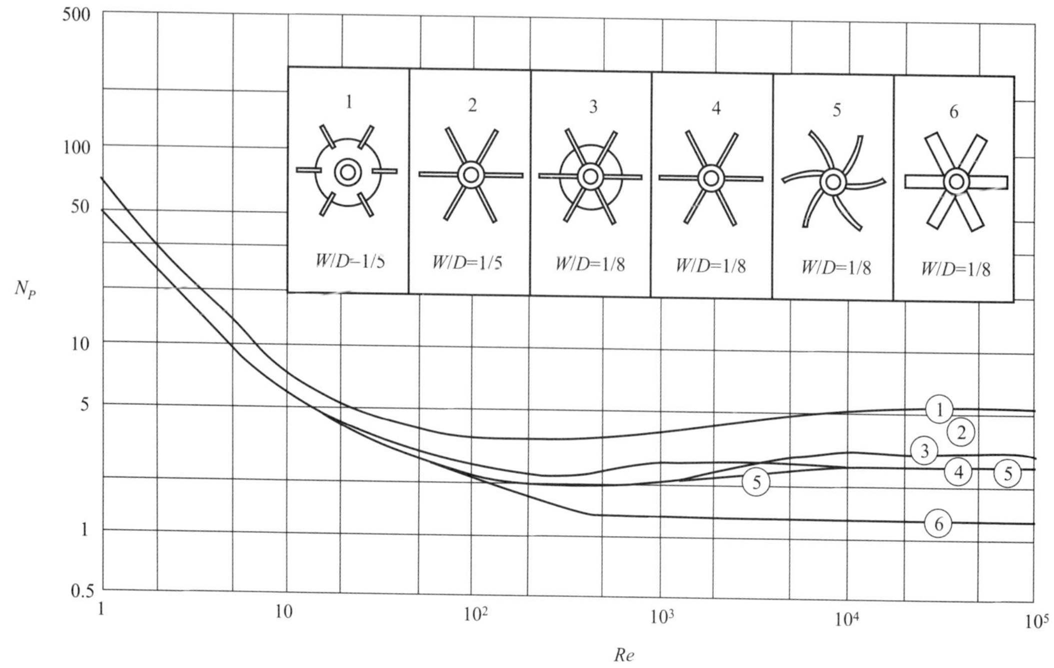

图 3-19 各类涡轮桨的功率曲线[6]

阻止物料在叶片上的堆积或者缠绕，也能减少物料对叶片的磨损，典型应用于一些含有废渣的污水处理、含有纤维的纸浆处理和矿物冶金等过程。

图 3-18 中（f）、（g）、（h）属于盘式涡轮桨。由于在涡轮桨中间加入了圆盘，使得叶片上下压力不对称减小，流体从桨叶片端部的排出方向比开式涡轮桨更加接近径向，同时涡轮桨的圆盘犹如一块挡板，可以阻止气体沿搅拌桨中间的搅拌轴气泛上升，因此该类型搅拌桨典型用于同气液分散相关的过程。其中（f）涡轮桨是用于气液分散过程的传统桨型，其典型尺寸桨的性能参数列于表 3-4，而（g）、（h）涡轮桨是用于气液分散过程的新型桨型，将叶片制作成半管形或半椭圆管形，与传统的六直叶盘式涡轮桨相比处理气体的能力有了大幅度的提高，气液分散的效率也得到提高。

表 3-4 六直叶盘式桨的尺寸和高雷诺数时的性能参数[7]

常用尺寸与釜体结构配置	N_P	N_{QD}	k_S
$D:D_S:L:W=20:15:5:4$;$D/T=1/3$;全挡板	5.5	0.72	12

3.2.1.2 轴流型搅拌桨

此类搅拌桨的共同特点是流体通过搅拌桨时以轴向排出为主，搅拌釜内其流型参见图 3-8。图 3-20 给出了几种典型的轴流型搅拌桨结构。轴流型搅拌桨由于具有较小的剪切能力，同时具有一定的循环能力，因此该类搅拌桨适用于一些对剪切要求不高或者含有的物料对剪切敏感的过程，如互溶液体的混合、固液悬浮、间壁换热等过程。

图 3-20 中（a）、（b）、（c）搅拌桨属于传统的斜叶轴流型搅拌桨，叶片倾斜角度可以从 10°到 90°之间变化，叶片的数量有两叶、四叶和六叶，但常用的是 45°四斜叶搅拌桨。该搅拌桨的排流方向不完全是轴向流，伴随有径向流，通常随着物料的黏度升高，排流方向趋向径向。常用的 2～4 叶斜叶涡轮桨所采用的参数为：$D/T=1/2\sim1/4$，最常用的是 1/3，$W/D=1/4$，$C/D=0.8\sim1.5$，斜角为 45°，叶端线速度为 1.5～7m/s，常用的为 3～7m/s。

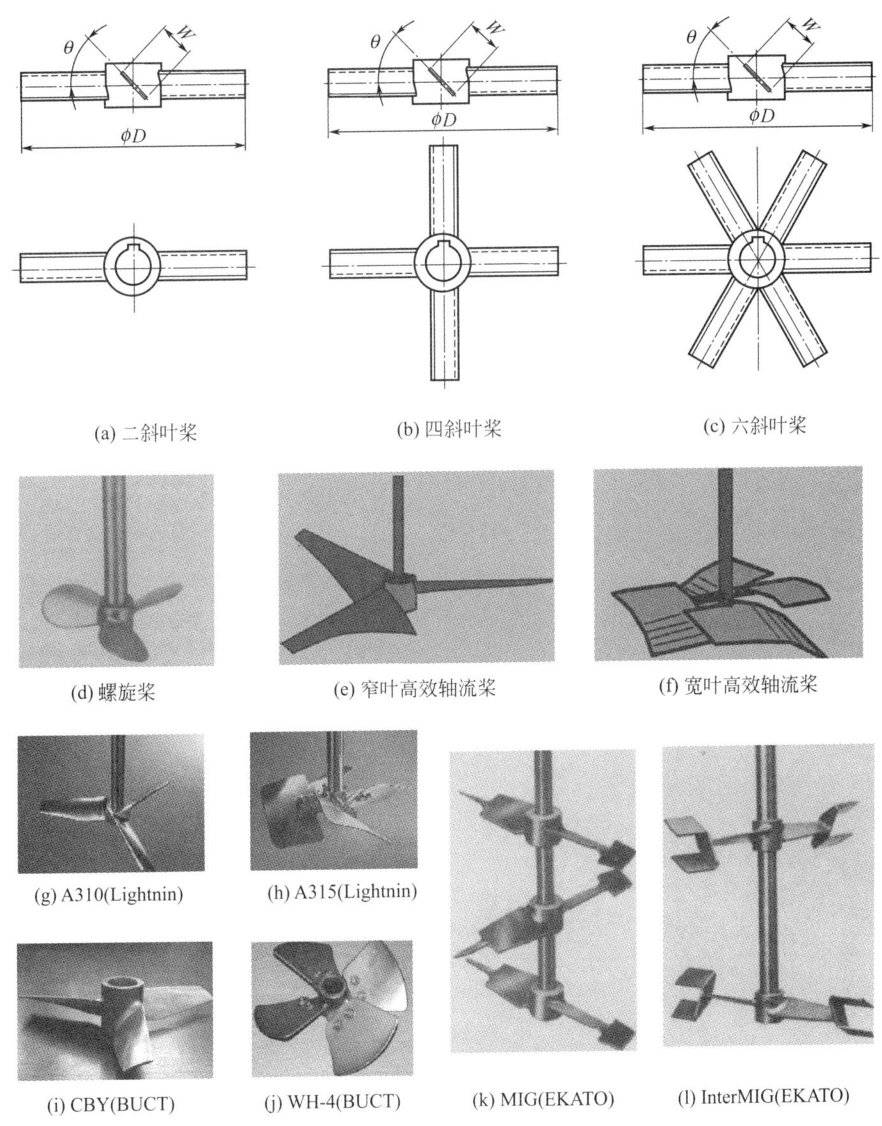

图 3-20　各类轴流型搅拌桨结构

关于斜叶轴流型搅拌桨功率准数的计算常采用下面永田进治[1]提出的计算方法。

① 对于在无挡板条件下二直叶桨和斜叶桨 N_P 的计算公式为

$$N_P=\frac{A}{Re}+B\left(\frac{10^3+1.2Re^{0.66}}{10^3+3.2Re^{0.66}}\right)^P\left(\frac{H}{T}\right)^{\left(0.35+\frac{W}{T}\right)}\sin\theta^{1.2} \tag{3-9}$$

式中

$$A=14+\frac{W}{T}\left[670\left(\frac{D}{T}-0.6\right)^{0.6}+185\right]$$

$$B=10^{\left[1.3-4\left(\frac{W}{T}-0.5\right)^2-1.14\frac{W}{T}\right]}$$

$$P=1.1+4\left(\frac{W}{T}\right)-2.5\left(\frac{D}{T}-0.5\right)^2-7\left(\frac{W}{T}\right)^4$$

当 Re 很小时，式(3-9) 右端的第二项可以忽略，Re 很大时则第一项可以忽略。

② 对于在全挡板条件下二直叶桨和斜叶桨 N_P 的计算方法，应先求出 Re_C，Re_C 按下式

求取：

当 $\theta=90°$，
$$Re_C=\frac{25}{W/T}\left(\frac{D}{T}-0.4\right)^2+\left[\frac{W/T}{0.11\left(\frac{W}{T}\right)-0.0048}\right] \tag{3-10}$$

当 $\theta<90°$，$Re_C=10^{4(1-\sin\theta)}Re_C$ (3-11)

即当 $\theta=90°$时，用式(3-10) 求得的 Re_C 替代 Re，从式(3-8) 求取 N_P，而 $\theta<90°$时，则用式(3-11) 求得的 Re_C 替代式(3-9) 中的 Re 求取 N_P。

③ 对于四直叶桨、六直叶桨和斜叶桨 N_P 的计算公式也可采用式(3-9)，其条件是总叶片面积与二叶桨相等，液体的黏度小于 1000mPa・s。

【例 3-1】 在一直径为 2.4m 的搅拌釜内，使用二叶桨式叶轮 $D=1.2$m，$W=0.48$m。釜内液体的重度为 1200kg/m^3，黏度为 200mPa・s，搅拌转速为 60r/min，设料液高度 H 与釜径 T 的比为 0.7，求叶片 $\theta=90°$、45°、30°时的 N_P 值。

解 $Re=\frac{1.2^2\times1\times1200}{0.2}=8650$ $Re^{0.66}=400$

$D/T=0.5$ $W/T=0.2$

$(H/T)^{(0.35+W/T)}=(0.7)^{(0.35+0.2)}=0.822$

用式(3-9) 求取 N_P

$$A=14+\left(\frac{W}{T}\right)\left[670\left(\frac{D}{T}-0.6\right)^2+185\right]=14+(0.2)\times[670\times(0.5-0.6)^2+185]=52.3$$

$$B=10^{\left[1.3-4\left(\frac{W}{T}-0.5\right)^2-1.14(0.5)\right]}=10^{0.37}=2.34$$

$$P=1.1+4\left(\frac{W}{T}\right)-2.5\left(\frac{D}{T}-0.5\right)^2=1.1+4\times(0.2)-2.5\times(0.5-0.5)^2=1.9$$

$$Z=\frac{10^3+1.2Re^{0.66}}{10^3+3.2Re^{0.66}}=\frac{10^3+1.2(400)^{0.66}}{10^3+3.2(400)^{0.66}}=0.65$$

代入式(3-9)，则有

当 $\theta=90°$时，$N_P=0.584$

当 $\theta=45°$时，$N_P=0.854(\sin45°)^{1.2}=0.563$

当 $\theta=30°$时，$N_P=0.854(\sin30°)^{1.2}=0.372$。

对于四斜叶轴流型搅拌桨的排流准数，图 3-21 给出了不同搅拌桨直径与釜体直径之比的条件下随搅拌雷诺数的变化规律。

图 3-20 中（d）搅拌桨是推进式船用螺旋桨结构，该搅拌桨由于一般采用铸造加工，若直径很大时则质量较大，所以一般只制作成小型便携式搅拌器，一般都用在低黏度互溶液体的混合、固体悬浮等过程。其尺寸参数为：叶片螺距与直径之比 $S/D=1\sim2$，常用的 $S/D=1$，叶片数为 3 片，$D/T=1/4\sim1/3$，常用的为 1/3，$H/T=1\sim1.2$，$C=D$，在操作中常用的叶端线速度 v_{tip}为 7～10m/s，最高可达 15m/s。图 3-22 给出了不同螺距的侧伸式螺旋桨的功率准数随雷诺数的变化规律。表 3-5 显示了典型螺旋桨的性能参数。

图 3-20 中（e）、(f)、(g)、(h)、(i)、(j) 搅拌桨是针对搅拌釜流场特点开发出的高效轴流搅拌桨。为了得到均匀的轴向排流，该类搅拌桨的叶片叶端的倾斜角度比叶根小得多，以获得一种类似恒螺距扭曲叶片的效果。为适应不同的搅拌目的，此类搅拌桨分为两类：一类是采用长薄叶的低稠密度的窄叶高效轴流桨，常见是三叶，其功率准数一般为 0.3～0.4，流量准数

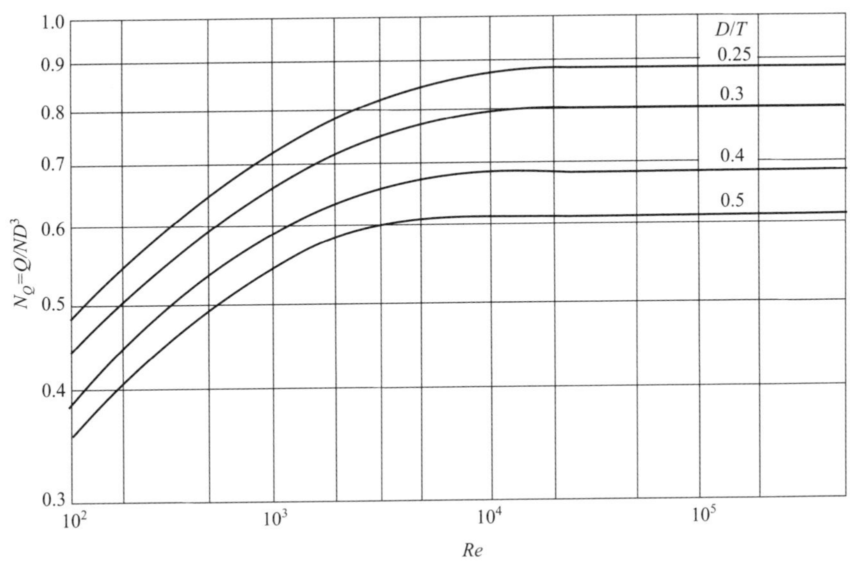

图 3-21　四斜叶桨的排除流量准数曲线

表 3-5　典型螺旋桨在高雷诺数时的性能参数[7]

常用尺寸与釜体结构配置	N_P	N_{QD}	k_S
$S/D=1$；$D/T=0.2\sim0.6$；$C/T=0\sim0.8$；全挡板	0.34	0.42	10

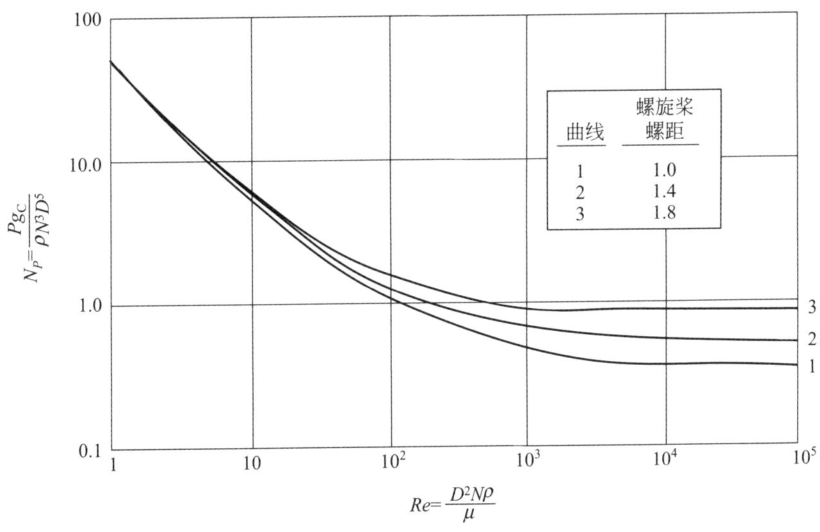

图 3-22　侧伸式螺旋桨功率准数曲线[7]

为 0.55～0.73，如 Lightnin 公司的 A310、北京化工大学的 CBY 等，此类搅拌桨由于具有较低的剪切和良好的循环性能，被广泛应用于互溶液体的混合、固液悬浮中。另一类是采用高稠密度的宽叶高效轴流桨，常见是四叶，如 Lightnin 公司的 A315、北京化工大学的 WH-4 等，此类搅拌桨由于具有阻挡气体气泛上升作用，大量应用于气液分散过程中。

图 3-20 中（k）、（l）搅拌桨是 EKATO 公司开发二叶轴流型搅拌桨，主要用于高黏度的流体，但是对中低黏度流体一样有很好的效果。MIG 搅拌桨的特点是在普通轴流桨的叶端增

加一个与主桨倾 90°的副桨，加强了外循环区域的循环流动，改善了釜体内整体循环效果。InterMIG 桨是 Mig 桨的改型，其副叶是双层，减小了副叶片的形体阻力，因而减小了功率消耗，同时提升了轴向循环能力。当液位与釜体直径之比 $H/T=1$ 时，推荐 MIG 桨采用三层，InterMIG 桨采用两层。当操作在湍流情况下，一般配置全挡板条件，取 $D/T=0.7$，MIG 桨功率准数为 0.55，InterMIG 桨的功率准数为 0.61，由于其低剪切且良好的循环性能，特别适用于结晶过程。当操作在层流情况下，一般采用无挡板条件，但 $D/T>0.7$。

3.2.2 高黏度流体搅拌桨

当搅拌釜内物料黏度较高，一般其流场处于层流状态，因而物料的流动性差，一般小直径的叶轮很难实现全釜内物料的流动，因而高黏度流体搅拌桨使用有一个显著的特点是桨直径与釜体直径之比接近于 1。按其流动特点一般分为两类：一类是锚式及框式，另一类是螺带式及螺杆式，另外或者它们之间组合应用。

3.2.2.1 锚式及框式桨

图 3-23(a) 给出了锚式桨结构简图，其在搅拌釜内的流型可参见图 3-10，它适用于流体的黏度在 1000mPa・s 以下的场合，通常应用在配有夹套的釜体的间壁换热过程，或者和其他搅拌桨配合，产生釜体底部的流体流动。当流体黏度在 $10^3\sim10^4$ mPa・s 时，则可在锚式桨中间加一横拉叶，加强径向流动，以增加釜中部的混合，如 3-23(b) 中的框式桨。另外当流体黏度很高时候，贴近釜体壁面的流体几乎不流动，易黏结釜壁，使得传热阻抗加大，通常在此类搅拌桨的外周边装有刮板，以减少物料黏结釜壁。锚式桨叶的结构参数常用的为桨直径与釜

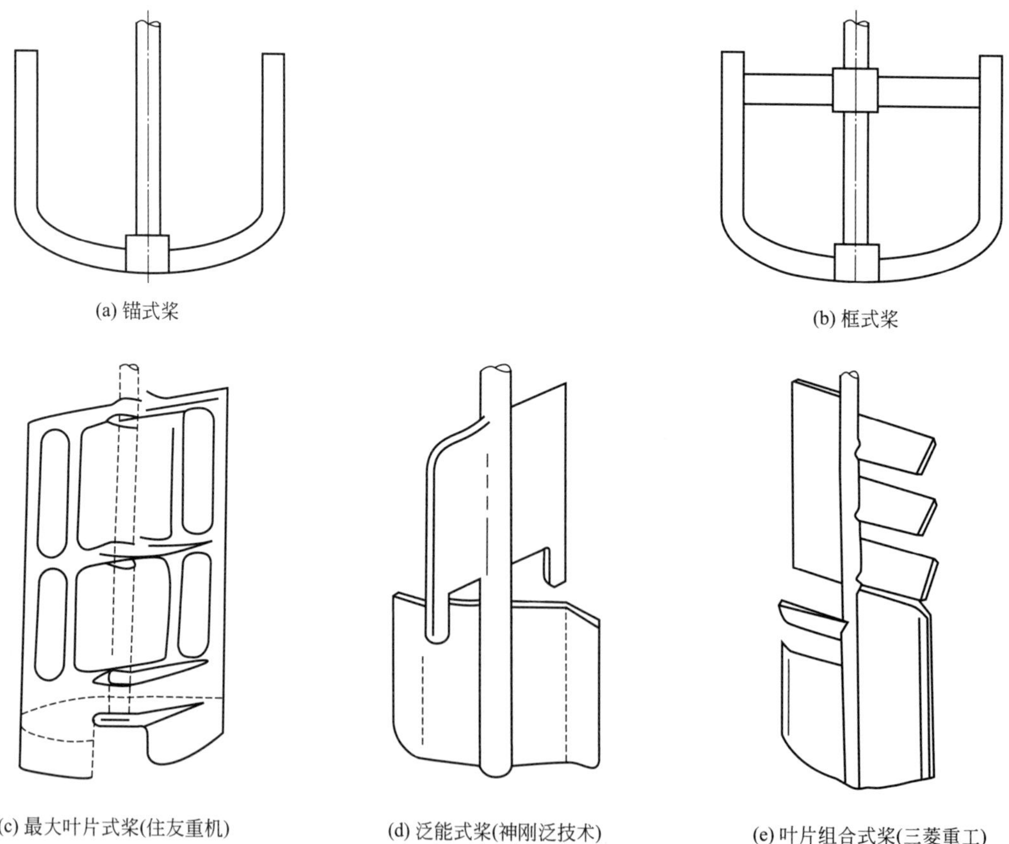

图 3-23 各类锚式及框式桨[8]

体直径之比 $D/T=0.9\sim0.98$，桨叶片宽度与釜体直径之比 $W/T=0.1$，桨高度与釜体直径之比 $h/T=0.5\sim1.0$，桨叶片外周边的线速度为 1～5m/s。锚式桨的功率准数见图 3-24。

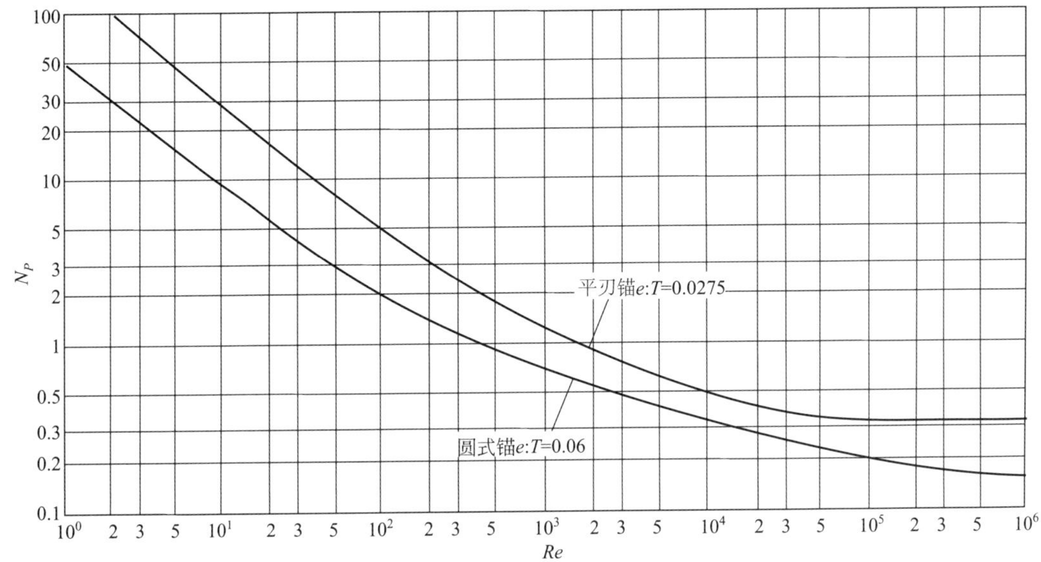

图 3-24 锚式桨两种不同离壁间隙条件下的功率准数[7]（e 为桨与釜壁的间隙）

图 3-23(c)、(d)、(e) 表示了三种变种的锚式及框式桨，是日本开发的新型搅拌桨，这些叶轮的特点是叶宽很大，差不多接近液层高度，叶片呈平板状，可得到较大的循环流量，而且适应的黏度范围也较宽，其中最大叶片式桨和泛能式桨必须和挡板配合使用，叶片组合式和挡板配合使用。由于桨叶采用单一叶片，循环路线比较单一，局部的剪切较低，产生均一的流场。此类桨叶的另一特点是当操作过程中，料位变化较大时，它有较好的适应性，如分批投料的间歇生产过程。

3.2.2.2 螺带式及螺杆式

(1) 螺杆式桨

螺杆式桨结构见图 3-25(a)，图 3-11 中给出了带有导流筒时螺杆桨的流型，图 3-13 给出无导流筒时的流型，显然有导流筒时其轴向流动会加强。螺杆式桨在没有其他构件相配合单独使用时，其混合效果是不理想的，尤其是在 D/T 比较小的情况下，其搅拌作用远难以布及全釜。螺杆式桨的功率准数见图 3-26，也可用下面的关联式来计算[9]。

当 $H/T=1.37$ 时：

$$N_P=\frac{260}{Re^{0.9}}\left[\frac{D}{P}\right]^{[0.38-\lg Re)/1.74]}\left[\frac{D}{T}\right]^{[2.18-\lg Re)/3.56]} \tag{3-12}$$

上式也可近似表示为：

$$N_P=260\times Re^{-0.9} \tag{3-13}$$

式中 D——螺旋直径；

P——螺距；

T——釜径。

(2) 螺带式桨

螺带式桨结构见图 3-25(b)，这是一种 $D/T>0.95$ 的桨叶，流体靠桨叶面旋转时的推举作用造成全釜的循环，因此螺带宽（W）对循环量是有决定作用的，同时螺距（P）的大小决定着桨叶每旋转一周桨面上的流体被推举的距离。为了强化釜内的流动，增加叶宽、提高转速

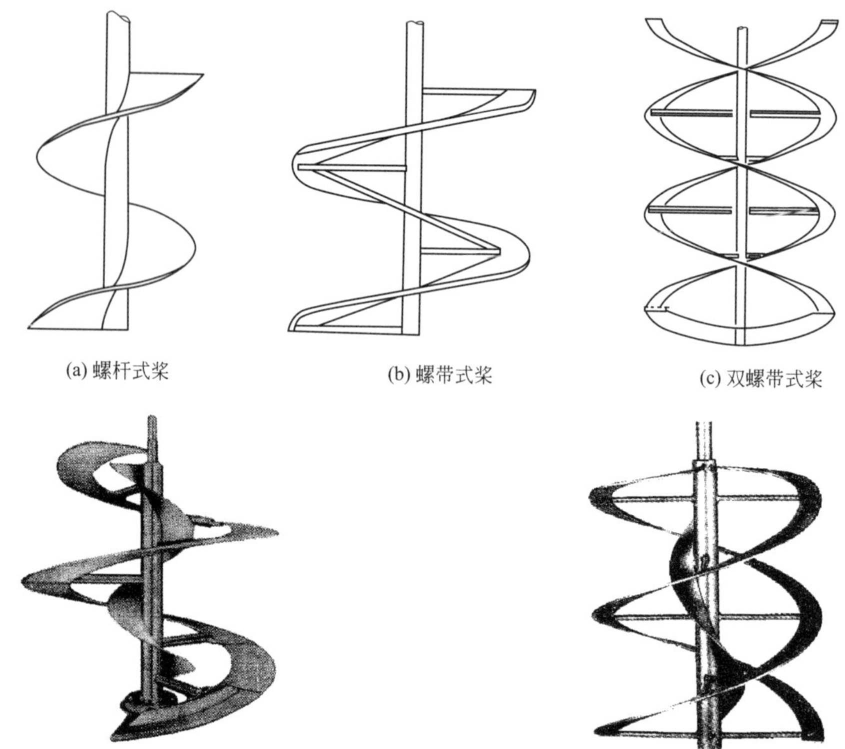

图 3-25　各类螺杆式及螺带式桨

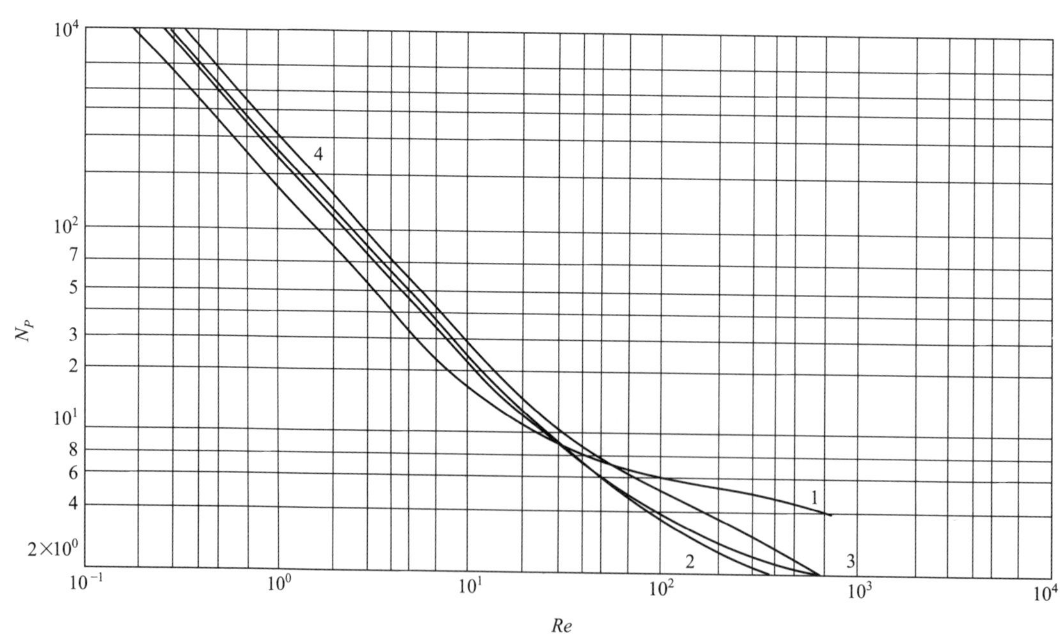

图 3-26　不同 D/T 比的螺旋轴系统的功率曲线

	搅拌器直径 D/mm	D/T	H/T	P/D	W/D
曲线 1	76	0.33	1.0	0.60	0.42
曲线 2	127	0.56	1.0	0.40	0.45
曲线 3	127	0.56	1.0	0.80	0.45
曲线 4	152	0.67	1.0	0.40	0.46

D—桨径，T—釜径，P—螺径，W—桨叶宽

都会有效果，但同时必将增加搅拌的功率消耗。由于桨叶与釜内壁的间隙很小，因此在此间隙内流体会受到很强的剪切作用，对壁面的传热和流体的混合是非常有利的。

单螺带桨的 N_P 可按下式计算：

$$N_P = 290Re^{-1} \tag{3-14}$$

条件是 $P/T=0.5$　$D/T=0.95$

$W/T=0.095$　$L/T=0.98$

$C/T=0.025$　$Re<20$

当 $P/T=1$ 时可改用下式：

$$N_P = 186Re^{-1} \tag{3-15}$$

式中　L——螺带高度；

C——螺带离釜底的距离。

(3) 双螺带式桨

双螺带式桨结构见图 3-25(c)，搅拌流型见图 3-12，从结构图中可以明显地看到，处于釜内某一空间位置在桨叶旋转一周时，将会受到两次推举，因而其混合效果优于单螺带。通常这类桨叶的结构参数为：$D/T=0.9\sim0.8$，$P/D=0.5$、1、1.5，$W/T=0.1$，$H/T=1\sim3$，叶外缘线速度小于 2m/s。

其 N_P 值可按下式计算：

$$N_P = 74.3\left(\frac{T-D}{D}\right)^{-0.5}\left(\frac{n_P T}{P}\right)^{0.5} Re^{-1} \tag{3-16}$$

式中，n_P 为螺带数，当 $n_P=1$ 时也可用此式计算单螺带桨的 N_P 值。

当 $P/D=1$，$D/T=0.95$，$n_P=1$ 时，式(3-16) 为：

$$N_P = 340Re^{-1} \tag{3-17}$$

(4) 内螺杆与外（双）螺带组合式桨

其结构简图见图 3-25(d)、(e)，是一种组合型桨，在螺带型桨叶的轴上增设一螺杆式桨，能得到较好的混合效果，因为螺带和螺旋是反向的，因此能造成较理想的循环流动，表 3-6 给出了不同组合的特性参数。

表 3-6　螺带式、螺旋式及其组合的操作性能

类型	型号	结构说明	螺旋式泵出流量比	螺杆式泵出流量比	$N\theta_m$	N_PRe	$\frac{P\theta_m}{(P\theta_m)_{2R\text{-}1}}$
螺带式	2R-1	双螺带，对称 $P=D$	0.36	—	40	330	1.0
	1R-1	单螺带　$P=D$	0.18	—	100	210	1.0
	1R-2	单螺带　$P=0.5D$	0.09	—	150	350	4.0
螺带式-螺旋式组成	2R-1 S-1	2R-1 型螺带，其轴上安装 $D_S=0.4T$，$P=2D$ 的螺旋	0.36	0.32	30	400	0.9
	1R-1 S-1	1R-1 型螺带，其轴上安装 $D_S=0.4T$，$P=2D$ 的螺旋	0.18	0.32	40	250	0.8
	2R-1 S-2	2R-1 型螺带，其轴上安装 $D_S=0.5T$，$P=D$ 的螺旋	0.36	0.375	36	400	1.1
	2R-1 S-3	2R-1 型螺带，其轴上安装有 $D_S=0.5T$，$P=D$ 的螺旋	0.36	0.25	47	400	1.4
	2R-1 S-4	2R-1 型螺带，其轴上安装有 $D_S=T/3$，$P=1.5D$ 螺旋	0.09	0.164	57	400	1.7
有导流筒的螺杆式	D，S-1	导流筒内安装有 $P=D$ 的螺旋，如 3-25(c)	—	0.67	65	330	0.5

注：表中 1R 表示单螺带，2R 表示双螺带，其后面的数值表示结构参数的差异。S 表示螺旋，其后边的数也是表示结构参数的不同。

3.3 低黏度互溶液体的混合

3.3.1 过程的特征及其基本原理

低黏度互溶液体混合过程的主要特征是不存在传递过程的相界面，因此又称为均相混合。对于一个纯物理混合过程，低黏度互溶液体的混合是属于容易完成的过程，尤其是对混匀时间要求不高或混匀时间比较长的混合过程，例如大型油罐的混匀。当混合过程伴有化学反应时，往往会使过程复杂化，其一是对混合完成的时间有比较严格的要求，以避免一些不希望的副反应发生，其二是反应热的导出或热量的导入（当反应是吸热时），这样就增加了过程的难度，特别是快速强放热反应过程，此时必须确定什么是该过程的控制因素，如混匀的速度（或混匀时间）、热量的传递速度等，并应依此为工程设计的依据。

低黏度液体的混合操作一般都是在湍流区内进行的，因此这一过程就具有较强的主体扩散、湍流扩散和分子扩散，在宏观混合的过程同时也伴有很强的微观混合时程。

根据实验研究的结果得知[9]：不同组分的流体的混合作用主要发生在叶轮附近很小的混合区中通常称之为叶轮作用区。搅拌釜内循环流量大，意味着单位时间中釜内流体的循环次数多，即单位时间内通过叶轮区的次数多，因此混合效果就好。对于互溶液体的混合，提供足够的循环流量是主要的，叶轮能否产生较强的剪切则是次要的。但是当两种液体黏度相差比较大，剪切的存在将有利于高黏度液体在全釜中的分散，有利于湍流扩散的强化。这些条件的提供，将由选择合适的叶轮型式来保证。当需要混匀的两种液体数量相差较大时，少量液体的加料位置是很重要的，理想的位置是叶轮区，或是在叶轮吸入口的附近，以保证进料很快通过叶轮，可有效地提高宏观混合特别是微观混合的效率。循环时间将由釜内循环次数来控制。

3.3.2 桨型的选择

根据前面对混合过程的分析，对于一般情况所得的结论是选用的搅拌桨应能提供较大的排出流量或循环流量。搅拌桨的排出流量除与搅拌桨的型式和结构尺寸有关外，在操作中还可以用提高搅拌转速来得到，但其能量消耗是与转速的 3 次方成正比的，因此在评选时要以相同的功率消耗为基准来进行比较。

对于 $H/T \leqslant 1$ 的搅拌釜，采用单层搅拌桨即可满足混合要求，采用轴向流桨或径向流桨其混合效率是相同的。而对于 $H/T>1$ 的搅拌釜，一般需采用多层搅拌桨，多层轴向流搅拌桨的混合效率远高于多层径向流搅拌桨，因此一般选用多层轴向流搅拌桨。

（1）推进式叶轮

这类叶轮在安装时有三种方式。

① 中心插入式　其流型见图 3-8，是常见的安装方式，但必须配有挡板，以消除打旋现象，保证有良好的轴向流动。当顶部伸入中心安装的搅拌釜内液层高度太高时，即 $H/T>1$ 时，应考虑使用双层桨叶，具体的条件见表 3-7。

表 3-7　搅拌器层数的选择条件

单层	双层
液体黏度＜100mPa·s $H/T \leqslant 1$	液体黏度＞100mPa·s $H/T>1$
对循环量有较高要求，大叶轮	对剪切有一定要求，小叶轮，高转速

此处 $H/T>1$ 应该是指 H/T 接近于 1.2，当 H/T 更大时，搅拌桨叶的层数还需增加，

一般采用的层间距不大于桨叶直径，这样可以保证全釜具有良好的循环流动，以提高混匀效果。

② 偏心安装搅拌器　有时不可以由顶部斜向伸入，但这种安装一般都用在小型搅拌釜内，这些搅拌器与电机连接在一起，在市场上已有定型产品出售，当釜径大于 2m 时，通常均不采用此类搅拌器。

③ 侧伸式搅拌器　通常优先使用在易于实现混匀的大型搅拌釜中，如原油、汽油、纸浆工业的贮釜，其流型见图 3-9，此时桨叶必须与釜体横断面的中心线有一定的夹角[3]，β 角一般为 7°～10°。否则就有可能造成切向的旋转流动，从底部到顶部的流动显得微弱，致使混匀时间大大延长。在大型釜中常采用这类搅拌，能耗很低，仅处在 $10W/m^3$ 的水平上。当 $D/T=1/12\sim1/8$，$H/T=0.8$ 时，此类搅拌比其他型式更为经济。由于其桨径较小，因此在工业上的转速均在 250～400r/min 的范围内。

目前的原油贮罐的容积已可达到 $10000\sim30000m^3$，此时可用数个侧伸式搅拌器来达到混合的目的。当然应该指出的是侧伸式搅拌器的混合效率是不高的，但与顶伸式相比，在相同功率下操作时其扭矩较低，而且搅拌轴也较短，搅拌器的制造成本较低。在大型贮釜中如果将其安装在足够大的人孔内，更有利于拆装和检修。

（2）斜叶涡轮

见图 3-20，最常用的是二斜叶涡轮，其次是四斜叶，叶片再多则其叶宽将相对变窄，与推进式相比，其剪切作用略有加强。斜角的变小会使剪切作用相对减弱。

（3）长薄叶螺旋桨

见图 3-20，与斜叶涡轮相比其突出的优点是在同样的能耗下能提供较大的循环流量，因此在对循环流量要求较高的场合，选用此类桨型是合适的。

（4）三叶后弯桨叶

见图 3-18，当黏度偏高，或两种液体的黏度有相当差别时，选用这类桨是合适的，因为它具有良好的循环流性能，而且兼有一定的剪切，采用时要注意与之匹配的挡板型式和安装。

3.3.3　设计计算

在选定了桨型后，设计计算的任务是要确定桨叶的结构参数（如桨叶直径和与桨型有关的参数、螺旋桨的螺距、斜叶涡轮的斜角、长薄叶桨的安放角、叶宽等）和桨叶在釜内的安装尺寸，如离底距离等。然后再确定其操作参数，主要是指搅拌转速。而这些参数的确定主要是依据工艺要求和物料的物性，物料种类及数量及其相对比例，混匀时间等。

Oldshue 推荐使用四叶 45°斜叶桨，在不同容积的釜内，对不同黏度液体进行混匀操作时，因混匀时间的不同所需搅拌器的电机功率的数值列于表 3-8 中。

表 3-8　45°斜叶桨（四叶）混匀时的电机功率[3]

P/kW　θ/min	$\overline{V}=3m^3$			$\overline{V}=20m^3$			$\overline{V}=40m^3$			$\overline{V}=75m^3$		
μ/mPa·s	6	12	30	6	12	30	6	12	30	6	12	30
100	0.75	0.37	0.18	2.2	1.5	0.75	2.2	1.5	0.75	5.5	4	1.5
250	1.1	0.55	0.3	2.2	1.5	0.75	4	2.2	1.1	7.5	5.5	2.2
500	2.2	1.1	0.6	2.2	1.5	0.75	5.5	4	1.5	11	7.5	4
1000	1.1	1.5	0.8	4	2.2	1.1	11	5.5	2.2	15	11	5.5

表 3-8 中 $\overline{V}$ 为搅拌釜体积（m^3），混匀时间 θ 为 min，黏度 μ 为 mPa·s，该表的单位是由

加仑（美）和马力换算过来，电机功率按我国的电机系列标准作了一些圆整。另在 $3m^3$ 一栏中，仅μ =1000mP·a，θ=6min，P=1.2 为四叶 45°斜叶桨外，其余全为推进式型桨。表中的数据仅供确定功率消耗时参考。

还需要指出的是电机功率与轴功率是有区别的，这里要考虑机械效率，同时还必须考虑一定的安全系数，根据设备在生产中所处地位的重要性，可以采用不同的安全系数。一般情况下可取 20%左右。

【例 3-2】 在某工业生产中有一原料贮釜，需将两种等体积的原料液混匀以供下一工序使用，两种原料液的重度分别为 $820kg/m^3$ 和 $860kg/m^3$，黏度分别为 100mPa·s 和 210mPa·s，要求每釜的混匀时间不得大于 10min。贮釜直径 2.8m，直筒高度 2.4m，椭圆封头，装料体积约 $15m^3$，选择搅拌桨型式及其结构参数，并确定其操作转速及装机功率。

解 （1）选用装机功率

根据表 3-8，选 $20m^3$，250mPa·s，混合时间为 6min 条件下的电机功率为 2.2kW。

根据我国电机系列为 2.2kW 的电机，如传动效率取 0.97，安全系数取 1.2，则搅拌轴功率应为

$$P=\frac{2.2\times 0.97\text{kW}}{1.2}=1.72\text{kW}$$

（2）选用四叶 45°斜叶桨

选 $D/T=0.4$　　则

$D=2.8\times 0.4\text{m}=1.12\text{m}$　　取 1.2m

$W/D=0.2$　　$W=0.24\text{m}$

（3）根据 3.2.2.1 中给出的四叶斜 45°桨在湍流区时，$N_P=1.3$，现先假定其操作是处于湍流区，据此可求出操作转速，根据

$$N_P=\frac{P_{轴}}{PN^3D^5}$$

此处 $N_P=1.3$　$P_{轴}=1.72\text{kW}=1720\text{W}$

ρ 取混合液的平均值

$\rho=0.5\times(820+860)\text{kg/m}^3=840\text{kg/m}^3$

μ 取混合液的平均黏度

$\mu=0.5\times(100+210)\text{mPa}\cdot\text{s}=155\text{mPa}\cdot\text{s}$

$D=1.2\text{m}$

则　$N^3=\dfrac{1720}{1.3\times 840\times 1.2^5}=0.633$

$N=0.859\text{s}^{-1}$ 或 51.5min^{-1}

（4）核算搅拌 Re

$$Re=\frac{1.2^2\times 0.859\times 840\times 10^3}{155}=6704$$

可以认为是处于湍流区

（5）$N=51.5\text{min}^{-1}$，在选减速机时，因速比系列不一定完全满足要求，故为了满足速比的系列，可调整转速，但因装机功率已定，因此转速只能适当向下调整。

（6）一般情况下贮釜进料总是间歇的，假如在进料时，就启动搅拌，则将会有利于混匀操

作，即在进料完毕后，只需较短的时间就能达到全釜的混匀。

3.3.4 多层桨

当搅拌釜内的液层高度较高时，即 $H/T>1$ 时，单层桨叶的作用高度已经不能满足要求，上层液体就会出现静止层，当然在这一区域内就难于实现不同物料的混合，也不能与下层液体进行混合，为了消除这样的死区，解决的办法只能是增加桨叶的层数，否则只能降低料层高度、减小生产能力。

多层桨的层数是不受限制的，多的可达 5 层甚至更多，一般为 2～3 层，一般根据 H/T 的大小、过程对混合强度的要求和物料黏度来确定。层间距的确定是很关键的，不同类型的桨会形成不同的流型，轴流型桨叶在合理的层间距时，能形成全釜稳定的单一循环流，当层间距太大时对于双层桨可能出现上下两个循环区，一般选用层间距为桨径的 1～1.5 倍。

当选用多层桨时，被搅拌液体的黏度较低时，层间距可适当选大一点，当黏度较大或处理的是黏稠物料时应选用较小的层间距，有时可以小到 0.5～0.7 的桨叶直径，这一点完全要通过实验和生产实践的经验才能确定。层间距小从设计的角度看是偏保守的，从生产的角度看则会更可靠。

多层桨的轴功率计算，简单的方法是单层桨的功率乘于层数，这样的估算偏保守，但在工程上是允许的，确切地说只有层间距大于桨径时才是正确的，当层间距小于桨径时，因相互干扰，故总功率将会小于层数与单层桨功率的乘积，精确的数值应通过实验得到，特别是由不同桨型组合成的多层组合型桨。

3.4 高黏度液体的混合

高黏度液体的搅拌操作通常都处于搅拌层流区（$Re<10～100$，视搅拌桨型式而定)。高黏度液体的黏度范围和搅拌釜直径有关，对直径较大的搅拌釜，高于 5Pa・s时，才称为高黏度液体[10]。

适用于高黏度液体混合的搅拌桨型式与混合低黏度液体的搅拌桨型式不同。由于液体黏度较高，在离开搅拌桨较远的地方，动量传递迅速衰减，液体流速急剧减小，因此，通常都采用大直径的搅拌桨。常用的搅拌桨型式有锚式桨［见图 3-23(a)］、螺杆式桨（或带导流筒)［见图 3-25(a)］、单螺带桨［见图 3-25(b)］、双螺带桨［见图 3-25(c)］、外螺带内螺杆组合式桨［图 3-25(d)、(e)］。

3.4.1 高黏度液体的混合机理

在搅拌层流区混合高黏度物料时，在搅拌桨与搅拌釜壁的环隙间，物料受搅拌桨剪切作用被拉伸或切割，随着剪切时间的增长，逐渐达到混合。同时，由于搅拌釜内剪切流场不是均匀的，例如锚式搅拌桨在锚与釜壁间的间隙区是强剪切区，物料的混合速率较快，而釜中心区域则是低剪切区，混合速率较慢，因此，高剪切区与低剪切区间的物料交换速率或物料在全釜范围内的循环能力也是影响混合的重要因素。此外，釜内液体的速度波动也能促进混合。实验研究结果表明，由于单螺带搅拌桨的非对称结构能产生较大的速度波动，因而它的混合效率比双螺带搅拌桨高。复动式搅拌桨除进行回转运动外，又进行上下往复运动，使得釜内各点的流速不断改变方向和大小，因而有很高的混合效率。

3.4.2 高黏度搅拌桨的混合性能

3.4.2.1 混合性能指标

评价搅拌桨的混合性能，经常应用混合时间、单位体积剪切性能等。高黏度搅拌桨的混合性能，可用如下混合性能指标进行综合评价。

① $N_{\theta M}$——混合准数。

② k_S——反映搅拌桨剪切性能的常数，$k_s=\frac{1}{N}\sqrt{\frac{P_V}{\mu}}$，可理解成搅拌桨转一圈时，流体所受到的剪切量。

③ $k_{\theta S}$——综合反映混合和剪切两因素的常数，$k_{\theta S}=N_{\theta M}k_S=\theta\sqrt{\frac{P_V}{\mu}}$，可理解为达到规定的混合程度时，流体所受到的剪切量。$k_{\theta S}$愈小表明在同样的剪切速率下，达到规定的混合程度时，所需时间愈短。

④ W_V——单位体积混合能。搅拌釜内单位体积物料的搅拌能耗和混合时间的乘积。

⑤ η_W——相对混合效率。不同搅拌桨混合同种流体，在相同的混合时间条件下所需单位体积混合能的比值。

3.4.2.2　各种搅拌桨的混合性能

表 3-9 列出了几种高黏度搅拌桨在层流区的混合性能。

表 3-9　搅拌桨在层流区的混合性能

序号	搅拌桨型式	D/T	牛顿流体				假塑性流体 $n=0.53\sim0.63$			
			$N_{\theta M}$	kK_S	$k_{\theta S}$	η_W	$N_{\theta M}$	kK_S	$k_{\theta S}$	η_W
1	框[①]	0.79					142	7.1	1008	12.6
2	锚[①]	0.81					230	7.3	1686	35.5
3	MIG-锚	0.95					56	14	784	7.7
4	内外螺带-锚	0.95					41	16	656	5.4
5	双螺带-锚	0.95	34	19.4	660	6.8	37	19.4	718	6.5
6	螺杆-导流筒	0.574					40	7.9	314	1.0
7	复动式	0.947	22.7	11.2	254	1	31	11.2	346	1.5

① 该种搅拌桨有相当大的混合不良区。

锚式（或框式）搅拌桨构造简单，应用广泛，常用的结构参数为 $D/T=0.8\sim0.98$，$W/T=0.06\sim0.1$，$h/T=0.5\sim1$，桨叶外边缘的线速度为 1～5m/s。由于锚式搅拌桨的形状与搅拌釜匹配，因此，当它的翼片扫过釜壁时，可促进物料与釜壁的热交换，并可减薄黏壁物。锚式搅拌桨缺乏轴向上、下循环流动，混合效率较低。当雷诺数大于 50 时，会产生二次循环流，可改善混合性能。应用锚式搅拌桨时可采用加横向叶片或自釜顶部插入挡板及在其翼片上附加刮刀等办法改进混合性能，如图 3-27 所示。

螺带式搅拌桨可适用于中、高黏度（可达数百 Pa・s），有较好的上、下循环性能。螺带式搅拌桨除单、双螺带，螺带-螺旋外还有内、外螺带等多种型式见表 3-10。常用的结构参数为：$D/T>0.9$，$P/D=0.5\sim1.5$，$W/D=0.08\sim0.15$，$h/D=1\sim3$，螺带外缘线速度通常小于 2m/s。除螺带式搅拌桨与搅拌釜壁的间隙（即 D/T）外，螺带式搅拌桨的结构型式、螺距、螺带头数带宽等都对混合速率有影响，可参看表 3-6 及表 3-10。螺带式搅拌桨形成的上、下循环流分界处也存在混合不良区，锥形螺带［见图 3-27(c)］可改善径向流动性能。

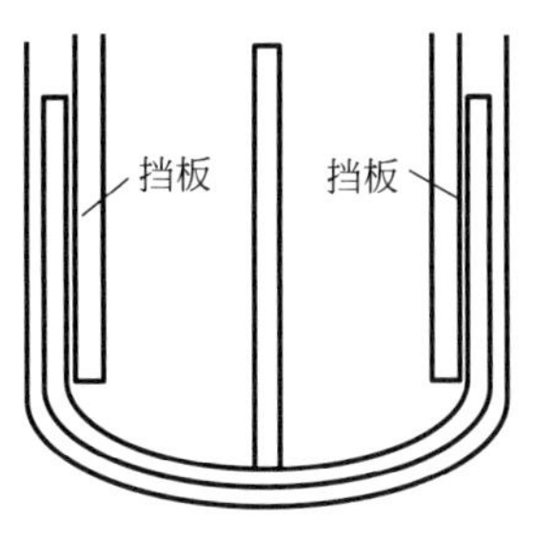

(a) 自釜顶部插入挡板

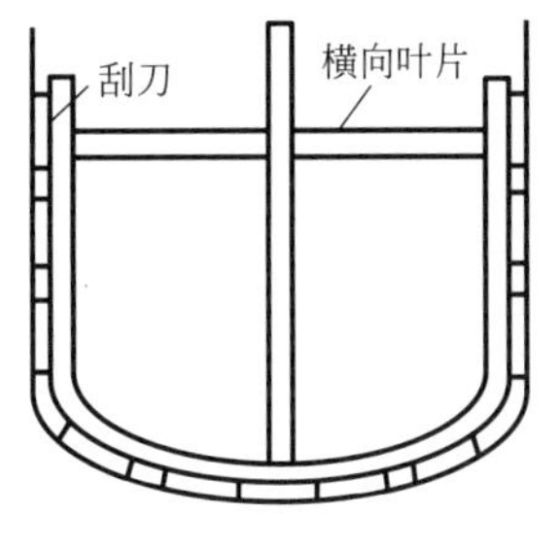

(b) 附加刮刀

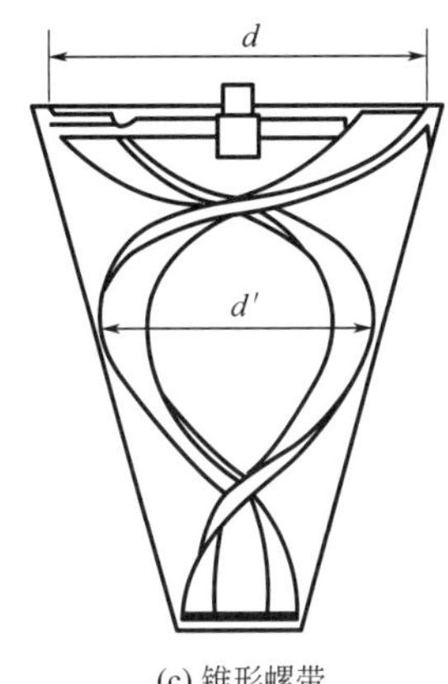

(c) 锥形螺带

图 3-27　锚式搅拌桨与锥形螺带

表 3-10　多种型式的螺带搅拌桨及其混合性能[11]

项目	螺带螺旋Ⅰ	螺带螺旋Ⅱ	双螺带	内外螺带Ⅰ	内外螺带Ⅱ
螺带搅拌桨形式					
D/T	0.95	0.95	0.95	0.95	0.95
P/D	0.81	0.81	0.81	0.82	0.41
W/D	0.149	0.149	0.149	0.149	0.149
D_S/D	0.4	0.4			
PS/D	0.81	1.6			
a	26	26	26	15	15
D_2/D				0.5	0.5
P_2/D				0.82	0.41
W_2/D_2				0.239	0.239
N_PRe	250	240	418	203	293
$N_{\theta M}$	49.3	46.8	33	46	54
η_W	1.46	1.26	1.13	1	1.98

带导流筒螺杆式桨在层流区和过渡流区都有很高的混合效率，适合于随反应进行中，物料黏度逐渐增大，釜内流型从过渡流变为层流的溶液聚合或本体聚合反应器，在热负荷较大的场合，导流筒筒壁中还可以通入换热介质，增加换热面积。其流型参见图 3-11。

此外，大直径的 MIG 搅拌桨与螺带的作用类似。为使混合容器内全部高黏度物料受到较好的剪切作用，还采用多种型式的组合式搅拌桨，如采用双轴或同心套轴组合，高速轴为小直径叶轮，主要起剪切作用，低速轴为大直径搅拌桨，增加全容器内物料的循环流动能力，也有小叶轮做行星运动的，结构如图 3-28 所示。

3.4.3　非牛顿流体的混合

3.4.3.1　非牛顿流体的分类

许多工程和自然科学领域中涉及的高分子溶液和熔体、原油、发酵液、浓悬浮液、乳浊

图 3-28　同轴双速搅拌桨

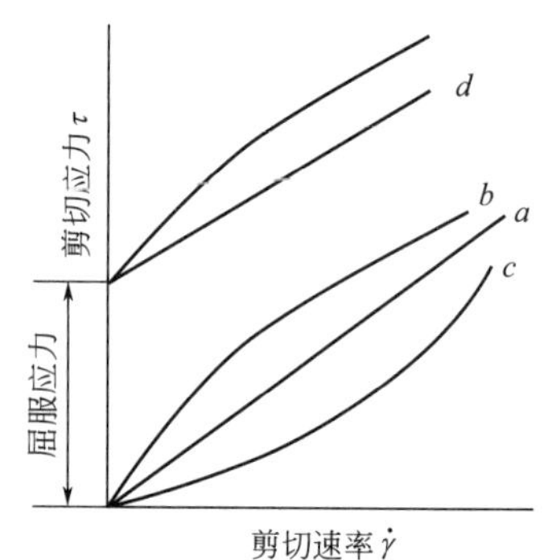

图 3-29　广义牛顿流体的流动曲线

液、泡沫以及生物流体等都不遵循牛顿黏性定律（$\tau=\mu\dot{r}$，牛顿流体黏度μ不依赖于时间和剪切速度，在一定压力强度下为常数），被称为非牛顿流体。

非牛顿流体按流变行为分为广义牛顿流体、依时性流体和黏弹性流体三大类。

（1）广义牛顿流体

流变行为与应力无关的流体称为广义牛顿流体，属无弹性流体。各类广义牛顿流体的应力与剪切速率的关系见图 3-29 所示的流动曲线，可用下述幂律模型表示其流动特性。

$$\tau=k(\dot{\gamma})^n$$

式中　τ——剪切应力，N/m^2；

$\dot{\gamma}$——剪切速率或速度梯度，1/s；

n——流动特性指数幂指数，无量纲；

k——稠度系数，$Pa\cdot s^n$。

虽然非牛顿流体的黏度已不是常数，但仍可参照牛顿黏性定律来定义，即将剪切应力与剪切速率之比称为表观黏度μ_a表示，即

$$\mu_a=\frac{\tau}{\dot{\gamma}}=k\dot{\gamma}^{n-1}$$

幂指数 n 反映流体偏离牛顿流体的程度。牛顿流体 $n=1$（曲线 a），假塑性流体 $n<1$（曲线 b），表观黏度随剪切速率的增长而减小，又称剪切变稀流体，大多数聚合物溶液的 n 介于 0.15～0.8 之间。胀塑性流体 $n>1$（曲线 c），表观黏度随剪切速率的增大而增加，又称剪切变稠流体，某些浓悬浮液属此特性。黏塑性或宾汉塑性流体（曲线 d），这类流体只有施加的应力超过屈服应力后才流动，如牙膏、化妆品、浓矿砂浆等。超过屈服应力及其剪切应力与剪切速率的关系可以是线性的或非线性的。

（2）依时性流体

流体的黏度或应力响应不但与剪切速率 $\dot{\gamma}$ 有关，而且还与受剪切时间有关，即 $\tau=f(\dot{\gamma},t)$。在一定 $\dot{\gamma}$ 下时间 t 趋于无限长时，τ 也趋于一平衡值。依时性流体的表观黏度指此平衡剪切应力与 $\dot{\gamma}$ 之比。

在一定 $\dot{\gamma}$ 下，剪切应力随剪切持续时间的延续而降低的流体称为触变性流体，如色漆、油煤浆；反之，在一定 $\dot{\gamma}$ 下剪切应力随时间而增大的流体称震凝性流体。除流体中发生化学变化外，震凝性流体一般少见。

（3）黏弹性流体

黏弹性流体兼具黏性和弹性，它在外力作用下的流动，既产生不可逆的形变，也产生可自恢复的弹性形变。聚合物熔融体和溶液都属黏弹性流体，但弹性表现有强有弱。黏弹性流体具有许多特殊的流动现象。

3.4.3.2 非牛顿流体性质对混合的影响

许多非牛顿流体表观黏度较高，可按高黏度液体对待，但对混合特性及功率消耗计算与牛顿流体有区别。

由于假塑性流体的黏度随着剪切速率的增大而减小，因而当采用小直径叶轮搅拌时，在远离叶轮的低剪切区内，如靠近器壁处，流体的流动将受到抑制，可能形成停滞区。因此，应使叶轮在某一临界转速以上工作，或采用大直径的搅拌桨。

关于非牛顿流体混合的知识目前了解得还有限。

3.4.4 搅拌桨型式的选择

确定搅拌桨型式时，应考虑以下几点。

① 搅拌釜内进行的物理和化学过程对搅拌效果的要求，如对温度分布的要求，消除死区的要求，对剪切速率大小及分布的要求，换热速率的要求等。

② 釜内物料黏度的高、低及非牛顿性质。

③ 根据各种搅拌桨的特点，在满足过程主要要求的基础上，力求结构简单，降低能耗。

④ 搅拌桨型式确定后，注意优化搅拌桨及搅拌釜的几何尺寸。

3.4.5 牛顿流体的搅拌功率

3.4.5.1 锚式搅拌桨的搅拌功率

可将锚式搅拌桨看作直径相同、叶宽等于锚式搅拌桨高度的平桨式搅拌桨，故可采用计算平桨式搅拌桨搅拌功率的关联式估算锚式搅拌桨的搅拌功率[1]。

北京化工大学搅拌功率科研组提出的计算锚式搅拌桨轴功率的关联式[12]，不仅可适用于层流区，也可适用于过渡流区，与 Calderbank[13]、Beckner[14]、Sawinsky[15]、Uhl[16]、Zlokarnik[17]等人的实验数据基本一致。

$$N_P^* = \frac{27\left(\dfrac{T}{C}\right)^{0.405}}{Re} + 0.217\left(\frac{T}{D}\right)^{2.21}\left(\frac{Re^{0.171}}{Re^{0.171}+0.275}\right)^{11.27(T/D)-12.93} \times \alpha \tag{3-18}$$

$$N_P^* = \frac{N_P}{\dfrac{L_e}{D}}, \alpha = \frac{1.15\left(\dfrac{D}{T}\right)}{1+0.00025Re^{0.87}}$$

式中 N_P^*——修正功率准数；

L_e——锚式搅拌桨有效边缘总长度（即两垂直边长与底部边长之和）；

e——锚式搅拌桨与釜壁间隙。

此式适用于 $D/T=0.78\sim0.94$。

当 $Re<30$ 时，式(3-17) 中的第二项数值很小，可以略去。当 Re 为 30～500 时，α 可近似取为 1。当 $Re>1000$ 时，C 对功率准数几乎没有影响。叶片断面形状为圆形及板形桨叶的

值 N_P^* 均较小，当 $Re<200$ 时，较式(3-17）计算值低 5%～10%。此外，锚式搅拌桨上水平的或垂直的拉杆都不影响总搅拌功率。锚式桨的功率也可用 Re-N_P 曲线来计算。

3.4.5.2 螺带式搅拌桨的搅拌功率

王凯等人[10]提出的计算式是对 12 种不同的双螺带搅拌桨的搅拌功率进行测量并把文献中有关双螺带搅拌桨的搅拌功率数据一起回归后求得的。

$$N_PRe=329\left[\frac{\frac{D}{T}}{1-\frac{D}{T}}\right]^{0.341}\left(\frac{W}{D}\right)^{0.43}\left(\frac{P}{D}\right)^{-0.41}\left(\frac{h}{D}\right)^{0.78} \tag{3-19}$$

这一关联式的计算结果与 Nagata[18]、Hall[19]、Charan[20]等人提出的计算式计算结果相近。

此外，Blasinski 提出的计算螺带式搅拌桨功率的关联式[21]也可作为参考。

$$N_PRe=34.1\left(\frac{C}{D}\right)^{-0.53}\left(\frac{H}{D}\right)^{0.45}\left(\frac{P}{D}\right)^{-0.63}\left(\frac{h}{D}\right)^{1.01}\left(\frac{W}{D}\right)^{0.14}i^{0.79} \tag{3-20}$$

上式适用范围：

$Re<100$，

$C/D=0.01\sim0.095$，$T/D=1.02\sim1.19$，

$h/D=0.862\sim1.11$，

$P/D=0.357\sim1.28$，

$H/D=1.02\sim1.64$，

$W/D=0.071\sim0.167$

$i=1$ 或 2（螺带头数）。

3.4.5.3 多种型式高黏度搅拌桨的 K_P 值

在搅拌层流区，$N_PRe=K_P$ 为一常数。表 3-11 列出多种型式高黏度搅拌桨的 K_P 值[12]。

表 3-11 搅拌桨的 K_P 值

序号	搅拌桨型式	D/T	$K_P=N_PRe$
1	双螺带-锚	0.95	424
2	四螺带-锚	0.95	478
3	内、外单螺带-锚	0.95	307
4	MIG-锚	0.95	214
5	螺杆-导流筒	0.574①	269
6	锚	0.81	79
7	框	0.79	80
8	四层 MIG-D 挡板	0.617	92
9	三层三叶后弯-D 挡板	0.633	146
10	复动式搅拌桨	0.947	115

① 螺杆直径/导流筒内直径=0.893。

3.4.6 非牛顿流体的搅拌功率

假塑性流体是在混合操作中最常见的一种非牛顿流体。

在搅拌功率的计算中，应用较普遍的是采用两参数的幂律方程描述假塑性流体的流变特性。虽然幂律只在一定的剪切速率范围内成立，但一般而言，只要测得的黏度所对应的剪切速率是在搅拌釜中的剪切速率范围以内，则幂律都是适合的。

计算假塑性流体搅拌功率的方法虽已发表很多，工业应用经验较少，数据也存在分歧，但主要有两类即表观黏度法与直接计算法。

(1) 表观黏度法[22]

由于假塑性流体的表观黏度随剪切速率变化，搅拌釜内的剪切速率不仅与搅拌桨、搅拌釜的几何形状以及搅拌转速等有关，而且还与釜内各点位置有关，因此，搅拌釜内各点处的表观黏度是不同的。针对这一情况，Metzner 等设想用同一台搅拌桨-搅拌釜体系搅拌牛顿流体，若其所耗功率与搅拌假塑性流体时所耗功率相同，则可将牛顿流体此时的黏度规定为釜内假塑性流体的表观黏度μ_a。利用此表观黏度μ_a计算雷诺数，那么，便可利用牛顿流体搅拌功率准数与雷诺数的实验曲线或计算关联式来计算假塑性流体的搅拌功率。

Metzner 等及其他研究者通过实验表明，与假塑性流体的上述表观黏度μ_a相对应的搅拌釜内的平均剪切速率$\dot{\gamma}_{av}$是与搅拌转速成比例的。即：

$$\dot{\gamma}_{av}=k_S N \tag{3-21}$$

在特定的搅拌桨-搅拌釜体系中，k_S是一常数，通称 Metzner 常数。虽然非牛顿流体的幂指数n对k_S也有一些影响，但k_S主要取决于搅拌桨及搅拌釜的几何结构参数。

依据k_S及假塑性流体的幂律方程可以计算出表观黏度：

$$\mu_a=k(k_S N)^{n-1} \tag{3-22}$$

对涡轮式、桨式和推进式等搅拌桨在假塑性流体中的搅拌功率测量结果表明，用式(3-22)计算表观黏度时，假塑性流体的N_P-Re线在层流区与牛顿流体的N_P-Re曲线重合。这样，若对一定的搅拌桨-搅拌釜体系，已知相应的k_S及假塑性流体的流变曲线，则可应用牛顿流体的N_P-Re曲线或计算关联式来计算假塑性流体的搅拌功率。其计算步骤如下。

① 按式(3-21)求出$\dot{\gamma}_{av}$，式中k_S由实验测定或参照文献确定。表 3-12 列出了多种搅拌桨的k_S值。

表 3-12 Metzner 常数 k_S

搅拌桨型式	T/D	k_S	研究者
六叶盘式涡轮式(单层或双层，有挡板或无挡板)	1.023～3.5	11.5±1.5	Metzner[22]
45°倾斜六叶扇形涡轮式(有挡板或无挡板)	1.33～3.0	13±2	
三叶推进器式(有挡板或无挡板)	1.4～3.48	10±0.9	
平桨式(2、3、6 枚叶片)		10.5	Nagata[18]
弯叶桨式		7.1	Taniyama[23]
布鲁马金式		10.5	
MIG 式(单层或双层)	1.43～2.5	11	Hocker[24]
锚式	1.05	25	Nagata[18]
锚式	1.05～1.47	$k_S=a(1-n)$ 当 $D/T=0.68\sim0.96$ $a=37-60(1-D/T)$	Beckner[14]
斜锚式	1.04～1.37	$k_S=a(1-n)$ 当 $D/T=0.9\sim0.96$ 时 $a=106-727(D/T)$	
锚式	1.05～2.38	$k_S=\left[9.5+\dfrac{9(T/D)^2}{(T/D)^2-1}\right]\left(\dfrac{4n}{3n+1}\right)^{n/(1-n)}$	Calderbank[13]

续表

搅拌桨型式	T/D	k_S	研究者
锚式	1.11	$k_S=n^{2.21/(n-1)}$	Rieger[25]
斜锚式	1.11	$k_S=n^{2.34/(n-1)}$	
锚式	1.02～2	$k_S=j^{1/(n-1)}e^B$ $n=0.3\sim0.8$ $j=1.4$ $B=7.6(D/T)-3.3$ $n=0.8\sim1$ $j=1.0$ $B=7.6(D/T)-5$	Sawinsky[15]
锚式	1.04～1.35	$k_S=33-172(C/T)$	Harnby[26]
双螺带式	1.05 1.11～1.19	30.0 11	Nagata[18]
螺杆式	1.47～1.67	11	Reher[27]
螺杆-导流筒式	1.64	16.82±0.87	Rieger[25]
偏心螺杆式	1.64	15.54±1.27	
螺杆-导流筒式	1.52	76.87	Prokopec[28]
螺带式	1.096～1.113	27	Hall[19]
螺带式	1.04～1.2	$k_S=$ $11.4(C/T)^{-0.411}(P/T)^{-0.361}(W/T)^{0.164}$	Takahashi[29]
双螺带式		$k_S=e^{4.2(D/T)-0.5}$	Sawinsky[15]
螺带-螺杆-锚式	1.075	37	王英琛等[30]
螺带式	1.052～1.328	$k_S=34-114(C/D)$	Harnby[26]
螺杆式	1.67	12.1	Harnby[26]
螺杆式	1.49	11.7	
双螺带-锚式	1.05	32.0	王凯[10]
四螺带-锚式	1.05	39.0	
内外单螺带-锚式	1.05	28.1	
MIG-锚式	1.05	11.6	
半椭圆片-导流筒式	1.74	11.5	
螺杆-导流筒式	1.74	8.2	
锚式	1.23	11.1	
框式	1.27	9.6	
四层 MIG-D 挡板式	1.62	8.8	
三层三叶后弯叶-D 挡板式	1.58	7.6	
框-螺带-锚式	1.05	18.6	
复动式(二层交叉叶)	1.06	1.0	

② 在流变曲线上，由 $\dot{\gamma}_{av}$ 找出相应的表观黏度 μ_a（见图 3-30），或由流变方程计算出 μ_a。依据 μ_a 计算出非牛顿流体的 Re_n。

③ 根据牛顿流体的 N_P-Re 曲线或关联式，依据 Re_n 得到对应的功率准数 N_P 值（见图 3-31）。

④ 按功率计算式，由 N_P 计算出搅拌功率。

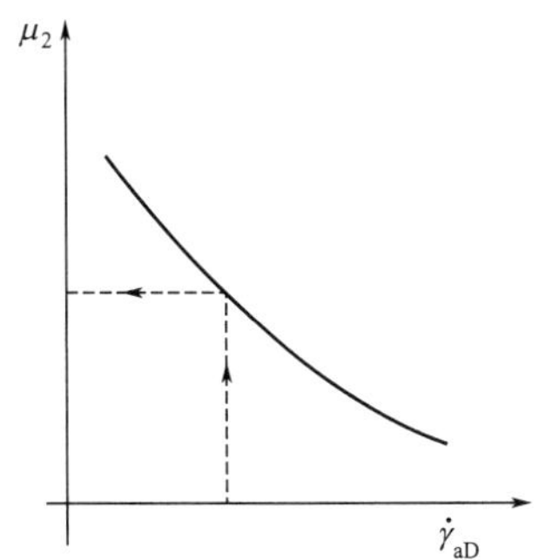

图 3-30　平均剪切速率与表观黏度

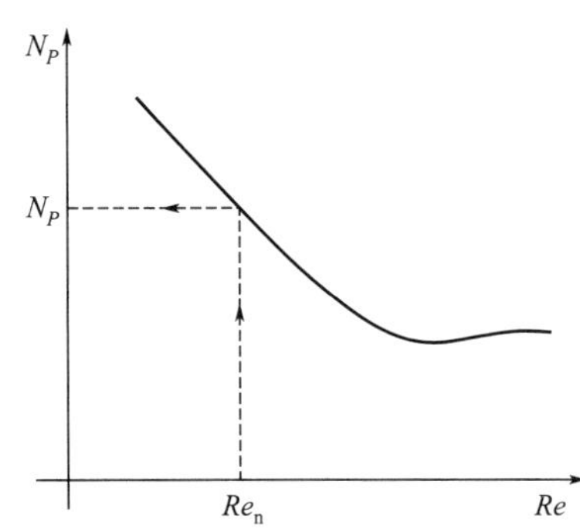

图 3-31　雷诺数与功率准数

(2) 直接计算法

① 锚式或框式搅拌桨

a. Beckner 和 Smith[14] 计算式

$$N_P\left(\frac{C}{T}\right)^{1/4}=82\left\{\frac{N^{2-n}D^2\rho}{k[a(1-n)^{n-1}]}\right\}^{-0.93} \tag{3-23}$$

式中，a 为系统的几何参数；n、k 分别为假塑性流体的幂指数和稠度系数。

对于平叶片锚式搅拌桨：

$$a=37-120\left(\frac{C}{T}\right) \tag{3-24}$$

对于 45°斜叶片锚式搅拌桨且在 $C/T<0.06$ 时：

$$a=106-1454\left(\frac{C}{T}\right) \tag{3-25}$$

对牛顿流体，即当 $n=1$，式(3-23) 中等号右侧括弧中的量即变为普通的搅拌雷诺数。

$$\frac{ND^2\rho}{u}$$

式(3-23) 的适用范围：

$0.2\leqslant Re\leqslant 90$；$0.0177\leqslant C/T\leqslant 0.1584$；

$0.27\leqslant n\leqslant 0.77$；$10\leqslant k\leqslant 247.5$ $(\mathrm{kg\cdot s^{n-2}/m})$。

b. Sawinsky 计算式

$$P=17\frac{L}{D}\left(\frac{T}{C}\right)^{0.45}j\,\mathrm{e}^{(n-1)B}D^3N^{1+n}k$$

式中　L——搅拌桨边长，对锚 $L=2h+D$；

h——锚的垂直边长。

当 $n=0.3\sim0.8$，$j=1.4$，$B=7.6\left(\frac{D}{T}\right)-3.3$；

当 $n=0.8\sim1$，$j=1.0$，$B=7.6\left(\frac{D}{T}\right)-5$。

② 螺带搅拌桨　Chavan 和 Ulbrech 计算式[20]：Chavan 等人改进了 Bourne 采用的二重圆筒模型，提出了计算精度较高的有关螺带、螺杆、螺带-螺杆和螺杆导流筒四种型式搅拌桨的搅拌功率关联式，可适用于牛顿流体及非牛顿流体。

$$N_P=En_i\pi a\frac{D_e}{D}\lambda_d^2\left[\frac{4\pi}{n(\lambda_d^{2/n}-1)}\right]Re_n^{-1} \tag{3-26}$$

式中　E——实验确定的常数，$E=2.5$；

n_i——螺带数；

a——无量纲表面积，$a=\dfrac{A}{D^2}$，见式(3-27)，其中，A 为螺带表面积；

Re_n——非牛顿流体雷诺数，$Re_n=\dfrac{D^2N^{2-n}\rho}{k}$，其中 k 为非牛顿流体稠度系数；

λ_d——釜径与搅拌桨当量直径之比，$\lambda_d=\dfrac{T}{D_e}$；

n——非牛顿流体流变指数。

$$a=\frac{(h/d)(P/D)}{3\pi}\times\left\{\frac{\pi\sqrt{(P/D)^2+\pi^2}}{(P/D)^2}+\ln\left[\frac{\pi}{(P/D)}+\frac{\sqrt{(P/D)^2+\pi^2}}{(P/D)}\right]\right\}\times\{1-[1-2(W/D)]^2\} \tag{3-27}$$

D_e——搅拌桨当量直径，按式(3-28) 计算；

$$\frac{D_e}{D}=\frac{T}{D}-\frac{2(W/T)}{\ln\left\{\dfrac{(T/D)-[1-2(W/D)]}{(T/D)-1}\right\}} \tag{3-28}$$

式中　W——螺带叶片宽度。

③ 螺杆-导流筒式搅拌桨　Chavan 和 Ulbrech 计算式[20]：

$$N_P Re_n=\left(\frac{\pi}{2}\right)a\left(\frac{D_e}{D}\right)\left\{\frac{4\pi}{\pi(\lambda_d^{2/n}-1)}\right\}^n\lambda_d^2\left(1+\frac{D}{C_b}\right)^{0.37}\left(\frac{T-D_r}{h_r}\right)^{-0.046}\left(\frac{C_r}{D}\right)^{-0.036} \tag{3-29}$$

式中　$\lambda_d=D_r/D_e$

$$\frac{D_e}{D}=\frac{D_r}{D}-\frac{2W/D}{\ln\left\{\dfrac{(D_r-D)-[1-2(W/D)]}{D_r/D-1}\right\}} \tag{3-30}$$

$$a=\left\{\frac{(h/D)(W/D)\sqrt{(P/D)^2+\pi^2}}{P/D}\right\}+\pi[1-2(W/D)](h/D) \tag{3-31}$$

式中　C_r——导流筒底缘与釜底间的间隙；

h_r——导流筒高；

D_r——导流筒内径；

h——螺杆高；

C_b——螺杆底缘离釜底距离。

【例 3-3】　在直径 1m 的圆形釜中，采用锚式搅拌桨搅拌假塑性流体时，试计算其搅拌轴功率。已知锚式搅拌桨的转速为 42r/min，叶片宽度为 $T/12$，锚式搅拌桨的高为 $0.9D$，锚与釜壁间隙 $D=0.07T$。假塑性流体为 9.46％羧甲基纤维素水溶液，密度$\rho=1053\text{kg/m}^3$，$n=0.469$，$K=56.7$ $(\text{kg}\cdot\text{s}^{n-2}/\text{m})$。

解　方法一：表观黏度法提供的关联式（见表 3-12）

(1) 依 Harnby[26]计算 k_S，求出 $\dot{\gamma}_{av}$

$$k_S=33-172C/T=33-172\times0.07=21$$

$$\dot{\gamma}_{av}=k_SN=21\times42/60=14.7\ [1/s]$$

（2）计算表观黏度μ_a及非牛顿流体Re_n

$$u_a=K(\gamma_{av})^{n-1}=56.7\times(14.7)^{0.469-1}\text{Pa}\cdot\text{s}=13.6\text{Pa}\cdot\text{s}$$

$$Re_n=\frac{D^2N\rho}{u_a}=\frac{0.86^2\times42/60\times1053}{13.6}=40.1$$

（3）计算功率准数N_P

应用式(3-18)：

$$N_P^*=\frac{27(T/C)^{0.405}}{Re}+0.217(T/D)^{2.21}\left(\frac{Re^{0.171}}{Re^{0.171}+0.275}\right)^{11.27(T/D)-12.93}\times\alpha$$

式中 $\alpha=\dfrac{1.15\ (D/T)}{1+0.00025Re^{0.87}}$

将$T/C=14.29$、$T/D=1.163$、$Re=40.1$代入上式

$$\alpha=\frac{1.15\times0.86}{1+0.00025\times40.1^{0.87}}=0.98$$

$$N_P^*=\frac{27\times14.29^{0.405}}{40.1}+0.217\times(1.163)^{2.21}\left(\frac{40.1^{0.171}}{40.1^{0.171}+0.275}\right)^{11.27\times1.163-12.93}\times0.98=2.27$$

$$N_P=N_P^*\times L_e/D=2.27\times\left(\frac{D+2\times0.9D}{D}\right)=6.36$$

（4）计算功率P

$$P=N_P\rho N^3D^5=6.36\times1053\times(42/60)^3\times(0.86)^5\text{kW}=1.08\text{kW}$$

方法二：直接计算法

应用 Beckner 和 Smith 计算式(3-33) ～式(3-35)

$$N_P(C/T)^{1/4}=82\left\{\frac{N^{2-n}D^2\rho}{K[a(1-n)^{n-1}]}\right\}^{-0.93}$$

$$a=37-120C/T=37-120\times0.07=28.6$$

计算前式中右侧括弧中的釜内表观雷诺数：

$$Re^*=\frac{\left(\frac{42}{60}\right)^{(2-0.469)}(0.86)^2(1053)}{56.7[28.6(1-0.469)]^{0.469-1}}=34$$

因此，搅拌轴功率：

$$P=82\times(34)^{-0.93}\times\left(\frac{1}{0.07}\right)^{0.25}\times1053\times\left(\frac{42}{60}\right)^3\times(0.86)^5\text{kW}=1.017\text{kW}$$

【例 3-4】 已知双螺带搅拌桨的几何参数为$D/T=0.95$，$W/D=0.1$，$P/D=1.0$，$h/D=1.0$。非牛顿流体的流变行为指数为0.5，试计算N_PRe_n值。

解 根据式(3-27)

$$a=\frac{1}{3\pi}[\pi\sqrt{1+\pi^2}+\ln(\pi+\sqrt{1+\pi^2}]]\times[1-(1-2\times0.1)^2]=0.466$$

依式(3-28)

$$\frac{D_e}{D}=\frac{1}{0.95}-\frac{2\times0.1}{\ln\left\{\dfrac{\frac{1}{0.95}-[1-2\times0.1]}{\frac{1}{0.95}-1}\right\}}=0.925$$

$$\lambda_{\rm d}=\frac{T}{D_{\rm e}}=\frac{1}{0.925\times0.95}=1.138$$

$$N_{\rm P}\cdot Re_{\rm n}=2.5\times2\times3.14\times0.466\times0.925\times1.238^2\left[\frac{4\pi}{0.5(1.138^{2/0.5}-1)}\right]^{0.5}=53.4$$

（4）假塑性流体在过渡流区的搅拌功率

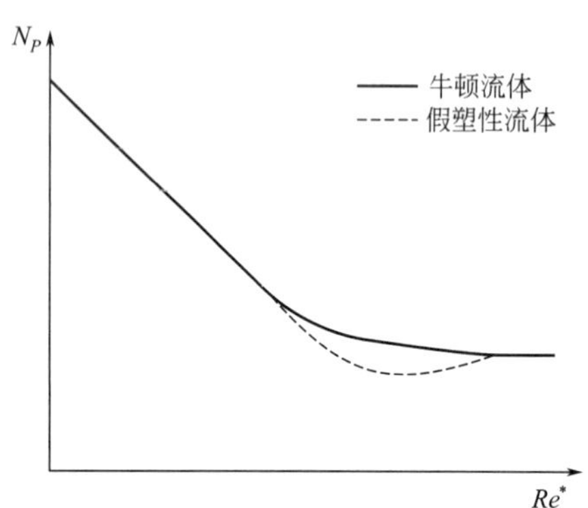

图 3-32 假塑性流体的 N_P-Re^*

对于涡轮及桨式等搅拌桨假塑性流体的 N_P-Re^* 曲线在过渡流区低于牛顿流体，如图 3-32 所示。若用与层流区相同的表观黏度法进行计算时，可得到较保守的数值[31]。

永田进治及王凯等发现对双螺带以及 MIG-锚等能使高黏度流体在全釜内进行强制循环流动的搅拌桨在过渡区其 N_P-Re^* 曲线与牛顿流体的 N_P-Re^* 曲线重合。因此，可用与层流区相同的表观黏度法计算。

3.4.6.1 宾汉塑性流体的搅拌功率

有关宾汉塑性流体搅拌功率的文献较少。下面是永田进治的研究结果[1]。

对用 $\tau-\tau_{\rm V}=\mu_{\rm pL}r$ 表示的宾汉塑性流体，在层流区：

$$N_P=\beta(Re_{\rm b})^{-1}+aHe(Re_{\rm b})^{-2} \tag{3-32}$$

式中，$Re_{\rm b}$ 是用塑性黏度计算的搅拌雷诺数，$Re_{\rm b}=\dfrac{D^2N\rho}{\mu_{\rm pL}}$。

He 是 Hedstro 数，是度量流体非牛顿行为的无量纲数群。

$$He=\tau_{\rm y}\rho D^2/\mu_{\rm pL}^2 \tag{3-33}$$

永田进治把 $CaCO_3$、$MgCO_3$、高岭土和 TiO_2 分散于自来水、泔油水溶液和色拉油中并改变分散物所占分数，使 Hedstom 数从 0（牛顿流体）变到 10^9，实验结果表明，对一定型式的搅拌桨，a 是常数，β 随 He 变化。

$$\beta-K_{\rm P}=AHe^h \tag{3-34}$$

表 3-13 列出了对不同搅拌桨测得的 a、$K_{\rm P}$、A、h 值。

表 3-13 计算宾汉塑性流体搅拌功率的参数

搅拌桨型式	a	$K_{\rm P}$	A	h	备注
螺带	6.13	320	15	1/3	螺带与釜壁间隙对功率影响很小
锚	4.80	200	30	1/3	
六叶涡轮	3.44	70	10	1/3	
六叶涡轮(有挡板)	3.44	70	10	1/3	

3.4.6.2 触变性流体的搅拌功率

由于触变性流体的搅拌功率随时间变化，所以必须确定计算时刻 t_0（即搅拌启动后所经过的时间）。计算触变性能流体搅拌功率的方法类似于计算假塑性流体搅拌功率的方法，其计算步骤如下：

① 用牛顿流体的 N_P-Re 曲线作为计算触变性流体搅拌功率的依据；

② 依据对假塑性流体所用的 Metzner 常数 $k_{\rm S}$ 来计算剪切速率，即 $\dot{\gamma}_{\rm av}=k_{\rm S}N$。

③ 得到触变流体的表观黏度随剪切速率和时间的变化关系；

④ 依据上述计算出的 $\dot{\gamma}_{av}$，求出在搅拌釜内该触变流体的表观黏度μ_s；

⑤ 求出 t_0 时刻的表观雷诺数 $Re^*=D^2N\rho/\mu_s$；

⑥ 在牛顿流体 N_P-Re 曲线上求出与 Re^* 相对应的 N_P；

⑦ 在 t_0 时刻的搅拌功率即为 $P=\rho N_P N^3 D^5$。

对锚式、螺带式等大直径的能使全釜液体被搅动的搅拌桨，用上述方法的计算误差在工程计算的精度范围内。

3.4.6.3 黏弹性流体的混合及功率

(1) 黏弹性流体的混合特性

当涡轮和锚式搅拌桨在弹性强的黏弹性流体中旋转时，由于法向应用效应，会产生轴向的流动，即由搅拌桨叶片端部吸入流体，沿搅拌轴方向排出，见图 3-33。

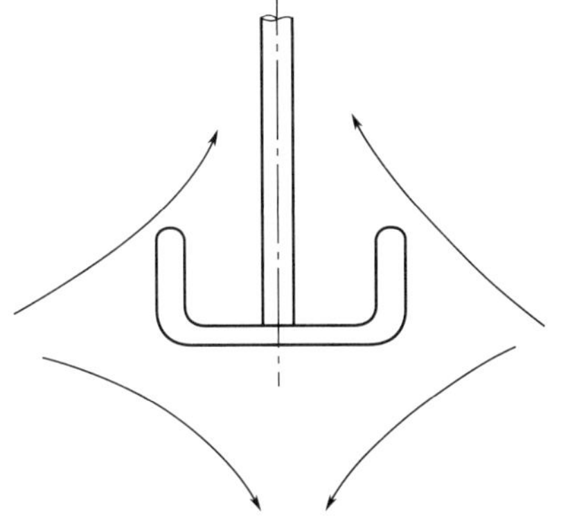

图 3-33 锚式搅拌桨在弹性强的黏弹性流体中的流型

Carreau[32]等用螺带搅拌桨分别混合牛顿流体和黏弹性流体时，发现黏弹性流体的混合时间是牛顿流体的4.3 倍。王凯等亦用外内单螺带-锚式搅拌桨进行了比较，发现黏弹性流体的混合时间准数 $N_{\theta M}$较牛顿流体增加了近 1 倍。Ulbrecht[33]等研究了螺杆-导流筒搅拌桨对黏弹性流体的混合性能，发现当 $Re^*\leqslant 10^3$ 时，$N_{\theta M}$与 $(1+0.45W_i)^{0.8}$成正比（$W_i=\sigma_1 N/\mu_s$，为 Weissenberg 数），σ_1 为零剪切速率时的第一法向应力系数；μ_s 为零剪切速率时的表观黏度。

由于法向应力的存在有加强轴向流的作用，所以对黏弹性流体使用具有强制推进作用的螺杆-导流筒搅拌桨或螺带搅拌桨是合适的。

(2) 黏弹性流体的搅拌功率

关于黏弹性流体的功率还需做进一步的工作。有实验表明，只要黏弹性流体的法向应力等于或小于其剪切应力时，流体的弹性对功耗就没有影响，可以采用假塑性流体的功率计算方法。

Hocker[24]等人利用 PAA 溶液研究弹性较强的黏弹性流体的搅拌功率时，认为没有出现比较确定的流动区域，在低雷诺数区域（低剪切速率，低法向应力差）功率曲线是和牛顿流体相同的，但在较高雷诺数区，功率准数显著地高于牛顿流体。

Nienow[34]曾用盘式涡轮研究黏弹性流体的搅拌功率，发现在层流区（$Re^*<10$），它们的 N_P-Re^* 曲线是斜率为−1 的直线，但其 N_P 值比相同 Re^* 下的牛顿流体高 60%。

Ulbrecht[33]认为在层流区（$Re^*<10$）弹性流体的搅拌功率也可以用下式关联：

$$N_P Re^*=\text{常数} \tag{3-35}$$

Yap[35]等人对于螺带搅拌桨所得到的黏弹性流体的搅拌功率关联式为：

$$N_P=24n_i[(Re^*)^{0.93}(T/D)^{0.91}(D/L)^{1.23}]^{-1} \tag{3-36}$$

式中 n_i——螺带数；

$$Re^*=\frac{D^2N\rho}{\mu_a}=\frac{D^2N\rho(t_1\dot{\gamma})^{2s}}{\mu_0}$$

μ_0——零剪切黏度；

t_1、s——Carreau 等提出的黏弹性流体流变模型$\mu_a=\dfrac{\mu_0}{(1+t_1^2\dot{\gamma}^2)^s}$参数。

王凯[36]用一种锚式和两种螺带式搅拌桨研究了黏弹性流体的流变行为对搅拌功率的影响，得到黏弹性流体的搅拌功率计算式：

$$N_P Re^* f_s^{(1-n)}=K_P[1+(F_{1av}^*/k_S^2)f_s^{(1-m)-3}W_i] \tag{3-37}$$

$$f_s=\exp[C_0 W_i/m(1-m)]$$

式中 W_i——Weissenberg 数；

m——表征黏弹性流体流变特性的幂律模型中的流变指数；

C_0、F_{1av}^*——方程参数，见表 3-14；

K_P——牛顿流体功率常数，$K_P=N_P Re$；

k_S——有关假塑性流体功率的 Metzner 常数。

表 3-14 计算黏弹性流体搅拌功率用参数（$Re^*<100$）

搅拌桨型式	D/T	K_P	k_S	C_0	F_{1av}^*
锚式	0.95	205	25	0.27	$6725\exp(1.6f_s-5.25m)$
内外单螺带-锚	0.95	307	28.1	0.325	$2.58\times10^{-3}\exp(6.6f_s+18.8m-9.94m^2)$
四螺带-锚	0.95	478	39	0.282	$8.05\times10^{-2}\exp(6.2f_s+13.1m-7.8m^2)$

关于过渡区黏弹性流体的搅拌功率，各研究者的报道不一致。Ulbrecht[33]报道，$Re^*=100\sim2000$，其他条件相同时，在黏弹性流体中，搅拌桨受到的扭矩比牛顿流体低得多。但 Hocker[24]等人报道在过渡区，采用直叶盘形涡轮时黏弹性流体的功率准数下降，但采用 MIG 型搅拌桨时，黏弹性流体的功率准数明显增加。

3.5 固-液悬浮

3.5.1 过程特征及其基本原理

固-液悬浮操作是借助搅拌器的作用，使固体颗粒悬浮于液相中，形成固-液混合物或悬浮液。在固-液相传质设备或化学反应器中，颗粒的悬浮会增大相接触面积，搅拌的作用使悬浮液强烈湍动，减少了颗粒表面的液膜传质阻力，强化了传质，这有利于化学反应的进行，提高了设备的生产能力。

3.5.1.1 固体颗粒悬浮状态

固体颗粒在搅拌釜内的悬浮状态有以下几种[37]。

(1) 均匀悬浮

釜内各处的悬浮百分率相同，且均为 1。但釜内接近液面相当釜容积 2%处的液层除外，该处的情况取决于固体颗粒的沉降速度。

悬浮百分率定义为：

$$悬浮百分率=\frac{取样点固体质量百分率}{釜内固体质量百分率}\times100\% \tag{3-38}$$

悬浮百分率表示了液相中固体悬浮的均匀程度。釜内局部的悬浮百分率可以大于、小于或等于 100%。

(2) 完全悬浮

釜内所有颗粒都悬浮在液相中，在釜底面上没有粒子运动或沉积。如果固体颗粒存在粒径分布，则大颗粒在釜底将以某种速度向上运动，而较细的颗粒则接近于均匀悬浮。

(3) 釜底颗粒全部处于运动状态

所有颗粒，不论粒径大小，都以某种速度在釜底附近运动。

(4) 有沉积带但不再增长

固体颗粒沉积带是稳定的，不再增长。通常多沉积在釜底与釜壁连接的周边上，但也可能存在于釜中的其他部位，这取决于流体的流型或是搅拌器型式和釜体结构。

(5) 悬浮高度

悬浮高度是指釜内悬浮液层的高度，在其上仍是清液层。悬浮高度可用于描述悬浮状态。悬浮高度常用距离釜底不同液层高度处的粒子的质量百分率表示。

对于密度小于液相的固体粒子，即上浮粒子，悬浮状态的表征与下沉颗粒类似，只是其在停止搅拌状态下是漂浮于液相表面的，例如定义上浮颗粒在液面处的停留时间不大于1～2s时所对应的搅拌转速为上浮颗粒的临界下拉搅拌转速（N_{JD}）。

3.5.1.2 固体颗粒的沉降速度

固体颗粒的自由沉降速度一般为0.0025～0.1m/s，而沉降速度小于0.0025m/s的固体易于悬浮并随流体流动达到均匀悬浮，如污水处理中的活性污泥、固体微生物及微米级的催化剂等。当固体颗粒的沉降速度在0.1～0.5m/s范围内时，达到使这类固体颗粒悬浮的条件将是一个复杂的问题[3]。

自由沉降速度是指固体颗粒在液体中不受临近颗粒的干扰而自行下降的速度。如果考虑到临近颗粒对它的干扰，则颗粒沉降速度为干扰沉降速度。实际上，颗粒在悬浮液中沉降均属于干扰沉降。

颗粒在水中自由沉降速度是颗粒直径及颗粒密度的函数，见图3-34。密集状态下的沉降速度与自由沉降速度有如下关系[38]：

$$u_{tt}=u_t(1-\varphi_V)^{4.65} \tag{3-39}$$

式中 u_{tt}——密集状态下的沉降速度，m/s；

u_t——自由沉降速度，m/s；

φ_V——固体颗粒的体积分率。

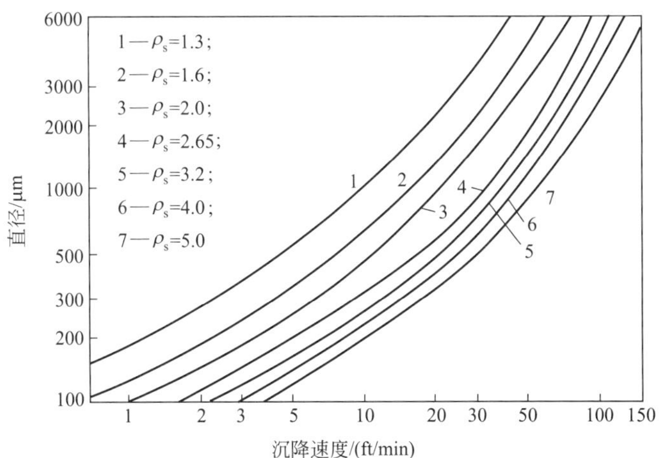

图3-34 沉降速度与颗粒直径的关系（1ft=0.3048m）

在悬浮状态下，要求釜内流体向上流动的速度（表观流速）与颗粒沉降速度存在一定的比例关系。当颗粒沉降速度增大或减少时，流体的表观流速也须相应地按比例变化，搅拌功率也将随之变化。

表 3-15 为在不同颗粒沉降速度和三种不同的悬浮等级（均匀悬浮、完全悬浮、釜底运动）条件下所需搅拌功率的相对比值。

表 3-15　三种悬浮等级和不同沉降速度条件下搅拌功率之比

沉降速度/[ft/min(m/s)]			沉降速度/[ft/min(m/s)]	
16～60(0.08～93)			4～8(0.02～0.04)	0.1～0.6(0.0005～0.03)
N	P		P	P
2.9	25	均匀悬浮	9	2
1.7	5	完全悬浮	3	2
1.0	1	釜底运动	1	1

3.5.1.3　固-液悬浮机理

（1）完全悬浮机理

一般认为，固体悬浮是由湍动旋涡控制的，导致釜底沉积颗粒悬浮的原因是一定尺度小涡旋的扰动。假定与颗粒尺寸处于同一数量级的小涡旋作用于固体颗粒，并将能量传递给固体颗粒。当涡旋的作用力克服了固体颗粒所受重力与浮力之差时，颗粒将被举起，即被悬浮起来[39,40]。

另一种观点则认为，釜底附近的主要流动导致颗粒悬浮[41]，釜底附近颗粒悬浮的条件是流体向上运动的速度与颗粒的沉降速度相平衡。

（2）均匀悬浮机理

釜内固体达到均匀悬浮时，在所达到的悬浮高度，粒子的沉降速度应等于流体的上升速度 $v_{上}$，假定 $v_{上} \propto Q_D$，其中 Q_D 为叶轮的排出流量。当达到均匀悬浮时，釜内必须有足够大的循环流速，即要求叶轮能提供较高的循环流量。因此，均匀悬浮主要是由循环流动控制的，排出流量大的叶轮，容易使颗粒达到均匀悬浮。

要达到均匀悬浮，除了釜内必须有足够大的循环流速外，还要有足够数量的湍动旋涡进入粒子沉积区，使沉积的粒子完全悬浮起来，这就要求釜内具有较高的流体旋涡湍动强度。

此外，对于上浮颗粒的悬浮机理，也有研究者进行了阐述[42]。上浮颗粒由液面进入搅拌釜的液相主体主要是由两种不同的机理实现的。一是流体在搅拌釜内流动过程中形成旋涡，旋涡将上浮颗粒卷入液相主体，这主要发生在部分挡板或无挡板的搅拌釜内，由于搅拌釜内的液体“打旋”形成的旋涡将上浮颗粒卷入液相主体之中。二是上浮颗粒由液面附近进入液相主体归因于搅拌槽内流体的湍动，这种情况主要发生在全挡板搅拌釜内，挡板的存在抑制了旋涡的形成，上浮颗粒由液面下拉进入液相主体主要是由功率消耗以及搅拌器距液面位置等影响液面附近湍动程度的因素决定的。

3.5.2　搅拌设备选择

3.5.2.1　搅拌器的型式

在固-液悬浮操作中，轴向流叶轮的悬浮效率明显高于径向流叶轮。达到相同的均匀度，盘式直叶涡轮所消耗的功率是轴向流叶轮的四倍。固体颗粒通过下循环流体流动被托起；而上循环只能起维持颗粒的悬浮作用。可见叶轮的排出流量只有一半对升举颗粒是起作用的，这是径向流叶轮不如轴向流叶轮有效的主要原因。因此，在固-液悬浮操作中应尽量选用轴向流叶轮。

螺旋桨式：普通螺旋桨、长薄叶螺旋桨（CBY 型及 A310 型）等。

涡轮式：直叶涡轮、斜叶涡轮。

在这些搅拌器中，CBY 型及 A310 型搅拌器的悬浮性能较好。

对带纤维固体悬浮可考虑选用后弯叶片涡轮。

3.5.2.2　桨叶参数的确定

（1）搅拌器叶轮直径与釜径之比（D/T 值）

固-液悬浮操作与釜内流体的循环速率密切相关，一般选大直径、小转速轴向流叶轮较为有利。但是，随着叶轮的增大，搅拌功率也将随着 D^5 增加。为了降低功率，必须降低转速。低转速下会使搅拌轴所受的扭矩增大，设备的投资费用提高。D/T 值的确定，一般是根据叶轮的型式、悬浮液特性、悬浮状态等。适宜的 D/T 值范围如下[1]。

① 直叶涡轮或桨式搅拌器 D/T 值范围：

平底釜　　$D/T=0.45\sim0.5$

碟形底釜或椭圆形底釜　　$D/T=0.4$

球形底釜　　$D/T=0.35$

② 三叶 CBY 型螺旋桨 D/T 值（平底釜）：

完全悬浮　　$D/T=0.3\sim0.4$　　$\beta_t=13°\sim16°$

均匀悬浮　　$D/T=0.4$　　$\beta_t=16°\sim19°$

（2）叶轮位置（C/D 值）

完全悬浮　　$C/D\leqslant1/3$

均匀悬浮　　$C/D\geqslant1/3$

3.5.2.3　搅拌釜的结构

在固-液悬浮操作中，一般用浅型釜比深型釜要节省能耗。对单层叶轮，通常操作液位与釜径之比 H/T 值为 0.6～0.7。当 H/T 值接近于 1.0 时，要考虑加第二层叶轮。

釜内挡板的结构和型式，最常用为标准挡板（4 板挡板，每块挡板的宽度为釜径的 1/12）。当固体浓度增加、悬浮液呈假塑性性质或物料黏度较高时，要离开釜壁安装窄挡板，其宽度为标准挡板的一半。

另一种适用于固-液悬浮操作搅拌釜的形式为带导流的搅拌釜（DTC）见 3.5.4 节。这种搅拌釜循环量大且流型规整，尤其适于有结晶生成的悬浮体系。

3.5.3　搅拌器的工艺设计

3.5.3.1　悬浮临界转速

所谓悬浮临界转速，是指釜内悬浮操作达到某一指定的悬浮状态时，搅拌器所需要的最小转速。只有确定了临界转速，才能计算出所需要的最小功耗。

（1）完全悬浮临界转速

完全悬浮临界转速常用直接观察法和电导法测定。

直接观察法是用肉眼观察釜底颗粒的运动状态。当颗粒全部处于运动状态时，且颗粒在釜底停留（静止）时间不超过 1～2s，即认为达到了完全悬浮[41-43]。此法在实验室研究中能够得到满意的结果。

电导法是在釜底安装多个电导元件，根据电信号的变化，确定完全悬浮临界转速。此法可用于不透明釜体的测量。

在固-液悬浮操作中，完全悬浮应用最为普遍。Zwietering通过大量实验后发现，搅拌釜的结构尺寸、固相浓度或分率、液体黏度、固体颗粒粒径、固-液两相密度差等是影响悬浮操作的主要因素。并提出了完全悬浮临界转速关联式，且得到了许多研究者的证实[43]。

$$N_{JS}=Sd_p^{0.20}\ \varphi_W^{0.13}v^{0.10}\left(g\frac{\Delta\rho_g}{\rho_1}\right)^{0.45}D^{-0.85} \tag{3-40}$$

式中 N_{JS}——完全悬浮临界转速，1/s；

S——与釜结构、搅拌器型式、搅拌器安装等有关的常数；

d_p——固相颗粒直径，m；

φ_W——固相平均质量分数（单位质量液体中固体的质量），%；

v——液体运动黏度，m^2/s；

$\Delta\rho_g$——两相密度差，$\Delta\rho_g=\rho_s-\rho_1$，$kg/m^3$；

ρ_1——液体密度，kg/m^3；

ρ_s——固体的密度，kg/m^3；

D——搅拌器直径，m。

其他一些作者提出的N_{JS}经验关联式，见表3-16。表中各种关联式的符号说明及单位，请参见有关的文献。

表3-16 固体完全悬浮临界转速关联式

$$N_{JS}=Sv^{\alpha}\left[\frac{g(\rho_s-\rho_1)}{\rho_1}\right]^{\beta}d_p^{\gamma}D^{\delta}\varphi^{\theta}$$

研究者	关联式中参数					
	α	β	γ	δ	θ	S
Zwietering[43]	0.1	0.45	0.2	−2.35(Schmidt) −1.9(propeller)	0.13	C/T及D/T函数
Nienow[44]	0.1	0.43	0.21	−2.21(RT)	0.12	$(T/D)^{1.5}$
Baldi,et al[39]	0.17	0.42	0.14	−0.89	0.125	Re的函数
Rao,et al[45]	0.1	0.45	0.11	−1.16	0.1	$3.3T^{0.31}$
Takahashi,et al[46]	0.1	0.34	0.023	−0.54	0.22	2
Armenante & Nagamine[47]	0.1	0.45	0.2	−0.85	0.13	C/T及D/T的函数
Micale,et al[48]	—	—	0.428	—	0.13	24.1

（2）均匀悬浮临界转速

均匀悬浮临界转速的确定，常用的方法是通过测量釜内各点的固相浓度，根据釜内固相浓度分布的均匀度来判断。

一般情况下，釜内很难达到均匀悬浮，典型的固体颗粒沿轴向浓度分布见图3-35。在低转速下，浓度分布不均匀，釜上部浓度低于平均浓度，釜下部浓度高于平均浓度。随着转速的增加，浓度分布趋于均匀。当转速增至一定速度，浓度均匀性不再增加时，沿轴向始终存在有一定的浓度分布，且可明显地看出沿轴向总有一高浓度区。

衡量搅拌釜内固体颗粒浓度分布均匀性的判据很多。目前，广泛采用的是浓度分布的标准

偏差 $\bar{\sigma}$ 或是浓度分布的变异系数 CV_C

$$\bar{\sigma}=\sqrt{\frac{1}{n}\sum_{i=1}^{n}(C_i-C_0)^2}$$

$$CV_C=\frac{\bar{\sigma}}{C_0}$$

式中　n——测点数目；

C_i——测点固相浓度；

C_0——全釜平均固相浓度。

$\bar{\sigma}$ 或 CV_C 越小，固体颗粒在釜内分布的均匀程度就越高。图 3-36 为固体粒子浓度分布的 $\bar{\sigma}$ 随功率（转速）的变化关系。随着功率（转速）的增加，$\bar{\sigma}$ 减小并趋于定值，即达到均匀悬浮。此时所需要的最小转速（功率）即为均匀悬浮临界转速。达到均匀悬浮时的均匀度（$\bar{\sigma}$）与叶轮型式及转速有关。

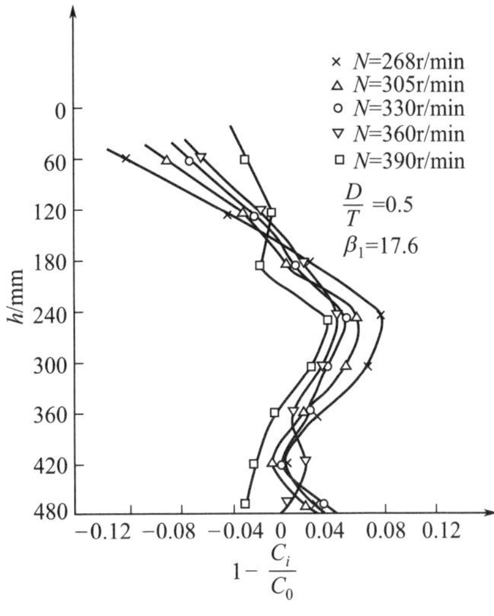

图 3-35　固相浓度沿轴向分布

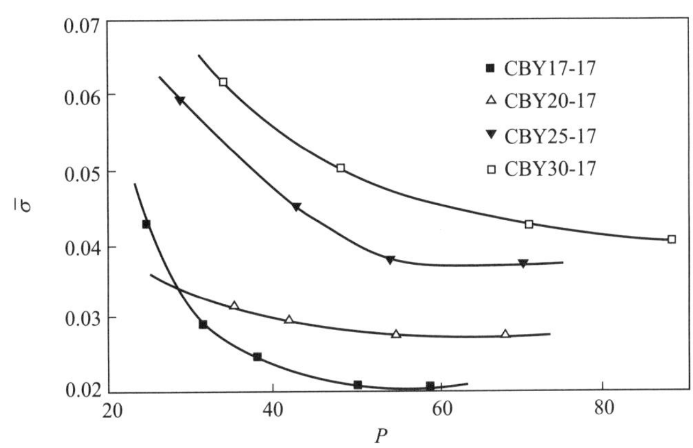

图 3-36　$\bar{\sigma}$ 与功率的关系

3.5.3.2　工艺设计

固-液悬浮操作搅拌器工艺设计程序：

① 工艺条件

a. 固体颗粒密度 ρ_s；

b. 液体密度 ρ_1；

c. 固体颗粒质量分数；

d. 悬浮液密度 ρ_M；

e. 固体颗粒粒径分布，计算时应采用代表固体颗粒有效部分的最大粒径；

f. 悬浮液黏度；

g. 釜径、釜底型式；

h. 悬浮液体积；

i. 悬浮液液位；

j. 工艺所需要达到的固体悬浮状态（均匀悬浮、完全悬浮、釜底运动）。

一般只有在接近悬浮液表面有溢流的连续流动的悬浮操作或在有结晶的悬浮操作时，才考虑采用均匀悬浮操作。除非生产中有特殊要求。

对出料口在釜底或靠近釜底的连续操作、溶解过程以及其他以传质为控制步骤的操作，完全悬浮操作已能达到令人满意的结果。对在釜底允许有不增长的沉积带的那些操作，可以考虑采用要求比完全悬浮更低的悬浮操作，即釜底运动的悬浮操作。

② 搅拌釜的结构及挡板条件。

③ 搅拌器型式，搅拌器几何尺寸及安装位置。

④ 临界悬浮转速 N_{JS}的确定（以完全悬浮为例）。

a. 对选用的桨型，在实验装置上（与工业装置几何相似），用模拟物料测定其临界悬浮转速 N_{JS}。

b. 根据工艺条件，按式(3-41) 计算出工业装置完全悬浮操作时的临界悬浮转速 N_{JS}。

$$N_{JS}=N_{JS1}\left(\frac{d_p}{d_{p1}}\right)^{0.20}\left(\frac{\varphi_W}{\varphi_{W1}}\right)^{0.13}\left(\frac{v}{v_1}\right)^{0.10}\left(\frac{\Delta\rho_g\times\rho_{l1}}{\Delta\rho_{g1}\times\rho_l}\right)^{0.45}\left(\frac{D}{D_1}\right)^{-0.85} \tag{3-41}$$

式中有下标 1 的为实验装置参数；无下标为工业装置的参数。

⑤ 根据操作液位，即 H/T 值确定搅拌器层数。

⑥ 搅拌器轴功率的计算。

在确定悬浮临界转速及搅拌器的层数后，固-液悬浮搅拌轴功率的计算，可用均相液体的搅拌功率计算式。计算式中悬浮液的密度可按下式计算。

$$\rho_M=\varphi_{Vx}\rho_x+\varphi_{Vy}\rho_y \tag{3-42}$$

式中 ρ_x、ρ_y——两相密度，kg/m³；

φ_{Vx}、φ_{Vy}——两相体积分数。

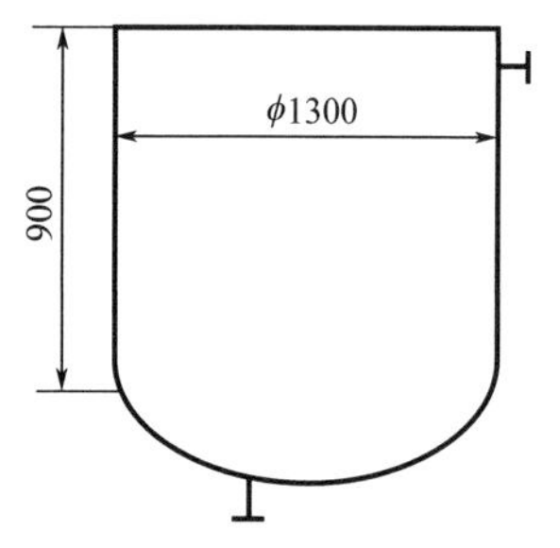

图 3-37 搅拌槽结构尺寸

3.5.3.3 固-液悬浮搅拌器设计实例

计算一固-液悬浮敞口槽的搅拌器轴功率，搅拌槽直径 $T=1.2$m，槽体直段高度为 0.9m，椭圆底，固相与液相分别为硅酸锆和水，体积为 1m³，固相密度$\rho_s=4000$kg/m³，固相质量分数$\varphi_W=57\%\sim65\%$，固相颗粒粒径 $d_p=5\sim45\mu$m。连续操作，上部进料，靠近槽底处出料，见图 3-37。

（1）工艺条件

① 固体颗粒密度$\rho_s=4000$kg/m³；

② 液体密度$\rho_l=1000$kg/m³；

③ 固体颗粒质量分数取$\varphi_W=65\%$，对应体积分数$\varphi_V=31.7\%$，$\Phi_l=68.3\%$；

④ 悬浮液密度按式(3-41) 计算

$$\rho_M=\varphi_l\rho_l+\varphi_s\rho_s=1951\text{kg/m}^3;$$

⑤ 固体颗粒粒径取 $d_p=45\mu$m；

⑥ 悬浮液黏度取水的黏度$\mu_l=1$mPa·s；

⑦ 槽直径 $T=1.2$m，椭圆底；

⑧ 悬浮液体积 $V=1$m³；

⑨ 悬浮液操作液位取 $H=1.0$m；

⑩ 固-液悬浮状态确定。

由于出料口靠近槽底，采用完全悬浮的操作已能满足工艺要求。

(2) 搅拌槽结构及挡板条件

搅拌槽为敞口槽，槽壁安装4块挡板，挡板的宽度为槽径的1/12。

(3) 搅拌器型式、搅拌器尺寸及安装位置

搅拌器型式采用三叶长薄叶螺旋桨（三叶CBY桨），搅拌器桨叶直径 $D=0.48$m（$D/T=0.4$）；桨叶离底间距 $C=0.24$m（$C/T=0.2$）。

(4) 临界悬浮转速确定

① 在实验装置槽径 $T_1=0.80$m，搅拌桨为三叶CBY桨，$D_1=0.32$m（$D_1/T_1=0.4$），桨叶离底间距 $C_1=0.160$（$C_1/T_1=0.20$）。实验固体物料为玻璃珠：$\varphi_W=16\%$，$\rho_s=2500\text{kg/m}^3$，$d_p=100\mu$m，液相为自来水。实验测定的完全悬浮临界转速 $N_{JS1}=177$r/min。

② 用式(3-40)计算工业装置完全悬浮临界转速 N_{JS} 对于两个完全几何相似的系统，采用相同的桨型和相同的物系，就可用相同的关联式来计算 N_{JS}，式(3-40)中的 S 值也相同，则在式(3-41)中 $\rho_1=\rho_{l1}$，$v=v_1$，因此

$$N_{JS}=N_{JS1}\left(\frac{d_p}{d_{p1}}\right)^{0.20}\left(\frac{\varphi_W}{\varphi_{W1}}\right)^{0.13}\left(\frac{\Delta\rho}{\Delta\rho_1}\right)^{0.45}\left(\frac{D_2}{D_1}\right)^{-0.85}$$

$$=177\left(\frac{45}{100}\right)^{0.20}\left(\frac{0.65}{0.16}\right)^{0.13}\left(\frac{3000}{1500}\right)^{0.45}\left(\frac{0.48}{0.32}\right)^{-0.85}=175\ (\text{r/min})$$

(5) 搅拌器的层数

操作液位 $H=1.0$m，$H/T=0.83$。可采用单层搅拌桨操作。

(6) 搅拌器轴功率的计算

通过实验确定，三叶CBY桨在 $D/T=0.4$ 时其功率准数 $N_P=0.49$，搅拌转速取减速机的出轴转边 $N=200$r/min（$N>N_{JS}$），按式(3-42)计算 $\rho_M=1951\text{kg/m}^3$，搅拌器轴功率：

$$P=N_P\rho_M N^3D^5=0.49\times1951\times\left(\frac{200}{60}\right)^3\times0.48^5\text{kW}=0.902\text{kW}$$

此处求得的轴功率是选用电机的唯一依据，选择装机功率时必须考虑适当的安全系数和减速装置的传动效率。

3.5.4 带导流筒的搅拌釜

带导流筒的搅拌釜一种比较适用于固-液悬浮的搅拌釜形式。其具有排出流量大且流型规整省功的特点，尤其适宜于有结晶生成的悬浮体系。

3.5.4.1 流动特性

带导流筒的搅拌釜（DTC釜）主要由釜体、导流筒及搅拌器三部分组成，如图3-38所示。釜体一般为平底 $D_d/T=0.2\sim0.4$。导流筒内装有轴向流叶轮，向下泵送流体（下压式操作），或者向上泵送流体（上提式操作）。导流筒内外形成较强的轴向循环流动，使釜内能达到较均匀的浓度及温度分布。由于循环流动的剪切力作用较小，减轻了颗粒的破碎，对结晶过程有利。DTC釜在结晶、选矿、间歇浸取、污水处理中的曝气槽等工业生产中得到了广泛的应用。

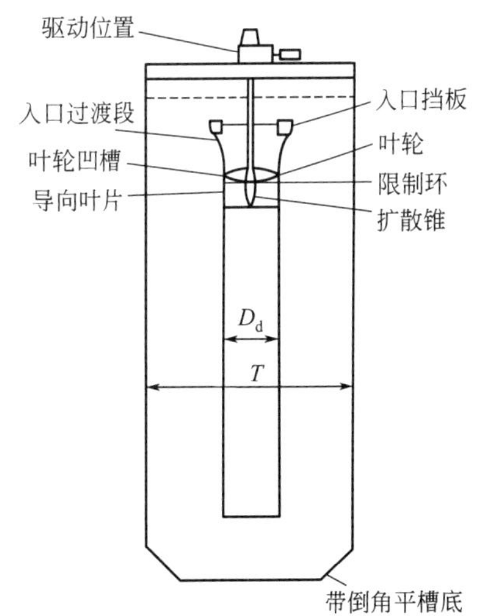

图3-38 导流筒的搅拌釜

DTC釜中，导流筒的流速必须满足釜底颗粒完全悬浮

的要求。此流速一般由实验确定，它是固体粒径、粒径分布、固体含量、浆料性质以及釜底形状等的函数。循环流速则取决于循环颗粒中最大颗粒的沉降速度，该流速应是颗粒沉降速度的数倍，以防止颗粒在环形空间中沉降积聚。

3.5.4.2　搅拌桨型式

DTC 釜使用的搅拌桨以轴流式搅拌桨为主，包括斜叶涡轮及轴流式叶轮，如 Lightnin 公司机翼形叶轮以及我国自行研制的 NAX-4 叶轮。

DTC 釜轴流式搅拌器与轴流泵有类似特性，低扬程大流量。但与普通轴流泵相比，其比转速要高得多，是普通轴流泵的三倍左右。

3.5.4.3　导流筒直径与釜直径之比

以 Q_D 和 Q_A 分别表示导流筒内和环室间的流量，则有：

$$Q_D=\frac{\pi}{4}v_D D_d^2 \tag{3-43}$$

$$Q_A=\frac{\pi}{4}v_A T^2(1-X^2) \tag{3-44}$$

式中　v_A——环室中的流速；

v_D——导流筒中的流速；

T——釜直径；

X——导流筒直径与槽直径之比，$X=D_r/T$。

对确定的桨型，当满足 $Q_D=Q_A$ 的条件时，其能耗为最小，因此可得：

$$X=\sqrt{\frac{v_A}{v_A+v_D}} \tag{3-45}$$

功率计算：

产生循环所需要总的水力学功率由下式给出：

$$P_K=9.788\rho QH \tag{3-46}$$

式中，H 为总的压头损失，它为导流筒进出口的压头损失，即釜底处流体转向的压头损失以及将流体加速至导流筒内流速所需的压头之和。用速度头表示总压头损失是导流筒内速度头的倍数。以 v_D 表示导流筒内速度，则：

$$H=0.0510Cv_D^2 \tag{3-47}$$

系数 C 与导流筒的结构有关，C 值的大致范围为 1.7～2.0。

由式(3-44)、式(3-45) 和式(3-46) 可得水力学功率为。

$$P_K=0.392CD_r^2v_D^3\rho \tag{3-48}$$

装置消耗功率具体取决于叶轮和传动装置的效率。

3.5.5　固-液传质

在固-液传质设备中（如溶解过程），溶质颗粒的溶解速率（以固-液传质系数表示）与固-液悬浮状态密切相关。图 3-39 说明，使全部颗粒处于完全悬浮状态之前，搅拌功率对传质系数的影响要比达到该状态之后更大。因为此时搅拌作用产生液体的扰动减小了液膜阻力，同时使颗粒分散以及槽底静止颗粒被悬浮，增加了有效相界面积。但当所有颗粒均已悬浮时，有效相界面不再增大，因此，当搅拌转速超过完全悬浮临界转速时，再增加转速所产生的效果就不明显了。显然选择在完全悬浮临界转速附近操作是最经济的。

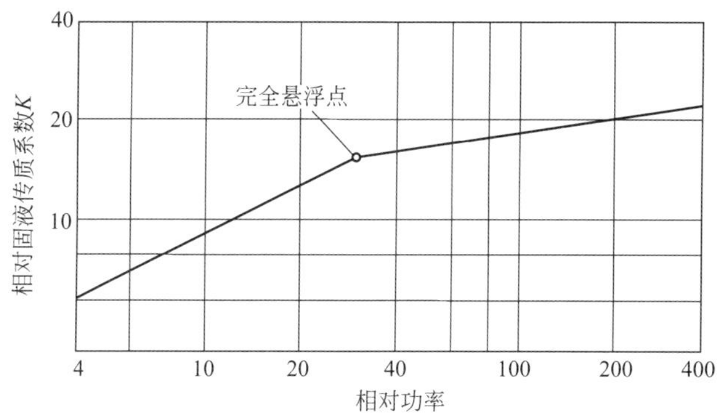

图 3-39 搅拌轴功率对固-液传质系数的影响

3.6 气液分散

3.6.1 过程特征

采用机械搅拌使气体分散并造成良好的气-液相接触，是为了解决一般塔式接触和气体鼓泡器分散装置中所难以解决的问题，如堵塞，结垢等。因此，带有机械搅拌的气液分散通常用于含有固体颗粒的气-液混合操作、有强放热的化学反应过程、难溶气体的吸收等过程。

在气-液搅拌釜中，桨叶对气相和液相所产生的剪切力，使气相被破碎成大量气泡，并在搅动的液体中使之分散。此时形成的气泡直径要比自由鼓泡自由通气的气泡直径小得多，而且表面更新与相际传递持续受到加强，是用机械能消耗去换取过程的强化的过程。所以，人们对这一过程的研究目的是希望用较少的机械能消耗取得更多的强化效果。

气体在搅拌釜中的分散仅仅是这一过程所表现出来的物理形态，而与之密切相关的是气液间的传质，例如带有化学反应的气体吸收、耗氧的发酵过程等，当然这些过程的传质还与参与过程的物质的物性、流量等因素密切相关，搅拌分散的目的是在这些已定的条件下，尽可能地创造最佳的环境。

气液接触过程中供气的方式通常分为通气式及自吸式两种，在工业应用中，80%以上是采用带通气装置的径向流涡轮搅拌器[3]，因此实验研究主要也是有关这种类型的气液体系。

3.6.1.1 通气式气液搅拌器及其釜体结构

（1）搅拌桨型式

这类搅拌桨主要有圆盘涡轮搅拌器，叶片形状有直叶、凹叶、箭叶及弯叶四种，叶片数目有四叶、六叶、八叶、十二叶、十八叶等多种，另外也有采用涡轮搅拌器和翼盘涡轮搅拌器进行气液分散的情况。常用的几种搅拌器型式如图 3-18（f）、(g)、(h) 所示。

（2）釜体结构

搅拌器的尺寸比例以及安装时与容器各部位相对尺寸对操作效果影响很大，典型的气液搅拌釜的结构如图 3-40 所示：釜内设置四块挡板，每块挡板的宽度为釜径 T 的 1/10（为消除挡板后的死角，也有采用挡板宽度为釜径的 1/12，挡板距釜壁为釜径的 1/60）；搅拌器直径 D 为搅拌釜直径的 1/3。搅拌器与釜底距离 C 为釜径的 1/3。常用的气体分布器为环形分布器，分布器的直径 $d_s=0.8D$（如图 3-41 所示），环形分布器与釜底的距离 C_s 也为 $0.8D$；液层高度 H 与釜径相等，但当 $H/T>1$ 时应装设多层搅拌器。

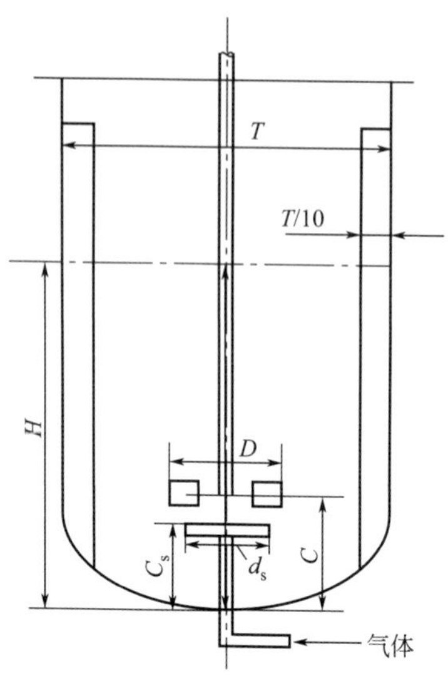

图 3-40　通气式搅拌釜釜体结构

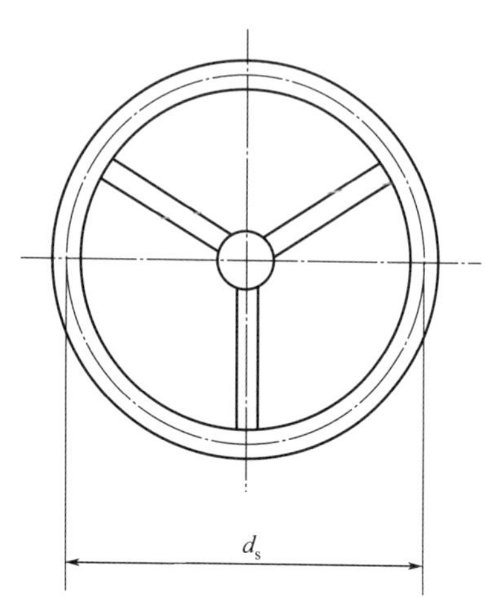

图 3-41　环形分布器示意

3.6.1.2　自吸式气液搅拌器及釜体结构

自吸式气液搅拌器是一种不用气体输送机械而由搅拌器自身的液体中旋转时产生负压而引进外界气体的气液接触装置，常用于发酵工程、湿法冶金的泡沫浮选以及污水处理的曝气等过程中。表 3-17、表 3-18 分别为有供气系统的装置和自吸式装置结构。

表 3-17　有供气系统的装置

Rushton 涡轮(R-1 型叶轮)带有气体分布器或气体入口管	改进的径向流涡轮	斜叶片轴流式涡轮	导流筒和轴流式叶轮	联合装置
功率特性： 1. $N_P<4$ 2. K 因子在 0.5～1.0 之间变化 3. 高气量下负荷不稳定	1. $N_P>3$ 2. 在某些结构中，K 因子能超过 1.0，而在另一些结构中，低至 0.5 3. 负荷对釜体几何形状敏感	1. $N_P<1.3$ 2. K 因子可大于 1.0，取决于气体引入方式 3. 在相对低的气流量下发生液泛	1. $N_P<2$ 2. K 因子大于 1.0 直到液泛点 3. 在相对低的气流量下发生液泛	1. N_P 取决于直径比 2. K 因子由上、下叶轮间的功率分配决定 3. 下部叶轮液泛时能稳定操作
传质特性： 1. 可高速率传质 2. 效率中等 3. 放大时效率下降 说明： 最广泛应用的系统。几乎所有发表的文献都是基于这种装置的	1. 可高速率传质 2. 效率高 3. 放大时效率低，并低于 Rushton 叶轮 说明： 1. 若传质是主要目的，则特别有效 2. 某些结构各供货厂家有其独特性	1. 由于液泛点低，传质速率受限制 2. 效率中等 说明： 只在低气体流量的情况下应用	1. 传质速率与表面曝气器相近 2. 由于自气相吸收的百分数高，所以效率高 3. 放大时效率轻度下降 说明： 1. 要求高效叶轮，要求叶轮的叶端速度比 Rushton 型叶轮的高 2. 气体引入的方法很重要 3. 用于深釜型时性能优良	1. 各种液位下，传质速率都是满意的 2. 效率随上、下涡轮间距变化 说明： 1. 通常应用于废水处理 2. 上部涡轮可用作破沫器

(1) 搅拌器型式

常见的自吸式搅拌器有空心管、空心涡轮与封闭涡轮三种类型[3]。在自吸式涡轮搅拌器的外围一般加设固定的导轮，加强气液混合效果，并有扩压作用，以提高吸气量[49]。

表 3-18 自吸式装置

搅拌器自吸系统 空心轴和叶片		旋涡式系统	表面旋涡轴 流泵送系统	表面吸气 装置(低速)	高速装置
功率特性： 1. 低 N_P 装置，高叶端速度 2. 功率曲线比较平直	功率特性： 1. $N_P<0.3$ 2. 需要复杂的形状以扩大低压区 3. 功率曲线比较平直	功率特性： 1. $N_P<4$ 2. 依赖于静止筒内旋涡的形成 3. 功率曲线下降，但在操作点处是稳定的	功率特性： 1. $N_P<2$，作用范围 $D/2$ 2. N_P 依液位而变化 3. 功率曲线可能不稳定，并能同釜体发生共振	功率特性： 1. $N_P<1$ 2. N_P 随液位变化 3. 在操作范围内功率曲线稳定，转速低＜(100r/min)	功率特性： 1. $N_P<2$ 2. 在正常操作中 N_P 为常数
传质特性： 1. 气体量小；放大时传质性能下降 2. 适用于易溶气体 3. 气体吸收速率低[＜50mg/(L·m)]	传质特性： 1. 适用于气体吸收速率低[＜50mg/(L·m)]的体系 2. 放大时效率下降	传质特性： 1. 低效率 2. 最好应用在相当高的单位体积功率(＞50hp/kgal)条件下 3. 通常限用于小釜内	传质特性： 1. 放大时效率低 2. 传质与液位有关	传质特性： 1. 是很有效的装置 2. 传质依液位变化 3. 传质主要是由喷射进行的。一些气泡被吸入	传质特性： 1. 效率中等 2. 通常用作使颗粒漂浮的装置 3. 大部分传质是由喷射进行的，一些气泡被吸入
说明： 1. 依赖于吸气压头，这一压头为叶端速度平方的函数 2. 理论上最大深度为 32ft(1 大气压)，实际应用的潜液深度限制约为 15ft	说明： 1. 仔细确定孔的位置并采用机翼形状可得到最佳分散效果 2. 可应用于导流筒内 3. 要求相对较高的转速	说明： 1. 叶轮和导流筒间的间隙很小 2. 一般情况下液深等于或小于 10ft	说明： 1. 操作转速低(＜100r/min) 2. 由不稳定旋涡产生的轴载荷较大，要求对轴进行特殊设计 3. 需要大的表面积且 $Z/T<1$	说明： 1. 在某些应用中，飞溅和喷射是不利的 2. 需要大的表面积且 $Z/T<1$ 3. 可使用辅助叶轮进一步混合	说明： 1. 在某些应用中，飞溅和喷射是不利的 2. 需要大的表面积且 $Z/T<1$ 3. 采用电机转速直接进行操作

注：1hp＝745.7W，1UK gal＝4.546dm^3，1ft＝0.3048m。

(2) 槽体结构

不同的搅拌器型式其安装位置是不同的，除了搅拌器外，釜内其他构件与通气式搅拌釜相近[50]。

3.6.2 气液搅拌釜的分散特性

3.6.2.1 搅拌釜内的气液流动状态

图 3-42 为在恒定通气流量下改变搅拌器转速时气液分散状况示意[51]。当转速很低时，气体穿过搅拌器而并未被搅拌器分散，如图 3-42(a) 所示，此时的搅拌功率与未通气时的搅拌功率相差无几，操作状态为气流控制区；随着搅拌转速的增加，气体逐渐被搅拌器所分散，当搅拌转速超过某一临界转速 N_{CD} [见图 3-42 中 (c)→(d)] 时，则有气体进入搅拌器的下方，

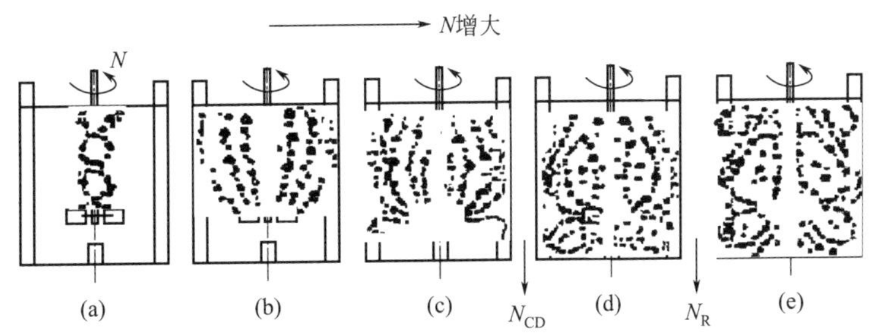

图 3-42 釜内气体流动状态

该转速称为最小临界分散转速。此时的搅拌功率与气体的等温膨胀功率相等，操作状态为气流和搅拌器共同控制区；当搅拌转速增加到某一转速 N_R［见图 3-42 中（d)→(e)］时，有大量的气体再循环回搅拌器，N_R 称为再循环转速，此时的搅拌功率约为气体等温膨胀功率的 3 倍左右，操作状态为搅拌器控制区。在实际工业应用中操作转速及状态需根据过程的要求而定。

凝并体系中的最小临界分散转速和再循环转速也可用下式进行计算（$H/T=1$，$C/T=1/4$，六直叶圆盘搅拌器）[52]

$$N_{CD}=\frac{4Q^{0.5}T^{0.25}}{D^2}\quad（管式气体分布器）$$

$$N_{CD}=\frac{3Q^{0.5}T^{0.25}}{D^2}\quad（环形气体分布器）$$

$$N_R=\frac{1.5Q^{0.2}T}{D^2}$$

对于自吸式气液搅拌器，能够产生表面自吸的最低转速为：

$$\frac{N_{\min}^2 D_2}{gH}\left(\frac{\mu_c}{\mu_d}\right)^{0.11}=0.21$$

在图 3-42(a) 的状态下，气泡的大小只取决于通气分布器开孔孔径以及液相的性质，属于自由鼓泡。当搅拌转速超过 N_{CD}后，气泡在叶轮区被切割破碎，但气泡仍直接通过釜内液层，其停留时间取决于气泡本身的上升速度和液层高度。当转速大于 N_R 时，釜内因产生气泡的再循环，致使釜内滞气量增加，气体在液相中的平均停留时间增加，显然这对于加强釜内气-液间的传质是有利的。气泡在循环区运动时，有一部分气泡通过相互作用而凝并成大气泡，最后逸出液层，另一部分气泡又随循环流返回叶轮区，与新进入的气体汇合，再一次被分散。

由于釜内气泡的大小存在差异，所以气泡在运动中存在着不同的形态和动力学特性（如上升速度），小气泡接近于球形，而较大的气泡则为椭球形或帽形，这与气泡在釜内运动时所受流场的作用力有着密切的关系。

3.6.2.2 最大通气速度

在固定的搅拌条件下，即固定搅拌器结构和操作转速时，增加气速（通气量）达到一定程度后，搅拌叶轮被大量气体所包围，叶轮只在气相中旋转，而不能有效地进行操作，此时被认为已经达到了叶轮的“液泛点”，若稍减小气速，搅拌叶轮又能正常进行分散操作，此点即为通气操作的上限，有时也将该操作点称为“再分散点”。

现在定义气液搅拌釜中的通气准数；

$$N_A=\frac{Q}{ND^3}\tag{3-49}$$

式中 Q——通气量，m^3/s；

D——桨叶直径，m；

N——搅拌转速，1/s。

对于六直叶开式涡轮和六直叶盘式涡轮，液泛点所对应的 N_A 值分别为 0.016 和 0.018，可依此求得该二叶轮的最大通气量。

3.6.2.3 气泡直径、气含率和比表面积

(1) 气泡直径

与表示液滴直径相似，用 Sauter 平均直径 d_{32}来表示气泡直径

当气泡被认定为球形时，则

$$d_{32}=\frac{\sum_{i=1}^{n} n d_i^3}{\sum_{i=1}^{n} n d_i^2} \tag{3-50}$$

式中　d_i——第 i 个气泡的直径，m；

n——气泡个数。

d_{32}是搅拌釜内气泡直径的宏观表征，实际上釜内气泡直径存在着一定的分布。目前，随着计算流体力学技术的迅速发展，已有人将其应用于对气液搅拌釜中的气泡尺寸进行预测，但实验方面对气泡尺寸的测量还大多局限于单层桨体系。

Sauter 平均直径反映了气泡在宏观上的尺寸水平，但由于搅拌釜中不同区域中的流场特征并不相同，导致了气泡在搅拌釜中的大小分布并不均匀，从而也会影响到搅拌釜中各个不同区域中的气液作用。在对搅拌釜中气泡尺寸分布的研究中，不同的研究者[53~55]采用了不同的搅拌器形式和数量，大多数都认为桨叶区的气泡尺寸为全釜中最小，但是对于主流体区中的研究结果却不尽一致。

(2) 气含率

气含率是指在气液两相体系中气体所占有的体积分率，有时又称为气体滞留量，通常所谓的气含率指的是搅拌釜中的整体气含率。这是表征气液搅拌釜内气液分散状况的一个重要参数，与气体在搅拌釜内的停留时间密切相关，也是设计中要考虑的重要参数。因此人们对它的研究也较多，并得到一些经验关联式。

以 ε_G 表示气含率，P_V 为单位体积功耗，v_S 为表观气速

$$\varepsilon_G=aP_V^b v_S^c \tag{3-51}$$

式中指数 b、c 均介于 0.2～0.7 之间，且与操作条件、搅拌器结构、搅拌釜体结构、釜内物系等有关。表 3-19 为近年来一些研究者所提出的气含率关联式中的参数。

表 3-19　气含率关联式中的参数

参考文献	釜径/体积	搅拌器形式	最大通气量	关联式参数		
				a	b	c
Nienow, et al[56]	$14m^3$	多层 RT、多层 A315 及多层 MF 桨	最大通气数 0.1	1	0.13	0.55
Vasconelos, et al[57]	0.4m	叶片形状不同的六叶盘式涡轮	0.013m/s	0.10	0.37	0.65
Vrabel, et al[58]	$12m^3/30m^3$	多层 RT 及中空的 Scaba 桨	最大通气数 0.08	0.37	0.16	0.55
Gao, et al[59]	0.45m	BT-6+$2MF_U$ $3A340_U$ 2BT-6+CD-6	0.06m/s	1.02	0.20	0.60
Moucha, et al[60]	0.29m	单、二、三层 RT、PT_D、TX_U、TX_D 及组合形式	0.0085m/s	0.02～0.34	0.32～0.63	0.52～0.81

除了气液搅拌釜中的整体气含率外，局部气含率也是表征搅拌釜内局部气液分散状况的一个重要参数，反映了气液两相体系中气体的局部分散和传质特性。不同的工艺过程中所需要的

气含率分布情况也有所不同，如在发酵搅拌釜中，局部过高的气含率会导致菌种的死亡，而气含率过低又会使得反应无法顺利进行，因此需要使得气含率在搅拌釜内均匀分布。影响局部气含率的因素包括搅拌器的形式、操作条件等，也有许多研究者对此进行了相应的研究[61~63]。

以上介绍的大多为常温体系中整体气含率的研究，但在工业过程中所使用的搅拌釜还有许多非常温体系，在非常温体系中由于温度升高造成气相饱和蒸气压的变化使得气泡在运动过程中的体积及界面特性会发生相应的变化。目前对于非常温体系的设计和放大大多基于常温体系的研究结果，缺乏足够的可靠性。Smith 等人[64~68]也对此进行了研究。

(3) 比表面积

比表面积是指全釜中单位体积分散系统中的相际表面积。如果分散系统的体积为 1，则分散相的体积就是 ε_G，若每个气泡的直径都认为是 d_{32}，共有 n 个气泡，则其总体积应为

$$\varepsilon_G = n\frac{\pi}{6}d_{32}^3 \tag{3-52}$$

所有气泡的总表面积为 a，则

$$a = n\pi d_{32}^2 \tag{3-53}$$

由式(3-52) 和式(3-53) 可得

$$d_{32} = \frac{6\varepsilon_G}{a} \tag{3-54}$$

式(3-54) 表示气-液分散体系中的三个重要参数（ε_G、a、d_{32}）的相互关系。

可由式(3-54) 求得气相的比表面积

$$a = \frac{6\varepsilon_G}{d_{32}} \tag{3-55}$$

分散体系中 a 的大小代表着相际传质交换面积的大小。尽管如此，人们仍然不采用这种方法来进行传质计算，一般还是使用容积传质系数 k_La。

3.6.3 气液搅拌釜的传质特性

传质速率是气液搅拌釜设计所需考虑的最重要的参数之一，特别是对于那些存在反应而传质又是控制步骤的过程。传质快慢的主要衡量参数之一是容积传质系数，由于搅拌釜内流场及气液两相流动的复杂性，使得釜内传质过程变得复杂，目前尚不能完全从理论分析来预测容积传质系数，因此通过实验来研究容积传质系数就显得至关重要。前人对此作了大量的研究，得到了许多经验关联式，容积传质系数最常用的经验关联式为：

$$k_La = a_1 P_V^{b_1} v_S^{c_1}$$

式中，$0.4 < b_1 < 0.95$，$0 < c_1 < 1.0$。

由此可见，容积传质系数随 P_V 和 v_S 的指数变化范围比较大，其指数的变化与搅拌釜的几何尺寸、容积传质系数的测试方法、实验的操作范围及物系等都有关系。Smith[69]研究结果认为：搅拌器的型式、搅拌釜的尺寸等对容积传质系数影响不大。为使关联式通用化，Van't Riet[70]对前人的研究工作进行了总结，得到如下的通用关系：

$$k_La = 0.026 P_V^{0.4} v_S^{0.5} \quad （凝并体系）$$

上式的适用范围为：$0.0044\text{m/s} < v_S < 0.04\text{m/s}$，$500\text{W/m}^3 < P_V < 10000\text{W/m}^3$，其误差为 20%～40%。

$$k_La = 0.002 P_V^{0.7} v_S^{0.2} \quad （非凝并体系）$$

上式的适用范围为：$0.005\text{m/s} < v_S < 0.04\text{m/s}$，$500\text{W/m}^3 < P_V < 10000\text{W/m}^3$，其误差为 20%～40%。

Chapman[71]在改进了实验方法后得到如下关联式

$$k_{L}a=1.2P_{V}^{0.7}v_{S}^{0.6}\quad（凝并体系）$$

上式的误差为10%。

$$k_{L}a=2.3P_{V}^{0.7}v_{S}^{0.6}\quad（非凝并体系）$$

上式的误差为20%。

表3-20 给出了几种搅拌器在一定操作条件下的传质系数关联式。

表3-20 几种搅拌器型与操作条件下的传质系数

研究者	搅拌器形式	釜径	体系	关联式系数		
				a_1	b_1	c_1
Van't Riet[70]	RT		凝并体系	2.6×10^{-2}	0.4	0.5
Gezork, et al[72]	2RT	0.29	水	5.3×10^{-3}	0.59	0.534
Nocentini, et al[73]	4RT	0.24	水	1.5×10^{-2}	0.59	0.55
Puthli, et al[74]	RT+2PBD4	0.13	水	6.17×10^{-3}	0.667	0.534
Van't Riet[70]	RT		非凝并体系	2.0×10^{-2}	0.7	0.2
Linek, et al[75]	RT	0.19	0.5mol/L Na_2SO_4	1.35×10^{-3}	0.946	0.4
Gezork, et al[72]	2RT	0.29	0.2mol/L Na_2SO_4	3.9×10^{-3}	0.698	0.182
Vilaca, et al[76]	2FBT	0.21	0.5mol/L Na_2SO_4	6.76×10^{-3}	0.94	0.65

3.6.4 搅拌器型式的选择

搅拌器型式的选择必须根据工艺过程的特点而定。对于一般的气液搅拌釜，则可用六直叶涡轮搅拌器或Lightnin公司的A315型搅拌器，或由RT搅拌桨改进而得到的HEDT、CD、PDT等。若混合过程中需要强烈的剪切，那么采用D/T较小的六直叶圆盘涡轮较为适宜。而对于发酵罐等生化反应器，由于微生物细胞对剪切比较敏感，较强的剪切作用会损害微生物细胞的结构，因此对于需要较小剪切速率的过程，必须采用剪切作用较小的搅拌器，如A315型搅拌器能较好地分散气体且具有较小的剪切作用。此外，A315型搅拌器操作范围比六直叶圆盘涡轮广，在较高的通气流量和较低的转速下也不会发生液泛现象，在此状态下其气液传质和分散效率要高于六直叶圆盘涡轮，因此，对于一些低转速、高通气流量的工艺过程，采用A315型也是比较适宜的。

在某些搅拌釜中，如操作液位较高（$H/T>1.2$）或操作雷诺数较低（$Re<5000$），为了增加气-液接触时间，此时釜内必须采用多层桨，底层桨一般采用径向流叶轮，以提供较强的剪切，达到粉碎气流形成气泡，上层桨（指底层桨以上的桨，数量视液位的高度而定）一般采用轴流式，如A310、A315、HE3、CBY、四斜叶等，这样可形成全槽的循环并促进气泡在釜内的再分散，使气泡与料液有充裕的接触时间。当气泡有较长的上升路径时，可能会增加其凝并的概率。因此在选择顶层桨的结构参数时，还需要保持一定的剪切。通常在选择搅拌器间距时，需大于搅拌器的直径，否则搅拌器之间的流型会发生相互干扰，从而使得组合桨的功率耗散小于各个单桨的功率之和。

3.6.5 通气时的功率计算

3.6.5.1 通气功率

气体通入液体中，经叶轮分散成气泡，降低了被搅拌液体的有效密度，因而降低了搅拌功率。另外，当气量较大时某些形式的桨叶后方容易形成附着的气穴，严重时甚至发生“液泛”，这也会引起搅拌功率的显著降低。若令未通气时的搅拌功率为P_0 kW，通气后的搅拌功率为

P_G kW，则

$$K=\frac{P_G}{P_0} \tag{3-56}$$

式中，K 称为 K 因子，它是叶轮转速、直径、几何形状、D/T、功率、气体分布器型式等搅拌变量的复杂函数。表 3-21 为一些型式的搅拌器在未通气和通气条件下的功率。

表 3-21　未通气和通气状态下的搅拌器功率

搅拌器型式	N_P	$K(Q/ND^3=0.1)$	搅拌器型式	N_P	$K(Q/ND^3=0.1)$
径向流			PBT4　$D=T/3,C=T/3$	1.3	0.75
RT6　$D=T/3$	5	0.4	PBT6　$D=T/3,C=T/3$	1.7	0.75
RT12　$D=T/3$	10	0.6	A345　$D=0.4T$	0.8	0.75
RT18　$D=T/3$	12	0.7	轴向下压流		
CD6	2.3	0.8	PBT4　$D=T/3,C=T/3$	1.3	0.3
BT6	2.0	0.9	PBT6　$D=T/3,C=T/3$	1.7	0.4
轴向上提流			A345　$D=0.4T$	0.8	0.7

Calderbank[77] 在使用六直叶涡轮、四块挡板，$D/T=1/3$ 时得到的实验数据，表示在图 3-43 中，可供设计参考。

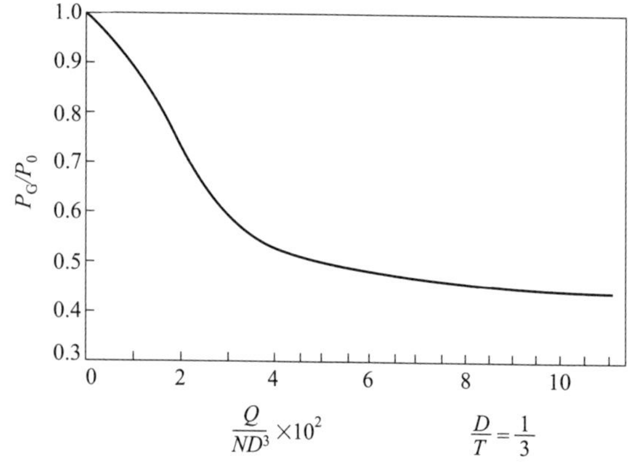

图 3-43　通气量对搅拌功率的影响

图中横坐标以 Q/ND^3 表示，Q 为通气量 m^3/s，D 为叶轮直径 m，N 为转速 s^{-1}。从图中可看到通气量达到一定值时，K 因子变化缓慢接近于定值，因为通气量大到一定程度时，釜内就会出现“液泛”，功率消耗就不再有明显变化。

该曲线也可关联成两个关联式

$$Q/ND^3<3.6\times10^{-2}$$

$$P_G/P_0=1-12.6Q/ND^3 \tag{3-57}$$

$$3.6\times10^{-2}<Q/ND^3<11\times10^{-2}$$

$$P_G/P_0=0.62-1.85Q/ND^3 \tag{3-58}$$

Michel 和 Miller[78] 总结了若干研究者的数据，对于全挡板条件下六直叶涡轮桨提出了如下关联式

$$P_G=353.9\left(\frac{P_0^2ND^3}{Q^{0.56}}\right)^{0.45} \tag{3-59}$$

从以上介绍可以看到：通气与不通气时叶轮的轴功率有较大差别，因此设计者要慎重选择这一操作的电机功率，完全按 P_G 来确定电机功率，一旦停气，则电机可能处于超负荷运转状态，有被烧坏的危险，解决的办法有以下两种：一是按不通气叶轮的功率选择电机，这显然是不经济的，另一种方法是采用变速电机并配有停气的连锁装置，在停气时自动切换，以保证停气时搅拌器在低转速下运行，以确保安全。

3.6.5.2　不通气时的功率确定

(1) 根据工艺要求的分散程度来确定

为了保证一定的传质速率，则必须保证一定的分散程度，即一定的 ε_G、d_{32} 和 a，而这三

者又是相互关联的。

Miller[79]提出了下列计算式：

$$d_{32}=4.15\left[\frac{\sigma^{0.6}}{P_V^{0.4}\rho_l^{0.1}}\right]\varepsilon_G^{0.5}+0.0009 \tag{3-60}$$

$$\varepsilon_G=\left(\frac{\varepsilon_G v_S}{v_t+v_S}\right)^{0.5}+0.000216\left(\frac{P_V^{0.4}\rho_l^{0.2}}{\sigma^{0.6}}\right)\left(\frac{v_S}{v_t+v_S}\right)^{0.5} \tag{3-61}$$

$$a=1.44\left(\frac{P_V^{0.4}\rho_l^{0.2}}{\sigma^{0.6}}\right)\left(\frac{v_S}{v_t 6+v_S}\right)^{0.5} \tag{3-62}$$

式中，P_V 为单位体积功，W/m³；v_S 为表观气速，即实际气体流量除以槽截面积(m/s)；ρ_l 为液相密度；σ 为液体的表面张力；v_t 为气泡最终上升速度，m/s，v_t 可按下式计算

$$v_t=\left(\frac{2\sigma}{\rho_l d_{32}}+\frac{g d_{32}}{2}\right)^{0.5} \tag{3-63}$$

当规定了要达到的 d_{32}，则可依据式(3-63) 求得 v_t，再根据已知的 v_S 可由式(3-60) 和式(3-61) 求得 P_V。

(2) 根据搅拌釜结构与操作来确定功率

对于气液搅拌釜的设计很重要的一点就是要确定适宜的搅拌器直径与釜径之比 D/T，图 3-44 表示了如何从传质的角度来确定最佳 D/T 比值。在气体流量高而搅拌功率低时，流体的流型通常由气流量控制，这时泵送流量要比流体剪切速率重要得多。在釜体的流型是由搅拌器所控制时，即在较高的搅拌功率情况下，流体剪切作用显得更为重要，并且 D/T 的最佳值比较低，为 0.1～0.2。在搅拌功率特别高时，搅拌器输入能量很多，以致不管用什么方式分配能量，都没有明显的差别。在这种情况下也不存在 D/T 最佳值。但是并不是每一项因素都能取最佳化，需根据过程的实际情况而定。在发酵的情况下，由 0.15～0.20 的最佳 D/T 比所产生的高剪切速率对微生物是有害的，因此，并不希望有太高的剪切强度。为了混匀和传热，同时为了防止微生物受到剪切破坏，必须使 D/T 比在 0.35～0.45 的范围内。然而，对气液传质来说，这种 D/T 比并不是最有效的。在废水处理厂中，曝气池很大，使用大叶轮是不实际的。这时，经济性原则决定了实际设计能在多大程度上接近于最佳传质条件。

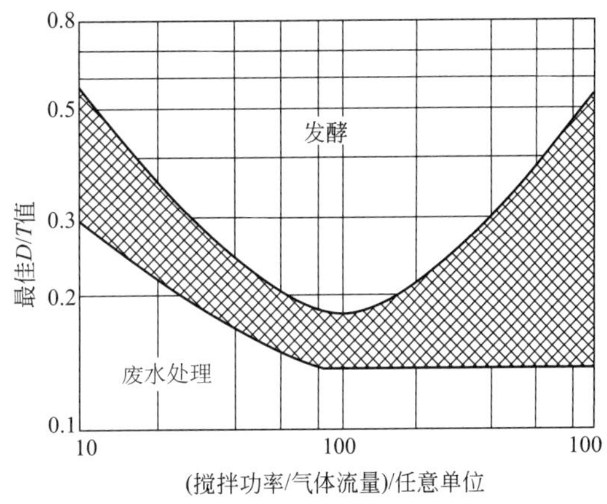

图 3-44　搅拌功率和气体流量不同组合的条件下气液传质的最佳 D/T 比

设计中根据生产规模确定釜体尺寸（T），再确定桨型，一般为了破碎气泡，通常采用径向流叶轮，尤以六直叶盘式涡轮为常见。剪切是气泡破碎的主要手段，因此在此类叶轮常用的叶端线速度范围内取高值为宜，据此即可求得轴功率 P，进而计算 P_V。确定通气量后即可求得 P_G。

【例 3-5】 现有一直径为 2m 的圆柱形搅拌釜，釜内存放的料液物性参数为，黏度 $\mu=$ 1mPa・s，密度 $\rho=1000$kg/m³，表面张力 $\sigma=0.0712$N/m，液层高 $H/T=1$，釜内通入空气并通过搅拌将其破碎成 2～5mm 的气泡，通空气量为 100m³/h，选择合适的搅拌器，并确定

其操作参数和所需轴功率。

解 （1）选择桨型，确定搅拌转速

选用六直叶盘式涡轮，其 $D/T=1/3$，则

$$D=0.667\text{m}$$

确定搅拌转速，选用叶端线速度为 6m/s，则：

$$N=\frac{6}{\pi D}=\frac{6}{3.14\times 0.667}=2.86\text{s}^{-1}$$

或 $N=172\text{min}^{-1}$

（2）计算搅拌 Re，计算轴功率，通气功率

$$Re=\frac{ND^2\rho}{\mu}=\frac{172\times 0.667^2\times 1000}{60\times 1\times 10^{-3}}=1.28\times 10^6$$

六直叶盘式涡轮在全挡板条件下湍流区的 $N_P=6.3$

不通气下的轴功率为：

$$P_0=6.3\times\left(\frac{172}{60}\right)^3\times(0.667)^5\times 10^3=19600\text{W}=19.6\text{kW}$$

求 P_G

$P_G/P_0=0.57$

$$P_G=19.6\times 0.57\text{kW}=11.72\text{kW}$$

也可代入式(3-57)

$$\begin{aligned}P_G/P_0&=1-12.6\times\frac{Q}{ND^3}\\&=1-12.6\times\frac{100}{3600\times\left(\frac{172}{60}\right)\times(0.667)^3}\\&=1-12.6\times 0.0327\\&=0.588\end{aligned}$$

与查图结果一致

$$P_G=19.6\times 0.588\text{kW}=11.52\text{kW}$$

（3）求 d_{32}，ε_G，a

求单位体积功 P_V

$$P_V=\frac{11.52}{0.785\times 2^3}\text{kW}=1.835\text{kW}$$

表观气速 v_S

$$v_S=\frac{100}{3600\times 0.785\times 2^2}\text{m/s}=0.00885\text{m/s}$$

先假设 $d_{32}=0.005\text{m}$，由式(3-63) 求 v_t

$$v_t=\left[\frac{2\times(71.2\times 10^{-3})}{1000\times 0.005}+\frac{9.81\times 0.005}{2}\right]^{0.5}=0.230$$

再代入式(3-61)

$$\varepsilon_G=\left(\frac{\varepsilon_G\times 0.00885}{0.230+0.00885}\right)^{0.5}+0.000216\times\left[\frac{(1.835\times 10^3)^{0.4}\times 1000^{0.2}}{(71.2\times 10^{-3})^{0.6}}\right]\left(\frac{0.00885}{0.230+0.00885}\right)^{0.5}$$

$\varepsilon_G = 0.1925\varepsilon_G^{0.5} + 0.0163$

解得 $\varepsilon_G = 0.0653$

将此值代入式(3-60) 求取 d_{32}

$$d_{32} = 4.15\left(\frac{\sigma^{0.6}}{P_V^{0.4}\ \rho_1^{0.2}}\right)\varepsilon_G^{0.5} + 0.0009$$
$$= [4.15 \times 0.00255 \times (0.0653)^{0.5} + 0.0009]\text{m}$$
$$= 0.0036\text{m}$$

再将 $d_{32} = 0.036\text{m}$ 代入式(3-63) 求得 $v_t = 0.24\text{m/s}$，将其代入式(3-61) 得 $\varepsilon_G = 0.064$，代入式(3-60) 求得 $d_{32} = 0.0358$，可以认为二者已接近，即 $d_{32} = 0.0358\text{m}$。

$$a = 1.44\left(\frac{P_V^{0.4}\ \rho_1^{0.2}}{\sigma^{0.6}}\right)\left(\frac{v_S}{v_t + v_S}\right)^{0.5} = 1.44 \times 392.4 \times 0.189\text{m}^2/\text{m}^3 = 106.8\text{m}^2/\text{m}^3$$

由于 d_{32} 介于题中要求的 2～5mm 之间，故可认为此设计是可行的。

得本题结果列表如下：

T/m	D/m	挡板	N/(r/min)	P_0/kW	P_G/kW	P_V/kW	d_{32}/m	ε_G	a/(m^2/m^3)
2	0.667	4 块	172	19.6	11.72	1.835	0.00358	0.064	106.8

几点说明如下：

① 根据 P_0 数值，考虑传动效率、电机效率和适当安全系数选择电机、减速机。在选择减速机时，因出轴转速不一定正好符合要求，可适当调整，同时还需再进行核算上述各参数最终是否符合工艺要求。

② 电机选择时，依据 P_0 还是 P_G，设计者要考虑生产安全，并采用安全保证措施。

③ 在一般的气液搅拌釜中，P_V 通常在 2kW/m^3 左右认为是较经济的。

3.7 液液分散

3.7.1 过程特征

液-液体系搅拌分散操作广泛应用于洗选石油、萃取、有机合成，液膜分离、悬浮聚合和乳液聚合等过程中，它是一个相分散并具有相际质交换的过程。

分散液滴的大小程度根据不同的目的而有所差别，如果要得到分散稳定的乳液，则必须将其分散成极微小的液滴才能维持其稳定性，所谓稳定即指液滴相互不凝并，但许多操作在停止搅拌后液滴会相互凝并，最终分成连续的两相，这种分散的逆过程称为澄清。

液-液搅拌分散的目的可以总结为：将一相分散在不互溶的另一相中，增加相际接触面，促进传质，液滴在连续相中的运动强化了液滴外部扩散，液滴的凝并、破碎促成了相界面的不断更新。

搅拌釜中的总体循环过程使液滴群反复地通过叶轮区，以达到不断破碎的目的，进入循环区液滴又凝并成大液滴，之后再次经过桨叶区分散达到动平衡，致使槽内液滴的平均直径保持在一个稳定的水平上，但在实际工业操作中，要计算液滴尺寸及其在全釜中的分布是困难的，因为在槽内剪切速率的变化范围很宽，叶轮区最大，循环区则较小。

使液滴破碎的作用力主要是流体加在液滴上的剪应力，因此该力的大小与料液黏度有关，而液滴是否易破碎还与其所具有的界面张力有关，即与该系统的物性有关。图 3-45 表示了这些因素对液滴直径分布的影响。

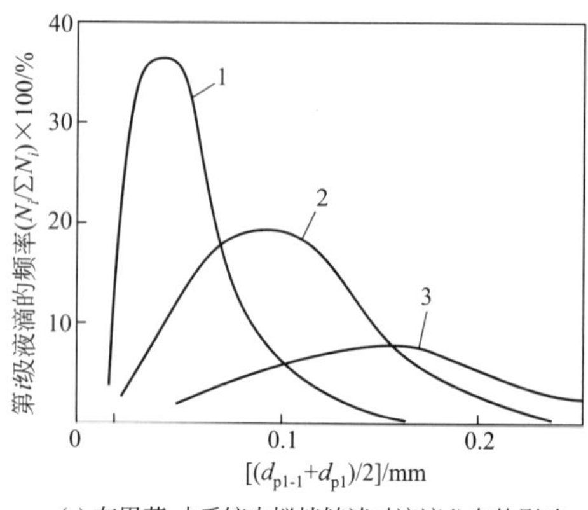

(a) 在甲苯-水系统中搅拌转速对液滴分布的影响
1—675r/min; 2—600r/min; 3—300r/min

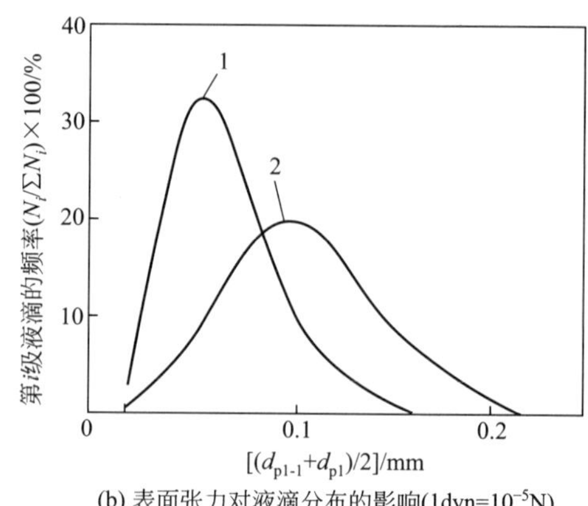

(b) 表面张力对液滴分布的影响(1dyn=10^{-5}N)
1—异戊醇-水, σ=4.91dyn/cm，N=330r/min；
2—正己烷-水, σ=51.1dyn/cm，N=625r/min

图 3-45　搅拌转速及表面张力对液滴分布的影响

液-液搅拌分散对釜体结构没有特殊要求，通常都是配有挡板的搅拌釜，根据两种液体的体积比不同来确定桨叶的安装位置，根据分散程度的要求来选择桨型结构及转速，在通常情况下，以选用径向流桨型为多，这样能提供较强的剪切作用，当液层较高时也可选用多层桨。

液液分散过程的结果与料液的物性密切相关，因此体系的物性参数计算非常重要。

(1) 混合液黏度的计算

$$\mu_m = \mu_x^X \mu_y^Y \tag{3-64}$$

式中　μ_m——混合液黏度；

μ_x——x 相的黏度；

μ_y——y 相的黏度；

X——x 相的体积分数；

Y——y 相的体积分数。

$$\mu_m = \frac{\mu_c}{1-\varphi}\left(1+\varphi_V \frac{1.5\mu_d}{\mu_c+\mu_d}\right) \tag{3-65}$$

式中　μ_m——混合液黏度；

μ_c——连续相黏度；

μ_d——分散相黏度；

φ_V——分散相体积分数。

(2) 混合液密度的计算

$$\rho_m = X\rho_x + Y\rho_y \tag{3-66}$$

式中　ρ_m——混合液密度；

ρ_x——x 相的密度；

ρ_y——y 相的密度；

X——x 相体积分数；

Y——y 相体积分数。

(3) 界面张力

可在一般手册中查到。

3.7.2 液-液搅拌釜的分散特性

（1）充分分散状态与临界搅拌速度

充分分散状态指的是：从直观看来，无论在釜的顶部和底部，都已看不到清液，或是说分散相已在全釜中得到充分而均匀的分散。此时在釜壁还可能有小块“清液”“黏附”。这些局部“不均匀”对宏观混合影响不大，假如要将这些附壁“清液”也消除，则必须增加数倍的功率消耗，显然这是不经济的。

临界搅拌速度（N_C）是指达到充分分散状态时所需搅拌桨的最小转速。对于同一分散体系，不同的搅拌桨型、结构尺寸和安装位置，是否有挡板等所得到的 N_C 是不同的，因此对于液-液搅拌分散体系而言，存在着桨型及其结构参数的优化和最佳釜型配合，但由于搅拌器型式的多样化和物系的差异，至今还未能得到一个普遍的定量关系供大家使用。

采用 4 直叶涡轮，$D/T=1/3$，$W/T=0.06$，$C=T/2$（此处 C 为桨叶离釜底距离）的条件下，Nagata 提出了计算 N_C 的关联式

$$N_C=750T^{-2/3}(\mu_c/\rho_c)^{1/9}\left(\frac{\rho_c-\rho_d}{\rho_c}\right)^{0.26} \tag{3-67}$$

式中，下脚 c 为连续相，d 为分散相，但是该式忽略了分散相的黏度和体系的界面张力对过程的影响

对于同一体系，不同的釜径，式(3-67) 可写成：

$$N_C=750T^{-2/3}$$

或

$$N_C^3T^2=常数 \tag{3-68}$$

上式表示了这样一个概念：在几何相似的搅拌釜中，若单位体积功相等，则处于相同的分散状态。

（2）混合指数

不互溶两相混合，两相的体积比称为相比（φ_V），搅拌稳定后在釜内的各处取样测定含量较少那一相的体积分率与全釜的平均体积分率相比称为混合分数。当全釜未达均匀分散时，各取样点的混合分数是不相同的。混合百分数的平均值称混合指数 I_m，显然当釜内仅有一相时，$I_m=0$，当全釜处于充分分散状态时，I_m 接近于 1，$I_m=1$ 是几乎不可能达到的，通常当 $I_m=0.97\sim0.98$ 时认为达到了混合均匀，即充分分散状态，此时对应的搅拌转速为 N_C。

（3）液滴直径

充分分散并不等于得到了最小液滴直径，若要得到小的液滴直径，必须进一步提高釜内的剪切，输入更多功率。

液滴平均直径采用 Sauter 平均直径 d_{32} 表示

$$d_{32}=\frac{6\varphi_V}{a} \tag{3-69}$$

式中，φ_V 为相比，即分散相的体积分数；a 为相比表面积（可参见 3.6 气液分散）。

由于液滴直径在全釜中分布不同，而且与桨叶结构、操作条件、物系性质密切相关，在实验研究中取样方式和取样位置的不同也会得到不同的结果，因此很多研究者提供的计算关联式用于计算的结果都存在不一致的地方。

当分散相含量增大时（即 φ_V 增加），分散液滴在槽内浓度会增加，加大了凝并的概率，因此此时的液滴平均直径也会相应加大，Vermeulen[80] 等人，用直叶平桨进行实验，得到的关系见图 3-46。

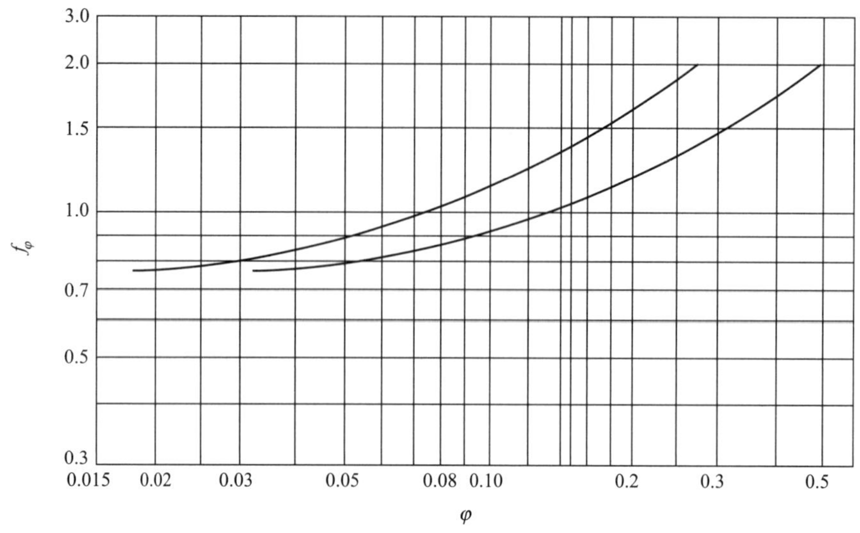

图 3-46　相比φ对液滴直径的影响

图中 f_φ 表示相比为φ_V 时的 d_{32}与$\varphi=0.1$ 时的 d_{32}之比，可见随φ_V 的增加，d_{32}也随之增加。

3.7.3　桨型选择与釜体结构

（1）桨型选择

桨叶要能提供较强的剪切，即在叶轮区有较大的剪切强度，同时还要保证一定的循环流量，以便获得一定的循环次数，以减小液滴凝并的概率。径向流叶轮应是首选的对象，如图 3-18中所示的叶轮。在高分子悬浮聚合中，液滴的直径并不太小，而且有表面活性剂的作用，因此目前大量采用三叶后弯的叶轮，见图 3-18(e)。当操作中物料经常发生变化时，板框式搅拌桨较为合适，如图 2-23(b) 所示。

（2）釜型

液-液分散搅拌釜内最重要一点就是必须设置挡板，以免形成旋涡。如轻质有机相在水中被分散时，在无挡板条件下，会在搅拌轴周围形成一个旋转的分离体，大大影响了其分散效率，甚至根本达不到分散的目的。

Nagata 建议的挡板设置，用作分散轻液中使用两块挡板及相关的最佳条件是：

$$S_B=D/2 \qquad \varepsilon_B=D/2$$
$$W=(0.07\sim0.1)T$$
$$D=0.4T$$

3.7.4　达到要求的分散程度所需的搅拌功率

根据要求达到的比表面积计算功率

Vermealen[80]在得出图 3-46 的同时给出了计算比表面积的计算式：

$$a=72\,\frac{N^{1.2}D^{0.8}\rho_m^{0.6}\,\varphi_V}{\sigma^{0.6}f_\varphi} \tag{3-70}$$

式中，a 为比表面积，m^2/m^3；N 为搅拌转速，s^{-1}；D 为桨径，m；ρ_m 为混合液密度；φ_V 为相比；σ为界面张力，f_φ 见图 3-46。

【例 3-6】　在一直径为 1.2m 设有四块挡板的搅拌釜中，采用一只直叶涡轮对含甲苯 10%

(体积分数）的甲苯-水混合液进行分散操作，桨径 $D=0.6\text{m}$，$C=0.4\text{m}$，$\rho_c=997\text{kg/m}^3$，$\rho_d=866\text{kg/m}^3$，$\sigma=36\text{dyn/cm}$，现欲得到 $a\geqslant 5000\text{m}^2/\text{m}^3$ 的分散体系，求搅拌转速与轴功率。

解 (1) $\varphi_V=0.1$，从图 3-46 查得 $f_\varphi=1$

① 将已知代入式(3-66)

$$\rho_m=0.1\times 866+0.9\times 997\text{kg/m}^3=984\text{kg/m}^3$$

$$5000=72\frac{N^{1.2}(0.6)^{0.8}(984)^{0.6}\times 0.1}{(36\times 10^{-3})^{0.6}}=2197.2N^{1.2}$$

$$N=1.98\text{s}^{-1}\approx 2\text{s}^{-1}$$

即 $N=120\text{r/min}$

② 计算轴功率　求搅拌 Re。

求 $\mu_m=0.1\mu_d+0.9\mu_c\approx 1$

$$Re=\frac{ND^2\rho}{\mu}=\frac{2\times 0.6^2\times 10^6}{1}=7.2\times 10^5$$

处于湍流区从图 3-19 查得 $N_P=6.0$

代入
$$N_P=\frac{P}{\rho D^5N^3}$$

$$P=6\times 984\times(0.6)^5(2)^3=3672\text{W}=3.67\text{kW}$$

③ 计算 d_{32}

$$d_{32}=\frac{6\phi}{a}=\frac{6\times 0.1}{5000}\text{m}=1.2\times 10^{-4}\text{m}$$

显然这种分散是很强烈的，液滴直径为 0.12mm。

(2) 要求达到充分分散所需的临界转速求取轴功率

N_C 所对应的 Re_C 称为叶轮最小转速雷诺数

$$Re_C=\frac{N_CD^2\rho}{\mu}$$

① 对于无挡板搅拌釜

$$Re_C=CGa^{0.01}\left(\frac{Re_C^2}{We}\right)^{0.47}\left(\frac{\Delta\rho}{\rho_c}\right)^{0.13}\left(\frac{\mu_c}{\mu_d}\right)^{0.03}\tag{3-71}$$

② 釜内有四块挡板　$W/T=0.08$

$$Re_C=2.85Ga^{0.03}\left(\frac{Re_C^2}{We}\right)^{0.15}\left(\frac{\Delta\rho}{\rho_c}\right)^{0.08}\left(\frac{\mu_c}{\mu_d}\right)^{0.04}i\tag{3-72}$$

对于螺旋桨　$C=69.8$，$i=1.25$

对于涡轮　$C=62.9$，$i=0.92$

适用范围：$Re=1.74\times 10^5\sim 1.24\times 10^{11}$，$Ga=\dfrac{g\rho^2D^3}{\mu^2}$

$$\frac{\Delta\rho}{\rho_c}=0.02\sim 0.594$$

$$\frac{\mu_c}{\mu_d}=0.005\sim 246$$

$$\frac{Re^2}{We}=24.5\sim 1.18\times 10^7$$

计算准数值时，μ与ρ均为物系的平均值。算出临界雷诺数 Re_C 以后，即可由功率曲线决定相应的功率准数并进而算出搅拌功率。

③ 也可根据下式计算 N_C

$$\frac{D^{0.5}N_C}{g^{0.5}}=C_1\left(\frac{T}{D}\right)^{a_1}\left(\frac{\mu_c}{\mu_d}\right)^{1/9}\left(\frac{\Delta\rho}{\rho_c}\right)^{0.25}\left(\frac{\sigma}{\rho_c gD^2}\right)^{0.3} \tag{3-73}$$

式中的常数见表 3-22。

表 3-22　式(3-73) 中常数值

叶轮型式	叶轮位置	C_1	a_1	叶轮型式	叶轮位置	C_1	a_1
螺旋桨	$H/4$	15.3244	0.28272	叶片斜 45°	$H/4$	6.8231	1.05120
	$3H/4$	9.9687	0.55355		$3H/4$	6.2040	0.81877
	$H/2$	15.3149	0.39329		$H/2$	2.9873	1.59010
	双轮,$H/4$;$3H/4$	5.2413	0.92317		双轮,$H/4$;$3H/4$	3.3545	0.87371
直叶片涡轮	$H/4$	3.1780	1.62474	弯叶片涡轮	$H/4$	3.6180	1.46244
	$H/2$	3.9956	0.88099		$H/2$	4.7152	0.80056
					双轮,$H/4$;$3H/4$	4.2933	0.54010

【例 3-7】 将含 20%(体积分数)甲苯的甲苯-水混合液(25℃),要求甲苯充分分散在水中,已知甲苯的密度为 866kg/m^3,水为 997kg/m^3,界面张力为 36dyn/cm,水和甲苯的黏度分别为 1mPa·s 和 2.5mPa·s,搅拌釜直径为 1.2m,采用四直叶平桨 $D=0.4$m,$W=0.08$m,$C=0.6$m,求搅拌转速(N_C)和所需轴功率(P)。

解法一　采用式(3-67)计算 N_C

$$N_C=750(T)^{-2/3}\left(\frac{\mu_c}{\rho_c}\right)^{1/9}\left(\frac{\Delta\rho}{\rho_c}\right)^{0.26}=750\times(1.2)^{-2/3}\times\left(\frac{1\times10^{-3}}{997}\right)^{1/9}\times\left(\frac{131}{997}\right)^{0.26}\text{r/min}=84\text{r/min}$$

取该叶轮的 $N_P=6$

则轴功率为

$$P=N_P P_m N^3 D^5$$

$$P=6\times970\times\left(\frac{84}{60}\right)^3\times(0.4)^5\text{W}=163.5\text{W}$$

解法二

使用式(3-73) 进行计算

$$\frac{D^{0.5}N_C}{g^{0.5}}=C_1\left(\frac{T}{D}\right)^{a_1}\left(\frac{\mu_c}{\mu_d}\right)^{1/9}\left(\frac{\Delta\rho}{\rho_c}\right)^{0.25}\left(\frac{\sigma}{\rho_c gD^2}\right)^{0.3}$$

根据表 3-11，此式中的 $C_1=3.996\approx4$

$$a_1=0.88$$

$$\frac{0.4^{0.5}N_C}{9.8^{0.5}}=4\times(3)^{0.88}\left(\frac{1}{3}\right)^{1/9}\times\left(\frac{131}{997}\right)^{0.25}\left(\frac{36\times10^{-3}}{997\times9.81\times0.4^2}\right)^{0.3}$$

解得　$N_C=1.12\text{s}^{-1}$

或　$N_C=67\text{r/min}$

轴功率为

$$P=163.5\times\left(\frac{67}{84}\right)^3\text{W}=82.7\text{W}$$

从上面的结果可以看到，使用不同的计算式，其结果会有很大的差别，这是因为影响搅拌操作的因素实在太多，因此所有的研究结果其所表示的规律性的局限性很大，在设计计算中，很难找到与设计条件完全相同的条件，因此设计者必须较慎重地使用这些结果，同时再结合自身的经验，作一些适当的修正或是以稍保守的手法予以处理。

有关液-液分散在萃取章中将会更详细地探讨，因此在本节中有不少内容未能深入探讨并在内容上作了很多删节。读者欲更多地了解可参阅液-液萃取章节。

3.8 气液固三相混合

3.8.1 过程特征

气液固三相搅拌釜在石油化工中的氧化和氯化、生物化工中的好氧通气发酵、无机化工中的磁粉生产以及冶金、食品、环保等领域都有着极为广泛的应用。

根据气液固混合过程中的温度区别，可将其分为常温体系和非常温（热态）体系，尤其在一些强放热反应过程中，液体的蒸气压与操作压力相比不可忽略。前人对于气液两相中的研究结果已经表明热态通气和沸腾体系中的功率消耗、总体及局部气含率与常温通气体系相比具有很大的区别。

根据过程中固相的密度特征，分为下沉粒子和上浮粒子体系。固体颗粒的加入是气液固三相搅拌釜与气液搅拌釜的主要区别。前人对固相的研究主要集中在下沉固体颗粒临界离底悬浮转速、气含率、气液传质系数等方面，虽然上浮颗粒在实际应用中不如下沉粒子广泛，但在生物发酵、橡胶凝聚以及水处理等领域也有应用。

3.8.2 气液固三相搅拌釜的混合特性

3.8.2.1 功率特性

影响气液固三相搅拌釜功率特性的因素主要有搅拌釜的规模、搅拌器类型、固相含率、通气量等。

在三相体系中，釜径越大，达到相同悬浮状态的单位体积功耗越小，且随着搅拌器直径的增大，单位质量物料的功耗也相应增大，因此，在三相体系中不宜选用过大的搅拌桨。在三相体系中，由于通气引起的功率降低程度与搅拌器的类型有关，相对功率需求 *RPD* 随着体系和搅拌器的类型变化，表 3-23 为前人研究的一些结果。

表 3-23 搅拌器类型对功率的影响

研究者	搅拌器层数	不同搅拌器型式下的相对功率需求 *RPD*
Nienow,et al[81]	1	$PT_U > PT_D > DT4 > RT$
徐魁和戴干策[82]	1	$RT > PT_U > PT_D > K4$
Bao,et al[83]	3	推荐采用 $HEDT + 2WH_U$ 的组合

当体系中有固相加入时，也会引起体系功率的变化，相对功率需求可以用 $RPD = aSm^b (1+C_V)^c$ 进行关联，其中 Sm 为 Smith 数（$Sm = 2Sg/v_{tip}^2$），S 为搅拌器在液相中的深度；v_{tip} 为搅拌器叶端线速度。表 3-24 为一些常见的涡轮搅拌器在三相体系中沸腾状态下的相对功率需求，从其中可以看到，RT 桨的功率下降最大，而 HEDT 桨的功率下降几乎可以忽略。

表 3-24 常见涡轮搅拌器的相对功率需求 *RPD*

搅拌器形式	关联参数		
	a	b	c
RT6	0.76	0.35	−0.34
CD6	1.27	0.21	−0.42
HEDT	1.02	0.053	−0.022

3.8.2.2 临界悬浮特性

无论是在固液两相体系还是气液固三相体系中，都定义下沉（上浮）颗粒在釜底（液面）处的停留时间不大于1～2s的状态为临界悬浮状态，此时的搅拌转速为临界悬浮转速，记为N_{JS}，而通气后三相体系中的临界悬浮转速为N_{JSG}。影响三相体系中临界悬浮特性的常见因素包括搅拌釜釜底的形式、搅拌器型式、固相含率、气体流量等。

碟形底的搅拌釜中最后悬浮的颗粒位于釜底中心，而平底釜中最后悬浮的颗粒位于釜底中心和挡板之后。也有人指出碟形底比平底更有利于下沉颗粒在较低搅拌转速下达到悬浮状态。此外，搅拌器离底距离的改变还会造成固体颗粒在釜底最后离底悬浮区域的不同。表3-25为前人提出的各种搅拌器在三相体系中达到临界悬浮状态的搅拌转速比较。

表3-25 三相体系中不同搅拌器的临界悬浮转速

研究者	搅拌器比较
Champman, et al[84]	$PT_D < RT < PT_U$
徐魁、戴干策[85]	K4＜PT
Saravanan, et al[86]	$2PT_D < RT+PT_D < PT_U+PT_D < P_U+PT_D$
郝志刚[87]	推荐组合桨型为 $HEDT+WH_D+WH_U$

对于固体颗粒在体系中的分率φ_W，不同的搅拌釜以及其他操作条件下所得到的临界悬浮转速时不同的，表3-26为一些具有代表性的研究结果。

表3-26 不同条件下固体分率对临界悬浮转速的影响

研究者	条件	关联式
Saravanan, et al[86]	釜径0.57m,1.0m,1.5m 空气-水-石英砂体系 固体分率0.34%～40%	$N_{JSG} \propto \varphi_W^{0.149}$
Micale, et al[88]	釜径0.19m,空气-水-玻璃珠体系,粒径850～1000μm	$N_{SS}=24.1 d_p^{0.428}\varphi_W^{0.13}(1+0.31Q_G^{0.5})$
Xu[89]	釜径0.386m	$N_{JSG}=5.73 v_S^{0.014}\varphi_W^{0.079}$
Bao et, al[90]	釜径0.48m,空气-水-上浮颗粒,粒径0.5～4mm	$N_{JS}=6.74 C_V^{0.113} d_p^{0.005}\left(\dfrac{\rho_l-\rho_s}{\rho_l}\right)^{0.128}$

除了以上因素外，三相体系中气相的流量也会影响到固相的悬浮。Bao, et al[91,92]认为在不通气和通气状况下临界悬浮转速之差ΔN_{JS}可以表示为气体流量的函数（釜径0.48m，$HEDT+2WH_U$，固体分率3%～21%），

$$\Delta N_{JS}=5.24\times10^7 v_S^{0.65} T_K^{-2.68}$$

以及在常温和热态中分别有（$0.5vvm < Q_G < 4.5vvm$）；vvm为每分钟通过单位反应器体积的气体体积量，常用于生物发酵。

$$\Delta N_{JS}=0.32+0.37Q_G$$

$$\Delta N_{JS}=0.28+0.19Q_G$$

式中，v_S 为表观气速（表示单位反应器横截面所通过的气体流量，m/s）；T_k 为热力学温度（K）；Q_G为反应器内的通气量（m^3/h 或 m^3/min）。

3.8.2.3 气含率特性

在气液分散一节中，气液搅拌釜中的气含率已经得到了较多的研究，但是在气液固三相搅拌釜中的气含率研究还基本上处于起步阶段。影响气液固三相搅拌釜中气含率的主要因素有搅拌器型式和操作方式、固体颗粒浓度、操作条件等。

在气液固三相体系中，搅拌桨不仅需要有较强的径向剪切分散能力，在轴向上还有较强的混合能力，以此同时实现气相分散和固相悬浮分散的目的，因此，完全的径向分散或是轴向分散对于气液固三相搅拌釜而言都不是最合适的。包雨云[93]采用了 HEDT、WH_U、WH_D 三种搅拌器型式的五种不同组合对常温三相体系进行了研究，推荐采用 HEDT＋$2WH_U$ 以及 HEDT＋$2WH_D$ 的组合型式，这两种组合均具有较高的气含率且在通气状况下功率下降较小，适宜进行高效的气液分散。

固体浓度的存在对于气含率的影响目前还尚未有统一的结论，主要有如下三种观点：

① 固体颗粒及其浓度对气含率基本无影响[94]；

② 气含率随颗粒浓度的增大而增大[95]；

③ 气含率随颗粒浓度的增大而减小[96]。

表 3-27 为一些前人研究所得到的气液固三相搅拌釜中整体气含率的关联式，

表 3-27 气液固三相搅拌釜中整体气含率的关联式

研究者	条件	搅拌器型式	关联式
Dutta & Pangarkar[94]	釜径 0.15m、0.3m，空气-水-玻璃珠，固相分率 0.5%～10%，最大表观气速 0.015m/s	PT_D 及 PT_U	$\varepsilon_G=3.34(D/T)^{1.55}Fr^{0.52}Flg^{0.48}$
Xu, et al[89]	釜径 0.39m，蝶形釜底，全挡板，空气-水-聚丙烯颗粒（上浮），固相分率 3%，最大气量 $14m^3/h$	SP_U+SP_D+WT	$\varepsilon_G=0.079P_V^{0.38}v_S^{0.55}$
Bao et, al[97]	釜径 0.48m，空气-水-玻璃珠，固相分率 0～15%，沸腾态	HEDT	$\varepsilon_G=0.28P_m^{0.52}v_V^{0.72}(1+C_V)^{-1.68}$
		CD6	$\varepsilon_G=0.094P_m^{0.54}v_V^{0.40}(1+C_V)^{-1.06}$
		RT6	$\varepsilon_G=0.48P_m^{0.39}v_V^{0.94}(1+C_V)^{0.32}$
Bao, et al[91]	釜径 0.48m，空气-水-玻璃珠，固相分率 0～15%	HEDT＋$2WH_U$	常温：$\varepsilon_G=0.90P_{Tm}^{0.15}v_S^{0.55}(1+C_V)^{-1.77}$ 热态：$\varepsilon_G=0.48P_{Tm}^{0.15}v_S^{0.55}$
Bao, et al[90]	釜径 0.48m，空气-水-玻璃珠，固相分率 0～21%，297～368K	HEDT＋$2WH_U$	$\varepsilon_G=4.416\times10^8\exp\left(\frac{C_V}{-0.0202}\right)P_{Tm}^{0.16}$ $v_S^{0.55}T_K{}^{8.417C_V-3.512}$
Bao, et al[98]	釜径 0.48m，空气-水-上浮颗粒，固相分率 0～15%	$3WH_U$	$\varepsilon_G=0.69P_m^{0.145}v_S^{0.546}(1+C_V)^{-2.31}$
		HEDT＋$2WH_U$	$\varepsilon_G=0.85P_m^{0.124}v_S^{0.560}(1+C_V)^{-1.837}$
		HEDT＋WH_D＋WH_U	$\varepsilon_G=0.82P_m^{0.162}v_S^{0.545}(1+C_V)^{-1.788}$

3.8.3 气液固三相搅拌釜的传质特性

3.8.3.1 影响传质的因素

由于气液固三相搅拌釜在许多实际生产中都有着重要的作用，因此，除了气液固三相搅拌釜中的流体流动和分散特性外，釜内的传质特性也是表征三相搅拌釜性能的一个重要参数。与气液搅拌釜一样，在气液固三相搅拌釜中的传质特性也通常用气液之间的容积传质系数 k_La

进行表征。

影响搅拌釜中的容积传质系数 k_La 的因素有很多，如釜体的几何结构和形式，搅拌器形式，过程中的操作条件（如转速、通气量等），连续相的性质（如密度、黏度、表面张力等），甚至包括釜内固体颗粒的类型、分率或尺寸。

为了增强或提高三相搅拌釜中的传质效率，通常使用双层或多层桨进行操作。多层桨的使用有利于提高釜内的气含率、气相的停留时间以及降低釜内单位体积的功耗。此外，搅拌器层数的调高还能提高釜内的能量耗散，从而促进气相在釜内的再分散，提高气液之间的传质系数[99]。

由于不同的生产操作过程具有各自的特点，对于气液固三相搅拌釜中搅拌器形式的选择应当依据所设计的对象或参数来确定。对于那些需氧量并不太大的过程而言，应着眼于优先提高釜内的混合强度而不是提高传质系数，而对于以传质作为主要目的的过程，则应将提高传质系数和混合强度放在同等地位[100]。

3.8.3.2 固相对传质的影响及机理

目前虽然容积传质系数 k_La 在多层桨气液两相体系以及单层桨的气液固三相体系中得到了大量的研究，但对于多层桨的气液固三相体系研究还较少。根据前人的研究成果，在单层桨（RT 或 PBT）气液搅拌釜中加入固相颗粒对气液之间传质的影响如表 3-28 所示。从表中可以看到，前人对于固相颗粒的加入对气液传质系数的影响并未达到完全的共识，仍有许多有待探讨之处。

表 3-28 单层桨气液固体系中固相颗粒对传质系数的影响

研究者	固相类型及粒径	颗粒浓度	k_La 情况
Chandrasekaran & Sharma[101]	活性炭，<100μm	0～0.2%(质量浓度) 0.2%～2%(质量浓度)	增大 1.5 倍 不变
Joosten,et al[96]	聚丙烯，糖，玻璃珠，53～250μm	0～20%(质量浓度) 20%～40%(质量浓度)	不变 迅速降低
Lee,et al[102]	玻璃珠，56μm	0～30%(质量浓度) 30%～50%(质量浓度)	迅速降低 缓慢降低
Chapmann,et al[103]	玻璃球	0～3%(质量浓度) 3%～20%(质量浓度)	轻微降低 显著减低
Brehm,et al[104]	氧化铝，50μm，300μm	0～5%(质量浓度) 5%～10%(质量浓度)	提高 1.5 倍 降低
Mills,et al[105]	玻璃珠，66μm	0～40%(质量浓度)	随固相浓度增大而降低
Lu,et al[106]	高岭土，5.5μm	0～4.5%(质量浓度)	在固相浓度为 2%时达到最大，之后开始下降

前人对固体颗粒对于传质系数影响的研究因人而异，这些差异主要来自于颗粒的性质，如粒子直径、密度、亲水性、氧气扩散性以及浓度。对于三相搅拌釜中固相的加入导致传质系数提高的机理有许多种解释。如穿梭效应[107]，即对于一些具有吸收或吸附能力的固体颗粒而言，当粒子运动至气-液两相边界层时能够吸收溶解于液相中的气体，而当粒子返回主体流区时会释放出吸收的气体，从而提高传质效率，该机理能够较好地解释粒径小于或等于气-液相边界层的尺度的粒子的影响。而对于那些具有惰性或不具备吸收、吸附能力的颗粒而言，可能的机理在于边界层的混合以及气-液界面的变化。气-液边界层由于湍流的作用会提高液相边界与主体流之间的混合，促进边界层更新[108]。而气-液界面的变化则是由于固体颗粒存在于界面处，使得固体颗粒与界面发生碰撞甚至引起更剧烈的湍流。目前比较遗憾的是未能有一个普遍适用的机理用于解释所有的现象，如表 3-28 中所体现的在高固含率情况下传质系数随着固

含率的增大反而减小。

对于气液固三相搅拌釜中传质系数的关联和计算，大多数研究者都认为可以将传质系数 k_{La} 与固相分率、单位体积功率消耗以及气相的表观气速关联起来，即

$$k_{L}a=aC_V^bP_V^cv_S^d$$

其中 a，b，c，d 均为关联式中的常数。表 3-29 所示为一些文献中得到的传质系数的关联情况。

表 3-29　一些传质系数关联式

研究者	体系	操作条件	釜及桨		关联式
Kralj & Sincic[109]	NaOH 水溶液-空气-活性炭	表观气速 0.001～0.01m/s 固含率 0.25，0.5%(质量分数)	釜径 0.1m RT		$k_{L}a=0.109P_V^{0.213}v_S^{0.34}$
Brehm et al[104]	聚乙烯醇水溶液-空气-各种颗粒(玻璃珠，Fe_2O_3 等)	表观气速 0.0008～0.017m/s 固含率＜10%	釜径 0.145m RT4		$k_{L}a=0.5612P_V^{0.65}v_S^{0.4}\left(\frac{\eta_m}{\eta}\right)^{0.47}$
Kielbus-Rapala et al[100]	水-空气-海砂	表观气速 0.0017～0.0085m/s 固含率 0.5～5%(质量分数)	釜径 0.29m	RT	$k_{L}a=0.031P_V^{0.43}v_S^{0.515}\left(\frac{1}{1-186.67C_V^2+11.921C_V}\right)$
				CD6	$k_{L}a=0.038P_V^{0.563}v_S^{0.67}\left(\frac{1}{1-388.62C_V^2+23.469C_V}\right)$
				A315	$k_{L}a=0.062P_V^{0.522}v_S^{0.774}\left(\frac{1}{1+209.86C_V^2-11.038C_V}\right)$
Kielbus-Rapala & Karcz[110]	水-空气-海砂	表观气速 0.00171～0.00682m/s 固含率 0.5～5%(质量分数)	釜径 0.29m	CD6+RT	$k_{L}a=0.164P_V^{0.318}v_S^{0.665}\left(\frac{1}{1+0.361C_V^2+8.81C_V}\right)$
				A315+RT	$k_{L}a=0.031P_V^{0.423}v_S^{0.510}\left(\frac{1}{1-0.526C_V^2-8.31C_V}\right)$

3.8.4 搅拌桨的选型

气液固三相混合搅拌桨的选用主要考虑三个方面：

① 气体的分散；

② 固体的悬浮，根据工艺过程要求是完全离底悬浮还是均匀悬浮；

③ 全釜浓度场、温度场的均匀度要求。

对于通气条件下固体的悬浮和气体的分散，径向流叶轮要优于轴向流叶轮，因此一般采用径向流叶轮（如六直叶圆盘涡轮、六半管圆盘涡轮、六半椭圆管圆盘涡轮）等作为底桨来保证气体的分散和固体的完全离底悬浮，若 H/T 较大，则上层或上几层采用轴流式桨来保证全釜的浓度、温度等的均匀性，同时对气泡的凝并起到抑制作用。

3.9 搅拌釜的传热

在搅拌釜的传热计算中，与搅拌有关的计算主要有两项；

① 搅拌釜内壁传热膜系数 h；

② 搅拌釜内传热构件外壁的传热膜系数 h_0。

至于釜夹套内的传热膜系数，可按一般常规方法求取，换热内构件（如釜内盘管）内的传

热膜系数也属常规的计算方法，这里不再重复。当解决了换热壁两侧的传热膜系数后，可据此求得传热系数 K。

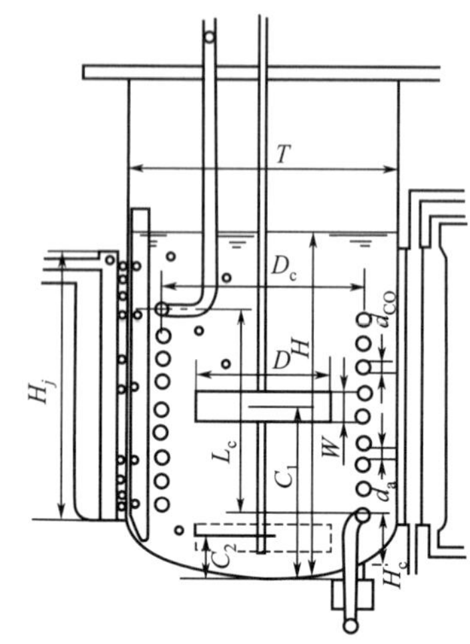

图 3-47 带换热盘管的搅拌釜

在计算传热系数 K 时，垢层热阻的考虑是至关重要的，特别是那些料液或反应物易以粘壁的生产过程。垢层的热阻往往是制约传热的主要因素。

对搅拌釜而言，不同的工艺过程对搅拌的要求不同，因此所选桨型及其结构参数和操作参数也不相同，使得釜内的流体力学状态也存在差别，因而釜内的传热膜系数也很难用一个通用的计算式来计算。这里提供的计算式，基本是实验关联式，其适用范围是有限制的。

本节中推荐一些工业中常用的传热膜系数的计算关联式，以供设计时选用。

3.9.1 搅拌釜内壁传热膜系数 h 的计算

3.9.1.1 涡轮类搅拌桨、带挡板釜[1]

如图 3-47 所示，搅拌釜采用夹套和盘管进行换热。搅拌叶轮形式如图 3-19，3-26(b)（c）所示。当 $Re>100$ 时，h 可用下式计算。

$$Nu=1.40Re^{2/3}Pr^{1/3}\left(\frac{\mu}{\mu_w}\right)^{0.14}\left(\frac{D}{T}\right)^{-0.3}\left(\frac{\sum W_i}{T}\right)^{0.45}n_p^{0.2}\left(\frac{\sum C_i}{iH}\right)^{0.2}(\sin\theta)^{0.5}\left(\frac{H}{T}\right)^{-0.6} \tag{3-74}$$

式中，Nu 定义为（hT/λ）；Re 定义为（$D^2N\rho/\mu$）；Pr 为（$C_P\mu/\lambda$）；N 为搅拌桨转速，s^{-1}；μ_w 为釜内壁温度下物料的黏度，Pa·s；n_p 为叶片数目。其他符号详见图 3-59 及图 3-19，图 3-26(b)（c），式中其余物性参数的定性温度为物料平均温度。

图 3-47 中为釜内有盘管的情况。对无盘管的情况，当 $Re>100$ 时，仍可用式(3-74) 计算。

3.9.1.2 涡轮类搅拌桨、无挡板釜[111]

对图 3-47 所示搅拌釜，在取消挡板后，当 $Re>100$ 时，h 可用下式计算。

$$Nu=0.51Re^{2/3}Pr^{1/3}\left(\frac{\mu}{\mu_w}\right)^{0.14}\left(\frac{D}{T}\right)^{-0.25}\left(\frac{\sum W_i}{T}\right)^{0.15}n_p^{0.15}\left(\frac{\sum C_i}{iH}\right)^{0.15}(\sin\theta)^{0.5}\left(\frac{H}{T}\right)^{0} \tag{3-75}$$

对无盘管条件，将上式中的系数 0.51 改为 0.54 后即可用于 h 的计算。

3.9.1.3 三叶推进式搅拌桨[1]

搅拌桨形式如图 3-17 所示。当 $Re>100$ 时，传热膜系数关联式如下：

$$Nu=0.33Re^{2/3}Pr^{1/3}\left(\frac{\mu}{\mu_w}\right)^{0.14}\left(\frac{D}{T}\right)^{-0.25}\left(\frac{C}{H}\right)^{0.15} \tag{3-76}$$

上式适用条件为：$D/T=0.4\sim0.53$，$C/H=1/8\sim1/2$。

3.9.1.4 六叶后弯式搅拌桨[1]

釜形同图 3-47，六叶后弯式搅拌桨。当 $Re>100$ 时，传热关联如下：

$$Nu=0.48Re^{2/3}Pr^{1/3}\left(\frac{\mu}{\mu_w}\right)^{0.14}\left(\frac{D}{T}\right)^{-0.25}\left(\frac{W}{H}\right)^{0.15}\left(\frac{C}{H}\right)^{0.12} \tag{3-77}$$

$D/T=0.3\sim0.5$，$C/H=1/8\sim1/2$，$W/T=0.03\sim0.05$。

图 3-48 七层 MIG 搅拌桨

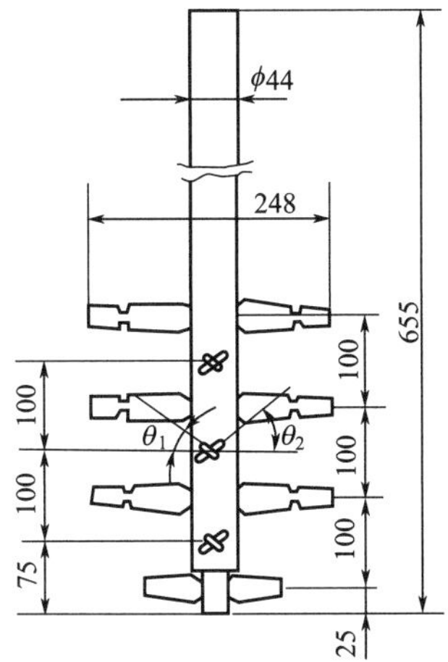

3.9.1.5 MIG 搅拌桨

(1) 七层 MIG 搅拌桨

七层 MIG 搅拌桨见图 3-48，釜形及几何参数见文献［112］。

其中，$D/T=0.95$，$L/D=0.2$（L 为层间距）。

当 $2.4 \leqslant Re \leqslant 1000$ 时，传热关联式如下：

$$Nu=0.681Re^{0.593}Pr^{1/3}\left(\frac{\mu}{\mu_w}\right)^{0.2} \tag{3-78}$$

(2) 四层 MIG 搅拌桨

釜形及几何参数见文献［112］。其中，$D/T=0.95$，$L/D=0.4$，当 $3.8 \leqslant Re \leqslant 1000$ 时，传热关联式如下：

$$Nu=0.65Re^{0.535}Pr^{1/3}\left(\frac{\mu}{\mu_w}\right)^{0.2} \tag{3-79}$$

3.9.1.6 螺带式搅拌桨

螺带式搅拌桨主要用于高黏度物料的搅拌。

(1) 双螺带-锚组合搅拌桨

如图 3-49 所示，其中 $D/T=0.95$，$P/D=1$，$W/D=0.1$，当 $Re<100$ 时：

$$Nu=0.752Re^{0.50}Pr^{1/3}\left(\frac{\mu}{\mu_w}\right)^{0.2} \tag{3-80}$$

当 $100<Re<290$ 时：

$$Nu=0.483Re^{0.60}Pr^{1/3}\left(\frac{\mu}{\mu_w}\right)^{0.2} \tag{3-81}$$

(2) 内外螺带-锚组合搅拌桨

如图 3-50 所示，其中 $D/T=0.95$，$D_1/D=0.55$，$P/D=1.2$（内螺带的螺距也为 P，但旋向与外螺带相反），$W/D=0.1$，$W_1/D=0.183$。

当 $Re<100$ 时：

$$Nu=0.682Re^{0.50}Pr^{1/3}\left(\frac{\mu}{\mu_w}\right)^{0.2} \tag{3-82}$$

当 $100<Re<317$ 时：

$$Nu=0.358Re^{0.64}Pr^{1/3}\left(\frac{\mu}{\mu_w}\right)^{0.2} \tag{3-83}$$

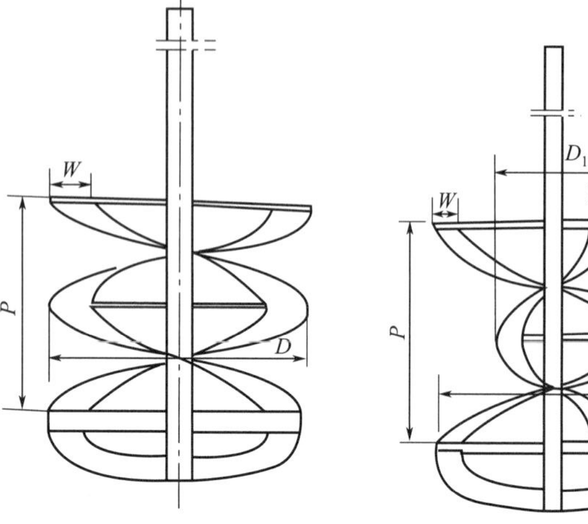

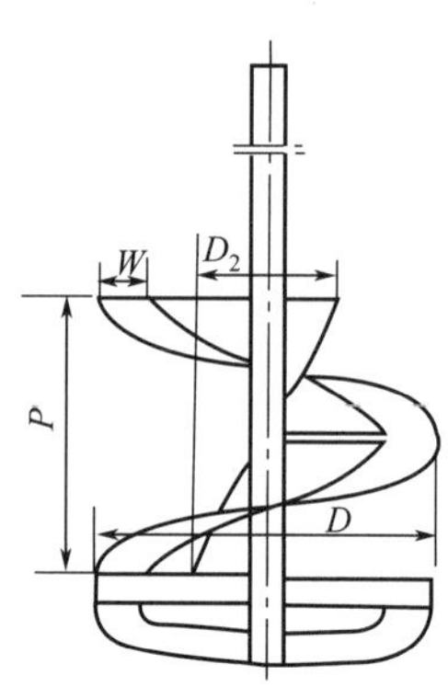

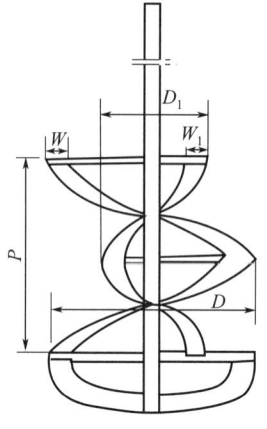

图 3-49　双螺带-锚桨结构　　图 3-50　内外螺带-锚桨结构　　图 3-51　螺带-螺杆-锚组合桨的结构

（3）螺带-螺轴-锚组合搅拌桨　如图 3-51 所示，其中 $D/T=0.95$，$D_2/D=0.4$，$P/D=1.0$（螺旋轴的螺距为螺带距 P 的两倍）

当 $Re<100$ 时：

$$Nu=0.719Re^{0.50}Pr^{1/3}\left(\frac{\mu}{\mu_w}\right)^{0.2} \tag{3-84}$$

当 $100<Re<275$ 时：

$$Nu=0.431Re^{0.61}Pr^{1/3}\left(\frac{\mu}{\mu_w}\right)^{0.2} \tag{3-85}$$

3.9.1.7　用单位质量功耗关联的湍流搅拌传热关联式

对平桨、锚、涡轮、推进式桨，三叶后弯式桨、偏框、螺带桨在有挡板及无挡板，有内构件或无内构件的条件下，湍流时传热关联式如下[113]：

$$Nu=0.512\left(\frac{P_m T^4}{v^3}\right)^{0.227}Pr^{1/3}\left(\frac{D}{T}\right)^{0.52}\left(\frac{W}{T}\right)^{0.08} \tag{3-86}$$

式中，P_m 为单位质量功耗；$v=\mu/\rho$ 为流体的运动黏度，其值按壁温与流体温度的平均值来确定。

对非牛顿流体，只需将黏度值用表观黏度值代替即可用上式进行计算[114]。

3.9.2　搅拌釜内盘管外侧传热膜系数 h_c 的计算

3.9.2.1　涡轮搅拌桨，无挡板釜[111]

实验装置如图 3-59 所示，当叶轮置于盘管圈内，$Re>100$，$2<Pr<2000$ 时，传热关联式如下：

$$Nu=0.825Re^{0.56}Pr^{1/3}\left(\frac{\mu}{\mu_w}\right)^{0.14}\left(\frac{D}{T}\right)^{-0.25}\left(\frac{\sum W_i}{T}\right)^{0.15}n_p^{0.15}\left(\frac{d_{co}}{T}\right)(\sin\theta)^0 \tag{3-87}$$

式中，d_{co}为盘管外径；Nu 定义为 $h_i T/\lambda$。其余符号见图 3-47。

当叶轮置于盘管圈之下时，传热关联式如下：

$$Nu=1.05Re^{0.62}Pr^{1/3}\left(\frac{\mu}{\mu_w}\right)^{0.14}\left(\frac{D}{T}\right)^{-0.25}\left(\frac{\sum W_i}{T}\right)^{0.15}n_p^{0.15}\left(\frac{d_{co}}{T}\right)(\sin\theta)^0 \tag{3-88}$$

3.9.2.2 涡轮搅拌桨，有挡板釜[111]

挡板宽度为釜径的 1/10，四块挡板均布。当 $Re>100$ 时，不论叶轮置于盘管圈内或外皆有：

$$Nu=2.68Re^{0.56}Pr^{1/3}\left(\frac{\mu}{\mu_w}\right)^{0.14}\left(\frac{D}{T}\right)^{-0.3}\left(\frac{\sum W_i}{T}\right)^{0.3}n_p^{0.2}\left(\frac{\sum C_i}{H}\right)^{-0.15}\left(\frac{H}{T}\right)^{-0.5}(\sin\theta)^0 \tag{3-89}$$

3.9.2.3 三叶推进式搅拌桨[1]

$D/T=0.4\sim0.53$，$C/H=1/8\sim1/2$，$Re>100$ 时：

$$Nu=1.31Re^{0.56}Pr^{1/3}\left(\frac{\mu}{\mu_w}\right)^{0.14}\left(\frac{D}{T}\right)^{-0.25}\left(\frac{C}{H}\right)^{0.5} \tag{3-90}$$

3.9.2.4 六叶后弯式搅拌桨盘管壁的传热膜系数 h_{0c}

$D/T=0.3\sim0.5$，$W/T=0.03\sim0.05$，$C/H=1/8\sim1/2$，$Re>100$ 时：

$$\left(\frac{h_{oc}T}{k_0}\right)=2.51\left(\frac{D^2N\rho_0}{\mu_0}\right)^{0.56}\left(\frac{C_p\mu_0}{k_0}\right)^{1/3}\left(\frac{\mu_0}{\mu_{cw}}\right)^{0.14}\left(\frac{D}{T}\right)^{-0.15}\left(\frac{W}{T}\right)^{0.15} \tag{3-91}$$

3.9.2.5 双层盘管的传热

为了增加传热面积可以采用多层盘管。目前还没有第二层盘管的有关数据，但若两层盘管传热面积相同时，第二层盘管的传热量为第一层盘管传热量的 70%～90%。

3.9.3 搅拌釜内垂直管外壁传热膜系数 h_c 的计算[115]

垂直管束可以起到部分挡板作用，其传热关联式如下：

$$Nu=0.09Re^{0.65}Pr^{0.3}\left(\frac{D}{T}\right)^{0.33}\left(\frac{2}{n_b}\right)^{0.2}\left(\frac{\mu}{\mu_w}\right)^{0.19} \tag{3-92}$$

式中，n_b 为起挡板作用的列管数目或挡板数；Nu 定义为 h_cT/λ。

3.9.4 搅拌釜内垂直板式蛇管的传热膜系数 h_c 的计算[116]

垂直板式蛇管可达到全挡板条件，其传热关联式如下：

当 $Re<1.4\times10^3$ 时：

$$Nu=0.1788Re^{0.448}Pr^{0.33}\left(\frac{C_p\mu}{\lambda}\right)^{0.33}\left(\frac{\mu}{\mu_w}\right)^{0.50} \tag{3-93}$$

当 $Re>4\times10^3$ 时，

$$Nu=0.0317Re^{0.658}Pr^{0.33}\left(\frac{\mu}{\mu_w}\right)^{0.50} \tag{3-94}$$

式中，Nu 定义为 h_cL/λ；L 为换热管垂直方向的长度。

3.9.5 计算实例

搅拌釜釜内无挡板。采用双层四斜叶（叶片倾角为 45°）桨式搅拌桨。釜内径为 1m。釜内装有 50℃的油，采用冷水在夹套内冷却，釜内壁温度保持在 37℃。已知油在 50℃下的黏度为 75mPa·s；在 37℃下的黏度为 160mPa·s。在 50℃下，油的比热容、密度和热导率分别为 0.47kcal/(kg·℃)、860kg/m³ 和 0.12kcal/(m²·h·℃)。试计算 $H=1$m 时，叶轮转速为 60r/min 时釜内壁传热膜系数。其他有关尺寸如下：

$D=0.4$m，叶宽 $W=67$mm，$C_1/H=2/3$，$C_2/H=1/3$，$\theta=45°$。

计算过程如下：

1. Re 计算：

$$Re=\frac{\rho ND^2}{\mu}=\frac{860\times(60/60)\times0.4^2}{75\times10^{-3}}=1835>100$$

2. Nu 的计算

在此例中，$Pr=\frac{C_p\mu}{\lambda}=\frac{0.47\times75\times10^{-3}}{0.12/3600}=1057.5$

$$\frac{\mu}{\mu_w}=0.469$$

$$D/T=0.4$$

$$\frac{\sum W_i}{T}=\frac{(67+67)\times10^{-3}}{1}=0.134$$

$$n_p=4$$

$$\frac{\sum C_i}{iH}=\frac{\frac{2}{3}+\frac{1}{3}}{2\times1}=0.5$$

$$\sin\theta=\sin45^\circ=0.65$$

将以上结果代入式(3-75)

$$\begin{aligned}Nu&=0.51\times1835^{\frac{2}{3}}\times1058^{1/3}\times0.467^{0.14}\times0.4^{-0.25}\times0.134^{0.15}\times4^{0.15}\times0.5^{0.15}\times0.65^{0.5}\\&=582\end{aligned}$$

3. 传热膜系数 h 的计算

$$h=\frac{Nu\lambda}{T}=\frac{582\times0.12}{1}=70\text{kcal/(m}^2\cdot\text{h}\cdot℃)=0.81\text{J/(m}^2\cdot\text{s}\cdot\text{K)}$$

3.10 搅拌釜的CFD模拟

计算流体动力学（computational fluid dynamics，CFD）是在电子计算机上数值求解流体动力学基本方程的学科，在此基础上，可获取各种条件下流场和绕流物体上的数据。搅拌釜的CFD模拟遵循CFD技术的基本准则，但是也存在特定的处理方法。本节首先对搅拌釜的CFD方法进行介绍，然后从化学工程领域的“三传一反”，即动量传递、热量传递、质量传递和化学反应，四个方面对相关的研究进展进行回顾和综述。

3.10.1 搅拌釜的CFD方法

3.10.1.1 控制方程的离散

流体动力学的控制方程是一组描写守恒原理的偏微分方程。目前在搅拌釜的CFD模拟时，常用的数值方法是有限体积方法（finite volume method，FVM）和格子-Boltzmann方法（Lattice-Boltzmann method，LBM）。

① FVM方法以流动的守恒型控制方程为基础，对各控制容积积分，对界面上函数构成提出假设，形成不同格式。用该方法模拟搅拌釜内流场时，时间及空间上的精度一般取2阶，压力与速度的耦合一般采用PISO算法或SIMPLE系列算法。有限体积法导出的离散方程具有守恒性，对区域形状适应性较好，被大量的商用CFD软件所采纳，且通用性较好，但计算的效率上略有损失。

② LBM方法从介观层次来研究流体及其运动特性，根据分子运动理论建立简化的动力学模型，计算格子间粒子运动，然后作平均处理即可获得宏观层次上的密度、速度等参数。

LBM 方法的主要优点如下：比较容易处理工业过程中常见的几何构形复杂的流动；数值计算效率高，各网格点处的计算量小；易于进行并行计算。搅拌釜内最早的大涡模拟工作是采用该数值方法进行的，目前该方法在搅拌釜的多相流模拟、多尺度湍流模拟和直接数值模拟等方面应用前景较好。

3.10.1.2 旋转桨叶的处理

搅拌釜内旋转桨叶的处理比较重要。当圆柱形釜壁上无挡板时，处理方法较简单，将整个流体域置于旋转坐标系即可。但釜壁上有挡板存在时，就需要同时考虑运动桨叶与静止挡板之间的关系。目前已有研究者对过去近三十年来的多种桨叶处理方法进行了综述[117~122]，包括：桨叶边界条件法（也称“黑箱”模型法）、动量源法、快照法、内外迭代法、多重参考系法、滑移网格法、滑移-变形网格法、浸入边界法等。其中多重参考系法和滑移网格法被许多商用 CFD 软件采纳，应用较广泛，在此介绍如下。

① 多重参考系法（multiple reference frame，MRF）将搅拌釜内的流体域分为内外两个区域，内区包含旋转的桨叶，采用与桨叶旋转速度相同的旋转坐标系来计算。外区包含静止的挡板、釜壁等，采用静止坐标系来计算。内外两个区域内的网格都保持静止，它们之间的物理量匹配直接通过交界面两侧的流场数据来实现。

MRF 方法属于稳态算法，常用于内区和外区相互作用比较弱的工况，而且严格意义上讲，该方法只对定常流动有意义。因此，该方法适用于桨径与釜径比值较小，即桨叶与挡板之间的相互作用较弱的场合，此时旋转区域的选择应尽可能包含桨叶影响的流体域。一般认为，内区在径向方向的边界要取在桨叶与挡板的中间位置，轴向方向的边界与所采取的桨叶型式有关。就 Rushton 涡轮桨而言，轴向边界位置取在距桨叶中心约 $0.5D$ 处。下压式斜叶涡轮桨轴向方向的上、下边界距桨叶中心分别约为 $0.5D$ 和 $2D$[117]。

② 滑移网格法（sliding mesh，SM）划分流体内、外区域的原则与 MRF 方法类似。该方法允许内区域的网格绕轴线旋转，可描述桨叶与挡板在不同时刻、不同空间位置下的相互影响和作用，常用于非稳态问题的计算。SM 技术不要求动静区域交界面的网格表面完全对应，允许非匹配的交界面，对于桨叶与挡板相互作用较强、桨叶形状复杂的流动模拟大多采用该方法。但由于在网格交界面处必须要进行界面插值以满足守恒方程，数值格式的精度及效率也受到了影响，如 Roussinova 等的计算结果表明，在滑移网格交界面附近区域轴向速度的预测值与实验值偏差较大[123]。

3.10.2 动量传递特性的 CFD 模拟

动量传递特性是搅拌釜内物料传递和反应特性研究的基础，以下从单相流场和多相流场两个方面对搅拌釜内动量传递特性的 CFD 模拟进行综述。

3.10.2.1 单相流场

工业搅拌釜内流体流动大多为湍流状态，而湍流本身是一种很不规则的复杂流动现象，因此相关的研究主要集中在实验测试和 CFD 数值模拟两方面。根据数值求解湍流尺度的不同，搅拌釜内单相湍流流动的 CFD 方法又可分为雷诺平均方法（RANS）、大涡模拟方法（LES）和直接数值模拟方法（DNS）三种。

（1）雷诺平均方法

雷诺平均方法对湍流中所有尺度的旋涡结构均采用模型化的方式处理，其控制方程为雷诺平均 N-S 方程，其通用形式如下：

$$\frac{\partial(\rho\overline{\phi})}{\partial t}+\frac{\partial(\rho\overline{u}_j\overline{\phi})}{\partial x_j}=\frac{\partial}{\partial x_j}\left(\Gamma\frac{\partial\overline{\phi}}{\partial x_j}-\rho\ \overline{u_j'\phi'}\right)+S \tag{3-95}$$

N-S 方程的二次项在时均化处理后产生了包含脉动值的附加项，代表由于湍流脉动所引起的能量转移，其中$-\rho\ \overline{u_i'u_j'}$为雷诺应力，属于不封闭项，需要引入湍流模型将其与湍流的时均值联系起来。

基于雷诺平均方程的湍流模拟方法分为雷诺应力方程法和湍流黏性系数法两种。雷诺应力方程法对雷诺方程作各种运算，该过程又引入更高阶的附加项，然后使其封闭，计算量较大。黏性系数法把湍流应力表示成湍流黏性系数的函数，按照 Boussinesq 假设，不可压缩流体的湍流应力可表示为：

$$-\rho\ \overline{u_i'u_j'}=-p_t\delta_{ij}+\mu_t\left(\frac{\partial u_i}{\partial x_j}+\frac{\partial u_j}{\partial x_i}\right) \tag{3-96}$$

这样，将湍流黏性系数与时均参数联系起来即构成该方法下的各种湍流模型。根据微分方程数目可分零方程、一方程及两方程模型等，其中两方程的 k-ε 系列模型在工程中应用较为广泛，其计算量较小，计算周期较短，经济性较好。

搅拌釜内雷诺平均方法的求解过程可分为前处理、求解及后处理三个部分：

① 前处理　主要包括建立搅拌釜内流体域、搅拌轴、桨叶、内构件等实体模型，然后划分网格，设定边界条件和初始条件。

图 3-52 左侧给出了搅拌釜内多重参考系方法内、外区域的划分原则，其中包含搅拌桨的区域为内区域，采用旋转参考坐标系处理。其余区域为外区域，采用静止参考系求解。图 3-52 右侧给出了搅拌桨叶表面的网格分布。

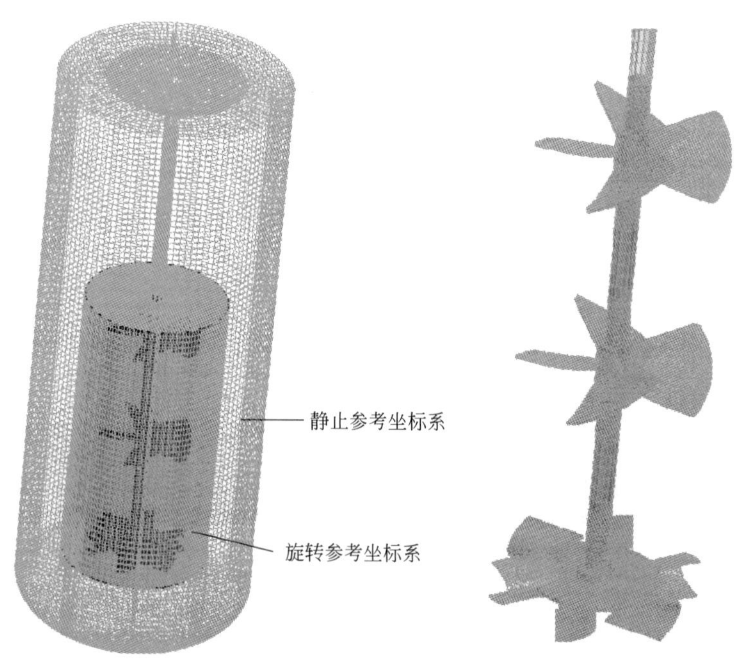

图 3-52　搅拌釜内多重参考系的选择和搅拌桨叶的网格分布

搅拌釜 CFD 模型的离散格式和网格密度分布对模拟结果有重要影响。离散格式一般尽可能采用二阶及以上的格式。合理有效的网格密度分布也是构建搅拌釜 CFD 模型的重要步骤。

Deglon 等[124]对比了四种网格密度（分别约 3 万、23 万、80 万和 190 万）下实验室规模搅拌釜的 CFD 模拟结果，发现过于稀疏的网格不能准确地捕捉到流场的特性。对某 30m^3 工业聚合反应釜 CFD 模型的网格进行了分析，在完全湍流的情况下，CFD 模型的总网格数在 800 万至 1000 万时，计算结果较好。

② 求解　对于工业搅拌釜而言，因 CFD 模型的网格数量较大，其求解需要在高性能计算集群上进行。目前比较常用的模式是采用多个计算服务器构成并行计算系统，各服务器由两路或四路多核心 CPU、服务器级的主板、内存、硬盘等构成，服务器间由高速网络（如千兆/万兆网、Infiniband 高速网等）连接构成高速并行计算系统。

③ 后处理　CFD 模型的求解收敛后，需要在图形工作站中进行后处理操作，以获得搅拌釜设计和优化过程中所需要的数据，采用 CFD 模拟一般可以得到如下的数据。

a. 搅拌桨叶的功率准数。该准数决定搅拌器电机功率的大小，可对 CFD 模型中桨叶表面的受力进行积分得到。

b. 搅拌桨叶的流量准数。该准数可通过对桨叶端部的环形截面上的速度积分获得。

c. 搅拌釜内的总体流型。在 CFD 模型中取不同空间位置处的截面，由速度分布图可观察到釜内的总体流型。图 3-53 给出了两层宽叶翼型桨和曲面涡轮桨搅拌釜内竖直截面的流型分布，左图为两挡板中间截面，右图为挡板所在截面。该速度分布图可用来判断釜内有无流动的“死区”，为搅拌釜内的桨型布置和优化提供指导和参考。

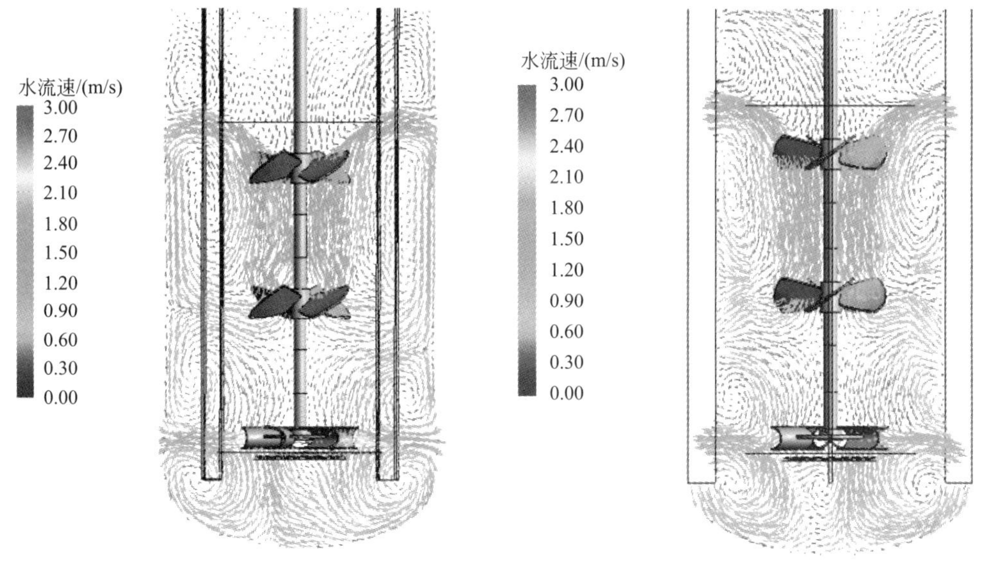

图 3-53　搅拌釜内多重参考系的选择和搅拌桨叶的网格分布

d. 搅拌釜内的湍流特性分布。结合釜内的速度分布和湍流特性分布，可确定釜内催化剂的加入口位置、物料的进出口位置等。

e. 搅拌釜内的混合过程和混合时间。釜内混合过程的模拟需要采用非稳态的模型进行，进而可求出混合时间的数值。该问题在质量传递的模拟部分有详细介绍。

f. 搅拌釜内的压力分布。通过提取釜内桨叶表面的压力分布，结合固体力学的有限元方法，可对搅拌桨叶和搅拌轴的受力特性进行分布，校核机械设计方案，为搅拌器的可靠、稳定运行提供保证。此部分内容在“搅拌釜的放大”一节中有详细叙述。

综上所述，利用雷诺平均的 CFD 方法可以为搅拌釜的设计和优化提供指导和参考。对于部分工业过程，甚至可采用CFD模型和方法直接设计工业搅拌器，避免由“小试→中试→放大”过程可能引入的误差。

（2）LES方法

在搅拌釜内湍流动能等湍流特性的预测方面，雷诺平均方法存在明显的缺陷，其模拟值明显低于实验测试结果[125]。当搅拌釜内流场比较复杂时，比如搅拌桨叶与釜内构件相互作用或多层桨相互作用较强时，其流动特性的模拟结果也与实际情况存在较大偏差[126]。为克服RANS方法的这些缺陷，近十多年来，许多研究者已逐步开始采用大涡模拟方法。

大涡模拟方法的基本思想是通过滤波把流场中所有变量分成大尺度量和小尺度量，对大尺度量进行直接求解，小尺度量采用亚格子（SGS）模型进行模化。机理如下：动量、能量及其他被动标量主要被大涡输送。大涡依赖于所研究流动问题的边界条件及几何形状，且呈现高度各向异性，小涡不太依赖流动几何形状，较各向同性且具有普遍性，寻找一个普适的模型（亚格子模型）对小涡进行模拟的概率更高。因此，对于与几何结构及边界条件密切相关的大尺度结构，大涡模拟可获得其真实的结构状态，而对于较为各向同性的小尺度结构，若选择合理的亚格子模型，大涡模拟结果仍比较准确。

大涡模拟的计算精度，尤其是对搅拌釜内复杂流场的湍流特性的模拟精度要显著优于雷诺平均方法，但是其计算量也比雷诺平均方法要高至少一个量级。目前只有少数研究者采用LES方法计算工业反应器内的复杂流场。随着计算机科学的迅速发展，LES方法非常有潜力成为工业设计和应用中的湍流数值模拟方法。

（3）DNS方法

直接数值模拟方法对湍流脉动的所有尺度直接求解，最小网格尺度应小于耗散尺度，所需网格数目及计算量较大，目前主要集中在研究简单流动和低雷诺数下搅拌釜内的流动方面，因此，利用DNS方法研究工业搅拌釜内高雷诺数的流体流动目前仍然不太现实[120]。

3.10.2.2 多相流场

多相流动的数值模型基本上可以分为两类：一类将流体相视为连续介质，将颗粒相视为离散体系，在拉格朗日坐标系下分析颗粒运动时物理量的变化，即欧拉-拉格朗日法或颗粒轨迹模型；另一类把流体和颗粒相均视为同时充满流场而且相互作用的连续介质进行研究，称为欧拉-欧拉模型或双流体模型。

多相流数值模拟工作的重点是如何准确描述流体相和颗粒相间的相互作用。图3-54给出多相流场下相间耦合分类的示意。

欧拉-拉格朗日方法主要用在稀疏的两相流动场合。相间的耦合主要考虑离散相受到连续流体相的影响，即单相耦合，部分研究者采用迭代的方法同时考虑离散相对连续相的作用，即双相耦合[120,125]。

对于气液多相流体系，相间的作用尤为复杂，除去相间的单相及双相耦合，还包含三相耦合（分散相通过扰动连续相而对分散相产生作用）以及四相耦合（分散相通过碰撞对分散相产生作用）等。蔡子琦等[127,128]利用PIV技术对以上相间的四相耦合进行了实验测试，发现对于单个气泡而言，在高雷诺数区域，曳力系数随着雷诺数的增大而增大；对于流体中上升的连接型气泡而言，在相同当量直径的条件下，连接型气泡的上升速度与单个气泡的上升速度基本相同，且气泡在竖直投影方向上的直径相比于当量直径而言更适合做连接性气泡上升速度的特征尺寸，此外，跟随气泡的存在会对连接在一起的气泡形状产生影响，同时还需要将气泡表面是否可滑移特性考虑到模型当中。

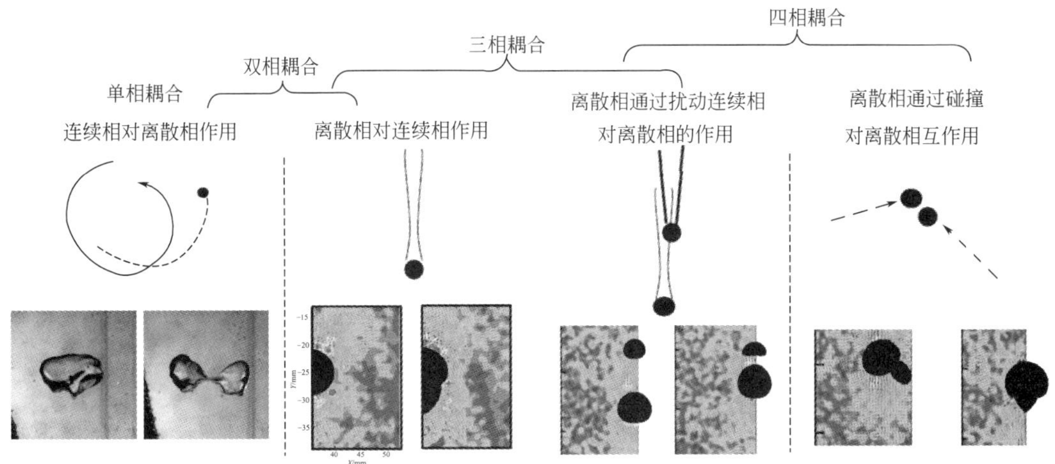

图 3-54 多相流相间耦合分类的示意

随着离散相质量或体积分率的增加，欧拉-拉格朗日方法中求解离散相所需的计算量大幅增加，此时，采用欧拉-欧拉方法处理多相体系是目前比较可行的一种手段，其控制方程如下：

$$
\begin{aligned}
&\frac{\partial}{\partial t}(\rho_{\mathrm{m}}\bar{\alpha}_{\mathrm{m}}\bar{u}_{\mathrm{m}i})+\frac{\partial}{\partial x_j}(\rho_{\mathrm{m}}\bar{\alpha}_{\mathrm{m}}\bar{u}_{\mathrm{m}i}\bar{u}_{\mathrm{m}j})= \\
&-\frac{\partial(\bar{p}_{\mathrm{m}})}{\partial x_i}+\rho_{\mathrm{m}}\bar{\alpha}_{\mathrm{m}}g_i+\bar{\boldsymbol{F}}_{\mathrm{m}i}+\mu_{\mathrm{m}}\frac{\partial}{\partial x_j}\left(\frac{\partial(\bar{\alpha}_{\mathrm{m}}\bar{u}_{\mathrm{m}j})}{\partial x_i}+\frac{\partial(\bar{\alpha}_{\mathrm{m}}\bar{u}_{\mathrm{m}i})}{\partial x_j}\right)-\frac{\partial(\rho_{\mathrm{m}}\bar{\alpha}_{\mathrm{m}}\bar{\tau}_{\mathrm{m}j})}{\partial x_j}
\end{aligned}
\tag{3-97}
$$

欧拉-欧拉方法中，相间耦合的准确描述至关重要。除了需考虑与欧拉-拉格朗日类似的两相耦合外，还需考虑离散相所致的连续相扰动对离散相的作用和离散相间的相互作用，即近年来研究的三相和四相耦合等热点问题，如图 3-54 所示。

对于气液多相搅拌釜，采用群体平衡模型（PBM）可对釜内的气含率、气泡尺寸分布进行预测[129]，典型截面内不同尺寸气泡的分布如图 3-55 所示。在该类搅拌器的配置下，釜内大多数气泡的直径均小于 5.5mm。底搅拌桨为 HEDT 径向流桨，桨叶排出的射流遇釜壁后分为上、下两个循环区域，该区域的气泡直径最小。

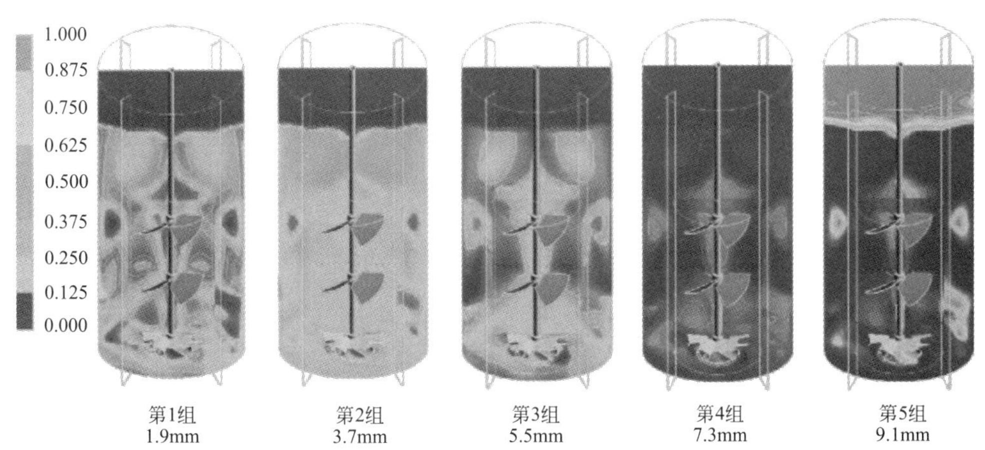

图 3-55 气液搅拌釜内竖直截面内不同尺寸气泡的分布

综上所述，对于不同相分率的多相搅拌釜而言，在合理的相间作用和耦合模型下，采用CFD方法可获得比较满意的宏观参数，例如固液搅拌釜内的临界悬浮转速、气液搅拌釜内的总体气含率、局部气含率等，进而为多相搅拌釜的工业设计和优化提供指导和参考。

3.10.3 热量传递特性的CFD模拟

采用数值方法通过计算机求解各类热量传递问题已被广泛运用在多种过程工业中，但是到目前为止，只有少量研究者采用该方法研究搅拌釜内的热量传递问题。

对于搅拌釜内层流流动问题，采用CFD方法可以方便地获得釜内温度场的时间及空间分布、近壁区温度边界层的厚度、局部传热系数、平均传热系数等参数，且与实验测试结果吻合良好[130~132]。

当搅拌釜内流动状态为湍流流动时，情况要复杂很多[133,134]。Zakrzewska等[134]对Rushton涡轮桨搅拌釜内湍流状况下的热量传递问题进行了数值模拟，共采用了8种湍流模型，包括：标准k-ε、RNG k-ε、realizable k-ε、Chen-Kim k-ε、优化的Chen-Kim k-ε、标准k-ω、SST k-ω和雷诺应力模型。搅拌釜底部为蝶形封头，$T=H=0.158$m，标准挡板配置，$D=0.323T$，$C=0.333H$，$Re=27000$。CFD模型采用两种网格密度，网格数分别为340k和90k。文中首先对搅拌釜内的传递特性进行了定量的对比和分析，在此基础上研究热量传递的特性。结果表明，桨叶排出流区湍流动能的预测值偏低，进而影响了传热系数的数值。标准k-ε、优化的Chen-Kim k-ε和SST k-ω模型的模拟结果与实验数据吻合较好，如图3-56所示，该结论可为湍流状态下工业搅拌釜内传热问题的数值模拟提供指导和参考。

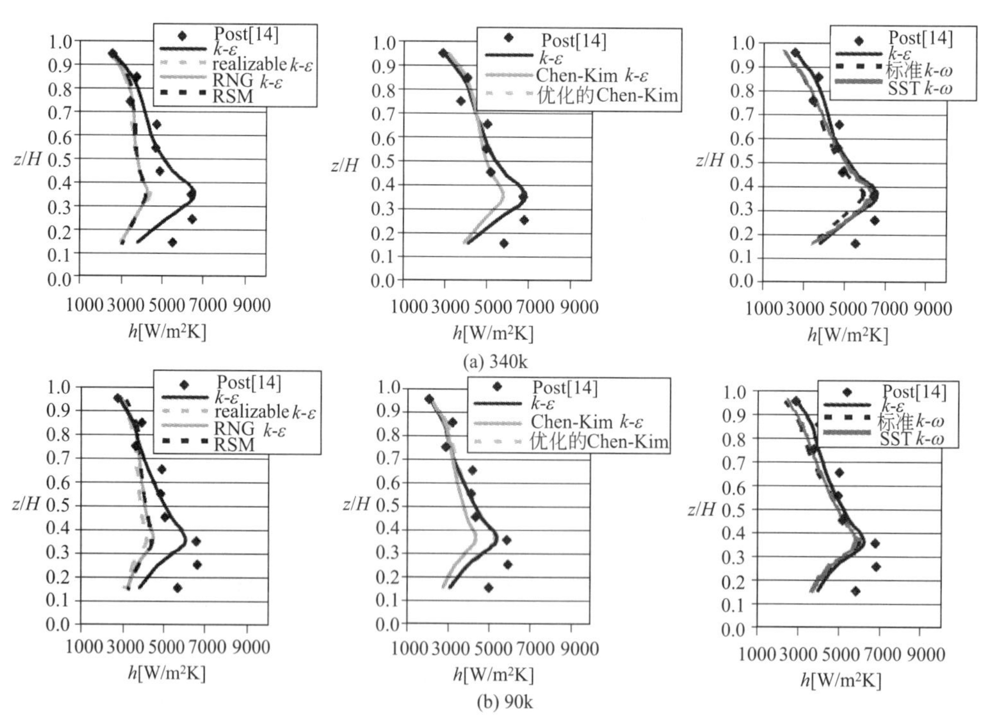

图3-56 两种网格密度下8种湍流模型预测的传热系数的轴向分布图

3.10.4 质量传递特性的CFD模拟

搅拌釜内质量传递的CFD模拟一般可分为互溶体系的相内质量传递和分散体系（如气泡、

液滴、颗粒等）的相际质量传递两类。

3.10.4.1 相内质量传递

相内质量传递过程模拟时通常将其简化为被动标量的输运过程，即只考虑搅拌釜内瞬态速度场对标量输运的影响，忽略标量输运对流场的影响，从而将两者解耦。标量输运的控制方程如下：

$$\frac{\partial}{\partial t}(\rho C)+u_j\frac{\partial}{\partial x_j}(\rho C)=\frac{\partial}{\partial x_j}\left(\Gamma_1\frac{\partial C}{\partial x_j}\right)+S_C \tag{3-98}$$

式中，S_C 是标量的源项；Γ_1 是标量的分子扩散系数。

由上可知，搅拌釜内动量传递 CFD 模拟结果对标量传递过程的预测有至关重要的影响。张国娟[135]、闵健[136]、Yeoh 等[137]分别采用 RANS 和 LES 方法处理搅拌釜内的动量传递过程，进而求解示踪剂的质量传递过程。通过该方法可获得搅拌釜内物料在不同时刻和不同空间位置上的浓度分布，如图 3-57 所示，并可计算出釜内物料的混合时间。

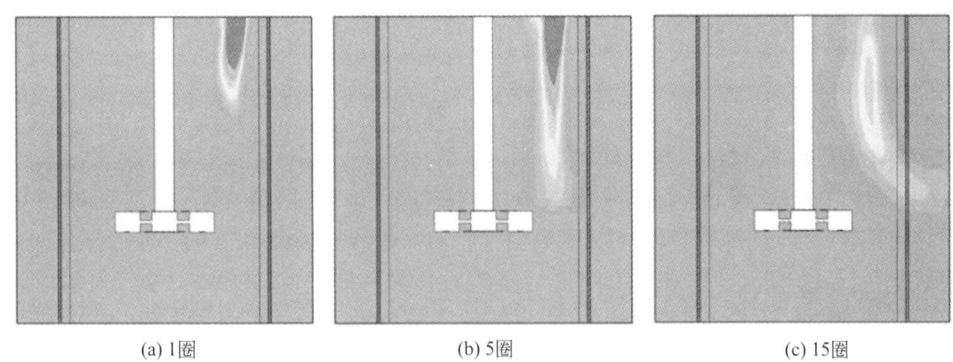

(a) 1圈　　(b) 5圈　　(c) 15圈

图 3-57 涡轮桨搅拌釜竖直平面内不同搅拌圈数下标量的浓度分布

对于单层 Rushton 涡轮、单层及多层 CBY 桨搅拌釜而言，采用标准 k-ε 模型和多重参考系法，将速度场与浓度场方程分开进行求解，计算的混合时间与实验数据吻合较好[138,139]。釜内物料的混合过程主要由流体流动所控制。加料点和监控点位置对混合时间的影响与釜内的流场密不可分。但是，在双层 Rushton 涡轮搅拌釜内，由于上、下两层桨形成了四个流动子区，采用 RANS 方法模拟的混合时间的相对误差为 95%。改用 LES 方法后，混合时间的模拟值与实验结果吻合良好，平均相对误差在 13%以内[136]。这是因为在该流型下两层桨间物质的交换主要是靠大尺度的旋涡来完成的，LES 方法可以较为准确地模拟搅拌釜内不同尺度旋涡的相互作用及传递过程。

3.10.4.2 相际质量传递

对于相际质量传递而言，由于分散体系具有复杂的相界面及演化过程，通常需要综合搅拌釜内分散体系的流场特性和相际传质模型进行处理。在此仅以气液两相搅拌釜为例来综述其数值模拟的研究进展。

该类搅拌釜内容积传质系数 k_La 的计算对于质量传递过程至关重要。对于相界面 a，一般根据气泡的 Sauter 平均直径 d_{32} 和釜内的局部气含率 α_g 求得，即 $a=6\alpha_g/d_{32}$。由动量传递部分可知，气液搅拌釜内气泡的行为包含聚并、破碎等现象，比较复杂，目前常采用群体平衡模型来模拟该现象，据此可较为准确地获得相界面 a 的数值。液相传质系数 k_L 的计算方面，常用的模型有 Higbie 渗透模型、Danckwerts 表面更新模型和部分改进模型[138]。

① 基于 Higbie 渗透模型和各向同性湍流的 Kolmogorov 长度尺度理论，k_L 的计算式可表

示如下：

$$k_L=\frac{2}{\sqrt{\pi}}\sqrt{\frac{D_L}{t_e}}=\frac{2}{\sqrt{\pi}}\sqrt{D_L}\left(\frac{\varepsilon}{v}\right)^{1/4} \tag{3-99}$$

式中，ε 是湍流动能的耗散速率；v 是流体的运动黏度。

② 基于表面更新理论、平均气泡尺寸和平均滑移速度，k_L 的计算式可表示如下：

$$k_L=\sqrt{D_L s}=\frac{2}{\sqrt{\pi}}\sqrt{\frac{D_L v_b}{d_{bs}}} \tag{3-100}$$

式中，v_b 是气泡滑移速度。

③ 基于涡核模型的 k_L 的计算式可表示为：

$$k_L=K\sqrt{D_L}\left(\frac{\varepsilon}{\mu}\right)^{1/4} \tag{3-101}$$

式中，μ 是液相动力黏度；K 为模型常数，取 0.4。

④ 基于刚性气泡体和层流边界层理论，k_L 的计算式可表示为：

$$k_L=c\left(\frac{v_b}{d_{bs}}\right)^{1/2}D_L^{2/3}v^{-1/6} \tag{3-102}$$

式中，D_L 是扩散系数；c 为模型常数，取 0.6。

Ranganathan 等[139]基于双流体模型、群体平衡模型和上述 4 种传质模型对双层 Rushton 涡轮桨搅拌釜内的流动及传质特性进行了数值模拟，4 种传质模型计算的釜内竖直截面上的液相传质系数如图 3-58 所示。作者将宏观流动及传质参数的模拟值与 Alves 等[140]的实验结果进行了对比，认为滑移速度模型和涡核模型模拟的液相传质系数 k_L 与实验数据吻合良好，该结论与鼓泡塔反应器的结果一致。该工作可以为工业搅拌釜内相际质量传递问题的数值模拟提供指导和参考。

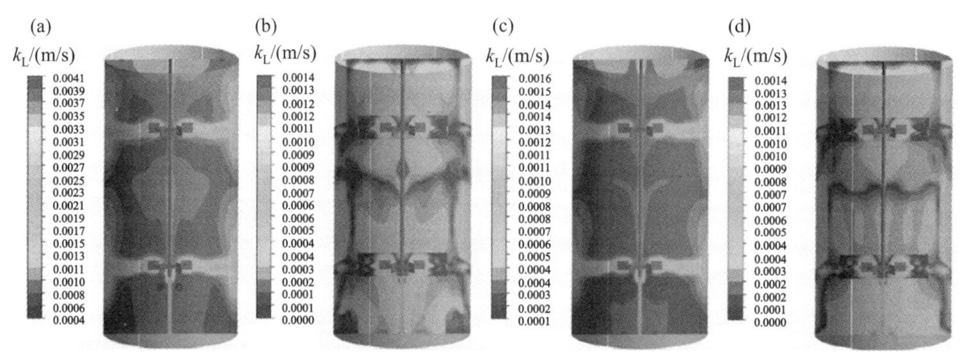

图 3-58　基于上述 4 种 k_L 计算式和 CFD 方法获得的双层 Rushton 涡轮桨搅拌釜内竖直截面内的液相传质系数

3.10.5　化学反应的 CFD 模拟

搅拌釜内化学反应的机理非常复杂，且大多发生在微观尺度甚至分子尺度上。目前工程上常用的雷诺平均方法的网格尺度无法求解到化学反应的尺度，研究者通常对化学反应过程进行模型化处理，并加入到控制方程的源项中[141~144]。

另外，搅拌釜内动量、热量和质量传递“三传”过程的 CFD 结果也是化学反应数值模拟的基础。Rudniak 等[142]同时考虑了工业搅拌釜内的“三传一反”过程，采用简化模型处理质量传递过程，忽略了离散相在釜内粒径分布的影响。Chiu 等[144]在模拟工业乙氧基化反应器内反应物的浓度分布时，只考虑了相内的质量传递过程。

因此，目前对搅拌釜内化学反应的数值模拟仅可提供反应物浓度分布、温度分布、搅拌桨布置方式等宏观的定性结论。

3.11 搅拌釜的放大

3.11.1 引言

搅拌釜的放大是一个非常复杂的过程，由于搅拌所涉及的工艺过程种类繁多，所处理的物料体系也多种多样，有低黏度单相液相液体的混合，也有高黏度、非牛顿、多相复杂体系，不同的工艺过程对搅拌与混合的要求也是千差万别。对于低黏度单相液体的混合，实验及理论方面的研究已较为完善，搅拌釜的放大和设计方法日趋完备，一些纯物理混合的工艺过程已能实现无级放大，但对于伴有复杂反应、强反应热效应等的工艺过程，要实现无级放大还有一定的难度，但可适当减少中间放大的过程如工业试验等。对于高黏度、非牛顿、多相复杂体系，理论方面的研究还不够完善，特别是对于工业过程中常见的高相含率多相体系相间作用的机理、复杂体系流变规律认识不足，对复杂体系搅拌釜的放大和设计还需借助大量的实验研究和相关的工程经验，并需经逐级放大才能完成。

对于一个新产品的开发，往往需要首先建立小规模的试验装置，然后建立全流程的中试装置，并优化釜体结构、搅拌器结构和操作参数，然后再根据实验结果，采用放大技术进行工业试验和大规模工业生产搅拌釜的设计。对于现有生产装置，有时为扩大生产规模，也需将现有较小规模的搅拌釜进行放大。

搅拌釜放大时，由于大、小两搅拌釜在搅拌同种流体时不能同时保持几何相似、流体运动相似和流体动力学状态相似，因而在放大时就不能使大、小釜两系统中所有的流量关系，剪切速率关系以及其他搅拌参数都保持不变。例如，若要保持几何相似的大、小两个搅拌釜中流体动力学状态相似，就要保持惯性力、黏性力、重力、界面张力等作用力之比为常数，即保持大、小两釜的雷诺数、弗劳德数、韦伯数等保持不变，这就要求大、小两釜必须满足下述关系：

$$
\begin{aligned}
&N_{\min}D_{\min}^{2}=N_{\max}D_{\max}^{2}\text{[雷诺(Reynolds)数相等]}\\
&N_{\min}^{2}D_{\min}=N_{\max}^{2}D_{\max}\text{[弗劳德(Froude)数相等]}\\
&N_{\min}^{2}D_{\min}^{3}=N_{\max}^{2}D_{\max}^{3}\text{[韦伯(Weber)数相等]}
\end{aligned}
\tag{3-103}
$$

显然，这些关系是相互矛盾的。就是说，在流体惯性力、黏性力、重力和界面张力同时影响流体运动状态的情况下，在几何相似的条件下，对同种流体达到动力相似是根本不可能的。

当前，较完善的搅拌釜放大方法是：首先，在几何相似的条件下，分析各搅拌参数间的变化关系，然后，根据具体搅拌过程的特性，确定放大准则，最后，再对过程效果及经济性进行综合评价，修正某些几何条件，完成搅拌釜的放大设计。

一些搅拌器制造厂家，根据所要求搅拌的过程特性，如对均相混合体系，需要混匀时间的长短，被混合液体的密度差、黏度，需要传热速率的高低等；如对固-液悬浮体系，需要固体颗粒的悬浮程度或固体颗粒分布的均匀程度，颗粒沉降速度的大小等，将对不同搅拌程度的需要，规定了搅拌强度的若干等级，对于不同的搅拌釜容积及不同的搅拌程度等级都有依据经验编制好的搅拌转速及搅拌功率以供选用[145~147]。

3.11.2 几何相似放大时搅拌性能参数的变化关系

几何相似要求大、小搅拌釜间各对应的线性尺寸成比例。因此，当大釜体积确定后，根据与小釜几何相似条件，大釜直径、高度、叶轮直径、叶片宽度、叶轮安装位置、挡板等尺寸便可决定了。这样，放大的主要问题便归结到确定大釜的转速。

在几何相似的条件下，大釜转速可表示为：

$$N_{大}=N_{小}\left(\frac{T_{小}}{T_{大}}\right)^n \tag{3-104}$$

式中，n 称为放大指数，n 一般在 2/3～1 间，依据过程类别而定。

按 $n=1$ 进行放大，表明在几何相似的大、小釜中，搅拌的叶端线速度或单位体积的扭矩是相同的，即保持叶端速度相等进行放大。

按 $n=2/3$ 进行放大，表明在几何相似的大、小釜中，单位体积功率是相同的，即保持单位体积功率相等进行放大。

表 3-30 列出了在几何相似放大时，分别保持不同搅拌性能参数为常数时，其他一些参数的变化情况。

从表中可以看出，当保持单位体积功 P/V 为常数时，转速下降，单位体积的排出流量下降，叶端线速度增加，雷诺数增加。

当保持单位体积排出流量 Q/V 为常数时，搅拌器转速也保持常数，使得湍流混合时间不变，但单位体积功 P/V 随搅拌器直径的平方而大幅度增加，这在实际应用中是不采用的。

表 3-30　搅拌釜放大时搅拌参数的变化

搅拌性能参数	实验规模 0.019m³(5gal)	工业规模 2.37m³(625gal)			
功率消耗(P)	1.0	125	3125	25	0.2
单位体积功率消耗(P/V)	1.0	[1.0]	2.5	0.2	0.0016
转速(N)	1.0	0.34	1.0	0.2	0.04
叶轮直径(D)	1.0	5.0	5.0	5.0	5.0
叶轮排出流量(Q)	1.0	42.5	125	2.5	5.0
单位体积排出流量(Q/V)	1.0	0.34	[1.0]	0.2	0.04
叶端速度(πDN)	1.0	1.7	5.0	[1.0]	0.2
雷诺数($Re=D^2N\rho/\mu$)	1.0	3.11.5	25.0	5.0	[1.0]
湍流混合时间($\theta_M{}^2$)	1.0	2.94	1.0	5.0	25

若保持叶轮的叶端速度为常数时，则转速及单位体积功 P/V 都减小，单位体积排出流量显著降低，混合时间显著增长。

若保持雷诺数 Re 为常数时，除单位体积功 P/V 非常小外，几乎其他所有参数都降低，显然导致混合时间大幅度地增长，这在搅拌过程放大中是不切实际、不可采用的。

总之，几何相似放大时，一般情况下，混合时间增长，同时，循环时间的标准方差也增加。此外，大釜中叶轮区的最大剪切速率增加，而平均剪切速率降低[148]。

3.11.3　互溶液体混合过程的放大

两种或多种液体进行混合时，大、小釜中循环时间或混合时间的差别应是主要考虑的因素，倘若各种物料间的密度、黏度和重度还存在着较大差异，那么还应注意到过程对釜内剪切速率的要求。

3.11.3.1　几何相似放大

前已述及，若在几何相似放大中保持混合时间不增长，则单位体积功需大幅度增加；若保持单位体积功不变，那么放大后由于搅拌转速降低，混合时间将增长。

工业应用上有采用保持几何相似但适当地降低搅拌转速延长混合时间的方法。例如对于将釜径 0.3m、搅拌器直径为 0.1m 的六叶涡轮、混合时间为 15s 的混合装置放大到直径为 1.8m 的搅拌釜时，可以将混合时间延长两倍，即取 45s，相应地将搅拌转速降低为原转速的 1/3，那么，放大前后单位体积功率之比为：

$$\frac{(P/V)_{大}}{(P/V)_{小}}=\left(\frac{N_{大}}{N_{小}}\right)^3\left(\frac{D_{大}}{D_{小}}\right)^2=\left(\frac{1}{3}\right)^3\times\left(\frac{1.8}{0.3}\right)^2=1.33$$

即单位体积功增加了 33%。

3.11.3.2 非几何相似放大

工业应用上也常常采用非几何相似放大，例如釜高与釜直径比可能要在 0.5～2.0 或 2.0 以上变化（相应地调整搅拌桨层数）；搅拌器直径与釜直径之比，从过程效果或经济性考虑可能在 0.3～0.5 间变化。其他还可根据需要改变搅拌器叶片的宽度，或调整搅拌器与釜底的距离等。

【例 3-8】 工业中已应用的 14m³ 反应釜，釜径为 2440mm，三叶后弯式搅拌器直径为 1270mm，叶片宽度为 165mm，搅拌转速为 130r/min，釜内物料循环性能较好，能满足过程要求。求反应釜放大至 50m³ 时的尺寸参数及搅拌转速。

已知搅拌器的功率准数 $N_P=0.45$，排出流量准数 $N_{QD}=0.225$，液体密度按水计算。

解 （1）1.14m³ 釜内的循环流量及单位体积功率

依据经验式，循环流量准数

$$N_{QC}=N_{QD}\{1+0.16[(T/D)^2-1]\}=0.225\left\{1+0.16\left[\left(\frac{2440}{1270}\right)^2-1\right]\right\}=0.32$$

循环流量

$$Q=N_{QC}ND^3=0.32\times130\times1.27^3\,\text{m}^3/\text{min}=85\text{m}^3/\text{min}$$

釜内循环次数 $=85/14\text{min}^{-1}=6.07\text{min}^{-1}$

功率 $P=N_P\rho N^3D^5=0.45\times\dfrac{1000}{9.8\times102}\times(130/60)^3\times1.27^5\,\text{kW}=15\text{kW}$

单位体积功率

$$P/V=15/14\text{kW}=1.07\text{kW/m}^3$$

（2）放大

首先，按几何相似放大。

放大比为 $(50/14)^{1/3}\approx1.5$

则釜直径为 $2440\times1.5\text{mm}=3660\text{mm}$

搅拌器直径为 $1270\times1.5\text{mm}=1905\text{mm}$

搅拌器叶片宽度为 $165\times1.5\text{mm}=248\text{mm}$

若取单位体积功相等为放大准则，求出转速为：

$$N_{max}=\sqrt[3]{\frac{P}{N_P\rho D^5}}=\sqrt[3]{\frac{1.07\times50\times9.8\times102}{1000\times0.45\times1.905^5}}\,\text{min}=101\text{min}^{-1}$$

此时的循环流量应为：

$$Q=N_{QC}ND^3=0.32\times101\times1.905^3\,\text{m}^3/\text{min}=223\text{m}^3/\text{min}$$

则釜内物料循环次数 $=223/50\text{min}^{-1}=4.5\text{min}^{-1}$

上述计算表明，若按几何相似放大，保持单位体积功相等时，循环次数将明显降低，但根据已有生产经验及对反应过程的了解，若保持放大后的搅拌效果，则应保持大、小两反应釜的循环次数接近。为此，可调整几何参数，不保持完全几何相似，以得到满意的过程效果及设备费用、操作费用的良好经济性。

若提高大釜内的物料循环次数，可有多种方案供选择：增加搅拌器直径；增加搅拌转速；增加叶片宽度或增加叶片数目（如三叶改成四叶）等。由于功率与叶片宽度的一次方（或小于一次方）成比例、与搅拌转速的三次方成比例、与搅拌器直径的五次方成比例。所以，在功率增加不太大的情况下，增加叶片宽度是比较有利的，至于将叶片数由三叶改成四叶，可能会对叶片与轴的连接带来一些困难。

若将叶片宽度由 248mm 增至 340mm，将搅拌器直径由 1905mm 降低至 1850mm 时，

功率准数改变为：

$$N_P=0.45\times\frac{340/3660}{165/2440}=0.62$$

排出流量准数：

对三叶后弯搅拌器，叶片增宽后，功率准数 N_P 与排出流量准数 N_{QD}之比将减少为：

$$\frac{N_P}{N_{QD}}=\frac{0.45}{0.225}\times\frac{248}{340}=1.4$$

$$N_{QD}=\frac{N_P}{1.45}=\frac{0.62}{1.45}=0.43$$

循环流量准数

$$N_{QC}=0.43\times\left\{1+0.15\left[\left(\frac{360}{1850}\right)^2-1\right]\right\}=0.63$$

循环流量

$$Q=N_{QC}ND^3=0.63\times101\times1.85^3\,\mathrm{m^3/min}=403\mathrm{m^3/min}$$

循环次数为

$$403/50\mathrm{min^{-1}}=8.06\mathrm{min^{-1}}$$

$$功率\ P=0.62\times(101/60)^3\times1.85^5\mathrm{kW}=64\mathrm{kW}$$

$$单位体积功\ P/V=64/60\mathrm{kW/m^3}=1.28\mathrm{kW/m^3}$$

可以看出，叶片宽度增至 340mm 时，循环次数则增至 $8.06\mathrm{min^{-1}}$，超过了原 $14\mathrm{m^3}$ 釜内的循环次数。因此，可以通过对叶宽的调整或单位体积功的调整，来得到相同的循环次数。最终采取哪一种方法，则要根据具体情况而定。

3.11.4 气液分散、液液分散过程的放大

气-液搅拌釜放大后，釜内剪切速率的变化影响着气泡尺寸的分布。另外，釜放大后，表观气速通常有增高的趋势，因此，若将单位体积搅拌功率保持相同时，由于大、小釜中搅拌功率与气体膨胀功的相对比例发生变化，也影响到大釜中气泡尺寸分布的方差增加。

还有的研究工作表明[149,150]，若使大、小釜中单位体积功率及表观气速均相同时，大釜中的气含率及气泡平均直径都增大。

一些文献[151,152]指出，若放大时，主要考虑总体积传质系数时，那么，在表观气速相同的情况下，通过保持单位体积功相等，可以达到大、小釜内的传质速率近似相等。

若气-液传质仅是过程中的一个阶段的话，那么，除了考虑以上因素外，混合效果在总过

程中经常是起重要作用的。

对于液-液分散过程的放大，除了乳化液本身的分散、凝聚性质以及乳化的稳定剂是否存在等因素外，搅拌釜内与剪切速率有关的参数也都会影响液-液分散，如当搅拌桨的叶端线速度过高或搅拌釜内的剪切速率过大时将导致乳液液滴的凝并。此外，釜内的循环流量及循环时间的标准方差也影响着釜内料液温度及浓度的均匀性和液滴的大小及分布。这些都是放大中要考虑的因素[153]。

如果放大过程的主要目标是保持总体积传质系数相近，而不是主要考虑液滴的尺寸分布，那么，剪切速率的变化及循环时间的变化是相对次要的。

许多文献指出，对液-液分散的放大，可以采取在几何相似的条件下，保持单位体积功相等的方法。

液-液分散的研究指出[145]，若要求大、小釜中液滴的 Sauter 平均直径 d_{32} 相等，可按几何相似、保持单位体积功相等进行放大；若除要求大、小釜中液滴的 Sauter 平均直径相等外，还要求液滴大小分布的方差相同，由于在几何相似的条件下，液滴直径方差依釜径的增大而增大，则必须采用改变叶轮直径同釜径比等非几何相似的方法进行放大[154]。

例如将容积为 $15m^3$ 的聚合釜放大到 $50m^3$，若保持几何相似及单位体积功相等进行放大时，则放大后大型搅拌釜内的粒径分布与小型釜内不一致，为解决此问题，采用增大大型釜的叶轮直径（如表 3-31 中第三种情况），以增大大型釜内叶轮的排出流量，使釜内粒径分布与小型釜内一致[145]。

除此之外，凡对非均相搅拌操作产生很大影响的因素，在放大时都应加以考虑，例如对于气-液或液-液体系，当有少量杂质或表面活性物质存在时对气泡或液滴的分散程度影响极大。

表 3-31　放大前后搅拌参数对比

搅拌参数	V/m^3	H/D	D/T	N/min^{-1}	Re	P/kW	$ND^3/(m^3/s)$	$\pi DN/(m/s)$
放大前①	15	1.15	0.52	130	3.5×10^6	11.8	4.44	3.11.65
放大后②	50	1.15	0.52	99	5.76×10^6	33.11.9	11.32	9.84
放大前后比②/①	3.33					3.3	2.55	
放大后③	50	1.15	0.55	85	5.66×10^6	39	14.22	3.11.79
放大前后比③/①	3.33					3.3	3.2	

3.11.5　固液悬浮过程的放大

在几何相似的条件下，对固-液体系颗粒离底悬浮的放大指数有许多不同的报道，倘以单位体积功形式表示：

$$(P/V)_{大}=(P/V)_{小}\times\left(\frac{T_{大}}{T_{小}}\right)^y \tag{3-105}$$

式中，y——以单位体积功率表示的放大指数。

不同研究者所测定的 y 值相差很大，如图 3-59 所示。

放大指数相差较大的原因是由于各研究工作所用的容器尺寸范围不同[26]，此外，Herringe 的数据表明，放大指数还与悬浮液中颗粒的粒径及固相浓度有关[1]。

有研究者指出，采用叶轮叶片端部线速度不变作为放大规则时，则对于带导流筒的搅拌釜并采用可消除死角的特殊形状的釜底时是适用的[155]。

用容器直径由 0.3m 到 1.83m 所做的实验研究得到的结果指出，完全离底悬浮状态下由式(3-106) 表示的放大指数为 0.76[156]。

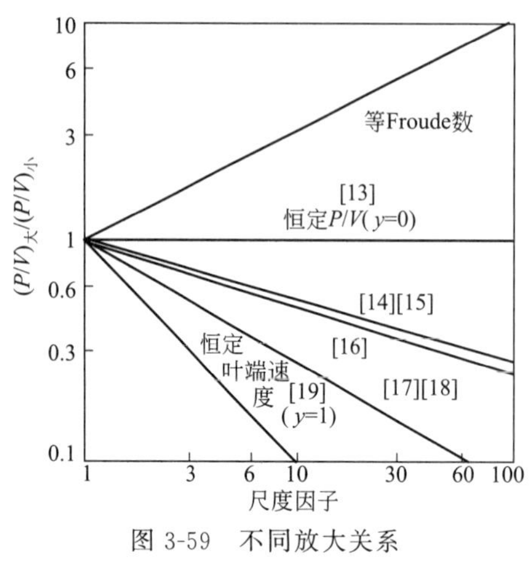

图 3-59 不同放大关系

搅拌操作面对多种物系和多种操作目的，在放大中需要依据过程的主要特点或针对搅拌的基本要求选择放大指数，或找出关键的搅拌参数（如循环次数）作为放大准则。假如该参数恰恰是决定该过程的基本参数，那么这样的放大就可能是比较成功的，若做不到这一点，则只能通过不同规模的实验来解决。放大过程是一个复杂的过程，分析具体的过程要求，选定适当的放大准则，才能得到较理想的放大效果。

3.11.6 搅拌釜放大的系统优化设计新方法

近年来，随着对搅拌釜内流体的混合、传递、反应以及流体机械研究的不断深入，提出了一种全新的搅拌釜放大方法，就是将工艺、工程和设备进行系统集成，如图 3-60 所示，针对一个新

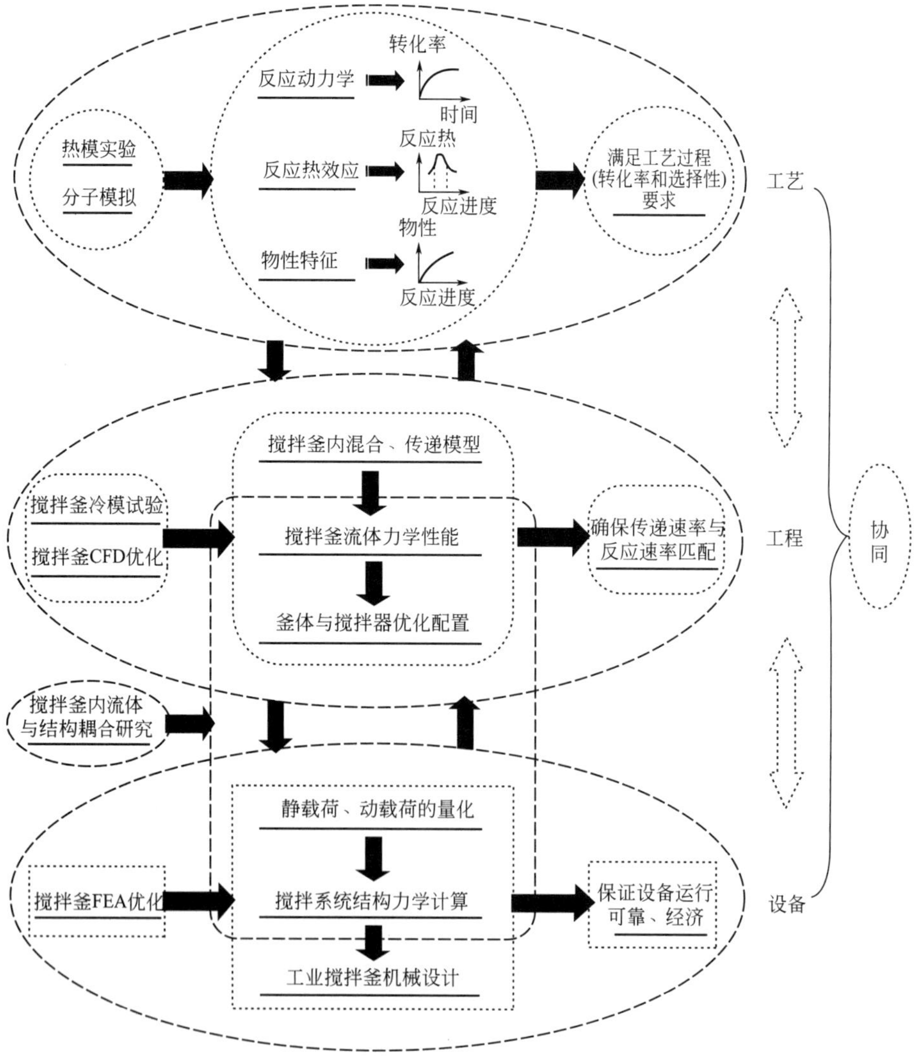

热模实验
分子模拟
反应动力学
转化率
时间
反应热效应
反应热
反应进度
物性特征
物性
反应进度
满足工艺过程(转化率和选择性)要求
工艺
搅拌釜冷模试验
搅拌釜CFD优化
搅拌釜内混合、传递模型
搅拌釜流体力学性能
釜体与搅拌器优化配置
确保传递速率与反应速率匹配
工程
协同
搅拌釜内流体与结构耦合研究
静载荷、动载荷的量化
搅拌釜FEA优化
搅拌系统结构力学计算
工业搅拌釜机械设计
保证设备运行可靠、经济
设备

图 3-60 搅拌釜放大的系统优化设计新方法

的工艺过程，需要综合考虑具体工艺过程的有关参数（如反应动力学、结晶动力学、反应热效应、物料的性质及其随时间的变化等）分析计算、釜体结构、搅拌器结构及操作条件的调变以提供工艺过程所需的传递速率、设备动静载荷作用的有限元分析以提供流体传递与反应稳定可靠场所的搅拌釜系统设计新方法，采用这种系统设计方法，可以有效地减少反应釜放大的级数，如可以取消一些放大过程，从中试直接放大到工业搅拌釜，随着对工艺、工程和设备研究的不断深入，在可预见的将来可以实现搅拌釜从小试一步放大到工业规模，总之，优化设计的搅拌釜应是工艺、工程与设备的相互协同。

3.11.7 搅拌釜设计工艺数据表

为便于搅拌釜用户与供应商之间的沟通，可以首先由最终用户尽可能详细地提供有关搅拌釜设计所需的工艺数据，如表 3-32 所示，对于简单的工艺过程，搅拌釜设计工艺数据表已能满足搅拌器设计及釜体条件设计的要求，但对于复杂体系，还需要由最终用户与搅拌釜供应商进行详细的技术交流，以便真正了解具体的工艺过程对搅拌与混合的要求，与此同时，若在现有的技术条件下搅拌与混合无法满足工艺过程的要求，可以对工艺过程的有关参数（如反应速率、放热速率等）提出适当的修改意见，以便找到从工艺和工程两方面均能满足要求的搅拌釜设计方案。

表 3-32 搅拌釜工艺数据

用户方：　　　　　　　　（请用户尽可能详细地填写下表）

<table>
<tr><td colspan="3">通讯地址：</td><td colspan="5"></td><td>email：</td><td colspan="2"></td></tr>
<tr><td colspan="3">联系人/电话：</td><td colspan="5"></td><td>传真：</td><td colspan="2"></td></tr>
<tr><td colspan="4"></td><td colspan="4">搅拌器工艺数据表</td><td>页码</td><td colspan="2">of</td></tr>
<tr><td colspan="3">项目</td><td colspan="3"></td><td colspan="2">装置名称</td><td colspan="3"></td></tr>
<tr><td colspan="3">用途</td><td colspan="3"></td><td colspan="2">设备位号</td><td colspan="3"></td></tr>
<tr><td colspan="11">工艺条件</td></tr>
<tr><td colspan="3">介质</td><td colspan="3"></td><td colspan="2">介质性质</td><td colspan="3">□腐蚀　□磨蚀</td></tr>
<tr><td colspan="3">罐内温度/℃</td><td colspan="3"></td><td colspan="2">罐内压力/kPa</td><td colspan="3"></td></tr>
<tr><td colspan="4"></td><td colspan="2">液体</td><td colspan="2">气体</td><td colspan="2">固体</td><td>混合物</td></tr>
<tr><td colspan="4">介质名称</td><td></td><td></td><td></td><td></td><td></td><td></td><td></td></tr>
<tr><td colspan="3">浓度</td><td>%wt</td><td></td><td></td><td></td><td></td><td></td><td></td><td></td></tr>
<tr><td colspan="3">密度</td><td>kg/m³</td><td></td><td></td><td></td><td></td><td></td><td></td><td></td></tr>
<tr><td colspan="3">黏度</td><td>mPa·s</td><td></td><td></td><td></td><td></td><td></td><td></td><td></td></tr>
<tr><td colspan="3">固态物沉降速度</td><td>m/s</td><td></td><td></td><td></td><td></td><td></td><td></td><td></td></tr>
<tr><td colspan="3" rowspan="2">分散相粒径</td><td>mm</td><td colspan="2"></td><td colspan="2"></td><td></td><td></td><td></td></tr>
<tr><td>%</td><td colspan="2"></td><td colspan="2"></td><td></td><td></td><td></td></tr>
<tr><td rowspan="3">进料过程</td><td colspan="2">连续</td><td>m³/h</td><td colspan="2"></td><td colspan="2"></td><td colspan="2"></td><td></td></tr>
<tr><td rowspan="2">间歇</td><td>容积</td><td>m³/批</td><td colspan="4">正常</td><td colspan="3">范围</td></tr>
<tr><td>频率</td><td>批/天</td><td colspan="7"></td></tr>
<tr><td colspan="3">液位(距槽底)</td><td>mm</td><td colspan="3">(最低)</td><td colspan="3">(正常)</td><td>(最高)</td></tr>
<tr><td colspan="4">搅拌操作方式</td><td colspan="7">□连续　　□间歇</td></tr>
</table>

续表

<table>
<tr><td>通讯地址：</td><td colspan="3"></td><td colspan="2">email：</td><td colspan="2"></td></tr>
<tr><td>联系人/电话：</td><td colspan="3"></td><td colspan="2">传真：</td><td colspan="2"></td></tr>
<tr><td rowspan="2" colspan="2">安装位置</td><td colspan="6">□室内　　　　□室外</td></tr>
<tr><td colspan="6">□顶部安装　　　　□侧面安装</td></tr>
<tr><td rowspan="3" colspan="2">搅拌目的</td><td colspan="6">□互溶液体混合　　□固体均匀分散于液体　　□固体溶解　　□固体不沉底</td></tr>
<tr><td colspan="6">□热传递　　□不互溶液-液分散　　□气-液分散　　□絮凝　　□结晶</td></tr>
<tr><td colspan="6">其他：</td></tr>
<tr><td colspan="8">釜体数据表</td></tr>
<tr><td colspan="2">设备规格(附示意图)</td><td colspan="2">搅拌釜直径/mm</td><td colspan="2"></td><td colspan="2">直段高度/mm</td></tr>
<tr><td colspan="2">设备顶部形式</td><td colspan="6">□平形　　□碟形　　□锥形　　□椭圆形　　□敞开式</td></tr>
<tr><td colspan="2">设备底部形式</td><td colspan="6">□平形　　□碟形　　□锥形　　□椭圆形　　□球形</td></tr>
<tr><td rowspan="2">挡板</td><td>数量</td><td colspan="6"></td></tr>
<tr><td>尺寸/mm</td><td colspan="6"></td></tr>
<tr><td rowspan="2">设备材质</td><td>容器</td><td></td><td rowspan="2">是否需要密封</td><td rowspan="2">□是</td><td>□机械</td><td rowspan="2">□否</td></tr>
<tr><td>搅拌器</td><td></td><td>□填料</td></tr>
<tr><td colspan="8">1. 详述搅拌釜换热方式：
如：有否夹套？有否电加热？有否内置换热管？换热管形式及换热面积？
2. 对非牛顿流体，请尽可能说明其流变特性(如流体与哪种常见物料相似？)</td></tr>
<tr><td>编制/日期</td><td colspan="2"></td><td>校核/日期</td><td></td><td>审核/日期</td><td colspan="2"></td></tr>
</table>

主要符号说明

英文字母

符号	说明	单位
a	气泡(液滴、颗粒)比表面积	m^{-1}
C	搅拌桨离底高度	m
C_b	螺杆底缘离釜底距离	m
C_p	比热容	J/(kg·K)
C_r	导流筒底缘与釜底的间隙	m
C_V	三相体系中固相的体积分数	
C_s	气体分布器离底距离	m
CV_C	浓度分布的变异系数	
D	搅拌叶轮直径	m
D_e	搅拌桨当量直径	m
D_r	导流筒内径	m
D_S	涡盘直径	m
d_{32}	气泡(液滴、颗粒)的 Sauter 平均直径	m
$\overline{d}_p$	平均气泡(液滴、颗粒)直径	m
d_s	气体分布器直径	m
e	锚式搅拌桨与釜壁间隙	m
Fr	弗鲁德数 $Fr=DN^2/g$	
g	重力加速度	m/s^2
H	搅拌釜内液位高度	m
He	Hedstro 数 $He=\tau_y \rho D^2/\mu_{pL}^2$	
h	搅拌釜内壁传热膜系数	$W/(m^2 \cdot K)$
h_0	搅拌釜内传热构件外壁的传热膜系数	$W/(m^2 \cdot K)$
h_l	液膜传热系数	$W/(m^2 \cdot K)$
h_r	导流筒高	m
I_m	混合百分数的平均值	
K	K 因子，气液分散中通气和未通气时功率之比	
K_P	牛顿流体功率常数，$N_P Re$	
k	稠度系数	$Pa \cdot s^n$
k_C	固粒表面积为基准的液膜传质系数	$kg/(m^2 \cdot s)$
kc_d	液滴内(外)表面为基准的液膜传质系数	$kg/(m^2 \cdot s)$
k_G，k_L	气(液)膜传质系数	$kg/(m^3 \cdot s)$
k_La	容积传质系数	$kg/(m^3 \cdot s)$
k_S	Metzner-Otto 常数 $k_s=\dot{\gamma}_{av}/N$	
k_V	总容积传质系数	$kg/(m^3 \cdot s)$
$k_{\theta S}$	反映混合和剪切因素的常数 $k_{\theta S}=N_{\theta M}k_S=\theta\sqrt{P_V/\mu}$	

L	桨叶长度(螺带高度)	m
L_e	锚式搅拌桨有效边缘总长度	m
N	搅拌桨转速	r/min
N_A	气液分散中的通气准数 $N_A=Q/ND^3$	
N_{CD}	气液分散中的临界转速	r/min
N_{JD}	上浮颗粒的临界下拉转速	r/min
N_{JS}	下沉颗粒临界悬浮转速	r/min
N_{JSG}	通气后三相体系中临界悬浮转速	r/min
N_P	功率准数，$N_P=P/\rho N^3D^5$	
N_P^*	修正功率准数 $N_P^*=N_PD/L_e$	
N_{QD}	流量准数，$N_{QD}=Q_D/ND^3$	
N_{QC}	循环流量准数，$N_{QC}=Q_C/ND^3$	
N_R	气液分散中的再循环转速	r/min
Nu	努塞尔数，$Nu=hT/\lambda$	
$N_{\theta M}$	混合时间数，$N_{\theta M}=\theta_M N$	
n	流动特性指数幂指数	
n_P	搅拌桨桨叶数(螺带桨中螺带数)	
P	螺(带)杆式搅拌桨螺距	m
P	搅拌功率	W
P_0	未通气时搅拌功率	W
P_G	通气后搅拌功率	W
P_K	带导流筒搅拌釜内循环水力学功率	W
P_m	单位质量的功率消耗	P/kg
P_V	单位体积功耗	W/m^3
Pr	普朗特数，$Pr=C_p\mu/\lambda$	
Q	通气量或传热速率	m^3/s，J/s，kcal/h
Q_A	带导流筒搅拌釜内环室间流量	m^3/s
Q_C	循环流量	m^3/s
Q_D	桨叶排出流量	m^3/s
Q_V	单位容积传热速率	J/(m^3·s)，kcal/(m^3·h)
Re	搅拌雷诺数，$Re=\rho D^2N/\mu$	
Re^*	表观雷诺数	
Re_b	用塑性黏度计算的搅拌雷诺数	
Re_C	临界雷诺数	
S	螺旋桨叶片螺距	m
Sm	Smith 数，$Sm=2Sg/v_{tip}^2$	
T	搅拌釜直径 m	
u_{tt}	固体颗粒密集状态下的沉降速度	m/s
u_t	固体颗粒自由沉降速度	m/s
$\overline{V}$	搅拌釜体积	m^3
v_A	环室中的流速	m/s
v_D	导流筒中的流速	m/s
v_t	气泡上升终速度	m/s
v_{tip}	桨叶叶端线速度	m/s
v_S	表观气速	m/s
W	直(斜)叶桨桨叶(螺带)宽度	m
W_i	Weissenberg 数	
W_V	单位体积混合能	J/m^3
X	导流筒直径与釜径之比	

希腊字母

$\dot{\gamma}$	剪切速率	s^{-1}
$\dot{\gamma}_{av}$	搅拌釜内平均剪切速率	s^{-1}
ε_G	气含率	
ε	湍流动能耗散速率	J/(kg·s)
η_W	相对混合效率	
θ_M	混合(分散)时间	s
μ	物料黏度	Pa·s
μ_a	表观黏度	Pa·s
μ_s	零剪切速率时的表观黏度	Pa·s
ρ	物料密度	kg/m^3
σ	表面张力	N/m
τ	剪切应力	Pa
φ	固体颗粒分率	
ΔN_{JS}	不通气和通气状况下临界悬浮转速之差 r/min	

常用角标

C	临界值
c	连续相
d	分散相
G	气体(气相)
l	液相
m	混合物
s	固相
V	体积
W	质量
x	x 相
y	y 相

简称及缩写

CFD	computational fluid dynamics，计算流体动力学
DNS	direct numerical simulation，直接数值模拟
FVM	finite volume method，有限体积方法
LBM	lattice boltzmann method，格子-玻耳兹曼方法
LES	large eddy simulation，大涡模拟
MRF	multiple reference frame，多重参考系法
PBM	population balance model，群体平衡模型
PIV	particle image velocimetry，图像粒子测速法
RANS	Reynolds Average Navier-Stokes，雷诺平均法
RPD	relative power demand，即 K 因子，相对功率需求
SGS	sub-grid scale，亚格子模型
SM	sliding mesh，滑移网格法

参 考 文 献

[1] 永田进治［日］编著．混合原理与应用．马继舜等译．北京：化学工业出版社，1984．

[2] 丁绪淮，周理编著．液体搅拌．北京：化学工业出版社，1983．

[3] ［美］J. Y. Oldshue 编著．流体混合技术．王英琛等译．北京，化学工业出版社，1991．

[4] 时钧等．化学工程手册．第 2 版．北京：化学工业出版社，1996．

[5] 刘心洪．搅拌槽内湍流特性的实验研究．北京化工大学博士学位论文．2010．

[6] Rushton J H，Costich E，W，Everett H，J. Power characteristics of mixing impellers. Chem. Eng. Prog. 1950，46：395-476.

[7] Paul E L，Atiemo-Obeng V A，Kresta S M. Handbook of industrial mixing：science and practice. New Jersey：A John Wiley & Sons，INC. Publication，2003.

[8] 王凯，冯连芳．混合设备设计．北京：机械工业出版社，2000．

[9] Nowood K W，Metzner A B. Flow patterns and mixing rates in agitated vessels. AIChE J. 1960，6：432-437.

[10] 王凯编著．非牛顿流体的流动、混合传热．杭州：浙江大学出版社，1988．

[11] 林猛流，王英琛，施力田．激光法测定搅拌器的混合特性．化学工程，1986，3：52-56．

[12] 王英琛．锚式搅拌器轴功率的研究．化学工程，1980，4：77-82．

[13] Calderbank P H，Moo-Yong M B. The power characteristics of agitators for the mixing of Newtonian and non-Newtonian fluids. Trans. IChemE.，1961，39：337-347.

[14] Beckner J L，Smith J M. Anchor-agitated system：power input with Newtonian and pseidoplastic fluids. Trans. IChemE.，1966，44：224-236.

[15] Sawinsky J，Havas G，Deak A. Power requirement of anchor and helical ribbon impellers. Chem. Eng. Sci. 1976，31：507-509.

[16] Uhl V W，Voznick H P. Anchor agitator. Chem. Eng. Progr.，1960，56：72-77.

[17] Zlokarnik M. Eignung von ruhrern zum homogenisieren von flussigkeitsgemischen. Chem. Ing. Tech. 1967，39：539-548.

[18] Nagata S，Nishikawa M，Inoue A，Okamoto Y. Turbulence in non-baffled mixing vessels. J. Chem. Eng.，Japan，1971，14：72-76.

[19] Hall K R，Godfrey J C. Power consumption by helical ribbon impellers. Trans. IChemE，1970，48，201-208.

[20] Chavan V K，Ulbrech T J. Power correlations for close-clearance helical impellers in non-Newtonian liquids. Ind. Eng. Chem. Process Des. Develop. 1973，12：472-476.

[21] Blasinski H，Rzyski E. Power requirement of helical ribbon mixers. Chem. Eng. J. 1980，19：157-160.

[22] Metzner A B，Feehs R H，Ramos R E，Tut-Hill J D. Agitation of viscous Newtonian and non-Newtonian fluids. AIChE J. 1961，7：3-9.

[23] Taniyama I，Sato I. Mixing rate in batch agitated-vessels. Chem. Eng. Japan，1965，29：709-714.

[24] Hocker H，Langer G，Werner U. Power consumption of stirrers in non-Newtonian fluids. Ger. Chem. Eng. 1981，4：113-118.

[25] Rieger F，Novak V. Power consumption of agitators in highly viscous non-Newtonian liquids. Trans. IChemE. 1973，51：105-111.

[26] Harnby N，Edwards M F 等著．工业中的混合过程．俞芷青等译．北京：中国石化出版社，1991．

[27] Reher E O，Bohm R. Ruhren nicht-Newtinscher fliissigkeiten. Chem. Techn. 1970，22：136-140.

[28] Prokopec L，Ulbrecht J. Ruhrleistung eines beim mischen nicht-Newtonian flussig kerten. Chemie-Ingr-Tech. 1970，42：530-534.

[29] Takahashi K，Yokota J，Konno H J. Power consumption of helical ribbon agitators in highly viscous pseudoplastic liquids. Chem. Eng. Japan，1984，17：657-549.

[30] 王英琛，林猛流，施力田．螺旋-螺带-锚组合搅拌器轴功率的测试．合成橡胶工业，1982，6：433-435．

[31] Holland F A. Fluid Flow for Chemical Engineers，1st Ed.，London：Edward Arnold Ltd.，1973.

[32] Carreau P J，Patterson I，Yap C Y. Mixing of viscoelastic fluids with helical-ribbon agitators I-mixing time and flow patterns. The Canadian Journal of Chem. Eng. 1976，54：135-142.

[33] Ulbrecht J. Mixing of viscoelastic fluids by mechanical agitation. The Chemical Engineer, 1974, 286: 347-353.

[34] Nienow A W, Wishdom D J, Solomon J. The effect of rheological complkexities on power consumption in an aerated vessel. Chem. Eng. Commum. 1983, 19: 273-293.

[35] Yap C Y, Patterso W I, Carreau P J. Mixing with helical ribbon agitators. AIChE J. 1979, 25: 516-521.

[36] 王凯. 黏弹性流体在槽式反应器中的流动、功耗和混合. 合成橡胶工业, 1992, 15: 55-59.

[37] Oldshue J Y. Suspending solids and dispersing gases in mixing vessels. Ind. Eng. Chem. 1969, 61: 71-89.

[38] Einenkel W. D. Fluiddynamik des Suspendierens. Ger. Chem. Eng, 1983, 3: 118-138.

[39] Baldi G, Conti R, Alaria E. Complete suspension of particles in mechanically agitated vessels. Chem. Eng. Sci, 1978, 33: 21-25.

[40] Buurman C, Resoort G, Plaschkes A. Scaling-up rules for solids suspension in stirred vessels. Chem. Eng. Sci., 1986, 41: 2865-2871.

[41] Subbarao D, Taneja V K. Three phase suspension in agitated vessels. Proceedings of the 3rd European Conference on Mixing, England, 1979.

[42] Armenante P M, Mmbaga J P, Hemrajani R R. Mechanisms for the entrainment of floating particles in mechanically agitated liquids. Proceeding of 7th European Conference on Mixing. Belgium, 1991.

[43] Zwietering T N. Suspension of solid particles in liquids by agitator. Chem. Eng. Sci, 1958, 8: 244-253.

[44] Nienow A W. Suspension of solid particles in turbine agitated baffled vessel. Chem. Eng. Sci, 1968, 23: 1453-1459.

[45] Rao K S M S R, Rewatkar V B, Joshi J B. Critical impeller speed for solid suspension in mechanically agitated contactors. AIChE J, 1988, 34: 1332-1340.

[46] Takahashi K, Fujita H, Yokota T. Effect of size of spherical particles on complete suspension speed in agitated vessels of different scales. J. Chem. Eng. Jpn, 1993, 21: 98-100.

[47] Armenante P M, Nagamine E U. Effect of low off-bottom impeller clearance on minimum agitation speed for complete suspension of solids in stirred tank. Chem. Eng. Sci, 1998, 53: 1757-1775.

[48] Micale G, Grisafi F, Brucato A. Assessment of particle suspension conditions in stirred vessels by means of pressure gauge technique. Chem. Eng. Res. Des, 2002, 80: 893-902.

[49] Zundelevich Y. Power consumption and gas capacity of self-inducting turbo aerators. AIChE J. 1979, 25: 763-773.

[50] Perry R H, Chilton C H. Chem. Eng. Handbook, 5th ed. McGraw-Hill, New York, 1973.

[51] Nienow A W, Wisdom D J, Middleton J C. The effects of scale and and geometry on flooding, recirculation, and power in gassed stirred vessels. 2nd European Conference On Mixing, 1977, UK.

[52] Chapman C M, Nienow A W, Cooke M, Middleton J C. Particle-gas-liquid mixing in stirred vessels - Part II: Gas-liquid mixing. Chem. Eng. Res. Des., 1983, 61, 82-95.

[53] Laakkonen M, Mcmanamey W J, Nienow A W. Bubble size distribution, gas-liquid interfacial areas and gas holdups in a stirred vessel with particle image velocimetry. Chem. Eng, J. 2005, 109: 37-47.

[54] Laakkonen M, Moilanen P, Miettinen T, Saari K, Honkanen M, Saarenrinne P, Aittamaa J. Local bubble size distributions in agitated vessel comparison of three experimental techniques. Chem. Eng. Res, Des. 2005, 83: 50-58.

[55] Machon V, Pacek A W, Nienow A W. Bubble sizes in electrolyte and alcohol solutions in a turbulent stirred vessek. Trans. IChemE, 1997, 75: 339-348.

[56] Nienow A W, Hunt G, Buchkand B C. A fluid dynamic study of the retrofitting of large agitated bioreactors: turbulent flow. Biotechnology and Bioengineering, 1994, 44 (10): 1177-1185.

[57] Vasconcelos J M T, Orvalho S C P, Rodrigues A M A F. Effect of blade shape on the performance of six-bladed disk turbine impellers. Ind. Eng. Chem. Res, 2000, 39 (1): 203-213.

[58] Vrabel P, Van der Lans R G J M, Luyben K Ch A M, Boon L, Nienow A W. Mixing in large-scale vessels stirred with multiple radial or radial and axial up-pumping impellers: modeling and measurements. Chem. Eng. Sci, 2000, 55 (23): 5881-5896.

[59] Gao Z, Smith J, Muller-Steinhagen H. Gas dispersion in sparged and boiling reactors. Chem, Eng. Res. Des. 2001, 79: 973-978.

[60] Moucha T, Linek V, Prokopova E. Gas hold-up, mixing time and gas-liquid volumetric mass transfer coefficient of vari-

ous multiple-impeller configurations: rushton turbine, pitched blade and techmix impeller and their combinations. Chem. Eng. Sci, 2003, 58 (9): 1839-1846.

[61] 高正明，王英琛，施力田，傅举孚. 搅拌槽内局部气含率及其分布规律的研究. 化学反应工程与工艺，1994，10: 311-315.

[62] Gao Z, Smith J M, Zhao D. Void fraction distribution in sparged and boiling reactors with modern impeller configuration. Chem. Eng. Process, 2001, 40: 498-497.

[63] Bao Yuyun, Chen Lei, Gao Zhengming, Chen Jianfeng. Local void fraction and bubble size distribution in cold-gassed and hot-sparged stirred reactors. Chem. Eng. Sci, 2010, 65 (2): 976-984.

[64] Smith J M, Gao Z. Power demand of gas dispersion impellers under conditions. IChemE, 2001, 79: 577-580.

[65] Gao Z, Smith J M, Muller-Steinhagen H. Gas dispersion in sparged and boiling reactors. Chem. Eng. Res. Des, 2001, 79: 973-978.

[66] Smith J M, Gao Z, Muller-Steinhagen H. The effect of temperature on the void fraction in gas-liquid reactors. Exp. Therm. Fluid Sci., 2004, 28: 473-478.

[67] Gao Z, Smith J M, Zhao D. Void fraction distribution in sparged and boiling reactors with modern impeller configuration. Chem. Eng. Process, 2001, 40: 498-497.

[68] Bao Yuyun, Chen Lei, Gao Zhengming, Chen Jianfeng. Local void fraction and bubble size distribution in cold-gassed and hot-sparged stirred reactors. Chem. Eng. Sci, 2010, 65 (2): 976-984.

[69] Smith J M, Van't Riet K, Middleton J C. Scale up of agitated gas-liquid reactors for mass transfer. 2nd European Conference On Mixing, UK, 1977.

[70] Van't Riet K. Review of measuring methods and results in nonviscous gas-liquid mass transfer in stirred vessels. Ind. Eng. Chem. Proc. Des. Dev, 1979, 18: 357-363.

[71] Champman C M, Gibilaro L G, Nienow A W. A dynamic response technique for the estimation of gas—liquid mass transfer coefficients in a stirred vessel. Chem. Eng. Sci, 1982, 37: 891-896.

[72] Gezork K M, Bujalski W, Cooke M, Nienow A W. Mass transfer and hold-up characteristics in a gassed, stirred vessel at intensified operating conditions. Trans. ChemE, 2001, 79 (A): 965-972.

[73] Nocentini M, Fajner D, Pasquali G, Magelli F. Gas-liquid mass transfer and hold-up in vessels stirred with multiple Rushton turbines: water and water-glycerol solutions. Ind. Eng. Chem. Res, 1993, 32, 19-26.

[74] Puthili M S, Rathod V K, Pandit A B. Gas-liquid mass transfer studies with triple impeller system on a laboratory scale bioreactor. Biochemical Eng. J, 2005, 23: 25-30.

[75] Linek V, Vacek V, Benes P. A critical review and experimental verification of the correct use of the dynamic methods for the determination of oxygen transfer in aerated agitated vessels to water, electrolyte solutions and viscous liquids. Chem. Eng. J, 1987, 34: 11-34.

[76] Vilaca P R, Badino Jr A C, Facciotti M C R, Schmidell W. Determination of power consumption and volumetric oxygen transfer coefficient in bioreactors. Bioprocess Eng, 2000, 22, 261-265.

[77] Calderbank P H. Physical Rate Processes in Industrial Fernentation's. Part I. Trans. IChemE, 1958, 36: 443-463.

[78] Michel B J, Miller S A. Power Requairements of Gas-liquid Agitated Systeems, AIChE J, 1962, 18: 262-266.

[79] Miller D N. Scale up of agitated vessels gas-liquid on mass transfer. AIChE J, 1974, 20: 445-453.

[80] Vermeulen G, Williams G M, Langlois G E. Interfacial area in liquid-liquid and gas-liquid agitation. Chem. Eng. Prog, 1955, 51: 85-95.

[81] Nienow A W, Konno M, Bujalski W. Studies on three-phase mixing: A review and recent results. Chem. Eng. Res. Des, 1986, 64: 35-42.

[82] 徐魁，戴干策. 气液固三相体系搅拌功率与气固分散状态的研究. 化学工程师，1996，3: 2-7.

[83] Bao Y, Hao Z, Gao Z. Gas dispersion and solid suspension in a three-phase stirred tank with multiple impellers. Chem. Eng. Comm, 2006, 193: 801-825.

[84] Chapman M, Nienow A W, Cooke M. Particle-gas-liquid mixing in stirred vessels, Part III: three phase mixing. Chem. Eng. Res. Des, 1983, 61: 167-181.

[85] 徐魁，戴干策. 气-液-固三相体系颗粒完全离底悬浮的临界搅拌转速. 华东理工大学学报，1996，22: 369-374.

[86] Saravanan K, Patwardhan A W, Joshi J B. Critical impeller speed for solid suspension in gas inducing type mechanically agitated contactors. Can. J of Chem. Eng, 1997, 75: 664-676.

[87] 郝志刚. 多层桨气液固三相搅拌槽内固体悬浮与气体分散特性的研究. 北京：北京化工大学硕士学位论文，2003.

[88] Micale G, Carrara V, Grisafi F, Brucato A. Solids suspension in three-phase stirred tanks Trans. IChemE, 2000, 78: 319-326.

[89] Xu S. Critical suspension speed in mechanically stirred tank at gassed condition. China Synthetic Rubber Industry, 2000, 23: 103-113.

[90] Yuyun Bao, Zhengming Gao, Zhigang Hao, Jiangang Long, Litian Shi, John M. Smith, Norman F. K. Effects of equipment and process variables on the suspension of buoyant particles in gas-sparged vessels. Ind. Eng. Chem. Res, 2005, 44: 7899-7906.

[91] Bao Yuyun, Chen Lei, Gao Zhengming, Zhang Xinnian, Smith M J, Kirkby F N. Temperature effects on gas dispersion and solid suspension in a three-phase stirred reactor. Ind. Eng. Chem. Res, 2008, 47: 4270-4277.

[92] Yuyun Bao, Xinnian Zhang, Zhengming Gao, Lei Chen, Jiangfeng Chen, John M, Smith, Norman F, K. Gas dispersion and solid suspension in a hot sparged multi-impeller stirred tank. Ind. Eng. Chem. Res, 2008, 47: 2049-2055.

[93] 包雨云. 常温及热态气-液-固三相搅拌反应器流体力学性能研究. 北京：北京化工大学博士学位论文，2005.

[94] Dutta N N, Pangarkar V G. Critical impeller speed for solid suspension in multi-impeller three phase agitated contactors. Can. J. Chem. Eng, 1995, 73: 273-283.

[95] Satio F.; Kamiwano M. Power consumption, gas dispersion and solid material in three-phase mixing vessels. In. Proc. 6th European Conference on Mixing, Italy, 1988.

[96] Joosten E H, Schilder J G M, Janssen J J. The influence of suspended solid material on the gas-liquid mass transfer in stirred gas-liquid contactors. Chem. Eng. Sci, 1977, 32: 563-566.

[97] Yuyun Bao, Zhengming Gao, Zhipeng Li, Ding Bai, John M. Smith, Rex B. Thorpe. Solid suspension in a boiling stirred tank with radial flow turbines. Ind. Eng. Chem. Res, 2008, 47: 2420-2427.

[98] Yuyun Bao, Zhigang Hao, Zhengming Gao, Litian Shi, Smith J M. Suspension of buoyant particle in a three phase stirred tank. Chem. Eng. Sci, 2005, 60: 2283-2292.

[99] Gogate P R, Beenackers A A C M, Pandit A B. Multiple-impeller systems with special emphasis on bioreactors: a critical review. Biochemical Eng. J, 2000, 6: 109-144.

[100] Rapala A, Karcz J. The influence of stirrers' configuration on the volumetric gas-liquid mass transfer coefficient in multiphase systems. Proceedings of the 19th International Congress of Chemical & Processing Engineering. Czech Republic, 2010.

[101] Chandrasekaran K, Sharma M M. Absorption of oxygen in aqueous solutions of sodium sulfide in the presence of activated carbon as catalyst. Chem. Eng. Sci, 1977, 32: 669-675.

[102] Lee J C, Ali S S, Tasakorn P. Influence of suspended solid on gas-liquid mass transfer in an agitated tank. Proceedings of 4th European Conference on Mixing. Netherlands, 1982.

[103] Chanpmann C M, Nienow A W, Cooke M, Middleton J C. Particle-gas-liquid mixing in stirred vessels. Part IV: mass transfer and final conclusions. Chem. Eng. Res. Des, 1983, 61: 182-185.

[104] Brehm A, Oguz H, Kisakurek B. Gas-liquid mass transfer data in a three phase stirred vessel. Proceedings of the 5th European Conference on Mixing, Germany, 1985.

[105] Mills D B, Bar R, Kirwan D J. Effect of solid on oxygen transfer in agitated three phase systems. AIChE J, 1987, 33: 1542-1549.

[106] Lu W M, Hsu R C, Chou H S. Effect of solid concentration on gas liquid mass transfer in a mechanically agitated three phase. J. Chin. I. Chem. Eng, 1993, 24: 31-39.

[107] Ruthiya R V, Schaaf J, Kuster B F M. Mechanism of physical and reaction enhancement of mass transfer in a gas inducing stirred slurry reactor. Chem. Eng. J, 2003, 96: 55-69.

[108] Zhang G D, Cai W F, Xu C J, Zhou M. A general enhancement factor model for the physical absorption of gases in multiphase system. Chem. Eng. Sci, 2006, 61: 558-568.

[109] Kralj F, Sincic D. Hold-up and mass transfer in two- and three- phase stirred tank reactor. Chem. Eng. Sci, 1984, 39:

604-607.

[110] Kielbus-Rapala A, Karcz J. Influence of suspended solid particles on gas-liquid mass transfer coefficient in a system stirred by double impellers. Chem. Papers, 2009, 63: 188-196.

[111] Nagata S, Nishikawa M, Takimoto T. Kagaku Kogaku, 1971, 35: 1028-1034.

[112] 吴德钧，崔应宁. MIG桨搅拌传热性能的研究. 北京化工学院学报（自然科学版），1991，18，47-57.

[113] Yuji-Sano, et al. Heat Transfer-Japanese Research, 1978, 7: 74.

[114] 俞生尧，徐步泉，宋秋安，王凯. 非牛顿流体在搅拌槽内的传热研究-直管冷却体系. 合成橡胶工业，1986，6：383-388.

[115] Danlap I R, Rushton J H. Heat transfer coefficient in liquid mixing using vertical-tube baffles. Chem. Eng. Prog. Symp. Ser, 1953, 59: 137-151.

[116] Petree D K, Small W M. Heat transfer and power consumption for agitated vessels with vertical plate coils. AIChE. Sym. Ser, 1978, 174: 53-59.

[117] 周国忠，施力田，王英琛. 搅拌反应器内计算流体力学模拟技术进展. 化学工程，2004，32：28-32.

[118] 李波，张庆文，洪厚胜，由涛. 搅拌反应器中计算流体力学数值模拟的影响因素研究进展. 化工进展，2009，28：7-12.

[119] 杨锋苓，周慎杰. 搅拌槽内单相湍流流场数值模拟研究进展. 化工进展，2011，30：1158-1169.

[120] Sommerfeld M, Decker S. State of the art and future trends in CFD simulation of stirred vessel hydrodynamics. Chem. Eng. Technol., 2004, 27: 215-224.

[121] Joshi J B, Nere N K, Rane C V, Murthy B N, Mathpati C S, Patwardhan A W, Ranade V V. CFD simulation of stirred tanks: Comparison of turbulence models. Part Ⅰ: Radial flow impellers. Can. J. Chem. Eng., 2011, 89: 23-82.

[122] Joshi J B, Nere N K, Rane C V, Murthy B N, Mathpati C S, Patwardhan A W, Ranade V V. CFD simulation of stirred tanks: Comparison of turbulence models (Part Ⅱ: Axial flow impellers, multiple impellers and multiphase dispersions). Can. J. Chem. Eng., 2011, 89: 754-816.

[123] Roussinova V, Kresta S M, Weetman R. Low frequency macroinstabilities in a stirred tank: scale-up and prediction based on large eddy simulations. Chem. Eng. Sci., 2003, 58: 2297-2311.

[124] Deglon D A, Meyer C J. CFD modeling of stirred tanks: Numerical considerations. Miner. Eng., 2006, 19: 1059-1068.

[125] Van den Akker H E A. Toward a truly multiscale computational strategy for simulating turbulent two-phase flow processes. Ind. Eng. Chem. Res., 2010, 49: 10780-10797.

[126] 李志鹏. 涡轮桨搅拌槽内流动特性的实验研究和数值模拟. 北京化工大学博士学位论文，2007.

[127] Cai Z, Bao Y, Gao Z. Hydrodynamic behavior of a single bubble rising in viscous liquids. Chin. J. Chem. Eng, 2010, 18: 923-930.

[128] Ziqi Cai, Zhengming Gao, Yuyun Bao, Geoffrey M Evans, Elham Doroodchi. Formation and motion of conjunct bubbles in glycerol-water solutions. Ind. Eng. Chem. Res, DOI: 10. 1021/ie2005109.

[129] Min J, Bao Y, Chen L, Gao Z, Smith J M. Numerical simulation of gas dispersion in an aerated stirred reactor with multiple impellers. Ind. Eng. Chem. Res., 2008, 47: 7112-7117.

[130] Delaplace G, Torrez C, Leuliet J-C, Belaubre N, Andre C. Experimental and CFD simulation of heat transfer to highly viscous fluids in an agitated vessel equipped with a non standard helical ribbon impeller. Chem. Eng. Res. Des., 2001, 79: 927-937.

[131] 王志峰，黄雄斌，施力田，马青山. 垂直列管加热的搅拌槽中温度场的测量与数值模拟. 化工学报，2002，53：1175-1181.

[132] 钱小静，王志峰，黄雄斌. 搅拌槽中垂直列管外壁表面传热系数的模拟计算. 过程工程学报，2007，7：853-858.

[133] Yapici H, Basturk G. CFD modeling of conjugate heat transfer and hemogeneously mixing two defferent fluids in a stirred and heated hemispherical vessel. Comput. Chem. Eng., 2004, 28: 2233-2244.

[134] Zakrzewska B, Jaworski Z. CFD modeling of turbulent jacket heat transfer in a Rushton turbine stirred vessel. Chem. Eng. Technol., 2004, 27: 237-242.

[135] 张国娟. 搅拌槽内混合过程的数值模拟. 北京化工大学硕士学位论文，2004.

[136] 闵健. 搅拌槽内宏观及微观混合的实验研究和数值模拟. 北京化工大学博士学位论文，2005.

[137] Yeoh S L, Papadakis G, Yianneskis M. Determination of mixing time and degree of homogeneity in stirred vessels with large eddy simulation. Chem. Eng. Sci., 2005, 60: 2293-2302 .

[138] 谢舜韶，谷和平，肖人卓. 化工传递过程. 北京：化学工业出版社，2008.

[139] Ranganathan P, Sivaraman S. Investigations on hydrodynamics and mass transfer in gas-liquid stirred reactor using computational fluid dynamics. Chem. Eng. Sci., 2011, 66: 3108-3124.

[140] Alves S S, Maia C I, Vasconcelos J M T. Gas-liquid mass transfer coefficient in stirred tanks interpreted through bubble contamination kinetics. Chem. Eng. Process., 2004, 43: 823-830.

[141] Baldyga J, Makowski L. CFD modeling of mixing effects on the course of parallel chemical reactions carried out in a stirred tank. Chem. Eng. Technol., 2004, 27: 225-231.

[142] Rudniak L, Machniewski P M, Milewska A, Molga E. CFD modeling of stirred tank chemical reactors: homogeneous and heterogeneous reaction systems. Chem. Eng. Sci., 2004, 59: 5233-5239.

[143] Baldyga J, Makowski L, Orciuch W. Interaction between mixing, chemical reactions, and precipitation. Ind. Eng. Chem. Res., 2005, 44: 5342-5352.

[144] Chiu Y N, Naser J, Ngian K F, Pratt K C. Computation of the flow and reactive mixing in dual-Rushton ethoxylation reactor. Chem. Eng. Process., 2009, 48: 977-987.

[145] Hicks R W, Morton J R, Fenic J. G. How to design agitators for desired process response. Chemical Engineering. 1976, 26: 102-110.

[146] Gates L E, Morton J R, Fondy P. L. Selecting agitator systems to suspend solids in liquids. Chemical Engineering, 1976, 24: 144-150.

[147] Hicks R W, Gates L. E. How to select turbine agitators for dispersing gas into liquids. Chemical Engineering, 1976, 19: 141-148.

[148] Oldshue J Y. Pilot planting and scale up of mixing processes, art of Science. Meeting of AIChE, USA, 1992.

[149] 张志兵. 气液搅拌反应器中的混合技术与应用. 华东化工学院博士学位论文，1987.

[150] 高正明. 搅拌槽内气-液分散特性及流体力学性能的研究. 北京化工学院博士学位论文，1992.

[151] Rautzen R R, Corpstein R R, Dickey D. S. How to use scale-up methods for turbine agitators. Chemical Engineering. 1976, 25: 119-126.

[152] Smith J M, Middleton J C, Vant Riet K. Scale-up of agitated gas-liquid reactors for mass transfer. Proc. 2nd Eur. Conf. On Mixing, UK, 1977.

[153] Kai W, Lianfang F. 7th European Conference on Mixing, 595, Brugge, Belgium, 1991.

[154] 张燕敏，王英琛，林猛流，施力田. 搅拌槽内液滴大小分布的研究. 化工学报，1989，1：118-122.

[155] Bourne J R, Sharma R N. Suspension characteristics of solid. Particle in propeller agitated tanks. Proc. Of the 1st European Conf. On Mixing and Separation. UK, 1974.

[156] Chapman C M. Studies of gas-liquid-particle mixing in stirred vessels. PhD thesis, University of London, 1981.

第4章　制冷与深度冷冻

冷冻在工业生产和人民生活等方面已获得广泛的应用，如日常生活中的食品冷藏、空气调节等。在石油化学工业中，制冷可用于气体的液化、石油裂解气的分离、盐类结晶、溶液浓缩及反应热的去除、反应速率和副反应的控制等过程，因此制冷设备已成为化学工厂的常用装置。

使物系的温度降到低于环境介质温度的过程称为“制冷”。其结果为从低温物系吸收热量并将其转移到具有较高温度的环境介质中，同时不可避免地消耗外功。一般习惯上将冷冻温度为120K以上者称之冷冻或“普冷”；低于120K者称为深冷或深度冷冻，其属于低温技术范围。

在工业生产上，通常是基于以下三种热力学原理来达到制冷目的：① 液体的减压蒸发；② 气体的节流膨胀；③ 气体作外功的膨胀。

依据实现制冷的方式与装置的不同，机械制冷主要分成压缩制冷和吸收制冷两类，本章拟依此详加介绍。

4.1　蒸气压缩制冷

蒸气压缩制冷机是目前发展得比较完备、应用最为广泛的一类制冷机。它可以使用多种制冷剂，并可以制成大、中和小型以适应不同场合的需要。目前这类制冷机广泛用于工业生产、食品冷藏、人民生活及科研实验各个方面。

蒸气压缩制冷机的制冷温度可从稍低于环境温度直到－150℃左右。为了获得低温，可使用单级、多级压缩制冷机和复叠式制冷机。在各种蒸气制冷机中，单级压缩制冷机应用最广，且是构成其他种制冷机的基础，故将重点予以介绍。

4.1.1　单级蒸气压缩制冷循环

4.1.1.1　单级压缩制冷机的组成和工作原理

图4-1示出上海第一冷冻机厂生产的FJZ-175、230型单级压缩冷水机组的流程图。它包括机组的设备、控制阀门、设备与阀门的管道连接及各种监测仪表和安全阀等。这一流程可以说明典型的单级压缩蒸气制冷机的工作过程。

图4-1所示冷水机组的主要设备、阀门所起的作用可用图4-2的简化流程加以说明。

它由压缩机、冷凝器、节流阀和蒸发器所组成并构成一个封闭系统。封闭系统内装入可在低温下吸热而在高温下放热的循环流动的工质，即制冷剂。制冷剂可以是氨、氟里昂、二氧化碳、乙烯等。制冷机的工作过程如下：制冷剂在蒸发器中沸腾，压缩机不断地抽吸蒸发器中产生的蒸气并将其绝热压缩到冷凝压力，然后送入冷凝器中经等压冷凝成液体。制冷剂冷凝时放出的热量传给冷却介质（冷却水或空气）。冷凝后的液体通过节流阀绝热膨胀，压力降低到蒸发压力，并部分气化。变为气液两相的制冷剂同时降温到蒸发温度，混合物中的液体在蒸发器中蒸发并从被冷却的物体中吸收热量从而完成一个制冷循环。

从制冷循环可以看出，蒸发器是输出冷量的设备，制冷剂在蒸发器中吸收被冷却物体的热量，从而达到制冷目的。冷凝器是输出热量的设备，从蒸发器中吸收的热量被冷却介质带走。

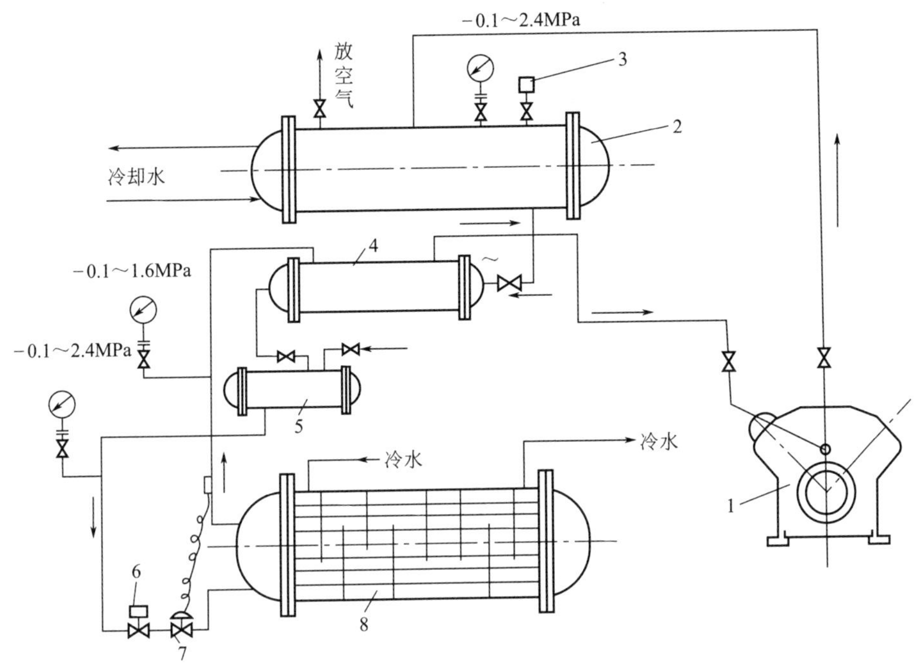

图 4-1　FJZ-175、230 冷水机组流程

1—4V-12.5 压缩机；2—冷凝器；3—安全阀；4—热交换器；5—干燥过滤器；6—电磁阀；7—热力膨胀阀；8—干式蒸发器

按照热力学第二定律，制冷是一个不能自发进行的过程，它是以消耗压缩机的轴功为代价实现的。

蒸气压缩制冷循环，实际上是一个逆卡诺循环。在没有传热温差的条件下此理想的制冷循环产生的制冷量最高，其制冷系数 ε 可由下式表示

$$\varepsilon=\frac{Q_1}{Q_2-Q_1}=\frac{Q_1}{W_F}=\frac{T_1}{T_2-T_1} \tag{4-1}$$

制冷系数用来衡量冷冻过程的功耗，它表示消耗单位功所能获得的冷量，是制冷循环的一个重要经济性能指标。

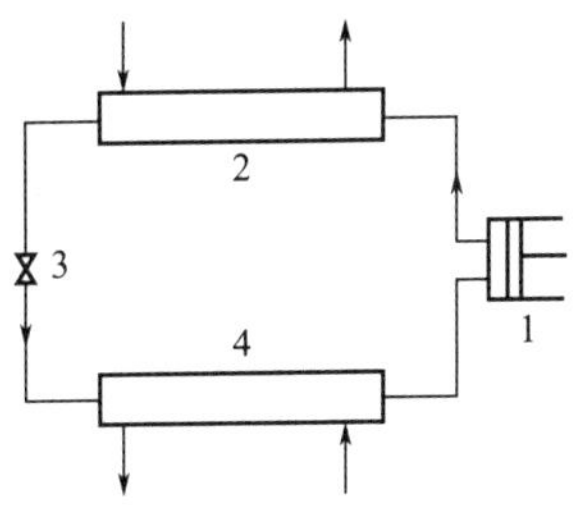

图 4-2　单级蒸气压缩式制冷机简化流程

1—压缩机；2—冷凝器；3—节流阀；4—蒸发器

4.1.1.2　温熵图和压焓图

制冷循环常使用温熵图（T-S 图）和压焓图（p-h 图）这二种热力学图进行过程的分析与功和热量等计算，故此首先简介二图。

（1）温熵图（T-S 图）

温熵图的形式如图 4-3 所示。K 为临界点，过临界点的实线左方为饱和液体线，干度为 $x=0$。右方为饱和蒸气线，干度为 1。饱和线将 T-S 图划分为 3 个区域：饱和液相线的左侧为过冷液体区，饱和蒸气线右侧为过热蒸气区。均和线的下方为气液两相区，其蒸气含量以等干度线表示。图 4-3 画出 6 种等参数线：等温线和等熵线分别是水平和垂直实线；等压线在两相区内为水平线，过热区内为向右上方倾斜的直线，过冷区内几乎与饱和液相线重合；等焓线在过热区及两相区内均为向右下方倾斜的实线，过冷区内可近似用同温度下饱和液的焓值代替。等干度线只存在于两相区内，表示蒸气的摩尔分率。等容线以虚线表示。

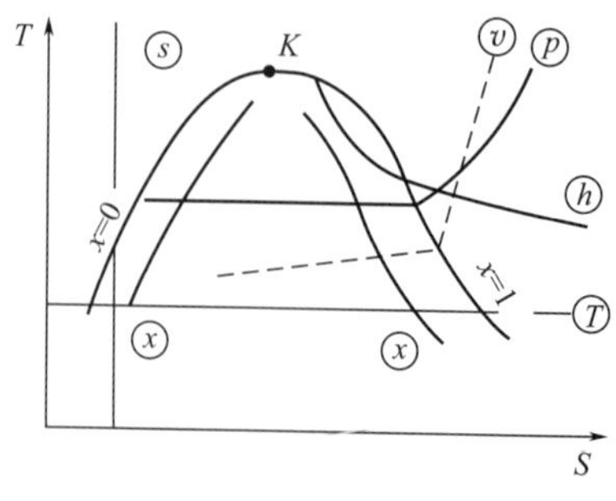

图 4-3 温熵图

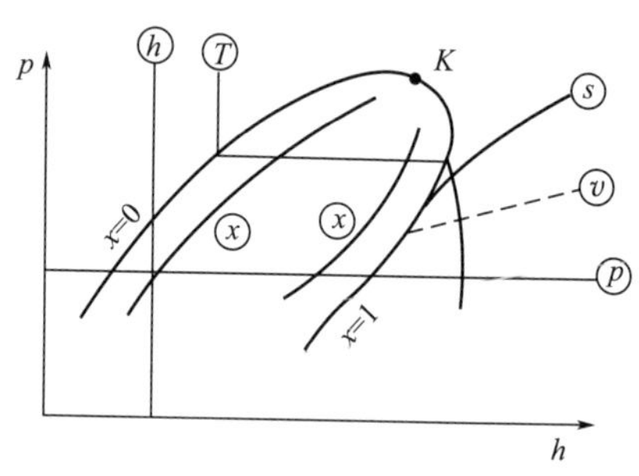

图 4-4 压焓图

（2）压焓图（p-h 图）

压焓图如图 4-4 所示。

图 4-4 中，K 仍为临界点。过 K 点实线左方为饱和液相线，右方为饱和蒸气线。饱和线将图分成如 T-S 图一样的三个区域。图中共有六种等参数线：等压线与等焓线分别为水平线和垂直线；等温线在冷液体区几乎为垂直线，两相区内因温度仅为压力的函数故为水平线，过热蒸气区内为向右下方延伸的倾斜线；等熵线为向右上方倾斜的实线；等容线为向右上方倾斜的虚线但较等熵线平坦；等干度仍只存在于湿蒸气区内。

4.1.1.3 理想制冷循环的热力计算

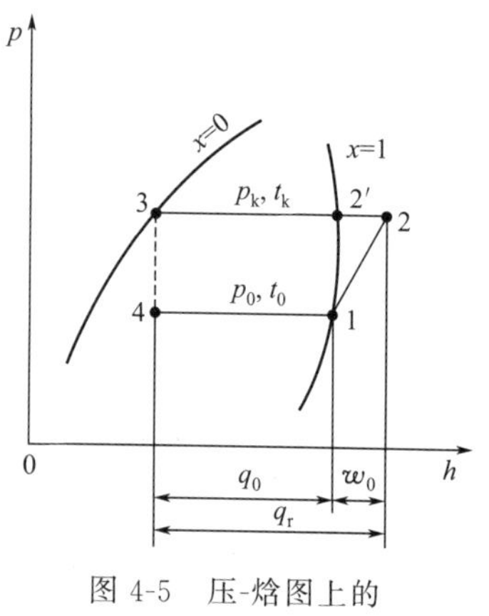

图 4-5 压-焓图上的理想制冷循环

理想制冷循环就是理论循环，它是实际循环的基础，故此有详加讨论的必要。构成理想制冷循环的条件如下。

① 蒸发与冷凝过程均是在恒温、恒压下进行，制冷剂的冷凝温度等于外部热源温度，蒸发温度等于被冷却物体的温度。

② 压缩是一个等熵（绝热）可逆压缩，吸入 $x=1$ 的干饱和蒸气。

③ 节流为等焓过程。

④ 在各段连接管路中，制冷剂不发生状态变化，也不与外部介质发生热交换。

图 4-5 所示为理想制冷循环的 p-h 图。图中 1-2 为等熵压缩过程，2-2′-3 为等压冷却和冷凝过程，3-4 为等焓节流过程，4-1 为等温等压蒸发过程。

若以单位质量制冷剂为基准，从压焓图上的理想制冷循环图示即可计算出单级压缩制冷机的理论性能指标。

（1）单位制冷量 q_o（kJ/kg）

$$q_o=h_1-h_4=r_o(1-x_4) \tag{4-2}$$

式中 r_o——制冷剂在蒸发温度时的气化潜热，kJ/kg；

x_4——节流后制冷剂的干度。

（2）单位容积制冷量 q_V（kJ/m³）

$$q_V=\frac{q_o}{v_1}=\frac{h_1-h_4}{v_1} \tag{4-3}$$

（3）压缩机的单位理论功 w_o（kJ/kg）

$$w_o = h_2 - h_1 \tag{4-4}$$

（4）制冷剂的循环量 m

若制冷机的制冷量为 Q_okW，则制冷剂循环量 m（kg/s）为

$$m = \frac{Q_o}{q_o} \tag{4-5}$$

（5）冷凝器单位热负荷 q_k（kJ/kg）

$$q_k = h_2 - h_3 = q_o + w_o \tag{4-6}$$

（6）压缩机的理论排气量 V_h（m^3/s）

$$V_h = mv_1 = Q_o / q_o \tag{4-7}$$

（7）制冷压缩机的理论功率 N_o（kW）

$$N_o = mw_o = m(h_2 - h_1) \tag{4-8}$$

（8）制冷系数 ε

$$\varepsilon_o = q_o / w_o = \frac{h_1 - h_4}{h_2 - h_1} \tag{4-9}$$

ε 是衡量制冷机性能的一个重要的技术经济指标。

（9）热力学完善度 β

$$\beta = \frac{\varepsilon_o}{\varepsilon_c} = \frac{h_1 - h_4}{h_2 - h_1} \times \frac{T_k - T_o}{T_o} \tag{4-10}$$

式中　ε_c——逆卡诺循环的制冷系数。

逆卡诺循环其制冷系数具有最大的理论值。热力学完善度是表示在相同的蒸发温度和冷凝温度条件下，制冷循环接近逆卡诺循环的程度，它也是冷冻装置性能的重要经济技术指标之一。

4.1.1.4　实际制冷循环

实际制冷循环与理想循环之间存在着许多差别，主要需要考虑以下一些被忽略的因素：制冷剂液体过冷和蒸气过热的影响；由于压缩机内存在流动阻力，机械摩擦以及热量传递造成压缩机内的非等熵压缩过程；制冷剂在冷凝器、蒸发器和连接管路中的流动所产生的压降等。以下分别加以详述和讨论。

（1）液体过冷循环

若在节流前采用深井水将冷凝器中的制冷剂进一步定压冷却到低于冷凝温度状态，既不增加压缩机功率消耗又能增加制冷量。典型的液体过冷循环流程图和热力学压-焓图如图 4-6 所示。

图 4-6(b) 中 4-4′为过冷过程，过冷度为 $\Delta t = t_4 - t'_4$。由于过冷使节流后的制冷剂的干度减少，从而增加制冷量。单位制冷量 q'_o(kJ/kg) 为

$$q'_o = h_1 - h_{4'} = (h_1 - h_4) + (h_4 - h_{4'}) = q_o + C\Delta t \tag{4-11}$$

式中　c——液体制冷剂的比热容，kJ/(kg・K)。

制冷系数 ε'_o 提高到

$$\varepsilon'_o = \frac{q_o + \Delta q_o}{w_o} = \varepsilon + \frac{c}{h_2 - h_1}\Delta t \tag{4-12}$$

且与制冷剂种类有关。过冷循环一般仅在 $t_o < -5$℃的大中型氨制冷机中采用。

（2）吸气过热循环

如果压缩机吸入的不是饱和蒸气而是定压加热到高于饱和温度的过热蒸气，此含有过热过程的制冷循环称之为吸气过热循环。如图 4-7 所示为过热循环的流程示意图和压-焓图。

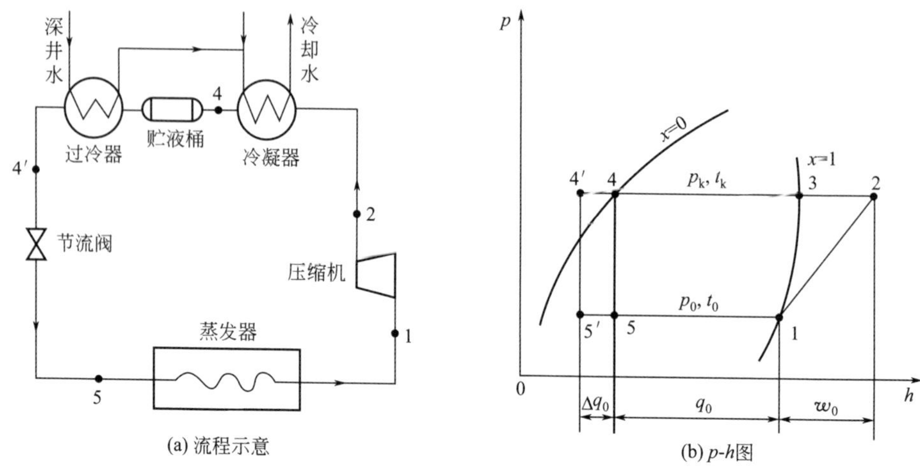

图 4-6　液体过冷循环

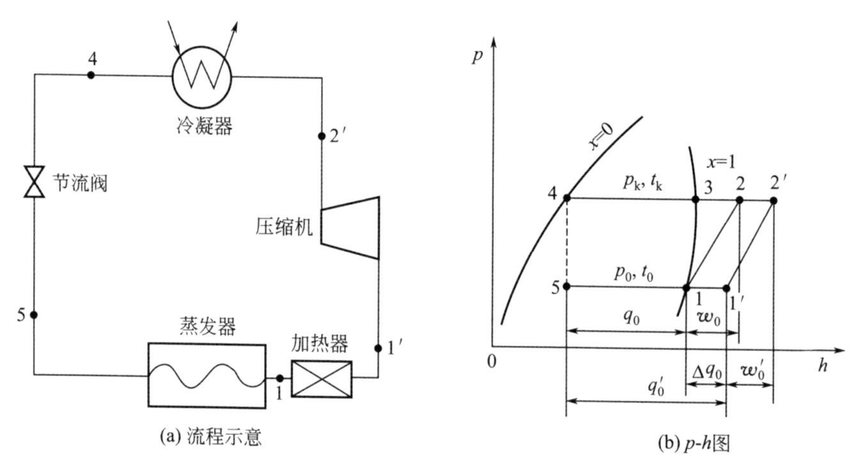

图 4-7　吸气过热循环

从图 4-7 可见 1-1′为过热过程，1′-2′为过热蒸气的压缩过程。单位制冷量的增加量为 Δq_o（kJ/kg），

$$\Delta q_o = h_{1'} - h_1 \tag{4-13}$$

同时压缩功也相应增加 Δw_o（kJ/kg）

$$\Delta w_o = w_o' - w_o = (h_{2'} - h_{1'}) - (h_2 - h_1) \tag{4-14}$$

需要指出的是，存在有效和有害两种过热过程：若干饱和蒸气在蒸发器中过热，制冷量增加，Δq_o 可以利用，称之有效过热；若干饱和蒸气在压缩机吸气管路中被加热，Δq 则不可利用。吸气温度升高导致压缩功增加，制冷系数随之降低，称之有害过热。通常需对吸气管路加以隔热保温。

氨制冷机过热度控制在 5～8℃，氟利昂压缩机可允许较大的过热度。

（3）回热循环

在制冷循环中将液体过冷和蒸气过热两个过程结合起来则构成一个回路循环。图 4-8 给出其流程示意图和压-焓图。回热器使节流前的制冷剂液体与蒸发器出来的蒸气进行热交换，从而使液体过冷和蒸气过热。

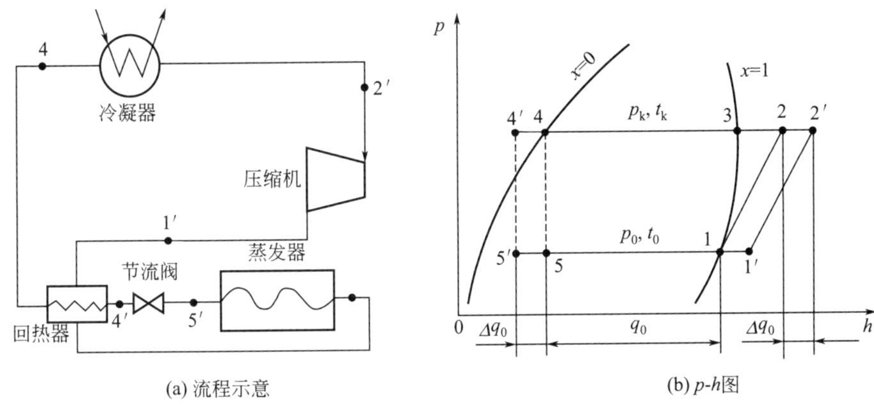

图 4-8　回热循环

回热循环增加了单位制冷量 Δq_o（kJ/kg），

$$\Delta q_o = h_4 - h_{4'} = h_{1'} - h_1 \tag{4-15}$$

与此同时，单位理论功增加了 Δw_o（kJ/kg），

$$\Delta w_o = (h_{2'} - h_{1'}) - (h_2 - h_1) \tag{4-16}$$

制冷系数 ε_o' 为

$$\varepsilon_o' = \frac{q_o + \Delta q_o}{w_o + \Delta w_o} \tag{4-17}$$

其值可大于 ε_o 亦可小于 ε_o，取决于制冷剂的性质。在一般温度范围内，绝大多数制冷剂不能采用回热循环提高制冷系数，如 NH_3 反而使 ε_o 下降，R12、R502、R290 可使 ε_o 提高，而 R22 无明显变化。

（4）热交换及不可逆损失对循环的影响

实际循环由于热交换和阻力的原因，制冷剂在系统的管路中的热力学状态会发生变化。吸入管道中热交换和压力降对循环的影响最大，据以上分析认为吸入管道中的热交换是无效的。但吸入管道的压力降导致吸气比容增大，压缩机压力比增大，比压缩功增大，制冷系数从而下降。可以通过增大管径以降低流速来减小压力降。其次若水冷冷凝器的冷却水温过低以至于低于环境空气温度，此时热量便由环境传给液体制冷剂，导致部分液体气化，单位制冷量下降，甚至使膨胀阀不能正常工作。同时液体在冷凝器到膨胀阀之间的管道中的压力降也会引起液体气化，从而使制冷量降低。此外制冷机中其他的管路部分以及蒸发器、冷凝器中的热交换与阻力降对实际循环也会产生影响，详见有关制冷机的书籍[4]。

在理论循环中，曾假定压缩机的压缩过程为等熵过程，实际压缩过程是一个压缩指数不断变化的多变过程。另外，由于压缩机气缸存在余隙容积，气体通过吸、排气阀与通道处的热量交换及流动阻力，气体在气缸壁间隙产生的泄漏等不可逆损失均会使压缩机的输气量减少，消耗的功增大。压缩机的实际输气量可由下式确定

$$V_s = V_h \lambda \tag{4-18}$$

式中　V_s——压缩机的实际输气量，m^3/s；

V_h——压缩机的理论输气量，m^3/s；

λ——压缩机的输气系数。

压缩机因偏离等熵以及流动阻力所消耗的功可用指示效率 η_i 表示，

$$\eta_i=\frac{w_o}{w_i} \tag{4-19}$$

由于克服机械摩擦，压缩机实际消耗的比功（单位功）w_s 又较指示比功 w_i 大，其比值称 i 机械效率η_m，

$$\eta_m=\frac{w_i}{w_s} \tag{4-20}$$

所以压缩机实际消耗的比功为

$$w_s=\frac{w_i}{\eta_m}=\frac{w_o}{\eta_i\eta_m}=\frac{w_o}{\eta_s} \tag{4-21}$$

式中　η_s——压缩机的轴功率。

因此实际循环的制冷系数为

$$\varepsilon_s=\frac{q_o}{w_s}=\frac{q_o}{\dfrac{w_o}{\eta_s}}=\varepsilon_o\eta_s \tag{4-22}$$

实际制冷系数又称为性能系数，用C. O. P表示。

【例 4-1】 用一台 8 缸活塞式压缩机组成冷水机组，压缩机的气缸尺寸为：气缸直径 $D=125$mm，活塞直径 $S=100$mm。转速为 $n=980$r/min。使用 R22 为制冷剂，并选定循环的工作温度为：蒸发温度 $t_o=0$℃，冷凝温度 $t_k=40$℃，过热温度 $t_{1'}=5$℃。根据压缩机的运转工况，已确定其工作性能参数：$\lambda=0.80$，$\eta_i=0.83$，$\eta_m=0.90$。试计算机组的制冷量、压缩机的轴功率和冷凝器热负荷。

解 根据给定条件，制冷机组实际循环的压-焓图当如图 4-7 所示的吸气过热循环（无过冷、无回热）。由图 4-66R22 的饱和蒸气表和压-焓图，查得

$h_{1'}=409$kJ/kg　　　$v_{1'}=0.0484$m^3/kg

$h_4=249.7$kJ/kg　　　$h_{2'}=438$kJ/kg

先进行循环性能指标的热力计算

$q_o=(h_1-h_4)+\Delta q_o=h_1-h_4+h_{1'}-h_1=h_{1'}-h_4=(409-249.7)kJ/kg=159.3$kJ/kg

$w_o=(h_2-h_1)+\Delta w_o=(h_2-h_1)+[(h_{2'}-h_{1'})-(h_2-h_1)]=h_{2'}-h_{1'}=438-409=29$kJ/kg

$$q_v=\frac{q_o}{v_1}=\left(\frac{159.3}{0.0484}\right)\text{kJ/kg}=3291.3\text{kJ/kg}$$

$$w_s=\frac{w_o}{\eta_i\eta_m}=\left(\frac{29}{0.83\times0.9}\right)\text{kJ/kg}=38.82\text{kJ/kg}$$

$$\varepsilon_o=\frac{q_o}{w_o}=\frac{159.3}{29}=5.493$$

$$\varepsilon_s=\varepsilon_o\eta_s=\varepsilon_o\eta_i\eta_m=5.493\times0.83\times0.9=4.103$$

其次，根据压缩机的结构参数和运转参数，可计算其理论输气量为

$$V_h=\frac{1}{4}\pi D^2 s\times60\times n\times Z=0.7854\times(0.125)^2\times0.1\times60\times980\times8\text{m}^3/\text{h}=577.3\text{m}^3/\text{h}$$

制冷剂的质量流量为

$$m_s=\frac{\lambda V_h}{v_1}=\left(\frac{0.80\times577.3}{0.0481}\right)\text{kJ/s}=9542\text{kg/s}$$

进而可求得制冷量和轴功率为

$$Q_o=\frac{m_s q_o}{3600}=\left(\frac{9542\times159.3}{3600}\right)\text{kW}=422.2\text{kW}$$

$$N_e=\frac{m_s W_s}{3600}=\left(\frac{9542\times38.82}{3600}\right)\text{kW}=102.9\text{kW}$$

从而可计算冷凝器热负荷为

$$Q_k=\frac{m_s(h_{2'}-h_4)}{3600}=\frac{\lambda V_h(h_{2'}-h_4)}{3600v_1}=\frac{0.8\times577.3\times(438-249.7)}{3600\times0.0484}\text{kW}=419.59\text{kW}$$

4.1.1.5 单级蒸气压缩制冷机的性能与工况

制冷压缩机的性能随着使用中蒸发温度和冷凝温度的改变而发生变化，其中蒸发温度的改变对性能的影响更大。

(1) 蒸发温度对循环性能的影响

若冷凝温度 t_k 保持不变，根据使用的需要，蒸发温度由 t_o 降到 $t_o'(t_o'<t_o)$。由图 4-9 可见，蒸发温度的下降自然导致蒸发压力下降，$P_o'<P_o$。同时单位冷冻量减小，$q_o'<q_o$。压缩机的单位理论功增加，$w_o'>w_o$。结果随着蒸发温度的降低，制冷机的制冷系数下降，制冷量减少。对于各种制冷剂，一般来说若冷凝温度 t_k 不变，蒸发温度下降，导致压缩比 $p_k/p_o\approx3$ 时，功率消耗最大。这一通性对选择压缩机的电机功率十分重要。单级压缩制冷机的最低蒸发温度与冷凝温度和制冷剂的种类有关，一般为－20～－40℃之间，详见表 4-1。

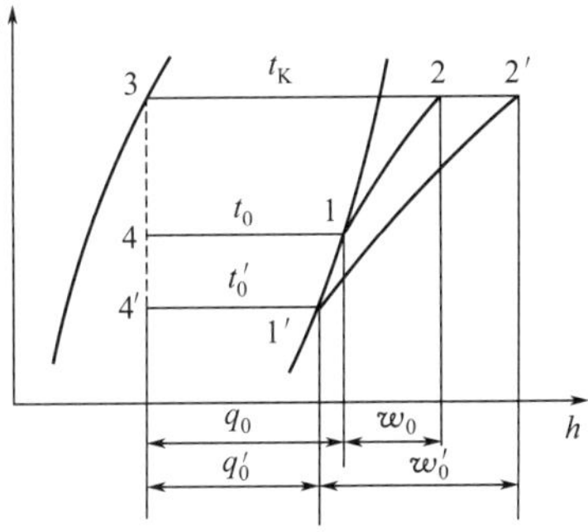

图 4-9 蒸发温度变化对循环的影响

(2) 冷凝温度对循环性能的影响

若蒸发温度 t_o 保持不变，但由于环境的变化可使冷凝温度由 t_k 升高到 $t_k'(t_k'>t_k)$，由图 4-10 可见，此时冷凝压力升高，$p_k'>p_k$。单位冷冻量减少，$q_o'<q_o$。压缩机的单位理论功增加，$w_o'>w_o$，而吸气比容 v_1 保持不变。结果随着冷凝温度的升高，冷冻机的制冷系数 ε_o 下降，制冷装置的运行经济性降低。一般来说，制冷机的冷凝温度由于受环境介质的制约处于 30～55℃之间。

表 4-1 单级压缩制冷机的最低蒸发温度

冷凝温度/℃		30	35	40	45	50	55	冷凝温度/℃		30	35	40	45	50	55
最低蒸发温度/℃	R22	−36	−34	−31	−29	−25	−22	最低蒸发温度/℃	R717	−25	−22	−20			
	R502	−39	−36	−34					R290	−40	−38	−35			

(3) 制冷机工况与制冷能力比较

制冷机的制冷量、功率消耗、循环的制冷系数以及其他的性能指标即使对同一台制冷机，由于工作条件例如冷凝温度、蒸发温度不同是不同的。因此不讲制冷机的工作条件而单讲制冷量的大小是没有意义的，只有在相同的工作条件下才便于进行性能比较。

单级压缩蒸气制冷机的工作温度条件简称为工况，这主要指制冷机的冷凝温度和蒸发温度

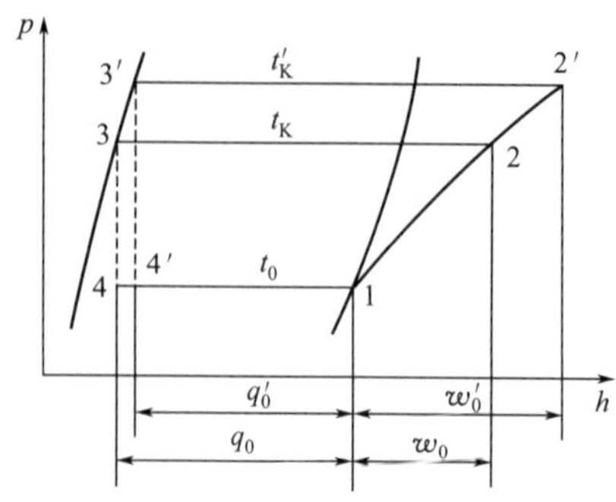

图 4-10 冷凝温度变化对循环的影响

以及压缩机的吸气温度、节流前液体所达到的过冷温度。为了标示和比较制冷机的性能，中国根据实际情况规定了标准工况和空调工况，如表 4-2 所示。

标准工况和空调工况分别用来考核制冷机用于冷藏和空气调节时的名义制冷能力和轴功率。近年来新颁布的国家标准又规定了名义（铭牌）工况和考核工况。名义工况用来考核制冷压缩机和压缩机组的性能。考核工况是用来比较高、中低温使用温度时制冷机的性能。此外还规定有最大压差工况和最大轴功率工况。最大压差工况用来考核制冷机的零部件强度、排气温度、油温和电机绕组温度。最大轴功率工况用来考核压缩机的噪声、振动以及机器能否正常启动。

表 4-2 标准工况和空调工况

工 况	温度/℃	R717	R22	工 况	温度/℃	R717	R22
标准工况	蒸发温度	−15	−15	空调工况	蒸发温度	5	5
	冷凝温度	30	30		冷凝温度	40	40
	吸气温度	−10	15		吸气温度	10	15
	过冷温度	25	25		过冷温度	35	35

一般压缩机铭牌上标示的制冷量是标准工况下的制冷量，实际运行时，若工况改变，制冷机的性能可直接从制造厂家提供的性能曲线中查取。若无可查的标准曲线，可据转速不变时压缩机的理论输气量为常量这个原则换算。例如若设标准工况下的制冷量为 Q_{oa}，任意工况下的制冷量为 Q_{ob}，则

$$Q_{oa}=V_h\lambda_a q_{va} \qquad Q_{ob}=V_h\lambda_b q_{vb}$$

那么

$$Q_{ob}=Q_{oa}\frac{\lambda_b q_{vb}}{\lambda_a q_{va}} \tag{4-23}$$

【例 4-2】 设有一台卧式氨压缩制冷机，冷凝温度为 $t_k=30℃$，过冷温度 $t=25℃$，蒸发温度为 $t_o=-30℃$，其制冷能力为 $Q_o=46.44\text{kW}$，试求这台制冷机的标准制冷能力。

解 可由有关书籍氨的 p-h 图查出已知温度下（参看图 4-6）的数值

$$h_1=1642.74\text{kJ/kg} \qquad h_{4'}=535.04\text{kJ/kg} \qquad v_1=0.97\text{m}^3/\text{kg}$$

再由氨的 p-h 图以及据表 4-2 标准工况下的温度查得

$$h_{1标}=1661.55\text{kJ/kg} \qquad h_{4'标}=535.04\text{kJ/kg} \qquad v_{1标}=0.5\text{m}^3/\text{kg}$$

则由式(4-11) 得

$$q_o=h_1-h_{4'}=(1642.74-535.04)\text{kJ/kg}=1107.7\text{kJ/kg}$$

$$q_{o标}=h_{1标}-h_{4'标}=(1661.55-535.04)\text{kJ/kg}=1126.51\text{kJ/kg}$$

$$q_v=\frac{q_o}{v_1}=\frac{1107.7}{0.97}\text{kJ/kg}=1141.96\text{kJ/m}^3$$

$$q_{v标}=\frac{q_{o标}}{v_{1标}}=\frac{1126.51}{0.5}\text{kJ/kg}=2253.02\text{kJ/m}^3$$

查图 4-18，得实际温度条件下氨的输气系数 $\lambda=0.659$ 以及标准温度条件下的输气系数 $\lambda_{标}=0.738$，代入式(4-23)，即得标准制冷能力为

$$Q_{o标}=Q_o\frac{\lambda_{标}q_{v标}}{\lambda q_v}=46.44\times\frac{0.738\times2253.02}{0.659\times1141.96}\text{kW}=102.6\text{kW}$$

4.1.2 分级压缩制冷循环

对于单级压缩制冷机，当制冷剂选定后，其最低蒸发温度即被确定，一般仅为−20～−40℃。蒸发温度的高低由制冷系统的用途确定，为了保持制冷装置的良好经济指标，蒸发温度不能违反规定随意降低。因为蒸发温度降低会导致压缩比明显增大，从而引起排气温度升高，影响制冷剂的化学稳定性、润滑性、增加功耗降低压缩机的容积效率等。此时需采用多级压缩或复叠式制冷机以获取更低蒸发温度，如双级 R12 制冷压缩机可达到−65℃的蒸发温度。

目前工业生产上多采用两级压缩制冷循环，两级压缩制冷装置根据制冷剂种类、压缩机容量和其他条件而选取不同的节流级数与冷却方式而具有不同的型式。

4.1.2.1 一级节流、中间冷却的两级压缩循环

两级压缩循环较之单级压缩循环的不同之处在于增设一台压缩机、一个中间冷却器和一个节流阀。系统将来自蒸发器的低压蒸气由低压压缩机压缩到中间压力 p_m，中压制冷剂蒸气经中间冷却器冷却之后进入高压压缩机压缩到冷凝压力 p_k。故对于活塞式和螺杆式压缩机，常选用二台单级压缩机组合或双级压缩制冷机完成上述循环过程。

(1) 一级节流、中间完全冷却循环

图 4-11 给出一级节流、中间完全冷却两级压缩循环的系统原理图和对应的压-焓图。(a)、(b) 两图中的数字完全相互对应，从 (a) 图中的各过程可相应由 (b) 图中查出其压焓关系。

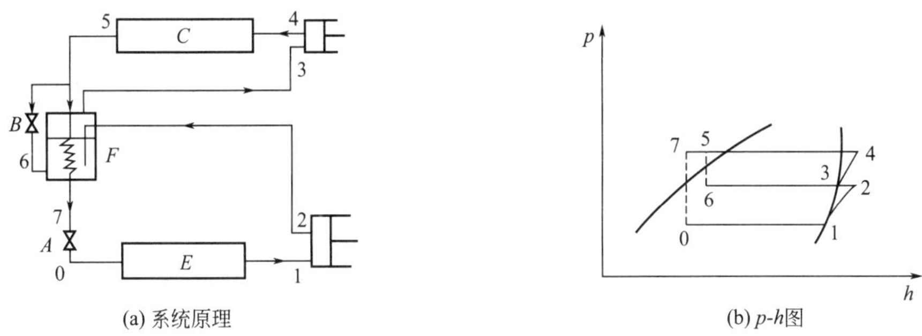

图 4-11 一级节流、中间完全冷却的两级压缩循环

从冷凝器 C 流出的高压制冷剂液体分为两路，其中主要的一路流经中间冷凝器下的盘管，进行冷却以减小高压液体节流后的气化率，再经节流阀 A 降压至 p_o 流入蒸发器 E。另一路通过节流阀 B 后在中间冷却器 F 中蒸发以冷却低压缸的排气和盘管内的高压液体，并同低压级的排气一起进入高压缸。

从图 4-11 的压-焓图可得该循环性能计算如下。

① 单位制冷量 q_o (kJ/kg)

$$q_o = h_o - h_9 \tag{4-24}$$

② 低压级的单位理论功 w_{oL} (kJ/kg)

$$w_{oL} = h_2 - h_1 \tag{4-25}$$

③ 高压级的单位理论功 w_{oH} (kJ/kg)

$$w_{oH} = h_4 - h_3 \tag{4-26}$$

④ 低压级制冷剂的质量流量 m_L(kg/s)

$$m_L = \frac{Q_o}{h_1 - h_7} \tag{4-27}$$

⑤ 高压级制冷剂的质量流量 m_H　两级压缩机的流量是不相等的，该循环将低压级排出

的气体温度降低到状态 3，并将高压液体过冷，需对中间冷却器作焓平衡以计算高压级制冷剂的质量流量 m_H（kg/s）

$$m_H h_5 + m_L h_2 = m_L h_7 + m_H h_3$$

得到
$$m_H = m_L \frac{h_2 - h_7}{h_3 - h_5} = \frac{Q_o}{h_1 - h_7} \times \frac{h_2 - h_7}{h_3 - h_5} \tag{4-28}$$

⑥ 压缩机的理论功率 N_o（kW）

$$N_{oL} = m_L w_{oL} = \frac{Q_o}{(h_1 - h_7)}(h_2 - h_1) \tag{4-29}$$

$$N_{oH} = m_H w_{oH} = Q_o \frac{(h_2 - h_7)(h_4 - h_3)}{(h_1 - h_7)(h_3 - h_5)} \tag{4-30}$$

$$N_o = N_{oL} + N_{oH} = Q_o \left[\frac{(h_2 - h_1)}{(h_1 - h_7)} + \frac{(h_2 - h_7)(h_4 - h_3)}{(h_1 - h_7)(h_3 - h_5)} \right] \tag{4-31}$$

⑦ 制冷系数 ε_o（kW）

$$\varepsilon_o = \frac{Q_o}{N_o} = \frac{h_1 - h_7}{(h_2 - h_1) + \dfrac{h_2 - h_7}{h_3 - h_5}(h_4 - h_3)} \tag{4-32}$$

式中，$\frac{h_2 - h_7}{h_3 - h_5}$为高、低级流量比。

一级节流、中间完全冷却循环可依靠高压液体自身压力实现远距离或较高位置供液，适用于大型、多层冷库。同时由于蒸发器与中间冷却器分别供液而便于调节，故应用较广。

中间完全冷却时吸入的是饱和蒸气，相当于单级制冷机的无回热循环，故多用 R717 为制冷剂，如前所述 R22 也可适用。

（2）一级节流、中间不完全冷却循环

中间不完全冷却循环时吸入的是过热蒸气，相当于单级制冷机的回热循环。所以对于 R12 和 R502 制冷剂，一般采用不完全冷却的循环。图 4-12 所示为一级节流、中间不完全冷却的系统原理图和对应的 p-h 图。图中的（a）与（b）图内的数字互相对应。

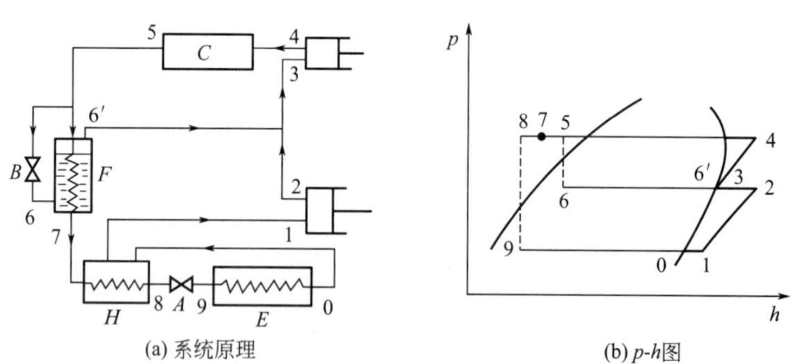

图 4-12 一级节流、中间不完全冷却的两级压缩循环

此种循环与上述中间完全冷却循环的不同之处在于低压缸的排气不再流经中间冷却器，而是与通过节流阀 B 且在中间冷却器 F 中蒸发的饱和蒸气混合在一起一并进入高压缸。因此进入高压缸的不再是对应着中间压力的饱和蒸气而是过热蒸气。

本循环的一些热力计算如单位制冷量 q_o、低压级单位理论功 W_{oL}、高压级单位理论功 W_{oH}、低压级的质量流量 m_L 和低压级压缩机理论功率 N_{oL} 的计算同上述循环，其他性能指标计算如下。

① 高压级制冷剂的质量流量 m_H 由高压缸进气之前的混合过程焓平衡方程知

$$m_L h_2 + m_6 h'_6 = (m_L + m_6) h_3$$

对中间冷却器作焓平衡计算为

$$m_L (h_5 - h_7) = m_6 (h_{6'} - h_6)$$

由以上两方程即可得到高压级制冷剂的质量流量 m_H（kg/s）为

$$m_H = m_L + m_6 = m_L \frac{h_{6'} - h_7}{h_{6'} - h_6} \tag{4-33}$$

与此同时可得到混合状态的焓 h_3 为

$$h_3 = h_{6'} + \frac{(h_{6'} - h_6)(h_2 - h_{6'})}{(h_{6'} - h_7)}$$

② 高压级压缩机的功率 N_{oH}（kW）

$$\begin{aligned} N_{oH} &= m_H (h_4 - h_3) \\ &= Q_o \frac{(h_{6'} - h_7)(h_4 - h_3)}{(h_{6'} - h_6)(h_0 - h_9)} \end{aligned} \tag{4-34}$$

③ 制冷系数 ε_o

$$\varepsilon_o = \frac{Q_o}{N_{oL} + N_{oH}} = \frac{h_0 - h_9}{(h_2 - h_1) + \dfrac{h_{6'} - h_7}{h_{6'} - h_6}(h_4 - h_3)} \tag{4-35}$$

4.1.2.2 两级节流、中间冷却的两级压缩循环

(1) 两级节流、中间完全冷却循环

两级节流较之一级节流循环的优点在于可以减少节流过程的不可逆损失。高压液体首先由冷凝压力节流到中间压力。进入中间冷却器后，第一次节流后的气液混合物分成两部分，一部分液体经第二次节流到蒸发压力并进入蒸发器制冷，另一部分气体与低压级的排气混合后进入高压级压缩。图 4-13 为两级节流、中间完全冷却循环的系统原理图和对应的 p-h 图。图中(a)、(b) 图内的数为互相对应。

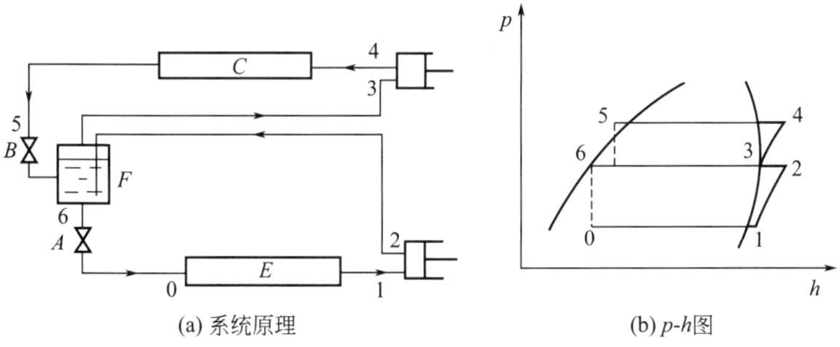

图 4-13　两级节流、中间完全冷却两级压缩循环

应用这种循环，则低压级排气在中间冷却器中完全冷却成饱和蒸气、从而使高压级的排气不会过高，这对绝热过程指数较大的制冷剂如 R717 是有利的。

这种循环的一些热力计算如单位制冷重 q_o、低压级单位理论功 W_{oL}、高压级单位理论功 W_{oH}、低压级的质量流量 m_L 和低压级压缩机的理论功率 N_{oL} 的计算同一次节流、完全冷却循环。

① 高压级的质量流量 m_H　m_H（kg/s）可由中间冷却器的焓平衡方程求得，即

$$m_H h_5 + m_L h_2 = m_L h_6 + m_H h_3$$

$$m_H = m_L \frac{(h_2 - h_6)}{(h_3 - h_5)} \tag{4-36}$$

② 高压级压缩机的理论功率 N_{oH}（kW）

$$N_{oH} = m_H (h_4 - h_3) = Q_o \frac{(h_2 - h_6)(h_4 - h_3)}{(h_1 - h_6)(h_3 - h_5)} \tag{4-37}$$

③ 制冷系数

$$\varepsilon_o = \frac{Q_o}{N_{oL} + N_{oH}} = \frac{h_1 - h_6}{(h_2 - h_1) + \dfrac{h_2 - h_6}{h_3 - h_5}(h_4 - h_3)} \tag{4-38}$$

(2) 二次节流、中间不完全冷却循环

图 4-14 为二次节流、中间不完全冷却循环的原理系统图和对应的 p-h 图。图中（a）、（b）两图内的数为互相对应。

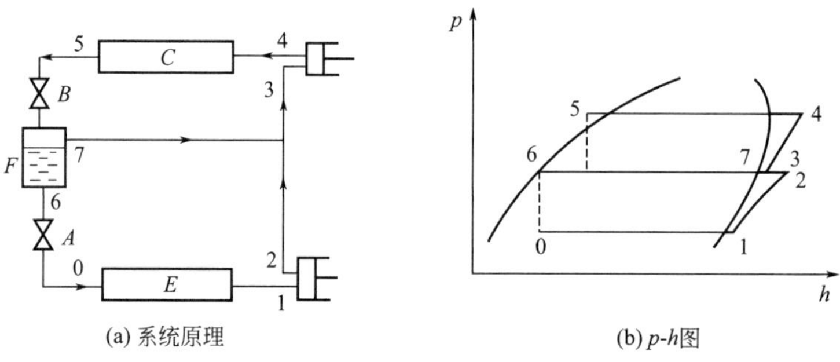

(a) 系统原理　　(b) p-h图

图 4-14　两级节流、中间不完全冷却两级压缩循环

在上述循环中，从冷凝器 C 流出的高压液体经第一个节流阀节流后温度下降，在中间冷却器 F 中形成饱和液体和饱和蒸气的混合物。分离后的饱和蒸气与低压级的排气在管路中混合，使之降温后形成过热蒸气进入高压级压缩机中。大部分饱和液体经过第二节流阀 A 节流降压至蒸发温度并在蒸发器 E 中制冷。

这种循环的一些热力计算如单位制冷量 q_o、低压级单位理论功 W_{oL}、高压级单位理论功 W_{oH}、低压级质量流量 m_L 和低压级压缩机的理论功率 N_{oL} 的计算同上述完全冷却循环。

① 高压级质量流量 m_H（kg/s）　对于绝热的中间冷却器，进行质量平衡和焓平衡计算

$$m_H = m_L + m_7 \qquad m_H h_5 = m_L h_6 + m_7 h_7$$

由上两式得

$$m_7 = m_L \frac{(h_5 - h_6)}{(h_7 - h_5)}$$

则高压级质量流量为

$$m_H = m_L + m_7 = \frac{Q_o (h_7 - h_6)}{(h_1 - h_6)(h_7 - h_5)} \tag{4-39}$$

由混合过程的焓平衡方程可知状态 3 的焓为

$$m_H h_3 = m_L h_2 + m_7 h_7$$

$$h_3 = \frac{(h_7 - h_5) h_2 + (h_5 - h_6) h_7}{(h_7 - h_6)}$$

② 高压级压缩机的理论功率 N_{oH}（kW）

$$N_{oH}=m_H(h_4-h_3)=Q_o\frac{(h_7-h_6)(h_4-h_3)}{(h_1-h_6)(h_7-h_5)} \tag{4-40}$$

③ 制冷系数 ε_o。

$$\varepsilon_o=\frac{Q_o}{N_{oL}+N_{oH}}=\frac{h_1-h_6}{(h_2-h_1)+\dfrac{h_7-h_6}{h_7-h_5}(h_4-h_3)} \tag{4-41}$$

采用二级节流、中间不完全冷却循环对制冷剂 R12 和 R502 是有利的。

4.1.2.3 两级压缩制冷循环的中间压力

双级制冷装置所能达到的最低蒸发温度，受到每一级的压缩比的影响，一般单级压缩比不能超过 10（氨）或 8（氟利昂）。因此当确定了循环型式、制冷剂种类，蒸发温度、冷凝温度以及制冷量之后，那么中间压力即中间冷却器内的压力 p_m 或对应的制冷剂饱和温度 T_m（中间温度）的确定就是两级压缩制冷机计算中的一个重要问题，它直接影响到双级循环的技术经济性、压缩机的功率等。

确定最佳中间压力的原则应依制冷系数最大的准则进行。具体方法如下。

① 为保证较好的循环经济性能，应以两级压缩机的功率之和最小为约束条件，理论上导得最佳中间压力 p_m 为高压缸的排气压力 p_k 与低压缸的吸气压力的几何平均，即

$$p_m=\sqrt{p_o p_k} \tag{4-42}$$

依上式确定的中间压力使得两级压缩机的压缩比相等，从而保证压缩机具有较高的容积效率。但制冷系数略偏离最佳值，此法可适用于小型压缩机。

② 对于按系列标准生产的制冷压缩机所组成的两级压缩制冷循环，当选定两台现有的制冷压缩机时，其理论排气量之比 $\xi=V_{hH}/V_{hL}$ 即已确定，据由式(4-42) 确定的中间压力和给定的蒸发温度和冷凝温度，求得对应于此中间压力的理论排气量比。然后再设一个中间压力依上法求得另一理论排气量。根据以上两组中间压力和排气量比数据，作出中间压力对应排气量比的一条直线；最后由选定的两台现有的制冷压缩机排气量之比 ξ 从直线上查得对应的理想中间压力。

在双级压缩过程中，通过中间压力的改变，可以保持两级之间制冷剂流量的平衡。在双级制冷压缩循环装置的运行过程中，要注意中间压力（中间温度）的变化，并调整到最佳中间压力。

4.1.3 复叠式制冷循环

尽管工业生产中采用双级制冷压缩机可以获得比单级压缩制冷机更低的蒸发温度，但对于 −65～−130℃低温，采用中温制冷剂的双级压缩循环已不适宜。因为当蒸发温度和冷凝温度相差太大时，很难找到冷凝压力不太高而蒸发压力又不太低的一种制冷剂。若蒸发压力过低，空气容易漏入制冷系统；压缩比增大从而使压缩机的输气系数降低；蒸发压力过低使吸气比容增大而使压缩机尺寸增大。特别当蒸发压力降低到 15kPa 时，吸气阀片难以开启，限制了压缩机的正常工作。另外冷凝压力过高要求冷凝器及附属管路壁厚增加导致制冷机笨重庞大。

基于以上原因，为了获取更低的温度，工业上常采用复叠式制冷装置。复叠式制冷机是由两个或两个以上的单级（或多级）制冷压缩机组合而成并采用两种和两种以上的制冷剂。其中一个制冷机在一般的低温范围内工作，另一个在更低温度范围内工作。在一般低温范围内工作的制冷机的蒸发器同时又是在更低温度范围内工作的制冷机的冷凝器，即采用串联操作的制冷方法。图 4-15 为氨-氟利昂-13 复迭冷冻机的系统原理图和 T-S 图。

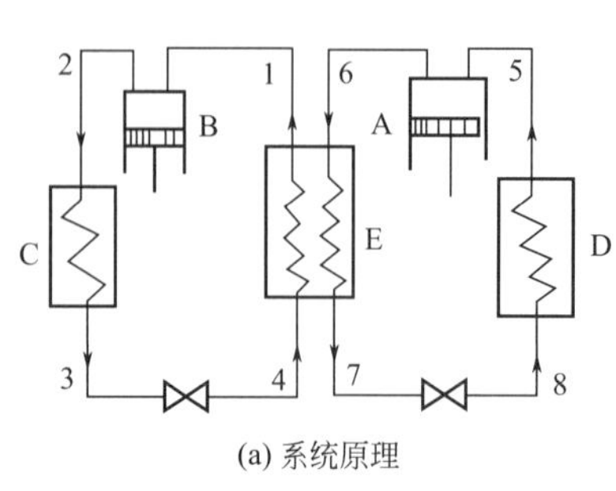

(a) 系统原理

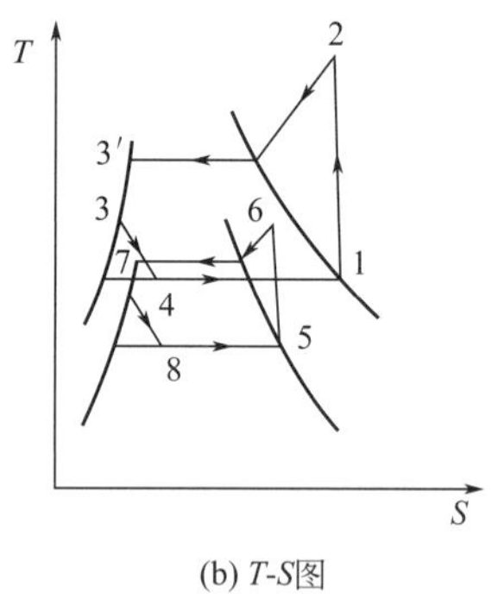

(b) T-S图

图 4-15 两个单级循环组成的氨-氟利昂-13 复叠式制冷循环

A—低温部分压缩机；B—高温部分压缩机；C—冷凝器；D—蒸发器；E—冷凝蒸发器

参看图 4-15，1—2—3′—3—4—1 为高温部分的氨制冷循环，氨循环的蒸发温度为 −30℃，冷凝温度为25℃。5—6—7—8—5 为低温部分的氟利昂-13 制冷循环，R13 低温循环的冷凝温度为−25℃，蒸发温度为−90℃。低温部分的冷凝温度须高于高温部分的蒸发温度，以便造成冷凝蒸发器的传热温差，一般温差取 5～8℃左右。同时采用复叠式制冷循环可使高温部分和低温部分循环均可在适中的压力下工作，蒸发压力又高于大气压力。复叠式制冷循环的热力计算应认为高温部分的制冷量等于低温循环部分的冷凝热量，具体参数的计算可参看 4.1.1.4 节的步骤进行。

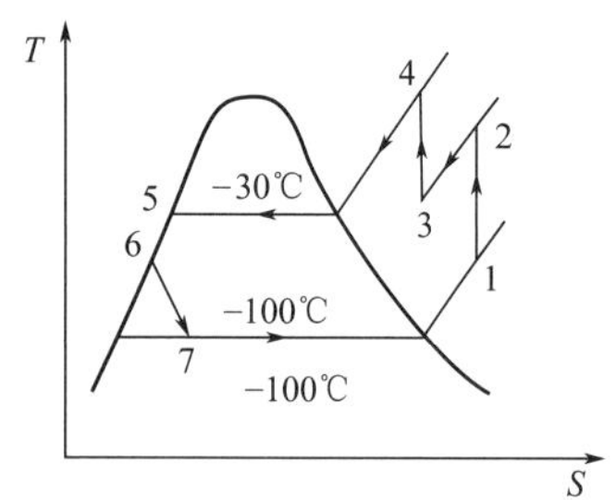

图 4-16 氨-乙烯复迭冷冻循环中的乙烯循环的 T-S 图

目前国内在深冷分离石油的裂解装置中较广泛地采用氨-乙烯复叠式制冷的工艺流程。它以氨作为一般低温的制冷剂，乙烯为深冷制冷剂。图 4-16 为氨-乙烯复叠制冷循环中乙烯循环的 T-S 图。

乙烯在 100kPa 和−40℃左右（图 4-15 中点 1）进入乙烯压气机一段（低压缸），被压缩到 p_1=540kPa（图中点 2），经水冷却和分离润滑油后进入干燥器，然后经氨冷却器被冷却到−20℃左右（图中点 3），进入压缩机二段（高压缸）升压到 p_4=2160kPa（图中点 4）。再经水冷、分油、滤油、干燥等设备以后进入蒸发冷凝器，在此，液氨走管间，在常压下蒸发提供−35℃左右的冷量。乙烯走管内，被冷凝液化（图中 4-5），液态乙烯进入换热器被从深冷蒸馏塔顶回来的乙烯气体冷却，过冷到−45℃（图中点 6）流入贮槽备用，以便送往深冷塔顶的乙烯蒸发器，乙烯在此蒸发，从而提供−100℃的低温制冷量。

当然石油化工生产中的复叠式制冷循环的型式可以多种多样，例如用丙烯离心系统与乙烯离心制冷系统复叠可用于石油烃裂解气深冷分离，蒸发温度可达−100℃以下。丙烷、乙烯和甲烷三种离心系统的复叠可用于甲烷液化，蒸发温度可达−160℃以下。单级压缩氨系统与两级二氧化碳压缩系统或两级氨压缩系统与单级二氧化碳压缩系统复叠可用于干冰生产，蒸发温度达−79℃。

复叠式制冷机停机时由于系统温度可升高到环境温度，低温制冷剂全部气化而使压力升高甚至高于压缩机系统的耐压极限，这种情况是不允许的。为了防止此种情况发生，在大型装置中通常是使低温制冷剂始终处于低温状态（如定期使高温部分运转）或将低温制冷剂抽出，装入高压贮液罐内。对于中、小型低温装置，则在低温部分的系统中接入一个膨胀容器，以便停机后让大部分低温制冷剂蒸气进入膨胀容器中。

4.1.4 混合制冷剂单级制冷循环

混合制冷剂可分为共沸制冷剂与非共沸制冷剂两类。共沸混合制冷剂因在一定的压力下有确定不变的组成和沸点，其在制冷机中作为工质可视为纯物质。若使用非共沸混合制冷剂则可以实现单级蒸气压缩非等温制冷的洛伦兹循环，该制冷循环具有低蒸发温度、低功耗和较高制冷系数的特点。图 4-17 所示为 R12 和 R13 混合制冷剂单级蒸气压缩系统原理图。

如图 4-16 所示，R12 和 R13 二元溶液蒸气经压缩机 1 压缩后进入水冷凝器 2。在水冷凝器中高沸点组分 R12 的蒸气易凝结，则大量中温组分 R12 和少量 R13 组分冷凝为液体，然后进入贮液器 3。含 R13 浓度较高的二元未冷凝蒸气由水冷凝器上部进入蒸发冷凝器，并被管内富 R12 液体蒸发冷凝。冷凝液流入贮液器 5，然后进入气液换热器 6，过冷后通过节流阀 8，降压至蒸发压力，进入蒸发器 7 蒸发制冷。由贮液器 3 流出的 R12 液体经节流阀 9 后进入蒸发冷凝器的盘管蒸发，吸收富 R13 蒸气冷凝后放出的潜热，此蒸气与气液换热器来的富 R13 蒸气混合后进入压缩机压缩，完成一个制冷循环。

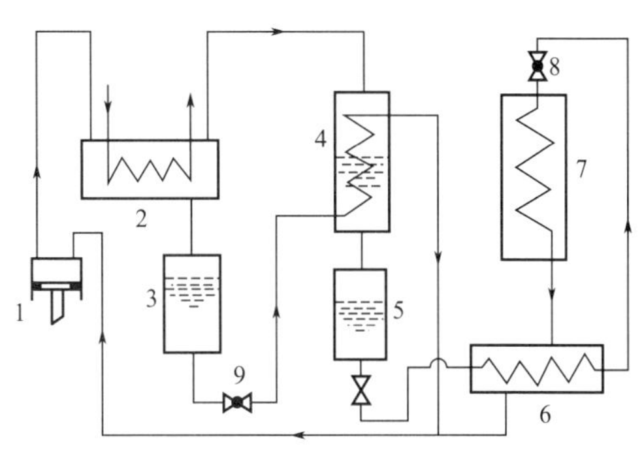

图 4-17 R12 和 R13 混合制冷剂单级蒸气压缩系统原理

1—压缩机；2—水冷凝器；3—贮液器；4—R12 冷凝器；5—贮液器；6—换热器；7—蒸发器；8,9—节流阀

使用混合制冷剂的制冷循环，蒸发温度决定于被冷却物体的温度，冷凝温度与冷凝介质有关。在蒸发、冷凝压力不变时，蒸发温度和冷凝温度随二元溶液组成的变化而在一定范围内变化。

混合制冷剂的制冷循环的工作过程可由溶液的焓浓度图进行热力学分析，其热力计算与纯工质单级蒸气压缩制冷循环相似，可参看文献［1］。

4.1.5 制冷压缩机的型式及其性能图表

4.1.5.1 活塞式制冷压缩机

(1) 活塞式制冷压缩机的基本特点

活塞式制冷压缩机是目前生产量最大、应用最广的一种制冷用压缩机。按照中国国家标准 GB 10871—89、GB 10874—89 规定，气缸直径小于 70mm，制冷量 Q_o＜58kW 为小型活塞式制冷压缩机；气缸直径为 70～170mm、制冷量 58kW≤Q_o≤580kW 为中型活塞式制冷压缩机；制冷量 Q_o＞580kW 的为大型活塞式制冷压缩机。我国活塞式制冷压缩机系列产品多属于中小型。

若按电动机与压缩机的组合型式分类，可分为开启式和封闭式两种，而封闭式又可分为半封闭式和全封闭式两种型式。封闭式压缩机密封性比开启式的好，可减少和避免制冷剂泄漏。

若按气缸的布置型式分类，可分为卧式、直立式和角度式三种类型。角度式压缩机的气缸轴线呈一定的夹角布置，有 V 型、W 型和 S 型（扇型）之分。现代中、小型高速多缸压缩机多采用角度式布置。

中国活塞式制冷压缩机有单级和双级压缩机两类，且是按 R717、R12、R22 三种制冷剂通用而设计的。同一台压缩机只需要更换气阀弹簧、安全弹簧、安全阀和气缸盖等少数零件，即可适用不同的制冷剂。

所有活塞式制冷压缩机均用一定的数字和符号表示其型号，以便于用户选择，如见表 4-3。

表 4-3 活塞式制冷压缩机型号表示法

压缩机型号	气缸数	制冷剂	气缸排列型式	气缸直径/cm	结构型式
8AS12.5 型	8	氨（A）	S 型（扇形）	12.5	开启式
6FW10B 型	6	氟利昂（F）	W 型	10	半封闭式（B）
3FY5Q 型	3	氟利昂（F）	Y 型（星形）	5	全封闭式（Q）

（2）活塞式制冷压缩机的设计和使用条件

活塞制冷压缩机在使用中其工况虽可根据实际情况而变，但其使用条件也有一定限制，即有一个经济安全的使用工况范围。因此用户在设计选型和使用中必须遵守中国有关部作出的规定和标准，确保制冷装置正常、安全地运行。现将一些规定和标准列在表 4-4～表 4-6 和表 4-7 中。

表 4-4 全封闭活塞式制冷压缩机的设计和使用条件

使用条件＼制冷剂		R12	R22	R502
最高冷凝温度/℃	高温用	—	60	—
	低温用	60	50	50
最大压力差/MPa	高温用	—	2.0	—
	低温用	1.2	1.6	1.6
最高排气温度/℃		130	150	150
蒸发温度/℃	高温用	—	−15～10	—
	低温用	−30～−5	−30～−5	−45～5
最高环境温度/℃				

表 4-5 小型活塞式单级制冷压缩机的设计和使用条件

使用条件＼制冷剂		R12	R22	R502
最高排气压力饱和温度/℃		60	60、55、49①	49
最大压力差/MPa		1.4	1.8	1.8
最高吸气压力饱和温度/℃		10	10	−10
最高排气温度/℃		125	145	145
使用温度范围/℃	高温	−10～10	−10～10	—
	中温	−20～0	−20～0	—
	低温	−30～−10	−25～−10	−40～−10

① 60℃为用于高温，55℃为用于中温，49℃为用于低温。

表 4-6 中型活塞式单级制冷压缩机的设计和使用条件

使用条件＼制冷剂	R717	R12		R22		R502
		高冷凝压力	低冷凝压力	高冷凝压力	低冷凝压力	
最高排气压力饱和温度/℃	46	60	49	60、55①	49	49
最大压力差/MPa	1.6	1.4	1.4	1.8	1.6	1.4

续表

使用条件＼制冷剂		R717	R12		R22		R502
			高冷凝压力	低冷凝压力	高冷凝压力	低冷凝压力	
最高吸气压力饱和温度/℃		5	10	10	10	10	－10
最高排气温度/℃		150	125	125	145	145	145
使用温度范围/℃	高温	—	－10～10	－10～10	－10～10	－10～10	—
	中温	－15～5	－20～0	－20～0	－20～0	－20～0	—
	低温	－30～－10	－30～－10	－30～－10	—	－30～－10	－40～－10

① 60℃为高温用，55℃为中温用。

表 4-7　中型活塞式单机双级制冷压缩机设计和使用条件

使用条件＼制冷剂		R717	R12	R22
最高排气压力饱和温度/℃	高压级	46	49	49
	低压级	18	15	16
最大压力差/℃	高压级	1.6	1.4	1.6
	低压级	0.8	0.5	0.8
最高吸气压力饱和温度/℃	低压级	－20	－25	－25
最高排气温度/℃	高压级	150	125	145
	低压级	120	100	115
使用温度范围/℃		－50～－20	－50～－25	－50～－25

中国的活塞式制冷压缩机按气缸直径的毫米数分成系列，目前有 40、50、70、100、125、170 六种系列产品（40、50、70mm 缸径以封闭为主）。每一种系列产品可以有不同气缸数，使用不同的制冷剂。因此六种系列产品可组成 100 多种名义制冷量，基本满足设计选型和使用要求。表 4-8～表 4-10 列出了不同型式活塞式制冷机的基本参数。

表 4-8　开启活塞式制冷压缩机的基本参数

类别	缸径/mm	行程/mm	缸数	R717			R22			R22		
				转速/(r/min)	标准工况制冷量/kW	标准工况轴功率/kW	转速/(r/min)	标准工况制冷量/kW	标准工况轴功率/kW	转速/(r/min)	标准工况制冷量/kW	标准工况轴功率/kW
一	50	40	2				1440	5.58	1.67	1440	3.48	1.14
			3					8.37	2.49		5.21	1.69
			4					11.16	2.30		6.96	2.24
			6					16.74	4.93		10.44	3.33
			8					22.32	6.55		13.92	4.44
二	70	55	2	1440	15.29	4.52	1440	14.67	4.35	1440	9.21	3.01
			3		22.91	6.75		22.02	6.50		13.84	4.49
			4		30.58	8.88		29.34	8.54		18.42	5.94
			6		45.87	13.40		44.01	12.90		27.66	8.86
			8		61.16	16.80		58.68	17.10		36.84	11.70
三	100	70	2	960	27.09	8.12	960	26.05	7.80	1440	24.42	7.98
			4		54.19	16.00		52.10	15.40		48.84	15.70
			6		81.27	23.80		78.15	22.90		73.26	23.50
			8		108.36	31.60		104.20	30.40		97.68	31.10

续表

类别	缸径/mm	行程/mm	缸数	R717			R22			R22		
				转速/(r/min)	标准工况制冷量/kW	标准工况轴功率/kW	转速/(r/min)	标准工况制冷量/kW	标准工况轴功率/kW	转速/(r/min)	标准工况制冷量/kW	标准工况轴功率/kW
四	125	100	2	960	61.05	18.30	960	58.72	17.60	960	36.63	12.00
			4		122.10	36.10		117.44	34.70		73.26	23.60
			6		183.15	53.90		176.16	51.70		109.89	53.20
			8		244.20	71.20		234.88	68.50		146.52	46.70
五	170	140	2	720	127.91	36.40	720	123.26	35.1	720	76.74	24.00
			4		255.82	71.90		246.52	69.3		154.48	47.00
			6		383.73	107.10		369.78	103.3		230.22	70.70
			8		511.64	142.00		493.04	173.0		306.96	93.60

表 4-9 半封闭活塞式制冷压缩机的基本参数

类 别	缸径/mm	行程/mm	缸数	R22		R12	
				转速/(r/min)	标准工况制冷量/kW	转速/(r/min)	标准工况制冷量/kW
一	50	40	2	1440	5.00	1440	3.19
			3		7.25		4.79
			4		10.00		6.38
			6		15.00		9.57
			8		20.00		12.76
二	70	55	2	1440	14.19	1440	9.01
			3		21.28		13.50
			4		28.38		18.02
			6		42.57		27.03
			8		52.76		36.04
三	100	70	2	960	25.00	1440	23.72
			4		50.00		47.44
			6		75.00		71.16
			8		100.00		94.88

表 4-10 全封闭活塞式制冷压缩机的基本参数

类别	制冷剂	缸径/mm	行程/mm	缸数	转速/(r/min)	名义工况制冷量/kW	配用电机功率/kW
高温用	R22	40	25	1	2820	4.07	1.10
				2	2880	8.37	2.22
				3		12.56	3.00
				4		16.74	4.00
		50	30	1		7.91	2.20
				2		15.81	4.00
				3		23.72	5.50
				4		31.63	7.50

续表

类别	制冷剂	缸径/mm	行程/mm	缸数	转速/(r/min)	名义工况制冷量/kW	配用电机功率/kW
低温	R12	40	25	1	2820	1.28	0.74
				2	2880	2.56	1.50
				3		3.94	2.20
				4		5.26	3.00
		50	30	1	2820	2.46	1.10
				2	2880	5.02	2.20
				3		7.53	3.00
				4		10.05	4.00
	R22	40	25	1	2820	2.09	1.10
				2	2880	4.30	2.20
				3		6.45	3.00
				4		8.60	4.00
		50	30	1		4.07	2.20
				2		8.14	4.00
				3		12.21	5.50
				4		16.28	7.50

(3) 活塞式制冷压缩机的性能参数和选择

压缩机的性能参数和选择计算主要包括制冷量、轴功率、配套电机功率及冷却水消耗量的计算。

在进行这几项计算之前应确定制冷循环的型式，制冷剂和工作参数，并计算出制冷循环的主要性能指标。压缩机选型要点：一般情况下，对氨制冷系统，当其冷凝压力与蒸发压力之比小于或等于8时采用单级压缩机。当压力比大于8时，采用双级压缩机；对氟利昂制冷系统，当压力比小于或等于10时，采用单级压缩机，当压力比大于10时采用双级压缩机。双级压缩的高、低压级理论输气量之比宜为1/3，且尽可能采用单机双级压缩机。经常在低温工况下工作的压缩机尽可能选用长引程的。选择压缩机时的计算工作温度条件不得超过压缩机的设计和使用条件（见表4-4～表4-7）。选用多台压缩机时，尽可能采用同一系列产品，最多不得超过两种系列。结合以上压缩机选型要点，初步确定压缩机的单机容量和台数，选定压缩机的型号。然后按照制冷量计算方法计算出压缩机在使用工况下的制冷量。若压缩机的制冷量不符合设计要求，则重新选定压缩机型号，再作计算，直至选定的压缩机的制冷量满足要求后，再进行后三项的计算。

① 压缩机的制冷量　压缩机的工作能力通常用单位时间内所产生的冷量即制冷量 Q_0（kW）来表示，其大小可按下式计算

$$Q_0=mq_0 \tag{4-43}$$

或

$$Q_0=V_s q_v \tag{4-44}$$

或

$$Q_0=V_h \lambda q_v \tag{4-45}$$

式中　m——制冷剂质量流量，kg/s；

V_s——压缩机的实际输气量，m^3/s；

V_h——压缩机的理论输气量，m^3/s；

q_0——制冷剂的单位质量制冷量，kJ/kg；

q_v——制冷剂的单位容积制冷量，kJ/m^3；

λ——压缩机的输气系数。

目前使用的双级压缩循环，只有低压级才向外提供冷量，故计算双级压缩机制冷量时，应将低压级的有关参数代入上述各式进行计算。

式(4-45) 中，q_v 由工作参数（主要为蒸发温度和冷凝温度）确定，可由式(4-2) 和式(4-3) 计算。而 V_h 在选定压缩机型号后，可由下式计算

$$V_h = \frac{\pi}{240} D^2 snZ \qquad m^3/s \tag{4-46}$$

式中 D——压缩机气缸直径，m；

s——压缩机活塞行程，m；

n——压缩机转速，r/min；

Z——压缩机气缸数目。

压缩机的实际输气量 V_s（m^3/s）由于压缩机气缸内有一定的余隙容积等原因，应小于理论输气量，并按下式计算

$$V_s = V_h \lambda \tag{4-47}$$

式(4-47) 或式(4-45) 中的输气系数可由压缩机的工作温度查下列曲线图求得。

a. 开启式 R717 单级压缩机或双级压缩机高压级，查图 4-18；双级压缩机低压级，查图 4-19。

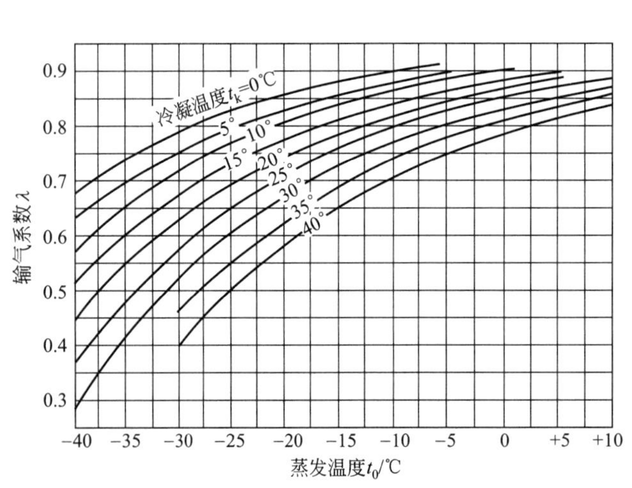

图 4-18 开启式 R717 单级压缩机或双级压缩机高压级的输气系数

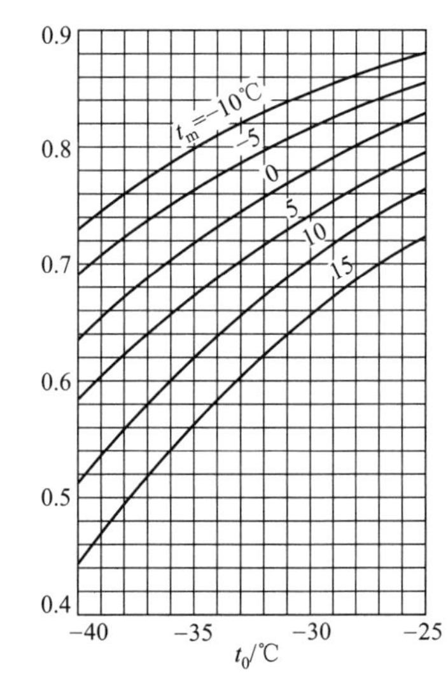

图 4-19 开启式 R717 双级压缩机低压级的输气系数

b. 开启式 R12 单级压缩机或双级压缩机高压级，查图 4-20；双级压缩机低压级，查图 4-21。

c. 开启式 R22 单级压缩机或双级压缩机高压级，查图 4-22；双级压缩机低压级，查图 4-23。

d. 封闭式压缩机，查图 4-24。

② 压缩机的轴功率和配电电机功率 压缩机的理论功率已在制冷剂的理论循环热力学计算中求得

$$N_o = mW_o \tag{4-48}$$

式中 m——制冷剂质量流量，kg/s；

W_o——单位质量制冷剂理论压缩功，kJ/kg。

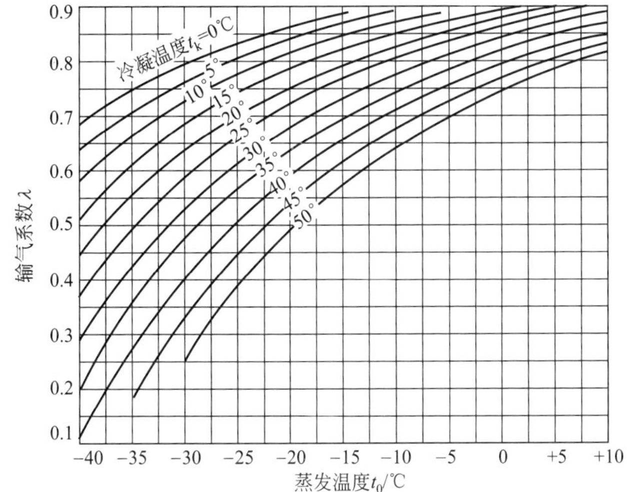

图 4-20　开启式 R12 单级压缩机或双级压缩机高压级的输气系数

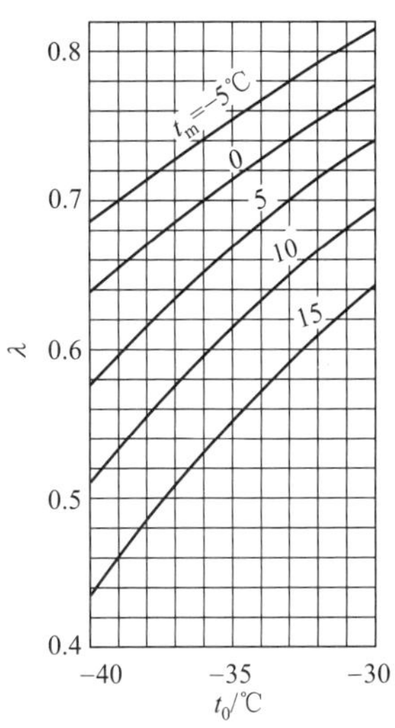

图 4-21　开启式 R12 双级压缩机低压级的输气系数

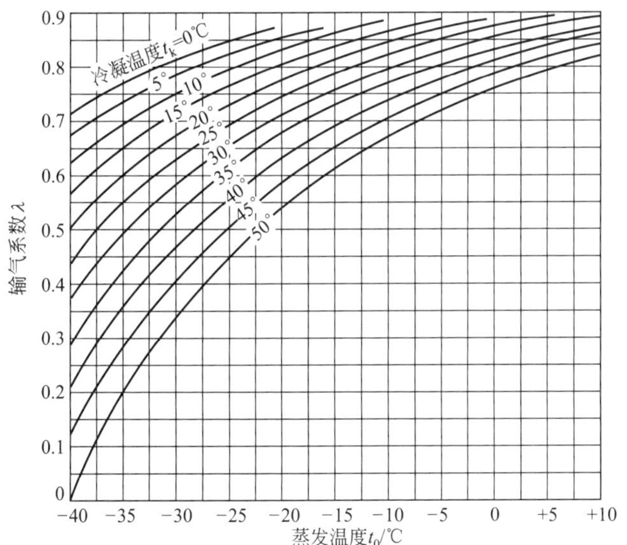

图 4-22　开启式 R22 单级压缩机或双级压缩机高压级的输气系数

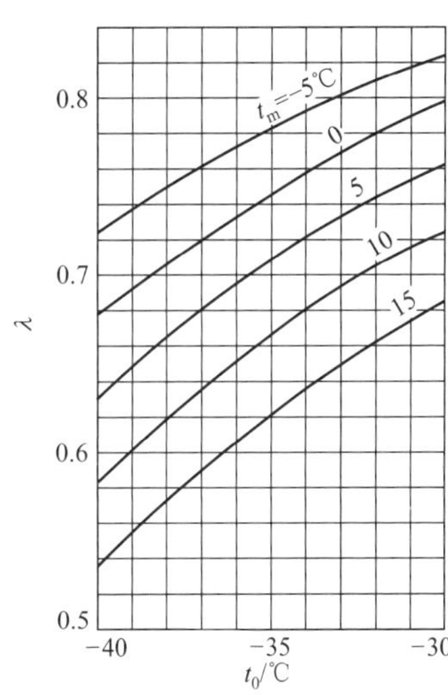

图 4-23　开启式 R22 双级压缩机低压级的输气系数

由理论功率 N_o 和压缩机的指示功率 η_i（它表征了压缩机内部热力过程的完善程度）可得到压缩功的指示功率 N_i（kW），即

$$N_i = N_o / \eta_i \tag{4-49}$$

其中指示功率 η_i 数值可由图 4-25 查得。

压缩机的动力传动机构由于存在各种机械摩擦损失，产生的功率损失可用机械效率 η_m 表示，因此，活塞式压缩机的轴功率 N_s（kW）为

$$N_s = \frac{N_i}{\eta_m} = \frac{N_o}{\eta_i \eta_m} \tag{4-50}$$

其中机械效率 η_m 可由图 4-26 查得。

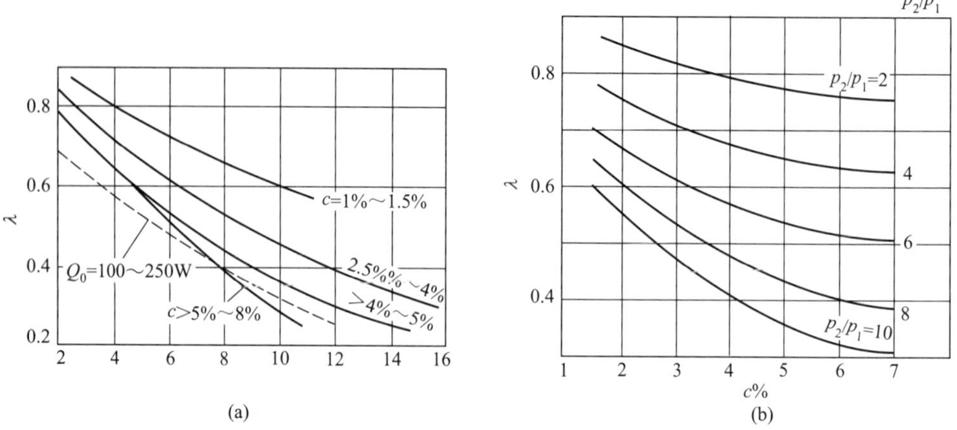

图 4-24　封闭式压缩机的输气系数

(a) 根据吸排气压比 p_2/p_1 求输气系数；(b) 根据相对余隙 C 求输气系数

p_1—吸气压力；p_2—排气压力

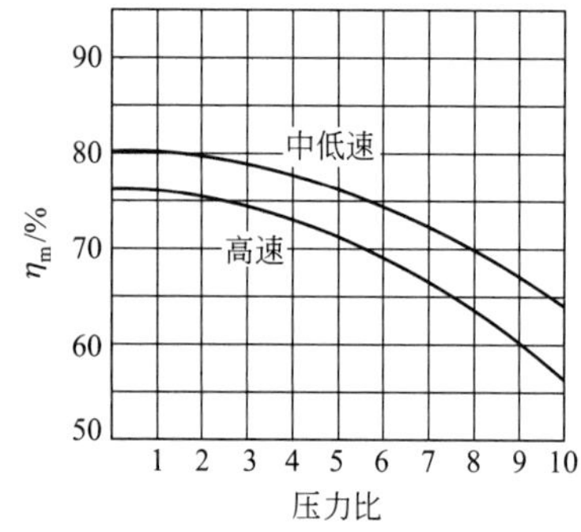

图 4-25　压缩机指示效率

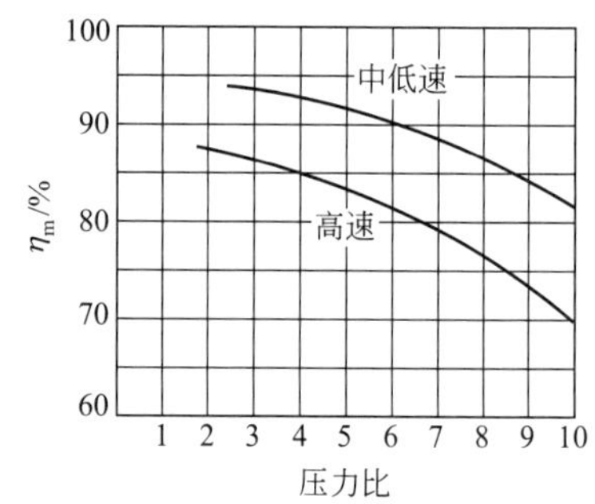

图 4-26　压缩机的机械效率

压缩机的指示效率与机械效率的乘积称为压缩机的总效率，在正常情况下，活塞式制冷压缩机的总效率为 0.65～0.72。

配用压缩机的电机时，应适当考虑选用功率裕量，以防意外超载，同时也应考虑压缩机与电动机的传动方式，其计算公式如下

$$N_e=(1.05\sim1.10)\frac{N_s}{\eta_d} \tag{4-51}$$

式中　N_e——配用电机功率，kW；

N_s——轴功率，kW；

η_d——传动效率，直接传动时 $\eta_d=1.0$；皮带传动时，$\eta_d=0.97-0.99$。

因为压缩机的轴功率是随工况而变的，故所需电动机功率大小决定于使用工况。另外，制冷压缩机在起动过程中要通过最大功率工况，因此，在确定电动机功率时还应考虑到这个因素。在选配压缩机时，必须注意应根据使用工况选用接近相应名义工况的功率匹配。

【例 4-3】 试计算 8FS10 型制冷压缩机（R12）在 A、B 两种工况下的制冷量 Q_o，轴功率 N_s 之值。

工作参数：A 工况的蒸发温度 $t_o=3$°C，冷凝温度 $t_k=40$°C，膨胀阀前的液体过冷温度 $t_u=35$°C，压缩机的吸气温度 $t_1=13$°C；B 工况的 $t_o=-5$°C，$t_k=35$°C，$t_u=30$°C，

$t_1=10°C$。

解　8FS10 型制冷压缩机的缸数 $Z=8$，气缸直径 $D=100mm$，活塞行程 $S=70mm$，转速 $n=1440r/min$，计算结果列在表 4-11 中。

表 4-11　BFS10 制冷压缩机在 A、B 工况时的 Q_o 和 N_s 值

计算项目	计算公式	A 工况	B 工况
V_h　m^3/s	$\frac{\pi D^2}{240}snZ$	$\frac{3.14\times(0.1)^2}{240}\times0.07\times1440\times8=0.106$	0.106
λ	查图 4-7	0.85	0.74
q_v　kJ/m^3	$\frac{h_1-h_4}{v_1}$	$\frac{359-223}{0.054}=2333$	$\frac{359-228}{0.068}=1926$
Q_o kW	$V_h\lambda q_v$	$0.106\times0.85\times2333=210$	$0.106\times0.74\times1926=151$
N_o kW	$\frac{Q_o}{q_o}(h_2-h_1)$	$\frac{210}{359-233}\times(379-359)=33.3$	$\frac{151}{359-228}\times(382-359)=26.5$
η_i	据$\frac{p_k}{p_o}$查图 4-12	0.74	0.73
η_m	据$\frac{p_k}{p_o}$查图 4-13	0.88	0.85
N_s kW	$\frac{N_o}{\eta_i\eta_m}$	$\frac{33.3}{0.74\times0.88}=51.2$	$\frac{26.5}{0.73\times0.85}=42.7$

③ 压缩机冷却水消耗量的计算　对于采用冷却水来冷却气缸的压缩机，其冷却水的消耗量应按制造厂提供的数据来确定。当没有这种数据时，可按下式进行概略计算

$$V=\frac{860N_s\zeta}{1000\Delta t} \tag{4-52}$$

式中　N_s——压缩机轴功率，kW；

ζ——系数，取 0.15；

Δt——冷却水进、出口温差，°C，一般取 5～10°C，进口温度不应超过33°C。

④ 活塞式制冷压缩机的性能曲线　每一台制冷压缩机的运行特性参数（制冷量、功率等）均可由上述公式计算。但是应该指出，这些特性参数均随工况变化。只有当工况一定后，压缩机的制冷量、功率等才是定值。影响制冷压缩机运行特性参数变化的两个主要因素为制冷剂的冷凝温度和蒸发温度。

生产厂对每一种制冷压缩机都要针对某一种制冷剂和一定的工作转速进行试验，测出其在不同工作温度下的制冷量和轴功率，并据此绘成曲线，称之为压缩机的性能曲线，如图 4-27。

性能曲线如图 4-27 所示，其纵坐标为制冷量或轴功率，横坐标为蒸发温度，图中一种冷凝温度对应一条曲线。通常一张性能曲线图上绘有 3～4 条曲线。利用这种关系曲线可以很方便地求出制冷压缩机在不同工况下的制冷量和轴功率。

一般情况下，产品样本上对同一系列的压缩机只列出其中一种型号的性能曲线，同一系列的其他型号压缩机的制冷量和轴功率可以按制冷量和轴功率与压缩机理论输气量成正比的关系进行折算。

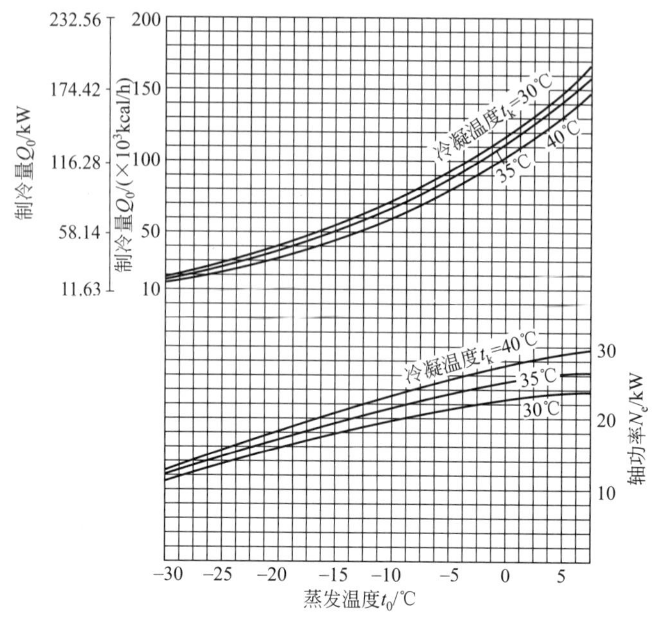

图 4-27　8AS7 型压缩机性能曲线

制冷剂为 R717；转速为 1440r/min

4.1.5.2　螺杆式制冷压缩机

(1) 螺杆式制冷压缩机的基本特点

螺杆式制冷压缩机与活塞式制冷压缩机相比较，属于近 20 多年发展起来的一种机型。螺杆式制冷压缩机是一种工作容积作回转运动的容积型制冷压缩机，因没有往复运动机构，所以结构简单、体积小、重量轻、零部件少，可靠性高，同时操作简便，易于自动化。虽然尚待开发和研究的领域十分广阔，还存在不少有待探讨的问题，但已显示出许多优点，发展很快，占有了大容量活塞式制冷压缩机的使用范围，并向中等冷量范围内的应用延伸，制冷系数、噪声等已接近活塞式制冷压缩机的水平，已发展成为制冷机的主要机型之一。

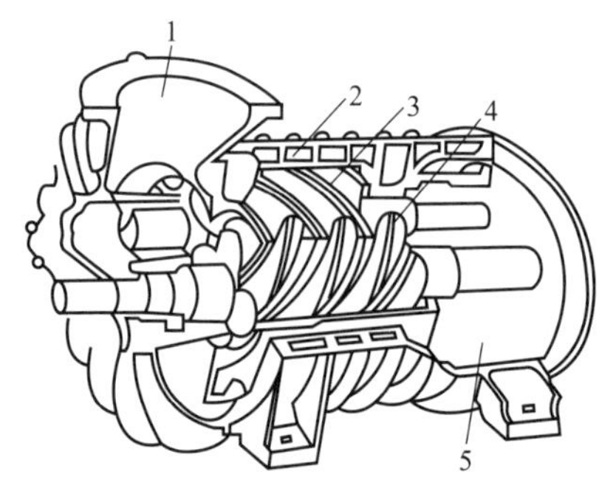

图 4-28　螺杆式制冷压缩机的结构

1—吸气口；2—机壳；3—阴转子；4—阳转子；5—排气口

图 4-28 为螺杆式制冷压缩机的结构示意图。由图可知，螺杆式压缩机气缸呈“∞”字形，气缸中配置两个按一定传动比反向旋转的螺旋形转子，其中一个有凸齿，称阳转子，另一个有齿槽，称阴转子。螺杆压缩机气缸两端设有一定形状和大小的吸气口和排气口。螺杆式压缩机的吸、排气过程不需要阀片控制，因此它的结构简单，易损件少，维护保养也方便。螺杆式压缩机阴、阳转子与气缸壁之间的容积称为基元容积，基元容积的大小和位置随转子的旋转而变化。就气体压力提高的原理而言，螺杆式制冷压缩机与往复式制冷压缩机相同，都属于容积式压缩机，即都是通过工作容积的变化而使气体压力变化。

螺杆式制冷压缩机的型式一般分为开启式、半封闭式和全封闭式三种。

中国专业标准 ZB 173080—89 规定螺杆式制冷压缩机的型号由大写汉语拼音字母和阿拉伯数字组成，其表示方法规定如下。

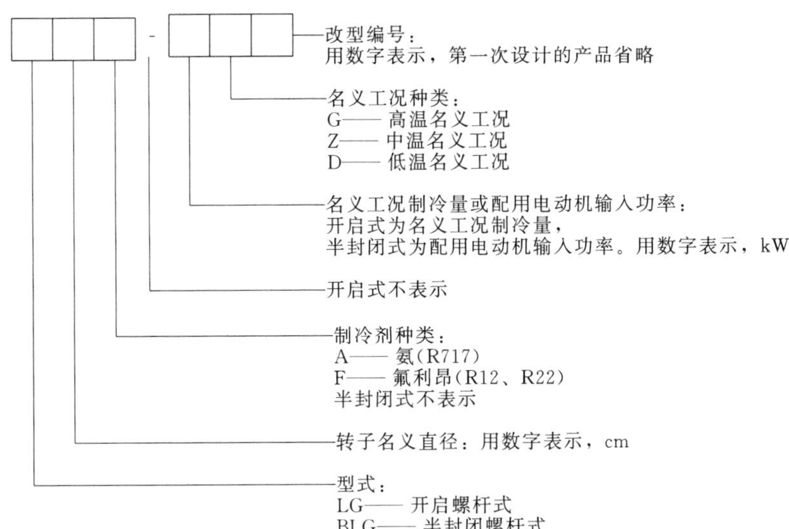

下面列举 2 例以说明型号标记。

① LG20A377D2型号　以氨为制冷剂，转子名义直径为 200mm，低温名义工况，制冷量为 377 kW，第二次改型的开启螺杆式单级制冷压缩机组。

② BLG 12.5-65G型号　以氟利昂为制冷剂，转子名义直径为 125mm，高温工况用，配用电机功率为 65kW，半封闭螺杆式单级制冷压缩机组。

(2) 螺杆式制冷压缩机的基本参数及工况

中国专业标准 ZB 173080—89 对喷油螺杆式单级制冷压缩机组的基本参数与工况作了相应规定，参见表 4-12～表 4-20。

表 4-12　水冷开启式 R12 螺杆式制冷压缩机基本参数

阳转子转速/(r/min)	阳转子名义直径/mm	长径比	R12					
			名义工况制冷量 Q_0/kW			名义工况制冷压缩机性能系数		
			G	Z	D	G	Z	D
4440	100	1	76.71	45.08	26.49	4.601	3.532	2.009
		1.5	117.32	68.94	40.52	4.743	3.641	2.071
	125	1	155.68	91.48	53.77	4.768	3.660	2.082
		1.5	234.65	137.88	81.04	4.783	3.671	2.088
2960	125	1	101.53	59.66	35.06	4.674	3.588	2.041
		1.5	155.68	91.48	53.77	4.728	3.629	2.064
	160	1	218.85	128.60	75.58	4.824	3.703	2.106
		1.5	329.41	193.57	113.76	4.850	3.723	2.118
	200	1	439.96	258.53	151.95	4.878	3.754	2.130
		1.5	665.58	391.12	229.87	4.891	3.823	2.175
	250	1	868.64	510.44	300.00	5.025	3.858	2.194
		1.5	1324.40	801.52	457.40	5.080	3.899	2.218
	315	1	1775.65	1043.42	613.24	5.072	3.893	2.214
		1.5	2707.46	1590.98	935.05	5.103	3.917	2.228

表 4-13 水冷开启式 R22 螺杆式制冷压缩机基本参数

阳转子转速 /(r/min)	阳转子名义直径/mm	长径比	R22					
			名义工况制冷量 Q_0/kW			名义工况制冷压缩机性能系数		
			G	*Z*	*D*	*G*	*Z*	*D*
4440	100	1	126.35	74.250	43.640	4.647	3.567	2.029
		1.5	191.78	112.69	66.230	4.647	3.567	2.029
	125	1	254.95	149.82	88.050	4.784	3.672	2.098
		1.5	385.81	226.72	133.24	4.794	3.680	2.093
2960	125	1	166.96	98.110	57.660	4.646	3.566	2.028
		1.5	254.95	149.82	88.050	4.700	3.608	2.052
	160	1	358.74	210.81	123.89	4.791	3.678	2.092
		1.5	541.49	318.20	187.01	4.809	3.691	2.100
	200	1	719.73	422.94	248.57	4.837	3.713	2.112
		1.5	1085.2	637.72	374.80	4.954	3.803	2.163
	250	1	1419.2	833.94	490.12	5.001	3.842	2.186
		1.5	2163.7	1271.5	747.26	5.070	3.892	2.214
	315	1	2893.5	1694.4	995.83	5.027	3.859	2.194
		1.5	4336.5	2548.2	1497.6	5.120	3.930	2.235

表 4-14 水冷开启式 R717 螺杆式制冷压缩机基本参数

阳转子转速 /(r/min)	阳转子名义直径/mm	长径比	R717			
			名义工况制冷量 Q_0/kW		名义工况制冷压缩机性能系数	
			Z	*D*	*Z*	*D*
4440	100	1	90.570	44.600	3.790	2.132
		1.5	138.16	68.040	3.793	2.134
	125	1	181.15	89.200	3.803	2.139
		1.5	271.72	133.80	3.810	2.143
2960	125	1	118.21	58.210	3.770	2.120
		1.5	181.15	89.200	3.814	2.145
	160	1	253.30	124.73	3.797	2.136
		1.5	382.25	188.23	3.964	2.230
	200	1	508.14	250.22	3.912	2.200
		1.5	766.04	377.22	4.014	2.258
	250	1	1002.5	493.64	4.022	2.263
		1.5	1529.0	752.93	4.089	2.300
	315	1	2043.3	1006.17	4.102	2.307
		1.5	3093.4	1523.24	4.141	2.329

表 4-15 水冷半封闭式 R22 螺杆式制冷压缩机组的基本参数

阳转子转速 /(r/min)	阳转子名义直径/mm	长径比	R22					
			名义工况制冷量 Q_0/kW			名义工况制冷压缩机性能系数		
			G	*Z*	*D*	*G*	*Z*	*D*
4440	100	1	124.09	72.920	42.860	4.004	3.073	1.738
		1.5	189.52	111.37	65.450	4.038	3.099	1.573
	125	1	252.70	148.49	87.270	4.180	3.208	1.814
		1.5	381.30	224.06	131.69	4.210	3.224	1.824
2960	125	1	164.70	96.780	56.880	4.025	3.089	1.747
		1.5	250.44	147.17	86.490	4.051	3.109	1.758
	160	1	354.23	208.15	122.34	4.175	3.204	1.813
		1.5	536.98	315.55	185.45	4.205	3.227	1.826

注：制冷压缩机性能系数中的输入功率不包括单独驱动的油泵功率。

表 4-16　风冷开启式 R22 螺杆式制冷压缩机的基本参数

阳转子转速/(r/min)	阳转子名义直径/mm	长径比	R22 名义工况制冷量 Q_0/kW			R22 名义工况制冷压缩机性能系数		
			G	*Z*	*D*	*G*	*Z*	*D*
4440	100	1	113.72	51.232	30.112	2.974	2.283	1.299
		1.5	172.60	77.756	45.699	2.974	2.283	1.299
	125	1	229.46	103.38	60.755	3.062	2.350	1.343
		1.5	347.23	156.44	91.936	3.068	2.355	1.340
2960	125	1	150.26	67.696	39.785	2.973	2.282	1.298
		1.5	229.06	103.38	60.755	3.008	2.309	1.313
	160	1	222.87	145.46	85.484	3.066	2.354	1.339
		1.5	487.34	219.56	129.04	3.078	2.362	1.344
	200	1	647.76	291.83	171.51	3.096	2.376	1.352
		1.5	976.68	440.03	258.61	3.171	2.434	1.384

注：制冷压缩机性能系数中的输入功率不包括单独驱动的油泵功率和风机功率。

表 4-17　风冷半封闭式 R22 螺杆式制冷压缩机的基本参数

阳转子转速/(r/min)	阳转子名义直径/mm	长径比	R22 名义工况制冷量 Q_0/kW			R22 名义工况制冷压缩机性能系数		
			G	*Z*	*D*	*G*	*Z*	*D*
4440	100	1	110.44	47.398	27.856	2.683	1.721	0.973
		1.5	168.67	72.391	42.543	2.705	1.735	0.881
	125	1	224.90	96.519	56.726	2.801	1.796	1.016
		1.5	339.36	145.64	85.599	2.821	1.805	1.021
2960	125	1	146.58	62.910	36.972	2.697	1.730	0.978
		1.5	222.89	96.661	56.219	2.714	1.741	0.984
	160	1	315.20	135.30	79.521	2.797	1.794	1.015
		1.5	477.91	205.11	120.54	2.817	1.807	1.023

注：制冷压缩机性能系数中的输入功率不包括单独驱动的油泵功率和风机功率。

表 4-18　螺杆式制冷压缩机及机组的名义工况

<table>
<tr><th rowspan="2">名义工程</th><th rowspan="2">制冷剂</th><th rowspan="2">吸入压力饱和温度/℃</th><th rowspan="2">吸入温度/℃</th><th colspan="2">排出压力饱和温度/℃</th><th colspan="2">制冷剂液体温度/℃</th></tr>
<tr><th>水冷式</th><th>风冷式</th><th>水冷式</th><th>风冷式</th></tr>
<tr><td>高温</td><td>R22</td><td>7</td><td rowspan="2">18</td><td>43</td><td rowspan="2">55</td><td>38</td><td rowspan="2">50</td></tr>
<tr><td rowspan="2">中温</td><td>R22</td><td rowspan="2">−7</td><td rowspan="4">35</td><td rowspan="4">30</td></tr>
<tr><td>R717</td><td>1</td><td>—</td><td>—</td></tr>
<tr><td rowspan="2">低温</td><td>R22</td><td rowspan="2">−23</td><td>5</td><td rowspan="2">—</td><td rowspan="2">—</td></tr>
<tr><td>R717</td><td>−15</td></tr>
</table>

表 4-19　螺杆式制冷压缩机设计及使用条件

设计和使用条件	制冷剂 R22、R12 水冷式	制冷剂 R22、R12 风冷式	制冷剂 R717
最高排出压力饱和温度/℃	49	60	46
最低吸入压力饱和温度/℃	−40	−20	−40
最高吸入压力饱和温度/℃	10		5
最高排气温度/℃	105(90)		

注：排出压力为油分离器前的压力；括号中的数值为 R12 的排气温度。

表 4-20　螺杆式制冷压缩机的主要技术参数表

项目 \ 型号	LG10A30 D/Z/G (KA10-5.5)	LG10F30 D/Z/G (KF10-5.3)	LG12.5A 55Z/65G (KA12.5-12)	LG12.5F 55Z/65G (KF12.5-11)	LG12.5A 65Z/85G (KA12.5-18)	LG12.5F 65Z/85G (KF12.5-17)
制冷剂	R717	R22	R717	R22	R717	R22
阳转子转速/(r/min)	2960		2960		4440	
转子公称直径/mm	100		125		125	
转子长度/mm	150		190		190	
理论排量/(m³/h)	133		264		396	
标准工况制冷量/kW	64.9	61.8	137	133	205	200
标准工况功率/kW	21.6	21.4	40	40.5	60	60.7
配用电机 低温工况标准工况 型号	Y180M-2		YW200L-2		YW200L1-2	
配用电机 低温工况标准工况 功率/kW	30		55		65	
配用电机 低温工况标准工况 电压/V	380		380		380	
配用电机 空调工况 型号	Y180M-2		YW200L1-2		YW225M-2	
配用电机 空调工况 功率/kW	30		65		85	
配用电机 空调工况 电压,V	380		380		380	
转子间传动方式	阳带阴		阳带阴		阴带阳	
油泵 流量/(L/min)			80		120	
油泵 电机型号			Y90L-4		Y100L1-4(B35)	
油泵 电机功率/kW			1.5		2.2	
油泵 电压,V			380		380	
能量调节范围			15%～100%无级调节		15%～100%无级调节	
内容积比	2.6～5 连续调节		2.6 3.6 5		2.6 3.6 5	
噪音/dB(A)	≤76		≤85		≤86	
振动/μm	≤10		≤20		≤20	
冷冻机油 牌号	N46		N46		N46	
冷冻机油 注入量/kg	50		75		85	
进气管直径/mm	ϕ57×3.5(*DN*50)		ϕ89×4(*DN*80)		ϕ89×4(*DN*80)	
排气管直径/mm	ϕ51×3(*DN*45)		ϕ76×3.5(*DN*70)		ϕ76×3.5(*DN*70)	
油冷却器进出水管直径/in	G1 1/4"		G1 1/4"		G1 1/4"	
油冷却器冷却水量/(m³/h)	≤2		≤8		≤8	
油冷却器热交换面积/m²	2.5		5.5		5.5	
机组外形尺寸 长/mm	1980		2820		2820	
机组外形尺寸 宽/mm	615		800		845	
机组外形尺寸 高/mm	1390		1786		1786	
机组质量/kg	800		1700		1700	
运行质量/kg	890		1820		1820	

续表

项目		型号	LG16A 100Z/150G (KA16-25)	LG16F 100Z/125G (KF16-24)	LG20A 200Z/250G (KA20-50)	LG20F 200Z/250G (KF20-48)	LG25A 400D/440Z/500G (KA25-100)	LG25F 400D/440Z/500G (KF25-96)	LG31.5A800D (KA31.5-200)
制冷剂			R717	R22	R717	R22	R717	R22	R717
阳转子转速/(r/min)			2960		2960		2960		2960
转子公称直径/mm			160		200		250		315
转子长度/mm			240		300		375		520
理论排量/(m^3/h)			552		1086		2160		4290
标准工况制冷量/kW			290	281	580	563	1162	1130	2330
标准工况功率/kW			80.5	80	160.5	160	317	317	610
配用电机	低温工况 标准工况	型号	JK$_2$111-2		JK$_2$123-2		JB400-2(低) JK134-2(标)		JB0710M$_3$-2
		功率/kW	100		200		400 440		800
		电压/V	380		380		6000		6000
	空调工况	型号	JK$_2$113-2	JK$_2$112-2	JK$_2$124-2		JK135-2		
		功率/kW	150	125	250		500		
		电压/V	380		380		6000		
转子间传动方式			阳带阴		阳带阴		阳带阴		阳带阴
油泵	流量/(L/min)		120		120		333		740
	电机型号		Y100L$_1$-4(B35)		Y100L$_2$-4(B35)		Y132-6		YB160M$_1$-2
	电机功率/kW		2.2		3		5.5		11
	电压/V		380		380		380		380
能量调节范围			15%～100%无级调节		15%～100%无级调节		15%～100%无级调节		40%～100% 无级调节
内容积比			2.6～5 连续调节		2.6～5 连续调节		2.6 3.6 5		2.6～5 连续调节
噪音/dB(A)			≤90		≤91		≤99		≤112
振动/μm			≤20		≤20		≤20		≤25
冷冻机油	牌号		N46		N46		N46		N46
	注入量/kg		140		180		1000		1600
进气管直径/mm			ϕ108×4(*DN*100)		ϕ159×4.5(*DN*150)		ϕ219×6(*DN*200)		ϕ278×8(*DN*250)
排气管直径/mm			ϕ89×4(*DN*80)		ϕ108×4(*DN*100)		ϕ159×4.5(*DN*150)		ϕ219×7(*DN*200)
油冷却器进出水管直径/in			G1 $^1/_4$″		G2″		φ89×4.5(*DN*80)		φ89×4.5 (*DN*80)
油冷却器冷却水量/(m^3/h)			≤10		≤16		≤60		≤120
油冷却器热交换面积/m^2			11.8		17		35		80
机组外形尺寸	长/mm		3260		3500		5750		6730
	宽/mm		820		980		1670		1850
	高/mm		2040		2153		2850		3720
机组质量/kg			2800		4000		12000		19 400
运行质量/kg			3000		4270		13200		22000

注：1″=1in=25.4mm。

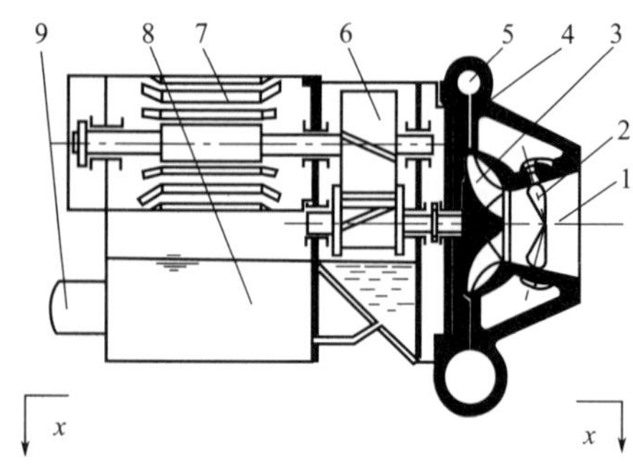

图 4-29 单级离心式制冷压缩机的结构
1—吸气腔；2—进口导叶；3—叶轮；4—扩压器；5—蜗壳；6—增速齿轮；7—电动机；8—油箱；9—齿轮油泵

4.1.5.3 离心式制冷压缩机

(1) 离心式制冷压缩机的基本特点

离心式制冷压缩机结构可参见图 4-29。

压缩机本体包括吸气腔、叶轮、扩压器、蜗壳，传动轴及轴封装置（半封闭式结构无轴封装置）等部件。离心式制冷压缩机的工作原理基本上与离心式泵和风机相同，是以高速旋转产生的离心力来压缩和输送气体。当电机通过增速齿轮带动叶轮高速旋转时，叶轮内的气体在叶片作用下与叶轮一起旋转，气体在旋转离心力的作用下，沿着叶片间的流道高速离开叶轮，进入扩压器和蜗壳，并使气体的大部分动能转变为压力能，然后进入冷凝器在冷凝压力下冷凝。当叶轮中的气体通过叶道流出叶轮后，吸气腔中的气体便通过叶轮进口不断补充。为了使流出压缩机的制冷剂蒸气具有一定的压力，其叶轮通常具有 10^4r/min 的转速。离心式制冷机的特点如下。

① 单机制冷量大。国产空调用离心式制冷机组的制冷量在 580kW～2800kW。

② 结构紧凑、质量轻、尺寸小，故可节省机房投资。

③ 没有气阀、填料、活塞环等易损件，因而工作可靠，操作方便，维护费用仅为活塞式压缩机的 1/5。

④ 运转平稳、振动小，噪声低于 90dB。运转时制冷剂中不混有润滑油，因而蒸发器和冷凝器的传热性能好。

⑤ 能够经济地进行调节。当采用入口导流叶片调节器和改变扩压器宽度调节装置时，可使机组负荷在30%～100%范围内进行高效率调节。

⑥ 离心式制冷机缺点在于单机制冷量不宜过小，且不宜采用较高的冷凝压力。其效率低于活塞式制冷机。

(2) 离心式制冷压缩机的分类和应用范围

离心式制冷压缩机可以按以下形式分类。

① 按用途分类：可分为空调冷水机组和低温机组两类。

② 按机组的压缩机与主驱动机的连接分类：可分为开启型、半封闭型、全封闭型三类。

③ 按机组的蒸发器和冷凝器的组成方式分类：可分为单筒型和双筒型两类。中国生产的空调用离心式制冷机以单筒、单级压缩、半封闭和组装为主。

各种形式的离心式制冷压缩机的应用范围参见表 4-21。

表 4-21 离心式制冷机的应用范围

类型	用途	制冷量范围/kW	蒸发温度/℃	制冷剂种类	载冷剂种类	特点和应用
中、小型机组	空调用冷水机组	290～3490 (R11) 875～4420 (R12) >4420 (R22)	≥0	R11 R12 R22 R500 R113	水	一般均为半封闭、单级、组装、单筒结构；用于大、中型空调工程 也有采用开式，双级或三级的结构

续表

类型	用途	制冷量范围/kW	蒸发温度/℃	制冷剂种类	载冷剂种类	特点和应用
中、小型机组	工业用低温机组	350～3500	−5～−25	R11 R12 R22 R717	氯化钙水溶液 甲醇水溶液 乙二醇水溶液	气体和液体冷却；工业蒸气液化；纺织工业；印刷工业；石油化工工业；食品工业；饮食业；冷库等
		350～2326	−25～−40	R12 R22 R717(NH_3) R290(C_3H_8)	氯化钙水溶液 甲醇水溶液 乙二醇水溶液 二氯甲烷 三氯乙烯 R11	石油化工、化工；食品工业；制药；低温环境试验室；冷库等
		350～1395	−40～−60	R12 R22 R502 R1150(C_2H_4) R1270(C_3H_6)	三氯甲烷 三氯乙烯 R11	液化气的结晶和贮藏；气体液化和冷却；制药；食品深冷；石油化工；低温环境试验室等
大型多级压缩的离心式制冷装置	大型石油化工及化工用，常与工艺联合成一个装置或工段	吸入气量 m^3/h 2500～32000	+15～−42	R717(NH_3)	液氨直接冷却物料	采用多缸、多段(级)的开式离心式压缩机；压缩机组及其油系统与冷凝器及蒸发器，分离罐等根据生产工艺要求，分别布置在建筑物内或框架上；可实现工艺所要求的多蒸发温度的制冷、工艺物料的回流和加压出料，并可与其他介质的制冷系统组成复叠式制冷系统；多用于石油化工及炼油厂、大型合成氨厂
		吸入量 2000～20000	≥−101℃	R1150(C_2H_4)	乙烯直接冷却物料	
		吸入量 5500～80000 制冷量 756～7270 kW	≥−70℃	R1270(C_3H_6) R290(C_3H_8)	丙烯(丙烷)直接冷却物料	

(3) 离心式制冷压缩机的选择

生产厂家对每种型号的离心式制冷压缩机组均提供了性能曲线或变工况性能表。在设计制冷系统时，需要根据给定的外部条件和用冷要求，确定蒸发温度和冷凝温度等设计工况，由选定的离心式制冷压缩机的型号以得到实际制冷量和轴功率。表 4-22～表 4-27 列举了部分厂家重通 BF 型空调用冷水机组的变工况性能表，供缺少厂家样本、资料时选用。

表 4-22 Ⅱ-BF50×0 离心制冷机组变工况性能表

冷凝器进水温度/℃	制冷量 Q_o 轴功率 N_z 冷水量 G_s		蒸发器出/进水温度/℃ 5/10	6/11	7/12	8/14	9/15	10/17
30	Q_o	kW	628 (54)	651 (56)	686 (59)	733 (63)	767 (66)	802 (69)
	N_z	kW	148	153	159	163	166	170
	G_s	t/h	108	112	118	105	110	98.6
32	Q_o	kW	581 (50)	605 (52)	640 (55)	698 (60)	744 (64)	767 (66)
	N_z	kW	148	153	160	164	168	175
	G_s	t/h	100	104	110	100	107	94.3

表 4-23　BF60 ×0 离心制冷机组变工况性能表

冷凝器进水温度/℃	制冷量 Q_o 轴功率 N_z 冷水量 G_s		蒸发器出/进水温度/℃					
			5/10	6/11	7/12	8/14	9/15	10/17
30	Q_o	kW	744 (64)	779 (67)	814 (70)	872 (75)	917 (79)	953 (82)
	N_z	kW	177	183	190	195	199	204
	G_s	t/h	128	134	140	125	132	117
32	Q_o	kW	698 (60)	721 (62)	767 (66)	837 (72)	884 (76)	919 (79)
	N_z	kW	177	183	192	196	201	210
	G_s	t/h	120	124	132	120	127	113

注：括号内为以“10^4kcal/h”表示的制冷量。

表 4-24　ⅡBF75 ×0 离心制冷机组变工况性能表

冷凝器进水温度/℃	制冷量 Q_o 轴功率 N_z 冷水量 G_s		蒸发器出/进水温度/℃					
			5/10	6/11	7/13	8/14	9/16	10/17
32	Q_o	kW	917 (79)	977 (84)	1023 (88)	1093 (94)	1151 (99)	1157 (99.5)
	N_z	kW	200	202	208	214	216	222
	G_s	t/h	158	168	147	157	142	142

表 4-25　ⅡBF100 ×0 离心制冷机组变工况性能表

冷凝器进水温度/℃	制冷量 Q_o 轴功率 N_z 冷水量 G_s		蒸发器出/进水温度/℃					
			5/10	6/11	7/13	8/14	9/16	10/17
32	Q_o	kW	1233 (106)	1302 (112)	1372 (118)	1465 (126)	1535 (132)	1535 (132)
	N_z	kW	267	270	278	286	288	296
	G_s	t/h	212	224	197	210	189	189

注：括号内为以“10^4kcal/h”表示的制冷量。

表 4-26　ⅡBF120 ×0 离心制冷机组变工况性能表

冷凝器进水温度/℃	制冷量 Q_o 轴功率 N_z 冷水量 G_s		蒸发器出/进水温度/℃					
			5/10	6/11	7/13	8/14	9/16	10/17
32	Q_o	kW (10^4kcal/h)	1477 (127)	1558 (134)	1640 (141)	1756 (151)	1837 (158)	1849 (159)
	N_z	kW	320	324	333	343	345	355
	G_s	t/h	254	268	235	252	226	227

表 4-27　ⅡBF140 ×9.1 离心制冷机组变工况性能表

参数项目	蒸发器出水温度/蒸发器进水温度/℃				
	15/21	16/22	17/24	18/26	19/27
冷凝器进出水温度 T_{w1}/T_{w2}/℃	32/37	32/38	32/38	32/38	32/39

续表

参数项目	蒸发器出水温度/蒸发器进水温度/℃				
	15/21	16/22	17/24	18/26	19/27
制冷量 Q_o /kW(10^4 kcal/h)	1640 (141)	1733 (149)	1826 (157)	1977 (170)	2035 (175)
蒸发器循环水量 G_s /(t/h)	235	248	224	212.5	219
冷凝器循环水量 G_w /(t/h)	332	292	307	330	292
轴功率 N_z/kW	297	308	319	327	336

4.2 吸收制冷

4.2.1 吸收制冷基本原理

蒸气压缩制冷通过压缩机消耗机械功利用制冷剂的气化潜热制冷。而吸收制冷是依靠所谓的热化学压缩机即发生器-吸收器的作用消耗热能达到利用制冷剂的气化潜热而制冷的目的。吸收制冷一般以二元溶液作为工质，利用二元溶液中各组分蒸气压不相同的原理来进行的。以较高蒸汽压的易挥发组分为制冷剂，挥发性小的组分为吸收剂。吸收式制冷机利用溶液在一定条件不析出低沸点组分蒸气，在另一条件下又能强烈吸收低沸点组分的蒸气这一特征完成制冷循环。

吸收制冷的特点是直接利用热能制冷，且可利用低品位热能。工厂中的低压蒸气、热水、烟道气以及某些工艺气体（如低温变换气）等，均可作为热源，这对综合利用热能，不仅具有经济效果，而且具有现实意义。

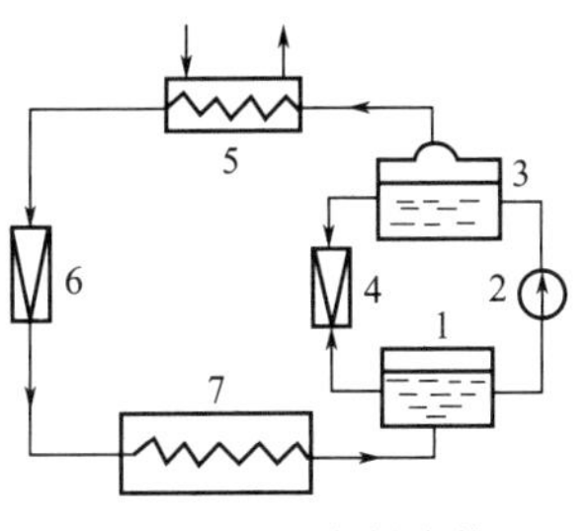

图 4-30 吸收式制冷装置
1—吸收器；2—溶液泵；3—发生器；4—节流阀；5—冷凝器；6—节流阀；7—蒸发器

图 4-30 为氨水吸收制冷机系统示意图，它由吸收器、溶液泵、发生器、节流阀、冷凝器和蒸发器各部件组成。它以氨作制冷剂，水为吸收剂。与压缩式制冷机的工作过程相比较，仅由图中 1，2，3，4 组成的吸收器-发生器组（热化学压缩机）取代了压缩式制冷机的气体压缩机。

其工作原理参看图 4-30 所示，在发生器中制冷剂溶液加热蒸发，产生的氨蒸汽在冷凝器中凝结为液体，经节流阀降压后进入蒸发器中蒸发制冷。蒸发后的氨蒸气进入吸收器中，并被吸收器内的稀氨溶液所吸收，成为与原来浓度相同的氨水溶液。同时发生器中制冷剂含量减少的溶液即吸收液经节流阀降压后也进入吸收器中成为稀氨溶液。吸收器中恢复到原浓度的二元溶液再用溶液泵打入发生器中以完成它本身的循环。

在吸收式制冷循环中，常用蒸发器得到的冷量 Q_o 与加入发生器的热量 Q_g 之比作为循环的经济性指标，即热力系数 ζ 为

$$\zeta=\frac{Q_o}{Q_g} \tag{4-53}$$

吸收式制冷机对制冷剂的要求基本上与蒸气压缩式制冷机相同。除此之外，对吸收剂也应具有如下要求：吸收剂应具有强烈吸收制冷剂的能力；它的沸点应远高于制冷剂的沸点；化学

性质的要求应为无毒、不燃不爆，对金属材料无腐蚀性；价格低廉，易于获得；作为工质的二元溶液必须是非共沸溶液。目前已经使用和正在研讨的吸收式制冷机工质大体上可分为以下五大类。

① 以水为制冷剂的工质，如水-溴化锂、水-氯化锂、水-碘化锂及三组分体系水-氯化锂-溴化锂等。

② 以醇类作制冷剂的工质，如甲醇-溴化钾、甲醇-溴化锌以及甲醇-溴化锂-溴化锌、甲醇-碘化锂-溴化锌等。

③ 以氨类为制冷剂的工质，如氨-水、甲胺-水、乙胺-水、氨-四甘醇以及氨-硫氰酸钠等。

④ 以氟利昂为制冷剂的工质，如 R21、R22 与四甘醇参二甲醚等有机物所组成的工质对。

⑤ 以碳氢化合物为制冷剂的工质，如在石油化工中以丙烷与乙烷的混合物为制冷剂，以丁烷和戊烷的混合物为吸收剂等。

目前工业上常用的为以水为吸收剂，氨为制冷剂的氨水吸收式制冷机和以溴化锂为吸收剂，水为制冷剂的溴化锂吸收式制冷机。氨水吸收式制冷机通常用于低温系统，最低使用温度可达−65℃，一般为−45℃以上。溴化锂吸收制冷机仅能用于空调系统，一般使用温度为 0℃以上。

4.2.2 氨水吸收式制冷机

4.2.2.1 氨水溶液的性质

氨与水在正常温度下能以任何比例完全互溶，若以 ξ 表示氨在水中的质量分数，则氨与水能形成 ξ 等于 0 到 1 的全部溶液。但在低温下，会有固相沉积，而分别以纯冰、纯氨冰、$NH_3 \cdot H_2O$ 和 $2NH_3 \cdot H_2O$ 化合物形式析出。图 4-31 给出氨水溶液的共晶点曲线[2]。

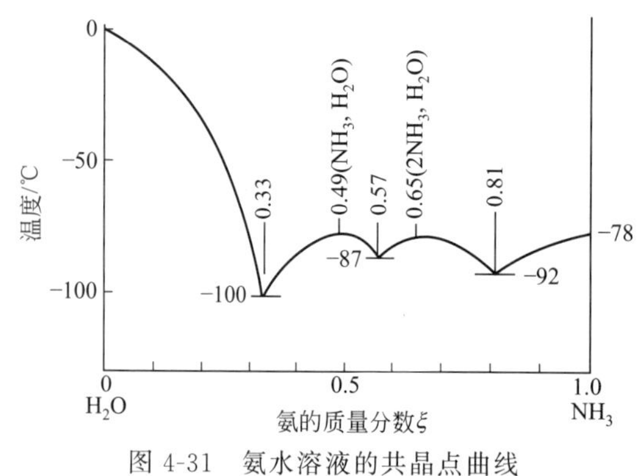

图 4-31 氨水溶液的共晶点曲线

氨水溶液这个特性值得注意，以防止结晶物堵塞膨胀阀。

氨与水的沸点相差仅为 133℃，故水相对于氨也具有一定的挥发能力，因此氨吸收式制冷机需要在发生器出口增加氨的分馏设备。图 4-32给出了氨水溶液的蒸气压曲线。

氨水溶液的 h-ξ 图，即焓-浓度图（见图 4-33），为氨吸收制冷热力计算中常用的一种热力性质图。

图中绘出了氨水溶液在平衡条件下的热力参数（温度、压力、浓度和焓）。图中下部分曲线为饱和溶液的气化压力线和温度线；上部分曲线为相应的饱和蒸气压力线；两部分曲线之间为两相之湿蒸气区。饱和溶液和与其相平衡的饱和蒸气之间的等温线，须借助辅助线，沿虚线求得。

示例：已知氨水溶液浓度 $\xi'=0.48$，压力 $p=20$bar（图 4-33 中之 A'点）。则氨液焓 $h'=356$kJ/kg，温度 $t'=94$℃；与溶液相平衡的氨气（A''）点，借助辅助线求得，其浓度 $\xi''=0.97$，焓 $h''=1817$kJ/kg，温度、压力与溶液相等。线段 $A'A''$即是等温线。气相浓度 ξ'' 也可由点 A'在下部分曲线中的等蒸气纯度线求得（同样得 $\xi'=0.97$）。图中在 $\xi=0$（即为纯

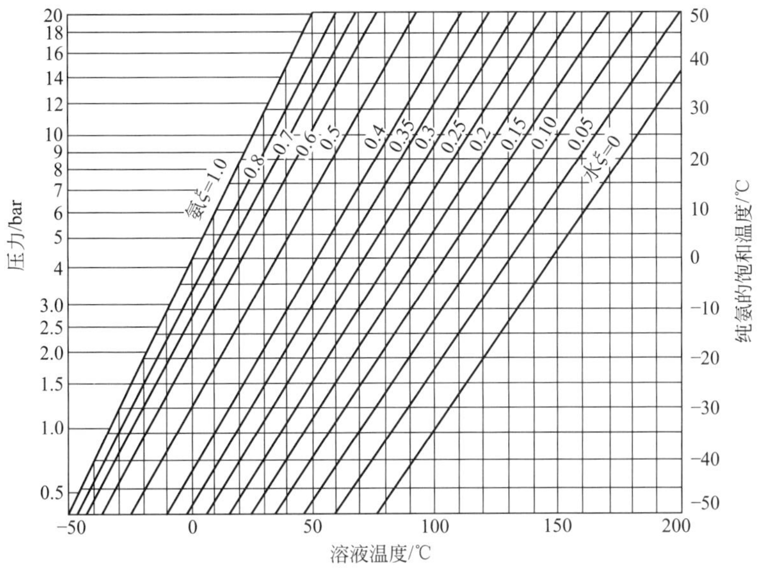

图 4-32　氨水溶液的蒸气压

水)、$t=0$℃时，$h'=0$kJ/kg；当 $\xi=1$（即为纯氨）、$t=0$℃时，$h''=349.5$kJ/kg。而常用的氨热力性质表中（$\xi=1$），当 $t=0$℃时，$h''=500$kJ/kg，比 h-ξ 图中查出的纯氨（$\xi=1$）的焓值高 150.5kJ/kg。在应用这些图表计算时应加以注意。

为进行氨吸收制冷设备的热工计算，以下给出氨水溶液的其他热物理性质，如表面张力（见表 4-28）、密度（见图 4-34）、比热容（见图 4-35）、热导率（见图 4-36）及黏度（见图 4-37）。

表 4-28　氨水溶液的表面张力（20℃）

氨水浓度 /%	表面张力 /(10^3N/m)	氨水浓度 /%	表面张力 /(10^3N/m)	氨水浓度 /%	表面张力 /(10^3N/m)
0.45	72.55	61.16	37.90	89.81	25.11
7.72	65.74	63.64	36.40	90.81	24.57
14.61	62.15	64.51	35.87	90.94	24.42
24.14	58.02	70.47	32.99	91.41	24.70
29.70	55.58	72.49	31.84	96.66	23.02
35.98	52.29	72.56	31.44	96.68	23.09
44.56	48.08	75.07	30.57	97.18	22.78
47.45	46.62	78.38	29.34	97.36	22.81
53.48	42.65	80.95	28.11	100.00	22.03
54.40	41.63	89.72	25.22		

注：本表为 20℃条件下的表面张力，对其他温度下的表面张力可按下式推算：$\sigma=\sigma_{20}\left(\frac{t_c-t}{t_c-20}\right)^{1.2}$。

式中　σ_{20}——20℃时溶液的表面张力；t——溶液温度,℃；t_c——溶液的临界温度,℃。

氨水溶液为无色有刺激性臭味的液体，呈弱碱性。对有色金属（磷青铜除外）有腐蚀作用，所以氨水吸收式制冷机系统中仅可使用钢而不允许采用铜和铜合金材料。

4.2.2.2　单级氨水吸收式制冷机的基本工作循环过程及在 h-ξ 图上的表示

(1) 基本循环过程

氨水吸收式制冷机的系统原理图如图 4-38 所示。

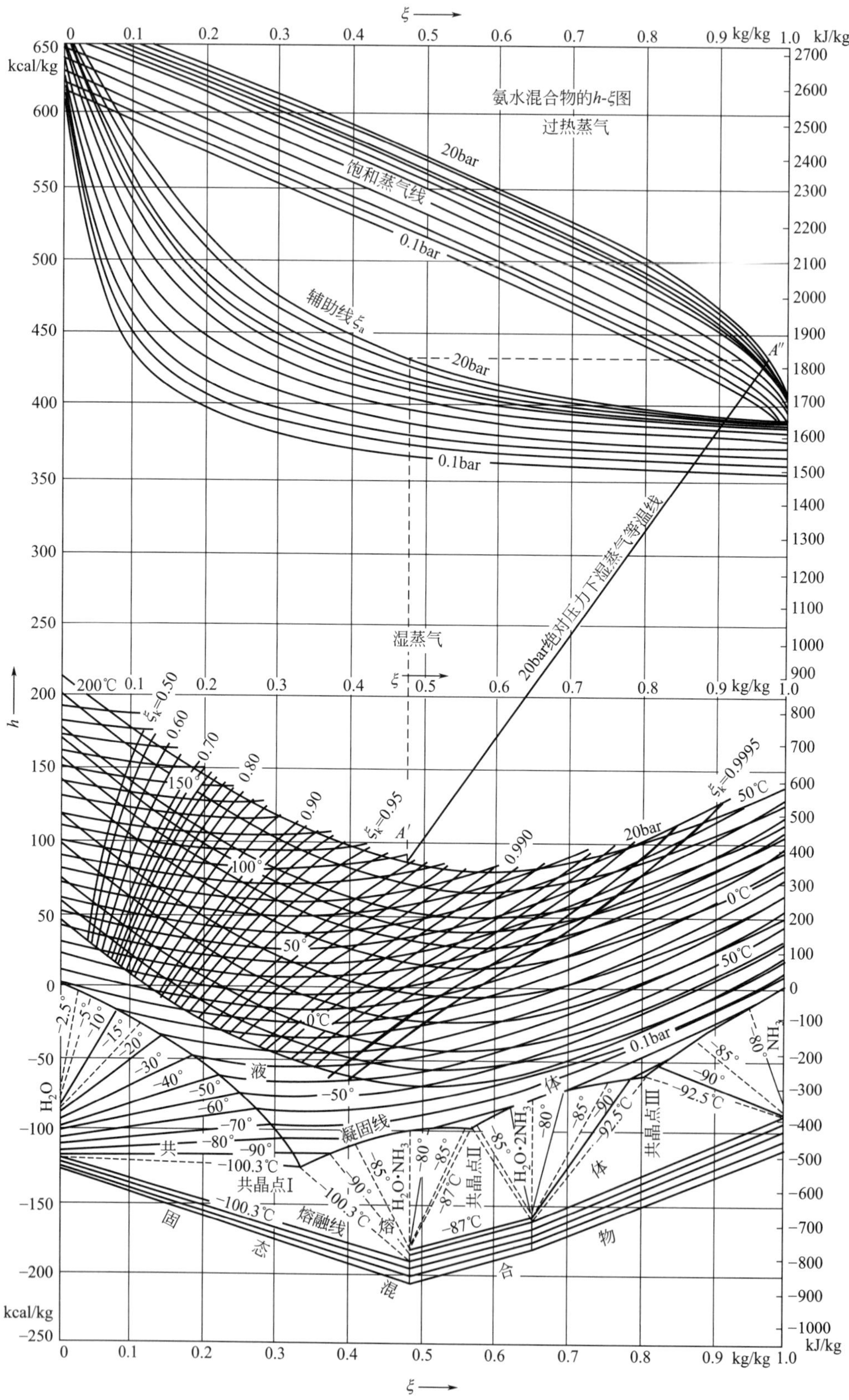

图 4-33　氨水溶液的 h-ξ 图

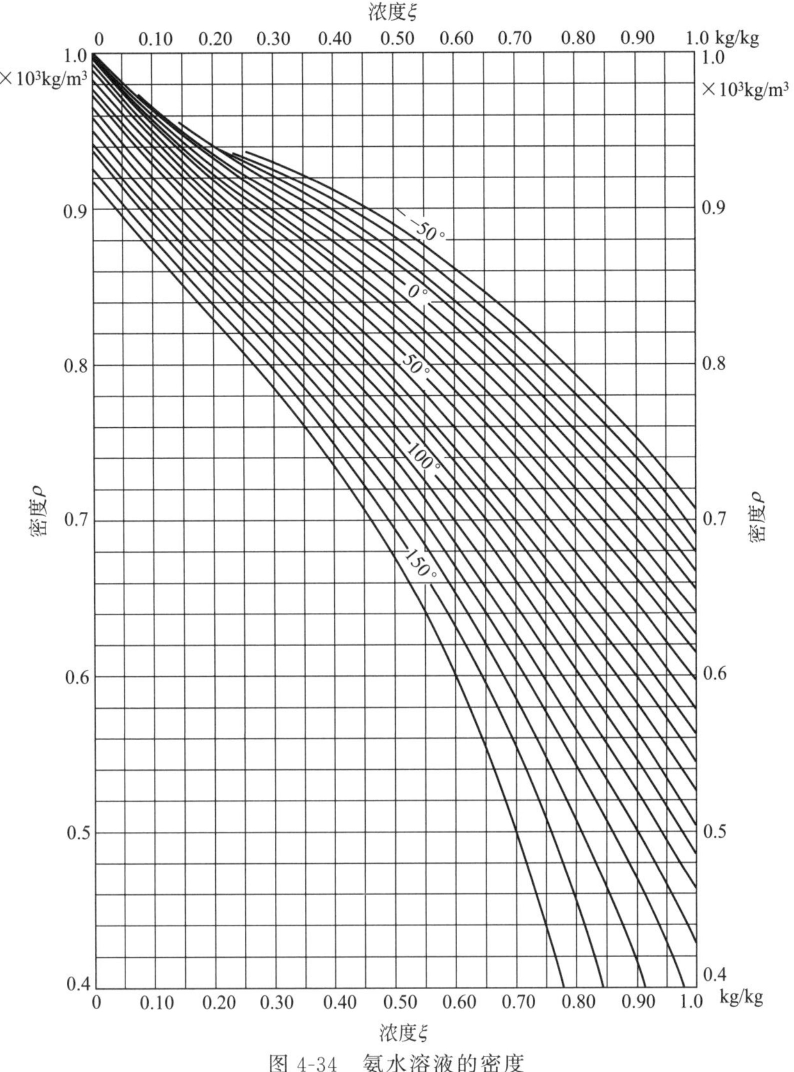

图 4-34　氨水溶液的密度

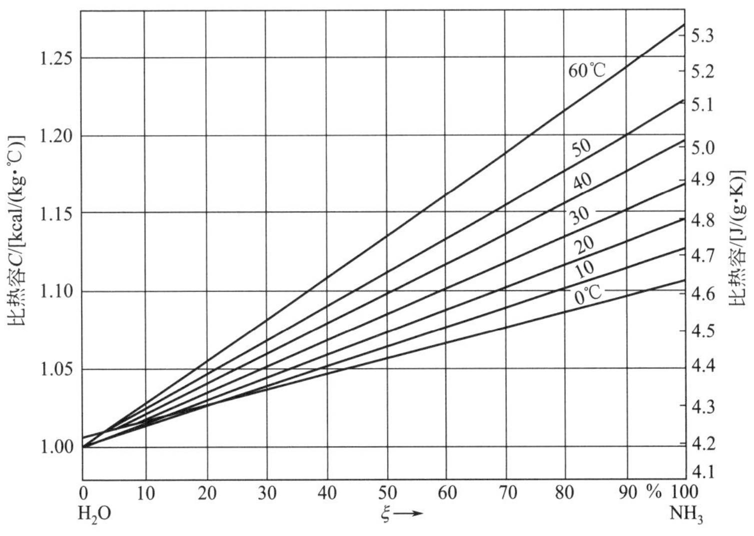

图 4-35　氨水溶液的比热容

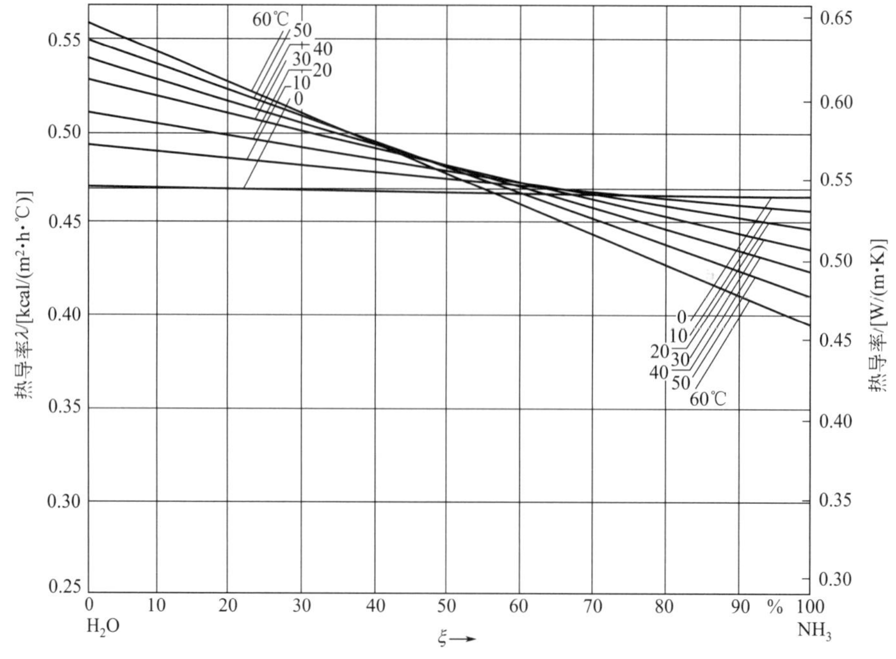

图 4-36　氨水溶液的热导率

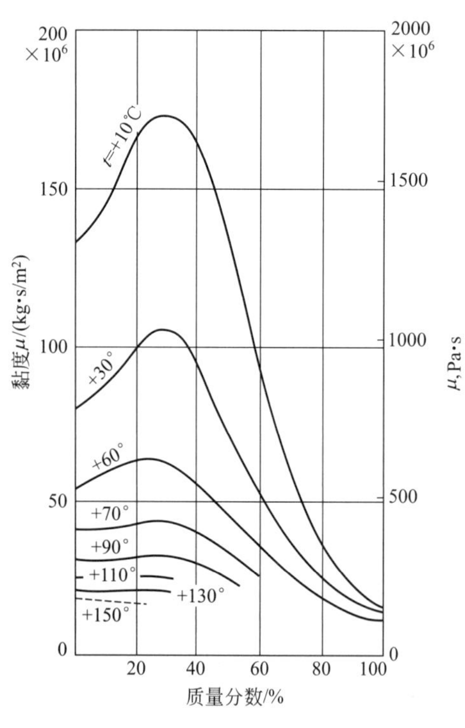

图 4-37　氨水溶液的黏度

精馏塔顶产生的高浓度氨蒸气（氨浓度可达99.8%以上）D kg/h 进入冷凝器 2 冷凝，冷凝热被冷却水带走。然后冷凝氨液进入汽液热交换器 3 与来自蒸发器的低温蒸气进行热量交换，成为过冷液体，再经节流阀 6 绝热节流使压力由冷凝压力 p_k 降低到蒸发压力 p_0，产生的湿蒸气再进入蒸发器 4 中蒸发制冷。蒸发器中完成制冷效应的氨蒸气经气液换热器加热后进入吸收器与被浓度为 ξ'_a 的（F-D）kg/h 不饱和稀溶液吸收，形成浓度为 ξ'_r 的浓溶液。稀溶液由精馏塔底部的发生器流出经溶液热交换器 7 被来自吸收器的浓溶液冷却。冷却后的稀溶液再经节流阀 6 节流降压，压力由发生压力 p_g 下降到吸收压力 p_a，然后进入吸收器。吸收过程放出的热量被冷却水带走。吸收器中形成的 Fkg 浓溶液再经溶液泵 8 升压，经溶液热交换器 7 加热送入精馏塔中进行发生和精馏过程。

（2）循环过程在 h-ξ 上的表示

正如蒸气压缩制冷循环常用 p-h 图分析计算一样，吸收式制冷循环则用焓-浓图（即 h-ξ 图）表示。图 4-39 为氨水吸收制冷循环的 h-ξ 图。

图 4-39 氨水二元系的 h-ξ 上有两组曲线簇，图下方为等压饱和液体曲线簇，上方则为与之平衡的对应等压饱和蒸气簇。每条等压线上的点代表在该压力下的不同平衡温度。等压液相线与汽相线之间为湿蒸气区。氨水体系的 h-ξ 的构作可参看文献［4］。下面详述氨水吸收制冷

循环在 h-ξ 上的表示。

① 发生、精馏过程　图 4-39 中点 1a 的浓溶液进入精馏塔中部，加热到饱和状态 1，蒸发出与液相状态点 1 相平衡的状态点 1″的饱和蒸气（发生压力 p_g 略高于冷凝压力 p_k，可忽略精馏塔阻力降，近似取 $p_g=p_k$）。浓溶液由提馏段至发生器，氨浓度逐渐降低，温度逐渐升高，点 2 为发生终结状态，得到浓度为 ξ'_a 的稀溶液。同理，点 1″的饱和蒸气到达精馏塔顶时成为浓度 ξ''_r 的氨蒸气，即 h-ξ 图上的状态点 5″。

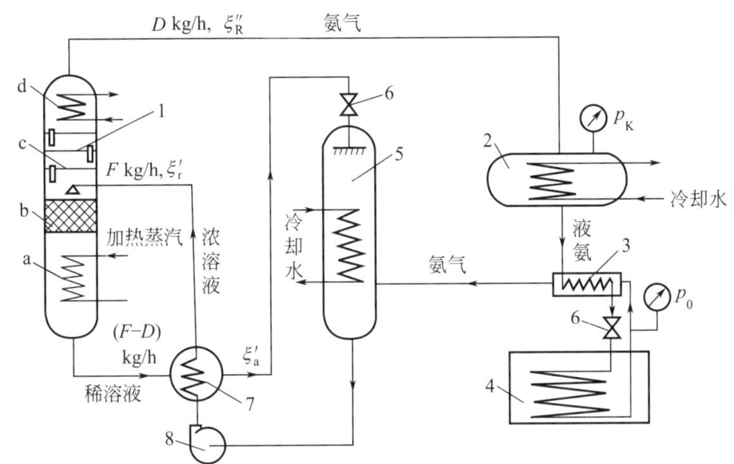

图 4-38　单级氨水吸收式制冷机工作流程

1—精馏塔（a—发生器；b—提馏段；c—精馏段；d—回流冷凝器）；
2—冷凝器；3—过冷器；4—蒸发器；
5—吸收器；6—节流阀；7—溶液热交换器；8—溶液泵

② 冷凝、节流过程　浓度为 ξ''_r 的饱和氨蒸气由精馏塔塔顶进入冷凝器，在等压、等浓度条件下冷凝成饱和液体，用点 6 表示。冷凝后的液体经过节流阀节流，压力自 p_k 降到 p_0。由于节流前后的焓值与体系的总浓度不变，因此节流过程并不改变在 h-ξ 图上的坐标位置，但经节流后由于压力下降，点 7 和点 6 虽重合，但点 7 是位于 p_0 压力下的湿蒸气区内，其液相、气相状态点分别为点 7′和点 7″，其温度 t_7 需用试凑法求得。

③ 蒸发过程　节流后的湿蒸气进入蒸发器，含水液氨在 p_0 压力下蒸发，其总浓度不变，由点 7 升至点 8，点 8 仍处于湿蒸气状态，由点 8′的饱和液体和点 8″的饱和蒸气组成。它的温度同样仍用试凑法求得。若没有过冷器，则点 8 的湿蒸气在压力 p_0 下被加热，湿蒸气点移动。

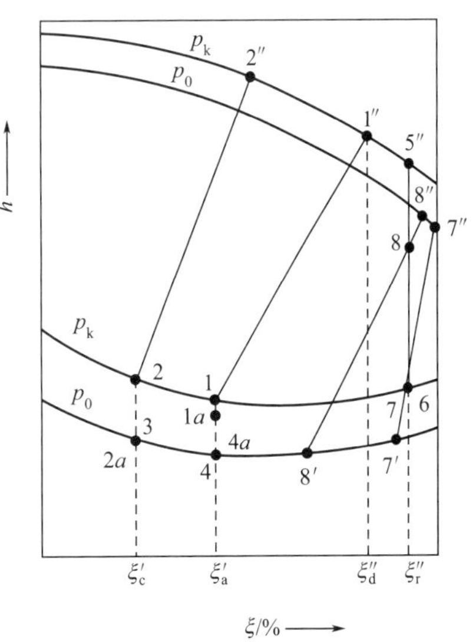

图 4-39　氨水吸收制冷循环在 h-ξ 图上的表示

④ 吸收过程　发生器流出的用点 2 表示稀溶液，其浓度为 ξ'_a。此稀溶液经过溶液热交换器后被冷却到 p_k 压力下的过冷状态 2a（假定 2a 正好处于蒸发压力 p_0 的饱和液相线上），再经节流阀节流到状态点 3，点 3 与点 2a 虽重合但点 3

是湿蒸气状态。在吸收器中，若忽略蒸发器和吸收器间的压力损失，吸收过程可看作等压下进行。状态为 3 的饱和稀溶液吸收由蒸发器出来的蒸气，则沿 p_0 等压线上溶液逐渐变浓，最终浓度为 ξ'_r，状态为点 4。点 4 的浓溶液经溶液泵输送后，若忽略溶液泵作功引起的焓值与温度的变化，则新的状态点 $4a$ 与点 4 重合。点 $4a$ 的液体经过溶液热交换器，在浓度不变的情况下温度升高到 $1a$，最后进入精馏塔，循环重新开始。

4.2.2.3 单级氨水吸收式制冷机的热力计算

进行氨水吸收式制冷机热力计算之前需首先从工艺上确定循环的工作参数。这主要是指被冷却物体的温度，它决定了制冷机的蒸发温度和蒸发压力；冷却水温度，其决定冷凝压力和吸收器内吸收终了的最低温度；热源温度，它决定了发生器内溶液的最高温度。然后进行氨水吸收式制冷机的热力计算以便为设备的选择提供原始数据。

设 Fkg/h 为进入精馏塔浓溶液的流量，Dkg/h 为精馏产生的高浓度氨蒸气的流量，则（$F-D$）kg/h 为精馏塔底部发生器流出的稀溶液流量。则由氨组分的物料平衡关系

$$F\xi'_r = D\xi''_r + (F-D)\xi'_a \tag{4-54}$$

可得

$$f = \frac{F}{D} = \frac{\xi''_r - \xi'_a}{\xi'_r - \xi'_a} \tag{4-55}$$

上式中 f 称为循环倍率。其中 $\Delta\xi = \xi'_r - \xi'_a$ 为放气范围，应使 $\Delta\xi > 0.06$，$\Delta\xi$ 是氨水吸收式制冷机的一个重要技术指标。

若以发生器中发生约 1kg 氨蒸气的单位量，则氨水吸收循环过程的热力计算如下。

（1）精馏塔回流冷凝器单位热负荷 q_R（kJ/kg）

$$q_R = h_{1''} - h_{5''} + R\ (h_{1''} - h_1) \tag{4-56}$$

式中，R 为回流比。

（2）发生器单位热负荷 q_g（kJ/kg）

$$q_g = (h_{5''} - h_2) + f(h_2 - h_{1a}) + q_R \tag{4-57}$$

（3）冷凝器单位热负荷 q_k（kJ/kg）

$$q_k = h_{5''} - h_6 \tag{4-58}$$

（4）蒸发器单位热负荷（即单位制冷量）q_o（kJ/kg）

$$q_o = h_8 - h_6 \tag{4-59}$$

（5）吸收器单位热负荷 q_a（kJ/kg）

$$q_a = h_8 - h_3 + f(h_3 - h_4) \tag{4-60}$$

（6）溶液热交换器单位热负荷 q_T（kJ/kg）

$$q_T = (f-1)(h_2 - h_{2a}) \tag{4-61}$$

（7）热力系数 ζ

$$\zeta = q_o / q_g \tag{4-62}$$

氨吸收制冷机的热力系数在 0.3～0.4 之间

（8）制冷剂的循环量 D（kg/h）

$$D = Q_o / q_o \tag{4-63}$$

式中　Q_o——制冷剂的制冷量，kJ/h。

4.2.2.4 两级氨水吸收式制冷机

单级氨吸收制冷机的放气范围一般不小于 0.06。因为放气范围较小，则循环倍率较大，热力系数就小。若采用多级吸收、多级蒸发的氨制冷循环，虽然冷却水温不变，但可使放气量

大大增加，循环倍率减小，从而提高了热力系数。实际应用时，一般采用二级吸收循环，相对于单级吸收，其热力系数可提高 25％。

在石油化工生产部门中，100℃左右的废热大量存在。但由于温度较低，往往不能被利用，故在吸收式制冷装置中，有时降低热源温度比提高热力系数更为重要。为了充分利用各级温度的余热、废热，采用多级发生的氨吸收制冷循环是很适宜的，当然此时热力系数将有所降低。

图 4-40 为两级发生、两级吸收氨吸收制冷流程。它与单级装置的不同点在于有两个发生精馏塔和两个吸收器，从低压精馏塔出来的氨气不去冷凝器进行冷凝而去高压吸收器被来自高压精馏塔的稀溶液吸收。

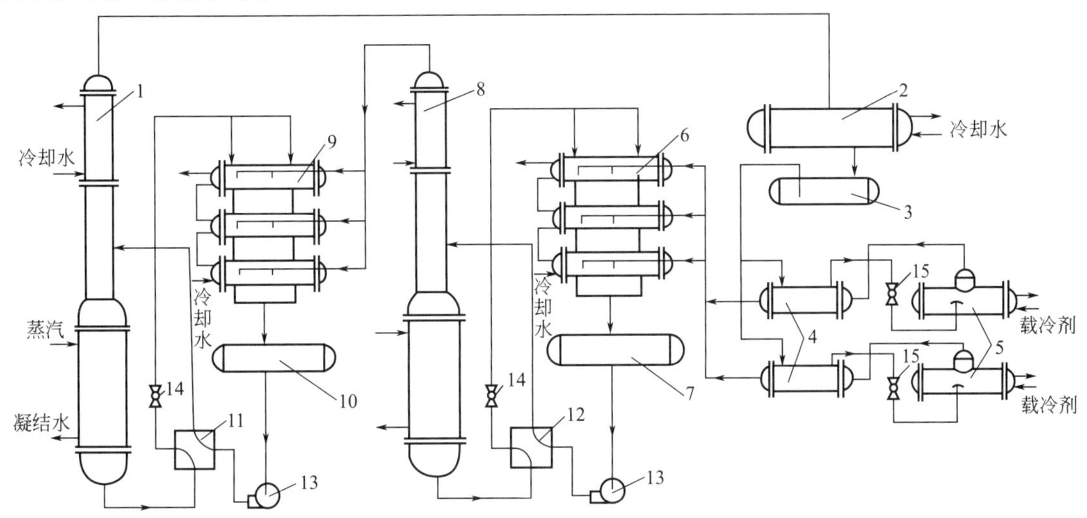

图 4-40　两级发生、两级吸收氨吸收制冷流程

1—高压精馏塔；2—冷凝器；3—氨液贮槽；4—过冷器；5—蒸发器；6—低压吸收器；7—低压氨水槽；8—低压精馏塔；9—高压吸收器；10—高压氨水槽；11—高压热交换器；12—低压热交换器；13—氨水泵；14—溶液节流阀；15—冷剂节流阀

4.2.3　溴化锂吸收式制冷机

溴化锂吸收式制冷机与氨水吸收式制冷机一样，也是以热能为驱动力，经过吸收式制冷循环后制取冷量的。不同之处在于溴化锂吸收式制冷机的工质是溴化锂水溶液，水为制冷剂，因水在 0℃结冰，故溴化锂吸收式制冷机只能获取 0℃以上的冷量，仅可用于空气调节及一些生产工艺用冷冻水。但溴化锂吸收式制冷机对热源温度要求不高，一般的低压蒸气（120kPa 以上）或 75℃以上的热水均可作为加热热源，故特别适合有废气、废热水可以综合利用的石油化工企业。

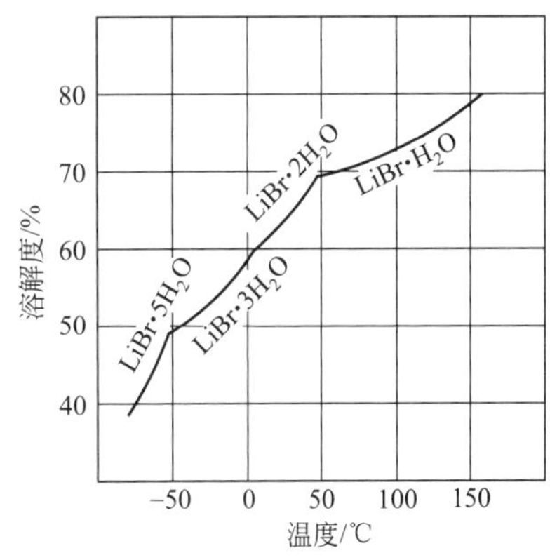

图 4-41　溴化锂的结晶曲线

4.2.3.1　溴化锂水溶液的性质

溴化锂（LiBr）为白色粒状结晶盐类，熔点为 549℃，沸点为 1265℃，常温下或一般高温下可认为是不挥发的。

溴化锂极易溶解于水形成溴化锂溶液，其溶解度随温度的降低而减小，温度降低到一定程度则有结晶析出，图 4-41 为溴化锂的结晶曲线。

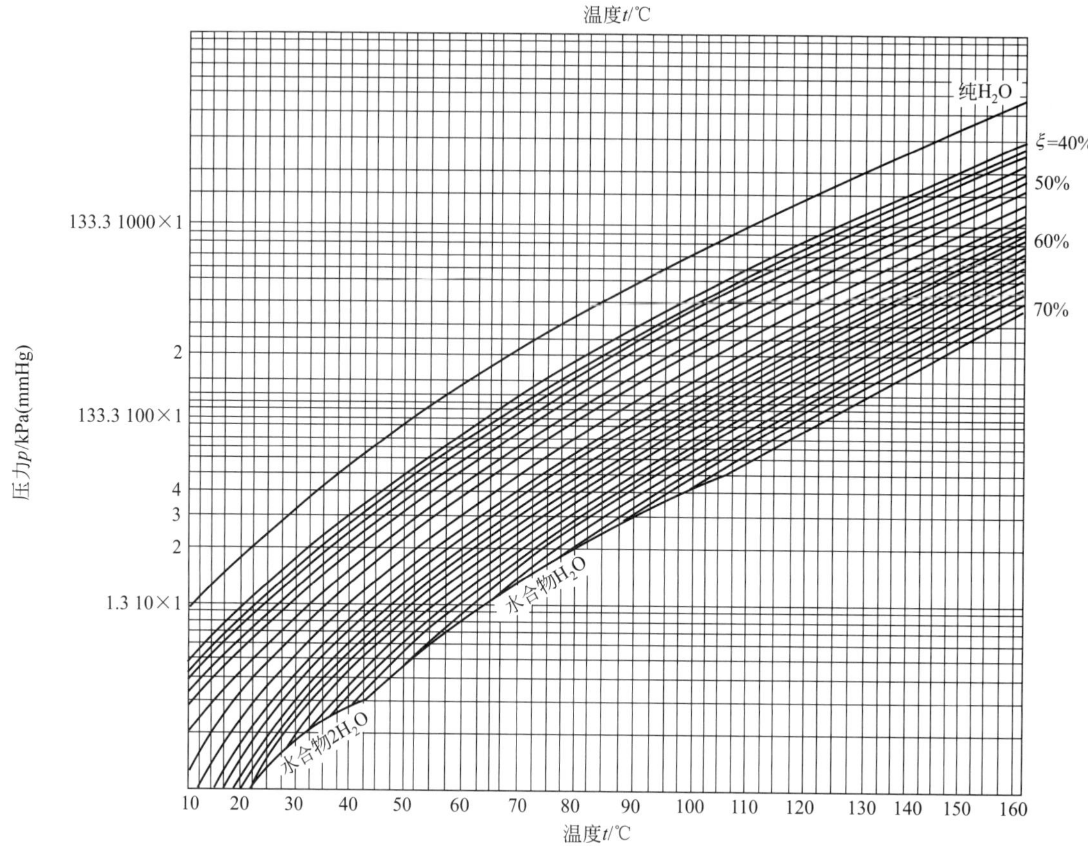

图 4-42 溴化锂溶液的 p-t 图

由曲线可知，溴化锂的质量浓度不宜超过 66%，否则溴化锂吸收式制冷机运行中，因温度降低有结晶出现，影响循环运行。

溴化锂溶液的热力学性质可通过它的压力-温度图（p-t 图），如图 4-42 和焓-浓度图（h-ξ 图）如图 4-43 来说明。

溴化锂溶液的 h-ξ 图，是对溴化锂吸收式制冷机进行制冷循环分析和热工计算的主要热力学图，它的横轴表示浓度，纵轴表示焓值。图 4-43(b)为液相图，由等温线簇和等压线簇组成网络线，图 4-43(a)为气相图，只有等压线簇。由于气相只有水蒸气的组分，因此横轴上的浓度并不表示气相中溴化锂的含量，只表示与过热蒸汽焓值相对应的溶液浓度。

图 4-44 所示为溴化锂溶液的相对密度。

图 4-45 所示为溴化锂溶液的比热容曲线。

图 4-46 所示为溴化锂溶液的动力黏度曲线，以表示溴化锂溶液流体黏度的大小。图 4-47 为溴化锂溶液的表面张力曲线图，表 4-29 为溴化锂溶液的热导率。

图 4-48 所示为溴化锂溶液饱和蒸气压曲线图。纵轴表示溶液的温度，横轴表示溶液的浓度，图中的曲线是等压线簇。由图示可知，溴化锂水溶液中水的分压远小于同温度下水的饱和蒸气压，故吸湿性较强。这个压力差正是溴化锂水溶液吸收水分的动力。因溴化锂不挥发，因而溴化锂吸收式制冷机发生器产生的水蒸气不需要精馏提纯。

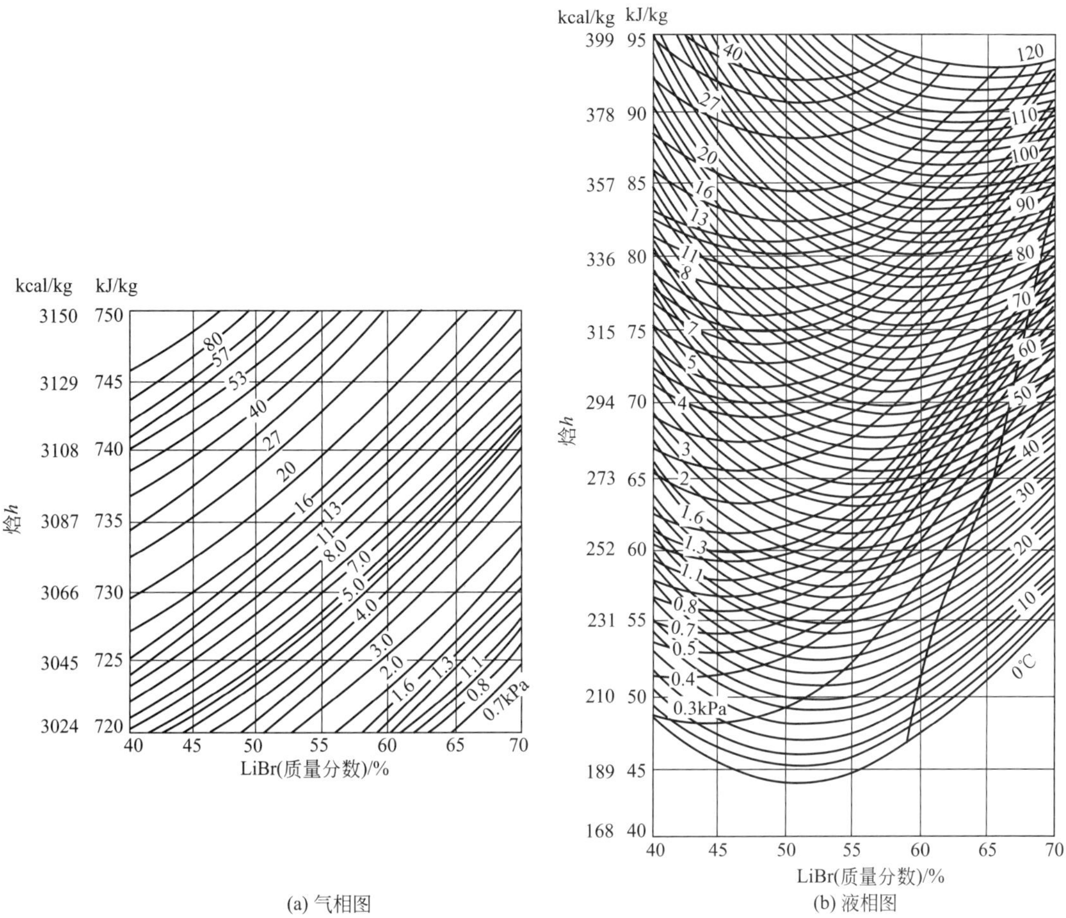

(a) 气相图

(b) 液相图

图 4-43 溴化锂溶液的 h-ξ 图

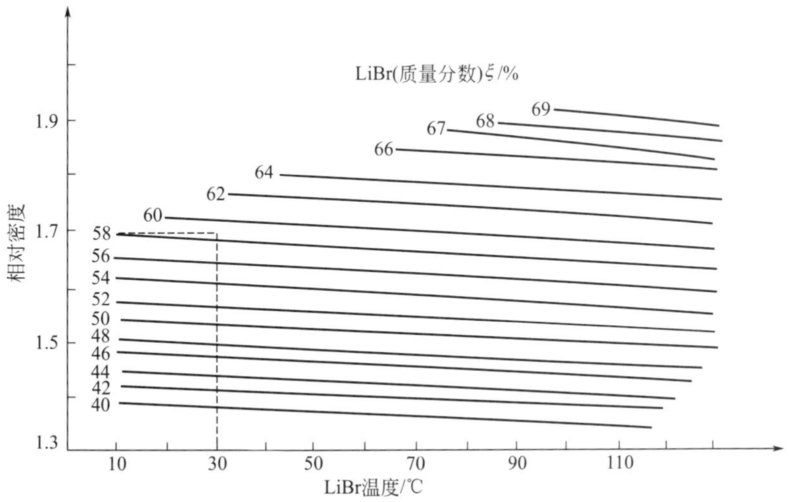

图 4-44 溴化锂溶液的密度（等浓度线）

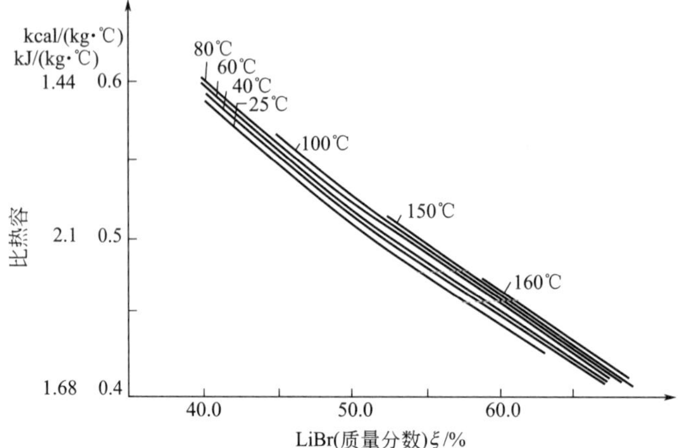

图 4-45　溴化锂溶液的比热容曲线

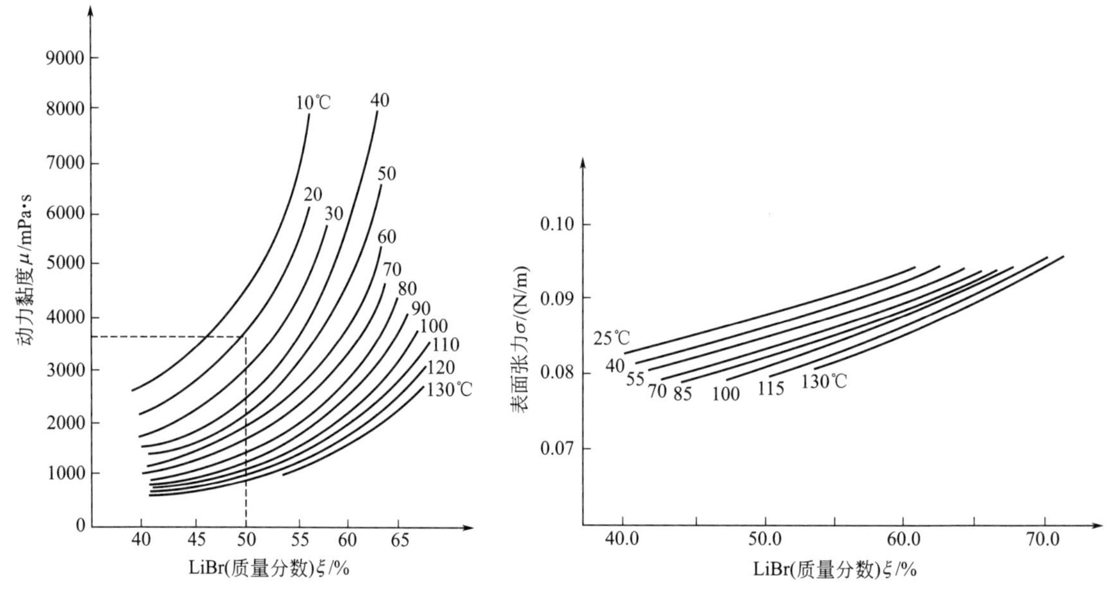

图 4-46　溴化锂溶液的动力黏度曲线

图 4-47　溴化锂溶液的表面张力曲线

表 4-29　溴化锂溶液的热导率　　单位：kJ/(m·h·℃)

浓度/% \ 温度/℃	0	10	20	30	40	50	60	70	80	90	100
5	1.9614 (0.467)	2.0538 (0.489)	2.1252 (0.520)	2.1840 (0.520)	2.2386 (0.533)	2.2764 (0.542)	2.3100 (0.550)	2.3436 (0.558)	2.3688 (0.564)	2.3940 (0.570)	2.415 (0.575)
10	1.9110 (0.455)	2.0034 (0.477)	2.0748 (0.494)	2.1294 (0.507)	2.1840 (0.520)	2.2260 (0.530)	2.2512 (0.536)	2.2890 (0.545)	2.3100 (0.550)	2.3310 (0.555)	2.3478 (0.559)
15	1.8564 (0.442)	1.9446 (0.463)	2.0160 (0.480)	2.0664 (0.492)	2.1210 (0.505)	2.1588 (0.514)	2.1924 (0.522)	2.2218 (0.529)	2.2470 (0.535)	2.2680 (0.540)	2.2806 (0.543)
20	1.8018 (0.429)	1.8900 (0.450)	1.9572 (0.466)	2.0076 (0.478)	2.0580 (0.490)	2.0958 (0.499)	2.1210 (0.505)	2.1546 (0.513)	2.1840 (0.520)	2.2050 (0.525)	2.2176 (0.528)
25	1.7430 (0.415)	1.8270 (0.435)	1.8984 (0.452)	1.9404 (0.462)	1.9950 (0.475)	2.0286 (0.483)	2.0538 (0.489)	2.0874 (0.497)	2.1210 (0.505)	2.1378 (0.509)	2.1546 (0.513)
30	1.6926 (0.403)	1.7682 (0.421)	1.8312 (0.436)	1.8774 (0.447)	1.9320 (0.460)	1.9572 (0.466)	1.9866 (0.473)	2.0202 (0.481)	2.0328 (0.484)	2.0748 (0.494)	2.0916 (0.498)

续表

浓度/% \ 温度/℃	0	10	20	30	40	50	60	70	80	90	100
35	1.6338 (0.389)	1.7094 (0.407)	1.7724 (0.422)	1.8144 (0.432)	1.8648 (0.444)	1.8984 (0.452)	1.9194 (0.457)	1.9488 (0.464)	1.9824 (0.472)	1.9192 (0.476)	2.0202 (0.481)
40	1.5792 (0.376)	1.6464 (0.392)	1.7094 (0.407)	1.7514 (0.417)	1.8018 (0.429)	1.8270 (0.435)	1.8564 (0.442)	1.8816 (0.448)	1.9110 (0.455)	1.9320 (0.460)	1.9530 (0.465)
45	1.5246 (0.363)	1.5918 (0.379)	1.6464 (0.392)	1.6884 (0.402)	1.7346 (0.413)	1.7682 (0.421)	1.7892 (0.426)	1.8144 (0.432)	1.8438 (0.439)	1.8648 (0.444)	1.8858 (0.449)
50	1.4700 (0.350)	1.5288 (0.364)	1.5834 (0.377)	1.6254 (0.387)	1.6674 (0.397)	1.7010 (0.405)	1.7220 (0.410)	1.7472 (0.416)	1.7766 (0.423)	1.7934 (0.427)	1.8228 (0.434)
55	1.4154 (0.337)	1.4700 (0.350)	1.5246 (0.363)	1.5624 (0.372)	1.5876 (0.378)	1.6338 (0.389)	1.6548 (0.394)	1.6800 (0.400)	1.7052 (0.406)	1.7304 (0.412)	1.7514 (0.417)
60	1.3566 (0.323)	1.4112 (0.336)	1.4658 (0.349)	1.4994 (0.357)	1.5414 (0.367)	1.5666 (0.373)	1.5876 (0.378)	1.6170 (0.385)	1.6380 (0.390)	1.6632 (0.396)	1.6842 (0.401)
65	1.2978 (0.309)	1.3482 (0.321)	1.4028 (0.334)	1.4364 (0.342)	1.4616 (0.348)	1.4994 (0.357)	1.5204 (0.362)	1.5414 (0.367)	1.5708 (0.374)	1.6002 (0.381)	1.6212 (0.386)

注：表中括号里的热导率值单位是 kcal/(m·h·℃)。

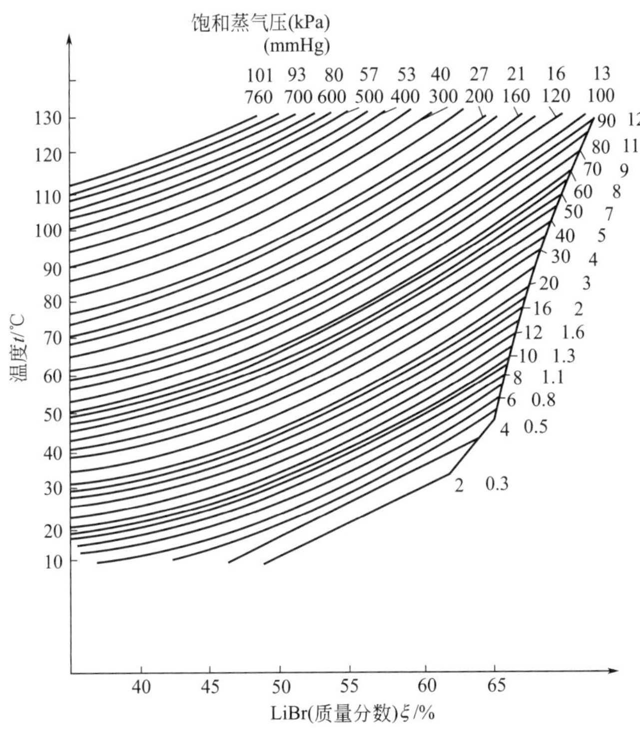

图 4-48 溴化锂溶液的饱和蒸气压

溴化锂水溶液无毒，但对金属材料有强烈的腐蚀性，与氧接触尤甚。若在无氧条件下同时添加缓蚀剂（$LiCrO_4$、$MoCrO_4$）则可基本消除溴化锂水溶液对金属的腐蚀作用。

4.2.3.2 单效溴化锂吸收式制冷机的基本工作循环过程与 h-ξ 图

(1) 基本循环过程

溴化锂吸收式制冷机的系统流程与氨水吸收式制冷机一样，仍由发生器、冷凝器、蒸发器、吸收器和溶液热交换器组成。但由于水蒸气的比容非常大，需要很粗的蒸汽管道以减小压降。为节约材料和减少流动阻力，而将上述主要部件设置在单筒或双筒内。往往将冷凝器和发生器置于一个高压筒内，吸收器和蒸发器置于另一高压筒内而构成一个双筒型溴化锂吸收式制冷机（用于大型），如图 4-49 所示。亦可将这四个主要设备置于同一筒内，采用隔板将高、低压侧隔开而构成一个单筒型吸收机（用于中小型）。

图 4-49 展示出单效（一级）溴化锂吸收式制冷机的基本工作循环。从吸收器流出的溴化锂稀溶液由发生器泵经过热交换器加热并泵入发生器，被发生器传热管内的工作蒸气加热，并开始在等压下沸腾。蒸发出的冷剂水蒸气进入冷凝器后被冷凝管内的冷却水冷凝为饱和液体。冷剂水在冷凝器下部水盘内积聚到一定液位后则经 U 型管流至蒸发器内。一般说来，蒸发器压力（如 5℃时蒸发压力为 0.872kPa）比冷凝器内压力（如 45℃时冷凝压力为 9.58kPa）低。U 形管的作用是保持足够的液封以防止蒸气由冷凝器串入蒸发器。流入蒸发器内的冷剂水积存在蒸发器水盘内并由蒸发器泵均匀喷淋在蒸发器管簇的外表面，吸收管内冷媒水的热量而蒸发。蒸发器内生成的冷剂水蒸气进入吸收器，被喷淋的吸收液（中间溶液）吸收。中间溶液由发生器流出的浓溶液和吸收器中的部分稀溶液混合而成。中间溶液吸收了一定量的水蒸气后变成稀溶液，并由发生器泵送入发生器，从而构成一个单效溴化锂吸收式制冷基本工作循环。

（2）循环过程在 h-ξ 图上的表示

溴化锂水溶液 h-ξ 图的构成与氨水溶液的焓-浓图类似。图 4-50 给出溴化锂吸收式制冷过程在 h-ξ 图上的表示。

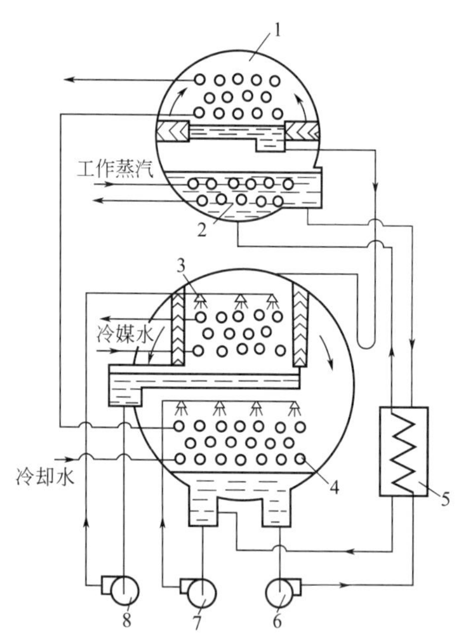

图 4-49　双筒型溴化锂吸收式制冷机基本工作循环

1—冷凝器；2—发生器；3—蒸发器；4—吸收器；
5—溶液热交换器；6—发生器泵；
7—吸收器泵；8—蒸发器泵

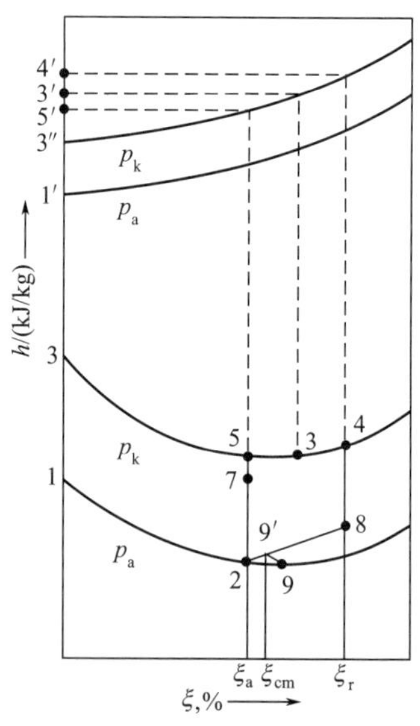

图 4-50　溴化锂吸收式制冷过程在 h-ξ 图上的表示

图 4-50 由两部分组成，下半部分的曲线为溴化锂溶液在不同压力下的饱和液体线，上半部分曲线为与溶液成相平衡的水蒸气等压线。与氨水溶液的 h-ξ 图不同之处在于气相区只有水蒸气（溴化锂不挥发）；而不是二元气体混合物。液面上方水蒸气的温度与溶液温度相同。

h-ξ 图常被用来对吸收式制冷循环进行理论分析、热力计算和工况分析。为了便于在 h-ξ

图上表示和分析制冷循环，常假定工质在循环过程中不存在流动阻力，即冷凝压力 p_k 等于发生器压力 p_g，吸收器压力 p_a 等于蒸发压力 p_0；发生器与吸收器终了状态均达到饱和；制冷循环过程是在无热、无冷损失情况下进行。

① 发生过程　在图 4-50 h-ξ 上，点 2 为吸收器内稀溶液状态，浓度为 ξ_a，压力为 p_a。2-7 为稀溶液在溶液热交换器中的升温过程。7-5-4 为稀溶液在发生器中的加热和发生过程。点 5 为发生过程的初始饱和态。蒸发过程压力不变，温度逐渐上升。点 4 为发生终了的浓溶液状态，其浓度为 ξ_r。点 5′和 4′为对应的发生器内初始与终了的水蒸气状态，而平均状态可用点 3′表示，浓度均为 $\xi=0$（纯水蒸气）。

② 冷凝、节流过程　点 3′的水蒸气在 p_k 压力下，在冷凝器中被冷却为饱和蒸气，继而冷凝为饱和液体。3′-3 为此过程。点 3 状态的压力为 p_k 的饱和冷剂水经过 U 形管节流后，压力降为蒸发压力 p_a。节流后的状态点与点 3 重合，但其为饱和蒸气 1″和饱和液体 1 共存的湿蒸气状态，而节流前点 3 为压力 p_k 下的饱和水。

③ 蒸发过程　1-1′为冷剂水在蒸发器中的气化过程，点 1 的冷剂水吸收管内冷媒水的热量在等温、等压下蒸发，形成点 1′的水蒸气。

④ 吸收过程　4-8 表示浓度为 ξ_r、压力为 p_k 的浓溶液在热交换器中的冷却过程。点 8 的浓溶液和吸收器中点 2 的稀溶液混合而成点 9′的中间溶液（浓度为 ξ_{cm}）。中间溶液由吸收器泵均匀喷淋在吸收器管簇的外表面。由于压力突然降低发生闪蒸，浓度增大，可用点 9 表示此状态点。点 9 的中间溶液吸收水蒸气，浓度降为 ξ_a。8-9′和 2-9′为混合过程。9-2 表示吸收过程。

4.2.3.3 单效溴化锂吸收式制冷机的热力计算

溴化锂吸收式制冷机的热力计算需根据用户对制冷量 Q_0 和冷媒水温的工艺要求以及用户所能提供的加热热源和冷却介质的条件，选择合理的工作参数，根据图 4-50 溴化锂水溶液的 h-ξ 图进行。

假定送往发生器的稀溶液流量为 F，浓度为 ξ_a。产生流量为 D 的制冷剂水蒸气，发生器流出浓度为 ξ_r、流量为（$F-D$）的浓溶液。根据发生器中溴化锂的物料平衡关系

$$F\xi_a=(F-D)\xi_r$$

可得

$$\frac{F}{D}=\frac{\xi_r}{\xi_r-\xi_a} \tag{4-64}$$

令 $\dfrac{F}{D}=a$，a 称之为循环倍率，它表示在发生器中每产生 1kg 冷剂水蒸气所需要的溴化锂稀溶液的循环量。浓度差（$\xi_r-\xi_a$）称为放气范围，它是溴化锂吸收式制冷机的一个重要技术指标，其范围一般为 3.5%～6%。

单级溴化锂吸收式制冷机的热工计算如下。

（1）制冷剂单位制冷量 q_o（kJ/kg）

$$q_o=h_{1'}-h_3 \tag{4-65}$$

（2）制冷剂水的流量 D

冷剂水流量 D（kg/s）可由已知的制冷量 Q 和蒸发器中制冷剂的单位制冷量 q_o 求得，即

$$D=\frac{Q_o}{q_o} \tag{4-66}$$

（3）发生器热负荷 Q_h（kW）

$$Q_h=(F-D)h_4+Dh_{3'}-Fh_7=D[(a-1)h_4+h_{3'}-ah_7] \tag{4-67}$$

（4）冷凝器热负荷 Q_k（kW）

$$Q_k=D(h_{3'}-h_3) \tag{4-68}$$

（5）吸收器热负荷 Q_a（kW）

$$Q_a=(F-D)h_8+Dh_{1'}-Fh_2=D[(a-1)h_8+h_{1'}-ah_2] \tag{4-69}$$

（6）溶液热交换器热负荷 Q_t（kW）

$$Q_t=(F-D)(h_4-h_8)=D(a-1)(h_4-h_8) \tag{4-70}$$

（7）制冷机的热力系数 ζ

热力系数 ζ 表示消耗单位蒸气加热量所能获得的制冷量，用以评价制冷装置的经济性，可表示为

$$\zeta=\frac{Q_o}{Q_h}=\frac{h_{1'}-h_3}{(a-1)h_4+h_{3'}-ah_7} \tag{4-71}$$

单效溴化锂吸收式制冷机的 ζ 一般为 0.65～0.75，双效溴化锂吸收式制冷机的 ζ 通常在 1.0 以上。

4.2.3.4 双效溴化锂吸收式制冷机

单效溴化锂吸收式制冷机一般采用 100～250kPa 压力的蒸气或 75～140℃的热水作为加热热源，热力系数较低。为了提高热力系数到 1 以上，若有 250～800kPa（表压）的高压蒸气或 150℃以上的高温热水和燃气，则可采用双效溴化锂吸收制冷循环。

双效溴化锂吸收式制冷机具有两个发生器即高压发生器和低压发生器以及两个热交换器。高压发生器产生的高温冷剂水蒸气用来加热低压发生器以产生温度更低的冷剂水蒸气（双效溴化锂制冷机故又称为两级发生式溴化锂吸收式制冷机），从而提高了制冷机的经济性。

双效溴化锂吸收式制冷机的流程根据稀溶液循环方式的不同可分为串联流程和并联流程。串联流程指由吸收器出来的稀溶液串联流过高、低压发生器；并联流程指稀溶液分两路分别进入高、低压发生器。

图 4-51 所示为一种常见的串联流程双效溴化锂吸收式制冷机系统流程图。

通常高压发生器单独置于一个筒体内。低压发生器、冷凝器、蒸发器、吸收器置于另一筒体内。上述双效溴化锂吸收式制冷机的工作过程可表示在图 4-52 的 h-ξ 图上。

由吸收器出来的稀溶液进入低、高温换热器加热后进入高压发生器产生状态 3‴的高温冷剂水蒸气，然后进入低压发生器加热中间溶液，放出潜热后凝结为 3″状态的冷却水。状态为 3″的冷却水经节流后与低压发生器出来的冷剂水蒸气 3′一同进入冷凝器变为状态 3 的冷剂水。点 3 状态的冷剂水经节流后进入蒸发器形成由点 1 和点 1′组成的湿蒸气，其中状态为 1 的冷剂水由蒸发器泵输送，均匀喷淋在蒸发器管簇上并吸收管内冷媒水的热量而蒸发，从而达到制冷的目的。

双效循环中，高压发生器内溶液的浓度由 ξ_a 变为 ξ_0，其放气范围为（$\xi_0-\xi_a$）一般为 2.5%～3.5%；低压发生器内溶液的浓度由 ξ_0 变为 ξ_r，其放气范围为（$\xi_r-\xi_0$）一般为 1.5%～2.5%。整个制冷循环的放气范围为 4.0%～6.0%。双效制冷循环亦可采用并联流程，从而增大高、低压发生器的放气范围，减小高、低压发生器的溶液循环倍率，提高热力系数。

双效溴化锂吸收式制冷机的热力计算与单效制冷机类似，可参看文献［5］。

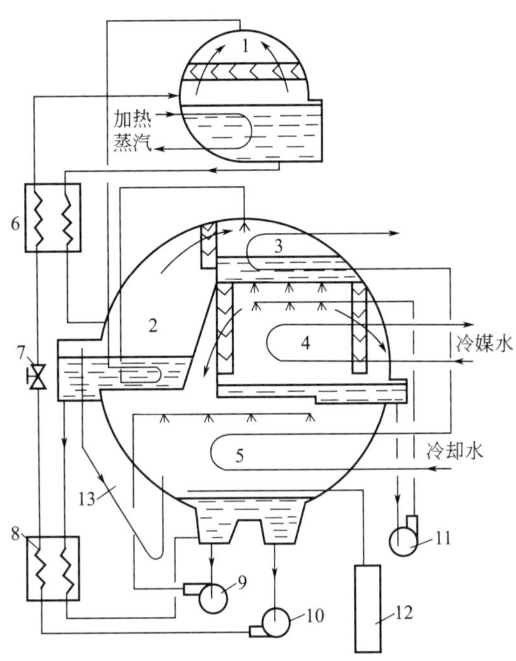

图 4-51　双效溴化锂吸收式制冷机系统流程

1—高压发生器；2—低压发生器；3—冷凝器；4—蒸发器；5—吸收器；6—高温热交换器；7—溶液调节阀；8—低温热交换器；9—吸收器泵；10—发生器泵；11—蒸发器泵；12—抽气装置；13—防晶管

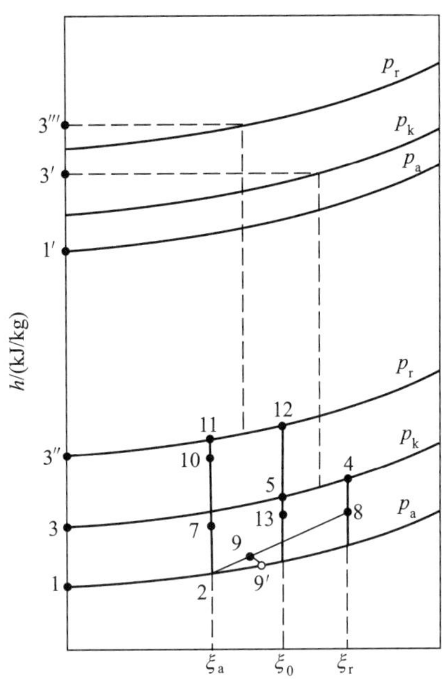

图 4-52　双效溴化锂吸收式制冷机工作过程在 h-ξ 图上的表示

4.2.3.5　溴化锂吸收式制冷机组的型式与选型

(1) 溴化锂吸收式制冷机的分类

溴化锂吸收式制冷机的分类有多种。根据驱动能源的不同，可分为蒸汽型、热水型、燃气型、燃油型和太阳能型等；由制冷循环的实现方式可分为单效型、双效型等；按用途的不同可分为冷水机组、冷温水机组等；由各主要构件的布置情况可分为单筒型、双筒型和三筒型等。目前通常是把上述的分类法加以综合，如蒸汽两效型、燃气冷温水机型等。表 4-30 给出各种类型的溴化锂制冷机组的生产和使用情况。

(2) 溴化锂吸收式制冷机组的型式和基本参数

① 蒸汽型溴化锂吸收式冷水机组　根据中国专业标准 JB/T 5443—91 有关规定，机组分单效型和双效型两种型式。两种型式的基本参数规定为：单效机组以 0.1MPa（表压，下同）饱和水蒸气为热源，制取 7℃的冷水。单效型机组的基本参数见表 4-31。

表 4-30　溴化锂吸收式制冷机的分类

能源 \ 型式	制取冷水	制取冷风
热水(75～85℃)	两级吸收	
废汽、废热及高温水(85～150℃)	单效	
蒸汽(0.6～0.25MPa)或高温水(160～200℃)	两效	
燃气、燃油	单效、两效(同时制取温水)	单效(同时制取热风)

表 4-31 单效机组基本参数

型 号	名义制冷量/kW	冷水出口温度/℃	冷水进出口温度差/℃	冷却水进口温度/℃	单位制冷量冷却水耗量/(m^3/kW)	饱和蒸汽表压力/MPa	单位制冷量蒸汽耗量/(kg/kW)
XZ-12～580	120～5800	7	5	32	≤0.284	0.1	≤2.58

双效型机组以以下四种不同压力的饱和水蒸气为热源，制取不同温度的冷水。

a. 0.8MPa 的机组，冷水出口温度为 7℃，其基本参数参见表 4-32。

表 4-32 以 0.8MPa 为热源的两效机组基本参数

型 号	名义制冷量/kW	冷水出口温度/℃	冷水进出口温度差/℃	冷却水进口温度/℃	单位制冷量冷却水耗量/(m^3/kW)	饱和蒸汽表压力/MPa	单位制冷量蒸汽耗量/(kg/kW)
SXZ8-12D～410D	120～4100	7	5	32	≤0.284	0.8	≤1.419

b. 0.6MPa 的机组，冷水出口温度为 7℃或 10℃，其基本参数参见表 4-33。

表 4-33 以 0.6MPa 为热源的两效机组基本参数

型 号		名义制冷量/kW	冷水出口温度/℃	冷水进出口温度差/℃	冷却水进口温度/℃	单位制冷量冷却水耗量/(m^3/kW)	饱和蒸汽表压力/MPa	单位制冷量蒸汽耗量/(kg/kW)
SXZ6-	12D～410D 12Z～410Z	120～4100	7 10	5	32	≤0.284	0.6	冷水出口温度7℃时,≤1.462 冷水出口温度10℃时,≤1.419

c. 0.4MPa 的机组，冷水出口温度为 7℃或 10℃，其基本参数见表 4-34。

表 4-34 以 0.4MPa 为热源的两效机组基本参数

型 号		名义制冷量/kW	冷水出口温度/℃	冷水进出口温度差/℃	冷却水进口温度/℃	单位制冷量冷却水耗量/(m^3/kW)	饱和蒸汽表压力/MPa	单位制冷量蒸汽耗量/(kg/kW)
SXZ4-	12D～410D 12Z～410Z	120～4100	7 10	5	32	冷水出口温度7℃时,≤0.3 冷水出口温度10℃时,≤0.284	0.4	冷水出口温度7℃时,≤1.54 冷水出口温度10℃时,≤1.462

d. 0.25MPa 的机组，冷水出口温度为 13℃，其基本参数见表 4-35。

表 4-35 以 0.25MPa 为热源的两效机组基本参数

型 号	名义制冷量/kW	冷水出口温度/℃	冷水进出口温度差/℃	冷却水进口温度/℃	单位制冷量冷却水耗量/(m^3/kW)	饱和蒸汽表压力/MPa	单位制冷量蒸汽耗量/(kg/kW)
SXZ2.5-12G～410G	120～4100	13	5	32	≤0.3	0.25	≤1.505

对蒸汽型溴化锂吸收式冷水机组可以按照上述诸表的工作参数进行选型与设计。

② 热水型单效溴化锂吸收式冷水机组　热水型机组的基本参数见表 4-36，可参照本表的额定参数进行热水型单效溴化锂吸收式冷水机组的选型与设计。

表 4-36　热水型机组额定参数

热水进口温度	95℃							85℃					
名　称＼型　号	RXZ-	352	602	902	1152	1752	2302	35E	60E	90E	115E	175E	230E
冷水出口温度	℃						10						15
制冷量	kW	350	600	900	1150	1750	2300	350	600	900	1150	1750	2300
冷水流量	m^3/h	60	100	150	200	300	400	60	100	150	200	300	400
冷却水流量	m^3/h	120	200	300	400	600	800	120	200	300	400	600	800
热水消耗量	m^3/h	42	70	105	140	210	285	42	70	105	140	210	285

注：1. 冷水温差：5℃。

2. 热水温差：10℃。

3. 冷却水温度：32～38℃。

4. 冷却水污垢系数：0.86（m^2·℃)/kW。

5. RXZ-115E 表示制冷量为 1150kW、冷水出水温度 15℃、热水进水温度 85℃。

③ 直燃型双效溴化锂吸收式冷温水机组　直燃型冷温水机组的基本参数见表 4-37，可按照表 4-37 的额定参数对直燃型冷温水机组进行选型或作设计参考。

表 4-37　直燃型机组额定参数表

型　　式			SXLW-35	SXLW-60	SXLW-90	SXLW-115	SXLW-175	SXLW-230
制冷量/kW			350	600	900	1150	1750	2300
采暖量/kW			296	495	740	990	1483	2000
冷水	进出口温度/℃		12～7					
	流量/(m^3/h)		60	100	150	200	300	400
温水	进出口温度/℃		55～60					
	流量/(m^3/h)		51	85	127.5	170	255	340
冷却水	进出口温度/℃		32～38					
	流量/(m^3/h)		95	160	240	315	475	630
燃料消耗量	油	轻油,12095kcal/kg,kg/h	27	44.5	67	89	133	178
		重油,11630kcal/kg,kg/h	28	46	69	92	137.5	183.5
	天然气	5234kcal/Nm^3,Nm^3/h	66	110	165	220	331	441
		5815kcal/Nm^3,Nm^3/h	60	99	148.5	198	298	397
		12793kcal/Nm^3,Nm^3/h	25.5	42	63.5	84	126	168

4.2.3.6　溴化锂吸收式制冷机的设计计算

设计计算是根据用户对制冷量和冷媒水温的要求，以及用户所能提供的加热介质和冷却水温度，合理地选择某些设计参数，然后进行制冷循环的计算，为传热计算和结构计算提供必要的数据。

为使溴化锂吸收式制冷机获得良好的热力性能，在进行热力计算时必须合理确定设计参数，设计参数包括基本参数和选取参数两部分。前者是设计计算的依据，后者则根据各种因素确定。

(1) 基本参数

① 制冷量 Q_0　它是制冷机的最基本参数，是根据生产工艺或空调要求而提出的。

② 蒸发器出口冷媒水温度 $t_{x'}$　它是根据使用场合的要求确定的。由于 $t_{x'}$ 与蒸发温度 t_0

有关，若 t_0 下降，机组的制冷量及热力系数均下降，故冷媒水温度 $t_{x'}$ 大于 5℃。

③ 冷却水进口温度 t_w　它由当地的自然条件确定。尽管降低 t_w 能使冷凝压力下降，吸收效果增强，但考虑到溴化锂结晶问题，并不希望冷却水温度过低（如 20℃以下），通常在 25～32℃的合理范围内选定。

④ 加热热源温度（或压力）　考虑到废热的利用、结晶和腐蚀问题，一般采用 0.1MPa～0.25MPa 的饱和蒸汽或 75℃以上的热水作为加热热源较为合理。

（2）选取参数

① 吸收器出口冷却水温度 t_{w1} 和冷凝器出口冷却水温度 t_{w2}。在溴化锂吸收式制冷机中，为了减少冷却水的消耗量，往往使冷却水串联地流过吸收器和冷凝器。通常冷却水的总温差 Δt_w 在单效机中取 7～8℃，在双效机中取 6～6.5℃。考虑到吸收器的热负荷 Q_a 较冷凝器热负荷 Q_k 大，因此通过吸收器的温升 Δt_{w1} 要较通过冷凝器的温升 Δt_{w2} 高些，一般先假定 Δt_{w1} ∶ $\Delta t_{w2}=1.25\sim1.3$，$\Delta t_w=\Delta t_{w1}+\Delta t_{w2}$。$\Delta t_{w1}$ 和 Δt_{w2} 最后的选定数值，还要根据吸收器和冷凝器的热负荷计算出来的冷却水量是否相近来确定。则吸收器出口冷却水温度

$$t_{w1}=t_w+\Delta t_{w1} \tag{4-72}$$

冷凝器出口冷却水温度

$$t_{w2}=t_w+\Delta t_w \tag{4-73}$$

② 冷凝温度 t_k（℃）及冷凝压力 p_k（MPa）。冷凝温度一般比冷却水出口温度高 3～5℃，即

$$t_k=t_{w2}+(3\sim5)℃ \tag{4-74}$$

冷凝压力 p_k 由 t_k 查水蒸气表求得，即

$$p_k=f(t_k) \tag{4-75}$$

③ 蒸发温度 t_0 及蒸发压力 p_0。蒸发温度一般比冷媒水出口温度低 1.5～4℃，当 t_0 较高时，可取较大值，反之取较小值，即

$$t_0=t_{x'}-(1.5\sim4)℃ \tag{4-76}$$

蒸发压力由 t_0 查水蒸气表求得，即

$$p_0=f(t_0) \tag{4-77}$$

④ 吸收器内稀溶液的最低温度 t_2。吸收器内稀溶液的出口温度 t_2 一般比冷却水出口温度高 3～5℃，即

$$t_2=t_w+\Delta t_{w1}+(3\sim5)℃ \tag{4-78}$$

⑤ 吸收器压力 p_a（MPa）。吸收器压力因蒸汽流经挡水板时的阻力损失而低于蒸发压力，一般取 $\Delta p_0=(0.13\sim0.67)\times10^{-4}$MPa，即

$$p_a=p_0-\Delta p_0 \tag{4-79}$$

⑥ 稀溶液浓度 ξ_a。根据 p_a 和 t_2，由溴化锂溶液的 h-ξ 图确定。

⑦ 浓溶液浓度 ξ_r。为了保证循环的经济性和安全可靠性，一般循环的放气范围（$\xi_r-\xi_a$）在 0.03～0.06 之间。因此当 ξ_a 确定后，ξ_r 为

$$\xi_r=\xi_a+(0.03\sim0.06) \tag{4-80}$$

⑧ 发生器内溶液的最高温度 t_4。发生器出口浓溶液的温度 t_4 可根据 $t_4=f(\xi_r, p_h)$ 的关系在溴化锂溶液的 h-ξ 图中确定。

⑨ 溶液热交换器出口温度 t_7 与 t_8。浓溶液出口温度 t_8 由热交换器冷端的温差确定，t_8 的选取既关系到制冷机的热效率，又要注意结晶问题，一般 t_8 应比 ξ_r 浓度所对应的结晶温度

高 10℃以上，因此冷端温差一般15～25℃，即

$$t_8 = t_2 + (15 \sim 25)℃ \tag{4-81}$$

如果忽略溶液与环境介质的热交换，稀溶液的出口温度 t_7 可根据溶液热交换器的热平衡式确定，即

$$F(h_7 - h_2) = (F - D)(h_4 - h_8)$$

$$h_7 = \frac{a-1}{a}(h_4 - h_8) + h_2 \tag{4-82}$$

再由 h_7 和 ξ_a 在 h-ξ 图上确定 t_7，式中 $a = \xi_r / (\xi_r - \xi_a)$

⑩ 吸收器中喷淋溶液的焓值 $h_{9'}$、浓度 ξ_{cm} 和混合后溶液的温度 $t_{9'}$。吸收器喷淋溶液为强化吸收器的吸收过程，常加入一定数量的稀溶液以形成中间溶液后进行喷淋，从而强化了吸收过程的进行。假定（$F-D$）kg/s 的浓溶液中加入 $m$kg/s 的稀溶液，形成状态为点 9′的中间溶液，根据热平衡方程式

$$(F - D + m)h_{9'} = (F - D)h_8 + mh_2$$

$$\left(a - 1 + \frac{m}{D}\right)h_{9'} = (a-1)h_8 + \frac{m}{D}h_2$$

令 $f = \frac{m}{D}$，上式改写并简化为

$$h_{9'} = \frac{(a-1)h_8 + fh_2}{a + f - 1} \tag{4-83}$$

f 称为吸收器稀溶液再循环倍率，其意义为吸收每千克冷剂水蒸气所需补充稀溶液的千克数。一般 $f = 20 \sim 50$。同样，可由混合溶液的物料平衡式求出中间溶液的浓度，即

$$\xi_{cm} = \frac{f\xi_a + (a-1)\xi_r}{a + f + 1} \tag{4-84}$$

再由 $h_{9'}$ 和 ξ_{cm} 通过 h-ξ 图确定混合后溶液的温度 $t_{9'}$。

设备热负荷与热力系数的计算可参看式(4-55)～式(4-61)。

【例 4-4】 单效溴化锂吸收式制冷机的热力计算

已知基本参数：制冷量 1744.5kW，冷媒水进口温度 $t_{x''} = 15℃$，冷媒水出口温度 $t_{x'} = 5℃$，冷却水进口温度 $t_w = 32℃$，加热工作蒸汽压力为 0.157MPa（表压）或 $t_h = 112.73℃$。

解 1. 设计参数的选定

（1）吸收器出口冷却水温度 t_{w1} 和冷凝器出口冷却水温度 t_{w2}

采用串联流动方式以节省冷却水，假定冷却水总温升 $\Delta t_w = 8℃$，取 $\Delta t_{w1} = 4.4℃$，$\Delta t_{w2} = 3.6℃$，则

$$t_{w1} = t_w + \Delta t_{w1} = (32 + 4.4)℃ = 36.4℃$$

$$t_{w2} = t_{w1} + \Delta t_{w2} = (36.4 + 3.6)℃ = 40℃$$

（2）冷凝温度 t_k 及冷凝压力 p_k

取 $\Delta t = 5℃$，那么 $t_k = t_{w2} + \Delta t = (40 + 5)℃ = 45℃$

$$p_k = 0.0096\text{MPa}$$

（3）蒸发温度 t_0 及蒸发压力 p_0

取 $\Delta t = 2℃$，则 $t_0 = t_{x'} - \Delta t = (5 - 2)℃ = 3℃$

$$p_0 = 0.000757\text{MPa}$$

（4）吸收器内稀溶液的最低温度 t_2

取 $\Delta t=3.6$℃，则 $t_2=t_{w1}+\Delta t=(36.4+3.6)$℃$=40$℃

(5) 吸收器压力

假定 $\Delta p_0=13.3Pa$，则 $Pa=p_0-\Delta p_0=$ (757－13.3) Pa＝744Pa

(6) 稀溶液浓度 ξ_a

由 Pa 和 t_2 查图 4-43 的 h-ξ 图，得 $\xi_a=59.1\%$

(7) 浓溶液浓度 ξ_r

取$(\xi_r-\xi_a)=4.4\%$，则 $\xi_r=\xi_a+4.4\%=59.1\%+4.4\%=63.5\%$

(8) 发生器内浓溶液的最高温度 t_4

由 ξ_r、p_k 查图 4-43 的 h-ξ 图，得 $t_4=99.8$℃。

(9) 浓溶液流出热交换器时的温度 t_8

取冷端温差 $\Delta t=15$℃，则

$$t_8=t_2+\Delta t=(40+15)℃=55℃$$

再由 t_8 和 ξ_r 值在 h-ξ 图上查出 $h_8=307.73$kJ/kg。

(10) 稀溶液流出热交换器的温度 t_7

由式(4-64) 和式(4-82) 得

$$a=\frac{\xi_r}{\xi_1-\xi_a}=\frac{0.635}{0.635-0.591}=14.43$$

$$h_7=\frac{a-1}{a}(h_4-h_8)+h_2$$

$$=\left[\frac{14.43-1}{14.43}\times(389.08-307.73)+275.74\right]\text{kJ/kg}=351.44\text{kJ/kg}$$

再根据 h_7 和 ξ_a 在 h-ξ 图上查得 $t_7=79.69$℃。

(11) 吸收器中喷淋溶液的焓值 $h_{9'}$

浓度 ξ_{cm}和混合后溶液的温度 $t_{9'}$，由式 (4-83) 和式 (4-84)，

取 $f=30$

$$h_{9'}=\frac{(a-1)h_8+fh_2}{a+f-1}$$

$$=\left[\frac{(14.43-1)\times307.73+30\times275.74}{14.43+30-1}\right]\text{kJ/kg}=285.62\text{kJ/kg}$$

$$\xi_{cm}=\frac{f\xi_a+(a-1)\xi_r}{a+f+1}$$

$$=\frac{30\times0.59+(14.43-1)\times0.635}{14.43+30-1}=0.6$$

由 $h_{9'}$ 和 ξ_{cm}查图 4-43 的 h-ξ 图得

$$t_{9'}=45℃$$

参数确定之后，可在图 4-43 上查得各相应点的焓值。现将数值汇总于表 4-38 中，表中所列点号与图 4-50 相同。

表 4-38 循环各点参数值

序号	名　称	点　号	温度/℃	浓度/%	压力/Pa	焓值/(kJ/kg)
1	蒸发器出口处冷剂蒸气	1′	3		757	2924.48

续表

序号	名　称	点　号	温度/℃	浓度/%	压力/Pa	焓值/(kJ/kg)
2	吸收器出口处稀溶液	2	40	59.1	744	275.74
3	冷凝器出口处冷剂水	3	45		9600	606.92
4	冷凝器出口处水蒸气	3′	94.75		9600	3095.72
5	发生器出口处浓溶液	4	99.8	63.5	9600	389.08
6	发生器进口处饱和稀溶液	5	89.7	59.1	9600	370.95
7	吸收器进口处饱和浓溶液	6	48.46	63.5	744	295.75
8	热交换器出口处稀溶液	7	79.69	59.1		351.44
9	热交换器出口处浓溶液	8	55	63.5		307.73
10	吸收器喷淋溶液	9′	45	60.0		285.62

2. 设备热负荷计算

(1) 冷剂水流量 D

由式(4-65) 和式(4-66) 得 $q_0=h'_1-h_3=(2924.48-606.92)\text{kJ/kg}=2317.56\text{kJ/kg}$

$$D=\frac{\theta_0}{q_0}=\frac{1744.5}{2317.56}\text{kJ/s}=0.753\text{kJ/s}$$

(2) 发生器热负荷 Q_h

由式(4-67) 得 $Q_h=D[(a-1)h_4+h_{3'}-ah_7]$

$=0.753\times[(14.43-1)\times389.08+3095.72-14.43\times351.44]\text{kW}$

$=2445\text{kW}$

(3) 冷凝器热负荷 Q_k

由式(4-68) 得　$Q_k=D(h_{3'}-h_3)=0.753\times(3095.72-606.92)\text{kW}=1873\text{kW}$

(4) 吸收器热负荷 Q_a

由式(4-69) 得　$Q_a=D[(a-1)h_8+h_{1'}-ah_2]$

$=0.753\times[(14.43-1)\times307.73+2924.48-14.43\times275.74]\text{kW}$

$=2319\text{kW}$

(5) 溶液热交换器热负荷 Q_t

由式(4-70) 得　$Q_a=D(a-1)(h_4-h_8)=0.753\times(14.43-1)\times(389.08-307.73)\text{kW}$

$=823\text{kW}$

3. 制冷机的热力系数 ζ

由式(4-71) 得
$$\zeta=\frac{Q_0}{Q_h}=\frac{1744.5}{2445}=0.713$$

4.3 深冷与气体液化

在化学工业中，一般认为温度范围高于－100℃的制冷称为制冷，低于－100℃的制冷则称为深度冷冻（简称深冷）。深冷技术目前在化学工业中得到了广泛的应用，如空气的液化和氮、氧的分离，天然气的液化，石油裂解气的液化分离以及合成氨工业中焦炉气的液化分离等。使用深冷技术可将混合气体液化，再用精馏或部分冷凝的方法分离出所需要的产品。

所有的气体若冷却到临界温度以下，均可使之液化，深冷技术主要用来液化那些沸点很低的气体，所以在化工领域，深冷技术实际上就是气体液化技术。在深冷技术中，用以实现低温制冷循环的工质称为低温工质。在气体液化装置中，低温工质既是实现循环的制冷剂也是生产低温液体的原料。

工业上深冷一般是利用高压气体进行绝热膨胀来获得低温。膨胀过程又可分为对外做功和不做功两种，即高压气体的等熵膨胀和绝热节流膨胀过程，它们的降温效果不同，操作方法亦有所不同。

4.3.1 深冷的制冷原理

4.3.1.1 节流膨胀

高压气体流经一节流阀迅速膨胀至低压的过程称之为节流膨胀。由于过程进行得很快，可以认为是绝热过程。又因节流过程并不抵抗外力而做轴功，且节流前后的速度变化也不大，根据稳定流动能量平衡关系式可将节流膨胀看作等焓过程。

节流膨胀引起的温度变化称为焦耳-汤姆逊效应，其值可用下面的微分式表示

$$\mu_J=\left(\frac{\partial T}{\partial p}\right)_H \tag{4-85}$$

式中，μ_J 称为微分节流效应系数，它表示经过节流膨胀后，气体温度随压力的变化率。如果 μ_J 为正值，节流后的气体温度将随压力降低而下降，这正是节流膨胀制冷技术的物理依据。

μ_H 值与气体的种类及节流时气体的初始温度、压力等状态参数有关。在制冷过程中，必须选择 $\mu_J>0$ 的条件，这就需要找出 $\mu_J>0$ 的范围。为此据热力学基本关系式将 μ_J 表示为

$$\mu_J=\left(\frac{\partial T}{\partial p}\right)_H=\frac{1}{C_p}\left[T\left(\frac{\partial V}{\partial T}\right)_p-V\right] \tag{4-86}$$

由上式可知，μ_J 的变化有三种：$\mu_J>0$，产生制冷效应；$\mu_J<0$，产生制热效应；$\mu_J=0$，气体节流膨胀时温度不变，此时温度称为转回温度。

许多常见的气体，在常压下皆有较高的转回温度，由此可以看出，许多气体均可在室温下利用节流膨胀进行液化。但有少数气体，如氢和氦，因其转回温度很低，常温下不能液化，必须冷却到很低的温度才能使之液化。

μ_H 值可通过气体的状态方程式的微分求取，对于理想气体，$\mu_J=0$，即理想气体节流时，温度不改变。

μ_H 值也可通过实验来确定，例如对于空气和氧气，在压力 $p<15$MPa 时，μ_J（K/kPa）可用下列近似的经验方程式表示

$$\mu_J=(a_0-b_0p)\left(\frac{273}{T}\right)^2 \tag{4-87}$$

式中，a_0 和 b_0 为不同气体的特性常数，空气：$a_0=2.73\times10^{-3}$，$b_0=0.0895\times10^{-6}$；氧气：$a_0=3.19\times10^{-3}$，$b_0=0.0884\times10^{-6}$。

当高压气体通过节流膨胀，压力从 p_1 降到 p_2 时，其温降可由积分求得

$$\Delta T_H=\int_{p_1}^{p_2}\mu\mathrm{d}P=\int_{p_1}^{p_2}\frac{1}{C_p}\left[T\left(\frac{\partial V}{\partial T}\right)_p-V\right]\mathrm{d}p \tag{4-88}$$

如果把普遍化焓差方程代入[6]，得

$$\Delta T_H=\frac{(H'-H_{p2})_{T(平均)}-(H'-H_{p1})_{T(平均)}}{C_{p(平均)}} \tag{4-89}$$

上二式中，ΔT_H 称为积分节流效应，即节流过程的总温降。

气体节流效应最简便的求取方法是利用温熵图，只要确定了节流过程，可由 T-S 图上直接读出 ΔT_H 的数值。

4.3.1.2 作外功的等熵膨胀

高压气体的绝热膨胀如在膨胀机中进行，则可对外作轴功。如过程是可逆的，根据热力学第二定律可知，绝热可逆膨胀实质上是一个等熵膨胀。

同样，微分等熵膨胀效应系数 μ_s 可表示为

$$\mu_s=\left(\frac{\partial T}{\partial p}\right)_s \tag{4-90}$$

据熵对温度和压力的全微分和热力学第二定律可导出 μ_s 的表达式为

$$\mu_s=\frac{T}{C_p}\left(\frac{\partial V}{\partial T}\right)_p \tag{4-91}$$

式中，$C_p>0$，$T>0$，$\left(\frac{\partial V}{\partial T}\right)_p>0$，因此 μ_s 永远为正值。这表明任何气体在任何条件下的等熵膨胀总能得到制冷效应，这是与等焓节流膨胀的不同之处。

将式（4-86）与式（4-91）进行比较可得

$$\mu_s-\mu_J=\frac{V}{C_p} \tag{4-92}$$

上式表明微分等熵效应系数始终比微分节流效应系数大，从降温的程度比较，等熵膨胀的温降远较节流膨胀大。例如 20℃的空气，从 1000kPa 降到 100kPa，采用节流膨胀时，温度可降低到 290.7K，即下降了 2.3K。如果采用等熵膨胀，则温度可降到 153K，温度下降达 140K，两者相差达 60 倍。

理想气体等熵膨胀过程的积分温度效应可由下式计算

$$\Delta T_s=T_2-T_1=T_1\left[\left(\frac{p_1}{p_2}\right)^{\frac{k-1}{k}}-1\right] \tag{4-93}$$

故对理想气体，等熵膨胀后的温度降与初温成正比，并随压力比的增加而增加。

对于实际气体，其积分温度积应可由温熵图很方便地求得。

由以上制冷原理的讨论可知，有两种获得低温的方法，即节流膨胀和等熵膨胀。因此气体液化的深冷循环也可分为两类。一类是利用节流膨胀的冷冻循环，也即所谓林德循环；另一类是利用等熵膨胀的循环，如克劳德循环等。

4.3.2 气体液化的林德循环

4.3.2.1 一次节流的简单林德循环

（1）工作原理

利用一次节流膨胀，液化气体是最简单的深冷循环，由林德首先研究成功，故亦称简单林德循环。简单林德循环的流程图及对应的 T-S 图可参看图 4-53。

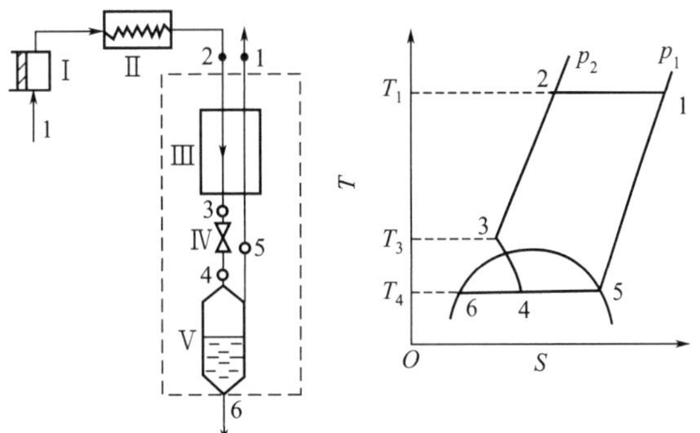

图 4-53 简单林德循环及其 T-S 图

Ⅰ—压缩机；Ⅱ—冷却器；Ⅲ—换热器；Ⅳ—节流阀；Ⅴ—气液分离器

气体从状态 1（p_1，T_1）经多级压缩压力增加到 p_2，经冷却器冷却至初始温度 T_1，在 T-S 图上用等温压缩线 1-2 表示。状态 2 的高压气体经换热器Ⅲ等压冷却到低温（状态 3），过程用等压线 2-3 表示。再经节流阀Ⅳ膨胀到湿蒸气区（状态 4），用等焓线 3-4 表示。经气液分离器Ⅴ将液态气体（饱和液体）分离出去（状态 5），分离后的干饱和蒸气（状态 6）送到换

热器去预冷新进入的高压气体，其本身被加热，恢复到原来状态 1，在 T-S 图上用等压线 5-1 表示。未被液化的气体再进行压缩，反复循环。

在此流程中，气体实际上被分为两部分。液化部分沿路线 1-2-3-4-6 进行并作为液体产品分离出来；未液化部分则沿 1-2-3-4-5-1 路线循环，起着冷冻剂的作用，这是深度冷冻有别于普通冷冻的一个特点。

有些气体临界温度很低，例如空气在大气压下冷凝温度为 78.2K，而节流膨胀时温度效应比较小，在常温下一次节流膨胀不可能使之液化，而有一个逐渐冷却的过程，尤其在开工情况，如图 4-54 所示。

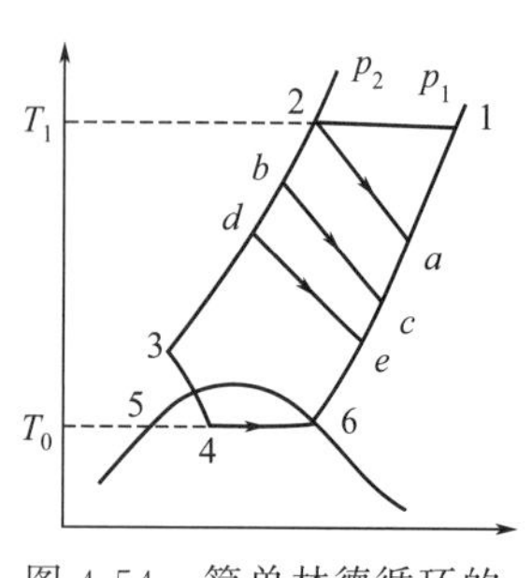

图 4-54　简单林德循环的开工阶段情况

装置在开工阶段，气体第一次节流从温度 T_1 的状态 2 降压降温到状态 a，温降显然是有限的，达不到液化的程度。但借助于换热器，让节流后状态 a 的气体全部用来预冷新进入换热器的状态 2 的高压气体，使其温度由 T_1 降到 T_a。低压气体吸热从而温度从 T_a 升高到 T_1，并在状态 1 下再进压缩机。接着状态 b 的高压气体再节流到状态 c，回到换热器把新进入换热器的高压气体预冷到 T_d，如此反复进行，冷冻能力逐步积累直到达到液化温度 T_0，从而进入稳定操作开始正常出产品。

（2）热力学计算

仍以 1kg 气体为计算基准，取 $x$kg 为气体液化量。根据图 4-53，流程图虚线部分的热量平衡式为

$$h_2=x_1h_6+(1-x_1)h_1$$

得到循环的液化量 x_1 [kg/kg（加工气体）]

$$x_1=\frac{h_1-h_2}{h_1-h_6} \tag{4-94}$$

循环的理论冷冻量 q_0（kJ/kg）为

$$q_0=x_1(h_1-h_6)=h_1-h_2 \tag{4-95}$$

上面讨论的是理想林德循环，实际上循环过程存在着三方面的不可逆损失：ⓐ换热器、节流阀、管道与外界绝热不完全，有热量传入，造成冷损失 $\Delta h_{冷损}$。ⓑ换热不完全，节流后循环的气体不能恢复到初始温度 T_1，此项损失称为温度损失，以 $\Delta h_{温损}$ 表示。ⓒ压缩机中过程的不可逆性引起能量损失。因此实际冷冻量 q_0（kJ/kg）为

$$q_0=(h_1-h_2)-(\Delta h_{冷损}+\Delta h_{温损}) \tag{4-96}$$

相应的液化量 x [kg/kg（加工气体）] 为

$$x=\frac{(h_1-h_2)-(\Delta h_{冷损}+\Delta h_{温损})}{h_1-h_2} \tag{4-97}$$

一般循环气体所能恢复到的温度要比 T_1 低 5℃，对于空气液化，$\Delta h_{温损}\approx 5$kJ/kg 空气。在现代空气液化装置中，$\Delta h_{冷损}\approx 4\sim 8$kJ/kg 空气。

冷冻装置的功量若按理想气体的等温可逆压缩考虑，则为

$$W_T=RT_1\ln\frac{p_2}{p_1}$$

考虑到压缩的不可逆性，且气体也是不理想的，则实际的轴功计算应引入等温压缩效率 η_T [kJ/kg（加工气体）]，则为

$$W=\frac{W_T}{\eta_T}=\frac{1}{\eta_T}RT_1\ln\frac{p_2}{p_1} \tag{4-98}$$

式中，η_T 一般取 0.6 左右。

每液化 1kg 气体所消耗的功称为比功 W_x ［kJ/kg（液态气体）］，为

$$W_x=\frac{W}{x}=\frac{1}{x\eta_T}RT_1\ln\frac{p_2}{p_1} \tag{4-99}$$

循环的制冷系数，即每消耗单位功所能得到的冷冻量为

$$\varepsilon=\frac{q_0}{W}=\frac{\eta_T(h_1-h_2)}{RT_1\ln\frac{p_2}{p_1}} \tag{4-100}$$

简单林德循环的损耗功大，效率低，液化气体的比功也大。为提高林德循环的效率，可增加膨胀前气体的预冷及减小压缩比。

4.3.2.2 具有氨预冷的林德循环

对高压气体预冷，可以降低膨胀前的温度，增加气体的液化量。因氨冷的冷冻系数大，对于空气和氧、氮等的液化而言，采用高压气体氨预冷能提高林德循环的冷冻效率，与简单林德循环相比，单位功耗减少。

具有氨预冷的林德循环流程及在 T-S 上的表示如图 4-55 所示。气体在压缩机中压缩，压力由 p_1 升至 p_2 并经冷却到达状态点 2。以 T-S 图中 1-2 表示。随之进入换热器Ⅱ与低压气体换热，冷至状态 2″，继续在氨制冷机的蒸发器内冷至状态 2′，最后在热交换器Ⅳ中冷至状态 3。再经过节流膨胀进入气液分离器Ⅴ，从而得到液态气体产品。

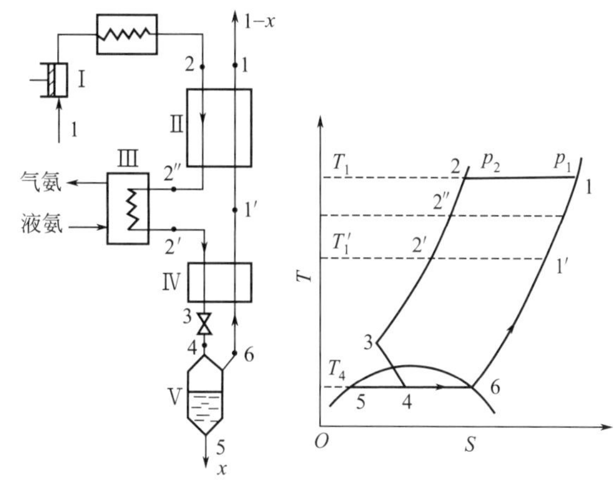

图 4-55 具有氨预冷的林德循环

Ⅰ—压缩机；Ⅱ，Ⅳ—热交换器；Ⅲ—氨冷器；Ⅴ—气液分离器

上述循环中，氨冷器提供的冷量 q_A ［kJ/kg（加工气体）］为

$$q_A=h_{2''}-h_{2'} \tag{4-101}$$

对于实际有氨预冷的林德循环，1kg 气体的液化量 x ［kg/kg（加工气体）］为

$$x=\frac{(h_1-h_2)+q_A-(\Delta h_{冷损}+\Delta h_{温损})}{h_1-h_5} \tag{4-102}$$

循环的冷冻量为

$$q_0=(h_1-h_2)+q_A-(\Delta h_{冷损}+\Delta h_{温损})\quad \text{kJ/kg（加工气体）} \tag{4-103}$$

由此看出，这比简单林德循环的冷冻量增加了 q_A，因而液化量增大。

此冷冻循环的功耗为气体压缩和氨冷循环、氨气压缩两部分之和 W ［kJ/kg（加工气体）］

$$W=\frac{RT_1}{\eta_T}\ln\frac{p_2}{p_1}+\frac{q_A}{\varepsilon_A} \tag{4-104}$$

式中，q_A 和 ε_A 分别代表氨冷循环的冷冻量和制冷系数。

循环的比功 W_x ［kJ/kg（液化气体）］为

$$W_x=\frac{1}{x}\left(\frac{RT_1}{\eta_T}\ln\frac{p_2}{p_1}+\frac{q_A}{\varepsilon_A}\right) \tag{4-105}$$

具有氨预冷的林德循环，降低了节流膨胀前的温度，增加了液化量，降低了比功。热力学效率大为提高。

4.3.2.3　二次节流膨胀的林德循环

降低林德循环功耗的另一方法是减小压缩比，故二次节流又称双压循环。其流程图和 T-S 图见图 4-56 所示。高压气体经换热器Ⅲ冷却至状态点 4，经节流后至一中间压力，在分离器Ⅳ中产生部分液化气体。没有液化的中压低温气体返回换热器Ⅲ来预冷高压气体，然后在初温下进入高压压缩机Ⅱ压缩至高压，循环使用。在分离器Ⅳ中的液体二次节流，降到初压，在分离器Ⅴ中得到温度更低的液态气体产品。二次节流后部分气化的气体，则经换热器Ⅳ复热至初温后，与补充的气体一起进入低压压缩机Ⅰ压缩至中压，经冷却后进入高压压缩机Ⅱ。

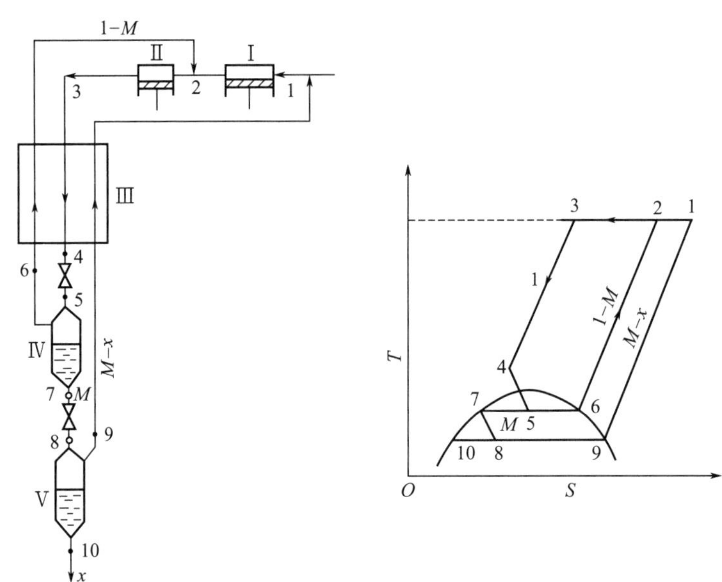

图 4-56　具有二次节流膨胀的林德循环

Ⅰ，Ⅱ—压缩机；Ⅲ—换热器；Ⅳ，Ⅴ—气液分离器

此种循环相当于高、中压之间增加了气体冷冻循环。由于其压缩比较低，从而降低了功耗，使比功下降。但因流程较复杂，其应用受到一定限制。

4.3.3　具有膨胀机的气体液化循环

4.3.3.1　克劳德循环

气体液化操作中使用作等熵膨胀的膨胀机，比相同条件下节流膨胀获得较大的冷冻量和温度降，又可回收膨胀功，因而冷冻循环的功耗减少，提高了循环的经济性。但由于膨胀机在低温下操作，气体容易液化，易对膨胀机造成损害，故应适当提高进入膨胀机的气体温度，且仍需节流阀。克劳德首先提出和改进了活塞式膨胀机的空气液化循环，称之克劳德循环。其示意流程及 T-S 图如图 4-57 所示。

1kg 气体在压缩机Ⅰ中由低压 p_1 至 p_2，经水冷至初温并经换热器Ⅱ冷却到状态 3 后，分为两路。一路（$1-M$）kg 气体通过膨胀机膨胀至 p_1，达状态 4，并对外做功。T-S 图上 3-4 线表示作外功的实际过程（理想情况下等熵膨胀到状态点 4′，在 T-S 图上以等熵线 3-4′表

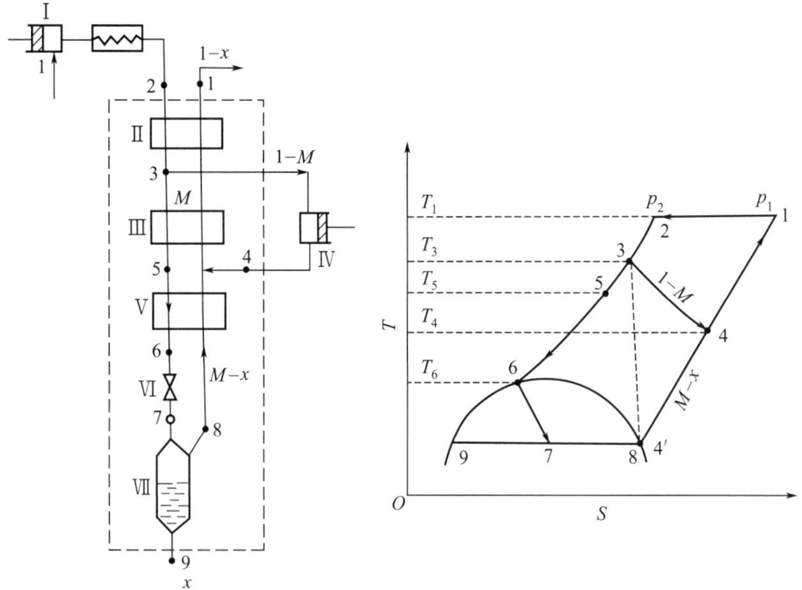

图 4-57　克劳德循环流程及 T-S 图

Ⅰ—压缩机；Ⅱ，Ⅲ，Ⅴ—换热器；Ⅳ—膨胀机；Ⅵ—节流阀；Ⅶ—气液分离器

示)；另一路 Mkg 高压气体继续通过换热器Ⅲ、Ⅴ进一步冷却至状态 6 后，进行节流膨胀，其中 $x$kg 气体液化。未液化约（$M-x$）kg 气体出换热器Ⅴ后，与来自膨胀机的低压气体合并。汇合后的（$1-x$）kg 气体进换热器Ⅲ、Ⅱ预冷高压气体，而本身被加热到初态循环使用。

若对虚线框内的冷箱作热量平衡，并考虑冷损失 $\Delta h_{冷损}$ 和温度损失 $\Delta h_{温损}$，则有

$$h_2+(1-M)h_4+\Delta h_{冷损}+\Delta h_{温损}=xh_9+(1-x)h_1+(1-M)h_3$$

可求得冷冻循环的液化量 x［kg/kg（加工气体）］为

$$x=\frac{(h_1-h_2)+(1-M)(h_3-h_4)-(\Delta h_{冷损}+\Delta h_{温损})}{h_1-h_9} \tag{4-106}$$

冷冻量 q_0［kJ/kg（加工气体）］为

$$q_0=x(h_1-h_9)=(h_1-h_2)+(1-M)(h_3-h_4)-(\Delta h_{冷损}+\Delta h_{温损}) \tag{4-107}$$

由上式可知，这一冷冻循环的冷冻量较一次节流的简单林德循环增加了膨胀机提供的冷效应部分。

理想的绝热膨胀应为等熵过程，实际过程常以等熵效率 η_s 来衡量非理想程度，即

$$\eta_s=\frac{h_3-h_4}{h_3-h_{4'}} \tag{4-108}$$

对透平膨胀机，$\eta_s=0.80\sim0.85$；活塞式膨胀机，$\eta_s=0.65\sim0.75$。

循环的功耗应为压缩功与膨胀功之差 W［kJ/kg（加工气体）］

$$W=\frac{1}{\eta_T}RT_1\ln\frac{p_2}{p_1}-\eta_M(1-M)(h_3-h_4) \tag{4-109}$$

式中，η_M 为膨胀机的机械效率，$\eta_M=0.65\sim0.85$。

循环的比功 W_x［kJ/kg（液态气体）］为

$$W_x=\frac{1}{x}\left[\frac{1}{\eta_T}RT_1\ln\frac{p_2}{p_1}-\eta_M(1-M)(h_3-h_4)\right] \tag{4-110}$$

由以上分析可知，克劳德循环与简单林德循环相比，降低了功耗，比功下降，而冷冻量和温降增加，从而提高了循环的经济性。

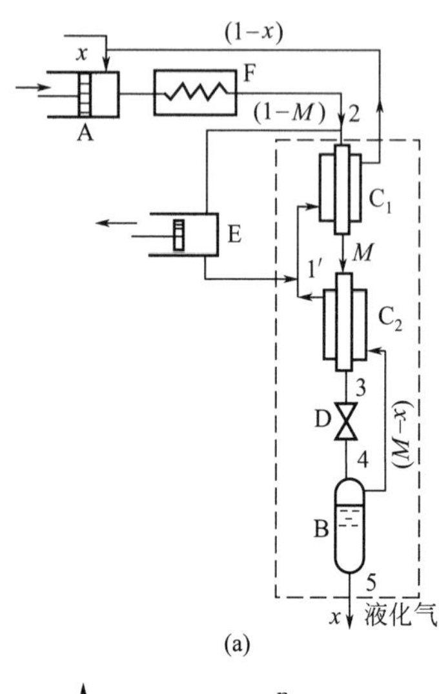

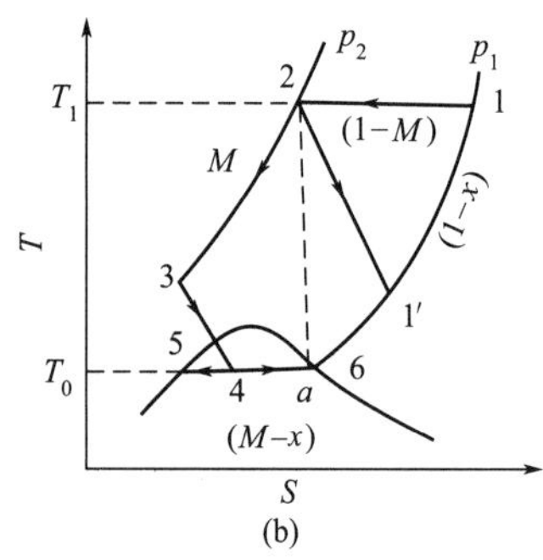

图 4-58　海兰德冷冻装置及其工作循环

A—压气机；B—气液分离器；C_1，C_2—换热器；D—节流阀；E—膨胀机；F—冷却器

4.3.3.2　海兰德循环

克劳德循环用于空气分离，高压空气约为 4MPa 左右的中压，且在预冷的条件下进入膨胀机，故也称其为具有膨胀机的中压中温循环，由于膨胀到低压时的压力差不大，故节流膨胀后的液化量也不大，效率不很高。为提高效率，海兰德提出具有膨胀机的高温高压循环，可看作是克劳德循环的变型或改进。

海兰德循环的流程与 T-S 图如图 4-58 所示。其流程与克劳德循环基本相同，所不同的是高压空气的压力很高（一般为 20MPa)，并取消了热区的换热器。部分高压气体未经预冷，在室温下直接进入膨胀机，从而增加绝热焓降，以产生较大的冷冻量。由于高压气体在膨胀机中是在平均温度较高的条件下膨胀的，也就可以使用普通润滑油，解决了活塞式膨胀机在低温下润滑的困难。膨胀机效率较高，回收能量多，故总功耗减小。但高压膨胀机结构复杂、制造技术要求严格，故目前海兰德循环主要用于制造液氧和小型空气装置。

海兰德循环的热力学计算方法与克劳德循环相同，详见文献［7］。

4.3.3.3　卡皮查循环

卡皮查应用透平膨胀机实现了低温低压液化循环。其流程示意图和 T-S 图如图 4-59 所示。

常温常压气体在压缩机Ⅰ中压缩到 $p_2=500\sim600$kPa，经换热器Ⅱ冷至 T_3 后分成两部分。大部分加压气体经透平膨胀机Ⅳ膨胀至常压，温度降至 T_4，进入冷凝器Ⅴ以冷却另一部分未进入膨胀机Ⅲ的加压气体，并使之液化为状态 5 的加压液体。此加压液态气体再经节流膨胀至常压，一部分成为常压低温液体成品，部分闪蒸的饱和蒸气与膨胀机来的常压低温气体混合后经冷凝器、换热器回收冷量后排出，以供压缩使用。

卡皮查循环实质上是克劳德循环的变种，其之所以可在低压下实现，在于应用了高效率的透平压缩机，降低了循环过程的不可逆性和功耗，从而在现代大、中型全低压空分装置中应用广泛。但低压冷冻循环的等温节流效应及膨胀机的绝热焓降较小，故其液化率仅 5%左右。

为了获得较大的液化量和较低的功耗，还可将以上循环综合应用，如有氨预冷的二次节流膨胀循环以及氨预冷的带膨胀机的冷冻循环等。

4.3.4　气体液化和分离方法

4.3.4.1　空气深冷分离

工业上一般应用深冷循环将空气液化，然后进行精馏分离以制取纯氧和纯氮气。

在 100kPa 时，液氮的沸点为 77.4K，液氧的沸点为 90.19K。空分工艺采用双级精馏塔（简称双塔）分离氧、氮。其结构示意图和使用的简单林德冷冻循环流程如图 4-60 所示[8]。

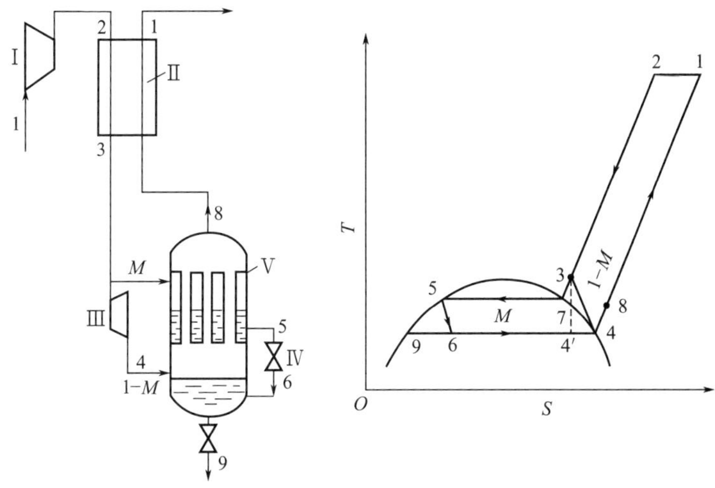

图 4-59　卡皮查循环及 T-S 图

Ⅰ—压缩机；Ⅱ—热交换器；Ⅲ—涡轮膨胀机；Ⅳ—节流阀；Ⅴ—冷凝器

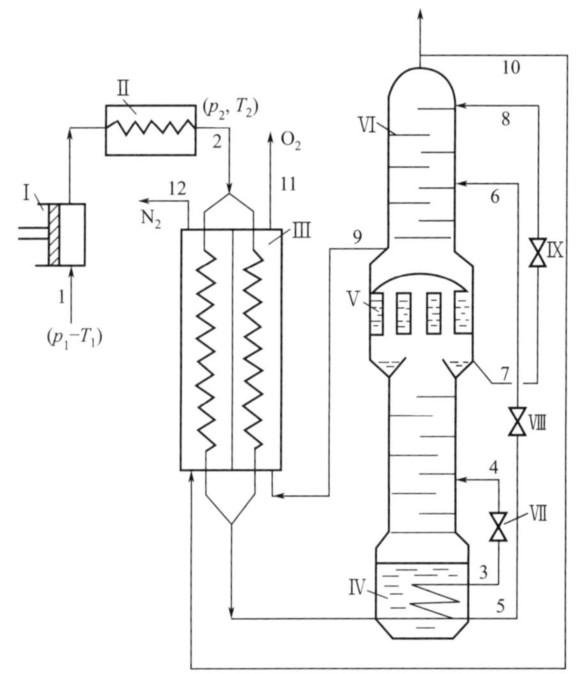

图 4-60　空气深冷分离示意流程

Ⅰ—压缩机；Ⅱ—水冷器；Ⅲ—换热器；Ⅳ—下塔；Ⅴ—冷凝蒸发器；Ⅵ—上塔；Ⅶ、Ⅷ、Ⅸ—节流阀

双级精馏塔由下塔Ⅳ、上塔Ⅵ和上、下塔之间的冷凝蒸发器Ⅴ组成。中间冷凝蒸发器既是上塔的蒸发器，也是下塔的冷凝器。

空气经压缩、中间水冷却和换热器Ⅲ与返回的低温低压产品气换热后，进入下塔的蒸馏釜继续冷却，再经节流阀Ⅶ节流到500kPa左右在部分液化，进入下塔中部进行精馏。下塔顶部高纯氮气进入冷凝蒸发器管内，被管间的100kPa、90K的液态氧冷凝成液氮，一部分作为下塔回流液，另一部分经节流阀降压后，进入上塔顶部作为上塔的回流液。另外下塔釜部的富氧液态空气，经节流阀Ⅷ节流降压后进入上塔精馏，上塔底部得到纯液氧，在冷凝蒸发器内蒸发以获得纯氧产品气，上塔顶部得到高纯液氮产品气。

工业上除可用上述林德循环和双塔精馏的方法制取纯氧和纯氮外，也可应用具有膨胀机的海兰德循环、卡皮查循环与双级精馏塔组合的方法分离空气。

图 4-61 为杭州制氧机厂生产的小型空分设备 KZON-150/600-Ⅲ型空气分离设备工艺流程图。其主要性能数据见表 4-39。

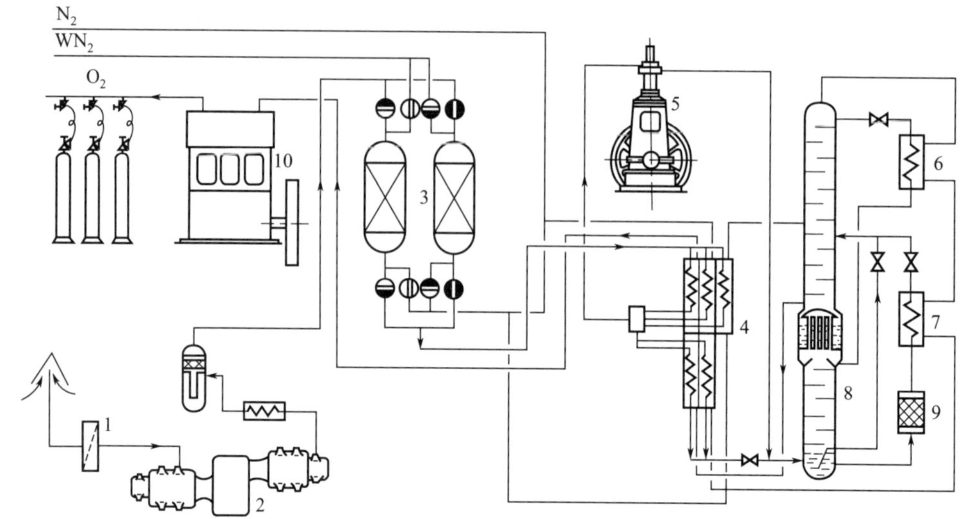

图 4-61 KZON-150/600-Ⅲ型空气分离设备工艺流程

1—空气滤清器；2—空气压缩机；3—分子筛纯化器组；4—热交换器；5—膨胀机；6—液氮过冷器；7—液空过冷器；8—精馏塔；9—乙炔吸附器；10—氧气压缩机

表 4-39 KZON-150/600-Ⅲ型空气分离设备主要性能数据表

参数 \ 型号		KZON-150/600-Ⅲ	参数 \ 型号	KZON-150/600-Ⅲ
产量及纯度（0℃，0.1MPa）		$150Nm^3/h$，$99.5\%O_2$ $600Nm^3/h$，$500\times10^{-6}O_2$	工作周期	60 天
			氧气充瓶压力	15MPa
加工空气量①		$1020m^3/h$	冷却水耗量	27t/s
工作压力	启动	4.5MPa	占地面积	$\sim270m^2$
	工作	2～2.5MPa		
启动时间		8～10h	设备总重量	～36t

① 按吸入状态。

KZON-150/600-Ⅲ空气分离设备具有下列特点。

① 采用中压或高压带透平式或活塞式膨胀机的冷冻循环流程。

② 空气压缩机采用双列对称平衡型结构，无油润滑。

③ 空气净化系统采用分子筛常温清除水分和二氧化碳。

④ 采用透平膨胀机或无油润滑的活塞式膨胀机。活塞式膨胀机具有带绝热头的长活塞结构，绝热效率高。

⑤ 精馏塔和盘管式热交换器均采用低温性能良好的铜合金制成。空分设备配备 XKAr-3-Ⅱ型制氩装置后可制取 $3Nm^3/h$ 纯度 99.99%的精氩。

⑥ 氧气压缩机采用氟塑料活塞环密封，性能良好，运转安全。

4.3.4.2 天然气的液化与乙烯深冷分离

为便于天然气的贮存，需将气体天然气进行液化处理。工业上采用丙烷、乙烯和甲烷三元复叠制冷循环进行天然气液化。图 4-62 给出液化天然气所采用的复叠式制冷循环的简化流程。复叠式制冷循环的原理可参看 4.1.3 所述。

如图 4-62 所示，经过纯化、压缩后的天然气在常压、231K 的丙烷蒸发器中被冷却到 238K，然后在 169K 的乙烯蒸发器中继续冷却到 176K。最后在 112K 的甲烷蒸发器中被冷却到 122K。低温天然气然后节流膨胀到常压，产生的液化天然气作为产品泵入贮藏罐，闪蒸的蒸气返回热交换器释放冷量后再液化或作为燃料。

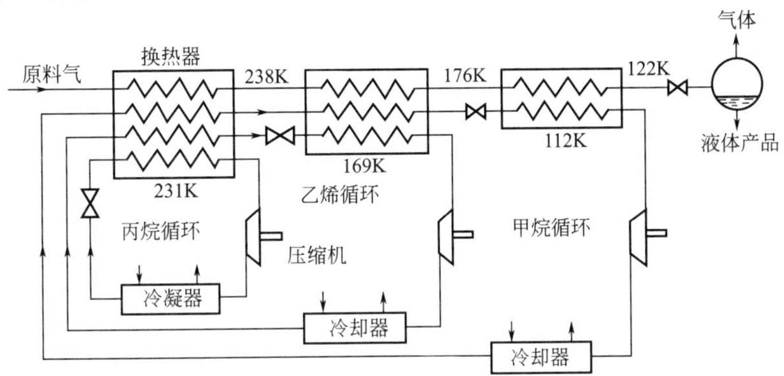

图 4-62　天然气液化的复叠制冷简化流程

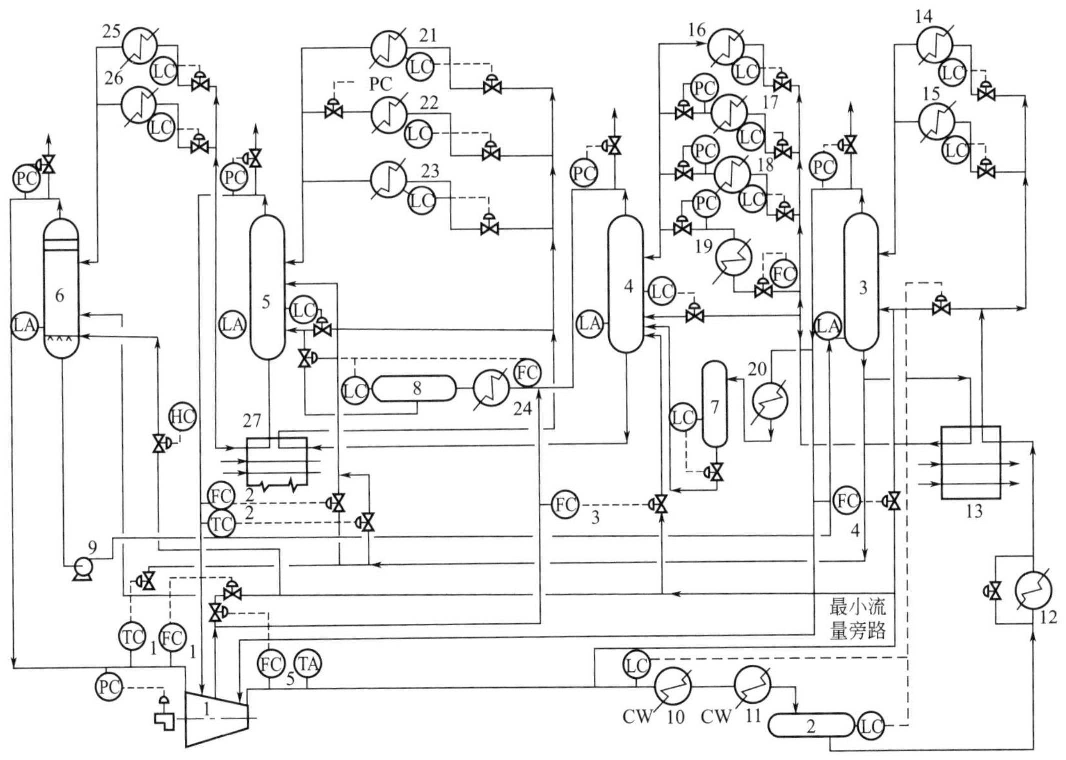

图 4-63　四级节流丙烯制冷系统（鲁姆斯工艺流程）

1—丙烯压缩机；2—丙烯贮罐；3，4，5，6—一、二、三、四段吸入罐；7，8—丙烯贮罐；9—丙烯泵；10—丙烯冷却器；11—冷凝器；12—过冷器；13—过冷器（冷箱）；14—乙烯冷剂冷却器；15—脱丙烷塔塔顶冷凝器；16—苯洗塔顶冷凝器；17—氢气干燥器进料冷却器；18—裂解气冷却器；19—BTX 塔顶冷却器；20—乙烯产品气化器；21—乙烯冷剂冷凝器；22—裂解气冷却器；23—脱乙烷塔顶冷凝器；24—乙烯精馏塔再沸器；25—乙烯精馏塔塔顶冷凝器；26—裂解气冷却器；27—丙烯冷剂过冷器

复叠式循环原则上只要复叠级数足够多，可以液化任何气体。虽然其具备工作压力低，循环经济性好等特点，但随着复叠级数增加，设备与系统愈益复杂，需根据情况选用。

乙烯深冷分离装置通常采用乙烯-丙烯复迭制冷循环，乙烯冷剂从压缩机出口经水冷再经丙烯冷剂冷却，直到全部冷凝。乙烯、丙烯冷剂，经乙烯压缩机和丙烯压缩机分别压缩后，再经冷却和冷凝，然后凝液在不同压力下闪蒸，其不同温度的液相，作为不同的制冷级别。各段撤出的不同温度的闪蒸蒸气作不同级位的热剂，供相应温度级位的热量用户使用（如精馏塔再沸器）。制冷工质作为热剂，实际上是回收冷量的一种手段。

冷剂的级位数目和负荷应根据具体工艺要求确定。在乙烯深冷分离装置中，丙烯制冷系统提供−40℃以上各温度级的冷量。其主要冷量用户为裂解气的预冷、乙烯制冷冷凝、乙烯精馏塔、脱乙烷塔、脱丙烷塔塔顶冷凝等。乙烯装置的丙烯制冷系统有的设置四个温度级，有的设置三个温度级或两个温度级，相应分别采用四级节流、三级节流和两级节流的制冷循环。图4-63为四级节流丙烯制冷系统的流程。

四级节流丙烯制冷系统分别提供−40℃、−24℃、−7℃和6℃四个不同级别的冷量。

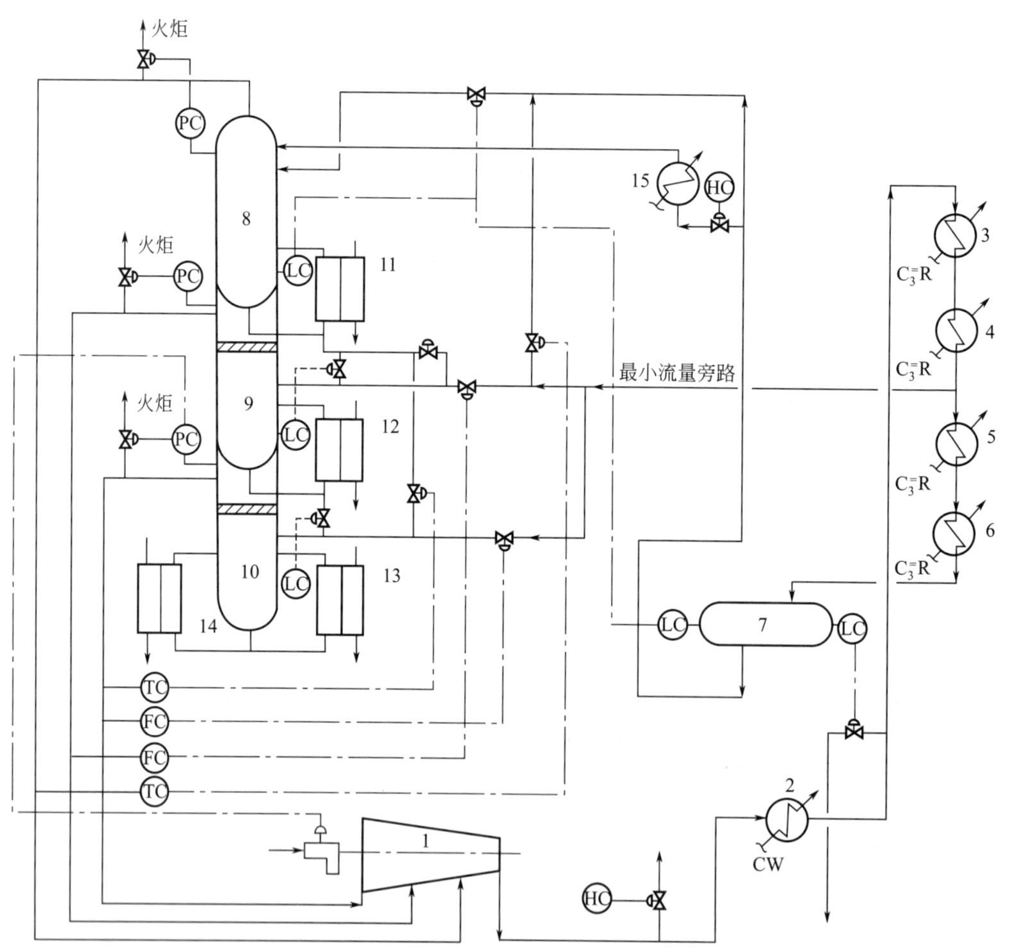

图4-64　三级节流乙烯制冷系统工艺流程

1—乙烯压缩机；2—水冷却器；3，4，5—丙烯冷却器；6—冷凝器；7—乙烯贮罐；8—第一分离罐；9—第二分离罐；10—第三分离罐；11—裂解气冷却器；12—裂解气冷却器；13—脱甲烷塔顶冷凝器；14—裂解气冷却器；15—乙烯塔顶尾气冷凝器

在乙烯深冷分离装置中，乙烯制冷系统用于裂解气低温分离装置所需－40℃以下至－102℃各温度级的冷量，其主要冷量用户为裂解气在冷箱的预冷以及脱甲烷塔塔顶冷凝。大多数乙烯制冷系统均采用三级节流的制冷循环，相应提供三个温度级的冷量。也有采用两级节流或四级节流的制冷循环，相应提供两个或四个温度级的冷量。图 4-64 为三级节流乙烯制冷系统的工艺流程。

采用三级节流制冷循环时通常提供－50℃、－70℃、－100℃左右三个温度级的冷量。

乙烯深冷分离装置采用 $C_2^=$-$C_3^=$ 复叠制冷循环，但制冷温度级位愈低，能量单耗愈高，所以要合理地组织冷剂的利用。目前，也有一些公司采用混合冷剂制冷于乙烯深冷分离装置中。图 4-65 为法国德希尼布公司用于乙烯装置的混合冷剂制冷系统。

在图 4-65 中，混合冷剂压缩后，经空冷、水冷和丙烯冷而冷凝，凝液进贮槽。液态混合冷剂经丙烯过冷后，进入板翅式换热器过冷，与经阀节流膨胀的混合冷剂汇合一起供给工艺流体冷量。从换热器出来的混合冷剂为－35℃左右，经吸入罐循环回压缩机。

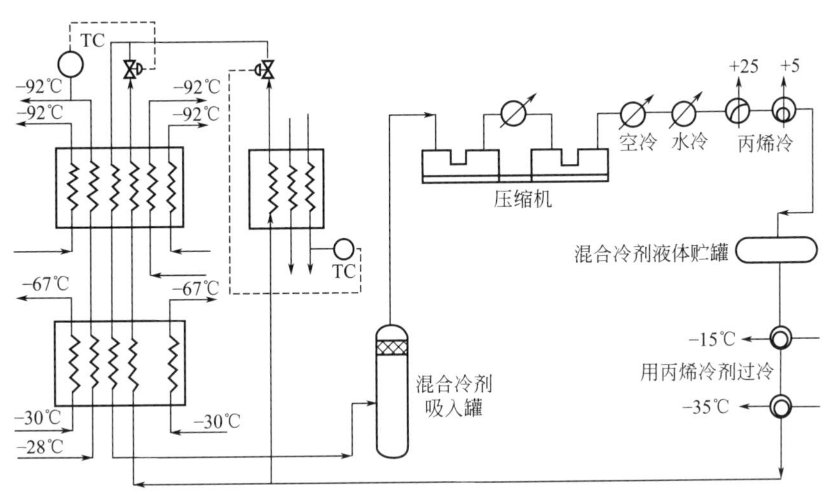

图 4-65　乙烯装置混合冷剂制冷系统

采用混合冷剂制冷循环，对冷区而言，较 $C_2^=$-$C_3^=$ 复叠制冷循环可节能 10%，对整套乙烯装置来说节能 7%，但该项工作尚处于研究阶段。混合冷剂可采用甲烷、乙烯和丙烷的二元或三元混合物。

4.4　制　冷　剂

4.4.1　制冷剂的选用原则和种类

制冷剂是制冷机中的工作介质，它在制冷机中循环流动，在制冷机的蒸发器吸取被冷却对象的热量而蒸发（即制冷），在冷凝器内将热量传给周围介质而凝结为液体。制冷机正是依靠制冷剂的物态变化进行制冷。

4.4.1.1　制冷剂的选用原则

原则上凡是在制冷机工作温度范围内能够发生气液相变的物质均可作为制冷剂。实际上，制冷机的设备尺寸、能量消耗、安全运行及运行维护等对合适的制冷剂提出如下要求。

(1) 潜热要尽可能大，潜热大，冷冻量就大，对于一定制冷能力所需要的制冷剂循环量就小。如此即可降低功耗，提高经济性。例如氨的潜热比氟利昂大 10 倍左右，故氨制冷剂在化工生产中得到广泛应用。

(2) 操作压力和比容要合适，即冷凝压力不要过高，过高的压力将增加压缩机和冷凝器的设备费用；蒸发压力不要过低，过低的蒸发压力会使大气容易漏入真空操作的冷凝剂系统，从而不利于操作的稳定，蒸气的比容也不要过大，否则会使活塞式压缩机的设计很困难，同时也会增加设备费用。例如氨制冷剂能较好地满足此要求，在 30℃冷凝温度时，其冷凝压力不超过 1471kPa。而在－34℃的蒸发温度时，其蒸发压力不低于 98.1kPa。二氧化硫和氯化甲烷的冷凝压力虽比氨低，但它们的蒸发压力过低，如当二氧化硫蒸发温度低于－10℃，氯化甲烷低于－23.5℃时，蒸发压力均低于 98.1kPa。

(3) 具有化学稳定性，高温不分解。不腐蚀冷冻设备，不使冷冻机油变质。

(4) 无毒性、无刺激性。

(5) 为了操作安全，制冷剂不应易燃易爆。

(6) 价格便宜，市场有充足的供应。

4.4.1.2 制冷剂的种类和命名

目前使用的制冷剂已达 80 多种，并且不断在发展，但工业上常用的不过 10 多种，按化学组成有以下几类。

(1) 氟利昂

氟利昂是烷烃的卤代物总称。其分子通式为 $C_mH_nF_xCl_yBr_z$，命名符号为 R$(m-1)(n+1)(x)$B(z)。例如二氟一氯甲烷（R22）、四氟二氯乙烷（R114）。

(2) 碳氢化合物制冷剂

此类制冷剂有甲烷、乙烷、丙烷、乙烯和丙烯等，主要用于石油化工工业。烷烃的命名规则同氟利昂，如甲烷（R50）。环烷烃及卤代物的编号以“RC”开头，链烯烃及卤代物以“Rl”开头，它们其后的数字排写规则同烷烃。

(3) 无机化合物制冷剂

氨和水、二氧化碳都是很重要的制冷剂。命名原则为 R700 加化合物的分子量，如 NH_3（R717）等。当两种化合物分子量相同时，以数字后加 a、b、c 予以区别。

(4) 共沸混合物制冷剂

这是将两种或两种以上的不同制冷剂混合而成的固定组成、沸点的共沸物，具有优良的实用性和设计性。其命名原则为 R5 后缀以命名的顺序号，如目前已用作制冷剂的共沸物有 R500、R501、R502、R503、R504 等。表 4-40 给出了不同种类制冷剂的使用范围。

表 4-40 不同制冷剂的使用范围

制冷剂名称	代号	使用压力范围	使用温度范围	适用的制冷压缩机型式	主要用途	化学分子式
氨	R717	中压	低、中温	往复活塞式、离心式、螺杆式、吸收式	制冰、冷藏、空调	NH_3
水	R718	低压	高温	吸收式、蒸汽喷射式、离心式	空调	H_2O
一氯甲烷	R40	低压	中、高压	往复活塞式、回转式	小型制冷、空调	CH_3Cl
二氯甲烷	R30	低压	高温	离心式	空调	CH_2Cl_2
一氟三氯甲烷	R11	低压	高温	离心式、回转式	空调	CCl_3F
二氟二氯甲烷	R12	中压	低、中、高温	往复活塞式、离心式、回转式	冷藏、空调、船舶	CCl_2F_2

续表

制冷剂名称	代号	使用压力范围	使用温度范围	适用的制冷压缩机型式	主要用途	化学分子式
三氟一氯甲烷	R13	高压	超低温	往复活塞式、回转式	低温试验、低温、化工	$CClF_3$
四氟甲烷	R14	高压	超低温	往复活塞式	低温试验、低温、化工	CF_4
一氟二氯甲烷	R21	低压	中、高温	往复活塞式、回转式、离心式	工艺应用	$CHCl_2F$
二氟一氯甲烷	R22	中压	超低、低、中、高温	往复活塞式、离心式、回转式、螺杆式	低温、空调、冷藏	$CHClF_2$
三氟三氯乙烷	R113	低压	高温	离心式	空调	$C_2Cl_3F_3$
四氟二氯乙烷	R114	低压	中、高温	回转式、离心式	小型制冷	$C_2Cl_2F_4$
共沸混合物	R500	低压	中、高温	回转式	冷藏、空调、船舶	$CCl_2F_2/C_2H_4F_2$
共沸混合物	R502	低压	低、中、高温	回转式、离心式、螺杆式	冷藏、空调	$CHClF_2/C_2ClF_5$
共沸混合物	R503	高压	超低温	往复活塞式、回转式、离心式、螺杆式	低温试验、低温、化工	$CHF_3/CClF_3$
甲烷	R50	高压	超低温	回转式	低温、化工	CH_4
乙烷	R170	高压	超低温	回转式	低温、化工	C_2H_6
丙烷	R290	中压	超低、低温	回转式、离心式	低温、化工	C_3H_8

4.4.1.3 关于 CFC（CFC_s）问题简述

氟利昂按其化学组成可分为含氯的氟化碳即氯氟烃（CFC）物质、含氢和氯的氟化碳（HCFC）和含氢无氯的氟化碳（HFC）三种。CFC 物质穿过大气上升到平流层后，尤其在南极周围，容易与臭氧反应，破坏臭氧层，从而使有害的紫外线辐射增加对人类的危害。臭氧层的破坏已成为全球性环境问题，引起世界各国的关注。故联合国环境署（UNEP）自 1977 年以来召开了一系列国际会议，并作出了一系列保护臭氧层的决议。

中国已于 1989 年 9 月加入了《保护臭氧层的维也纳公约》，在 1991 年 6 月参加了 1990 年经修正的《关于消耗臭氧层物质的蒙特利尔议定书》$HCFC_s$（R22）等 物质，为《议定书》中列举的过渡性制冷剂，可延续使用到 2030 年（发展中国家可再延长 10 年）。中国于 1993 年 2 月 7 日颁布了《中国消耗臭氧层物质逐步淘汰方案》，并提出 CFC_s（R11、R12 等）物质于 2010 年完全停止使用。鉴于此，对于 R11 和 R12，现可用新的替代制冷剂如 R123 和 $R134_a$ 作为替代工质使用。清华大学热能系段远源和朱明善等人系统地测定了 CF_3I 和 HFC-32 物质的热物性[11～13]，并研制了 THR01 和 THR02 新的混合制冷剂，可分别作为 R12 和 R22 的替代工质使用，其中 THR01 已被美国环境保护署（USEPA）推荐使用[14]。

4.4.2 制冷剂的热力学性质和热物理性质

4.4.2.1 制冷剂的热力学性质

上节阐述了制冷剂的选用原则，而物质的热力学性质是其在特定条件下被选作为制冷剂的基础。表 4-41 列出了近 40 种制冷剂的物性参数。另外为了实用上的方便，通过实验测定将制冷剂的热力性质数据列成表或绘成图，以便用它们来进行制冷循环的热力计算。各种制冷剂的热力性质表见表 4-42 至表 4-55。各种制冷剂的热力性质图见图 4-66 至图 4-74。

4.4.2.2 制冷剂的热物理性质

传热计算时需要各种制冷剂的热物理性质，包括制冷剂的密度、导热系数、比热容、气化潜热、黏度和表面张力等。有关数据可参见表 4-56～表 4-71 和图 4-75～图 4-93。

表 4-41　制冷剂的物性参数

名　称	化　学 分子式	编　号	相对分子质量	标准沸点 t_s/℃	凝固点 t_f/℃	临界温度 t_{cr}/℃	临界压力 p_{cr}/kPa	临界比容 V_{cr} /(L/kg)	绝热指数 k	安全类别
1	2	3	4	5	6	7	8	9	10	11
烷　烃　及　其　衍　生　物										
四氯化碳	CCl_4	R10	153.8	76.7	-22.9	283.14	4560	1.792	1.18	2
三氯一氟甲烷	CCl_3F	R11	137.38	23.82	-111	198.0	4406	1.804	1.13	1
二氯二氟甲烷	CCl_2F_2	R12	120.93	-29.79	-158	112.0	4113	1.792	1.14	1
一氯三氟甲烷	$CClF_3$	R13	104.47	-81.4	-181	28.8	3865	1.729		1
溴三氟甲烷	$CBrF_3$	R13B1	148.93	-57.75	-168	67.0	3962	1.342	1.116	1
四氟化碳	CF_4	R14	88.01	-127.9	-184.9	-45.7	3741	1.598	1.220	—
二氯氟甲烷	$CHCl_2F$	R21	109.2	8.8	-135	178.5	5168	1.917	1.160	1
一氯二氟甲烷	$CHClF_2$	R22	86.48	-40.76	-160	96.0	4974	1.904	1.160	1
三氟甲烷	CHF_3	R23	70.02	-82.1	-155	25.6	4833	1.942		—
二氯甲烷	CH_2Cl_2	R30	84.93	40.2	-97	237.0	6077		1.18	2
一氯甲烷	CH_3Cl	R40	50.49	-12.4	-97.8	143.1	6674	2.834	1.20	2
甲烷	CH_4	R50	16.04	-161.5	-182.2	-82.5	4638	6.181		3
三氯三氟乙烷	CCl_2FCClF_2	R113	187.39	47.57	-35	214.1	3437	1.736	1.09	1
二氯四氟乙烷	$CClF_2CClF_2$	R114	170.94	3.8	-94	145.7	3259	1.717	1.107	1
一氯五氟乙烷	$CClF_2CF_3$	R115	154.48	-39.1	-106	79.9	3153	1.629	1.09	1
二氯三氟乙烷	$CHCl_2CF_3$	R123	152.9	27.9	-107	183.8	3670	1.818	1.09	—
四氟乙烷	CHF_2CHF_2	R134a	102.0	-26.2	-101.0	101.1	4060	1.942	1.11	—
一氯二氟乙烷	CH_3CClF_2	R142b	100.5	-9.8	-131	137.1	4120	2.297	1.135	—
二氟乙烷	CH_3CHF_2	R152a	66.05	-25.0	-117	113.5	4492	2.741		—
乙烷	CH_3CH_3	R170	30.07	-88.8	-183	32.2	4891	5.182	1.25	3
丙烷	$CH_3CH_2CH_3$	R290	44.10	-42.07	-187.7	96.8	4254	4.545	1.13	3
八氟环丁烷	C_4F_8	RC318	200.04	-5.8	-41.4	115.3	2781	1.611		1
丁烷	$CH_3CH_2CH_2CH_3$	R600	58.13	-0.3	-138.5	152.0	3794	4.383		3
异丁烷	$CH(CH_3)_3$	R600a	58.13	-11.73	-160	135.0	3645	4.236		3
共　沸　混　合　制　冷　剂										
R12/152a (73.8/26.2%)	CCl_2F_2/CH_3CHF_2	R500	99.31	-33.5	-159	105.5	4428	2.016		1
R22/115 (48.8/51.2%)	$CHClF_2/CClF_2CF_3$	R502	111.63	-45.4		82.2	4072	1.785		1
R23/13 (40.1/59.9%)	$CHF_3/CClF_3$	R503	87.5	-88.7		19.5	4182	2.035		1
R32/115 (48.2/51.8%)	$CH_2F_2/CClF_2CF_3$	R504	79.2	-57.2		66.4	4758	2.023		—
烯　烃　及　其　衍　生　物										
三氯乙烯	$CHCl=CCl_2$	R1120	131.39	87.2	-73	271.1	5016			—
二氯乙烯	$CHCl=CHCl$	R1130	96.95	47.8	-50	243.3	5478			2
乙烯	$CH_2=CH_2$	R1150	28.05	-103.7	-169	9.3	5114	4.37		3
丙烯	$CH_3CH=CH_2$	R1270	42.09	-47.7	-185	91.8	4618	4.495		3
其　他　有　机　化　合　物										
乙醚	$C_2H_5OC_2H_5$	R610	74.12	34.6	-116.3	194.0	3603	3.790	1.08	—
甲酸甲酯	$HCOOCH_3$	R611	60.05	31.8	-99	214.0	5994	2.866	1.12	2
甲胺	CH_3NH_2	R630	31.06	-6.7	-92.5	156.9	7455		1.180	—
乙胺	$C_2H_5NH_2$	R631	45.08	16.6	-80.6	183.0	5619		1.15	—

续表

名　　称	化　学 分子式	编　号	相对分子质量	标准沸点 t_s/℃	凝固点 t_f/℃	临界温度 t_{cr}/℃	临界压力 p_{cr}/kPa	临界比容 V_{cr}/(L/kg)	绝热指数 k	安全类别
无　机　化　合　物										
氨	NH_3	R717	17.03	−33.3	−77.7	133.0	11417	4.245	1.30	2
水	H_2O	R718	18.02	100	0	374.2	22103	3.128	1.33	—
二氧化碳	CO_2	R744	44.01	−78.4	−56.6	31.1	7372	2.135	1.30	1

表 4-42　R11 饱和状态下的热力性质

温度 t/℃	绝对压力 p/kPa	比容 液体 V'/(L/kg)	比容 蒸气 V''/(m^3/kg)	焓 液体 h'/(kJ/kg)	焓 蒸气 h''/(kJ/kg)	气化热 r/(kJ/kg)	熵 液体 s'/[kJ/(kg·K)]	熵 蒸气 s''/[kJ/(kg·K)]
−40	5.124	0.61637	2.74168	165.439	368.249	202.810	0.86329	1.73316
−38	5.793	0.61800	2.44501	167.162	369.272	202.110	0.87065	1.73014
−36	6.532	0.61965	2.18551	168.885	370.296	201.411	0.87794	1.72724
−34	7.349	0.62131	1.95797	170.608	371.322	200.714	0.88518	1.72446
−32	8.250	0.62298	1.75796	172.331	372.349	200.018	0.89235	1.72178
−30	9.239	0.62466	1.58173	174.054	373.378	199.324	0.89946	1.71922
−28	10.326	0.62636	1.42612	175.778	374.408	198.630	0.90652	1.71676
−26	11.515	0.62808	1.28839	177.502	375.439	197.937	0.91352	1.71440
−24	12.816	0.62981	1.16622	179.227	376.471	197.244	0.92047	1.71214
−22	14.235	0.63155	1.05764	180.953	377.504	196.551	0.92737	1.70997
−20	15.780	0.63331	0.96093	182.679	378.538	195.859	0.93421	1.70789
−18	17.460	0.63508	0.87462	184.407	379.572	195.165	0.94100	1.70591
−16	19.284	0.63687	0.79745	186.135	380.607	194.472	0.94774	1.70400
−14	21.260	0.63868	0.72831	187.864	381.642	193.778	0.95444	1.70218
−12	23.397	0.64050	0.66625	189.594	382.677	193.083	0.96108	1.70044
−10	25.706	0.64234	0.61045	191.325	383.712	192.387	0.96768	1.69877
−8	28.196	0.64419	0.56019	193.058	384.748	191.690	0.97423	1.69718
−6	30.877	0.64606	0.51485	194.791	385.783	190.992	0.98074	1.69566
−4	33.761	0.64795	0.47386	196.526	386.818	190.292	0.98720	1.69421
−2	36.857	0.64985	0.43676	198.262	387.852	189.590	0.99362	1.69283
0	40.178	0.65178	0.40312	200.000	388.386	188.886	1.00000	1.69151
2	43.734	0.65372	0.37258	201.739	389.919	188.180	1.00633	1.69025
4	47.537	0.65568	0.34480	203.480	390.951	187.471	1.01263	1.68905
6	51.600	0.65766	0.31949	205.222	391.982	186.760	1.01888	1.68791
8	55.934	0.65966	0.29642	206.965	393.012	186.047	1.02510	1.68683
10	60.554	0.66168	0.27534	208.710	394.041	185.331	1.03127	1.68580
12	65.470	0.66372	0.25606	210.457	395.068	184.611	1.03740	1.68482
14	70.698	0.66578	0.23840	212.205	396.094	183.889	1.04350	1.68390
16	76.250	0.66786	0.22220	213.955	397.119	183.164	1.04956	1.68302
18	82.140	0.66996	0.20733	215.707	398.142	182.435	1.05559	1.68219
20	88.382	0.67209	0.19366	217.460	399.162	181.702	1.06157	1.68140
22	94.991	0.67424	0.18108	219.216	400.181	180.965	1.06753	1.68066
24	101.98	0.67641	0.16948	220.973	401.198	180.225	1.07344	1.67996
26	109.37	0.67860	0.15878	222.731	402.213	179.482	1.07933	1.67930
28	117.17	0.68082	0.14890	224.492	403.225	178.733	1.08517	1.67868
30	125.39	0.68307	0.13976	226.255	404.235	177.980	1.09099	1.67809
32	134.06	0.68533	0.13130	228.020	405.242	177.222	1.09677	1.67754

续表

温度 t/℃	绝对压力 p/kPa	比容		焓		气化热 r /(kJ/kg)	熵	
		液体 V' /(L/kg)	蒸气 V'' /(m^3/kg)	液体 h' /(kJ/kg)	蒸气 h'' /(kJ/kg)		液体 s' /[kJ/(kg·K)]	蒸气 s'' /[kJ/(kg·K)]
34	143.18	0.68763	0.12346	229.786	406.247	176.461	1.10252	1.67703
36	152.78	0.68995	0.11618	231.555	407.249	175.694	1.10824	1.67655
38	162.87	0.69230	0.10943	233.326	408.248	174.922	1.11393	1.67611
40	173.46	0.69468	0.10315	235.099	409.244	174.145	1.11958	1.67569
42	184.58	0.69708	0.097308	236.874	410.237	173.363	1.12521	1.67531
44	196.25	0.69951	0.091866	238.652	411.226	172.574	1.13081	1.67495
46	208.46	0.70198	0.086794	240.432	412.213	171.781	1.13638	1.67462
48	211.26	0.70447	0.082061	242.214	413.195	170.981	1.14191	1.67432
50	234.65	0.70700	0.077640	243.999	414.175	170.176	1.14743	1.67404
52	248.64	0.70956	0.073508	245.786	415.150	169.364	1.15291	1.67379
54	263.27	0.71215	0.069643	247.577	416.122	168.545	1.15837	1.67356
56	278.55	0.71478	0.066024	249.370	417.090	167.720	1.16380	1.67335
58	294.49	0.71744	0.062632	251.165	418.053	166.888	1.16920	1.67317
60	311.11	0.72014	0.059451	252.964	419.013	166.049	1.17458	1.67300
62	328.44	0.72287	0.056465	254.766	419.968	165.202	1.17994	1.67286
64	346.49	0.72565	0.053661	256.571	420.919	164.348	1.18527	1.67273
66	365.28	0.72846	0.051024	258.380	421.865	163.485	1.19058	1.67262
68	384.83	0.73132	0.048544	260.192	422.806	162.614	1.19586	1.67253
70	405.16	0.73421	0.046209	262.008	423.742	161.734	1.20113	1.67245
72	426.29	0.73715	0.044009	263.827	424.674	160.847	1.20637	1.67239
74	448.24	0.74014	0.041935	265.651	425.600	159.949	1.21159	1.67234
76	471.04	0.74316	0.039978	267.478	426.521	159.043	1.21679	1.67230
78	494.69	0.74624	0.038131	269.310	427.436	158.126	1.22197	1.67228
80	519.22	0.74937	0.036386	271.147	428.346	157.199	1.22713	1.67227
82	544.66	0.75255	0.034736	272.988	429.250	156.262	1.23228	1.67227
84	571.02	0.75577	0.033175	274.834	430.148	155.314	1.23741	1.67228
86	598.32	0.75906	0.031697	276.686	431.039	154.353	1.24252	1.67229
88	626.59	0.76240	0.030298	278.543	431.925	153.382	1.24762	1.67232
90	655.84	0.76580	0.028971	280.405	432.803	152.398	1.25270	1.67235
92	686.11	0.76925	0.027713	282.274	433.675	151.401	1.25776	1.67239
94	717.40	0.77277	0.026520	284.149	434.540	150.391	1.26282	1.67244
96	749.75	0.77636	0.025387	286.030	435.497	149.367	1.26786	1.67248
98	783.17	0.78001	0.024310	287.918	436.247	148.329	1.27289	1.67254
100	817.69	0.78374	0.023286	289.813	437.089	147.276	1.27791	1.67259
102	853.33	0.78753	0.022313	291.716	437.923	146.207	1.28292	1.67265
104	890.12	0.79140	0.021386	293.627	438.748	145.121	1.28792	1.67271
106	928.07	0.79535	0.020504	295.546	439.565	144.019	1.29292	1.67277
108	967.22	0.79939	0.019664	297.473	440.373	142.900	1.29791	1.67282
110	1007.6	0.80351	0.018862	299.410	441.171	141.761	1.30289	1.67288
112	1049.2	0.80771	0.018098	301.356	441.960	140.604	1.30787	1.67293
114	1092.0	0.81202	0.017369	303.313	442.738	139.425	1.31285	1.67298
116	1136.2	0.81642	0.016673	305.279	443.507	138.228	1.31782	1.67302
118	1181.6	0.82092	0.016008	307.257	444.264	137.007	1.32280	1.67306
120	1228.4	0.82554	0.015372	309.246	445.009	135.763	1.32777	1.67309

表 4-43　R12 饱和状态下的热力性质

温度 t/℃	绝对压力 p/kPa	比容		焓		气化热 r /(kJ/kg)	熵	
		液体 V' /(L/kg)	蒸气 V'' /(m^3/kg)	液体 h' /(kJ/kg)	蒸气 h'' /(kJ/kg)		液体 s' /[kJ/(kg·K)]	蒸气 s'' /[kJ/(kg·K)]
−70	12.268	0.62662	1.12728	137.820	319.584	181.764	0.73828	1.63293
−68	13.943	0.62862	1.00066	139.544	320.513	180.969	0.74672	1.62877
−66	15.801	0.63065	0.89070	141.270	321.443	180.173	0.75509	1.62478
−64	17.857	0.63270	0.79490	142.999	322.374	179.375	0.76338	1.62095
−62	20.125	0.63478	0.71122	144.730	323.305	178.575	0.77161	1.61727
−60	22.622	0.63689	0.63791	146.463	324.237	177.774	0.77977	1.61374
−58	25.365	0.63902	0.57352	148.198	325.170	176.972	0.78787	1.61035
−56	28.371	0.64117	0.51681	149.937	326.102	176.165	0.79590	1.60710
−54	31.657	0.64336	0.46674	151.678	327.035	175.357	0.80387	1.60398
−52	35.244	0.64557	0.42242	153.422	327.967	174.545	0.81178	1.60098
−50	39.148	0.64782	0.38310	155.169	328.899	173.730	0.81963	1.59811
−48	43.392	0.65009	0.34814	156.918	329.830	172.912	0.82743	1.59535
−46	47.995	0.65239	0.31699	158.671	330.760	172.089	0.83516	1.59271
−44	52.978	0.65472	0.28916	160.427	331.689	171.262	0.84284	1.59017
−42	58.363	0.65709	0.26425	162.186	332.616	170.430	0.85047	1.58773
−40	64.173	0.65949	0.24191	163.948	333.543	169.595	0.85804	1.58540
−38	70.431	0.66192	0.22183	165.714	334.467	168.753	0.86557	1.58316
−36	77.159	0.66438	0.20376	167.482	335.390	167.908	0.87304	1.58101
−34	84.382	0.66689	0.18745	169.255	336.311	167.056	0.88046	1.57895
−32	92.125	0.66942	0.17272	171.031	337.229	166.298	0.88783	1.57698
−30	100.41	0.67200	0.15937	172.810	338.145	165.335	0.89516	1.57508
−28	109.27	0.67461	0.14728	174.593	339.059	164.466	0.90243	1.57327
−26	118.72	0.67726	0.13628	176.380	339.969	163.589	0.90967	1.57153
−24	128.80	0.67996	0.12628	178.171	340.377	162.706	0.91686	1.56986
−22	139.53	0.68269	0.11717	179.965	341.782	161.817	0.92400	1.56826
−20	150.93	0.68547	0.10885	181.764	342.684	160.920	0.93110	1.56673
−18	163.05	0.68829	0.10124	183.567	343.582	160.015	0.93816	1.56526
−16	175.89	0.69115	0.094278	185.374	344.476	159.102	0.94518	1.56386
−14	189.50	0.69407	0.087895	187.185	345.367	158.182	0.95216	1.56251
−12	203.90	0.69703	0.082034	189.001	346.253	157.252	0.95910	1.56122
−10	219.12	0.70004	0.076646	190.822	347.136	156.314	0.96601	1.55998
−8	235.19	0.70310	0.071686	192.647	348.014	155.367	0.97287	1.55880
−6	252.14	0.70622	0.067114	194.477	348.888	154.411	0.97971	1.55766
−4	270.01	0.70939	0.062895	196.313	349.757	153.444	0.98650	1.55657
−2	288.82	0.71261	0.058996	198.154	350.621	152.467	0.99327	1.55553
0	308.61	0.71590	0.055389	200.000	351.479	151.479	1.0000	1.55453
2	329.40	0.71924	0.052048	201.852	352.333	150.481	1.00670	1.55357
4	351.24	0.72265	0.048949	203.710	353.180	149.470	1.01337	1.55265
6	374.14	0.72612	0.046073	205.574	354.022	148.448	1.02001	1.55177
8	398.15	0.72966	0.043400	207.445	354.858	147.413	1.02663	1.55092
10	423.30	0.73327	0.040913	209.323	355.688	146.365	1.03322	1.55010
12	449.62	0.73695	0.038597	211.207	356.511	145.304	1.03978	1.54932
14	477.14	0.74071	0.036438	213.099	357.327	144.228	1.04632	1.54857
16	505.91	0.74454	0.034422	214.998	358.136	143.138	1.05284	1.54784
18	535.94	0.74846	0.032540	216.906	358.937	142.031	1.05934	1.54714

续表

温度 t/℃	绝对压力 p/kPa	比容		焓		气化热 r /(kJ/kg)	熵	
		液体 V' /(L/kg)	蒸气 V'' /(m^3/kg)	液体 h' /(kJ/kg)	蒸气 h'' /(kJ/kg)		液体 s' /[kJ/(kg·K)]	蒸气 s'' /[kJ/(kg·K)]
20	567.29	0.75246	0.030780	218.822	359.731	140.909	1.06581	1.54646
22	599.98	0.75655	0.029132	220.746	360.516	139.770	1.07227	1.54580
24	634.05	0.76073	0.027589	222.680	361.293	138.613	1.07871	1.54516
26	669.54	0.76501	0.026412	224.623	362.061	137.438	1.08514	1.54454
28	706.48	0.76938	0.024783	226.576	362.819	136.243	1.09155	1.54394
30	744.90	0.77386	0.023508	228.540	363.568	135.028	1.09795	1.54334
32	784.85	0.77845	0.022308	230.515	364.307	133.792	1.10434	1.54277
34	826.36	0.78316	0.021180	232.501	365.035	132.534	1.11072	1.54220
36	869.48	0.78798	0.020117	234.500	365.751	131.251	1.11710	1.54163
38	914.23	0.79294	0.019115	236.511	366.456	129.945	1.12347	1.54108
40	960.66	0.79802	0.018170	238.535	367.148	128.613	1.12984	1.54052
42	1008.8	0.80325	0.017278	240.574	367.827	127.253	1.13620	1.53997
44	1058.7	0.80863	0.016435	242.627	368.493	125.866	1.14257	1.53941
46	1110.4	0.81416	0.015638	244.696	369.143	124.447	1.14894	1.53885
48	1163.9	0.81985	0.014884	246.782	369.779	122.997	1.15532	1.53829
50	1219.3	0.82573	0.014170	248.884	370.398	121.514	1.16170	1.53771
52	1276.6	0.83179	0.013493	251.005	371.000	119.995	1.16810	1.53712
54	1335.9	0.83804	0.012850	253.145	371.583	118.438	1.17451	1.53652
56	1397.2	0.84451	0.012241	255.305	372.147	116.842	1.18093	1.53590
58	1460.5	0.85121	0.011662	257.487	372.690	115.203	1.18738	1.53525
60	1525.9	0.85814	0.011111	259.691	373.212	113.521	1.19385	1.53458
62	1593.5	0.86534	0.010587	261.919	373.709	111.790	1.20034	1.53388
64	1663.2	0.87282	0.010088	264.173	374.182	110.009	1.20686	1.53314
66	1735.1	0.88059	0.009612	266.453	374.627	108.174	1.21342	1.53236
68	1809.3	0.88870	0.009158	268.763	375.044	106.281	1.22002	1.53154
70	1885.8	0.89716	0.008725	271.103	375.429	104.326	1.22666	1.53067
72	1964.6	0.90601	0.008310	273.475	375.780	102.305	1.23334	1.52973
74	2045.9	0.91528	0.007914	275.883	376.094	100.211	1.24008	1.52874
76	2129.6	0.92503	0.007534	278.328	376.368	98.040	1.24689	1.52767
78	2215.8	0.93529	0.007170	280.813	376.598	95.785	1.25375	1.52651
80	2304.6	0.94612	0.006821	283.342	376.780	93.438	1.26070	1.52527
82	2396.0	0.95760	0.006485	285.918	376.908	90.990	1.26773	1.52391
84	2490.0	0.96981	0.006162	288.546	376.977	88.431	1.27485	1.52244
86	2586.7	0.98284	0.005850	291.229	376.980	85.751	1.28208	1.52083
88	2686.2	0.99682	0.005549	293.975	376.908	82.933	1.28943	1.51905
90	2788.5	1.0119	0.005257	296.789	376.750	79.961	1.29691	1.51709
92	2893.7	1.0283	0.004974	299.680	376.494	76.814	1.30456	1.51491
94	3001.7	1.0462	0.004698	302.657	376.124	73.467	1.31238	1.51247
96	3112.8	1.0660	0.004429	305.735	375.618	69.883	1.32042	1.50972
98	3226.9	1.0881	0.004164	308.929	374.947	66.018	1.32872	1.50659
100	3344.1	1.1131	0.003902	312.262	374.072	61.810	1.33733	1.50297
102	3464.4	1.1421	0.003641	315.768	372.934	57.166	1.34634	1.49871
104	3587.9	1.1766	0.003377	319.497	371.441	51.944	1.35587	1.49359
106	3714.8	1.2194	0.003103	323.533	369.433	45.900	1.36614	1.48719
108	3844.9	1.2763	0.002809	328.048	366.580	38.532	1.37759	1.47868
110	3978.5	1.3643	0.002461	333.498	361.943	28.445	1.39139	1.46562

表 4-44　R13 饱和状态下的热力性质

温度 t/℃	绝对压力 p/kPa	比容		焓		气化热 r /(kJ/kg)	熵	
		液体 V' /(L/kg)	蒸气 V'' /(m^3/kg)	液体 h' /(kJ/kg)	蒸气 h'' /(kJ/kg)		液体 s' /[kJ/(kg·K)]	蒸气 s'' /[kJ/(kg·K)]
−140	0.8600	0.57809	12.308	69.116	241.946	172.830	0.35297	1.65098
−138	1.0945	0.58034	9.8137	70.613	242.744	172.131	0.36414	1.63777
−136	1.3821	0.58262	7.8848	72.116	243.548	171.432	0.37517	1.62513
−134	1.7320	0.58493	6.3814	73.623	244.357	170.734	0.38608	1.61306
−132	2.1549	0.58726	5.2007	75.136	245.170	170.034	0.39688	1.60151
−130	2.6628	0.58962	4.2666	76.655	245.988	169.333	0.40756	1.59046
−128	3.2687	0.59200	3.5226	78.181	246.809	168.628	0.41814	1.57989
−126	3.9873	0.59441	2.9259	79.713	247.635	167.922	0.42862	1.56978
−124	4.8347	0.59685	2.4443	81.253	248.463	167.210	0.43901	1.56010
−122	5.8285	0.59932	2.0533	82.801	249.295	166.494	0.44932	1.55083
−120	6.9878	0.60182	1.7339	84.357	250.129	165.772	1.45954	1.54196
−118	8.3335	0.60435	1.4716	85.922	250.966	165.044	0.46969	1.53346
−116	9.8881	0.60691	1.2551	87.497	251.805	164.308	0.47977	1.52532
−114	11.676	0.60951	1.0753	89.081	252.645	163.564	0.48978	1.51751
−112	13.722	0.61214	0.92535	90.676	253.486	162.810	0.49973	1.51003
−110	16.055	0.61480	0.79969	92.281	254.328	162.047	0.50962	1.50286
−108	18.704	0.61750	0.69389	93.896	255.170	161.274	0.51945	1.49598
−106	21.700	0.62023	0.60443	95.524	256.012	160.488	0.52923	1.48938
−104	25.076	0.62301	0.52846	97.162	256.854	159.692	0.53896	1.48305
−102	28.866	0.62582	0.46369	98.812	257.694	158.882	0.54865	1.47697
−100	33.107	0.62867	0.40825	100.475	258.534	158.059	0.55829	1.47113
−98	37.837	0.63156	0.36061	102.149	259.371	157.222	0.56789	1.46553
−96	43.095	0.63450	0.31954	103.836	260.206	156.370	0.57745	1.46015
−94	48.922	0.63748	0.28400	105.536	261.039	155.503	0.58697	1.45497
−92	55.362	0.64050	0.25314	107.248	261.868	154.620	0.59645	1.45000
−90	62.458	0.64357	0.22627	108.973	262.694	153.721	0.60589	1.44521
−88	70.257	0.64669	0.20279	110.711	263.515	152.804	0.61530	1.44060
−86	78.805	0.64986	0.18221	112.462	264.333	151.871	0.62468	1.43617
−84	88.152	0.65308	0.16412	114.225	265.145	150.920	0.63402	1.43191
−82	98.346	0.65636	0.14818	116.002	265.953	149.951	0.64333	1.42779
−80	109.44	0.65969	0.13409	117.791	266.754	148.963	0.65260	1.42383
−78	121.48	0.66308	0.12160	119.594	267.550	147.956	0.66184	1.42001
−76	134.53	0.66653	0.11051	121.409	268.339	146.930	0.67105	1.41633
−74	148.64	0.67004	0.10063	123.237	269.121	145.884	0.68023	1.41277
−72	163.86	0.67362	0.091817	125.077	269.896	144.819	0.68938	1.40933
−70	180.26	0.67726	0.083928	126.931	270.663	143.732	0.69849	1.40601
−68	197.88	0.68097	0.076854	128.797	271.422	142.625	0.70757	1.40280
−66	216.78	0.68476	0.070498	130.675	272.172	141.497	0.71662	1.39969
−64	237.03	0.68862	0.064774	132.566	272.914	140.348	0.72564	1.39668
−62	258.68	0.69256	0.059609	134.469	273.645	139.176	0.73462	1.39376
−60	281.80	0.69659	0.054939	136.384	274.368	137.984	0.74357	1.39093
−58	306.44	0.70070	0.050709	138.311	275.079	136.768	0.75249	1.38818
−56	332.67	0.70490	0.046870	140.251	275.780	135.529	0.76138	1.38551
−54	360.54	0.70919	0.043380	142.202	276.470	134.268	0.77023	1.38291
−52	390.12	0.71359	0.040202	144.165	277.149	132.984	0.77906	1.38038

续表

温度 t/℃	绝对压力 p/kPa	比容		焓		气化热 r /(kJ/kg)	熵	
		液体 V' /(L/kg)	蒸气 V'' /(m^3/kg)	液体 h' /(kJ/kg)	蒸气 h'' /(kJ/kg)		液体 s' /[kJ/(kg·K)]	蒸气 s'' /[kJ/(kg·K)]
−50	421.47	0.71809	0.037303	146.140	277.815	131.675	0.78785	1.37792
−48	454.65	0.72270	0.034653	148.127	278.468	130.341	0.79660	1.37551
−46	489.73	0.72742	0.032228	150.126	279.109	128.983	0.80533	1.37316
−44	526.78	0.73226	0.030005	152.137	279.736	127.599	0.81402	1.37086
−42	565.84	0.73724	0.027965	154.159	280.348	126.189	0.82269	1.36861
−40	607.00	0.74234	0.026088	156.193	280.946	124.753	0.83132	1.36639
−38	650.30	0.74760	0.024361	158.240	281.528	123.288	0.83992	1.36422
−36	695.83	0.75300	0.022767	160.299	282.095	121.796	0.84849	1.36208
−34	743.64	0.75856	0.021296	162.370	282.644	120.274	0.85704	1.35996
−32	793.80	0.76429	0.019936	164.453	283.176	118.723	0.86556	1.35788
−30	846.37	0.77021	0.018677	166.550	283.689	117.139	0.87405	1.35581
−28	901.43	0.77632	0.017509	168.659	284.184	115.525	0.88251	1.35375
−26	959.04	0.78264	0.016425	170.782	284.658	113.876	0.89096	1.35171
−24	1019.3	0.78918	0.015417	172.920	285.110	112.190	0.89938	1.34967
−22	1082.2	0.79595	0.014479	175.072	285.541	110.469	0.90778	1.34764
−20	1147.9	0.80299	0.013605	177.239	285.947	108.708	0.91617	1.34559
−18	1216.4	0.81031	0.012790	179.422	286.329	106.907	0.92454	1.34354
−16	1287.8	0.81793	0.012028	181.622	286.684	105.062	0.93290	1.34147
−14	1362.2	0.82587	0.011315	183.840	287.011	103.171	0.94126	1.33937
−12	1439.6	0.83418	0.010648	186.077	287.308	101.231	0.94961	1.33724
−10	1520.2	0.84288	0.010022	188.335	287.572	99.237	0.95796	1.33508
−8	1604.0	0.85201	0.009434	190.615	287.801	97.186	0.96633	1.33286
−6	1691.1	0.86162	0.008881	192.919	287.993	95.074	0.97470	1.33059
−4	1781.5	0.87177	0.008360	195.249	288.144	92.895	0.98310	1.32824
−2	1875.4	0.88251	0.007868	197.608	288.250	90.642	0.99153	1.32582
0	1972.9	0.89393	0.007404	200.000	288.307	88.307	1.00000	1.32329
2	2074.1	0.90611	0.006965	202.428	288.310	85.882	1.00852	1.32065
4	2179.0	0.91916	0.006548	204.897	288.252	83.355	1.01712	1.31788
6	2287.8	0.93323	0.006152	207.412	288.126	80.714	1.02580	1.31494
8	2400.6	0.94849	0.005775	209.981	287.923	77.942	1.03459	1.31181
10	2517.6	0.96516	0.005414	212.614	287.629	75.015	1.04352	1.30845
12	2638.9	0.98353	0.005068	215.322	287.230	71.908	1.05264	1.30482
14	2764.6	1.0040	0.004735	218.121	286.706	68.585	1.06198	1.30083
16	2895.0	1.0271	0.004412	221.034	286.027	64.993	1.07163	1.29641
18	3030.3	1.0538	0.004096	224.093	285.154	61.061	1.08169	1.29141
20	3170.8	1.0852	0.003785	227.350	284.024	56.674	1.09232	1.28565
22	3316.8	1.1235	0.003472	230.888	282.534	51.646	1.10380	1.27879
24	3469.0	1.1732	0.003148	234.871	280.489	45.618	1.11666	1.27018
26	3628.0	1.2446	0.002793	239.694	277.425	37.731	1.13219	1.25832
28	3795.5	1.3828	0.002321	247.009	271.417	24.408	1.15583	1.23688

表 4-45 R14 饱和状态下的热力性质

温度 t/℃	绝对压力 p/kPa	比容		焓		气化热 r /(kJ/kg)	熵	
		液体 V' /(L/kg)	蒸气 V'' /(m^3/kg)	液体 h' /(kJ/kg)	蒸气 h'' /(kJ/kg)		液体 s' /[kJ/(kg·K)]	蒸气 s'' /[kJ/(kg·K)]
−160	4.962	0.55625	2.1438	144.004	293.747	149.743	0.60943	1.93270
−158	6.333	0.55925	1.7075	145.594	294.542	148.948	0.62335	1.91674
−156	8.008	0.56230	1.3721	147.200	295.337	148.137	0.63716	1.90155

续表

温度 t/℃	绝对压力 p/kPa	比容		焓		气化热 r /(kJ/kg)	熵	
		液体 V' /(L/kg)	蒸气 V'' /(m^3/kg)	液体 h' /(kJ/kg)	蒸气 h'' /(kJ/kg)		液体 s' /[kJ/(kg·K)]	蒸气 s'' /[kJ/(kg·K)]
−154	10.038	0.56541	1.1119	148.823	296.131	147.308	0.65089	1.88710
−152	12.477	0.56858	0.90811	150.463	296.922	146.459	0.66453	1.87332
−150	15.387	0.57181	0.74726	152.122	297.711	145.589	0.67809	1.86019
−148	18.832	0.57510	0.61926	153.800	298.496	144.696	0.69159	1.84767
−146	22.886	0.57846	0.51662	155.498	299.276	143.778	0.70503	1.83571
−144	27.623	0.58189	0.43372	157.215	300.051	142.836	0.71841	1.82428
−142	33.126	0.58539	0.36631	158.953	300.819	141.866	0.73174	1.81335
−140	39.482	0.58897	0.31114	160.711	301.580	140.869	0.74501	1.80289
−138	46.783	0.59262	0.26570	162.491	302.333	139.842	0.75824	1.79288
−136	55.126	0.59635	0.22805	164.291	303.077	138.786	0.77143	1.78327
−134	64.612	0.60017	0.19669	166.112	303.811	137.699	0.78457	1.77406
−132	75.347	0.60407	0.17042	167.954	304.535	136.581	0.79766	1.76521
−130	87.440	0.60807	0.14830	169.816	305.247	135.431	0.81071	1.75671
−128	101.01	0.61216	0.12958	171.699	305.946	134.247	0.82372	1.74853
−126	116.16	0.61635	0.11367	173.603	306.633	133.030	0.83668	1.74065
−124	133.03	0.62065	0.10009	175.526	307.306	131.780	0.84958	1.73306
−122	151.73	0.62505	0.088440	177.468	307.964	130.496	0.86244	1.72573
−120	172.39	0.62958	0.078410	179.430	308.607	129.177	0.87525	1.71866
−118	195.15	0.63422	0.069738	181.410	309.234	127.824	0.88800	1.71181
−116	220.12	0.63899	0.062214	183.409	309.844	126.435	0.90070	1.70519
−114	247.45	0.64390	0.055660	185.425	310.436	125.011	0.91333	1.69877
−112	277.27	0.64895	0.049933	187.458	311.010	123.552	0.92591	1.69255
−110	309.72	0.65415	0.044911	189.509	311.565	122.056	0.93842	1.68650
−108	344.93	0.65951	0.040492	191.576	312.101	120.525	0.95087	1.68062
−106	383.04	0.66504	0.036593	193.658	312.615	118.957	0.96326	1.67489
−104	424.20	0.67075	0.033141	195.757	313.108	117.351	0.97557	1.66930
−102	468.55	0.67665	0.030078	197.871	313.579	115.708	0.98782	1.66384
−100	516.22	0.68276	0.027350	200.000	314.027	114.027	1.00000	1.65850
−98	567.36	0.68908	0.024915	202.144	314.450	112.306	1.01211	1.65327
−96	622.13	0.69565	0.022736	204.303	314.848	110.545	1.02415	1.64813
−94	680.65	0.70246	0.020780	206.477	315.219	108.742	1.03612	1.64307
−92	743.09	0.70955	0.019021	208.665	315.562	106.897	1.04802	1.63809
−90	809.59	0.71694	0.017435	210.869	315.875	105.006	1.05986	1.63316
−88	880.30	0.72465	0.016001	213.089	316.157	103.068	1.07164	1.62828
−86	955.39	0.73270	0.014702	215.325	316.407	101.082	1.08336	1.62343
−84	1035.0	0.74115	0.013522	217.578	316.620	99.042	1.09502	1.61861
−82	1119.3	0.75001	0.012447	219.850	316.796	96.946	1.10663	1.61378
−80	1208.5	0.75934	0.011467	222.141	316.931	94.790	1.11821	1.60894
−78	1302.7	0.76919	0.010571	224.454	317.021	92.567	1.12975	1.60406
−76	1402.1	0.77962	0.009749	226.791	317.063	90.272	1.14127	1.59913
−74	1506.9	0.79070	0.008993	229.155	317.051	87.896	1.15279	1.59412
−72	1617.4	0.80253	0.008297	231.550	316.980	85.430	1.16431	1.58900
−70	1733.6	0.81520	0.007654	233.981	316.843	82.862	1.17587	1.58374
−68	1856.0	0.82886	0.007058	236.454	316.630	80.176	1.18749	1.57829

续表

温度 t/℃	绝对压力 p/kPa	比容		焓		气化热 r /(kJ/kg)	熵	
		液体 V′ /(L/kg)	蒸气 V″ /(m³/kg)	液体 h′ /(kJ/kg)	蒸气 h″ /(kJ/kg)		液体 s′ /[kJ/(kg·K)]	蒸气 s″ /[kJ/(kg·K)]
−66	1984.6	0.84367	0.006504	238.977	316.331	77.354	1.19921	1.57261
−64	2119.9	0.85985	0.005988	241.561	315.932	74.371	1.21107	1.56663
−62	2262.1	0.87770	0.005504	244.220	315.413	71.193	1.22313	1.56028
−60	2411.5	0.89760	0.005048	246.974	314.750	67.776	1.23549	1.55344
−58	2568.6	0.92013	0.004616	249.851	313.909	64.058	1.24825	1.54597
−56	2733.9	0.94612	0.004203	252.892	312.838	59.946	1.26161	1.53765
−54	2907.8	0.97691	0.003804	256.163	311.459	55.296	1.27583	1.52814
−52	3091.1	1.0149	0.003410	259.772	309.637	49.865	1.29140	1.51687
−50	3284.6	1.0649	0.003009	263.936	307.105	43.169	1.30923	1.50267
−48	3489.3	1.1401	0.002572	269.181	303.173	33.992	1.33162	1.48259
−46	3706.7	1.3249	0.001927	278.300	293.643	15.343	1.37075	1.43829

表 4-46　R22 饱和状态下的热力性质

温度 t/℃	绝对压力 p/kPa	比容		焓		气化热 r /(kJ/kg)	熵	
		液体 V′ /(L/kg)	蒸气 V″ /(m³/kg)	液体 h′ /(kJ/kg)	蒸气 h″ /(kJ/kg)		液体 s′ /[kJ/(kg·K)]	蒸气 s″ /[kJ/(kg·K)]
−100	2.075	0.63662	8.0081	96.042	359.526	263.484	0.53172	2.05333
−98	2.486	0.63866	6.7589	97.924	360.496	262.572	0.54252	2.04156
−96	2.965	0.64073	5.7301	99.809	361.469	261.660	0.55323	2.03018
−94	3.520	0.64282	4.8789	101.699	362.444	260.745	0.56383	2.01919
−92	4.162	0.64493	4.1713	103.592	363.421	259.829	0.57433	2.00858
−90	4.899	0.64706	3.5807	105.490	364.400	258.910	0.58475	1.99831
−88	5.745	0.64921	3.0855	107.393	365.380	257.987	0.59508	1.98839
−86	6.710	0.65139	2.6687	109.301	366.362	257.061	0.60533	1.97880
−84	7.809	0.65359	2.3164	111.215	367.345	256.130	0.61550	1.96953
−82	9.054	0.65582	2.0176	113.136	368.329	255.193	0.62559	1.96056
−80	10.461	0.65807	1.7632	115.063	369.314	254.251	0.63561	1.95188
−78	12.047	0.66034	1.5458	116.996	370.298	253.302	0.64557	1.94348
−76	13.827	0.66265	1.3594	118.937	371.283	252.346	0.65546	1.93535
−74	15.820	0.66498	1.1991	120.886	372.267	251.381	0.66528	1.92748
−72	18.046	0.66733	1.0607	122.842	373.250	250.408	0.67505	1.91986
−70	20.524	0.66972	0.94094	124.807	374.232	249.425	0.68476	1.91248
−68	23.276	0.67213	0.83693	126.780	375.213	248.433	0.69442	1.90533
−66	26.324	0.67457	0.74635	128.762	376.192	247.430	0.70402	1.89841
−64	29.691	0.67705	0.66725	130.753	377.169	246.416	0.71357	1.89169
−62	33.402	0.67955	0.59797	132.753	378.144	245.391	0.72308	1.88518
−60	37.482	0.68208	0.53715	134.762	379.116	244.354	0.73254	1.87887
−58	41.958	0.68465	0.48361	136.782	380.085	243.303	0.74195	1.87275
−56	46.858	0.68725	0.43636	138.811	381.050	242.239	0.75132	1.86681
−54	52.209	0.68989	0.39456	140.850	382.012	241.162	0.76065	1.86104
−52	58.043	0.69255	0.35750	142.899	382.970	240.071	0.76994	1.85544
−50	64.389	0.69526	0.32456	144.958	383.923	238.965	0.77919	1.85001
−48	71.279	0.69800	0.29522	147.028	384.871	237.843	0.78840	1.84473
−46	78.746	0.70078	0.26903	149.108	385.815	236.707	0.79758	1.83960
−44	86.823	0.70360	0.24560	151.199	386.753	235.554	0.80672	1.83461
−42	95.546	0.70646	0.22460	153.301	387.685	234.384	0.81582	1.82977
−40	104.95	0.70936	0.20575	155.413	388.611	233.198	0.82489	1.82505

续表

温度 t/℃	绝对压力 p/kPa	比容		焓		气化热 r /(kJ/kg)	熵	
		液体 V' /(L/kg)	蒸气 V'' /(m^3/kg)	液体 h' /(kJ/kg)	蒸气 h'' /(kJ/kg)		液体 s' /[kJ/(kg·K)]	蒸气 s'' /[kJ/(kg·K)]
−38	115.07	0.71230	0.18878	157.537	389.531	231.994	0.83393	1.82046
−36	125.94	0.71529	0.17348	159.671	390.444	230.773	0.84293	1.81600
−34	137.61	0.71832	0.15967	161.816	391.350	229.534	0.85191	1.81165
−32	150.11	0.72139	0.14717	163.972	392.249	228.277	0.86085	1.80742
−30	163.48	0.72452	0.13584	166.139	393.140	227.001	0.86976	1.80330
−28	177.76	0.72769	0.12556	168.317	394.023	225.706	0.87863	1.79928
−26	192.99	0.73092	0.11621	170.507	394.898	224.391	0.88748	1.79536
−24	209.22	0.73420	0.10770	172.707	395.764	223.057	0.89630	1.79153
−22	226.48	0.73753	0.099936	174.919	396.621	221.702	0.90509	1.78780
−20	244.83	0.74091	0.092843	177.142	397.469	220.327	0.91385	1.78416
−18	264.29	0.74436	0.086354	179.376	398.308	218.932	0.92259	1.78060
−16	284.93	0.74786	0.080410	181.621	399.136	217.515	0.93129	1.77712
−14	306.78	0.75143	0.074957	183.878	399.954	216.076	0.93997	0.77372
−12	329.89	0.75506	0.069947	186.147	400.761	214.614	0.94862	1.77040
−10	354.30	0.75876	0.065339	188.426	401.558	213.132	0.95725	1.76714
−8	380.06	0.76253	0.061095	190.718	402.343	211.625	0.96585	1.76395
−6	407.23	0.76637	0.057181	193.020	403.117	210.097	0.97442	1.76083
−4	435.84	0.77028	0.053568	195.335	403.878	208.543	0.98297	1.75776
−2	465.94	0.77427	0.050227	197.662	404.627	206.965	0.99150	1.75476
0	497.59	0.77834	0.047135	200.000	405.364	205.364	1.00000	1.75180
2	530.83	0.78249	0.044270	202.351	406.087	203.736	1.00848	1.74890
4	565.71	0.78673	0.041612	204.713	406.796	202.083	1.01694	1.74605
6	602.28	0.79107	0.039144	207.089	407.491	200.402	1.02537	1.74325
8	640.59	0.79549	0.036849	209.477	408.172	198.695	1.03379	1.74048
10	680.70	0.80002	0.034713	211.877	408.838	196.961	1.04218	1.73776
12	722.65	0.80465	0.032723	214.291	409.488	195.197	1.05056	1.73507
14	766.50	0.80939	0.030868	216.719	410.122	193.403	1.05892	1.73242
16	812.29	0.81424	0.029136	219.160	410.739	191.579	1.06726	1.72979
18	860.08	0.81922	0.027517	221.615	411.339	189.724	1.07559	1.72720
20	909.93	0.82431	0.026003	224.084	411.921	187.837	1.08390	1.72463
22	961.89	0.82954	0.024585	226.569	412.484	185.915	1.09220	1.72207
24	1016.0	0.83491	0.023257	229.068	413.027	183.959	1.10049	1.71954
26	1072.3	0.84043	0.022011	231.584	413.551	181.967	1.10876	1.71702
28	1130.9	0.84610	0.020841	234.115	414.053	179.938	1.11703	1.71451
30	1191.9	0.85193	0.019741	236.664	414.533	177.869	1.12530	1.71201
32	1255.2	0.85793	0.018707	239.230	414.990	175.760	1.13356	1.70951
34	1321.0	0.86412	0.017734	241.815	415.423	173.608	1.14181	1.70702
36	1389.2	0.87051	0.016816	244.418	415.830	171.412	1.15007	1.70451
38	1460.1	0.87710	0.015951	247.042	416.211	169.169	1.15833	1.70200
40	1533.5	0.88392	0.015135	249.686	416.563	166.877	1.16659	1.69947
42	1609.7	0.89097	0.014363	252.353	416.886	164.533	1.17487	1.69693
44	1688.5	0.89828	0.013634	255.043	417.177	162.134	1.18315	1.69436
46	1770.2	0.90586	0.012943	257.757	417.435	159.678	1.19145	1.69176
48	1854.8	0.91374	0.012289	260.497	417.657	157.160	1.19977	1.68912
50	1942.3	0.92193	0.011669	263.265	417.842	154.577	1.20811	1.68644
52	2032.8	0.93047	0.011080	266.063	417.986	151.923	1.21648	1.68371
54	2126.5	0.93939	0.010521	268.892	418.086	149.194	1.22489	1.68091
56	2223.2	0.94872	0.009989	271.755	418.140	146.385	1.23333	1.67806
58	2323.2	0.95850	0.009483	274.655	418.143	143.488	1.24183	1.67512
60	2426.6	0.96878	0.009000	277.595	418.092	140.497	1.25038	1.67209

表 4-47 R23 饱和状态下的热力性质

温度 t/℃	绝对压力 p/kPa	比容		焓		气化热 r /(kJ/kg)	熵	
		液体 V' /(L/kg)	蒸气 V'' /(m^3/kg)	液体 h' /(kJ/kg)	蒸气 h'' /(kJ/kg)		液体 s' /[kJ/(kg·K)]	蒸气 s'' /[kJ/(kg·K)]
−130	2.095	0.63691	8.0924	27.310	303.375	276.065	0.16066	2.08901
−128	2.620	0.63875	6.5581	30.258	304.384	274.126	0.18111	2.06953
−126	3.252	0.64064	5.3532	33.125	305.391	272.266	0.20073	2.05085
−124	4.009	0.64256	4.3995	35.919	306.397	270.478	0.21958	2.03290
−122	4.908	0.64453	3.6392	38.645	307.400	268.756	0.23773	2.01567
−120	5.971	0.64654	3.0287	41.308	308.401	267.093	0.25523	1.99910
−118	7.219	0.64860	2.5353	43.915	309.399	265.484	0.27213	1.98316
−116	8.679	0.65070	2.1340	46.471	310.393	263.922	0.28850	1.96781
−114	10.377	0.65285	1.8056	48.981	311.383	262.402	0.30436	1.95301
−112	12.343	0.65505	1.5354	51.451	312.368	260.917	0.31977	1.93875
−110	14.608	0.65730	1.3118	53.884	313.347	259.462	0.33477	1.92499
−108	17.206	0.65960	1.1258	56.287	314.320	258.033	0.34939	1.91170
−106	20.174	0.66196	0.97037	58.662	315.286	256.624	0.36368	1.89887
−104	23.552	0.66437	0.83981	61.016	316.245	255.229	0.37766	1.88645
−102	27.381	0.66683	0.72966	63.351	317.196	253.845	0.39137	1.87444
−100	31.705	0.66935	0.63632	65.671	318.138	252.467	0.40483	1.86282
−98	36.571	0.67194	0.55691	67.981	319.071	251.090	0.41807	1.85156
−96	42.030	0.67458	0.48907	70.283	319.995	249.711	0.43112	1.84064
−94	48.133	0.67729	0.43090	72.582	320.908	248.326	0.44400	1.83005
−92	54.935	0.68007	0.38084	74.880	321.810	246.931	0.45673	1.81977
−90	62.494	0.68291	0.33760	77.179	322.701	245.522	0.46933	1.80980
−88	70.870	0.68582	0.30013	79.484	323.580	244.096	0.48181	1.80010
−86	80.125	0.68881	0.26755	81.795	324.446	242.651	0.49419	1.79067
−84	90.325	0.69187	0.23914	84.116	325.300	241.183	0.50649	1.78151
−82	101.54	0.69500	0.21429	86.449	326.140	239.690	0.51872	1.77258
−80	113.83	0.69822	0.19250	88.796	326.966	238.170	0.53088	1.76390
−78	127.27	0.70152	0.17332	91.158	327.777	236.619	0.54300	1.75543
−76	141.95	0.70491	0.15641	93.537	328.573	235.036	0.55507	1.74718
−74	157.93	0.70839	0.14145	95.934	329.354	233.420	0.56711	1.73913
−72	175.28	0.71196	0.12819	98.351	330.119	231.768	0.57913	1.73128
−70	194.10	0.71562	0.11640	100.788	330.868	230.080	0.59118	1.72362
−68	214.47	0.71939	0.10590	103.248	331.599	228.352	0.60309	1.71613
−66	236.46	0.72326	0.096532	105.728	332.313	226.586	0.61505	1.70881
−64	260.16	0.72724	0.088147	108.232	333.010	224.779	0.62699	1.70166
−62	285.66	0.73134	0.080628	110.758	333.688	222.930	0.63893	1.69466
−60	313.04	0.73555	0.073872	113.309	334.348	221.039	0.65085	1.68781
−58	342.40	0.73989	0.067789	115.882	334.988	219.106	0.66277	1.68110
−56	373.82	0.74436	0.062303	118.480	335.609	217.129	0.67468	1.67453
−54	407.40	0.74896	0.057344	121.100	336.210	215.109	0.68658	1.66809
−52	443.22	0.75370	0.052854	123.744	336.789	213.045	0.69846	1.66176
−50	481.39	0.75859	0.048781	126.411	337.348	210.937	0.71033	1.65556
−48	521.98	0.76364	0.045080	129.100	337.885	208.785	0.72219	1.64946
−46	565.11	0.76886	0.041712	131.811	338.399	206.588	0.73403	1.64347
−44	610.86	0.77424	0.038641	134.543	338.889	204.346	0.74585	1.63757
−42	659.34	0.77981	0.035836	137.296	339.356	202.060	0.75765	1.63176

续表

温度 t/℃	绝对压力 p/kPa	比容		焓		气化热 r /(kJ/kg)	熵	
		液体 V' /(L/kg)	蒸气 V'' /(m^3/kg)	液体 h' /(kJ/kg)	蒸气 h'' /(kJ/kg)		液体 s' /[kJ/(kg·K)]	蒸气 s'' /[kJ/(kg·K)]
−40	710.63	0.78557	0.033270	140.069	339.798	199.728	0.76942	1.62603
−38	764.84	0.79154	0.030920	142.862	340.214	197.352	0.78117	1.62039
−36	822.08	0.79772	0.028763	145.674	340.603	194.929	0.79288	1.61481
−34	882.44	0.80413	0.026781	148.504	340.964	192.459	0.80456	1.60929
−32	946.02	0.81078	0.024957	151.353	341.296	189.943	0.81621	1.60383
−30	1012.9	0.81769	0.023276	154.219	341.597	187.377	0.82782	1.59841
−28	1083.3	0.82487	0.021723	157.103	341.866	184.763	0.83940	1.59303
−26	1157.2	0.83235	0.020289	160.005	342.101	182.096	0.85094	1.58769
−24	1234.8	0.84015	0.018960	162.924	342.300	179.376	0.86244	1.58236
−22	1316.2	0.84829	0.017729	165.861	342.460	176.599	0.87390	1.57703
−20	1401.5	0.85679	0.016585	188.818	342.580	173.762	0.88534	1.57171
−18	1490.8	0.86569	0.015522	171.794	342.656	170.862	0.89675	1.56637
−16	1584.2	0.87501	0.014532	174.793	342.686	167.893	0.90814	1.56101
−14	1682.0	0.88481	0.013608	177.815	342.664	164.849	0.91951	1.55560
−12	1784.3	0.89511	0.012746	180.865	342.588	161.723	0.93088	1.55013
−10	1891.1	0.90597	0.011939	183.945	342.452	158.507	0.94227	1.54458
−8	2002.7	0.91746	0.011183	187.060	342.250	155.190	0.95367	1.53894
−6	21192	0.92962	0.010473	190.215	341.976	151.761	0.96512	1.53317
−4	2240.8	0.94255	0.009806	193.418	341.621	148.204	0.97664	1.52725
−2	2367.7	0.95634	0.009178	196.676	341.178	144.502	0.98826	1.52116
0	2500.1	0.97109	0.008585	200.000	340.634	140.634	1.00000	1.51484

表 4-48 R123 饱和状态下的热力性质

温度 t/℃	绝对压力 p /kPa	密度 /(kg/m^3)		焓 /(kJ/kg)		熵 /[kJ/(kg·K)]		定容比热容 C_v /[kJ/(kg·K)]		定压比热容 C_p /[kJ/(kg·K)]		表面张力 σ/(N/m)
		液体 ρ'	蒸气 ρ''	液体 h'	蒸气 h''	液体 s'	蒸气 s''	液体	蒸气	液体	蒸气	
−20	12	1571	0.9	17.2	202.2	0.067	0.798	0.665	0.573	0.838	0.633	0.0209
−15	16	1560	1.1	21.4	205.2	0.083	0.785	0.670	0.581	0.852	0.642	0.0203
−10	20	1549	1.4	25.7	208.1	0.100	0.793	0.674	0.590	0.866	0.652	0.0197
−5	26	1537	1.8	30.1	211.1	0.116	0.792	0.678	0.599	0.881	0.661	0.0191
0	33	1525	2.2	34.5	214.1	0.133	0.790	0.681	0.607	0.896	0.671	0.0184
5	41	1514	2.8	39.0	217.2	0.149	0.790	0.684	0.616	0.912	0.680	0.0178
10	51	1501	3.4	43.6	220.2	0.166	0.789	0.687	0.624	0.928	0.689	0.0172
15	62	1489	4.1	48.3	223.2	0.182	0.789	0.691	0.632	0.945	0.699	0.0166
20	75	1477	4.9	53.1	226.3	0.198	0.789	0.694	0.640	0.962	0.708	0.0160
25	91	1464	5.9	57.9	229.4	0.215	0.790	0.698	0.648	0.979	0.717	0.0154
30	109	1452	6.9	62.9	232.5	0.231	0.790	0.701	0.655	0.995	0.725	0.0148
35	130	1439	8.2	67.9	235.5	0.247	0.791	0.705	0.662	1.012	0.734	0.0142
40	154	1425	9.6	73.0	238.6	0.264	0.793	0.708	0.669	1.028	0.743	0.0136
45	181	1412	11.2	78.2	241.7	0.280	0.794	0.711	0.675	1.043	0.751	0.0131
50	212	1399	13.0	83.5	244.7	0.297	0.796	0.714	0.681	1.058	0.759	0.0125
55	247	1385	15.0	88.8	247.8	0.313	0.797	0.717	0.686	1.072	0.768	0.0119
60	286	1371	17.3	94.2	250.8	0.329	0.799	0.720	0.692	1.085	0.776	0.0113
65	330	1356	19.8	99.7	253.8	0.345	0.801	0.722	0.697	1.097	0.785	0.0108
70	378	1342	22.6	105.2	256.7	0.361	0.803	0.725	0.701	1.108	0.793	0.0102

续表

温度 t/℃	绝对压力 p /kPa	密度 /(kg/m³)		焓 /(kJ/kg)		熵 /[kJ/(kg·K)]		定容比热容 C_v /[kJ/(kg·K)]		定压比热容 C_p /[kJ/(kg·K)]		表面张力 σ/(N/m)
		液体 ρ′	蒸气 ρ″	液体 h′	蒸气 h″	液体 s′	蒸气 s″	液体	蒸气	液体	蒸气	
75	431	1327	25.8	110.8	259.6	0.377	0.805	0.727	0.706	1.119	0.802	0.0097
80	490	1312	29.2	116.4	262.5	0.393	0.807	0.729	0.710	1.128	0.812	0.0091
85	555	1296	33.1	122.1	265.3	0.409	0.809	0.731	0.714	1.137	0.822	0.0086
90	626	1280	37.3	127.8	268.0	0.425	0.811	0.733	0.718	1.145	0.833	0.0080
95	704	1264	42.0	133.5	270.7	0.440	0.813	0.735	0.722	1.152	0.845	0.0075
100	788	1247	47.2	139.3	273.3	0.456	0.815	0.737	0.726	1.160	0.859	0.0070
105	880	1230	52.9	145.1	275.8	0.471	0.817	0.739	0.730	1.167	0.874	0.0065
110	979	1212	59.2	150.9	278.2	0.486	0.818	0.740	0.734	1.174	0.891	0.0060
115	1087	1193	66.1	156.8	280.5	0.501	0.820	0.742	0.738	1.182	0.911	0.0054
120	1203	1173	73.8	162.7	282.7	0.516	0.821	0.744	0.743	1.191	0.933	0.0050
125	1327	1153	82.3	168.6	284.8	0.531	0.822	0.746	0.749	1.202	0.960	0.0045
130	1461	1131	91.8	174.6	286.7	0.545	0.823	0.748	0.755	1.215	0.992	0.0040
135	1605	1109	102.3	180.6	288.5	0.560	0.824	0.750	0.763	1.232	1.030	0.0035
140	1760	1085	114.1	186.7	290.2	0.574	0.825	0.753	0.771	1.253	1.076	0.0031
145	1925	1060	127.3	192.8	291.7	0.589	0.825	0.757	0.781	1.281	1.102	0.0026
150	2102	1033	142.4	199.0	292.9	0.603	0.825	0.763	0.793	1.317	1.202	0.0022

表 4-49　R134a 饱和状态下的热力性质

温度 t/℃	绝对压力 p /kPa	密度 /(kg/m³)		焓 /(kJ/kg)		熵 /[kJ/(kg·K)]		定容比热容 C_v /[kJ/(kg·K)]		定压比热容 C_p /[kJ/(kg·K)]		表面张力 σ/(N/m)
		液体 ρ′	蒸气 ρ″	液体 h′	蒸气 h″	液体 s′	蒸气 s″	液体	蒸气	液体	蒸气	
−40	52	1414	2.8	0.0	223.3	0.000	0.958	0.667	0.646	1.129	0.742	0.0177
−35	66	1399	3.5	5.7	226.4	0.024	0.951	0.696	0.659	1.154	0.758	0.0169
−30	85	1385	4.4	11.5	229.6	0.048	0.945	0.722	0.672	1.178	0.774	0.0161
−25	107	1370	5.5	17.5	232.7	0.073	0.940	0.746	0.685	1.202	0.791	0.0154
−20	133	1355	6.8	23.6	235.8	0.097	0.935	0.767	0.698	1.227	0.809	0.0146
−15	164	1340	8.3	29.8	238.8	0.121	0.931	0.786	0.712	1.250	0.828	0.0139
−10	201	1324	10.0	36.1	241.8	0.145	0.927	0.803	0.726	1.274	0.847	0.0132
−5	343	1308	12.1	42.5	244.8	0.169	0.924	0.817	0.740	1.297	0.868	0.0124
0	293	1292	14.4	49.1	247.8	0.193	0.921	0.830	0.755	1.320	0.889	0.0117
5	350	1276	17.1	55.8	250.7	0.217	0.918	0.840	0.770	1.343	0.912	0.0110
10	415	1259	20.2	62.6	253.5	0.241	0.916	0.849	0.785	1.365	0.936	0.0103
15	489	1242	23.7	69.4	256.3	0.265	0.914	0.857	0.800	1.388	0.962	0.0096
20	572	1224	27.8	76.5	259.0	0.289	0.912	0.863	0.815	1.411	0.990	0.0089
25	666	1206	32.3	83.6	261.6	0.313	0.910	0.868	0.831	1.435	1.020	0.0083
30	771	1187	37.5	90.8	264.2	0.337	0.908	0.872	0.847	1.460	1.053	0.0076
35	887	1167	43.3	98.2	266.6	0.360	0.907	0.875	0.863	1.486	1.089	0.0069
40	1017	1147	50.0	105.7	268.8	0.384	0.905	0.878	0.879	1.514	1.130	0.0063
45	1160	1126	57.5	113.3	271.0	0.408	0.904	0.881	0.896	1.546	1.177	0.0056
50	1318	1103	66.1	121.0	272.9	0.432	0.902	0.883	0.914	1.581	1.231	0.0050
55	1491	1080	75.9	129.0	274.7	0.456	0.900	0.886	0.932	1.621	1.295	0.0044
60	1681	1055	87.2	137.1	276.1	0.479	0.897	0.890	0.950	1.667	1.374	0.0038
65	1888	1028	100.2	145.3	277.3	0.504	0.894	0.895	0.970	1.724	1.473	0.0032
70	2115	999	115.5	153.9	278.1	0.528	0.890	0.901	0.991	1.794	1.601	0.0027

续表

温度 t/℃	绝对压力 p /kPa	密度 /(kg/m³)		焓 /(kJ/kg)		熵 /[kJ/(kg·K)]		定容比热容 C_v /[kJ/(kg·K)]		定压比热容 C_p /[kJ/(kg·K)]		表面张力 σ/(N/m)
		液体 ρ′	蒸气 ρ″	液体 h′	蒸气 h″	液体 s′	蒸气 s″	液体	蒸气	液体	蒸气	
75	2361	967	133.6	162.6	278.4	0.553	0.885	0.910	1.014	1.884	1.776	0.0022
80	2630	932	155.4	171.8	278.0	0.578	0.879	0.922	1.039	2.011	2.027	0.0016
85	2923	893	182.4	189.3	276.8	0.604	0.870	0.937	1.066	2.204	2.408	0.0012
90	3242	847	216.9	191.6	274.5	0.631	0.860	0.958	1.097	2.554	3.056	0.0007
95	3590	790	264.5	203.1	270.4	0.662	0.844	0.988	1.131	3.424	4.483	0.0003
100	3971	689	353.1	291.3	260.4	0.704	0.814	1.044	1.168	10.793	14.807	0.0000

表 4-50　R170 饱和状态下的热力性质

温度 t/℃	绝对压力 p/kPa	比容		密度		焓		气化热 r /(kJ/kg)	熵	
		液体 V′ /(L/kg)	蒸气 V″ /(m³/kg)	液体 ρ′ /(kg/L)	蒸气 ρ″ /(kg/m³)	液体 h′ /(kJ/kg)	蒸气 h″ /(kJ/kg)		液体 s′ /[kJ/(kg·K)]	蒸气 s″ /[kJ/(kg·K)]
100	52.52	1.789	888.8	0.5589	1.125	−69.96	430.57	500.53	−0.1953	2.6953
−95	70.92	1.808	673.1	0.5531	1.486	−57.82	436.1	493.92	−0.1262	2.6463
−90	94.14	1.825	517.7	0.5479	1.932	−45.47	441.53	487	−0.0584	2.6006
−85	122.72	1.844	404.8	0.5422	2.470	−33.08	446.85	479.93	0.0086	2.5592
−80	157.55	1.863	320.9	0.5367	3.116	−20.85	452.01	472.86	0.0726	2.5206
−75	199.83	1.884	257.0	0.5309	3.819	−8.46	457.03	465.49	0.135	2.4842
−70	250.06	1.905	208.4	0.5250	4.798	3.93	461.92	457.99	0.1966	2.4512
−65	309.4	1.927	170.6	0.5190	5.862	16.28	466.61	450.33	0.256	2.4193
−60	378.76	1.951	140.9	0.5125	7.097	28.8	471.14	442.34	0.315	2.39
−55	459.3	1.976	117.3	0.5060	8.525	41.4	475.45	434.05	0.372	2.362
−50	551.91	2.003	98.32	0.4993	10.17	53.8	479.51	425.71	0.4281	2.3356
−45	657.66	2.032	83.01	0.4921	12.05	66.65	483.4	416.75	0.4838	2.3105
−40	777.83	2.062	70.46	0.4850	14.19	79.84	486.96	407.12	0.5399	2.2862
−35	913.21	2.093	60.13	0.4778	16.63	93.49	490.27	396.78	0.5968	2.2627
−30	1065.37	2.128	51.53	0.4700	19.41	107.6	493.29	385.69	0.6538	2.2402
−25	1234.1	2.167	44.46	0.4615	22.54	121.79	495.96	374.17	0.7124	2.2201
−20	1423.43	2.209	38.90	0.4526	26.11	136.70	498.27	361.57	0.7681	2.1962
−15	1631.4	2.255	33.16	0.4435	30.16	152.23	500.19	347.96	0.8267	2.1744
−10	1859.98	2.305	28.79	0.4339	34.73	167.64	501.7	334.06	0.884	2.1534
−5	2111.11	2.364	25.02	0.4230	39.97	183.55	502.75	319.2	0.9418	2.1321
0	2387.75	2.429	21.75	0.4117	45.98	200.00	503.29	303.29	1.0000	2.1103
5	2686.96	2.503	18.80	0.3995	53.19	217.12	502.16	285.04	1.0595	2.0844
10	3016.58	2.587	16.13	0.3865	62.00	235.38	499.57	264.19	1.1214	2.0546
15	3377.58	2.706	13.66	0.3695	73.21	254.89	493.91	239.02	1.1863	2.0157
20	3775.87	2.856	11.43	0.3502	87.49	276.2	486.42	210.22	1.2554	1.9726
25	4216.34	3.07	9.37	0.3260	106.7	299.86	474.83	174.97	1.3318	1.9188
30	4708.8	3.49	7.06	0.286	142	334.35	447.44	113.09	1.4405	1.8135
31	4816.71	3.69	6.43	0.271	156	346.54	436.1	89.56	1.4794	1.7737
32.1	4934.43	4.70	4.70	0.213	213	391.55	391.55	0	1.6255	1.6255

表 4-51　R290 饱和状态下的热力性质

温度 t/℃	绝对压力 p/kPa	比容		焓		气化热 r /(kJ/kg)	熵	
		液体 V′ /(L/kg)	蒸气 V″ /(m³/kg)	液体 h′ /(kJ/kg)	蒸气 h″ /(kJ/kg)		液体 s′ /[kJ/(kg·K)]	蒸气 s″ /[kJ/(kg·K)]
−80	13.1	1.603	2.724	14.99	470.09	455.10	0.1932	2.5512
−75	17.7	1.616	2.012	27.67	480.01	451.89	0.2552	2.5357
−70	24.4	1.630	1.544	39.60	487.80	448.20	0.3171	2.5327

续表

温度 t/℃	绝对压力 p/kPa	比容		焓		气化热 r /(kJ/kg)	熵	
		液体 V′ /(L/kg)	蒸气 V″ /(m³/kg)	液体 h′ /(kJ/kg)	蒸气 h″ /(kJ/kg)		液体 s′ /[kJ/(kg·K)]	蒸气 s″ /[kJ/(kg·K)]
−65	32.6	1.644	1.173	51.49	495.46	443.97	0.3741	2.5077
−60	42.7	1.659	0.911	63.26	503.08	439.82	0.4293	2.4926
−55	55.2	1.674	0.720	74.69	510.33	435.64	0.4817	2.4784
−50	70.7	1.690	0.580	85.78	517.65	431.87	0.5340	2.4654
−45	89.0	1.707	0.467	96.63	523.68	427.05	0.5838	2.4553
−40	111.5	1.725	0.380	107.81	530.25	422.44	0.6324	2.4444
−35	137.9	1.743	0.318	119.24	537.79	418.55	0.6805	2.4377
−30	167.2	1.761	0.260	130.58	544.82	414.24	0.7283	2.4319
−25	201.7	1.780	0.215	141.97	551.11	409.14	0.7764	2.4248
−20	242.3	1.799	0.182	153.28	556.67	403.39	0.8233	2.4164
−15	288.9	1.820	0.1556	164.58	562.54	397.96	0.8677	2.4084
−10	340.5	1.842	0.1318	176.09	568.40	392.31	0.9121	2.4026
−5	401.5	1.864	0.1133	187.82	573.42	385.60	0.9560	2.3942
0	468.4	1.887	0.0974	200.00	578.65	378.65	1.0000	2.3862
5	545.3	1.911	0.0846	212.23	583.59	371.36	1.0427	2.3800
10	633.9	1.935	0.0731	224.24	588.41	364.17	1.0854	2.3716
15	729.8	1.963	0.0639	236.59	593.22	356.63	1.1281	2.3662
20	833.4	1.992	0.0561	248.94	597.49	348.55	1.1708	2.3599
25	948.9	2.023	0.0495	261.71	601.81	340.10	1.2139	2.3548
30	1081	2.055	0.0435	274.69	605.74	331.05	1.2571	2.3498
35	1222	2.095	0.0385	288.47	609.55	321.08	1.2998	2.3415
40	1374	2.135	0.0339	302.20	613.03	310.83	1.3421	2.3343
45	1546	2.178	0.0302	316.73	616.92	300.19	1.3852	2.3285
50	1727	2.222	0.0268	330.80	620.19	289.39	1.4283	2.3234

表 4-52　R500 饱和状态下的热力性质

温度 t/℃	绝对压力 p/kPa	比容		焓		气化热 r /(kJ/kg)	熵	
		液体 V′ /(L/kg)	蒸气 V″ /(m³/kg)	液体 h′ /(kJ/kg)	蒸气 h″ /(kJ/kg)		液体 s′ /[kJ/(kg·K)]	蒸气 s″ /[kJ/(kg·K)]
−40	75.600	0.74071	0.24894	159.122	362.754	203.632	0.83937	1.71273
−38	82.904	0.74366	0.22841	161.027	363.810	202.783	0.84748	1.70980
−36	90.760	0.74665	0.20990	162.946	364.862	201.916	0.85559	1.70697
−34	99.196	0.74968	0.19317	164.880	365.911	201.031	0.86368	1.70425
−32	108.24	0.75275	0.17803	166.828	366.956	200.128	0.87176	1.70161
−30	117.93	0.75586	0.16431	168.790	367.997	199.207	0.87984	1.69907
−28	128.29	0.75902	0.15185	170.767	369.034	198.267	0.88790	1.69662
−26	139.35	0.76222	0.14051	172.759	370.066	197.307	0.89596	1.69425
−24	151.15	0.76547	0.13019	174.765	371.094	196.329	0.90401	1.69196
−22	163.71	0.76877	0.12077	176.786	372.117	195.331	0.91205	1.68976
−20	177.08	0.77211	0.11217	178.822	373.134	194.312	0.92008	1.68762
−18	191.28	0.77551	0.10430	180.872	374.147	193.275	0.92810	1.68556
−16	206.36	0.77896	0.097095	182.937	375.154	192.217	0.93612	1.68357
−14	222.34	0.78246	0.090484	185.017	376.155	191.138	0.94413	1.68165
−12	239.26	0.78602	0.084411	187.112	377.150	190.038	0.95213	1.67979
−10	257.15	0.78964	0.078827	189.223	378.139	188.916	0.96012	1.67800
−8	276.07	0.79332	0.073685	191.348	379.121	187.773	0.96811	1.67626
−6	296.03	0.79706	0.068944	193.488	380.097	186.609	0.97609	1.67458
−4	317.08	0.80086	0.064568	195.643	381.066	185.423	0.98407	1.67296

续表

温度 t/℃	绝对压力 p/kPa	比容		焓		气化热 r /(kJ/kg)	熵	
		液体 V′ /(L/kg)	蒸气 V″ /(m³/kg)	液体 h′ /(kJ/kg)	蒸气 h″ /(kJ/kg)		液体 s′ /[kJ/(kg·K)]	蒸气 s″ /[kJ/(kg·K)]
−2	339.25	0.80473	0.060525	197.814	382.027	184.213	0.99204	1.67139
0	362.59	0.80868	0.056784	200.000	382.981	182.981	1.00000	1.66987
2	387.13	0.81269	0.053319	202.201	383.928	181.727	1.00796	1.66839
4	412.91	0.81678	0.050107	204.419	384.866	180.447	1.01591	1.66697
6	439.98	0.82095	0.047125	206.651	385.797	179.146	1.02386	1.66558
8	468.36	0.82520	0.044355	208.900	386.718	177.818	1.03180	1.66424
10	498.11	0.82954	0.041778	211.164	387.631	176.467	1.03974	1.66294
12	529.25	0.83396	0.039379	213.444	388.535	175.091	1.04767	1.66167
14	561.84	0.83847	0.037143	215.741	389.429	173.688	1.05560	1.66044
16	595.90	0.84309	0.035057	218.053	390.313	172.260	1.06353	1.65925
18	631.49	0.84780	0.033109	220.383	391.186	170.803	1.07145	1.65808
20	668.65	0.85262	0.031289	222.728	392.049	169.321	1.07937	1.65694
22	707.41	0.85755	0.029586	225.091	392.901	167.810	1.08729	1.65583
24	747.82	0.86259	0.027991	227.471	393.741	166.270	1.09521	1.65474
26	789.92	0.86776	0.026497	229.868	394.569	164.701	1.10312	1.65367
28	833.76	0.87305	0.025095	232.282	395.384	163.102	1.11104	1.65262
30	879.37	0.87848	0.023779	234.714	396.186	161.472	1.11896	1.65159
32	926.80	0.88405	0.022543	237.165	396.975	159.810	1.12688	1.65057
34	976.10	0.88977	0.021380	239.634	397.748	158.114	1.13480	1.64956
36	1027.3	0.89565	0.020285	242.121	398.506	156.385	1.14272	1.64856
38	1080.5	0.90170	0.019254	244.628	399.249	154.621	1.15065	1.64757
40	1135.6	0.90792	0.018282	247.155	399.974	152.819	1.15858	1.64657
42	1192.8	0.91433	0.017365	249.701	400.682	150.981	1.16652	1.64558
44	1252.1	0.92094	0.016499	252.268	401.371	149.103	1.17447	1.64459
46	1313.5	0.92776	0.015680	254.857	402.040	147.183	1.18243	1.64359
48	1377.2	0.93481	0.014906	257.467	402.688	145.221	1.19040	1.64257
50	1443.0	0.94211	0.014173	260.100	403.314	143.214	1.19838	1.64155
52	1511.2	0.94966	0.013478	262.756	403.917	141.161	1.20637	1.64050
54	1581.6	0.95750	0.012820	265.437	404.494	139.057	1.21439	1.63943
56	1654.5	0.96563	0.012195	268.143	405.045	136.902	1.22242	1.63833
58	1729.8	0.97410	0.011601	270.875	405.566	134.691	1.23047	1.63720
60	1807.6	0.98291	0.011037	273.635	406.057	132.422	1.23855	1.63603
62	1887.9	0.99211	0.010500	276.425	406.515	130.090	1.24666	1.63481
64	1970.9	1.0017	0.009988	279.245	406.938	127.693	1.25481	1.63354
66	2056.5	1.0118	0.009501	282.099	407.321	125.222	1.26299	1.63220
68	2144.9	1.0224	0.009035	284.987	407.663	122.676	1.27122	1.63080
70	2236.0	1.0335	0.008591	287.913	407.959	120.046	1.27950	1.62932

表 4-53　R502 饱和状态下的热力性质

温度 t/℃	绝对压力 p/kPa	比容		焓		气化热 r /(kJ/kg)	熵	
		液体 V′ /(L/kg)	蒸气 V″ /(m³/kg)	液体 h′ /(kJ/kg)	蒸气 h″ /(kJ/kg)		液体 s′ /[kJ/(kg·K)]	蒸气 s″ /[kJ/(kg·K)]
−70	27.567	0.64203	0.54046	131.684	313.132	181.448	0.71499	1.60817
−68	31.043	0.64452	0.48397	133.313	314.145	180.832	0.72297	1.60443
−66	34.870	0.64703	0.43440	134.962	315.158	180.196	0.73095	1.60083
−64	39.074	0.64958	0.39078	136.629	316.171	179.542	0.73895	1.59738
−62	43.681	0.65217	0.35231	138.315	317.184	178.869	0.74695	1.59407

续表

温度 t/℃	绝对压力 p/kPa	比容		焓		气化热 r /(kJ/kg)	熵	
		液体 V' /(L/kg)	蒸气 V'' /(m^3/kg)	液体 h' /(kJ/kg)	蒸气 h'' /(kJ/kg)		液体 s' /[kJ/(kg·K)]	蒸气 s'' /[kJ/(kg·K)]
−60	48.719	0.65479	0.31829	140.020	318.195	178.175	0.75498	1.59089
−58	54.217	0.65744	0.28814	141.744	319.206	177.462	0.76301	1.58784
−56	60.205	0.66013	0.26137	143.488	320.215	176.727	0.77106	1.58491
−54	66.714	0.66285	0.23753	145.251	321.222	175.971	0.77912	1.58209
−52	73.775	0.66562	0.21627	147.033	322.228	175.195	0.78720	1.57939
−50	81.422	0.66842	0.19726	148.835	323.231	174.396	0.79528	1.57680
−48	89.687	0.67126	0.18024	150.656	324.231	173.575	0.80338	1.57432
−46	98.606	0.67415	0.16496	152.497	325.229	172.732	0.81150	1.57193
−44	108.21	0.67708	0.15123	154.357	326.223	171.866	0.81962	1.56964
−42	118.55	0.68005	0.13885	156.237	327.214	170.977	0.82776	1.56744
−40	129.64	0.68307	0.12769	158.136	328.201	170.065	0.83591	1.56533
−38	141.53	0.68613	0.11759	160.054	329.184	169.130	0.84407	1.56331
−36	154.26	0.68925	0.10845	161.992	330.162	168.170	0.85223	1.56136
−34	167.87	0.69241	0.10016	163.949	331.135	167.186	0.86041	1.55950
−32	182.39	0.69563	0.092625	165.925	332.103	166.178	0.86860	1.55771
−30	197.86	0.69890	0.085769	167.920	333.066	165.146	0.87679	1.55599
−28	214.33	0.70223	0.079522	169.933	334.023	164.090	0.88499	1.55434
−26	231.84	0.70562	0.073819	171.966	334.974	163.008	0.89320	1.55275
−24	250.43	0.70906	0.068606	174.017	335.919	161.902	0.90141	1.55123
−22	270.14	0.71257	0.063835	176.086	336.857	160.771	0.90963	1.54977
−20	291.01	0.71615	0.059461	178.173	337.788	159.615	0.91784	1.54836
−18	313.09	0.71979	0.055446	180.278	338.712	158.434	0.92607	1.54701
−16	336.41	0.72350	0.051756	182.402	339.628	157.226	0.93429	1.54571
−14	361.22	0.72729	0.048359	184.542	340.536	155.994	0.94251	1.54445
−12	386.97	0.73115	0.045230	186.700	341.435	154.735	0.95073	1.54325
−10	414.30	0.73509	0.042342	188.875	342.326	153.451	0.95895	1.54208
−8	443.04	0.73911	0.039674	191.067	343.208	152.141	0.96717	1.54096
−6	473.26	0.74322	0.037207	193.276	344.080	150.804	0.97539	1.53988
−4	504.98	0.74743	0.034922	195.501	344.942	149.441	0.98360	1.53883
−2	538.26	0.75172	0.032804	197.743	345.795	148.052	0.99180	1.53782
0	573.13	0.75612	0.030839	200.000	346.636	146.636	1.00000	1.53683
2	609.65	0.76062	0.029013	202.273	347.466	145.193	1.00819	1.53588
4	647.86	0.76523	0.027314	204.562	348.285	143.723	1.01637	1.53495
6	687.80	0.76996	0.025732	206.866	349.092	142.226	1.02455	1.53404
8	729.51	0.77480	0.024258	209.185	349.886	140.701	1.03271	1.53316
10	773.05	0.77978	0.022883	211.519	350.666	139.147	1.04086	1.53229
12	818.46	0.78489	0.021598	213.867	351.433	137.566	1.04900	1.53144
14	865.78	0.79014	0.020397	216.230	352.186	135.956	1.05713	1.53060
16	915.06	0.79554	0.019273	218.608	352.924	134.316	1.06524	1.52976
18	966.35	0.80111	0.018220	221.000	353.646	132.646	1.07335	1.52894
20	1019.7	0.80684	0.017233	223.406	354.351	130.945	1.08144	1.52812
22	1075.1	0.81276	0.016306	225.826	355.040	129.214	1.08951	1.52730
24	1132.7	0.81886	0.015436	228.260	355.709	127.449	1.09757	1.52648
26	1192.5	0.82518	0.014617	230.708	356.360	125.652	1.10562	1.52565
28	1254.6	0.83171	0.013846	233.170	356.991	123.821	1.11365	1.52481
30	1318.9	0.83848	0.013120	235.647	357.600	121.953	1.12167	1.52395
32	1385.6	0.84551	0.012435	238.138	358.186	120.048	1.12967	1.52308

续表

温度 t/℃	绝对压力 p/kPa	比容		焓		气化热 r /(kJ/kg)	熵	
		液体 V' /(L/kg)	蒸气 V'' /(m^3/kg)	液体 h' /(kJ/kg)	蒸气 h'' /(kJ/kg)		液体 s' /[kJ/(kg·K)]	蒸气 s'' /[kJ/(kg·K)]
34	1454.7	0.85281	0.011788	240.644	358.748	118.104	1.13767	1.52218
36	1526.2	0.86042	0.011177	243.166	359.284	116.118	1.14565	1.52126
38	1600.3	0.86834	0.010599	245.703	359.793	114.090	1.15363	1.52030
40	1677.0	0.87662	0.010052	248.257	360.272	112.015	1.16159	1.51930
42	1756.3	0.88528	0.009532	250.828	360.720	109.892	1.16955	1.51825
44	1838.3	0.89437	0.009040	253.418	361.133	107.715	1.17752	1.51715
46	1923.1	0.90392	0.008572	256.027	361.509	105.482	1.18548	1.51599
48	2010.7	0.91399	0.008126	258.659	361.844	103.185	1.19345	1.51475
50	2101.3	0.92464	0.007702	261.314	362.135	100.821	1.20143	1.51343
52	2194.9	0.93594	0.007297	263.997	362.376	98.379	1.20944	1.51201
54	2291.6	0.94797	0.006910	266.709	362.564	95.855	1.21748	1.51048
56	2391.5	0.96084	0.006539	269.456	362.690	93.234	1.22556	1.50881
58	2494.7	0.97467	0.006184	272.242	362.748	90.506	1.23369	1.50700
60	2601.4	0.98962	0.005842	275.076	362.727	87.651	1.24191	1.50501

表 4-54　R717 饱和状态下的热力性质

温度 t/℃	绝对压力 p/kPa	比容		焓/(kJ/kg)		气化热 r /(kJ/kg)	熵/[kJ/(kg·K)]	
		V'/(L/kg)	V''/(m^3/kg)	h'	h''		s'	s''
−77	6.41	1.3633	14.88457	157.03	1643.84	1486.81	0.5284	8.1083
−76	6.94	1.3654	13.78164	165.33	1645.40	1480.08	0.5705	8.0779
−74	8.10	1.3697	11.92057	173.19	1649.14	1475.95	0.6102	8.0214
−72	9.43	1.3740	10.34599	181.00	1652.86	1471.86	0.6491	7.9664
−70	10.94	1.3783	9.00904	188.77	1656.56	1467.79	0.6876	7.9127
−68	12.65	1.3827	7.85755	198.63	1660.09	1461.46	0.7358	7.8597
−66	14.57	1.3871	6.88528	206.29	1663.75	1457.46	0.7730	7.8088
−64	16.74	1.3915	6.04664	214.97	1667.32	1452.45	0.8149	7.7588
−62	19.17	1.3961	5.32558	223.59	1670.87	1447.28	0.8557	7.7100
−60	21.90	1.4006	4.69999	233.20	1674.31	1441.11	0.9010	7.6620
−58	24.94	1.4052	4.16250	241.69	1677.81	1436.12	0.9406	7.6156
−56	28.32	1.4099	3.69622	250.12	1681.29	1431.17	0.9795	7.5702
−54	32.08	1.4146	3.29060	258.48	1684.74	1426.26	1.0179	7.5260
−52	36.24	1.4194	2.93446	267.82	1688.08	1420.26	1.0602	7.4824
−50	40.85	1.4242	2.62526	276.05	1691.48	1415.44	1.0973	7.4402
−48	45.92	1.4290	2.35228	285.24	1694.77	1409.53	1.1382	7.3986
−46	51.51	1.4340	2.11331	293.85	1698.07	1404.22	1.1762	7.3582
−44	57.64	1.4389	1.90243	302.63	1701.32	1398.63	1.2147	7.3185
−42	64.36	1.4440	1.71627	311.35	1704.54	1393.19	1.2525	7.2798
−40	71.71	1.4491	1.55124	320.24	1707.70	1387.46	1.2908	7.2415
−38	79.73	1.4542	1.40491	329.05	1710.83	1381.78	1.3284	7.2046
−36	88.47	1.4694	1.27462	338.04	1713.90	1375.87	1.3664	7.1681
−34	97.97	1.4647	1.15863	346.94	1716.94	1370.00	1.4037	7.1324
−32	108.28	1.4701	1.05514	355.77	1719.95	1364.18	1.4404	7.0974
−30	119.46	1.4755	0.96244	364.76	1722.89	1358.14	1.4775	7.0631
−28	131.54	1.4810	0.87941	373.66	1725.80	1352.14	1.5139	7.0294
−26	144.60	1.4865	0.80492	382.49	1728.67	1346.19	1.5496	6.9965

续表

温度 t/℃	绝对压力 p/kPa	比容		焓/(kJ/kg)		气化热 r /(kJ/kg)	熵/[kJ/(kg·K)]	
		V'/(L/kg)	V''/(m³/kg)	h'	h''		s'	s''
−24	158.57	1.4921	0.73781	391.47	1731.48	1340.01	1.5858	6.9641
−22	173.82	1.4978	0.67731	400.50	1734.24	1333.74	1.6217	6.9323
−20	190.11	1.5036	0.62275	409.43	1736.95	1327.52	1.6571	6.9011
−18	207.50	1.5094	0.57340	418.40	1739.62	1321.21	1.6923	6.8705
−16	226.34	1.5154	0.52869	427.41	1742.22	1314.82	1.7273	6.8404
−14	246.40	1.5214	0.48811	436.45	1744.78	1308.33	1.7622	6.8108
−12	267.85	1.5275	0.45124	445.52	1747.28	1301.76	1.7970	6.7817
−10	290.75	1.5337	0.41770	454.56	1749.72	1295.17	1.8313	6.7531
−8	315.17	1.5398	0.38712	463.64	1752.11	1288.49	1.8655	6.7250
−6	341.17	1.5463	0.35923	472.67	1754.45	1281.78	1.8993	6.6973
−4	368.83	1.5527	0.33372	481.80	1756.72	1274.92	1.9332	6.6701
−2	398.22	1.5593	0.31038	490.90	1758.94	1268.04	1.9667	6.6433
0	429.41	1.5659	0.28899	500.02	1761.10	1261.03	2.0001	6.6169
2	462.48	1.5727	0.26985	509.18	1763.19	1254.02	2.0333	6.5909
4	497.50	1.5795	0.25132	518.33	1765.23	1246.90	2.0662	6.5652
6	534.54	1.5865	0.23472	527.50	1767.20	1239.70	2.0990	6.5400
8	573.70	1.5936	0.21944	536.68	1769.11	1232.43	2.1315	6.5151
10	615.03	1.6008	0.20535	545.88	1770.96	1225.08	2.1639	6.4905
12	658.64	1.6081	0.19233	555.10	1772.74	1217.63	2.1961	6.4663
14	704.59	1.6155	0.18030	564.35	1774.45	1210.09	2.2282	6.4422
16	752.98	1.6231	0.16917	573.60	1776.09	1202.49	2.2600	6.4187
18	803.88	1.6308	0.15886	582.90	1777.66	1194.77	2.2918	6.3954
20	857.37	1.6386	0.14930	592.19	1779.17	1186.97	2.3235	6.3723
22	913.56	1.6466	0.14042	601.51	1780.60	1179.09	2.3547	6.3495
24	972.52	1.6547	0.13217	610.85	1781.96	1171.12	2.3858	6.3270
26	1034.34	1.6630	0.12450	620.20	1783.25	1163.05	2.4169	6.3047
28	1099.11	1.6714	0.11736	629.60	1784.46	1154.86	2.4478	6.2826
30	1166.93	1.6800	0.11070	639.01	1785.59	1146.57	2.4786	6.2608
32	1237.88	1.6888	0.10449	648.46	1786.64	1138.18	2.5093	6.2392
34	1312.05	1.6978	0.99869	657.93	1787.61	1129.69	2.5398	6.2177
36	1389.55	1.7069	0.09327	667.42	1788.50	1121.08	2.5702	6.1965
38	1470.47	1.7162	0.08820	676.95	1789.31	1112.36	2.6004	6.1754
40	1554.89	1.7257	0.08345	686.51	1790.03	1103.52	2.6306	6.1545
42	1642.93	1.7355	0.07900	696.12	1790.66	1094.53	2.6607	6.1338
44	1734.67	1.7454	0.07483	705.76	1791.20	1085.44	2.6907	6.1132
46	1830.22	1.7556	0.07092	715.44	1791.64	1076.21	2.7206	6.0927
48	1929.68	1.7660	0.06724	725.15	1791.99	1066.84	2.7504	6.0723
50	2033.14	1.7767	0.06378	734.92	1792.25	1057.33	2.7801	6.0521
52	2140.72	1.7876	0.06053	744.74	1792.40	1047.66	2.8098	6.0319
54	2252.52	1.7988	0.05747	754.60	1792.44	1037.84	2.8395	6.0118
56	2368.63	1.8103	0.05458	764.52	1792.38	1027.86	2.8590	5.9918
58	2489.18	1.8221	0.05186	774.50	1792.21	1017.71	2.8986	5.9719
60	2614.27	1.8343	0.04929	784.54	1791.92	1007.38	2.9281	5.9519
62	2744.00	1.8467	0.04687	794.64	1791.51	996.87	2.9577	5.9321
64	2378.50	1.8595	0.04458	804.82	1790.98	986.16	2.9872	5.9122

续表

温度 t/℃	绝对压力 p/kPa	比容		焓/(kJ/kg)		气化热 r /(kJ/kg)	熵/[kJ/(kg·K)]	
		V'/(L/kg)	V''/(m³/kg)	h'	h''		s'	s''
66	3017.86	1.8727	0.04241	815.07	1790.32	975.25	3.0168	5.8923
68	3162.21	1.8863	0.04036	825.40	1789.52	964.12	3.0463	5.8724
70	3311.67	1.9003	0.03841	835.82	1788.59	952.77	3.0760	5.8525
72	3466.35	1.9148	0.03657	846.33	1787.51	941.18	3.1056	5.8325
74	3626.37	1.9297	0.03482	856.94	1786.27	929.33	3.1354	5.8124
76	3791.86	1.9452	0.03316	867.66	1784.88	917.22	3.1653	5.7923
78	3962.94	1.9612	0.03158	878.49	1783.32	904.83	3.1952	5.7720
80	4139.73	1.9778	0.03009	889.44	1781.57	892.13	3.2253	5.7516
82	4322.38	1.9950	0.02866	900.52	1779.65	879.12	3.2556	5.7310
84	4511.00	2.0129	0.02730	911.75	1777.52	865.77	3.2861	5.7102
86	4705.74	2.0316	0.02001	923.13	1775.18	852.05	3.3167	5.6891
88	4906.73	2.0510	0.02477	934.67	1772.62	837.95	3.3476	5.6679
90	5114.13	2.0713	0.02359	946.39	1769.82	823.43	3.3788	5.6463

表 4-55　R1150 饱和状态下的热力性质

温度 t/℃	绝对压力 p/kPa	比容		密度	
		液体 V' /(m³/kg)	蒸气 V'' /(m³/kg)	液体 ρ' /(kg/m³)	蒸气 ρ'' /(kg/m³)
−150	1.999	0.001584	18.226	631.3	0.05487
−145	3.574	0.001600	10.590	625.0	0.09443
−140	6.089	0.001617	6.443	618.4	0.1552
−135	9.924	0.001635	4.089	611.6	0.2446
−130	15.563	0.001653	2.692	605.0	0.3715
−125	23.595	0.001671	1.829	598.4	0.5467
−120	34.657	0.001690	1.280	591.7	0.7813
−115	49.543	0.001711	0.9190	584.5	1.088
−110	69.058	0.001732	0.6751	577.5	1.481
−105	94.154	0.001753	0.5060	570.5	1.976
−100	125.819	0.001774	0.3863	563.7	2.589
−95	164.948	0.001797	0.3000	556.5	3.333
−90	212.804	0.001821	0.2363	549.1	4.232
−85	270.467	0.001840	0.1887	541.7	5.299
−80	339.114	0.001873	0.1524	533.9	6.562
−75	419.921	0.001902	0.1244	525.8	8.039
−70	514.163	0.001933	0.1026	517.3	9.747
−65	623.213	0.001965	0.08525	508.9	11.73
−60	748.247	0.002000	0.07139	500.0	14.01
−55	890.64	0.002038	0.06019	490.7	16.61
−50	1052.254	0.002078	0.05103	481.2	19.60
−45	1233.677	0.002120	0.04344	471.7	23.02
−40	1437.655	0.002165	0.03712	461.9	26.04

续表

温度 t/℃	绝对压力 p/kPa	比容		密度	
		液体 V' /(m^3/kg)	蒸气 V'' /(m^3/kg)	液体 ρ' /(kg/m^3)	蒸气 ρ'' /(kg/m^3)
−35	1666.15	0.002214	0.03179	451.7	31.46
−30	1920.142	0.002270	0.02726	440.5	36.68
−25	2202.574	0.002334	0.02338	428.4	42.77
−20	2515.406	0.002408	0.02003	415.3	49.93
−15	2860.6	0.002494	0.01712	401.0	58.41
−10	3243.059	0.002597	0.01454	358.1	68.78
5	3663.764	0.002722	0.01227	367.4	81.50
0	4125.658	0.002899	0.01021	344.9	97.94
5	4636.584	0.003173	0.00814	315.2	122.9
9.5	5138.685	0.00463		216.0	

温度 t/℃	焓		气化热	熵	
	蒸汽 h' /(kJ/kg)	蒸汽 h'' /(kJ/kg)	r /(kJ/kg)	液体 s' /[kJ/(kg·K)]	蒸气 s'' /[kJ/(kg·K)]
−150	3.5	549.5	546	1.999	6.428
−145	14.8	554.1	539.3	2.082	6.290
−140	26.1	558.7	532.6	2.170	6.169
−135	37.8	563.2	525.4	2.258	6.060
−130	49.1	567.4	518.3	2.342	5.959
−125	61.3	572.1	510.8	2.422	5.867
−120	73.4	576.2	502.8	2.501	5.784
−115	85.6	580.5	494.9	2.581	5.708
−110	97.7	584.2	486.5	2.656	5.637
−105	109.9	588.0	478.1	2.727	5.570
−100	122.4	591.7	469.3	2.803	5.511
−95	134.6	595.1	460.5	2.874	5.457
−90	146.7	598.5	451.8	2.937	5.403
−85	158.4	601.4	443.0	2.999	5.352
−80	170.6	604.4	433.8	3.062	5.306
−75	182.7	606.8	424.1	3.125	5.264
−70	194.8	609.3	414.5	3.184	5.223
−65	206.6	611.5	404.9	3.242	5.185
−60	218.3	613.1	394.8	3.297	5.147
−55	230.0	614.8	384.8	3.347	5.110
−50	241.7	616.0	374.3	3.401	5.076
−45	253.5	616.9	363.4	3.435	5.043
−40	265.6	617.3	351.7	3.502	5.009
−35	278.2	617.3	339.1	3.552	4.976
−30	291.1	616.4	325.3	3.602	4.942
−25	305.0	615.2	310.2	3.657	4.909
−20	319.6	613.1	293.5	3.711	4.871
−15	335.9	610.1	274.2	3.77	4.833
−10	354.4	606.0	251.6	3.837	4.795
−5	374.9	601.0	226.1	3.912	4.754
0	400.0	593.8	193.8	4.000	4.708
5	431.8	579.6	147.8	4.109	4.641
9.5	515.1		0	4.394	

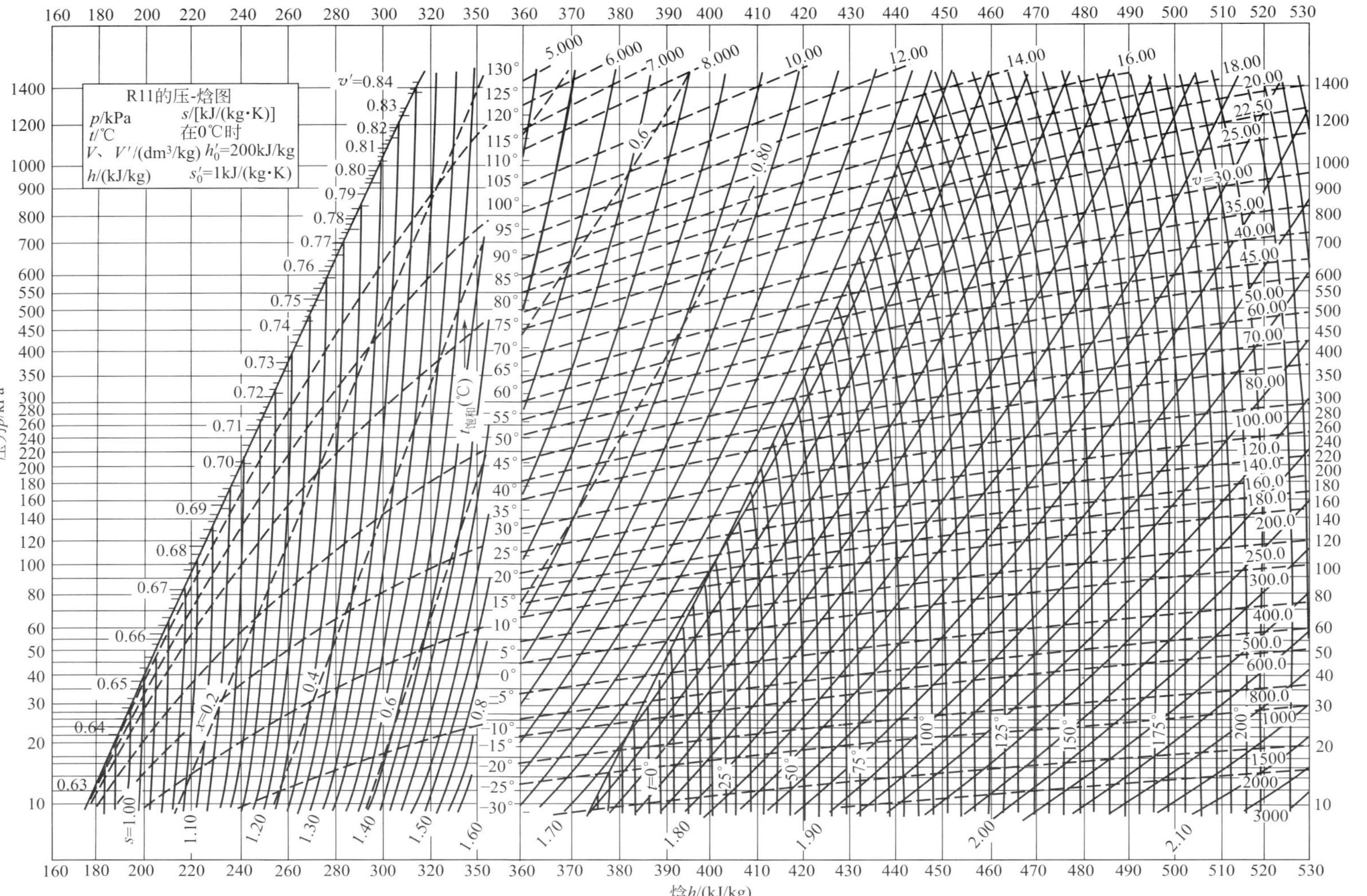

图 4-66 R11 的压-焓图

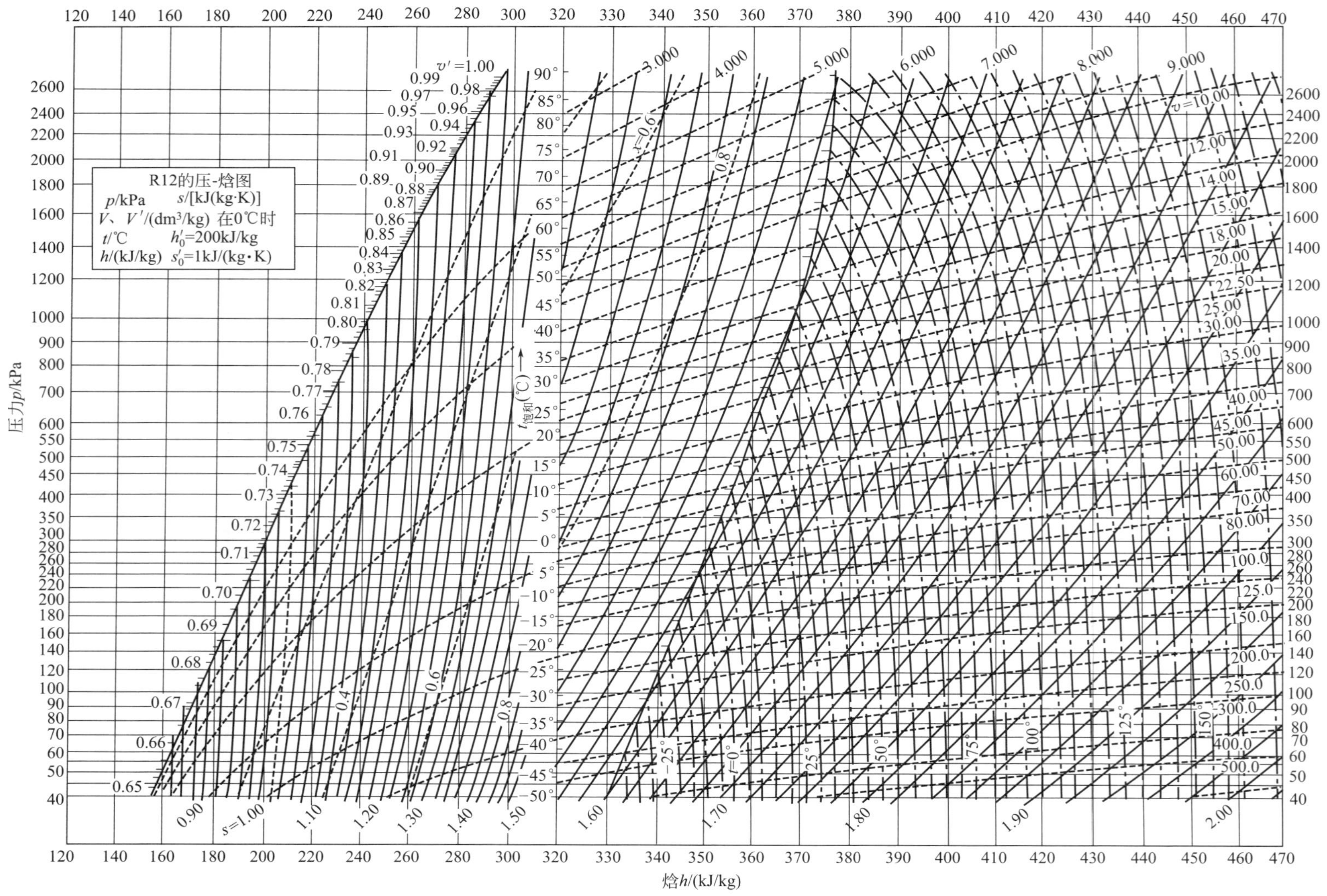

图 4-67　R12 的压-焓图

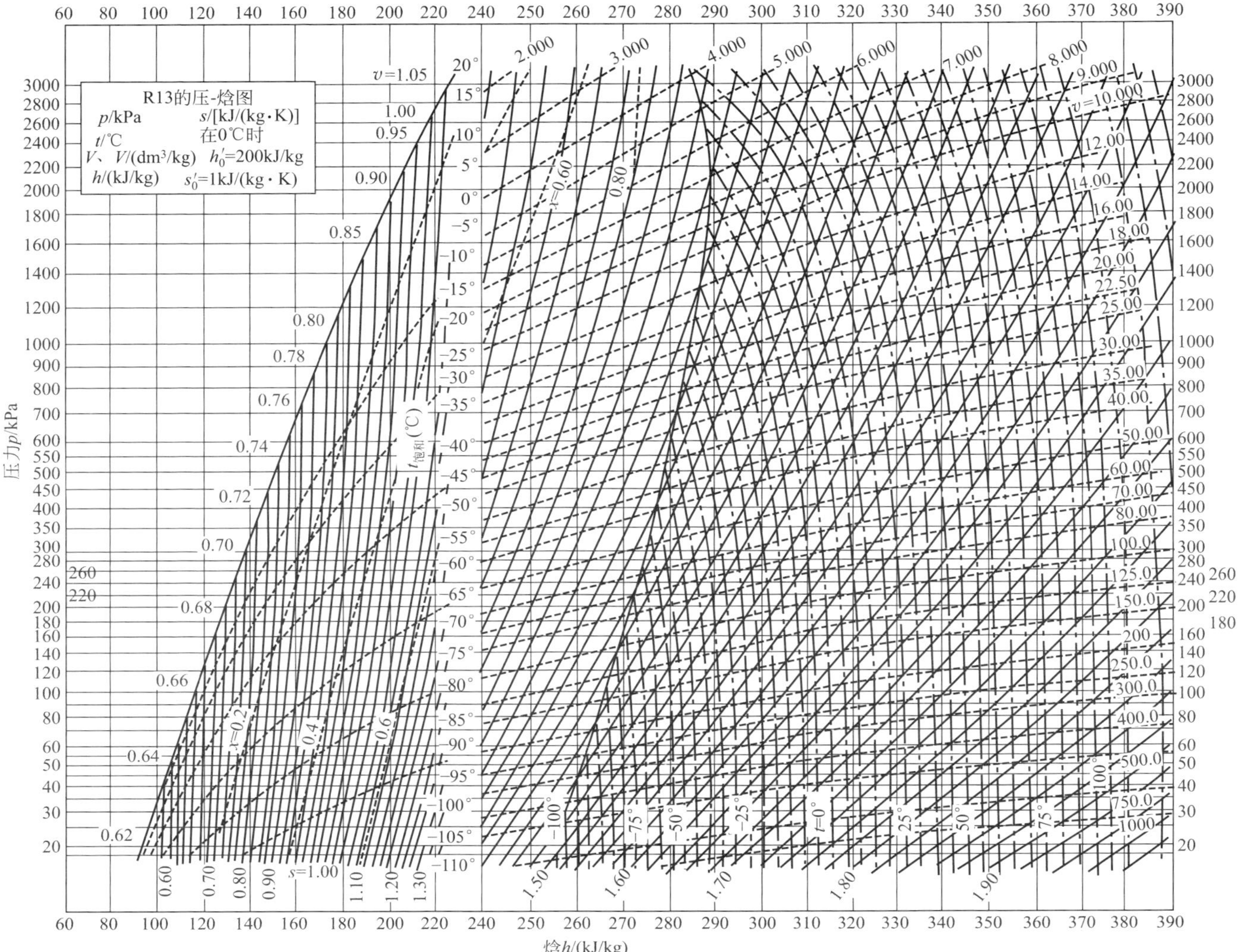

图 4-68　R13 的压-焓图

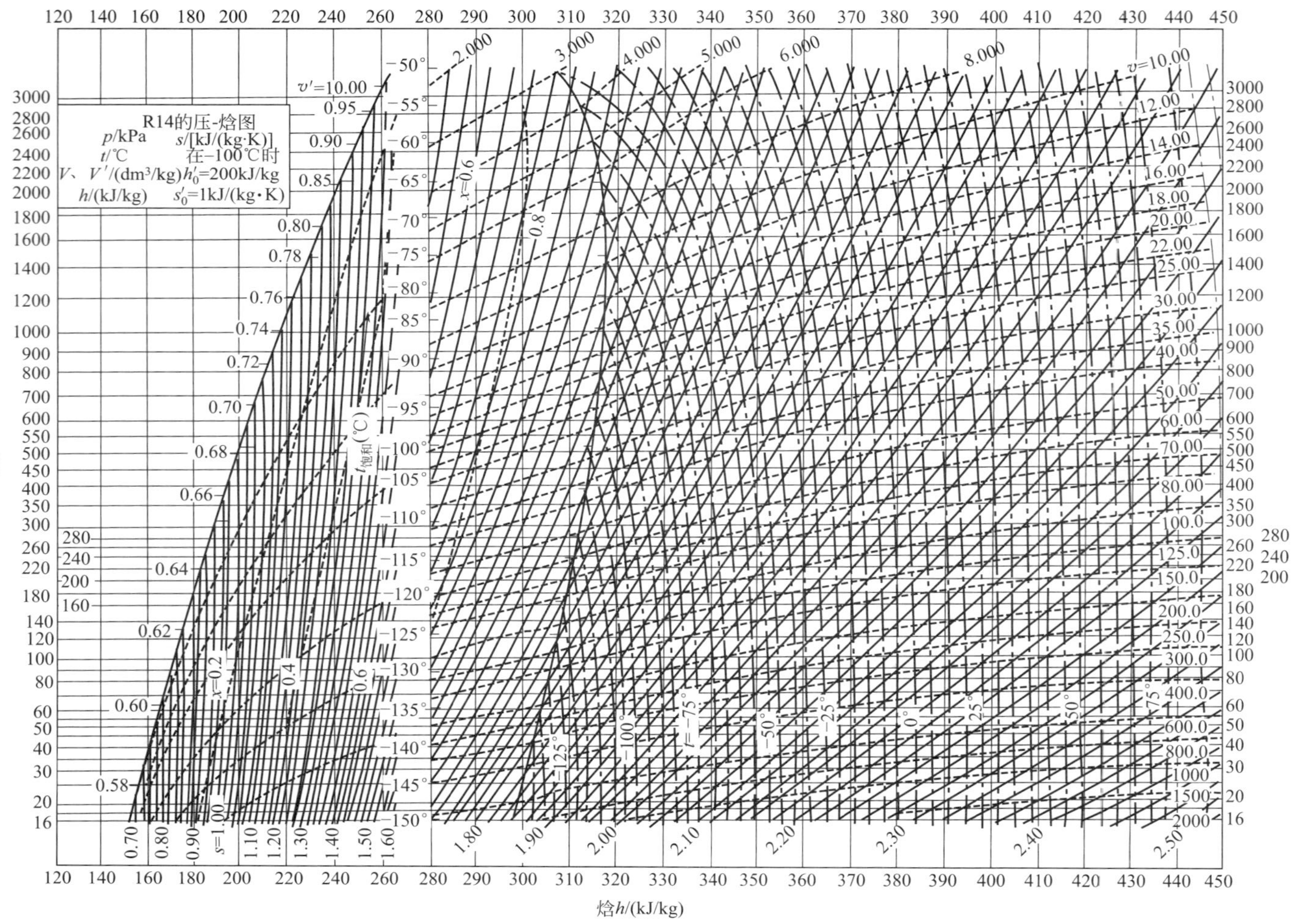

图 4-69 R14 的压-焓图

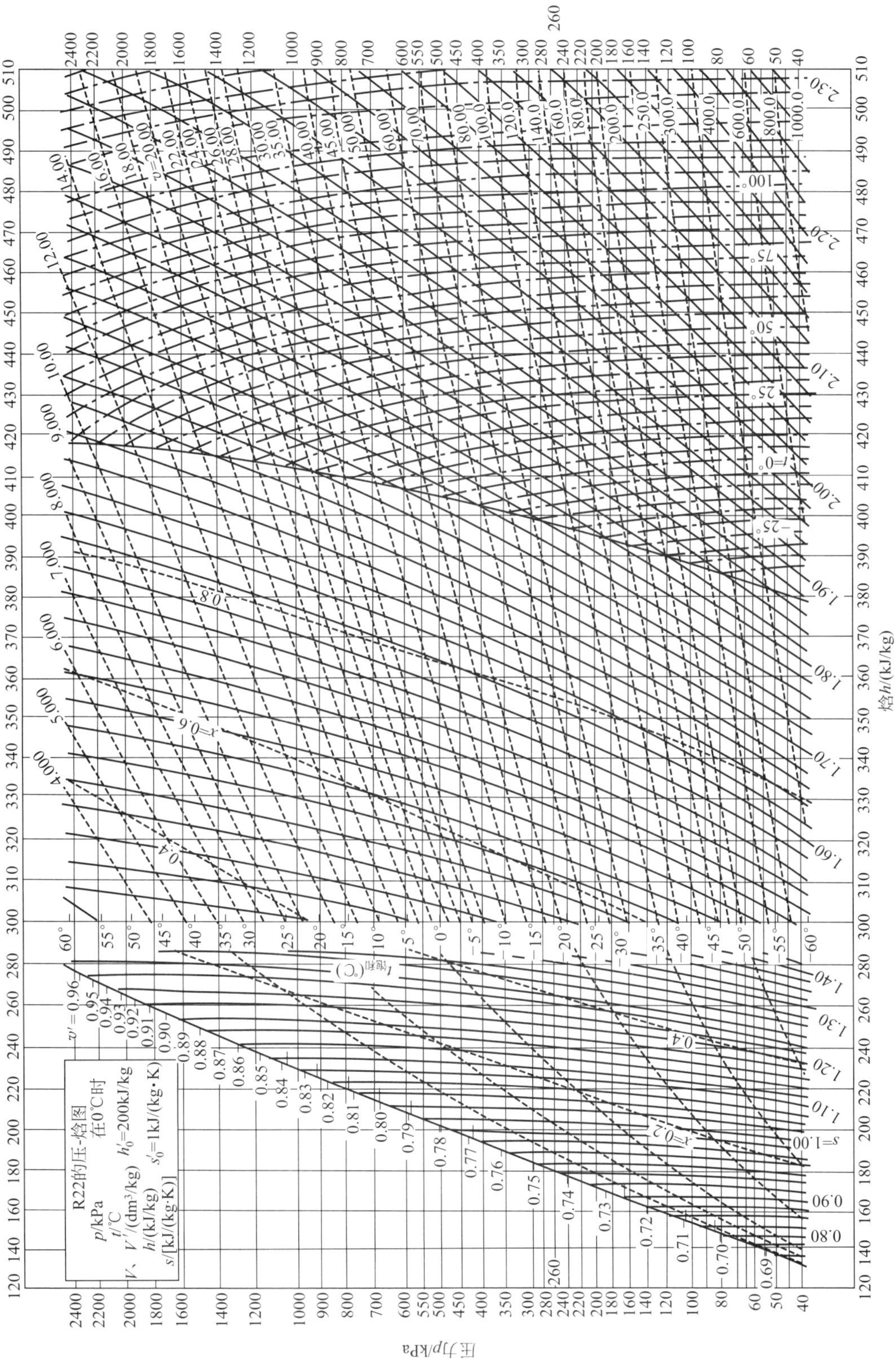

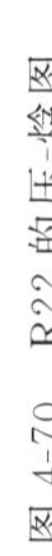

图 4-70 R22 的压-焓图

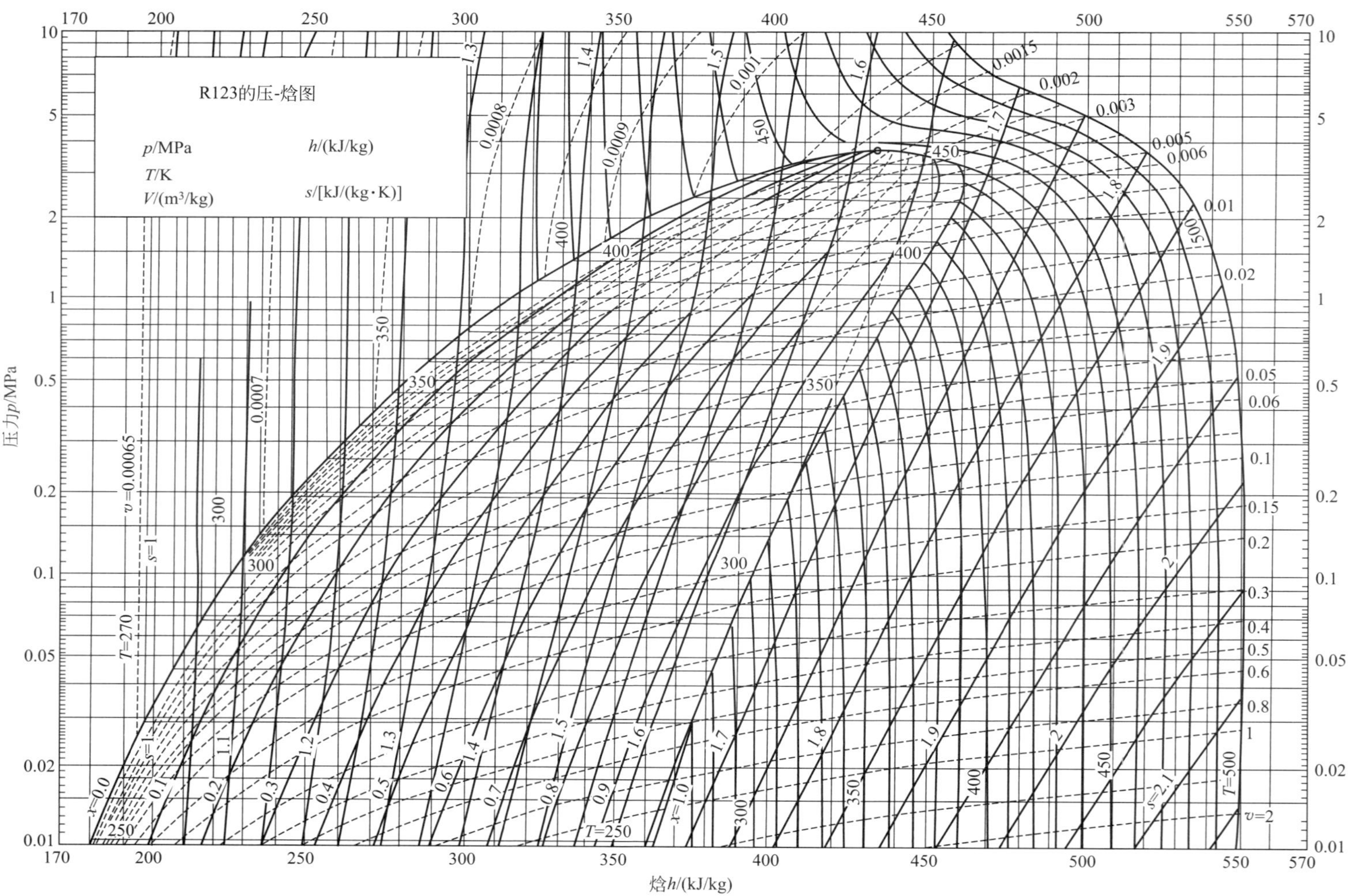

图 4-71　R123 的压-焓图

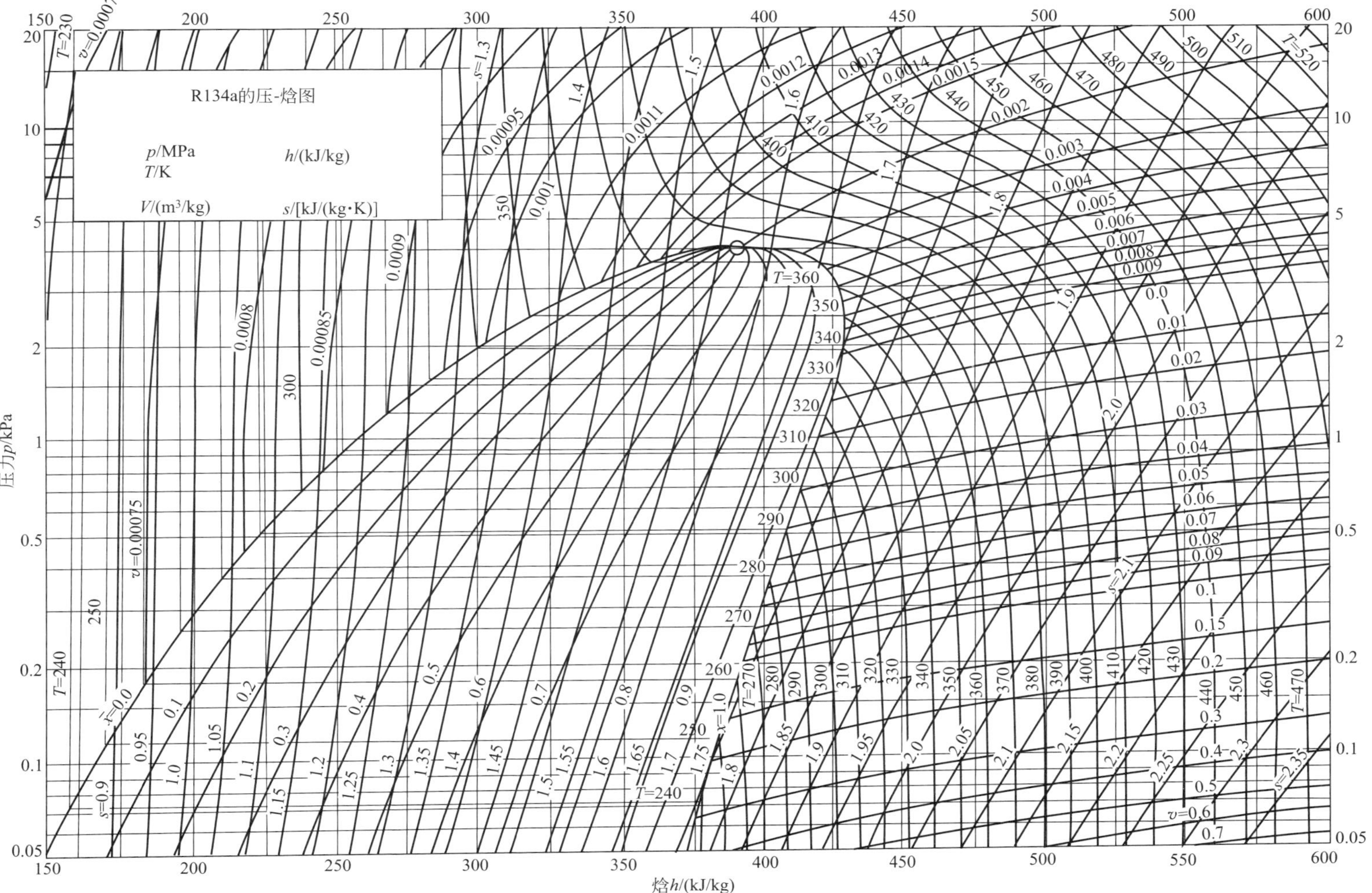

图 4-72 R134a 的压-焓图

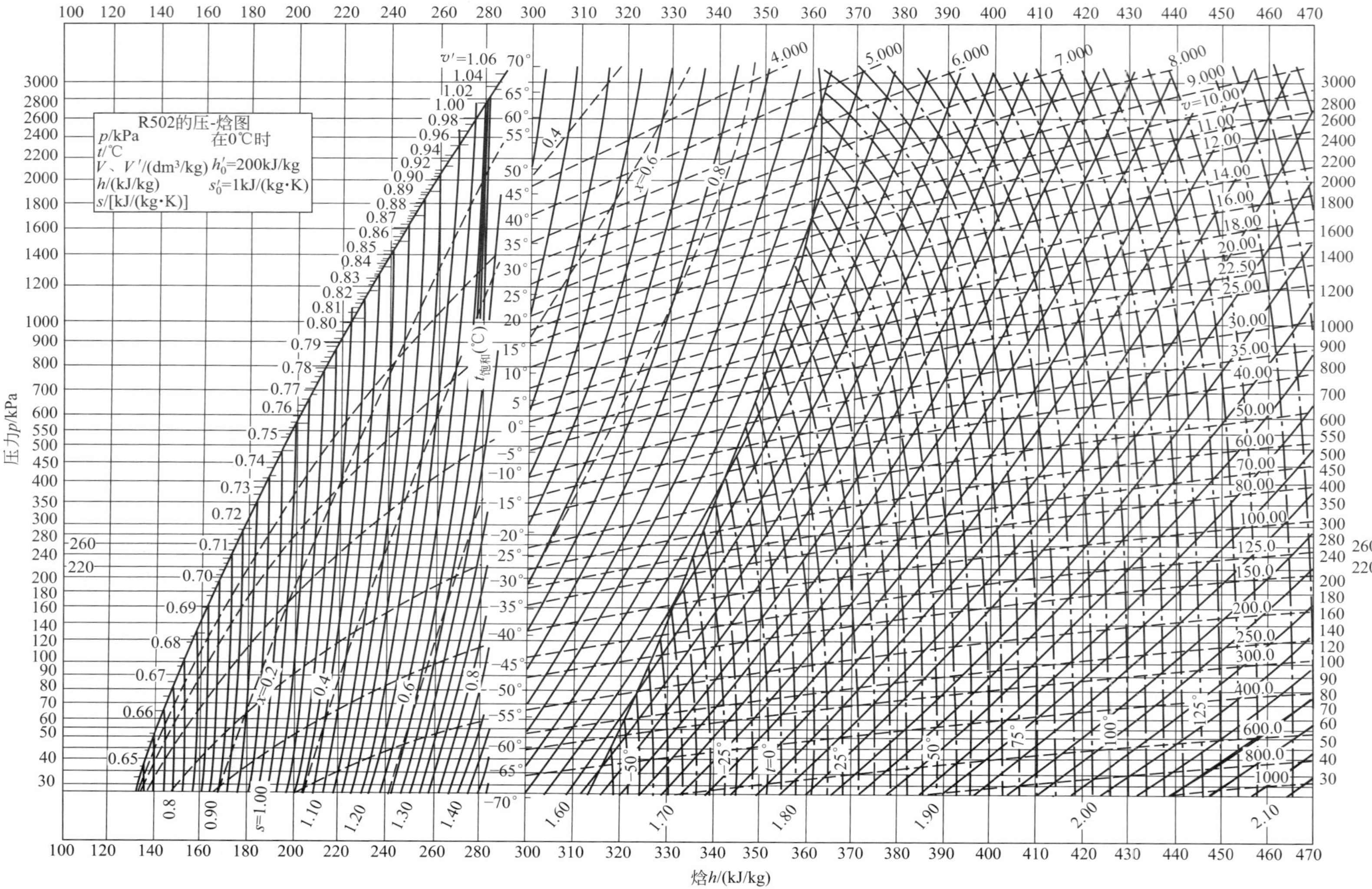

图 4-73　R502 的压-焓图

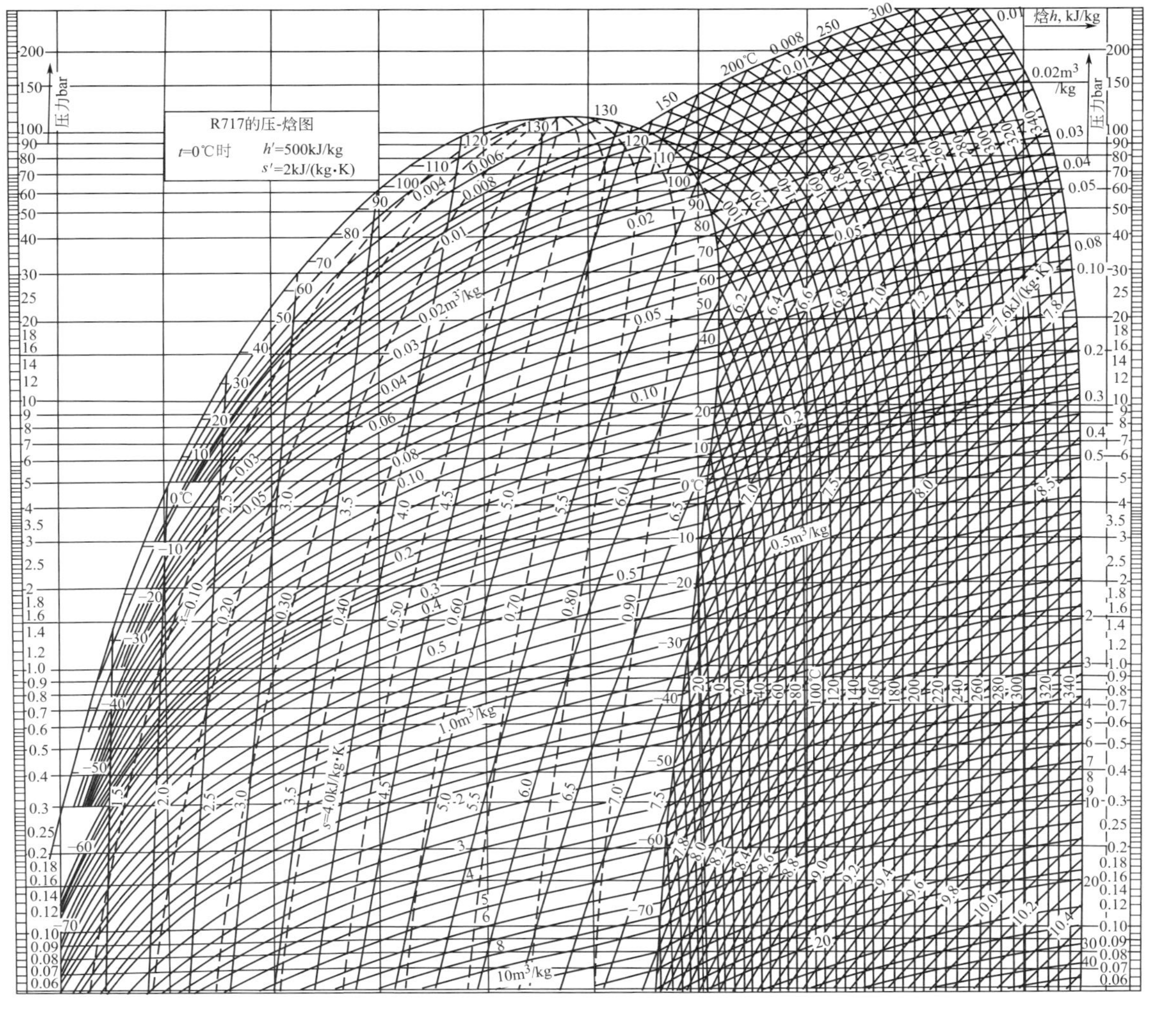

图 4-74 R717 的压-焓图

表 4-56　R11 饱和液体热物理性质

温度 t/℃	绝对压力 p /kPa	密　度 ρ /(kg/m³)	气化热 r /(kJ/kg)	定压比热容 C_p/[kJ/(kg·K)]	热导率 λ/[W/(m·K)]	导温系数 $a\times10^7$ /(m²/s)	动力黏度 $\mu\times10^4$ /Pa·s	运动黏度 $\nu\times10^6$ /(m²/s)	表面张力 $\sigma\times10^4$ /(N/m)	体胀系数 $\beta\times10^4$ /(1/K)	普朗特数 Pr
−40	5.09	1620.7	204.06	0.84	0.107	0.783	9.806	0.605	264.8	13.0	7.72
−30	9.21	1600.8	200.69	0.85	0.104	0.772	8.159	0.510	253.0	13.2	6.60
−20	15.76	1579.0	197.29	0.86	0.101	0.761	6.992	0.444	240.3	13.5	5.83
−10	25.73	1554.7	193.84	0.86	0.098	0.747	6.119	0.394	224.6	13.9	5.27
0	40.30	1534.4	190.34	0.87	0.095	0.733	5.443	0.354	212.8	14.4	4.83
10	60.83	1511.5	186.79	0.88	0.093	0.716	4.893	0.324	201.0	15.0	4.52
20	88.91	1487.9	183.17	0.88	0.090	0.697	4.442	0.300	186.3	15.7	4.30
30	126.3	1463.7	179.45	0.89	0.087	0.678	4.060	0.277	173.6	16.5	4.09
40	174.8	1439.0	175.60	0.90	0.084	0.658	3.746	0.260	160.8	17.5	3.95
50	236.6	1413.8	171.58	0.91	0.081	0.636	3.471	0.245	149.1	18.6	3.85
60	313.8	1387.9	167.35	0.92	0.078	0.614	3.226	0.232	137.3	19.8	3.78
70	408.8	1361.3	162.87	0.93	0.075	0.591	3.020	0.222	123.6	21.1	3.76
80	524.0	1333.9	158.09	0.95	0.073	0.566	2.844	0.212	111.8	22.5	3.74
100	825.3	1275.8	147.46	0.98	0.067	0.539	2.540	0.200	89.2	24.6	3.72
120	1239	1211.8	135.03	1.02	0.061	0.505	2.295	0.189	66.7	28.2	3.74
140	1789.6	1138.3	120.22	1.07	0.056	0.466	2.089	0.183	45.1	34.3	3.92

表 4-57　R12 饱和液体热物理性质

温度 t/℃	绝对压力 p /kPa	密　度 ρ /(kg/m³)	气化热 r /(kJ/kg)	定压比热容 C_p/[kJ/(kg·K)]	热导率 λ/[W/(m·K)]	导温系数 $a\times10^7$ /(m²/s)	动力黏度 $\mu\times10^4$ /Pa·s	运动黏度 $\nu\times10^6$ /(m²/s)	表面张力 $\sigma\times10^3$ /(N/m)	体胀系数 $\beta\times10^4$ /(1/K)	普朗特数 Pr
−80	6.164	1626	185.83	0.833	0.1076	0.794	7.70	0.474	24.1	16.3	5.96
−70	12.26	1600	182.10	0.844	0.1039	0.769	6.31	0.394	22.6	16.7	5.12
−60	22.62	1574	178.29	0.858	0.1003	0.743	5.43	0.345	21.1	17.3	4.64
−50	39.19	1546	174.35	0.870	0.0966	0.718	4.69	0.303	19.6	17.8	4.22
−40	64.30	1518	170.26	0.884	0.0929	0.692	4.075	0.268	18.1	18.4	3.88
−30	100.6	1489	166.00	0.900	0.0893	0.666	3.60	0.242	16.7	19.4	3.63
−20	151.3	1459	161.58	0.915	0.0856	0.641	3.164	0.217	15.2	20.5	3.38
−10	219.6	1428	156.92	0.930	0.0820	0.617	2.77	0.194	13.8	21.8	3.14
0	309.1	1396	152.06	0.944	0.0783	0.594	2.446	0.175	12.4	23.3	2.95
10	423.5	1362	146.92	0.960	0.0746	0.571	2.19	0.161	11.0	25.0	2.82
20	566.9	1327	141.46	0.979	0.0710	0.546	1.98	0.149	9.7	27.0	2.73
30	743.5	1291	135.64	1.000	0.0673	0.521	1.77	0.137	8.4	29.4	2.63
40	957.7	1252	129.32	1.028	0.0637	0.495	1.59	0.127	7.1	32.6	2.57
50	1214	1210	122.40	1.064	0.0600	0.466	1.43	0.118	5.8	36.4	2.54
60	1519	1165	114.65	1.108	0.0563	0.436	1.29	0.111	4.6	40.9	2.54
70	1877	1115	105.78	1.173	0.0527	0.403	1.13	0.101	3.5	48.2	2.52
80	2295	1058	95.27	1.271	0.0490	0.364	1.024	0.096	2.4	58.5	2.64

表 4-58　R13 饱和液体热物理性质

温度 t/℃	绝对压力 p /kPa	密　度 ρ /(kg/m³)	气化热 r /(kJ/kg)	定压比热容 C_p/[kJ/(kg·K)]	热导率 λ/[W/(m·K)]	导温系数 $a\times10^7$ /(m²/s)	动力黏度 $\mu\times10^3$ /Pa·s	运动黏度 $\nu\times10^6$ /(m²/s)	表面张力 $\sigma\times10^3$ /(N/m)	体胀系数 $\beta\times10^4$ /(1/K)	普朗特数 Pr
−120	7.013	1664	166.30	0.827	0.1123	0.816	6.68	0.401	22.1	20.6	4.92
−110	16.15	1629	162.16	0.840	0.1071	0.783	5.30	0.325	20.3	21.3	4.16
−100	33.31	1593	157.82	0.858	0.1019	0.746	4.374	0.274	18.5	22.4	3.68
−90	62.76	1556	153.24	0.878	0.0967	0.708	3.66	0.235	16.7	23.7	3.32
−80	109.7	1518	148.38	0.898	0.0915	0.671	3.112	0.205	15.0	25.3	3.05

续表

温度 t/℃	绝对压力 p /kPa	密 度 ρ /(kg/m³)	气化热 r /(kJ/kg)	定压比热容 C_p/[kJ/(kg·K)]	热导率 λ/[W/(m·K)]	导温系数 $a\times10^7$ /(m²/s)	动力黏度 $\mu\times10^3$ /Pa·s	运动黏度 $\nu\times10^6$ /(m²/s)	表面张力 $\sigma\times10^3$ /(N/m)	体胀系数 $\beta\times10^4$ /(1/K)	普朗特数 Pr
−70	180.2	1478	143.20	0.920	0.0862	0.634	2.66	0.180	13.3	27.2	2.84
−60	281.0	1436	137.67	0.942	0.081	0.599	2.293	0.160	11.7	29.6	2.67
−50	419.3	1392	131.75	0.968	0.0758	0.562	1.98	0.142	10.0	32.4	2.53
−40	602.8	1346	125.33	0.995	0.0706	0.527	1.711	0.127	8.46	35.6	2.41
−30	839.8	1297	118.30	1.029	0.0654	0.490	1.49	0.115	6.93	39.4	2.34
−20	1139	1244	110.47	1.074	0.0601	0.450	1.293	0.104	5.45	44.0	2.31
−10	1511	1185	101.48	1.148	0.0549	0.404	1.10	0.093	4.04	52.4	2.30

表 4-59 R22 饱和液体热物理性质

温度 t/℃	绝对压力 p /kPa	密 度 ρ /(kg/m³)	气化热 r /(kJ/kg)	定压比热容 C_p/[kJ/(kg·K)]	热导率 λ/[W/(m·K)]	导温系数 $a\times10^8$ /(m²/s)	动力黏度 $\mu\times10^4$ /Pa·s	运动黏度 $\nu\times10^7$ /(m²/s)	表面张力 $\sigma\times10^3$ /(N/m)	体胀系数 $\beta\times10^4$ /(1/K)	普朗特数 Pr
−80	10.34	1513	257.43	1.083	0.1385	8.45	—	—	24.8	12.9	—
−70	20.45	1490	251.46	1.087	0.1334	8.25	—	—	23.2	14.1	—
−60	37.52	1465	245.42	1.091	0.1283	8.03	4.14	2.83	21.5	15.3	3.52
−50	64.59	1438	239.26	1.097	0.1232	7.81	3.78	2.63	19.9	16.8	3.37
−40	105.4	1411	232.92	1.105	0.1181	7.57	3.49	2.47	18.2	18.4	3.26
−30	164.1	1381	226.32	1.116	0.1130	7.33	3.24	2.34	16.6	20.1	3.20
−20	245.6	1351	219.40	1.130	0.1079	7.07	3.02	2.24	15.0	22.1	3.16
−10	355.2	1318	212.08	1.148	0.1028	6.79	2.83	2.15	13.3	24.1	3.16
0	498.3	1284	204.28	1.171	0.0977	6.50	2.67	2.08	11.7	26.3	3.20
10	681.1	1249	195.92	1.199	0.0926	6.19	2.53	2.02	10.2	29.1	3.27
20	909.7	1213	186.89	1.232	0.0875	5.86	2.40	1.98	8.7	32.7	3.38
30	1190.8	1174	177.06	1.270	0.0824	5.52	2.29	1.95	7.2	37.7	3.53
40	1531.5	1133	166.22	1.319	0.0772	5.15	2.19	1.94	5.8	44.9	3.74
50	1939.5	1085	154.03	1.395	0.0714	4.72	2.10	1.94	4.5	55.0	4.10
60	2423.6	1032	139.94	1.526	0.0646	4.12	—	—	3.3	69.6	—
70	2994	969.9	123.00	1.720	0.0565	3.20	—	—	2.1	—	—
80	3662	894.4	101.48	—	—	—	—	—	1.1	—	—

表 4-60 R502 饱和液体热物理性质

温度 t/℃	绝对压力 p/kPa	密 度 ρ /(kg/m³)	气化热 r /(kJ/kg)	定压比热容 C_p /[kJ/(kg·K)]	热导率 λ/[W/(m·K)]	导温系数 $a\times10^7$ /(m²/s)	动力黏度 $\mu\times10^4$ /Pa·s	运动黏度 $\nu\times10^4$ /(m²/s)	普朗特数 Pr
−40	130.3	1475	170.86	0.938	0.090	0.649	3.501	0.218	3.66
−30	198.7	1443	166.00	0.967	0.086	0.616	3.157	0.218	3.54
−20	291.8	1410	160.64	1.005	0.081	0.577	2.844	0.202	3.49
−10	414.9	1376	154.82	1.026	0.078	0.555	2.559	0.186	3.35
0	573.6	1340	148.42	1.051	0.074	0.527	2.294	0.171	3.24
10	773.6	1300	141.47	1.055	0.070	0.513	2.030	0.156	3.04
20	1021	1259	133.89	1.068	0.066	0.494	1.794	0.142	2.87

表 4-61 R717 饱和液体热物理性质

温度 t/℃	绝对压力 p /kPa	密 度 ρ /(kg/m³)	气化热 r /(kJ/kg)	定压比热容 C_p/[kJ/(kg·K)]	热导率 λ/[W/(m·K)]	导温系数 $a\times10^4$ /(m²/s)	动力黏度 $\mu\times10^4$ /Pa·s	运动黏度 $\nu\times10^6$ /(m²/s)	表面张力 $\sigma\times10^3$ /(N/m)	体胀系数 $\beta\times10^4$ /(1/K)	普朗特数 Pr
−77.9	—	—	—	4.321	0.550	—	6.502	—	57.1	—	—
−70	10.885	725.3	1464.5	4.338	0.550	6.295	4.737	0.653	54.9	15.6	3.73

续表

温度 t/℃	绝对压力 p /kPa	密 度 ρ /(kg/m³)	气化热 r /(kJ/kg)	定压比热容 C_p/[kJ/(kg·K)]	热导率 λ/[W/(m·K)]	导温系数 $a\times10^4$ /(m²/s)	动力黏度 $\mu\times10^4$ /Pa·s	运动黏度 $\nu\times10^6$ /(m²/s)	表面张力 $\sigma\times10^3$ /(N/m)	体胀系数 $\beta\times10^4$ /(1/K)	普朗特数 Pr
−60	21.869	713.8	1440.3	4.371	0.552	6.374	3.805	0.533	51.4	16.1	3.01
−50	40.894	702.0	1414.3	4.409	0.552	6.426	3.236	0.461	48.2	16.9	2.58
−40	71.785	690.0	1387.1	4.438	0.551	6.481	2.854	0.414	44.8	17.7	2.30
−30	119.54	677.7	1358.6	4.467	0.549	6.527	2.550	0.376	41.7	18.3	2.07
−20	190.25	665.0	1328.5	4.509	0.544	6.534	2.275	0.342	38.4	19.3	1.88
−10	290.87	652.0	1296.2	4.55	0.537	6.519	2.059	0.316	35.3	20.2	1.74
0	429.43	638.6	1262.3	4.597	0.525	6.432	1.873	0.293	32.4	21.1	1.64
10	614.98	624.7	1225.9	4.647	0.509	6.316	1.687	0.270	29.3	22.5	1.54
20	857.20	610.3	1187.4	4.710	0.494	6.190	1.520	0.249	26.4	23.9	1.45
30	1166.5	595.2	1145.5	4.798	0.475	5.982	1.373	0.230	23.4	25.7	1.38
40	1554.4	579.5	1100.3	4.899	0.455	5.779	1.255	0.216	20.6	27.9	1.34
50	2032.6	562.8	1052.1	5.020	0.433	5.513	1.138	0.202	17.8	30.3	1.32
60	2614.5	544.0	996.5	5.150	0.411	5.276	1.030	0.189	14.9	33.2	1.29
70	3311.7	524.8	940.4	5.317	—	—	0.922	0.176	—	36.8	—
80	4144.3	504.2	874.2	5.531	—	—	0.824	0.163	—	42.3	—
90	5123.0	481.6	800.1	—	—	—	0.735	0.153	—	—	—
100	6263.5	456.3	715.5	6.201	—	—	0.637	0.140	—	—	—
132.4	—	242.0	—	—	—	—	0.265	0.109	—	—	—

表 4-62　R11 饱和蒸气热物理性质

温度 t/℃	绝对压力 p/kPa	密度 ρ /(kg/m³)	定压比热容 C_p/[kJ/(kg·K)]	热导率 λ /[W/(m·K)]	导温系数 $a\times10^4$ /(m²/h)	动力黏度 $\mu\times10^6$ /Pa·s	运动黏度 $\nu\times10^6$ /(m²/s)	普朗特数 Pr
−40	5.099	0.364	0.519	0.0070	1330	8.826	24.3	0.66
−30	9.218	0.65	0.519	0.0071	760	9.120	14.03	0.66
−20	15.69	1.04	0.536	0.0073	474	9.463	9.2	0.7
−10	25.60	1.63	0.536	0.0076	310	9.807	6.03	0.7
0	40.21	2.47	0.536	0.0078	212	10.08	4.1	0.7
10	60.51	3.61	0.544	0.0081	150	10.40	2.88	0.7
20	88.65	5.16	0.557	0.0083	103	10.79	2.1	0.73
30	126.0	7.14	0.574	0.0085	74	11.08	1.55	0.76
50	235.7	13.0	0.582	0.0090	42.5	11.67	0.9	0.77

表 4-63　R12 饱和蒸气热物理性质

温度 t/℃	绝对压力 p/kPa	密度 ρ /(kg/m³)	气化热 r /(kJ/kg)	定压比热容 C_p /[kJ/(kg·K)]	热导率 $\lambda\times10^2$/[W/(m·K)]	导温系数 $a\times10^4$ /(m²/s)	动力黏度 $\mu\times10^6$ /Pa·s	运动黏度 $\nu\times10^6$ /(m²/s)	普朗特数 Pr
−80	6.16	0.4668	185.83	0.456	0.558	0.262	9.71	20.80	0.79
−70	12.26	0.8857	182.10	0.469	0.593	0.143	10.18	11.50	0.80
−60	22.62	1.566	178.29	0.486	0.628	0.0825	10.41	6.65	0.81
−50	39.19	2.608	174.35	0.498	0.663	0.0510	10.74	4.12	0.81
−40	64.30	4.131	170.26	0.519	0.698	0.0326	10.99	2.66	0.82
−30	100.6	6.268	166.00	0.536	0.733	0.0218	11.28	1.80	0.82
−20	151.3	9.169	161.58	0.557	0.779	0.0152	11.64	1.27	0.84
−10	219.6	13.00	156.92	0.582	0.837	0.0111	11.96	0.92	0.83
0	309.1	17.96	152.06	0.603	0.896	0.00827	12.39	0.69	0.83
10	423.5	24.28	146.92	0.636	0.977	0.00633	12.87	0.53	0.84
20	566.9	32.20	141.46	0.670	1.070	0.00496	13.52	0.42	0.85

续表

温度 t/℃	绝对压力 p/kPa	密度 ρ /(kg/m³)	气化热 r /(kJ/kg)	定压比热容 C_p /[kJ/(kg·K)]	热导率 $\lambda \times 10^2$/[W/(m·K)]	导温系数 $a \times 10^4$ /(m²/s)	动力黏度 $\mu \times 10^6$ /Pa·s	运动黏度 $\nu \times 10^6$ /(m²/s)	普朗特数 Pr
30	743.5	42.08	135.64	0.712	1.175	0.00392	14.31	0.34	0.87
40	957.7	54.34	129.32	0.741	1.268	0.00315	14.67	0.27	0.86
50	1214	69.58	122.40	0.787	1.384	0.00253	15.31	0.22	0.87
60	1519	88.63	114.65	0.850	1.535	0.00204	16.84	0.19	0.93

表 4-64　R22 饱和蒸气热物理性质

温度 t/℃	绝对压力 p/kPa	密度 ρ /(kg/m³)	气化热 r /(kJ/kg)	定压比热容 C_p /[kJ/(kg·K)]	热导率 $\lambda \times 10^2$/[W/(m·K)]	导温系数 $a \times 10^4$ /(m²/s)	动力黏度 $\mu \times 10^6$ /Pa·s	运动黏度 $\nu \times 10^6$ /(m²/s)	普朗特数 Pr
−100	1.99	0.1196	269.29	0.502	0.698	1.162	7.630	63.8	0.55
−80	10.34	0.5612	257.43	0.519	0.791	0.2716	8.59	15.3	0.56
−60	37.52	1.865	245.42	0.540	0.849	0.0843	9.59	5.14	0.61
−50	64.59	3.094	239.26	0.553	0.884	0.05166	9.99	3.23	0.62
−40	105.4	4.885	232.92	0.569	0.930	0.03346	10.50	2.15	0.64
−30	164.1	7.402	226.32	0.586	0.965	0.02255	10.88	1.47	0.66
−20	245.6	10.821	219.40	0.603	1.000	0.01532	11.25	1.04	0.68
−10	355.2	15.366	212.08	0.620	1.035	0.01086	11.72	0.763	0.70
0	498.3	21.286	204.28	0.641	1.070	0.007842	11.98	0.563	0.72
10	681.1	28.885	195.92	0.670	1.105	0.00571	12.25	0.424	0.74
20	909.7	38.550	186.89	0.708	1.140	0.004177	12.68	0.329	0.79
30	1190.8	50.761	177.06	0.754	1.175	0.00307	12.84	0.253	0.82
40	1531.5	66.225	166.22	0.804	1.210	0.00227	13.18	0.199	0.88
50	1939.5	85.984	154.03	0.858	—	—	—	—	—
60	2423.6	111.657	139.94	—	1.279	—	13.96	0.125	—

表 4-65　R717 饱和蒸气热物理性质

温度 t/℃	绝对压力 p/kPa	密度 ρ /(kg/m³)	定压比热容 C_p/[kJ/(kg·K)]	热导率 $\lambda \times 10^2$/[W/(m·K)]	导温系数 $a \times 10^2$ /(m²/h)	动力黏度 $\mu \times 10^6$ /Pa·s	运动黏度 $\nu \times 10^6$ /(m²/s)	普朗特数 Pr
−70	10.885	0.121	—	1.51	12.64	7.002	63.12	—
−60	21.869	0.213	2.14	1.59	7.17	7.335	34.46	0.98
−50	40.894	0.381	2.18	1.67	4.32	7.649	20.07	1.01
−40	71.785	0.645	2.26	1.76	2.71	8.002	12.41	1.04
−30	119.54	1.038	2.39	1.76	1.78	8.355	8.04	1.07
−20	190.25	1.604	2.47	1.97	1.20	8.689	5.42	1.10
−10	290.87	2.390	2.60	2.07	0.85	9.101	3.81	1.14
0	429.43	3.452	2.72	2.21	0.61	9.561	2.77	1.18
10	614.98	4.859	2.89	2.37	0.45	9.905	2.04	1.21
20	857.20	6.694	3.06	2.55	0.33	10.44	1.56	1.25
30	1166.5	9.034	3.31	2.74	0.25	11.31	1.28	1.34
40	1554.4	12.005	3.56	2.99	0.20	11.76	0.98	1.40
50	2032.6	15.75	3.85	3.35	—	13.06	0.83	1.50
60	2614.5	20.35	4.19	—	—	14.93	0.73	—
70	3311.7	26.36	4.61	—	—	(17.13)	(0.65)	—
80	4144.3	33.90	5.40	—	—	(20.33)	(0.68)	—
90	5123.0	43.60	5.69	—	—	—	−3	—
100	6263.5	56.10	6.36	—	—	—	−3	—
110	—	—	7.29	—	—	—	−5	—
120	—	—	8.42	—	—	—	−0	—
130	—	—	10.59	—	—	—	—	—
132.4	—	—	—	—	—	26.11	0.11	—

表 4-66　R123 和 R134a 的热物理性质

工　质		R11	R123	R12	R134a
分子式		CCl_3F	$CHCl_2CF_3$	CCl_2F_2	CH_2FCF_3
相对分子质量		137.382	152.91	120.93	102.0
标准沸点/℃		23.7	27.6	−29.8	−26.5
凝固点/℃		−111.0	−107.0	−155.0	−101.0
临界温度/℃		198.0	184.0	112.0	100.6
临界压力/MPa		4.37	3.605	4.12	3.944
临界比容 /(L/kg)		1.805	1.857	1.793	2.047
25℃时液体密度/(kg/L)		1.476	1.461	1.309	1.203
25℃时蒸气压力/kPa		105.6	91.7	651.6	661.8
沸点饱和蒸气密度/(kg/m^3)		5.86	6.2	6.33	5.05
25℃时液体比热容/[kJ/(kg·K)]		0.867	1.101	0.971	1.189
25℃时常压下蒸气定压比热容/[kJ/(kg·K)]		0.590	0.682	0.615	0.791
沸点气化潜热/(kJ/kg)		180.5	167.9	165.3	219.8
25℃时热导率/[W/(m·K)]	蒸汽	0.0080	0.0093	0.0097	0.0083
	液体	0.089	0.090	0.068	0.118
25℃常压下动力黏度/Pa·s	蒸汽	1.05×10^{-5}	1.1×10^{-5}	1.11×10^{-5}	10^{-5}(估算)
	液体	4.25×10^{-4}	4.5×10^{-4}	2.52×10^{-4}	待定
24℃表面张力/(N/m)		0.0185	0.016	0.0091	0.0108
25℃时常压下在水中溶解度/质量分率		0.140	0.39		0.15
空气中可燃性		无	无	无	无

注：作为比较，表中也列出了 R11、R12 的数据。

表 4-67　R11 过热蒸气热物理性质

温度 t /℃	密　度 ρ /(kg/m^3)	定压比热容 C_p /[kJ/(kg·K)]	热导率 λ /[W/(m·K)]	导温系数 $a\times10^4$ /(m^2/h)	动力黏度 $\mu\times10^6$ /Pa·s	运动黏度 $\nu\times10^6$ /(m^2/s)	普朗特数 Pr
p=60.5kPa							
50	3.13	0.578	0.0090	178	11.67	3.74	0.76
p=88.7kPa							
50	4.57	0.578	0.0090	121	11.67	2.56	0.76
80	4.1	0.599	0.0095	140	12.75	3.1	0.8
p=126.0kPa							
50	6.67	0.574	0.0090	84	11.67	1.75	0.75
80	6	0.607	0.0095	94	12.75	2.21	0.82
p=235.7kPa							
100	10.7	0.615	0.0099	54	13.24	1.24	0.83

表 4-68　R12 过热蒸气热物理性质

温度 t /℃	密　度 ρ /(kg/m^3)	定压比热容 C_p /[kJ/(kg·K)]	热导率 λ /[W/(m·K)]	导温系数 $a\times10^4$ /(m^2/h)	动力黏度 $\mu\times10^6$ /Pa·s	运动黏度 $\nu\times10^6$ /(m^2/s)	普朗特数 Pr
p=4.9kPa							
−40	0.306	0.502	0.0064	1180	10.98	35.8	0.87
0	0.262	0.553	0.0093	1490	11.77	45	0.7
50	0.22	0.599	0.0116	2310	13.53	61.5	0.7

续表

温度 t /℃	密度 ρ /(kg/m³)	定压比热容 C_p /[kJ/(kg·K)]	热导率 λ /[W/(m·K)]	导温系数 $a\times10^4$ /(m²/h)	动力黏度 $\mu\times10^6$ /Pa·s	运动黏度 $\nu\times10^6$ /(m²/s)	普朗特数 Pr
p=98.1kPa							
0	5.4	0.565	0.0093	110	11.77	2.19	0.715
50	4.6	0.607	0.0116	150	13.53	2.94	0.71
100	4.02	0.649	0.0140	193	14.71	3.66	0.68
p=294.2kPa							
50	13.7	0.615	0.0128	55	13.93	1.02	0.66
100	11.7	0.649	0.0140	66.2	15.10	1.29	0.7
140	10.5	0.682	0.0163	82	16.18	1.54	0.68
p=784.5kPa							
50	40.0	0.703	0.0140	17.8	14.02	0.352	0.71
100	32.5	0.695	0.0145	23.2	15.69	0.483	0.75
150	27.8	0.699	0.0163	30.2	16.87	0.608	0.72
p=1373kPa							
100	61.3	0.745	0.0145	1.145	16.67	0.272	0.85
150	50.5	0.729	0.0163	1.6	17.65	0.35	0.79

表 4-69 R22 过热蒸气热物理性质

温度 t /℃	密度 ρ /(kg/m³)	定压比热容 C_p /[kJ/(kg·K)]	热导率 λ /[W/(m·K)]	导温系数 $a\times10^4$ /(m²/h)	动力黏度 $\mu\times10^6$ /Pa·s	运动黏度 $\nu\times10^6$ /(m²/s)	普朗特数 Pr
p=685kPa							
50	23.8	0.699	0.0124	27	13.73	0.576	0.765
p=917kPa							
50	34	0.724	0.0124	18.3	13.73	0.405	0.8
80	30	0.737	0.0134	21.7	14.61	0.487	0.81
p=1202kPa							
60	43	0.775	0.0128	13.9	14.02	0.326	0.84
80	39.2	0.749	0.0134	16.4	14.61	0.374	0.82
p=1548kPa							
70	56.2	0.795	0.0130	10.5	14.32	0.255	0.875
100	49	0.795	0.0140	13	15.30	0.312	0.86
p=2449kPa							
100	92	0.837	0.0140	6.55	15.30	0.116	0.915

表 4-70 R717 过热蒸气热物理性质

温度 t /℃	密度 ρ /(kg/m³)	定压比热容 C_p /[kJ/(kg·K)]	热导率 λ /[W/(m·K)]	导温系数 $a\times10^4$ /(m²/h)	动力黏度 $\mu\times10^6$ /Pa·s	运动黏度 $\nu\times10^6$ /(m²/s)	普朗特数 Pr
p=7.5kPa							
0	0.056	2.09	0.0221	6800	9.32	167	0.88
50	0.0465	2.14	0.0265	9600	10.98	238	0.90
p=40.9kPa							
0	0.304	2.09	0.0221	1250	9.32	30.7	0.89
50	0.263	2.14	0.0265	1690	10.98	42	0.89
100	0.225	2.22	0.0326	2350	13.04	58	0.88

续表

温度 t /℃	密度 ρ /(kg/m³)	定压比热容 C_p /[kJ/(kg·K)]	热导率 λ /[W/(m·K)]	导温系数 $a\times10^4$ /(m²/h)	动力黏度 $\mu\times10^6$ /Pa·s	运动黏度 $\nu\times10^6$ /(m²/s)	普朗特数 Pr
p=429.4kPa							
50	2.78	2.39	0.0265	143	11.28	4.07	1.02
100	2.35	2.34	0.0326	214	13.44	5.74	0.97
150	2.04	2.39	0.0395	290	15.69	7.7	0.96
p=2032.6kPa							
100	12.35	2.81	0.0366	38.2	17.65	1.43	1.35
150	10.5	2.60	0.0422	56	19.61	1.87	1.2

表 4-71 水和水蒸气在饱和状态下的热物理性质

温度 t /℃	水					水蒸气			
	定压比热容 C_p/[kJ/(kg·K)]	热导率 $\lambda\times10^3$/[W/(m·K)]	动力黏度 $\mu\times10^6$ /Pa·s	普朗特数 Pr	表面张力 $\sigma\times10^3$ /(N/m)	定压比热容 C_p/[kJ/(kg·K)]	热导率 $\lambda\times10^3$/[W/(m·K)]	动力黏度 $\mu\times10^6$ /Pa·s	普朗特数 Pr
0	4.217	561.0	1792	13.47	75.65	1.864	17.1	9.22	1.01
10	4.193	580.0	1308	9.46	74.22	1.868	17.6	9.46	1.00
20	4.182	598.5	1003	7.01	72.74	1.874	18.2	9.73	1.00
30	4.179	615.5	797.7	5.42	71.20	1.883	18.9	10.01	0.997
40	4.179	630.6	653.1	4.33	69.60	1.894	19.6	10.31	0.996
50	4.181	643.6	547.0	3.55	67.95	1.907	20.4	10.62	0.993
60	4.185	654.4	466.8	2.99	66.24	1.924	21.2	10.94	0.992
70	4.190	663.0	404.4	2.56	64.49	1.944	22.1	11.26	0.990
80	4.197	669.8	354.9	2.22	62.68	1.969	23.0	11.60	0.993
90	4.205	675.1	314.9	1.96	60.82	1.999	24.0	11.93	0.994
100	4.216	678.8	282.1	1.75	58.92	2.034	25.1	12.28	0.995
110	4.229	681.3	254.9	1.58	56.97	2.075	26.2	12.62	0.999
120	4.245	683.0	232.1	1.44	54.97	2.124	27.5	12.97	1.00
130	4.263	683.4	212.7	1.33	52.94	2.180	28.8	13.32	1.01
140	4.285	682.9	196.1	1.23	50.86	2.245	30.1	13.67	1.02
150	4.310	681.7	181.9	1.15	48.75	2.320	31.6	14.02	1.03
160	4.339	679.7	169.6	1.08	46.60	2.406	33.1	14.37	1.04
170	4.371	676.8	158.8	1.03	44.41	2.504	34.7	14.72	1.06
180	4.408	673.2	149.4	0.978	42.20	2.615	36.4	15.07	1.08
190	4.449	668.7	141.0	0.938	39.95	2.741	38.2	15.42	1.11
200	4.497	663.3	133.6	0.906	37.68	2.883	40.1	15.78	1.13
210	4.551	657.1	127.0	0.880	35.39	3.043	42.1	16.13	1.17
220	4.614	649.8	121.0	0.859	33.08	3.223	44.2	16.49	1.20
230	4.686	641.5	115.5	0.844	30.75	3.426	46.4	16.85	1.24
240	4.770	632.1	110.5	0.834	28.40	3.656	48.7	17.22	1.29
250	4.869	621.5	105.8	0.829	26.05	3.918	51.3	17.59	1.34
260	4.986	609.6	101.5	0.830	23.70	4.221	54.0	17.98	1.41
270	5.13	596.2	97.36	0.838	21.35	4.574	57.1	18.38	1.47
280	5.30	581.4	93.41	0.852	19.00	4.996	60.6	18.80	1.55
290	5.51	565.2	89.58	0.873	16.68	5.51	64.7	19.25	1.64
300	5.77	547.5	85.81	0.904	14.37	6.14	69.6	19.74	1.74
310	6.12	528.7	82.06	0.950	12.10	6.96	75.8	20.28	1.86
320	6.59	509.1	78.27	1.01	9.88	8.05	83.8	20.89	2.01
330	7.25	489.0	74.37	1.10	7.71	9.59	94.7	21.62	2.19
340	8.27	468.6	70.21	1.24	4.64	11.92	110.3	22.52	2.43
350	10.08	445.0	65.68	1.49	3.68	15.95	134.2	23.72	2.82
360	14.99	423.1	60.21	2.13	1.89	26.79	180.6	25.53	3.79
370	53.9	424	51.43	6.54	0.396	112.9	347	29.41	9.61
371	72.5	436	50.07	8.33	0.28	151.3	392	30.2	11.7

续表

温度 t /℃	水					水蒸气			
	定压比热容 C_p/[kJ/(kg·K)]	热导率 $\lambda\times10^3$/[W/(m·K)]	动力黏度 $\mu\times10^6$ /Pa·s	普朗特数 Pr	表面张力 $\sigma\times10^3$ /(N/m)	定压比热容 C_p/[kJ/(kg·K)]	热导率 $\lambda\times10^3$/[W/(m·K)]	动力黏度 $\mu\times10^6$ /Pa·s	普朗特数 Pr
372	126.0	474	48.6	12.9	0.176	228.2	459	31.3	15.6
373	239.6	538	46.8	20.8	0.07	457.0	604	33.0	25.0
374	3087	1225	46.9	118	0.00	6198	1700	39.6	144

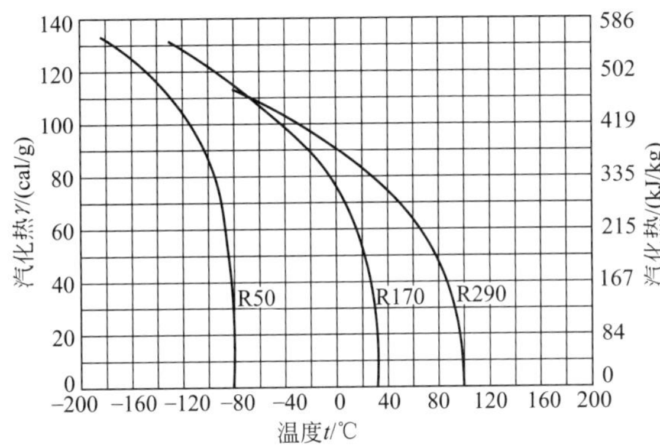

图 4-75　烷烃类的汽化热

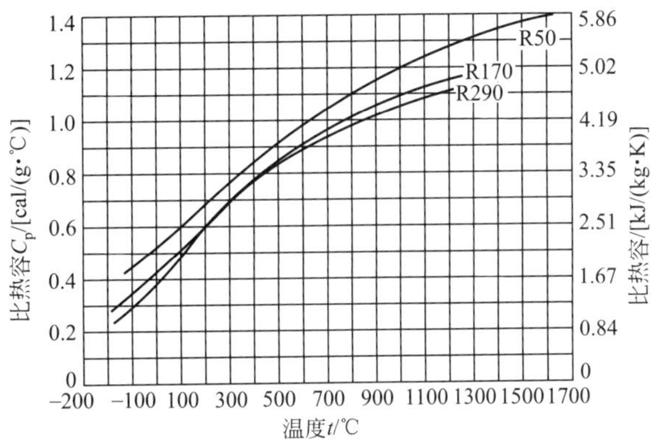

图 4-76　烷烃类的蒸气比热容

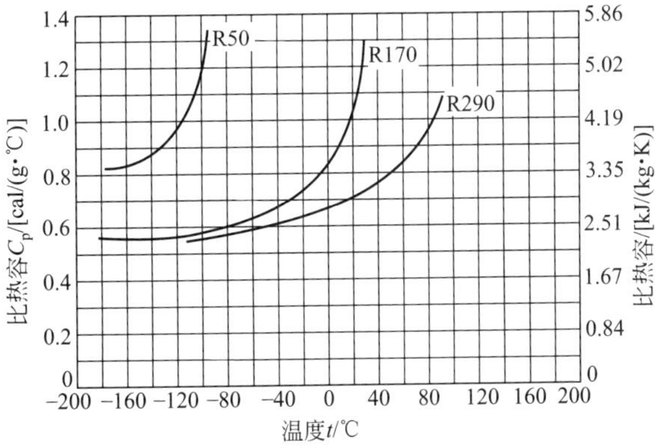

图 4-77　烷烃类的液体比热容

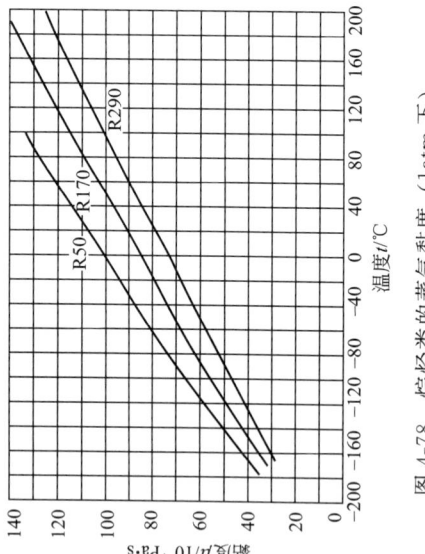

图 4-78　烷烃类的蒸气黏度（1atm 下）

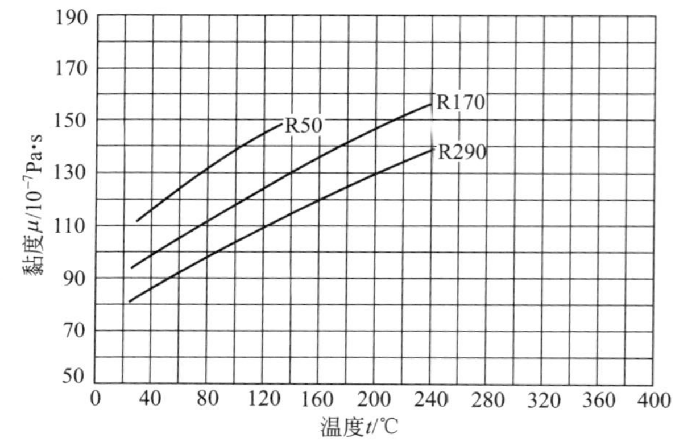

图 4-79　烷烃类的蒸气黏度（6.8atm 下）

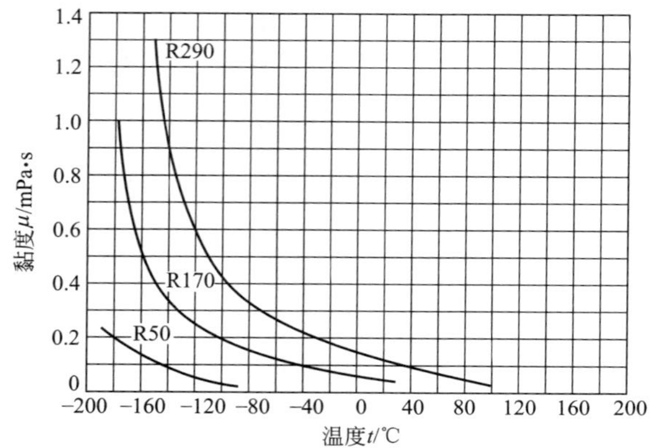

图 4-80　烷烃类的液体黏度

图 4-81　烷烃类的蒸气热导率（1atm 下）

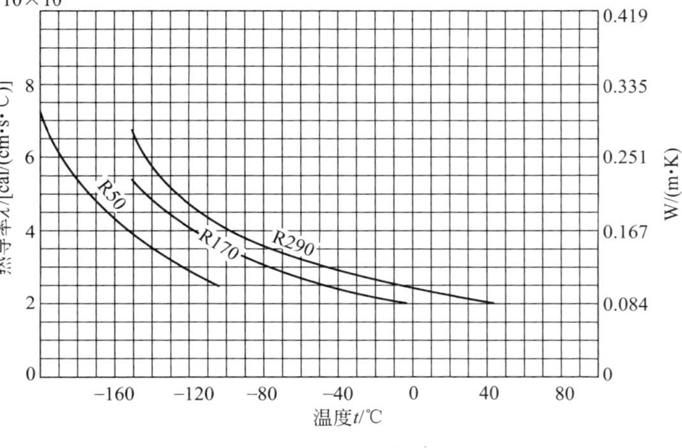

图 4-82　烷烃类的液体热导率

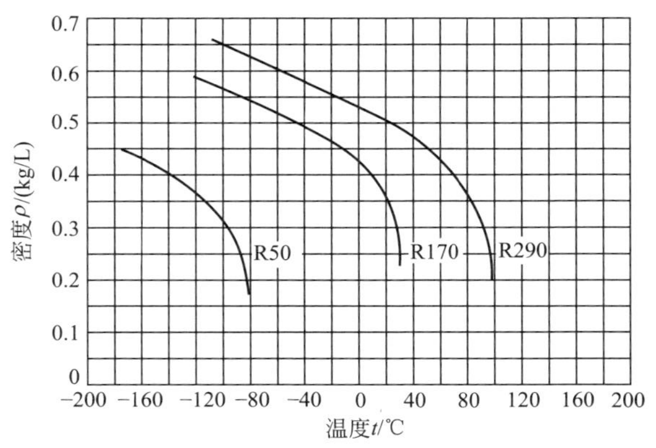

图 4-83　烷烃类的液体密度

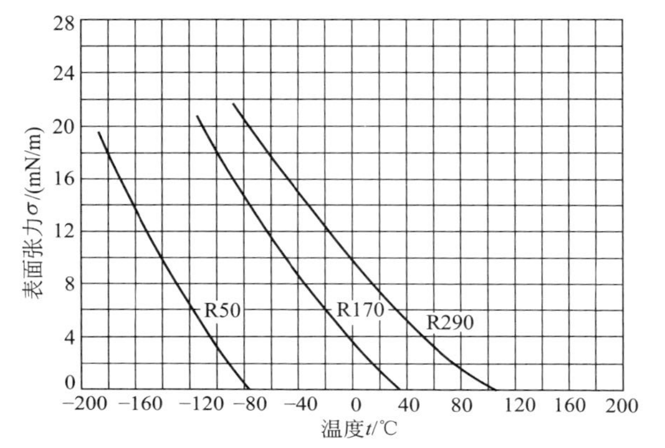

图 4-84　烷烃类的液体表面张力

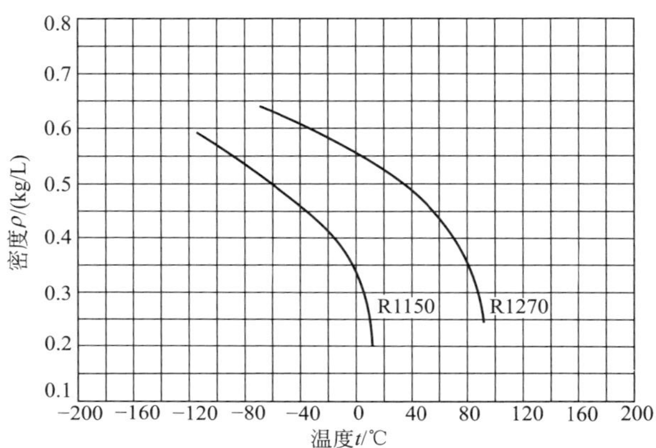

图 4-85　烯烃类的液体密度

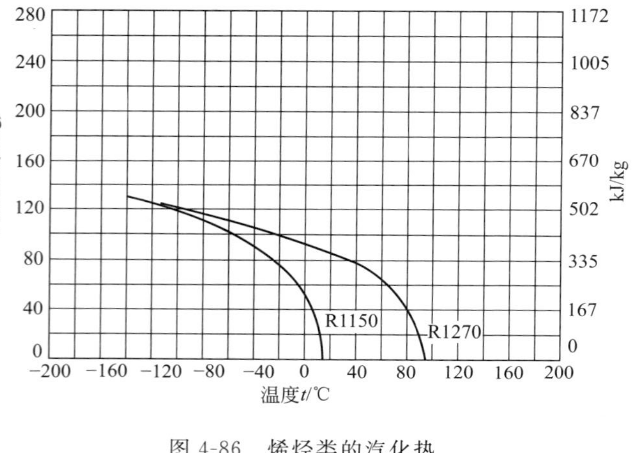

图 4-86　烯烃类的汽化热

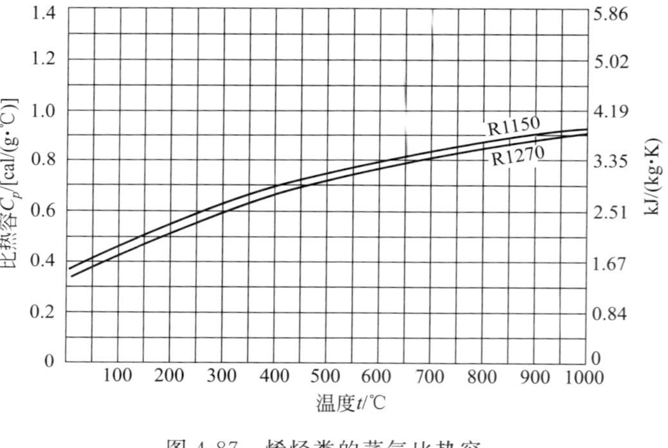

图 4-87　烯烃类的蒸气比热容

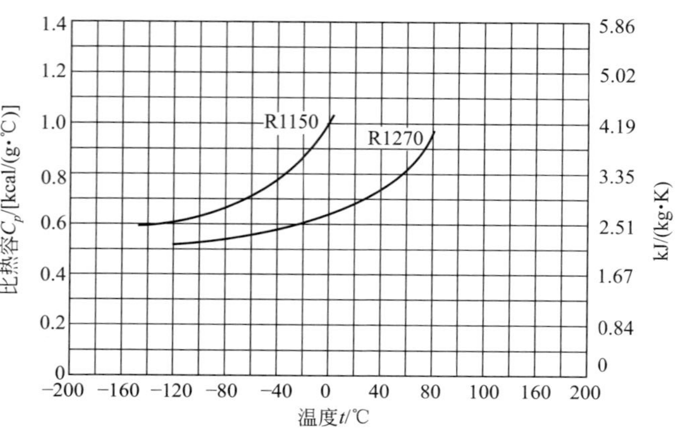

图 4-88　烯烃类的液体比热容

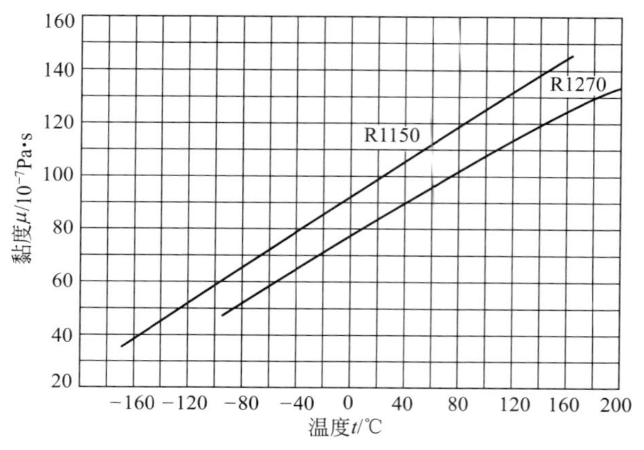

图 4-89　烯烃类的蒸气黏度

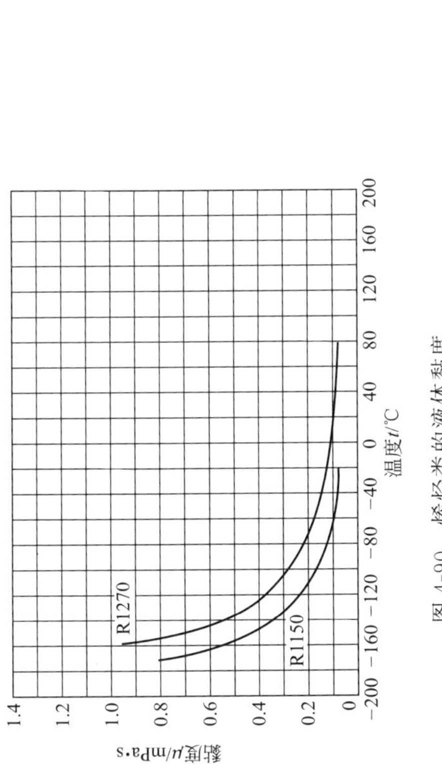

图 4-90 烯烃类的液体黏度

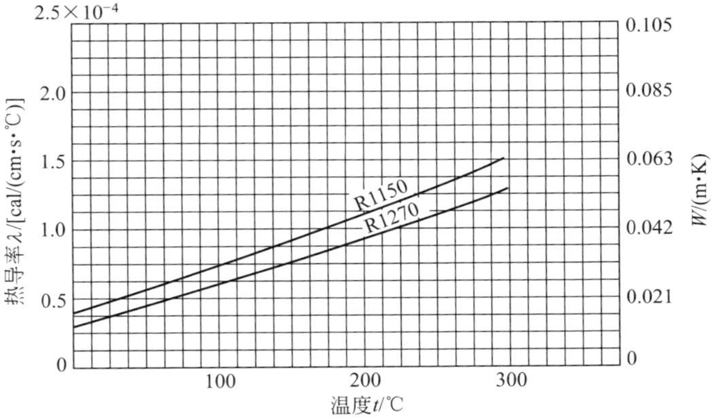

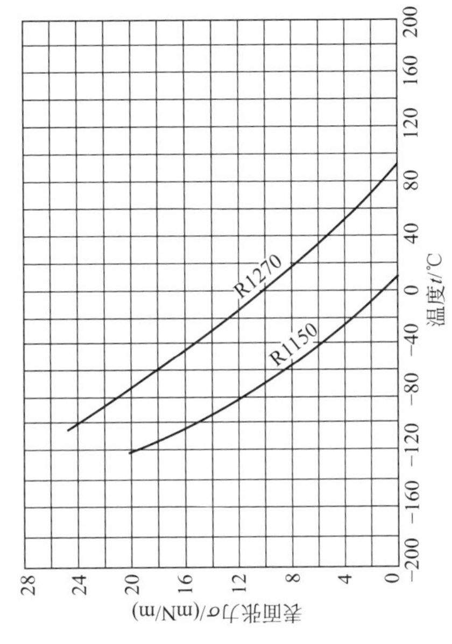

图 4-91 烯烃类的蒸气热导率（1atm）

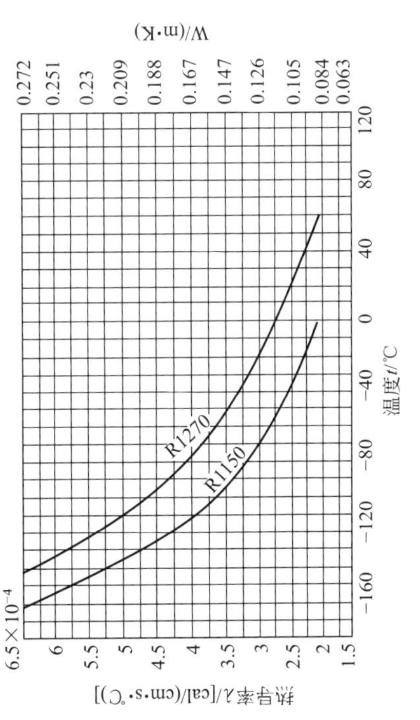

图 4-92 烯烃类的液体热导率

图 4-93 烯烃类的液体表面张力

4.4.3 常用制冷剂

4.4.3.1 氟利昂

氟利昂制冷剂的共性是无味、毒性小，不易燃烧。对金属的腐蚀性小，对一般橡胶、塑料有溶胀作用，但对氯丁橡胶、尼龙等耐氟塑料呈韧性。

（1）R22

R22 属比较安全的制冷剂，传热性能同 R12，流动性比 R12 好。含水量仍限制在 0.0025%以内，否则仍会对金属腐蚀。对有机物的膨润作用比 R12 更强。R22 在常温下的冷凝压力和单位容积制冷量与氨相仿，压缩终温介于 R12 与氨之间。在中等低温下，R22 的饱和压力约比 R12 高 65%，单位容积制冷量比 R12 大很多。应用范围比 R12 广，适用于各种型式的压缩机。R22 有限溶解润滑油，价格比 R12 高。

（2）R13

标准蒸发温度为－81.5℃，能制取的低温范围为－70～11℃，属低温制冷剂，可使用于复迭制冷系统的低温部分。常温下压力高，单位容积制冷量比 R12 大。R13 仍是比较安全的制冷剂，微溶于水，不溶于油。

（3）R134a

R134a 是一种新型制冷剂，其标准沸点为 26.5℃，其主要热力性质与 R12 相近，可认为是 R12 的理想替代制冷剂，为 HFC 类的洁净工质，对臭氧层无破坏作用。

4.4.3.2 碳氢化合物

碳氢化合物制冷剂的共性是凝固点低，难溶于水，不腐蚀金属，但易燃易爆，溶油性强，故主要用于石油化工的制冷装置中。常用的碳氢化合物制冷剂有甲烷、乙烷、乙烯、丙烷和丙烯等。丙烷与丙烯能制取的温度与 R22 相当，属中温制冷剂，可用于复叠制冷系统的中温部分。乙烷、乙烯所制取的温度与 R13 相当，属低温制冷剂，只用于复叠制冷循环的低温部分。甲烷可与乙烯、丙烷组成三元复叠制冷系统，用于低温部分，适用于天然气液化。

4.4.3.3 无机化合物

（1）水

水是无毒、不燃、不爆、安全宜得的冷冻工质。它的标准沸点 100℃，冰点 0℃，故只适于制取 0℃以上的温度。但水蒸气的比容大，单位容积制冷量小。蒸发压力一般低于大气压，故水不宜用于压缩制冷机，只适合于空调用的吸收式制冷机和蒸气喷射式制冷机中作制冷剂。

（2）氨

氨是广泛应用的中冷制冷剂之一，蒸发温度范围为－70～5℃，冷凝压力不超过 1.5MPa。氨的蒸发压力和冷凝压力适当，汽化潜热大，单位容积制冷量大，具有良好的热力性质。而且黏性小，流动阻力小，传热性能好。氨的主要缺点是有毒、易燃、易爆，容积浓度达 11%～14%时可点燃，工作区内氨蒸气浓度应在 $20mg/m^3$ 以下。氨与水可互溶，水分含量超过 0.2%时对铜及其合金有腐蚀作用。氨难溶于润滑油。此外氨价格低廉，易于获得，可用于各种型式的压缩制冷机。

4.4.3.4 混合制冷剂

混合制冷剂由两种或两种以上的纯制冷剂混合而成。若按一定配比混合，可以得到多种热力学性质较好的混合制冷剂，以便提高制冷机的性能，扩大使用范围。其有共沸混合制冷剂和非共沸混合制冷剂之分。

共沸制冷剂在定压下其沸点固定，气、液相组成相同，可像纯制冷剂一样使用。适当选择纯工质后构成的混合制冷剂的标准蒸发温度比其纯组分低，蒸气压力高，在相同工况下单位容积制冷量大。采用混合制冷剂可以使压缩终温降低，同时还可以改善稳定性、溶油性等物理、化学性质。

现已使用的共沸制冷剂已有十多种，其中最常见的是 R502，国内外公认它是性质较好的工质，是 R22 和 R115 按质量比 48.8/51.2 构成的共沸混合物。R502 气化潜热大，比 R22 蒸发温度低，可以制取－18～－50℃低温。它是不燃、不爆、无毒的制冷剂。对金属无腐蚀作用，对橡胶、塑料的腐蚀性小，同时压缩终温低，更适宜用于封闭式压缩机。

非共沸混合制冷剂作为一种二元或多元溶液无固定沸点，而是存在一个蒸发温度区间即沸程。其在定压下蒸发时，温度不断升高，共存气、液相组成不断变化。由于非共沸混合制冷剂相变过程不等温，故其更适宜于变温热源，从而可减小传热温差，降低不可逆损失。非共沸制冷剂主要应用在不等温制冷装置中。

4.4.4 制冷剂与制冷机操作和运行有关的特性

4.4.4.1 制冷剂的溶水性

氟利昂和烃类制冷剂都难溶于水，当含水量超过其溶解度时，析出的水在节流膨胀至 0℃以下的低温时而被冻结为冰，堵塞阀门，从而影响制冷装置的正常运转。故一般在节流机构前的管路上设置干燥器。

氨和水互溶性极好，在普通低温下，水分不会析出结冰堵塞节流阀，故氨系统可不设干燥器。但水分的存在将加剧氨对金属材料的腐蚀。

4.4.4.2 制冷剂的溶油性

NH_3、R13、R14、R115 等制冷剂难溶油或微溶油，其在润滑油中的溶解度不超过 1%。润滑油的黏度不改变。一旦润滑油与制冷剂的混合气体进入冷凝器和蒸发器之后，会在管壁形成油膜，影响传热效果。运行中，润滑油会积存在冷凝器、贮液器及蒸发器下部，应定期放油。

R22、R114、R152、R502 等制冷剂在低温时（蒸发器内）与润滑油部分互溶，但因其上临界溶解温度较低（10℃左右），故在常温下（冷凝器内）与润滑油完全互溶。此类制冷剂与油的混合物处于蒸发器低温条件下，发生相分离而分层，一层富含油（富油层），一层富含制冷剂（贫油层）。因此制冷机需选择能自动回油的蒸发器。此类制冷剂对制冷机的运行所产生的影响同以下与油完全互溶的制冷剂。

R11、R12、R21、R113、R500 等制冷剂与润滑油完全互溶，因而引起润滑油黏度下降，冷凝器表面不会形成油膜影响传热。但在蒸发器内随着制冷剂不断蒸发，油却积存起来，使蒸发温度升高，蒸发器的制冷效果下降，而且出现起沫现象，造成蒸发器液面不稳定，甚至对气缸产生油出。因制冷剂与油互溶，不能自动分离排油，应采用自动回油的蒸发器。

4.4.4.3 制冷剂的检漏

制冷剂的泄漏是造成中毒、污染、火灾的原因，故需在制冷机运行过程中对制冷剂进行泄漏检查。

氨的检漏方法：从氨的强烈刺激性气味可以判断系统泄氨。若要寻找具体泄漏部位，最简易的方法是将肥皂水涂于设备各零部件的接合处，若有气泡，则该处泄漏。另外氨显碱性，能使湿润的石蕊试纸由红变蓝，酚酞试纸变红。

氟利昂的检漏方法：氟利昂的渗透能力强，很容易泄漏，故要求系统密封严密。可用肥皂水、卤素喷灯和电子检漏仪检漏。若用卤素喷灯检漏，则随着泄漏量的增大，氟利昂在火焰下放出的卤素的增多，卤素喷灯火焰的颜色由淡绿变为深绿乃至紫色。电子检漏仪十分敏感，每年几毫克的泄漏量的微量泄漏均可检测出来。但电子检漏仪不能用于可燃性、可爆性的制冷剂。

4.4.5 载冷剂

在蒸气压缩或吸收式系统中，常把蒸发器置于冷室中，通过制冷剂蒸发直接冷却被冷却对象，即直接冷却式。但如果被冷却对象离蒸发器较远，可以用载冷剂来传递冷量。载冷剂又称第二制冷剂。制冷机所生产的制冷量，常常通过载冷剂将冷量送到需要冷却的对象，载冷剂从被冷物体取走热量，然后再传递给制冷剂。载冷剂温度降低以后，又重新回到被冷物体处吸取热量，如此载冷剂周而复始在制冷机与被冷物体之间循环不已。例如化工厂常采用冷冻盐水作为载冷剂将制冷车间产生的冷量传递给需要冷量的生产车间以维持精馏塔塔顶冷凝器、结晶釜等设备的低温。

作为载冷剂的物质必须凝固点低、比热大、黏度和密度小、较少腐蚀性、无毒、不燃不爆、价廉易得等。基于以上要求，水、盐水和有机醇水溶液是常用的制冷剂。

(1) 水　空调的最适宜的载冷剂为水，但水作载冷剂只适于载冷温度在 0℃以上的场所。

(2) 盐水　盐水的凝固点低于纯水的凝固点 0℃，且随着盐水的浓度改变。而且无机盐水的比较小，密度较大，传热性能较好，故适用于蒸发温度低于 0℃的中、低温间接冷却式制冷系统。工业上广泛使用的是氯化钙（$CaCl_2$）和氯化钠（NaCl）盐水溶液作为载冷剂。

对于某一定种类的盐水，它的共晶点（即最低凝固点）是确定的。例如 $CaCl_2$ 盐水的共晶浓度为 42.7%（盐的质量百分浓度）时，最低凝固温度为 −55℃，NaCl 盐水的共晶浓度为 28.1%时，最低凝固温度为 −21.2℃。图 4-94 所示为 $CaCl_2$ 和 NaCl 盐水溶液的凝固曲线。

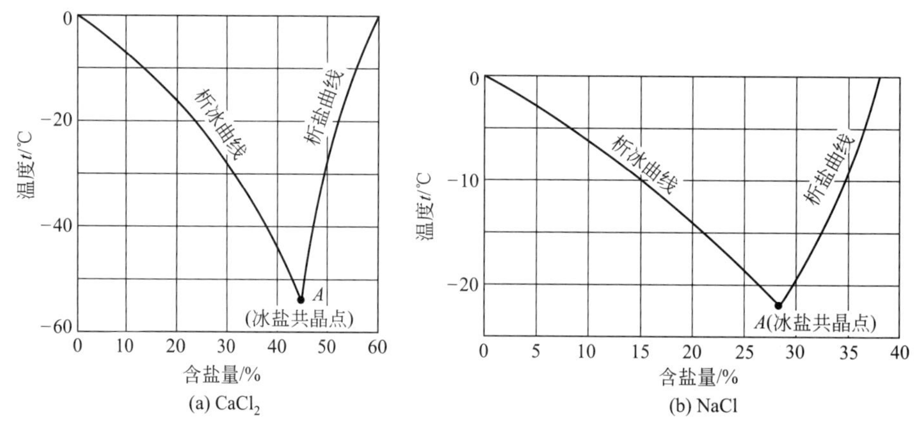

图 4-94　无机盐水溶液的凝固曲线

制冷装置运行时，首先要根据所需要的低温来配制盐水浓度，盐水的凝固温度应低于蒸发温度 6～8℃。

无机盐水作为载冷剂的缺点是会腐蚀金属材料，故应在盐水加入一定量的重铬酸钠（$Na_2Cr_2O_7$）和氢氧化钠（NaOH），使盐水呈弱碱性（pH=8.5）。

盐水的热物理性质见表 4-72～表 4-74。

表 4-72　氯化钠水溶液的热物理性质

质量浓度 ξ /%	起始凝固温度 t_f /℃	密度 $\rho_{(15℃)}$ /(kg/m³)	温度 t /℃	比热容 C /[kJ/(kg·K)]	热导率 λ /[W/(m·K)]	动力黏度 $\mu\times10^3$ /Pa·s	运动黏度 $\nu\times10^6$ /(m²/s)	导温系数 $a\times10^7$ /(m²/s)	普朗特数 Pr
7	−4.4	1050	20	3.843	0.593	1.08	1.03	1.48	6.9
			10	3.835	0.576	1.41	1.34	1.43	9.4
			0	3.827	0.559	1.87	1.78	1.39	12.7
			−4	3.818	0.556	2.16	2.06	1.39	14.8

续表

质量浓度 ξ /%	起始凝固温度 t_f /℃	密度 $\rho_{(15℃)}$ /(kg/m³)	温度 t /℃	比热容 C /[kJ/(kg·K)]	热导率 λ /[W/(m·K)]	动力黏度 $\mu\times10^3$ /Pa·s	运动黏度 $\nu\times10^6$ /(m²/s)	导温系数 $a\times10^7$ /(m²/s)	普朗特数 Pr
11	−7.5	1080	20	3.697	0.593	1.15	1.06	1.48	7.2
			10	3.684	0.570	1.52	1.41	1.43	9.9
			0	3.676	0.556	2.02	1.87	1.40	13.4
			−5	3.672	0.549	2.44	2.26	1.38	16.4
			−7.5	3.672	0.545	2.65	2.45	1.38	17.8
13.6	−9.8	1100	20	3.609	0.593	1.23	1.12	1.50	7.4
			10	3.601	0.568	1.62	1.47	1.43	10.3
			0	3.588	0.554	2.15	1.95	1.41	13.9
			−5	3.584	0.547	2.61	2.37	1.39	17.1
			−9.8	3.580	0.540	3.43	3.13	1.37	22.9
16.2	−12.2	1120	20	3.534	0.573	1.31	1.20	1.45	8.3
			10	3.525	0.569	1.73	1.57	1.44	10.9
			−5	3.508	0.544	2.83	2.58	1.39	18.6
			−10	3.504	0.535	3.49	3.18	1.37	23.2
			−12.2	3.500	0.533	4.22	3.84	1.36	28.3
18.8	−15.1	1140	20	3.462	0.582	1.43	1.26	1.48	8.5
			10	3.454	0.566	1.85	1.63	1.44	11.4
			0	3.442	0.550	2.56	2.25	1.40	16.1
			−5	3.433	0.542	3.12	2.74	1.39	19.8
			−10	3.429	0.533	3.87	3.40	1.37	24.8
			−15	3.425	0.534	4.78	4.19	1.35	31.0
21.2	−18.2	1160	20	3.395	0.579	1.55	1.33	1.46	9.1
			10	3.383	0.563	2.01	1.73	1.44	12.1
			0	3.374	0.547	2.82	2.44	1.40	17.5
			−5	3.366	0.538	3.44	2.96	1.38	21.5
			−10	3.362	0.530	4.30	3.70	1.36	27.1
			−15	3.358	0.522	5.28	4.55	1.35	33.9
			−18	3.358	0.518	6.08	5.24	1.33	39.4
23.1	−21.2	1175	20	3.345	0.565	1.67	1.42	1.47	9.6
			10	3.333	0.549	2.16	1.84	1.40	13.1
			0	3.324	0.544	3.04	2.59	1.39	18.6
			−5	3.320	0.536	3.75	3.20	1.38	23.3
			−10	3.312	0.528	4.71	4.02	1.36	29.5
			−15	3.308	0.520	5.75	4.90	1.34	36.5
			−21	3.303	0.514	7.75	6.60	1.32	50.0

表 4-73 氯化钙水溶液的热物理性质

质量浓度 ξ /%	起始凝固温度 t_f /℃	密度 $\rho_{(15℃)}$ /(kg/m³)	温度 t /℃	比热容 C /[kJ/(kg·K)]	热导率 λ/[W/(m·K)]	动力黏度 $\mu\times10^3$ /Pa·s	运动黏度 $\nu\times10^6$ /(m²/s)	导温系数 $a\times10^7$ /(m²/s)	普朗特数 Pr
9.4	−5.2	1080	20	3.642	0.584	1.24	1.15	1.49	7.8
			10	3.634	0.570	1.55	1.44	1.45	9.9
			0	3.626	0.556	2.16	2.00	1.42	14.1
			−5	3.601	0.549	2.55	2.36	1.41	16.7
14.7	−10.2	1130	20	3.362	0.576	1.49	1.32	1.52	8.7
			10	3.349	0.563	1.86	1.64	1.49	11.0
			0	3.328	0.549	2.56	2.27	1.46	15.6
			−5	3.316	0.542	3.04	2.70	1.44	18.7
			−10	3.308	0.534	4.06	3.60	1.43	25.3

续表

质量浓度 ξ /%	起始凝固温度 t_f /℃	密度 $\rho_{(15℃)}$ /(kg/m³)	温度 t /℃	比热容 C /[kJ/(kg·K)]	热导率 λ/[W/(m·K)]	动力黏度 $\mu\times10^3$ /Pa·s	运动黏度 $\nu\times10^6$ /(m²/s)	导温系数 $a\times10^7$ /(m²/s)	普朗特数 Pr
18.9	−15.7	1170	20	3.148	0.572	1.80	1.54	1.56	9.9
			10	3.140	0.558	2.24	1.91	1.52	12.6
			0	3.128	0.544	2.99	2.56	1.49	17.2
			−5	3.098	0.537	3.43	2.94	1.48	19.8
			−10	3.086	0.529	4.67	4.00	1.47	27.3
			−15	3.065	0.523	6.15	5.27	1.47	35.9
20.9	−19.2	1190	20	3.077	0.569	2.00	1.68	1.55	10.9
			10	3.056	0.555	2.45	2.06	1.53	13.4
			−0	3.044	0.542	3.28	2.76	1.49	18.5
			−5	3.014	0.535	3.82	3.22	1.49	21.5
			−10	3.014	0.527	5.07	4.25	1.47	28.9
			−15	3.014	0.521	6.59	5.53	1.45	38.2
23.8	−25.7	1220	20	2.973	0.565	2.35	1.94	1.56	12.5
			10	2.952	0.551	2.87	2.35	1.53	15.4
			0	2.931	0.538	3.81	3.13	1.51	20.8
			−5	2.910	0.530	4.41	3.63	1.49	24.4
			−10	2.910	0.523	5.92	4.87	1.48	33.0
			−15	2.910	0.518	7.55	6.20	1.46	42.5
			−20	2.889	0.510	9.47	7.77	1.44	53.5
			−25	2.889	0.504	11.57	9.48	1.43	66.5
25.7	−31.2	1240	20	2.889	0.562	2.63	2.12	1.57	13.5
			10	2.889	0.548	3.22	2.51	1.53	16.5
			0	2.868	0.535	4.26	3.43	1.51	22.7
			−10	2.847	0.521	6.68	5.40	1.48	36.6
			−15	2.847	0.514	8.36	6.75	1.46	46.3
			−20	2.805	0.508	10.56	8.52	1.46	58.5
			−25	2.805	0.501	12.90	10.40	1.44	72.0
			−30	2.763	0.494	14.81	12.00	1.44	83.0
27.5	−38.6	1260	20	2.847	0.558	2.93	2.33	1.56	14.9
			10	2.826	0.545	3.61	2.87	1.53	18.8
			0	2.809	0.531	4.80	3.81	1.50	25.3
			−10	2.784	0.519	7.52	5.97	1.48	40.3
			−20	2.763	0.506	11.87	9.45	1.46	65.0
			−25	2.742	0.499	14.71	11.70	1.44	80.7
			−30	2.742	0.492	17.16	13.60	1.42	95.5
			−35	2.721	0.486	21.57	17.10	1.42	120.0
28.5	−43.5	1270	20	2.805	0.557	3.14	2.47	1.56	15.8
			0	2.780	0.529	5.12	4.02	1.50	26.7
			−10	2.763	0.518	8.02	6.32	1.48	42.7
			−20	2.721	0.505	12.65	10.0	1.46	68.8
			−25	2.721	0.500	15.98	12.6	1.44	87.5
			−30	2.700	0.491	18.83	14.9	1.43	103.5
			−35	2.700	0.484	24.52	19.3	1.42	136.5
			−40	2.680	0.478	30.40	24.0	1.41	171.0
29.4	−50.1	1280	20	2.805	0.555	3.33	2.65	1.55	17.2
			0	2.755	0.528	5.49	4.30	1.5	28.7
			−10	2.721	0.576	8.63	6.75	1.49	45.4
			−20	2.680	0.504	13.83	10.8	1.47	73.4
			−30	2.659	0.490	21.28	16.6	1.44	115.0
			−35	2.638	0.483	25.50	19.9	1.43	139.0
			−40	2.638	0.477	32.36	25.3	1.42	179.0
			−45	2.617	0.470	40.21	31.4	1.40	223.0
			−50	2.617	0.464	49.03	38.3	1.3	295.0

续表

质量浓度 ξ /%	起始凝固温度 t_f /℃	密度 $\rho_{(15℃)}$ /(kg/m³)	温度 t /℃	比热容 C /[kJ/(kg·K)]	热导率 λ/[W/(m·K)]	动力黏度 $\mu\times10^3$ /Pa·s	运动黏度 $\nu\times10^6$ /(m²/s)	导温系数 $a\times10^7$ /(m²/s)	普朗特数 Pr
29.9	−55	1286	20	2.784	0.554	3.51	2.75	1.55	17.8
			0	2.738	0.528	5.69	4.43	1.50	29.5
			−10	2.700	0.515	9.04	7.04	1.48	47.5
			−20	2.680	0.502	14.42	11.23	1.46	77.0
			−30	2.659	0.488	22.56	17.6	1.43	123.0
			−35	2.638	0.483	28.44	22.1	1.42	156.5
			−40	2.638	0.476	35.30	27.5	1.40	196.0
			−45	2.617	0.470	43.15	33.5	1.39	240.0
			−50	2.617	0.463	50.99	39.7	1.38	290.0
			−55	2.596	0.456	64.72	50.2	1.36	368.0

表 4-74　氯化钠和氯化钙水溶液的体积膨胀系数与温度的关系 $\beta\times10^4$/(1/K)

质量浓度 ξ/%	t/℃					
	−30	−20	−10	0	10	20
			NaCl			
10	—	1.8	1.8	1.8	1.9	1.9
15	—	2.6	2.7	2.7	2.8	2.8
20	—	2.8	3.2	3.6	4.0	4.5
23	—	3.0	3.4	3.8	4.2	4.7
			$CaCl_2$			
15	0.8	1.3	1.9	2.4	2.9	3.4
20	2.1	2.4	2.8	3.2	3.5	3.9
25	3.1	3.3	3.5	3.7	3.9	4.1
30	3.9	4.0	4.0	4.1	4.2	4.3

(3) 有机物载冷剂　有机物载冷剂的凝固温度比盐水低，适用于温度更低的场合，常用的有如下几种。

乙二醇及丙三醇的水溶液可作为载冷剂，乙二醇无色无味，对金属不腐蚀，可全溶于水。当溶液浓度为45%时，使用温度可达−35℃，用于−10℃时效果最好。乙二醇稍有毒性，不宜用于开式系统，也不宜与被冷却的食品接触。表4-75给出了乙二醇水溶液的热物理性质。丙三醇无毒，不腐蚀金属，全溶于水，可直接接触冷却食品，丙三醇的使用温度通常为−10℃或−10℃以上。

表 4-75　乙二醇水溶液的热物理性质

质量浓度 ξ/%	起始凝固温度 t_f /℃	密度 $\rho_{(15℃)}$ /(kg/m³)	温度 t /℃	比热容 C /[kJ/(kg·K)]	动力黏度 $\mu\times10^3$ /Pa·s	运动黏度 $\nu\times10^6$ /(m²/s)	运动黏度 $\nu\times10^4$ /(m²/h)	热导率 λ /[W/(m·K)]	导温系数 $a\times10^4$ /(m²/h)	普朗特数 Pr
4.6	−2	1005	50	4.14	0.59	0.586	21.1	0.62	5.33	3.96
			20	4.14	1.08	1.07	38.5	0.58	5.0	7.7
			10	4.12	1.37	1.365	49	0.57	4.95	9.9
			0	4.10	1.96	1.95	70	0.56	4.85	14.4
8.4	−4	1010	50	4.10	0.69	0.68	24.5	0.59	5.15	4.75
			20	4.06	1.18	1.17	42	0.57	5.0	8.4
			10	4.06	1.57	1.55	55.7	0.56	4.9	11.4
			0	4.06	2.26	2.23	80	0.55	4.8	16.7

续表

质量浓度 ξ/%	起始凝固温度 t_f /℃	密度 $\rho_{(15℃)}$ /(kg/m³)	温度 t /℃	比热容 C /[kJ/(kg·K)]	动力黏度 $\mu \times 10^3$ /Pa·s	运动黏度 $\nu \times 10^6$ /(m²/s)	运动黏度 $\nu \times 10^4$ /(m²/h)	热导率 λ /[W/(m·K)]	导温系数 $a \times 10^4$ /(m²/h)	普朗特数 Pr
12.2	−5	1015	50	4.06	0.69	0.677	24.3	0.58	5.08	4.8
			20	4.02	1.37	1.35	48.5	0.55	4.8	10.1
			10	4.00	1.86	1.84	66	0.54	4.8	13.8
			0	3.98	2.55	2.51	90	0.53	4.77	18.9
16	−7	1020	50	4.02	0.78	0.77	27.7	0.56	4.9	5.65
			20	3.94	1.47	1.45	52	0.53	4.8	10.8
			10	3.91	2.06	2.02	72.5	0.52	4.72	15.4
			0	3.89	2.84	2.79	100	0.51	4.63	21.6
			−5	3.89	3.43	3.37	121	0.50	4.55	26.6
19.8	−10	1025	50	3.98	0.78	0.76	27.3	0.55	4.8	5.7
			20	3.98	1.67	1.63	58.7	0.52	4.7	12.5
			10	3.87	2.26	2.20	79	0.51	4.65	17
			0	3.85	3.14	3.06	110	0.50	4.55	24.2
			−5	3.85	3.82	3.73	134	0.49	4.49	30
23.6	−13	1030	50	3.94	0.88	0.858	30.8	0.52	4.66	6.6
			20	3.85	1.77	1.72	62	0.50	4.53	13.7
			10	3.81	2.55	2.48	89	0.49	4.53	19.6
			0	3.77	3.53	3.44	124	0.49	4.53	27.4
			−10	3.77	5.10	4.95	178	0.49	4.53	39.4
27.4	−15	1035	50	3.85	0.88	0.855	30.8	0.51	4.62	6.7
			20	3.77	1.96	1.9	68.5	0.49	4.5	15.2
			0	3.73	3.92	3.8	137	0.48	4.45	31
			−10	3.68	5.69	5.5	198	0.48	4.5	44
			−15	3.66	7.06	6.83	246	0.47	4.47	55
31.2	−17	1040	50	3.81	0.98	0.94	33.9	0.50	4.55	7.5
			20	3.73	2.16	2.07	74.5	0.48	4.45	16.8
			0	3.64	4.41	4.25	153	0.47	4.45	34.5
			−10	3.64	6.67	6.45	232	0.47	4.45	52
			−15	3.62	8.24	7.9	285	0.46	4.4	65
35	−21	1045	50	3.73	1.08	1.03	37	0.48	4.4	8.4
			20	3.64	2.45	2.35	84.8	0.47	4.4	19.2
			0	3.56	4.90	4.7	169	0.47	4.5	37.7
			−10	3.56	7.65	7.35	265	0.45	4.4	60
			−15	3.54	9.32	8.9	320	0.45	4.4	73
			−20	3.52	11.77	11.3	407	0.45	4.45	92
38.8	−26	1050	50	3.68	1.18	1.12	40.4	0.47	4.35	9.3
			20	3.56	2.75	2.63	94.5	0.45	4.35	21.6
			0	3.52	5.59	5.32	192	0.45	4.4	44
			−10	3.48	8.63	8.25	297	0.45	4.45	67
			−15	3.45	10.79	10.3	370	0.45	4.5	82
			−20	3.43	14.22	13.5	486	0.45	4.55	107
			−25	3.41	18.63	17.8	640	0.45	4.55	144
42.6	−29	1055	50	3.60	1.37	1.3	46.8	0.44	4.18	11.2
			20	3.48	2.94	2.78	100	0.44	4.35	23
			0	3.43	6.18	5.85	210	0.44	4.4	47.5
			−10	3.39	9.61	9.1	327	0.44	4.45	73
			−15	3.37	12.26	11.7	420	0.44	4.5	93
			−20	3.35	16.08	15.2	548	0.44	4.5	122
			−25	3.33	21.57	20.5	840	0.44	4.55	162
46.4	−33	1060	50	3.52	1.57	1.48	53.2	0.43	4.15	12.8
			20	3.39	3.43	3.24	117	0.43	4.3	27
			0	3.35	6.86	6.28	226	0.43	4.4	51.5
			−10	3.31	10.79	10.2	367	0.43	4.4	84
			−15	3.29	13.73	13	469	0.43	4.45	105
			−20	3.27	18.14	17.2	620	0.43	4.45	140
			−25	3.24	24.03	22.6	810	0.43	4.5	180
			−30	3.22	32.36	30.5	1100	0.43	4.55	242

甲醇及乙醇水溶液也可作为载冷剂，甲醇的冰点为－97℃，其水溶液的使用温度范围为0～35℃，(浓度为15％～40％)，甲醇可燃、有毒。乙醇的冰点为－117℃，乙醇无毒，其水溶液常用于啤酒厂、化工厂和食品加工厂。

氟利昂类的纯有机液也可作为载冷剂。当载冷剂的温度需低达－35℃及以下时，由于受凝固温度的限制，同时由于黏度急剧增大，盐水及上述醇类的水溶液已不适于用作载冷剂，此时可使用氟利昂为载冷剂。常用作载冷剂的氟利昂有二氯甲烷（R30)、三氯乙烯（R1120）及三氯氟甲烷（R11）等，它们黏度和比热小，传热性能较好。它们的凝固点分别为－97℃、－86℃和－111℃，使用温度可达－80～100℃。氟化昂溶水性差，用作载冷剂时系统中需设干燥器，以防水分析出而结冰。

参考文献

[1] 王秀松，张毓敏，杨小灿主编. 制冷技术的原理与应用. 北京：中国建材工业出版社，1994. 37-39.

[2] Gosney W B. Principles of Refrigeration，p421，Cambridge：Cambridge University Press，1982.

[3] Gosney W B. Principles of Refrigeration，p421，Cambridge University Press，Cambridge，1982.

[4] 吴业正，韩宝琦等编. 制冷原理及设备. 西安：西安交通大学出版社，1987. 107-110.

[5] 茅以惠，余国和编. 吸收式与蒸汽喷射式制冷机. 北京：机械工业出版社，1985. 73-76.

[6] 童景山，高光华，刘裕品编著. 化工热力学. 北京：清华大学出版社，1995. 182，201-203.

[7] 童景山、高光华、刘裕品编著. 化工热力学. 北京：清华大学出版社，1995. 201-203.

[8] 张联科主编. 化工热力学. 北京：化学工业出版社，1980. 252-253.

[9] 时钧，汪家鼎，余国琮，陈敏恒主编. 化学工程手册. 第2版. 北京：化学工业出版社，1996.

[10] 解焕民编著. 制冷技术基础. 北京：机械工业出版社，1994. 41-42.

[11] Yi-Dong Fu，Li-Zhong Han，Ming-Shan Zhu，Fluid Phase Equilibria，111：273-286，1995.

[12] Y. Y. Duan，L. Q. Sun，L. Shi，M. S. Zhu，L. Z. Han，Fluid Phase Equilibria，137：121-131，1997.

[13] Yuan-Yuan Duan，Ming-Shan Zhu，Li-Zhong Han，Fluid Phase Equilibria，121：227-234，1996.

[14] United States Environmental Protection Agency，Acceptable Substitutes for Non-Commercial Refrigeration under the Significant New Alternatives Policy（SNAP）Program as of February 24，1998.

[15] 郭庆堂主编. 实用制冷工程设计手册. 北京：中国建筑工业出版社 ，1994.

[16] 机械工业部编. 机械产品目录：第4册. 北京：机械工业出版社，1996.

[17] 林毅主编. 无公害制冷设备选用手册. 北京：石油工业出版社，1995.

[18] 王松汉等编. 乙烯工艺与技术. 北京：中国石化出版社，2000.

第5章 换热器

换热器是一种使不同温度物料间发生热量传递的设备（本篇把主要通过辐射加热物料的设备列入工业炉的范畴）。高温物料输出热量，焓值减少；低温物料获得热量，焓值增加。根据物料性质和过程要求，物料在焓值变化时发生指定的温度变化或/和相状态变化。

5.1 换热器设计基础

5.1.1 换热器的应用与分类

5.1.1.1 换热器的作用

换热器可以是一个独立使用的设备，也可作为其他工艺设备的一个组成部件。其作用主要有：

① 改变物料的温度和相态，以满足工艺要求；

② 进行能量回收（余热回收），以提高过程能量利用效率，节省能耗；

③ 维持设备内必要的工作温度，以保证设备运行的安全性与适宜操作条件。如压缩机气缸的冷却夹套、反应器床层内的换热部件。

换热器的应用非常广泛，在石油化工行业中，换热器的投资占总设备投资的30%～40%。

5.1.1.2 热源和冷源

用于提供或移走工艺过程中热量的外来物质载体（或手段）分别称为热源或冷源。工业上对热源和冷源的一般要求如下。

① 使用温度必需满足工艺要求。

② 来源充足，价廉易得，易于输送、调节和使用。

③ 对于物质载体（通常为流体），还要求具有良好的物理-化学性质：

a. 化学稳定性好，腐蚀性小，不易结垢；

b. 使用安全，无毒，不易燃烧和爆炸；

c. 具有较高的比热容 c_p、导热系数 λ、密度 ρ 和比相变焓 Δh_ϕ，较低的凝固点，在使用温度下黏度低、流动性好，以利于增加给热系数、减小用量和降低输送阻力；

d. 对热源要求在高温下蒸气压力较低，对常用低温冷源要求在常温下液化压力较低。

电能可直接用于加热（如电阻加热、感应加热等）和制冷（如半导体制冷）。其使用温度范围很宽（最高可达1200℃以上，最低可达－120℃以下，主要取决于使用的元件材料），但使用成本高，㶲损大，总的能量利用效率低，故只在水电供应充分、小规模生产或有特殊要求的场合，经充分经济论证后使用。

其他常用的工业热源和冷源的特性，按其使用温度范围见表5-1和表5-2。

5.1.1.3 换热器的分类

按冷热物料间接触方式，换热器可分为以下三种。

a. 直接式换热器（混合式换热器）。冷热物流直接接触并发生热量传递的设备。例如：凉水塔中热水与冷空气直接接触换热；在使用固体载热体的过程中，使高温烟道气与惰性固体颗

表 5-1 常用工业热源

工业热源	使用相态	常用温度范围	最高使用温度	基本性质及使用条件
热水	液相	30～100℃	受压力限制	常用作低温热源。给热系数高，来源广泛，价廉，输送方便。作为热载体使用时，温度会发生变化，故平均温度低于饱和蒸汽。需单独设置热水再加热循环系统
饱和蒸汽	气相	100～180℃	280℃ (6.4MPa)	是最常用的热源。相变焓大，给热系数高，价廉易得，输送方便，调节性好（用阀门调节压力）。最高使用温度受蒸汽饱和压力限制，在高压下使用一般不经济
热载体油	液相	敞开～260℃ 封闭～320℃	约 400℃	由高沸点石油馏分调制而成。价廉易得，可使换热器热载体侧在低压下操作。最高使用温度受馏分及热稳定性限制（需加入抗氧化添加剂）应定期更换，易燃。一般使用温度低于道生油。需单独设置加热循环系统
道生油（导热姆）	液或气相	液相 160～360℃ 气相 255～360℃	约 400℃	系联苯混合物。是该温度范围内常用的热载体。性能良好，操作稳定可靠，无毒，腐蚀性小，不易爆，可使换热器载体侧在低压下工作。易漏泄，有异味，360℃以上有分解问题。需另行设置加热炉及循环系统
熔盐	液相	150～450℃	约 600℃	常用的是 $NaNO_2$、$NaNO_3$、KNO_3 的混合物。在 140℃左右固化，在 450℃以上轻微分解、释出氮气、且使固化温度提高。操作困难。其加热系统、输送系统及换热器均需特殊设计
液态金属	液相	450～800℃		常用的有熔融的 Na-K 混合物，必须隔绝空气。操作、维护、输送比较困难，加热系统，输送系统及换热器结构复杂，主要在核工业等特殊部门使用
烟道气	气相	500～1000℃	取决于燃料及燃烧条件	广泛应用于需要加热温度高的场合。价廉易得，输送方便。但给热系数低、使用容积流量大，不易调节，有结垢及腐蚀问题（取决于燃料本身的组成和性质）

表 5-2 常用工业冷源

工业冷源		使用相态	常用温度范围	基本性质及使用条件
空气		气相	取决于环境温度	来源充足，价廉易得，温度受环境影响，给热系数低，用量大，常用于水资源缺乏地区。通过经济比较，也可代替水冷或与水冷联合使用
冷却用水	深井水	液相	15～20℃	作为一次水源，温度较低而稳定，冷却效果好。水的硬度对结垢有很大影响，但来源愈益匮乏。宜用于关键场合并应重复利用
	水域水	液相	0～30℃取决于环境温度	作为一次水源，应用广泛。包括河流、湖泊、海域等供水。温度受环境条件影响。水的硬度和悬浮物对结垢有很大影响，使用前常须经过预处理。海水中的 Cl^- 对不锈钢有腐蚀作用
	循环水	液相	10～35℃取决于大气条件	经凉水塔处理循环使用的二次水源。温度一般高于环境湿球温度 2～5℃。从节约水资源的观点，应尽量使用。存在微生物与藻类的生长与结垢问题。宜经化学处理
低温冷却剂	冷冻盐水	液相	15～－30℃	常用的有 $CaCl_2$ 或 NaCl 的水溶液。价廉易得，比热容大，给热系数较高。可实现冷冻站的集中管理，将经间接致冷后的盐水分别送至用户，冷负荷易于调节。但消耗功率较大，并须增加盐水循环系统。有一定腐蚀性，故亦可改用醇类的水溶液（但费用较高）
	氨、丙烷、氟氯烷等	液-气相	单级～－40℃以上，多级～－100℃以上	用于直接气化致冷。与使用冷冻盐水相比，功率消耗较低，给热系数较高，但需在不同用户处分别设置冷冻系统。其中氨可燃有毒，但价廉易得，应用广泛。氟氯烷（CHC）俗称氟利昂，由于可破坏大气臭氧层已协议禁用，可用氟氯氢烷类（HCFC）或氢氟烷类（HFC）代替
	液氮、液化天然气等	液-气相	低于－100℃	直接致冷。用于深冷分离等特殊场合，在空气分离，天然气和石油加工气分离工业中，由于本身就是过程原料或产品，故应用广泛

表 5-3 各种表面换热器的

换热器型式		最高工作压力/MPa	工作温度范围/℃	最大(最小)传热面/m^2	单位体积传热面/(m^2/m^3)	单位传热面质量/(kg/m^2)	单位传热面价格	紧凑性	制造难度	维修难度	机械清洗
管壳式		65～100 壳侧 30	－200～＋600 (特殊＋1000)	3000 (1.2)	40～150 (光管)	约 46	中等	中等	中等	中等 (壳侧较难)	中等 (壳侧较难)
套管式		100 ～140(内) 30.7(外)	－100～＋600 (特殊＋800)	30 (0.25)	20 (光管)	约 150	中等	较低	易	中等 (外侧较难)	中等 (外侧较难)
蛇管式	喷淋	20			16(光管)	红 60	较低	较低	易	中	中
	浸没	100			15(光管)	约 60	较低	低	易	中	难
管翅式 (空冷)		管程与其他类似	～＋550 (特殊＋1000)	约 200(按光管表面积计)	1100 ～3300		较高	高	较难	中	中
板(框)式	垫片	1.0～2.5	橡胶 －65～＋180 石棉 －40～＋260	1500 (0.10)	300～1500	约 16	低	高	较难	易	易
	全焊	2.5～4.0	－50＋1000							难	不能
螺旋板式		4.0 (大尺寸为 1.0)	约＋500	500	44～200	约 50	中等	较高	中等	难 (焊接式)	不能 (焊接式)
板翅式	钎焊	4.0～8.3	铝合金 －270～＋90 不锈钢 ＋500～800	9000	800～5900	管壳式的 0.1 倍以下	高	高	难	甚难	不能
	扩散联结	20～40	－273～ ＋900				最高	最高	最难	甚难	不能
板壳式		2.0～7.0	聚四氟乙烯垫片 约＋200 石棉垫片 不锈钢 约 800	800 ～1000	是管壳式的 1.7～3 倍	约 24	较高	高	较难	较难	较难
伞板式		1.2	约 150	100				较高	中等	较易	易

主要性能指标及相对比较

化学清洗	抗泄漏性	抗结垢性	传热系数	扩大可能	多流股应用	多流程应用	设备持料量	其他操作特性
可	中	中等 （壳侧较差）	中等 （壳侧较低）	否	否	可	较高	广泛应用于各种介质及相变流体，表中性能按浮头式光管考虑，壳侧性能较差，可用翅片管加以改善。适用性强
可	好 （可拆式较差）	中等	中	尚可	尚可	可	中	制造简单，能实施逆流操作，适应介质面广，宜用于高温、高压、小流量流体的传热。金属耗量大
内侧可	较好	中等	中	尚可	尚可	否	中	只用于管内流体冷却或冷凝，制造简单，但占地较广，易发生周围水雾腐蚀和生物结垢
内侧可	较好	中等	较低	尚可	尚可	否	中	制造简单，但总传热系数较低，传热有效度低。用于换热面较小的场合，适用于管内介质的冷却或冷凝或管外流体的加热
内侧可	中	中等 （翅片侧较好）	较高	尚可	尚可	可	中	空冷操作费用低，但占空间大，投资高，冷却效果受大气条件变化影响，只用于冷却或冷凝，往往比水冷经济。适于遇水易爆、易溶或有毒的介质
可	差	好	高	可	尚可	可	低	在适用的温、压范围内，相对制造成本最低，操作灵活性大，但流动阻力略高，很少用于气体，适用于一般及黏性较大的液体间和热敏性物料的换热。垫片的耐温压与抗腐蚀性能是其制约因素。可用于带颗粒（但不能纤维状）的流体
	好			可	尚可			
可	好	较好	较高	否	否	否	较低	可实现逆流操作和低温差换热。有自洁性，可用于带颗粒的流体，适用介质面广，亦用于相变流体。在其适用的温压范围内，相对费用略低于常用的管壳式。检修困难是其制约因素
不可	好	差	高	否	广泛	广泛	低	结构最为紧凑，传热有效度高，但相对制造成本也最高。可用于各种介质及相变流体，但多用于气-气系统。维修、清洗困难是其制约因素
可	中	中等	较高	否	否	否	较低	结构较管壳式紧凑，板束可抽出检修、清洗，但适用温、压范围不高。流体阻力较低。适于不结垢或可用化学法除垢的流体
可	较差	较好	较高	可	否	否	低	适用介质较广，但通道易堵，要求流体干净。受垫片材料影响，适用温、压较低

表 5-4　常用换热器材料性能

材料名称及代表牌号(或基本组成)	热导率[W/(m·℃)]	密度/(kg/m³)	比热容/[kJ/(kg·℃)]	线膨胀系数/(10^{-6}/℃)	经济使用温度范围/℃	使用温度范围/℃	主要优点及一般使用场合	常见不耐蚀介质及局限性
低碳钢 20	45～60	7850 ～7860	0.474 ～0.48	11.16 ～11.28	0～350	0～480	是最常用的换热器材料，价格低，强度较高，加工性能好。对碱性介质和许多有机液体和气体比较稳定，常温下在浓硫酸中产生钝化膜，广泛用于无特殊耐蚀性要求的场合	不耐大部分无机酸和有机酸的腐蚀，中性液中的耐蚀性随其含氧量而降低，在富氧或搅拌情况下腐蚀加快，350℃以上发生蠕变
低合金钢 C-0.5Mo， 1Cr0.5Mo， 16Mn	34～44 53	7800	 0.46	13.3 8.31	400～480 350～550 −40～350	0～480 0～550 −40～475	在低碳钢中加入少量Co、Mo等元素，增加其高温强度和抗氧化性，耐蚀性亦有所提高，可在高温高压的氢介质环境下使用。 16Mn则加入少量Mn、V等元素	与碳钢类似 C-0.5Mo在400～450℃耐蠕变 1Cr0.5Mo在450～600℃耐蠕变
低温用钢 0.5Ni 3.5Ni， 9Ni					−70～−40 −100～−70 −196～−100	−70～350 −100～100 −196～100	又称低镍钢，在无特殊耐蚀要求条件下用于低温环境，代替不锈钢。其他适用条件同低碳钢	与碳钢类似
奥氏体不锈钢 0.6Cr19Ni10， 0.6Cr18Ni11Ti	16～21	7930	0.50	17～20	−196～50及500～650	−196～700	在常温氧化性环境(大气、水、强氧化性酸等)下易钝化，高温下有较高强度和抗氧化能力，低温下有足够韧性，无磁性，机械强度优于低碳钢。对大部分有机酸、有机液体、碱类、中性溶液和多种气体有良好耐蚀性，是制作换热管、板的常用材料	导热性较差、价格较贵。不耐非氧化性酸(如稀硫酸、氢氟酸、盐酸等)、含卤素离子的盐溶液(如氯化铵、三氯化铝等)、热浓磷酸、湿氯气等
铜及铜合金 纯铜， 青铜， 海军黄铜， 铜镍合金(含Ni30%)	400 100 116 29	8960 8000 8800 8910	0.385 0.38 0.377 0.377	16.5～18.2 21.2 16.2	−200～130 −20～130 150～320	−200～200 −200～200 (250) −200～320	导热性好，加工性能好，低温力学性能好，是深冷换热器的主要材料，用作管材和板材。耐水、盐水、海水、碱、不含空气泡的非氧化性酸(如稀硫酸、亚硫酸、稀盐酸、氢氟酸)和有机酸及有机液体(不能含氧或氧化剂)。铜镍合金对海水与高温耐蚀性更好	机械强度低于碳钢，价格较贵。不耐氨水与含铵离子的水溶液、硫和硫化物、氧化性酸、湿氯气、过氧化氢、溴、二氧化硫和硫化氢等。操作海水、盐水时，流速宜低于1m/s。铜镍合金不耐高温硫作用
铝及铝合金 高纯铝， 硬铝(铝镁合金)	221 227	2900 2640～ 2680	0.36 0.36	23.5～24.6 23.8～24.8	−200～200 −200～150	−200～200 −200～150	导热性好，加工性能好。−195～0℃间韧性不下降，亦用于深冷设备。常用于板翅式换热器，亦有用于板式。铝纯度愈高，耐蚀性愈强。 在水、含SO_2和CO_2的大气、中性溶液和弱酸性溶液中稳定性较好，亦用于pH在4.5～8.5间的溶液和其他氧化环境的有机酸和溶剂、过氧化氢、氨、硫化氢、干亚硫酸气、醋酸等。硬铝强度有所提高	机械强度低，耐磨性差，要防止流体特别是固体颗粒的冲刷磨损。 不耐还原性环境和强酸、强碱及盐酸、氢氟酸、氢氧化钠、硫铵、柠檬酸钠、氯酸、次氯酸等
铅及铅合金 高纯铅， 硬铅	34.8 27.2	11340 10740	0.129 0.137	29 26.7	0～150	0～150	在硫酸、亚硫酸、磷酸、铬酸中耐蚀性很好，其耐蚀性与其腐蚀产物的溶解度有关。常用作设备内衬，在硫酸工业中应用较多	机械强度极低，必须另外支撑，熔点低，不能用于高温。有毒性。不耐硝酸、醋酸、有机酸等

注：1. 热物理性质大部分是常温下数据，供相互比较用；

2. 经济使用温度范围是根据无特殊耐蚀要求考虑的；

3. 使用温度范围中括号内的值是短期最高使用温度，不同腐蚀介质的允许使用温度并不相同。

粒接触使之温度升高；以及将热的固体热载体与需要加热的物料接触，都属于直接式换热。这类换热器结构简单，金属耗量少，传热过程方便而有效。但只适用于允许冷热物料发生直接接触的场合，而且混合传热后的物料一般需设法重新分离，故在石油化工中使用不广。

b. 蓄热式换热器。冷热流体周期地交替流过热容量很大的蓄热材料表面（如填料），热流通过时蓄热材料温度及焓值升高，而在冷流体通过时，由填料表面吸收热量。主要用于高温气体与低温流体的换热，这类设备难以避免冷热流体间的局部掺合。由于是不定常过程，控制比较复杂，流体出口温度也有周期性的波动。多用于冶金工业、硅酸盐工业等部门。

c. 表面式换热器（间壁式换热器）。冷热物料（一般为流体）间以固体间壁分开，热量通过间壁在冷热流体间传递。这类换热器适用范围广，操作方便，在工业中95%以上使用这种换热器，也是本章讨论的基本内容。

（1）按间壁式换热器的用途分类

① 使单相工艺物流（过程物流）温度发生变化。包括加热器（一侧为工业热源，使工艺物流温度升至操作温度）、预热器（工艺物流温度得到部分升高）、过热器（如使工艺过程蒸气温度升高成为过热蒸气）、冷却器（一侧为工业冷源，如空气冷却器）和换热器（狭义的，指两侧都是工艺流体，以回收热流体的部分能量，提高过程的热效率）。

② 使工艺物流同时发生相变化。包括再沸器、冷凝器、冷凝冷却器、蒸发器（见蒸发章）等。

（2）按间壁式换热器的材料分类

由于石油化工过程中，流体的操作温度、压力、流体的物理-化学性质如腐蚀性及结垢性各不相同，要求作为传热间壁和换热器壳体的材料易于加工、有一定的机械强度、良好的耐温性（耐高温或耐低温）和耐蚀性，而间壁材料还要求有高的导热系数。因此，换热器按所使用的材料可分为常用金属材料换热器和特殊材料换热器两类（参见本章5.1.1.5节和5.8节）。

（3）按间壁式换热器的结构分类

按基本换热元件的型态可分为管式和板式两大类。后者有多种形式其中有间壁由若干平行的板面构成，冷热流体的流道可以都做得很窄，故单位体积中能容纳较多的传热面，即有较高的紧凑度，m^2/m^3。为进一步提高换热器的紧凑度与传热效果，可采用扩展表面（例如管翅式）和其他强化措施，具体分类如下：

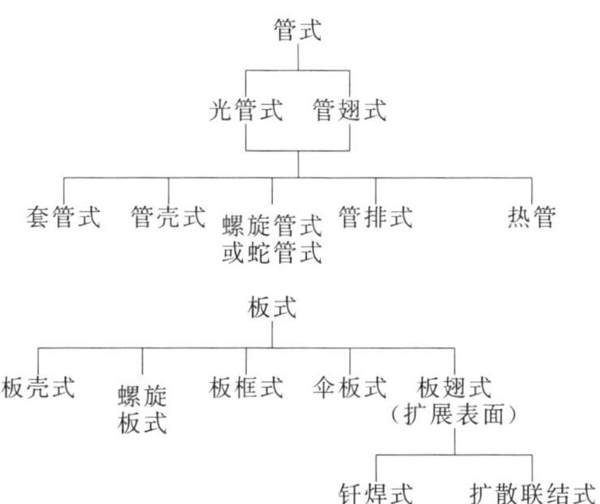

5.1.1.4 换热器的性能和选型

各种换热器各有其适用场合，选用时应根据工艺要求、厂区特点、不同型式换热器对介质和操作条件的适应性以及设备制造费用和操作费用等因素进行技术经济综合权衡，现分述如下。

(1) 对工艺要求的考虑因素

① 适用的温度范围和压力范围以及允许的流量和处理能力;

② 较高的传热系数与传热效率;

③ 可采用材料对介质的抗腐蚀性;

④ 如流体易于结垢，必须满足一侧或两侧的可清洗性（首先考虑机械清洗）;

⑤ 对有毒、易燃、易爆介质，应考虑严格地防泄漏性;

⑥ 对热敏性物料，设备持液量低较为有利。

(2) 对厂区特点的考虑因素

① 如安装位置有限制，应考虑采用紧凑式换热器，例如炼油海上平台等场合;

② 如从换热器制造厂要长途运输（如海运）到使用单位，应对制造费与运输费权衡，采用紧凑性高、单位传热面质量轻的型式可能有利;

③ 根据水源情况及气象条件，冷却器选用水冷或空冷;

④ 如生产规模近期有变化，板框式换热器易于适应。

(3) 制造与操作经济性方面的考虑因素

① 紧凑性高，则金属耗量低，此点对采用耐腐蚀的贵金属时尤为重要。紧凑度高的设备也可降低运输和安装费用;

② 制造难度高，制造费用也高，选用已成批生产的标准化的设备比较有利;

③ 从节能观点使用有较高的换热器效率（＞99%）和小的接近温差（3～5℃）的几种板式换热器，可以降低生产成本；流动压降高低也是应考虑的成本因素;

④ 适宜温差下，单台换热器的传热面积能否满足要求，因多台串、并联都会增加造价。

表 5-3 为各种换热器的主要性能指标及相对比较，可供选用时参考，更详细的性能介绍参见各节。虽然管壳式换热器由于标准化生产和适应性广，仍是最常用的，但考虑到操作经济性和节能降耗等因素，正在许多场合下被各种紧凑式换热器所取代。

5.1.1.5 换热器的材料

在设计换热器时，除应先选择换热器结构型式外，还应同时恰当地选用其结构材料，要根据设备的操作压力和温度、介质的腐蚀性、材料的加工工艺性能和价格因素等方面综合考虑。作为换热元件的材料应有较高的导热性、足够的机械强度和耐热性。在石油化工行业中，更需注意材料的耐蚀性。选材不当，既影响换热器的使用寿命和安全性，也可能不必要地使设备的成本大为提高。例如，使用不锈钢设备处理盐酸或含氯离子的溶液，很容易迅速腐蚀。在选用时，不仅要考虑正常的操作条件，还要考虑开停工过程可能发生的操作波动以及空气和水汽混入的影响。

换热器材料可分为金属材料和非金属材料两类。金属材料中包括黑色金属、有色金属和稀有金属。非金属材料（石墨、玻璃、氟塑料）、稀有金属（钛、钽、锆等）与黑色金属中的一部分贵重合金（如哈氏合金与因康耐尔合金等）价格都比较高，只用于有特殊要求的场合，它们的性能将在 5.8 节中讨论。换热器常用金属材料可参阅表 5-4，表中只列出了材料的一般耐腐蚀性能，由于腐蚀情况的复杂性，对具体介质能否应用应根据工业使用经验或有关腐蚀数据手册，并在使用条件下进行耐蚀试验而定。

在工业生产中，使用单一材料的管子有时难以同时满足各方面的操作要求，例如对耐蚀、强度或操作温度等，或者管子两侧要满足不同的条件等。为此，发展了多种复合材料，由两种性质的材料用冶金方法紧密结合在一起，例如渗铝碳钢换热管、不锈钢-碳钢复合管、高级合金复合管等。在有些高温高压场合，某些部位（如壳体）采用耐热、耐蚀材料作衬里可以降低换热器的造价。但常由于衬里材料与基体金属热膨胀系数不一致，或非金属材料整体衬里技术不够成熟，导致衬里龟裂或剥落，这方面工作尚有待于发展和完善。

5.1.2 换热器的基本计算公式

换热器工艺计算包括设计型计算和操作型计算两类。

设计型计算是在给定设计任务（如热负荷、工艺流体性质、流量、进出口温度、允许压降等）的前提下，选取一定的换热器型式和设计变量（如流速、热源或冷源温度与用量等），计算所需要的换热面积，并确定各部分工艺尺寸。

操作型计算（也称校核型计算）则是在给定换热器型式、规格和尺寸的前提下，分析某些变量发生变化时对其他变量的影响，用来指导操作和评价换热器的性能。由于设计时常需采取多种方案进行比较，因此在初步设计出一个换热器以后，也要进行校核型计算，以观察能否在满足设计要求的前提下，得到尽可能优化的技术经济指标。

这两类计算要用到的基本计算公式是一致的。它包括：基于热力学第一定律的焓衡算方程（俗称热量衡算方程）；基于唯象关系的传热速率方程和流动压降方程；为了使能量得到充分有效的利用，优化换热器的设计，也往往需要进行基于热力学第二定律的㶲衡算。

5.1.2.1 焓衡算与㶲衡算

（1）焓衡算方程

对无内热源的定常流动系统，系统有固定界面，与环境间无轴功交换，并且忽略流体进出系统的动能与位能变化，则可写出下列的焓衡算方程

$$\sum_{i=1}^{k} H_i + \Sigma Q_1 = 0 \tag{5-1}$$

式中　k——进出系统的流股总数；

H_i——流股 i 的焓，J/s；

Q_1——系统与环境间交换的热量（或冷量），对换热器，即热量（或冷量）损失，J/s。

H_i、Q_1 均以进入系统取正值，离开系统取负值。在间壁式换热器中，通常由冷、热两股物流换热，以下标 h 和 c 分别表示热流体和冷流体，而以下标 1 和 2 分别表示流体的进口和出口，且热损失 Q_1 流出系统，则以图 5-1(a) 的换热器作为系统，可写出换热器的焓衡算式

$$(Wh)_{h1} + (Wh)_{c1} - (Wh)_{h2} - (Wh)_{c2} - Q_1 = 0 \tag{5-1a}$$

式中　W——流体的质量流量，kg/s；

h——流体的比焓，J/kg；

Q_1——系统的热（或冷）量损失（热量排出取负值），J/s。

若流体进出系统不发生相变和化学反应，且其比热容可用平均等压比热容 C_p [J/(kg·℃)]表示，忽略热损失项，则由式（5-1a）可得

$$Q = (WC_p)_h (t_{h1} - t_{h2}) = (WC_p)_c (t_{c2} - t_{c1}) \tag{5-2}$$

或

$$Q = (WC_p)_h \Delta_h = (WC_p)_c \Delta_c \tag{5-2a}$$

式（5-2）是单相流换热器中最常用的热衡算方程（或称热负荷方程），用于结合传热速率方程计算传热面积或其他变量。

式中　Q——换热器的热负荷或热流量，J/s；

t_{h1}、t_{h2}——热流体进、出换热器的温度，℃或 K；

Δ_h——热流体的温降，$\Delta_h = t_{h1} - t_{h2}$，℃或 K；

Δ_c——冷流体的温升，$\Delta_c = t_{c2} - t_{c1}$，℃或 K；

t_{c1}、t_{c2}——冷流体进、出换热器的温度，℃或 K。

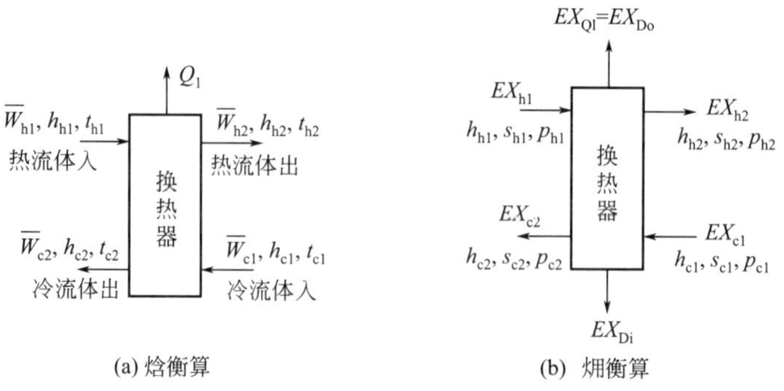

图 5-1　换热器的焓衡算与㶲衡算

若流体有相变，则宜直接由式(5-1a) 计算：$Q = W_h(h_{h1} - h_{h2}) = W_c(h_{c2} - h_{c1})$　　(5-3)

设定焓的基准态后，按选定的焓变途径计算上式中的各比焓值。例如，若热流体为饱和蒸气冷凝，温度不变，或冷流体为饱和液体沸腾，则式(5-3) 中的比焓差，即分别为各自饱和温度下的比冷凝焓和比气化焓（均取正值）。

当热流体为工业热（冷）源时，计算热（冷）源耗量时应计入热损失项 Q_L。

(2) 㶲（有效能）衡算

流体流动过程中的能量耗散（表现为流动压降）和在温差推动下的传热都是不可逆过程，因而导致熵的产生和㶲的损失，换热器的热损失也导致㶲损。压降越大，温差越高，热量损失越大，则㶲损越高，过程的能量利用效率（包括热力学第一定律和第二定律计算的效率）越低，操作费用增加。但另一方面，对一定的换热器，流速增加，压降增加，对流给热系数也增加，同时温差也可提高，于是传热面积和造价可以降低，这也需要进行权衡。通过㶲衡算方程，可以了解换热器中㶲损的来源和数量，便于进一步的技术经济比较。

一个系统（或对象）的㶲（又称有效能）定义为从其所处状态变化到指定的自然环境状态并与之达到平衡时可能作出的最大有用功。在换热器中涉及的㶲，包括热量㶲和物流的物理㶲（由于物料的温度和压力与自然环境不同而具有的㶲）。自然环境状态通常都取 $T_0 = 298\text{K}$，$p_0 = 101.3\text{kPa}$。

通过界面进入或排出的热量㶲 EX_Q（J/s）表示为

$$EX_Q = Q\left(1 - \frac{T_o}{T_W}\right) \tag{5-4}$$

物流 i 的物理㶲（忽略其动能和位能时）可表示为

$$EX_i = W_i[(h - h_o) - T_o(s - s_o)] \tag{5-5}$$

式中　Q——从系统界面进入或排出的热量，J/s（进入为正）；

T_W——界面温度，K；

W_i——物流 i 的质量流量，kg/s；

h、s——物流 i 在所处状态下的比焓，J/kg 和比熵，J/(kg·K)；

h_o、s_o——物流 i 在自然环境状态下的比焓，J/kg 和比熵，J/(kg·K)。

系统内部进行过程的不可逆性所引起烟的损失称为过程内部烟损，用 EX_{Di}（J/s）表示，

$$EX_{Di}=T_o s_g \tag{5-6}$$

式中　s_g——系统的熵产生量，J/(s·K)。

由于系统直接排弃到自然环境中的热量或物流而导致的烟损失称为过程外部烟损（或称排弃烟损），用 EX_{Do}表示，例如换热器有热损失 Q_l 时，对应的热量烟 $EX_{Ql}=Q_l\left(1-\frac{T_o}{T_W}\right)$即为过程外部烟损（此时 Q_l 应取负值）。

据此，可作出换热器的烟衡算图（图 5-1b），并列出烟衡算方程

$$EX_{h1}+EX_{c1}-EX_{h2}-EX_{c2}=EX_{Di}+EX_{Do} \tag{5-7}$$

若先不考虑外部烟损，即取 $Q_l=EX_Q=EX_{Do}=0$，由式(5-3)、式(5-5)、式(5-7) 可得

$$\begin{aligned}EX_{Di}&=W_h(h_{h1}-h_{h2})+W_c(h_{c1}-h_{c2})-T_o[W_h(s_{h1}-s_{h2})+W_c(s_{c1}-s_{c2})]\\&=T_o[W_h(s_{h2}-s_{h1})+W_c(s_{c2}-s_{c1})]\end{aligned} \tag{5-8}$$

故由式(5-6)

$$s_g=W_h(s_{h2}-s_{h1})+W_c(s_{c2}-s_{c1})>0 \tag{5-9}$$

取换热器中的一个微分段，则该段中的微分内部烟损量为

$$dEX_{Di}=T_o[W_h ds_h+W_c ds_c] \tag{5-8a}$$

按热力学关系式 $dh=Tds+Vdp$，代入式(5-8a) 可得

$$dEX_{Di}=T_o\left\{\left[\frac{W_h dh_h}{T_h}+\frac{W_c dh_c}{T_c}\right]-\left[\frac{W_h V_h dp_h}{T_h}+\frac{W_c V_c dp_c}{T_c}\right]\right\}$$

微分段的热负荷 $\delta Q=-W_h dh_h=W_c dh_c$，故

$$dEX_{Di}=T_o\left[\frac{T_h-T_c}{T_h T_c}\delta Q-\left(\frac{W_h V_h dp_h}{T_h}+\frac{W_c V_c dp_c}{T_c}\right)\right] \tag{5-10}$$

式中　V_h、V_c——热、冷流在该微分段温度 T_h 与 T_c 下的比容，m^3/kg；

dp_h、dp_c——热、冷流在该微分段的压力变化，相当于负的压降值。

式(5-10) 表达了流体间温差（T_h-T_c）与压降$-dp_h$ 与$-dp_c$ 对内部烟损的影响，两者均使烟损增加。在不同条件下积分可得到不同烟损关系。这里只列出了两股理想气体纯逆流无相变换热时的过程烟损计算式，其余可参阅有关文献[1]。

若（$WC_p)_c$<（$WC_p)_h$，则有

$$\begin{aligned}EX_{Di}=T_o\Bigg\{&(WC_p)_c\ln\left[1+\varepsilon\left(\frac{T_{h1}}{T_{c1}}-1\right)\right]+(WC_p)_h\ln\left[1-\frac{(WC_p)_c}{(WC_p)_h}\times\varepsilon\left(1-\frac{T_{c1}}{T_{h1}}\right)\right]\\&-(WC_p)_c\left(\frac{R}{C_p}\right)_c\ln\left[1-\frac{(\Delta p)_c}{p_{c1}}\right]-(WC_p)_h\left(\frac{R}{C_p}\right)_h\ln\left[1-\frac{(\Delta p)_h}{p_{h1}}\right]\Bigg\}\end{aligned} \tag{5-11}$$

式中　ε——换热器效率，$\varepsilon=\frac{T_{c2}-T_{c1}}{T_{h1}-T_{c1}}$；

Δp——流体压降，Pa；

p_{h1}、p_{c1}——热、冷流体进口处的压力，Pa；

R——通用气体常数，J/(kg·K)。

式(5-11) 中的温度均需用热力学温度（K）代入。

---

[1] 例如，Bejan A. ASME J. Heat Transfer. 1977，99（3）：374-380. Int. J. Heat Transfer. 1978，21（5）：655-658.

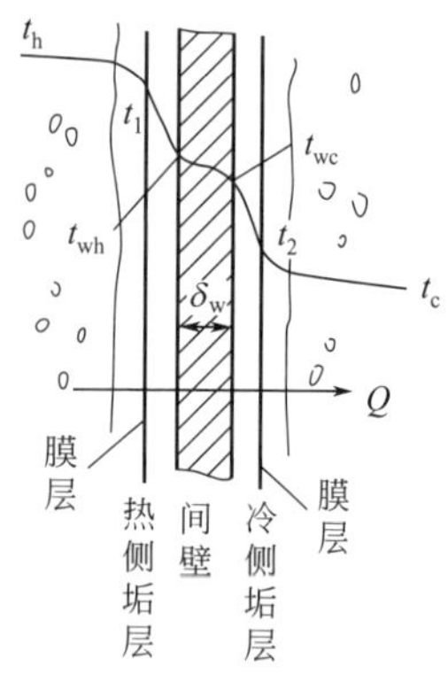

图 5-2 间壁两侧的传热

5.1.2.2 传热速率方程

在垂直于热流方向的间壁（传热面）上截取一段微分高度，其传热面积为 dA，间壁两侧的情况与温度变化如图 5-2。若间壁厚为 δ_w，热导率为 λ_w，两侧壁面温度为 t_{wh}、t_{wc}，间壁两侧各附有垢层，垢层热阻分别用 r_{th}、r_{fc}表示，垢层表面温度为 t_1、t_2，垢层外侧的热流与冷流主体温度分别用 t_h、t_c 表示。在定常传热时，通过各层的热流量 dQ 应相同。依据牛顿冷却定律与傅里叶导热定律，对平壁可写出：$\dfrac{dQ}{dA}-\alpha_h(t_h-t_1)=\dfrac{t_1-t_{wh}}{r_{fh}}=\dfrac{t_{wh}-t_{wc}}{\delta_w/\lambda_w}=\dfrac{t_{wc}-t_2}{r_{fc}}=\alpha_c(t_2-t_c)$写成热阻形式并合并温度项，得到平壁微分传热速率方程

$$dQ=K\,dA(t_h-t_c) \tag{5-12}$$

$$K=1/\left(\frac{1}{\alpha_h}+r_{fh}+\frac{\delta_w}{\lambda_w}+r_{fc}+\frac{1}{\alpha_c}\right) \tag{5-13}$$

式中 K——总传热系数，W/(m^2·℃)；

Q——热负荷或热流量，W。

对圆筒形间壁，由于两侧表面积并不相同，若以 A_i、A_o 分别代表筒内壁与外壁的表面积，下标 i、o 分别代表内、外侧，则可得微分传热速率方程如下。

$$dQ=K_i dA_i(t_h-t_c)=K_o dA_o(t_h-t_c) \tag{5-12a}$$

$$K_i=1/\left(\frac{1}{\alpha_i}+r_{fi}+\frac{\delta_w}{\lambda_w}\times\frac{dA_o}{dA_m}+r_{fo}\frac{dA_i}{dA_o}+\frac{1}{\alpha_o}\times\frac{dA_i}{dA_o}\right) \tag{5-13a}$$

$$K_o=1/\left(\frac{1}{\alpha_o}+r_{fo}+\frac{\delta_w}{\lambda_w}\times\frac{dA_o}{dA_i}+r_{fi}\frac{dA_o}{dA_i}+\frac{1}{\alpha_i}\times\frac{dA_o}{dA_i}\right) \tag{5-13b}$$

式中 K_i、K_o——以内、外侧表面积为基准的总传热系数，W/(m^2·℃)；

α_i、α_o——内、外侧流体的对流给热系数，W/(m^2·℃)；

r_{fi}、r_{fo}——内、外侧污垢热阻，(m^2·℃)/W；

λ_w——间壁的导热系数，W/(m·℃)；

δ_w——间壁厚度，$\delta_w=r_o-r_i$，m；

A_m——圆筒间壁的平均表面积，m^2；

$$A_m=2\pi r_m L=\pi d_m L \tag{5-14}$$

$$r_m=\frac{r_o-r_i}{\ln(r_o/r_i)} \tag{5-15}$$

r_o、r_i——圆筒壁的外、内半径，m；

r_m——圆筒壁的平均半径，m，当 $r_o/r_i\leqslant 2$ 时，可以算术平均值（r_o+r_i）/2 代替；

d_m——圆筒壁的平均直径，m，$d_m=2r_m$；

L——圆筒壁的长度，m。

对整个换热器，若总传热系数 K，K_i 或 K_o 可以其平均值代表，则可写出总传热速率方程。

对平壁：
$$Q=KA\Delta T_m \tag{5-16}$$

对圆管：
$$Q=K_iA_i\Delta T_m=K_oA_o\Delta T_m \tag{5-16a}$$

式中　Q——换热器的热负荷，按式(5-2) 或式(5-3) 计算，W；

A——平壁表面积，m^2；

ΔT_m——热、冷流体间的平均温度差，℃或 K；

A_i、A_o——圆管的总内、外表面积，m^2。

由此可见，对间壁两侧传热表面积不相等的情况，应选定一个表面积为基准，而总传热系数应与基准表面积配套使用。

5.1.2.3　总传热系数

在工程习惯上，对管式换热器常以光管的外表面积 A_o 为基准，故其平均总传热系数应按 K_o 计算（以后统一用 K 代表 K_o），于是

$$K=1/\left(\frac{1}{\alpha_o}+r_{fo}+\frac{\delta_w}{\lambda_w}\times\frac{A_o}{A_m}+r_{fi}\frac{A_o}{A_i}+\frac{1}{\alpha_i}\times\frac{A_o}{A_i}\right) \tag{5-16b}$$

或

$$K=1/\left(\frac{1}{\alpha_o}+r_{fo}+\frac{\delta_w}{\lambda_w}\times\frac{d_o}{d_m}+r_{fi}\frac{d_o}{d_i}+\frac{1}{\alpha_i}\times\frac{d_o}{d_i}\right) \tag{5-16c}$$

式中　d_o、d_i——圆管的外、内径，m；

d_m——圆管壁的平均直径，m。

换热器的总传热系数与两侧流体的流动状态、物理性质、操作条件及换热器的结构型式、换热面的材料等因素均有关系。在一定的换热器中，由于流体的温度、压力在不断变化，其物性与流速也在变化，故 K 值不是常数。如变化不大，可按换热器两端的实际条件分别计算出总传热系数，并取其对数或算术平均值；当 K 值变化很大时，宜分段取平均值进行计算。

按串联热阻的观点，令 $R=1/K$，$R_o=1/\alpha_o$，$R_{fo}=r_{fo}$，$R_w=\frac{\delta_w}{\lambda_w}\times\frac{d_o}{d_m}$，$R_{fi}=r_{fi}\frac{d_o}{d_i}$，$R_i=\frac{1}{\alpha_i}\times\frac{d_o}{d_i}$，可将式(5-16c) 写成

$$R=R_o+R_{fo}+R_w+R_{fi}+R_i \tag{5-16d}$$

式中　R_o、R_i——管外、内侧的对流热阻，(m^2·℃)/W；

R_{fo}、R_{fi}——管外、内侧的污垢热阻，(m^2·℃)/W；

R_w——管壁热阻，(m^2·℃)/W。

式(5-16d) 的意义即总热阻为各分热阻之和，而分热阻的数量级并不相同，如间壁材料为导热性好的金属，且管壁很薄，则管壁热阻 R_w 常可忽略；对一定流体，污垢热阻一般按经验取某一定值（5.1.4 节）后进行面积比校正，因此常常只有两侧对流热阻是可变的。设计中要减少总热阻，提高总传热系数，应设法减少其中数量级最高的分热阻值才比较有效。在换热器计算时，常需先估算一个总传热系数，不同情况下总传热系数的经验值参见 5.1.5。

5.1.2.4　单相流体的对流给热系数与流动摩擦因子

流体对流给热系数的计算是换热器工艺计算中的关键问题。本节只列出最基本的单相牛顿流体在圆管内、外流动时的对流给热系数计算式及有关基本概念，不同情况下的实用算式参见有关各节。

对流给热系数计算式有纯经验式、无量纲准数关联式和理论分析式三类。使用纯经验式时，严格限于经验式所指定的物料对象与操作条件范围，式中各变量也必需使用指定的单位。理论分析式只限于某些简单边界条件下的层流给热。无量纲准数关联式是根据量纲论、相似论或过程的数学模型，将有关的各种变量归纳为若干无因次数群，分别表征流动状态因素、物性

因素、传热面与流道形状等几何因素对给热系数（表现为 Nu 数或 j_H 因子）的影响，并通过实验关联为准数方程，其应用最为广泛，但也必须注意其适用范围，不宜外推使用。本章主要介绍这类关联式。

（1）单相流对流给热系数关联式中常用的无量纲准数

最基本的无量纲准数如下。

① Reynolds数，Re。它是流体中的惯性力与黏性力之比，反映流体流动状态（湍动程度）的影响，$Re=\frac{Gl}{\mu}=\frac{u\rho l}{\mu}$。

② Prandtl数，Pr。它反映流体物性因素的影响，$Pr=\frac{c_p\mu}{\lambda}$。

③ Grashoff数，Gr。它是流体中浮力与黏性力之比，反映自然对流的影响，$Gr=\frac{\rho^2\beta\Delta t l^3 g}{\mu^2}$。

④ Nusselt数，Nu。它反映一定条件下对流传热速率与流体导热速率之比，Nu 数中包含待定的对流给热系数，$Nu=\frac{\alpha l}{\lambda}$。

⑤ j_H因子。它是由三传类比概念导出的包含对流给热系数项的无量纲准数，

$$j_H=StPr^{2/3}=\frac{\alpha}{C_pG}\left(\frac{C_p\mu}{\lambda}\right)^{2/3} \tag{5-17}$$

其中 St 称为 Stanton 数，它反映在一定条件下流体对流传热速率与流体的焓变速率之比。对简单形状流道与 Pr 数不太高的情况，常直接通过流动摩擦系数 λ_f 或 Fanning 摩擦因子 f 与 St 数相关联。这里的 j_H 因子称为 Colburn 传热因子。有些文献中可能应用 Kern 传热因子，

$$j_h=NuPr^{-1/3}\left(\frac{\mu}{\mu_w}\right)^{-0.14} \tag{5-17a}$$

因而 $j_h/j_H=Re$，应注意区别。

上列各准数中，

G、u——流体通过流动截面的质量流速，kg/(m^2·s)和平均流速，m/s；

C_p、μ——流体的等压比热容，J/(kg·℃)和黏度，Pa·s；

λ、β——流体的热导率，W/(m·℃)和体胀系数，1/℃；

l——反映流动截面或传热面几何特征的定性尺寸（或称特性尺寸），m；

Δt——传热面与流体间的温度差，℃。

其他尚有反映几何特征影响的特性尺寸比、反映由于壁面温度与主体温度不同而引起物性变化对传热影响的温度比或物性比，如$\left(\frac{\mu}{\mu_w}\right)$、$\left(\frac{Pr}{Pr_w}\right)$、$\left(\frac{T}{T_w}\right)$等（下标 w 表示壁面），以及由基本无量纲准数组成的复合准数，例如：$St=\frac{Nu}{RePr}$，$Ra=Gr\cdot Pr$（称为 Rayleigh 数，常用来判断自然对流的流型），$Gz=RePr\ \frac{d}{c}$（称为 Graetz 数，常用于管内层流条件下），d/L 就是一种特性尺寸比（管径/管长）。

（2）定性温度与壁温

① 截面上的定性温度与壁温计算。当需要计算换热器某一截面上的对流给热系数或总传

热系数时，用于确定给热系数关系式中流体物性数值的温度称为定性温度。常用的是流体截面平均温度 t 或膜温 t_f，此外，校正壁面温度与流体主体温度差异的影响时亦需要计算壁温 t_w。

流体的截面平均温度又称为混合杯温度，是指按截面上的流速分布与温度分布得出的平均温度，也就是按热量衡算式计算出的流体在该截面上的温度。

膜温 t_f：

湍流时，
$$t_f=\frac{1}{2}(t+t_w) \tag{5-18}$$

层流时，
$$t_f=t+\frac{1}{4}(t_w-t) \tag{5-18a}$$

壁温可按下列各式根据实际情况选用。

$$t_{wc}=t_c+q/\alpha_c \tag{5-19}$$

$$t_{wh}=t_h-q/\alpha_h \tag{5-19a}$$

若忽略管壁热阻及污垢热阻，则

$$t_w=t_c+\left(\frac{\alpha_h}{\alpha_h+\alpha_c}\right)(t_h-t_c) \tag{5-20}$$

$$t_w=t_h-\left(\frac{\alpha_c}{\alpha_h+\alpha_c}\right)(t_h-t_c) \tag{5-20a}$$

考虑两侧污垢热阻时，

$$t_{wc}=t_c+K\left[\frac{1}{\alpha_c}+r_{fc}\right](t_h-t_c) \tag{5-21}$$

$$t_{wh}=t_h-K\left[\frac{1}{\alpha_h}+r_{fh}\right](t_h-t_c) \tag{5-21a}$$

上述各式中，

q——流体侧的热流强度，W/m^2；

K——总传热系数，$W/(m^2 \cdot ℃)$；

t_{wh}、t_{wc}——热、冷侧的壁温，℃；

r_{fh}、r_{fc}——热、冷侧流体的污垢热阻，$(m^2 \cdot ℃)/W$；

α_h、α_c——热、冷侧的对流给热系数，$W/(m^2 \cdot ℃)$。

壁温计算需要试差，通常先在 t_h 与 t_c 间假设一个 t_w，试差至与式(5-19)～式(5-21a)得出值之间的误差不超过3～5℃，即可认为满意。

② 换热器的平均定性温度与壁温计算。换热器中，流体物性随温度而变，故两端的总传热系数也不相同。对逆流换热器 Kern 曾建议取热端（热流入口）与冷端（冷流入口）的总传热系数 K_h 和 K_c 的对数平均值作为式(5-16)中的 K 值。为简化计算，也可分别取两侧流体的某一平均定性温度 t_m，求取换热器两侧流体的平均对流给热系数与平均总传热系数。

对低黏度液体或气体，两端流体物性变化不太大，则流体的平均定性温度可取其进口与出口温度的算术平均值，即

$$t_{cm}=\frac{1}{2}(t_{c1}+t_{c2}) \tag{5-22}$$

$$t_{hm}=\frac{1}{2}(t_{h1}+t_{h2}) \tag{5-22a}$$

对油类或其他高黏度液体，可由下式计算。

$$t_{cm}=t_{c1}+F_c(t_{c2}-t_{c1}) \tag{5-23}$$

$$t_{hm}=t_{h2}+F_c(t_{h1}-t_{h2}) \tag{5-23a}$$

校正因子 F_c 可由图 5-3 求得，图中，

K_h、K_c——热、冷端的总传热系数，W/(m^2·℃)；

ΔT_h、ΔT_c——热、冷端的流体温差,℃。

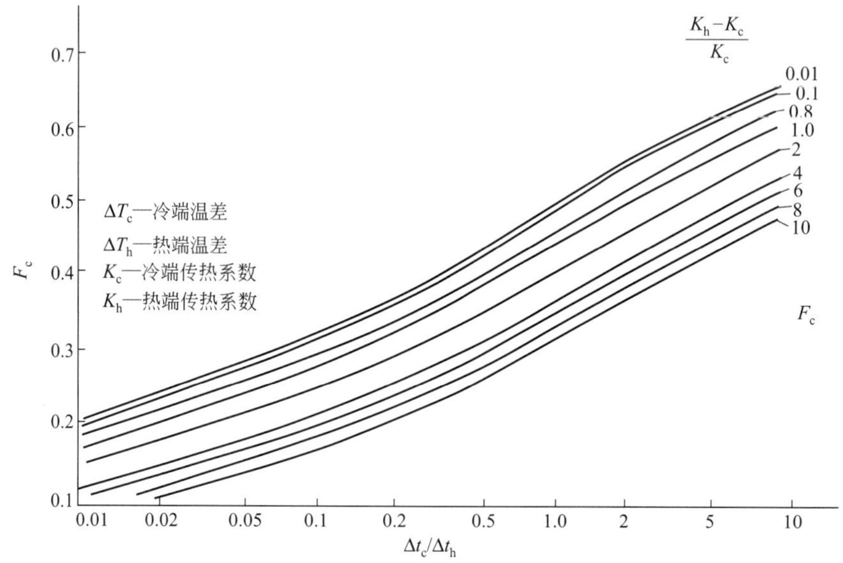

图 5-3 流体平均温度的校正因子 F_c

在近似计算时，可按$\dfrac{K_h-K_c}{K_c}\leqq 1$查取 F_c，亦可按图 5-4 由控制流体的物性估算$\dfrac{K_h-K_c}{K_c}$的值。图中下标 he 和 ce 分别表示同一流体的高温端与低温端，对热流体，$\dfrac{\mu_{he}}{\mu_{ce}}$和$\dfrac{(\lambda Pr^{1/3})_{he}}{(\lambda Pr^{1/3})_{ce}}$即代表$\dfrac{\mu_{h1}}{\mu_{h2}}$和$\dfrac{(\lambda Pr^{1/3})_{h1}}{(\lambda Pr^{1/3})_{h2}}$，而对冷流体，则代表$\dfrac{\mu_{c2}}{\mu_{c1}}$和$\dfrac{(\lambda Pr^{1/3})_{c2}}{(\lambda Pr^{1/3})_{c1}}$。以$\dfrac{\mu_{he}}{\mu_{ce}}$较大的一个作为控制流体，并按其$\dfrac{\mu_{he}}{\mu_{ce}}$与$\dfrac{(\lambda Pr^{1/3})_{he}}{(\lambda Pr^{1/3})_{ce}}$的值求取 F_c 值❶。

平均壁温仍按式(5-19)～式(5-21)，平均膜温按式（5-18）计算，式中流体温度使用式(5-22）或式(5-23）的平均温度值。

（3）管内强制对流给热系数关联式[28][29][11]

① 强制对流、混合对流与自然对流的判据。即使在完全强制对流条件下，总存在自然对流，只是影响相对很小可以忽略；混合对流是指强制对流与自然对流均不可忽视的情况。

在计算前应先判断水平管或垂直管内的流动属于哪种状态，再选用相应公式。确定自然对流影响的判据是 Gr/Re^2，一般 $Gr/Re^2\geqslant 0.1$ 时，自然对流影响不能忽略；若 $Gr/Re^2\geqslant 10$，可作为纯自然对流。此外，可使用图 5-5 进行判别，图 5-5 的适用条件是：$10^{-2}<Pr\dfrac{d_i}{L}<1$，图中，混合对流与强制对流或混合对流与自然对流的边界线，是按若该处用强制对流公式或用

❶ Durand AA etal. CE. 1992，99（2)：139～147.

自然对流公式计算时，误差将大于10%来确定的。图中Gr数的定性尺寸是d_i，Δt用$|t_w-t_m|$计算，定性温度为t_m。

② 单相牛顿流体在光滑圆管内强制对流给热系数在湍流、过渡区与层流时的关联式。见表5-5。

③ 对表5-5的补充说明

a. 表中，$Nu=\frac{\alpha d_i}{\lambda}$，$Re=\frac{d_i u\rho}{\mu}=\frac{Gd_i}{\mu}$，$Gz=RePr\frac{d_i}{L}$（$L$为管长），$j_H=StPr^{2/3}$。

b. 对非圆形管道，可用当量直径d_e代替d_i作为定性尺寸，$d_e=\frac{4\times流通截面积}{浸润周边}$，例如，对环隙，$d_e=d_2-d_1$（$d_2$为外管内径，$d_1$为内管外径），在有些文献中亦有用$d_e=\frac{4\times流通截面积}{传热浸润周边}$，此时对环隙$d_e=\frac{d_2^2-d_1^2}{d_1}$，应注意区分。

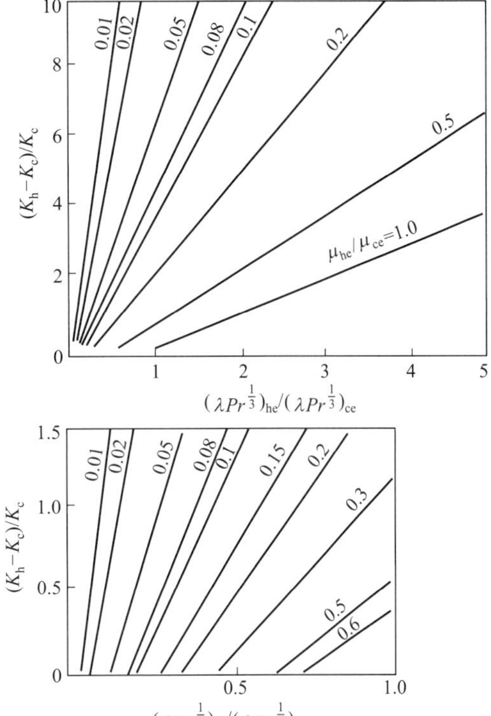

图5-4 由控制流体物性估算$(K_h-K_c/)K_c$

c. 流体在弯曲直径为D_c的弯管内流动时，当$Re>10^4$时可按直管求出的α值乘以$\left(1+3.5\frac{d_i}{D_c}\right)$；$Re<10^4$时，则将相应公式的$Gz$中的$\frac{d_i}{L}$项代以$\left(\frac{d_i}{D_c}\right)^{1/2}$计算。

d. 在湍流与过渡区中，如$\frac{L}{d_i}<50\sim60$，应考虑进口效应，可将上表求出的α乘以$\left[1+F_1\left(\frac{d_i}{L}\right)\right]$。对进口速度分布已充分发展时，$F_1=1$；对进口突然收缩或为180°圆弯时，$F_1=6$；对90°圆弯进口，$F_1=7$；对45°圆弯进口，$F_1=5$。

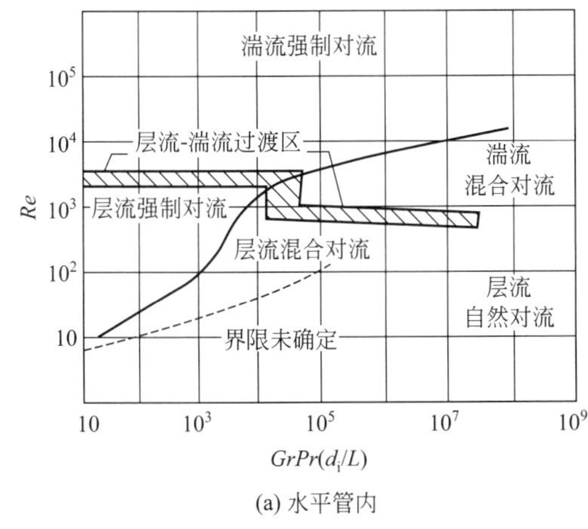

(a) 水平管内

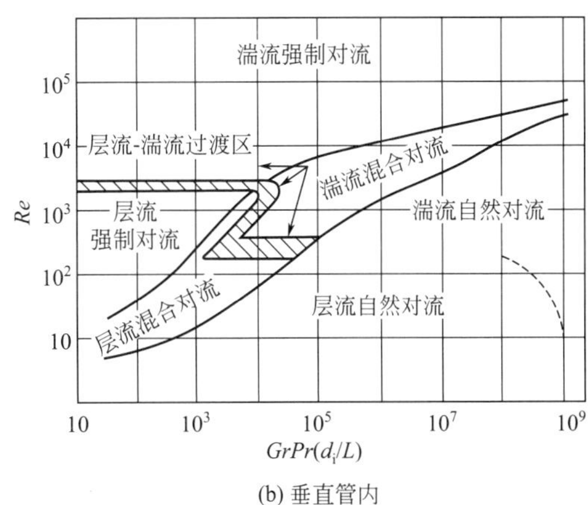

(b) 垂直管内

图5-5 自然对流、混合对流与强制对流状态的判别

表 5-5　单相流体在光滑圆管内强制对流给热系数关联式

流态	应用对象	关联式	适用范围	定性温度及备注
湍流	低黏度流体	$Nu=0.023Re^{0.8}Pr^{n}$　(5-24) 流体被加热：$n=0.4$ 流体被冷却：$n=0.3$	$\mu<2\mu_{水}$，$Re=10^4\sim1.2\times10^5$， $Pr=0.7\sim120$，$L/d_i>50$， $\lvert t_w-t_m\rvert$不大	$t_m=\frac{1}{2}(t_1+t_2)$
	黏性流体	$Nu=0.023Re^{0.8}Pr^{1/3}\left(\frac{\mu}{\mu_w}\right)^{0.14}$　(5-24a) 或 $j_H=0.023Re^{-0.2}\left(\frac{\mu}{\mu_w}\right)^{-0.14}$　(5-25)	$L/d_i>60$，$Re>10^4$， $Pr=0.6\sim700$， $\lvert t_w-t_m\rvert$中等	t_m，μ_w 在 t_w 下，对高黏度油、误差$+15\%\sim-10\%$ t_m
	液体或气体	$j_H=\frac{\left(\frac{f}{2}\right)Pr^{2/3}}{1.07+12.7\sqrt{\frac{f}{2}}(Pr^{2/3}-1)}\left(\frac{\mu}{\mu_w}\right)^{n}$　(5-26) 液体被加热：$n=0.11$， 液体被冷却：$n=0.25$， 气体：$n=0$	$L/d_i>60$，$Re=10^4\sim5\times10^6$， $\mu_w/\mu=0.08\sim40$ anning 因子： $f=(3.64\lg R_e-3.28)^{-2.0}$　(5-26)	t_m， $Pr=0.5\sim200$，误差$5\%\sim6\%$， $Pr=0.5\sim2000$，误差约 10%
	空气	$Nu=0.024Re^{0.8}$　(5-27)	$L/d_i>50$，$Re=10^4\sim1.2\times10^5$	$t_m=\frac{1}{2}(t_1+t_2)$
	大温差下的气体	$Nu=\frac{0.021Re^{0.8}Pr^{0.4}}{(T_w/T_m)^{0.29+0.0019(L/di)}}$　(5-28)	$10<L/d_i<240$， $1555K>T_m>111K$， $80>(T_w/T_m)>1.1$	t_m， T_w，T_m 用热力学温度，K；也可用于大温差下的液体
过渡区	低黏度流体 黏性液体	$\alpha_{过}=\alpha_{湍}\left(1-\frac{6\times10^5}{Re^{1.8}}\right)$　(5-29) $Nu=0.116(Re^{2/3}-125)Pr^{1/3}\left(\frac{\mu}{\mu_w}\right)^{0.14}$　(5-30)	$2100<Re<10^4$ 中等$\lvert t_w-t_m\rvert$	$t_m=\frac{1}{2}(t_1+t_2)$ μ_w 在 t_w 下
层流	黏性流体	$Nu=1.86Gz^{1/3}\left(\frac{\mu}{\mu_w}\right)^{0.14}$　(5-31) $Nu=3.66+\frac{0.085Gz}{1+0.047Gz^{2/3}}\left(\frac{\mu}{\mu_w}\right)^{0.14}$　(5-31a)	$L/d_i>60$，$Re=100\sim2100$， $Pr=0.48\sim16700$， 水平管，小直径，小温差 式(5-31)：$Gz>100$； 式(5-31a)：$Gz=10\sim100$	$t_m=\frac{t_1-t_2}{\ln(t_1/t_2)}$， 相对误差±12% $t_m=\frac{1}{2}(t_1+t_2)$

e. 对 $Pr>0.7$，$\frac{L}{d_i}\geqslant24$ 的圆管内流动，亦可直接按图 5-51(a) 查取，注意该图中的 j_h 与前述 j_H 的表述不同。

f. 对 $Pr\leqslant0.7$，$Re=2\times10^3\sim1\times10^6$ 时的 Nu 数可由图 5-51(b) 查取。

g. 对有$\left(\frac{\mu}{\mu_w}\right)^{0.14}$项的各式中，开始试算时壁温未知，可先近似取值如下：

液体被加热时，$\left(\frac{\mu}{\mu_w}\right)^{0.14}\approx1.05$；

液体被冷却时，$\left(\frac{\mu}{\mu_w}\right)^{0.14}\approx0.95$；

气体被加热或冷却时，$\left(\frac{\mu}{\mu_w}\right)^{0.14}\approx1$。

(4) 混合对流与自然对流

① 水平管内混合湍流与混合层流（定性温度取 t_m）

混合层流　　$GrPr=3.3\times10^5\sim8.6\times10^8$

$$Nu=1.75[Gz+0.012(GzGr^{1/3})^{4/3}]^{1/3}\left(\frac{\mu}{\mu_w}\right)^{0.14}\tag{5-32}$$

混合湍流

$$Nu=4.69Re^{0.27}Pr^{0.21}Gr^{0.07}\left(\frac{d_i}{L}\right)^{0.36} \tag{5-32a}$$

② 垂直管内的混合层流

$$Nu=1.75F_1\left[Gz\pm0.0722F_2\left(GrPr\frac{d_i}{L}\right)_w^{0.84}\right]^{1/3} \tag{5-33}$$

式(5-33)中，ⓐ $Gz=\frac{Wc_p}{\lambda L}$（$W$ 为质量流量，kg/s）；ⓑ 除$\left(GrPr\frac{d_i}{L}\right)_w$ 内定性温度取 t_w 外，Nu 与 Gz 的定性温度取 t_m；ⓒ 流体受热向上流动或被冷却向下流动时，0.0722 前取正值，反之取负值；ⓓ 式中 F_1、F_2 是$Z=\left|t_1-\frac{t_2}{t_m-t_w}\right|$的函数，关系如下：

Z	0	0.1	0.3	0.5	1.0	1.5	1.7	1.8	1.9	1.95	1.99	2.0
F_1	1	0.997	0.990	0.978	0.912	0.770	0.675	0.610	0.573	0.445	0.332	0
F_2	1	0.952	0.869	0.787	0.588	0.403	0.320	0.272	0.212	0.164	0.095	0

③ 大空间的自然对流。对 $Pr\geqslant0.7$ 的流体，自然对流给热准数方程的一般形式是

$$Nu=c(GrPr)^n=cRa^n \tag{5-34}$$

式中，$Nu=\frac{\alpha l}{\lambda}$，$Gr=\frac{g\beta(t_w-t_m)l^2}{\nu^2}$，$Ra=GrPr$，$\nu$ 为流体的运动黏度，m²/s，定性温度 $t_f=\frac{1}{2}(t_w+t_m)$，定性尺寸对垂直壁用其高度 L，对水平管用 d_o。恒壁温时常数 c 与指数 n 的值见表 5-6。

表 5-6　大空间内自然对流给热系数关联式中的 *c* 和 *n* 值

适用条件		垂直平板及 $\frac{d}{L}\geqslant\frac{35}{Gr^{0.25}}$的垂直管		水平圆管外	
		c	n	c	n
恒壁温	$(GrPr)_f<10^4$（层流）	1.36	1/6	1.09	1/6
	$(GrPr)_f=10^4\sim10^9$（过渡流）	0.59	1/4	0.53	1/4
	$(GrPr)_f=10^9\sim10^{13}$（湍流）	0.1～0.13	1/3	0.13	1/3

计算示例可参见 5.6.2.2 节例 5-15。

(5) 横掠单管及管束的流体给热系数

① 横掠单管时的管外平均对流给热系数。按 Churchill，

$$Nu_m=0.3+\frac{0.62Re^{1/2}Pr^{1/3}}{[1+(0.4/Pr)^{2/3}]^{1/4}}\left[1+\left(\frac{Re}{282000}\right)^{5/8}\right]^{4/5} \tag{5-35}$$

上式使用范围：$10^2\leqslant Re<10^7$，$RePr>0.2$；在 $Re=2\times10^4\sim4\times10^5$ 间上式得值偏低，可改用

$$Nu_m=0.3+\frac{0.62Re^{1/2}Pr^{1/3}}{[1+(0.4/Pr)^{2/3}]^{1/4}}\left[1+\left(\frac{Re}{282000}\right)^{1/2}\right] \tag{5-35a}$$

式(5-35) 与式(5-35a) 中定性温度为膜温 t_f，定性尺寸取管外径，流速按平行流速 u_∞ 选取。为计算方便，也可利用图 5-6 求取，定性温度用 t_f。

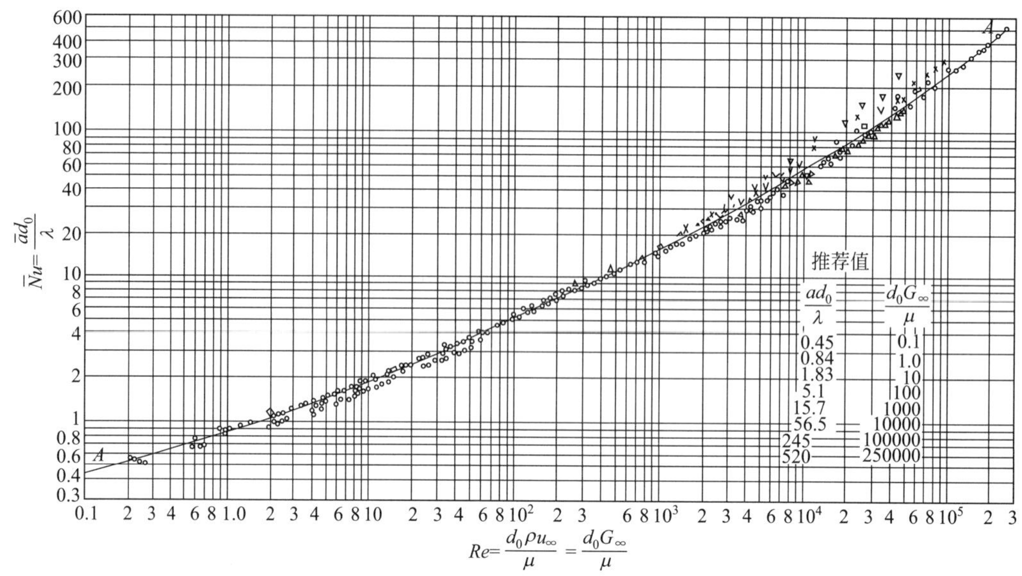

图 5-6 流体横掠单管时的平均对流给热系数

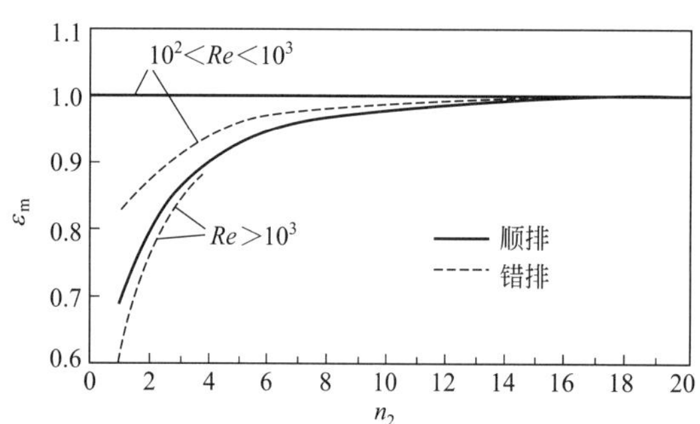

图 5-7 圆管管束的管排修正系数 ε_m

② 掠过圆管管束的对流给热系数。除与 Re 数、Pr 数有关外，还与管束排列方式（顺排或错排）、横向（垂直于流向上）管间距 p_{t1}、纵向（平行于流向）管间距 p_{t2} 以及流向上的管排数 n_2 有关，对空气冷却器光管管排可参阅 5.5.2.2 节。

按 Zukauskas 的关系式如下（适用于 $0.7<Pr<500$）

$$Nu=c\varepsilon_m Re^a Pr^{0.36}\left(\frac{Pr}{Pr_w}\right)^b \tag{5-36}$$

式中，对气体，取定性温度为 t_f，则 $b=0$；对液体，定性温度取 t_m，$b=\frac{1}{4}$。定性尺寸取 d_o。ε_m 是气流方向上管排数 n_2 的修正系数，当 $n_2=20$，$\varepsilon_m=1$；$n_2<20$ 时可按图 5-7 选用。常数 c 和指数 a 的值见表 5-7。式(5-36) 中，$Re=\frac{G_{max}d_o}{\mu}=\frac{u_{max}\rho d_o}{\mu}$，$G_{max}$ 或 u_{max} 是管束间最小流通截面处的质量流速，kg/(m² · s)或流速，m/s，对正三角形或正方形排列可按表 5-8 计算。

表 5-7 式（5-36）中 c 与 a 的值

排列方式	顺		错	
Re	c	a	c	a
$10\sim10^2$	0.8	0.4	0.9	0.4
$10^2\sim10^3$	对中等以上的 p_{t2} 值，按单管计算		约较单管值高 20%	
$10^3\sim2\times10^5$	0.27	0.63	$p_{t1}/p_{t2}<2$ 时：$c=0.35\left(\frac{p_{t1}}{p_{t2}}\right)^{0.2}$，$a=0.6$ $p_{t1}/p_{t2}>2$ 时：$c=0.4$，$a=0.6$	
$2\times10^5\sim10^6$	0.21	0.84	0.22	0.84

表 5-8　光管束间最大流速 u_{max} 的计算

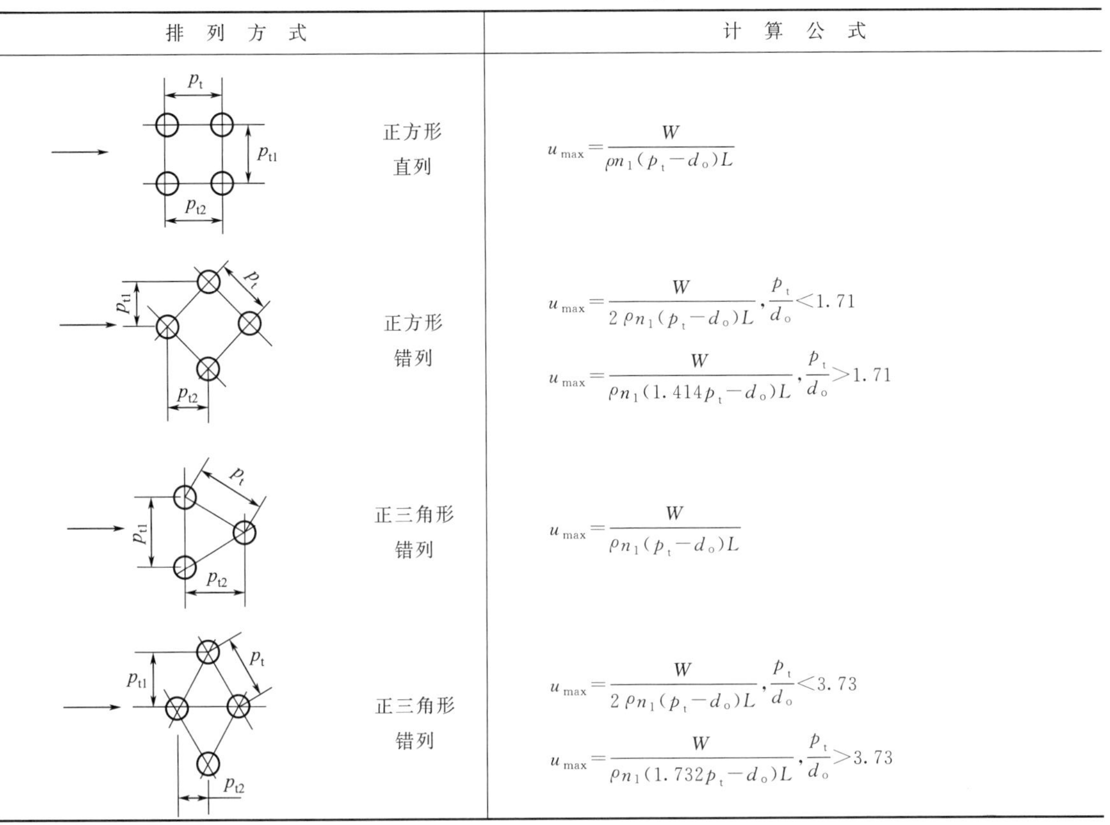

排列方式		计算公式
	正方形直列	$u_{max}=\dfrac{W}{\rho n_1(p_t-d_o)L}$
	正方形错列	$u_{max}=\dfrac{W}{2\rho n_1(p_t-d_o)L}$，$\dfrac{p_t}{d_o}<1.71$ $u_{max}=\dfrac{W}{\rho n_1(1.414p_t-d_o)L}$，$\dfrac{p_t}{d_o}>1.71$
	正三角形错列	$u_{max}=\dfrac{W}{\rho n_1(p_t-d_o)L}$
	正三角形错列	$u_{max}=\dfrac{W}{2\rho n_1(p_t-d_o)L}$，$\dfrac{p_t}{d_o}<3.73$ $u_{max}=\dfrac{W}{\rho n_1(1.732p_t-d_o)L}$，$\dfrac{p_t}{d_o}>3.73$

注：p_t——管间距，m；d_o——光管外径，m；L——管长，m；n_1——垂直于流向上（迎风面上）的管排数。

(6) 管内和管束间流动摩擦因子计算

流动摩擦因子除用于流道内摩擦压降计算外，在利用三传类比概念建立的传热关系式中（通常是 j 因子关联式）也要用到。

① 对于管内流动各种状态下的 Fanning 摩擦因子 f 或摩擦系数 λ_f 的计算均可参见有关流体力学书籍。

对光滑管中湍流可用表 5-5 中的式(5-26) 计算 Fanning 摩擦因子或按 Blausius 关系，

$$f=0.0791Re^{-1/4}\quad(4\times10^3\leqslant Re\leqslant10^5)\tag{5-37}$$

对层流，

$$f=1b/Re\tag{5-37a}$$

$$f=\frac{\tau_w}{\frac{1}{2}\rho u^2}=\frac{\lambda_f}{4}$$

故直管摩擦压降

$$\Delta p_f=4f\frac{L}{d_i}\times\frac{G^2}{2\rho}=\lambda_f\frac{L}{d_i}\times\frac{G^2}{2\rho}\tag{5-38}$$

对粗糙管中的湍流，亦可用式（5-130）计算摩擦系数 λ_f，或利用 Moody 图查取。

② 管束间的摩擦因子计算。由图 5-8(a) 及图 5-8(b) 可直接查出 f 值（正方形顺列与正三角形错列圆管管束）。图中，$Re=\dfrac{G_{max}d_o}{\mu}$，$x_T=p_{t1}/d_o$，$x_L=p_{t2}/d_o$，$x_D=p_t/d_o$。于是，

管束间的摩擦压降为

$$\Delta p_{\mathrm{f}}=f\frac{G_{\max}^{2}n_{2}}{2\rho}Z \tag{5-39}$$

式中，$G_{\max}$可按表 5-8 计算，n_2 为流向上的管排数，Z 为当 $x_{\mathrm{T}}\neq x_{\mathrm{L}}$［见图 5-8(a)］或 $x_{\mathrm{T}}\neq x_{\mathrm{D}}$［见图 5-8(b)］时的校正系数，各由该图右上的曲线估算。

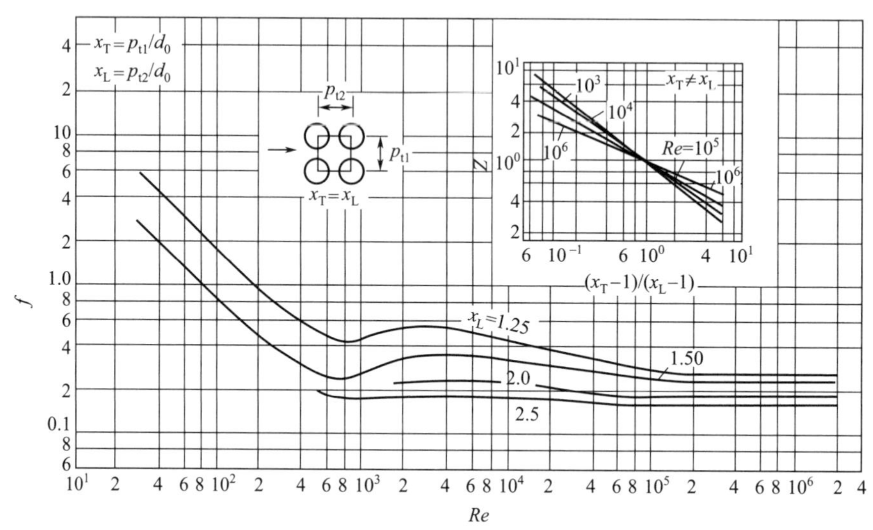

(a) 正方形顺列

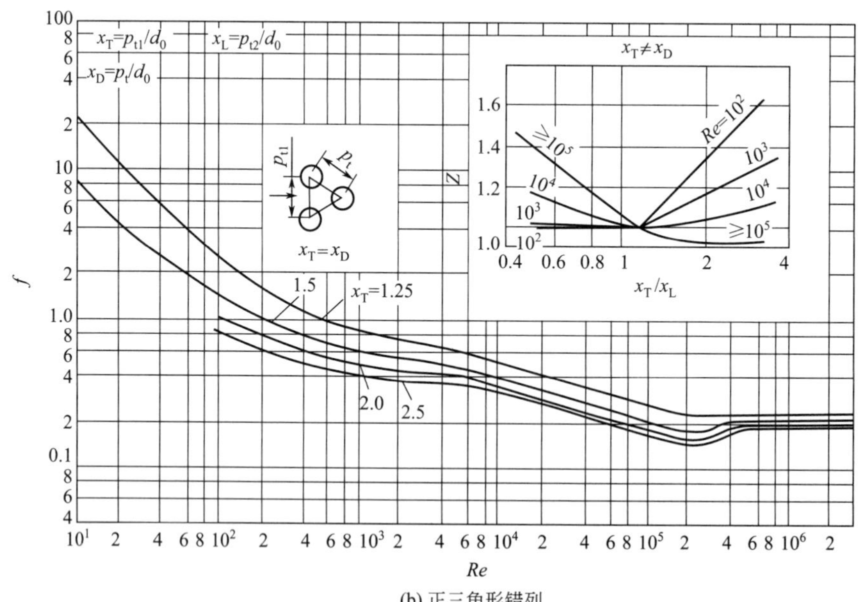

(b) 正三角形错列

图 5-8　光管管束的摩擦因子

对翅片管束的摩擦因子及压降计算参见式(5-303)、式(5-309)（5.5.2.2）。

③ 摩擦因子的温度校正。上述各摩擦因子的关系式都是对等温流体导出的。在换热器中，流动截面上是不等温的，在必要时（如大温差），湍流条件下的摩擦因子可按下式加以校正。令 f 为校正后的摩擦因子，f_0 为按等温流动公式导出的摩擦因子。

在 $10^4\leqslant Re<2.3\times10^5$，$1.3\leqslant Pr<10$ 范围内，

液体被加热 $$0.35\leqslant\frac{\mu_w}{\mu_m}<1,f/f_0=(\mu_w/\mu_m)^{0.25} \tag{5-40}$$

液体被冷却 $$1\leqslant\frac{\mu_w}{\mu_m}\leqslant 2,f/f_0=(\mu_w/\mu_m)^{0.24} \tag{5-40a}$$

在 $Re=1.4\times10^4\sim10^6$ 范围内，

气体被加热 $$1<\frac{T_w}{T_m}\leqslant 3.7,f/f_0=(\mu_w/\mu_m)^{0.52} \tag{5-41}$$

或 $$f/f_0=(\mu_w/\mu_m)^{[0.3\lg(T_w/T_m)+0.36]} \tag{5-41a}$$

气体被冷却 $$0.37\leqslant\frac{T_w}{T_m}<1,f/f_0=(\mu_w/\mu_m)^{0.36} \tag{5-41b}$$

5.1.2.5 平均温度差[19,25,17,28]

对一定型式的换热器，已知热负荷 Q，要计算所需要的传热面积，根据传热速率方程

$$Q=KA\Delta T_m \tag{5-16}$$

可知，除应求出 K 以外，还必须计算平均温度差 ΔT_m，它除与热流体进出口温度 t_{h1} 和 t_{h2}、冷流体进出口温度 t_{c1} 和 t_{c2} 有关外，还与换热面两侧的相对流动形式有关。由于在相同进出口温度下，逆流换热器的平均温度差最大，其他各种形式换热器的平均温度差常以逆流平均温度差（用 ΔT_{lm} 表示）为基准，于是式(5-16) 可改写为

$$Q=KA\Delta T_m=KAF_t\Delta T_{lm} \tag{5-42}$$

式中 ΔT_{lm}——逆流平均温度差，℃；

F_t——换热器的温度差校正因子，它是在相同进出口温度下该换热器的平均温度差与逆流时对数平均温度差之比，

$$F_t=\frac{\Delta T_m}{\Delta T_{lm}}\leqslant 1 \tag{5-43}$$

(1) 流体基本相对流动形式

各种换热器中流体的相对流动形式都可看成是由逆流、并流和错流三种基本形式的不同组合。

① 逆流。逆流换热时，沿换热面的相对流动情况及温度变化见图 5-9。

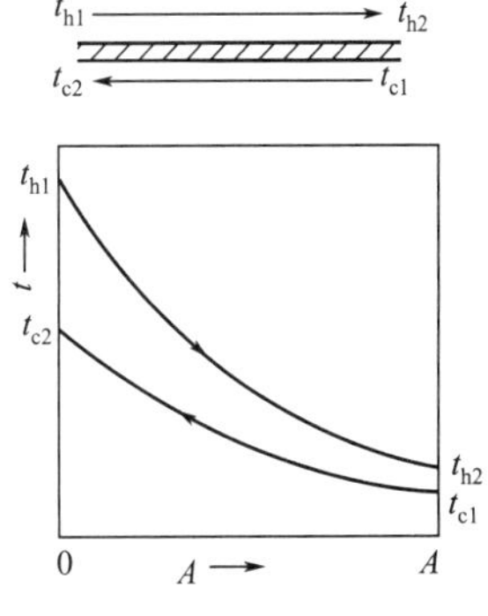

图 5-9 逆流换热

为简化计算，作如下假设：ⓐ定常操作；ⓑ两流体的质量流量 W 及比热容 C_p 保持恒定，即热容流率（WC_p）恒定；ⓒ沿流道每一流动截面上温度均匀；ⓓ总传热系数保持恒定；ⓔ忽略热损失和流动轴向上导热影响；ⓕ无内热源。则逆流条件下的平均温度差可用下式表示。

$$(\Delta T_m)_{逆}=\Delta T_{lm}=\frac{(t_{h1}-t_{c2})-(t_{h2}-t_{c1})}{\ln\frac{t_{h1}-t_{c2}}{t_{h2}-t_{c1}}} \tag{5-44}$$

它是逆流换热器两端热、冷流体间温差的对数平均值。当两端温差之比小于 2 时，可用其算术平均值代替。

从节省传热面积的观点，两端温差宜大，以保持较高的平均温差。但从能量有效利用和减少冷却剂或加热剂用量的角度，则宜减少温差。热、冷流体的流量与进口温度通常由工艺要求

确定，故出口温度的变化直接影响有效温差，同时也改变所需要的传热面积。保持本节开始时的假设，根据焓衡算方程

$$Q=(WC_{\mathrm{p}})_{\mathrm{h}}\Delta_{\mathrm{h}}=(WC_{\mathrm{p}})_{\mathrm{c}}\Delta_{\mathrm{c}} \tag{5-2a}$$

式中，$(WC_p)_h$、$(WC_p)_c$ 为热、冷流体的热容流率，J/(s・℃)或 W/℃；$\Delta_h=t_{h1}-t_{h2}$，$\Delta_c=t_{c2}-t_{c1}$，℃；

则

$$\frac{(WC_p)_h}{(WC_p)_c}=\frac{\Delta_c}{\Delta_h} \tag{5-2b}$$

a. 若$\dfrac{(WC_p)_h}{(WC_p)_c}=1$，则 $\Delta_h=\Delta_c$，由图 5-10(a) 可见，当换热器传热面为 A 时，有

$$\Delta T_m=\Delta T_{lm}=(t_{h1}-t_{c2})=(t_{h2}-t_{c1})=t_h-t_c \tag{5-44a}$$

(t_h-t_c) 为换热器内某截面 A_x 上的温度差。若 K、t_{h1}、t_{c1} 不变，将换热面积增至 A_1，此时流体温度变化如图 5-10(a)中虚线所示，即有 $\Delta_h'=\Delta_c'>\Delta_h=\Delta_c$，说明传热量增加了，但其增幅小于 A 的增幅，其原因是：$t_{h1}-t_{c2}'=t_{h2}'-t_{c1}<t_{h1}-t_{c2}=t_{h2}-t_{c1}$，即 ΔT_m 减小了。当 $A\rightarrow\infty$时，$\Delta T_m=0$，$t_{h1}=t_{c2}$，$t_{h2}=t_{c1}$，两线重合。

b. 若$\dfrac{(WC_p)_h}{(WC_p)_c}>1$，即 $(WC_p)_h>(WC_p)_c$，$\Delta_c>\Delta_h$，由图 5-10(b) 可见，当传热面积为 A 时，$(t_{h1}-t_{c2})<(t_{h2}-t_{c1})$。两端温差的差别越大，对数平均温差就愈小于其算术平均值。在一定的 K、A、t_{h1}、t_{c1} 下，冷流体的热容流率愈小，在图上的温度变化曲线的斜率$\dfrac{d\Delta_c}{dA}$愈大，其流体温度变化也愈大，故如 $(WC_p)_h$ 不变，而 $(WC_p)_c$ 继续减小，则相应的平均温差就愈小。

维持热容流率不变，$\dfrac{\Delta_c}{\Delta_h}$不变，将传热面积由 A 增至 A_1，温度变化见图 5-10(b) 中的虚线，此时 t_{c2}' 更靠近 t_{h1}，平均温度差减少，故 Q 的增幅亦小于 A 的增幅。当 $A\rightarrow\infty$时，$t_{c2}\rightarrow t_{h1}$，$\Delta T_m\rightarrow0$，此时理论上可能的最大传热量为：$Q_{max}=(WC_p)_c(t_{h1}-t_{c1})$。

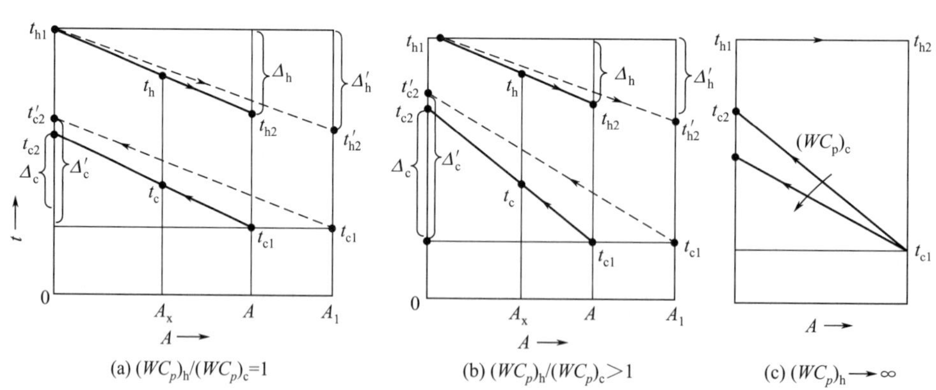

图 5-10 逆流换热器中的温度变化

c. 若$\dfrac{(WC_p)_h}{(WC_p)_c}<1$，则 $\Delta_c<\Delta_h$，$(t_{h1}-t_{c2})>(t_{h2}-t_{c1})$。当 $(WC_p)_c$ 不变，而 $(WC_p)_h$ 继续减小时，相应的平均温差亦越小。在$\dfrac{(WC_p)_h}{(WC_p)_c}$不变而 A 增加时，热流体出口温度 t_{h2} 向冷流体进口温度 t_{c1} 靠近，温差减小，当 $A\rightarrow\infty$时，$t_{h2}\rightarrow t_{c1}$，$\Delta T_m\rightarrow0$，$Q_{max}=(WC_p)_h(t_{h1}-$

t_{c1}）。

若某一流体的热容流率趋于无穷大（如流体发生相变或流体流量极大的场合），则其温度维持不变，如另一侧流体的热容流率变小，其平均温差也将变小。图 5-10(c) 表示热流体温度不变的情况，冷流体温度不变时可作类似分析。

由此可见，

ⓐ 当 K，t_{h1}，t_{c1} 不变时，对相同传热量，使两侧流体的热容流率接近相等，对提高逆流平均温差有利，如果维持一侧流体热容流率不变，而减少另一侧的热容流率，则减少幅度越大，其平均温差越小。相反，如果增加另一侧的热容流率，平均温差会增加，这是以增加该侧的流量和减少该侧的温度变化为代价的。

ⓑ 对不变的 $(WC_p)_h$ 和 $(WC_p)_c$，增加传热面可以提高传热量，但由于 ΔT_m 减少，增加传热面的幅度大于传热量增加幅度，最后也会达到经济上不合理的程度。

ⓒ 当 $(WC_p)_h \neq (WC_p)_c$ 时，热力学上最大可能的传热量 Q_{max} 为

$$Q_{max} = (WC_p)_{min}(t_{h1} - t_{c1}) \tag{5-45}$$

式中 $(WC_p)_{min}$——两流体中较小的一个热容流率，W/℃；

$(t_{h1} - t_{c1})$——可能达到的最大温度变化，℃。

ⓓ 热容流率比是一个对平均温差有明显影响的参数。

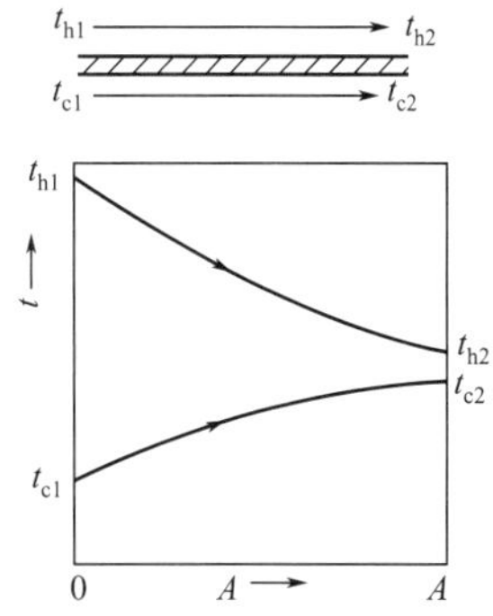

图 5-11 并流换热

② 并流。并流的相对流动情况及温度变化示意见图 5-11。并流的平均温度差可按式(5-46) 计算（推导假设与逆流相同）。

$$(\Delta T_m)_{并} = \frac{(t_{h1} - t_{c1}) - (t_{h2} - t_{c2})}{\ln \dfrac{t_{h1} - t_{c1}}{t_{h2} - t_{c2}}} \tag{5-46}$$

或

$$(\Delta T_m)_{并} = F_t(\Delta T_m)_{逆} = F_t \Delta T_{lm} \tag{5-46a}$$

$$F_t = \frac{1+R}{R-1} \times \frac{\ln\left[\dfrac{1-P}{1-PR}\right]}{\ln\left[\dfrac{1}{1-P(1+R)}\right]} \tag{5-47}$$

式中 R——热容流率比，习惯上 R 常表示为

$$R = \frac{(WC_p)_c}{(WC_p)_h} = \frac{\Delta_h}{\Delta_c} \tag{5-48}$$

P——温度效率或称传热有效度。与 R 的习惯表示相匹配，P 常表示为冷流体温度变化与最大可能温度变化之比，

$$P = \frac{t_{c2} - t_{c1}}{t_{h1} - t_{c1}} \tag{5-49}$$

由此可知，F_t 是 P 和 R 的函数。并流温差校正因子 F_t 亦可由图 5-12 下半部直接查出。对逆流和并流操作可作如下比较。

ⓐ 在一定的传热负荷和相同的进出口温度下，逆流的平均温度差均高于并流，故可节省传热面积。

ⓑ 逆流时，冷流体出口温度可能高于热流体的出口温度；而并流时，t_{c2} 最多只能接近

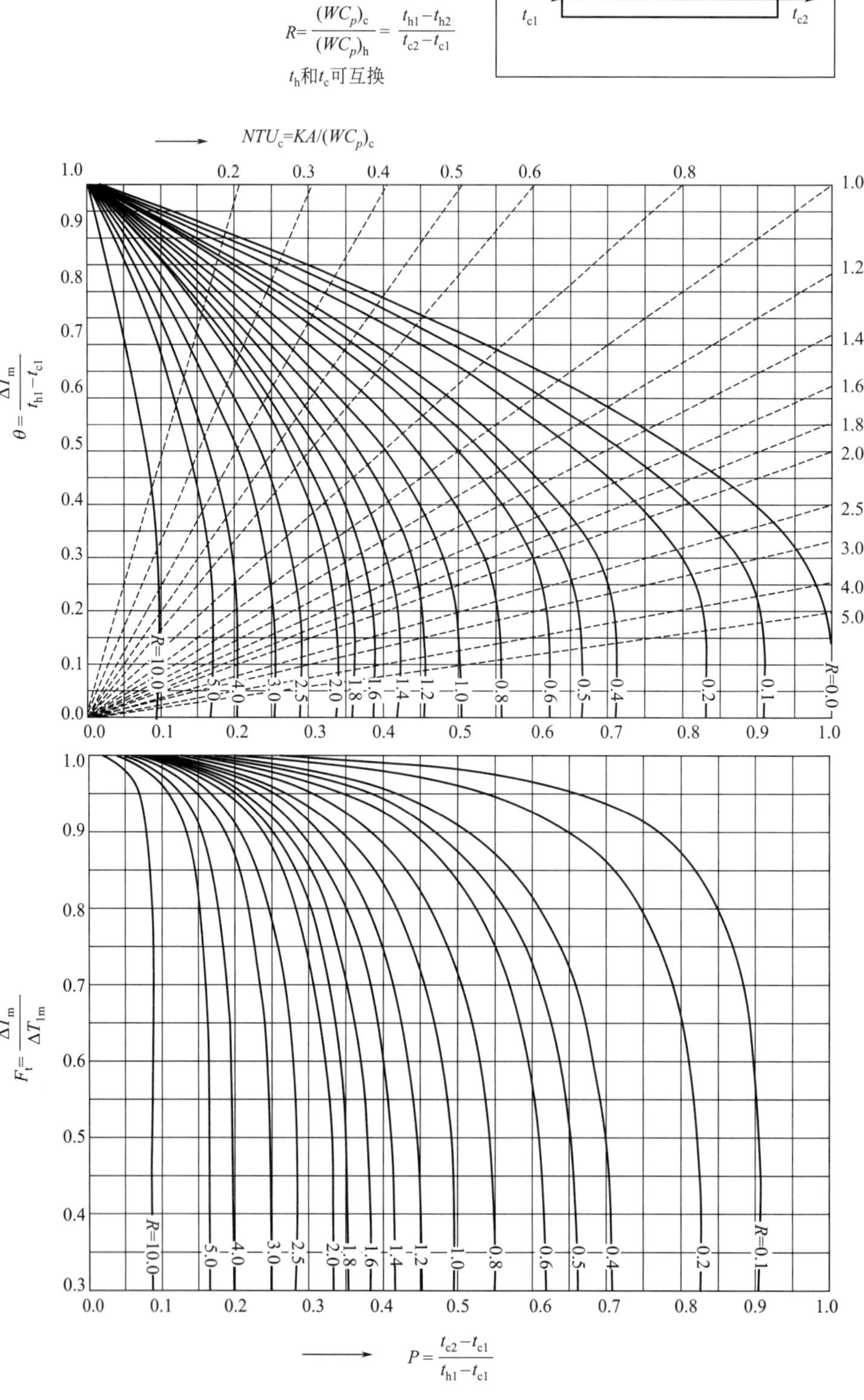

图 5-12 并流时的平均温差关系

t_{h2}。因此，在相同传热面积下，逆流的热量利用较好。

ⓒ 当 $R=0$ 或 $R=\infty$ 时（一侧有相变），$(\Delta T_m)_逆=(\Delta T_m)_并$（参见图 5-10c）。当 $R>20$ 且 $KA/(WC_p)_c\leqslant 0.1$ 或 $KA/(WC_p)_h\leqslant 0.1$ 时，$(\Delta T_m)_并$ 接近于 $(\Delta T_m)_逆$，$F_t\rightarrow 1$。

ⓓ 逆流时，冷热流体的最高温度都处于同一端，故该端的壁温较高，如因此需要使用较昂贵的耐高温材料，也可考虑将换热面分段串联，例如在低温段用逆流而在高温段改用并流。当工艺上对冷流体的出口温度有限制时（例如热敏性物料），采用并流可避免冷流体温度过高。

ⓔ 当用 R、P 查图有困难时，图中注明"t_h 和 t_c 可以互换"，说明可将图 5-12 中的 R 用 $\frac{1}{R}=\frac{(WC_p)_c}{(WC_p)_h}$代替，$P$ 用 $PR=\frac{t_{h1}-t_{h2}}{t_{h1}-t_{c1}}$代替，求出的 F_t 的值不变。

③ 错流。冷热流体沿传热面作相向垂直流动称为错流［见图 5-13（a）］。按两侧流体各自的混合情况，可分为三类。

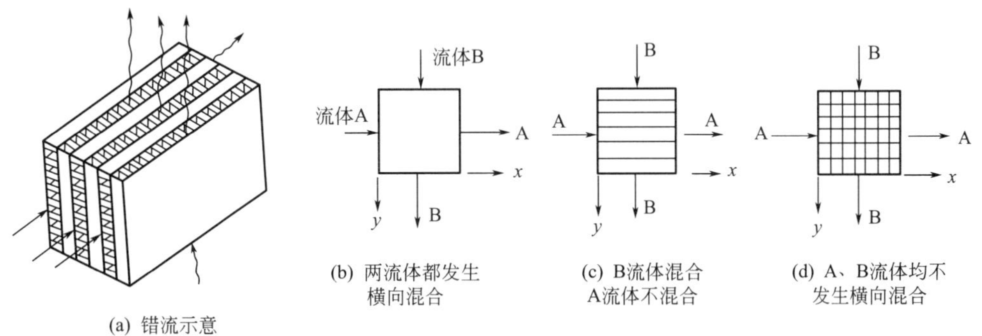

图 5-13 错流换热及其表达形式

ⓐ 两流体都发生横向混合，其表达方式如图 5-13(b)，此时流体 B 的温度在垂直于流向的截面（x 方向）上相同，流体 A 的温度在沿 y 方向的截面上相同，它们都只在其前进方向上发生改变。

ⓑ 流体 B 发生横向混合，流体 A 不发生混合，表达方式如图 5-13(c)。若流体 B 为热流体，它在 x 方向任一截面上的温度是均匀的，只在 y 方向上温度逐渐降低，而冷流体 A 的温度既沿 x 方向升高，在 y 方向上也将顺流体 B 的流动方向发生由高而低的变化。这类似于管壳式换热器的折流板间，壳程流体常认为是在流动截面上混合的，而同一管程各管中的流体则完全不互相混合。

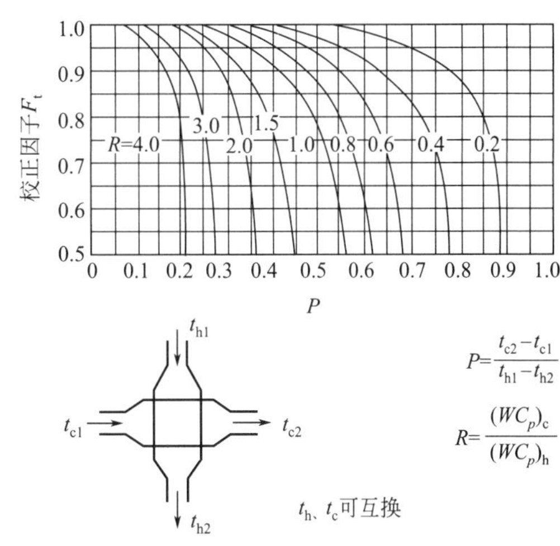

图 5-14 两流体都混合的错流热交换器的平均温差关系

ⓒ 两种流体都不发生横向混合，按图 5-13(d) 表达。

图 5-14 和图 5-15 分别表示情况ⓐ和情况ⓒ的 F_t 与 P、R 的函数关系，不发生混合时的 F_t 较高。情况ⓑ的 F_t 值介于两者之间（参阅图 5-122）。当 R 用$\frac{1}{R}$，P 用 PR 代入时，F_t 值不变（图上曲线的假设均与逆流相同）。

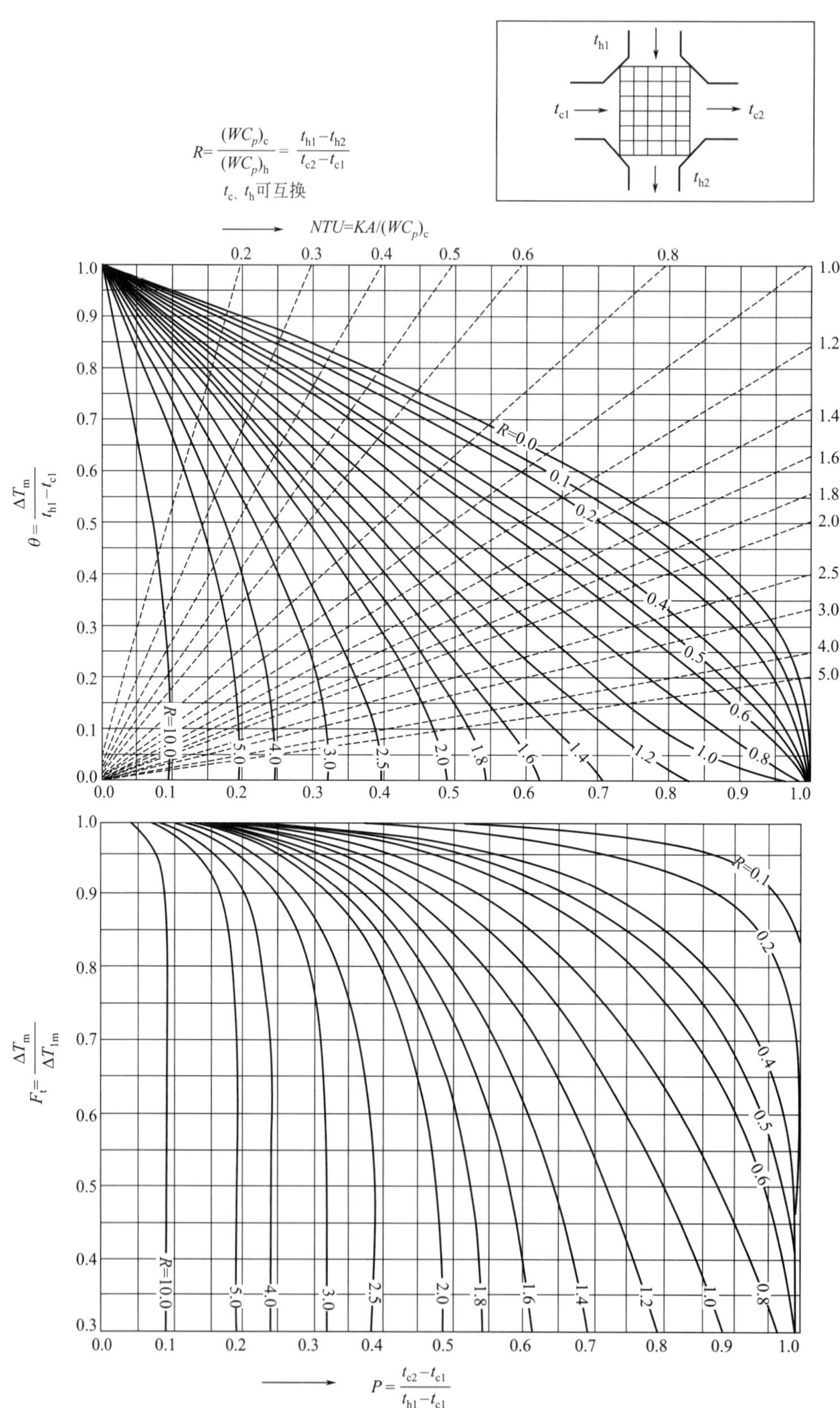

图 5-15 两侧流体都不发生横向混合的错流换热器平均温差关系

错流及其组合多用于板翅式换热器、空冷器、喷淋式冷却器等情况。在管壳式换热器的折流板间亦为错流。在热容流率和进出口温度相同时，错流的 ΔT_m 介于逆流与并流之间。

(2) 几种计算平均温度差的方法

① 对数平均温度差法（F_t-$LMTD$ 法）

当已知两种流体的流量及其进口温度和一个出口温度的条件下，可先算出逆流下的平均温度差 ΔT_{lm}，然后按 P、R 的定义，从相应的 $F_t=f$（P、R）图中（见图 5-12、图 5-14、图 5-15 等）查出不同相对流动形式下的 F_t 值，由式(5-43) 即可计算出 ΔT_m。一般 F_t 值宜大于 0.9，不应低于 0.8～0.75，否则经济性将大为降低，需改变其相对流动方式。除特别指明外，当 P 用 PR 代替，R 用$\frac{1}{R}$代替，所得 F_t 结果相同。有关 F_t 的各种计算公式可参阅文献 [10] [25] 等。

对数平均温度差法适用于已定传热任务的设计计算。但如已知换热器传热面积和冷热流体的流量和进口温度，要计算其出口温度就需要进行迭代试差。

② 换热器效率-传热单元数法（ε-NTU 法）

由式(5-42) 和式(5-2a) 可得

$$KA\Delta T_m=(WC_p)_h\Delta_h=(WC_p)_c\Delta_c$$

故有

$$\frac{KA}{(WC_p)_h}=\frac{\Delta_h}{\Delta T_m},\frac{KA}{(WC_p)_c}=\frac{\Delta_c}{\Delta T_m}$$

记 $(WC_p)_h$ 和 $(WC_p)_c$ 中较小的一个为 $(WC_p)_{min}$，定义：

$$NTU=\frac{KA}{(WC_p)_{min}} \tag{5-50}$$

同时记

$$NTU_h=\frac{KA}{(WC_p)_h}=\frac{\Delta_h}{\Delta T_m} \tag{5-50a}$$

$$NTU_c=\frac{KA}{(WC_p)_c}=\frac{\Delta_c}{\Delta T_m} \tag{5-50b}$$

NTU 称为传热单元数。对一定的传热任务，NTU 越大，它反映所需的换热器的尺寸与传热面积越大，因此 NTU 又称为传热面积数（Heat Transfer Area Number）；对一定的换热器，NTU 越大，则反映其换热能力越大。计算 NTU 时应注意所取的流体基准（c，h，min 等），并与其他参数相匹配。在设计计算时，如 NTU 与 K 已知，即可直接计算出 A 及 ΔT_m。

在 ε-NTU 法中，要用到换热器效率 ε 的概念，它是实际传热量 Q 与最大可能传热量 Q_{max}（逆流，$A\rightarrow\infty$时）之比，即有

$$\varepsilon=\frac{Q}{Q_{max}} \tag{5-51}$$

由式(5-45)

$$\varepsilon=\frac{(WC_p)_h(t_{h1}-t_{h2})}{(WC_p)_{min}(t_{h1}-t_{c1})}=\frac{(WC_p)_c(t_{c2}-t_{c1})}{(WC_p)_{min}(t_{h1}-t_{c1})} \tag{5-51a}$$

热容流率小的流体，其温度变化最大，用 Δ_{max}表示，则

$$\varepsilon=\frac{(WC_p)_{\min}\Delta_{\max}}{(WC_p)_{\min}(t_{h1}-t_{c1})}=\frac{\Delta_{\max}}{t_{h1}-t_{c1}} \tag{5-51b}$$

令

$$R^*=\frac{(WC_p)_{\min}}{(WC_p)_{\max}} \tag{5-52}$$

$(WC_p)_{\max}$是两流体中热容流率较大的一个。

不同流动形式下的 $\varepsilon=f$（R^*，NTU）的公式或图线可参阅有关文献[10,25]。本法中的 NTU 应按式(5-50) 的定义，且 $0\leqslant R^*\leqslant 1$。图 5-16(a) 是只有一种流体混合时错流换热的 ε-NTU 算图（相应的 F_t 算图见图 5-122），注意本图中的参变量是 $R=(WC_p)_{混合}/(WC_p)_{不混合}$，其中的实线表示热容流率较小的流体为混合流（相当于 R^*），虚线为热容流率大的流体为混合流；图 5-16(b) 表示在 $R^*=1$ 的条件下，逆流、并流、错流均混合、错流两流体均不混合和 1 壳程-2管程的换热器效率的相互比较。由图 5-16(a)可知，在一侧混合的条件下，使热容量较小的流体混合流动，可以获得较高 ε 值。

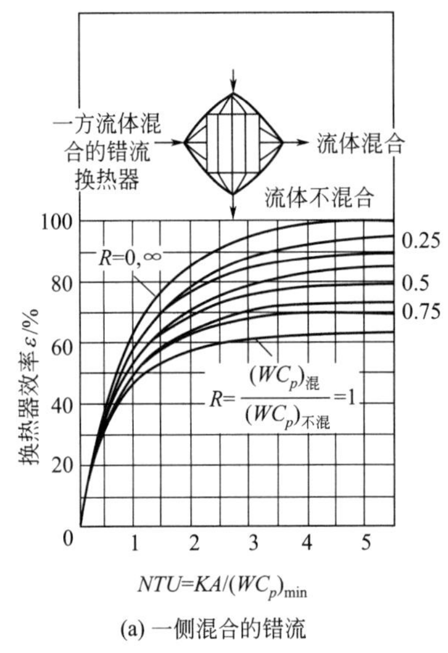

(a) 一侧混合的错流

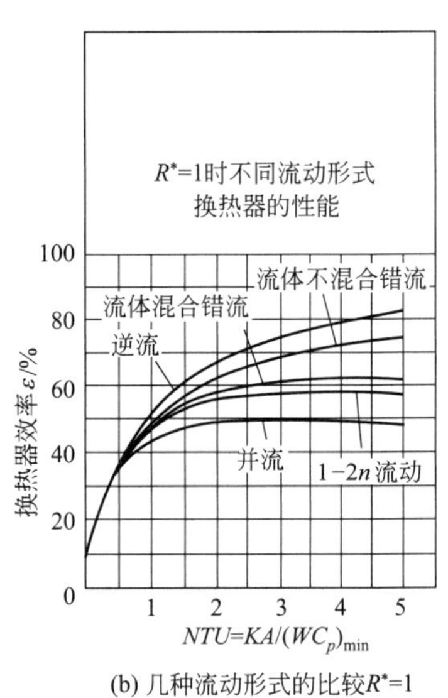

(b) 几种流动形式的比较R*=1

图 5-16　不同情况下的 ε-NTU 关系

ε-NTU 法的优点是：ⓐ 在某些情况下可以避免迭代试差；ⓑ ε 作为换热器的一个性能指标，具有可比性。其缺点是：ⓐ 要选出 $(WC_p)_{\min}$，R^* 和 NTU 也都要以此为基准，容易引起混淆；ⓑ 有时仍需进行试差方能得解。为解决第一个缺点，发展了 P-NTU 法，就本质而言，ε-NTU 法和 P-NTU 法是一致的。

③ 温度效率-传热单元数法（P-NTU 法）

由于换热器两侧流体的流动条件有各种组合，例如，在管壳式换热器中，壳程的热容流量可能大于管程，壳程可能走冷流体，而管程走热流体，也可能作相反的配置。为了避免混乱，可以分别规定两侧流体 A 和 B 的 P，R 和 NTU，并按相应的线图或公式进行求解。

将式(5-49) 对温度效率 P 的定义加以扩展

$$P=\frac{\text{流体实际的温升(或温降)}}{\text{最大可能的传热温差}}=\frac{\Delta_h(\text{或}\ \Delta_c)}{t_{h1}-t_{c1}} \tag{5-53}$$

于是可写出对流体 A 和 B 各自的 P、NTU 与 R 的表达式（见表 5-9）。

表 5-9 流体的 P、NTU 和 R 表达式

	流 体 A	流 体 B
温度效率	$P_A=\dfrac{\Delta_A}{t_{h1}-t_{c1}}$	$P_B=\dfrac{\Delta_B}{t_{h1}-t_{c1}}$
传热单元数	$NTU_A=\dfrac{KA}{(WC_p)_A}$	$NTU_B=\dfrac{KA}{(WC_p)_B}$
热容流量比	$R_A=\dfrac{(WC_p)_A}{(WC_p)_B}=\dfrac{\Delta_B}{\Delta_A}$	$R_B=\dfrac{(WC_p)_B}{(WC_p)_A}=\dfrac{\Delta_A}{\Delta_B}$

表中 Δ_A、Δ_B——流体 A 与流体 B 在换热器中的温升或温降，均取正值，℃。

对某种换热器，可有

$$P_A=f(NTU_A,R_A)\text{或} NTU_A=\varphi(P_A,R_A) \tag{5-54}$$

$$P_B=f(NTU_B,R_B)\text{或} NTU_B=\varphi(P_B,R_B) \tag{5-54a}$$

与 F_t 的线图类似，习惯上常以流体 A 为冷流体或管内流体推导公式并作出线图，大多数情况下，利用这些公式或线图也可用于流体 A 为热流体或壳侧流体的情况（即可以互换），在以后章节里，将引用一些这类线图。

ε-NTU 法或 P-NTU 法，与 F_t-$LMTD$ 法相比较，各有长处，Mueller 将这两类方法相结合，得出了 θ-P 法。

④ θ-P 法。图 5-17 和图 5-12、图 5-15 的上半部即为逆流、并流、错流全不混合时的 θ-P 图（推导假设均同逆流）。图上纵坐标为 θ，它是平均温差与最大可能温度差之比

$$\theta=\frac{\Delta T_m}{t_{h1}-t_{c1}} \tag{5-55}$$

横坐标为 P，参数为 R，图上同时画出了呈放射线形的一组 NTU 线（在有些 Mueller 图上还画出了 F_t 线）。按习惯以 P_A 为冷流体作出图线，故相应的 $R_A=\dfrac{(WC_p)_c}{(WC_p)_h}$，$NTU_A=\dfrac{KA}{(WC_p)_c}$，除特别指明者外，如按热流体为基准，即用 $R_B=1/R_A$，$P_B=P_AR_A$ 与 $NTU_B=NTU_A\cdot R_A$ 分别代替 R_A、P_A 与 NTU_A 亦可得出同样的结果。

在 θ，P，R，NTU 四个变量间，只要知道其中两个变量，就可以求出其余两个变量，因此使用极为方便。例如可由已知的 P_A，R_A 直接查出 θ，并求出 ΔT_m。如 K 已知，即可由 NTU_A 直接算出传热面积 A（参见例 5-1）。

（3）复杂流况下的平均温差计算

对常用的管壳式（列管式）换热器，包括不同壳程数和管程数、有隔板与无隔板壳程分流式的 F_t 与 θ 线图均见 5.2.3.4。板（框）式换热器不同流程的 ε 或 P 线图及算表见 5.7.3.3。可供其他换热器在复杂得多程并-逆流换热情况下参照使用。

对管翅式（包括空冷器）、板翅式和喷淋式换热器以及要求压降很低的管壳式换热器，常采用各种型式组合的错流换热，其中，两流体各为单程错流的有关线图已见图 5-14（两流体均发生横向混合）、图 5-15（两流体均不发生横向混合）以及图 5-16 和 5.5.2.3 节的图 5-122（一侧流体有横向混合）。当有一种以上流体为两程或两程以上发生错流换热时，情况要复杂得多。就整体流动情况可分为：并列交叉流（5.5.2.3 图 5-123）、逆向交叉流（逆-错流）[5.5.2.3 图 5-122（b）、图 5-124]、并流错流 [5.5.2.3 图 5-122（c）] 和混合错流（当一

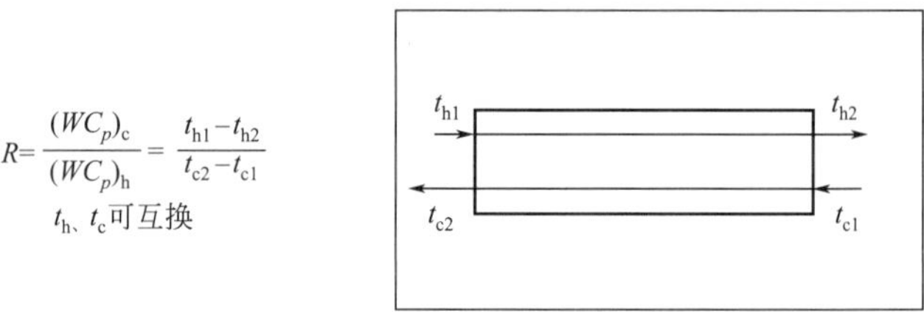

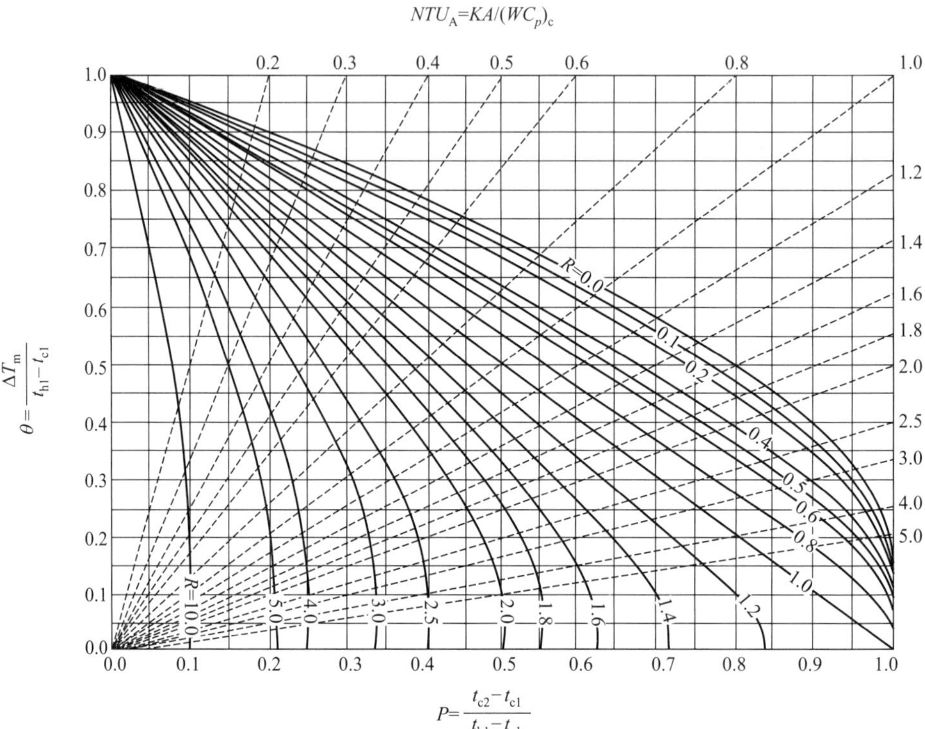

图 5-17　逆流时的 θ-P 图

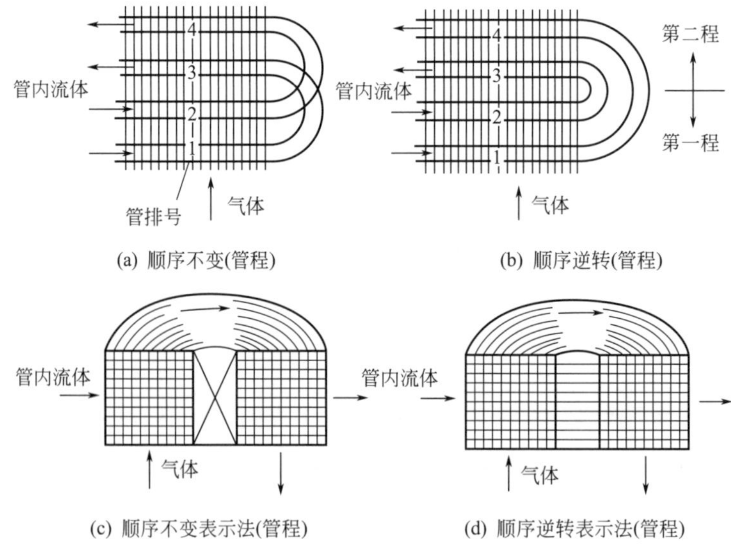

图 5-18　双程并错流，管程程间不混合时的流动顺序图示

流体在三程以上时可能发生）四类。每程流体为一排或多排时，其平均温差也有差异（例如5.5.2.3 中图 5-124（a）～（e）就分别给出了两流体均不混合的逆-错流时，单管程时单管排、双管排和四管排；双管程时二管排和四管排；四管程时四管排的 F_t 和 θ 线图。除各程内流体是否混合外，还应考虑流体在程间是否混合、对程间也不混合的流体从上一程转向下一程，还有顺序不变与顺序逆转的区别，图 5-18 即例示这两种情况（多管程或多程板翅均可能出现这种差别）。

在本节中，只补充一部分较常用的不同组合错流有关的 θ 线图（图 5-19～图 5-22），应注意图中下标 i 表示入口，o 表示出口，流体 1 与流体 2 不能互换。更详尽的资料可参阅有关文献[19,25]。

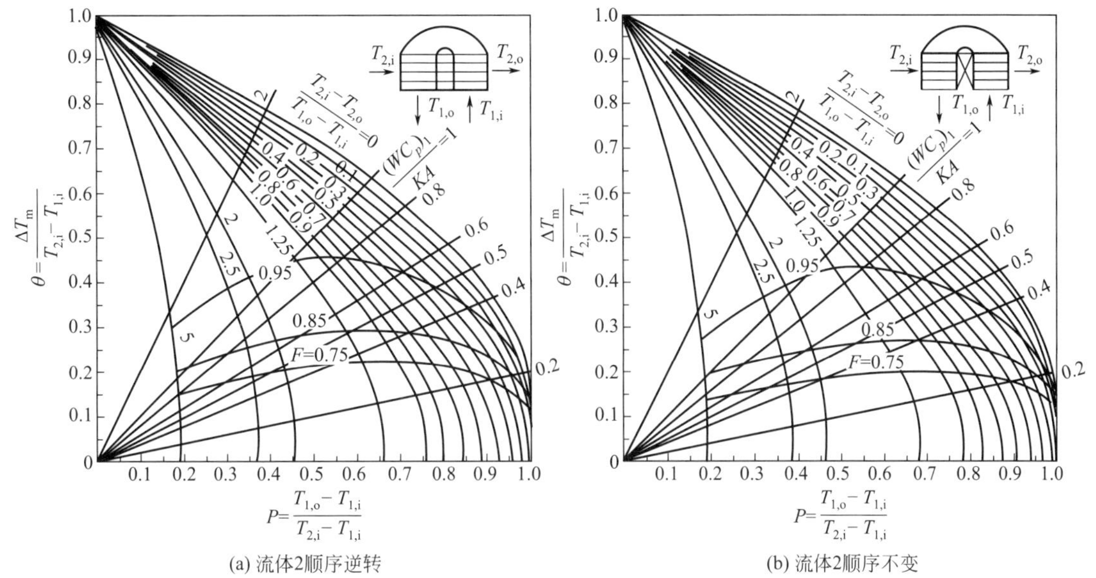

图 5-19　双程逆错流，流体 1 程内程间全混，流体 2 全不混合

对于不满足本节各图线的条件如 K 值变化的情况，只有很少的解析解，可参考 5.2.3.4 节，例如，对逆流和单程错流可按式(5-119) ～式(5-121) 估算。

5.1.2.6　换热器的热分析

对已设计的换热器，需要判断换热器的热性能，能否使换热器的尺寸更为优化，对工况的适应性更强。对生产中的换热器，也需要估计当某一个流量或出入口温度等参数变化时，对其他参数变化的影响，采取适当对策以维持生产在良好条件下进行。这类工作属于换热器的热分析，是换热器校核计算或操作型计算的一部分。热分析的前提是换热器尺寸已知。

进行换热器热分析时，以使用 θ-P 线图为便，在没有 θ-P 图的场合，也可改用 ε-NTU 或 P-NTU 图。

θ-P 图中有四种等值线：等 R 线、等 NTU 线，等 P 线和等 θ 线（有的图上还增加一根等 F_t 线）。可分别观察维持一个参数不变时，其他参数的可能变化情况。例如，维持 R 及进口温度和流量不变，相当于在图上沿等 R 线移动。此时，增加 K 或 A 均可使 NTU 增加，即增加了换热器的换热能力，故交点处的 $P\uparrow$ 而 $\theta\downarrow$，说明温度效率提高，Δ_h（或 Δ_c）$\uparrow$ 而 $\Delta T_m\downarrow$，但 $NTU>1$ 以后，NTU 线的斜率降低很快，说明要提高温度效率是以更多的提高 NTU 为代价的。

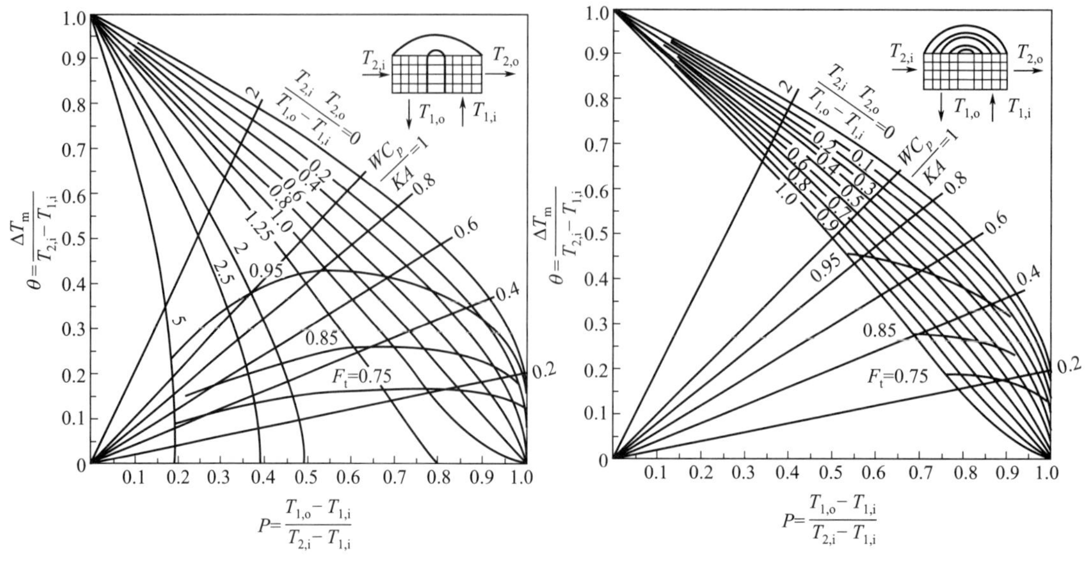

(a) 流体1在程间混合,流体2程间不混合且顺序逆转

(b) 两流体程内程间均不混合且顺序逆转

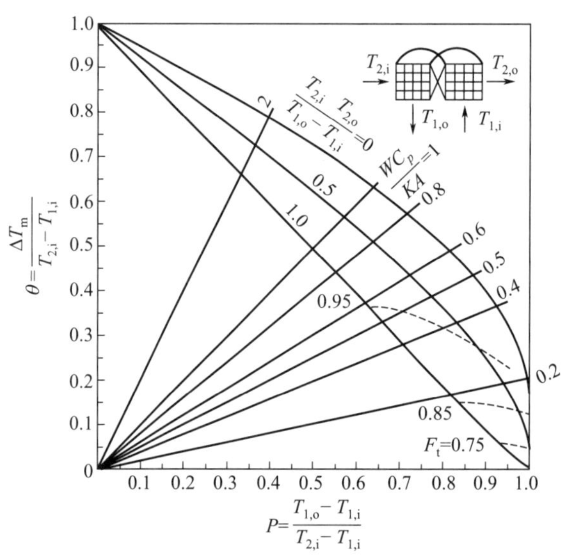

(c) 两流体程内程间均不混合且顺序不变

图 5-20　双程逆-错流程内均不发生横向混合

若使（WC_p）$_h$ 与（WC_p）$_c$ 同步增加以维持 R 不变，通常 NTU 将减少，于是 $P\downarrow$ 而 $\theta\uparrow$。

若维持（WC_p）$_c$，t_{h1}，t_{c1} 及 Δ_c 不变，即沿等 P_c（垂线）移动，如令 $R_c\uparrow$（即（WC_p）$_h\downarrow$），则 $\theta\downarrow$（$\Delta T_m\downarrow$），而 NTU_c 也增加。这意味着减少热流体流量，必然增加 Δ_h，并应增加所需的换热面积或设法提高 K 值。

在换热器操作过程中，会逐渐结垢使 $K\downarrow$，在流量不变时，相当于沿等 R 线的 NTU 持续下降，反映为 P 的降低与 ΔT_m 的升高，相当于 $t_{c2}\downarrow$ 而 $t_{h2}\uparrow$，据此也可判断污垢热阻的变化并估算其数值。

对于一个新投入操作的换热器，在 θ-P 图上可以找到一个对应点，将它与设计点比较，或与操作一段时间后的点比较，也可以发现操作中存在的某些问题。

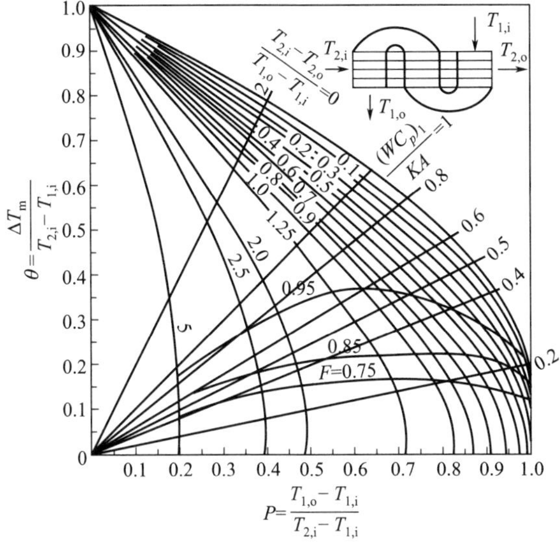

图 5-21　三程逆-错流

（流体 1 程内程间都发生横向混合；

流体 2 都不发生混合，且程间顺序逆转）

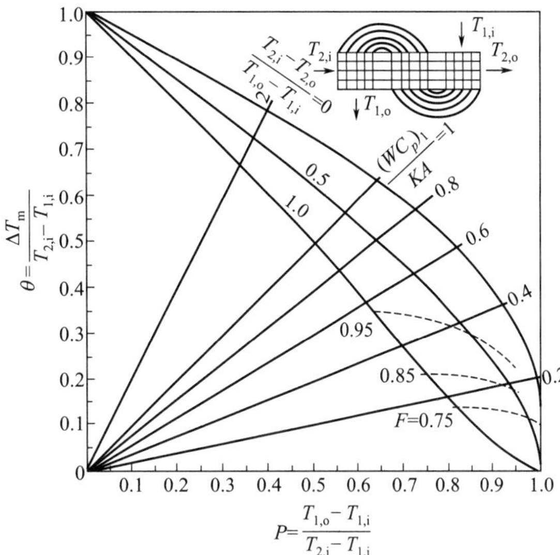

图 5-22　三程逆-错流

（两流体程内程间均不发生横向混合；

程间均顺序逆转）

【例 5-1】 已知 K，A，$(WC_p)_h$，$(WC_p)_c$，t_{h1}，t_{c1}，求两流体在逆流换热器中的出口温度 t_{h2} 和 t_{c2}。

若 $K=585\text{W}/(\text{m}^2\cdot℃)$，$A=20\text{m}^2$，$(WC_p)_h=6250\text{W}/℃$，$(WC_p)_c=4687.5\text{W}/℃$，$t_{h1}=150℃$，$t_{c1}=25℃$。

解　(1) 以冷流体为基准，求 R_c。

$$R_c=\frac{(WC_p)_c}{(WC_p)_h}=\frac{4687.5}{6250}=0.75=\frac{t_{h1}-t_{h2}}{t_{c2}-t_{c1}}$$

(2) 求传热单元数

$$(NTU)_c=\frac{KA}{(WC_p)c}=\frac{585\times 20}{4687.5}=2.5$$

(3) 由图 5-17 逆流 θ-P 图的等 R_c 与等 $(NTU)_c$ 线的交点得

$$P=0.78=\frac{t_{c2}-t_{c1}}{t_{h1}-t_{c1}}=\frac{t_{c2}-25}{150-25}$$

$$t_{c2}=P(t_{h1}-t_{c1})+t_{c1}=[0.78\times(150-25)+25]℃=122.5℃$$

$$t_{h2}=t_{h1}-R(t_{c2}-t_{c1})=[150-0.75\times(122.5-25)]℃=76℃$$

(4) 校核。由等 R 及等 $(NTU)_c$ 的交点同时求出 $\theta=\dfrac{\Delta T_m}{t_{h1}-t_{c1}}=0.31$，则 $\Delta T_m=38.75℃$

由逆流 $\Delta T_m=\Delta T_{lm}=\dfrac{(t_{h1}-t_{c2})-(t_{h2}-t_{c1})}{\ln\dfrac{t_{h1}-t_{c2}}{t_{h2}-t_{c1}}}$

$$=\frac{(150-122.5)-(76-25)}{\ln\dfrac{150-122.5}{76-25}}℃=38.25℃$$

结果误差<2%。

(5) 若要求冷流体出口温度提高到 130℃，其他不变，则传热面积变化可计算如下：

$$P=\frac{130-25}{125}=0.84$$

由 $R=0.75$ 的等 R 线与 $P=0.84$ 的等 P 线交点得 $NTU_c=3.5$，故

$$A=\frac{NTU_c}{K}\ (WC_p)_c=\frac{3.5}{585}\times 4687.5\text{m}^2=28\text{m}^2$$

冷流体温升相对增加率为

$$\frac{130-25}{122.5-25}\times 100\%\approx 7.7\%$$

传热面的相对增长率为

$$\frac{28-20}{20}\times 100\%\approx 40\%$$

【例 5-2】 已知 $(WC_p)_h$，t_{h1}，t_{h2}，t_{c1}，A 和 K，求 $(WC_p)_c$ 和 t_{c2}（控制热阻在热侧）。

在两侧流体均不发生横向混合的错流换热器中，若 $(WC_p)_h=6250\text{W}/℃$，$A=20\text{m}^2$，$K\cong 585\text{W}/(\text{m}^2\cdot℃)$，$t_{h1}=150℃$，$t_{h2}=78℃$，$t_{c1}=25℃$。

解 由图 5-15 知允许流体互换，故以热流体为基准，$NTU_h=\dfrac{KA}{(WC_p)_h}=\dfrac{585\times 20}{6250}=1.87$

$$P_h=\frac{t_{h1}-t_{h2}}{t_{h1}-t_{c1}}=\frac{150-78}{150-25}=0.576$$

由等 P 线与等 NTU 线的交点可得

$$R_h=\frac{(WC_p)_h}{(WC_p)_c}=\frac{t_{c2}-t_{c1}}{t_{h1}-t_{h2}}=1.12,\ \theta=0.31$$

则

$$(WC_p)_c=\frac{(WC_p)_h}{R_h}=\frac{6250}{1.12}\text{W}/℃=5580\text{W}/℃$$

$$\begin{aligned}t_{c2}&=t_{c1}+R_h(t_{h1}-t_{h2})\\&=[25+1.12\ (150-78)\ ]℃=105.6℃\end{aligned}$$

结果可由热衡算式与传热速率计算式校核

$$\theta=\frac{\Delta T_m}{t_{h1}-t_{c1}}=0.31\text{，则 }\Delta T_m=0.31(150-25)℃=38.7℃$$

按式 (5-2a)，

$$Q=(WC_p)_h(t_{h1}-t_{h2})=6250\times(150-78)\text{W}=4.5\times 10^5\text{W}$$

按式(5-42)，

$Q=KA\Delta T_m=585\times 20\times 38.7=4.53\times 10^5\text{W}$，则结果一致。

这四种方法的相互关系如表 5-10。

在 F_t-$LMTD$ 法、P-NTU 法和 θ-P 法中，下标 A、B 表示两侧流体（如热侧、冷侧；壳侧、管侧；内侧、外侧），在以后的有关线图中，除特别说明者外，只要 P，P，NTU 都相对于同一基准流体，其使用结果相同。

表 5-10 一定相对流动形式下平均温差计算方法的相互关系

F_t-LMTD 法	ε-NTU 法	P-NTU 法	θ-P 法
$Q=KAF_t\Delta T_{lm}$ $F_t=f_1(P,R)$ ΔT_{lm}——逆流时的对数平均温度差 $F_t=\frac{\Delta T_m}{\Delta T_{lm}}=\frac{NTU_{逆}}{NTU}$ $P_A=\left\|\frac{t_{A2}-t_{A1}}{t_{A1}-t_{B1}}\right\|$ $R_A=\frac{(WC_p)_A}{(WC_p)_B}$ $P_B=\left\|\frac{t_{B2}-t_{B1}}{t_{A1}-t_{B1}}\right\|$ $R_B=\frac{(WC_p)_B}{(WC_p)_A}$ A、B 一般可互换	$Q=\varepsilon(WC_p)_{min}\|t_{A1}-t_{B1}\|$ $\varepsilon=f_2(NTU,R^*)$ $\varepsilon=\frac{(WC_p)_A}{(WC_p)_{min}}\left\|\frac{t_{A2}-t_{A1}}{t_{A1}-t_{B1}}\right\|$ $=\frac{(WC_p)_B}{(WC_p)_{min}}\left\|\frac{t_{B2}-t_{B1}}{t_{A1}-t_{B1}}\right\|$ $=\frac{\Delta_{max}}{t_{h1}-t_{c1}}$ $NTU=\frac{KA}{(WC_p)_{min}}$ $=\frac{\Delta_{max}}{\Delta T_m}$ $R^*=\frac{(WC_p)_{min}}{(WC_p)_{max}}$	$Q=P(WC_p)\|t_{A1}-t_{B1}\|$ $P=f_3(NTU,R)$ $NTU_A=\frac{KA}{(WC_p)_A}$ $=\frac{\|t_{A2}-t_{A1}\|}{\Delta T_m}$ $NTU_B=\frac{KA}{(WC_p)_B}$ $=\frac{\|t_{B2}-t_{B1}\|}{\Delta T_m}$ P_A、R_A、P_B、R_B 的定义同 LMTD 法，A、B 一般可互换	$Q=KA\theta\|t_{A1}-t_{B1}\|$ $\theta=f_4(P,R)$ $=f_5(NTU,R)$ $=f_6(NTU,P)$ $\theta=\frac{\Delta T_m}{\|t_{A1}-t_{B1}\|}$ $=\frac{F_t\Delta T_{lm}}{\|t_{A1}-t_{B1}\|}$ P_A、R_A、NTU_A、P_B、R_B、NTU_B 的定义同 P-NTU 法，A、B 一般可互换

5.1.3 换热器工艺设计要点

换热器设备设计包括工艺设计和机械设计。工艺设计是机械设计的前提和基础；机械设计是换热器设计的结果，提出加工制造的图纸资料。

5.1.3.1 工艺设计任务和设计条件

换热器工艺设计开始前应确定设计任务和掌握设计条件。

根据换热器在工艺流程中所处的位置和作用，由工艺设计人员确定工艺流体的进出口温度、操作压力和相状态，确定热负荷或工艺流体的流量和允许压降，以及实际生产过程提出的各种特殊条件，如空间约束、维修周期约束、安全约束等。

化学工程或设备设计人员要进一步收集其他设计条件和原始资料，包括：ⓐ 工艺流体的物理、化学性质（腐蚀性、结垢性、毒性、爆炸性、可燃性以及与另一侧流体、空气和水等相遇时的化学反应性）与物性数据（操作温度范围内的密度、黏度、比热容、相变焓、热导率、表面张力、体胀系数、Pr 数等）；ⓑ 操作流量、温度和压力的正常操作值与可能变化范围；ⓒ 工业冷源与热源供应条件、可供数量及其温度压力变化范围；ⓓ 周围环境的大气温度、相对湿度和压力的资料（对空冷器与喷淋冷却器尤为重要）；ⓔ 根据生产过程与车间现场的特点，确定吊装、维修、清洗条件，确定利用其他工艺流体余热的可能性；ⓕ 可利用的结构材料及可选用的标准换热器的规格系列；ⓖ 换热器生产厂的加工制造条件、制造价格和运输距离；ⓗ 当地热源、冷源和动力的价格。

5.1.3.2 换热器工艺设计的内容和手段

工艺设计的主要内容有：ⓐ 分析实际条件，选择合理的换热器结构型式、冷源或热源；ⓑ 合理选择各种设计参数（包括操作参数与结构参数），确定流动条件和流动截面积；ⓒ 进行传热计算和压降计算，得出需要的传热面积；ⓓ 进行换热器选型，确定选用的标准化换热器型号和规格并进行核算；ⓔ 对有特殊要求的换热器，进一步确定各部分的工艺尺寸，为机械设计提供必需的资料。

为求所设计的换热器在满足基本生产要求的前提下，做到运行安全可靠、操作弹性大、检修清理方便、传热效率高、装置紧凑，达到最好的经济性（低的总成本），往往需要进行若干方案的比较。

换热器设计可以使用手算或直接用计算机程序进行设计。

手算法的工艺计算框图见图 5-23，用于换热器的快速估算和检查程序计算结果的正确性，在没有设计软件时仍然是主要的计算手段，也是完整的设计程序编制的基础，其缺点是繁杂、费时，为避免过多的试差，不得不采取很多简化假设和近似方法（如使用平均总传热系数和总平均温差，多组分系统的平均沸点等概念），而牺牲了计算的准确性，在方案选择和参数选择等方面有很大的经验性。

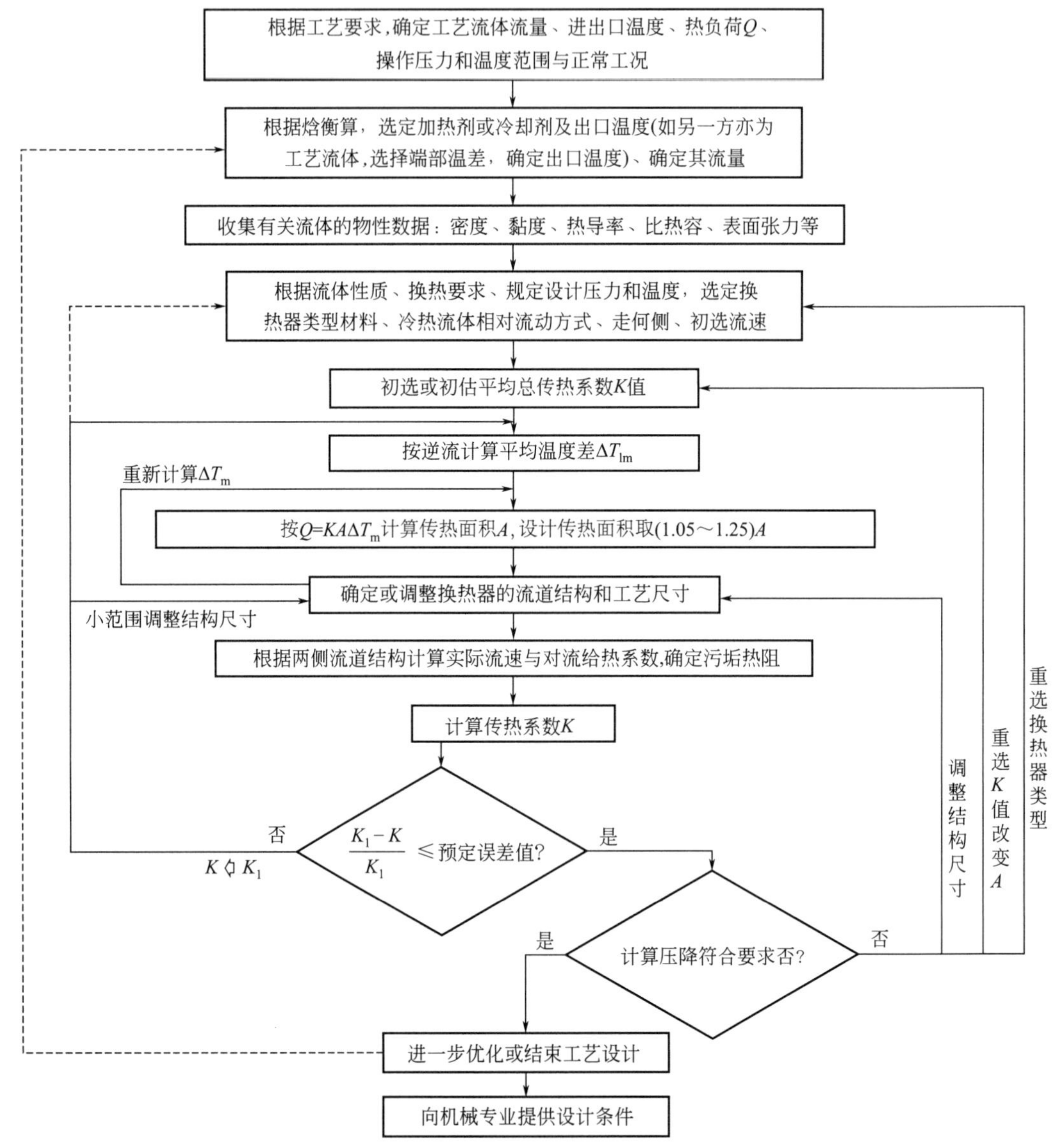

图 5-23　换热器工艺设计框图（手算用）

采用计算机程序进行设计，不仅可避免重复的手工劳动，更重要的是可用更精确的计算公式对换热器进行详尽的逐段计算，迅速进行多方案比较，可以分析换热器的动态特性，得出优化结果，并自动生成设计图纸。目前对于单相流的各种换热器、多组分流体的再沸器和冷凝器、空冷器等均已有成套的软件包问世，如美国的 HTRI（Heat Transfer Research Inc.）和英国的 HTFS（Heat Transfer & Fluid Flow Servicl）。

无论如何，在换热器的工艺计算中，仍然存在着许多不确定性。例如，流体物性计算的误差，传热和压降关联式的误差（两相流动条件下关联式误差更大），计算方法上的误差，换热器制造与维修引起的流道尺寸的变化，不凝气体在冷凝与沸腾过程中含量的不确定性，操作条件变化不确定性，特别是污垢热阻值项具有更大的不确定性，且对设计结果影响往往最大。因此，设计计算中常采用较为保守的关联式，采用较高的污垢热阻值，实际采用的换热器的换热面积又较计算换热面积有 5%～25%的裕度。在以往的手算设计中甚至留出更大的裕度。但是，实践证明安全系数过高、传热面积过大，不仅造成浪费，有时反而不能满足操作要求。在流体沸腾或冷凝时，传热面积过大的影响可能更为严重。由于操作初期是清洁表面，在同样热源温度下沸腾可能会使核状沸腾转为膜状沸腾，使结垢速度增加，污垢热阻增加，K 值下降，又会导致壁温上升，故结垢进一步增加；而在同样冷源温度下冷凝时，为避免工艺流体过冷而使系统压力改变，将被迫减少冷却水流量，从而增加了壁温，同样加速了污垢的生成。单相流体换热时，传热面过大也往往导致流速减少，K 值降低，壁温升高，结垢速度加大。因此，对易结垢流体，比较适宜的设计除采用更精确的关联式和计算方法以外，还应考虑开工初期清洁表面时的操作状况与需要的传热面积，并分析对一定的传热面，在不同结垢水平（例如 30%、60%和 100%热阻值）下，能否尽可能通过改变冷源或热源温度和流量来满足操作要求。自然这只有通过计算机计算才能完全做到，但在手算时，适当地在这方面做些估算也是有益的（参见 5.1.4.4 节）。

5.1.3.3 换热器的设计变量与设计因素

可用于换热器设计计算的方程式是有限的，包括热量衡算式、传热速率方程、总传热系数计算式、给热系数关联式、平均温差计算关系、压降计算式、单相和两相流的摩擦因子与局部阻力系数的关联式、物性关联式、状态方程以及相平衡方程（对沸腾与冷凝系统），机械计算还要用到各种强度计算方程。这些方程中涉及的独立变量数总要超过独立方程数，要使方程组可以闭合（所有变量有唯一解），就必须由设计人员设定或选定一部分独立变量的值，这类独立变量统称为设计变量。在设计中还有些设计措施是不通过数值表示的，例如流体的相对流动方式、流体走间壁的哪一侧、采用立式还是卧式结构等，它们和设计变量合称为设计因素。设计变量只能在一定范围内变化，超出这个范围会使过程的性质或者经济性发生变化甚至成为不可行，这种范围通常也当作是某种约束，如流速不宜过高或过低，沸腾热流强度（或温差）不应超过其临界值，压降一般应在适当的允许压降范围内，以及换热器的长径比的范围、板式换热器的单板尺寸范围等，这类约束是根据理论或工程经验确定的，设计人员必须熟悉这类约束的有关规定。

除了物性因素之外，设计因素主要包括操作因素（工艺因素）、结构因素和环境因素。不同换热器对这些因素和约束的分析和规定可参见有关各节，这里只讨论几个共性问题。

① 设计任务与设计工况的设定。它们都属于设定的设计变量。设计任务中，除应给出正常生产操作状况下的工艺流体通过换热器的流量、进出口温度和操作压力作为设计工况外，也要给出过程可能达到的上限流量、上限温度或下限温度（常温以下时）、上限压力或下限压力（真空下操作时），力求在设计工况下达到优化，但也能满足在极限条件出现时维持操作不致中断或出现安全故障。因此，换热器的选型和设计时，通常要规定其设计压力与设计温度。设计压力不低于换热器操作时任何一侧可能出现的最高压力；设计温度不应低于在相应设计压力下元件表面在工作状况下可能达到的最高温度，在 0℃以下时，则不高于元件表面最低温度，元件表面温度不得超过元件材料的允许使用温度。

② 环境因素。环境条件的变化，不仅影响热量（或冷量）损失，也影响冷却剂温度的设定。为保证换热器任何时刻的正常运行，应考虑可能出现的恶劣的环境工况，例如，对冷量回收系统的冷量损失和冷却水温，宜取夏季最热月份的均值；空冷器建议取最热月（一般为 7，8 两月）日最高气温的月平均值，再加上该值 10%。而热源消耗量宜根据冬季最冷条件考虑。一般可将装置年大修时间安排在最恶劣的环境工况时以降低成本。

③ 其他常用的设计变量。主要有单相流体的流速，冷源或热源的出口温度、流量或端部温差，流动程数以及结构因素（如管径、管间距及排列方式）等。

选择了设计变量的数值以后，它们就变成了设计约束。对同一类型的换热器，方案比较通常是在固定其他设计约束，而改变其中某一个主要变量的条件下进行的。

5.1.4 结垢与污垢热阻

5.1.4.1 概述

换热器的结垢定义为由于种种原因流体中的组分或杂质在换热表面上发生沉积，从而增加了热阻与流动阻力。垢层随操作时间而增加，会产生下面的后果。

a. 由式(5-16d) 可知，总传热系数 K 随污垢热阻的增加而减少，清洁条件下的 K 愈高，则污垢热阻的影响也愈大。因此设计换热器时必须额外增加传热面积以补偿污垢热阻的影响。当污垢热阻在 $(18\sim32)\times10^{-5}\,m^2\cdot℃/W$ 时，传热面可能会增加 20%～50%（例如清洁 K 值大于 500 时）。

b. 由于污垢热阻值具有某些不确定性，设计者往往采用较保守的值以增加安全系数，这使传热面积更加不必要地增大。

c. 随结垢的增长，介质通道变窄，表面粗糙度增大，因而传热系数降低，介质流动压降增大，为达到设计负荷，往往要加大加热剂或冷却剂的流量，从而降低了能量利用效率，且这一侧的压降又会增加，使机械能耗增加。

d. 污垢热阻最终将使生产难以维持，必须停工清洗，增加了维护、清洗费用以及停工损失。

由于各种换热设备结垢而造成的经济损失，在工业国家高达年国民生产总值（GNP）的千分之二。因此在换热器设计时，就必须从经济观点出发，恰当地选择污垢热阻的设计值和控制污垢生长的措施，合理地确定清洗周期和清洗方法。

结垢的类型及其基本的控制措施见表 5-11。

表 5-11 结垢的类型特征及基本控制措施

类 型	发生原因	示 例	结垢特性	基本控制措施
沉降结垢	流体中悬浮颗粒的沉积	地表水中泥沙杂质、烟道气中燃余固体颗粒的沉积	垢层较松散，在高湍动下，可重新扬起	预处理（沉降或过滤），加大介质流速；机械清洗
沉淀结垢（结疤）	流体与传热表面间的结晶推动力	冷凝水中溶解盐类的结晶析出，烟道气中盐类蒸汽的凝聚，原油中蜡质的凝固沉积	垢层致密、坚硬，与流体的组成及表面温度有关	化学预处理，控制表面温度，加大流速等化学及机械清洗
反应结垢	在高温表面上发生诱导反应产物的沉积	聚合物沉积，裂解产物的碳沉积，无机盐在高温下氧化发生结晶	附着于表面。与反应物系、表面材料及温度有关	控制表面温度，加入阻聚剂或改变物系组成；定期清洗
生物结垢	在适宜条件下微生物或水生物的生长	细菌或真菌菌落、浮游生物或海藻的繁殖	发生于冷却水系统的局部适宜繁殖的区域，有时会迅速生长	加入杀菌灭藻剂，采用某些结构材料（如铜）可抑制其发生，定期清洗

续表

类　型	发生原因	示　　例	结垢特性	基本控制措施
腐蚀结垢	结构材料在化学腐蚀、电化学腐蚀作用下发生腐蚀产物的堆积	冷却水或冷凝液中的游离 CO_2 和溶氧，或烟道气中 SO_2 和 H_2O 在低于150℃时对钢铁的腐蚀	垢层一般较松散，但可为其他结垢提供生长点	采用电化学保护或表面抗蚀措施，加入阻蚀剂，采用抗蚀材料，控制表面温度等

不同类型的结垢往往同时发生并相互影响，迄今还缺乏对结垢规律完整的认识和定量计算的方法。

5.1.4.2　冷却用水的污垢热阻及其控制[5,7,27,36,37]

在典型的石油化工厂中，80%以上的水用于冷却。为了节约用水，大都采用冷却水循环系统，使结垢物质逐渐积累并加剧结垢过程，除适度排放以控制有害物浓度外，还应采取一系列控制结垢的措施。冷却水结垢的特点是它随时间增加而达到某个渐近的污垢热阻值 r_{fa}，如图 5-24 曲线所示。不同来源和组成、不同处理方法、不同操作条件和不同换热器结构及部位的时间特征曲线及渐近值均不相同。表 5-12 列出了 GB 151—2013（修订）附录 G 中水的污垢热阻值。应当指出，污垢热阻设计值的选择带有很大的经验性，并且需要进行经济权衡，取值过小虽然会使换热器初投资减少，但会增加操作费用、缩短清洗周期，以致影响生产；取值过大不仅造成传热面的浪费，而且在开工初期由于总传热系数和传热面积都大，使加热剂或冷却剂用量减小而大大降低其流速（冷却水出口温度还因而升高），使结垢速度加快，有时反会缩短清洗周期。合理地选择可使换热器具有适宜的尺寸、较低的能量损耗和恰当的清洗周期（最好能和整个生产装置的年停工检修期一致）。因此，表中的值并不是污垢热阻的渐近值，而只是大量生产经验的归纳与折中，其出发点是尽可能保证一个较合理的清洗周期（例如一年以上）和较好的经济性，其中不包括腐蚀结垢和生物结垢的影响，也没有考虑传热工艺计算中其他（如关联式及物系物性计算中的）不确定性的影响。但数据本身就具有不确定性，因此只有在不能直接取得相近条件下的工业实际数据时，才选用本表以及其他污垢热阻表中的数据。

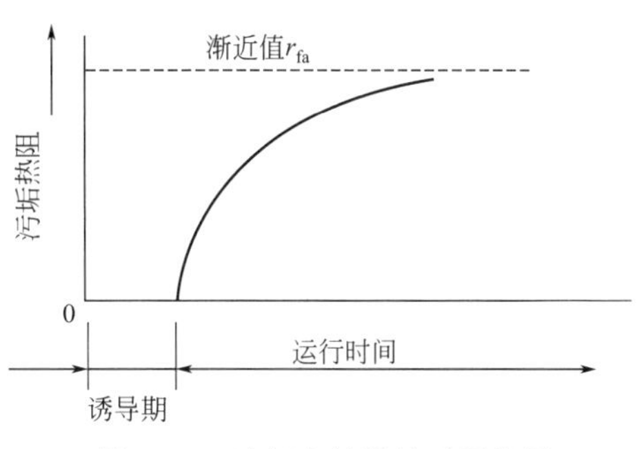

图 5-24　冷却水结垢的时间特征

表 5-12　GB 151—2013（修订）附录 G 中水的污垢热阻/（10^{-5}）单位：$m^2 \cdot K/W$

加热介质温度/℃		≤115		116～205	
水的温度/℃		≤52		>52	
水的种类		水速/(m/s)		水速/(m/s)	
		≤1	>1	≤1	>1
海水		8.8	8.8	17.6	17.6
微咸水		35.2	17.6	52.8	35.2
冷却塔和人工喷淋池	处理过的补给水	17.6	17.6	35.2	35.2
	未处理的补给水	52.8	52.8	88.0	70.4
自来水、地下水、湖水		17.6	17.6	35.2	35.2
河水	最小值	35.2	17.6	52.8	35.2
	平均值	52.8	35.2	70.4	52.8

续表

加热介质温度/℃	≤115		116～205	
水的温度/℃	≤52		>52	
水的种类	水速/(m/s)		水速/(m/s)	
	≤1	>1	≤1	>1
泥水	52.8	35.2	70.4	52.8
硬水(>257mg/L)	52.8	52.8	88.0	88.0
发动机夹套水	17.6	17.6	17.6	17.6
蒸馏水	8.8	8.8	8.8	8.8
处理过的锅炉给水	17.6	8.8	17.6	17.6
锅炉排污水	35.2	35.2	35.2	35.2

注：加热介质温度超过 205℃，且冷介质会结垢时，表中数值应作相应修改。

板式换热器的污垢系数值通常是对应条件下管壳式换热器的$^1/_4$ ～$^1/_2$ ，表 5-15 是较早公布的一些数据。为了说明操作条件的影响，在图 5-25 中示出经过不同处理的高硬度水在管壳式和一种波纹板板（框）式换热器中（APV 公司的 Paraflow 型），流速、温度和污垢热阻渐近值的示意关系。图中，管壳式换热器中的水加铬酸锌作为阻蚀剂、pH＝8；而板式换热器的水则经过添加铬酸锌/有机磷酸盐＋高聚物/聚磷酸盐/氯＋杀菌灭藻剂/硫酸处理，其 pH＝6～6.5，板间最大宽度 6mm，一侧用蒸汽加热，以板面中点的表面温度作为参数，垢层主要是磷酸钙，它在 73℃左右沉淀出来，因此在板中心温度 54℃以上就表现出较高的 r_{fa}值。

从这些图表中可以看到，影响冷却水垢阻有以下几个主要因素（其他过程流体也类似）。

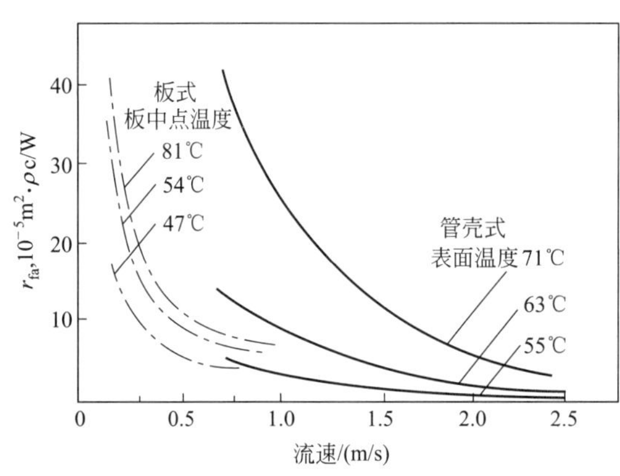

图 5-25 温度与流速对管壳式❶和板式❷换热器结垢的影响（示例）

① 介质——冷却水的组成、性质与结垢倾向。水中溶解的盐类中，一价离子结垢倾向低，而二价及三价离子则有高结垢倾向，特别是 $CaCO_3$、$CaSO_4$ 等具有逆温溶解度的盐类、$BaSO_4$ 等低溶解度的盐类以及氧化铁和氢氧化铁等易附着在热表面的盐类。因此，水的硬度愈高愈易沉淀结垢；水中的 CO_2 和溶氧的存在以及酸性增加会导致钢铁材料的腐蚀结垢；悬浮物增多则导致沉降结垢。

② 冷却水处理。对含有过量悬浮物的地表水常采用沉降措施，对于循环用水往往采用化学处理，例如：加氯或其他杀菌灭藻剂，如 Isothiazolins 可防止生物结垢；加入有机磷酸盐及高聚物（如聚丙烯酸等）作为分散剂以阻止晶体生长，并控制垢层的性质；适度加入 H_2SO_4 等酸性物质调节水的 pH 值在 6～7，以阻止钙盐在碱性环境下的析出；同时加入铬酸锌、磷酸锌或其他聚磷酸盐等作为腐蚀抑制剂或阳（阴）极钝化剂，以阻止腐蚀。处理后的水结垢情况可大为改善。

③ 在操作条件中，介质的流速和传热表面温度（以及介质主体温度）是关键因素。

---

❶ Knudsen JG.，CEP.，1991，87（4）：42～47.

❷ Fairhall. c.，CEW. 1995，30（8）：57～161.

流速增大，污垢热阻降低。表 5-12 中列出了管壳式换热器中冷却水流速的建议最低值。表面温度增高将促使沉淀结垢、反应结垢和腐蚀结垢加快，也会增大沉积物的致密度。通常冷却水出口温度不宜超过 50～60℃，而水侧表面温度不宜超过 60～71℃。

④ 换热器的型式和局部结构。不同型式换热器内介质流动的湍动情况不同，板式换热器在较低流速下就会产生较大的湍动，故其污垢热阻要低得多。管壳式换热器中壳侧流速较低，且易于存在死角，故其垢阻要比管侧高。

⑤ 管材及管表面几何特性。管材主要影响腐蚀结垢，含铜管可抑止生物结垢。光管与翅片管结垢条件是不同的，经过加工的光滑表面可减缓结垢并易于清洗。

5.1.4.3 其他流体污垢热阻的参考值

见表 5-13～表 5-18。表 5-15 为板式换热器中某些流体的污垢热阻[38]。翅片管多用于气体、燃烧烟道气或黏度较高的液体，在翅片侧的某些参考污垢热阻值见表 5-16 与表 5-17。这些数据都有较大的不确定性。一般认为，减少翅片的密度（增加翅间距）有利于减少污垢热阻，而翅片高度影响较少。

在空气冷却器中，空气的污垢热阻较低，平均在 (8.8～52.8)$\times 10^{-5}$ $m^2 \cdot ℃/W$，视地区大气情况而不同。

在表 5-18 中还列出了根据 700 多种工业资料统计的管壳式换热器中平均总污垢热阻值供设计参考。

表 5-13　管壳式换热器中一些工程流体的建议污垢热阻值 r_f（$\times 10^{-5}$）

单位：$m^2 \cdot ℃/W$

液体污垢热阻		气体及蒸气污垢热阻	
轻质燃料油②	88	水蒸气（不带油）	8.8
淬火油	70.4	水蒸气（带油）	17.6
变压器油②	17.6	制冷剂蒸气（带油）	35.0
发动机润滑油、汽油、煤油②	17.6	工业用有机热载体蒸气	17.6
制冷剂液体	17.6	压缩空气	35.2
液压流体	17.6	干燥气体（为 N_2，H_2）②	8.8
工业用有机热载体液	17.6	潮湿空气②	26.4
传热用熔盐	8.8	常压空气②	8.8～17.6
液氨	17.6	氨气	17.6
液氨（带油）	52.8	二氧化碳	35.0
植物油	52.8	工厂废气（高炉燃烧气）	176.1
一乙醇胺和二乙醇胺溶液	35.2	发动机排气	176.1
二甘醇和三甘醇溶液	35.2	天然气烟道气	88.0
乙醇②	17.6	带催化剂的气体	52.8
甲醇及乙醇溶液	17.6	氯化碳氢化合物蒸气	17.6
乙二醇溶液	35.0	煤燃烧烟道气①	176.0
稳定塔侧线及塔底物料	17.6	酸性气体	17.6
轻有机化合物②	17.6	溶剂蒸气，氯化烃类蒸气	17.6
氯化碳氢化合物②	17.6～35	乙醇蒸气	0
盐酸②	0	带催化剂的气体②	52.8
苛性碱溶液	35.2	乙烯②	35.2
一般稀无机物溶液①	88	可聚合蒸气（带缓聚剂）②	52.8
		HCl 气	35.2
		稳定塔顶馏出物蒸气	17.6
		含饱和水蒸气的氢	35.2

① 该值变化范围甚大，应慎用。

② 数值取自 GB 151—20B（正在修订）。

表 5-14　石油-天然气加工工业流体在管壳式换热器中的建议污垢热阻 r_f（×10⁻⁵）

单位：m²·℃/W

装置	流体	r_f
天然气加工	天然气	17.6
	塔顶蒸气	17.6
	贫油	35.2
	富油	17.6
	天然汽油与液化石油气	17.6
石油炼制过程中的常减压	常压精馏塔顶蒸气	17.6
	轻质石脑油蒸气	17.6
	减压精馏塔顶蒸气	35.2
	汽油	17.6
	石脑油和轻馏分	17.6
	重质柴油	52.8
	重质燃料油	88
	煤油	17.6
	轻质柴油	35.2
	沥青和残渣油	176.1
裂化和焦化	塔顶蒸气	35.2
	轻质循环油	35.2
	重质循环油	52.8
	轻质焦化瓦斯油	52.8
	重质焦化瓦斯油	70.4
	塔底油浆（最小流速 1.4m/s）	52.8
	轻质液态产品	35.2
轻馏分加工	塔顶蒸气及气体	17.6
	液态产品	17.6
	吸收油	35.2
	含微量酸的烷基化物料	35.2
	再沸器物料	52.8
催化重整加氢脱硫	重整炉进料	35.2
	重整炉出料	17.6
	加氢脱硫及临氢裂化进出料	35.2①
	塔顶蒸气	17.6②
	循环气	17.6
	50°API 以上液态产品	17.6
	30°～50°API 液态产品	35.2
润滑油加工②	进料	35.2
	混合溶剂进料	35.2
	溶剂	17.6
	提取物	52.8
	提余液	17.6
	沥青	88.0
	蜡膏（应防止蜡的沉积）	52.8
	精制润滑油	17.6

温度℃	流速 m/s	脱水原油②	含盐原油②
0～92	＜0.6	52.8	52.8
	0.6～1.2	35.2	35.2
	＞1.2	35.2	35.2
93～148	＜0.6	52.8	88.0
	0.6～1.2	35.2	70.4
	＞1.2	35.2	70.4
149～259	＜0.6	70.4	105.7
	0.6～1.2	52.8	88.0
	＞1.2	35.2	70.4
＞260	＜0.6	88.0	123.3
	0.6～1.2	70.4	105.7
	＞1.2	52.8	88.0

① 该值取决于进料物性及贮存期、可能数倍于此，应慎用。

② 该部分数据取自 GB 151—2013（正在修订）。

表 5-15　板式换热器中的污垢热阻参考值（×10⁻⁵）　　单位：m²·℃/W

流体名称	r_f	流体名称	r_f
软水或蒸馏水	0.9	润滑油	1.7～4.3
工业用水（低硬度）	1.7	植物油	1.7～5.2
工业用水（高硬度）	4.3	有机溶剂	0.9～2.6
处理过的凉水塔循环水	3.5～9.0	水蒸气	0.9
海水（远海～近海）	2.6～4.3	工艺流体（一般）	0.9～5.2

表 5-16　翅片管燃料燃烧烟道气污垢热阻参考值[38]（×10⁻⁵）单位：m²·℃/W

烟道气中固体物	燃料或烟气来源	r_f	最小翅片间距/mm	避免冲蚀的最大流速/（m/s）
＜100② ppm③	天然气	8.8～52.8	1.3～3.0	30.5～36.6
	丙烷	17.6～52.8	1.8	30.5～36.6
	丁烷	17.6～52.8	1.8	30.5～36.6
	燃气透平	17.6	—	30.5～36.6
100～500ppm	2 号燃料油	35.2～70.4	3～3.8	26～30.5
	燃气透平	26.4①	—	
	柴油发动机	52.8	—	

续表

烟道气中固体物	燃料或烟气来源	r_f	最小翅片间距/mm	避免冲蚀的最大流速/(m/s)
>500ppm	6号燃料油	52.8～123	4.6～5.8	18.3～22.4
	原油	70.4～264	5.1	
	残油	88～352	5.1	
	煤	88～880	5.9～8.6	15.3～21.3

① 当用2号燃料油燃烧时，r_f 可达 $264\times10^{-5}m^2\cdot℃/W$；

② 这类"清洁"燃料产生的烟道气通常可无需清洗；

③ $1ppm=10^{-6}$。

注：减少沉降结垢最小建议流速为9.1m/s。

表5-17 其他流体在翅片管一侧的推荐污垢热阻值[38] $(\times10^{-5})$单位：$m^2\cdot℃/W$

流体名称	r_f	翅片间距	流体名称	r_f	翅片间距
残油与重燃料油	176.0	10.2～12.7	纯天然气燃烧烟气	17.6	5.6～4.2
5～6号燃料油	88.0	8.5	含钠盐蒸汽的废烟道气	528.0	12.7
2～3号燃料油	53.0	6.4	含催化剂细粉的气体	141.0	12.7

表5-18 平均总污垢热阻值[37]（管侧＋壳侧）$(\times10^{-5})$　单位：$m^2\cdot℃/W$

壳侧	管侧			壳侧	管侧		
	液体	两相流	蒸汽或气体		液体	两相流	蒸汽或气体
液体	79	67	51	蒸汽或气体	60	51	39
两相流	65	51	48				

5.1.4.4 防治和控制污垢的设计措施

传统的设计措施是加大额外的传热面积，企图消除不断增加的污垢影响，但经验表明（见5.1.4.2与5.1.3.2），过分增加面积，其效果不佳甚至有害。近来的建议是，分别按清洁表面（两侧的污垢热阻各取 $8.8\times10^{-5}m^2\cdot℃/W$）与按实际选用的污垢热阻计算出两种情况下的传热面积，以了解污垢热阻的影响，然后再考虑各种可能的防控措施，并进行经济比较予以确定。

（1）从流程上考虑：ⓐ 在十分必要的场合，可采用较小的传热面并增加一台备用换热器，轮流清洗以避免生产中断；ⓑ 为避免开工初期冷却介质流速过低，可增加一条冷却介质由换热器出口回到进口的管线，但这需要额外的循环泵；ⓒ 不改变冷介质用量，在不易结垢的过程流体侧增加一条旁路管线，在开工期使用；ⓓ 设置进口滤网与采用返洗操作，可以有效地在线消除局部的悬浮物沉积。

（2）从结构上考虑：ⓐ 选用不易结垢的换热器型式；ⓑ 采用易于清洗的结构，如管束可抽出并采用正方形顺列；ⓒ 尽量减少介质通道中的死角和滞流区；ⓓ 正确设置放空管和排污管，以避免可能导致腐蚀或结垢的气体和液体在死角的积聚；ⓔ 对翅片管，适当加大翅间距，可减轻气相结垢；ⓕ 选用合适的结构材料，以防止腐蚀结垢。

（3）从操作条件上考虑：ⓐ 选择适当高的流速（参见表5-12），但过分增加流速受到允许压降的限制，也要避免因流速过高而引起管子的冲蚀和管束的振动破坏；ⓑ 防止介质温度及传热表面局部温度过高或过低（例如对冷却水应低于其中碳酸钙或磷酸钙的析出温度，而对烟道气等则应防止局部温度低于其露点）。

（4）改变结垢流体的性质：ⓐ 对流体进行预处理以除去过多的颗粒杂质；ⓑ 向流体中加入各种抗垢剂、阻蚀剂、阻聚剂、杀菌灭藻剂、pH值调节剂等。

(5) 针对垢层情况设计清洗措施（机械清洗或化学清洗，在线清洗或离线清洗），并预留必要的作业空间、管线和附属设备。

5.1.5 换热器总传热系数经验值[1,5,6,19]

设计换热器时，在选定换热器型式后，通常先选用一个大致的 K 值进行传热面的初步估算。表 5-19～表 5-25 提供了各种换热器中总传热系数经验值或大致范围，其中表 5-19 的内容可与表 5-20、表 5-21 参照使用（套管与管壳式），表 5-22 为空冷器，表 5-23 为水喷淋冷却器，表 5-24 为浸没盘管式、表 5-25 为螺旋板式换热器，其他紧凑式换热器与特殊材料换热器的总传热系数值参见 5.7 和 5.8 两节及有关文献。

表 5-19 套管及管壳式换热器中的常用 K 值 单位：W/(m²·K)

冷侧流体	热侧流体							
	低压气体 (0.1MPa)	高压气体 (2MPa)	工艺用水	低黏度有机液 $\mu=1\sim5cP$	高黏度液体 $\mu>100cP$	冷凝水蒸气	烃蒸气冷凝	带有少量惰性气体的烃蒸气冷凝①
低压气体 (0.1MPa)	50	90	100	95	60	105	100	85
高压气体 (2MPa)	90	300	430	375	120	530	385	240
处理过的冷却水	100	480	935	710	140	1600	760	345
低黏度有机液 ($\mu=1\sim5cP$)	95	375	600	500	130	815	520	285
高黏度液体 ($\mu>100cP$)	65	135	160	150	80	170	155	120
沸腾水	105	465	875	675	140	1430	720	335
沸腾有机液体② (一般 $\mu<1cP$)	95	375	600	500	130	815	520	285

① 本栏只对管壳式换热器适用。

② 如苯、甲苯、丙酮、乙醇、丁酮、汽油、煤油等有机物。

表 5-20 管壳式换热器总传热系数的大致范围

壳侧流体	管侧流体	K /[W/(m²·℃)]	包括在 K 值中的总污垢热阻 r_f，/[(m²·℃)/W]
液体-液体介质			
稀释沥青(溶于石油馏出物中)	水	57～110	0.0018
植物油、妥尔油等①	水	110～280	0.0007
乙醇胺(单乙醇胺或二乙醇胺)10%～25%	水或单乙醇胺或二乙醇胺	800～1100	0.00054
软化水	水	1700～2800	0.00018
燃料油	水	85～140	0.0012
燃料油	油	57～85	0.0014
汽油	水	340～910	0.00054
重油	重油	45～280	0.00070
重油(热)	水(冷)	60～280	0.00088
富氢重整油	富氢重整油	510～880	0.00035
煤油或瓦斯油	水	140～280	0.00088
煤油或瓦斯油	油	110～200	0.00088
煤油或喷气发动机燃料	三氯乙烯	230～280	0.00026
润滑油(低黏度)	水	140～280	0.00035
润滑油	油	60～110	0.0011
石脑油	水	280～400	0.00088
石脑油	油	140～200	0.00088

续表

壳 侧 流 体	管 侧 流 体	K /[W/(m^2·℃)]	包括在 K 值中的总污垢热阻 r_f, /[(m^2·℃)/W]
液体-液体介质			
有机溶剂(热)	盐水(冷)	170～510	0.00054
有机溶剂	有机溶剂	110～340	0.00035
水	烧碱溶液(10%～30%)	570～1420	0.00054
蜡馏出液	水	85～140	0.00088
蜡馏出液	油	74～130	0.00088
水	水	1100～1420	0.00054
道生油[②]	重油	45～340	—
冷凝蒸气-液体介质			
酒精蒸气	水	570～1100	0.00035
沥青	道生油蒸气	230～340	0.0011
道生油蒸气	道生油	460～680	0.00026
煤气厂焦油	水蒸气	230～280	0.00097
高沸点烃类(真空)	水	60～170	0.00054
低沸点烃类(大气压)	水	460～1100	0.00054
烃类蒸气(分凝器)	油	140～230	0.00070
有机蒸气	水	570～1100	0.00054
有机蒸气(大气压下)	盐水	490～980	—
有机蒸气(减压下且含少量不凝气)	盐水	240～490	—
有机蒸气(传热面塑料衬里)	水	230～900	—
有机蒸气(传热面不透性石墨)	水	300～1100	—
汽油蒸气	水(u=1～1.5)[③]	520	—
汽油蒸气	原油(u=0.6)	110～170	—
煤油蒸气	水	170～370	0.00070
煤油或石脑油蒸气	油	110～170	0.00088
石脑油蒸气	水	280～430	0.00088
水蒸气	供给水	2300～5700	0.00088
水蒸气	6 号燃料油	85～140	0.00097
水蒸气	2 号燃料油	340～510	0.00044
水蒸气	水	1400～4200	—
水蒸气	有机溶剂	570～1100	—
二氧化硫	水	850～1100	0.00054
水(直立式)	甲醇蒸气	640	—
水(直立式)	CCl_4 蒸气	360	—
水	芳香族蒸气共沸物	230～460	0.00088
糠醛蒸气(含不凝气)	水(直立式)	107～190	—
21%盐酸蒸气(传热面不透性石墨)	水	100～1500	—
氨蒸气	水(u=1～1.5)	750～2000	—
气体-液体			
空气、N_2 等(压缩)	水或盐水	230～460	0.00088
空气、N_2 等(大气压下)	水或盐水	57～280	0.00088
水或盐水	空气等(压缩)	110～230	0.00088
水或盐水	空气等(大气压)	30～110	0.00088
水	H_2 含天然气混合物	460～710	0.00054
道生油	气体	20～200	—

续表

壳侧流体	管侧流体	K /[W/(m²·℃)]	包括在 K 值中的总污垢热阻 r_f, /[(m²·℃)/W]
介质沸腾汽化④			
氯或无水氧的气化	水蒸气冷凝	850～1700	0.00026
氯气化	传热用轻油	230～340	0.00026
丙烷、丁烷等气化	水蒸气冷凝	1100～1700	0.00026
水沸腾	水蒸气冷凝	1420～4300	0.00026
有机溶剂气化	水蒸气冷凝	570～1100	—
轻油气化	水蒸气冷凝	450～1000	—
重油气化(真空)	水蒸气冷凝	140～430	—
制冷剂气化	有机溶剂	170～570	—

① 妥尔油为亚硫酸盐纸浆制造时产生的一种油状液体。

② 道生油又称导热姆，是二苯醚和联苯或甲基联苯的混合物，作载热体使用。

③ u 表示流速，其单位为 m/s。

④ 本表不包括蒸发器的 K 的经验数据。

表 5-21　套管式换热器总传热系数的大致范围

介质系统	K/[W/(m²·℃)]	介质系统	K/[W/(m²·℃)]
水-水冷却	1750～2900	润滑油(u=0.05)-水(u=0.6)	90
水-盐水冷却(u=1.25m/s)	850～1700	煤油(u=0.15)-水(u=0.6)	230
CO_2-水冷却	530	氨蒸汽冷凝-水(u=1.2)	1280～2000
空气-热水加热	140～430	氨蒸汽冷凝-水(u=1.8)	1630～2320
液体-液体换热	800～1700	氨蒸汽冷凝-水(u=2.4)	1980～2670
20%盐酸-35%盐酸换热(石墨传热面)	580～1050	水(u=1m/s)-水蒸气冷凝	2300～4600
丁烷(u=0.6)-水(u=1)换热	520	水(u=1.2m/s)-氟利昂冷凝	870～990
烃类-热水(管内)换热	230～500	水(u=1.5m/s)-汽油冷凝	～525
油类-液体换热	105～810	油-水蒸气冷凝	230～1050
原油-原油换热(u=1.3～2.1)	210～280		

表 5-22　空气冷却器中总传热系数的大致范围①　　单位：W/(m²·℃)

介质冷凝		液体冷却		气体冷却			
介质及条件	K 值	介质及条件	K 值	介质	压力/MPa(表)	压降/MPa	K 值
水蒸气	800～930	工艺过程水	610～730	空气及	0.07	0.007	46～57
含不凝气 10%	580～640	工业过程冷却水	580～800	烟道气	0.07～0.2	0.014	115
含不凝气 20%	550～580	(净化后)			0.35～0.7	0.035	115～170
含不凝气 40%	410～440	机器夹套水	680～740		4.1～6.9	—	227～284
纯的轻烃,C_2～C_4	500	25%盐水	520～640		6.9～20.7	—	284～370
C_5～C_6	465	50%乙二醇溶液	540～700	甲烷及	0～0.35	0.007	200
混合轻烃	380～440	轻烃类	440～540	天然气	0.35～1.4	0.02	290
轻汽油	465	汽油	410～440		1.4～10.0	0.007	350
汽油及汽油-蒸汽混合物	350～440	轻石脑油	350～450			0.02	405
		煤油	320～350			0.034	490
轻汽油-蒸汽－30%以下的不凝气混合物原油常压塔顶气体及催化裂化塔顶气体	350～410	柴油	260～320			0.070	535
		燃料油	115		10.0～17.2	0.048	455～570
		润滑油(低黏度)	116～145	乙烯	0.8～9.0	—	410～465
粗轻汽油(0.4MPa,表)②	460	(高黏度)	58～87	H_2(100%)	0.07	—	115～175
(0.07MPa,表)	425	渣油(50～1000mPa·s)	45～114		0.35	—	260～290
煤油	350～410	焦油	29～35		0.70	—	378～410
芳烃蒸气	410～465	重油 8～14°API③			2.10	—	495～550
轻柴油(重整产物)	290～350	150℃(平均)	35～58		3.50	—	552～580
中等组分烃类	260～290	200℃(平均)	58～93	氨、轻无	0.07	—	58～87

续表

介质冷凝		液体冷却		气体冷却			
介质及条件	K 值	介质及条件	K 值	介质	压力/MPa(表)	压降/MPa	K 值
中等组分烃类-蒸汽混合物	320～350	油品 30°API		机气体及	0.35	—	87～115
纯有机溶剂蒸气	435～465	65℃(平均)	70～134	过热蒸汽	0.70	—	145～175
加氢裂解气体部分	450	93℃(平均)	145～200		2.10	—	260～290
冷凝(10～70MPa,表)		150℃(平均)	260～320		3.50	—	290～350
炼厂富气冷凝	230～290	200℃(平均)	290～350	轻组	0.07	—	87～116
(不凝气 50%)		油品 40°API		分烃	0.35	—	175～203
催化重整气体部分冷凝	425	65℃(平均)	145～200		0.70	—	260～290
(2.5～3.2MPa,表)		95℃(平均)	290～350		2.10	—	378～407
加氢精制柴油	335	150℃(平均)	320～380		3.50	—	407～436
(6.5MPa,表)		200℃(平均)	350～410	中等组分	0.07	—	87～116
加氢精制汽油	395	醇及大多数有机溶剂	410～440	烃及有	0.35	—	203～232
(8.0MPa,表)		贫碳酸钾溶液	465	机溶剂	0.70	—	260～290
乙醇胺塔顶冷凝		环丁砜溶液			2.10	—	378～407
50～80℃	350	(出口黏度 7mPa·s)	395		3.50	—	407～436
80～110℃	520	乙醇胺溶液		加氢精制反应出口气体及重整反应出口气体			290～350
氨蒸气	580～700	15%～20%	580				
		20%～25%	535				
		氨液	580～700	合成氨及合成甲醇反应出口气体			465～520
				炼厂气			取甲烷类似条件下的70%(如含气量超过20%～30%,可酌量提高)

① 上述 K 值均以光管外表面为基准。

② 括号内值表示介质的操作压力、表压。

③ 油品的 API 度与其相对密度的关系如下:

$$\text{API 度}=\frac{141.5}{\text{相对密度}}-131.5 \text{（均在 15.6℃下）。}$$

表 5-23　水喷淋式换热器的总传热系数大致值　　单位：W/(m^2·℃)

介质冷凝	K 值	介质冷凝	K 值
氨气(喷淋强度 600)[①]	1400	氯磺酸等蒸气	23
氨气(喷淋强度 1200)	1860	醋酸等蒸气	67
氨气(喷淋强度 1800)	2300	水溶液	1400～2900
稳定汽油蒸气(进口 $u=6\sim10$，出口 $u=0.3\sim0.5$)[②]	230～410	50%糖水溶液(传热面玻璃)	285～340
裂化气油蒸气(进口 $u=6\sim10$，出口 $u=0.3\sim0.5$)	200～230	甲醇(喷淋强度 700)	490
瓦斯油蒸气(出口 $u=2.5$)	230		

① 水喷淋强度的单位为 kg/(m·h)。

② u——流速，m/s。

表 5-24　浸没盘管换热器的总传热系数　　单位：W/(m^2·℃)

管内	管外	清洁表面的 K 值		考虑常见污垢热阻后的设计 K 值	
		自然对流	强制对流	自然对流	强制对流
被加热时					
蒸汽	水溶液加热	1420～1840	1700～3120	570～1140	850～1560
蒸汽	轻油加热	280～400	625～790	220～260	340～620
蒸汽	轻质润滑油	230～340	570～738	200～230	280～570
蒸汽	船用油 C 或 6 号柴油	110～230	400～510	85～170	340～460
蒸汽	焦油或沥青	85～200	280～400	85～140	230～340

续表

管　内	管　外	清洁表面的 K 值		考虑常见污垢热阻后的设计 K 值	
		自然对流	强制对流	自然对流	强制对流
被加热时					
蒸汽	熔融硫	200～260	260～310	110～200	200～260
蒸汽	熔融蜡	200～260	260～310	140～200	220～280
蒸汽	空气或气体	10～20	28～36	5～17	23～45
蒸汽	糖蜜或谷物糖浆	110～220	400～510	85～170	340～460
高温水	水溶液	650～800	1100～1420	400～570	620～910
传热油	焦油或沥青	70～170	260～370	57～110	170～280
道生油	焦油或沥青	85～170	280～340	68～114	170～280
蒸汽	植物油	—	—	130～160	220～410
被冷却时					
水	植物油	—	—	—	160～410
水	水溶液	620～770	1110～1390	370～540	600～880
水	淬火油	57～85	140～260	40～57	85～140
水	中质润滑油	45～68	110～170	28～45	57～110
水	糖蜜或谷物糖浆	40～57	100～150	23～40	45～85
水	空气或气体	11～23	28～57	6～18	23～46
氟利昂或氨	水溶液	200～260	340～510	110～200	230～340
冷冻盐水	水溶液	570～680	990～1140	280～430	460～710
油	油	—	—	6～17	12～58
煤油蒸气冷凝	水	—	—	58～150	—
甲醇	水	—	—	200	—
CO_2	水	—	—	41	—

表 5-25　螺旋板式换热器总传热系数大致范围　　单位：W/(m^2·℃)

换热介质	流动方式	K	换热介质	流动方式	K
水-水(u=1.5)	逆流	1750～2210	焦油中油-水	逆流	270～310
废液-水	逆流	1400～2100	高黏度油-水	逆流	230～350
有机液-有机液	逆流	350～580	油-油(较黏)	逆流	90～140
粗轻油-水蒸气混合物和焦油中油	错流	350～580	气-气	逆流	30～47
焦油中油-焦油中油	逆流	160～200	液体-盐水	逆流	940～1800
水-盐水	逆流	1160～1750	废水-清水(u=0.92)	逆流	1700
水-20% H_2SO_4(铅面)	逆流	815～1400	气-盐水	逆流	35～70
水-含硝硫酸(u=0.3～0.4)	逆流	465	氨冷凝-水	错流	1500～2260
冷凝水-电解碱液(30°～90℃)	逆流	870～930	水蒸气冷凝-水	错流	1500～1950
冷水-浓碱液	逆流	465～580	有机物蒸气冷凝-水	错流	930～1160
铜液-铜液	逆流	580～760	苯蒸气-水蒸气混合物和水	错流	930～1160
水-润滑油	逆流	140～350	液体-水蒸气		1500～3000

5.1.6　传热过程的增强措施[9][24]

5.1.6.1　强化传热的目标

强化传热是在节能降耗、减少换热器制作和运转总成本的推动下提出的课题，包括开发各种高效、紧凑的新型换热器，以及对大量使用的现有换热器（主要是管壳式换热器）进行技术改造两方面的工作。

强化传热要达到的具体目标随不同工业要求而异，对一定的冷热流体与进口温度，大体有：

a. 对既定的流量、热负荷和允许压降，减少其传热面积与体积，得到尺寸小、质量轻、耗材少的设计；

b. 对既定的热负荷和传热面积，减少其传热温差以降低过程能耗和提高能量利用效率；

c. 对既定的传热面积（对原有尺寸的换热器），在压降相同的条件下，提高其热负荷或增加其处理能力；

d. 对既定的热负荷与传热面积，降低流动阻力和流体的泵送功率。

基于此，对强化效果的评价，也要根据不同的目标来衡量。

5.1.6.2 强化传热的原则

根据传热速率方程，增加传热面或提高总传热系数均能提高热负荷或降低温差。因此，使用各种扩展表面和提高流体的对流给热系数是强化传热的两个基本措施。关于使用各种扩展表面的强化可参阅紧凑式换热器与空冷器两节。

如何提高给热系数，应根据不同过程的传热机理，分析传热热阻的分布，采取相应对策。对单相流体，加强扰动无疑是强化传热的基本措施，但也要具体分析。湍流时，流动截面的热阻分布在湍流主体、过渡层和黏性内层（或称层流内层）三个区域，增强这些区域的扰动与混合，均有助于提高给热系数；一般情况下，湍流热阻主要集中在黏性内层内，一切能减薄黏性内层厚度或破坏其发展的措施都更为有效，对于 $Pr=0.7$ 的空气，则热阻在过渡区的比例较高，应加强该区域与壁面间的混合过程。在层流条件下，主要是促进整个截面上的迅速混合，并利用进口效应破坏热边界层的发展。这类措施都会引起机械能的额外损耗，因此给热系数的增加必然伴随着流动阻力的提高，应当以最低限度的压力损失来换取最大限度的传热强化，并使系统压降绝大部分是用于维持有效扰动以促进换热的“有效”压降，因此，单纯提高流速并不是最好的强化措施。

对于有相变过程，强化沸腾的关键在于增加换热面的气化核心和气泡的生成与脱离频率；造成液体在表面附近的局部循环与使蒸气迅速移走的条件，以降低沸腾温差，提高传热强度。而强化冷凝过程，则应设法减薄凝结液膜的厚度；使液膜迅速集结离开传热面；变膜状态冷凝为滴状冷凝。

所有措施都应沿传热面均匀强化，避免在局部形成流动死区或流体分布不均。

根据两侧流体热阻的实际状况，先对具有控制热阻的一侧进行强化。对于两侧均为气体或高黏度流体时，则应考虑两侧强化。由于气体的密度和热导率都很低，增加扰动也难以使给热系数有很大的提高，故对气体的传热强化首先应采用扩展表面。

强化措施还必须考虑在制造加工方面的复杂性，运行的长期可靠性，流体的污染、结垢和腐蚀等因素的影响。

传热强化中的机械能损耗，原则上也可通过直接加入外功来得到补偿，例如使用机械搅动或旋转换热面、使表面发生机械振荡或使流体发生附加振荡（从几 Hz 至超声频率）、对介电性流体外加电场或磁场等。由于这些装置和操作都比较复杂，在工业换热器上应用不广。

5.1.6.3 强化传热的简化评价指标

以未采用扩展表面的管壳式换热器的管内强化为例。假设外侧热阻很小，换热器的结构，管子的直径、排列与管间距均相同，流态也在同一区内，则对管内采用强化技术的简化评价指标大体有以下三种（以下标 o 表示原有工况）。

（1）$\Delta p=\Delta p_{\mathrm{o}}$，$W=W_{\mathrm{o}}$，$Q=Q_{\mathrm{o}}$，$\Delta T_{\mathrm{m}}=\Delta T_{\mathrm{mo}}$，比较换热器的体积 V 和传热面积 A。

由管内湍流对流给热系数与摩擦因子表达式可得下列近似关系

$$\frac{S_F}{S_{Fo}} \cong \frac{N_t}{N_{to}} = \left[\frac{(f/f_o)_{Re}}{(Nu/Nu_o)_{Re}}\right]^{0.5} \tag{5-56}$$

$$\frac{L_t}{L_{to}} = \frac{1}{(Nu/Nu_o)_{Re}^{0.9}(f/f_o)_{Re}^{0.1}} \tag{5-57}$$

$$\frac{V}{V_o} \cong \frac{S_F L_t}{(S_F L_t)_o} \propto \frac{(f/f_o)_{Re}}{(Nu/Nu_o)_{Re}^{3.5}} \tag{5-58}$$

当不采用扩展表面时，

$$\frac{A}{A_o} \cong \frac{N_t L_t}{(N_t L_t)_o} \approx \frac{V}{V_o}$$

式中 N_t——管子总数；

S_F——管内流通总截面积，m^2；

L_t——管长，m；

V——换热器体积，m^3。

下标（　）$_{Re}$表示括号内的数值均应采用强化后管内的雷诺数计算。

可见，在上述条件下，如$(f/f_e)_{Re}<(Nu/Nu_o)_{Re}$，则强化后$N_t$可减少；如$(f/f_e)_{Re}<(Nu/Nu_o)_{Re}^{3.5}$，则体积可以减少，即强化可以满足目标。

（2）$\Delta p=\Delta p_o$，$W=W_o$，$A=A_o$，$V=V_o$，比较换热器强化前后的热负荷Q，其他假设同前，则有

$$\frac{Q}{Q_o} \approx \frac{\alpha}{\alpha_o} \approx \frac{(Nu/Nu_o)_{Re}}{(f/f_o)_{Re}^{0.286}} \propto \frac{(Nu/Nu_o)_{Re}^{3.5}}{(f/f_o)} \tag{5-59}$$

可见，如$(f/f_o)_{Re}<(Nu/Nu_o)_{Re}^{3.5}$，强化后热负荷$Q$可以增加。由于$\pi d_i L_t N_t=\pi d_i L_{to} N_{to}$，可得$(f/f_o)_{Re}\approx(N_t/N_{to})^{2.8}$，当$(f/f_o)_{Re}>1$时，将有$N_t>N_{to}$，而$L_t<L_{to}$。

（3）当$W=W_o$，$V=V_o$，$A=A_o$，$Q=Q_o$时，比较强化前后的压降Δp：若$\Delta T_m=\Delta T_{mo}$，则$\alpha=\alpha_o$，可得

$$\frac{\Delta p}{\Delta p_o} = \frac{(f/f_o)_{Re}}{(Nu/Nu_o)_{Re}^{3.5}} \tag{5-60}$$

由式(5-58)～式(5-60)可见，只要$(f/f_o)_{Re}<(Nu/Nu_o)_{Re}^{3.5}$，则这类强化技术是有效的。

更细致的比较应同时考虑两侧热阻的变化、结构上的变化以及制作费与运转费用的变化。

5.1.6.4 管内传热强化的常用技术

传热强化技术种类繁多，除上面提到过的以外，采用短管和小直径管，改变管道流通截面形状，改变管子表面的局部形状、粗糙度或表面特性，管内加入不同形状的插入物，流体中混入其他添加物（例如加入固体颗粒或液体内通入分散的气泡）等以及同一种方法在几何特性上的某些变化，都会不同程度地改变局部或整体的扰动程度和温度场的分布。这里只介绍一些同时适用于现有换热设备改造的常用技术措施及其操作性能。各种具体关联式可参阅相关文献[9][19][25]。

（1）单相流传热强化的常用技术

① 管内插入物。常用的有扭带、静态混合器和螺旋圈等。它们的优点是制作比较简单，

易于在原有换热器上实施改造以强化管内传热。缺点是要额外消耗金属材料，插入物不易与管壁贴紧，作为扩展表面的作用不明显。

a. 扭带［见图 5-26(a)］。使宽度等于管内径 d_i 的薄长条金属片连续扭转 360°后插入管内，其扭曲比（扭转 180°的轴向距离与内径之比）为 2.5 左右，故相对节距 $p_f/d_i \cong 5.0$。扭带造成流体整体的旋转运动，其效果是中心区湍流强度显著增加，发生复杂的二次流以及壁面流体与中心流体混合，并可降低临界雷诺数，其单位传热面消耗的功率 N（W/m^2）与 α［W/(m^2·℃)］的关系见图 5-27(a)，而 d_i/p_f 与 A/A_o 的关系见图 5-27(b)。与光管比较，由于当 $Re\downarrow$ 时，$N\downarrow$ 而 $\alpha/\alpha_o\uparrow$ 且在相同 N 下，$A/A_o\downarrow$，故扭带换热在低 Re 数与较小的 p_f/d_i 下效果较好，适用于层流区与过渡流区，但在流体很脏时有可能造成堵塞。

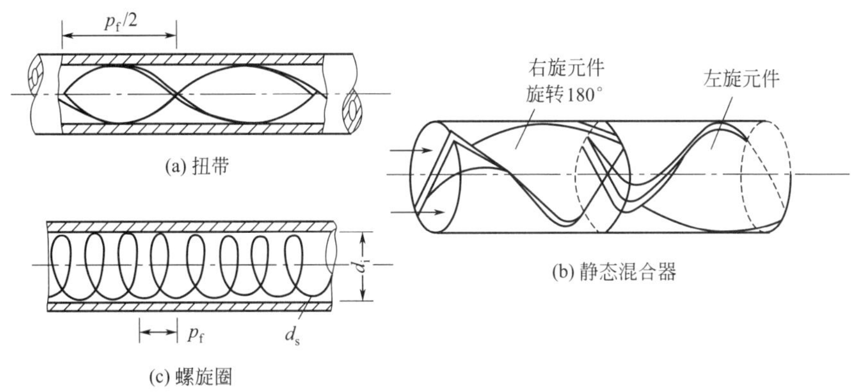

图 5-26　扭带、静态混合器和螺旋圈

b. 静态混合器［见图 5-26(b)］。它实质上是一段左旋 180°、一段右旋 180°的短扭带交叉沿管长排列，在前进中流体的旋转方向不断改变并不断被分割，故进一步加强了主流与近壁区流体径向混合，传热性能优于扭带，但阻力损失更高于扭带，且随 Re 数增加而迅速增加，故宜在层流换热时使用。静态混合器主要用于不同流体的混合、乳化、吸收、萃取等过程，当同时有附加传热要求时更适宜使用。

c. 螺旋圈［见图 5-26(c)］。它是用直径 d_s 为 1～3mm 的铜丝或钢丝按一定节距 p_f 绕成螺旋状插入管壁附近，它同时利用旋转和周期性的壁面凸起（d_s/d_i 可代表相对粗糙度）破坏层流底层，并提高了近壁区的湍动，故用于湍流换热效果较好，阻力相对较低，但传热增强效果也较低。常用相对节距 $p_f/d_i=3.1$，它与扭带比较也参见图 5-27。

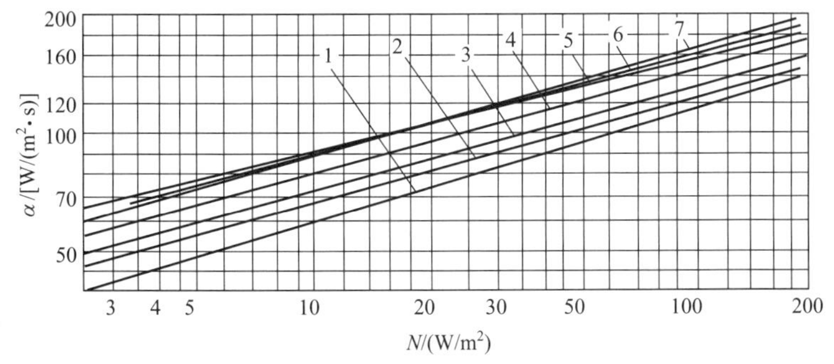

图 5-27 (a)　换热系数 α 和单位面积所耗功率 N 关系曲线

1—光管；2～6—相应于扭带的 $H/d=20$、12、7、5、3.5、7—插有金属螺旋线圈的管子

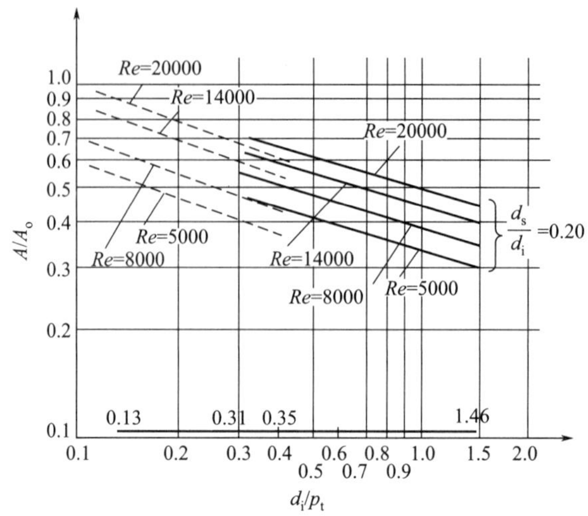

图 5-27（b） d_i/p_f 与 A/A_o 的关系曲线

虚线—插有扭带管；实线—插有螺旋线圈管；

d_s—螺旋线直径

② 改变管表面局部的形状和尺寸。直接在圆管上碾轧出各种形状的肋或槽，如纵向肋管（直内翅）、螺旋形肋管、横向槽管、螺纹槽管等。它们都提供了一定的扩展表面，但除纵肋管与螺旋形肋管外，其主要作用都是利用挤压形成的表面凹凸或同时利用旋转效应破坏边界层、提高近壁区的扰动。这类方法可使管的内外侧表面同时发生形状变化，从而改进两侧的传热而不致改变管束的原有排列。

a. 纵向内肋管与螺旋形肋管［见图 5-28(a)］。纵向肋片（内翅）基本不改变管内的流动方向，因而对管内扰动度影响很小。这类管的主要几何参数是管周上的肋片数或肋片相对径向间距 b/d_e 与肋片相对高度 h/d_e，由于润湿周边增加，这类管具有较小的当量直径 d_e 与较大的扩展表面，使换热效率增加，在相同热负荷下可保持较低的管壁温度，而阻力增加不多；或获得较小的换热器体积。

螺旋形肋管除增加扩展表面外，还辅以壁面附近的旋流，故换热效果优于纵向肋管，其有影响的几何参数尚有螺旋内肋的相对节距 p_f/d_i（或螺纹角），在 $p_f/d_i=79.2\sim92$，$b/d_i=0.12\sim0.52$ 间时，在相同的功耗下，$Re=2.5\times10^4$，$Q/Q_o=1.4\sim1.6$；当 $Re=10^5$，$Q/Q_o=1.1$。螺纹角增大，强化效果增加，而 b/d_i 增加，相当于肋片数增加，综合性能变差。

b. 横向槽管［见图 5-28(b)］。它们的主要几何参数是环状凸出物的相对突起高度 h/d_i 和凸出物的相对节距 p_f/h，两者都对传热和阻力的提高发生影响，h/d_i 的最佳值与流体的 Pr 数与 Re 数有关。由理论分析可知：

对 Pr 数小的气体，宜使

$$h/d_i\approx\frac{30}{\sqrt{f/2}Re} \tag{5-61}$$

对 Pr 数≫1 的流体，

$$h/d_i\approx\frac{5}{\sqrt{f/2}Re} \tag{5-61a}$$

环状凸出物的相对节距值，当 $p_f/h\approx10$ 时，相当于 Nu/Nu_o 与 f/f_o 的最大值。一般

p_f/h 应在 10～25 范围内。在 $Re=10^4$ 时，h/d_i 应在 0.02～0.04 范围内。计算表明，当 $\Delta p=\Delta p_o$ 时，这类管子的 Q/Q_o 可达1.25～1.40。

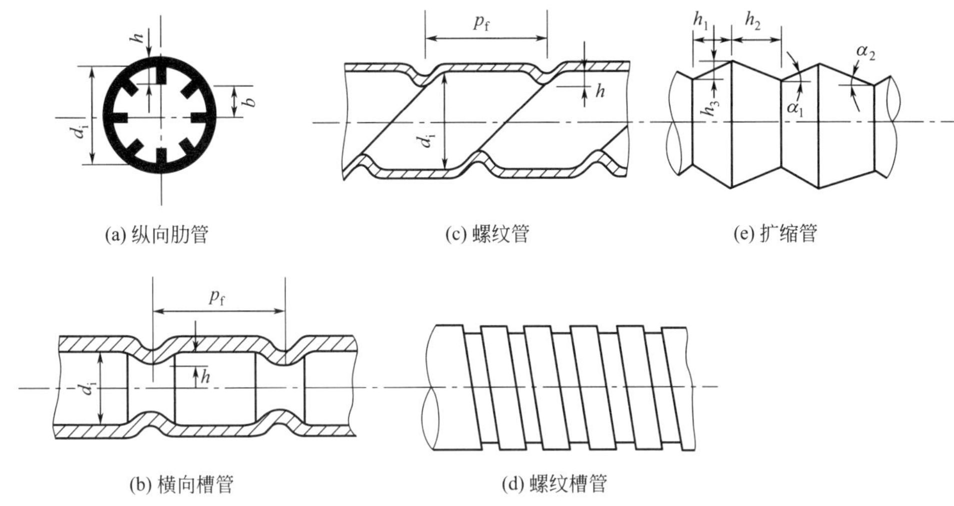

图 5-28　改变局部表面或流道截面形状和尺寸的强化传热管

c. 螺纹管［见图 5-28(c)］。就影响传热和阻力的机理而言，它与螺旋形肋管相似。内螺纹管可以制成单头、双头或三头以上的螺纹，关键尺寸也为相对螺纹高度 h/d_i 与相对节距 p_f/d_i。比较表明，在湍流条件下，小节距、低槽高、大的螺纹角的单头螺纹的综合性能较好，传热性能相差不大，而阻力减少很多，这可能由于多头螺纹同时促成了无效的主体旋转。对不同几何参数的单头螺纹管的比较表明，在 $Re=2\times10^4\sim4\times10^4$ 时，单头螺纹管 $h/d_i=0.03\sim0.04$，$p_f/d_i=0.4\sim0.5$ 具有较好的综合性能，Q/Q_o 在 1.2～1.25。螺纹管与扭带相比，在高 Re 数时性能相近，而在低 Re 数下则较差。据称，外形如图 5-28（d）的螺纹槽管，对同时强化内外侧换热的效果较好。螺纹接近矩形，宽度约为节距的一半，它也适用于管内强制沸腾的强化。

③ 连续改变管的流通面积的形状和尺寸。例如采用扭屈管（图 5-37）和扩缩管［见图 5-28（e）］，利用截面形状的周期性变化，使整体流速大小和方向不断改变，扩展表面的影响很小。

扭屈管主要用于管束间的传热强化，但管内也得到强化，流体运动带有一定的旋转性，速度也发生周期变化，从而增强流体的扰动。

扩缩管主要利用在扩张段的边界层分离，生成强烈旋涡并带到提高了流速的收缩段，因而在相同压降时，这类通道比平直通道具有更好的换热性能。影响扩缩管性能的主要几何因素有扩张段与收缩段的角度与相对长度，扩缩管在 Re 数较高时性能更好，例如对扩张段 $\alpha_1=13°$，收缩段 $\alpha_2=7.5°$，$d_e=17.7\text{mm}$ 的管子，$h_1/d_e=0.48$，$h_2/d_e=0.85$，$h_3/d_e=0.113$，在 $Re=10^4\sim2\times10^5$ 间，Δp 相同时，$Q/Q_o\cong1.5\sim1.7$。扩缩管制作简单容易，并可同时强化两侧传热，是一种应用范围较广的强化技术，适宜于 Re 数较高的场合，也适用于含杂质的流体。

④ 壳程强化结构　传统管壳式换热器，采用单弓或双弓型折流板，引导壳程流体按照指定的模式横流过或沿着管束流动。这种结构形式，在折流板两面和进出口两端存在回流死区，并形成较大的涡流，造成壳程阻力大、死角多、传热面积无法被充分利用、易结垢、易腐蚀等弊病，这些都影响壳程的传热系数，还可能引发流体流动振动，破坏管子及其与管板连接的可

靠性。因此换热器壳程支撑结构的强化是换热器研究发展的另一方向，目前主要包括管型和管间支撑物的研究。近些年来出现了许多新型的壳程折流支撑结构，如螺旋折流板、折流杆等。

a. 螺旋折流板。螺旋折流板替换壳程介质“Z”形折返的传统方式，采用若干块 1/4 壳程横截面的扇形板组装成螺旋状折流板，使介质自壳体进口向出口呈螺旋状推进。介质在壳程可利用不同角度调整流通截面，没有死区，压降小。因为折流板是螺旋状结构，介质流形成的涡旋，从圆心到半径方向存在较大的速度梯度，从而在管子表面产生湍流，使边界层减薄，优化设计。另外，由于连续的螺旋支撑，减少了管束跨距，使得管子的固有频率避开了流体的抖振频率，避免了因共振引起的破坏。由于螺旋运行的有效冲刷，减少了污垢沉积，热阻稳定性增加，使换热器长期运行在高效状态，达到了节能的目的。

螺旋折流板适合无相变换热及两相流换热。在壳程压力降或污垢限制比较严格的场合，在流体诱导振动比较严重的场合尤其显出其优越性。但对于较大直径换热器，径向流速不均匀，中心会发生漏流，传热效果降低。HTRI 软件采用文献法进行热力学和流体力学计算。具体设计由螺旋折流板厂家来完成。

b. 折流杆。折流杆换热器是用折流杆代替折流板支撑换热管，它由排布的支撑杆形成一系列的壳程折流，每副单一的折流栅的主要构件包括支撑杆、折流环交叉支撑拉杆、分程板和纵向滑动杆。支撑杆杆端均焊接在圆环折流环上，采用 4 种不同布置方式的折流栅构成折流栅组。实现流体纵向流动，完全消除了流体诱导振动。换热管的布置通常为 45°或 90°。

折流杆换热器适用于无相变换热及冷凝换热。尤其适用于壳程允许压降小或管束振动概率大的工况，如壳侧真空的部分冷凝、立式管外沸腾。壳程入口带外导流筒进一步降低了总压降。但是在低 *Re* 值、高黏度介质中很难形成有效的卡曼旋涡、达不到高传热效率的要求。

折流杆换热器一般采用 Phillips 公司的计算式，HTRI 的软件中含有该种结构的计算方法。

（2）有相变过程的传热强化技术

① 沸腾传热强化技术

a. 改变沸腾表面的材料或表面的物理-化学状态，可在较低温差下提高热强度，例如在加热面上点状喷涂四氟乙烯等憎液性材料，可使膜状沸腾转为泡核沸腾，并使 α 提高 3～4 倍。

b. 改变传热表面的几何形态，例如采用烧结成型或机加工成型的表面多孔管、T 型翅片表面等［见图 5-29(a)、(c)］使表面上形成许多联通微孔和隧道，液体在其中以薄液膜形式传热和气化，在 0.25～1℃传热温差下即可开始沸腾，液体利用毛细管效应不断吸入隧道，故在低热负荷下可以显著强化传热性能。在高热负荷下通道的结构应使生成蒸气易于引走，避免积聚，采用在整体压制低肋管上切出纵槽、再滚压成型的 Turbo-B 型管或 ECR-40 管等可适应这一要求［见图 5-29(c)、(d)］。

c. 采用螺纹管、横向槽管或内翅面管，以增强管壁的粗糙度并促进扰动，采用扭带等插入物也均能提高管内沸腾传热强度，并推迟膜状沸腾的发生。

② 冷凝传热强化技术

一般冷凝多在管外进行。立式冷凝器可采用较密的纵向外翅管或在管周绑扎垂直的金属丝；卧式冷凝器可采用横槽或螺纹管，使壁表面局部在周向和轴向发生曲率半径的变化，在表面张力作用下冷凝液从肋顶流向肋谷，并顺利下流，使肋顶表面液膜厚度变薄，可使冷凝给热系数较光管提高 3～5 倍。采用锯齿形翅片（图 5-113）或其他促进凝液流走的措施，冷凝效果均可优于整体翅片。在铜表面用离子注入法注入氮等元素以降低表面能、在表面涂覆上不润湿

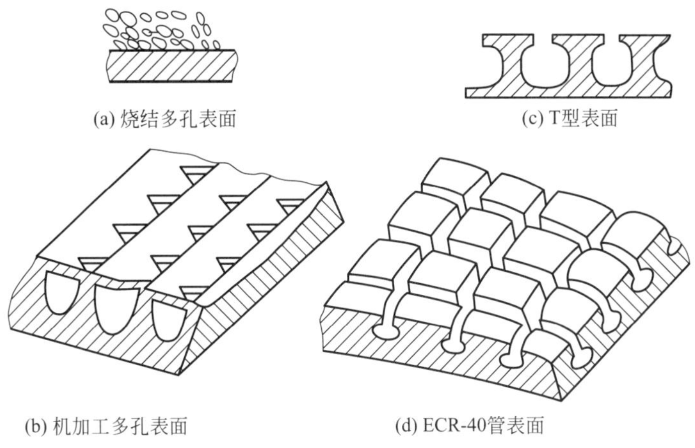

图 5-29　沸腾强化表面

的薄膜、或在蒸气中加入高分子的脂肪酸类促进剂改变表面状态，均可使膜状冷凝转为滴状冷凝，从而提高给热系数。

5.2　管壳式换热器的设计与选型

5.2.1　概述

管壳式换热器又称列管式换热器。主要由圆筒形壳体和由许多平行排列的管子构成的管束组成，管子是基本传热元件。换热器中两种换热介质的流道分为管程（流经换热管内通道及其相贯通部分）和壳程（流经管间即壳内侧的通道及其贯通部分）。介质在管内沿管长方向往或返的次数称为管程数，而在壳程内沿壳体轴向往或返的次数称为壳程数。若壳程数为 m，管程数为 n，此换热器可标记为 m-n 管壳式换热器，每一壳程中可包含一至若干个管程。壳程流体与管程流体间的总体相对流动型式可为逆流、并流、错流或其组合，但局部流动情况则甚为复杂。

这类换热器可选多种结构材料制作，故几乎所有的介质和操作条件都能适应，可靠性高，操作弹性好，处理能力大，结构比较简单，造价比较低廉。由于积累了丰富的设计、制造和运行经验，在标准化系列化方面已经成熟，工业上应用最广，在高温高压和大型化装置上更有其优势。

图 5-30 表示一种最简单的固定管板式 1-1 管壳式换热器（代号 BEM，见 5.2.1.2）。管子两端紧密连接（焊接或胀接）在管板上形成管束，并与前端管箱和后端管箱构成管程。壳体焊在两块管板之间。壳体内设有若干块折流板以引导壳程流体的合理流动并支承管子，用拉杆和定距管保持折流板间距并与管束组装在一起。从基本结构上看，这类换热器在发展中要解决的问题是：

① 当在高温下操作或管、壳程流体间温差很大时，由于热膨胀程度不同会产生很高的温差应力，采用图 5-30 具有膨胀节结构可得到改善，否则易导致结构材料的变形和破坏。

② 大多数流体都会产生不同程度的结垢，结构上应能尽量减轻或减缓结垢和实现两侧特别是壳侧污垢的清洗。

③ 壳程截面积远大于管程，且通道几何形状复杂，必须组织好壳程流体的合理流动，减少旁路流（未与传热管表面发生有效的接触）和短路流，避免死角。以保证壳程流动压降在适

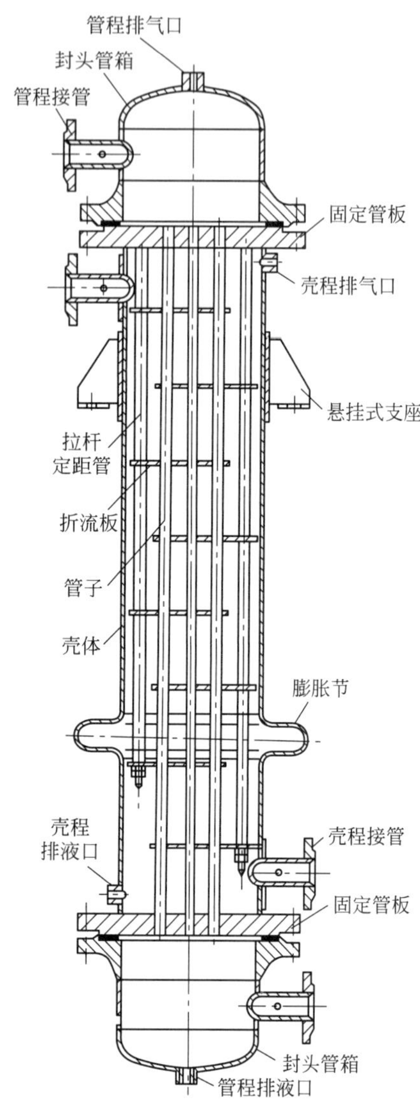

图 5-30　BEM 立式固定管板式换热器（单管程）

当范围内，同时有较高的给热系数和整体的传热效率。

④ 必须防止管程与壳程流体的外漏和相互泄漏，这对有毒、易燃易爆的介质尤为重要。

⑤ 壳程出入口流体对管子的直接冲刷和管束的振动是管子损坏的重要原因，对大尺寸换热器尤为重要。

⑥ 不断提高紧凑性并减少单位传热面的金属耗量，降低制造成本，以与其他紧凑式换热器相抗衡。

5.2.1.1　管壳式换热器的分类

（1）按安装方式可分为直立式与卧式两种。应视流程要求和安装维修场地的情况决定。卧式占地较大，但换热器组可重叠放置。

（2）按管程与壳程之间的结构关系可分为固定管板式（包括无管箱和有管箱两类，后者见图 5-30）、U 形管式［参见图 5-31(a)］、外浮头式［常用的有填料函式和带套环填料函式，参见图 5-31(b)、(c)］、内浮头式［常用的为直接抽出式和钩圈式，参见图 5-31(d)、(e)］。这些换热器的性能及结构特征参见表 5-26。其中，无管箱固定管板式为直立单管程，常用于壳侧流体的冷却或冷凝，例如致冷系统中的氨冷却冷凝器，冷却水在管内沿壁成膜流下，管的上下方直接与外界相通，其结构最为简单。双管板结构能严格防止管程与壳程间流体的互相渗漏，避免一方受到污染，或发生爆炸、聚合、腐蚀、催化剂中毒等其他严重后果。图 5-32 为一种双管板结构，内管板与管子间一般为胀接，外管板则用胀接或焊接，泄漏介质可在双管板间的聚液壳内收集并判断漏泄的由来。

（3）按壳程折流元件的形式分，主要有弓形折流板（又称圆缺形折流板）、环盘形折流板、螺旋形折流板、折流杆型及无折流元件型等。不使用折流元件可使换热器结构大为简化，且可实现逆流操作，但由于壳程流通截面积大，流速低，壳侧给热系数往往成为控制因素，而且管子必须加以适当支撑以避免管子的振动和悬垂。因此，壳程常采用折流元件，其作用是：ⓐ 支承管子，ⓑ 引导壳程流体合理流动，ⓒ 避免管子的振动。只有在某些壳程流体有相变的场合如釜式再沸中，才不必使用折流元件而只用支承板。

图 5-33(a) 和 (b) 分别表示单弓形折流板和环盘形折流板间流体的流动情况，(c) 和 (d) 的弓形板型式多用于冷凝。单弓形折流板的应用最广，传热性能好，但流动阻力较大。对于流量大、壳程允许压降小和大直径的场合，可采用双缺口板、三缺口板或缺口处无管型等形式（参见图 5-34），但除缺口无管型外，这样会降低传热性能，对管子的支撑不够，故应用较少。缺口无管的单弓形板有较低的流动阻力，对管子的支撑良好，虽然减少了缺口处的布管传热面积，但可通过增加流速来补偿，因此多用于大直径、高流量的场合。

环盘形折流板压降较单弓形小、其传热性能介于单弓形与多缺口弓形板之间。由于盘形板

表 5-26 常用管壳式换热器型式及性能

性能		固定管板式	U形管式	可抽出内浮头式	钩圈式内浮头	填料函式外浮头	套环填料函外浮头
热膨胀补偿方式		刚性、温差＜50℃ 加膨胀节，温差＜90°～120℃	U形端自由伸缩补偿性好	内浮头可自由伸缩补偿性好		外浮头在填料函处伸缩	
结构特征、相对造价与管束可抽出性		结构简单、紧凑，长管时造价最低。（与U形管式接近）壳体焊在两侧管板上，管束不可抽出	结构简单，U形管两端部固定在一块管板上。短管时，造价最低。管束抽出容易。管子排列不紧凑，管长分布不均匀	在管束可抽出的型式中造价最高（比固定管板高20%～30%） 管束与壳内侧间隙大，壳程旁流严重。管束易于抽出	去掉钩圈后，管束方可抽出。间隙较小，可减少旁流	造价低于内浮头式。受填料函材料限制，壳侧温度不超过315℃，间隙较大。管束易于抽出	在浮头式中造价最低。管程和壳程温度都受填料限制。管束易于抽出
管内检修清洗		易	机械清洗困难	较易	较易	易	易
壳程检修清洗		困难	可	易	易	易	易
管子的可更换性		可	内层困难	可	可	可	可
泄漏性		不易	不易	内浮头垫片处有内漏可能，不易发现		填料函区有外漏可能	填料函区有内漏，外漏可能
相对耐压程度	管程	高	最高	较高	较高	较高	管壳程均较低＜1～4MPa
	壳程	较高（有膨胀节时降低）	较高	较高	较高	壳程＜4MPa	
可用管程数		无限制	偶数（一般2～4程）	无限制	无限制	无限制	1～2程
采用双管板		可	可	否	否	可	否
适用介质操作条件及其他特性		主要受温差限制，壳程应为不结垢，无腐蚀介质。使用普通管板时，操作温度及温差有限制，改用弹性管板可用于高温高压场合。壳与管束间隙可达到最小	高温高压，管压外均宜用清洁、无腐蚀介质。管侧流动阻力大，故管程流体不宜用大流量。管、壳程流体分布不均匀	适于介质有腐蚀、易结垢、大温差，而经常需要更换管束和清洗的场合		壳程不宜使用易挥发、易燃易爆和有毒物料，流体温压也受限制，不宜使用大直径	操作温压都较低，不宜使用大直径。便于在壳程设置纵向隔板，增强壳程传热。漏液可通过套环上泪孔外泄，易于发现并收集

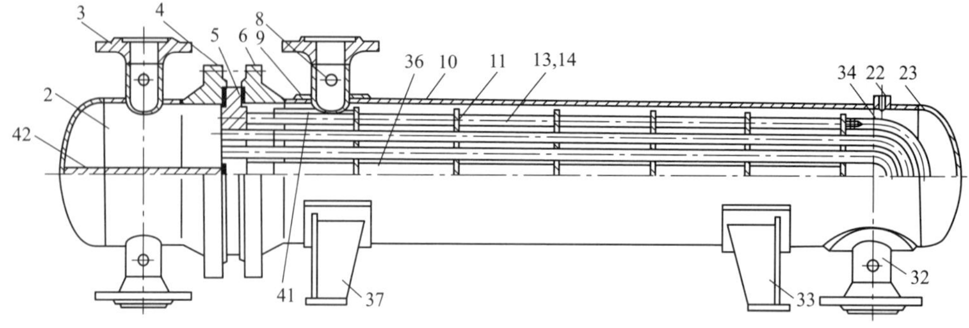

(a) BIU U形管式换热器(双管程)

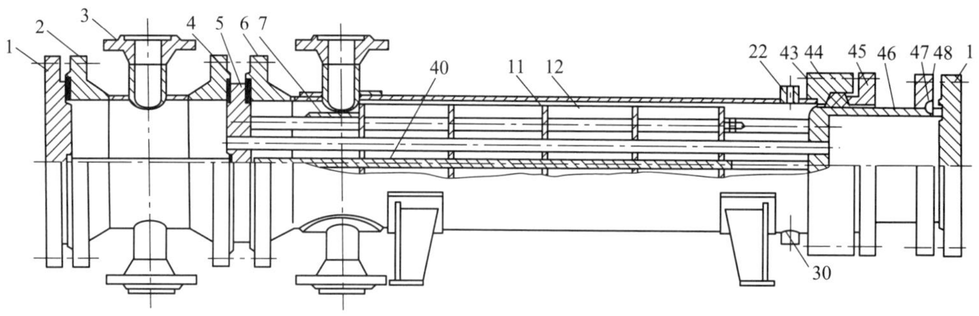

(b) AFP填料函双壳程换热器(双管程)

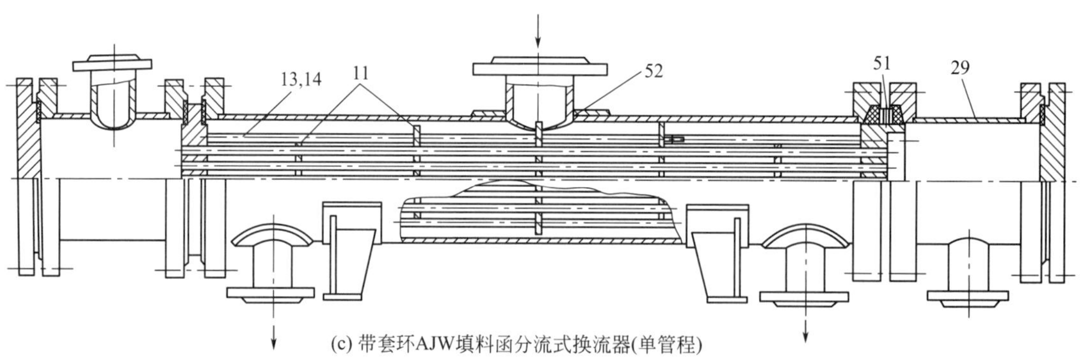

(c) 带套环AJW填料函分流式换流器(单管程)

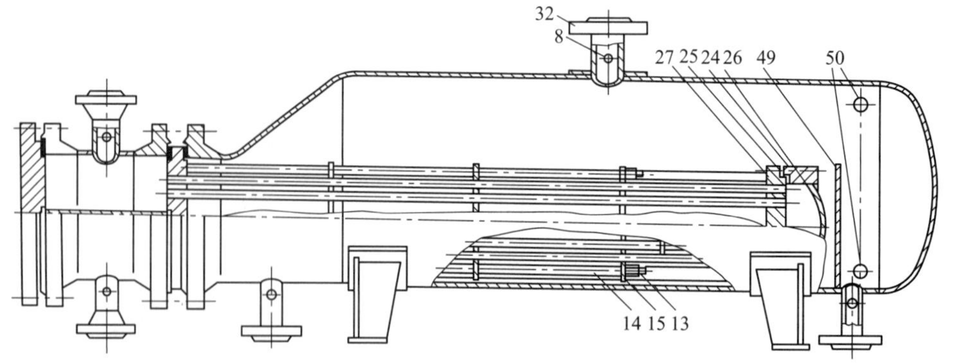

(d) AKT可抽式浮头釜式再沸器

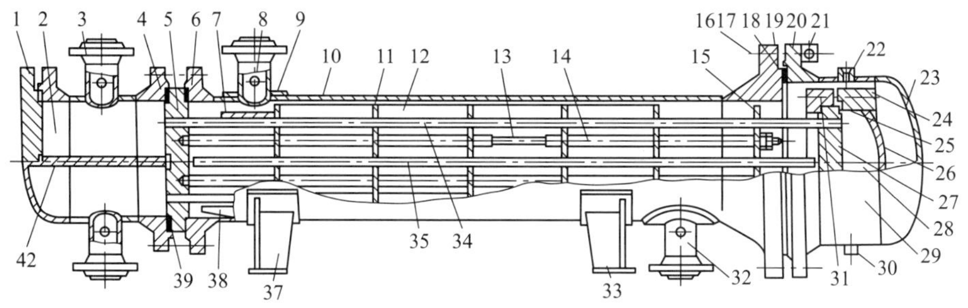

(e) AES、BES钩圈浮头式换热器(双管程)

图 5-31　各种常用的管壳式换热器

1—平盖；2—封头管箱或平盖管箱（部件）；3—接管法兰；4—管箱法兰；5—管板；6—壳体法兰；7—防冲板；8—仪表接口；9—补强圈；10—壳体圆筒；11—折流板；12—旁路挡板；13—拉杆；14—定距管；15—支承板；16—螺栓；17—螺母；18—外头盖垫片；19—后头盖侧法兰；20—后头盖法兰；21—吊耳；22—放气口；23—凸形封头；24—浮头法兰；25—浮头垫片；26—无折边球形封头；27—浮头管板；28—浮头盖（部件）；29—后头盖（部件）；30—排液口；31—钩圈；32—接管；33—活动鞍座（部件）；34—换热管管束；35—挡管（假管）；36—中间挡板；37—固定鞍座（部件）；38—滑道；39—前管箱垫片；40—纵向隔板；41—内导流筒；42—分程隔板；43—填料；44—填料函；45—填料压盖；46—浮动管板裙；47—剖分剪切环；48—活套法兰；49—堰板；50—液面计接口；51—套环；52—分流挡板

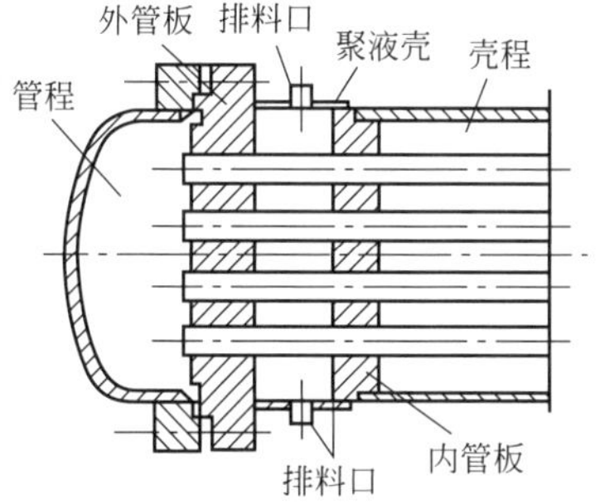

图 5-32　带聚液壳双管板结构

没有与壳体接触，不能对管束提供有效支撑，而且在靠近环盘板的圆形周边处冲压管孔时，由于不对称会产生锐边，在组装和操作中易于损坏管子，故应用不多，比较适用于介质清洁的立式设备。近来的发展是将环盘的形状加以改进（例如，将盘板四周呈十字形伸出支到壳体上）以克服上述缺点❶。

孔流型折流板中，介质由管孔间隙中流过，偶用于管子根数很少（如 10 根以下）的换热器。

弓形折流板的结构比较简单，依靠流体的多次曲折流动以提高壳侧给热系数，但由此也引起：ⓐ流动阻力增加；ⓑ 局部存在流动死角和轴向回流；ⓒ 旁路流和短路流比较严重，又会

❶ Krishnan S. et al. Trans Ichem E. 1994，72（A5）：621～624.

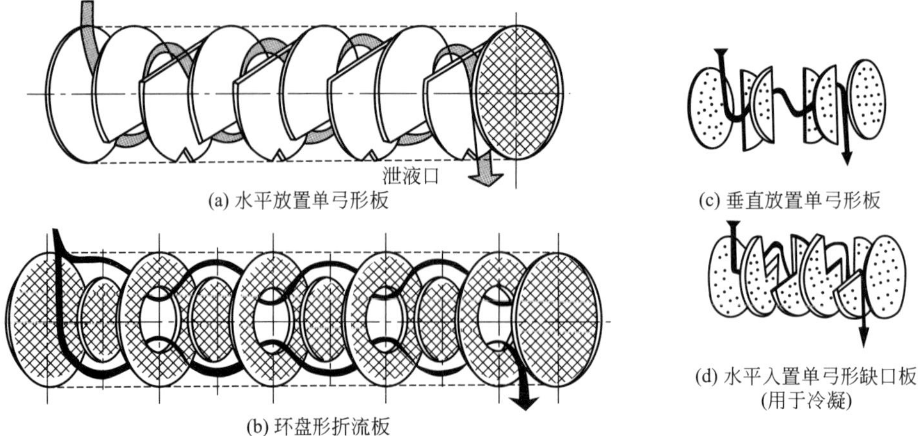

图 5-33　弓形及环盘形折流板流动情况

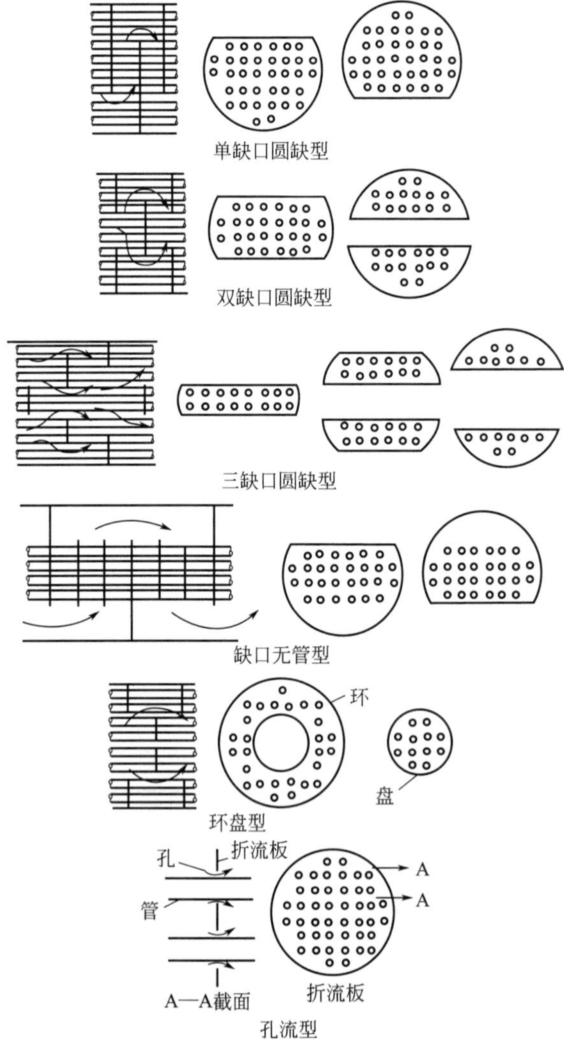

图 5-34　几种折流板形式

降低传热性能；ⓓ 流体高速错流冲刷管束，引起管子诱导振动和损坏。随着直径和生产能力的增大，这些问题也更为突出。

采用螺旋形折流板是一种改进措施。壳程流体呈螺旋形在管束间穿行，从而消除了由于流向突然转变以及离开折流板时边界层分离而引起的附加流动阻力，并减轻了管束振动，减少了旁路流、轴向回流，消除了死角，又适当保持了对管束冲刷的轴向分量，因而具有较高的传热系数和换热器效率，也减轻了壳程局部结垢倾向。螺旋形折流板一直因加工过于困难、制造成本高而不被重视。近来发展的分片式螺旋形折流板制作比较容易（见图 5-35），已在捷克与欧洲其他地区得到工业应用。据称，由于操作性能改善而节约的成本已使该类换热器在经济上比较有利[1]。

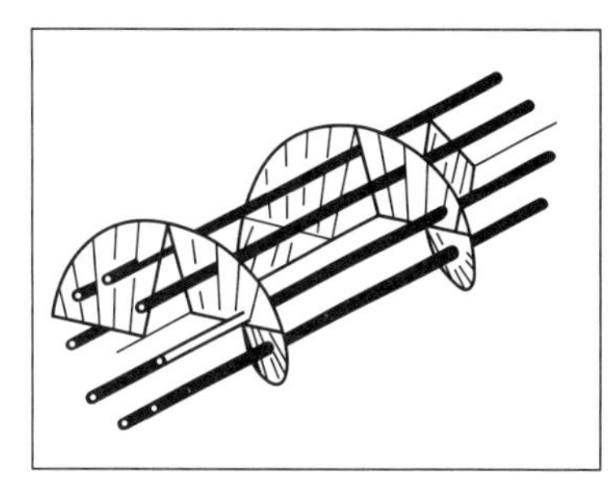

图 5-35　螺旋折流板流动情况

折流杆式换热器最初是为防止管子的振动而设计的，理论分析和操作实践证明，除此以外，它比弓形折流板式的传热系数高、有效温差大、流动阻力小、结垢倾向低，结构也不复杂，故其应用不断增加。其基本结构元件见图 5-36，它由四个等间距圆环连成一组［见图 5-36(a)］，每个圆环上焊有若干平行的折流杆［见图 5-36(b)］，杆直径与管间距相同。环＃1 与环＃2 上的折流杆分别插在奇数管列和偶数管列的一侧，而环＃3 与环＃4 上的折流杆则分别插在奇数管排和偶数管排的一侧，使每根管子在四个方向上都得到有效的支撑（参见 5.2.5）。

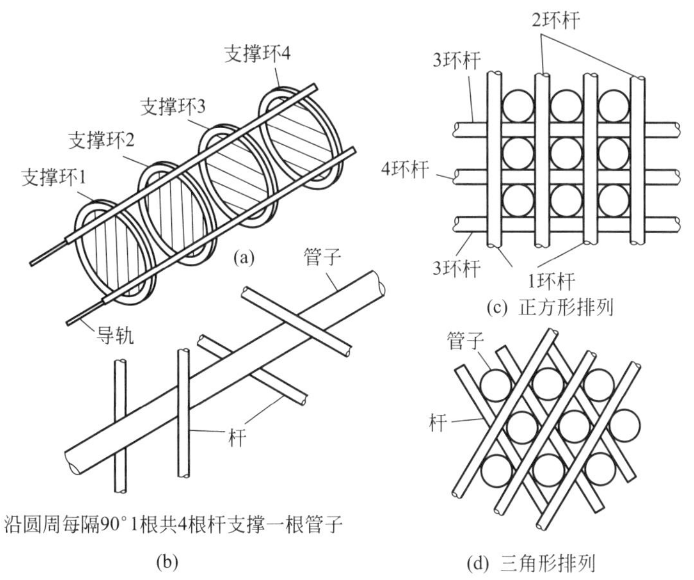

图 5-36　折流杆式换热器的基本元件

采用扭曲管或称螺旋扁管（参见 5.1.6.4）（Twisted-tube）组成的管束是新发展的一种无折流元件型结构。扭屈管的形状及其组合见图 5-37。若干根扭曲管按三角形排列叠到一起，每根管相应位置上的凸出点互相紧贴形成彼此的支撑点，沿管长每隔一个螺距的支撑点各自落在一个平面上，管束用若干根箍圈箍住而形成刚性很大的圆形管束，以消除振动，并可采用长

[1] Stenlik p. et al. Heat Trams fer Engineering. 1994，15（1）：55-65.

管，管子两端保持圆形与管板连结，并插入壳体内，壳程流道由扭曲管间的空隙构成，流通面积减小且不断变化，但总体为轴向流动，管内则相当于插入扭曲元件，故能在不高的流速与流体阻力下得到较高的传热系数与换热器效率，并且具有较高的紧凑性。这类换热器水压试验最高达134MPa（管程），已有壳径1.5m、长11m的装置问世。这种形式的管束也可用来对原有折流板式浮头换热器进行技术改造。据称，在相同的压力损失 Δp 下，壳侧给热系数 α 可提高40%，而在相同的 α 下，Δp 可减少一半，故称热面积可降低20%～50%，费用节省20%～30%，其换热器效率可高于典型的板式换热器，可以防止颗粒沉降结垢并易于清洗，也适用于带纤维性物料的介质如造纸工业中的液体。这类换热器自1984年以来已生产了400多台，有很好的应用前景[20][21]。

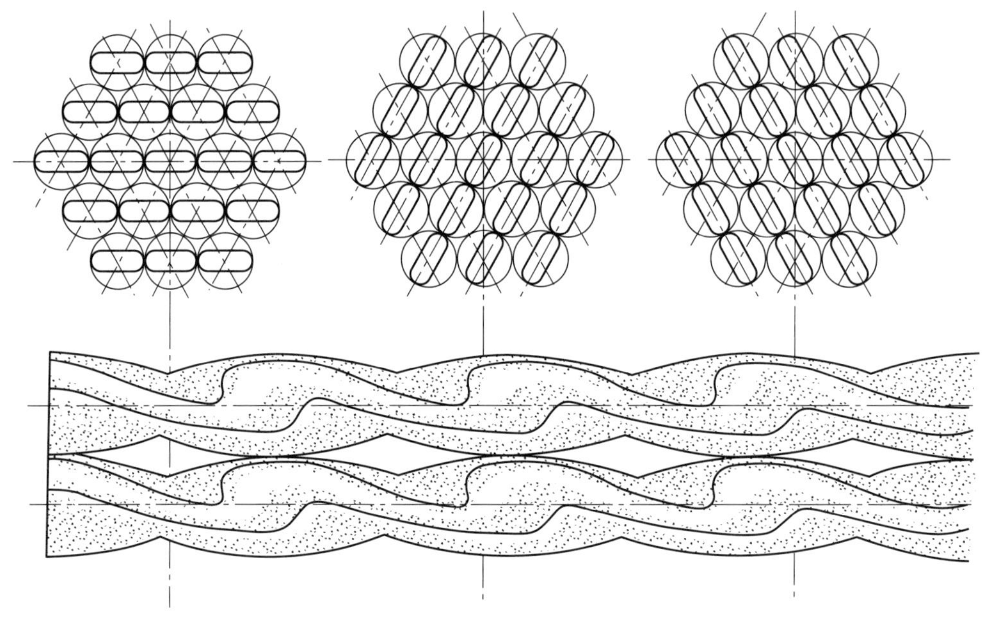

图 5-37　扭曲管结构及其相互支撑形式

（4）按换热管的形状可分为圆管、椭圆管或其他异形管、翅片管、螺纹槽管、扩缩管、扭曲管等（参见5.1.7）。

5.2.1.2　部件结构

（1）组合部件

换热器的主要组合部件包括前端管箱、壳体和后端结构三部分，其分类及代号见图5-38。管箱用于安装管程流体进出口接管、均匀分配及汇集管程流体和在多管程时改变其流向；“B”型为焊接的封头管箱，结构简单,适用于较清洁的介质；“A”、“C”、“N”型的管箱前盖板可拆下，便于检查清洗管程，但用材较多；“D”型为锻造管箱，用于管程压力超过6.0MPa的场合；管箱上一般均应留有排气口和残液排净口。壳体用于容纳管束构成壳程，并安装壳程流体进出口接管，可设置中间隔板使壳程变为两程［见本节（4）、⑥］或使壳程流体分流。各种分流式壳体用于壳程为大流量、要求低压降的无相变流体的场合，参见表5-45。“G”型和“H”型分流式壳体常用于卧式热虹吸再沸器，这时，纵向隔板可抑制壳程液体中轻组分的闪蒸并增进混合，“H”型在流量很大而壳程压降要求很低时使用。“J”型无隔板分流［见图5-31(c)］用于壳侧允许压降特别低的场合，如真空冷凝器。为避免壳程流体出入口处对管束的

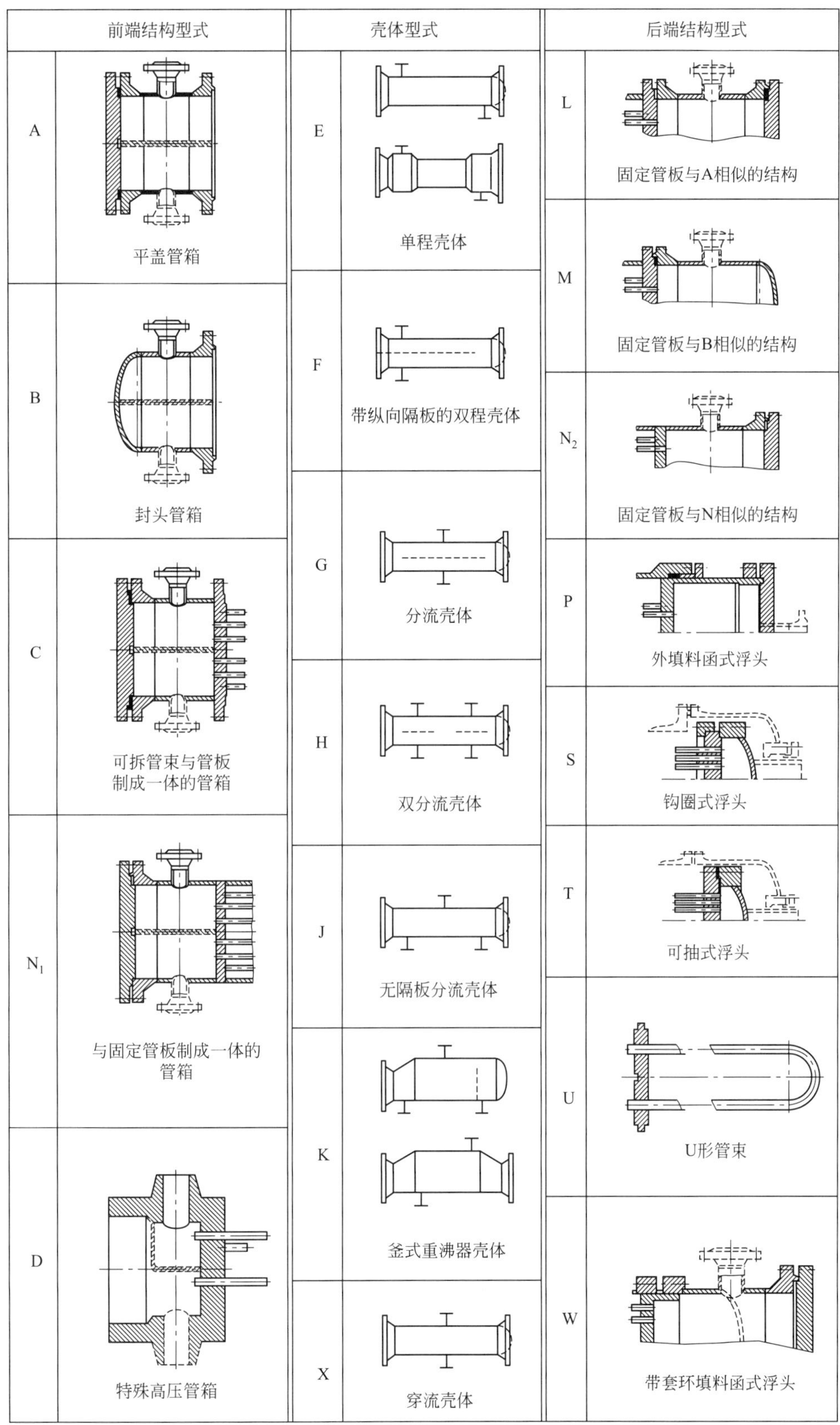

前端结构型式
壳体型式
后端结构型式
A
平盖管箱
B
封头管箱
C
可拆管束与管板制成一体的管箱
N1
与固定管板制成一体的管箱
D
特殊高压管箱
E
单程壳体
F
带纵向隔板的双程壳体
G
分流壳体
H
双分流壳体
J
无隔板分流壳体
K
釜式重沸器壳体
X
穿流壳体
L
固定管板与A相似的结构
M
固定管板与B相似的结构
N2
固定管板与N相似的结构
P
外填料函式浮头
S
钩圈式浮头
T
可抽式浮头
U
U形管束
W
带套环填料函式浮头

图 5-38 主要部件分类及型号

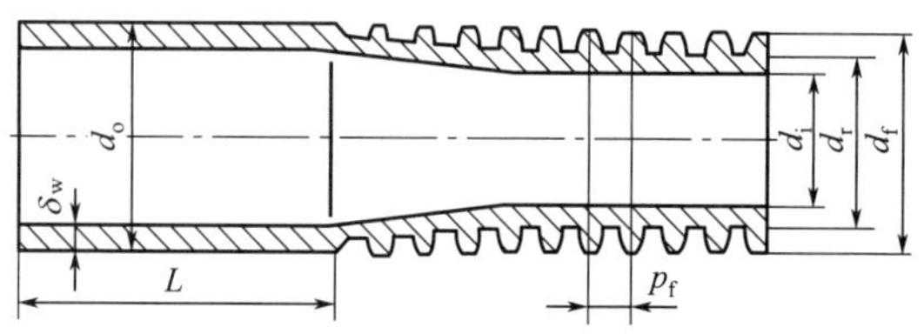

图 5-39 螺纹换热管

强烈冲刷，可设置内、外导流筒或防冲板。后端结构表示管束、后封头管箱和壳体的关系，其中“S”、“T”型图中虚线部分表示单管程可抽式浮头与壳体的连接情况。

（2）管子及其排列

① 常用换热管规格。管壳式换热器中换热管大多使用无缝光管或螺纹管。本节讨论以光管为主。管子材料根据操作条件和介质的性质有很大的选择范围，常用无缝管规格见表 5-28。管长可采用（m）1.0、1.5、2.0、2.5、3.0、4.5、6.0、7.5、9.0、12.0 等。

表 5-27 螺纹换热管的基本参数

$(d_o \times d_w / d_f)$ /mm	19×2/18.8					25×2.5/24.8					
p_f/mm	0.8	1.0	1.25	1.5	2.0	0.8	1.0	1.25	1.5	2.0	2.5
d_r/mm	17.0	16.8	16.6	16.6	16.4	23.0	22.6	22.3	22.3	22.0	22.0
d_i/mm	13.4	13.4	13.0	13.0	13.0	18.8	18.8	18.0	18.0	18.0	18.0
d_e/mm	17.9	17.8	17.8	17.7	17.5	23.9	23.7	23.6	23.5	23.4	23.3
翅化比$\frac{A_s}{A_o}$不小于	2.80	2.50	2.20	2.00	1.70	2.80	2.75	2.50	2.20	1.80	1.60
A_s/A_i	3.6	3.3	3.1	2.7	2.3	3.6	3.5	3.3	3.0	2.5	2.2

表 5-28 与管外径有关的若干尺寸汇总表

有关尺寸/mm	管外径 d_o/mm							
	10	14	19	25	32	38	45	57
碳钢管壁厚 δ_w	1.5	2	2	2～2.5	3	3	3	3.5
不锈钢管壁厚 δ_w	1.5	2	2	2	2	2.5	2.5	2.5
换热管管心距 p_t①	13～14	19	25	32	40	48	57	72
分程隔板槽两侧管心距 p_{t3}（见图 5-40）	28	32	38	44②	52	60	68	80
管板最小厚度（胀接）③	10～20	15～20	15～20	20～25	24～32	26～38	32～45	36～57
U 形管最小弯曲半径 R_{min}	20	30	40	50	65	76	90	115
管子最大无支撑跨距	900	1100	1500	1850	2200	2500	2750	3150
拉杆直径	10	10	12	16	16	16	16	16

① $p_t \geqslant 1.25d_o$。管束需要清洗时：$(p_t - d_o) \geqslant 6$mm，$d_o=10$、p_t 用 17；$d_o=14$、p_t 用 21。

② 对 $d_o=25$ 的转角正方形排列，p_{t3}应取 45.255。

③ 管板最小厚度下限，用于一般无害介质；上限用于有严格要求的场合（表中数据不适于弹性管板）。

注：表中所列为常用值，均引自 GB 151—2013。

管壳式换热器用螺纹换热管是在光管外表面经环向滚压制成的整体低翅片管。主要用于管外热阻，是控制热阻和管外结垢较严重的场合，但若管外介质粉尘含量较高或易结焦则不适用。螺纹管常用尺寸及基本参数见图 5-39 及表 5-27。表中：

d_o——光管外径；m；

δ_w——光管壁厚，m；

d_f——螺纹换热管齿顶圆直径（螺纹部分）波峰直径，m；

d_r——齿根圆直径，m；

d_i——螺纹换热管内径（螺纹部分），m；

d_e——螺纹换热管的当量直径，图 5-39 中阴影部分面积与齿距 p_f 之比，m；

p_f——齿距，螺纹部分两相邻波峰间距，m；

A_s——螺纹换热管外表面积（包括波峰及波谷外表面积、螺纹两侧面积和无螺纹部分换热管外表面积），m^2；

A_i——螺纹换热管的内表面积，m^2；

A_o——滚压前光管外表面积，m^2；

A_s/A_o——翅化比。

② 管子及其排列与有关工艺尺寸

a. 管子的基本排列方式

ⓐ 正三角形排列［见图 5-40(a)］。这种排列紧凑度高，相同管板面积上可排管数多，壳程流体扰动性好，有较高的传热/压降性能比，故应用较广；但壳程不便于机械清洗。

ⓑ 正方形排列［见图 5-40(b)］。紧凑度低；流动压降小，壳程易于清洗。

ⓒ 转角三角形排列。三角形的一边与流向平行，可留出清洗通道，故性能介于正三角形与正方形排列之间。

ⓓ 转角正方形排列［见图 5-40(c)］。传热/压降性能比高，但紧凑度低，故综合性能亦介于ⓐ、ⓑ两者之间，适用于壳侧流体有结垢倾向需要定期清洗的场合。

转角三角形与正方形排列均不适用于卧式冷凝器，因下流凝液会使下方管表面液膜迅速增厚。

ⓔ 同心圆排列［见图 5-40(d)］。其优点是靠近壳体内圆处布管比较均匀，可以减少旁路流，在同心圆排列圈数少时，布管紧凑度最高；但圈数多于六圈后（见表 5-30）紧凑度反低于正三角形排列，且不易清洗。适用于小直径单管程换热器及清洁流体如空分装置上。

在多管程的分程隔板的紧邻两侧宜采用正方形排列［见图 5-40(e)］。

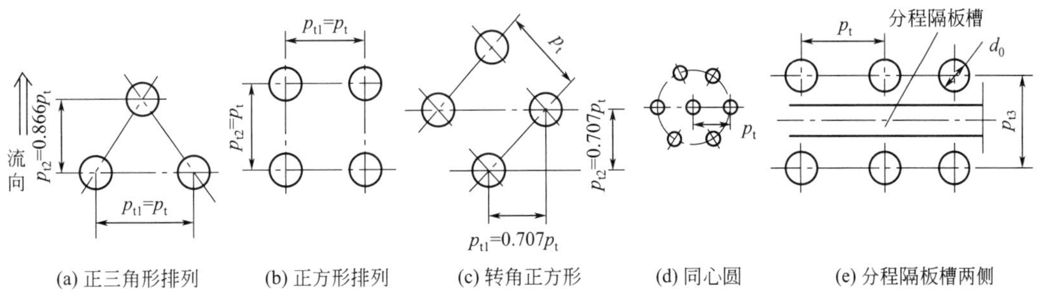

图 5-40　管子在管板上的基本排列方式

图中：p_t——管心距（又称管间距），mm，$p_t \geqslant 1.25d_o$（常用值见表 5-28）；

p_{t1}——垂直于流向的管心距，mm；

p_{t2}——平行于流向的管心距，mm；

p_{t3}——分程隔板两侧管心距，mm；

对 U 形管，应控制其 U 形端的最小弯曲半径 $R_{min} \geqslant 2d_o$（参考表 5-28）。当分程隔板两侧

管心距 $p_{t3}<2R_{min}$时，可将该处 U 形管斜排。

b. 布管限定圆直径 D_{otl}。在管板上，可按基本排列方式一圈圈向外排管（有管程隔板时留出必要的空间），为了制造、安装和维修的方便，最外圈管子的外缘必须包含在一个直径为 D_{otl}的布管限定圆之内，它与壳内壁保持一定的间隙，如表 5-29 与图 5-41 所示。

表 5-29 布管限定圆 D_{otl}的设计值

浮头式 $D_{otl}=D_s-2(b+b_1+b_2)$	固定管板式 U 形管式 $D_{otl}=D_s-2b_3$
壳内径/mm $D_s<1000, b>3$ $D_s=1000\sim2600, b>4$ $D_s\leqslant700, b_1=3, b_2>11.5$ $D_s>700\sim1200, b_1=5, b_2>14.5$ $>1200\sim2000$ $b_1=6, b_2>14.5$ $>2000\sim2600$ $b_1=7, b_2>14.5$	$b_3=0.25d_o$ 且不小于 10mm

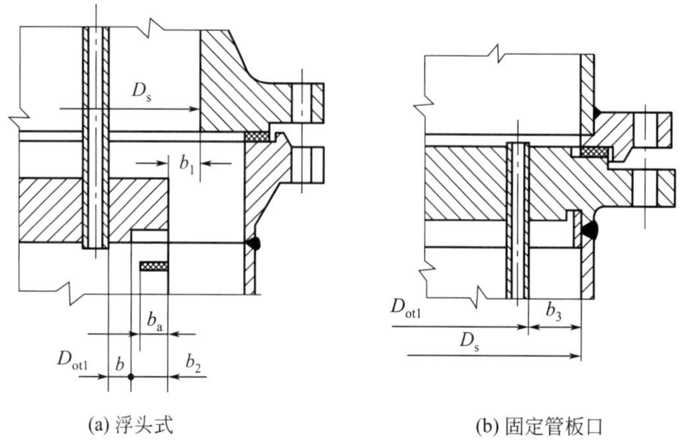

(a) 浮头式　　(b) 固定管板口

图 5-41 布管限定圆与管内壁间隙

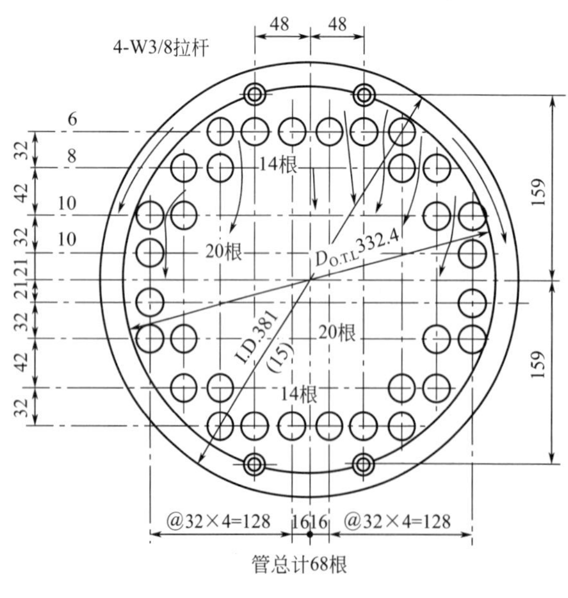

图 5-42 管板布置一例

c. 实际排管数。正方形与三角形排列时，其外圈均为多边形（如单管程正三角形排列时外圈为正六角形），它与布管限定圆间形成若干个弓形区，当圈数较多时，应在弓形区补充 1～3 排管，以减少流体的旁路并增加传热面积，排管时还必须留出管程挡板和壳程挡板的位置，故实际排管数及管板布置应由作图确定。图 5-42 是管板布置的一个实例（正方形排列、四管程，其布管限定圆直径为 332.4mm，壳内径 D_s 为 381mm，$p_t=32$mm，$p_{t3}=42$mm）在采用标准换热器时管数也可直接查出。表 5-30 为单程换热器中正三角形与同心圆排列时圈数与管数的大致关系，可供估算管数及壳体内径参考（正三角形排列时共有六个弓形部分，总管数是六角形内，管数与弓形部分管数之和)。

d. 壳体内径 D_s。在准确计算时，壳体内径应由实际布管图求出 D_{otl}，然后按表 5-29 的选用值算出 D_s 并圆整到标准值，但 D_s/d_o 不应小于 15。在单管程估算时可按下式，

$$D_s = p_t(N_d - 1) + (2\sim3)d_o \tag{5-62}$$

若已知总管数 N_t，则对角线上管数 N_d 可由下式估算，

$$\text{正三角形排列}\quad N_d \cong 1.1\sqrt{N_t} \tag{5-63}$$

$$\text{正方形排列}\quad N_d \cong 1.19\sqrt{N_t} \tag{5-63a}$$

如采用标准换热器，在确定 D_s、d_o、p_t，排管方式以及管程数 N_p 之后可由表 5-33～表 5-36查得总管数 N_t 及管程流通面积 S_t。当进行总管数估算时，也可用式 (5-64)，

$$N_t = 0.0001 D_s^{2.35} N_p^{-0.099}(a_1 + a_2 p_t + a_3 p_t^{1.5} + a_4 d_o + a_5 d_o^7) \tag{5-64}$$

式中，D_s、p_t、d_o 的单位均为 mm，常数 a_1～a_5 值见下表。

常　数	a_1	a_2	a_3	a_4	a_5
正方形排列	2.948	-7.54×10^{-2}	8.554×10^{-3}	-5.637×10^{-2}	1.94×10^{-12}
正三角形排列	6.379	-4.366×10^{-1}	4.502×10^{-2}	7.824×10^{-3}	-3.257×10^{-12}

表 5-30　单程换热器中的排管数

正三角形或同心圆的圈数	正三角形排列						同心圆排列	
	对角线上管数 N_d	六角形内管数	每个弓形部分管数			管子总数 N_t	最外圆周上管数	管子总数 N_t
			第一列	第二列	第三列			
1	3	7				7	6	7
2	5	19				19	12	19
3	7	37				37	18	37
4	9	61				61	25	62
5	11	91				91	31	93
6	13	127				127	37	130
7	15	169	3			187	43	173
8	17	217	4			241	50	223
9	19	271	5			301	56	279
10	21	331	6			367	62	341
11	23	397	7			439	69	410
12	25	469	8			517	75	485
13	27	547	9	2		613	81	566
14	29	631	10	5		721	87	653
15	31	721	11	6		823	94	747
16	33	817	12	7		931	100	847
17	35	919	13	8		1045	106	953
18	37	1027	14	9		1165	113	1066
19	39	1141	15	12		1303	119	1185
20	41	1261	16	13	4	1459	125	1310
21	43	1387	17	14	7	1616	131	1441
22	45	1519	18	15	8	1765	138	1579
23	47	1657	19	16	9	1921	144	1723

式(5-64) 的适用范围：$D_s = 200\sim1000$mm，$d_o = 19\sim32$mm，$p_t = 24\sim48$mm，平均相对误差小于 5%[1]。

---

[1] Ayoade Kuye et al. Chem. Eng, Cornm. 1988, Nol 74: 39-46.

壳径是否合理可按换热器的长径比确定，一般换热器总长由管长决定。合理长径比在 4～25 之间，以6～10最为常见。

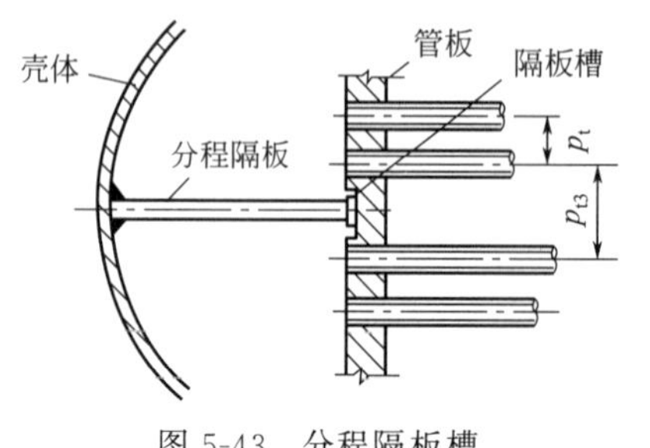

图 5-43　分程隔板槽

e. 管束直径 D_B 的计算。如总管数已知，对正三角形排列

$$D_B \cong 2p_t\sqrt{N_t \sin 60°/\pi} \tag{5-65}$$

对正方形排列

$$D_B \cong 2p_t\sqrt{N_t/\pi} \tag{5-66}$$

（3）分程隔板的设置

为了提高管程流速并避免管子过长，常采用多管程，此时在管箱中要增设若干与管排（或列）中心线平行的分程隔板，一端焊死，另一端压紧在管板上的分程隔板槽中，如图 5-43。管程最多可达 16 程。常用为 2～4 程。

图 5-44 表示不同偶数管程分程隔板在前后端管箱中的布置方案。应注意：ⓐ尽可能使各管程的换热管数大致相等；ⓑ隔板槽形状简单，密封面长度较短以减少泄漏短路可能；ⓒ在每一程板的最低与最高处应有残液排除孔或放气孔；ⓓ管箱深度应满足流体在分程隔板区内折转时的流通面积等于或大于各管程的截面积。

当采用轴向入口接管，且液体$\rho V^2>9000$kg/（m·s^2）（ρ—密度，kg/m^3，v—流速，m/s）时，宜考虑设置防冲结构。

（4）壳程管束元件

图 5-45 表示浮头式换热器的（a）有内导流筒和（b）防冲板的各种壳程管束元件。在壳程设计时，首先确定管束单元的结构，管束单元包括三个要素：管外径、管子排列方式和管心距。其选择原则见上节，其余壳程元件在本节讨论。

① 支承板与管子的最大无支撑跨距。设置支承板和折流板时均应满足管子最大跨距的要求（见表 5-28）。在浮头端应有加厚的环形支承板。在 U 形管弯管段的支承板或折流板，应布置成使图 5-46 中 $A+B+C$ 之和不超过表 5-28 中的最大跨距。支承板厚度为 6～16mm，随壳体直径而增加。对“G”、“H”型分流式换热器，在壳程入口处均设有分流挡板，这相当于一块支承板，故当其用作不设折流板的水平热虹吸再沸器或冷凝器时，“G”型的最大管长可达表 5-28 规定的无支撑跨距的两倍，而“H”型则可达四倍。

② 拉杆。拉杆一般均匀布置在管束外缘，对大直径换热器，也适当在布管区或靠近折流板缺口处布置。拉杆常用直径见表 5-28。

③ 假管（图 5-45）分程隔板槽背面可设置假管，以减少壳程介质在该区的旁路。假管为两端或一端堵死的盲管，也可用带定距管的拉杆代替。通常两折流板缺口间每隔 4～6 个管心距时，设置一根假管。假管伸出第一块及最后一块折流板或支撑板的长度一般不大于 50mm。假管应与任意一块折流板焊接固定。

④ 旁路挡板及其滑道。旁路挡板用于减少壳内侧环隙间介质的旁路流。在两折流板缺口间距小于 6 个管心距时，设置一对旁路挡板；超过 6 个管心距时，每增加 5～7 个管心距增设一对旁路挡板。旁路挡板应与折流板焊接牢固。旁路挡板的厚度可取与折流板相同的厚度。

对可抽管束应设滑道，滑道的结构可为滑板、滚轮和滑条等型式。滑板应为整体结构，滑板与折流板或支撑板焊接牢固。滑板的截面尺寸可根据换热器直径、长度和管束质量确定，管束至少应有三队滚轮。釜式重沸器除在折流板或支撑板上装有滑板外，还应在壳体底部设置支

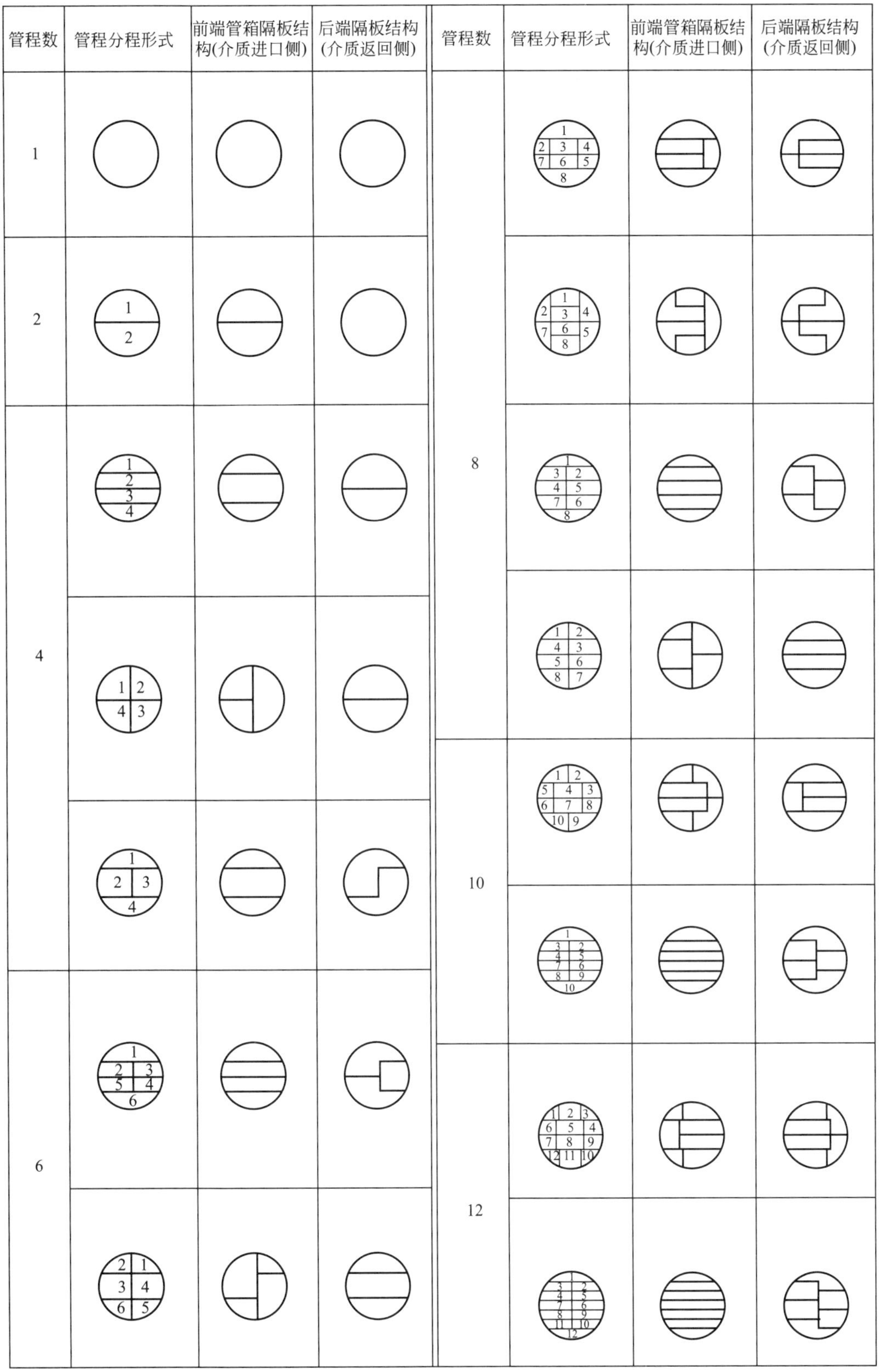

管程数	管程分程形式	前端管箱隔板结构(介质进口侧)	后端隔板结构(介质返回侧)
1			
2			
4			
6			
8			
10			
12			

图 5-44　偶数管程时分程隔板的布置方案

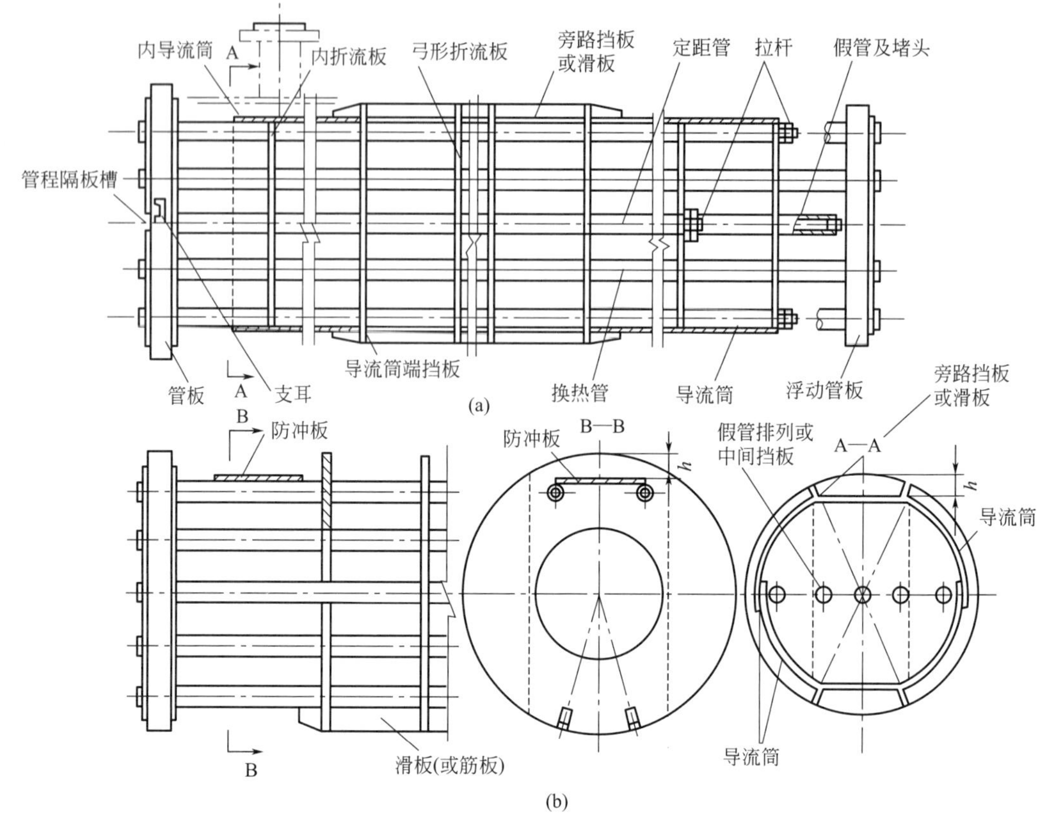

图 5-45　壳程内管束及各元件装置（浮头式）

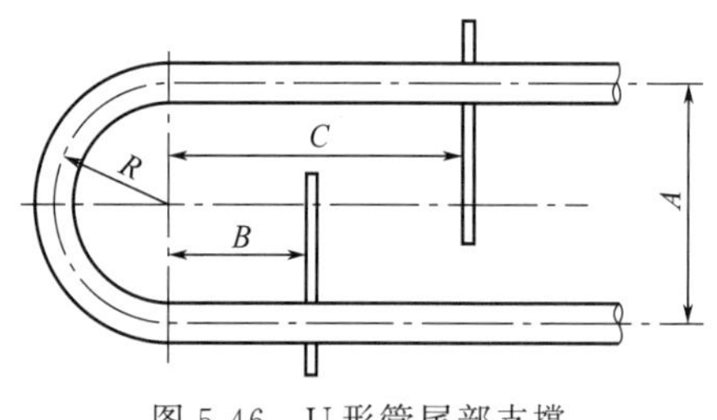

图 5-46　U 形管尾部支撑

撑导轨。

⑤ 防冲板及导流筒。防冲元件的设置条件是：ⓐ当壳程流体为非腐蚀与无磨蚀的单相流体，而进口管处的 $\rho u^2>2230\text{kg}/(\text{ms}^2)$，或者对 $\rho u^2>740\text{kg}/(\text{ms}^2)$的其他液体（包括沸点下的液体）时，应设防冲板或导流筒（ρ 为流体密度 kg/m^3，u 为流速 m/s）；ⓑ 有腐蚀性或产生磨蚀的气体、蒸气及气液混合物，应设置防冲板；ⓒ 当壳程进出口接管距管板较远、流体死区过大时，应设置导流筒。

在设计时，应使壳程和管束进口处流通面积上流体的$\rho u^2<5950\text{kg}/(\text{ms}^2)$ 且不小于进出口接管截面积。流通面积按下述方法计算。

a. 无防冲措施时，壳程进出口处流通面积为图 5-47(a) 中圆柱形侧面积与下方换热管间通道面积［见图 5-47(b) 中阴影部分］之和。管束进出口处流通面积为进出口管所在板间距内的管间通道面积，如图 5-47(d) 的阴影部分。

b. 有防冲板时，壳程进出口处流通面积为图 5-47(a) 所示的圆柱侧面积，因此防冲板处应抽掉一些管子以增加该圆柱高度。管束进出口处流通面积为防冲板所在处的折流板间距内的管间通道面积减去防冲板面积，如图 5-47(c) 的阴影部分。防冲板可为方形、圆形，有时也可将抽出的管子改为拉杆以代替防冲板。

防冲板到壳内壁弓形高度（图 5-45 中的 h）为接管外径的 1/4～1/3。防冲板边长（或直径）应大于接管外径 50mm。

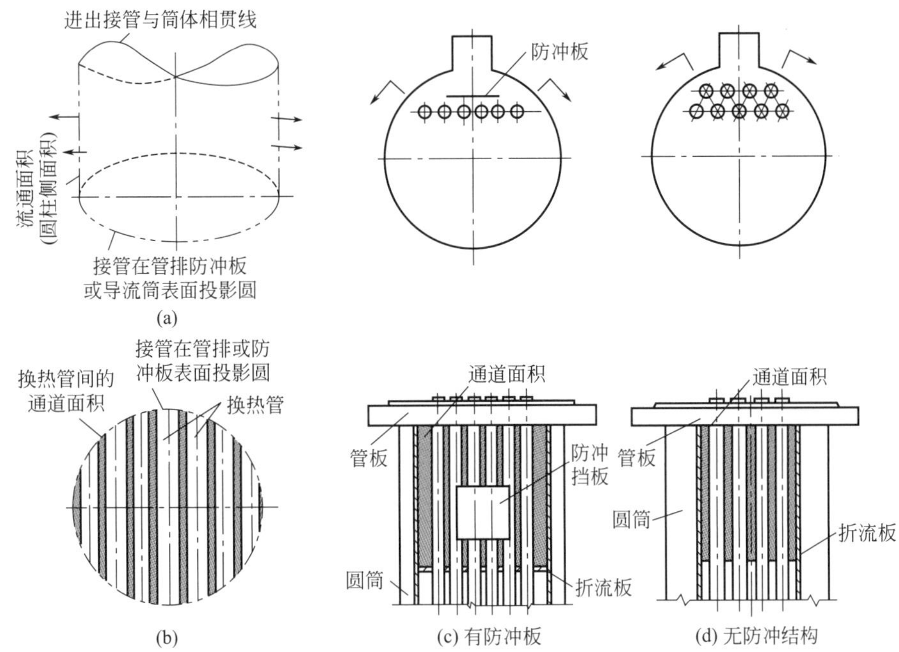

图 5-47　壳程和管束进出口处流通面积

c. 内导流筒的壳程进出口处流通面积同图 5-47(a)。

内导流筒表面至壳内壁弓形高度应大于接管外径的$\frac{1}{3}$，导流筒的后端用挡板封住使介质向导流筒前端（管板方向）流动并折入管束间，导流筒口至管板的距离应使该处的流通面积不低于导流筒与壳体间的环隙面积。

采用外导流筒（参见图 5-64）可以增加排管数，降低流动阻力，它还有一定的热补偿作用，其结构与内导流筒相似，外形参见图 5-38 中的“O”型。内衬筒至外导流筒间距在接管外径≤200mm 时取为 50mm，＞200mm时取为 100mm。

⑥ 纵向隔板［参见图 5-31(b) 和图 5-38 中“F”型壳体］。若壳程流速过低，也可用纵向隔板将壳程分为双程，此时壳程流动路径如图 5-48。纵向隔板难以避免泄漏短路，只宜用于壳侧允许压降小于 50kPa 的场合；其结构比较复杂，流动压降也会增加。也可采用几个小换热器串、并联的措施来代替。

纵向隔板与管板的连接可用可拆卸连接或焊接连接。对可拆卸管束，纵向隔板的两侧与壳体的间隙处应设置防短路的密封结构。对固定管板式换热器，纵向隔板可直接与壳体圆筒焊接或插入导向槽中。

⑦ 折流板。为使壳程流动充分，以增强传热，在垂直管程方向安装折流板，其分类与特性已述于 5.2.1.1。常用的为单弓形和双弓形。弓形折流板的缺口高度（弓形高 H_w）应使流体通过缺口时的流速接近横过管束时的错流流速，保持其比值为 0.8～1.2（尽量减少流动方向上流速变化以减少流动损失，这也是设计其他流道上截面积的原则），其大小常用缺口分数 $h_w=\frac{H_w}{D_s}$来表示，单弓形的 h_w 应为 0.2～0.45。折流板上的管孔直径与换热管外径的关系见表 5～28。折流板外直径按表 5-31 确定。

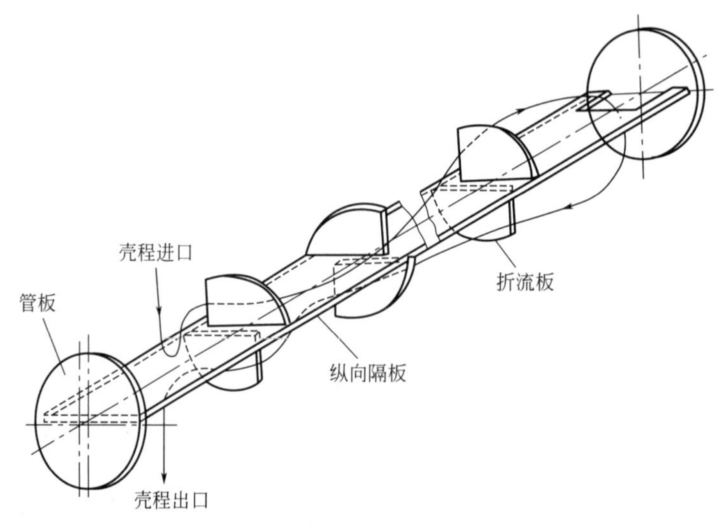

图 5-48 双壳程示意

表 5-31 折流板外直径（板壳间隙） 单位：mm

公称直径,DN	<400	400～500	500～<900	900～<1300	1300～<1700	1700～<2000	2100～2300	2300～2600	2600～3200	3200～4000
折流板名义外直径	$DN-2.5$①	$DN-3.5$	$DN-4.5$	$DN-6.0$	$DN-7.0$	$DN-8.5$	$DN-12$	$DN-14$	$DN-16$	$DN-18$
外直径允许偏差②	-0.5	-0.5	-0.8	-0.8	-1.0	-1.0	-1.4	-1.6	-1.8	-2.0

① 用 $DN\leqslant 426$ 的无缝钢管作壳体时，应为其内径减去 2mm。

② 对传热影响不大时，折流板外直径允许偏差可比表中值大一倍。

折流板间距 L_b 和缺口高度都是重要的工艺参数，L_b 不应小于 $D_s/5$，也不应大于 D_s（对无相变流体），且不少于 50mm，特殊情况下可取较小的间距，并应不大于表 5-28 中管子最大无支撑距离的要求（注意：缺口处管子是未被支撑的），考虑流体脉动载荷的场合，无支撑跨距应尽可能减小或通过改变流动方式来防止管束振动。具体大小应由传热效果和允许压降通盘考虑后决定。一般为等距布置（对水平冷凝器，蒸汽量在冷凝时逐渐减少，在压降允许时可逐渐减小板间距以保持足够的蒸汽流速），两端折流板应尽可能靠过壳程进出口接管。

折流板的厚度由壳径及折流板间距决定，见表 5-32。

表 5-32 折流板或支持板的最小厚度 单位：mm

公称直径 DN	折流板或支持板间的换热管最大无支撑跨距 L_{max}					
	≤300	>300～600	>600～900	>900～1200	>1200～1500	>1500
	折流板或支持板最小厚度					
<400	3	4	5	8	10	10
400～700	4	5	6	10	10	12
>700～900	5	6	8	10	12	16
>900～1500	6	8	10	12	16	16
>1500～2000	—	10	12	16	20	20
>2000～2600	—	12	14	18	22	24
>2600～3200	—	14	18	22	24	26
>3200～4000	—	—	20	24	26	28

根据折流板切边壳程入口接管中心线之间的位置，定义为水平、垂直和转角，卧式换热器壳程流体上、下流动切边如图 5-33（a）宜用于单相流体；在分凝器和部分气化器中，如在剪切力控制下（液气同向流动），则也可使用壳程上、下流动切口或带缺口的壳程上、下流动，但使用要慎重［见图 5-33(d)］，但在重力控制区操作则应使用壳程左右流动的切边［见图 5-33(c)］。在重力控制下的冷凝器和再沸器也应使用壳程左右流动的折流板切边，以利于液气分离，而且蒸气流动方向与液体重力下流方向垂直，可减薄液膜，增强传热。对“F”型壳体，为便于安装，也使用壳程左右流动的折流板切边（图 5-48）。对正方形排列管束，使用转角 45°的切口方向即相当于使流体错流经过转角正方形管束，也有利于传热。对立式再沸器，通常希望壳程气液混合物轴向流动，此时折流板间距不宜过小，折流板只起支撑作用。

⑧ 拦液板。对立式壳程冷凝时，为防止传热管上液膜愈来愈厚，影响传热，可隔一定高度设置一块拦液板，使其下方液膜减薄。拦液板上管孔的要求与折流板相同，板间距可按经验或参照折流板间距选用。拦液板外径可按$\sqrt{D_s^2-d^2}$计算，其中 d 为冷凝蒸汽管入口内径。

⑨ 管程与壳程的进出口接管。进出口接管的位置对流体在管程或壳程的均布和压降均有影响，实践表明，进出口管布置在换热器的上下方比水平方向为佳，单相液体介质下进上出，也有利于充满换热空间。通常热流体上进下出，冷流体下进上出，有利于流动。为使液体更好地均布，也可在进出口处分别设置锥形扩大短管和缩小短管。进出口接管的流速由允许压强确定，并可参照本节⑥防冲板设置条件中对ρu^2 的规定控制其数值。标准系列换热器进出口接管的公称直径见表 5-39（5.2.1.3）。

对卧式全凝器，凝液由下部引出，上方应有不凝气排除口；对分凝器，如为剪切控制，液气可由一公共出口排出，如为重力控制，可分别采用两个出口。对水平再沸器必须在上方设置蒸汽出口，在下方设置残液出口。

5.2.1.3 管壳式换热器标准系列及型号

换热器设计必须严格执行 GB150 和 GB151。换热器设计，就是确定换热器的型式、内部构件的形式、换热面积的大小和流体的流动方式等。对于一组工艺条件，理论上应有一种与其最匹配的换热器设计方案。但是在工程设计中，换热器通常采用标准化系列，这样有利于缩短设计周期，减少设备投资，也有利于设备使用单位的管理。在本节中提供标准化换热器系列，具体可参照 GB/T 28712.1—2012、GB/T 28712.2—2012、GB/T 28712.3—2012、GB/T 28712.4—2012、GB/T 28712.5—2012 和 GB/T 28712.6—2012。特殊换热器可参照、行业标准，例如 JB/T 4751、NB/T 47004、NB/T 47005、NB/T 47006 和 NB/T 47007。

对于管壳式热交换器，其通常适用参数范围：

设计压力不大于 35MPa；

公称直径不大于 4000mm；

设计压力（MPa）与公称直径（mm）的乘积不大于 2.7×10^4。

（1）换热器的标准系列

本节附表中分别列出了在采用指定的换热管外径 d_o、管心距 p_t、换热管壁厚 δ_w 和排列方式下，钩圈浮头式换热器和冷凝器（见表 5-33)、U 形管式换热器（见表 5-34)、立式热虹吸式再沸器（见表 5-35）和固定管板式换热器（见表 5-36）的部分标准系列的基本参数。表中包括换热器公称直径 DN、公称压力 PN、管程数 N_p、在不同 d_o/p_t 下的总管数 N_t、在不同 d_o 下的中心排管数 N_d（相当于对角线上排管数）、在不同管程数和 $d_o\times\delta_w$ 下的每一管程的流通面积 S_t，以及在不同换热管长度 L_t 下，按 $PN=2.5$MPa 计算的换热面积 $A_{计}$（公称

压力变化对 $A_{计}$ 值影响很小）。根据这些表上的数据选定折流板间距和折流板缺口高度，再结合表 5-28～表 5-31 上的有关尺寸，已足以对选用的换热器进行较详细的传热和压降的校核计算。表 5-37 是对不同型式换热器、不同公称直径和管长下的常用折流板间距，表 5-38 列出了许用工作压力与设计温度的关系，温度升高，一定公称压力的换热器的许用压力降低，表 5-39 是标准换热器管、壳程进出口接管直径的使用值。设计中常将几个换热器重叠在一起以构成串、并联的换热器组，此时上下接管与支座均应保持对中，在按标准定货时应注明是“重叠图”。

表 5-33　标准浮头式换热器与冷凝器基本参数(GB/T 28712.1—2012)

公称直径 DN /mm	公称压力 PN /MPa	管程数 N_p	管数 N_t		中心排管数		管程流通面积 S_t/m^2			计算换热面积 $A_{计}/m^2$							
										换热管长度 L_t/m							
			d_o/p_t		d_o		$d_o\times\delta$			3.0		4.5		6.0		9.0	
			19/25	25/32	19	25	19×2	25×2	25×2.5	◇19	◇25	◇19	◇25	◇19	◇25	◇19	◇25
325	2.5	2	60	32	7	5	0.0053	0.0055	0.0050	10.5	7.4	15.8	11.1	—	—		
	4.0	4	52	28	6	4	0.0023	0.0024	0.0022	9.1	6.4	13.7	9.7	—	—		
(426) 400	1.0 1.6 2.5 4.0	2	120	74	8	7	0.0106	0.0126	0.0116	20.9	16.9	31.6	25.6	42.3	34.4		
		4	108	68	9	6	0.0048	0.0059	0.0053	18.8	15.6	28.4	23.6	38.1	31.6		
500		2	206	124	11	8	0.0182	0.0215	0.0194	35.7	28.3	54.1	42.8	72.5	57.4		
		4	192	116	10	9	0.0085	0.0100	0.0091	33.2	26.4	50.4	40.1	67.6	53.7		
600		2	324	198	14	11	0.0286	0.0343	0.0311	55.8	44.9	84.8	68.2	113.9	91.5		
		4	308	188	14	10	0.0136	0.0163	0.0148	53.1	42.6	80.7	64.8	108.2	86.9		
		6	284	158	14	10	0.0083	0.0091	0.0083	48.9	35.8	74.4	54.4	99.8	73.1		
700	1.0 1.6 2.5 4.0	2	468	268	16	13	0.0414	0.0464	0.0421	80.4	60.6	122.2	92.1	164.1	123.7		
		4	448	256	17	12	0.0198	0.0222	0.0201	76.9	57.8	117.0	87.9	157.1	118.1		
		6	382	224	15	10	0.0112	0.0129	0.0116	65.6	50.6	99.8	76.9	133.9	103.4		
800	1.0 1.6 2.5 4.0	2	610	366	19	15	0.0539	0.0634	0.0575	—	—	158.9	125.4	213.5	168.5		
		4	588	352	18	14	0.0260	0.0305	0.0276	—	—	153.2	120.6	205.8	162.1		
		6	518	316	16	14	0.0152	0.0182	0.0165	—	—	134.9	108.3	181.3	145.5		
900		2	800	472	22	17	0.0707	0.0817	0.0741	—	—	207.6	161.2	279.2	216.8		
		4	776	456	21	16	0.0343	0.0395	0.0353	—	—	201.4	155.7	270.8	209.4		
		6	720	426	21	16	0.0212	0.0246	0.0223	—	—	186.9	145.5	251.3	195.6		
1000		2	1006	606	24	19	0.0890	0.105	0.0952	—	—	260.6	206.6	350.6	277.9		
		4	980	588	23	18	0.0433	0.0509	0.0462	—	—	253.9	200.4	341.6	269.7		
		6	892	564	21	18	0.0262	0.0326	0.0295	—	—	231.1	192.2	311.0	258.7		
1100	1.0 1.6 2.5 4.0	2	1240	736	27	21	0.1100	0.1270	0.1160	—	—	320.3	250.2	431.3	336.8		
		4	1212	716	26	20	0.0536	0.0620	0.0562	—	—	313.1	243.4	421.6	327.7		
		6	1120	692	24	20	0.0329	0.0399	0.0362	—	—	289.3	235.2	389.6	316.7		
1200		2	—	—	1452	880	28	22	0.1290	0.1520	0.1380	374.4	298.6	504.3	402.2	764.2	609.4
		4	—	—	1424	860	28	22	0.0629	0.0745	0.0675	367.2	291.8	494.6	393.1	749.5	595.6
		6	—	—	1348	828	27	21	0.0396	0.0478	0.0434	347.6	280.9	468.2	378.4	709.5	573.4
1300	1.0 1.6 2.5 4.0	4	1700	1024	31	24	0.0751	0.0887	0.0804	—	—	—	—	589.3	467.1	—	—
		6	1616	972	29	24	0.0476	0.0560	0.0509	—	—	—	—	560.2	443.3	—	—
1400		4	1972	1192	32	26	0.0871	0.1030	0.0936	—	—	—	—	682.6	542.9	1035.6	823.6
		6	1890	1130	30	24	0.0557	0.0652	0.0592	—	—	—	—	654.2	514.7	992.5	780.8
1500		4	2304	1400	34	29	0.1020	0.1210	0.1100	—	—	—	—	795.9	636.3	—	—
		6	2252	1332	34	28	0.0663	0.0769	0.0697	—	—	—	—	777.9	605.4	—	—
1600		4	2632	1592	37	30	0.1160	0.1380	0.1250	—	—	—	—	907.6	722.3	1378.7	1097.3
		6	2520	1518	37	29	0.0742	0.0876	0.0795	—	—	—	—	869.0	688.8	1320.0	1047.2

续表

公称直径 DN /mm	公称压力 PN /MPa	管程数 N_p	管数 N_t		中心排管数		管程流通面积 S_t/m^2			计算换热面积 $A_计/m^2$							
										换热管长度 L_t/m							
			d_o/p_t		d_o		$d_o\times\delta$			3.0		4.5		6.0		9.0	
			19/25	25/32	19	25	19×2	25×2	25×2.5	◇19	◇25	◇19	◇25	◇19	◇25	◇19	◇25
1700	1.0	4	3012	1856	40	32	0.1330	0.1610	0.1460	—	—	—	—	1036.1	840.1	—	—
	1.6	6	2834	1812	38	32	0.0835	0.0981	0.0949	—	—	—	—	974.9	820.2	—	—
1800	2.5	4	3384	2056	43	34	0.1490	0.1780	0.1610	—	—	—	—	1161.3	928.4	1766.9	1412.5
	4.0	6	3140	1986	37	30	0.0925	0.1150	0.1040	—	—	—	—	1077.5	896.7	1639.5	1364.4

注：1. 表中 * 表示标准外导流换热器的基本参数，其余均为内导流换热器与冷凝器的基本参数。

2. 采用 ϕ19mm×2mm、管心距 25mm；ϕ25mm×2.5mm 及 ϕ25mm×2mm（不锈耐酸钢），管心距 32mm；可为正三角形、正方形及转角正方形排列。表中所示均按转角正方形排列计算。

3. 计算换热面积等按光管及 PN=2.5MPa 确定，$A_{计}=\pi d_o(L_t-2\delta-0.006)N_t$。$\delta$ 为管板厚度，m。

4. 旁路挡板的数量如下：

DN/mm	325～500	600～700	800～1200	1300～1500	1600～1800
旁路挡板（对）	1	2	3	4	5

表 5-34　标准 U 形管换热器基本参数(GB/T 28712.3—2012)

公称直径 DN /mm	公称压力 PN /MPa	管程数 N_p	管数		中心排管数		管程流通面积 S_t/m^2					计算换热面积 $A_计/m^2$				设备净重/kg			
												L_t/m				L_t/m			
			d_o/p_t		d_o							3		6		3		6	
			19/25	25/32	19	25	19×1.25	19×2	25×1.5	25×2	25×2.5	Δ19	◇25	Δ19	◇25	Δ19	◇25	Δ19	◇25
325	1.0 1.6 2.5 4.0 6.4	2	38	13	11	6	0.0081	0.0067	0.0049	0.0045	0.0041	13.4	6.0	27.0	12.1	850	780	1390	1270
		4	30	12	5	5	0.0033	0.0027	0.0023	0.0021	0.0019	10.6	5.6	21.3	11.2	840	820	1350	1300
426 400		2	77	32	15	8	0.0163	0.0136	0.0121	0.0111	0.0100	26.9	14.7	54.5	29.8	1210	1110	2010	1810
		4	68	28	8	7	0.0073	0.0060	0.0053	0.0048	0.0044	23.8	12.9	48.2	26.1	1200	1110	1960	1800
500		2	128	57	19	10	0.0275	0.0227	0.0216	0.0197	0.0179	44.6	26.1	90.5	53.0	1830	1670	3010	2710
		4	114	56	10	9	0.0122	0.0101	0.0106	0.0097	0.0088	39.7	25.7	80.5	52.1	1810	1710	3940	
600		2	199	94	23	13	0.0426	0.0352	0.0357	0.0326	0.0295	69.1	42.9	140.3	87.2	2700	2500		
		4	184	90	12	11	0.0197	0.0163	0.0169	0.0155	0.0141	63.9	41.1	129.7	83.5	2700	2520	4380	4070
700		2	276	129	27	15	0.0595	0.0492	0.0498	0.0453	0.0411			194.1	119.4			6140	5590
		4	258	128	12	13	0.0276	0.0228	0.0242	0.0221	0.0201			181.4	118.4			6040	5660
800		2	367	182	31	17	0.0786	0.0650	0.0689	0.0630	0.0571			257.7	168.0			8410	7840
		4	346	176	16	15	0.0370	0.0306	0.0333	0.0304	0.0276			242.8	162.5			8320	7860
900		2	480	231	35	19	0.1028	0.0850	0.0876	0.0800	0.0725			336.2	212.8			10570	9780
		4	454	226	16	17	0.0486	0.0402	0.0428	0.0391	0.0355			317.8	208.2			10440	9710
1000		2	603	298	39	21	0.1291	0.1067	0.1130	0.1032	0.0936			421.5	273.9			13190	12200
		4	576	292	20	19	0.0617	0.0510	0.0553	0.0505	0.0458			402.4	268.4			13060	12230
1100		2	738	363	43	24	0.1580	0.1306	0.1376	0.1257	0.1140			514.6	332.9			16330	15060
		4	706	356	20	21	0.0754	0.0625	0.0675	0.0616	0.0559			492.2	326.5			16200	15120
1200		2	885	436	47	26	0.1895	0.1566	0.1653	0.1510	0.1369			615.8	399.0			19840	18390
		4	852	428	24	21	0.0912	0.0754	0.0811	0.0741	0.0672			592.6	391.7			19780	18520

注：1. 本标准采用 ϕ19mm×2mm 钢管，正三角形排列，管心距 25mm；ϕ25mm×2.5mm 或 ϕ25mm×2mm（不锈耐酸钢管），转角正方形排列，管心距 32mm。

2. 计算换热面积按 $A=\pi d_o(L_t-\delta-0.003)N_t$ 确定，δ 取 0.05m。

3. 面积及重量参数均按 PN=4.0MPa 条件计算。

4. 换热器设计温度为 200℃，允许升温降压使用，不同温度下允许工作压力见表 5-38。

5. 表中管数指 U 形管的数量，故实际总管数 N_t 应乘以 2。

表 5-35 标准立式热虹吸式重沸器基本参数(GB/T 28712.4—2012)

公称直径 DN /mm	公称压力 PN /MPa	管数 N_t		中心排管数		管程流通面积 S_t/m^2				计算换热面积 $A_{计}/m^2$							
										换热管长度 L_t/m							
		d_o/p_t		d_o						1.5		2.0		2.5		3.0	
		25/32	38/48	25	38	Φ25×2	Φ25×2.5	Φ38×2.5	Φ38×3	Δ25	Δ38	Δ25	Δ38	Δ25	Δ38	Δ25	Δ38
400	1.0 1.60 2.50	98	51	12	7	0.0339	0.0308	0.0436	0.0410	10.7	8.5	14.6	11.6	18.4	14.6		
500		174	69	14	9	0.0603	0.0546	0.0590	0.0555	19.0	11.5	26.0	15.6	32.7	19.8		
600		245	115	17	11	0.0849	0.0769	0.0982	0.0942	26.8	19.2	36.5	26.1	46.0	32.9		
700	0.25 0.60 1.00 1.60 2.50	355	169	21	13	0.1230	0.1115	0.136	0.128	38.8	26.6	52.8	36.0	66.7	45.5	80.8	55.0
800		467	205	23	15	0.1618	0.1466	0.175	0.165	51.1	34.2	69.4	46.5	87.8	58.7	106	70.9
900		605	259	27	17	0.2095	0.1900	0.221	0.208	66.2	43.3	90.0	58.7	113	74.2	137	89.6
1000		749	355	30	19	0.2594	0.2352	0.303	0.285	82.0	59.3	111	80.5	140	102	170	123
1100		931	419	33	21	0.3225	0.2923	0.358	0.337	102	70.0	138	95.0	175	120	211	145
1200		1115	503	37	23	0.3862	0.3501	0.430	0.404	122	84.0	165	114	209	144	253	174
1300		1301	587	39	25	0.4506	0.4085	0.502	0.472	142	90.1	193	133	244	168	295	203
1400		1547	711	43	27	0.5358	0.4858	0.608	0.572			230	161	290	204	351	246
1500		1753	813	45	31	0.6072	0.5504	0.696	0.654					329	233	398	281
1600		2023	945	47	33	0.7007	0.6352	0.808	0.760					380	271	460	327
1700		2245	1059	51	35	0.7776	0.7049	0.905	0.851					422	303	510	366
1800		2559	1177	55	39	0.8863	0.8035	1.006	0.946					481	337	581	407

注：1. 本标准采用 ϕ25mm×2.5mm（碳钢，低合金钢），ϕ25mm×2mm（不锈耐酸钢），管心距 32mm；ϕ38mm×3mm（碳钢、低合金钢），ϕ38mm×2.5mm（不锈耐酸钢），管心距 48mm；均为正三角形排列。

2. 计算面积 $A_{计}=\pi d_o N_t(L_t-2\delta-0.006)$，$\delta$ 假定为 0.05m。

3. 本标准为单管程。

表 5-36 标准固定管板式换热器基本参数(GB/T 28712.2—2012)

公称直径 DN /mm	公称压力 PN /MPa	管程数 N_p	管子根数 N_t		中心排管数 N_d		管程流通面积 S_t/m^2			计算换热面积 $A_{计}/m^2$									
										换热管长度 L_t/m									
			d_o/p_t		d_o		19×2	25×2	25×2.5	1.5		2.0		3.0		4.5		6.0	
			19/25	25/32	19	25				Δ19	Δ25	Δ19	Δ25	Δ19	Δ25	Δ19	Δ25	Δ19	Δ25
159	1.60 2.50 4.00 6.40	1	15	11	5	3	0.0027	0.0038	0.0035	1.3	1.2	1.7	1.6	2.6	2.5	—	—	—	—
219			33	25	7	5	0.0058	0.0087	0.0079	2.8	2.7	3.7	3.7	5.7	5.7	—	—	—	—
273		1	65	38	9	6	0.0115	0.0132	0.0119	5.4	4.2	7.4	5.7	11.3	8.7	17.1	13.1	22.9	17.6
		2	56	32	8	7	0.0049	0.0055	0.0050	4.7	3.5	6.4	4.8	9.7	7.3	14.7	11.1	19.7	14.8
325		1	99	57	11	9	0.0175	0.0197	0.0179	8.3	6.3	11.2	8.5	17.1	13.0	26.0	19.7	34.9	26.4
		2	88	56	10	9	0.0078	0.0097	0.0088	7.4	6.2	10.0	8.4	15.2	12.7	23.1	19.3	31.0	25.9
		4	68	40	11	9	0.0030	0.0035	0.0031	5.7	4.4	7.7	6.0	11.8	9.1	17.9	13.8	23.9	18.5
400	0.60 1.00 1.60 2.50 4.00	1	174	98	14	12	0.0307	0.0339	0.0308	14.5	10.8	19.7	14.6	30.1	22.3	45.7	33.8	61.3	45.4
		2	164	94	15	11	0.0145	0.0163	0.0148	13.7	10.3	18.6	14.0	28.4	21.4	43.1	32.5	57.8	43.5
		4	146	76	14	11	0.0065	0.0066	0.0060	12.2	8.4	16.6	11.3	25.3	17.3	38.3	26.3	51.4	35.2
450		1	237	135	17	13	0.0419	0.0468	0.0424	19.8	14.8	26.9	20.1	41.0	30.7	62.2	46.6	83.5	62.5
		2	220	126	16	12	0.0194	0.0218	0.0198	18.4	13.9	25.0	18.8	38.1	28.7	57.8	43.5	77.5	58.4
		4	200	106	16	13	0.0088	0.0092	0.0083	16.7	11.7	22.7	15.8	34.6	24.1	52.5	36.6	70.4	49.1
500		1	275	174	19	14	0.0486	0.0603	0.0546	—	—	31.2	26.0	47.6	39.6	72.2	60.1	96.8	80.6
		2	256	164	18	15	0.0226	0.0284	0.0257	—	—	29.0	24.5	44.3	37.3	67.2	56.6	90.2	76.0
		4	222	144	18	15	0.0098	0.0125	0.0113	—	—	25.2	21.4	38.4	32.8	58.3	49.7	78.2	66.7
600		1	430	245	22	17	0.0760	0.0849	0.0769	—	—	48.8	36.5	74.4	55.8	112.9	84.6	151.4	113.5
		2	416	232	23	16	0.0368	0.0402	0.0364	—	—	47.2	34.6	72.0	52.8	109.3	80.1	146.5	107.5
		4	370	222	22	17	0.0163	0.0192	0.0174	—	—	42.0	33.1	64.0	50.5	97.2	76.7	130.3	102.8
		6	360	216	20	16	0.0106	0.0125	0.0113	—	—	40.8	32.2	62.3	49.2	94.5	74.6	126.8	100.0

续表

公称直径 DN /mm	公称压力 PN /MPa	管程数 N_p	管子根数 N_t		中心排管数 N_d		管程流通面积 S_t/m^2			计算换热面积 $A_{计}/m^2$									
			d_o/p_t		d_o					换热管长度 L_t/m									
										1.5		2.0		3.0		4.5		6.0	
			19/25	25/32	19	25	19×2	25×2	25×2.5	Δ19	Δ25	Δ19	Δ25	Δ19	Δ25	Δ19	Δ25	Δ19	Δ25
700	0.60 1.00 1.60 2.50 4.00	1	607	355	27	21	0.1073	0.1230	0.1115	—	—	—	—	105.1	80.0	159.4	122.6	213.8	164.4
		2	574	342	27	21	0.0507	0.0592	0.0537	—	—	—	—	99.4	77.9	150.8	118.1	202.1	158.4
		4	542	322	27	21	0.0239	0.0279	0.0253	—	—	—	—	93.8	73.3	142.3	111.2	190.9	149.1
		6	518	304	24	20	0.0153	0.0175	0.0159	—	—	—	—	89.7	69.2	136.0	105.0	182.4	140.8
800		1	797	467	31	23	0.1408	0.1618	0.1466	—	—	—	—	138.0	106.3	209.3	161.3	280.7	216.3
		2	776	450	31	23	0.0686	0.0779	0.0707	—	—	—	—	134.3	102.4	203.8	155.4	273.3	208.5
		4	722	442	31	23	0.0319	0.0383	0.0347	—	—	—	—	125.0	100.6	189.8	152.7	254.3	204.7
		6	710	430	30	24	0.0209	0.0248	0.0225	—	—	—	—	122.9	97.9	186.5	148.5	250.0	119.2

DN	PN	N_p	N_t		N_d		S_t			L_t=3.0		L_t=4.5		L_t=6.0		L_t=9.0	
			d_o/p_t		d_o												
			19/25	25/32	Δ19	Δ25	19×2	25×2	25×2.5	Δ19	Δ25	Δ19	Δ25	Δ19	Δ25	Δ19	Δ25
900	0.60 1.00 1.60 2.50 4.00	1	1009	605	35	27	0.1783	0.2095	0.1900	174.7	137.8	265.0	209.0	355.3	280.2	536.0	422.7
		2	988	588	35	27	0.0873	0.1018	0.0923	171.0	133.9	259.5	203.1	347.9	272.3	524.9	410.8
		4	938	554	35	27	0.0414	0.0480	0.0435	162.4	126.1	246.4	191.4	330.3	256.6	498.3	387.1
		6	914	538	34	26	0.0269	0.0311	0.0282	158.2	122.5	240.0	185.8	321.9	249.2	485.6	375.9
1000		1	1267	749	39	30	0.2239	0.2594	0.2352	219.3	170.5	332.8	258.7	446.2	346.9	673.1	523.3
		2	1234	742	39	29	0.1090	0.1285	0.1165	213.6	168.9	324.1	256.3	434.6	343.7	655.6	518.4
		4	1186	710	39	29	0.0524	0.0615	0.0557	205.3	161.6	311.5	245.2	417.7	328.8	630.1	496.0
		6	1148	698	38	30	0.0338	0.0403	0.0365	198.7	158.9	301.5	241.1	404.3	323.3	609.9	487.7
1100		1	1501	931	43	33	0.2652	0.3225	0.2923	—	—	394.2	321.6	528.6	431.2	797.4	650.4
		2	1470	894	43	33	0.1299	0.1548	0.1404	—	—	386.1	308.8	517.7	414.1	780.9	624.6
		4	1450	848	43	33	0.0641	0.0734	0.0666	—	—	380.8	292.9	510.6	392.8	770.3	592.5
		6	1380	830	42	32	0.0406	0.0479	0.0434	—	—	362.4	286.7	486.0	384.4	733.1	579.9
1200	0.60 1.00 1.60 2.50 4.00	1	1837	1115	47	37	0.3246	0.3862	0.3501	—	—	482.5	385.1	646.9	516.4	975.9	779.0
		2	1816	1102	47	37	0.1605	0.1908	0.1730	—	—	476.9	380.6	639.5	510.4	964.7	769.9
		4	1732	1052	47	37	0.0765	0.0911	0.0826	—	—	454.9	363.4	610.0	487.2	920.1	735.0
		6	1716	1026	46	36	0.0505	0.0592	0.0537	—	—	450.7	354.4	604.3	475.2	911.6	716.8
1300	0.25 0.60 1.00 1.60 2.50	1	2123	1301	51	39	0.3752	0.4506	0.4085	—	—	557.6	449.4	747.7	602.6	1128	908.9
		2	2080	1274	51	40	0.1838	0.2206	0.2000	—	—	546.3	440.0	732.5	590.1	1105	890.1
		4	2074	1214	50	39	0.0916	0.1051	0.0953	—	—	544.7	419.3	730.4	562.3	1102	848.2
		6	2028	1192	48	38	0.0597	0.0688	0.0624	—	—	532.6	411.7	714.2	552.1	1077	832.8
1400		1	2557	1547	55	43	0.04519	0.5358	0.4858	—	—	—	—	900.5	716.5	1358	1081
		2	2502	1510	54	43	0.2211	0.2615	0.2371	—	—	—	—	881.1	699.4	1329	1055
		4	2404	1454	55	43	0.1062	0.1259	0.1141	—	—	—	—	846.6	673.4	1277	1016
		6	2378	1424	54	42	0.0700	0.0822	0.0745	—	—	—	—	837.5	659.5	1263	995
1500		1	2929	1753	59	45	0.5176	0.6072	0.5504	—	—	—	—	1031.5	811.9	1556	1225
		2	2874	1700	58	45	0.2539	0.2944	0.2669	—	—	—	—	1012.1	787.4	1527	1188
		4	2768	1688	58	45	0.1223	0.1462	0.1325	—	—	—	—	974.8	781.8	1471	1179
		6	2692	1590	56	44	0.0793	0.0918	0.0832	—	—	—	—	948.0	736.4	1430	1111
1600		1	3339	2023	61	47	0.5901	0.7007	0.6352	—	—	—	—	1176	937.0	1774	1413
		2	3282	1982	62	48	0.3382	0.3432	0.3112	—	—	—	—	1156	918.0	1744	1385
		4	3176	1900	62	48	0.1403	0.1645	0.1492	—	—	—	—	1119	880.0	1687	1327
		6	3140	1884	61	47	0.0925	0.1088	0.0986	—	—	—	—	1106	872.6	1668	1316

续表

DN	PN	N_p	N_t d_o/p_t 19/25	25/32	N_d d_o Δ19	Δ25	S_t 19×2	25×2	25×2.5	L_t=3.0 Δ19	Δ25	L_t=4.5 Δ19	Δ25	L_t=6.0 Δ19	Δ25	L_t=9.0 Δ19	Δ25
1700	0.25 0.60 1.00 1.60 2.50	1	3721	2245	65	51	0.6576	0.7776	0.7049	—	—	—	—	1310	1040	1977	1569
		2	3646	2216	66	52	0.3131	0.3838	0.3479	—	—	—	—	1284	1026	1937	1548
		4	3544	2180	66	50	0.1566	0.1888	0.1711	—	—	—	—	1248	1010	1883	1523
		6	3512	2156	63	53	0.1034	0.1245	0.1128	—	—	—	—	1237	999	1870	1506
1800		1	4247	2559	71	55	0.7505	0.8863	0.8035	—	—	—	—	1496	1185	2256	1788
		2	4186	2512	70	55	0.3699	0.4350	0.3944	—	—	—	—	1474	1163	2224	1755
		4	4070	2424	69	54	0.1798	0.2099	0.1903	—	—	—	—	1433	1123	2162	1693
		6	4048	2404	67	53	0.1192	0.1388	0.1258	—	—	—	—	1426	1113	2151	1680

注：1. 本标准采用 ϕ19mm×2mm，管心距为 25mm；ϕ25mm×2mm，管心距为 32mm；和 ϕ25mm×2.5mm，管心距 32mm 的正三角形排列。

2. 计算换热面积 $A_{计}=\pi d_o(L_t-2\delta-0.006)N_t$。$\delta$ 为管板厚度，假定为 0.05m。

3. 括号（ ）内的直径不推荐使用，DN=159，219，273，325 使用钢管制圆筒，其余为卷制圆筒。

表 5-37　各种标准换热器的折流板（支撑板）间距（GB/T 28712.104—2012）

换热器型式	公称直径 DN	管长/mm	折流板（支撑板）间距/mm							
固定管板式	≤500	≤3000	100	200	300	450	600	—	—	
		4500～6000	—							
	600～800	1500～6000	150	200	300	450	600	—	—	
	900～1300	≤6000	—	200	300	450	600	—	—	
		7500，9000		—				750		
	1400～1600	6000	—	—	300	450	600	750	—	
		7500，9000			—					
	1700～1800	6000～9000	—	—	—	450	600	750	—	
	1900～2400	6000～12000	—	—	—	450	600	750		
立式热虹吸式重沸器	≤600	1500～3000	（支撑板间距）		300	500		—	—	
	700～2400						600	1000	—	
U 形管式换热器	≤600	3000	150	200	—	—	—	—	—	
		6000	150	200	300	—	—	—	—	
	700～900	6000	150	200	300	450		—	—	
	1000～1200		—	—	250	300	350	450	—	—
浮头式换热器	≤700	3000～4500	100	150	200	—	—	—	—	
	800～1200	4500	—	150	200	250	300	450（480）	—	
	400～1100	6000	—	150	200	250	300	350	450（480）	—
	1200～1800 1900	6000	—	—	200	250	300	350	450（480）	—
	1200～1800	9000	—	—	—	—	300	350	450	600
浮头式冷凝器	325～1800	3000～9000	（支撑板或折流板间距）					450（480）	600	

表 5-38　标准 U 形管换热器，浮头式换热器及冷凝器允许工作压力与设计温度

公称压力 PN /MPa	水压试验压力用 5℃≤t≤100℃ 的水为介质/MPa	设计温度/℃				
		200	250	300	350	400
		不同温度下允许最高工作压力/MPa				
1.0	1.32	0.98	0.98	0.81	0.74	0.68
1.6	2.12	1.57	1.42	1.3	1.18	1.09
2.5	3.06	2.45	2.23	2.03	1.86	1.74
4.0	4.90	3.92	3.57	3.25	2.98	2.78
6.4	7.85	6.28	5.71	5.21	4.77	4.46

表 5-39　标准换热器管程及壳程进出口接管公称直径　　mm

壳体公称直径 DN	管程进出口直径	内导流换热器	U 形管换热器	浮头式冷凝器		二台重叠浮头式冷凝器，$L_t=3$m			二台重叠浮头式冷凝器（分流式 $L_t=6$m）		
		壳程进出口	壳程进出口	壳程进口	壳程出口	Ⅰ壳程入口	Ⅰ壳程出口（Ⅱ进）	Ⅱ壳程出口	Ⅰ壳程入口×1	Ⅰ壳程出口×2（Ⅱ进）	Ⅱ壳程出口×1
325	100	100	100	—	—	—	—	—	—	—	—
400	100	100	100	150	100	200	150	100	—	—	—
500	150	150	150	200	150/200	250	200	150	250	200	200
600	150	150	150	250	200/250	300	250	200	300	250	250
700	150	150	150	250	200/250	300	250	200	300	250	250
800	200	200	200	300	300/250	350	300	250	350	300	300
900	200	200	200	300	300/250	350	300	250	350	300	300
1000	250	250	250	350	350/300	400	350	300	400	350	350
1100	250	250	250	350	350/300	—	—	—	400	350	350
1200	300	300	300	350	350	—	—	—	450	350	350
1300	300	300	—	400	400	—	—	—	450	400	400
1400	350	350	—	400	400	—	—	—	450	400	400
1500	350	350	—	400	400	—	—	—	450	400	400
1600	400	400	—	450	450	—	—	—	500	450	450
1700	400	400	—	450	450	—	—	—	500	450	450
1800	450	450	—	450	450	—	—	—	500	450	450

注：1. 本表按 GB/T28712.104—2012 及附件 1、2 组成。

2. 冷凝器二台上下重叠时，Ⅰ台壳程出口接Ⅱ台壳程入口。对分流式，Ⅰ台壳程入口接管为一个，出口为二个，Ⅱ台壳程入口二个，出口一个。

(2) 换热器的型号及表示方法

中国国家标准 GB 151-2013 规定的换热器型号规格的表示方法如下：

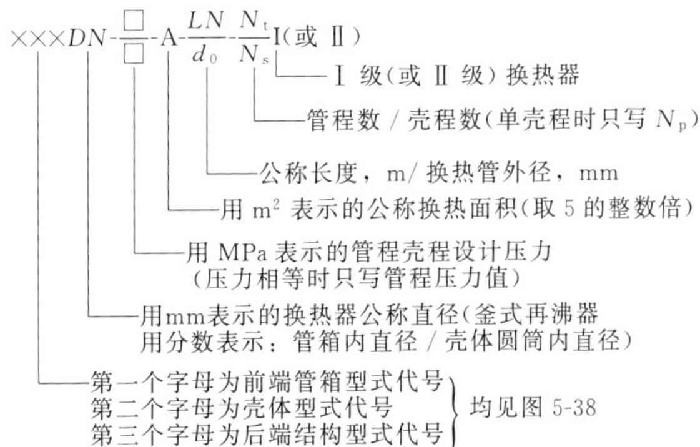

这里的公称换热面积是 5 的整数倍，可将计算面积舍入取整而得。Ⅰ级换热器在加工精度、用材等方面都比Ⅱ级高一档次，适用于无相变传热和易产生振动的重要场合，Ⅱ级换热器

采用普通冷拔换热管，适用于再沸、冷凝和无振动的一般场合。管程和壳程的具体结构材料则应另外注明。

例如，图 5-30 中的“BEM”即表示前端为封头管箱、单程壳体、后端也为封头管箱的固定管板式换热器，若其公称直径为 700mm，管、壳程设计压力分别为 2.5MPa、1.6MPa，计算换热面积为 158.4m^2，采用外径 25mm 的较高级冷拔换热管，管长 6m，4 管程、单壳程，则其型号可标注为：BEM700-$\frac{2.5}{1.6}$-160-$\frac{6}{25}$-4 Ⅰ。

如选用公称直径为 1800mm 平盖管箱的钩圈浮头式换热器，管程及壳程设计压力均为 1.0MPa，计算面积 1767m^2，使用外径 19mm，管长 9m 的普通冷拔换热管，4 管程，单壳程，外导流，则可标记为：AOS-1800-1.0-1765-$\frac{9}{19}$-4 Ⅱ。

5.2.2 管壳式换热器计算步骤

5.2.2.1 设计型计算

各种换热器的设计计算步骤原则上可按 5.1.3.2 的总框图进行。鉴于管壳式换热器应用的普遍性，这里比较详细地列出了设计步骤，作为图 5-23 的具体化。

① 根据设计任务，确定管、壳程流体的名称及其基本特性，进出口温度、压力、允许压降、流量或热负荷，及其可能变化范围。

② 如采用工业热源或冷源，应确定其供应源及其可能的初始压力与温度（例如根据工业蒸汽锅炉的出口蒸汽压力、工艺流体的性质和需要，确定进入换热器的蒸汽温度，并应使之处于饱和状态），然后选定其出口温度、估计热损失（可选为总热负荷的 3%～5%）并确定其消耗量。

③ 确定流体的定性温度[5.1.2.4(2)]，并查出两侧相应的物性数据。

④ 初步选定管壳式换热器的型式、流向与流程数，并计算总平均温度差 ΔT_m（5.2.3.4），应使温差校正因子 $F_t \geqslant 0.8$，如不满足，可先作适当调整。

⑤ 初选传热系数 K'，并初算传热面积 A'（按管外径为基准）。

⑥ 根据 A′初选标准型号换热器或自行设计管、壳程结构，选定管径、管子排列方式、管间距 p_t、管长 L_t，确定总管数 N_t。

⑦ 选定流速。根据原定的管程数，计算管程截面积（或根据标准型号的管程流通截面积确定实际流速），流速均应在适宜范围之内，如不满足可回到步骤⑥，调整管长和管数，否则回到步骤④。

⑧ 假定壁面温度或假定$\frac{\mu}{\mu_w}$值，计算管程给热系数及压降（5.2.3.2 或 5.1.2.4），当得出的给热系数远大于传热系数且压降小于管程允许压降时，再计算壳程，否则应重选 K'（步骤⑤）或进行结构调整。

⑨ 确定壳径，选定折流板型式、尺寸和间距，计算壳程的各部分的流通面积，计算壳程流速是否在适宜范围内。

⑩ 假定壁温，按 5.2.3.3 的方法，估算或详算壳程给热系数与压降值，并选定两侧污垢系数，计算 K 值，不符要求时应适当调整折流板尺寸、间距或壳径，应有 $K \approx (1.05 \sim 1.2) K'$，壳程压降≤允许压降。如不满足，回到步骤⑤或步骤④。

⑪ 核算壁面温度（5.1.2.4）或$\frac{\mu}{\mu_w}$，可将核算后的值直接校正 α 值与 K 值。

⑫ 核算 ΔT_m，如 $F_t<0.8$，可考虑换热器串联。

⑬ 计算传热面积 A，根据实际情况圆整后，宜有 5%～25%的面积裕度。

⑭ 对圆整后的结构进行校核计算和继续进行结构设计。

以上步骤并非一成不变的，设计人员可根据自己的工程经验予以调整。

5.2.2.2 操作型计算

在结构因素已知的情况下，操作型计算的主要任务是判断换热器的热性能与流动压降。管壳式换热器的热性能可通过不同情况的热分析（5.1.2.6）来了解。由于传热面积 A 已知，若以下标 s 代表壳程，t 代表管程，则在 W_s，W_t，K，t_{s1}，t_{s2}，t_{t1}，t_{t2}，ΔT_m 八个操作变量中，只有五个是独立的，因此，利用 5.2.3.4 中各种管壳式换热器的 θ 线图（其中，$R=\dfrac{(WC_p)_t}{(WC_p)_s}=\left|\dfrac{t_{s2}-t_{s1}}{t_{t2}-t_{t1}}\right|$，$NTU=\dfrac{KA}{(WC_p)_t}=\dfrac{|t_{t2}-t_{t1}|}{\Delta T_m}$，$P=\left|\dfrac{t_{t2}-t_{t1}}{t_{s1}-t_{t1}}\right|$，$\theta=\dfrac{\Delta T_m}{|t_{s1}-t_{t1}|}$，且 t_s 和 t_t 可以互换），即可对五个已知独立变量的不同组合，求出其余变量，并减少试差工作。例如：

① 已知$[(WC_p)_s,(WC_p)_t,K,t_{s1},t_{t1}]\xrightarrow{A}$算出 $R,NTU\xrightarrow{\text{由}\theta\text{图}}$查出 θ、$P\xrightarrow[t_{s1},t_{t1}]{\theta}\Delta T_m\xrightarrow{NTU}|t_{t2}-t_{t1}|\xrightarrow{t_{t1}}t_{t2}\xrightarrow{R}t_{s2}$。

② 已知 $[(WC_p)_s,\ (WC_p)_t,\ t_{t1},\ t_{t2},\ \Delta T_m]\xrightarrow{(KA)}R,\ NTU\longrightarrow\theta,\ P,\ K\xrightarrow[\theta]{\Delta T_m}|t_{s1}-t_{t1}|\xrightarrow{t_{t1}}t_{s1}\xrightarrow{R}t_{s2}$。

③ 已知$[(WC_p)_t,t_{t1},t_{t2},t_{s1},K]\longrightarrow$算出 NTU，P＜ 查出 $R\longrightarrow(WC_p)_s,t_{s2}$；查出 $\theta\longrightarrow\Delta T_m$ 。

④ 已知$[(WC_p)_t,K,t_{s2},t_{t2},\Delta T_m]\xrightarrow{A}NTU\ \dfrac{\Delta T_m}{t_{t2}}t_{t1}\longrightarrow$沿等 NTU 线试差得出 t_{s1} 值。

由上列各例中求出的 K 值或给定的 K 值，是满足给定条件或满足计算结果所要求达到的，并不是实际达到的值，一般应通过给热系数的计算，才能最终确定。因此，往往有一个试差过程［例如，当$(WC_p)_t$、$(WC_p)_h$ 都给定时，如温度变化不大，一般 K 变化不大；而在只给定一侧热容流量时，只有在该侧为控制热阻时，K 值才不会有很大变化，否则均应对 α 及 K 值重行试差］。当上列变量确定以后，即可计算管程和壳程的压降。

5.2.3 无相变管壳式换热器的设计

5.2.3.1 管壳式换热器有关设计因素的选择

由 5.1.3.3 可知，在设计换热器时，除设计任务和环境因素外，设计者要对许多重要的设计因素和变量进行综合考虑和合理选定，这些因素包括工艺和结构两个方面。即使是结构参数如管径、管间距、折流板型式、板间距等，也必须从介质特点和工艺条件出发，在 5.2.1.2 中的有关规定中选择。这些选择既是多元的，又常常是多值的。它们对设计结果和由此引起的投资、能量损耗、操作成本、操作的弹性和稳定性、设备的可维护性和安全性等性能指标都会发生不同程度的有时是相互矛盾的影响。需要了解不同设计因素对性能指标的影响及其影响程度，并进行适当的折中，以达到综合性能的优化。这里只能提出一些有关的原则意见和常见的参数约束范围。而优化的选择既取决于设计者对具体过程工艺的熟悉程度，更依赖于实践经验。使用计算机辅助设计可以大幅度减少参数优化中的重复劳动。

（1）管程和壳程介质的确定　应考虑以下诸因素。

① 压力。高压流体一般应走管程以减少结构材料的使用。

② 温度。高温流体一般走管程，可同时减少结构材料和保温材料的使用。

③ 压降。对允许压降有严格要求的工艺物流以走管程为宜，因为管程压降计算比较准确。但壳程的压降较小，故适于要求压降小的场合。

④ 可清洗性。壳程较管程难以清洗，故清洁液体宜走壳程，而较脏或易结垢流体宜走管程，如走壳程，应采用正方形排列管束的可抽出式换热器。

⑤ 腐蚀性。腐蚀性强的介质宜走管程，此时只需对管程部分采用耐蚀材料。

⑥ 有危险性的及贵重的介质。根据换热器的不同型式，走严密性较好的一例，同时也要考虑是否存在死角和停车时易于放净，很多情况下管程较为适宜。

⑦ 流量。流量小的介质宜走壳程，因为壳程流体在低雷诺数下即可形成湍流，尽可能避免采用双壳程设计。

⑧ 黏度。较黏流体一般宜走壳程，但如果走壳程仍不能达到湍流，也可改走管程。然而较黏流体在管程中作层流冷却时，会由于多管并联流动系统的不稳定性而造成流体分布不均匀，必须适当增加传热面。

⑨ 给热系数。对固定管板式换热器，如流体间温差很大，因管壁温度接近于给热系数大的介质温度，故宜使给热系数大的走壳程，以减少管束与壳体间的温差膨胀。其他情况下，由于管外容易采取措施（如加翅片等），给热系数小的（如气体）走壳程较为适宜。

上述原则都不是绝对的，具体问题要具体分析。例如，对于特殊工艺条件（如高温、高压、高度结垢或腐蚀性等）就必须优先考虑这些特殊性。在提高给热系数与减少压降间也要作必要的折中。

（2）流速和允许压降的选择

选定合理流速首先要考虑它对给热系数和压降的相互矛盾的影响并进行经济权衡，此外还要对一些特殊情况作特殊考虑。

提高流速有利于增加给热系数，从而减少传热面积以节约投资，但只有在该侧的给热系数较小和总污垢热阻不大时，才对提高 K 值比较有效，而且从层流区到湍流区，给热系数大体与流速的 0.33～0.8 次方成正比，而压降则与流速的 1.0～1.8 次方成正比，故压降随流速的增长要比总传热系数的增长快得多。流动压降增加，不仅增加了有效能的损耗，提高了操作成本，甚至需要加大流体输送机械的规格；对某些工艺过程，其系统压降有较严格的要求，更必须对换热器允许压降加以控制。因此合理的流速与合理的压降相关，而合理的压降又与系统运行的压力水平相关。换热器的建议允许压降值可参考表 5-40。一般情况下，气体的压降控制值要比液体的低（将近一个数量级）。例如，对液体一般取 0.01～0.1MPa，而气体则控制在 0.001～0.01MPa 之间。应尽可能使流态处于湍流区，而对高黏度液体，为避免压降过高，常常只能在过渡区或层流区操作。

表 5-40　建议允许压降值/MPa

设备压力 p（绝压）	真空～<0.1	0.1～0.17	0.17～1.1	1.1～3.1	3.1～8.1
建议允许压降	p/10	0.005～0.035	0.035	0.035～0.18	0.07～0.25

提高流速的另一个好处是可以抑制某些污垢的生成与发展（参见 5.1.4.2），但过高的流速又会引起管子或管束的冲蚀和振动，如果流体中含有颗粒，更要加以限制。例如，在催化裂化过程中，含有催化剂颗粒的油浆流速不应超过 1.8m/s。换热器的常用流速范围可参考表 5-41。

表 5-41 换热器内常用流速范围

介　质	管程流速/(m/s)	壳程流速/(m/s)	介　质	管程流速/(m/s)	壳程流速/(m/s)
冷却用水①	1.0～3.5	0.5～1.5	油蒸气	5～15	3.0～6.0
一般液体(低黏度)①	0.5～3.0	0.2～1.5	气体	5～30	3～15
低黏度油	0.8～1.8	0.4～1.0	气液混合流体	2.0～6.0	0.5～3.0
高黏度油	0.5～1.5	0.3～0.8			

① 可参照表 5-12 的数值，一般易结垢液体也可参照使用。

液体黏度愈大，选用的流速愈低，以避免压降过分增大，可参考表 5-42。管壁材料不同，硬度和耐磨性不同，其最大选用流速也不同。例如铜管流速应低于钢管，而合金钢及不锈钢管则可高于普通钢管。

表 5-42 不同黏度液体的一般最大选用流速（普通钢管内）

液体黏度/Pa・s	>1.5	0.5～1.0	0.1～0.5	0.035～0.1	0.001～0.035	<0.001	烃类
最大流速	0.6	0.75	1.1	1.5	1.8	2.4～3.0	3.0

壳程液体的最大允许流速，一般约为管程的一半。壳程气体和蒸气的最大流速，可参照图 5-49选用。

当允许压降已知时，在湍流范围内亦可按下式计算管内流速。

$$u=\sqrt{\frac{\Delta p_t}{\rho(Pr)^m\Delta_t/|t_w-t_m|}} \qquad (5\text{-}67)$$

式中　Δp_t——允许压降（包括换热管内、扩大、缩小及转向损失），Pa；

ρ——流体密度，kg/m^3；

Pr——流体的普兰德数；

m——指数，流体被加热时 m 取 0.63，冷却时取 0.7；

Δ_t——流体的总温度变化,℃；

t_m、t_w——流体的平均温度与壁温,℃。

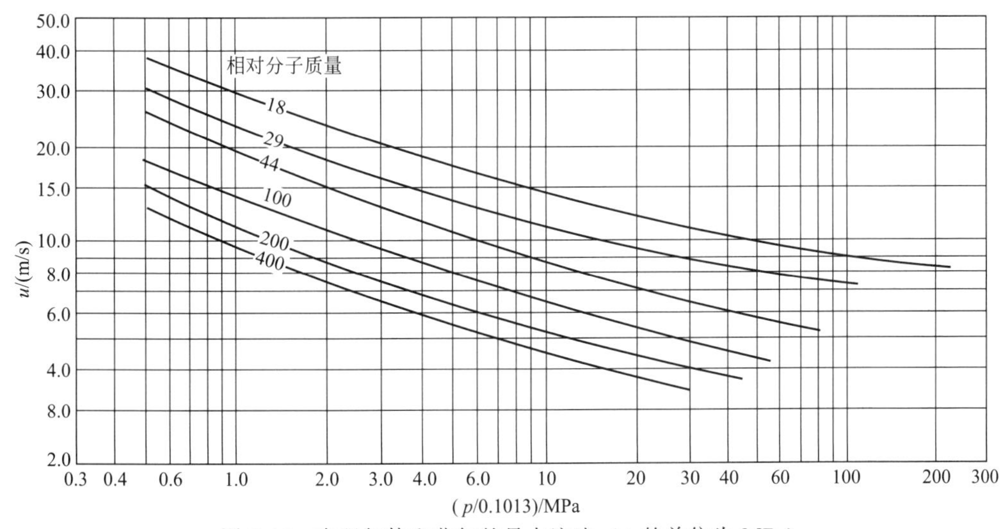

图 5-49 壳程气体和蒸气的最大流速（p 的单位为 MPa）

对某些易燃易爆的流体，应防止因流速过高而引起的静电积累，除设备要良好接地外，其容许安全流速见表 5-43。氢气在碳素钢管中的最大流速应符合表 5-44 的规定。

表 5-43 某些液体的安全容许流速

m/s

液 体 名 称	乙醚、二硫化碳、苯等	甲醇、乙醇、汽油等	丙酮等
安全流速	<1	<2~3	<10

表 5-44 碳素钢管中氢气最大流速

设计压力/MPa	最大流速/(m/s)	设计压力/MPa	最大流速/(m/s)
>3.0	10	<0.1	按允许压力降确定
0.1~3.0	15		

注：氢气设计压力为 0.1~3.0MPa，在不锈钢管中最大流速可为 25m/s。

(3) 介质温度和换热器端部温差的选择

对工艺流体，其进出口温度常常是由工艺条件确定的。对冷却剂（或加热剂），其进口温度由实际供应条件确定，可以变动的范围不大，而其出口温度则可作为一个设计变量选定。

在相同的热负荷下，冷却剂出口温度降低或加热剂出口温度增高，其用量必然增大，同时换热温差也将增加，结果是一方面动力消耗和操作费用增加，另一方面却减少了传热面积和设备投资。因此，客观上存在一个使总费用最低的经济出口温度和经济温差。出口温度同时又受到冷却剂或加热剂本身的性质和其他条件的制约，例如，用水蒸气加热时其出口温度一般宜取其饱和压力下的冷凝温度；冷却剂使用硬度较高的天然水源或处理过的循环水时，出口水温不宜超过 5.1.4 节规定的数值。当工艺流体走多管程而冷却剂走单壳程时，冷却剂出口温度不宜高于工艺流体的出口温度，以免出现温度交叉现象影响传热效果。

冷却水出口温度一般不宜超过 60℃，在不易清洗的场合不宜超过 50℃。

冷却器或冷凝器中，冷却剂的入口温度一般应比工艺物流中易冻结组分的冰点或凝固点高 5℃，对杂有惰性气体的冷凝过程，冷却剂出口温度应低于工艺物流的露点温度 5℃以上。

换热器热端温差不应小于 20℃，冷端温差不宜小于 5℃。当在两工艺物流之间进行换热时，冷端温差不宜小于 20℃。对多管程换热器，有时也将冷端温差提高到 20℃以上以避免温度交叉（或改用多台单管程串联方案）。

近年来，从节能和提高㶲利用率出发，在大规模生产中有使温差适度降低的趋势。

换热器的设计温度应比最大实际操作温度高 15℃。

(4) 结构参数与结构型式的选用

要选择结构型式和结构参数，首先应了解壳程流体的流动情况，Tinker 模型对此作出了基本描述。

① Tinker 模型。使用弓形折流板的目的是使壳程流体以较高流速反复通过弓形缺口，错流掠过管束，以求达到较高的给热系数［见图 5-50(a)］，但是安装弓形折流板时，为使换热器组装和分解，换热管和折流管孔之间和折流体与壳内径之间必须要有某种程度的间隙。另外，管束和壳内径之间也有间隙。因此，在壳程各部分还存在着各种短路流（穿流）、旁路流和平行流（在缺口处流动时），存在死角和流动不均匀性。为了便于对不同流路影响进行分析，Tinker 提出了一个简化流路模型，如图 5-50(b) 所示。该模型认为，在壳体中存在以下五种流路。

流路 B——垂直穿过管排的错流流路。这是主要流路，也是有效流路，相当于图 5-50(a) 中的阴影部分。

流路 A——管子与折流板管孔之间的穿流泄漏流路。即短路流路。

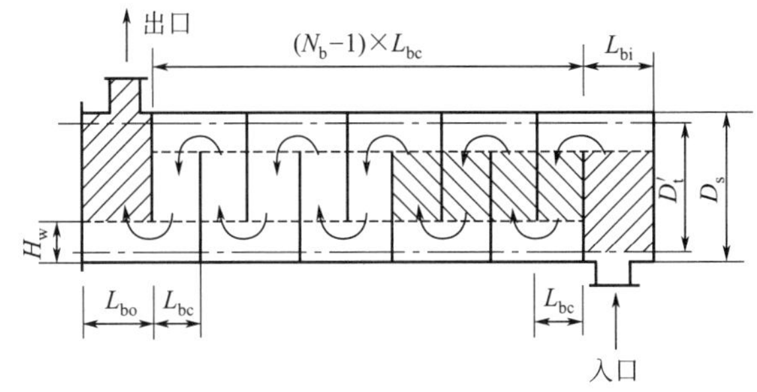

(a) "E"型壳程折流板及管排情况

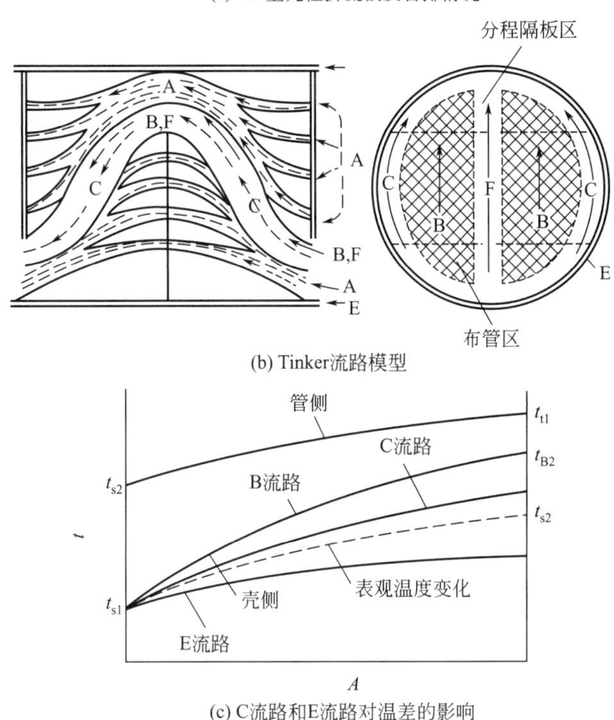

(b) Tinker流路模型

(c) C流路和E流路对温差的影响

图 5-50　Tinker 壳程流路模型与壳程流路情况

流路 E——折流板与壳内壁之间的穿流泄漏流路。这股流路实际上与传热面不接触，属于无效流。

流路 C——管束外圈与壳内壁之间的旁流流路。它也离开了管束的有效换热区。采用旁路挡板可减少旁路流量。

流路 F——对多管程换热器，由于分程隔板槽形成穿流走廊产生的旁路流。在程数少时它的影响不大；如分程隔板槽取向与折流板缺口弦长的取向相同（垂直于错流流向），则可认为流路 F 不起影响。在分程隔板槽处增加假管也可减少此流路的影响。

在壳侧流体黏度增加或折流板间距减小时，短路-旁路流将增加。短路和旁路流的影响在于：ⓐ 减少了主流路 B 的流量从而减少了给热系数值；ⓑ 换热面得不到充分利用；ⓒ 改变了壳侧截面的温度分布，从而减少了实际温差［参见图 5～50(c)］，并使换热器效率降低；图 5-50(c) 分别表示了沿传热表面多流股的温度变化。虚线是由热衡算关系得出的表观温度变化，出口表观温度为 t_{s2}。E 流路接近完全无效，C 流路的传热量也很低。主要传热的 B 流路温升最快，它在出口处的实际温度为 t_{B2}，显然 $t_{B2}>t_{s2}$，故实际温差小于表观温差。ⓓ与此同时，也使壳程压降降低。一般情况下，短路和旁路流可占总流量的 30%以上。因此，选用结构参数与结构型式时，应尽量减少这些不利流动。

② 管径。管径愈小可使换热器愈紧凑，对提高给热系数也有利，已有采用 ϕ10mm 以下管子制造的换热器。但管径愈小，压降将迅速增加，结垢和堵塞的可能性和制造难度也增加。一般推荐使用 ϕ19mm 的管子。对易结垢的物料，为方便清洗，管径宜采用 ϕ25mm，对气液两相流介质则应使用较大的管径，如再沸器的管径多采用 ϕ32mm～ϕ38mm。

③ 管长。在相同传热面和流动截面下，管子愈长既可减少程数和压降，又可减少换热器的壳径和造价，故采用长管较为经济，参见表 5-45。

表 5-45　固定管板式换热器不同管长的金属比耗量

壳径/mm	500		400			
管长/m	3	6	1.5	2.0	3.0	6.0
单位传热面的金属耗量/(kg/m^2)	36.8	31.6	54.6	47.5	40.5	33.6

管子过长对制造带来一些困难。以整体结构的稳定性考虑，管长与壳径比不宜超过 6～10（对直立设备为 4～6）。一般应尽量采用标准管长或其等分值。常用的为 4～6m，对大面积、无相变换热器可选 9m 以上。

此外，由于管子进口段的给热系数较高，近年来也有采用短管的换热器投入生产。

④ 管子的排布与管心距。如 5.2.1.2 所示，三角形排列紧凑有利于加强壳程的湍动，而正方形排列则有利于壳程清洁且压降较低，转角正方形与留有清理通道的转角三角形的性能介于上述二者之间。正三角形排列适于清洁流体或可用化学清洗以及允许压降较高的情况，其给热系数高，在相同的相对管心距 p_t/d_o 下，较正方形排列可节省约 15%的管板面积。

管束排列的紧凑度（m^2/m^3）与相对管心距（p_t/d_o）的平方成反比，管心距减少可提高管间流速和减少壳径降低造价，但也会引起壳程压降增加和管板增厚，且不易进行机械清洗。管心距受管子与管板连接工艺的制约，焊接时，$p_t \approx 1.25d_o$，而胀接时，$p_t \approx (1.3 \sim 1.5)d_o$，且最小管心距还应满足 d_o+5mm 的要求。一般地，设计者乐于采用尽可能小的管间距。

⑤ 折流板缺口高度 H_w $\left(\text{或缺口分数 } h_w=\dfrac{H_w}{D_s}\right)$和板间距 L_b。最常用的单弓形折流板有关尺寸及板间距的范围已见表 5-37 和 5.2.1.2（4），弓形折流板的缺口高度与板间距之间存在相关关系，缺口高度减少，板间距也要相应减少以保持相近的流通面积。使用折流板的目的之一就是造成理想的错流流动，而过大或过小的缺口高度和板间距均会大幅度偏离理想错流，引起壳程传热恶化：太小会产生过多的死角和大的旋涡回流区，并增加泄漏流和旁路流，压降也将大幅度增加；间距过大则导致旁路流和轴向流增加，也会产生大的回流区。缺口分数 h_w 应在 0.2～0.35 之间，一般情况下 h_w=0.2～0.45 较为适宜。对低压气相介质，为使压降保持在允许幅度之内，可将 h_w 增至 0.4～0.45，但不应超过 0.45，以保证至少有一排管子同时受到相邻折流板的支承。板间距一般选在（0.3～0.6）D_s 之间，有报道认为，适宜的板间距在 D_s/3 左右。

⑥ 壳体与管箱结构。壳体结构一般采用“E”型单程壳体（见图 5-38），它在制作上最为经济，温差校正因子也最高。分流式用于特殊场合，如：ⓐ 允许壳程压降特别小，分流（“J”型壳体）可使压降减小为原来的 1/8 左右；ⓑ 两侧流体流量差别很大时，也可使流量大的流体走壳程并采用分流；ⓒ 两侧流体间温度差很大或传热系数很大而换热器直径较小时。分流可由

加中间隔板的“G”、“H”型或不加隔板的“J”型产生，同时仍使用折流板。在“E”型压降受限时常先考虑选用“J”型。在多管程条件下，如“E”型的温度校正因子过低或需要使用两个单程壳体时，也可选用“F”型，如此时压降又受到限制，则可选用“G”或“H”型。

前端管箱型式的选择取决于管程介质，“B”箱适于清洁流体，而“A”、“C”型管箱则便于拆下端盖即可检视和清理管程，而不必拆卸外部接管。其余有关部分可参考表 5-26 和 5.2.1.2 节。

⑦ 管程数。通常先根据管侧流量和适宜流速确定每程的管数，然后由总面积和管长来确定管程数，其中管长是一个可变量。应使管程数尽可能减少以简化结构，并使管板排列更为紧凑。管程数应该是偶数。避免或尽量减少在壳程流体流向上平行布置分程隔板槽。

⑧ 壳程允许压降是主要制约因素时结构型式与参数的选择。在某些情况下，满足壳程压降的要求成为控制因素（例如壳侧流体量很大；或者是低压下的气相介质，允许压降值很低），从降低压降考虑，选型思路主要是降低壳程流体流速（湍流压降$\propto u^{1.7\sim2.0}$，层流压降$\propto u^{1.0}$），示例于表 5-46。

表 5-46　结构选型示例

允许压降	可选型式或措施	效　果	负　面　影　响
高 ↓	“E”型单壳程单弓形折流板	首选（压降相对值为 1）	
	1. 加大 L_b 与 h_w	减低流速，减少压降	α 降低（湍流 $\alpha\propto u^{0.6\sim0.8}$ 层流 $\alpha\propto u^{0.33}$）无支撑距离增大，振动可能性增加
	2. 采用双弓形折流板	在相同的 L_b 下，错流速度减少一半，故错流部分压降减少，而缺口部分压降基本不变	α 降低，存在管子振动可能性
	3. 缺口无管型单弓形折流板或双弓形折流板	宜在压降与管子振动同为制约因素时使用，由于管子受到全部折流板支撑，故可允许 L_b 增加近一倍，缺口部分压降可略。流动全为错流，故 α 有所提高	对一定换热面积，D_s 增大，故造价提高 12%～15%
	4. 壳程并联的换热器	壳程流速及压降按并联数成比例减少。在要求换热面积太大，集中在一个壳体内会引起制造安装或维修困难时使用	制造费用大幅度增加
低	“J”型无隔板分流式 单弓形板 双弓形板	缺口部分压降与错流压降同时减少，一半流体走壳程一半距离，故： 湍流相对压降值为 1/8， 湍流相对压降值为 0.04（相同 L_d/h_w 下）	增加接管造价略高 α 减少， α 减少 40%
↓	错流壳体	适用于对压降要求特别低的场合，采用低速错流	体积增大，紧凑度降低

从结构尺寸考虑，增加管心距、减少管长均可能减少压降，但其结果都会导致壳体直径增加，并增加制造成本，因此一般并不采用。

增加进出口管径可以减少压降而并不引起 α 的降低，因此当壳程的 α 也是控制因素时，应适当增加进出口管直径，一般应使进出口压降小于允许压降的 20%。

5.2.3.2　管程给热系数与压降

（1）管程给热系数 α_t

单相流体的管程给热系数可按 5.1.2.4 管内给热系数的各式计算。对 $Pr>0.7$，$L_t/d_i\geqslant24$的强制对流条件下的管内层流、过渡流与湍流也可由管内 Re_t数利用图 5-51(a) 查得其对流传热因子 j_{ht}值，并按式(5-68) 算出给热系数 α_t，定性温度按 t_m 计算。

$$\alpha_t = j_{ht}\frac{\lambda_t}{d_i}\left(\frac{\mu_t C_{pt}}{\lambda_t}\right)^{0.33}\left(\frac{\mu_t}{\mu_w}\right)^{0.14} \tag{5-68}$$

$$Re_t = \frac{d_i G_t}{\mu_t} \tag{5-69}$$

式中 α_t——管内强制对流下给热系数，W/(m^2·℃)；

G_t——管内质量流速，kg/(m^2·s)。

当 $Pr \leqslant 0.7$，$Re = 2\times10^3 \sim 1\times10^6$ 时的 α 可按图 5-51(b) 计算。

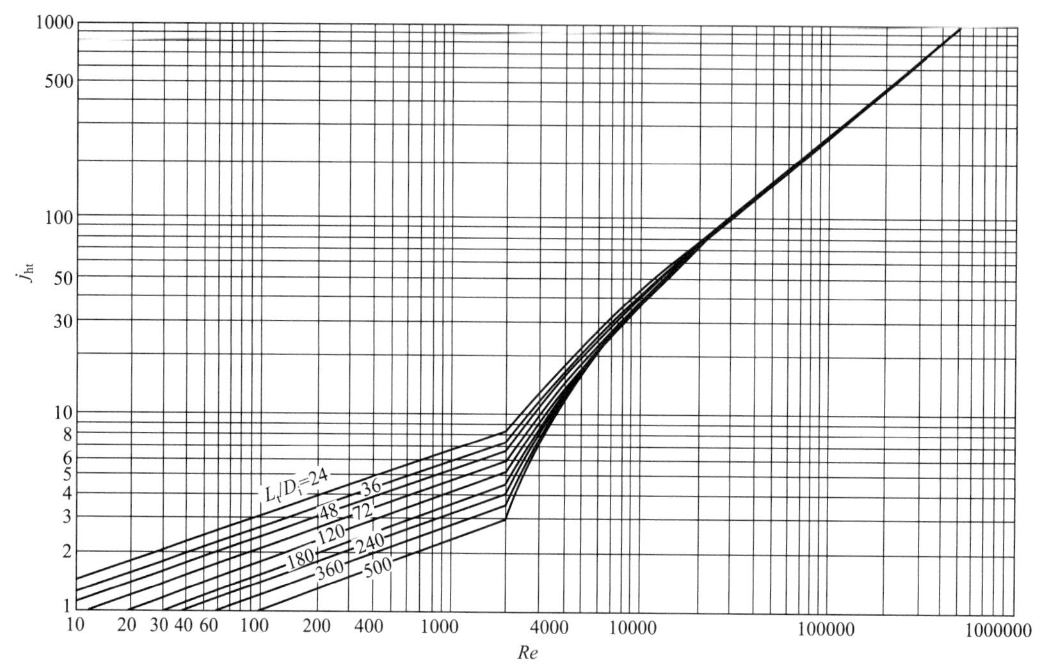

(a) 强制流动传热因子

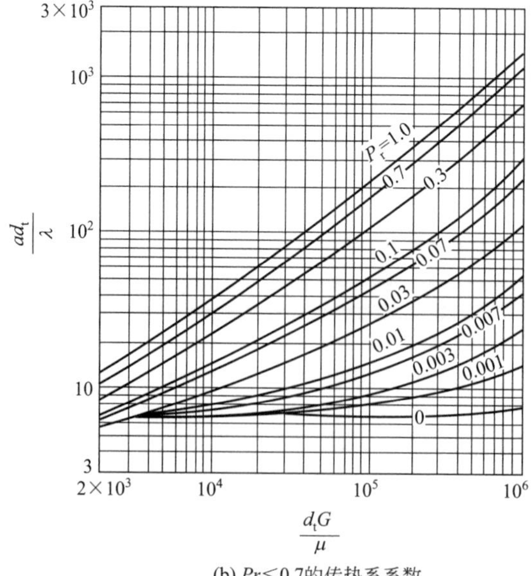

(b) $Pr \leqslant 0.7$的传热系数

图 5-51 管内给热系数计算图

(2) 管程压降 Δp_t

管程压降 Δp_t 包括管内的摩擦压降 Δp_{ft}、管程间的回弯压降 Δp_{rt} 及管程进出口接管处的局部压降 Δp_{nt} 三个部分，还要适当考虑管内结垢的影响。

$$\Delta p_t = (\Delta p_{ft} + \Delta p_{rt})\Phi_t + \Delta p_{nt} \tag{5-70}$$

$$\Delta p_{ft} = \left[\lambda_{ft}\frac{N_p L_t}{d_i}\times\frac{G_t^2}{2\rho_t}\right]\left(\frac{\mu_t}{\mu_w}\right)^{-m} \tag{5-71}$$

$$\Delta p_{rt} = 4N_p\frac{G_t^2}{2\rho_t} \tag{5-72}$$

$$\Delta p_{nt} = 1.5\frac{G_{nt}^2}{2\rho_t} \tag{5-73}$$

上列各式 Δp 的单位均为 Pa，

式中 N_p——管程数；

λ_{ft}——管内摩擦阻力系数，可按有关流体力学图表计算或按式(5-130) 计算，也可由图 5-52 求出 j_f，$\lambda_{ft}=8j_f$；

G_{nt}——管程进出口接管内的质量流速，kg/(m^2 · s)，对无相变流体，进出口直径常相同，当不相等时也可近似取出口接管中的值；

L_t——每程管长，m；

m——管程流体黏度修正指数，$Re<2100$ 时取 $m=0.25$，$Re\geqslant 2100$ 时取 $m=0.14$，此值在温差不大时常可忽略；

Φ_t——管程压降的污垢校正系数，对气体，$\Phi_t=1$，对一般液体和油品，当垢阻 $r_f=0.000344\sim0.000516$ m^2 · ℃/W 时，用 $\phi19\times2$ 管的 Φ_t 可取 1.5，用 $\phi25\times2.5$ 管 Φ_t 取 1.4。

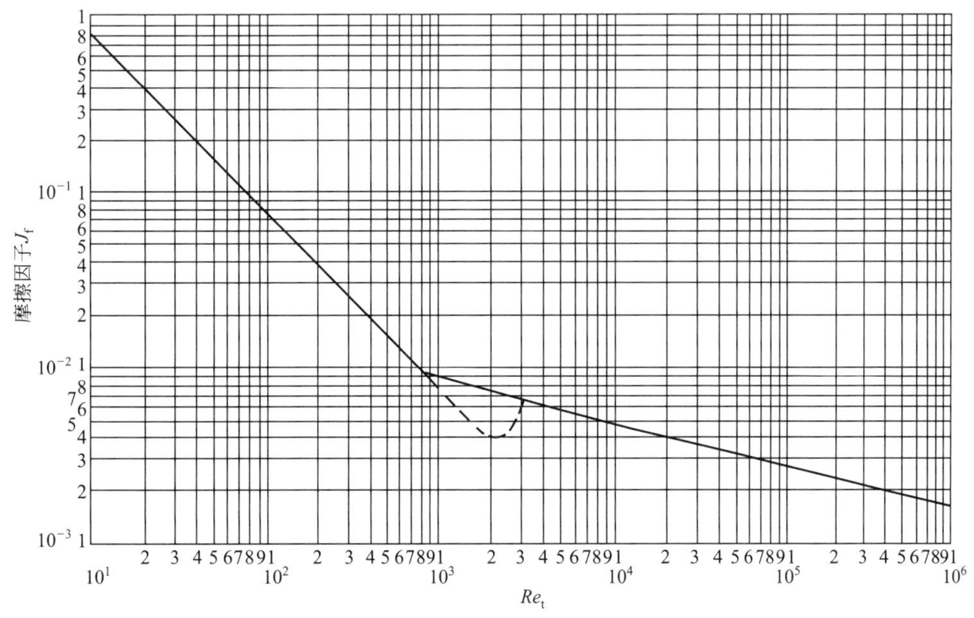

图 5-52 管内摩擦因子 j_f 图

5.2.3.3 壳程给热系数和压降[3,8,25]

壳程给热系数和压降的计算比较困难，其计算准确度也较低，折流板的存在使壳程流体流动情况复杂化。本节主要介绍改进了的 Delaware-Bell 法，其优点是比较细致地考虑了壳程流动的情况，并在一个统一的模型——Tinker模型下进行给热系数与压降的计算；主要用于壳程为单弓形折流板和光管管束的情况，经过适当修正也可用于低翅片管、分流壳体、双壳程和螺旋形折流板等情况，在公开发表的方法中计算结果最为准确，便于分析结构参数和操作参数的影响。其缺点是要求换热器尺寸都完全确定，故只宜于校核型计算，步骤比较烦琐，而且换热器的各种加工间隙应满足标准要求（5.2.1.2）。本节也将介绍一些估算用的公式。

（1）用改进了的 Delaware-Bell 法计算给热系数

该法的中心思想是先假定全部壳程流体都以纯错流形式通过管束，不存在旁路流和短路流的影响，求出这种理想条件下的壳程给热系数，然后按实际换热器的结构和操作条件考虑不同流路的影响，引入各项校正系数。

① 壳程给热系数 α_s（管束为光管）

$$\alpha_s=\alpha_{so}J_cJ_LJ_bJ_sJ_r \tag{5-74}$$

式中 α_{so}——壳侧流体全部按纯错流方式流过管束时的给热系数，W/(m^2·℃)；

J_c——折流板缺口校正因子，缺口无管时，$J_c=1$，对小缺口，J_c 增至 1.15，对大缺口，降至 0.65（参见图 5-54）；

J_L——折流板穿流泄漏校正因子，用于对流路 A 和流路 E 的校正，典型值在 0.7～0.8 之间（参见图 5-56）；

J_b——旁路流校正因子，用于流路 C 和流路 F 的校正，其典型值为：对固定管板，$J_b\leqq 0.9$；对可抽式浮头，$J_b\leqq 0.7$，说明旁路量增加；如使用旁流挡板，可能使 J_b 增至 0.9（参见图 5-57）；

J_s——管束进、出口段折流板间距变化的校正因子，由于接管影响，往往使进出口处板间距（通常为折流板至管板间）变大、流速降低因而会降低给热系数。如间距与中间部分相同可不校正（参见图 5-58）；

J_r——由于层流流动时产生逆向温度梯度的校正因子，只有在壳程雷诺数 $Re_s<100$ 时才需要校正。

对于设计良好的换热器，这些校正因子乘积的典型值约在 0.6，也可能低到 0.4。

② α_{so}的计算

$$\alpha_{so}=j_{Hs}C_{ps}G_s\,Pr^{-2/3}\Phi_{\mu s} \tag{5-75}$$

式中 j_{Hs}——理想条件下壳程传热因子，由图 5-53 的下方曲线查得，它是 Re_s、相对管心距 p_t/d_o 与管子排列方式的函数，无因次；

C_{ps}——壳程流体平均温度下的比热容，J/(kg·℃)；

Pr——流体平均温度下的普兰德数；

$\Phi_{\mu s}$——黏度梯度校正因子，对气体被冷却，$\Phi_{\mu s}\doteq 1$，气体被加热，$\Phi_{\mu s}=\left(\dfrac{T_{sm}}{T_{sw}}\right)^{0.14}$，对液体，$\Phi_{\mu s}=\left(\dfrac{\mu_s}{\mu_w}\right)^{0.14}$，$T_{sm}$ 和 T_{sw} 分别为壳程流体和壁面的平均热力学温度，K；

G_s——壳程错流的计算质量流速，kg/(m^2·s)；

$$G_s=W_s/S_m \tag{5-76}$$

W_s——壳程流体的质量流量，kg/s；

S_m——错流掠过管束时的计算流通面积（折流板间中心截面处的最小流动面积），m^2；

$$S_m=L_{bc}\left[L_{bb}+\frac{D_t'}{p_{t1}}(p_t-d_o)\right] \tag{5-77}$$

L_{bc}——中央部分折流板间距（见图 5-50a），m；

L_{bb}——管束与壳内径的间隙（见表 5-29），m；

$$L_{bb}=(D_s-D_{otl})/2 \tag{5-78}$$

D_t'——管束最外层管中心圆直径（见图 5-50a），m；

$$D_t'=D_{otl}-d_o \tag{5-79}$$

D_s——壳体内径，m；

D_{otl}——布管限定圆直径（见表 5-29），m；

d_o——换热管外径，m；

p_t——管心距，m；

p_{t1}——垂直于流向的管心距，m，按图 5-40，对△、□，$p_{t1}=p_t$，对◇，$p_{t1}=0.707p_t$，对▷，$p_{t1}=0.866p_t$；

Re_s——壳程错流计算雷诺数，

$$Re_s=\frac{G_s d_o}{\mu_s} \tag{5-80}$$

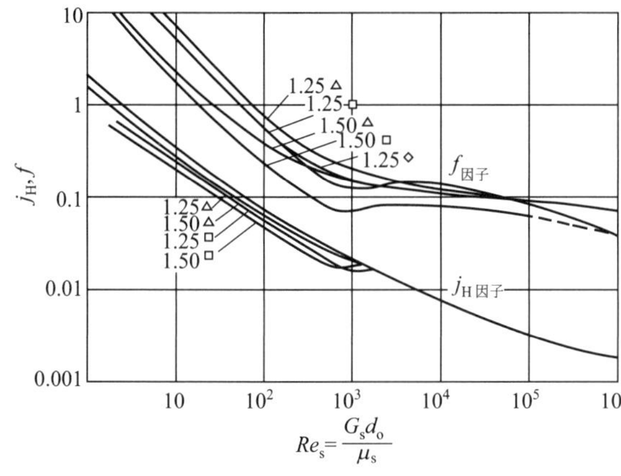

图 5-53　理想条件下壳程传热因子和摩擦因子

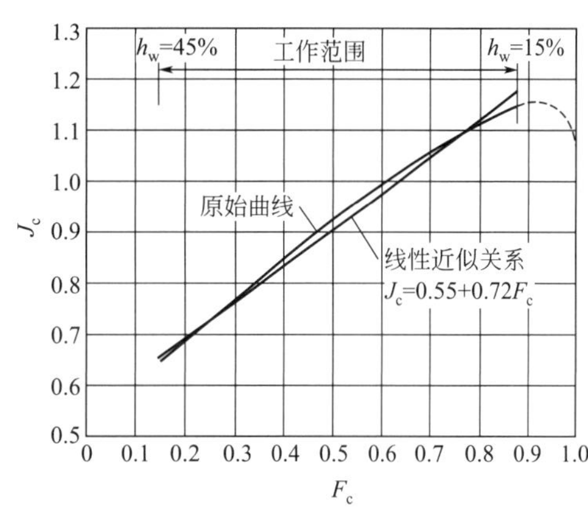

图 5-54　J_c-F_c 关系

③ 缺口校正因子 J_c 的计算

J_c 可由图 5-54 查得，也可按下式计算：

$$J_c=0.55+0.72F_c \tag{5-81}$$

式中，F_c 为纯错流区管数占总管数的分率（假设管子均布），其实用范围在 $h_w=\frac{H_w}{D_s}\times 100\%=15\%\sim45\%$之间，可按式(5-82) 计算，也可按图 5-55 估算，图中参变量为 D_s，横坐标为 $h_w\%$，

$$F_c=1+\frac{2}{\pi}\left(\frac{D_s-2H_w}{D_t'}\right)\sin\left[\cos^{-1}\left(\frac{D_s-2H_w}{D_t'}\right)\right]-\frac{4\cos^{-1}\left(\frac{D_s-2H_w}{D_t'}\right)}{360} \tag{5-82}$$

式中　H_w——折流板缺口高度［见图 5-50(a)］，m。

④ 泄漏校正因子 J_1 的计算

J_1 值应与流路 E 经过每一折流板的泄漏面积 S_{sb} 以及流路 A 的泄漏面积 S_{tb} 有关，

$$S_{sb}=\pi D_s \frac{D_s-D_b}{2}\left[1-\frac{2\cos^{-1}\left(1-\frac{2H_w}{D_s}\right)}{360}\right] \tag{5-83}$$

$$S_{tb}=\frac{\pi}{4}\left[(d_o+L_{tb})^2-d_o{}^2\right]N_t\left(\frac{1+F_c}{2}\right) \tag{5-84}$$

式中　D_b——折流板直径（见表 5-31），m；

L_{tb}——折流板上管孔与管外表面间的总间隙宽（管孔直径按表 5-28），m。

按图 5-56，由泄漏流面积分数$\frac{S_{sb}+S_{tb}}{S_m}$，可查出 J_1，图中的参数表示流路 A 与流路 E 的相互影响。

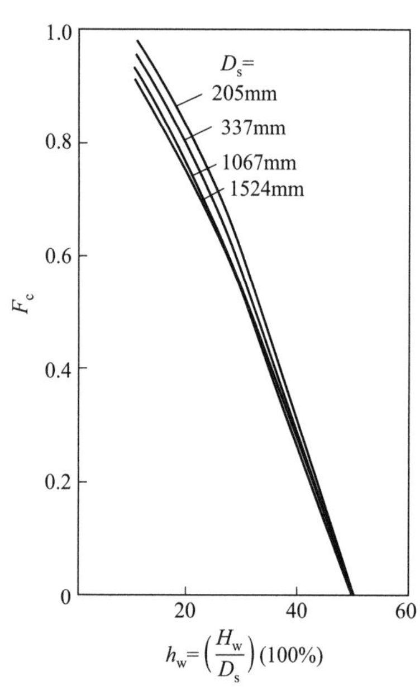

图 5-55　错流区内管子分数 F_c 的估算

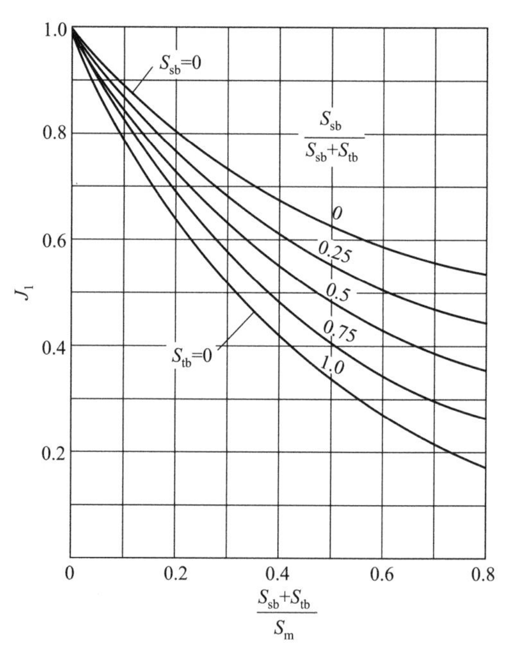

图 5-56　泄漏校正因子 J_1

⑤ 旁路流校正因子 J_b

J_b 应与旁流面积 S_{bp}（m^2）和设置的旁路挡板对数 N_{ss} 有关

$$S_{bp}=L_{bc}\left[(D_s-D_{otl})+L_{pl}\right] \tag{5-85}$$

上式中 L_{pl} 是分程隔板槽形成的穿流走廊计算宽度，m；如分程隔板槽走向与错流流向垂直，或在隔板槽内设置假管，可取 $L_{pl}=0$，否则可取为平行于错流流向的分程隔板槽数乘以 $p_{t3}/2$，p_{t3} 值见表 5-28。

图 5-57 表示 J_b 与旁流面积分数的关系，其参数为 N_{ss}/N_{tcc}，图中还画出了 J_b 值的下限。N_{ss} 是旁流挡板对数，N_{tcc} 是纯错流区［图 5-50(a) 中的阴影面积］有效管排数

$$N_{tcc}=\frac{D_s}{p_{t2}}\left(1-\frac{2H_w}{D_s}\right) \tag{5-86}$$

式中，p_{t2} 为平行于流向的管心距（见图 5-40），在相同 N_{tcc} 下旁流挡板对数增加，J_b 值增加。

⑥ 校正因子 J_s

进出口接管处的板间距与中间部分板间距 L_{bc}的情况如图 5-50(a) 所示。当彼此不同时应予校正。湍流下的 J_s 可按式(5-87) 计算，层流时的 J_s 可取湍流下的 J_s 与 $J_s=1.0$ 的算术平均值。

$$J_s=\frac{(N_b-1)+(L_{bi}/L_{bc})^{0.4}+(L_{bo}/L_{bc})^{0.4}}{(N_b-1)+(L_{bi}/L_{bc})+(L_{bo}/L_{bc})} \tag{5-87}$$

式中　N_b——折流板数；

$$N_b=L_{ti}/L_{bc}-1 \tag{5-88}$$

L_{bi}、L_{bo}——进、出口接管处的板间距［见图 5-50(a)］，m。

一般情况下 L_{ti}即两管板之间的距离；对 U 形管束，取管板至最外层 U 形管管端的平直部分作为 L_{ti}。

对湍流流动且$\frac{L_{bo}}{L_{bc}}=\frac{L_{bi}}{L_{bc}}$时，可直接查图 5-58，求 J_s。

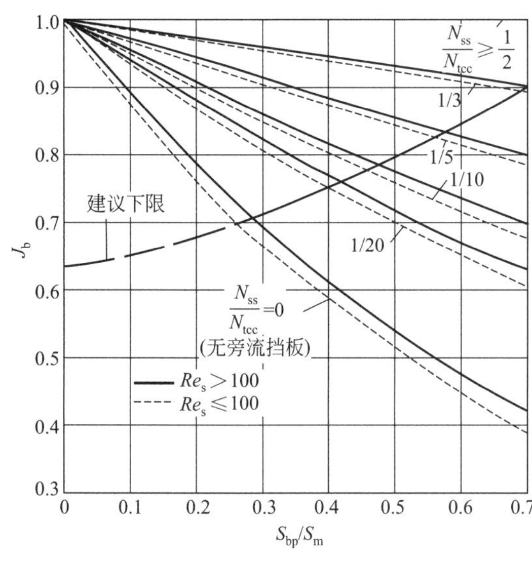

图 5-57　传热的旁路校正因子 J_b

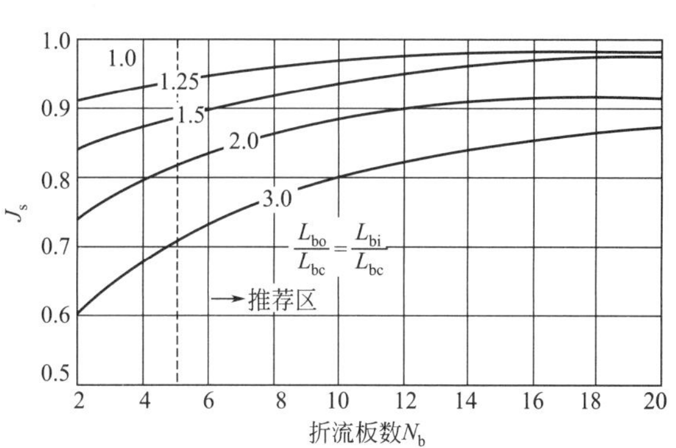

图 5-58　J_s 的计算

⑦ J_r的计算

在层流时，出现的逆向温度梯度影响随有效管排总数 N_{tc}的增加而增加。

$$N_{tc}=N_{tcc}+N_{tcw} \tag{5-89}$$

式中，N_{tcc}与 N_{tcw}分别是纯错流区有效管排数［式(5-86)］与缺口区有效管排数。

$$N_{tcw}=\frac{0.8}{p_{t2}}\left(H_w-\frac{D_s-D_{otl}}{2}\right) \tag{5-90}$$

当
$$Re_s>100(\text{湍流}),J_r=1 \tag{5-91}$$

当
$$Re_s\leqslant20\text{ 时},J_r=\left(\frac{10}{N_{tc}}\right)^{0.18} \tag{5-91a}$$

当 $20<Re_s\leqslant100$ 时，可按线性插值求取J_r 值。

(2) 按改进了的 Delawarc-Bell 法计算壳程管束压降

壳程管束压降 Δp_{so}由错流区流动压降 Δp_{sc}、缺口区流动压降 Δp_{sw}和进出口端部压降 Δp_{st}(Pa) 组成［参见图 5-50(a)］。包括进出口接管等连接部件的压降将在本节 (7) 中计算。

$$\Delta p_{so}=\Delta p_{sc}+\Delta p_{sw}+\Delta p_{st} \tag{5-92}$$

$$\Delta p_{sc}=\Delta p_{co}(N_b-1)R_lR_b \tag{5-93}$$

$$\Delta p_{sw}=\Delta p_{wo}N_bR_l \tag{5-94}$$

$$\Delta p_{st}=\Delta p_{co}\left(\frac{N_{tcc}+N_{tcw}}{N_{tcc}}\right)R_sR_b \tag{5-95}$$

上列各式中，N_b 为折流板数，Δp_{co}和 Δp_{wo}分别为在理想条件下纯错流区和缺口区的流动压降值，R_l、R_s、R_b 为校正因子，Δp_{co}(Pa) 可由式(5-96) 计算，N_{tcc}按式(5-86)、N_{tcw}按式(5-90) 计算。

$$\Delta p_{co}=2fN_{tcc}\times\frac{{G_s}^2}{\rho_s}\Phi_{\mu s} \tag{5-96}$$

式中，f 值可按图 5-53 的上方曲线由 Re_s 求出，G_s 按式(5-76)，$\Phi_{\mu s}$按式(5-75) 的规定。

计算 Δp_{wo}(Pa) 时，按流态有：

对湍流 [$Re_s>100$，Re_s 由式(5-80) 计算]：

$$\Delta p_{wo}=(2+0.6N_{tcw})\frac{{G_w}^2}{2\rho_s} \tag{5-97}$$

对层流：

$$\Delta p_{wo}=26\frac{G_w\mu_s}{\rho_s}\left[\frac{N_{tcw}}{p_t-d_o}+\frac{L_{bc}}{D_{we}^2}\right]+2\frac{G_w^2}{2\rho_s} \tag{5-97a}$$

式中 G_w——缺口处的计算质量流速，kg/(m^2·s)；

$$G_w=\frac{W_s}{\sqrt{S_mS_w}} \tag{5-98}$$

S_w——缺口处流通面积，它是缺口区净面积与排管所占面积的差值，m^2；

$$S_w=\frac{\pi}{4}D_s^2\left\{\frac{2\cos^{-1}\left(1-\frac{2H_w}{D_s}\right)}{360}-\frac{\sin\left[2\cos^{-1}\left(1-\frac{2H_w}{D_s}\right)\right]}{2\pi}\right\}-N_t\left(\frac{\pi}{4}d_o^2\right)\left(\frac{1-F_c}{2}\right) \tag{5-99}$$

D_{we}——缺口区当量直径，m。

$$D_{we}=\frac{4S_w}{\pi d_oN_t\left(\frac{1-F_c}{2}\right)+\pi D_s\left[\frac{2\cos^{-1}(1-H_w/D_s)}{360}\right]} \tag{5-100}$$

上二式中，F_c 按式(5-82) 计算。

R_l 为对泄漏流路 A 和 E 的压降校正因子，可按图 5-59 求取，其影响因素与图 5-56 相同。通常 R_l 在0.4～0.5 之间，当取小的板间距 L_b 时，此值可能更低，表明泄漏量增加，压降降低。

R_b 是对旁流流路 C 和 F 的压降校正因子，由图 5-60 查得，其影响因素同图 5-57。通常 R_b 在 0.5～0.8 之间。

R_s 是端部板间距（L_{bi}、L_{bo}）的校正因子，

$$R_s=\left(\frac{L_{bc}}{L_{bo}}\right)^n+\left(\frac{L_{bc}}{L_{bi}}\right)^n \tag{5-101}$$

式中，湍流时，$n=1.8$；层流时，$n=1.0$。

计算结果表明，按存在泄漏与旁流校正后的压降只有未校正的压降值的 20%～30%，因

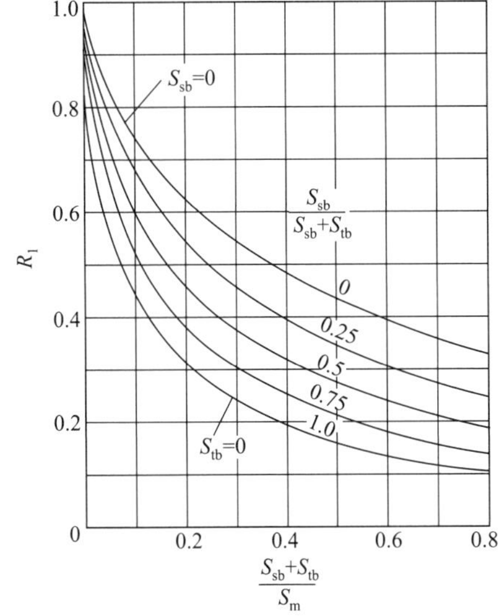

图 5-59 压降的泄漏校正因子 R_1

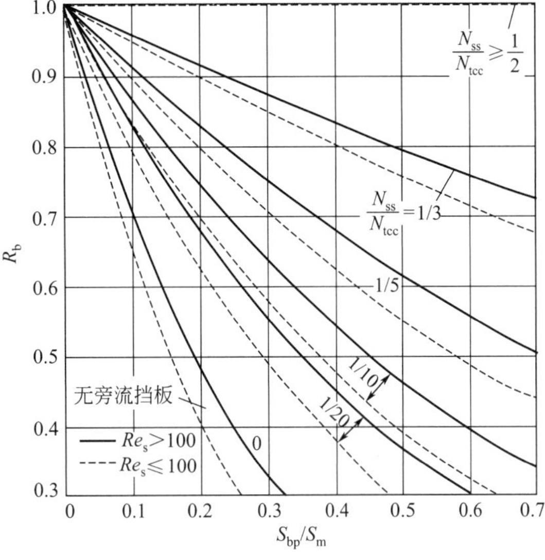

图 5-60 压降旁路校正因子 R_b

此用本法计算可允许壳程设计流速有所增加，从而在允许压降范围内提高壳程给热系数。

另一种基于 Tinker 模型的流路分析法是分别计算不同流路的阻力系数和流量，然后算出壳程管束压降及给热系数值，可参阅文献［16］［19］。

(3) 外螺纹管（低翅片管）管束的壳程计算

Delawere-Bell 法主要用于“E”型和“I”型的单壳程结构和光管管束，在有关公式中将光管的参数适当用外螺纹管参数代替（螺纹管的参数见图 5-39 和表 5-27），也可用于壳程为螺纹管束的场合，方法如下。

在用于计算错流流通面积 S_m 的式(5-77) 中，光管外径 d_o 用螺纹管的当量直径 d_{ef} 代替［按式(5-103) 计算］，其余尺寸可按螺纹管束的实际布置情况从表 5-28 中选用，并由此按式(5-76) 算出 G_s。计算 Re_s 的式(5-80) 中，d_o 也以 d_{ef} 代替。于是可由图 5-53 $Re_s=\frac{d_{ef}G_s}{\mu}$ 查出理想条件下壳程传热因子 j_{hs}，如 $Re_s\leqslant 1000$，则应取

$$j'_{hs}=J_f j_{hs} \tag{5-102}$$

式中 J_f——翅片校正因子，按图 5-61 求取。

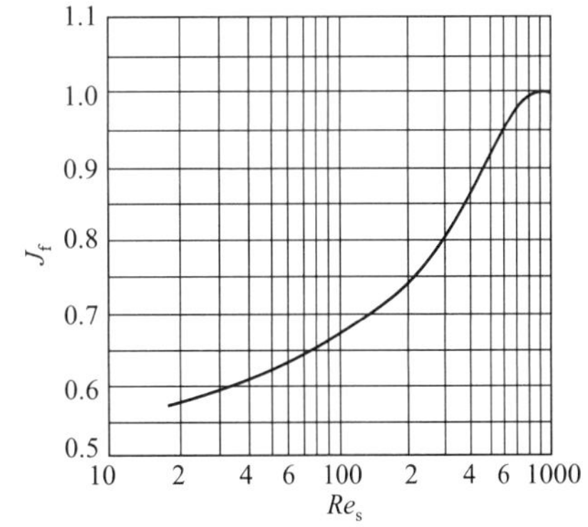

图 5-61 翅片校正因子

计算板孔泄漏面积 S_{tb} 的式(5-84) 中的 d_o 应该用螺纹管的齿顶圆外径 d_f 代替，L_{tb} 也应根据 d_f 调整。

其他计算内容除 d_o 处用 d_f 代替外与光管相同，由式(5-74) 可求出给热系数 α_s，并按翅片效率加以校正［式(5-282)～式(5-284)］，最后得出螺纹管束总传热系数。

螺纹管当量直径 d_{ef} 可按下式计算。

$$d_{ef}=d_r+(d_f-d_r)\delta_f n_f=d_r+H_f\delta_f n_f \tag{5-103}$$

式中，d_r 为齿根圆直径；d_f 为齿顶圆直径；δ_f 为翅片平均厚度；n_f 为每米管长内的翅数；H_f 为翅片高度。

关于翅片效率η_f的概念，可参考 5.5、5.7.4 及 5.7.7，在管壳式换热器中采用螺纹管时，η_f 通常在 0.9 以上。

外螺纹管的总传热系数常以其总外表面积 A_s 为基准，即有 $Q=KA_s \cdot \Delta T_m$，忽略管壁导热热阻，可得

$$\frac{1}{K}=\frac{1}{\alpha_s}+\left(\frac{1}{\alpha_s}+r_{fs}\right)\left(\frac{1-\eta_f}{\eta_f+A_r/A_f}\right)+r_{fs}+\left(r_{ft}+\frac{1}{\alpha_t}\right)\frac{A_s}{A_i} \tag{5-104}$$

式中，r_{fs}，r_{ft}分别为壳侧与管侧的污垢系数，(m^2 · ℃)/W；

A_s 为总外表面积，$A_s=A_r+A_f$，其中 A_f 为翅片部分表面积，A_r 为翅片根部外表面积；

A_i 为管内表面积。

有关式(5-104) 的更详细的讨论，可参阅 5.5.2.1，其中 ΣA 相当于这里的A_s。

对于齿片截面呈长方形的低翅片管，其当量直径亦可按式(5-103) 计算。

计算螺纹管束壳程压降时，式(5-99) 中的 d_o 用 d_f 代替，算出 S_w，由此按式(5-98) 算出 G_w，在式(5-97a)、式(5-100) 中，d_o 也以 d_f 代替，据此可算出 Δp_{wo}。在计算 Δp_{co} 时，仍按 $Re_s=\frac{d_{ef}G_s}{\mu}$ 由图 5-53 查出 f，并应乘以 1.4 倍再代入式(5-96)。其余计算内容均与光管时相同。

螺纹管束的给热系数与光管相比较，特别在低 Re_s 下会低一些，但由于壳侧传热面积大为增加，因此，当壳侧给热系数是控制因素时，采用外螺纹管束还是有利的，特别是壳侧为很粘的液体或气体时，常可使换热器体积和造价大为降低。

(4) 不同情况下壳侧给热系数的估算

使用 Delaware-Bell 法计算，壳程各部分的具体尺寸必须已知，这在设计开始时往往是没有确定的，而且对其他形状的折流板也不尽适用。可利用下述方法估算不同情况下的壳侧给热系数。

① 对于缺口高度 $H_w=0.25D_s$ 的单弓形板，且 $Re_s=2\times10^3\sim10^6$ 之间时，可按式(5-105) 计算。

$$Nu=\frac{\alpha_s d_{es}}{\lambda_s}=0.36\left(\frac{d_{es}G_s}{\mu_s}\right)^{0.55}\left(\frac{C_{ps}\mu_s}{\lambda_s}\right)^{1/3}\left(\frac{\mu_s}{\mu_w}\right)^{0.14} \tag{5-105}$$

式中　d_{es}——按管束单元计算的管束当量直径，m，按正三角形排列时

$$d_{es}=\frac{4\left(\frac{\sqrt{3}}{2}p_t^2-\frac{\pi}{4}d_o{}^2\right)}{\pi d_o} \tag{5-106}$$

按正方形排列时

$$d_{es}=\frac{4\left(p_t^2-\frac{\pi}{4}d_o^2\right)}{\pi d_o} \tag{5-106a}$$

G_s——按流通面积为 S_m 的壳程计算流速，$G_s=\frac{W_s}{S_m}$

$$S_m=L_{bc}D_s\left(1-\frac{d_o}{p_t}\right) \tag{5-107}$$

图 5-62 可用于不同管束排列及不同相对的缺口高度百分数$\left(\frac{H_w}{D_s}\times100\%\right)$、$10<Re<10^6$

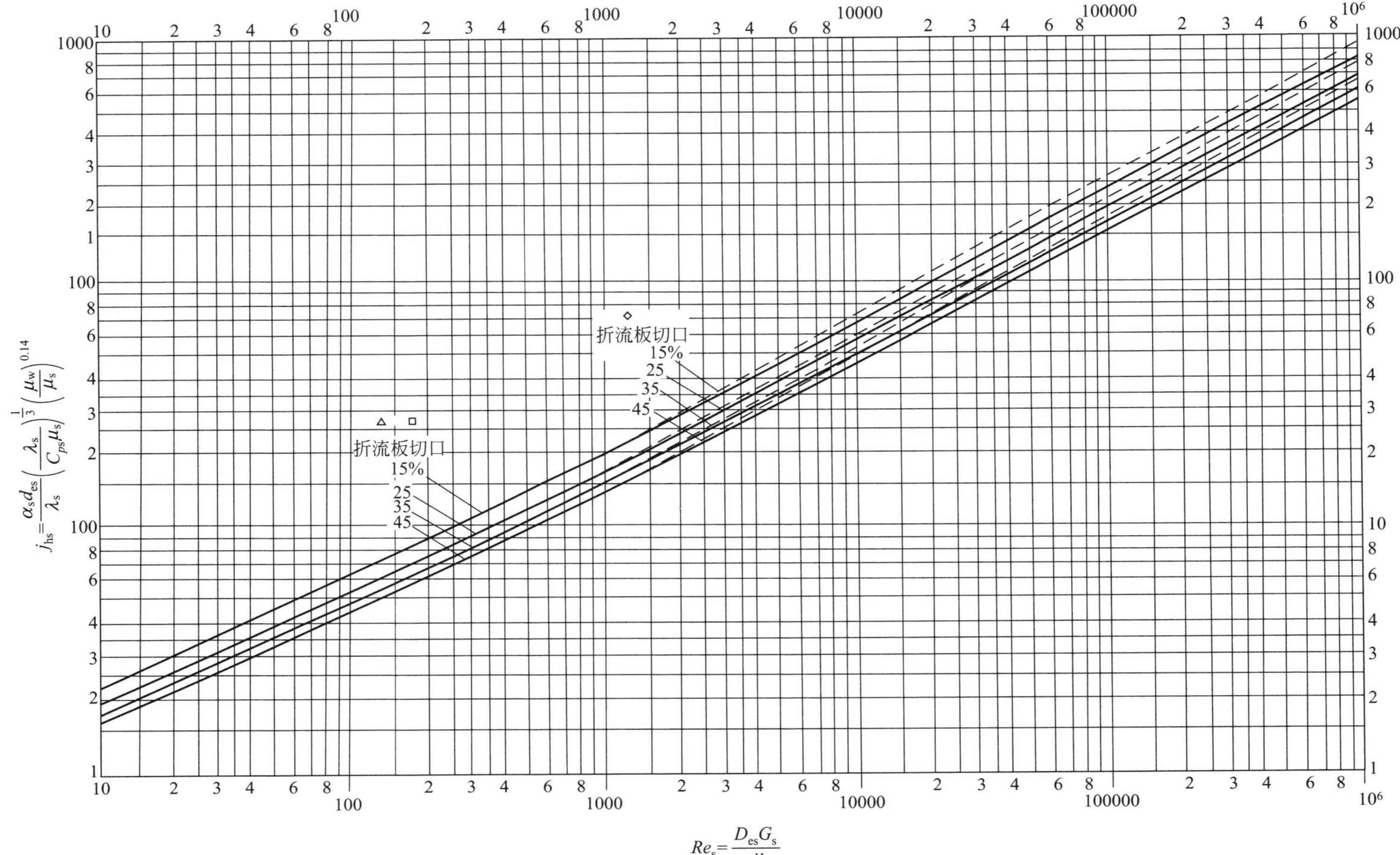

图 5-62 圆缺形折流板壳侧给热因子

间的传热因子 j_{hs} 的求取，然后按式(5-108) 初估 α_s 的值。式(5-105)、式(5-108) 与图 5-62 中的物性参数除 μ_w 在壁温下外，其余均取流体平均温度下的值。

$$\alpha_s = j_{hs}\left(\frac{\lambda_s}{d_{es}}\right)\left(\frac{C_{ps}\mu_s}{\lambda_s}\right)^{1/3}\left(\frac{\mu_s}{\mu_w}\right)^{0.14} \tag{5-108}$$

由此可知，按本法估算时，应先确定管束单元的三要素（管外径 d_o、管子的排列方式和管心距 p_t），然后初估壳径 D_s，选定折流板缺口高度 H_w 与折流板间距 L_{bc} 即可由此算出 α_s。

② 对环盘形折流板的给热系数可用式(5-109) 计算，该式也可试用于估算单弓形折流板与无折流板的情况，但计算质量流速 G_s 所使用的流通面积 S_m 及公式常数彼此稍有不同，当量直径 d_{es} 的计算也不同，定性温度取流体的平均温度。

$$\frac{\alpha_s d_o}{\lambda_s} = b d_{es}^{0.6}\left(\frac{G_s d_o}{\mu_s}\right)^{0.6} Pr^{1/3}\left(\frac{\mu_s}{\mu_w}\right)^{0.14} \tag{5-109}$$

$$d_{es} = \frac{D_s^2 - N_t d_o^2}{D_s + N_t d_o} \tag{5-110}$$

式中　N_t——管数。

a. 对环盘形折流板，上式适用范围为 $Re_s = 300 \sim 2\times10^4$，$b=2.08$，

$$S_m = \sqrt{S_1 S_2} = \sqrt{S_1 S_3} \tag{5-111}$$

式中　S_1——流体横过管束的计算流通截面积，m^2；

S_2——盘形折流板流道截面积，按盘的周边至壳内壁的环形截面减去该处管子所占的面积计算，m^2；

S_3——环形折流板处流道截面积，按环形挡板内圆环面积减去管子所占面积计算，m^2；

$$S_1 = \pi\frac{D_1 + D_2}{2} L_{bc}\left(1 - \frac{d_o}{p_t}\right) \tag{5-112}$$

$$S_2 = \frac{\pi}{4}(D_s^2 - D_2^2)(1-\beta) \tag{5-113}$$

$$S_3 = \frac{\pi}{4} D_1^2 (1-\beta) \tag{5-114}$$

式中　D_1——环形折流板的内径，m；

D_2——盘形折流板的外径，m；

β——按管束单元计算的管子所占截面与壳程截面之比

对正三角形排列，$\beta = 0.907\left(\frac{d_o}{p_t}\right)^2$，

对正方形排列，$\beta = 0.785\left(\frac{d_o}{p_t}\right)^2$。

在设计时，应使 $S_2 \cong S_3 \cong S_1$，且 $D_2 > D_1$。

b. 对单弓形折流板，式(5-109) 的适用范围为 $Re_s = 10^2 \sim 6\times10^4$，$b = 1.72$，$S_m = \sqrt{S_1 S_2}$

$$S_1 = L_{bc} D_s (1 - d_o/p_t) \tag{5-115}$$

$$S_2 = b_1 D_s^2 (1-\beta) \tag{5-115a}$$

式中　b_1——缺口弓形面积系数，可按 H_w/D_s 由表 5-47 查得；

β 值的计算同上。

表 5-47　相对缺口高度 H_w/D_s 与缺口弓形面积系数的关系

H_w/D_s	0.15	0.20	0.25	0.30	0.35	0.40	0.45
b_1	0.0793	0.112	0.154	0.198	0.245	0.293	0.343

c. 对无折流板的情况　式(5-109) 中，$b=1.16$，

$$S_m=\frac{\pi}{4}(D_s{}^2-N_t d_o{}^2) \tag{5-116}$$

与采用式(5-105) 或图 5-62 计算单弓形板的方法相比较，式(5-109) 的计算需要多了解一个总管数 N_t，估算精度可能略高一些。

【例 5-3】 一环盘形折流板换热器的壳程走冷却水，流量为 $0.06\text{m}^3/\text{s}$，进出口水温分别为 20℃和 40℃。初选壳程内径 $D_s=800\text{mm}$，换热管 $\phi25\times2.5\text{mm}$，正三角形排列，$p_t=1.25d_o$，管子根数 $N_t=501$，环盘折流板间距用 250mm，试求壳程给热系数，并与其他型式折流板比较。

解　① 计算物性

水的物性取平均温度 $t_m=\dfrac{20+40}{2}=30℃$下的值，查得

$$\rho=995.7\text{kg/m}^3, C_p=4.18\text{kJ/(kg}\cdot℃),$$
$$\lambda=0.616\text{W/(m}\cdot℃), \mu=8.01\times10^{-4}\text{Pa}\cdot\text{s},$$
$$Pr=5.42。$$

② 计算 S_1、S_2、S_3 及 S_m [式(5-111)～式(5-114)]

因为　$\beta=0.907\left(\dfrac{d_o}{p_t}\right)^2=0.907\times\left(\dfrac{25}{1.25\times25}\right)^2=0.58$，根据 $S_2=S_3\cong S_1$ 和 $D_2>D_1$ 的条件

$$S_2=\frac{\pi}{4}(D_s^2-D_2^2)(1-\beta)=\frac{\pi}{4}D_1{}^2(1-\beta)$$

因需满足：$D_s^2-D_2^2=D_1^2$　则　$D_1^2+D_2^2=0.8^2$　　(A)

$$S_1=\pi\frac{D_1+D_2}{2}L_{bc}\left(1-\frac{d_o}{p_t}\right)\approx\frac{\pi}{4}D_1^2(1-\beta)$$

$$\pi\times\frac{D_1+D_2}{2}\times0.25\times\left(1-\frac{25}{1.25\times25}\right)=\frac{\pi}{4}D_1^2(1-0.58)$$

得

$$D_1+D_2=4.2\,D_1^2 \tag{B}$$

联解式(A)、(B) 可得：$D_1=0.52$，$D_2=0.61$，

∴

$$S_1=\pi\times\frac{0.52+0.61}{2}\times0.25\times\left(1-\frac{1}{1.25}\right)\text{m}^2=0.0887\text{m}^2$$

$$S_2=\frac{\pi}{4}\times0.52^2\times(1-0.58)\text{m}^2=0.089\text{m}^2$$

$$S_m=\sqrt{0.0887\times0.089}=0.0888\text{m}^2$$

③ 计算 G_s 及校核 Re_s

$$G_s=\frac{W_s}{S_m}=\frac{0.06\times995.7}{0.0885}\text{kg/(m}^2\cdot\text{s)}=672.8\text{kg/(m}^2\cdot\text{s)}$$

$$Re_s=\frac{G_s d_o}{\mu_s}=\frac{672.8\times0.025}{8.01\times10^{-4}}=20997$$

④ 计算 d_{es}，由式(5-110)

$$d_{es}=\frac{D_s{}^2-N_t d_o{}^2}{D_s+N_t d_o}=\frac{0.8^2-501\times0.025^2}{0.8+501\times0.025}\text{m}=0.0245\text{m}$$

⑤ 计算壳程给热系数 α_s

按式(5-109)，略去黏度梯度影响，

$$\alpha_s=\frac{\lambda_s}{d_o}bd_{es}{}^{0.6}(\frac{G_s d_o}{\mu_s})^{0.6}Pr^{1/3}$$

$$=\frac{0.616}{0.025}\times2.08\times0.0245^{0.6}(20997)^{0.6}\times5.42^{1/3}\text{W/(m}^2\cdot{}^\circ\text{C)}$$

$$=3812\quad\text{W/(m}^2\cdot{}^\circ\text{C)}$$

在计算时，如板间距 L_{bc}取得过大，可能得不出适宜的盘环尺寸。

⑥ 若在同样条件下计算无折流板时的情况，则按式(5-116)

$$S_m=\frac{\pi}{4}(D_s^2-N_t d_o^2)$$

$$=\frac{\pi}{4}\times(0.8^2-501\times0.025^2)\text{m}^2=0.2567\text{m}^2$$

$$G_s=0.06\times995.7/0.2597=230\text{kg/(m}^2\cdot\text{s)}$$

$$Re_s=\frac{230\times0.025}{8.01\times10^{-4}}=7178$$

$$b=1.16$$

$$\alpha_s=\frac{0.616}{0.025}\times1.16\times0.0245^{0.6}\times(7178)^{0.6}\times5.42^{1/3}\text{W/(m}^2\cdot{}^\circ\text{C)}$$

$$=1116\text{W/(m}^2\cdot{}^\circ\text{C)}$$

⑦ 在同样条件下，计算单弓形折流板的给热系数，相对缺口高度 H_w/D_s 取 0.25，板间距 L_{bc}也为 250mm，运用式(5-115)、式(5-115a) 算得

$$S_m=0.0407\text{m}^2,G_s=1468\ \text{kg/(m}^2\cdot{}^\circ\text{C)},Re_s=48820,b=1.72,$$

$$\alpha_s=\frac{0.616}{0.025}\times1.72\times0.0245^{0.6}\times(48820)^{0.6}\times5.42^{1/3}\text{W/(m}^2\cdot{}^\circ\text{C)}=5230\text{W/(m}^2\cdot{}^\circ\text{C)}$$

⑧ 按式(5-105) 计算单弓形折流板壳程给热系数，条件同上，由式(5-107)

$$S_m=L_{bc}D_s\left(1-\frac{d_o}{p_t}\right)$$

$$=0.25\times0.8\times\left(1-\frac{1}{1.25}\right)\text{m}^2=0.04\text{m}^2$$

$$G_s=W_s/S_m=0.06\times995.7/0.04\text{kg/(m}^2\cdot\text{s)}=1493\text{kg/(m}^2\cdot\text{s)}$$

由式(5-106) 计算 d_{es}

$$d_{es}=\frac{4\left((\sqrt{3}/2)p_t{}^2-\frac{\pi}{4}d_o{}^2\right)}{\pi d_o}$$

$$=\frac{4\left(\frac{\sqrt{3}}{2}\times(1.25\times0.025)^2-\frac{\pi}{4}\times0.025^2\right)}{\pi\times0.025}\text{m}=0.0181\text{m}$$

$$Re_s=\frac{d_{es}G_s}{\mu_s}=\frac{0.0181\times1493}{8.01\times10^{-4}}=33740$$

由式(5-105)，忽略黏度梯度的影响

$$\alpha_s=\frac{0.616}{0.0181}\times0.36\times(33740)^{0.55}\times5.42^{1/3}\,W/(m^2\cdot ℃)=6658W/(m^2\cdot ℃)$$

(5) 壳程管束压降的估算

下列计算公式的精确度都比较差，也只供初步估算换热器尺寸之用。

① 无折流板的管束压降。这种情况下可认为流体顺管束方向流动，故其计算流通面积应为壳截面积与管束占据的面积之差，即式(5-116)，由此计算 G_s 并可沿用管程摩擦压降式(5-78) 的计算，仅用壳程当量直径 d_{es} ［式(5-106) 或式(5-106a)］代替 di，并由 $R_{es}=R_{es}G_s/\mu_s$ 计算摩擦阻力系数 λ_{fs}或 f，故对单壳程有

$$\Delta p_{fs}=\lambda_{fs}\frac{L_t}{d_{es}}\times\frac{G_s^2}{2\rho_s}\left(\frac{\mu_s}{\mu_w}\right)^{-m} \tag{5-71a}$$

② 弓形折流板的管束压降 Δp_{so}估算。可利用式(5-117) 计算，由于未计入泄漏及旁路流，其结果可能偏高。

$$\Delta p_{so}=\frac{8J_fD_s}{d_{es}}(N_b+1)\frac{G_s^2}{2}\rho_s\left(\frac{\mu_s}{\mu_w}\right)^{-0.14} \tag{5-117}$$

式中　J_f——壳程摩擦因子，它是 Re_s、管子排列方式和折流板相对缺口高度百分数的函数，由图 5-63 查得

$$Re_s=\frac{G_sd_{es}}{\mu_s};$$

N_b——折流板数；

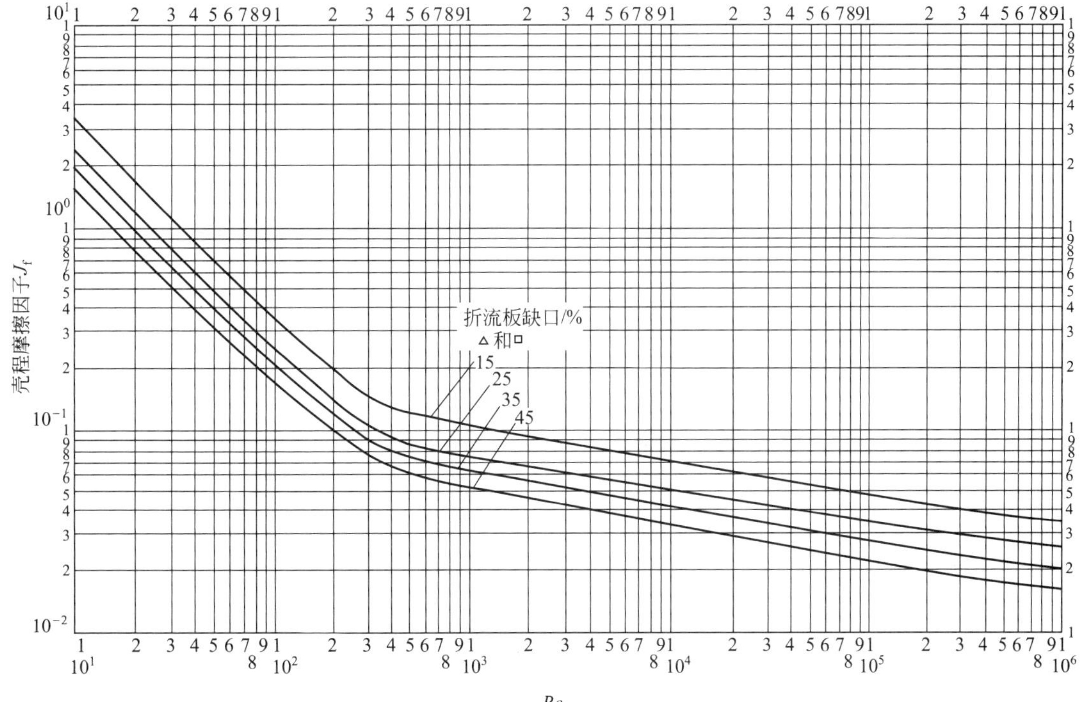

图 5-63　壳程压降摩擦因子 J_f 图

G_s——计算质量流速，$G_s=\frac{W_s}{S_m}$，kg/(m^2·s)，S_m 按式(5-107）计算；

d_{es}——管束单元的当量直径，按式(5-106)、式(5-106a）计算，m。

对螺纹管，由图 5-63 查出的 J_f 应乘以 1.20。

③ 盘环形折流板的管束压降计算比较复杂，可参阅有关文献。

（6）壳程连接部件压降的计算

① 进（出）口接管的静压降 Δp_{ns}(Pa)。与管程［式(5-73)］类似，可取

$$\Delta p_{ns}=1.5\frac{G_{ns}^{\ 2}}{2\rho_s} \tag{5-73a}$$

式中 G_{ns}——壳程进（出）口接管中的质量流速（考虑到进口处扩大会使静压恢复一部分，故 G_{ns} 可取为壳程出口接管中的质量流速），kg/(m^2·s)

$$G_{ns}=W_s/\left(\frac{\pi}{4}d_{ns}^2\right)$$

d_{ns}——进（出）口接管内径，m。

② 带防冲板时的连接部件的静压降。当进口管中流体 ρu^2 较高［参见 5.2.1.2(4)］，可设置防冲板，防冲板外缘应较进口接管直径宽出 50mm，防冲板可为方形或圆形的整板，也可在板上面适当开孔，或用拉杆代替。此时进出口接管及防冲板的总压降可用式(5-118）计算。

$$\Delta p_{ns}=K_1\frac{(G_{ns})_1^2}{2\rho_{s1}}+1.5\frac{(G_{ns})_2^2}{2\rho_{s2}} \tag{5-118}$$

式中，$(G_{ns})_1$、$(G_{ns})_2$ 为进、出口接管中的质量流速，kg/(m^2·s)；ρ_{s1}、ρ_{s2} 分别为壳程流体进、出口处的密度，kg/m^3。

令 h 为防冲板至接管口的高度，式(5-118）中的局部阻力系数 K_1 可按表 5-48 计算。

表 5-48　防冲板的局部阻力系数 K_1

$\frac{d_n}{h}$，$\frac{\text{进(出)口接管直径}}{\text{防冲板至接管的高度}}$	1.2	1.4	1.6	2.0	2.5	3.0	3.5	4.0
盘形或方形防冲板	0.025	0.067	0.105	0.205	0.41	0.71	1.05	1.5
10%开孔率的防冲板	0.025	0.067	0.105	0.20	0.395	0.6	0.83	1.1
20%开孔率的防冲板	0.025	0.067	0.105	0.20	0.33	0.5	0.7	0.9
用拉杆代替的防冲板	0	0	0.03	0.10	0.18	0.275	0.35	0.45

③ 带外导流筒时的连接部件静压降。导流筒的结构有很多种，这里只介绍两种常用的外导流筒的计算。图 5-64（a）为窗口型，环隙长为 L_1、高为 h，在近半个圆周上开有高为 h_2 的窗口供流体折转进入管束。图 5-64(b）为缺口型导流筒，又称部分套筒导流筒，它将内筒缩短（接近第一块折流板），仅在进出口接管下方使导流筒体局部伸长以防止流体直接冲击管束，导流筒底有长为 L_2 的支承板，流体可几乎沿导流筒全部圆周折转进入管束，故阻力较小。

导流筒与进（出）口接管的连接部分静压降可按式(5-118a)、式(5-118b）计算，其余型式可参照文献［6］。

入口有导流筒时，

$$\Delta p_{ns}=(K_2+K_4-1)\frac{(G_{ns})_1^2}{2\rho_{s1}}+1.5\frac{(G_{ns})_2^2}{2\rho_{s2}} \tag{5-118a}$$

出口有导流筒时，

$$\Delta p_{ns}=(K_3+K_4+1)\frac{(G_{ns})_2^2}{2\rho_{s2}} \tag{5-118b}$$

式中 K_2、K_3——进口接管至导流筒通道的局部阻力系数及导流筒通道至出口接管的局部阻力系数，K_2、K_3 的对应流动面积为

窗口型［图 5-64(a)］，$S=2L_1h$，mm^2

缺口型［图 5-64(b)］，$S=\pi D_sh$，mm^2

K_4——导流筒通道至管束或管束至导流筒通道的局部阻力系数，

窗口型：$S=\left(\frac{\pi D_s}{2}-150\right)h_2$，$mm^2$，

缺口型：$S=(\pi D_s-L_2)h_2$，　mm^2；

L_2——缺口型导流筒支承板长度［在图 5-64(b) 的圆周方向］，mm；

h_2——导流筒壳体间环隙高度或窗口高度，mm；

d_n——接管内径，计算 K_2、K_3、K_4 时，用 mm，计算 G_{ns}时用 m。

当壳程允许压降有限制而又不得不采用导流筒时，可调整各流动面积 S 以降低局部阻力。

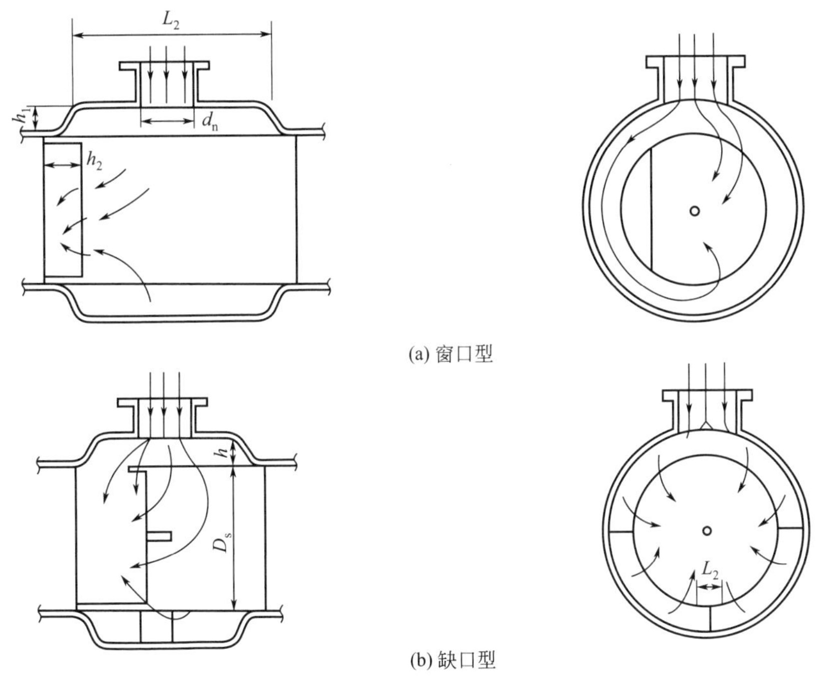

图 5-64　导流筒的结构与计算尺寸

计算壳程压降时，均应将管束压降 Δp_{so} 与壳程连接部件压降 Δp_{ns} 相加。

K_2、K_3、K_4 值见表 5-49。

表 5-49　式(5-118a)、式(5-118b) 中的局部阻力系数 K_2、K_3、K_4

d_n^2/S	0.25	0.30	0.40	0.50	0.60	0.70	0.80	1.0	1.2	1.5
K_2	1.0	1.0	1.02	1.07	1.105	1.2	1.28	1.5	1.75	2.2
K_3	0.55	0.6	0.715	0.84	0.97	1.1	1.21	1.5	1.75	2.2
K_4	0.14	0.3	0.61	0.9	1.15	1.41	1.7	2.25	2.8	3.5

5.2.3.4 管壳式换热器平均温度差的计算[10,19,25,26]

（1）在简化假设条件下的平均温差

平均温度差计算的四种方法已见 5.1.2.5 及 5.1.2.6 的表 5-10。图 5-65～图 5-72 列出了

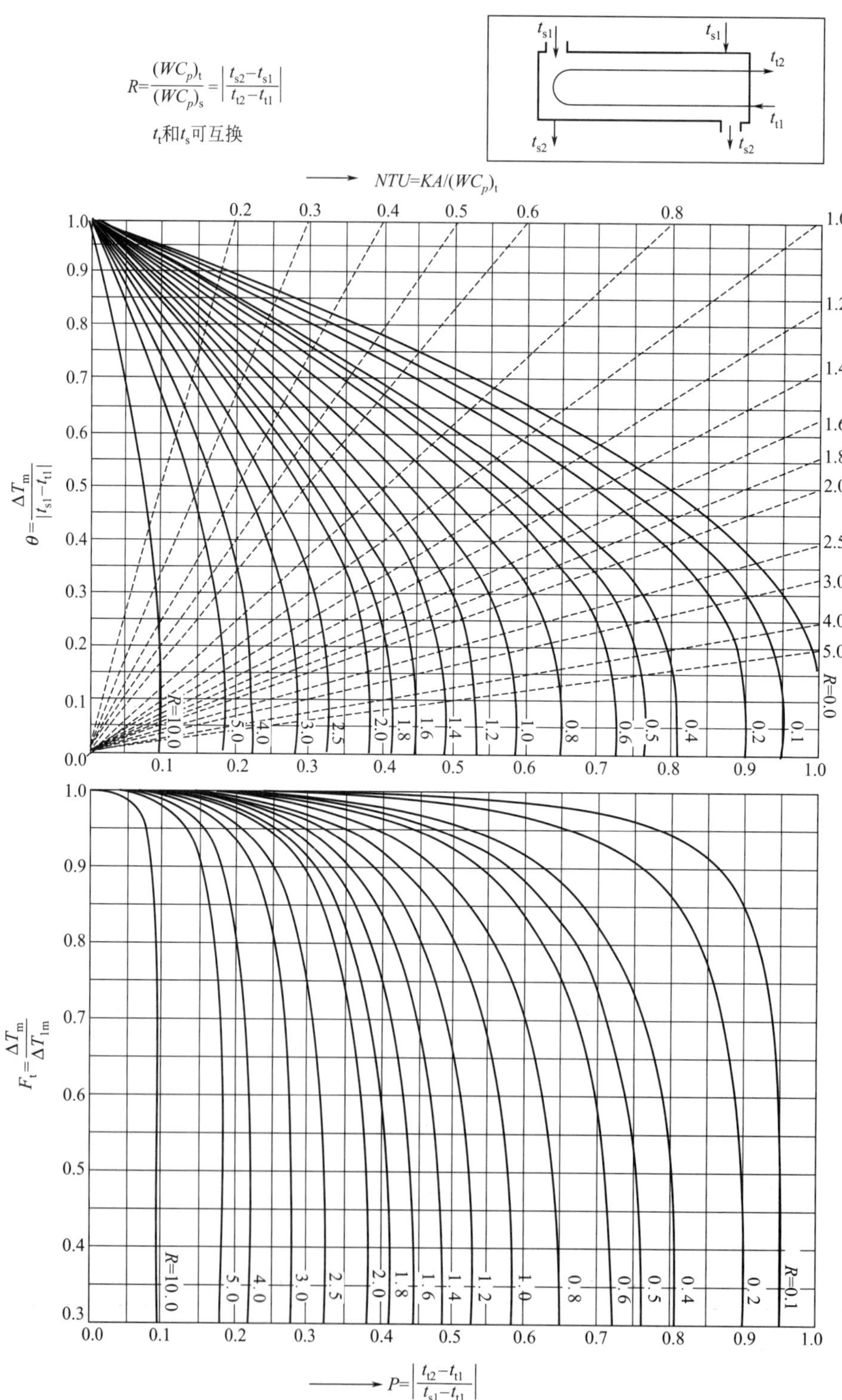

图 5-65 “E”型壳体，1-2n 管壳式换热器的平均温差关系

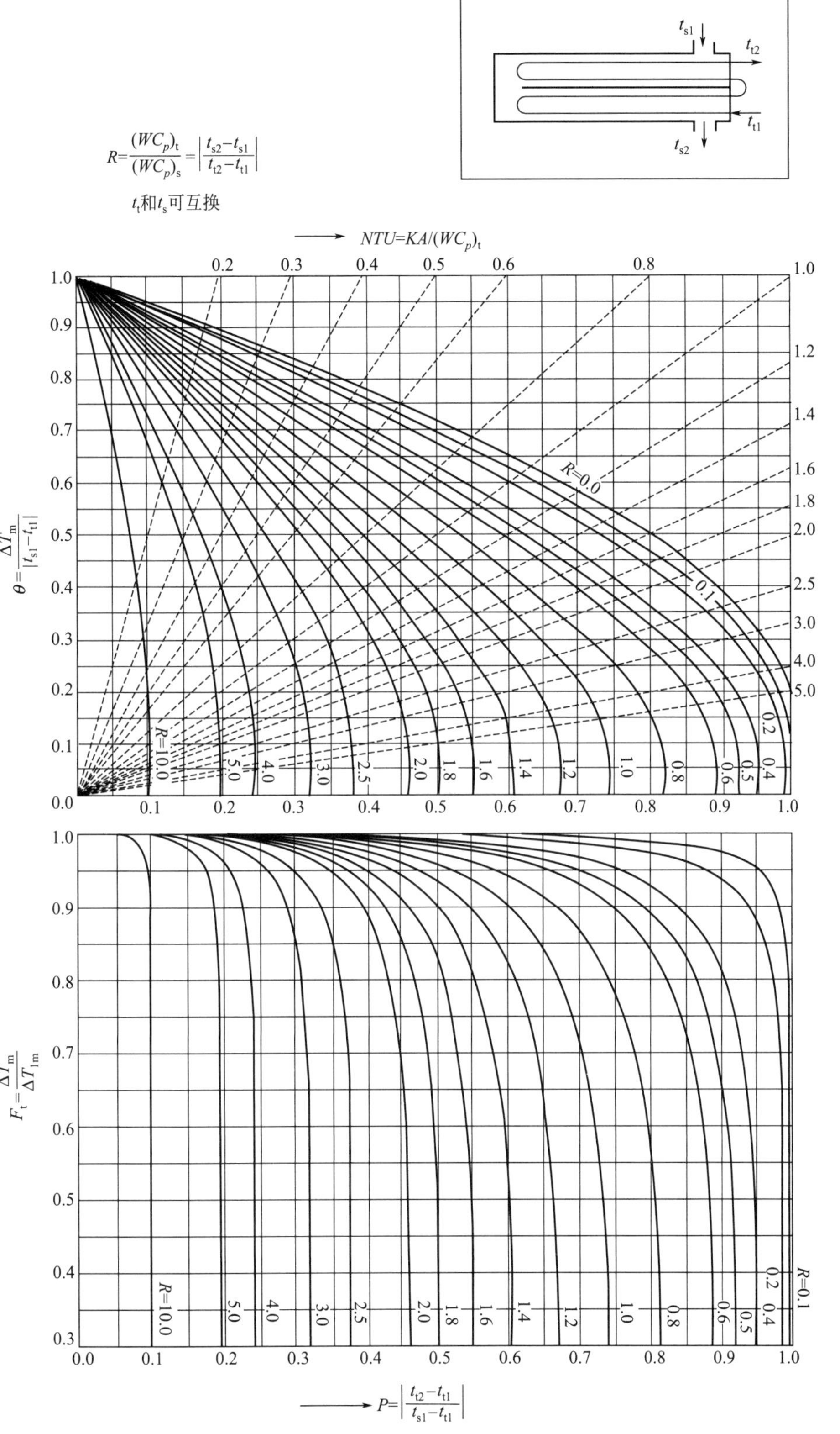

图 5-66 “E”型壳体，2-4n 管壳式换热器的平均温差关系

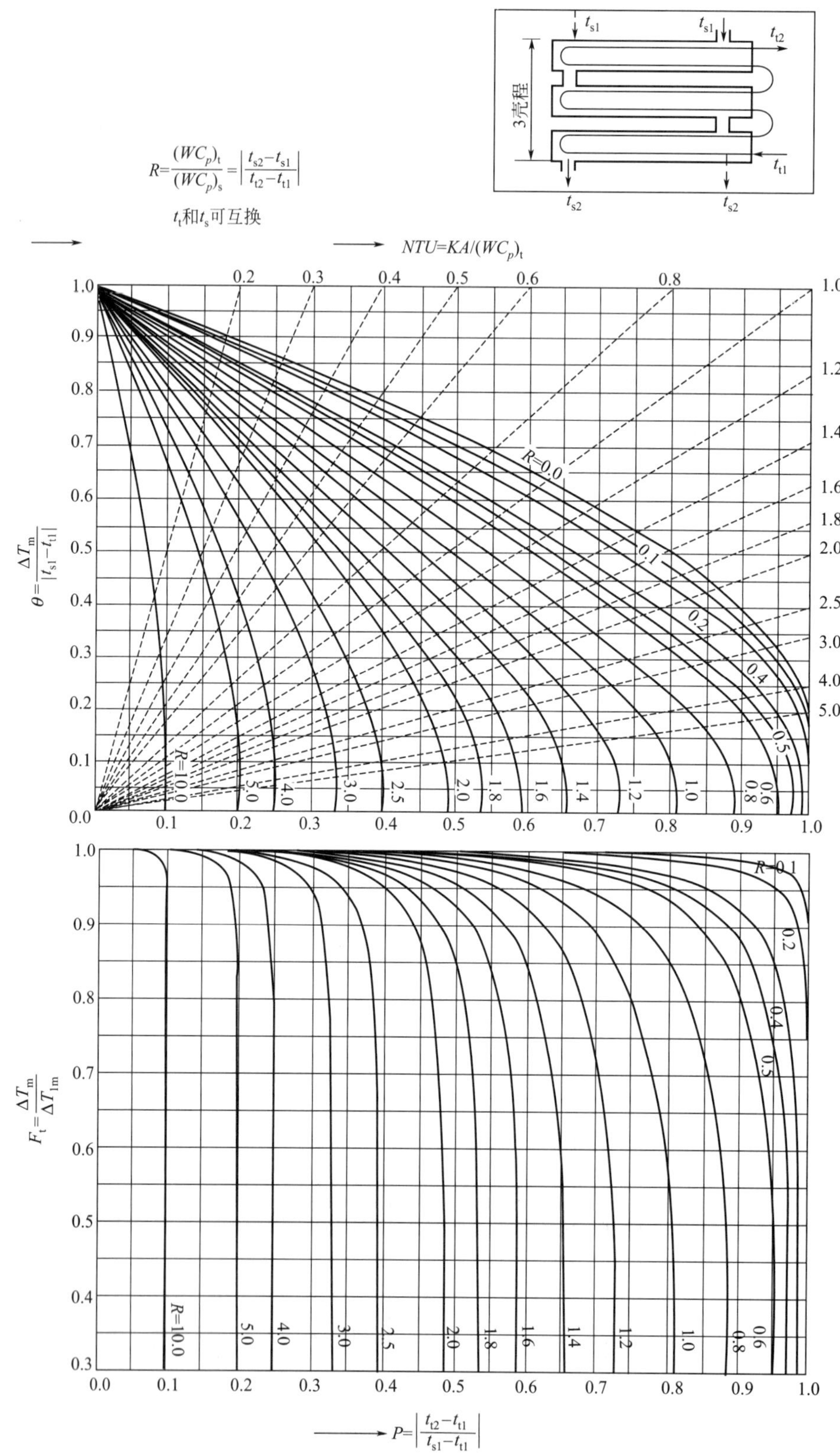

图 5-67 “E”型壳体，3-6n 管壳式换热器的平均温差关系

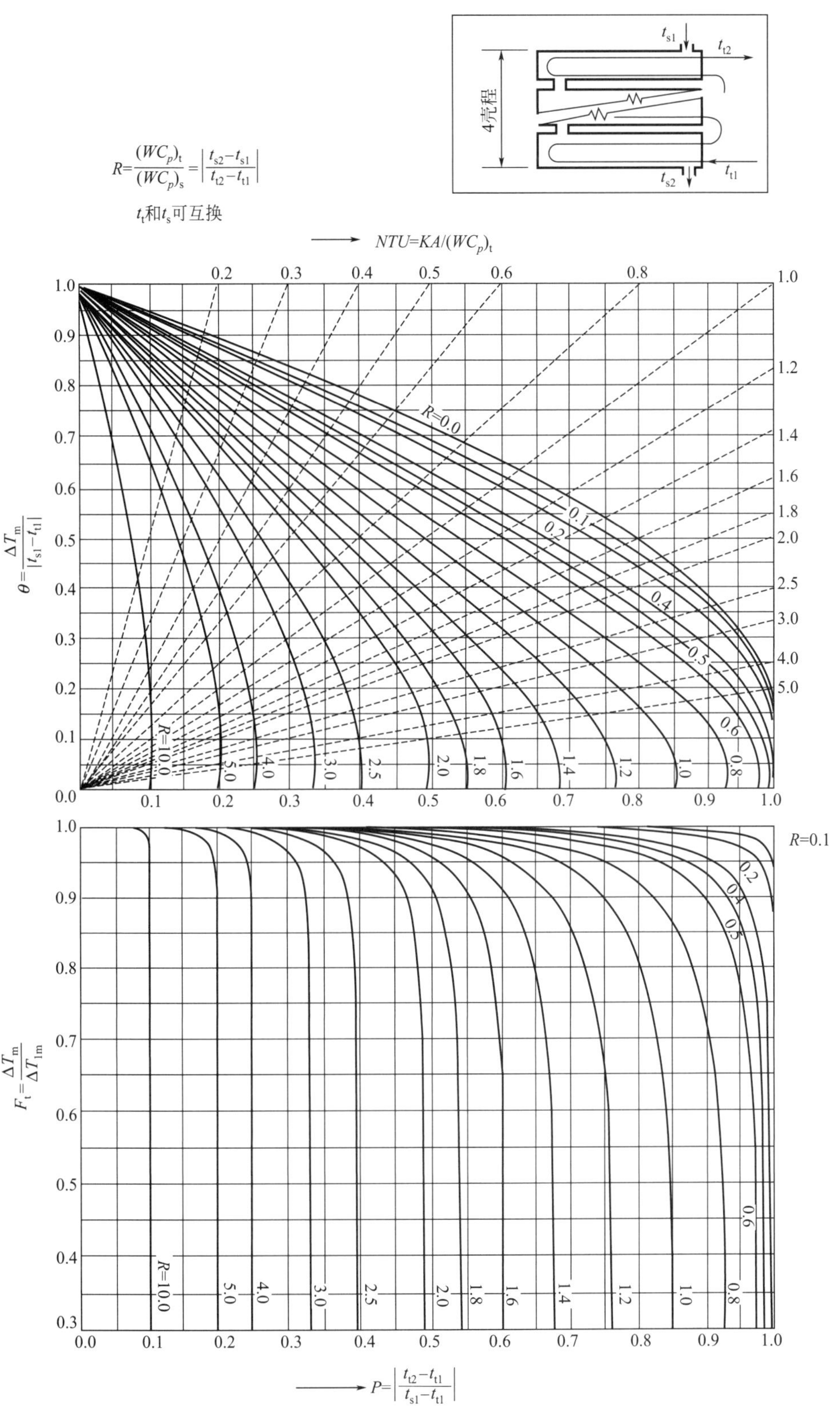

图 5-68 “E”型壳体，4-8n 管壳式换热器的平均温差关系

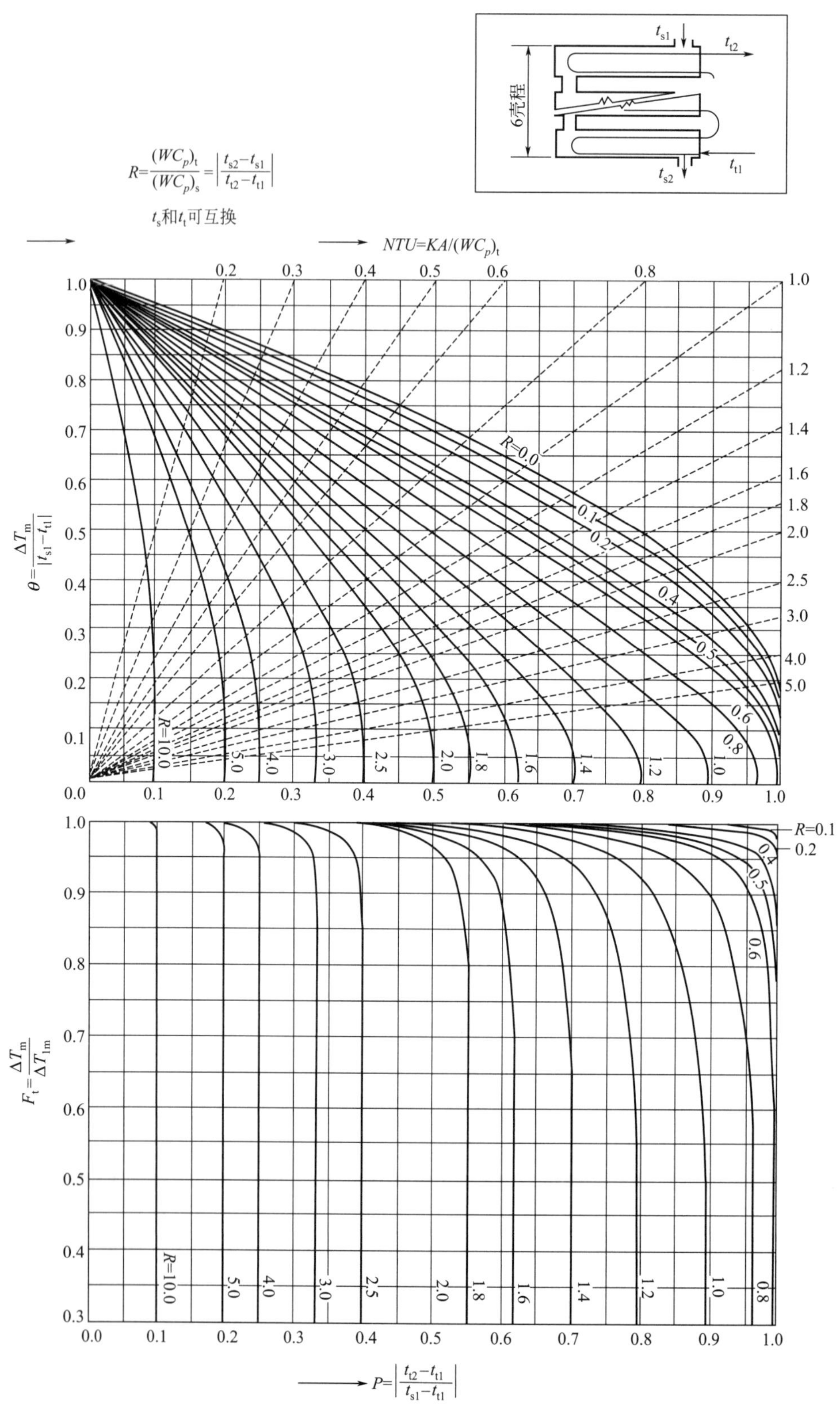

图 5-69 “E”型壳体，6-12n 管壳式换热器的平均温差关系

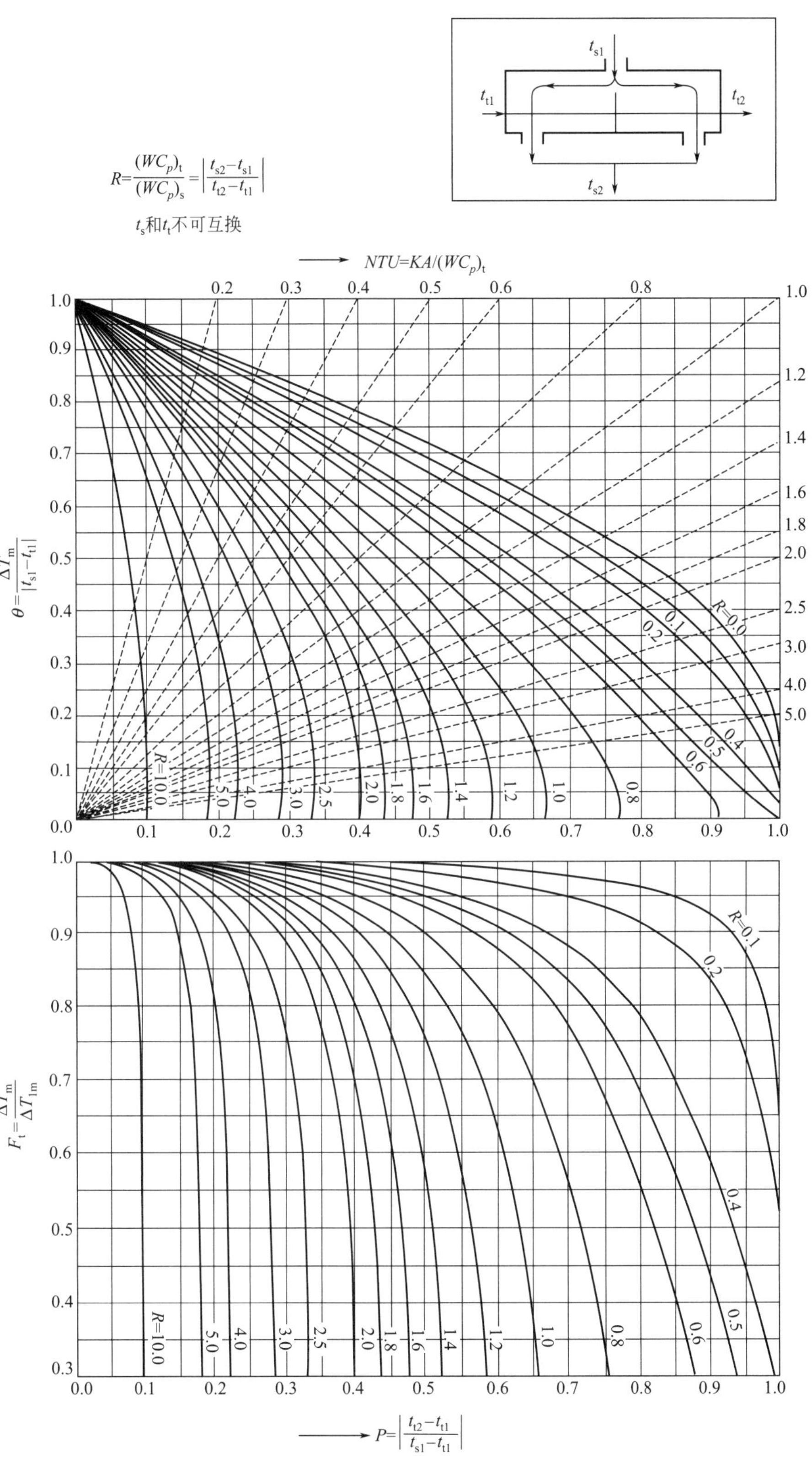

图 5-70 “J”型壳体，分流式 1-1 管壳式换热器的平均温差关系

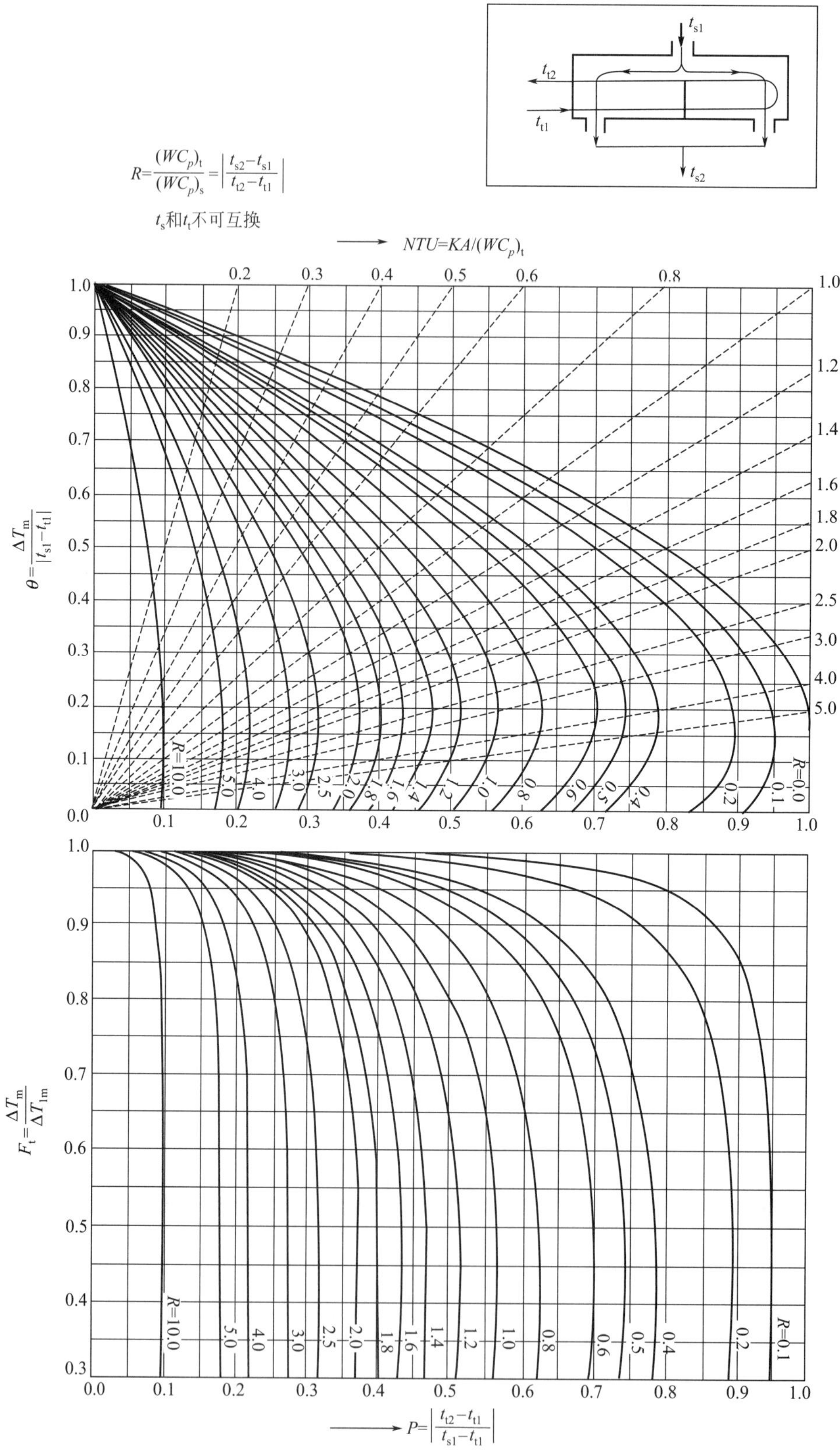

图 5-71 “J”型壳体，分流式 1-2n 管壳式换热器的平均温差关系

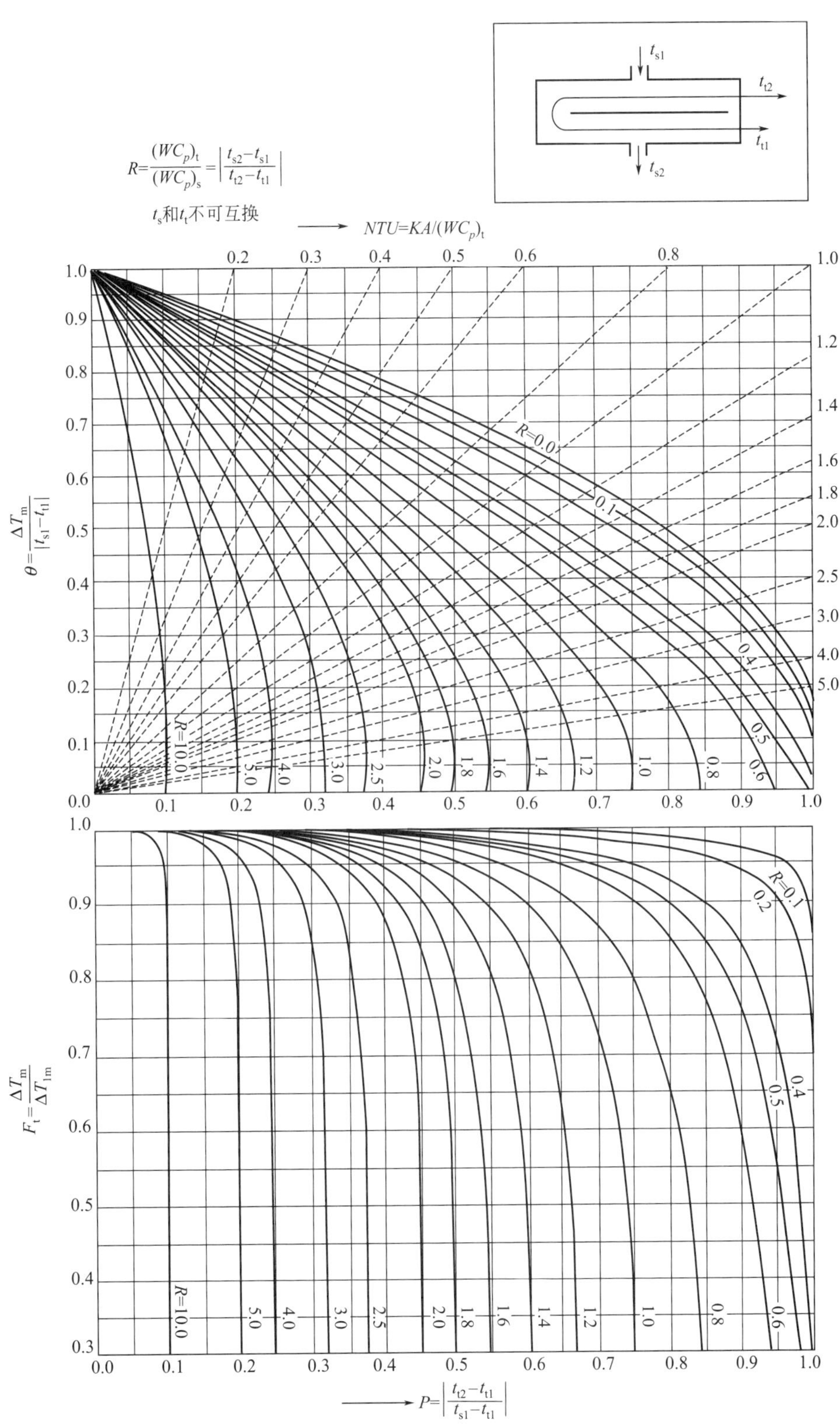

图 5-72 "G"型壳体，有隔板分流式 1-2n 换热器的平均温差关系

各种管壳式换热器的计算线图，其中大部分是 F_t-LMTD 和 θ-P 线图。逆流和并流流动下的平均温差可查阅图 5-17、图 5-12。这些计算方法和线图所依据的基本假设，除 5.1.2.5 节推导逆流温差所依据的假设ⓐ～ⓕ之外，对管壳式换热器，尚有以下假设：

ⓖ 对折流板换热器，通过每一块折流板的温变与总温变相比是很小的，即假设折流板数很大；

ⓗ 不考虑旁路流和泄漏流；

ⓘ 对多程换热器，传热面对每一程都是相同的，即均匀分布；

ⓙ 对具有扩展表面的换热面（如翅片），扩展面的温度效率均匀且恒定。

由于这些假设与实际情况都有不同程度的差异，故由此作出的方程或线图都存在一定误差。在 Bell 法中，对旁流和泄漏流的影响已作了适当校正。

图 5-65～图 5-69 是“E”型壳体，1-2n，2-4n，3-6n，4-8n，6-12n 的管壳式换热器的（a）F_t-$LMTD$ 法和（b）θ-P 法的线图。其中，壳程数也可理解为若干相同单壳程的串联，每个单壳程内均有偶数的管程，n 为正整数，图中的下标 t 表示管程流体（相当于表 5-10 中的流体 A），s 为壳程流体（相当于流体 B）。图上表示的管壳程流体的相对流向，总体上是逆向的，即一流体的入口总与另一流体的出口在同一端。对 1-2n，3-6n 换热器，进口处是逆流，出口处是并流，若将其壳程进出口移动改为先并流后逆流（图上虚线箭头），其 ΔT_m 将略有增加，故仍可用原来的图计算。这些图上按习惯以管程流体为基准，即以

$$P=\left|\frac{t_{t2}-t_{t1}}{t_{t1}-t_{s1}}\right|,\quad R=\frac{(WC_p)_t}{(WC_p)_s}=\left|\frac{t_{s2}-t_{s1}}{t_{t2}-t_{t1}}\right|,$$

$$NTU=\frac{KA}{(WC_p)_t},\quad \theta=\frac{\Delta T_m}{|t_{s1}-t_{t1}|}$$

作出图线，但也允许以壳程流体为基准，即以

$$P=\left|\frac{t_{s2}-t_{s1}}{t_{t1}-t_{s1}}\right|,\quad R=\frac{(WC_p)_s}{(WC_p)_t}=\left|\frac{t_{t2}-t_{t1}}{t_{s2}-t_{s1}}\right|,$$

$$NTU=\frac{KA}{(WC_p)_s},\quad \theta=\frac{\Delta T_m}{|t_{s2}-t_{t1}|}$$

代入时结果相同。图 5-70 和图 5-71 为无隔板分流式“J”型壳体的 1-1 和 1-2n 换热器，图 5-72 为有纵向隔板的分流式“G”型壳体 1-2n 换热器，这三图上的流体不能互换，即均应以管程流体 t_t 为基准。(流体是否可以互换计算，在相应图上均有注明)。

（2）偏离简化假设时的平均温差

① K 值变化时的平均温差。一般情况下，如两端 K 值变化不大，可近似取其平均值作为不变量。当变化较大时，则应考虑校正。

a. 逆流换热器。当 K 值随流体温度呈较大的线性或近似线性变化时，可按下式计算。

$$Q=A\Delta T_{lm}K_m=A\Delta T_{lm}\left[\frac{K_2(t_{h1}-t_{c2})-K_1(t_{h2}-t_{c1})}{\ln\dfrac{K_2(t_{h1}-t_{c2})}{K_1(t_{h2}-t_{c1})}}\right] \tag{5-119}$$

式中，K_2 为（$t_{h2}-t_{c1}$）即冷端的总传热系数，而 K_1 为（$t_{h1}-t_{c2}$）即热端的总传热系数。据称，式(5-119) 对很黏的流体（K 随温度变化较大）或部分冷凝的情况较为合适。对冷凝器，可推荐使用下式

$$Q=A\Delta T_{lm}\left[\frac{1}{\dfrac{1}{K_1}\times\dfrac{\Delta T_{lm}-(t_{h2}-t_{c1})}{(t_{h1}-t_{c2})-(t_{h2}-t_{c1})}+\dfrac{1}{K_2}\times\dfrac{(t_{h1}-t_{c2})-\Delta T_{lm}}{(t_{h1}-t_{c2})-(t_{h2}-t_{c1})}}\right] \tag{5-120}$$

b. 错流换热器。如 K 与流体温度大体呈线性关系，可按式(5-121) 计算。

$$Q=K_{\mathrm{m}}AF_{\mathrm{t}}\Delta T_{\mathrm{lm}} \tag{5-121}$$

式中，K_{m} 取式 (5-119) 中的表达式。

c. 对多程管壳式换热器。近似估算时可按式 (5-121)，一般误差在±10%以内。只有少数情况下可以查到有关线图。图 5-73 (a)、(b) 分别为壳程热阻为控制热阻、K 随壳程温度呈近似线性变化条件下的 1-2n 换热器，当 $K_1/K_2=2$ 和 5 时的 θ-P 图，图中的 K_1、K_2 对应于壳程流体的入口端和出口端。计算换热器面积 A 时，可取 $K=(K_1+K_2)/2$。注意图中流体及其方向不能互换。

$$P=\left|\frac{t_{\mathrm{t2}}-t_{\mathrm{t1}}}{t_{\mathrm{s1}}-t_{\mathrm{t1}}}\right|, \quad \theta=\frac{\Delta T_{\mathrm{m}}}{|t_{\mathrm{s1}}-t_{\mathrm{t1}}|},$$

$$R=\frac{(WC_p)_{\mathrm{t}}}{(WC_p)_{\mathrm{s}}}, \quad \frac{1}{NTU_{\mathrm{t}}}=\frac{(WC_p)_{\mathrm{t}}}{KA}。$$

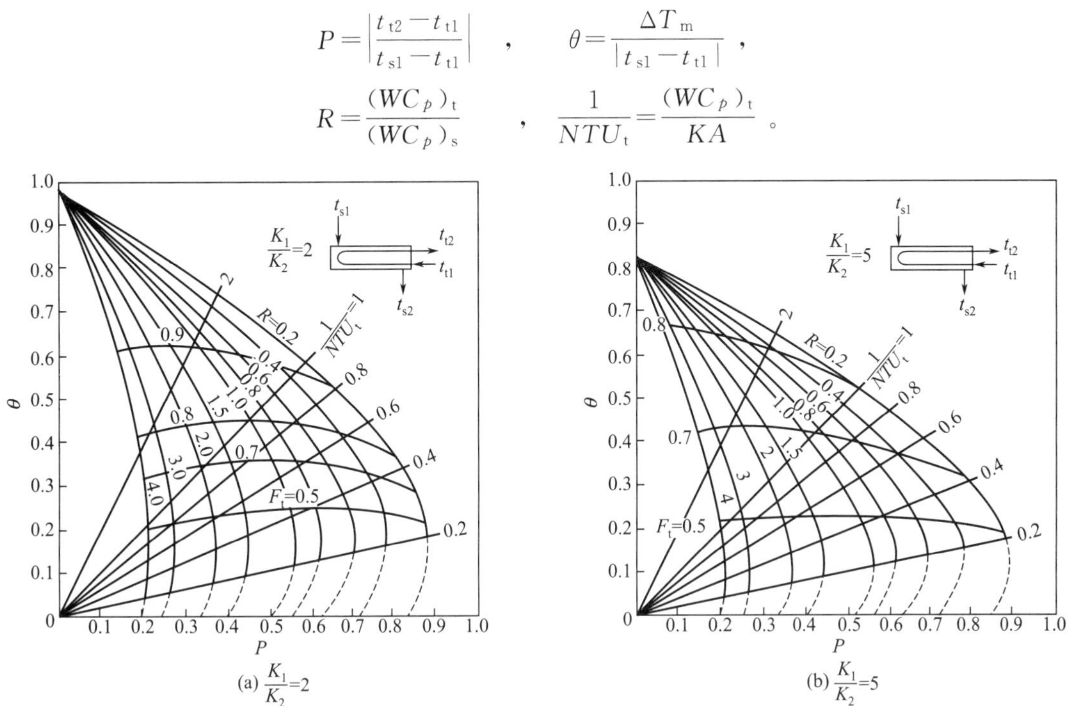

图 5-73 1-2n 换热器 K 变化时的平均温差关系

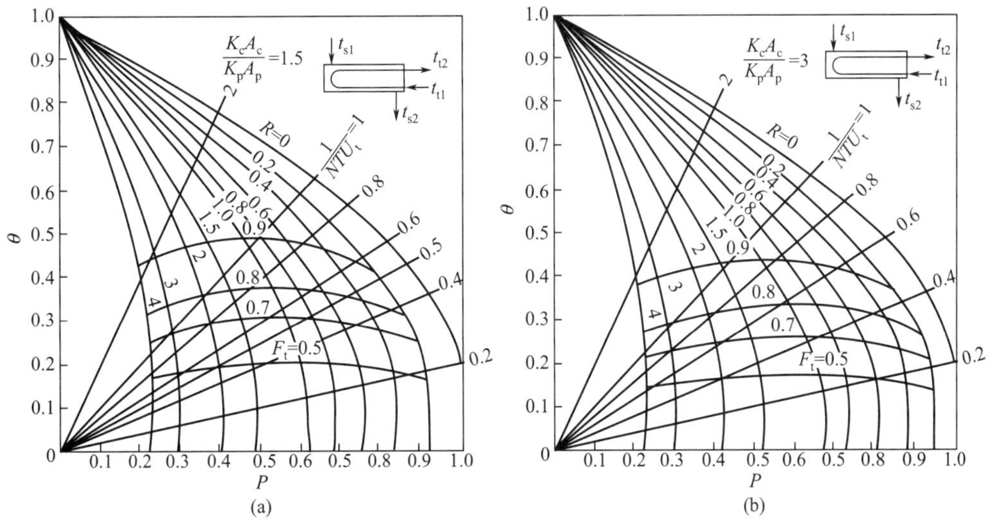

图 5-74 1-2 换热器中管程面积不同时的平均温差关系

当线性条件无法满足时，比较可靠的方法是将换热器分成若干段，按每段中的 K 值不变计算其 ΔT_m。

② 多程换热器各程面积不等时的平均温差。在这方面只有少量资料可以参考，图 5-74（a）、（b）表示 1-2 换热器中与壳程流体并流的管程（下标为 p）传热面和逆流的管程（下标为 c）传热面不同时的 θ-P 图，该图亦以管内流体为基准，不能互换。K_p、K_c 分别为并流管程与逆流管程的总传热系数。一般条件下，应使各管程的传热面尽可能相等，并忽略实际上不可能完全相等的影响。

由此可见，实际情况常常与理想假设有相当大的偏离，而其影响也难以定量估计，这也是换热器设计中需要对传热面积取一个安全系数的原因。

5.2.4 计算示例

【例 5-4】 选用一苯液冷却器。给定苯流量为 3850kg/h，从 81℃冷却至 35℃，管程走冷却水，入口温度为 25℃。

解 （1）流体的定性温度及物性

由于苯和水的黏度都不大，可取其平均温度为定性温度：取冷却水出口温度为 32℃

$$t_{hm}=\frac{81+35}{2}℃=58℃，t_{cm}=\frac{25+32}{2}℃=28.5℃$$

	t_m /℃	λ /[W/(m·℃)]	C_p /[kJ/(kg·℃)]	μ /Pa·s	ρ /(kg/m^3)	Pr
苯	58	0.1349	1.850	0.41×10^{-3}	840	5.623
水	28.5	0.6106	4.177	0.8336×10^{-3}	996.1	5.703

（2）热负荷及冷却水量

$$W_h=\frac{3850}{3600}\text{kg/s}=1.0694\text{kg/s}$$

$$Q=W_hC_{ph}(t_{h1}-t_{h2})$$

$$=1.0694\times1.85\times10^3\times(81-35)\text{W}=9.101\times10^4\text{W}$$

$$W_c=\frac{Q}{C_{pc}(t_{c2}-t_{c1})}=\frac{9.101\times10^4}{4177\times(32-25)}\text{kg/s}=3.113\text{kg/s}$$

（3）平均温度差

$$\Delta T_{lm}=\frac{(t_{h1}-t_{c2})-(t_{h2}-t_{c1})}{\ln\frac{t_{h1}-t_{c2}}{t_{h2}-t_{c1}}}$$

$$=\frac{(81-32)-(35-25)}{\ln\frac{81-32}{35-25}}℃=24.54℃$$

$$R=\frac{t_{h1}-t_{h2}}{t_{c2}-t_{c1}}=\frac{81-35}{32-25}=\frac{46}{7}=6.57$$

$$P=\frac{t_{c2}-t_{c1}}{t_{h1}-t_{c1}}=\frac{32-25}{81-25}=\frac{7}{56}=0.125$$

由 R、P 查图 5-65，“E” 1-2n 换热器的温度校正系数 $F_t=0.97$

则
$$\Delta T_m=F_t\Delta T_{lm}=0.97\times24.54℃=23.8℃$$

（4）初选换热器

设 $K=280\text{W/(m}^2\cdot℃)$，

$$A=\frac{Q}{K\Delta T_m}=\frac{9.101\times 10^4}{280\times 23.8}=13.66\text{m}^2$$

由表 5-36，选固定管板式换热器：ϕ19mm × 2mm（光管），正三角形排列，DN = 273mm，L_t=4.5m，N_t=56，管程数 2，A=14.7m²，d_o/p_t=19/25。

(5) 管程给热系数 α_t

$$G_t=\frac{W_c}{\frac{\pi}{4}d_i^2\times\frac{N_t}{2}}=\frac{3.113}{\frac{\pi}{4}\times 0.015^2\times\frac{56}{2}}\text{kg/(m}^2\cdot\text{s)}=629.5\text{kJ/(m}^2\cdot\text{s)}$$

$$Re_t=\frac{d_iG_t}{\mu_t}=\frac{0.015\times 629.5}{0.8336\times 10^{-3}}=1.133\times 10^4$$

L_t/d_i=4.5/0.015=300

查图 5-51 得 j_{ht}=51，由式（5-68），

$$\alpha_t=j_{ht}\frac{\lambda_t}{d_i}\left(\frac{C_{pt}\mu_t}{\lambda_t}\right)^{0.33}\left(\frac{\mu_t}{\mu_w}\right)^{0.14}$$

设管壁温度 t_w=30℃，μ_w=0.801×10⁻³Pa·s

则
$$\alpha_t=51\times\frac{0.6106}{0.015}\left(\frac{4.177\times 10^3\times 0.8336\times 10^{-3}}{0.6106}\right)^{0.33}\left(\frac{0.8336}{0.801}\right)^{0.14}\text{W/(m}^2\cdot℃)$$
$$=3708\text{W/(m}^2\cdot℃)$$

(6) 壳程给热系数 α_s

由式(5-74)，$\alpha_s=\alpha_{so}J_cJ_lJ_bJ_sJ_r$

① 由式(5-75)，$\alpha_{so}=j_{Hs}c_{ps}G_sPr^{-2/3}\Phi_{\mu s}$

壳体为 ϕ273mm×10mm 无缝钢管，D_s=0.253m；由表 5-29，$D_{otl}=D_s-2b_3$，要求 $b_3\geqslant$10mm，则

$$D_{otl}=(0.253-2\times 0.010)\text{m}=0.233\text{m}$$

由式(5-79)，$D_t'=D_{otl}-d_o$=0.233−0.019=0.214m

由式(5-78)，$L_{bb}=D_s-D_{otl}$=0.253−0.233=0.020m

由表 5-37，选折流板间距 L_{bc}=0.2m，

由式(5-77)，
$$S_m=L_{bc}\left[L_{bb}+\frac{D_t'}{p_{t1}}(p_t-d_o)\right]$$
$$=0.2\left[0.02+\frac{0.214}{0.025}\times(0.025-0.019)\right]\text{m}^2=0.01427\text{m}^2$$

由式(5-76)，$G_s=W_s/S_m$=1.0694/0.01427kg/(m²·s)=74.94kg/(m²·s)

由式(5-80)，
$$Re_s=\frac{d_oG_s}{\mu_s}=\frac{0.019\times 74.94}{0.41\times 10^{-3}}=3473$$

由图 5-53 下方曲线，得 j_{Hs}=0.014

或利用其回归方程［3］

$$\log j_{Hs}=2.151-2.9028(\lg Re_s)+0.7841(\lg Re_s)^2-0.08014(\lg Re_s)^3$$
$$=2.151-10.2780+9.8299-3.5573=-1.8544$$
$$j_{Hs}=0.01398$$

设管壁温度接近于 30℃，μ_w=0.57×10⁻³Pa·s

则 $$\alpha_{so}=0.014\times1850\times74.94\ (5.623)^{-2/3}\left(\frac{0.41}{0.57}\right)^{0.14}\mathrm{W/(m^2\cdot℃)}$$

$$=586.0\mathrm{W/(m^2\cdot℃)}$$

② 由式（5-81），$J_c=0.55+0.72F_c$

选 $H_w=0.25D_s=0.25\times0.253=0.06325\mathrm{m}$

$$\frac{D_s-2H_w}{D_t'}=\frac{0.253-2\times0.06325}{0.214}=0.5911,$$

$$\cos^{-1}(0.5911)=53.76,\sin(53.76)=0.8066,$$

由式(5-82)，$$F_c=1+\frac{2}{\pi}\left(\frac{D_s-2H_w}{D_t'}\right)\sin\left[\cos^{-1}\left(\frac{D_s-2H_w}{D_t'}\right)\right]-\frac{4\cos^{-1}\left(\frac{D_s-2H_w}{D_t'}\right)}{360}$$

$$=1+\frac{2}{\pi}\times0.5911\times0.8066-\frac{4\times53.76}{360}=0.7062$$

则 $$J_c=0.72\times0.7062+0.55=1.0585$$

若由图 5-54，查得 $J_c\doteq1.06$

③ 求J_l。由表 5-31，$D_s-D_b=2.0\mathrm{mm}$，考虑偏差取 2.5mm，由式(5-83)，

$$S_{sb}=\pi D_s\frac{D_s-D_b}{2}\left[1-\frac{2\cos^{-1}\left(1-\frac{2H_w}{D_s}\right)}{360}\right]$$

$$=\pi\times0.253\frac{0.0025}{2}\left[1-\frac{2\times\cos^{-1}\left(1-\frac{2\times0.06325}{0.253}\right)}{360}\right]\mathrm{m^2}$$

$$=0.0006623\mathrm{m^2}$$

由表 5-28 得折流板上孔径为 0.0196m，则 $L_{tb}=0.0006\mathrm{m}$。

按式(5-84)，$$S_{tb}=\frac{\pi}{4}[(d_o+L_{tb})^2-d_o{}^2]N_t\frac{1+F_c}{2}$$

$$=\frac{\pi}{4}[0.0196^2-0.019^2]\times56\times\frac{1+0.7062}{2}$$

$$=0.0008685\mathrm{m^2}$$

$$\frac{S_{sb}+S_{tb}}{S_m}=\frac{0.0006623+0.0008685}{0.01427}=0.1073$$

$$\frac{S_{sb}}{S_{sb}+S_{tb}}=\frac{0.0006623}{0.0015308}=0.4326$$

查图 5-56 得 $J_l=0.83$

④ 求J_b。由式(5-85)，

$$S_{bp}=L_{bc}[(D_s-D_{otl})+L_{pl}]$$

使分层隔板槽水平放置，则 $L_{pl}=0$

$$S_{bp}=0.2[0.253-0.233]\mathrm{m^2}=0.004\mathrm{m^2}$$

$$S_{bp}/S_m=0.004/0.01427=0.2803$$

取旁路流挡板对数 $N_{ss}=2$，由式(5-86)

$$N_{tcc}=\frac{D_s}{p_{t2}}\left(1-\frac{2H_w}{D_s}\right)$$

由图 5-40，对正三角形排列，

$$p_{t2}=0.707p_t=0.707\times0.025\text{m}=0.01767\text{m}$$

$$N_{tcc}=\frac{0.253}{0.01767}\times\left(1-\frac{2\times0.06325}{0.253}\right)=7.159$$

$N_{ss}/N_{tcc}=0.279$，查图 5-57 得 $J_b=0.94$

⑤ 计算管束进出口段折流板间距变化校正因子 J_s

$$N_b=L_t/L_{bc}-1=4.5/0.2-1=22.5-1=21.5$$

取 $N_b=21$，

取 $L_{bi}=L_{bo}=\dfrac{L_t-(N_b-1)\times L_{bc}}{2}=\dfrac{4.5-20\times0.2}{2}\text{m}=0.25\text{m}$

由式(5-87)，

$$J_s=\frac{(N_b-1)+(L_{bi}/L_{bc})^{0.4}+(L_{bo}/L_{bc})^{0.4}}{(N_b-1)+(L_{bi}/L_{bc})+(L_{bo}/L_{bc})}$$

$$=\frac{(21-1)+2(0.25/0.2)^{0.4}}{(21-1)+2(0.25/0.2)}=\frac{22.187}{22.5}=0.986$$

⑥ 求J_r　$Re_s>100$，$J_r=1$

由式(5-74)，

$$\alpha_s=\alpha_{so}(J_cJ_lJ_bJ_sJ_r)$$

$$=586(1.0585\times0.83\times0.94\times0.986\times1)\text{W}/(\text{m}^2\cdot℃)$$

$$=586\times0.8143=477.2\text{W}/(\text{m}^2\cdot℃)$$

(7) 总传热系数 K

取　$r_{ft}=17.6\times10^{-5}$，$r_{fs}=35\times10^{-5}\text{m}^2\cdot℃/\text{W}$

$$\frac{1}{K}=\frac{1}{\alpha_t}\times\frac{d_o}{d_i}+r_{ft}\frac{d_o}{d_i}+r_{fs}+\frac{1}{\alpha_s}$$

$$=\frac{1}{3708}\times\frac{19}{15}+17.6\times10^{-5}\times\frac{19}{15}+35\times10^{-5}+\frac{1}{477.2}$$

$$=0.00301$$

$K=332\text{W}/(\text{m}^2\cdot℃)>$假设值 $K=280\text{W}/(\text{m}^2\cdot℃)$

壁温校核：忽略间壁热阻，按冷侧校核

$$t_w=t_c+\frac{Q}{\alpha_tA_t}=28.5+\frac{9.101\times10^4}{3708\times\pi\times0.015\times4.5\times56}$$

$=30.57℃$，与假设值接近，

则　面积富裕系数$=\dfrac{A-A'}{A'}$

所需面积　$A'=\dfrac{Q}{K\Delta T_m}=\dfrac{9.101\times10^4}{332\times23.8}\text{m}^2=11.52\text{m}^2$

所选面积　$A=14.7\text{m}^2$

则　$\dfrac{A-A'}{A'}=\dfrac{14.7-11.52}{11.52}=0.276$ 即 27.6%

(8) 压降计算

① 壳程管束压降 Δp_{so}

由式(5-92)，$\Delta p_{so}=\Delta p_{sc}+\Delta p_{sw}+\Delta p_{st}$

a. 错流区流动压降 Δp_{sc}。按式（5-96）

$$\Delta p_{co}=2fN_{tcc}\frac{G_s^2}{\rho_s}\Phi_{\mu s}$$

由（6）得 $Re_s=3473$，由图 5-53 上方曲线得 $f=0.20$，已得 $G_s=74.94\text{kg/(m}^2\cdot\text{s)}$，$\rho_s=840\text{kg/m}^3$，$\Phi_{\mu s}=0.955$，$N_{tcc}=7.159$，$N_b=21$，

$$\Delta p_{co}=2\times0.2\times7.159\times\frac{74.94^2}{840}\times0.955\text{Pa}=18.3\text{Pa}$$

由$\dfrac{S_{sb}+S_{tb}}{S_m}=0.1073$，$\dfrac{S_{sb}}{S_{sb}+S_{tb}}=0.4326$，查图 5-59 得 $R_l=0.60$。

由 $S_{bp}/S_m=0.2803$，$N_{ss}/N_{tcc}=0.279$，查图 5-60 得 $R_b=0.85$，由式（5-93）

$$\begin{aligned}\Delta p_{sc}&=\Delta p_{co}(N_b-1)R_lR_b\\&=18.3\times(21-1)\times0.60\times0.85\text{Pa}=187\text{Pa}\end{aligned}$$

b. 缺口区流动压降 Δp_{sw}。由式(5-94)、式(5-97)，

$$\Delta p_{sw}=\Delta p_{wo}N_bR_l$$

$$\Delta p_{wo}=(2+0.6N_{tcw})\frac{G_w^2}{2\rho_s}$$

由式(5-90)，

$$N_{tcw}=\frac{0.8}{p_{t2}}\left(H_w-\frac{D_s-D_{otl}}{2}\right)$$

由式(5-98)，

$$G_w=\frac{W_h}{\sqrt{S_mS_w}}$$

由式(5-99)，

$$S_w=\frac{\pi}{4}D_s^2\left\{\frac{2\cos^{-1}\left(1-\dfrac{2H_w}{D_s}\right)}{360}-\frac{\sin\left[2\cos^{-1}\left(1-\dfrac{2H_w}{D_s}\right)\right]}{2\pi}\right\}-N_t\frac{\pi}{4}d_o^2\left(\frac{1-F_c}{2}\right)$$

$$1-2H_w/D_s=1-\frac{2\times0.06325}{0.253}=0.5$$

$$2\cos^{-1}(0.5)=120,\sin(120)=0.8660$$

$$\begin{aligned}S_w&=\frac{\pi}{4}\times0.253^2\left\{\frac{120}{360}-\frac{0.866}{2\pi}\right\}-56\times\frac{\pi}{4}\times0.019^2\times\frac{1-0.7062}{2}\\&=(0.009823-0.002331)\text{m}^2=0.007492\text{m}^2\end{aligned}$$

$$G_w=\frac{1.0694}{\sqrt{0.01427\times0.007492}}\text{kg/(m}^2\cdot\text{s)}=103.4\text{kg/(m}^2\cdot\text{s)}$$

$$N_{tcw}=\frac{0.8}{0.01767}\left(0.06325-\frac{0.253-0.233}{2}\right)=2.411$$

$$\Delta p_{wo}=(2+0.6\times2.411)\times\frac{103.4^2}{2\times840}\text{Pa}=21.9\text{Pa}$$

$$\Delta p_{sw}=21.9\times21\times0.60\text{Pa}=276\text{Pa}$$

c. 进出口端部压降 Δp_{st}。由式(5-95)，

$$\Delta p_{st}=\Delta p_{co}\left(\frac{N_{tcc}+N_{tcw}}{N_{tcc}}\right)R_sR_b$$

按式(5-101)，

$$R_s=\left(\frac{L_{bc}}{L_{bo}}\right)^n+\left(\frac{L_{bc}}{L_{bi}}\right)^n$$

湍流时，$n=1.8$，$L_{bo}=L_{bi}=0.25\text{m}$

$$R_s=2\left(\frac{L_{bc}}{L_{bi}}\right)^n=2\left(\frac{0.20}{0.25}\right)^{1.8}=1.338$$

$$\Delta p_{st}=18.3\times\left(\frac{7.159+2.411}{7.159}\right)\times1.338\times0.85\text{Pa}=27.8\text{Pa}$$

则　$\Delta p_{so}=187+276+27.8=491\text{Pa}$

d. 进出口管压降 Δp_e。取壳程进出口管为 $DN40$，则进出口管内流速

$$u=\frac{W_h}{\frac{\pi}{4}d^2\rho_s}=\frac{3850/3600}{\frac{\pi}{4}\times0.04^2\times840}\text{m/s}=1.013\text{m/s}$$

$$\Delta p_e=1.5\frac{u^2}{2}\rho=1.5\times\frac{1.013^2}{2}\times840\text{Pa}=647\text{Pa}$$

$\rho u^2=840\times1.013^2=862<2230$，故不必使用防冲板。

则　壳程总压降 $\Delta p_s=491+647=1138\text{Pa}$

② 管程压降 Δp_t

由式（5-70），$\Delta p_t=(\Delta p_{ft}+\Delta p_{rt})\Phi_t+\Delta p_{nt}$

a. 管程摩擦压降 Δp_{ft}。由式(5-71)，

$$\Delta p_{ft}=\left(\lambda_{ft}\frac{N_pL_t}{d_i}\cdot\frac{G_t^2}{2\rho_t}\right)\left(\frac{\mu_t}{\mu_w}\right)^{-m}$$

式中，$N_p=2$,$G_t=629.5\text{kg}/(\text{m}^2\cdot\text{s})$

$$Re_t=\frac{d_iG_t}{\mu_t}=1.133\times10^4$$

取管壁粗糙度 $\varepsilon=0.2\text{mm}$，$\varepsilon/d_i=0.2/15=0.0133$，查得 $\lambda_{ft}=0.045$，$m=0.14$，$\mu_t=0.8336\times10^{-3}\text{Pa}\cdot\text{s}$，$\mu_w=0.801\times10^{-3}\text{Pa}\cdot\text{s}$

$$\Delta p_{ft}=0.045\times\frac{2\times4.5}{0.015}\times\frac{629.5^2}{2\times996.1}\times\left(\frac{0.8336}{0.801}\right)^{-0.14}\text{Pa}=5338\text{Pa}$$

b. 管程间回弯压降 Δp_{rt}。由式(5-72)，

$$\Delta p_{rt}=4N_p\frac{G_t^2}{2\rho_t}=4\times2\times\frac{629.5^2}{2\times996.1}\text{Pa}=1591\text{Pa}$$

c. 进出口接管处的局部压降 Δp_{nt}。由式(5-73)，$\Delta p_{nt}=1.5\dfrac{G_{nt}^2}{2\rho_t}$

取进出口接管 $DN50$，则

$$G_{nt}=\frac{3.133}{\frac{\pi}{4}\times0.05^2}\text{kg}/(\text{m}^2\cdot\text{s})=1596\text{kg}/(\text{m}^2\cdot\text{s})$$

$$\Delta p_{nt}=1.5\frac{1596^2}{2\times996.1}\text{Pa}=1918\text{Pa}$$

取压降污垢校正系数 $\Phi_t=1.5$

则
$$\Delta p_t=(\Delta p_{ft}+\Delta p_{rt})\Phi_t+\Delta p_{nt}$$

$$=[(5338+1591)\times 1.5+1918]\text{Pa}=12310\text{Pa}$$

(9) 简单热分析

按所选面积及计算所得 K 值，若苯和冷却水进口流量及温度不变，相当于 NTU 与 R 均已知，则

$$NTU_c=\frac{KA}{(WC_p)_c}=\frac{332\times 14.7}{3.113\times 4177}=0.3753$$

$$R_c=\frac{(WC_p)_c}{(WC_p)_h}=\frac{3.113\times 4177}{1.0694\times 1850}=6.575$$

由图 5-65 查得 $P_c=0.15$，故

$$\frac{t_{c2}-t_{c1}}{t_{h1}-t_{c1}}=\frac{t_{c2}-25}{81-25}=0.15，解得\ t_{c2}=33.4℃$$

由 $R_c=\dfrac{t_{h1}-t_{h2}}{t_{c2}-t_{c1}}=6.575$，解得 $t_{h2}=25.77℃$

故用该换热器操作时，冷热两侧流体的实际出口温度及平均温度均将有相当大的变化。

如维持原有热负荷不变，由于苯侧为控制热阻，按 K 值不变估算，

$$NTU_h=\frac{332\times 14.7}{1.0694\times 1850}=2.467$$

$$P_h=\frac{t_{h1}-t_{h2}}{t_{h1}-t_{c1}}=\frac{81-35}{81-25}=0.821$$

查得 $R_h\approx 0.25$，故

$$W_c\approx\frac{W_hC_{ph}}{R_hC_{pc}}=\frac{1.0694\times 1850}{4177\times 0.25}\text{kg/s}=1.895\text{kg/s}$$

$$t_{c2}\approx 36.5℃$$

即水用量可减少 39%，但流速将降至 $u_c=0.38\text{m/s}$，显然管侧结垢倾向将增加。

(10) 若改变折流板间距，通过计算了解对 α_s、K 及 Δp_s 的影响。

重复计算有关各项：由表 5-37，取 $L_{bc}=0.30\text{m}$

① $S_m=0.3\times\left[0.02+\dfrac{0.214}{0.025}\times(0.025-0.019)\right]\text{m}^2$

$=0.02141\text{m}^2$

$G_s=W_s/S_m=1.0694/0.02141\text{kg}/(\text{m}^2\cdot\text{s})=49.95\text{kg}/(\text{m}^2\cdot\text{s})$

$$Re_s=\frac{0.019\times 49.95}{0.41\times 10^{-3}}=2315$$

由图 5-53 得 $j_{Hs}=0.017$

或 $\lg j_{Hs}=2.151-2.9028\times 3.3645+0.7841\times 11.32-0.08014\times 38.087$

$=-1.7918$

$j_{Hs}=0.0162$

$\alpha_{so}=0.0162\times 1850\times 49.95\times 0.3162\times 0.955\text{W}/(\text{m}^2\cdot℃)=452\text{W}/(\text{m}^2\cdot℃)$

② J_c、F_c 不变

③ $\dfrac{S_{sb}+S_{tb}}{S_m}=\dfrac{0.0015308}{0.02141}=0.0715$

$\dfrac{S_{sb}}{S_{sb}+S_{tb}}=0.4326$

由图 5-56 得 $J_l=0.88$

④ S_{bp}/S_m 不变，J_b 不变

⑤ $N_b=L_t/L_{bc}-1=4.5/0.3-1=14$,则 $J_s=1$

⑥ $J_r=1$,

则
$$\alpha_s=\alpha_{so}(J_cJ_lJ_bJ_sJ_r)$$
$$=452\times(1.0585\times0.88\times0.94\times1\times1)\text{W/(m}^2\cdot℃)=395.8\text{W/(m}^2\cdot℃)$$

⑦ 计算 K

$$\frac{1}{K}=\frac{1}{3708}\times\frac{19}{15}+17.6\times10^{-5}\times\frac{19}{15}+35\times10^{-5}+\frac{1}{395.8}=0.003441$$

$K=290.6\text{W/(m}^2\cdot℃)$，仍大于假设值 $280\text{W/(m}^2\cdot℃)$

热侧垢层表面温度

$$t_{rh}=t_h-\frac{Q}{\alpha_sA_s}$$
$$=58-\frac{9.101\times10^4}{395.8\times\pi\times0.019\times56\times4.5}℃=42.7℃>30℃$$

冷侧垢层表面温度

$$t_{rc}=t_c+\frac{Q}{\alpha_tA_t}=28.5+2.07=30.57℃\approx30℃$$

热侧膜温超过预设值，说明 α_{so} 应高于原值，故不必再算。两侧计算值的差别是由于所取传热面积大于实际需要的传热面积，故此时的流体出口温度将自动发生变化。

⑧ 校核壳程压降 Δp_{so}

a. Δp_{sc}

由 $Re_s=2315$，查图 5-53 上方曲线得 $f=0.21$，仍由 $G_s=49.95\text{kg/(m}^2\cdot\text{s)}$，$\rho_s=840\text{kg/m}^3$，$\Phi_{\mu s}=0.955$，$N_{tcc}=7.159$，$N_b=14$ 得

$$\Delta p_{co}=2\times0.21\times7.159\times\frac{49.95^2}{840}\times0.955\text{Pa}=8.53\text{Pa}$$

由 $\frac{S_{sb}+S_{tb}}{S_m}=0.0715$，$\frac{S_{sb}}{S_{sb}+S_{tb}}=0.4326$，查图 5-59 得 $R_l=0.68$，R_b 不变，仍为 0.85，

$$\Delta p_{sc}=8.53\times(14-1)\times0.68\times0.85\text{Pa}=64.1\text{Pa}$$

b. Δp_{sw}

$$S_w=0.007492\ (\text{不变}),\ S_m=0.02141\text{m}^2,$$

$$G_w=\frac{W_s}{\sqrt{S_wS_m}}=\frac{1.0694}{\sqrt{0.007492\times0.02141}}\text{kg/(m}^2\cdot\text{s)}=84.44\text{kg/(m}^2\cdot\text{s)}$$

$$N_{tcw}=2.411\ (\text{不变})$$

$$\Delta p_{wo}=(2+0.6\times2.411)\frac{84.44^2}{2\times840}\text{Pa}=14.6\text{Pa}$$

$$\Delta p_{sw}=14.6\times14\times0.68\text{Pa}=139\text{Pa}$$

c. Δp_{st}

$$L_{bi}=L_{bo}=L_{bc}=0.3\text{m},\ \therefore\ R_s=2,$$

$$\Delta p_{st}=8.53\times\frac{7.159+2.411}{7.159}\times2\times0.85\text{Pa}=19.4\text{Pa}$$

d. 进出口管压降不变，$\Delta p_e = 647\mathrm{Pa}$

则　壳程总压降　$\Delta p_s = 64.1 + 139 + 19.4 + 647 \cong 870\mathrm{Pa}$

可见，在一定范围内，折流板间距增加，K 有所降低，但 Δp_s 降低幅度很大。

5.2.5 折流杆换热器[22]

折流杆换热器的基本特点是在折流元件（图 5-36）作用下，壳程流体呈轴向流动，消除了突变式的曲折流动和横向冲刷，故压降较低；折流环间距可取得较小，消除了管子的诱导振动；流体每次流经折流杆，后方产生的卡门涡街和文丘里效应以及减轻了旁路流、泄漏流和死角的影响，均可使传热得到增强。它可用于固定管板、U 形管和浮头式，制造直径和管长最大已分别达到 4m 和 23m 以上。

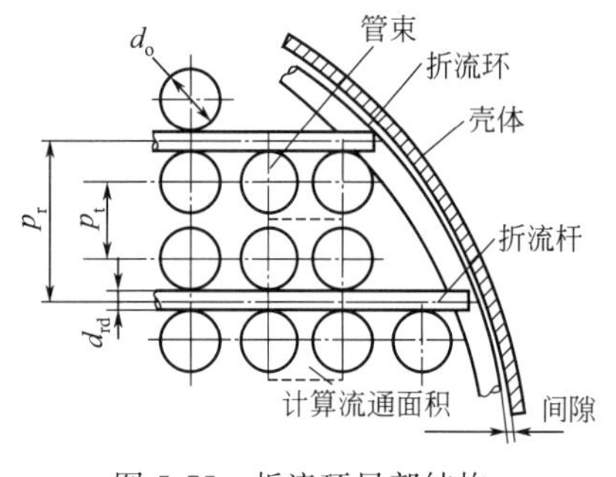

图 5-75　折流环局部结构

5.2.5.1 折流杆换热器的基本元件

管程结构与一般管壳式无异，换热管可用光管或低翅片管，管束多采用正方形排列。折流环上的局部装配结构如图 5-75 所示。

（1）折流杆直径 d_{rd}

折流杆直径应与换热管间无名义上的间隙，其直径范围在 4.76～12.7mm 之间，常用的为 6.35mm。

（2）圆形折流环

其内径 D_{bi} 应等于（或略大于）管束的极限布管圆直径 D_{otl}，其外径 D_{bo} 则应与壳内径保持一定的间隙 δ_{sb}，其数值参见表 5-31（5.2.1.2 节）。$DN < 450\mathrm{mm}$ 时，可用 $\phi 9.5$ 的圆钢弯成，壳体直径增大时可改用厚板条制成圆环片或弯成圆带环。折流杆平行地焊在环上，在无管程分程隔板处折流杆中心距 p_r 应满足

$$p_r = p_t + d_o + d_{rd} \tag{5-122}$$

有管程隔板时该处应设置挡板条以减少旁流影响。当壳径大于 900mm，应在折流环上垂直于折流杆的方向加焊间距一般为 450mm 的支撑条。相邻两环上同向折流杆应相互错开一个管间距。

（3）折流环间距 L_b

用方钢在环的上下左右四个方位将折流环四个连成一组，环间距也可视具体情况变化，常用值为 150mm。

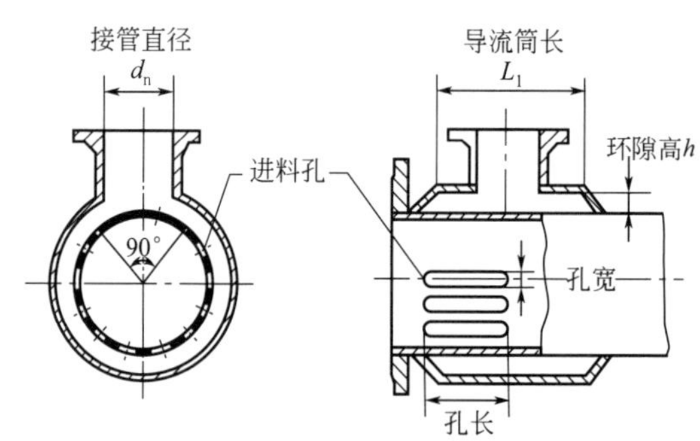

图 5-76　环隙式导流筒

（4）导流分配筒

采用如图 5-76 所示的环隙式外导流筒结构，可减少流体冲击和管程阻力，并可提高传热速率。设计导流筒时，应使接管截面积 $\frac{\pi}{4} d_n^2$、接管出口流通面积 $\pi d_n h$、环隙流通截面积 $2L_1 h$ 与筒上开孔总面积 A 逐级增加 10%～15%。

5.2.5.2 折流杆换热器设计估算❶

和其他管壳式换热器类似，设计时先选定管束内的流动单元尺寸进行估算，得出换热器各

❶ Gently c. c., CEP. 1990, 86(7): 48-57.

项初步工艺尺寸后，再详细核算是否满足设计要求。中间要经过几次反复调整试算以达到较好的性能指标。其估算步骤及有关计算公式、图表均可参阅例 5-5[22]。

【例 5-5】 设计一利用反应器排出气将原料气预热的折流杆换热器。

表 5-50 设计要求与物性数据

操作指标及平均物性	压力 p /kPa	流量 W /(kg/s)	进口温度 /℃	出口温度 /℃	允许压降 /kPa	黏度 μ /10^{-5}Pa·s	密度 ρ /(kg/m³)	热导率 λ 10^{-2}/[W/(m·K)]	比热容 C_p /[J/(kg·K)]	pr
壳程原料气	550	14.94	16	371	11.5	2.45	4.12	3.66	1027.1	0.686
管程排出气	110	15.67	468	131	9.8	2.83	0.67	4.26	1034.8	0.685

为简化计算，表 5-50 中的允许压降均不包括进出口接管及两端部（如导流筒）压降，物性取流体平均温度下的值。

解 选用单管程，管束为正方形排列。

(1) 求平均温度差

在单管程时，折流杆换热器可视为纯逆流操作，这也是它的一个优点，

$$\Delta T_{m}=\Delta T_{lm}=\frac{(468-371)-(131-16)}{\ln\frac{468-371}{131-16}}℃=106.2℃$$

(2) 管束特性尺寸的确定与计算

对流量较大的气体，选用 ϕ38mm×3mm 的无缝钢管，管心距取 $p_t=44$mm，折流杆直径 $d_{rd}=44-38=6$mm。

图 5-75 中的虚线框内包括了光管区和折流环区两种基本流动单元。有关尺寸计算如下。

① 单元流通面积（实际流道面积及折流杆排列见图 5-79）

管程：$s_t=\frac{S_t}{N_t}=\frac{\pi}{4}d_i^2=\frac{\pi}{4}(38-6)^2=804\text{mm}^2$

壳程光管区：

$$s_s=\frac{S_s}{N_t}=p_t^2-\frac{\pi}{4}d_o^2=44^2-\frac{\pi}{4}\times 38^2\text{mm}^2=802\text{mm}^2 \tag{5-123}$$

壳程折流环区：

$$s_b=\frac{S_b}{N_t}=p_t^2-\frac{\pi}{4}d_o^2-p_t(d_{rd}/2) \tag{5-124}$$

$$=(44^2-\frac{\pi}{4}\times 38^2-44\times 6/2)\text{mm}^2=670\text{mm}^2$$

各区总流通截面积应等于总管数与各单元流道面积的乘积。

② 特性尺寸

管程特性尺寸为管内径 d_i。壳程特性尺寸估算时可采用下述当量直径。

光管区：

$$d_{se}=\frac{4(p_t^2-\frac{\pi}{4}d_o^2)}{\pi d_o} \tag{5-125}$$

$$=\frac{4(44^2-\frac{\pi}{4}\times 38^2)}{\pi\times 38}\text{mm}=26.9\text{mm}$$

折流环区：
$$d_{be}=\frac{4(p_t^2-\frac{\pi}{4}d_o^2-p_t d_{rd}/2)}{\pi(d_o+p_t/2)} \tag{5-126}$$

$$=\frac{4(44^2-\frac{\pi}{4}\times 38^2-44\times 6/2)}{\pi(38+44/2)}\text{mm}=14.2\text{mm}$$

③ 质量流速及雷诺数

壳程雷诺数
$$Re_s=\frac{G_s d_{se}}{\mu_s} \tag{5-127}$$

壳程质量流速
$$G_s=\frac{W_s}{N_t s_s} \tag{5-128}$$

总管数 N_t 是待求值，如初选一个适宜的 Re_s，可求出 N_t 的初值 $N_t^{\ominus}$，并可继续向下计算。

今初选 $Re_s=40000$，则

$$G_s=\frac{Re_s\mu_s}{d_{se}}=\frac{40000\times 2.45\times 10^{-5}}{0.0269}\text{kg/(m}^2\cdot\text{s)}=36.4\text{kg/(m}^2\cdot\text{s)}$$

$$N_t^{\ominus}=\frac{W_s}{G_s s_s}=\frac{14.94}{36.4\times 802\times 10^{-6}}=512$$

折流环区的质量流速 G_b 及 R_{eb},可按

$$G_b=\frac{W_s}{N_t s_b} \tag{5-128a}$$

$$=\frac{14.94}{512\times 670\times 10^{-6}}\text{kg/(m}^2\cdot\text{s)}=43.56\text{kg/(m}^2\cdot\text{s)}$$

$$Re_b=\frac{d_{be}G_b}{\mu_s} \tag{5-127a}$$

$$=\frac{0.0142\times 43.56}{2.45\times 10^{-5}}=25250$$

管侧质量流速 G_t 及 Re_t 分别为

$$G_t=\frac{W_t}{N_t s_t}=\frac{15.67}{512\times 804\times 10^{-6}}\text{kg/(m}^2\cdot\text{s)}=38.05\text{kg/(m}^2\cdot\text{s)}$$

$$Re_t=\frac{d_i G_t}{\mu_t}=\frac{0.032\times 38.05}{2.83\times 10^{-5}}=43020$$

(3) 总传热系数计算

① 管侧给热系数 α_t 可按式(5-24)(忽略管壁温度影响)

$$\alpha_t=\frac{\lambda_t}{d_i}\times 0.023Re_t^{0.8}pr_t^{0.33} \tag{5-24}$$

$$=\frac{4.26\times 10^{-2}}{0.032}\times 0.023\times(43020)^{0.8}(0.685)^{0.33}\text{W/(m}^2\cdot{}^\circ\text{C)}$$

$$=137.6\text{W/(m}^2\cdot{}^\circ\text{C)}$$

② 壳侧给热系数可按图 5-77 估算，图中曲线为：(a) $\lg(Nu/pr^{0.4})=\varphi$ ($\lg Re_s$) 和 (b) 折流杆区阻力系数 $\lg K_b$ 与 $\lg Re_b$ 的函数关系（本图实验点包括水、空气和轻油三种介质，其

使用范围为：$pr=0.72\sim45$，$Re=300\sim1.5\times10^5$，$\frac{\mu}{\mu_w}=0.36\sim0.95$，$S_b/S_s=0.52\sim0.748$，$\frac{s_1(泄漏区面积)}{s_s(壳程流道面积)}=0.09\sim0.219$，$\frac{L_t(管长)}{D_{bo}(折流环外径)}=4.02\sim11.58$，也可用于$\frac{p_f(翅间距)}{H_f(翅高)}=0.965\sim2.99$的低翅片管）。

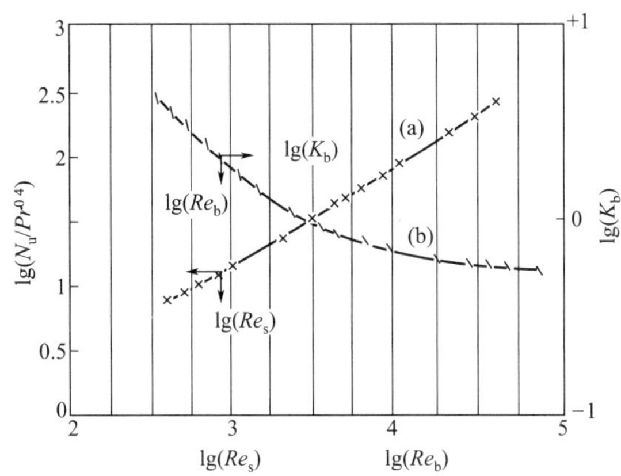

图 5-77　折流杆换热器壳侧传热系数与折流环阻力系数

由图 5-77(a)，$\lg Re_s=\lg40000=4.6$ 查得

$\lg\frac{Nu}{Pr^{0.4}}\cong2.25$，得 $Nu_s/Pr^{0.4}=178$，于是壳程给热系数 α_s 为

$$\alpha_s=Nu_s\frac{\lambda_s}{d_{se}}$$

$$=\frac{178\times0.686^{0.4}\times3.66\times10^{-2}}{0.0269}\text{W/(m}^2\cdot℃)$$

$$=208\text{W/(m}^2\cdot℃)$$

③ 总传热系数

暂不计污垢热阻，取金属壁热导率 $\lambda_w=45.3\text{W/(m}\cdot℃)$，则按管外表面的总传热系数为

$$\frac{1}{K}=\frac{1}{\alpha_s}+\frac{1}{\alpha_t}\times\frac{d_o}{d_i}+\frac{d_o}{2}\times\frac{\ln(d_o/d_i)}{\lambda_w}$$

$$=\left[\frac{1}{208}+\frac{1}{137.6}\times\frac{38}{32}+\frac{0.038}{2}\times\frac{\ln(38/32)}{45.3}\right]\text{W/(m}^2\cdot℃)$$

$$K=74\text{W/(m}^2\cdot℃)$$

由热衡算方程及传热速率方程

$$Q=W_s\Delta_s=W_t\Delta_t=5450\text{kW}$$

④ 求(L_tN_t)

$$Q=KA\Delta T_m=K\pi d_oL_tN_t\Delta T_m$$

$$L_tN_t=\frac{Q}{\pi d_oK\Delta T_m} \tag{5-129}$$

$$=\frac{5450\times10^3}{\pi\times0.038\times74\times106.2}=5809=c_1\quad(N_t^{\ominus}=512)$$

在指定条件下，式(5-129) 的常数值 c_1 与初值 $N_t^{\ominus}$ 有关，在 $\lg L_t-\lg N_t$ 坐标图中，它是

斜率为-1的直线，当$N_t=N_t^{\ominus}$时，$L_t=11.35\text{m}$。

（4）估算压降

① 管内沿程摩擦压降Δp_{ft}

按式(5-71)

$$\Delta p_{ft}=\lambda_{ft}\frac{N_p L_t}{\alpha_i}\times\frac{G_t^2}{2\rho_t}\left(\frac{\mu_t}{\mu_w}\right)^{-m} \tag{5-71}$$

式中，摩擦阻力系数λ_{ft}与Re及相对粗糙度ε/d有关，可由Moody图或Chen式计算

$$\frac{1}{\sqrt{\lambda_f}}=-2.0\lg\left\{\frac{\varepsilon/d}{3.7065}-\frac{5.0452}{Re}\lg\left[\frac{(\varepsilon/d)^{1.1098}}{2.8257}-\frac{5.8506}{Re^{0.8981}}\right]\right\} \tag{5-130}$$

上式应用范围：$Re=4000\sim4\times10^8$，$\varepsilon/d=5\times10^{-7}\sim0.05$

② 管程压降Δp_t

计算管程压降时本应包括沿程摩擦压降、回弯压降与进出口压降。一般第一项是主要的（参见5.2.3.2）。

根据题意，可令$\Delta p_t\cong\Delta p_{ft}$，此时式(5-130)中，$\lambda_f=\lambda_{ft}$，$Re=Re_f$。对无缝钢管取$\varepsilon/d=0.1/32=3.125\times10^{-3}$。当$Re_t=43020$时，可求得$\lambda_{ft}=0.03$。忽略黏度校正项，由式(5-71)，

$$\Delta p_f=\lambda_{ft}\frac{L_t}{d_i}\left(\frac{G_t^2}{2\rho_t}\right)=\frac{\lambda_{ft}}{2\rho_t}\left(\frac{W_t^2}{d_i s_t^2}\right)\frac{L_t}{N_t^2}$$

则

$$\frac{L_t}{N_t^2}=\Delta p_t\left[\frac{2\rho_t d_i}{\lambda_{ft}}\left(\frac{s_t}{W_t}\right)^2\right] \tag{5-131}$$

以允许管侧压降值代入上式，可得

$$\frac{L_t}{N_t^2}=9800\left[\frac{2\times0.671\times0.032}{0.03}\left(\frac{804\times10^{-6}}{15.67}\right)^2\right]$$

$$=3.69\times10^{-5}=c_2\ (N_t^{\ominus}=512)$$

当$N_t=N_t^{\ominus}$时，$L_t=9.67\text{m}$，不能满足传热要求。

λ_{ft}值一般变化不大，在指定条件下，它与初值$N_t^{\ominus}$关系很小，故式(5-131)在$\lg L-\lg N_t$坐标图中是一根斜率为2的直线。

③ 壳程压降Δp_s

壳程压降包括沿管的摩擦压降Δp_{fs}、折流环压降Δp_{bs}和端部压降，在本例中只考虑前两项，故有

$$\Delta p_{fs}=\lambda_{fs}\frac{G_s^2}{2\rho}\times\frac{L_t}{d_{se}}=\frac{\lambda_{fs}}{2\rho d_{se}}\left(\frac{W_s}{s_s}\right)^2\frac{L_t}{N_t^2} \tag{5-132}$$

由$Re_s=40000$，$\varepsilon/d_o=2.63\times10^{-3}$，按式(5-130)可得$\lambda_{fs}\cong0.03$。

$$\Delta p_{bs}=K_b\left(\frac{G_b^2}{2\rho}\right)\frac{L_t}{L_b} \tag{5-133}$$

式中　K_b——折流杆区阻力系数，由图5-77(b)查得，此时横轴用$\lg Re_b$；

　　L_b——折流环间距，m。

于是，结合式(5-132)、式(5-133)及式(5-128)、式(5-128a)得

$$\frac{L_t}{N_t^2}=(\Delta p_{fs}+\Delta p_{bs})\left[\frac{\lambda_{fs}}{2\rho d_{se}}\left(\frac{W_s}{s_s}\right)^2+\frac{K_b}{2\rho L_b}\left(\frac{W_s}{s_b}\right)^2\right]^{-1} \tag{5-134}$$

由 $Re_b=25250$，得 $K_b=0.61$，取 $L_b=0.15$m，并以壳程允许压强值作为 $\Delta p_{fs}+\Delta p_{bs}$ 代入式(5-134)，

$$\frac{L_t}{N_t^2}=11500\times\left[\frac{0.03}{2\times4.12\times0.0269}\times\left(\frac{14.94}{802\times10^{-6}}\right)^2+\frac{0.61}{2\times4.12\times0.15}\left(\frac{14.94}{670\times10^{-6}}\right)^2\right]^{-1}$$
$$=3.93\times10^{-5}=c_3\ (N_t^{\ominus}=512)$$

当 $N_t=N_t^{\ominus}$，$L_t=10.3$，也不能满足传热要求。

(5) 估算 N_t，L_t，D_s

重新选取 $N_t^{\ominus}$ 值，以 $\lg L_t$ 为纵标，$\lg N_t$ 为横标，分别标绘当 $Re_s=40000$，$N_t^{\ominus}=512$ 时的式(5-129)、式(5-131) 和式(5-134)，见图 5-78。图上同时标绘当 $Re_s=30000$，$N_t^{\ominus}=682$ 时的式(5-129) 与 (5-134)。式(5-131) 线与式(5-134) 线平行，并在其右方，故取它与式(5-129) 线的交点处的 $N_t\cong560$ 进行二次试算，其结果如下。

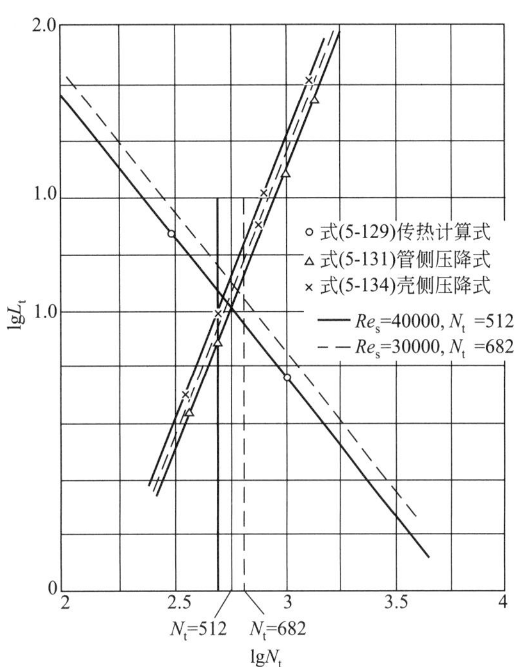

图 5-78　N_t 与 L_t 的试差

传热计算：$N_t=560$，$Re_s=36530$，$\alpha_s=202.9$，$Re_t=39350$，$\alpha_t=128.1$，$K=70$，$L_t=11$m。

压降计算：由管内摩擦压降式，$\Delta p_t=8585\text{Pa}<9800\text{Pa}$；由式(5-134)，$\Delta p_s+\Delta p_{bs}=10355\text{Pa}<11500\text{Pa}$，均小于允许压降值，故可取 $N_t=560$，$L_t=11$m，并由此计算其他尺寸。

由式(5-63a)，对正方形排列时，对角线上管排数 $N_d=1.19\sqrt{560}\cong28$。

折流环内侧与布管限制圆间的间隙取 5mm，由式(5-62)，

$$D_{bi}=D_{otl}+5\times2=[(N_d-1)p_t+d_o]+5\times2$$
$$=\{[(28-1)\times44+38]+10\}\text{mm}=1236\text{mm}$$

若折流环用 ϕ19 圆钢，

$$D_{bo}=(1236+2\times19)\text{mm}=1274\text{mm}$$

取壳与环间隙为 5mm，则得壳内径，

$$D_s=(1274+2\times5)\text{mm}=1284\text{mm}$$

5.2.5.3　核算公式

根据估算得出的 D_s，D_{otl}，D_{bo}，D_{bi}，d_o，p_t，d_{rd}，L_t，作图排管得出实际管数 N_t。按下列关系重新计算基本尺寸、传热系数与流动阻力。各部分实际流通面积及折流杆布置可参见图 5-79。

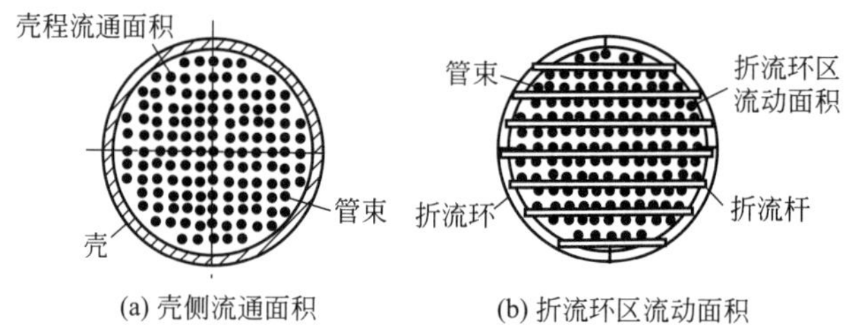

(a) 壳侧流通面积　(b) 折流环区流动面积

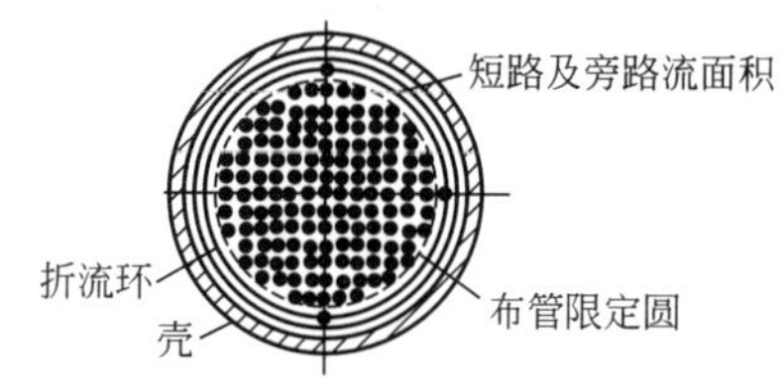

(c) 短路及旁路流面积

图 5-79　实际流通面积及折流杆布置 d'_{se}(m^2)

(1) 重算某些基本几何尺寸

$$S_s=\frac{\pi}{4}(D_s^2-N_t d_o^2),m^2 \tag{5-123a}$$

$$S_b=\left[S_s-\frac{\pi}{4}(D_{bo}^2-D_{bi}^2)-d_{rd}L_{rd}\right],m^2 \tag{5-124a}$$

$$S_l=\frac{\pi}{4}[(D_s^2-D_{otl}^2)-(D_{bo}^2-D_{bi}^2)],m^2 \tag{5-135}$$

$$d'_{se}=\frac{4\left[\frac{\pi}{4}(D_s^2-N_t d_o^2)\right]}{\pi(D_s+N_t d_o)} \tag{5-136}$$

式中　S_s、S_b——光管区及折流环区总流通面积，m^2；

S_l——折流环区的总泄漏面积，m^2；

L_{rd}——每一折流环上折流杆总长，m（按 D_{bi} 内两根折流杆间距为 $2p_t$ 计算）；

d'_{se}——用于压降计算的壳程当量直径，m。

(2) 重算壳侧给热系数 α_s

$$\frac{\alpha_s d_{se}}{\lambda_s}=C_1C_2C_3Re_s^n Pr^{0.4}\left(\frac{\mu}{\mu_w}\right)^{0.14} \tag{5-137}$$

式中　$C_1=(a_1-a_2\lambda)+(a_3-a_4\lambda)\exp(-a_sL_b)$；

$C_2=0.96+a_6\exp[-a_7(L_t/D_{bo}-1)^2]$；

$\lambda=[(S_l/S_s)+0.1]^{0.5}$；

d_{se}——按式(5-125) 计算，m；

Re_s——按式(5-127) 计算；

L_b——环间距，mm；

C_3——翅片管的校正因子（对光管，$C_3=1$），

$$C_3=a_8+a_9(p_f/H_f-0.965)^b$$

p_f——翅片管的翅间距，mm；

H_f——翅片高，mm。

各常数及指数值如表 5-51 所示，表中列出的数值只适用于本节图示型式折流杆式换热器，参数适用范围同图 5-77。

表 5-51　折流杆换热器壳程给热系数关联式中涉及的常数值

常　数	a_1	a_2	a_3	a_4	a_5	a_6	a_7	a_8	a_9	n	b
$Re_s \leqslant 2000$	0.182	0.172	0.12	0.0533	0.00615	0.2697	0.01705	0.519	0.146	0.6	2.117
$Re_s > 2000$	0.042	0.0417	0.023	0.0117	0.00496	0.2437	0.01614	0.503	0.318	0.8	1.155

（3）重算壳程压降

$$\Delta p_{fs} = \lambda_f \frac{L_t}{d'_{se}} \left(\frac{W_s}{S_s}\right)^2 \frac{1}{2\rho_s} \tag{5-132a}$$

$$\Delta p_{bs} = K_b N_b \left(\frac{W_s}{S_b}\right)^2 \frac{1}{2\rho_s} \tag{5-133a}$$

折流杆局部阻力系数

$$\begin{aligned} K_b = & \{1+0.22\exp[-0.02015(L_t/D_{bo}-1)^2]\}\times \\ & \{1.2053\exp[-1.6229(S_b/S_s)]+ \\ & \frac{48732}{Re'_b}\exp[-6.8915(S_b/S_s)]\} \end{aligned} \tag{5-138}$$

$$Re'_b = d'_{se}\left(\frac{W_s}{S_b}\right)/\mu_s \tag{5-139}$$

d'_{se} 按式(5-136)，

阻力系数 λ_{fs}，对光管，按 $Re'_s = \dfrac{d'_{se} W_s}{S_s \mu_s}$ 计算。

层流区 $$\lambda_{fs} = 13.12/(Re'_s)^{0.696} \tag{5-140}$$

过渡区 $$\lambda_{fs} = 1.356\times 10^{-3}(Re'_s)^{0.42} \tag{5-140a}$$

湍流区 $$\lambda_{fs} = 0.4344/(Re'_s)^{0.22} \tag{5-140b}$$

如不满足设计要求，应重新调整。

Hesselgreaves（1988）提出了一个比较简单的折流环区的局部阻力系数计算关系

$$K_b = \left(1.0+\frac{3000}{Re_b}\right)\left(\frac{p_t^2}{p_t^2-\frac{\pi}{4}d_o^2-p_t d_{rd}/2}\right) \tag{5-138b}$$

式中，Re_b 按式(5-127a) 计算。

【例 5-6】 按例 5-5 计算结果进行核算。

解　已知 $D_s=1.284\text{m}$，$D_{otl}=1.226\text{m}$，$D_{bo}=1.274\text{m}$，$D_{bi}=1.236\text{m}$，$N_t=560$，$L_t=11\text{m}$，$p_t=44\text{mm}$，$d_o=38\text{mm}$，$d_i=32\text{mm}$，$d_{rd}=6\text{mm}$，$L_b=150\text{mm}$。

（1）计算流通面积

由式(5-123a)，$S_s=\dfrac{\pi}{4}\times(1.284^2-560\times 0.038^2)\text{m}^2=0.66\text{m}^2$

由式(5-124a)，$S_b=S_s-\dfrac{\pi}{4}(D_{bo}^2-D_{bi}^2)-d_{rd}L_{rd}$

L_{rd} 为一个折流环上折流杆总长度，按布置在 D_{bi} 内杆间距$=2p_t=2\times 44=88\text{mm}$ 共 13 根估算，$L_{rd}\approx 11.6\text{m}$，故

$$S_b=\left[0.66-\frac{\pi}{4}(1.274^2-1.236^2)-0.006\times11.6\right]\text{m}^2=0.51\text{m}^2$$

按式(5-135)，

$$S_l=\frac{\pi}{4}[(1.284^2-1.223^2)-(1.274^2-1.236^2)]\text{m}^2=0.045\text{m}^2$$

计算用于压降的壳程当量直径 d'_{se}，按式(5-136)，

$$d'_{se}=\frac{D_s^2-N_t d_o^2}{D_s+N_t d_o}=\frac{1.284^2-560\times0.038^2}{1.284+560\times0.038}\text{m}^2=0.0372\text{m}$$

(2) 计算传热系数

① 管程给热系数 α'_t

因为 $\dfrac{G'_t}{G_t}=\dfrac{Re'_t}{Re_t}=\dfrac{N_t}{N'_t}$，$N_t=512$ 时，$G_t=38.05\text{kg}/(\text{m}^2\cdot\text{s})$，$Re_t=43020$，$\alpha_t=137.6\text{W}/(\text{m}^2\cdot℃)$

所以 $G'_t=38.05\left(\dfrac{512}{560}\right)=34.8\text{kg}/(\text{m}^2\cdot\text{s})$

$$Re'_t=43020\left(\frac{512}{560}\right)=39330$$

$$\alpha'_t=\alpha_t\left(\frac{N_t}{N'_t}\right)^{0.8}=137.6\left(\frac{512}{560}\right)^{0.8}=128\text{W}/(\text{m}^2\cdot℃)$$

② 复算壳程给热系数 α'_s

$$d_{se}=0.0269\text{m},\ G'_s=\frac{W_s}{N'_t S_s}=\frac{14.94}{560\times802\times10^{-6}}\text{kg}/(\text{m}^2\cdot\text{s})=33.27\text{kg}/(\text{m}^2\cdot\text{s})$$

$$Re'_s=\frac{G'_s d_{se}}{\mu_s}=\frac{33.27\times0.0269}{2.45\times10^{-5}}=36500>2000，湍流$$

按式(5-137) 计算 α'_s：已知 $\lambda_s=0.0366\text{W}/(\text{m}\cdot℃)$，$Pr_s=0.686$，忽略壁温影响，注意到 $L_b=150\text{mm}$，

$$\lambda=\left[\frac{S_l}{S_s}+0.1\right]^{0.5}=\left[\frac{0.045}{0.66}+0.1\right]^{0.5}=0.41$$

$$\begin{aligned}C_1&=(0.042-0.0417\times0.41)+(0.023-0.0117\times0.41)\exp(-0.00496\times150)\\&=0.034\end{aligned}$$

$$C_2=0.96+0.2437\left[-0.01614\left(\frac{11}{1.274}-1\right)^2\right]=1.055$$

则 $\alpha'_s=\dfrac{0.0366}{0.0269}\times0.034\times1.055\times36500^{0.8}\times0.686^{0.4}\text{W}/(\text{m}^2\cdot℃)=187.4\text{W}/(\text{m}^2\cdot℃)$

③ 计算传热系数

$$\frac{1}{K'}=\frac{1}{187.4}+\frac{0.038}{2}\times\frac{\ln(38/32)}{45.3}+\frac{1}{128}\times\frac{38}{32}$$

$$K'=68.1\text{W}/(\text{m}^2\cdot℃)$$

$$L'_t=\frac{Q}{K'\Delta T_m\pi d_o N'_t}=\frac{5.45\times10^6}{68.1\times106.2\times\pi\times0.038\times560}\text{m}=11.27\text{m}$$

故取 $L_t=11.5\text{m}$，再核算压降是否满足。

(3) 核算压降

① 重算管侧压降

$$\Delta p'_t=\lambda_{ft}\frac{L'_t}{d_i}\left(\frac{G'^2_t}{2\rho_t}\right)$$

$$=0.03\times\frac{11.5}{0.032}\times\left(\frac{34.8^2}{2\times0.67}\right)=9743\text{Pa}<9800\text{Pa}$$

② 壳程压降

由 $d'_{se}=0.0372\text{m}$，$G_s=\frac{14.94}{0.66}=22.64\text{kg}/(\text{m}^2\cdot\text{s})$，$Re'_s=\frac{0.0372\times22.64}{2.45\times10^{-5}}=34370$，

按式(5-140b)，$\lambda_{fs}=0.4344/(Re'_s)^{0.22}=0.0436$

则
$$\Delta p_{fs}=0.0436\times\frac{11.5}{0.0372}\times\frac{22.64^2}{2\times4.12}\text{Pa}=838\text{Pa}$$

按式(5-139)，

$$Re'_b=d'_{se}\left(\frac{W_s}{S_b}\right)/\mu_s=0.0372\left(\frac{14.94}{0.51}\right)\frac{1}{2.45\times10^{-5}}=44480$$

按式(5-138)，

$$K_b=\left\{1+0.22\exp\left[-0.02015\times\left(\frac{11.5}{1.274}-1\right)^2\right]\right\}\times$$

$$\left\{1.2053\exp\left[-1.6229\times\left(\frac{0.51}{0.66}\right)\right]+48732\exp\left[1-6.8915\times\left(\frac{0.51}{0.66}\right)\right]/44480\right\}$$

$$=1.06\times[0.3439+0.0145]=0.38$$

折流环数 $N_b=\frac{11.5}{0.15}\cong76$

∴
$$\Delta p'_{bs}=0.38\times76\times\left(\frac{14.94}{0.51}\right)^2\times\frac{1}{2\times4.12}\text{Pa}=3007\text{Pa}$$

$$\Delta p'_s=838+3007=3845\text{Pa}<11500\text{Pa}$$

(4) 讨论

① 从计算结果看，管程的给热系数与压降比较紧张，壳程压力大于管程，壳程的流量又小于管程，因此，如将壳程流体改走管程，使管数减少而管长增加，其传热效果与压降可能更为理想。

② 当允许压降有规定时，先估算在允许压降下的换热器管数和长度再进行调整，可能会更方便一些。

5.3 再 沸 器

5.3.1 概述

5.3.1.1 再沸器的用途与分类

再沸器是蒸馏塔底（或侧线）的热交换器，用来气化一部分液相产物返回塔内作气相回流，使塔内气液两相间的接触传质得以进行，同时提供蒸馏过程所需的热量，它又称为重沸器。因此，设计再沸器时，必须同蒸馏塔的操作特点和结构联系起来考虑。

石油化工厂中，再沸器多采用管壳式换热器，主要有如图 5-80 所示的几种型式。

热虹吸式再沸器为有组织的自然循环式，精馏塔底的液体进入再沸器被加热而部分气化，形成的气液混合物的密度显著减小，并一起进入精馏塔内空间再进行液气分离，利用两侧的密

度差使塔底液体不断被“虹吸”入再沸器。热虹吸再沸器有立式和卧式两种。立式通常在管内沸腾，且为单管程；卧式则在管间气化，可以是多管程。立式的优点是结构和管线配置紧凑，价格和安装费用相对较低，传热系数较高，物料在加热管内停留时间较短，不易结垢，管程易清洗；缺点是塔的安装高度较高，单个设备的传热面积有一定限制，不适宜于高黏液体或在高真空下操作。卧式的传热面积较大，清洗方便，对塔内液面和流体压降要求不高，宜于真空下操作，但占地面积较大。

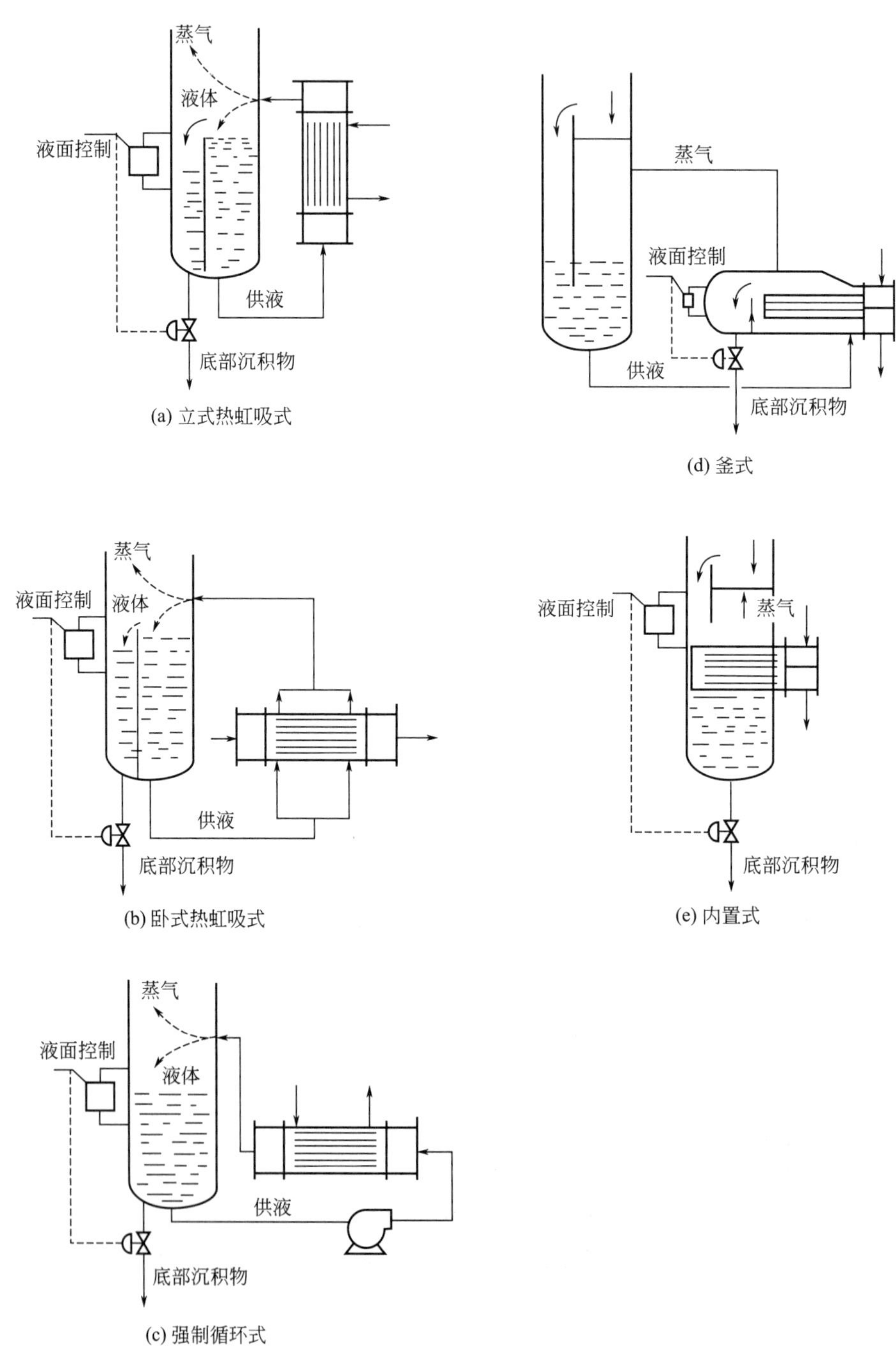

图 5-80　再沸器型式

强制循环式再沸器也有立式和卧式两类。它依靠泵的压头外加机械能量维持强制循环，因而循环速度便于控制和调节；物料流速较高（循环速度可高达 5～6m/s）；停留时间进一步缩短，故可减少结垢倾向；适用于黏稠物料、有少量固体的悬浮液和热敏性物料；并可制成大传热面的换热器；但投资和操作费用较高，泵的密封处（如填料函）易漏液。工艺流体通常走管侧，其传热与压降计算均可按强制对流进行。

在釜式再沸器中，可抽出的加热管束沉浸在大壳体（釜）中的沸腾液体内，故循环在管束与其周围液体之间进行，气液分离也在釜内上部空间完成。其优点是维修和清洗方便，传热面积大，气化率高，操作弹性大，可在真空下操作。但其传热系数小，壳体容积大，物料停留时间长，易结垢，外部配管所占空间较大，投资较高。

内置式再沸器是将管束直接置于塔内，因而不需要壳体和工艺配管，结构简单，投资小，易清洗，但由于塔内容积有限，传热面积较小，液体循环差，不适宜于黏稠液体。设计计算原则与釜式再沸器相同。

5.3.1.2　沸腾传热的基本关系式

沸腾传热时，热量是由加热壁面传给液体，使液体气化。在加热壁面上不断经历着气泡的形成、长大和脱离的过程，壁面附近的流体处于强烈扰动状态，并伴随着质量和潜热的传递，因此，对于同种流体，沸腾时的对流给热系数比无相变时要大得多。沸腾传热在工业上应用广泛，石油、化工厂中常用的再沸器、蒸发器、蒸汽锅炉等都是通过液体沸腾产生蒸气的。

按沸腾液体所处空间与流动条件的不同，沸腾可分为：ⓐ池内沸腾（或称大容积沸腾）：加热面沉浸于液体中，生成的气泡脱离加热面以后自由浮升，液体的运动是由气泡扰动和自然对流引起的，不存在液体的平均宏观流速；ⓑ流动沸腾：液体以一定的宏观流速受迫掠过加热壁面时的沸腾。

由于表面张力的作用，气泡的曲率半径愈小，泡内的压力就愈大，对应的气化平衡温度就愈高。因此，产生液体沸腾的条件是：液体必须过热和存在气化核心。液体温度 t_l 要大于与沸腾液面上方压力相对应的饱和温度 t_s，即有一定的过热度（t_l-t_s）。实验观察表明，液体的过热度集中于加热壁面附近的一薄层液体内，其余部分液体的过热度很小；直接贴近加热面的液层温度接近于壁面温度，过热度最大，即有 $\Delta T_s=t_w-t_s$（这也是沸腾传热公式中引用的过热度，有时用 Δt_b 表示）。这样，气泡才能在加热壁面上发生，热量才能同时由周围液体传给气泡，使气泡在不断长大（曲率半径增加）和变形的过程中脱离加热面上升。但并非加热表面的任何地点都能产生气泡，只是在某些气化核心上才能形成。加热表面上的划痕（凹痕）或空穴中吸附的气体或残存的蒸气都可成为气化核心。除物性和过热度外，沸腾传热的强度与气化核心的分布密度、气化核心上气泡生成的频率有互相关的关系，传热面的表面条件和几何形状也有很大影响。

由于影响沸腾传热的因素很多，在实验基础上得到的各类公式计算结果差异也很大。这里介绍的是一些常见的沸腾情况和常用的计算公式。

（1）池内沸腾

池内沸腾给热系数 α 或热流密度 q 随过热度 $\Delta T_s=t_w-t_s$ 的变化曲线称为沸腾曲线，它随工质和沸腾条件而不同，但其基本形状相似。图 5-81 所示为常压下水的池内沸腾曲线。根据过热度的大小，沸腾曲线可以分为泡核沸腾和膜状沸腾两个区域。由图可知，当过热度很小时（AB 段），加热表面的液体轻微过热，使液体内部产生自然对流，没有气泡逸出液面，只在液体表面上发生蒸发，α 比较小，曲线斜率也较小，此阶段的给热与一般大空间内自然对流

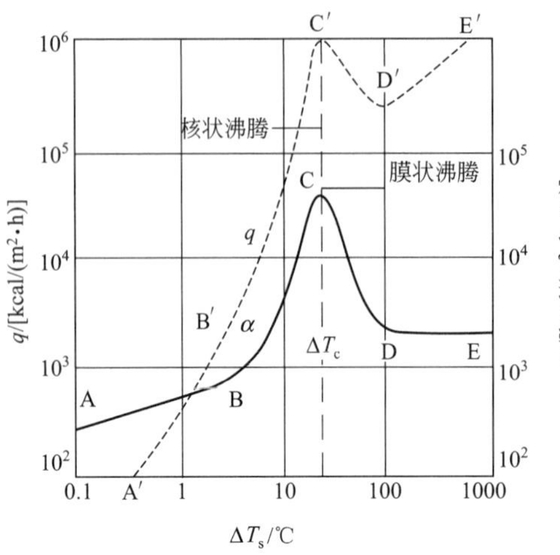

图 5-81 水在常压下的沸腾曲线

相同；ΔT_s 继续增加时，气泡开始在加热面的个别点上产生，α 的升高加快，气化核心数随 ΔT_s 增大而增多，热流密度 q 增大，气泡长大速率和脱离频率也增快，使液体受到强烈扰动，又促使 α 与 q 的急剧增大，此阶段（BC 段）称泡核沸腾（或核状沸腾）；C 点称为临界点，当 ΔT_s 达到 ΔT_c 时，与其相应的 α 与 q 均达到临界极值 α_c 与 q_c；此后，ΔT_s 再增大，气泡大量产生并在壁面上连成气膜，由于气膜的热阻大，α 迅速下降（CD 段），此时形成的气膜不稳定，可随时破裂变成大气泡离开加热面，称为不稳定膜状沸腾阶段；随过热度继续增大，加热面温度很高，辐射传热变得显著，表观上 α 又重新上升，此阶段（DE 段）称为稳定的膜状沸腾阶段。常压下大容器内水沸腾时的临界点参数为：$\Delta T_c \cong 25$℃，$\alpha_c \cong 10^5$ W/(m² · ℃)，不同液体在不同压强下的临界点参数的数值均不相同。

由于泡核沸腾阶段给热系数大，壁温较低，而膜状沸腾的 α 低，且在恒热流条件下（如核反应堆中），壁温会自动升高而发生“烧毁”，故工业生产中的沸腾传热应控制在泡核沸腾区进行。这里给出常见的池内泡核沸腾给热系数 α_{nb} 的计算公式。

① Rohsenow 公式(1952)

$$\alpha_{nb} = q/\Delta T_s \tag{5-141}$$

$$\frac{C_{pL}\Delta T_s}{\Delta h_v} = C_{SF}\left\{\frac{q}{\mu_L \Delta h_v}\sqrt{\frac{\sigma}{g(\rho_L-\rho_G)}}\right\}^{0.33} Pr_L^n \tag{5-142}$$

式中 α_{nb}——泡核沸腾给热系数，W/(m² · ℃)；

C_{pL}——液体的比热容，J/(kg · ℃)；

ΔT_s——壁面与饱和液体的温差（$t_w - t_s$），℃；

Δh_v——液体的比气化焓，J/kg；

C_{SF}——取决于加热表面状况和液体性质的系数，表 5-52 给出了部分实测值，如 C_{SF} 查不到，可取为 0.013；

q——沸腾时的热流密度，W/m²；

σ——界面张力，N/m；

ρ_L——液体的密度，kg/m³；

ρ_G——蒸气的密度，kg/m³；

Pr_L——液体的 Pr 数，$Pr_L = \dfrac{C_{pL}\mu_L}{\lambda_L}$；

μ_L——液体的黏度，Pa · s；

λ_L——液体的热导率，W/(m · ℃)；

n——指数，对水为 1.0，其他物料为 1.7。

上式适用于单组分泡核沸腾，定性温度：对液体取 t_s，对蒸气取 $\frac{1}{2}(t_s + t_w)$。

表 5-52　式(5-142)中系数 C_{SF} 值

不同物料和不同加热表面	C_{SF}	不同物料和不同加热表面	C_{SF}
水-镍	0.006	苯-铬	0.010
水-铂	0.013	正戊烷-铬	0.0150
水-有刻痕的铜	0.068	乙醇-铬	0.0027
水-金刚砂抛光的铜	0.0128	异丙醇-铜	0.00225
水-黄铜	0.006	正丁醇-铜	0.00305
水-机械磨光的不锈钢	0.0132	CCl_4-铜	0.013
水-不锈钢	0.020	CCl_4-金刚砂抛光的铜	0.0070
水-聚四氟乙烯涂覆的不锈钢	0.058	35%K_2CO_3 溶液-铜	0.0054
水-化学腐蚀的不锈钢	0.0133	50%K_2CO_3 溶液-铜	0.0027

② Forster-Zuber 公式(1955)

$$\alpha_{nb}=\frac{0.0122\Delta T_s^{0.24}\Delta p^{0.75}C_{pL}^{0.45}\rho_L^{0.49}\lambda_L^{0.79}}{\sigma^{0.5}\Delta h_v^{0.24}\ \mu_L^{0.29}\ \rho_G^{0.24}} \tag{5-143}$$

式中　ΔT_s——$\Delta T_s=t_w-t_s$，℃；

Δp——相应于 t_w 和 t_s 下组分的饱和蒸气压差 $p_w^*-p_s^*$，Pa，当缺乏数据时，也可用 Clapeyron-Clausius 方程求取，即

$$\ln\frac{p_w^*}{p_s^*}=\frac{\Delta h_v M}{R}\left[\frac{1}{T_s}-\frac{1}{T_w}\right] \tag{5-144}$$

M——沸腾液体的千摩尔质量，kg/kmol；

R——理想气体常数，$R=8314.3$J/(kmol·K)；

T_s、T_w——饱和温度、壁温，K。

故
$$\Delta p=p_w^*-p_s^*=p_s^*\left\{\exp\left[\frac{\Delta h_v M}{R}\left(\frac{1}{T_s}-\frac{1}{T_w}\right)\right]-1\right\} \tag{5-144a}$$

③ Mostinski 公式(1963)

$$\alpha_{nb}=3.596\times10^{-5}p_c^{0.69}q^{0.7}F(k) \tag{5-145}$$

或
$$\alpha_{nb}=1.535\times10^{-5}p_c^{2.3}\Delta T_s^{2.33}F(p)^{3.33} \tag{5-145a}$$

式中　p_c——沸腾液体的临界压力，Pa；

$F(p)$——压力修正系数；

$$F(p)=1.8p_r^{0.17}+4p_r^{1.2}+10p_r^{10} \tag{5-146}$$

p_r——对比压力，$p_r=p/p_c$；

p——沸腾压力，Pa。

Palen 等（1972）建议，再沸器设计中，式(5-146) 中后两项可忽略。

式(5-145) 应用比较广泛，一般认为偏于保守。适用于单管外、单组分液体的核状沸腾，$p_c>3000$kPa，$p_r=0.01\sim0.9$，$q<q_c$。

池内沸腾时，单管的临界热流密度 q_c 可按下式估算

$$q_c=0.37p_c\left(\frac{p}{p_c}\right)^{0.35}\left(1-\frac{p}{p_c}\right)^{0.9} \tag{5-147}$$

式中，q_c 的单位为 kW/m²，p_c 的单位为 kPa。

(2) 流动沸腾

工业上应用较多的是管内流动沸腾，且多为垂直管内上升流，沸腾传热与两相流动相互发生耦合影响，比池内沸腾要复杂得多。图 5-82 为垂直管内上升的两相流动的各种流型。随气

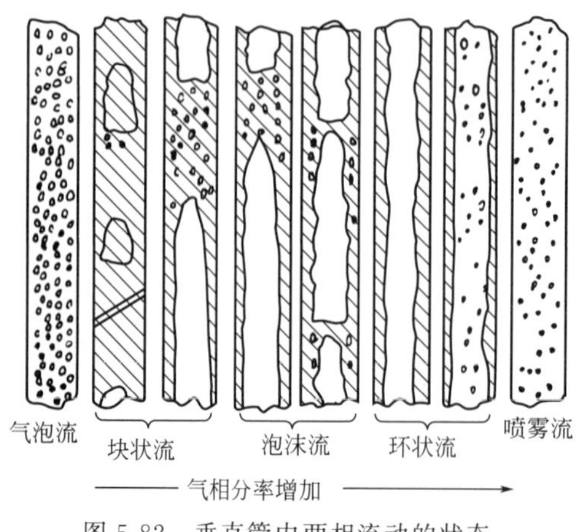

图 5-82 垂直管内两相流动的状态

相分率的增加，垂直管内上升的两相流型依次分为气泡流、活塞状流（或称块状流）、搅混流（或称泡沫流）、环状流和雾状流。图 5-83 可用来判断垂直管上升的气液两相流大体属于哪一种流型。图中横坐标为 $1/X_{tt}$，X_{tt}为液体和气体均为湍流流动时的 Martinelli 参数，在使用本图时的定义为

$$X_{tt}=\left(\frac{1-x}{x}\right)^{0.9}\left(\frac{\rho_G}{\rho_L}\right)^{0.5}\left(\frac{\mu_L}{\mu_G}\right)^{0.1} \quad (5\text{-}148)$$

式中 x——气相质量分率；

ρ_L、ρ_G——液、气相密度，kg/m^3；

μ_L、μ_G——液、气相黏度，Pa・s。

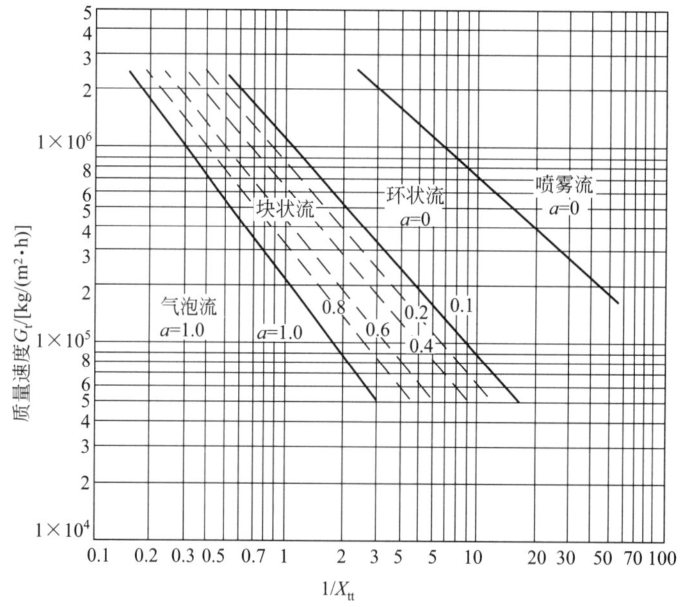

图 5-83 垂直管内两相流动状态的推定

纵坐标 G_t 是总质量流速[kg/(m^2・h)]，参数 a 相当于 Chen 氏公式(5-149) 中的 s（但不全等)。

这类流型判别图中的分界线实际上是一条带状区，两侧流型在带状区中均可能出现，热负荷越高，偏差越大，故只能用于粗略估计。

设计时必须避免流型处于雾状流区。对烃类，在压力下再沸器中沸腾时，x 不宜超过 0.35，在真空下，不超过 0.5。

垂直管内上升时局部沸腾给热系数 α 计算常采用 Chen 氏公式。

$$\alpha=s\alpha_{nb}+F\alpha_L \quad (5\text{-}149)$$

式中 s——核状沸腾的抑制因子，可用图 5-84(b) 或式(5-150) 计算；

$$s=\frac{1}{1+2.53\times10^{-6}Re_{tp}^{1.17}} \quad (5\text{-}150)$$

Re_{tp}——两相流 Re 数；

$$Re_{tp}=Re_L F^{1.25} \tag{5-151}$$

α_L——液相单独存在时的强制对流给热系数，W/(m^2·℃)，可按管内传热的各种关系（表 5-5 或图 5-51 等）计算；

Re_L——液相 Re 数；

$$Re_L=\frac{4W(1-x)}{\pi d_i N_t \mu_L} \tag{5-152}$$

W——总质量流率，kg/s；

N_t——管数；

d_i——管内径，m；

F——修正因子，由图 5-84(a) 或下式求取；

$$F=2.35\left(\frac{1}{X_{tt}}+0.213\right)^{0.736} \tag{5-153}$$

X_{tt}——Martinelli 参数，式(5-153) 中可取；

$$X_{tt}=\left(\frac{1-x}{x}\right)^{0.875}\left(\frac{\rho_G}{\rho_L}\right)^{0.5}\left(\frac{\mu_L}{\mu_G}\right)^{0.125} \tag{5-148a}$$

$$当\frac{1}{X_{tt}}<0.1 时，F=1；$$

α_{nb}——液体在单管内的核状沸腾给热系数，W/(m^2·℃)，可选用式(5-142)、式(5-143) 或式(5-145) 计算。

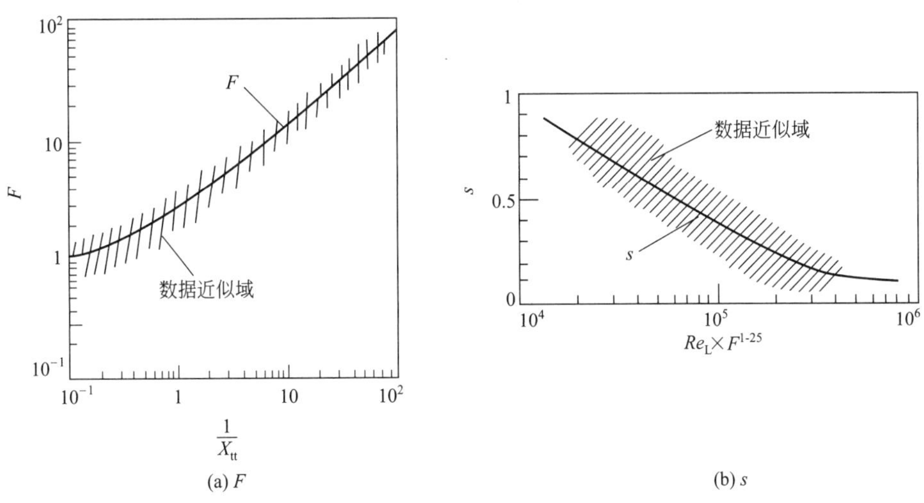

图 5-84 修正因子 F 和抑制因子 s [式(5-149)]

管壁的局部热流密度 q

$$x>0, q=\alpha\Delta T_s \tag{5-154}$$

$x<0$（过冷沸腾区），

$$q=\alpha_L(t_w-t_b)+\alpha'\Delta T_s \tag{5-155}$$

式中 t_b——液相主体平均温度，℃。

$$\alpha'=\frac{1}{1+2.53\times10^{-6}Re_L^{1.17}}\alpha_{nb} \tag{5-156}$$

在管束间的对流沸腾参见 5.3.2～5.3.4 节。

5.3.1.3　再沸器型式的选用

各种型式的再沸器各有其优缺点与适用场合。强制循环式再沸器的结构和管线比较复杂，制造费和泵送成本费高，只在某些特殊场合如要求气化率很低、塔底物料黏度很高或热敏性很强、易于结垢以及在高真空（1300Pa 以下）下处理宽馏分液体等情况时才考虑使用。

釜式再沸器对操作条件的变化不敏感，可达到很高的气化率或使用很低的温差，在真空下或在接近临界压力下操作时，设计比较可靠，也常用于获得高浓度的排出物（废弃物），采用翅片管可以提高其传热效率。在传热面积可以满足要求时，内置式是最经济的一种，其性能与釜式类似。

热虹吸式使用最广。统计资料表明，炼油工业约 95％使用卧式热虹吸，而化工行业约 95％使用立式，石油化工企业则介于其间，其原因与装置规模以及介质的结垢性有关，也可能反映了使用习惯，选用时应根据实际情况确定。热虹吸式再沸器的局限性是不宜用于黏性大、有特殊结垢倾向的介质，以及热源温度不稳定、或再沸器前后方过程不稳定的场合，气化率要在一定范围之内（见表 5-53）。热虹吸式再沸器按操作方式又可分为一次通过式和循环式，这种差别是由再沸器进出口同塔内的连接方式不同引起的。

表 5-53　再沸器的性能比较

再沸器型式	立式热虹吸式		卧式热虹吸式		釜　式
	一次通过式	循环式	一次通过式	循环式	
沸腾液体走向	管程	管程	壳程	壳程	壳程
气化率　最低	约 5％	约 10％	约 10％	约 15％	—
气化率　常用设计上限	约 25％	约 25％	约 25％	约 25％	—
气化率　最大	约 30％	约 35％	约 30％	约 35％	80％
单台传热面积/(m^2/台)	较小(＜750)	较小	较大	较大	大
加热区停留时间	短	中等	短	中等	大
要求温度差 ΔT	高	高	中等	中等	可变范围较大
设计液位高差(循环推动力)	受高度限制	受高度限制	可较大	可较大	—
可控性	中$^{+}$	中	中$^{+}$	中	好
传热系数	高	高	较高	较高	较低
分离效果(相当理论板)	接近一块	低于一块	接近一块	低于一块	一块
结垢难易	不易	较不易	不易	较不易	易
清洗维护	困难(壳侧不能)	困难(壳侧不能)	较易	较易	易
占地	小	小	大	大	大
塔裙座位置(要求液位高差)	高	高	较低	较低	低
管线连接	简单	简单	较长	较长	较长
投资	较低	较低	中等	中等	较高
允许并联台数	最多三台(但投资增大)	最多三台(但投资增大)	根据需要	根据需要	根据需要
常用壳体型式	"E"型 固定管板式	"E"型 固定管板式	"E","G","H","X"型管束可抽出		"K"型管束可抽出
其他	对操作条件变化敏感,在中等压力和窄沸点范围的介质设计较可靠		对操作条件较敏感,可用于宽沸点范围的介质		对操作条件变化不敏感,在真空和高压下设计较可靠

采用一次通过式时，进料可直接从底部塔板的降液管液封中直接引出，经再沸器回到塔底分离空间，分出的液相即为塔的排出物［图 5-85(a)］，引出管中的自由液面可在 A、B 两点间变化，以克服系统的流动阻力。采用这种方式，液体在加热区停留时间短，可以减轻结垢倾向；对于相对挥发度高的混合物能保持最大的加热温差，操作上的稳定性略优于循环式，可在较低气化率（5%～10%）下操作，但其气化率不宜超过再沸器进料量的 25%～30%（一般设计值应低于 25%），否则给热系数将大幅度降低。因此，有人认为❶，只要气化率能满足需要，宜选用一次通过式，设计时应按蒸馏塔最大可能负荷（例如塔内在 100%泛点百分数下的操作负荷）核算其气化率。

循环式允许有较高的气化率（见表 5-52），显然，图 5-80(a)、(b)（有纵向隔板）和图 5-85(b)、(c) 都属于循环式。其特点是底部塔板流下的液体与再沸器出口分离的液体混合（全部或部分），再回到再沸器。塔底是否设置纵向隔板，取决于系统的相对挥发度和系统对稳定性的要求，也影响再沸器的传热面积（制造成本）。当相对挥发度较小时，可以不设隔板，这时塔内有最大气液分离截面与缓冲空间；相对挥发度大时（例如大于 1.5），采用隔板可减小传热面积。图 5-80(a)、(b) 型的塔内隔板能使作为再沸器推动力的液面高度维持恒定，因而系统稳定性提高，也是最常用的结构；图 5-85(c) 的隔板设置可以使再沸器内温差进一步增加，但只在相对挥发度很大的系统才比较有利，故使用很少。

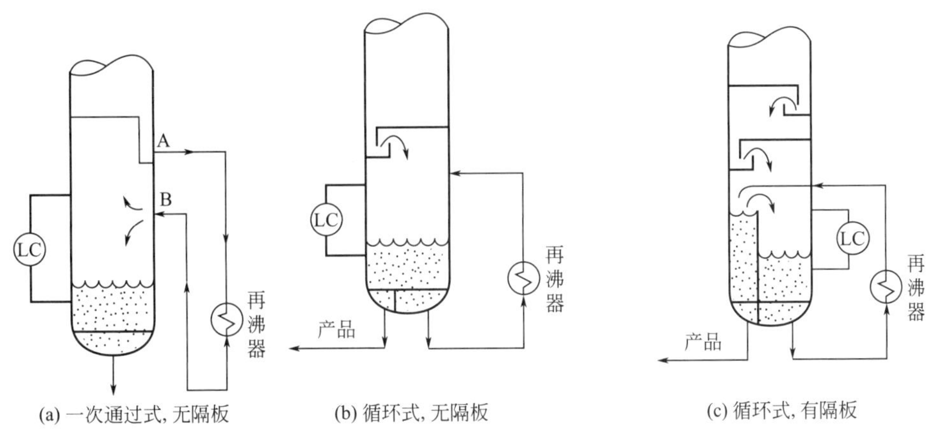

图 5-85　热虹吸再沸器的操作方式

表 5-52 列出了几种常用的再沸器的一些指标供比较选用。

应当再次强调，设计再沸器时必须同蒸馏塔的操作要求和造价一起考虑。例如，对小塔用立式热虹吸式是便宜的，但对大塔用立式时就可能不经济；当用作塔的中间（侧线）再沸器时，入塔处的塔板应有较大的降液管，避免开工初期突然循环时，大量液体涌入塔内造成液泛。

5.3.1.4　再沸器的设计

再沸器设计计算方法随型式而异。其设计内容与一般换热器相似，包括传热计算、局部结构的确定、有关工艺尺寸和安装尺寸的确定以及流体力学计算等内容。对热虹吸式再沸器要特别注意其操作稳定性。

（1）传热计算

---

❶ Sloley A. E. CEP. 1997，93(3)：52-64.

① 获取进料与加热介质的操作条件及有关基础数据，如进料的操作压力、沸腾温度、比气化焓、临界压力、气液相的密度和黏度、加热介质（通常为水蒸气）的操作压力与温度等。

② 确定再沸器的传热温差、按气化任务计算出热负荷，根据经验估计总传热系数，表5-54为推荐用于初估的两侧对流给热系数值，初估出传热面积，然后选择适宜型式和规格，获得再沸器的有关工艺尺寸。

表 5-54 推荐用于初估的再沸器两侧对流给热系数 单位：W/(m^2·℃)

加热侧		沸腾侧			
冷凝蒸汽	8000～10000	C_2～C_4 烃类	1900	C_2～C_7 醇类	1900
热水	2300	汽油与石脑油	1100	氧化烃类	1400
热油	700	芳香烃	1900	水(0.1MPa)	3800

③ 核算传热系数，应使所选再沸器的传热面积接近所需传热面积，并有一定的安全裕量。计算临界热流密度，其值应大于所选再沸器的实际热流密度。这个过程往往需要分段计算和反复试差。

(2) 局部结构的确定

不同型式的再沸器，其结构各异，如：

a. 釜式再沸器如图5-80(d) 所示。管束可用浮头式或U形管式；传热管可用光管，也可用低翅片管；一般管束后端设堰，以维持管束浸没在沸腾液体内，液体经堰上方溢流至排出口；为防止液体被蒸气夹带，管束上方要有足够的分离空间，因而其壳径比管束直径大得多。

b. 卧式热虹吸再沸器。与釜式的区别在于雾沫夹带的去除在塔内进行，壳内不需要分离空间。

c. 立式热虹吸再沸器。传热管一般采用光管，但当管内沸腾给热系数比管外侧小得多时，也有采用内翅片管的。

(3) 工艺尺寸和安装尺寸的确定

根据确定的传热面积和选定的型式和结构，进一步确定各种工艺尺寸。根据经验选定适宜的再沸器的入、出口管径，作出初步的平、立面布置，估计各部分管线长度及管件配置，确定塔与再沸器之间的标高差等。

(4) 流体力学计算

计算再沸器各部分压降，应使推动力适当大于循环流动的总压降，以保证再沸器的正常操作。若不能满足要求，则须调整有关工艺尺寸，甚至另选再沸器型号。这部分计算和传热计算是密切相关的，但只有在再沸器尺寸确定后才能进行。

再沸器的设计计算较为复杂，例如在立式热虹吸再沸器计算中，由于沿传热管高度的物料气化率不断变化，沸腾给热系数、两相流压降梯度也随之变化，因而必须分段进行试差计算，应同时满足流体力学要求（循环量、气化率、压降）和传热要求（总传热系数、传热面积），多组分沸腾过程又涉及变化的相平衡关系，所以通常都使用计算机求解。

5.3.1.5 热虹吸式再沸器的操作稳定性

由于存在流体力学过程与传热沸腾过程的耦合效应，如何保证热虹吸再沸器操作稳定性是设计中应注意的问题，凡是会引起压力平衡（推动力-摩擦阻力）和传热速率平衡发生变动的因素都可能引起过程的波动。虽然一次通过式的动态特性较好，但这些因素的影响同样不能忽视。例如，塔内液面变化0.3m，可能引起循环系统气化率改变10%；由于气液分离不好引起塔内液体密度变化，其效应也是改变了液流的推动力；热量输入的变化和出口段两相流动的不稳定性都可能导致循环流量的大幅度波动。除了在结构上应尽量减少有关变量的波动范围以外，还应使系统有自稳的动态特性，在这方面，只有一些经验和原则意见可供参考。

① 通过计算，考察系统对热量输入变化的响应（例如在设计热负荷的左右取±5%，±10%的点），如果由此引起的系统总流动阻力的变化快于静压差推动力的变化，系统将是稳定的。例如，对图 5-85(a) 所示的一次通过式系统，其液相入口管中的自由液面如随再沸器热量输入增加而上升，则系统对热量输入和流量的变化是稳定的，反之将出现通过量的波动。而对循环式，如果出口气化率随再沸器热量输入增加而增加，则系统是稳定的。根据计算结果，可适当调整接口和管路的尺寸以改变系统的阻力。

② 从减少两相流动的不稳定性考虑，应尽量减少再沸器沸腾区以后各种通道的阻力，包括减少连接长度和转折（例如，立式热虹吸再沸器的出口与塔入口直连就比较好）、管线中两相流速度不应大于 7m/s，各段流通截面积应保持相同的质量通量，并使两相流处于气泡流、泡沫流或分散流流型，避免出现块状流或分层流（水平）。经验表明，两相流连接管线不宜倾斜，应保持垂直或水平方向，以避免出现难以预测的流型。

③ 增加液体入口管线阻力有助于提高两相流动的稳定性。有建议认为入口管线压降应占总压降的 1/3。在入口管路设置节流阀是一个较好的措施，但应校核循环量能否满足。

④ 蒸馏塔内应保持稳定的液面和采取适当的气液分离措施，图 5-86 表示一种大型塔（直径 $D \geqslant 1\text{m}$）的塔底结构，在再沸器返回管下可设置一块宽为管径 1.5 倍的托板或隔栅，并保持其与溢流液面的适当距离（70～150mm），以加大气液分离表面和空间，纵向隔板在塔径的 1/4～1/2 处，可以维持必要的循环液体的缓冲空间。对于小塔，为了避免塔底的缓冲体积过小，可在塔外加一个产品中间罐，产品液由塔侧溢流进入此罐，从而保证了塔内液面的稳定。此时塔底容积完全用于再沸器的循环。

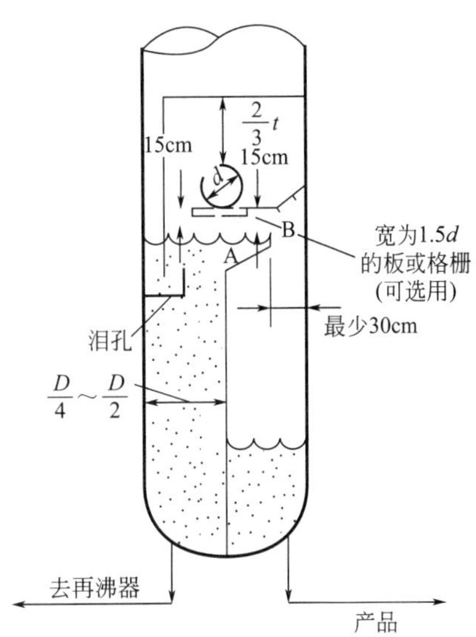

图 5-86 精馏塔底结构

t—板间距；D—塔内径；d—回塔管径；A、B—内部维修通道位置

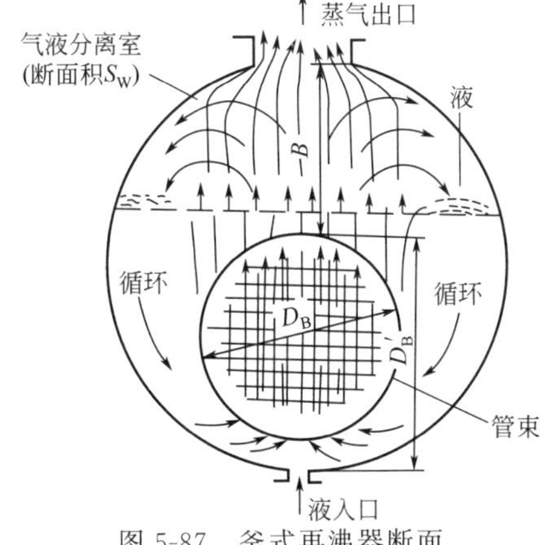

图 5-87 釜式再沸器断面

⑤ 采取谨慎的设计措施，尽量不使设计约束指标（气化率、温差、热流密度、两相流型和压降分布、流速等）都接近极限值。对再沸器的传热面积和塔底（或有关塔板）的液体缓冲体积留出一些安全裕量。

5.3.2 釜式再沸器的计算[25,26,30]

釜式再沸器的结构图可参考图 5-31(d)，其截面如图 5-87 所示。

5.3.2.1 基本关系式

釜式再沸器的加热管束沉浸于沸腾液体中，液体在管束间受热沸腾，气液混合物向上运动，而液体则自管束两边底部进入，形成空间上不均匀的循环运动，每根管的热流密度和给热系数也是不均匀的。工程上，当传热壁温 t_w 与沸腾液温 t_L 之差低于临界温度差时，可按单管池内沸腾处理再加以适当修正。内置式换热器也可参照本节公式计算。

以往认为，上部管排的传热面会被下部管排产生的蒸气覆盖，特别在管间距较小时，将使给热系数减小；但实际上液体的循环流动与上升气泡引起的扰动又可以促进传热。对这两种相互矛盾因素的影响还没有一致的结论，目前大都认为，当管束的排列密度不太大时，管束的平均给热系数高于单管的管外沸腾给热系数。

(1) 管束平均沸腾给热系数 α_b

$$\alpha_b=\alpha_{nb}F_bF_m+\alpha_{nc} \tag{5-157}$$

式中 α_{nb}——单管管外泡核沸腾给热系数，W/(m^2 · °C)，可由式(5-145) 或式(5-142)、式(5-143) 求取；

α_{nc}——液相自然对流给热系数，W/(m^2 · °C)，当 $\Delta T_s=(t_w-t_L)>4$°C时，可以忽略自然对流的影响；

F_b——管束修正因子，对一般情况，推荐采用 1.5（对大管束可达 2～3）；

F_m——混合物修正系数；

$$F_m=\exp(-0.027\Delta t_{BR}) \tag{5-158}$$

Δt_{BR}——混合液露点与泡点温度之差，°C。

混合物的沸腾给热系数低于纯组分，F_m 的最小值可至 0.1。

(2) 管束的最大热流密度 q_{max}

必须保证管束中的热流密度小于 q_{max}，Pallen 与 Small[1] 提出

$$q_{max}=q_c\Phi_b \tag{5-159}$$

式中 q_c——单管的最大允许热流密度，W/m^2，由式(5-147) 求取；

Φ_b——管束修正因子，$\Phi_b\leqslant 1$，管束排列愈紧凑，Φ_b 愈低，

$$\Phi_b=K_1\frac{p_t}{d_o(D_B/p_t)^{1.1}} \tag{5-160}$$

K_1——系数，

正方形排列时，$K_1=4.12$，

三角形排列时，$K_1=3.56$；

d_o——管外径，m；

p_t——管间距，m（$p_t/d_o=1.5$～2）；

D_B——管束直径，m，如图 5-87 所示，

三角形排列时，按式(5-65)，

正方形排列时，按式(5-66) 估算，或按 D_{otL} 计算。

(3) 釜式再沸器的有关结构与尺寸

① 釜的形状可为圆筒形，但大多采用如图 5-31(d) 的形式，这种形式蒸气流向合理，管束较低，有效蒸发空间增大，故相对降低了制造费用。通常其大端直径与小端直径之比为 1.5～2.0，连接锥角多取为 30°。

② 管间距。当蒸气负荷较大或直径较大时，管间距 p_t 可增至（1.5～2.0）d_o，必要时，

---

[1] Hydrocarbon Procesing • 1964，43 (11)；199.

可适当在管束间设置一些蒸气垂直上升通道。

③ 液体的浸没高度。通常釜内液面高度应比加热管束上表面高出约 50mm。有时为了保证液体浸没管束，并使出口的液体能与蒸气较好分离，可以在管束尾部设置溢流堰，堰高可取为管束直径 D_B 加 65mm。

④ 壳体的内径。为防止气液相互夹带，液面上方应保留足够的分离空间，在连续操作条件下，为保证过程相对稳定，釜内也要有足够的液体体积作为缓冲，因此，再沸器的壳体直径 D_s 远大于管束直径。

一般，液面上方至壳顶的自由空间高度至少为 0.25m，设计时，管束顶部管的中心线至壳顶的距离宜不小于壳径的 40%。在设堰时，常按堰上空间的蒸气水平流速来确定壳径（参考图 5-31d），规定蒸气在水平空间中的最大动能因子 $u_{max}\sqrt{\rho_G}=10.6$，如沿蒸气流动长度上只有一个出口管，则堰上空间的最小截面积为

$$(S_w)_{min}=W_G/(u_{max}\rho_G) \tag{5-161}$$

式中 W_G——蒸气产生量，kg/s。

实际选用的堰上的流通截面积 S_w 应高于 $(S_w)_{min}$，利用图 5-88 从管束直径 D_B 和选定 S_w（参照式 5-164）即可确定壳径 D_s，图中 D_s 是参变量，应按有关规定圆整。

图 5-88 中还列出了在一定 D_s、D_B 下，每米管长所对应的贮存液体体积 V/L_t，m^3/m。由此可计算出釜内的缓冲体积。当再沸器出料直接去贮罐时，缓冲体积应满足一分钟的抽送量；如向下一个塔进料，则应保持五分钟不被抽空。

⑤ 进出口接管及数量。液体进口管与出口管间宜保持尽可能大的间距，液体出口管线的直径不能过小，以避免釜内液面升高。如壳体很长，可考虑增加气、液出口接管数，根据经验，接管数 N_n 可按下式估计

$$N_n=\frac{L_t}{5D_B} \tag{5-162}$$

5.3.2.2 设计步骤

在获取有关物料的物性数据和所需参数后进行设计计算。

① 根据蒸发量求取再沸器的热负荷 Q。

② 选定加热介质，确定再沸器的端部温差 ΔT 和平均温差 ΔT_m。加热侧常用饱和水蒸气，也可用其他加热介质或高温工艺流体。

③ 假设管内侧加热介质的对流给热系数（见表 5-52），按经验取定内、外侧污垢热阻（参见表 5-13 等），计算出管内热流体至管外污垢表面的传热系数 K'以及沸腾液体与加热侧流体间的平均温度分布（见图 5-89），其中 ΔT_m 是加热流体与沸腾液体间的温差，则有

$$q=\frac{Q}{A}=\alpha_b\Delta T=K'(\Delta T_m-\Delta T) \tag{5-163}$$

式中 q——再沸器的热流密度，W/m^2；

A——再沸器的传热面积，m^2（以管外表面积计）；

ΔT——管外污垢表面与沸腾液体的温差，℃；

α_b——管外沸腾液体的给热系数，$W/(m^2\cdot ℃)$。

④ 求取 α_b。一般操作中，$\Delta T>4℃$，则可忽略自然对流的影响，于是式(5-157) 可简化为

$$\alpha_b=\alpha_{nb}F_bF_m \tag{5-157a}$$

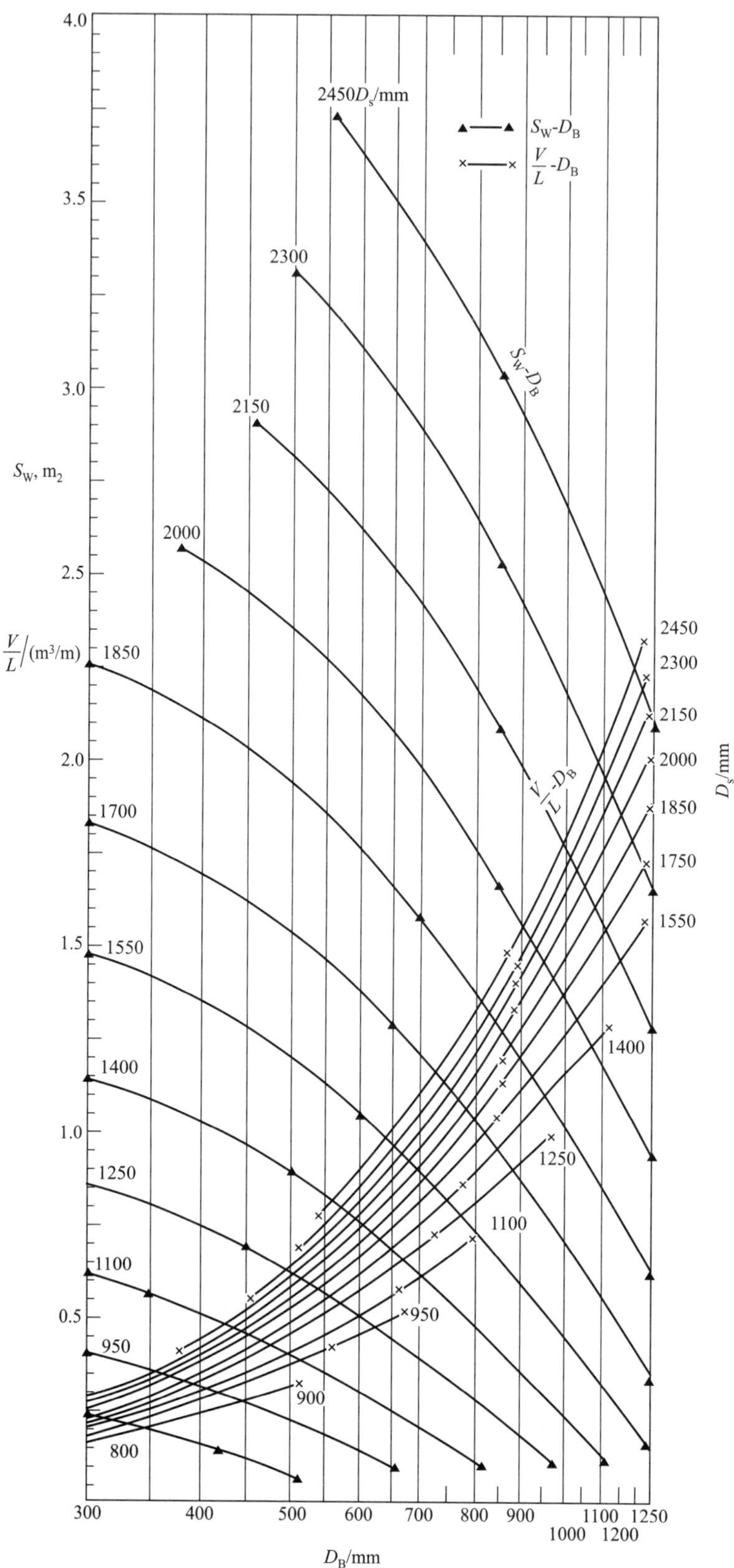

图 5-88 堰上流通面积及缓冲体积估算

⑤ 求取传热面积 A，选取标准换热器管束尺寸或自行设计管束结构。

⑥ 确定壳侧直径及局部尺寸。

⑦ 按式(5-159) 校核 q_{max}，如果 $q>q_{max}$，则应适当减少 ΔT。应该注意，这里的热流密度是按结垢表面的温差计算的；对刚开工的清洁表面，q 可能要大得多，甚至可能超过临界值，因此也要同时校核清洁表面时的条件，在设计中应予以说明。

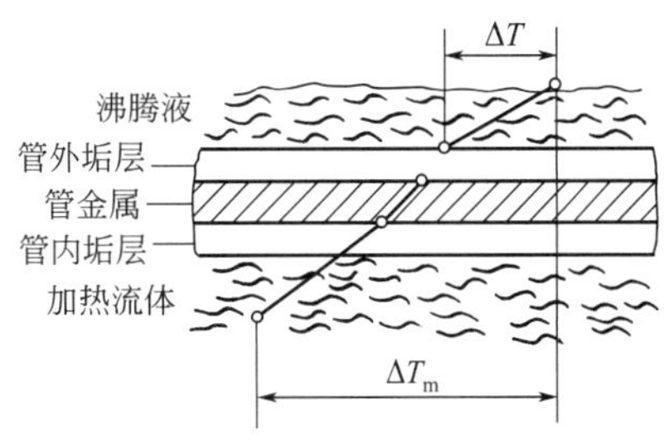

图 5-89 沸腾液体与加热侧流体间的平均温度分布

5.3.2.3 计算示例

【例 5-7】 设计一台釜式再沸器，用于蒸发己烷，要求蒸发量为 10^4kg/h，操作压力为3.92×10^5Pa（表压），加热蒸汽压力为 600kPa（绝压）。

解 (1) 查取有关基础数据

操作压力下己烷的沸点 $t_b=131°C$，比气化焓 $\Delta h_v=293$kJ/kg，临界压力 $p_c=2.98\times10^6$Pa。

600kPa 下饱和水蒸气的饱和温度 $t_s=158.7°C$。

(2) 计算热负荷 Q

蒸发量 $W_G=10^4$ kg/h

$$Q=W_G\Delta h_v=\frac{10^4}{3600}\times293\text{kW}=813.9\text{kW}$$

(3) 计算总温差 ΔT_m

$$\Delta T_m=t_s-t_b=(158.7-131)℃=27.7℃$$

(4) 计算加热蒸汽至管外侧污垢表面间的传热系数 K'

假设管内水蒸气冷凝给热系数 α_i 为 8140W/(m²·°C)，管内侧污垢热阻 r_{fi} 为 8.6×10^{-5} (m²·℃)/W，管外侧污垢热阻可忽略。当选用 $\phi19\times2$ 管时，$d_o=19$mm，$d_i=15$mm，$d_m=17$mm，$\lambda_w=45$W/(m·℃)，则有

$$\begin{aligned}\frac{1}{K'}&=\frac{1}{\alpha_i}\times\frac{d_o}{d_i}+r_{fi}\frac{d_o}{d_i}+\frac{\delta_w}{\lambda_w}\times\frac{d_o}{d_m}+r_{fo}\\&=\frac{1}{8140}\times\frac{19}{15}+8.6\times10^{-5}\times\frac{19}{15}+\frac{0.002}{45}\times\frac{19}{17}+0\\&=3.142\times10^{-4}\end{aligned}$$

则
$$K'=3182\text{W}/(\text{m}^2\cdot°\text{C})$$

(5) 求取 ΔT：这里，$\alpha_o=\alpha_b$。

假设 $\Delta T>4°C$，忽略自然对流影响，由式(5-157a) 得 $\alpha_b=F_b\alpha_{nb}$，取 $F_b=1.5$。

由式(5-145)，求 α_{nb}：已知己烷 $p_c=2890$kPa，操作压力 $p=(3.92+1.013)\times10^2$kPa$=4.933\times10^2$kPa，则 $p_r=p/p_c=493.3/2890=0.1707$

由式(5-146)，

$$\begin{aligned}F(p)&=1.8p_r^{0.17}+4p_r^{1.2}+10p_r^{10}\\&=1.8(0.1707)^{0.17}+4(0.1707)^{1.2}+10(0.1707)^{10}\\&=1.812\end{aligned}$$

则
$$\alpha_{nb}=3.596\times10^{-5}p_c^{0.69}q^{0.7}F(p)$$

$$=3.596\times10^{-5}(2890\times10^3)^{0.69}(\alpha_b\Delta T)^{0.7}\times1.812$$

$$\alpha_b/1.5=3.596\times10^{-5}\times(2890\times10^3)^{0.69}\alpha_b^{0.7}\Delta T^{0.7}\times1.812$$

$$\alpha_b=31.16\Delta T^{2.333}$$

对于管束，$q=\alpha_b\Delta T=K'(\Delta T_m-\Delta T)$

于是 $$31.16\Delta T^{2.333}\times\Delta T=3182(27.7-\Delta T)$$

试差解得：$\Delta T=9.56°C>4°C$，原假设成立（自然对流可略），则

$$\alpha_b=31.16(9.56)^{2.333}\text{W}/(\text{m}^2\cdot°\text{C})=6040\text{W}/(\text{m}^2\cdot°\text{C})$$

（6）计算传热面积 A

$$A=\frac{Q}{\alpha_b\Delta T}=\frac{813.9\times10^3}{6040\times9.56}\text{m}^2=14.1\text{m}^2$$

（7）确定管束直径 D_B 与壳径 D_s

若取管长为 3m，管束的总管数为

$$N_t=\frac{A}{\pi d_o L_t}=\frac{14.1}{\pi\times0.019\times3}\approx79$$

当采用正三角形排列时，取管间距 $p_t=1.3\,d_o=25\text{mm}$，由式(5-65)，管束直径为

$$D_B=2p_t\sqrt{N_t(\sin60°/\pi)}$$
$$=2\times0.025\sqrt{79(\sin60°/\pi)}$$
$$=0.233\text{m}\approx0.24\text{m}$$

液面上方高度取 0.25m，堰高为 0.24+0.065=0.305m，则壳径

$D_s\cong0.24+0.065+0.25=0.555\text{m}$，取 $D_s=0.56\text{m}$。

换热器的长径比为 $L_t/D_s=3/0.56\approx5.4$，适用。

如按水平空间流速核算，由 $\rho_G=12.6\text{kg/m}^3$，$u_{max}\sqrt{\rho_G}=10.6$，可得 $\mu_{max}=\frac{10.6}{\sqrt{12.6}}\text{m/s}\cong$ 3m/s

现自由空间高度 $h=0.25\text{m}$，其弓形空间截面积

$$S_w=\frac{\pi}{4}D_s^2\left\{\frac{2\cos^{-1}\left(1-\frac{2h}{D_s}\right)}{360°}-\frac{\sin\left[2\cos^{-1}\left(1-\frac{2h}{D_s}\right)\right]}{2\pi}\right\}\tag{5-164}$$

$$=\frac{\pi}{4}\times0.56^2\left\{\frac{2\cos^{-1}\left(1-\frac{2\times0.25}{0.56}\right)}{360}-\frac{\sin\left[2\cos^{-1}\left(1-\frac{2\times0.25}{0.56}\right)\right]}{2\pi}\right\}\text{m}^2$$

$$=0.1064\text{m}^2$$

则 $u=\frac{W_G}{S_w\rho_G}=\frac{10^4/3600}{0.1064\times12.6}=2.07\text{m/s}<u_{max}$，故此尺寸可行。

（8）最大热流密度校核

由式(5-147)求出单管的最大允许热流密度

$$q_c=0.367p_c\left(\frac{p}{p_c}\right)^{0.35}\left(1-\frac{p}{p_c}\right)^{0.9}$$
$$=0.367\times2890\times0.1707^{0.35}\times(1-0.1707)^{0.9}\text{kW/m}^2$$
$$=483\text{kW/m}^2$$

管束修正因子 Φ_b 由式(5-160)求取,三角形排列时,$K_1=3.56$,

$$\Phi_b=K_1\frac{p_t}{d_o(D_B/p_t)^{1.1}}$$
$$=3.56\times\frac{0.025}{0.019\times(0.24/0.025)^{1.1}}$$
$$=0.389$$

由式(5-159),最大热流密度

$$q_{max}=\Phi_b q_c=(0.389\times 483)\text{kW/m}^2=188\text{kW/m}^2$$

实际热流密度

$$q=\frac{Q}{A}=\frac{Q}{N_t\pi d_o L_t}$$
$$=\frac{813.9\times 10^3}{79\times\pi\times 0.019\times 3}\text{kW/m}^2=57.5\text{kW/m}^2<q_{max},$$

故设计可行。

从管内蒸汽冷凝观点看,为避免造成冷凝液的噎塞和冲击,管径应取大些,原则上应按管内冷凝再核算一次(参见 5.4.2 节)。

如果最后算出的换热面积不能满足热负荷要求,可适当改变管长,而不宜先改变管数。

5.3.3 立式热虹吸再沸器[19]

固定管板式立式热虹吸再沸器的常用规格见表 5-35,结构与图 5-30 类似,但出入口位置可布置在轴线方向上。

5.3.3.1 概述

立式热虹吸再沸器常采用如图 5-90 所示的配置。液体从蒸馏塔底进入再沸器,在加热管内相应的流体温度和压力变化可设想如图 5-91 所示。在加热管入口 B 处,由于受到 A、B 间液柱的静压作用,液体沸点上升,处于过冷状态;随液体沿加热管不断上升被加热,到 C 点温度达到泡点,液体开始沸腾气化,形成气液两相流,随热量的不断传入,沿管向上气相比例(即气化率),逐渐增加,依靠液相和气液两相流在两侧间的密度差异,产生流体的自然循环。从 B 至 C,流体压力降低,温度升高,BC 段称为显热加热段,依靠液体强制对流进行传热;从 C 至 D,随压力的降低和组成的变化,沸腾温度、温差 Δt、相应的气化率、沸腾给热系数和热流密度均不断变化,CD 段称为蒸发段。立式虹吸再沸器中,高压操作时,传热器大部分为蒸发段。在低压操作的立式热虹吸再沸器中,传热管显热段占的比例较高,升力效率变小,

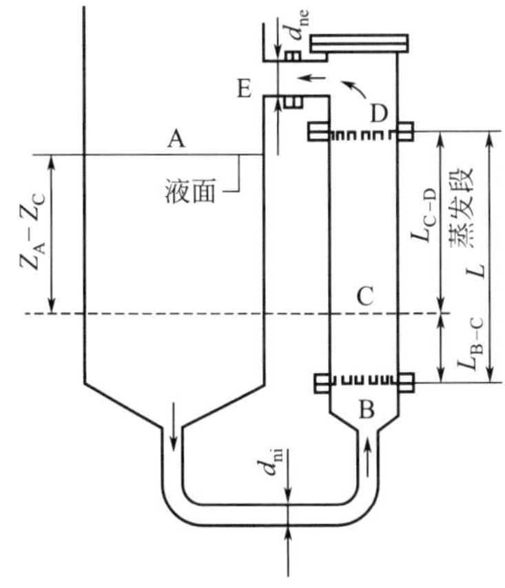

图 5-90 立式热虹吸再沸器流程

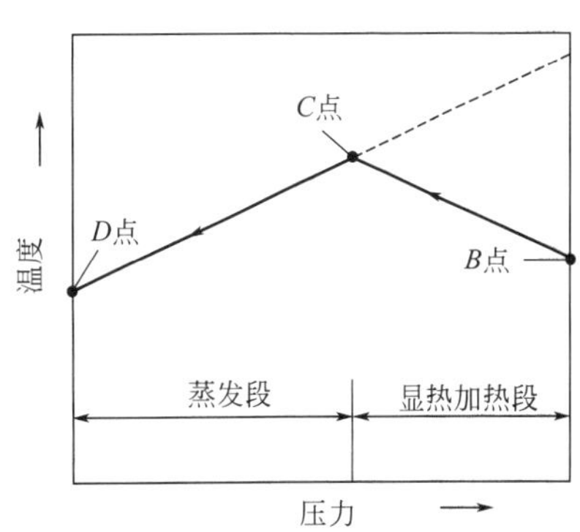

图 5-91 再沸器内温度和压力变化关系

循环量也变小。

5.3.3.2 设计步骤及方法

目前常用的设计计算方法仍以 Fair（1960）法为基础。

立式热虹吸再沸器中自然循环的循环液量、传热负荷及压力降是相互耦合的，循环液量由系统的压力损失与有效静压头相平衡来确定，这又取决于两相流气化分率的大小而与传热速率有关，传热速率又受到循环量和气化率的影响，因此蒸发段内的变化必须分段进行反复的迭代，计算相当复杂。这里，将蒸发段分成上、下两段，以说明计算思路，如采用计算机计算，分成多段更为准确。

（1）根据蒸发任务，收集物系的有关物性数据（如液体和蒸气的密度、黏度和比热容、液体的热导率、临界压力、表面张力等，参见例题）。

（2）估算传热面积，初选再沸器型号。

① 再沸器的热负荷 Q

$$Q=Q_1+Q_2$$

式中 Q_1——显热加热段热负荷，W（当 Q_1 较小时，此段可以忽略）；

Q_2——蒸发段热负荷，W。

② 再沸器的总温差 ΔT_m 按一般换热器的 ΔT_m 计算，若加热介质使用饱和水蒸气，此时 $\Delta T_m=t_s-t_b$，t_s 为饱和水蒸气的饱和温度，t_b 为操作压力下液体的平均沸腾温度，℃。

③ 假设总传热系数 K，估算所需传热面积。

$$A_{估}=\frac{Q}{K\Delta T_m}$$

④ 根据 $A_{估}$ 值，初选再沸器型号，获取有关结构数据。

（3）确定显热加热段和蒸发段长度

由图 5-91，显热加热段内沿管长液体温度上升和压力下降的关系可表示为

$$t-t_B=\frac{\Delta t/\Delta L}{-\Delta p/\Delta L}(p_B-p) \tag{5-165}$$

式中 t_B、p_B——加热管入口（B 点）处的液体温度，℃和压力，Pa；

t、p——显热加热段内任一截面上的温度，℃和压力，Pa；

$\Delta t/\Delta L$——显热加热段内轴向温度梯度，℃/m，可由该段传热计算求取（参见例 5-8）；

$-\Delta p/\Delta L$——显热加热段内轴向压力梯度，Pa/m，可根据该段传热管内压力变化求取。若忽略该段中摩擦损失时，可由下式计算

$$-\Delta p/\Delta L=\rho_L g \tag{5-166}$$

对单组分液体的沸腾，塔内液面（A 点）处的温度为液体的沸点，液体的蒸气压曲线可表示为

$$t-t_A=\left(\frac{\Delta t}{\Delta p}\right)_s(p-p_A) \tag{5-167}$$

式中 $\left(\frac{\Delta t}{\Delta p}\right)_s$——蒸气压曲线的斜率，℃/Pa，可由有关热力学图表上查取或由 Antoine 公式计算求得。

设塔底及连接管线中热损失可略，则 $t_A \cong t_B$，由式(5-165) 与式(5-167) 联解得

$$\frac{p_B-p}{p_B-p_A}=\frac{(\Delta t/\Delta p)_s}{-\frac{\Delta t/\Delta L}{\Delta p/\Delta L}+\left(\frac{\Delta t}{\Delta p}\right)_s} \tag{5-168}$$

设塔底液面与再沸器的上管板同高，忽略显热加热段的摩擦损失与液体密度的变化，在显热加热段末端$p=p_c$，则式(5-168) 中，左方的比值应等于L_{BC}/L_t，即显热加热段长度与总管长之比。若总管长L_t已知，L_{BC}和L_{CD}可由式(5-168) 求得。应该注意的是，在再沸器各部分计算中，Δp的含义均为后一点的压力与前一点的压力之差，它与本章其余各节中的压降表示式不同，一般相差一个负号。

(4) 蒸发段传热计算

对一定蒸发任务W_G，在不同的出口气化率x_E下相应的循环量W_t由等式$W_G=W_TX_E$确定，因此，可先假设一个出口气化率x_E（对于烃类，压力下$x_E<0.35$，真空下$x_E<0.5$；对于水$x_E<0.1$），对初选的再沸器进行传热的迭代计算，得出各段的末端气化率，在迭代过程中应使各段的热流密度小于允许的最大热流密度。若最终出口气化率与假设值相符，说明气化率假设正确；但流体力学上能否保证达到这个循环量以及其他约束条件是否满足都还未知。

因此，接着还应进行沸腾区域流型、总传热系数及流体力学校核，可能需要若干层的外层迭代，才能最后得出适宜的再沸器尺寸。

(5) 最大热流密度q_{max}校核

当$\Delta T_s=t_w-t_b$增加时，给定再沸器的热流密度q将增加，但到达某一q_{max}值后，ΔT_s增加将引起α的降低和气化量的下降。Palen 等提出以下较简单的公式计算管内q_{max}。

$$q_{max}=23660\left(\frac{d_i^2}{L}\right)^{0.35}p_c^{0.61}\left(\frac{p}{p_c}\right)^{0.25}\left(1-\frac{p}{p_c}\right) \tag{5-169}$$

式中　L——蒸发段长度，m；

p_c——液体的临界压力，kPa；

q_{max}——最大允许热流密度，W/m^2。

应当指出，再沸器出口管路设计过小，也会引起q_{max}的降低与操作的不稳定，式(5-169) 不能直接反映出因出口管路太小而导致的q_{max}的变化。

如果计算的q太大，则应减小ΔT_s或适当增加管数。

(6) 沸腾区域校核

为避免对流给热系数下降，通常要求沸腾不处于雾状流区，可用图 5-83 推定管中的流动状态；也可用下式求取达到雾状流的最大质量流速。

$$G_{max}\cong 8.789\times10^6X_{tt}\quad \text{kg/(m}^2\cdot\text{h)} \tag{5-170}$$

$$\cong 2441X_{tt}\quad \text{kg/(m}^2\cdot\text{s)}$$

上式中X_{tt}计算用式(5-148)。

如果操作处于雾状区，可按均相模型，使用气相单相流公式[例如式(5-24)] 计算该区的对流给热系数，其中，用总质量速度计算Re数，物性按蒸气相计算。

(7) 传热系数K的校核

(8) 流体力学校核

再沸器的总压降$-\Delta p_T$如为塔中液柱静压推动力的（0.8～1）倍，则前面得到的最终出口气化率和循环量可以满足，否则需重新调整气化率或重选再沸器。

再沸器的总压降$-\Delta p_T$包括从塔底液面起，液体流经再沸器入口管、加热管直至气液混合物返回塔底液面上方所克服的全部阻力。这里主要讨论两相流动的压降$-\Delta p_{tp}$的计算，它包括了摩擦压降$-\Delta p_F$、重力压降$-\Delta p_g$与加速压降$-\Delta p_a$三个部分。在加热管内，须按传热计算中的分段逐段累加。

两相流计算一般有分离流动模型和均匀流动模型两类。前者考虑了两相之间的相对滑动的影响，比较准确；后者计算比较简单，对均匀气泡流和雾状流区较为适用。

① 摩擦压降$-\Delta p_F$。按分离流动模型，管内摩擦压降的计算大多以 Lockhart-Martinelli 方法为基础进行修正。这里介绍两种垂直管流和水平管流的摩擦压降计算方法。

a. Chisholm (1973) 关系式

$$dp_F/dZ=\Phi_{LO}^2(dp_F/dZ)_{LO} \tag{5-171}$$

式中 dp_F/dZ——两相流压降梯度，Pa/m；

Φ_{LO}^2——按液体性质计算的在总流量下的两相流乘子，

$$\Phi_{LO}^2=\frac{dp_F/dZ}{(dp_F/dZ)_{LO}} \tag{5-172}$$

$$\Phi_{LO}^2=1+(Y^2-1)\{Bx^{(2-n)/2}(1-x)^{(2-n)/2}+x^{2-n}\} \tag{5-172a}$$

$$Y^2=\frac{(dp_F/dZ)_{GO}}{(dp_F/dZ)_{LO}} \tag{5-173}$$

$$0<Y<9.5, B=55/G_T^{1/2} \tag{5-174}$$

$$9.5<Y<28, B=520/(YG_T^{1/2}) \tag{5-174a}$$

$$28<Y, B=15000/(Y^2G_T^{1/2}) \tag{5-174b}$$

G_T——管内总质量流速，kg/(m²·s)；

n——管内湍流摩擦因子 f 计算式 $f=a/Re^n$ 中的指数（如按 Blausius 方程，$n\cong 0.25$）；

x——某截面处的气化分率，即气相的质量分数；

$(dp_F/dZ)_{GO}$——按气相性质计算的在总流量下管内摩擦压降梯度，Pa/m；

$(dp_F/dZ)_{LO}$——按液相性质计算的在总流量下管内摩擦压降梯度，Pa/m；

$$-(dp_F/dZ)_{GO}=\frac{2f_{GO}G_T^2}{d_i\rho_G} \tag{5-175}$$

$$-(dp_F/dZ)_{LO}=\frac{2f_{LO}G_T^2}{d_i\rho_L} \tag{5-176}$$

按 Blausius 关系式

$$f_{GO}=0.079Re_{GO}^{-0.25} \tag{5-177}$$

$$f_{LO}=0.079Re_{LO}^{-0.25} \tag{5-177a}$$

式中

$$Re_{GO}=\frac{G_Td_i}{\mu_G} \tag{5-178}$$

$$Re_{LO}=\frac{G_Td_i}{\mu_L} \tag{5-179}$$

b. Friedel (1979) 关系式

$$\Phi_{LO}^2=E+\frac{3.24FH}{Fr^{0.045}We^{0.035}} \tag{5-180}$$

式中

$$E=(1-x)^2+x^2\left[\frac{\rho_Lf_{G0}}{\rho_Gf_{L0}}\right] \tag{5-181}$$

$$F=x^{0.78}(1-x)^{0.24} \tag{5-182}$$

$$H=\left(\frac{\rho_{\mathrm{L}}}{\rho_{\mathrm{G}}}\right)^{0.91}\left(\frac{\mu_{\mathrm{G}}}{\mu_{\mathrm{L}}}\right)^{0.19}\left(1-\frac{\mu_{\mathrm{G}}}{\mu_{\mathrm{L}}}\right)^{0.7} \tag{5-183}$$

$$Fr=\frac{G_{\mathrm{T}}^{2}}{gd_{\mathrm{i}}\rho_{\mathrm{tp}}^{2}}\text{——Froude 数} \tag{5-184}$$

$$We=\frac{G_{\mathrm{T}}^{2}d_{\mathrm{i}}}{\rho_{\mathrm{tp}}\sigma}\text{——Weber 数} \tag{5-185}$$

ρ_{tp}——两相流密度，kg/m^3，垂直向上与水平流动时，可用下式近似估算

$$\rho_{\mathrm{tp}}=\left[\frac{x}{\rho_{\mathrm{G}}}+\frac{1-x}{\rho_{\mathrm{L}}}\right]^{-1} \tag{5-186}$$

实际分段计算时，x 及物性值可取段内平均值。

若能得到表面张力 σ 的数据，推荐采用 Friedel 式，其相对误差范围约±22%。如果结合管内流型变化进行修正，可以提高准确度。

② 重力压降 $-\Delta p_{\mathrm{g}}$。对于 i 段有

$$-\Delta p_{\mathrm{g}i}=gL_{i}\left[\rho_{\mathrm{L}}(1-\bar{\varepsilon}_{\mathrm{G}i})+\rho_{\mathrm{G}}\bar{\varepsilon}_{\mathrm{G}i}\right] \tag{5-187}$$

式中　L_i——i 段的管长，m；

$\bar{\varepsilon}_{\mathrm{G}i}$——$i$ 段中点处的空隙率或平均空隙率。

③ 加速压降 $-\Delta p_{\mathrm{a}}$。对 i 段有

$$-\Delta p_{\mathrm{a}i}=G_{\mathrm{T}}^{2}\Delta\left[\frac{(1-x)^{2}}{\rho_{\mathrm{L}}(1-\varepsilon_{\mathrm{G}})}+\frac{x^{2}}{\rho_{\mathrm{G}}\varepsilon_{\mathrm{G}}}\right]_{i} \tag{5-188}$$

式中，$\Delta[\ \ ]_i$ 表示［　］内各项在 i 段末端值与始端值之差，故 x 与 ε_{G} 也各取该段末端与始端的相应值。

在 $-\Delta p_{\mathrm{g}}$ 和 $-\Delta p_{\mathrm{a}}$ 计算中均要求先计算出相应点的空隙率 ε_{G}，对垂直管可用 Premoli 等（1971）的经验式，

$$\varepsilon_{\mathrm{G}}=\frac{x}{x+s(1-x)\rho_{\mathrm{G}}/\rho_{\mathrm{L}}} \tag{5-189}$$

式中　s——两相流的滑动比，定义为两相中实际气相流速与实际液相流速之比，

$$s=1+E_{1}\left[\frac{y}{1+yE_{2}}-yE_{2}\right]^{1/2} \tag{5-190}$$

y——两相体积流量比，$V_{\mathrm{G}}/V_{\mathrm{L}}$，

$$y=\frac{\beta}{1-\beta} \tag{5-191}$$

β——气体体积流量分数，$V_{\mathrm{G}}/(V_{\mathrm{G}}+V_{\mathrm{L}})$

$$\beta=\frac{\dfrac{G_{\mathrm{T}}x}{\rho_{\mathrm{G}}}}{\dfrac{G_{\mathrm{T}}x}{\rho_{\mathrm{G}}}+\dfrac{G_{\mathrm{T}}(1-x)}{\rho_{\mathrm{L}}}}=\frac{x\rho_{\mathrm{L}}}{x\rho_{\mathrm{L}}+(1-x)\rho_{\mathrm{G}}} \tag{5-192}$$

$$E_1 = 1.578 Re_{LO}^{-0.19} \left(\frac{\rho_L}{\rho_G}\right)^{0.22} \tag{5-193}$$

$$E_2 = 0.0273 We_{LO} Re_{LO}^{-0.51} \left(\frac{\rho_L}{\rho_G}\right)^{-0.08} \tag{5-194}$$

$$We_{LO} = \frac{G_T^2 d_i}{\sigma \rho_L} \tag{5-185a}$$

再沸器管路中的其他压降计算参见下节及例 5-8。

(9) 立式再沸器的局部结构与配管尺寸的选用

应当再次指出，再沸器出口管路设计不能过小，以减小这部分压降，否则将引起允许最大热流密度 q_{max} 的降低和操作的不稳定。一般出口管截面积不小于管程的总横截面积，压降应小于再沸器总压降的 30%。进口管路上可设置阀门以保持操作的稳定性。有关立式再沸器的一些局部结构和配管尺寸可参考表 5-55 和表 5-56 以及图 5-92。初步选用后再通过压降计算适当调整，注意图中出口法兰是与塔接管直连的。

表 5-55　立式再沸器的参考尺寸值（按图 5-92）

壳体外径/mm	加热管长/mm $L=C+D+E$	尺寸/mm				接管口径 DN/mm			
		A	B	C	D	d_{ne}	d_{ni}	d_1	d_2
405	1500	200	150	200	145	150	100	100	40
500	1500	230	200	200	145	200	150	100	50
610	1500	250	200	230	200	250	150	150	75
	2000	250	200	230	170	250	150	150	75
760	1500	290	200	230	200	300	150	150	75
	2000	290	200	230	170	300	150	150	75
	3000	290	200	230	170	300	150	200	75
910	1500	340	250	275	200	400	200	200	100
	2000	340	250	275	200	400	200	200	100
	3000	340	250	275	170	400	200	200	100
1060	2000	450	280	250	180	400	250	200	100
	3000	450	280	250	180	400	250	200	100

表 5-56　立式再沸器出入口管的当量长度（按图 5-92）　　单位：m

接管口径 DN/mm	40	50	75	100	150	200	250	300	400
用作入口管(液体)	6	8	11	13	20	25	32	37	48
用作出口管(两相流)	3	4	5	6	10	12	15	18	23

5.3.3.3　计算示例

【例 5-8】 设计一台每小时蒸发量为 6200kg 某有机液体的立式热虹吸再沸器，操作压力为 1.12MPa（绝压），加热用饱和蒸汽压力为 150kPa（绝压）。

解　(1) 收集有关物性数据

1.12MPa（绝压）下该有机液体的沸腾温度为 83℃，在此温度下的有关物性如下：

液体密度 $\rho_L = 720 \text{kg/m}^3$

蒸气密度 $\rho_G = 31.8 \text{kg/m}^3$

液体黏度 $\mu_L = 0.4\text{cP} = 0.4 \times 10^{-3} \text{Pa·s}$

蒸气黏度 $\mu_G = 0.0086\text{cP} = 0.0086 \times 10^{-3} \text{Pa·s}$

液体比热容 $C_{pL} = 1.884 \text{kJ/(kg·℃)}$

液体热导率 $\lambda_L = 0.149 \text{W/(m·℃)}$

比气化焓 $\Delta h_v=356\text{kJ/kg}$

表面张力 $\sigma=1.804\times10^{-2}\text{N/m}$

液体蒸气压曲线的斜率 $(\Delta t/\Delta p)_s=2.906\times10^{-4}℃/\text{Pa}$

液体的临界压力 $p_c=4.052\times10^6\text{Pa}$

150kPa 下饱和蒸汽的饱和温度 $t_s=111.1℃$

(2) 估算传热面积，初选再沸器型号

① 热负荷 Q

显热加热段 Q_1：已知蒸发量 $W_G=6200\text{kg/h}$，假设出口气化率 $x=0.12$，由于压力变化引起液体沸点温度变化，设为 $\Delta t=3.5℃$，则

$$Q_1=\frac{W_G}{x}C_{pL}\Delta t$$

$$=\frac{(6200/3600)}{0.12}\times1.884\times3.5\text{kW}=94.6\text{kW}$$

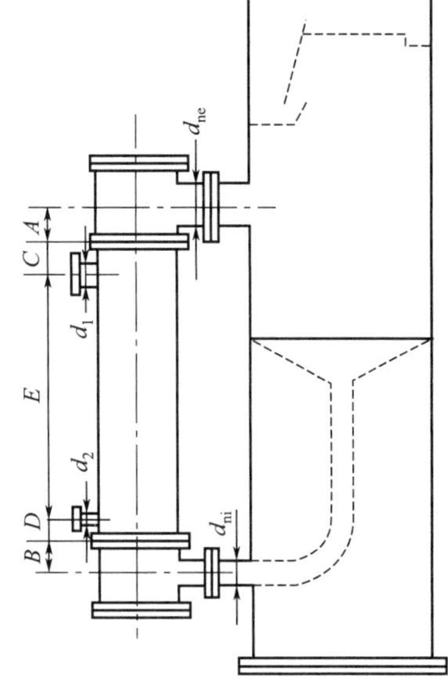

图 5-92 再沸器的标准尺寸

蒸发段热负荷 Q_2：

$$Q_2=W_G\Delta h_v=\frac{6200}{3600}\times356\text{kW}=613.1\text{kW}$$

则
$$Q=Q_1+Q_2=(94.6+613.1)\text{kW}=707.7\text{kW}$$

② 传热温差 ΔT_m，按蒸发段估算，

$$\Delta T_m=t_s-t_b=(111.1-83)℃=28.1℃$$

③ 假设 $K=1400\text{W/(m}^2\cdot℃)$，估算传热面积

$$A=\frac{Q}{K\Delta T_m}=\frac{707.7\times10^3}{1400\times28.1}\text{m}^2=18\text{m}^2$$

④ 初选再沸器，由表 5-35 得

公称壳径 $DN400$

公称压力 $PN1.60\text{MPa}$

管程数 $N_p=1$

管子数 $N_t=98$

普通碳素钢管 $\phi25\times2.5$，正三角形排列

管心距 $p_t=32\text{mm}$

管长 $L_t=2.5\text{m}$

计算传热面积 $A_{计}=18.4\text{m}^2$

管程流通面积 $S_t=0.0308\text{m}^2$

(3) 确定显热加热段高度 L_{BC}

① 计算管内单相流给热系数 α_L

循环流量
$$W_T=\frac{W_G}{x}=\frac{6200/3600}{0.12}\text{kg/s}=14.35\text{kg/s}$$

管内总质量流速

$$G_T=\frac{W_T}{S_t}=\frac{14.35}{0.0308}\text{kg/(m}^2\cdot\text{s)}=466\text{kg/(m}^2\cdot\text{s)}$$

管内液体流速

$$u=\frac{G_T}{\rho_L}=\frac{466}{720}\text{m/s}=0.647\text{m/s}$$

一般要求 $u=0.5\sim1.5\text{m/s}$，说明气化率假设可用。

当 $G_L=G_T$ 时，管内液体的雷诺数

$$Re=\frac{d_i G_L}{\mu_L}=\frac{0.02\times466}{0.4\times10^{-3}}=2.33\times10^4$$

$$Pr=\frac{C_{pL}\mu_L}{\lambda_L}=\frac{1.884\times10^3\times0.4\times10^{-3}}{0.149}=5.06$$

显热加热段管内给热系数 α_L

$$\begin{aligned}\alpha_L&=0.023\frac{\lambda_L}{d_i}Re^{0.8}Pr^{0.33}\\&=0.023\times\frac{0.149}{0.020}\times Re^{0.8}\times5.06^{0.33}=0.2926Re^{0.8}\\&=0.2926(2.33\times10^4)^{0.8}\text{W/(m}^2\cdot℃)=912\text{W/(m}^2\cdot℃)\end{aligned}$$

② 计算显热加热段轴向温度梯度 $\Delta t/\Delta L$

为简便起见，忽略管内污垢热阻，由显热加热段热量衡算得

$$Q_1=W_T C_{pL}\Delta t=(\pi d_i N_t \Delta L)\alpha_L(t_w-t_L)$$

式中，t_w 为显热段中平均壁温,℃，按液体温升 3.5℃计，即液体由 83℃加热至 86.5℃，故液体的平均温度$t_L=\frac{1}{2}\times(83+86.5)=84.75$℃。

取管外壁污垢热阻 $r_{fo}=8.6\times10^{-5}\text{m}^2℃/\text{W}$，管外水蒸气冷凝给热系数 $\alpha_o=8140\text{W/(m}^2\cdot℃)$,则有

$$\frac{t_w-t_L}{\frac{1}{\alpha_L}\times\frac{d_o}{d_i}}=\frac{t_s-t_w}{r_w\frac{d_o}{d_m}+r_{fo}+\frac{1}{\alpha_o}}$$

$$\frac{t_w-84.75}{\frac{1}{912}\times\frac{25}{20}}=\frac{111.1-t_w}{\frac{0.0025}{45}\times\frac{25}{22.5}+8.6\times10^{-5}+\frac{1}{8140}}$$

解得 $t_w=106.8$℃，代入热量衡算式得

$$\begin{aligned}\Delta t/\Delta L&=\frac{\pi d_i N_t \alpha_L(t_w-t_L)}{C_{pL}W_T}\\&=\frac{\pi\times0.02\times98\times912\times(106.8-84.75)}{1.884\times10^3\times14.35}℃/\text{m}\\&=4.58℃/\text{m}\end{aligned}$$

③ 计算显热段长度 L_{BC}

由式(5-166) 可求得

$$-\Delta p/\Delta L=\rho_L g=720\times9.81\text{Pa/m}=7063\text{Pa/m}$$

再由式(5-168) 得

$$\frac{p_B - p}{p_B - p_A} = \frac{\left(\dfrac{\Delta t}{\Delta p}\right)_s}{\dfrac{\Delta t/\Delta L}{-\Delta p/\Delta L} + \left(\dfrac{\Delta t}{\Delta p}\right)_s} = \frac{2.906\times10^{-4}}{\dfrac{4.58}{7063} + 2.906\times10^{-4}} = 0.309$$

参照图 5-91，因为
$$\frac{L_{BC}}{L_{BD}} = \frac{L_{BC}}{L_t} = \frac{p_B - p}{p_B - p_A}$$

故显热加热段长

$$L_{BC} = 0.309\times2.5\text{m} = 0.77\text{m}$$

蒸发段长

$$L_{CD} = L_t - L_{BC} = (2.5-0.77)\text{m} = 1.73\text{m}$$

④ 校核显热段温升 Δt

若忽略 A-C 间的流动阻力损失与温度损失，设塔内液面 A 与再沸器上管板 D 面同高，则

$$\Delta t = \left(\frac{\Delta t}{\Delta p}\right)_s (\rho_L \ g L_{CD})$$

$= 2.906\times10^{-4}\times720\times9.81\times1.73 = 3.55$℃，与假设值 3.5℃接近。

(4) 蒸发段传热计算

将蒸发段分成两段，每段长为$\dfrac{1}{2}L_{CD} = 0.865\text{m}$，逐段计算其出口气化率。

① 蒸发Ⅰ段计算

气化率由 0 增加至 x_1。

a. 假设平均热流密度初值 $\bar{q} = 4\times10^4 \text{W/m}^2$，计算管壁平均温度 t_{w1}：设由加热蒸气侧-管内壁间的传热系数为 K'，可得

$$\frac{1}{K'} = \frac{1}{\alpha_0} + r_{fo} + \frac{\delta_w}{\lambda_w}\times\frac{d_0}{d_m}$$

$$= \frac{1}{8140} + 8.6\times10^{-5} + \frac{0.0025}{45}\times\frac{25}{22.5}$$

$$= 2.7058\times10^{-4}$$

$$K' = 3696\text{W/(m}^2\cdot℃)$$

则 $t_{w1} = t_s - q/K' = (111.1 - 4.0\times10^4/3696)℃ = 100.28℃$

b. 蒸发Ⅰ段出口气化率 x_1

$$x_1 = x_0 + \frac{\text{气化量}}{\text{循环量}} = 0 + \frac{qN_t\pi d_i L_1/\Delta h_v}{G_T N_t \times \dfrac{\pi}{4} d_i^2}$$

$$= \frac{4L_1 q}{G_T d_i \Delta h_v} = \frac{4\times0.865q}{466\times0.02\times356\times10^3} = 1.0428\times10^{-6}q$$

$$= 1.0428\times10^{-6}\times(4\times10^4) = 0.04171$$

c. Ⅰ段平均气化率 $\bar{x}_1$

$$\bar{x}_1 = \frac{1}{2}(x_0 + x_1) = \frac{x}{2} = 0.02086$$

d. 核状沸腾给热系数α_{nb}：用式(5-145) 计算 $\alpha_{nb}=3.596\times10^{-5}p_c^{0.69}q^{0.7}F(p)$

由式(5-146) 求F (p)：由于操作压力较高，静液柱变化对操作压力本身影响很小，故该段压力可直接用操作压力代入。

$$p/p_c=1.12\times10^6/4.052\times10^6=0.2764$$

$$F(p)=1.8\left(\frac{p}{p_c}\right)^{0.17}+4\left(\frac{p}{p_c}\right)^{1.2}+10\left(\frac{p}{p_c}\right)^{10}$$

$$=1.8\times(0.2764)^{0.17}+4\times(0.2764)^{1.2}+10\times(0.2764)^{10}$$

$$=2.301$$

$$\alpha_{nb}=3.596\times10^{-5}\times(4.052\times10^6)^{0.69}q^{0.7}\times2.301$$

$$=2.999q^{0.7}=2.999\times(4\times10^4)^{0.7}\text{W/(m}^2\cdot{}^\circ\text{C)}=4994\text{W/(m}^2\cdot{}^\circ\text{C)}$$

e. 液相对流给热系数α_L

$$Re_L=\frac{G_T(1-\bar{x}_1)d_i}{\mu_L}=\frac{466(1-\bar{x}_1)\times0.02}{0.4\times10^{-3}}$$

$$=2.33\times10^4(1-x_1)=2.281\times10^4$$

承 (3)，①的计算，

$$\alpha_L=0.2926Re_L^{0.8}=0.2926\times(2.281\times10^4)^{0.8}\text{W/(m}^2\cdot{}^\circ\text{C)}$$

$$=897.1\text{W/(m}^2\cdot{}^\circ\text{C)}$$

f. 计算 Lockhart-Martinelli 参数

由式(5-148a)，

$$X_{tt}=\left(\frac{1-\bar{x}_1}{\bar{x}_1}\right)^{0.875}\left(\frac{\rho_G}{\rho_L}\right)^{0.5}\left(\frac{\mu_L}{\mu_G}\right)^{0.125}$$

$$=\left(\frac{1-\bar{x}_1}{\bar{x}_1}\right)^{0.875}\times\left(\frac{31.8}{720}\right)^{0.5}\times\left(\frac{0.4\times10^{-3}}{0.0086\times10^{-3}}\right)^{0.125}$$

$$=0.3396\left(\frac{1-\bar{x}_1}{\bar{x}_1}\right)^{0.875}=9.853$$

g. 求强制对流修正因子F

由式(5-153)，

$$F=2.35\left(\frac{1}{X_{tt}}+0.213\right)^{0.736}$$

$$=2.35\times\left(\frac{1}{9.853}+0.213\right)^{0.736}=1.003$$

h. 两相流Re_{tp}，由式(5-151) 求取

$$Re_{tp}=Re_LF^{1.25}=2.281\times10^4\times(1.003)^{1.25}=2.289\times10^4$$

i. 核状沸腾抑制因子s

由式(5-150)，

$$s=1/[1+2.53\times10^{-6}Re_{tp}^{1.17}]=0.7581$$

j. 蒸发Ⅰ段沸腾给热系数α_1

由式(5-149)，

$$\alpha_1 = s\alpha_{nb} + F\alpha_L$$
$$= 0.7581 \times 4994 + 1.003 \times 897.1 \text{W}/(\text{m}^2 \cdot ℃)$$
$$= 4686 \text{W}/(\text{m}^2 \cdot ℃)$$

k. 校核蒸发Ⅰ段热流密度 q

$$q = \alpha_1 (t_w - t_{b1})$$

这里，t_{b1} 为蒸发Ⅰ段内沸腾液体的平均温度。即由 86.5℃开始气化，在向上流动过程中，压力下降，沸腾温度随之下降，假定 t_b 随 L 作线性变化，则Ⅰ段出口时沸点变为$\frac{86.5+83}{2}=84.75$ ℃，故

$$t_{b1} = \frac{1}{2} \times (86.5 + 84.75) ℃ = 85.63 ℃$$

$q_1 = K'(t_{w1} - t_{b1}) = 4686(100.28 - 85.63) = 6.865 \times 10^4 \text{W/m}^2 >$ 假设初值 $\overline{q} = 4 \times 10^4 \text{W/m}^2$。取二者平均值作为第二次迭代计算值，即用

$$\overline{q} = \frac{1}{2} \times (4.0 + 6.865) \times 10^4 \text{W/m}^2 = 5.433 \times 10^4 \text{W/m}^2$$

重复上述 a～k 的计算，最后可得

$$x_1 = 0.0595$$
$$q_1 = 5.706 \times 10^4 \text{W/m}^2$$

迭代计算结果如附表 1。

例 5-8 附表 1　蒸发Ⅰ段迭代计算结果

迭　代　次　数	1	2	3	4
$\overline{q}$(初值)/(W/m²)	4×10^4	5.433×10^4	5.699×10^4	5.706×10^4
$(t_{w1}=111.1-q/3696)$/℃	100.28	96.40	95.68	95.66
$x_1=1.0428\times10^{-6}q$	0.0417	0.05665	0.05942	0.0595
$\overline{x}_1=x_1/2$	0.02086	0.02833	0.02971	0.02975
$\alpha_{nb}=2.999q^{0.7}$/[W/(m²·℃)]	4994	6187	6398	6403
$Re_L=2.33\times10^4(1-\overline{x}_1)$	2.281×10^4	2.264×10^4	2.261×10^4	2.261×10^4
$\alpha_L=0.2926Re_L^{0.8}$/[W/(m²·℃)]	897.1	891.6	890.7	890.6
$X_{tt}=0.3396\left(\frac{1-\overline{x}_1}{\overline{x}_1}\right)^{0.875}$	9.853	7.487	7.173	7.164
$F=2.35\left(\frac{1}{X_{tt}}+0.213\right)^{0.736}$	1.0030	1.0773	1.0907	1.0910
$Re_{tp}=Re_L F^{1.25}$	2.289×10^4	2.485×10^4	2.520×10^4	2.521×10^4
$s=1/[1+2.53\times10^{-6}Re_{tp}^{1.17}]$	0.7581	0.7400	0.7369	0.7368
$\alpha_1=s\alpha_{nb}+F\alpha_L$/[W/(m²·℃)]	4686	5539	5686	5689
$q=\alpha_1(t_{w1}-85.63)$/(W/m²)	6.865×10^4	5.965×10^4	5.714×10^4	5.706×10^4

l. 计算最大允许热流密度

由式(5-169) $q_{max} = 23660 \left(\frac{d_i^2}{L}\right)^{0.35} p_c^{0.61} \left(\frac{p}{p_c}\right)^{0.25} \left(1 - \frac{p}{p_c}\right)$

$$= 23660 \left(\frac{0.020^2}{1.73}\right)^{0.35} \times (4052)^{0.61} \times (0.2764)^{0.25} \times (1 - 0.2764) \ \text{kW/m}^2$$

$$= 105.2 \text{kW/m}^2$$

则 $$q_1 < q_{max}$$

② 蒸发Ⅱ段计算

气化率由 0.0595 逐渐升至出口 x_2，由① b. 知 $x_2 = x_1 + 1.0428 \times 10^{-6} q$，$t_{b2} = \frac{1}{2} \times (84.75+83) = 83.87$℃以 q_1 作为初值进行Ⅱ段的迭代，得到附表 2。

例 5-8 附表 2 蒸发Ⅱ段迭代计算结果

迭 代 次 数	1	2	3
$\overline{q}$(初值)/(W/m²)	5.706×10^4	6.036×10^4	6.045×10^4
$t_{w2}=111.1-q/3696$/℃	95.66	94.77	94.74
$x_2=0.0595+1.0428\times10^{-6}q$	0.1190	0.1224	0.1225
$\overline{x}_2=(x_1+x_2)/2$	0.08925	0.09095	0.0910
$\alpha_{nb}=2.999q^{0.7}$/[W/(m² · ℃)]	6403	6660	6667
$Re_L=2.33\times10^4(1-\overline{x}_2)$	2.122×10^4	2.118×10^4	2.118×10^4
$\alpha_L=0.2926Re_L^{0.8}$/[W/(m² · ℃)]	846.6	845.3	845.3
$X_{tt}=0.3396\left(\frac{1-\overline{x}_2}{\overline{x}_2}\right)^{0.875}$	2.5921	2.5455	2.5442
$F=2.35\left(\frac{1}{X_{tt}}+0.213\right)^{0.736}$	1.6112	1.6251	1.6255
$Re_{tp}=Re_LF^{1.25}$	3.852×10^4	3.866×10^4	3.887×10^4
$s=1/[1+2.53\times10^{-6}Re_{tp}^{1.17}]$	0.6303	0.6279	0.6277
$\alpha_2=s\alpha_{nb}+F\alpha_L$/[W/(m² · ℃)]	5400	5555	5559
$q=\alpha_2(t_{w2}-83.87)$/(W/m²)	6.366×10^4	6.055×10^4	6.042×10^4

迭代最终结果得到再沸器最终出口气化率 $x_E = 0.1225$，与假设值 0.120 基本接近。

在确定再沸器出口气化率之后，必须进行以下各项校核。

(5) 沸腾区域校核

① 用图 5-83 判断

由 $x=0.1225$ 得

$$\frac{1}{X_{tt}} = 1/\left[0.3396\left(\frac{1-x}{x}\right)^{0.875}\right] = 0.5258$$

总循环量 $G_T = \frac{W_G/x}{S_t} = \frac{6200/0.1225}{3600\times0.0308}\text{kg/(m}^2\cdot\text{s)} = 456.5\text{kg/(m}^2\cdot\text{s)}$

由图 5-83 可知，出口流动在块状流区域。

② 采用式(5-170) 求达到雾状流区的 G_{max}

$$G_{max} = 2441X_{tt} = \frac{2441}{0.5258}\text{kg/(m}^2\cdot\text{s)} = 4643\text{kg/(m}^2\cdot\text{s)} > G_T$$

则 不在雾状流区操作。

(6) 最大热流密度校核

蒸发段达到的最高热流密度由附表 2 得知为 $6.045\times10^4\,\text{W/m}^2 < q_{max} = 105.2\text{kW/m}^2$，故满足要求。

(7) 传热系数 K 的校核

① 显热段 K_a

由 $x_E=0.1225$，$G_T=456.5\text{kg}/(\text{m}^2\cdot\text{s})$，

$$Re_L=\frac{0.02\times456.5}{0.4\times10^{-3}}=2.28\times10^4, \alpha_{ia}=897.4\quad \text{W}/(\text{m}^2\cdot{}^\circ\text{C})$$

得

$$\frac{1}{K_a}=\frac{1}{\alpha_o}+r_{fo}+\frac{\delta_w}{\lambda_w}\times\frac{d_o}{d_m}+\frac{1}{\alpha_{ia}}\times\frac{d_o}{d_i}$$

$$=\frac{1}{8140}+0.86\times10^4+\frac{0.0025}{45}\times\frac{25}{22.5}+\frac{1}{897.4}\times\frac{25}{20}$$

$$=1.663\times10^{-3}$$

则

$$K_a=601\text{W}/(\text{m}^2\cdot{}^\circ\text{C})$$

② 蒸发段 K_b

由附表 1 和附表 2 知两段出口的 α_1 和 α_2，则蒸发段平均给热系数为

$$\alpha_{ib}=\frac{1}{2}(\alpha_1+\alpha_2)=\frac{1}{2}\times(5689+5559)\text{W}/(\text{m}^2\cdot{}^\circ\text{C})=5624\text{W}/(\text{m}^2\cdot{}^\circ\text{C})$$

于是

$$\frac{1}{K_b}=\frac{1}{\alpha_o}+r_{fo}+\frac{\delta_w}{\lambda_w}\times\frac{d_o}{d_m}+\frac{1}{\alpha_{ib}}\times\frac{d_o}{d_i}$$

$$=\frac{1}{8140}+0.86\times10^{-4}+\frac{0.0025}{45}\times\frac{25}{22.5}+\frac{1}{5624}\times\frac{25}{20}$$

$$=4.928\times10^{-4}$$

则

$$K_b=2029\text{W}/(\text{m}^2\cdot{}^\circ\text{C})$$

③ 再沸器的平均 K 值

$$K=\frac{K_aL_{BC}+K_bL_{CD}}{L_t}=\frac{601\times0.77+2029\times1.73}{2.5}$$

$$=1589\text{W}/(\text{m}^2\cdot{}^\circ\text{C})>\text{假设值 }1400\text{W}/(\text{m}^2\cdot{}^\circ\text{C})$$

(8) 流体力学校核

按假定塔内液面与再沸器上管板同高（如附图 1），计算经再沸器的总压降 $-\Delta p_T$。

再沸器各部分尺寸如下（参考表 5-54 及附图 1）：

再沸器入口管内径 d_{ni}：一般可取管程流通截面积的一半左右或更小些，今选 $\phi159\text{mm}\times4.5\text{mm}$ 无缝钢管，$d_{ni}=0.150\text{m}$，截面积 $S_{ni}=\frac{\pi}{4}\times0.150^2=0.0177\text{m}^2$，管内液体流速 $u_{ni}=\frac{W_T}{\rho_LS_{ni}}=\frac{14.35}{720\times0.0177}=1.13\text{m/s}$。

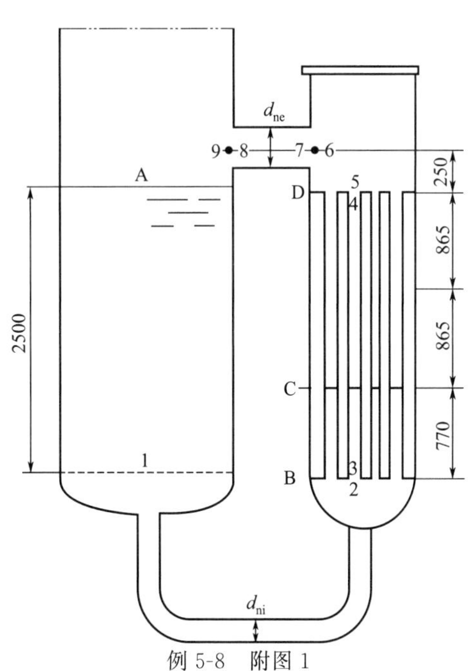

例 5-8　附图 1

再沸器出口管径 d_{ne}：出口管道为较短的水平管，由 5.3.3.2 节（9）知，出口管道的最小流通面积至少应等于管程流通面积，并应保证出口管路的总压降小于再沸器总压降的 30%。今选用

$\phi 273\text{mm}\times 8\text{mm}$ 无缝钢管，$d_{ne}=0.257\text{m}$，$S_{ne}=\frac{\pi}{4}\times 0.257^2=0.0518\text{m}^2>S_t=0.0308\text{m}^2$。

由 1 截面开始计算各部分的压力变化，摩擦因子均按光滑管计算。

① 1→2。再沸器入口管内压力变化，

$$-\Delta p_{12}=p_1-p_2$$

由表 5-55，如按图 5-92 所示连接，则入口连接管路的当量长度约为 20m，入口管内

$$G_{ni}=\frac{W_T}{0.785d_{ni}^2}=\frac{6200/0.1225}{3600\times 0.785\times 0.15^2}\text{kg/(m}^2\cdot\text{s)}=796\text{kg/(m}^2\cdot\text{s)}$$

$$Re_{ni}=\frac{G_{ni}d_{ni}}{\mu_L}=\frac{796\times 0.150}{0.4\times 10^{-3}}=2.985\times 10^5$$

$$f_{ni}=0.079Re_{ni}^{-0.25}=0.003380$$

则
$$-\Delta p_{12}=\frac{2f_{ni}LG_{ni}^2}{\rho_L d_{ni}}=\frac{2\times 0.00338\times 20\times 796^2}{720\times 0.15}\text{Pa}=793\text{Pa}$$

② 2→3。突然缩小，

按两相流均匀模型，可用下式，

$$-\Delta p_{23}=\left(\frac{W_T}{S_2}\right)^2\frac{1}{2\rho_L}\left[\left(\frac{1}{C_c}-1\right)^2+1-\frac{1}{a^2}\right]\Psi_H \tag{5-195}$$

式中 C_c——系数，

$$C_c=1/\left[0.639\left(1-\frac{1}{a}\right)^{1/2}+1\right] \tag{5-196}$$

a——面积比，$a=S_1/S_2$；

S_1、S_2——突缩前、后的流通截面积，m^2；

Ψ_H——均匀模型的两相流因子；

$$\Psi_H=1+x\left(\frac{\rho_L}{\rho_G}-1\right) \tag{5-197}$$

对液相，$\Psi_H=1$

$$a=\frac{S_1}{S_2}=\frac{\frac{\pi}{4}D_s^2}{N_t\left(\frac{\pi}{4}d_i^2\right)}=\frac{D_s^2}{N_T d_i^2}=\frac{0.4^2}{98\times 0.02^2}=4.082$$

$$C_c=1/\left[0.639\left(1-\frac{1}{4.082}\right)^{1/2}+1\right]=0.643$$

$$G=\frac{W_T}{S_2}=\frac{W_T}{S_t}=456.5\text{kg/(m}^2\cdot\text{s)}$$

则
$$-\Delta p_{23}=\frac{456.5}{2\times 720}\left[\left(\frac{1}{0.643}-1\right)^2+1-\frac{1}{4.082^2}\right]\times 1\text{Pa}=181\text{Pa}$$

③ 显热加热段压力变化

$$-\Delta p_{3C}=p_3-p_C=\rho g L_{BC}+\frac{2fL_{BC}G_T^2}{\rho_L d_i}$$

加热管内 $G_T=456.5\text{kg/(m}^2\cdot\text{s)}$

$$Re_L=\frac{G_T d_i}{\mu_L}=\frac{456.5\times 0.02}{0.4\times 10^{-3}}=2.28\times 10^4$$

$$f_L = 0.079 \times (2.28 \times 10^4)^{-0.25} = 0.006429$$

则

$$-\Delta p_{3C} = 720 \times 9.81 \times 0.77 + \frac{2 \times 0.006429 \times 0.77 \times 456.5^2}{720 \times 0.02}$$

$$= (5439 + 143)\ \text{Pa} = 5582\text{Pa}$$

④ $C \to 4$。蒸发段内压力变化（即管内两相流压降），

$$-\Delta p_{C-4} = (-\Delta p_F) + (-\Delta p_g) + (-\Delta p_a)$$

a. 管内摩擦压降 $-\Delta p_F$。采用 Friedel 关系式，计算有关参数。

由式(5-178)，$Re_{GO} = \dfrac{G_T d_i}{\mu_G} = \dfrac{456.5 \times 0.02}{0.0086 \times 10^{-3}} = 1.062 \times 10^6$

由式(5-179)，$Re_{LO} = \dfrac{G_T d_i}{\mu_L} = \dfrac{456.5 \times 0.02}{0.4 \times 10^{-3}} = 2.282 \times 10^4$

由式(5-177)，$f_{GO} = 0.079 Re_{G0}^{-0.25} = 0.002461$

由式(5-177a)，$f_{LO} = 0.079 Re_{LO}^{-0.25} = 0.006427$

由式(5-176)，以总量为液相表示的压降梯度

$$\left(-\frac{dp_F}{dZ}\right)_{LO} = \frac{2 f_{LO} G_T^2}{d_i \rho_L} = \frac{2 \times 0.006427 \times 456.5^2}{0.02 \times 720}\text{Pa/m} = 186\text{Pa/m}$$

由式(5-171) 求蒸发Ⅰ段压降梯度，

$$\left(-\frac{dp_F}{dZ}\right)_1 = \Phi_{LO}^2 \left(-\frac{dp_F}{dZ}\right)_{LO}$$

由传热计算附表 1 知，蒸发Ⅰ段 $\bar{x}_1 = 0.02975$，由式(5-181)，

$$E = (1-x)^2 + x^2 \left[\frac{\rho_L f_{GO}}{\rho_G f_{LO}}\right]$$

$$= (1-0.02975)^2 + 0.02975^2 \times \left[\frac{720 \times 0.002461}{31.8 \times 0.006427}\right]$$

$$= 0.9414 + 0.00767 = 0.949$$

由式(5-182)，

$$F = x^{0.78}(1-x)^{0.24} = 0.02975^{0.78} \times (1-0.02975)^{0.24} = 0.064$$

由式(5-183)，

$$H = \left(\frac{\rho_L}{\rho_G}\right)^{0.91} \left(\frac{\mu_G}{\mu_L}\right)^{0.19} \left(1 - \frac{\mu_G}{\mu_L}\right)^{0.7}$$

$$= \left(\frac{720}{31.8}\right)^{0.91} \times \left(\frac{0.0086 \times 10^{-3}}{0.40 \times 10^{-3}}\right)^{0.19} \times \left(1 - \frac{0.0086 \times 10^{-3}}{0.40 \times 10^{-3}}\right)^{0.7}$$

$$= 17.1 \times 0.4821 \times 0.9849 = 8.119$$

由式(5-186)，

$$\rho_{tp} = \left[\frac{x}{\rho_G} - \frac{(1-x)}{\rho_L}\right]^{-1} = \left[\frac{0.02975}{31.8} - \frac{1-0.02975}{720}\right]^{-1}$$

$$= 438.0\text{kg/m}^3$$

由式(5-184)，

$$Fr = \frac{G_T^2}{g d_i \rho_{tp}^2} = \frac{456.5^2}{9.81 \times 0.02 \times 438^2} = 5.536$$

由式(5-185)，

$$We=\frac{G_T^2 d_i}{\rho_{tp}\sigma}=\frac{456.5^2\times 0.02}{438\times 1.804\times 10^{-2}}=527.5$$

由式(5-180)，

$$\Phi_{LO}^2=E+\frac{3.24FH}{Fr^{0.045}We^{0.035}}$$

$$=0.949+\frac{3.24\times 0.064\times 8.119}{5.536^{0.045}\times 527.5^{0.035}}=2.20$$

则 $$(-\mathrm{d}p_F/\mathrm{d}Z)_1=2.20\times 186=409\mathrm{Pa/m}$$

蒸发Ⅱ段，由传热计算（附表2）得 $\bar{x}_2=0.0910$，与Ⅰ段计算方法相同，可得

$$E=(1-0.091)^2+0.091^2\times\frac{720\times 0.002461}{31.8\times 0.006427}=0.8981$$

$$F=0.091^{0.78}\times(1-0.091)^{0.24}=0.1507$$

$$H=8.119$$

$$\rho_{tp}=\left[\frac{0.091}{31.8}+\frac{1-0.091}{720}\right]^{-1}\mathrm{kg/m^3}=242.5\mathrm{kg/m^3}$$

$$Fr=\frac{456.5^2}{9.81\times 0.02\times 242.5^2}=18.06$$

$$We=\frac{456.5^2\times 0.02}{242.5\times 1.804\times 10^{-2}}=952.7$$

$$\Phi_{LO}^2=0.8981+\frac{3.24\times 0.1507\times 8.119}{18.06^{0.045}\times 952.7^{0.035}}=3.635$$

则 $$(-\mathrm{d}p_F/\mathrm{d}Z)_2=3.635\times 186\mathrm{Pa/m}=676\mathrm{Pa/m}$$

则 $$-\Delta p_F=(-\Delta p_F)_1+(-\Delta p_F)_2$$

$$=L_1(-\mathrm{d}p_F/\mathrm{d}Z)_1+L_2(-\mathrm{d}p_F/\mathrm{d}Z)_2$$

$$=0.865(409+676)=939\mathrm{Pa}$$

b. 重力压降 $-\Delta p_g$ 与加速压降 $-\Delta p_a$

由式(5-189)～式(5-194) 先计算出与Ⅰ段中、Ⅰ段末（Ⅱ段初）、Ⅱ段中、Ⅱ段末的 x 相对应的空隙率 ε_G。例如Ⅰ段中的 $\bar{x}_1=0.02975$，则有式(5-192)，

$$\beta=\frac{x\rho_L}{x\rho_L+(1-x)\rho_G}=\frac{0.02975\times 720}{0.02975\times 720+(1-0.02975)\times 31.8}$$

$$=0.4098$$

式(5-191)，

$$y=\frac{\beta}{1-\beta}=\frac{0.4098}{1-0.4098}=0.6943$$

$$Re_{LO}=\frac{G_T d_i}{\mu_L}=2.282\times 10^4$$

式(5-185a)，

$$We_{LO}=\frac{G_T^2 d_i}{\rho_L\sigma}=\frac{456.5^2\times 0.02}{720\times 1.804\times 10^{-2}}=320.9$$

式(5-193)，

$$E_1=1.578Re_{LO}^{-0.19}\left(\frac{\rho_L}{\rho_G}\right)^{0.22}$$

$$=1.578\times(2.282\times10^4)^{-0.19}\times\left(\frac{720}{31.8}\right)^{0.22}=0.4657$$

式(5-194)，

$$E_2=0.0273We_{LO}Re_{LO}^{-0.51}\left(\frac{\rho_L}{\rho_G}\right)^{0.08}$$

$$=0.0273\times320.9(2.282\times10^4)^{-0.51}\times\left(\frac{720}{31.8}\right)^{0.08}$$

$$=0.0409$$

式(5-190)，

$$s=1+E_1\left[\frac{y}{1+yE_2}-yE_2\right]^{1/2}$$

$$=1+0.4657\times\left[\frac{0.6943}{1+0.6943\times0.0409}-0.6943\times0.0409\right]^{1/2}$$

$$=1.3745$$

式(5-189)，

$$\bar{\varepsilon}_{G1}=\frac{x}{x+s(1-x)\rho_G\rho_L}$$

$$=\frac{0.02975}{0.02975+1.3745(1-0.02975)\times31.8/720}=0.3356$$

其余 ε_G 的计算结果列于附表 3。

例 5-8 附表 3　对应各 x 的 ε_G

	Ⅰ段中	Ⅰ段末	Ⅱ段中	Ⅱ段末		Ⅰ段中	Ⅰ段末	Ⅱ段中	Ⅱ段末
x	0.02975	0.0595	0.0910	0.1225	s	1.3745	1.5299	1.6557	1.7611
β	0.4098	0.5889	0.6939	0.7597	ε_G	0.3356	0.4835	0.5779	0.6422
y	0.6943	1.4325	2.2669	3.1615					

于是，由式(5-187)，

蒸发Ⅰ段的重力压降

$$-\Delta p_{g1}=gL_1[\rho_L(1-\bar{\varepsilon}_{G1})+\rho_G\bar{\varepsilon}_G]$$

$$=9.81\times0.865\times[720\times(1-0.3356)+31.8\times0.3356]\text{Pa}$$

$$=4150\text{Pa}$$

蒸发Ⅱ段重力压降

$$-\Delta p_{g2}=gL_2[\rho_L(1-\bar{\varepsilon}_{G2})+\rho_G\bar{\varepsilon}_{G2}]$$

$$=9.81\times0.865\times[720\times(1-0.5779)+31.8\times0.5779]$$

$$=2735\text{Pa}$$

则
$$-\Delta p_g=(-\Delta p_{g1})+(-\Delta p_{g2})=(4150+2735)\text{Pa}=6885\text{Pa}$$

由式(5-188) 与附表 3 计算Ⅰ、Ⅱ段的加速压降，$x_0=0$，$x_1=0.0595$，$x_2=0.1225$

$$-\Delta p_{a1}=G_T^2\left\{\left[\frac{(1-x_1)^2}{\rho_L(1-\varepsilon_{G1})}+\frac{x_1^2}{\rho_G\varepsilon_{G1}}\right]-\left[\frac{(1-x_0)^2}{\rho_L(1-\varepsilon_{G0})}+\frac{x_0^2}{\rho_G\varepsilon_{G0}}\right]\right\}$$

$$=456.5^2\times\left\{\left[\frac{(1-0.0595)^2}{720\times(1-0.4835)}+\frac{0.0595^2}{31.8\times0.4835}\right]-\frac{1}{720}\right\}$$

$$=254\text{Pa}$$

$$-\Delta p_{a2}=G_T^2\left\{\left[\frac{(1-x_2)^2}{\rho_L(1-\varepsilon_{G2})}+\frac{x_2^2}{\rho_G\varepsilon_{G2}}\right]-\left[\frac{(1-x_1)^2}{\rho_L(1-\varepsilon_{G1})}+\frac{x_1^2}{\rho_G\varepsilon_{G1}}\right]\right\}$$

$$=456.5^2\times\left\{\left[\frac{(1-0.1225)^2}{720\times(1-0.6422)}+\frac{0.1225^2}{31.8\times0.6422}\right]\right.$$

$$\left.-\left[\frac{(1-0.0595)^2}{720\times(1-0.4835)}+\frac{0.0595^2}{31.8\times0.4835}\right]\right\}$$

$$=456.5^2\times\{0.003724-0.002609\}\text{Pa}=232\text{Pa}$$

∴ $$-\Delta p_a=(-\Delta p_a)_1+(-\Delta p_a)_2=(254+232)\text{Pa}=486\text{Pa}$$

因而，
$$-\Delta p_{c4}=(-\Delta p_F)+(-\Delta p_g)+(-\Delta p_a)$$
$$=(939+6885+486)\text{Pa}=8310\text{Pa}$$

⑤ 4→5。两相流突然扩大压力变化（压力回复取负值），仍按均匀模型，有

$$-\Delta p_{45}=-\left(\frac{W_T}{S_1}\right)^2\frac{a}{\rho_L}(1-a)\Psi_H \tag{5-198}$$

式中 a——扩大前、后面积比；

$$a=\frac{S_1}{S_2}$$

S_1、S_2——扩大前、后的流通面积，m^2；

$$S_1=N_t\left(\frac{\pi}{4}d_i^2\right),S_2=\frac{\pi}{4}D_s^2,$$

于是，
$$a=\frac{S_1}{S_2}=\frac{N_t d_i^2}{D_s}=\frac{98\times0.02^2}{0.4^2}=0.245$$

按式(5-197)，

$$\Psi_H=\left[1+x\left(\frac{\rho_L}{\rho_G}-1\right)\right]$$

$$=\left[1+0.1225\times\left(\frac{720}{31.8}-1\right)\right]=3.651$$

$$\frac{W_T}{S_1}=G_T=456.5\text{kg/(m}^2\cdot\text{s)}$$

则
$$-\Delta p_{45}=-\frac{456.5^2\times0.245}{720}\times(1-0.245)\times3.651\text{Pa}=-195\text{Pa}$$

⑥ 5→6。两相流体转弯时压力变化，

$$-\Delta p_{56}=p_5-p_6=\rho_H g L_A+k_H\left[\frac{(W_T/\overline{S})^2}{2\rho_L}\right]\Psi_H \tag{5-199}$$

式中 ρ_H——出口处两相流密度，同式(5-186)，

$$\rho_H=\frac{\rho_L\rho_G}{x\rho_L+(1-x)\rho_G}$$

$$=\frac{720\times31.8}{0.1225\times720+(1-0.1225)\times31.8}\text{kg/m}^3=197.2\text{kg/m}^3;$$

k_H——弯头阻力系数，随弯曲半径、流通面积及 Re 数而变，流通面积均匀变化时可取 0.15 左右，现流通面积不均匀变化，取 $k_H=2$；

L_A——上管板至再沸器出口连接管中心线的距离，取 $L_A=0.250\text{m}$；

$\overline{S}$——几何平均流通面积，m^2；

$$\overline{S}=\sqrt{\left(\frac{\pi}{4}D_s^2\right)(YD_s)} \tag{5-200}$$

$$Y \leqq 2L_A=2\times 0.250m=0.50m$$

$$\overline{S}=\sqrt{\frac{\pi}{4}\times 0.4^2\times 0.5\times 0.4}\,m^2=0.1585m^2$$

$$W_T=\frac{6200/3600}{0.1225}kg/s=14.06kg/s$$

∴

$$-\Delta p_{56}=197.2\times 9.81\times 0.25+2\times\frac{(14.06/0.1585)^2}{2\times 720}\times 3.651$$

$$=(484+40)\ Pa=524Pa$$

⑦ 6→7。突然缩小压力变化，出口管直径 $d_{ne}=257mm$，按式(5-195)，

$$-\Delta p_{67}=p_6-p_7=\frac{W_T^2}{S_{ne}}\times\frac{1}{2\rho_L}\left[\left(\frac{1}{C_c}-1\right)^2+\left(1-\frac{1}{a^2}\right)\right]\Psi_H$$

$$\frac{W_T}{S_{ne}}=\frac{14.06}{\frac{\pi}{4}\times 0.257}kg/(m^2\cdot s)=271.2kg/(m^2\cdot s)$$

$$a=\frac{S_1}{S_2}=\frac{\overline{S}}{S_{ne}}=\frac{0.1585}{\frac{\pi}{4}\times 0.257^2}=3.057$$

由式(5-196)，

$$C_c=1/\left[0.639\left(1-\frac{1}{a}\right)^{1/2}+1\right]$$

$$=1/\left[0.639\times\left(1-\frac{1}{3.057}\right)^{1/2}+1\right]=0.656$$

∴

$$-\Delta p_{67}=\frac{271.2^2}{2\times 720}\times\left[\left(\frac{1}{0.656}-1\right)^2+\left(1-\frac{1}{3.057^2}\right)\right]\times 3.651$$

$$=218Pa$$

⑧ 7→8。出口管线的总阻力，如按均匀模型，可用式(5-201)，

$$-\Delta p_{78}=p_7-p_8=\frac{2fLG^2}{\rho_L d}\Psi_H \tag{5-201}$$

$$G=\frac{W_T}{S_{ne}}=271.2kg/(m^2\cdot s)$$

$$d=d_{ne}=0.257m$$

由表 5-54，出口管路的当量长度为 $L=15m$，

$$Re=\frac{Gd}{\mu_L}=\frac{271.2\times 0.257}{0.4\times 10^{-3}}=1.742\times 10^5$$

$$f=0.079\times(1.74\times 10^5)^{-0.25}=0.003867$$

$$\Psi_H=3.651$$

则

$$-\Delta p_{78}=\frac{2\times 0.003867\times 15\times 271.2^2}{720\times 0.257}\times 3.651Pa=168Pa$$

式(5-201) 中的物性按液相计算，摩擦损失也可按分离模型［式(5-171)～式(5-186)］

计算。

⑨ 通过再沸器总压力变化 $-\Delta p_T$

$$-\Delta p_T=-\Delta p_{12}-\Delta p_{23}-\Delta p_{3C}-\Delta p_{C4}-\Delta p_{45}-\Delta p_{56}-\Delta p_{67}-\Delta p_{78}$$
$$=[793+181+5582+8310+(-195)+524+218+168]\text{Pa}=15581\text{Pa}$$

相当于静液柱高度 $H_T=\dfrac{-\Delta p_T}{\rho_L g}=\dfrac{15581}{720\times 9.81}\text{m}=2.21\text{m}$

总推动力为塔底液面至1-1面的液柱高

$$H=2.5\text{m}>H_T$$

且有 $H_T/H=2.21/2.5=0.884$，符合安全裕度要求。

(9) 立式热虹吸再沸器的主要约束条件汇总

① 避免在雾状流状态下操作。

② 再沸器出口的最大气化率不应大于35%，不应小于10%（见表5-52）。通常，对于烃类化合物为0.1～0.25，对水和水溶液不大于0.10。

③ 出口通道上的两相流压降不应超过总压降的30%。

④ 加热管中循环液体的流速控制在0.5～1.5m/s，入口接管内流速维持在0.6～2m/s。

⑤ 根据经验，设计平均热流密度一般不超过47.3～56.8kW/m²；对水溶液系统不超过63.1～75.7kW/m²；对真空系统，不超过37.8～44.2kW/m²；对一般炼油和石油化工系统，选用43.7kW/m²，可能是比较合理的（这些数值也适用于卧式）。

⑥ 如果因要求传热面积过大，而采用几台立式再沸器并联，必须保证每台的大小、与塔的管线连接方式和长度都完全一致。

(10) 讨论

① 本例是按先进行传热试差再进行压降校正的计算程序，也可以先设定静压柱高度后，选择出口气化率进行压降估计再计算传热负荷能否满足要求。如两者不符，建议先适当改变管数而不是改变管长，再重复试差。

② 当处理多组分混合物沸腾时，可参照多组分冷凝（见5.4.4节），按多组分系统气液平衡关系算出组成随温度的变化，并画出其温度-热负荷变化曲线，然后进行分段计算。

5.3.4 卧式热虹吸再沸器

卧式热虹吸再沸器也是依靠液体与气液混合物的密度差进行自然循环的。当工艺流体在管内蒸发时，亦可用立式热虹吸再沸器的计算方法分段估算；如在壳侧蒸发，由于气液两相流动与管内情况不同，计算方法亦有差异。到目前为止，这方面的研究尚不够充分，计算误差较大。

卧式热虹吸再沸器多采用壳侧蒸发，采用的壳体形式可为“E”、“G”、“H”和错流等型式，参见图5-80(b)。当壳侧安装弓形折流板时，折流板间距可沿液体流向随气化率增加而逐渐扩大，此时，工艺流体的错流流道有上下交替错流（水平缺口）和水平向交替错流（垂直缺口）两种情况（参见图5-33）。错流区与缺口区的压降计算也不相同（图5-93）。

由于卧式热虹吸再沸器在高度方面的布置较立式要灵活得多。因此，可在传热计算完成后再进行压降与静压平衡计算，确定其安装位置。

在近似估算时，其传热部分亦可参照釜式再沸器的计算步骤与方法进行。

在详算时，可按下节公式参照立式热虹吸再沸器的步骤进行。如采用“E”型弓形折流板，则显热加热段可参照Bell-Delaware法或用简化公式计算，根据气化段中 x 的变化，在不影响管子支撑间距要求的前提下，可适当增大折流板间距。由于计算工作过大，通常由计算机进行。

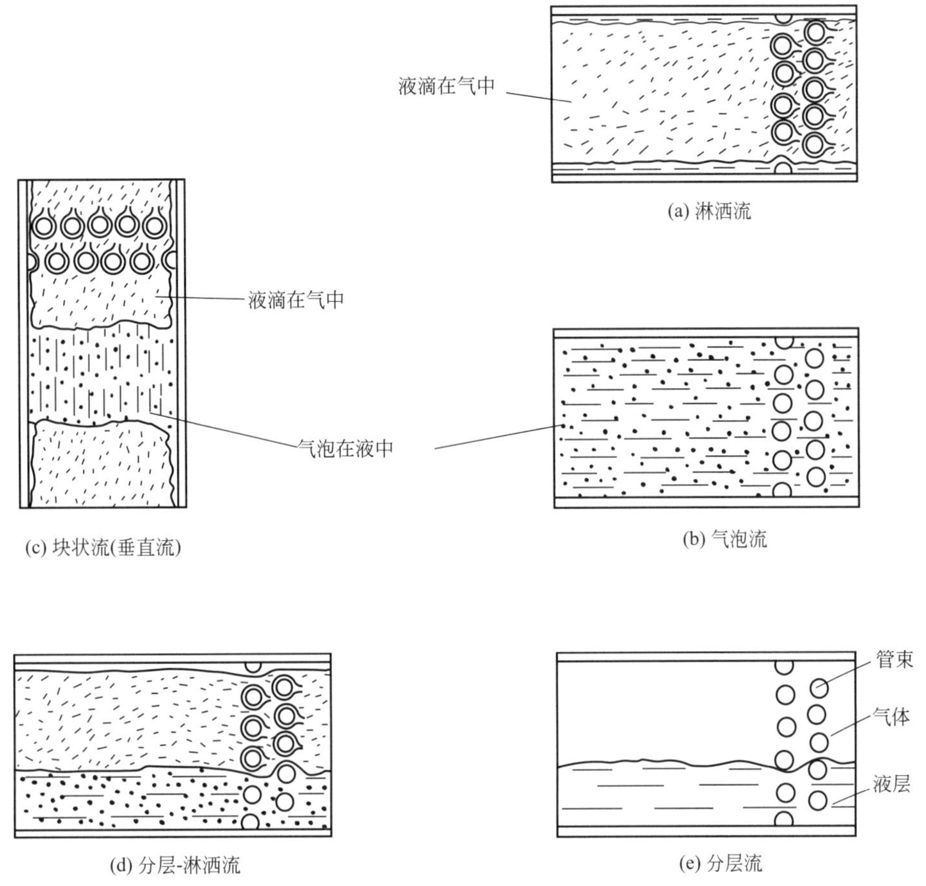

图 5-93　错流流过管束时的两相流型

5.3.4.1　对流沸腾给热系数 α_{co}

如壁面为液体所覆盖，且泡核沸腾受到抑制，可采用 Taborek（1974）公式计算

$$\alpha_{co}=\left(\frac{\Delta p_{tp}}{\Delta p_{LO}}\right)^m \alpha_L \tag{5-202}$$

式中　α_L——液相（按总量）单独流过时的对流给热系数，W/(m² · ℃)；

Δp_{tp}——再沸器中两相流压降，Pa；

Δp_{LO}——再沸器中液相（按总量）单独流过时的压降，Pa；

m——指数，$m=0.4\sim0.5$，近似计算中可取 $m=0.45$。

5.3.4.2　管束间两相流压降 Δp_{tp} 与空隙率计算

与立式热虹吸再沸器类似，Δp_{tp} 包括摩擦压降 $-\Delta p_F$、重力压降 $-\Delta p_g$ 与加速压降 $-\Delta p_a$。

（1）摩擦压降 $-\Delta p_F$

由于工艺流体的气化率沿流道方向逐渐增加，因而也需要分段计算。Grant（1975）建议仍可采用 Chisholm（1973）的分离流动模型的摩擦压降计算方法［见立式热虹吸再沸器中式(5-171)］，只是在压降乘子 Φ_{LO}^2 计算时系数 B 和指数 n 值有所不同。

① 对错流区

式(5-172a) 中的 B 和 n 值按表 5-57 确定。

表 5-57　卧式壳侧两相流动时式(5-172a) 中 *B* 和 *n* 值

流　动　型　式	B	n
上下交替错流区,喷洒流与气泡流	1.0	0.37
水平交替错流区,喷洒流与气泡流	0.75	0.46
水平交替错流区,分层流与分层喷洒流	0.25	0.46

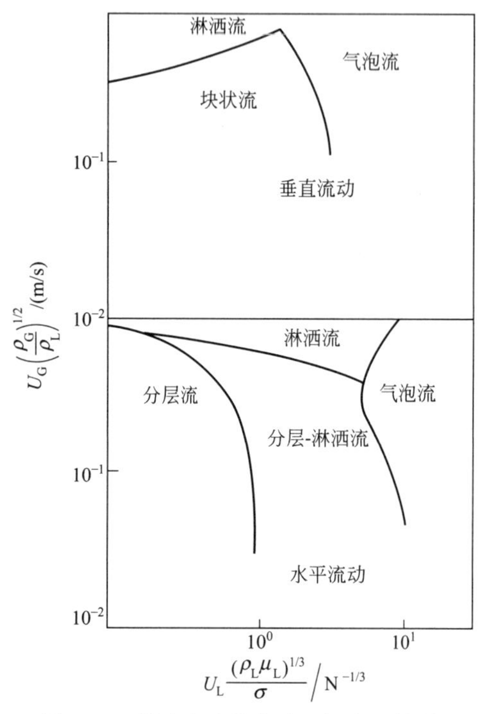

图 5-94　错流流过管束时两相流型判别

上表中流动类型由 Grant 定义，见图 5-93，流型判别按图 5-94。图 5-94 中 U_G、U_L 分别为气相和液相的名义流速，m/s（均按单独流过中央错流管排最窄处的流通截面积计）。

② 对切口区

$$\Phi_{LO}^2=1+(Y^2-1)[Bx(1-x)+x^2] \tag{5-203}$$

式中

$$Y=\left[\frac{(dp_F/dZ)_{GO}}{(dp_F/dZ)_{LO}}\right]^{1/2} \tag{5-173a}$$

对上下交替流动，$B=0.25$；对水平交替流动，$B=2/(Y+1)$。

(2) 重力压降 $-\Delta p_g$ 与加速压降 $-\Delta p_a$ 的具体计算公式与立式热虹吸再沸器相同，亦可按均匀流动模型计算（即两相以同样速度运动，$u_G=u_L$，$s=1$），不必分段。

(3) 空隙率

在计算循环流量时需要用到两相流的空隙率，由于缺乏实验数据，目前只能采用与立式热虹吸的管内流动相似的方法或按均匀模型［式(5-204)］计算。

$$\varepsilon_G=\frac{x}{x+(1-x)\rho_G/\rho_L} \tag{5-204}$$

5.3.4.3　错流时的临界热流密度

与釜式再沸器相似，管束中的临界热流密度按水平单管的相应值 q_c［式(5-147)］加以校正，由式(5-159)，$q_{max}=q_c\Phi_b$，管束校正因子 Φ_b 可取为

$$\Phi_b=3.1\frac{\pi D_B L_t}{A_o} \tag{5-205}$$

如计算得到的 $q_{max}>q_c$，则取 $q_{max}=q_c$，式中 D_B 与 L_t 分别为管束直径与管长，A_o 为管束的传热外表面积。

5.4　冷　凝　器

5.4.1　概述

在石油化工中，使用着各种各样的冷凝器，如精馏塔顶的馏分蒸气冷凝器、石油裂化气深

冷分离中的冷凝冷却器等。

冷凝器的分类：按结构形式有管壳式冷凝器、螺旋板式和板框式冷凝器、空气冷却式冷凝器等；按安装形式可分为卧式和立式；按功能可分为冷凝器与冷凝冷却器（包括过热蒸气的冷却与冷凝液的过冷）；按被冷凝物料的组成可分为纯组分饱和蒸气冷凝器、多组分蒸气冷凝器、含不凝性气体的冷凝器等。就换热器内的冷凝过程而言：按机理可分为膜状冷凝和滴状冷凝；按冷凝区位可分为平壁、立式管内、立式管外（管束）、水平管内和水平管外（管束）五种；按蒸气和冷凝液的相对流向有同向流动、反向流动和错流；按液膜流动的控制因素有重力控制和剪切控制等。计算时应按具体情况作不同处理。

5.4.1.1 蒸气的冷凝过程

当蒸气与温度低于其饱和温度的冷壁面接触时，蒸气将在壁面上凝为液体，这是一个传热-传质过程。冷凝液在壁面上的存在形式和流动方式对冷凝传热有着很大影响。

（1）膜状冷凝和滴状冷凝

① 膜状冷凝。如果壁面能被凝液充分润湿，形成的连续液膜将覆盖壁面，蒸气冷凝只能在冷凝液表面上继续发生，释放出的冷凝热通过液膜传至壁面，这种冷凝过程称为膜状冷凝。膜状冷凝传热过程的热阻几乎全部集中在液膜内，传热推动力是蒸气饱和温度与壁面温度之差。

② 滴状冷凝。如果冷凝液很难润湿壁面，则凝液在壁面上形成分散的液滴，当液滴长大至一定尺寸，在重力或气流作用下从壁面滚落，冷壁面重新暴露于蒸气中，再次生成新的液滴，这种过程称为滴状冷凝。由于传热面大部分未被凝液覆盖，因此传热阻力很小。实验表明，滴状冷凝给热系数比膜状冷凝时要大十倍左右。

在实际生产中，实现滴状冷凝是比较困难的。虽然已提出多种促进滴状冷凝的方法，如在蒸气中添加脂肪酸，在冷凝壁面上喷涂聚四氟乙烯等（参见 5.1.6 节），但因难于持久操作或费用昂贵，距实际应用还较远。目前冷凝器设计中仍按膜状冷凝计算以策安全。

（2）冷凝区位及两相流动状态对冷凝的影响

① 垂直壁面上蒸气冷凝（平壁或圆管表面）。蒸气与垂直壁面接触后，形成的冷凝液膜在重力作用下沿壁面下流，随冷凝过程的进行，越往下凝液量越大，液膜也越厚。若蒸气流速很低，可忽略它对液膜的剪切刀，此时在壁面上方，液膜为层流，如壁面足够高，冷凝液量大，则壁面下部液膜将转为湍流。由图 5-95(b) 可知，冷凝给热系数沿程分布是不均匀的，在这种情况下，使用整个壁面的平均给热系数比较方便。若蒸气流速较大，则对液膜的剪切力不可忽略。蒸气与液膜同向流动，液膜流动将加速，膜厚减薄，给热系数增加。反向流动时，给热系数减小，在狭小通道中还会造成液泛；但如在大空间内，反向流动的蒸气速度很大，则可冲散液膜，使部分壁面暴露，给热系数反而在一定范围内增大。剪切力的影响，随压强及蒸气密度的增加而增加。

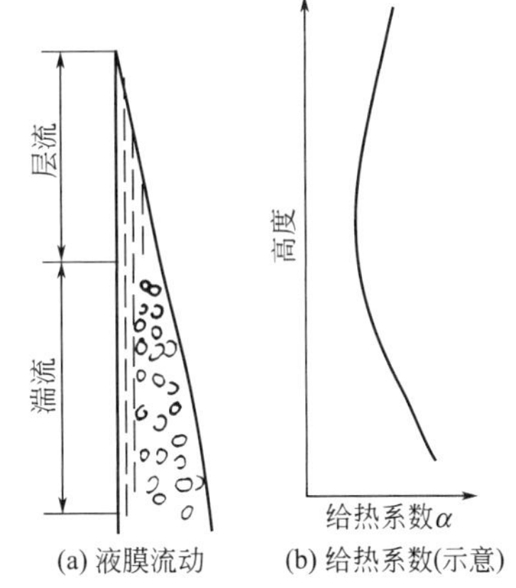

图 5-95 蒸气在垂直壁面上冷凝

② 水平管内的蒸气膜状冷凝。当蒸气在水平管内冷凝时，由于重力影响，凝液易在管内底部积聚，沿管长方向蒸气冷凝的两相流动状态将呈现不同流型，亦取决于流动是重力控制或剪切控制。

重力控制时，蒸气流速较小，冷凝液集中在管底沿轴向流动，流型通常为分层波状流。管程较长时，也可能发展成为弹状流（块状流）。剪切控制流动时，流型通常为环状流，液膜厚度取决于气液界面上蒸气的轴向剪切力。控制因素的判别可参考 Palen 等提出的图 5-96，图中

$$u_G^* = \frac{\rho_G^{1/2} u_G}{[g d_i(\rho_L - \rho_G)]^{1/2}} \tag{5-206}$$

式中 u_G^*——表观气速，无量纲；

ρ_L，ρ_G——液体和蒸气的密度，kg/m^3；

d_i——管内径，m；

u_G——蒸气流速，m/s。

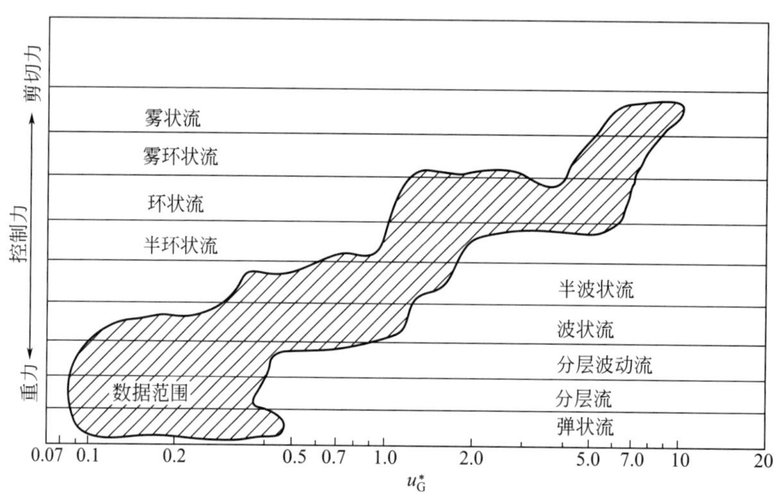

图 5-96 水平管内蒸气冷凝流型划区

由图 5-96 可知，大体上，当 $u_G^* < 0.5$ 时为分层流；$u_G^* < 1.5$ 时为环状流（剪切控制）。

在大多数管壳式换热器中，冷凝在壳程进行，凝液在重力作用下沿管束下流，蒸气则随折流板的取向发生上下折转或水平左右折转并错流穿过管束，与沸腾时类似，随气速和液速的不同，可能产生不同的两相流型（参见 5.3.4.2 节图 5-93）。对流型的判断方法可参见图 5-94。计算时应对不同流型采用相应的给热系数关联式，如流态点处于流型分界线附近时，宜取较保守的值。

（3）冷凝的计算特点与 *t-Q* 图

与再沸器类似，过程中既存在相平衡，又属于两相流动，计算比较复杂，为减少计算误差，往往需要进行分段计算：ⓐ 当存在过热蒸气冷凝与凝液过冷时（见图 5-97），过程宜分为3～4段分别计算；ⓑ在饱和蒸气冷凝过程中，蒸气速度、蒸气分率既随过程进行而变，且气液间流动又有并流、逆流和错流的区别，故两相流型也在变化。如与另一侧冷流体热阻相比，冷凝侧热阻不太小时，K 值变化将很大，运用进出口对数平均温差或其他温差计算线图将有较大的误差；ⓒ在有不凝性气体或多组分气体冷凝时，不仅 K 不是常数，而且温度与温差也不是直线变化（图 5-98）；在后两种情况下，应逐段进行气量和液量的物料衡算、热量衡算、传热速率计算、相平衡计算以及压降计算，而且根据截面上的实际流型、温度和其他流动变量，使用局部冷凝对流给热系数。这些方程是相互耦合的，每段计算都有大量的试差工作，然后将各段的传热面积累计（或用图解积分法）求得总传热面积。因此通常都使用软件包在计算机上

求解。手算只用于冷凝器的估算或校核某一截面上的变量间关系。

为了便于分段计算并了解各段间的温度与温差分布，经常需要根据热量衡算画出进出口间各截面上冷凝物料温度与冷流体温度以及对应的累计热负荷（或热流体的焓值）的变化关系即 t-Q 图（或 t-H 图）。图 5-97 是单组分过热蒸气的冷却、冷凝及凝液过冷过程的 t-Q 图示例，纵轴为温度，横轴为从热侧进口端开始，热流体释出的热量即热负荷（W）；蒸气饱和温度为 t_s，其进口温度 $t_{h1}>t_s$，出口凝液温度 $t_{h2}<t_s$；冷却剂无相变，其进出口温度分别为 t_{c1} 与 t_{c2}，逆流操作。图上虚线表示壁温的变化，从 t_{h1} 到 t_{hA} 点完全是过热蒸气的冷却，壁温高于 t_s；在 A 点壁温达到 t_s，壁面开始有凝液出现，即进入湿壁区，但蒸气主体仍是过热的；随显热的传递，蒸气温度到 B 点降为 t_s，开始进入饱和蒸气冷凝区，至 C 点蒸气全部冷凝并开始凝液的过冷。图上冷凝区 $t=t_s$ 是一根水平线，实际上由于压强沿程降低，t_s 也应略有减少。这类情况下各段温度的计算参见 5.4.3 节。当改用 t-H 图表示时，常以出口温度下冷凝物流液相为基准态，逐段计算各温度下物流的焓值，此时进口物流的焓值即相当于热负荷 Q，故 t-H 图与 t-Q 图上的曲线方向是相反的。图 5-98 为多组分蒸气冷凝过程的 t-Q 示意图。蒸气温度沿其相平衡露点温度变化。图 5-98(a) 中，冷流体为单管程，图 5-98(b) 为双管程，冷流体入口侧管程为并流，出口侧管程为逆流。其计算参见 5.4.4.2 节。

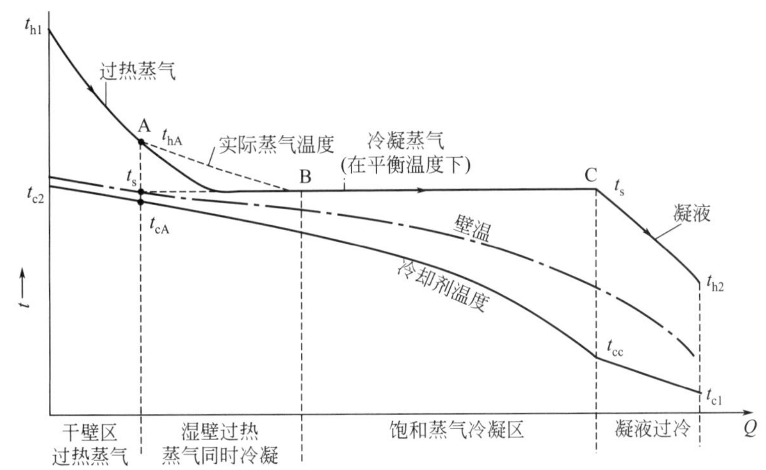

图 5-97 过热蒸气冷却-冷凝-凝液过冷过程的 t-Q 示意

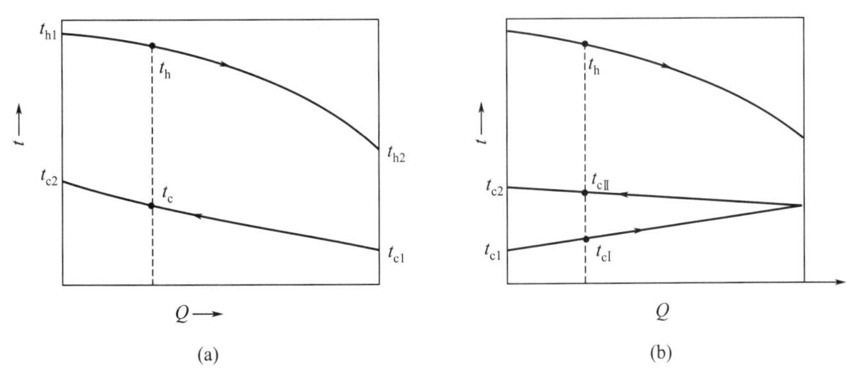

图 5-98 多组分饱和蒸气冷凝过程 t-Q 示意

5.4.1.2 冷凝器的结构特征与选型

本节主要讨论管壳式冷凝器。其布置可分为卧式与立式，蒸气可走壳程或管程，蒸气和凝液的相对流向也可不同。

（1）冷凝器型式的选择

① 卧式壳程冷凝。一般情况下属于首选。其原因是：ⓐ与立式相比，其冷凝给热系数较高；ⓑ与管程相比，压降较低；ⓒ管程走冷却剂（通常为水），其结垢易于清洗，且可采用多管程以提高流速，从而增大总传热系数，可达到较低的端部温差、也减轻了结垢倾向；ⓓ可根据蒸气侧允许压降的要求，采用不同的壳体结构（参见 5.2.1.2 节），可根据传热要求，改变折流板间距和缺口方向，也可采用翅片管强化传热，因此有很大的适应性和灵活性。它最适于单组分蒸气、沸点范围较窄的混合蒸气和含不凝气体的蒸气冷凝。其缺点是：由于蒸气和凝液迅速分离，对宽沸点范围蒸气的冷凝，传质效果与有效温差都比较低；当凝液要求过冷时，温度不易控制（一般标准结构管壳式冷凝器也不用来使凝液同时冷却）；允许操作压强低于管程。

图 5-99 表示一种可同时进行过热蒸气冷却、冷凝和凝液过冷的 U 形管式换热器结构，可供参考。

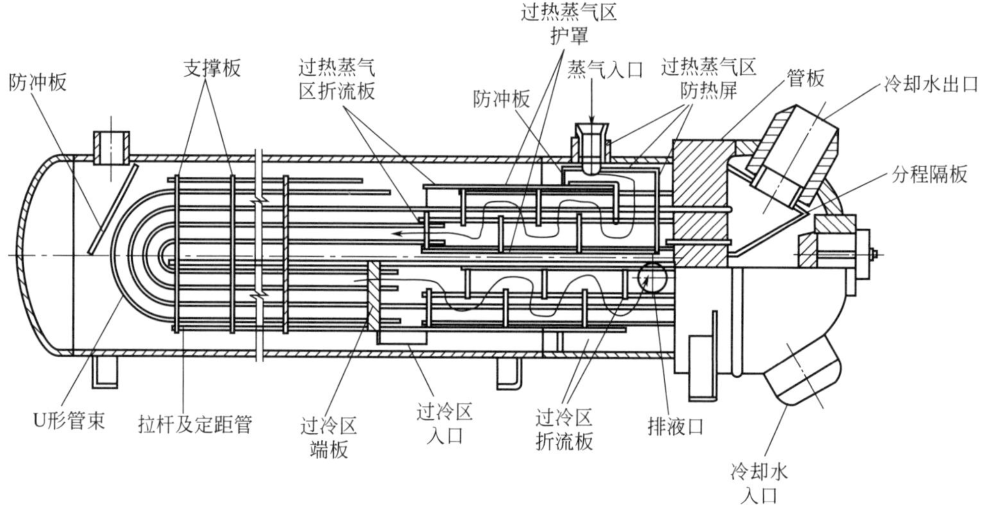

图 5-99　冷却-冷凝-冷却器

② 立式管程蒸气下流式冷凝。对于压强很高或有腐蚀性的蒸气，采用管程冷凝是适宜的，而蒸气和凝液并行下流，既可保持气液的密切接触，有利于传热、传质和蒸气中低沸点组分的冷凝，又能减薄液膜厚度；当存在不凝气体时，可适当提高流速以降低气膜热阻。故这类冷凝器较适合于宽沸点范围的蒸气和较高压强下含不凝气体的蒸气的冷凝。如能实现与冷却介质间的全逆流操作，对凝液的过冷度易于控制，可凝气的损失也最少。

③ 立式壳程冷凝。适用于冷凝给热系数很高而结垢倾向低的物料，如氨 气、水蒸气等。这时冷却水沿管内壁呈膜状流下，冷侧的给热系数很高，从而提高了总传热系数。常见的无管箱立式氨冷器即属此例。另外，在立式蒸发器和用水蒸气加热的立式加热器中，也可出现立式壳程冷凝。

④ 立式管程上流式冷凝。多用作塔顶或反应器出口蒸气的热回流冷凝器，或者需要气提出低沸点组分的场合。但传热效果较差，易于液泛，体积也较大，已部分地为“G”型螺旋板式冷凝器所代替(参见图 5-147)。

⑤ 卧式管程冷凝。通常在卧式再沸器和某些卧式加热器的另一侧，使用卧式冷凝（如管内水蒸气的冷凝）。计算时应判断管内的两相流流型，避免出现不利于流动和传热的情况，避

免发生汽锤冲击和振动，一般不作为专用冷凝器考虑。

近年来在中低压领域，螺旋板式和板框式冷凝器以其体积小、重量轻、紧凑性高等优点，使用渐广，可参阅 5.7.2 节和 5.7.3 节。

(2) 管壳式冷凝器的局部结构

① 折流板。对卧式冷凝器，一般采用垂直切口的弓形折流板，板底开槽（常用槽角 90°，槽高 15～20mm），以便于停车时凝液的排尽。切口高度常取为 $0.35D_s$（壳内径），板间距 L_b 取$(0.35\sim2.0)D_s$。为提高平均给热系数，从进口向出口，板间距宜逐渐缩小，特别对含不凝气体的蒸气冷凝，更应设法保持较大的流速。如凝液要求过冷，可采用阻液型折流板［见图 5-33（d）］。

对立式壳程冷凝，为了减薄液膜，可沿垂直方向设置几块水平的拦液板（5.2.1.2 节④、⑧)，或在每根管外设置拦液罩，使液体在此处向管间空间淋下。当冷凝负荷较大时，采用折流板既可拦液，又可增大气速，吹走凝液，提高传热速率。

② 壳程或管程数。卧式壳程冷凝通常采用单程。在冷凝低压蒸气或允许压降很低时，可采用分流式壳体或错流式壳体（见表 5-45）。

对立式管程冷凝，必须为单管程。

③ 立式管程冷凝的凝液排出端。对并行下流式，宜在出口端下部设置挡板，使凝液与残存的未凝气便于分离，避免夹带［见图 5-100(a)］。逆向流动时，为便于凝液流下宜使下端管口伸出管板，并在管端作出斜切口［见图 5-100(b)］。

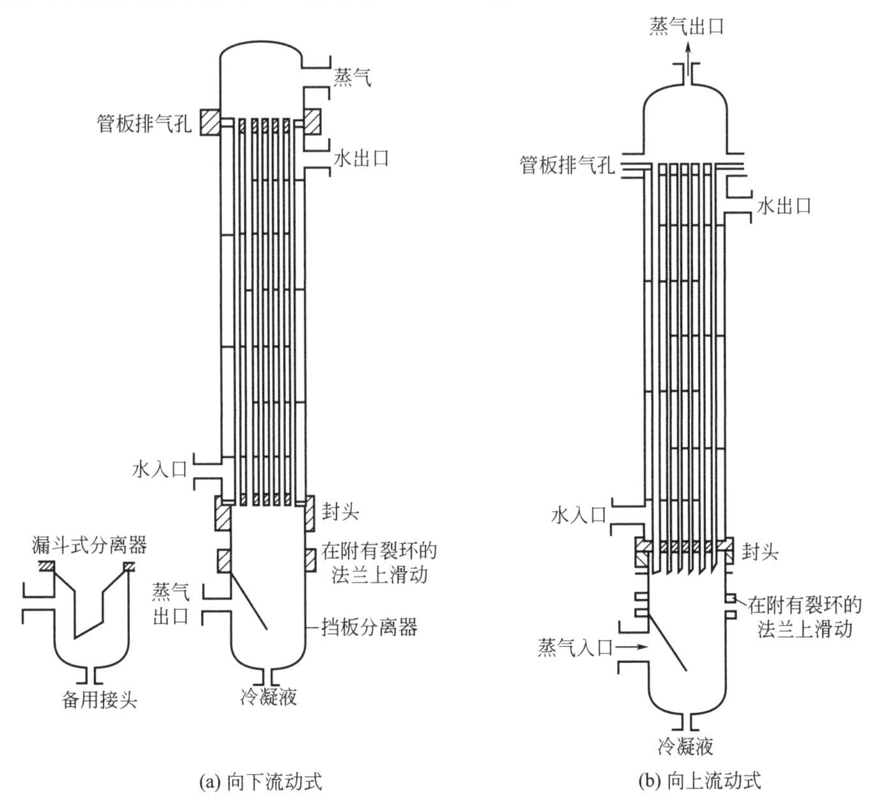

(a) 向下流动式　　(b) 向上流动式

图 5-100　立式管程冷凝器

④ 蒸气入口防冲板。对壳程冷凝，在蒸气入口处均要设置防冲板，其设置要求见 5.2.1.2 节。

⑤ 安装坡度。对卧式冷凝器，为便于凝液排出，在安装时应有一定坡度（约 1/100)。

⑥ 排出口。无论是卧式或立式冷凝器，冷凝侧均应在高处设置不凝气排出口，在最低处应设置凝液或残液的排尽口。

5.4.1.3　冷凝传热基本关系式

对纯组分饱和蒸气的冷凝，Nusselt 早期建立的冷凝液膜理论，至今仍是这类问题的理论基础。本节涉及的各种冷凝给热系数关联式大都是对单组分而言的，对于多组分的情况应加以修正。当单组分饱和蒸气冷凝时，一般都假设在壁面附近有一层冷凝液膜，热量通过液膜以传导方式传向壁面，在蒸气-液膜界面上，两相处于平衡状态，温度等于蒸气的饱和温度 t_s，也不考虑从气相至液膜界面的传质阻力。故一般均以液膜温度为定性温度。

（1）垂直表面上的膜状冷凝（重力控制）

在垂直平壁面或管表面上，冷凝液呈重力控制下的层流液膜下流时，平均冷凝给热系数为

$$\overline{\alpha}_f = 0.943\left[\frac{\lambda_L^3 \rho_L(\rho_L-\rho_G)\Delta h_v g}{H \mu_L(t_s-t_w)}\right]^{1/4} \tag{5-207}$$

式中　$\overline{\alpha}_f$——平均冷凝给热系数，W/(m^2·℃)；

H——管或平壁的垂直高度，m；

g——重力加速度，m/s^2；

t_s、t_w——蒸气饱和温度和平均壁温,℃；

ρ_L、ρ_G——冷凝液和蒸气密度，kg/m^3；在压强不高时，($\rho_L-\rho_G$) 中的ρ_G 可略；

μ_L、λ_L——冷凝液的黏度，Pa·s；热导率，W/(m·℃)；

Δh_v——饱和温度及压强下的比气化焓，J/kg。

物性数据的定性温度均取液膜平均温度：$t_f=\frac{1}{2}(t_s+t_w)$。实验表明，式(5-208) 计算值比实验值约低 20%，而且液膜可能变为湍流，故应用时宜加以修正。取液膜雷诺数

$$Re_L=\frac{4\Gamma}{\mu_L} \tag{5-208}$$

式中　Γ——沿冷凝壁面单位宽度或单位周边的冷凝液流量（冷凝负荷），kg/(m·s)；对圆管外周，$\Gamma=W_L/\pi d_o N_t$；对圆管内周，$\Gamma=W_L/\pi d_i N_t$；对平壁，$\Gamma=W_L/L$；

W_L——凝液流量，kg/s，计算平均冷凝给热系数时，取垂直面底部值；

d_o、d_i——圆管外径、内径，m；

L——平壁宽度，m；

N_t——垂直管的根数。

由热量衡算及给热速率方程，

$$\Gamma\Delta h_v=\overline{\alpha}_f(t_s-t_w)H \tag{5-209}$$

按 Butterworth 的推荐[26]，当

$Re_L<33$，
$$\overline{\alpha}_f=1.47\left[\frac{\lambda_L^3\rho_L(\rho_L-\rho_G)g}{\mu_L^2}\right]^{1/3}Re_L^{-1/3} \tag{5-210}$$

$33<Re_L<1600$，
$$\overline{\alpha}_f=\left[\frac{\lambda_L^3\rho_L(\rho_L-\rho_G)g}{\mu_L^2}\right]^{1/3}\times\frac{Re_L}{1.08Re_L^{1.22}-5.2} \tag{5-211a}$$

$Re_L>1600$，
$$\overline{\alpha}_f=\left[\frac{\lambda_L^3\rho_L(\rho_L-\rho_G)g}{\mu_L^2}\right]^{1/3}\frac{Re_L}{8750+58Pr_L^{-0.5}(Re_L^{0.75}-253)} \tag{5-211b}$$

从实用出发，尾花英朗直接对饱和水蒸气和常见的单组分有机物饱和蒸气在重力控制下的

冷凝给热系数给出算图，见图 5-101 和图 5-102。当将该图数据用于水平管时，可将所得 $\overline{\alpha}_f$ 值

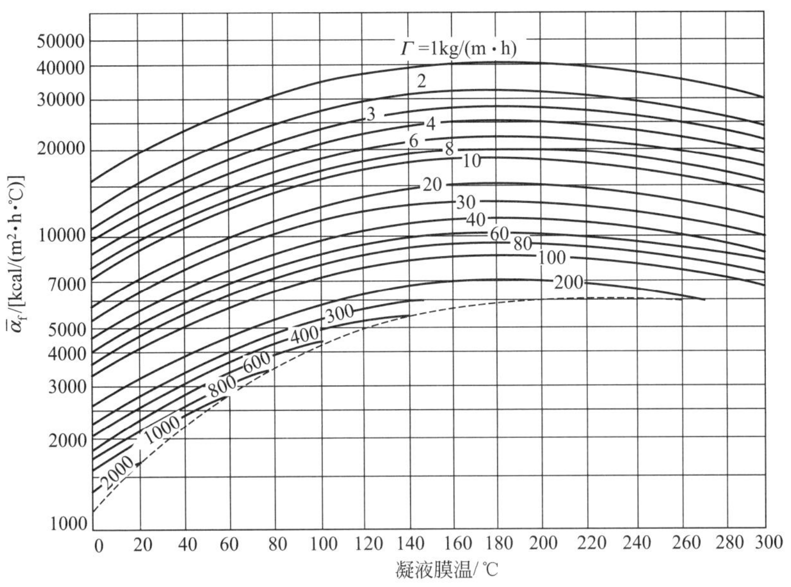

图 5-101　垂直管外饱和水蒸气冷凝给热系数（水平管外乘以 0.8）

1kcal/(m^2·h·℃)=1.163W/(m^2·℃)

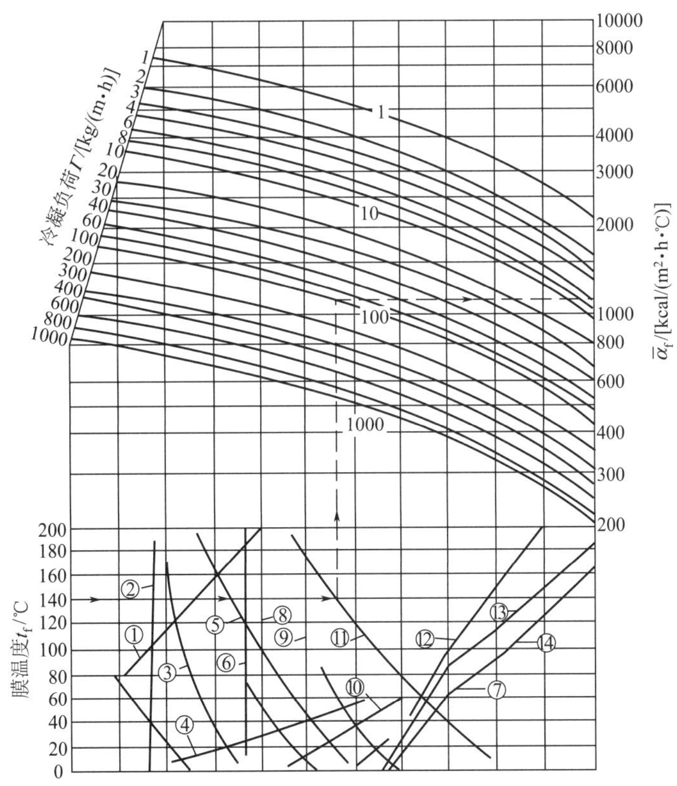

图 5-102　垂直管冷凝给热系数，$4\Gamma/\mu<1800$ 适用（水平管外可乘以 0.8）

①甲醇；②丙酮；③氯仿；④一氯二氟甲烷；⑤四氯化碳；⑥乙醚；⑦二氯四氟乙烷；⑧苯；⑨乙醇；⑩二氯二氟甲烷；⑪正丙醇；⑫正辛烷；⑬正己烷；⑭正戊烷

1kcal/(m^2·h·℃)=1.163W/(m^2·℃)

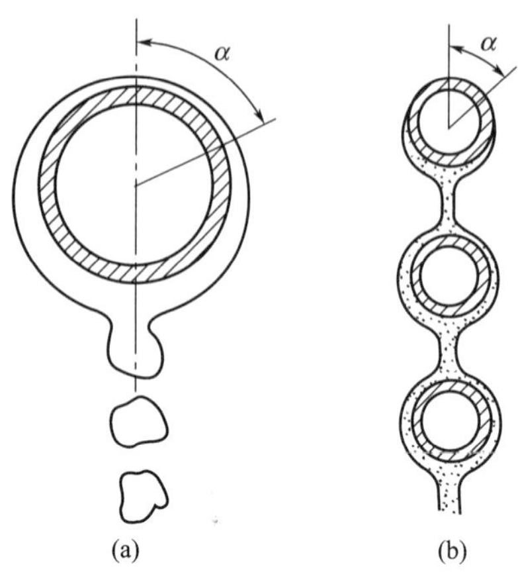

图 5-103　水平管外的膜状冷凝

乘以 0.8。

在以上关系中，没有考虑蒸气流动对液膜施加的剪切力的影响。

（2）水平管外冷凝

由图 5-103（a）可见，蒸气在水平管外冷凝时，沿管周的冷凝液膜厚度不等，液膜沿管壁流动的路程不长，流速不大，$Re_L=\dfrac{2\Gamma}{\mu_L}>1600$ 才达湍流，因此通常可按平均层流液膜计算。

① 单管管外冷凝（重力控制）

若蒸气流速很低，忽略蒸气对冷凝液膜的剪切效应，对单根水平管且为层流液膜，可采用Nusselt理论解。

$$\bar{\alpha}_{fo}=0.725\left[\frac{\lambda_L^3\rho_L(\rho_L-\rho_G)\Delta h_v g}{d_o\mu_L(t_s-t_w)}\right]^{1/4} \tag{5-212}$$

或

$$\bar{\alpha}_{fo}=1.51\left[\frac{\lambda_L^3\rho_L(\rho_L-\rho_G)g}{\mu_L^2}\right]^{1/3}\left(\frac{4\Gamma}{\mu_L}\right)^{-1/3} \tag{5-212a}$$

式中　Γ——单根管的冷凝负荷，$\Gamma=\dfrac{W_L}{L}$，kg/(m·s)；

W_L——单管的冷凝液量，kg/s；

L——水平管长，m。

其余符号同前，定性温度用液膜平均温度。

② 管排冷凝（重力控制）

对纵向单排的 n 根水平管，如图 5-103(b) 所示，上部管的凝液流向下方，使下部管上的液膜增厚，而凝液滴落至下部时产生的飞溅、碰撞又增加对凝液膜的扰动，这种相互矛盾的影响使平均 $\bar{\alpha}$ 与单管不同，通常推荐将式(5-212) 得到的 $\bar{\alpha}_{fo}$乘以 $n^{-1/6}$，即

$$\bar{\alpha}_f=\bar{\alpha}_{fo}n^{-1/6} \tag{5-213}$$

这里，$\bar{\alpha}_f$是 n 排管的平均冷凝给热系数。

对管壳式冷凝器，管束的相对排列通常有四种方式，如图 5-104。对水平管束，可将式(5-212a) 中的 Γ 用下列关系式代入，W_L 用 n 排管的总凝液量，

$$\Gamma=W_L/(n_sL) \tag{5-214}$$

n_s 可看作是冷凝液流的股数或平均管列数，

$$n_s=\frac{\text{总管数}}{\text{一个管列的平均管数}}$$

$$\left.\begin{aligned}&\text{对正方形直列□，}n_s=1.288N_t^{0.480}\\&\text{正方形错列◇，}n_s=1.370N_t^{0.518}\\&\text{三角形直列▷，}n_s=1.022N_t^{0.519}\\&\text{三角形错列△，}n_s=2.08N_t^{0.495}\end{aligned}\right\} \tag{5-215}$$

在估算时，也可将下式直接代入式(5-213)，

$$n=0.78D_B/p_{t2} \tag{5-216}$$

式中　D_B——管束直径，m；

p_{t2}——垂直方向（凝液流向）上的管心距（5.2.1.2 节图 5-40），m。

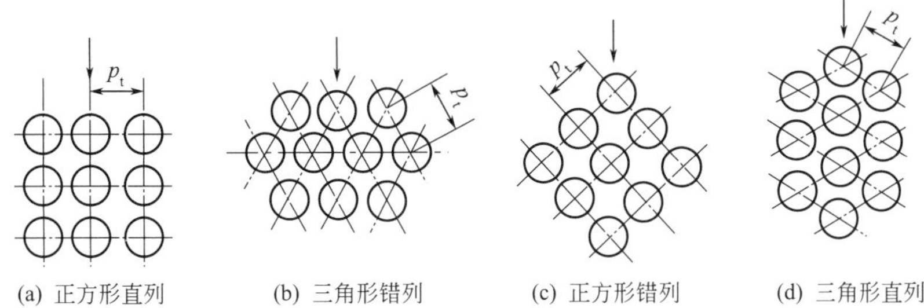

图 5-104　管束排列

当考虑蒸气流在水平管束中流动时产生的剪切影响时，可采用如下 Mc Naught 计算关系。

③ 剪切控制时的冷凝给热系数 α_{sh}

由 Martinell 参数

$$X_{tt}=\left(\frac{1-x}{x}\right)^{0.9}\left(\frac{\rho_G}{\rho_L}\right)\left(\frac{\mu_L}{\mu_G}\right)^{0.25} \tag{5-148}$$

$$\alpha_{sh}=1.26\alpha_L\left(\frac{1}{X_{tt}}\right)^{0.78} \tag{5-217}$$

式中　α_L——全部按液相在管束中流动时的对流给热系数，W/(m^2·℃)。

④ 大多数情况下重力与剪切力同时产生影响，可取

$$\alpha_f=(\alpha_{sh}^2+\alpha_{gr}^2)^{1/2} \tag{5-218}$$

式中　α_{gr}——按重力控制计算的冷凝给热系数，W/(m^2·℃)；

$$\alpha_{gr}=\overline{\alpha}_{fo}\left(\frac{\Sigma W_n}{W_n}\right)^{-m} \tag{5-219}$$

$\overline{\alpha}_{fo}$——按式(5-212) 或式(5-212a) 计算的单排水平管外冷凝给热系数，W/(m^2·℃)；

ΣW_n——按重力作用，从 n 排流下的全部凝液流量，kg/s；

W_n——在 n 排处凝液形成速率（冷凝速率），kg/s；

m——指数，对正方形直列管束 $m=0.22$，对错列，$m=0.13$。

式(5-219) 中，W_n 是未定值，使用时需要试差，不如使用式(5-213) 或式(5-214) 简便，但准确度稍高。

（3）垂直管内冷凝

① 重力控制与剪切控制的判别

在管内两相流动时，应考虑蒸气流速与相对流向的影响，区分重力控制或剪切控制，然后选用相应的公式。图 5-105 表示气液并行下流时液膜上各作用力的关系。

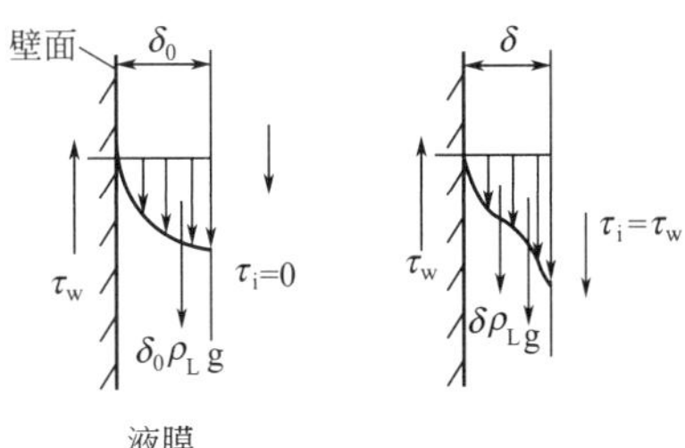

图 5-105　气液并行下流时液膜上的作用力

a. 重力控制［见图 5-105(a)］。当气液界面的剪应力 τ_i 很小时，壁面剪应力 τ_w 等于液膜上作用的重力，即

$$\tau_w=\delta_0\rho_L g\gg\tau_i \tag{5-220}$$

这时液膜厚度 δ_0 可按下式估算

$$\delta_0=\left[\frac{3\mu_L\Gamma}{\rho_L(\rho_L-\rho_G)g}\right]^{1/3} \tag{5-221}$$

设液体均布，则 $\Gamma=\dfrac{W_L}{\pi d_i N_t}$，$W_L$ 为该截面上的冷凝液流量，kg/s。

b. 剪切控制［见图 5-105(b)］。随气速增加，τ_i 增加，τ_w 也增加，凝液膜厚度 δ 减少，当满足 $\tau_i \approx \tau_w$ 时，

$$\tau_i \approx \tau_w \gg \delta \rho_L g \tag{5-221a}$$

显然，这是剪切控制的条件。为便于比较，也可近似按在相同冷凝负荷 Γ 下，

$$\tau_i \gg \delta_0 \rho_L g \tag{5-221b}$$

以此作为判断的依据。

c. 剪切力与重力影响同时起作用。此时 $\tau_i < \tau_w$，应同时考虑它们对冷凝给热系数的影响。在气液逆流时，为避免液泛，蒸气流速不宜很高，一般可按重力控制估算给热系数。

对剪切控制时界面剪应力 τ_i，可按两相流压降求出。设液膜很薄（$\delta \ll d_i$），则

$$\tau_i = \tau_w = -\frac{dp_F}{dZ} \times \frac{d_i}{4} \tag{5-222}$$

$$\frac{dp_F}{dZ} = \Phi_{Lo}^2 \left(\frac{dp_F}{dZ}\right)_{Lo} \tag{5-171}$$

对一定截面，$\left(\dfrac{dp_F}{dZ}\right)_{Lo}$ 可按式(5-179)、式(5-177a) 及式(5-176) 求出，Φ_{Lo}^2 可按 Friedel 关系式 (5-180) 及式(5-181) ～式(5-186) 解出，利用式(5-222) 求出的 τ_i 可直接与 $\delta_0 \rho_L g$ 比较。

② 单组分蒸气和凝液平行下流时的冷凝给热系数

a. 重力控制下的冷凝给热系数 α_{gr} 此时可用式(5-208) 或按 $Re_L=\dfrac{4\Gamma}{\mu_L}$ 的大小用式(5-211) 计算，仅需以管内径 d_i 代替式中的 d_o。

b. 剪切控制下层流液膜的给热系数 α_{sh}（$Re_L < 30 \sim 50$），由 $\tau_i = \tau_w$ 的条件，可得液膜厚

$$\delta = \sqrt{2\Gamma \mu_L / \tau_w \rho_L} \tag{5-223}$$

$$\alpha_{sh} = \frac{\lambda_L}{\delta} = \sqrt{\lambda_L^2 \tau_w \rho_L / 2\Gamma \mu_L} \tag{5-224}$$

上式中 τ_w 按式(5-222) 及相应各式计算。在实际生产中，这种情况不占重要地位。

c. 剪切控制下湍流液膜的给热系数 α_{sh} 的计算步骤（按三传类比关系的三层模型）

ⓐ假设膜温，由式(5-222) 计算出 τ_w，由已知截面上的冷凝负荷值计算 $Re_L=\dfrac{4\Gamma}{\mu_L}$，$\Gamma=\dfrac{G_T(1-x)\times \frac{\pi}{4} d_i^2}{\pi d_i}$，$G_T$ 为单管内总质量通量，kg/(m² · s)；x 为气相质量分数。

ⓑ 计算无量纲膜厚 δ^+

$$\delta^+ = \frac{u^* \delta \rho_L}{\mu_L} \tag{5-225}$$

式中 u^*——摩擦速度，$u^* = \sqrt{\tau_w / \rho_L}$。

$$Re_L \leqslant 50, \delta^+ = 0.7071 Re_L^{0.5} \tag{5-226}$$

$$50 < Re_L \leqslant 1480, \delta^+ = 0.6323 Re_L^{0.5286} \tag{5-226a}$$

$$Re_{L}>1480, \delta^{+}=0.0504Re_{L}^{0.875} \tag{5-226b}$$

ⓒ 计算无量纲膜温 T_{δ}^{+}

$$\delta^{+}\leqslant 5 \qquad T_{\delta}^{+}=\delta^{+}Pr_{L} \tag{5-227}$$

$$5<\delta^{+}\leqslant 30 \qquad T_{\delta}^{+}=5\left\{Pr_{L}+\ln\left[1+Pr_{L}\left(\frac{\delta^{+}}{5}-1\right)\right]\right\} \tag{5-227a}$$

$$\delta^{+}>30 \qquad T_{\delta}^{+}=5\left[Pr_{L}+\ln(1+5Pr_{L})+\frac{1}{2}\ln\frac{\delta^{+}}{30}\right] \tag{5-227b}$$

ⓓ 计算 α_{sh}

$$\alpha_{fi}=\alpha_{sh}=\frac{C_{pL}(\rho_{L}\tau_{w})^{1/2}}{T_{\delta}^{+}} \tag{5-228}$$

ⓔ 由式(5-225)、式(5-226) 可求出该截面上湍流膜的厚度 δ，并得到单位长度的冷凝速度 G_{c}，

$$G_{c}=\pi d_{i}\alpha_{sh}(t_{s}-t_{w})/\Delta h_{v} \qquad \mathrm{kg/(m \cdot s)} \tag{5-229}$$

在以上计算中，壁温及膜温需试差。

d. 剪切控制下的 α_{sh} 计算相当繁杂，故亦可按下列两式估算并取其中较大值。

ⓐ Boyko 等提出的关联式

$$\alpha_{fi}=\alpha_{sh}=\alpha_{L}J^{1/2} \tag{5-230}$$

$$\alpha_{L}=0.024\frac{\lambda_{L}}{d_{i}}Re_{Lo}^{0.8}Pr_{L}^{0.43} \tag{5-231}$$

式中 α_{sh}——管内剪切控制的局部冷凝给热系数，W/(m^2·℃)；

α_{L}——按总量全为液体流动时计算的给热系数，W/(m^2·℃)；

$$Re_{Lo}=\frac{4W_{T}}{\pi d_{i}\mu_{L}N_{t}}$$

W_{T}——总质量流量，kg/s；

Pr_{L}——冷凝液的 Pr 数；

J——系数，$J=1+\left[\frac{\rho_{L}-\rho_{G}}{\rho_{G}}\right]x$；

x——蒸气局部质量分率。

用于计算两点（x_{1}，x_{2}）间的平均给热系数时，可取

$$\bar{\alpha}_{sh}=\alpha_{L}\left[\frac{J_{1}^{1/2}+J_{2}^{1/2}}{2}\right] \tag{5-231a}$$

当进口为饱和蒸气且出口为全凝时，式(5-231a) 可简化为

$$\bar{\alpha}_{fi}=\bar{\alpha}_{sh}=\alpha_{L}\left[\frac{1+\sqrt{\rho_{L}/\rho_{G}}}{2}\right] \tag{5-231b}$$

ⓑ Carpenter 等提出的关系式($Pr=1\sim5$，$\tau_{i}=5\sim150\mathrm{N/m^2}$)

$$\bar{\alpha}_{fi}=\bar{\alpha}_{sh}=0.065\frac{\lambda_{L}\rho_{L}^{1/2}}{\mu_{L}}Pr_{L}^{1/2}\tau_{i}^{1/2} \tag{5-232}$$

$$\tau_{i}=f_{i}(G_{G}^{2}/2\rho_{G}) \tag{5-233}$$

$$f_{i}=a/Re_{G}^{b}$$

式中　τ_i——气液界面的剪应力，N/m^2；

ρ_G——蒸气密度，kg/m^3；

f_i——蒸气对界面的 fanning 摩擦因子，式中的常数近似取 $a=0.079$，$b=0.25$；

G_G——平均蒸气通量，$kg/(m^2 \cdot s)$；

$$G_G=\left(\frac{G_1^2+G_1G_2+G_2^2}{2}\right)^{1/2}$$

G_1、G_2——进出口处的蒸气通量，$kg/(m^2 \cdot s)$，当蒸气在管内全凝时，$G_2=0$，$G_G=0.58G_1$；

$$Re_G=\frac{d_iG_G}{\mu_G}$$

μ_G——蒸气黏度，$Pa \cdot s$。

e. 判断流动条件比较复杂，在估算给热系数时，可按重力控制或剪切控制分别计算并取其高值。由于一般情况下液膜流动时剪切力和重力同时发生影响，故可按式(5-218) 计算。

③ 蒸气与凝液逆向流动

在垂直管内两相逆向流动时，首先应防止管内发生液泛。关于液泛，曾提出过不少判据，下式可用来估算液泛气速 u_f(m/s)，取

$$\Psi=126.4\left(\frac{\sigma_L}{\rho_G}\right)^{0.5}\left(\frac{W_L}{W_G}\right)^{-0.25} \tag{5-234}$$

当 $\Psi \geqslant 10$，$u_f=0.305F_1F_2\Psi$　(5-235)

$\Psi<10$，$u_f=0.22F_1F_2\Psi^{1.5}$　(5-235a)

式中　W_L、W_G——垂直管下端（进口端）的液、气流量，kg/s；

σ_L——凝液表面张力，N/m；

F_1——管内径影响系数，$d_i \geqslant 0.317\sigma_L$，$F_1=1.0$；$d_i<0.317\sigma_L$，$F_1=0.874\left(\frac{d_i}{\sigma_L}\right)^{0.14}$；

F_2——下端管口切口系数，对水平切口 $F_2=1.0$；对 70°的斜切口（图 5-100）按下表内插：

σ_L/(N/m)	≤0.004	0.01	0.015	0.025	0.035	>0.04
F_2	1.0	1.15	1.4	1.5	1.55	~1.60

上式中的物性按进口端温度取。实际采用的底部蒸气进口速度应限制在 $0.7u_f$ 以下。这种条件下单组分蒸气的冷凝给热系数 α_{fi} 可近似按式(5-208)～式(5-211) 估算。

(4) 水平管内冷凝

① 由图 5-96 可知，当蒸气流速较低时（$u_G^*=\dfrac{u_G\rho_G^{1/2}}{[gd_i(\rho_L-\rho_G)]^{1/2}}\leqslant 0.5$），一般为重力控制，流型为分层流，可按 Nusselt 管外冷凝传热式(5-212) 进行适当修正，

$$\alpha_{fi}=\alpha_{gr}=0.725\Omega_i\left[\frac{\lambda_L^3\rho_L(\rho_L-\rho_G)\Delta h_v g}{\mu_L d_i(t_s-t_w)}\right]^{1/4} \tag{5-236}$$

式中　Ω_i——修正系数，约为 0.8；

$$\Omega_i=\varepsilon_G^{3/4} \tag{5-237}$$

ε_G——两相流的空隙率，沿管长方向变化，可按 5.3.3.2 节或式(5-189)～式(5-194) 计算。近似也可按下式：

$$\varepsilon_G = 1/\left\{1+\frac{1-x}{x}\left(\frac{\rho_G}{\rho_L}\right)^{2/3}\right\} \tag{5-238}$$

x——在某截面上的蒸气质量分率。

因此，当求平均给热系数时，原则上应沿管长分段计算，再取其平均值。

② 在高冷凝负荷下，蒸气流速很大，若 $u_G^* \geqslant 1.5$，一般为剪切控制，流型为环状流，此时可在按式(5-222) 等求出$\frac{dp}{dZ}$及 τ_w 以后由式(5-225)～式(5-228) 计算 α_{sh}或近似按式(5-230) 或式(5-232) 估算。

③ 当$0.5<u_G^*<1.5$ 时，可按下列公式内插

$$\alpha_{fi} = \alpha_{sh} + (u_G^* - 1.5)(\alpha_{sh} - \alpha_{gr}) \tag{5-239}$$

④ Akers曾经提出下列较简单的关系式，也可供水平管内估算时选用。

当 $Re=\frac{d_i G}{\mu_L}=1000\sim5\times10^4$ 时，

$$\overline{\alpha}_{fi} = 5.03\frac{\lambda_L}{d_i}Re^{1/3}Pr_L{}^{1/3} \tag{5-240}$$

$Re>5\times10^4$ 时

$$\overline{\alpha}_{fi} = 0.0265\frac{\lambda_L}{d_i}Re^{0.8}Pr_L{}^{1/3} \tag{5-240a}$$

式中　G——当量质量流速，kg/(m^2·℃)；

$$G = G_L + G_G\left(\frac{\rho_L}{\rho_G}\right)^{1/2} \tag{5-241}$$

G_L——进出口处冷凝液的平均质量流速；

kg/(m^2·s)；$G_L=\frac{G_{L1}+G_{L2}}{2}$；

G_G——进出口处蒸气的平均质量流速，

kg/(m^2·s)，$G_G=\frac{G_{G1}+G_{G2}}{2}$。

上式误差约为±50%。

在应用本节（5.4.1.3）各式计算单组分的冷凝给热系数时，需要假设液膜的流动状态，选用相应的公式，计算时又需预设平均膜温和壁温。因此，在初步的传热计算结束后，应校核Re_L、u_G^*、t_w 和 t_f 是否满足预设值，必要时应重复试差。

5.4.2　单组分饱和蒸气冷凝器的计算

单组分饱和蒸气冷凝器的计算最为简单，选定换热器型式后，可直接应用 5.4.1.3 节各关联式进行计算。

【例 5-9】 氯乙烯（C_2H_3Cl）单体精制高沸塔顶冷凝器中，氯乙烯蒸气冷凝量为 1530kg/h，操作压力为 0.38MPa，冷凝剂为 25%（质量分数）$CaCl_2$ 水溶液，入口温度 5℃，出口温度 8℃。选择一台合适的冷凝器。

解　在 0.38MPa 下，氯乙烯单体的饱和温度 $t_s=24$℃，比气化焓 $\Delta h_v=300.85$kJ/kg。

（1）热负荷 Q

$$Q=1530\times300.85/3600=128\text{kW}$$

（2）有效平均温差 ΔT_{m}

$$\Delta T_{lm}=\frac{(24-5)-(24-8)}{\ln\frac{24-5}{24-8}}=17.5℃$$

由于是单组分饱和蒸气冷凝，冷凝温度恒定为 24℃，温差校正系数 $F_{t}=1$，则 $\Delta T_{m}=\Delta T_{lm}=17.5℃$。

（3）初选冷凝器

因蒸气处理量较小，且温度低，采用立式并流向下式管内冷凝。

由表 5-20，假定总传热系数 $K_{o}=560\text{W}/(\text{m}^2\cdot℃)$，则换热面积

$$A_{o}=\frac{Q}{K_{D}\Delta T_{m}}=\frac{128\times10^3}{560\times17.5}\text{m}^2=13.0\text{m}^2$$

参照表 5-36（JB/T4715—92），初选冷凝器参数如下：

公称直径 DN，325mm；公称压力 PN，1.6MPa；

换热管 $\phi25\times2.5\times3000$；计算换热面积：$13.0\text{m}^2$；

管子根数 $N_{t}=57$；管程数 $N_{p}=1$；

管程流通面积 $S_{t}=0.0179\text{m}^2$；管子排列方式，正三角形；

管心距 $p_{t}=32\text{mm}$；折流板间距 $L_{b}=200\text{mm}$；

折流板形式，单弓形，$H_{w}=0.25D_{s}$

若壳壁厚取 10mm，则 $D_{s}=0.325-2\times0.01=0.305\text{m}$

（4）核算总传热系数

① 管内氯乙烯冷凝给热系数

设管内壁平均温度 $t_{w}=12℃$，则冷凝液平均膜温 $t_{f}=\frac{1}{2}(t_{w}+t_{s})=\frac{1}{2}\times(12+24)=18℃$

18℃下氯乙烯凝液物性可查得为

$$\rho_{L}=916\text{kg/m}^3\qquad \mu_{L}=0.198\text{mPa}\cdot\text{s},$$

$$C_{pL}=1.46\text{kJ}/(\text{kg}\cdot℃),\qquad \lambda_{L}=0.123\text{W}/(\text{m}\cdot℃)$$

且查得 24℃下氯乙烯蒸气密度 $\rho_{G}=9.62\text{kg/m}^3$，蒸气黏度 $\mu_{G}\approx0.0103\text{mPa}\cdot\text{s}$。

若按式(5-232）计算冷凝给热系数，进口端质量流速

$$G_{1}=\frac{1530}{57\times\frac{\pi}{4}\times0.02^2\times3600}\text{kg}/(\text{m}^2\cdot\text{s})=23.73\text{kg}/(\text{m}^2\cdot\text{s})$$

平均质量通量 $G_{G}=0.58G_{1}=0.58\times23.73=13.77\ \ \text{kg}/(\text{m}^2\cdot\text{s})$

$$Re_{G}=\frac{d_{i}G_{G}}{\mu_{G}}=\frac{0.02\times13.77}{0.0103\times10^{-3}}=26730$$

气液界面的摩擦因子按光滑表面计算，用 Blausius 公式，有

$$f_{i}=0.079/Re^{0.25}=0.079/(26730)^{0.25}=6.18\times10^{-3}$$

$$Pr_{L}=\frac{C_{pL}\mu_{L}}{\lambda_{L}}=\frac{1.46\times10^3\times0.198\times10^{-3}}{0.123}=2.35$$

$$\tau_i = f_i \frac{G_G^2}{2\rho_G} = 6.18\times10^{-3}\times\frac{13.77^2}{2\times9.62}\text{N/m}^2 = 0.06\text{N/m}^2 < 5$$

代入式(5-232)，有

$$\overline{\alpha}_{fi} = \overline{\alpha}_{sh} = 0.065\frac{\lambda_L \rho_L^{1/2}}{\mu_L} Pr_L^{1/2}\tau_i^{1/2}$$

$$= 0.065\times\frac{0.123\times916^{1/2}}{0.198\times10^{-3}}\times(2.35)^{1/2}\times(0.06)^{1/2}\text{W/(m}^2\cdot℃)$$

$$= 484\text{W/(m}^2\cdot℃) \quad \text{(A)}$$

若按式(5-231a)计算（进口饱和，出口全凝）

$$\overline{\alpha}_{fi} = \overline{\alpha}_{sh} = \left[\frac{1+\sqrt{\rho_L/\rho_G}}{2}\right]\times0.024\frac{\lambda_L}{d_i} Re_{Lo}^{0.8} Pr_L^{0.43}$$

$$\Gamma = \frac{W_L}{\pi d_i N_t} = \frac{1530}{\pi\times0.02\times57\times3600}\text{kg/(m}\cdot\text{s)} = 0.119\text{kg/(m}\cdot\text{s)}$$

$$Re_{Lo} = \frac{4\Gamma}{\mu L} = \frac{4\times0.119}{0.198\times10^{-3}} = 2400$$

$$\overline{\alpha}_{sh} = [(1+\sqrt{916/9.62})/2]\times0.024\times\frac{0.123}{0.020}\times2400^{0.8}\times2.35^{0.43}\text{W/(m}^2\cdot℃)$$

$$= 580\text{W/(m}^2\cdot℃) \quad \text{(B)}$$

改用式(5-211b)，$Re_L = Re_{Lo} > 1600$，

$$\overline{\alpha}_{fi} = \left(\frac{\lambda_L^3 \rho_L^2 g}{\mu_L^2}\right)^{1/3}\frac{Re_L}{8750+58Pr_L^{-1/2}(Re_L^{0.75}-253)}$$

$$= \left[\frac{0.123^3\times916^2\times9.81}{(0.198\times10^{-3})^2}\right]^{1/3}\times\frac{2400}{8750+58\times2.35^{-0.5}\times(2400^{0.75}-253)}\text{W/(m}^2\cdot℃)$$

$$= 0.1975\times7310 = 1443\text{W/(m}^2\cdot℃) \quad \text{(C)}$$

式(A)、式(B)、式(C)计算结果相差悬殊，其原因是，气液界面的剪应力过小，实际上已不在式(5-232)和式(5-230)的适用范围之内，故可按式(5-211b)，即采用式(C)的结果

$$\overline{\alpha}_{fi} = \overline{\alpha}_{gr} = 1443 \quad \text{W/(m}^2\cdot℃)$$

② 管外冷冻盐水的给热系数

定性温度 $t_m = \frac{t_{c1}+t_{c2}}{2} = \frac{5+8}{2} = 6.5℃$，$t_w = 12℃$

6.5℃时，25%$CaCl_2$ 水溶液物性如下

$$\rho = 1237\text{kg/m}^3,\quad \mu = 4.0\text{mPa}\cdot\text{s},$$
$$c_p = 2.904\text{kJ/(kg}\cdot℃)\quad \lambda = 0.515\text{W/(m}\cdot℃)$$

12℃时$\mu_w = 3.2\text{mPa}\cdot\text{s}$

冷冻液流量

$$W_c = \frac{Q_{大}}{C_p(t_{c2}-t_{c1})} = \frac{128}{2.904\times3}\text{kg/s} = 14.7\text{kg/s}$$

壳程当量直径［正三角形排列按式(5-106)］

$$d_e=4\times\left(\frac{\sqrt{3}}{2}p_t^2-\frac{\pi}{4}d_o^2\right)/\pi d_o$$

$$=4\times\left(\frac{\sqrt{3}}{2}\times0.032^2-\frac{\pi}{4}\times0.025^2\right)/(\pi\times0.025)\text{m}=0.0202\text{m}$$

壳程计算流通截面积［按式(5-107)］

$$S_m=L_bD_s\left(1-\frac{d_o}{p_t}\right)\approx0.2\times0.305\times\left(1-\frac{0.025}{0.032}\right)\text{m}^2=0.0133\text{m}^2$$

$$Re_s=\frac{d_cW_c}{\mu_sS_m}=\frac{0.0202\times14.7}{4.0\times10^{-3}\times0.0133}=5581$$

$$Pr_s=\frac{C_{ps}\mu_s}{\lambda_s}=\frac{2.904\times4.0}{0.515}=22.6$$

对切除 25%的圆缺形挡板，由式(5-105)

$$\alpha_s=\alpha_o=0.36\frac{\lambda_s}{d_e}Re_s^{0.55}Pr^{1/3}\left(\frac{\mu_s}{\mu_w}\right)^{0.14}$$

$$=0.36\times\frac{0.515}{0.0202}\times5581^{0.55}\times22.6^{1/3}\times\left(\frac{4.0}{3.2}\right)^{0.14}\text{W/（m}^2\cdot℃\text{）}=3079\text{W/(m}^2\cdot℃)$$

③ 校核壁温

忽略管壁热阻，有

$$\alpha_o(t_w-t_c)=\overline{\alpha}_{fi}(t_s-t_w)$$

$$t_w=\frac{\alpha_ot_c+\overline{\alpha}_{fi}t_s}{\alpha_o+\alpha_{fi}}=\frac{3079\times6.5+1443\times24}{3079+1443}℃=12.1℃$$

与所设壁温 12℃相接近，误差在允许范围之内。对冷凝液膜而言，这里算出的值相当于刚开工时的情况，原则上应该按冷凝蒸气主体温度与垢层表面温度的平均值作为膜温。此处计算从略。

④ 总传热系数 K

由表 5-13，取管内蒸气污垢热阻 $r_{fi}=8.0\times10^{-5}$(m$^2\cdot$℃)/W，管外盐水污垢热阻 $r_{fo}=1.7\times10^{-4}$(m$^2\cdot$℃)/W，

$$\frac{1}{K}=\frac{1}{\alpha_o}+r_{fo}+r_i\frac{d_o}{d_i}+\frac{1}{\overline{\alpha}_{fi}}\times\frac{d_o}{d_i}$$

$$=\frac{1}{3079}+1.7\times10^{-4}+8.0\times10^{-5}\times\frac{25}{20}+\frac{1}{1443}\times\frac{25}{20}(\text{m}^2\cdot℃)/\text{W}$$

$$=1.46\times10^{-3}(\text{m}^2\cdot℃)/\text{W}$$

$$K=684\text{W/(m}^2\cdot℃)$$

⑤ 冷凝面积

$$A=\frac{Q}{K\Delta T_m}=\frac{128\times10^3}{684\times17.5}\text{m}^2=10.70\text{m}^2$$

$$\Delta A=\left|\frac{A-A_o}{A}\right|=\left|\frac{10.7-13}{10.7}\right|=0.215$$

即有 21.5%的裕度，所选冷凝器可行。

5.4.3 过热蒸气冷凝及冷凝冷却器

对于过热蒸气冷却-冷凝-凝液过冷的全过程变化见图 5-97，从图上看，应分四段计算。

a. 第一段为干壁过热蒸气冷却，该段末端温度 t_{hA} 可按 $t_w=t_s$ 的条件求出。按截面上传热速率方程及热衡算方程

$$\alpha_1(t_{hA}-t_s)=K_1(t_{hA}-t_{cA})$$

对该段，热负荷为

$$Q_1=(WC_{pG})_h(t_{h1}-t_{hA})=(WC_p)_c(t_{c2}-t_{cA}) \tag{5-242}$$

将上两式合并可求出 t_{hA}

$$t_{hA}=\frac{t_s-\dfrac{K_1}{\alpha_1}\{t_{c2}-t_{h1}[(WC_{pG})_h/(WC_p)_c]\}}{1-\dfrac{K_1}{\alpha_1}[1-(WC_{pG})_h/(WC_p)_c]} \tag{5-243}$$

设在管外冷凝，则

$$\frac{1}{K_1}=\frac{1}{\alpha_1}+r_{fh}+R_w+r_{fc}\frac{d_o}{d_i}+\frac{1}{\alpha_c}\times\frac{d_o}{d_i}$$

式中 α_1——按气相计算的对流给热系数，W/(m^2·℃)；

α_c——冷却剂的对流给热系数，W/(m^2·℃)；

$(WC_{pG})_h$——按气相计算的过热蒸气热容流率，W/℃；

K_1——干壁区总传热系数，W/(m^2·℃)。

$$t_{cA}=t_{c2}-(t_{h1}-t_{hA})\frac{(WC_{pG})_h}{(WC_p)_c}$$

$$\Delta T_{m1}=\frac{(t_{h1}-t_{c2})-(t_{hA}-t_{cA})}{\ln\left[\dfrac{t_{h1}-t_{c2}}{t_{hA}-t_{cA}}\right]}$$

$$A_1=\frac{Q_1}{K_1\Delta T_{m1}}$$

b. Whalleg (1982)[1] 曾对气液管内并行下流时第二段即过滤蒸气开始冷凝的湿壁段的计算推导过一个模型，但过于复杂。因此工程计算中常将 AB 段与饱和蒸气冷凝合为一段，于是该段的热负荷可按

$$Q_2=W_h[C_{pG}(t_{hA}-t_s)+\Delta h_v] \tag{5-242a}$$

该段的传热速率可按饱和蒸气冷凝计算，温差可取 ΔT_{lm} 值。

c. 对于凝液过冷段

$$Q_3=(WC_p)_c(t_{cc}-t_{c1})=(WC_{pL})_h(t_s-t_{h2}) \tag{5-242b}$$

式中 $(WC_{pL})_h$——按液相计算的凝液热容流率，W/℃；

Δh_v——在 t_s 下蒸气的比气化焓，J/kg。

传热速率按单相液流计算，温差可取 ΔT_{lm}。

作为估算，还可以进一步简化如下：ⓐ如蒸气过热度不大，过热段热负荷小于冷凝段热负荷的 10%，或已知蒸气入口处壁温等于或低于 t_s 时，可忽略过热段，将过热蒸气的冷却冷凝热负荷全部按饱和蒸气冷凝考虑；ⓑ若不满足上述条件，可直接将过程分为过热蒸气的冷却（由 $t_{h1}\rightarrow t_s$）和饱和蒸气在 t_s 下冷凝两段，而不再计算 t_{hA} 值；ⓒ对凝液的最终冷却至 t_{c2}，可采用控制冷凝冷却器内液面的方法，使部分换热面积浸没在凝液中，设计时应分别计算。通常

---

[1] Whalleg P. B., Proc. Seventh Iut. Heat Transfer Conf. 5, 181, Hemisphere Pub. Corp., Newyork, 1982.

此段中凝液流速很低，其给热系数可按单相自然对流关联式计算。若凝液冷却段的传热面积超过总面积的40%时，则应采用单独的凝液冷却器。关于冷凝冷却器的计算可参考5.7.2中示例。一种在管壳式换热器中同时进行冷却-冷凝-冷却全过程的结构见图5-99。

【例5-10】 过热蒸气冷凝器的设计（按估算法进行）

用冷却水将温度74℃，操作压强73.6kPa（表压）的正戊烷蒸气冷凝、蒸气处理量6100kg/h。冷却水入口温度30℃，出口温度40℃。选择一台冷凝器。

解 在73.6kPa（表）下，正戊烷的饱和温度为52℃，比气化焓为347.4kJ/kg。蒸气过热。

过热段定性温度 $t_{mh}=\frac{1}{2}\times(74+52)=63$℃，该温度下，正戊烷的物性为：$C_{ph}=1.85$kJ/(kg·℃)；

$$\lambda_h=0.0202\text{W/(m·℃)};\mu_h=0.007\text{mPa·s}$$

冷却水定性温度 $t_{mc}=\frac{1}{2}\times(30+40)=35$℃，该温度下水的物性为：$C_{pc}=4.187$kJ/(kg·℃)，

$\lambda_c=0.605$W/(m·℃)，$\mu_c=0.800$mPa·s。

（1）热负荷及冷却水用量

过热段热负荷 $Q_1=6100\times1.85\times(74-52)/3600\text{kW}=69\text{kW}$

冷凝段热负荷 $Q_2=6100\times347.4/3600\text{kW}=589\text{kW}$

总热负荷 $Q=Q_1+Q_2=658\text{kW}$

冷却水用量 $W_c=\frac{Q}{C_{pc}\Delta t}=\frac{658}{4.187\times(40-30)}\text{kg/s}=15.7\text{kg/s}$

（2）平均温差

先按逆流计算，蒸气与冷却水温度分布分别为 $t_{h1}\rightarrow t'_h=t_{h2}\rightarrow t_{h2}$，$t_{c2}\leftarrow t'_c\leftarrow t_{c1}$

计算中间温度 t'_c

$$W_cC_{pc}(t'_c-t_{c1})=Q_2$$

$$t'_c=\left(\frac{589}{15.7\times4.187}+30\right)℃=39℃$$

因 $t'_h=t_{h2}=52$℃

故过热蒸气冷却段平均温差

$$\Delta T_{lm1}=\frac{(74-40)-(52-39)}{\ln\frac{34}{13}}℃=21.8℃$$

冷凝段平均温差

$$\Delta T_{lm2}=\frac{(52-30)-(52-39)}{\ln\frac{22}{13}}℃=17.1℃$$

（3）初选冷凝器

选卧式冷凝，蒸气走壳程，冷却水走管程，查表5-20，过热段总传热系数初选为 $K_1=170\text{W/(m}^2\text{·℃)}$，冷凝段的 $K_2=610\text{W/(m}^2\text{·℃)}$。

传热面积 $A=\frac{Q_1}{K_1\Delta T_{lm1}}+\frac{Q_2}{K_2\Delta T_{lm2}}=\frac{69\times10^3}{170\times21.8}+\frac{589\times10^3}{610\times17.5}$

$=18.6+56.5=75.1\text{m}^2$

冷热流体间温差不超过50℃，故选用固定管板式冷凝器。参照表5-36（JB/T 4715—92），初选冷凝器基本尺寸如下：

公称直径 DN，600mm；公称压力 PN，0.6MPa；

换热管，$\phi 25\times 2$；换热管长 L，4.5m；

管子根数 N_t，222，正三角排列；换热面积 A，76.7m²；

管程数 N_p，4；管程流通面积 S_t，0.0192m²；

管心距 p_t，32mm；中心排管数，17

采用切除25%单弓形折流板，板间距 L_b，300mm。

（4）校核平均温差

冷却段：$P=\dfrac{t_{c2}-t_c'}{t_{h1}-t_c'}=\dfrac{40-39}{74-39}=0.028$

$$R=\frac{t_{h1}-t_{h2}}{t_{c2}-t_c'}=\frac{74-52}{40-39}=22$$

查图5-65，知温差校正系数 $F_t=1$，故 $\Delta T_{m1}=21.8$℃。

冷凝段：$F_t=1$，故 $\Delta T_{m2}=17.5$℃

（5）总传热系数校核

① 管内冷却水给热系数

对冷却水而言，冷却段和冷凝段定性温度相差不大，对物性的影响可忽略，两段给热系数可认为相同，即

$$\alpha_{i1}=\alpha_{i2}=\alpha_i$$

$$Re_c=\frac{d_i W_c}{\mu_c S_t}=\frac{0.021\times 15.7}{0.8\times 10^{-3}\times 0.0192}=2.15\times 10^4$$

$$Pr_c=\frac{C_{pc}\mu_c}{\lambda_c}=\frac{4.187\times 0.8}{0.605}=5.54$$

由式(5-24)，流体被加热，

$$\alpha_i=0.023\frac{\lambda_c}{d_i}Re_c^{0.8}Pr_c^{0.4}$$

$$=0.023\times\frac{0.605}{0.021}\times(2.15\times 10^4)^{0.8}\times 5.54^{0.4}\text{W/(m}^2\cdot℃)=3842\text{W/(m}^2\cdot℃)$$

② 壳程冷却段给热系数 α_{o1}

与例5-9计算相似，具体计算从略，可得 $\alpha_{o1}=196\text{W/(m}^2\cdot℃)$。

③ 壳程冷凝段给热系数 $\alpha_{o2}=\overline{\alpha}_{fo}$

假设平均壁温 $t_w=38$℃，则平均膜温

$t_f=\dfrac{1}{2}\times(52+38)=45$℃，该温度下正戊烷冷凝液物性：$\rho_L=605\text{kg/m}^3$，$\mu_L=0.19\text{mPa}\cdot\text{s}$，$\lambda_L=0.1023\text{W/(m}\cdot℃)$。由式(5-215)，管子正三角错列，管束平均列数为：$n_s=2.08N_t^{0.495}=2.08\times 222^{0.495}=30.2$

在换热管长中，冷凝段所占的长度分数为

$$\frac{L_2}{L_t}=\frac{A_2}{A}=\frac{56.5}{75.1}=0.752$$

由式(5-214)

$$\Gamma=\frac{W_L}{n_s L_t A_2/A}=\frac{6100}{30.2\times4.5\times0.752\times3600}\text{kg/(m·s)}=0.0166\text{kg/(m·s)}$$

$$Re_L=\frac{4\Gamma}{\mu_L}=\frac{4\times0.0166}{0.19\times10^{-3}}=347.4<1600$$

故由式(5-212a)，忽略ρ_G影响，

$$\bar{\alpha}_{o2}=\bar{\alpha}_{fo}=1.51\left(\frac{\lambda_L^3\rho_L^2 g}{\mu_L^2}\right)^{1/3}\left(\frac{4\Gamma}{\mu_L}\right)^{-1/3}$$

$$=1.51\times\left(\frac{0.1023^3\times605^2\times9.81}{(0.19\times10^{-3})^2}\right)^{1/3}\times347.4^{-1/3}\text{W/(m}^2\text{·℃)}=1016\text{W/(m}^2\text{·℃)}$$

校核壁温：忽略管壁热阻。

$$\alpha_{o2}(t_s-t_w)\approx\alpha_i(t_w-t_{mc})$$

$$t_w=\frac{\alpha_{o2}t_s+\alpha_i t_{mc}}{\alpha_i+\alpha_{o2}}=\frac{1016\times52+3842\times35}{3842+1016}℃=38.6℃$$

与所设壁温38℃相差很小，故计算结果正确。

④ 总传热系数

冷却段K_1：查表5-12，冷却水侧污垢热阻取为$r_{fi}=1.7\times10^{-4}$(m²·℃)/W，由表5-14，戊烷蒸气污垢热阻$r_{fo}=8\times10^{-5}$(m²·℃)/W，忽略壁阻可得

$$K_1=176\text{W/(m}^2\text{·℃)}$$

冷凝段K_2：冷却水侧污垢热阻仍取为$r_{fi}=1.7\times10^{-4}$(m²·℃)/W，戊烷冷凝液污垢热阻$r_{fo}=1.0\times10^{-4}$(m²·℃)/W，忽略壁阻可得

$$K_2=626\text{W/(m}^2\text{·℃)}$$

(6) 冷凝器面积

$$A=\frac{69\times10^3}{176\times21.8}+\frac{589\times10^3}{626\times17.1}=(18.0+55.0)\text{ m}^2=73.0\text{m}^2$$

$$\Delta A=\frac{76.7-73.0}{73.0}\times100\%=5.07\%$$

冷凝器面积有5%的裕度，故此换热器可行。

(7) 若考虑到凝液侧垢层热阻，则计算冷凝液膜温应先计算出垢层表面温度t_{rfo}，可按

$$\frac{Q_2}{A_2}=\frac{1}{1/\alpha_{o2}+r_{fo}}(t_s-t_{rfo})=\frac{1}{1/1016+1.0\times10^{-4}}\times(52-t_{rfo})$$

$$=\frac{589\times10^3}{55}$$

可解得：$r_{rfo}=40.4℃$

较原假设38℃为高，相当于留有更多的裕度，故设计可行。

5.4.4 多组分蒸气冷凝

5.4.4.1 概述

多组分蒸气冷凝时，如组分间沸点范围很窄，可近似按单组分蒸气冷凝处理。但就其冷凝过程的本质而言，则与不凝气体存在时的冷凝相似。这时可设在冷凝液膜外侧存在一层当量层流气膜，在气膜两侧存在着温差与浓度差。因此，液膜表面的温度和浓度不再与蒸气主体达到平衡，气膜的存在形成了新的传递阻力，在计算时必须考虑。这种情况下，从冷凝蒸气主体到

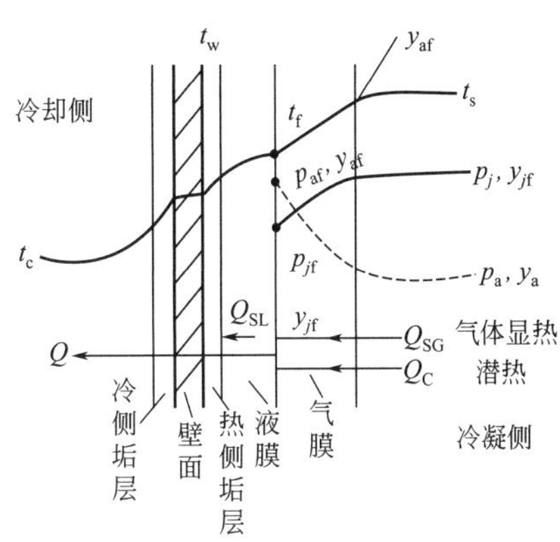

图 5-106　存在气膜阻力时的温度、分压或浓度分布

冷却介质主体之间的温度、可凝组分及低沸点组分（或不凝气体）的压强分布（或浓度分布）见图 5-106。下标为 a 的组分表示不凝气体或低沸点组分（当气液界面温度 t_f 很高时，低沸点组分相当于不凝气体），在界面上可认为 p_{jf}（或 y_{jf}）是在 t_f 下可凝组分 j 的平衡蒸气分压（或平衡气相组成）。通过气膜同时发生显热 Q_{SG} 的传递（推动力为 t_s-t_f）、和随质量传递（由于 p_j-p_{jf} 或 y_j-y_{jf} 等）带来的潜热传递 Q_c，不凝组分 a 则因 $p_{aj}-p_a$ 的存在，发生反向质量传递。

多组分蒸气冷凝过程的另一特点是冷凝过程中蒸气相与凝液相的组成不断变化，蒸气的冷却、冷凝和凝液的冷却同时发生，在相界面上可认为存在相平衡关系，而相界面的温度和平衡组成也在沿传热面变化，整个过程沿截面与沿流动方向都是不等温的。此外凝液组分又可分为互溶与不互溶两种情况。因此，多组分蒸气的冷凝计算极为复杂。工程上为了便于计算，不得不作出各种简化处理。目前已有完整的多组分冷凝器的计算软件，可以按很小的步长分段进行相平衡关系、热量衡算和物料衡算、物性计算、传质和传热速率计算，得出较准确的传热面积和有关尺寸。

5.4.4.2　多组分冷凝的计算内容（组分间互溶）

为了计算方便，通常先按气液两相的摩尔关系进行相平衡计算、物料衡算和焓衡算，绘出 t-Q 图，然后化为质量关系进行其他计算。

（1）相平衡关系计算及 t-Q 图

关于多组分物系的相平衡关系计算可参考第 9 章。我们关心的是如何在一定压强与不同温度下，两相达到平衡时，求出其平衡组成、两相的流量及其焓值，从而作出 t-Q 图（在这里常称为冷凝曲线）。有两种冷凝曲线：一种称为积分冷凝曲线，它是按两相在冷凝过程中，其气液始终保持密切接触并随时达到平衡的前提下计算的，相当于气液并行流动下的冷凝，这种曲线应用最广；另一种是微分冷凝曲线，在冷凝时，新生成的气液两相间虽仍达到平衡，但刚冷凝的液相与前面冷凝流下的凝液混合后，则不再与蒸气保持平衡关系。例如气液逆向流动冷凝的场合（亦相当于蒸馏中渐次冷凝的条件）。这里主要介绍积分冷凝曲线的绘制方法。

① 相平衡关系。以 y_j 和 x_j 表示组分 j 在平衡气液相中的摩尔分数，若组分总数为 k，则有

$$y_j=K_jx_j \quad (j=1,2,3,\cdots,k) \tag{5-244}$$

式中，K_j 为组分 j 的相平衡常数，可由相关手册查得或计算。

② 相平衡系统的组成与物料衡算。在气液始终保持接触并达到平衡条件下，若初始物流（蒸气）的总千摩尔流量为 $n_T$kmol/s；初始组成为 z_j（$j=1,2,\cdots,k$）；在某一冷凝温度 t 下，得到平衡两相的千摩尔流量为 n_G 与 $n_L$kmol/s；组分 j 在气相和液相中的摩尔分数和千摩尔流量分别用 y_j、x_j 和 n_{Gj}、n_{Lj} 表示，则由物料衡算式有

$$n_T=n_G+n_L \quad \text{kmol/s} \tag{5-245}$$

$$n_j=n_Tz_j=n_{Gj}+n_{Lj} \quad \text{kmol/s} \tag{5-246}$$

取 $\beta=n_G/n_T$，则 β 必在 0～1 之间，结合式(5-244) 可得

$$y_j=\frac{K_j z_j}{1+\beta(K_j-1)} \tag{5-247}$$

$$n_{Gj}=n_G y_j=\frac{\beta K_j n_j}{1+\beta(K_j-1)} \quad \text{kmol/s} \tag{5-247a}$$

$$x_j=\frac{z_j}{1+\beta(K_j-1)} \tag{5-248}$$

$$n_{Lj}=n_L x_j=\frac{n_j(1-\beta)}{1+\beta(K_j-1)} \quad \text{kmol/s} \tag{5-248a}$$

且有

$$f(\beta)=\sum_{j=1}^{k}\frac{z_j(1-K_j)}{1+\beta(K_j-1)}=0 \tag{5-249}$$

在给定温度 t 下，查出各组分的 K_j 值，并在 0～1 之间初设 β 值代入式(5-249)，直至 $f(\beta)\approx 0$ 时，β 即为所求。于是由式(5-247a) 及式(5-248a) 即可分别求出平衡两相中 j 组分的千摩尔流量 n_{Gj} 和 n_{Lj}，由 β 求出 n_G，由式(5-245) 求出 n_L。

③ 露点温度 t_D 与泡点温度 t_B。对于一定的 n_T 和 z_j 的系统，在露点温度时，应有 $\beta=\frac{n_G}{n_T}=1$，由式(5-249) 有

$$f(1)=\sum_{j=1}^{k}\frac{z_j(1-K_j)}{K_j}=\sum_{j=1}^{k}\left(\frac{z_j}{K_j}\right)-1=0 \tag{5-249a}$$

满足式(5-249a) 的温度即该系统的露点温度 t_D。

若按设定的温度求出 K_j 代入式(5-249a) 时得到的 $f(1)<0$，说明在该设定温度下、组成为 z_j 的蒸气为过热蒸气。

在泡点温度下，$\beta=0$，同样可得

$$f(0)=\sum_{j=1}^{k}z_j(1-K_j)=1-\sum_{j=1}^{k}z_j K_j=0 \tag{5-249b}$$

满足式(5-249b) 的温度即为该系统的泡点温度 t_B。如代入设定温度下的 K_j 值所得 $f(0)>0$，则该组成的系统在该温度下为过冷液体。

在一定压强下，具有初始组成 z_j 的蒸气，其冷凝过程应在 t_D 与 t_B 之间，若 n_T、z_j 已知，在该温度区间内各温度下的两相平衡组成与流量均可由式(5-246)～式(5-248) 计算。

④ 任一温度下物流的焓值。各纯组分的比焓或摩尔焓可由手册查出，也可查取组分在某一基准态下气相或液相的摩尔平均热容和摩尔气化焓，按下列各式计算组分的焓值。若出口温度为 t_{h2}，则可取 t_{h2}下组分的液态为基准态。这样，如不考虑各组分的混合焓变（理想混合物），则出口液相物流的焓值为零，计算比较方便。

对任一组分在温度 t 下的液相摩尔焓 H_{mLj} 和气相摩尔焓 H_{mGj}，有

$$H_{mLj}=c_{pmL,j}(t-t_{h2}) \tag{5-250}$$

$$H_{mGj}=H_{mLj}+(\Delta_v H_m)_j(t,p) \tag{5-250a}$$

或

$$H_{mGj}=(\Delta_v H_m)_j(t_{h2},p)+\overline{C}_{pmG,j}(t-t_{h2}) \tag{5-250b}$$

式中 $(\Delta_v H_m)_j(t,\ p)$——在温度 t，总压 p 下组分 j 的摩尔气化焓，kJ/kmol；

$\overline{C}_{pmL,j}$，$\overline{C}_{pmG,j}$——组分 j 在相应温度范围内的平均液相和气相摩尔比热容，kJ/(kmol・℃)。

对理想气液混合物，在温度 t 下的总比焓

h_m：
$$h_m=\frac{1}{W_T}\sum_{j=1}^{k}[H_{mLj}n_{Lj}+H_{mGj}n_{Gj}]\quad \text{kJ/kg} \tag{5-251}$$

$$W_T=\sum_{j=1}^{k}n_T z_j M_j=\sum_{j=1}^{k}n_j M_j \tag{5-252}$$

式中　M_j——组分 j 的千摩尔质量，kg/kmol；

W_T——总质量流量，kg/s。

⑤ 积分冷凝曲线的绘制。若蒸气入口端用下标 h_1 表示，则在温度为 t 处的累计热负荷 Q 为：

$$Q=W_T[(h_m)_{h1}-h_m]\quad \text{kW 或 W} \tag{5-253}$$

且
$$Q=Q_C+Q_{SG}+Q_{SL}\quad \text{kW 或 W} \tag{5-253a}$$

式中　Q_C——t 处累计冷凝热负荷，kW 或 W；

Q_{SG}——t 处蒸气降温的显热负荷，kW 或 W；

Q_{SL}——t 处液膜降温的显热负荷，kW 或 W，其计算参见例 5-11。

在 t_{h1}-t_{h2} 间取若干 t 值，并计算出各温度下的 h_m 和累计热负荷，按直角坐标绘出 t-Q 图，同时由热量衡算按逆流得出该温度下对应的冷却剂温度 t_{c1}-t_c-t_{c2}，即得到该系统的冷凝曲线，作为多组分蒸气冷凝器进一步计算的基础。

绘制微分冷凝曲线亦可从进口组成的露点温度开始，分出若干小的温度区间，由 i 截面（t_i）进入 $i+1$ 截面（t_{i+1}）的气相，冷凝生成新的平衡气液两相，即

$$(n_G)_i=(n_G)_{i+1}+(n_L)_{i+1}$$

$$(n_{Gj})_i=(n_{Gj})_{i+1}+(n_{Lj})_{i+1}$$

$$(y_j)_{i+1}=\frac{(n_{Gj})_{i+1}}{(n_G)_{i+1}}=K_j(x_j)_{i+1}=K_j\frac{(n_{Lj})_{i+1}}{(n_L)_{i+1}}$$

实际上是以某截面的气相流量（n_G）$_i$ 作为 n_T，（y_j）$_i$ 作为 z_j，代入式(5-249）中，求出 $\beta=\frac{(n_G)_{i+1}}{(n_G)_i}$后，按式(5-247a）和式(5-248a）求出（n_{Lj}）$_{i+1}$、（n_{Gj}）$_{i+1}$、（n_L）$_{i+1}$和（n_G）$_{i+1}$的值，直至最后一段为止。按每段中冷凝下来的量（n_L）$_{i+1}$和组成计算潜热负荷，由于微分冷凝曲线绘制比较复杂，通常都按积分冷凝曲线分段计算传热速率与传热面积。

（2）给热系数计算（忽略气膜传质阻力）

由图 5-106 可知，在多组分蒸气冷凝时，除液膜存在热阻 $1/\alpha_f$ 外，还增加了一个气膜热阻 $1/\alpha_G$。

① 蒸气冷却给热系数 α_G。取微分面积 dA，由传热速率式有

$$\frac{dQ_{SG}}{dA}=\alpha_G(t_s-t_f) \tag{5-254}$$

通过气膜由于温度差而传递的总热量，只有因蒸气温度变化而引起的显热 dQ_{SG}，显热传递的速率，除通过气膜的热传导速率外，还将由于冷凝组分的质量迁移而增强（即发生总体流动）。实际的气膜给热系数与传递的显热量应较单相流时高一些，故有

$$\alpha_G=\alpha_{GO}\left[\frac{G_{CL}C_{pG}/\alpha_{GO}}{1-\exp(-G_{CL}C_{pG}/\alpha_{GO})}\right] \tag{5-255}$$

式中　α_{GO}——气相单相对流给热系数（在管内可由式(5-24）计算），W/(m^2·℃）；

G_{CL}——该段中的冷凝通量，kg/(m^2·s)。

近似计算时，若认为冷凝组分的潜热 dQ_C 也通过气膜进行传递，则

$$dQ = dQ_{SG} + dQ_C \approx \alpha_G (t_s - t_f)$$

故 α_G 可按下式计算。

$$\alpha_G \approx \alpha_{GO}\left(\frac{dQ}{dQ_{SG}}\right) \approx \alpha_{GO}\left(\frac{\Delta Q}{\Delta Q_{SG}}\right) \tag{5-255a}$$

此时，对应的总传热系数应该使用式(5-258)、式(5-258a)。

当进一步简化时，也可直接以 α_{GO}代替 α_G 使用，但结果偏于保守。

② 液膜的冷凝给热系数 α_f。当不存在气膜时，冷凝给热系数实际上是按通过液膜的热传导计算的，其液膜表面温度 t_f 等于主体蒸气温度 t_s。有气膜存在时，t_f 小于 t_s。由于冷凝组分在通过气膜传质的同时，也向气液界面传输了动量，在并行下流时，界面剪应力将增加。在相同冷凝负荷 Γ 下，液膜减薄而 α_f 增加。在剪切控制时，增加后的剪应力为

$$\tau'_w = \tau_w \left[\frac{2G_{CL}/f_o \rho_G u_G}{1 - \exp(-2G_{CL}/f_o \rho_G u_G)}\right] \tag{5-256}$$

按式(5-228)，α_{sh}约与 $\tau_w^{0.5}$成正比，故校正后的冷凝给热系数为

$$\alpha_f = \alpha_{sh}\left[\frac{2G_{CL}/f_o \rho_G u_G}{1 - \exp(-2G_{CL}/f_o \rho_G u_G)}\right]^{0.5} \tag{5-257}$$

式中，α_{sh}、τ_w 和 f_o 为按式(5-228) 在单组分条件下的冷凝给热系数、壁面剪应力和摩擦因子，其中 f_o 可由 $\tau_w = \frac{f_o}{2}\rho_G u_G^2$ 求得，u_G 为该段的蒸气流速，m/s。

当冷凝通量 G_{CL}很大时，α_f 可能增加相当大，这类计算相当复杂。为留有余地，亦可简化而不加校正。在重力控制时，α_f 也不需校正。

(3) 总传热系数

分段计算时，假设该段内 K 值为线性变化，故可取该段的平均总传热系数。管外冷凝时，

$$\frac{1}{K} = \frac{1}{\alpha_f} + \frac{1}{\alpha_G} + r_{fh} + \frac{\delta_w}{\lambda_w} \times \frac{d_o}{d_m} + r_{fc} \times \frac{d_o}{d_i} + \frac{1}{\alpha_c} \times \frac{d_o}{d_i} \tag{5-258}$$

式中，α_c——冷却剂（管内）单相给热系数，W/(m^2 · ℃)。

管内冷凝时，

$$\frac{1}{K} = \frac{1}{\alpha_c} + r_{fc} + \frac{\delta_w}{\lambda_w} \times \frac{d_o}{d_m} + \left(r_{fh} + \frac{1}{\alpha_G} + \frac{1}{\alpha_f}\right) \times \frac{d_o}{d_i} \tag{5-258a}$$

当 α_G 用式(5-255a) 计算时，宜用上二式计算 K 值。但实际上热负荷并未全部通过气膜，严格地说，应从凝液膜表面至冷却剂主体列出总传热速率方程，由式(5-253a)

$$\frac{dQ}{dA} = \frac{dQ_{SG} + dQ_c + dQ_{SL}}{dA} = K'(t_f - t_c) \tag{5-259}$$

管外冷凝时，

$$\frac{1}{K'} = \frac{1}{\alpha_f} + r_{fh} + \frac{\delta_w}{\lambda_w}\frac{d_o}{d_m} + \left(r_{fc} + \frac{1}{\alpha_c}\right)\frac{d_o}{d_i} \tag{5-260}$$

管内冷凝时，

$$\frac{1}{K'} = \frac{1}{\alpha_c} + r_{fc} + \frac{\delta_w}{\lambda_w}\frac{d_o}{d_m} + \left(r_{fh} + \frac{1}{\alpha_f}\right)\frac{d_o}{d_i} \tag{5-260a}$$

$$\frac{dQ_c}{dA} = G_{CL}\Delta h_V \tag{5-261}$$

$$\frac{dQ_{SG}}{dA}=\alpha_G(t_s-t_f)=\alpha_{GO}(t_s-t_f)\left[\frac{G_{CL}C_{pG}/\alpha_{GO}}{1-\exp(-G_{CL}C_{pG}/\alpha_{GO})}\right] \tag{5-254a}$$

（4）传热面积计算

由式(5-259)

$$dQ=dQ_c+dQ_{SG}+dQ_{sL}=K'(t_f-t_c)dA \tag{5-259a}$$

与式(5-254a) 合并可得

$$\frac{dQ}{dA}=K'(t_s-t_c)\Big/\left[1+K'\frac{dQ_{SG}}{dQ}/\alpha_G\right]$$

$$A=\int_0^Q\frac{\left(1+K'\frac{dQ_{SG}}{dQ}/\alpha_G\right)}{K'(t_s-t_c)}dQ \tag{5-262}$$

或

$$\Delta A\approx\frac{\left(1+K'\frac{\Delta Q_{SG}}{\Delta Q}/\alpha_G\right)}{K'(t_s-t_c)}\Delta Q \tag{5-262a}$$

t_s、t_c 为已知蒸气主体和冷却剂主体温度。求解上式须假设 t_f 与 t_w 值后进行试差，但一般试差工作量不大，参见例 5-11。

5.4.4.3 多组分冷凝计算示例

【例 5-11】 将 $p=0.4$MPa，总量为 1024kmol/h，温度为 87℃的正丁烷、正戊烷和正己烷（用下标 1、2、3 表示）的混合蒸气冷凝到 67℃。混合气组成（体积分数）$z_1=0.403$，$z_2=0.325$，$z_3=0.272$。用 80kg/s，入口温度为 20℃的水冷却，设采用垂直管内并行下流式冷凝器，已知冷却水在管外的 $\alpha_c=1300$W/(m^2·℃)，污垢热阻 $r_{fo}=1.7\times10^{-4}$(m^2·℃)/W，冷凝侧污垢热阻可略。画出冷凝曲线，并估算 87～82℃区间内需要的传热面积。

解 （1）绘制冷凝曲线

a. 查取原始数据。在 87～67℃间，按步长为 5℃取四个区间，可查得各组分的相平衡常数 K_j 及液相与气相的摩尔焓 $(H_{mL})_j$、$(H_{mG})_j$，均以出口温度 67℃液态为焓的基准态，单位 kJ/kmol，数据列于附表 1。

例 5-11 附表 1 组分的相平衡常数与摩尔焓

t/℃	K_1	$(H_{mL})_1$	$(H_{mG})_1$	K_2	$(H_{mL})_2$	$(H_{mG})_2$	K_3	$(H_{mL})_3$	$(H_{mG})_3$
87	3.108	3370	19590	1.105	3580	26180	0.458	4170	31820
82	2.715	2440	19120	0.978	2730	25620	0.400	3240	31070
77	2.408	1570	18770	0.853	1980	25060	0.345	2180	30320
72	2.160	813	18340	0.767	945	24500	0.288	1030	29570
67	1.9125	0	18080	0.663	0	23940	0.233	0	28820

b. 判断进出口物流的相状态

进口 87℃，若设 $\beta=1$，由式(5-249a)，$z_1=0.403$，$z_2=0.325$，$z_3=0.272$，$K_1=3.108$，$K_2=1.105$，$K_3=0.458$。

$$f(1)=\sum_{j=1}^{3}\frac{z_j}{K_j}-1=\left(\frac{0.403}{3.108}+\frac{0.325}{1.105}+\frac{0.272}{0.458}\right)-1=0.018>0$$

说明进口蒸气温度略低于露点，系两相混合物。

出口 67℃，$K_1=1.9725$，$K_2=0.663$，$K_3=0.233$，设 $\beta=0$，由式(5-249b)，

$$f(0)=1-\sum_{j=1}^{3} z_j K_j = 1-(0.403\times1.9725+0.325\times0.663+0.272\times0.233)$$
$$=1-1.05=-0.05<0$$

故出口温度略高于该组成混合物的泡点，也为两相混合物。

c. 计算各温度下气液流量 n_G、n_L 及组分流量 n_{Gj}、n_{Lj}。仍以 87℃为例，设 $\beta=n_G/n_T=0.98$，代入式(5-249)，

$$f(0.98)=\sum_{j=1}^{3}\frac{z_j(1-K_j)}{1+\beta(K_j-1)}=\frac{0.403\times(1-3.108)}{1+0.98\times(3.108-1)}+\frac{0.325\times(1-1.105)}{1+0.98\times(1.105-1)}$$
$$+\frac{0.272\times(1-0.458)}{1+0.98\times(0.458-1)}=-0.2771-0.0309+0.3144=0.00644>0$$

重选 $\beta=0.97$，得 $f(0.97)=0.00085\approx0$，故 $\beta=0.97$

已知 $n_T=1024\text{kmol/h}=\frac{1024}{3600}=0.2844\text{kmol/s}$

则
$$n_1=0.2844\times0.403\text{kmol/s}=0.1146\text{kmol/s}$$
$$n_2=0.2844\times0.325\text{kmol/s}=0.0924\text{kmol/s}$$
$$n_3=0.2844\times0.272\text{kmol/s}=0.0774\text{kmol/s}$$

按 $\beta=0.97$；$n_G=0.97\times0.2844=0.276\text{kmol/s}$

$$n_L=(1-0.97)\times0.2844=0.00853\text{kmol/s}$$

按式(5-247a)、式(5-248a)：$n_{Gj}=\frac{\beta K_j n_j}{1+\beta(K_j-1)}$，$n_{Lj}=\frac{(1-\beta)n_j}{1+\beta(K_j-1)}$

$$n_{G1}=\frac{0.97\times3.108\times0.1146}{1+0.97\times(3.108-1)}\text{kmol/s}=0.1135\text{kmol/s}$$
$$n_{G2}=\frac{0.97\times1.105\times0.0924}{1+0.97\times(1.105-1)}\text{kmol/s}=0.0899\text{kmol/s}$$
$$n_{G3}=\frac{0.97\times0.458\times0.0774}{1+0.97\times(0.458-1)}\text{kmol/s}=0.0725\text{kmol/s}$$
$$n_{L1}=\frac{(1-0.97)\times0.1146}{1+0.97\times(3.108-1)}\text{kmol/s}=0.00113\text{kmol/s}$$
$$n_{L2}=\frac{(1-0.97)\times0.0924}{1+0.97\times(1.105-1)}\text{kmol/s}=0.00251\text{kmol/s}$$
$$n_{L3}=\frac{(1-0.97)\times0.0774}{1+0.97\times(0.458-1)}\text{kmol/s}=0.0049\text{kmol/s}$$

在其他温度下，按类似步骤，得到的 n_{Gj}、n_{Lj} 见附表 2。

例 5-11 附表 2 （$n_T=0.2844\text{kmol/s}$，$W_T=20\text{kg/s}$，$W_c=80\text{kg/s}$）

序　号	1	2	3	4	5
t_s/℃	87	82	77	72	67
$\beta=n_G/n_T$	0.97	0.747	0.531	0.329	0.0961
n_G/(kmol/s)	0.2759	0.2125	0.1510	0.09358	0.02733
n_L/(kmol/s)	0.00854	0.07196	0.1334	0.1909	0.2571
n_{L1}/(kmol/s)	0.00113	0.0127	0.0307	0.0557	0.0952
n_{L2}/(kmol/s)	0.00251	0.0238	0.0470	0.0674	0.0863
n_{L3}/(kmol/s)	0.0049	0.0355	0.0556	0.0678	0.0755

续表

序　号	1	2	3	4	5
n_{G1}/(kmol/s)	0.1135	0.1019	0.0839	0.059	0.0194
n_{G2}/(kmol/s)	0.0899	0.0686	0.0454	0.025	0.00608
n_{G3}/(kmol/s)	0.0725	0.0419	0.0217	0.0096	0.0019
h_m/(kJ/kg)	345.7	261.2	181.7	108.1	27.55
Q/kW	0	1690	3280	4752	6363
t_c/℃	38.94	33.9	29.2	24.8	20.0

注：表中下标：1—正丁烷；2—正戊烷；3—正己烷。

d. 计算各温度下，混合物流的比焓 h_m，累积热负荷 Q。

由式(5-251)，混合物流的比焓

$$h_m=\frac{1}{W_T}\sum_{j=1}^{3}\left[(H_{mL})_j n_{Lj}+(H_{mG})_j n_{Gj}\right]$$

进口混合物的平均千摩尔质量 M_T 为

$$M_T=\sum_{j=1}^{3} z_j M_j=(0.403\times58.12+0.325\times72.15+0.272\times86.19)\text{kg/mol}$$
$$=70.31\text{kg/kmol}$$

则总质量流量 W_T 为

$$W_T=n_T M_T=0.2844\times70.31\text{kg/s}=20\text{kg/s}$$

以 87℃为例

$$h_m=\frac{1}{20}\times[(3370\times0.00113+3580\times0.00251+4170\times0.0049)+$$
$$(19590\times0.1135+26180\times0.0899+31820\times0.0725)]\text{kJ/kg}=345.7\text{kJ/kg}$$

同理在 67℃下，注意此时 $(H_{mL})_j=0$

$$h_m=\frac{1}{20}\times(18080\times0.0194+23940\times0.00608+28820\times0.0019)=27.55\text{kJ/kg}$$

按式(5-253)，在入口截面 h_1 处累积热负荷为 0，在出口截面 h_2 处，累积热负荷为

$$Q=W_T[(h_m)_{h1}-(h_m)_{h2}]=20\times(345.7-27.55)\text{kW}=6363\text{kW}$$

由此可求出各截面温度下的累积热负荷，而各温度区间内的热负荷 ΔQ 应为前后累积热负荷的差值，各计算值见附表 2。

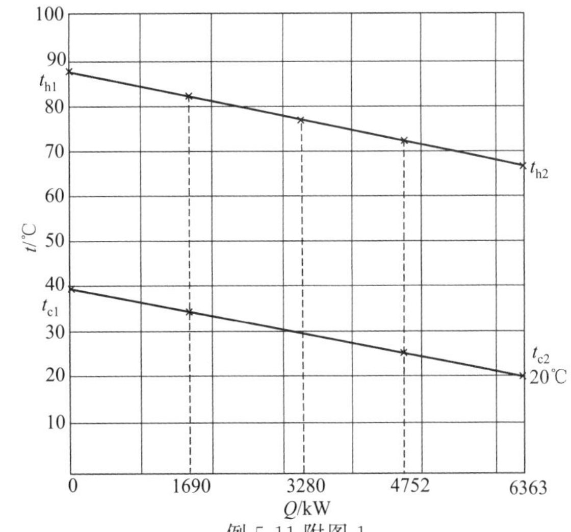

例 5-11 附图 1

e. 计算冷却水在相应截面上的温度

取水的平均比热容为 $C_{pc}=4.2$kJ/(kg·℃)，则

$$\Delta Q=(WC_p)_c(t_c-t_{c1})$$

在 67℃截面上，$Q=6363$kW，水温 $t_{c1}=20$℃，在 72℃截面上，$Q=4752$kW，该温度区间内：

$$\Delta Q=6363-4752=80\times4.2\times(t_c-20)$$

故该截面上水温 $t_c=24.8$℃

根据上述计算结果，汇总于附表 2，据

此可作出该过程的冷凝曲线如附图 1。

由图可见，该过程的 T-Q 关系均近似直线变化。

（2）计算 87～82℃区间需要的冷凝面积

a. 计算该区间气液负荷，查出气相物性数据。由附表 2，该段总热负荷

$$\Delta Q = Q_2 - Q_1 = 1690 - 0 = 1690\text{kW}$$

平均气液流量及平均组成为

$$n_L = \frac{1}{2}\left[(n_L)_1 + (n_L)_2\right] = \frac{1}{2}\times(0.00854 + 0.07196)\text{kmol/s} = 0.04025\text{kmol/s}$$

$$n_G = \frac{1}{2}\left[(n_G)_1 + (n_G)_2\right] = \frac{1}{2}\times(0.2759 + 0.2125)\text{kmol/s} = 0.2442\text{kmol/s}$$

$$y_j = \frac{n_{Gj}}{n_G} = \frac{\left[(n_{Gj})_1 + (n_{Gj})_2\right]/2}{n_G}, x_j = \frac{n_{Lj}}{n_L} = \frac{\left[(n_{Lj})_1 + (n_{Lj})_2\right]/2}{n_L}$$

$$n_{G1} = \frac{1}{2}\times(0.1135 + 0.1019) = 0.1077, y_1 = \frac{0.1077}{0.2442} = 0.441$$

$$n_{L1} = \frac{1}{2}\times(0.00113 + 0.0127) = 0.006915, x_1 = \frac{0.006915}{0.04025} = 0.1716$$

平均温度 $t_s = \frac{1}{2}(t_1 + t_2) = \frac{1}{2}\times(87 + 82) = 84.5$℃在此温度下算得各组分摩尔流量及摩尔组成，并查出各组分的气相物性如附表 3。

例 5-11 附表 3　87～82℃区间各组分流量及气相物性

组分代号	n_{Gj} /(kmol/s)	n_{Lj} /(kmol/s)	y_j	x_j	C_{pmG} /[kJ/(kmol·℃)]	$\Delta_v H_m$ /(kJ/kmol)	μ_G /(Pa·s)	λ_G /W/(m·℃)	M_j /(kg/kmol)
1	0.1077	0.006915	0.441	0.1716	112.0	16320	9×10^{-6}	0.0212	58.12
2	0.07925	0.01316	0.325	0.3269	141.5	22400	8.5×10^{-6}	0.0217	72.15
3	0.0572	0.0202	0.234	0.5015	171.2	27840	8.1×10^{-6}	0.0185	86.19

该区间中气相放出的热量

$$\begin{aligned}\Delta Q_{sG} &= \sum_{j=1}^{3}(n_{Gj}C_{pmG,j})\Delta t_h \\ &= (0.1077\times112.0 + 0.7925\times141.5 + 0.0572\times171.2)\times(87-82)\text{kW} = 165.3\text{kW}\end{aligned}$$

平均摩尔气化焓：$\Delta_v H_m = \sum_{j=1}^{3} x_j(\Delta_v H_m)_j = 24080\text{kJ/kmol}$

平均气相千摩尔质量：$M_{SG} = \sum_{j=1}^{3}(y_j M_j) = 69.24\text{kg/kmol}$

平均液相千摩尔质量：$M_{SL} = \sum_{j=1}^{3}(x_j M_j) = 76.80\text{kg/kmol}$

平均气相质量分率：$x = \frac{n_G M_{SG}}{W_T} = 0.845$

平均凝液量及凝液组成（用于计算式(5-255)、式(5-247) 所要求的冷凝通量）

$$n_{cL1} = (n_{G1})_1 - (n_{G1})_2 = (0.1135 - 0.1019)\text{kmol/s} = 0.0116\text{kmol/s}$$

$$n_{cL2} = (n_{G2})_1 - (n_{G2})_2 = (0.0899 - 0.0686)\text{kmol/s} = 0.0213\text{kmol/s}$$

$$n_{cL3} = (n_{G3})_1 - (n_{G3})_2 = (0.0725 - 0.0419)\text{kmol/s} = 0.0306\text{kmol/s}$$

总冷凝液量 $n_{cL}=\sum_{j=1}^{3}n_{cLj}=(0.0116+0.0213+0.0306)\text{kmol/s}=0.635\text{kmol/s}$

$$x_{cLj}=\frac{n_{cLj}}{n_{cL}},x_{cL1}=0.139,x_{cL2}=0.317,x_{cL3}=0.544$$

$$W_{cL}=n_{cL}M_{cL}=n_{cL}\sum_{j=1}^{3}(x_{cLj}\cdot M_j)=4.848\text{kg/s}$$

b. 初设凝液温度，查取气、液膜物性。

已知平均物料温度 $t_{sm}=84.5℃$，平均冷却水温度 $t_{cm}=\frac{1}{2}\times(38.94+33.9)=36.42$，初设气膜平均温度 82℃，液膜平均温度 78℃，可查得在气膜温度和液膜温度下，气、液混合物的物性：

$$\rho_G=9.44\text{kg/m}^3,\ \mu_G=8.5\times10^{-6}\text{Pa}\cdot\text{s},$$

$$C_{pG}=2.0\times10^3\text{J/(kg}\cdot℃),\lambda_G=0.02\text{W/(m}\cdot℃);$$

$$\rho_L=590\text{kg/m}^3,\mu_L=180\times10^{-6}\text{Pa}\cdot\text{s},$$

$$C_{pL}=2.6\times10^3\text{J/(kg}\cdot℃),\lambda_L=0.098\text{W/(m}\cdot℃)$$

$$\sigma_L=10.5\times10^{-3}\text{N/m}$$

c. 初选管径及管数。选总质量流速 $G_T=200\text{kg/(m}^2\cdot\text{s)}$，用 $\phi25\times2.5$ 无缝钢管，因 $W_T=20\text{kg/s}$，所需管程流通截面积

$$S_t=\frac{W_T}{G_T}=\frac{20}{200}\text{m}^2=0.1\text{m}^2$$

则

$$N_t=\frac{S_t}{\frac{\pi}{4}d_i^2}=\frac{0.1}{\frac{\pi}{4}\times0.02^2}=318\text{ 根}$$

d. 按剪切控制计算给热系数。由式(5-176) ～式(5-186)，最后按式(5-171) 计算$\frac{dp_F}{dL}$，L 为由管顶向下的高度，m。

式(5-179)
$$Re_{Lo}=\frac{G_Td_i}{\mu_L}=\frac{200\times0.02}{180\times10^{-6}}=22220$$

式(5-178)
$$Re_{Go}=\frac{G_Td_i}{\mu_G}=\frac{200\times0.02}{8.5\times10^{-6}}=4.706\times10^5$$

式(5-177a)
$$f_{Lo}=0.079Re_{Lo}^{-1/4}=0.00647$$

式(5-177)
$$f_{Go}=0.079Re_{Go}^{-1/4}=0.003$$

式(5-176)
$$-\left(\frac{dp_F}{dL}\right)_{Lo}=\frac{2f_{Lo}G_T^2}{d_i\rho_L}=\frac{2\times0.00647\times200^2}{0.020\times590}\text{Pa/m}=43.86\text{Pa/m}$$

式(5-181)
$$E=(1-x^2)+x^2\left(\frac{\rho_Lf_{Go}}{\rho_Gf_{Lo}}\right)$$

$$=(1-0.845^2)+0.845^2\times\left(\frac{590\times0.003}{9.44\times0.00647}\right)=20.72$$

式(5-182)
$$F=x^{0.78}(1-x)^{0.24}=0.845^{0.78}\times(1-0.845)^{0.24}=0.56$$

式(5-183) $$H=\left(\frac{\rho_L}{\rho_G}\right)^{0.91}\left(\frac{\mu_G}{\mu_L}\right)^{0.19}\left(1-\frac{\mu_G}{\mu_L}\right)^{0.7}$$

$$=\left(\frac{590}{9.44}\right)^{0.91}\times\left(\frac{8.5\times10^{-6}}{180\times10^{-6}}\right)^{0.19}\times\left(1-\frac{8.5}{180}\right)^{0.7}=23.3$$

式(5-186) $$\rho_H=\left[\frac{x}{\rho_G}+\frac{(1-x)}{\rho_L}\right]^{-1}=\left(\frac{0.845}{9.44}+\frac{0.155}{590}\right)^{-1}=11.14$$

式(5-184) $$Fr=\frac{G_T^2}{gd_i\rho_H^2}=\frac{200^2}{9.81\times0.02\times11.14^2}=1643$$

式(5-185) $$We=\frac{G_T^2d_i}{\rho_H\sigma_L}=\frac{200^2\times0.02}{11.14\times10.5\times10^{-3}}=6839$$

式(5-180) $$\Phi_{Lo}^2=E+\frac{3.24FH}{Fr^{0.045}We^{0.035}}=20.72+\frac{3.24\times0.56\times23.3}{1643^{0.045}\times6839^{0.035}}$$

$$=42.96$$

式(5-171) $$-\frac{dp_F}{dL}=\Phi_{Lo}^2\left(-\frac{dp_F}{dL}\right)_{Lo}=42.96\times43.86\text{Pa/m}=1884\text{Pa/m}$$

按剪切控制条件，由 $\pi d_i\tau_w dL=-\frac{\pi}{4}d_i^2dp_F$

$$\tau_i=\tau_w=-\frac{dp_E}{dL}\times\frac{d_i}{4}=1884\times\frac{0.02}{4}\text{N/m}^2=9.42\text{N/m}^2$$

该区间平均冷凝负荷及液膜给热系数

$$\Gamma=\frac{n_L M_{sL}}{\pi d_i N_t}=\frac{0.04025\times76.80}{\pi\times0.02\times318}\text{kg/(m·s)}=0.155\text{kg/(m·s)}$$

$$Re_L=\frac{4\Gamma}{\mu_L}=\frac{4\times0.155}{180\times10^{-6}}=3444$$

式(5-226a) $\delta^+=0.0504Re^{0.875}=0.0504\times3444^{0.875}=62.72>30$

$$Pr_L=\frac{C_{pL}\mu_L}{\lambda_L}=\frac{2.6\times10^3\times180\times10^{-6}}{0.098}=4.78$$

式(5-227b) $$T_\delta^+=5\left[Pr_L+\ln(1+5Pr_L)+\frac{1}{2}\ln\left(\frac{\delta^+}{30}\right)\right]$$

$$=5\times\left[4.78+\ln(1+5\times4.78)+\frac{1}{2}\ln\left(\frac{62.72}{30}\right)\right]=41.82$$

式(5-228) $$\alpha_{sh}=\frac{C_{pL}(\rho_L\tau_w)^{1/2}}{T_\delta^+}=\frac{2.6\times10^3\times(590\times9.42)^{1/2}}{41.82}\text{W/(m}^2\cdot{}^\circ\text{C)}$$

$$=4635\text{W/(m}^2\cdot{}^\circ\text{C)}$$

校验重力影响，由式(5-225) 求液膜平均厚度

$$\delta=\frac{\mu_L\delta^+}{\sqrt{\tau_w\rho_L}}=\frac{180\times10^{-6}\times62.72}{\sqrt{9.42\times590}}\text{m}=1.51\times10^{-4}\text{m}$$

重力$\approx\delta\rho_L g=1.51\times10^{-4}\times590\times9.81=0.876\text{N/m}^2$ 约为剪切力的 9%，故宜考虑其影响。

由 $Re_L=3444>1600$，选用式(5-211b)

$$\alpha_{gr}=\overline{\alpha}_f=\left[\frac{\lambda_L^3\rho_L(\rho_L-\rho_G)g}{\mu_L^2}\right]^{1/3}\frac{Re_L}{8750+58Pr^{-0.5}(Re_L^{0.75}-253)}$$

$$=\left[\frac{0.098^3\times590\times(590-9.44)\times9.81}{(180\times10^{-6})^2}\right]^{1/3}\times$$

$$\frac{3444}{8750+58\times4.78^{-0.5}\times(3444^{0.75}-253)}\text{W/(m}^2\cdot℃)$$

$$=1135\text{W/(m}^2\cdot℃)$$

$$\alpha_f=(\alpha_{sh}^2+\alpha_{gr}^2)^{1/2}=(4635^2+1135^2)^{1/2}\text{W/(m}^2\cdot℃)=4772\text{W/(m}^2\cdot℃)$$

若按 Boyko 式(5-230)计算

$\alpha_f=\alpha_L J^{1/2}$[式中 α_L 按式(5-231)计算]

$$\alpha_L=0.024\frac{\lambda_L}{d_i}Re_{Lo}^{0.8}Pr_L^{0.43}=0.024\times\frac{0.098}{0.02}\times22220^{0.8}\times4.78^{0.43}$$

$$=692\text{W/(m}^2\cdot℃)$$

$$J^{1/2}=\left[1+x\left(\frac{\rho_L-\rho_G}{\rho_G}\right)\right]^{\frac{1}{2}}=\left[1+0.845\times\left(\frac{590-9.44}{9.44}\right)\right]^{\frac{1}{2}}=7.278$$

$$\alpha_f=692\times7.278\text{W/(m}^2\cdot℃)=5036\text{W/(m}^2\cdot℃)$$

两种计算差别不大，如考虑按第一种方法计算时还应加上由于气膜中存在动量传递而增加的剪应力，则可近似取液膜给热系数 $\alpha_f=5000\text{W/(m}^2\cdot℃)$ 计算。

e. 初估气膜给热系数 α_{Go}

平均气相流速

$$u_G=\frac{n_G M_{SG}}{\frac{\pi}{4}d_i^2N_t\rho_G}=\frac{0.2442\times69.24}{\frac{\pi}{4}\times0.02^2\times318\times9.44}$$

$$=17.93\text{m/s}$$

平均气相 Re_G

$$Re_G=\frac{u_G\rho_G d_i}{\mu_G}=\frac{17.93\times9.44\times0.02}{8.5\times10^{-6}}$$

$$=3.98\times10^5$$

$$\alpha_{Go}=0.023\frac{\lambda_G}{d_i}Re_G^{0.8}Pr^{1/3}$$

$$=0.023\times\frac{0.02}{0.02}\times(3.98\times10^5)^{0.8}\times\left[\frac{2\times10^3\times8.5\times10^{-6}}{0.02}\right]^{1/3}\text{W/(m}^2\cdot℃)$$

$$=658\text{W/(m}^2\cdot℃)$$

f. 初估该区间的传热面积。由式(5-260a)

$$\frac{1}{K'}=\frac{1}{\alpha_c}+r_{fc}+\frac{\delta_w}{\lambda_w}\times\frac{d_o}{d_m}+r_{fh}\frac{d_o}{d_i}+\frac{1}{\alpha_f}\times\frac{d_o}{d_i}$$

已知：$\alpha_c=1300\text{W/(m}^2\cdot℃)$，$r_{fc}=1.7\times10^{-4}(\text{m}^2\cdot℃)/\text{W}$，略去管壁热阻及冷凝侧污垢热阻。

$$K'=\left[\frac{1}{1300}+1.7\times10^{-4}+\frac{1}{5000}\times\frac{25}{20}\right]^{-1}\text{W/(m}^2\cdot℃)=841\text{W/(m}^2\cdot℃)$$

由 a. $\Delta Q=1690$ kW，$\Delta Q_{SG}=165.3$kW

则 $$\frac{\Delta Q_{sG}}{\Delta Q}=\frac{165.3}{1690}=0.0978$$

由式(5-262a)
$$\Delta A=\frac{\left[1+K'\left(\frac{\Delta Q_{sG}}{\Delta Q}\right)/\alpha_G\right]}{K'(t_s-t_c)}\Delta Q$$
$$=\frac{(1+841\times0.0978/658)\times1690\times10^3}{841\times(84.5-36.42)}m^2=47m^2$$

该区间所需管长　　$\Delta L=\Delta A/\pi d_o N_t=47/(3.14\times0.025\times318)m=1.88m$

g. 对 α_f 与 α_{Go}进行校正　由式(5-255)
$$\alpha_G=\alpha_{Go}\left[\frac{G_{cL}C_{pG}/\alpha_{Go}}{1-\exp(-G_{cL}C_{pG}/\alpha_{Go})}\right]$$

G_{cL}为该区间冷凝液通量，即冷凝速度，对混合物冷凝有
$$G_{cL}C_{pG}=\sum_{j=1}^{3}(n_{cL,j}C_{pmj})/\Delta A\ W/(m^2\cdot℃)$$

可查得在假设气膜平均温度下，各组分的气相摩尔比热容分别为 $C_{pm1}=112$kJ/(kmol·℃)，$C_{pm2}=141.5$，kJ/(kmol·℃)，$C_{pm3}=171.2$kJ/(kmol·℃)，在 a. 中已求出 $n_{cL,j}$

则　　$G_{cL}\cdot C_{pG}=[0.0116\times112+0.0213\times141.5+0.0306\times171.2]\times10^3/47W/(m^2\cdot℃)$
$=203.2W/(m^2\cdot℃)$
$$G_{cL}\cdot C_{pG}/\alpha_{Go}=\frac{203.2}{658}=0.3089$$
$$\alpha_G=658\times\left[\frac{0.3089}{1-\exp\ (-0.3089)}\right]=658\times1.162W/(m^2\cdot℃)=765W/(m^2\cdot℃)$$

由式(5-257)
$$\alpha_f=\alpha_{sh}\left[\frac{2G_{cL}/f_o\rho_G u_G}{1-\exp\ (-2G_{cL}/f_o\rho_G u_G)}\right]^{1/2}$$

由 a. $G_{cL}=W_{cL}/\Delta A=4.848/47=0.103kg/(m^2\cdot s)$

由 d.
$$f=\frac{\tau_w}{\frac{1}{2}\rho_G u_G^2}=\frac{9.42}{0.5\times9.44\times17.93^2}=0.006208$$

则
$$\alpha_f=4772\times\left[\frac{2\times0.103/(0.006208\times9.44\times17.93)}{1-\exp[-2\times0.103/(0.006208\times9.44\times17.93)]}\right]$$
$$=4772\times1.05W/(m^2\cdot℃)=5008W/(m^2\cdot℃)$$

与原假设 $\alpha_{fo}=5000W/(m^2\cdot℃)$相符

h. 对 ΔA 进行校正。以 $\alpha_G=765W/(m^2\cdot℃)$重行代入式(5-262a)，设 K'不变，可得 $\Delta A=46.3m^2$，则
$$G_{cL}C_{pG}=206.7W/(m^2\cdot℃)\frac{G_{cL}\cdot C_{pG}}{\alpha_{Go}}=0.313$$

重代入式(5-255) 得

$\alpha_G=658\times\left[\frac{0.313}{1-\exp(-0.313)}\right]=766.5W/(m^2\cdot℃)$与前面算出的 $\alpha_G=765W/(m^2\cdot℃)$比较，误差已很小。

考查 ΔA 改变后，K'值有无变化
$$G_{cL}=W_{cL}/\Delta A=4.848/46.7kg/(m^2\cdot s)=0.1047kg/(m^2\cdot s)$$

由式(5-257)，$\alpha_f=4772\times1.05=5008W/(m^2\cdot℃)$

故 K' 值不变，即根据假设的气膜与液膜温度，得到：$K'=841\text{W/(m}^2\cdot℃)$，$\alpha_G=765\text{W/(m}^2\cdot℃)$，$\Delta A=46.3\text{m}^2$，$\alpha_f=5000\text{W/(m}^2\cdot℃)$(均按管外径计算)

i. 计算 t_f。由式(5-244a)。

$$\Delta Q_{sG}=\alpha_G(t_s-t_f)\Delta A\times\frac{d_o}{d_i}$$

$$165.3\times10^3=765\times(84.5-t_f)\times46.3\times\frac{25}{20}$$

解出 $$t_f=(84.5-3.73)℃=80.76℃$$

气膜平均温度 $\frac{1}{2}\times(84.5+80.76)=82.63℃$，与所设 82℃基本符合。

j. 计算 t_w。按定常传热速率方程，忽略管壁热阻。

$$(t_w-t_c)\frac{1}{\dfrac{1}{\alpha_c}+r_{fc}}=\alpha_f\frac{d_i}{d_o}(t_f-t_w)$$

$$(t_w-36.42)\times\left(\frac{1}{1300}+1.7\times10^{-4}\right)^{-1}=5000\times\frac{20}{25}\times(82.63-t_w)$$

解出 $$t_w=72.9℃$$

液膜平均温度 $\frac{1}{2}(t_f+t_w)=\frac{1}{2}\times(80.76+72.9)=76.83℃$ 与所设 78℃误差不超过 3℃，故计算结果正确。

(3) 讨论

a. 对其他温度区间，也可按上述步骤进行。在本例中，出口并未全凝，且液膜逐渐增厚，湍动程度加剧，故也可近似取 K' 的平均值为常数，计算各段的 α_G，并对每段 t_f、t_w 进行试差，即可估算出每段传热面积。在精确计算 α_G 时，如液膜过厚，例如管出口端，宜将流通截面积作适当校正。

b. 本例采用垂直管内并行下流，目的是为了说明有关公式的使用。如压降允许，可提高总质量流速以减少总面积，当出口全凝时，采用不同折流板间距的壳程卧式冷凝，可使冷凝过程更为有效。

c. 在多组分冷凝计算中，混合物的物性计算最为复杂，最好使用实测数据（如对炼油厂各种馏分均有图表可查）；对非理想混合物，使用公式估算误差很大，宜对传热面积取较大的安全裕度，一般为 10%～30%。

d. 当采用壳程冷凝时，仍应根据冷凝曲线分段计算。各段的气膜给热系数，可按壳程单相传热公式如式(5-108)、式(5-105) 等以该段实际平均流量计算，可略去旁流校正，仅进行泄漏校正；其冷凝给热系数可按式(5-212a)、式(5-215) 计算。为简化计算，可将 α_G 按式(5-255a) 进行调整，并直接由式(5-258) 求出 K 值，但选用的平均膜温和壁温尚需经过试差。

e. 本例中分段后，是以每段中点的流量及温度条件计算 ΔA。也可在每个温度点上，由已知 t_s、t_c、n_G、n_L 等直接计算 α_{Go}、α_G、α_f、α_c、K'或 K，以及 t_f、t_w 等值，然后按

$$\int dA=\int\frac{dQ}{K\Delta T}$$

在 $\frac{1}{K\Delta T}$ 和 Q 的坐标图上，用图解积分法求总传热面积；或取两截面上 $K\Delta T$ 的对数平均值计

算该段的传热面积，然后分段加和。

f. 在设计管壳式冷凝器时，均应按换热器设计的正常步骤（图 5-23），初估 K 值并初选冷凝器结构型式和尺寸，然后按冷凝曲线逐段计算。当冷却剂走管程且管程数不为单程时，可先按逆流进行分段计算，然后用温差校正因子 F_t 加以处理。对允许压降有规定时，应按两相流动校核压降值（参见 5.3.3 及 5.3.4）。

5.4.4.4 凝液分层时的冷凝给热系数

混合蒸气冷凝后的凝液若分层，则其冷凝给热系数 α_{fm} 可按 Bernhardt 提出的方法估算。本式只适用于水和有机混合蒸气的冷凝。

$$\alpha_{fm}=\alpha_{fw}v_w+\alpha_{fc}v_c \tag{5-263}$$

式中 α_{fw}、α_{fc}——水蒸气和有机物蒸气单独存在时的冷凝给热系数，W/(m^2·℃)；

v_w、v_c——水和有机物在凝液中所占体积分数。

5.4.5 含不凝性气的冷凝

5.4.5.1 概述

（1）不凝性气体的存在对冷凝速率的影响

当系统含有不凝性气体时，随冷凝的进行，不凝性气体在凝液膜表面将形成一层气膜，其浓度（或分压）也逐渐增加，热量和质量均需通过气膜进行传递，往往成为冷凝过程的主要阻力。除系统本身可能含有不凝性气体外，在开工初期，设备中的空气也可能混入；在水蒸气中，也难免因锅炉除氧不足而溶入的空气逐渐在冷凝系统中积累；真空系统更易泄入空气。因此，在换热器的冷凝侧，均应根据蒸气与不凝气的密度差别，在适当位置安排不凝气排放口，它一般可安排在蒸气流向的末端、冷端和死角位置，如立式冷凝器的上端死角。

不凝气体的存在对冷凝速率有很大影响。其中，水蒸气-空气系统曾得到广泛的研究。图 5-107(a) 和 (b) 中，上下两组曲线分别表示强制对流与自然对流条件下，不凝气的质量分数和总压对冷凝速率的影响。图 5-107(a) 中，冷凝温差 $t_s-t_w=10$℃，横坐标为空气质量分数，纵坐标为不凝气存在时的传热强度 q（冷凝速率 W/m^2）与纯水蒸气的冷凝速率 q_s 之比，蒸气温度分别为 25℃与 100℃。由图可见，自然对流条件下，极少量（0.5%）不凝气即可使冷凝速率陡然降低近 50%；强制对流时，冷凝速率随不凝气含量的增加呈单调减少。图 5-107(b) 中，横坐标为总压，空气含量分别为 0.05 和 0.005（质量分数）。与图（a）类似，强制对流时，冷凝速率降低较少。许多实验也证明，蒸气主体运动速度愈高，则气膜减薄，不凝气影响下降。压力增加时，相同含量下的不凝气影响也降低。这是因为，在低压下，同样质量分数的不凝气会使蒸气的饱和温度发生较大程度的降低。

（2）计算基本思路

冷凝混合物沸点范围较宽时，在某些温度区间，低沸点组分就是不凝气体，因此一般情况下的计算步骤与多组分冷凝是相同的。首先按相平衡关系及物料衡算与焓衡算画出冷凝曲线（随体系不同，冷凝曲线的绘制也有些区别），然后分段进行计算。

每一段中传热速率计算的思路，大体见例 5-11，即既要考虑冷凝液膜阻力，又要考虑气膜的阻力，包括气膜的热阻与传质阻力。同时考虑传质阻力的计算比较严密，其缺点是需要的物性数据包括组分间的相互扩散系数等，其收集和计算更为困难，甚至因此反而影响计算的准确度。当扩散系数难以获得时，采用例 5-11 中的 α_G［式(5-255a)］亦可进行近似估算。

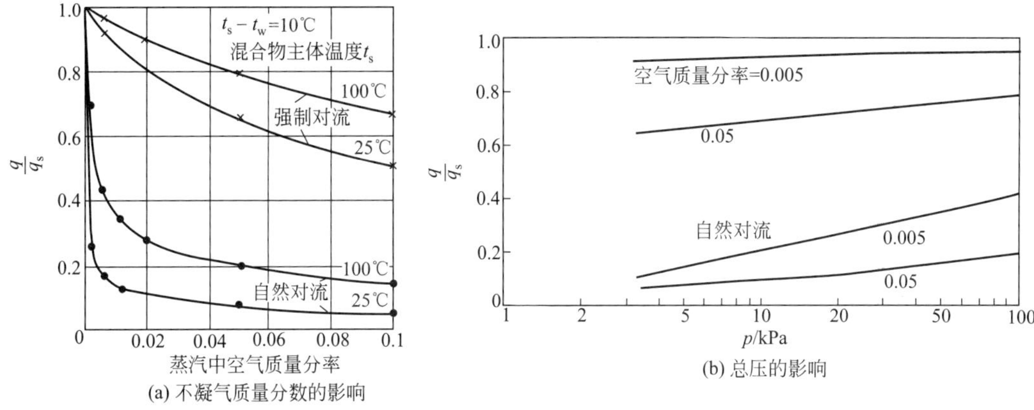

图 5-107　不凝气对水蒸气冷凝速率的影响

5.4.5.2　几种计算方法

（1）估算法

对单组分或窄沸点范围的可凝组分与永久性不凝气的混合物，假设两相在界面处达到平衡，这时含不凝气体的蒸气冷凝给热系数可按 Schracler 提出的关联式估算，而不再考虑 α_G。

$$\alpha_f = 1.3 y_a^{-0.5} \left(\frac{\nu_{Gm}}{D_{aG}}\right)^{0.5} \alpha_{fo} \qquad (5\text{-}264)$$

式中　α_{fo}——按可凝组分单独冷凝时计算的冷凝给热系数，W/(m^2·℃)；

y_a——不凝性气体的含量，摩尔分数；

ν_{Gm}——含不凝性气体的蒸气混合物的运动黏度，m^2/s；

D_{aG}——不凝性气体在可凝蒸气中的互扩散系数，m^2/s。

上式适用于 y_a=0.01～0.4。

（2）简算法

本法仅适用于操作压力或真空度均不太高的蒸汽-不凝气和油气-不凝气系统，不凝气的平均相对分子质量在 16～50 之间，油气的分子量也不高(例如汽油组分)，故最适于常压分馏塔顶、催化裂化分馏塔顶的油气冷凝过程计算。其主要特点是：ⓐ将气膜与液膜给热系数综合为一个虚拟的冷凝给热系数$\overline{\alpha}'$；ⓑ不考虑壁温对冷凝的影响，组分是否属于可凝部分，以气相主体温度是否达到该组分的露点为准。据此计算每一气相温度下，气相中不凝气含量的摩尔百分数 y_a；ⓒ由图 5-108 直接查出虚拟冷凝给热系数$\overline{\alpha}'$。$\overline{\alpha}'$中已计入冷凝污垢热阻，其值为 3.4×10^{-4}(m^2·℃)/W，如实际污垢值与此不同，应对其附加热阻值 Δr_f 进行校正，即$\overline{\alpha}'=\left[\frac{1}{\alpha_o'}+\Delta r_f\right]^{-1}$。ⓓ若冷却剂在管内，则$\frac{1}{K}=\frac{1}{\overline{\alpha}'}+\left(r_{fc}+\frac{1}{\alpha_c}\right)\frac{d_o}{d_i}$。ⓔ以混合物中某一

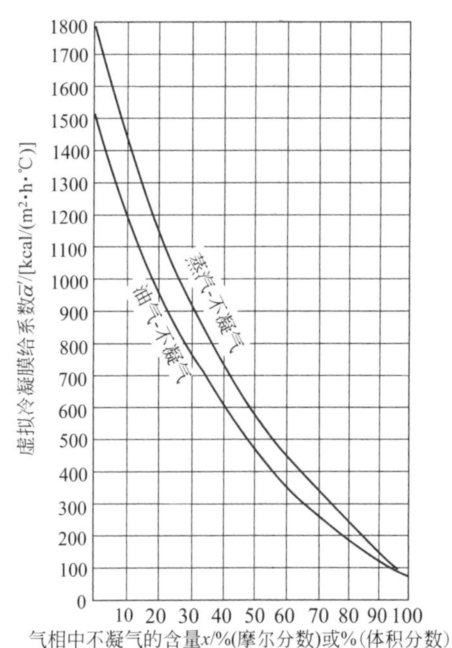

图 5-108　含不凝气的虚拟冷凝给热系数图

说明：1. 用于不凝气分子量为 16～50g/mol 的炼厂气；

2. 1kcal/(m^2·h·℃)=1.163W/(m^2·℃)

组分开始到达露点为一段进行分段，根据初始混合物中组分的体积分数计算其分压，当在某一温度下，该组分的分压等于该温度下的饱和蒸气压时即为其露点，于是从起始温度到该点作为一段属于气体冷却；从第一组分露点温度至第二组分的露点温度作为第二区间，此区间中只有第一组分是可凝的组分，其余均作为不凝气体计算其体积分数（或摩尔分数）。

（3）传热传质联合计算

当可凝组分通过气膜的传质阻力较大时，必须考虑传质对过程的影响。按 Colburn 和 Hougen 法及图 5-106，可凝组分在气膜中通过扩散进行传质，同时又将冷凝潜热 Q_c 传给液膜；因气膜两侧存在温差 $t_s - t_f$，故蒸气降温引起的显热 Q_{SG} 穿过气膜传给液膜；气膜中同时进行着传热与传质。

① 冷凝潜热传递速率（按单组分可凝气与单组分不凝气）。取微分传热面积 dA

$$\mathrm{d}Q_c = k_p M_v \frac{p}{p_{am}}(p_v - p_{vf})\Delta h_v \mathrm{d}A \tag{5-261a}$$

式中 k_p——以分压差为推动力通过气膜的传质分系数，kmol/(m^2·s·Pa)；

M_v——可凝组分的平均千摩尔质量，kg/kmol；

Δh_v——可凝组分的平均比气化焓，J/kg；

p_v，p_{vf}——气相主体中可凝蒸气分压、气液界面上可凝蒸气的平衡分压（在 t_f 下），Pa；

p——系统总压，Pa；

p_{am}——气膜中不凝气体分压的平均值，Pa；

$$p_{am} = (p_{af} - p_a)/\ln \frac{p_{af}}{p_a} \tag{5-265}$$

对上述双组分系统，$p = p_a + p_v = p_{af} + p_{vf}$，

则
$$p_{am} = (p_v - p_{vf})/\ln \frac{p - p_{vf}}{p - p_v} \tag{5-265a}$$

② 显热传递速率与总传热速率

$$\mathrm{d}Q_{sG} = \alpha_G (t_s - t_f)\mathrm{d}A, \mathrm{W} \tag{5-254}$$

定常时，忽略凝液过冷所传递的热量，则穿过凝液膜到达壁面的总传热速率

$$\mathrm{d}Q = \mathrm{d}Q_c + \mathrm{d}Q_{sG} = \alpha_f (t_f - t_w)\mathrm{d}A \tag{5-266}$$

式中，液膜冷凝给热系数 α_f，气膜给热系数 α_G，均可按上节有关公式计算；t_s、t_f、t_w 为气相主体、气液界面与壁面的温度。将式(5-254)、式(5-261a) 代入式(2-266) 并结合式(5-265) 得

$$\alpha_G (t_s - t_f) + k_p M_v \frac{p}{p_{am}}(p_r - p_{vf})\Delta h_v = \alpha_f (t_g - t_w) \tag{5-266a}$$

忽略管壁热阻，若在管外冷凝，则

$$\alpha_f (t_f - t_w) = K(t_s - t_c) = K'(t_f - t_c) \tag{5-267}$$

③ 计算传质系数 k_p。根据传热与传质的类似性，可有下列关联式，

$$k_p \frac{p}{p_{am}} = \frac{\alpha_G Pr^{2/3}}{p_{am} C_{pG} M_G Sc^{2/3}} \tag{5-268}$$

式中 M_G——混合气体的平均千摩尔质量，kg/kmol；

Pr——混合气体的 Prondtl 数，$Pr = \frac{C_{pG}\mu_G}{\lambda_G}$；

Sc——混合气体的 Schmidt 数，$Sc=\dfrac{\mu_G}{\rho_G D_{aG}}$。

④ 计算有效气膜给热系数 α'_G。若将式(5-266)或式(5-266a)的右方写为 $\alpha'_G(t_s-t_f)dA$ 或 $\alpha'_G(t_s-t_f)$，

则

$$\alpha'_G=\alpha_G\left(\frac{dQ_c+dQ_{SG}}{dQ_{SG}}\right)$$

$$=\alpha_G\left[1+\frac{p_v-p_{vf}}{t_s-t_f}\left(\frac{Pr}{Sc}\right)^{2/3}\left(\frac{M_v}{M_G}\right)\frac{\Delta h_v}{p_{am}C_{pG}}\right] \tag{5-255b}$$

假设 t_f 后，物性可取气膜平均温度 $\frac{1}{2}(t_s+t_f)$ 下的值，计算 α'_G。

⑤ 总传热系数 K（按管外冷凝，忽略壁阻）

$$\frac{1}{K}=\frac{1}{\alpha_f}+\frac{1}{\alpha'_G}+r_{fh}+\left(r_{fc}+\frac{1}{\alpha_c}\right)\frac{d_o}{d_i} \tag{5-258b}$$

⑥ 当有多组分冷凝时，设为理想混合物，则式(5-261a) 的 dQ_c 应为 $\sum_j dQ_{cj}$，且各组分的 p_{vf} 与液相组成间存在相平衡关系，p_{am} 应按多组分存在时计算，不能使用式(5-265a)。

5.4.5.3 计算示例

【例 5-12】 将总量为 76kmol/h 的混合气由 105℃冷凝至 50℃，混合气组成为正庚烷 0.796，蒸汽 0.185，氮气 0.019（均为体积分数），操作压力为 150kPa。冷却水的入口温度为 26.7℃，出口温度不超过 45℃。若采用卧式壳程冷凝器，估算 89～85℃区间冷凝面积。

解 （1）计算冷凝曲线

① 确定露点。将混合气看成理想气体，各组分分压 $p_j=py_j$，由已知条件，将混合气的有关参数列于附表 1。

例 5-12 附表 1　$n_T=0.0211$kmol/s，$p=150$kPa

序号	组　分	千摩尔质量 M_j /(kg/kmol)	摩尔分率 y_j	千摩尔流量 n_j /(kmol/s)	分压 p_j /kPa
1	庚烷 C_7	100	0.796	0.0168	119.4
2	水 H_2O	18.0	0.185	0.00390	27.8
3	氮气 N_2	28.0	0.0190	0.000400	2.85
合　计			1.00	0.0211	150

混合气平均千摩尔质量　$M_T=\sum_{j=1}^{3}y_jM_j=83.5$kg/kmol。

查得 105℃时，C_7 的饱和蒸气压为 119.4kPa，水的饱和蒸气压为 121kPa，由附表 1 知，在混合气进口温度下，C_7 为饱和状态，水蒸气为过热状态，N_2 为不凝气体。所以 105℃即为第一露点，C_7 冷凝，而水蒸气与 N_2 一样可视为惰性气体。

随着 C_7 冷凝和混合气温度下降，气相中水气分压 p_2 逐渐升高，而水的饱和蒸气压 p_2^* 则逐渐下降，当 $p_2=p_2^*$ 时，水蒸气开始冷凝，即达到第二露点。继续降温，则 C_7 和水一起冷凝出来，C_7 与水的凝液互不相溶，故液相出现两相。此时任一可凝组分的气液平衡关系与其他组分无关，其平衡分压即为当前温度下的饱和蒸气压。

② 计算各温度段中气、液量。将整个冷凝范围 105～50℃分为 8 个温度段，如附表 2。当凝液中各组分互不相溶时，物料衡算与一般多组分时有所不同。

例 5-12 附表 2　各温度点的物料衡算

t /℃	$p=p_1^*$ /kPa	$n_{G1}\times10^3$ /(kmol/s)	$n_{L1}\times10^3$ /(kmol/s)	p_2 /kPa	p_2^* /kPa	$n_{G2}\times10^3$ /(kmol/s)	$n_{L2}\times10^3$ /(kmol/s)	p_3 /kPa	$n_{G3}\times10^3$ /(kmol/s)
105	119.4	16.8	0	27.8	121	3.90	0	2.85	0.400
98	100	8.51	8.29	45.3	94.3	3.90	0	4.70	0.400
89①	76.0	4.42	12.4	67.1	67.4	3.90	0	6.88	0.400
85	67.3	1.08	15.72	57.8	57.8	0.929	2.97	24.9	0.400
80	57.2	0.503	16.3	47.3	47.3	0.416	3.48	45.5	0.400
75	49.0	0.314	16.5	38.5	38.5	0.246	3.65	62.5	0.400
70	41.0	0.208	16.6	31.1	31.1	0.159	3.74	78.2	0.400
60	27.6	0.108	16.7	19.9	19.9	0.078	3.82	102.5	0.400
50	18.7	0.063	16.74	12.3	12.3	0.041	3.86	119.0	0.400

① 水蒸气露点下的蒸气压。

在从第一露点达到第二露点前，组分 1 均为饱和态，即 $p_1=p_1^*(t)$。已知蒸气中惰性组分流量 n_{G2}、n_{G3}和总压，则

$$p-p_1=p_2+p_3 \tag{1}$$

$$\frac{p_2}{p_2+p_3}=\frac{p_2}{p-p_{1(t)}^*}=\frac{n_{G2}}{n_{G2}+n_{G3}} \tag{2}$$

$$p_2=(p-p_{1(t)}^*)\frac{n_{G2}}{n_{G2}+n_{G3}} \tag{3}$$

$$p_3=(p-p_{1(t)}^*)\frac{n_{G3}}{n_{G2}+n_{G3}} \tag{4}$$

$$n_{G1}=n_{G3}\frac{p_1}{p_3}=n_{G3}\frac{p_{1(t)}^*}{p_3} \tag{5}$$

$$n_{Lj}=n_j-n_{Gj} \tag{6}$$

$$n_L=n_T-n_G \tag{7}$$

在达到第二露点之后，任意温度下，1、2 组分均为饱和态，$p_1=p_{1(t)}^*$，$p_2=p_{2(t)}^*$。则

$$p_3=p-p_{1(t)}^*-p_{2(t)}^* \tag{8}$$

$$n_{G1}=n_3\frac{p_{1(t)}^*}{p_3} \tag{9}$$

$$n_{G2}=n_3\frac{p_{2(t)}^*}{p_3} \tag{10}$$

以 85℃为例：查得 $p_1^*=67.3\text{kPa}$，$p_2^*=57.8\text{kPa}$，假设水蒸气此时未冷凝，则由式(3)

$$p_2=(150-67.3)\times\frac{3.9\times10^{-3}}{(3.90+0.400)\times10^{-3}}\text{kPa}=75.0\text{kPa}$$

$p_2>p_2^*$，说明此时水蒸气已达到饱和，85℃已低于第二露点，故在 85℃下。

由式(8)　　$p_3=p-p_1^*-p_2^*=(150-67.3-57.8)\text{kPa}=24.9\text{kPa}$

由式(9)　　$n_{G1}=n_3\dfrac{p_1^*}{p_3}=0.4\times10^{-3}\times\dfrac{67.3}{24.9}\text{kmol/s}=1.08\times10^{-3}\text{kmol/s}$

由式(10)　　$n_{G2}=n_3\dfrac{p_2^*}{p_3}=0.4\times10^{-3}\times\dfrac{57.8}{24.9}\text{kmol/s}=0.929\times10^{-3}\text{kmol/s}$

由 $$y_j=\frac{n_{Gj}}{n_{G1}+n_{G2}+n_{G3}}$$

$$y_1=0.448, y_2=0.386, y_3=0.166$$

由式(6) $$n_{L1}=n_1-n_{G1}=0.0168-1.08\times10^{-3}\text{kmol/s}=15.72\times10^{-3}\text{kmol/s}$$

$$n_{L2}=n_2-n_{G2}=(3.90-0.929)\times10^{-3}\text{kmol/s}=2.97\times10^{-3}\text{kmol/s}$$

各温度点的物料衡算由式(1) 至式(10) 计算后，列于附表 2。

③ 计算各温度下物流的焓值和累积热负荷 Q，kW。查出不同温度 t 下各组分的比焓值 Δh_{Gj} 和 Δh_{Lj}，则该温度下两相混合物流的总焓值为（以 0℃、液态组分焓为基准态）

$$H_h=\sum_{j=1}^{3}(\Delta h_{Gj}\cdot W_{Gj}+\Delta h_{Lj}\cdot W_{Lj}) \tag{11}$$

式中，W_{Gj}、W_{Lj} 为各组分气相和液相的质量流量，kg/s。

若入口处物流焓为 H_{h1}，则累积热负荷

$$Q=H_{h1}-H_h \tag{12}$$

仍以 85℃为例

$$W_{G1}=n_{G1}M_1=1.08\times10^{-3}\times100\text{kg/s}=0.108\text{kg/s}$$

$$W_{G2}=n_{G2}M_2=0.929\times10^{-3}\times18\text{kg/s}=0.0167\text{kg/s}$$

$$W_{G3}=n_{G3}M_3=0.400\times10^{-3}\times28\text{kg/s}=0.0112\text{kg/s}$$

$$W_{L1}=n_{L1}M_1=15.72\times10^{-3}\times100\text{kg/s}=1.57\text{kg/s}$$

$$W_{L2}=n_{L2}M_2=2.97\times10^{-3}\times18\text{kg/s}=0.0535\text{kg/s}$$

85℃时，$\Delta h_{G1}=535$ kJ/kg，$\Delta h_{G2}=2651$kJ/kg，$\Delta h_{G3}=88.2$kJ/kg，$\Delta h_{L1}=209$kJ/kg，$\Delta h_{L2}=356$kJ/kg。

式(11) $$H_h=(535\times0.108+209\times1.57+2651\times0.0167+356\times0.0535+88.2\times0.0112)\text{kW}=450\text{kW}$$

式(12) $$Q=(1164-450)\text{kW}=714\text{kW}$$

各温度点的计算结果见附表 3。

例 5-12 附表 3 各温度点下物流的比焓值和累积热负荷

t /℃	W_{G1} /(kg/s)	Δh_{G1} /(kJ/kg)	W_{L1} /(kg/s)	Δh_{L1} /(kJ/kg)	W_{G2} /(kg/s)	Δh_{G2} /(kJ/kg)	W_{L2} /(kg/s)	Δh_{L2} /(kJ/kg)	W_{G3} /(kg/s)	Δh_{G3} /(kJ/kg)	H_h /kW	Q /kW	t_c /℃
105	1.68	580	0	—	0.0702	2682	0	—	0.0112	109	1164	0	45.0
98	0.851	567	0.829	246	0.0702	2671	0	—	0.0112	102	875	289	39.4
89*	0.442	546	1.24	220	0.0702	2657	0	—	0.0112	92.5	702	462	36.1
85	0.108	535	1.57	209	0.0167	2651	0.0535	356	0.0112	88.2	450	714	31.2
80	0.0503	527	1.63	195	0.00749	2642	0.0626	335	0.0112	83.0	386	778	30.0
75	0.0314	515	1.65	180	0.00443	2634	0.0657	314	0.0112	77.8	346	818	29.2
70	0.0208	506	1.66	168	0.00286	2626	0.0673	293	0.0112	72.6	317	847	28.6
60	0.0108	484	1.67	141	0.00140	2609	0.0688	251	0.0112	62.6	262	902	27.6
50	0.0063	465	1.674	116	0.00074	2591	0.0695	209	0.0112	51.8	214	950	26.7

④ 计算冷却水用量及冷却水在相应截面上的温度 t_c。由热量衡算：$H_{h1}-H_{h2}=W_cC_{pc}(t_{c2}-t_{c1})$取 26.7～45℃间水的平均比热容 $C_{pc}=4.17$kJ/(kg·℃)。

$$W_c=\frac{1164-214}{4.17\times(45-26.7)}\text{kg/s}=12.4\text{kg/s}$$

对每一温度段按 $W_cC_{pc}(t_{c2}-t_c)=Q$ 求出 t_c。

仍以 85℃为例，混合气入口 105℃时，冷却水出口 $t_{c2}=45$℃。

$$t_c=t_{c2}-\frac{Q}{W_cC_{pc}}=45-\frac{714}{12.4\times4.17}℃=31.2℃$$

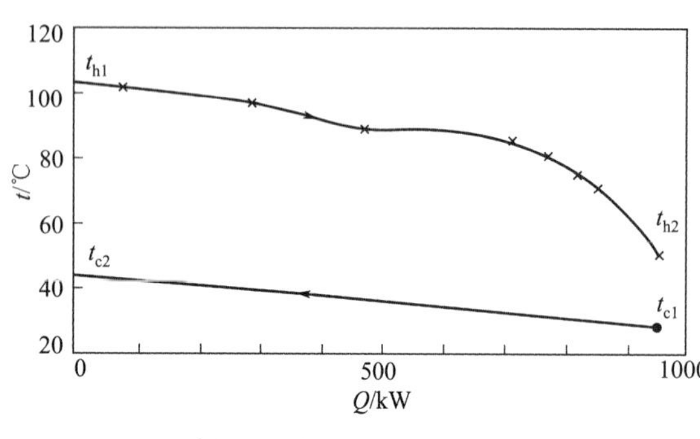

例 5-12 附图 1　冷凝曲线

将各截面相应 t_c 计算出后列于附表 3 中，据此作出冷凝曲线如附图 1。

由图可知，计算传热面积时，可将冷凝区间分为 3～5 段，以减少工作量。

(2) 初选换热器

① 总平均温差 ΔT_m。可按下式

$$\Delta T_m=\frac{\Delta Q_{总}}{\int\frac{1}{\Delta T}dQ}=\frac{\Delta Q_{总}}{\sum_i\frac{\Delta Q_i}{\Delta T_{mi}}}\tag{5-269}$$

计算结果列于附表 4。

由附表 4　　$\Delta T_m=950/18.6=51$℃

② 初估 89～85℃间换热面积。该区间冷却水温从 31.2～36.1℃。因冷却水流量较小（$W_c=12.4$kg/s），故应选多管程冷凝器。

若取冷却水流速 $u_i=1.1$m/s，平均密度$\rho_c=994$kg/m^3，则

$$\frac{W_c}{S_t}=u_i\rho_c=1.1\times994\text{kg}/(\text{m}^2\cdot\text{s})=1100\text{kg}/(\text{m}^2\cdot\text{s})$$

管程冷却水流通截面积

$$S_t=\frac{W_c}{u_i\rho_c}=\frac{12.4}{1100}\text{m}^2=0.0113\text{m}^2$$

若选 ϕ25mm×2.5mm 钢管，每程管数

$$N_i=\frac{S_t}{\frac{\pi}{4}d_i^2}=\frac{0.0113}{\frac{\pi}{4}\times0.02^2}根=36 根$$

取 6 管程，总管数 $N_t=36\times6=216$ 根。

管子正三角形排列，管间距 $p_t=32$mm，壳内径 $D_s=600$mm，采用 $h_w=25\%$的圆缺形挡板，板间距 $L_b=450$mm。

该区间内平均温差 53.4℃（按附表 4）；

例 5-12 附表 4　平均温差的计算

序号	t/℃	t_c/℃	ΔT/℃	$\Delta T_{mi}=\frac{\Delta T_1+\Delta T_2}{2}$	Q/kW	ΔQ_i/kW	$\frac{\Delta Q_i}{\Delta T_{mi}}$
1	105	45	60.0		0		
2	98	39.4	58.6	59.3	289	289	4.87
3	89*	36.1	52.9	55.8	462	173	3.10
4	85	31.2	53.8	53.4	714	252	4.72
5	80	30.0	50.0	51.9	778	64	1.23
6	75	29.2	45.8	47.9	818	40	0.835
7	70	28.6	41.4	43.6	847	29	0.665
8	60	27.6	32.4	36.9	902	55	1.49
9	50	26.7	23.3	27.8	950	48	1.73
总计						950	18.6

设该段内 $K=250\mathrm{W/(m^2\cdot ℃)}$，则

$$\Delta A=\frac{\Delta Q}{K\Delta T_{\mathrm{m}}}=\frac{252\times 10^3}{250\times 53.4}\mathrm{m^2}=18.9\mathrm{m^2}$$

管长
$$\Delta L=\frac{\Delta A}{N_{\mathrm{t}}\pi d_{\mathrm{o}}}=\frac{18.9}{216\times 3.14\times 0.025}\mathrm{m}=1.11\mathrm{m}$$

(3) 校核总传热系数（89～85℃间）

① 冷却水给热系数 α_{c}。因冷却水温差不大，在整个冷凝过程中可取管程的平均值。

冷却水平均温度 $t_{\mathrm{cm}}=\frac{1}{2}\times(26.7+45)=35.8℃$，该温度下，$\rho_{\mathrm{c}}=994\mathrm{kg/m^3}$，$\mu_{\mathrm{c}}=7.17\times 10^{-4}\mathrm{Pa\cdot s}$，$Pr_{\mathrm{c}}=4.78$，$\lambda_{\mathrm{c}}=0.627\mathrm{W/(m\cdot ℃)}$

$$Re_{\mathrm{c}}=\frac{d_{\mathrm{i}}W_{\mathrm{c}}}{36\frac{\pi}{4}d_{\mathrm{i}}^2\mu_{\mathrm{c}}}=\frac{12.4}{36\times\frac{\pi}{4}\times 0.02\times 7.17\times 10^{-4}}=30600$$

由式(5-24)，流体被加热。

$$\alpha_{\mathrm{c}}=0.023\frac{\lambda_{\mathrm{c}}}{d_{\mathrm{i}}}Re_{\mathrm{c}}^{0.8}Pr_{\mathrm{c}}^{0.4}$$
$$=0.023\times\frac{0.627}{0.02}\times 30600^{0.8}\times 4.78^{0.4}\mathrm{W/(m^2\cdot ℃)}=5230\mathrm{W/(m^2\cdot ℃)}$$

② 冷凝给热系数 α_{f}。89～85℃间，C_7 和 H_2O 均冷凝，且两组分互不相溶，应先分别计算两纯组分在管束外的冷凝给热系数。

由式(5-215) 正三角形排列时，当量管数

$$n_{\mathrm{s}}=1.022N_{\mathrm{t}}^{0.519}=1.022\times 216^{0.519}=16.6$$

若假设 85℃下液膜表面温度 $t_{\mathrm{f}}=62℃$，壁温 35.6℃，则液膜平均温度 $t_{\mathrm{fm}}=\frac{1}{2}\times(62+35.6)=48.8℃$，该温度下，$C_7$ 及 H_2O 凝液物性为：$\rho_{\mathrm{L1}}=660\mathrm{kg/m^3}$，$\mu_{\mathrm{L1}}=0.305\times 10^{-3}\mathrm{Pa\cdot s}$，$\lambda_{\mathrm{L1}}=0.115\mathrm{W/(m\cdot ℃)}$，$\rho_{\mathrm{L2}}=989\mathrm{kg/m^3}$。

由附表 3，85℃时 $W_{\mathrm{L1}}=1.57\mathrm{kg/s}$，$W_{\mathrm{L2}}=0.0535\mathrm{kg/s}$ 体积分数

$$v_1=\frac{\frac{1.57}{660}}{\frac{1.57}{660}+\frac{0.0535}{989}}=0.978$$

$$v_2=\frac{\frac{0.0535}{989}}{\frac{1.57}{660}+\frac{0.0535}{989}}=0.022$$

冷凝负荷
$$\Gamma_1=\frac{W_{\mathrm{L1}}}{n_{\mathrm{s}}\Delta L}=\frac{1.57}{16.6\times 1.11}\mathrm{kg/(m\cdot s)}=0.0852\mathrm{kg/(m\cdot s)}$$

$$\Gamma_2=\frac{W_{\mathrm{L2}}}{n_{\mathrm{s}}\Delta L}=\frac{0.0535}{16.6\times 1.11}\mathrm{kg/(m\cdot s)}=2.9\times 10^{-3}\mathrm{kg/(m\cdot s)}$$

由式 (5-212 a)

$$\bar{\alpha}_{f1}=1.51\left(\frac{\lambda_{L1}^{3}\rho_{L1}^{2}g}{\mu_{L1}^{2}}\right)^{1/3}\left(\frac{4\Gamma}{\mu_{L1}}\right)^{-1/3}$$

$$=1.51\times\left(\frac{0.115^{3}\times660^{2}\times9.81}{0.000305^{2}}\right)^{1/3}\times\left(\frac{4\times0.0852}{0.00031}\right)^{-1/3}\text{W/(m}^{2}\cdot℃)$$

$$=599\text{W/(m}^{2}\cdot℃)$$

水蒸气冷凝给热系数可由 $\Gamma_2=2.9\times10^{-3}\times3600=10.44$kg/(m·h)，从图 5-102 查得 $\alpha_{f2}=9600$W/(m²·℃)

由式(5-263)

$$\alpha_f=\alpha_{f1}v_1+\alpha_{f2}v_2$$

$$=559\times0.978+9600\times0.022\text{W/(m}^{2}\cdot℃)=758\text{W/(m}^{2}\cdot℃)$$

③ 凝液膜至冷却剂主体的传热系数 K'。忽略管壁热阻，忽略冷凝液污垢系数，冷却水污垢系数取 $\gamma_{fi}=1.7\times10^{-4}$(m²·℃)/W，由式(5-260)

$$\frac{1}{K'}=\frac{1}{\alpha_f}+\left(r_{fc}+\frac{1}{\alpha_c}\right)\frac{d_o}{d_i}$$

$$=\frac{1}{758}+\left(1.7\times10^{-4}\times\frac{1}{5230}\right)\times\frac{25}{20}$$

$$K'=563.3\text{W/(m}^{2}\cdot℃)$$

④ 混合气体给热系数 α_G

对三角形排列，壳程当量直径

$$d_e=\frac{4\left(\frac{\sqrt{3}}{2}p_t^2-\frac{\pi}{4}d_o^2\right)}{\pi d_o}=\frac{4\times\left(\frac{\sqrt{3}}{2}\times0.032^2-\frac{\pi}{4}\times0.025^2\right)}{3.14\times0.025}\text{m}=0.0202\text{m}$$

壳程流通面积

$$S_m=L_bD_s\left(1-\frac{d_o}{p_t}\right)=0.45\times0.6\times\left(1-\frac{0.025}{0.032}\right)\text{m}^2=0.0591\text{m}^2$$

气相主体温度 $t_s=85$℃，已设 $t_f=62$℃，则气膜平均温度 $t_{Gm}=\frac{85+62}{2}=73.5$℃，查取该温度下混合气中各组分物性。

$\mu_{G1}=0.72\times10^{-5}$Pa·s，$C_{pG1}=1884$J/(kg·℃)，$\lambda_{G1}=0.0157$W/(m·℃)

$\mu_{G2}=1.15\times10^{-5}$Pa·s，$C_{pG1}=1905$J/(kg·℃)，$\lambda_{G2}=0.0182$W/(m·℃)

$\mu_{G3}=1.95\times10^{-5}$Pa·s，$C_{pG3}=1047$J/(kg·℃)，$\lambda_{G3}=0.0294$W/(m·℃)

$\Delta h_{v1}=330$kJ/kg，$\Delta h_{v2}=2320$kJ/kg

由附表 2：$n_G=(1.08+0.929+0.4)\times10^{-3}=2.409\times10^{-3}$kmol/s

$$y_1=\frac{1.08}{2.409}=0.448\quad y_2=\frac{0.929}{2.409}=0.386\quad y_3=\frac{0.4}{2.409}=0.166$$

气相平均千摩尔质量 $M_{Gm}=(100\times0.448+18\times0.386+28\times0.166)$kg/kmol$=56.4$kg/kmol

由附表 3 $W_G=\sum_{j=1}^{3}W_{Gj}=(0.108+0.0167+0.0112)kg/s=0.1359$kg/s

$$\rho_{Gm}=\frac{pM_{Gm}}{RT}=\frac{150\times56.4}{8.314\times(273+73.5)}\text{kg/m}^3=2.94\text{kg/m}^3$$

$$\mu_{Gm}=\frac{\Sigma y_j M_j^{0.5}\mu_{Gj}}{\Sigma y_j M_j^{0.5}}$$

$$=\frac{(0.448\times100^{0.5}\times0.72+0.386\times18^{0.5}\times1.15+0.166\times28^{0.5}\times1.95)\times10^{-5}}{0.448\times100^{0.5}+0.386\times18^{0.5}+0.166\times28^{0.5}}\text{Pa}\cdot\text{s}$$

$$=0.975\times10^{-5}\text{Pa}\cdot\text{s}$$

$$C_{pGm}=\frac{\Sigma W_{Gj}C_{pGj}}{\Sigma W_{Gj}}$$

$$=\frac{0.108\times1884+0.0167\times1905+0.0112\times1047}{0.1359}\text{J/(kg}\cdot℃)=1818\text{J/(kg}\cdot℃)$$

$$\lambda_{Gm}=\frac{\Sigma W_{Gj}\lambda_{Gj}}{\Sigma W_{Gj}}$$

$$=\frac{(0.108\times1.57+0.0167\times1.82+0.0112\times2.94)\times10^{-2}}{0.1359}\text{W/(m}\cdot℃)$$

$$=0.0174\text{W/(m}\cdot℃)$$

$$Re=\frac{d_e W_G}{\mu_{Gm}S_m}=\frac{0.0202\times0.1359}{0.975\times10^{-5}\times0.0591}=4764$$

$$Pr=\frac{C_{pm}\mu_{Gm}}{\lambda_{Gm}}=\frac{1818\times0.975\times10^{-5}}{0.0174}=1.019$$

查图 5-62，对切除 25%的圆切形挡板，$Re=4764$ 时，

$$j_{hs}=\alpha_G\frac{d_e}{\lambda_{Gm}}Pr^{-\frac{1}{3}}\left(\frac{\mu_{Gm}}{\mu_w}\right)^{-0.14}=38$$

设 $\mu_{Gm}/\mu_w=1$

$$\alpha_G=j_{hs}\frac{\lambda_{Gm}}{d_e}Pr^{-1/3}=38\times\frac{0.0174}{0.0202}\times1.019^{-1/3}=32.5\text{W/(m}^2\cdot℃)$$

⑤ 校核液膜表面温度 t_f 和壁温 t_w。由式（5-266a）来校核 t_f（式中传质通量的计算方法偏于保守）。

$$\alpha_G(t_s-t_f)+k_{p1}\frac{p}{p_{am1}}(p_{v1}-p_{vf1})M_{v1}\Delta h_{v1}+k_{p2}\frac{p}{p_{am2}}(p_{v2}-p_{vf2})M_{v2}\Delta h_{v2}=K'(t_f-t_c)$$

由式(5-268)

$$k_{Pj}\frac{p}{p_{amj}}=\frac{\alpha_G Pr^{2/3}}{p_{amj}C_{pGm}M_m Sc^{2/3}}$$

$t_s=85℃$时，查得组分饱和蒸气压，$p_{v1}=67.3\text{kPa}$，$p_{v2}=57.8\text{kPa}$。

$t_f=62℃$时，$p_{vf1}=31.0\text{kPa}$，$p_{vf2}=21.8\text{kPa}$。

$$p_{am1}=\frac{p_{v1}-p_{vf1}}{\ln\frac{p-p_{vf1}}{p-p_{v1}}}=\frac{67.3-31.0}{\ln\frac{150-31.0}{150-67.3}}\text{kPa}=99.8\text{kPa}$$

$$p_{am2}=\frac{p_{v2}-p_{vf2}}{\ln\frac{p-p_{vf2}}{p-p_{v2}}}=\frac{57.8-21.8}{\ln\frac{150-21.8}{150-57.8}}\text{kPa}=109\text{kPa}$$

在两组分中的扩散系数采用 Fuller 式，

$$D_{AB}=\frac{1.013\times10^{-5}T^{1.75}}{p\left[(\Sigma V)_A^{1/3}+(\Sigma v)_B^{1/3}\right]^2}\left(\frac{1}{M_A}+\frac{1}{M_B}\right)^{\frac{1}{2}};\ \mathrm{m/s}$$

式中　$(\Sigma v)_j$——组分分子体积，cm^3/mol；

p——总压，kPa；

T——热力学温度，K。

$(\Sigma v)_1=147.2cm^3/mol$，$(\Sigma v)_2=12.7cm^3/mol$，$(\Sigma v)_3=17.9cm^3/mol$。当 $T=273+\frac{1}{2}\times(85+62)=346.5K$ 时，

$$D_{12}=D_{21}=8.28\times10^{-6}\mathrm{m^2/s}$$

$$D_{13}=6.44\times10^{-6}\mathrm{m^2/s},\ D_{23}=23.1\times10^{-6}\mathrm{m^2/s}$$

当 j 组分通过几种组分扩散时，可采用下式计算扩散系数。

$$D_{jm}=\frac{1-y_i}{\sum\limits_{j\neq i}y_i/D_{ji}}$$

算得　$D_{1m}=7.62\times10^{-6}\mathrm{m^2/s}$，$D_{2m}=10.02\times10^{-6}\mathrm{m^2/s}$

$$Sc_1=\frac{\mu_{Gm}}{\rho_{Gm}D_{1m}}=\frac{0.975\times10^{-5}}{2.94\times7.62\times10^{-6}}=0.435$$

$$Sc_2=\frac{\mu_{Gm}}{\rho_{Gm}D_{2m}}=\frac{0.975\times10^{-5}}{2.94\times10.02\times10^{-6}}=0.331$$

按式(5-268) 计算：

$$k_{p1}\frac{p}{p_{am1}}=\frac{\alpha_G Pr^{2/3}}{p_{am1}C_{pGm}M_{Gm}Sc_1^{2/3}}$$
$$=\frac{32.5\times1.019^{2/3}}{99.8\times1818\times56.4\times0.435^{2/3}}\mathrm{kmol/(m^2\cdot s\cdot kPa)}$$
$$=5.60\times10^{-6}\mathrm{kmol/(m^2\cdot s\cdot kPa)}$$

$$k_{p2}\frac{p}{p_{am2}}=\frac{\alpha_G Pr^{2/3}}{p_{am2}C_{pGm}M_{Gm}Sc_2^{2/3}}$$
$$=\frac{32.5\times1.019^{2/3}}{109\times1818\times56.4\times0.331^{2/3}}\mathrm{kmol/(m^2\cdot s\cdot kPa)}$$
$$=6.15\times10^{-6}\mathrm{kmol/(m^2\cdot s\cdot kPa)}$$

将以上所求数据代入式(5-266a)，

$$32.5\times(85-t_f)+5.60\times10^{-6}\times(67.3-31.0)\times100\times330\times10^3+$$
$$6.15\times10^{-6}\times(57.8-21.8)\times18\times2320\times10^3=563.3\times(t_f-31.2)$$

解出：$t_f=61℃$

与所设液膜表面温度 62℃误差不超过 3℃。

若忽略壁阻，

$$\alpha_c\frac{d_i}{d_o}(t_w-t_c)=\alpha_f(t_f-t_w)$$

则　$t_w=\dfrac{\alpha_f t_f+\alpha_c\dfrac{d_i}{d_o}t_c}{\alpha_f+\alpha_c\dfrac{d_i}{d_o}}=\dfrac{758\times62+5230\times\dfrac{20}{25}\times31.2}{758+5230\times\dfrac{20}{25}}=35.9℃$ 与所设 35.6℃接近，因此前面各

项给热系数计算可用。

⑥ 计算有效气膜给热系数 α_G'。由式(5-255b)

$$\alpha_G' = [32.5\times(85-62)+5.6\times10^{-6}\times(67.3-31.0)\times100\times330\times10^3 +6.15\times10^{-6}\times(57.8-21.8)\times18\times2320\times10^3]/(85-62)\mathrm{W/(m^2\cdot ℃)} =726\mathrm{W/(m^2\cdot ℃)}$$

⑦ 校核总传热系数 K

$$\frac{1}{K}=\frac{1}{\alpha_G'}+\frac{1}{\alpha_f}+\left(r_{fc}+\frac{1}{\alpha_c}\right)\frac{d_o}{d_i}=\frac{1}{\alpha_G'}+\frac{1}{K'}$$

$$=\frac{1}{726}+\frac{1}{563.3}\mathrm{(m^2\cdot ℃)/W}=3.153\mathrm{(m^2\cdot ℃)/W}$$

$K=317\mathrm{W/(m^2\cdot ℃)}$，高于所设值

因此　$\Delta A=\dfrac{252\times10^3}{317\times53.4}=14.9\mathrm{m^2}$，该区间所取冷凝面积能满足要求。

（4）讨论

① 本例中，相平衡条件属于凝液互不相溶的特殊情况，对互溶组分，可按例 5-11 画出冷凝曲线。

② 本例原则上应取 89～85℃两截面上的平均值进行计算，例中按 85℃计算只是为了较简单地说明计算方法与步骤。

③ 在对气膜传质速率的计算中，取总体流动引起的漂流因子$\dfrac{p}{p_{am}}=\dfrac{p}{p_{ami}}$偏于保守（实际总传质通量应为$N=N_1+N_2$，其计算过于复杂，而且也并不可靠）。

④ 扩散系数的计算误差较大，故也可按例 5-11，只考虑气膜传热阻力进行估算。

5.5　空气冷却器

5.5.1　概述

空气冷却器是以环境空气作为冷却介质，对管内高温流体进行冷却或冷凝的设备，简称“空冷器”。

5.5.1.1　空冷器的特点及应用

水作为理想的冷却介质，被传统工业冷却系统长期广泛地采用，但随着水资源和能源的匮乏以及环保意识的增强，节水、节能、无污染的空冷器在近 40 多年来得到迅速发展。

空冷与水冷的优缺点比较见表 5-58。由表可见，在缺水地区（如沙漠地带）、水供应困难、取水费用高的地区或水冷结垢和腐蚀严重的地区，特别适于采用空冷器（但具体采用水冷或空冷方案还应经过技术经济比较）。一般地，在下述条件下（满足 4～5 项）使用空冷比较有利。

① 热流体出口温度与空气进口温度之差（即接近温度）大于 15℃；

② 热流体出口温度大于 50～60℃，其允许波动范围大于 3～5℃；

③ 空气的设计进口温度（参见 5.5.3.1 节）低于 38℃；

④ 有效对数平均温度差大于（或等于）40℃；

⑤ 管内热流体的给热系数小于 2300W/(m^2·℃)；

⑥ 热流体的凝固点低于 0℃；

表 5-58　空冷与水冷的比较

空冷的优缺点	水冷的优缺点
1.对环境没有热污染和化学污染 2.空气可随意取得，不需任何附属设备和费用，选厂址不受限制，这对无水和缺水地区尤为重要 3.空气腐蚀性小，不需要除垢和清洗，使用寿命长 4.空气的压降仅有 98～196Pa，故空冷的操作费用低 5.空冷系统的维护费用，一般情况下仅为水冷系统的20%～30% 6.一旦风机电源被切断，仍有 30%～40%的自然冷却能力	1.排放水对环境有热污染，也常有化学污染 2.冷却水往往受水源限制，要设置管线和泵站等设施。特别对较大的厂，选厂址时必须考虑有充足的水源 3.水腐蚀性强，也易于结垢，需要进行处理 4.循环水压头高（取决于冷却器和冷水塔的相对位置），故水冷的能耗较高 5.由于水冷设备多，易于结垢，在温暖气候条件下易生成微生物，附于冷却器表面，常需停工清洗 6.电源一断，即要被迫全部停产
1.空气比热小，仅为水的四分之一，故空气用量大 2.冷却效果取决于干球温度，通常不能把工艺流体冷却到环境温度（在湿式空冷器中，还取决于空气的湿球温度） 3.大气温度波动大，风、雨、阳光、昼夜以及季节变化，均会影响空冷器的性能，在冬季还可能引起管内介质冻结 4.由于空气密度小，空气侧对流给热系数低，故空冷器的冷却面积要大得多 5.空冷器周围存在障碍或设计不当，会引起热风循环，降低换热效率 6.通常要求用特殊工艺制造翅片管和风扇，对压降有一定限制 7.有一定的噪声	1.在相同热负荷和冷却介质温升条件下，水用量小 2.水冷通常能使工艺流体冷却到低于空气温度 2～3℃以下，循环水在水塔中可被冷却到接近环境湿球温度 3.水冷对环境温度变化不敏感，操作调节比较容易 4.水冷器结构紧凑，其冷却面积比空冷器要小得多 5.水冷器可设置在其他设备之间（如管线和楼板下面） 6.用一般管式换热器即可满足要求 7.无噪声

⑦ 管侧热流体的允许压降大于 10kPa，设计压强在 100kPa 以上。

空冷器的不足，工业上常采取下列措施加以改善：

① 空气侧采用各种扩展表面（翅片管），使传热面比光管提高 10～30 倍，特殊翅片还可提高给热系数1～2倍以上；

② 采用风道上可调的百叶窗开度、可变的风扇叶片角和可调转速来改善空冷器的调节和适应性能；

③ 采用加湿式空冷、干式空冷与湿式空冷的联合以及空冷与水冷的联合，使之分别在适当温度区段运行。

空冷器最早出现在炼油工业，从冷却轻油到渣油，从正压到负压系统，从寒冷地区到炎热地区，从缺水地区到水源充足区域都有成功使用空冷器的实例。有些炼油厂甚至全部使用空冷器；在动力工业中，直接空冷和间接空冷用于火力发电厂汽轮机排汽的冷凝，节水一般可达90%以上；在冶金工业中，高炉、平炉、金属炉循环水的空气冷却技术也比较成熟；此外，在原子能工业、燃气透平和空气透平冷却系统等，空冷器也有较多的应用。

5.5.1.2　空冷器的结构与型式

空冷器主要由管束、风机、构架等组成，可分类如下。

(1) 按管束布置方式分

按管束布置方式分为：立式、水平式、斜顶式、圆环式、之字式、V 字式等，如图 5-109 所示。

在石油化工生产中，最常见的是水平式、斜顶式、立式和圆环式。

① 水平式空冷器［图 5-109(b)］。管束水平放置，如作冷凝器时，为便于凝液排出，管束应有 3°或 1%的倾斜。其使用范围最广。水平管束适于多单元组合，可使用长度达 10m 以上的管子，传热面积大，管外侧空气分布较均匀，热风循环较小，造价较低，但占地面积较大。

② 斜顶式空冷器［图 5-109(a)］。管束按人字形放置，夹角 60°左右。常用于冷凝或占地

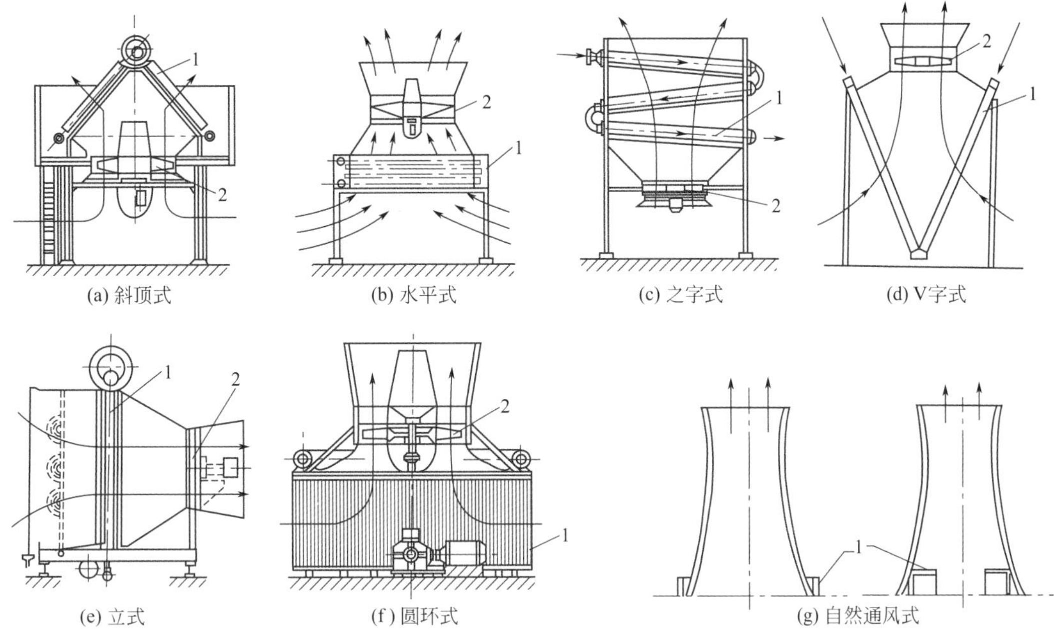

图 5-109　空冷器的基本结构型式

1—管束；2—风机

面积受限制的场合，占地面积可比水平式少 40%～50%。其缺点是：管束长度有限制，空气流动分布不易均匀，受自然风影响较大，易形成热风循环，造价也较高。

③ 立式空冷器［图 5-109(e)］。管束垂直放置，此种型式只用于小规模装置。其缺点是：空气分布不均匀，受自然风影响明显。

④ 圆环式空冷器［图 5-109(f)］。管束垂直排列成圆环形，故也属于立式。风机置于上部中央，空气分布较好，安装在塔顶时（例如作为塔顶冷凝器），结构紧凑，可不占地，但此时风机容量受限，空气流速范围窄，灵活性差。

(2) 按通风方式可分为以下三种类型。

① 自然通风式空冷器［图 5-109(g)］。空气的流速取决于通风塔的高度及塔内热空气和环境空气间的密度差。可用于空气设计温度低于 30°地区。优点是不消耗动力，无噪声，综合费用低；但热负荷小，散热效率低。石油化工生产较少使用。

② 鼓风式空冷器［图 5-109(a)、(c)］。其特点是风机和传动装置不接触热空气，使用寿命长；可将多个管束配备在同一台空冷器内；安装检修方便。但空气分布不均匀；易产生热风循环；管束暴露于大气，易受雨雪侵蚀；传热效果受环境影响大，出口温度不易控制。

③ 引风式空冷器［图 5-109(b)、(d)、(e)、(f)］。其排风速度约为鼓风式的 2.5 倍，气流分布均匀，不易产生热风循环；风筒风扇对管束有遮挡作用，传热效果受气象影响较小，有利于温度控制；利用风筒效应，可带走 25%～30%的热量，从而减少动力消耗；噪声小；空间利用率高（下方可布置其他设备）。但风机在热气中运行，必须有较好的耐热性，空气出口温度不宜超过 120℃，更换管束、检修风机不方便。

目前，除在斜顶式空冷器中采用鼓风式、湿式空冷器中采用引风式外，其他型式的空冷器中二者均可采用，但引风式优点较多，应用较广。

（3）按冷却方式可分为以下三种类型。

① 干式空冷器。即常规空冷器。其操作简单，使用方便，在石油、化工等行业得到较广的应用。但如表 5-57 所示，干式空冷器受环境温度影响较大，其冷却温度取决于空气干球温度，且要求热流体出口温度与空气进口温度之差大于 15℃，在夏天，热流体出口温度不易满足工艺要求。

② 湿式空冷器。湿式空冷器属于喷淋式冷却器（见 5.6.3 节），但这里的湿式空冷器专指在机械通风条件下加装水喷淋并以空气为主要冷却介质的系统。它综合了水冷和空冷的优点，其结构如图 5-110。由于操作过程中在空气入口处通过专用喷头向管束喷水雾，部分水滴蒸发，可使干空气增湿降温至接近湿球温度，从而提高了传热温差，并可能将管内热流体冷却至环境温度；喷淋在管束表面上的水蒸发带走可观的热量，强化了传热，使管外给热系数大大增加，可达普通空冷器的 1～3 倍以上；湿式空冷器用水量很少，一般仅为空气量的 3%～5%（质量），且大部分水可循环使用。喷淋后，管束的空气阻力一般将增加 15%～20%。湿式空冷器最大缺点是喷淋水易在翅片上结垢，故管内热流体进口温度不宜大于 80℃，对水质也有要求，如水硬度小于 50ppm，pH 值小于 7，水温小于 60℃等［图 5-110（c）中还表示了利用空气流路上的挡板调节空冷器操作的措施］。

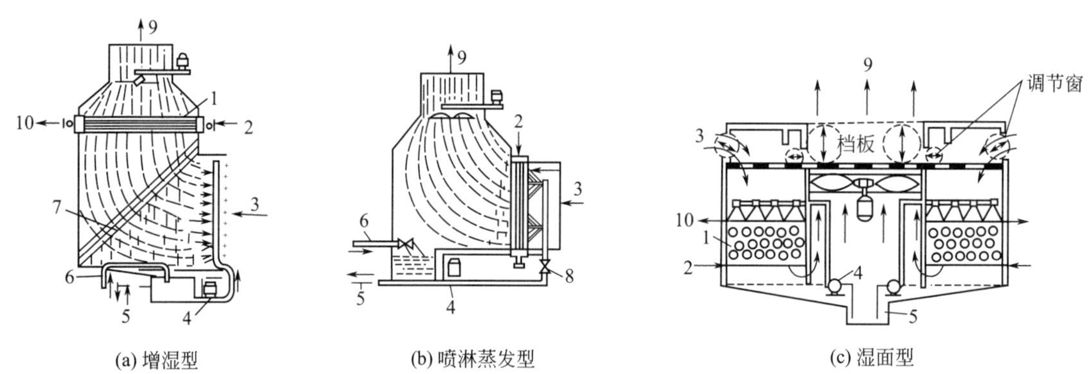

图 5-110　湿式空冷器的结构型式

1—管束；2—热流体入口；3—空气入口；4—循环水泵；5—排水管；6—供水管；7—挡水板；8—阀门；9—热空气出口；10—热流体出口

③ 干湿联合空冷器。将干式空冷管束和湿式空冷管束组合成一体构成干、湿联合空冷器，其结构如图 5-111。工艺流体一般先进入干式空冷器冷凝或冷却，然后进入湿式空冷器冷却至终温，因此不必再设置其他冷却装置，就可将热流体冷至环境温度。联合空冷器结构紧凑，占地面积小、节省材料、减少了风机，对老厂技术改造尤其有利。但它的热负荷调节不易，热风循环影响较大，而且风机在高温高湿度下操作，检修维护也较困难。

5.5.1.3　翅片管和管束

（1）翅片管

翅片管是空冷器的主要元件，其性能好坏直接影响空冷器的传热效果。翅片管应具有良好的传热与耐温性能，耐热冲击性能（在壁温频繁变化时，维持翅片与基管间的接触紧密性）和耐腐蚀能力，便于除尘垢，制造费用低，较小的管内、外压降等。

① 翅片管的型式与特点。空冷器常用翅片管为横向翅片，按其加工方式有以下几种（参见图 5-112）。

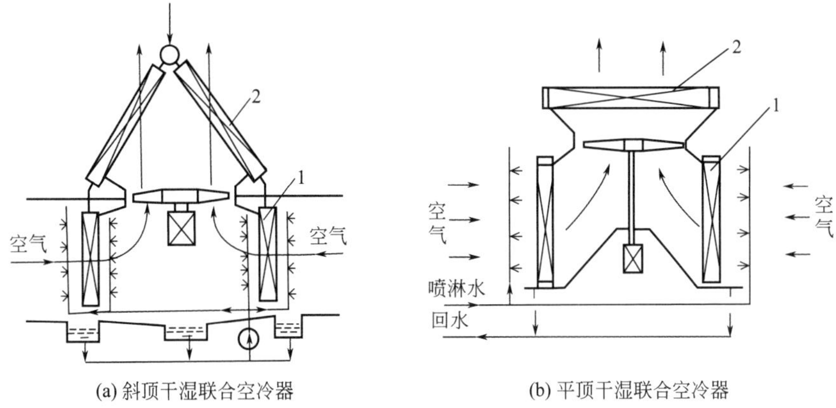

(a) 斜顶干湿联合空冷器　　(b) 平顶干湿联合空冷器

图 5-111　干湿联合空冷器

1—湿空冷管束；2—干空冷管束

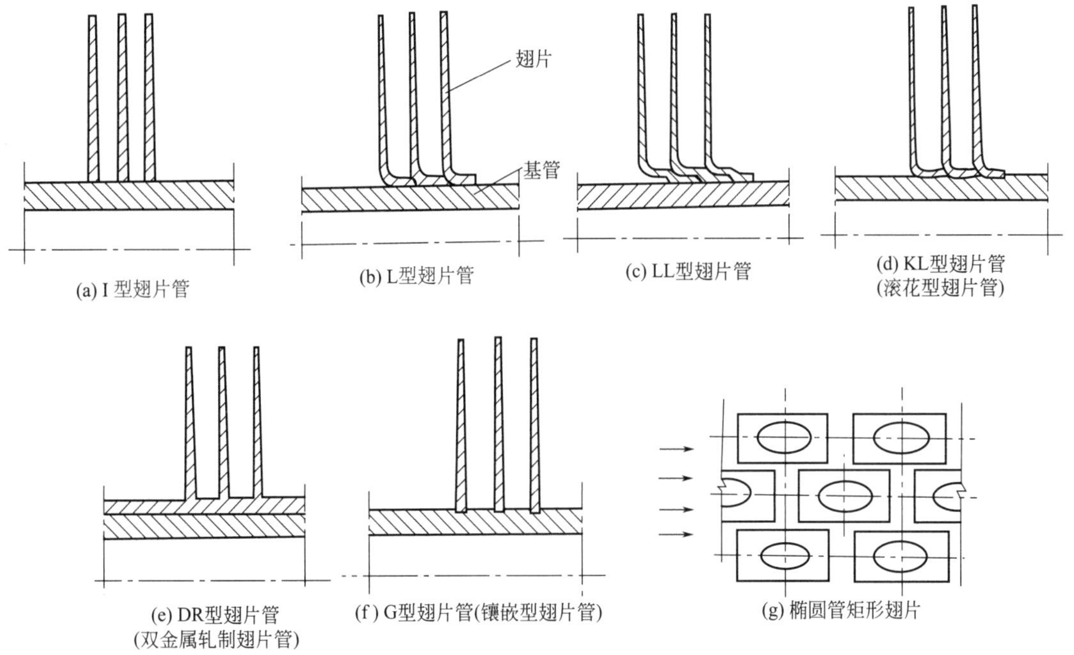

(a) I 型翅片管　(b) L型翅片管　(c) LL型翅片管　(d) KL型翅片管(滚花型翅片管)　(e) DR型翅片管(双金属轧制翅片管)　(f) G型翅片管(镶嵌型翅片管)　(g) 椭圆管矩形翅片

图 5-112　翅片管基本型式

a. 绕片式。绕片式翅片管是将薄金属带螺旋绕到金属管上制成。翅片材料绝大多数为铝，钢和铜亦有采用。根据翅片截面形状不同，有“I”型、“L”型、“LL”型等。在 L 型翅片管基础上，开发出 KLM（KL）型翅片管，它是在滚花的金属管外壁上绕片后，再在 L 型翅片根部滚辗一次，使根部的一部分面积嵌入管子表面，以强化相互间接触，故具有较好的性能。

b. 镶片式。代号为“G”型翅片管，它是在钢管表面挤压出深 0.25～0.5mm 的螺旋槽，将“I”型翅片镶入，再滚压管表面，使之镶嵌紧固。

c. 双金属轧片式。代号为“DR”型翅片管。将铝或铜管紧套在钢管上，然后在外套金属管上轧出翅片。

以上几种翅片管性能特点比较如表 5-59（按铝翅片）。它们的使用温度、传热性能和耐热冲击性能均与翅片和基管间的压接情况以及接触压力有关。

表 5-59　翅片管性能比较①

翅片管型式	I 型 绕片管	L 型 绕片管	LL 型 绕片管	KL 型 绕片管	G 型 镶片式管	DR 型 双金属轧片式管
最高使用温度/℃	<100	120～180	160～195 (170)	～250 (350)	350～400	250～350 (280)
管壁使用温度/℃	70	70～100	110		250	200～285
传热性能	6	5	4	2～3	2～3	1
耐大气腐蚀能力	6	4	3	2	5	1
耐热冲击能力	6	5	4	3	1	2
清理尘垢难易程度	6	5	4	2	3	1
制造费用	1	2	3	5	4	6
使用条件	仅用于小厂空调，耐气候性差	用于工作条件平稳，温度无突变场合	要求性能优于 L 型场合(如大气腐蚀较重，传热性能要求较高)	要求性能优于 LL 型的场合，其综合指标优越	用于高温不易产生腐蚀的场合，许用压力较低	适用于高温湿式空冷，大气腐蚀严重等对各项性能都要求高的场合

① 表中的优劣次序，以 1 为最优。

除此以外，尚有套片式与焊片式，通常为钢管钢翅片，其介质许用温度可达 350～400℃以上。

按基管形状主要有圆管和椭圆管式两类。其中椭圆管式见图 5-112(g)，采用椭圆形钢管，外套矩形钢翅片或缠绕带状钢翅片，表面进行镀锌处理。椭圆管式的优点是：与同样截面积的圆管相比，其水力学当量直径小，但外表面积约大 15%，且截面形状更适合空气流线（椭圆管短轴垂直于流向），故在相同流速下，管外给热系数可提高约 25%，管外压降可减少15%～25%，翅片效率增高，管内给热系数也较大，管束排列更为紧凑，占地可减少 20%左右。普通镀锌椭圆管的最高使用温度可达 320～350℃。不足之处是：承压能力较低，一般工作压力不超过 500kPa；维护检修较困难，造价较高。

按翅片的功能可分为单纯扩展表面式与紊流式。紊流式是在前述几种翅片管的基础上发展起来的，形式很多，见图 5-113。其共同特点是除都有较大的扩展表面外，还通过翅片结构的改变，使空气流过时产生额外的扰流，破坏壁面边界层，以提高管外给热系数，但造价均较高，并易在产生扰流的部位（如沟槽、轮辐孔等）沉积纤维性尘埃而不便清除。

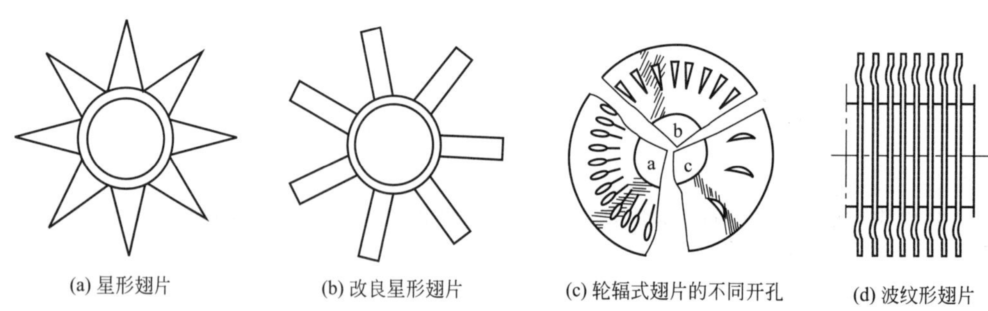

(a) 星形翅片　(b) 改良星形翅片　(c) 轮辐式翅片的不同开孔　(d) 波纹形翅片

图 5-113　紊流式翅片管

② 翅片管基本几何参数。以等厚度圆形翅片为代表，其基本几何参数如图 5-114(a) 所示（按双金属翅片管画出）。

a. 横向翅片管几何参数的命名。与螺纹管（5.2.1.1 节）类似，参照图 5-114 表示如下：

d_i——基管内径，m；

d_o——基管外径，m；
d_r——翅片根部外径，m；
d_f——翅片外径，m；
H_f——翅片高度，m；
δ_f——翅片厚度，m；
p_f——翅片间距，m；
x——翅片纵向间隙，m；
p_t——管间距/m；
p_{t1}——垂直于气流方向（迎风面上）的管排管间距，m；
p_{t2}——平行于气流方向的管排管间距，m；
L_t——翅片管管长，m；
n_f——每米管长的翅片数，片/m；

$$n_f \leqq \frac{1}{p_f}=\frac{1}{x+\delta_f} \tag{5-270}$$

N_t——总管数。

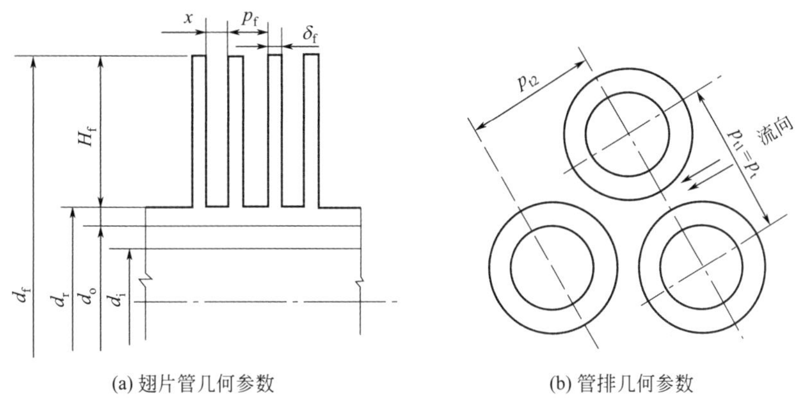

(a) 翅片管几何参数　　(b) 管排几何参数

图 5-114　翅片管及管排几何参数

翅片管有许多辅助表面，各面积的定义如下：

A_o——基管（光管）外表面积，m^2；

$$A_o=\pi d_o L_t N_t \tag{5-271}$$

A_f——翅片表面积，m^2；

$$\begin{aligned} A_f &=\frac{\pi}{4}\left(d_f^2-d_r^2\right)\times 2n_f L_t N_t+\pi d_f \delta_f n_f L_t N_t \\ &=\frac{\pi N_t L_t}{x+\delta_f}\left[\frac{1}{2}\left(d_f^2-d_r^2\right)+d_f\delta_f\right] \end{aligned} \tag{5-272}$$

A_r——翅片根部面积，m^2；

$$A_r=\pi d_r(1-\delta_f n_f)L_t N_t=\frac{\pi d_r N_t L_t}{x+\delta_f}x \tag{5-273}$$

ΣA——翅片管外侧总面积，m^2；

$$\Sigma A=A_f+A_r \tag{5-274}$$

A——每米管长总表面积，m^2/m；

$$
\begin{aligned}
A &= (A_f + A_r)/(N_t L_t) \\
&= \frac{\pi}{x+\delta_f}\left[\frac{1}{2}\left(d_f^2 - d_r^2\right) + \delta_f d_f + d_r x\right]
\end{aligned} \quad (5\text{-}275)
$$

$\frac{\Sigma A}{A_o}$——翅化比，即翅片管的总外表面积与基管外表面积之比；

$$
\frac{\Sigma A}{A_o} = \frac{A_f + A_r}{A_o} = \frac{A}{\pi d_o} \quad (5\text{-}276)
$$

b. 基管外径与壁厚。翅片管基管外径随翅片管形式而异。管壁厚度由工作压力和腐蚀裕量决定。空冷器常用基管外径为 25、32、38mm 三种，较大管径用于高黏度介质；壁厚，对碳素钢和低合金钢不小于 2.5mm，对高合金钢不小于 1.8mm，常用壁厚为 2.5、3mm 两种，管内最高设计压力可达 32MPa。

c. 翅片高度及厚度。翅片高度愈高，翅片表面积愈大，但翅片传热效率愈低，因而翅片高度应有一个最佳值。在选择翅片高度时，还应注意管内外流体给热系数相对大小，当管内流体给热系数较低时，宜采用低翅片（甚至直接用光管），反之采用高翅片（参见 5.7.7 节）。目前我国常用的翅片高度有两种，高翅片 16mm，低翅片 12.5mm。

翅片厚度的选择主要由翅片强度、腐蚀裕量、制造工艺和材质等决定。我国常用铝翅片（绕片式和镶片式）与钢翅片（套片式），厚度为 0.5mm。

d. 翅片间距。在其他几何参数相同时，翅片间距的大小直接影响翅片表面积和空气阻力的大小。间距增大，表面积减少，空气阻力相应减小，在一定范围内，管外空气给热系数也随翅片间距增加而减小。当管内流体给热系数很大，空气比较洁净而功率消耗又允许时，可选用较小翅间距。常用翅片间距为 2.3～3.6mm，较多采用的是 2.3mm，即 n_f=440 片/m。

e. 管长。我国常用的管长为 3m、4.5m、6m、9m、12m、15m，斜顶式多采用 3m 或 4.5in 管长。管长增加，管程数减少，占地面积和单位换热面积造价可以降低。

f. 翅化比。翅化比增加，单位长度换热面积增加，造价也随之增加，翅化比的最佳值在 17～28 之间。我国常用翅化比为：高翅片 23.4，低翅片 17.1。当主要热阻在管内时，应选用较小翅化比，否则将使以翅片总表面积为基准的总传热系数迅速降低。翅片管特性参数及排列型式可参见 GB/T 28712.6—2012。

(2) 管束

管束由管箱、翅片管排和框架组成，结构独立，可完整地在空冷器构架上进行装卸。

① 管箱。是被冷却介质的集流箱，几种常用的结构型式如图 5-115。

丝堵式管箱 [见图 5-115(a)] 广泛用于中、低压场合。制造简单、密封较为可靠，便于通过丝堵孔进行翅片管的胀接、检修和清洗，内部亦可焊上分隔板和加强板，其允许工作压强≤16～20MPa。

可卸盖板式、帽盖式管箱 [见图 5-115(b)、(c)]，其盖板或帽盖可拆卸，适用于高黏或易产生污垢的介质，清洗、装配和检修更为方便。因密封面大，耐压能力低，其允许工作压强≤6.4MPa。椭圆形翅片管多采用这种管箱。

半圆管式管箱 [见图 5-115 (d)]，采用全焊接装配，适用于密封要求很高的低压或负压操作场合（如汽轮机的排汽冷凝器），其缺点是清洗困难。

集合管式管箱 [见图 5-115 (e)]，用于高温、高压和介质较清洁的场合，其最大允许工作压强可达 50～70MPa，一般≤32MPa，其缺点也是清洗困难。

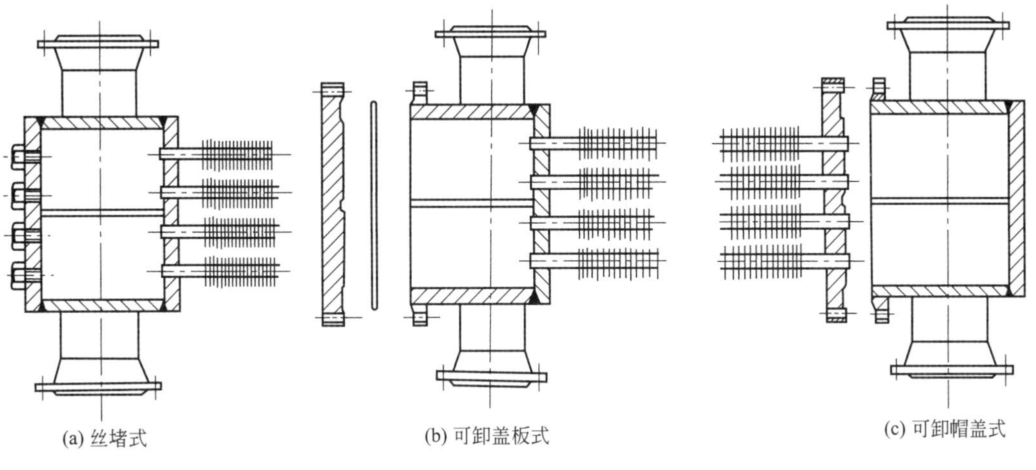

(a) 丝堵式　(b) 可卸盖板式　(c) 可卸帽盖式

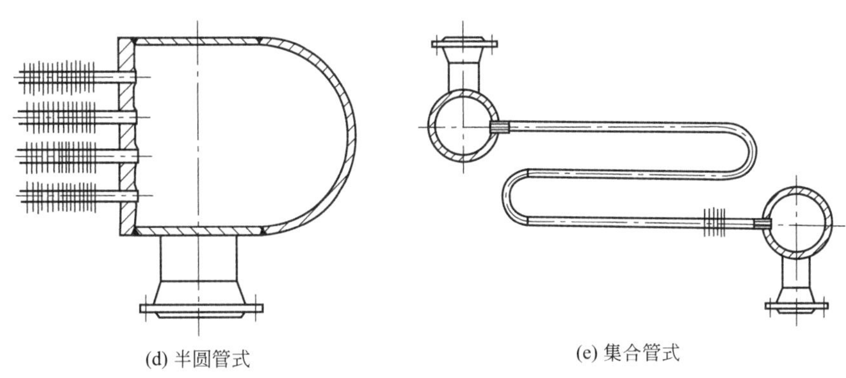

(d) 半圆管式　(e) 集合管式

图 5-115　管箱的结构型式

当管内热流体进出口温差较大时，在多管程管束中会对管束和管箱产生很大的温差应力，此时应采用分解式管箱，即将一端管箱由一个分为几个，彼此可发生相对移动，以承受不同的热应力。我国规定：对碳钢空冷器，当热流体进出口温差大于 110℃；对奥氏体钢空冷器进出口温差大于 80℃时，均应采取减少温度应力的措施。分解式管箱制造复杂、成本高，只在必要场合选用。也可选用 U 型管结构，使 U 形回弯部分吸收温差应力。

② 管束基本参数的选择。管束中翅片管的排列多采用等边三角形错列，管束的管间距、管排数、管程数等参数的选择对空冷器的传热性能和总费用（设备费与操作费）影响较大。

a. 管间距 p_t。管间距加大，管外给热系数和压降均减少，在一定范围内总费用减少，噪声也有所降低，但占地面积增加。因此管间距的确定要在完成一定传热量前提下，按目标函数是压降最小、费用最低，还是尺寸最小进行选择。国产管束采用等边三角形排列，低翅片管 p_t=54～59mm（p_t=54mm 时，p_{t1}=54mm，p_{t2}=46.7mm）；高翅片管 p_t=62～64mm（p_t=62mm 时，p_{t1}=62mm，p_{t2}=53.7mm）。

b. 管排数。换热面积一定时，管排数增加，空气的流动压降增加、温升增加、功率消耗及操作费用增加；但单位占地面积的传热面积和制造费用降低。管排数的选择还影响迎风面积和占地面积，应综合考虑，合理确定管排数。水平式管束常采用 4 排、5 排、6 排和 8 排，斜顶式管束常采用 3 排和 4 排。

c. 管程数。管程数的选择取决于管内介质流速和压降，管程多，管内流速及给热系数增加，但压降也增加，因此要根据工艺对传热和压降的具体要求而定，最高可用至 8 程。

d. 迎风面积与管排最小流通面积。管束的迎风面积 S_F 是垂直于空气流向的管束外框内壁以内的面积，

$$S_F = 管束的宽 \times 长 - 2 \times 梁宽 \times 长 \tag{5-277}$$

近似可按下式或按式(5-279) 计算

$$S_F = n_1 p_{t1} L_t \tag{5-277a}$$

式中 n_1——迎风面上的每排管数；

L_t——单管长度，m；

p_{t1}——垂直于空气流向的管间距，m。

迎风面积的大小取决于迎风面空气流速的选择（参见 5.5.3.1 节）。在空冷器管束外侧的对流给热系数或压降计算中，通常使用最大质量流速 G_{max} 或最大流速，它们都取决于管束间的最小流通面积 S_{min}。对三角形错列翅片圆管管排，

$$S_{min} = n_1 L_t \left[p_{t1} - d_r - \frac{2\delta_f H_f}{p_f} \right] \tag{5-278}$$

S_{min} 也可由表 5-60 列出的迎风面积比，按表 5-61 的管长 L_t 和管束计算宽度的乘积，算出迎风面积后直接求出（见表 5-60 的表注）。

国产管束的翅片及排列特性参数见表 5-60。

表 5-60 国产翅片管规格及特性（GB/T 28712.6—2012）

基管外径 d /mm	翅片参数						翅片管排列	
	翅片外径 D /mm	翅片名义厚度 S /mm		翅片数 /(片/m)	翅片高度 h /mm	DR 型翅片管复层厚度 S_1 /mm	管心距 /mm	排列
		L、LL、KL、G	DR					
25	50	0.4	0.8	433 394 354 315 276	12.5	0.5	54 56 59	等边三角形
	57				16		62 63.5 67	

翅片管型式	翅片数片 /m	翅化比	迎风面积比			翅化比	迎风面积比		
		翅片高度	管心距/mm			翅片高度	管心距/mm		
		h=12.5mm	54	56	59	h=16mm	62	63.5	67
L	433	16.9	0.465	0.484	0.510	23.4	0.519	0.530	0.555
	394	15.5	0.470	0.489	0.515	21.4	0.525	0.536	0.560
	354	14.0	0.475	0.494	0.520	19.3	0.531	0.542	0.566
	315	12.6	0.480	0.499	0.524	17.3	0.537	0.548	0.571
	276	11.2	0.486	0.504	0.529	15.3	0.543	0.553	0.577
LL	433	16.6	0.452	0.472	0.499	23.1	0.508	0.520	0.545
	394	15.2	0.457	0.477	0.503	21.1	0.514	0.526	0.550
	354	13.7	0.462	0.482	0.508	19.1	0.520	0.531	0.556
	315	12.3	0.467	0.486	0.513	17.1	0.525	0.537	0.561
	276	11.0	0.472	0.491	0.517	15.1	0.531	0.542	0.566

续表

翅片管型式	翅片数片/m	翅化比	迎风面积比			翅化比	迎风面积比		
		翅片高度	管心距/mm			翅片高度	管心距/mm		
		$h=12.5$mm	54	56	59	$h=16$mm	62	63.5	67
KL	433	16.9	0.465	0.484	0.510	23.4	0.519	0.530	0.555
	394	15.5	0.470	0.489	0.515	21.4	0.525	0.536	0.560
	354	14.0	0.475	0.494	0.520	19.3	0.531	0.542	0.566
	315	12.6	0.480	0.499	0.524	17.3	0.537	0.548	0.571
	276	11.2	0.486	0.504	0.529	15.3	0.543	0.553	0.577
G	433	17.2	0.477	0.496	0.521	23.7	0.530	0.541	0.565
	394	15.8	0.482	0.501	0.526	21.7	0.536	0.547	0.570
	354	14.3	0.488	0.506	0.531	19.6	0.542	0.553	0.576
	315	12.8	0.493	0.511	0.536	17.5	0.548	0.559	0.582
	276	11.4	0.499	0.517	0.541	15.5	0.554	0.565	0.587
DR	433	16.7	0.456	0.475	0.502	23.3	0.496	0.508	0.533
	394	15.3	0.461	0.480	0.507	21.3	0.503	0.515	0.541
	354	13.9	0.467	0.486	0.512	19.2	0.511	0.523	0.548
	315	12.5	0.473	0.492	0.517	17.2	0.519	0.530	0.555
	276	11.0	0.478	0.497	0.523	15.2	0.527	0.538	0.562

5.5.1.4 空冷器型号的表示方法及系列标准

(1) 型号表示方法（按 NB/T 47007—2010）

空冷器本体及各主要部件如管束、风扇、构架、百叶窗均有各自的型号表示，分述如下。

① 管束型号表示方法

管束型式代号	管箱型式代号	翅片管型式代号	接管法兰密封面型式代号
鼓风式水平管束 GP 斜顶管束 X 引风式水平管束 YP	丝堵式 S 可卸盖板式 K1 可卸帽盖式 K2 集合管式 J 半圆管式 D	L 型翅片管 L 双 L 型翅片管 LL 滚花型翅片管 KL 双金属轧片翅片管 DR 镶嵌型翅片管 G	凸面 a 凸凹面 b 榫槽面 c 环槽面 d

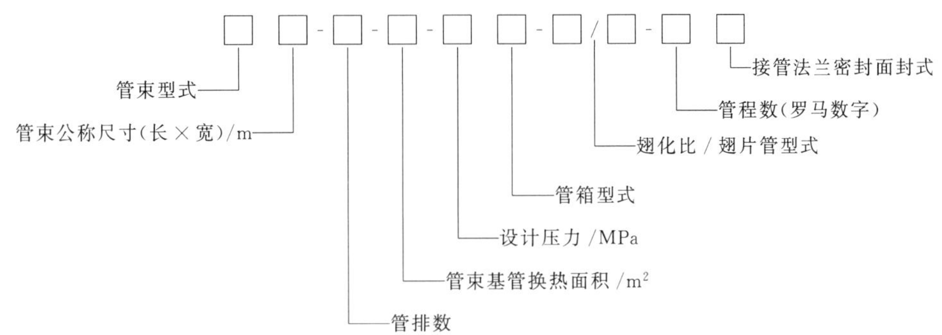

例如 a. 鼓风式水平管束：长 9m、宽 3m；6 排管；基管换热面积 193m^2；设计压力为 1.6MPa；可卸盖板式管箱；镶嵌型翅片管，翅化比 23.1；6 管程，接管法兰密封面为凸面的

管束型号为：

GP9×3-6-193-1.6K1-23.1/G-Ⅵa

b. 斜顶管束：长 4.5m、宽 3m；4 排管；基管换热面积 63.6m^2；设计压力为 4.0MPa；丝堵式管箱；双 L 型翅片管，翅化比 23.1；1 管程，接管法兰密封面为凹凸面的管束型号为：

X4.5×3-4-63.6-4S-23.1/LL-Ⅰb

② 风机型号表示方法

通风方式	代号	风量调节方式	代号	叶片型式	代号	叶片材料	代号	风机传动方式（见图 4）	代号
鼓风式	G	停机手动调角风机	TF	R 型叶片	R	玻璃钢	b	V 带传动	V
引风式	Y	不停机手动调角风机	BF	B 型叶片	B	铝合金	L	齿轮减速器传动	C
—	—	自动调角风机	ZFJ	—	—	—	—	电动机直接传动	Z
—	—	自动调速风机	ZFS	—	—	—	—	悬挂式带传动，电动机轴朝上	Vs
—	—	—	—	—	—	—	—	悬挂式带传动，电动机轴朝下	Vx

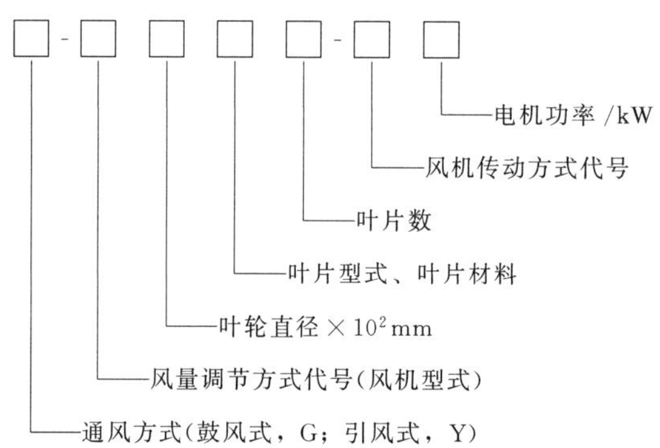

例如，a. 鼓风式；停机手动调角风机、直径 2400mm、R 型铝合金叶片、叶片数 4 个；悬挂式电动机轴朝上 V 带传动、电动机功率 18.5kW 的风机型号为：

G-TF24RL4-Vs18.5

b. 引风式；自动调角风机、直径 3000mm、B 型玻璃钢叶片、叶片数 6 个；带支架的直角齿轮传动、电动机功率 15kW 的风机型号为：

Y-ZFJ30Bb6-C15

③ 构架型号表示方法

构架型式代号	构架开(闭)型式	风箱型式代号
鼓风式水平构架 GJP 斜顶构架 JX 引风式水平构架 YJP	开式构架 K 闭式构架 B	方箱型 F 过渡锥型 Z 斜顶型 P

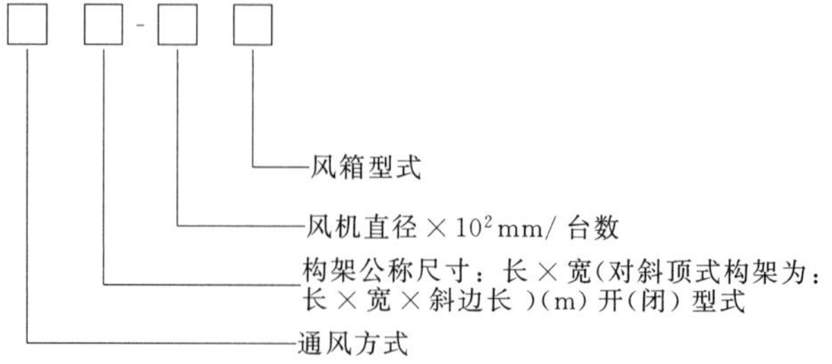

例如，a. 鼓风式空冷器水平构架、长 9m、宽 4m；风机直径 3300mm、2 台、方箱型风

箱；闭式构架，型号为：

GJP9×4B-33/2F

b. 鼓风式空冷器斜顶构架、长 5m、宽 6m；斜顶边长 4.5m；风机直径 4200mm、1 台、过渡锥型风箱；闭式构架，型号为：

JX5×6×4.5B-42/1Z

④ 百叶窗型号表示方法

□ □

公称尺寸(长×宽)/m

调节方式(手动 SC，自动 ZC)

例如，a. 手动调节百叶窗，长 9m、宽 3m，其型号为 SC9×3；b. 自动调节百叶窗，长 6m、宽 2m，其型号为 ZC6×2。

⑤ 空冷器型号表示方法

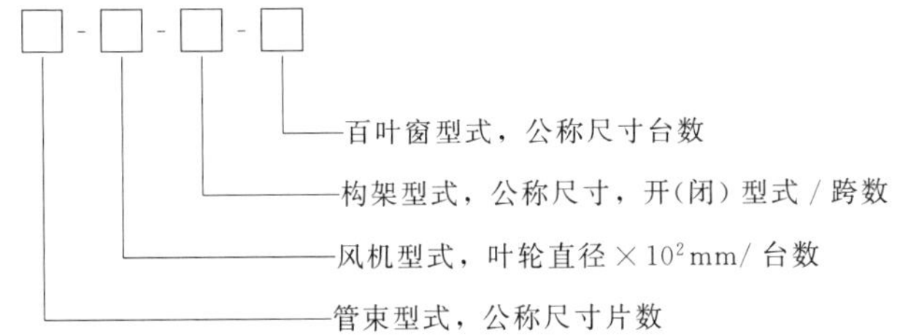

例如，a. 鼓风式空冷器

鼓风式空冷器、水平式管束、长×宽为 9m×3m、4 片；停机手动调角风机、直径 3600mm、4 台；水平式构架、长×宽为 9m×6m；一跨闭式构架，一跨开式构架；手动调节百叶窗、4 台、长×宽为 9m×3m 的空冷器型号为：

$$\mathrm{GP9\times3/4\text{-}TF36/4\text{-}}\frac{\mathrm{GJP9\times6B/1}}{\mathrm{GJP9\times6K/1}}\mathrm{\text{-}SC9\times3/4}$$

b. 引风式空冷器

引风式空冷器、水平管束、长×宽为 9m×3m、2 片；自动调角风机、直径 3600mm、1 台，停机手动调角风机、直径 3600mm、1 台；水平式构架、长×宽为 9m×6m；一跨闭式构架；自动调节百叶窗、长×宽为 9m×3m 的空冷器型号为：

$$\mathrm{YP9\times3/2\text{-}}\frac{\mathrm{ZFJ\ 36/1}}{\mathrm{TF\ 36/1}}\mathrm{\text{-}YJP9\times6B/1\text{-}ZC9\times3/2}$$

(2) 空冷器的系列标准（按 JB 1415—84）和换热面积 A_o 的计算。

在表 5-61 中列出了基管外径 25mm、管长 3m、管排数为 2 排和 3 排的引风式及鼓风式管束，在不同管束公称宽度 BN 和不同管心距 p_t 下的总管数 N_t 和管束换热面积（其管外表面积）A_o 的数值，使用时应参照表 5-59。

在相同管心距和相同公称宽度下，其他排数或其他管长时的总管数和换热面积均可按该表数值推算，方法如下。

推算总管数时，4、6、8 排的总管数分别是 2 排管时的 2、3、4 倍；而 5、7 排的总管数分别是 2 排+3 排和 2 排+2 排+3 排时的总管数。

基管外表面积按式(5-271) 计算。

$$A_o=\pi d_o L_t N_t=\pi\times0.025\times L_t N_t,\mathrm{m^2}$$

表 5-61　引风式及鼓风式管束的总管数及管长为 3m 时的换热面积　m^2

管排数		2(正三角形排列)						3(正三角形排列)					
翅片种类		低翅			高翅			低翅			高翅		
BN/m[3] \ 管心距/mm		54	56	59	62	64	67	54	56	59	62	64	67
引风式管束[1]	0.50	11/2.59	10/2.36	10/2.36	9/2.12	9/2.12	9/2.12	17/4.0	15/3.53	15/3.53	14/3.30	14/3.30	14/3.30
	0.75	20/4.71	19/4.48	18/4.24	17/4.0	17/4.0	16/3.77	30/7.07	29/6.83	27/7.36	26/6.13	26/6.13	24/5.65
	1.00	29/6.83	28/6.60	27/6.36	25/5.89	25/5.89	24/5.65	44/10.37	42/9.90	41/9.66	38/8.95	38/8.95	36/8.48
	1.25	39/9.19	37/8.72	35/8.25	33/7.78	32/7.54	31/7.30	59/13.9	56/13.19	53/12.49	50/11.8	48/11.31	47/11.07
	1.50	48/11.31	46/10.84	44/10.37	41/9.66	40/9.42	38/8.95	72/16.96	69/16.26	66/15.55	62/14.61	60/14.13	57/13.43
	1.75	57/13.43	55/12.96	52/12.25	49/11.54	48/11.31	46/10.84	86/20.26	83/19.56	78/18.38	74/17.43	72/16.96	69/16.26
	2.00	66/15.55	64/15.08	61/14.37	58/13.67	56/13.19	53/12.49	99/23.33	96/22.62	92/21.68	87/20.5	84/19.8	80/18.85
	2.50	85/20.03	82/19.32	77/18.14	74/17.43	71/16.73	68/16.02	128/30.2	123/29.0	116/27.3	111/26.2	107/25.2	102/24.0
	3.00	103/24.3	100/23.6	95/22.4	90/21.2	87/20.5	83/19.56	155/36.5	150/35.3	143/33.7	135/31.8	131/30.9	125/29.5
鼓风式管束[2]	0.50	13	12	11	11	10	10	20	18	17	17	15	15
	0.75	23	21	20	19	18	18	33	32	30	29	27	27
	1.00	31	30	28	27	26	25	47	45	42	41	39	38
	1.25	40	39	37	35	34	32	60	59	56	53	51	48
	1.50	50	48	45	43	42	40	75	72	68	65	63	60
	1.75	59	57	54	51	50	47	89	86	81	77	75	71
	2.00	68	66	62	59	57	55	102	99	93	89	86	83
	2.50	87	84	79	75	73	70	131	126	119	113	110	105
	3.00	105	101	96	91	89	85	158	152	144	137	134	128

① 引风式管束栏中，分子为总管数，分母为传热面积 A_o/m^2。

② 鼓风式管束栏中，只列出总管数 N_t 的值。

③ BN 表示管束公称宽度/m，计算迎风面积时，计算宽度按：对引风式为 $BN-0.1m$，对鼓风式为 $BN-0.05m$。

在相同管长、管心距和公称宽度下，4、6、8 排时的换热面积即为 2 排管时的 2、3、4 倍，而 5、7 排时的换热面积分别为 2 排+3 排或 2 排+2 排+3 排的换热面积。长度不同时可乘以 $L_t/3.0$。

例：由表 5-61 查得（修改过的），管心距 54mm，直径 500mm，引风式水平管束，管长取 3m 时。

4 排管时的总管束 22 根，换热面积 $5.1m^2$；

5 排管时的总管束 28 根，换热面积 $6.5m^2$。

由此可推得：

2 排管时的总管束 11 根，换热面积 $2.55m^2$。

3 排管时的总管束 17 根，换热面积 3.95m^2。

当需要计算迎风面积时，可按

引风式：$S_F = L_t \times (BN - 0.1) m^2$　　(5-279)

鼓风式：$S_F = L_t \times (BN - 0.05) m^2$　　(5-279a)

于是，当需要最小流通面积 S_{min} 以计算流速时，可由表 5-59 查出迎风面积比后，乘以 S_F 即得 S_{min}。

根据表 5-60 中的总管数，不难算出迎风面上的管排数 n_1，例如对 4 排管，查得 $N_t = 26$，说明第一排有 7 根管，第二排有 6 根管；则 3 排管时的总管数应为 7+6+7=20 根。

5.5.2　空冷器传热计算[15,24]

在空冷器传热计算中，不同文献对空气侧给热系数与总传热系数进行表达时，分别使用以光管外表面和以翅片外表面两种不同的基准，引用时必须注意区别。

5.5.2.1　总传热系数和传热热阻

(1) 总传热系数（经验值可参考表 5-22）

① 以光管外表面积 A_o 为基准

$$\frac{1}{K_o} = \frac{1}{\alpha_o} + R_{fo} + R_f + R_g + \frac{\delta_{wf}}{\lambda_f} \times \frac{A_o}{A_{m2}} + \frac{\delta_w}{\lambda_w} \times \frac{A_o}{A_{m1}} + r_{fi}\frac{A_o}{A_i} + \frac{1}{\alpha_i} \times \frac{A_o}{A_i} \tag{5-280}$$

式中　K_o——以光管（基管）外表面积为基准的传热系数，W/(m^2·℃)；

α_o——以光管外表面积为基准的管外给热系数，W/(m^2·℃)；

α_i——管内给热系数，W/(m^2·℃)；

λ_w、λ_f——基管、外套管或翅片材料的热导率，W/(m·℃)；

δ_w、δ_{wf}——基管、外套管或翅片根部壁厚，m；

r_{fi}——管内污垢热阻，(m^2·℃)/W；(参考表 5-12、表 5-14)；

R_{fo}、R_f、R_g——以光管外表面积为基准的外侧污垢热阻、翅片热阻、接触热阻，(m^2·℃)/W；

A_{m1}、A_{m2}——基管、外套管平均表面积，m^2；

A_o、A_i——基管的外、内表面积，m^2。

② 以翅片管外表面积 ΣA 为基准

$$\frac{1}{K} = \frac{1}{\alpha_f} + r_{fo} + r_f + r_g + \frac{\delta_{wf}}{\lambda_f} \times \frac{\Sigma A}{A_{m2}} + \frac{\delta_w}{\lambda_w} \times \frac{\Sigma A}{A_{ml}} + r_{fi}\frac{\Sigma A}{A_i} + \frac{1}{\alpha_i} \times \frac{\Sigma A}{A_i} \tag{5-280a}$$

式中　K——以翅片管外表面积 ΣA 为基准的传热系数，W/(m^2·℃)；

r_{fo}、r_f、r_g——以翅片管外表面积 ΣA 为基准的污垢热阻、翅片热阻、接触热阻，(m^2·℃)/W；

α_f——以翅片管外表面积 ΣA 为基准的管外给热系数，W/(m^2·℃)；

对于整体翅片管和镶片式翅片管，上两式中 $r_g = R_g = 0$，$\delta_{wf} = 0$。为方便起见，令

$$\frac{1}{\alpha_i'} = \frac{1}{\alpha_i} + r_{fi} \tag{5-281}$$

$$\frac{1}{\alpha_f'} = \frac{1}{\alpha_f} + r_{fo} \tag{5-281a}$$

以简化方程。忽略外套管热阻，则有

$$\frac{1}{K} = \frac{1}{\alpha_i'} + r_f + r_g + \frac{\delta_w}{\lambda_w} \times \frac{\Sigma A}{A_{m1}} + \frac{1}{\alpha_i'} \times \frac{\Sigma A}{A_i} \tag{5-280b}$$

(2) 传热热阻

① 管内污垢热阻。管内污垢热阻 r_{fi} 与热流体物性，操作条件有关，设计中仍取表 5-12～表 5-14 中推荐的经验值。

② 管外污垢热阻。翅片管外污垢主要以粉尘为主，若经常吹洗，一般可忽略不计。在空气易污染场合，对低翅管可取污垢热阻 $r_{fo}=0.000125(m^2\cdot℃)/W$，对高翅管可取 $r_{fo}=0.000176(m^2\cdot℃)/W$（均以翅片总面积为基准）。换算为光管表面积为基准时，$R_{fo}=r_{fo}\dfrac{A_o}{\Sigma A}$，$(m^2\cdot℃)/W$。

③ 翅片热阻。空冷器中，从翅根到翅端，热量不断散失，温度逐渐降低，传热量显然低于按翅根温度计算的值，这表现为翅片热阻 r_f（其推导参见板翅式换热器一节）。

$$r_f'=\frac{1}{\alpha_f'}\times\frac{1-\eta_f}{\eta_f+A_r/A_f} \tag{5-282}$$

转化为以光管外表面积为基准，

$$R_f=r_f\frac{A_o}{\Sigma A} \tag{5-282a}$$

式中 α_f'——包括外部污垢热阻的翅片外表面的有效对流给热系数，W/(m²·℃)，故

$$\frac{1}{\alpha_o}+R_{fo}=\frac{1}{\alpha_f'}\times\frac{A_o}{\Sigma A} \tag{5-281b}$$

η_f——翅片效率，是翅片表面传热有效性的度量，

$$\eta_f=\frac{\int(t_f-t)\mathrm{d}A_f}{(t_r-t)A_f}=\frac{t_m-t}{t_r-t} \tag{5-283}$$

t_f、t_r——翅片、翅根温度，℃；

t_m——按积分中值定理得到的翅片平均温度，℃；

t——空气温度，℃。

对应用最广的等厚度圆形翅片，翅片效率可按下式近似计算。

$$\eta_f\approx\frac{\tanh(mH_f)}{mH_f} \tag{5-283a}$$

式中，$m=\left[\dfrac{2\alpha_f}{\lambda_f\delta_f}\right]^{0.5}$。 (5-284)

对于较高翅片，式(5-284) 可按下式校正

$$\eta_f=\frac{\tanh(m\psi)}{m\psi}\varepsilon \tag{5-283b}$$

$$\psi=\frac{d_r}{2}\left(\frac{d_f}{d_r}-1\right)\left(1+0.35\ln\frac{d_f}{d_r}\right) \tag{5-285}$$

当 $\dfrac{d_f}{d_r}\rightarrow1$，$\psi\rightarrow H_f$

对等厚度翅片，修正系数 $\varepsilon=1$。

对梯形翅片，以 δ_{fr}、δ_{ft} 分别表示翅根和翅顶处的翅片宽度，则

$$\varepsilon=1+0.125\left(1-\sqrt{\frac{\delta_{ft}}{\delta_{fr}}}\right)(mH_f) \tag{5-286}$$

上述各式中，

λ_f——翅片材料的热导率，W/(m·℃)；

H_f——翅片高度，m，$H_f=\frac{1}{2}(d_f-d_r)$；

d_f、d_r——翅片直径及翅片根部直径，m。

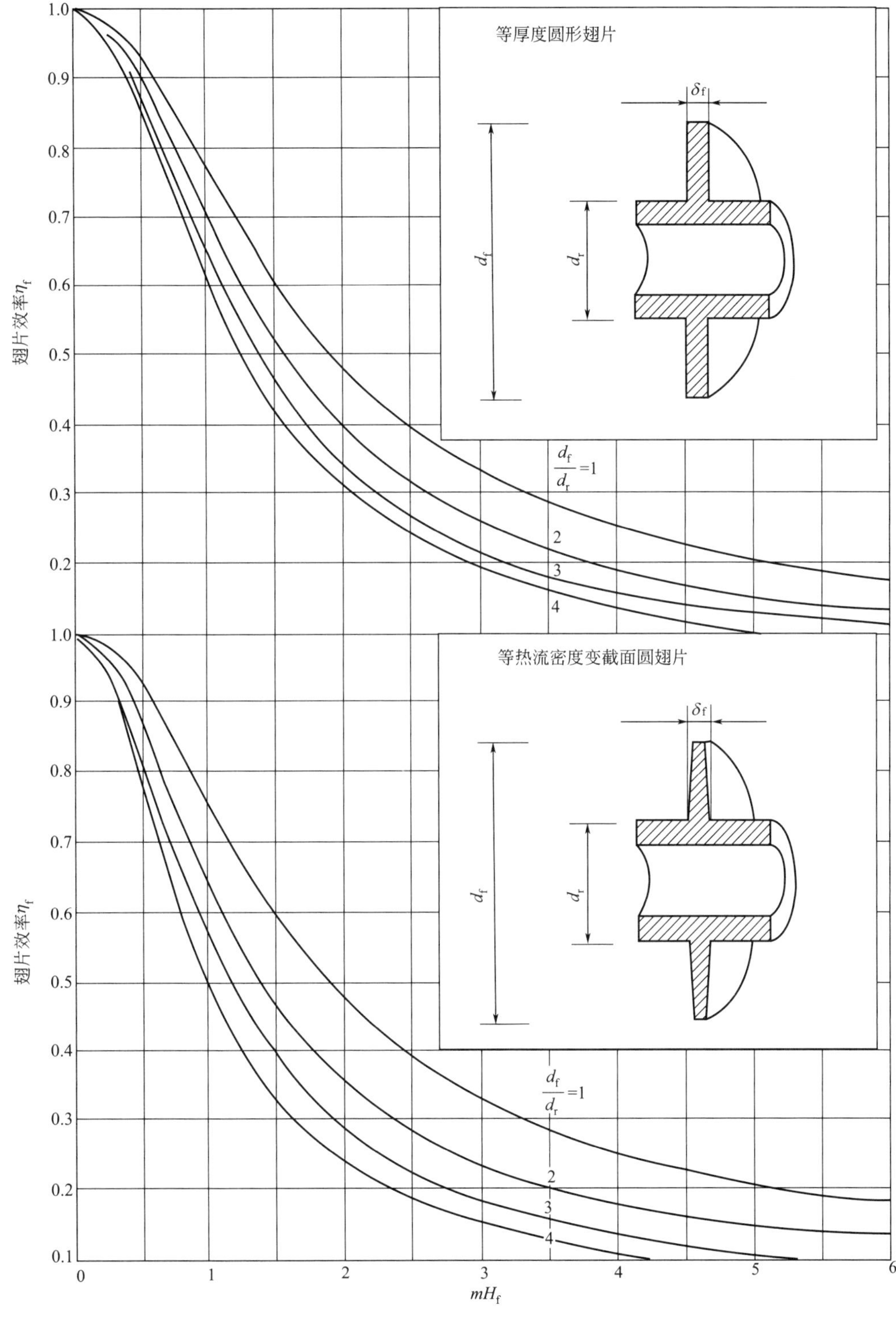

图 5-116　圆形翅片的翅片效率

等厚度圆形翅片及等热流密度变截面圆形翅片的翅片效率也可由图 5-116 查得，其余情况可参考图5-191～图 5-192。对我国常用的两种翅片管，几何特性和材料见表 5-62，其对应的翅片热阻 r_f 可直接由图 5-117 查得。

表 5-62　绕片式翅片管特性

翅类	基管 $d_o\times\delta_w$ /mm	管心距 p_t /mm	翅高 H_f /mm	翅厚 δ_f /mm	翅距 p_f /mm	翅外径 p_f /mm	外表面积/(m²/m 管长)				翅片效率 η_f	翅化比 $\Sigma A/A_o$	翅材管材	S_{min}/S_F /(m²/m²)
							光管 A_o/N_tL_t	翅管 $\Sigma A/N_tL_t$	翅片 A_f/N_tL_t	翅间 A_r/N_tL_t				
低翅	25×2.5	54	12.5	0.5	2.3	50	0.0785	1.34	1.279	0.061	0.93	17.1	铝/钢	0.44
高翅	25×2.5	62	16	0.5	2.3	57	0.0785	1.84	1.779	0.061	0.88	23.4	铝/钢	0.50

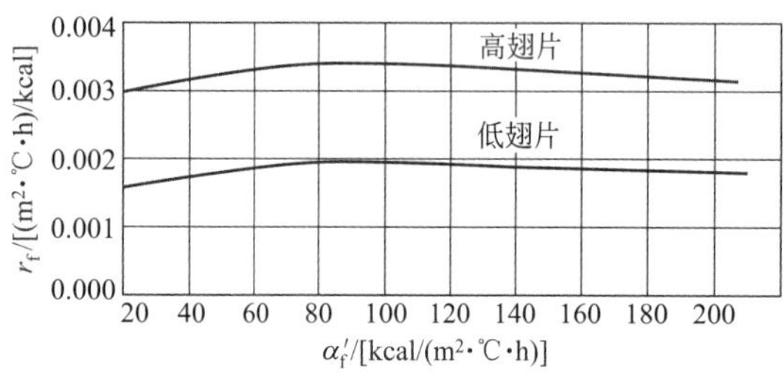

图 5-117　对应表 5-61 的高低翅片的翅片热阻 r_f

$$\alpha_f'=1/\left[\left(\frac{1}{\alpha_o}+R_{fo}\right)\frac{\Sigma A}{A_o}\right]$$

1kcal/(m²·℃·h)=1.163W/(m²·℃)；

1(m²·℃·h)/kcal=0.86(m²·℃)/W

由图 5-117 可见，α_f'对 r_f 的影响不大，因此，对这两种翅片，忽略式 5-280 中的 $\frac{\delta_{wf}}{\lambda_f}\times\frac{A_o}{A_{m2}}$项，可得

对高翅片管，

$$R_f+\frac{\delta_w}{\lambda_w}\times\frac{A_o}{A_{m1}}\cong 9.8\times10^{-4}(m^2\cdot℃)/W,$$

对低翅片管，

$$R_f+\frac{\delta_w}{\lambda_w}\times\frac{A_o}{A_{m1}}\cong 1.55\times10^{-4}(m^2\cdot℃)/W。$$

④ 翅片管接触热阻。对缠绕式和双金属轧片式翅片管，由于翅片和基管材质与热胀系数不同，在两金属接触界面上存在接触热阻 R_g（或称间隙热阻）。接触热阻的大小与翅片管的制造方法、几何尺寸、材质、表面粗糙度和操作温度等因素有关。Yaung 和 Briggs 提出了以基管表面为基准的接触热阻理论解析式

$$R_g=\frac{d_o}{2\lambda_a}\left[a_f(t_f-t_o)-a_t(t_t-t_o)-ap_{co}\right];\ m^2\cdot℃/W \tag{5-287}$$

式中　λ_a——间隙中气体（空气）热导率，W/(m·℃)；

a_f、a_t——翅片材料和基管材料热胀系数，1/℃；

t_f、t_t——翅片、基管的平均温度,℃；

t_o——加工翅片管的温度,℃；

p_{co}——翅片与基管初始接触压力；kPa；

a——计算因数，由下式确定

$$a=\frac{1}{e_f}\left[\frac{d_f^2+d_o^2}{d_f^2-d_o^2}+v_f\right]+\frac{1}{e_t}\times\frac{\delta_f}{p_f}\left[\frac{d_o^2+d_i^2}{d_o^2-d_i^2}-v_t\right] \tag{5-288}$$

式中　e_f、e_t——翅片、基管材料的弹性模量，1/kPa；

v_f、v_t——翅片、基管材料的泊松比（paissonsratio）。

由上式计算出双金属轧片管（$d_f=50.8$mm，$d_r=27.4$mm，$d_o=25.4$mm，$\delta_w=1.65$mm，$\delta_f=0.48$mm，$p_f=2.82$mm，钢基管-铝翅片）和表 5-61 中绕片管的接触热阻分别见图 5-118(a)～(c) 及图 5-119。

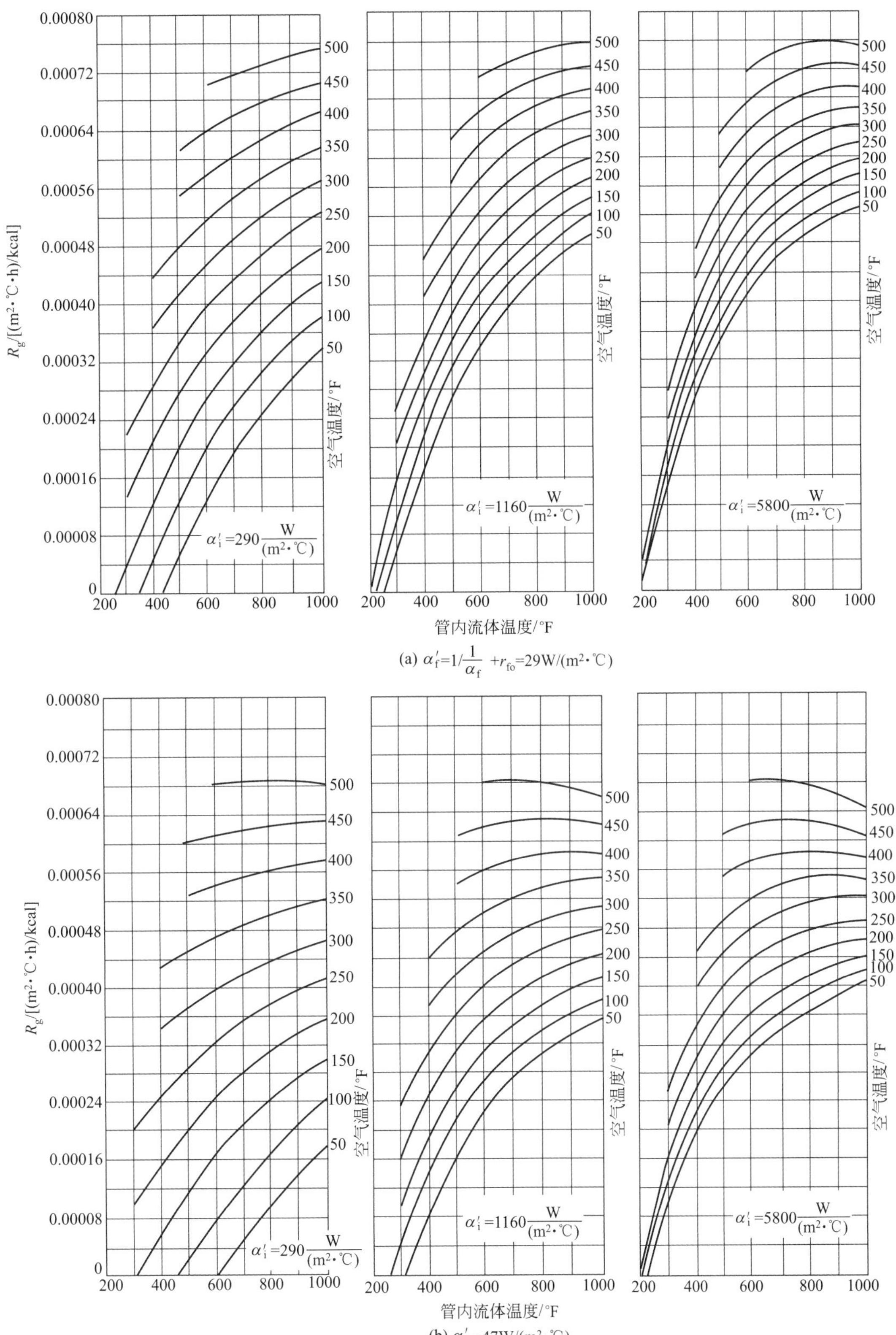

(a) $\alpha_f'=1/\frac{1}{\alpha_f}+r_{fo}=29W/(m^2\cdot ℃)$

(b) $\alpha_f'=47W/(m^2\cdot ℃)$

图 5-118

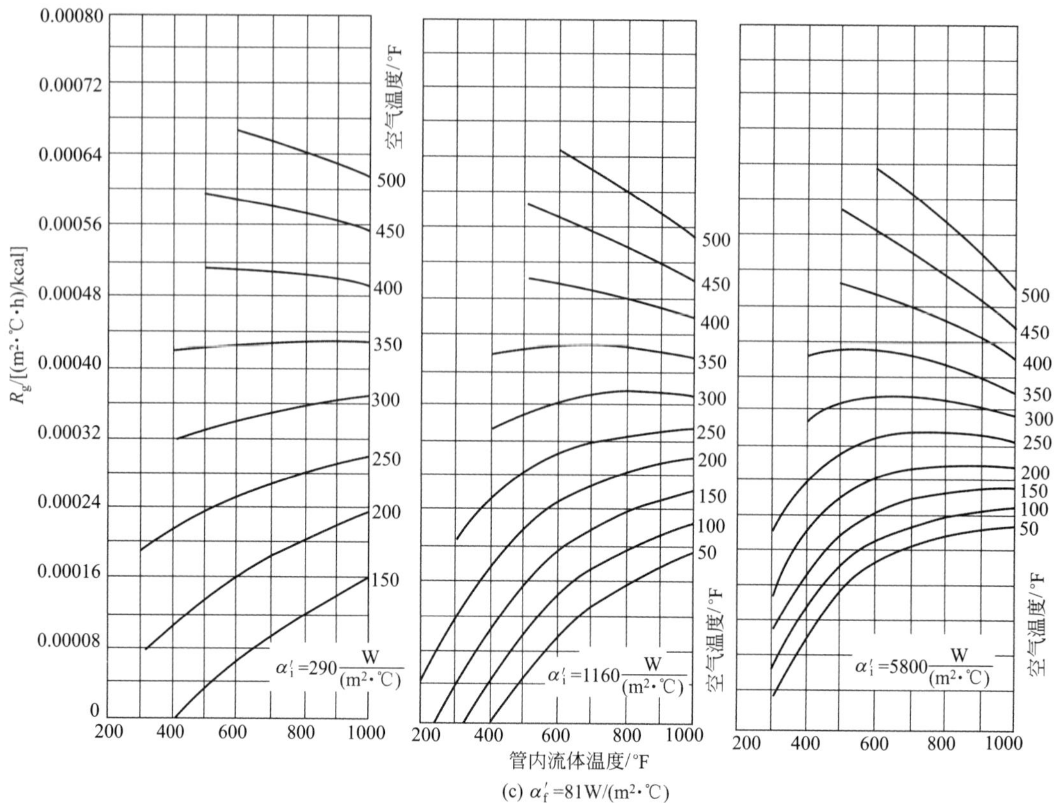

图 5-118　双金属轧片管接触热阻 R_g

1(m² · ℃ · h)/kcal=0.86(m² · ℃)/W，℃=(℉−32)×$\frac{5}{9}$，$\alpha_i{}'=1/(\frac{1}{\alpha_i}+r_{fi})$，W/(m² · C)

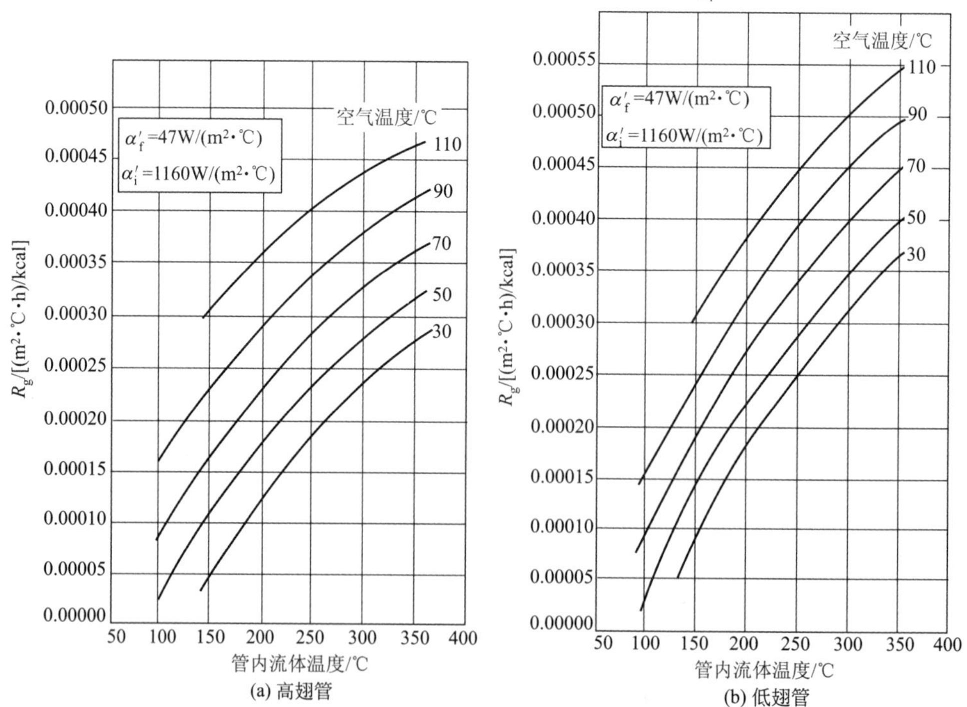

图 5-119　表 5-61 绕片式翅片管的接触热阻

1(m² · ℃ · h)/kcal=0.86(m² · ℃)/W

由图可知，对这类翅片管，当管内流体温度<100℃时，接触热阻可忽略不计；当管内流体温度>200℃时，接触热阻可占到总热阻的20%以上，此时应改用镶片式或整体轧制式翅片管。

对绕片式翅片管的接触热阻，亦可直接将空气侧给热系数乘以0.8～0.9作为近似修正。

5.5.2.2 管外空气侧传热和压降计算

(1) 光管管束

① 圆管管排给热系数。采用下列两式较为方便。

Fishinden 和 Saunder 式

$$\alpha_o = 0.33 C_H \Psi \frac{\lambda}{d_o} Re^{0.6} Pr^{0.3};\ \mathrm{W/(m^2 \cdot C)} \tag{5-289}$$

式中 λ——空气热导率，W/(m·℃)；

C_H——系数，由管排布置方式决定，见图5-120；

Ψ——系数，由管排数决定，见图5-121；$Re=\dfrac{d_o G_{max}}{\mu}$，$Pr=\dfrac{c_p \mu}{\lambda}$；

G_{max}——空气流过管间最小截面处的最大质量流速，kg/(m²·s)；

$$G_{max} = \frac{W}{S_{min}} = \frac{W}{(p_{t1} - d_o) L_t n_1} \tag{5-290}$$

W——空气质量流量，kg/s。

在图5-120中，$\sigma_1 = p_{t1}/d_o$，$\sigma_2 = p_{t2}/d_o$。

Welty 式

$$\alpha_o = C_o C_N \frac{\lambda}{d_o} Re^n Pr^{0.33} \tag{5-291}$$

式中 C_o——排列方式修正系数，查表5-63；

n——指数，查表5-63；

C_N——管排修正系数，查表5-64。

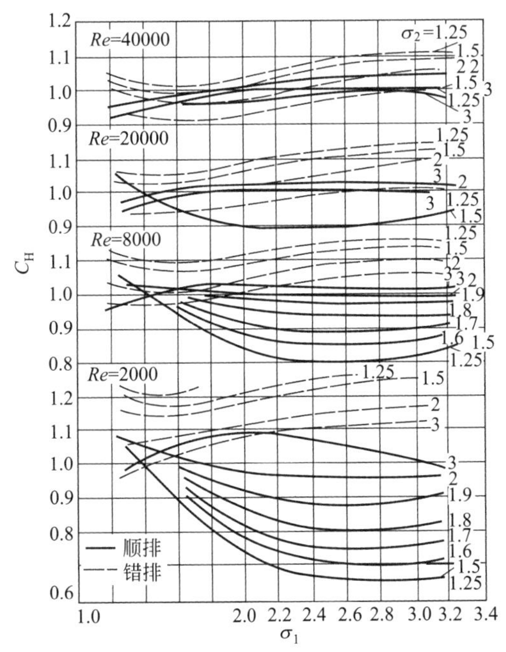

图5-120 式(5-289)中C_H值

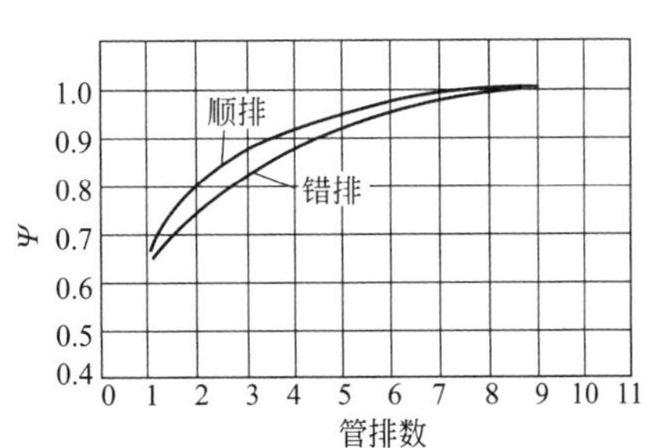

图5-121 式(5-289)中Ψ值

表 5-63　式（5-291）中横掠管束的 C_o、n 值

排列方式	p_{t3}/d_o → p_{t1}/d_o ↓	1.25		1.50		2.0		3.0	
		C_o	n	C_o	n	C_o	n	C_o	n
顺列	1.25	0.386	0.592	0.305	0.608	0.111	0.704	0.0703	0.752
	1.50	0.407	0.586	0.278	0.620	0.112	0.702	0.0753	0.744
	2.0	0.464	0.570	0.332	0.602	0.254	0.632	0.220	0.648
	3.0	0.322	0.610	0.396	0.584	0.415	0.581	0.317	0.608
错列	0.6	—	—	—	—	—	—	0.236	0.636
	0.9	—	—	—	—	0.495	0.571	0.445	0.581
	1.0	—	—	0.552	0.558	—	—	—	
	1.125	—	—	—	—	0.531	0.565	0.575	0.560
	1.25	0.575	0.556	0.561	0.554	0.576	0.556	0.579	0.562
	1.5	0.501	0.568	0.511	0.562	0.502	0.568	0.542	0.568
	2.0	0.448	0.572	0.462	0.568	0.535	0.556	0.498	0.570
	3.0	0.344	0.592	0.395	0.580	0.488	0.562	0.467	0.574

表 5-64　式（5-291）中横掠管束管排修正系数 C_N

管排数 n_2		1	2	3	4	5	6	7	8	9	10
C_N	顺列	0.64	0.80	0.87	0.90	0.92	0.94	0.96	0.98	0.99	1.0
	错列	0.68	0.75	0.83	0.89	0.92	0.95	0.97	0.98	0.99	1.0

② 椭圆管排给热系数。对等边三角形排列，若椭圆管长轴长为 a，短轴长为 b，空气流垂直于短轴，则

$$\alpha_o = 0.236\frac{\lambda}{d_e}\left(\frac{d_e G_{max}}{\mu}\right)^{0.62}\left(\frac{c_p\mu}{\lambda}\right)^{1/3} \tag{5-292}$$

式中

$$d_e \cong \frac{ab}{[(a^2+b^2)/2]^{1/2}}。 \tag{5-293}$$

对椭圆管束不需作管排数校正。

③ 压降。对圆形管排，可采用图 5-8 或按下式计算。

$$\Delta p = 0.334 C_f n_2 \frac{G_{max}^2}{2\rho} \tag{5-294}$$

式中　Δp——管外空气压降（空气侧阻力），Pa；

C_f——修正系数，由管束的排列方式决定，查表 5-65；

n_2——空气流动方向上的管排数；

ρ——空气密度，kg/m^3。

上式可整理成便于计算的形式。

$$\Delta p = 0.2 C_f n_2 u_{max}^2；\text{Pa} \tag{5-294a}$$

式中　u_{max}——在20℃、101.3kPa 下空气流过管间的最大流速，m/s。

对椭圆形管排，

$$\Delta p = 1.24\left(\frac{d_e G_{max}}{\mu}\right)^{-0.24}\frac{G_{max}^2}{2\rho}n_2 \tag{5-295}$$

（2）圆形翅片管束

① 给热系数。Briggs 等对多种三角形错排管列的整体轧制圆形翅片管给出以翅片管外表面积为基准的空气对流给热系数 α_f，W/(m^2・℃)如下。

表 5-65　式 (5-294) 修正系数 C_f 值

排列方式		顺列布置				错列布置			
Re	p_{t1}/d_o \\ p_{t2}/d_o	1.25	1.5	2.0	3.0	1.25	1.5	2.0	3.0
2000	1.25	1.68	1.74	2.04	2.28	2.52	2.58	2.58	2.64
	1.5	0.79	0.97	1.20	1.56	1.80	1.80	1.80	1.92
	2.0	0.29	0.44	0.66	1.02	1.56	1.56	1.44	1.32
	3.0	0.12	0.22	0.40	0.60	1.30	1.38	1.13	1.02
8000	1.25	1.68	1.74	2.04	2.28	1.98	2.10	2.16	2.28
	1.5	0.83	0.96	1.20	1.56	1.44	1.60	1.56	1.56
	2.0	0.35	0.48	0.63	1.02	1.19	1.16	1.14	1.13
	3.0	0.20	0.28	0.47	0.60	1.08	1.04	0.96	0.90
20000	1.25	1.44	1.56	1.74	2.04	1.56	1.74	1.92	2.16
	1.5	0.84	0.96	1.13	1.46	1.10	1.16	1.32	1.44
	2.0	0.38	0.49	0.66	0.88	0.96	0.96	0.96	0.96
	3.0	0.22	0.30	0.42	0.55	0.86	0.84	0.78	0.74
40000	1.25	1.20	1.32	1.56	1.80	1.26	1.50	1.68	1.98
	1.5	0.74	0.85	1.02	1.27	0.88	0.96	1.08	1.20
	2.0	0.41	0.48	0.62	0.77	0.77	0.79	0.82	0.84
	3.0	0.25	0.30	0.38	0.46	0.78	0.68	0.65	0.60

对低翅片管束，$d_f/d_r=1.2\sim1.6$，$d_r=13.5\sim16\text{mm}$，

$$\alpha_f=0.1507\frac{\lambda}{d_r}Re^{0.667}Pr^{1/3}\left(\frac{x}{H_f}\right)^{0.164}\left(\frac{x}{\delta_f}\right)^{0.075}\Phi \tag{5-296}$$

对高翅片管束，$d_f/d_r=1.7\sim2.4$，$d_r=12\sim41\text{mm}$，

$$\alpha_f=0.1378\frac{\lambda}{d_r}Re^{0.718}Pr^{1/3}\left(\frac{x}{H_f}\right)^{0.296}\Phi \tag{5-297}$$

式(5-296)、式(5-297) 中，定性尺寸为翅根直径 d_r，定性温度为空气的平均温度，x 为翅片间净距，$G_{max}=W/S_{min}$，S_{min} 按式(5-278) 或表 5-60 计算。适用于管束成正三角形错列，翅片外沿几乎相接情况，误差为 5%左右。若管束为正方形顺列，可将上式得出的 α_f 值乘以 0.67；若为绕片式管束，可乘以 0.8～0.9 以考虑接触热阻的影响。考虑到管排数和空气流动方式对传热的影响，文献[3]提供了上两式的校正系数 Φ，对鼓风式 $\Phi=1$；引风式的 Φ 由表 5-66 查取。

表 5-66　引风式翅片管束的校正系数 Φ

$u_{max}/(\text{m/s})$ \\ n_2	2	3	4	5	6	8	10	20
5	0.828	0.885	0.916	0.935	0.947	0.963	0.972	0.987
7	0.810	0.871	0.908	0.930	0.945	0.961	0.970	0.987

对表 5-62 中所列两种绕片式翅片管，将具体尺寸及平均设计条件代入式(5-297)，并经现场实验标定得到两个简化计算式[15]。

对低翅片管，
$$\alpha_o=412\,u_{NF}{}^{0.718}\Phi \tag{5-298}$$

对高翅片管，
$$\alpha_o=454\,u_{NF}{}^{0.718}\Phi \tag{5-299}$$

式中　α_o——以光管外表面积为基准的管外空气给热系数，W/(m²·℃)；

u_{NF}——20℃、101.3kPa 下的迎风面风速，m/s，

$$u_{NF}=W/S_F\rho_o \tag{5-300}$$

S_F——迎风面积，m^2；

ρ_o——20℃、101.3kPa下空气的密度，kg/m^3。

按ESDU（Engineering Science Data Unit，1986），对错列管排，考虑到管间距及管排数n_2影响的计算式为

对低翅管（$0.05<H_f/d_r<0.33$），

$$\alpha_f=0.183\frac{\lambda}{d_r}Re^{0.7}\left(\frac{x}{H_f}\right)^{0.36}\left(\frac{p_{t1}}{d_f}\right)^{0.06}\left(\frac{H_f}{d_f}\right)Pr^{0.36}\Phi_1\Phi_2 \tag{5-301}$$

对高翅管（$0.2<H_f/d_r<0.7$），

$$\alpha_f=0.242\frac{\lambda}{d_r}Re^{0.658}Pr^{1/3}\left(\frac{x}{H_f}\right)^{0.297}\left(\frac{p_{t1}}{p_{t2}}\right)^{-0.091}\Phi_1\Phi_2 \tag{5-301a}$$

适用条件：$Re=\dfrac{d_rG_{max}}{\mu}=2\times10^3\sim4\times10^4$，

$\dfrac{x}{H_f}=0.13\sim0.57$，$\dfrac{p_{t1}}{p_{t2}}=1.15\sim1.72$。

式中 Φ_1——考虑壁温影响的校正系数，$\Phi_1=\left(\dfrac{Pr}{Pr_w}\right)^{0.6}$，对空冷器$\Phi\cong1$；

Φ_2——管排数影响系数，它与Re及管排几何参数均有关。近似地，对单排管即$n_2=1$，$\Phi_2\cong0.76$；$n_2=2$，$\Phi_2\cong0.84$；$n_2=3$，$\Phi_2\cong0.92$；$n_2\geqslant4$，$\Phi_2\cong1$。

② 压降

a. 按Briggs，当$Re=2000\sim50000$，$\dfrac{p_{t1}}{p_{t2}}=1.8\sim4.6$时，

$$\Delta p=fn_2\frac{G_{max}^2}{2\rho}；\text{Pa} \tag{5-302}$$

式中，摩擦系数 $f=37.86Re^{-0.316}\left(\dfrac{p_{t1}}{d_r}\right)^{-0.927}\left(\dfrac{p_{t1}}{p_{t2}}\right)^{0.515}$。 (5-303)

上式适用于等边三角形排列的圆形翅片管束，定性温度为空气在管束中的平均温度，定性尺寸为d_r。

b. 对表5-61中所列最常用的两种绕片式翅片管，摩擦系数计算式为

$$f=cRe^{-0.496} \tag{5-303a}$$

对高翅片，$c=95$；对低翅片，$c=97$。

c. 将加速压降Δp_a与摩擦压降Δp_f分开，并考虑到翅片管几何尺寸及管间距的影响，给出的关系式如下。

$$\Delta p=\Delta p_a+\Delta p_f=(\xi_a+n_2\xi_f)\frac{G_{max}^2}{2\rho} \tag{5-304}$$

式中，ξ_a可近似取1.5，或按$\xi_a=1+\sigma^2$计算，

$$\sigma=\frac{p_{t1}-d_r-2H_f\delta_f/p_f}{p_{t1}} \tag{5-305}$$

对高翅管（$Re=500\sim5\times10^4$），

$$\xi_f=4.567Re^{-0.242}\left(\frac{\Sigma A}{A_o}\right)^{-0.504}\left(\frac{p_{t1}}{d_r}\right)^{-0.376}\left(\frac{p_{t2}}{d_r}\right)^{-0.546} \tag{5-306}$$

对低翅管（$Re=10^3\sim10^5$），

$$\xi_f=4.71Re^{-0.286}\left(\frac{H_f}{x}\right)\left(\frac{p_{t1}-d_r}{p_{t2}-d_r}\right)^{0.536}\left(\frac{d_r}{p_{t1}-d_r}\right)^{0.36} \tag{5-306a}$$

上式中，翅间距 $p_f=x+\delta_f, Re=\dfrac{d_r G_{max}}{\mu}$，

$$\frac{\Sigma A}{A_o}=\left[\frac{1}{2}(d_f^2-d_r^2)+d_f\delta_f+d_r x\right]/d_r p_f$$

(3) 椭圆管矩形翅片管束［见图 5-112(g)］

① 给热系数

$$\alpha_f=0.25\frac{\lambda}{d_e}Re^{0.79}\left(\frac{p_{t1}-b}{b}\right)^{-0.05}\left(\frac{p_{t2}-a}{a}\right)^{-0.15} \tag{5-307}$$

式中 a、b——椭圆管的长、短轴，m；

d_e——定性尺寸，当量直径，m；

$$d_e=\frac{A_r d_r+A_f\sqrt{A_f/2n_f}}{A_r+A_f} \tag{5-308}$$

$$d_r=\frac{ab}{\sqrt{(a^2+b^2)/2}} \tag{5-309}$$

A_f、A_r——翅片表面积、翅片根部表面积，m；

n_f——每米管长的翅片数。

② 压降

$$\Delta p=fn_2\frac{G_{max}^2}{2\rho} \tag{5-302}$$

$$f=8.2Re^{-0.2}\left(\frac{p_{t1}-b}{b}\right)^{-0.35}\left(\frac{p_{t2}-a}{a}\right)^{-0.02} \tag{5-303b}$$

5.5.2.3 空冷器有效平均温度差

由 5.1.2.5 节，空冷器的有效平均温差 ΔT_m 等于管内、外侧流体纯逆流时的对数平均温差 ΔT_{lm}乘以温差校正系数 F_t（见图 5-122），即

$$\Delta T_m=F_t\Delta T_{lm},\quad F_t=f(P、R), P=\frac{t_{c2}-t_{c1}}{t_{h1}-t_{h2}},\quad R=\frac{t_{h1}-t_{h2}}{t_{c2}-t_{c1}}。$$

管壳式换热器的 F_t 图线不适用于空冷器。空冷器的 F_t 与 P、R 的函数关系与下列因素有关。

a. 冷热流体的流动方向。空冷器中冷热流体的流动方向有两种类型，第一种为并列交叉流（并列错流），其特点为对各管程，管外空气的入口温度相同，参见图 5-123。管束立式放置的空冷器中常用此种类型；第二种为逆向交叉流（逆向错流），其特点为各管程空气入口温度不相同，参见图 5-124(a) ～ (f)。大多数多管程干式空冷器均采用此种类型。

b. 管程数。管程数不同，F_t 值不同。对逆向交叉流，管程数越多，越接近纯逆流。

c. 流体在流道截面上是否混合以及在程间是否混合，流体的混合会降低平均温差值。

d. 每程的管排数亦有一定影响。

(1) 光管管束

对光管管束，一般认为管外空气在流动截面上完全混合，管内流体在管箱处（管程间）完

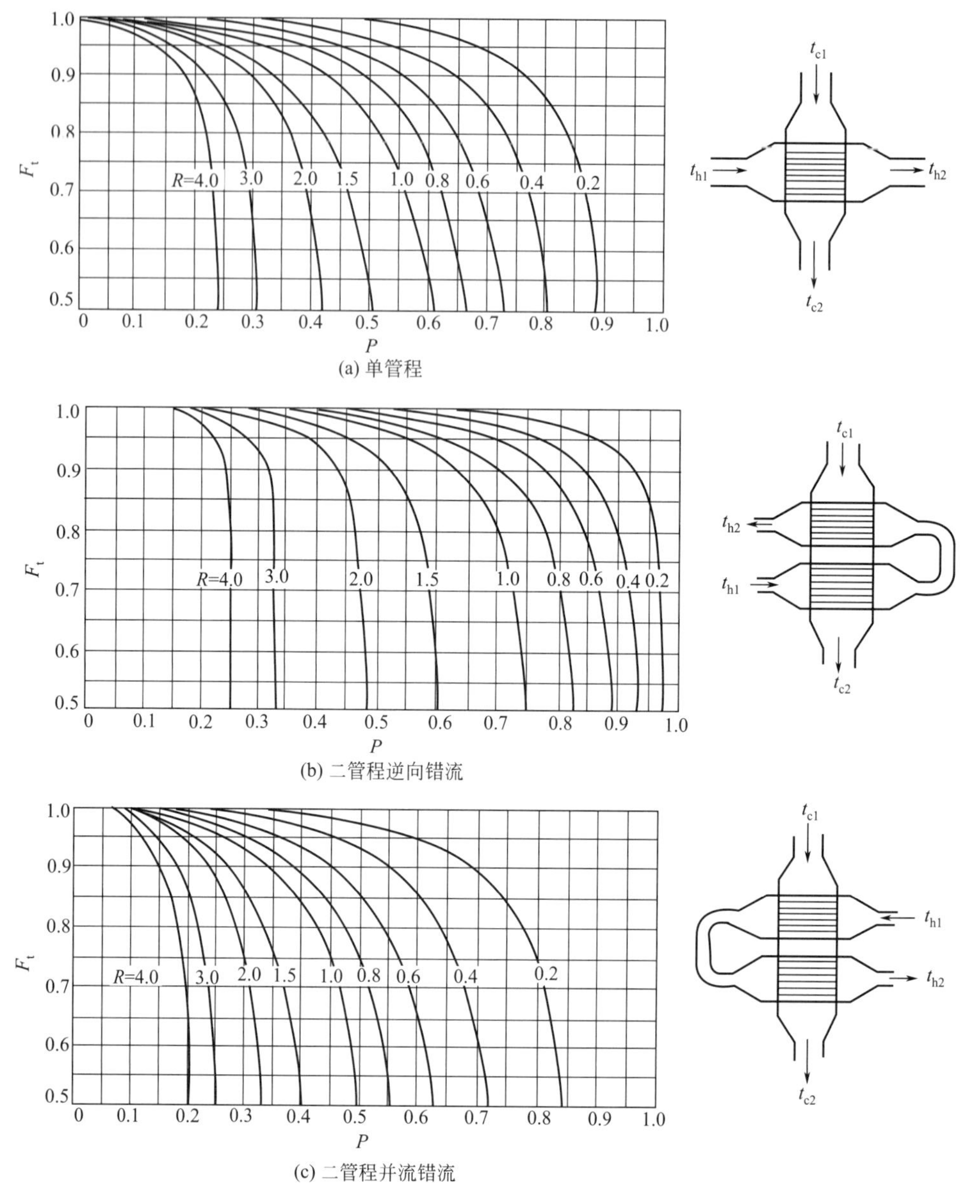

图 5-122　光管温差校正系数 F_t

全混合，而在管间完全不混合。其温差校正系数 F_t 由图 5-122 查取。

（2）翅片管管束

对翅片管管束，因管子排列紧密，翅片外缘几乎相接，一般认为管外空气沿管轴方向完全不混合。其并列错流的温差校正系数可由 Cag Layan 提出的算图（见图 5-123）查取。逆向交叉流的 $F_t(P、R)=0$ 和 $\theta=(P、R、NTU_2)$ 关系可按图 5-124 查取。

图 5-122～图 5-124 绘制的条件同 5.1.2.4 节，适用于传热量与流体温度变化呈直线关系且 K 或 K_o 保持常数的情况，如 K 变化较大，应分段计算。图 5-124 用于逆向交叉流（逆向错流）的几种场合。注意每程管排数多少对 F_t 和 θ 也有影响，该图既可用于计算 F_t，也可用于空冷器热分析。热流体在管内不混合，仅在管程间混合；管程数大于 4 时，可近似按逆流计算；图中，t_h 为热流体走管程，t_c 为冷流体走管外，t_h 和 t_c 不能互换。

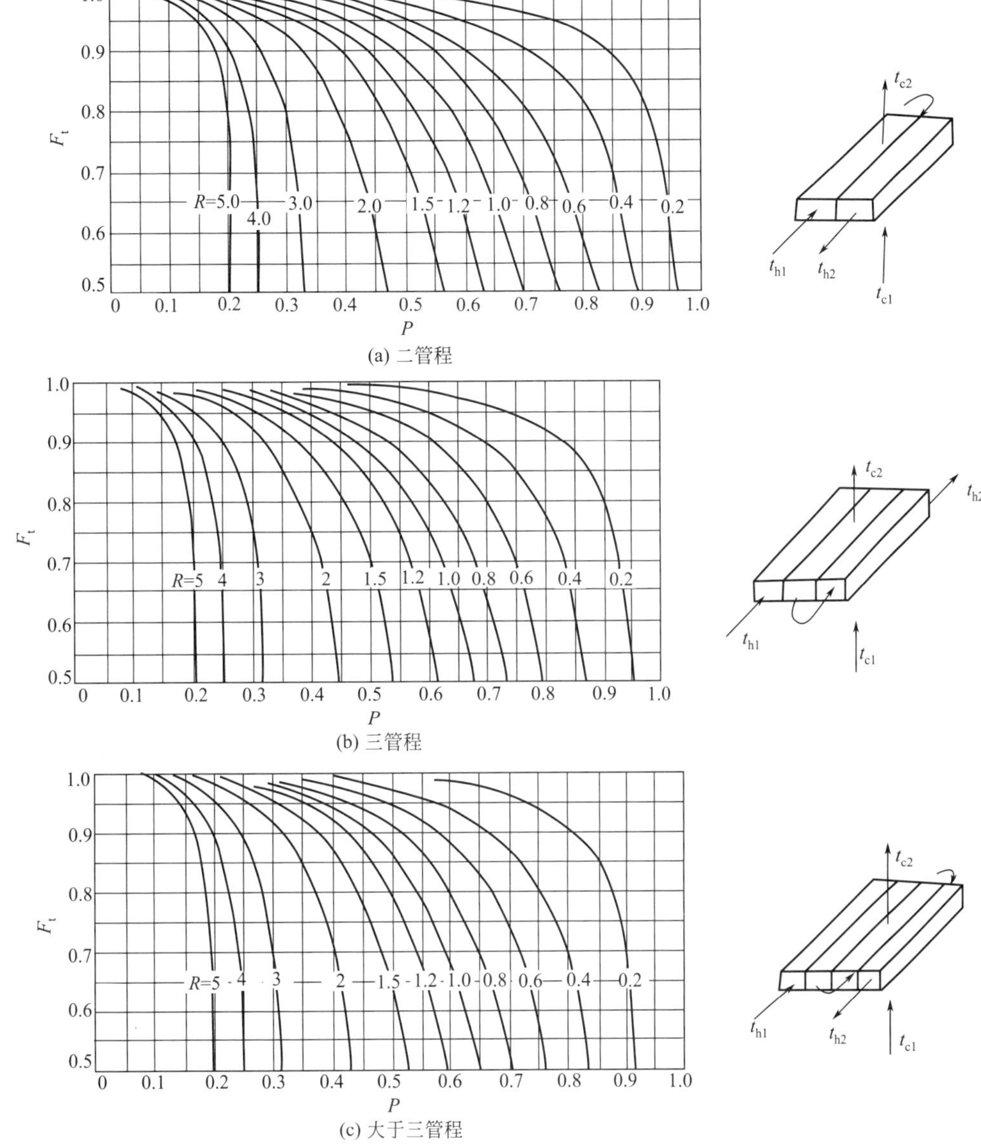

图 5-123 并列交叉流 F_t 算图

5.5.3 空冷器的设计

5.5.3.1 设计条件与基本参数

(1) 设计气温

指设计空冷器时选用的当地空气入口干球温度。设计气温的选取有以下几种方法。

① 保证每年不超过 5 天的最高气温，即其出现时间约占全年时间的 1.3%；

② 按当地最热月的日最高气温的月平均值加 3～4℃；

③ 7、8 月的日最高气温的月平均值，并乘以 1.10；

④ 不超过一年的最热三个月中或最热月期间日平均气温 5%时间的温度；

⑤ 假定一设计气温，一年中仅有 2%～5%时的温度超过该值；

⑥ 对高凝固点和高黏度介质，采用年平均气温。

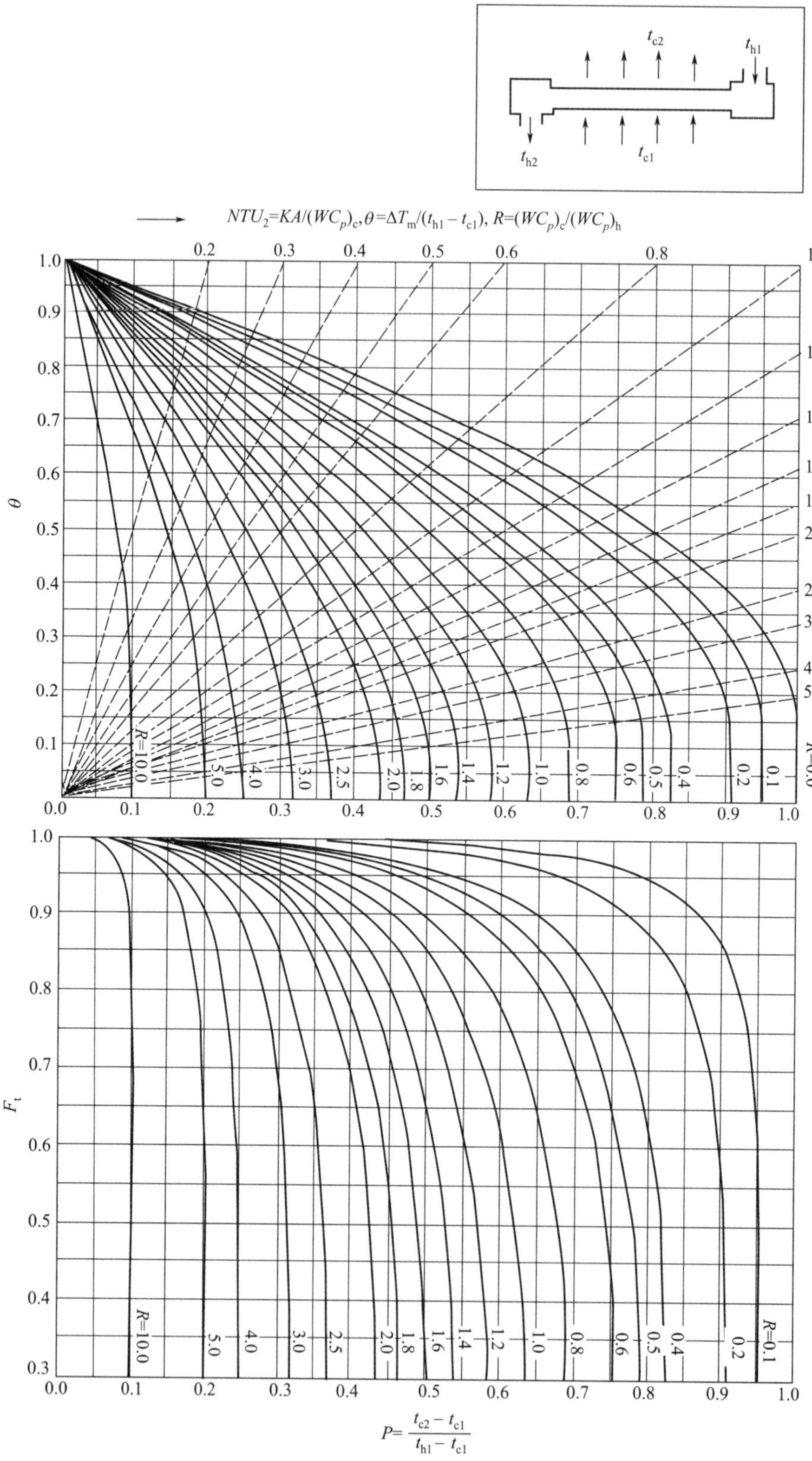

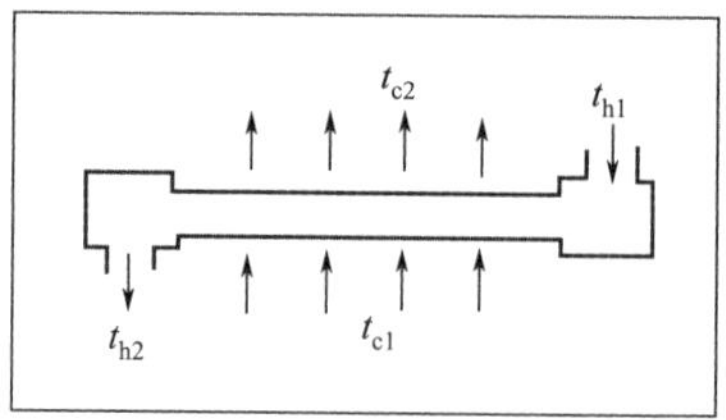

$NTU_2=KA/(WC_p)_c, \theta=\Delta T_m/(t_{h1}-t_{c1}), R=(WC_p)_c/(WC_p)_h$

$$P=\frac{t_{c2}-t_{c1}}{t_{h1}-t_{c1}}$$

(a) 单排管

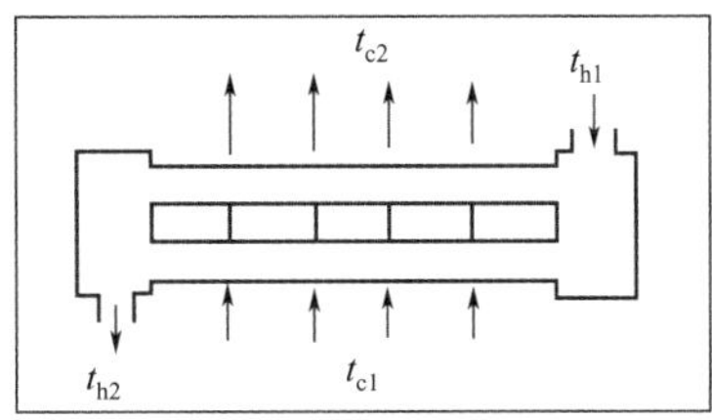

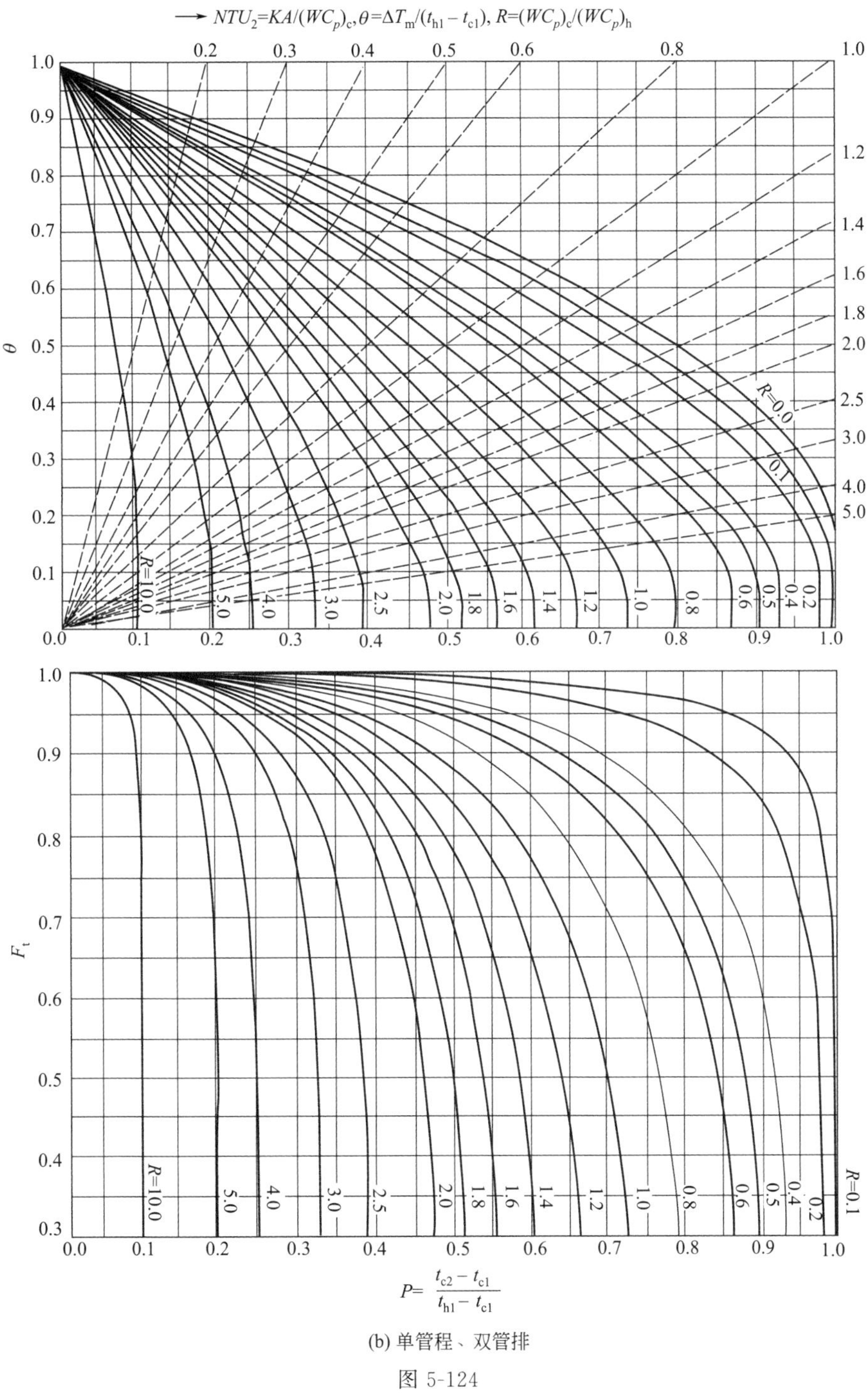

$\longrightarrow NTU_2=KA/(WC_p)_c, \theta=\Delta T_m/(t_{h1}-t_{c1}), R=(WC_p)_c/(WC_p)_h$

$$P=\frac{t_{c2}-t_{c1}}{t_{h1}-t_{c1}}$$

(b) 单管程、双管排

图 5-124

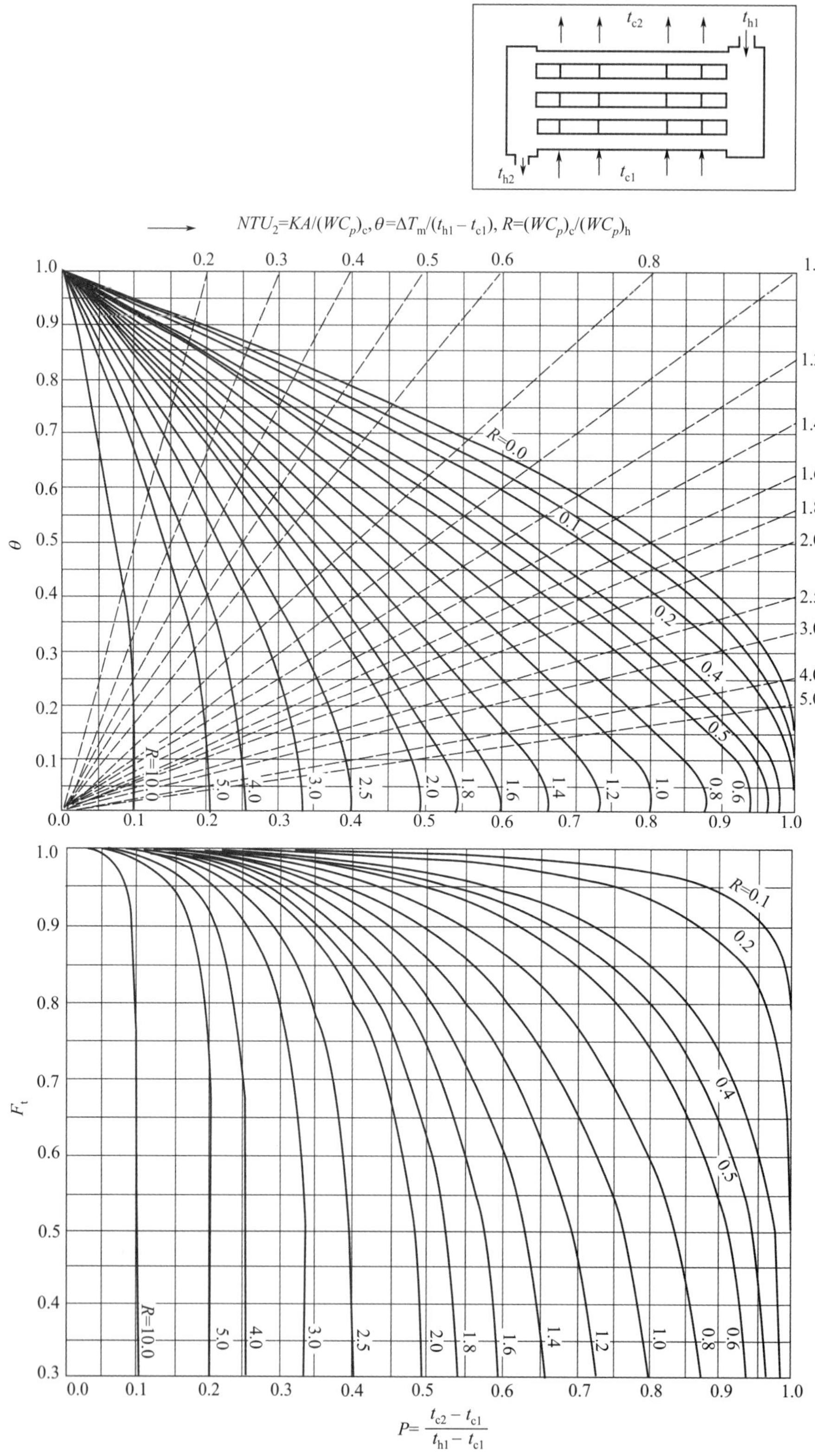

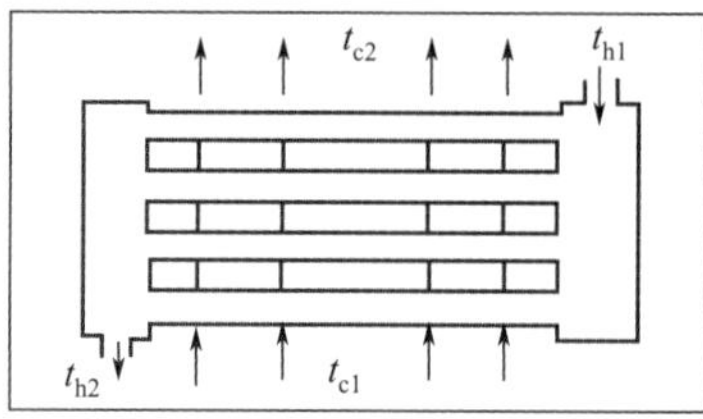

$NTU_2=KA/(WC_p)_c$, $\theta=\Delta T_m/(t_{h1}-t_{c1})$, $R=(WC_p)_c/(WC_p)_h$

$$P=\frac{t_{c2}-t_{c1}}{t_{h1}-t_{c1}}$$

(c) 单管程、四管排

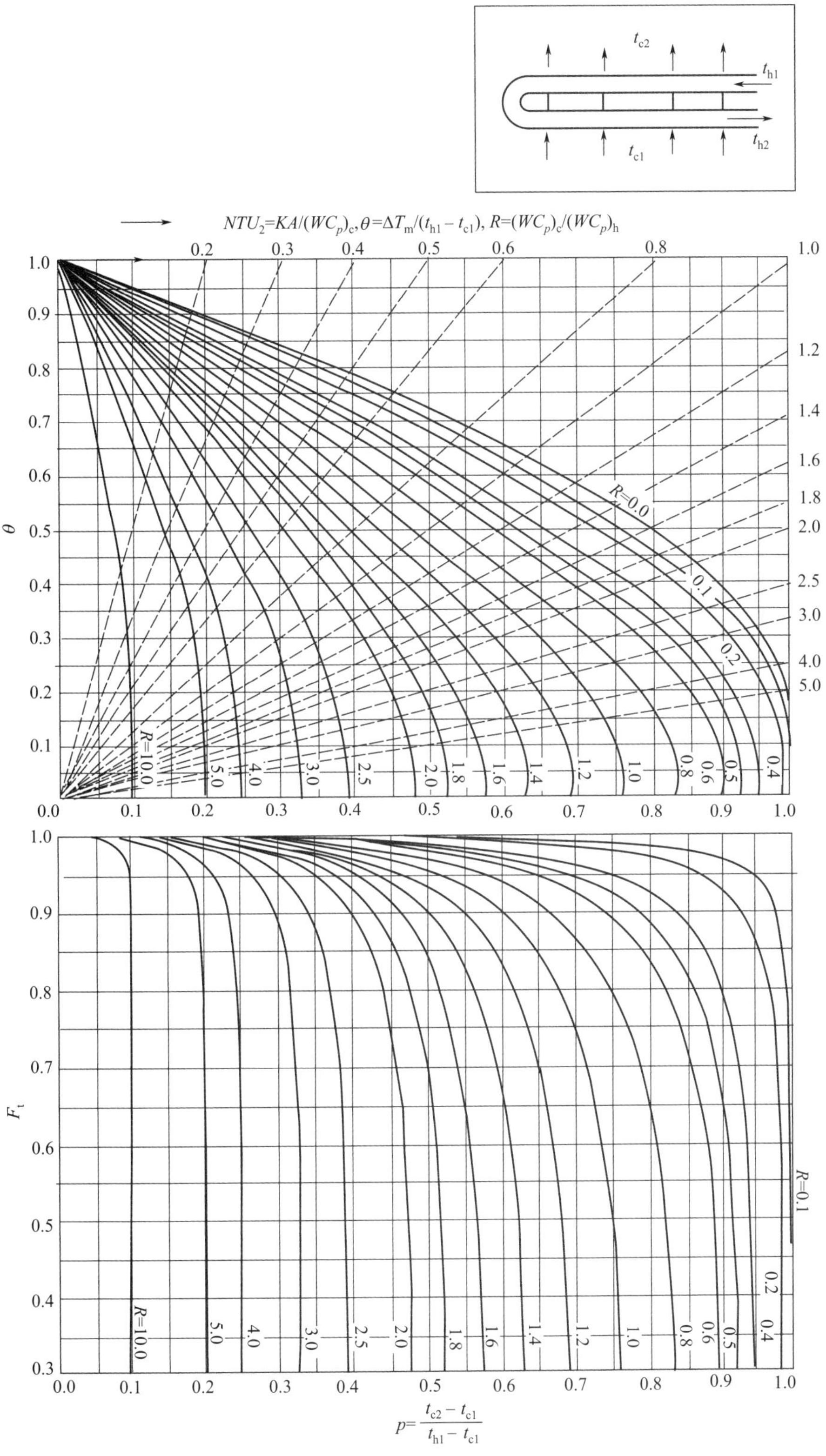

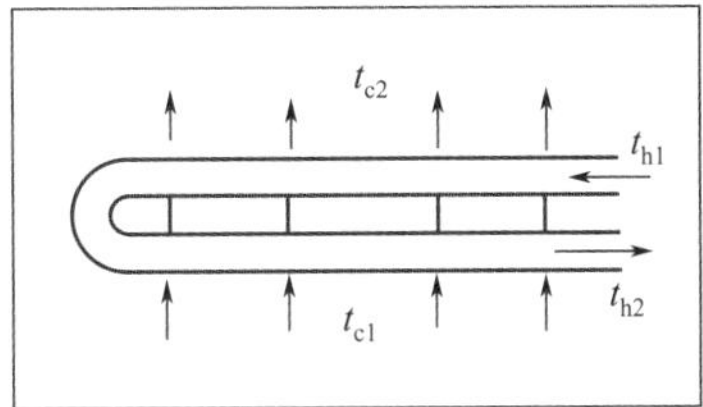

$NTU_2=KA/(WC_p)_c, \theta=\Delta T_m/(t_{h1}-t_{c1}), R=(WC_p)_c/(WC_p)_h$

$p=\dfrac{t_{c2}-t_{c1}}{t_{h1}-t_{c1}}$

(d) 双管程、二管排

图 5-124

t_{c2}
t_{h1}
t_{h2}
t_{c1}

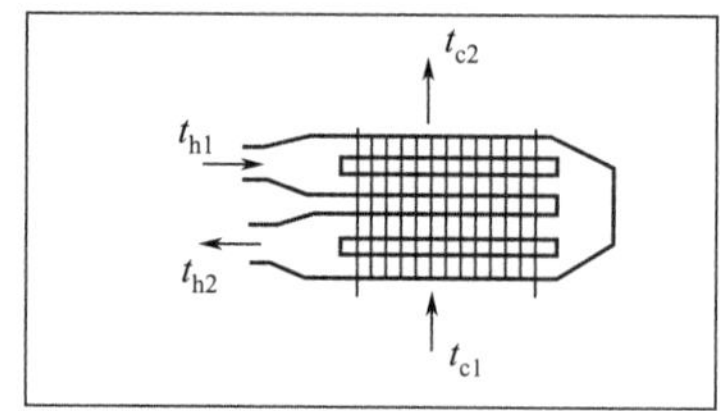

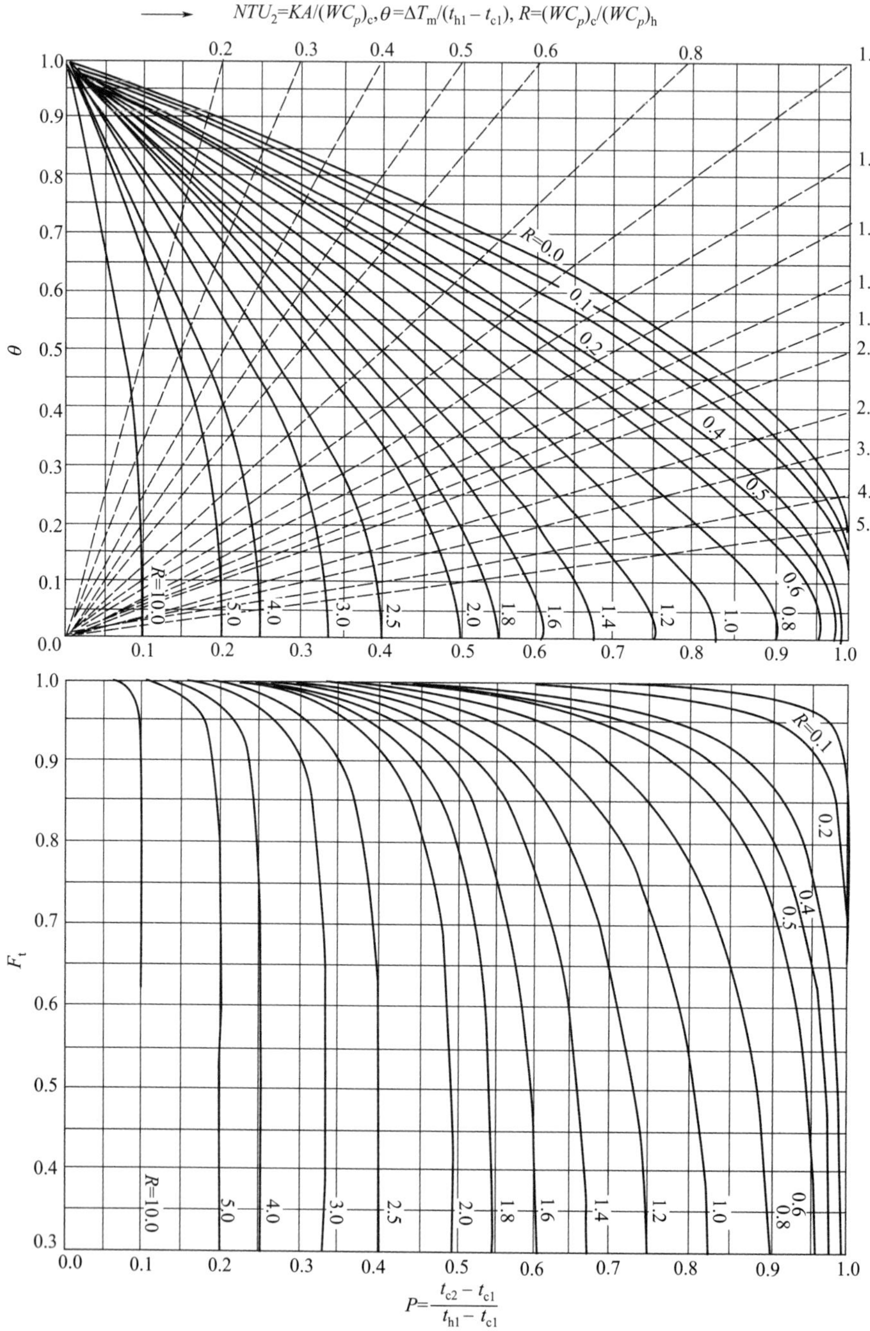

$NTU_2=KA/(WC_p)_c, \theta=\Delta T_m/(t_{h1}-t_{c1}), R=(WC_p)_c/(WC_p)_h$
θ
F_t
R=0.0
R=10.0
R=0.1
$P=\frac{t_{c2}-t_{c1}}{t_{h1}-t_{c1}}$

(e) 双管程、四管排

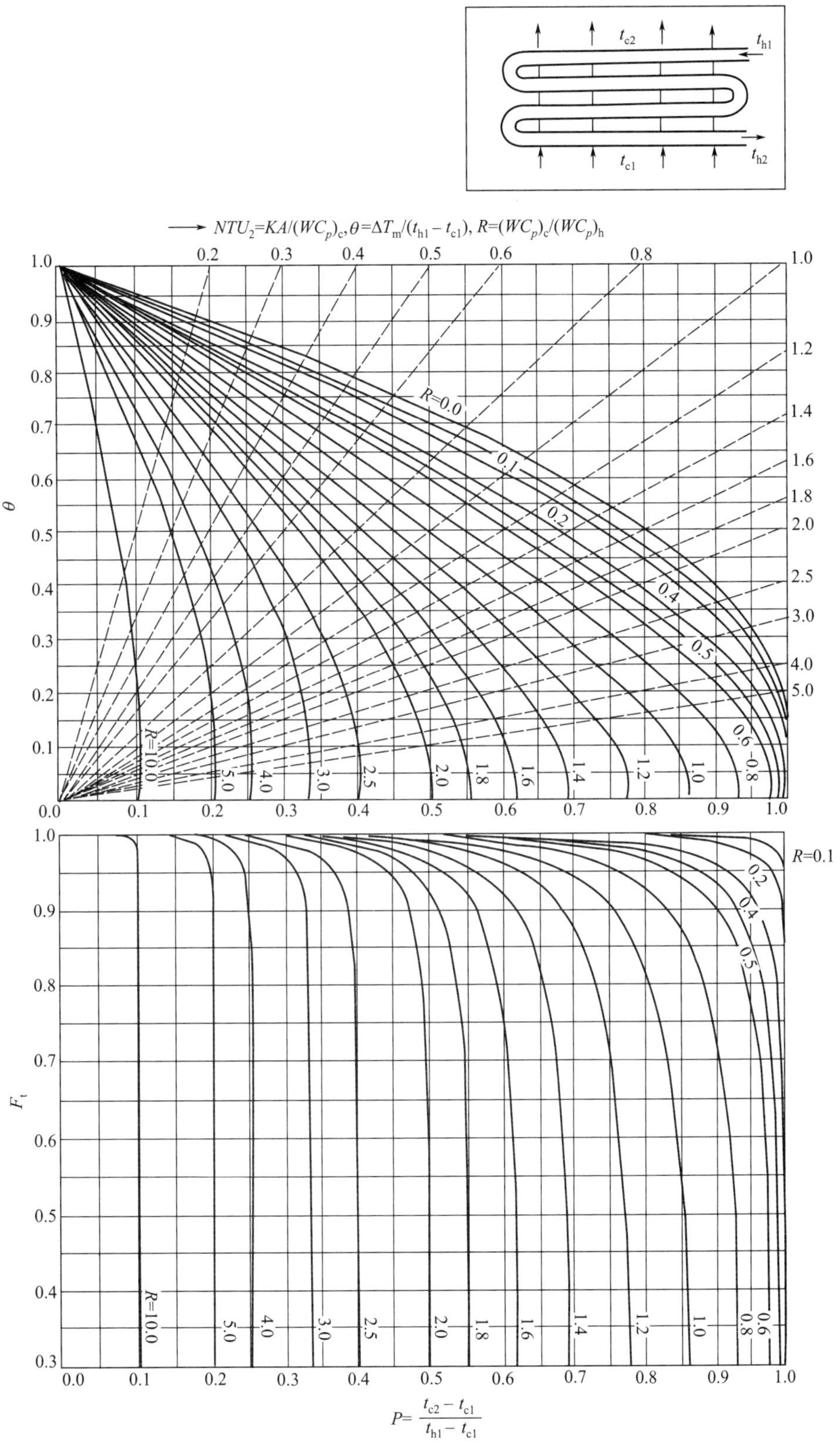

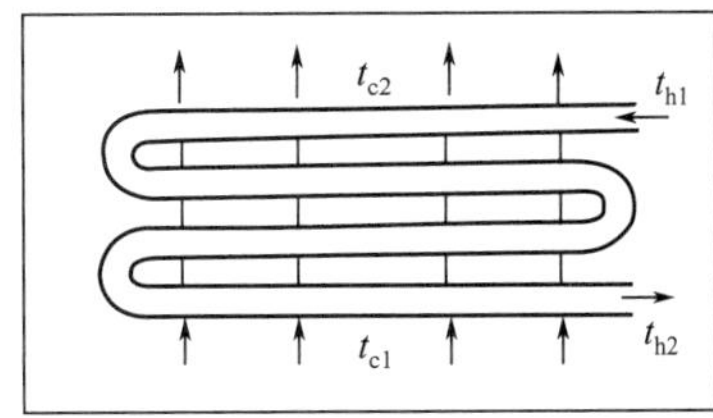

$\longrightarrow NTU_2=KA/(WC_p)_c, \theta=\Delta T_m/(t_{h1}-t_{c1}), R=(WC_p)_c/(WC_p)_h$

θ

F_t

$$P=\frac{t_{c2}-t_{c1}}{t_{h1}-t_{c1}}$$

(f) 四管程、四管排

图 5-124　逆向交叉流温差算图

可根据具体情况取上述方法之一，考虑到工艺和经济上的合理性及我国大多数地区的气候条件，取②和③大者就足够了。应参照各地具体气象资料确定。

（2）管内流体温度

① 入口温度。理论上热流体入口温度愈高，采用空冷愈经济，但入口温度超过200℃时，应考虑用其他换热器进行热量回收。目前使用的空冷器，其热流体入口温度一般在130℃以下。入口温度若低于70℃，可采用水冷。湿式空冷器的热流体入口温度以 60～80℃ 为宜，以避免喷淋水结垢。

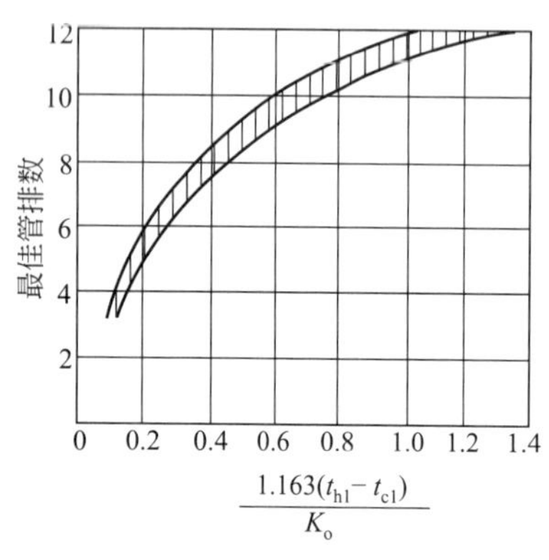

图 5-125　适宜管排数

② 出口温度。出口温度的选取是直接影响空冷器经济性的重要指标。热流体出口温度与设计气温之差称为接近温差（或接近温度）。一般条件下，对干式空冷器接近温度一般应大于15℃。若热流体出口温度不能满足要求，可考虑采用湿式空冷器。一般认为：热流体冷却至75℃，选用干空冷最经济；热流体冷至 75～65℃，选用干空冷或湿空冷均可；热流体冷至比湿球温度高 5～6℃，选用蒸发式湿空冷有利。

（3）管排数

管排数对空冷器的经济性影响较大，从经济上考虑，一般希望空气温升大于 15～20℃，增加管排数，空气温升增加，但压降也增加。合理管排数的选择可参考图 5-125 和表 5-67。图 5-125 中的 K_o 是以光管表面积为基准的总传热系数，W/(m^2·℃)。

表 5-67　管排数选取

类　　别	管排数	类　　别	管排数	类　　别	管排数
1. 冷却过程		塔底油品	4 或 8	水蒸气	4
轻烃类（汽、煤油等）	4 或 6	烟道气	4	轻烃类	4 或 6
轻柴油	4 或 6	汽缸冷却水	4	重整或加氢反应器出口气体	6
重柴油	4 或 6	2. 冷凝过程			
润滑油	6 或 8			塔底冷凝器	4 或 6

在实际设计中，管排数应灵活掌握，例如，当换热面积很小，可使用更少的管排数；而为了降低制造费用和占地面积，则可使用更多的管排数。

（4）迎风面空气流速

简称迎面风速。它是空气状态为20℃、101.3kPa 时，$\rho=1.2\mathrm{kg/m^3}$，比热容0.24kcal/(kg·℃)，在迎风面处的流速，用 u_{NF} m/s 表示。

$$u_{\mathrm{NF}}=v_{\mathrm{NF}}/S_{\mathrm{F}} \tag{5-310}$$

式中　v_{NF}——20℃、101.3kPa 时空气流量，m^3/s；

S_{F}——管束迎风面积，m^2（式 5-277）。

迎面风速低，传热效果差，否则空气压降大，能耗高。一般取 u_{NF} 在 1.4～3.4m/s 之间，管排少时取上限，管排多时取下限。对鼓风式空冷器，推荐采用表 5-68 的值；对引风式，因风机抽出温度较高，从节省动力考虑，一般采用较低迎面风速。

表 5-68 典型的迎面风速值

项目 \ 管排数	2	3	4	5	6	7	8	9	10	12
$(A_o/S_F)/(m^2/m^2)$高翅①②	2.53	3.8	5.06	6.32	7.60	8.84	10.1	11.36	12.63	15.20
低翅	2.90	5.0	5.8		8.74		11.6		14.5	
$u_{NF}/(m/s)$高翅[15]		3.16	3.00	2.83	2.75	2.58	2.50	2.33	2.25	
低翅[15]	3.15		2.80		2.50		2.30		2.15	
高翅[25]		3.60	3.30	3.00	2.80	2.70	2.60	2.50	2.40	2.20
湿式空冷	2.7～2.8	2.5～2.6	2.3～2.4							

① $d_o=25$mm 圆翅片管，三角形排列，高翅 $p_t=62$mm，$d_f=57$mm，$p_f=3.0$mm；低翅 $p_t=54$mm，$d_f=50$mm。

② A_o/S_F＝光管表面积/迎风面积＝$\pi d_o n_2/p_f$。

(5) 高低翅片的选择

管内给热系数 $\alpha_i>2000$W/(m^2·℃)时，可采用高翅片；$\alpha_i=1160\sim2000$W/(m^2·℃)时，采用高低翅片均可；$\alpha_i=110\sim1160$W/(m^2·℃)时，采用低翅片；$\alpha_i<110$W/(m^2·℃)时，用光管（或在管内采用强化措施）。对高凝固点流体或寒冷地区，为避免流体凝固或冻结，亦宜采用光管或低翅化比的翅片管。

(6) 管程数的选择

主要取决于管程允许压降及热流体温度变化范围。管程数增加，则管内流速增加。对冷却过程，管内液体流速在0.5～1m/s，气体质量流速为5～10kg/(m^2·s)；对冷凝过程或温差校正系数 $F_t<0.8$ 时，应考虑采用双管程或多管程。

5.5.3.2　设计步骤与示例

空冷器的设计包括总体方案确定、选型及估算和详算三个步骤，其间也需要反复试差或修改方案。

(1) 设计步骤

① 总体方案确定。根据工艺要求、场地情况、环境气温变化资料及环保等要求，选择水冷或空冷，选定空冷器型式及其组合方式（干式与湿式的组合，水冷与空冷的组合等）。

② 估算。计算热负荷 Q→选定设计气温 t_{c1}（对湿式空冷或联合空冷，应选定干球温度 t_{c1} 与湿球温度 t_{w1}）→按表 5-22 选取总传热系数 K_o→选取翅片管型式、管束布置尺寸及 A_o/S_F 值→按管内流速选取管程数 N_p→选取适宜管排数 n_2→选取迎面风速 u_{NF}→试差求出空冷器出口气温及所需的光管面积 A_o，过程如下：

$$\left.\begin{array}{l}\text{选定}t_{c2}\rightarrow\Delta T_{lm}\rightarrow\Delta T_m\xrightarrow{K_o}A_o\\ \qquad\hookrightarrow\text{确定定性温度及物性}\\ \xrightarrow{u_{NF}}\text{按空气侧热衡算求}S_F\rightarrow A_o'\end{array}\right\}\text{若}A_o\neq A_o'\text{重设}t_{c2}$$

③ 详算。计算 α_i→选 r_{fi}，计算α_i'→计算 α_f→选择 r_{fo}，计算α_f'→计算 η_f→计算 r_f、R_f→计算 r_g、R_g→计算 K_o→计算 ΔT_{lm}→ΔT_{cm}→A_o（如与估算不符，改变参数重算，一般应有5%以上的裕度）→校核允许压降 Δp。

为减少空气出口温度 t_{c2} 试差的工作量，对常用翅片管（见表 5-61），也可利用图 5-126 和图 5-127 直接求出所需迎风面积 S_F 及光管表面积 A_o。图 5-126 是管内为单相流体时，单程错流（用左下方坐标值）或全逆流（用右上方坐标值）条件下的算图，横坐标中的 t_{h1}、t_{h2} 为热流体进出口温度，t_{c1} 为空气进口温度，参变量 $\frac{K_o A_o/S_F}{1207u_{NF}}$ 均按估算步骤选定，纵坐标 $\frac{1207u_{NF}S_F}{(WC_p)_h}$ 中，如热流体的热容流量 $(WC_p)_h$、迎风面流速 u_{NF} 已知即可求出 S_F，然后由已选定翅片管束的 A_o/S_F 直接求出 A_o 值。图 5-127 是管内为蒸气冷凝时的算图，故横坐标使用

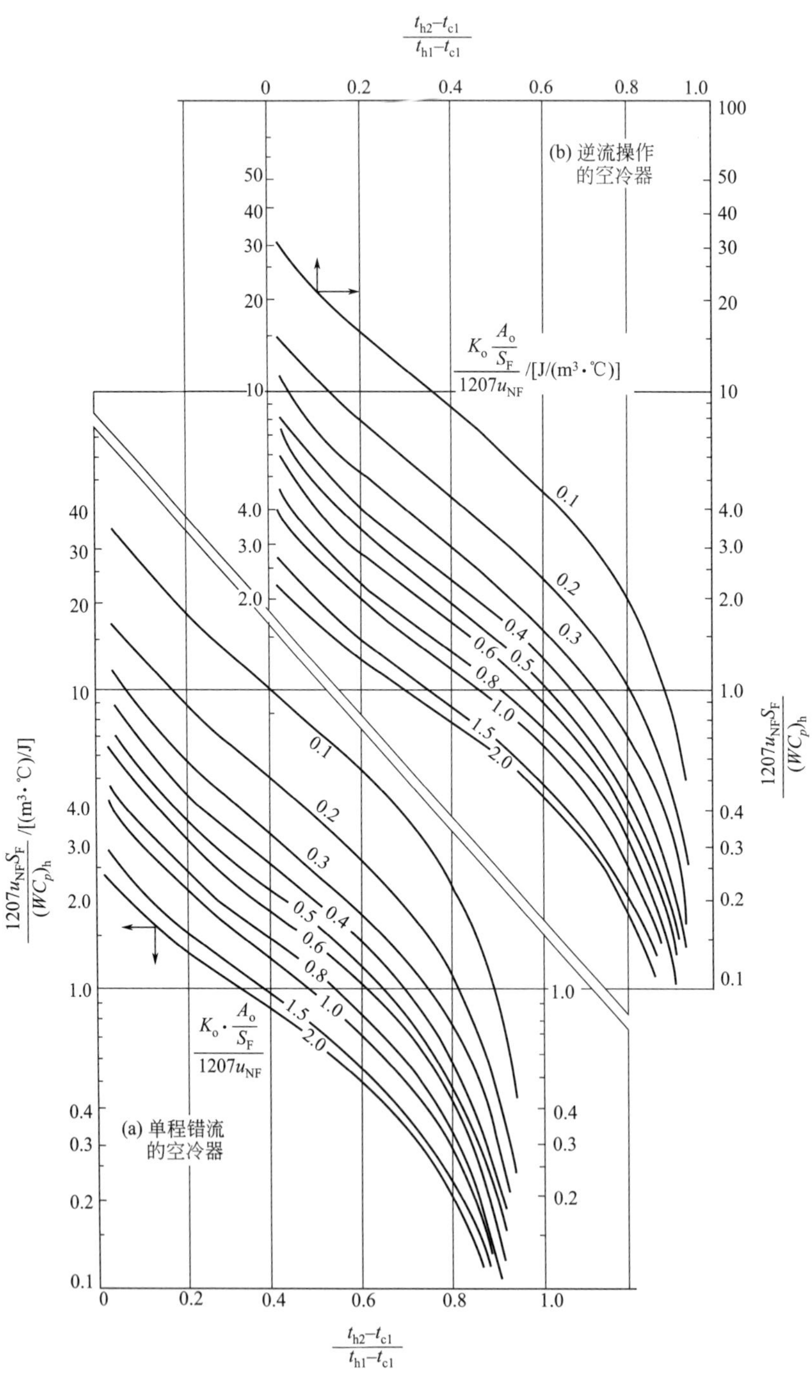

图 5-126 空冷器传热估算

(a) 单程错流，两种流体均不混合；(b) 全逆流（用上方，右方坐标）

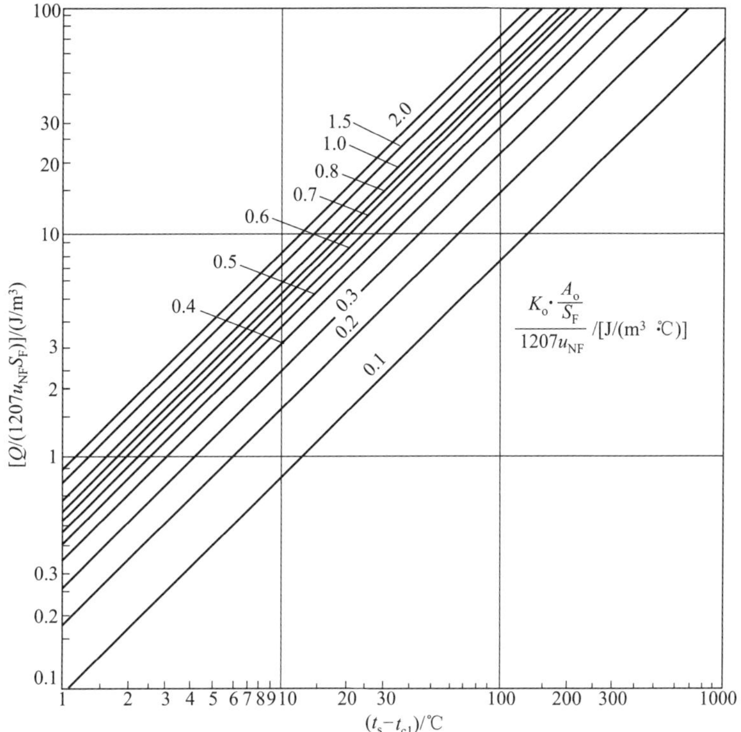

图 5-127　蒸气冷凝的空冷器传热估算

$t_s - t_{c1}$，t_s 为冷凝温度，参变量同图 5-126，纵坐标为 $\frac{Q}{1207u_{NF}S_F}$，Q 为总热负荷，W，$u_{NF}S_F$ 即为标定状态（20℃、101.3kPa）下的空气体积流量，m^3/s。

（2）计算示例

【例 5-13】　馏程 130～230℃、相对密度 $d_4^{20}=0.776$ 的航空煤油，处理量为 34000kg/h，从 165℃冷却至 55℃。设计气温取为 35℃，选用合适空冷器。

解　① 接近温差

$t_{h2} - t_{c1} = 55 - 35 = 20℃ > 15℃$，所以选用空冷器是合适的。

② 估算

航空煤油定性温度　$t_{hm} = \frac{165+55}{2} = 110℃$，该温度下物性：

$$\rho = 722\text{kg/m}^3, \qquad \mu = 0.510 \times 10^{-3}\text{Pa}\cdot\text{s}$$

$$C_p = 2.306\text{kJ/(kg}\cdot℃),\lambda = 0.140\text{W/(m}\cdot℃)$$

a. 热负荷

$$Q = 34000 \times 2.306 \times (165 - 55) = 8.63 \times 10^6 \text{kJ/h}$$

b. 设计气温已选定为 35℃；

c. 由表5-22 取总传热系数 $K_o = 380\text{W/(m}^2\cdot℃)$；

d. 由图 5-125 选取管排数，$1.163\,\frac{t_{h1} - t_{c1}}{K_o} = 1.163\,\frac{165-35}{380} = 0.398$，查得适宜管排数为 7，参照表 5-66 选 6 排管。管内煤油给热系数估计在 1100～2000W/(m²·℃)之间，拟选用低

翅片管。由表 5-67，因管排数较多，迎面风速取其较低值，初选 $u_{NF}=2.5m/s$，对应的 $A_o/S_F=8.74$（$A_o/S_F\cong\frac{\pi d_o}{p_t}n_2=\frac{\pi\times25}{54}\times6=8.73$）。

e. 试差计算空冷器出口温度。设出口温度为 70℃，温升 $t_{c2}-t_{c1}=70-35=35$℃，空气定性温度 $t_{cm}=\frac{70+35}{2}=52.5$℃，空气在 30～80℃间 $C_p=1.017\times kJ/(kg\cdot℃)$，101.3kPa，20℃时，空气的$\rho_N=1.164kg/m^3$，则

$$Q=3600S_Fu_{NF}\rho_NC_p(t_{c2}-t_{c1})$$

则

$$S_F=\frac{Q}{3600u_{NF}\rho_NC_p(t_{c2}-t_{c1})}$$

$$=\frac{8.63\times10^6}{3600\times2.5\times1.164\times1.017\times35}m^2=23.1m^2$$

$$A_o'=8.74S_F=8.74\times23.1=202m^2$$

$$\Delta T_{lm}=\frac{(165-70)-(55-35)}{\ln\frac{165-70}{55-35}}℃=48.1℃$$

$$A_o=\frac{Q}{K_o\Delta T_{lm}}=\frac{8.63\times10^6\times10^3}{3600\times380\times48.1}m^2=131m^2$$

A_o 与 A_o'不相符，故所设出口温度不合适，应重新试算。试差结果列表如下。

空气出口温升$(t_{c2}-t_{c1})$/℃	30	40	45	50
S_F/m^2	23.1	20.3	18.0	16.2
$A_o'=8.74S_F/m^2$	202	177	157	142
ΔT_{lm}/℃	48.1	46.5	44.9	43.3
$A_o=Q/K_o\Delta T_{lm}/m^2$	131	136	140	146

由计算结果知，应取空气出口温度为 85℃，估算换热面积为 $146m^2$。

如利用图 5-126（b）估算，$\frac{t_{h2}-t_{c1}}{t_{h1}-t_{c1}}=\frac{55-35}{165-35}=0.154$，$\frac{K_oA_o/S_F}{1207u_{NF}}=\frac{380\times8.74}{1207\times2.5}=1.1$，求得$\frac{1207u_{NF}S_F}{(WC_p)_h}=2.2$，$S_F=\frac{34000\times2306\times2.2}{1207\times2.5\times3600}=15.9m^2$，$A_o=15.9\times8.74=140m^2$。

③ 选型

按表 5-59 及表 5-60，根据估算面积选用 GP9×2-6-144.2-1.6K$_1$-17.3/G 型管束一片。管长 9m，管束宽 2m，管排数 $n_2=6$，光管外径 25mm，内径 20mm，光管总面积 $A_o=144.2m^2$，管子总数 $N_t=204$ 根，取“G”型翅片管，鼓风式，等边三角形排列，管心距 54mm，翅化比 17.3，$S_{min}/S_F=0.437$，基管材料选用普通碳钢，$\lambda_w=45W/(m\cdot℃)$，翅片材料为铝 $\lambda_f=200W/(m\cdot℃)$。按式(5-279a)，$S_F=9.0\times(2.0-0.05)=17.55m^2$，则 $S_{min}=0.437\times17.55=7.67m^2$。

实际迎面风速 u_{NF}取 2.5m/s，由热量衡算式 $Q=3600S_Fu_{NF}\rho_NC_p(t_{c2}-35)$，空气实际出口温度$t_{c2}=\frac{8.63\times10^6}{3600\times17.55\times2.5\times1.164\times1.017}+35=81.2$℃，可不再调整。

管程数的选择：设管内煤油流速 $u_i=1m/s$，

则 $$W_i=\frac{\frac{\pi}{4}d_i^2u_iN_t\rho_i}{N_p}$$

则 $$N_p=\frac{3600\times0.785\times0.02^2\times1\times204\times722}{34000}=4.9$$

根据管排数，取 6 管程，采用逆向交叉流，每程 34 根管（$n_1=34$）。此时

$$u_i=\frac{34000}{3600\times0.785\times0.02^2\times34\times722}\text{m/s}=1.225\text{m/s}$$

④ 详算

a. 管内煤油给热系数

$$Re_i=\frac{0.02\times722\times1.225}{0.510\times10^{-3}}=3.47\times10^4$$

$$Pr_i=\frac{2.306\times0.510}{0.140}=8.40$$

由式(5-24)，流体被冷却，故取

$$\alpha_i=0.023\frac{\lambda_i}{d_i}Re_i^{0.8}Pr_i^{0.3}$$

$$=0.023\times\frac{0.140}{0.02}\times(3.47\times10^4)^{0.8}\times8.40^{0.3}\text{W/(m}^2\cdot℃)=1307\text{W/(m}^2\cdot℃)$$

b. 由表 5-14，考虑航空煤油质量优于普通煤油，取管内煤油污垢热阻 $r_{fi}=2.5\times10^{-4}(\text{m}^2\cdot℃)/\text{W}$，

$$\alpha_i'=1/\left(\frac{1}{\alpha_i}+r_{fi}\right)=1/\left(\frac{1}{1307}+2.5\times10^{-4}\right)\text{W/(m}^2\cdot℃)=985\ \text{W/(m}^2\cdot℃)$$

管外空气污垢热阻忽略不计，即 $R_{fo}=0$。

管壁热阻：钢管壁$\frac{\delta_w}{\lambda_w}\times\frac{d_o}{d_{m1}}=\frac{0.0025\times0.025}{45\times0.0225}=6.0\times10^{-5}(\text{m}^2\cdot℃)/\text{W}$，翅片根部热阻忽略，$\frac{\delta_{wf}}{\lambda_f}\times\frac{d_o}{d_{m2}}=0$。

c. 管外空气给热系数

对低翅管，由式(5-298)，因采用鼓风式，$\Phi=1$，

$$\alpha_o=412u_{NF}^{0.718}\phi=412\times2.5^{0.718}\text{W/(m}^2\cdot℃)=795\text{W/(m}^2\cdot℃)$$

d. 计算翅片热阻

由式(5-281b)，且有 $R_{fo}=0$，翅化比$\frac{\Sigma A}{A_o}=17.3$，有 $\alpha_f'=1/\left[\left(\frac{1}{\alpha_o}+R_{fo}\right)\times\frac{\Sigma A}{A_o}\right]=\alpha_o\frac{A_o}{\Sigma A}=\frac{795}{17.3}=46.0\text{W/(m}^2\cdot℃)$，由图 5-117 查得 $r_f=0.00180\times0.86=1.55\times10^{-3}(\text{m}^2\cdot℃)/\text{W}$，则 $R_f=r_f\frac{A_o}{\Sigma A}=\frac{1.55\times10^{-3}}{17.3}=8.96\times10^{-5}(\text{m}^2\cdot℃)/\text{W}$。

因采用“G”型（镶嵌型）翅片管，接触热阻 $R_g=0$

e. 总传热系数

由式(5-280)

$$\frac{1}{K_o}=\frac{1}{\alpha_o}+R_{fo}+R_f+R_g+\frac{\delta_{wf}}{\lambda_f}\times\frac{A_o}{A_{m2}}+\frac{\delta_w}{\lambda_w}\frac{A_o}{A_{m1}}+\left(r_i+\frac{1}{\alpha_i}\right)\frac{A_o}{A_i}$$

$$=\frac{1}{795}+(8.96+6.0)\times10^{-5}+\frac{1}{985}\times\frac{25}{20}$$

$K_o=374\text{W}/(\text{m}^2\cdot℃)$

f. 有效平均温差

$$\Delta T_{lm}=\frac{(165-81.2)-(55-35)}{\ln\frac{165-81.2}{55-35}}℃=44.5℃$$

$$P=\frac{t_{c2}-t_{c1}}{t_{h1}-t_{c1}}=\frac{81.2-35}{165-35}=0.355$$

$$R=\frac{t_{h1}-t_{h2}}{t_{c2}-t_{c1}}=\frac{165-55}{81.2-35}=2.38$$

由图 5-124f 查得 $F_t\cong1$，所以

$$\Delta T_m=\Delta T_{lm}=44.5℃$$

g. 总传热面积

$$A_o=\frac{Q}{K_o\Delta T_m}=\frac{8.63\times10^6\times10^3}{3600\times374\times44.5}\text{m}^2=144\text{m}^2$$

结果与所选空冷器换热面积相符，但裕度不够，可适当提高 u_{NF} 值，取 $u_{NF}=2.7\text{m/s}$，得 $t_{c2}=77.7℃$，$\Delta T_m=45.7℃$，$\alpha_o=840.6\text{W}/(\text{m}^2\cdot℃)$，$K_o=383\text{W}/(\text{m}^2\cdot℃)$，$A_o=137\text{m}^2$。所选换热面积与计算换热面积相比：裕度$=\frac{144.2-137}{137}=5.2\%$。因此所选空冷器合适。

h. 压降

由式(5-303a)，$f=97Re^{-0.496}$

空气在 $t_{cm}=\frac{77.7+35}{2}=56.4℃$时物性为

$\rho=1.06\ \text{kg/m}^3$，　　$\mu=2.01\times10^{-5}\ \text{Pa}\cdot\text{s}$

$C_p=1.005\ \text{kJ}/(\text{kg}\cdot℃)$　　$\lambda=2.896\times10^{-2}\ \text{W}/(\text{m}\cdot℃)$

由表 5-59，$S_{min}/S_F=0.437$

$$G_{max}=\frac{S_F u_{NF}\rho_N}{S_{min}}=\frac{2.7\times1.164}{0.437}\text{kg}/(\text{m}^2\cdot\text{s})=7.19\text{kg}/(\text{m}^2\cdot\text{s})$$

$$Re=\frac{d_oG_{max}}{\mu}=\frac{0.025\times7.19}{2.01\times10^{-5}}=8943$$

$$f=97\times8943^{-0.496}=1.064$$

$$\Delta p=fn_2\frac{G_{max}^2}{2\rho}\text{Pa}=1.064\times6\times\frac{7.19^2}{2\times1.06}\text{Pa}=155.7\text{Pa}$$

风机选择从略。

5.5.4 湿式空冷器的计算要点

5.5.4.1 湿式空冷器的使用

在空冷器翅片管表面喷洒水雾，由于水的部分汽化，既直接降低了作为主要冷源的空气的进口温度，也直接带走了部分工艺介质的热量，增加了传热温差，并大大提高了翅片管表面的

给热系数与总传热系数。

湿式空冷器主要用于下列两种情况。

(1) 与干空冷联合使用

由干式空冷将高温工艺介质冷却（或冷凝）至适当温度，然后由湿式空冷继续将工艺介质冷却至接近环境温度。为避免水的蒸发结垢，除对水质有一定要求（见 5.5.1）以外，进入湿式空冷的介质温度以 60～80℃为宜。

(2) 作为干式空冷的一种辅助调节措施

当环境气温过高，干式空冷无法达到冷却要求时，开启喷水系统。这时需要确定一个合适的界限温度 t_{cr}，当环境气温在界限温度以下时，按干式工况运行，超过 t_{cr} 即进入湿式工况。界限温度与系统的操作经济性有关，设定 t_{cr} 过低，将使耗水量与操作费用增加；而 t_{cr} 过高，则会增加传热面积和建设投资。在我国条件下，t_{cr} 一般在 20～28℃之间，可按下式计算。

$$t_{cr}=t_{h1}-\left[\frac{\frac{Q}{(WC_p)_c}-t_{h2}e^m}{1-e^m}\right] \tag{5-311}$$

$$m=\frac{t_{h1}-t_{h2}\frac{Q}{(WC_p)_c}}{\frac{Q}{K_oA_o}} \tag{5-312}$$

式中　Q——设计热负荷，W；

$(WC_p)_c$——干式工况下空气在界限温度时的热容流率，W/℃；

K_o——干式工况下以光管表面积为基准的总传热系数，W/(m^2·℃)；

A_o——光管（基管）传热表面积，m^2。

由式(5-311) 可见，t_{cr} 值的确定应在干式空冷计算完成以后，再进行校核。

5.5.4.2　湿式空冷器的喷水措施

在干式空冷器的迎风面上，适当布置一些冷却水喷嘴，就成为湿式空冷（见图 5-110）。水的喷淋量越大，给热系数越高。但用水量加大，空气的流动阻力也相应增加，因此喷淋强度 G_{LF}（定义为：单位迎风面积单位时间的喷水量）是一个重要指标。管排数 n_2 愈多，要求喷淋强度增加，同时，迎面风速 u_{NF} 也相应减少。

冷却水喷嘴是湿式空冷器的基本元件，对喷嘴的要求是：喷水量大，雾化效果好，雾化喷射角大，能覆盖较大面积并保持足够的喷淋强度，不易堵塞。国产湿式空冷专用喷嘴，其出口孔径 ϕ1.6mm 左右，布置在第一排翅片管上方约 550mm 处，按三角形排列均布在迎风面外侧，每 m^2 迎风面约布置 4 个喷嘴。喷嘴的喷水量随水压升高而增加，在一定范围内可利用水压变化来调节水量。

表 5-69 为 n_2=2、4、6 排时，可选用的喷淋强度 G_{LF}、喷嘴压力、单个喷嘴喷水量及迎面风速 u_{NF} 的经验值，可供参考。水的消耗量约为喷水量的 20%。

表 5-69　湿式空冷器中喷水条件的一些经验值

管　排　数　n_2	2	4	6
喷淋强度 G'_{LF}/[kg/(m^2·h)]	120～150	150～200	180～220
喷嘴压力(表)/kPa	250～300	350～450	450～500
喷嘴水量/(kg/h)	30～40	40～50	50～60
迎面风速 u_{NF}/(m/s)	2.7～2.8	2.5～2.6	2.3～2.4

5.5.4.3 湿式空冷器的有关计算关系

在计算前，应根据设计气温 t_{co} 及湿度，确定对应的干球温度 t_{c1}、湿球温度 t_{w1} 和露点温度 t_{D1}，进行估算得出传热面积及布置尺寸后，再进行校核计算，其步骤与干式空冷计算类似。

（1）估算时用到的关系

① 估算湿式空冷器空气的实际入口温度 t'_{c1}

$$t'_{c1}=t_{co}-0.8(t_{c1}-t_{w1}) \tag{5-313}$$

② 估算湿空气出口温度 t_{c2}

$$t_{c2}=t'_{c1}+\Delta_c \tag{5-314}$$

式中，Δ_c 为湿空气的温升，可按表 5-69 估计。表中，t_{hm} 为工艺介质的平均温度，℃。

③ 估算湿式空冷的总传热系数

$$K=K_o\varphi \tag{5-315}$$

式中 K_o——干式空冷的总传热系数，W/(m²·℃)；

φ——校正因子，由表 5-70 选用。

表 5-70 湿空气温升 Δ_c，℃与传热系数校正因子 φ 的经验值

被冷却介质 \ t_{hm}/℃	40	50	60	90	传热系数校正因子 φ
油品冷却	2	3	4	5	1.1～1.2
油气冷凝	3	4	5	6	1.3～1.4
水 冷 却	5	7	10	15	1.5～1.6
水汽冷凝	6	8	10	16	1.6～1.8

（2）校核计算时用到的关系

① 计算实际空气进口温度 t'_{c1} 和出口温度 t_{c2}

$$t'_{c1}=t_{c1}-\left(1.04-\frac{175}{G_{LF}\ln G_{LF}}\right)(t_{c1}-t_{w1})^{0.94} \tag{5-313a}$$

$$t_{c2}=t_{c1}+\frac{Q}{(WC_p)_c}\varepsilon \tag{5-314a}$$

$$\varepsilon=(2.55+0.15n_2)\psi G_{LF}^{-0.54}\Theta^{0.35} \tag{5-316}$$

式中 G_{LF}——按迎风面积 S_F 计算的喷淋强度，$G_{LF}=\dfrac{W_L}{S_F}$，kg/(m²·h)；

$(WC_p)_c$——进口温度下的空气热容流率，J/℃；

W_L——喷淋水量，kg/h；

n_2——迎风面风向上的管排数；

ψ——翅片系数，对表 5-61 中的高翅片 $\psi=1$；低翅片 $\psi=0.9$；

Θ——无量纲温度校正因子；

$$\Theta=\frac{t_w-t'_{c1}}{t'_{c1}-t_{D1}} \tag{5-317}$$

t'_{c1}——空气实际进口温度，℃；

t_{D1}——环境空气的露点温度，℃；

t_w——光管表面平均温度，℃。

$$t_w = t_{hm} - q\left(\frac{1}{\alpha_i}\times\frac{d_o}{d_i}+\frac{\delta_w}{\lambda_w}\times\frac{d_o}{d_m}+r_{fi}\frac{d_o}{d_i}\right) \tag{5-318}$$

t_{hm}——高温流体的平均温度,℃;

q——平均热流强度,$q=Q/A_o$,W/m²。

② 计算翅片侧对流给热系数(以光管外表面积为基准)

$$\alpha_o = 90.74\psi G_c^{0.05+0.08n_2} G_{LF}^{0.77-0.035n_2} \Theta^{-0.35}, \mathrm{W/(m^2 \cdot ℃)} \tag{5-319}$$

式中 G_c——空气在迎风面处的质量流速,kg/(m²·s);

G_{LF}——水在迎风面处的喷淋强度,kg/(m²·h)。

③ 计算空气通过管排的压降

$$\Delta p = 2.16 n_2 G_{LF}^{0.12} G_c^{1.34} \Phi';\ \mathrm{Pa} \tag{5-320}$$

式中 Φ'——翅片校正因子,对表 5-61 中高翅片 $\Phi'=1.0$;对低翅片 $\Phi'=1.25$。

式(5-331a)~式(5-320)的应用条件:限于表 5-61 的两种翅片管、$\Theta<20$、$G_{LF}=80\sim370$kg/(m²·h)、$G_c=1.5\sim5$kg/(m²·s)。

5.6 其他管式换热器

本节涉及的换热器包括套管式、浸没式蛇管、喷淋式和热管换热器。这些换热器大多使用圆管作为传热面,为提高换热效率或减少换热面积,亦可在热阻较高而污垢影响又不严重的一侧加上翅片。热管换热器是最新发展起来的、利用另一中间介质在冷热流体之间循环发生相变,以实现换热的设备。原理上与一般间壁式换热器中冷热流体直接通过间壁换热不同,但考虑到中间介质与热流体间以及与冷流体间还是通过圆管形间壁传热,故并列本节作简要介绍。

5.6.1 套管式换热器

5.6.1.1 概述

(1) 套管式换热器的性能与应用

套管式换热器是由两根直径不同的同心圆管组装而成,内管管排间以 U 形弯头连接,外管以 90°的进出口管相互连接,冷热介质可分别在内管或环隙间流通,并以内管壁作为传热面。内管与外管间的密封有可拆式与不可拆式两种,不可拆时直接将外管焊到内管上,故外管无法清洗;可拆式则用填料函密封,可以拆开清理并防止内外管间的热胀应力破坏,但易于泄漏,此时环隙宜流过无害介质和低压介质。

套管式换热器的优点是:ⓐ可以实现纯逆流,并可调整内外管直径以提高流速,使传热得以增强;ⓑ结构简单,制造和拆装方便;ⓒ组合比较灵活,换热面积可以做得很小,且可根据两侧流量、温度要求和允许压降情况,采用不同流向和串并联措施,亦可灵活增减传热面积;ⓓ耐压很高,特别是内管,可达 64MPa 以上。如内管流过清洁介质,则 U 形弯头可焊接连接,此时耐压更高;ⓔ 易于采取强化措施,例如当环隙内为气体或高黏度液体时,可在内管外表面采用纵向翅片或横向翅片,而当管内热阻较大时,又可采取插入物强化措施;ⓕ由于结构上的特点,可以采用高硅铸铁、玻璃管(5.7.2 图 5-200)等特殊材料制作,以处理不同的腐蚀介质。

它的缺点是:ⓐ单位换热面金属耗量大,紧凑性低,故制造成本高,大处理量时更为笨重而不经济;ⓑ可拆式连接的管接头多,容易泄漏;ⓒ环隙通道不易清洗。

套管式换热器适用于传热面积在 10~20m² 或以下,流量不大的小规模加热、冷却或冷凝,在高温高压下也有应用,如小合成氨厂的高压合成气的套管冷却器。套管式换热器也可用多根细管束胀接在管板上，置入一外管内，管束各排间仍可以U形弯头连接，亦可通过另一侧管板引出外管以获得逆流流动，构成发卡式管束换热器，内管压力可达40MPa，外管直径为200～400mm，其计算同管壳式。

(2) 套管式换热器的结构与组合

① 组合方式。图5-128表示一组套管换热器的两种组合方式，其中(a)是同一列管按纯逆流的串联式组合，程数可按需要的换热面积增减，适用于两侧流体流量与允许压降差别不大的场合。如流量过大，可做成若干列一起并联。图5-128(b)表示同一组套管内按串-并联方式的组合(图上的管侧流体为两股并联)，适用于两种流体流量差别很大或允许压降差别很大的场合，使流量较小或允许压降较大的流体在环隙间串联流动。

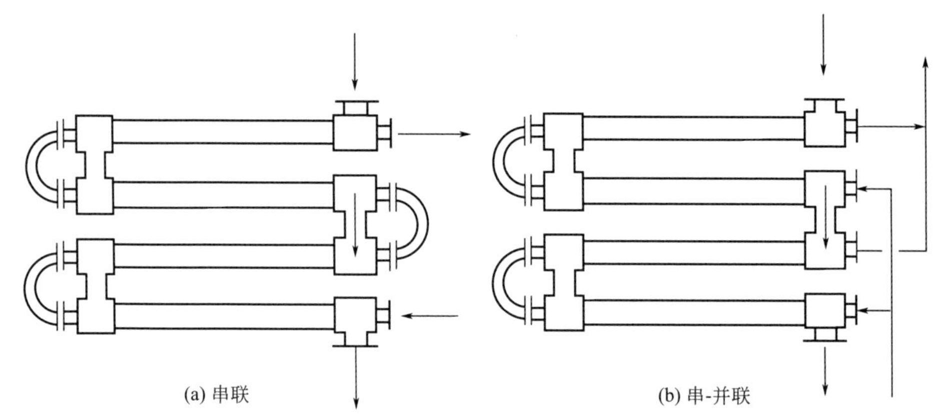

图5-128　套管换热器的组合方式示例

② 管长与管径。套管式换热器每程有效长度(指内管在外管内的长度)以4～6m为宜，应使用无缝钢管。为避免内管弯曲和振动，并保持环隙均匀，在内管为光管时，应在环隙的适当间距上(参考表5-28最大支承间距)设置三点式定位翅片。

管径可按适宜流速选取，对液体为0.5～3.0m/s(常用1～1.5m/s)，气体为5～30m/s或参照表5-41、表5-42选取，按下式计算内管内径 d_i 和外管内径 D_i。

$$d_i=\sqrt{\frac{W_i}{\rho_i u_i}\times\frac{4}{\pi}} \tag{5-321}$$

$$D_i=\sqrt{\frac{W_o}{\rho_o u_o}\times\frac{4}{\pi}+d_o^2} \tag{5-322}$$

式中　W_i、W_o——每组换热器在串联组合时，内管、环隙中流体的质量流量，kg/s，某侧流体有并联组合时，应除以并联股数；

d_i、d_o——内管的内、外径，m；

D_i、D_o——外管的内、外径，m；

u_i、u_o——内外管间的环隙中的流速，m/s；

ρ_i、ρ_o——内管内、环隙中流体的密度，kg/m³。

计算得到的直径经圆整后取标准管径。环隙间隙应在2～3mm以上，常用的套管(光管)配套组合见表5-71，壁厚由设计压力确定。

每根套管的有效传热面，光管可按：($\pi d_i\times$有效长度)计算。

为促进环隙内的换热，在内管外侧常用焊接或压制的翅片管，其中横向(径向)翅片管型式参见 5.5.1.3，常用规格参见表 5-73。螺纹管参见图 5-39。纵向翅片管的翅片沿内管外周呈辐射状伸出，长度与有效管长相同，数量随 d_o 而不同，常用规格参见表 5-72。

表 5-71　常用内外管（光管）组合

内管外径 d_o/mm	32	42	42	48	60	73	89
外管外径 D_o/mm	51	60	70	89	89	114	114

表 5-72　纵翅片管常用规格

管外径/mm	单位管长的光管表面积/(m²/m)	单位管长的翅片管表面积/(m²/m)					
		翅片数	纵型翅片高度/mm				
			12.5	16	19	25	31
27.2 $\left(\frac{3''}{4}\right)$	0.0854	8	0.2854	0.3414	0.3894	0.4854	0.5814
		12	0.3854	0.4694	0.5414	0.6854	0.8294
		16	0.4854	0.5974	0.6934	0.8854	1.0774
34.0 (1″)	0.1068	12	0.4068	0.4908	0.5628	0.7068	0.8508
		16	0.5068	0.6188	0.7148	0.9068	1.0988
		20	0.6068	0.7468	0.8668	1.1068	1.3468
42.7′ $\left(1\frac{1''}{4}\right)$	0.1341	16	0.5341	0.6461	0.7421	0.9341	1.1261
		20	0.6341	0.8941	0.8941	1.1341	1.3741
		24	0.7341	1.0461	1.0461	1.3341	1.6221
48.6 $\left(1\frac{1''}{2}\right)$	0.1526	16	0.5526	0.6646	0.7606	0.9526	1.1446
		20	0.6526	0.7926	0.9126	1.1526	1.3926
		24	0.7526	0.9206	1.0646	1.3526	1.6406
		28	0.8526	1.0486	1.2166	1.5526	1.8886
		32	0.9526	1.1766	1.3686	1.7526	2.1366
60.5 (2″)	0.1900	20	0.6900	0.7300	0.9500	1.1900	1.4300
		24	0.7900	0.9580	1.1020	1.3900	1.6780
		28	0.8900	1.0860	1.2540	1.5900	1.9260
		32	0.9900	1.2140	1.4060	1.7900	2.1740
76.8 $\left(2\frac{1''}{2}\right)$	0.2798	28	0.9396	1.1356	1.3036	1.6396	1.9756
		32	1.0396	1.2636	1.4556	1.8396	2.2236
		36	1.1396	1.3916	1.6076	2.0396	2.4716
		40	1.2396	1.5196	1.7596	2.2396	2.7196
89.1 (3″)	0.2796	28	0.9798	1.1758	1.3438	1.6798	2.0158
		32	1.0798	1.3038	1.4958	1.8798	2.2638
		36	1.1798	1.4318	1.6478	2.0798	2.5118
		40	1.2798	1.5598	1.7998	2.2798	2.7598
		44	1.3798	1.6878	1.9518	2.4798	3.0078

表 5-73　横向翅片管常用规格

根圆直径 d_r /mm	厚度 δ_{wf} /mm	翅片外径 d_f /mm	翅片厚度 δ_f /mm	每 1″的翅片数	单位管长管外表面积 A m²/m×10^{-2}	表面积比 $\Sigma A/A_o$（外面/内面）
15.88 (5/8″)	1.65	34.93	0.58	5	35.30	8.17
			0.53	7	47.40	11.70
			0.48	9	59.50	14.69
19.05 (3/4″)	1.65	38.1	0.58	5	40.02	7.93
			0.53	7	53.61	10.62
25.4 (1″)	1.83	44.45	0.58	5	49.68	7.17
			0.53	7	66.35	9.57

③ 流程及流向选择。每一段直套管为一程，通常冷热流体均取逆流。当使用蒸汽加热时，蒸汽宜走环隙，并使蒸汽由上而下流过，以防止凝液阻塞，被加热流体则自下而上流过内管，以保证液体充满。当作为液-液冷却时，通常令冷流体自下而上，热流体则自上而下流动。由于环隙截面积通常大于内管截面积，但环隙的阻力系数通常又较高，而且环隙的清垢比较困难，故如压降允许，一般流量较大而清洁的液体走环隙较宜。

5.6.1.2 套管换热器的传热与压降计算

(1) 内管

内管的给热系数与压降计算可利用 5.1.2.4 表 5-5 的有关公式以及 5.2.3.2 的公式计算。在压降计算中，除直管摩擦损失外，U 型回弯头部分阻力按当量长度法处理较为简单，若回弯半径为 R（R_{min}的数值参见表 5-28），则每个回弯头的当量长度 L_e 可按表 5-74 求取。

表 5-74 每个回弯头的当量长度

R/d_i	2.0	3.0	4.0	5.0	6.0	7.0	10.0
L_e/d_i	20	18	19	20	21	22	31

(2) 环隙（以下标 o 表示环隙内流体）

① 光管环隙、单相流体对流给热系数 α_o 与压降

a. 给热系数

$Re=200\sim2000$，层流

$$\frac{\alpha_o d_e}{\lambda_o}=1.02Re^{0.45}Pr^{0.5}\left(\frac{\mu_o}{\mu_w}\right)^{0.14}\left(\frac{d_e}{L}\right)^{0.4}\left(\frac{D_i}{d_o}\right)^{0.8}Gr^{0.05} \tag{5-323}$$

式中 L——每程直管长，m；

d_e——环隙的流体力学当量直径，m；

$$d_e=D_i-d_o \tag{5-324}$$

$$Re=\frac{d_e u_o \rho_o}{\mu_o}=\frac{d_e G_o}{\mu_o}$$

$$G_o=\frac{W_o}{\frac{\pi}{4}(D_i^2-d_o^2)}$$

$$Gr=\frac{\beta_o\rho_o^2 g d_o^3|t_{mo}-t_w|}{\mu_o^2}$$

$$Pr=\frac{c_{po}\mu_o}{\lambda_o}$$

$Re>10^4$，可用下式

$$\frac{\alpha_o d_e}{\lambda_o}=0.023Re^{0.8}Pr^{0.4}\left(\frac{D_i}{d_o}\right)^{0.45} \tag{5-323a}$$

使用式(5-323a) 时，定性尺寸 d_e 应使用传热当量直径，即

$$d_e=\frac{4\times\text{流通面积}}{\text{传热周边}}=\frac{D_i^2-d_o^2}{d_o} \tag{5-324a}$$

当 $Re=2000\sim10^4$ 时，可取 $Re=2000$ 与 $Re=10^4$ 下的 α_o 值，然后按实际的 Re 数值进行内插求取。

b. 环隙总压降可按下式计算

$$\Delta p_o = N_a \left[\frac{4fG_o^2}{2\rho_o} \frac{L_o}{d_e} \left(\frac{\mu_w}{\mu_o} \right)^{0.14} + 1.5 \frac{G_o^2}{2\rho_o} \right];\ \text{Pa} \tag{5-325}$$

式中 N_a——每组套管的环隙程数；

L_o——外管每程的管长（相当于有效长度），m；

f——环隙流动摩擦因子，可按光管有关公式计算，但其中的 d 代以环隙的流体力学当量直径［式(5-324)］或利用图 5-130 中下方的曲线求取；

d_e——流体力学当量直径，m。

上列各式中的定性温度，除 μ_w 用平均壁温外，其余都按流体进出口平均温度。

② 纵向（轴向）翅片管环隙的传热与流体力学特性（常用尺寸见表 5-71）

a. 给热系数

当 $Re_o\sqrt{\pi L_o/(\Pi/n_f)} \geqslant 6\times10^4$ 时，

$$\frac{\alpha_f d_e}{\lambda_o} = 0.023 Re_o^{0.8} Pr^{1/3} \left(\frac{\mu}{\mu_w} \right)^{0.14} \tag{5-326}$$

式中 $Re_o = \frac{G_o d_e}{\mu_o}$，$G_o = \frac{W_o}{S_F}$，$d_e = \frac{4S_F}{\Pi}$

S_F——纵向翅片环隙的流通截面积，m²；

Π——纵向翅片环隙的浸润周边，m；

α_f——以翅片管总表面积为基准的环隙给热系数，W/(m² · ℃)；

$$S_F = \frac{\pi}{4}(D_i^2 - d_r^2) - n_f H_f \delta_f \tag{5-327}$$

$$\Pi \approx \pi(D_i + d_r) + 2n_f H_f \tag{5-328}$$

$$d_e = \frac{4S_F}{\pi(D_i + d_r) + 2n_f H_f} \tag{5-324b}$$

n_f——纵向翅片数；

H_f——翅片高度，m；

δ_f——翅片厚度，m；

d_r——翅根圆直径，除双金属轧片管外，一般可近似取 $d_r = d_o$，m。

当 $Re_o\sqrt{\pi L_o n_f/\Pi} < 6\times10^4$ 时，可按图 5-129 求取其传热因子 $j_H = \frac{\alpha_o}{c_p G_s} Pr^{2/3} \left(\frac{\mu_w}{\mu} \right)^{0.14}$

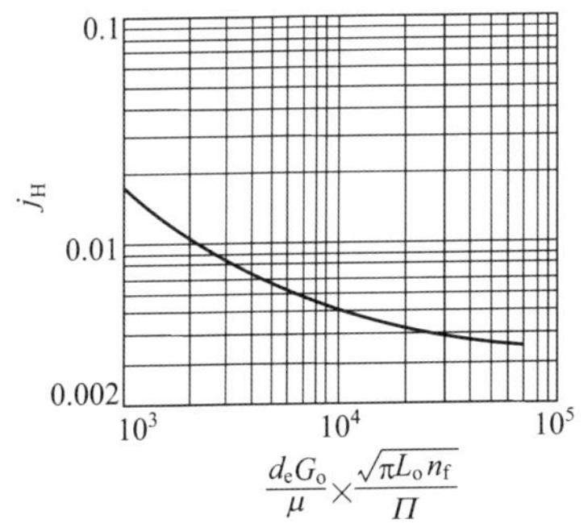

图 5-129 纵向翅片管环隙的给热系数（传热因子）

b. 纵向翅片管的压降

压降关系式仍可使用光管的压降式(5-325)，但其中的 d_e 用式(5-324a) 表达。计算 G_o 时，S_F 用式(5-237)，摩擦因子 f 值可用图 5-130 的上部曲线求取。

c. 纵向翅片的翅片效率

按式（5-283）的定义，矩形纵向翅片的 η_f 可用式(5-283a) 直接计算，即 $\eta_f = \frac{\tanh(mH_f)}{mH_f}$。

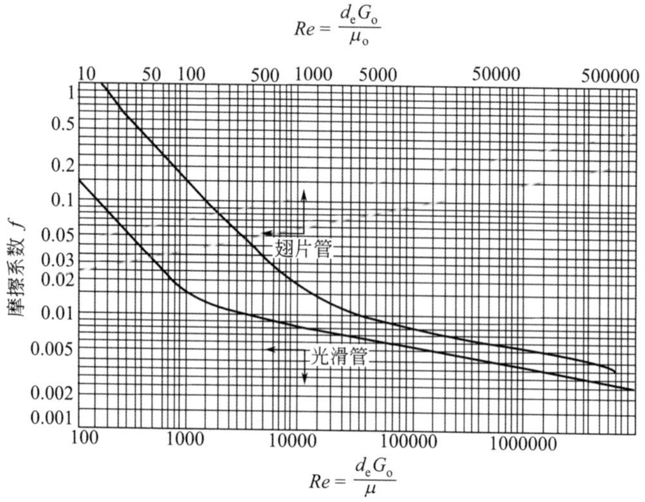

图 5-130 纵向翅片管环隙及光滑管环隙的摩擦因子

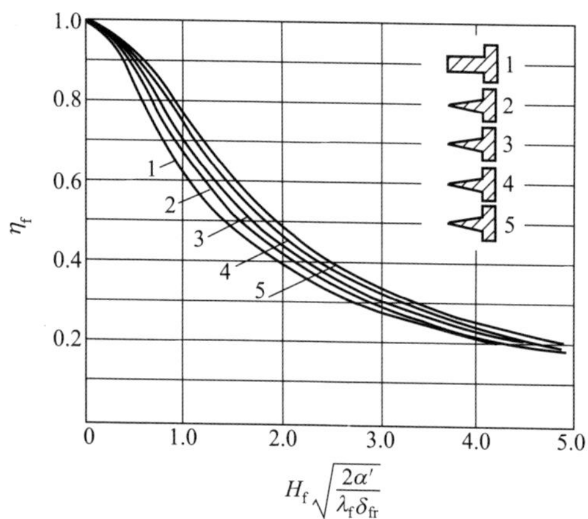

图 5-131 纵向翅片的翅片效率

不同形状的纵向翅片可由图 5-131 查出其 η_f 值，横坐标中，α_f'按式(5-281a)，$\frac{1}{\alpha_f'}=\frac{1}{\alpha_f}+r_{fo}$；$\delta_{fr}$为翅根厚度，m；$\lambda_f$ 为翅片的热导率，W/(m·℃)，对铝砷高强度黄铜翅片 λ_f 可取 116W/(m·℃)。图中的 1，2，3，4，5 分别表示矩形翅片、梯形翅片、三角形翅片的 η_f 关系（见图）。翅片形状可通过 l/H_f 和 y/δ_{fr}两个参数来表征，l 为从翅尖算起的距离（$l=0\sim H_f$），y 为在 l 处的翅片厚度。因此，对矩形翅片（曲线 1），$y/\delta_{fr}=1$；曲线 2 为 $y/\delta_{fr}=(l/H_f)^{1/2}$的翅片，相当于一种梯形翅片；曲线 3 的翅片满足 $y/\delta_{fr}=l/H_f$ 的关系；曲线 4 满足 $y/\delta_{fr}=(l/H_f)^{2/3}$；曲线 5 满足 $y/\delta_{fr}=(l/H)^2$ 的关系，是典型的三角形翅片。对顶底翅宽差别不大的梯形翅片，亦可以其平均翅宽作为 δ_{fr} 并使用图 5-131 中的曲线 1。

③ 横向（径向）翅片管环隙的传热与流体力学性质

套管换热器常用横向翅片的形式及参数，可参见表 5-72，表中为双金属轧片，故翅根径 $d_r=d_o+2\delta_{wf}$。

a. 给热系数

当 $1<\frac{H_f}{x}<2$，$Re=\frac{d_eG_{max}}{\mu_o}>5000$ 时，

$$\frac{\alpha_f d_e}{\lambda_o}=0.039\left(\frac{d_eG_{max}}{\mu_o}\right)^{0.87}Pr^{0.4}\left(\frac{x}{d_e}\right)^{0.4}\left(\frac{H_f}{d_e}\right)^{-0.19}\tag{5-329}$$

式中

$$G_{max}=\frac{4W_o}{\pi(D_i^2-d_f^2)};\tag{5-330}$$

$$d_e=D_i-d_f;\tag{5-324c}$$

x——翅片间纵向净间距，$x=p_f-\delta_{fr}$；

d_f、p_f——翅片外径、翅片间距，m；

当 $H_f/x\geqslant3$ 时，由式(5-329) 计算结果偏高。

b. 压降

$$\Delta p=\left[\frac{4fG_{max}^2}{2\rho}\times\frac{L_o}{d_e}\left(\frac{\mu_w}{\mu_o}\right)^{0.14}+1.5\frac{G_{max}^2}{2\rho}\right]N_a；\text{Pa} \tag{5-325a}$$

摩擦因子 f 由图 5-132 查取，图中的 $Re=\frac{(D_i-d_f)G_{max}}{\mu_o}$，$d_r$ 为齿根圆直径，m；N_a 为环隙程数。

c. 翅片效率

径向翅片的翅片效率 η_f 可参阅 5.5.2.1 节图 5-116。

(3) 传热面积计算

① 总传热系数

a. 光管的总传热系数以内管外表面积为基准，按式(5-13b) 计算。

$$\frac{1}{K_o}=\frac{1}{\alpha_o}+r_{fo}+\frac{\delta_w}{\lambda_w}\times\frac{d_o}{d_m}+\left(r_{fi}+\frac{1}{\alpha_i}\right)\frac{d_o}{d_i} \tag{5-13b}$$

b. 对翅片管环隙，以翅片管总表面积为基准进行计算，此时应计入翅片热阻 r_f（对双金属轧片管接触热阻 r_g 可以不计），但翅底基壁热阻 $\frac{\delta_{wf}}{\lambda_f}\times\frac{\Sigma A}{A_{m2}}$ 应予考虑。

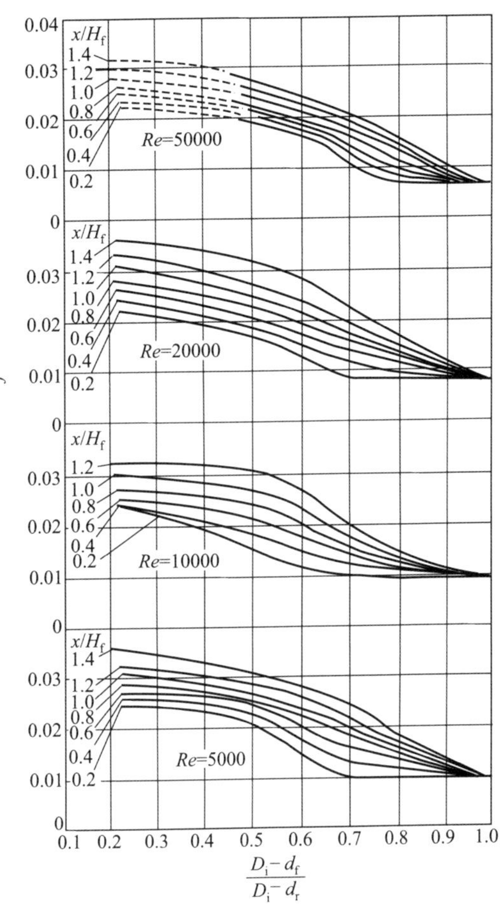

图 5-132 横向翅片管环隙侧的摩擦因子

由式(5-280a)，有

$$\frac{1}{K}=\frac{1}{\alpha_f}+r_{fo}+r_f+\frac{\delta_{wf}}{\lambda_f}\times\frac{\Sigma A}{A_{m2}}+\frac{\delta_w}{\lambda_w}\times\frac{\Sigma A}{A_{m1}}+\left(r_{fi}+\frac{1}{\alpha_i}\right)\frac{\Sigma A}{A_i}$$

按式(5-281a)、式(5-282)，由 $\alpha_f'=\frac{1}{\alpha_f}+r_{fo}$，

$$\frac{1}{K}=\frac{1}{\alpha_f'}+\frac{1}{\alpha_f'}\left(\frac{1-\eta_f}{\eta_f+\frac{A_r}{A_f}}\right)+\frac{\delta_w}{\lambda_w}\times\frac{\Sigma A}{A_m}+\frac{1}{\alpha_f'}\times\frac{\Sigma A}{A_i} \tag{5-280b}$$

式中 r_{fo}、r_{fi}——管外、内污垢热阻，$(m^2\cdot℃)/W$；

A_r、A_f——翅片本身的表面积、翅片根部面积，m^2；

A_i——内管内表面积，m^2。

对横向翅片，其 A_r、A_f 及 ΣA 可按式(5-273)、式(5-272) 计算，或由表 5-72 查得。

对矩形纵向翅片，$\delta_f=\delta_{fr}$，若沿周边翅片数为 η_f，翅片有效长度一般相当于外管长度 L_o，则每组套管的传热面积

$$A_f=(2H_f+\delta_f)n_fL_oN_a\text{；}\ m^2 \tag{5-331}$$

$$A_r=(\pi d_o-n_f\delta_f)L_oN_a\text{；}\ m^2 \tag{5-332}$$

$$\Sigma A=A_f+A_r \tag{5-274}$$

或按表 5-71 查出。

② 平均温差计算

两股物流纯逆流时的计算并无困难，但当套管采用串并联组合时，其中一侧流体（通常是内管侧）并联的流股数为 n'，其平均温差计算可按下列步骤。

$$\Delta T_m=\theta(t_{h1}-t_{c1}) \tag{5-333}$$

假设 K 值和热容流量不变，且流量分配均匀，则 θ 按下式计算

$$\frac{1-P}{\theta}=\frac{n'}{1-R}\ln\left[(1-R)\left(\frac{1}{P}\right)^{1/n'}+R\right] \tag{5-334}$$

a. 热流体为一股串联，而冷流体为 n'_c股并联（例如图 5-128b 中，热流体一股走环隙，冷流体两股并联走内管），则式(5-334) 中，

$$P=\frac{t_{h2}-t_{c1}}{t_{h1}-t_{c1}} \tag{5-335}$$

$$R=\frac{n'_c(t_{c2}-t_{c1})}{t_{h1}-t_{h2}} \tag{5-336}$$

b. 冷流体为一股串联，热流体 n'_h股并联，则式(5-334) 中，

$$P=\frac{t_{h1}-t_{c2}}{t_{h1}-t_{c1}} \tag{5-335a}$$

$$R=\frac{n'_h(t_{h1}-t_{h2})}{t_{c2}-t_{c1}} \tag{5-336a}$$

对一侧流体（通常为环隙侧）串联，另一流体以 2～5 股并联流过内管时，可直接由图 5-133查出 F_t 值，并由逆流对数平均温差 ΔT_{lm}算出 ΔT_m，

$$F_t=\Delta T_m/\Delta T_{lm} \tag{5-43}$$

图 5-133 中的 P、R 值，如冷流体为 2～5 股，则 P、R 应按式(5-335)、式(5-336) 计算；如热流体为 2～5 股，则应按式(5-335a)、式(5-336a) 计算，不可混淆（参见例 5-14）。

③ 每组套管换热器传热面积及管排数 N_a 的计算

对光管，

$$A_o=\frac{Q}{K_o\Delta T_m} \tag{5-337}$$

$$N_a=\frac{A_o}{\pi d_oL_o} \tag{5-338}$$

对翅片管，

$$\Sigma A=A_f+A_r=\frac{Q}{K_o\Delta T_m} \tag{5-337a}$$

纵向翅片的环隙程数

$$N_a=\Sigma A/\{[(2H_f+\delta_f)n_f+(\pi d_o-n_f\delta_f)]L_o\} \tag{5-338a}$$

对横向翅片，管程数可按表 5-72 查出的单位管长的传热面积计算，或按式(5-272) ～式(5-274) 的关系计算，取 $N_a=N_t$。

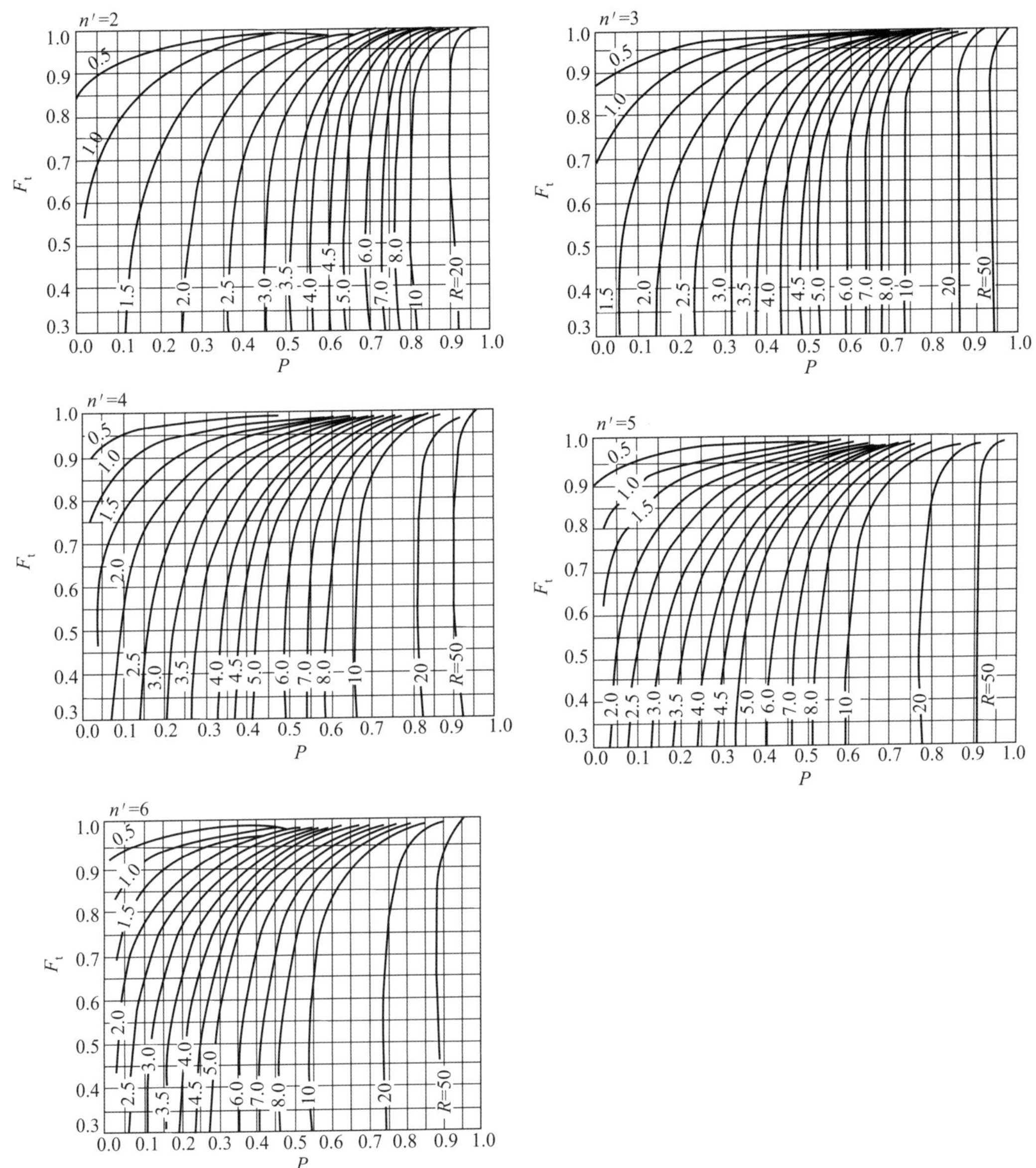

图 5-133 套管换热器的温差校正系数 F_t

5.6.1.3 套管换热器计算示例

【例 5-14】 液体 A 的流量为 3000kg/h，由 120℃冷却到 60℃；冷却水进口温度为 30℃，出口要求不超过 45℃。已知定性温度下流体的物性如下：

	t_m /℃	μ /Pa·s	λ /[W/(m·℃)]	C_p /[J/(kg·℃)]	ρ /(kg/m³)	污垢热阻 /[(m²·℃)/W]
流体 A	80	0.89×10^{-3}	0.14	2210	825	1.7×10^{-4}
流体 B	37.5	0.70×10^{-3}	0.625	4174	993	1.7×10^{-4}

设计一台套管换热器（若液体 A 结垢倾向较轻）。

解 设选用纵向翅片管套管换热器

(1) 计算总热负荷及冷却水流量

$$W_h=\frac{3000}{3600}=0.8333\quad kg/s$$

$$Q=W_hC_{ph}(t_{h1}-t_{h2})=0.8333\times2210\times(120-60)W=1.105\times10^5W$$

$$W_c=1.105\times10^5/[4174\times(45-30)]kg/s=1.765kg/s$$

(2) 初选管子规格

若内管选用 $\phi25\times2$ 的无缝黄铜管，焊有纵向矩形翅片，$\lambda_w=\lambda_f=116W/(m\cdot℃)$，翅片数 $n_f=12$，翅高 $H_f=0.0125m$，翅片厚 $\delta_f=0.001m$。

外管内径选用 0.053m，外管长 $L_o=4.5m$，取根部直径 $d_r=d_o=0.025m$，按式(5-327)，单管环隙流通面积

$$S_{Fo}=\frac{\pi}{4}(D_i^2-d_r^2)-n_fH_f\delta_f$$

$$=\frac{\pi}{4}\times[(0.053^2-0.025^2)-12\times0.0125\times0.001]m^2$$

$$=0.001565m^2$$

单管管内流通截面

$$S_{Fi}=\frac{\pi}{4}d_i^2=0.000346m^2$$

按式(5-328)，浸润周边

$$\Pi=\pi(D_i+d_r)+2n_fH_f$$

$$=\pi\times(0.053+0.025)+2\times12\times0.0125m=0.545m$$

环隙当量直径

$$d_e=\frac{4S_{Fo}}{\Pi}=\frac{4\times0.001565}{0.545}m=0.0115m$$

内管外径 $d_o=0.025m$，内管内径 $d_i=0.021m$，每米管长的表面积

内管：$\frac{A_i}{N_aL_o}=\pi d_i=0.066m^2/m$，

翅片：$\frac{A_f}{N_aL_o}=(2H_f+\delta_f)n_f$

$$=(2\times0.0125+0.001)\times12m^2/m=0.312m^2/m,$$

根部：$\frac{A_r}{N_aL_o}=(\pi d_r-n_f\delta_f)$

$$=\pi\times0.025-12\times0.001m^2/m=0.0665m^2/m,$$

$$\frac{\Sigma A}{N_aL_o}=\frac{A_f+A_r}{N_aL_o}=(0.312+0.0665)m^2/m=0.3785m^2/m$$

(3) 计算内管内给热系数

考虑冷却水结垢倾向，走管内，则

$u_i=\frac{1.765}{0.000346\times993}=5.13m/s$，此速度太大，分为三股 $n_c'=3$，于是 $W_i=\frac{W_c}{3}=0.5883\ kg/s$，

$$u_i=\frac{0.5883}{0.000346\times993}m/s=1.71m/s$$

$$G_i = u_i \rho_i = 1700\text{kg}/(\text{m}^2 \cdot \text{s})$$

$$Re_i = \frac{G_i d_i}{\mu_i} = \frac{1700 \times 0.021}{0.7 \times 10^{-3}} = 51000,$$

$$Pr_i = \frac{c_{pi}\mu_i}{\lambda_i} = \frac{4174 \times 0.7 \times 10^{-3}}{0.625} = 4.67$$

由式(5-24)，

$$\alpha_i = 0.023 \frac{\lambda_i}{d_i} Re_i^{0.8} Pr_i^{0.4}$$

$$= 0.023 \frac{0.625}{0.021} \times (51000)^{0.8} \times (4.67)^{0.4} \text{W}/(\text{m}^2 \cdot ℃) = 7400\text{W}/(\text{m}^2 \cdot ℃)$$

（4）环隙给热系数

$$G_o = \frac{W_h}{S_{Fo}} = \frac{0.8333}{0.001565} \text{kg}/(\text{m}^2 \cdot \text{s}) = 532.4\text{kg}/(\text{m}^2 \cdot \text{s})$$

$$u_o = \frac{532.4}{825} \text{m/s} = 0.645\text{m/s}$$

$$Re_o = \frac{G_o d_e}{\mu_o} = \frac{532.4 \times 0.0115}{0.89 \times 10^{-3}} = 6880$$

$$Pr_o = \frac{c_{po}\mu_o}{\lambda_o} = \frac{2210 \times 0.89 \times 10^{-3}}{0.14} = 14.05$$

$$Re_o = \sqrt{\frac{\pi L_o}{\Pi / n_f}} = 6880 \sqrt{\frac{\pi \times 4.5}{0.545/12}} = 1.04 \times 10^5 > 6000$$

为简化计算，仍按式(5-24)，Pr^n 取 $Pr^{0.3}$，

则 $$\alpha_f = 0.023 \frac{0.14}{0.0115} \times (6880)^{0.8} \times (14.05)^{0.3} \text{W}/(\text{m}^2 \cdot ℃) = 727\text{W}/(\text{m}^2 \cdot ℃)$$

（5）计算翅片热阻

由式(5-281a)，

$$\alpha_f' = \frac{1}{\alpha_f} + r_{fo} = \left(\frac{1}{727} + 1.7 \times 10^{-4}\right) \text{W}/(\text{m}^2 \cdot ℃) = 647\text{W}/(\text{m}^2 \cdot ℃)$$

由图 5-131 的曲线 1，

$$mH_f = H_f \sqrt{2\alpha_f'/(\lambda_f \delta_f)} = 0.0125\sqrt{2 \times 647/(116 \times 0.001)} = 1.32$$

查得 $\eta_f = 0.68$，

由式(5-282)，

$$r_f = \frac{1}{\alpha_f'} \times \frac{1 - \eta_f}{\eta_f + A_r/A_f}$$

$$= \frac{1}{647} \times \frac{1 - 0.68}{0.68 + 0.0665/0.312} \text{m}^2 \cdot ℃/\text{W} = 0.000553\text{m}^2 \cdot ℃/\text{W}$$

（6）计算总传热系数（以翅片侧外表面 ΣA 为基准）

$$\frac{1}{K} = \frac{1}{\alpha_f'} + r_f + \frac{\delta_w}{\lambda_w} \times \frac{\Sigma A}{A_m} + \left(r_{fi} + \frac{1}{\alpha_i}\right)\frac{\Sigma A}{A_i}$$

$$= \frac{1}{647} + 0.000553 + \frac{0.002}{116} \times \frac{0.3785}{\pi \times 0.023} + \left(1.7 \times 10^{-4} + \frac{1}{7400}\right) \times \frac{0.3785}{0.066}$$

$$= 0.00389$$

则 $K=256.8\mathrm{W/(m^2 \cdot ℃)}$

（7）计算平均温差

按热流体一股串联，冷流体三股 $n_c'=3$，

由式(5-335)、式(5-336)，

$$P=\frac{t_{h2}-t_{c1}}{t_{h1}-t_{c1}}=\frac{60-30}{120-30}=0.333$$

$$R=\frac{n_c'(t_{c2}-t_{c1})}{t_{h1}-t_{h2}}=\frac{3(45-30)}{120-60}=0.75$$

由图 5-133（$n=3$）查得 $F_t=0.96$

$$\Delta T_{lm}=\frac{(120-45)-(60-30)}{\ln\dfrac{120-45}{60-30}}℃=49.1℃$$

则 $\Delta T_m=F_t \cdot \Delta T_{lm}=0.96\times 49.1=47.1℃$

若按式(5-334）计算，

$$\frac{1-P}{\theta}=\frac{n_c'}{1-R}\ln\left[(1-R)\left(\frac{1}{P}\right)^{1/n_c'}+R\right]$$

$$\frac{1-0.333}{\theta}=\frac{3}{1-0.75}\ln\left[(1-0.75)\left(\frac{1}{0.333}\right)^{1/3}+0.75\right]$$

解得 $\theta=0.53$。

因为

$$\theta=\frac{\Delta T_m}{t_{h1}-t_{c1}}$$

所以

$$\Delta T_m=0.53(120-30)℃=47.7℃$$

两法计算结果相差很小。

（8）计算环隙程数 N_a

$$\Sigma A=\frac{Q}{K\Delta T_m}=\frac{1.105\times 10^5}{256.8\times 47.7}\mathrm{m^2}=9.02\mathrm{m^2}$$

由 $\Sigma A=\left(\dfrac{A_f+A_r}{N_aL_o}\right)N_aL_o$

$$N_a=\frac{9.02}{0.3785\times 4.5}=5.29$$

故取 6 排管，排列方式如附图 1。

例 5-14 附图 1

设计裕度为

$$\frac{6-5.29}{5.29}\times 100\%=13.4\%$$

压力降校核从略。

（9）若为简化流程，也可令冷却水走环隙，流体 A 走管内，均为单程串联，则

$$u_i=\frac{W_h}{\rho_h\dfrac{\pi}{4}d_i^2}=\frac{4\times 0.8333}{825\times\pi\times 0.021}\mathrm{m/s}=2.916\mathrm{m/s}$$

$$u_o=\frac{W_c}{\rho_c S_F}=\frac{1.765}{993\times 0.001565}\mathrm{m/s}=1.136\mathrm{m/s}$$

于是，$\alpha_i = 0.023 \times \dfrac{0.14}{0.021} \times \left(\dfrac{2.916 \times 0.021 \times 825}{0.89 \times 10^{-3}}\right)^{0.8} \times (14.05)^{0.3} \mathrm{W/(m^2 \cdot ℃)}$

$= 2153 \mathrm{W/(m^2 \cdot ℃)}$

$\alpha_f = 0.023 \times \dfrac{0.625}{0.0115} \times \left(\dfrac{1.136 \times 0.0115 \times 993}{0.7 \times 10^{-3}}\right)^{0.8} \times (4.67)^{0.4} \mathrm{W/(m^2 \cdot ℃)}$

$= 6011 \mathrm{W/(m^2 \cdot ℃)}$

$\alpha_f' = 2973 \mathrm{W/(m^2 \cdot ℃)}$

$\eta_f = 0.79$

$r_f = 0.000235 \mathrm{m^2 \cdot ℃/W}$

$K = 232.5 \mathrm{W/(m^2 \cdot ℃)}$

$\Delta T_m = \Delta T_{lm} = 49.1℃$

$\Sigma A = 9.68 \mathrm{m^2}$

$N_a = 5.68$

故与前结果相同，均为 6 排。

这一方案是流体纯串联，结构比较简单，排数相同。其缺点是，管内外速度均较大，压降相应较高，且翅片侧有除垢问题。

5.6.2 沉浸式蛇管换热器

5.6.2.1 概述

(1) 性能与应用

蛇管换热器的特点是结构简单、造价低、操作管理方便、管内可承受高压、安装灵活、可以适应容器的形状，弯曲成圆柱形或平板等形状（见图 5-134）。也可以并联若干组以增加传热面，甚至可在同一设备中采用两组独立的蛇管、通入不同的载体以充分利用热量。其缺点是蛇管所沉浸容器内的流体通常流速很低，故管外给热系数小。此外，蛇管本身通过能力有限，而且管内难以清洗，故只适于传热负荷不大、传热面需要量较小场合及较清洁的流体。蛇管通常用于管内液体的冷却或冷凝，或用于使管外（容器内）液体加热、冷却或蒸发。在反应器和结晶器中，经常用蛇管换热器以传递过程的反应热以保持必要的反应温度，并且常常使用搅拌以增加传热系数，这部分有轴功引入的浸没式蛇管的计算可参阅第三章搅拌与混合。

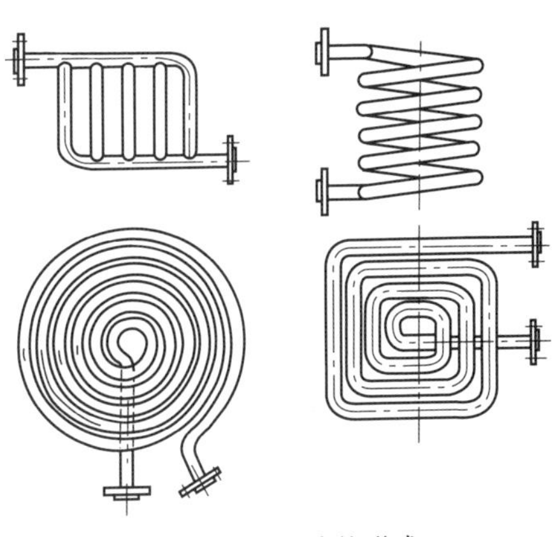

图 5-134 蛇管的形式

(2) 基本结构形式

蛇管的形状见图 5-134，以圆形蛇管较为常用。

图 5-135(a) 为小型蛇管换热器的结构，容器中设有内圆筒，目的是增加管外的流速，液体应从下端送入，上端流出，以驱除空气；如蛇管内送入加热蒸气，则应上进下出，容器壁与内圆筒间应充满液体。图 5-135(b) 和 (c) 的结构用于较大直径的设备，(b) 为不可拆结构，适于较清洁的流体以及微量泄漏影响不大的场合（例如合成氨厂的氨液-氨气的换热）；(c) 为可拆式，内外两组蛇管串联，适用于传热面较大、蛇管外表面需要经常清洗检修的场合，这类

设备的上方应留出必要的吊装空间。当要求体积小、传热面积大时，可采用多圈细管螺旋缠绕式，在低温工程中多有采用，细管直径 6～10mm，由于管内压力可达 20MPa 以上，在此点上优于板翅式。

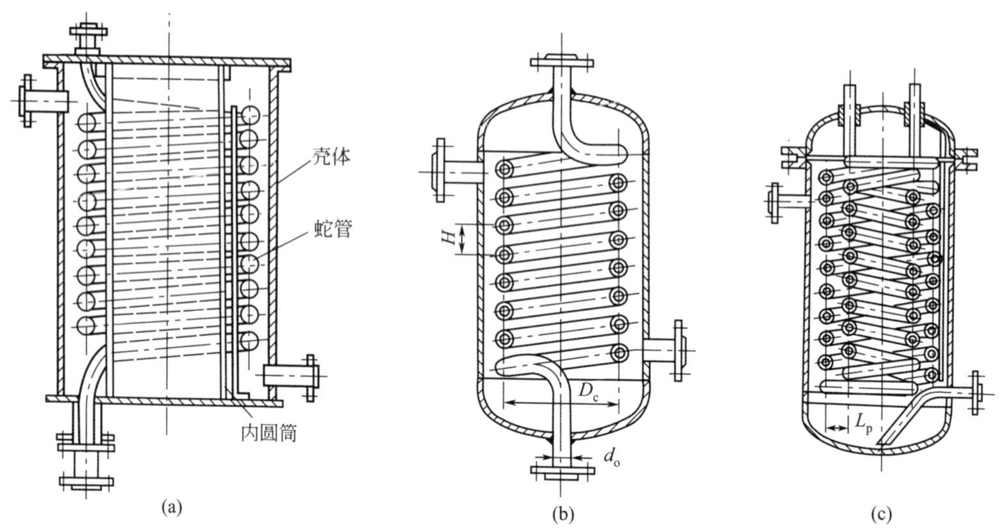

图 5-135 沉浸式蛇管换热器的几种形式

(3) 蛇管的常用材料与几何参数

蛇管的常用材料有钢管、铜管、铝管（低温时用）、塑料管等。

钢制蛇管直径一般在 25～70mm 范围之内。直径过大，加工制造困难，较常用的管子为 ϕ32～57mm。

蛇管的有关结构参数和安装尺寸在图 5-135(b) 中已有表述。

图中 d_o——蛇管外径，m；

D_c——蛇管圈中心直径，m，$D_c \geqslant 8d_o$；

H——蛇管圈间距，相当于螺纹节距，一般取 $(1.5\sim2.0)d_o$；

N——每组蛇管的圈数；

n_c——并联蛇管组数；

L_p——两组平行蛇管（内外圈之间）的间距，一般为 $(2\sim3)d_o$；

最外圈蛇管与容器壁的距离一般为 100～200mm；

每圈蛇管长 $L=\sqrt{(\pi D_c)^2+H}\approx\pi D_c$ (5-339)

每组蛇管长 $L_t=LN\approx\pi D_c N$ (5-339a)

每组蛇管高度 $H_c=NH$ (5-340)

蛇管总传热面积

$$A=\pi d_o L_t n_c\approx\pi^2 D_c N n_c d_o \tag{5-341}$$

每组蛇管不宜太长，否则流动阻力过大，如为蒸汽，既易产生凝液排除困难和冲击振动，又易发生上部不凝气体的积聚。表 5-75 为管内走加热蒸汽时常用管长与管径之比值，故当传热面积较大时，宜用若干组蛇管并联。

表 5-75 常用的蛇管长与管径之比（管内走加热蒸汽时）

蒸汽压力/MPa	0.045	0.125	0.2	0.3	0.5
L_t/d_o	100	150	200	225	275

蛇管的直径，除考虑制造、安装难度外，取决于管内流体的流速。为防止蛇管压降过大，一般管内液体流速在 0.3～0.8m/s 之间，气体质量流速在 3～10kg/(m^2 · s)之间，对黏度较小的液体一般要求在湍流下操作，黏度大的流体则常按层流考虑，故最后应进行允许压降的校核。

5.6.2.2 蛇管换热器的传热与压降计算

(1) 蛇管内的给热系数

① 单相流体强制对流给热系数

对气体，$Pr \cong 1$，$Re\left(\frac{d_i}{D_c}\right)^2 > 0.1$

$$\frac{\alpha_i d_i}{\lambda_i} = \frac{Pr}{26.2(Pr^{2/3} - 0.074)} Re^{0.8}\left(\frac{d_i}{D_c}\right)^{0.1} \times \left\{1 + \frac{0.098}{\left[Re\left(\frac{d_i}{D_c}\right)^2\right]^{1/5}}\right\} \tag{5-342}$$

对液体，$Pr > 1$，$Re\left(\frac{d_i}{D_c}\right)^2 > 0.4$

$$\frac{\alpha_i d_i}{\lambda_i} = \frac{Pr^{0.4}}{41.0}(Re)^{5/6}\left(\frac{d_i}{D_c}\right)^{1/12} \times \left\{1 + \frac{0.061}{\left[Re\left(\frac{d_i}{D_c}\right)^{2.5}\right]^{1/6}}\right\} \tag{5-342a}$$

式中，$Re = \frac{d_i G_i}{\mu_i}$，$Pr = \frac{c_{pi}\mu_i}{\lambda_i}$，定性温度取流体的平均温度。

② 冷凝给热系数

对水蒸气冷凝，$L_t/d_i = 60 \sim 420$，$D_c/d_i = 8 \sim 25$，入口蒸汽速度 6～140m/s，压力接近常压，且在$\frac{\Gamma}{\mu_f} = 40 \sim 600$ 条件下，

$$\alpha_i = 315\left(\frac{\lambda_f}{d_i}\right)\left(\frac{d_i}{D_c}\right)^{0.54} Re_f^{0.15} \tag{5-343}$$

式中　Γ——冷凝负荷，kg/(m · s)，$\Gamma = \frac{W_c}{\pi d_i}$；

$$Re_f = 4\Gamma/\mu_f;$$

W_c——水蒸气冷凝量，kg/s。

物性数据按冷凝水的平均膜温计算。

(2) 蛇管外的给热系数

由于蛇管外容器容积很大，通常可作为自然对流用式(5-34) 及表 5-6 考虑。

当蛇管以垂直形式放置时，可参照表 5-6 中的垂直平壁计算，定性尺寸采用蛇管组高度。

对于为贮罐保温或冷却而将盘管平放在罐底时，可参照表 5-6 中水平圆柱的自然对流公式。这类公式中的定性温度均为膜温 $t_f = \frac{t_w + t_m}{2}$。

(3) 蛇管内的流动阻力

蛇管内单相流动摩擦阻力大于直管，但仍用直管摩擦压降公式，$\Delta p = 4f \times \frac{L_t}{d_i} \times \frac{G^2}{2\rho}$，

层流时，

$$Re \leqslant 40\sqrt{\frac{D_c}{d_i}}，f/f_o = 1 \tag{5-344}$$

$$40\sqrt{\frac{D_c}{d_i}}<Re<2000\sqrt{\frac{D_c}{d_i}}，f/f_o=0.288^{0.36}\left(\frac{d_i}{D_c}\right)^{0.18} \quad (5\text{-}344a)$$

湍流时，
$$Re=1.5\times10^4\sim10^5，f/f_o=1+0.075Re^{1/4}\left(\frac{d_i}{D_c}\right)^{0.5} \quad (5\text{-}344b)$$

式中　f_o——直管的摩擦因子。

5.6.2.3　计算示例

【例 5-15】 水溶液 1500kg/h 通过内径为 0.5m、高为 2m 内置蛇管的筒体，要求以 20℃加热到 80℃。热源为 100kPa（表）的废蒸汽（饱和温度 120℃）。若水溶液性质与水相同，设计蛇管管束尺寸。

解　(1) 计算热负荷和蒸汽用量

在 $t_{mo}=\frac{1}{2}\times(80+20)=50$℃下，$C_p=4174$J/(kg℃)，$Q=\frac{1500}{3600}\times4174(80-20)=1.044\times10^5$W

饱和水蒸气在 200kPa 绝压、120℃下的比气化焓 $\Delta h_v=2205.2\times10^3$J/kg，密度 $\rho_G=1.12$kg/m^3，120℃下水（凝液）的物性：$\lambda_f=0.686$W/(m·c)，$\mu_f=23.73\times10^{-5}$Pa·s，$C_{pf}=4250$J/(kg·℃)，$\rho_L=943.1$kg/m^3，$Pr=1.47$。

蒸汽用量 $W_h=\frac{1.044\times10^5}{2205.3\times10^3}kg/s=0.0473$kg/s

(2) 初估传热面积

由表 5-24，对水蒸气-水溶液系统，初选 $K=700$W/(m^2·℃)，

$$\Delta T_m\cong\Delta T_{lm}=\frac{(120-20)-(120-80)}{\ln\frac{120-20}{120-80}}℃=65.5℃$$

$$A=\frac{1.044\times10^5}{700\times65.5}\text{m}^2=2.28\text{m}^2$$

(3) 初选蛇管尺寸

选 $\phi32\times3$ 无缝钢管，$d_o=0.032$m，$d_i=0.026$m，为避免管内压降过大，取 5 组蛇管并联（$n_c=5$），蛇管圈直径 $D_c=D_s-0.1=0.5-0.1=0.4$m，每组蛇管长为 $L_t=\frac{A}{n_c\pi d_o}=\frac{2.28}{5\times\pi\times0.032}m=4.54$m

则有

$$L_t/d_i=4.54/0.026=174.4$$

$$D_c/d_i=0.4/0.026=15.4$$

$$\Gamma=\frac{W_h}{n_c\pi d_i}=\frac{0.0473}{5\times\pi\times0.026}\text{kg/(m·s)}=0.116\text{kg/(m·s)}$$

$$\Gamma/\mu_f=\frac{0.116}{23.73\times10^{-5}}=4.88，Re_f=\frac{4\Gamma}{\mu_f}=1952$$

则　均在式(5-343) 所要求的范围之内。

管间距取 (2.0)$d_o=2\times0.032=0.064$m，若 5 组蛇管并用进出管，且 D_c 相同，则每组蛇管圈间距 $H=5\times0.064=0.32$m，

每圈蛇管长度 $L\cong\sqrt{(\pi D_c)^2+H^2}=\sqrt{(\pi\times0.4)^2+0.32^2}=1.3$m，

每组圈数 $N=L_t/L=4.54/1.3=3.47$，取 4 圈，
五组蛇管总高度为 $H(N+1)=0.32\times(4+1)=1.5\text{m}$，
故容器内可以容纳。

（4）计算管内冷凝给热系数

按式(5-343)

$$\alpha_{fi}=315\frac{\lambda_{fi}}{d_i}\left(\frac{d_i}{D_c}\right)^{0.54}Re_f^{0.15}$$

$$=315\times\frac{0.686}{0.026}\times\left(\frac{1}{15.4}\right)^{0.54}\times1952^{0.15}\text{W/(m}^2\cdot℃)=5920\text{W/(m}^2\cdot℃)$$

取 $r_{fi}=1.0\times10^{-4}(\text{m}^2\cdot℃)/\text{W}$，

$$\frac{1}{\alpha_{fi}'}=\left(\frac{1}{\alpha_{fi}}+r_{fi}\right)\frac{d_o}{d_i}=\left(\frac{1}{5920}+1\times10^{-4}\right)\times\frac{32}{26}=3.31\times10^{-4}$$

$$\alpha_{fi}'=3020\text{W/(m}^2\cdot℃)$$

（5）计算管外给热系数

估算外壁膜温：设管壁平均温度为 105℃，则平均膜温$=\frac{1}{2}\times\left(105+\frac{80+20}{2}\right)=77.5℃$，此温度下水溶液的物性（按水）为：$\rho_L=973\text{kg/m}^3$，$C_p=4192\text{J/(kg}\cdot℃)$，$\lambda=0.672\text{W/(m}\cdot℃)$，$\mu=36.9\times10^{-5}\text{Pa}\cdot\text{s}$，$\beta=6.16\times10^{-4}1/℃$，$Pr=2.3$。

$$Gr=\frac{g\beta(t_w-t_m)d_o^3\rho^2}{\mu^2}$$

$$=\frac{9.81\times6.16\times10^{-4}\times(105-50)\times0.032^3\times973^2}{(36.9\times10^{-5})^2}=7.57\times10^7$$

由 5.1.2.4 节（3）①判据计算 Gr/Re^2，查 50℃下 $\mu_L=54.94\times10^{-5}\text{Pa}\cdot\text{s}$，筒内溶液的 Re 为

$$Re=\frac{G_cD_s}{\mu_c}=\frac{\left[1500/\left(3600\times\frac{\pi}{4}\times0.5^2\right)\right]\times0.5}{54.94\times10^{-5}}=1931$$

$$\frac{Gr}{Re^2}=\frac{7.57\times10^7}{1931^2}=20.3>10$$

故应按自然对流计算，

$$GrPr=7.57\times10^7\times2.3=1.74\times10^8$$

按表 5-6，$c=0.53$，$n=1/4$，由式(5-34)，

$$Nu=c(GrPr)^n$$

则
$$\alpha_o=0.53\times\frac{0.672}{0.032}\times(1.74\times10^8)^{1/4}\text{W/(m}^2\cdot℃)=1278\text{W/(m}^2\cdot℃)$$

（6）校核壁温（忽略壁阻）

$\alpha_f'(t_s-t_w)=\dfrac{t_w-t_m}{\dfrac{1}{\alpha_o}+r_{fo}}$，取 $r_{fo}=1.7\times10^{-4}(\text{m}^2\cdot℃)/\text{W}$，$3020(120-t_w)=1050(t_w-50)$，

解得 $t_w=102℃$，与原假设 105℃相比，误差可以允许。

（7）校核传热面积

$$\frac{1}{K}=\frac{1}{\alpha_o}+r_{fo}+\frac{\delta_w}{\lambda_w}\times\frac{d_o}{d_m}+\frac{1}{\alpha_f'}$$

$$=\frac{1}{1278}+1.7\times10^{-4}+\frac{0.003}{45}\times\frac{32}{29}+\frac{1}{3020}=0.01365$$

$$K=732\text{W}/(\text{m}^2\text{℃})$$

实际需要面积

$$A=\frac{Q}{K\Delta T_m}=\frac{1.044\times10^5}{732\times65.5}\text{m}^2=2.18\text{m}^2$$

故原选用换热器可以满足要求。

实际采用 5 组蛇管，每组 4 圈，总面积为

$$A=4\times5\times1.3\times\pi\times0.032\text{m}^2=2.61\text{m}^2$$

裕度为$\frac{2.61-2.18}{2.18}\times100\%\approx20\%$

5.6.3 喷淋式冷却器

5.6.3.1 概述

喷淋式冷却器从某种意义上也可分为淋洒式冷却器和喷雾式空气冷却器两类，后者又称为湿式空冷。它们都是依靠水-空气的联合冷却作用，其区别在于淋洒式冷却器以水冷为主，大量冷却水全部通过管外，辅以部分水在环境大气下的汽化，空气依靠自然流动掠过水膜覆盖的管排。而湿式空冷则以空气冷却为主，空气依靠强制通风（或吸风）通过管排表面，辅以少量冷却水在管排外表面喷雾（参见 5.5.5）。本节主要讨论淋洒式冷却器。

（1）淋洒式冷却器的性能与应用

淋洒式冷却器由相互平行的若干列管排构成，每列管排由若干根水平管在垂直平面内上下排列，彼此间用 U 形弯头连接。管内走热流体，冷却水在管排上方向下淋洒，顺次下流到底部管排进入水槽，如图 5-136(a) 所示。

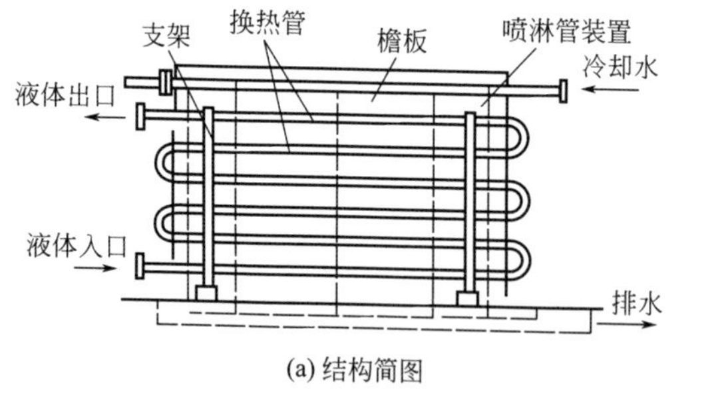

(a) 结构简图

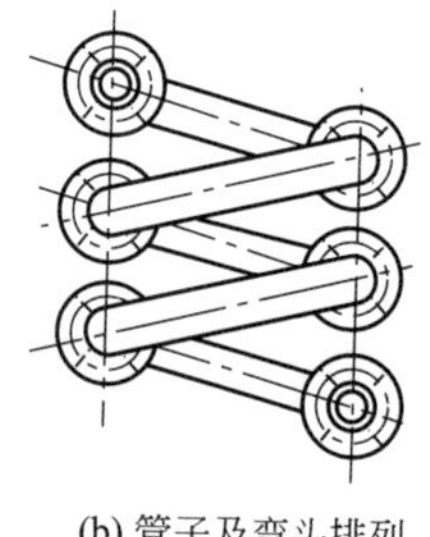
(b) 管子及弯头排列

图 5-136 淋洒式冷却器

淋洒式冷却器既具有蛇管式的结构简单，制作费用低，管内能承受高压，且可使用不同耐腐蚀管材，可以吸收热膨胀应力等优点，又较浸没式蛇管更便于检修与清洗，管外给热系数高。与套管式相比，由于冷却水可被部分汽化，故其用量相应减少，结构材料也更为节省。其缺点是占地较大，操作时周围场地易有水滴飞溅，特别在环境风速较大时，附近更应留出较多的空间。此外，如壁温过高，由于部分水蒸发也特别容易形成水垢，需要定期清洗。一般情况下，当场地许可时，作为冷却器是适宜的。

（2）淋洒式冷却器常用几何参数

① 管径与管程长。淋洒式冷却器常用的管径范围与套管内管相同，壁厚随设计压力及温

度而定。

管间的U形弯头，在直接煨弯时，最小弯曲半径 $R=4d_o$，为减少上下管的间距，常使用 $R=1.5d_o$ 的冲压弯头，或在两列管排间使弯头交叉排列，如图 5-136(b) 所示。常用管间距（包括两列管的间距）$p_t=(2.5\sim5)d_o$。

管子长度随材料而异，常用值为钢管 $L\leqslant6$m，铸铁管 $L\leqslant3$m，高硅铁或陶瓷管 $L\leqslant2$m。

② 淋洒装置及檐板。喷淋装置的作用是使冷却水能均匀分布在顶部管排的全长，并以水膜状流到每根管子下部的檐板上，再滴落均布到下面的管排。

淋洒装置的型式有喷淋管和淋洒槽。喷淋管的缺点是管上的冷却水喷出孔易于堵塞，分布也不易均匀。淋洒槽应用最为广泛，它也可同时对相邻的两列管排进行淋洒，如图 5-137(b)。安装时必须保证水平。槽的上下周边均开有锯齿，使冷却水均匀溢出并滴下，淋洒槽的周边长度应使冷却水溢流速度不大于 0.25m/s。

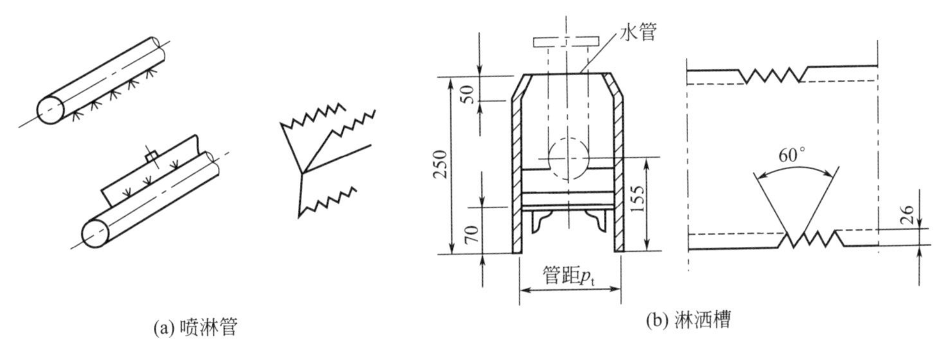

图 5-137　喷淋装置

管排间的檐板通常沿管中心轴悬挂在上、下两排管之间，下端也开有锯齿，使冷却水重新得到均匀分布。

5.6.3.2　淋洒式冷却器的计算

(1) 冷却水的淋洒密度

这里的淋洒密度 Γ_c 是指单位时间内通过每米管长每边流下的冷却水量

$$\Gamma_c=\frac{W_c}{2n_cL};\quad \text{kg/(m/s)} \tag{5-345}$$

式中　W_c——冷却水用量，kg/s；

L——每排管长，m；

n_c——管子列数。

冷却水淋洒密度过小，不足以使传热面全部得到覆盖，过大亦易发生偏流，一般控制在 0.07～0.42kg/(m·s)之间。

(2) 冷却水的给热系数

假设冷却水不发生汽化，且均匀分布在管的两侧，按 Mc Adams，当 $Re=\frac{4\Gamma_c}{\mu_L}<2100$，$d_o=0.034\sim0.14$m 时，

$$\alpha_o\approx3370\left(\frac{\Gamma_c}{d_o}\right)^{1/3} \tag{5-346}$$

实际上水总有部分汽化，汽化水量可近似按下列公式求算。

$$W\approx\varphi A(X_2-X_1),\quad \text{kg/s} \tag{5-347}$$

式中 φ——绝对湿度之差为 1 时的汽化系数，kg 干空气/($m^2 \cdot s$)，在空气静止时，$\varphi=0.0139$，有风时可达 0.0694 或更高；

A——总传热面积，可按管外表面积计算，m^2；

X_2——在淋洒水膜温度下的空气饱和湿度，kg 水/kg 干空气；

X_1——在环境条件下空气的绝对湿度，kg 水/kg 干空气。

(3) 平均温差

从流动情况看，可按管内多程、管外一程错流，互不混合条件计算。图 5-138 表示单列 2 管程及双列 2 管程时 F_t 算图（该图的 t_h、t_c 可以互换），4 管程可参阅图 5-124(f)（温度不能互换）。

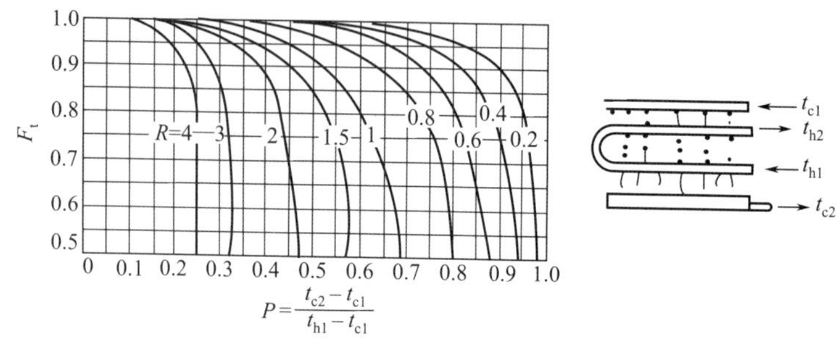

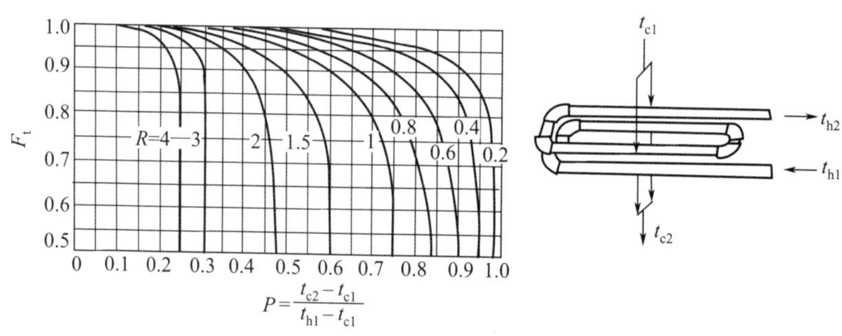

图 5-138 单列 2 管程及双列 2 管程时 F_t 算图

5.6.3.3 计算示例

【例 5-16】 在干旱地区，设计一台淋洒式冷却器用于冷凝 0.16MPa、40℃下的饱和氨气，冷凝量为 0.527kg/s。使用水温为 15℃的深井水，限定用水量不超过 2.78kg/s。设计气温 45℃，空气的绝对湿度仅为 0.006kg/kg。估计其应用的可能性及冷却器尺寸。

解 (1) 计算冷凝热负荷

查得在操作条件下氨的物性常数如下：

$$\Delta h_{vh}=1100.5\text{kJ/kg},\ \rho_{hL}=579.4\text{kg/m}^3,\ \rho_{hG}=12.0\text{kg/m}^3$$

则
$$Q_h=W_h \cdot \Delta h_{vh}=0.527\times1100.5\times10^3\text{W}=5.8\times10^5\text{W}$$

若按限定水量升至极限温度 $t_{c2}=t_h=40$℃，所能移走热量为［取 $C_{pcL}=4.2$kJ/(kg·℃)］：

$$Q_c=W_cC_{pcL}(t_{c2}-t_{c1})=2.78\times4.2\times10^3\times(40-15)\text{W}$$
$$=2.92\times10^{-5}\text{W}<Q_h$$

故依靠完全水冷不可能完成冷却任务。

(2) 分析

在本例中要考虑的问题包括：ⓐ要移走的热量不仅有氨冷凝热，还有由于空气温度高于水温而向水膜传递的显热。因此，只有在部分水汽化移走热量的条件下才有可能满足设计要求。设水的平均温度为 35℃，相应的空气饱和湿度为 0.004kg/kg，与干空气相比有足够的湿度差，使用淋洒冷却器的可能性是存在的；ⓑ要满足冷却水淋洒密度的要求，原供冷却水量可能不足，因此需要考虑将出口水循环一部分混入新鲜水进行喷淋；ⓒ在循环过程中，将有脏物(包括易结垢物质)积累，必须将循环水排放掉一部分；ⓓ部分水的汽化是通过水膜表面的气膜进行的，通过气膜同时发生热-质交换，而氨的冷凝热则通过管壁由水膜带走。

(3) 初设流程及预估尺寸

流程图如附图 1，图中，W_c 为新鲜水量，W_R 为循环水量，W_v 为蒸发水量，W_w 为排弃水量。

① 初估传热面积

选 $\phi 38\times 3.5$ 无缝钢管 ($d_o=0.038\text{m}$，$d_i=0.031\text{m}$)，按表 5-23，取水膜至氨气主体间的传热系数 $K'=700\text{W}/(\text{m}^2\cdot ℃)$，(考虑深井水可能结垢热阻较高)，若取平均水温 $t_f=35℃$，则

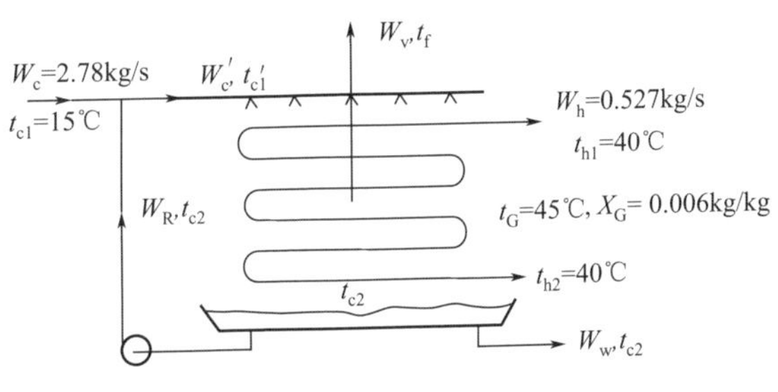

例 5-16 附图 1

$$\Delta T_m \cong t_h - t_f = 40-35=5℃$$

$$A'=\frac{Q}{K'\Delta T_m}=\frac{5.8\times 10^5}{700\times 5}\text{m}^2=166\text{m}^2$$

$$\text{总管长}=\frac{A'}{\pi d_o}=\frac{166}{\pi\times 0.038}\text{m}=1388\text{m}$$

选单管长 $L=4\text{m}$，管列数 $n_c=8$，每列管的管排数 $n=44$。

② 初校管内流速氨气在管内最大流速

$$u_G=\frac{W_h}{n_c\rho_{hG}\times\frac{\pi}{4}d_i^2}=\frac{0.527\times 4}{8\times 12.0\times\pi\times 0.031^2}\text{m/s}=7.27\text{m/s}$$

氨液的最大流速

$$u_c=\frac{W_h}{n_c\rho_{hL}\pi d_i^2}\text{m/s}=0.15\text{m/s}$$

均在适宜范围之内。

③ 初估循环流量

定义冷却水膜的雷诺数

$$Re_f=\frac{W_c+W_R}{(2L\mu_c)n_c} \tag{5-348}$$

在水大量气化时，按经验取 $Re_f\approx 300$，若 $\mu_c\approx 0.9\times 10^{-3}\text{Pa}\cdot\text{s}$，则

$$W_c'=W_c+W_R\cong 300\times 2\times 4\times 0.9\times 10^{-3}\times 8\text{kg/s}=17.28\text{kg/s}$$

由式(5-345)，淋洒密度

$$\Gamma_c=\frac{W_c'}{2n_cL}=\frac{17.28}{2\times 8\times 4}=0.27\text{kg/(m}\cdot\text{s)}$$

则

$$W_R=W_c'-W_c=(17.28-2.78)\text{kg/s}=14.5\text{kg/s}$$

t'_{c1}及t_{c2}可由下式初算：设C_{pc}不变，$W_R t_{c2}+W_c t_{c1}=(W_R+W_c)t'_{c1}$，且 (5-349)

$$t_m=t_f=\frac{1}{2}(t'_{c1}+t_{c2})$$

$$14.5t_{c2}+2.78\times15=17.28\times t'_{c1}$$

$$0.5(t'_{c1}+t_{c2})=35$$

解得 $t'_{c1}=33.25$℃， $t_{c2}=36.75$℃

④ 估算冷却水汽化量

假设可按自然对流水平圆管外热损失关系

$$\alpha_G=9.4+0.052(t_G-t_f) \tag{5-350}$$

按空气-水系统的 Lewis 关系

$$\frac{\alpha_G}{\rho_G k_G}\cong c_H=(1.01+1.88X_G)\times10^3\text{J/(kg·℃)} \tag{5-351}$$

$$G_v=\rho_G k_G(X_f^*-X_G)\text{kg/(m}^2\text{·℃)} \tag{5-352}$$

上列各式中，

α_G——空气的给热系数，W/(m²·℃)；

k_G——气膜传质系数，m/s；

ρ_G——环境空气的密度，kg/m³；

G_v——水的汽化通量，kg/(m²·s)；

c_H——以空气为基准的平均比热容，一般可取$C_H\approx1090$J/(kg·℃)；

t_f、X_f^*——冷却水膜温度,℃，及相应的饱和湿度，kg/kg；

t_G、X_G——空气主体的温度与绝对湿度，kg/kg。

取$t_f=35$℃，由式(5-350)，

$$\alpha_G=[9.4+0.052\times(45-35)]\text{W/(m}^2\text{·℃)}=9.92\text{W/(m}^2\text{·℃)}$$

由式(5-351℃)，

$$\rho_G k_G=\frac{\alpha_G}{c_H}\approx\frac{9.92}{1090}\text{kg 干气/(m}^2\text{·s)}=0.0091\text{kg 干气/(m}^2\text{·s)}$$

由式(5-352)，

$$G_v=0.0091\times(0.037-0.006)=2.82\times10^{-4}\text{kg 水/(m}^2\text{·s)}$$

在汽化面积中应考虑管排间檐板两侧的液膜也参与同空气间的换热与汽化，则实际的汽化面积与外管面积之比应为

$$\frac{A_r}{A}=\frac{[\pi d_o+2(p_t-1)d_o]}{\pi d_o}=1+\frac{2(p_t-1)}{\pi} \tag{5-353}$$

将α_G及$\rho_G k_G$均调整到以外管面积为基准,则有

$$\alpha'_G=\alpha_G\left[1+\frac{2(p_t-1)}{\pi}\right]$$

$$=9.92\times\left[1+\frac{2\times(2-1)}{\pi}\right]\text{W/(m}^2\text{·℃)}=16.2\text{W/(m}^2\text{·℃)}$$

$$\rho_G k_G=0.0091\left(1+\frac{2}{\pi}\right)\text{kg 干气/(m}^2\text{·s)}=0.0149\text{kg 干气/(m}^2\text{·s)}$$

$$G_v=4.615\times10^{-4}\text{kg/(m}^2\text{·s)}$$

总汽化量

$$W_v = G_v' A = 4.615 \times 10^{-4} \times 166\text{kg/s} = 0.077\text{kg/s}$$

⑤ 估算带走热量

在 $t_f = 35℃$ 下，水的比汽化焓 $\Delta h_{vc} = 2412.4\text{kJ/kg}$，汽化带走的热量：$Q_{cv} = W_v \Delta h_{vc} \cong 0.077 \times 2412.4 \times 10^3 = 1.86 \times 10^5\text{W}$

冷却水带走的热量：$Q_{c1} = W_c C_{pL}(t_c - t_{c1}')$

$$= 17.28 \times 4170 \times (36.75 - 33.25)\text{W} = 2.52 \times 10^5\text{W}$$

则 $Q_{cv} + Q_{c1} = (1.86 + 2.52) \times 10^5 = 4.38 \times 10^5\text{W}$，已接近设计热负荷，进一步调整 n_c、L，应可得解。

(4) 以 n_c、L 为待定量进行正式计算

① 系统基本方程

以 0℃为基准，假设水的比热容均取为 C_{pL}。总系统热量衡算有

$$Q_h + W_c C_{pL} t_{c1} + Q_G - W_v(\Delta h_{vc} + C_{pL} t_f) - (W_c - W_v) C_{p2} t_{c2} = 0 \tag{5-354}$$

式中 W_w——排弃水量，$W_w = W_c - W_v$，kg/s；

Q_G——空气传给冷却水液膜的热量，W。

混合点热量衡算：

$$W_c C_{pL} t_{c1} + W_R C_{pL} t_{c2} = W_c' C_{pL} t_{c1}' \tag{5-349}$$

液膜平均温度：

$$t_f = \frac{1}{2}(t_{c1}' + t_{c2}) \tag{5-355}$$

设 t_f 即相当于气液界面的温度，故 Δh_{vc} 为 t_f 下的比汽化焓。

传热及传质速率方程：均以管外表面积为基准，$Q_h = K'A(t_h - t_f)$； W　(5-356)

$$Q_G = \alpha_G' A(t_G - t_f); \quad \text{W} \tag{5-357}$$

$$\alpha_G' = \alpha_G \frac{A_v}{A}; \quad \text{W/(m}^2 \cdot ℃) \tag{5-358}$$

$$W_v = \frac{\alpha_G'}{(1.01 + 1.88 X_G) \times 10^3} A(X_f^* - X_G) \tag{5-359}$$

喷淋负荷按：

$$Re_f = \frac{W_c + W_R}{2 L n_c \mu_f} = 300 \tag{5-348}$$

$$A = \pi d_o L n_c n \tag{5-360}$$

式中 L——每程管长度，m；

n_c、n——管排列数、每排管数。

② 实用计算式

若仍选 $d_o = 0.038\text{m}$，$p_t = 2d_o = 0.076\text{m}$，每排管数 $n = 44$，且取 $\mu_f \cong 0.9 \times 10^{-3}\text{Pa} \cdot \text{s}$，

则由式(5-348)，$Re_f = 300 = \dfrac{W_c'}{n_c L \times 2\mu_f}$，$\dfrac{W_c'}{n_c L} = 300 \times 2 \times 0.9 \times 10^{-3} = 0.54\text{kg/(m} \cdot \text{s)}$

由式(5-360)，$\dfrac{A}{n_c L} = \pi d_o n = \pi \times 0.038 \times 44\text{m}^2/\text{m} = 5.253\text{m}^2/\text{m}$

令 $\Phi = \dfrac{W_c'}{A}$，kg/(m・s)，

定义循环比

$$\gamma=\frac{W_c+W_R}{W_c}=\frac{W'_c}{W_c},$$

由式(5-349) 可得

$$\gamma=\Phi\frac{A}{W_c} \tag{5-361}$$

结合式(5-355)，消去 t'_{c1}，得

$$t_{c2}-t_{c1}=\frac{2\gamma}{2\gamma-1}(t_f-t_{c1})$$

代入式(5-354)，结合式(5-356)～式(5-359)，

$$K'(t_h-t_f)=\frac{2\Phi C_{pL}}{2\gamma-1}(t_f-t_{c1})-\alpha'_G(t_G-t_f)+\frac{\alpha'_G}{(1.01+1.88X_G)\times10^3}(X_f^*-X_G)\times\Delta h_{vc} \tag{5-354a}$$

因为
$$A=\frac{Q_h}{K'(t_h-t_f)}=\frac{W_c\gamma}{\Phi}$$

所以
$$\gamma=\frac{Q_h\Phi}{K'(t_h-t_f)W_c} \tag{5-361a}$$

③ 计算

在式(5-354a)、式(5-361a) 中，Q_h、Φ、W_c、t_h、t_G、α'_G、X_G、C_{pL}均已知。

为简化计算，设 $K'_c=700\text{W}/(\text{m}^2\cdot℃)$（否则也需试差），已知

$$\alpha'_G=\alpha_G\frac{A_v}{A}=16.2\text{W}/(\text{m}^2\cdot℃)$$

$$\alpha'_G k'_G\cong 0.0149\text{kg 干气}/(\text{m}^2\cdot\text{s})$$

$$\Phi=0.103\text{kg}/(\text{m}^2\cdot\text{s})$$

如假设 t_f，则 Δh_{vc}，X_f^* 可以确定，计算出 γ 值后，代入式(5-354a) 至左右方相等时，t_f 即所求，由式(5-361) 可求出 A，由式(5-360) 求出 n_cL 值。今取 $t_f=36.5℃$，则 $X^*=0.045\text{kg/kg}$，$\Delta h_{vc}=2410\text{kJ/kg}$，

$$\gamma=\frac{Q_h\Phi}{K'(t_h-t_f)W_c}=\frac{5.8\times10^5\times0.103}{700(40-36.5)\times2.78}=8.77$$

式(5-354a)右方

$$q_2=\frac{2\Phi C_{pL}}{2\gamma-1}(t_f-t_{c1})-\alpha'_G(t_G-t_f)+\frac{\alpha'_G}{c_H}(X^*-X_G)\Delta h_{vc}$$

$$=\frac{2\times0.103\times4174}{2\times8.77-1}\times(36.5-15)-16.2\times(45-36.5)+\frac{16.2}{1020}\times(0.045-0.06)\times2410\times10^3$$

$$=(1117-137.7+1492.7)\text{W/m}^2=2472\text{W/m}^2$$

式(5-354a)左方

$$q_1=K'_c(t_h-t_f)=700\times(40-36.5)\text{W/m}^2=2450\text{W/m}^2$$

则 $q_1\approx q_2$，故 $t_f=36.5℃$，由式(5-356)

$$A=\frac{58.5\times10^5}{700(40-36.5)}\text{m}^2=236.7\text{m}^2$$

$$W'_c = A\Phi = 236.7 \times 0.103\text{kg/s} = 24.38\text{kg/s}$$

$$W_R = W'_c - W_c = (24.38 - 2.78)\text{kg/s} = 21.6\text{kg/s}$$

$$n_c L = \frac{A}{\pi d_o n} = \frac{236.7}{\pi \times 0.038 \times 44}\text{m} = 45.06\text{m}$$

因为 $n_c = 8$ 排，每排管长 $L = \frac{45.06}{8} = 5.6\text{m}$，取 $L = 6\text{m}$。

④ 讨论

a. 在文献中，α_G 取 30W/(m^2·℃)，故得 $t_f = 34.73$℃，$A = 183.4\text{m}^2$，$W_R = 15\text{kg/s}$；如直接按自然对流计算，α_G 只有 7～8W/(m^2·℃)。本例中取的 α_G 值介于二者之间。

b. 实际上，为了提高 α_G 及$\rho_G k_G$ 值，亦可采用适当强制通风再结合水循环，以满足淋洒密度的要求；或直接采用湿式空冷，这样可能水量更为节省，而且不需要循环水；传热面积的增加可通过使用翅片管来解决。

5.6.4 热管及热管换热器

热管换热器是由若干根热管组成的，每一根热管是独立的基本换热单元，它一端接触加热介质，另一端接触冷却介质，并在其间传递热量，在某种程度上相当于按特殊机制运作的低热阻的热传导部件，也相当于为冷热介质间提供了某种间壁。

5.6.4.1 热管的基本结构与工作原理

(1) 概述

典型的热管结构如图 5-139(a) 所示，它是由管壳、管芯（吸液芯）和工作介质三部分组成的高真空的封闭系统。管壳是两头封死的细长圆管，将工作介质与外界隔绝，并承受一定的内外压力。管芯通常是紧贴管内壁的薄层结构，可由各种多孔材料制作，它具有许多互相连通的毛细管孔，可利用毛细管力将液态工作介质从一端沿管芯毛细孔道送向另一端。工作介质完成热管的基本功能并决定其主要工作特性。当热管连接在冷热介质的流道中时，从热端吸取热量，使工作介质蒸发，蒸气向温度和压力较低的冷端移动，到冷端冷凝并释出热量传给外部的冷流体，冷端凝液则沿毛细管芯重新流向热端，完成闭合循环，从而不断地使热量从热流体传向冷流体。作为换热元件，热管可分为三段：（插在热流体流道中的）蒸发段——绝热（连接）段——（插在冷流体流道中的）冷凝段。由于热管依靠工作介质的相变过程发生潜热传输，故本身热阻很小，并可传递很大的热流，为了增加传热速率，也常在热管两个工作段作成翅片管。

正常操作时，沿管长的蒸气质量流量、压力和温度分布如图 5-139(b) 所示。图的最上方表示浸泡在管芯中的工作介质液体在各处毛细管的气液界面处的形状，W_G 表示介质蒸气的质量流量，p_G、t_G 表示蒸气主体的压力与温度，它应与工作介质的蒸气压曲线相对应，p_i 表示气液界面下方的液体压力，它随凹液面的曲率半径减少而降低，t_w 表示管壁温度，下标 e 和 c 分别表示蒸发段与冷凝段，L_e 和 L_c 分别表示蒸发段和冷凝段的长度，绝热段长度 L_a 可随需要改变。热管中，液体和蒸气的流动都是推动力和流动阻力相互平衡的结果，在考虑重力影响时，可有

$$\Delta p_{cp} \pm \Delta p_g = \Delta p_G + \Delta p_L \tag{5-362}$$

式中，Δp_{cp} 和 Δp_g 分别表示毛细压差和重力压差，Δp_G 和 Δp_L 分别表示气相和液相流动压降。毛细压差是由于在毛细管凹形液面上方的蒸气压低于其下方的压力而发生的，其大小可按

$$\Delta p_{cp} = \frac{2\sigma}{R_{min}} = \frac{2\sigma\cos\theta}{r_{cp}} \tag{5-363}$$

式中　σ——工作介质的表面张力，N/m；

R_{min}——凹液面最小曲率半径，m；

θ——毛细管壁面与液体间的接触角；

r_{cp}——毛细管的有效半径，m。

只有当液体能润湿壁面，$\theta<\frac{\pi}{2}$时，Δp_{cp}方是正值。由图 5-139(b) 可知，在冷凝段端部液面曲率半径 $R\to\infty$ $(\Delta p_{cp})'_c=0$；而在蒸发段，随液体不断蒸发，气液界面向毛细孔内下陷，故在蒸发段端部，凹面的曲率半径达到最小，$(\Delta p_{cp})'_e$达到最大，

$$\Delta p_{cp}=(\Delta p_{cp})'_e-(\Delta p_{cp})'_c\approx(\Delta p_{cp})'_e=\frac{2\sigma}{(R_{min})_e}$$

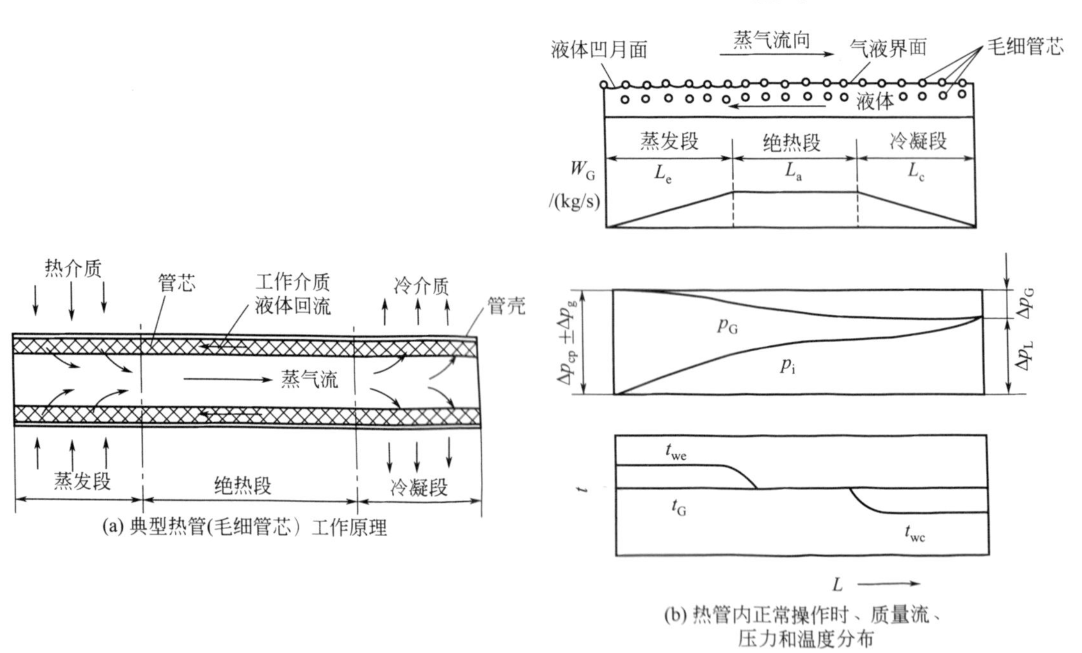

图 5-139　典型热管的结构及正常情况下参数分布

当热管水平放置时，不考虑重力影响，则如图 5-139(b) 所示，液体内的压力由右向左逐渐减少，用于推动液体向蒸发端运动，并克服其流动阻力（包括毛细通道中的摩擦阻力以及由于气液逆向流动而在气液界面上发生的剪应力)；蒸发压力在蒸发段端部最高，受两段间蒸气压差的推动而冷凝端以很高速度运动，由于流动过程中伴有相变，故在蒸发段其质量流量增加而在冷凝段质量减少到零，蒸气在运动中除受到摩擦阻力外，还由于加速或减速而受到惯性力的作用。存在重力影响时，如冷凝端高于蒸发端，则重力为推动力，式(5-362) 中的 Δp_g 取正值，反之为负值。由温度变化曲线可见，蒸气温度 t_G 的变化甚微，壁温在蒸发段与冷凝段间的差别也不大，且在各自段中大体维持恒定，这说明，由于相变与蒸气高速流动的结合，热管内部是在小温差下工作的，即其内部热阻很低，这与一般金属的热传导有很大区别。

(2) 热管的基本特点

① 高的传热强度和低的热阻。与截面积及传热面积相同的良导性金属棒相比，传递热量可高出数百倍，热流密度可高出几个数量级，因此是高效的传热元件。

② 可在低温差下运行。因此可用于低温热源的余热利用。

③ 良好的等温性。热管内部蒸气压力和温度是耦合的，相变和流动引起的温差很小，故热管表面温度比较均匀，例如冷凝段局部温度下降时，就会有更多的蒸气冷凝并输送过来。

④ 优良的热响应性。管中蒸气流动可以接近声速，故可迅速调整本身的工作状态，适应外部热源或冷源的变化。

⑤ 结构简单，质量轻，体积小，一般没有转动部件，易于维护，无噪声，可靠性高；作为换热器有很高的紧凑性，并可将冷热流体完全隔开，避免彼此泄漏污染。

⑥ 适用范围广。不同工作温度范围可选用不同工质，管壳材料可选用耐蚀材料，故对热（冷）源种类较少限制。

⑦ 热流强度可以变换。例如改变蒸发段和冷凝段的面积比例，或增设翅片可适应两侧不同的热流密度的需要。

⑧ 采取一些特殊措施，可使热管具有恒温特性，使热（冷）源温度保持恒定（这对电子元件的散热尤为重要）；热二极管特性，即只能单向传热，反方向传热时热管工作截止；热开关特性，即有使热量流通或按需要停止的能力等。

⑨ 在失重条件下可以工作，这对宇航应用尤为重要。

（3）热管的分类

① 按液相工作介质在热管内的驱动力特征，热管可分为

a. 吸液芯热管。这是最常用的基本形式，主要依靠管芯的毛细作用实现液相的驱动，但毛细作用的推动力有限，有时也要依靠部分重力作为辅助。这类热管属于标准热管。

b. 重力型热管（图 5-140(a)）。去掉毛细管吸液芯，凝液依靠重力由冷凝段流回蒸发段，故这种热管使用时，冷凝段必须在蒸发段之上。重力热管的推动力

$$\Delta p_g=\rho_L gL\sin\varphi=\rho_L gH \qquad (5\text{-}364)$$

式中 ρ_L——工作介质液体的密度，kg/m^3；

L——热管长度，m；

φ——热管与水平方向的安装倾角，(°)；

H——热管两端的相对高差，m。

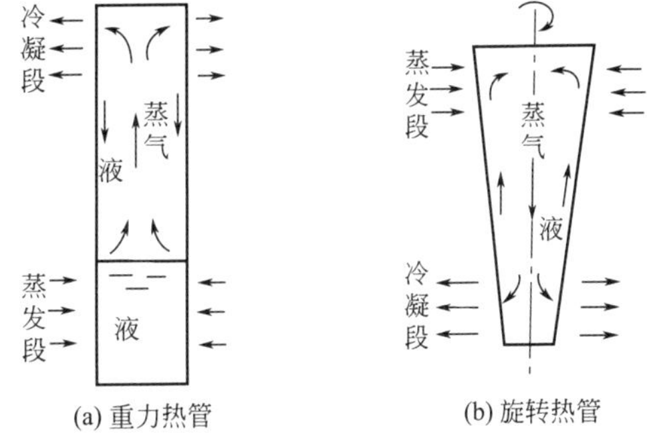

图 5-140 重力热管与旋转热管

重力热管的优点是结构非常简单，制造容易，成本较低，工作性能亦不低于吸液芯型，有条件时应尽量使用，这种热管属于热二极管型，热流通道必在冷流通道的下方，热量只能从下方传向上方，故其安装使用受到限制。重力热管的最大热流量与安装倾角有关，当倾角大于 60°以后，最大热流量趋于稳定。

c. 旋转热管（图 5-140(b)）。如将一定锥度的热管绕轴旋转，即成为旋转热管。液体依靠离心力流向蒸发段，故可不设管芯。旋转热管中，凝液循环量可随转速提高而加强，且分布比较均匀，故具有更高的传热量。常用于旋转设备，通过旋转轴作为热管进行散热，例如放热反应釜的散热。

原则上，只要能对液相产生推动力以保持工质闭合循环的方法都可用于制作热管。例如利用液相不同浓度间的渗透压、电位差作用下的电渗或电流体动力驱动、磁场作用下的磁流体驱动、利用两相流提升中的液柱静压差等均已有相应的热管问世。

② 按热管的工作特性分类，主要有以下四种。

a. 标准热管。如图 5-139(a)，其工作温度由热源和冷源温度和传热量确定，当热负荷增

加时，工作温度（压力）将随之升高，温度梯度方向改变时，传热方向也改变。

b. 恒温热管。可在一定范围内将某部分工作温度维持恒定，而与热、冷源的状态无关。通常是往工作介质中充入一部分不凝性气体，并在冷凝段增加一个贮气室，故又称为充气热管或可变热导热管。当对热管蒸发段加热时，根据总压平衡关系，不凝气体将聚集到冷凝段，相当于减少了部分冷凝面积；随热负荷增加，蒸气压力增加，不凝气体被压缩，故冷凝面积相应增加，冷凝段表观导热率增加，这就阻止了蒸发段温度的上升。

c. 热二极管。即具有单向传热特性的热管，重力热管与旋转热管均具有此特性。又如在标准热管蒸发段端部装上液体捕集器，则当热管反向操作时，原来的蒸发段变为冷凝段，大部分液体即流入捕集器内而不再通过管芯循环，于是另一端被烧干而停止工作。这类热管用于太阳能换热器可防止夜间向环境散热。

d. 热开关型热管。热开关的作用是当热源温度高于给定温度或热流大于某值时自动停止工作。

③ 按热管外形分类。热管可根据需要，做成直管型（截面可为圆形、椭圆或其他形状）、弯曲管型（用于冷热源间有一定距离并且不处于同一水平上时）、分叉型（在分叉处设置冷凝段）、挠性热管（中间绝热段用挠性波纹管制作，便于改变方向，用在有振动或组装困难的场合）、两侧表面积变化型和平板型等。

④ 按热管工作温度分类。可分为深冷热管（－273～－73℃）、低温热管（－73～277℃）、中温热管（277～477℃）和高温热管（>477℃）。

（4）标准热管的管芯结构

良好的管芯应该既能提供足够大的毛细力，又有尽可能低的流动阻力并应有低的径向热阻。

常见的管芯有多层网芯式、粉末烧结式、轴向槽道式和组合式管芯。前两种是在管内壁紧贴一层由很薄的多层金属丝网或金属粉末烧结层形成毛细通道。轴向槽道是直接在管内壁上制出若干很细的不同形状的轴向槽道作为毛细通道［见图 5-141(a)］。组合式管芯是为了进一步提高热管性能而开发出来的，型式很多，图 5-141(b)、(c) 分别表示一种管芯——中央通道复合组合式管芯和槽道覆盖式管芯，不同管芯的结构特性见表 5-76。表 5-77 为不同管芯在一定条件下，以热管外表面积为基准的给热系数（蒸发段或冷凝段）范围。

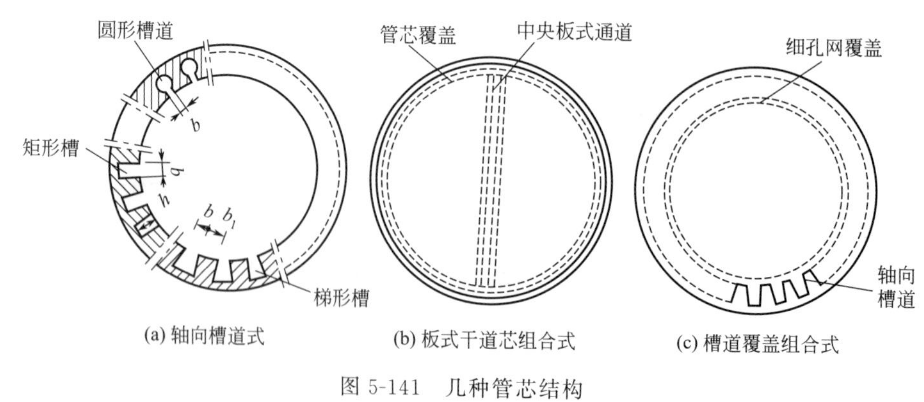

图 5-141　几种管芯结构

（5）工作介质

对热管工作介质的要求是：液体的比气化焓大，热导率高，黏度小，对毛细管芯的渗透和润湿性好，表面张力大，密度较高，化学稳定性好，特别是它与管壳和管芯材料应有极好的相容性，在长期操作中不发生任何反应，此外尚有无毒、不易燃、易于获得、价格低廉等。工作介质的工作温度范围在其熔点与沸点之间，但应避免在接近熔点或临界点附近工作；除特殊情况外，在最低工作温度下，其饱和蒸气压不低于 10kPa，并应使工作范围处于工质蒸气压-温度曲线比较陡直的区域，以维持在小温差下工作。表 5-78 为常用的工作介质的性质及其工作特性。

表 5-76　不同管芯的结构及特性

管芯型式		结构特征	轴向传热能力	毛细力	液体阻力	渗透率	径向热阻	导热性	抗弯性	抗重力性	工艺制作的重复性与可靠性
多层网芯式		1～4 层以上金属网重叠后紧贴管壁，外层可用细孔网，内层用粗孔网	低	较大	较大	低、中	较大	差	否	可	制作简单重复性差
粉末烧结式		将金属粉末或金属丝网在管壁上烧结形成毛细孔道	较低	较大	较大	低、中	较小	中	可	可	重复性中等
轴向槽道式		在管内壁直接轧制或铣制纵向细槽。槽的截面形状可为矩形、梯形、三角形、圆形或半圆形，或在纵向截面发生变化	较高	较低	较低	中、高	较小	好	可	不能	重复性好制作比较简单
组合管芯式	板式干道管芯	管芯分为两部分，一部分主要起毛细抽吸作用，另一部分作为低阻力液体通道。是壁面管芯-中央通道复合式的一种。内壁面开细槽或覆盖毛细网，提供毛细抽吸力、冷凝和蒸发；管中央设置平板式毛细液体流道，并与管壁保持毛细连接	高	较高	较低	高	很小	好	否	可	制造较复杂重复性和可靠性较高
	槽道覆盖式	在壁面细槽上加覆一层细孔金属网，由于金属网覆盖的重复性较差，效果只略优于非组合式	高	较高	低	高	较大	中	不适	可	制作复杂可靠性较差

表 5-77　典型管芯的一侧给热系数（以该段管外表面为基准）参考值

管芯形式	给热系数/[W/(m²·℃)]		条件				
多层网芯	600～1000		1mm 厚网芯，低热导率工作介质				
烧结芯	4700～6700		2.25mm 厚的周向芯，工作介质为水				
槽道式	3000～15000		铝、壁面开槽、8～80 根槽/cm				
	蒸发段	冷凝段	管内径/mm	槽数	槽深 h/mm	槽宽 b/mm	工质
	8300	9400	10	20	1.2	0.7	氨
	11600	21200	6	18	0.7	0.5	氨
	11600	16800	8.6	27	1.02	0.61	氨

表 5-78　常用工质的性质及其工作特性

应用场合	工质	熔点/℃	正常沸点/℃	工作温度范围/℃	与管壳及管芯材料的相容性		蒸发段热流强度实测值		
					相容材料	不相容材料③	吸液芯	蒸气温度/℃	热流强度①/(kW/m²)
深冷热管	氦	−272	−269	−270～−269	铝、不锈钢②		不锈钢网	−269	0.9
	氢	−259	−252.7	−258～−243	铝		—	—	—
	氮	−210	−196	−203～−160	铝，LF_2 铝合金，不锈钢		不锈钢网 周向槽，16 槽/cm	−163 −193	10.0 5.0
	甲烷	−184.3	−161.3	−173～−100	铝、铝合金		—	—	—

续表

应用场合	工质	熔点/℃	正常沸点/℃	工作温度范围/℃	与管壳及管芯材料的相容性		蒸发段热流强度实测值		
					相容材料	不相容材料[③]	吸液芯	蒸气温度/℃	热流强度[①]/(kW/m²)
低温热管	氨	−78	−33	−60～100	铝、铝合金、不锈钢、镍、低碳钢	铜	各种吸液芯 轴向槽	20～40 27	50～150 75
	戊烷	−130	28	−20～120	铝、不锈钢	—	—	—	—
	丙酮	−95	57	0～120	铝、铝合金、不锈钢、铜、黄铜、镍、二氧化硅	—	—	—	—
	甲醇	−98	64	10～160	不锈钢、铜，黄铜、镍、二氧化硅	铝	泡沫状镍 200 目金属网	25～30 25	0.3～4.0 0.9
	乙醇	−112	78	0～130	—	—	四层 100 目金属网	90	11.0
	庚烷	−90.8	98.6	0～147	铝	—	—	—	—
中温热管	水	0	100	30～320	铜、Monel400，不锈钢 347、钛	不锈钢，铝、镍、碳钢、inconel	各种吸液芯 金属丝网 烧结铜 周向槽，50 槽/cm	140～180 90 60 180	250～1000 45～63 82 1500
	导热姆 *A*	12	257	150～395	碳钢、铜、不锈钢	—	—	—	—
	汞	−39	361	250～650	不锈钢 347	钛、inconel、钨、钛、钽、铌	不锈钢网	360	1800
高温热管	硫	112	440	200～600	—	—	—	—	—
	铯	29	670	450～900	钛、铌	—	—	—	—
	钾	62	774	500～1000	不锈钢、铌-1%锆、镍	钛	各种吸液芯	700～750	1500～2500
	钠	98	892	600～1200	不锈钢、镍、铌-1%锆	钛	各种吸液芯 不锈钢网	850～950 760	2000～4000 2300
	锂	179	1340	1000～1800	钨-铼 26%、钽、钨、铌-1%锆	不锈钢、钛、镍、inconel	槽道吸液芯	1250～1500 1700	2050～1150 1200
	银	960	2212	1800～2300	钨、铼-钨	铜	槽道吸液芯	2000	1550

① 热流强度（或称热流密度）按径向管截面计算，并非都是极限值，且与管芯结构及工作温度有关，但可作为确定最大热流密度值的参考。

② 本表中的不锈钢，除特殊指明者外，均指 1Cr18Ni9Ti。

③ 不相容材料中，只指出某些需特别加以注意的材料。

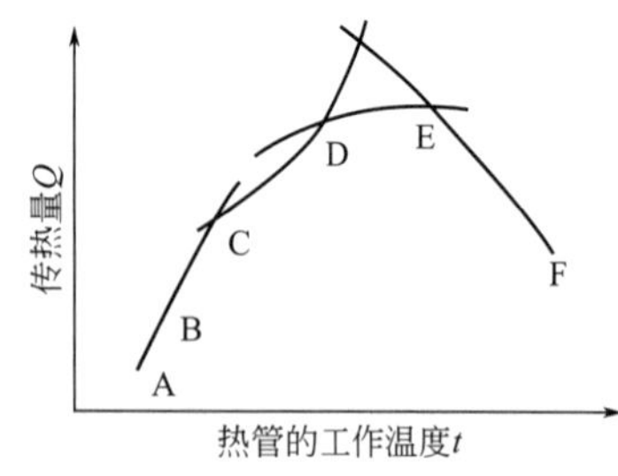

图 5-142　热管的传热极限

5.6.4.2　热管的工作特性

（1）热管的工作极限

通常要在较高的蒸气压与亚音速蒸气流动条件下，热管才能达到高传热性能与等温性能，超出一定的工作范围，其传热能力即受到限制，可用图 5-142 来表示热管在不同的操作温度下的工作极限，这也是热管本身的传热工作机制（依靠相变与液气循环流动）所决定的。热端工作温度从低温到高温，容易发生的传热极限为 AB——黏性极限；BC——声速极限；CD——携带极限；DE——毛细力极限；EF——沸腾极限。热管应在其极限曲线的下方区域工作，超过这个极限，热管将不能启动、不能提高其热流量、或因壁温过高而发生烧毁。

通常在热管的启动阶段，热源温度很低，容易达到黏性极限和声速极限，后几种极限（包括声速极限）则可能在达到正常工况后发生，这些极限与工作介质、管芯结构、并和各种影响气液循环的推动力和阻力的因素有关。

① 黏性极限。当在低温下启动时，如工作介质蒸气压和密度都很低，而管子又很长，这时蒸气流动时的黏性力远远大于惯性力，蒸气压力在冷凝端末可能达到零，这种极限一般仅对于长管和启动时蒸气压极低的熔融金属工作介质才有意义。黏性限下的轴向传热强度 q_v 可用下式表示

$$q_v=\frac{Q_v}{S_v}\cong\frac{d_v^2\Delta h_v\rho_{v0}p_{v0}}{64\mu_v L_{ef}};\ \mathrm{J/(m^2\cdot s)} \tag{5-365}$$

式中 Q_v——黏性限下的轴向传热量，J/s；

S_v——蒸气通道截面积，m^2，

$$S_v=S_i-S_{cr} \tag{5-366}$$

S_i——热管内截面，$S_i=\frac{\pi}{4}d_i^2$，m^2；

S_{cr}——管芯横截面积，m^2；

d_v——蒸气通道的直径，m；

μ_v——蒸气的平均黏度，Pa·s；

ρ_{v0}、p_{v0}——在蒸发段始端处的蒸气密度，kg/m^3 和蒸气压力，Pa，可按其工作温度和介质蒸气压求出；

L_{ef}——有效管长，近似可按

$$L_{ef}=L_a+\frac{L_e+L_c}{2} \tag{5-367}$$

计算 L_a、L_e 和 L_c 分别为绝热段、蒸发段和冷凝段的长度，m。

② 声速极限。如蒸气压不高而蒸气流速很大，应将蒸气作为可压缩流体，且其惯性力不能忽略。在蒸发段中，蒸气质量流量与流速不断增加，如在蒸发段出口附近达到声速，这时即使冷凝段温度再降低使蒸气压降低，蒸气通量及传热量亦不可能再增加，此时沿管长方向的温度梯度则自动增加；声速限下轴向传热量及传热强度分别用 Q_s，W 和 q_s，W/m^2 表示，则

$$q_s=\rho_0\Delta h_v\sqrt{\frac{\gamma_v R_v T_{v0}}{2(1+\gamma_v)}} \tag{5-368}$$

或

$$q_s=\frac{Q_s}{S_v}\cong 0.474\Delta h_v\sqrt{\rho_{v0}p_{v0}} \tag{5-368a}$$

式中 T_{v0}——蒸发段端部（驻点处）蒸气温度，K；

γ_v——蒸气的热容比，对单原子气体，$\gamma_v\cong 3/5$；双原子气体 $\gamma_v\cong 7/5$；多原子气体，$\gamma_v\cong 4/3$；

R_v——蒸气的气体常数，$R_v=\frac{R}{M_v}$；

M_v——蒸气的千摩尔质量，kg/kmol；

R——理想气体的气体常数，8314J/(kmol·K)。

③ 携带极限。随传热量的增加，蒸气流速和密度较高时，对气液界面的剪切力大增，液体表面将发生波动，以致被吹出液滴，由蒸气携带流回冷凝段，这部分液体在蒸发段出口附近

与冷凝段之间循环，不参与热量传递，最后结果是蒸发段毛细管芯干涸，热管因而停止工作。携带极限与管芯结构有关，将液面与蒸气适当分隔（例如槽面覆盖式管芯），可使极限传热量增加。携带限以 Weber 数等于 1 为判据，即

$$We=\frac{\rho_v \bar{u}_v^2 l}{2\pi\sigma}=1 \tag{5-369}$$

式中　$\bar{u}_v$——蒸气平均流速，m/s；

l——气液交界面处管芯的特性尺寸，m，例如管芯的毛细管直径，对金属丝网，可取其网眼尺寸。

携带限下的轴向的最大传热量 Q_E 与传热强度 q_E 由下式决定

$$q_E=\frac{Q_E}{S_v}=\bar{u}_v \rho_v \Delta h_v=\sqrt{\frac{2\pi\sigma \rho_v \Delta h_v^2}{l}} \tag{5-370}$$

④ 毛细极限。在某一热流强度下，若管内蒸气与液体的流动阻力（有时还包括克服重力压降）超过毛细力，蒸发段内液体蒸发量超过毛细力所能提供的液流循环量，就会造成蒸发段毛细管芯的干涸。若考虑重力影响，则毛细极限时的最大轴向传热量 Q_{cp} 和热流强度 q_{cp} 为

$$q_{cp}=\frac{Q_{cp}}{S_i}=(G_L)_{max}\Delta h_v \tag{5-371}$$

$$Q_{cp}=\left(\frac{\sigma \rho_L \Delta h_v}{\mu_L}\right)\left(\frac{KS_{cr}}{L_{ef}}\right)\left[\frac{2}{\gamma_{cp}}-\frac{\rho_L g(d_i\cos\psi \pm L\sin\Psi)}{\sigma_L}\right];\quad W \tag{5-371a}$$

式中，$\frac{\sigma \rho_L \Delta h_v}{\mu_L}$称为工作介质的品质因数，它是一个重要的性质指标，此值愈高，则毛细限愈高。K 是吸液芯的渗透率，m^2；γ_{cp}是吸液芯毛细孔的有效半径，它们反映吸液芯的几何特征对毛细限的影响，对不同结构吸液芯的表达式见表 5-79，它们的某些实测值见表 5-80。$\rho_L g(d_i\cos\Psi \pm L\sin\Psi)$ 表示重力的影响，L 为管子总长度，Ψ 为热管对水平线的倾角，当热管上方为蒸发段时，$\sin\Psi$ 前的符号取“+”值，上方为冷凝段时取“−”值。式(5-371) 中 $(G_L)_{max}$表示轴向最大液流质量流速，kg/(m^2・s)，热管的轴向最大传热能力应低于毛细限。

表 5-79　几种吸液芯结构的渗透率与有效毛细半径计算式

吸液芯的结构型式	有效毛细半径/m	渗透率(按层流)/m^2	备　注
半径为 r 的圆形毛细管芯，互不连通	$R_{min}=r_{cp}=r$	$K=\frac{r_{cp}^2}{8}$	$\Delta p_c=\frac{2\sigma}{r_{cp}}$
矩形槽道，上端槽口宽 b，槽深 h，槽顶宽 b_1 梯形槽道，上端开口宽 b	$R_{min}=r_{cp}=\frac{b}{2}$ $R_{min}=r_{cp}\approx\frac{b}{2}$	$K=\frac{2\varepsilon r_h^2}{(fRe)_1}$ ① $r_h=\frac{2bh}{b+2h}$	$\Delta p_c=\frac{\sigma}{r_{cp}}$ $\varepsilon=\frac{b}{b_1+b}$ ③
单层与双层丝网，网目间距 t，网丝直径 d，每米网目数 N，目净距 $b=t-d$ 如 $t/d<3.2$	$R_{min}=r_{cp}$ $=\frac{b+d}{2}=\frac{t}{2}$ $R_{min}=1.36\frac{t-d}{2}$	$K=\frac{d^2\varepsilon^3}{122(1-\varepsilon)^2}$	$\Delta p_c=\frac{2\sigma}{r_{cp}}$ $=1-\frac{S\pi Nd}{4}$ $\varepsilon\approx1-\frac{1.05\pi Nd}{4}$

续表

吸液芯的结构型式	有效毛细半径/m	渗透率(按层流)/m²	备注
多层网,网间无间隙(丝网总厚度 b_0),网间有间隙(丝网总厚度 b)	$\frac{t-d}{4}<R_{min}<\frac{t-d}{2}$	$K_o=\frac{d^2t}{11.27t+9.21d}$ $K=K_o+0.0262e^2\times(1-b_0/b)^{-1.26}$	$\Delta p_c=\frac{2\sigma}{R_{min}}$ $e=\frac{b-b_0}{b}$ 适用范围 $e=16\%\sim49\%$
球形粉末烧结芯,粉末直径 d	正立方体排列: $R_{min}=r_{cp}=0.205d$ 六面体排列: $R_{min}=r_{cp}=0.075d$	$K=\frac{d^2\varepsilon^3}{150(1-\varepsilon)^2}$	$\Delta p_c=\frac{2\sigma}{R_{min}}$
环形通道(内壁与丝网间用间隔物隔出环形通道)	—	$K=\frac{d_h^2}{2(fRe)_2}$ ②	$d_h=d_i-d_v$
槽道覆盖网	—	$K=\frac{2b^2h^2}{(fRe)_1(b+h)^2}$	
板式干道芯		$K=\frac{d^2\varepsilon^3}{122(1-\varepsilon)^2}$	同丝网芯

① 矩形槽(梯形槽或槽道覆盖网)	b/h	1.0	0.8	0.6	0.4	0.3	0.2	0.1	0
	$(fRe)_1$	14.2	14.5	15.0	16.5	17.75	19.25	21.1	24.0
② 环形通道	$\frac{d_v}{d_i}$	1.0	0.8	0.6	0.4	0.3	0.2	0.1	0
③ ε——空隙率	$(fRe)_2$	24	23.9	23.8	23.5	23.2	22.8	21.9	0

表 5-80 几种吸液芯吸液特性的实测值

吸液芯型式及规格	空隙率 ε	$r_{cp}/10^{-6}$m	毛细力提升高度②/cm	渗透率 $K/10^{-10}$m²
不锈钢网,平纹 80 目	—	130	—	2.57
120 目	—	80	—	0.79
不锈钢网, 200 目	0.773	58	—	0.52
双层 200 目	0.689	61	—	0.771
钛网,四层 200 目	0.684	15	—	—
250 目	—	—	—	0.302
铜网, 60 目	—	—	3.0	8.4
镍网, 200 目	0.689	40	23.4	0.62
烧结 50 目	0.625	305	—	6.63
200 目	0.676	64	—	0.77
二层 200 目	—	—	—	0.81
镍毯 烧结覆盖层	0.868	17~37	—	0.47~6.0
不锈钢毯 烧结	0.822	110	—	11.61
铜毯 烧结	0.895	229	—	12.4
镍粉 烧结	0.658	61	—	2.73
镍粉, 烧结 200×10^{-6}m	—	380	24.6	0.027
500×10^{-6}m	—	40	>40	0.081
铜粉,烧结 $45\sim56\times10^{-6}$m	0.287	9.0	—	—
$100\sim125\times10^{-6}$m	0.305	21	—	—
泡沫铜 Ampor Cop200-5	0.912	241	—	232
Monel 珠,堆焊 30~40 目	0.40	252①	14.6	4.12
70~80 目	0.40	97	39.5	0.78
140~200 目	0.40	45	75.0	0.11

① 珠直径。

② 对水的提升值。

⑤ 沸腾极限。当蒸发段工作温度与热流密度进一步增高时，管芯内可能充满了蒸气泡并堵塞毛细孔，同时增加了管壁的过热度。与前面几种轴向传热能力极限不同，沸腾极限是径向传热能力的极限，沸腾限下，热流量 Q_b 近似可按

$$Q_b=\frac{2\pi L_e(\lambda_{eff})_e T_v}{\Delta h_v \rho_v \ln(d_i/d_v)}\left(\frac{2\sigma}{r_n}-\frac{2\sigma\cos\theta}{r_{cp}}\right) \tag{5-372}$$

径向热流强度

$$q_b=\frac{Q_b}{2\pi r_m L_e};\quad \mathrm{W/m^2} \tag{5-372a}$$

式中 L_e——蒸发段长度，m；

$(\lambda_{eff})_e$——蒸发段吸液芯在充满工质液体时的有效热导率，W/(m・℃)；

T_v——蒸气饱和温度，K；

r_m——吸液芯的平均半径，m；

$$r_m=\frac{d_i-d_v}{2}\times\frac{1}{\ln(d_i/d_v)}$$

r_n——吸液芯中气泡核的半径，m；

$$r_n\approx\left(\frac{2\sigma T_L\lambda_L\Delta V}{\Delta h_v q_r}\right)^{1/2} \tag{5-373}$$

T_L——液相饱和温度，K；

ΔV——工质气相比容与液相比容之差，m^3/kg；

$$\Delta V=\frac{1}{\rho_v}-\frac{1}{\rho_L}$$

q_r——径向热流密度，W/m^2；

λ_L——工质液相的热导率，W/(m・K)。

由于 r_n 比较难求（近似计算可取 $r_n=2.54\times10^{-7}$ m)，而且，高导热的液态金属与低导热的工质，沸腾限的机制可能不同，因此，式(5-372) 仅供估算使用，在表 5-77 中列出的不同工质的实测径向热流强度值可供参考。

(2) 热管的起动特性

热管从处于室温条件下起动时，随热源温度升高与冷源温度的降低，热负荷逐渐增高，热管能否顺利到达设计工作状态，与工作介质的性质以及冷凝段与冷源间的热阻关系甚大。在常温下热管的工作介质可能有以下三种情况。

① 常温下完全是气相（如低温工质)。启动时由冷凝段取出热量并发生冷凝，由于蒸气压力较高，一般可以顺利启动。

② 常温下工质呈气液平衡（例如水热管）状态。如启动时管内蒸气压已足够高，且冷源端热阻亦不太小，则在热端加热时，管内蒸气压平稳上升，而蒸气运动速度增加不大，随热负荷增加，温度比较均匀地增加而到达设计点。但如启动时蒸气压较低而冷源处热阻又很小，则当热负荷增加时，冷凝段温度上升很少，故热管中的蒸气压和密度都很低，这时有可能还未达到设计点，已经超过声速限或携带限引起热管的烧干。这种情况下应采取的措施是增大冷凝段对冷源的热阻，使热负荷增加时，冷凝段的温度和压力都能上升，而蒸气流速降低，并建立起正常的气液循环。

③ 工质全部凝固，蒸气压极低（如许多高温工质)。这时更应加大冷凝段与冷源间的热

阻，使之在热管烧干之前冷凝段工质即已熔化，以保证有充分的液体循环，否则启动将失败，如前所述，往热管中加入不凝气体，相当于增加了冷凝段热阻并可调整冷凝段面积，可很好提高这类热管的启动特性。

因此，努力使启动时冷凝段的温度不断提高并接近蒸发段温度，就不能顺利地到达正常工作状态。

5.6.4.3 热管的传热计算

(1) 工作状态下热管的温降与热阻

工作状态下，热管每部分的温差如图 5-143(a) 所示，ΔT_1，ΔT_9 分别表示热源——蒸发段管外、冷凝段外壁——冷源的温差；ΔT_2，ΔT_8 为两段管壁的径向温差；ΔT_3、ΔT_7 为两段含液的吸液芯的径向温差，它们是主要的温差；ΔT_4、ΔT_6 表示两段气液界面处的相变温差，通常此值甚小，可以忽略；ΔT_5 是蒸发段至冷凝段间的轴向温差。

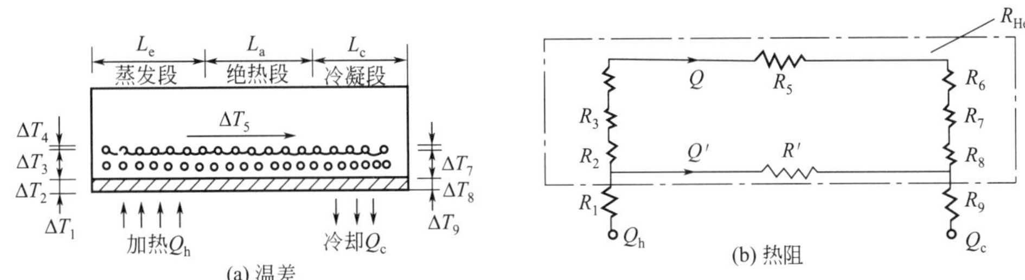

图 5-143 热管的温差与热阻

热管各部分的热阻关系，可按类似电阻串、并联关系如图 5-143(b) 所示。图中 Q'与 R' 表示由于沿管壁与吸液芯轴向存在温差而引起的附加热量传递和相应的轴向热阻，由于 R'很大，而轴向温差很小，Q'的值很小，可以认为，全部由热源传向冷源的热量 Q 通过 R_1-R_2-R_3-R_4-R_5-R_6-R_7-R_8-R_9 串联热阻，而热管本身的当量热阻 R_{He}等于除 R_1 和 R_9 以外的串联热阻，于是，R 与 ΔT 的编号一致，有

$$Q=\frac{\Delta T_i}{R_i} \tag{5-374}$$

(2) 热管各部分热阻计算

a. 蒸发段管壁热阻 R_2。对应传热面积

$$A_2=2\pi r_m L_e,\quad r_m=\frac{r_o-r_i}{\ln(r_o/r_i)},$$

$$Q=2\pi r_m L_e\frac{\lambda_m}{r_o-r_i}\Delta T_2=\frac{2\pi L_e\lambda_w\Delta T_2}{\ln(d_o/d_i)}=\frac{\Delta T_2}{R_2}$$

则

$$R_2=\frac{\ln(d_o/d_i)}{2\pi\lambda_w L_e};\quad \mathrm{K/W} \tag{5-375}$$

式中 r_m——蒸发段管壁的平均半径，m。

b. 蒸发段吸液芯径向热阻 R_3。对应传热面积 $A_3=2\pi r_{m1}L_e$

式中 r_{m1}——吸液芯的平均半径，m；

$$r_{m1}=\frac{r_i-r_v}{\ln(r_i/r_v)}$$

r_i——蒸发段管内径，m；

r_v——蒸发段蒸气通道半径，m；

$$\Delta T_3=\frac{Q\ln(d_i/d_o)}{2\pi L_e\lambda_{eff}}$$

则
$$R_3=\frac{\ln(d_i/d_o)}{2\pi L_e(\lambda_{eff})_e};\quad K/W \tag{5-376}$$

式中 $(\lambda_{eff})_e$——蒸发段吸液芯（含工作介质液体）的有效热导率，W/(m·K)，它与冷凝段的吸液芯有效热导率 $(\lambda_{eff})_c$ 的计算可参见表 5-81。

c. 气液界面的热阻 R_4，一般可略。

d. 蒸气通道的轴向热阻 R_5。对应传热面积 $A_5=\frac{\pi}{4}d_v^2$，$\Delta T_5=\frac{RT^2\Delta p_v}{\Delta h_v p_v}$

则
$$R_5=\frac{\Delta T_5}{Q}=\frac{RT^2\Delta p_v}{\Delta h_v p_v Q};\ K/W \tag{5-377}$$

式中 Δp_v——蒸发段至冷凝段的蒸气压差，Pa；

T、p_v——蒸发段的蒸气温度，K 和压力，Pa。

与 R_3、R_7 相比，R_5 小几个数量级，故也可忽略。

表 5-81 吸液芯有效导热系数的计算

吸液芯型式		λ_{eff}计算公式[③]
基本公式	吸液芯与工质液体串联热传导 吸液芯与工质液体并联热传导	$\lambda_{eff}=\frac{\lambda_L\lambda_s}{\varepsilon\lambda_s+\lambda_L(1-\varepsilon)}$ (5-378) $\lambda_{eff}=\varepsilon\lambda_L+\lambda_s(1-\varepsilon)$ (5-379) 式中 λ_L——液体工质热导率，W/(m·K)； λ_s——吸液芯热导率，W/(m·K)； ε——吸液芯的空隙率，m^3/m^3。
金属丝网芯或[①] 金属纤维芯 金属纤维烧结芯		$\lambda_{eff}=\frac{\lambda_L[(\lambda_L+\lambda_s)-(1-\varepsilon)(\lambda_L-\lambda_s)]}{[(\lambda_L+\lambda_s)+(1-\varepsilon)(\lambda_L-\lambda_s)]}$ (5-380) $\lambda_{eff}=\lambda_s\left[(1-\varepsilon)+\frac{\lambda_L}{\lambda_s}\varepsilon\exp\left(1-\sqrt{\frac{\lambda_L}{\lambda_s}}\right)^f\right]\times\exp\left[1-\varepsilon\left(1+\sqrt{\frac{\lambda_L}{\lambda_s}}\right)^f\right]$ (5-381) $f=20\sqrt{\frac{\lambda_L}{\lambda_s}}$ (5-382)
填充烧结粉末芯		$\lambda_{eff}=\frac{\lambda_L[(2\lambda_L+\lambda_s)-2(1-\varepsilon)(\lambda_L-\lambda_s)]}{(2\lambda_L+\lambda_s)+(1-\varepsilon)(\lambda_L-\lambda_s)}$ (5-383)
轴向矩形槽道[②]		冷凝段 $\lambda_{eff}=\frac{b\lambda_L+b_1\lambda_s}{b+b_1}$ (5-384) 蒸发段 $\lambda_{eff}=\frac{b_1\lambda_L\lambda_s h+b\lambda_L(0.185b_1\lambda_s+h\lambda_L)}{(b+b_1)(0.185b_1\lambda_s+h\lambda_L)}$ (5-385) λ_s 可按壁的热导率 λ_w 计算

① 对多层网结构，且液体的热导率 λ_L 较低时，由式(5-380) 计算值偏高。

② 由于槽端尚有一层液膜，故计算结果也偏高。

③ 所有计算式均与实际情况有一定偏差，最好使用实验测量值。

e. 冷凝段各部分热阻。类似地，有

$$R_6\approx 0$$

$$R_7=\frac{\ln(d_i/d_v)}{2\pi L_c(\lambda_{eff})_c}\quad (A_7=2\pi L_c r_{m1}) \tag{5-376a}$$

$$R_8=\frac{\ln(d_o/d_i)}{2\pi L_c\lambda_w}\quad (A_8=2\pi L_c r_m) \tag{5-375a}$$

在所有热阻之中，吸液芯径向热阻 R_3 和 R_7 最大。

(3) 热管当量热阻与当量给热系数

a. 热管的当量热阻。忽略 Q_s，则

$$R_{He}=\sum_{i=2}^{8}R_i\approx R_2+R_3+R_5+R_7+R_8 \tag{5-386}$$

b. 热管的当量给热系数。若热管蒸发段与冷凝段外表面温度为 t_{eo} 与 t_{co}，则按传热速率方程，

$$Q=\frac{t_{eo}-t_{co}}{R_{He}}=(\alpha_{He}A)(t_{eo}-t_{co})$$

与总传热系数类似，热管的当量给热系数亦与所取面积基准有关，一般可取热管的轴向截面积 $\frac{\pi}{4}d_o^2$、蒸发段的外表面积 $\pi d_o L_e$ 或冷凝段的外表面积为基准。

【例 5-17】 计算一个水热管的当量热阻与当量给热系数，吸液芯的渗透率。用铜质管壳，$d_o=25.4$mm，$d_i=22.1$mm，金属丝网吸液芯，使用 200 目 8 层卷制，网芯厚 1×10^{-3}m，网目数 $N=7.87\times10^3$ 1/m，网丝直径 $d=6.25\times10^{-5}$m，热管总长度 0.5m，蒸发段长度 $L_e=0.15$m，冷凝段长度 $L_c=0.15$m，工作温度 100℃。若改用矩形槽道，结果如何？

解 ① 查取工作温度下的有关物性参数。$t=100$℃时，对水有

$\rho_L=958.4\text{kg/m}^3$，$C_{pL}=4220\text{W/(kg·℃)}$，$\lambda_L=0.68\text{W/(m·℃)}$，$\mu_L=28.38\times10^{-5}\text{Pa·s}$，$\sigma=6.0\times10^{-3}\text{N/m}$，$\Delta h_v=2258.4\text{kJ/kg}$

$\rho_v=0.58\text{kg/m}^3$，$\mu_v=1.28\times10^{-5}\text{Pa·s}$，管壁 $\lambda_w=379\text{W/(m·℃)}$

② 计算有关几何参数与吸液芯渗透率

$d_o=25.4$mm，$d_i=22.1$mm，$d_v=(22.1-2\times1)\text{mm}=20.1\text{mm}$

吸液芯空隙率，按表 5-78，

$$\varepsilon=1-\frac{\pi SNd}{4}=1-\frac{\pi\times1.05\times7.87\times10^3\times6.25\times10^{-5}}{4}=0.594$$

$$K=\frac{d^2\varepsilon^3}{122(1-\varepsilon^2)}=\frac{(6.25\times10^{-5})^2\times0.594^3}{122(1-0.594^2)}\text{m}^2=1.04\times10^{-11}\text{m}^2$$

③ 计算各部分热阻

$$R_2=\frac{\ln(d_o/d_i)}{2\pi L_e\lambda_w}=\frac{\ln(25.4/22.1)}{2\times\pi\times0.15\times379}\text{℃/W}=3.9\times10^{-4}\text{℃/W}$$

$$R_3=\frac{\ln(d_i/d_v)}{2\pi L_e\lambda_{eff}}，取\ \lambda_s=\lambda_w=379\text{W/(m·℃)}，$$

由式(5-380)，对蒸发段，吸液芯有效热导率为

$$(\lambda_{eff})_e=\frac{\lambda_L[(\lambda_L+\lambda_s)-(1-\varepsilon)(\lambda_L-\lambda_s)]}{[(\lambda_L+\lambda_s)+(1-\varepsilon)(\lambda_L-\lambda_s)]}$$

$$=\frac{0.68[(0.68+379)-(1-0.594)(0.68-379)]}{[(0.68+379)+(1-0.594)(0.68-379)]}\text{W/(m·℃)}$$

$$=1.6\text{W/(m·℃)}$$

$$R_3=\frac{\ln(22.1/20.1)}{2\pi\times0.15\times1.6}℃/W=0.0629℃/W$$

略去 R_4，R_5，R_6。

对冷凝段，$R_7=\dfrac{\ln(d_i/d_o)}{2\pi L_e\lambda_{eff}}$

由于温差不大，$\lambda_{eff}\cong1.6$，$R_7\cong0.0629℃/W$

$$R_8=\frac{\ln(d_o/d_v)}{2\pi L_e\lambda_w}\cong R_2\approx3.9\times10^{-4}℃/W$$

则 $$R_{He}=\sum_{i=2}^{8}R_i=(2\times0.0629+2\times3.9\times10^{-4})℃/W=0.1266℃/W$$

④ 计算热管当量给热系数

由 $Q=\dfrac{t_{eo}-t_{co}}{R_{He}}=(\alpha_{He}A)(t_{eo}-t_{co})$，以热管截面积为基准，$S=\dfrac{\pi}{4}d_o^2$，

则 $$(\alpha_{He})_s=\frac{1}{R_{He}\frac{\pi}{4}d_o^2}=\frac{1}{0.1266\times\frac{\pi}{4}\times0.0254^2}W/(m^2\cdot℃)=15600W/(m^2\cdot℃)$$

以蒸发段表面积为基准，$A_e=\pi L_e d_o$，

则 $$(\alpha_{He})_e=\frac{1}{R_{He}\pi L_e d_o}=\frac{1}{0.1266\times\pi\times0.15\times0.0254}W/(m^2\cdot℃)=660W/(m^2\cdot℃)$$

类似地，以冷凝段表面积为基准，因为 $A_e=A_c$，所以 $(\alpha_{He})_c=(\alpha_{He})_e=660W/(m^2\cdot℃)$

⑤ 改用轴向矩形槽道，若取槽口宽 $b=5\times10^{-4}m$，槽深 $h=1\times10^{-3}m$，$d_o=25.4mm$，$d_i=22.1mm$，$d_v=20.1mm$。轴向矩形槽数 $n=74$，其余不变，则槽端宽 $b_l\approx\dfrac{\pi(d_i+d_v)}{2n}-b$ $=\dfrac{\pi\times(22.1+20.1)\times10^{-3}}{2\times74}-5\times10^{-4}=3.96\times10^{-4}m$

蒸发段吸液芯有效导热系数，由式(5-385)，

$$\lambda_{eff}=\frac{b_l\lambda_L\lambda_s h+b\lambda_L(0.185b_l\lambda_s+h\lambda_L)}{(b+b_l)(0.185b_l\lambda_s+h\lambda_L)}$$

$$=\frac{3.96\times10^{-4}\times0.68\times379\times1\times10^{-3}+5\times10^{-4}\times0.68(0.185\times3.96\times10^{-4}\times379+1\times10^{-3}\times0.68)}{(5+3.96)\times10^{-4}\times(0.185\times3.96\times10^{-4}\times379+1\times10^{-3}\times0.68)}$$

$$=4.38W/(m\cdot℃)$$

$$R_3=\frac{\ln(22.1/20.1)}{2\pi\times0.15\times4.38}℃/W=0.023℃/W$$

冷凝段有效热导率，按式(5-384)，

$$\lambda_{eff}=\frac{b\lambda_L+b_l\lambda_s}{b+b_l}$$

$$=\frac{5\times10^{-4}\times0.68+3.96\times10^{-4}\times379}{(5+7.96)\times10^{-4}}W/(m^2\cdot℃)=167.9W/(m^2\cdot℃)$$

$$R_7=\frac{\ln(22.1/20.1)}{2\pi\times0.15\times167.9}℃/W=6\times10^{-4}℃/W$$

则 $$R_{He}=\sum_{i=2}^{8}R_i\cong(0.023+6\times10^{-4}+2\times3.9\times10^{-4})℃/W=0.02438℃/W$$

$$(\alpha_{He})_s=\frac{1}{R_{He}\frac{\pi}{4}d_0^2}=\frac{1}{0.02438\times\frac{\pi}{4}\times0.0254^2}W/(m^2\cdot℃)=80950W/(m^2\cdot℃)$$

$$(\alpha_{He})_e=\frac{1}{0.02438\times\pi\times0.15\times0.0254}W/(m^2\cdot℃)=3430W/(m^2\cdot℃)$$

由此可见，单纯用金属丝网制作的吸液芯效果较差，故应用已较少。

5.6.4.4　热管换热器

热管不仅可用于流体间的换热，亦可用于固体颗粒的移动床、沸腾床与其他介质间的换热。当换热器的温度范围变化较大时，可将不同材料和不同工质的热管用于换热器的不同区域构成组合式热管换热器，使每种热管都能在其适宜工作温度范围之内。

典型的热管换热器如图 5-144(a)，热管上装有翅片，冷热流体间以隔板隔开，可以实现逆流操作。图 5-144(b) 是一种纵向翅片热管换热器，利用热管可弯曲的特性，将冷热气体流道叠置，高温气体流道在下方，故工作介质液体可借助部分重力作用进行回流，而且热管的蒸发段和冷凝段可做得很长，翅片安装也比较容易。

一些用于特殊场合的热管换热器见图 5-145。(a) 为一种热开关热管，用于需要进行温度控制的场合，热管排成圆筒形，排列在上下管板上，并由电机带动旋转，热管内装有两种互不

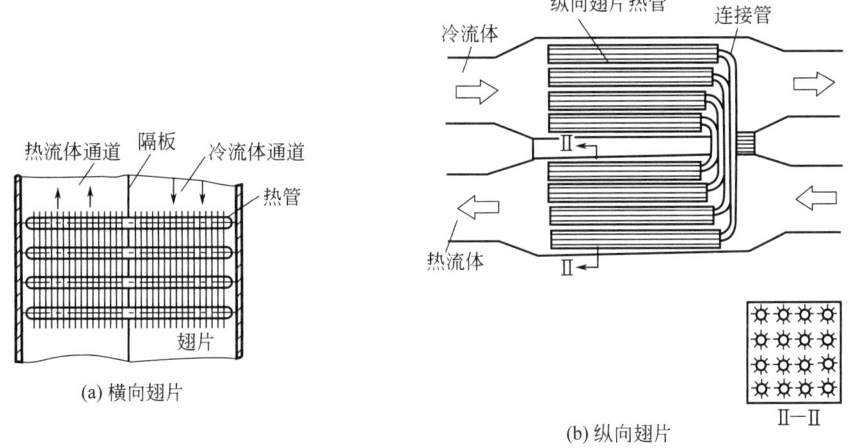

图 5-144　典型热管换热器

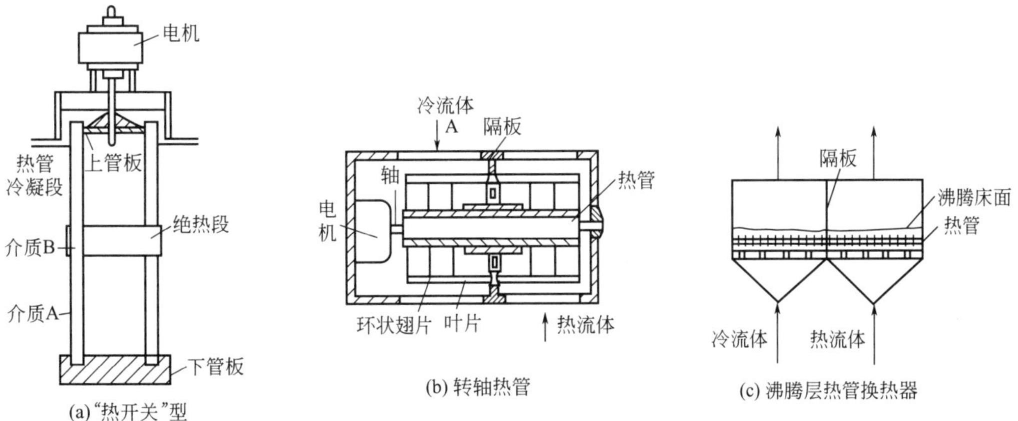

图 5-145　用于特殊场合的热管换热器

相溶的工作介质，介质 A 密度较大而沸点较低，介质 B 的沸点较高而密度较小。当热管下部被加热时，如温度低于介质 A 的沸点，则介质 A 既不沸腾也不能气化，热管不传热，一旦温度超过介质 A 的沸点则沸腾开始，介质 A 的蒸气将在上部冷凝而开始大量传热。图（b）是一种直接将热管作为旋转轴的换热器，显然这类结构可用作反应器的搅拌轴以移走或加入热量。图（c）为一种沸腾层热管换热器，由于沸腾颗粒的冲刷，热管表面不会结垢，故可用于高温含尘气体热量的回收。

【例 5-18】 设计一个热管换热器用于回收干燥器排出的废气余热以预热空气（见附图），蒸发段与冷凝段结构与长度相同，采用带横向矩形翅片的铝热管，其热导率为 $\lambda_w=110\text{W}/(\text{m}\cdot℃)$。已知每根热管的蒸发段光管外表面为基准的当量给热系数为 $5000\text{W}/(\text{m}^2\cdot℃)$，其结构尺寸为：$d_o=0.028\text{m}$，$d_i=0.024\text{m}$，$d_f=0.051\text{m}$，$\delta_f=0.4\times10^{-3}\text{m}$，$p_f=2.3\times10^{-3}\text{m}$，$H_f=0.0115\text{m}$，$L_e=1.4\text{m}$，$L_c=1.4\text{m}$。若热废气进口温度 $t_{h1}=170℃$，$W_h=4.5\text{kg/s}$，出口温度 100℃，冷空气入口温度 $t_{c1}=20℃$，$W_c=4.0\text{kg/s}$。

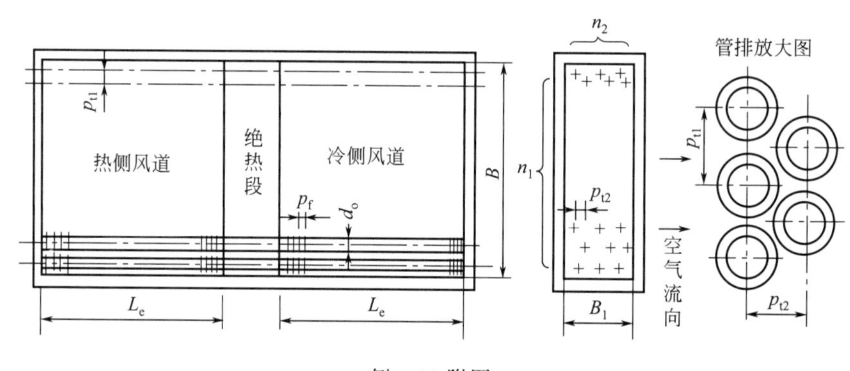

例 5-18 附图

解 （1）计算有关基本参数

若总管数为 N_t，迎风面的管排数 n_1，流动风向上管排数 n_2，则 $N_t\approx n_1n_2$，取正三角形排列，$p_{t1}=0.054\text{m}$，$p_{t2}=0.047\text{m}$，$L_e=L_c=1.4\text{m}$，$(A_o)_e=\pi d_oL_eN_t=\pi\times0.028\times1.4\times N_t=0.123N_t\text{m}^2$，

$$(A_f)_e=N_tL_e\times2\times\frac{\pi}{4}(d_f^2-d_o^2)\left(\frac{1}{p_f-1}\right)$$

$$=N_t\times1.4\times2\times\frac{\pi}{4}(0.051^2-0.028^2)\times\left(\frac{1}{2.3\times10^{-3}}-1\right)=1.73N_t\text{m}^2$$

$$(A_r)_e=N_tL_e\pi d_o(p_f-\delta_f)\left(\frac{1}{p_f}-1\right)$$

$$=N_t\times1.4\times\pi\times0.028(2.3-0.4)\times10^{-3}\times\left(\frac{1}{2.3\times10^{-3}}-1\right)=0.101N_t\text{m}^2$$

$$(\Sigma A)_e=1.831N_t\text{m}^2$$

$B=(n_1+0.5)p_{t1}$，则流道最窄处截面积，

$$S_F=L_eB-n_1L_e\left[d_o+\delta_f(d_f-d_0)\left(\frac{1}{p_f}-1\right)\right]$$

$$=1.4(n_1+0.5)\times0.054-n_1\times1.4\left[0.028+0.4\times10^{-3}(0.051-0.028)\left(\frac{1}{2.3\times10^{-3}}-1\right)\right]$$

$$=0.0308n_1+0.0378$$

若选热废气质量流速 $G_h=6\text{kg}/(\text{m}^2\cdot\text{s})$，则

$$S_F=\frac{W_h}{G_h}=\frac{4.5}{6.0}=0.75\text{m}^2=0.0308n_1+0.0378$$

$$n_1\approx 23,B=1.27\text{m},S_F=0.7462\text{m}^2$$

$$G_h=\frac{4.5}{0.7462}\text{kg}/(\text{m}^2\cdot\text{s})=6.03\text{kg}/(\text{m}^2\cdot\text{s})$$

$$G_c=\frac{4.0}{0.7462}\text{kg}/(\text{m}^2\cdot\text{s})=5.36\text{kg}/(\text{m}^2\cdot\text{s})$$

(2) 估算两段给热系数

蒸发段废气平均温度 $t_{hm}=\frac{1}{2}\times(170+100)=135℃$，此温度下废气（按空气）物性可查得

$$C_{ph}=1011\text{J}/(\text{kg}\cdot℃),\lambda_h=0.034\text{W}/(\text{m}^2\cdot℃),$$

$$\mu_h=23.3\times10^{-6}\text{Pa}\cdot\text{s},Pr=0.693,$$

$$R_{eh}=\frac{d_oG_h}{\mu_h}=\frac{0.028\times6.03}{23.3\times10^{-6}}=7.25\times10^3$$

由热量衡算：

$$Q_h=W_hC_{ph}\Delta_h=4.5\times1011\times(170-100)\text{W}=3.18\times10^5\text{W}$$

冷流体出口温度 $$t_{c2}=t_{c1}+\frac{Q_h}{W_cC_{pc}}=98.6℃$$

$$t_{cm}=59.3℃,C_{pc}\cong1005\text{J}/(\text{kg}\cdot℃),\lambda_c=0.029\text{W}/(\text{m}\cdot℃)$$

$$\mu_c=20.1\times10^{-6}\text{Pa}\cdot\text{s},Pr=0.697$$

$$R_{ec}=\frac{d_oG_c}{\mu_c}=\frac{0.028\times5.36}{20.1\times10^{-6}}=7.47\times10^3$$

$d_f/d_o=0.051/0.028=1.82$，属于高翅片，以翅片外表面为基准的对流给热系数亦可按下式计算（$Re=10^3\sim2\times10^4$），

$$Nu=0.134Re^{0.681}Pr^{1/3}\left(\frac{p_f-\delta_f}{H_f}\right)^{0.20}\left(\frac{p_f-\delta_f}{\delta_f}\right)^{0.1134}$$

对热流体侧，

$$\alpha_{hf}=0.134\times\frac{0.034}{0.028}\times7250^{0.681}\times0.693^{1/3}\left(\frac{2.3\times10^{-3}-0.4\times10^{-3}}{0.0115}\right)^{0.20}$$

$$\left(\frac{2.3\times10^{-3}-0.4\times10^{-3}}{0.4\times10^{-3}}\right)^{0.1134}\text{W}/(\text{m}^2\cdot℃)$$

$$=51\text{W}/(\text{m}^2\cdot℃)$$

对冷流体侧，

$$\alpha_{cf}=0.134\ \frac{0.029}{0.028}\times7470^{0.681}\times0.697^{1/3}\left(\frac{2.3\times10^{-3}-0.4\times10^{-3}}{0.0115}\right)^{0.20}$$

$$\left(\frac{2.3\times10^{-3}-0.4\times10^{-3}}{0.4\times10^{-3}}\right)^{0.1134}\text{W}/(\text{m}^2\cdot℃)$$

$$=44.5\text{W}/(\text{m}^2\cdot℃)$$

(3) 计算两段的翅片效率 η_f 及翅片热阻

设翅片两侧污垢热阻可以忽略，按式(5-284)，$m=\left(\frac{2\alpha_f}{\lambda_f\delta_f}\right)^{0.5}$；按式(5-283)，$\eta_f=\frac{\tanh(mH_f)}{mH_f}$；按式(5-282)，翅片热阻 $r_f=\frac{1}{\alpha_f}\times\frac{1-\eta_f}{\eta_f+A_r/A_f}$。

对蒸发段，

$$m_h=\left(\frac{2\times51}{110\times0.4\times10^{-3}}\right)^{0.5}=48.15$$

$$\eta_{hf}=\frac{\tanh(48.15\times0.0115)}{48.15\times0.0115}=0.91$$

$$r_{hf}=\frac{1}{51}\times\frac{1-0.91}{0.91+0.101/1.73}(m^2\cdot℃)/W=0.00182(m^2\cdot℃)/W$$

$$\frac{1}{\alpha_{hf}'}=\frac{1}{\alpha_{hf}}+r_{hf}=(0.0196+0.00182)(m^2\cdot℃)/W=0.02142(m^2\cdot℃)/W$$

对冷凝段，

$$m_c=\left(\frac{2\times44.5}{110\times0.4\times10^{-3}}\right)^{0.5}=45$$

$$\eta_{cf}=\frac{\tanh(45\times0.0115)}{45\times0.0115}=0.92$$

$$r_{cf}=\frac{1}{44.5}\times\frac{1-0.92}{0.92+0.101/1.73}(m^2\cdot℃)/W=0.00184(m^2\cdot℃)/W$$

$$\frac{1}{\alpha_{cf}'}=\frac{1}{\alpha_{cf}}+r_{cf}=\left(\frac{1}{44.5}+0.00184\right)(m^2\cdot℃)/W=0.02431(m^2\cdot℃)/W$$

注意：以上均各以蒸发段和冷凝段翅片面积为基础。

(4) 计算需要的总面积和热管总数 N_t

计算逆流条件下的平均温差

$$\Delta T_{lm}=\frac{(t_{h1}-t_{c2})-(t_{h2}-t_{c1})}{\ln\frac{t_{h1}-t_{c2}}{t_{h2}-t_{c1}}}=\frac{(170-98.6)-(100-20)}{\ln\frac{170-98.6}{100-20}}℃=75.6℃$$

由 $\Delta T_i=Q/R_i$

$$t_h-t_{eo}=\frac{Q}{\alpha_{hf}'(\Sigma A)_e},\text{而 } t_{eo}-t_{co}=\frac{Q}{(\alpha_{He})_e(A_o)_e},t_{co}-t_c=\frac{Q}{\alpha_{cf}'(\Sigma A)_c},$$

$$\Sigma\Delta t=(t_h-t_c)=\left[\frac{1}{\alpha_{hf}'(\Sigma A)_e}+\frac{1}{(\alpha_{He})_e(A_o)_e}+\frac{1}{\alpha_{cf}'(\Sigma A)_c}\right]Q$$

若统一以蒸发段表面积为基准，则

$$t_h-t_c=\frac{Q}{K(\Sigma A)_e},\text{则}(\Sigma A)_e=(\Sigma A)_e$$

$$\frac{1}{K}=\frac{1}{\alpha_{hf}'}+\frac{1}{\alpha_{He}\frac{(A_o)_e}{(\Sigma A)_e}}+\frac{1}{\alpha_{cf}'}$$

$$=0.02142+\frac{1}{5000\times\frac{0.123}{1.831}}+0.02431=2.487$$

$$K=20.5\quad W/(m^2\cdot℃)$$

则
$$(\Sigma A)_e=\frac{Q}{K\Delta T_m}=\frac{3.18\times10^5}{20.5\times75.6}m^2=204.9m^2$$
$$N_t=\frac{(\Sigma A)_e}{1.831}=\frac{204.9}{1.831}=112$$

因为　$n_1=23$，

所以　$n_2=\frac{N_t}{n_1}=\frac{112}{23}=4.86$，取 5 排，

故
$$N_t=23\times5m^2=115m^2$$
$$(\Sigma A)_e=1.831\times115m^2=210m^2$$

由此可见，计算热管换热器时，使用 $\Delta T=\frac{Q}{R_2}$ 较为方便，并应注意各部分热阻或给热系数所对应的传热面积基准，最后统一到一个面积基准上来。

5.7　板式及紧凑式换热器

5.7.1　概述

可将单位体积中传热面积超过 $200m^2/m^3$ 的换热器归作紧凑式换热器（有的文献以 $700m^2/m^3$ 为界）。发展紧凑式换热器是为了满足工业上对换热器的不同需要，实现小设备、大生产，以获得更高的经济性。提高换热器的紧凑性通常有两条途径：一是将传统的管式换热器的光管改为翅片管，以取得较多的扩展表面积，这在前面几节已有论及；另一途径是将管状传热面改为平行板状传热面，由于板间距可以减少，排板空间可以充分利用，故板式换热器的紧凑性高于一般管壳式，例如螺旋板式换热器；此外，改变板面的形状和凹凸度、或在板间加上不同形状的翅片，既可进一步扩展表面，又可提高流体的湍动程度与传热效率，例如板框式或板翅式换热器，但由此带来的问题是，平行板式结构的耐压能力普遍较低，因此，既提高板式换热器的紧凑性，又能达到很高的耐压能力，一直为研究者所关注。近来开发的扩散联结式或电子电路式板翅换热器可以满足这一要求，它们首先在航天部门得到应用，近来已开始用于石油化工行业，将在 5.7.4 节予以介绍。应当再次强调，任何一种换热器，都有其最适用的对象和范围，没有也不可能有一种完全普适的、最经济的换热器型式。具体选用应经过细致的方案比较。

5.7.2　螺旋板换热器

螺旋板换热器是一种板式换热器，由两张保持一定间距的平行金属板卷制，上下端面通常焊接密封，形成两条平行的螺旋形流道，冷热介质在相邻流道中流过并各自通过两侧板壁换热。在换热器的中心管状区用隔板将两条流道隔开。一般要用焊在板上呈规则分布的定距柱来保证流道间距。冷热流体通常呈逆流流动，在用作冷凝器或再沸器时，无相变流体沿螺旋通道流动，有相变流体则常在螺旋通道内沿轴向流动，形成错流。图 5-146 为常见的一种Ⅰ型螺旋板换热器简图，可以看到在中心管区有一块隔板，将两个螺旋流道隔开。

与无相变管壳式换热器相比，单一而弯曲的流道、单程、平行板片和定距柱的布置，以及焊接密封是其结构特点，由此引起一系列性能变化。

① 有较好的传热性能。流道中湍动程度大，总传热系数可提高 50%～200%。由于单一流道很长，逆流操作时，其换热器效率可达 90%以上。工业经验表明，这类换热器可以达到最小的端部温差（3℃左右），故可提高热能利用率，使用低温热源；也适于介质温度变化很大的

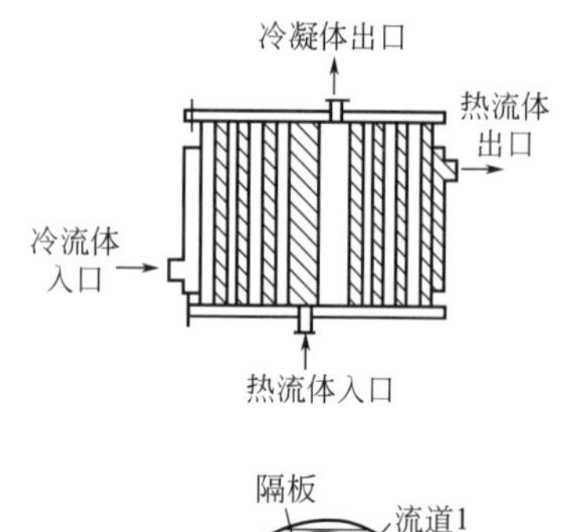

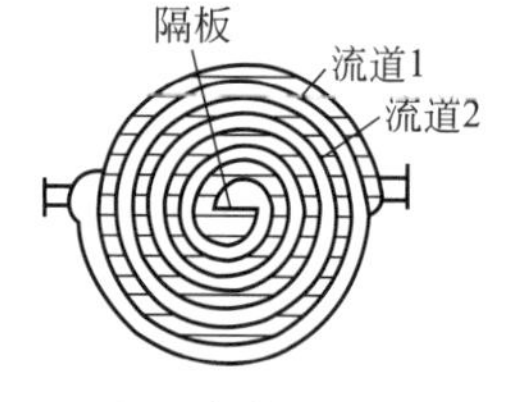

图 5-146 Ⅰ型螺旋板换热器

场合；并可精确控制出口温度。

② 不易污塞，有自清洁性。在单一流道中，局部沉积处会自动增加流速，加强冲刷，故可处理高黏性液体、含固体颗粒或纤维状悬浮物的流体，但不适于易结硬垢的流体。

③ 结构紧凑度较高。可达 $44\sim100m^2/m^3$，比一般管壳式换热器高 1～2 倍，热损失小，运输和安装较方便。

④ 温差应力小，弯曲板片可以补偿热膨胀。

⑤ 制造简单，密封可靠。

其主要局限性是：

① 承压能力有限，最高不超过 4MPa（板厚 2mm 时，为 0.5～1.0MPa）；

② 维修与机械清洗困难；

③ 单台处理能力受限制，单一流道的流量不宜过大，否则压降过高，一般最大体积流量不超过 $350m^3/h$。

5.7.2.1 分类和基本结构尺寸

(1) 分类

按螺旋板换热器的流道形式及用途可分为以下各型。

Ⅰ型（见图 5-146）：适于无相变的对流传热，常用于液-液换热（用于气相介质时，气相负荷有限），为防止固体颗粒的沉降，液体流速应在 0.7m/s 以上。可按立式或卧式安装。

Ⅱ型［见图 5-147(a)］：一种流体螺旋流动，上下端面焊接密封；另一种流体轴向流动，两端敞开，允许通过大的流量。适用于两种介质体积流量相差悬殊的场合。例如，用作气体冷却器时，气体沿轴向流动；用作冷凝器时，被冷凝蒸气沿轴向向下（也有向上）流动，凝液向下排出；用作再沸器时，蒸发液体通常在轴向自下向上流动，加热介质一般从中心通入，在外周边排出。后两种情况均应立式安装。

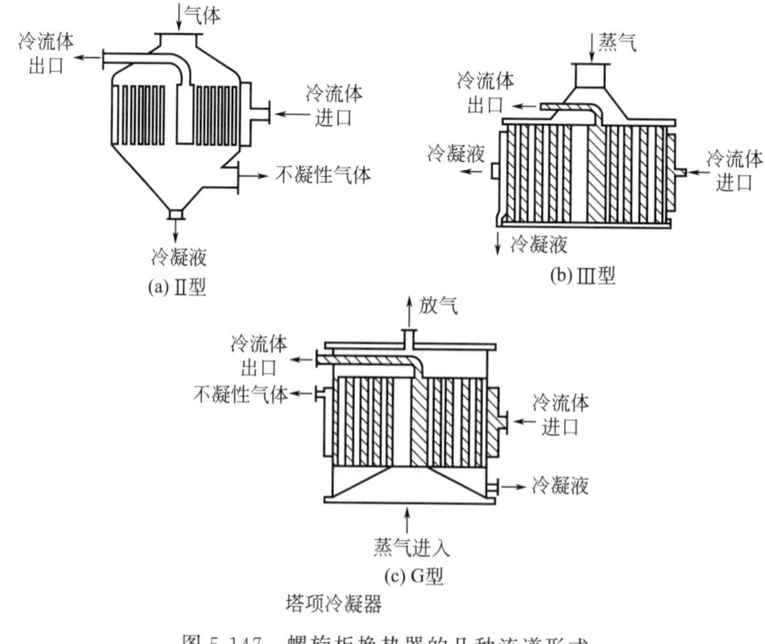

图 5-147 螺旋板换热器的几种流道形式

Ⅲ型［见图 5-147(b)］：下盖板封闭，上盖板在中心部分打开，故一种流体作螺旋流动，而由中央进入的流体则兼有轴向和螺旋两种流动。主要用作蒸气冷凝，并可使冷凝液得到过冷。立式安装。

“G”型［见图 5-147(c)］：通常直接安装在蒸馏塔顶作为塔顶冷凝器，立式安装。蒸气由下方进入经上升管至上盖板处折返，再沿轴向或螺旋向流动。

另一种分类是按上下端面和盖板的密封方式，习惯上也称作“Ⅰ”、“Ⅱ”、“Ⅲ”型，查阅文献时应加区别。

“Ⅰ”型［见图 5-148(d)］：两端面全部焊死，又称不可拆式螺旋板换热器。制造成本低，密封性能好，但两个通道均不能进行机械清洗。

“Ⅱ”型［见图 5-148(a)］：两个通道的端面各自在一端焊死，并用可拆卸的盖板和垫片密封，故可避免两种流体的互漏，且两流道可分别机械清洗。

“Ⅲ”型：用四张钢板卷制成两个相连的反向螺旋通道，其上下端面全焊，使其中流动的介质从外周流到中心，再从中心流到外周排出，其进出口均在边上。另一介质通道则上下全部敞开，只能作轴向流动。

图 5-148(b) 是一通道两端面全焊，而另一通道敞开的结构，它们主要用于前面的Ⅱ型换热器。图5-148(c) 中，两端面都未焊上，依靠压紧垫片进行密封，虽易于清洗，但可靠性差，故很少采用。

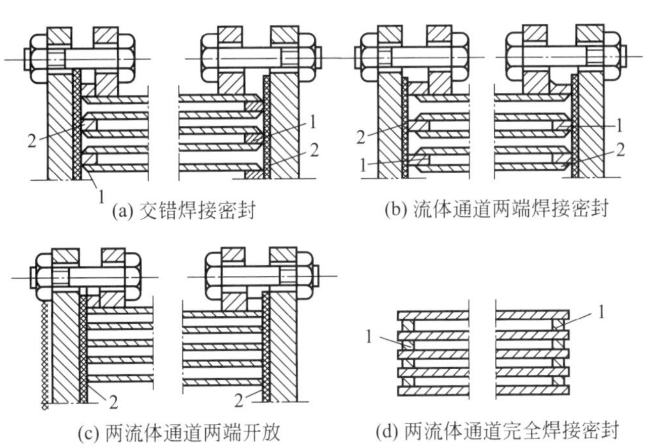

图 5-148 不同的端面和盖板的密封方式

1—焊接的钢条；2—垫片

(2) 定距柱

定距柱除保证流道间距以外，还有增强流体湍动、增强板片刚性和耐压能力的作用，但也会使流动阻力增加。一般用 ϕ10～20、高为 10～15mm 的圆钢（视板间距而定）焊在板上，正三角形排列，常用柱间距（mm）有 80×80，100×100，150×150，200×200。对可拆式，也可用正方形排列。操作压力在 0.3MPa 以下时，从刚性角度也可不用定距柱；为强化传热，也可直接在薄板片上冲出半圆形的鼓泡（定距泡）以代替定距柱。

(3) 进出口管

对Ⅰ型换热器，在外周设置有一个介质入口和另一介质的出口。位置可在同一侧或对侧，接口形式可为正向或切向（后者阻力较小但结构较复杂）。在中心管区，有两种介质的另一个进出口沿轴向布置。进出口管在外周的位置及尺寸对螺旋体的直径、螺旋流道长度和有效换热长度都有影响。

(4) Ⅰ和Ⅱ型换热器的有关规格

GB/T 28712.5—2012 规定碳素钢、低合金钢、奥氏体不锈钢制的不可拆和可拆螺旋板式热交换器的基本参数，可供设计选型时使用。适用于公称压力不大于 2.5MPa，公称直径不大于 2000mm，公称换热面积不大于 200m^2 的不可拆螺旋板式热交换器（表 5-82）。还适用于公称压力不大于 1.0MPa，公称直径不大于 1200mm，公称换热面积不大于 90m^2 的可拆螺旋板式热交换器。

表中符号：

a——可拆螺旋板式热交换器的特征尺寸，mm；

b——螺旋通道间距，mm；

DN——公称直径，基准于螺旋体的外径，mm；

d_o——可拆螺旋板式热交换器倒锥平盖的外径，mm；

d——螺旋中心直径，mm；

dN——接管公称直径，mm；

A_1——计算换热面积，m^2；

A——公称换热面积，m^2；

f——螺旋通道截面积，m^2；

H——板宽，m；

h——倒锥平盖圆环筋的高度，mm；

h_1——内外锥的焊接高度，mm；

k——倒锥平盖圆环筋的定位尺寸系数；

L_t——螺旋通道长度，m；

l——倒锥平盖内外锥的定位尺寸系数；

PN——公称压力，MPa；

t_B——倒锥平盖基础板的厚度，mm；

t_H——倒锥平盖圆环筋的厚度，mm；

t_{Z1}——倒锥平盖内锥的厚度，mm；

t_{Z2}——倒锥平盖外锥的厚度，mm；

V——流速 1m/s 时的处理量，m^3/h；

δ——螺旋板板厚，mm。

表 5-82 不可拆式螺旋板换热器基本参数

PN /MPa	A /m^2	DN /mm	b /mm	δ /mm	H /m	A_1 /m^2	V /(m^3/h)	dN /mm	L_t /m	f /m^2	d /mm
≤1.6	6	500	6	4	0.4	5.90	8.25	50	7.96	0.0023	200
		500	10		0.5	5.59	16.92	80	6.21	0.0047	200
		600	10		0.4	5.62	13.32	65	7.48	0.0037	200
	8	500	6		0.5	7.81	10.41	65	8.36	0.0029	200
		600	10		0.6	8.17	20.52	60	7.05	0.0057	200
		700	10		0.4	8.07	13.32	65	10.80	0.0037	200

续表

PN /MPa	A /m²	DN /mm	b /mm	δ /mm	H /m	A_1 /m²	V /(m³/h)	dN /mm	L_t /m	f /m²	d /mm
≤1.6	10	600	6	4	0.5	10.19	10.41	65	10.46	0.0029	200
		700	10		0.5	10.26	16.92	80	10.80	0.0047	200
		700	12		0.6	10.29	24.54	100	8.95	0.0068	200
	15	700	6		0.5	15.27	10.41	65	15.72	0.0029	200
		800	10		0.5	15.01	16.92	80	15.85	0.0047	200
		800	10		0.6	15.39	20.52	80	13.31	0.0057	300
		900	14		0.6	14.88	28.63	100	12.91	0.0080	300
	20	800	6		0.5	20.10	10.41	65	20.73	0.0029	200
		700	10		1.0	19.71	34.92	125	9.96	0.0097	300
		900	10		0.6	20.41	20.52	80	17.71	0.0057	300
		900	14		0.8	20.12	38.71	125	12.91	0.0108	300
	25	800	6		0.6	24.96	12.57	65	21.33	0.0035	200
		800	10		1.0	25.06	34.92	125	12.72	0.0097	300
		900	10		0.8	26.56	27.72	100	17.05	0.0077	300
		900	14		1.0	25.36	48.79	125	12.91	0.0136	300
	30	700	6		1.0	30.09	21.21	80	15.20	0.0059	200
		800	10		1.0	29.80	34.92	125	15.25	0.0097	200
		900	12		1.0	30.23	41.82	125	15.42	0.0116	300
		900	14		1.2	30.60	58.87	150	12.91	0.0164	300
	40	1000	6		0.6	39.88	12.57	65	34.15	0.0035	200
		1200	10		0.6	40.19	20.52	80	35.06	0.0057	300
		1200	14		0.8	40.20	38.71	125	25.98	0.0108	300
		1200	18		1.0	40.45	62.73	150	20.70	0.0174	300
	50	1000	10		1.2	51.74	42.12	125	21.92	0.0117	300
		1100	12		1.0	49.05	41.82	125	25.14	0.0116	300
		1200	14		1.0	50.67	48.79	125	25.98	0.0136	300
		1200	18		1.2	50.87	75.69	150	21.59	0.0210	300
	60	1500	10		0.6	62.15	20.52	80	54.33	0.0057	300
		1300	14		1.0	59.62	48.79	125	30.60	0.0136	300
		1400	18		1.0	59.12	62.73	150	30.35	0.0174	300
	80	1300	10		1.0	79.37	34.92	125	40.72	0.0097	300
		1500	10		0.8	83.96	27.72	100	54.33	0.0077	300
		1500	14		1.0	79.57	48.79	125	40.91	0.0136	300
		1700	18		1.0	83.52	62.73	150	42.95	0.0174	300
	100	1500	10		1.0	103.61	34.92	125	53.21	0.0097	300
		1600	10		0.8	100.15	27.72	100	64.84	0.0077	300

续表

PN /MPa	A /m^2	DN /mm	b /mm	δ /mm	H /m	A_1 /m^2	V /(m^3/h)	dN /mm	L_t /m	f /m^2	d /mm
≤1.6	100	1600	14	4	1.0	97.50	48.79	125	50.17	0.0136	300
		1700	18		1.2	103.70	75.69	150	44.20	0.0210	300
	120	1600	10		1.0	121.48	34.92	125	62.42	0.0097	300
		1500	10		1.2	124.97	42.12	125	53.21	0.0117	300
		1600	14		1.2	117.64	58.87	150	50.17	0.0164	300
		1600	18		1.5	119.48	95.13	200	40.50	0.0264	300
	130	1500	10		1.2	130.21	42.12	125	55.45	0.0117	300
		1700	14		1.2	129.25	58.87	150	55.14	0.0164	300
		1900	18		1.2	131.78	75.69	150	56.22	0.0210	300
	150	1800	14		1.2	147.66	58.87	150	63.02	0.0164	300
		1800	18		1.5	149.44	95.13	200	50.71	0.0264	300
		2000	18		1.2	148.80	75.69	150	63.51	0.0210	300
	160	1900	18		1.5	165.63	95.13	200	56.22	0.0264	300
	180	1800	14		1.5	181.62	73.99	150	61.67	0.0206	300
		2000	18		1.5	182.64	95.13	200	62.02	0.0264	300
	200	1900	14		1.5	201.83	73.99	150	68.55	0.0206	300
		2000	16		1.5	199.97	84.56	200	67.92	0.0235	300
2.5	6	500	6	4	0.5	6.38	10.41	65	6.50	0.0029	200
		500	10		0.6	5.91	20.52	80	5.07	0.0057	200
		600	10		0.4	5.62	13.32	65	7.48	0.0037	200
	8	500	6		0.6	8.12	12.57	65	6.86	0.0035	200
		600	10		0.6	8.17	20.52	80	7.05	0.0057	200
		700	10		0.4	8.07	13.32	65	10.80	0.0037	200
	10	600	6		0.5	10.19	10.41	65	10.46	0.0029	200
		700	10		0.5	10.26	16.92	80	10.80	0.0047	200
		700	12		0.6	10.29	24.54	100	8.95	0.0068	200
	15	700	6		0.5	15.27	10.41	65	15.72	0.0029	200
		800	10		0.6	14.73	20.52	80	12.72	0.0057	300
		900	14		0.6	14.88	28.63	100	12.91	0.0080	300
	20	800	6		0.5	20.10	10.41	65	20.73	0.0029	200
		700	10		1.0	19.71	34.92	125	9.96	0.0097	300
		900	10		0.6	20.41	20.52	80	17.71	0.0057	300
		900	14		0.8	20.12	38.71	125	12.91	0.0108	300
	25	800	6		0.6	24.96	12.57	65	21.33	0.0035	200
		800	10		1.0	25.06	34.92	125	12.72	0.0097	300
		900	10		0.8	25.55	27.72	100	16.40	0.0077	300
		900	14		1.0	25.36	48.79	125	12.91	0.0136	300

续表

PN /MPa	A /m²	DN /mm	b /mm	δ /mm	H /m	A_1 /m²	V /(m³/h)	dN /mm	L_t /m	f /m²	d /mm
2.5	30	700	6	4	1.0	30.08	21.21	80	15.20	0.0059	200
		800	10		1.0	29.80	34.92	125	15.25	0.0097	200
		900	12		1.0	30.23	41.82	125	15.42	0.0116	300
		900	14		1.2	30.60	58.87	150	12.91	0.0164	300
	40	1000	6		0.6	39.88	12.57	65	34.15	0.0035	200
		1200	10		0.6	40.19	20.52	80	35.06	0.0057	300
		1200	14		0.8	40.20	38.71	125	25.98	0.0108	300
		1200	18		1.0	40.45	62.73	150	20.70	0.0174	300
	50	1000	10		1.2	51.74	42.12	125	21.92	0.0117	300
		1100	12		1.0	47.45	41.82	125	24.32	0.0116	300
		1200	14		1.0	50.67	48.79	125	25.98	0.0136	300
		1200	18		1.2	48.80	75.69	150	20.70	0.0210	300
	60	1500	10		0.6	62.15	20.52	80	54.33	0.0057	300
		1400	12		0.8	61.77	33.18	125	40.02	0.0092	300
		1300	14		1.0	59.62	48.79	125	30.60	0.0136	300
		1500	18		1.0	63.25	62.73	150	32.48	0.0174	300
	80	1300	10		1.0	79.37	34.92	125	40.72	0.0097	300
		1500	10		0.8	83.96	27.72	100	54.33	0.0077	300
		1500	14		1.0	79.57	48.79	125	40.91	0.0136	300
		1700	18		1.0	83.52	62.73	150	42.95	0.0174	300
	100	1500	10		1.0	103.61	34.92	125	53.21	0.0097	300
		1600	10		0.8	98.28	27.72	100	63.63	0.0077	300
		1700	14		1.0	102.25	48.79	125	52.62	0.0136	300
		1700	18		1.2	103.70	75.69	150	44.20	0.0210	300
	120	1600	10		1.0	121.48	34.92	125	62.42	0.0097	300
		1500	10		1.2	124.97	42.12	125	53.21	0.0117	300
		1500	14		1.5	120.66	73.99	150	40.91	0.0206	300
		1600	16		1.5	122.31	84.56	200	41.47	0.0236	300
	130	1500	10		1.2	130.21	42.12	125	55.45	0.0117	300
		1700	14		1.2	129.25	58.87	150	55.14	0.0164	300
		1600	16		1.5	129.24	84.56	200	43.83	0.0235	300
	150	1800	14		1.2	147.66	58.87	150	63.02	0.0164	300
		1700	16		1.5	147.39	84.56	200	50.01	0.0235	300
		1800	18		1.5	149.44	95.13	200	50.71	0.0264	300
	160	1900	14		1.2	160.59	58.87	150	68.55	0.0164	300
		1900	18		1.5	161.51	95.13	200	54.82	0.0264	300

续表

PN /MPa	A /m²	DN /mm	b /mm	δ /mm	H /m	A_1 /m²	V /(m³/h)	dN /mm	L_t /m	f /m²	d /mm
2.5	180	1800	14	4	1.5	181.62	73.99	150	61.67	0.0206	300
		1900	16		1.5	182.96	84.56	200	62.13	0.0235	300
	200	1900	14		1.5	201.83	73.99	150	68.55	0.0206	300
		2000	16		1.5	195.65	84.56	200	66.45	0.0235	300
≤1.6	4	500	10	2.5,3	0.4	4.46	13.32	65	6.27	0.0037	200
	6	400	6		0.6	6.13	12.57	65	5.44	0.0035	200
		500	10		0.5	6.02	16.92	80	6.86	0.0047	200
	8	500	6		0.4	7.20	8.25	50	9.67	0.0023	200
		500	10		0.6	7.75	20.52	80	7.06	0.0057	200
		600	10		0.5	8.36	16.92	80	9.21	0.0047	200
	10	600	6		0.4	10.06	8.25	50	13.47	0.0023	200
		600	10		0.6	10.14	20.52	80	9.21	0.0057	200
		700	14		0.6	9.76	28.63	100	8.40	0.0080	300
		800	14		0.5	10.10	23.59	100	10.60	0.0066	300
	15	700	6		0.8	15.52	10.41	65	15.91	0.0029	300
		800	10		0.5	15.11	16.92	80	15.96	0.0047	200
		800	14		0.8	16.57	38.71	125	10.60	0.0108	300
	20	700	6		0.6	20.91	12.57	65	17.85	0.0035	200
		800	10		0.6	18.99	20.52	80	16.54	0.0057	200
		900	14		0.8	21.23	38.71	125	13.63	0.0108	300
	25	800	6		0.5	24.87	10.41	65	25.68	0.0029	200
		800	10		0.8	24.24	27.72	100	15.55	0.0077	300
		900	10		0.6	24.74	20.52	80	21.58	0.0057	200
		900	14		0.8	23.24	38.71	125	14.94	0.0108	300
	30	700	5		0.8	29.72	15.89	80	18.88	0.0047	200
		800	10		1.0	30.54	34.92	125	15.55	0.0097	300
		1000	14		0.8	29.72	38.71	125	19.16	0.0108	300
	40	1000	10		0.8	39.82	27.72	100	25.67	0.0077	300
		900	12		1.2	39.29	50.46	125	16.63	0.0140	300
		1000	16		1.2	39.03	67.28	150	16.52	0.0187	300
	50	1000	10		1.0	50.17	34.92	125	25.67	0.0097	300
		1100	14		1.2	52.39	68.87	150	22.24	0.0164	300
		1200	18		1.2	50.78	75.69	150	21.55	0.0210	300
	60	1200	10		0.8	60.19	27.72	100	38.89	0.0077	300
		1100	12		1.2	61.55	50.46	125	26.15	0.0140	300
		1300	14		1.0	65.54	48.79	125	33.66	0.0136	300
		1400	18		1.0	60.40	62.73	150	31.01	0.0174	300

续表

PN /MPa	A /m^2	DN /mm	b /mm	δ /mm	H /m	A_1 /m^2	V /(m^3/h)	dN /mm	L_t /m	f /m^2	d /mm
≤1.6	80	1200	10	2.5,3	1.0	77.59	34.92	125	39.80	0.0097	300
		1500	12		0.8	82.03	33.18	125	53.21	0.0092	300
		1400	14		1.0	79.21	48.79	125	40.73	0.0136	300
		1500	18		1.2	85.34	75.69	150	36.34	0.0210	300
	100	1400	10		1.0	104.31	34.92	125	53.58	0.0097	300
		1400	12		1.2	104.57	50.46	125	44.57	0.0140	300
		1600	14		1.0	100.87	48.79	125	51.91	0.0136	300
		1600	18		1.2	98.74	75.69	150	42.08	0.0210	300
	120	1500	10		1.0	121.25	34.92	125	62.31	0.0097	300
		1700	14		1.0	117.53	48.79	125	60.52	0.0136	300
		1800	18		1.2	125.23	75.69	150	53.42	0.0210	300
	130	1800	14		1.0	130.18	48.79	125	67.05	0.0136	300
		2000	18		1.0	131.14	62.73	150	67.55	0.0174	300
	150	1900	14		1.0	148.94	48.79	125	76.74	0.0136	300
		2000	18		1.2	154.77	75.69	150	66.06	0.0210	300
	160	1800	14		1.2	160.22	58.87	150	68.39	0.0164	300
		2000	18		1.2	158.24	75.69	150	67.55	0.0210	300
	180	1900	14		1.2	179.71	58.87	150	76.74	0.0164	300
		2000	16		1.2	177.28	67.28	150	75.70	0.0187	300
	200	1900	10		1.0	198.42	34.92	125	102.09	0.0097	300
		2000	14		1.2	200.30	58.87	150	85.55	0.0164	300
2.5	4	500	10	2.5,3	0.4	4.19	13.32	65	5.54	0.0037	200
	6	400	6		0.6	6.13	12.57	65	5.15	0.0035	200
		600	12		0.5	6.39	20.22	80	6.71	0.0056	200
	8	500	6		0.5	8.00	10.41	65	8.18	0.0029	200
		600	10		0.5	7.95	16.92	80	8.34	0.0047	200
		600	10		0.6	8.67	20.52	80	7.49	0.0057	200
	10	600	6		0.4	10.06	8.25	50	13.05	0.0023	200
		600	10		0.6	9.64	20.52	80	8.34	0.0057	200
		700	14		0.6	9.76	28.63	100	8.40	0.0080	300
		800	14		0.5	10.10	23.59	100	10.60	0.0066	300
	15	700	6		0.5	15.52	10.41	65	15.91	0.0029	300
		800	10		0.5	15.11	16.92	80	15.96	0.0047	200
		800	14		0.8	16.57	33.71	125	10.60	0.0108	300
	20	700	6		0.6	20.91	12.57	65	17.85	0.0035	200
		800	10		0.6	18.99	20.52	80	16.54	0.0057	200
		900	14		0.8	21.23	38.71	125	13.63	0.0108	300

续表

PN /MPa	A /m²	DN /mm	b /mm	δ /mm	H /m	A_1 /m²	V /(m³/h)	dN /mm	L_t /m	f /m²	d /mm
2.5	25	800	6	2.5,3	0.5	24.87	10.11	65	25.68	0.0029	200
		800	10		0.8	23.33	27.72	100	14.95	0.0077	300
		900	10		0.6	23.98	20.52	80	20.92	0.0057	200
		900	14		0.8	23.24	38.71	125	14.94	0.0108	300
	30	700	6		0.8	28.90	16.89	80	18.36	0.0047	200
		800	10		1.0	29.39	34.92	125	14.95	0.0097	300
		1000	14		0.8	28.59	38.71	125	18.42	0.0108	300
	40	1000	10		0.8	39.82	27.72	100	25.67	0.0077	300
		900	12		1.2	39.29	50.46	125	16.63	0.0140	300
		1000	16		1.2	39.03	67.28	150	16.52	0.0187	300
	50	1000	10		1.0	48.73	34.92	125	24.92	0.0097	300
		1100	14		1.2	52.39	58.87	150	22.24	0.0164	300
		1200	18		1.2	50.78	75.69	150	21.55	0.0210	300
	60	1200	10		0.8	58.81	27.72	100	37.99	0.0077	300
		1100	12		1.2	61.55	50.46	125	26.15	0.0140	300
		1300	14		1.0	63.69	48.79	125	32.71	0.0136	300
		1400	18		1.0	60.40	62.73	150	31.01	0.0174	300
	80	1500	12		0.8	80.31	33.18	125	52.09	0.0092	300
		1400	14		1.0	77.19	48.79	125	39.68	0.0136	300
		1500	18		1.2	82.78	75.69	150	35.25	0.0210	300
	100	1400	10		1.0	102.28	34.92	125	52.53	0.0097	300
		1400	12		1.2	104.57	50.46	125	44.57	0.0140	300
		1600	14		1.0	100.87	48.79	125	51.91	0.0136	300
		1600	18		1.2	98.74	75.69	150	42.08	0.0210	300
	120	1500	10		1.0	119.07	34.92	125	61.18	0.0097	300
		1600	14		1.2	121.72	58.87	150	51.91	0.0164	300
	140	1600	12		1.2	141.02	50.46	125	60.17	0.0140	300
	160	1600	10		1.2	162.55	42.12	125	69.27	0.0117	300
≤1.0	5	500	10	2.5,3	0.5	4.98	16.92	80	5.18	0.0047	200
	6	500	10		0.6	6.04	20.52	80	5.18	0.0057	200
	8	500	6		0.5	8.00	10.41	65	8.18	0.0029	200
		600	10		0.5	7.95	16.92	80	8.34	0.0047	200
		600	12		0.6	8.24	24.54	100	7.14	0.0068	200
		700	14		0.5	8.11	23.59	100	8.55	0.0066	200
	10	600	6		0.4	9.72	8.25	50	12.61	0.0023	200
		600	10		0.6	9.64	20.52	80	8.34	0.0057	200
		700	14		0.6	9.85	28.63	100	8.56	0.0080	200

续表

PN /MPa	A /m^2	DN /mm	b /mm	δ /mm	H /m	A_1 /m^2	V /(m^3/h)	dN /mm	L_t /m	f /m^2	d /mm
≤1.0	15	700	6	2.5,3	0.5	15.52	10.41	65	15.91	0.0029	300
		700	10		0.8	16.53	27.72	100	10.54	0.0077	300
		800	10		0.5	15.66	16.92	80	16.54	0.0047	200
	20	700	6		0.6	21.51	12.57	65	18.36	0.0035	200
		700	10		0.8	18.85	27.72	100	12.13	0.0077	200
		800	14		1.0	20.89	48.79	125	10.60	0.0136	300
		1000	14		0.6	21.15	28.63	100	18.42	0.0080	300
	25	800	6		0.6	26.54	12.57	65	22.60	0.0035	300
		800	10		0.8	25.65	27.72	100	16.54	0.0077	200
		900	10		0.6	24.74	20.52	80	21.58	0.0057	200
		900	14		0.8	24.90	38.71	125	16.10	0.0108	200
	30	700	6		0.8	28.90	16.89	80	18.36	0.0047	200
		900	10		0.8	31.09	27.72	100	20.00	0.0077	300
		1000	14		0.8	29.72	38.71	125	19.16	0.0108	300
	40	1000	10		0.8	39.82	27.72	100	25.67	0.0077	300
		1000	14		1.0	39.55	48.79	125	20.32	0.0136	200
		1000	14		1.2	45.21	58.87	150	19.16	0.0164	300
	50	1000	10		1.0	50.17	34.92	125	25.67	0.0097	300
		1100	10		0.8	49.53	27.72	100	31.97	0.0077	300
		1000	14		1.2	47.73	58.87	150	20.32	0.0164	200
	60	1200	10		0.8	60.19	27.72	100	38.89	0.0077	300
		1100	14		1.2	58.67	58.87	150	25.00	0.0164	200
		1200	14		1.0	58.60	48.79	125	30.16	0.0136	200
	80	1100	10		1.2	78.78	42.12	125	33.55	0.0117	200
		1200	10		1.0	78.83	34.92	125	38.89	0.0097	300
	90	1200	10		1.2	91.46	42.12	125	38.89	0.0117	300

(5) 几何尺寸计算

就工艺计算而言，重要的几何尺寸有：ⓐ螺旋流道长度 L_t，用于计算流动压降；ⓑ有效换热长度 L_e 和螺旋板有效高度 H_e，用于计算换热面积；ⓒ螺旋体的直径 D_o；ⓓ螺旋流道间距 δ（或 δ_1 和 δ_2，因为两个流道的间距可能不同）。其中

$$H_e \cong H-2\delta\times10^{-3}\,\mathrm{m} \tag{5-387}$$

式中，H 是板高。先按介质流量和适宜流速进行初选。于是介质沿螺旋通道的流通截面积

$$S_F=H_e\times\delta\times10^{-3}\,\mathrm{m}^2 \tag{5-388}$$

S_F 亦可由表 5-81 直接查出。

在具体计算时，应按下列三种情况分别使用相应公式。

① 外周接管在对侧，流道间距相等（见图 5-149)。由图可见，从中心隔板开始，每圈螺

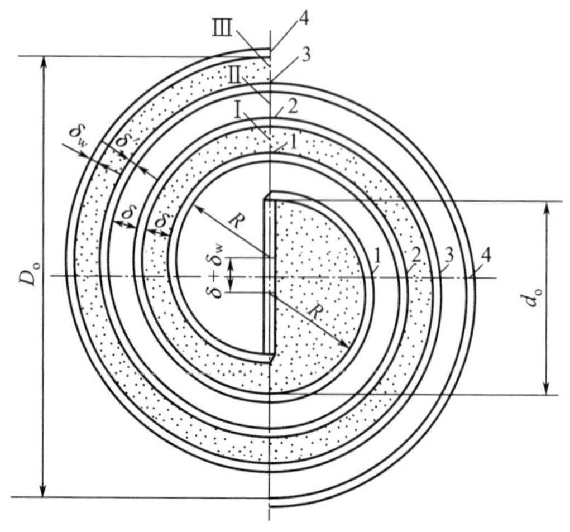

图 5-149　对侧接管时的螺旋板尺寸

旋板实际上是两个半圆的扣接，上半圆的半径为 R，而下半圆的直径为 $R+\delta+\delta_w$，两个半圆的圆心分别在中线两侧，其距离正好是 $\delta+\delta_w$，中心圆的直径 $d_o=2R=$隔板宽$+(\delta+\delta_w)$。

当利用表 5-81 的数据选型时，可利用下列各式。

$$L_t=\frac{\pi}{2}n_t[n_t(\delta+\delta_w)+d_o+\delta_w] \tag{5-389}$$

$$n_t=\frac{D_o-(\delta_w+\delta)-d_o}{2(\delta+\delta_w)} \tag{5-390}$$

$$D_o=DN+\delta+\delta_w \tag{5-391}$$

式中　L_t——螺旋通道长度，mm；

n_t——螺旋通道总圈数（图 5-149 中的Ⅰ、Ⅱ、Ⅲ……）；

D_o——螺旋体的长轴内径，mm；

$$L=\frac{\pi}{2}n[(n-1)(\delta+\delta_w)+d_o+\delta_w] \tag{5-392}$$

$$n=\frac{D_o-d_o+(\delta+\delta_w)}{2(\delta+\delta_w)} \tag{5-393}$$

式中　L——螺旋板理论长度，mm；

n——螺旋板总圈数（图 5-149 中的 1、2、3、4、……）。

考虑到图 5-149 中沿板长各有半周不发生换热，故有效换热长度 L_e 和计算换热面积 A 可按下式计算。

$$L_e=L-\frac{\pi(D_o-\delta)}{2};\text{mm} \tag{5-394}$$

$$A=2L_eH_e\times10^{-3};\text{m}^2 \tag{5-395}$$

若按有效长度计算的有效总换热圈数为 n_e，则存在下列关系

$$n_e=n_t=n-1 \tag{5-396}$$

② 外周接管在同一侧且通道间距相等（图 5-150）。若以螺旋板Ⅰ（实线）从 m 点开始至 M 点，板Ⅱ（虚线）从 n 点开始至 N 点的长度均为有效换热长度 L'_e（两张板的实际有效长度之和必等于 $2L'_e$），则其对应总有效换热圈数 n'_e 的计算可套用式(5-392)，即

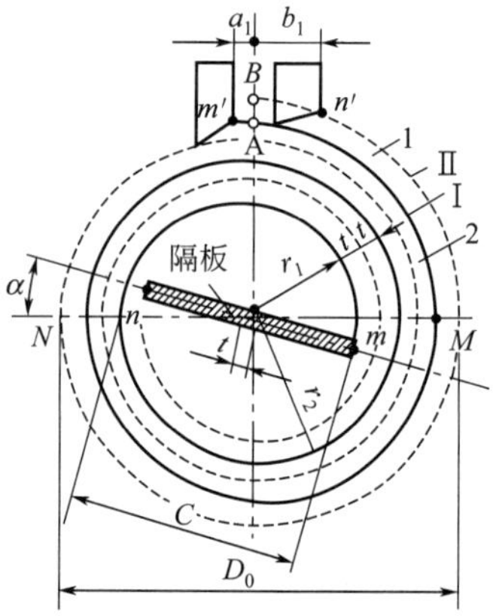

图 5-150　外周接管在同一侧时的几何尺寸
1—外通道；2—内通道；
Ⅰ和Ⅱ—螺旋板

令　$$L'_e=\frac{\pi}{2}n'_e[(n'_e-1)(\delta+\delta_w)+d_o+\delta_w];\text{mm}$$

可解得　$$n'_e\cong\sqrt{\frac{2L_e}{\pi(\delta+\delta_w)}+\frac{1}{4}\left[\frac{d_o}{(\delta+\delta_w)}-1\right]^2}-\frac{1}{2}\left(\frac{d_o}{\delta+\delta_w}-1\right) \tag{5-397}$$

$$D'_o=2n'_e(\delta+\delta_w)+d_o+\delta_w,\ \text{mm} \tag{5-398}$$

式中，d_o 为中心管直径，从结构及接管要求考虑，通常取 150～400mm。图中的 $t=\delta+\delta_w$，mm。

螺旋板Ⅰ、Ⅱ的实际长度分别为

$$L_{\mathrm{I}} \cong L'_{e}+\frac{1}{4}\pi D_{o}+a_{1};\mathrm{mm} \tag{5-399}$$

$$L_{\mathrm{II}} \cong L'_{e}+\frac{3}{4}\pi D_{o}-b_{1};\mathrm{mm} \tag{5-399a}$$

式中 a_1，b_1——图 5-150 上的距离，按经验及接管直径选取，例如取 $a_1=100\mathrm{mm}$，$b_1=300\mathrm{mm}$……。

这时，两条流道的实际长度并不相等，其计算仍可按式(5-389)，但对内圈流道取总圈数为 $n_t \approx n'_e-0.5$，对外圈流道取总圈数 $n_t \approx n'_e+0.5$。

③ 若两通道间距不等，分别为 δ_1 和 δ_2，可对以上各式中的（$\delta+\delta_w$）代以$\dfrac{\delta_1+\delta_2+2\delta_w}{2}$进行计算。例如式(5-389)、式(5-390)、式(5-397)、式(5-398) 等均近似写成：

螺旋流道总圈数

$$n_t=n_e \approx \frac{\sqrt{\left(d_o+\frac{\delta_1-\delta_2}{2}\right)^2+\frac{4}{\pi}L_e(\delta_1+\delta_2+2\delta_w)}-\left(d_o+\frac{\delta_1-\delta_2}{2}\right)}{\delta_1+\delta_2+2\delta_w} \tag{5-389a}$$

$$D_o=d_o+n_t(\delta_1+\delta_2+2\delta_w)+(\delta_1+\delta_w);\ \mathrm{mm} \tag{5-390a}$$

$$n'_e \cong \sqrt{\frac{4}{\pi}\times\frac{L_e}{\delta_1+\delta_2+2\delta_w}+\left(\frac{d_o}{\delta_1+\delta_2+2\delta_w}-\frac{1}{2}\right)^2}-\left(\frac{d_o}{\delta_1+\delta_2+2\delta_w}-\frac{1}{2}\right) \tag{5-397a}$$

$$D'_o \approx n'_e(\delta_1+\delta_2+2\delta_w)+d_o+\delta_w;\ \mathrm{mm} \tag{5-398a}$$

5.7.2.2 螺旋板换热器的工艺计算

（1）基本关系式

① 螺旋板换热器的传热速率方程仍可按

$$Q=KA\Delta T_m=KAF_t\Delta T_{lm} \tag{5-42}$$

计算，其中

$$\frac{1}{K}=\frac{1}{\alpha_h}+\frac{\delta_w}{\lambda_w}+r_{fh}+r_{fc}+\frac{1}{\alpha_c} \tag{5-400}$$

总传热系数的经验范围可参见 5.1.5 节的表 5-25。垢层热阻 r_f 值一般较管壳式为低，在缺乏直接经验数据时，除可参照表 5-15 外，也可比照管壳式换热器的污垢热阻而取其低值进行估算。

② 平均温差或温度效率。在Ⅰ型换热器中，流体呈逆流流动，当螺旋圈数大于 10 时，可按纯逆流计算，即按 $\Delta T_m=\Delta T_{lm}$，或由图 5-17 查得其 $\theta=(R，NTU)$ 关系；在螺旋圈数等于 4 时，曾用计算机解得其 $P=f(R，NTU)$ 关系，见图 5-151。

对于Ⅱ型或Ⅲ型可认为属于两种流体均不混合的错流流动，其 F_t 或 θ 的关系可由图 5-15 查得。

③ 传热面积。按式(5-395)，

$$A=2L_eH_e=\frac{Q}{K\Delta T_m};\mathrm{m}^2 \tag{5-395}$$

式中，L_e、H_e 的单位均应为 m。

④ 流动压降的基本公式。流动压降原则上包括流道内的沿程压降 Δp_f 与进出口压降 Δp_e。沿程压降中应充分考虑定距柱的影响，对特定的定距柱结构仍可用下式计算。

$$\Delta p_{\mathrm{f}}=\lambda \frac{L_{\mathrm{t}}}{d_{\mathrm{e}}}\times\frac{\rho u^{2}}{2}=4f\times\frac{L_{\mathrm{t}}}{d_{\mathrm{e}}}\times\frac{\rho u^{2}}{2} \tag{5-401}$$

$$\Delta p_{\mathrm{e}}\leqq 4\frac{\rho u^{2}}{2} \tag{5-402}$$

式中　L_{t}——螺旋流道长度，m；

d_{e}——通道当量直径，m；

$$d_{\mathrm{e}}=\frac{4\delta H_{\mathrm{e}}}{2(\delta+H_{\mathrm{e}})}\approx 2\delta$$

δ——流道间距，m；

u——流道中的平均流速，m；

$$u=\frac{G}{\rho S_{\mathrm{F}}}=\frac{G}{\rho\delta H_{\mathrm{e}}} \tag{5-403}$$

G——质量流速，kg/(m^{2}·s)。

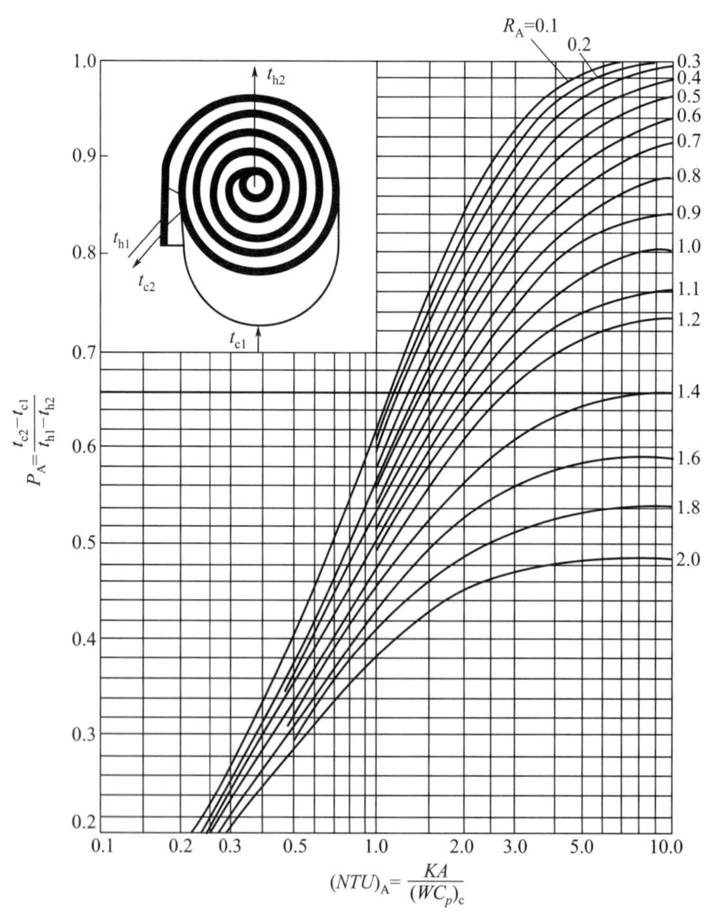

图 5-151　圈数等于 4 时的 $P=f(R,NTU)$ 关系

⑤ 螺旋板换热器中介质的常用流速见表 5-83。

表 5-83 螺旋板换热器中介质常用流速范围/(m/s)

流 体 种 类	流速范围	流 体 种 类	流速范围
液体	0.5～3.0	真空	10～20
冷却水及相近的水溶液	0.7～2.5	表压≤0.6MPa	5～20
盐水	1～2.5	≤1.6MPa	10～15
碱液	1.5～2.5	≤2.0MPa	8～10
硫酸	0.8～1.2	≤3.0MPa	3～6
液氨:真空	0.05～0.3	油蒸气	5～15
表压≤0.6MPa	0.3～0.5	空气	10～25
≤1.0MPa	0.5～1.0	气氨:真空	15～25
乙醚、CS_2 等	<1.0	表压≤0.6MPa	10～20
甲醇、乙醇、汽油	<2.5	≤2.0MPa	3～8
含悬浮纤维或颗粒的淤浆	0.7～1.5	饱和蒸汽:表压≤0.3MPa	10～40
低黏度油	0.8～1.8	≤0.3MPa	15～60
高黏度油、液体	0.5～1.5	化学介质蒸气:表压>0.1MPa	10～25
气液混合物	2～6	0.1～0.05MPa	25～40
气体:	3～30	0.05～0.005MPa	40～60

⑥ 定性温度的计算。介质的定性温度，对水、气体及其他低黏度液体可取其进出口温度的算术平均值；对油类及其他高黏度流体且温差较大时，可按 5.1.2.4 节（图 5-3）中的方法计算。

⑦ 通道中的雷诺数计算。可按下式：

$$Re=\frac{d_e G}{\mu}=\frac{d_e \rho u}{\mu} \tag{5-404}$$

螺旋板换热器的层流临界雷诺数低于圆管，有数据报道，$Re>1000$ 即可进入过渡流区，$Re>5000\sim6000$ 即进入湍流区，这些值也与定距柱结构布置有关。

(2) 螺旋板换热器的对流给热系数

过去曾将弯曲圆管的相应公式(见表 5-5 的说明）用于计算螺旋板流道中的换热。但得出的给热系数，对无定距柱的螺旋流道偏高，而对有定距柱的情况则大为偏低，且随定距柱的结构布置而变。这表明，螺旋板的弯曲通道对传热影响较小，而定距柱的影响很大，这里列出一些关系式供不同条件下选用。

① 对5.7.2.1 节中的部分 Ⅰ 型产品，大连理工大学等单位曾用水、空气、油作为介质，在 $Re=5000\sim50000$ 范围内，得出以下各式。

a. 无定距柱的空流道

$$Nu=0.020Re^{0.824}Pr^{n} \tag{5-405}$$

b. 对定距柱密度 $n_s=116$ 个/m^2（定距柱 $\phi10\times10$，间距 100×100mm）的流道

$$Nu=0.04Re^{0.78}Pr^{n} \tag{5-406}$$

此式用于湍流区，误差为±10%。

c. 对 $n_s=232$ 个/m^2（$\phi10\times10$，间距 70×70mm）的流道

$$Nu=0.029Re^{0.83}Pr^{n} \tag{5-407}$$

此式用于气体时的误差为－10＋20%。

式(5-405)～式(5-407) 中的 n，在液体加热或气体冷却时取 0.4，液体冷却或气体加热时取 0.3。

② Sauder公式。对 $Re>1000$ 的过渡流与湍流区的螺旋流动，有

$$Nu=Pr^{0.25}\left(\frac{\mu}{\mu_{w}}\right)^{0.17}\left[0.0315Re^{0.8}-6.65\times10^{-7}\left(\frac{L_{e}}{\delta}\right)^{1.8}\right] \quad (5\text{-}408)$$

当 $Re>3\times10^{4}$ 时，L_e/δ 的影响可以忽略。

③ 层流状态下，$Re<2000$ 的螺旋流动，有

$$Nu=8.4\left(\frac{C_{p}G}{\lambda_{f}L_{e}}\right)^{0.2} \quad (5\text{-}409)$$

④ 湍流下单相流体的轴向流动（$Re>10^{4}$）

液体
$$Nu=0.023Re^{0.8}Pr^{1/3} \quad (5\text{-}410)$$

气体
$$\alpha=0.003C_{p}G^{0.8}d_{e}^{\ \ 0.2} \quad (5\text{-}411)$$

式(5-411) 中，C_p 的单位是 J/(kg・℃)，d_e 的单位为 m。

对冷凝和沸腾条件下的给热系数计算参见 5.7.2.3 节，也可参用冷凝器一节的相关公式。

(3) 螺旋板换热器的压降计算

以下这些方程都是在一定定距柱密度下作出的，故如条件变化，结果会有较大误差。

① 对部分Ⅰ型产品的摩擦系数，按大连理工大学数据有：$Re=5000\sim50000$。

a. 空流道下，
$$\lambda_{f}=0.062Re^{-0.05} \quad (5\text{-}412)$$

b. 对 $n_s=116$ 个/m² 和 232 个/m²，有

$$\lambda_{f}=0.018Re^{-0.11}n_{s}^{0.52} \quad (5\text{-}413)$$

c. 介质为液体时的总压降

$$\Delta p=\left(\frac{L_{t}}{d_{e}}\times\frac{0.365}{Re^{0.25}}+0.0153L_{t}n_{s}+4\right)\frac{\rho u^{2}}{2} \quad (5\text{-}414)$$

式中，第二项为固定距柱而增加的压降，第三项为进出口局部压降，L_t 为流道长度，m。

d. 介质为气体时的总压降

$$\Delta p=\frac{G^{2}}{2\rho_{m}}\left(2\ln\frac{p_{1}}{p_{2}}+\lambda_{f}\frac{L_{t}}{d_{e}}\right) \quad (5\text{-}415)$$

式中 ρ_m——气体平均密度，kg/m³；

λ_f——湍流条件下的平均摩擦系数：

$n_s=0$，$\lambda_f\cong0.08$；$n_s=116$，$\lambda_f\cong0.088$；$n_s=232$，$\lambda_f\cong0.136$；

p_1、p_2——进出口压力，Pa。

② Sauder的压降关系式($\phi8$ 定距柱，$n_s=194$)

a. 单相流，$Re>Re_c$

$$\Delta p=0.593\frac{L_{t}}{\rho}G^{2}\left[\frac{0.563}{\delta+0.00318}\left(\frac{\mu H_{e}}{W}\right)^{1/3}+1.5+\frac{4.88}{L_{t}}\right];\text{Pa} \quad (5\text{-}416)$$

式中
$$Re=20000\left(\frac{d_{e}}{D_{m}}\right)^{0.32};$$

$$G=\frac{W}{\delta H_{e}};\ \text{kg/(m}^{2}\cdot\text{s)};$$

$$Re=\frac{2G\delta}{\mu};$$

ρ——流体密度，kg/m³；

D_m——螺旋平均直径，m；

$$D_{m}=\frac{d_{o}+D_{o}}{2};$$

d_o——中心管直径，m；

D_o——螺旋体外径，m。

b. 单相流，$100<Re<Re_c$

$$\Delta p=116\frac{L_{t}}{\rho}G\left[\frac{1.85}{\delta+0.0318}\left(\frac{\mu H_{e}}{W}\right)^{1/3}\left(\frac{\mu_{f}}{\mu}\right)^{0.17}+1.5+\frac{4.88}{L_{t}}\right];\text{Pa} \tag{5-417}$$

c. 单相流，$Re\leqslant 100$

$$\Delta p=5.53\times10^{-5}\frac{L_{t}\rho\mu}{\delta^{1.75}}G\left(\frac{\mu_{f}}{\mu}\right)^{0.17};\text{Pa} \tag{5-418}$$

式中　μ_f——膜温下的黏度，Pa·s；

μ——主体黏度，Pa·s。

d. 沿螺旋流道冷凝时的压降。冷凝时按单相流压降关系式(5-416)～式(5-418)乘以0.5；部分冷凝时乘以0.7，式中G取入口质量流速。所得为近似值。

e. 单相轴流流动（$Re>10000$）

$$\Delta p=\frac{0.873}{\rho\delta^{2.0}}\left(\frac{W}{L_{t}}\right)^{1.8}\left[0.0458\mu^{0.2}\left(\frac{H_{e}}{\delta}\right)+1.0+1.181H_{e}\right];\text{Pa} \tag{5-419}$$

式中　W——质量流量，kg/s。

f. 轴向流动冷凝。按式(5-419)乘以0.5计算。部分冷凝时乘以0.7。

式(5-416)、式(5-417)和式(5-419)中的1.5和1.0是在特定的定距柱密度下的值，当n_s变化时应适当修正。

【例5-19】 煤油用水在螺旋板换热器中逆流冷却，计算换热器尺寸及压降。已知条件如下：

流体	流量/(kg/h)	入口温度/℃	出口温度/℃	μ_m/Pa·s	λ_m/[W/(m·℃)]	ρ_m/(kg/m³)	C_{pm}/[J/(kg·℃)]
煤油	3000	140	40	9.1×10^{-4}	0.137	825	2180
冷却水	14000	30	41.2	8.0×10^{-4}	0.614	1000	4170

解　(1) 可求得平均温差$\Delta T_{lm}=38.8$℃，热负荷$Q=6.54\times10^{8}$J/h。

(2) 由于两种流体流量差别较大，宜取不同流道间距，初选$H=0.3$m，$\delta_w=3$mm，$d_o=150$mm，$\delta_h=4$mm，$\delta_c=10$mm，$H_e=0.3-0.02=0.28$mm，计算通道平均流速

$$u_{h}=\frac{W_{h}}{3600\rho_{h}\delta_{h}H_{e}}=\frac{3000}{3600\times825\times0.004\times0.28}\text{m/s}=0.9\text{m/s}$$

$$u_{c}=\frac{W_{c}}{3600\rho_{c}\delta_{c}H_{e}}=\frac{14000}{3600\times1000\times0.01\times0.28}\text{m/s}=1.39\text{m/s}$$

计算煤油侧

$$\begin{aligned}d_{eh}&=2H_{e}\delta_{h}/(H_{e}+\delta_{h})\\&=2\times0.28\times0.004/(0.28+0.004)=0.0079\cong2\delta_{h}\end{aligned}$$

$$Re_{h}=\frac{d_{eh}\rho_{h}u_{h}}{\mu_{h}}=\frac{0.0079\times825\times0.9}{9.1\times10^{-4}}=6450$$

取$n_s=116$个/m²，按式(5-406)计算对流给热系数

$$Nu_h=\frac{\alpha_h d_{eh}}{\lambda_h}=0.04Re_h^{0.78}Pr^{0.4}$$

$$\alpha_h=0.04\ \frac{0.137}{0.0079}\times 6450^{0.78}\times\left(\frac{2180\times 9.1\times 10^{-4}}{0.137}\right)^{0.3}\ \mathrm{W/(m^2\cdot ℃)}$$

$$=1450\mathrm{W/(m^2\cdot ℃)}$$

同理，按 $d_{ec}\cong 0.02\mathrm{m}$，计算得 $\alpha_c=8410\mathrm{W/(m^2\cdot ℃)}$

取垢层热阻 $r_{fh}=r_{fc}\cong 0.00017\mathrm{m^2\cdot ℃/W}$，则

$$K=1/\left(\frac{1}{1450}+\frac{1}{8410}+2\times 0.00017+\frac{0.003}{45}\right)\ \mathrm{W/(m^2\cdot ℃)}$$

$$=823\mathrm{W/(m^2\cdot ℃)}$$

$$A=Q/(K\Delta T_{lm})=6.54\times 10^8/(3600\times 823\times 38.8)\mathrm{m^2}\cong 5.7\mathrm{m^2}$$

有效板长

$$L_e=A/(2H_e)=5.7/(2\times 0.28)\mathrm{m}=10.2\mathrm{m}$$

两张板的有效长度为 $2L_e=2\times 10.2=20.4\mathrm{m}$。

由式(5-397a)，求有效换热总圈数，取进出口在同侧排列（图 5-150），按式(5-397a)

$$\delta_h+\delta_c+2\delta_w=0.01+0.004+2\times 0.003=0.02\quad \mathrm{m}$$

则

$$n'_e\cong\sqrt{\frac{4\times 10.2}{\pi\times 0.02}+\left(\frac{0.15}{0.02}-\frac{1}{2}\right)^2}-\left(\frac{0.15}{0.02}-\frac{1}{2}\right)=19.4\cong 20\ 圈$$

由式(5-398a)，

$$D'_o=n'_e(\delta_h+\delta_c+2\delta_w)+d_o+\delta_w$$

$$=[20(0.02)+0.15+0.003]\mathrm{m}=0.553\mathrm{m}$$

取水走内流道，则总圈数取 $n_{tc}=n'_e-0.5$，按式(5-389)，用$\dfrac{\delta_h+\delta_c+2\delta_w}{2}$代替（$\delta+\delta_w$），得其流道长度为

$$L_{tc}\cong\frac{\pi n_{tc}}{2}[n_{tc}(\delta_h+\delta_c+2\delta_w)/2+d_o+\delta_w]$$

$$=\frac{\pi}{2}\times(20-0.5)\times[(20-0.5)\times 0.02/2+0.15+0.003]\mathrm{m}$$

$$=10.66\quad \mathrm{m}$$

同理，取总圈数 $n_{th}=n'_e+0.5$，可得煤油侧的流道长度为

$$L_{th}\cong\frac{\pi}{2}(20+0.5)\times\left[(20+0.50)\times\frac{0.02}{2}+0.15+0.003\right]\mathrm{m}=11.53\mathrm{m}$$

水侧及煤油侧压降由式(5-413)、式(5-401) 和式(5-402)，

$$\Delta p_c=0.018Re_c^{-0.11}n_s^{0.52}\frac{L_{tc}}{d_{ec}}\times\frac{\rho_c u_c^2}{2}+4\ \frac{\rho_c u_c^2}{2}$$

$$=\left[0.018\times\left(\frac{0.02\times 1000\times 1.39}{8.0\times 10^{-4}}\right)^{-0.11}\times 116^{0.52}\times\frac{10.66}{0.02}+4\right]\times\frac{1000\times 1.39^2}{2}$$

$$=41360\quad \mathrm{Pa}$$

$$\Delta p_h=\left[0.018\times 6450^{-0.11}\times 116^{0.52}\times\frac{11.53}{0.0079}+4\right]\times\frac{825\times 0.9^2}{2}\mathrm{Pa}$$

$$=41710\mathrm{Pa}$$

5.7.2.3　螺旋板换热器的简捷法计算❶

本法仍由热量衡算式与传热速率方程式联解而得，在推导过程中作了某些简化，也未考虑定距柱的影响，故算得的换热面积的结果偏于保守，但可避免一些试差计算，故有方法论上的价值，也可供估算之用。

（1）基本依据

$$Q=KA\Delta T_{m}=W_{h}C_{ph}\Delta_{h}=W_{c}C_{pc}\Delta_{c}=WC_{p}\Delta$$
$$=W\Delta h_{v}\text{（对冷凝或沸腾）} \tag{5-420}$$

由串联热阻关系，有

$$K\Delta T_{m}=\alpha\Delta T=\frac{1}{r_{f}}\times\Delta T_{f}=\frac{\lambda_{w}}{\delta_{w}}\Delta T_{w} \tag{5-421}$$

由式(5-420)、式(5-421) 可得

$$\frac{\Delta T}{\Delta T_{m}}=\frac{K}{\alpha}=\frac{WC_{p}\Delta}{\alpha A\Delta T_{m}}=\frac{WC_{p}\Delta}{2\alpha L_{e}H_{e}\Delta T_{m}} \tag{5-422a}$$

$$\frac{\Delta T_{w}}{\Delta T_{m}}=\frac{\delta_{w}K}{\lambda_{w}}=\frac{\delta_{w}WC_{p}\Delta}{2\lambda_{w}L_{e}H_{e}\Delta T_{m}} \tag{5-422b}$$

$$\frac{\Delta T_{f}}{\Delta T_{m}}=\frac{K}{1/r_{f}}=\frac{r_{f}WC_{p}\Delta}{2L_{e}H_{e}\Delta T_{m}} \tag{5-422c}$$

对饱和蒸气冷凝或沸腾

$$\frac{\Delta T}{\Delta T_{m}}=\frac{K}{\alpha}=\frac{W\Delta h_{v}}{\alpha A\Delta T_{m}} \tag{5-422d}$$

式中　ΔT_{m}——总平均温差（一般可取 ΔT_{lm}），℃；

ΔT——介质侧的平均温差，℃；

ΔT_{w}——壁厚的平均温差，℃；

ΔT_{f}——污垢层的平均温差，℃；

Δ——介质进出口的温度变化的绝对值，℃；

λ_{w}——壁的热导率，W/(m·℃)；

δ_{w}——壁厚，m；

r_{f}——污垢热阻，(m^{2}·℃)/W。

下标：h——热侧，c——冷侧。

温差与温变均取绝对值，且有

$$\Sigma\frac{\Delta T}{\Delta T_{m}}=\frac{\Delta T_{h}}{\Delta T_{m}}+\frac{\Delta T_{fh}}{\Delta T_{m}}+\frac{\Delta T_{w}}{\Delta T_{m}}+\frac{\Delta T_{fc}}{\Delta T_{m}}+\frac{\Delta T_{c}}{\Delta T_{m}}=1 \tag{5-423}$$

（2）实用关系式

将有关对流给热系数 α 的关系式代入式(5-422a～d)，适当简化，并将等式右侧分别整理为物性因数项、操作因数项与结构因数项的乘积，得到表 5-84 与式(5-424) ～式(5-433)。

---

❶ Minton R. E. CE. 1970，77（10）：103～112.

表 5-84　简捷法计算公式汇总表

使用场合			计算公式 温差比　物性因数　操作因数　(结构因数)		使用条件
介质侧	无相变	$Re>Re_c$ 液体	$\frac{\Delta T}{\Delta T_m}=2.1\times10^6\times\frac{\mu^{0.467}M^{0.222}}{\rho^{0.889}}\times W^{0.2}\frac{\Delta}{\Delta T_m}\times\left(\frac{\delta}{L_e H_e^{0.2}}\right)$	(5-424)	利用弯曲圆管公式未考虑定距柱影响
		气体	$\frac{\Delta T}{\Delta T_m}=1.71\times\frac{\mu^{0.467}M^{0.222}}{\rho^{0.889}}\times W^{0.2}\frac{\Delta}{\Delta T_m}\times\left(\frac{\delta}{L_e H_e^{0.2}}\right)$	(5-425)	气体 $Pr=0.78$
		$Re<Re_c$ 液体	$\frac{\Delta T}{\Delta T_m}=1.346\times10^3\frac{M^{2/9}}{\rho^{3/9}}\left(\frac{\mu_f}{\mu}\right)^{0.14}\times W^{2/3}\frac{\Delta}{\Delta T_m}\times\left(\frac{\delta}{L_e H_e^{2/3}}\right)$	(5-426)	中等温差和较大运动黏度,自然对流影响小
	冷凝	蒸气冷凝立式[①] $Re<2100$	$\frac{\Delta T}{\Delta T_m}=5.63\times10^6\frac{M^{1/3}\mu_f^{1/3}}{C_p\rho_f^2}\times\frac{W^{4/3}\Delta h_v}{\Delta T_m}\times\left(\frac{\delta}{L_e^{4/3}H_e}\right)$	(5-427)	利用 Nusselt 公式(5-208)不存在不凝气体,立式 $\Gamma=W/2L_e$
		凝液过冷段	$\frac{\Delta T}{\Delta T_m}=11.47\frac{M^{1/18}\mu_f^{1/18}}{\rho_f^{1/3}}\times W^{2/9}\frac{\Delta}{\Delta T_m}\times\left(\frac{1}{L_e^{2/9}H_e^{1/6}}\right)$	(5-428)	用于垂直面上冷凝液过冷
		蒸气冷凝卧式 $Re<2100$	$\frac{\Delta T}{\Delta T_m}=7.03\times10^6\frac{(M\mu_f)^{1/3}}{C_p\rho_f^2}\times\frac{W^{4/3}\Delta h_v}{\Delta T_m}\times\left(\frac{1}{L_eH_e}\right)^{4/3}$	(5-429)	卧式 $\Gamma=1.92\times10^3\frac{W}{H_eL_e}$
	泡核沸腾	立式(轴向)	$\frac{\Delta T}{\Delta T_m}=9.56\times10^7\frac{M^{0.2}\mu^{0.3}\sigma^{0.425}\rho_v^{0.7}}{C_p\rho^{1.075}}\times\frac{W^{0.3}\Delta h_v}{p^{0.85}\Delta T_m}\times\left(\frac{\delta}{L_eH_e}\right)^{0.3}\Sigma'$ Σ'——表面因数,铜和钢 1;不锈钢 1.7;抛光表面 2.5	(5-430)	假定整个板片上均为泡核沸腾,未考虑循环
换热板	显热传递时		$\frac{\Delta T_w}{\Delta T_m}=0.5\times\frac{C_p}{\lambda_w}\times W\frac{\Delta}{\Delta T_m}\left(\frac{\delta_w}{L_eH_e}\right)$	(5-431)	
	潜热传递时		$\frac{\Delta T_w}{\Delta T_m}=0.5\times\frac{1}{\lambda_w}\times W\frac{\Delta h_v}{\Delta T_m}\left(\frac{\delta_w}{L_eH_e}\right)$	(5-431a)	
污垢侧	显热传递时		$\frac{\Delta T_f}{\Delta T_m}=0.5\times r_fC_p\times W\frac{\Delta}{\Delta T_m}\times\left(\frac{1}{L_eH_e}\right)$	(5-432)	r_f——污垢热阻,按热侧或冷侧选取经验值
	潜热传递时		$\frac{\Delta T_f}{\Delta T_m}=0.5\times r_f\times W\frac{\Delta h_v}{\Delta T_m}\times\left(\frac{1}{L_eH_e}\right)$	(5-433)	

① $Re=\frac{4\Gamma}{\mu_f}$

表中各式的有关符号及单位如下：

M——介质的千摩尔质量，kg/kmol；

C_p——介质的比热容，J/(kg·℃)；

σ——表面张力，N/m；

W——无相变介质流量、冷凝蒸气量或沸腾气化量，kg/s；

Δh_v——比气化焓（绝对值），J/kg；

Γ——冷凝液液流强度，kg/(m·s)；

p——沸腾压力，Pa；

δ——通道间距（注意两侧间距可能不同），m；

ρ、ρ_f——介质主体及膜的密度，kg/m³；

μ、μ_f——介质主体及膜的黏度，Pa·s；

λ、λ_f——介质主体及膜的热导率，W/(m·℃)；

L_e、H_e——有效换热长度、换热宽度，m。

$$Re_c=20000(d_e/D_o)^{0.32} \tag{5-434}$$

D_o——螺旋体外径，m。

初设 δ、H_e 及 L_e'代入上列各式，并按式(5-423）右方计算 $\Sigma\frac{\Delta T}{\Delta T_m}$，由于温差与热阻成正比，若 $\Sigma\frac{\Delta T}{\Delta T_m}$大于或小于 1，说明热阻过大或过小，此时只需按下式换算直接得出实际有效换热长度

$$L_e=L_e'\frac{\Sigma\Delta T}{\Delta T_m},\ \text{m} \tag{5-435}$$

计算时，ⓐ定性温度一般取介质进出口温度的平均值，或按图 5-3 及式(5-23）计算；膜的物性取平均膜温下的值，需试差求解（例 5-20）；ⓑ$\frac{\Delta T}{\Delta T_m}$按热侧和冷侧有关算式[式(5-424)～式(5-430）］分别计算，其物性值、$WC_p\Delta$ 或 $W\Delta h_v$ 应与之对应；ⓒ$\frac{\Delta T_f}{\Delta T_m}$计算时，可按热侧及冷侧的污垢系数加和计算，和$\frac{\Delta T_w}{\Delta T_m}$一样，热量项计算时只需使用某一侧的数据。

（3）计算示例

【例 5-20】 设计一个Ⅱ型螺旋板换热器用于正丁烷饱和蒸气的轴向冷凝和冷却。操作压力为 0.25MPa，入口温度 25.5℃。冷却水呈螺旋流由内向外流动。有关操作参数及平均温度下的液体性质如下：

物　料	入温 /℃	出温 /℃	W /(kg/h)	M /(kg/kmol)	Δh_v /(kJ/kg)	C_{pL} /[kJ/(kg·℃)]	ρ_L /(kg/m³)	μ_L /Pa·s	λ_L /[W/(m·℃)]
热流　正丁烷	25.5	24.0	560	58	360.9	2.55	573	0.17×10^{-3}	0.108
冷流　水	12.0	19.0	7000	18	—	4.187	1000	1.15×10^{-3}	0.587

解　(1）初选螺旋板换热器基本尺寸

选板厚 $\delta_w=0.004$m（$\lambda_w=46.5$），$H=0.4$m，中心管径 $d_o=0.12$m，$L_e'=11$m，

则
$$H_e\approxeq0.4-0.02=0.38\quad\text{m}$$

(2）计算通道间距 δ 及 Re

① 水侧　初选水流速为 0.9m/s，

$$W_c=\frac{7000}{3600}=1.944\quad\text{kg/s}$$

$$\delta=\frac{W}{H_e\rho u}=\frac{1.944}{0.38\times1000\times0.9}\text{m}=0.0057\text{m}$$

取 $\delta_c=0.006$m，

$$u_c=\frac{1.944}{0.38\times1000\times0.006}\text{m/s}=0.853\text{m/s}$$

$$d_{ec}=\frac{2H_e\delta_c}{(H_e+\delta_c)}=\frac{2\times0.38\times0.006}{0.38+0.006}\text{m}=0.0118\text{m}$$

$$Re=\frac{d_{ec}u_c\rho_c}{\mu_c}=\frac{0.0118\times0.853\times1000}{1.15\times10^{-3}}=8750$$

判断流型：由表 5-83 及式(5-434)，$Re_c=20000\left(\frac{d_e}{D_o}\right)^{0.32}$，由于 D_o 未知，设 $D_o\approxeq0.6$m，

$$Re_c=20000\left(\frac{0.0118}{0.6}\right)^{0.32}=5492$$

$Re > Re_c$，故应按式(5-424) 计算$\frac{\Delta T}{\Delta T_m}$。

② 冷凝蒸气侧

$$W_h = \frac{560}{3600}\text{kg/s} = 0.1556\text{kg/s}$$

$$\Gamma = \frac{W}{2L_{e'}} = \frac{0.1556}{2\times 11}\text{kg/(m·s)} = 0.00707\text{kg/(m·s)}$$

$$Re_f = \frac{4\Gamma}{\mu_f} = \frac{4F}{\mu_L} = \frac{4\times 0.00707}{0.17\times 10^{-3}} = 1664 < 2100$$

故可按式(5-427) 计算$\frac{\Delta T}{\Delta T_m}$。

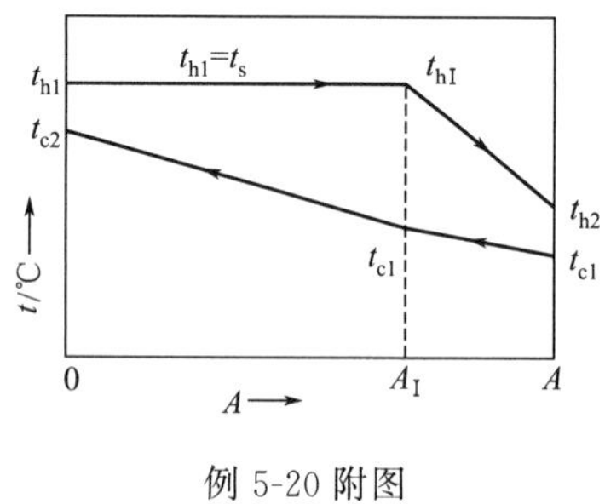

例 5-20 附图

选通道间距 $\delta_h = \delta_c = \delta = 0.006$m（如冷凝液为螺旋流动，则 δ_h 应取高值）。

(3) 冷凝冷却器的分段

对于饱和蒸气的冷凝和凝液的冷却，按 5.4.3 节应该分段进行计算，设换热器内的温度变化如附图所示。在冷凝段入口至末端（Ⅰ-Ⅰ截面）热侧主体温度：$t_{h1} = t_{hI} = t_s$，t_s 为饱和温度，冷却水在Ⅰ-Ⅰ截面的温度为 t_{cI}，若在 0-Ⅰ，Ⅰ-Ⅱ间分别建立热量衡算与传热速率关系，对冷凝段，有

$$Q_I = W_h \Delta h_v = W_c C_{pc} \Delta c_I$$

$$\Delta T_{mI} \cong \left[t_s - \frac{t_{c2} + t_{cI}}{2} \right]$$

$$\Delta_{cI} = t_{c2} - t_{cI}$$

代入本例数据，可得

$$\Delta_{cI} = \frac{W_h \Delta h_v}{W_c C_{pc}} = \frac{0.1556\times 360.9\times 10^3}{1.944\times 4.187\times 10^3}℃ = 6.9℃$$

$$t_{cI} = 19 - 6.9 = 12.1℃$$

$$\Delta t_{mI} \cong 25.5 - \frac{19+12.1}{2}℃ = 9.95℃$$

对冷却段，可按

$$Q_{II} = W_h C_{ph} \Delta h = W_c C_{pc} \Delta_{cII}$$

$$\Delta T_m \cong \frac{(t_{hI} - t_{cI}) + (t_{h2} - t_{c1})}{2}$$

代入本例数据，可得

$$\Delta_{cII} = t_{cI} - t_{c1} = (12.1 - 12)℃ = 0.1℃$$

$$\Delta_{hII} = t_{hI} - t_{h2} = (25.5 - 24)℃ = 1.5℃$$

$$\Delta T_m = \frac{(25.5-12.1)+(24-12)}{2}℃ = 12.7℃$$

$$\frac{Q_{II}}{Q_I + Q_{II}} = \frac{C_{ph}\Delta_h}{\Delta h_v + C_{ph}\Delta_h} = \frac{2.5\times 10^3\times 1.5}{360.5\times 10^3 + 2.5\times 10^3\times 1.5} = 0.01$$

(4) 冷凝段计算

① 冷凝侧的$\frac{\Delta T_h}{\Delta T_m}$，式(5-427) 中物性为平均膜温下的值，取膜温为$\frac{t_{wf}+t_s}{2}$，t_s 为已知的饱和温度；t_{wf}为壁垢侧表面温度，应先假设一值，在计算后予以校核。若设 $t_{wf}=19.5$℃，则膜温$=\frac{19.5+25.5}{2}=22.5$℃，查得 22.5℃下正丁烷液体物性：$\rho_f=575\text{kg/m}^3$，$\lambda_f=0.107\text{W/(m·℃)}$，$\mu_f=0.173\times10^{-3}\text{Pa·s}$，$C_p=2.50\text{kJ/(kg·℃)}$，

$$\frac{\Delta T_h}{\Delta T_m}=5.63\times10^6\ \frac{M^{1/3}\mu_f^{1/3}}{C_p\rho_f^2}\times\frac{W_h^{4/3}\Delta h_v}{\Delta T_{m2}}\times\frac{1}{L_e^{4/3}H_e}$$

$$=5.63\times10^6\ \frac{58^{1/3}\times(0.173\times10^{-3})^{1/3}\times0.1556^{4/3}\times360.9\times10^3}{2.50\times10^3\times575^2\times9.95\times11^{4/3}\times0.38}$$

$$=0.479$$

② 冷却水侧的$\frac{\Delta T_c}{\Delta T_m}$，用式(5-424)，

$$\frac{\Delta T_c}{\Delta T_m}=2.1\times10^6\ \frac{\mu_c^{0.467}M^{0.222}}{\rho^{0.889}}\times W_c^{0.2}\ \frac{\Delta_c}{\Delta T_{m\text{I}}}\left(\frac{\delta_c}{L_eH_e^{0.2}}\right)$$

$$=2.1\times10^6\times\frac{(1.15\times10^{-3})^{0.467}\times18^{0.222}\times1.944^{0.2}\times6.9\times0.006}{1000^{0.889}\times9.95\times11\times0.38^{0.2}}$$

$$=0.191$$

③ 换热板的$\frac{\Delta T_w}{\Delta T_m}$，用式(5-431) 或式(5-431a) 均可计算。今按式(5-431a)，

$$\frac{\Delta T_w}{\Delta T_m}=0.5\ \frac{1}{\lambda_w}\times\frac{W_h\Delta h_v}{\Delta T_{m\text{I}}}\times\left(\frac{\delta_w}{L_eH_e}\right)$$

$$=0.5\times\frac{1}{46.5}\times\frac{0.1556\times360.9\times10^3}{9.95}\times\frac{0.004}{11\times0.38}$$

$$=0.058$$

④ 两侧污垢层的$\frac{\Delta T_f}{\Delta T_m}$，取热侧污垢热阻 $r_{fh}\cong0.5\times10^{-4}$ (m²·℃)/W，冷却水侧 $r_{fc}=2\times10^{-4}$(m²·℃)/W，则由式(5-432)、式(5-433)，热量项若用热侧数据：

$$\frac{\Delta T_{fh}}{\Delta T_m}+\frac{\Delta T_{fc}}{\Delta T_m}=0.5(r_{fh}+r_{fc})\times\frac{W\Delta h_v}{\Delta T_{m\text{I}}}\times\frac{1}{L_eH_e}$$

$$=0.5\times(0.5\times10^{-4}+2\times10^{-4})\times\frac{0.1556\times360.9\times10^3}{9.98}\times\frac{1}{11\times0.38}$$

$$=0.169$$

⑤ 实际有效换热长度

$$\Sigma\ \frac{\Delta T}{\Delta T_m}=\frac{\Delta T_c}{\Delta T_m}+\frac{\Delta T_{fc}}{\Delta T_m}+\frac{\Delta T_w}{\Delta T_m}+\frac{\Delta T_{fh}}{\Delta T_m}+\frac{\Delta T_h}{\Delta T_m}$$

$$=0.191+0.169+0.058+0.479$$

$$=0.897$$

则

$$L_{e\text{I}}=L_e'\times\Sigma\ \frac{\Delta T}{\Delta T_m}=11\times0.897\text{m}=9.87\text{m}$$

(5) 凝液冷却段计算

按式(5-428)，

$$\frac{\Delta T_h}{\Delta T_m}=11.47\times\frac{M^{1/18}\mu_f^{1/18}W_h^{2/9}}{\rho_f^{1/3}}\times\frac{\Delta}{\Delta T_{m\text{II}}}\times\frac{1}{L_e^{2/9}H_e^{1/6}}$$

$$=11.47\times\frac{58^{1/18}(0.17\times10^{-3})^{1/18}\times0.1556^{2/9}\times1.5}{573^{1/3}\times12.7\times11^{2/9}\times0.38^{1/6}}$$

$$=0.058$$

$$\frac{\Delta T_c}{\Delta T_m}=2.1\times10^6\times\frac{(1.15\times10^{-3})^{0.467}\times18^{0.222}\times1.944^{0.2}\times0.1\times0.006}{1000^{0.889}\times12.7\times11\times0.38^{0.2}}$$

$$=0.0021$$

$$\frac{\Delta T_w}{\Delta T_m}=0.5\times\frac{1}{46.5}\times\frac{2.55\times10^3\times0.1556\times1.5}{12.7}\times\frac{0.004}{11\times0.38}$$

$$=4.8\times10^{-4}$$

$$\frac{\Delta T_f}{\Delta T_m}=0.5\times2.5\times10^{-4}\times\frac{2.55\times10^3\times0.1556\times1.5}{12.7}\times\frac{1}{11\times0.38}$$

$$=1.4\times10^{-3}$$

$$\Sigma\frac{\Delta T}{\Delta T_m}=0.058+0.0021+4.8\times10^{-4}+1.4\times10^{-3}=0.062$$

则

$$L_{e\text{II}}=L_e'\times\Sigma\frac{\Delta T}{\Delta T_m}=11\times0.062\text{m}=0.682\text{m}$$

$$L_e=L_{e\text{I}}+L_{e\text{II}}=(9.87+0.682)\text{m}=10.6\text{m}$$

$$L_{e\text{II}}/L_e=0.682/10.6=0.064$$

由计算可知，过冷段的热负荷分数只有 0.01，而需要的换热面分数则为 0.064，其原因是由于凝液层流流动，故总热系数很低。当过冷区负荷很大时，宜使用两个换热器分别进行冷凝和冷却。

(6) 换热器结构尺寸计算

采用外周接管对称布置。由式(5-397)，实际有效换热圈数

$$n_t=n_e=\sqrt{\frac{2}{\pi}\times\frac{L_e}{\delta+\delta_w}+\frac{1}{4}\times\left(\frac{d_o}{\delta+\delta_w}-1\right)^2}-\frac{1}{2}\left(\frac{d_o}{\delta+\delta_w}-1\right)$$

$$=\sqrt{\frac{2}{\pi}\times\frac{10.6}{0.006+0.004}+\frac{1}{4}\times\left(\frac{0.12}{0.01}-1\right)^2}-\frac{1}{2}\times\left(\frac{0.12}{0.01}-1\right)$$

$$=21.05\approx21\text{ 圈}$$

实际圈数 $n=n_e+1=22$ 圈

流道长度 L_t 的计算，按式(5-389)，取 $n_e=n_t$，

$$L_t=\frac{\pi}{2}\times n_t[n_t(\delta+\delta_w)+d_o+\delta_w]$$

$$=\frac{\pi}{2}\times21\times[21\times(0.01)+0.12+0.004]\text{m}$$

$$=11.0\text{m}$$

螺旋体直径 D_o 按式(5-391)

$$D_o=2n_e(\delta+\delta_w)+d_o+(\delta+\delta_w)$$

$$=(2\times21\times0.01+0.12+0.01)\text{m}$$

$$=0.55\text{m}$$

（7）校核

① $Re_c=20000\left(\frac{d_e}{D_o}\right)^{0.32}$

$$=20000\left(\frac{0.0118}{0.55}\right)^{0.32}=5850$$

仍满足 $Re>Re_c$ 的条件。

② 冷凝侧壁温及膜温

由$\left(\frac{\Delta T_c}{\Delta T_m}+\frac{\Delta T_{fc}}{\Delta T_m}+\frac{\Delta T_{fh}}{\Delta T_m}\right)/\Sigma\frac{\Delta T}{\Delta T_m}$

$$=(0.191+0.169+0.058)/0.897=0.466$$

则 $t_{wf}\cong\bar{t}_c+0.466\Delta T_m=\frac{12+18.9}{2}+0.466\times9.95=20.1℃$，与原假设 $t_{wf}=19.5℃$ 误差在 5%以内。

如取 $t_{wf}=\bar{t}_h-\left[\left(\frac{\Delta T_h}{\Delta T_m}\right)/\Sigma\frac{\Delta T}{\Delta T_m}\right]\times\Delta T_m$

$$=25.5-\left[0.479/0.897\right]\times9.95=20.1℃$$

二者结果相同，可见，用本法计算平均温度也甚为简便。

③ 校核流体压降。试用 Sauder 关系式

冷却水侧：$Re>Re_c$，用式(5-416)，

$$\Delta p_c=0.593\frac{L_t}{\rho}G_c^2\left[\frac{0.563}{\delta+0.00318}\left(\frac{\mu H_e}{W_c}\right)^{1/3}+1.5+\frac{4.88}{L_t}\right]$$

$$=0.593\times\frac{11}{1000}\times\left(\frac{1.944}{0.006\times0.38}\right)^2$$

$$\left[\frac{0.563}{0.006+0.00318}\times\left(\frac{1.15\times10^{-3}\times0.38}{1.944}\right)^{1/3}+1.5+\frac{4.88}{11.0}\right]\text{Pa}$$

$$=4742\times(3.77+1.5+0.444)=26910\text{Pa}$$

冷凝蒸气侧：按轴流，用式(5-419) 乘 0.5，取气相密度及黏度：$\rho_v=6.5\text{kg/m}^3$，$\mu_v=8\times10^{-6}\text{Pa}\cdot\text{s}$，

$$\Delta p=0.5\left\{\frac{0.873}{\rho_v\delta^2}\left(\frac{W}{L_e}\right)^{1.8}\left[0.0458\mu_v^{0.2}\left(\frac{H_e}{\delta}\right)+1.0+1.181H_e\right]\right\}$$

$$=0.5\times\frac{0.873}{6.5\times0.006^2}\times\left(\frac{0.1556}{11.0}\right)^{1.8}$$

$$\left[0.0458\times(8\times10^{-6})^{0.2}\times\left(\frac{0.38}{0.006}\right)+1.0+1.181\times0.38\right]\text{Pa}$$

$$=1.5\text{Pa}$$

故轴向流时，蒸气压降一般可略。

5.7.3 板框式换热器

5.7.3.1 结构及性能

（1）概述

板框式换热器俗称板式换热器，是将若干块压制成某种表面形状的金属板片，用框架将板

片夹紧组装在支架上构成的。图 5-152 是一种带中间端板的双支撑框架式板式换热器的装配图。图 5-153 是一种典型的三角形截面的平直波纹板片结构。板片间用垫片压紧密封，并保持一定间隙，形成介质的曲折形流道。冷热介质在板片两侧流道内流过，经板壁换热。板片四角开有圆孔或三角形孔（称为角孔），构成介质进出流道，并成为各自的分配通道和汇集通道，经端板与外部管道连接。板的四周与角孔周围均有密封槽，用于安放垫片，以避免介质的外泄与内漏。利用角孔处垫片向内打开或封闭，以引导或改变介质的流向，故可按需要使介质在流道间形成逆流、并流或其他流程组合。板片上的导流槽部分，介于角孔与板片主体之间，用于保证介质沿板面均匀分布，也有一定的换热作用。板片上的定位缺口和挂钩，用于保证板片组装时的对齐和固定在支架上。换热器的框架包括固定端板和活动端板，用螺栓或压滤机式压紧装置夹紧板片，以便于快速拆装。框架（连同板片）装在上下支承条上，并与立式支杆一起组成换热器的支架。

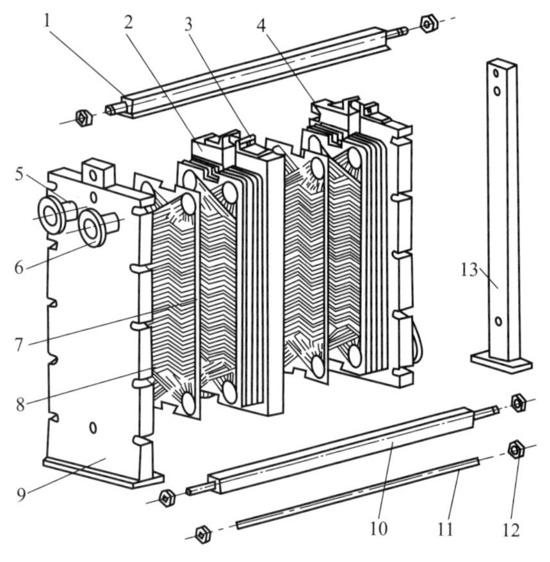

图 5-152　板式换热器的装配图

1—上导杆；2—中间隔板；3—滚动机构；4—活动压紧板；5—接管；6—法兰；7—垫片；8—板片；9—固定压紧板；10—下导杆；11—夹紧螺柱；12—螺母；13—支柱

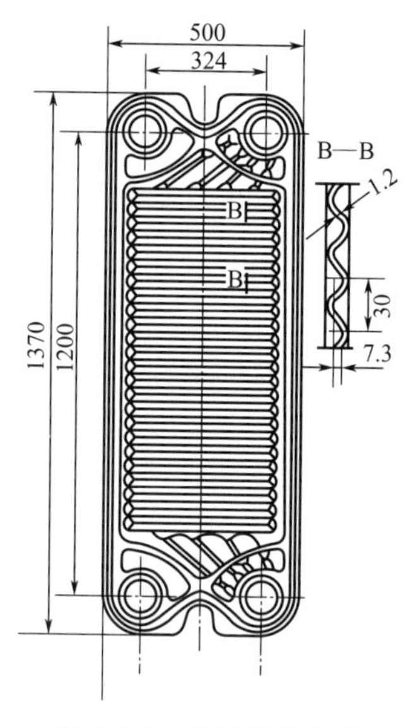

图 5-153　典型板片结构

板框式换热器已在许多方面取代了管壳式，用作液-液换热器、冷凝器和再沸器，其主要特点如下。

① 有较好的传热性能。板片上压出的各种波纹，构成曲折多变的流道，提高了流体的湍动，其层流临界雷诺数可低于 20～200。因此，在相同流速下，传热系数是管壳式的 3～5 倍（水-水系统）。虽然压降有所增加，但若按相同功率消耗比较，其单侧给热系数仍可高出管壳式 1 倍左右，而且用于黏性液体效果良好，在极黏液体的冷却时则需注意流动分布问题。此外，两种介质可在流道中实现逆流流动，故可达到较高的温度效率（0.9 以上），可以适应介质的温升或温降很大和降低端部温差的需要。

② 紧凑性高。单位体积的传热面积可达 $250m^2/m^3$ 以上。对同样热负荷，所需传热面积又小于管壳式。因此，金属耗量少，占地小，也降低了运输和安装费用。

③ 灵活性大。可以根据需要增减换热面积，在扩大生产时有可能只需增加板片，而不必

更换或增加设备；通过改变角孔垫片的开孔位置，使用分程板或中间挡板，可改变介质的停留时间，实现多种流程或多种介质的换热；可以选用不同的耐蚀板材（不锈钢、碳钢、铝材、镍铬合金、钛材等）；也可改变板面的形状以适应不同的介质条件。

④ 成本较低。相同材料的金属板材的价格低于管材；板片制造过程主要是冲压成型，机加工量很少；零部件的通用性高；故制造成本低于管壳式。但由于需要大型精密的冲压设备，制造厂的初投资高，适宜于大批量生产。

⑤ 便于快速拆装。清洗、除垢、更换垫片或板片都非常方便。例如，牛奶和蛋液换热器，为避免其沉积物停留过久而变质，每 4～8 小时就应打开清洗，使用板框式换热器就更有其特殊的优越性。

⑥ 良好的操作性能。与管壳式相比，流道中死角和过热点大为减少；由于高度湍动，也有一定的自清洁能力；存料量少，既适应热敏物料，又有较高的响应灵敏度。

板框式换热器的局限性首先在于垫片的密封周边很长，用量大，故存在泄漏危险性，这既限制了它在危险介质上的应用，也制约其使用温度和压力。其最高使用压力受板片结构、大小和垫片材料的限制，一般不超过 1.0MPa（特殊可达 2.5MPa）；最高使用温度与垫片材料关系可参阅表 5-84。为了克服这些缺点，可采用流道半焊或全焊的结构，但只适宜于不易结垢或不易发生堵塞的物料。此外，由于角孔口径不能过大和流动阻力的限制，一般不宜用于气体换热。在使用河水、海水等含颗粒较多的液体介质时，流速应大于 1.0m/s，以避免沉积，但淤泥和纤维状物仍易在进口角孔道处堵塞，为此，需在换热器前设置过滤或返洗装置。板式换热器很少适用于真空下的冷凝。

（2） 板片

板片是板框式换热器的关键元件。板面上冲压出的各种波纹则直接影响板片的传热、流动阻力和力学性能，其主要作用是：ⓐ使介质在较低流速下达到湍流，强化传热；ⓑ增加板片刚性和耐压（压差）能力；ⓒ增加板的有效传热面积；ⓓ保证流体的均布。

图 5-154 表示几种常用的单相换热板片。根据其波纹形状大体可分为波流型和网流型两

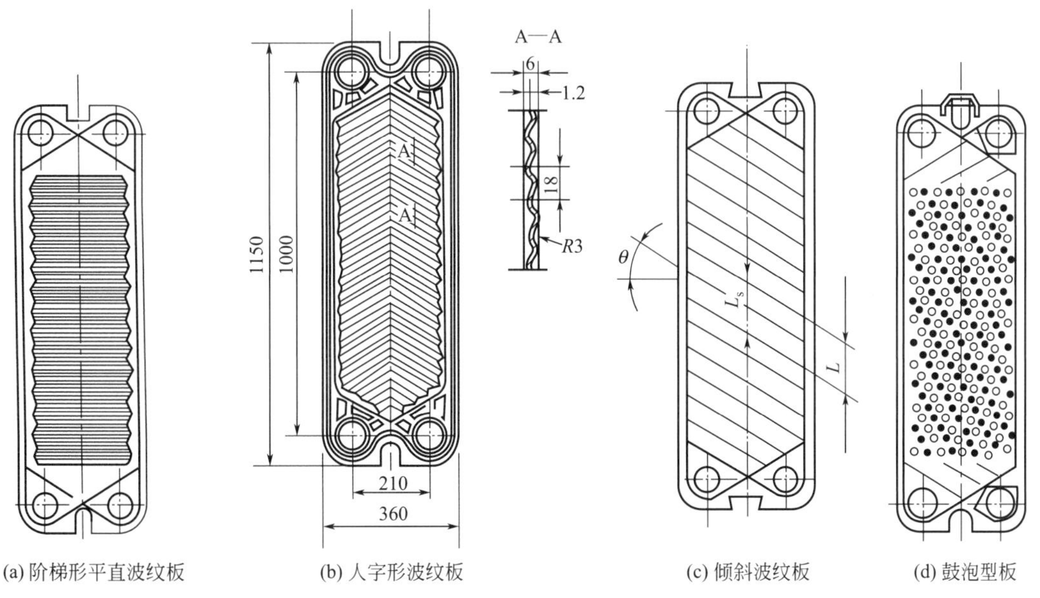

(a) 阶梯形平直波纹板　(b) 人字形波纹板　(c) 倾斜波纹板　(d) 鼓泡型板

图 5-154　几种常见的单相换热板片

类。波流型的代表是具有许多排相互平行的水平布置的直波纹板片，波纹断面形状有三角形（图 5-153)、圆弧形、带摺三角形（阶梯形）等［见图 5-154(a)］，其特点是：流道断面基本不变（一块板波纹的凸起部分正对邻侧板波纹的凹进部分），平均流速方向基本上垂直于板的宽度方向。板片上还自上而下压出几行触点，使相邻板片在此相互接触，以保证板间距和增强板片刚性。波流型板片的组装要求比较严格。网流型板片的特点是：相邻板间的触点相当于网的结点，均匀地分布在板面上，而流体则在触点间回绕流动，故流速方向与流道断面都在不断改变，其结果是湍动程度和板片的刚性都高于波流型，流速在 0.2～0.5m/s 时已有很大的给热系数，板片的承压能力增强，故多为大型板片所采用。其中，人字形和倾斜形波纹板片是常见的品种［见图 5-154(b)、(c)］，安装时，相邻板的波纹方向相反，其触点即在其波纹的波峰处，故组装时略有错位对流动并无影响。这类板片不宜用于含有纤维状或较多颗粒的介质，流动压降较高。鼓泡形板片［见图 5-154(d)］是在换热面上均匀交叉压出许多半球形泡，组装时相邻板片反向安放，使一块板的凸起点与邻板的未突起平面相接触，故板上的触点数即等于其半球突起数。这种板流动阻力较小，适用于高黏度液体。

(3) 板式换热器的流程组合

板式换热器中两种（或两种以上）流体的流程可根据需要，利用垫片或中间隔板灵活地加以改变。

与管壳式换热器类似，介质在换热器中沿板片长度方向往（或返）的次数称为流程数。相邻两板间为流体的流道。根据介质的流量和选定的流速，介质在每一程中可有若干个流道。若用 m、m'表示热流体的程数及每程的流道数，而以 n、n'表示冷流体的程数及流道数，每一程中的流道数可以相同，也可以不同。因此，板式换热器除仍可用 m-n 来表示热冷流体的程数关系以外，还应表明其流道数，其流程组合可用下式表示。

$$\frac{m_1\times m_1'+m_2\times m_2'+\cdots+m_e\times m_e'}{n_1\times n_1'+n_2\times n_2'+\cdots+n_e\times n_e'}=\frac{\Sigma(m_i\times m_i')}{\Sigma(n_i\times n_i')} \tag{5-436}$$

式中 m_i——从固定压紧板开始有相同流道数 m_i'的热侧流程数；

n_i——从固定压紧板开始有相同流道数 n_i'的冷侧流程数。

热流体总程数：
$$m=\Sigma m_i=N_{ph} \tag{5-437a}$$
冷流体总程数：
$$n=\Sigma n_i=N_{pc} \tag{5-437b}$$

图 5-155 表示一种$\dfrac{2\times3+1\times4}{1\times10}$的流程组合，其中，冷流体为一程有 10 个流道；热流体共 3 程，其中有两程为 3 个流道，一程为 4 个流道，共有 21 块板，其中，6 号、12 号板为热流体的分程板，在此将热流体原来的汇流通道孔盲住，使热流体流向换向而形成 3 程，两侧端板（1 号、21 号）只构成端部流道而不发生换热，因此，实际的换热板只有 19 块，该换热器的总流道数 N_c 为

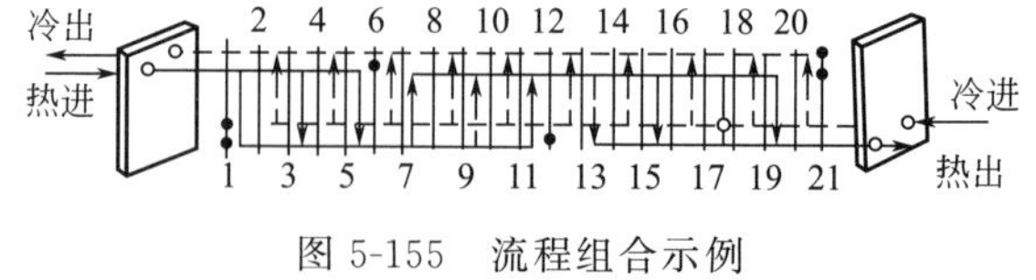

图 5-155 流程组合示例

$$N_1=\Sigma m'+\Sigma n'=3+3+4+10=20$$

即比换热板数多 1。因此，一般有

$$N=N_1-1 \tag{5-438}$$

式中 N——总换热板数（不包括端板），用于计算传热面积。

端板的存在，使两端流道的传热条件与中间流道不同，因而产生端部效应。此外，在多程换热器的介质分程板附近，两种流体间相对流向也与其余部位不同，这两种情况在总板数少时，对传热有显著影响。

（4）板式换热器的型号及部分产品规格

板式换热器的型号表示方法：

示例1：板型为M，板片角孔直径为20cm，设计压力为1.6MPa，设计温度为100℃的板式热交换器表示为：M20-1.6/100

示例2：板型为V，板片单板公称换热面积为1.3m²，设计压力为1.0MPa，设计温度为120℃的板式热交换器表示为：V13-1.0/120

随着板式热交换器使用范围的不断扩大，各板换热器制造商的研究机构对板片波纹强化传热的不断深入研究，板片波纹结构日趋多样化和专一化。例如有些板式热交换器公司组合人字形波纹板片打破了人字形波纹的单一性，组合的人字波纹能够满足不同压降和传热工况的要求，如高传热/高压降、低传热/低压降、传热适中/压降适中的场合。用过去单一的水平波纹、人字形等波纹的表示已无法满足现有的新型波纹结构形式，因此本书取消了固定波纹形式表示代号的方法。目前，板式热交换器在产品型号中主要要求反映出板型代号、板片特征参数（角孔直径或单板面积）、设计压力/设计温度。其中板型代号、板片特征参数按各制造商的规定表示，这样既能充分反应和表示各制造商的产品更新和发展历史及特征，也有助于形成企业的品片效应。

目前板式热交换器的框架根据用途和使用条件，其结构型式出现多样化，本书旧版中规定的七种结构形式已远不能满足目前的产品结构要求，且在某种程度上限制了新结构的出现，因此取消了框架结构形式代号的表示方法。

例如：

a. ALFA—LAVAL：M30-BFG

其中：

M（还有A，T系列）表示板片系列代号：

30表示角孔直径（cm）；

B（M）表示流道波纹深浅；

FG（还有FM、FD等等级）表示框架压力等级；

b. APV：A085—MGS—10/4

其中：

A表示板片代号；

085表示单板面积为0.85m^2；

MGS表示框架形式；

10/4表示设计压力/导杆长度。

c. TRANTER：AA—BB *CC

其中：

AA 表示板型，如 GX（非对称型）、GC（人字型）等；

BB 表示板片面积大小，如 85（单板换热面积约 0.85m^2）；

CC 表示板片的数目；

如：GX-42 ＊167，表示板型为 GX，大小为 0.42m^2，板片数为 167 片原 SWEP：【板片类型】-【尺寸】-【框架形式】

其中：

第一部分表示板片类型：

GC—传统人字型板片；

GX—舒瑞普独有非对称板片；

GF—宽流道板片；

GW—半焊式板片；

GD—双层板片；

第二部分为板片尺寸；

第三部分为框架形式，有如下几种：

P（16）、P1、N（10）、N1、S（25）、Ⅰ—无后支架

如：GC-12-PI，表示板型为 GC，面积为 0.12m^2，框架型式 PI 型产品。

VIEX：V130—SAT/300-B—10/42—281CDX

其中：

V 表示 V 系列产品；

130 表示单板换热面积 1.3m^2；

SAT 表示型框架型式，框架能力 300 片；

B 表示 B 型压紧板，多流程两侧接管；

10/42 表示 10 根 M42 夹紧螺栓；

281CDX 表示 281 片 CDX 型板片。

板式热交换器的垫片材料，是影响板式换热器性能好坏和成品质量的关键点。选择垫片材料时，主要考虑耐化学和耐高温，及在使用寿命内有良好的密封性能。国内外有关提高温度范围和抗化学性能的弹性组分垫片的开发研究有很多。本书中对丁腈橡胶、三元乙丙橡胶、氟橡胶、氯丁橡胶、硅橡胶和石棉纤维板垫片材料分别用字母 N、E、F、C、Q、A 表示。从目前使用的垫片材料来看，主要是丁腈橡胶、三元乙丙橡胶和氟橡胶（表 5-85），其他四种材料很少用到，具体这四种材料垫片的选用可由供需双方商定。

表 5-85 （摘自 NB/T 47004—2009）

项目	垫片材料		
	丁腈橡胶	三元乙丙橡胶	氟橡胶
适用温度/℃	−20～110	−50～150	−35～180
扯断强度/MPa	≥13	≥12	≥10
扯断伸长率/%	≥200	≥150	≥120
撕裂强度(新月形,缺口 1mm,或直角形)/(N/mm)	≥30	≥20	
硬度/邵尔 A	73±5	80±5	80±5

续表

项目	垫片材料		
	丁腈橡胶	三元乙丙橡胶	氟橡胶
压缩永久变形(A)/%	≤25 压缩率:25% 热空气 110℃×24h	≤30 压缩率:25% 热空气 150℃×24h	≤35 压缩率:25% 热空气 180℃×24h

注：垫片材料性能要求超出本规定时，应由供需双方商定。

（5）材料

选择板式热交换器用材料应考虑其使用条件（如设计温度、设计压力、介质特性等），材料的焊接性能、加工性能及经济合理性。

板式换热器板材适合选用冷压和抗腐蚀的材料，碳钢用于腐蚀性差很少被使用。板式换热器主要零部件所用材料见表 5-86。

表 5-86　板式换热器主要零部件所用材料

序号	主要零部件名称	材料牌号或材料名称	材料标准
1	板片	0Cr18Ni9	GB/T 3280
		0Cr18Ni10Ti	
		00Cr19Ni10	
		0Cr17Ni12Mo2	
		00Cr17Ni14Mo2	
		0Cr19Ni13Mo3	
		TA1-A	GB/T 14845
		TA9	
		N6	GB/T 2054
		NS333	YB/T 5354
2	压紧板 中间隔板	Q235A	GB/T 700
		Q235B	
		Q235C	
		16MnR	GB/T 713
		Q345A	GB/T 1591
		0Cr18Ni9	GB/T 4237
		00Cr19Ni10	
3	接管	10	GB/T 8163
		20	
		0Cr18Ni9	GB 13296 GB/T 14976
		0Cr18Ni10Ti	
		0Cr17Ni12Mo2	
		00Cr17Ni14Mo2	
		1Cr18Ni9Ti	
		TA1	GB/T 3624 GB/T 3625
		TA2	

续表

序号	主要零部件名称	材料牌号或材料名称	材料标准
4	法兰	Q235B	GB/T 3274
		Q235C	
		20	JB 4726
		16Mn	
		0Cr18Ni9	JB 4728
		0Cr18Ni10Ti	
		0Cr17Ni12Mo2	
		00Cr17Ni14Mo2	
		TA1	GB/T 3621
		TA2	
		16MnD	JB 4727
5	夹紧螺柱	Q235A	GB/T 700
		35	GB/T 699
		45	
		40Cr	GB/T 3077
		30CrMoA	
		35CrMoA	
		2Cr13	GB/T 1220
		0Cr18Ni9	
6	垫片	丁腈	见表 5-85
		三元乙丙	
		氟橡胶	

注：压紧板、中间隔板可采用 0Cr18Ni9、0Cr17Ni12Mo2 等不锈钢材料包覆。

（6）使用范围

在国外，板式热交换器属于压力容器，其设计制造符合相应的压力容器规范，如 ASME、欧盟规范（PED）等。在我国根据《固定式压力容器安全技术监察规程》（2009 版）第 1.5 条的规定，波纹板式热交换器［可拆卸板式热交换器（垫片式 、半焊式，简写为 PHF）］不属于《固定式压力容器安全技术监察规程》的监察范围。

NB/T 47004—2009（JB/T 4752）规定了可拆板式热交换器的设计、制造、检验和验收要求，其适用于垫片式、半焊式板式热交换器。而对于钎焊板式热交换器和焊接板式热交换器国内尚无相应的标准，主要看用户的要求和厂家的规范来定。对于焊接板式热交换器，其设计、制造与检验验收宜按照 GB 150 的要求进行。

板式热交换器取消用垫片的允许使用温度来规定其设计温度范围，而是根据垫片和其他元件允许使用温度来确定设计温度范围。通常，金属材料的允许使用温度范围远大于橡胶材料的允许使用温度范围，但随着新金属材料的出现，板式热交换器的使用范围日益扩大，在某些化工行业出现橡胶材料的允许使用温度高于板片金属材料允许使用温度的现象，因此用垫片的允许使用温度范围来规定板式热交换器的设计温度范围显然有一定片面性和局限性。

5.7.3.2 平均温差与换热性能

板式换热器的平均温差与换热性能计算，根据现有资料来源[10,19,22]，可用 $LMTD$ 法、ε-NTU法或P-NTU 法。由于端部效应，换热板数的多少，对 F_t、ε、P 的值都有影响，而且，换热板为奇数或偶数也有不同规律。

(1) 1-1 程板式换热器

对换热板数 N 为 1 或 2 的情况，可认为属纯逆流（或纯并流）操作。其 F_t 或 P 的值可直接由图 5-17 和图 5-12 确定。

表 5-87 表示 1-1 板式换热器逆向流动时，总板数为 4、6、……的偶数板与 3、5、……的奇数板时换热器效率 ε 与 R^* 及 NTU 的关系(ε-NTU 法)。由此可以看出端部效应的明显影响，板数愈少，与逆流的差别愈大，奇数板较偶数板的差别更大。当板数趋于无穷大时，即属于纯逆流的情况，实际上 $N \geqslant 50$ 即可按纯逆流计算。NTU 减少，板数的影响减弱。图 5-156(a)、(b) 分别表示 $N=3$ 和 4 的流程组合情况。

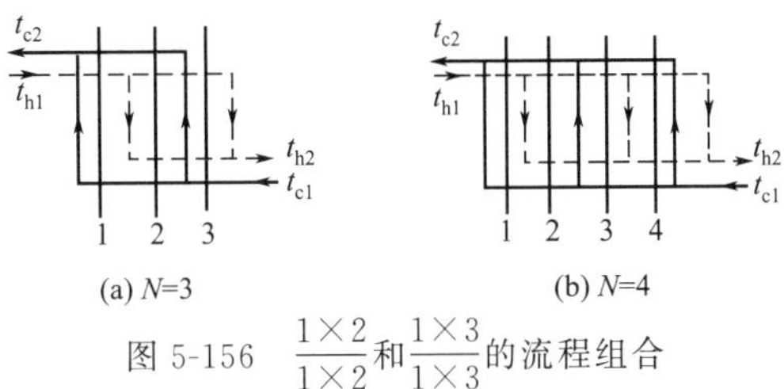

图 5-156 $\frac{1\times2}{1\times2}$和$\frac{1\times3}{1\times3}$的流程组合

对 1-1 程系统，传热区投影面积 A_p 和流通截面积是相关的

$$A_p = NBL_p = N\delta B\left(\frac{L_p}{\delta}\right) \cong 2S\left(\frac{L_p}{\delta}\right)$$

则

$$\frac{A_p}{S} \cong 2\left(\frac{L_p}{\delta}\right) \tag{5-439}$$

式中 B——流道宽度（板片有效宽度），m；

L_p——板片投影长度，m；

δ——流道间距，m；

S——一侧介质的流道总截面积，m^2。

由于板片投影长度和流道宽度受到结构与空间的限制，A_p/S 不可能在很大范围内变化，这就会引起增加传热面积并强化传热以及保持适宜压降之间的矛盾，因而，实际生产中，常采用多程操作。

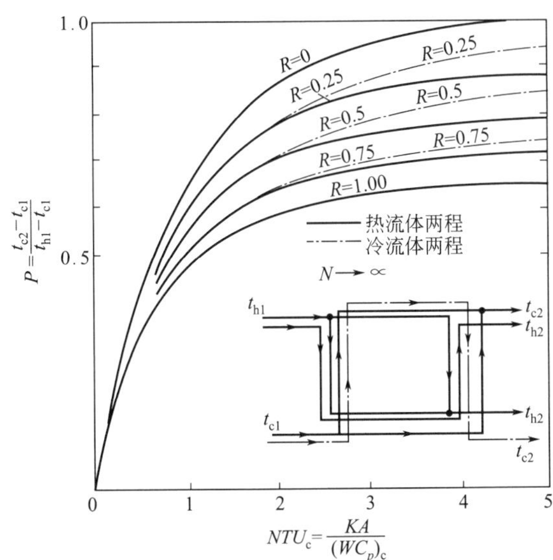

图 5-157 2-1 程板式换热器的温度效率

(2) 2-1 程换热器

在 $N \geqslant 50$ 时，2-1 程换热器的两种情况及其 P-NTU 关系如图 5-157 所示。图中，实线表示热流两程，冷流一程；而点划线则表示冷流两程，热流一程的情况。由图可见，2-1 程可看做是一个逆流换热器与一个并流换热器串联，故其温度效率降低，一般在 NTU 较小时采用较为有利。应该注意，与表 5-86 不同，图 5-157 中的 $R=\frac{(WC_p)_c}{(WC_p)_h}$，$P=\frac{t_{c2}-t_{c1}}{t_{h1}-t_{c1}}$，$NTU=\frac{KA}{(WC_p)_c}$。在冷流体为

表 5-87 1-1 程板式换热器的 f（ε，R^*，NTU，N）=0 的数值关系

R^*	0.25	0.5	0.75	1.0	0.25	0.5	0.75	1.0	0.25	0.5	0.75	1.0	0.25	0.5	0.75	1.0	0.25	0.5	0.75	1.0	0.25	0.5	0.75	1.0
NTU \ ε \ N	4				6				8				10				40				∞			
0.2	0.176	0.172	0.169	0.165	0.176	0.172	0.169	0.165	0.176	0.172	0.169	0.165	0.176	0.173	0.169	0.166	0.177	0.173	0.170	0.166	0.178	0.174	0.170	0.167
0.4	0.312	0.302	0.291	0.281	0.313	0.302	0.292	0.282	0.313	0.303	0.292	0.282	0.314	0.303	0.293	0.283	0.317	0.306	0.295	0.285	0.318	0.307	0.296	0.286
0.6	0.421	0.403	0.385	0.368	0.421	0.403	0.385	0.368	0.423	0.404	0.386	0.369	0.424	0.405	0.387	0.370	0.429	0.410	0.391	0.374	0.431	0.412	0.393	0.375
0.8	0.508	0.483	0.459	0.435	0.509	0.484	0.459	0.436	0.511	0.485	0.461	0.437	0.512	0.487	0.462	0.438	0.520	0.493	0.467	0.442	0.523	0.496	0.470	0.444
1.0	0.580	0.549	0.519	0.489	0.580	0.549	0.519	0.489	0.583	0.551	0.520	0.490	0.585	0.553	0.522	0.492	0.594	0.561	0.529	0.497	0.598	0.565	0.532	0.500
1.5	0.710	0.670	0.628	0.586	0.710	0.669	0.628	0.586	0.712	0.671	0.629	0.587	0.715	0.674	0.631	0.589	0.728	0.685	0.641	0.596	0.735	0.691	0.645	0.600
2.0	0.796	0.752	0.703	0.652	0.794	0.750	0.701	0.650	0.796	0.751	0.703	0.652	0.799	0.754	0.705	0.653	0.815	0.768	0.716	0.662	0.823	0.775	0.722	0.667
3.0	0.895	0.852	0.798	0.735	0.891	0.848	0.794	0.733	0.892	0.849	0.795	0.733	0.894	0.851	0.797	0.734	0.910	0.866	0.810	0.744	0.920	0.874	0.817	0.750
4.0	0.944	0.908	0.855	0.786	0.939	0.903	0.851	0.783	0.939	0.903	0.850	0.783	0.941	0.904	0.851	0.784	0.954	0.918	0.865	0.794	0.962	0.927	0.873	0.800
5.0	0.970	0.942	0.893	0.821	0.966	0.937	0.888	0.817	0.965	0.937	0.887	0.816	0.966	0.936	0.888	0.817	0.975	0.948	0.900	0.827	0.982	0.957	0.910	0.833
NTU \ ε \ N	3				5				7				11				39				79			
0.2	0.175	0.171	0.167	0.164	0.176	0.172	0.168	0.165	0.176	0.172	0.169	0.165	0.177	0.173	0.169	0.166	0.177	0.174	0.170	0.166	0.177	0.174	0.170	0.167
0.4	0.311	0.299	0.288	0.277	0.313	0.302	0.290	0.280	0.314	0.303	0.292	0.281	0.316	0.304	0.293	0.283	0.317	0.306	0.295	0.285	0.318	0.307	0.296	0.285
0.6	0.419	0.398	0.379	0.360	0.422	0.402	0.383	0.365	0.424	0.404	0.385	0.367	0.426	0.407	0.388	0.370	0.430	0.410	0.391	0.373	0.430	0.411	0.392	0.374
0.8	0.505	0.477	0.450	0.424	0.510	0.482	0.455	0.430	0.513	0.485	0.459	0.433	0.516	0.489	0.462	0.437	0.521	0.494	0.467	0.442	0.522	0.495	0.469	0.443
1.0	0.575	0.540	0.507	0.475	0.581	0.547	0.514	0.482	0.585	0.551	0.518	0.486	0.589	0.556	0.523	0.491	0.596	0.562	0.529	0.497	0.597	0.563	0.530	0.497
1.5	0.703	0.656	0.610	0.565	0.711	0.665	0.619	0.574	0.716	0.671	0.626	0.581	0.722	0.677	0.632	0.587	0.731	0.687	0.641	0.596	0.733	0.689	0.643	0.598
2.0	0.786	0.734	0.680	0.626	0.794	0.744	0.690	0.636	0.800	0.751	0.697	0.643	0.807	0.758	0.705	0.651	0.818	0.770	0.717	0.662	0.820	0.722	0.719	0.664
3.0	0.882	0.830	0.770	0.705	0.889	0.839	0.778	0.712	0.895	0.846	0.787	0.720	0.902	0.855	0.797	0.730	0.913	0.868	0.811	0.744	0.916	0.871	0.814	0.747
4.0	0.932	0.886	0.825	0.754	0.936	0.892	0.831	0.759	0.941	0.899	0.840	0.767	0.947	0.908	0.850	0.777	0.957	0.921	0.866	0.793	0.960	0.924	0.870	0.797
5.0	0.959	0.922	0.864	0.789	0.962	0.925	0.867	0.791	0.965	0.931	0.874	0.798	0.970	0.938	0.885	0.809	0.978	0.951	0.901	0.826	0.980	0.954	0.905	0.830

注：$R^*=\frac{(WC_p)_{min}}{(WC_p)_{max}}$；$\varepsilon=\frac{\Delta_{max}}{t_{h1}-t_{c1}}$；$NTU=NTU_{min}=\frac{KA}{(WC_p)_{min}}$；$N$—换热板数；$\Delta_{max}$—两流体中热容流率较小的流体的温度变化值。

两程时，如 $R>1$，可令 $R'=1/R$，$NTU'_c=NTU_c\cdot R$，从热流体为两程的曲线上读出 P'值，得到 $P=P'/R$；反之亦然。例如，若热流体为两程，$R=4$，$NTU_c=0.8$，则 $R'=1/4=0.25$，$NTU'_c=4\times0.8=3.2$，在冷流体为两程的曲线可读得 $P'=0.875$，故$P=0.875/4=0.219$。

图 5-158 和图 5-159 列出了$\frac{1\times3}{2\times1}$和$\frac{1\times9}{2\times4}$两种情况下的 $P=f(R,NTU)$关系，可供比较。对于板数较多的$\frac{1\times m}{2\times n}$情形可近似用图 5-159 估算。

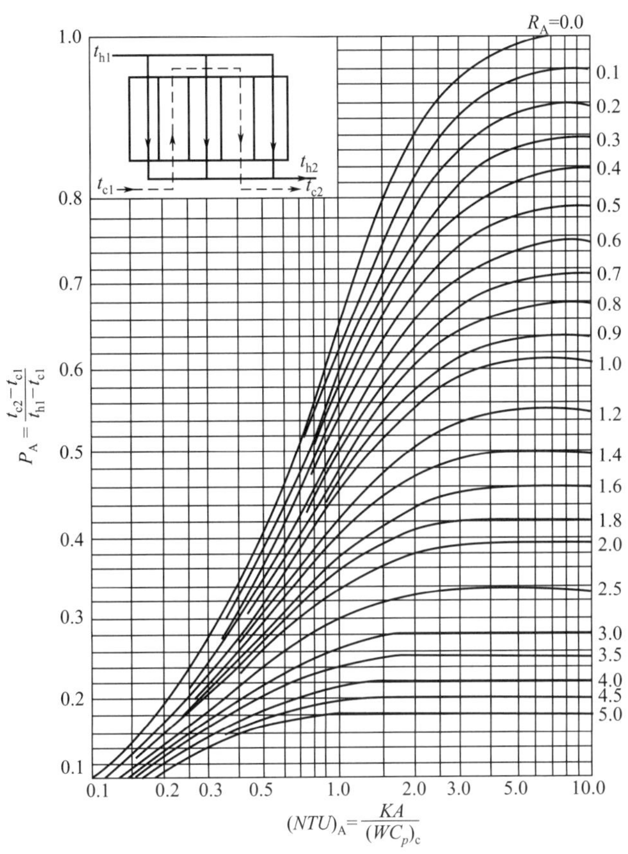

图 5-158 $\frac{1\times3}{2\times1}$流程时的温度效率

(3) 2-2 程换热器

当板数很多（$N\geqslant50$）时，2-2 程换热器可视作纯逆流（或纯并流）。图 5-160 和图 5-161 列出了$\frac{2\times1}{2\times1}$两种不同排列情况下的 $P=f(R,NTU)$关系。

(4) 程数在 2 程以上时

如两侧程数相同而板数又很多，可近似按纯逆流（或纯并流）计算。图 5-162 表示$\frac{4\times1}{4\times1}$流程（总体逆流）时的温度效率。$\frac{4\times2}{4\times2}$，$\frac{4\times3}{4\times3}$……以及 $m=n\geqslant4$，$m'=n'\geqslant1$的场合均可利用该图估算。

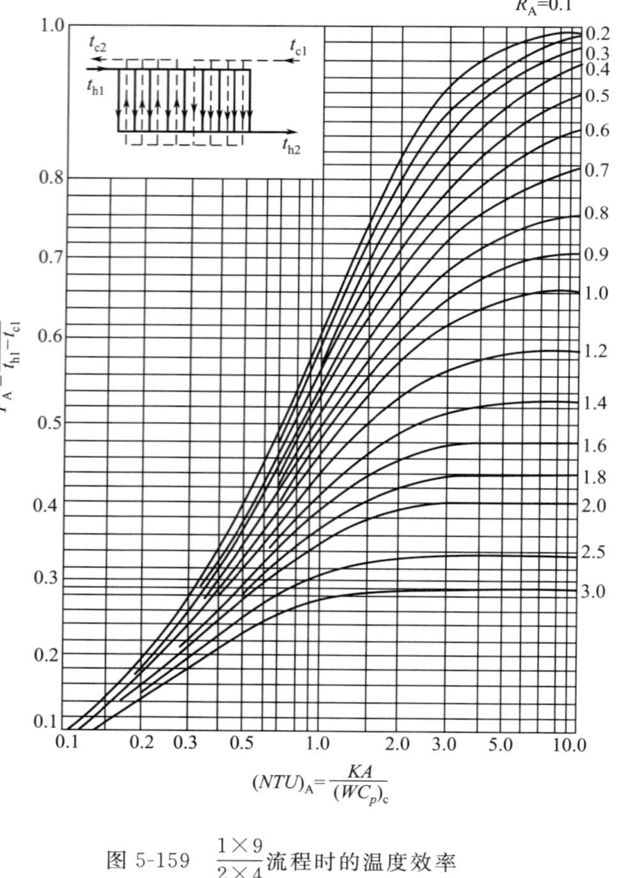

图 5-159 $\frac{1\times9}{2\times4}$流程时的温度效率

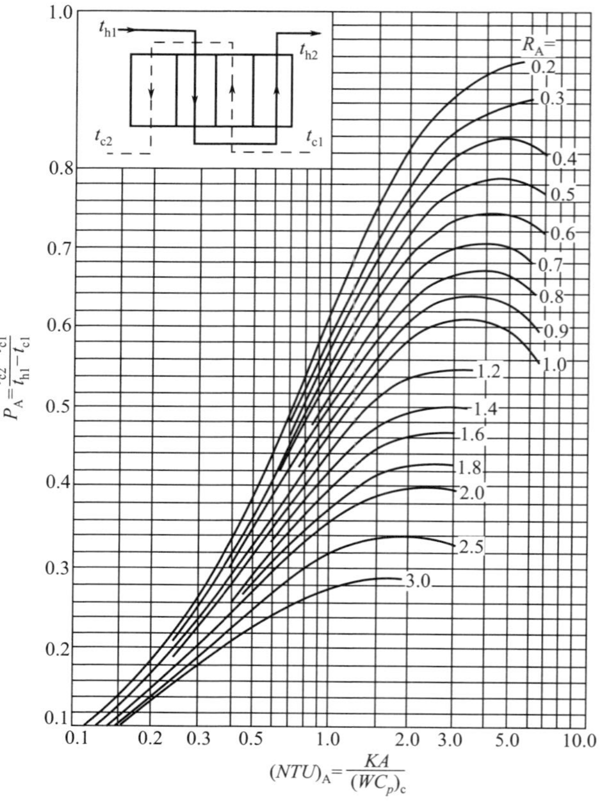

图 5-160 $\frac{2\times1}{2\times1}$总体并流时的温度效率

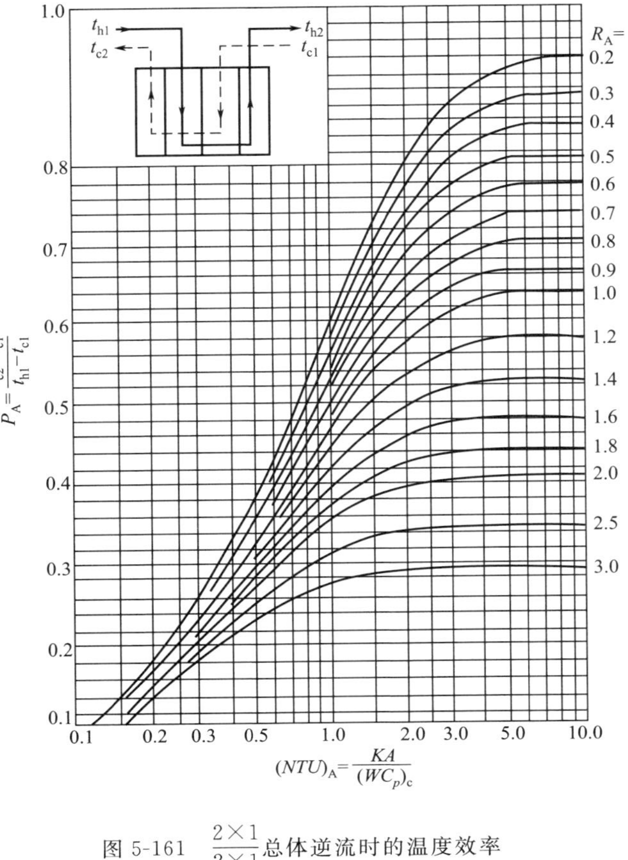

图 5-161 $\frac{2\times1}{2\times1}$总体逆流时的温度效率

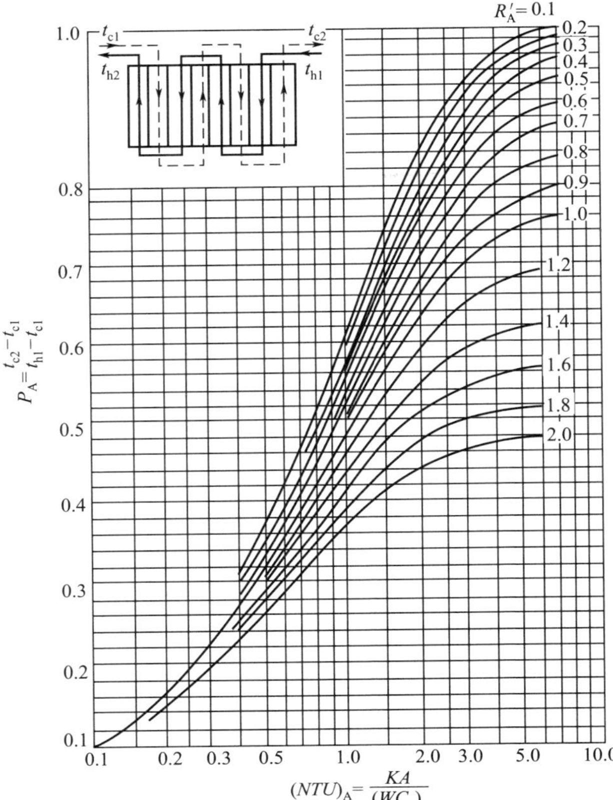

图 5-162 $\frac{4\times1}{4\times1}$总体逆流时的温度效率

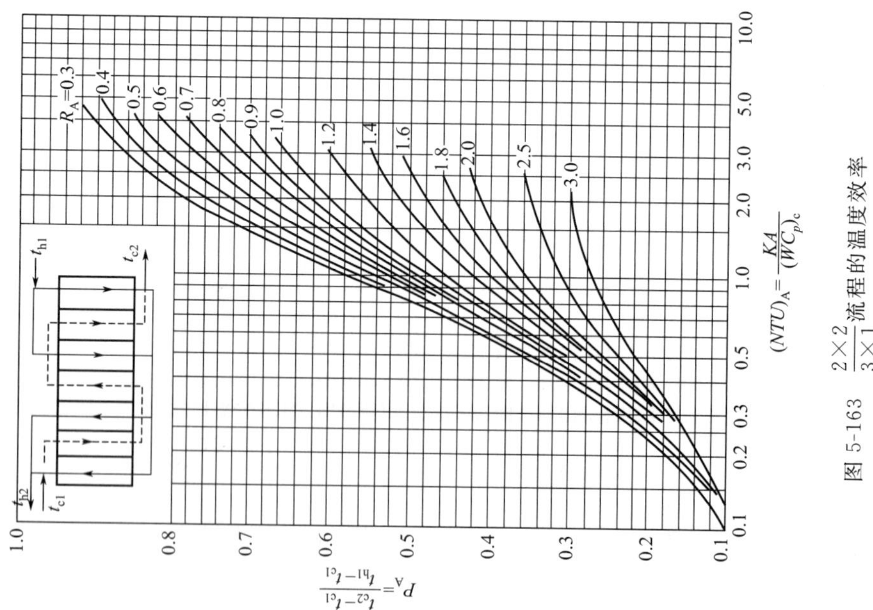

图 5-163 $\frac{2\times2}{3\times1}$流程的温度效率

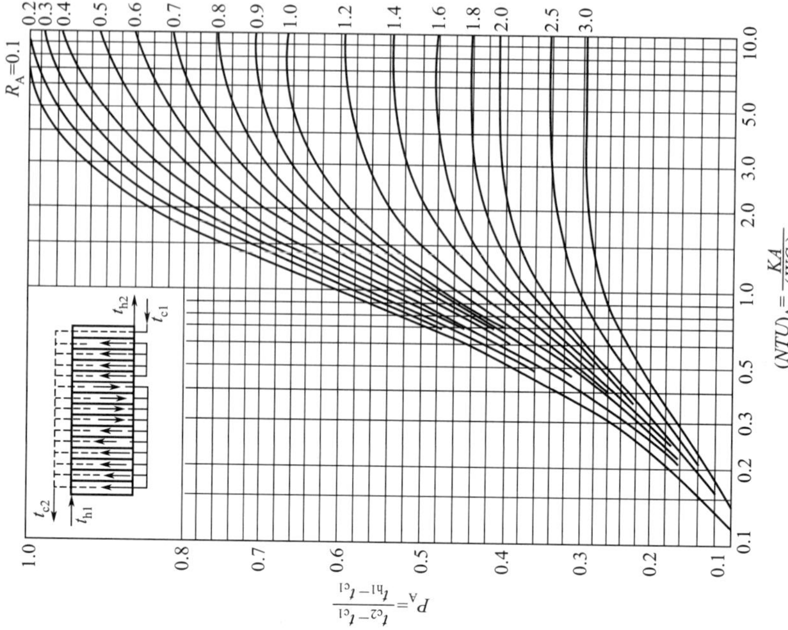

图 5-164 $\frac{1\times16}{3\times5}$流程的温度效率

图 5-163 和图 5-164 分别列出了$\frac{2\times2}{3\times1}$和$\frac{1\times16}{3\times5}$流程的温度效率。对于$\frac{1\times m'}{3\times n'}$的流程均可参照图 5-164计算。当一方为一程，另一方大于四程时，也可近似按纯逆流估算。对双方流程数都大于 2 的情况，如板数足够多，也可按相对应的管壳式换热器图表估算其温度效率。

图 5-156～图 5-164 中的流体基准可以互换。

这些图都是在下列假设下作出的：

① 定常过程；

② 总传热系数一定（可用进出口温度的平均值计算物性常数）；

③ 同一程各流道内流体分布一致；

④ 温度与流速分布是均匀的（不考虑进出口效应）；

⑤ 在流动方向上不存在导热；

⑥ 忽略热损失。

显然，这会带来一些误差。在层流流动、流体进出口温度变化很大或其导热系数很高时应考虑适当修正。

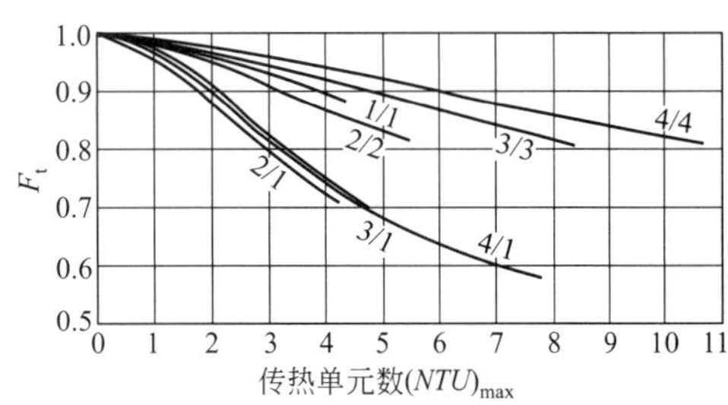

图 5-165　温差校正因子

（图中 1/1 表示 1-1 流路组成，2/2 表示 2-2 流路组成）

对冷热流体均为多程，但流道数 m'/n' 各为 1/1，2/1 等情况下的板式换热器，Marriot 曾由实验测定其 $(NTU)_{max}$（对应于 $(WC_p)_{min}$）与平均温差校正因子 F_t 的关系，如图 5-165 所示。该图应用范围为两流体在流道中的流量比为 1.0～0.7，也可参考选用。计算时利用

$$NTU_{max}=\frac{KA}{(WC_p)_{min}}=\frac{\Delta_{max}}{F_t\Delta T_{lm}} \tag{5-440}$$

的关系，试差求解。

5.7.3.3　板式换热器的传热系数与流动阻力

一般地，板式换热器的对流给热系数和摩擦压降关联式的基本形式仍可写为

$$Nu=aRe^bPr^c\left(\frac{Pr}{Pr_w}\right)^{0.25} \tag{5-441}$$

$$\Delta p=\lambda_f\frac{L}{d_e}\times\frac{G^2}{2\rho}N_p=4f\frac{L}{d_e}\times\frac{G^2}{2\rho}N_p \tag{5-442}$$

式中

$$Nu=\frac{\alpha d_e}{\lambda}$$

$$Re=\frac{d_eG}{\mu}$$

d_e——流道的当量直径，m，一般可取为 2δ（在有些关系式中，按 $d'_e=\frac{4\times\text{流通截面积}}{\text{浸润周边}}$计算，应注意区分）；

G——流道中质量流速，$G=\frac{W_L}{B\delta}$，kg/(m^2·s)；

W_L——每一流道中的介质质量流量，kg/s；

δ——流道间距，m；

L——流道按投影长度 L_p 的展开长度，或称计算长度，m；

B——流道宽度，m；

N_p——流程数；

f、λ_f——Fanning 摩擦因子与摩擦系数。

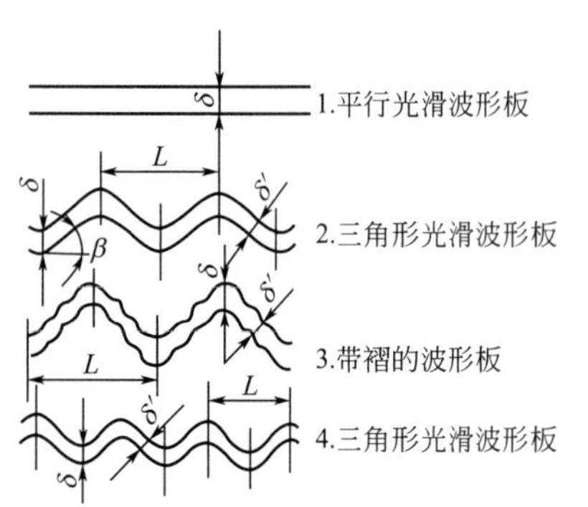

图 5-166　Maslov 水平平直波纹板的实验板片

方程式中的常数和系数均应通过实验测取，或直接向生产厂家咨询，这里列出一些关系式供估算参考。

（1）Maslov 法

对图 5-166 所示的几种实验水平平直波纹板的给热系数关系式

$$Nu=MPr^{0.43}\left(\frac{Pr}{Pr_w}\right)^{0.25} \tag{5-443}$$

式中的 M 值与图 5-166 的关系见表 5-87，其中 $d_e=2\delta$，适用范围为 $Re=1000\sim20000$。

压降计算按下式进行，适用范围同式(5-443)

$$\lambda_f=4f\left(\frac{\mu_w}{\mu}\right)^{0.14} \tag{5-444}$$

式中　f——波纹板的 Fanning 因子，由式(5-445) 计算；

$$M=0.0315\times\frac{1+0.83\sqrt{\delta/l}}{1+1.5Re^{-0.125}(f_o/f-1)}Re^{0.75} \tag{5-445}$$

l——波纹节距，参见图 5-166；

f_o——光滑平板的 Fanning 因子，可按光滑圆管关系求出（由表 5-88 求出 M，由式 5-445 求出 f 值）。

表 5-88　Maslov 几种平直波纹板片的几何参数与给热系数关系

波纹形状及代号		波纹节距 l/mm	流道间距 δ/mm	最小间距 δ'/mm	波纹倾角 β/(°)	M 值
平行光滑板	1	—	—	—	—	$0.021Re^{0.8}$
三角形	2	20	1.85	—	30	$0.216Re^{0.8}$
三角形	2	20	2.85	—	40	$0.215Re^{0.635}$
三角形	2	20	2.25	—	30	$0.1635Re^{0.63}$
三角形	2	20	1.15	—	30	$0.173Re^{0.64}$
三角形	2	20	1.40	—	40	$0.194Re^{0.64}$
三角形	2	22.5	3.50	2.80	35	$0.125Re^{0.7}$
三角形	2	22.5	5.90	4.80	35	$0.356Re^{0.6}$
三角形	2	30.0	5.50	4.90	30	$0.1815Re^{0.65}$
带褶三角形	3	48.5	3.50	2.0	—	$0.122Re^{0.7}$
光滑波形	4	38.0	5.90	—	—	$0.309Re^{0.6}$

（2）冈田法

对图 5-167 及表 5-88 所示的各种尺寸的平直波纹和倾斜波纹板进行的实验结果可表示如下式。

$$Nu=\frac{\alpha d_e'}{\lambda}=a\left(\frac{d_e'G}{\mu}\right)^b Pr^{0.4} \tag{5-446}$$

$$\frac{\Delta p}{L}=c\,\frac{G^2}{\rho}\left(\frac{d'_{e}G}{\mu}\right)^{d} \tag{5-447}$$

式中　d'_e——按$\dfrac{4\times流通截面积}{浸润周边}$计算的当量直径，m；

$\Delta p/L$——单位长度压降，Pa/m；

$$L=L_p\cos\beta \quad m$$

a,b,c,d——常数或系数，由表 5-89 查得。

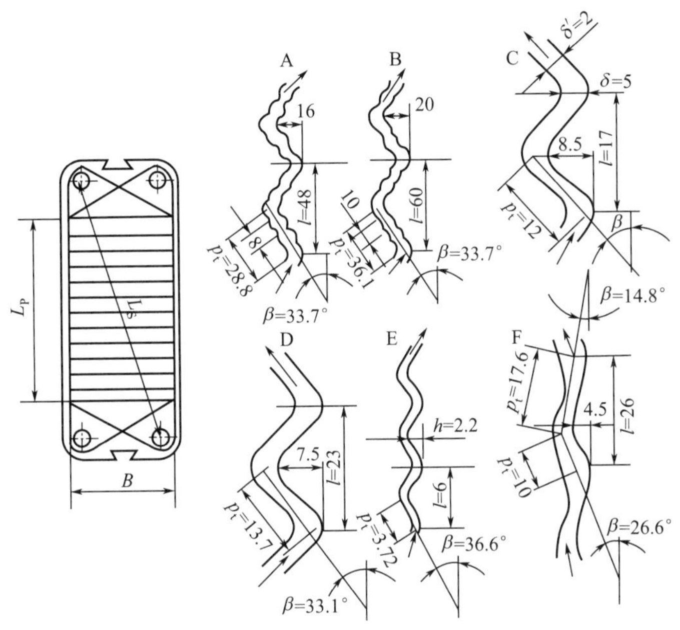

图 5-167　冈田的实验板型及尺寸

表 5-88 的结果是在单板传热面积 $A=0.034\sim0.35\text{m}^2$，板宽 0.07～0.32m，板长 0.64～1.12m，板厚0.5～1.2mm 的实验板中作出的，其适用范围为：$500\leqslant Re\leqslant15000$。

表 5-89　几种平直波纹与倾斜波纹板的传热与流动阻力数据

板型及代号	几何尺寸				对流给热系数关系式 $Nu=aRe^bPr^{0.4}$		单位长度压降式 $\frac{\Delta p}{L}=c'\frac{G^2}{\rho}Re^{d'}$		
	$\frac{l}{h}$ /(mm/mm)	$\frac{\delta}{\delta'}$ /(mm/mm)	$\frac{\theta}{l_s}$ /(°/mm)	$\frac{\beta}{p'_t}$/(°/mm) (d'_e/mm)	a	b	de' /mm	c'	d'
平直带褶 A 三角波纹 B	$\frac{48}{16}$ $\frac{60}{20}$	— —	$\frac{0}{48}$ $\frac{0}{60}$	$\frac{33.7}{28.8}$ $\frac{33.7}{36.1}$	$1.45\frac{d'_e}{p_t}\exp\left(\frac{-2.0d'_e}{p_t}\right)$ $d'_e=0.49\sim12.7$mm	0.62	A 型： 4.9 6.1	 1905 737	 −0.25 −0.25
平直光滑 D 三角波纹 E	$\frac{23}{7.5}$ $\frac{6.0}{2.2}$	— —	$\frac{0}{23}$ $\frac{0}{6.0}$	$\frac{33.1}{13.7}$ $\frac{26.3}{3.72}$	$1.0\frac{d'_e}{p_t}\exp\left(\frac{-1.1d'_e}{p_t}\right)$ $d'_e=2.86\sim12.6$mm	0.62	D 型： 5.9 7.4	 381 317.5	 −0.30 −0.30
平直不等边 三角波纹 F	$\frac{26}{4.5}$	—	$\frac{0}{26}$	$\frac{26.6}{10+17.6}$	$0.8\frac{d'_e}{p_t}\exp\left(\frac{-1.15d'_e}{p_t}\right)$ $d_e=6\sim14$mm	0.62	—	—	—

续表

板型及代号	几何尺寸				对流给热系数关系式 $Nu=aRe^{b}Pr^{0.4}$		单位长度压降式 $\frac{\Delta p}{L}=c'\frac{G^2}{\rho}Re^{d'}$		
	$\frac{l}{h}$ /(mm/mm)	$\frac{\delta}{\delta'}$ /(mm/mm)	$\frac{\theta}{l_s}$ /(°/mm)	$\frac{\beta}{p'_t}$/(°/mm) (d'_e/mm)	a	b	de' /mm	c'	d'
平直三角波纹 C	$\frac{12}{8.5}$	$\frac{5.0}{2.0}$	$\frac{0}{12}$	(6.2)	0.3	0.63	6.2	1968	−0.36
	$\frac{12}{8.5}$	$\frac{7.3}{2.9}$	$\frac{0}{12}$	(8.8)	0.27	0.66	8.8	1168	−0.30
	$\frac{12}{8.5}$	$\frac{10.0}{4.0}$	$\frac{0}{12}$	(11.8)	0.29	0.67	—	—	—
倾斜三角波纹板	$\frac{8.0}{4.0}$	$\frac{8.0}{0}$	$\frac{30}{9.2}$	(5.1)	0.32	0.63	5.1	1079	−0.25
	$\frac{10.0}{4.0}$	$\frac{8.0}{0}$	$\frac{15}{10.4}$	(5.7)	0.42	0.62	5.7	1956	−0.25
	$\frac{10.0}{4.0}$	$\frac{8.0}{0}$	$\frac{30}{11.6}$	(5.7)	0.29	0.64	5.7	1397	−0.25
	$\frac{15.0}{4.0}$	$\frac{8.0}{0}$	$\frac{30}{17.3}$	(5.7)	0.34	0.64	5.7	883	−0.25
	$\frac{10.0}{4.0}$	$\frac{8.0}{0}$	$\frac{45}{14.2}$	(5.7)	0.22	0.64	5.7	318	−0.25
	$\frac{10.0}{4.0}$	$\frac{8.0}{0}$	$\frac{60}{20.0}$	(5.7)	0.14	0.66	5.7	152	−0.25

在图 5-167 和表 5-88 中的符号示意如下：

l/h——波纹节距/波纹高度，mm/mm；

δ/δ'——流通最大间距/最小间距，mm/mm；

θ——波纹布置对水平方向的倾斜角，平直波纹，$\theta=0°$；

l_s——沿流动方向的波纹节距，对平直波纹，$l_s=l$，对倾斜波纹，$l_s=l/\cos\theta$，mm；

β/p'_t——波纹倾角/半波直线长度，°/mm；

$$d'_e=\frac{4\delta\cos\beta B}{(2B+2\delta\cos\beta)}\approx 2\delta\cos\beta;\ \text{mm};$$

B——流道宽度，mm。

（3）其他关系式

对部分水平平直波纹板、人字形波纹板和鼓泡形板的市场产品的有关数据见表 5-90。

表 5-90　部分板式换热器市场产品的有关数据

生产厂或型号		L/B /(mm/mm)	流道间距/单流道截面积 /(mm/m²)	l/h /(mm/mm)	θ/l_s /(°/mm)	d_e /mm	$Nu=aRe^bPr^c\left(\frac{Pr}{Pr_w}\right)^{0.25}$			$\lambda_f=c'Re^{d'}$		适用范围
							a	b	c	c'	d'	
平直波纹	Alfa-laval 三角波 p-11BP-0.2 号	$\frac{800}{270}$	$\frac{3}{0.00075}$	$\frac{22.5}{7.0}$	$\frac{0}{22.5}$	5.9	0.1	0.7	0.43	11.2	−0.25	$Re=100\sim3\times10^4$ $Pr=0.7\sim5000$
	三角波 p-15BP-0.5 号	$\frac{1180}{445}$	$\frac{4.8}{0.002}$	$\frac{30}{7.6}$	$\frac{0}{30}$	9	0.464 0.165	0.33 0.65	0.33 0.43	210 4	−1 −0.25	$Re\leqslant100$ $Re=100-3\times10^4$

续表

生产厂或型号		L/B /(mm/mm)	$\frac{\text{流道间距}}{\text{单流道截面积}}$ /(mm/m²)	l/h /(mm/mm)	θ/l_s /(°/mm)	d_e /mm	$Nu=aRe^bPr^c\left(\frac{Pr}{Pr_w}\right)^{0.25}$			$\lambda_f=c'Re^{d'}$		适用范围
							a	b	c	c'	d'	
人字波纹板	圆弧形断面 Rosenblad-3	$\frac{890}{365}$	$\frac{2.7}{0.001}$	$\frac{10}{4.0}$	$\frac{30}{11.5}$	5.4	0.152	0.60	0.43	22.3	−0.25	$Re=200\sim16000$ $Pr=2\sim60$
	三角形断面 ПР0.5E	$\frac{1150}{440}$	$\frac{4.0}{0.0018}$	$\frac{16}{4.0}$	$\frac{30}{18}$	8.0	0.63 0.135	0.33 0.73	0.33 0.43	486 22.5	−1.0 −0.25	$Re=0.1\sim50$ $Pr=0.7\sim5000$ $Re=50\sim20000$
	ПР0.5M	$\frac{1000}{500}$	$\frac{5.0}{0.0025}$	$\frac{18}{5.0}$	$\frac{30}{20.8}$	9.6	0.135	0.73	0.43	15.1	−0.25	$Re=50\sim20000$
	Alfa-laval p-31	$\frac{900(L_p)}{354}$	$\frac{2.9}{—}$	—	$\frac{30}{—}$	5.8	0.729 0.38	0.33 0.67	0.33 0.33	68 25.2 4.6 2.3	−1.0 −0.57 −0.20 −0.1	$Re<10$ $Re=10\sim101$ $Re=101\sim855$ $Re>855$
	BR-0.1①	—	—	—	—	—	0.146	0.71	0.43	—		$Re=30\sim630$
鼓泡形板 Superplate		$\frac{1600}{300}$	$\frac{6.0}{0.0018}$	截球直径20mm，高6mm，列间距22mm，同列球间距25.4mm			0.076	0.75	0.43	单板压降 $\Delta p=214\frac{G^2}{\rho}Re^{-0.25}$		$Re=300\sim45000$

① BP-0.2、BP-0.5、BP-0.1的意义参见5.7.3.1节，其流动压降数据未见说明。

对人字形板，与倾斜波纹板一样，波纹布置对水平方向的倾斜角$\theta°$（有些文献上人字板倾角用$\gamma=90°-\theta$表示）对传热与流动阻力影响很大，可参考图5-168。由图可见，随倾角θ的减少（或人字板倾角γ的增加）传热得到强化，但流动阻力增加更快。

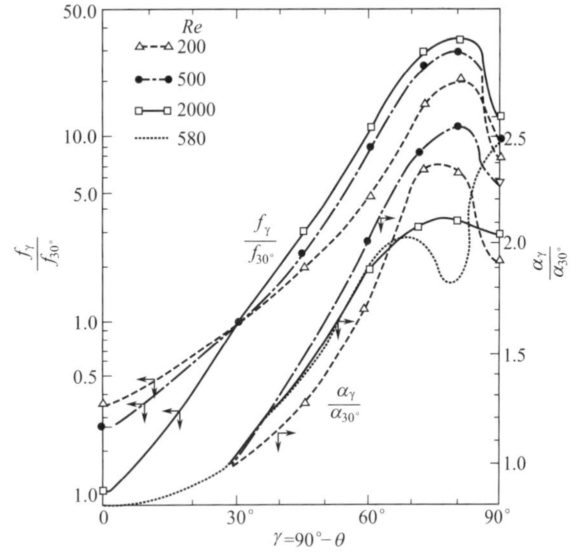

图5-168 人字板倾角的影响

作为估算，也可使用下式

湍流 $$Nu=0.25Re^{0.65}Pr^{0.4} \quad (5\text{-}448)$$

层流 $$\alpha=0.74c_pGRe^{-0.62}Pr^{-2/3}\left(\frac{\mu}{\mu_w}\right)^{0.14} \quad (5\text{-}449)$$

式中，$d_e=2\delta$，$Re=\frac{d_eG}{\mu}$

压降 $$\Delta p=5.0Re^{0.3}\frac{L}{d_e}\cdot\frac{G^2}{2\rho}N_p \quad (5\text{-}450)$$

【例5-21】 将煤油4000kg/h从100℃冷却至40℃，冷却水入口温度为25℃，出口为60℃。已知在定性温度下煤油及水的物性数据如下：

	定性温度/℃	μ/Pa·s	ρ/(kg/m³)	C_p/[kJ/(kg·℃)]	λ/[W/(m·℃)]	Pr
煤油	70	8.10×10^{-4}	825	2.30	0.14	13.3
水	43	6.2×10^{-4}	990	4.18	0.62	3.92

解 (1) 若选用三角形平直波纹板，其尺寸如附图1。初选流程组合为$\frac{m\times1}{m\times1}$。

① 热量衡算

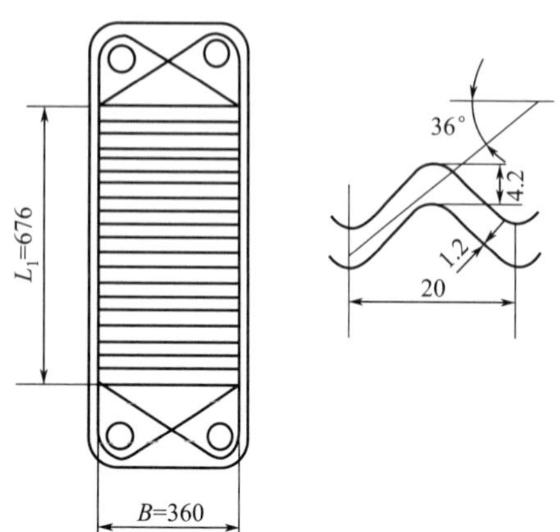

例 5-21 附图 1　选用板片

$$W_h=\frac{4000}{3600}=1.11\text{kg/s}$$

$$Q=1.11\times2300\times(100-40)\text{J/s}=1.53\times10^5\text{J/s}$$

冷却水流量 $W_c=\dfrac{1.53\times10^5}{4180(60-25)}\text{kg/s}=1.05\text{kg/s}$

② 煤油侧对流给热系数(冈田法)

$$G_A=\frac{W_h}{B\delta}=\frac{1.11}{0.36\times0.0042}\text{kg/(m}^2\cdot\text{s)}=734\text{kg/(m}^2\cdot\text{s)}$$

$$d'_e=\frac{4\delta\cos\beta B}{2B}=2\delta\cos\beta$$

$$=2\times0.0042\times\cos36°\text{m}=0.0068\text{m}$$

$$p_t=\frac{l/2}{\cos\beta}=\frac{20/2}{\cos36°}\text{mm}=12.4\text{mm}$$

$$Re_h=\frac{d'_eG_h}{\mu_h}=\frac{0.0068\times734}{8.1\times10^{-4}}=6160>500$$

按图 5-167 及表 5-88 计算 Nu_h，

$$Nu_h=1.0\left(\frac{d'_e}{p_t}\right)\exp\left(\frac{-1.1d'_e}{p_t}\right)Re^{0.62}Pr^{0.4}$$

$$\frac{\alpha_hd'_e}{\lambda_h}=\frac{0.0068\alpha_h}{0.14}=1.0\left(\frac{6.8}{12.4}\right)\exp\left(\frac{-1.1\times6.8}{12.4}\right)\times6160^{0.62}\times13.3^{0.4}$$

$$\alpha_h=\frac{1.0\times0.14}{0.0068}\times0.548\times0.547\times223.6\times2.815\text{W/(m}^2\cdot\text{℃)}$$

$$=3885\text{W/(m}^2\cdot\text{℃)}$$

③ 水侧对流给热系数

$$G_c=\frac{1.05}{0.36\times0.0042}\text{kg/(m}^2\cdot\text{s)}=691\text{kg/(m}^2\cdot\text{s)}$$

$$Re_c=\frac{0.0068\times691}{6.2\times10^{-4}}=7580>500$$

类似有：

$$\alpha_c=\frac{1.0\times0.62}{0.0068}\times\frac{6.8}{12.4}\times\exp\left(\frac{-1.1\times6.8}{12.4}\right)\times7580^{0.62}\times3.92^{0.4}\text{W/(m}^2\cdot\text{℃)}$$

$$=12010\text{W/(m}^2\cdot\text{℃)}$$

④ 总传热系数

板片厚为 1.2mm，使用 1Cr18Ni9Ti，其热导率 $\lambda=16.3\text{W/(m}\cdot\text{℃)}$。

选油侧及水侧污垢热阻分别为

$$r_{hf}=4\times10^{-5},\ r_{cf}=1.7\times10^{-5}(\text{m}^2\cdot\text{℃})/\text{W}$$

总传热系数 K

$$\frac{1}{K}=\frac{1}{\alpha_h}+r_{hf}+\frac{\delta_w}{\lambda_w}+r_{cf}+\frac{1}{\alpha_c}$$

$$=\frac{1}{3885}+4\times10^{-5}+\frac{0.0012}{16.3}+1.7\times10^{-5}+\frac{1}{12010}$$

$$=4.71\times10^{-4}$$

$$K=2123\text{W}/(\text{m}^2\cdot℃)$$

⑤ 所需传热面积

$$R_c=\frac{(W_{cp})_c}{(W_{cp})_h}=\frac{1.05\times4180}{1.11\times2300}=1.71$$

$$P_c=\frac{t_{c2}-t_{c1}}{t_{h1}-t_{c1}}=\frac{60-25}{100-25}=0.467$$

(若用 $R_h=0.58$,$P_h=0.8$ 求得 $NTU_h=29°$,结果相同)。

由图 5-162 查得,$NTU_c=1.7=\dfrac{KA}{(WC_p)_c}$

则
$$A=\frac{1.7\times1.05\times4180}{2123}\text{m}^2=3.51\text{m}^2$$

⑥ 计算换热板数

单板波形部分投影面积 $A'_p=BL_p=0.36\times0.676\text{m}^2=0.244\text{m}^2$

实际传热面积 $A'=A'_p/\cos\beta=\dfrac{0.244}{\cos36°}=0.302\text{m}^2$

故换热板数

$N=\dfrac{A}{A'}=\dfrac{3.51}{0.302}=11.6\longrightarrow12$ 块，加端板 2 块，则板数共 14 块；

总流道数 $N_e=N+1=12+1=13$

考虑油的体积流速较大，故取油的流程数为 6，水的流程数为 7，即$\dfrac{6\times1}{7\times1}$组合，如附图 2 所示。

⑦ 校核压降值

单程流道长度 $L=L_p/\cos\beta=0.676/\cos36°=0.835\text{m}$

由表 5-88，压降计算式为

$$\Delta p=381\,\frac{G^2}{\rho}Re^{-0.3}LN_p$$

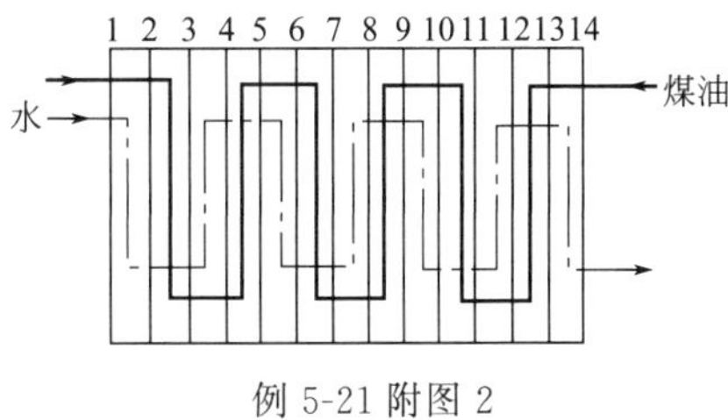

例 5-21 附图 2

式中，N_p 为流程数，故

$$\text{油侧压降 }\Delta p=381\times\frac{734^2}{825}\times6160^{-0.3}\times0.835\times6=15160\times6\text{Pa}=91000\text{Pa}$$

$$\text{水侧压降：}\Delta p=381\times\frac{691^2}{990}\text{Pa}\times7580^{-0.3}\times0.835\times7=10520\times7\text{Pa}=73600\text{Pa}$$

(2) 若为增加操作压力，改用表 5-89 中的 ПР-0.5M 型三角形断面人字波纹板，其参数为 $L=1.0\text{m}$，单板有效换热面积 0.5m^2，流道截面积 0.0025m^2，$d_e=2\delta=9.6\text{mm}$，仍按$\dfrac{m\times1}{n\times1}$流程，

$$G_h=\frac{1.11}{0.0025}\text{kg}/(\text{m}^2\cdot\text{s})=444\text{kg}/(\text{m}^2\cdot\text{s})$$

$$G_c=\frac{1.05}{0.0025}\text{kg/(m}^2\cdot\text{s)}=420\text{kg/(m}^2\cdot\text{s)}$$

$$Re_h=\frac{444\times0.0096}{8.1\times10^{-4}}=5262$$

$$Re_c=\frac{420\times0.0096}{6.2\times10^{-4}}=6500$$

由表 5-89，

$$Nu=0.135Re^{0.73}Pr^{0.43}\left(\frac{Pr}{Pr_w}\right)^{0.25}$$

忽略壁温修正项，得

$$\alpha_h=0.135\,\frac{0.14}{0.0096}\times5262^{0.73}\times13.3^{0.43}\text{W/(m}^2\cdot℃)=3120\text{W/(m}^2\cdot℃)$$

$$\alpha_c=0.135\,\frac{0.62}{0.0096}\times6500^{0.73}\times3.92^{0.43}\text{W/(m}^2\cdot℃)=9527\text{W/(m}^2\cdot℃)$$

$$\frac{1}{K}=\frac{1}{3120}+4\times10^{-5}+\frac{0.001}{16.3}+1.7\times10^{-5}+\frac{1}{9527}=0.000544$$

$$K=1840\text{W/(m}^2\cdot℃)$$

由上解得 $NTU_c=1.7$

则 $$A=\frac{1.7\times1.05\times4180}{1840}\text{m}^2=4.01\text{m}^2$$

换热板数 $N=\frac{4.01}{0.5}=8.1\doteq9$ 块

总板数：9+2=11 块

总流道数：$N_l=9+1=10$，故流程组合为$\frac{5\times1}{5\times1}$。

压降校核按表 5-89，有

$\lambda_f=15.1Re^{-0.25}$，$\Delta p=\lambda_f\frac{L}{d_e}\times\frac{G^2}{2\rho}\times N_p$ 故

油侧压降 $$\Delta p_h=15.1\times5262^{-0.25}\times\frac{1.0}{0.0096}\times\frac{444^2}{2\times825}\times5$$
$$=22065\times5\text{Pa}=110324\quad\text{Pa}$$

水侧压降 $$\Delta p_c=15.1\times6500^{-0.25}\times\frac{1.0}{0.0096}\times\frac{420^2}{2\times990}\times5$$
$$=15607\times5\text{Pa}=78033\text{Pa}$$

5.7.3.4 流程数与流道数的确定

当需要根据允许压降来判断两种介质的流程数与流道数时，可近似按下法求取。

由传热速率方程及热量衡算式有

$$Q=KA\Delta T_m=W_hC_{ph}\Delta_h=W_cC_{pc}\Delta_c \tag{5-451}$$

$$A=BLN\text{(有效宽度×展开长度×换热板数)}$$

设两种介质各只有一种流程和流道，则两种介质的流程数×单程流道数应彼此相等，即

$$\text{mm}'=\text{nn}'\text{(或记为}(N_pn_l)_h=(N_pn_l)_c \tag{5-452}$$

式中，N_p、n_l 分别为任一介质的流程数和单程流道数，以 mm′对应热流体，nn′对应冷流体。

$$N = mm' + nn' - 1 \tag{5-453}$$

因为 $N \gg 1$，所以 $$N \cong 2mm' = 2nn' = 2(N_p \times n_1) \tag{5-453a}$$

$$A = 2BLN_p n_1 \tag{5-454}$$

任一介质的流量 $W = \rho u \delta B n_1 = \rho u \dfrac{d_e}{2} B n_1$ (5-455)

令 $$K = \varphi \frac{\alpha_h \alpha_c}{\alpha_h + \alpha_c} = \varphi \frac{\alpha_h}{k_h} = \varphi \frac{\alpha_c}{k_c} \tag{5-456}$$

式中 φ——考虑污垢热阻及壁阻的系数，可在估算后校正；

k_h、k_c——系数，$k_h = 1 + \dfrac{\alpha_h}{\alpha_c}$，$k_c = 1 + \dfrac{\alpha_c}{\alpha_h}$。

对无相变湍流对流给热系数通常可表为

$$\alpha = a \frac{\lambda_f}{d_e} Re^b Pr^{0.43} \left(\frac{Pr}{Pr_w}\right)^{0.25} \tag{5-457}$$

式中 a、b——板片的特性系数，由 5.7.3.3 节或生产厂数据确定。

则 $$k_h = 1 + \left(\frac{W_h}{W_c}\right)^b \left(\frac{m}{n}\right)^b \frac{Y_h}{Y_c} \tag{5-458}$$

$$k_c = 1 + \left(\frac{W_c}{W_h}\right)^b \left(\frac{n}{m}\right)^b \frac{Y_c}{Y_h} \tag{5-458a}$$

式中 $Y = \dfrac{\lambda_f}{(\rho\nu)^b} Pr^{0.43} \left(\dfrac{Pr}{Pr_w}\right)^{0.25}$ (5-459)

ν——运动黏度，$\nu = \mu/\rho$，m^2/s。

将式(5-456)、式(5-451)、式(5-454)合并，可得一侧介质的流程数

$$N_p = \frac{0.25 d_e k}{aL} \frac{k}{\varphi} Re^{1-b} Pr^{0.57} \left(\frac{Pr_w}{Pr}\right)^{0.25} \frac{\Delta}{\Delta T_m} \tag{5-460}$$

流动压降通常可表示为（湍流）

$$\Delta p = C' Re^{-0.25} \times \frac{L}{d_e} \times \frac{\rho u^2}{2} N_p \tag{5-461}$$

式中的 C' 为随板片而变的常数，Δp 用允许压降代入，联解式(5-460)、式(5-461)，可得该侧介质流速与允许压降的关系式(5-462)，并取 $\left(\dfrac{Pr}{Pr_w}\right)^{\frac{0.25}{2.75-m}} \doteq 1$，

$$u = \left[\frac{8\Delta p a \varphi}{C' k \rho Pr^{0.57}} \left(\frac{d_e}{\nu}\right)^{b-0.75} \frac{\Delta T_m}{\Delta}\right]^{\frac{1}{2.75-b}} \tag{5-462}$$

对式(5-457)、式(5-460)、式(5-462) 进行计算时，φ、k、Y、Δ、Δp 及物性数据均取该侧的相应值。

在式(5-462) 中，除 k 中包含有流程比 $\dfrac{m}{n}\left(\text{或}\dfrac{n}{m}\right)$外，其他均为已知或可以估算。在很多情况下，$m = n$；当两者不相等时，可按

$$\frac{m}{n} = \left[\left(\frac{\Delta p_h}{\Delta p_c}\right)\left(\frac{\mu_c}{\mu_h}\right)^{0.25}\left(\frac{\rho_h}{\rho_c}\right)^{0.75}\right]^{0.364}\left(\frac{G_h}{G_c}\right)^{0.636} \tag{5-463}$$

计算，这样可由式(5-462) 初步确定合理的介质流速 u，再由式(5-455) 计算出该侧的流道数 n_1，由式(5-460) 算出 N_p，由式(5-463)、式(5-452) 算出另一侧的 N_p 与 n_1，然后再按正常

步骤复算。

当流动为层流，或传热及压降公式取其他形式时，只要两侧都处于同一流态，且相邻板片结构相同，亦可按上法原则进行初估。

5.7.3.5 污垢系数

板式换热器的污垢系数不宜取得太高，否则既增加成本，又会被迫降低流速。板式换热器的污垢系数，比普通的固定管板式换热器取值小，其理由如下。

① 表面有凹凸不平的波纹且板间流道窄，流体能在低流速下达到湍流，且流体中的固体颗料不易沉积。

② 板面上无滞留区，降低了污垢的产生。

③ 传热表面光滑，有时好似镜面。

④ 板子厚度薄，为避免腐蚀通常采用高级材料，所以没有腐蚀产生杂质的沉积。

⑤ 传热系数高，冷却水侧避免温度低，冷却水中的溶解盐难于析出。

⑥ 清洗容易。板式换热器很容易打开进行检查、清洗和更换垫片，通过简单地移去压缩螺杆，并把活动的后框架移开，就可以用肉眼检查整个传热面。

⑦ 板片间流速增大，压力损失大，板片的壁面剪切力大，污垢系数将变小，甚至不取污垢系数。

板式换热器污垢系数经验取值可参见表 5-15。

5.7.4 板翅式换热器

5.7.4.1 结构与性能

(1) 概述

板翅式换热器是由平隔板、翅片和侧封条组成单元流道的叠积结构 [见图 5-169(a)]，用钎焊方式封固。冷热介质在隔板两侧翅片间通过，按相邻单元部件中翅片与封条的取向，介质可实现并流、逆流、错流和逆错流等流向 [见图 5-169(b)、(c)、(d)]；通常在叠积结构的最外层加设一层不通过流体的假翅片层，翅片加厚，起绝热和加强作用；流通面两端设有分配段（导流片），使流体在流道间分布均匀，并与集流箱（封头）和进出口管相连接，构成完整的板翅式换热器。图 5-170 是一种三流体呈逆流的板翅换热器结构的分解示意。板翅式换热器常设计成多介质和多程换热。例如，在 30 万吨乙烯装置中，35℃的丙烯连续与氢气、低压甲烷、中压甲烷、高压甲烷和乙烯等换热，冷却至－24℃作为冷冻剂。

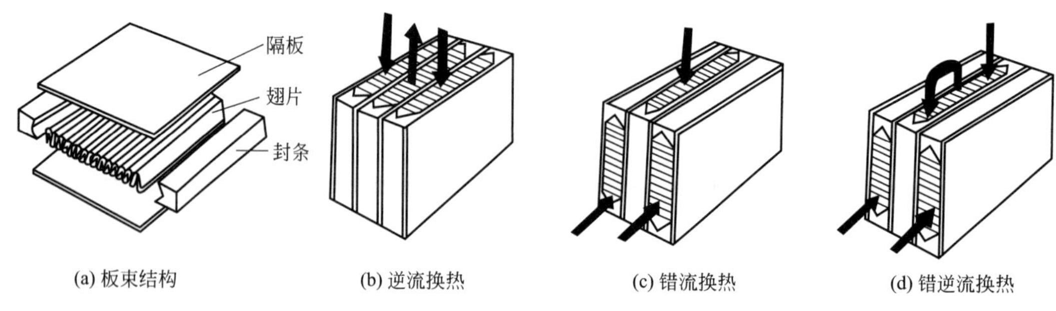

(a) 板束结构　(b) 逆流换热　(c) 错流换热　(d) 错逆流换热

图 5-169 板翅式换热器的板束结构及流向

板翅式换热器的制造材料有铜和铜合金、铝和铝合金、镍、钛、不锈钢等，可按介质的性质选用。其中，由于铝合金的钎焊强度高、材料价格较低以及良好的低温机械性能，使用较广。

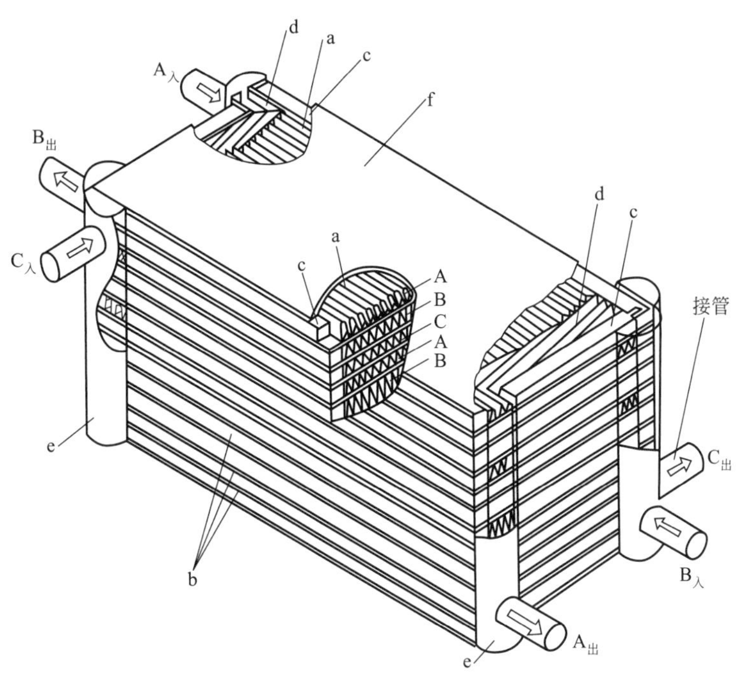

图 5-170　一种三流体逆流板翅式换热器的结构分解图

a—翅片；b—隔板；c—封条；d—分配段（翅片分配）；e—集流箱；f—盖板

板翅式换热器可适用于各种干净、无腐蚀性换热介质的换热、蒸发或冷凝。由于低温延性和抗拉性好，铝合金制造的板翅式换热器适用低温或超低温场合；多流道的结构特点，能够实现多种介质在同一设备内换热。乙烯装置冷区的冷箱是由多台板翅式换热器和汽液分离器组成，用绝热材料包装在一个箱形物内，进行低温下多股热物流和多股冷物流之间的换热，复杂的冷箱总物流数可达十几种。

（2）翅片型式

翅片是板翅式换热器最重要的元件。它的基本作用是：ⓐ扩充传热面，翅片面积约占总传热面积的65％～85％，只有一部分热量是直接通过隔板传递的，因此翅片面积属于二次传热面；ⓑ增加湍动，强化传热；ⓒ加强平隔板的支撑强度和承压能力。翅片的形状和尺寸对传热和流动阻力也都有强烈影响。常用翅片型式有平直型、锯齿型（偏置间断条形）、波纹型、多孔型、百叶窗型等；按翅片间局部流道截面积形状有矩形、三角形、梯形、半圆形等，如图 5-171 所示。

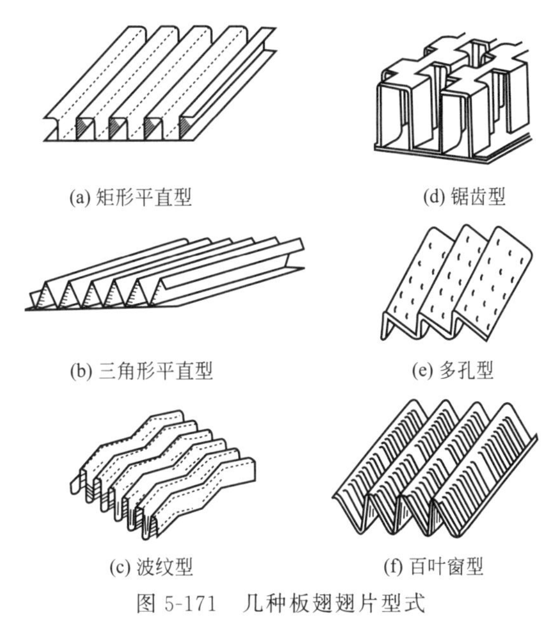

图 5-171　几种板翅翅片型式

① 平直型翅片。其结构最为简单［图 5-169(a)］，也是其他各种翅片的基型。主要只起扩大传热面的作用，其给热系数与压降计算与管内流动相似，因此，在层流向湍流的转变区，其流动特性不稳定，并会引起给热系数的下降。多用于介质本身给热系数较高、两侧温差较

大、阻力要求较严以及流体中含有固体悬浮物的场合。

② 锯齿形翅片。相当于将平直翅片切成若干短条并相互偏置一定间隔，故又称偏置间断条型（Offset Strip fin）。翅片在流动方向上的不连续，使发展中的边界层很快破坏，促进了流体的湍动，在低 Re 数下即有很高的给热系数，转变区流动特性稳定，相同流速下虽压降大于平直翅片，但在相同压降下，α 高出 20%～30%。广泛用于气体或高黏度油的换热，如空分和乙烯装置以及要求达到小温差的场合。属于高效型翅片。

③ 多孔型翅片。在平直型翅片上开孔，开孔率 10%～20%，孔多按三角形错列，这些小孔可使边界层不断发生扰动和脱离，给热系数接近锯齿型。各流道的流体可通过小孔相互贯通，使其分布均化，常用作流道进出口分配段的导流翅片，也用于要求流动阻力较小以及有相变流体换热的场合。但在流型转变区及湍流区时会引起噪声和振动。由于开孔减少了有效传热面积，造成材料的浪费，流型转变区的 j、f 值也难以预测，目前已很少作为传热翅片。

④ 波纹型翅片。将平直翅片压成波纹状，流体在弯曲流道中不断改变方向使边界层分离，同时产生二次流引起横向的混合，其效果介于平直型与锯齿型之间，在 Re 数较小时接近于平直翅片，Re 数增加则接近于锯齿型。翅片的耐压强度较高，故可用于压力较高的气体。

⑤ 百叶窗式翅片。在平直翅片上顺总体流向冲压出若干横向窗条，窗条与流向的倾角 20°～45°（参见图 5-175），其制造较锯齿型方便，故价格也较低，性能介于波纹型与锯齿型之间，又兼有多孔型的贯通性质，窗条间隔越小则越接近于锯齿型，在传递相同热量的条件下，其压降可低于平直型翅片，故亦属于高效翅片。

就截面形状而论，与矩形翅片相比，三角形翅片易于制造，而且其翅距易于变化以适应不同需要，其 j/f 值相近，但 f 值较低，强度也略低。

（3）性能与应用

板翅式的优点如下。

① 传热效率高。在管壳式换热器中，气相给热系数一般只有液相的 5%～20%，而在板翅式流道中，通常在 $500<Re<1500$（以当量直径为基准）间操作时，气相 α 可提高 50%～150%以上，同时加上较大的扩展表面，故可以得到很低的端部温差，换热器效率可达 90%～95%，特别适用于温差小的热量或冷量的回收（端部温差可达 2～4℃，传热单元数可达 50～100）。

② 紧凑性高。单位体积的传热面积为 1500～2500m^2/m^3，最高可达 6000m^2/m^3，是管壳式的几十倍，也高于板框式换热器。

③ 重量轻。由于翅片较薄（0.2～0.3mm），铝合金材料密度较低，在相同热负荷下，换热器重量仅为管壳式的 1/10 以下。

④ 适应性广。采用不同材料，可在－273～＋500℃范围内使用；可以采用多介质、多流程换热；操作压力可达 8.0MPa；可用于气-气、气-液和液-液换热，也可用于冷凝和气化；两侧翅片的几何尺寸及构型均可按负荷及压降限制的要求灵活选择。其中，国内制造铝制板翅式热交换器设计温度范围－269～200℃，设计压力可达 8MPa。

⑤ 流体间一般不存在相互泄漏问题。

⑥ 元件可成批生产，互换性好。

其主要局限性如下。

① 制造工艺较为复杂，而且要求严格。钎焊必须保证所有焊缝全部渗透，不存在薄弱部分，故制造成本高（约较管壳式高 50%以上）。

② 流道狭窄，易阻塞，难以清洗，要求介质清洁，对材料无腐蚀。

③ 维修困难。一旦发生局部穿漏，往往报废。

④ 流动压降较高，操作压力较低（常用值为 1.0MPa）。

在工业上，目前大量用于低温工程及空气分离设备、石油化工装置上的乙烯、丙烯为致冷剂的冷凝冷却器、天然气的液化分离和裂解气的深冷分离，还广泛用作各类发动机上及电子装置上的散热器等，其用途在不断扩大。由于板翅式换热器结构受钎焊设备的限制，每台换热器的最大尺寸有限，工业上也常采用数台换热器串、并联操作。

（4）总体结构的选择

① 介质间流向

a. 逆流。介质间逆流布置是常用的一种方式，可达到最高的温度效率和较小的平均温差。其缺点是集流箱的布置较为复杂（参见图 5-170）。

b. 错流。也是常用的一种布置方式，流体进出口的封头可以布置在换热器的四侧，多流体时更为适用，也常用于一侧有相变或温差变化很小的场合。

c. 错逆流。可缩小通道截面积，提高流体速度和给热系数，一般用于两流体给热系数相差很大的场合。

d. 混合流。其中一部分流体间呈错流，另一部分呈逆流，常用于多流体换热的场合，可以合理分配多流体的传热面积，使换热器更为紧凑并减少热量或冷量的损失。

② 流道排列

对处理热、冷两种流体（代号 A、B）的换热器，流道一般可采用单层交替排列，即 ABABA……。如冷热流体的流量相差很大，对流量大的流体也可采用二层或三层流道叠置再与另一流体交替排列（例如，ABBABBA……）。多股流体进行换热时，其流道排列可有多种方案，这时，既要尽量使结构合理，集流箱易于布置，且有足够截面的流体通道，更应避免传热过程中发生温度交叉和㶲的内部损失与外部损失，以提高冷量（热量）的回收率。原则上可采用隔离叠置方式，使几股冷流体之间（或热流体之间）相互隔离，避免其发生相互热量传递或影响。例如，一股热流体 A 与三股冷流体 B、C、D 进行换热时，可采用：

ⓐ ABCDABCD……；

ⓑ BACADABACADA……；

ⓒ BABABA……BACACACA……CADADA……；

ⓓ BABABA……BAACACA……CAADADA……

四种流道排列方式，其中，方案ⓐ 的冷流股全未隔离，方案ⓑ的冷流股仍只有部分隔离，方案ⓒ的隔离较好，仅在单划线处为部分隔离，方案ⓓ与方案ⓒ相较，增加了两个 A 流道，但冷流体实现了全部隔离，ⓒ、ⓓ两方案中，冷流股通道比较集中，易于设置导流片和集流箱，结构也更为合理（也有文献认为对称布置较为合理，参见下节）。

③ 单元组合

受钎焊工艺限制，大型板翅式换热器常由若干单元板翅式换热器进行串联、并联或串并联组合。并联组合多用于流体流量很大而温度变化较小的场合。某些大型装置中的“冷箱”，就是多台单元板翅换热器组装放在一个钢箱内构成的。

5.7.4.2 板翅式换热器流道的传热与流动特性

（1）板翅式换热器的几何参数与传热机制

与翅片管类似，在板翅式换热器各流道中，传递的热量与传热面积均可分为两个部分：一部分直接通过平隔板传热，这部分面积称为一次传热面积；另一部分热量由该侧流体传给纵向翅片，以传导方式横向传递给另侧流体，这部分面积属于二次传热面积。图 5-172 表示相间叠置的流道中的传热机制及有关几何尺寸（以矩形平直翅片冷流道为例），以及翅片沿横向的温度变化。

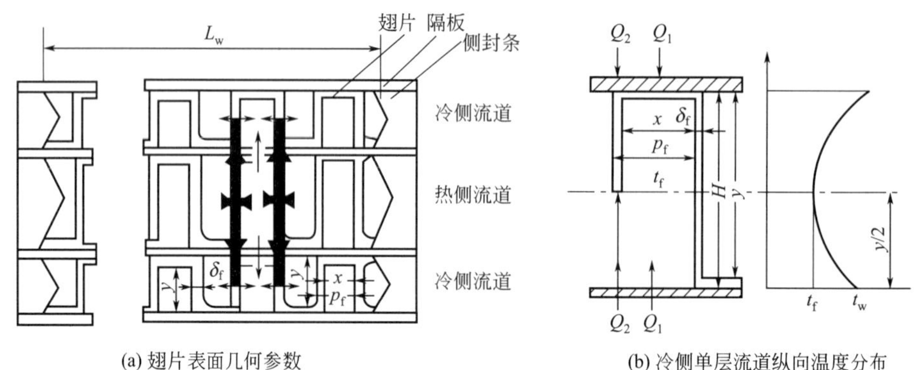

(a) 翅片表面几何参数　　(b) 冷侧单层流道纵向温度分布

图 5-172　翅片表面传热机制及几何参数

① 翅片与换热器单元的几何参数。在板翅式换热器的计算中，要用到不同翅片型式和换热器单元的几何参数，包括翅片尺寸、流道和单元的组合尺寸以及反映几何特征的某些尺寸和尺寸比，并且需要了解它们之间的数量关系（这些数据可由国内外制造厂家的样本或手册中获得）。应该注意：换热器不同流体侧的流道有关尺寸可能并不相同，因此下列尺寸和关系式都是对应于换热器中某一流体的流道而言的。

a. 翅片尺寸（平直矩形翅片尺寸的标记可参考图 5-172 和图 5-173）。包括翅片厚度 δ_f(m)、隔板厚度 δ_s(m)、隔板间距 H(m)、翅片高度 H_f(m)、翅片间距 p_f(m)和单位宽度流道上的翅片数 n_f 等，其中，p_f 与 n_f(l/m) 间存在一定关系：

对矩形截面 $n_f=1/p_f$　　(5-464)

对三角形截面 $n_f=2/p_f$　　(5-464a)

b. 流道组合尺寸。包括流道有效宽度 L_w(m)、流道有效长度 L(m)(对错流,不同流体侧的长宽可能互易)、单元总高度 L_h(m)、总单元体积 V(m^3)、流道数 n_l（对一种流体）、总传热面积 ΣA(m^2)、一次传热面积 A_1 和二次传热面积 A_2(m^2)、流通截面积 S_l(m^2)、单位流道宽度的流通截面积 S_w(m^2/m)以及单位流道宽度和长度的传热面积 A(m^2/m^2)等，其中

$$S_l=n_lL_wS_w;\ \mathrm{m}^2 \tag{5-465}$$

$$\Sigma A=A_1+A_2=n_lL_wLA;\ \mathrm{m}^2 \tag{5-466}$$

$$L_h=\sum_j[n_l(H+\delta_s)]_j;\ \mathrm{m} \tag{5-467}$$

式中　j——换热流体数；

对两流体换热（流道数相同）

$$L_h=(H_1+H_2+2\delta_s)n_l \tag{5-467a}$$

c. 特征尺寸和尺寸比

单元紧凑度
$$a=\frac{\text{单元内传热总面积}}{L_wLL_h};\ \mathrm{m}^2/\mathrm{m}^3 \tag{5-468}$$

流道紧凑度
$$a_l=\frac{\Sigma A}{L_wLHn_l};\ \mathrm{m}^2/\mathrm{m}^3 \tag{5-468a}$$

流道收缩比 $$\sigma=\frac{流通截面积}{迎风面积};\ m^2/m^2 \tag{5-469}$$

流道当量直径 $$d_e=\frac{4S_1L}{\Sigma A}=\frac{4S_w}{A};\ m \tag{5-470}$$

d. 对矩形翅片。按图 5-172，则有

$$H_f=H \tag{5-471}$$

$$x=p_f-\delta_f \tag{5-472}$$

$$y=H-\delta_f \tag{5-473}$$

$$\Sigma A=L_wLn_1A=\frac{2(x+y)L_wLn_1}{p_f} \tag{5-466a}$$

$$A_1=\frac{x}{x+y}\Sigma A \tag{5-474}$$

$$A_2=\frac{y}{x+y}\Sigma A \tag{5-475}$$

$$S_1=n_1L_wS_w=\frac{xyL_wn_1}{p_f} \tag{5-465a}$$

$$d_e=\frac{4xy}{2(x+y)}=\frac{2xy}{x+y} \tag{5-470a}$$

② 翅片效率与表面效率

若翅片与隔板间接触热阻可略，对图 5-172 所示的冷侧流道，按传热速率方程，有

$$Q_1=\alpha_1A_1(t_w-t) \tag{5-476}$$

$$Q_2=\alpha_2A_2(t_{mf}-t) \tag{5-476a}$$

式中 α_1、α_2——流体与翅片一次、二次传热面间的对流传热系数，W/(m^2·℃)；

t_w——隔板温度，℃；

t——流体主体温度，℃（对热流体用 $t-t_w$）；

t_{mf}——翅片横向平均温度，℃。

由于翅片高度远大于本身厚度，故翅片本身热阻不能忽略，沿翅片的温度分布如图 5-172 所示，其两端温度等于 t_w，沿导热方向，翅片不断向流体放热，故翅片温度逐渐降低，在翅片中部（$H_f/2$）处趋于温度 t，故 $t<t_{mf}<t_w$。

与翅片管类似，可将式（5-476a）改写为

$$Q_2=\alpha_2A_2\eta_f(t_w-t) \tag{5-476b}$$

式中 η_f——翅片效率，它是二次传热面的温差与一次传热面的温差之比，它表示二次传热面积（翅片）的有效程度；

$$\eta_f=\frac{t_{mf}-t}{t_w-t} \tag{5-283a}$$

因为 $$Q=Q_1+Q_2=\alpha_1A_1(t_w-t)+\alpha_2A_2\eta_f(t_w-t),$$

若 $\alpha_1\cong\alpha_2=\alpha$，则

$$Q=\alpha(A_1+A_2\eta_f)(t_w-t)=\alpha(\Sigma A)\eta_o(t_w-t) \tag{5-477}$$

式中 η_o——表面效率，它表示以总传热面积为基准时 ΣA 的有效程度；

$$\eta_o=\frac{1}{\Sigma A}(A_1+A_2\eta_f)=1-\frac{A_2}{\Sigma A}(1-\eta_f) \tag{5-478}$$

由于 $A_2<\Sigma A$，所以$\eta_o>\eta_f$，即表面效率总大于翅片效率。在简化估算时，有时可将翅片效率作为表面效率直接代入式(5-477) 计算传热速率，其结果偏于保守。

③ 流道翅片效率的计算

翅片效率η_f通常用下式计算

$$\eta_f=\frac{\tanh(ml)}{ml} \tag{5-283b}$$

式中 l——翅片的特性尺寸，反映二次传热的传导距离，m；

m——翅片参数，m^{-1}；

$$m=\left[\frac{2\alpha}{\lambda_f\delta_f}\left(1+\frac{\delta_f}{L_f}\right)\right]^{1/2} \tag{5-284a}$$

由于翅片厚度 δ_f 一般远小于翅片有效长度 L_f（对单直翅片，$L_f=L$），故

$$m\approx\sqrt{\frac{2\alpha}{\lambda_f\delta_f}} \tag{5-284}$$

式中 α——流体对翅片的对流给热系数，W/(m^2·℃)；

λ_f——翅片材料的热导率，W/(m·℃)，对常用铝合金翅片，可取 $\lambda_f=190$ W/(m·℃)。

在计算对流给热系数 α 时，有些文献（5.5.2 节）认为，应考虑污垢热阻的影响，即以 $\alpha'=\dfrac{1}{\dfrac{1}{\alpha}+r_f}$代入式(5-284)。由于板翅式换热器大多用于处理清洁流体，当存在污垢影响时，亦可用提高传热面积的安全系数（例如 20%～30%）的方法处理，故可不考虑污垢影响。

a. 对单层具有矩形截面的平直翅片和波纹翅片（两种介质流道交替叠置时），如图 5-172 (a) 所示，η_f按式(5-283)、式(5-284) 计算，其中 $l=H_f/2$ (5-479)

b. 对如图 5-173(a) 所示的双层叠置流道（通过同一种介质），有

$$l_1=H_f-\delta_f+\frac{\delta_s}{2},\ l_2=\frac{p_f}{2}$$

$$\eta_1=\frac{\tanh(ml_1)}{ml_1},\ \eta_2=\frac{\tanh(ml_2)}{ml_2}$$

$$\eta_f=\frac{\eta_1 l_1+\eta_2 l_2}{l_1+l_2}\times\frac{1}{1+m^2\eta_1\eta_2 l_1 l_2} \tag{5-480}$$

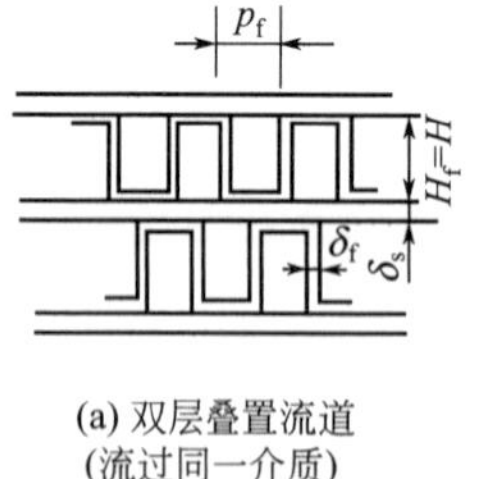

(a) 双层叠置流道
(流过同一介质)

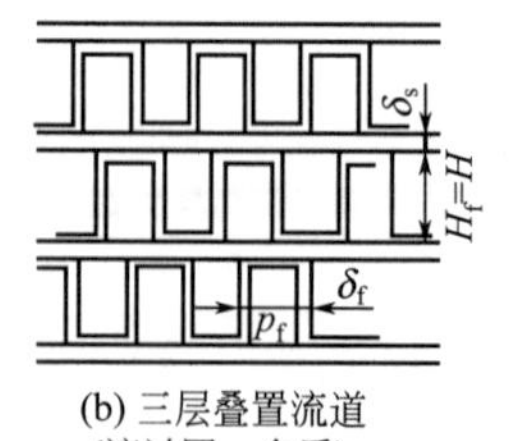

(b) 三层叠置流道
(流过同一介质)

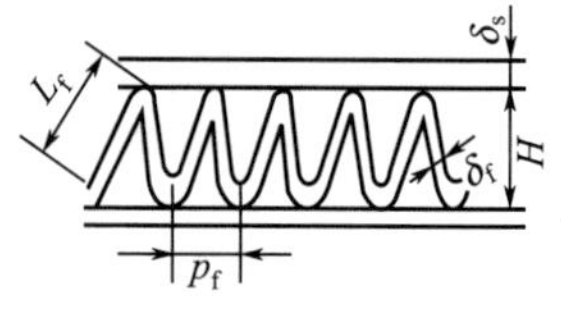

(c) 单层三角形断面流道

图 5-173 几种翅片流道的几何参数

c. 对图 5-173(b) 所示的三层叠置流道（通过同一种介质），有

$$l_1=H_f-\delta_f+\frac{\delta_s}{2},\ l_2=\frac{p_f}{2}$$

$$l_3=\frac{H_f}{2}-\delta_f+\frac{\delta_s}{2},\ l_4=2l_2+l_3$$

$$\eta_1=\frac{\tanh(m_1l_1)}{m_1l_1},\ \eta_2=\frac{\tanh(m_2l_2)}{m_2l_2}$$

$$\eta_3=\frac{\tanh(m_3l_3)}{m_3l_3},$$

$$m_1=\sqrt{\frac{2\alpha}{\lambda_f\delta_f}}=m_3,\ m_2=\sqrt{\frac{2\alpha}{\lambda_f(\delta_f+\delta_s)}}$$

$$\eta_4=\frac{2\eta_2l_2+\eta_3l_3}{2l_2+l_3}\times\frac{1}{1+\frac{1}{2}m_2^2\eta_2\eta_3l_2l_3}$$

$$\eta_f=\frac{\eta_1l_1+2\eta_4l_4}{l_1+l_4}\times\frac{1}{1+2m_1^2\eta_1l_1\eta_4l_4} \tag{5-481}$$

d. 对单层三角形断面的平直、波纹或百叶窗翅片，η_f 和 m 按式(5-283)、式(5-284) 计算，其中特性尺寸也可近似取为 $H/2$ (图 5-173)。

e. 对单层锯齿形翅片，m 应使用式(5-284a) 计算，式中 $L_f=L_p$，L_p 为锯齿条长，m (参考图 5-176)。

由此可见，提高翅片效率的基本方法是：ⓐ提高翅片材料的热导率；ⓑ减小翅片定性尺寸 l 和通道高度 H_f；ⓒ单层布置的 η_f 高于复叠布置；ⓓ增加翅片厚度。

在以上各式的推导中，均假设过程为定常、且给热系数 α 与流体温度 t 分布均匀。实际上并非如此。但当 $\eta_f>0.8$ 时，可以认为由此引起的误差可以忽略。一般设计时，均应使 η_f 在 0.8 以上。

④ 工业上使用的翅片规格尺寸。工业上常用的翅片参数范围大致为：翅片厚度 0.1～0.6mm，翅片高度 2.5～20mm，每 m 有效宽度上有 238～1250 个翅片，翅片面积与总面积之比为 0.458～0.886，隔板厚度 0.8～2mm，由设计者根据应力选取，侧板应和所配用的封头厚度相适应，侧板厚度一般为 3～6mm。

翅片的常用代号表示如下：

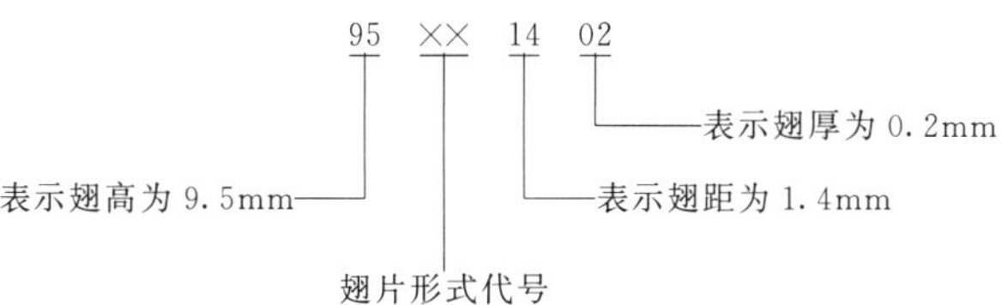

翅片形式代号：ST——平直翅片；
PF——多孔翅片（或导流片）；
SR——锯齿形翅片。

某些国产及国外的翅片规格见表 5-91。

(2) 翅片流道的对流给热系数与阻力系数

板翅式换热器翅片流道中的给热系数与阻力系数习惯上通过 j_H 因子与 f 因子表示，随翅片形式和结构尺寸而异，对特定翅片都采用特定的经验式。一般地，对相同 Re 数和相同流体，翅片的 j_H 因子愈高，其 f 因子亦高。若假设流体温度均匀，则有

因为
$$St=\frac{\alpha}{C_pG}=j_H/Pr^{2/3} \tag{5-17}$$

表 5-91　一些翅片的规格与几何参数

翅片类型	翅片代号	隔板净距 H/mm	翅间距 p_f/mm	翅厚 δ_f/mm	当量直径 d_e/mm	$A_2/\Sigma A$ /(m²/m²)	s_w /(m²/m)	A /(m²/m²)	j_H,f 的关系	备　注
平直翅片	65ST2003	6.5	2.0	0.3	2.668	0.7848	—	—	图 5-174,线号 4	国产试验翅片
	65ST2103	6.5	2.1	0.3	2.79	0.775	0.00531	7.61	—	国产翅片
	47ST2003	4.7	2.0	0.3	2.452	0.7213	0.00374	6.10	图 5-174,线号 5	国产翅片
	95ST1702	9.5	1.7	0.2	2.58	0.861	0.00821	12.70	图 5-174,线号 8	国产翅片
	95ST2003	9.5	2.0	0.3	2.87	0.844	—	—	图 5-174,线号 6	国产试验翅片
	95ST1402	9.5	1.4	0.2	2.12	0.885	0.00797	15.0	—	国产翅片
	65ST4205	6.5	4.2	0.5	4.577	0.6186	—	—	图 5-174,线号 7	国产试验翅片
	三角形翅片	6.35	4.57	0.152	3.084	0.756	—	—	图 5-174,线号 9	—
多孔型翅片	65PF2003	6.5	2.0	0.3	2.668	0.7848	—	—	图 5-174,线号 3	国产试验翅片
	65PF2103	6.5	2.1	0.3	2.79	0.715	0.00531	6.70	—	国产翅片
	64PF1805	6.4	1.8	0.5	2.13	0.738	0.00426	7.34	表 5-91	—
	65PF1805	6.5	1.8	0.5	2.14	0.810	0.00433	7.44	—	国产翅片
	64PF1405	6.4	1.4	0.5	1.56	0.78	0.00379	8.87	表 5-91	—
	65PF1405	6.5	1.4	0.5	1.57	0.86	0.00386	9.00	—	国产翅片
	95PF1702	9.5	1.7	0.2	2.58	0.85	0.00821	11.61	表 5-91	国产翅片
	47PF2003	4.7	2.0	0.3	2.45	0.65	0.00374	5.36	—	国产翅片
	95PF4206	9.5	4.2	0.6	5.13	—	0.00763	—	—	国产多孔导流翅片
	47PF5005	4.7	5.0	0.5	4.32	—	0.00378	—	—	国产多孔导流翅片
	65PF3007	6.5	3.0	0.7	3.28	—	0.00447	—	—	国产多孔导流翅片
	65PF4206	6.5	4.2	0.6	4.47	—	0.00506	—	—	国产多孔导流翅片
锯齿型翅片	95SR1402	9.5	1.4	0.2	2.126	0.8857	0.00797	15.0	图 5-174,线号 1	国产翅片（切开段长 3mm）
	95SR1702	9.5	1.7	0.2	2.583	0.861	0.00821	12.7	图 5-174,线号 2	国产翅片（切开段长 3mm）
	65SR1403	6.5	1.4	0.3	1.87	0.77	0.00487	8.86	—	国产翅片（切开段长 3mm）
	65SR1703	6.5	1.7	0.3	2.28	0.815	0.00511	8.94	—	国产翅片
	47SR2003	4.7	2.0	0.3	2.45	0.722	0.00374	6.10	—	国产翅片

所以

$$\alpha = j_H C_p G Pr^{-2/3}$$

$$j_H = j(Re),\quad f = f\ (Re),$$

$$Re = \frac{d_e G}{\mu},\quad G = \frac{W}{(n_1 l_w)\ S_w}$$

上各式中，

St——Stanton 数；　　　　f——Fanning 摩擦因子。

Re 数中的特性尺寸，除特殊指定外，一般用翅片流道当量直径 d_e，翅片流道中 Re 数通常在 500～2000 之间，即在层流区操作。

① 一些翅片流道的 j_H、f 与 Re 数的关系见图 5-174 和表 5-92。百叶窗式翅片的 j_H、f 关系见图 5-175。图 5-175 中还说明了百叶窗式翅片有关几何尺寸的意义，各曲线编号对应的百叶窗翅片的尺寸见表 5-93。

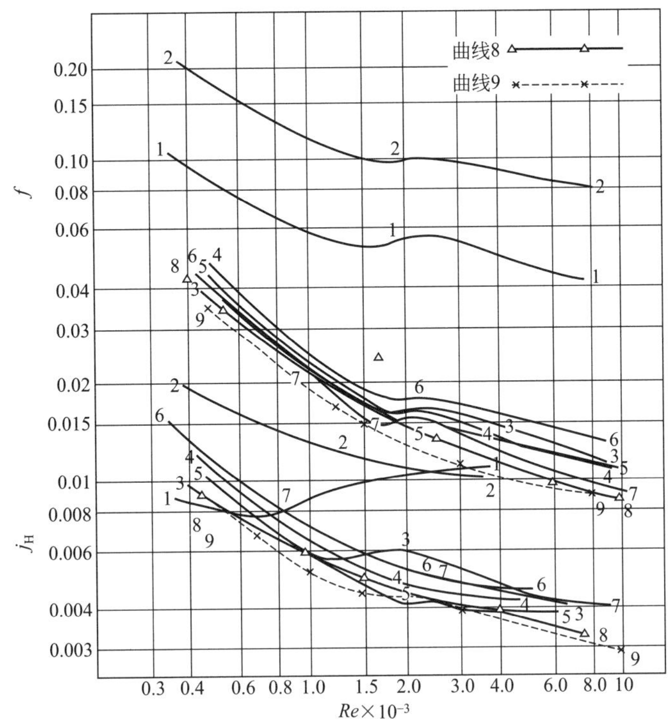

图 5-174　一些翅片的 j_H、f 关系

1—95SR1402；2—95SR1702；3—65PF2003；4—65ST2003；5—47ST2003；6—95ST2003；7—65ST4205；8—95ST1702；9—三角平直翅片

表 5-92　一些翅片 j、f 与 Re 数的关系

翅片代号		Re=1000	Re=3000	Re=6000	Re=10000
64PF1402	j_H	0.0060	0.0050	0.0042	0.0037
	f	0.019	0.012	0.0103	0.009
64PF1405	j_H	0.0089	0.0067	0.0052	0.0043
	f	0.018	0.012	0.009	0.0071
64PF1803	j_H	0.0063	0.0055	0.0047	0.0041
	f	0.018	0.0114	0.0093	0.0080
64PF1805	j_H	0.009	0.0078	0.0061	0.0053
	f	0.021	0.015	0.011	0.0098
95PF1702	j_H	0.0062	0.0046	0.0038	0.0034
	f	0.022	0.013	0.011	0.010
64SR1703	j_H	0.0161	0.0123	0.0105	0.0095
	f	0.065	0.055	0.051	0.046
95SR1402	j_H	0.0164	0.0115	0.0095	0.0083
	f	0.055	0.046	0.043	0.038
95SR1702	j_H	0.015	0.0108	0.0086	0.0073
	f	0.061	0.048	0.045	0.042

表 5-93　图 5-175 中 j_H、f 曲线对应的几何尺寸（百叶窗式翅片）

曲线编号	隔板间距 H/mm	翅片长度 L_f/mm	翅片间距 p_f/mm	翅片厚 δ_f/mm	窗条间距 L_p/mm	窗条长度 L_1/mm	窗条高[①] L_h/mm	当量直径 d_e/mm	$\frac{A_2}{\Sigma A}$ /(m²/m²)	翅数/m[②] n_f/(1/m)
1	12.6	12.7	3.12	0.075	3.0	9.5	0.29	2.80	0.891	641.0
2	12.6	12.7	3.12	0.075	2.25	9.5	0.31	2.80	0.891	641.0

续表

曲线编号	隔板间距 H/mm	翅片长度 L_f/mm	翅片间距 p_f/mm	翅片厚 δ_f/mm	窗条间距 L_p/mm	窗条长度 L_l/mm	窗条高① L_h/mm	当量直径 d_e/mm	$\frac{A_2}{\Sigma A}$ /(m²/m²)	翅数/m② n_f/(1/m)
3	12.6	12.7	3.10	0.075	1.8	9.5	0.29	2.78	0.892	645.2
4	12.6	12.7	3.17	0.075	1.5	9.5	0.29	2.84	0.890	630.9
5	7.65	7.8	3.07	0.075	3.0	7.1	0.36	2.61	0.837	651.5
6	7.64	7.8	3.10	0.075	1.5	7.1	0.33	2.64	0.836	645.2

① $L_h=\frac{L_p}{2}\sin\theta$；② 翅片数/$m=2/p_f$。

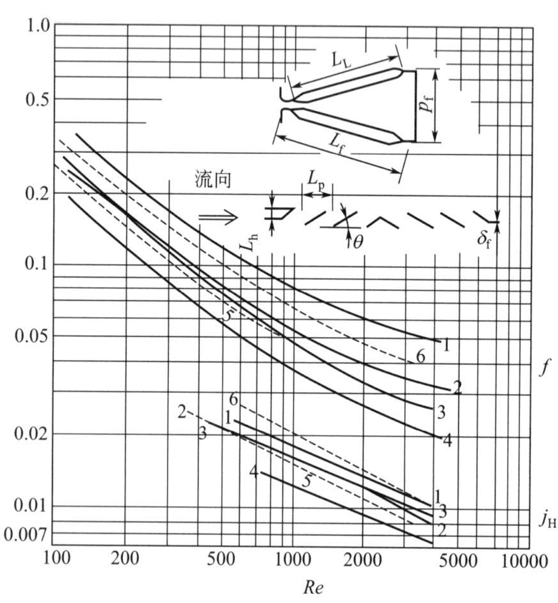

图 5-175 几种百叶窗式翅片的 j_H、f 关系

图 5-175 及表 5 93 中，

n_f——单位宽度的翅数，1/m，$n_f=2/p_f$；

p_t——翅片间距，mm；

L_f——翅片特性长度，mm；

L_l——百叶窗条长度，mm；

L_p——窗条间距，mm；

θ——沿流向的窗条倾角，(°)；

d_e——翅片的当量直径，mm，按三角形截面通道计算；

$A_2/\Sigma A$——二次传热面积/总传热面积，m²/m²；

L_h——流体入口处窗条的投影高度，mm，

$$L_h=\frac{L_p}{2}\sin\theta$$

② 翅片流道的一些经验关系式

a. 粗略估算用关系式

对 $400\leqslant Re\leqslant10^4$ 的平直翅片，

$$j_H=0.023Re^{-0.25} \tag{5-482}$$

$$f=0.393Re^{-0.25} \tag{5-483}$$

对层流，也可按翅片通道形状（矩形或三角形）利用管流公式（采用当量直径）估算。

对波纹型或百叶窗型翅片，

$$j_H=0.245Re^{-0.4} \tag{5-484}$$

$$f=0.393Re^{-0.25} \tag{5-485}$$

对锯齿形翅片，层流时，

$$j_H=0.664Re_L^{-0.5} \tag{5-486}$$

$$f=\frac{0.88\delta_f}{2L_p}+1.328Re_L^{-0.5} \tag{5-487}$$

上式中，$Re_L=GL_p/\mu$；L_p、δ_f 见图 5-176。

b. 锯齿型翅片。若其隔板间距为 H，水平截面上几何尺寸如图 5-176 所示，锯齿条长 L_p 通常为 3～6mm，由于 L_p 很短，层流边界层远未发展就进入下一锯齿段的尾流区，边界层反

复被破坏，故传热性能比平直翅片高一倍以上。锯齿形翅片的流道截面与传热面积可按下式计算。

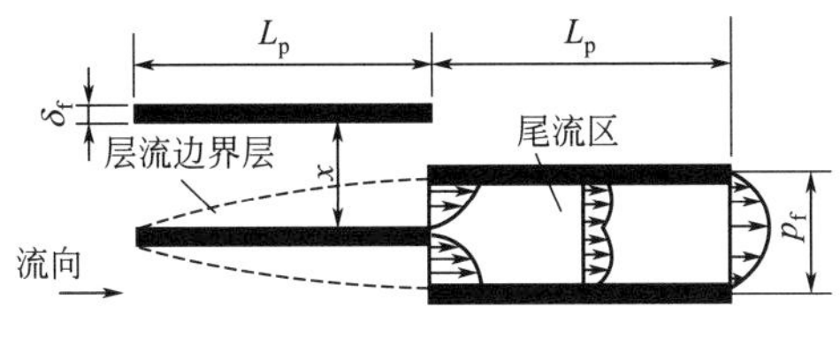

图 5-176　锯齿形翅片水平截面上的几何尺寸与流况

$$s_w=\frac{1}{p_f}[Hp_f-(H_f+p_f-\delta_f)\delta_f]; \text{m}^2/\text{m} \tag{5-488}$$

一次传热面积

$$A_1 \cong 2L_wLn_1-2\delta_fLL_wn_1/p_f; \text{m}^2 \tag{5-489}$$

二次传热面积

$$A_2 \cong 2(H-\delta_f)LL_wn_1/p_f+2(H-\delta_f)\delta_f\frac{L}{L_p}\times\frac{L_w}{p_f}n_1+(p_f-\delta_f)\delta_f\frac{L}{L_p}\times\frac{L_w}{p_f}n_1 \tag{5-490}$$

则

$$A=\frac{A_1+A_2}{L_wLn_L}$$

$$\cong\left[2\left(1-\frac{\delta_f}{p_f}\right)+\frac{2(H-\delta_f)}{p_f}\left(1+\frac{\delta_f}{L_p}\right)+\frac{(p_f-\delta_f)\delta_f}{L_pp_f}\right]; \text{m}^2/\text{m}^2 \tag{5-491}$$

按 Manglik 和 Bergles（1990）的经验关联式（$0.13<\frac{x}{H}<1.0$，$0.012<\delta_f/L_p<0.048$，$0.04<\delta_f/x<0.20$），有

$Re \leqslant Re_t$（层流区）：

$$j_H=0.652Re^{-0.54}\left(\frac{x}{H}\right)^{-0.154}\left(\frac{\delta_f}{L_p}\right)^{0.15}\left(\frac{\delta_f}{x}\right)^{-0.068} \tag{5-492}$$

$$f=9.624Re^{-0.742}\left(\frac{x}{H}\right)^{-0.186}\left(\frac{\delta_f}{L_p}\right)^{0.305}\left(\frac{\delta_f}{x}\right)^{-0.266} \tag{5-493}$$

$Re>Re_t+1000$（湍流区）：

$$j_H=0.244Re^{-0.406}\left(\frac{x}{H}\right)^{-0.104}\left(\frac{\delta_f}{L_p}\right)^{0.196}\left(\frac{\delta_f}{x}\right)^{-0.173} \tag{5-492a}$$

$$f=1.870Re^{-0.299}\left(\frac{x}{H}\right)^{-0.094}\left(\frac{\delta_f}{L_p}\right)^{0.682}\left(\frac{\delta_f}{x}\right)^{-0.242} \tag{5-493a}$$

上列四式中，Re 中的 d_e 及 Re_t 由下式定义：

$$d_e=\frac{4xHL_p}{[2(xL_p+HL_p+\delta_f\text{H})+\delta_fx]} \tag{5-494}$$

$$Re_t=257\left(\frac{L_p}{x}\right)^{1.23}\left(\frac{\delta_f}{L_p}\right)^{0.58}\left(\frac{d_e}{\delta_f+1.328L_p/Re_L^{0.5}}\right) \tag{5-495}$$

式(5-495) 中 Re_L 按 $Re_L=GL_p/\mu$ 计算，对 $Re_L \leqslant Re \leqslant Re_f+1000$ 的过渡区，可近似按对数坐标线性内插求取。

c. 百叶窗型翅片。百叶窗型翅片通常是在三角形截面的平直翅片的两个斜面上，各冲出单排百叶窗孔，沿流动方向，前后窗孔的倾角相反，有关几何尺寸的表示已见图 5-175。

Davenport (1983) 由此给出的经验回归方程如下。

$300<Re<4000$:

$$j_{\mathrm{H}}=0.249Re_{\mathrm{L}}^{-0.42}L_{\mathrm{h}}^{0.33}L_{\mathrm{f}}^{0.26}\left(\frac{L_{1}}{L_{\mathrm{f}}}\right)^{1.1} \tag{5-496}$$

$70<Re<1000$:

$$f=5.47Re_{\mathrm{L}}^{-0.72}L_{\mathrm{h}}^{0.37}L_{\mathrm{p}}^{0.2}L_{\mathrm{f}}^{0.23}\left(\frac{L_{1}}{L_{\mathrm{f}}}\right)^{0.89} \tag{5-497}$$

$1000<Re<4000$:

$$f=0.494Re\mathrm{L}_{\mathrm{L}}^{-0.39}L_{\mathrm{f}}^{0.46}\left(\frac{L_{\mathrm{h}}}{L_{\mathrm{p}}}\right)^{0.33}\left(\frac{L_{1}}{L_{\mathrm{f}}}\right)^{1.1} \tag{5-497a}$$

式中，$Re_{\mathrm{L}}=\dfrac{GL_{1}}{\mu}$，$Re=\dfrac{Gd_{\mathrm{e}}}{\mu}$，其他有关符号参表 5-92 和图 5-175 的说明。式(5-496)～式(5-497a) 是有量纲的，其长度均以 mm 为单位。百叶窗的倾角 θ 一般为 20°～30°，有文献认为，$p_{\mathrm{f}}/L_{\mathrm{p}}$ 也是一个重要参数，其最佳值约为 $p_{\mathrm{f}}/L_{\mathrm{p}}=1.5\tan\theta$。

5.7.4.3 板翅式换热器的传热与流体力学计算

(1) 流体平均温度（定性温度）的计算与 j、f 值的校正

随流道中温度的变化，流体物性、流速都将变化，在板翅式换热器中，温度变化可能是二维甚至是三维的。如物性变化很大，直接取平均流体温度已不能正确反映其影响，这时需要分段取平均温度进行计算。对双流体单程换热时，其定性温度可按表 5-94 估计。

表 5-94 双流体换热的平均温度（$t_{\mathrm{h,m}}$，$t_{\mathrm{c,m}}$）估算

$\dfrac{(WC_p)_{\min}}{(WC_p)_{\max}}$	$(WC_p)_{\mathrm{h}}>(WC_p)_{\mathrm{c}}$	$(WC_p)_{\mathrm{c}}>(WC_p)_{\mathrm{h}}$
<0.5	$t_{\mathrm{hm}}=\dfrac{t_{\mathrm{h1}}+t_{\mathrm{h2}}}{2}$ $t_{\mathrm{cm}}=t_{\mathrm{hm}}-\Delta T_{\mathrm{lm}}$ $\Delta T_{\mathrm{lm}}=\dfrac{(t_{\mathrm{hm}}-t_{\mathrm{c1}})-(t_{\mathrm{hm}}-t_{\mathrm{c2}})}{\ln\dfrac{t_{\mathrm{hm}}-t_{\mathrm{c1}}}{t_{\mathrm{hm}}-t_{\mathrm{c2}}}}$	$t_{\mathrm{cm}}=\dfrac{t_{\mathrm{c1}}+t_{\mathrm{c2}}}{2}$ $t_{\mathrm{hm}}=t_{\mathrm{cm}}+\Delta T_{\mathrm{lm}}$ $\Delta T_{\mathrm{lm}}=\dfrac{(t_{\mathrm{h1}}-t_{\mathrm{cm}})-(t_{\mathrm{h2}}-t_{\mathrm{cm}})}{\ln\dfrac{t_{\mathrm{h1}}-t_{\mathrm{cm}}}{t_{\mathrm{h2}}-t_{\mathrm{cm}}}}$
≥0.5	$t_{\mathrm{hm}}=\dfrac{t_{\mathrm{h1}}+t_{\mathrm{h2}}}{2}, t_{\mathrm{cm}}=\dfrac{t_{\mathrm{c1}}+t_{\mathrm{c2}}}{2}$	

对多程换热，一般应将每一程的出口温度算出，每一程取进出口算术平均温度作为定性温度。此外，在流体间温差较大时，由 5.7.4.2 节得出在 T_{m}（用热力学温度）下的 j_{m}、f_{m} 值应加以校正。

对气体：$\dfrac{Nu}{Nu_{\mathrm{m}}}=\dfrac{j}{j_{\mathrm{m}}}\left(\dfrac{T_{\mathrm{w}}}{T_{\mathrm{m}}}\right)^{n}$，$\dfrac{f}{f_{\mathrm{m}}}=\left(\dfrac{T_{\mathrm{w}}}{T_{\mathrm{m}}}\right)^{m}$；

对液体：$\dfrac{j}{j_{\mathrm{m}}}=\left(\dfrac{\mu_{\mathrm{w}}}{\mu_{\mathrm{m}}}\right)^{n}$，$\dfrac{f}{f_{\mathrm{m}}}=\left(\dfrac{\mu_{\mathrm{w}}}{\mu_{\mathrm{m}}}\right)^{m}$。

有关冷、热流体的 n、m 值可参阅表 5-5 及其说明。

(2) 两流体的换热

① 总传热系数。若忽略隔板热阻、污垢热阻及热损失（隔板热阻计算见示例），则由传热速率方程，有

$$Q=\alpha_{\mathrm{h}}\Sigma A_{\mathrm{h}}\eta_{\mathrm{ho}}(t_{\mathrm{h}}-t_{\mathrm{w}})=\alpha_{\mathrm{c}}\Sigma A_{\mathrm{c}}\eta_{\mathrm{co}}(t_{\mathrm{w}}-t_{\mathrm{c}})$$

$$=K_h\Sigma A_h(t_h-t_c)=K_c\Sigma A_c(t_h-t_c) \tag{5-498}$$

式中 α_h、α_c——热、冷侧流道对流给热系数，W/(m^2·℃)；

ΣA_h、ΣA_c——热、冷侧流道的传热面积，m^2；

η_{ho}、η_{co}——热、冷侧流道的表面效率；

t_h、t_c——热、冷流体的温度，℃；

t_w——平隔板壁面温度，℃；

K_h、K_c——以热、冷侧总表面积为基准的总传热系数，W/(m^2·℃)；

$$K_h=1/\left(\frac{1}{\alpha_h\eta_{ho}}+\frac{1}{\alpha_c\eta_{co}}\times\frac{\Sigma A_h}{\Sigma A_c}\right) \tag{5-499}$$

$$K_c=1/\left(\frac{1}{\alpha_h\eta_{ho}}\times\frac{\Sigma A_c}{\Sigma A_h}+\frac{1}{\alpha_c\eta_{co}}\right) \tag{5-499a}$$

因此，使用总传热系数时，必须同相对应的总传热面积匹配，当热侧与冷侧流道数目及几何参数完全相同时，则 $\Sigma A_c=\Sigma A_h$，$K_h=K_c$。

流体温度变化时，α 及 K 均应取平均温度下的物性进行计算。

② 平均温度差的计算。在流体热容流率变化不大时，冷、热流体进行逆流、错流或错逆流时的平均温度差及传热面积均可参照图 5-17、图 5-15 等进行计算。但在空分与乙烯工程等装置中，其热容随温度变化很大，特别在高压和温度接近临界温度时，热容以及相应的热容流率变化更大，宜以积分平均温差作为逆流的平均温差代入传热速率方程（对错流应再加校正)。

$$\Delta T_m=\frac{n}{\sum\limits_{i=1}^{n}\frac{1}{(\Delta T)_i}} \tag{5-500}$$

积分平均温差通常由换热器的温度-热负荷图（t-Q图）按下列步骤求得：

a. 在直角坐标系上作出热流与冷流按逆流流向的 t-Q 图，纵坐标为流体温度，图 5-177 所示为冷量交换系统，图中，两曲线间的水平距离代表换热器各截面（或各累积热负荷）上的流体温差，相应的纵坐标值代表从入口到该截面时的已传递的热量，在入口截面 $t_{h1}-t_{c2}$ 处热负荷 $Q=0$，出口截面 $t_{h2}-t_{c1}$ 处 $Q=Q$。

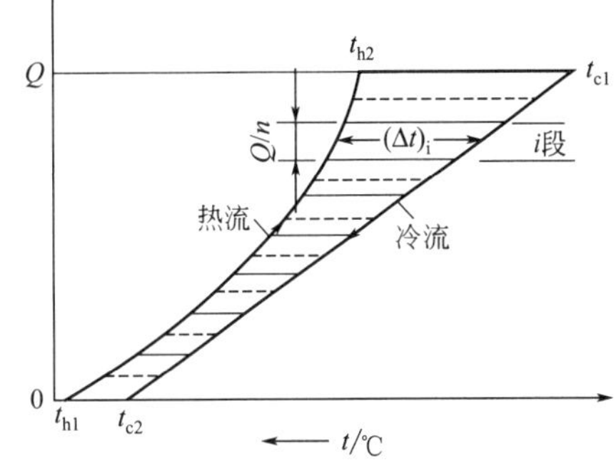

图 5-177 两流体换热的 t-Q 图（积分平均温差）

b. 在图 5-177 上将总热负荷分成几个等分，相当于将换热器分为 n 段，每段传递的热量均为 Q/n。如 n 足够大，则每段中的平均温差 $(\Delta T)_i$ 可取为该段两端温差的算术平均值。

c. 按式(5-500) 计算 ΔT_m（对错流宜再校正)。

③ 计算总传热面积或流道长度。由

$$Q=K_c\Sigma A_c\Delta T_m=K_h\Sigma A_h\Delta T_m \tag{5-498a}$$

可以分别求出热侧与冷侧的传热面积 ΣA_h、ΣA_c，根据选定的换热器单元流道的几何尺寸，按下式求出热侧与冷侧的流道数或流道的有效长度 L。

$$\Sigma A_h=n_{lh}(AL_wL)_h \tag{5-501}$$

$$\Sigma A_c=n_{lc}(AL_wL)_c \tag{5-501a}$$

总流道数 $$\Sigma n_1 = n_{1h} + n_{1c} \tag{5-502}$$

式中 L_w——热侧（或冷侧）流道有效宽度，m；

L——热侧（或冷侧）流道有效长度，m；

A——每流道每单位有效长度与有效宽度的传热面积，m^2，由翅片流道型式决定；

n_{1h}，n_{1c}——热侧、冷侧的流道数。

实际流道长度可取：

$$L_o = (1.1 \sim 1.3)L \tag{5-503}$$

在确定换热器实际长度时，应考虑制造厂钎焊设备的能力。

（3）多流体换热

多流体换热的板翅式换热器的精确计算非常复杂，应该列出换热器每一通道微元的传热速率与热量衡算方程，构成差分方程矩阵，在一定边界条件下按数值方法在计算机上求解。国内外均已有成熟软件可以直接应用。本节只介绍简化的手算方法，得到近似结果。

① 方法Ⅰ。以一股热（或冷）流 A 与 j 股冷（或热）流换热为例。

a. 物流的传热系数及传热面积。对冷物流 j 与热物流 A 间的总传热系数 K_{Aj} 可写出

$$\frac{1}{K_{Aj}} = \frac{1}{\alpha_A \eta_{Ao}} + \frac{1}{\alpha_j \eta_{jo}\left[\dfrac{\Sigma A_j}{A_{Aj}}\right]} \tag{5-504}$$

设

$$\frac{\Sigma A_j}{A_{Aj}} \cong \frac{n_{1j} Q_A}{n_{1A} Q_j} \tag{5-505}$$

且有

$$Q_j = K_{Aj} A_{Aj} \Delta T_m \tag{5-498b}$$

$$L_j = A_{Aj}\left(\frac{\Sigma A_j}{A_{Aj}}\right) / (A_j L_w n_{1j}) \tag{5-506}$$

式中 K_{Aj}——物流 A 与物流 j 间的总传热系数，W/(m²·℃)；

ΣA_j——物流 j 的总传热面积，m^2；

A_{Aj}——物流 A 的总传热面积中折合给 j 物流的部分，m^2；

ΔT_m——物流 A 与 j 间的平均温差,℃；

L_j——j 物流单层流道的有效长度，m；

A_j——对应于每米流道有效长度和每米有效宽度的传热面积，m^2/m^2；

α_A、α_j——物流 A 与物流 j 在各自通道中的对流给热系数，W/(m²·℃)；

n_{1A}、n_{1j}——物流 A 与物流 j 的流道数（层数）；

Q_A、Q_j——物流 A、j 的热负荷，W；

η_{Ao}、η_{jo}——物流 A、j 的流道的表面效率，按式(5-478) 计算。

在计算表面效率时，如有多股冷流体，其翅片效率 η_f 中的 L_j 应取

$$L_j = \left(\frac{H_f}{2}\right)_j \left(\frac{n_{1j}}{n_{1A}}\right)\left(\frac{Q_A}{Q_j}\right) \tag{5-507}$$

由此可确定 j 股物流各自需要的传热面积 ΣA_j 以及相应的层数 n_{1j} 或流道有效长度 L_j。

物流 A 的传热面积可按下式计算。

$$\Sigma A_A \cong Q_A / \left(\frac{1}{j} \sum_j K_{Aj} \cdot \Delta T_m\right) \tag{5-508}$$

$$L_A = \Sigma A_A / (A_A L_w n_{1A}) \tag{5-506a}$$

式中　ΔT_m——A 流股与各 j 流股间的平均温差,℃。

如得出流道长度太长，可用数台换热器串联（或并联）。

如热容流率变化很大，且为逆流，两流体间及多流体间的平均温差 ΔT_m，亦宜用积分平均温差计算。

b. 多流体间的积分平均温差。计算原则是将所有热流体组合为一股，所有冷流体组合为一股，得出两根组合的热、冷流体的 t-Q 曲线，按逆流关系绘制 t-Q 图上，然后由式（5-500）计算其积分平均温差。仍以一股热流体、j 股冷流体为例：

ⓐ 按已知各温度下流体 A 的比热容值及其进出口温度在 t-Q 图上画出热流体的 t-Q 线，以温度 t 为纵坐标，Q 为横坐标，$Q=0$ 时，$t=t_{h1}$，$Q=Q$ 时，$t=t_{h2}$。

ⓑ 对多股冷流体,其端点处的组合温度可分别由 $Q=Q$ 时,$t_{cmi}=\dfrac{\sum\limits_j (WC_p)_{ji} t_{ci}}{\Sigma (WC_p)_{ji}}$;$Q=0$ 时，$t_{cmo}=\dfrac{\sum\limits_j (WC_p)_{jo} t_{co}}{\Sigma (WC_p)_{jo}}$。

ⓒ 从 $Q=Q$ 开始，取热流体的温度变化区间 Δt_h，则对应的组合冷流体的温度变化区间由下式计算

$$\Delta_{cm} \Sigma W_j C_{pj} = W_A C_{pA} \Delta_h \tag{5-509}$$

式中，C_{pA}、C_{pj} 均取该温度区间内的平均值。

ⓓ 该区间另一端的热流体温度

$$t_h = t_{h2} + \Delta_h \tag{5-510}$$

冷流体的组合温度

$$t_{cm} = t_{cmi} + \Delta_{cm} \tag{5-510a}$$

流体温差

$$\Delta T = t_h - t_{cm} \tag{5-511}$$

ⓔ 循以上步骤，取若干热流体温度区间，直至热流体的进口端 $t_h=t_{h1}$，相应的冷流体组合温度为 t_{cmo}，连接各 t_{cm} 点，即得冷流体的组合 t-Q 曲线（参见例 5-23）。

ⓕ 按二流体的积分平均温差的计算方法（式 5-500）得出 ΔT_m。

② 方法Ⅱ。Prasad❶ 提出的近似估算法，可用于多股平行流换热器尺寸的估算。

若热流股数为 n_h，冷流股数为 n_c，且在操作条件范围内，流道的η_o接近相等，任一物流 j 的流道中的传热因子 j 和 Fanning 摩擦因子 f 均可用下式表示

$$j_j = a(Re_j)^b \tag{5-512}$$

$$f_j = c(Re_j)^d \tag{5-513}$$

式中

$$j_j = \frac{\alpha_i}{c_{pj} G_j}(Pr_j)^{2/3};$$

$$G_j = \frac{W_j}{(n_1 L_w)_j s_{wj}};$$

$$\frac{A_j}{s_{wj}} = \frac{1}{r_{hj}} = \frac{4}{(d_e)_j};$$

$$Re_j = \frac{G_j (d_e)_j}{\mu_j} = \frac{4 G_j r_{hj}}{\mu_j};$$

---

❶ Prasad B. S. V • Heat Trans for Engineering。1996，17(3)：35-43.

$$Q_j = W_j \Delta h_j$$
$$= \alpha_j (n_1 L_w)_j \eta_{jo} L_j A_j |t_{jm} - t_w|;\ \text{W}; \tag{5-514}$$

$$\Delta p_j = \frac{2G_j L_j f_j}{(d_e)_j \rho_j};\ \text{Pa} \tag{5-515}$$

上列各式中，下标 j 表示 j 流股；

r_h——流道的水力半径，m；

d_e——流道的当量直径，m；

Δh——物流的比焓变，J/kg，取绝对值；

t_w——壁面温度，℃；

t_{jm}——j 流股进出口温度的算术平均值，℃；

Δp_j——j 流股的流道允许压降，Pa；

$(n_1 L_w)_j$——j 流股的流道数与有效宽度的乘积，对各流股，L_w 应相同；

η_o——表面效率，近似可取为 0.9。

假设：ⓐ热流体与冷流体之间的平均温差均取为 ΔT_m，

$$\Delta T_m = \frac{\Delta T_h + \Delta T_c}{2} \tag{5-516}$$

式中　ΔT_h、ΔT_c——分别为热端温差与冷端温差，℃，

$$\Delta T_h = \frac{\sum_{j=1}^{n_h} (W_h C_{ph} t_{h1})_j}{\sum_{j=1}^{n_h} (W_h C_{ph})_j} - \frac{\sum_{j=1}^{n_c} (W_c C_{pc} t_{c2})_j}{\sum_{j=1}^{n_c} (W_c C_{pc})_j} \tag{5-517}$$

$$\Delta T_c = \frac{\sum_{j=1}^{n_c} (W_h C_{ph} t_{h2})_j}{\sum_{j=1}^{n_c} (W_h C_{ph})_j} - \frac{\sum_{j=1}^{n_c} (W_c C_{pc} t_{c1})_j}{\sum_{j=1}^{n_c} (W_c C_{pc})_j} \tag{5-517a}$$

ⓑ 壁面温度 t_w 对各流体均相同，且等于

$$t_w = \frac{\sum_{j=1}^{n_h} (n_1 L_w A \alpha t_m)_{h,j} + \sum_{j=1}^{n_c} (n_1 L_w A \alpha t_m)_{c,j}}{\sum_{j=1}^{n_h} (n_1 L_w A \alpha)_{h,j} + \sum_{j=1}^{n_c} (n_1 L_w A \alpha)_{c,j}} \tag{5-518}$$

上列各式中，下标 1、2 分别表示进口端与出口端，h、c 分别表示热流与冷流。

由式(5-514) 与式(5-515)，消去 L_j 可得

$$(n_1 L_w)_j^{(2+d-b)} = \frac{c\,|\Delta h_j|\,(Pr_j)^{2/3} \mu_j^{(b-d)} W_j^{(2+d-b)}}{a s_{wj}^{(2+d-b)} C_{pj} \times 2^{2(b-d)} r_h^{(b-d)} \eta_{jo} \Delta T_m \Delta p_j \rho_j} \tag{5-519}$$

由式(5-519) 可求出 $(n_1 L_w)_j$ 与 n_{lj}（取定 L_w 后）

由式(5-512)，将各参数代入可得

$$\alpha_j = \frac{2^{2b} a C_{pj} W_j^{(b+1)} r_{hj}^b}{[(n_1 L_w)_j W_{wj}]^{b+1} \mu_j^b (Pr_j)^{\frac{2}{3}}} \tag{5-520}$$

于是，由式(5-514) 可求出对 j 流股的流道有效长度

$$L_j=\frac{W_j\Delta h_j}{\alpha_j(n_1L_w)_jA_j\eta_{jo}(t_{jm}-t_w)} \tag{5-521}$$

在开始计算时，可取各流道的基本几何参数相等，并必须保证在各流道的 Re 数范围内均满足式(5-512) 和式(5-513)，即 a、b、c、d 相等。

如计算得出的 L_j 彼此相差 10%以内，可认为结果满足要求；如相差太大，则可适当调整该流道的几何参数，如改变翅间距或适当增加流道数，重新计算，直至各流股的 L_j 基本相同为止。

由于 $(n_1L_w)_j$ 是由热负荷和允许压降求出的，得到的 L_j 应该是可以满足允许压降的最大值，而得到的 n_{1j} 则是可能的最小值，因此得到的尺寸是比较经济的。下一步工作应该是将热冷流体的各流道适当的排列，Suessman 等提出了一个从传热角度评价流道排列方案的方法：

ⓐ 计算对各 j 流股的单个流道热负荷 q_j ($j=A$、B、C、D……)

$$q_j=\frac{W_j\Delta h_j}{n_{1j}} \tag{5-522}$$

(热流体为正值，冷流体为负值)。

ⓑ 对某一排列方案，将流道顺次编号，$i=1$，2，3，……，$\sum_j n_{1j}$，$\sum_j n_{1j}$ 为流道总数。

ⓒ 从第一流道开始 ($i=1$)，分别计算其累计流道热负荷值 $\sum_j q_i$ ($i=1$，2，……Σn_{1j})，例如若第一流道为热流体 A，第二流道为冷流体 B，第三流道为冷流体 C，第四流道为热流体 A，……，令

$$\sigma_i=\sum_{i=1}^{i}q_i \quad (i=1,2,\cdots\cdots,\Sigma n_{1j}) \tag{5-523}$$

则

$$\sigma_1=q_1=q_A,\ \sigma_2=\sigma_1+q_2=\sigma_1+q_B,$$

$$\sigma_3=\sigma_2+q_3=\sigma_2+q_C,\ \sigma_4=\sigma_3+q_A,\ \cdots\cdots$$

$$\sigma_i=\sigma_{i-1}+q_i=\sum_{i=1}^{i}q_i$$

其均方根值

$$\delta=\sqrt{\frac{\sum_{i=1}^{\Sigma n_{1j}}\sigma_i^2}{n_{1j}}} \tag{5-524}$$

方案的均方根值 δ 愈接近于零，其传热效率愈佳。

本节的方法适用于各流体的 Re 数、给热系数及表面效率都比较接近，冷热流体间温差也比较接近的场合。由于表面温度 t_w 的计算引入的误差较大，冷流体（或热流体）入口温度差别较大时，亦宜分段进行计算。

(4) 板翅式换热器的流动阻力计算

对换热器中的一股流体而言，总流动压降 Δp 包括以下各部分（参见图 5-178)：换热器单元的板翅流道中的压力降（可压缩流体的摩擦压降与加速压降）Δp_1，进出口导流片

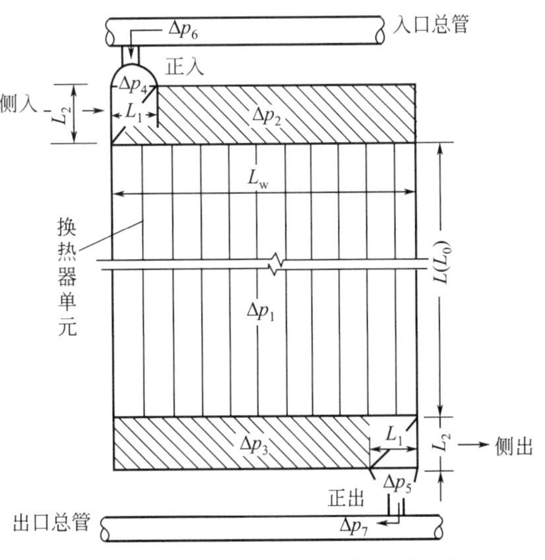

图 5-178　板翅式换热器流体压降示意

及封头局部阻力 Δp_2、Δp_3，进口接管至封头的突扩阻力 Δp_4，封头至出口接管的突缩阻力 Δp_5，如果换热器单元并联，则还应加上进出口总管至分支管的局部阻力 Δp_6 和支管至出口总管的局部阻力 Δp_7。

① $$\Delta p_1=\left[2\left(\frac{\rho_i}{\rho_o}-1\right)+\frac{4fL}{de}\times\frac{\rho_i}{\rho_m}\right]\frac{G^2}{2\rho_i} \tag{5-525}$$

② $$\Delta p_2=(\zeta_c+1-\sigma_i^2)\frac{G^2}{2\rho_i} \tag{5-526}$$

③ $$\Delta p_3=\left[(1-\sigma_o^2-\zeta_e)\frac{\rho_i}{\rho_o}\right]\frac{G^2}{2\rho_i} \tag{5-527}$$

大多数情况下，可只计算板翅芯内的阻力，即

$$\Delta p_c=\Delta p_1+\Delta p_2+\Delta p_3 \tag{5-528}$$

如 L 足够长，板芯阻力 Δp_c 中的 Δp_1 项是主要的。

上述各式中，

ρ_m——流体在板芯内的平均密度，kg/m^3，

$$\frac{1}{\rho_m}=\frac{1}{2}\left(\frac{1}{\rho_i}+\frac{1}{\rho_o}\right) \tag{5-529}$$

G——翅片流道内的质量流速，$kg/(m^2 \cdot s)$，$G=\frac{W}{S_1}$；

ρ_i、ρ_o——在板芯入口端与出口端状态下的流体密度，kg/m^3；

σ_i、σ_o——板芯入口与出口端的流道收缩比，对双流体错流，由式(5-469)，

$$\sigma_o=\sigma_i=\frac{S_1}{L_wL_h} \tag{5-469a}$$

ζ_c、ζ_e——流道进出口收缩与扩大阻力系数，对空平行流道、矩形翅片和三角形翅片流道可按图 5-179 查得；对锯齿形翅片，可取图中 $Re\rightarrow\infty$时的值。

如 σ_i 值不易获得，则由图 5-178，Δp_2 和 Δp_3 可按下式估算。

$$\Delta p=\zeta\frac{G^2}{2\rho}$$

对正向入口或出口（出入口宽度为图 5-178 中的 L_1）：

$$\zeta=\frac{80}{9.8}\times\frac{240}{760}\times\frac{L_w}{L_1}=2.6\frac{L_w}{L_1} \tag{5-530}$$

对侧向入口或出口（出入口宽度为图 5-178 中的 L_2）：

$$\zeta=\frac{220}{9.8}\times\frac{140}{760}\times\frac{L_w}{L_2}=4.1\frac{L_w}{L_2} \tag{5-530a}$$

④ Δp_4 和 Δp_5

$$\Delta p_4=(G_1-G_2)^2/2\rho_i \tag{5-531}$$

$$\Delta p_5=\zeta\frac{G_1^2}{2\rho_o} \tag{5-532}$$

式中 G_1、G_2——接管部分与封头部分的质量流速，$kg/(m^2 \cdot s)$；

$$G_1=\frac{W}{S_1}, G_2=\frac{W}{S_2};$$

S_1、S_2——接管及封头的流通截面积，m^2。

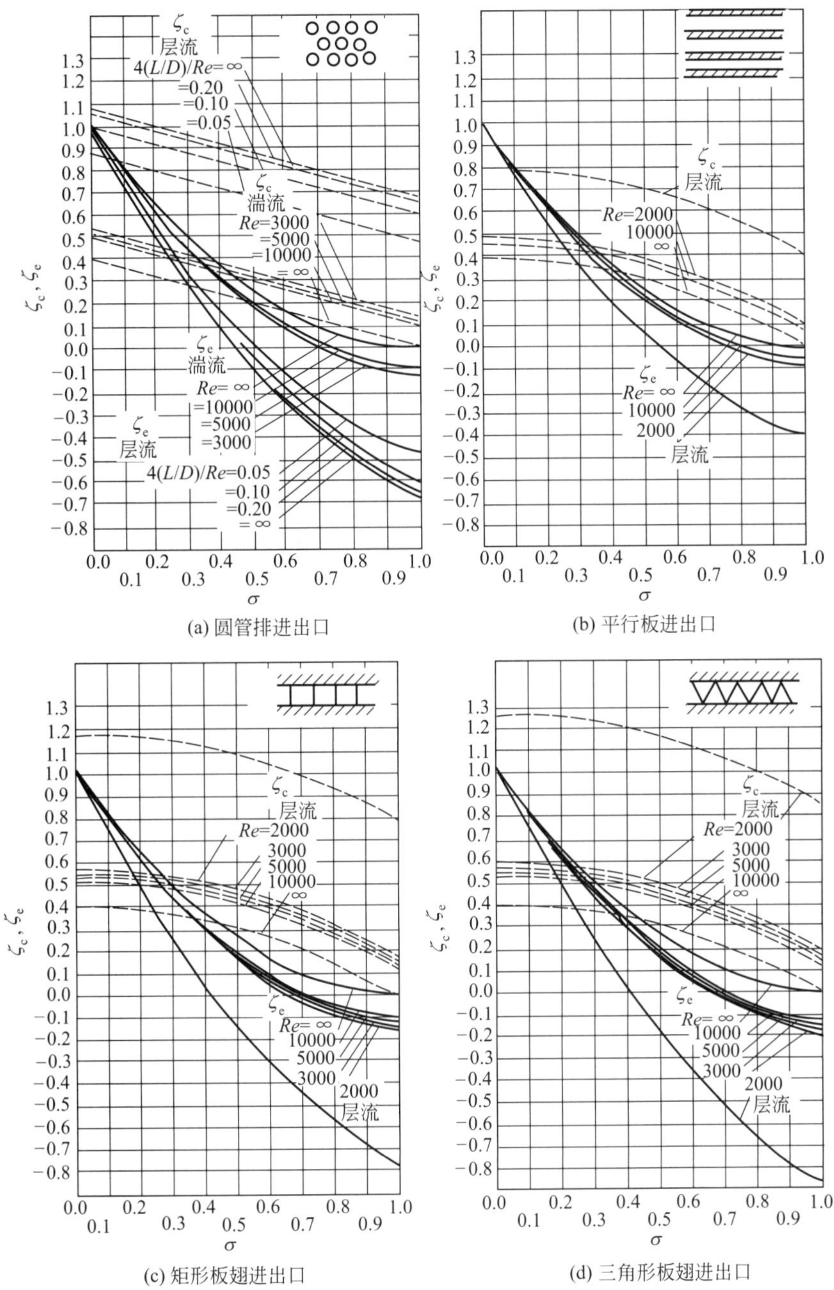

图 5-179　流道进出口的收缩与扩大阻力系数

如 $S_1/S_2 \geqslant 0.715$，$\zeta = 0.75\left(1-\dfrac{S_1}{S_2}\right)$，

如 $S_1/S_2 < 0.715$，$\zeta = 0.4\left(1.25-\dfrac{S_1}{S_2}\right)$。

⑤ Δp_6 和 Δp_7 近似可按下式计算。

$$\Delta p_6 = 0.5\frac{G_1^2}{2\rho_i} \tag{5-533}$$

$$\Delta p_7=1.0\frac{G_1^2}{2\rho_i} \tag{5-534}$$

（5）为保证各换热器单元及板芯内流体分布均匀的一些设计措施（参考图 5-178）

a. 支管（分布管）的总截面积与总管截面积之比应小于 1。

b. 应使板芯内的压降 $\Delta p_c \gg (\Delta p_4+\Delta p_5+\Delta p_6+\Delta p_7)$。

c. 对总管、封头与流道分配区，汇流部分的流通截面积应大于分流部分的流通截面积。

d. 返回式并联流道布置一般优于同向式布置（图 5-180（a）、（b））。

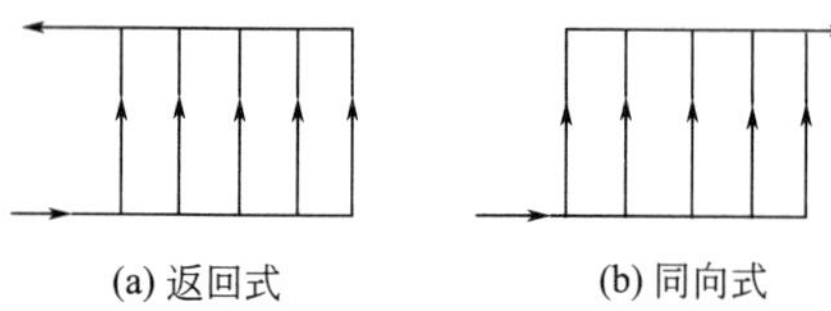

图 5-180 并联流道布置

e. 尽可能保证每一流道的压降接近相等。

更详细的分析及封头设计可参考有关文献［19、25、26］。

5.7.4.4 计算示例

【例 5-22】 有一错流操作的板翅式换热器，板芯一侧流道为 65SR1703 型锯齿式翅片，$L_w=0.9$m，$L=0.4$m，$n_l=61$，通入 2.6kg/s、240℃的热空气。另一侧为 95ST1702 型平直矩形翅片，$L_w=0.4$m，$L=0.9$m，$n_l=60$，通入 2.2kg/s、4℃的冷空气。校核流体能达到的出口温度、热负荷及板芯压降值。操作在常压下进行。隔板厚度为 0.6mm。

解 （1）计算流道几何参数

对 65SR1703 锯齿翅片，$H=6.5$mm，$p_f=1.7$mm，$\delta_f=0.3$mm，$L_p=3$mm，$x=p_f-\delta_f=1.7-0.3=1.4$mm，按式（5-494），

$$\begin{aligned}d_e&=\frac{4xHL_p}{2(xL_p+HL_p+\delta_f H)+\delta_f x}\\&=\frac{4\times1.4\times6.5\times3.0}{2(1.4\times3.0+6.5\times3.0+0.3\times6.5)+0.3\times1.4}\\&=2.11\text{mm}=0.00211\text{m}\end{aligned}$$

按式(5-488)，

$$\begin{aligned}s_w&=\frac{1}{1.7\times1000}\times[6.5\times1.7-(6.5+1.7-0.3)\times0.3]\ \text{m}^2/\text{m}\\&=0.005106\text{m}^2/\text{m}\end{aligned}$$

按式(5-491)，

$$\begin{aligned}A&=2\times\left(1-\frac{0.3}{1.7}\right)+\frac{2(6.5-0.3)}{1.7}\times\left(1+\frac{0.3}{3.0}\right)+\frac{(1.7-0.3)\times0.3}{3.0\times1.7}\\&=1.647+8.023+0.0823=9.75\text{m}^2/\text{m}^2\end{aligned}$$

95ST1702 的数据由表 5-90 查得，故有

	翅 片	H	p_f	δ_f	d_e	L_p	$s_w/(\text{m}^2/\text{m}^2)$	$A_2/\Sigma A$	L_w/m	L/m	n_l	L_h/m
热侧(h)	65SR1703	6.5	1.7	0.3	2.11	3.0	0.005106	0.831	0.9	0.4	61	1.04
冷侧(c)	95ST1702	9.5	1.7	0.2	2.58	—	0.00821	0.861	0.4	0.9	60	1.04

流通总面积：

$$S_l=L_w(\Sigma n_l)s_w$$

$$S_{lh}=0.9\times61\times0.005106=0.2803\text{m}^2$$

$$S_{lc}=0.4\times60\times0.00821=0.197\text{m}^2$$

对双流体错流，迎风面积按 L_wL_h 计算。

$$L_h = n_{lh}H_h + n_{lc}H_c + (2n_{lc}+2)\delta_s$$
$$= [61\times6.5+60\times9.5+(2\times60+2)\times0.6]\times10^{-3}=1.04\text{m}$$

流道收缩比，由式(5-469)，

$$\sigma_{hi}=\sigma_{ho}=\frac{0.2803}{0.9\times1.04}=0.299$$

$$\sigma_{ci}=\sigma_{co}=\frac{0.197}{0.4\times1.04}=0.474$$

总传热面积：

$$\Sigma A = L_w L(\Sigma n_l)_A$$
$$\Sigma A_h = 0.9\times0.4\times61\times9.75\text{m}^2=214.1\text{m}^2$$
$$\Sigma A_c = 0.4\times0.9\times60\times12.7\text{m}^2=274.3\text{m}^2$$

质量流速：

$$G_h = W_h/S_{lh}=2.6/0.2803\text{kg/(m}^2\cdot\text{s)}=9.285\text{kg/(m}^2\cdot\text{s)}$$
$$G_c = W_c/S_{lc}=2.2/0.197\text{kg/(m}^2\cdot\text{s)}=11.16\text{kg/(m}^2\cdot\text{s)}$$

(2) 估算流体平均温度及物性

初设流体出口温度，对错流板翅式换热器，取换热器效率 $\varepsilon=0.75$，由式(5-51)，

$$\varepsilon=\frac{(WC_p)_h}{(WC_p)_{min}}\times\frac{t_{h1}-t_{h2}}{t_{h1}-t_{c1}}=\frac{(WC_p)_c}{(WC_p)_{min}}\times\frac{t_{c2}-t_{c1}}{t_{h1}-t_{c1}}$$

因为　本例中 $W_c<W_h$，所以 $(WC_p)_{min}=(WC_p)_c$

故

$$t_{c2}=t_{c1}+\varepsilon(t_{h1}-t_{c1})=4+0.75\times(240-4)℃=181℃$$

$$t_{h2}=t_{h1}-\varepsilon\frac{(WC_p)_c}{(WC_p)_h}(t_{h1}-t_{c1})$$

$$\cong240-0.75\times\frac{2.2}{2.6}\times(240-4)℃=90.2℃$$

按表 5-93，

$$\frac{(WC_p)_{min}}{(WC_p)_{max}}\cong\frac{W_c}{W_h}=\frac{2.2}{2.6}=0.846>0.5$$

故可取

$$t_{hm}=\frac{t_{h1}+t_{h2}}{2}=\frac{240+90.2}{2}℃=165.1℃$$

$$t_{cm}=\frac{t_{c1}+t_{c2}}{2}=\frac{4+181}{2}℃=92.5℃$$

查得平均温度下的物性：

	G /[kg/(m²·s)]	t_m /℃	C_p /[J/(kg·℃)]	μ /Pa·s	λ /[W/(m·℃)]	Pr —	$Pr^{2/3}$	WC_p /[J/(s·℃)]
热侧	9.285	165.1	1017	24.6×10^{-6}	0.0364	0.685	0.778	2644.2
冷侧	11.16	92.5	1009	21.6×10^{-6}	0.0315	0.692	0.782	2219.8

(3) 计算 j、f 及 α

对热侧锯齿形翅片，按式(5-495)，

$$Re_h=\frac{Gd_e}{\mu}=\frac{9.285\times0.0211}{24.6\times10^{-6}}=796$$

$$Re_t=257\left(\frac{L_p}{x}\right)^{1.23}\left(\frac{\delta_f}{L_p}\right)^{0.58}\left[\frac{d_e}{\delta_f+1.328L_p/Re_L^{0.5}}\right]$$

$$=257\times\left(\frac{3.0}{1.4}\right)^{1.23}\times\left(\frac{0.3}{3.0}\right)^{0.58}\times\left[\frac{2.11}{0.3+1.328\times3.0/\left(\frac{9.285\times0.003}{24.6\times10^{-6}}\right)^{0.5}}\right]$$

$$=870$$

因为　$Re_h<Re_t$，取式(5-492)、式(5-493)，

$$j_H=0.652Re_h^{-0.54}\left(\frac{x}{H}\right)^{-0.154}\left(\frac{\delta_f}{L_p}\right)^{0.15}\left(\frac{\delta_f}{x}\right)^{-0.068}$$

$$=0.652\times796^{-0.54}\times\left(\frac{1.4}{6.5}\right)^{-0.154}\times\left(\frac{0.3}{3.0}\right)^{0.15}\times\left(\frac{0.3}{1.4}\right)^{-0.068}$$

$$=0.0176$$

$$f_h=9.624Re_h^{-0.742}\left(\frac{x}{H}\right)^{-0.186}\left(\frac{\delta_f}{L_p}\right)^{0.305}\left(\frac{\delta_f}{x}\right)^{-0.266}$$

$$=9.624\times796^{-0.742}\times\left(\frac{1.4}{6.5}\right)^{-0.186}\times\left(\frac{0.3}{3.0}\right)^{0.305}\times\left(\frac{0.3}{1.4}\right)^{-0.266}$$

$$=0.0672$$

对冷侧平直矩形翅片，按图 5-174 线号 8，

$$Re_c=\frac{11.16\times0.00258}{21.6\times10^{-6}}=1333$$

查得　$j_c=0.0054$，$f_c=0.018$

计算对流给热系数：$\alpha=j_Hc_pGPr^{-2/3}$

$$\alpha_h=0.0176\times1017\times9.285/0.778\text{W}/(\text{m}^2\cdot℃)=213.6\text{W}/(\text{m}^2\cdot℃)$$

$$\alpha_c=0.0054\times1009\times11.16/0.782\text{W}/(\text{m}^2\cdot℃)=77.8\text{W}/(\text{m}^2\cdot℃)$$

(4) 计算翅片效率及表面效率

取翅片热导率 $\lambda_w=190\text{W}/(\text{m}\cdot℃)$，由式(5-284a)，

$$m=\left[\frac{2\alpha}{\lambda_f\delta_f}\left(1+\frac{\delta_f}{L}\right)\right]^{0.5}$$

对锯齿形翅片，$L=L_p$，

$$m_h=\left[\frac{2\times213.6}{190\times0.0003}\times\left(1+\frac{0.3}{3.0}\right)\right]^{0.5}=90.8$$

对平直翅片，$\delta_f\ll L$，

$$m_c\cong\left[\frac{2\times77.8}{190\times0.0002}\right]^{0.5}=64.0$$

由式 (5-283b)，$\eta_f=\frac{\tanh(ml)}{ml}$，$l=H/2$，

$$\eta_{hf}=\frac{\tanh(90.8\times0.0065/2)}{90.8\times0.0065/2}=0.972$$

$$\eta_{cf}=\frac{\tanh(64\times0.0095/2)}{64.0\times0.0095/2}=0.970$$

按式(5-478)，求表面效率，$\eta_o=1-\frac{A_2}{\Sigma A}(1-\eta_f)$

$$\eta_{ho}=1-0.831\times(1-0.972)=0.976$$

$$\eta_{co}=1-0.861\times(1-0.97)=0.974$$

（5）计算 KA 值

若忽略污垢热阻，但考虑隔板热阻，以热侧总传热面积 ΣA_h 为基准，得

$$\frac{1}{K_h}=\frac{1}{\alpha_h\eta_{ho}}+\frac{\delta_s}{\lambda_s}\times\frac{\Sigma A_h}{A_s}+\frac{1}{\alpha_c\eta_{co}}\times\frac{\Sigma A_h}{\Sigma A_c}$$

式中　δ_s——隔板厚度，m；

λ_s——隔板热导率，$\lambda_s=190$W/(m·℃)；

A_s——隔板的传热面积，m^2，按下式计算，

$$A_s=L_wL(2n_{lh}+2)=0.4\times0.9\times(2\times60+2)\text{m}^2=44\text{m}^2$$

则　$K_h=1/\left(\frac{1}{213.6\times0.976}+\frac{0.6\times10^{-3}}{190}\times\frac{214.1}{44}+\frac{1}{77.8\times0.974}\times\frac{214.1}{274.3}\right)$ W/(m²·℃)

$=66.2$W/(m²·℃)

$KA=K_hA_h=66.2\times214.1$W/℃$=14173$W/℃

（6）计算出口温度及热负荷

利用图 5-15 可求得两流体错流都不混合条件下的出口温度，

$$NTU_h=\frac{KA}{(WC_p)_h}=\frac{14173}{2644.2}=5.36$$

$$R=\frac{(WC_p)_h}{(WC_p)_c}=\frac{2644.2}{2219.8}=1.19=\frac{t_{c2}-t_{c1}}{t_{h1}-t_{k2}}$$

查得　$P=\frac{t_{h1}-t_{h2}}{t_{h1}-t_{c1}}=0.70$，则　$t_{h2}=74.8$℃

$$1.19=\frac{t_{c2}-4}{240-4},t_{c2}=200.6℃$$

$$Q=(WC_p)_h(t_{h1}-t_{h2})$$

$$=2644.2\times(240-74.8)\text{W}=4.368\times10^5\text{W}$$

如感到与原始假设误差较大，可进行第二次迭代，一般都能达到要求的工程精度。

（7）计算板芯部分流体压降

已知有关数据汇总如下：

	G /[kg/(m²·s)]	Re —	$\sigma_i(\sigma_o)$ /(m²/m²)	f	d_e /mm	L /m	t_i /℃	ρ_i /(kg/m³)	t_o /℃	ρ_o /(kg/m³)
热侧	9.285	796	0.299	0.0672	2.11	0.4	240	0.685	74.8	1.015
冷侧	11.6	1333	0.474	0.018	2.58	0.9	4	1.265	200.6	0.746

由式(5-525)～式(5-528)，

$$\Delta p_c=\Delta p_1+\Delta p_2+\Delta p_3$$

$$=\frac{G^2}{2\rho_i}\left[2\left(\frac{\rho_i}{\rho_o}-1\right)+\frac{4f_L}{d_e}\times\frac{\rho_i}{\rho_m}+(\zeta_c+1-\sigma_i^2)-(1-\sigma_o^2-\zeta_e)\frac{\rho_i}{\rho_o}\right]$$

热侧：　$\frac{1}{\rho_{hm}}=\frac{1}{2}\left(\frac{1}{\rho_i}+\frac{1}{\rho_o}\right)=\frac{1}{2}\times\left(\frac{1}{0.685}+\frac{1}{1.015}\right)$

$$\rho_{hm}=0.818\text{kg/m}^3$$

对锯齿形翅片，按图 5-179(c)，取 $Re\to\infty$，$\sigma_i=\sigma_o=0.299$，得 $\zeta_c=1.15$，$\zeta_e=0.25$，

则
$$\Delta p_{ch}=\frac{9.285^2}{2\times0.685}\left[2\times\left(\frac{0.685}{1.015}-1\right)+\frac{4\times0.0672\times0.4}{0.00211}\times\frac{0.685}{0.818}+(1.15+1-0.299^2)-(1-0.299^2-0.25)\times\frac{0.685}{1.015}\right]$$
$$=62.94\times[2.06+0.65+42.67-0.44]=2740\text{Pa}$$

冷侧：按图 5-179（a），取层流区值 $\zeta_c=1.1$，$\zeta_e=-0.1$，$\rho_m=1.065\text{kg/m}^3$，

则
$$\Delta p_{cc}=\frac{11.16^2}{2\times1.265}\times\left[2\times\left(\frac{1.265}{0.756}-1\right)+\frac{4\times0.018\times0.9}{0.00258}\times\frac{1.265}{1.065}+(1.1+1-0.474^2)-(1-0.479^2+0.1)\times\frac{1.265}{0.746}\right]$$
$$=49.22\times[1.875+1.391+29.83-1.476]\text{Pa}=1556\text{Pa}$$

【例 5-23】 初步设计一个三流体平行流换热器。已知条件如下：

流体	W /(kg/s)	允许压降 /Pa	入口 t_1 /K	出口 t_2 /K	t_m /K	C_p /[J/(kg·K)]	$\Delta h\times10^{-5}$ /(J/kg)	$\mu\times10^{-6}$ /Pa·s	ρ /(kg/m³)	Pr
A	1.0	8800	300	100	200	1045	2.09	10.5	10.7	0.77
B	0.625	19600	96	296	196	1060	−2.12	13.0	2.54	0.74
C	0.415	29400	93	296	194.5	908	−1.843	14.8	2.91	0.73

流道使用同一型式翅片，选 $d_e=0.002\text{m}$，$A=11.63\text{m}^2/\text{m}^2$，$s_w=0.0058\text{m}^2/\text{m}$（相当于 $H=6.5\text{mm}$，$p_f=1.3\text{mm}$，$\delta_f=0.12\text{mm}$），其 j、f 关系为：

$$j=0.109Re^{-0.331}，\ f=0.748Re^{-0.296}，$$

按方法Ⅱ和方法Ⅰ进行估算。

解 （1）按方法Ⅱ

① 计算 ΔT_m。按式（5-517)、式(5-517a）计算 ΔT_h、ΔT_c。

$$\Delta T_h=\frac{\sum_{j=1}^{1}(W_hC_{ph}t_{h1})_j}{\sum_{j=1}^{1}(W_hC_{ph})_j}-\frac{\sum_{j=1}^{2}(W_cC_{pc}t_{c2})_j}{\sum_{j=1}^{2}(W_cC_{pc})_j}$$
$$=\frac{1.0\times1045\times300}{1.0\times1045}-\frac{(0.625\times1060+0.415\times908)\times296}{(0.625\times1060+0.415\times908)}$$
$$=300.0-296=4\text{K}$$

$$\Delta T_c=\frac{\sum_{j=1}^{1}(W_hC_{ph}t_{h2})_j}{\sum_{j=1}^{1}(W_hC_{ph})_j}-\frac{\sum_{j=1}^{2}(W_cC_{pc}t_{c1})_j}{\sum_{j=1}^{2}(W_cC_{pc})_j}$$
$$=\frac{1.0\times1045\times100}{1.0\times1045}-\frac{0.625\times1060\times96+0.415\times908\times93}{0.625\times1060+0.415\times908}$$
$$=(100-94.91)\text{K}=5.09\text{K}$$

则
$$\Delta T_m=\frac{\Delta T_h+\Delta T_c}{2}=\frac{4+5.09}{2}\text{K}=4.545\text{K}$$

② 计算 $(n_LL_w)_j$。由式（5-519），

$$(n_LL_w)_j^{(2+d-b)}=\frac{cl\Delta h_jlPr_j^{2/3}\mu_j^{(b-d)}W_j^{(2+d-b)}}{as_w^{(2+d-b)}c_{pj}2^{2(b-d)}r_h^{(b-d)}\eta_{jo}\Delta T_m\Delta p_j\rho_j}$$

已知：$a=0.109$，$b=-0.331$，$c=0.748$，$d=-0.296$，取 $\eta_{jo}\cong 0.9$，$r_h=d_e/4=0.002/4\text{m}=5.0\times10^{-4}\text{m}$，

$$(n_1L_w)_j^{(2-0.296+0.331)}=\frac{0.748l\Delta h_j lPr_j^{2/3}\mu_j^{(0.296-0.331)}W_j^{(2-0.296+0.331)}}{0.109(0.0058)^{(2-0.296+0.331)}C_{pj}\times2^{2(0.296-0.331)}(5\times10^{-4})^{(0.296-0.331)}\times4.545\times\Delta p_j\rho_j\times0.9}$$

$$(n_1L_w)_A^{2.035}=48046\frac{l\Delta h_j lPr_j^{2/3}\mu_j^{-0.035}W_j^{2.035}}{C_{pj}(\Delta p_j)\rho_j}$$

$$=48046\times\frac{2.09\times10^5\times0.77^{2/3}\times(10.5\times10^{-6})^{-0.035}\times(1.0)^{2.035}}{1045\times8800\times10.7}$$

$$=128$$

$$(n_1L_w)_A=10.85$$

$$(n_1L_w)_B^{2.035}=48046\times\frac{2.12\times10^5\times0.74^{2/3}\times(13.0\times10^{-6})^{-0.035}\times(0.625)^{2.035}}{1060\times19600\times2.54}=89.9$$

$$(n_1L_w)_B=9.12$$

$$(n_1L_w)_C^{2.035}=48046\times\frac{1.843\times10^5\times0.73^{2/3}\times(14.8\times10^{-6})^{-0.035}\times(0.415)^{2.035}}{908\times29400\times2.91}=22.78$$

$$(n_1L_w)_C=4.65$$

取 $L_w=0.5$，则 $n_{1A}=2.17$→取整 $n_{1A}=22$，$(n_1L_w)_A=11$；同理，$n_{1B}=19$，$(n_1L_w)_B=9.5$；$n_{1C}=10$，$(n_1L_w)_C=5$。

③ 计算α_j。由式（5-520），

$$\alpha_j=\frac{2^{2b}a\ C_{pj}W_j^{(b+1)}r_{hj}^b}{[(n_1L_w)_j s_{wj}]^{(b+1)}\mu_j^b(Pr_j)^{2/3}}$$

$$=\frac{2^{2(-0.331)}\times0.109\times C_{pj}W_j^{(b+1)}(5.0\times10^{-4})^{-0.331}}{(n_1L_w)_j^{(1-0.331)}\times(0.0058)^{(1-0.331)}\mu_j^{-0.331}Pr_j^{2/3}}$$

$$=26.7\times\frac{C_{pj}W_j^{0.669}}{(n_1L_w)_j^{0.669}\ \mu_j^{-0.331}Pr^{2/3}}$$

则 $$\alpha_A=26.7\times\frac{1045\times(1.0)^{0.669}}{11^{0.669}(10.5\times10^{-6})^{-0.331}\times0.77^{2/3}}\text{W(m}^2\cdot\text{K)}=150.2\text{W/(m}^2\cdot\text{K)}$$

$$\alpha_B=26.7\times\frac{1060\times(0.625)^{0.669}}{9.5^{0.669}(13\times10^{-6})^{-0.331}\times0.74^{2/3}}\text{W/(m}^2\cdot\text{K)}=135.2\text{W/(m}^2\cdot\text{K)}$$

$$\alpha_C=26.7\times\frac{908\times(0.415)^{0.669}}{5^{0.669}(14.8\times10^{-6})^{-0.331}\times0.73^{2/3}}\text{W/(m}^2\cdot\text{K)}=142.5\text{W/(m}^2\cdot\text{K)}$$

④ 计算t_w。由式（5-518），求平均板面温度，

$$t_w=\frac{(n_1L_wA\alpha\ t_m)_A+(n_1L_wA\alpha\ t_m)_B+(n_1L_wA\alpha\ t_m)_C}{(n_1L_wA\alpha)_A+(n_1L_wA\alpha)_B+(n_1L_wA\alpha)_C}$$

$$=\frac{11\times150.2\times200+9.5\times135.2\times196+5.0\times142.5\times194.5}{11\times150.2+9.5\times135.2+5.0\times142.5}\text{K}=197.52\text{K}$$

⑤ 初算板翅的 L_j，由式(5-521)，

$$L_j=\frac{W_j\Delta h_j}{\alpha_j(n_1L_w)_jA_j\eta_{jo}(t_{jm}-t_w)}$$

则

$$L_A=\frac{1.0\times2.09\times10^5}{150.2\times11\times11.63\times0.9\times(200-197.58)}\text{m}=4.99\text{m}$$

$$L_B=\frac{0.625\times(-2.12\times10^5)}{135.2\times9.5\times11.63\times0.9\times(196-197.58)}\text{m}=6.20\text{m}$$

$$L_C=\frac{0.415\times(-1.843\times10^5)}{142.5\times5.0\times11.63\times0.9(194.5-197.58)}\text{m}=3.40\text{m}$$

⑥ 重算 L_j。L_j 应一致，故需对C流体的通道尺寸适当调整，比较简单的是变化翅片间距 p_f。对流道C，选 $H_f=9.5$，$p_f=2.0$，$\delta_f=0.2$，则 $A_c=11.1\text{m}^2/\text{m}^2$，$s_{wc}=0.00837\text{m}^2/\text{m}^2$，$(d_e)_c=0.003016\text{m}$，$r_{hc}=d_e/4-7.54\times10^{-4}\text{m}$，代入式(5-518)、式(5-519)，重新计算，得 $(n_cL_w)_c=3.24$，仍取 $L_w=0.5$，$n_{lc}=6.48$，取 $n_{lc}=7$，则 $(n_lL_w)_c=3.5$，

$$\alpha_c=\frac{2^{-0.662}\times0.109\times(7.54\times10^{-4})^{-0.331}\times908\times(0.415)^{0.669}}{(0.00837)^{0.669}\times3.5^{0.669}\times(14.8\times10^{-6})^{-0.331}\times0.73^{2/3}}\text{W/(m}^2\cdot\text{K)}=123.7\text{W/(m}^2\cdot\text{K)}$$

重算

$$t_w=\frac{11\times11.63\times150.2\times200+9.5\times11.63\times135.2\times196+3.5\times11.1\times123.7\times194.5}{11\times11.63\times150.2+9.5\times11.63\times135.2+3.5\times11.1\times123.7}\text{K}$$

$$=197.78\text{K}$$

$$L_A=\frac{1\times2.09\times10^5}{150.2\times11\times11.63\times0.9\times(200-197.78)}\text{m}=5.44\text{m}$$

$$L_B=\frac{0.625\times(-2.12\times10^5)}{135.2\times9.5\times11.63\times0.9(196-197.78)}\text{m}=5.54\text{m}$$

$$L_C=\frac{0.415\times(-1.843\times10^5)}{123.7\times3.5\times11.1\times0.9(194.5-197.78)}\text{m}=5.39\text{m}$$

L_A、L_B、L_C 间的误差<10%，取 $L_A=L_B=L_C=5.6\text{m}$（如制作困难，可用两个或三个单元换热器串联）。

⑦ 计算流道的热负荷，kW/流道。

$$q_j=\frac{Q_j}{n_{lj}}$$

则

$$q_A=\frac{1.0\times2.09\times10^5}{22\times1000}\text{kW/流道}=9.5\text{kW/流道}$$

$$q_B=\frac{0.625(-2.12\times10^5)}{19\times1000}\text{kW/流道}=-7.0\text{kW/流道}$$

$$q_C=\frac{0.415(-1.843\times10^5)}{7\times1000}\text{kW/流道}=-11.0\text{kW/流道}$$

计算结果列表如下：

流　体	n_lL_w	L_w /m	n_l	L /m	d_e /mm	H_f /mm	δ_f /mm	p_f /mm	A /(m²/m²)	s_w /(m²/m)	q_j /(kW/流道)
A	11	0.5	22	5.6	2.0	6.5	0.12	1.3	11.63	0.0058	9.5
B	9.5	0.5	19	5.6	2.0	6.5	0.12	1.3	11.63	0.0058	−7.0
C	3.5	0.5	7	5.6	3.016	9.5	0.20	2.0	11.1	0.00837	−11.0

⑧ 流道排列方案比较。考虑两个方案。

方案Ⅰ：按流道尽量隔离原则，并使B、C流体相对集中，因为 $\sum_j n_{1j}=22+19+7=48$，将流道按编号（$i=1$，2，…，48）和相应流过的流体排列如下，同时也注出了计算得出的 σ_i 值。

i	1	2	3	4	5	6	7	8	9	10	11	12	13	14	15	16
流体	B	A	B	A	B	A	B	A	B	A	B	A	B	A	B	A
σ_i	−7.0	2.5	−4.5	5.0	−2.0	7.5	0.5	10	3.0	12.5	5.5	15	8.0	17.5	10.5	20
i	17	18	19	20	21	22	23	24	25	26	27	28	29	30	31	32
流体	B	A	B	A	B	A	B	A	B	A	B	A	B	A	B	A
σ_i	13	22.5	15.5	25	18	27.5	20.5	30	23	32.5	25.5	35	28	37.5	30.5	40
i	33	34	35	36	37	38	39	40	41	42	43	44	45	46	47	48
流体	B	C	A	B	C	A	B	C	A	C	A	C	A	C	A	C
σ_i	33	22	31.5	24.5	13.5	23	16	5	14.5	3.5	13	2	11.5	0.5	10	−1.0

σ_i 值的计算方法见式(5-523)，

$$\sigma_i=\sum_{i=1}^{i}q_{\mathrm{i}}\ (i=1,\ 2,\ \cdots,\ 48)$$

示例如下：

$$\sigma_1=q_1=q_{\mathrm{B}}=-7.0,$$
$$\sigma_2=q_1+q_2=\sigma_1+q_{\mathrm{A}}=-7+9.5=2.5,$$
$$\sigma_3=q_1+q_2+q_3=\sigma_2+q_{\mathrm{B}}=2.5-7=-4.5,$$
$$\cdots\cdots,$$
$$\sigma_{\mathrm{i}}=\sigma_{\mathrm{i}-1}+q_{\mathrm{i}},\cdots\cdots,\text{相应值均见上表。}$$

按式（5-524），

$$\delta=\sqrt{\frac{\sum_{i=1}^{48}\sigma_i^2}{48}}=\sqrt{\frac{(-7.0)^2+(2.5)^2+(-4.5)^2+\cdots+(0.5)^2+(10)^2+(-1)^2}{48}}$$
$$=19.6$$

方案Ⅱ：考虑流道隔离原则，并适当对称排列

i		2		4		6		8		10		12		14		16		18		20		22		24
流体	B	A	B	A	B	A	B	A	B	A	C	B	A	B	A	C	A	C	A	B	A	B	A	B
i		26		28		30		32		34		36		38		40		42		44		46		48
流体	C	A	B	A	B	A	C	A	C	A	B	A	B	C	A	B	A	B	A	B	A	B	A	B

可求得，$\delta=\sqrt{\dfrac{(-7.0)^2+(2.5)^2+(-4.5)^2+\cdots\cdots+(-3.5)^2+6^2+(-1)^2}{48}}=5.75$

从传热效率考虑，方案Ⅱ应优于方案Ⅰ。

（2）按方法Ⅰ估算

① 按进出口温度计算多流体的 t-Q 关系与组合温差。为简化起见，假设 C_{pj} 不变且等于流体平均温度下的值。

在 $Q=0$ 处，$t_{\mathrm{h1}}=300\mathrm{K}$，

$$t_{\mathrm{cm2}}=\frac{\sum_{j=1}^{2}(GC_p t_{\mathrm{c2}})_j}{\sum_{j=1}^{2}(GC_p)_j}=\frac{0.625\times1060\times296+0.415\times908\times296}{0.625\times1060+0.415\times908}\mathrm{K}=296\mathrm{K}$$

在 $Q=1.0\times1045\times200=2.09\times10^5$ W 处，$t_{h2}=100$K，

$$t_{cm1}=\frac{\sum\limits_{j=1}^{2}(GC_p t_{c1})_j}{\sum\limits_{j=1}^{2}(GC_p)_j}=\frac{0.625\times1060\times96+0.415\times908\times93}{0.625\times1060+0.415\times908}\text{K}=94.9\text{K}$$

由 $Q=Q$ 开始，若取 $\Delta_h=50$K，按式(5-509)、式(5-510)、式(5-510a)，则对第一个区间有：

$$t_h=t_{h2}+\Delta_h=100+50=150\text{K}$$

$$\Delta_{cm}=\frac{G_A C_{pA}\Delta_h}{\sum\limits_j(GC_p)_j}=\frac{1\times1045\times50}{0.625\times1060+0.415\times908}\text{K}=50.27\text{K}$$

$$t_{cm}=t_{cm1}+\Delta_{cm}=(94.9+50.27)\text{K}=145.17\text{K}$$

$$\Delta T=t_h-t_{cm}=(150-145.17)\text{K}=4.83\text{K}$$

依次计算可得下表：

n	1	2	3	4	5
Q/W	2.09×10^5	1.568×10^5	1.045×10^5	5.225×10^4	0
Δ_h/K	—	50	50	50	50
t_h/K	100	150	200	250	300
Δ_{cm}/K	—	50.27	50.27	50.27	50.27
t_{cm}/K	94.9	145.17	195.44	245.71	296
ΔT/K	5.1	4.83	4.56	4.29	4.0

则按式(5-500)，有

$$\Delta T_m=\frac{n}{\sum\limits_{i=1}^{n}\frac{1}{\Delta T_i}}=\frac{5}{\frac{1}{5.1}+\frac{1}{4.83}+\frac{1}{4.56}+\frac{1}{4.29}+\frac{1}{4.0}}\text{K}=4.523\text{K}$$

② 计算G，Re，α 及 η_f，η_o

$$G_A=\frac{W_A}{(n_1 L w)_A s_w}=\frac{1.0}{22\times0.5\times0.0058}=15.67$$

$$G_B=\frac{0.625}{19\times0.5\times0.0058}=11.34$$

$$G_C=\frac{0.415}{7\times0.5\times0.00837}=14.16$$

$$Re_A=\frac{15.67\times0.002}{10.5\times10^{-6}}=2985$$

$$Re_B=\frac{11.34\times0.002}{13.0\times10^{-6}}=1745$$

$$Re_C=\frac{14.16\times0.003016}{14.8\times10^{-6}}=2886$$

承上节计算：

$\alpha_A=150.2$，$\alpha_B=135.2$，$\alpha_C=123.7$，W/(m^2·K)

由式(5-283)、式(5-284)、式(5-507)，

$$\eta_{\mathrm{f}}=\frac{\tanh(ml)}{ml},m=\left[\frac{2\alpha}{\lambda_{\mathrm{f}}\delta_{\mathrm{f}}}\right]^{0.5},l_{\mathrm{j}}=\frac{H_{\mathrm{f}}}{2}\frac{n_{\mathrm{lj}}}{n_{\mathrm{lA}}}\frac{Q_{\mathrm{A}}}{Q_{\mathrm{j}}}$$

$$Q_{\mathrm{A}}=1\times 2.09\times 10^{5}=2.09\times 10^{5},Q_{\mathrm{B}}=1.325\times 10^{5},Q_{\mathrm{C}}=0.765\times 10^{5}\,\mathrm{W}$$

$$m_{\mathrm{A}}=\left(\frac{2\times 150.2}{190\times 0.00012}\right)^{0.5}=114.8,m_{\mathrm{B}}=\left(\frac{2\times 135.2}{190\times 0.00012}\right)^{0.5}$$

$$=109,m_{\mathrm{C}}=\left(\frac{2\times 123.7}{190\times 0.00012}\right)^{0.5}=80.7$$

$$l_{\mathrm{A}}=\frac{0.0065}{2}\times 1\times 1=0.00325,l_{\mathrm{B}}=\frac{0.0065}{2}\times\frac{19}{22}\times\frac{2.09}{1.325}=0.00443,$$

$$l_{\mathrm{C}}=\frac{0.0095}{2}\times\frac{7}{22}\times\frac{2.09}{0.765}=0.00413$$

$$\eta_{\mathrm{Af}}=\frac{\tanh(114.8\times 0.00325)}{114.8\times 0.00325}=0.956,\eta_{\mathrm{Bf}}=0.929,\eta_{\mathrm{Cf}}=0.964$$

$$\eta_{\mathrm{Ao}}=1-\frac{A_{2}}{A_{\mathrm{o}}}(1-\eta_{\mathrm{f}})=1-0.844\times(1-0.956)=0.963,\eta_{\mathrm{Bo}}=0.94,\eta_{\mathrm{Co}}=0.97$$

③ 计算K_{Aj}，K_{Aj}，L_{j}。由式(5-504)～式(5-506)

$$\frac{1}{K_{\mathrm{Aj}}}=\frac{1}{\alpha_{\mathrm{A}}\eta_{\mathrm{Ao}}}+\frac{1}{\alpha_{\mathrm{j}}\eta_{\mathrm{jo}}\frac{\Sigma A_{\mathrm{j}}}{A_{\mathrm{Aj}}}},\frac{\Sigma A_{\mathrm{j}}}{A_{\mathrm{Aj}}}\approx\frac{n_{\mathrm{lj}}}{n_{\mathrm{lA}}}\times\frac{Q_{\mathrm{A}}}{Q_{\mathrm{j}}}=\frac{q_{\mathrm{A}}}{q_{\mathrm{j}}}$$

$$\frac{\Sigma A_{\mathrm{B}}}{A_{\mathrm{AB}}}\approx\frac{n_{\mathrm{lB}}}{n_{\mathrm{lA}}}\times\frac{Q_{\mathrm{A}}}{Q_{\mathrm{B}}}=\frac{19}{22}\times\frac{2.09}{1.325}=1.362$$

$$\frac{1}{K_{\mathrm{AB}}}=\frac{1}{150.2\times 0.963}+\frac{1}{135.2\times 0.94\times 1.362}$$

$$K_{\mathrm{AB}}=78.8\mathrm{W/(m^{2}\cdot K)}$$

$$A_{\mathrm{AB}}=\frac{Q_{\mathrm{B}}}{K_{\mathrm{AB}}\Delta T_{\mathrm{m}}}=\frac{1.325\times 10^{5}}{78.8\times 4.523}\mathrm{m}^{2}=371.8\mathrm{m}^{2}$$

$$L_{\mathrm{B}}=\frac{A_{\mathrm{AB}}\frac{\Sigma_{\mathrm{AB}}}{A_{\mathrm{AB}}}}{(n_{\mathrm{l}}L_{\mathrm{w}})_{\mathrm{B}}A}=\frac{371.8\times 1.362}{(19\times 0.5)\times 11.63}\mathrm{m}=4.6\mathrm{m}$$

$$\frac{\Sigma A_{\mathrm{C}}}{A_{\mathrm{AC}}}\approx\frac{n_{\mathrm{lc}}}{n_{\mathrm{lA}}}\times\frac{Q_{\mathrm{A}}}{Q_{\mathrm{C}}}=\frac{7}{22}\times\frac{2.09}{0.765}=0.869$$

$$\frac{1}{K_{\mathrm{AC}}}=\frac{1}{150.2\times 0.963}+\frac{1}{123.7\times 0.97\times 0.869}$$

$$K_{\mathrm{AC}}=60.6\mathrm{W/(m^{2}\cdot K)}$$

$$A_{\mathrm{AC}}=\frac{0.765\times 10^{5}}{60.6\times 4.523}=279.1\mathrm{m}^{2}$$

$$L_{\mathrm{C}}=\frac{A_{\mathrm{AC}}(\Sigma A_{\mathrm{C}}/A_{\mathrm{AC}})}{(n_{\mathrm{l}}L\mathrm{w})_{\mathrm{C}}A}=\frac{279.1\times 0.869}{(7\times 0.5)\times 11.1}\mathrm{m}=6.24\mathrm{m}$$

由式(5-508)，

$$\Sigma A_{\mathrm{A}}=\frac{2.09\times10^{5}}{\frac{78.8+60.6}{2}\times4.523}\mathrm{m}^{2}=663\mathrm{m}^{2}$$

由式(5-506a)，

$$L_{\mathrm{A}}=\frac{663}{(22\times0.5)\times11.63}\mathrm{m}=5.18\mathrm{m}$$

作为估算，与方法Ⅱ结果相比较，差别不大，故可取 $L=5.6\mathrm{m}$。如需要较精确结果，最好进行分段计算，或用计算机程序求解方程矩阵，进行校核。

5.7.4.5　扩散联结式与印刷电路式板翅式换热器[20]

一般板翅式换热器耐压不高，铝合金钎焊部分容易发生腐蚀泄漏，使用不锈钢或钛板，母材耐压与耐蚀性虽可提高，但在焊接过程中仍要使用助焊剂，母材局部熔化使焊接连接部分的成分和结构发生变化，降低了局部耐压与耐蚀能力。生产的发展，特别如海上采油工业的发展，采油平台要求换热器更为紧凑、质量更轻、耐压更高并充分保证操作中的安全。在移植空间技术中的固相直接扩散连结工艺的基础上发展了扩散联结式与印刷电路式板翅式换热器（见图 5-181）。这两种换热器，除外部连结件以外，板芯中各部分都没有任何圩焊或烧焊熔化的连接点，而是在高温下经固相相互扩散，直接在界面上发生晶体扩散生长联结成整体的金属块。撕裂试验表明，连接处比母材更不易破坏；通道形状规则；可保证长期安全运转。印刷电路板式中，板内通道的形成是利用类似印刷电路上的蚀刻法，在一块板的内侧蚀出一定的凹陷通道，并与另一块板扩散连接到一起，其通道尺寸只有 0.5～2mm ，常用不锈钢制；扩散联结式以钛板为主要材料，利用钛板在高温下具有超塑性（即高温下可塑性成型），每个流道用三块钛板呈三明治式叠置，中间一块板事先处理使之可以呈网眼通道状鼓起，上下两块板内侧则在不需要连接的位置涂上扩散抑制剂，在加热模板中加热到 800℃以上，并吹入高压气体，使中间板在超塑性作用下贴向上下板，形成内翅和通道，然后将各流道板一起夹紧，在扩散炉内 900℃左右发生晶体扩散联结成一个整体的换热器芯，其通道尺寸可做到 5mm 以上。这两种换热器与一般板翅式换热器的比较见表 5-95。

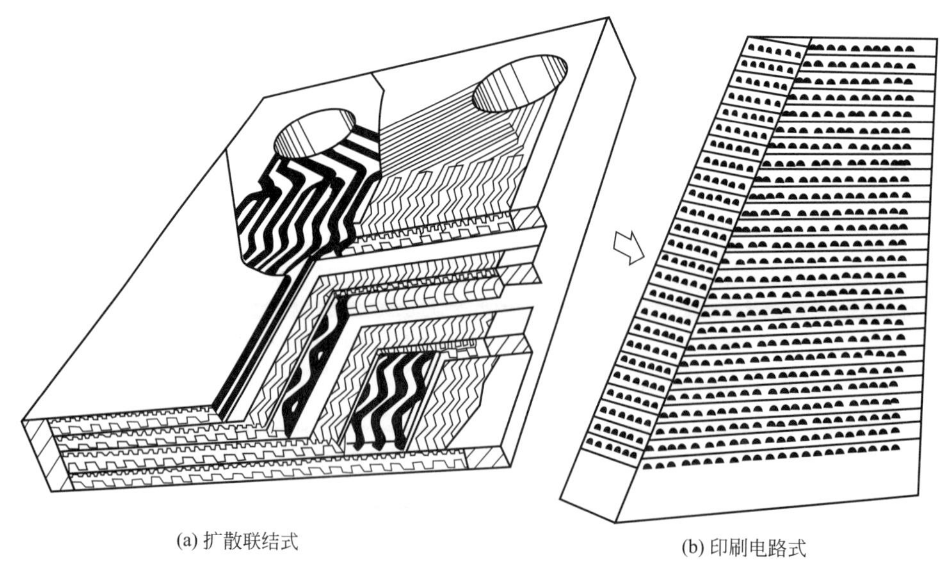

(a) 扩散联结式　　(b) 印刷电路式

图 5-181　板翅式换热器

表 5-95 扩散联结式与印刷电路板式换热器的性能与应用

型式	基本加工方式	主要材料（可用材料）	紧凑度/(m^2/m^3)	最大压力/MPa	温度范围/℃	耐蚀性	对介质要求
一般板翅式	压制-钎焊或焊接	铝合金（不锈钢等）	800～1500	9.0	低温～650	好	较清洁
印刷电路式	压制-板上刻蚀-扩散联结	不锈钢（镍或镍合金、钛）	700～5000	50	−200～900	很好	很清洁
扩散联结式	压制-超塑性或型-扩散联结	钛（不锈钢）	700～800	50	低温～750	很好	较清洁

这三种板翅式换热器都只能化学清洗，都不允许发生堵塞；印刷电路式由于通道较小，更必须处理清洁介质；使用海水作冷却介质时应经处理以避免结垢。

5.7.5 伞板式换热器[4]

5.7.5.1 结构与性能

（1）概述

伞板式换热器是中国在20世纪60～70年代根据当时的国情独创的一种新型高效换热器。它与板（框）式换热器类似，由端板-板片-垫片-压紧结构等组成，主要区别是板片形状由平面改为伞形面——半锥角为75°～80°的锥面，伞面上滚压出不同形状的槽道，然后以一定方式叠置到一起。伞板式换热器除具有板式换热器的一般优点外，最大特点是其加工设备要求低，可以采用由普通车床改装的旋压设备，而不需要高吨位的水压机，模具也比较简单，可以加工碳钢板、不锈钢板以至钛板而不会发生翘曲变形，因此，制造厂的投资可以很少，容易上马。

（2）伞板结构

按伞板上通道结构，伞板式换热器可分为蜂窝螺旋型（蜂螺型）、复波型和蛛网型三种，其中，蜂螺型是最早出现的型式。

① 蜂螺型（FL型）。其伞片形状见图5-182（a），呈中心开孔的锥形并带有两个对称的突出部分（作为甲乙介质的汇流或分配通道），表面旋压出螺旋形槽道，两板片间有两块异形垫片如图5-182（b），装配时，相邻板片旋转180°，使下一片螺旋槽的波峰正对上一片的波谷并沿整个螺旋线相接触，以达到相互支撑。甲乙介质分别在板两侧的螺旋流道中逆向流动，如图5-182（d）所示，甲流体的流动途径总是由边缘突出部分进入螺旋通道至中心孔流出，而乙流体则总由中心孔进入沿螺旋通道流到边缘两个对称孔流出。图5-182(c)表示相邻三块板的局部剖面，由于断面形状类似蜂窝，流道又呈螺旋状而得各蜂窝螺型。螺旋槽道上亦可压出花纹以促进湍流。

这种型式的换热器兼有板（框）式和螺旋板式的换热特征，但由于每块板都要有两道异形垫片，密封周边长，结构形状复杂，特别是内密封垫片更易发生内漏导致介质的互混，因此耐温耐压性能均比较低。

② 复波型（FP型）。复波型的伞板基本形状见图5-183，在螺旋通道上隔一定距离有一个鼓泡突起作为相互支撑点，伞板分两种规格，叠置时交叉使用，并不旋转，因此是波峰与波峰相叠，波谷与波谷相叠，但相邻板的鼓泡点相互错开。中心不设介质进出口孔和板式换热器相似，介质在板两侧呈对角线流动，由于只有一个密封垫片，故消除了内漏的可能。复波型单台传热面积可达20～60m^2，板片用量29～60块，可作成单板程至六板程。

③ 蛛网形伞板（ZW型）。它是在伞板上压出九边形的螺旋槽，形如蛛网，相邻板片旋转180°叠置，使沟槽互相交叉，增加了相互间波峰与波谷的支撑点，并使板上介质形成网状流动，故在较低流速下有较高的传热系数；约较前两种伞板高出30%～50%，单台传热面积20～100m^2；板片用

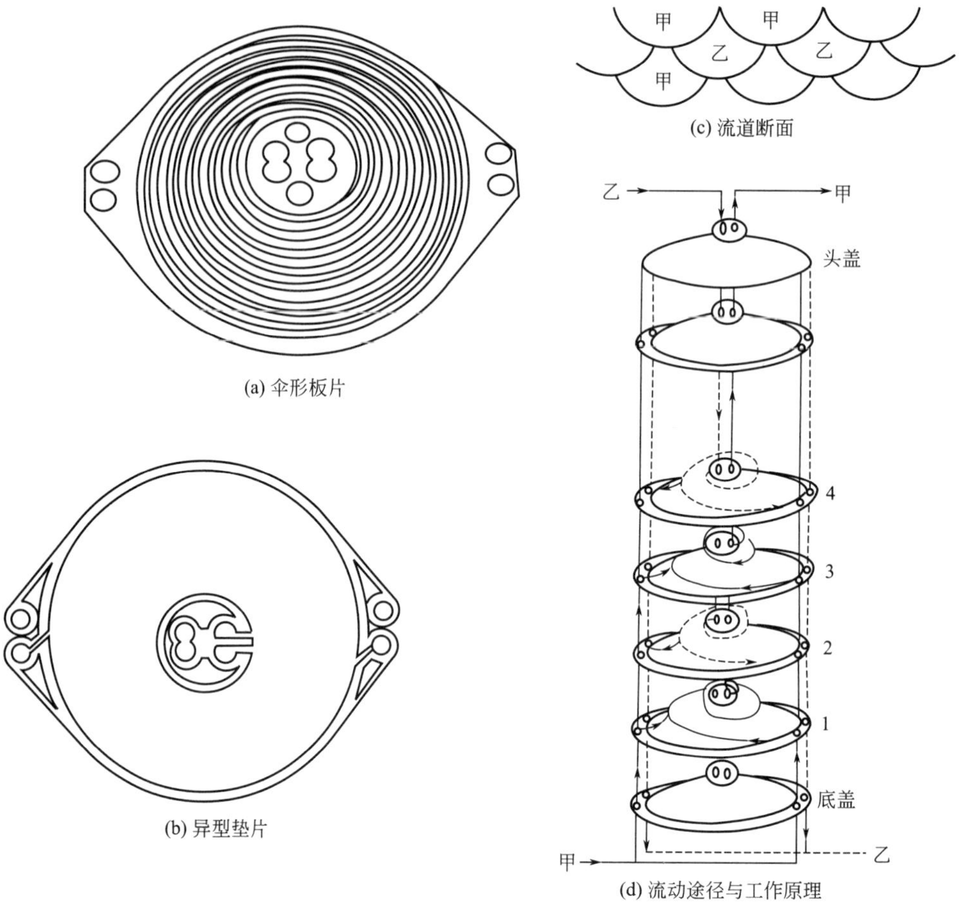

甲 甲
乙 乙
甲

(c) 流道断面

(a) 伞形板片

乙 甲
头盖
4
3
2
1
底盖
甲 乙

(b) 异型垫片

(d) 流动途径与工作原理

图 5-182　蜂螺型伞板换热器

图 5-183　复波型伞板换热器板片

量 34～154 片，可作成单板程至四板程。

伞板型换热器比较适用于处理量小，工作压力和温度都比较低的场合。其中，复波型和蛛网型中介质均呈对角线流动，故可组成多流程与多流道。

（3）产品性能参数（表 5-96）

表 5-96　部分伞板式换热器性能参数

项　目	蜂螺型		复波型 FP1000	蛛网形 ZW1000	长圆形蛛网型 1000×1500
	FL350	FL500			
工作压力/MPa	≤1.2		≤6.0	≤9.0	≤9.0
工作温度/℃	≤120		≤120	≤100(标准)	≤150(特殊)
板片尺寸/mm	ϕ350	ϕ500	1000×1000	1000×1000	1000×1500
板厚/mm	0.7～1.0		1.0	1.0～1.5	
单片有效面积/m^2	0.08	0.14	0.7	0.68	0.93
板材	镀锌碳钢		不锈钢	镀锌碳钢、不锈钢、钛	
垫片厚度	3		6	3	
垫片材料	石棉橡胶板等		耐油橡胶板等	石棉橡胶板	丁腈橡胶等
螺旋槽螺距/mm	15,20	20	—	15	
单板螺旋道长/m	5.6,4.1	6.3	—	—	
槽深/mm	—　—	—	—	2.9	
鼓泡高度/mm	—　—	—	4.5	—	

5.7.5.2　传热与阻力计算

伞板式换热器的平均温差大体可按逆流计算，或按相应的板（框）式的平均温差图表计算。对其给热系数与阻力系数，尚少系统报道，一般应通过实验测定，下列经验数据，可供估算参考。

（1）蜂螺型

① 给热系数与总传热系数。对 FL350 型。螺距 15mm 的换热器，水-水和油-水系统的试验表明，水的给热系数：（在 $4\times10^3<Re<3\times10^4$，$0.35\text{m/s}<u<2.8\text{m/s}$ 下）

$$\alpha=0.01287\frac{\lambda}{d_e}Re^{0.834}Pr^m;\ \text{W/(m}^2\cdot℃)\tag{5-535}$$

$$Re=\frac{d_e u\rho}{\mu},\ Pr=\frac{c_p\mu}{\lambda}$$

式中　d_e——螺旋通道的当量直径，m；

m——指数，加热时，$m=0.4$，冷却时 $m=0.3$。

当 $u=1\sim1.5$m/s 时，$K\approx2400\sim3500$W/(m^2·℃)

对油-水系统，

FL350（螺距 15）：$u=0.9\sim1.1$m/s，$K=300\sim350$W/(m^2·℃)

FL350（螺距 20）：$u=0.9\sim1.1$m/s，$K=300\sim370$W/(m^2·℃)

② 阻力损失。螺旋槽通道的阻力损失可按圆管公式用当量直径计算，进出口局部阻力也类似。注意到流道是并联的，

$$\Delta p_f=\lambda_f\frac{L_1}{d_e}\times\frac{u^2}{2}\rho;\ \text{Pa}\tag{5-536}$$

$$\lambda_f=a\left(\frac{d_e}{D_m}\right)^b Re^c\tag{5-537}$$

式中　L_1——板上螺旋通道长度，m；

d_e——螺旋通道当量直径，m；

D_m——板片平均直径，对 FL350，$D_m=0.235$m；

a、b、c——常数，对水，在 FL350 中，$a=3.12$，$b=1.32$，$c=0.209$；

u——螺旋通道内的流速，m/s。

令 n_1 为一侧介质的并联螺旋通道数，若流量 v 为均布，则

$$v=n_1S_1u \tag{5-538}$$

式中 S_1——螺旋通道截面积，m^2。

当总板数 N 为奇数时，一侧介质的并联螺旋通道数为

$$n_1=\frac{N-1}{2}$$

如为偶数时，则两侧介质螺旋通道数分别为 $\frac{N}{2}$ 与 $\frac{N}{2}-1$。

$$N=\frac{\text{总传热面积}}{\text{每块板片传热面积}}+2 \tag{5-539}$$

(2) 复波型

复波型中流道截面积不是常数，故只能由实验测定流量与总传热系数，以及总传热系数与阻力损失的关系。图 5-184 即为对传热面积为 2.8m^2，共 6 片组装，流程及流道为 $\frac{1\times2(\text{热})}{1\times3(\text{冷})}$，冷流体流量恒定下，水-水系统的实测数据。

(3) 蛛网型

图 5-185 表示一个板片面积 0.68m^2/片，沟槽间距 15mm，槽深 2.9mm，板厚 1.5mm，外形尺寸 1000×1000 的蛛网型伞板换热器中，水-水系统实测的 u-K 和 u-Δp 关线曲线，供参考。

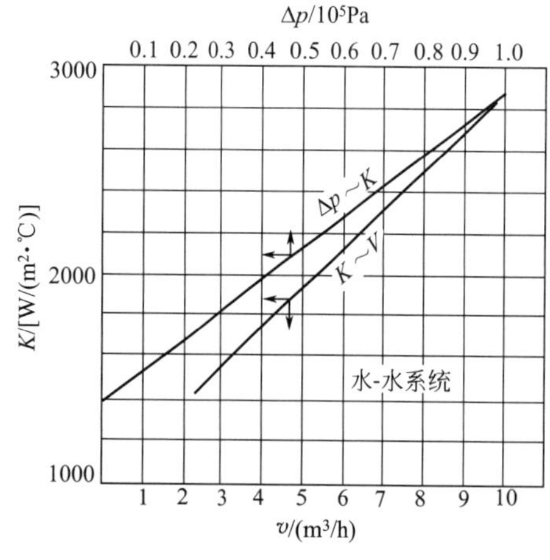

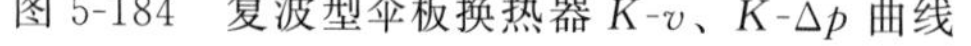
图 5-184 复波型伞板换热器 K-v、K-Δp 曲线

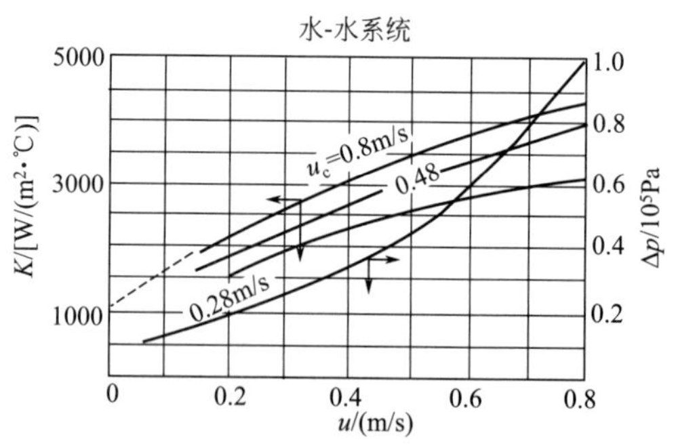

图 5-185 蛛网型伞板换热器 u-K，u-Δp 曲线

5.7.6 板壳式换热器[4]

5.7.6.1 结构与性能

(1) 概述

板壳式换热器是介于板式与管壳式换热器之间的一种型式，由板束和壳体两部分组成。板束元件由两片金属板条，经冲压成型后组对缝焊，构成板程的平行扁平流道，若干弦长不等的板束元件平行组装在圆形壳体内，如图 5-186 所示。壳体也可作成矩形或六角形，但由于耐压

能力不如圆形，故应用较少。板束两端，在元件间镶入等距的金属条，并焊接到一起形成管板。板束元件上向外冲压出若干凸出物互相支撑，以保持壳侧流道的间距，并构成壳程。壳程不设折流板，故板程与壳程流体基本上都相当于在扁平流道中平行逆向流动，并且一般都是单程。根据介质性质及操作压力、温度要求，板条可用碳钢、不锈钢、镍合金、钛板等制作。

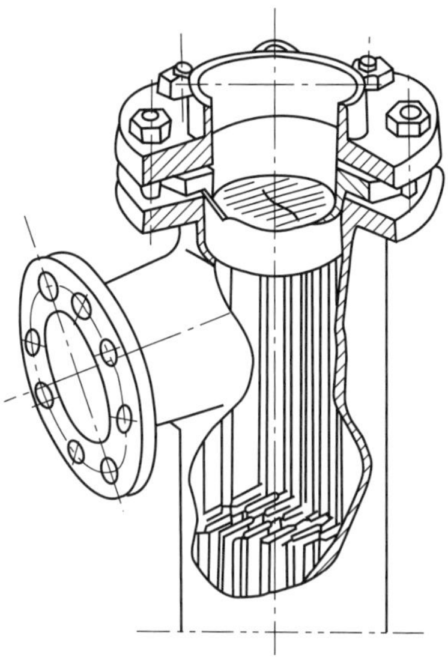

(2) 性能

板壳式换热器在结构上既保持了板式换热器的紧凑和传热能力好的优点，又在一定程度上克服了板式换热器密封周边长、耐压性差的弱点，适当调和了耐温、耐压与要求结构紧凑和高效传热之间的矛盾，其整体性能亦介于管壳式与板式之间。总的来说，与管壳式相比较，其优点如下。

ⓐ 传热能力强、传热效率高。由于扁平流道的水力直径较小（国外 6～16mm，国内 10mm），故板程和壳程均可使用较高流速，传热系数一般是管壳式的 2 倍。例如，对水-水换热，$K=1750\sim2900\text{W}/(\text{m}^2\cdot℃)$；气-气换热，$K=120\sim1260\text{W}/(\text{m}^2\cdot℃)$；蒸气冷凝，$K=2900\sim3500\text{W}/(\text{m}^2\cdot℃)$；

ⓑ 结构紧凑。在相同流道总截面积下，传热面积约为管壳式的 3.5 倍；在相同换热条件下，体积可减少 60%～70%（参见表 5-97）；

(a) 组袋

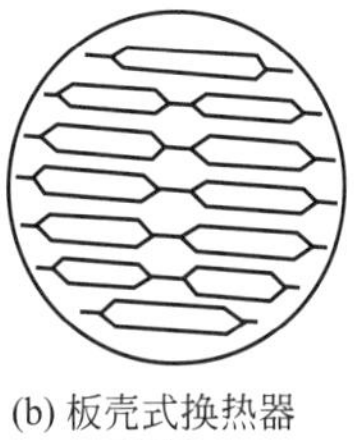

(b) 板壳式换热器截面

图 5-186 板壳式换热器的结构示意

ⓒ 流动阻力小。板、壳程压降一般都不超过 0.05MPa；

ⓓ 选价与安装费用低。板材价格既低于管材，用料又较省，体积较小，质量较轻；

ⓔ 污垢较难积存，板束可取出清洗，扁平流道流速高，死角少。

表 5-97 管壳式与板壳式的比较

传热面积 /m²	壳 径/mm		长 度/m		传热面积 /m²	壳 径/mm		长 度/m	
	管壳式	板壳式	管壳式	板壳式		管壳式	板壳式	管壳式	板壳式
9.3	368	203	3.35	1.98	92.9	711	406	5.49	4.42
18.6	457	305	3.43	1.60	185.8	914	610	5.49	3.36
46.5	559	406	4.72	2.21					

其主要问题是板束制造比较复杂、焊接工艺要求高以避免内、外介质的渗漏，承压能力优于垫片密封的板式，但并不高于管壳式。其最大承压能力为 5～6.5MPa，最高使用温度 800℃，工业设备的传热面积 1～1000m²。由于板程流道较窄，机械清洗较为困难，故板程介质不应结垢或可用化学清洗。从发展趋势看，当换热器需用贵金属制作时，使用板壳式可能较为有利。

(3) 板束结构

① 板束元件。板束元件是板壳式换热器的基本单元。对其要求是：流道通畅、分布均匀，尽量减少死角、减少焊缝。图 5-186 中的截面结构是由两块板对称压制后经滚焊和缝焊连接，

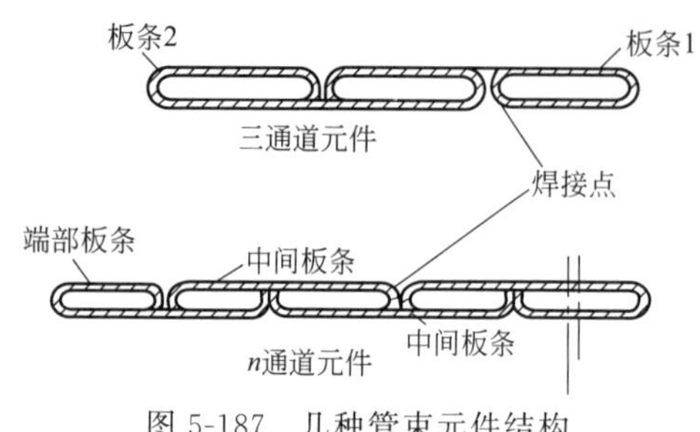

图 5-187　几种管束元件结构

每一焊缝间及扁通道的两侧的沟槽都属于流动停滞空间或无效空间，其焊缝数是扁平孔数加 1，焊缝愈宽，对板程和壳程的传热效果降低愈多。改进的措施如图 5-187，图中的结构可以减少焊缝数和孔角，提高体积利用率，增加有效传热面和材料利用率，也可以简化制造工艺，降低成本。

② 板束元件的叠放。在圆形壳体中，平行叠板的板束元件间的间距供壳程介质流通，但元件的弦长是不同的。应尽量减少最外侧的弓形空间以减少短路流，必要时可将该区充填或加挡板。

③ 板束长度。板束长度增加相应增加了换热面积，并减少板束焊接工作量。设计板束允许长度不超过 6m。过长的板束制造时需要拼接，难以保持平整，增加了制造难度与装配困难，并且在运输、安装和操作过程中，也易因振动而引起焊缝拉裂。

④ 板束与壳体的连接。管束与壳体间可以是固定连接或滑动连接：固定连接又分为可拆与不可拆两种，可拆式的板束可抽出清洗，较为常用。如温差过大，壳体应有热膨胀节等补偿措施。滑动连接时，板束一端与壳体固定连接，另一端可在填料函中与壳体发生相对轴向滑动，以消除膨胀应力，并可由此抽出板束。

5.7.6.2　基本参数与有关设计计算

（1）基本参数

① 板条厚度。碳钢板条通常取 1.5～2mm，不锈钢为 1～2mm。1.5mm 时的标准设计压力为 1MPa，2mm 时可达 5MPa。

② 板条间距与板条节距。一般板条的内外间距 h 各为 3～8mm。板条节距是指板条冲压时沿宽度方向每个半波的距离，它决定了板孔的宽度，一般取 25～40mm。

③ 板束长度。最大不超过 6m，选择时应结合适宜流速考虑。

④ 流速。流速选择高一些较为有利，但流速增加受到板束长度及程数为单程的设计限制。当板束内外介质流量差别较大时，可选择适当的板束内部间距和外部间距来调整流速。

⑤ 参考规格。表 5-98 为瑞典 Ramen 公司板壳式换热器的部分系列规格，壳内径从 100mm 开始按 25mm（1″）递增。

表 5-98　Ramen 板壳式换热器部分规格

型　　号	VR100	VR200	VR300	VR500	VR700	VR900	VR1000
壳径 D_s/mm	100(4″)	200(8″)	300(12″)	500(20″)	700(28″)	900(36″)	1000(39″)
每米长的传热面积/(m²/m)	1.15	5.14	11.9	33.9	66.3	109.5	135.5

（2）有关计算

原则上板束孔内与孔间的给热系数、总传热系数与阻力系数应通过实验或向制造厂咨询获得。近似估算时，板壳式换热器的总传热系数可按平壁传热计算

$$\frac{1}{K}=\frac{1}{\alpha_h}+\frac{1}{\alpha_c}+r_{fh}+r_{fc}+\frac{\delta_w}{\lambda_w} \tag{5-13}$$

计算管束内外的给热系数和流体阻力，可沿用管内的有关计算公式，但定性尺寸应用当量直径 d_e 代入，d_e 的定义同非圆形通道，可近似取为

$$d_e \approx 2h \tag{5-540}$$

式中　h——板条间距，m。

平均温差可按逆流计算。

5.7.7　管翅式换热器[24~26,34]

5.7.7.1　结构与性能

(1) 概述

管翅式换热器由翅片管组列而成。在管子的外侧或/和内侧加工出不同形状和尺寸的翅片（肋）即成为翅片管，翅片提供了较大的扩展表面（二次传热面）并促进流体的湍动，因而可以大幅度提高管状换热器的紧凑性与传热效率。将翅片管（通常是螺纹管）装在圆壳内即属于管翅式换热器。管翅式换热器也经常用于加热管外气体例如空冷器、暖气片和制冷装置上的工质冷凝（实质上也是一种空冷器）或高温烟道气的冷却（使管内介质加热，例如锅炉的省煤器或空气预热器），有时也用内翅来增加管内侧的湍动（参见 5.1.7 节）。图 5-188 表示一种方形翅片管换热器，管内走蒸气或热水，用于加热空气。管翅式换热器与板翅式换热器在应用上的主要区别是：管翅式常只用于一侧传热需要强化或只有一侧需要保持高压的场合，而紧凑性则低于板翅式。

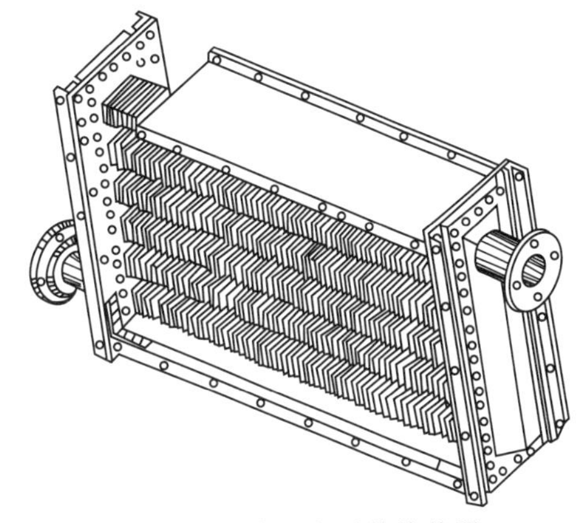

图 5-188　方形翅片管换热器

翅片管是管翅式换热器的基本元件，其结构有多种，但按翅片的排列方向，可分为径向（横向）翅片和纵向翅片两大类，径向翅片面积扩展程度大，工业上应用最广。翅片管的型式和计算在 5.1.7 节、5.2 节、5.5 节以及 5.6.1 节和 5.7.4 节中均已有论述，本节主要讨论管翅式换热器的一些共性问题，并对某些常用的翅片管的计算作些说明。

(2) 翅片管的分类（见表 5-99）

表 5-99　翅片管的分类及应用

按翅片排列方向	按翅片相对高度	按翅片位置	按制造方式
径向(多用于管内外介质呈错流) 纵向(多用于管内外介质平行流动)	高翅($0.2<H_f/d_r<0.7$,多用于低压气体,或翅侧 α 特别低的场合) 低翅($0.05<H_f/d_r<0.33$,用于翅侧 α 较低的非水流体、冷凝或沸腾)	内肋(促进管内给热) 外肋(促进管外给热)	直接轧制或铸造式翅片 焊接翅片(钎焊或氩弧焊) 机械连接式(绕片式、镶嵌式、热套或胀接式)

径向翅片种类很多，按管排翅片组装方式可分为独立式（每根管上分别装有翅片）与板状翅片（若干管子或整个管排一起穿过整块翅片）；独立翅片安装的形状有螺旋形肋、圈肋（圆形翅片）和直肋（方形翅片）；按肋片的横截面形状有矩形肋（等厚翅片）、梯形肋和三角形肋等；按外形有整体翅片、锯齿形、扇形等以及它们的各种组合。板状翅片除平板翅片外，尚有槽带翅片、波纹翅片、穿孔翅片等。图 5-189 表示几种独立翅片的形式，图 5-190 表示几种板状翅片的形式。

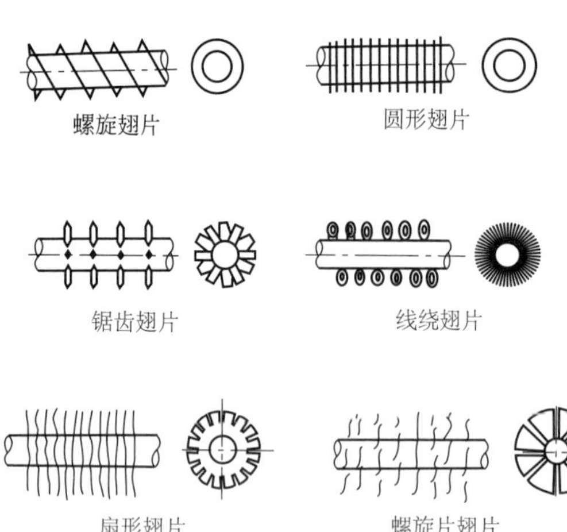

图 5-189　几种独立翅片

(3) 翅片管的基本特点

与光管比较，翅片管的特点是：ⓐ传热能力强；ⓑ结构紧凑，材料用量可以减少；ⓒ可根据工艺要求，灵活在管内外设置翅片，合理利用材料；ⓓ独立翅片可以自由胀缩，故垢层易于脱落；ⓔ不论加热或冷却，在同样热负荷下，翅片管侧的传热温差 $|t_m - t_w|$ 总低于光管，对减轻结垢也有利；ⓕ介质被加热时，翅片管的 t_w 低于光管，故亦可减轻腐蚀，但在高温烟气下，翅侧材料亦将承受较高温度；ⓖ对沸腾换热，可提高临界热流密度和相应临界气化分率（主要应用低翅）。

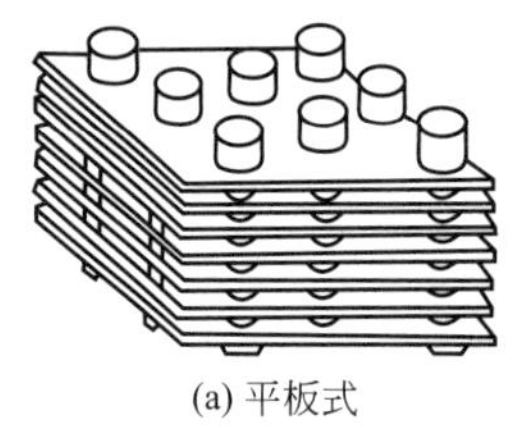

(a) 平板式

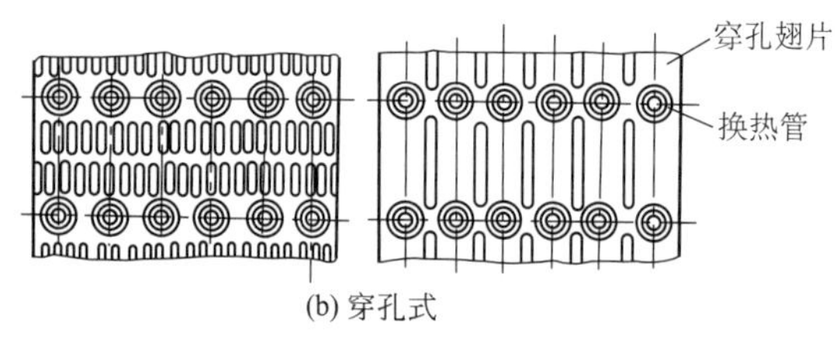

(b) 穿孔式

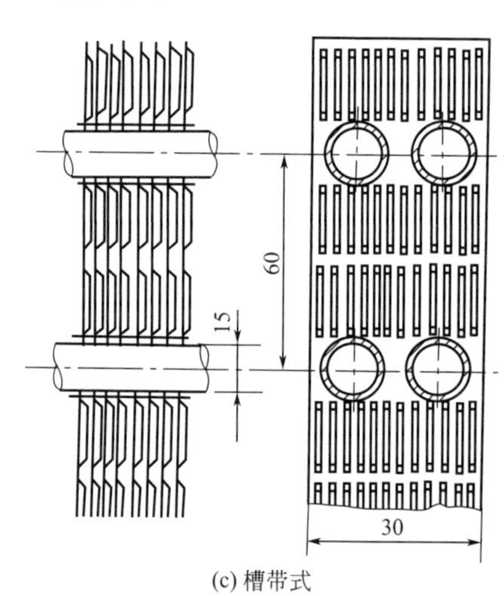

(c) 槽带式

图 5-190　几种板状翅片

翅片管的主要缺点是流动阻力较大，制造成本较高。各种形状翅片的出现就是为了克服翅片管的内在矛盾、满足不同需要以求达到更好的经济性，例如平板式翅片在相同传热面积下，其压降很低，故常用于压降要求严格的场合；槽带板式翅片是在平板翅片表面上加工出一些突起且相互平行的条带，在每个条带下方对应有一个槽缝，其给热系数较平板翅片高 60%左右而流动阻力仅提高 10%左右；穿孔翅片则在平板翅片上加工出一些长条形或圆形孔，亦可增加给热系数而流动阻力增加很少，并可减少换热器重量和体积。

(4) 翅片效率与翅片效能系数

翅化效果可以通过翅片效率 η_f 和翅片效能系数 Φ_f 来估计。

① 翅片效率 η_f 的定义及其计算。翅片效率的定义已见式（5-283）、式（5-283a），亦可写为

$$\eta_f = \frac{\text{翅片表面实际传热量}}{\text{翅片处于基管表面温度时的传热量}} \tag{5-283c}$$

不同截面直肋的效率已见图 5-131（该图用于纵向及径向的整体直肋，亦可用圈肋），截

面不变的圈肋与等热流密度截面的圈肋的翅片效率见图 5-116。平板翅片的 η_f 可按图 5-191(a) 和 (b)，将平板分割为以每一根单管为中心的若干单元矩形（管排顺排时）或六角形（错排时），按与其单元翅面积相等的等截面圆翅片（圈肋）的 η_f 作为平板的 η_f；这种方法算得的 η_f 通常偏高。另一方法是扇形法，即将单元矩形的$\frac{1}{4}$划分为若干扇形［见图 5-191(c)］或将单元六角形的$\frac{1}{6}$划分为若干扇形［图 5-191(d)］，以扇形面积为 A_i 的中心径 r_{ei} 作为等当圆翅片的 $d_{fi}/2$ 并查出其 η_{fi}（基管直径均为 d_0），则平板翅片的翅片效率可按

$$\eta_f=\frac{\sum_i \eta_{fi}A_i}{\sum_i A_i} \tag{5-541}$$

此时，算出的 η_f 略偏低。

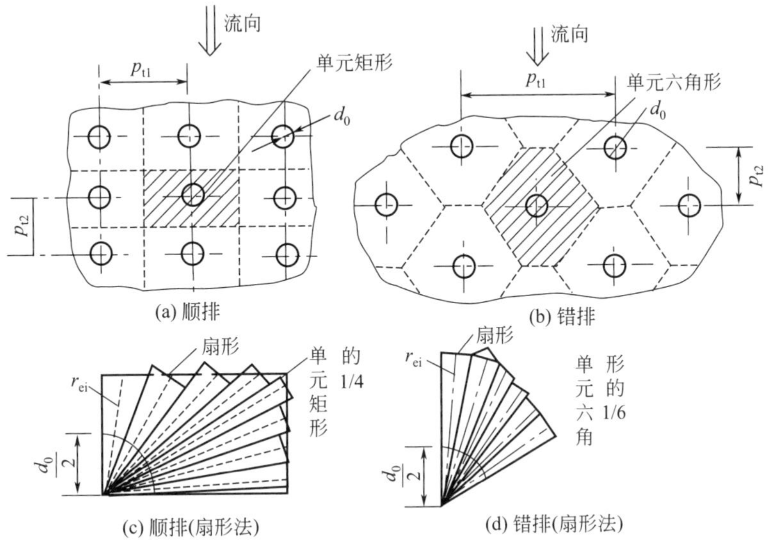

图 5-191　平板翅片的 η_f

不同材料外螺纹管的翅片效率见图 5-192，图中曲线适用于$\frac{A_s}{A_o}=3\sim4.5$；横坐标中的 r_{fo} 为翅片侧污垢热阻，$(m^2\cdot℃)/W$，A_s 为螺纹管外表面积，A_o 为光管表面积，m^2，可由表 5-27查得。

一般情况下，$\eta_f\geqslant0.8$，才比较有利。

② 肋效能系数 Φ_f，Φ_f 的定义是

$$\Phi_f=\frac{\text{肋片实际的传热量}}{\text{传热面无肋片(茎管)的传热量}} \tag{5-542}$$

对无限长的等截面直肋，可推得

$$\Phi_{f\infty}=\sqrt{\frac{\lambda_f \Pi}{\alpha_f S_f}}\approx\sqrt{\frac{2\lambda_f}{\alpha_f\delta_f}} \tag{5-543}$$

式中　Π——翅片的浸润周边，m；

S_f——翅片的横截面断面积，m^2；

λ_f——翅片热导率，W/(m·℃)；

α_f——翅片侧对流给热系数，W/(m·℃)。

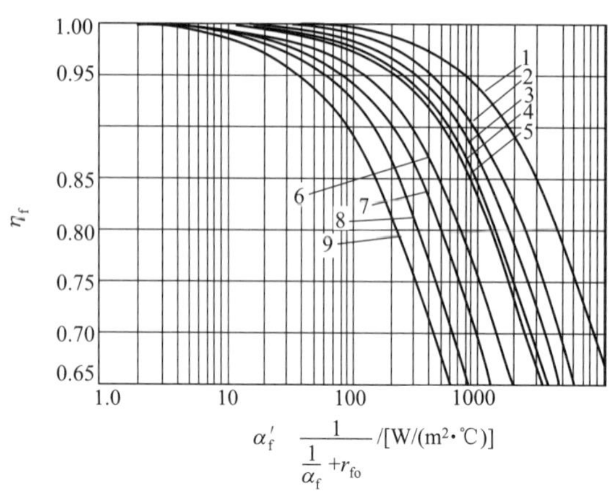

图 5-192 外螺纹管的翅片效率 η_f

1—紫铜；2—铝；3—红铜；4—海军铜；5—铝黄铜；6—镍；7—90-10Cu-Ni；8—70-30Cu-Ni；9—不锈钢

显然，采用翅片有利的条件应为

$$\Phi_f \geqslant 1 \tag{5-444}$$

经验表明，对有限长肋，$\Phi_f > 5$ 才比较有利。

由式(5-543)、式(5-544) 可得，

$$\frac{1}{\alpha_f} \geqslant \frac{\delta_f/2}{\lambda_f} \tag{5-444a}$$

而由式(5-283)、式(5-284)，应使

$$\eta_f \approx \frac{\tanh(mH_f)}{mH_f} \rightarrow 1.0, m \approx \sqrt{\frac{2\alpha_f}{\lambda_f \delta_f}}$$

随（$m \cdot H_f$）值增大，η_f 将降低。

由于翅片传热同时受对流热阻和翅片导热热阻的影响，因此，只有通过翅片的传热量随翅片的存在与增高而增大，采用翅片才有意义。因此，应满足式(5-544a) 及使 η_f 增长的条件。

5.7.7.2 管翅式换热器设计计算中的几个问题

(1) 一些设计参数的确定原则

① α_f。由式(5-544a) 及式(5-283)、式(5-284) 可知，α_f 增大，Φ_f 与 η_f 均减少。故在单相流动时，翅片只宜用于对流给热系数 α_f 很低的情况。

② λ_f。λ_f 增大，Φ_f 与 η_f 均增大，采用高热导率的翅片可降低翅片热阻，对传热有利。

③ 翅片厚度 δ_f。δ_f 的影响比较复杂，由上两式可知 δ_f 增加，则 η_f 增加而 Φ_f 下降。翅片减薄虽然 η_f 会降低，但单位长度内的翅片数 η_f 却可能增加，从而提高翅化比，因此在 η_f 允许范围内适当减薄翅片可能有利，但翅间距亦不宜过小，以免阻碍流动。

④ 翅片高度 H_f。翅片高度增加，二次传热面增加。但理论与实践均表明，高翅片并不一定都有利，由式(5-283) 可知，只有 α 很小时，H_f 才能适当增大而不致影响 η_f 值。一般认为，当管内外两侧对流给热系数相差 3～5 倍时，在低 α 侧采用低翅较为适合，η_f 较高而造价只比光管增加25%～30%；当两侧 α 相差十倍以上时则可采用高翅片。研究还表明，翅片高度与翅片厚度保持下列关系比较合理。

$$\frac{H_f}{\delta_f} \approx 0.71\sqrt{\frac{2\lambda_f}{\alpha_f \delta_f}} = 0.71\Phi_{f\infty} \tag{5-545}$$

例如，$\delta_f = 2 \sim 4$mm 时，H_f 可为 12～16mm。

⑤ 翅片横截面形状。从翅尖到翅根的热流量是逐渐增加的，因此保持翅片传热方向上热流密度不变，即按热流量大小改变其断面积比较合理，可以充分利用并节省翅片用材。因而三角形或梯形截面应优于矩形截面，但后者制作比较简单，故费用较低。采用锯齿形等非整体性翅片亦可有较好的传热性能。

⑥ 翅间净距 $x(x = p_f - \delta_f)$。原则上翅距减少，二次传热面也愈大，但 x 不应小于相邻翅

面的边界层厚度之和，否则将不利于对流给热。自然对流时的 x 应大于强制对流；流速增加时，边界层减薄，x 可保持几毫米至几十毫米。对纵向翅片，宜制成间断翅，减少连续长度，以避免边界层发展过厚。

⑦ 翅片材料。除考虑导热性与对介质的耐蚀性外，对高温介质（如烟道气），则尚需考虑翅端温度 t_1 与翅根温度 t_r（一般相当于基管表面温度 t_{wo}）。对整体圆翅或细缝密排锯齿翅片（外翅），若介质温度为 t_h，可按下式估算：$t_1=t_{wo}+(t_{hm}-t_{wo})(1.42-1.4\eta_f)$ (5-546)

$$t_r \approx t_{wo}=t_c+q\left(\frac{\Sigma A}{\alpha_c A_i}+r_{fi}\frac{\Sigma A}{A_i}+\frac{\delta_w}{\lambda_w}\times\frac{\Sigma A}{A_m}\right) \tag{5-547}$$

式中 A_i——内表面积，m^2；

q——以外侧翅片总传热面积 ΣA 为基准的平均热流密度，W/m^2；

$$q=K(t_h-t_c)；$$

t_h——热侧介质平均温度，℃；

K——以 ΣA 为基准的总传热系数，$W/(m^2\cdot℃)$；

α_c，t_c——冷侧介质的给热系数及平均温度，$W/(m^2\cdot℃)$及℃。

⑧ 总传热系数。通常 K 均以 ΣA 为基准，即有式(5-280)，$Q=(K\Sigma A)\Delta T_m$，对外翅，若忽略接触热阻，则有

$$\frac{1}{K}=\frac{1}{\eta_o\alpha_f'}+\frac{\delta_w}{\lambda_w}\times\frac{\Sigma A}{A_m}+\frac{1}{\alpha_i}\times\frac{\Sigma A}{A_i}+r_{fi}\frac{\Sigma A}{A_i} \tag{5-280c}$$

式中

$$\eta_o=1-\left[(1-\eta_f)\frac{A_f}{\Sigma A}\right] \tag{5-478}$$

$$\frac{1}{\alpha_f'}=\frac{1}{\alpha_f}+r_{fo} \tag{5-281a}$$

当翅片侧为含 CO_2 及 H_2O 较高的高温烟气，温度超过 500℃以上，则除翅片对流给热系数 α_f 外，辐射给热系数 α_r 亦不应忽略，但其计算比较复杂（参见“工业炉”章），即有

$$\frac{1}{\alpha_f'}=\frac{1}{\alpha_f+\alpha_r}+r_{fo} \tag{5-281c}$$

近似估算时，烟气温度在 500℃左右，可取 α_r 为 6～7$W/(m^2\cdot℃)$。

⑨ 顺排或错排。通常顺流排列时，前方管子的尾流区较弱，且易形成短路，故其给热系数与流动阻力均较低，而且给热系数随流向上的排数 n_2 增加而减少。错排时，湍动增强，且 n_2 增加，给热系数增加。

(2) 几种翅片的对流给热系数与阻力系数

① 高温下操作的整体圈肋和细缝锯齿翅片管（见图 5-193）亦可按下列关系式求取其 α_f 值与 Δp_f 值。

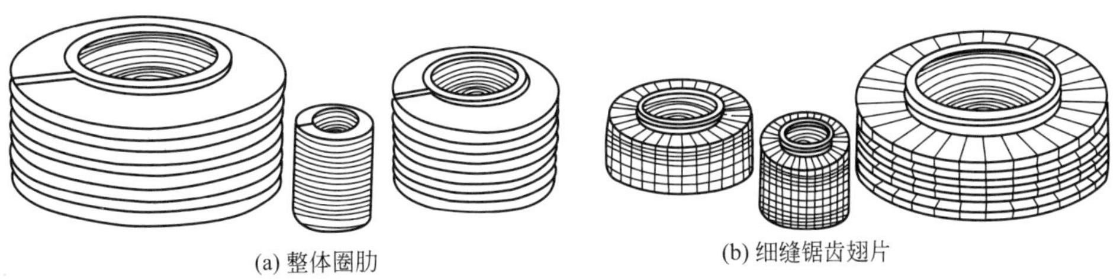

图 5-193 整体圈肋与细缝锯齿翅片（扇形翅片）

$$\alpha_f = 0.25GC_pRe^{-0.35}c_1c_2\left[\frac{d_o+2H_f}{d_o}\right]^{0.5}\left(\frac{T_{hm}}{T_{fm}}\right)^{0.25}Pr^{-0.67}\text{；W/(m}^2\cdot℃) \tag{5-548}$$

$$\Delta p_f = (f+a)G^2n_2/\rho\text{；Pa} \tag{5-549}$$

$$f = (0.07+8.0Re^{-0.45})c_3c_4c_5 \tag{5-550}$$

$$a = (1+b^2)\frac{T_{h2}-T_{h1}}{4n_2\ T_{hm}} \tag{5-551}$$

$$b = \frac{\text{流通截面积}}{\text{迎风面积}} = \frac{S_{min}}{S_F} = \frac{p_{t1}-(d_o+2\delta_f H_f/p_f)}{p_{t1}} \tag{5-552}$$

$$Re = \frac{Gd_o}{\mu}$$

$$G = \frac{W_h}{S_{min}} = \frac{W_h}{n_1L[p_{t1}-(d_o+2\delta_f H_f\cdot\eta_f)]} \tag{5-553}$$

式中 W_h——翅片侧热烟气流量，kg/s；

T_{fm}——翅片平均温度，K；

T_{h1}、T_{h2}——烟气进出口温度，K；

T_{hm}——烟气平均温度，K，$T_{hm}=\frac{1}{2}(T_{h1}+T_{h2})$；

C_p,μ,ρ,Pr——T_{hm}下的烟气诸物性；

n_1——垂直于流向的管排数；

n_2——平行于流向上的管排数；

d_o——基管（光管）外径，m；

p_{t1}——垂直于流向的管间距，m；

η_f——翅片密度，片数/m；

p_f——翅片间距，m，$p_f=1/n_f$；

L——管长，m；

c_1，c_2，c_3，c_4，c_5 为翅片几何参数与管子排列方式的函数，见表 5-100。

表 5-100　式(5-548)、式(5-550) 中的 c_1，c_2，c_3，c_4，c_5 函数关系

管束排列	整体圈肋	细缝锯齿翅片(扇形翅片)
顺排	$c_1=0.20+0.65\exp(-0.25H_f/x)$ $c_2=1.1-[0.75-1.5\exp(-0.70n_2)]\exp(-2.0p_{t2}/p_{t1})$ $c_3=0.08[0.15p_{t1}/d_o]^{-1.1(Hf/x)0.15}$ $c_4=1.6-[0.75-1.5\exp(-0.7n_2)]\exp(-2.0p_{t2}/p_{t1})$ $c_5=(d_o+2H_f)/d_o$	$c_1=0.35+0.50\exp(-0.35H_f/x)$ $c_3=0.80[0.15p_{t1}/d_o]^{-1.1(Hf/x)0.20}$
错排	$c_1=0.35+0.65\exp(-0.25H_f/x)$ $c_2=0.7+[-0.7-0.8\exp(-0.15n_2^2)]\exp(-p_{t2}/p_{t1})$ $c_3=0.11-(0.05p_{t1}/d_o)^{-0.7(Hf/x)0.20}$ $c_4=1.1+[1.8-2.1\exp(-0.15n_2^2)]\exp(-2.0p_{t2}/p_{t1})-[0.7-0.8\exp(-0.15n_2^2)]\exp(-0.6p_{t2}/p_{t1})$ $c_5=[(d_o+2H_f)/d_o]^{0.5}$	$c_1=0.55+0.45\exp(-0.35H_f/x)$ $c_2=0.7+[-0.7-0.8\exp(-0.15n_2^2)]\exp(-2p_{t2}/p_{t1})$ $c_3=0.11-(0.05p_{t1}/d_o)^{-0.7(Hf/x)0.23}$

注：表中，x——翅片净距，$x=p_f-\delta_f$；

p_{t2}——流向上管间距。

② 平板翅片管。在 $d_o=9.5\sim16.0$、错排、$p_t=25.4\sim38.0$mm、4 排管（$n_2=4$）、$n_f=320\sim550$ 片/m，$Re=100\sim4000$ 条件下，MeQuiston 归纳出下列关系式。

四排管的 j 因子：

$$j_{H4}=0.0014+0.2618J \tag{5-554}$$

$$J=Re_d^{-0.4}\left[\frac{\Sigma A}{A_o}\right]^{-0.15}=Re_d^{-0.4}\left[\frac{4}{\pi}\left(\frac{p_{t2}}{d_h}\right)\left(\frac{p_{t1}}{d_o}\right)\left(\frac{S_{min}}{S_F}\right)\right]^{-0.15} \tag{5-555}$$

$$Re_d=\frac{Gd_o}{\mu}$$

$$d_h=\frac{4S_{min}L}{\Sigma A} \tag{5-556}$$

$$j_H=S_tPr^{2/3} \tag{5-17}$$

对第 n 排翅片管的传热因子，

$$j_{Hn}=\left[\frac{1-1280nRe_L^{-1.2}}{1-5120nRe_L^{-1.2}}\right](0.0014+0.2618J) \tag{5-554a}$$

Fanning 摩擦因子（以 d_h 为定性尺寸）：

$$f=0.004904+1.382Re_h^{-0.50}\left(\frac{d_o}{d^*}\right)^{0.50}\left[\frac{(p_{t1}-d_o)\ n_f}{4\ (1-n_f\delta_f)}\right]^{-0.8}\left(\frac{p_{t1}}{d^*}-1\right)^{-1} \tag{5-557}$$

$$\frac{d^*}{d_o}=\frac{\Sigma A/A_o}{(p_{t1}-d_o)\ n_f+1} \tag{5-558}$$

式中　A_o——光（基）管表面积，m^2；

$$Re_h=\frac{Gd_h}{\mu}。$$

表 5-101 列出了一些平板翅片的几何参数，其相应的 j_H 因子和 f 因子见图 5-194。通常板式翅片因其阻力较低，用于允许压降要求较严格的场合，但一般不用顺排，因为气体容易走短路而使传热性能变差。

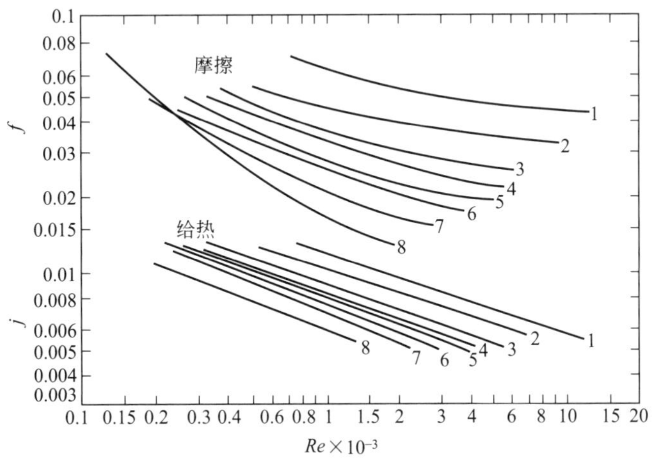

图 5-194　表 5-101 中平板翅片的 j_H 和 f

表面号	1	2	3	4	5	6	7	8
每米翅数	115	174	263	302	361	461	571	811

表 5-101　一些平板翅片管的几何参数①

编　号	每米翅数 n_f/(1/m)	水力直径 d_h/mm	S_{min}/S_F /(m^2/m^2)	$\Sigma A/V$ /(m^2/m^3)	$A_f/\Sigma A$ /(m^2/m^2)
1	115	9.63	0.577	240	0.806
2	174	6.77	0.566	335	0.862

续表

编　号	每米翅数 n_f/(1/m)	水力直径 d_h/mm	S_{min}/S_F /(m²/m²)	$\Sigma A/V$ /(m²/m³)	$A_f/\Sigma A$ /(m²/m²)
3	263	4.63	0.558	482	0.905
4	302	4.00	0.555	554	0.919
5	361	3.39	0.550	650	0.932
6	461	2.78	0.543	781	0.943
7	571	2.13	0.536	1004	0.957
8	811	1.46	0.510	1401	0.972

① 使用0.15mm的铜翅片，d_o=12.7mm管，N_t=40，四排错列，p_{t1}=31.8mm，p_{t2}=27.5mm，η_o用平均值，表中编号与图5-194曲线号相对应。

③ 翅片基管为圆管或椭圆管的比较。图5-195是错列的圆管圆翅片与椭圆管矩形翅片的比较，其相应的几何参数如下：

几何参数	d_o /mm	H_f /mm	δ_f /mm	p_{t1}/d_o	p_{t2}/d_o	n_f /（片/m）
圆管	29	9.8	0.4	1.03	1.15	313
椭圆管	19.9×35.2	10.0×9.3	0.4	1.05	1.04	313

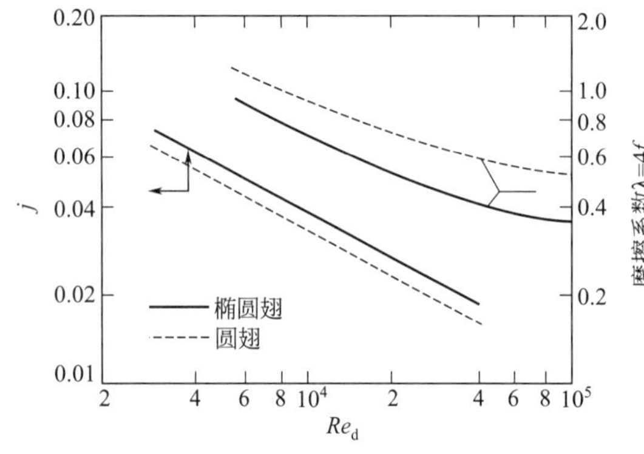

图5-195　圆管圆翅与椭圆管矩形翅片的比较

图5-195中，实线为椭圆管，虚线为圆管，上方曲线的纵坐标为$\lambda_f=4f$，下方曲线的纵坐标为j_H因子，横坐标为Re_d，$Re=\dfrac{d_oG}{\mu}$，对椭圆管，d_o取其当量直径。由图可见，椭圆管的给热系数约高15%，而阻力损失则降低25%，但由于椭圆管不耐压，只有在管程介质设计压力很低时才能应用，有时可在椭圆管内壁加肋以增强其耐压能力。

【例5-24】 设计一个用烟道气加热的锅炉蒸汽过热器。烟气进口温度540℃，流量为18.9kg/s，蒸汽走管内，入口温度为250℃饱和，要求出口温度达到420℃，蒸汽流量为3.89kg/s。根据当地情况，采用ϕ50×3.5mm的低合金钢无缝钢管，其热导率λ_w=35W/(m·℃)，迎风面上取n_1=18排管，管长为3m，采用焊接圈肋翅片。为便于清洗积垢取顺排，其几何参数为：H_f=13mm，δ_f=2mm，$p_t=p_{t1}=p_{t2}$=100mm，n_f=79 1/m，$\lambda_f=\lambda_W$=35W/(m·℃)。若已知蒸汽侧（管内）的给热系数可取为1100W/(m²·℃)，且两侧污垢热阻均取为5.8×10⁻⁴(m²·℃)/W。计算流向上需要的管排数n_2及烟气压降。若将翅片高H_f改为20mm，其效果如何？

解　(1) 热量衡算

由水蒸气表可查得250℃下饱和蒸汽的比焓为2800kJ/kg，同压下420℃下的过热蒸汽的比焓为3250kJ/kg，故热负荷

$$Q=W\Delta h=3.89\times(3250-2800)\times10^3\text{W}=1.75\times10^6\text{W}$$

近似取烟气平均温度为500℃，该温度下烟气物性为：C_{pG}=1190J/(kg·℃)，μ_G=3.37×10⁻⁵Pa·s，λ_G=0.0536W/(m·℃)，ρ=0.46kg/m³，Pr=0.748。

忽略热损失，求烟气出口温度t_{h2}。

$$W_h C_{pG}(t_{h1}-t_{h2})=Q$$

则 $$t_{h2}=540-\frac{1.75\times10^6}{18.9\times1190}=540-77.8=462.2℃$$

$t_{hm}=\frac{1}{2}(t_{h1}+t_{h2})=\frac{1}{2}\times(540+462.2)℃=501℃$，与原假设值接近。

$$t_{cm}=\frac{1}{2}(t_{c1}+t_{c2})=\frac{1}{2}\times(420+250)℃=335℃$$

(2) 计算烟气侧给热系数

按式(5-553)，

$$G_h=\frac{W_h}{S_{min}}=\frac{W_h}{n_1L[p_{t1}-(d_o+2\delta_f H_f n_f)]}$$

$$=\frac{18.9}{18\times3\times[0.1-(0.05+2\times0.002\times0.013\times79)]}\text{kg/(m}^2\cdot\text{s)}$$

$$=7.627\text{kg/(m}^2\cdot\text{s)}$$

$$Re=\frac{G_h d_o}{\mu}=\frac{7.627\times0.05}{3.37\times10^{-5}}=11320$$

$$x=\frac{1}{n_f}-\delta_f=\frac{1}{79}-0.002=(0.01266-0.002)\text{m}=0.01066\text{m}$$

由表 5-100，对顺排圈肋翅片，

$$c_1=0.20+0.65\exp(-0.25H_f/x)$$

$$=0.20+0.65\exp(-0.25\times0.013/0.01066)=0.679$$

$$c_2=1.1-[0.75-1.5\exp(-0.7n_2)]\exp(-2.0p_{t2}/p_{t1})$$

初选 $n_2=6$ 排，则

$$c_2=1.1-[0.75-1.5\exp(-0.7\times6)]\exp(-2.0\times0.1/0.1)=1.0015$$

由式(5-548)，

$$\alpha_f=0.25Gc_pRe^{-0.35}c_1c_2\left[\frac{d_o+2H_f}{d_o}\right]^{0.5}\left(\frac{T_{hm}}{T_{fm}}\right)^{0.25}Pr^{-0.67}$$

$$T_{hm}=t_{hm}+273=501+273=774\text{K}$$

初估平均翅温 $t_{fm}=400℃$，则 $T_{fm}=400+273=673\text{K}$，

故 $$\alpha_f=0.25\times7.627\times1190\times11316^{-0.35}\times0.679\times1.0015\times\left[\frac{50+2\times13}{50}\right]^{0.5}\times\left(\frac{774}{673}\right)^{0.25}\times(0.748)^{-0.67}$$

$$=91.2\text{W/(m}^2\cdot℃)$$

烟气平均温度高于 500℃，取辐射给热系数 $\alpha_r=6.0\text{W/(m}^2\cdot℃)$

(3) 计算总传热系数

由式(5-283)、式(5-284)，

$$m=\sqrt{\frac{2(\alpha_f+\alpha_r)}{\lambda_f\delta_f}}=\sqrt{\frac{2\times(91.2+6.0)}{35\times0.002}}=52.69$$

$$\eta_f\approx\frac{\tanh(mH_f)}{mH_f}=\frac{\tanh(52.69\times0.013)}{52.69\times0.013}=0.868$$

计算单位长度的各种面积：

单位长度翅片面积

$$\frac{A_f}{\Sigma L}=\pi\eta_f(2d_oH_f+2H_f^2+\delta_f d_o+H_f\delta_f)$$
$$=\pi\times79(2\times0.05\times0.013+2\times0.013^2+0.002\times0.05+0.013\times0.002)$$
$$=0.438\mathrm{m^2/m}$$

翅片根部面积

$$\frac{A_r}{\Sigma L}=\pi d_o(1-n_f\delta_f)=\pi\times0.05(1-79\times0.002)\mathrm{m^2/m}=0.1323\mathrm{m^2/m}$$

$$\frac{\Sigma A}{\Sigma L}=\frac{A_f}{\Sigma L}+\frac{A_r}{\Sigma L}=(0.438+0.1323)\mathrm{m^2/m}=0.57\mathrm{m^2/m}$$

由式(5-478)，

$$\eta_o=1-\left[(1-\eta_f)\frac{A_f}{\Sigma A}\right]$$
$$=1-\left[(1-0.868)\times\frac{0.438}{0.57}\right]=0.899$$

由式(5-280c)，以总外表面积 ΣA 为基准，

$$\frac{1}{K}=\frac{1}{\eta_o\alpha_f'}+\frac{\delta_w}{\lambda_w}\times\frac{\Sigma A}{A_m}+r_{fi}\frac{\Sigma A}{A_i}+\frac{1}{\alpha_i}\times\frac{\Sigma A}{A_i}$$

$$\frac{1}{\alpha_f'}=\frac{1}{\alpha_f}+r_{fo}=\frac{1}{91.2+6.0}+5.8\times10^{-4}，\alpha_f'=92\mathrm{W/(m^2\cdot℃)}$$

则 $$\frac{1}{K}=\frac{1}{0.899\times92}+\frac{0.0035}{35}\times\frac{0.57}{\pi\times0.0465}+5.8\times10^{-4}\times\frac{0.57}{\pi\times0.043}+\frac{1}{1100}\times\frac{0.57}{\pi\times0.043}$$

$$K=53.3\mathrm{W/(m^2\cdot℃)}$$

(4) 计算管长及管排数

$$\Delta T_{lm}=\frac{(540-420)-(462.2-250)}{\ln\frac{(540-420)}{(462.2-250)}}℃=161.7℃$$

$$\Sigma A=Q/K\Delta T_m=1.75\times10^6/(53.3\times161.7)\mathrm{m^2}=203\mathrm{m^2}$$

因为 $\frac{\Sigma A}{\Sigma L}=0.57$，故管子总长度应为

$$\Sigma L=\frac{203}{0.57}=n_1n_2L_f=18\times3.0\times n_2$$

故风向上管排数 $n_2=6.595$，取 $n_2=7$ 排。

$$\Sigma L=n_1n_2L_t=18\times7\times3\mathrm{m}=378\mathrm{m}$$

(5) 计算壁温 t_{wo} 及翅端温度 t_1

平均热流强度

$$q=K(t_{hm}-t_{cm})=53.3\times(501-335)\mathrm{W/m^2}=8848\mathrm{W/m^2}$$

由式(5-547)，

$$t_r\approx t_{wo}=t_{cm}+q\left(\frac{\Sigma A}{\alpha_iA_i}+r_{fi}\frac{\Sigma A}{A_i}+\frac{\delta_w}{\lambda_w}\cdot\frac{\Sigma A}{A_m}\right)$$
$$=335+8848\times\left(\frac{0.57}{1100\times\pi\times0.043}+5.8\times10^{-4}\times\frac{0.57}{\pi\times0.043}+\frac{0.0035}{35}\times\frac{0.57}{\pi\times0.0465}\right)℃$$
$$=394℃$$

由式(5-546)，翅端温度

$$t_1=t_{wo}+(t_{hm}-t_{wo})(1.42-1.4\eta_f)$$
$$=[394+(501-394)\times(1.42-1.4\times0.868)]℃$$
$$=416℃$$

(6) 校核原假设

① 当 $n_2=6$ 时，$c_2=1.0015$；$n_2=7$ 时，$c_2=1.000$，故原值可用。

② 原假设平均翅片温度 400℃，

$$t_{mf}=\frac{1}{2}(t_1+t_{wo})=\frac{1}{2}\times(394+416)=405℃$$

近似可以满足。

(7) 计算管排压降

由式(5-552)、式(5-551)，

$$b=\frac{S_{min}}{S_F}=\frac{p_{t1}-(d_o+2\delta_f H_f n_f)}{p_{t1}}$$
$$=\frac{0.1-(0.05+2\times0.002\times0.013\times79)}{0.1}$$
$$=0.459$$

$$a=(1+b^2)(T_{h2}-T_{h1})/(4n_2 T_{hm})$$
$$=(1+0.459^2)(462.2-540)/[4\times7\times(501+273)]=-0.00434$$

由表 5-100

$$c_3=0.08[0.15p_{t1}/d_o]^{-1.1(H_f/x)0.15}$$
$$=0.08\left(0.15\times\frac{0.1}{0.05}\right)^{-1.1}\left(\frac{0.013}{0.01066}\right)^{0.15}=0.311$$

$$c_4=1.6-[0.75-1.5\exp(-0.7n_2)]\exp(-2.0p_{t2}/p_{t1})=1.5$$

$$c_5=\frac{d_o+2H_f}{d_o}=\frac{0.05+2\times0.013}{0.05}=1.52$$

由式(5-550)、式(5-549)，

$$f=(0.07+8.0Re^{-0.45})c_3c_4c_5$$
$$=(0.07+8.0\times11316^{-0.45})\times0.311\times1.5\times1.52=0.135$$
$$\Delta p_f=(f+a)G^2 n_2/\rho$$
$$=(0.135-0.00434)\times7.627^2\times7/0.46\text{Pa}=116\text{Pa}$$

(8) 改用 $H_f=0.02$m 计算，其余参数不变，可算得结果如下：

$G_h=8.01$kg/(m^2·℃)，$Re=11884$，$c_1=0.607$，$c_2=1.0015$，$\alpha_f=91.6$W/(m^2·℃)，$\eta_f=0.743$，$\frac{A_f}{\Sigma L}=0.73$m^2/m，$\frac{\Sigma A}{\Sigma L}=0.86$m^2/m，$\eta_o=0.782$，$\alpha_f'=92.4$W/(m^2·℃)，$K=41.8$W/(m^2·℃)，$\Sigma A=258.9$m^2，因为 $\Sigma A/\Sigma L=0.86$

所以 $\Sigma L=\frac{258.9}{0.86}=301$m，$n_2=6$ 排，平均热流强度 $q=6939$W/m^2，翅根温度 $t_r=404.8$℃，翅尖温度 $t_1=445$℃，$f=0.1735$，$\Delta p=141$Pa。

(9) 讨论

采用不同翅片高度的计算结果表明，当翅片高度由 0.013 增至 0.02m 后，

① S_{min}减小，则 G 增大， Re 也增大。

② 对 c_1，c_2 影响很小，故对 α_f 的影响也很少。

③ 翅片高度加大，η_f减低，由 0.868 降至 0.743，这是因为翅片热阻增加了。

④ 单位长度的翅片面积及总传热面积分别增加 66%和 51%，传热表面效率η_o由 0.899 降为 0.782，降低 13%，故 K 值由 53.3 降为 41.8，减少 21%，需要的总传热面积增加 27.5%，但流向上排数由 7 排可减为 6 排，总管长减少 16.7%。

⑤ 翅端温度与翅根温度均有增加，翅端温度 t_1 增加比较显著。

⑥ 压降反而有所增加，这既与 G 增加有关，也与 C_5 增加有关。

综上所述，翅片高度增加，可以减少整个换热器的体积。对传热系数未见改进，流动压降却反而增加。实际上，如果核算一下材料消耗（按材料总体积比较），有

$$V_m=\Sigma L\left[\frac{\pi}{4}\left(d_o^2-d_i^2\right)+n_f\delta_f\left(\frac{\pi}{4}d_f^2-\frac{\pi}{4}d_o^2\right)\right]$$

对 $H_f=0.013$，

$$V_m=7\times3\times18\times\frac{\pi}{4}\times[(0.05^2-0.043^2)+79\times0.002\times(0.076^2-0.05^2)]\text{m}^3=0.3468\text{m}^3$$

对 $H_f=0.02$，

$$V_m=6\times3\times18\times\frac{\pi}{4}\times[(0.05^2-0.043^2)+79\times0.002\times(0.09^2-0.05^2)]\text{m}^3=0.3908\text{m}^3$$

可见，翅片增高，虽然管长减少，但材料消耗反而增加 12.7%，在这种情况下，增加 H_f 未必有利。

5.8 特殊材料换热器

如 5.1.1.4 节及 5.1.1.5 节所述，在耐蚀、耐温有苛刻要求时，可选用特殊材料制成的换热器，它们的价格比较昂贵，而且各有其特性和适应条件，选用时要进行经济比较，既要考虑造价，又要考虑其供应情况。有的造价虽高但使用寿命长，可能比造价低但寿命短的设备更有竞争力（如钛制换热器），有的材料本身价格高，但按相同传热能力，其换热器造价却不一定很高。表 5-102 列出了一些特殊材料换热器的相对造价，由表可见，不锈钢和铜制换热器价格最低，当可以满足系统介质要求时应是首选的，但如介质腐蚀性要求使用贵重金属材料，则在适用温压范围下，氟塑料换热器是可以接受的。石英玻璃换热器适用温度较高，耐蚀范围也较广，但受到耐压性和传热面积的限制。这些换热器中，以石墨换热器的应用历史较久，制造和操作经验积累较多，也已基本标准化，选用和供应比较方便。钛制换热器性能优良，在炼油工业中应用已非常广泛，在石化行业中也是推广使用的换热器。特殊材料换热器对不同介质的传热与流体力学性能，由于结构上各有差异，往往需要由制造厂商提供。

表 5-102 一些特殊材料换热器的相对造价①

材料	相对造价	材料	相对造价	材料	相对造价	材料	相对造价	材料	相对造价
铜	0.35	石墨	0.60	氟塑料	1.0	锆	1.50	Inconel	1.80
不锈钢	0.40	钛	0.80	玻璃	1.0	哈氏合金	1.75	钽	5.0

① Wherry S. R., CE. 1996, 103 (2): 74～76

5.8.1 石墨换热器

石墨耐热性很高，在很宽温度范围内化学稳定，只在强氧化性酸、溴、氟等少数介质中能被破坏。其导热性远优于碳钢，而导电性则与碳钢相近。但由于石墨为层状结构，具有各向异性，用振动模压成型等方法虽可消除这一影响，但其成品又具有多孔性，因此作为换热器使用的，是由不同树脂（如酚醛树脂、呋喃树脂等）浸渍过的不透性石墨，故其耐热耐蚀性能受浸渍树脂影响甚大。

5.8.1.1 不透性石墨的性能与应用

常用的是酚醛树脂浸渍的不透性石墨，其使用温度范围为－20～＋170℃，有较好的耐温急变性。密度为 1900～2000kg/m^3，热导率为 93～140W/(m・℃)，线胀系数为（4.4～5.5）×10^{-5}1/℃。主要特点是：

① 有良好的耐蚀性。除强氧化性酸如浓硝酸、铬酸、次氯酸、浓硫酸 王水、氟、溴、过氧化氢和碱以外，对绝大多数有机和无机酸、盐溶液，有机溶剂等均有良好的耐蚀性（呋喃树脂浸渍石墨可以耐碱，但少用）；

② 导热性好；

③ 表面比较光滑，流动阻力小，有一定的防污垢性；

④ 有较好的加工性能；

⑤ 机械强度低，耐冲击性低（但优于玻璃），这使石墨换热器的制造、安装和清洗维护造成一定困难。对截面急变和切口很敏感，在设计时，应注意利用其抗压强度较高的特性，避免发生拉伸和弯曲应力，断面形状要逐渐改变，加工时要避免切口；

⑥ 易磨蚀。不宜处理含杂质或固体颗粒多的介质，流速不宜过高。由于不便于机械清洗，故应避免结垢的发生，这种情况下流速也不宜过低。

石墨换热器较多用于合成盐酸、农药、氯碱和精细化工部门中含氯离子及其他可耐蚀介质的加热、再沸、冷却或冷凝。

5.8.1.2 石墨换热器的结构型式

已经系列化生产的有管壳式（列管式）和块孔式（包括圆形块孔和矩形块孔）两类。其基本性能见表 5-103。

表 5-103 酚醛浸渍石墨换热器系列的操作参数与性能

型式		代号	设计温度/℃	设计压力/MPa	特性
管壳式		GH	壳程： －20～120 管程： －20～130	管程： $DN\leqslant1100$,0.3 $DN>1100$,0.2 在真空条件下 $DN\leqslant1100$,0.2MPa,$DN>1100$,0.1MPa	结构简单,制造方便,换热面积大,成本较低,流量大,阻力小。管子损坏时更换较方便,但不适于易发生污垢的物质。公称换热面积5～260m^2,也不适于承受强烈冲击与振动
块孔式	圆块孔式	YKA	－20～165	纵向:0.4 横向:	结构坚固、紧凑,传热系数较大,较易运输、拆装、清洗和维修。但加工要求高,传热面积不能太大,流道孔小,流体阻力较大,不适于黏度大、含杂质或固体颗粒多的场合
	短形块孔	JK	－15～150	纵向:0.5 横向:0.3	

（1）管壳式

由石墨管与石墨管板黏结制成固定管板式或浮头式（用浸渍树脂与石墨粉的混合物作黏结剂）。换热器按石墨换热管直径分为 A、B、C 三种型式：A 型换热管直径为 $\phi32/\phi22$mm，B 型换热管直径为 $\phi38/\phi25$mm，C 型换热管直径为 $\phi50/\phi36$mm。长度为 2m、3m、4m、5m、

6m 三角形排列，管间距比管外径大 6～8mm。采用弓形折流板，常用相对缺口高度 h_w 为 25%～35%，折流板管孔比管外径大2～3mm，折流板间距一般为 300～500mm，最大制作壳径达 2m 左右。一般，工艺介质走管内，如壳侧亦为腐蚀性介质，可在壳内壁加防腐内衬。列管式石墨换热器基本参数见表 5-104（一～七）。

换热器的搬运、安装、拆卸均应慎重。壳侧使用蒸汽加热或用作冷凝器时，应保证冷凝液及时排空，应绝对避免因蒸汽突然遇水冷却而发生汽锤冲击。

管壳式石墨换热器的型号标记为

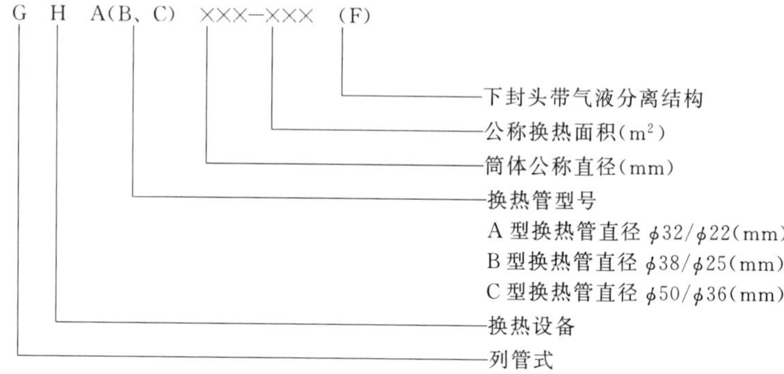

标记示例：

筒体公称直径 ϕ550mm，公称换热面积 30m^2，换热管直径为 ϕ32mm/ϕ22mm，下封头不带分离结构的浮头列管式石墨换热器，其标记为：

GHA 550—30

筒体公称直径 ϕ900mm，公称换热面积 115m^2，换热管直径为 ϕ38mm/ϕ25mm，下封头不带分离结构的浮头列管式石墨换热器，其标记为：

GHB 900—115

筒体公称直径 ϕ1200mm，公称换热面积 160m^2，换热管直径为 ϕ50mm/ϕ36mm，下封头带分离结构的浮头列管式石墨换热器，其标记为：

GHC 1200—160（F）

表 5-104　A 型换热管直径为 ϕ32mm/ϕ22mm 的换热器规格型号（一）

型号	换热管根数	换热管有效长度/mm														
		2000			3000			4000			5000			6000		
		换热面积/m²														
		公称面积	按管内计	按管外计	公称面积	按管内计	按管外计	公称面积	按管内计	按管外计	公称面积	按管内计	按管外计	公称面积	按管内计	按管外计
GHA 300—5(F)	38	5	5.3	7.3												
GHA 300—10(F)	38				10	7.9	11.4									
GHA 400—10(F)	61	10	8.5	12.2												
GHA 400—15(F)	61				15	12.6	18.4									
GHA 400—20(F)	61							20	16.9	24.5						
GHA 450—20(F)	85				20	17.6	25.6									
GHA 450—30(F)	85							30	23.5	34.2						
GHA 500—25(F)	109				25	22.6	32.8									

续表

型 号	换热管根数	换热管有效长度/mm														
		2000			3000			4000			5000			6000		
		换热面积/m²														
		公称面积	按管内计	按管外计	公称面积	按管内计	按管外计	公称面积	按管内计	按管外计	公称面积	按管内计	按管外计	公称面积	按管内计	按管外计
GHA 500—35(F)	109							35	30.1	43.8						
GHA 550—30(F)	121				30	25.0	36.4									
GHA 550—40(F)	121							40	33.4	48.6						
GHA 600—35(F)	151				35	31.3	45.5									
GHA 600—50(F)	151							50	41.7	60.7						
GHA 650—45(F)	187				45	38.8	56.3									
GHA 650—60(F)	187							60	51.7	75.2						
GHA 700—60(F)	235				60	48.5	70									
GHA 700—80(F)	235							80	64.9	94.5						
GHA 700—100(F)	235										100	81.1	118			
GHA 800—80(F)	313				80	64.8	94.3									
GHA 800—105(F)	313							105	86.4	126						
GHA 800—130(F)	313										130	108	157			
GHA 900—105(F)	417				105	86.3	126									
GHA 900—140(F)	417							140	115	168						
GHA 900—175(F)	417										175	144	209			
GHA 1000—130(F)	505				130	105	152									
GHA 1000—170(F)	505							170	139	203						
GHA 1000—210(F)	505										210	174	253			
GHA 1100—160(F)	625				160	129	188									
GHA 1100—210(F)	625							210	173	251						
GHA 1100—260(F)	625										260	216	313			
GHA 1200—305(F)	721										305	249	362			
GHA 1200—365(F)	721													385	299	435
GHA 1400—395(F)	931										395	322	468			
GHA 1400—475(F)	931													475	386	562
GHA 1600—500(F)	1177										500	407	592			
GHA 1600—600(F)	1177													600	488	710
GHA 1800—675(F)	1597										675	552	803			
GHA 1800—810(F)	1597													810	662	963

表 5-104　B 型换热管直径为 ϕ38mm/ϕ25mm 的换热器规格型号（二）

型 号	换热管根数	换热管有效长度/mm														
		2000			3000			4000			5000			6000		
		换热面积/m²														
		公称面积	按管内计	按管外计	公称面积	按管内计	按管外计	公称面积	按管内计	按管外计	公称面积	按管内计	按管外计	公称面积	按管内计	按管外计
GHB 300—4(F)	19	4	3	4.4												
GHB 300—6(F)	19				6	4.5	6.6									
GHB 400—8(F)	43	8	6.8	10												

续表

型　号	换热管根数	换热管有效长度/mm														
		2000			3000			4000			5000			6000		
		换热面积/m²														
		公称面积	按管内计	按管外计	公称面积	按管内计	按管外计	公称面积	按管内计	按管外计	公称面积	按管内计	按管外计	公称面积	按管内计	按管外计
GHB 400—13(F)	43				13	10.1	15									
GHB 400—17(F)	43							17	13.5	20						
GHB 450—18(F)	61				18	14.4	21.3									
GHB 450—24(F)	61							24	19.2	28.4						
GHB 500—22(F)	73				22	17.3	25.5									
GHB 500—28(F)	73							28	23	34						
GHB 550—27(F)	91				27	21.5	31.8									
GHB 550—36(F)	91							36	28.6	42.4						
GHB 600—35(F)	121				35	28.5	42.2									
GHB 600—47(F)	121							47	38	56.2						
GHB 650—41(F)	139				40	32.7	48.5									
GHB 650—54(F)	139							54	43.6	64.6						
GHB 700—48(F)	163				48	38.4	56.9									
GHB 700—64(F)	163							64	51.2	75.8						
GHB 700—80(F)	163										80	64	94.8			
GHB 800—65(F)	223				65	52.5	77.7									
GHB 800—87(F)	223							87	70	103.6						
GHB 800—109(F)	223										109	87.6	129.6			
GHB 900—86(F)	295				85	69.5	103									
GHB 900—115(F)	295							115	92.6	137.2						
GHB 900—144(F)	295										144	115	171.5			
GHB 1000—107(F)	365				107	86	127									
GHB 1000—142(F)	365							142	115	170						
GHB 1000—178(F)	365										178	143	212			
GHB 1100—128(F)	439				128	104	153									
GHB 1100—171(F)	439							171	138	204						
GHB 1100—214(F)	439										214	173	255			
GHB 1200—151(F)	517				151	122	189									
GHB 1200—201(F)	517							201	162	240						
GHB 1200—252(F)	517										252	203	300			
GHB 1400—363(F)	745										363	293	433			
GHB 1400—435(F)	745													435	351	519
GHB 1500—418(F)	859										418	337	499			
GHB 1500—502(F)	859													502	405	599

表 5-104　C 型换热管直径为 ϕ50mm/ϕ36mm 的换热器规格型号（三）

型　号	换热管根数	换热管有效长度/mm														
		2000			3000			4000			5000			6000		
		换热面积/m^2														
		公称面积	按管内计	按管外计	公称面积	按管内计	按管外计	公称面积	按管内计	按管外计	公称面积	按管内计	按管外计	公称面积	按管内计	按管外计
GHC 1200—160(F)	295							160	133	185						
GHC 1200—200(F)	295										200	167	232			
GHC 1400—200(F)	367							200	166	231						
GHC 1400—250(F)	367										250	208	288			
GHC 1600—270(F)	499							270	226	314						
GHC 1600—335(F)	499										335	282	392			
GHC 1800—440(F)	649										440	367	510			
GHC 1800—525(F)	649													525	440	612
GHC 2000—550(F)	817										550	462	642			
GHC 2000—660(F)	817													660	554	770

表 5-104　管口连接与用途（四）

符　号	a	b	c	d	e	f	h	k
连接形式	平面	凸面	凸面	平面	凸面	凸面	凸面	凸面
用途	物料出口	水或蒸汽入口	排气口	物料入口	水或蒸汽出口	放净口	不凝气出口	物料出口
备　注	接管法兰标准：HG/T 20592—2009							

表 5-104　A 型换热管直径为 ϕ32mm/ϕ22mm 的换热器安装尺寸（五）

型　号	筒体直径/mm	安装尺寸/mm								接管直径 DN/mm					支座 n—ϕ	设备质量/kg
		A	D	H	H_1	H_2	H_3	H_4	H_5	a、d	b、c	e、f	h	k		
GHA 300—5(F)	300	578	210	2905	3135	1286	604	517	373	90	50	20	100	50	2—ϕ25	370/345
GHA 300—10(F)	300	578	210	3905	4135	1786	604	517	373	90	50	20	100	50	2—ϕ25	440/420
GHA 400—10(F)	400	680	240	2905	3135	1286	604	521	473	110	50	20	125	50	2—ϕ25	535/500
GHA 400—15(F)	400	680	240	3905	4135	1786	604	521	473	110	50	20	125	50	2—ϕ25	640/605
GHA 400—20(F)	400	680	240	4905	5135	2286	604	521	473	110	50	20	125	50	2—ϕ25	735/700
GHA 450—20(F)	450	732	270	3905	4255	1796	624	541	433	140	70	20	150	80	2—ϕ25	805/750
GHA 450—30(F)	450	732	270	4905	5255	2296	624	541	433	140	70	20	150	80	2—ϕ25	935/885
GHA 500—25(F)	500	808	270	3955	4325	1816	634	561	453	140	70	25	200	80	2—ϕ30	965/910
GHA 500—35(F)	500	808	270	4955	5325	2316	634	561	453	140	70	25	200	80	2—ϕ30	1120/1065
GHA 550—30(F)	550	860	350	3965	4385	1896	644	591	503	200	80	25	200	80	2—ϕ30	1060/1020
GHA 550—40(F)	550	860	350	4965	5385	2326	644	591	503	200	80	25	200	80	2—ϕ30	1230/1195

续表

型号	筒体直径/mm	安装尺寸/mm								接管直径 DN/mm					支座	设备质量/kg
		A	D	H	H_1	H_2	H_3	H_4	H_5	a、d	b、c	e、f	h	k	$n-\phi$	
GHA 600—35(F)	600	910	350	4050	4480	1851	699	616	523	200	80	25	200	80	4—ϕ30	$\frac{1370}{1300}$
GHA 600—50(F)	600	910	350	5050	5480	2351	699	616	523	200	80	25	200	80	4—ϕ30	$\frac{1660}{1500}$
GHA 650—45(F)	650	964	350	4065	4575	1886	704	636	603	200	100	25	200	80	4—ϕ30	$\frac{1700}{1610}$
GHA 650—60(F)	650	964	350	5065	5575	2366	704	636	603	200	100	25	200	80	4—ϕ30	$\frac{1950}{1750}$
GHA 700—60(F)	700	1014	400	4125	4665	1896	734	666	603	250	100	25	250	80	4—ϕ30	$\frac{1885}{1755}$
GHA 700—80(F)	700	1014	400	5125	5665	2396	734	666	603	250	100	25	250	80	4—ϕ30	$\frac{2200}{2060}$
GHA 700—100(F)	700	1014	400	6125	6665	2896	734	666	603	250	100	25	250	80	4—ϕ30	$\frac{2420}{2370}$
GHA 800—80(F)	800	1240	400	4145	4755	1916	744	696	673	250	125	25	250	100	4—ϕ30	$\frac{2455}{2355}$
GHA 800—105(F)	800	1240	400	5145	5755	2416	744	696	673	250	125	25	250	100	4—ϕ30	$\frac{2855}{2685}$
GHA 800—130(F)	800	1240	400	6145	6755	2916	744	696	673	250	125	25	250	100	4—ϕ30	$\frac{3120}{3000}$
GHA 900—105(F)	900	1340	460	4185	4865	1946	754	736	703	290	125	25	300	100	4—ϕ30	$\frac{3210}{3020}$
GHA 900—140(F)	900	1340	460	5185	5865	2446	754	736	703	290	125	25	300	100	4—ϕ30	$\frac{3700}{3500}$
GHA 900—175(F)	900	1340	460	6185	6865	2946	754	736	703	290	125	25	300	100	4—ϕ30	$\frac{4100}{3900}$
GHA 1000—130(F)	1000	1480	460	4225	4905	1976	794	776	703	200	150	25	300	100	4—ϕ30	$\frac{4100}{3910}$
GHA 1000—170(F)	1000	1480	460	5225	5905	2476	794	776	703	200	150	25	300	100	4—ϕ30	$\frac{4820}{4590}$
GHA 1000—210(F)	1000	1480	460	6225	6905	2976	794	776	703	200	150	25	300	100	4—ϕ30	$\frac{5260}{5000}$
GHA 1100—160(F)	1100	1580	515	4270	5035	2021	809	831	803	340	150	25	350	100	4—ϕ30	$\frac{4960}{4335}$
GHA 1100—210(F)	1100	1580	515	5270	6035	2521	809	831	803	340	150	25	350	100	4—ϕ30	$\frac{5690}{5430}$
GHA 1100—260(F)	1100	1580	515	6270	7035	3021	809	831	803	340	150	25	350	100	4—ϕ30	$\frac{6150}{5885}$
GHA 1200—305(F)	1200	1750	620	6460	7250	3120	915	980	810	450	200	32	400	125	4—ϕ36	$\frac{7540}{7165}$
GHA 1200—365(F)	1200	1750	620	7460	8250	3620	915	980	810	450	200	32	400	125	4—ϕ36	$\frac{8400}{8030}$
GHA 1400—395(F)	1400	1956	725	6640	7580	3220	995	1080	950	550	200	32	500	125	4—ϕ36	$\frac{10480}{9980}$
GHA 1400—475(F)	1400	1956	725	7640	8580	3720	995	1080	950	550	200	32	500	125	4—ϕ36	$\frac{11650}{11155}$
GHA 1600—500(F)	1600	2188	840	6820	7920	3310	1135	1220	1050	650	250	32	600	150	4—ϕ36	$\frac{13680}{12960}$
GHA 1600—600(F)	1600	2188	840	7820	8920	3810	1135	1220	1050	650	250	32	600	150	4—ϕ36	$\frac{15130}{14410}$
GHA 1800—675(F)	1800	2395	950	7020	8270	3410	1235	1320	1200	750	250	32	700	150	4—ϕ36	$\frac{18500}{17580}$
GHA 1800—810(F)	1800	2395	950	8020	9270	3910	1235	1320	1200	750	250	32	700	150	4—ϕ36	$\frac{20450}{19530}$

注：1. 接管伸出长度为150～180mm。

2. 质量栏中分子表示不带分离器设备质量，分母表示带分离器（钢壳）设备质量。

3. 表中 H_2 尺寸仅供参考，根据用户要求可以改动。

表 5-104　B 型换热管直径为 ϕ38mm/ϕ25mm 的换热器安装尺寸（六）

型　号	筒体直径/mm	安装尺寸/mm						接管直径 DN/mm			支座 n—ϕ	设备质量/kg
		A	D	H	H_2	H_3	H_4	a、d	b、c	e、f		
GHB 300—4	300	578	210	2905	1286	604	517	90	50	20	2—ϕ25	350
GHB 300—6	300	578	210	3905	1786	604	517	90	50	20	2—ϕ25	410
GHB 400—8	400	680	240	2905	1296	604	521	110	50	20	2—ϕ25	530
GHB 400—13	400	680	240	3905	1786	604	521	110	50	20	2—ϕ25	630
GHB 400—17	400	680	240	4905	2286	604	521	110	50	20	2—ϕ25	730
GHB 450—18	450	732	270	3905	1796	624	541	140	70	20	2—ϕ25	805
GHB 450—24	450	732	270	4905	2296	624	541	140	70	25	2—ϕ30	935
GHB 500—22	500	808	270	3955	1816	634	561	140	70	25	2—ϕ30	945
GHB 500—28	500	808	270	4955	2316	634	561	140	70	25	2—ϕ30	1090
GHB 550—27	550	860	350	3965	1826	644	591	200	80	25	2—ϕ30	1070
GHB 550—36	550	860	350	4965	2326	644	591	200	80	25	2—ϕ30	1245
GHB 600—35	600	910	350	4050	1851	699	616	200	80	25	4—ϕ25	1410
GHB 600—47	600	910	350	5050	2351	699	616	200	80	25	4—ϕ25	1720
GHB 650—41	650	964	350	4065	1866	704	636	200	100	25	4—ϕ25	1710
GHB 650—54	650	964	350	5065	2366	704	636	200	100	25	4—ϕ25	1970
GHB 700—48	700	1014	400	4125	1896	734	666	250	100	25	4—ϕ25	1860
GHB 700—64	700	1014	400	5125	2396	734	666	250	100	25	4—ϕ30	2160
GHB 700—80	700	1014	400	6125	2896	734	666	250	100	25	4—ϕ30	2370
GHB 800—65	800	1240	400	4145	1916	744	696	250	125	25	4—ϕ30	2440
GHB 800—87	800	1240	400	5145	2416	744	696	250	125	25	4—ϕ30	2835
GHB 800—109	800	1240	400	6145	2916	744	696	250	125	25	4—ϕ30	3100
GHB 900—86	900	1340	460	4185	1946	754	736	290	125	25	4—ϕ30	3180
GHB 900—115	900	1340	460	5185	2446	754	736	290	125	25	4—ϕ30	3600
GHB 900—144	900	1340	460	6185	2946	754	736	290	125	25	4—ϕ30	4050
GHB 1000—107	1000	1480	460	4225	1976	804	776	290	150	25	4—ϕ30	4100
GHB 1000—142	1000	1480	460	5225	2476	804	776	290	150	25	4—ϕ30	4810
GHB 1000—178	1000	1480	460	6225	2976	804	776	290	150	25	4—ϕ30	5250
GHB 1100—128	1100	1580	515	4270	2021	831	809	340	150	25	4—ϕ30	4900
GHB 1100—171	1100	1580	515	5270	2521	831	809	340	150	25	4—ϕ30	5620
GHB 1100—214	1100	1580	515	6270	3021	831	809	340	150	25	4—ϕ30	6060
GHB 1200—151	1200	1750	620	4460	2120	980	915	450	200	32	4—ϕ36	5755
GHB 1200—201	1200	1750	620	5460	2620	980	915	450	200	32	4—ϕ36	6630
GHB 1200—252	1200	1750	620	6460	3120	980	915	450	200	32	4—ϕ36	7500
GHB 1400—363	1400	1956	725	6640	3220	1080	995	550	200	32	4—ϕ36	10900
GHB 1400—435	1400	1956	725	7640	3720	1080	995	550	200	32	4—ϕ36	12160
GHB 1500—418	1500	2058	725	6740	3270	1180	1095	580	250	32	4—ϕ36	12200
GHB 1500—502	1500	2058	725	7740	3270	1180	1095	580	250	32	4—ϕ36	13500

注：1. 接管伸出长度为 150mm～180mm。

2. 质量栏中为不带分离器设备质量，带分离器（钢壳）设备质量没有标出，需要时设计者自行计算。

3. 表中 H_2 尺寸仅供参考，根据用户要求可以改动。

表 5-104　C 型换热管直径为 ϕ50mm/ϕ36mm 的换热器安装尺寸（七）

型　号	筒体直径/mm	安装尺寸/mm								接管直径 DN/mm					支座 n—ϕ	设备质量/kg
		A	D	H	H_1	H_2	H_3	H_4	H_5	a、d	b、c	e、f	h	k		
GHC 1200—160(F)	1200	1750	620	5490	6280	2645	920	1005	810	450	200	32	400	125	4—ϕ36	6470 6095
GHC 1200—200(F)	1200	1750	620	6490	7280	3145	920	1005	810	450	200	32	400	125	4—ϕ36	7280 6910
GHC 1400—200(F)	1400	1956	725	5700	6640	2750	1025	1110	950	550	200	32	500	125	4—ϕ36	9050 8550
GHC 1400—250(F)	1400	1956	725	6700	7640	3250	1025	1110	950	550	200	32	500	125	4—ϕ36	10140 9640

续表

型　号	筒体直径/mm	安装尺寸/mm								接管直径 DN/mm					支座 n—ϕ	设备质量/kg
		A	D	H	H_1	H_2	H_3	H_4	H_5	a、d	b、c	e、f	h	k		
GHC 1600—270(F)	1600	2188	840	5890	6990	2845	1170	1255	1050	650	250	32	600	150	4—ϕ36	12120/11400
GHC 1600—335(F)	1600	2188	840	6890	7990	3345	1170	1255	1050	650	250	32	600	150	4—ϕ36	13510/12790
GHC 1800—440(F)	1800	2395	950	7100	8350	3450	1275	1360	1200	750	250	32	700	150	4—ϕ36	18080/17160
GHC 1800—525(F)	1800	2395	950	8100	9350	3950	1275	1360	1200	750	250	32	700	150	4—ϕ36	19900/18980
GHC 2000—550(F)	2000	2636	1050	7280	8690	3540	1415	1500	1300	850	300	32	700	200	4—ϕ36	22750/21450
GHC 2000—660(F)	2000	2636	1050	8280	9690	4040	1415	1500	1300	850	300	32	700	200	4—ϕ36	24950/23650

注：1. 接管伸出长度为 150mm～180mm。

2. 质量栏中分子表示不带分离器设备质量，分母表示带分离器（钢壳）设备质量。

3. 表中 H_2 尺寸仅供参考，根据用户要求可以改动。

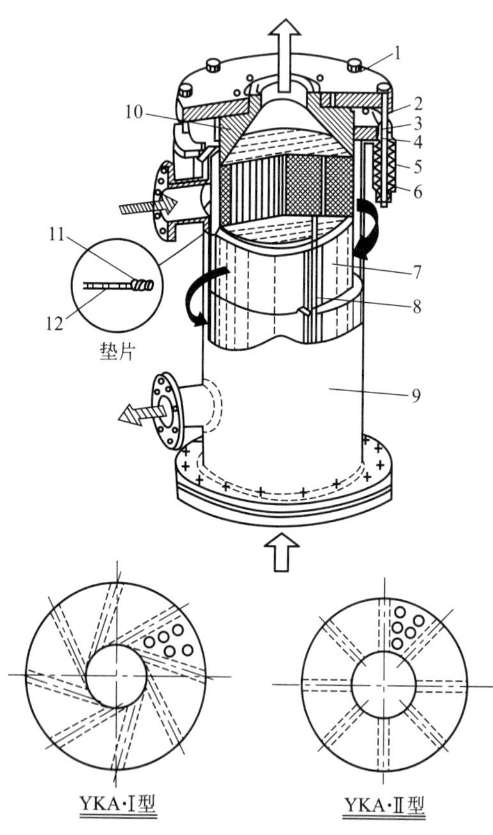

图 5-196　一种圆形块状式石墨换热器

1—钢制盖板；2—拉杆；3—滑动连接环；4—滑动连接；5—弹簧保护罩；6—弹簧；7—石墨换热块；8—石墨折流板；9—钢制壳体；10—集流块；11—聚四氟乙烯；12—橡胶石棉

(2) 圆形块孔式石墨换热器

块孔式石墨换热器都是由圆形或矩形的单元石墨块重叠放置的直立式设备。石墨块上开有相互垂直的纵向（轴向）和横向的直孔，作为两种介质的错流流道。块间用耐蚀垫片（如聚四氟乙烯即 PTFE“O”形密封圈）密封（也有用黏结剂密封，但常成为薄弱环节所在），若干块构成一节换热器段，外围以金属壳体（可内衬防腐材料），一个换热器由几个节段连接，以得到较大的换热面积。单元块连接时，纵向通道孔对齐形成一程或几程。沿高度方向以一定间距设置挡板或折流板，使另一种介质经横向流道进入壳体与石墨块间的汇流和分流折流区，再折向下一段横向流段，故一般横向的流程数较多。圆形块孔式的石墨块，外形呈圆柱状，其中的一种如图 5-196 所示，其横向（径向）流道由壳的一侧沿径向流至对侧再行折返，故径向通道的长短是不同的。

石墨圆块也可作成中空的同心圆柱，纵向和横向流道都集中在同心圆柱的环形区，中空部分也作为径向流动介质的汇流和分流折流区，由此流向壳侧再行折返，这种情况下径向通道长度是相同的，即等于环形区的厚度，流动情况比较均匀。这种圆形块孔式换热器的型号标记为

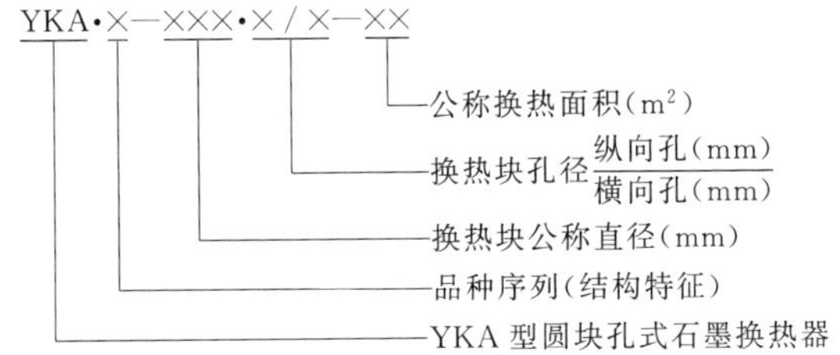

标记示例：

换热器的换热块公称直径为 Φ500mm，纵向孔径为 Φ16mm，横向孔径为 Φ10mm，公称换热面积为 20m² 的切向型圆块孔式石墨换热器，其标记为 YKA·Ⅰ—500·16/10—20。

石墨换热器按其横向孔的特征分为 YKAⅠ型和 YKAⅡ型两种（见图 5-196）。YKAⅠ型换热器的横向孔的轴线为切向式，YKAⅡ型换热器的横向孔的轴线为径向式。

其系列参数组合见表 5-105（一～四）。

表 5-105　YKA 型圆块孔式石墨换热器基本参数（一）

型号	系列、规格和参数						安装尺寸/mm											质量/kg
	公称换热面积/m²	实际面积/m²			单程截面积/cm²		D_N	D	D_1	D_2	D_3	b	H	H_1	H_2	$n-M_0$	$n-\Phi_1$	
		纵向	横向	平均	纵向	横向												
YKA·Ⅰ—300 $\frac{10}{10}$	5	6.7	5.4	6.1	122.5	141.4	300	330	100	180	320	4	1620	250	1110	8—M16	6—Φ18	360
	10	11.2	9.0	10.1									2498		1987			480
YKA·Ⅰ—300 $\frac{16}{10}$	5	4.9	4.9	4.9	140.8	117.8							1620		1110			360
	10	9.8	9.8	9.8									2936		2425			542
YKA·Ⅰ—400 $\frac{10}{10}$	10	12.5	9.0	10.7	226.2	188.5	400	430	125	240	420	4	1664	260	1130	8—M16	6—Φ18	554
	15	16.6	12	14.3									2103		1570			647
	20	25	18	21.5									2981		2447			836
YKA·Ⅰ—400 $\frac{16}{10}$	10	13.1	10.7	11.9	281.5	164.9							2103		1570			636
	15	16.4	13.4	14.9									2542		2010			727
	20	23	18.8	20.9									3420		2887			910
YKA·Ⅰ—400 $\frac{22}{10}$	10	11.6	8.4	10	342.1	117.8							2103		1570			627
	15	17.4	12.8	15.1									2981		2447			806
	20	23.2	17.0	20.1									3860		3325			985
YKA·Ⅰ—500 $\frac{16}{10}$	20	22.8	20.2	21.5	398.1	212	500	530	200	325	520	4	2629	280	2060	12—M16	8—Φ18	1090
	25	27.4	24.2	25.8									3074		2505			1220
	30	31.9	28.3	30.1									3520		2950			1350
YKA·Ⅰ—500 $\frac{22}{10}$	20	21.6	19	20.3	486.6	263.9							2830	290	2210			1150
	25	27	23.7	25.4									3440		2810			1330
	30	32.4	28.4	30.4									4040		3410			1520
YKA·Ⅰ—600 $\frac{16}{10}$	40	47.1	37	42	627.3	377	600	640	250	395	560	6	3410	295	2740	12—M20	8—Φ23	2117
	50	56.5	44.3	50.4									4010		3340			2400
	60	65.9	51.7	58.8									4610		3940			2683

表 5-105　YKA 型圆块孔式石墨换热器基本参数（二）　　单位：mm

符号	YKA·Ⅰ—300		YKA·Ⅰ—400		YKA·Ⅰ—500		YKA·Ⅰ—600		用途
	公称通径/mm	连接标准和连接尺寸	公称通径/mm	连接标准和连接尺寸	公称通径/mm	连接标准和连接尺寸	公称通径/mm	连接标准和连接尺寸	
a	100	非标(见表 1)	125	非标(见表 1)	200	非标(见表 1)	250	非标(见表 1)	物料进出口
b	80	HGJ 45—91 PN0.6 DN80	100	HGJ 45—91 PN0.6 DN100	100	HGJ 45—91 PN0.6 DN100	100	HGJ 45—91 PN0.6 DN100	载热体进出口
c	80	HGJ 45—91 PN0.6 DN80	100	HGJ 45—91 PN0.6 DN100	100	HGJ 45—91 PN0.6 DN100	100	HGJ 45—91 PN0.6 DN100	载热体进出口
d	100	非标(见表 1)	125	非标(见表 1)	200	非标(见表 1)	250	非标(见表 1)	物料进出口
e	20	HGJ 45—91 PN1.0 DN20	20	HGJ 45—91 PN1.0 DN20	20	HGJ 45—91 PN1.0 DN20	20	HGJ 45—91 PN1.0 DN20	排净口
f	20	HGJ 45—91 PN1.0 DN20	20	HGJ 45—91 PN1.0 DN20	20	HGJ 45—91 PN1.0 DN20	20	HGJ 45—91 PN1.0 DN20	排空气口

表 5-105　YKA 型圆块孔式石墨换热器基本参数（三）

型　号	系列、规格和参数						安装尺寸/mm									质量/kg
	公称换热面积/m²	实际面积/m²			单程截面积/cm²		D_N	D	D_1	D_2	δ	H	H_1	H_2	$n-M_\Phi$	
		纵向	横向	平均	纵向	横向										
YKA·Ⅱ—300 $\frac{12}{10}$	1.4	1.56	1.32	1.44	113	188	304	360	130	210	4	710	190	330	8—M16	379
	4.2	4.68	3.96	4.32								1514		1134		518
	7.0	7.80	6.60	7.20								2318		1938		667
	9.8	10.92	9.24	10.08								3122		2742		815
YKA·Ⅱ—400 $\frac{12}{10}$	2.3	2.47	2.17	2.32	174	264	395	460	160	240	5	722	195	332	8—M20	506
	6.9	7.41	6.51	6.96								1528		1138		697
	11.5	12.35	10.85	11.6								2334		1944		890
	16.1	17.29	15.19	16.24								3140		2750		1080
	20.7	22.23	19.53	20.88								3946		3556		1270
YKA·Ⅱ—400 $\frac{18}{15}$	1.6	1.8	2.0	1.9	183	381	395	450	150	240	5	722	195	332	8—M20	506
	4.8	5.4	6.0	5.70								1528		1138		697
	8.0	9.0	10.0	9.50								2334		1944		890
	11.2	12.6	14.0	13.3								3140		2750		1080
	14.4	16.2	18.0	17.1								3946		3556		1270
YKA·Ⅱ—500 $\frac{12}{12}$	3.4	4.3	2.9	3.60	307	362	500	560	200	295	5	780	222	336	8—M20	766
	10.2	12.9	8.7	10.8								1586		1142		1041
	17.0	21.5	14.5	18.0								2392		1948		1349
	23.8	30.1	20.3	25.2								3198		2754		1594
	30.6	38.7	26.1	32.4								4004		3560		1870
	37.4	47.3	31.9	39.6								4810		4366		2146

续表

型号	系列、规格和参数						安装尺寸/mm									质量/kg
	公称换热面积/m²	实际面积/m²			单程截面积/cm²		D_N	D	D_1	D_2	δ	H	H_1	H_2	$n-M_\Phi$	
		纵向	横向	平均	纵向	横向										
YKA·Ⅱ—500 $\frac{18}{15}$	3	3.3	2.9	3.1	356	445	500	560	200	295	5	780	222	336	8—M20	766
	9	9.9	8.7	9.3								1586		1142		1041
	15	16.5	14.5	15.5								2392		1948		1349
	21	23.1	20.3	21.7								3198		2754		1594
	27	29.7	26.1	27.9								4004		3560		1870
	33	36.3	31.9	34.1								4910		4366		2146
YKA·Ⅱ—600 $\frac{18}{15}$	30	35	28.8	30.9	595	668	600	660	246	335	5	2852	264	2324	12—M16	2407
	35	38.5	33.6	36.05								3259		2731		2547
	40	44	38.4	41.2								3666		3138		2687
	45	49.5	43.2	46.35								4073		3545		2827
	50	55	48	51.5								4480		3952		2967
	55	60.5	52.8	56.65								4887		4359		3107
	60	66	57.6	61.8								5294		4766		3247

表 5-105 YKA 型圆块孔式石墨换热器基本参数（四） 单位：mm

符号	YKA·Ⅱ—300		YKA·Ⅱ—400		YKA·Ⅱ—500		YKA·Ⅱ—600		用途
	公称通径/mm	连接标准和连接尺寸	公称通径/mm	连接标准和连接尺寸	公称通径/mm	连接标准和连接尺寸	公称通径/mm	连接标准和连接尺寸	
a	130	非标（见表 3）	150	非标（见表 3）	200	非标（见表 3）	250	非标（见表 3）	物料进出口
b	65	HGJ 45—91 *PN*0.6 *DN*65	80	HGJ 45—91 *PN*0.6 *DN*80	100	HGJ 45—91 *PN*0.6 *DN*100	100	HGJ 45—91 *PN*0.6 *DN*100	载热体进出口
c	65	HGJ 45—91 *PN*0.6 *DN*65	80	HGJ 45—91 *PN*0.6 *DN*80	100	HGJ 45—91 *PN*0.6 *DN*100	100	HGJ 45—91 *PN*0.6 *DN*100	载热体进出口
d	130	非标（见表 3）	150	非标（见表 3）	200	非标（见表 3）	250	非标（见表 3）	物料进出口

这种换热器常用作再沸器、加热器和冷却器。腐蚀性介质沿纵向流动。

（3）矩形块孔式石墨换热器

这种换热器由若干单元矩形石墨块组成，块上开有纵向和横向的流道孔，组装时流道孔对齐。按系列规格，单元块的宽度×高度为：380mm×380mm，长度有 380mm 与 680mm 两种，纵孔直径/横孔直径也有 $\phi12/\phi12$ 和 $\phi18/\phi14$mm 等几种。公称换热面积在 35m² 以上时，采用换热单元块并联结构。壳体由铸铁压盖与分段搭配的铸铁密封板组成。在这类换热器内，纵向和横向流道长度都比较一致，纵向介质流程为 2～4 程，故介质进出口都在换热器上部。

这种换热器的型号标记为

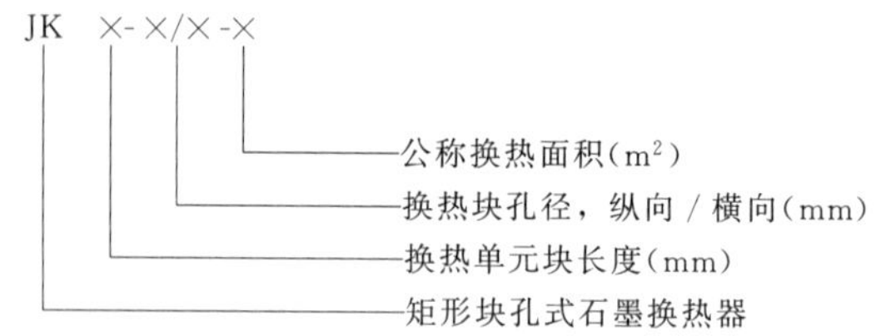

标记示例：

换热器单元块长度为 660mm，纵向孔径为 ϕ12mm，横向孔径为 ϕ12mm，公称换热面积为 15m² 的矩形块孔式石墨换热器，其标记为：

JK660-12/12-15

这类换热器的参数组合见表 5-106（一、二），多用作加热器、冷却器和冷凝器。

表 5-106　矩形块孔式石墨换热器基本参数（一）

项　目		型　号																	
		JK660-14/12									JK660-14/14								
公称换热面积/m²		12	16	20	25	32	40	50	60	65	14	18	22	26	35	45	55	60	70
计算换热面积/m²	平均	12.06	16.08	20.1	24.12	32.26	40.2	48.24	56.28	64.32	13.2	17.6	22.0	26.4	35.2	44.0	52.8	61.6	66.14
	纵向	11.22	14.96	18.7	22.44	29.92	37.4	44.88	52.36	59.84	12.78	17.04	21.3	25.56	34.08	42.6	51.12	59.64	59.64
	横向	12.9	17.2	21.54	25.8	34.4	43.0	51.6	60.2	68.8	13.62	18.16	22.7	27.24	36.32	45.4	54.58	63.56	72.64
单元块尺寸	块数	3	4	5	6	8	10	12	14	16	3	4	5	6	8	10	12	14	16
	尺寸	380mm×380mm×660mm									380mm×380mm×660mm								
孔径/mm	纵向	14									14								
	横向	12									14								
质量/kg		468	592	716	840	1088	1336	1576	1840	2096	441	550	669	783	1011	1239	1426	1634	1842
流程程数	纵向	双程				四程					双程				四程				
	横向	3	4	5	6	4	5	6	7	8	3	4	5	6	4	5	6	7	8

项　目		型　号														
		JK660-18/14									JK660-18/16					
公称换热面积/m²		10	15	20	25	35	40	50	60	70	9	13	17	22	25	35
计算换热面积/m²	平均	12.62	16.82	21.03	25.23	33.64	42.05	50.45	58.87	67.28	8.81	13.22	17.62	22.03	26.43	35.24
	纵向	13.5	18.0	22.5	27.0	36.0	45.0	54.0	63.0	72.0	9.02	13.52	18.04	22.55	27.06	36.08
	横向	11.73	15.64	19.53	23.46	31.27	39.6	46.9	54.74	62.56	8.6	12.9	17.2	21.5	25.8	34.4
单元块尺寸	块数	3	4	5	6	8	10	12	14	16	2	3	4	5	6	8
	尺寸	380mm×380mm×660mm									380mm×380mm×660mm					

续表

项目		型号														
		JK660-18/14									JK660-18/16					
公称换热面积/m^2		10	15	20	25	35	40	50	60	70	9	13	17	22	25	35
孔径/mm	纵向	18									18					
	横向	14									16					
质量/kg		450	576	684	801	1035	1269	1462	1676	1896	315	429	537	645	753	969
流程程数	纵向	双程				四程					双程					四程
	横向	3	4	5	6	4	5	6	7	8	2	3	4	5	6	4

项目		型号													
		JK660-18/16				JK660-20/16									
公称换热面积/m^2		45	55	60	70	7.5	10	15	20	23	30	38	45	55	60
计算换热面积/m^2	平均	44.05	52.86	61.67	70.48	7.46	11.19	14.92	18.65	22.38	29.84	37.2	44.76	52.22	59.6
	纵向	45.1	54.12	63.14	72.16	8.2	12.3	16.4	20.5	24.6	32.8	41.0	49.2	57.4	65.6
	横向	43.0	51.6	60.2	68.8	6.72	10.08	13.44	16.8	20.16	26.88	33.6	40.32	47.04	53.76
单元块尺寸	块数	10	12	14	16	2	3	4	5	6	8	10	12	14	16
	尺寸	380mm×380mm×660mm				380mm×380mm×660mm									
孔径/mm	纵向	18				20									
	横向	16				16									
质量/kg		1184	1361	1537	1713	327	447	561	675	789	1017	1245	1433	1621	1809
流程程数	纵向	四程				双程					四程				
	横向	5	6	7	8	2	3	4	5	6	4	5	6	7	8

表 5-106 矩形块孔式石墨换热器基本参数（二）（安装尺寸）

项目		型号															
		JK380-12/12			JK380-16/14		JK380-18/14		JK660-12/12								
公称换热面积/m^2		5	7.5	10	4.5	7	5	7.5	15	20	25	30	35	45	55	65	75
物料进口 a/mm	d_B	80			80		80		100								
	D_N	125			125		125		150								
物料出口 b/mm	d_B	80			80		80		100								
	D_N	125			125		125		150								
排净口或冷凝液出口 c/mm	d_B																
	D_N																
排净口或冷凝液出口 d/mm	d_B																
	D_N																
排净口或冷凝液出口 G/mm	d_B	40			40		40		50								
	D_N	80			80		80		100								
冷凝水出口或水蒸气出口 e/mm	D_N	50			50		50		80								
冷却水出口/mm	D_N	50			50		50		80								

续表

项目		型号														
		JK380-12/12			JK380-16/14		JK380-18/14		JK660-12/12							
公称换热面积/m^2		5	7.5	10	4.5	7	5	7.5	15	20	25	30	35	45	55	65	75
安装尺寸/mm	H_1	1240	1622	2002	1240	1622	1240	1622	1622	2002	2519	2899	2002	2519	2899	3279	3663
	H_2	764	1140	1522	764	1140	764	1140	1140	1522	2190	2570	1522	2190	2570	2990	3330
	H_3	694	1070	1452	694	1070	694	1070	1070	1450	2070	2450	1450	2070	2450	2830	3210
	H_4	345							408								
	L_1	716			617		716		790								
	L_2	600			600		600		670								
	L_3																
	L_4	230			230		230		400								
	L_5	465			465		465		714				1094				
	L_6	766			766		766		766				1148				
设备总质量/kg		500	600	710	506	609	490	690	1510	1748	2028	2308	2353	2736	3192	3632	4082

项目		型号																	
		JK660-14/12									JK660-14/14								
公称换热面积/m^2		12	16	20	25	32	40	50	60	65	14	18	22	26	35	45	55	60	70
物料进口 a/mm	d_B	100									200								
	D_N	150									250								
物料出口 b/mm	d_B	100									200								
	D_N	150									250								
排净口或冷凝液出口 c/mm	d_B										50								
	D_N										100								
排净口或冷凝液出口 d/mm	d_B										50								
	D_N										100								
排净口或冷凝液出口 G/mm	d_B	50																	
	D_N	100																	
冷凝水出口或水蒸气出口 e/mm	D_N	80									80								
冷却水出口/mm	D_N	80									80								
安装尺寸/mm	H_1	1622	2002	2519	2899	2002	2519	2899	3279	3663	1775	2155	2535	2915	2155	2535	2915	3295	3675
	H_2	1140	1522	2190	2570	1522	2190	2570	2950	3330	1675	2055	2435	2815	2055	2435	2815	3195	3575
	H_3	1070	1450	2070	2450	1450	2070	2450	2830	3210	1035	1415	1790	2170	1415	1790	2170	2550	2930
	H_4	408									408								
	L_1	790									790								
	L_2	670									660								
	L_3										410								
	L_4	400									400								
	L_5	714				1094					714				1088				
	L_6	766				1148					766				1117				
设备总质量/kg		1522	1764	2048	2332	2385	2776	3240	3688	4148	1459	1736	2001	2262	2298	2716	3123	3530	3994

续表

项　目		型　　号														
		JK660-18/14									JK660-18/16					
公称换热面积/m²		10	15	20	25	35	40	50	60	70	9	13	17	22	25	35
物料进口 a/mm	d_B	200									200					
	D_N	250									250					
物料出口 b/mm	d_B	200									200					
	D_N	250									250					
排净口或冷凝液出口 c/mm	d_B	50									50					
	D_N	100									100					
排净口或冷凝液出口 d/mm	d_B	50									50					
	D_N	100									100					
排净口或冷凝液出口 G/mm	d_B															
	D_N															
冷凝水出口或水蒸气出口 e/mm	D_N	80									80					
冷却水出口/mm	D_N	80									80					
安装尺寸/mm	H_1	1775	2155	2535	2915	2155	2535	2915	3295	3675	1240	1775	2155	2535	2915	2155
	H_2	1675	2055	2435	2815	2055	2435	2815	3195	3575	764	1675	2055	2435	2815	2055
	H_3	1035	1415	1790	2170	1415	1790	2170	2550	2930	694	1035	1475	1790	2170	1415
	H_4	408														
	L_1	790														
	L_2	670														
	L_3	410														
	L_4	400														
	L_5	714				1088					714					1088
	L_6	766				1117					766					1117
设备总质量/kg		1464	1748	2016	2290	2332	2746	3159	3572	3996	1145	1433	1709	1977	2245	2266

项　目		型　　号													
		JK660-18/16				JK660-20/16									
公称换热面积/m²		45	55	60	70	7.5	10	15	19	23	30	38	45	55	65
物料进口 a/mm	d_B	200				200									
	D_N	250				250									
物料出口 b/mm	d_B	200				200									
	D_N	250				250									
排净口或冷凝液出口 c/mm	d_B	50				50									
	D_N	100				100									
排净口或冷凝液出口 d/mm	d_B	50				50									
	D_N	100				100									

续表

项目		型号													
		JK660-18/16				JK660-20/16									
公称换热面积/m^2		45	55	60	70	7.5	10	15	19	23	30	38	45	55	65
排净口或冷凝液出口 G/mm	d_B														
	D_N														
冷凝水出口或水蒸气出口 e/mm	D_N	80				80									
冷却水出口/mm	D_N	80				80									
安装尺寸/mm	H_1	2535	2915	3295	3675	1240	1775	2155	2535	2915	2155	2535	2915	3295	3675
	H_2	2435	2815	3195	3575	764	1675	2055	2435	2815	2055	2435	2815	3195	3575
	H_3	1790	2170	2550	2930	694	1035	1475	1790	2710	1415	1790	2170	2550	2930
	H_4	408													
	L_1	790													
	L_2	670													
	L_3	410													
	L_4	400													
	L_5	1088				714					1088				
	L_6	1117				766					1117				
设备总质量/kg		2680	3069	3456	3856	1157	1451	1733	2007	2281	2314	2722	3129	3536	3951

注：接管法兰标准为 HG/T 20592。d_B 为管口内径，D_N 为管法兰公称直径。

5.8.1.3 石墨换热器的传热与流体阻力

对石墨管壳式换热器，如其各部分构造尺寸已知，其传热与流体阻力计算方法应与金属管壳式换热器无异。表 5-107 列出了一些实测的总传热系数范围，它与金属换热器差别不大，可供参考。

表 5-107 石墨管壳式换热器的总传热系数 W/(m^2·℃)

高温流体	低温流体	总传热系数	高温流体	低温流体	总传热系数
冷却器：			水蒸气	饱和盐水	700～1500
硫酸	水	870	水蒸气	硫酸铜溶液	930～1500
氯化氢气（除水）	盐水	35～170	水蒸气	不凝性气体：	
氯气（除水）	水	35～170		流速 4.5～7.5m/s	23～29
焙烧 SO_2 气体	水	350～470		流速 9～12m/s	35～47
冷凝器：			温水	稀硫酸溶液	500～1000
21%盐酸蒸气	水	116～1700	蒸发器：		
有机介质蒸气	水	290～1160	水蒸气	水	1160～2910
换热器：			水蒸气	20%盐酸 温度 110～130℃	1740～3500
20%盐酸	35%盐酸（入口 20℃，出口 60℃）	580～930	水蒸气	金属氯化物 温度 90～130℃	930～1740
加热器：			水蒸气	硫酸铜溶液	810～1400

块孔式石墨换热器计算比较困难，其原因在于：ⓐ 介质间换热是通过异形的石墨壁进行的，与一般换热器的热量经等厚度平壁或圆筒壁传递不同；ⓑ 错流流动的两种介质各自沿本

身通道流动，与一般使用的管排错流传热公式的适用情况不同；ⓒ 不同厂家生产的不同用途和规格的块孔式换热器，其结构尺寸有很大差异，难于建立通用的传热方程。

因此，石墨换热器的计算仍主要依赖于工业使用经验和制造厂提供的数据。表 5-108 是几种特殊情况下矩形块孔式换热器的总传热系数。下面介绍的方法提供了一种分析思路，在初步选定块孔式石墨换热器的型式规格以后，作为传热与流动阻力核算的参考。

表 5-108　矩形块孔式石墨换热器的总传热系数　　单位：W/(m² · ℃)

两 侧 流 体	K 值	两 侧 流 体	K 值
醋酸蒸气（入口 118℃）-水	810	丙酮蒸气（入口 70℃）-水	230
甲醇蒸气-水	700～1160	盐酸酸性蒸气（入口 120℃）-水	810

(1) 块孔式石墨换热器的传热计算[1]

① 传热速率方程

$$Q=(KA)\Delta T_m=(KA)F_t\Delta Tl_m \tag{5-559}$$

若以纵向流道换热面积 A_2 为基准，则

$$Q=K_2A_2\Delta T_m \tag{5-559a}$$

Q 由生产负荷确定。

② 温差校正因子 F_t 或平均温度差 ΔT_m 计算。对横向流在四程以下的，按横向流体在程间混合、纵向流体不混合的多程错流的公式或图表计算；如横向折流程数超过四程，也可按 m-n 管壳式换热器计算。

③ 总传热系数的估算。仍按串联热阻关系使用式 (5-16e)，则以纵向流道换热面积为基准的总传热系数为

$$K_2=\left(\frac{A_2}{A_1}\times\frac{1}{\alpha_1}+\frac{1}{\alpha_2}+R_w+\frac{A_2}{A_1}r_{f1}+r_{f2}\right)^{-1} \tag{5-16e}$$

式中　A_1——横向流道换热面积，m²；

A_2——纵向流道换热面积，m²；

R_w——石墨壁的有效热阻，(m² · ℃)/W；

r_{f1}、r_{f2}——横向流道、纵向流道的污垢热阻，(m² · ℃)/W，根据介质情况确定，很多情况下可以忽略；

α_1、α_2——横向、纵向流道的对流给热系数，W/(m² · ℃)。

④ 石墨壁有效热阻 R_w。由于介质通道间存在三维异形管壁，壁阻还应与两侧对流给热系数 α_1、α_2有关，故应称为有效热阻。由于石墨导热性好，此热阻数值通常很小，有文献介绍[2]，可按下式计算。

$$R_w=\frac{\delta_e}{\lambda_w} \tag{5-560}$$

式中　δ_e——石墨壁的当量厚度，m，可按表 5-109 查得；

λ_w——石墨的导热系数，W/(m² · ℃)，近似可按 $\lambda_w=100$W/(m² · ℃)计算。

---

[1] Schon G. et al，Proc. of 10th Iut. Heat Transfer Conference. Brighton UK：1994. vol4. 417～422.

[2] Кагевский Λ. с. Графитовая Тепилооьменная Аппаратура. Mausuиостроеuе，1969.

表 5-109 不同石墨块中石墨壁当量厚度 单位：mm

矩形块			圆柱形石墨块 $\phi426$ 和 $\phi700$		
孔径/mm		δ_e	孔径/mm		δ_e
纵向	横向		径向	轴向	
12	12	8.2	12	18	12.2
18	12	9.4	18	18	15.5
28	12	10.5	—	—	—
28	28	13.85	—	—	—

有人用三维有限元法对图 5-196 所示的圆柱形石墨块（$\phi12/\phi12$）计算表明，其平均有效热阻为 9.59×10^{-5}（$m^2\cdot℃/W$），故与表 5-108 及式(5-560）所得结果接近。应当指出，如果孔道表面存在酚醛树脂薄层，则其两侧平均涂覆热阻约为石墨有效热阻的 2.7 倍。

⑤ 通道的对流给热系数。通道都是圆形的，故可使用光滑圆管内的给热系数关系。但这里的特殊情况是：通道比较短，进口效应将使传热系数加大，再考虑到石墨的高导热性，故可采用下列各式。

对湍流，使用由 Gnie linski 修正过的恒壁温下三传类比模型的关系，并考虑了进口效应，其使用范围为：$2300<Re<5\times10^6$，$0.5<Pr<2000$，

$$Nu=\frac{(f/2)(Re-1000)Pr}{1+1.27\sqrt{f/2}(Pr^{2/3}-1)}\left[1+\left(\frac{d}{l}\right)^{2/3}\right] \tag{5-561}$$

式中 d——通道内径，m；

l——纵向取总长度，横向取每程通道的平均长度，m；

f——Fanning 摩擦因子，按 Filonenk 公式计算，式（5-26）的应用范围为 $Re=10^4\sim5\times10^5$

$$f=(3.64\lg Re-3.28)^{-2} \tag{5-26}$$

对层流与过渡区，使用 Martin 公式，

$$Nu^3=3.67^3+\left[1.615\left(RePr\frac{d}{l}\right)^{1/3}-0.7\right]^3+\left[\frac{2\left(RePr\frac{d}{l}\right)^3}{1+22Pr}\right]^{1/2} \tag{5-562}$$

上式应用范围为 $0.1<RePr\dfrac{d}{l}<10^4$，恒壁温。

在 $Re_2=6700$，$Re_1=5000\sim25000$ 的水-水系统，以及 $Re_1=280\sim70$，$Re_2=4600$ 的导热油-水系统，验证结果表明，得出的总传热系数误差不超过 10%。

（2）块孔式石墨换热器纵向流与横向流的压降计算

与一般压降计算相似。纵向流压降由摩擦压降、进出石墨块的突缩和突扩压降以及在进出口管处的突扩和突缩压降组成。在横向压降中，还应计及进出壳内侧与石墨块间形成的汇流折流通道时，折转 180°的压降，程数愈多，横向压降也愈大。

摩擦压降可按下式计算：纵向流动时摩擦压降占总压降的 60%～70%。

$$\Delta p_f=4f\frac{l}{d}\times\frac{u^2}{2}\rho=\lambda_f\frac{l}{d}\times\frac{u^2}{2}\rho \tag{5-38}$$

湍流时，上式中的 f 也可用式(5-26）计算，亦可选用其他光滑管的关系式。

以横向流为例，其总压降为

$$\Delta p_1=\frac{\rho_1 u_1^2}{2}\left[N\zeta_c+4Nf\frac{l}{d}+N\zeta_e\right]+\frac{\rho_1 u_s^2}{2}\left[2(N-1)\zeta_d+4(N-1)f\frac{l_s}{d_e}\right]+1.5\frac{u_e^2}{2}\rho_1 \tag{5-563}$$

式中 ρ_1——横向流体平均密度，kg/m^3；

u_1——横向流速，m/s；

N——横向流程数；

ζ_c——进入石墨块的突缩局部阻力系数；

ζ_e——流出石墨块的突扩局部阻力系数；

u_s——在折流通道中的流速，m/s；

ζ_d——折流通道中90°转折的阻力系数，约为0.9；

l_s——折流通道的高度，m（一般相当于单元石墨块高度）；

d_e——折流通道的当量直径，m，对环隙，是环隙宽度的2倍；

u_e——进出口管中的流速，m/s。

据称，按这些关系式计算的压降的误差平均为±5%，最大不超过10%。

5.8.2 氟塑料换热器

5.8.2.1 特性及用途

氟塑料换热器以聚四氟乙烯（PTFE）和聚全氟乙丙烯（FEP）等氟塑料制成换热管，它们的化学性质稳定，除与高温下元素氟、熔融碱金属及某些特殊含氟化物有反应或发生溶胀外，在其使用温度范围（对PTFE为－180～＋250℃，FEP为－85～＋205℃）内，对其他物质基本不起作用。氟塑料换热器的工业应用已有四十多年的历史，与金属换热器相比较，其主要优点如下。

① 优良的耐腐蚀性与介质适应性。在适用温度范围内使用寿命长。

② 抗污垢与污塞性。氟塑料管表面光滑，热胀系数大（是金属的10倍），并有较大的挠性，故不易生成污垢，积垢也易脱落。当原料中有固体沉积物时，只要颗粒直径小于管内径的1/4，即可能避免污塞。

③ 紧凑性高、重量轻。由于氟塑料换热器常用于小口径的薄壁管制作，故紧凑度可达$650m^2/m^3$。每平方米换热面积仅需1～1.5kg的管材。

④ 便于安装和维护，且能适应特殊形状的容器。这是由材料的柔软性与易加工性决定的。

⑤ 电绝缘性好。可用作电热器或电热板元件。

⑥ 在各种耐蚀结构材料中，成本不算高，由表5-102可见，其成本与综合性能在适用场合下优于石墨、玻璃及一些贵重金属换热器。

这类换热器的局限性也是由材料本身的物理-化学性质决定的，具体如下所述。

① 热导率低，只有0.19W/(m·℃)，故换热器的控制热阻常主要在管壁。但此点可由薄壁小口径管与抗结垢性得到部分补偿，其结果使总热阻较结垢的金属壁约只增加0～50%（近年使用的基于PFA[1]的配方的Q树脂，其热导率较PTFE提高了近1倍）。

② 受氟塑料分解温度与机械强度的限制，其设计温度与压力较低，且使用温度愈高、允许压力愈低。图5-197(a)表示两种不同管径的PTFE换热管与FEP换热管（用×号表示）的设计压力与最高使用温度的关系，也表示了它们的使用温压范围。图5-197(b)为Q树脂与

[1] PFA—Polyfluoroacrylic Acid Resin，聚氟丙烯酸树脂。

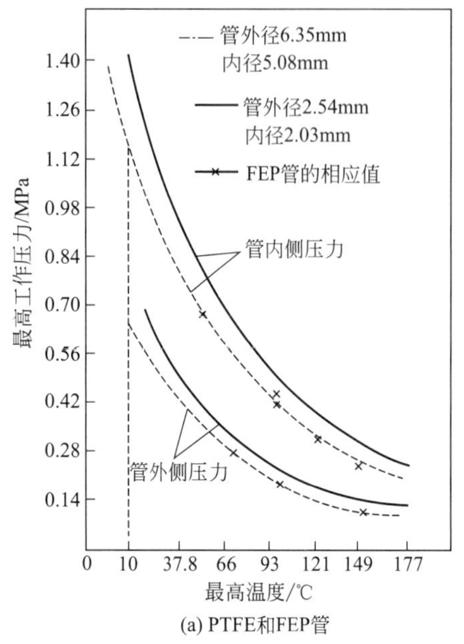

(a) PTFE和FEP管

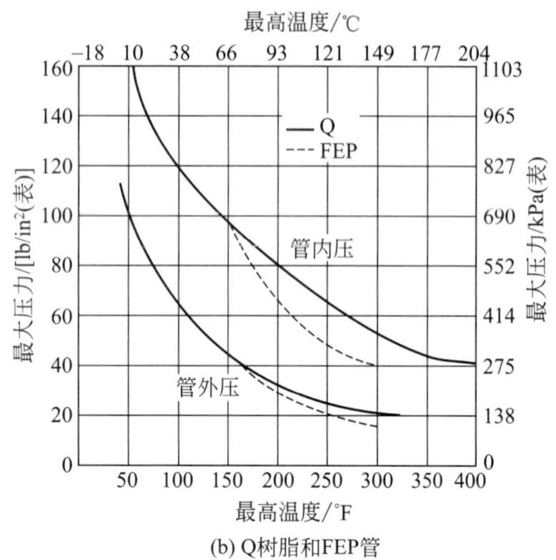

(b) Q树脂和FEP管

图 5-197 PTFE、FEP 和 Q 树脂管的设计压力与最高使用温度的关系

FEP 树脂管的操作温度和压力范围。

③ 不能用于存在高能辐射照射的场合（如 γ 射线）。

聚四氟乙烯与聚全氟乙丙烯相比较，前者的耐蚀性、不粘性与使用温度范围较高；但后者的熔融加工性能优良，可用挤出法成型，管子长度不受限制，价格也略高。

氟塑料换热器在其设计温度与压力范围内，主要用于各种强腐蚀性介质的加热、气化、冷凝、冷却或换热（此时外壳亦应采用防腐材料）过程，贮罐内液体的保温，盐类生产中的结晶过程，气体吸收中的冷却，废液处理过程和金属精整加工过程，如酸洗槽、大型镀槽、电解槽中的换热。

5.8.2.2 氟塑料换热器的结构型式

氟塑料换热器就组装形式可分为管壳式与沉浸式两类。管束是其基本组成部分。

(1) 管束

氟塑料换热器的管束是由若干根薄壁小直径氟塑料管平行或编织排列，在两个端部分别经特殊工艺彼此熔焊在一起，形成管子密集的管板或蜂窝状接头，并与过程流体的进出口相连接。

制作管束的管子，一般外径在 2.5～12.5mm 之间，太小的管径影响流动并使压降增加，而直径过大，则管壁热阻剧增，失去了经济性。壁厚为（5%～15%）管外径，排列为正三角形。常用的管子规格有 ϕ2.5×0.25、ϕ6.4×0.64mm 等，前者传热能力大、紧凑性高、成本较低，而后者则有不易堵塞及压降小的优点。管束形状如图 5-198(a) 所示。

(2) 管壳式换热器

过程流体通常走管内，壳体与管束是可拆连接，按壳侧流体性质与操作条件，壳体多为金属或非金属硬质圆筒。在 Dupont 管壳式换热器中，管子平行排列的管束装在一个轧制的多孔圆柱形金属框内，使软管束形成刚性传热元件，然后装入壳体，其制造要求较高，但壳程流动情况较好。也有的采用常规的管壳式换热器结构。管束由多孔板或折流板支承，以保持一定的管间距和调节壳程流体的流向，换热面积最大达 $95m^2$ 以上，最小为 $0.46m^2$。直径可达 2m，长度可达 5m 以上。

（3）沉浸式换热器

采用 $\phi2.5$ 的管子同心或交叉编织成沉浸管束。由于在腐蚀性介质中，管束表面不黏附，不腐蚀，故可用于结晶器和矿浆换热器。细长 U 形的盘管束［见图 5-198(b)］适于在紧凑的空间中而又要求大换热面积的场合，用来加热、冷却或保持腐蚀性溶液的温度，管束传热面积可达 $65.3\sim205m^2$，管束长度为 $3.3\sim8.5m$，管子数可达数千根。

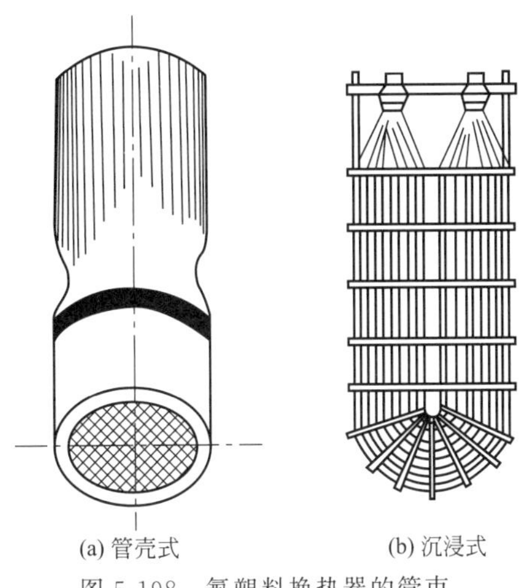
(a) 管壳式　　(b) 沉浸式

图 5-198　氟塑料换热器的管束

5.8.2.3　氟塑料换热器的传热与压降

由于小直径管要达到与普通管壳式换热器相同的管内雷诺数，需要很高的流速，这将使流动压降大为增加，而密集排列的管束使壳程压降可能还大于管程压降；另一方面，氟塑料管束的传热系数往往受管壁热阻的控制，提高两侧流速对总传热系数影响很小。因此，为减少压降，应在较低雷诺数下操作。根据在聚四氟乙烯管内流动的实测数据，层流向湍流过渡在 $Re=1000$ 以下即已发生，过渡流的 Re 为 $1000\sim10000$。通常管壳式换热器中维持在过渡流区域已可满足总传热系数的要求。

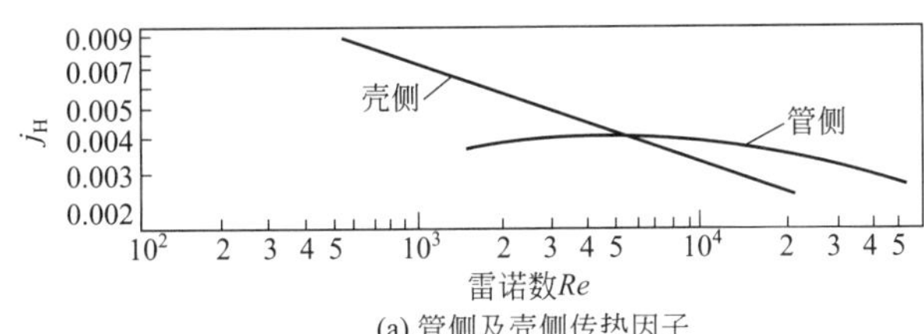

(a) 管侧及壳侧传热因子

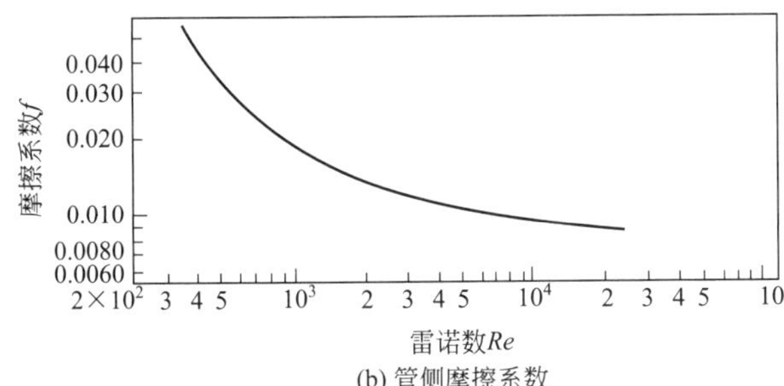

(b) 管侧摩擦系数

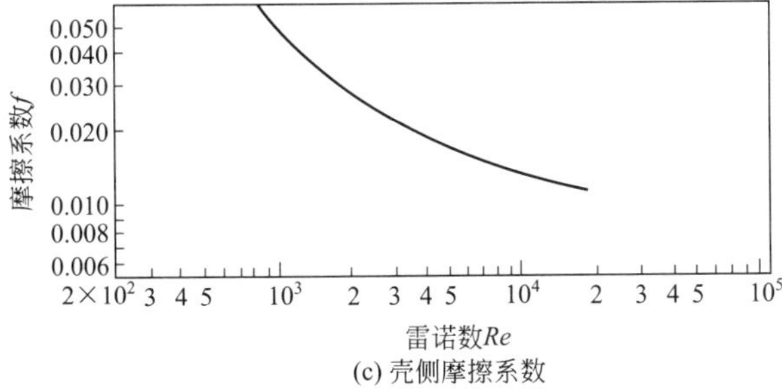

(c) 壳侧摩擦系数

图 5-199　管壳式氟塑料换热器的 j_H 和 f

氟塑料的总传热系数仍可按串联热阻的关系分别算出两侧给热系数取倒数再加上管壁热阻求出，一般不需要考虑污垢热阻。管内给热系数的计算比较简单，在由 140 根 $\phi2.5mm\times0.25mm$ 管子组成的一种管壳式换热器中，水走壳程、空气走管程，管内 $Re=1000\sim20000$ 间测得管内传热因子 j_H 的平均值均为 0.003，在 $Re=3500$ 处，其数值达到 0.004。这里

$$j_{Ht}=[\alpha_t/(c_pG_t)]Pr_t^{2/3} \quad (5\text{-}17)$$

但壳程的给热系数随壳程的结构与流动途径而变，而不同的制造厂、不同产品的结构都不相同。由于管间距小，管束内流动速度分布很不理想，缺乏较通用的计算方法，最好在选定初估方案与选型以后由制造厂提供实用数据。下列关系与图 5-199(a) 以及表 5-110、表 5-111中的总传热系数值可供参考。

在上述管壳式换热器中，水走管程，空气走壳程，得到壳侧传热因子 j_{HS} 与

壳程雷诺数 Re_s 的关系为：

Re_s	500	1000	3000	5000	10000	20000
j_{HS}	0.009	0.007	0.0045	0.004	0.0035	0.003

表 5-110 列出了 ϕ2.5mm×0.25mm 的氟塑料换热器的一些总传热系数值，我国制造的氟塑料换热器的某些工业装置数据见表 5-111，由于采用的管子外径为 3～6.4mm，壁厚为0.3～0.75mm，故 K 值较低。

表 5-110　ϕ2.5×0.25 管子组成的 Dupont 氟塑料换热器的总传热系数　［W/(m^2·℃)］

类型	加热			冷却与冷凝		
	壳程	管程	K 值	壳程	管程	K 值
管壳式	蒸汽	水	449～567	冷却水	冷凝液	483
		酸	397～510		混合二甲苯	420～440
		空气	85		酸	335～398
		苛性介质	453～556		油	148～340
					盐水	340
	烟道气	水	142		有机物蒸气	284
		空气	34		空气	142
					发烟硫酸	230～270
沉浸式盘管	管内	槽内	K 值	管内	槽内	K 值
	蒸汽	氯化碱溶液	288	冷却水	高硼酸钠结晶	402
		硅酸盐溶液	301		含盐酸淤浆	340
		磷酸锌溶液	114		氯磺酸	153

表 5-111　某些氟塑料换热器的数据

类型	介质		热负荷 /W	总传热系数 /[W/(m^2·℃)]	传热面积 /m^2	备注
	管内	管外				
管壳式	蒸汽	冷却水	约 93000	200～350	4	冷却水流速 0.4～1.1m/s
	冷却水	蒸汽	约 76000	270～280	4	冷却水流速 0.4～1.2m/s
	HCl 冷凝	冷却水	45000	270	3.5	管内最高温度108℃
沉浸式	三氯乙醛	冷却水	28000	310	4	冷却水流速 0.75m/s
	蒸汽	10%～15%草酸	16700	120	8	加热压力 10^{5}Pa
	冷却水	98%硫酸	160000	146～230	25	硫酸温度<90℃

关于氟塑料管壳式换热器管程与壳程的摩擦系数数据见图 5-199(b) 和 (c)。管程与壳程的摩擦压降均可由

$$f=\frac{\Delta p\cdot d_e}{4L}\left(\frac{2\rho}{G^2}\right) \tag{5-38}$$

计算，管子进出口端的压降通常低于总压降的 10%。但壳侧压降与沉浸式换热器的压降数据仍宜由制造厂提供。

图 5-199 中，管、壳程均为单程单向。

计算 j_H 时，$Re_s=\dfrac{d_oG}{\mu}$，$Re_t=\dfrac{d_iG}{\mu}$

计算 f 时，$Re_s=\dfrac{d_eG}{\mu}$，$Re_t=\dfrac{d_iG}{\mu}$

d_e——流道的当量直径（水力直径），对管内，$d_e=d_i$，m；

L——流道长度，m；

j_H——按式(5-17) 定义，$j_H = StPr^{2/3}$。

5.8.3 玻璃换热器

理化实验室使用玻璃换热器由来已久，但近十多年来才在工业上有较多应用，其原因亦与玻璃本身的性质有关。

5.8.3.1 玻璃换热器的特性及用途

作为换热器材料的玻璃，主要是硼硅玻璃与无硼低硅玻璃，在高温场合，则可使用石英玻璃，它们的部分物理力学性质见表 5-112。

表 5-112 换热器用玻璃的一些物理力学性能

<table>
<tr><th colspan="2">材　料</th><th>线胀系数
/(1/℃)</th><th>热导率
/[W/(m·℃)]</th><th>允许工作温度
/℃</th><th>耐温急变性
/℃</th><th>相对造价</th></tr>
<tr><td colspan="2">无硼低碱玻璃</td><td>5×10⁻⁶</td><td>0.92</td><td>-20～120</td><td>略低于硼硅玻璃</td><td rowspan="5">↓</td></tr>
<tr><td rowspan="3">硼硅
玻璃</td><td>Ⅰ型</td><td>5×10⁻⁶</td><td>0.88</td><td>-10～100</td><td>≤70℃（<Φ50）</td></tr>
<tr><td>前苏联</td><td>3.6×10⁻⁶</td><td>0.88</td><td>～400</td><td>≤60℃（≥Φ50）</td></tr>
<tr><td>pyrex</td><td>3.2×10⁻⁶</td><td>1.15</td><td>～450</td><td>90～100</td></tr>
<tr><td colspan="2">高纯石英玻璃</td><td>(0.52～0.62)×10⁻⁶
0.27×10⁻⁶</td><td>1.38～2.67
1.74～4.06</td><td>800～1000
1000</td><td>800～1000</td></tr>
</table>

玻璃换热器的特点如下。

① 耐腐蚀性强，除氢氟酸、氟硅酸和强碱外，其他绝大多数的无机酸、有机酸和有机溶剂均可耐蚀，使用寿命长，产品不被沾污。

② 表面光滑，传热表面不易结垢，即使结垢也会因温度变化而自行剥落，通常不需考虑垢层热阻，流体流动阻力小。

③ 透明性，可观察换热器内的工作状况。

④ 玻璃密度仅为钢的 30%，故换热器单位面积的质量较轻。

⑤ 虽然玻璃的热导率约为钢材的 1/50（石英玻璃较高），但可制成小口径薄壁管，因此玻璃管与钢管的总传热系数基本接近。

⑥ 玻璃属于脆性材料，抗弯、抗振、抗冲击能力差。这给安装、操作和维修带来不便，管子的支承间距不得超过管径的 100 倍，一般只能用于压力不超过 $(3\sim4)\times10^5$ Pa 的场合，也不适于制作大型设备，这是玻璃换热器的主要缺点和局限性。

此外，玻璃换热器的吹制和加工工艺比较复杂，制造成本较高（见表 5-101）。因此，主要用于对抗特殊介质腐蚀、有效高洁度要求的场合，如医药、食品、高纯度硫酸和盐酸的生产、半导体（如单晶硅）的精制提纯等。由于能耐低温下 SO_2、SO_3 的凝液腐蚀和不易结垢，玻璃换热器作为利用高硫燃料锅炉烟道气的空气预热器使用很成功，传热性能及使用寿命均优于金属换热器。在湿氯气冷却过程中用玻璃换热器代替石墨换热器，使用寿命可由几个月延长到若干年。

5.8.3.2 玻璃换热器的结构型式及传热特性

玻璃换热器型式有盘管式、喷淋式、套管式和管壳式。

(1) 盘管式

与实验室的玻璃盘管冷凝器类似，整体呈圆柱状的螺旋形玻璃盘管直接焊在玻璃外筒中，可由若干节外筒连成一体，一般为立式，作为腐蚀介质的加热、冷却或冷凝之用。若一侧为液体，另一侧有相变，或两侧均有相变时，总传热系数约为350～470W/(m²·℃)；如为液-液换热，为120～220W/(m²·℃)。外筒为直筒时，每节的冷却面积为1.5m²。由于内外筒全部吹焊，工艺要求和成本均较高，操作时应避免盘管受到水锤冲击，一旦损坏，难以修复。

(2) 喷淋式

结构与金属喷淋式换热器类似，但组装方式有所不同。它由若干玻璃直管和回弯头通过法兰连接装配而成。管子端部沿轴向表面呈圆锥形外扩，端面加工平整，安放垫片后用活套法兰紧固。由于是刚性连接，安装维修必须十分细致，尽量避免由于安装不正而产生附加弯矩。每一根直管两端都必须固定在支架上，并保证必要的支承间距。这种换热器主要用于腐蚀性介质的冷却和冷凝，如硫酸冷却器，其 K 值在140～174之间。

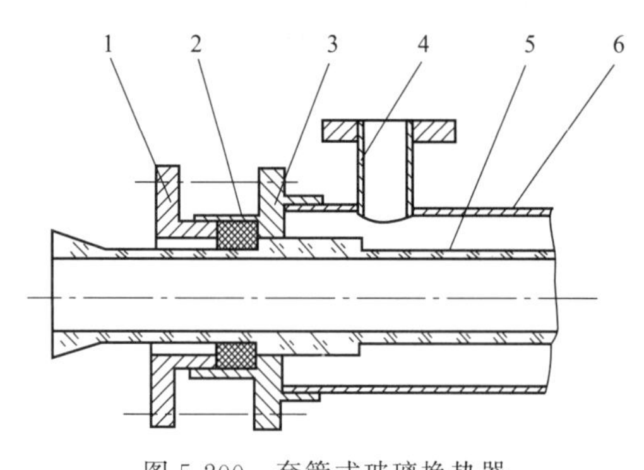

图 5-200　套管式玻璃换热器

1—填料压盖；2—填料；3—填料函；4—接管；5—玻璃管；6—外套管

(3) 套管式

通常内管用玻璃制作，外管视环隙内介质情况使用玻璃或金属材料，内外管间用填料函-填料-填料压盖密封，内管在密封区域应做出凸缘以承纳填料，管端仍应做成锥面以供连接，如图5-200所示。

套管式玻璃换热器可用于处理量小的腐蚀性介质的加热、冷却或冷凝。可以提高流速加大传热系数，也可以串联、并联使用。

部分套管式与管壳式换热器的总传热系数见表5-113。为比较起见，同时列出了金属换热器的一些数据。

表 5-113　部分玻璃与金属换热器的传热系数　　W/(m²·℃)

换热介质	金属换热器	Pyrex玻璃换热器	
		管壳式	套管式
水-油	850～1700	710～1100	280～570
油-油	120～280	120～280	120～280
液-气	10～60	10～60	10～60
有机蒸气-水	340～850	340～850	340～850

(4) 管壳式

玻璃管壳式(列管式)换热器可以有较大的换热面积，结构上的关键是玻璃管与管板之间的连接，有的利用软塑料热套在玻管两端作为衬垫，然后焊到硬塑料(如聚氯乙烯)制作的管板上。用于氯气冷却时的总传热系数在130～150W/(m²·℃)之间，操作最高温度为85℃。也有用高铝瓷质管板、硅橡胶密封板与PTFE垫片在压紧状态下保持密封，据称，用于类似水的液-液换热，K 值可达1480W/(m²·℃)，采用 $\phi 19\times1.5$ 的管子，有效管长3m；最高工作温度：管程为191℃，壳程为93℃；最大允许工作压力为(1.4～3.5)$\times10^5$Pa，随直径增加而降低。

5.8.4 贵重合金及稀有金属换热器

较多使用于换热器的贵重合金及稀有金属的一般性能见表5-114。由于材料价格较高，故常以薄板、薄壁管或复合板形式应用。其中，钛制换热器可作为这类换热器的代表，其制造工艺与应用比较成熟，价格也相对便宜。除表5-114中所列的不耐蚀介质，以及在红发烟硝酸生产中腐蚀产物有爆炸性外，钛对很多介质有很高的抗蚀能力，在稀硫酸中也相当稳定，从而可以延长换热器的寿命。钛制换热器有管壳式和板式等多种型式，其传热计算与相应金属换热器类似。

表 5-114　贵重合金及稀有金属材料性能

材料名称及代表牌号（或基本组成）	热导率/[W/(m·℃)]	密度/(kg/m³)	线胀系数 10^{-6}/(1/℃)	主要优点及一般使用场合	不耐蚀介质及局限性
钛及钛合金 TA1 TA2 TA3	12～17	4510～4860	8.2～10.8	强度高，耐蚀性好，故可制成薄壁管和薄板使用；密度低，故强度质量比高；线胀系数与碳钢接近，可制成复合材料；结垢倾向低。耐海水、绝大部分氯化物和湿氯、次氯酸盐、氧化性酸、有机酸、碱、王水和有机物，以及硫化物、过氧化氢等。广泛用于炼油工业的海水冷凝冷却器，如脱硫分馏塔，单乙醇胺的酸性气体汽提塔，以及氯碱工业。应用日益广泛	热导率小，不易机械切削加工，存在弹性变形回复使胀接管口松弛；焊接需在惰性气体保护下进行，一般在530℃以下使用。不耐较纯的还原性酸如氢氟酸、柠檬酸、草酸、干氯、氟气。在高温高浓度氯化物溶液中有孔蚀可能，亦可能吸附物料中的氢发生氢脆。在无水红发烟硝酸中会生成爆炸性的腐蚀产物
锆及锆合金	16.7～14.5	6510～6550	5.7～6.2	对还原性环境耐蚀性好。耐碱液、熔融碱、海水及盐水、盐酸和绝大部分有机物。对某些氧化性环境如硝酸、铬酸，不能含氯离子。对高温水和蒸汽有良好的抗蚀能力（用于反应堆高压水冷器）。加工性能好	不耐王水、氟化氢、浓硫酸、湿氯、SO_2、二氯醋酸、氯化铁、氯化铜等。价格略高于钛
纯镍	93	8900	13.3	有良好力学加工性能，常以薄壁管或复合板应用，特别耐热浓碱腐蚀。耐中性和微酸性溶液（稀的非氧化性酸和有机酸）、有机溶剂。因无毒又耐果酸，亦多用于食品工业	不耐氧化性酸和含氧化剂的溶液、大多数熔融金属、高温含硫气体，在氢氟酸溶液中有应力腐蚀破裂
镍合金 1. 蒙乃尔(Monel) Ni70 Cu30	26	8840	14	镍铜合金，故耐蚀性与镍、铜相似而略优。耐非氧化性酸、氢氟酸、热浓碱液、高温卤素。常用作动力工业高压给水加热器，烧碱蒸发器，以及食品工业、海水处理和使用等。可用于制造管壳式或板式换热器	不耐氧化性酸和强氧化剂溶液、熔融金属、熔硫和高温含硫气体
2. 英康乃尔(inconel) Ni76 Cr16Fe7	15		11.5～15.5	耐蚀性与不锈钢相似，耐高温性则较强。对高温干氟气、氟化氢气，应力腐蚀抗力较强，耐热碱液、碱性硫化物、高温水和蒸汽等。Inconelx有良好的抗蠕变性	不耐盐酸、硫酸、高温氢氟酸，氢溴酸、次氯酸，乳酸蒸气，次亚高氯酸钠，酸性氯化物溶液
3. 哈氏合金 B(Hastelloy B)	12	9240	10～12	含钼。耐沸点下一切浓度盐酸，也耐硫酸、磷酸、氢氟酸等非氧化性酸，碱，非氧化性盐和多种气体	不耐王水、硫酸＋硝酸、铬酸、次氯酸钙，氯化铁，氯化铜、湿氯等，不推荐用于硝酸等氧化性酸
哈氏合金 C	11	8940	11.3～11.4	含铬。耐氧化性酸（硝酸、混酸、铬酸＋硫酸）和氧化性盐类或含其他氧化剂的环境，如高于常温的次氯酸盐溶液，抗干，湿氯气和含氯离子介质，对海水耐蚀能力好	不耐熔融碱，不如合金 B 对盐酸耐蚀
哈氏合金 D	60～80	7800	11～18	含硅。是铸材。对各种浓度下硫酸、磷酸、盐酸和有机酸耐蚀	机械加工性较差
钽	54.4	16600	6.5	耐蚀耐热性远优于钛，抗蚀性与玻璃相似，几乎耐一切化学介质。在低温下能保持良好延展性，导热系数接近碳钢。不发生孔蚀，可作极薄衬里，在腐蚀介质中寿命极长，故价格虽高而应用也渐广，多用于沸酸换热器	不耐氢氟酸、氟、发烟硫酸、高温下光气。不可与较活泼金属连接，否则易发生氢脆。机械强度低于钛，价格远高于钛

主 要 符 号 说 明

A	传热表面积、表面积，m^2（A_i，A_o，A_m）单位流道宽度和长度的传热面积，m^2/m^2（板翅）
A_1	一次传热面，m^2
A_2	二次传热面，m^2
A_f	翅片部分表面积，m^2
A_r	翅片根部表面积，m^2
A_s	螺纹管外表面积，m^2
ΣA	翅片管外侧总表面积 $\Sigma A=A_f+A_r$，m^2
a	椭圆管长轴，m；单元紧凑度，m^2/m^3
B	流道宽度；板片有效宽度，m
b	椭圆管短轴，m
$C_p(C_{ps},C_{pt},C_{pL},C_{pG})$	流体平均等压，比热容，J/(kg·℃)
$\overline{C}_{p,m}(\overline{C}_{pmL,j},\overline{C}_{pmG,j})$	平均摩尔热容，kJ/(kmol·℃)
D_{aG}	不凝气互扩散系数，m^2/s
$D(D_s，D_B)$	直径，m
D_b	折流板直径，m
D_c	蛇管圈中心圆直径，管弯曲直径，m
DN	公称直径，mm
D_o	螺旋体直径，m
D_{otl}	布管限定圆直径，m
D_t'	管束最外层管中心圆直径，m
d（d_i，d_o，d_e，d_m）	管直径，m
d_f	翅片外径，m
dN	进出口接管公称直径，m
d_n	进出口接管内径，m
d_{of}	螺纹管齿顶圆直径，m
d_r	齿根圆直径，m
EX	膴 J/s（EX_{c1}，EX_{c2}，$EX_{h1}EX_{h2}$）
EX_Q	热量㶲，J/s
EX_i	物流的物理㶲，J/s
EX_D	㶲损，J/s
F_t	温差校正因子
f	Fanning 摩擦因子
f_i	界面摩擦因子
f_o	光滑平板摩擦因子
$G(G_s,G_t,G_1,G_2,G_L,G_G,G_{max})$	质量流速，kg/(m^2·s)
G_c	单位长度冷凝速度，kg/(m·s)
G_{cL}	蒸气冷凝通量 kg/(m^2·s)
G_{ns}	进出口接管中质量流速，kg/(m^2·s)
G_w	缺口处质量流速，kg/(m^2·s)
H	焓或焓流 J 或 J/s；管或平壁垂直高度，m；螺旋板宽，m；隔板间距(板翅)，m
H_f	翅片高度，m 或 mm
H_m	摩尔焓，J/mol($H_{mL,j}$，$H_{mG,j}$)
H_w	折流板缺口高度，m
h	流体比焓，J/kg；螺纹高度、波纹高度，m
h_m	混合物比焓，J/kg
h_w	缺口分数，$\dfrac{H_w}{D_s}$
$\Delta_v H_m$（t，p）	t，p 下摩尔气化焓，J/mol
Δh	物流比焓变，J/kg
Δh_v	液体的比气化焓，J/kg
j_H	传热 j 因子，$j_H=StPr^{2/3}$（j_{Hs}，j_{Ht}）
j_h	Kern 传热因子，$j_h=NuPr^{-1/3}(\mu/\mu_w)^{-0.14}$
$K(K_i,K_o,K_h,K_c,K_m)$	总传热系数，W/(m^2·℃)
K_1	($t_{h1}-t_{c2}$)端总传热系数
K_2	($t_{h2}-t_{c1}$)端总传热系数
K_j	组分 j 的相平衡常数
K'	一侧流体至另一侧污垢表面的总传热系数
k_p	以分压差为推动力通过气膜的传质分系数，kmol/(m^2·s·Pa)
k	流股数
L	长度；圆筒壁长度；平壁宽度；管束长度；板式换热器计算长度；每圈蛇管长度；每排管长，m
L_b	排流板间距；折流环间距，m
L_{bb}	管束壳内径间隙，m
L_e	螺旋流道长度；有效换热长度；当量长度，m
L_h	单元高度（板翅式），m
L_p	板片投影长度；两组平行蛇管间距，m
L_{pL}	分离隔板槽形成的穿流走廊计算宽度，m
L_t	管长；螺旋通道长度，m
L_{tb}	折流板管孔与管外径间总间隙宽，m
L_w	流道有效宽度，m
l	特性尺寸，m，波纹节距，mm
M（M_v，M_G，M_j）	分子量（M_v，M_G，M_j），千摩尔质量，kg/kmol
m	壳程数；翅片参数

N 流道数；每组蛇管圈数；总换热板数；单位传热面消耗功率，W/m^2

N_b 折流板数

N_d 管束对角线上管数

N_F 流程数（板式）

N_p 管程数

N_t 总管数

NTU 传热单元数

$(NTU)_h$，$(NTU)_c$，$(NTU)_A$，$(NTU)_B$

N_{tc} 总有效管排数

N_{tcc} 纯错区有效管排数

N_{tcw} 缺口区有效管排数

n 螺旋板总圈数；管排数；管程数；摩尔流量，mol/s

n_1 垂直于流向的管排数

n_2 平行于流向的管排数

n_e 有效总换热圈数

n_f 每米管长上的翅数；单位流道宽上的翅片数；单管纵向翅片数

n_j 组分 j 的摩尔数或摩尔流量，mol，mol/s

n_l 介质单程流道数

n_s 平均管列数

n_t 螺旋通道总圈数

$P(P_h, P_c)$ 温度效率

PN 公称压力，Pa

$p(p_h, p_c, p_s, p_t)$ 系统总压，Pa

p_c 临界压力，Pa

p_f 翅片间距，m

p_r 对比压力，无量纲

p_t 管间距，m

p_{t1} 垂直于流向（迎风面）的管间距，m

p_{t2} 平行于流向上的管间距，m

$\Delta p(\Delta p_t, \Delta p_s)$ 压力降，Pa

Δp_a 两相流加速压降，Pa

Δp_f 摩擦压降，Pa

Δp_g 重力压降 Pa

Δp_n 进出口管压降， Pa

$Q(Q_h, Q_c, Q_j)$ 热负荷、热流量，W

Q_{max} 最大可能传热量，W

q 热流强度，W/m^2（热流密度）

q_c 单管的临界热流密度

q_{max} 管束的最大热流密度，W/m^2

R 通用气体常数；热容流率比（R_A，R_B，R_h，R_c，R_s，R_e，$R^* = (WC_p)_{min}/(WC_p)_{max}$）

R_{fi}、R_{fo} 经面积校正后的管内、外污垢热阻，（m^2·℃）/W

R_i，R_o 经面积校正后的管内、外侧对流热阻，（m^2·℃）/W

R_w 面积校正后的管壁热阻，（m^2·℃）/W

R_f，R_g 以光管外表面积为基准的翅片热阻和接触热阻

$r(r_i, r_o, r_m)$ 半径，m

$r_f(r_{fi}, r_{fo}, r_{fh}, r_{fc}, r_{fs}, r_{ft})$ 污垢热阻，（m^2·℃）/W

r_h 通道的水力半径 $r_h = \frac{1}{4}de$，m

r_w 管壁热阻，m^2·℃/W

S_{bp} 旁流面积，m^2

S_F 管束迎风面积，m^2

S_l 流道截面积，m^2

S_m 错流掠过管束的计算面积，m^2

S_s 壳程光管区流道面积，m^2

S_{sb} 流路 E 的泄漏面积，m^2

S_t 管程流通截面积，m^2

S_{tb} 流路 A 的泄漏面积，m^2

S_w 缺口处流道面积，m^2

$S(S_{h1}, S_{h2}, S_{t1}, S_{t2}, S_{c1}, S_{c2}, S_{h1}, S_{h2})$ 两相流滑动比；泡核沸腾抑制因子；比熵，J/(kg·K)

$T_{\delta+}$ 无量纲膜温

$T(T_h, T_c, T_m, T_f, T_w)$ 热力学温度，K

$t(t_h, t_c, t_{h1}, t_{h2}, t_{c1}, t_{c2}, t_{s1}, t_{s2}, t_{t1}, t_{t2}, t_m, t_f, t_{hm}, t_{cm}, t_{jm})$ 温度，℃

t_B 泡点温度，℃

t_b 流体主体温度；沸点温度，℃

t_D 露点温度，℃

t_f 翅片温度；膜温；气液界面温度；℃

t_r 翅根温度，℃

t_w 壁温，℃；（T_{wh}，T_{wc}）隔板温度（板翅式）

$t_s(T_s)$ 对应压力下的液体饱和温度，℃（K）

ΔT 温差℃（ΔT_h，ΔT_c，ΔT_f，ΔT_w 分别表示热侧流体、冷侧流体温差，污垢两侧温差，壁面两侧温差）

ΔT_{lm}	逆流对数平均温度差,℃
ΔT_m	热、冷流体间平均温差,℃
$U(U_G,U_L)$	名义流速,m/s
$u(u_G,u_L)$	平均流速,m/s
u_f	液体气速,m/s
$u_G{}^*$	表观气速,无量纲
u_{max}	管束间最大流速,m/s
u_{NF}	迎风面流速(20℃,101.3kPa),m/s
V	换热器体积,m^3
v_{NF}	空气流量,(20℃,101.3kPa),m^3/s
$V(v_G,v_L)$	比容,m^3/kg
$W(W_h,W_c,W_s,W_t,W_L,W_G)$	流体质量流量,kg/s
W_T	总质量流量
(WC_p) $[(WC_p)_h,(WC_p)_c,(WC_p)_{max},(WC_p)_{min}]$	热容流率,W/℃
X	空气的绝对湿度 kgH_2O/kg 干气
X_{tt}	Martinell 参数(湍流-湍流)
x	气相质量分率(气化分率)
x_E	再沸器出口气化率
x_f	翅片净间距($x_f=p_f-\delta_f$),m 或 mm
x_j	j 组分在液相中的摩尔分数
y_j	j 组分在气相中的摩尔分数
y_a	不凝气体,在气相中的摩尔分数
y	隔板间净距(板翅)($y=H-\delta_f$),m 或 mm
z_j	j 组分在进料中的组成摩尔分数

准数表达式：

$$Re=\frac{Gl}{\mu}=\frac{u\rho l}{\mu}$$

$$Pr=\frac{C_p\mu}{\lambda}$$

$$Gr=\frac{\rho^2\beta\Delta t l^3 g}{\mu^2}$$

$$Nu=\frac{\alpha l}{\lambda}$$

$$St=\frac{\alpha}{C_pG}=\frac{Nu}{RePr}$$

$$Ra=Gr\cdot Pr$$

$$Gz=Re\cdot Pr\cdot\frac{d}{L}$$

$$Sc=\frac{v}{D}$$

$$Fr=\frac{G^2}{gl\rho^2}$$

$$We=\frac{G^2\cdot d}{\rho^2\cdot\sigma}$$

$$j_H=StPr^{2/3}$$

$$j_h=Nu\cdot Pr^{-1/3}(\mu/\mu_w)^{-0.14}$$

$$f=\frac{\tau}{\rho u^2}$$

(希腊文符号)

$\alpha(\alpha_i,\alpha_o,\alpha_h,\alpha_c,\alpha_s,\alpha_t,\alpha_L,\alpha_G)$	对流给热系数,W/(m^2·℃)
α_b	管束平均沸腾给热系数,W/(m^2·℃)
α_f	以翅片管外表面为基准的给热系数,W/(m^2·℃)
α_{nb}	泡核沸腾给热系数,W/(m^2·℃)
α_{nc}	液体自然对流给热系数,W/(m^2·℃)
α_{sh}	剪切控制时的冷凝给热系数,W/(m^2·℃)
α_{gr}	重力控制时的冷凝给热系数,W/(m^2·℃)
β	流体体积膨胀系数 1/℃;平衡时气相摩尔数与总摩尔数之比;
Γ	沿冷凝壁面单位宽度或单位周边的冷凝液流量(冷凝负荷),kg/(m·s)
δ	液膜厚度;通道间距(螺旋板式);m 或 mm
δ_e	当量厚度,m 或 mm
δ_f	翅片厚度,m 或 mm
δ_s	隔板厚度(板翅),mm
δ_w	间壁厚度,m 或 mm
$\Delta(\Delta_h,\Delta_c)$	介质温度变化值,℃
ε	换热器效率
ε_G	流体空隙率
ζ	局部阻力系数
η_f	翅片效率
$\eta_o(\eta_{ho},\eta_{co})$	表面效率
θ	$\frac{\Delta T_m}{t_{h1}-t_{c1}}$ 无量纲温差
$\lambda(\lambda_s,\lambda_t,\lambda_w,\lambda_L,\lambda_G,\lambda_h,\lambda_c)$	热导率,W/(m·℃)
λ_f	摩擦系数 $\lambda_f=4f$;翅片热导率;流体膜热导率
$\tau(\tau_i,\tau_w)$	剪应力,N/m^2

μ（μ_G，μ_L，μ_f，μ_m，μ_w，μ_s，μ_t）	黏度 Pa·s	ρ（ρ_f，ρ_{tp}，ρ_s，ρ_t）	密度，kg/m^3
ν（ν_G，ν_{Gm}）	运动黏度，m^2/s	σ	表面张力，N/m^2；流道收缩比
		Φ	校正系数

常用下标

1	入口	j	组分号
2	出口	L	液相的、液体
B	管束的	m	平均的
b	主体的	max	最大的
c	冷流体、冷侧、冷端	min	最小的
e	当量的	o	外侧的、基准的
f	翅片的、膜的、污垢的	s	壳程的
G	气相的、气体、蒸气	t	管程的
h	热流体、热侧、热端	tp	两相流的
i	内侧的、界面的、流股号	w	壁面的、壁的

参 考 文 献

[1] 时钧，汪家鼎，余国琮，陈敏恒主编．化学工程手册：上卷．传热及传热设备．第2版．北京：化学工业出版社，1996.

[2]《化学工程手册》编辑委员会主编．化学工程手册：第2卷．传热、传热设备及工业炉．北京：化学工业出版社，1989.

[3] 兰州石油机械研究所主编．换热器：上、中、下册．北京：烃加工出版社，1986、1988、1990.

[4] 毛希澜主编．换热器设计．上海：上海科学技术出版社，1988.

[5] 国家医药管理局上海设计院主编．化工工艺设计手册：上、下册．第2版．北京：化学工业出版社，1997.

[6] 化学工业部化学工程设计技术中心站主编．化工单元操作设计手册：上册．换热器设计．西安：化学工业部第六设计院，(内部发行).

[7] 石油化学工业部石油化工规划设计院主编．冷换设备工艺计算．北京：石油工业出版社，1979.

[8] 朱聘冠编著．换热器原理及计算．北京：清华大学出版社，1987.

[9] 林宗虎编著．强化传热及其工程应用．北京：机械工业出版社，1987.

[10] 尾花英朗著．热交换器设计手册：上、下册．徐中权译．北京：烃加工出版社，1987.

[11] 钱滨江等编．简明传热手册．北京：高等教育出版社，1983.

[12] 过增元著．热流体学．北京：清华大学出版社，1992.

[13] 姚平经、郑轩荣编著．换热器系统的模拟、优化与综合．北京：化学工业出版社，1992.

[14] 池田义雄等．实用热管技术．商政宋等译．北京：化学工业出版社，1988.

[15] 马义伟，刘纪福等编著．空气冷却器．北京：化学工业出版社，1982.

[16] 黄鸿鼎、冯亚云．化工学报．1979，1：91.

[17] 幡野佐一等编著．换热器．李云倩等译．北京：化学工业出版社，1987.

[18] 王松汉等编著．板翅式换热器．北京：化学工业出版社，1984.

[19] Hewitt G. F，et al. Process Heat Transfer. CRC Press，1994.

[20] Butterworth D，et al. Advances in Industrial Heat Transfer. IChemE，1996.

[21] Martin H. Heat Exchanger. Hemisphere Pub Corp.，1992.

[22] Smith E M. Thermal Design of Heat Exchangers，John Wiley & Sons，1997.

[23] Zukauskas A. Handbook of Heat Exchanger. Design. Newyork，Begell House，1992.

[24] Webb R L. Principles of Enhanced Heat Transfer，John Wiley & Sons，1994.

[25] Rohsenow W M，et al. Handbook of Heat Applications，2nd Ed. McGraw-Hill，1985.

[26] Kakac S，et al. Heat Exchangers：Thermal-Hydraulic Fundamentals and Design，Hemisphere Pud. Corp，1981.

[27] Garrett Price B A，et al. Fouling of Heat Exchangers，Noyes Pub，1985.

[28] Kackac S. NATO ASI Series E. 1988：vol143. 29-80，134-149.
[29] Shah R K，et al. NATO ASI Series E. 1988；vol143. 81-132.
[30] Jensen M K. NATO ASI Series E. 1988，vol143. 293-316：707-741.
[31] Butterworth D. NATO ASI Series E. 1988，vol143：779-828.
[32] Knudsen J G. CEP. 1991，87（4）：42-48.
[33] Sloley A W. CEP. 1997，93（3）：52-64.
[34] Ganapathy V. Hydrocarbon Processing. 1996，75（9）：103-109.
[35] Durand A A，et al. CE. 1992，99（2）：139-141.
[36] Konings A M，Heat Transfer Eng. 1989，10（4）：54-61.
[37] Somerscales E F C. Heat Transfer Eng. 1990，11（1）：19-36.
[38] Stehlik P. Heat Transfer Eng. 1995，16（1）：19-28.
[39] Palen J W. Heat Transfer Eng. 1996，17（2）：41-53.
[40] Krishnans Kumar S K. Chem. Eng. Research and Design. 1994，72（A5）：621-624.
[41] Kral D，et al. Heat Transfer Eng. 1996，17（1）：93-101.

第6章 蒸　　发

6.1 概　　述

蒸发是浓缩溶液的单元操作，溶液包括溶剂与被溶解的溶质，当溶质的蒸气压趋近于零时，可以在沸腾状态下，用气化溶剂的方法，使溶液浓缩。

溶液在低于其沸腾温度时，表面也发生气化，但在沸点温度下气化是在全部体积范围内发生的，与表面气化相比，蒸发是十分强烈的气化过程。

工业中遇到的大多数溶液以水为溶剂，气化所得的水蒸气，除了用作加热介质，以回收其热量外，一般不回收使用，但在海水淡化时其主要目的是排出溶质，制取淡水，而对有些非水溶剂的溶液，在浓缩时其蒸气需要回收。

蒸发区别于蒸馏，在于蒸馏所处理的溶液，其溶质也具有一定挥发性，产生的蒸气不是单组分的，要进一步分离，而蒸发产生的蒸气基本上是单一物质（大多数情况下是水），不用继续分离。

蒸发区别于干燥，在于蒸发后的剩余物质是液态的（或液固悬浮液），整个传热过程是对液体进行加热，而干燥则以对固体加热为主，其最终产品为固体。

蒸发与结晶两种过程很难截然区分，饱和溶液的蒸发必然伴有结晶过程。但结晶过程的目的往往是为了获得纯净、颗粒均匀的固体，而蒸发过程的目的，侧重于溶剂的排出与溶液的浓缩。

蒸发首先要有热量传入，以提供溶剂的气化热；其次要把蒸发产生的蒸汽和夹带的液滴分开，以避免或减少蒸汽中带走溶质。所以蒸发器包括两个基本部分——加热器与分离室。在大部分情况下，蒸发器用水蒸气作为加热介质（通常称之为加热蒸汽、一次蒸汽或生蒸汽），通过换热壁间接传热给溶液。溶液受热后沸腾，溶剂气化，产生的蒸汽（大多数情况下也是水蒸气）叫做二次蒸汽。

被蒸发的溶液常具有某些特点，例如有些溶剂在浓缩时可能结垢或析出结晶；有些热敏性物料在一定温度下容易分解变质；有些物料具有较大的黏度或较强的腐蚀性等。如何根据这些特性选择适宜的蒸发工艺和适宜的设备型式，是工程设计时必须首要考虑的。

6.2 蒸发装置的类型与所需能耗

蒸发可以在常压、正压或负压下进行。负压下的蒸发称为真空蒸发，溶液在低于常压的条件下其沸点下降，因此真空蒸发可以提高有效的传热温差。

多效蒸发是将多台蒸发器串联操作，前效产生的二次蒸汽用作后效的加热蒸汽，使热量得到多次利用，可以比单效蒸发少消耗生蒸汽。

热泵蒸发是把产生的二次蒸汽压缩提高压力后，送回加热室再次用作加热蒸汽，提供溶剂气化所需的热量。

减压闪蒸是把热溶液送入低压空间，使其在绝热条件下急骤气化。适宜于处理容易在加热面上结垢的料液，有时也应用于回收热溶液的显热。

6.2.1 单效蒸发

单效蒸发是最基本的蒸发装置，原料液在蒸发器内被加热气化，产生的二次蒸汽由蒸发器引出后排空或冷凝，不再利用。

6.2.1.1 单效真空蒸发

图 6-1 所示为单效真空蒸发流程。图中 1 为蒸发器的加热室。加热蒸汽在加热室的管间冷凝，放出的热量通过管壁传给管内溶液。蒸发后的浓缩液由蒸发器排出。产生的二次蒸汽在蒸发室 2 与液滴分离后，引入冷凝器 3 与冷却水直接接触而被冷凝，冷凝器 3 要置于 10m 以上的高位，以便于冷却水的自动排出，并保持系统内的真空，二次蒸汽中的不凝性气体经分离器 4 和缓冲罐 5，由真空泵 6 抽出，排入大气。

真空蒸发的优点如下：

① 在减压条件下溶液的沸点下降，当加热蒸汽温度相同时，真空蒸发的传热推动力比常压蒸发大，因而可以减少所需的传热面积；

② 适宜于处理在较高温度下容易分解、聚合或变质的热敏性物料；

③ 可以采用低压蒸汽或乏汽做加热介质；

④ 蒸发在较低温度下进行，对设备材料的腐蚀性和对外界的热损失都比较小。

真空蒸发的缺点如下：

① 蒸发温度较低时，溶液的黏度增大，溶液侧的对流传热膜系数下降；

② 蒸发温度受冷却水与真空泵的制约，并消耗一定的动力。

大多数蒸发过程是稳定和连续的，即操作中温度、压力、浓度、流量等各种参数不随时间变化，下面主要是对连续蒸发进行讨论，但是在小批量生产中，蒸发操作也可以分批间歇进行，6.2.1.5 节将略作介绍。

图 6-1 所示的蒸发流程，所产生的二次蒸汽直接冷凝或排空，为单效蒸发。为了提高蒸汽利用的经济性，降低蒸发单位水分的生蒸汽消耗量，把在较高压力下沸腾产生的二次蒸汽，送入另一台在较低压力下操作的蒸发器中，用作该蒸发器的加热蒸汽。如此类推，可以把多个操

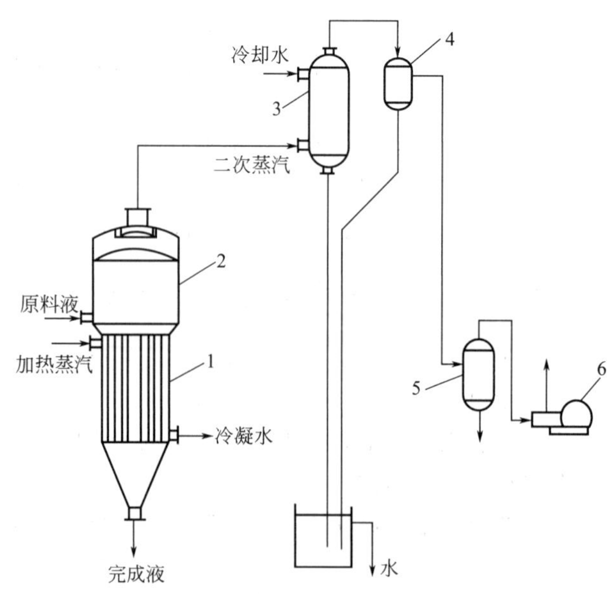

图 6-1 单效真空蒸发流程

1—加热室；2—蒸发室；3—混合冷凝器；4—分离器；5—缓冲罐；6—真空泵

作压力大小不同的蒸发器串联起来，组成多效，成为多效蒸发器组。

6.2.1.2 连续蒸发

连续操作的特点是在操作中，各项操作参数维持不变。图 6-2 是一台中央循环管蒸发器，其下半部是立式管壳式换热器，温度为 T_1、焓为 H、流量为 D 的加热蒸汽在管间冷凝，管内溶液受热沸腾后，产生的蒸汽在管内混同液体从管上端排到上部分离室。二次蒸汽与液体分离后从顶部引出，液体从管束中央的大口径下降循环管返回底部继续循环。

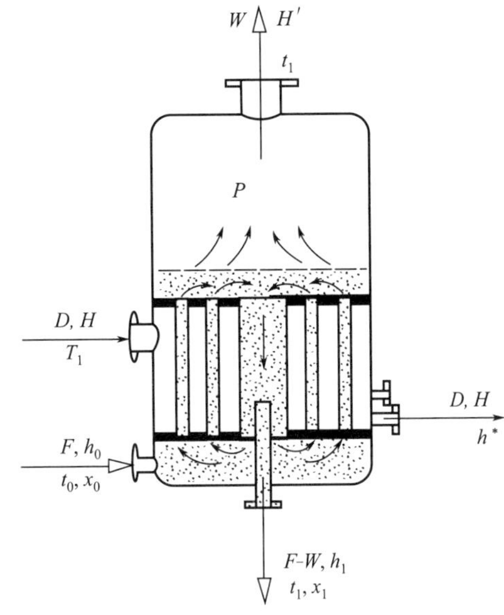

图 6-2 单效连续蒸发的计算

在连续操作的条件下，图 6-2 中流量为 F kg/h 浓度为 x_0 的稀溶液，进入蒸发器；与此同时，以 $(F-W)$kg/h 的流量排出浓度为 x_1 的浓缩液，排出的二次蒸汽量为 W kg/h，由加热室排出与加热蒸汽等量 D kg/h 的冷凝液。蒸发器接近理想混合状态，器内的溶液浓度应与排出的浓缩液浓度一致，保持为 x_1。

溶液流量与浓度之间的关系可由物料质量平衡方程式(6-1) 给出：

$$W=F\left(1-\frac{x_0}{x_1}\right) \tag{6-1}$$

所需的加热蒸汽流量 D kg/h 由焓平衡方程式(6-2) 给出：

$$D=\frac{W(H'-h_1)+F(h_1-h_0)+Q_i}{H-h^*} \tag{6-2}$$

式中 H、H'——加热蒸汽、二次蒸汽的焓，kJ/kg；

h_0、h_1、h^*——原液、浓缩液、加热蒸汽冷凝液的焓，kJ/kg；

Q_i——蒸发器的热损失，kJ/h。

从式(6-2) 可见，加热蒸汽给出的热量，既是为了汽化溶剂，也是为了加热溶液达到沸点。此外，还有热损失。所以在单效蒸发时，为了蒸发 1kg 水，要消耗比 1kg 多的蒸汽，即 $D/W>1$，因此单效蒸发仅用于处理量较小的蒸发任务，或是由于产品为热敏性，要求在较高真空度下操作的情况。

6.2.1.3 传热面积

蒸发器的传热面积 A 可按传热方程式(6-3) 确定。

$$A=Q/(K\Delta t) \tag{6-3}$$

式中 Q——传热量，J/s；

$$Q=D(H-h^*) \tag{6-4}$$

K——总传热系数，W/(m^2·K)，可按内外壁的对流传热膜系数和管壁热阻、积垢热阻各项求出；

Δt——有效传热温差，是加热蒸汽温度与溶液实际温度之差，将在下节中讨论。

6.2.1.4 有效传热温差和传热温差损失

当用饱和水蒸气作加热介质时，加热侧的温度恒定地为蒸汽的冷凝温度 T，溶液侧的温度应该是被加热溶液的平均温度 t_m，它与二次蒸汽冷凝器中压力相对应的饱和温度 t_s 相比，t_m 要高于 t_s，其差值

$$\Delta = t_m - t_s \tag{6-5}$$

Δ 叫做传热温差损失，由三部分组成

$$\Delta = \Delta' + \Delta'' + \Delta''' \tag{6-6}$$

这三部分温差损失分别是由于溶液的沸点升高、液柱静压效应以及蒸汽流动阻力引起的，分别介绍如下。

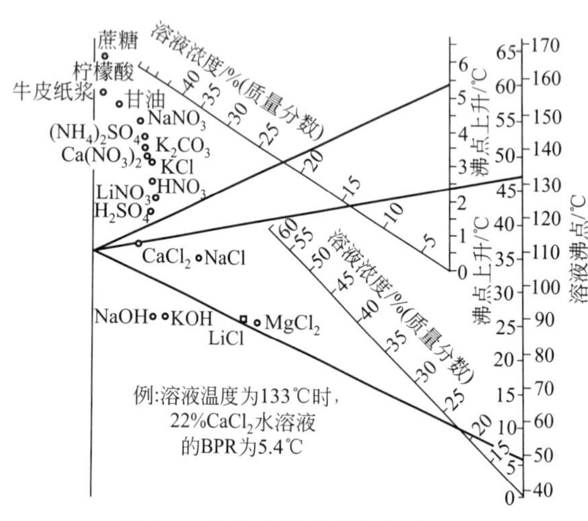

图 6-3 各种水溶液的沸点升高值

(1) 溶液由于蒸气压下降而引起的沸点升高 Δ'

因为溶液中含有不挥发性的溶剂，在相同温度下溶液的蒸气压较纯溶剂的蒸气压低。因此在相同压力下，溶液的沸点比纯溶剂沸点高，两种沸点的差叫做溶液的沸点升高（boiling point rise）或 B. P. R. 。一般来说，有机胶体溶液的沸点升高数值较小，无机盐等电离溶液的沸点升高数值较大。对于同一种溶液，沸点升高数值随溶液的浓度和沸腾溶液所受压力的不同而变化。浓度越高，所受压力越高，沸点升高数值越大。许多常见水溶液的沸点升高值可由图 6-3[1]查得。使用时要用试差法，先设二次蒸气压下纯水的沸点 t 作为溶液的沸点，由图 6-3 按已知溶液浓度查得其沸点升高 Δ'，再以 $t+\Delta'$ 作为溶液沸点，查得 Δ' 的真实值。则在该条件下的溶液沸点为

$$t' = t + \Delta' \tag{6-7}$$

某些溶液常压下的沸点可参考文献［2，3］。

(2) 液柱静压引起的温度差损失 Δ''

在分离室的气液分界面上，溶液的沸腾温度为 t'，但在低于液面处，由于还承受上面液柱的静压，料液沸点比界面上的沸点 t' 要高。由液柱静压引起的沸点升高值 Δ''，既随液柱高度的增高而增大，又随二次蒸气压的降低而增大。

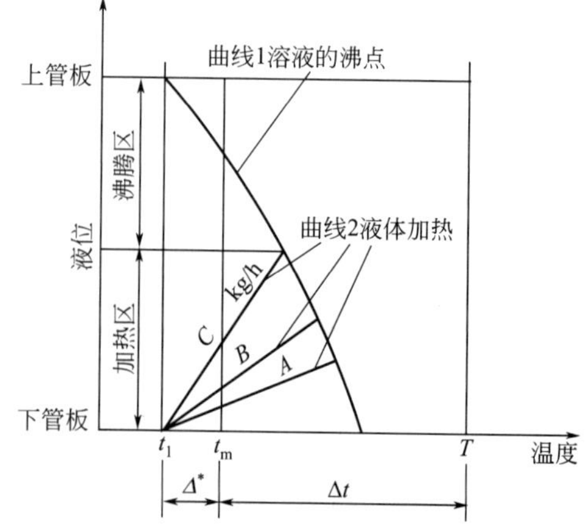

图 6-4 加热管中沸点线与溶液温度线

图 6-4 可用来描述循环型蒸发器加热室中的传热过程。图中的曲线 1 是描述溶液沸点随深度而变化的沸点线。加热曲线 2 则表明蒸发器中的循环料液由下往上升时，因为被加热而温度上升的过程。料液在加热室入口处的温度等于蒸发室气液界面处的饱和温度 t_1，它低于在此高度下的沸腾温度，因此在加热室下部形成一个无相变的加热区，该区的高度取决于传热速率、静液柱高度和溶液的循环速度（图中 A、B、C 各线分别表示从小到大不同的循环速度）。一旦溶液被加热到它的沸点，就进入沸腾区。沸腾后形成的气液两相混合物，其密度小于纯溶液的密度，改变了液柱

静压力，又对沸点线 1 的斜率产生影响。

一般来说，沸腾传热比无相变传热的传递速率高，当处理不易结垢的溶液时，从增强传热的角度考虑，要尽量使换热管的大部分处在沸腾区工作；在处理结垢倾向大的溶液时，则应力求将沸腾区移出换热管。

静液柱引起的沸点上升 Δ''，使溶液的实际沸点从上而下沿沸点线 5-4-3（见图 6-5）逐渐升高。但在无相变加热区，溶液的温度却从下而上沿 8-9 线逐渐上升，直到与 5-4-3 线相交的 9 点才达到沸腾温度。所以溶液在管内上升时的实际温度变化是沿折线 8-9-5 变化的，中间有一最高温度 9 点。只有知道这一温度分布线，才能精确计算平均有效传热温差。对自然循环蒸发器，作为粗略估计，当总液位高度已知（取加热管长 l）时，可按液面下 $l/3$ 处的溶液沸腾温度，作为溶液的平均温度 t_m 来计算。这样，求取溶液平均温度 t_m 的对应饱和压力 p'，将由下式给出

$$p'=p+\Delta p=p+\frac{l}{3}\times\frac{\rho}{2}\times g=p+\frac{l}{6}\rho g \tag{6-8}$$

式中　p——分离器中的二次蒸汽压力，MPa；

Δp——计算平均温度时的液柱静压力，MPa；

$\rho/2$——考虑气液混合液中掺有蒸汽，因此，取其表观密度为溶液密度的一半，kg/m^3。

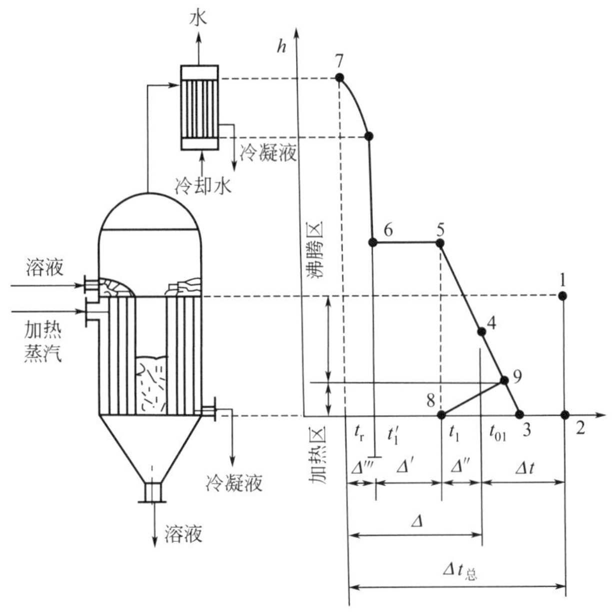

图 6-5　蒸发装置的温度分布

1-2—加热蒸汽冷凝；3-5—静液柱压力下的沸点变化；
4—溶液平均温度 t_m；5-6—溶液浓度引起的温度损失；
6-7—蒸汽流动阻力降引起的温差损失；8-9—循环液无相变加热；
9—溶液开始沸腾点

用图 6-3，求取浓度为 x 的溶液在压力为 p'时的 Δ''，再按式(6-9) 求得的温度，才是溶液的实际平均温度

$$t_m=t+\Delta' \tag{6-9}$$

所以，静液柱引起的沸点升高，在本方法中是合并到 Δ'中一起确定的。对强制循环管外

沸腾蒸发器，若已知循环速度，则溶液加热室上管板处的温度 $t_{上}$ 与二次蒸汽的温度 t 的差值，可由蒸发量通过能量平衡方程近似求解

$$Wr=FC_p(t_{上}-t-\Delta') \tag{6-10}$$

式中，$t_m=(t_{上}+t+\Delta')/2$。

（3）蒸汽流动阻力所引起的温差损失 Δ'''

二次蒸汽由蒸发器的蒸发室流到冷凝器（在多效蒸发装置中，由前效流到后效加热室）克服除沫器、管道等的流动阻力要引起压力降。蒸汽的压力损失会引起蒸汽温度的下降，从而引起传热温差的损失，根据经验，对每一效蒸发器，多取 $\Delta'''=0.5\sim1.5$℃。

【例 6-1】 计算蒸发烧碱溶液的单效连续操作自然循环蒸发器，进入装置的稀碱液 50t/h，温度为 $t_0=80$℃，浓度 $x_0=28\%$。要求浓缩到 $x_0=40\%$。加热蒸汽为饱和蒸汽（饱和蒸汽压力为 0.25MPa），其饱和温度 $T_s=127.2$℃，冷凝器中的绝对压力为 0.02MPa，已知总传热系数 $K=1200\text{W}/(\text{m}^2\cdot\text{K})$，蒸发器的液层总高度为 3.0m。求蒸汽消耗量及蒸发器所需的加热面积。

解 蒸发水量：根据式(6-1)

$$W=F\left(1-\frac{x_0}{x}\right)=50000\times\left(1-\frac{28}{40}\right)=15000(\text{kg/s})=4.17\text{kg/s}$$

有效传热温差 Δt：在 0.02MPa 绝压下，水的沸点 $t_0=60$℃，循环型蒸发器，在连续操作时，器内的溶液浓度接近终了浓度 $x_0=40\%$，查得该浓度下的溶液密度 $\rho=1365\text{kg/m}^3$，则 $l/6$ 溶液静压处的压力 p' 为

$$p'=p+\frac{l}{6}\rho g=0.02\times10^6+\frac{3.0}{6}\times1365\times9.81=26695\text{Pa}=0.027\text{MPa}$$

查得该压力下水的沸点为 66℃。

用图 6-3，求溶液的沸点温度。

先在图 6-3 右侧溶液沸点刻度线上找出水的沸点（66℃），并与左边相应的物料沸点（NaOH）相连成一线，交左侧参考线于一点，过此点与溶液浓度线（有两条，或上或下均可）上的相应浓度（40%）点的连线，交右侧的沸点上升线，得沸点上升值 Δ'（24.5℃）。可由式(6-7）得溶液的初估沸点。

$$t_1'=t_m+\Delta'=(66+24.5)℃=90.5℃$$

还要以初估沸点为溶液沸点，重复上述步骤，得校正的 $\Delta'=25.1$℃（如果初值与校正值差异较大，则继续重复上一步骤，直至两者基本吻合），则溶液的校正沸点为

$$t_1=t_m+\Delta'=(66+25.1)℃=91.1℃$$

取 $\Delta'''=1$℃，则有效传热温差

$$\Delta t=T_{s1}-(t_1+\Delta''')=[127.2-(91.1+1)]℃=35.1℃$$

加热蒸汽消耗量 D，由热量平衡式(6-2）可得出

$$D=\frac{W(H'-h_0)+F(h_1-h_0)+Q}{H-h^*}$$

在 0.02MPa 下的水蒸气 $H'=2605\text{kJ/kg}$，0.25MPa 下水的汽化潜热 $H-h^*=2185\text{kJ/kg}$，由图 6-6 查得 91.1℃，40% NaOH 溶液的 $h_1=400\text{kJ/kg}$，80℃，28% NaOH 溶液的 $h_0=300\text{kJ/kg}$，设热损失为全部热负荷的 3%，则得

$$D=\frac{[15000\times(2605-300)+50000\times(400-300)]\times1.03}{2185}\text{kg/h}=18656\text{kg/h}$$

传热面积 A 根据式(6-3)、式(6-4)，可得

$$A=\frac{D(H-h^{*})}{K\Delta t}=\frac{18650\times2185\times1000}{1200\times35.1\times3600}\text{m}^2=269\text{m}^2$$

6.2.1.5　分批蒸发

连续操作的各项参数如温度、压力、流量、浓度等都是稳定不变的，易于自动控制。所以大多数工业规模的蒸发装置都采用连续操作方式。但整个蒸发过程是在最终排出浓度下进行的。一般高浓度溶液的黏度比低浓度溶液大，因此溶液侧的对流传热膜系数较小，而高浓度下溶液又具有较高的沸点升高值，导致有效传热温差下降。所以连续操作的循环型蒸发器实际上是在传热系数小、有效传热温差低的不利条件下运行的。

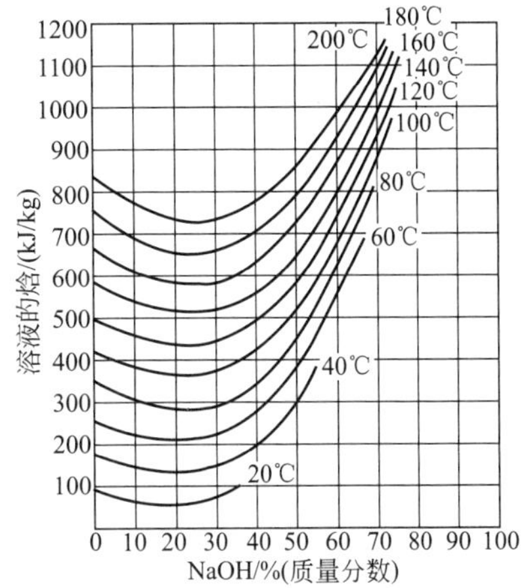

图 6-6　氢氧化钠水溶液的焓浓图

如果是分批间歇操作，蒸发器内一次性充满料液，则蒸发是在初始浓度 x_0 到终了浓度 x_1 的连续变化过程中进行的，其传热条件也由较好到较差逐渐变化，这当然比稳定操作时始终在较差条件下进行要好一些。

分批操作的实施方案有两种。

① 一次性加入全部料液，蒸发到所需浓度后全部排空，此后再进行下一批加料、蒸发。这样就需要蒸发器有很大的存液容积，而在浓缩终了时却要保证加热面仍浸没在溶液中，以免暴露的加热面蒸干结垢。

② 在蒸发器内料液容积因气化而减少后，连续或分批地补充稀料液，直到蒸发器内全部料液达到所需浓度，停车排空，再进行下一批料液的加料、浓缩与排空。这需要连续调整补充料液的流量，保持蒸发器内的料液液面。

采用分批蒸发操作，每批操作都有较长的时间预热至沸点，多效蒸发预热时间更长。采用分批蒸发操作，在蒸发装置之外还要设较大容积的料液储槽和浓缩液储槽，因此在大中型规模生产中，多数不采用这种方法。但在小规模生产中，分批蒸发仍然有生命力。

分批蒸发的物料平衡计算与连续操作相同，而其传热计算比较复杂，因为在蒸发过程中，随浓度变化，还引起沸点的变化和传热系数的变化，所以只能根据所建立的微分方程，积分求解各时段的传热量与蒸发量。

6.2.2　多效蒸发

工业生产中常遇到要求处理大量料液的蒸发操作，为了节约加热蒸汽，可采用多效蒸发。多效蒸发是将多台蒸发器首尾相接，串联操作的系统，后一效的操作压力和溶液沸点均较前一效低，仅在操作压力最高的第一效加入新鲜的加热蒸汽，所产生的二次蒸汽通入后一效的加热室作为后一效的加热蒸汽，即后一效的加热室成为前一效二次蒸汽的冷凝器，最末效往往是在真空下操作的，只有末效的二次蒸汽才用冷却介质冷凝。因此多效蒸发不但明显地减少了加热蒸汽的耗量。同时也明显地减少了冷却水的耗量。理想条件下，生蒸汽耗量与效数间的关系见表 6-1，当溶液低于饱和温度进料、有热损失等情况时会低于表中数据。由表 6-1 可以看出，效数增加，汽耗量与水耗量同时下降。但效数要受以下因素限制。

① 设备投资与设备折旧费的限制。设备投资几乎与效数成正比增加，而能耗的下降幅度(蒸汽耗量与水耗量的减少) 却随效数增加而减小。当因节能而节省的开支不足以补偿设备折

表 6-1　多效蒸发蒸汽和冷却水消耗量

	单效	双效	三效	四效	五效
单位蒸汽消耗量[①] $(D/W)_{min}/(kg/kg)$	1.1	0.57	0.4	0.3	0.27
冷却水消耗量[②] $G/W/(kg/kg)$	13.5	6.75	4.5	3.38	2.7

① 按冷却水允许温升 40℃计算。

② 料液饱和温度下进入蒸发器。

旧费的增加时，增加效数就失去经济价值。此外在投资额有限时，其效数也受到限制。

② 温度差的限制。首效的加热蒸汽压力和末效冷凝器的真空度都有一定限制，所以装置的总温差 T_1-t_1 是一定的。多效蒸发器组每一效中都有三项温差损失 $\Delta=\Delta'+\Delta''+\Delta'''$。而各效的有效温差 $\sum\Delta t$ 与各效的温差损失之和 $\sum\Delta$ 应该等于总温差，

$$T_1-t_1=\sum\Delta t_1+\sum\Delta_1 \tag{6-11}$$

当因效数增加，使得各效温差损失之和 $\sum\Delta_1$ 趋近于总温差（T_1-t_n），则各效的有效温差趋近于零，此时蒸发器将无法操作。

由此可以看出，各个单效的有效温差比总温差小得多。若 n 效蒸发器组的总传热面积 n 倍于单效蒸发器，在相同的总温差下，其生产能力却小于单效蒸发器。

③ 对于自然循环蒸发器（见图 6-25、图 6-26、图 6-28），当有效温差过小时，总传热系数很小，而且操作不稳定（见 6.3.4 节和 6.4.1.2 节），因而一般要求大于 5～7℃。因此限制了效数的增加。

根据加热蒸汽与料液的流向关系，多效蒸发的操作流程可分为多种。下面以三效为例分别加以说明。

6.2.2.1　顺流（并流）流程

溶液和蒸汽流向相同，都由第一效开始依次流到末效。原料液用泵送入第一效，然后依次流入下一效，浓缩液（或称完成液）自末效用泵抽出（图 6-7）。

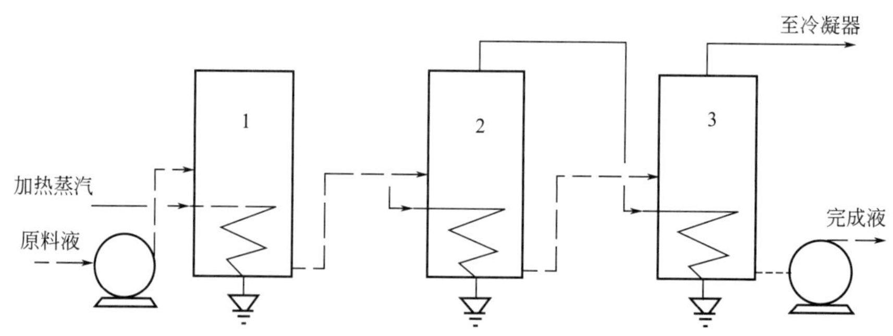

图 6-7　并流三效蒸发装置流程

因为后一效的压力低，溶液的沸点也低，故溶液从前效进入下一效时，会因过热而自行蒸发，称为闪蒸。因而后一效有可能比前效产生较多的二次蒸汽。但因为后效的浓度比前效高，而操作温度又较低，所以后效的传热系数要低于前效，往往第一效的传热系数比末效要高很多。

并、顺流流程适宜处理在高浓度下为热敏性的溶液、随浓度增加黏度增加较少的溶液、高温高浓度腐蚀性较强的溶液。

6.2.2.2 逆流流程

逆流加料流程（见图 6-8），原料液由末效加入，用泵依次进到前一效，完成液由第一效排出，料液与蒸汽逆向流动。随着溶剂的蒸发，溶液浓度逐渐提高，溶液的蒸发温度也逐效上升，因此各效溶液的黏度比较接近，使各效的传热系数也较接近。但因为溶液从后一效送到前一效时，液温低于送入效的沸点，有时需要补充加热，否则产生的二次蒸汽量将逐效减少。

一般来说，逆流加料流程适宜于处理黏度随温度和浓度变化较大的溶液，而不宜处理热敏性溶液。

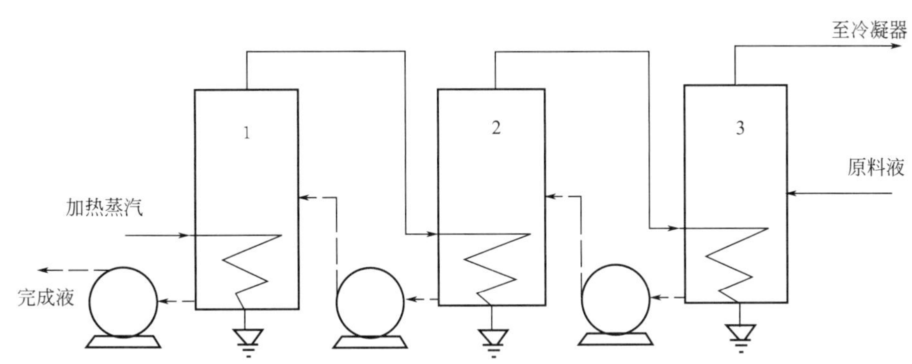

图 6-8 逆流三效蒸发装置流程

6.2.2.3 其他流程

① 错流加料流程，亦称混流流程，它是并、逆流流程的组合。例如（见图 6-9）在五效蒸发流程中，蒸汽还是沿Ⅰ—Ⅱ—Ⅲ—Ⅳ—Ⅴ效流向，而料液的供料方式，采用Ⅲ－Ⅳ－Ⅴ－Ⅰ－Ⅱ效的顺序。错流的特点是兼有并流与逆流的优点而避免其缺点，但操作较复杂。我国造纸工业的碱回收系统、牛奶浓缩、氯化铵废水的综合处理[4]等领域多用此流程。

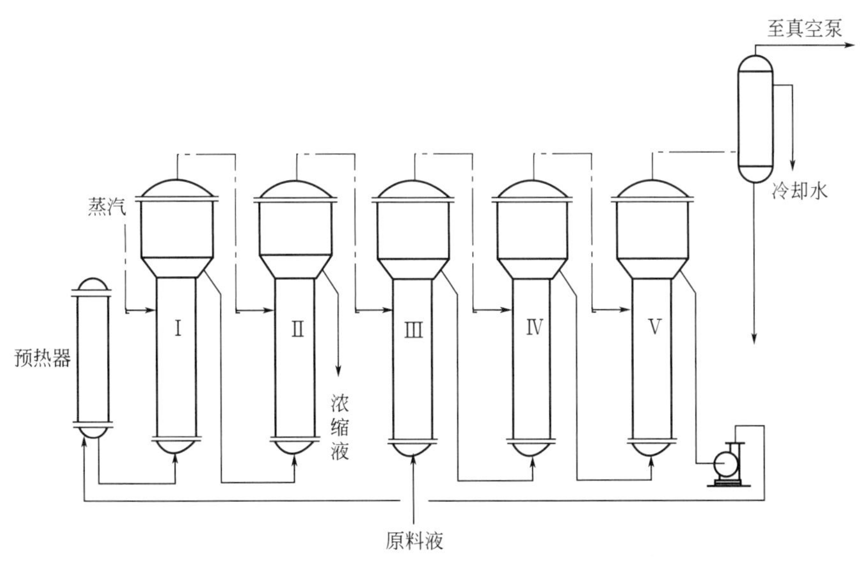

图 6-9 五效错流流程

Ⅲ→Ⅳ→Ⅴ→Ⅰ→Ⅱ

② 平流流程（见图 6-10）。各效都同时加入新鲜料液，又都引出完成液。此流程用于饱和溶液的蒸发。此时各效都有结晶析出，可及时分离结晶。此法还可以同时浓缩两种或多种水溶液。

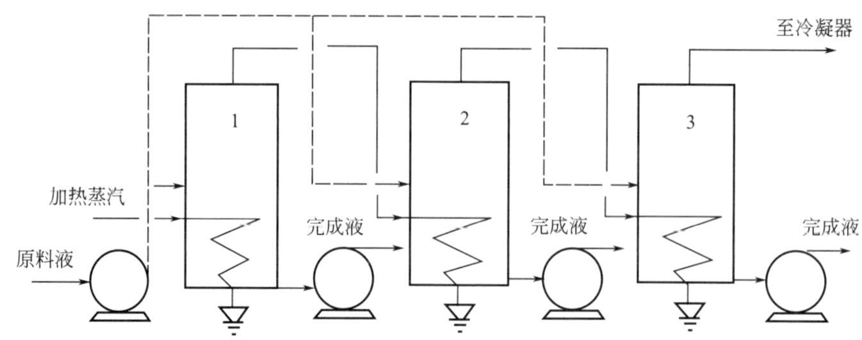

图 6-10 平流加料三效蒸发装置流程

6.2.2.4 多效蒸发的数学描述

描述多效蒸发过程，可以仿效单效蒸发的办法，以每一效为基准，仍以物料质量衡算、焓衡算、传热速率列出基本方程。它们之间相互约束，可联立求解。现以图 6-11 并流加料多效蒸发过程加以说明。

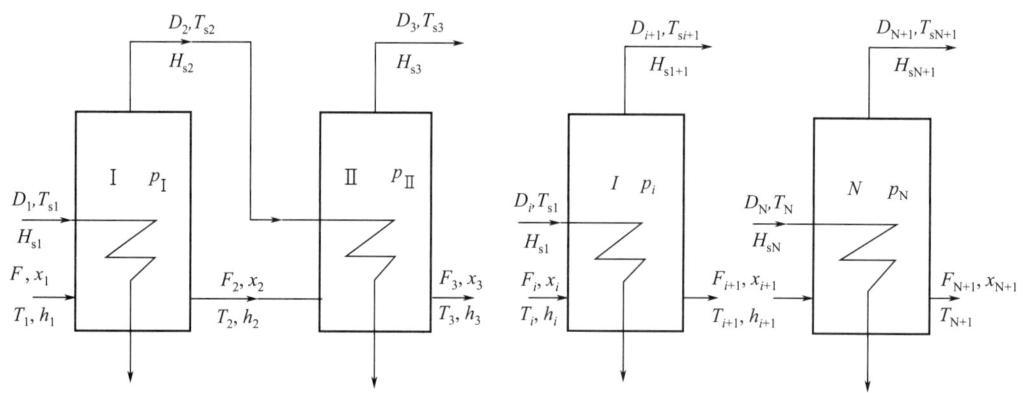

图 6-11 并流加料多效蒸发计算示意

$D_i=W_{i-1}$——加热蒸汽量或蒸发水量；h_i——溶液的焓；F_i——各效加料量；

p_i——各效操作压力；x_i——溶液浓度；T_{si}——加热蒸汽的饱和温度；

T_i——溶液温度；H_{si}——饱和加热蒸汽的焓

为了使问题得以简化，作如下假设：

① 各效均无额外蒸汽引出；

② 不计热损失；

③ 忽略由于沸点升高引起的二次蒸汽的过热度，即认为各效产生的二次蒸汽的温度就是该效蒸发室压力下的饱和温度；

针对图 6-11 中的第 i 效，列基本方程如下：

(1) 物料衡算

总物料 $$F_i-D_{i+1}=F_{i+1} \tag{6-12}$$

溶质 $$x_iF_i=x_{i+1}F_{i+1} \tag{6-13}$$

（2）焓衡算

$$r_iD_i+h_iF_i=H_{i+1}D_{i+1}+h_{i+1}F_{i+1} \tag{6-14}$$

（3）传热速率

$$r_iD_i=K_iA_i(T_{si}-T_{i+1}) \tag{6-15}$$

式中　D_i——加入第 i 效的加热蒸量，kg/h；

D_{i+1}——第 i 效排出的二次蒸汽量，即该效的蒸发水量，也就是下一效（$i+1$）的加热蒸汽量，kg/h；

T_{si}——上一效（$i-1$）蒸发器操作压力 p_{i-1} 下，水蒸气的沸点温度,℃；

$T_{s(i+1)}$——本效压力 p_i 下的水蒸气的沸点温度,℃；

H_i，H_{i+1}——i 效加热蒸汽和二次蒸汽的焓，kJ/kg，$H_i=H(T_{s(i-1)})$，$H_{i+1}=H(T_{si})$；

r_i，r_{i+1}——i 效加热蒸汽和二次蒸汽的蒸发潜热，kJ/kg，$r_i=r(T_{s(i-1)})$，$r_{i+1}=r(T_{si})$；

F_i，F_{i+1}——进入与排出 i 效的溶液量，kg/h；

x_i，x_{i+1}——进入与排出 i 效的溶液浓度,%（质量分数）；

T_i——进入的溶液的温度,℃；

T_{i+1}——排出的溶液温度,℃，等于 i 效溶液的沸点。是纯溶剂（水）在压力 p_i 下的沸点 $T_{s(i+1)}$（p）加上浓度为 x_{i+1}溶液的沸点升高 $\Delta'_{i+1}=\Delta'(x_{i+1},\ p_i)$

$$T_{i+1}=T_{s(i+1)}+\Delta'_{i+1} \tag{6-16}$$

h_i——进入溶液的焓，kJ/kg，是浓度与温度的函数 $h_i=h(x_i,\ T_i)$；

h_{i+1}——排出溶液的焓，kJ/kg，$h_{i+1}=h(x_{i+1},\ T_{i+1})$；

K_i——各效的总传热系数是溶液的浓度与温度的函数，一般可引用生产或实验数据。

由此可见，对于 N 效蒸发器，共可列出 $4N$ 个方程（每效四个）。其中独立参数包括：

$N+1$ 个液体流量	F_i	$(i=1\sim N+1)$
$N+1$ 个液体流量	D_i	$(i=1\sim N+1)$
$N+1$ 个液体温度	T_i	$(i=1\sim N+1)$
$N+1$ 个浓度	x_i	$(i=1\sim N+1)$
N 个传热面积	A_i	$(i=1\sim N)$
1 个蒸汽温度	T_{si}	

因为与 T_i 的相平衡关系，在 $N+1$ 个 T_{si} 中只能有一个独立参数。共计 $5N+5$ 个参数，而只有 $4N$ 个方程式。所以为了得到单值解，必须给定 $N+5$ 个参数。

由于各效传热面积值 A_i 是个设计参数，为了便于设计、制造与交换使用，传统的做法是采用各效传热面相等的方案，这要减少 $N-1$ 个参量，即 $N+5-(N-1)=6$。这剩余的六个参量是最为常见的进料量 F_1、进料浓度 x_1、最终浓度 x_{N+1}、进料温度 T_1、加热蒸汽温度 T_{s1}和末效冷凝器的压力 p_{n+1}（或末效二次蒸汽温度 T_{N+1}），所以问题可解。其计算思路可参见图 6-12[5]。

6.2.2.5　多效蒸发的计算方法

上述方程组是非线性的，但物性函数关系常以数表或图线表示。求解时可用试差的办法来处理，为了减少试差次数，提高收敛速度，下面用图表格式来显示常用的设计型试差计算法，并通过例 6-2 来说明。

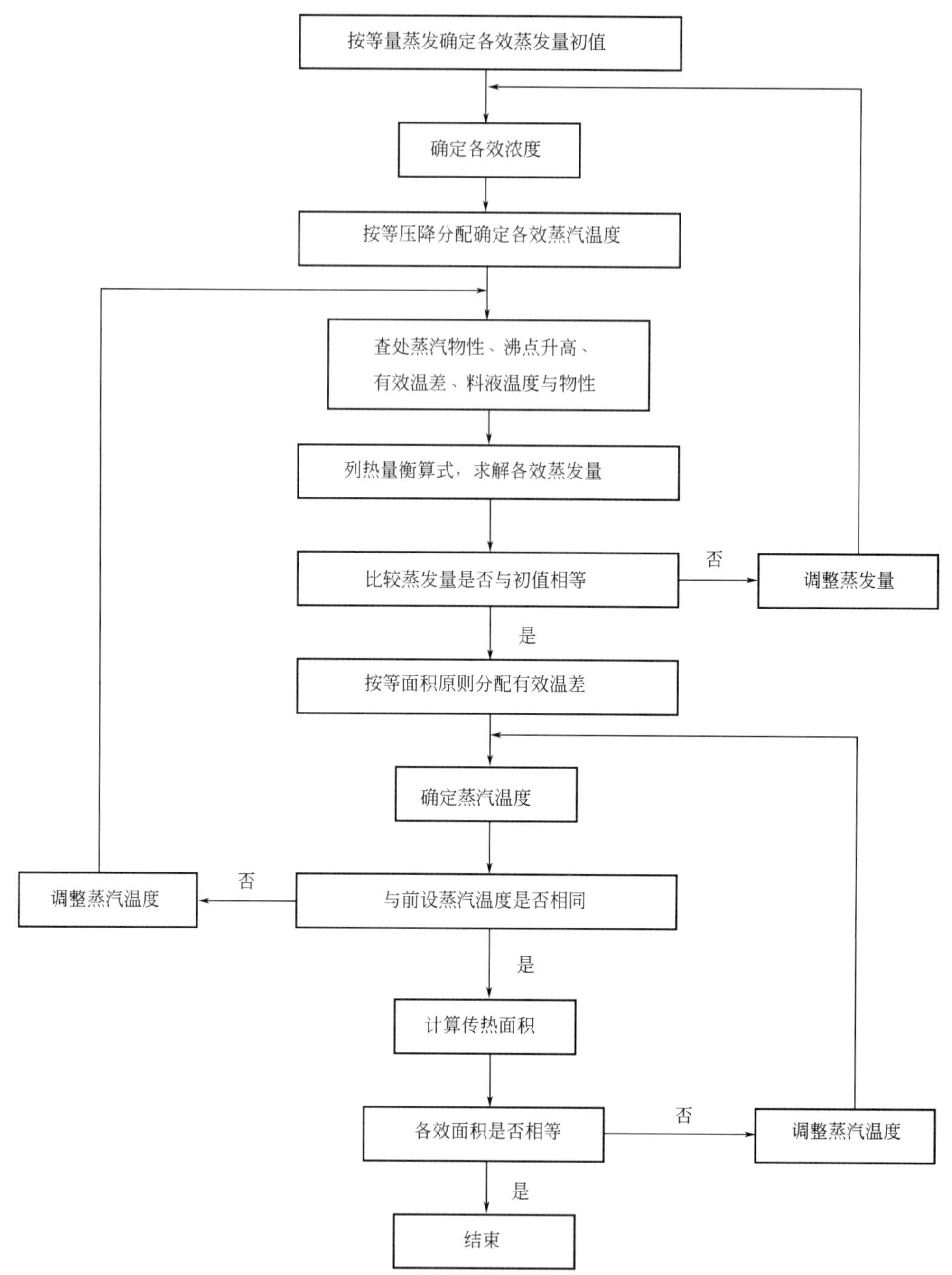

图 6-12　各效传热面积相等为原则的三循环法多效蒸发计算思路

【例 6-2】 采用三效并流加料蒸发流程，将 10%（质量分数）的 NaOH 水溶液浓缩到 40%，进料量为 2.5×10^5 kg/h，温度为 80℃。用 0.5MPa 的饱和蒸汽加热，末效二次汽进冷凝器冷凝，其压力为 0.02MPa。已知各效总传热系数分别为 $K_1=1500\text{W}/(\text{m}^2\cdot\text{K})$，$K_2=1000\text{W}/(\text{m}^2\cdot\text{K})$，$K_3=560\text{W}/(\text{m}^2\cdot\text{K})$。若各效蒸发器采用相等的传热面积，蒸发器内液层高度为 7m，求加热蒸汽消耗量和各效的传热面积。

解　(1) 总蒸发水量

$$D_2+D_3+D_4=F_1\times\left(1-\frac{x_1}{x_4}\right)=2.5\times10^5\times\left(1-\frac{10}{40}\right)=1.875\times10^5\text{kg/h}=52.1\text{kg/s}$$

(2) 各效浓度估计

因为没有引入额外蒸汽，先假设各效的蒸发水量相等，故有

$$D_2=D_3=D_4=(D_2+D_3+D_4)/3=(1.875\times10^5)/3=0.625\times10^5\text{kg/h}=17.4\text{kg/s}$$

各效排出液量：$F_2=F_1-D_2=(2.5\times10^5-0.625\times10^5)\text{kg/h}=1.875\times10^5\text{kg/h}$

$$F_3=F_2-D_3=1.25\times10^5\text{kg/h}$$

$$F_4=F_3-D_4=0.625\times10^5\text{kg/h}$$

则各效中的浓度为： $x_2=\dfrac{F_1x_1}{F_2}=\dfrac{2.5\times10^5\times0.1}{1.875\times10^5}=13.33\%$

$$x_3=\frac{F_1x_1}{F_3}=20\%$$

$$x_4=\frac{F_1x_1}{F_4}=40\%$$

(3) 各效溶液沸点和有效传热温差估计

设蒸汽压力按等压降分配，每效压降为

$$\Delta p=\frac{(p_1+0.1013)-p_4}{3}=\frac{0.5+0.1013-0.02}{3}\text{MPa}=0.1938\text{MPa}$$

可据此求得各效二次蒸气压，并查得各有关参数列于下表：

项　　目	Ⅰ效	Ⅱ效	Ⅲ效
加热蒸汽压力 p_i/MPa	0.601	0.407	0.213
加热蒸汽饱和温度 T_{si}①/℃	158.7	144.0－1.0＝143.0	123.0－1.0＝122.0
加热蒸汽的焓 H_i/(kJ/kg)	2752.8	2741.7	2711.9
加热蒸汽的汽化潜热 r_i/(kJ/kg)	2113.2	2139.9	2177.6
二次蒸汽压力 p_i/MPa	0.407	0.213	0.021
二次蒸汽饱和温度 T_i/℃	144.0	123.0	61.1
二次蒸汽的焓 H_i/(kJ/kg)	2741.7	2711.9	2607.7

① 考虑蒸汽的流动阻力引起的温度损失 Δ'''，此温度比前效二次蒸汽温度下降 1.0℃。

② 各效蒸发器中的有效传热温差。设循环型蒸发器中溶液基本上符合理想混合模型，取效中溶液浓度等于该效的出口浓度。要以出口浓度来确定溶液的沸点。

各效蒸发器中溶液的平均温度处在液面下 $l/6$ 液层深处的沸腾温度，其所处的压力为：

$$p_i'=p_i+\Delta p=p_i+\frac{l\rho g}{6}$$

下面用表列出各相应数据。

项　　目	料液	Ⅰ效	Ⅱ效	Ⅲ效
溶液的浓度 x_i/%	10.0	13.33	20.0	40.0
溶液密度 ρ_i/(kg/m^3)		1146	1219	1423
蒸发压力 p_i/MPa		0.407	0.213	0.02
水的沸点 T_{si}/℃		144.2	122.1	60.1
液柱静压 $\Delta p_i=l\rho_i g/6$/MPa		0.013	0.014	0.018
沸点升高 Δ_i'①		3.2	6.5	24.5
液柱静压引起的沸点升高 Δ_i''②		1.14	2.0	14.6

续表

项　　目	料液	Ⅰ效	Ⅱ效	Ⅲ效
流动阻力引起的温差损失 Δ'''_i		1.0	1.0	1.0
溶液的平衡温度 T_{mi}③/℃	80.0	147.4	128.6	74.7
溶液的热焓 h_i④/(kJ/kg)	305	565	470	340
加热蒸汽温度 $T_{s(i-1)}$⑤/℃		158.7	143.2	121.1
有效传热温差 ΔT_i⑥/℃		10.2	12.6	21.9
有效总传热温差 $\sum \Delta T$/℃		10.2+12.6+21.9=44.7		

① Δ'是按 x_i，T_i 由图 6-3 查出；

② Δ''是 $p_i+\Delta p_i$ 压力下水的沸点与 T_s 之差；

③ $T_{mi}=T_m+\Delta'_i$；

④ h_i 是根据 x_i，T_{mi} 由图 6-6 查出；

⑤ $\Delta T_i=T_{s(i-1)}-(T_{si}+\Delta'+\Delta'')$；

⑥ $T_{s(i-1)}=T_{si}-\Delta'''$。

Ⅰ效：$r_1D_1+h_1F_1=2113.2D_1+305h_1=H_2D_2+h_2F_2=2741.4D_2+565\times187500$　(a)

Ⅱ效：$r_2D_2+h_2F_2=2139.9D_2+565\times187500=H_3D_3+h_3F_3=2711.9D_3+470\times125000$　(b)

Ⅲ效：$r_3D_3+h_3F_3=2177.6D_3+470\times125000=H_4D_4+h_4F_4=2607D_4+350\times62500$　(c)

此外还有：$D_2+D_3+D_4=187500$　(d)

(a)(b)(c)(d) 四式联立，解得

D_1/(kg/h)	D_2/(kg/h)	D_3/(kg/h)	D_4/(kg/h)	$D_1+D_2+D_3$/(kg/h)
88886	57682	62918	66900	187500

(4) 有效温差在各效的分配

因为前设 A_i 各效相等，则根据传热速率方程各效传热温差应按下列规律分配。

$$\Delta T_1 : \Delta T_2 : \Delta T_3=\frac{Q_1}{K_1} : \frac{Q_2}{K_2} : \frac{Q_3}{K_3} \tag{6-17}$$

即

$$\Delta T_i=\Sigma\Delta T_{有效}\times\frac{Q_i/K_i}{\Sigma Q_i/K_i} \tag{6-17a}$$

将各效数值与分配比例列表：

项　　目	Ⅰ效	Ⅱ效	Ⅲ效	Σ
加热蒸汽量 D_i/(kg/h)	88886	57682	62918	
蒸汽的蒸发潜热 r_i/(kJ/kg)	2113.2	2139.9	2177.6	
热负荷 $Q_i=r_iD_i$/(kJ/h)	18.78×10^7	12.34×10^7	13.7×10^7	
传热系数 K_i/[W/(m^2·K)]	1500	1000	650	
Q_i/K_i/(m^2·K)	3.48×10^4	3.43×10^4	5.86×10^4	12.77×10^4
$\Sigma\Delta T$/℃		44.7		
$\Delta T_i=Q_i/K_i\times(\Sigma\Delta T/\Sigma Q/K)$	12.18	12.0	20.5	44.7

(5) 初设值的复核

① 由各效蒸发量反算各效的出口浓度

$$x_2=F_1x_1/(F_1-D_2)=2.5\times10^5\times0.1/(2.5\times10^5-57682)=0.130$$

$$x_3=2.5\times10^4/(2.5\times10^5-57682-62918)=0.193$$

$$x_4=2.5\times10^4/(2.5\times10^5-57682-62918-66900)=0.400$$

② 反推各效蒸发压力　由于各效的有效传热温差与初设值有差异，各效出口浓度也与初设值不同，所以各效的操作压力与等压差的设定值不同，现将设定值与反推值列表比较如下：

项　目	Ⅰ效		Ⅱ效		Ⅲ效	
	设定值	反推值	设定值	反推值	设定值	反推值
溶液出口浓度 x/%	13.33	13.0	20.0	19.3	40.0	40.0
加热蒸汽温度 $T_{s(i-1)}$/℃	158.7	158.7	143.2	140.7	121.1	119.4
热液的沸点升高 Δ'/℃	3.2	3.1	6.5	6.3	24.5	24.5
静压引起的 Δ''/℃	1.14	1.14	2.0	2.0	14.6	14.6
流阻引起的 Δ'''/℃	1.0	1.0	1.0	1.0	1.0	1.2
有效传热温差 ΔT/℃	10.2	12.8	12.6	12.0	21.9	20.5
二次蒸汽温度 T_{si}/℃	144.2	141.7	122.1	120.4	60.1	60.1
蒸发压力 p_i	0.407	0.371	0.213	0.201	0.02	0.02

(6) 各效传热面积计算

项　目	Ⅰ效	Ⅱ效	Ⅲ效
加热蒸汽饱和温度 $T_{s(i-1)}$/℃	158.7	140.7	119.4
加热蒸汽量 D_i/(kg/h)	88886	57682	62918
蒸发潜热 r_i/(kJ/kg)	2113.2	2142.8	2218.8
热负荷 $Q_i=r_iD_i$/(kJ/h)	18.78×10^7	12.36×10^7	13.96×10^7
传热系数 K_i/[W/(m^2·K)]	1500	1000	650
ΔT_i/℃	12.8	12.0	20.5
传热面积 $A_i=Q_I/(K_i\times\Delta T_i)$/m^2	2718	2861	2910

(7) 上表所得各效传热面积相近，可取 $A_1=A_2=A_3=3000\text{m}^2$ 为设计值。

6.2.2.6　多效蒸发系统的计算机程序介绍

由上例可见三效蒸发系统的计算过程，工作量很大，当效数增加时，则计算更为繁琐。近年来国内诸多学者利用过程模拟的办法，用本节所述相似的原理，对不同的加热流程和不同的物料，编制了计算程序。

对于并流加料流程，有周亚夫[6]的适用于设计型与校核型模拟程序（无抽气，不考虑料液的预热），杨山、蔡勇[7,8]的带额外抽气的计算程序，李德虎[5]的针对腈纶生产中 NaSCN 溶剂回收的五效蒸发计算程序（各效的额外抽气均用于溶液本身的预热），陈文波[9]的带有冷凝水闪蒸和额外蒸汽引出的蔗糖蒸发系统计算程序，王旭东[10]的基于传统试差法的多效蒸发计算程序，郭明远[11]的淡碱浓缩蒸发计算程序，唐永付[12]的烧碱浓缩多效蒸发计算程序等。

对于平流加料系统，有刘顺[13]根据刘丕训[14]等人提出的方法编制的适用于无水硫酸钠生产的（析出结晶）计算程序。

对于造纸厂废液的碱回收工程，有吴泽荣[15]和蔡恩照等人[16]开发的混流多效蒸发系统的计算程序等；对于海水淡化的多效蒸发，有刘晓华等人[17]基于等温差分配法和等面积分配法的海水淡化蒸发过程模拟计算。读者可以根据不同的需要，选择采用。

6.2.2.7　蒸发的商用设计软件简介

目前，比较流行的通用蒸发的设计计算软件数量较少，国外主要有 Aspen HTFS＋、HTRI Xchanger Suite 等，国内主要有换热器大师（THEM）等。

HTFS＋软件是美国 Aspen Tech 公司 2003 年推出的一款传热计算工程软件套件，包含在

AspenONE 产品之中。在蒸发方面，HTFS＋软件可以设计浸没式蒸发器、热虹吸式蒸发器、强制循环蒸发器、降膜蒸发器等类型，其不仅能进行热力计算，同时可以进行结构设计，强度计算和校核，经济评价以及蒸发器的图形绘制。Aspen HTFS＋在整合了 HTFS、Hetran、Aerotran、B-Jac 等换热器软件之后，成为目前功能最为强大的、计算最为精确的换热器工艺计算和设计软件。

HTRI（Heat Transfer Research，Inc.）Xchanger Suite 是美国传热协会的管壳式换热器专用计算软件，也是市面上唯一和 Aspen HTFS＋竞争的换热器设计软件产品。HTRI Xchanger Suite 采用了在全球处于领导地位的热传递工艺及换热器技术，其计算方法是基于 40 多年来 HTRI 广泛收集的工业级热传递设备的试验数据而研发的，可计算的蒸发器类型和 HTFS＋相似，并可以严格地规定蒸发器的结构，进行强度计算和校核，从而十分精确地进行蒸发器的性能的预测。

Aspen HTFS＋和 HTRI Xchanger Suite 由于具有可靠的算法和强大功能，因此在国内各大设计院所得了广泛应用。

在蒸发设计计算软件方面，国内的产品为数不多，功能一般。换热器大师（THEM）可以对普通管壳式换热器进行传热计算和结构设计，并只能进行单组分的蒸发计算，其应用范围受到限制。

6.2.3 热泵蒸发

在饱和温度进料情况下蒸发所产生的二次蒸汽的流量与加热蒸汽量相差无几，但它的温度、压力都比加热蒸汽低。如果能设法提高二次蒸汽的压力，则其饱和温度也将相应提高，于是就可以将压力提高后的蒸汽代替新鲜蒸汽，重新用来加热。

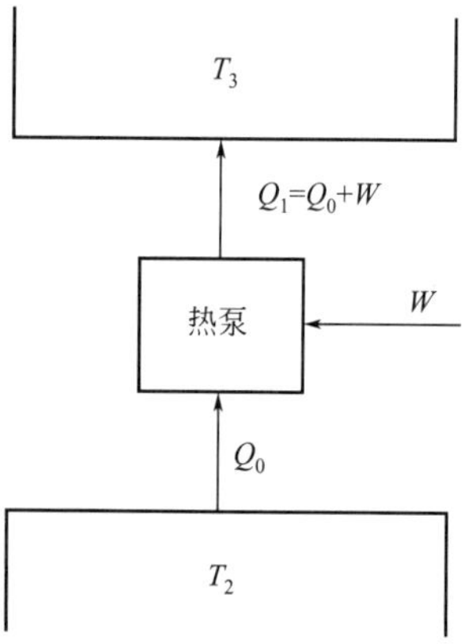

T_3

$Q_1=Q_0+W$

热泵　W

Q_0

T_2

图 6-13　热泵工作原理

以消耗一部分高质能（机械能、电能）或高温位热能为代价，通过热力循环，把热能由低温位物体转移到高温位物体的能量利用装置，称为“热泵”。它的工作原理与制冷装置相同，但使用目的不是制冷，而是制热。

图 6-13 是压缩式热泵的工作原理。通过热泵的循环，消耗了高质能 W，使低温热源 T_2 吸收热量 Q_0，使温度为 T_3 的用热场所获得热量 $Q_1=Q_0+W$。如果热泵的作用为逆卡诺循环，则加入的理论功为最小：

$$W=(T_3-T_2)Q_1/T_3;\quad \text{kJ} \tag{6-19}$$

式中，T_2、T_3 为以热力学温度表示的低温与高温热源的温度，K。

通常用供热系数 COP（coefficient of performance）——单位外功所能提供的热量，来衡量热泵系统的能量利用率：

$$COP=Q_1/W \tag{6-20}$$

则按逆卡诺循环运行的热泵，其最大供热系数为：

$$COP_{max}=Q_1/W=T_3/(T_3-T_2) \tag{6-21}$$

蒸发器产生的二次蒸汽是低温热源，其温度为 T_2；而所需的加热蒸汽是高温热源，其温度为 T_3，高低温热源的温差（T_3-T_2），也就是蒸发器加热室的名义传热温差，包括有效传热温差与沸点升高等温差损失（$\Delta'+\Delta''+\Delta'''$），其值往往不大，只有 8～20K。所以在蒸发中采用热泵技术的条件是非常优越的，可以得到较高的 COP 值（当 $T_3=373\text{K}$，$T_3-T_2=15\text{K}$

时，COP_{max}达 25）。

在蒸发操作中，水蒸气是最常用热泵循环的工质，为提高二次蒸汽的压力，可以采用蒸汽喷射泵或机械式压缩机。

6.2.3.1　蒸汽喷射泵（热力喷射泵）

图 6-14 是蒸汽喷射泵，高温高压蒸汽 D_A（T_1、p_1）在绝热条件下通过先收缩后扩张的喷管 1，膨胀到低压 p_2，可以得到速度很高（超过声速）的汽流。如果在与 p_2 相同压力下混入蒸发所得的二次蒸汽 D_B，并使混合后的 D_A+D_B 汽流仍然以较大的速度进入一个截面逐渐变大的扩压管 3，则可以在扩压管的出口处得到速度变小而压力增大到 p_3 的蒸汽流 D，而 $p_1>p_3>p_2$。

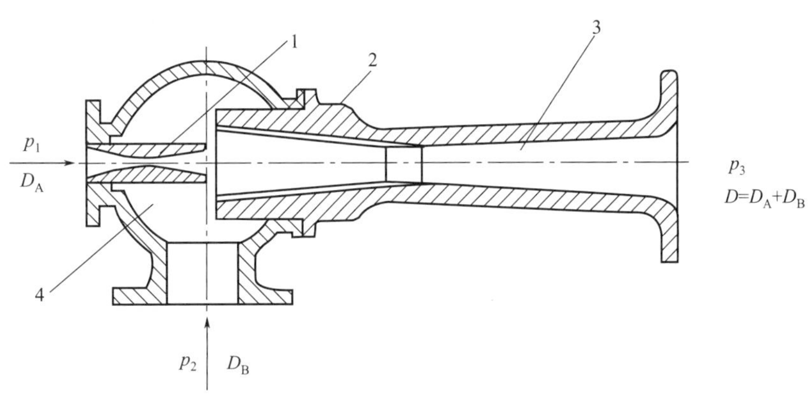

图 6-14　蒸汽喷射泵

1—喷管；2—混合室；3—扩压管；4—吸入室

图 6-15 是蒸汽喷射泵与蒸发器组合成的热泵蒸发装置。高温高压的新鲜蒸汽是喷射泵的动力蒸汽；蒸发器出来的低压二次蒸汽压力被提高后进入加热室。剩余的二次蒸汽排出系统，或进行冷凝。

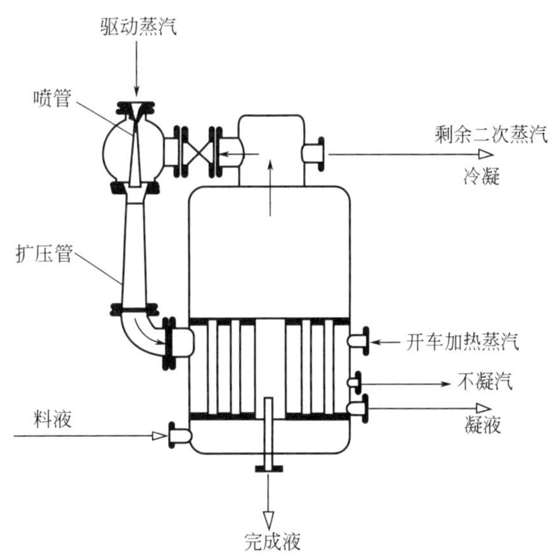

图 6-15　蒸汽喷射泵与蒸发器的组合

图 6-16 是当压缩后出口混合蒸汽的温度 t_3 为 105℃时，某蒸汽喷射器的泵送性能。纵坐标是携带比 ϕ，

$$\phi=\frac{D_A}{D_B}=\frac{\text{二次蒸汽吸入量}}{\text{驱动蒸汽量}} \tag{6-22}$$

横坐标是二次蒸汽饱和温度 t_2，两条曲线各对应驱动蒸汽的不同压力。由图可见，当二次蒸汽的温度较低，与所需加热蒸汽温度的差值较大时，ϕ 值下降，也就是所需的驱动蒸汽耗量增加。需要说明的是，蒸汽喷射器的性能与设计和制造的质量有密切关系。图 6-16 只是一个例子，设计时要按制造商的产品性能进行选择。

喷射泵的三股蒸汽流量（见图 6-14）为

压力为 p_3 的排出汽量：　$D=D_A+D_B=D_A(1+\phi)$　(6-23)

压力为 p_1 的驱动汽量： $$D_A = D/(1+\phi) \tag{6-24}$$

压力为 p_2 的吸入汽量： $$D_B = D/[\phi/(1+\phi)] \tag{6-25}$$

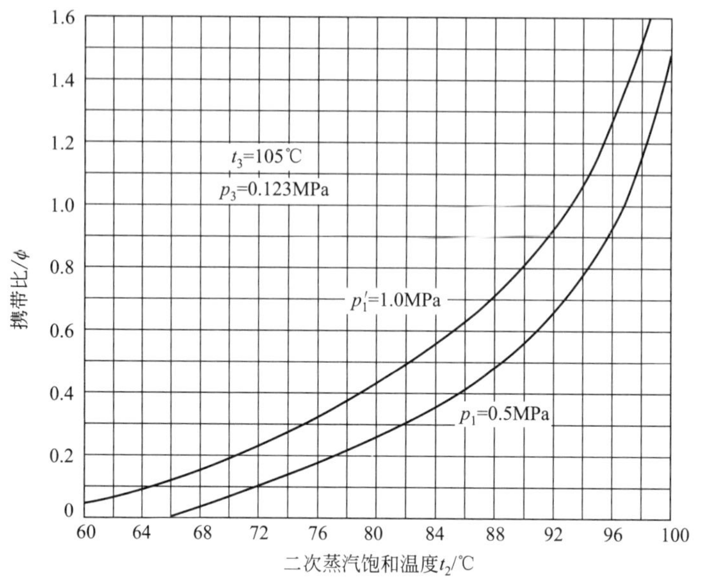

图 6-16 蒸汽喷射泵的泵送性能

p_1—驱动蒸汽的压力；p_3—出口混合蒸汽压力

对于已定的蒸发任务，其所需加热蒸汽量 D 是给定的，可根据操作条件，由图 6-10 读取携带比 ϕ 用作参考，再由式(6-24) 与式(6-25) 分别求出 D_A、D_B。

【例 6-3】 采用热泵蒸发，处理初始浓度 $x_0=10\%$，初始温度 $t_0=80℃$的料液 5000kg/h，要求终了浓度为 $x_0=25\%$。已知溶液的比热容 $C_0=3.55$kJ/(kg·K)，其沸点升高 $\Delta'+\Delta''=2.0℃$，若用热力喷射泵与蒸发器联用，蒸发室压力为 $p_2=0.08$MPa，进入喷射泵的新鲜饱和蒸汽压力 $p_1=1.0$MPa，求新鲜蒸汽消耗量与蒸发器的加热面积。

解 （1）蒸发水量：

$$W=F\left(1-\frac{x_0}{x}\right)=5000\times\left(1-\frac{10}{25}\right)\text{kg/h}=3000\text{kg/h}$$

（2）新鲜蒸汽耗量

① 确定操作条件。喷射式热泵的新鲜蒸汽压力 $p_1=1.0$MPa，饱和温度 $t_1=179.9℃$，焓 $h_1=2782.5$kJ/kg，吸入蒸汽压力 $p_2=0.08$MPa，$t_2=93.2℃$，$h_2=2665.3$kJ/kg，汽化热 $r_2=2275.3$kJ/kg，定增压后的蒸汽压力 $p_3=0.121$MPa，$t_3=105℃$，$h_3=2685.0$kJ/kg，$r_3=2245.4$kJ/kg。

由图 6-16 查得在上述条件下运行的喷射泵的携带比 $\phi=0.98$，溶液温度 $t=t_2+\Delta'+\Delta''=93.2+2.0=95.2℃$，加热蒸汽温度 $T=t_3=105℃$，汽化热 $r=r_3=2245.4$kJ/kg。

② 求蒸发器所需的加热蒸汽量 D，考虑热损失为总传热量的 3%，则所需热量：

$$\begin{aligned} Q &= [FC_0(t-t_0)+Wr]\times 1.03 \\ &= [5000\times 3.55\times(95.2-80.0)+3000\times 2275.3]\times 1.03\text{kJ/h} \\ &= 7.31\times 10^6\text{kJ/h} \end{aligned}$$

则加热蒸汽耗量

$$D=\frac{Q}{r}=\frac{7.31\times10^{6}}{2245.4}\text{kg/h}=3256\text{kg/h}$$

求新鲜蒸汽耗量，根据式(6-24)

$$D_{A}=\frac{D}{1+\phi}=\frac{3256}{1+0.98}\text{kg/h}=1645\text{kg/h}$$

吸入蒸汽量：

$$D_{B}=D-D_{A}=(3256-1645)\text{kg/h}=1611\text{kg/h}$$

可以根据 D_A、D_B、D、p_1、p_2、p_3 选择合适的喷射泵。单位汽耗蒸水量 $\frac{W}{D_B}=\frac{3000}{1611}=1.86$。

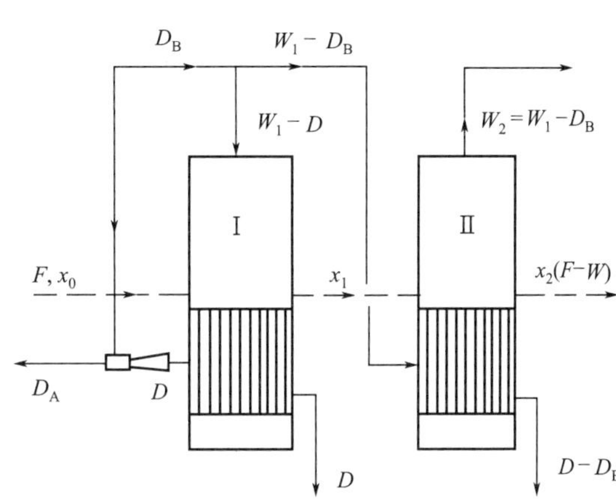

例 6-3 附图　热力喷射泵蒸发的双效流程

(3) 能源的合理利用

上述蒸发所产生的二次蒸汽 3000kg/h，除了 D_B 由喷射泵吸入回用之外，剩余3000－1611＝1389（kg/h），其压力为 0.08MPa，仍可供作它用。如采用例 6-3 附图所示的双效蒸发流程，设在沸点加料，忽略热损失，并假设加热蒸汽、Ⅰ效二次蒸汽、Ⅱ效二次蒸汽的汽化潜热近似相等。Ⅱ效的溶液沸腾温度（即排出温度）为 60℃，则

$$W_1=D$$

$$W_2=D-D_B=\frac{D}{1+\phi}=D_A$$

$$W=W_1+W_2=\frac{D(2+\phi)}{1+\phi}$$

或

$$D=\frac{W(1+\phi)}{2+\phi}$$

$$D_A+D_B=D=W_1,\quad W_2=D-D_B,\quad W=W_1+W_2=2D-D_B$$

(4) 传热面积

若传热系数 $K=1000\text{W/(m}^2\cdot\text{K)}$

① 单效

传热温差：$\Delta t_1=(105-2-93.2)℃=9.8℃$

传热面积：$A=\frac{Dr}{K\Delta t}=\frac{3256\times2245.6}{1000\times9.8\times3.6}\text{m}^2=207\text{m}^2$

② 双效

第Ⅱ效的传热温差：$\Delta t_2=(93.2-1-60)℃=32.1℃$（设二效的料液温度为 60℃）

第Ⅰ效的蒸发水量：$W_1=D=1993\text{kg/h}$（$W_1+W_2=\frac{D(2+\phi)}{1+\phi}=3000$，$\phi=0.98$）

第Ⅱ效的蒸发水量：$W_2=(3000-1993)\text{kg/h}=1007\text{kg/h}$

则Ⅰ效传热面积：$A_1=\frac{1993\times2245.4}{1000\times9.8\times3.6}\text{m}^2=127\text{m}^2$

Ⅱ效传热面积：$A_2=\frac{1007\times 2245.4}{1000\times 32.1\times 3.6}\text{m}^2=20\text{m}^2$

$\sum A=127+20=147\ (\text{m}^2)$。

（5）各效浓度与蒸汽利用率

Ⅰ效出口浓度：$x_1=\frac{5000\times 10\%}{5000-1993}=16.92\%$

Ⅱ效出口浓度：$x_2=\frac{5000\times 10\%}{5000-1993-1007}=25.0\%$

喷射泵的驱动蒸汽量：$D'_A=\frac{D'}{1+\phi}=\frac{1993}{1+0.98}\text{kg/h}=1007\text{kg/h}$

每千克驱动汽能蒸发水分：$\frac{W}{D'_A}=\frac{1007+1993}{1007}\text{kJ/kg}=2.98\text{kJ/kg}$

由于蒸汽喷射泵的结构简单，没有运动部件，不易出故障，装置费用很低，而且其结构材料的选择很少受限制，所以适合中小型规模的热泵蒸发装置。但应指出，喷射泵的热效率很低，而且如果所用的驱动蒸汽中含有液滴，容易使喷管的喉部磨损，使效率更为下降。

关于蒸汽喷射泵的设计与计算，可参阅文献［18～20］。

从能量的合理利用考虑，蒸汽喷射器适用于较低的蒸发压力。当要求加热蒸汽流量超过5000m^3/h（标准状态）时，用机械式压缩机比较适宜。此时，可以采用电机驱动的压缩机，也可采用蒸汽透平或其他发动机来驱动。

6.2.3.2 机械压缩式热泵

从理论上说，凡是能提高气体压力的机械，诸如罗茨鼓风机以及往复式、螺杆式离心式压缩机等，都可以用来作为热泵。它们可以用电机驱动，也可以用汽轮机或其他动力机械驱动。图6-17(a) 所示是用电机驱动的热泵蒸发流程示意。辅助加热器是装置开车时所必需的，如果加入的料液温度较低，也用来在操作中补充预热所需热量。

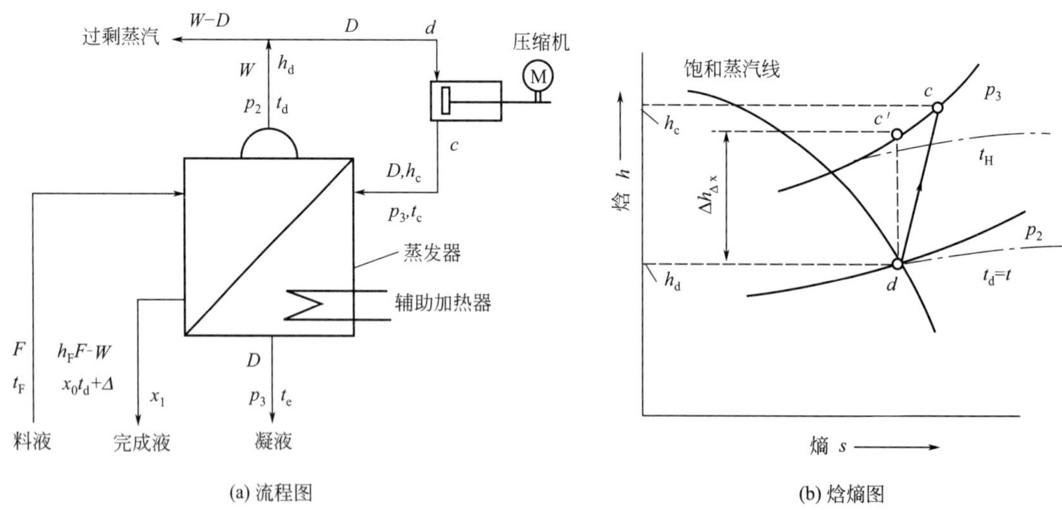

图 6-17 电机驱动的热泵蒸发

图6-17(b) 所示的蒸汽焓熵图有助于说明压缩过程。设蒸发产生的二次蒸汽是压力为 p_2 的饱和蒸汽（状况 d），所需的加热蒸汽压力为 p_3。理想的可逆压缩沿等熵线 $d-c'$交等压线

p_3 于 c' 点，其等熵焓增为（$h_{c'}-h_d$）。实际压缩过程是 d-c 的多变过程，其焓增为（h_c-h_d）

$$h_c-h_d=(h_{c'}-h_d)/\eta_{sc} \tag{6-26}$$

式中 η_{sc}——压缩机的等熵效率。压缩机所需的拖动功率（kW）为：

$$N_C=\frac{D}{3600}\times\frac{h_c-h_d}{\eta_{mc}}=\frac{D}{3600}\times\frac{h_{c'}-h_d}{\eta_{sc}\eta_{mc}}=\frac{D}{3600}\times\frac{h_{c'}-h_d}{\eta_c} \tag{6-27}$$

式中 D——蒸汽流量，kg/h。

$\eta_c=\eta_{sc}\eta_{mc}$，包括压缩机多变熵增 η_{sc} 和机械损失 η_{mc} 的压缩机总效率，对于离心式压缩机 $\eta_c=0.75\sim0.80$。

【例 6-4】 生产任务和操作条件与例 6-3 相同，蒸发后的二次蒸汽用电力驱动的离心压缩机压缩，其综合效率为 75%，求所需功率及供热系数。

解 参见图 6-17，从水蒸气的焓熵图中查得压缩进口 d 点，与压缩机出口 c' 点参数列表如下。

项　　目	压缩机入口状态 d （蒸发器的二次蒸汽状态）	压缩机出口状态 c' （加热蒸汽的状态）
压力 p/MPa	0.08	0.121①
温度 t/℃	93.2	133
汽相焓 h''/(kJ/kg)	2665.3	2742.6
液相焓 h'/(kJ/kg)	390.1	440.0②
熵 s''/[kJ/(kg·K)]	7.453	7.453

① $p_{c'}=0.121$MPa 是根据 $t_{c'}=105$℃ 查出的；$h''_{c'}$ 是根据 $S''_{c'}=S''_d=7.453$kJ/(kg·K) 与 $p_{c'}=0.121$MPa 查出的；

② $h'_{c'}$ 是指 p_3 压力下饱和水的焓值。

将上述参数代入式(6-27)，得

$$N_c=\frac{D}{3600}\times\frac{h''_{c'}-h''_d}{\eta_c}=\frac{3000}{3600}\times\frac{2742.6-2665.3}{0.75}\text{kW}=85.9\text{kW}$$

预热料液与蒸发水分所需的热量：

$$\begin{aligned}Q_1&=Fc_0(t-t_0)+W(h''_0-h'_d)\\&=5000\times3.55\times(95.5-80)+3000\times(2665.3-390.1)\text{kJ/h}\\&=7.1\times10^6\text{kJ/h}\end{aligned}$$

蒸汽冷却冷凝放出的热量：

$$Q_2=W(h''_{c'}-h'_{c'})=3000\times(2742.6-440.0)\text{kJ/h}=6.91\times10^6\text{kJ/h}$$

实际上因为不是等熵压缩，状态 c' 的 $h''_{c'}$ 更大些。考虑到热损失，所以还要补充能量。

供热与需热的差值，可用浓缩的排出液和加热蒸汽冷凝液（热）与冷料液的热交换来补偿。供热系数：

$$COP=\frac{Q_2}{W}=\frac{6.91\times10^6}{85.9\times3600}=22.3$$

图 6-18(a) 是用蒸汽汽轮机驱动离心压缩机的热泵蒸发流程。流程中要求汽轮机动力蒸汽膨胀后排出的压力，与二次蒸汽在压缩机出口排出的压力相同，均为 p_3。则两种蒸汽都可以用来作为蒸发器的加热蒸汽。

在图 6-18(b) 所示的蒸汽焓熵图中，量为 D_A 的高压过热蒸汽以压力 p_1、温度 t_1 进入汽轮机（状态 a），膨胀到压力为 p_3 的 b 点，理想可逆过程应该沿虚线 $a-b'$ 变化，其等熵焓降为 $h_a-h_{b'}$。实际膨胀过程是多变过程，沿实线 $a-b$ 到达 b 点。而

$$h_a - h_b = (h_a - h_{b'})/\eta_{ST} \tag{6-28}$$

式中，η_{ST}为汽轮机的等熵效率。

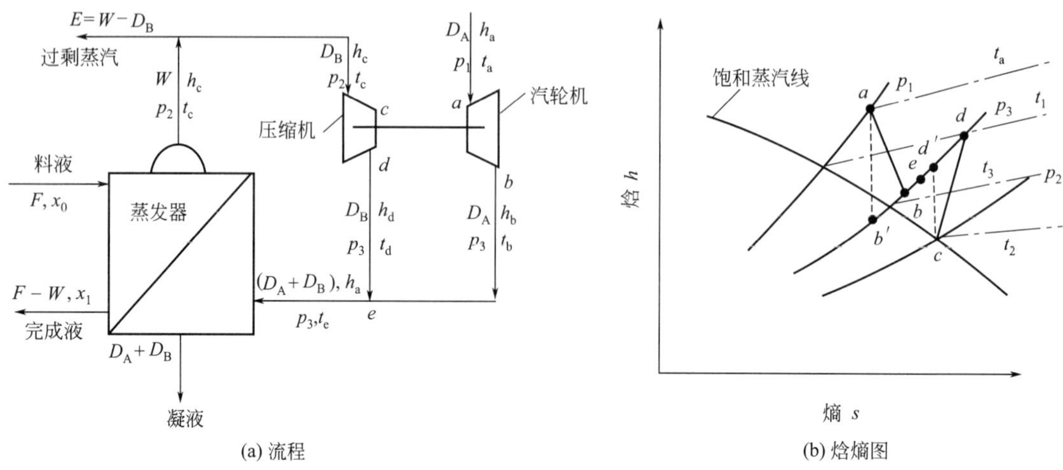

(a) 流程　　(b) 焓熵图

图 6-18　汽轮机驱动的热泵蒸发

汽轮机驱动压缩机，使压力为 p_2 的二次蒸汽（设为饱和状态并处于 c 点），其量为 D_B，压缩到 p_3，理想可逆过程沿虚线 $c-d'$变化，其等熵焓增为 $h_{d'}-h_c$。实际上的压缩过程也是多变的，沿实线 $c-d$ 进行，

$$h_d - h_c = (h_d - h_{c'})/\eta_{sc} \tag{6-29}$$

但压缩机是由汽轮机直接驱动的，两者的轴功率应该相等，即

$$D_A(h_a - h_{b'})\eta_{ST}\eta_{mT} = D_B \frac{h_{d'} - h_c}{\eta_{sc}\eta_{mc}} \tag{6-30}$$

或

$$D_A(h_a - h_{b'})\eta_T = D_B \frac{h_{d'} - h_c}{\eta_c} \tag{6-31}$$

在式(6-29)～式(6-31) 各式中，

η_{ST}、η_{mT}、η_T——汽轮机的等熵效率、机械效率和总效率；

η_{sc}、η_{mc}、η_c——压缩机的等熵效率、机械效率和总效率。

但蒸发器的加热蒸汽量 D 为汽轮机的排出汽量 D_A 与压缩机的排气量 D_B 之和：

$$D = D_A + D_B \tag{6-32}$$

两种蒸汽混合后的状况为图 6-18 上的 e 点，其焓值 h_e 为

$$h_e = \frac{D_A h_b + D_B h_d}{D_A + D_B} \tag{6-33}$$

由式(6-31) 与式(6-32) 两式，可得

$$D_A = \frac{D(h_{d'} - h_c)}{(h_a - h_{b'})\eta_t\eta_c + (h_{d'} - h_c)} \tag{6-34}$$

$$D_B = \frac{D(h_a - h_{b'})\eta_T\eta_C}{(h_a - h_{b'})\eta_t\eta_c + (h_{d'} - h_c)} \tag{6-35}$$

蒸发器的加热蒸汽需要量 D 由热平衡方程 (6-14) 给出。

显然，由式(6-34) 可见，汽轮机驱动蒸汽量 D_A 恒小于所需的加热蒸汽量 D，两者之比

即驱动蒸汽比耗 d，可以很小：

$$d = D_A / D \tag{6-36}$$

【例 6-5】 生产任务与操作条件与例 6-3 相同，采用图 6-18 所示的流程，用汽轮机来带动压缩机，汽轮机用 $p = 2.6\text{MPa}$、$t = 400℃$ 的过热蒸汽驱动，膨胀做功后排出的蒸汽用于补偿蒸发器加热。求蒸汽消耗量和剩余的低压蒸汽量。

解 由例 6-3 知蒸发水量 $W = 3000\text{kg/h}$，蒸发器的加热蒸汽耗量 $D = 3256\text{kg/h}$。由水蒸气图表查得

$p_1 = 2.6\text{MPa}$，$h_a = 3240\text{kJ/kg}$；

$p_3 = 0.121\text{MPa}$，$h_{b'} = 2580\text{kJ/kg}$，$h_{d'} = 2743\text{kJ/kg}$；

$p_2 = 0.08\text{MPa}$，$h_c = 2665\text{kJ/kg}$

若汽轮机的 $\eta_T = 80\%$，压缩机的 $\eta_c = 75\%$，代入式(6-33)，得新蒸汽消耗量 D_A 为

$$\begin{aligned} D_A &= \frac{D(h_{d'} - h_c)}{(h_a - h_{b'})\eta_T \eta_c + (h_{d'} - h_c)} \\ &= \frac{3256 \times (2743 - 2665)}{(3240 - 2580) \times 0.75 \times 0.8 + (2743 - 2665)} \text{kg/h} \\ &= 536\text{kg/h} \end{aligned}$$

压缩机的蒸汽压缩量 D_B：$D_B = D - D_A = (3256 - 536)\text{kg/h} = 2720\text{kg/h}$

压缩机的压缩比：$p_3/p_2 = 0.121/0.08 = 1.513$

剩余蒸汽量 E：$E = W - D_B = (3000 - 2720)\text{kg/h} = 280\text{kg/h}$

蒸汽利用倍率：$W/D_A = 3000/536\text{kg/kg} = 5.6\text{kg/kg}$

蒸汽比耗：$d = D_A/D = 536/3256 = 0.1646$

由例 6-3、例 6-4、例 6-5 可见，无论是热力喷射泵的携带比 ϕ [见式(6-21) 与图 6-16]，电驱动机械式热泵的单位能耗 N_c/D [见式(6-27)]，还是汽轮机驱动的热泵的蒸汽比耗 d [见式(6-36) 与式(6-34)]，都与被压缩蒸汽的等熵焓增 ($h_{d'} - h_c$) 成正比。而等熵焓增则是与被压缩蒸汽的压缩比 p_3/p_2 成正比的，也就是说与加热蒸汽的冷凝温度 T_s 和被蒸溶液沸腾温度之差 ΔT 成正比，ΔT 值过大，则能耗增大。

因为过热蒸汽的传热膜系数明显低于饱和蒸汽冷凝时的传热膜系数，所以在蒸汽进加热室之前要设法消除其过热。最简便的方法是向过热蒸汽喷入雾状水滴。雾滴在直接与蒸汽接触时，吸收蒸汽的显热得以汽化（见图 6-19）。喷入水量可根据热量平衡求出。在蒸发高浓度电解质溶液时，因为沸点升高值很大，产生的二次蒸汽也是过热的蒸汽，有时也采用这一方法以消除过热。

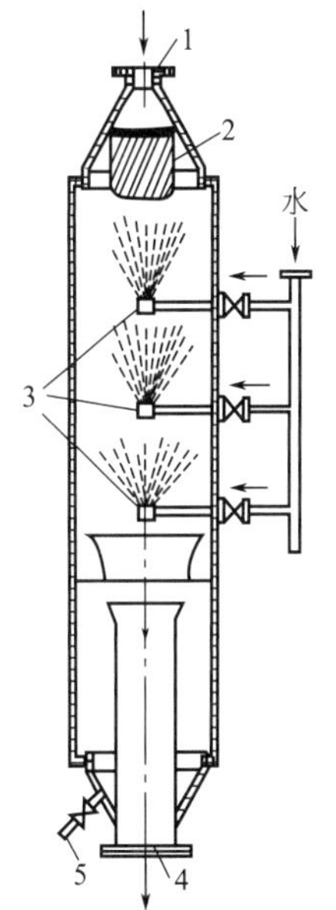

图 6-19 蒸汽过热消除器
1—过热蒸汽进口；2—螺旋状导流器；3—喷嘴；4—饱和蒸汽出口；5—剩余水排出口

如果蒸汽的过热度不是很大，也可以不经过热消除，直接引入加热室，因为换热管外的冷凝液膜与雾滴一样，也可以起到蒸发汽化的作用。

在蒸汽喷射热泵与汽轮机驱动的热泵蒸发中，一般来说，二次蒸汽都有剩余。剩余二次汽可以用来预热料液，或用以供给另一台操作压力较低的蒸发器作加热用（如例 6-3 图所示），或者专设辅助冷凝器冷凝。

在电动热泵蒸发中，都要专设辅助加热器，一方面是为了在启动时，用于加热料液，并产生蒸汽，另一方面也为了当加入料液预热不足时用于补充热量。辅助冷凝器或辅助加热器的能力，可从热量平衡求得。

6.2.4 减压闪蒸

使热溶液的压力降到低于溶液温度下的饱和压力，则部分溶剂将在压力降低的瞬间沸腾气化，叫做闪蒸。溶剂气化时带走的热量，等于溶液从原来温度 t_a 降低到降压后饱和温度 t_b 时所释放出的显热（不考虑溶解热）：

$$Wr = FC(t_a - t_b) \tag{6-37}$$

式中 W——蒸发溶剂量，kg/h；

r——溶剂的气化潜热，kJ/kg；

F——溶液流量，kg/h；

C——溶液的比热容，kJ/(kg·℃)。

闪蒸后溶液的浓度 x_1 可按下式计算：

$$x_1 = \frac{Fx_0}{F-W} \tag{6-38}$$

式中 x_0——闪蒸前的溶液浓度,%。

减压闪蒸的具体实施办法有二：①直接把溶液分散喷入一个压力较低的大容积空间，使闪蒸在瞬间完成；②从一个与降压压差相当的液柱底部引入热溶液，使降压气化过程在溶液上升过程中逐步实现。两种方法的目的都是为了减少闪蒸的剧烈程度，从而减缓振动及雾沫夹带，容易实现气液分离。

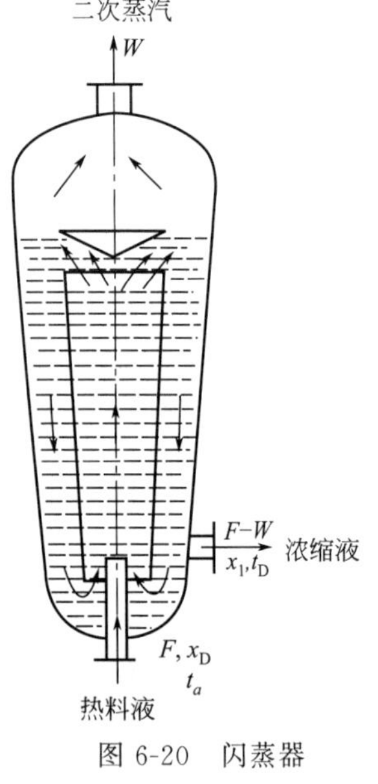

图 6-20 闪蒸器

在闪蒸过程中，溶液被浓缩，当浓度达到饱和时，将有部分溶质析出。但因为闪蒸时没有加入外界热量，所以不存在一般蒸发过程最讨厌的加热面结垢问题。而在闪蒸前的加热过程中，因为溶液处于较高的压力下而没有沸腾气化，当然也没有浓缩，所以加热表面的结垢问题不突出。因此，闪蒸蒸发适用于处理易结垢溶液的浓缩。

减压闪蒸常与多效逆流蒸发配合应用。把从第一效引出的高温高压浓缩液逐级闪蒸，不但可以继续使溶液浓缩，而且闪蒸出来的蒸汽还可以用于低压效的加热或预热料液。在此常采用上述第二种闪蒸办法。闪蒸器结构如图 6-20 所示，中央汽化管呈倒锥形，回流循环液与闪蒸液在底部混合后，可以降低闪蒸液的温度，缓解闪蒸的剧烈程度。

在多效蒸发中，各效加热器排出的凝液，也可以逐级闪蒸出蒸汽，补充到二次蒸汽中，为下一效加热用。

6.2.4.1 多级闪蒸器

图 6-21 是用二次蒸汽预热料液的四级闪蒸流程。料液经四级预热后进入加热器用生蒸汽加热到温度 t_0，经四级逐级降压，闪蒸到 t_4。各级闪蒸出的二次汽通入相应的冷凝预热器，以逐级加热料液。在不同压力下所得的凝液，也在凝液闪蒸室闪蒸出二次汽，并将此二次汽补充到紧邻的下一级闪蒸汽中。用这种办法来处理易结垢的料液，既避免了加热面因沸腾浓缩而引起的结垢，又充分利用热量，提高了加热蒸汽的经济性。常用于海水脱盐以制取淡水（即凝液）。

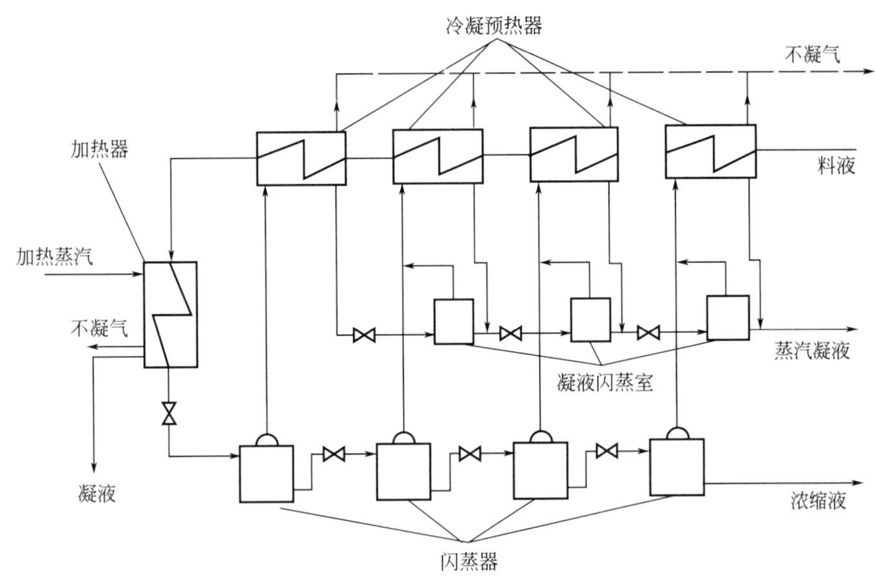

图 6-21　用二次蒸汽预热的四级闪蒸流程

多级闪蒸器两相邻级之间的温差可以很小，不像管式蒸发器那样有最小温差的限制。因此，在给定的条件下，可以设计成更多的级数，而使得所需的供热量很低。日产淡水数千吨级至万吨级的大型海水淡化装置级数多达 30～40 级[21]。

多级闪蒸器的计算也可以由物料衡算与热量衡算得到。例如 Hoffer 在忽略热损失和冷凝温度下降的条件下，对从原料海水制取单位脱盐水的蒸汽需要量 D/W 给出了下式

$$\frac{D}{W}=\frac{t_F-t_F^*+N\theta_C}{f'\Delta h_H(N+1)\left[1-\left(1-\frac{t_F-t_F^*-\theta_C}{f'(N+1)\Delta h_m}\right)^N\right]} \tag{6-39}$$

式中　N——闪蒸器的级数；

t_F^*——未加热的被蒸发海水的温度，℃；

t_F——加热后海水的最高温度，℃；

θ_C——预热器中蒸汽的冷凝温度与海水被加热后出口温度之差，℃；

f'——常数，$f'=0.238\times10^{-3}$；

Δh_m——海水在各闪蒸室中气化热的平均值，J/kg；

Δh_H——加热室中加热蒸汽的气化热，J/kg；

W——总造水量，为各级冷凝量之和，kg/h。

由上式可见级数 N 越大，则 D/W 值越小。海水进口与盐水出口的盐分浓缩比由下式给定

$$\frac{x_0}{x_c}=\left(1-\frac{t_F-t_F^*-\theta_C}{f'(N+1)\Delta h_m}\right)^N \tag{6-40}$$

从单位海水量中获得的淡水量由下式给出

$$\frac{W}{F}=1-\left(1-\frac{t_F-t_F^*-\theta_C}{f'(N+1)\Delta h_m}\right)^N \tag{6-41}$$

【例 6-6】　在 20 级闪蒸器中，由海水制取淡水 50t/h，海水由初始温度 $t_F^*=25$℃，在预热器中预热，并在加热器中用 0.35MPa 的饱和蒸汽加热到 $t_F=100$℃。设计预热器的传热面积

时，使在每级中蒸汽的冷凝温度与流出海水温度之差 $\theta_c=3.0℃$。为了获得所需水量，要耗费多少加热蒸汽？海水进出口盐分的浓缩比 x_0/x_c 是多少？在给定条件下，处理单位海水可以提供多少淡水？

解　先求 $n=1$ 与 $n=N=20$ 各级蒸发温度的算术平均值 t_m：

$$t_m=\frac{t_{n=1}+t_{n=N}}{2}=\frac{t_F+t_F^*+\theta_c}{2}=\frac{100+25+3}{2}℃=64℃$$

查得水在 64℃下的气化热 $\Delta h_m=2350\times10^3\text{J/kg}$，加热蒸汽的气化热 $\Delta h_H=2152\times10^3\text{J/kg}$，代入式(6-38) 得

$$\frac{D}{W}=\frac{100-25+20\times3}{0.238\times10^{-3}\times2152\times10^3\times(20+1)\times\left[1-\left(1-\dfrac{100-25-3}{0.238\times10^{-3}\times2350\times10^3\times(20+1)}\right)^{20}\right]}$$

$$=0.108$$

因此所需总汽量：$D=50\times1000\times0.108\text{kg/h}=5400\text{kg/h}$

进出口盐分浓缩比：$\dfrac{x_0}{x_c}=\left(1-\dfrac{100-25-3}{0.238\times10^{-3}\times2350\times10^3\times(20+1)}\right)^{20}=0.884$

因而要处理的海水量：

$$F=\frac{W}{1-\left(1-\dfrac{t_F-t_F^*-\theta_C}{f'(N+1)\Delta h_m}\right)^N}$$

$$=\frac{50000}{1-\left[1-\dfrac{100-25-3}{0.238\times10^{-3}\times2350\times10^3\times(20+1)}\right]^{20}}$$

$$=4.32\times10^5\text{kg/h}=432\text{t/h}$$

图 6-22 提供了实际生产中采用的循环型多级闪蒸流程，它可以减少海水的预处理量。图中下部展示的是一个闪蒸室的横截面，减压后的热海水在下部闪蒸后，靠压差流到下级闪蒸室。闪蒸室的上部是冷凝预热器，需要预热的海水在水平管中通过，吸收由管壁传来的热量而被加热，而闪蒸汽则在管外冷凝，放出潜热使管壁加热。冷凝液就是淡化水，被管束下的受槽收集后流入下一级闪蒸受槽。各闪蒸室的作用原理和结构相同，室内的压力一级比一级低。闪蒸也有采用第二种办法，盐水从与同级压差相当的液柱下引入，在上升过程中完成闪蒸。只是因为级间压差小，两闪蒸室之间的液位差很小。

循环型流程（见图 6-22）的特点如下。

① 把大部分闪蒸后的浓盐水打回系统进行循环，继续进行预热、加热、闪蒸（图中的循环量为 $800\text{m}^3/\text{h}$），只由冷却海水（$400\text{m}^3/\text{h}$）中分出一半（$200\text{m}^3/\text{h}$）补充到循环中，而排出少量（$100\text{m}^3/\text{h}$）浓盐水。因为进系统的海水必须预处理，以除去杂质，减少结垢。采用循环型流程可以减少预处理的海水量，节省经费。

② 把 16～24 级闪蒸室组成热回收段，利用闪蒸蒸汽的潜热来预热循环海水，同时制取淡化水。但循环液的进口温度总是要高于环境温度，因此，从热回收段排出的浓盐水温度更要高于环境温度，还可以在后继的排热阶段（2～4 级）中继续减压闪蒸，生产淡化水，在排热段中要用温度较低的新鲜海水来冷凝闪蒸蒸汽，这部分低温位的热量传给冷却海水，所以叫排热段。

③ 循环盐水的浓度要比非循环直通型的略高，但因为仍有少量浓盐水从系统排出外界

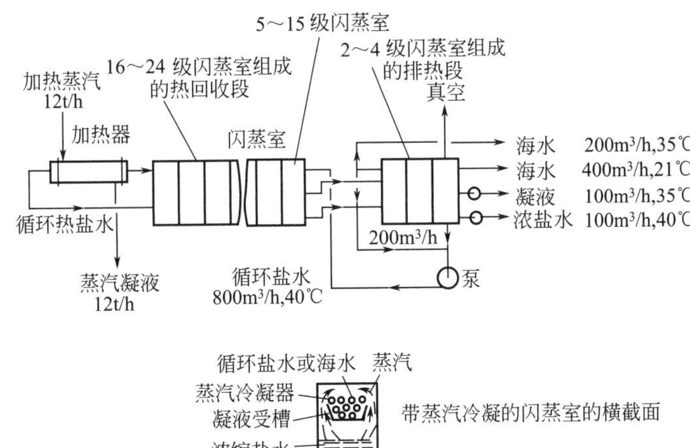

图 6-22 循环型多级闪蒸器

$(100m^3/h)$，不会使盐分大量积累。循环盐水的补充液，是经过预处理的新鲜海水，图中是用于排热段的部分冷却用水（$200m^3/h$）。

由图可见装置的淡水生产能力为 $100m^3/h$，蒸汽消耗量为 12t/h。

6.2.5 蒸发系统的热能利用

上面讨论了多效蒸发可以节能降耗，此外热泵蒸发、多级闪蒸等也是蒸发系统节能的有效措施，这些方法都能成倍提高系统的热能利用率。除此之外，在多效蒸发系统自身也存在着可以回收利用的热量，充分利用这些热量可达到节能降耗的目的。

在蒸发系统内部，可以利用的热量有下列几种。

① 末效二次蒸汽：一般情况下是送冷凝系统冷凝，这部分热量最大，但温度很低，除有时可用于预热料液外，利用有困难。

② 浓缩液携带的热量：在多效逆流系统中，排出浓缩液的温度较高，但由于浓度也较高，所以腐蚀性较大，还易于结垢，对换热表面的选材与清洗不利。多利用分级闪蒸以回收低压蒸汽。

③ 各效加热蒸汽冷凝液携带的热量：冷凝液比较洁净，回收热量应该没有什么困难，但各效排出的冷凝液，其压力、温度各不相同，必须加以注意。

④ 各效产生的二次蒸汽：可以分出一部分，作为额外蒸汽，用于相适应的场合。

下面介绍提高蒸汽经济性的措施。

(1) 料液的分级预热

被蒸发的料液量很大，有时料液的温度还比较低，如果直接把低温料液送入蒸发器，不但占用了蒸发器的热负荷容量，而且还要消耗? 含量较高的加热介质。如果合理利用本系统排放的低温热量，逐级预热料液，使料液在接近沸点温度下进入蒸发器，则可避免上述两方面的弊端。

(2) 浓缩液热量的利用

在表面式换热器中用热的浓缩液来预热料液，往往由于腐蚀、结垢等原因利用困难。工业上多采用分级减压闪蒸的办法，使浓缩液在较低压力下闪蒸，使闪蒸蒸汽补充到压力相近的二次蒸汽系统加以利用。由于水分的闪蒸，还可以使浓缩液继续浓缩，提高排出浓度。

(3) 冷凝液热量的利用

冷凝液比较洁净，腐蚀性低，又不会结垢，完全可以在表面式换热器中对料液进行分级预热。但由于各效间预热器热量不一定能够平衡，反而使流程与设备复杂化。所以实际上多采用使冷凝液减压到本效二次蒸汽的压力，使闪蒸蒸汽补充到本效二次蒸汽系统中，再从二次蒸汽中抽取所需的量作为额外蒸汽，来预热料液。这样做虽然在闪蒸过程中有㶲的损失，但对流程的控制与简化却是有利的。

（4）额外蒸汽的利用

多效蒸发器组中由各效排出的二次蒸汽，主要是用作本系统下一效的加热蒸汽和预热本系统的料液。但如果在生产的其他装置中有与各二次蒸汽压力（温度）相同的需求，完全可以抽出一部分供用。可以证明，自多效蒸发器的第 n 效，抽出量为 E_n（kg/h）的额外蒸汽，大约只需要增加 $E_n(n+1)$ 的生蒸汽量。当低温低压蒸汽需求量很大时，甚至可以把蒸发器作为蒸汽压力减压器来代替减压阀，把压力、温度合适的二次蒸汽完全供给工艺生产用。这时，生蒸汽既在蒸发器中浓缩了溶液，又以二次蒸汽的形式提供了所需的热源。

（5）不宜用直接通入蒸汽的办法来预热料液

有些料液在预热过程中容易析出固相，在加热表面上结垢，严重时甚至堵塞加热管，使换热器不能正常运行。某些单位就采用接触式预热器来代替表面式换热器以解决堵塞问题。但是用蒸汽直接接触加热料液的过程中，蒸汽凝液却混入料液之中，稀释了料液。为了蒸发这部分混入的凝液，在蒸发器中需要追加的热量，恰好等于预热中预热料液的热量。所以，用这种办法预热料液，不但没有减少蒸发器的热负荷，却增加了预热蒸汽的消耗量，增添了设备，增加了流程的复杂性与控制的难度。

6.2.6 蒸发系统的优化

无论是多效蒸发、热泵蒸发，还是蒸发系统的热能利用，在提高蒸汽经济性的同时，都要以增加传热面积、增加流程与设备的复杂性为代价。人们对一套蒸发设备的评价，总是期望其处理单位产品所花费的总成本，或是蒸发单位水分所花费的总成本为最低。这里所指的总成本，既包括维持日常生产的能耗（包括汽、水、电等）、维修、运行的材料与人工费用，又包括设备、厂房等基建投资的折旧费用。各种费用的计算可参见文献［22］的方法。

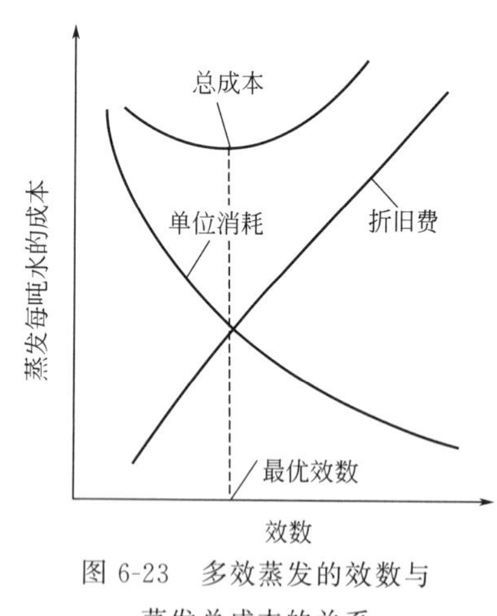

图 6-23 多效蒸发的效数与蒸发总成本的关系

单效蒸发器的能耗指标很高。每蒸发 1t 水要消耗 1t 多水蒸气，还需要约 13.5t 冷却水，但其设备与厂房的投资却是最少的。双效蒸发器的蒸汽消耗量与冷却水消耗量只占单效的一半，但在相同的总温差下，由于每一效都有温差损失，为完成既定的生产任务，两效蒸发器各自的传热面积都要比单效的传热面积大，再加上厂房设施、管线、泵、阀、控制仪表等，投资要超过 1 倍多。三效蒸发的单耗更低，而基本投资更高。需要注意的是，随着效数的增长，单耗下降的趋势逐渐减缓，而投资上升却是直线增长。当因增加效数而使基建投资的折旧费上升超过运行费用的下降时，继续增加效数反而会使总成本上升。而总成本为最小的效数，就是最优效数（见图 6-23）。

最优效数随蒸汽单价、设备及厂房造价等因素而定。因为单套设备生产规模的扩大可使单位传热面积的设备造价下降，所以大规模装置的最优效数往往较高。

蒸发器是非标准化设备，尤其是在大型化装置中，没有必要总让各效传热面积相等，更没有必要使浓效与稀效采用相同的结构型式。合理配置蒸发器各效的传热面积，可以得到所需传热面积为最小的结果，因而得到降低设备总投资的目的。这也就出现了各效传热面积分配的优化设计，以及各效蒸发操作参数的优化问题。

杨山、蔡勇[7,8,23]以并流多效蒸发器为例，分别阐述了利用“交替变量修正搜索法”求最小蒸发传热总面积的思想，及利用“可行性线平衡搜索法”求解给定蒸发传热总面积下的最小加热蒸汽消耗量的思想，并在这两个算法计算的结果基础上，建立多效蒸发器的优化设计目标函数，结合经济效益分析作出最终决策，从而实现多效蒸发器多方面总体规划的优化设计。

程达芳[24]对标准式蒸发器进行了各效等面积和最优法多效蒸发过程模拟对比计算，以糖液蒸发为例，开发了一个以最优法计算多效过程的程序。计算结果表明，最优化设计有着明显的经济效益和实用价值。

李德虎[5,25]针对优化模型中约束的不定性，运用模糊优化的多级 Monte Carlo 法、Complex 法和 SUMT 法建立了五效蒸发系统的优化数学模型。所选三种方法均圆满地解决了问题，且相对简单，具备更大的操作性。

阮奇、王勇等[26,27]建立了带有冷凝水闪蒸、溶液闪蒸和引出额外蒸汽预热原料液等节能措施并考虑蒸发过程有固相析出的复杂错流多效蒸发稳态模拟通用模型，对各效有效传热温差的分配和多级预热子系统各级预热温升的分配进行优化，并以浓缩含 NaOH、NaCl 溶液的复杂错流四效蒸发系统为例，结果表明优化设计比没有节能措施的常规设计节省生蒸汽费用高达37.5%，操作优化比无操作优化时可节省 3.0%～9.1%不等的浓缩成本。

各种蒸发器的具体设计中也要考虑优化问题，例如强制循环蒸发器中的循环速度也是有一个最优值。一方面高的流速需要大流量的循环泵，克服较大的流体阻力，要消耗较多的电能。另一方面，较大的流速又导致较高的传热系数，可以减少结垢，因而可以采用较小的传热面积。热泵蒸发中如果采用较高的压缩比，就要消耗较多的外功，而较高的压缩比有较大的传热温差，可以减少蒸发器的传热面积。在这里，找出最佳循环速度、最佳压比就是上述两种系统的优化问题的核心。在多效蒸发装置中各效蒸发器型式的选择应考虑所在效的操作条件，选择在该条件下适宜的型式，不一定各效选择相同型式的蒸发器。

在同样的工艺要求下，是采用多效蒸发、热泵蒸发，还是多级闪蒸，这中间固然存在技术适应问题，但技术经济指标——单位蒸发量的总成本往往起着相当重要的作用，要善于据此作出判断。

6.3 蒸发器的类型与选择

按加热面的型式，可将蒸发器分成三大类。

① 管式间壁蒸发器　加热介质与被蒸发的料液用管壁分隔，热量通过管壁传递。

② 异状间壁蒸发器　加热介质被限制在波纹板、夹套、平板等非管状传热元件内。

③ 直接接触蒸发器　加热介质直接引入被蒸发的料液中，并与之相互接触，相互混合，没有固定的传热表面。

上述三种类型中，具有管壳式加热元件的蒸发器应用最广。

蒸发器内的流体流动，可以是由于液体受热后沸腾汽化所引起的自然循环，也有用搅拌或泵等促成的强制循环。液体的沸腾汽化，可以在加热区与加热同时发生，也可以在加热区之外的专设沸腾汽化区单独进行。

蒸发器有直流型的，料液在蒸发器内循序经过加热、汽化、分离等过程，离开时已经达到

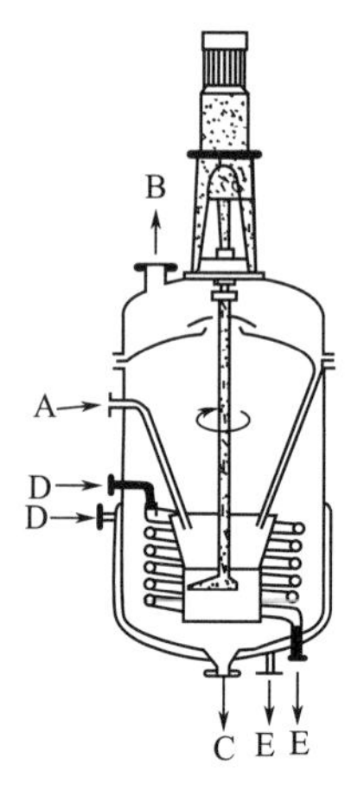

图 6-24 带搅拌的夹套釜式蒸发器

A—料液；B—二次蒸汽；C—浓缩液；D—加热蒸汽；E—冷凝液

要求的浓度，在蒸发器内的停留时间很短，料液不在蒸发器内循环，但浓缩程度一般不高。蒸发器也有循环型的，其中设有一定的储存容量和进行循环的回路，液体被加热并部分汽化后又继续返回加热气化，蒸发器内循环液体的浓度接近蒸发的终了浓度，在蒸发器中的平均停留时间较长，所以不适合处理在一定温度下容易分解的热敏性物料，但它可以在较高浓度范围内操作，操作简单。

没有哪一种型式的蒸发器可以适应各种不同物料、不同操作条件、不同处理量等要求，下面列举几种常见蒸发器及其使用范围。

6.3.1 夹套釜式蒸发器

带搅拌的夹套釜式蒸发器如图 6-24 所示，在带夹套加热的釜中，可以处理产品批量不大的料液。夹套的加热面积较小，可以在釜内增设蛇管加热器。为了强化传热，还可以设置搅拌器。

釜式蒸发器用在处理批量很小、物料需要很好混合，或由于产品腐蚀性强而需采用搪瓷衬里的场合。

6.3.2 立式短管蒸发器

6.3.2.1 中央循环管蒸发器

立式短管蒸发器是早期最为常用的蒸发器，至今在化工、轻工等行业中仍有采用，因而被称为标准蒸发器。加热管长为 1～4m，管径为 38～75mm，多根并立，中央设置管径较大的下降管以组成循环回路（见图 6-25），循环管截面积约为全部加热管总截面的 0.3～0.4 倍。液体在加热管内被管外蒸汽加热后，在上半部管内沸腾，所形成的气液混合物密度小于循环下降管中受热较少的溶液，使循环得以进行，属自然循环蒸发器。

这种蒸发器的循环和传热受“液位”影响很大。只有当液位处在加热管长度 2/3 时，传热系数有最高值。液位低于此值时会增大结垢趋势，使蒸发能力显著下降。液位高时循环的推动力减少，循环减弱后，传热系数下降。当用以蒸发易结垢料液时，要提高液位防垢。

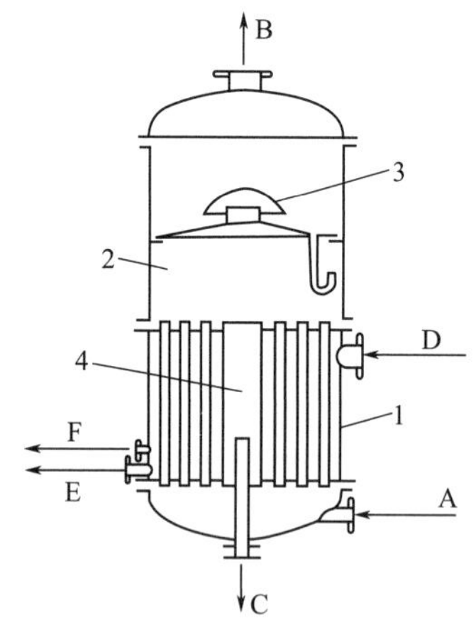

图 6-25 中央循环管蒸发器

A—料液；B—二次蒸汽；C—浓缩液；D—加热蒸汽；E—冷凝液；F—不凝气；1—加热器；2—蒸发室；3—除沫器；4—下降管

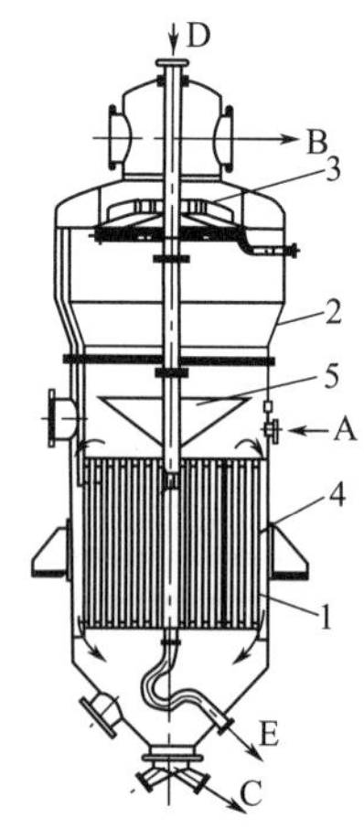

图 6-26 悬筐蒸发器

A—料液；B—二次蒸汽；C—浓缩液；D—加热蒸汽；E—冷凝液；1—加热器；2—蒸发室；3—除沫器；4—下降管；5—挡板

大型化的立式短管蒸发器可以分区设几个小的循环下降管，或把几个循环管分区设在加热室之外，以利循环的进行。

6.3.2.2 悬筐蒸发器

悬筐蒸发器如图 6-26 所示，是中央循环管式蒸发器的变形结构。循环的下降通道是加热室与蒸发器外壳之间的环形空间。溶液在环形通道的受热条件较中央循环管差，截面积一般又比中央循环管大，改善和加速了料液的循环，提高了传热效果。且悬筐式加热室可以取出清洗、检修。但其结构比较复杂，尤其是蒸汽引入管和凝液排出管，要考虑热膨胀的差异问题。

6.3.2.3 带搅拌的中央循环管蒸发器

带搅拌的中央循环管蒸发器结构如图 6-27 所示。为了强化循环，促进传热，防止固体颗粒的沉积，在中央循环管中设置推进式搅拌器。搅拌器从蒸发器的顶部或底部传动，这就增加了结构的复杂性。底部传动要考虑转轴在带有固体颗粒的液体中的密封困难，同时要把搅拌桨放得尽量低些，以防止叶轮在沸腾溶液中产生空蚀；若采用顶部传动，则必然使传动轴很长。

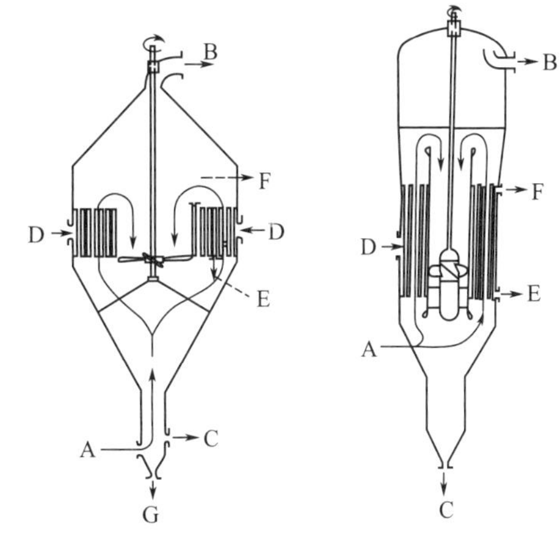

图 6-27 带搅拌的中央循环管蒸发器

A—料液；B—二次蒸汽；C—浓缩液；D—加热蒸汽；E—冷凝液；F—排空

短管蒸发器的优点：所需厂房高度较低；传热温差大时自然循环良好，传热系数较大；易于机械清洗；初始投资较低。缺点：占地面积大；设备的液容量大，液体在设备内的停留时间长；单位传热面的金属耗量大；温差小或溶液黏度大时传热不良；在真空条件下自然循环推动力减少，循环不好。立式短管蒸发器适用于蒸发洁净的低黏度溶液。处理有结晶析出的产品时要考虑增设搅拌器。

6.3.3 立式长管蒸发器

近几十年来长管蒸发器因其通用性和单位容量造价较低而逐渐取代短管标准蒸发器，成为常见的结构形式。长管蒸发器常用的管径为 25～50mm，管长 4～10m。

长管蒸发器既可以循环操作，也可以是直流型的。直流型蒸发器在蒸发室中不保持液面，料液在加热汽化分离后就达到浓缩要求，在蒸发器内的停留时间只有几秒钟。在循环操作中，其自然循环的原理与短管蒸发器相同。需要说明的是液体在管内的温度随高度而变化，其变化规律在 6.2.1.4 中进行了讨论，可见液柱静压力对沸点的影响比较突出。

6.3.3.1 长管自然循环蒸发器

这种蒸发器分为加热室与蒸发室同轴安置的内加热式［见图 6-28(a)］和加热室外置的外热式［见图 6-28(b)］两种。

图 6-28(c) 是双程加热式，在管板中心直径为 D_1 范围内的加热管内溶液上升加热，而在 D_1 以外的环形管束内溶液下降加热。液体在一次循环过程中既在下降中又在上升管中都得到加热，所以加热室的高度可以降低。内热式和双程式在加热区之上都保持了较大的液面高度，在此区间专设有沸腾区 3，依靠溶液的静压使下层液体的沸点升高，并使溶液在加热管中流动时只受热而不发生汽化，从而减少加热面结垢，当溶液离开加热管后上升，进入沸腾区内时，因静压减少开始沸腾汽化，此时溶液已离开加热区，虽有结晶析出也不影响加热面的传热。在这种蒸发器中，循环液在加热区虽没有相变产生，但溶液得到的热量以显热形式储藏在溶液

中，使其出口温度升高，有效传热温差下降。文献［28，29］还报道了倒循环蒸发器与L型蒸发器的应用实例，这两种自然循环型的新结构旨在降低设备总高。

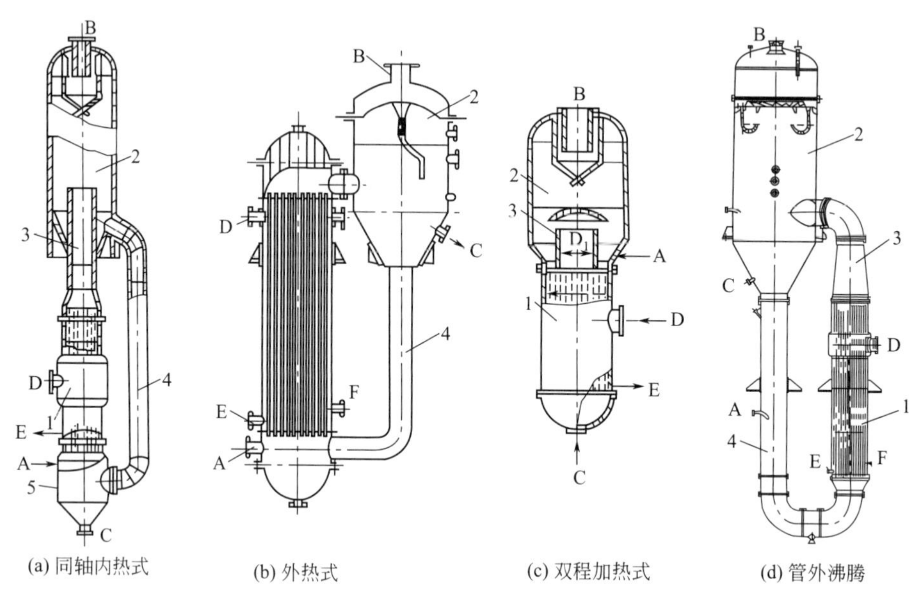

图 6-28　长管自然循环蒸发器

A—料液；B—二次蒸汽；C—浓缩液；D—加热蒸汽；E—冷凝液；F—排空；

1—加热器；2—蒸发室；3—沸腾区；4—下降循环管；5—结晶分离室

图 6-28(b) 外热式长管蒸发器中，加热器上管板与蒸发室的液面几乎持平，上面未保持较高的液位，没有专设沸腾区。但溶液加热后进入蒸发室的接管口径没有增加，其节流效应也起到抑制加热管内液体沸腾的作用，气化大部分是产生在经过节流后的蒸发室中。

图 6-28(d) 是外热式管外沸腾长管蒸发器[30]，其结构与外热式长管蒸发器相似，只是增设了沸腾管 3，蒸发介质在加热室 1 上部的沸腾管内沸腾，循环管较大，不易结垢，适用于黏度较大、易结垢的溶液的蒸发浓缩，在化工、轻工、医药等行业的蒸发单元操作中是一种比较常见的蒸发设备。

上述管外沸腾的长管蒸发器，沸腾高度的确定既要保证沸腾移出换热管外，又不致取值过大，而增加静液柱引起的温度损失。在多效蒸发装置中，各效蒸发器的沸腾区高度应按各自的操作条件分别确定。

6.3.3.2　升膜蒸发器

升膜蒸发器结构如图 6-29 所示，把预热到饱和温度的料液送入加热室的底部，料液沿加热管上升时，其温度因加热而上升，到管长一定高度处开始气化，气化后的蒸汽集中在加热管的芯部，以较高的上升气速，携带溶液沿管壁呈膜状上升，故叫升膜蒸发。膜状流中液体湍动激烈，传热速率较高。这种被高速汽芯带动的升膜流动必须在较强烈的沸腾条件下才能形成，所以要求有较大的传热温差。

这种蒸发器一般用于直流操作，料液一次通过就达到浓缩要求，可以达到很大的浓缩比，但要求控制较严，加料量、预热温度以及加热蒸气压的波动，都将影响成膜的稳定。

6.3.3.3　降膜蒸发器

降膜蒸发器结构示意如图 6-30 所示，料液从顶部进入分布器 3，把料液均匀地分布到每根

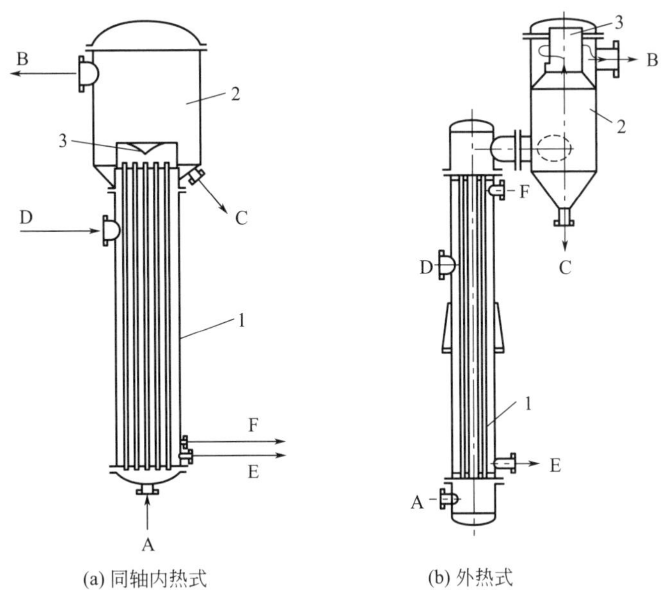

(a) 同轴内热式　　(b) 外热式

图 6-29　升膜蒸发器

A—料液；B—二次蒸汽；C—浓缩液；D—加热蒸汽；E—冷凝液；F—排空；

1—加热器；2—蒸发室；3—除沫器

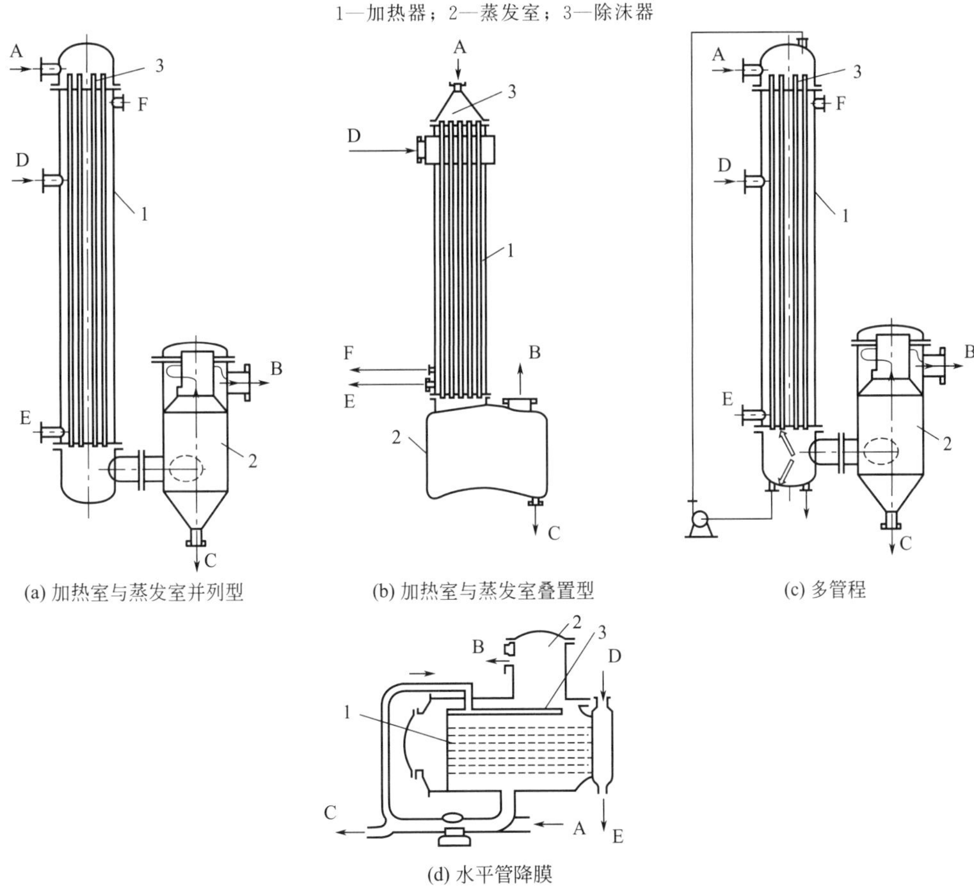

(a) 加热室与蒸发室并列型　　(b) 加热室与蒸发室叠置型　　(c) 多管程

(d) 水平管降膜

图 6-30　降膜蒸发器

A—料液；B—二次蒸汽；C—浓缩液；D—加热蒸汽；E—冷凝液；F—不凝气；

1—加热室；2—蒸发室；3—料液布膜器

加热管中，并使其呈膜状沿管内壁往下流动，液膜受到从管壁传入的热量而蒸发气化。当传热温差不大时，气化是在强烈扰动着的膜的内表面发生的，而不是在加热管与液膜的界面（即加热管内表面）发生，因此不易结垢。产生的蒸汽通常是与液膜并流往下。由于气化表面很大，蒸汽中的液沫夹带量较少，但对蒸发结晶操作降膜蒸发器并不适合。

由于料液在管内壁呈膜状流动，不充满管子的整个截面，所以通过的料液量可以很少。

为了保证均布，液膜在流动时不集结而形成缺液表面，还有一个最小的润湿流率。以管内壁的周长计算，降膜蒸发器管内的最小润湿流率，可用下式估算：

$$\Gamma = 8.061\times10^{-3}(\mu_L S_L \sigma^3)^{0.2} \tag{6-42}$$

式中　Γ——最小润湿流率，kg/(s·m)；

S_L——料液的相对密度；

μ_L——料液黏度，mPa·s；

σ——料液的表面张力，mN/m（也常用 dyn/cm）。

对于热敏性物料，为了限制停留时间，实际选用的流率，在保证各加热量具有最小流率的前提下，尽量小一些；对于非热敏性物料，可以选用高流率以限制结垢，必要时可增设循环泵以保证高流率。由于布膜对最小流量的要求，对于一次通过不能达到浓缩要求的热敏性物料可采用多管程降膜蒸发器，如图 6-30(c) 所示。

图 6-30(d) 所示为水平管降膜蒸发器，这种蒸发器加热室由水平管束构成，蒸汽在管内加热，料液经泵由分布器从顶部喷洒在管外壁形成降落液膜进行蒸发。其最大特点是完全消除了液体静压头所造成的温差损失，从而改善了传热性能。液体分布是通过喷头或多孔板来实现的，液体如何分布均匀是该蒸发器的设计关键。这种蒸发器主要用在海水淡化和干法腈纶蒸发装置上。

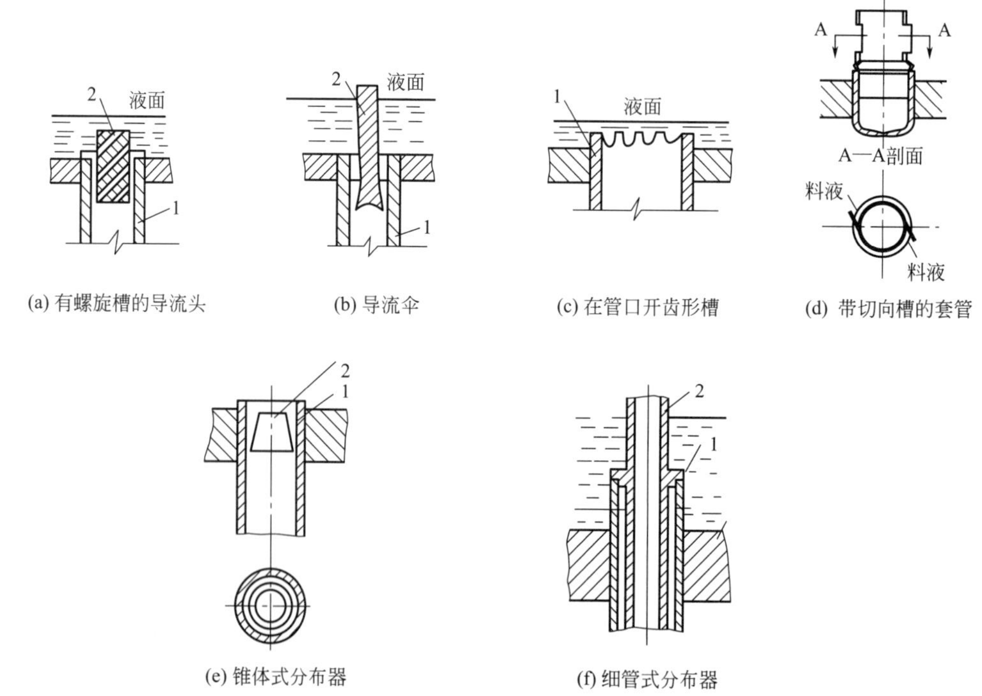

图 6-31　降膜蒸发器布膜器

1—加热管；2—布膜器

料液布膜器是降膜蒸发器的关键部件，降膜蒸发器的热交换强度和生产能力实质上决定于料液沿换热管上分布的均匀程度。所谓均匀分布不仅是指液体要均匀地分配到每一根管子中，还要沿每根管子的全部周边均匀分布，并在整个管子的长度上保持液膜完整。当料液不能均匀地润湿全部加热管的内表面时，缺液或少液表面就可能因蒸干而结垢，结垢表面反过来又阻滞了液膜的流动，从而使邻近区域的传热条件进一步恶化。

图 6-31 为料液在管内沿周边均布的布膜器的各种型式，装在每根加热管的头部。文献[31～34] 列出目前公开的几种布膜器型式。

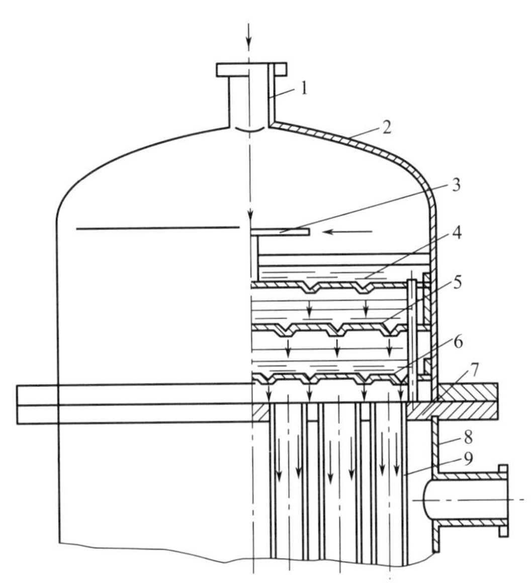

图 6-32　多层淋降板式分布器

1—进料管；2—封头；3—挡液板；4—上分布板；5—中分布板；6—下分布板；7—管板；8—筒体；9—加热管

为了保证流入各加热管的料液量相等，就要保持布膜器上部有恒定的液面，这对于大型蒸发器来说，绝非易事。图 6-32所示的多层淋降板式分布器，就是为了保证每根加热管能均匀地分配料液而设计的。最下层板孔的位置应该对准管板上管孔的周围盲区（见图 6-33)，此时各加热管口要加工平整，并保证各管端部在同一水平面上。

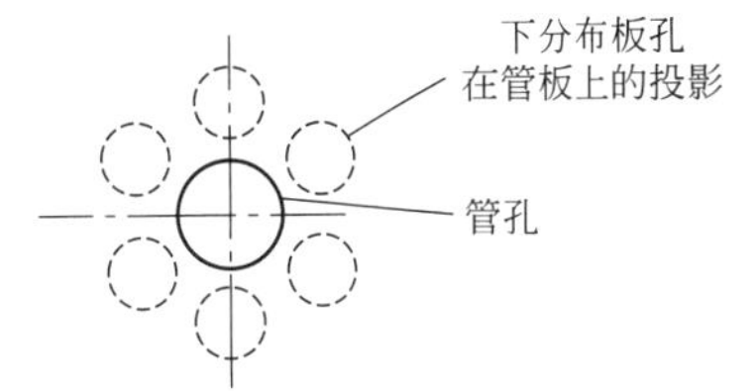

图 6-33　下分布板孔在管板上的投影

降膜蒸发器中料液蒸发时不承受液柱静压，消除了由静压引起的有效传热温差损失，在低温差下有较高的传热效率，宜于用在多效蒸发系统中。既可以一次通过直流操作，也可以作循环操作。所以对于稀溶液的浓缩，降膜蒸发器往往是首选型式。

6.3.3.4　立式长管蒸发器的应用

长管蒸发器的优点是：传热系数较高，单位蒸发能力的造价低，适用于大型装置，持液量少，占地面积少，适用范围广。缺点：要求厂房较高，一般地说不适合处理析出结晶和易于结垢的料液。直流型的升膜蒸发器与降膜蒸发器适合于处理热敏性物料，对易起泡物料或在高真空下应用具有优势。

6.3.4 强制循环蒸发器

在自然循环蒸发器中，液体通过加热元件的循环流速，随热负荷的增大而增加，当传热温差太小时，传热负荷减小，循环速度下降到一定程度，会发生不稳定的脉冲甚至倒流现象，从而使蒸发操作不稳定，蒸发能力大大下降。用泵输送液体，迫使液体以较高速度流过加热元件，强化了传热，提高了蒸发能力，在相同的处理量下可采用较小的传热面积。由于较高的流速使结晶颗粒不易在换热表面附着，因此抗结晶堵管的能力较强。所以强制循环蒸发器的适应性较强，但增加运转与维护的费用，所以要在全面权衡利弊之后，经过经济衡算，才能做出抉择。

液体在加热管内的循环流速通常在 1.2～3.0m/s 范围之内（当悬浮液中晶粒多，所用管材硬度低、液体黏度较大时，选用低值），过高的流速将耗费过多的能量，且增加系统的磨损。

加热元件可以是立式单程加热［见图 6-34(a)］或立式双程加热［见图 6-34(b)］，也可以是卧式双程加热［见图 6-34(c)］。后者的设备总高较小，但管子不易清洗，且容易被晶粒磨损。图 6-34(d) 为轴向进料的蒸发结晶器[35]，主要用在真空制盐领域。为抑制加热区内汽化，可采用立式长管蒸发器的办法，在加热区之上保持一定液面高度［见图 6-34(b)、(c)、(d)］，或采用出口节流的办法［见图 6-34(a)］。

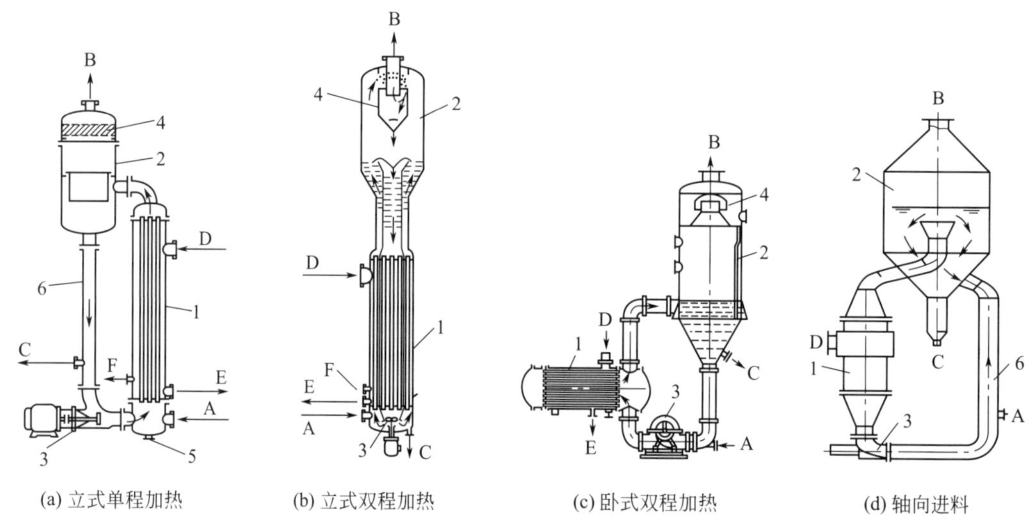

图 6-34 强制循环蒸发器

A—料液；B—二次蒸汽；C—浓缩液；D—加热蒸汽；E—冷凝液；F—不凝气；

1—加热器；2—蒸发室；3—泵；4—除沫器；5—排泄口；6—下降管

选择循环泵时，必须注意泵的扬程要与循环系统的阻力相匹配，一般是流量大扬程低。由于溶液的温度接近沸点，在循环管路的设计与泵的选型中要十分注意预防空蚀的发生。

有循环的降膜蒸发器和带搅拌的短管蒸发器实际上也属强制循环型。溶液在降膜蒸发器加热管内呈膜状流动，没有充满管子，所以循环量要小得多；带搅拌的蒸发器只是在中央循环蒸发器中辅以搅拌，所需功率较小。而本节所介绍的几种强制循环型式往往需要配备大流量、大功率的循环泵（一般采用轴流式混流泵）。

强制循环蒸发器的优点：传热系数大，抗盐析，抗结垢，当加热蒸汽与溶液之间的温度差较小时（3～5℃），仍可进行操作，易于清洗。缺点：造价高，属循环型，溶液停留时间长；要承担泵的运行与维修费用；泵轴不容易保持密封；为抑制加热器内汽化，传入的全部热量以显热形式从加热器携出，由于循环量很大，循环液在换热管内的平均温度较自然循环低，因此一般由静压引起的沸点升高较小。

强制循环蒸发器用在处理黏性、析出结晶，容易结垢或浓度较高的溶液，它在真空条件下操作的适用性很强。

6.3.5 板式蒸发器

用金属板代替圆管作为传热元件基于两方面的考虑：一是板材比管材价格便宜；二是聚结在平板上的垢层比聚结在圆管内的垢层容易成片剥落。但板的刚度与强度远小于圆管，这就要用各种办法增加其刚度与强度，也就出现了各种不同的结构。冲压成各种花纹的板式换热器可提高传热性能。图 6-35 所示为用板式加热器及冷凝器组成的蒸发系统流程。板式蒸发器是一种单程蒸发器，因此操作条件的稳定很重要，真空波动、进料不足及分配孔阻塞等原因，容易造成结垢。

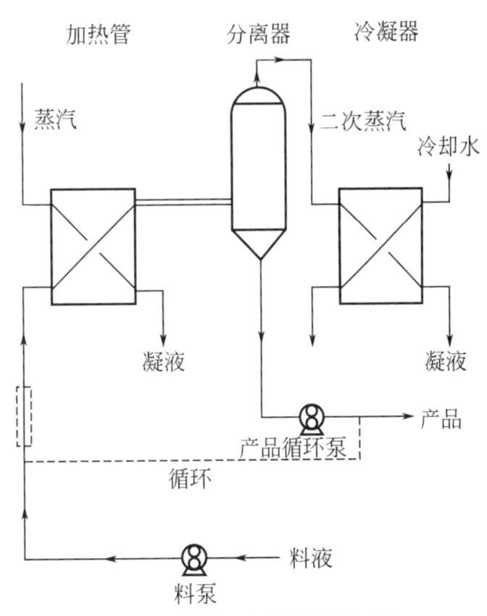

图 6-35 板式蒸发器流程

6.3.5.1 板式升膜蒸发器

图 6-36 所示为在制糖行业中用于糖膏浓缩的板式升膜蒸发器的加热室，其外表与一般的板式加热器相同，用前后端板夹紧多块换热板片，只是在气液混合物出口处接有气液分离器(图中未显示)。但其加热元件是由两块带波纹的加热板从周边焊接在一起组成蒸汽加热室（因为水蒸气冷凝侧没有垢层，不用拆洗)，加热蒸汽由端板的右上侧引入，在两板之间冷凝，并从端板的下部排出。料液由端板下部进口（中间的两个孔）进入两组加热室之间，受热沸腾、气化，蒸汽上升时带着料液使其紧贴板面形成上升液膜，在加热板波纹的影响下，形成强烈的湍动。气液混合物从前端板左上侧出口引入，在专设的气液分离器分离。这种蒸发器是一次通过型，料液不进行循环。两加热元件之间的周边，设有柔性密封垫，在机架与螺栓压紧的作用下确保加热侧的密封。与常用管式蒸发器相比，这种蒸发器具有高效、紧凑、价格低廉等优点[36]。

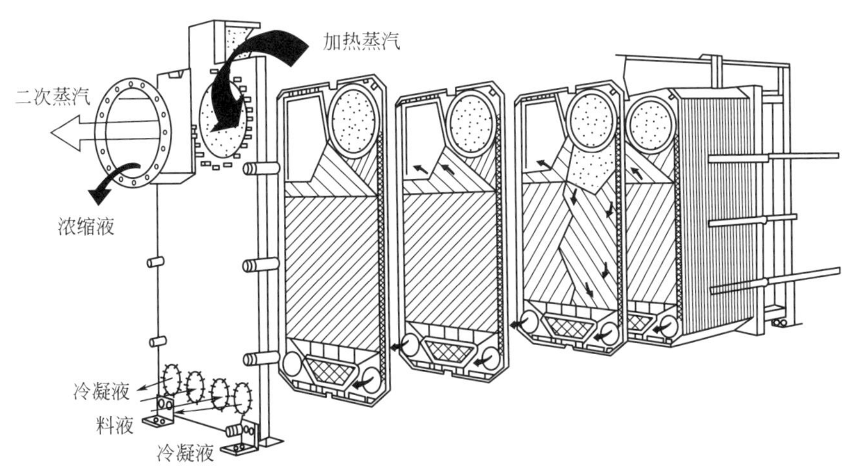

图 6-36 用于糖膏蒸发的板式升膜蒸发器的加热室

6.3.5.2　板式降膜蒸发器

图 6-37 所示是用于造纸污水——黑液蒸发浓缩的国产降膜蒸发器，其加热器是由 1000mm×6000mm 的两块不锈钢薄板在周边焊接构成的若干元件组成，蒸汽在元件内侧冷凝，黑液由循环泵提升到顶部，通过分配器 2 均匀地分布到每个加热元件的两侧，沿元件外表面呈膜状流下，在下降过程中受热而汽化。产生的二次蒸汽由相邻两个元件之间的通道上升，通过气液分离室上部的液沫分离器 3 排出器外，蒸发器属循环型。

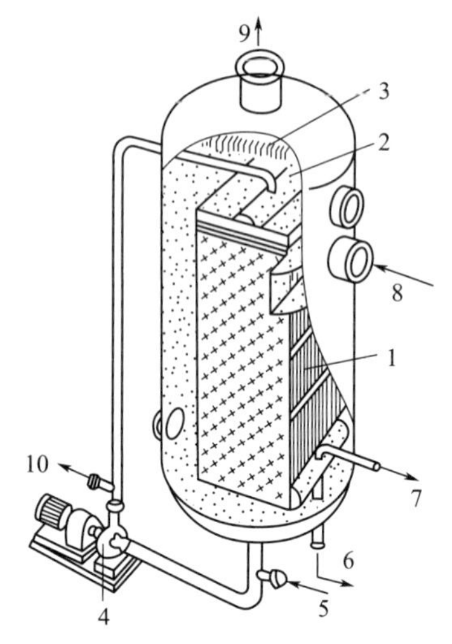

图 6-37　板式降膜蒸发器

1—加热元件；2—分配器；3—液沫分离器；4—循环泵；
5—料液进口；6—排渣口；7—冷凝液出口；
8—加热蒸汽进口；9—二次蒸汽出口；10—料液出口

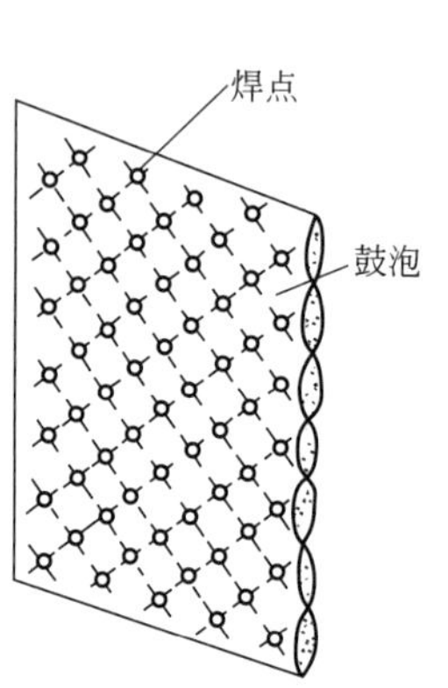

图 6-38　板式加热元件

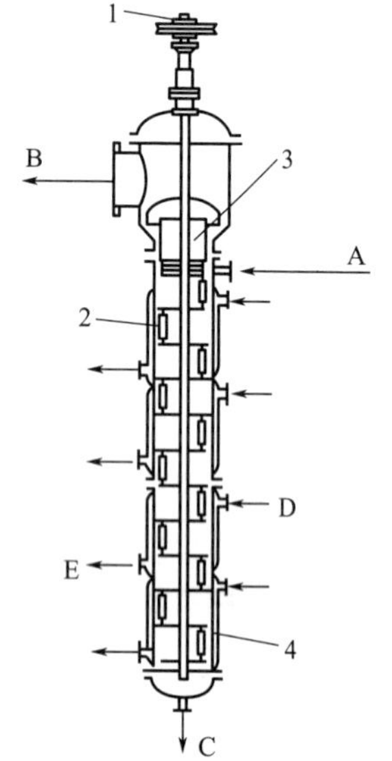

图 6-39　刮膜蒸发器

A—料液；B—二次蒸汽；C—浓缩液；
D—加热介质进口；E—加热介质出口；
1—转子轴；2—刮板；
3—除沫器；4—夹套

加热元件如图 6-38 所示，组成元件的两块薄板上规则地布有向内凹的焊点和向外突起的鼓泡，周边用密封焊相连，能承受腔内的加热蒸汽压力。黑液在外侧呈膜状由上至下在起伏不平的表面上倚靠重力自由流下。板表面是抛光的，因蒸发而形成的垢渣，积到一定厚度时能自动剥落。

6.3.5.3　螺旋板蒸发器

螺旋板换热器是由两张平行的金属板卷制成两个螺旋形通道，冷热流体之间通过螺旋板壁进行换热的换热器。在螺旋板换热器的一个通道内通入加热蒸汽，把另一个通道的两侧打开不封闭，使溶液可以沿螺旋的轴向流过通道作自然循环。两螺旋板之间有焊在板上的多个定距支撑，因而能保持两板间距，增加板的刚度。把这种侧向封闭通道作蒸汽冷凝用，侧向敞开通道作溶液沸腾用的螺旋板换热器，代替悬筐蒸发器的加热室，就成了螺旋板蒸发器。

6.3.6　刮膜蒸发器

刮膜蒸发器结构示意如图 6-39，圆筒体（或圆锥体）内设有同轴旋转的刮板。料液加到设在圆筒体上部的分布盘中，分布盘旋转时把料液均匀地甩到圆筒的内壁，料液沿筒壁靠重力流下，被紧贴筒壁的刮板布成膜，并不断受到刮板的推动、剪切和挤压，形成表面不断更新、高度扰动的料膜。在料液作螺旋状往下流淌的过程中，从筒壁传入的热量使溶液加热，溶剂气化，蒸汽与液滴分离后从上部引出，浓缩液在下部收集。筒体外壁设夹套以引入蒸汽或其他加热介质。

刮板结构分为固定式和活动式两种[37]。固定式结构的刮板与转轴固定在一起，用于不刮壁蒸发，如图 6-40(a) 所示；活动式结构的刮板没有与转轴完全固定在一起，可以在径向移动，靠旋转产生的离心力作用而紧贴蒸发表面，作刮壁面蒸发，如图 6-40(b) 所示。

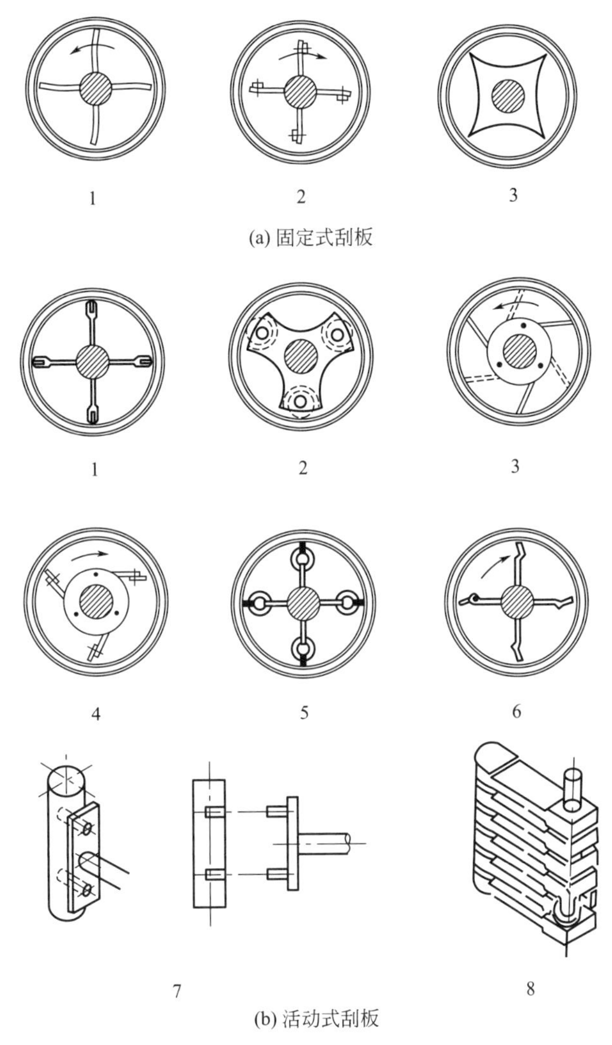

图 6-40　刮板型式

刮膜蒸发器的优点：为非循环的直流型，料液在器内的停留时间较短，防结垢，可处理黏度很大的物料，料液的浓缩比可以很高。缺点：单位传热面的造价昂贵。适于处理热敏性、高黏度、易起泡的物料（黏度可高达 100Pa·s），如中药的膏剂，此时多采用较大的传热温差，作最终的浓缩加工。

6.3.7　直接加热蒸发器

直接加热蒸发器又称浸没燃烧蒸发器，其结构如图 6-41 所示。它是把气态或液态燃料与助燃空气分别送入浸没在液下的燃烧器内燃烧，燃烧产生的高温气体带着全部的燃烧热，以气

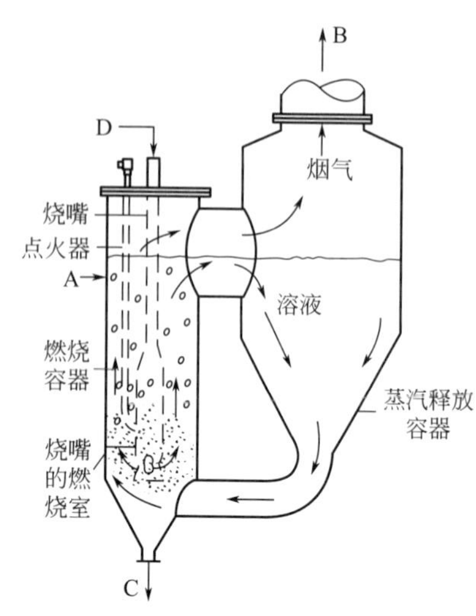

图 6-41 直接加热蒸发器
A—料液；B—含有水蒸气的燃烧烟气；C—浓缩液；D—空气与燃料

泡状分散到周围液体中，同时把热量传递给液体，并使溶剂气化。当气体上升到液面时，其温度已经下降，与液温十分接近，所以热效率很高，但溶液可能被燃烧产物污染[38]，产生的二次蒸汽与燃烧产生的烟气混合，要再次利用其热量也有困难。

这种蒸发器的结构简单，不需要金属传热表面，而且外形尺寸较小，腐蚀问题容易解决，因此常用于强腐蚀性料液的蒸发。

为了防止燃烧产物中的水汽进入溶液，溶液温度必须高于60℃。烟气鼓泡通过液体，会使液体的正常沸点下降。当用天然气为燃料，过剩空气系数 $\alpha=8\%$时，已测得水的沸点约为89℃。α 越大，烟气量越多，沸点也就越低，但过大的 α 值将破坏燃烧的稳定性，容易导致熄火[38]。

浸没燃烧蒸发器存在的问题是雾沫夹带量大，以及带有腐蚀性雾滴的烟气排放问题。

直接加热蒸发器最适合于强腐蚀性、易结垢盐析和高黏度溶液的浓缩，但不能处理与烟气起反应的、热敏性的或能被烟气污染的料液。

6.3.8 蒸发器的选型

蒸发设备的选型是蒸发装置设计中的首要问题。为了使装置更加紧凑，在选型时首先要选用传热系数高的型式，但料液的物理、化学性质常常限制它们的使用。有时几种型式蒸发器对相同的料液都能得到相同的效果。因此在选型时，要综合技术要求、现场条件、投资状况，操作情况等统一考虑。

6.3.8.1 选型考虑的因素

① 料液性质　包括成分组成、杂质、黏度变化范围、热稳定性、发泡性、腐蚀性，是否易结垢、结晶，是否带有固体悬浮物等。

② 生产要求　包括处理量、蒸发量、料液进出口浓度、温度、安装场地的大小和厂房高矮、设备投资限额、要求连续生产还是间歇生产等。

③ 公用工程条件　包括供电情况、供应蒸汽的压力与量，以及能利用的冷却水的水量、水质和温度等。

6.3.8.2 有关选型的说明

① 料液的黏度　料液在蒸发过程中黏度的变化范围是选型的关键因素之一，要加以关注。表 6-2 中列出了适用的黏度范围。

② 物料的热敏性　对热敏性的物料（即在较高温度或在较长时间受热条件下，物料容易发生分解、缩聚或异构等），一般应选用储液量少、停留时间短的一次性通过蒸发器，还要在真空下操作，以降低其受热温度。

③ 物料的发泡性　黏度大表面张力低、含有高分散度固体颗粒的溶液以及胶状液容易起泡。发泡严重时能使泡沫充满气液分离空间，形成二次蒸汽的大量夹带。升膜式和强制循环式形成较高的气速，与防冲板撞击时可以有消泡作用。降膜式的气液界面很大（接近于加热管的内表面积），不易起泡。

④ 有结晶析出的料液　饱和溶液蒸发时，由于溶剂气化形成过饱和，使结晶沉积在加热表面，阻碍传热。一般要采用管外沸腾型蒸发器，如强制循环式、长管带专设沸腾区的和多级闪蒸等形式。一方面在加热区抑制沸腾的发生，另一方面加大循环流速以冲刷已沉积的盐垢。一般认为升膜式不能用于饱和溶液的蒸发。在有一定循环量时，降膜蒸发器也可以成功地用于有结晶析出的料液，这时因为下降的液膜很薄，气液界面积很大，气化只发生在气液界面上，金属加热表面不形成汽泡。

⑤ 结垢问题　蒸发器经长期使用后，传热面总是有不同程度的结垢。垢层导热性能差，明显降低了蒸发强度。按结垢成因来分，主要有过饱和溶质的晶析（已如上述分析），悬浮颗粒的沉积，也有局部过热引起的焦化。浸没燃烧式与刮膜式是防止结垢的两种典型型式。选用便于清洗的结构则是另外一类解决问题的途径。

如果工艺条件允许，降膜式蒸发器应该是首选型式，它的传热系数大，单位传热面的造价低（换热管长可达 12m），允许在很低的传热温差下操作（有利于用多效或热泵操作），在管壁上只有很薄的一层液膜，持液量很少，液体在器内停留时间短（有利于热敏性物料），而且清洗所需的化学药品也很少。但降膜蒸发器却不适于处理黏度大的物料（上限为 0.1Pa・s）。

结垢倾向较大的物料或悬浮固体较多的物料采用强制循环型较好。

6.3.8.3　蒸发设备选型

前文分别介绍了各种常用蒸发器的适用条件，表 6-2 综述其特性。

表 6-2　各种型式蒸发器的特性

蒸发器型式		适用黏度范围/Pa・s	蒸发容量	造价	料液停留时间	浓缩比	盐析与结垢趋势	适于处理热敏性物料	适于处理易发泡物料
自然循环型	夹套釜式	≤0.05	小	较低	长	较高	大	不适	较差
	中央循环管	≤0.05	中	较低	长	较高	大	不适	较差
	带搅拌中央循环管式	≤0.05	中	较高	长	较高	稍大	不适	尚适
	长管自然循环型	≤0.05	中～大	较低	长	较高	稍大	不适	尚适
强制循环型	管式	0.10～1.00	中～大	较高	长	较高	较小	不适	尚适
	板式	0.10～1.00	中～大	较高	长	较高	较小	不适	尚适
膜式	升膜	≤0.05	小～大	较低	短	一般	大	适	好
	降膜	0.01～0.10	小～大	较低	短或长①	一般或较高①	稍大	适	好
	刮膜	1.00～10.00	小～中	高	短	高	微小	适	适
浸没燃烧		≤0.05	小～中	低	长	较高	微小	不适	尚适
闪蒸型		≤0.01	中～大	高	较短或长	小	微小	适	尚适

① 为采用循环操作条件下的情况。

6.4　蒸发器的设计

蒸发器的设计要考虑三个主要方面：传热、气液分离、能量的合理利用，现分别加以说明。

（1）传热问题

只有传入足够的热量，溶液被加热达到沸点之后，才能沸腾气化。而且沸腾气化又需要传入更多的热量，所以高效传热，是选择蒸发器型式、决定蒸发器尺寸与造价的主要因素。要求在最小金属表面积下传递给溶液尽可能多的热量。传热的热阻除与换热表面介质的流动状态有关外，溶液在换热面析盐结垢的热阻往往是主要控制传热速率的因素。

（2）气液分离

蒸发产生的二次蒸汽中，常常有溶液雾滴，这不但会引起产品损失并造成二次蒸汽冷凝水的污染，还会引起与二次蒸汽接触的下游装置结垢、腐蚀，所以气液分离在某些场合下显得很重要。但为了节省投资，在达到所需分离要求的前提下，设备结构要尽量简单。

（3）能量的有效利用

蒸发所需的热量包括三部分：使料液从初始温度提供到沸腾温度的预热热量；从料液中分离液态溶剂与固体溶质所需的能量（溶解热的反效应），这部分占总热量的百分比一般很小，可以忽略；使溶剂气化所需的气化热，其中使溶剂气化所需的热量占的百分比最高。

常以蒸发 1kg 溶剂所消耗的水蒸气量（kg）来评价能量的有效利用率。有时也有以蒸汽的经济性，即每消耗 1kg 加热蒸汽能蒸发的溶剂量（kg）来评价。显然，单位蒸汽消耗量与蒸汽的经济性互为倒数。

用较高压强下蒸发的二次蒸汽作为加热介质，使溶液在较低压强下沸腾气化，从而使热量得到多次利用，可以显著降低单位蒸汽的消耗量。用温度较高的浓缩液和蒸汽凝液，来预热温度较低的料液，同样也可以提高蒸汽的经济性。

蒸发器的形式各不相同，其总体结构也互有差异，但总的来说，它是由加热室与蒸发室两个基本部分组成的。

6.4.1 加热装置

蒸发器的主要组成部分——加热室，是溶液获得热量的场所。大多数蒸发器采用常见的管壳式换热器，经常用水蒸气做加热介质，并在换热器的壳程冷凝，溶液在加热管内被加热，有时在管内还伴有沸腾气化。近年来也有用板式换热器来加热溶液的，因为板式造价较低。卧式降膜蒸发器中被蒸发溶液则是在横卧的管排外呈液膜分布，加热蒸汽在管内冷凝，并加热管外的液膜，使其沸腾气化。

传热速率可用通式：

$$Q = KA\Delta t \tag{6-43}$$

式中，K 为总传热系数；A 为传热面积，传热有效温差 Δt 已在前面讨论了。

6.4.1.1 加热器的传热系数

蒸发器的总传热系数按照热阻加和方程式计算。

$$K = \frac{1}{\dfrac{1}{\alpha_0} + R_0 + \dfrac{\delta}{\lambda}\left(\dfrac{D_0}{D_m}\right) + R_1\left(\dfrac{D_0}{D_1}\right) + \dfrac{1}{\alpha_L}\left(\dfrac{D_0}{D_1}\right)} \tag{6-44}$$

式中 α_0——加热管加热蒸汽侧蒸汽冷凝的传热膜系数，W/(m^2 · K)；

α_L——加热管料液侧的传热膜系数，W/(m^2 · K)；

R_0——加热管加热介质侧的污垢系数，(m^2 · K)/W；

R_1——加热管料液侧的污垢系数，(m^2 · K)/W；

δ——加热管的壁厚，m；

λ——加热管材的热导率，W/(m · K)；

D_0——加热管的外径，m；

D_1——加热管的内径，m。

表 6-3 与图 6-42 提供了各种型式蒸发器的总传热系数的大概范围。

表 6-3　各种蒸发器的总传热系数

蒸发器形式	总传热系数 /[W/(m^2·K)]	蒸发器形式	总传热系数 /[W/(m^2·K)]
夹套式	350～2330	强制循环型	1200～7000
盘管式	580～3000	倾斜管式	930～3500
水平管式(蒸汽管内冷凝)	580～2330	升膜式	580～5800
水平管式(蒸汽管外冷凝)	580～4700	降膜式	1200～3500
中央循环管式	580～3000	外加热式	1200～5800
带搅拌的中央循环管式	1200～5800	刮膜式(黏度 1～100mPa·s)	1750～7000
悬筐式	580～3500	刮膜式(黏度 1000～10000mPa·s)	700～1200
旋液式	930～1750		

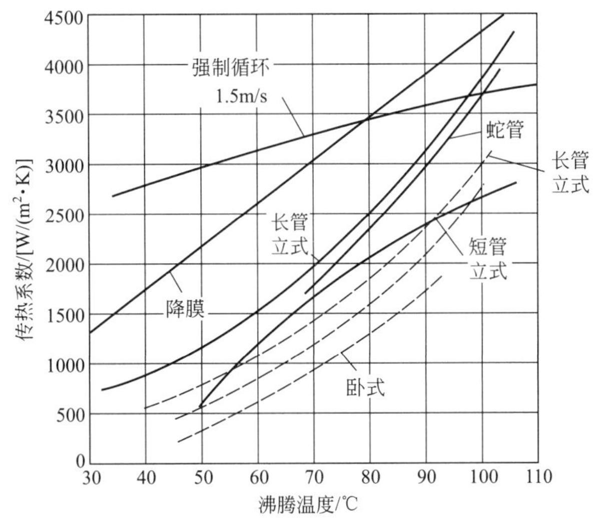

图 6-42　各种蒸发器的总传热系数

—— 水(ΔT=11℃) ——— 蔗糖

6.4.1.2　料液侧的传热膜系数

料液侧的传热膜系数，因蒸发器的型式、料液的流动方式（满管流、膜状流）以及加热程度（无相变的显热加热、沸腾）等条件各异。大多数情况是采用在各种条件下得到的半经验关联式。以下分别推荐几种常见的计算方法。

① 管式自然循环蒸发器中沸腾液体的传热膜系数　可用 Kirschbaum 的无量纲关联式[39]来粗略估计其平均传热膜系数。

$$\frac{\alpha_L \sigma_L}{\lambda_L p}=C\ \frac{\Delta t_W C_L}{r}\left(\frac{\rho_L}{10^3\ \rho_V}\right)^{0.5}\left(\frac{\mu^*}{\mu_L}\right)^{0.25} \tag{6-45}$$

式中　σ_L——（沸腾）液体与其蒸汽间的表面张力，N/m；

λ_L——液体的热导率，W/(m·K)；

p——二次蒸汽压力，Pa；

C_L——液体比热容，J/(kg·K)；

r——液体的气化潜热，J/kg；

ρ_L——液体密度，kg/m^3；

ρ_V——蒸汽密度，kg/m^3；

μ_L——液体的动力黏度，kg/(m·s)；

μ^*——水的动力黏度，kg/(m·s)；

Δt_W——管壁与沸腾液体之间的传热温差，$\Delta t_W = t_{WL} - t_L$，K；

C——与表观液面高度百分比 h 有关的系数；

h——定义为加热管内含纯液柱高度占总管长的百分比，可用与换热器下管箱和蒸发室无液汽相区相连接液位计读数（见图 6-43）。当读得的表观液面百分比 $h=75\%$时，取 $C=0.24$；当 $h=40\%$时，$C=0.37$。

上式中的传热温差 Δt_W 不得小于产生自然循环所需的最小温差 Δt_{min}。图 6-44 是经验积累的 Δt_{min} 关系曲线。纵坐标是表观液面百分比 h，温差小于相应曲线左侧的各状态，不能产生自然循环，也不能维持自然循环的继续进行。

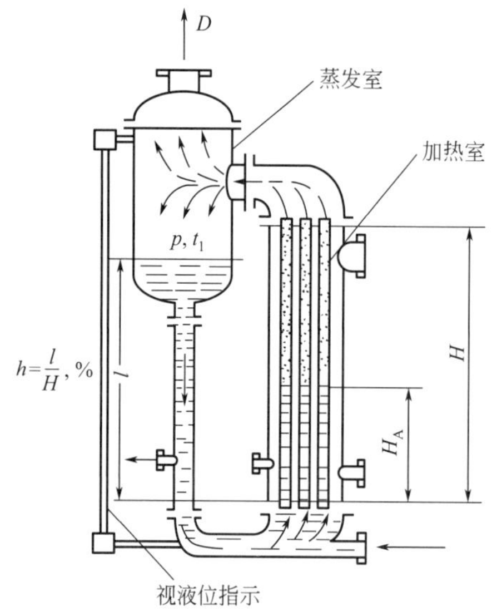

图 6-43　自然循环蒸发器表观液面百分比的测量

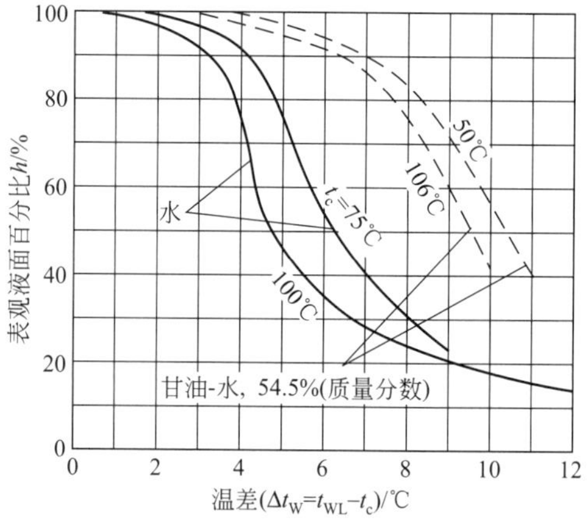

图 6-44　维持自然循环的最小温差 Δt_{min}

② 强制循环蒸发器［见图 6-34(a)、(b)、(c)、(d)］中液侧的传热膜系数　在确定了液体在加热管中的流速后，可用无相变的强制湍流传热膜系数关联式计算（参见第 5 章）。外设沸腾区的自然循环蒸发器（见图 6-28），因为在加热区属无相变传热，也同样可采用此法，但在估计其循环推动力与循环速度时，过程就比较复杂。胡修慈等对此作了专门研究，可参考文献［40，41］。

③ 管式升膜蒸发器（见图 6-29）中液侧的传热膜系数　可用 Coulson 和 McNelly 的关联式[42]计算：

$$\alpha_L = \frac{1.3 + 128 d_i}{d_i} \lambda_L (Pr)_L^{0.9} (Re)_L^{0.23} (Re)_V^{0.34} \left(\frac{\rho_L}{\rho_V}\right)^{0.25} \left(\frac{\mu_V}{\mu_L}\right) \tag{6-46}$$

式中　$(Pr)_L = \dfrac{C_L \mu_V}{\lambda_L}$，取料液在平均沸腾温度下的物性参数；

$(Re)_L = \dfrac{d_i u_L \rho_L}{\mu_L} = \dfrac{4w_L}{\pi d_i \mu_L}$，$w_L$ 为每根管子的液流量，kg/s；

$(Re)_V = \dfrac{d_i u_V \rho_V}{\mu_V} = \dfrac{4ql}{r \mu_V}$，$q$ 为每根管子的热负荷，W/m²；l 为管长，m；

u_L、u_V——液体与蒸汽的表观流速，m/s；

d_i——管内径，m；其余符号同上。

④ 竖管降膜蒸发器中管内液侧的传热膜系数　可用 Dukler[43] 的关联图 6-45 求得，图中：

$$Re=\frac{4m}{\mu_L} \tag{6-47a}$$

$$\phi=\left(\frac{\mu_L}{\rho_L g\lambda_L}\right)^{\frac{1}{3}} \tag{6-47b}$$

式中，m 为单位液膜宽度的液流量，kg/(m・s)。

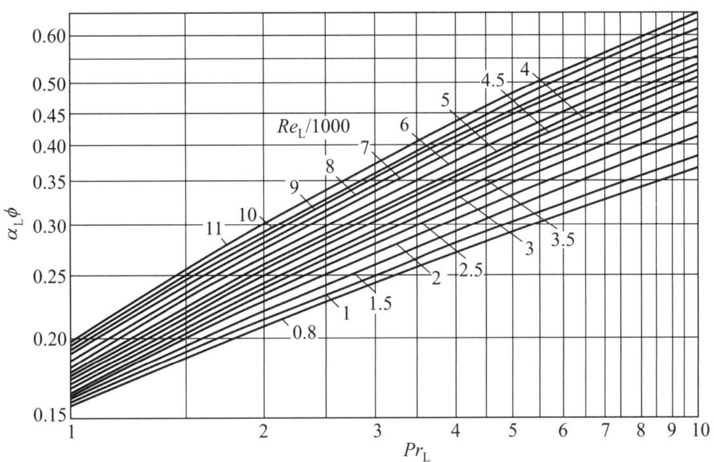

图 6-45　降膜蒸发器的传热膜系数

⑤ 水平管降膜蒸发侧传热膜系数　可用 Chun 和 Seban 的关联式[44]计算

$$\alpha_L=0.822\left(\frac{\lambda_L^3 g}{\upsilon^2}\right)^{\frac{1}{3}}\left(\frac{4\Gamma}{\mu}\right)^{-0.22} \tag{6-48}$$

式中　Γ——喷淋密度，kg/(m・s)；

υ——运动黏度，m²/s。

⑥ 板式蒸发器的传热系数　板式蒸发的板片结构是影响蒸发传热的关键因素，其结构不同对蒸发侧的传热系数影响较大，近年来许多学者提出了板式蒸发器的比较准确的传热系数关联式，读者可选择文献［36］中的适宜传热系数关联式进行设计计算。

⑦ 刮膜蒸发器的传热系数　影响刮膜蒸发器传热的因素很多，图 6-46 推荐的是根据不同种类物料粗略估计总传热系数的办法。

所处理物料的黏度对总传热系数的影响很大。文献［45～49］列举了下列数据：当加热筒内径为 0.1～1.5m，长为 1～6.2m，刮板转速为 2000～3000r/min，液膜厚度为 0.1～1.0mm 时，总传热系数与黏度有如表 6-4 所示的关系。

表 6-4　刮膜蒸发器的总传热系数

物料黏度/mPa・s	总传热系数/[kJ/(m²・s・K)]	物料黏度/mPa・s	总传热系数/[kJ/(m²・s・K)]
1～5	5800～7000	1000	1160
100	1750	10000	700

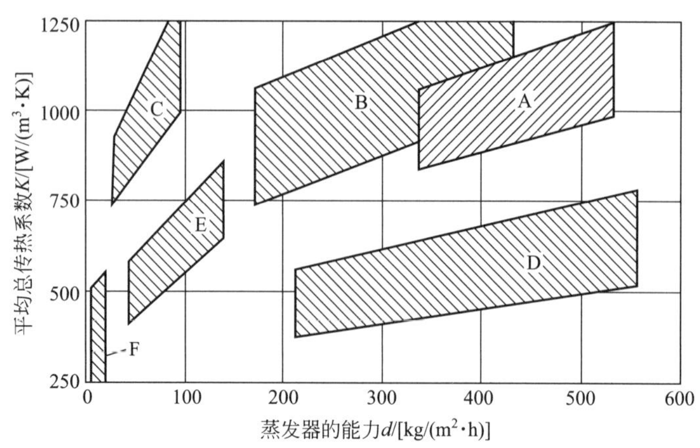

图 6-46 刮膜蒸发器总传热系数的范围

A—溶剂回收；B—有机物蒸馏；C—有机物脱水；D—高沸点有机物的蒸馏；
E—由有机物汽提低沸点物；F—用导热油等做加热介质的脱臭

6.4.2 蒸发器的加料

对于循环型蒸发器，要慎重选择料液加入循环回路的位置。如果进入蒸发器的料液温度低于或等于该蒸发器内的沸腾温度，进料口要设在浓缩液排出口与循环液进加热器之间，使浓缩液不被稀释，还可以加大加热器的传热温差。

把过热溶液加入蒸发器时，要防止溶液因闪蒸沸腾而破坏原有的正常循环。办法是把它送到受静压力较大的位置，以防止闪蒸的产生。如果过热度较大，静压不足以抑制沸腾，则要把料液从切向送入蒸发室（气液分离室）的汽液交界面处，使其迅速闪蒸分离。

蒸发容易起泡的溶液，可以把料液加入气液分离室的气液交界面上，利用表面张力的差异，将有助于破沫。

蒸发析晶溶液时，如果加入的料液浓度低于饱和浓度，可以分出一部分料液，通过带喷嘴的集管，从除沫器沿蒸发室壁喷下，既可清洗除沫器以防止堵塞，还能明显降低器壁的结垢速度。

6.4.3 气液分离

蒸发所产生的二次蒸汽中，往往携带着大小不等的液滴或泡沫。如不妥善分离，一方面引起产品的损失，另一方面还将使下一效蒸发器加热室或冷凝器在腐蚀、结垢等不良条件下工作，并引起冷凝水污染。分离率的确定应根据产品损失、冷凝水污染及造成的加热室选材的变化、冷凝水的利用、设备投资等综合考虑。

在二次蒸汽中夹带液滴，起因有两种：一是由于上升到液面的气泡发生破裂，其液膜分裂成小的雾滴群，液滴直径约为几个微米；二是由于从加热管中喷射出来的液柱分裂成较大的液滴群，四处飞溅，其直径可达几百个微米。由气泡沫分裂而成的细雾滴，其重力沉降速度可能小于二次蒸汽在蒸发室内的上升速度，故而形成了夹带。而由液柱分裂而成的大液滴，因为具有较大的初速度，有可能飞溅到较大的高度。

通常分两步来实现气液分离：初步分离是在中空的蒸发室内进行的，二次蒸汽在较大容积的蒸发室内上升汽速较小，较大的液滴在重力作用下返回液面，作初步分离；进一步分离是在通过设在蒸发室上部（或外部）的除沫器进行的。

蒸发室的大小主要取决于气液分离所需要的空间，包括直径和高度两个参数。直径要大些，以能维持较低的气速，在此速度下保证上升汽流不致携带过量的雾滴。此速度可按下式[50]估算。

$$U_V = K_V \left[\frac{\rho_L - \rho_V}{\rho_V}\right]^{\frac{1}{2}} \tag{6-49}$$

式中 U_V——蒸发室中蒸汽平均上升的速度，m/s；

ρ_L、ρ_V——料液和蒸汽的密度，kg/m^3；

K_V——雾沫携带因子，在确定蒸发室的蒸汽平均上升速度时，处理水溶液时，可以接受的最大值为

$$K_{V,max} = 0.017\text{m/s}$$

在真空度较大的末效，由于二次蒸汽的容积流量很大，实际采用的上升速度往往比式(6-49) 大一些。

蒸发室（气液分离室）的高度，即自液面以上的高度，主要是为了防止大液滴从二次蒸汽出口飞溅出去。在短管立式蒸发器中，二次蒸汽夹杂着液体向上喷射，因此蒸发室高度要为2.5～3.5m，在强制循环型蒸发器和外热式蒸发器中，如果料液是从切向引入蒸发室的，在室中被迫沿壁做旋转运动，或被挡板引导向下喷射，所以蒸发室的高度可以小一些。在某些蒸发器［见图6-25、图6-26、图6-28(c)、图6-29(a)］中，还装有各种除沫挡板，减少气液两相流带入更多液滴，所以其高度也可以小一点。

在确定蒸发室的实际高度时，还要考虑到安装内部除沫器所需的高度，以及存液量的要求等。除沫器的作用是使细小的雾滴积集，并与二次蒸汽分离。常用在蒸发器中的除沫器有装在蒸发室上部的惯性式、折流式、旋流板式、丝网式和单独设在蒸发器外部的旋风式除沫器。

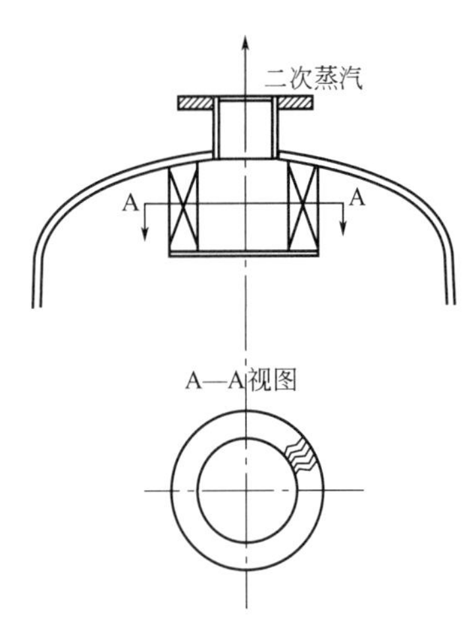

图6-47 装在蒸发室顶部的折流除沫器

比较常见的惯性式是改变汽流的速度与方向，使被携带的密度较大的液滴由于惯性附着在器壁上积集后，靠重力流回集液槽。回流管设液封，用于防止部分汽流由于回流管短路而不通过除沫器。

折流式（见图6-47）与惯性式的作用原理相同，使二次蒸汽通过许多并联的曲折通道（见图6-48），液滴在曲折通道的垂直壁面以及设在通道曲折处的陷阱积集后，顺壁流下，得以分离。由于液滴与壁面的碰撞机会多，分离效率较高，而汽流的压降较小。用式(6-49) 计算折流板的适宜气速时，可取 K_V 值为0.085～0.1[51]。

旋流板式是借用气液传质的塔设备的外向旋流板，使带液气流做螺旋上升运动，液滴被离心力甩到蒸发室的器壁，积集后流下，除沫效率可高达98%～99%，其结构与设计计算方法参见文献［52，53］。

丝网式是使气流通过多层细金属丝针织网。在雾沫量不是很大或雾滴不是特别细小的情况下，很容易达到99%以上的除沫效率，用式(6-49) 计算气速时，K_V 取值随丝网结构及操作条件而定，参见表6-5[51]。

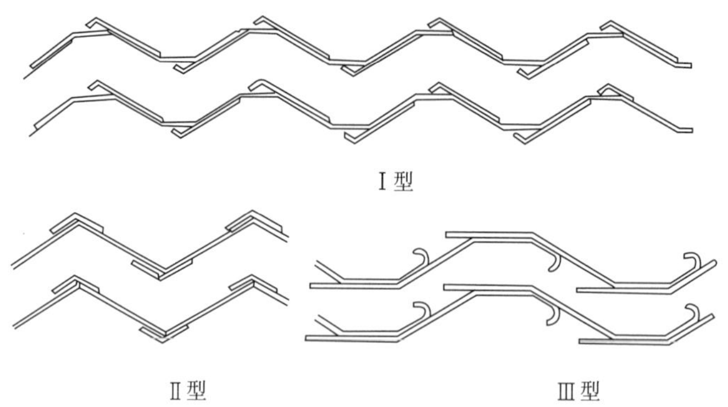

图 6-48　折流除沫器的几种折流元件（气流方向自左至右）

表 6-5　编织丝网的 K_V 值

使用条件		丝网类型	K_V 值
干净流体、中等液体负荷		标准型	0.107～0.11
		高效型	0.107
		超高效型	0.076
黏性及带悬浮固体的介质		低密度型、人字型或高速型	0.116～0.128
在真空下操作	6666Pa（绝压）	标准型或高效率型	0.061
	5426Pa（绝压）		0.082
用于腐蚀性化学剂		涂塑料丝网或塑料绳网	0.064

丝网适用于洁净气体的除雾，不宜用于液滴中含有固体或容易析出固体物质的场合，以免液体蒸发后留下固体堵塞丝网，并应设置喷淋装置，经常冲洗。

各种气液分离器的特性见表 6-6。

表 6-6　各种气液分离器的特性

型式	捕集雾滴直径/μm	阻力降/Pa	分离效率/%	K_V	进口气速范围/(m/s)
惯性式	>50	100～600	80～90	0.085～0.10	常压 12～25，负压>25
折流式	>15	200～800	90～99	0.085～0.10	3～10
旋流板式	>10	12～300	90～99		2～5
丝网式	>5	250～750	98～100	表 6-5	1～4
旋风式		3000～5000			20～30

6.4.4　存液容积

蒸发室的下部用于存储与二次蒸汽分离后的溶液，叫做存液容积，对于非循环的一次通过型蒸发器，存液容积很小，仅仅起到收集的作用。而对循环型蒸发器，存液容积的大小，要保证加热后的溶液有足够的机会闪蒸出蒸汽，消除其过热，达到所处压力下的气液平衡。在有结晶析出时，还要保证气化浓缩后的过饱和溶液有机会消除其过饱和度，析出过饱和的溶质，使结晶成长，并使悬浮液沉降浓缩到排料浓度，而使澄清液返回加热。此时的存液容积往往较大，应满足结晶及悬浮液沉降的要求。

因为存液容积常存有过饱和溶液，为避免器壁结垢与堵塞，它必须有最简单的外形，不允许有多余零件和停滞区域。蒸发室（气相）与存液区界面范围内的器壁是最容易结垢的区域，如用抗附着性的涂层或衬里（如橡胶、氟塑料、搪瓷等与水溶液的润湿角 $\theta \approx 180°$ 的材料）覆盖此区域，或在这些区域用抛光的办法加工内表面，可使蒸发器的清洗周期延长几倍。

6.4.5 含盐悬浮液的排出

蒸发过程中形成的盐晶，以悬浮液形式分批或连续地排出，在老式小型蒸发器中，常采用分批出盐法。在现代化大型蒸发器中，排盐是连续进行的。为此在存液容积的沉积区之下设有圆筒形淘洗腿（见图6-49），待蒸发的料液自底部注入，向上流动，使沉积在淘洗腿中的盐晶松动，并携带细粒盐晶向上返回，使它得以在过饱和溶液中继续长大。淘洗腿设有侧向开孔的悬浮液排出管，松动后的盐晶随溶液以较高的浓度从此排出。大的盐块定期从淘洗腿的底部放出。淘洗腿或称水力分级器，其设计方法可参见文献［54，55］。

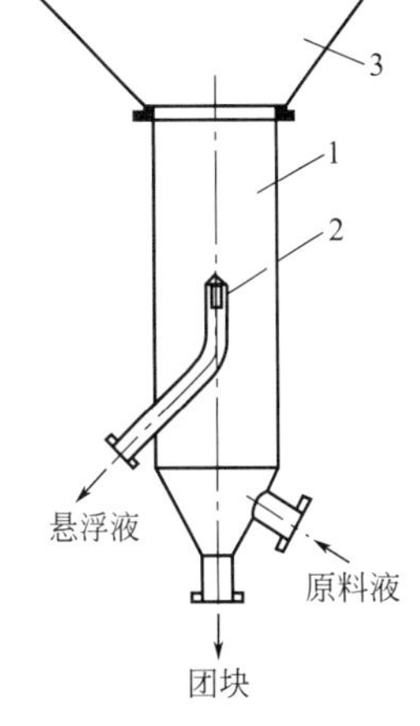

图6-49 自蒸发器引出悬浮液的淘洗腿

1—淘洗腿；2—悬浮液排出管；3—存液容积

6.4.6 不凝气的排除

蒸汽中往往带有少量的不凝气体，不凝气的来源有三：加热蒸汽中带入的；料液中带入的；负压操作下外界漏入的。

这些不凝气（空气、CO_2、NH_3 等）随加热蒸汽进入加热室的蒸汽冷凝侧。虽然带入量不大，但长期积累后，可在冷凝侧的局部形成较高的浓度，使得传热速率明显下降。因此必须随时从冷凝侧排出不凝气体。

不凝气从两方面减小传热速率：一是因为热量的传递必须透过积集在冷凝表面的气膜，增加了传热阻力；二是不凝气浓度较高时，水蒸气分压下降而使冷凝温度降低，从而减少了有效传热温差。

料液侧也会有不凝气产生，其来源可以是原来溶解在料液中的气体，受热后释放出来；可以是溶液加热后分解出来的气体；也可以是负压下因设备密闭不严而漏入的空气。在多效蒸发装置的后几效负压下操作的蒸发器中，漏入的空气量较多。

在排除不凝气时，总要带走一些混在一起的蒸汽。为了尽量排除不凝气，而又减少蒸汽的损失，排放点的选择和蒸汽通路的设计非常重要。

对于加热室采用管壳式换热器，蒸汽在壳程冷凝的情况，视加热室直径大小，可以分别设计如下。

对于加热室直径小于1.2m，加热面积小于400m^2 的蒸发器，可在蒸汽进口的对面，靠近上下管板处各设一个接管，排出不凝气。或用图6-50展示的办法，在蒸汽进口的对面，设一半圆形截面的集气管，集气管上沿管长均匀开孔，以达到沿壳长均匀排气的目的。

壳径大于1.2m时可采用图6-51的设计方案，排空是通过装在管束中心的多孔集流管来进行的。有时也采用图6-52的在加热室中留有非布管通道的方式。因为少布管而减少的传热面积，为合理排放不凝气而使传热过程强化所补偿。

加热蒸汽冷凝压力超过常压时，不凝气可以直接向大气排放。低于常压时，不凝气的排放要与负压的末效冷凝器相连。每条排空管线必须能分别控制。在多效蒸发系统中，把加热室的排空管与本效蒸发室（其压力低于加热室壳程压力）相连的办法不予推荐。它虽然可以回收一些与不凝气一起排走的蒸汽以供下一效加热用，但却增加了下一效加热蒸汽中不凝气的浓度。

6.4.7 蒸汽进口与凝液出口

在壳程冷凝的管壳式加热室中，蒸汽进口既要保证蒸汽均匀地分布到加热管外壁，又要防止高速气流直接冲击管壁。图6-50和图6-51的结构在进口处设防冲挡板，并设置有一定的分布空间，就是考虑了上述要求。图 6-53 则是在进口处设膨胀节，不但可使蒸汽环向均匀分布，还可用作壳体与管子的温度补偿。但对于蒸发器的实际操作条件，壳壁与管壁的温差一般不会很大，后一种补偿作用不一定是必不可少的。

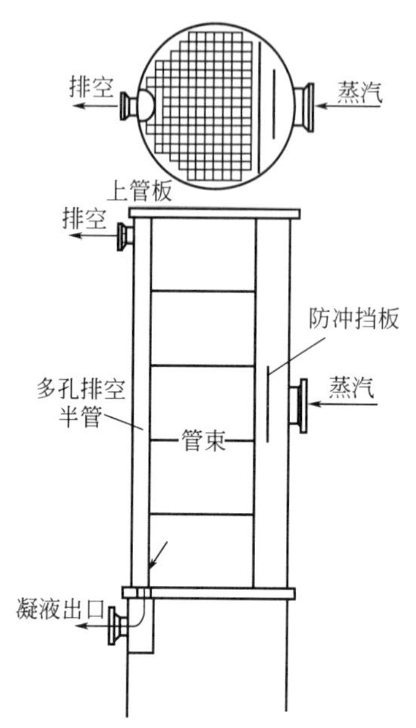

图 6-50　壳程冷凝的布管与排空

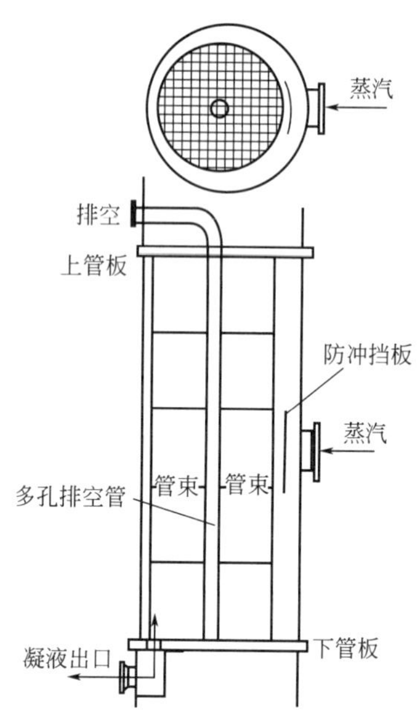

图 6-51　大直径壳体的布管与排空

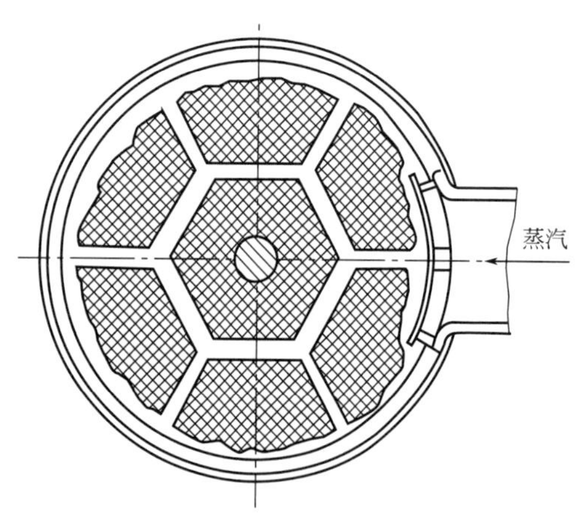

图 6-52　大直径壳体留有蒸汽通道的布管方案

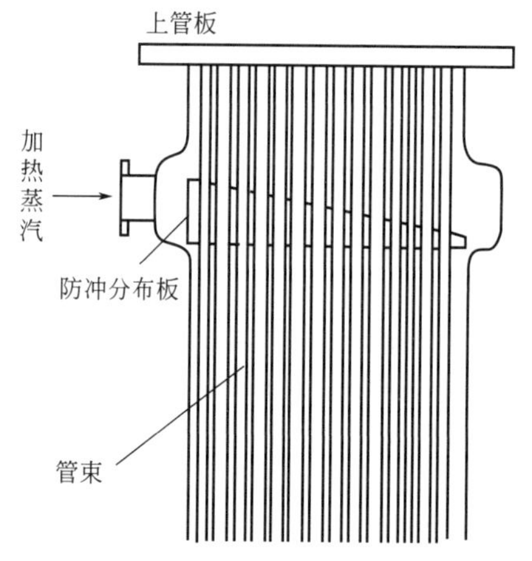

图 6-53　带膨胀节的蒸汽引进与分布结构

蒸汽进口管常设在靠近上管板的位置，这样可以使沿管外壁下降的凝液膜不致过厚，以增强传热。

如果凝液积存在壳程管间，不及时排出，会减少蒸汽的冷凝放热面积，并且增加下管板与管子胀管区的腐蚀速度，所以凝液排出接管要尽量接近下管板。图 6-50 和图 6-51 是在下管板上开孔排液，这样当然可以完全排放壳程的积液，但却要在管板下接的管箱内引出接管，对于可拆连接的管箱是不方便的。图 6-54 左边是悬筐蒸发器的凝液引出办法；右边是用半管引出凝液的办法，将截去一小半的管子焊在管板法兰的两个螺栓孔之间。图 6-55 是虹吸式结构，虽然引出管设在下管板之上，但加热蒸汽的压力，可使下部冷凝液通过设在内部的虹吸管，几

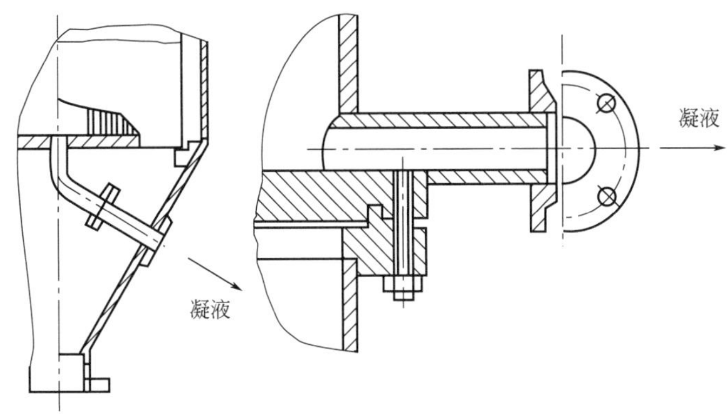

图 6-54　引出凝液的结构

乎完全压出加热室的壳体。

凝液流量较少时，可用各种型式的阻气排水阀，使凝液自动排出。流量大时，要设有液面指示的凝液排除罐（见图 6-56）。

通常把第一效加热蒸汽的凝液，闪蒸或冷却（与料液换热）到 85～90℃，送回锅炉房作锅炉给水。

余下各效的凝液，可以放到下一效加热室的壳程闪蒸，以回收热量。上下效之间的压差一般不大，其间可用液封原理，设一定高度的液柱，或几个串联的液柱，来代替阻气排水阀，使凝液自动流入下一效（见图 6-57）。

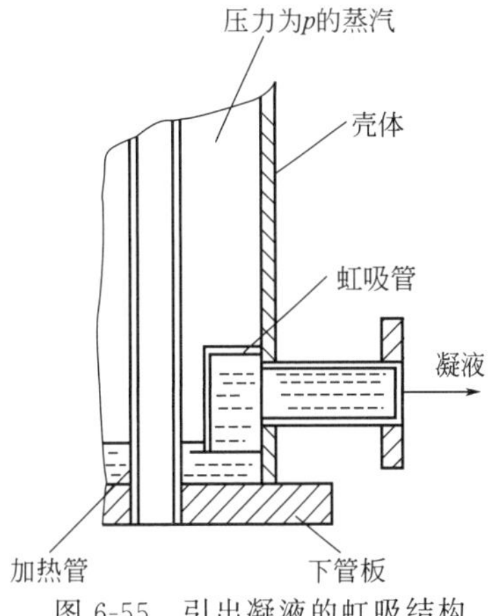

图 6-55　引出凝液的虹吸结构

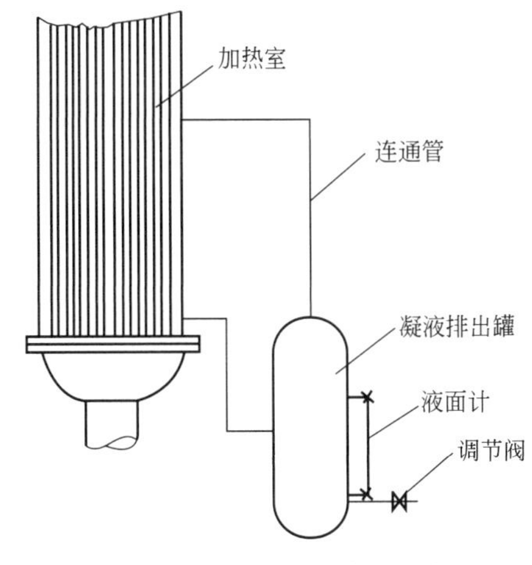

图 6-56　凝液排除罐的连接

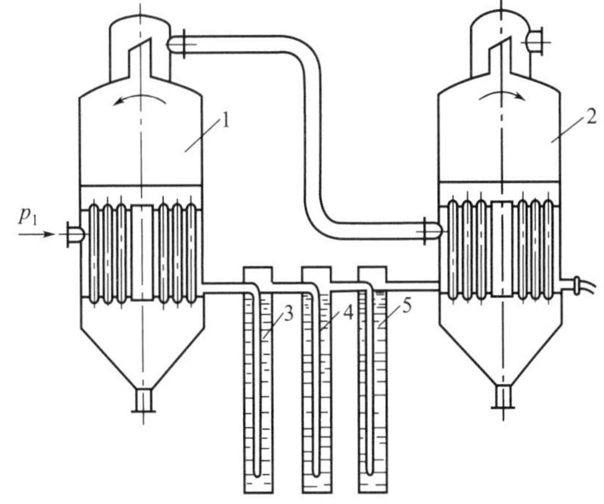

图 6-57　利用液封原理的凝液排除方法

1—一效蒸发器；2—二效蒸发器；3～5—串联液封

6.5　蒸发系统及其操作特点

6.5.1　蒸发系统的组成

图 6-58 为电解食盐制烧碱生产中的电解液蒸发系统流程。它是三效并流，第三效有两台蒸发器 A_3、A_4 并联操作，所以叫做三效四体并流流程。含 NaOH9%～10%、NaCl18%的电

解液，顺序经1、2、3号预热器预热后，送入第一效蒸发器 A_1 蒸发到 NaOH 浓度为11.8%～12.5%，靠效间压差自动流入第二效蒸发器 A_2 和第三效蒸发器 A_3（强制循环），蒸发浓缩到 NaOH 25%，连同析出的 NaCl 结晶一起经离心机（流程中没有显示）除去盐晶。除盐后的料液送回系统中的 A_4 蒸发器，继续浓缩到含 NaOH 50%。A_4 蒸发器与 A_3 并联，同用 A_2 产生的二次蒸汽加热。它们的二次蒸汽则共用气压冷凝器 K 冷凝，并由真空系统抽空。

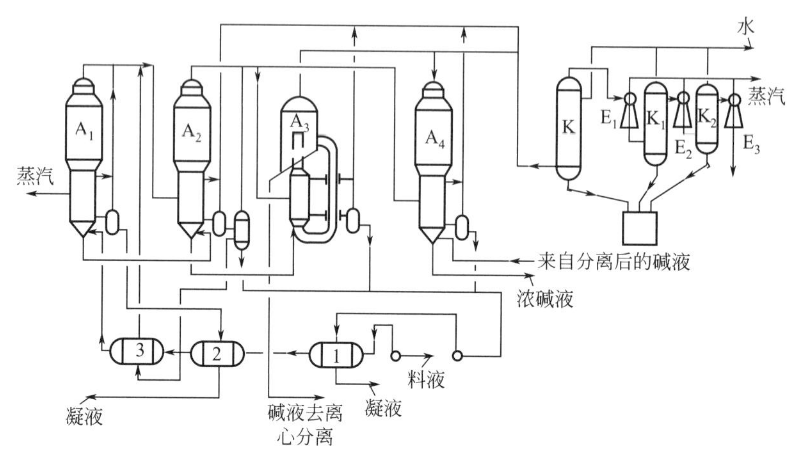

图 6-58 顺流三效四体蒸发流程

A_1、A_2、A_4—自然循环蒸发器；A_3—强制循环蒸发器；1～3—预热器；K_1、K_2、K—直接冷凝器；E_1、E_2、E_3—蒸汽喷射真空泵

一效蒸发器 A_1，用新鲜蒸汽加热。第二效 A_2 用一效的二次蒸汽加热，A_2 所产生的二次蒸汽供第三效（A_3 和 A_4）两个蒸发器加热。

1号预热器用三效的冷凝液和经闪蒸后的二效凝液加热料液，2号预热器则用一效冷凝液作热源。抽取一部分第一效的二次蒸汽，在3号预热器中进一步加热料液。

由 A_1 与 A_2 排出的凝液，还可以各自闪蒸到较低的压力，以继续回收热量。

由上可见，一个完善的蒸发系统，既包括在各种压力下操作的各种型式蒸发器，又包括了闪蒸器、预热器、泵、冷凝器以及抽真空的装置。

预热器可采用管壳式或板式换热器。本书的有关章节已作了介绍。末效二次蒸汽的冷凝，如果是溶剂需要回收，或者二次蒸汽中含有能使冷却水受污染的物质时，要采用表面式冷凝器。这时可采用管壳式换热器、螺旋板换热器及板式换热器。但对于大多数场合采用直接冷凝器。

系统中各设备之间所选用的送料泵，多采用离心泵。需要指出的是这里输送的液体，大多是在饱和温度下的溶液，必须将泵安装在液面以下足够深度的位置，使液体自灌入泵，以免发生气蚀。当从负压操作的各效抽出料液时，上述事项更为重要。

6.5.2 直接冷凝器

蒸汽冷凝器是用冷却水使低压的二次蒸汽冷凝。大多数情况下，二次蒸汽是不需要回收的水蒸气，可采用直接式冷凝器（也叫气压冷凝器、混合式冷凝器）。由于它使二次蒸汽与冷却水直接接触进行热交换，冷凝效果好，加之结构简单，造价低廉，被广泛采用，直接冷凝器多采用逆流多孔板式结构。直接冷凝器的设计详见第5章。

6.5.3 压缩机与真空泵的选择

6.5.3.1 蒸汽压缩机的选择

目前各类压缩机的应用范围[56]见图 6-59 所示。对于热泵蒸发来说，要求的压缩比较小，而对压缩后蒸汽的纯洁程度要求却较高。所以一般不采用活塞式压缩机，以免蒸汽中夹带油雾影响传热。当压缩蒸汽量较小时，可采用罗茨式、螺杆式，气量大时则用离心式，气量更大时还可采用轴流式。

(1) 压缩机的压缩功率

压缩机作绝热压缩时的理论功率可按下式计算压缩每千克气体的比功率

$$\omega=\frac{k}{k-1}p_0V_0\left[\left(\frac{p_1}{p_0}\right)^{\frac{k-1}{k}}-1\right];\mathrm{kJ/kg} \quad (6\text{-}50)$$

式中 k——气体的绝热指数，空气 $k=1.4$，蒸汽 $k=1.329$；

p_0、V_0——吸入条件下的气体压力与比容，MPa、m^3/kg；

p_1——气体的排出压力，MPa。

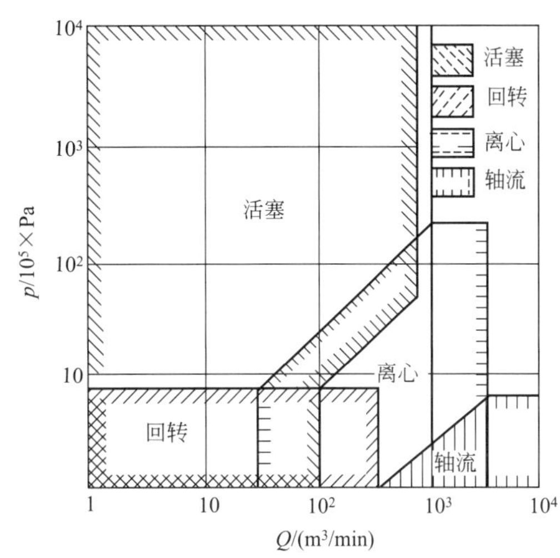

图 6-59 各类压缩机的应用范围

一般来说，市售定型压缩机多数是用来压缩空气的，如用来压缩水蒸气，则要对其压缩功率作核算。现将空气与水蒸气同在常压下吸入时的绝热压缩功列表比较，见表 6-7。

表 6-7 空气与蒸汽的压缩功比较

项目	吸入压力	吸入温度	初始密度	绝热指数	每 kg 气体的绝热功/(kJ/kg)		每 m^3 吸入体积的绝热压缩功/(kJ/m^3)	
	p_0	T_0/K	ρ_0/(kg/m^3)	k	$p_1/p_0=1.2$	$p_1/p_0=1.5$	$p_1/p_0=1.2$	$p_1/p_0=1.5$
蒸汽	常压	373	0.598	1.329	32.10	73.42	19.16	43.88
空气	常压	293	1.247	1.400	15.74	36.15	19.63	45.08

由表可见，每千克蒸汽的绝热压缩功要比空气的压缩功大。但对于相同的吸入体积来说，蒸汽的压缩功却与空气的相近而略小，这是因为蒸汽的比容大而密度小。压缩机的规格是以吸入体积来标注的。所以，用压缩空气的定型产品来压缩蒸汽时，其传动系统与承压元件的强度都不需要校核与改动，只需要考虑材质的耐腐蚀性能和密封结构就可以了。

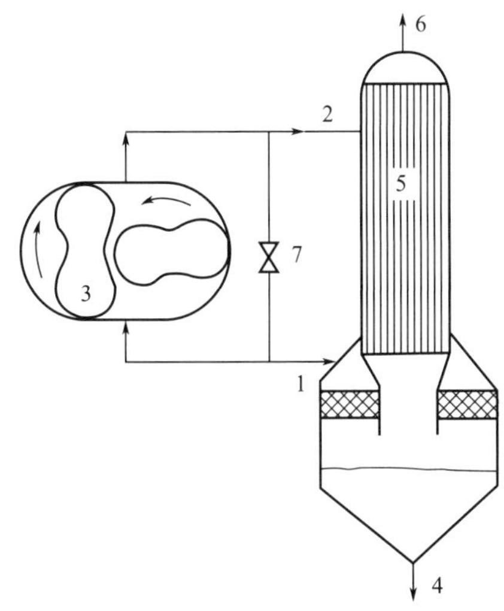

图 6-60 罗茨风机与蒸发器的连接

1—二次蒸汽；2—加热蒸汽；3—罗茨风机；4—出料；5—蒸发器；6—加料；7—旁通阀

(2) 容积型压缩机的选用

人们常用罗茨鼓风机来压缩小流量的蒸汽用作小型热泵，罗茨风机属容积型压缩机，只能用调节转速的办法来调节排气量。安装时要在风机的进出气管道之间设旁通管线，如图 6-60 所示。罗茨风机启动之前，要打开旁通阀 7，以减轻原动机的启动负荷。当用电机驱动时，转速不便调节，也可以通过旁通阀使一部分气体回流，以减少流量，但却要增加功率的损失。罗茨鼓风机的总效率为 50%～60%，其压缩比的上限为 1.5。

当所需压缩比较大时，可以选用无油式螺杆压缩机。为了提高其容积效率，降低气缸温度，可以向气缸内注水。螺杆压缩机也属容积型压缩机，但可以通过出口阀门的开度调节流量。

(3) 透平压缩机的选用

压缩气量较大时（80～6000m^3/min），可选用离心式压缩机。汽量更大时，还可选用轴流式压缩机。它们都属透平式机械，是通过叶片和气体的相互作用，先使气体获得高速，高速气流在换能器中减速，把动能转换为压势能，从而提高了气体在出口处的压力。用于热泵蒸发的离心压缩机。由于所需压缩比不大，多采用单级叶轮式。

离心压缩机的流量可以通过进口或出口节流的办法进行调节。但要注意，在流量低于额定流量40%～50%时往往出现喘振，此时输气管线与压缩机本体呈现低频率、大振幅的振动，危害很大，应予避免。

用节流的办法来调节流量虽然简单方便，但是却要增大功率消耗，最好是采用改变转速的办法。也可用改变进口导叶角度的办法，这种方法比用节流的办法功率损失要少一些。

用于压缩蒸汽的离心压缩机，最好是根据具体条件作专门设计。因为当离心压缩机的吸入工况（包括压力、温度、气体密度、绝热指数等）改变时，压缩机的性能曲线也将相应改变。用相似原理作性能换算的方法请参阅有关专著[56]。

用透平式压缩机来压缩蒸汽时，对蒸汽中夹带液滴的分离要求很高，因为在高速下，汽流中夹带的液滴会对压缩机的叶片产生冲蚀，而且液滴携带的溶质也能引起压缩机零部件的腐蚀，并影响叶轮的平衡。图6-61所示为用离心压缩机作热泵的单效蒸发流程。

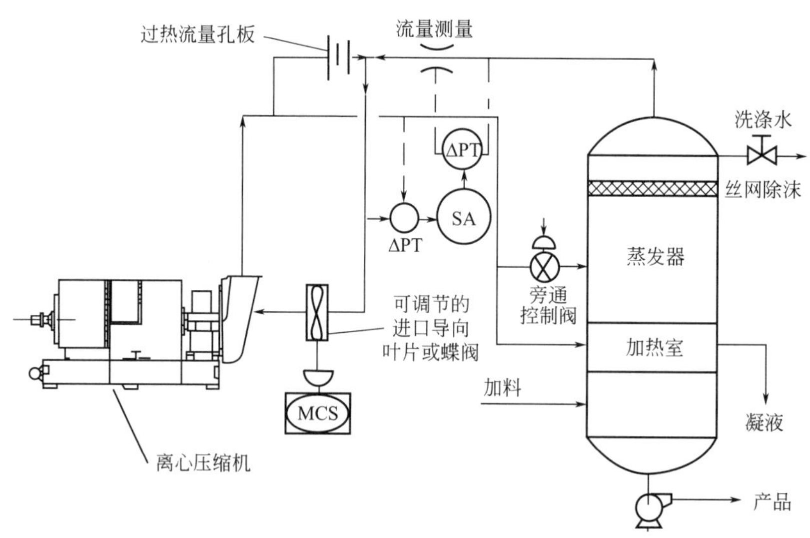

图6-61 机械压缩热泵蒸发流程

ΔPT—压差转换计；SA—防喘振控制器；MCS—手动控制

6.5.3.2 真空泵的选择

在真空蒸发时，为了维持系统内的负压，需设置真空泵，以排除系统内的不凝性气体。一般来说，蒸发所遇到的真空度不高，为－0.03～－0.09MPa，属粗真空范围。

蒸发装置中所用的真空泵可分为机械与喷射两类。机械类的有往复式和水环式，往复式能达到的真空度较高，而且效率也较高，但因为运动部件较多，容易损坏。水环式因为形成水环要消耗外功，效率较低，而且受水环蒸气压的限制，能达到的极限真空度较低。但水环泵的运动部件较少，加工精度要求不高，对材质的要求也不高，而且如果气体中夹带一些液体也可允许，水环对气体还有补充冷凝作用，因此采用的比往复式多一些。单台水环泵的吸入容积可达

$160m^3/min$。

喷射式真空泵包括蒸汽喷射泵与水喷射泵。蒸汽喷射真空泵的作用原理与本章6.2.3.1所讨论的蒸汽喷射热泵完全相同，只是其吸入压力很低——为所需的真空，而排出压力为大气压。蒸汽喷射泵的结构简单，无运动部件，价格便宜，但其效率比机械式要低很多。当所需的真空度较高时，可设两级或多级串联，即上一级的排出压力为下一级的吸入压力。此时为了减少下一级的吸入负荷，在级间设冷凝器，把上一级的驱动蒸汽冷凝下来，只剩不凝气进入下一级的吸入口。级间冷凝器的凝液排除也要设10m以上高程的大气腿。图6-58中的直接冷凝器之后，设有三级蒸汽喷射真空泵，中间设两个级间冷凝器。

水喷射泵是用高速喷射水为动力，其原理与蒸汽喷射泵相似。只是因为水是不可压缩流体，所以喷嘴形状不像前者为收缩扩散形，而是如图6-62中的收缩形。吸入的气体在扩压器5中与高速水流混合后，呈气液两相流，增压到常压从出水口引出。它可以在低位安装，但一般认为如果能安装在10m以上的高位，则可以得到稳定而较高的真空度。

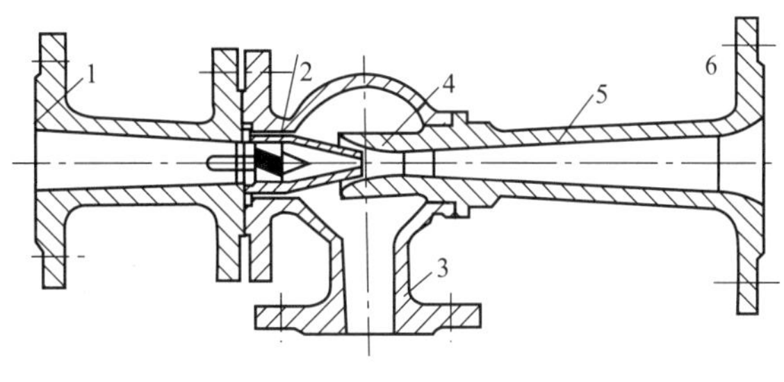

图6-62　水喷射泵

1—水进口接管；2—喷嘴；3—吸入口接管；4—混合室；5—扩压器；6—出水口接管

(1) 真空泵排气量的确定

一个真空系统的气体流量包括不凝气和可凝气两类。其中不凝气有以下四种来源。

① 料液中溶解的不凝气 G_1：一般量很少，可以忽略。

② 过程中化学反应所产生的气体 G_2：由化学反应确定。

③ 漏进系统中的空气 G_3：这部分的气量较大。

④ 如果是采用直接冷凝的办法用水直接冷凝，在冷却水被加热时还将释放出溶解气体 G_4。

其中漏进系统中的空气量 G_3 是最主要的，也是最不容易确定的，因为它与各可拆密封面的紧密程度、密封周边长度和器内外压差有关。通常用系统容积和系统真空度两种参数与空气渗漏量 G_a 相关联。图6-63中横坐标表示系统容积 m^3，线族表示系统的绝压，可从纵坐标上读取空气渗漏量 G_a，而在设计中取 $G_3=2G_a$。

冷却水放出的溶解空气量 G_1，与冷却水进口温度有关，进口温度低，空气溶解量大，加热时放出的空气就多。图6-64可用来查取 G_4。

此外，还有随不凝气一起排出的未冷凝蒸汽量 G_5，取决于冷凝效果。正常情况下 $G_5=(0.2\%\sim1\%)W$，W 是每小时进入冷凝器的蒸汽量。

真空泵的总排气量为 $\sum_{i=1}^{5}G_i$，kg/h。

(2) 真空泵的排气体积

真空泵的排气量应换算成在吸入状体下的体积 V（m^3/h）。

$$V=\left[\frac{(273+t)p_0}{273\times p}\right]\sum_{i=1}^{5}G_i/\rho_i \tag{6-51}$$

式中　p——真空泵的吸入压力，Pa；

　　t——吸入状态温度，取为冷凝器出口温度，℃；

p_0——常压，取 $p_0=10^5\text{Pa}$；

ρ_i——各种气体在标准状态下的密度，kg/m³；

G_i——各种气体量，kg/h。

所选真空泵的吸入体积 V_B 应大于 V。

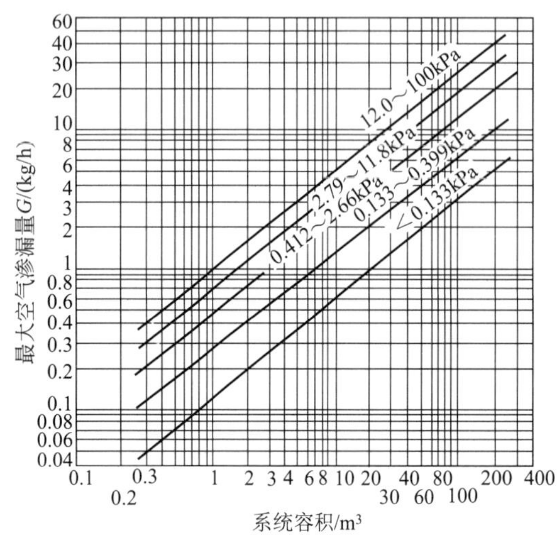

图 6-63 系统容积与空气渗漏量

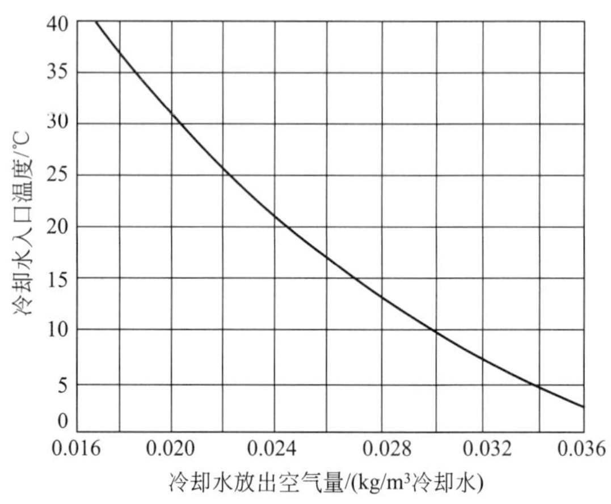

图 6-64 冷却水放出空气量

【例 6-7】 一台混合冷凝器，在 0.02MPa 压力下，冷凝例 6-2 中第三效的二次蒸汽（$W=66900\text{kg/h}$），已知冷却水为循环使用，进口水温 $t_w=32℃$。计算配套这台冷凝器的真空泵排气量。

解 根据题意，忽略 G_1+G_2 之量。由图 6-63，设系统总容积为 200m³，查得 20kPa 时的 $G_a=35\text{kg/h}$，则 $G_3=2G_a=70\text{kg/h}$。由图 6-64 查得 $t_w=32℃$ 时冷却水放出空气量为 0.019kg/m³，则 $G_4=1475\times0.019\text{kg/h}=28.03\text{kg/h}$。

则得空气量为 $G=G_3+G_4=(70+28.03)\ \text{kg/h}=98\text{kg/h}$

未冷凝蒸汽量 G_5 按 0.2%的二次蒸汽量计算：

$$G_5=66900\times0.2\%\text{kg/h}=133.8\text{kg/h}$$

真空泵的排气体积 V（折换成吸入状态，$p=2\times10^4\text{Pa}$，$t_w=32℃$）为

$$V=\frac{(273+32)\times10^6}{273\times2\times10^4}\times\frac{9.8}{1.29}+133.8\times7.65=1448\text{m}^3/\text{h}=24.13\text{m}^3/\text{min}$$

式中，1.29 为空气在标准状态下的密度；7.65 为水蒸气在 $2\times10^4\text{Pa}$ 下的比容。

6.5.4 蒸发系统操作中的问题

单效或多效蒸发系统，在操作运行中可能出现与设计预期相差较大的情况，其中反映为性能低劣的可能有下列几个方面：

① 蒸汽比耗过大、经济性达不到设计要求；

② 传热系数过低、蒸发能力达不到要求；

③ 过量的雾沫夹带，引起产品流失；

④ 清洗周期过短。

(1) 蒸汽经济性过低

蒸汽的经济性应该与设计时采用的物料平衡与热量平衡计算结果相符。实际经济性低于计

算值可能是由于下列原因引起的：

① 循环泵或效间过料泵的轴封处漏入密封用水，稀释了料液；

② 过量的冲洗；

③ 过量的排放不凝气，使大量加热蒸汽排空；

④ 冷凝器中的冷却水倒灌入末效蒸发器中；

⑤ 加热室内部泄漏，蒸汽冷凝液漏入蒸发器中，使溶液稀释；

⑥ 蒸汽向外界漏损，或蒸汽从未关严的阀门漏入蒸发器中。

（2）传热系数过低

过低的传热系数使蒸发器的能力下降，其原因可能是：

① 液侧或汽侧的传热面上结垢严重；

② 不凝汽排放不足，加热室中积聚不凝气体；

③ 凝液排放不及时，积液淹没了传热面积；

④ 料液循环不良，料液分布不均；

⑤ 传热温差过低，不但直接影响传热，还促使循环恶化；

⑥ 传热温差过高，使液侧形成膜状沸腾，或使液侧迅速结垢。

（3）过量的雾沫夹带

过量雾沫夹带形成产品流失，并使下一效的汽侧结垢，造成过量雾沫夹带的原因可能是：

① 漏进空气，特别是在蒸发室的液面下漏进空气；

② 过热溶液的急剧闪蒸；

③ 蒸发器操作压力的急剧变化；

④ 蒸发室液面过高；

⑤ 蒸发器超荷工作。

（4）清洗周期过短

蒸发器的加热表面总是会结垢的，按垢的组成可分为水溶性垢和不溶性垢。水溶性垢是蒸发饱和溶液时所析出的盐类结晶，可用水或稀的不饱和溶液定期清洗。不溶性垢包括钙、镁、硅等低溶解度的盐类，以及有机聚合物等，要定期停车用酸、碱或机械办法清洗。不论是水溶性垢还是非水溶性垢，都要根据具体情况定期清洗，而且清洗周期要定在结垢的初期。因为已结垢的加热管，其流动阻力大于其他管子，而因阻力加大流速下降的管子，又更容易结垢，最后导致整管被积垢堵死，此时再清洗就非常困难。形成清洗周期短于常规的原因有：

① 操作压力或蒸发室液面的急剧变化；

② 循环速度过低；

③ 在清洗、冲洗或轴封水中引入了硬水或其他污染物；

④ 传热温差过大；

⑤ 不正确的清洗程序。

主要符号说明

A	传热面积，m^2	c	溶液的比热容，kJ/(kg·K)
C	与表观液面百分比有关的系数	c^*	水的比热容，kJ/(kg·K)
C_p	比热容，kJ/(kg·K)	D	加热蒸汽量，kg/h
COP	热泵的供热系数		加热管直径，m

D_A	高温高压蒸汽，kg/h	U_v	二次蒸汽速度，m/s
D_B	二次蒸汽，kg/h	V	真空泵的吸入体积，m^3/h
E	额外蒸汽量，kg/h	W	蒸发量，kg/h
F	加料量，kg/h		比功，kJ/kg
G	冷却水量，kg/h	x_0	初始浓度，%（质量分数）
	真空泵排气量，kg/h	x_i	各效终了浓度，%（质量分数）
H	加热蒸汽的焓，kJ/kg	α	蒸发系数
H'	二次蒸汽的焓，kJ/kg		过剩空气系数，%
H_{si}	饱和加热蒸汽的焓，kJ/kg	α_i	各效传热膜系数，$kJ/(m^3 \cdot s \cdot K)$
h	表观液面百分比，m	β	自蒸发系数
	多孔板堰高，m	ϕ	携带比
h_1	各效中浓缩溶液的焓，kJ/kg	δ	加热管壁厚、m
h_0	料液的焓，kJ/kg	η	热利用系数，效率
h^*	蒸汽凝液的焓，kJ/kg	λ	热导率，$kJ/(m^3 \cdot s \cdot K)$
K	传热系数，$kJ/(m^3 \cdot s \cdot K)$	μ	溶液的动力黏度，$kg/(m \cdot s)$
K_v	雾沫携带因子	μ_L	料液黏度，$mPa \cdot s$
l	管长，m	θ	蒸汽冷凝温度与溶液沸腾温度之差，K
N	功率，kW	ρ	密度，kg/m^3
n	孔数	σ	表面张力，N/m
p_0	加热蒸汽压力，MPa	Δ	传热温差损失，K
p_i	各效蒸发压力，MPa	Δ'	蒸汽压下降引起的沸点上升，K
Δp	计算平均温度时的静压力，MPa	Δ''	静压引起的温差损失，K
p'	平均温度下对应的饱和压力，MPa	Δ'''	流动阻力引起的温差损失，K
Q	传递热量，kJ/h	Γ	最小润湿率，$kg/(m \cdot s)$
Q_i'	各效蒸发器的热损失，kJ/h	上标	
q	热负荷，W/m^2	*	水的
R	污垢系数，$(m^2 \cdot K)/kW$	下标	
r	水的蒸发潜热，kJ/kg	0	初始值
S_L	料液的比密度	$1,2,3,\cdots,i$	各效值
T	温度，K	k	末效值
T_i	各效加热蒸汽温度，K	o，i	管外、管内
T_{si}	各效加热蒸汽饱和温度，K	S	等熵
t_i	各效沸腾温度，K	c	压缩机
$t_{上}$	加热室上管板处的温度，K	T	汽轮机
Δt	有效传热温差，K	m	机械的
Δt_{eff}	总有效传热温差，K	l	液体
Δt_W	加热壁与沸腾溶液的温差，K	v	蒸汽
U	表观速度，m/s		

参 考 文 献

[1] 王松汉. 石油化工设计手册：第三卷，第 7 章，蒸发. 北京：化学工业出版社，2002.

[2] 时钧，汪家鼎，余国琮等. 化学工程手册. 第 2 版，第 9 篇，蒸发. 北京：化学工业出版社，1996.

[3] 《化学工程手册》编辑委员会. 化学工程手册. 第 9 篇，蒸发及结晶. 北京：化学工业出版社，1985.

[4] Minton P E. Handbook of evaporation technology. Park Ridge，New Jersey：Noyes publications，1986.

[5] Billet R，Fullarton J W. Evaporation technology，princples，applications，economics. Weiheim：VCH，1989.

[6] Perrey R H. Chemical Engineers' Handbook. 6th ed，New York：McGraw-hill，1984.

[7] 化学工学协会. 化学工学便览. 改订五版. 东京：丸善株式会社，1988.

[8] 化学工学协会. 化学工学便览. 东京都：丸善株式会社，1988.

[9] 刘光启，马连湘，刘杰. 化学化工物性数据手册-无机卷. 北京：化学工业出版社，2002.

[10] 刘光启，马连湘，刘杰. 化学化工物性数据手册-有机卷. 北京：化学工业出版社，2002.

[11] 史晓平，刘常松，魏峰. 从含氯化铵、氯化钠废水中回收氯化铵和氯化钠的工艺方法. 中国. CN 101544437A [P/OL]. 2009.

[12] 李德虎，李培宁，琚定一. 五效蒸发模拟与优化研究（Ⅰ）——模拟研究. 化学工程，1995，23（6）：29-33.

[13] 周亚夫. 多效蒸发过程模拟. 化学工程，1985，05：46-52.

[14] 杨山，蔡勇. 多效蒸发器的优化设计研究（Ⅰ）——求解最小蒸发传热总面积的“交替变量修正搜索法”. 化学工程，1986，6：32-37.

[15] 蔡勇，杨山. 多效蒸发器的优化设计研究（Ⅱ）——求解给定蒸发传热总面积下的最小加热蒸汽消耗量的“可行性线平衡搜索法”. 化学工程，1987，1：14-22.

[16] 陈文波，陈华新，施得志等. 并流多效蒸发系统的计算机辅助计算. 福州大学学报（自然科学版），2001，03：100-104.

[17] 王旭东. 基于 c～(＋＋) 的多效蒸发设计计算程序的开发研究. 中国氯碱，2004，05：21-24.

[18] 郭明远，郭萌. 多效蒸发淡碱浓缩工艺的计算机辅助计算. 纺织学报，1997，01：43-45；24-44.

[19] 唐永付，孙举柱，王兵. 烧碱浓缩多效蒸发器设计计算专用程序的开发. 纯碱工业，1991，04：17-22.

[20] 刘顺. 无水硫酸钠多效蒸发工艺计算程序设计. 无机盐工业，1992，06：19-24.

[21] 刘丕训，冯佩言. 无水硫酸钠多效蒸发工艺计算. 无机盐工业，1990，05：28-31.

[22] 吴泽荣. 五效混流蒸发的设计计算. 中国造纸，1987，01：23-31.

[23] 蔡恩照，林匡行，杨东华. 混流多效蒸发系统的过程模拟. 华东理工大学学报，1995，02：177-180.

[24] 刘晓华，沈胜强，KLAUS G，et al. 多效蒸发海水淡化系统模拟计算与优化. 石油化工高等学校学报，2005，04：16-19；13-14.

[25] 索科洛夫 E Я，津格尔 H M. 喷射器. 北京；科学出版社，1977.

[26] SUN D-W，W E. Recent developments in the design theories and applications of ejectors-a review. Journal of the Institute of Energy，1995，68（475）：65-79.

[27] 国家和石油工业局. 石油化工蒸汽喷射式抽空器设计规范. SH/T 3118—2000. 2000.

[28] 惠绍棠，阮国岭，于开录. 海水淡化与循环经济. 天津；天津人民出版社，2005.

[29] 《投资项目可行性研究指南》编写组. 投资项目可行性研究指南. 北京：中国电力出版社，2002.

[30] 杨山，蔡勇. 多效蒸发器的优化设计研究（Ⅲ）——优化设计实现的总体规划及其决策分析. 化学工程，1991，19（4）：71-75.

[31] 程达芳. 多效蒸发过程模拟-以最优法求解多效蒸发各个参数. 高校化学工程学报，1989，2（3）：84-93.

[32] 李德虎，李培宁，琚定一. 五效蒸发模拟与优化研究（Ⅱ）——优化研究. 化学工程，1995，23（6）：34-36.

[33] 阮奇，黄诗煌. 复杂逆流多效蒸发系统常规设计的模型与算法. 化工学报，2001，52（7）：616-621.

[34] 王勇. 复杂多效蒸发过程模拟与操作优化研究. 福州：福州大学，2006.

[35] 赵景利，王秀珍，张炳然等. 对自然循环蒸发器的技术改造与开发. 化学工程，1993，06：24-28；22.

[36] 赵景利，闫文军，史晓平等. “L”型蒸发器的设计计算与应用. 河北工业大学学报，1997，04：26-30.

[37] 卢赤杰. 外热式管外沸腾自然循环蒸发器. 化学工程，1991，05：72-77；74.

[38] 史晓平，胡修慈，赵景利. 竖管降膜蒸发器的布料装置. 化学工程，1990，04：14-18＋12.

[39] 袁人. 降膜式液体分配器结构综述. 化工设备设计，1981，01：52-60.

[40] 赵景利，史晓平，朱玉峰，董伟志，阎文军，胡修慈. 竖管降膜蒸发器多层筛板液体分布装置的研究. 化工机械，1995，03：

[41] BECCARI M，DIPINTO A C，SPINOSA L. Liquid Film Distributors for Vertical Tube Evaporation Desalination Plants. Desalination，1979，29：295-310.

[42] 罗大忠. 真空制盐蒸发结晶器的设计与实践. 中国井矿盐，2003，05：9-14.

[43] 王虎虎，马学虎，兰忠，et al. 板式蒸发器的研究进展. 化工进展，2009，S1：343-345.

[44] 皮丕辉. 内冷式刮膜薄膜蒸发器传热蒸发与应用研究. 广州：华南理工大学，2003.

[45] 丁惠华，杨友麒，卢瑱. 浸没燃烧蒸发器. 北京：中国工业出版社，1963.

[46] KIRSCHBAUM E. Der Wärmeübergang im senkrechten Verdampferrohr in dimensionsloser Darstellung. Chemie Ingenieur Technik，27 (5)：248-257.

[47] 胡修慈，姜新月，庞树声. 垂直上升绝热管内汽液两相流截面含汽率的确定. 化学工程，1990，18 (2)：13-17.

[48] 庞树声，胡修慈. 垂直上升绝热管内汽、液两相流的压降. 化学工程，1990，18 (6)：19-24.

[49] COULSON J M，MCNELLY M J. HEAT TRANSFER IN A CLIMBING FILM EVAPORATOR. PART II. Chemical Engineering Research and Design，1956，34：247-257.

[50] A. E. DULKER. Predieting Heat Transfer Coeffieients fo rFilm Flow. PetroChemEn，1961，11：52-54.

[51] CHUN K R，SEBAN R A. Heat transfer to evaporating liquid films. Heat Transfer，1971，93 (3)：391-396.

[52] MIYASHITA H，HOFFINAN T W. Local heat transfer coefficients in scraped-film heat exehanger. Journal of chemical engineering of Japan，1978，11 (6)：444-450.

[53] T. R. BOTT，J. J. B. ROMERO. Heat Transefer across a scraped surface. The Canadian journal of Chemical engineering，1963，41 (5)：213-219.

[54] S. AZOORY，T. R. BOTT. Local heat transfer coefficient in a model "falling film" scraped surface exchanger. The Canadian journal of Chemical engineering，1970，48 (8)：373-377.

[55] A. M. TROMMELEN. Heat transfers in a scraped-surface heat exchanger. Transinstnchemengrs，1967，45：176-178.

[56] A. B. MUTZENBERG，N. PARKER，R. FISCHER. Agitated thin film evaporations. Chemical Engineering，1965，9：190-197.

[57] 李克永. 化工机械手册. 天津：天津大学出版社，1991.

[58] 魏兆灿. 塔设备设计. 上海：上海科技出版社，1988.

[59] 郑州工学院脱硫科研组. 无降液管旋流板塔. 化肥工业，1979，04：79.

[60] 方文骥，张西安. 喷旋塔中旋流板新设计方法及其性能研究. 化肥工业，1983，03：7-15；27.

[61] 袁国才. 水力旋流器分级工艺参数的确定及计算. 有色冶金设计与研究，1995，01：3-9；15.

[62] 波瓦罗夫 A N. 选矿厂水力旋流器. 北京：冶金工业出版社，1982.

[63] 高慎琴. 化工机器. 北京：化学工业出版社，1992.

第 7 章　工业结晶过程与设备设计

7.1　概　　述

很多化学工业过程中都包含结晶这一基本的单元操作。结晶是固体物质以晶体状态从蒸气、溶液或熔融物质中析出的过程。

结晶作为重要的固体产品制造与高纯分离技术，在国民经济很多领域得到了日益广泛的应用。以盐和糖为例，世界年生产能力已超过 100Mt；化肥如硝酸铵、氯化钾、尿素、磷酸铵等世界年生产量亦已超过了 1Mt；在医药、染料、精细化工生产中，结晶操作亦具有异常重要的地位并带来高额的产值。在冶金工业、材料工业中，结晶亦是关键的单元操作。值得注意的新动向是在高新技术领域中，结晶操作的重要性与日俱增，例如生物技术中蛋白质的制造，催化剂行业中超细晶体的生产以及新材料工业中超纯物质的净化都离不开结晶技术。

相对于其他的化工分离操作，结晶过程有以下特点：

① 能从杂质含量相当多的溶液或多组分的熔融混合物中，分离出高纯或超纯的晶体。结晶产品在包装、运输、储存或使用上都比较方便。

② 对于许多难分离的混合物系，例如同分异构体混合物，共沸物，热敏性物系等，使用其他分离方法难以奏效，而适用于结晶分离。

③ 结晶于精馏、吸收等分离方法相比，能耗低得多，因为结晶热仅为蒸发潜热的$\frac{1}{3}$～$\frac{1}{10}$。又由于可在较低温度下进行，对设备材质要求较低，操作相对安全。一般无有毒或废气逸出，有利于环境保护。

④ 结晶是一个很复杂的分离操作，它是多相、多组分的传热-传质过程，也涉及表面反应过程，尚有晶体粒度机粒度分布问题，结晶过程和设备种类繁多。

近 20 年来，结晶操作引起了世界科学界以及工业界很大的注意，对于它的理论分析和工业技术与设备的开发取得了许多引人瞩目的进展。相图的测定与分析方法，晶体的成核与成长速率的定量测量技术，粒度分布测定方法都有了迅速的提高，近代的物理仪器如场分析仪，喇曼光谱等都已被用于结晶过程分析，均使得人们对结晶机理，结晶热力学，结晶动力学特别对二次成核现象有了较为深刻的认识。工业结晶界归纳生产实践的经验，应用粒数衡算概念，建立了各种操作参数与晶体粒度分布的相对关系；又依据设备几何形状及流体力学参数对结晶过程的影响，提出了几种结晶器的半经验半理论的设计模型。在国际上熔融结晶技术与设备近年来发展较快，但目前尚处于专利保护期内，未有较详细的文献报道。

对于结晶方法的分类，一般按溶液结晶，熔融结晶，升华，沉淀四类讨论，与俗称关系的对应如表 7-1 所示。

为了设计一个结晶过程首先需要收集到以下基础信息后，方可开始方案设计。

（1）结晶系统的性质；

（2）相平衡数据，其中包括介稳区数据；

（3）结晶成核及成长动力学及特征；

（4）结晶溶液流体力学数据及特征。

表 7-1　不同分类的对应联系

一般分类 / 俗称	溶液结晶	熔融结晶	升华（结晶）	沉淀（结晶）	一般分类 / 俗称	溶液结晶	熔融结晶	升华（结晶）	沉淀（结晶）
冷却结晶	O	O	O		反应结晶				O
蒸发结晶	O	O			悬浮结晶	O			
真空绝热冷却结晶	O				加压结晶	O			
盐析结晶				O	膜结晶	O			
冰析结晶				O	喷射牵引结晶		O		
萃取结晶	O			O					

注：O 表示不同分类之间的相互对应。

亦即，要想掌握工业结晶的技术与设计方法，首先必须掌握这几类基础数据。

7.2　结晶系统性质

7.2.1　晶体的粒度分布

晶体的粒度分布（crystal size distribution，CSD）是产品的一个重要的质量指标，不同的产品用途常要求不同的产品晶体的粒度分布指标。

将晶体样品经过筛析，根据筛析结果，可将晶体样品标绘为筛下（或筛下）累计重量（cumulative mass）或筛析质量密度（mass density）百分率与筛孔尺寸的关系曲线，并可进一步引申为累积粒子数及粒数密度与粒度的关系曲线，如图 7-1 所示，借此曲线可表达晶体粒度分布。筛析质量密度即对应单位筛孔尺寸的粒子的重量。较常用的简便方法是以平均粒度与变异系数来描述粒度分布。“平均粒度”（medium size，*M. S.*）定义为相当于累计重量比为定值（常取 50%）处的筛孔尺寸值。

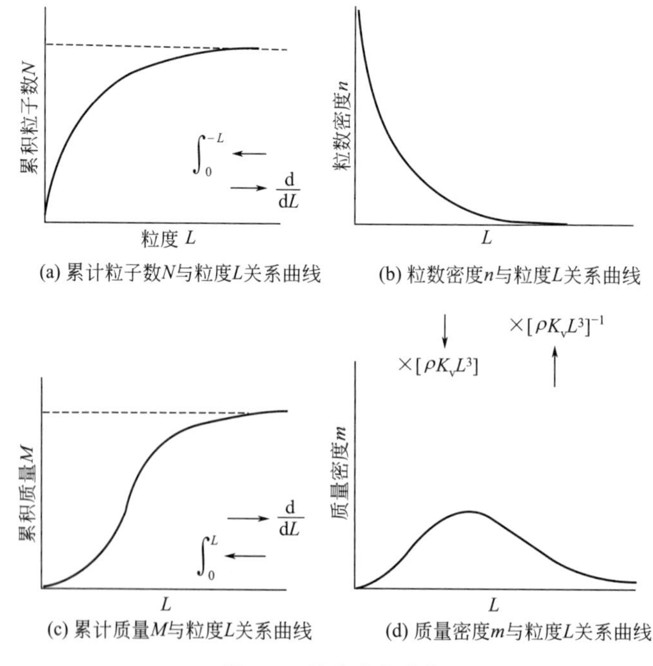

图 7-1　粒度分布曲线

“变异系数”（coefficient of variation，*C. V.*）值为一统计量，与 Gaussian 分布的标准偏

差 σ 相关，计算式为

$$C.V.=\frac{100(PD_{84\%}-PD_{16\%})}{2PD_{50\%}} \tag{7-1}$$

式中，$PD_{m\%}$为筛下累积重量百分数为 $m\%$的筛孔尺寸。对于一个晶体样品，$M.S.$ 大，代表总的平均粒度大，$C.V.$ 值愈大，表明其粒度分布范围愈广；相反，$C.V.$ 值愈小则表示晶体粒度分布愈趋于均匀一致。

7.2.2 粒子的极限沉降速度

极限沉降速度定义为单颗粒在静止的无限流体中自由下降时的最大速度，也可以定义为流体可以夹带颗粒上升的最小速度。根据力的平衡

$$\frac{\pi d_p^3}{6}g(\rho_p-\rho_f)=C_{D0}\frac{\pi d_p^2\rho_f U_t^2}{4\quad 2} \tag{7-2}$$

可得

$$U_t=\sqrt{\frac{4d_p(\rho_p-\rho_f)g}{3C_{D0}\rho_f}} \tag{7-3}$$

式中 d_p——颗粒直径，m；

U_t——颗粒沉降速度，m/s；

ρ_p——颗粒密度，kg/m^3；

C_{D0}——单颗粒曳力系数；

ρ_f——流体密度，kg/m^3。

结合表 7-2 中 C_{D0}计算公式，即可求得 U_t。当 $Re=d_pU_t/\mu_f<0.1$ 时，$C_{D0}=24/Re$，且

$$U_t=\frac{d_pg(\rho_p-\rho_f)}{18\mu_f} \tag{7-4}$$

式中 μ_f——流体黏度，kg/(m·s)。

颗粒群中颗粒曳力系数：前述单颗粒曳力系数 C_{D0}仅适合于计算单颗粒在流体中运动时的曳力系数值时，必须考虑颗粒之间的相互影响和周围颗粒的存在使流体速度的增加。常用的关联式如下

$$C_D=C_{D0}\varepsilon^{-4.7} \tag{7-5}$$

其中，C_{D0}可按表 7-2 公式计算，ε 为相体积份额空隙率。必须指出，这一关联式仅适用于散式系统，当用于聚式系统时，必须考虑多尺度作用，即分别考虑稀相、密相和相互作用相三个曳力系数。

表 7-2 曳力系数分区计算公式

$C_{D0}=24.0/Re, Re\leqslant 0.1$
$C_{D0}=220.73/Re+0.0903/Re^2+3.69, 0.1<Re\leqslant 1.0$
$C_{D0}=29.1667/Re-3.8889/Re^2+1.222, 1.0<Re\leqslant 10.0$
$C_{D0}=46.5/Re-116.67/Re^2+0.6167, 10<Re\leqslant 100$
$C_{D0}=98.33/Re-2778.0/Re^2+0.3644, 100<Re\leqslant 1000$
$C_{D0}=148.62/Re-4.75\times 10^4/Re^2=0.357, 1000<Re\leqslant 5000$
$C_{D0}=490.546/Re+57.87\times 10^4/Re^2+0.46, 5000<Re\leqslant 10000$
$C_{D0}=-1662.5/Re+5.4167\times 10^6/Re^2+0.5191, 10000<Re\leqslant 50000$
$C_{D0}=0.44, Re>50000$

对于大多数溶液结晶过程，选择混合悬浮或分级悬浮式结晶器，皆要求结晶器的流体力学状态能满足结晶粒子处于均匀悬浮的条件，也就是必须满足极限沉降速度的要求。

7.2.3 溶解度

结晶过程产量决定于结晶固体与其溶液之间的相平衡关系，通常可用固体在溶剂中的溶解度来表示这种相平衡关系。

物质的溶解度在压力恒定的条件下，是温度的函数，它们的经验表达式为

$$\lg X = A + (B/T) + C\lg T \tag{7-6}$$

式中 X——以摩尔分数表达的溶质浓度；

T——热力学温度，K；

A、B、C——应用溶解度数据回归的经验常数。

这是一般的情况，对于分散在溶剂中的溶质粒子充分地小至 μm 级时，则溶解度大为超过平衡溶解度，不仅是温度，而且是粒度的函数，相关表达式为

$$\ln\left[\frac{C(r)}{C^*}\right] = \frac{2M\gamma}{rRT\rho\nu} \tag{7-7}$$

式中 $C(r)$——粒径为 r 的溶质溶解度，kg/kg 溶剂；

C^*——常平衡溶解度，kg/kg 溶剂；

R——气体常数，8.314J/mol·K；

ρ——固体密度，kg/m^3；

M——溶质分子质量，kg/mol；

γ——固液界面张力，J/m^2；

ν——每摩尔电解质形成离子摩尔数。

对于非电解质 $\nu=1$。应该注意的是，工业上的溶液极少为纯物质溶液，除温度外，结晶母液的 pH 值及可溶性杂质等也有可能改变溶解度数值，所以引用手册数据时需慎重。必要时，应按溶液的实际组分重新测定。

7.2.3.1 溶液的过饱和，超溶解度曲线及介稳区

溶液的浓度恰好等于溶质的溶解度，即达到液固相平衡状态时，称为饱和溶液。溶液含有超过饱和量的溶质，则称为过饱和溶液。

过饱和度有许多表征方法，常用的是：浓度推动力 ΔC，过饱和度比 S，相对过饱和度 σ 等。这些表示法定义如下。

$$(1)\ \Delta C = C - C^* \tag{7-8}$$

$$(2)\ S = C/C^* \tag{7-9}$$

$$(3)\ \sigma = \Delta C/C^* = (C - C^*)/C^* = S - 1 \tag{7-10}$$

式中 C^*——饱和浓度（任何一种浓度表示法）；

C——过饱和浓度（任何一种浓度表示法）。

各种过饱和度表示法的数值对所用的浓度单位非常敏感，当涉及水合物时变化就更大些，必须注意单位换算。例如，K_2SO_4（相对分子质量 174）在 20℃ 时平衡饱和度 C^* = $109kgK_2SO_4/1000gH_2O$，这时相对密度为 1.08。若过饱和浓度 C = $116kgK_2SO_4/1000gH_2O$，在 20℃时相对密度为 1.09，按不同表示法计算出过饱和度如表 7-3 所示。

表 7-3　浓度过饱和度的不同表示方法

浓度表示方法	C	C^*	ΔC	S	σ
g/kgH_2O	116	109	7.0	1.06	0.06
g/kg 溶液	104	98.3	5.7	1.06	0.06
g/L 溶液（=kg/m^3 溶液）	113.3	106.1	7.2	1.07	0.07
mol/L 溶液（=kmol/m^3 溶液）	0.650	0.608	0.042	1.07	0.07
K_2SO_4 的分子分率	0.0119	0.0112	0.0007	1.06	0.06

溶液过饱和度是析出结晶的推动力，是决定结晶成核及成长速率的关键因素。ΔC 一般用浓度差来表示，对于溶解度与温度相关的结晶物系，也可以用温度差来表示。分析图 7-2 由超溶解度曲线 CD 或 $C'D'$，可得到相应条件下的最大允许（或极限）过饱和度 $\Delta C_{\max}$ 值或最大允许（或极限）温度过冷度 $\Delta T_{\max}$，它们的换算公式为

$$\Delta C_{\max}=\left(\frac{\mathrm{d}C^*}{\mathrm{d}T}\right)\Delta T_{\max} \tag{7-11}$$

式中，$\frac{\mathrm{d}C^*}{\mathrm{d}T}$为计算点在平衡溶解度曲线上的斜率。

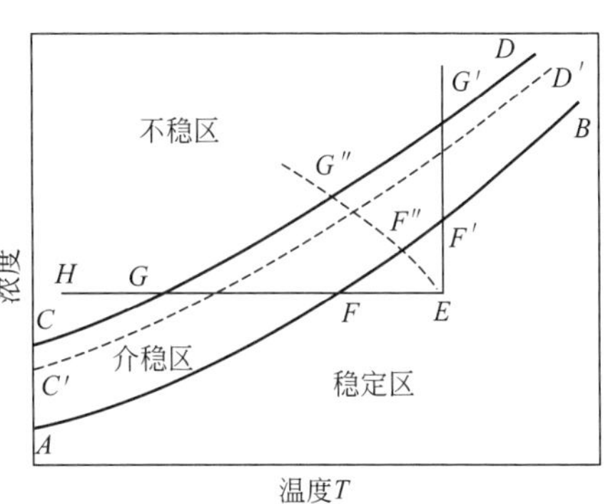

图 7-2　溶液过饱和与超溶解度曲线

7.3　溶液结晶过程与设备

按照结晶过程过饱和度产生的方法特征，溶液结晶主要可分为四种基本类型，如表 7-4 所示，在本节主要讨论前三种类型。

表 7-4　溶液结晶的基本类型

结 晶 类 型	产生过饱和度的方法	图 7-2 中的相应路径
冷却结晶	降低温度	$E\rightarrow F\rightarrow G$
蒸发结晶	溶剂的蒸发	$E\rightarrow F'\rightarrow G'$
真空绝热冷却结晶	溶剂的闪蒸与蒸发兼有降温	$E\rightarrow F''\rightarrow G''$
加压结晶等其他类型	改变压力，降低溶解度等方法	—

注：E 为原始溶液在 C-T 图中的位置。

对于结晶物质如按其溶解度曲线分类，大致可分为三种类型（见表 7-5）。对于不同类型的物质，适于运用不同类型的结晶方式。对照表 7-5 及图 7-3 中的一类，其溶解度随温度变化较大，适于冷却结晶。第二类物质其溶解度随温度变化较小适于蒸发结晶。至于溶解度随温度变化的速度介于上两类之间的物质，适于采用真空蒸发冷却结晶方法。类似于蔗糖的那些剩余过饱和度较高的情况可结合采用上三种形式的结晶过程。表 7-5 中的第三类物质其溶解度随温度的增加而降低，可以采用蒸发溶剂的方法结晶，但要注意避免溶液与加热之间过大的温差（见图 7-3）。

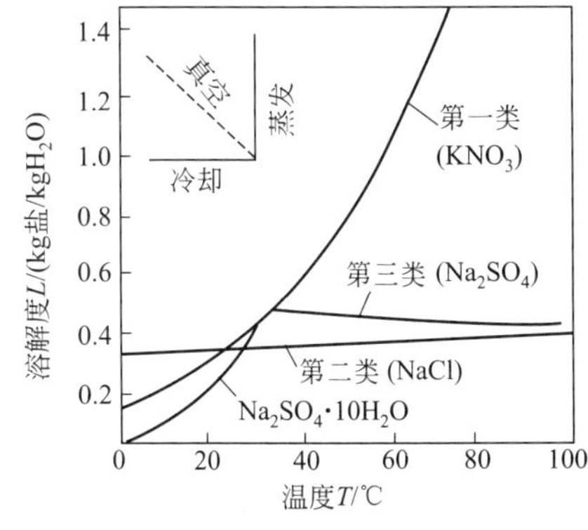

图 7-3　不同类型的溶解度曲线

7.3.1　结晶机理与动力学

在饱和溶液中新生成的结晶微粒称为晶核。关于晶

核形成模式大体分为二类：① 初级成核：无晶体存在下的成核；② 二次成核：有晶体存在下的成核。如图 7-4 所示。

表 7-5　按溶解度特征对某些物质分类

溶解度曲线的形式	物质(举例)
类型 1	KNO_3,$NaNO_3$,NH_4NO_3,$CaSO_4$,$Na_2SO_4 \cdot 10H_2O$ 糖等
类型 2	KCl,NaCl,$(NH_4)_2SO_4$,K_2SO_4,对苯二甲酸等
类型 3	Na_2SO_4,$ZnCrO_4 \cdot H_2O$,$CaSO_4$,$MgSO_4 \cdot H_2O$,$FeSO_4 \cdot H_2O$ 等

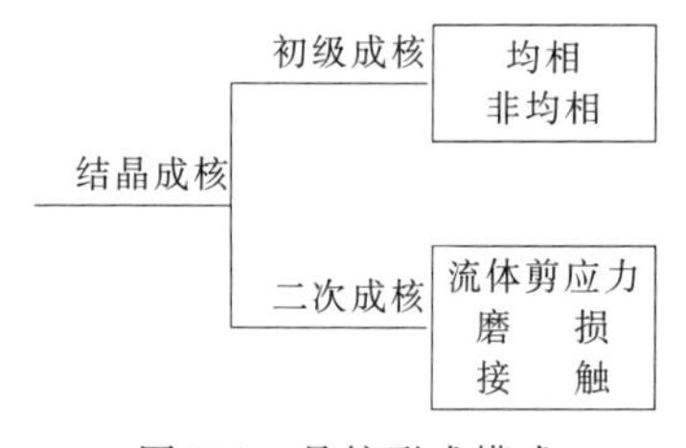

图 7-4　晶核形成模式

在工业结晶过程中，一般二次成核被控制为晶核的主要来源。只有在超微粒子制造中，依靠初级成核过程爆发成核。晶核的大小初步估计为 nm 至 μm 的数量级。

(1) 初级成核

按照过饱和溶液中有无自生的或者外来的微粒又可分为“非均相初级成核”与“均相初级成核”(homogeneous primary nucleation) 两类。

在工业结晶器中均相初级成核条件比较少，它是指在完全清净的饱和溶液中，由于分子、原子或离子构成运动单元，互相撞碰结合成晶胚线体，晶胚可逆地解离或生长，当生长到足够大，能与溶液建立热力学平衡时就可称之为晶核。这种成核速率 B_p 可用 Arrhenius 反应速率形式表达

$$B_p = A\exp\left[\frac{-16\pi\gamma^3 v^2}{3K^3T^3\ (\ln S)^2}\right] \tag{7-12}$$

式中　A——指数因子；

v——摩尔体积，cm^3/mol；

K——玻耳兹曼 (Boltzmann) 常数；

T——热力学温度，K；

S——比饱和度；

γ——表面张力，J/m^2。

分析可以看出当比饱和度 S 超过某一临界值后成核速率将急剧增加，并且预示了在任一饱和度水平的成核可能性幅度。

由于真实溶液系常常难以避免来自外加入的晶种或大气中的灰尘或其他外来的物质粒子的干扰，这种情况下的初级成核称为“非均相成核”(heterogeneous nucleation)。这些外来物质微粒可诱导晶核的生成，在一定程度上降低了成核势垒。所以非均相成核可以在比均相成核低的过饱和度下发生。

在工业结晶中，式(7-12) 的应用价值较少，一般使用简单的经验关联式来表达过饱和 ΔC 与初级成核速率 B_p

$$B_p = K_p \Delta C^n \tag{7-13}$$

式中　ΔC——过饱和度；

n——成核指数；

K_p——速率常数。

K_p 和 n 的数值由具体系统的物理环境和流体力学条件而定，一般 $n>2$。

相对二次成核速率，初级成核速率大得多而且对过饱和度变化非常敏感而难以控制在一定

的水平，也就是，除了超细粒子制造外，一般工业结晶过程要力图避免发生初级成核的原因所在。

（2）二次成核

在有晶体存在条件下形成晶核为“二次成核”（secondary nucleation）。这是绝大多数结晶器工作时的主要成核机理。由于结晶产品要求具有指定粒度分布指标（简称 CSD）而二次成核速率是决定 CSD 的关键因素之一，所以控制二次成核速率是实际工业结晶过程最重要的操作要点。

二次成核机理比较复杂，至今尚未认识得非常清晰。在图 7-4 所示内容中，近年来认为其中起决定性作用的机理是流体剪应力成核及接触成核。接触成核是指当晶体与其他固体物接触时由于撞击所产生的晶体表面的碎粒成核。工业结晶器内接触成核可能还有晶体与搅拌桨之间碰撞成核；晶体与结晶器表面或挡板碰撞成核；以及晶体与晶体之间碰撞成核等。这种成核几率又大于剪应力成核。

在工业结晶界，常使用经验表达式来描述二次成核速率 B_s

$$B_s = K_b M_T^j N^l \Delta C^b \tag{7-14}$$

式中　B_s——二次成核速率，#/(m^3·s)；

K_b——与温度相关的成核速率常数；

M_T——悬浮密度，kg/m^3；

N——表示系统输入能量项，一般指搅拌强度量（转速或周边线速等），1/s 或 m/s；

ΔC——过饱和度。

常指数 j，l 及 b 是受操作条件影响的因子。与初级成核相比较，二次成核所需的过饱和度较低，所以在二次成核为主时，初级成核可忽略不计。结晶过程中，总成核速率 B° 即单位时间单位容积溶液中新生核数目，可表达为

$$B^\circ = B_p + B_s \tag{7-15}$$

实际在结晶过程中，结晶成核与成长是连续发生的。结晶成长速率 G 也是过饱和度函数

$$G = K_g \Delta C^g \tag{7-16}$$

式中　g——成长指数；

K_g——成长动力学常数。

在一般工业结晶过程中，通常控制为二次成核，B° 近似为 B_s，B° 的简化表达式亦取 B_s 表达式，在外部输入能量相对稳定时简化为

$$B^\circ = K M_T^j \Delta C^n \tag{7-17}$$

式中，n 为成核指数。

将式(7-16) 代入式(7-17)，有

$$B^\circ = K_n M_T^j G^i \tag{7-18}$$

式中，$K = K/K_g^i$，$i = n/g$；K_n 为温度 T 与外部输入能量（如搅拌强度等）的函数。

7.3.2　结晶成长

一旦晶核在溶液中生成，溶质分子或离子会继续一层层排列上去而形成晶粒，这就是结晶成长。在化学工程中常引用的是较简单的结晶成长二步过程学说。按这学说，晶体成长第一步为溶质扩散，即待结晶的溶质借扩散穿过靠晶体表面的一个静止液层，由溶液中转移至晶体表面；第二步为表面反应，即到达晶体表面的溶质嵌入晶面，使晶体长大。在不同的物理环境下，这二步骤中的任一步都可能是过程的控制步骤。

（1）结晶成长速率

大多数溶液结晶过程为溶质扩散控制的结晶成长型，由传递理论推导出结晶线性生长速率式为

$$G=k_{g}\Delta C(L>0.1\mu m) \tag{7-19}$$

$$G=k_{g}\Delta C/L(L\leqslant 0.1\mu m) \tag{7-20}$$

式中　ΔC——过饱和度；

k_{g}——速率常数；

L——结晶主粒度。

对于表面反应控制的结晶成长速率，按照 BCF 模型推导出表达式为

$$R=A\Delta C^{p}\tanh(B/\Delta C) \tag{7-21}$$

式中　R——以沉积溶质质量计算的结晶成长速率，$kgm^{-2}s^{-1}$；

A、p、B——特征常数；

ΔC——过饱和度。

在高过饱和度情况下，式(7-21) 可简化为

$$R=E\Delta C \tag{7-22}$$

式中，E 为特征常数。

对于溶质扩散与表面反应两步必须同时考虑的结晶成长过程，结晶成长速率应是两步速率的叠加。在工业结晶中，常使用经验式

$$G=K_{g}\Delta C^{g} \tag{7-23}$$

式中　G——以晶体线性成长计算的结晶成长速率；

K_{g}——与具体物系及过程物理环境相关的成长速率常数；

g——幂指数。

对于表面反应步骤速率为过饱和度一次函数的情况，可以推导出二步叠加的结晶线性成长速率理论表达式，即

$$G=K_{g}\Delta C \tag{7-24}$$

以上所述的以沉积质量计算的结晶成长速率 R 与以晶体线性成长计算的结晶成长速率 G，二种表示法的换算关系为

$$R=\frac{1}{A}\frac{dm}{dt}=\frac{3\alpha\rho G}{\beta} \tag{7-25}$$

式中　$m=\alpha\rho L^{3}$——晶粒质量，kg；

ρ——晶体密度，kg/m^{3}；

α——体积因子；

β——表面形状因子；

A——晶粒表面，m^{2}；

L——结晶主粒度，m 或 μm。

式中，α 和β，对于球晶和正方体晶形符合：$6\alpha/\beta=1$。在一些文献中常出现晶面线生长速率 v，相当$G/2$。表 7-6 列出某些物系晶面线生长速率 v，对大多数物系，结晶成长都服从 ΔL 定律。Macabc 首先证明了晶体的生长速率与原晶粒的初始粒度无关的规律，并命名为 ΔL 定律。式(7-22) 描写了符合 ΔL 定律结晶速率关联式。

表 7-6　一些盐类的平均晶面生长速率

（过饱和度 $S=C/C^*$，C 与平衡溶解度 C^* 的单位为 kg/kgH_2O，$G=2v$，$v=G/2$）

结晶物质	C	S	v^*	
			m/s	μm/h
$(NH_4)_2SO_4 \cdot Al_2(SO_4)_3 \cdot 24H_2O$	15	1.03	$1.1\times10^{-8*}$	39.6
	30	1.03	$1.3\times10^{-8*}$	46.7
	30	1.09	$1.3\times10^{-7*}$	360
	40	1.08	$1.2\times10^{-7*}$	432
NH_4NO_3	40	1.05	8.5×10^{-7}	3060
$(NH_4)_2SO_4$	30	1.05	$2.5\times10^{-7*}$	900
	60	1.05	4.0×10^{-7}	1440
	90	1.01	3.0×10^{-8}	108
NH_4HSO_4	20	1.06	6.5×10^{-8}	234
	30	1.02	3.0×10^{-8}	108
	30	1.05	1.1×10^{-7}	396
	40	1.02	7.0×10^{-8}	252
$MgSO_4 \cdot 7H_2O$	20	1.02	$4.5\times10^{-8*}$	162
	30	1.01	$8.0\times10^{-8*}$	288
	30	1.02	$1.5\times10^{-7*}$	540
$NiSO_4 \cdot (NH_4)_2SO_4 \cdot 6H_2O$	15	1.03	5.2×10^{-9}	18.72
	25	1.09	2.6×10^{-8}	93.6
	25	1.20	4.0×10^{-8}	144
$K_2SO_4 \cdot Al_2(SO_4)_3 \cdot 24H_2O$	15	1.04	$1.4\times10^{-8*}$	50.4
	30	1.04	$2.8\times10^{-8*}$	100.8
	30	1.09	$1.4\times10^{-7*}$	5.4
	40	1.03	$5.6\times10^{-8*}$	201.6
KCl	20	1.02	2.0×10^{-7}	720
	40	1.01	6.0×10^{-7}	2160
KNO_3	20	1.05	4.5×10^{-8}	162
	40	1.05	1.5×10^{-7}	542
酒石酸-水结晶	25	1.05	3.0×10^{-8}	108
	30	1.01	1.0×10^{-8}	36
	30	1.05	4.0×10^{-8}	144
蔗糖	30	1.13	$1.1\times10^{-8*}$	39.6
	30	1.27	$2.1\times10^{-8*}$	75.6
	70	1.09	9.5×10^{-8}	342
	70	1.15	1.5×10^{-7}	542
K_2SO_4	20	1.09	$2.8\times10^{-8*}$	100.8
	30	1.18	$1.4\times10^{-7*}$	504
	30	1.07	$4.2\times10^{-8*}$	152
	50	1.06	$7.0\times10^{-8*}$	252
KH_2PO_4	50	1.12	$3.2\times10^{-7*}$	1152
	30	1.07	3.0×10^{-8}	108
	30	1.21	2.9×10^{-7}	1044
	40	1.06	5.0×10^{-8}	180
NaCl	40	1.18	4.8×10^{-8}	1728
	50	1.002	2.5×10^{-8}	90
	50	1.003	6.5×10^{-8}	234
$NaS_2O_3 \cdot 5H_2O$	70	1.002	9.0×10^{-8}	324
	70	1.003	1.5×10^{-8}	24.2
	30	1.02	1.1×10^{-7}	396
	30	1.08	5.0×10^{-7}	1800

* v 为晶面线生长速度，相当于晶体线性生长速度的 1/2。

（2）与粒度相关结晶成长

实践证明，对于某些物系如钾矾水溶液等，晶体成长不服从 ΔL 定律，明显是晶粒粒度的函数。对于与粒度相关成长的经验表达式为

$$G(L)=G^{\circ}(1+\gamma L)^{b} \tag{7-26}$$

式中 b——一般小于 1 的参数；

γ——参数，是物系及操作状况的函数；

G°——晶核成长速率；

L——主粒度。

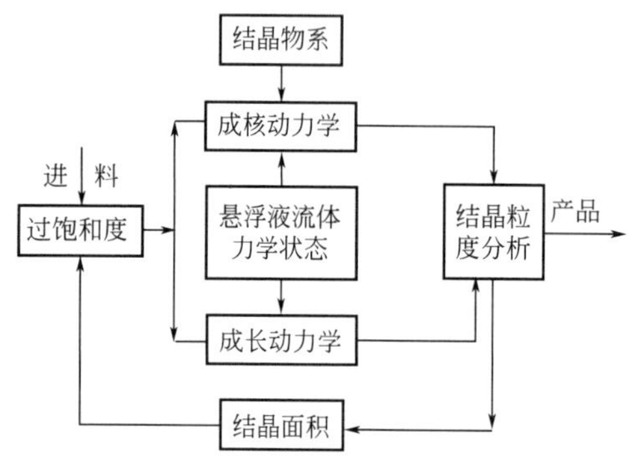

图 7-5 成核与成长的内在联系

许多晶核的初始成长速率强烈地随粒度而变化，适合用上式描述。

（3）结晶成长分散现象

Janse 和 Randolph 都发现有在同一过饱和度下，相同粒度的同种晶体却以不同速度生长的现象，称为结晶生长分散。晶核成长常常出现这种行为。有关发生机理至今仍不清楚。在超微粒子生产中要注意这个现象。

7.3.3 结晶成核与成长的内在联系

在工业结晶器中，结晶的成核与成长不是相互独立的，而是相互关联的，并且受结晶系统其他参数的影响。图 7-5 表示出了这个复杂的内在联系。

7.3.4 结晶过程与装置

7.3.4.1 冷却结晶器

冷却结晶是依靠降低温度，产生过饱和度而产生结晶。

最简单的冷却结晶器是无搅拌的结晶釜，热的结晶母液置于釜中甚至是开放的容器中几小时甚至几天，自然冷却结晶。所得晶体纯度较差，容易发生结块现象。设备所占空间较大，容时生产能力较低。由于这种结晶过程设备造价低，安装使用条件要求不高，目前在某些产品量不大，对产品纯度及粒度要求又不严格情况下，至今仍在应用。

（1）间接换热冷却结晶

图 7-6 与图 7-7 是目前应用较广的带搅拌的与外循环式釜式结晶器的形式。冷却结晶过程所需的冷量可由夹套换热或通过外换热器传递实现。具体选用图 7-6 与图 7-7 形式结晶器的原则主要取决于换热量大小的需求，图 7-7 外循环式操作可以强化结晶器内均匀混合与传热，欲提高换热速率，可按需要加大换热表面，但必须选用合适的循环泵，以避免悬浮颗粒晶体的磨损破碎。操作方式可以是连续式或间歇操作。

（2）直接冷却结晶

上述结晶器冷却结晶的致冷方式都是通过一个冷却表面间接致冷，它的缺点在于冷却表面结垢及结垢导致的换热效率的下降。直接接触冷却结晶没有这个问题。它的原理是依靠结晶母液与冷却介质直接混合致冷（见图 7-8）。常用的冷却介质是液化的碳氢化合物等惰性液体，如乙烯、氟里昂等，借助于这些惰性液体的蒸发气化而直接致冷。选用这种操作的注意事项主要是结晶产品不存在冷却介质污染问题以及结晶母液中溶剂与冷却介质不互溶或者虽互溶但易于分离。目前在润滑油脱蜡，水脱盐及某些无机盐生产中使用了这个过程。结晶设备有简单釜

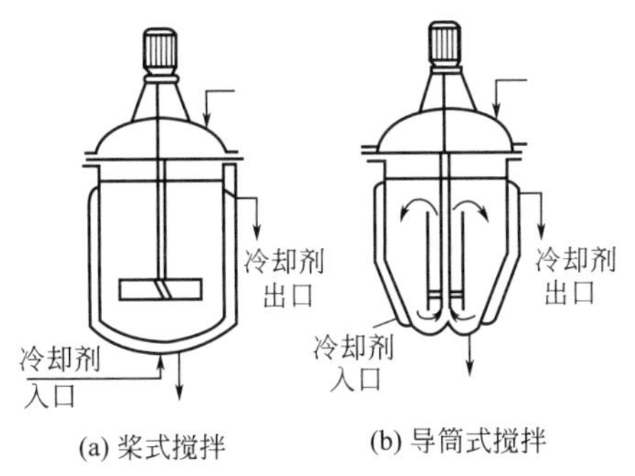

图 7-6　MSMPR（混合悬浮混合出料）结晶器

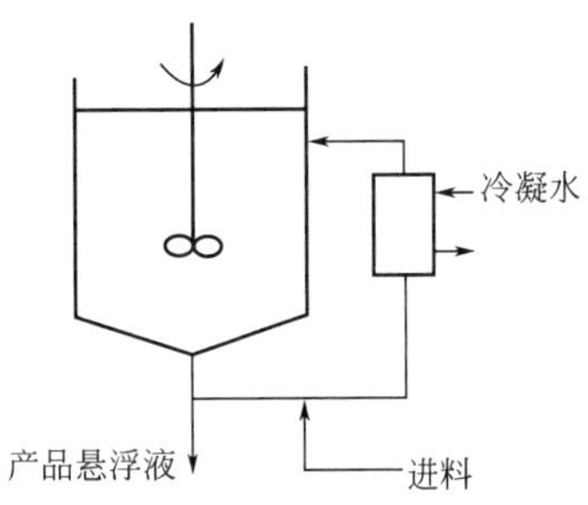

图 7-7　外循环式冷却结晶器

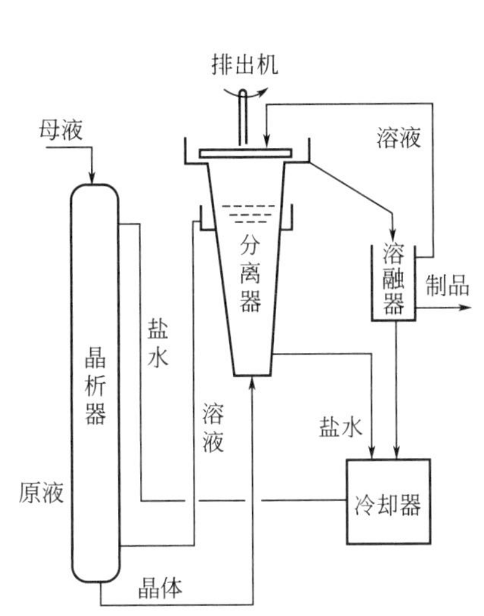

图 7-8　冷媒直接接触型晶析装置

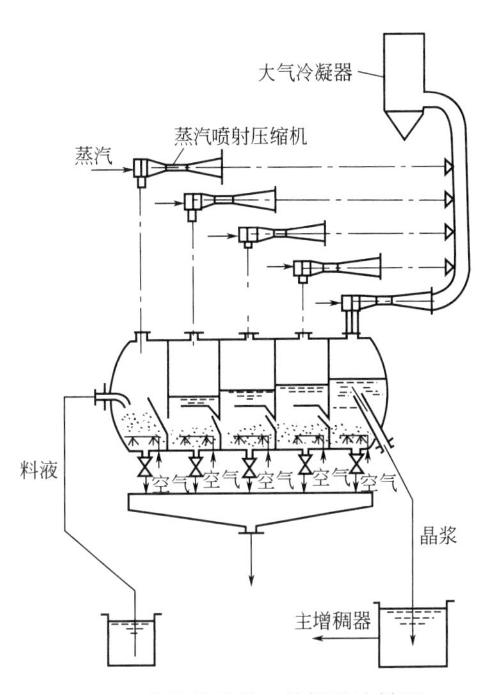

图 7-9　蒸发结晶器（外部强迫循环）

状、回转式、湿壁塔式等多种类型。

7.3.4.2　蒸发结晶器

依靠蒸发除去一部分溶剂的结晶过程称为蒸发结晶。它是使结晶母液在加压、常压或减压下加热蒸发浓缩而产生过饱和度。晒盐是目前最简单的应用太阳能蒸发结晶过程。蒸发法结晶消耗的热能较多，加热面结垢问题也会使操作遇到困难，目前主要用于糖及盐类的工业生产。为了节约能量，糖的精制已使用了由多个蒸发结晶器组成的多效蒸发，操作压力逐效降低，以便重复利用二次蒸汽的热能。很多类型的自然循环及强迫循环的蒸发结晶器已在工业中得到应用。图 7-9 和图 7-10 为具有内部循环路线的结晶器，溶液循环的推动力可借助于泵、搅拌器或蒸气鼓泡热虹吸作用产生，溶液循环速度决定了结晶区的过饱和度和全部流动速度。蒸发结晶也常在减压下进行，目的在于降低操作温度，以减小热能损耗。

7.3.4.3　真空绝热冷却结晶器

真空绝热冷却结晶是使溶剂在真空闪急蒸发而绝热冷却，两级至三级的喷射制冷真空绝压与蒸发温度相平衡，可以得到 15℃或更低的冷却温度。实质上是同时依靠浓缩与冷却两种效

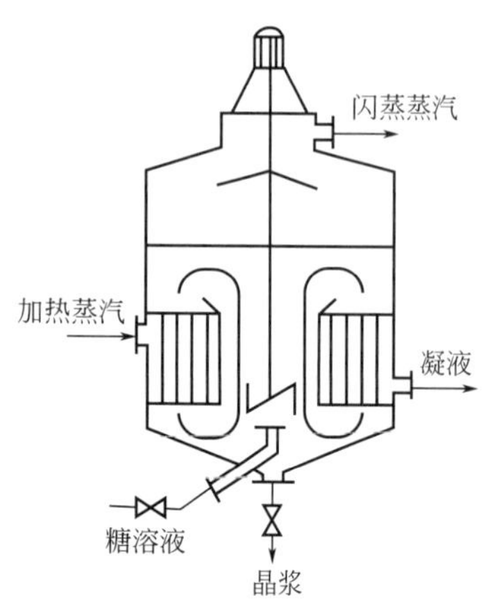

图 7-10　带有机械搅拌的蒸发结晶器（制糖业）

应来产生过饱和度。这是 20 世纪 50 年代以来更多采用的结晶方法。其特点是主体设备结构相对简单，无换热面，操作比较稳定。不存在内表面严重结垢及结垢清理问题。真空操作压力一般与溶液蒸汽分压相近，可低至 0.001 MPa 或者更低。常采用多级蒸汽喷射系统及热力压缩机来产生真空。在大型生产中，为了节约能耗也常选用由多个真空绝热冷却结晶器组成的多级结晶器。具体的结晶器构形及多级排列见下节。

7.3.4.4　连续操作的结晶器

目前世界工业中已经应用了许多具体构造不同的连续操作结晶器。它们的主要构形可概括为三类：强迫循环类型、流动床类型及导流筒加搅拌桨类型。

（1）强迫外循环型结晶器

美国 Swenson 公司开发的强迫外循环划 Swenson 真空结晶器如图 7-11 所示，由结晶室、循环管、循环泵组成，并配备有蒸汽冷凝器。部分晶浆由结晶器的锥形底排出后，经循环管，靠循环泵输送，沿切线方向重新返回结晶室，如此循环往复，实现连续结晶过程。这种结晶器亦可用于蒸发法，间壁冷却法结晶，但在循环管中段需加入一个供加热或冷却使用的换热器。这种类型的结晶器的生产量都很大，如果要求 d_p 较大，晶体粒度分布（CSD）均匀，就不能强化，所以产品平均粒度较小，粒度分布较宽。已被用于生产氯化钠、尿素、柠檬酸等产品，平均粒度约在 0.10～0.84nm 范围。

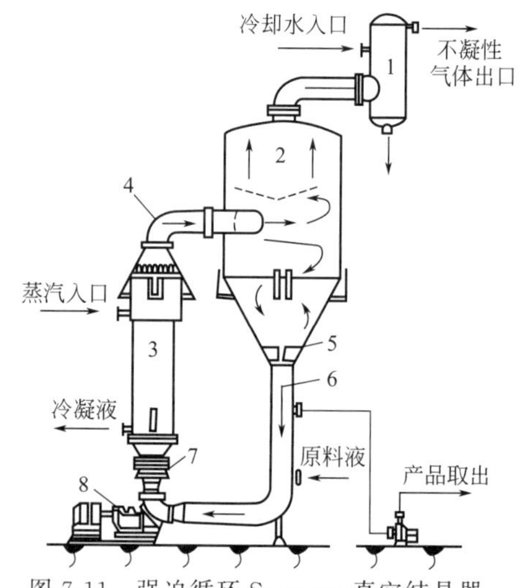

图 7-11　强迫循环 Swenson 真空结晶器
1—大气冷凝器；2—真空结晶器；3—换热器；4— 返回管；5—旋涡破坏装置；6—循环管；7—伸缩接头；8—循环泵

（2）流化床型结晶器

图 7-12 表示了 Oslo 流化床型真空结晶器，它在工业上曾得到较广泛的应用，它的主要特点是过饱和度产生的区域与晶体生长区分别置于结晶器的两处，晶体在循环母液中流化悬浮，为晶体生长提供了较好的条件，能够生产出粒度较大而均匀的晶体。Oslo 冷却法结晶器如图 7-12（b）所示，在我国现在主要用于联合制碱的 NH_4Cl 生产，与真空型结晶器相比，它没有汽化室，而在循环管路上增设列管式冷却器，母液单程通过列管向上方循环。热浓的料液在循环泵前加入，与循环母液混合后一起经过冷却器冷却而产生过饱和度，操作要点在于要使这个过饱和度在介稳区内以避免自发成核。产品悬浮液由结晶器锥底引出。这种型式结晶器缺点与强迫外循环式结晶器类似，即必须选用性能优良的循环泵，否则循环晶浆中的晶粒与循环泵的高速叶轮碰撞会产生大量的二次成核，产生较多细晶，使 $C.V.$ 值变大。

（3）带有导流筒并具有搅拌桨的真空结晶器

图 7-13 表示了美国 Swenson 公司在 20 世纪 50 年代开发出的具有导流筒及挡板的真空结晶器（简称 DTB 型，即 Draft Tube& Baffled Type 结晶器）。这种结晶器可用于真空绝热冷却法、蒸发法、直接接触冷冻法以及反应法等多种结晶操作。它的优点在于生产强度高，能

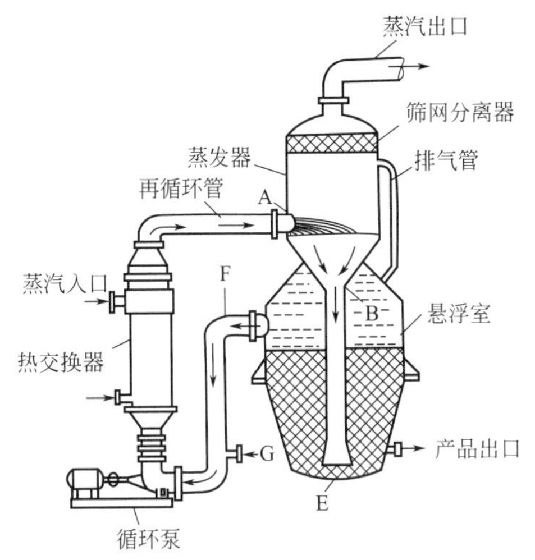

图 7-12(a) Oslo 蒸发结晶器图
A—闪蒸区入口；B—介稳区入口；
E—床层区入口；F—循环流入口；
G—结晶母液进料口

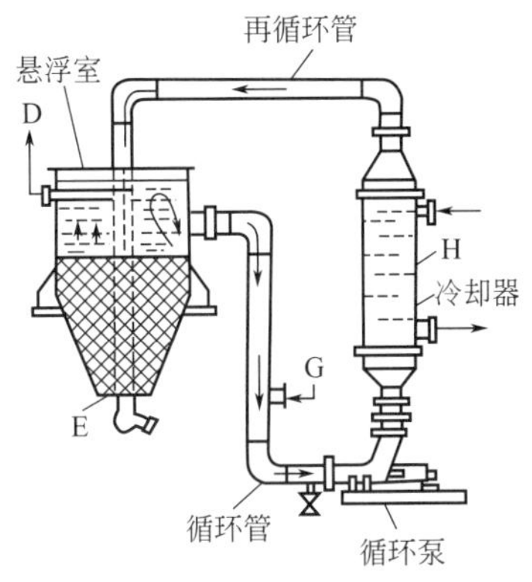

图 7-12(b) Oslo 表面冷却结晶器图
D—上层母液移出口；E—床层入口；
G—结晶母液进料口；H—冷却器部分

产生粒度达 600～1200μm 的大粒结晶产品，已成为国际上连续结晶器的最主要形式之一。

DTB 型结晶器属于典型的晶浆内循环结晶器，由于设置了内导流筒及高效搅拌器，形成了内循环通道，内循环速率很高，可使晶浆重量密度保持至 30%～40%水平，并可明显地消除高饱和度区域，器内各处的过饱和度都比较均匀，而且较低（一般过冷度<1℃），因而强化了结晶器的生产能力。除主循环通道外，DTB 型结晶器还没有外循环通道，用于消除过量的细晶，以及产品粒度的淘洗，保证了能生产粒度分布范围较窄结晶产品，可充分满足用户对产品结晶不同粒度分布的要求。这种结晶器目前在世界上已广泛用于化工、食品、制药等多种工业部门，还应注意的是由于一般用户对结晶产品粒度上限要求不是很严格，所以工业所引用的 DTB 型结晶器常不需淘洗腿部分，结构如图 7-14 所示，操作更为简便。

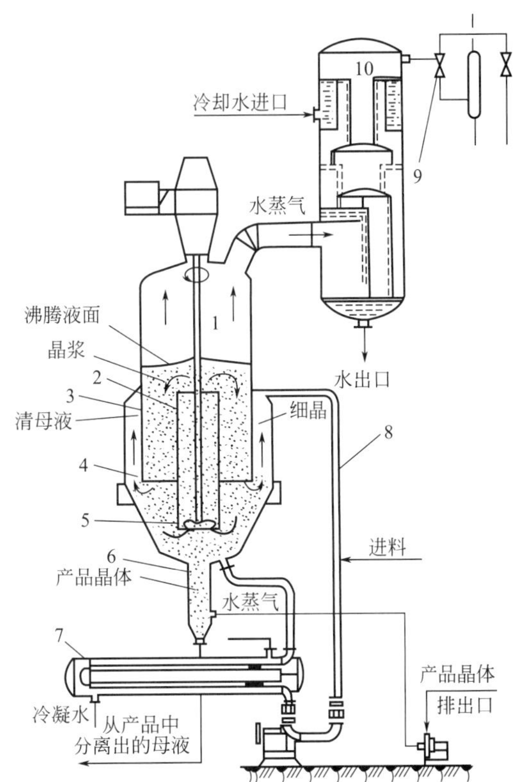

图 7-13 Swenson DTB 型结晶器
1—结晶器；2—导流筒；3—环形挡板；4—澄清区；
5—螺旋桨；6—淘析腿；7—加热器；8—循环管；
9—喷射真空泵；10—大气冷凝器

日本 20 世纪 70 年代开发的双螺旋桨（double-propeller）结晶器简称 DP 结晶器，如图 7-15 所示 DP 结晶器在导流筒外侧的环隙中也设置了一组螺旋桨叶，它们的安装方位与导流筒内的叶片相反，还可向下推进环隙中的循环液。在维持结晶器内部相同的内循环液速的条件下，DP 结晶器可较大幅度地降低搅拌器

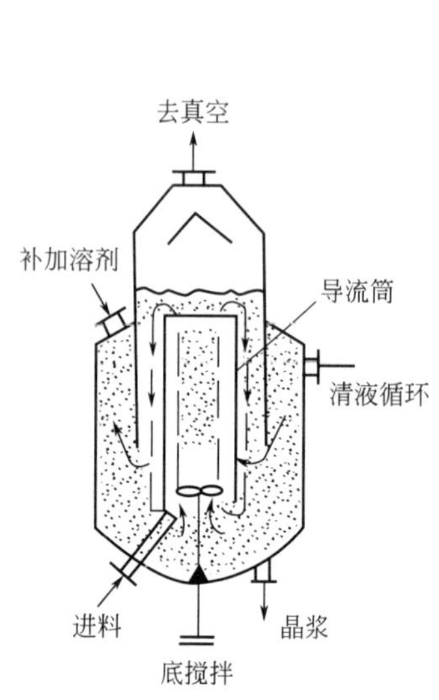

图 7-14 带下搅拌无淘析腿 DTB 型结晶器

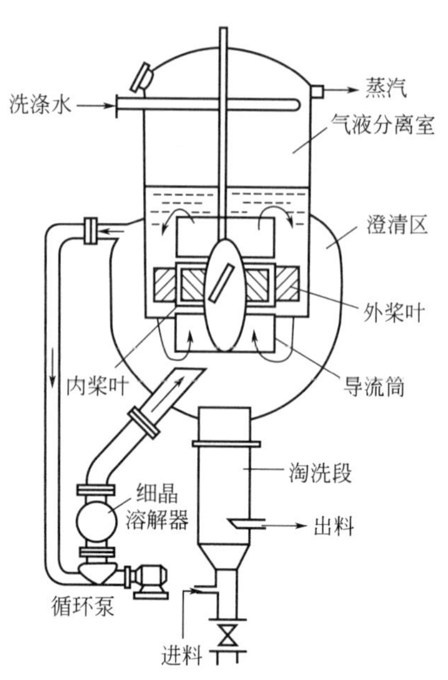

图 7-15 双螺旋桨（DP）结晶器

的功率消耗，因而可在很大程度上降低二次成核速率（它正变于功率输入项），而使晶体产品平均粒度增大，DP 结晶器缺点在于它的大螺旋桨的制造比较复杂，要求精确而且要耐腐蚀，动平衡性能好。

图 7-16 所示的 Standard-Messo 湍流（Turbulence）结晶器在 20 世纪 60 年代末期工业化。它有两个同心圆形导流管，外管上端与器壁相连，称为喷射管，内管为中央导流管。晶浆由顶部伸入的螺旋桨搅拌器所驱动，在上方形成初级循环，并在结晶器下部形成次级循环。分析这两个通道可以看出，有一部分晶体，特别是较大晶体在次级循环中悬浮生长而不进入初级循环，这对粒度控制很有利，优于其他结晶器。结构复杂是这种结晶器的缺点，此外结疤可能性也较大。

7.3.4.5 多级结晶过程

在连续的大规模工业结晶生产中，多级结晶也是很重要的。如数万吨级 KCl 的生产，在世界上不同国家中采用了 4～8 级的多级结晶器，与单级结晶器相比优点为：① 能耗低；② 各级平均温差低；③ 产品粒度分布窄；④ 各级流体动力学状态易控制；⑤ 操作可靠性增加。

图 7-17 给出了可用于多级结晶的不同形式的流程。由图可见，可分为顺流、逆流、并流三种类型。顺流形式主要用于随结晶和杂质浓度增加温度敏感性也增加的溶液物系。图 7-17（a）为两个顺流的可能流程。逆流流程宜采用在黏度对温度较敏感的溶液物系，见图 7-17（b）。对于原料是浓溶液的体系宜安排并流，如图 7-17(c) 所示，可使溶液均一地分配在各个结晶器内。在这种情况下每一级放出的物料可进一步处理。

7.3.5 溶液结晶过程的模型化及系统分析

7.3.5.1 总体模型与稳态行为分析

目前以 Randolph 和 Larson 依据结晶系统（见图 7-18）物料衡算严格推导了以粒数衡算为基础的溶液结晶过程的数学模型，在国际上应用的最为广泛。

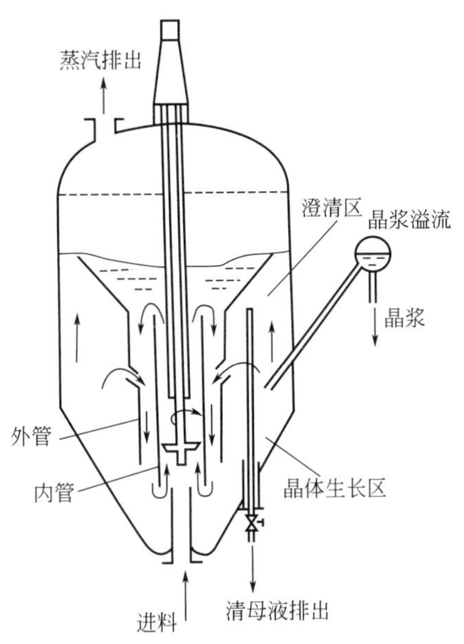

图 7-16　Standard Messo 湍流结晶器

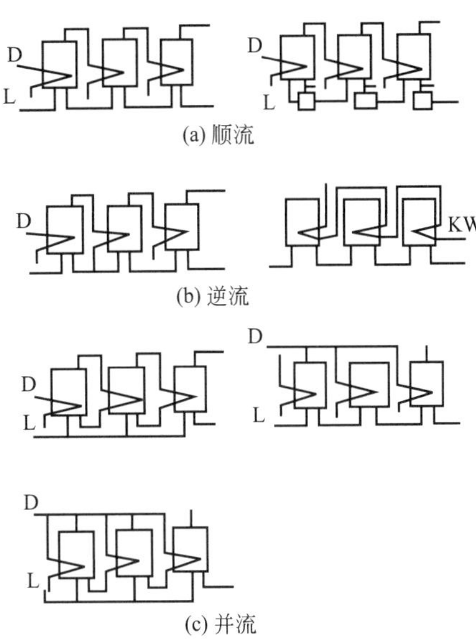

图 7-17　多级结晶器的不同安排

$$\frac{\partial n}{\partial t}+\frac{\partial (Gn)}{\partial L}+\frac{Q}{V}\cdot n=\frac{Q_i}{V}n_i+(B'-D') \tag{7-27}$$

式中　n——粒数密度，#/(m·L 溶液)；

G——线性结晶成长速率，m/s；

L——晶体粒度，m 或 μm；

Q——引出结晶器的产品悬浮液流量 m^3/h 或 m^3/s；

Q_i——引入结晶器的母液流量，m^3/h 或 m^3/s；

n_i——引入结晶器的母液中晶体的粒数密度，#/(m·$L_{溶液}$)；

V——结晶母液体积，m^3；

B'——结晶生函数，#/(s·m·$L_{溶液}$)；

D'——结晶死函数，#/(s·m·$L_{溶液}$)。

Randolph 和 Larson 应用这个模型，首先开发了连续操作的混合悬浮混合出料（mixed suspension mixed product removal，MSMPR）结晶器的模型，后来又按照工业结晶设备中出现的大多数结晶器，如有细晶消除系统或带淘析腿产品粒度再分级系统的特定初始边界条件特征，考察了这个数学模型的各种变化及求解的计算公式。

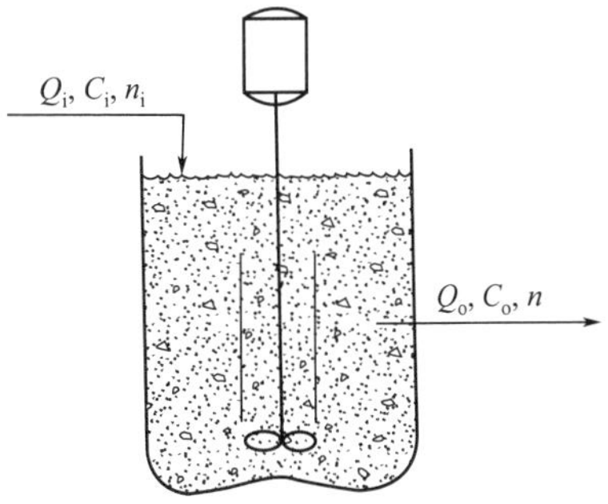

图 7-18　溶液结晶（MSMPR）系统图

Randolph 与 Larson 指出，若将来自结晶器的给定体积悬浮物中的晶体总数作为其特征粒度的函数标绘如图 7-19，则该线的斜率定义出了晶体粒数密度 n

$$n=\lim_{\Delta L\to 0}\frac{\Delta N}{\Delta L}=\frac{dN}{dL} \tag{7-28}$$

式中，N 为单位体积晶浆中大到粒度为 L 的晶体总数。

（1）MSMPR 结晶器分析

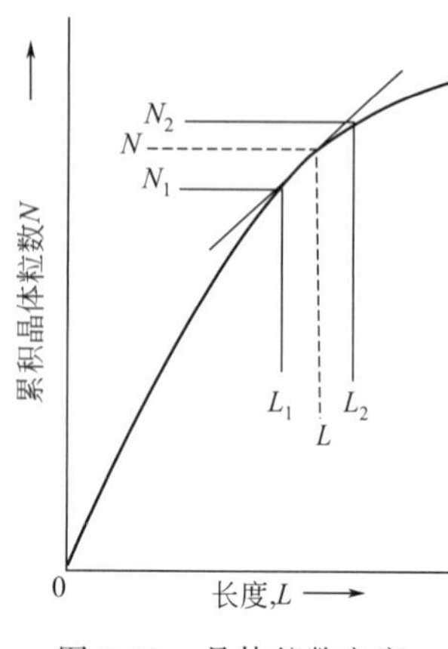

图 7-19　晶体粒数密度 n 的确定

欲得如图 7-19 那样的标绘所需的数据，可以从已知体积（如 1L）晶浆中总晶体含量的筛析得到。筛析是用间隔紧密的整套试验筛作出的。或者可应用粒度分析仪求出结晶样品不同粒度 n 值，以 MSMPR 结晶器为例并假设连续稳态，且进料中无固体粒子，忽略结晶生死函数，式(7-27) 可转化为

$$dn/dL+n/G\tau=0 \tag{7-29}$$

若 ΔL 定律适用（就是说 G 与 L 无关），并假定停留时间不变，以 $\tau=V/Q$ 计算的话，在极限 n^0（即晶核的粒数密度，假定该处 L 为 0），及 n（即任意选定的晶体粒度为 L 的粒数密度）之间进行积分，式(7-29) 变为

$$\int_{n^0}^{n}\frac{dn}{n}=-\int_{0}^{L}\frac{dL}{G\tau} \tag{7-30}$$

$$\ln n=\frac{-L}{G\tau}+\ln n^0 \tag{7-31a}$$

或

$$n=n^0 e^{-L/(G\tau)} \tag{7-31b}$$

$\ln n$ 对 L 的标绘是一条直线，其截距为 $\ln n^0$，其斜率为 $-1/(G\tau)$（对于以 10 为底的对数纸上的标绘，必须作适当的斜率修正）。于是，若某试验满足推导的假定及产生一条直线的话，由已知晶浆密度及停留时间的一个给定的产品试样，便可得到试验条件下的成核速率与生长速率，粒数分布及系统平均性质的计算方程式，正如表 7-7 中无细晶排除系统部分所示。表中亦列出按有细晶排除系统推导出的表达式，以供参考。

通过求取粒数密度分布的各阶矩 M_j

$$M_j=\int_0^L nL^j\,dL \qquad j=0,1,2,\cdots n \tag{7-32}$$

可得到系统的特征数据，如对于稳态操作的 MSMPR 结晶器，由 M_0、M_1、M_2、M_3 可分别求取单位体积悬浮液中在 0→L 粒度中的晶体粒子总数，粒度总和，总表面积，以及粒子质量的总和，表 7-7 中的表征式也反映了这个信息。

表 7-7　粒数平衡计算的通用方程式

名　称	符　号	单　位	无细晶排出的系统
停留时间	t	h	$t=V/Q$
生长速率	G	mm/h	$G=dL/dt$
体积系数	k_v	1/晶粒数	k_v=一颗晶体的体积/L^3
粒数密度	n	晶粒数/(mm·L)	$n=dN/dt$
晶核粒数密度	n^0	晶粒数/(mm·L)	$n^0=K_M M^j G^{i-1}$
粒数密度	n	晶粒数/(mm·L)	$n=n^0 e^{-L/(Gt)}$
成核速率	B_0	晶粒数/h	$B_0=Gn^0=K_M M^j G^i$
无量纲长度	x	无	$x=L/Gt$
质量/单位体积(晶浆)	M_T	g/L	$M_T=k_v\rho\int_0^\infty nL^3 dL$
			$M_T=6k_v\rho n^0(Gt)^4$
直至 x 的累积质量/总质量	W_x	无	$W_x=1-e^{-x}\left(\frac{x^3}{6}+\frac{x^2}{2}+x+1\right)$
主粒度	L_d	mm	$L_d=3Gt$

续表

名　称	符　号	单　位	无细晶排出的系统
平均(重量)密度	L_n	mm	$L_n \approx 3.67Gt$
晶体总粒度	N_T	晶粒数/L	$N_T = \int_0^{\infty} n\mathrm{d}L$

名称	有细晶排出的系统	
	细晶流股	产品流股
停留时间	$t_F = V_{液体}/Q_F$	$t = V/Q$
生长速率	$G = \mathrm{d}L/\mathrm{d}t$	$G = \mathrm{d}L/\mathrm{d}t$
体积系数	$k_v =$ 一颗晶体体积$/L^3$	$k_v =$ 一颗晶体体积$/L^3$
粒数密度	$n = \mathrm{d}N/\mathrm{d}t$	$n = \mathrm{d}N/\mathrm{d}t$
晶核粒数密度		
粒数密度	$n_F = n^0 e^{-L/(Gt)_F}$	$n = n^0 e^{-(L/Gt)_f} e^{-(L/Gt)}$
成核速率	$B_0 = Gn^0$	
无量纲长度	$x_F = L/Gt_f \quad L_0 \rightarrow L_F$	$x = L/(Gt) \quad L_0 \rightarrow L_F$
质量/单位体积(晶浆)	$(M_T)_F = k_v\rho \int_0^{LC} n^0 e^{-L/(Gt)F} L^3 \mathrm{d}L$	$M_T = k_v\rho \int_0^{\infty} n^0 e^{-(L/Gt)_f} e^{-(L/Gt)} L^3 \mathrm{d}L$
直至 x 的累积质量/总质量	$W_F = \dfrac{e^{-x}(x^3+3x^2+6x+6)-6}{e_c^{-x}(x_c^3+3x_c^2+6x_c+6)-6}$	$W = \dfrac{6k_v\rho n^0 e_c^{-(L/Gt)_f}(Gt)^4}{M_T} \times \left[1-e^{-x}\left(\dfrac{x^3}{6}+\dfrac{x^2}{2}+x+1\right)\right]$
主粒度		其中,对比于 L_n,$L_c \approx 0$
平均(重量)密度		
晶体总粒度	$N_F = \int_0^{Lf} n_F \mathrm{d}L$	$N_T = \int_{Lf}^{\infty} n\mathrm{d}L$

【例 7-1】 根据在 MSMPR 结晶器中结晶的尿素试验的晶体样品计算其粒数密度、生长及成核速率，关于该过程有如下数据：晶浆密度＝450g/L；晶体密度＝1.3359g/cm^3；停留时间 τ＝3.38h；形状因子 k_v＝1.00；

产品粒度 L：

14 目≥L≥20 目	4.4%	48 目≥L≥65 目	15.5%
20 目≥L≥28 目	14.4%	65 目≥L≥100 目	7.4%
28 目≥L≥35 目	24.2%	L≤100 目	2.5%
35 目≥L≥48 目	31.6%		

n＝每升体积中的粒子数目

解　求生长速率及成核速率。

14 目＝1.168mm，20 目＝0.833mm，平均开孔 1.00mm 大小间距＝0.335mm＝ΔL

$$\frac{\Delta N_{20}}{\Delta L_{20}} = n_{20} = \frac{450 \times 0.044}{(1.335/1000) \times 1.00 \times 0.335 \times 1.0} = 44273\#/(\mathrm{mm} \cdot \mathrm{L})$$

$$\ln n_{20} = 10698$$

对每个筛子增量重复计算：

筛子大小	重量/%	k_v	$\ln n$	平均孔径 L/mm
100	7.4	1.0	18.099	0.178
65	15.5	1.0	17.452	0.251
48	31.6	1.0	16.778	0.356
35	24.2	1.0	15.131	0.503
28	14.4	1.0	13.224	0.711
20	4.4	1.0	10.698	1.000

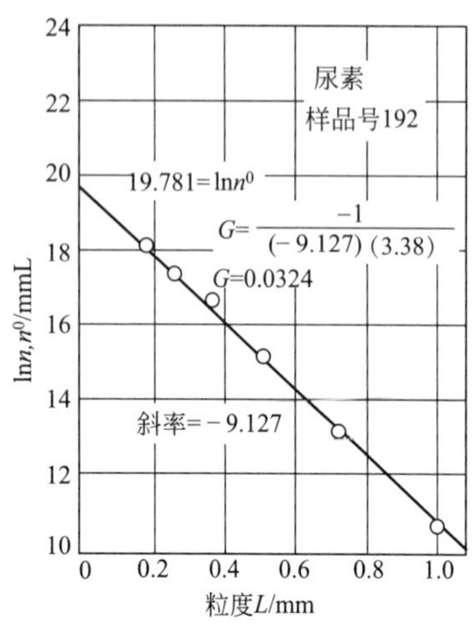

图 7-20　例 7-1 的粒数密度标绘

如图 7-20 所示，标绘 ln$n$ 对 L，得一直线，在粒度为 0 处的截距是 19.781，斜率是－9.127。如讨论式(7-31) 时所述，于是，可求得生长速率 G

斜率＝－1/(Gt)或－9.127＝－1/(G×3.38)

或　　$G=0.0324\text{mm/h}$

而且 $B^0=Gn^0=(0.0324)(C^{19.781})=12.65\times10^6$ #/(L·h)

又　　$L_M=3.67(0.0324)(3.38)=0.40\text{mm}$

也可用下列关系检查数据的正确性。

$$M_T=6k_v\rho n^0(Gt)^4=450\text{g/L}$$

$$M_T=6\times1.0\times\frac{1.335}{1000}e^{19.78}\times(0.0324\times3.38)^4$$

$$M_T=455\text{g/L}\approx450\text{g/L}$$

若仅已知生长速率，则固体的粒度分布可由下式计算

$$W_t=1-e^{-x}\left(\frac{X^3}{6}+\frac{X^2+X}{2}+1\right)$$

其中，W_t 为大到粒度 L 的质量分数，且 $X=L/(G\tau)$

$$X=\frac{L}{0.0324\times3.38}=\frac{L}{0.1095}$$

筛号	L/mm	X	W_t	保留 100（1－W_t）的累积/%	保留的测量累积/%
20	0.833	7.70	0.944	5.6	4.4
28	0.589	5.38	0.784	21.6	18.8
35	0.417	3.80	0.526	47.4	43.0
48	0.295	2.70	0.286	71.4	74.6
65	0.280	1.90	0.125	87.5	90.1
100	0.147	1.34	0.048	95.2	97.5

注意计算分布与测量值有某些偏差，因为真正样品与理论变异系数是有少量偏离的（如 47.5%对 52%）。

求动力学式中的有关参数 i 及 j。

从得自同一设备的几个不同样品，可作出一个不同数值表：

样品号	lnn^0	G	ln$G$	样品号	lnn^0	G	ln$G$
191	18.81	0.0330	－3.41	193	18.70	0.0317	－3.45
192	19.78	0.0324	－3.43	194	20.51	0.0200	－3.91

如图 7-21 中线图所示，通过各点所绘最好直线的斜率是－4.45。

由下式

$$n^0=K_mM_t^iG^{i-1}$$

(i－1) ＝－4.45，i＝－3.45；于是 $n^0=K_mM_t^iG^{-4.55}$（晶核粒数密度）

及　　$B^0=K_mM_t^iG^{-3.45}$(成核速率)

此处可见此例成核速率是生长速率（及过饱和度）的递减函数。

由于许多数据表明，对于不同值的 M_T 在 G 为常数时 n^0 是变化的，在相应的 G 值时 lnn^0 对 lnM_T 的标绘可以测定指数 j。

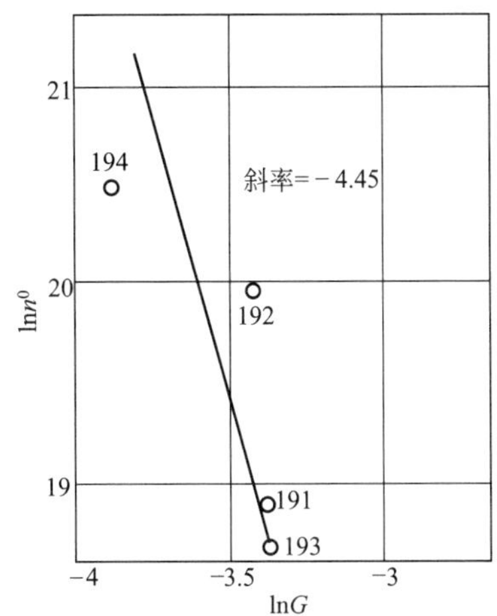

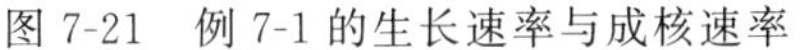

图 7-21　例 7-1 的生长速率与成核速率

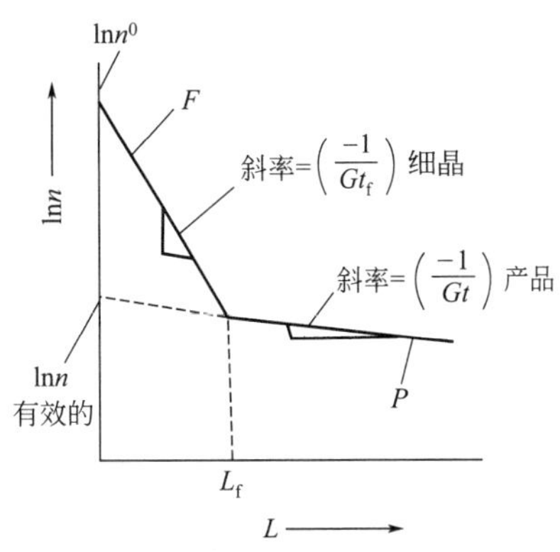

图 7-22　具有细晶排除结晶器的 $\ln n$ 对 L 的标绘

（2）具有细晶体排除的结晶器分析

使用 MSMPR 型结晶器，在许多情况下，这种设备形成的产品粒度对于商业用途来说是太小了；因此在结晶器中加一细晶阱，从晶浆中排除不需要原细微结晶物质，以控制粒数密度，产生较粗的晶体产品。这样做了以后，标绘在 $\ln n$ 对 L 线图上的产品样，便如图 7-22 中的线 P 所示。斜率最陡的线 F 则代表细晶的粒度分布，显示这种分布的样品可以从离开细晶阶的液流取得。产品晶体有较低的斜率，其中应很少有甚至没有小于 L_f 的物料存在，L_f 为切割粒度，产品物料的有效成核速率是线 P 延伸到粒度为零处的交点。

自结晶排出的产品，以粒度从 L_f 到无限大的分布积分表征

$$M_T = K_v \rho \int_{L_f}^{\infty} n^0 \exp[-L_f/(Gt_f)] \exp[L/(GT)] L^3 \mathrm{d}L \tag{7-33}$$

此式的积分形式示于表 7-7。

对于如图 7-23 所示的复杂结晶器，应用式(7-32) 模拟分析，所得出的典型 $\ln n$-L 曲线见图 7-24。

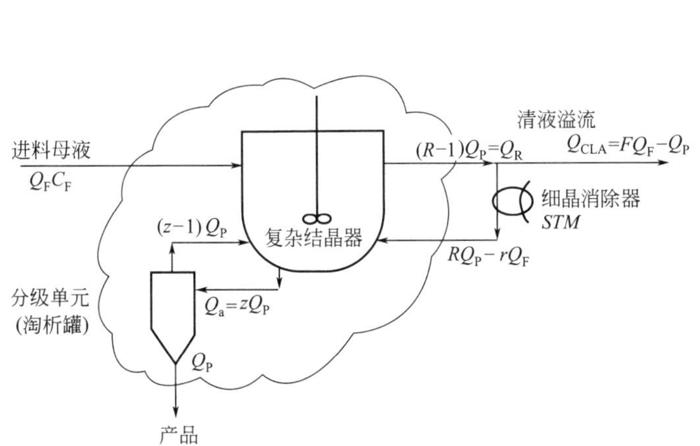

图 7-23　复杂结晶器示意图

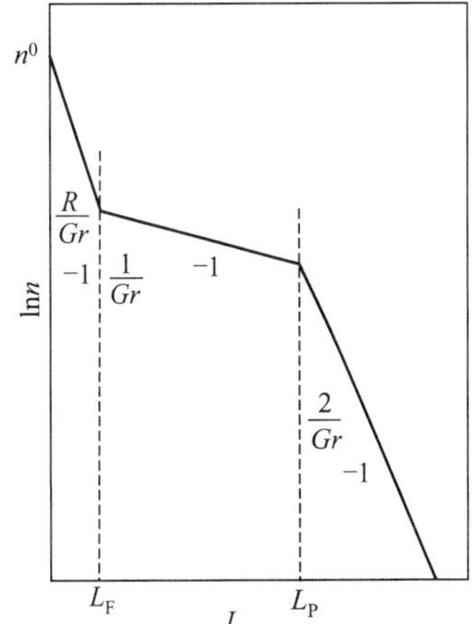

图 7-24　复杂结晶器 $\ln n$-L 曲线特征图

7.3.5.2　非稳态行为分析

连续结晶过程中晶粒“粒度分布”（crystal size distribution，CSD）的动态行为分为瞬时

动态和内在不稳定性两种类型，前者是指由于外界干扰所引起的瞬时引发的 CSD 变化，随着干扰的消除，系统便逐渐恢复稳定；后者则是结晶过程所固有的一种特性，是由结晶系统的动力学特征以及过程结构所导致的 CSD 动态行为，与外界干扰无关。这种内在的 CSD 不稳定性表现为持续的有限振荡，它的幅度与周期随结晶物系与结晶环境的不同而异，有时影响较大，可延续至数日或数月之久，导致粉浆的形成，严重影响结晶产品质量。这种内在的不稳定性亦会显著作用于瞬时动态行为的响应曲线，二者作用相辅相成，加剧了操作条件对 CSD 影响的灵敏度，这也就是结晶过程有时难以控制的原因。图 7-25 给出一台 KCl 结晶器中 CSD 波动曲线，图 7-26 给出了引起结晶过程动态行为的信息反馈图。

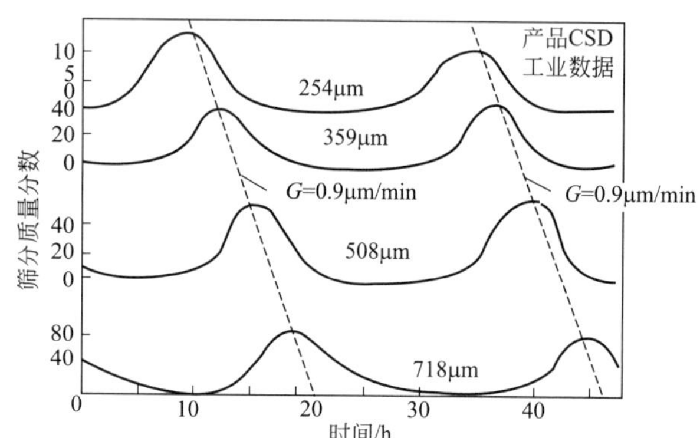

图 7-25　在 KCl 工业结晶器中 CSD 振荡曲线

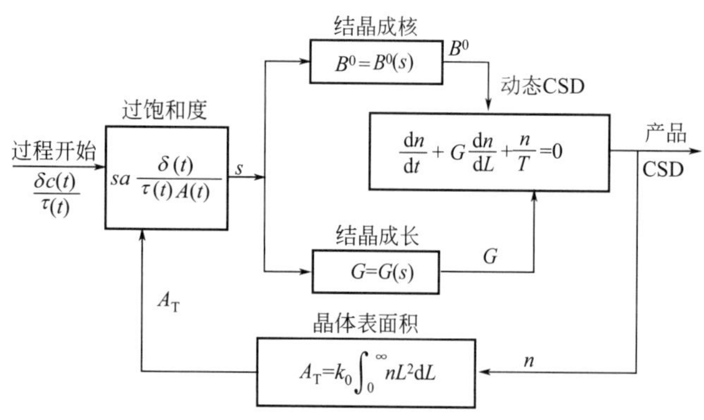

图 7-26　MSMPR 结晶系统信息反馈图

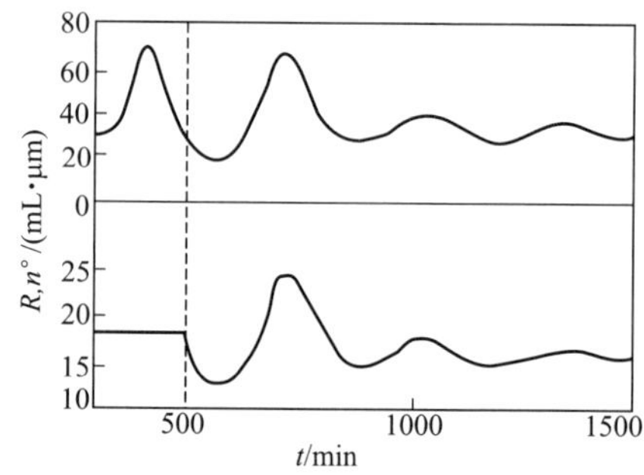

图 7-27　KCl 结晶比例控制效果图

对 CSD 动态行为的分析与研究工作可追溯于 60 年代。Randolph 和 Larson、Hulburt 以及 Katz 等曾彼此独立地确立了动态粒数衡算模型及求解方法，奠定了结晶过程动态行为研究分析的理论基础。依据结晶过程粒数衡算理论，按照带有细晶消除循环及产品粒度分级单元（或称淘洗罐）的理想复杂结晶器。该模型方程组如下。

动态粒数平衡方程

$$\frac{\partial n}{\partial t}+G\frac{\partial n}{\partial L}+h(L)\frac{n}{\tau}=0 \tag{7-34}$$

式中，设生长速率 G 与粒度无关，回收函数 $h(L)$ 的数学表达式为

$$h(L)=\begin{cases} R & 0\leqslant L\leqslant L_{\mathrm{F}} \\ a & L_{\mathrm{F}}\leqslant L\leqslant L_{\mathrm{P}}^{-} \\ a+\dfrac{Z-a}{L_{\mathrm{P}}^{+}-L_{\mathrm{P}}^{-}} & L_{\mathrm{P}}^{-}\leqslant L\leqslant L_{\mathrm{P}}^{+} \\ Z & L\leqslant L_{\mathrm{P}}^{+} \end{cases} \tag{7-35}$$

对于这个模型模拟求解，已成功地得到类似图 7-25 仿真的曲线，图 7-26 给出了 MSMPR 结晶系统信息反馈图。为了控制这种 CSD 的动态行为，Randolph 等应用这个模型，开发了以晶核密度 n^0 为控制变量，细晶消除速度为操作变量的比例控制软件，在中试装置上有效地控制了 CSD 的持续有限振荡和瞬间动态干扰响应，见图 7-27，但由于在线粒度 n 测定装置尚不够完善等原因，至今尚未实现大规模生产的工业控制。

7.3.6 结晶过程计算与结晶器设计

7.3.6.1 收率

对于简单的冷却或蒸发法结晶过程的收率 Y 可根据溶解度相图数据来估计，对于溶液物系有

$$Y=\frac{WR[C_1-C_2(1-V)]}{1-C_2(R-1)} \tag{7-36}$$

式中 C_1，C_2——初始溶液浓度及最终溶液浓度，无溶剂盐 kg/溶剂 kg；

V——蒸发移出的溶剂，kg 溶剂/kg 初始溶剂；

R——相对于无溶剂盐（如无水盐）的盐的溶剂化合物（如水合物）相对分子质量比例；

Y——结晶收率，kg；

W——初始溶剂的质量，kg。

如果欲将式(7-36) 应用于真空绝热冷却结晶过程，需物料平衡与热量平衡联立求解，式中 V 值必须用下式计算

$$V=\frac{qR(C_1-C_2)+c_{\mathrm{p}}(t_1-t_2)[1-C_2(R-1)](1+C_1)}{\lambda[1-C_2(R-1)]-qRC_2} \tag{7-37}$$

式中 λ——溶剂蒸发潜热，J/kg；

q——产品的结晶潜热，J/kg；

t_1——溶液初始温度,℃；

t_2——溶液终止温度,℃；

c_{p}——溶液的比热容，J/(kg·K)；C_1 和 C_2 的意义与单位同式(7-36)。

【例 7-2】 某溶液中含有 5000kg 水和 1000kg 硫酸钠（相对分子质量 142）。使此溶液冷却到 10℃。在此温度下溶液的溶解度是 9.0kg 无水盐/100kg 水，而结晶出来的盐是含 10 个分子结晶水的水合盐（$Na_2SO_4\cdot10H_2O$，相对分子质量 322）。假设在冷却过程中有 2%的水蒸发。计算结晶产品。

解 $R=322/142=2.27$；$C_1=1000/5000=0.2$kgNa_2SO_4/kg 水；$C_2=9/100=0.09$kgNa_2SO_4/kg 水；$W=5000$kg 水；$V=2/100=0.02$kg 水/kg 原始水。

把以上数值代入式(7-36)

$$Y=\frac{5000\times2.27[0.2-0.09(1-0.02)]}{1-0.09(2.27-1)}=1452\text{kg}Na_2SO_4\cdot H_2O$$

【例 7-3】 用真空冷却结晶器使醋酸钠溶液结晶，获得水合盐 $Na_2C_2H_3O_2 \cdot 3H_2O$，料液是 80℃的 40%醋酸钠水溶液，进料量是 2000kg/h。结晶器内压力是 10mmHg。溶液的沸点升高可取为 11.5℃。计算每小时结晶产量。

已知：结晶热 $q=34.4$kcal/kg 水合物；溶液热容 $c_p=0.837$kcal/(kg·℃)；

10mmHg 下水的蒸发潜热 $\lambda=588$kcal/kg 水；10mmHg 下水的沸点为 17.5℃。

解 溶液的平衡温度 $t_2=17.5+11.5=29$℃

溶液的初始浓度 $C_1=40/60=0.667$kg$Na_2C_2H_3O_2$/kg 水

29℃时醋酸钠溶解度 $C_2=0.539$kg $Na_2C_2H_3O_2$/kg 水。

原始水量 $W=0.6\times2000=1200$kg/h

分子量之比 $R=136/82=1.66$

先用式(7-37) 计算，得 $V=0.153$kg 水/kg 原始水。将此 V 值代入式(7-36)，则得

结晶产量 $Y=635$kg $Na_2C_2H_3O_2$/h

由于在后续洗涤、过滤与干燥步骤中，不可避免地会有一些损失，所以实际收率会略低于计算值。

7.3.6.2 冷却结晶分离过程

对于两种或多种混合盐的水溶液，通常希望得到每种纯的盐。这类从混合溶质中分离出两种或多种纯产品的结晶过程可用序贯冷却结晶法解决。

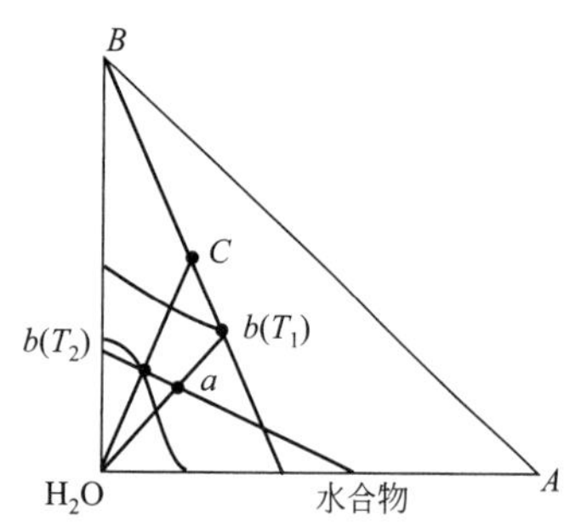

图 7-28 三元系统间歇结晶分离（无复盐生成）

当系统中无固体溶液形成时，可使用变温操作的单级平衡结晶；当形成固体溶液时，需要采用逆流串级过程。

对于没有复盐生成的系统，冷却结晶分离是较容易进行的。其基本做法是：在一间歇或连续过程中，首先在某析出点温度下操作，产生一种纯晶体和相应的溶液。然后向系统中加入（或移出）水，同时改变析出点温度，产生另一种组分的纯晶体和相应的溶液，接着再用移出（或加进）水和调整温度的方法，使系统循环回到第一析出点操作。该过程可用图 7-28 说明。

$b(T_1)$点为处于析出点 T_1 的起始原料。加水后，其组成沿$b(T_1)$-H_2O 直线移动到 a 点。改变温度到 T_2，得到纯 A 的水合物($A\cdot xH_2O$) 和与之平衡的溶液 $b(T_2)$。将结晶分出后，再从溶液中蒸发出部分水，组成变至 c 点。然后将温度再变回到 T_1，此时结晶出晶体 B，同时平衡溶液也变回 $b(T_1)$。在一次循环中同时得到了纯 A 的水合物和纯 B。

【例 7-4】 Na_2CO_3-NaCl-H_2O 的连续冷却结晶分离。进料流率 100kg/h，含 Na_2CO_3 30%(质量分数)，NaCl 45%(质量分数)。进料温度 30℃，操作温度为 0℃和 30℃，其析出组成分别为①b(0℃)=0.028Na_2CO_3 和 0.242NaCl；②b(30℃)=0.177Na_2CO_3 和 0.150NaCl。

结晶产品为无水 NaCl 和 $Na_2CO_3\cdot10H_2O$，求产品收率以及加入和蒸发的水量。

解 操作流程见图 7-29。

流程说明：实际上进料和循环液的混合与加水是同时操作的；蒸发水的过程可以在真空结晶器中进行。

作全流程的物料衡算

$$F+F_{H_2O,i}=F_{H_2O}+F_{Na_2CO_3\cdot10H_2O}+F_{NaCl}$$

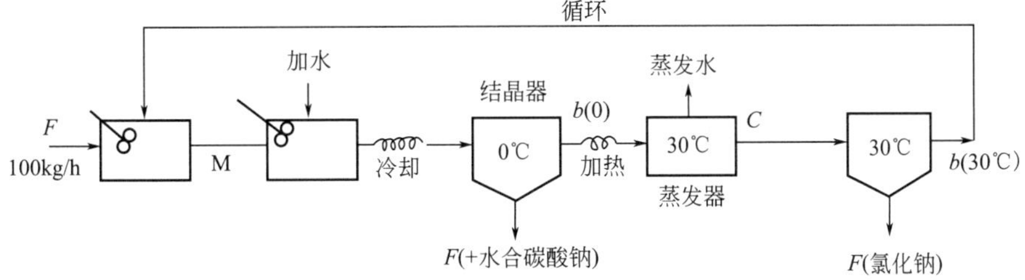

图 7-29　例 7-4 的结晶分离系统

进料中的 NaCl 全部变成 NaCl 产品，故

$$F_{\mathrm{NaCl}}=0.45F=45\mathrm{kg/h}$$

同样，进料中的 Na_2CO_3 全部在产品中，但晶体中含有水，所以

$$F_{\mathrm{Na_2CO_3\cdot10H_2O}}=\frac{M_{\mathrm{Na_2CO_3\cdot10H_2O}}}{M_{\mathrm{Na_2CO_3}}}\times0.3F=\frac{285.99}{105.83}\times0.3\times100\mathrm{kg/h}=81.07\mathrm{kg/h}$$

在图 7-30 中标注 $b(0)$和 $b(30)$两个析出点，再标出碳酸钠水合物结晶的组成点 H（$x\mathrm{Na_2CO_3\cdot10H_2O}=0.37$）。画过 H_2O-b(0℃)直线并延长与过 NaCl-b（30℃）的直线交于 c 点，由杠杆规则

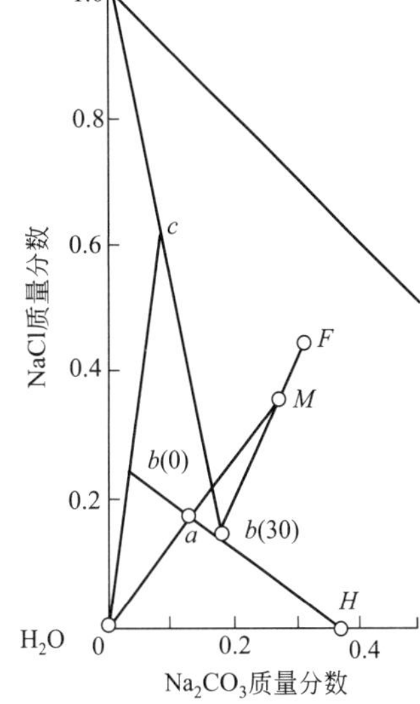

图 7-30　NaCl-H_2O-Na_2CO_3 系统三角相图

$$F_{\mathrm{b(30)}}=F_{\mathrm{NaCl}}\times\frac{\overline{\mathrm{NaCl}-c}}{\overline{c-b(30)}}=45\times\frac{9.25}{12.75}\mathrm{kg/h}=32.6\mathrm{kg/h}$$

求 M 的流率　$F_{\mathrm{M}}=F+F_{\mathrm{b(30)}}=(100+32.6)\mathrm{kg/h}=132.6\mathrm{kg/h}$

再由杠杆规则，

$$\frac{F_{\mathrm{b(30)}}}{F}=\frac{32.6}{100}=\frac{\overline{F\cdot M}}{\overline{M\cdot b(30)}}$$

可确定 M 点的位置，画 $b(0)$-H 和 M-H_2O 两直线，它们的交点为 a。加水的流率是

$$F_{\mathrm{H_2O}}=F_{\mathrm{M}}\times\frac{\overline{M\cdot a}}{\overline{\mathrm{H_2O}\cdot a}}=132.6\times\frac{6.4}{5.4}\mathrm{kg/h}=157.2\mathrm{kg/h}$$

则
$$F_{\mathrm{a}}=F_{\mathrm{H_2O,i}}+F_{\mathrm{M}}=289.8\mathrm{kg/h}$$

$$F_{\mathrm{b(o)}}=F_{\mathrm{a}}-F_{\mathrm{H}}=(289.3-81.07)\mathrm{kg/h}=208.2\mathrm{kg/h}$$

水的蒸发速率由物料衡算求出，

$$F_{\mathrm{H_2O}}=F_{\mathrm{b(o)}}-F_{\mathrm{NaCl}}-F_{\mathrm{b(30)}}=130.6\mathrm{kg/h}$$

由全流程水的物料衡算核实计算的准确性

$$F_{x_{\mathrm{F,H_2O}}}+F_{\mathrm{H_2O}}=F_{\mathrm{H_2O,o}}+F_{\mathrm{Na_2CO_3\cdot10H_2O}}\times\frac{10M_{\mathrm{H_2O}}}{M_{\mathrm{Na_2CO_3}}}$$

等式两边的相对偏差（182.2－181.7)/181.7＝2.75×10^{-3}。使用图解法偏差已是很小。

结晶问题也可以用解析法求解，使用计算机计算很方便。对于此例，在完成全流程物料衡算后，联立求解从溶液 b(0℃)中蒸发水分的方程和将混合物 c 分离成结晶和溶液 b(30℃)的方程。总计有 6 个方程和 6 个未知数，将其编制成通用的计算程序，很容易求解。随着系统中组分数目的增加，结晶分离的方案也增加，但上述 3 组分系统计算的基本原则对复杂系统同样适用。

7.3.6.3 结晶器设计

由于工业结晶的过程是一个较复杂的过程，与其他化工过程相比其理论进展较慢，长期以来结晶器的设计还主要依赖于经验。直到近 20 年，随着对结晶成核、成长的研究以及对非均相流体力学、传热传质等研究的深化，才促使结晶器设计由完全依赖经验逐渐向半理论、半经验阶段发展。工业结晶器的数学模型的模拟放大是目前国际结晶界主要研究课题之一。

针对不同类型的结晶器，已提出很多数学模型。其中主要有四个学派，美国 M. A. Larson 和 A. D. Randolph 学派；日本的豐倉賢、中井資学派；欧洲的 J. Nyvlt 以及 J. W. Mullin 学派。他们的理论在设计应用上都有局限性，例如豐倉賢应用他的理论成功地把 Na_2SO_4 结晶器由 6L 的实验室设备放大到 $600m^3$ 的大型结晶器，但对其他结晶体系放大的效果却不理想。虽然如此，对于指导与分析工业结晶的操作，他们的理论在实践中已被证明，是有一定作用的。

图 7-31 总结了进行结晶器设计的各步骤之间内在联系。

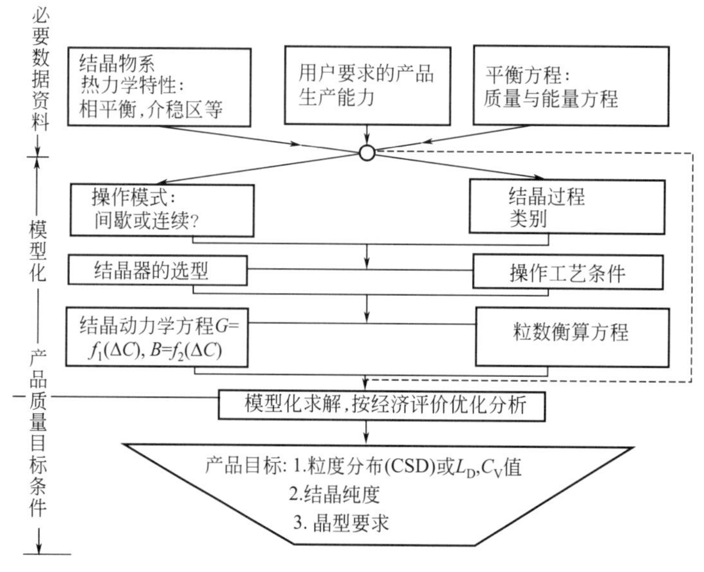

图 7-31 结晶设计模型化

由图 7-31 可见，欲完成一台结晶器设计，首先必须收集与测定必要的结晶物性数据与资料，清楚了解产品的产量与质量要求，然后确定结晶过程的类型，选择好操作模式，进而完成结晶器的选型与操作条件的确定。这样才能最终进行模型化求解的设计收敛的运算。

对于溶液结晶，结晶器具体形式较多，但主要形式是 3 种类型，即釜式、强迫循环式与流动床式，其主要操作条件的范围如表 7-8 所示，结晶器类型的选择可参考进行。

(1) 拉森（M. A. Larson）和兰道夫（A. D. Randolph）设计方法

Larson 和 Randolph 的结晶器设计的数学模型是由总体粒数平衡概念出发，应用结晶成核与成长经验公式与物料平衡方程联立求出结晶器稳态方程与动态方程的解，导出了不同停留时间的结晶器通用方程，进而解出了间歇结晶器与连续结晶器的一些设计模型，如已提出的混合悬浮混合取出（MSMPR）型结晶器设计基本公式为

表 7-8　工业结晶器主要操作条件

工业结晶器 主要操作条件	搅拌釜式	强迫循环式	流化床式
悬浮密度 $m_{\mathrm{T}}/(\mathrm{kg/m^3})$	200+300	200+300	400+6600
固含率 $\varphi_{\mathrm{r}}/(\mathrm{m^3/m^3})$	0.1+0.2	0.10+0.15	0.2+0.3
停留时间 t/h	3+4	1+2	2+3
比能量输入 $\overline{\varepsilon}/(\mathrm{W/kg})$	0.1+0.5	0.2+0.5	0.01+0.5
过饱和度 $\Delta\rho/\rho_{\mathrm{c}}$	$10^{-4}+10^{-2}$	$10^{-4}+10^{-2}$	$10^{-4}+10^{-2}$
平均粒度 L_{50}/mm	0.5+1.2	0.2+0.5	1+5(+10)

$$G=\left[\frac{27M_{\mathrm{T}}^{1-i}}{2L_{\mathrm{D}}^{4}k_{\mathrm{v}}k_{\mathrm{N}}\rho}\right]^{\frac{1}{i-1}} \tag{7-38}$$

又如具有细晶消除的 DTB 型结晶器设计基本公式为

$$G=\left[\frac{27M_{\mathrm{T}}^{1-i}}{2L_{\mathrm{D}}^{4}k_{\mathrm{v}}k_{\mathrm{N}}\rho\exp(-3L_{\mathrm{ef}}(R-1)/L_{\mathrm{D}})}\right]^{\frac{1}{i-1}} \tag{7-39}$$

式中　G——结晶成长速率，m/s；

M_{T}——悬浮密度，$\mathrm{kg/m^3}$；

L_{D}——主粒度（$L_{\mathrm{D}}=3G\tau$），m；

τ——结晶停留时间，h；

L_{ef}——结晶切割粒度，m；

ρ——晶体密度，$\mathrm{kg/m^3}$；

R——消晶循环比；

k_{v}——体积形状因子；

k_{N}——成核动力学式常数。

【例 7-5】　设计一台混合悬浮混合出料 MSMPR 冷却结晶器，简图如图 7-32 所示。已知条件如下：晶体的主粒度 4×10^{-4} m；生产速率 400kg/h；悬浮密度 $200\mathrm{kg/m^3}$ 晶浆；体积形状因子 1；晶体密度 $1.8\times10^{3}\mathrm{kg/m^3}$。

成核生长动力学方程式：$B^{0}=3\times10^{15}M_{\mathrm{T}}G^{1.5}$ #/($\mathrm{m^3}$ 晶浆 · s)

解　① 确定适合要求的生长速率

$$G=\left[\frac{27}{2L_{\mathrm{D}}^{4}k_{\mathrm{v}}k_{\mathrm{N}}\rho}\right]^{\frac{1}{i-1}}=\left[\frac{27}{2(4\times10^{-4})^{4}(3\times10^{15})(1.8\times10^{3})}\right]^{\frac{1}{0.5}}=9.5\times10^{-9}\mathrm{m/s}$$

② 确定停留时间

$$\tau=\frac{L_{\mathrm{D}}}{3G}=\frac{4\times10^{-4}}{3(9.5\times10^{-9})}=14030\mathrm{s}=3.89\mathrm{h}$$

③ 确定排料量 Q 及结晶器有效体积 V

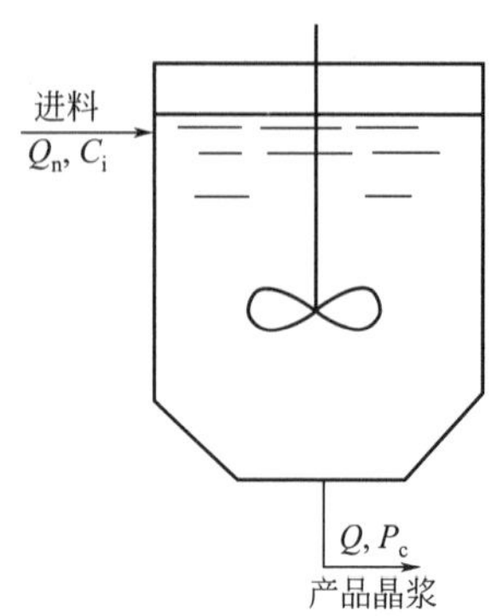

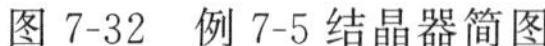

图 7-32　例 7-5 结晶器简图

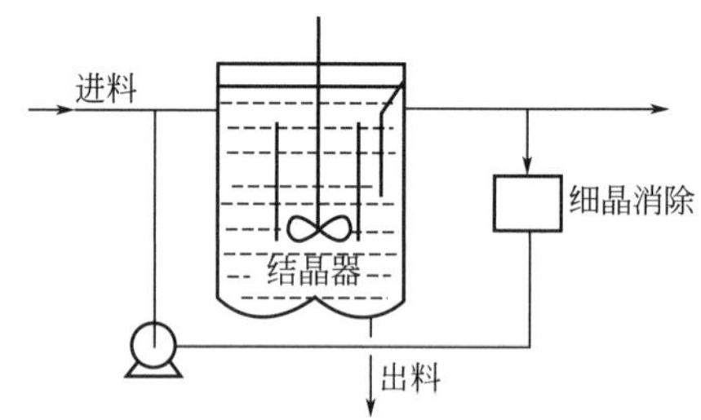

图 7-33　带细晶消除的结晶器

$$Q=400/200\mathrm{m}^3/\mathrm{h}=2\mathrm{m}^3/\mathrm{h}$$

$$V=2\times3.89\mathrm{m}^3=7.78\mathrm{m}^3$$

此式也可用于蒸发结晶器的计算。此时 τ 为晶体的停留时间，蒸发量可通过物料衡算得出，而结晶器的体积还需考虑液面上方的蒸汽分离空间。

【例 7-6】 设计一台带细晶消除的 DTB 型结晶器（见图 7-33），已知条件与例 7-5 相同，但要求适应以下条件：$i=1.5$，$j=1.0$，$L_f=30\mu\mathrm{m}$，$R=3$。

解

$$G=\left\{\frac{27}{2(4\times10^{-4})(1)(3\times10^{15})(1.8\times10^{3})\exp\left[-\frac{3(3-1)(3\times10^{-5})}{4\times10^{-4}}\right]}\right\}^{\frac{1}{1.5-1}}=2.35\times10^{-8}\mathrm{m/s}$$

$$\tau=L_{DF}/3G_F=4\times10^{-4}/(3)(2.35\times10^{-8})=5673\mathrm{s}=1.576\mathrm{h}$$

产品排出的体积速率

$$Q=P/P_e=400/200\mathrm{m}^3/\mathrm{h}=2\mathrm{m}^3/\mathrm{h}$$

悬浮区的体积

$$V=\tau Q=1.576\times2\mathrm{m}^3=3.15\mathrm{m}^3$$

与例 7-5 的计算结果相比较，完成相同的任务，采用细晶消除方式操作，使结晶器的有效体积降低一半以上。如能结合清母液溢流，使晶浆密度 M_T 进一步提高，或增大细晶消除循环速率比 R，所需的结晶器的有效体积还能显著降低。但也应注意到这种结晶器需要较大的澄清区截面积。

（2）成冢正和豐倉賢设计方法

成冢正和豐倉賢提出了以结晶操作特性因子 CFC 概念为基础的设计理论。在公式推导中应用了结晶成核与成长的经验式，并假定了成长指数 $g=1$，导出了输送层型（包括 DTB 型）、混合槽型、分级层型（包括 Krystal-Oslo 型）结晶器设计计算式。例如对于加晶种的混合槽型结晶器有效体积 V 可按下式计算

$$V=AF \tag{7-40}$$

$$A=PL_D/k_a k_0 MV^*(\Delta C)^2 \tag{7-41}$$

$$CFC=\varphi\left(X_1^2+\frac{2}{3}X_1+\frac{2}{9}\right)\Big/\left[\left(1-\frac{1}{\varphi}\right)\left(X_1^2+\frac{2}{3}X_1+\frac{2}{9}+X_1^3\right)\right] \tag{7-42}$$

式中　P——生产速率，kg/h；

L_D——主粒度，m；

k_a——面积形状因子；

k_0——质量结晶成长速率系数，kmol/(m^2 · h)；

M——结晶物质相对分子质量；

V^*——千摩尔体积，m^3/kmol；

ΔC——溶液入口处的过饱和度，kmol/m^3 溶剂；

φ——无量纲过饱和度；

X_1——无量纲粒度；

F——即结晶操作特性因子 CFC；

A——设计特性因子。

在 1975 年第六届国际结晶会议上，豐倉賢又提出了结晶器图解设计方法，此法见图 7-34。该法的特点是按照结晶器数学模型公式得出结晶器生产强度 $P/(\rho_c V)$、主粒度 L_D、成核速率 B（即图中的 F'_v）、成长速率 G（即图中 $dL/d\theta$），空隙率 ε 之间的相互关系通式，并绘图表示出来。因而对于一定的结晶系统，只要由实验求出其 B 和 G，即可应用此图求出结晶器有效体积，对结晶器进行放大设计。国际上工业结晶界对此图解法也很感兴趣。

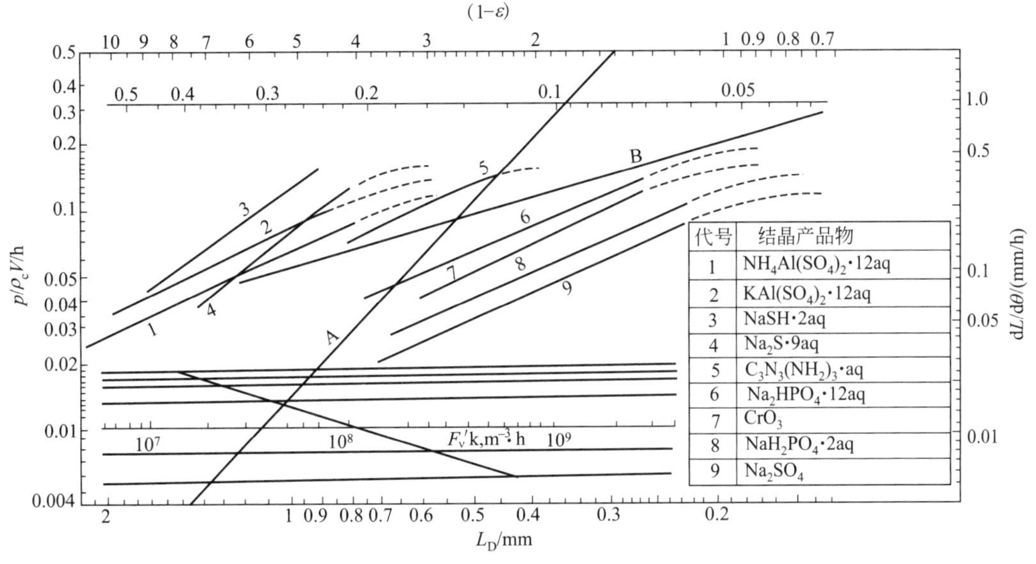

图 7-34　豐倉賢结晶器图解设计法

【例 7-7】 试设计一联合制碱用的外冷式结晶器，操作方法是连续混浆式的。已知：冷、盐析的总产量，P'=80000t/a；年工作日为 300 天；冷析结晶器的产量占总产量的 32.7%；扣除母液分离不净所夹带的 NH_4Cl，冷析结晶器纯产 NH_4Cl（100%）只占 96.3%；冷析结晶器的操作温度为 7℃；晶体生长速率系数 k_0=0.07725kmol/(m^2 · h)；氯化铵的摩尔质量 M=53.5kg/kmol；晶体的密度 ρ_c=1460kg/m^3；纯水的密度（7/4℃）ρ_v=999.902kg/m^3；平均操作过饱和度 ΔC_{av}=0.9676g/L 溶液；ΔC_{av}=1.3002g/L 水=0.0243kmol/m^3 H_2O；晶体为球形，其面积形状系数为 K_L=6。

进出溶液的组成如下：浓度单位为 kmol/m^3 溶液；当量单位为 m^3/t 粗铵。溶液密度 ρ_u=1129.06kg/m^3。

项　目	母液名称	NH_4Cl	NaCl	$(NH_4)_2CO_3$
进液	AⅠ	4.0715	1.2120	0.8007

项目	母液名称	Na_2CO_3	NH_4OH	当量
出液	BⅡ	3.4575	1.2534	0.8280
进液	AⅠ	0.2383	0.5806	8.0827
出液	BⅡ	0.2465	0.6004	7.8156

解 ① 冷析盐析的实际产量

$$P'=\frac{80000}{300\times24}\text{t/h}=11.11\text{t/h}$$

$$冷析产量\ P=\frac{11.11\times0.327\times96.31}{100}=3.499\text{t/h}=3500\text{kg/h}(100\%NH_4Cl)$$

② 物料衡算表，(以每吨粗铵为基准，重量为 kg)

项　目	进液(AⅠ)(26℃)	出液(BⅡ)(7℃)
NH_4Cl	4.0715×53.5×8.080827=1760.61	3.4575×53.5×7.816=1445.71
NaCl	1.212×58.8×8.0827=573.08	1.2534×58.8×7.816=573.08
$(NH_4)_2CO_3$	0.8007×96×8.0827=621.26	0.8280×96×7.816=621.26
Na_2CO_3	0.2383×106×8.0827=204.20	0.2465×106×7.816=204.20
NH_4OH	0.5806×35×8.0827=164.24	0.6004×35×7.816=164.24
合计	3323.38	3008.48
溶液总重	1130.72×8.0827=9139.21	1129.06×7.8156=8824.32
H_2O	5815.83	5815.84

③ 溶剂的投入量

纯水在 26℃时，$\rho_v=996.783\text{kg/m}^3$

$$F=\frac{5815.83}{996.783}\times11.11\text{m}^3H_2O/\text{h}=64.83\text{m}^3H_2O/\text{h}$$

④ 出口溶液浓度

$$C_{av}=3.4575\times7.816/(5815.84/999.902)\text{kmol/m}^3H_2O=4.646\text{kmol/m}^3H_2O$$

⑤ 空隙率

$$\begin{aligned}\varepsilon&=\frac{\rho_c(\rho_v+MC_{av})}{\rho_c(\rho_v+MC_{av})+\rho_u P/F}\\&=\frac{1460(999.902+53.5\times4.6460)}{1460(999.902+53.5\times4.6460)+1129.06\times3500/64.829}\\&=0.9677\end{aligned}$$

⑥ 以投入溶剂为基准的过饱和度（晶种粒度 $L_s=200\mu\text{m}$）

$$\Delta C_1=\Delta C_{av}+(P-F'P_cL_s^3)/FM$$

晶种流率 F'

$$F'=\frac{P}{L_D^3\rho_c}=\frac{3500}{(1\times10^{-3})^3\times1460}=2.40\times10^2$$

$$F'\rho_cL_s^3=2.40\times10^9\times1460\times(2\times10^{-4})^3\text{kg/h}=28.03\text{kg/h}$$

$$\Delta C_1=0.0243+(3500-28.03)/(64.83\times53.5)\text{kmol/m}^3H_2O=1.025\text{kmol/m}^3H_2O$$

⑦ 对比过饱和度

$$\varphi=\frac{\Delta C_1}{\Delta C_{av}}=\frac{1.025}{0.0243}=42.18$$

⑧ 对比粒度

$$X_1=\frac{L_s}{L_D}=\frac{2\times10^{-4}}{2\times10^{-3}}=0.2$$

⑨ 按式(7-41) 求 A

$$A=\frac{PL_D}{k_aV^*k_0M(\Delta C_1)^2}=\frac{3500\times1\times10^{-3}}{6\times\frac{53.5}{1460}\times0.07725\times53.5\times(1.025)^2}=3.665$$

⑩ 操作特性因子 CFC，按式(7-42) 计算有

$$CFC=42.78$$

⑪ 以溶剂为基准的结晶器容积

$$V=A_3\times CFC=3.665\times42.78\text{m}^3=156.77\text{m}^3$$

⑫ 晶浆的表观流速，即保持晶体悬浮所需的上升速度，可参考有关的流体流动的章节计算

$$u_c=3.667\text{cm/s}=0.0367\text{m/s}$$

⑬ 结晶器的容积

$$V'=\frac{V(\rho_c+MC_{av})}{\varepsilon\rho_u}=\frac{156.77(999.902+53.5\times4.646)}{0.9677\times1129.06}=179.14\text{m}^3$$

⑭ 母液循环量 Q，m^3/s

过饱和度 $\Delta C_{ac}=0.9676\text{kg/m}^2$ 溶液

循环量 $Q=P/\Delta C_{av}=3498.9/0.9676=3616\text{m}^3/\text{h}=1.004\text{m}^3/\text{s}$

⑮ 结晶器的截面积 S，m^2

设中心管循环流速 1.5m/s，若忽略管壁截面积，

$$S=S'+S''=\frac{Q}{u_c}+\frac{Q}{1.5}=\frac{1.004}{0.0367}+\frac{1.004}{1.5}=(27.39+0.669)\ \text{m}^2=28.06\text{m}^2$$

⑯ 结晶器的直径

因为 $$S=\frac{\pi}{4}D^2$$

$$D=\sqrt{\frac{S}{0.7854}}=\sqrt{\frac{28.06}{0.7854}}\text{m}=5.977\text{m}$$

取 $$D=6\text{m}$$

⑰ 结晶器高度

在结晶器中，晶浆的上升与中心管所占的部分无关。

结晶器的高度 $$Z=\frac{V'}{S'}$$

实际的

$$S'=[0.7854\times(6.0)^2-0.669]\text{m}^2=27.606\text{m}^2$$

$$Z=\frac{179.14}{27.606}\text{m}=6.489\text{m}$$

取 $$Z=6.5\text{m}$$

实际容积 $V'=27.606\times6.5\text{m}^3=179.44\text{m}^3$

(3) 那乌特（Nyvlt）设计方法

在欧洲以 Nyvlt 为代表的结晶学派也一直在对结晶器的设计模型进行研究。他们由简单的粒度与质量平衡出发，应用主粒度概念，结晶成核及成长动力学方程式导出了包含一个系统常数 F 的基本设计模型。

$$L_D^{\frac{3+i}{i}}=FM_m\eta^{\frac{1-i}{i}} \tag{7-43}$$

$$F=6^{-\frac{1}{i}}(3L_N)^{\frac{3}{i}}\times\frac{k_a k_g}{\varphi k_v k_n^{\frac{1}{i}}} \tag{7-44}$$

$$M_m=\frac{M_c}{V\rho}=\int_{L_N}^{\infty}\rho k_v n L^3 \mathrm{d}L \tag{7-45}$$

$$\eta=\frac{P}{V\rho_1} \tag{7-46}$$

式中　η——生产强度，kg 晶体/kg 溶液 h 或 s；

k_n——质量成核速率常数；

k_g——质量结晶成长速率常数；

k_a——面积形状因子；

k_v——体积形状因子；

ρ_1——溶液密度，kg/m^3；

ρ——结晶密度，kg/m^3；

L——晶体粒度，m；

L_N——晶核粒度，m；

L_D——产品结晶主粒度，m；

M_m——晶浆悬浮密度，kg 晶体/kg 溶液；

M_c——结晶器中晶体的总质量，kg；

P——生产速率，kg/h 或 s；

V——结晶溶液体积，m^3。

Nyvlt 已将此式应用于 MSMPR 型等结晶设计中。并由此式出发对多级结晶进行了最佳化，提出了多级模型。

取得系统常数 F 的可靠方法是采用中试法，利用一台具有中试规模的连续操作结晶器进行试验，并要求试验中应测得结晶器的生产强度 η、晶浆密度 M_m 及产品晶体的主粒度 L_D。基本设计方程式(7-43) 可改写为

$$\left(\frac{L_D^3}{\eta}\right)^{1/i}=F\frac{M_m}{L_D\eta} \tag{7-47}$$

或

$$\frac{1}{i}\lg\left(\frac{L_D^3}{\eta}\right)=\lg F+\lg\left(\frac{M_m}{L_D\eta}\right) \tag{7-48}$$

在 4 次以上不同条件的试验中，取得若干组 η、M_m 及 L_D 的数据，以 $\lg\left(L_D^3/\eta\right)$ 为横坐标，以 $\lg\left(M_m/L_D\eta\right)$ 为纵坐标作图，可得一直线，其斜率为 $1/i$，截距为 $-\lg F$。

主粒度 L_D 根据产品筛析数据，绘出按质量粒度分布函数 $W(L)$ 加以确定。

【例 7-8】 设计一台在 15℃下操作的 MSMPR 冷却结晶器。进料为 40℃的饱和 $FeSO_4\cdot 7H_2O$ 溶液，进料的体积速率为 $10m^3/h$，要求产品晶体的主粒度为 325μm。计算结晶器的有

效体积。

已知数据如下：进料溶液的密度$\rho_1=1290\text{kg/m}^3$；40℃下 $FeSO_4$ 的溶解度 $C_0=0.287$kg $FeSO_4$/kg 溶液；15℃下 $FeSO_4$ 的溶解度 $C_f=0.180$kg $FeSO_4$/kg 溶液；成核-生长动力学级数比 $i=2.34$；无水物与水合物分子量比 $M_{AH}/M_H=152/278=0.547$。

在试验室中用一个 4L 的 MSMPR 结晶器进行试验，进料为 40℃的饱和溶液，流量为 3L/h，得到产品晶体的主粒度 $L_D=423\mu$m。

解 悬浮密度为

$$M_m=\frac{C_0-C_f}{(M_{AH}/M_H)-C_f}=\frac{0.287-0.180}{0.547-0.180}=0.292\text{kg FeSO}_4\cdot7\text{H}_2\text{O/kg 溶液}$$

平均停留时间

$$\tau=\frac{V}{Q}=\frac{4}{3}\text{h}=1.33\text{h}$$

结晶器的生产强度

$$\eta=\frac{M_m}{\tau}=\frac{0.292}{1.33}=0.219\text{kg FeSO}_4\cdot7\text{H}_2\text{O/(kg 溶液}\cdot\text{h)}$$

系统常数 F 根据试验数据,用式(7-47)求得

$$F=\frac{L_D^{\frac{3}{i}+1}}{M_m\cdot\eta^{\frac{1}{i}-1}}=\frac{(4.23\times10^{-4})^{2.28}}{(0.292)(0.219)^{-0.573}}=2.93\times10^{-8}$$

根据试验数据计算出的 η、F，以及根据生产任务所规定的产品主粒度 $L_D=423\mu$m，用式(7-48) 求取生产规模的结晶器的生产强度 η。

$$L_D^{\frac{3}{i}+1}=FM_m\eta^{\frac{1}{i}-1}$$

$$(3.25\times10^{-4})^{2.28}=(2.93\times10^{-8})(0.292)\eta^{-0.573}$$

故

$$\eta=0.630\text{kg FeSO}_4\cdot7\text{H}_2\text{O/(kg 溶液}\cdot\text{h)}$$

按设计要求结晶器的生产速率为

$$\begin{aligned}P&=Q\rho_1M_m=10\times1290\times0.292\\&=3767\text{kg FeSO}_4\cdot7\text{H}_2\text{O/h}\end{aligned}$$

结晶器的有效体积为

$$V=\frac{P}{\rho_1\eta}=\frac{3767}{0.630\times1290}\text{m}^3=4.6\text{m}^3$$

【例 7-9】 设计任务及已知条件与例 7-7 相同，但规定采用具有清母液溢流的 MSMPR 结晶器，溢流的母液量为 2m³/h，试求结晶器的有效体积。

解 清液溢流悬浆悬浮密度

$$M_{mc}=M_m\left(\frac{Q}{Q-Q_0}\right)=0.292\left(\frac{10}{10-2}\right)=0.365\text{kg FeSO}_4\cdot7\text{H}_2\text{O/kg 溶液}$$

$$\eta^{-0.573}=\frac{L_D^{\frac{3}{i}+1}}{F\cdot M_{mc}}=\frac{(3.25\times10^{-4})^{2.28}}{(2.93\times10^{-8})(0.365)}=1.042$$

$$\eta=0.391\text{kg FeSO}_4\cdot7\text{H}_2\text{O/kg 溶液}$$

$$V=\frac{P}{\rho_1\eta}=\frac{3767}{0.931\times1290}\text{m}^3=3.1\text{m}^3$$

与例 7-8 的设计结果相比，采用清母液溢流使结晶器有效体积缩小约 30%。

(4) 木林(Mullin)设计方法

这是一个主要借助于经验估算法的设计方法，在该设计中应用了五个基本设计参数：

$$溶液的循环量\ Q=\frac{结晶的生产速率\ P}{有效过饱和度\ \Delta C_a} \tag{7-49}$$

$$结晶器的截面积\ S=\frac{溶液的循环量\ Q}{溶液的上升速度\ u_c} \tag{7-50}$$

$$晶浆层的高度\ H=\frac{晶浆的容积\ V}{结晶器的截面积\ A} \tag{7-51}$$

$$总停留时间\ T=\frac{晶浆中结晶的质量\ W}{结晶的生产速率\ P_c} \tag{7-52}$$

$$晶浆的容积\ V=\frac{晶浆中结晶质量\ W}{晶浆的密度\ M_t} \tag{7-53}$$

式中各物理量意义及估算法如下所述。

① 有效过饱和度。式(7-49)中有效过饱和度 $\Delta C_a=\Delta C_P-\Delta C_0$，其中 ΔC_P 为溶液进入悬浮床底部时的过饱和度，ΔC_0 为溶液离开悬浮床顶部时的过饱和度，单位均为 kg 溶质/kg 溶剂。故式(7-49)计算所得的 Q 实质上为溶剂的循环速率，其单位是 kg 溶剂/h。已求出溶剂循环速率，并已知溶液浓度，即可求出溶液的循环速率。式(7-52)中定义的名义停留时间 T 对于稳定操作系统，既指晶体的停留时间也指液体的停留时间，不要将它同产品晶体的生长时间，即一个晶体从晶核长成产品粒度所经历的时间，(或称为产品晶体的年龄)混淆起来，这是悬浮床结晶器与混合型结晶器的主要区别。在悬浮床中由于分级作用，使晶粒只有在长大后才得以沉至器底而作为产品排出，而式(7-52)、式(7-53)中的悬浮床中晶体质量 W 却是指整个粒度范围内的晶体重量，微小晶核要经历很长的时间(远比名义停留时间为长)才能长大成为符合粒度要求的产品晶体。式(7-49)中晶体生产速率 P 指产品大晶粒排出速率 kg/h。

② 悬浮床中溶液的向上流速是由粗粒晶浆的沉降速度来确定的，在流化床中晶体的沉降速度是流体上升产生晶体的“曳力”与重力的平衡力所造成的，当溶液中晶体浓度增加，直径又大于 100μm 时，晶体的沉降速度受到阻滞而下降，Richardson 和 Zaki 证明有下述关系

$$u_c=u_i e^n \tag{7-54}$$

$$\lg u_c=\lg u_1+n\lg e \tag{7-55}$$

式中 u_c——晶浆中颗粒的下降速度；或溶液上升速度；

u_1——晶浆浓度为零，也就是在清溶液中颗粒沉降速度，称为“终端速度”，在一般化学工程书籍中有它的计算方法或可查表求取；

e——晶浆的空隙率$=1-W/\rho_c V$；

W——晶浆中干固体的重量；

V——含有 W 重晶体的晶浆体积；

W/V——单位体积中干晶体重，称为“晶浆浓度”；

$W/\rho_c V$——此项的物理意义是单位体积中晶体净占的体积分数。

式中 n 值是 Re'(以清溶液的黏度、密度、流速以及晶体粒径 d_p 为基准算出的雷诺数)的函数，当容器直径 D 与粒径“接近”时，又是 d_p/D 的函数，关联式如下

$$0<Re'<0.2 \quad n=4.6+20d_p/D \tag{7-56}$$

$$0.2<Re'<1 \quad n=(4.4+18d_p/D)Re'^{-0.03} \tag{7-57}$$

$$1<Re'<200 \quad n=(4.4+18d_p/D)Re'^{-0.1} \tag{7-58}$$

$$200<Re'<500 \quad n=4.4Re'^{-0.1} \tag{7-59}$$

$$500<Re' \quad n=2.4 \tag{7-60}$$

式中　d_p——晶体的粒径；

D——容器的直径。

d_p/D 是对比直径，只要使用任意统一单位均可，当 $Re'>200$ 以后，d_p/D 的改正就不需要。大型设备中 d_p/D 值很小，可忽略不计。

③ 晶床容积（V）的几种估计方法如下。

a. 取晶床高度 H 为结晶器直径的 1～2 倍。再用结晶器的有效截面积 S，则算出 V，这只是一种粗略的估计方法，分级式结晶器的产率在一定条件下不决定 H 而决定 S。

b.“分离强度”（separation intensity，$S.I.$）估算法。它的定义是每立方米结晶器容积每小时能生产粒径为 1mm 的结晶重量，$S.I.$ 值一般在 50～300kg/(m^3·h)，温度在 30℃左右。随温度的增高，$S.I.$ 值亦增大。

对于粒径为 $d_p>1$mm 的晶体，有下述关系

$$S.I.=d_pP/V \tag{7-61}$$

式中　d_p——晶粒的大小，mm（实际是一个对比直径 d_p/1mm）；

P——晶体的产量，kg/h；

V——晶浆的容积，m^3。

c. 在很多分级结晶器中，总停留时间（或落下时间）$T=2$h。当产量已知，可由 $PT=W$ 算出晶床中晶体的重量。选择适当的晶浆密度或者空隙率 e，晶浆容积可由下式求出

$$e=1-W/(\rho_cV) \tag{7-62}$$

移项后可得

$$V=W/[\rho_c(1-e)] \tag{7-63}$$

④ 产品结晶的生长时间 τ，它的几种估计方法为

a. 从理论上考虑，推荐使用晶体的真实停留时间 τ，它是总停留时间（落下时间）T 的 4 倍，即，$\tau=4T$，$T=2$h，所以

$$\tau=4T=8\text{h} \tag{7-64}$$

b. 分级结晶器中，结晶速率相当于每小时将悬浮晶体重量 10%～15%析出，也就是 $\tau=7\sim10$h。

c. 如能算出 $G(=dL/dt)$，即结晶线生长速率，就可以按下式估算

$$\tau=(L_p-L_0)/G \tag{7-65}$$

式中　L_p——产品结晶的主粒径；

L_0——晶床中最小晶体的粒径。

但 G 应是晶床中在平均过饱和度下的生长速率。

d. τ 也可由下式估算

$$\tau=L_p/2G_p(L_p^2/L_0^2-1) \tag{7-66}$$

此式是假定全部过饱和度均在晶床中消失。G_p 为最大线生长速率，也就是在结晶器底部（产品的出口或液体的入口处）的晶体线生长速率。

⑤ 晶浆密度（ρ_c）或晶床空隙率（e），常需选择适当的晶浆密度或空隙率的工作值，有些资料推荐：在结晶器底部使用空隙率值为 0.5，而在顶部取 0.975；但在实践中发现，结晶器的总平均空隙率一般为 0.8～0.9。用直线内插法校验此平均空隙率，令 $e_{平均}$ 为平均空隙率，

$L_{平均}$为晶浆平均粒度，L_p 为 $e_p=0.5$ 对应产品粒度；$l_0=0.975$ 时对应的最小粒度 L_0，则

$$e_{平均}=e_p+\frac{e_0-e_p}{L_p-L_0}\cdot L_{平均} \tag{7-67}$$

对于完全分级的晶浆而言，

$$L_{平均}=0.63L_p \tag{7-68}$$

一般 $e_{平均}$值在 $0.8(L_0\to 0)$至 $0.9(L_0=0.25L_p)$之间。

应指出的是，上述的方法仅是根据经验的估算法，使用时需要进行分析。

依据以上设计参数，以下列出理想分级床结晶器设计计算的主要假设与计算方法。在这一分析与推导中，首先假设：

a. 结晶器未发生失去控制的成核现象，单位时间内进入恒定的晶种数目 N，晶种是晶床中最小的颗粒，其粒径为 L_0。这种简化的假设是符合工业实际的，多余的晶核可由细品捕集器取出加以溶解再送至结晶器。

b. 晶床是完全分级的，并且分为若干层，各层的粒度相等（即停留时间相等）。这一简化便于计算晶床中各层晶粒的表面积总和。实际上不可能分的如此清晰，可能有相混现象。

c. 晶体的质量生长动力学方程用下式加以描述。

$$\mathrm{d}W/\mathrm{d}t=k_g A\Delta C^n \tag{7-69}$$

d. 晶体的粒径可以用一个特征长度 L 表示，于是晶体的表面积与体积可根据这个长度再引入形状系数而计算出来。

根据上述假设，可列出悬浮床中任一层的物料衡算通式

$$Q(\Delta C_p-\Delta C)=\alpha\rho N(L_p^3-L^3) \tag{7-70}$$

或

$$\Delta C=\Delta C_p-\frac{\alpha\rho N}{Q}(L_p^3-L^3) \tag{7-71}$$

式中，ΔC_p 为分级床层最低层，且产品粒度为 L_p 处的过饱和度，ΔC 为离开晶床任一层处最小粒度为L 处的过饱和度，N 为单位时间经过悬浮床的晶粒数。结晶的生产速率为

$$P=\alpha\rho NL_p^3 \tag{7-72}$$

从而（7-71）式可改写为

$$\Delta C=\Delta C_p-\frac{\rho}{Q}\left(1-\frac{L^3}{L_p^3}\right) \tag{7-73}$$

N 个结晶的总表面积及质量为

$$A=\beta NL^2 \tag{7-74}$$

$$W=\alpha\rho NL^3 \tag{7-75}$$

式中，α 和 β 相应为体积及面积形状因子。

从而

$$\mathrm{d}W=3\alpha\rho NL^3\mathrm{d}L \tag{7-76}$$

所以晶体线性生长速率为

$$G=\frac{\mathrm{d}L}{\mathrm{d}t}=\frac{\beta}{3\alpha\rho}\cdot k_g\Delta C^n \tag{7-77}$$

再将式(7-73) 代入式(7-77) 得

$$G=\frac{\beta}{3\alpha\rho}\cdot k_g\Delta C_p^n\left[1-\frac{\rho}{Q\Delta C_p}\left(1-\frac{L^3}{L_p^3}\right)\right]^n \tag{7-78}$$

一般来说，离开结晶器分级床的过饱和度不是零，而是一个正值，

$$\Delta C_0=\Delta C_p-\frac{\rho}{Q}\left(1-\frac{L^3}{L_p^3}\right) \tag{7-79}$$

在大多数情况下，$L_0 \ll L_p$，因此，

$$\Delta C_0=\Delta C_p(1-\Phi) \tag{7-80}$$

式中

$$\Phi=\frac{\rho}{\Phi\Delta C_p}=1-\frac{\Delta C_0}{\Delta C_p} \tag{7-81}$$

由公式(7-78)

$$G=G_p[1-\Phi(1-L^3/L_p^3)]^n \tag{7-82}$$

式中

$$G_p=\frac{\beta}{3\alpha\rho}\cdot k_g\cdot \Delta C_p^n \tag{7-83}$$

G_p 是分级床底部产品结晶的生长速率，式中 Φ 是过饱和度消失的程度（以分率表示）。如果完全消失，$\Delta C_0=0$，$\Phi=1$；如果消失了 90%，则 $\Delta C_0=0.1$，$\Delta C_p=(1-0.9)\Delta C_p$，其余类推。

假设结晶的生长速率与晶体粒度无关（如与粒度有关，也可以取一个平均值），Mullin 由以上式出发，对 $\Phi=1$（即过饱和度完全消失）情况，推导出

$$G_p=\left[\frac{L}{L_p}\right]^{3n} \tag{7-84}$$

于是

$$\tau=\frac{L_p}{(3n-1)G_p}\left[\left(\frac{L_p}{L_0}\right)^{3n-1}-1\right] \tag{7-85}$$

当 $n=1$ 时，此式简化为

$$\tau=\frac{L_p}{2G_p}\left(\frac{L_p^2}{L_0^2}-1\right) \tag{7-86}$$

若 $L_0=0.1L_p$，于是

当 $n=1$，　$\tau=49L_p/G_p$；当 $n=2$　$\tau=2\times10^4L_p/G_p$

若 $L_0=0.3L_p$，于是

当 $n=1$　$\tau=4L_p/G_p$；当 $n=2$　$\tau=82L_p/G_p$

对于 $\Phi=0.9$

当 $n=1$　$\tau=7.1L_p/G_p$；当 $n=2$　$\tau=50.7L_p/G_p$

对于 $\Phi=0.5$

当 $n=1$　$\tau=1.67L_p/G_p$；当 $n=1$　$\tau=2.89L_p/G_p$

对于 $\Phi\to0$（即过饱和度消失极少）

$$G=G_p$$

$$\tau=\frac{L_p-L_0}{G}=\frac{L_p-L_0}{G_p} \tag{7-87}$$

下面的问题是如何适当选择实际过饱和度 ΔC_p，选值时一定要低于介稳区的极限值，由于受水力学及其他有关条件的影响，此值的极限以最大温度过饱和度 Δt_{max} 表示，也可以通过该点溶解度曲线的斜率转换为最大浓度过饱和度

$$\Delta C_{max}=\left(\frac{dC^*}{dt}\right)\Delta t_{max} \tag{7-88}$$

另一方法是假定最大允许过饱和度与全混式结晶器一样，即由晶体粒数衡算求得

$$N=\frac{P}{\alpha\rho L_{\mathrm{p}}^{3}}=\frac{k_{\mathrm{n}}\Delta C_{\max}^{m}}{\alpha\rho L_{0}^{3}} \tag{7-89}$$

式中，L_0 是晶核的粒径，注意此处的 k_n 单位是 $kg/(s \cdot \Delta C^m)$。

于是，
$$\Delta C_{\max}=\left[\frac{P}{K_{\mathrm{n}}(L_{\mathrm{p}}/L_{0})}\right]^{1/m} \tag{7-90}$$

此式表示了产品结晶最下一层的平衡关系，在这一过饱和度水平之下可能生成过多的晶核，因此必须用比 $\Delta C_{\max}$远低一些的过饱和度值。

流化床内的总物料平衡式为

$$W=\sum_{L_0}^{L_{\mathrm{p}}}\alpha\rho N_i L_i^3 \cong \frac{P\tau L^3}{L_{\mathrm{p}}^3} \tag{7-91}$$

式中，N_i 是任意一层的晶体数目，L_i 为该层相应的晶体粒径。而且床层中平均粒度为

$$L_{\text{平均}}^3=\frac{1}{L_{\mathrm{p}}-L_0}$$

$$\int_{L_0}^{L_{\mathrm{p}}}L^3dL=\frac{1}{4}[(L_{\mathrm{p}}^4-L_0^4)/(L_{\mathrm{p}}-L_0)] \tag{7-92}$$

当 $L_{\mathrm{p}}\gg L_0$，$L_{\text{平均}}=0.63L_{\mathrm{p}}$ (7-93)

$$W=\frac{P\tau}{4L_{\mathrm{p}}^3}\left(\frac{L_{\mathrm{p}}^4-L_0^4}{L_{\mathrm{p}}-L_0}\right)\cong\frac{P\tau}{4}\left(\frac{L_{\mathrm{D}}}{L_{\mathrm{p}}-L_0}\right) \tag{7-94}$$

或者当 $L_{\mathrm{p}}\gg L_0$，
$$W=\frac{1}{4}P\tau \tag{7-95}$$

因为
$$T=W/P \tag{7-96}$$

则
$$\tau=4T \tag{7-97}$$

这也就是前述的“产品晶体生长时间为总停留时间的 4 倍”的依据。

【例 7-10】 在 20℃下结晶 K_2SO_4，产率为 1000kg/h，要求产品粒径为 1mm。悬浮床中最小晶体粒度 L_0 为 0.3mm，该粒度晶体自由沉降速度为 4cm/s，晶核粒度 L_n 为 0.1mm，该结晶生长与晶核形成动力学速度常数分别为

$$k_{\mathrm{g}}=0.7(\Delta C)^{-n},[\mathrm{kg}/(\mathrm{m}^2\cdot\mathrm{s})]\quad n=2.0$$

$$k_{\mathrm{n}}=2\times10^8(\Delta C)^{1-m},[\mathrm{kg/s}]\quad m=8.3$$

其他物性数据为：晶体密度$\rho_s=2.660kg/m^3$；液体密度$\rho=1.082kg/m^3$；溶液的黏度 $\eta=1.2cP$；溶解度 $C^*=0.1117kg/kgH_2O$，20℃时，试计算此结晶器的合理尺寸。

解 （1）工作过饱和度，ΔC_{p} 由 $\Delta C_{\max}$估计出

$$\Delta C_{\max}=\left[\frac{P}{k_{\mathrm{n}}(L_{\mathrm{p}}/L_{\mathrm{n}})^3}\right]^{1/m}=\left[\frac{1000}{3600\times2\times10^8\times1000}\right]^{1/8.3}=0.037/(\mathrm{kgK_2SO_4/kgH_2O})$$

实际选用的过饱和度水平，在分级结晶中，远比此极限为低。可取进入床底的过饱和度 ΔC_{p} 为 $\Delta C_{\max}$的 30%左右，即 $\Delta C_{\mathrm{p}}\approx0.01$。

（2）溶液的循环量，Q

对于过饱和度完全消失的，即 $\Phi=1$，

$$Q=\frac{P}{\Phi\Delta C_{\mathrm{p}}}=\frac{1000}{1\times0.01}\mathrm{kg}=10^5\,\mathrm{kg}\text{ 溶剂}/h=10^5(1+0.1117)=1.1117\times10^5\,\mathrm{kg}\text{ 溶液/h}$$

$$=\frac{1.1117\times10^5}{1082}\mathrm{m}^3=103\mathrm{m}^3\text{ 溶液/h}$$

（3）最大线生长速率 G_p，设晶体为球形，$\alpha/\beta=1/6$

$$G_p=\frac{\beta}{3\alpha\rho_s}k_g\Delta C_p^n=\frac{6}{3\times2660}(0.75\times10^{-2})(0.01)^2\text{m/s}=5.6\times10^{-8}\text{m/s}$$

$$C=0.1117+0.1=0.1217$$

$$C^*=0.1117$$

∵ 过饱和度 $S=C/C^*=0.1217/0.1117=1.09$

查表 7-8 求出 G 与此一致。

（4）$n=2$，以不同的 Φ 值分别计算产品生长时间 τ，例如 $\Phi=1$，

$$\tau=\frac{L_p}{(3n-1)G_p}\left[\left(\frac{L_p}{L_0}\right)^{3n-1}-1\right]=\frac{(1/1000)}{5\times(5.6\times10^{-8})\times3600}\left[\left(\frac{1}{0.3}\right)^5-1\right]\text{h}=403\text{h}$$

（5）计算分级床中晶体的总重

$$\Phi=1 \qquad \tau=403$$

$$W=\frac{P\tau}{4L_p^3}\left(\frac{L_p^4-L_0^4}{L_p-L_0}\right)=\frac{1000\times403}{4\times(1/1000)^3}\left(\frac{1^4-0.3^4}{1-0.3}\right)\left[1000/(1000)^4\right]\text{kg}=143000\text{kg}$$

（6）选空隙率 $e=0.85$，计算分级床容积

$$e=1-\frac{W}{\rho_s V} \qquad 0.85=1-\frac{143000}{2660V}$$

$$V=358\text{m}^3$$

（7）溶液上升流速　按照前述方法可取自由沉降的实测值，即 $u_c=4\text{cm/s}$，结晶器的截面积为

$$S=\frac{103}{(4/100)(3600)}=0.72\text{m}^2=\frac{Q}{u_c}$$

结晶器的直径，$D=\sqrt{\frac{4S}{\pi}}=\sqrt{\frac{4(0.72)}{\pi}}\text{m}=0.95\text{m}$

如果精密计算时要扣除中央进液管所占截面积，即先定 1～1.5m/s 的管内流速，计算管截面后扣除之。

（8）分级床的高度，$H=V_s/S=358/0.72\text{m}=497\text{m}$

$$H/D=497/0.95=523$$

因此比值不合理，故要求重新迭代计算。

（9）分离强度 $S.I.$ 的计算

$$S.I.=\left(\frac{L_p}{1}\right)\left(\frac{P}{V}\right)=(1)\left(\frac{1000}{358}\right)=2.8$$

将过饱和消失度 Φ，设定为各种不同值，重复上述计算，可得到表 7-9。

表 7-9　例题 1-10 计算结果

设计项目	单位	过饱和消失度 Φ			
		1	0.9	0.5	0.1
晶体最大线生长速率，G_p	10^{-8}m/s	5.6	5.6	5.6	5.6
溶液上升速度，u	m/h	144	144	144	144
溶液循环量，Q	m^3/h	103	114	206	1030
产品结晶生长时间，τ	h	403	252	14.4	3.5
晶体重量，W	kg	143000	89500	5100	1240

续表

设 计 项 目	单 位	过 饱 和 消 失 度 Φ			
		1	0.9	0.5	0.1
分层床容积，V_s	m^3	358	224	12.8	3.1
结晶器截面积，S	m^2	0.72	0.79	1.43	7.2
结晶器分层床高度，H	m	497	284	9.0	0.43
结晶器直径，D	m	0.96	1.0	1.35	3.03
H/D^*	—	518	284	6.7	0.14
分离强度，$S.I.$	$kg/(m^3 \cdot h)$	2.8	4.5	78	320
经济上可行性	—	不可	不可	可	不可

计算结果讨论：

① 上述计算结果表明，就分级悬浮结晶器而言，对于像硫酸钾这种具有中等生长速率的结晶过程（生长速率指数 $n=2$），在结晶器中使用较低过饱和度解除程度是比较合适的。当 $\Phi=0.5$，$V_s=12.8$，$H/D=6.7$ 值偏高一些。若要使 H/D 大约等于 2，则悬浮床体积需要 $6m^3$ 左右，而过饱和度解除程度约为 30%。

② 影响分级悬浮床结晶器的床高的因素有二，一为过饱和度解除程度 Φ，当 Φ 值愈大，悬浮床高度也越大。其二是所期望的产品晶体粒度 L_p 和留存在床层中的最小晶体的粒度 L_0 之差，(L_p-L_0) 之值越大，H 值也越大。分级悬浮床的高度与操作过饱和度无关，又与生产速率无关，而这种结晶器的截面积却与生产速度、操作过饱和度及 Φ 值有关。分级悬浮床结晶器的床高 H 往往选为器身直径 D 的 1～2 倍，其原因通常是为了节省结构材料。分离强度 $S.I.$值可助于估计生产速率或悬浮床体积，前已介绍 $S.I.$值，通常在 50～300 $kg/(m^3 \cdot h)$ 之间、在许多分级悬浮床结晶器中，产品晶体的生长时间 τ 在 5～15h 范围之内，故取 $\tau=8h$ 作为初步计算之用是合理的。

③ 对于过饱和度解除程度 Φ 值，若结晶物质的生长速率与过饱和度的一次方成正比，即生长速率指数 $n=1$，则容许的 Φ 值可达 90%。对于 $n=2$ 的物质，容许的 Φ 值可能要低于 50%。必须强调指出，过饱和度的解除程度亦为结晶器高度的函数，按照操作条件所选用的 Φ 值将决定结晶器的尺寸。

7.3.7 结晶器操作与控制

7.3.7.1 结晶器操作

(1) 连续操作与间歇操作比较

虽然连续结晶操作，也像其他单元操作连续化一样，具有许多优点，当结晶生产规模大到一定水平时也必须采用连续操作。但是对于许多较大规模结晶过程却至今宁愿采用分批间歇操作，这是因为间歇结晶过程具有独特的长处，如设备相对简单，热交换器表面结垢现象不严重等，最主要的是对于某些结晶物系，只有使用间歇操作才能生产出指定纯度、粒度分布及晶形的合格产品。间歇结晶与连续结晶过程相比较，它的缺点是操作成本比较高，不同批产品的质量可能有差异，即操作及产品质量的稳定性较差，必须使用计算机辅助控制方能保证生产重复性。但间歇结晶操作产生的结晶悬浮液，可以达到热力学平衡态，比较稳定。连续结晶过程生产出的结晶悬浮液是不可能完全达到平衡态，只有放入一个产品悬浮液的中间储槽中等待它达到平衡态，如果免去这一步，有可能在结晶出口管道或其他部位继续结晶，出现不希望有的固体沉积现象 。

在制药行业应用间歇结晶操作，便于批间对设备进行清理，可防止批间污染，而保证药的高质量，同理对于高产值低批量的精细化工产品也适宜采用间歇结晶操作。对于连续结晶过程操作一段时间后常会发生不希望有的自生晶种的情况，因而也必须经常中断操作，进行洗涤才能保证过程的正常运行。间歇半连续结晶过程兼具了间歇操作与连续操作双方的优点，已被工业界较广泛采纳。

（2）操作要点

在大多数工业设备中，一般生产用户希望的粒度的晶体所要求的停留时间为 2～6h 。但过饱和溶液的成核却可以在几分之一秒内发生。所以维持结晶设备中操作的稳定性，比在很多其他类型的加工设备中重要得多。欲抑制一次挠动，预计将经过 4～6 倍停留时间周期。这就是说，恢复期一般经历 8～36h。

维持一个给定产品粒度所需的晶核形成速率，该速率随粒度要求的增加而呈幂级地减少。所以对任何要求产生大晶粒的系统，必须仔细控制成核。并要特别注意防止晶种随进料流股进来，或随从过滤机或离心机返回的母液再循环流股重新回到结晶器之中。

经验证明，在任何给定的结晶器主体中，当已给定生产速率操作时，通过外加清液溢出等措施控制晶浆密度，对于晶体粒度的控制是重要的。虽在某些系统中晶浆密度的变化不能引起成核速率的变化，但在更通常的情况下，增加晶浆密度，会使成核减少与生长增加并增加床层中晶粒停留时间，使产品粒度增大。在较长停留时间中以及生长中晶粒之间的较小距离，使得从液相到生长中固体传质所需推动力的降低（邻近效应），看来对于增大粒度是有作用的。降低悬浮密度一般将增加成核并减小粒度。因为较低的悬浮密度在设备局部会产生较高的过饱和度水平，特别是在蒸发型结晶器内的临界沸腾表面处更是如此。

在液体表面或在表面冷却结晶器的管壁，过饱和度的高水平是壁面结垢的主要原因。虽然若干类型的结晶器如在结晶 KCl 或 $(NH_4)_2SO_4$ 时可能连续操作几个月，但大多数的结晶器操作循环短得多。控制粒度与延长操作周期在大多数装置中都是较难解决的操作问题。

对强制循环型结晶器，粒度的基本控制是由设计者选择循环系统与主体体积来实现的。从操作观点来讲，对外加晶种、分级排料或晶浆密度仔细加以控制有利于产生合意的产品粒度分布。当强制循环设备中晶体不能长得足够大以达到产品粒度要求时，常常采用细晶消除措施设计。在 DTB 结晶系统设计中是调节循环溢液流以抽出主体中细晶的一部分，其量达澄清体积的 0.05%～0.5%。在稳定操作中，溢流固体量应保持相对恒定，如果在器内的产品晶体的晶浆密度升高到 50%以上，大量产品晶体将出现在溢流系统中，使细品消除设备不起作用。若通过细晶阱的循环速率太高，将产生同样的结果。而通过细晶循环的流量太低，则移除的粒子不够，使晶体产品粒度变小。要采用细品消除技术的结晶器，比简单强制循环设备的操作，要求更为复杂的控制。

悬浮床式分级结晶器要求有与细晶移除流股差不多相同的控制，此外，还要求有对主泵循环的流态化流动的控制。这股流应加以调节以得到悬浮室中适当程度的流化，其流量随起始操作与正常操作之间晶体粒度的变化而变化。

虽然目前采用的大多数工业设计都建立于减少成核问题上，但在某些结晶系统中，也确实出现晶种不够及产品晶体粒度过大问题；在这类系统中，可借增加循环装置机械刺激，或通过某种外源引入细晶，以增加晶种或增加晶核的形成。

7.3.7.2 连续结晶过程的控制

为了得到粒度分布特性好、纯度高的结晶产品，在工业上已应用了仪表控制和计算机辅助控制于工业结晶过程，在连续结晶过程中除了需稳定控制住结晶温度、压力、进料及晶浆出料速率以及结晶器液面，以保证结晶过程的过饱和度稳定在介稳区内操作以防止大量的二次及初级成核外，还需注意对连续结晶不稳态行为进行控制，以尽可能地消除结晶粒度分布的固有的有限循环振荡。

7.3.7.3　间歇结晶过程控制与最佳操作时间表

对于间歇结晶过程，为了得到高质量（粒度分布优良与高纯度）的结晶产品，需要仔细地加入晶种，并实现程序控制。对于不加晶种溶液实现迅速的冷却结晶，必然穿过介稳区，自发成核，释放的结晶潜热又使溶液温度略有上升，冷却后又产生更多的核，以致难以控制结晶成核及成长的过程，这种效应表示于图 7-35 及图 7-36。

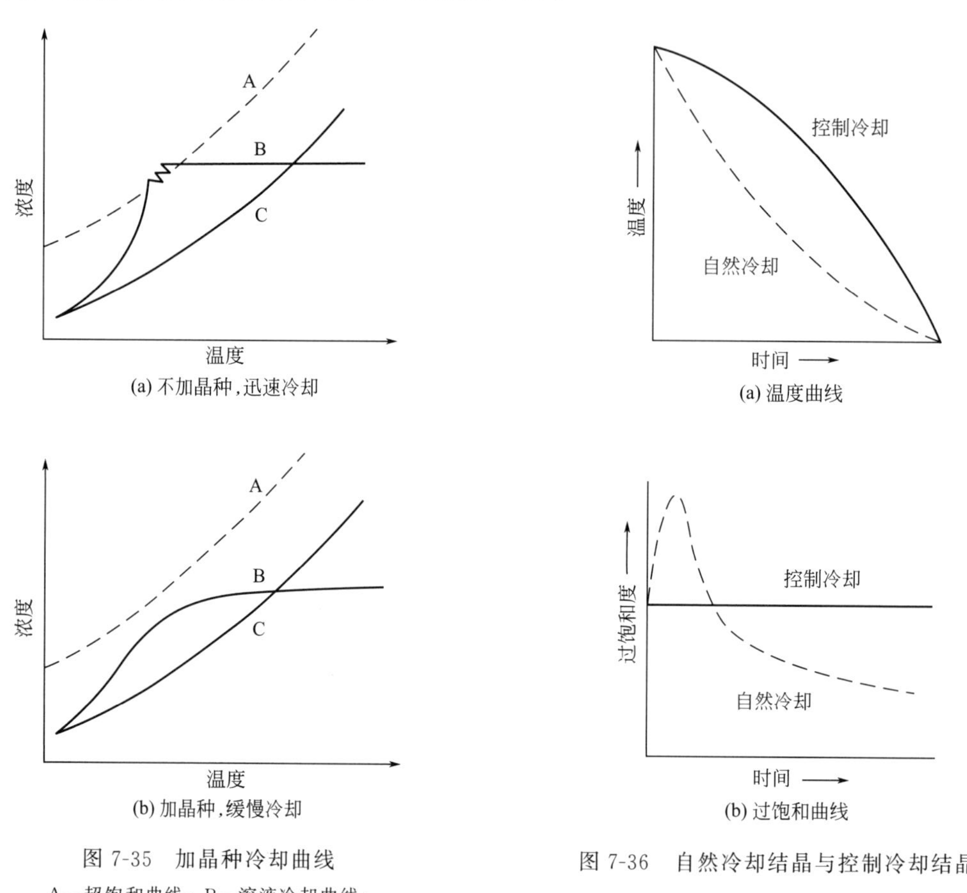

图 7-35　加晶种冷却曲线

A—超饱和曲线；B—溶液冷却曲线；C—溶解度曲线

图 7-36　自然冷却结晶与控制冷却结晶

图 8-35 描写了加晶种并缓慢冷却结晶过程的行为。结晶是在介稳区内进行，避免了自发成核，晶种的结晶成长速率也得以控制。按照规定的结晶产品主粒度 L_p 以及所需的结晶产率 Y，可粗略按下式算出所需的晶种（粒度为 L_s）加入质量 M_s。在制糖行业中已广泛应用了这种加晶种的操作。

$$M_s = YL_s^3/(L_p^3 - L_s^3) \tag{7-98}$$

为了控制产品粒度，还需控制结晶过程中的冷却曲线或蒸发曲线。不控制的自然冷却过程，在过程的前期会出现过饱和度峰值，如图 7-36 所示，不可避免地要发生自发成核，引起产品结晶粒度分布的恶化。要维持在介稳区内结晶成长，需按最佳冷却曲线（或最佳蒸发曲线）进行结晶操作。欲求取在不同操作条件下的最佳冷却（或蒸发）曲线，需经过极复杂的计算，下述

的简单关系式可供粗略计算最佳冷却曲线

$$\theta_t=\theta_0-(\theta_0-\theta_f)(t/\tau)^3 \tag{7-99}$$

式中　θ_0、θ_f 和 θ_t——在结晶过程开始、最后及任一时刻 t 时温度，℃；

τ——全部的间歇操作周期。

7.4　熔融结晶

区别于溶液结晶，熔融结晶的温度是在结晶成分的熔点附近，而溶液结晶温度主要是取决于溶剂的性质；熔融结晶的产品常常呈液相或整体固相，仅在熔融结晶过程中包含有固液两相的结晶转化，熔融结晶的目的常常不是得到粒状产品，而是为了分离与纯化某一物质，超纯物质的提取是熔融结晶特有优势。这两种结晶过程的主要不同点见表 7-10。

表 7-10　熔融与溶液结晶过程比较

No.	特　征	溶液结晶	熔融结晶
1	目的	分离＋晶体化	分离＋高纯化或超纯化
2	结晶组分纯度	低～中(一般＜99%～99.5%)	高(＞99.5%)杂质含量可＜1×10^{-6}
3	结晶温度	决定于溶剂	取决于结晶物质的熔点
4	结晶机理	结晶成核＋成长＋粒度分级	结晶成核＋成长＋纯化
5	决定过程速率的主要因素	质量传递＋结晶速率	热量传递＋质量传递＋结晶速率(影响很小)
6	结晶器形式	以釜式为主	釜式或塔式或区域
7	操作方式	连续或间歇	连续或间歇

7.4.1　熔融结晶的操作模式与宏观动力学分析

7.4.1.1　基本操作模式

① 在冷却表面上从静止的或者熔融体滞流膜中徐徐沉析出结晶层，即逐步冻凝法，或称定向结晶法。

② 在具有搅拌的容器中从熔融体中快速结晶析出晶体粒子，该粒子悬浮在熔融体之中，然后再经纯化，融化而作为产品排出，亦称悬浮床结晶法或填充床结晶法。

③ 区域熔炼法：使待纯化的固体材料，或称锭材，顺序局部加热，使熔融区从一端到另一端通过锭块，以完成材料的纯化或提高结晶度，以改善材料的物理性质。

在第一、二模式熔融结晶过程中，由结晶器或结晶器中的结晶区产生的粗晶，还需通过净化器或结晶器中的纯化区来移除多余的杂质而达到结晶的净化提纯，按照杂质存在的机理，所使用移除的技术如表 7-11 所示。

表 7-11　净化的机理与方式

No.	杂质存在机理	杂质存在的部位	杂质的移除技术
1	母液的黏附	结晶表面物质粒子之间	洗涤，离心
2	宏观的夹杂	结晶表面和内部包藏	挤压＋洗涤
3	微观的夹杂	内部的包藏	发汗＋再结晶
4	固体溶解度	晶格点阵	发汗＋再结晶

前两种模式的结晶方法，主要用于有机物的分离与提纯，第三法专门用于冶金材料精制或高分子材料的加工。据统计，目前已有数十万吨有机化合物用熔融结晶法分离与提纯，如纯度高达 99.99%对二氯苯生产规模达 17000t/a；99.95%的对二甲苯达 70000t/a；双酚 A 达

15000t/a 等。在金属材料的精制上区域熔炼法早已应用得很广泛。

图 7-37 给出了熔融结晶过程逐步冻凝（结晶层法）与悬浮结晶法中熔融母液（A，A′）与结晶表面（B）的温度与浓度关系。图 7-38 表示出了当相对流动速度 u 改变时结晶表面（A）条件的变化。

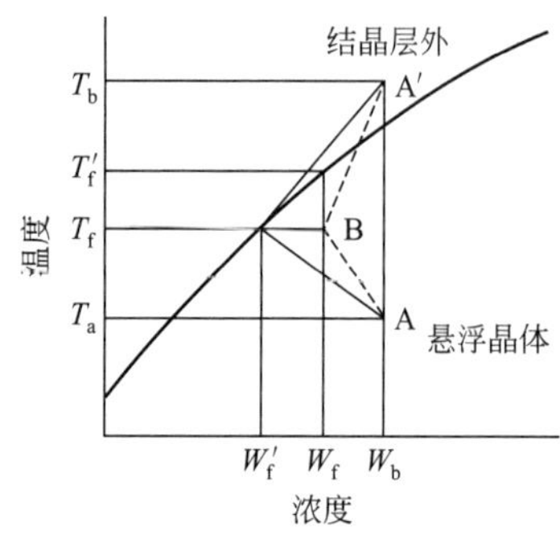

图 7-37　母液-晶体表面层温度与浓度关系

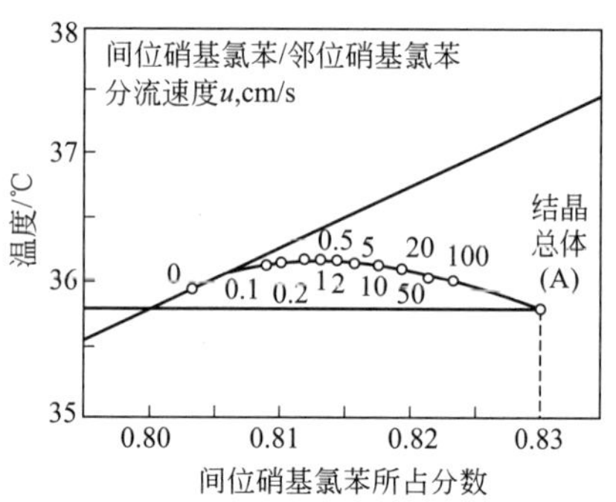

图 7-38　相对流动速度 u 改变时，结晶表面条件的变化

7.4.1.2　熔融结晶宏观动力学分析

对熔融结晶宏观动力学的研究远不及对溶液结晶研究的成熟。20 世纪 70 年代开始了对特定熔融结晶过程模型化的探讨，80 年代如前苏联 S. K. Myasinkor. 建立了逐步冻凝结晶模型，日本三宅索夫等完善了悬浮填充床结晶模型。90 年代 M. Matsuoka 和 J. Garside 又综合了逐步冻凝层式结晶与悬浮床塔式结晶两种模式，以二元结晶物系为例（即图 7-37 表示的母液-晶体表面层温度与浓度关系），并提出了综合动力学模型方程组。

① 质量传递速率式

$$N_A = K_d \rho Z_A \ln \frac{1 - Z_{Ai}}{1 - z_{Ai}} \tag{7-100}$$

式中
$$Z_A = \frac{N_A}{N_A + N_B} = N_A / N,\quad z_A = \frac{W_A}{Z_A}$$

② 热量传递速率式

$$Q = h(T_i - T_b)\frac{1}{\Lambda}\ln\frac{1}{\Lambda - 1} \tag{7-101}$$

式中
$$\Lambda = \frac{c_p(T_i - T_b)}{-\Delta H} \tag{7-102}$$

③ 表面集成速率式

$$N_A = K_r \rho_i \left(\ln \frac{1 - z_{Ai}}{1 - z_{Ai}^*}\right)^n \tag{7-103}$$

④ 结晶热

$$Q = -(-\Delta H)N \tag{7-104}$$

式中　N——相对于结晶表面的总扩散质量通量，kg/(m^2·s)；

N_A——相对于结晶表面 A 扩散质量通量，kg/(m^2·s)；

N_B——相对于结晶表面 B 扩散质量通量，kg/(m^2·s)；

Z——相对于总体质量通量的某组分的通量比例；

h——传热系数，J/(m^2·K)；

c_P——平均比热容，J/(kg·K)；

K_d——传质系数，m/s；

K_r——表面集成速率系数；

ρ——母液密度，kg/m^3；

W——结晶物质的浓度，以质量分数来表示。

7.4.2 相图特征

7.4.2.1 二组分系统

对于二组分系统，在恒压操作对该系统的相图可以在温度和浓度坐标中绘制，它可以是由一个溶质及一个溶剂组成的简单溶液体系，只是溶剂一般不结晶析出。如果二组分系统中的二组分都可分别析出，它们的几种相图如图 7-39～图 7-42 所示。大部分有机物系属于这类体系。

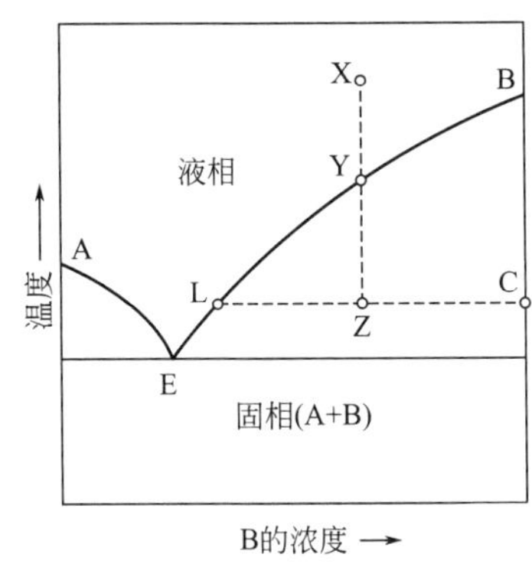

图 7-39 低共熔双组分相图

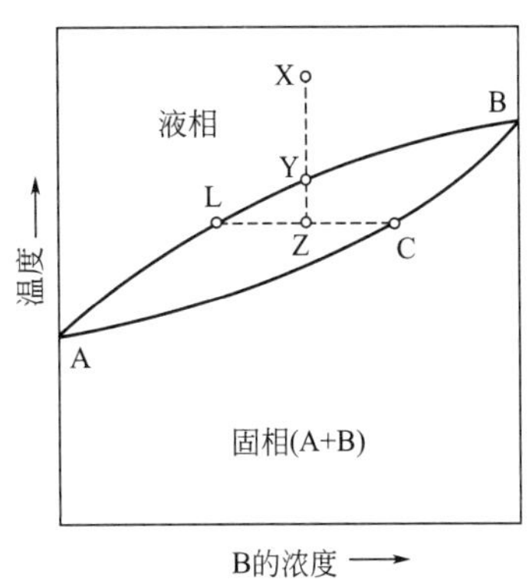

图 7-40 固体溶液相图

(1) 低共熔型物系

图 7-39 是低共熔物系典型的相图，在系统中能形成具有最低结晶温度的“低共熔物系”(eutectic system)，它是 A 和 B 按一定比例混合的固体。曲线 AE 和 BE 表示 A 和 B 不同组成混合物系出结晶温度。

很多有机化合物混合物、合金、耐火混合物等都属于这种物系。

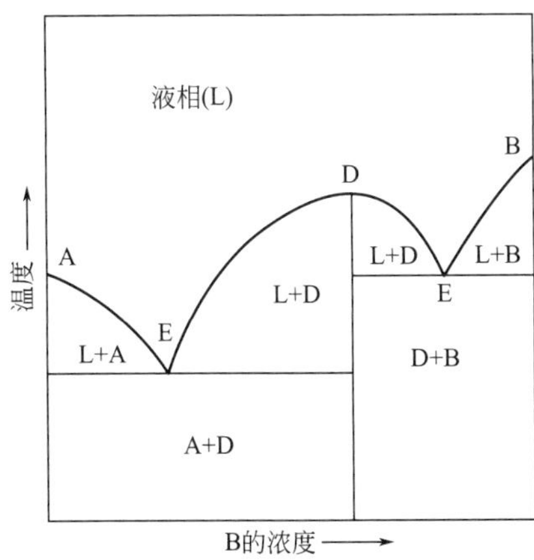

图 7-41 生成同成分熔点型溶剂化物相图

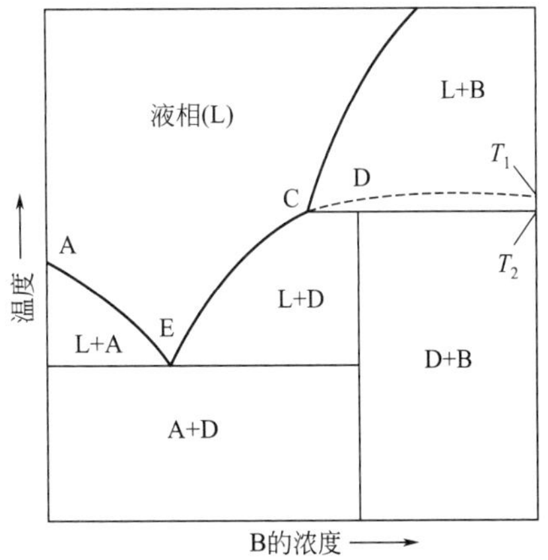

图 7-42 生成异成分熔点型溶剂化物相图

(双组分 A、B 能形成异成分熔点型化合物 D)

L—液相；E—低共熔点；

T_1—D 分解温度；T_2—D 理论熔点

(2) 固体溶液型物系

固体溶液是指由两个或更多组分，以分子级大小紧密掺合的混合物。固体溶液物系比低共熔物系更难分离。图 7-40 是固体溶液物系的典型相图，与低共熔物系相比较，固体溶液物系的分离不能是一级结晶，而必须是多级结晶方可奏效。

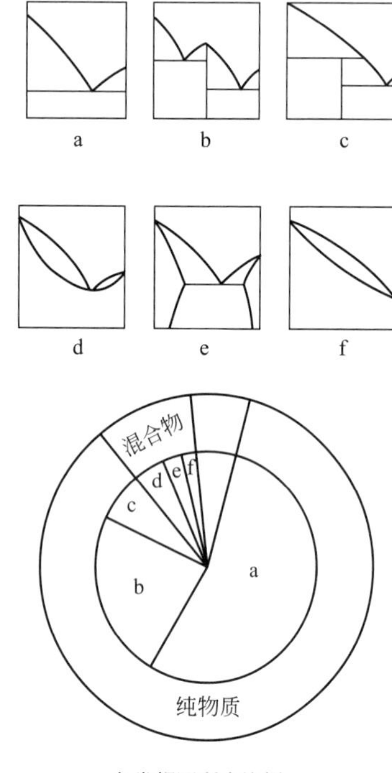

各类相图所占比例

图 7-43　有机物系几种典型的结晶相图

(3) 化合物形成型物系

类似于在水溶液中能形成水合物一样，对于由溶剂和溶质组成的双组分物系，亦可能生成一种或多种溶剂化化合物。如果此化合物能与同样组成的液相以一种稳定平衡关系共存，也就是说固相溶剂化化合物可熔化为同样组成的液相，它的熔点即称为同成分熔点；反之，即作为异成分熔点。图 7-41 和图 7-42 分别为具有这两种情况的生成溶剂化化合物双组分物系的典型相图。图 7-43 为双组分有机物系的六种典型结晶相图，也适用于许多冶金物系。

常见无机盐，如氯化钙六水合物的行为类似同成分熔点化合物；硫酸钠十水化合物，醋酸钠的二水化合物等为异成分熔点的水合物。

当结晶物系中存在有多晶习物质，而且晶习之间能够转化时，会导致结晶过程复杂化。图 7-44(a) 与图 7-44(b) 绘出了一个由 A 和 B 组分构成的双组分低共熔体的相图。其中组分 B 有两种对映晶形的多晶态 α 和 β。在图 7-44(a) 中，多晶转化温度高于低共熔点。图 7-44(b) 中多晶转化温度低于共熔点，是一种纯粹固相晶形转化。

7.4.2.2　分配系数

在实际上，由于杂质或次要组分的黏附、包藏或夹杂，即使对于低共熔混合物的分离，通过一级结晶也难以达到完全的分离，亦需多级结晶或通过净化后才能获得纯品。

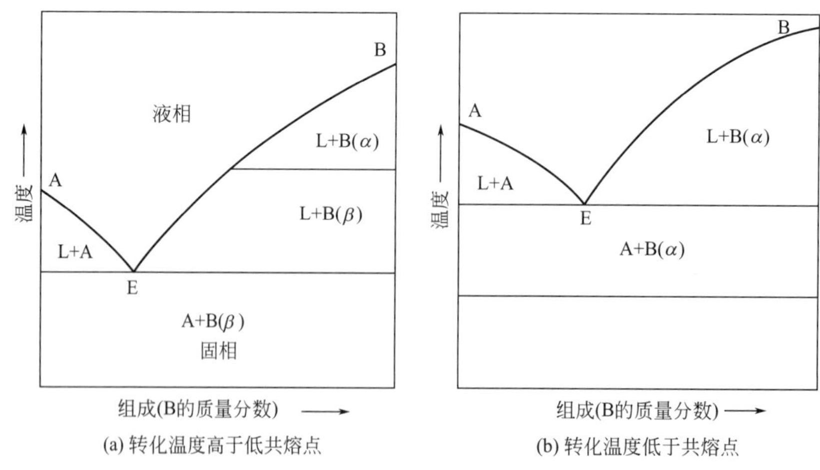

(a) 转化温度高于低共熔点　　(b) 转化温度低于共熔点

图 7-44　双组分系统多晶转化

如果杂质或次要的组分是完全地或部分地溶解于被提纯组分的固相中，则可方便地定义一

个分配系数 k

$$k=C_s/C_1 \tag{7-105}$$

C_s 是固相中杂质或次要组分的浓度，而 C_1 是液相中杂质的浓度。分配系数一般随组成而变。纯相，k 等于零，熔点降低时则小于 1。以二元固体溶液物系为例，在纯 A 和 B 的附近区域中液相曲线和固相曲线变成直线，即分配系数变成常数。这就是在许多用分步凝固法获取超纯材料的数学处理中普遍假设 k 为常数的依据。

7.4.3 逐步冻凝过程及设备

逐步冻凝或正常冻凝，是指熔融物缓慢而定向的固化。实质上，这涉及用间接冷却在容器底部、周围界面或特定界面上进行缓慢的凝固。按相图的规律，无论是低共熔物系或固体溶液物系，在缓慢凝固时，都会发生其他组分或称杂质被前进中的固体界面排除在液相之内。这种方法可用来使杂质集中，或通过重复的凝固和液体排除在界面产生很纯的晶块。图 7-45 是一种最简单的逐步冻凝设备。凝固速率和界面位置由管的移动速率和冷却介质的温度加以控制。这种设备有许多类型，例如，液体部分可以被搅拌或流动时被冷却而定向冻凝，这可以垂直地完成，如图 7-45 所示，也可以横卧地完成。一般而言，当两个或多个组分的混合物被定向冻凝时，就有溶质的再分配。

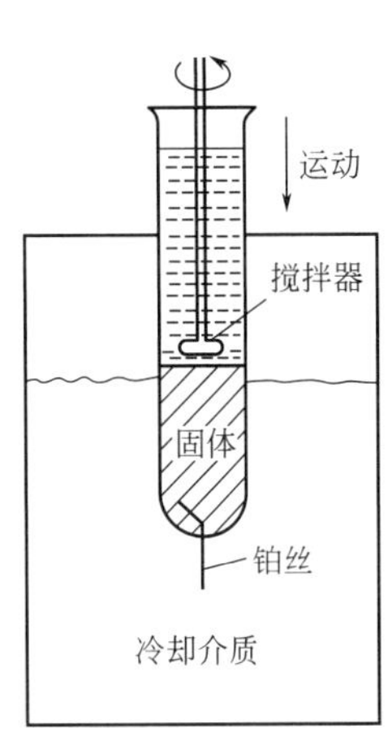

图 7-45 逐步冻凝设备

7.4.3.1 逐步冻凝组分分离

逐步冻凝的一个极限情况是平衡冻凝。在这种情形下冻凝速率必须慢到足以使固相中的扩散能消除浓度梯度。当这种情形出现时，如整个管子都凝固了，则没有分离。但是，只要在全部液体被凝固之前就结束冻凝操作，还能够达到分离的目的。

当分配系数小于 1，最初结晶的固体比它从其中形成出来的液体含较少的杂质。当被冻凝的部分增加，剩余液体中杂质的浓度增加，从而析出固相中杂质的浓度也渐渐增加。对 $k>1$，浓度梯度则反转过来。因此，当固体相中没有扩散时，在冻凝晶块内也会建立起一个浓度梯度。

若是主体液相被混合得很好，而固相中又不发生扩散，则对于分配系数 k，可得出一个联系着固相组成与被冻凝部分的简单公式

$$C_s=kC_0(1-X)^{k-1} \tag{7-106}$$

式中，C_0 是最初进料的溶液浓度，而 X 是冻凝部分所占的组成。图 7-46 表明对不同的分配系数数值式所推测的溶质再分配。

相对于这个理想化了的模型目前已有许多变形形式，在模型中又增入了诸如冻凝速率和液相中混合程度之类的变量。例如，Burton 等人推论，固体排除杂质可能比它扩散到主体液体之内的速度要快。他们建议，冻凝速率和搅拌的效应可用溶质穿过一层紧贴着固体界面的停滞膜或滞流层的扩散来解释。他们的理论引出了有效分配系数 k_{eff} 表达式，k_{eff} 可用于式（7-107）以代替 k

$$k_{\text{eff}}=\frac{1}{1+(1/k-1)\mathrm{e}^{-f_0\delta/D}} \tag{7-107}$$

式中 f_0——晶体生长速率，cm/s；

D——扩散系数，cm^2/s；

δ——停滞膜或滞流层厚度，cm。

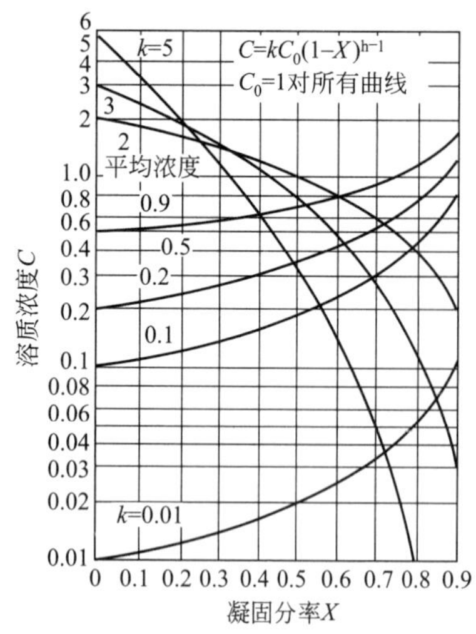

图 7-46　溶质浓度 C 对凝固分率 X 的逐步冻凝曲线

影响杂质再分配的主要变量是液相中的混合程度和冻凝速率。重要的是要达到足够的混合以助长杂质扩散离开固-液界面而进入主体液体。膜厚度占随搅动水平或湍流程度的增加而减低。过高的冻凝速度和过冷的冷介质的温度都会降低分离程度。

如图 7-46 所示，当逐步冻凝应用于固体溶液和低共熔点混合物。在分配系数有利时，能得到大的分离因数。再把晶块不希望要的杂质借发汗等方法去掉，能够得到相当纯的材料。此外，在某些情况下逐步冻凝对杂质的集中也提供了一个方便的办法，例如，如果 $k<1$，进行分配的杂质便富集在被冻凝的最后部分的液体中。

7.4.3.2　结晶设备

逐步冻凝曾经大规模地应用过，例如，曾用连续逐步冻凝法精炼铝。Proabd 提纯器也是正常冻凝的一个商业用例子。在此设备中，混合物在冷却管上定向地被凝固，然后发汗提纯，此方法曾应用于萘和对二苯的提纯。另一种使用定向凝固外加发汗法的大规模过程是由 Saxer 和 Papp 加以描述的 MWB 过程。操作是按顺序的，步骤包括熔融物降膜在 12m 管中部分冻凝，随后是发汗，再后是熔解与精制产品的回收。分离能力视级数、回流比和分配系数而定。逐步冻凝方法已用于种类广泛的有机产品的提纯。

（1）单级分离结晶器

① Proabd 精制器

Proabd 精制器的结晶过程属于单级逐步冻凝结晶过程，也是间歇冷却过程。在结晶釜内熔融体在翅片换热管（管内运行冷却介质）表面上逐渐结晶析出，剩余母液中杂质含量不断增加，直到全部结晶组元析出为止。然后停止冷却介质通过换热管内，换为热介质流体，致使晶体缓慢熔化，最初熔化液中杂质含量高而舍弃，待熔化液中所需组元的浓度达到所需组成后再作为产品放出。图 7-47 是这种精制器示意流程图。

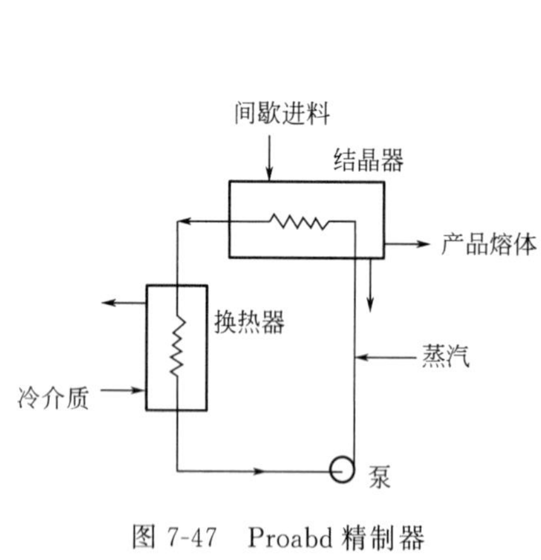

图 7-47　Proabd 精制器

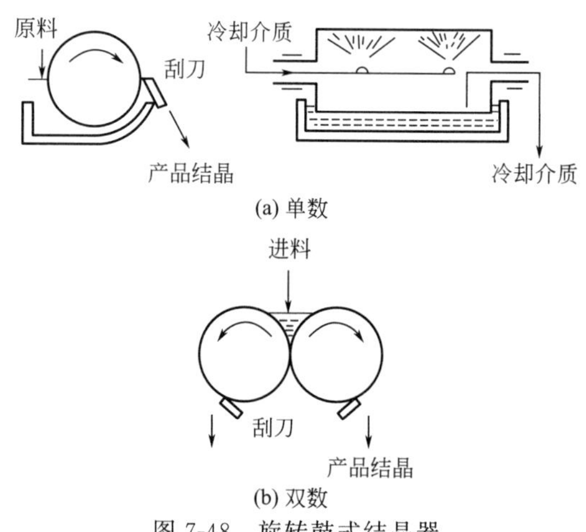

图 7-48　旋转鼓式结晶器

② 旋转鼓式结晶器

图 7-48 表示了旋转鼓式结晶器，它也属于单级结晶分离器。熔融体送入槽内，空心圆鼓

部分浸入熔融体内，冷却剂通过转鼓轴心输入与流出转鼓空膛。当转鼓转动时，在转鼓冷却表面部分形成结晶层，随后结晶层又被刮刀移出。

③ 具有刮刀的热交换器式结晶器

它的基本结构是由带有夹套的圆柱形管构成的热交换器形的结晶器，在管内装配有刮刀。在进行结晶时管子可以以慢速转动。在这种结晶器下方排出的结晶母液中含有细小的晶体（约10μm），所以对后续分离要求较高，这种结晶器已被用于滑润油的脱蜡及很多有机物系的分离（如萘、对二甲苯、氯苯等）。

其他已进入工业应用的这类结晶器还有带式结晶器（见图 7-49），传送带造粒机（见图 7-50）以及螺旋式结晶器（见图 7-51）。

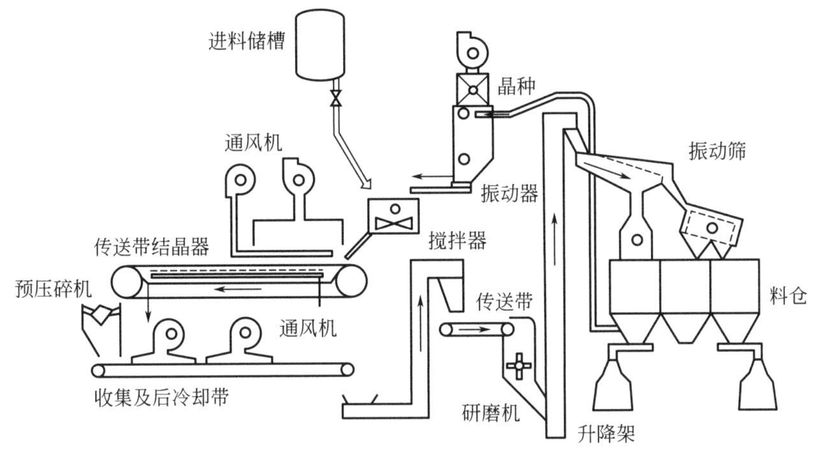

图 7-49　硫酸铝的固化过程

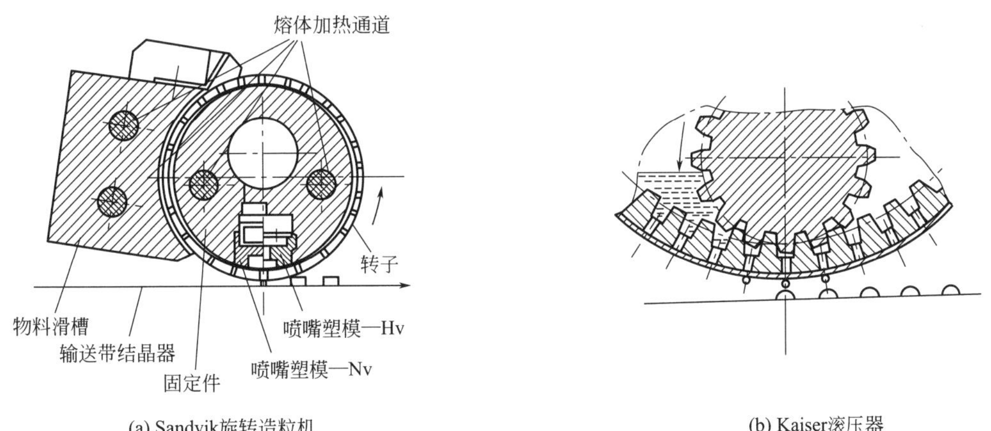

图 7-50　造粒设备的旋转/定片系统

对于各种固化过程，表 7-12 进行了详细比较。

表 7-12　固化过程的比较

项　　目	鼓式结晶器	带式结晶器	带传送带的造粒机	螺旋结晶器	造粒塔	喷射流动床
产品形式	片状，团粒状	带/片状 团粒状	片状	挤压成型	球形粒子	球形/不规则粒子
细粉在产品中比例	高	较高	低	低	低	较低

续表

项　　目	鼓式结晶器	带式结晶器	带传送带的造粒机	螺旋结晶器	造粒塔	喷射流动床
固化时间或熔融体停留时间	<2min	2～10min	<10min	<10min	<15s	<1h
投资	低	低	较高	高	高	中① 高②
能耗	低	低	中	中	低① 中②	中① 高②

① 相对于废气处理费低的条件。

② 相对于废气处理费高的条件。

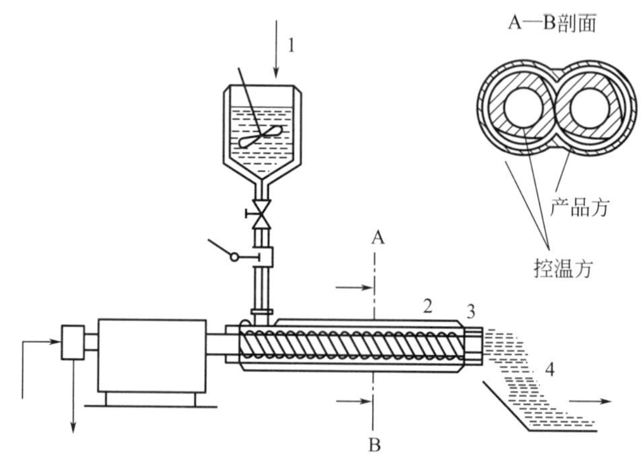

图 7-51　带有挤压槽的螺旋推进式熔融结晶器

1—熔体；2—螺旋换热器；3—挤压槽；4—被挤压物料

(2) 多级结晶过程

① 操作模式

应用前面所述的单级熔融结晶过程进行分离，常常难以达到最终产品所需的纯度的要求。往往要求采用多级结晶过程，多级结晶过程有两种操作模式。

a. 多次重复进行结晶、熔融、再结晶的重结晶操作，只要结晶操作重复的次数足够多肯定可得到所需要的产品。

b. 完成一级结晶后，用纯的液态物质对晶体进行逆流洗涤，以达到晶体的纯化。

如果熔融体内杂质含量高，也就是说结晶目的产物含量低的情况下，一般选用第一种操作模式。对于固体溶液的熔融物系的分离是必须考虑第一种操作模式的。对于熔融体内杂质含量低的物系适合采用第二种操作模式。在目前许多工业结晶过程中，实际上是将二种操作模式结合起来实施的。

苏尔寿兄弟公司（Sulzer & Brother Co.）近年来开发了 Sulzer MWB 多级结晶过程，已经有效地用于有机混合物大规模的工业分离（如氯苯、硝基氯苯、脂肪酸等）。这个过程是一个典型的逐步冻凝的多级过程。该过程如图 7-52 所示。它的主体设备为一个立式管式换热器式的结晶器，结晶母液循环于管方，冷

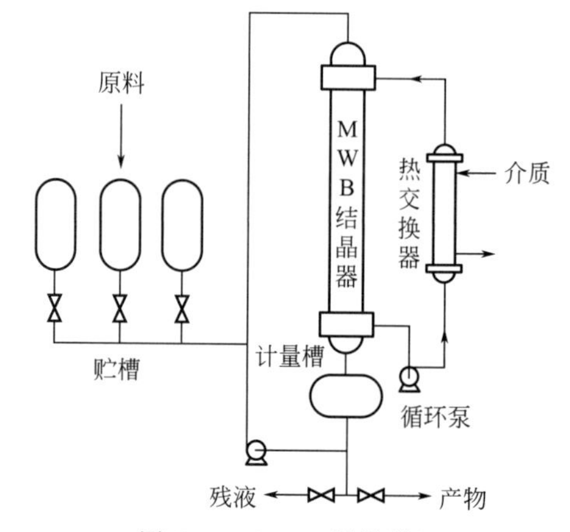

图 7-52　MWB 结晶装置

却介质和加热介质转换运行于壳方。结晶首先发生在冷却表面上，然后再发汗，再熔融，再结晶，重复进行，直至完成多级结晶过程。图 7-53 表示了 MWB 结晶过程操作模式。

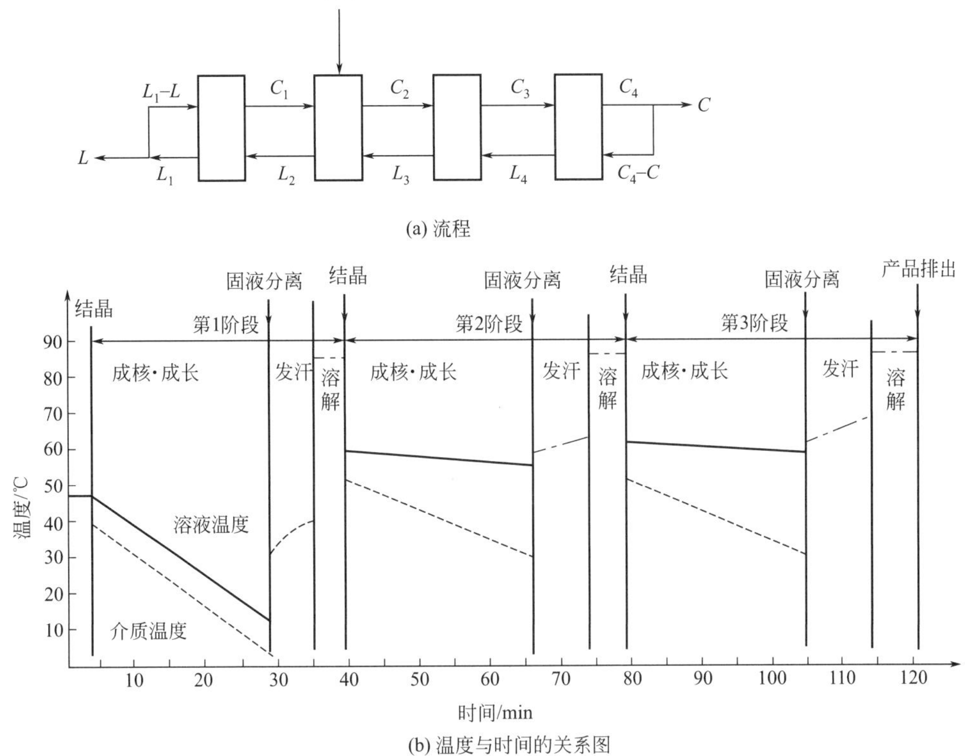

图 7-53　MWB 结晶装置的操作模式

② 过程生产能力 G 与有效分配系数 k

工业上类似于 MWB 结晶器的多级列管式结晶器，如果管内流的是要被分离的混合物，管外流的是冷却剂，则其单管生产能力 G 为

$$G=\frac{2\pi(r_0-\overline{v}\tau/2)\overline{v}\tau l_{\text{tu}}N\rho_{\text{s}}(1-\Psi)}{\theta_1+\theta_2+\theta_3} \tag{7-108}$$

式中　θ_1——液膜结晶的第一步操作时间，s；

θ_2——发汗时间，s；

θ_3——结晶操作与发汗操作之间的间隙时间，s（主要是将冷却剂逐渐加热至发汗温度 T_{sw} 所需时间；

l_{tu}——结晶管长度，m；

$\overline{v}$——整个结晶器高度上的平均结晶速度，m/s；

N——液膜结晶中结晶管数；

Ψ——发汗温度 T_{sw} 下的母液包藏系数。

由此可见提高液膜器（假定已定型）的生产能力 G 可采用如下措施。

a. 提高结晶速度 $\overline{v}$，但又要使结晶在临界长度内进行，使母液包藏量减小；

b. 使冷却剂温度尽可能降低，以增加结晶时间 τ；

c. 将发汗温度提高到粗晶体熔点附近，以减少发汗时间；

d. 用适当的方法减小 θ_3。

有效分配系数 k 为

$$k = C_{s,m}/C_1 \tag{7-109}$$

式中 $C_{s,m}$——晶体中的杂质摩尔分数，%；

C_1——结晶母液中溶质的瞬时摩尔分数，%。

7.4.4 塔式结晶装置

已经工业化的熔融结晶过程，大多应用了塔式结晶器，实现了由低共熔混合物或固体混合物中分离出高纯的产物，并避免经过多次重复的结晶，使用了多种形式的塔式结晶装置，熔融物系以液体形式进料，高纯产品亦以液体状态由塔中输出，固液交换的传热传质过程全部在塔内进行。在塔内同时进行着重结晶，逆流洗涤，发汗过程。从而达到分离提纯的目的。

自 1945 年美国菲利浦（Phillips）公司 Aronld 首先根据精馏塔的原理提出连续多级逆流分步结晶塔的设想以后，引起世界各国科学家的重视，不断涌现出各种结构形式的塔式结晶装置。如 50 年代中期美国 Phillips 公司提出的活塞式结晶塔和脉冲式结晶塔等等。

熔融结晶的第二种操作模式，就是依靠塔式结晶器实现的。在塔内用晶体和液体的逆流进行结晶提纯，比传统的结晶或蒸馏可产生较高的产品纯度。这个过程是首先在内部或外部形成晶体相，而后运送晶体通过一股逆流的浓缩回流液。实际应用这个工艺的问题在于控制固相运动有困难。不像蒸馏可利用液体和蒸气两相之间的密度差别，熔融结晶涉及具有几乎相同物理性质的液相和固相接触。两相密度常常很相近，而晶体的重力沉降可能慢而无效。目前虽已产生很多的构型研究，以实现可靠的固相运动、高产量和纯度，以及效率高的加热和除热。但这些设备商业化较少。塔式结晶器曾被分类为末端加料或中央加料装置，视进料位置是在结晶形成段的上游或下游而定。末端加料和中央加料塔式构型在性能上有差别，因此，将分开讨论中央加料和末端加料塔式结晶器。它们的比较示于表 7-13 中。

表 7-13 熔融物结晶器工作的比较

序号	中央加料器	末端加料器
1	晶体在内部形成；这样，只有液流进出塔	晶体在外部设备中形成而作为晶浆加入纯化器
2	内部回流能受到控制而不影响产品收率	最大的内部液体回流由相对于产品流股的进料热力学状态决定。过多的回流将减少产品收率
3	在全回流不能连续或分批操作	不可能在全回流下操作
4	中央加料塔对低共熔点混合物和固体溶液两种系统都适用	末端加料塔对固体溶液系统的分离效率不高
5	在提纯和熔融区中能形成低孔率或者高孔率的固相浓缩物	末端加料塔的特征是在提纯和熔融区中填充着低孔率固相
6	放大决定于晶体输送系统的机械复杂性和去除热量的技巧。垂直的振动螺旋塔多半限于约 0.2m 的直径，而横卧塔可能有几米的直径	放大受到熔融器和/或晶体洗涤段设计的限制，垂直或横卧塔可能有几米的直径

7.4.4.1 中央加料塔式结晶器

(1) 布郎底（Brodie）提纯器

图 7-54 表示一座横卧式中央加料塔，它对萘和对二氯苯的连续提纯已经商业化。液体进料是在热的提纯段和冷的冻凝或回收段之间进塔。熔融物经过精制和回收区壁面间接冷却时，在内部形成晶体。结晶后的残液则从塔的最冷段出口。螺旋运输器控制固体经过塔的输送。

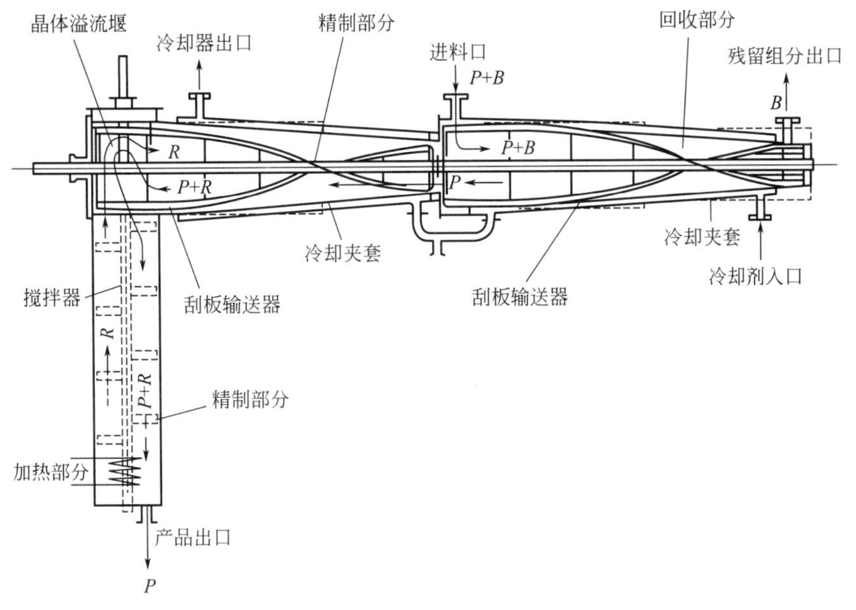

图 7-54 横卧式中央加料塔式结晶器

B—残留组分；P—产品组分；R—回流组分

（2）螺旋输送塔式结晶器

另一种商用中央加料结晶器设计是 Schildknect 所报道的垂直螺旋运输器式塔。在这类装置中，如图 7-55 所示，分散的晶相在冻凝段中形成，被垂直摆动的旋转螺旋有控制地向下输送。

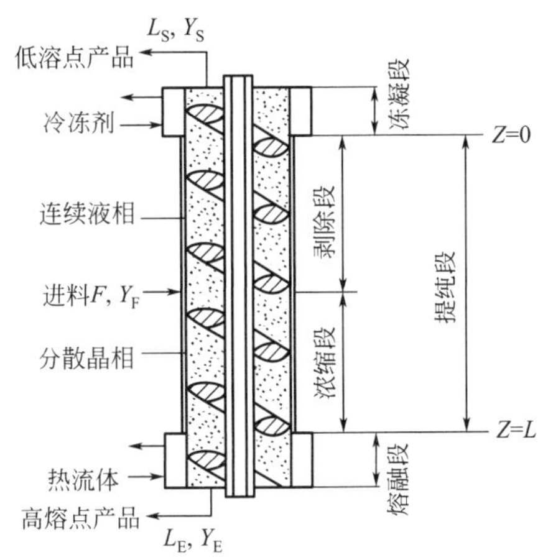

图 7-55 具有螺旋式输送器的中央加料塔式结晶器

（3）工作原理与模型分析

图 7-54 和图 7-55 表示两种类型的中央加料塔结晶器。同简单蒸馏塔一样，这些装置由三个段组成：①冻凝结晶或回收段，其中溶质从不纯的液体中冻凝；②提纯段，其中固体和液体发生逆流接触；③晶体熔解并回流段。进料位置和熔融器之间的部分称为精制或浓缩段，而加料和冻凝器之间的部分称为回收段或剥除段。精制段可能有侧壁冷却设备。

由于物相转变和热量与物质的交换过程同时发生，所以描述塔式结晶器中提纯机理的速率过程是极其复杂的。结晶固相的成核和生长，以及晶体的洗涤和晶体的熔融在设备的不同区域内发生着。塔的流体动力学也难以表述。液相和固相的混合型式受到诸如固体传递机理，塔的取向以及固体的沉降特征（特别对于稀浆）的影响。

对于固体-溶液系统的塔结晶，占支配地位的提纯机理是逆流洗涤和再结晶。再结晶引起传质速率与互相接触的固相和自由液体的浓度有关。Powers 等人曾报道了一个基于传递单元高度 HTU（height of a transfor unit）概念的模型，即代表着全回流操作的二元固体-溶液系统高熔点组分在提纯段内的组分分配。提纯偶氯苯-柢固体-溶液系统的典型数据示于图 7-56。塔式结晶器是在全回流下操作的。穿过数格的实线是 Powres 等人使用 3.3cm 的 HTU 实验值

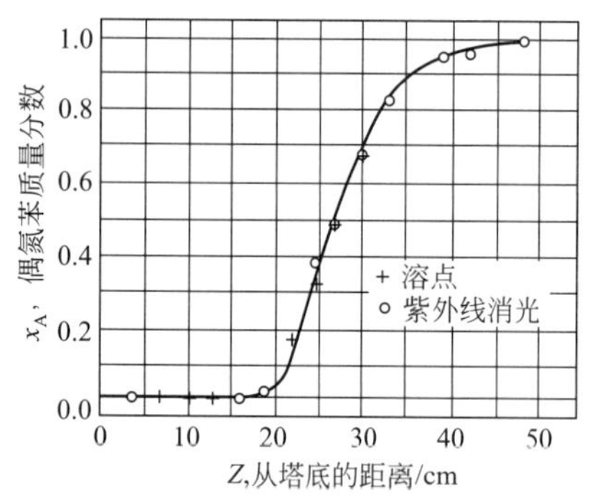

图 7-56　全回流下偶氮苯和芪在中央加料塔式结晶器中的稳态分离

计算出来的。

Henry 对提纯段开发了一个稳态模型，所依据的是微分逆流接触以及内部流率和晶体成分都不变的假设。内部流率不变适用于当回流液不发生再冻凝之时，如在原料比较纯的场合。这个模型包括杂质轴向扩散的影响，转动和摆动着的输送器促使晶体与黏附着的液相和自由的浓缩的洗涤液之间进行传质。下列方程描述浓缩段中的杂质分配。

浓缩段（$z>z_F$）

$$\frac{Y-Y_p}{Y_\varphi-Y_p}=e^{-(z-z_F)/\Psi_E} \tag{7-110}$$

$$Y_p=\frac{C\varepsilon-L_EY_E}{C-L_E} \tag{7-111}$$

$$\Psi_E=\frac{1}{C-L_E}\left[D\rho A\eta+\frac{r(r+1)C^2}{KaA\rho}-\frac{aL_EC}{KaA\rho}\right] \tag{7-112}$$

式中　Y——自由液体中杂质的质量分数；

Y_φ——加料点 z_F（m）处自由液体中杂质的质量分数；

Y_E——浓缩段产品中杂质的质量分数；

ε——晶体相中杂质的质量分数；

C——晶体速率，kg/s；

L_E——浓缩产品速率，kg/s；

z——在冻凝段下的位置，m；

r——黏附液与晶体的速率比；

D——有效轴向扩散系数，m^2/s；

η——自由液的体积分数；

K——黏附液与自由液之间的传质系数，m^2/s；

a——单位体积的界面面积，L/m；

A——垂直于流动方向塔截面积（输送器环隙所确定的窗口面积），m^2；

ρ——自由液体密度，kg/m^3。

对回收段写出类似的公式，而后将这些方程连同末端流股的有约束的物料衡算式用迭代技巧联立求解，以给出塔一成分侧形。把这些方程用于设计，必须有精制和剥除段的传质数 Ψ 以及晶相的成分。这意味着必须对所研究的系统提供诸如 a、D、η、K、α 等参数的测定值或估计值。

实验证据着重指明，母液中的质量轴向扩散控制着一座螺旋输送器式中央加料结晶塔的提纯能力。质量传递诸项则似乎在提纯过程中重要性较差，在进行着结晶的系统中，诸如界面传递面积与黏附液和固体之比等参数也难以测定。

图 7-57 表示环己烷-苯系统的实验塔分布，其中环乙烷是次要组成。在大回流下，液相成分在熔融段附近变为恒定。这种情形发生于母液成分接近晶相成分时。全回流操作时杂质在冻凝段中的集中程度高于连续操作时。这样，对于全回流操作，晶体中杂质含量较大，而使最终的产品纯化受到限制。这种依赖于冻凝器中杂质浓度的晶体包藏限制了产品的最高纯度。

Moyers 等人测试了一座具有内部晶体形成和可变回流装备的紧密床层式中央加料塔。在理论叙述中使用了一个非绝热、活塞式流动的轴向扩散模型，以描绘整个塔的工作。没有考虑描述杂质在黏附液与自由液之间相际传递的各项。用迭代数值法解所得出的二阶微分方程。图 7-58 表明最紧密床层塔所算出的液体和固体通量的典型变化。液体通量在进料位置处出现一个跳跃式变化。在塔的提纯段中发生中等程度的溶解。图 7-59 中所示计算出来的塔-温度分布曲线指明了塔-温度分布曲线对液体轴向混合大小的敏感性。对于低轴向分散，预测在进料点有一个会切点。据实验观察，在进料点之下有一个陡然的温度上升，这指明在液相中存在着接近活塞流动的情况。

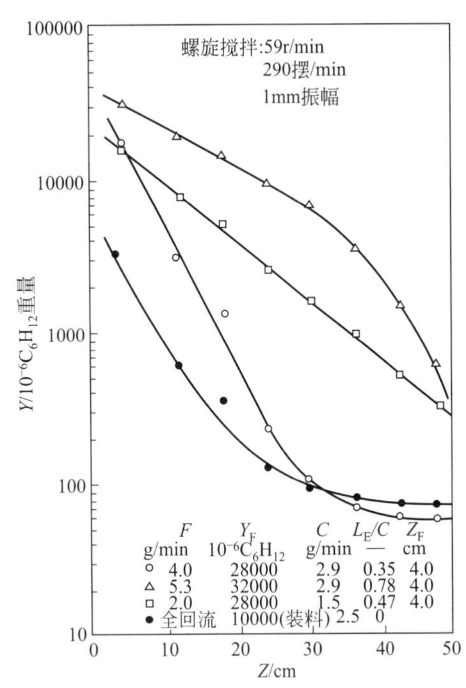

图 7-57 苯-环乙烷在一座中央加料塔中的稳态分离

Brodie 提出了有关塔结晶器操作的最小回流概念，它可应用于所有形式的塔结晶器，包括末端加料塔。为了稳定塔的操作，进入熔融区的过冷固体的显热应当被回流熔融物的熔化热平衡或超过。式 (7-107) 中关系描述了正常塔操作所需的最小回流比

$$R=(T_p-T_F)C_p/\lambda \tag{7-113}$$

式中 R——回流比，g 回流/g 产品；

C_p——固体晶体的热容，cal/(g·°C)；

T_p——产品温度,°C；

λ——熔化热，cal/g；

T_F——饱和进料温度,°C。

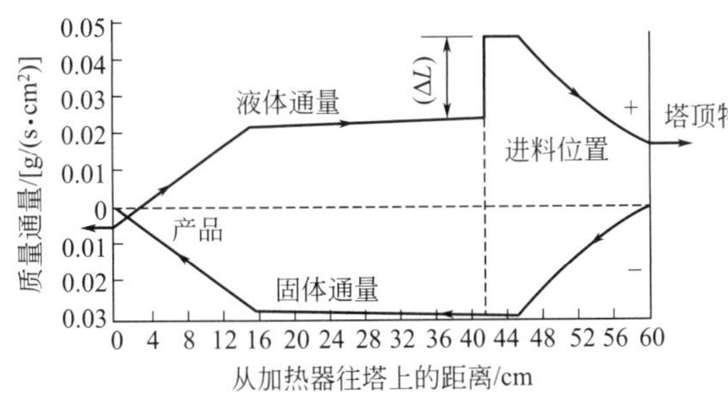

图 7-58 紧密床层塔式结晶器中计算出来的液体和固体通量

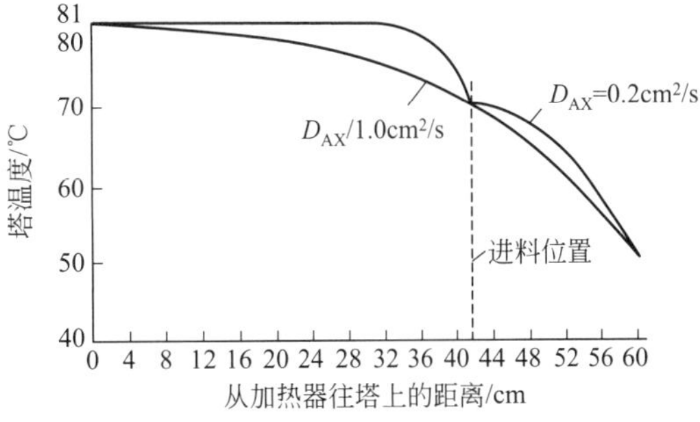

图 7-59 计算的塔-温度分布

如果供给的回流等于式 (7-113) 所计算的最小回流比，则全部被回流的熔融物将再冻凝。当所供给的回流大于最小回流，需要在精制区备有夹套冷却或在回收区中备有额外冷却，以维持产品的回收。由于高纯度熔融物是在接近它的纯组分的熔点温度加入的，在设有夹套冷却情况下，不会发生多少再冻凝。

(4) 主要变量

要进行一座塔结晶器的设计或评价模型必须鉴定很多参数。这些参数许多是经验性的，必须在与所要评定的特殊设计完全相同的设备中进行实验测定，因此，必须要用大规模的中间实验对系统进行宏观评定。这些关键参数中包括相内所捕捉的杂质含量，作为回流比的一个函数的产品质量，固体在设备中的轴向混合程度，产生的晶体粒度和形态，以及塔中固体装卸的容易程度。热量通常是通过金属表面而被移除的，这样，溶液对过冷的稳定性也是设计中的一个要考虑的因素。

目前 Brodie 提纯器的横卧式塔（图 7-52）早已商业化，用于大规模生产对二氯苯和萘。如以 95%的富原料生产 99.9%的对二氯苯，年产量达 6000t，以及从含酞品级的原料生产精制萘，年产达 7200t。

螺旋塔曾用于纯化低共熔点混合物和固体溶液两种类型的二元和多元混合物，包括芳族和脂族烃，含水系统以及脂肪酸等。

7.4.4.2 末端加料塔式结晶器

(1) 菲利浦（Phillips）塔式结晶器

末端加料塔是在 20 世纪 50 年代由菲利浦（Phillips）石油公司开发成功并商业化。常称为菲利浦（Phillips）塔，其典型末端加料塔的各段示于图 7-60。不纯液经由位于产品冻凝区与熔融器之间的过滤器取出，而不是像中央加料塔那样在冻凝区的末端取出。末端加料装置的提纯机理基本上同中央加料设备的一样。但是，在末端加料塔中有回流限制，而且在熔融器附近存在着高度的固体压紧。曾经观察到，在大部分提纯段中，自由液和固体的分数都始终相对恒定，但在熔融段附近都呈现一个陡然的间断。应注意，末端加料塔只适用于低共熔点混合物系统的提纯，而不能在全回流下操作。

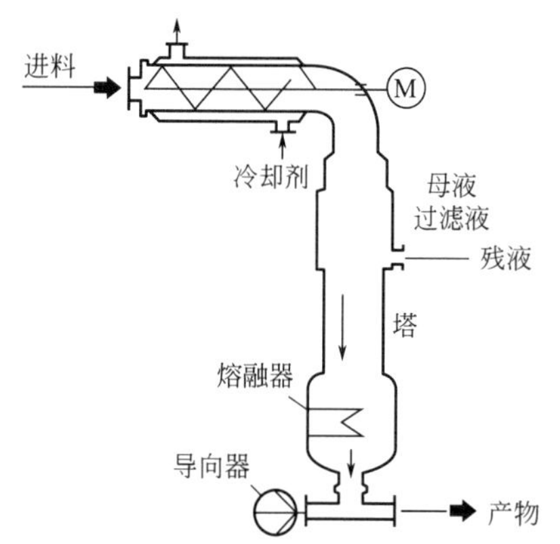

图 7-60 菲利浦（Phillips）结晶器

(2) 工作原理与模型分析

在提纯段起主要作用的是晶体和自由液体之间的传热。因为常常加工的是比较不纯的进料，轴向温度差一般可达 40～50℃。因为进料浆中的晶体是过冷的。过冷晶体和自由液体之间的传质引起一部分液流的再冻凝，这就使熔融段之上的塔区中固体分数增加。致使形成固体紧密床层，大部分的提纯是在这个床层发生的。应强调的是：末端加料塔提纯段中的高固体含量和稀相中央加料塔提纯段中的固体含量不相同。进入末端加料塔的晶体-液体料浆进塔时典型地含有 50%固体，并且在提纯段底形成紧密的不动床层，塔底的固体质量分数能够超过 95%。

Player 曾对末端加料塔开发了一个模型，它包括有自由液体的再冻凝和伴随着晶相的被包藏液体的可混排代作用。他把提纯段的上段（见图 7-60）看做是晶体的压紧区，虽只有相当小的一部分体积，但已形成了晶体的一个紧密床层，实际上供作为提纯段之用。他的方法预测，液体成分和固体含量双方在熔融段附近都有间断，因此对解释末端加料塔式结晶器的性能数据很有价值。

Player 表示产品纯度对晶相质量和再冻凝回流量的灵敏度如下

$$X_1=\frac{S_2Y_2+(W_1-W_2)}{S_2+(W_1-W_2)} \tag{7-114}$$

式中　X_1——产品成分，质量分数；

S_2——到压紧区的固体回流，kg/(s・m^2)；

Y_2——到压紧区的固体成分；

W_1——进入提纯区的液体回流（即来自熔融器的回流），kg/(s・m^2)；

W_2——离开压紧区的液体回流，kg/(s・m^2)。

假如 $S_2=100$ 通量单位，而跨过压紧提纯区的液体回流变化是 24.59，则产品成分 X_1 能作为晶体质量的一个函数计算出来（$Y_2=0.99$，$X_1=0.992$；$Y_2=0.995$，$X_1=0.9966$；$Y_2=0.999$，$X_1=0.9992$）。

对于所述例子，使回流在过冷晶体上再冻凝。只能稍微增进产品质量。Player 的分析指明，高纯度熔融物的再冻凝仅仅使杂质含量受到稀释以浓缩固相，而且，至少对末端加料塔中可能达到的回流水平而言，不会显著地浓缩产品。有人提出，末端加料塔式结晶器中发生的高度固体压紧，有些可归因于回流的再冻凝，会使轴向混合减至最少。因此，用小量回流可获得极好的晶体洗涤。倘若离开压紧区的液体回流量比加热过冷固体所需要的大，则可达到晶体洗涤机理的高度提纯的目的。

对二甲苯的提纯表明，进料流中的晶体几乎 100%作为产品被取出。这表示着来自熔融段的回流液有效地被逆流的过冷晶体流再冻凝了。从 65%（质量）的进料中获得了 99.0%～99.8%（质量）的对二甲苯高纯产品，主要杂质是间二甲苯。图 7-61 说明对不同产品纯度的塔截面面积与生产力之间的关系。

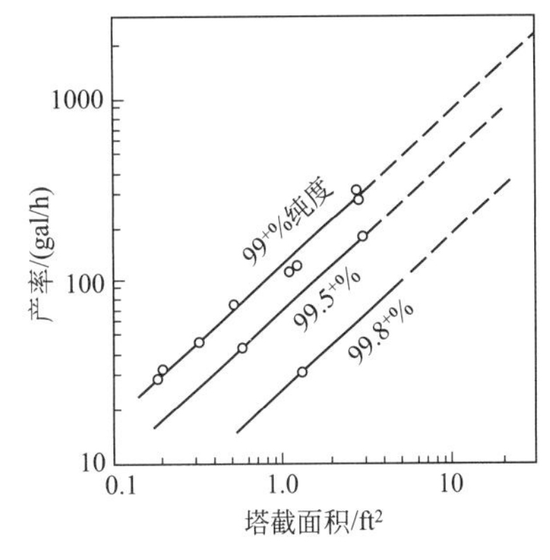

图 7-61　进料含 65%对二甲苯时脉冲塔生产力对塔大小的关系

(3) 主要变量

通常用脉冲设备得到有效的与自由液流成逆流的晶体输送。所需脉冲位移是堵截面面积的一个函数。Mckay 曾测定了适用的脉冲位移。晶体的性质及其颗粒大小的分布也影响塔的操作。这些变量在液体排出和塔的过滤区中固体可溶度方面起主要作用。此外，提纯段底部晶体紧密床层的孔率受到晶体类型的影响。塔进料中杂质的含量严重地影响塔的操作。在提纯段中的再冻凝程度对提纯影响极大。但因为再冻凝只有晶体在塔进料中显著被过冷才会发生，所以末端加料塔可能不适用于加工较纯的原料（0.1%～3%的杂质），因为不能够获得适当的再冻凝。

7.4.4.3　组合塔式结晶器

对于稀释的原料，从经济和控制颗粒大小的观点出发，比较适当的方法常常是使进料在外部单独的设备中冷却并形成晶浆，而后把晶浆直接加进末端加料塔的提纯区。在单独设备中进行凝固和提纯基本上不改变操作的末端加料性质。在所开发的塔式结晶装置中，有以下四种已经工业化。

(1) 冰洗涤塔

为冻凝脱盐所开发的冰洗涤塔备有熔融化冻凝产品（此处就是水）并使其回流的装置。同适当的形成晶体的外部设备配合，冰洗涤塔能适用于溶质浓缩或回收并精制有机物或含水产品。

(2) 吴羽化学工业株式会社的克西比（KCP）型工业结晶装置

图 7-62 是 KCP 工业结晶装置的示意图，装置由结晶器、过滤器、螺旋输送器及提纯塔四

个主要部分组成。1964 年开发成功后主要用于混合二氯苯的分离。该装置的制造难度主要在于提纯塔，塔内装有两根旋转方向相反的螺旋搅拌桨，螺旋桨一方面使塔内的晶体被粉碎，另一方面向上输送晶体，使晶体与回流液进行有效的单独完成重结晶与逆流洗涤的过程。提纯塔上部的操作温度保持在晶体的熔点附近，保证了高纯产品的生成。KCP 结晶装置也是一套连续结晶装置，能耗较低，适合于高纯有机物的分离。

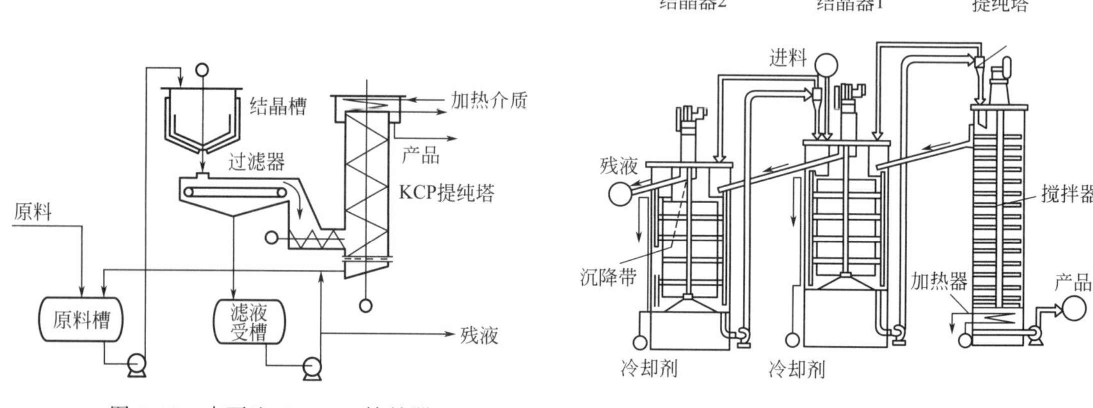

图 7-62 克西比（KCP）结晶器

图 7-63 TSK-CCCC 结晶装置

（3）月岛机械株式会社（Tsukishima Kihai ，TSK）。逆流冷却结晶装置（Countercurrent Cooling Process，CCCC）

如图 7-63 所示，该装置由三个塔组成，前两塔为二级结晶器，后一塔为提纯器。前两塔结构类似，塔内有带刮刀的转桶、带刮刀的搅拌器，在结晶过程中同时起刮晶、搅拌及输送的作用。在一、二塔底又设有悬浆泵，将悬浮液输送至下一塔顶的固液离心分离器中，然后液体返回，固体送入下一塔中继续进行结晶或在提纯塔进行提纯。提纯塔为一种晶体填充床式提纯设备，该设备由提纯段与熔融段所组成，中心有长轴搅拌器，晶体填充层的高度是通过控制熔融段的熔化速率和前两塔结晶速率来实现的，搅拌桨的作用是使晶体填充床层处于疏松状态。以促进再结晶与逆流洗涤的进行。该装置能耗较低，能分离出高纯产品。其缺点在于操作难度比较大，控制难度也比较大，在结构上具有运转件及高效固、液离心装置，对维修要求比较高。该装置已用于大规模生产对二甲苯等有机产品。

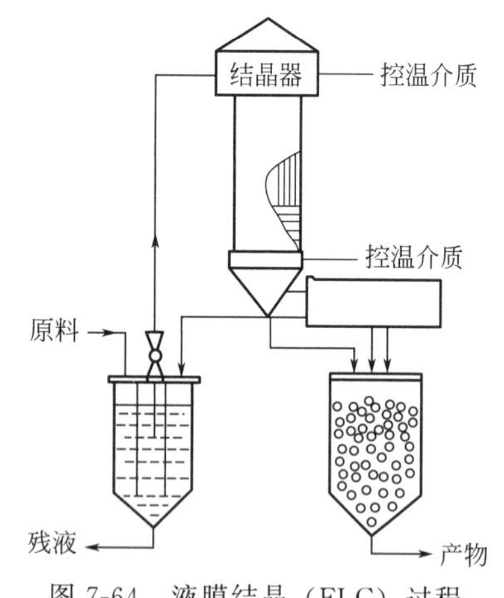

图 7-64 液膜结晶（FLC）过程

（4）液膜结晶（FLC）装置

图 7-64 为天津工业结晶中心开发的液膜结晶装置，该装置是由一塔式结晶器与一卧式结晶器组成。塔内有高效填料、塔板与分配管，待分离的熔融液由塔上中部进入，精制的母液由塔底流至卧式结晶器中分离出高纯的产品。该装置能耗比较低，操作曲线全部依靠计算机辅助操作保证。该装置已用于大规模生产高纯对二氯苯、精萘等产品。

表 7-14 给出了不同塔式结晶装置的比较。

7.4.4.4 塔式结晶分离与其他分离方法的比较

塔式结晶器同其他分离方法的价格因素的粗略比较示于表 7-15。

表 7-14 不同塔式结晶装置比较

过程	操　作	结晶级数	净化级数	液固分离机械	净化机理	回　流
1. Brodie	连续	多	单	无	发汗+洗	有
2. KCP	连续	单	单	有	发汗+洗	有
3. CCCC	连续	多	单	有	发汗+洗	有
4. MWB	间歇	多	多	无	发汗	有
5. FLC	连续	多	多	有	发汗+洗	有

表 7-15 塔式结晶器比较其他分离和提纯法的优缺点

选择判据	分级结晶或洗涤	蒸　馏	塔式结晶
1. 应用场合			
a. 有机产品数目	中等（50）	很高（1000）	中等（50）
b. 最高年产量/（t/a）	50000	100000	50000
2. 工业经验	中等	很多	少
3. 可靠性	中等	良好	良好
4. 相对费用			
a. 投资	100～120	60～120	100
b. 能耗	低	高	很低
c. 维修	高	小	小
d. 人员	中等	小	小
e. 开工损失	中等	无	无
5. 产品纯度	中等	中等到高	很高
6. 腐蚀	中等	高	小

7.4.5 区域熔炼

区域熔炼也是靠溶质在液固两相中的分配实现分离的。这个过程的特征是使一个或多个熔融区域通过锭块。这种由 W. G. Pfann 发明的用途极广的方法曾用于提纯各种金属或高分子的材料。图 7-65 说明了最简单形式的区域熔炼。用一个移动的加热器或缓慢地将提纯的材料拖曳通过一个固定的加热区，就能使一个熔融区域从一端到另一端通过锭块。

7.4.5.1 区域熔炼的过程分析

区域熔炼所能达到的溶质再分配程度决定于区域长度 L，锭块长度 l，程度数 n，液体区域中的混合程度以及待提纯材料的分配系数。一程之后的溶质分配可由物料衡算算出。对于分配系数不变，液相中混合完善以及固相中扩散可以忽略不计的情形，对单程的溶质分配为

$$C_s = C_0[1-(1-k)e^{-kx/l}] \tag{7-115}$$

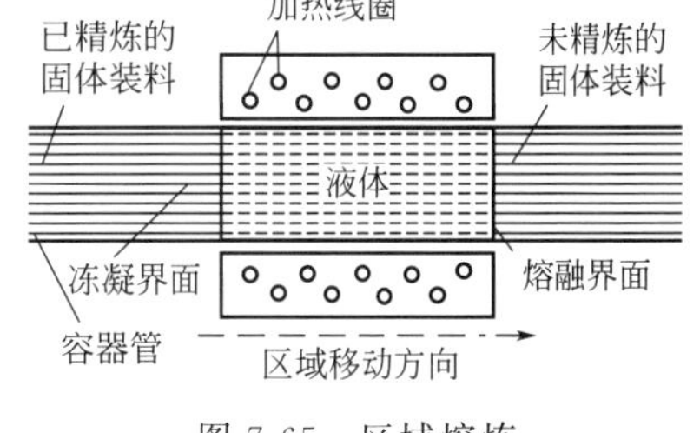

图 7-65 区域熔炼

区域位置 x 从锭块的前缘量起。对于多程，溶质分配也能用物料衡算计算，但在此情形下，区域的前缘碰到的固体，相当于该点在前一程的成分。对许多 k，L/l 和 n 的组合，曾计算出多程分配的数值，图 7-66 中也标明了在无限程数之后的极限分配，对 $x<(L-1)$ 可由下式算出

$$C_s = Ae^{Bx} \tag{7-116}$$

其中，A 和 B 可由下列关系确定

$$k = Bl/(e^{BL}-1) \tag{7-117}$$

$$A = C_0 BL/(e^{BL}-1) \tag{7-118}$$

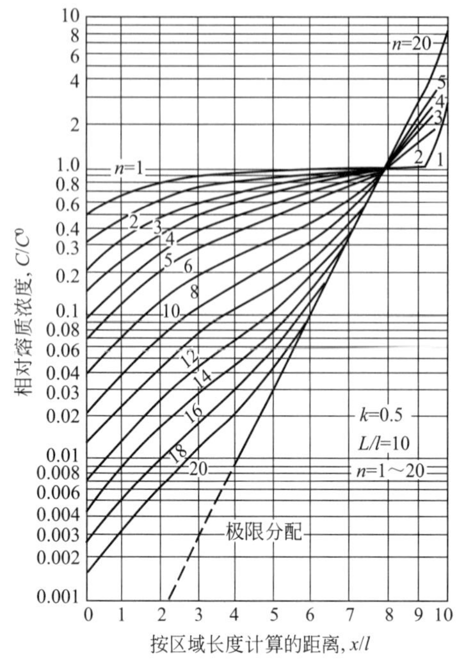

图 7-66　对不同程数 n，相对溶质浓度 C/C_0（对数坐标）对区域长度距离 x/l（从装料开始处算）的标绘

极限分配代表不割锭块而能获得的最大量分离。式(7-112) 是近似的，因为它不包括在最后区域长度中的逐步冻凝效应。

如同逐步冻凝一样，曾经发展了许多这些模型的改进式，对部分液体混合和变动的分配系数的校正也曾有许多详细的总结。

7.4.5.2　主要变量

区域熔炼中的主要变量有程数，锭块长度与区域和长度之比，冻凝速率和液相中的混合程度。图 7-66 表明程数增加时所发生的溶质再分配的增长情形。通常用的锭块长度与区域长度之比是 4～10。

冻凝速率和混合程度对溶质再分配的影响，与逐步冻凝所讨论的类似。区域移动速率通常对有机系统是 1cm/h，对金属是 2.5cm/h，而对半导体是 20cm/h，除区域移动速率外，加热情况也影响冻凝速率。Zief 与 Wilcox 曾扼要地总结了对区域熔炼的加热和冷却方法。液体区的直接混合对区域熔炼要比对逐步冻凝困难。机械搅拌使设备复杂并且增加受外界污染的可能性。由于自然对流，会发生些混合。对于装料相当好的导体，利用电流和磁场的相互作用，曾开发了一些用磁力搅拌液体区的方法。

7.4.5.3　应用

区域熔炼曾用于提纯许多无机和有机材料。许多类的无机化合物，包括半导体，金属间化合物，离子盐和氧化物，都曾用区域熔炼加以提纯。Schildknecht 与其同事们曾探究了许多有机材料的区域熔炼。他们也曾应用区域熔炼法于可被蒸气挥发的物质——酶，细菌和浮游生物的水溶液。Zief 与 Wilcox 曾编制表格，列举具有从－115°C到3000℃以上的熔点的无机和有机两类材料的操作条件和参考文献。

7.5　升华（升华结晶）

升华是一个物质从固态气化成为气态而中间不形成液态的现象，反升华是蒸气直接凝结为结晶固体。一个升华过程，常常是包括这两步，常简称为升华，实际上是一个升华结晶过程。

升华常应用于把一个挥发组分从含其他不挥发组分的混合物中分离出来。表 7-16 列出了常用升华结晶法分离的物质。

此外，在生物化工与食品领域，应用水的升华作用的冻干法亦已是一个非常重要的操作。

7.5.1　升华分离相图与限度

7.5.1.1　相图特征

图 7-67(a) 是升华物质的单组分系统的相平衡图，是一个固、液、气三相平衡图，其中包括三个区域：①升华曲线 AT，记录了固体的蒸气压与温度关联；②TC是蒸发曲线，描述了液体蒸气压与温度关联；③熔融曲线 TD 则给出了压力对熔点的影响。一般物质当压力增加时熔点也上升，但唯独水是一个例外，它的 TD 线向左倾。

表 7-16　一些用升华法分离提纯物质

序号	名称(有机物)	序号	名称(无机物)	序号	名称(有机物)	序号	名称(无机物)
1	2-氨基苯酚	1	氯化铝	10	间苯二酸	10	硫
2	蒽	2	砷	11	2-萘酚	11	四氯化钛
3	蒽茴酸	3	氧化砷	12	邻苯二甲酸酐	12	六氟化铀
4	蒽醌	4	钙	13	苯邻二甲酰亚胺	13	四氯化锆
5	苯并蒽酮	5	氯化铬	14	1,2,3-苯三酚	14	三氧化钼
6	苯甲酸	6	四氯化铬	15	萘		
7	1,4-苯醌	7	碘	16	水杨酸		
8	樟脑	8	三氯化铁	17	对苯二酸		
9	氰尿酰氯	9	镁	18	百里粉		

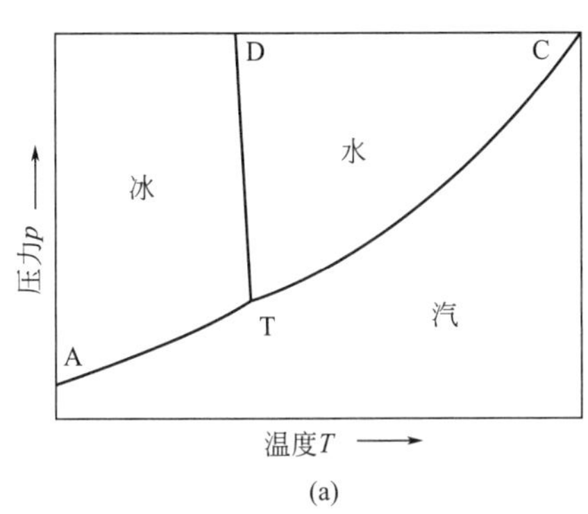

(a)

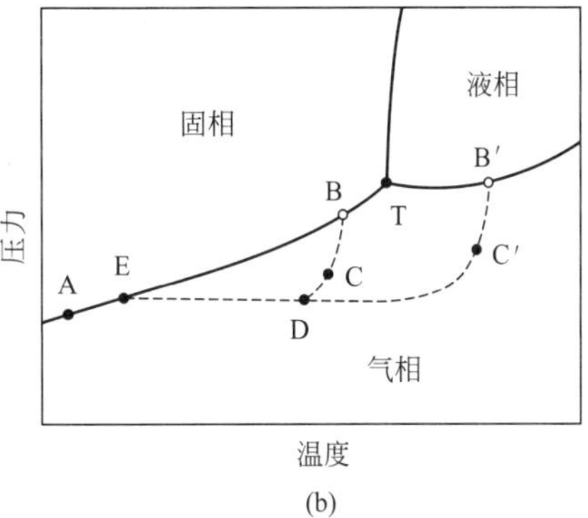

(b)

图 7-67　单组分相图

有关升华曲线分析的物理数据公布得不多，目前仅可用 Clausius-Clapeyron 方程进行初步估算，该方程为

$$\ln\left(\frac{p_1}{p_2}\right)=\frac{\lambda_v(T_1-T_2)}{RT_1T_2} \tag{7-119}$$

式中，R 为气体常数，$R=8.314\text{J}/(\text{mol}\cdot\text{K})$，$\lambda_v$ 为气化潜热。

【例 7-11】 萘在 190℃ 和160℃ 的蒸气压分别为 780Pa 和 220Pa，方程式(7-119) 可用来估计任一其他温度下的组分蒸气压，试求120℃ 下萘的蒸气压。

解
$$\ln\left(\frac{780}{220}\right)=\frac{\lambda_v(463-433)}{8.314\times463\times433}$$

∴
$$\lambda_v=70430\text{J/mol}$$

又有
$$\ln\left(\frac{220}{p}\right)=\frac{70430(433-393)}{8.314\times433\times393}$$

则120℃ 下有

$$p=30\text{Pa}$$

图 7-67 中固、液、气平衡的三相点 T 的位置非常重要，如果它位于高于 1 大气压，则在常压时该物质只能升华为气体而不能凝固。如 CO_2 三相点发生在－57℃，500kPa，所以在常压下加热固态 CO_2 不会形成液体，只能升华为气体。

如果三相点 T 处于压力小于 1 大气压，加热固体时很容易导致它的蒸气压越过三相点的压力，也就是固体在气化器中易于熔融。在这种情况下，在凝聚结晶时，一定要注意使进入设备的应凝聚组分蒸气的分压小于三相点 T 相应的压力，以阻止生成溶液，减少分区的办法可以用惰性气体稀释蒸气，图 7-67(b) 中 C′点示意表示稀释后的状态，所以凝聚途径将是 C′DE。

7.5.1.2　分离纯度的约束

单组分系统：一个纯物质的相图可用来完全代表涉及该纯物质的升华过程的相关系。对于一个纯物质或者含有一个单独挥发组分的机械混合物，就其在简单升华操作中所得产品的纯度而言，并没有理论上的限制。

当涉及多个挥发组分时，则每增加一个组分此系统就获得一个额外的自由度，而升华过程中的相关系就不再能够在一个单独平面上完全表达出来。对含有两个挥发固体且在固相中没有相互溶解度的系统，一个简单的低共熔点混合物相图（见图 7-39）就典型地代表在一定压力下的相关系。如果两个挥发固体在整个成分范围内形成固体溶液，则可应用像图 7-40 一样的图，对含有不止一个挥发组分的固体物质，若使用全部冷凝器，则用简单升华操作不能回收纯组分，纯组分只能用分步方法加以回收，对于其中无固体溶液形成的二元系统，假如在可升华组分之间有相当大的蒸气压差别，用升华反升华结晶方法分离成为纯组分可能成功，当蒸气压差别小或有固体溶液形成时，必须用分步升华回收纯组分，对于其中无固体溶液形成的二元系统，从单独一座多级分离塔中只能获得一种纯组分。当在整个成分范围内，两种挥发组分都形成固体溶液，理论上有可能在单独一座塔里完全分离这两种组分。对于挥发度类似的多元混合物，是否能够分离一种或多种纯组分，要视固相中的溶解度而定。如果在固相中不存在相互溶解度，则无论用多少级塔也不可能分离多于一种的纯组分。如果在各种二元系统的整个成分范围内以及在多元系统内有固体溶液形成，则理论上有可能分离出每个纯组分，所用的塔级数目则比涉及的组分数目少一个。

7.5.2　升华过程及速率分析

由相图分析可见，为了使气化得以进行，升华着的组分的蒸气压必须大于它和固体接触的气相中的分压。相当少的物质能在大气的情况下升华。因此，升华必须用加热固体，或控制和固体接触的气相环境，或两者并用，方能完成。环境的控制可以借真空操作，由于总压力被降低，气相主要含有升华着的组分，也可以用一种不起反应的气体稀释剂降低升华着的组分的分压。后者称为载体或夹带剂升华。真空升华是一种分批操作，而夹带剂升华则能作为连续过程来进行。

图 7-68 是简单升华过程的综合性示意图。对于真空升华，则没有图中所示夹带剂气体和淬冷气体的管线，以及任何循环流股。夹带剂升华可以有也可以没有夹带剂气体的循环操作。

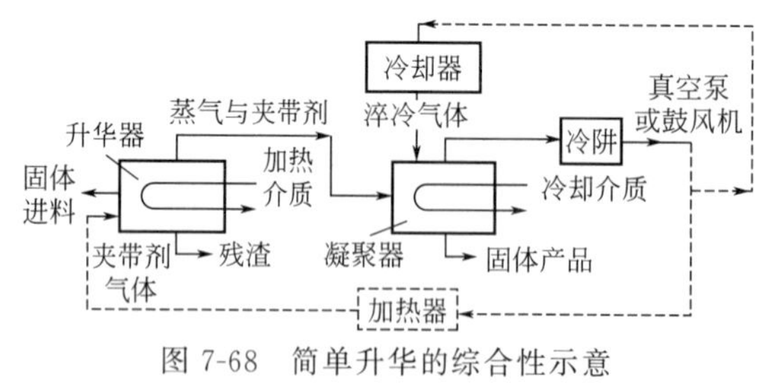

图 7-68　简单升华的综合性示意

升华过程的生产能力通常决定于总过程中的速度最慢的步骤。即起控制作用的步骤，它们可能是：

① 向正在升华的固体的传热。向固体的传热是较难完成的。需用一些方法改善传热，如往往将固体粉碎后加入升华器中而且不断被搅拌，对于夹带剂升华，可将夹带剂气体加以预热，对于无热敏感性的材料，可用锅直接烧热等。

② 可升华组分向气-固相界面的扩散。蒸馏和升华之间一个重要区别是挥发组分到达蒸气-凝聚相的界面方式。液体中的对流可促进界面的更新，但对固体则缺乏这种机理。固体中挥发组分的表面耗损引起固态扩散限制过程。

③ 固体变化成蒸气。一般这一步，不会是速率限制步骤。关于蒸发速率最大值 V[kg/(m^2·s)]，通常可用引入校正因子 α（<1）的 Hertz-Knudsen 方程计算

$$V=\alpha p_s[M/(2\pi RT)]^{1/2}=52.2\alpha p_s(M/T_s)^{1/2} \tag{7-120}$$

式中，p_s 为在表面温度 T_s 时固体物质蒸气压力；M 为相对分子质量。

④ 从气化到凝聚区的传质，对于真空升华，从升华区到凝聚区的质量传递可能限制速率。在简单升华中，连续泵送可改善传质，使用夹带剂气体也能显著地改善传质。

⑤ 蒸气变化成固体。控制速率是由制冷速率决定的。必须及时移除来自凝聚固体的热流。否则随着时间的推移，速率限制机理可能变成是来自凝聚固体的热传导。

7.5.3 设备及设计方程

7.5.3.1 设备

升华用设备尚没有标准化，典型设备包括带夹套的盘式干燥器，直接加入甑及 Herreshoff 煅烧炉等。升华器发展水平远比凝聚器的先进。固体凝聚设备不外乎是一些带有冷却面并备有机械刮板，刷子或振动器以除去凝聚固体的槽。

两种适用于连续分步升华的设备特征为：备有使惰性固体颗粒循环的回流，可升华组分则在颗粒上沉积为一层薄膜或借可升华固体的机械输送或自由降落而获得固体粒子回流。

7.5.3.2 设计方程

简单升华可作为真空操作也可用为夹带剂操作。倘若在平衡情况下（即固体与蒸气之间的平衡）升华器和凝聚器内被加工的固体不形成固体溶液，则所获得的理论分离只取决于在升华器和凝聚器的温度下组分的饱和蒸气压的比值。如果蒸气压的比值小或有固体溶液形成，则不适合用简单升华，而必须用分步升华过程。

对真空操作或用夹带剂操作，每程可升华固体的收率计算基本上是一样的，只要所有速率控制步骤都得到均衡。对含有两个可升华组分的系统，每程的损失百分数 η 为

$$\eta=\frac{r(p_{AC}+p_{BC})/(p_{AS}+p_{BS})}{(1+r)-[(p_{AC}+p_{BC}-\Delta p)/(p_{AS}+p_{BS})]}\times 100 \tag{7-121}$$

式中，r 是惰性气体（在真空操作中是不可避免的，而在夹带剂操作中是故意加入的）摩尔数与被升华了的固体摩尔数之比，即

$$r=p_1/(p_{AS}+p_{BS})=(p-p_{AS}-p_{BS})/(p_{AS}+p_{BS}) \tag{7-122}$$

式中，p_A 和 p_B 是组分 A 和 B 的蒸气压；下标 S 和 C 指升华器和凝聚器；p_1 是惰性气体的分压；Δp 是升华器和凝聚器之间的总压降；而 p 是升华器中的总压。

要计算每程的收率百分数，必须对升华器和凝聚器进行物料衡算。在实际情形下，其中平衡可能并未达到，升华器和凝聚器中的气体未被可升华组分所饱和，则升华器中的蒸气压应由 $E_S p_S$ 代替，而凝聚器中蒸气压由 $E_C p_C$ 代替，其中 E_S 和 E_C 是相对饱和或效率值。

对于简单真空升华，蒸气的循环是不可能的。因此，凝聚固体的最终收率就由从 100 减去式（7-121）所算出的损失来决定。对于简单夹带剂升华，夹带剂能够循环以增加产品最终收率，使之超过式（7-121）所示的收率。由于收率损失随 r 的增加而增加，在真空升华中应使空气泄漏维持在小量。夹带剂升华的优点通常抵消了高 r 值或每程低收率的缺点。

【例 7-12】 用简单夹带剂升华进行提纯。将含 15%摩尔分数组分 A 和 85%摩尔分数组分 B 的机械混合物用简单夹带剂均匀升华进行提纯。假设在升华器和凝聚器中都达到平衡状态，升华器和凝聚器温度分别恒定在65.6℃（150℉）和4.4℃，固体以 200mol/h 的速率加料，在大气压下操作，并且没有夹带剂循环。据知，在这些情况下纯 A 将以 20mol/h 的速率计算，

而升华器和凝聚器之间的压力降为 2068N/m^2(0.3lbf/in^2)有下列蒸气压数据：

温度/℃	蒸　气　压/(N/m^2)(A)	
	p_A	p_B
65.6	9333	1167
4.4	1067	66.6

试估计升华了组分的损失百分数和凝聚产品的浓度。

解　假设气化速率与蒸气压成正比，$p_{AS}/p_{BS}=N_{as}/N_{bs}=9333/1167=8.0$。由于气化了的 A 量是 20mol/h，故 B 以 2.5mol/h 速率升华；从蒸气压数据算出 r 是 8.65，而由式（7-121）定出的收率损失百分数是 9.6。离开凝聚器的 A 的摩尔数对 B 的摩尔数比，可由凝聚器温度下的蒸气压之比给出，即从 $N_{ac}/N_{bc}=16$，联立解此关系式和方程 $N_{ac}+N_{ba}=22.5(0.096)$。以得出离开凝聚器在蒸气相中的 A 和 B 的摩尔数。然后从物料衡算决定凝聚产品中的成分是 88.3%摩尔分数 A 和 11.7%摩尔分数 B。

在例 7-12 中，能够使从凝聚器流出的蒸气在一个低于4.4℃（40F）的温度下凝聚，以产生一个含 A 浓度较高的次要产品。

【例 7-13】　用真空升华提纯，假设例 7-12 中组分 B 的蒸气压可忽略不计，用简单真空升华。如果产品 A 的损失限制在 0.1%，可容许的漏进系统的空气量以每分钟在标准温度和压力下的立方米数表示。设 $E_c=0.98$，$E_s=0.90$，而 Δp 可以忽略不计。

解　由于只存在一个挥发组分，$p_B=0$，因此，重新整理式(7-121）并代入分压，得

$$r=\frac{0.001[0.90\times9333-1067/0.98]}{[1067/0.98-0.001\times0.90\times9333]}$$

$$=0.00677\text{mol 空气/mol 气化的产品}$$

由于气化的产品摩尔数$=20/60=0.333$mol/min，则可允许的空气泄漏量将是 $0.333\times0.006677=0.00225mol/min=0.00225\times22.4=0.05$m^3/min。

在分步升华中回流的使用使分步升华不同于简单升华。当分步升华以真空操作的方式进行并应用塔式设备，塔底和塔顶之间的分压差就作为推动力，使蒸气往塔上流动。用夹带剂气体操作的主要优点是（从相律）容许额外有一个自由度，从而可以规定操作压力的所期望的分离并且塔能用恒温或用选定的温度分布曲线进行操作。在分步升华中有一种趋势，使易挥发组分集中在塔的上部而难挥发组分集中在塔的下部，这样，就完成了分离。对于形成固体溶液的混合物的分步升华，其计算方法同分馏的计算方法类似。

7.6　沉淀（结晶）

作为一种特殊的结晶过程，在本节主要论述的是反应沉淀（结晶）与盐析沉淀（结晶）过程。

7.6.1　沉淀的形成

沉淀的形成如同结晶一样也是由三步组成：① 形成过饱和度；② 生成晶核；③ 晶核的成长为可分辨的大小。

在沉淀形成过程中微小晶粒会聚并成晶族，或同时进行“老化”（或称熟化）而改变粒度分布。所谓“老化”，即分散在饱和溶液中的固体小颗粒可能再溶解，溶质又会沉积在大的颗粒上。因而小的粒子消失，大颗粒愈长愈大。导致这种现象的原因是系统中的固相倾向于表面自由能最小的方向发展。“老化”现象会改变粒度分布，系统温度的波动会加速老化的进程。

老化的速度很大程度上取决于粒子的大小及溶解度，对于扩散控制的成长动力学，线性成长速度可近似表示为

$$\mathrm{d}r/\mathrm{d}t \cong \gamma v^2 DC^* / (3\nu RT_r^2)$$

式中 D——扩散系数，m^2/s；

r——粒度，m；

γ——表面张力，J/m^2；

v——摩尔体积，m^3/mol。

ν——离子数目；

C^*——过饱和浓度；

T_r——对比温度；

因为很多情况下，老化速度比较慢，又可能是表面反应控制，所以实际速度值小于按上式的计算值。

盐析结晶的特点是往沉淀溶液中添加某些物质，它可较大程度地降低溶质在溶剂中的溶解度致使结晶，这种方法称盐析结晶。水析结晶也属于这个范畴，只要控制加水量，就可由一与水共溶的有机溶剂中分离其中某种溶质。

7.6.2 分配系数

在沉淀的原始母液中不可避免地含有一定量的杂质。杂质也会随沉淀而析出，而降低沉淀的纯度。杂质随之所出的起因较多，如表面吸附，外来离子进入晶格，母液或溶剂的黏附，物理包藏等。一般的规律是，杂质在所处的物理环境下溶解度愈小愈易随主要沉淀物质而析出。杂质在固相和液相中分配情况可以借 Chlolpin 方程描述。

$$\frac{x}{y} = D\left(\frac{a-x}{b-y}\right) \tag{7-123}$$

式中，a 和 b 相应为沉析组分 A 和 B 在原始母液中含量，x 和 y 相对为组分 A 和 B 在晶体中含量，所以 $(a-x)$ 和 $(b-y)$ 则相对为 A 和 B 在液相中含量，D 是分配系数。简化为对数形式为 Doerner-Hoskins 方程

$$\ln\left(\frac{a}{x}\right) = \lambda \ln\left(\frac{b}{y}\right) \tag{7-124}$$

式中，λ 为非均相分配系数。图 7-69 给出了沉淀速度对 λ 值的影响趋势。由图可见，无论对于 $\lambda<1$ 或 $\lambda>1$ 的体系，当无限地降低沉淀速率时，$\lambda \longrightarrow D$（常数）；当快速沉淀时，$\lambda \longrightarrow 1$。

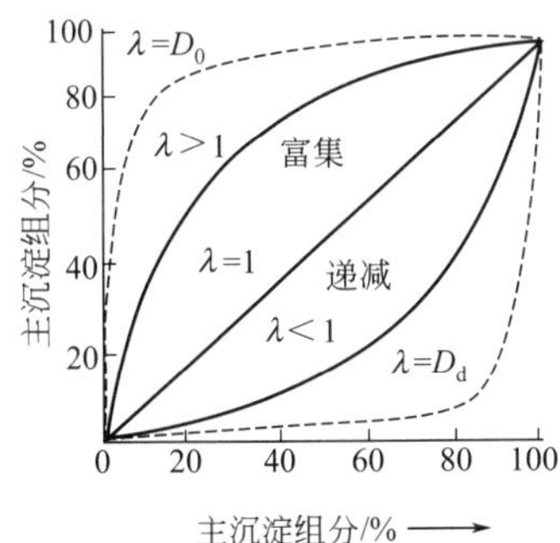

图 7-69 沉淀速度对非均相分配系数的影响

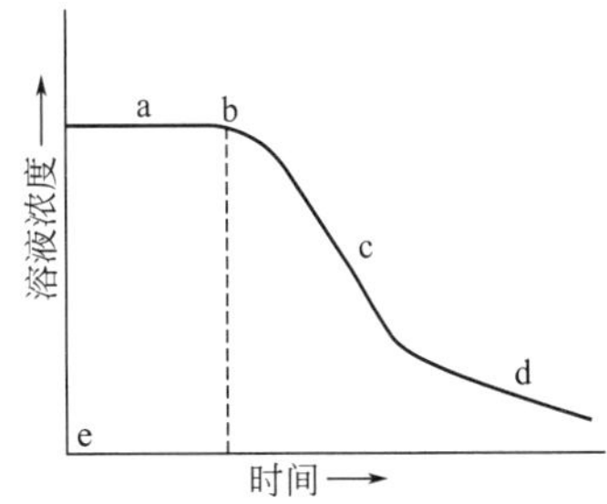

图 7-70 典型的反应结晶过程的降过程饱和度曲线

a—核的生成；b—诱导期；c—结晶成长；d—沉淀老化；e—平衡的饱和浓度

7.6.3 沉淀技术与设备

7.6.3.1 反应沉淀（结晶）

最简单的反应沉淀是将两个反应试剂快速混合而沉淀。在工业化上的困难在于如何保证反应容器中混合程度的均一。因为过饱和度，pH 值，不同试剂浓度的不均一，甚至两个试剂先后加入顺序都会影响最终沉淀形态与组成。图 7-70 表示出了反应沉淀过程中过饱和度或溶液浓度变化的典型趋势。由图可见，与反应试剂混合后，一般要经过一个诱导期（可能很短）后初级成核才出现。诱导期的长短取决于温度，过饱和度，混合的效率，搅拌的状态和杂质等综合因素。诱导期之后，过饱和度较迅速下降，二次成核同时发生，在这阶段主要是核的成长，最后进行老化和凝并而使粒子变大。

7.6.3.2 盐析（结晶）

最简单的反应沉淀是将两个反应试剂快速混合而沉淀。在工业化上的困难在于如何保证反应容器中混合程度的均一。因为过饱和度，pH 值，不同试剂浓度的不均一，甚至两个试剂先后加入顺序都会影响最终沉淀形态与组成。图 7-70 表示出了反应沉淀过程中过饱和度或溶液浓度变化的典型趋势。由图可见，与反应试剂混合后，一般要经过一个诱导期（可能很短）后初级成核才出现。诱导期的长短取决于温度，过饱和度，混合的效率，搅拌的状态和杂质等综合因素。诱导期之后，过饱和度较迅速下降，二次成核同时发生，在这阶段主要是核的成长，最后进行老化和凝并而使粒子变大。

7.6.3.3 沉淀设备

在沉淀过程中大多采用间歇操作或间歇半连续操作。经常选用的设备都类似釜式的反应器或结晶器。操作的关键在于要达到反应试剂在一定物理环境下的快速混合。所以选择一个有效混合的反应设备非常重要，大多选用具有高效搅拌的容器或者具高效外混合功能和设备。图 7-71是氯化铵冷盐析相图。图 7-72 是应用于我国碱厂 NH_4Cl 生产的盐析结晶器的示意图。设备的设计方法雷同于全混型反应器和结晶器设计，只要保证足够的停留时间即可。

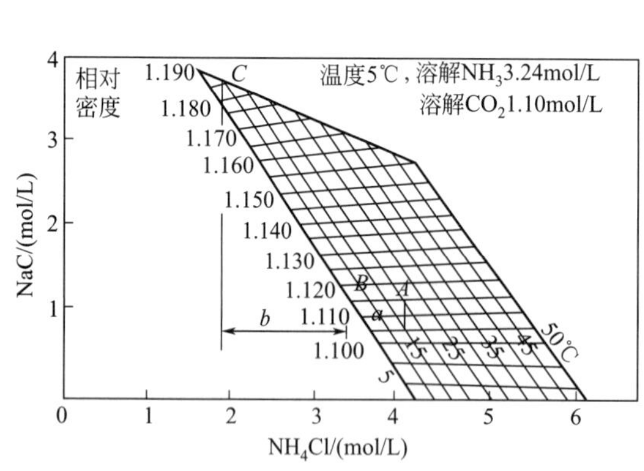

图 7-71 联合制碱氯化铵的冷盐析相图

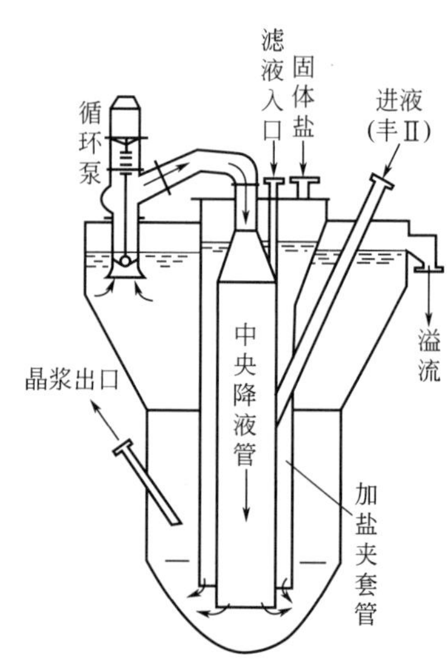

图 7-72 联碱盐析结晶器

此外还有萃取结晶、乳化结晶、加合结晶等不同的路线。一般亦可归于沉淀结晶一类。欲分离碳氢异构体或沸点相近的混合物时，可考虑采用萃取结晶法。它的特点是往二元体系中加入第三组分来改变其固-液相平衡曲线，然后选用再结晶方案达到上两组分的分离。例如用此法可分离间位、对位甲酚混合物以及间位、对位二甲苯混合物等用简单结晶法无法分离的体系。这种流程比一般结晶过程复杂。

依靠分步结晶的方法由溶液或熔融液中净化有机物，在某些情况下大规模操作有些困难，溶剂消耗也较大。乳化结晶法可克服这些缺点。乳化结晶法是将一水的乳化液冷却，其中的杂质以一种低共熔混合物形式保留在乳液中，欲提纯的有机物则可结晶出来。有机物在水中的乳化可借助于适当的非离子剂以及如同马铃薯淀粉胶类的保护胶来稳定胶体。例如在萘的提纯中5～6 个乳化结晶循环可产生较纯的萘，产率 70%。

对于能形成低共熔物的 A 和 B 的混合物用常规的结晶方法较难分离，亦可运用加合结晶方法来分离。这种结晶法的步骤如下：向物系加入 X，AX 以一种络合物形式沉淀出来，而 B 则留在溶液中，最后用加热法或溶剂再溶解再结晶的方法由 AX 络合物中分离出欲提纯的产物 A。X 即为加合结晶中的加合物。例如用尿素和硫脲作为加合物的加合结晶法已经完成链烷烃和直链烯烃分离。

所谓等电点结晶法已运用于味精生产中谷氨酸的工业分离，特点是在准确控制溶液 pH 值时进行的反应结晶。等电点结晶在制药行业中已得到了广泛应用。

7.6.3.4 设计中流体力学条件（悬浮临界转速）

其设计方法同于反应器设计，在此不再赘述。重要的特点在于它是多相过程，要满足粒子均匀或分级悬浮的流体力学要求，例如对于搅拌釜反应结晶器，必须满足悬浮临界转速的要求。

所谓悬浮临界转速，是指槽内悬浮操作达到某一指定的悬浮状态时，搅拌器所需要的最小转速。只有确定了最小转速，才能计算出过程所需要的最小功耗。当颗粒全部处于运动时，且颗粒在槽底停留（静止）时间不超过 1～2s，即认为达到了完全悬浮，此时对应完全悬浮临界转速。

在固-液悬浮操作中完全悬浮应用最为普遍。Zwietering 通过大量实验后发现，搅拌槽结构尺寸、固相浓度、液体黏度、固体颗粒粒径、固-液两相密度差等是影响悬浮操作的主要因素。并提出了完全悬浮临界转速关联式

$$N_k = S d_p^{0.20} x^{0.13} \gamma^{0.10} \left(\frac{\Delta\rho_g}{\rho_L}\right)^{0.45} D^{-0.85} \tag{7-125}$$

式中 N_k——完全悬浮临界转速，1/s；

S——与槽结构、搅拌器形式以及所用单位有关的常数；

d_p——固相颗粒直径，m；

x——平均固相相对质量分数；

γ——液体运动黏度，m^2/s；

$\Delta\rho_g$——固液两相密度差，kg/m^3；

ρ_L——液体密度，kg/m^3；

D——搅拌器直径，m。

其他一些作者提出的 N_k 经验关联式，请参见有关文献。

7.7 其他结晶方法与设备

此外还有加压结晶、喷射结晶、冰析结晶等。加压结晶是靠加大压力改变相平衡曲线进行结晶的方法。该方法已受工业界重视，装置见图 7-73。喷射结晶类似于喷雾干燥过程，是很浓的溶液的溶质和熔融体固化的一种方式，装置见图 7-74。严格地说喷射固化的固体并不一

定能形成很好的晶体结构，而其固体形状很大程度上取决于喷口的形状。高聚物熔融纺丝牵伸过程也形成部分结晶结构，即属于这种类型。

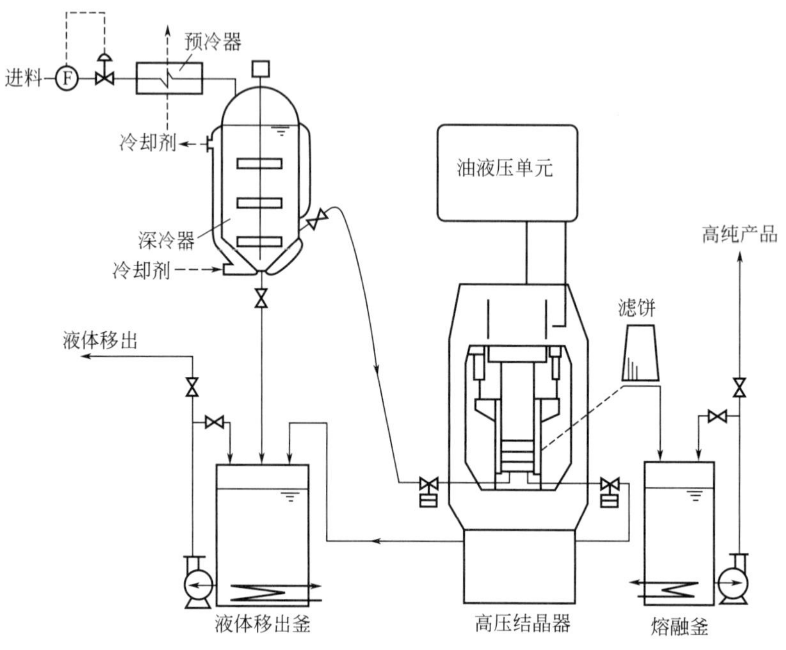

图 7-73　加压结晶装置

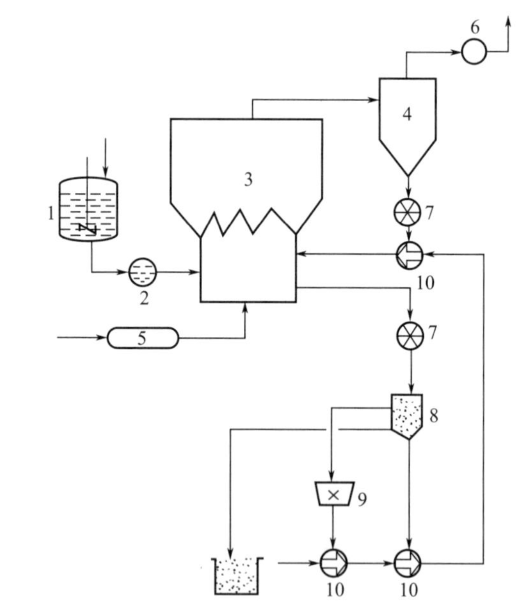

图 7-74　熔体固化的喷射流动床结晶器

1—熔融体储存器；2—定量泵；3—流动床；4—分离器；5—气体冷却器；

6—废气风机；7—旋转阀；8—筛；9—研磨器；10—注入器

冰析结晶特点在于使用冷却方法移走溶液的热量使溶剂结晶而不是溶质结晶。步骤是由浓缩的溶液中分离结晶，用纯溶剂洗涤结晶后，再将结晶溶剂熔化以制取较纯的溶剂。这个过程已用于海水的脱盐，水果汁的浓缩以及咖啡的萃取等。目前主要用于水溶液系统，冰析目标是水的移出。冰析过程一般分为直接接触冰析，间接冰析与真空冰析过程三种，详见文献。

7.8 现代工业结晶研究进展及前沿技术

计算机技术的高速发展为工业结晶技术的研究提供了强大的支撑，现代工业结晶技术已经从传统的工程技术向分子层次或界面水平的研究方向发展，结晶过程与工业结晶器的模拟也逐渐深入；并且通过过程的在线原位分析来设计、分析及控制工业结晶过程，以保证晶体产品的质量和结晶过程的可靠性，提高工作效率。另外，近 20 年来，药物多晶型或拟多晶型的研究成为工业结晶研究的主要推动力，近几届国际工业结晶会议论文的情况清晰地表明了这一点。

7.8.1 计算模拟技术

在工业结晶领域，计算模拟技术对于晶习预测以及结晶过程模拟和工业结晶器设计放大起到了非常重要的推动作用，在理论及应用方面均取得了广泛的研究成果。

（1）晶习（crystal habit）预测

晶习是指通过工业结晶生产过程制备的晶体产品的外观形态，受过程物理化学条件的影响，晶习会影响产品的纯度、流动性、溶解性等，对于药物还可能影响药效。在工业生产中，常见的晶习有片状、粒状、棒状、针状等，在大多数情况下粒状或棒状产品是受欢迎的。

由于晶习在工业生产中的重要性，晶习的控制和预测理论引起人们极大的兴趣。近年来晶习预测的研究取得了一些成果，使人们进一步了解晶体生长过程机理，对控制结晶过程具有重要的指导意义。但由于结晶过程，尤其是溶液结晶过程的复杂性，以及现有理论的局限性，使得利用晶体内部结构和外部生长条件信息来精确推测晶习这一问题的解决依然面临许多困难。

早期的晶习预测理论以 Gibbs 热力学理论为基础，认为晶体所具有的外部形态应遵循晶体 Gibbs 自由能最小的原则，Wulff 据此提出利用界面能级图求解晶体平衡形态的方法。然而得到的实际晶习是结晶动力学和溶液热力学综合作用的结果，往往受溶剂、溶液 pH、杂质、添加剂与过饱和度等结晶操作条件的影响，因此基于此算法预测的晶习与溶液中生长的产品晶习相差很大。在进行大量实验和理论研究的基础上，人们提出和发展了许多机理和模型用来预测和解释晶面的生长速度和表面形态的关系，最有代表性的模型如 Bravais Friedel Donnay Harker（BFDH）模型、Periodic Bond Chains（PBC）模型、Attachment Energy（AE）模型、Ising 模型等。

Bravais 最早提出晶习与晶体结构中的点阵结构有关。如果不考虑能量作用，晶体中心到晶面的距离 D_{hkl} 与晶面间距 d_{hkl} 成反比，晶面间距越小，生长速率越大，晶体中心到晶面的距离越远，这一晶面越容易消失，晶面指数越小。为了更真实地反映晶体对称性对实际晶形的影响，Friedel、Donnay 和 Harker 在此基础上进一步指出，当晶体结构中存在螺旋对称轴或滑移对称面时，必须对晶面间距进行修正，从而形成了基于晶胞结构及其对称性的 BFDH 晶形预测理论。晶面间距、晶格常数和晶面指数三者之间存在以下的关系：

$$\frac{1}{d_{hkl}^2}=\frac{\frac{h}{a}\begin{vmatrix}\frac{h}{a} & \cos\gamma & \cos\beta\\ \frac{k}{b} & 1 & \cos\alpha\\ \frac{l}{c} & \cos\alpha & 1\end{vmatrix}+\frac{k}{b}\begin{vmatrix}1 & \frac{h}{a} & \cos\beta\\ \cos\gamma & \frac{k}{b} & \cos\alpha\\ \cos\beta & \frac{l}{c} & 1\end{vmatrix}+\frac{l}{c}\begin{vmatrix}1 & \cos\gamma & \frac{h}{a}\\ \cos\gamma & 1 & \frac{k}{b}\\ \cos\beta & \cos\alpha & \frac{l}{c}\end{vmatrix}}{\begin{vmatrix}1 & \cos\gamma & \cos\beta\\ \cos\gamma & 1 & \cos\alpha\\ \cos\beta & \cos\alpha & 1\end{vmatrix}} \tag{7-126}$$

式中 d_{hkl} 为晶面间距。

BFDH 理论没有考虑分子之间的键链性质和生长时的物理化学条件的影响，因而对于很多溶液结晶的晶习分析，与实际晶习有别。晶体中的分子之间成键作用越强，精度越差。但该方法通常可以给出生长过程中最主要的面。

为了弥补 BFDH 理论的不足，Hartman 和 Perdok 等提出了考虑晶体结构因素和原子间的键链性质的 PBC 理论，因此，PBC 模型又称 HP 模型。PBC 理论认为表面能与化学键键能直接相关，晶体结构由周期性键链（periodic bond chain）组成，晶体生长最快的方向是化学键最强的方向，晶体在没有中断的强键方向上生长。根据 PBC 的多少，晶面可分为平坦面（flat）、台阶面（stepped）和扭折面（kinked）。K 面生长最快，一般不显露；S 面次之，偶尔外露；F 面生长最慢，通常是外露面。与 BFDH 理论相比，PBC 理论预测效果有了较大改善，而且，基于 PBC 理论后来又有了许多改进，发展了新的晶习预测模型，如后面提到的 AE（attachment energy）理论模型。由于 PBC 理论未考虑生长时的物理化学环境对晶习的影响，特别是对极性晶体生长特性无法得到合理满意的解释。

AE（attachment energy）理论是建立在 PBC 模型基础上的考虑系统能量的另一种晶习预测理论。该理论认为生长速率与晶面附着能成正比，晶面附着能越大，生长单元脱附释放时间越长，生长速率越大，晶面指数越小。晶片能 E_{slice} 定义为生长出一层厚度为 d_{hkl} 的晶片所释放的能量，而附着能 E_{att} 为晶片附着在一块正在生长晶体表面时所释放的能量，二者之和等于该晶体的晶格能 E_{intt}，即：

$$E_{att}=E_{latt}-E_{slice} \tag{7-127}$$

该模型适合于低过饱和度下成核与扩散控制下晶体生长，且存在强烈的二维分子间作用力的情况。AE 理论假设晶体表面是光滑的。实际上，很多结晶物系特别是无机物系表面的糙化现象严重，因而 AE 理论通常用于有机分子晶体。

虽然 PBC 理论和 AE 理论在晶习预测方面比 BFDH 理论有了长足进步，但对极性晶体的生长特性仍无法给出满意的解释，特别是在进行有机盐的晶习预测工作中，PBC 理论和 AE 理论核心中的非成键键能的计算必须已知晶体物质的力场，而目前盐类物质力场数学描述的难度很大，因此 PBC 理论和 AE 理论计算还难以实现。在有机物的结晶溶液中，有机分子一般很容易与溶剂/添加剂分子或自身形成氢键，在不同晶面上产生不同的相互作用，导致晶习发生改变。对于不同溶剂/添加剂存在条件下对晶习影响的预测，目前的研究主要着眼于溶剂/添加剂分子对附着能的影响，通过分析表面自由能变化、固液界面结构以及固液界面边界层等来建立附着能改进模型。

相比之下，BFDH 理论简单、易行，虽然该理论预测晶习有一定的局限，但仍可以借助理论晶习和实际晶习进行对比来考察生长环境对晶体生长的影响，通过实际晶面与理论晶面的差异来分析结晶溶液中溶质分子与溶剂/添加剂分子的相互作用，探讨晶体形态的控制。

在晶习预测软件方面，目前用得最为广泛的是分子模拟公司（Molecular Simulations Inc.）的 Cerius^2 软件，它包含多个模块，可根据 BFDH、AE 等理论模型来预测晶习；在力场选择方面，Dreilding 力场适用于预测新物质或分子的结构；MM2/MMP2 力场适合于大量无机和有机晶体，AMBER 力场适合于蛋白质和核酸等生物大分子晶体，而 Consistent valence 力场则适合于含氢键的分子晶体。另外，研发人员还开发了多个计算程序，如 HABIT 用于计算晶体的晶格能、晶片能和附着能，GAMESS 用来计算电子密度，FACELIFT 用作 PBC 分析、联结网转换等。

目前，晶习预测仍然存在许多困难，尽管研究人员针对存在的问题提出了改进方案，但常常只适用于某种特殊的情况，而且往往要做很多假定。在所有晶习预测模型中，迄今还没有一个模型能够很好地处理浓度效应，如对于添加剂浓度的处理，使用 built-in 模型和 surface-docking 模型等都会导致添加剂浓度被不切实际的放大。模型应用失败，部分原因是模型过于简单，对于实际复杂的系统未作详细的处理，将来随着计算机硬件能力的提升，构建复杂的大模型系统并进行求解使之成为可能，从而能够精确地预测实际过程中的生长晶习，控制并设计产品的晶习。

（2）工业结晶过程模拟

工业结晶过程一般分为两种操作方式，即连续操作方式和间歇操作方式。连续结晶过程用于大批量产品如化学肥料的生产，连续结晶稳态操作的特点使其过程模拟相对简单，但也存在着非线性震荡现象以及多态现象。与连续结晶相比，间歇结晶过程设备简单，操作灵活性大，在生物医药等精细化学品的生产中得到广泛应用，间歇结晶的过程动态模拟与动态优化问题导致模型相对复杂，非线性强，一般不存在解析解，多采用数值方法求解。间歇结晶的数学模型是由一组非线性的偏微分方程以及微分-积分方程构成的复杂方程组，其中主要由粒数衡算、质量衡算（溶质）、能量衡算三组衡算式以及成核成长动力学方程、工艺操作方程构成。由于工业结晶过程较为复杂，产品粒度分布跨多个数量级（0.01nm～200μm），时间尺度宽(20μs～100min)，因此，对于工业结晶过程的模拟技术分为如下五类：

① 矩量变换法：矩量变换法将粒数衡算方程转化为一个低阶封闭的常微分方程组，从而避免对形式复杂的双曲型积分-偏微分方程组进行求解，适用于粒度无关生长的非稳态结晶过程的求解，对于晶体生长速率与粒度相关的情况，可通过适当的数学处理而加以应用，但有时复杂的方程形式使数学变换烦琐，求解困难。且不能直接得到粒度分布函数等直观的参数，因此多用于检验新数值方法的计算结果。

② 正交配置法：该方法将粒径划分为有限数目的单元，在每个单元上用一组基函数的线性组合近似粒数密度函数，在配置点上使得试解和原方程的真解残差为 0。但基函数的选取不具有普遍性，即对一种结晶过程可以近似很好的基函数不一定可以用来近似另一结晶过程，基函数的选择依赖使用者的经验，这一点限制了它的使用。

③ 权重分级法：分级法通过将粒数衡算方程在不同的粒子域内对粒度积分的方式对粒数衡算方程进行离散化，经以上处理后粒子个数取代了粒数密度函数项，原粒数衡算偏微分方程离散成为一组常微分方程，通过粒子个数的变化把生长模型方程中的参数关联到粒数衡算方程，进行动力学分析和过程模拟。但结晶过程数学模型严重的非线性使得该方法的求解会出现数值不稳定性的现象，而且当聚结线性很显著时会导致数值扩散现象，给计算过程带来较大误差。

④ 有限差分法：有限差分法也是离散化方法的一类，它将粒数衡算方程在空间和时间轴上进行离散，将其转化为常微分方程问题或者代数方程组，从而简化了求解过程。常用的差分方法包括一阶差分和二阶差分方法，一阶差分格式如向前差分、向后差分及中心差分格式数值稳定。

⑤ 蒙特卡罗法：追踪晶体粒子并通过统计概率模型描述其随机行为，特别适用于模拟复杂系统的随机粒数衡算方程。近些年来这方面的研究增长很快，主要包括：粒度相关生长的连续结晶过程模拟、蛋白质晶体生长过程模拟、强迫循环的 DTB 结晶器过程模拟、存在生长速率分散与聚结的结晶过程模拟等。

另外，计算流体力学（computational fluid dynamics，CFD）的方法也被用来模拟非理想混合状态的结晶器中的结晶过程，采用有限元或有限体积的方法，可以求解完整的传递方程。目前主要商用的CFD软件有FLUENT、ANSYS、CFX、STAR-CD、PHOENICS、NUMECA等。

（3）过程分析技术（process analytical technology，PAT）

随着近年来对药物质量控制要求的提高，2001年11月，美国FDA药品评价和研究中心（CDER）主任Woodcock博士提出了过程分析技术（PAT）的倡议，该倡议的提出对工业结晶过程研究提供了重要的理论支持与技术支撑。

过程分析技术（PAT）是使用一系列的工具，设计、分析及控制工业生产和过程，以保证产品的质量和生产过程的可靠性，提高工作效率。具体来说就是对于一个特定的工艺过程，运用物理、化学或生物的方法，利用多变量数据采集与分析系统同时对若干个过程分析变量进行监控，通过自动控制手段和设备，对原料、中间产物及产品进行离线、现场、在线、原位或者无接触分析，结合统计分析、理论模拟预测和化学计量分析的结果，分析各种变量之间的联系以及各变量对产品质量的影响，确定所需要的操作状态，并通过持续改进和知识管理系统，用数据来支持所作出的过程调节和变化决定，并依据生产过程中的周期性检测、关键质量参数的控制，使生产稳定、优化，以达到提高质量、节省资源、降低能耗的目的。运用PAT制定一整套的设计、分析和控制原则，通过评定原料和生产过程中材料的质量，以保证最终产品的质量。

到目前为止，结晶技术仍然是获得理想产品的关键技术，但工业结晶研究还处于半艺术、半科学的状态，影响产品质量与过程稳定性的因素众多，特别是过程参数。传统的工业结晶方法关注产品质量的检测、分析，过程参数通过经验优化，以达到用户的要求。这种方法带来的隐患是产品批间差异大，质量不稳定，无法获知关键参数的影响。随着高端晶体粒子产品竞争的加剧，客户对产品质量要求更为苛刻，传统的工业结晶技术遇到了巨大的挑战。过程分析技术正是在这样的条件下提出，其发展为工业结晶过程研究提供了强有力的技术手段，在晶型（习）优化、晶体粒度及其分布控制以及结晶热力学和动力学研究等方面发挥了巨大作用。目前过程分析技术吸引了工业结晶界的广泛关注，生产企业、科研院所甚至分析仪器公司都纷纷开展深入研究，相关论文、会议研讨以及各种报告不断发表，是工业结晶研究热点之一。

过程分析仪器是PAT的重要组成部分，其中传感器的研发是目前在工业结晶领域显现的最重要的研究课题之一。对工业结晶过程而言，PAT主要测定的过程变量是粒度分布、晶习、溶液浓度等，而采用的分析方法主要包括气相色谱、质谱、核磁共振谱、红外光谱、近红外光谱、紫外-可见光谱、拉曼光谱和X射线衍射技术等，其中聚焦光束反射测量（FBRM）、颗粒图像测量（PVM）、在线红外和在线拉曼技术是应用较为成熟的。

聚焦光束反射测量（FBRM）是测量颗粒尺寸范围为0.25～1000μm的在线直接测量技术，它能动态量化和控制工艺参数对颗粒系统的影响，也能量化颗粒系统对下游性能（分离性、反应性、分散性等）的影响，在线实时给出悬浮液中的粒子的粒度及粒子数量随时间的变化曲线。颗粒图像测量（PVM）可以实时反映结晶过程的晶体形貌特征，它自动连续摄取和储存单个的图像并可用软件在线或离线分析处理，得到颗粒数目、形状、尺寸分布和变化曲线，确定一个取样标准获得一系列高分辨率显微图像直观地观测晶体的生长情况。FBRM与PVM在获取过程控制参数方面可以提供非常有价值的信息，通过FBRM所提供的信息确定添加晶种时的溶剂组成或溶液过饱和度，可以帮助我们有效地改善结晶过程控制，不足之处在于对某些固液混合程度不佳或者黏稠、固体含量较高的体系有较大的偏差，另外传感器探头较大可能对结晶过程产生干扰。

晶体成核及生长速率与溶液浓度密切相关，对于结晶过程反馈控制和结晶动力学参数估算而言，溶液浓度在线实时测定是非常重要的，过去这方面的技术主要有折光仪、密度仪、电导率仪和量热仪等，而衰减全反射傅里叶变换红外光谱（ATR-FTIR）是近些年来应用最为广泛的实时在线测量溶液浓度的过程分析技术，它能同时提供多种化学物质的溶液浓度测定，这对于研究杂质、添加剂、溶剂等对产品结晶过程的影响极具优势，而且 ATR-FTIR 适合在固含量较高的悬浮晶浆条件下进行测定，悬浮晶浆中的固体粒子对溶液浓度的测定几乎没有影响，其中 ATR 探头在其中起到关键作用。ATR-FTIR 技术与化学计量学分析方法结合在线测量悬浮晶浆中溶液浓度的精度可以达到±0.1%（质量）。

拉曼光谱研究分子振动和转动模式的原理和机制都与红外光谱不同，但它们提供的结构信息却是类似的，都是关于分子内部各种简正振动频率及有关振动能级的情况，从而可以用来鉴定分子中存在的官能团和排列方式。在分子结构分析中拉曼光谱与红外光谱是相互补充的，例如电荷分布中心对称的键如 C—C、N ═N 等红外吸收很弱而拉曼散射却很强，因此，一些红外光谱仪无法检测的结构信息在拉曼光谱仪上能很好地表现出来。因此，在线拉曼光谱是一种很好的过程分析技术，该方法是用一探针探测试样，依据拉曼信号强度与试样区域物质浓度关系，对所测定区域进行定量测定。由于水分具有很强的红外吸收，但拉曼吸收峰很弱，因此拉曼光谱适于监测水溶液结晶过程，另外，在线拉曼光谱对于监测多晶型转变非常有效，可用来反馈控制结晶过程从而获得所要求的产品晶型。大多数有机物都有很好的拉曼吸收光谱，在线拉曼技术与在线红外技术相比，拉曼光谱特别适合于研究水溶液体系，分辨率更高，且对于结构上的不同更敏感，更适用于过程多晶型转化的监测。另外，拉曼光谱能量较低，对于结晶过程的干扰非常小，有利于更为精确地模拟实际过程。但是，在线拉曼光谱也存在对于溶解度很低的物系不易准确测定、强拉曼散射溶剂的信号干扰以及拉曼信号校准困难等缺点。

其他的对于工业结晶的过程分析技术还包括在线 X 射线粉末衍射、在线热台偏光显微镜、在线太赫兹光谱分析技术等。目前工业结晶过程分析技术还处在发展阶段，技术尚不成熟，存在探针易毁损、易堵塞等问题；而且，数据校正程序及统计分析程序复杂，特异性强，普适性不足，针对不同的物系需要构建不同的方案；此外，过程分析技术在生产企业的广泛应用还有待理念上的更新。

（4）药物多晶型

目前，关于药物多晶型的筛选、优化、设计、控制及产业化是工业结晶领域最重要的研究方向，是工业结晶研究的主要推动力，近几届国际工业结晶会议论文分布的情况清晰地表明了这一点。

多晶型是同一物质生成不同结构晶体的一种现象，它在有机药物中广泛存在。据统计，85%以上的医药产品以固体形式存在，而且其中大部分是晶体。美国药典片剂样品中大约有40%的药物存在多晶型现象。随着分析技术的发展，越来越多的药物被发现存在多晶型现象。

对于多晶型药物来说，不同晶型的产品由于晶格中分子排列方式的不同，其理化性质如熔点、溶解度、稳定性等可能有所差异，这些差异可能会影响药物在体内的溶出度、生物利用度和生物活性。如抗溃疡药西咪替丁存在 A、B、C 等多种晶型，仅 A 型最有效；无味氯霉素有两种晶型，服用 B 晶型后人体血药浓度明显高于 A 晶型；阿司匹林有两种晶型，服用Ⅱ晶型后人体血药浓度超出Ⅰ晶型达 70%；利福定（rifandine）有四种晶型，服用Ⅳ晶型后人体血药浓度高出Ⅱ晶型10倍以上。因此研究药物晶型优化和产业化技术，为药物下游制剂、运输和存储条件提供科学依据是十分必要的工作，对于保障药品的质量和疗效具有非常重要的意义。国外药典早已把晶型列入质量指标，而中国2010年版药典也已经将晶型研究列为我国新药开发、审批、生产工艺的确定和质量标准制订等方面的重要组成部分。

药物多晶型在不同条件下，各晶型之间可能会发生转化，进而一定程度上影响药物疗效和安全性。一个众所周知的例子是利他那韦，雅培公司1992年开发的抗艾滋病药物，1996年通过FDA认证。在药物开发过程中雅培公司仅验证了一种晶型，进入生产两年后，一种新的、更稳定的晶型从原始制剂中沉淀出来，这个新的晶型与原始晶型相比溶解性显著降低。不期而遇的新晶型的出现延长了利他那韦的审查时间，解决这个问题耗费了雅培公司巨额的人力和财力。利他那韦的例子充分说明了药物多晶型问题的多样性、复杂性和重要性。目前，尽管要求在药物研发阶段对其多晶型进行全面的筛选，但仍然不能保证得到的结果能够覆盖所有可能存在的多晶型。另外，药物多晶型问题也是知识产权问题，在新药开发中如果药物多晶型信息不完全，将会给竞争对手提供申请不同多晶型药物专利保护的机会，对于原研药厂家带来冲击，当然，对于仿制药企业而言无疑是巨大的商机。

晶型之间的差异实质上是结晶的基本单元——晶胞微观结构上的差异。关于多晶型现象目前研究的主要有以下几种情况：

① 构象多晶型（conformational polymorphs）：分子中由于键的扭转，产生构象差异，晶体在晶格空间的排列产生差异。多数药物的多晶型均属此类。

② 构型多晶型（configurational polymorphs）：晶体中的原子在分子中的位置不同而形成的多晶型。

③ 配位型多晶型：配位的配位数或配位的连接方式发生改变。金属晶体以此种方式形成多晶型物居多。例如镍，铁等。

④ 色多晶型（color polymorphs）：晶型不同导致光学性质不同，从而产生了不同的颜色，有的学者将这种晶体称为色多晶型物。例如14-羟基吗啡酮有两种晶型，Ⅰ型晶体为黄色晶体。Ⅱ型晶体为无色晶体。

⑤ 溶剂化物（solvates）的拟多晶型（pseudo crystalline forms）：当化合物从某种溶剂中结晶时，如果在晶格中化合物分子与溶剂分子发生结合，则该物质晶格中分子或原子的排列可能发生变化，这是因溶剂化作用而产生新晶型。

研究多晶型可以通过热分析法（包括热重法、差热分析法和差示扫描量热法）、显微镜法（microscopy）、红外吸收光谱（IR）、拉曼（Raman）光谱、固态核磁共振法（SS-NMR）和X射线衍射法（XRD）等对多晶型物质进行鉴别与性质研究。

在特定温度、压力或溶剂组成条件下，多晶型中只有一种晶型是热力学稳定晶型（stabilization model），其他晶型为介稳晶型（metastabilization model）。一般认为，稳定晶型较介稳晶型有更高的熔点和稳定性，较小的溶解度。介稳晶型都有向稳定晶型转化的趋势。越稳定的晶型，自由能或化学势越低。有机药物晶体大多是分子晶体，晶格能差较小，容易发生晶型转化。

晶型转化是目前多晶型研究中的重点，问题主要集中在热力学相图、转晶机理、转晶动力学和过程分析等。通过晶型转化的研究，帮助了解晶体成核与生长机理，控制制备目的晶型，避免混晶问题的产生，对理论问题的研究和实际问题的解决至关重要。

晶型的稳定性是相对的，随着过程中温度、压力或溶剂组成的变化，介稳晶型可能成为稳定晶型，而稳定晶型也相应变为介稳晶型。多晶型相对稳定性的判别，尚无成熟的理论，Burger 和 Ramber 对 113 种药物 228 种晶型的转变现象，应用热力学理论总结得出的不同晶型相对稳定性的判别规则有：晶型转变热规则、晶型熔化热规则、红外吸收光谱规则和晶型密度规则。药物多晶型的热力学相图是指导特定晶型制备的重要数据，但是目前对于多元复杂药物多晶型的热力学介稳相图测定还是非常困难的。

晶型转化的机理目前普遍归为两类：其一是固相转化（solid-state transition，SST），其二是溶液过渡转化（solution-mediated transformation，SMT）。固相转化机理描述的是不同晶型物以固态形式发生相转移。例如在研磨或压缩过程中发生相转移。对有机物系来讲，该转化方式在温度接近熔点时尤为常见。SST 是离子或分子在晶格中位置的重新排列，进而从介稳晶型转变到稳定晶型。以 SST 机理发生相转移的情况比较少，这可能与固相分子流动性较低有关。SST 无需液相或蒸气相参与，转化动力学主要受环境（温度、压力和相对湿度等）、晶体缺陷、粒度及粒度分布、杂质等因素的影响。而 SMT 机理则不同，SMT 是以溶液为媒介，不同晶型物在溶液中的化学势差或溶解度差是晶型转化的推动力。因此，温度、溶剂组成是影响 SMT 的关键因素。

典型的 SMT 晶型转化过程由三部分组成：①介稳相的溶解；②稳定相的成核；③稳定相的生长。由于介稳相的溶解度相对较高，介稳相首先开始溶解，稳定相处于过饱和状态，随着介稳相的进一步溶解，稳定相的过饱和度增加，过饱和度增加到一定程度后，稳定相开始成核，这时两种晶型物并存于溶液中。典型的晶型转化过程如图 7-75 所示。

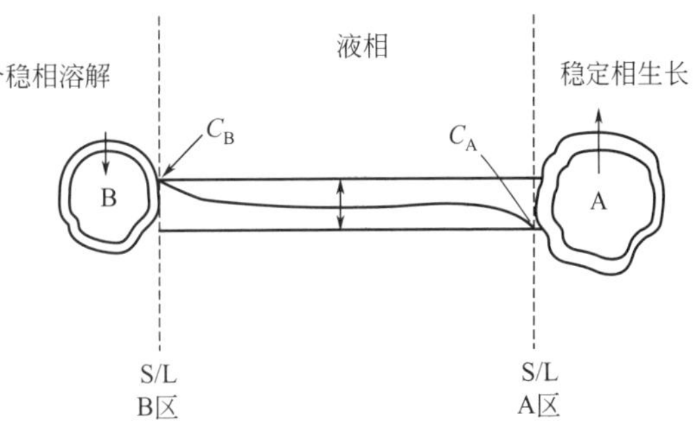

图 7-75 典型的 SMT 晶型转化过程

对于多数多晶型物而言，介稳相的溶解速率要比稳定相的成核及生长速率快，因此，稳定相的成核及生长常常是晶型转化的速率控制步骤。

过程分析技术在药物多晶型研究中的作用越来越重要，尤其是对于晶型转化过程的表征、监测和调控。这部分的内容已经在上一节有所阐述，更为详尽的介绍参见相关文献。

（5）前景展望

目前欧美等发达国家的相关企业普遍采用信息化操作及管理的集成型结晶设备与技术，大大提高生产效率并有效降低能耗与三废排放。与此同时，美、欧制药企业依托大学等研究机构，投入巨额经费积极开展新一代工业结晶技术与装备研发。以美国为例，2008 年以来仅麻省理工学院化工系一个“工业结晶研究组”，已获得了近 2 亿美元研发经费。现代工业结晶生产专有技术与设备是美、英、日等发达国家竭力抢占与垄断的专利目标，试图在未来高端工业结晶技术的国际竞争中保持其领先地位。当前国际研发的前沿主要有：

① 近代晶体超分子化学与凝聚态物理、工业结晶与粒子过程机理及分子模拟技术研究；

② 多晶型分析、筛选、优化、控制及预测技术；

③ 特种形态产品（纳米粒子、晶须、晶纤、晶膜等）工业结晶技术及设备开发；

④ 特种功能晶体产品结晶技术与设备的研发；

⑤ 工业结晶过程信息化调控与管理的过程分析技术；

⑥ 新型工业结晶技术与设备以及多场协同极端化制造技术研发；

⑦ 超大规模耦合、柔性、绿色工业结晶过程与过程集成的智能化结晶装备的研发及设计。

有理由去预计，由于计算机软、硬件的飞速发展，比如巨量平行计算、现成的批处理模块、聚类方法模型、分布式计算等，并利用近代晶体超分子化学与凝聚态物理的研究成果，无疑将促进工业结晶与粒子过程机理及分子模拟技术的进一步研发，这个方向的主要研究将包括成核机理及过程模型、精确模拟复杂条件下（如添加剂、溶剂存在下）的晶习和多晶型预测模型等。

多晶型尤其是药物多晶型相信在未来数年内仍将成为工业结晶研究的主要推动力，这方面的研发将集中在多晶型的固态表征和定量分析技术、晶型转化的过程研究、高通量筛选技术、工业结晶过程与设备参数优化控制获得优势晶型的实验技术以及多晶型预测的分子模拟与自组装模型技术等。另外，药物共晶也逐渐成为该领域新的研究热点，药物共晶是活性药物成分（原料药 API）通过非共价键和共晶形成物（常温下为固体的一类物质，如二元羧酸、糖精、烟碱等）结合在一个晶格中形成的一种新的药物固体型态，可以改善药物的溶解度、增加稳定性、提高原料药的生物利用度，目前药物共晶的研究在于其应用及设计、制备和分析方法等方面，将来该方向有可能成为药物研发知识产权竞争的新热点。

纳米晶、晶须、晶纤、晶膜等特种形态晶体粒子产品因其优异的物理、化学及药学性质备受关注，被广泛地应用在疾病治疗、新能源、电子信息等重要领域。这类产品具有应用广泛、市场巨大、附加值极高的特点，其大规模连续化制造的工业结晶技术与设备属于国际研究前沿，其技术核心为少数企业所垄断，处于高度保密阶段。开拓具有我国自主知识产权的特种功能晶体形态材料的创新研究体系，对于推动现代工业结晶技术与设备在新医药、新能源、新材料等重要领域的应用有十分重要的意义。

晶体物质从生物过程中分离制备稳定晶型超分子结构的生物大分子结晶，目前是世界难题，但正显示其诱人的工业化应用前景。比如蛋白质，由于对人体基因组和人体功能的更深入理解，将来可能需要更多的蛋白质被开发应用于医疗领域，这将使蛋白质的生产进入工业化。尽管蛋白质晶体已经发展了 150 年，但是蛋白质的结晶还基本停留在单晶培养，结构测定等最基础的研究领域，目前，也仅有为数极少的研究系统考察了蛋白质的溶解度行为、晶体成核和生长动力学等工业结晶研究内容。生物过程会产生复杂的溶液，组分浓度变化很大，但是生物过程生产的生物质产品与那些传统设计的化学过程相比，可能有更好的质量，因此，研究生物过程的工业结晶行为将来可能成为新的热点，为满足不断增长的生物质产品需求提供技术支持。

对于特种功能晶体产品的市场需求，除了蛋白质等生物大分子结晶，还包括许多电子级的高纯化学品，如电子级磷酸等。观察国际化工趋势可以了解，由通用的大宗化学品走向精密高值化学品是成功的关键，故我国朝高值化的化工产品发展已成为当前化工产业可持续发展的转机。所谓高值化的化工产品，系指针对个别产业提供切合其需要的特用化学物质，电子、光电、通信、生物都是化工业深具发展潜力的领域，通过交叉整合，才能使化工业的进入门槛提高，后续竞争者难以抗衡。而现代工业结晶技术与设备是支撑该领域发展的核心与关键，不可缺失。

结晶过程是涉及气液固三相传热、传质的复杂工艺过程，在实际工业生产过程中控制精度要求较高。由于过程具有时变结构、回路间强耦合、大滞后和结晶装置构型复杂多样等因素，过程模型十分复杂，难以精确建立，所以要建立有效的工业生产实时优化控制系统具有相当的难度，这也是国际工业结晶在线优化控制的难题。为了达到工业结晶产品的高质量、高收益和使生产过程及环境成为无污染的绿色系统，就必须针对具有多变量、多目标、快时变、大滞后、强场耦合和强非线性等特点的结晶工艺流程，研发智能化控制与操作优化软件包，进行结晶过程模拟仿真控制，研究设计能实现计算机在线优化自动控制结晶过程的软件和硬件系统规范。其中过程分析技术尤其是传感器的开发仍然是目前需要解决的关键问题之一。

现代工业结晶技术与设备的研发需要不断创新，目前一些新型的工业结晶技术与设备已逐渐从实验室研发阶段走向规模化工业应用，如超临界结晶、升华结晶等，通过解决工艺放大和设备设计等难题，开发出适合大规模生产的高效、节能的新型工业结晶技术与装置。另外，在石化行业以及精细化工领域，熔融结晶作为一种绿色、节能的分离精制技术正受到越来越多的关注，尤其是对于同分异构体物系的高效分离和高纯制备（纯度能够达到 99.99%），目前，复杂物系的热力学相图、传热传质机理模型、超大规模工程化设计和设备设计是新型熔融结晶技术与设备研发面临的主要难题，塔式熔融结晶装置是一个亮点，未来可能会有广泛的应用前景。其他还有一些新型的工业结晶技术与设备，如冷冻干燥技术、油和脂肪的分级结晶、手性物质的结晶分离等也在不断发展。

多物理场协同工业结晶技术与设备也是目前国际工业结晶研究前沿，用于工业结晶过程中的晶体粒子产品形态及结构控制。揭示各类物理场（温度、压力、流体、电、光、磁、微波、声波等）矢量对于成核过程、晶体产品的结构及性质的影响规律，解决某些结晶物系结晶难、晶型与晶体粒度不可控的难题，研究激光诱导成核在晶体功能材料制备中应用效果，开发用于若干重要晶体粒子产品包括新能源材料、医药等制备过程中产品结构与功能调控的多物理场协同结晶高新技术与装备，并推动新技术在工业中的应用，实现相关产业的技术与产品跃升。

高端功能晶体产品质量指标（纯度、形态、粒度及其分布、晶体结构等）要求异常严格，对于不同产业要求又极不相同，如何针对不同产业需求，制出质量指标稳定的工业结晶产品，是工业界面对的严峻挑战。单一结晶过程是一个物理过程，不足以解决这个复杂问题。必须实现由制备晶体产品上游合成工序与结晶单元以及晶体产品下游后处理工序的绿色优化集成的研发，创造出应用信息化手段严格调控的耦合结晶过程，达到由分子层次研究直至产业化集成创新的多尺度研发目标，实现高端功能晶体产品耦合结晶共性技术的突破，以制造出国际前沿的高端产品。同时，现代工业结晶技术与设备也向着绿色、柔性化方向发展，面对国际能源、资源危机的挑战，满足人们对环境的生态化要求，并适合企业不同时期的发展需求。另外，随着国际化的发展趋势，企业生产规模不断扩大，对于超大规模的工业结晶技术与装备的需求日益突显，特别是连续结晶的设计与放大。

现代工业结晶技术，包括设备设计与制造技术，是具有绿色化与智能化特征的精加工共性技术，是实现晶体粒子产品由低端粗品向高端功能精品提升的核心技术，是对产业竞争力整体提升具有带动性、全局性影响的关键共性技术。发展现代工业结晶技术，有助于解决制约我国经济社会发展的产业重大瓶颈问题，实现产品高端化、高质化，帮助推进我国从粗品制造大国向精品制造强国转化。

参 考 文 献

［1］ 丁绪淮，谈遒. 工业结晶. 北京：化学工业出版社，1985.

［2］ 哈姆斯基著，古涛. 化学工业中的结晶. 叶特林译. 北京：化学工业出版社，1985.

［3］ 王静康. 化学工程手册——结晶. 北京：化学工业出版社，1996.

［4］ Brittain H G. Polymorphism in pharmaceutical solids. New York：Marcel Dekker，1999.

［5］ Hilfiker R. Polymorphism in the pharmaceutical industry. Weinheim：WILEY-VCH，2006.

[6] Jones A G. Crystallization Process Systems. Oxford: Butterworth Heinemann, 2002.

[7] Mersmann A. Crystallization technology handbook. New York: Marcel Dekker, 2001.

[8] Mullin JW. Crystallization. Oxford: Butterworth Heinemann, 2000.

[9] Myerson A S. Handbook of Industrial Crystallization. Oxford: Butterworth Heinemann, 2002.

[10] Nyvlt J, Ulrich J. Admixtures in Crystallization, 1995.

[11] Nyvlt J, So¨hnel O, Matuchova M, Broul M. The Kinetics of Industrial Crystallization. Amsterdam: Academic Praha, 1995.

[12] Randolph A D, Larson M A. Theory of Particulate Process: analysis and techniques of continuous crystallization (2nd ed.). Toronto: Academic Press, 1988.

[13] Sangwal K. Additives and crystallization processes: from fundamentals to applications. New York: John Wiley & Sons Inc, 2007.

[14] Tung H H. Crystallization of organic compounds: an industrial perspective. New York: John Wiley & Sons Inc, 2009.

[15] Ulrich J, Glade H. Melt Crystallization. Aachen: Shaker Verlag, 2003.

第 8 章　蒸　馏

8.1　概　述

8.1.1　蒸馏过程简介

8.1.1.1　蒸馏的特征

蒸馏是一般化工、石油化工、石油炼制、精细化工以及医药、食品等化工类生产中应用最多的一种分离混合物的方法，它是利用混合物中各组分挥发性不同的性质来实现分离的。如果混合物中各组分的挥发性不同，则其在气液两相平衡时，各组分在两相中的含量不同，易挥发组分在气相中的相对含量高，难挥发组分在液相中的相对含量高，利用这种性质，通过加入热量和/或取出热量和加压或减压的方法，使混合物形成气液两相系统，并令其相互作用，易挥发组分在气相中浓集，难挥发组分在液相中浓集，从而可以实现混合物的分离。这种方法统称为蒸馏。

8.1.1.2　应用范围

因为混合物中各组分挥发性不同的性质具有很大的普遍性，而气液共存的气液两相系统的建立一般也总是可以实现，所以蒸馏是最常用的分离混合物的方法。它可以用于常温常压下的气体、液体或固体混合物的分离。

液体混合物。例如苯与甲苯混合液，其中苯与甲苯的挥发性不同，苯易挥发，常压下将它加热到一定温度就能建立气-液两相系统，因此可以用蒸馏方法将它们分离。

气体混合物。例如空气，其中氮比氧的挥发性大，将空气加压、冷却建立气-液两相系统，进行蒸馏，可以将氮与氧分离。

固体混合物。例如脂肪酸的混合物，可以加热升温使其熔化，并适当减压使其建立气液两相系统，也可以用蒸馏的方法分离。

蒸馏的另一个优点是它可以直接得到要获得的产品（萃取精馏、恒沸精馏和反应精馏等特殊精馏除外），不像吸收、萃取以及吸附等分离方法，需要外加介质（溶剂或吸附剂等），并需进一步将所提取的物质与外加介质分离，所以一般说蒸馏过程的流程、设备和操作比较简单。

蒸馏的主要缺点是能耗较大，因为为了造成汽液两相共存和相互作用的系统，必然有气液相间的相变过程，需要加热和冷却，通常气液间的相变热较大，所以能耗较大。此外，为了建立气、液两相系统，有时需要高压或高真空、低温或高温等不平常的条件和在这种条件下进行蒸馏时技术上的困难，也是选用蒸馏方法进行分离时应考虑的因素。

8.1.1.3　操作压力与温度

蒸馏的操作压力与温度是由为建立适当的气液两相共存的条件所决定的，根据具体工艺过程的技术经济分析确定。蒸馏过程可在常压、加压或减压（真空）下进行。

（1）常压蒸馏

常压下，沸点在室温以上到 150℃左右的混合物通常在常压下进行蒸馏，因为水蒸气是再沸器最方便的加热剂，而水（或空气）是冷凝器最常用的冷却剂。

（2）加压蒸馏

对于常压下沸点在室温以下的混合物，为了提高冷凝器的冷凝温度，使其能使用接近室温的冷却剂，降低能耗，常采用加压蒸馏。例如乙烯乙烷混合物分离，在常压下乙烷沸点－88.8℃，乙烯沸点－103.9℃，采用在2MPa左右压力下操作，塔底温度可提高到－30℃左右，塔顶温度－10℃左右。

（3）减压蒸馏（或真空蒸馏）

在常压下沸点较高，或者在较高温度下易发生分解、聚合等反应的热敏性物质的混合物，常常采用减压操作，以降低其操作温度。例如乙苯与苯乙烯的混合物的分离，常压下苯乙烯的沸点145.2℃，乙苯的沸点136.2℃，苯乙烯易自聚，因此采用减压蒸馏，使塔釜温度保持在100℃以下，防止苯乙烯自聚。

8.1.1.4　平衡级的概念

在分析蒸馏过程时，通常使用平衡级的概念，平衡级可定义如下。物料在一级设备中经过作用后，离开此级的蒸气和液体中各组分互呈平衡，则这一级设备称为一个平衡级。在板式精馏塔中理论级常称为理论板。在用蒸馏方法分离混合物时，所需的平衡级（或理论板）数的多少，可以表示分离的难易程度和分离要求的高低（即对产品纯度要求的高低），分离难或/和分离要求高，所需平衡级数多。分离容易或/和分离要求低，所需平衡级数少。

8.1.1.5　蒸馏过程的设计

蒸馏过程的设计，一般包括以下内容。

（1）根据混合物的性质和分离要求，选择适当的蒸馏方法。

（2）获取气液平衡数据或确定适当的计算气液平衡数据的方法。

（3）进行蒸馏过程的工艺计算，对于多次平衡过程主要是计算蒸馏所需理论板数，在优化的条件下，确定各项工艺参数，包括根据传质速率数据，确定实际塔板数等。

（4）蒸馏塔及其附属设备设计。

8.1.2　蒸馏过程分类

工业上遇到的混合物多种多样，其中各组分的挥发性差别有大有小；各组分的沸点有高有低；要求分离的程度（即产品的纯度）有高有低，因而形成气液两相系统的温度和压力条件各不相同，所以蒸馏过程有很多种方法，可以从不同的角度进行分类。按照蒸馏过程中气液平衡次数的多少，蒸馏过程可分为一次平衡和多次平衡两大类。

8.1.2.1　一次平衡过程

一次平衡过程是指只依靠一次气化和/或冷凝实现分离的过程。它通常只用在混合物中各组分挥发性相差较大和/或分离要求不高或组分的情况。针对不同的分离对象一次平衡过程有以下几种。

（1）平衡气化和平衡冷凝

将一定压力下的液体混合物加热至部分混合物气化，形成互呈平衡的气液两相，使两相分离易挥发组分在形成的气相中浓集，难挥发组分在剩余的液相中浓集，从而实现混合物的分离，这一过程称为平衡气化。

将一定压力下的气体混合物冷却至部分混合物冷凝，形成互呈平衡的气液两相，把两相分离，易挥发组分在气相中浓集，难挥发组分在液相中浓集，从而实现混合物的分离，这一过程称为平衡冷凝。

平衡气化与平衡冷凝的原理和所能达到的分离程度以及所用设备基本相同。

（2）绝热闪蒸

在较高压力下的液体混合物，经加热到一定温度，然后在绝热条件下通过阀门减压，部分液体气化，温度降低，形成互呈平衡的气液两相，易挥发组分在气相中浓集，难挥发组分在液相中浓集，从而实现分离，这个过程称为绝热闪蒸。

与平衡气化和平衡冷凝一样，绝热闪蒸只能用于对混合物进行初步分离。

(3) 简单蒸馏

简单蒸馏也称为微分蒸馏。简单蒸馏的操作过程如下（可参阅图 8-22)。将料液放入蒸馏釜中，在一定压力下，将其加热至泡点，继续加热，液体开始气化，将气化的气体从蒸馏釜中引出，至冷凝器冷凝成液体，流入集液罐。这一过程不断进行，直至釜中液体量或馏出液量或组成达指定值为止。两种产品的比例相同时，简单蒸馏的分离效果要比平衡气化（或平衡冷凝）好一些，这就是说简单蒸馏的馏出液中易挥发组分的含量高于平衡气化的气相产物，同时简单蒸馏釜液中难挥发组分的含量高于平衡气化的液相产物。

简单蒸馏的馏出液可以是一种产品，也可以分段收集成几种易挥发组分的不同的产品。

(4) 水蒸气蒸馏

水蒸气蒸馏用于从沸点较高的、组分挥发性相差很大而又与水不互溶的混合物中提取易挥发物质（特别是热敏性物质的提取)。水蒸气蒸馏有两种操作方法，直接蒸汽加热和间接加热。

直接蒸汽加热是将水蒸气直接通入混合液，使其在较低温度下沸腾，液体中易挥发组分与水蒸气一起蒸出，从混合液中分离出来，蒸出的气体冷凝、分层，得到易挥发组分的产品。

因为两个共存的不互溶的液相的平衡气压等于两个液相的蒸气压之和，所以在一定压力下，两个共存的不互溶液相的沸点要比两液相单独存在时的沸点低，因此水蒸气蒸馏可以在低于水的沸点的条件下进行。

间接加热的方法是将水与要分离的混合液放在一起，用间接加热的方法使其沸腾，将水与混合液中的易挥发组分蒸出。

两种水蒸气蒸馏的重要差别是当间接加热时，蒸出物与两液相呈平衡，蒸出物中水蒸气与易挥发物的摩尔比等于它们的蒸气压之比，而直接蒸汽加热时，由于受水蒸气与混合物接触时间与接触面的限制，易挥发物的实际分压总是要低于其平衡分压，一般为其 60%～80%（这一分数称为饱和系数）。

(5) 分子蒸馏[1]

分子蒸馏用于浓缩或纯化高沸点的热稳定性极差的有机化合物。

分子蒸馏通常在 $10^{-4}\sim10^{-3}$ mmHg 的压力下操作，其设备的主要部件是蒸发面与冷凝面，两面相距小于被分离物质的蒸气的平均自由程，两面温差 70～100℃。原料液均匀分布在蒸发面上，易蒸出的物质在蒸发面上的液层表面蒸发，逸出的分子无阻挡地直接射向冷凝面，在冷凝面上冷凝成液体，收集得纯化的产品。

二组分溶液进行分子蒸馏的分离效果，不仅取决于其蒸气压的差别，还与分子量之比有关。分子蒸馏的分离因素 α_m 为

$$\alpha_m=\alpha_{1,2}\sqrt{M_2/M_1} \tag{8-1}$$

式中，$\alpha_{1,2}$为组分 1（易挥发物）与 2 的相对挥发度，M_1 与 M_2 分别为组分 1、2 的分子量。所以即使二组分的蒸气压（挥发性）相差不大，只要其分子量相差足够大，也可以用分子蒸馏进行分离。

原则上分子蒸馏可以在任何温度（蒸发面的温度）下操作，这就是它适用于热敏性物质分离的理由。

与分子蒸馏相似的另一种蒸馏叫短程蒸馏，它们间的差别是短程蒸馏的真空度稍低，其蒸发面与冷凝面之间的距离稍大于气化分子的平均自由程。

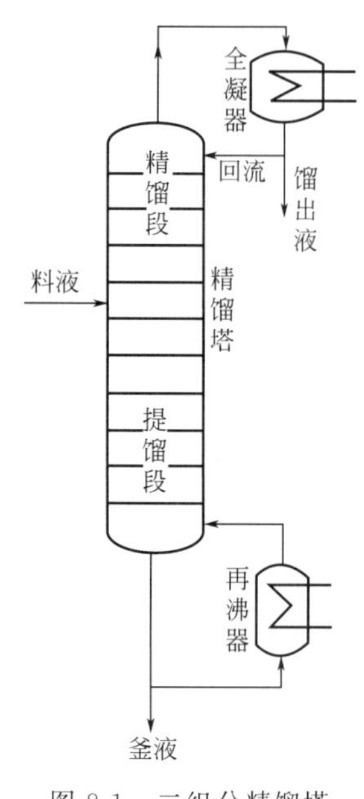

图 8-1 二组分精馏塔

8.1.2.2 多次平衡过程——典型的二组分精馏

因为受二组分的挥发性差别（蒸气压差）的限制，应用一次平衡过程不可能使二组分完全分离。要把二组分（或多组分）混合物分离成各个纯组分，必须采取多次平衡过程。多次平衡过程有多种具体方法与流程，但它们都是采用回流液和上升气，在蒸馏塔中形成气液逆流接触，上升气体中的难挥发组分不断冷凝，同时它又不断接收从上向下流的回流液中气化出来的易挥发组分，因此在其上升过程中，其中易挥发组分的含量不断提高，从塔的顶部可以得到纯度较高的易挥发组分产品。另一方面回流液在其向下流的过程中，其中的易挥发组分不断气化，同时它又不断接收自上升蒸气中冷凝下来的难挥发组分，所以其中难挥发组分的含量不断提高，在塔的底部可以得到纯度较高的难挥发组分产品。

(1) 二组分精馏的典型流程

图 8-1 所示为二组分混合物分离用的连续精馏装置的典型流程图，它由精馏塔、全凝器和再沸器组成。精馏塔内装塔板或填料，分上下两段，上部称为精馏段，下部称为提馏段，料液从中部加入。由塔底部再沸器中的液体沸腾产生上升蒸气，全凝器中使塔顶出去的蒸气全部冷凝，部分冷凝液作为回流，部分为馏出液，即纯度较高的易挥发组分产品，塔底再沸器引出纯度较高的难挥发组分产品。

精馏塔中的塔板数（或填料层高度）由料液分离的难易程度和分离要求的高低确定，它是精馏塔设计计算中的主要内容。

(2) 采用分凝器的精馏塔

有时精馏塔顶出去的蒸气可以在部分冷凝器中冷凝，它相当于是一个平衡冷凝过程，所得冷凝液作为回流，气相直接引出或在另一冷凝器中冷凝作为馏出液产品。

分凝器的作用相当于一个平衡级（或理论板），在计算精馏塔所需理论板数时，需注意与采用全凝器的情况区分开（参见图 8-34）。

(3) 多股进料的精馏塔

当料液有几种不同组成时，应该根据精馏塔内的气液浓度分布情况分几股在与其组成相同或接近的部位加入塔中（参见图 8-35）。将几股组成不同的料液混在一起从一个加料口加入是不经济的。

(4) 有侧线出料的精馏塔

当需要同时获得不同组成的产品时，可以采用在塔的适当位置开侧线的方法引出蒸气或液体，作为侧线产品（参见图 8-36）。

(5) 只有提馏段的精馏塔

图 8-2 所示为只有提馏段的精馏塔。这种塔只能在塔底得到纯度较高的难挥发组分产品，塔顶出去的蒸气含有较高的难挥发组分，其组成的最低极限是料液的平衡组成。

(6) 只有精馏段的精馏塔

图 8-3 所示为只有精馏段的精馏塔。料液加入再沸器，部分气化得上升蒸气进入塔中，或

者是混合蒸气直接从塔底进入塔中。这种装置只能在塔顶得一个纯度较高的易挥发组分产品，塔底流出的是含易挥发组分较高的产品。

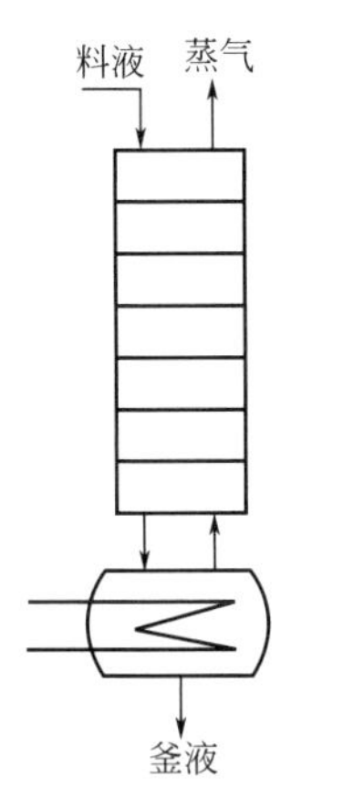

图 8-2 只有提馏段的精馏塔

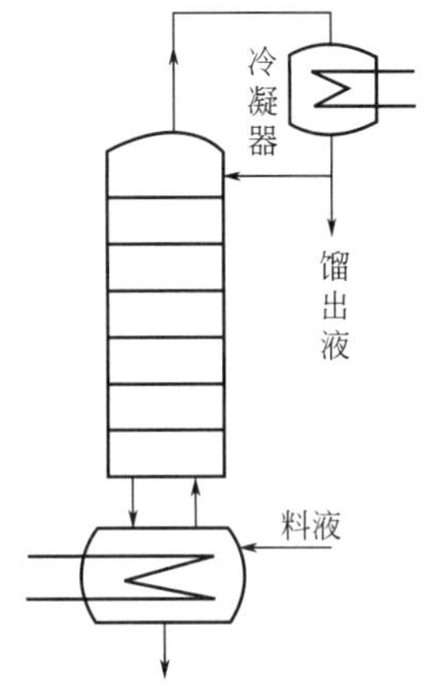

图 8-3 只有精馏段的精馏塔

8.1.2.3 多组分精馏

多组分混合物的分离一般可分为两种情况，完全分离与部分分离。

(1) 完全分离流程

完全分离指的是把多组分混合物分离制得各个纯组分产品。因为图 8-1 所示的精馏塔只能把混合物分为两个不互相掺杂的产品，所以 N 个纯组分的混合物需要 $N-1$ 个精馏塔才能把它分成 N 个纯组分产品，这 $N-1$ 个精馏塔可以有不同的流程。

① 先轻后重顺序。图 8-4 所示为四组分混合物精馏的先轻后重顺序流程，其中 A、B、C、D 四个组分的沸点高低依次为 D>C>B>A，几个塔中依次先蒸出其中沸点最低的组分，在最后一个塔底得沸点最高的组分 D。

② 先重后轻顺序。图 8-5 所示为四组分混合物精馏的先重后轻顺序流程，与上述流程相反，先重后轻顺序是依次先分离出其中沸点最高的组分，在最后一个塔顶得沸点最低的组分 A。

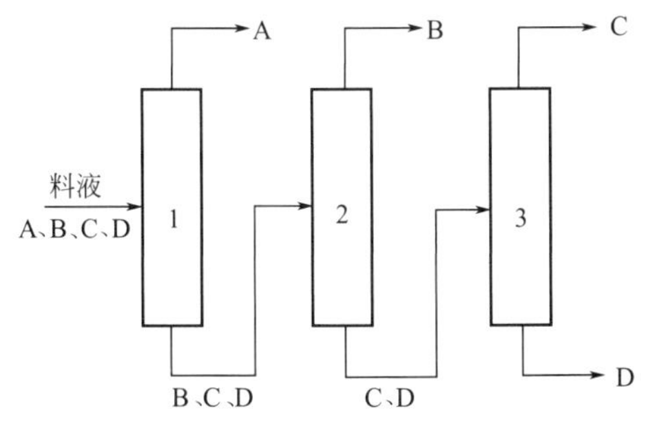

图 8-4 先轻后重流程

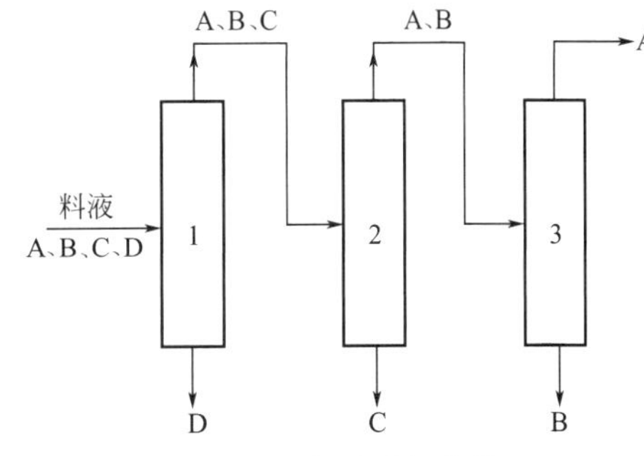

图 8-5 先重后轻流程

③ 复合顺序。不属于上述两种顺序的流程均属复合顺序。图 8-6 是其两例。对于四组分混合物的分离，可以有五个不同的组合，显然对于更多个组分的混合物有更多的不同组合。

多组分精馏流程的选择是设计中首先要考虑的问题，一般说先轻后重流程，易挥发组分被蒸出与冷凝的次数少，总蒸发量与冷凝量小，因而能耗与设备费用低。但实际生产中还需考虑其他的一些因素，例如混合物中如有热敏性的物质，则应使它尽可能少受热，尽早从混合物中分离出来。Henley 和 Seader 对最佳顺序的确定进行了讨论[2]。

（2）部分分离流程

对于原油一类复杂混合物，通常只要求分离成几个不同沸程的产物，可以在塔上设侧线和侧线物料再汽提等方法，用一个塔将混合物分离成几种产品。图 8-7 所示为一个简单示例。

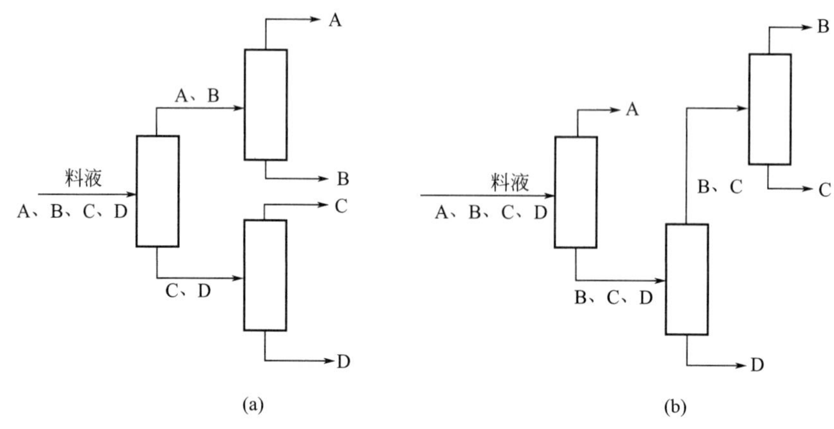

图 8-6　复合顺序流程

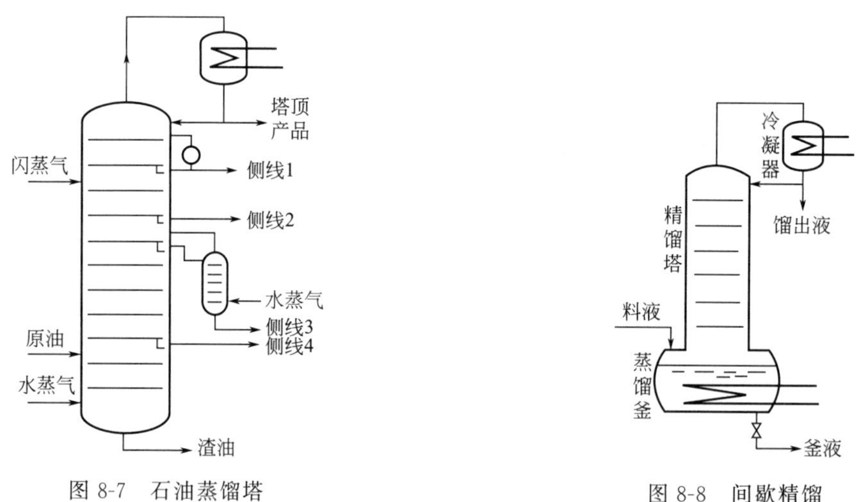

图 8-7　石油蒸馏塔

图 8-8　间歇精馏

8.1.2.4　间歇精馏

间歇精馏也称为分批精馏，图 8-8 所示为间歇精馏的基本流程。间歇精馏的基本原理与连续精馏相同，只是操作方法不同。间歇精馏的操作过程如下。开始时，将一批料液加入蒸馏釜中，加热使其气化，蒸气在冷凝器中冷凝成液体，返回塔中作为回流，塔内形成气液逆流，经一定时间，当冷凝液组成达到易挥发组分产品的质量要求时，一部分冷凝液作为产品采出，其余部分作为回流，继续操作。当馏出液中易挥发组分的组成降到指定值或蒸馏釜中难挥发组分的组成达到要求时，停止操作，将塔釜产品放出。然后进行另一批料的精馏。

间歇精馏的主要特点是操作灵活，适用于小批量、多品种的生产场合，用一个塔处理几种物料。

8.1.2.5　蒸馏的节能流程

蒸馏是一个有相变的过程，其能耗较大，所以节能是改进蒸馏过程的一个重要方向。可以降低能耗的蒸馏流程主要有以下几种。

(1) 多效蒸馏

多效蒸馏的节能原理与多效蒸发类似。它是使蒸馏过程在几个不同压力下操作的塔中进行，用压力较高的精馏塔的塔顶出口蒸气作为压力较低精馏塔的塔底再沸器的加热蒸气，从而可以显著节省加热介质与冷却介质。

(2) 热泵蒸馏

热泵蒸馏是用压缩机（此处称为热泵）来提高精馏塔顶蒸出的蒸气的压力，然后将它用作再沸器的加热蒸气。当精馏塔顶底两端温度相差不大时，采用热泵蒸馏可以获得很好的节能效果。

(3) 具有中间再沸器和中间冷凝器的精馏塔

图 8-9 是设置中间再沸器和中间冷凝器的精馏塔的示意图。采用这种方法的节能原理是：精馏必需的回流液的一部分用温度较高的冷却剂（品位较低的冷却剂）来获得，而精馏所需的部分上升蒸气则用温度较低的加热剂（品位较低的加热剂）来产生。当精馏塔顶底两端温差较大时，这种方法可以获得很好的节能效果。

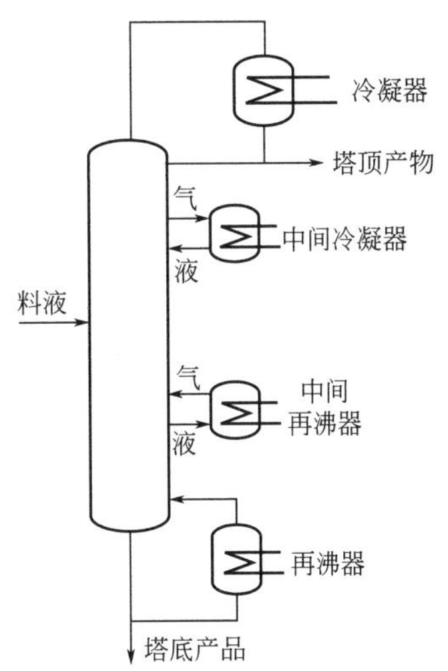

图 8-9 具有中间再沸器和中间冷凝器的精馏塔

8.1.2.6 特殊精馏

在化工生产中有很多混合物，其组分的沸点很接近，它们的相对挥发度接近于 1，用常规精馏方法分离需要很多个平衡级（理论板），有的组分间形成共沸液，它们不可能用常规精馏方法分离，此时可以加入第三组分，以改变组分间的相对挥发度，使精馏分离容易进行。这类精馏统称为特殊精馏，主要有以下几种。

(1) 萃取精馏

萃取精馏是加入一种沸点较高而与料液中某一组分有较强亲和力的萃取剂，使该组分的蒸气压降低，料液中二组分的相对挥发度增大，从而使之易于分离的方法。

图 8-10 是萃取精馏的典型流程。由相对挥发度接近 1 的组分 A 和 B 组成的料液加入萃取精馏塔Ⅰ，它分为三段，萃取剂回收段 1，吸收段 2 和提馏段 3。萃取剂 E 从吸收段上部加入，它与组分 B 有较强的亲和力，利于组分 B 从汽相转入液相，使组分 A 易于与组分 B 分离而从塔顶采出。萃取剂回收段 1 的作用是用回流液洗去上升蒸气中夹带的萃取剂，萃取剂与组分 B 一起从塔底流出，进入溶剂回收塔Ⅱ，进行精馏。塔顶得组分 B 产品，塔底得萃取剂，返回萃取精馏塔，循环使用。

(2) 加盐精馏和加盐萃取精馏

加盐精馏和加盐萃取精馏是使用特殊萃取剂的萃取精馏。

加盐精馏是以固体盐类作为萃取剂的萃取精馏[3]，它主要用于难分离的和形成恒沸液的有机水溶液，如乙醇-水、丙醇-水、醋酸-水等体系。因为盐类（如 $CaCl_2$，KAc 等）与水有很强的相互作用力，加入盐类可使有机物与水的相对挥发度增大，破坏恒沸液。图 8-11 是乙醇-水恒沸溶液的加盐精馏的流程图。醋酸钾从精馏塔顶加入，因为醋酸钾与水的作用力较强，破坏了乙醇与水的恒沸液，使乙醇与水的相对挥发度增大，塔顶得到无水乙醇，醋酸钾的水溶液从塔底排出。经蒸发结晶，回收醋酸钾，重新使用。加盐精馏的优点是加入少量盐，即可使组

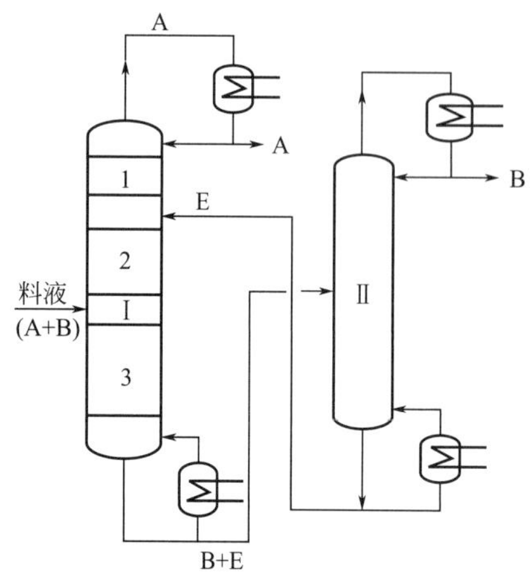

图 8-10 萃取精馏的典型流程

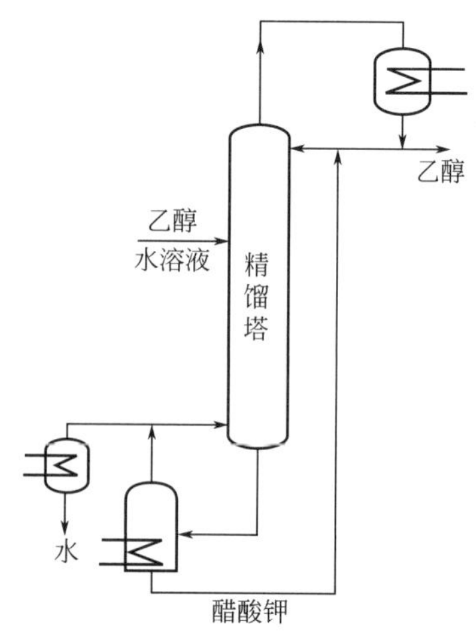

图 8-11 加盐精馏

分间的相对挥发度有很大提高。其缺点是固体盐的分离、输送、加料和溶解比较麻烦，容易发生堵塞现象，使它的使用受到限制。

综合加盐精馏和萃取精馏的优点，使用含盐溶剂的萃取精馏称为加盐萃取精馏。在一般液体萃取剂中溶入少量盐，可以显著增大萃取剂使组分相对挥发度提高的效果，同时又避免使用固体盐的困难。例如乙醇摩尔分数为 0.88 的乙醇水溶液，乙醇与水的相对挥发度为 1.01，加一定比例的乙二醇后，相对挥发度可变为 1.85。如所加乙二醇中溶入醋酸钾，则相对挥发度可增大到 2.40。因此应用醋酸钾的乙二醇溶液作为萃取剂的加盐萃取精馏可以显著减少萃取剂的用量，减少精馏所需的理论板数[4]。

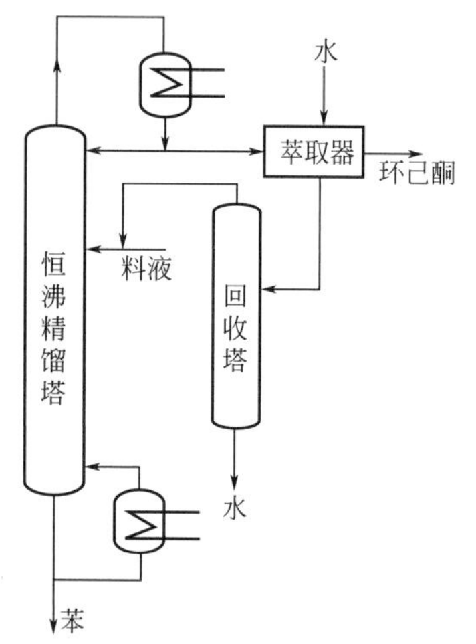

图 8-12 苯与环己酮的恒沸精馏

加盐萃取精馏的工艺流程与一般萃取精馏相同。

(3) 恒沸精馏

在混合物中加入第三组分，该组分与混合物中的一个或两个组分形成沸点比原来组分和原恒沸液的沸点更低的恒沸物，使组分间的相对挥发度增大，易于精馏分离，这种精馏方法称为恒沸精馏，加入的第三组分称为恒沸剂或挟带剂。图 8-12 为恒沸精馏的一种流程。料液为苯（沸点为 80.1℃）与环己酮（沸点为 80.8℃）的混合液，用丙酮作为恒沸剂与料液一起加入恒沸精馏塔中。环己酮与丙酮形成恒沸物，沸点为 50.3℃，与苯的沸点相差很大，很容易与苯分离，从塔顶馏出，在塔底可得纯苯。塔顶馏出的丙酮与环己酮恒沸物是均相溶液，可用水萃取丙酮，得纯环己酮产品。丙酮水溶液在回收塔中精馏分离，回收的丙酮循环使用。

(4) 反应蒸馏

在混合物中加入一种能与被分离组分发生可逆反应的第三组分以提高被分离组分的相对挥发度，可使蒸馏分离易于进行，这种过程称为反应蒸馏。例如在混合二甲苯中加入异丙苯钠，后者与对二甲苯和间二甲苯反应生成对二甲苯钠与间二甲苯钠，两者的反应平衡常数相差很大，可使对二甲苯与间二甲苯的相对挥发度增大很多。这种方法对增大相对挥发度比较有效，但第三组分的回收和循环使用比较困难[5]。

反应蒸馏的另一种概念是使蒸馏与反应过程结合，用蒸馏来分离反应产物，促进反应的进行，提高反应的转化率和收率。例如醇和酸生成酯和水的可逆酯化反应，用蒸馏方法随时将反应生成的酯和/或水分出，可使反应持续向酯化方向进行[6,7]。

8.2 气液平衡

8.2.1 气液平衡关系

溶液的气液平衡关系是蒸馏过程的热力学基础，是设计和分析蒸馏过程的基本依据。

8.2.1.1 气液平衡时过程变量间的关系

根据相律，平衡体系的自由度 F 为

$$F=C-p+2 \tag{8-2}$$

式中 F——自由度，即在不引起相变的条件下，可以变动的独立变量的数目，这里独立变量有系统的温度、压力和两相的组成；

C——独立的组分数；

p——相的数目。

所以，对于气液两相平衡系统，自由度数等于组分数。

（1）两组分体系

两组分混合物气液两相平衡时的自由度为 2，这就是说在保持两组分两相平衡的条件下，只有两个可以独立变化的变量，只要确定两个独立变量，平衡系统的状态就确定了。因此对于二组分混合物的气液平衡系统，任何一个变量（或参数）均可表示为两个独立变量的函数，已知两个独立变量的值，就可以通过适当的关系式算出所有变量的值。当有一个独立变量固定时，则任何一个变量均可表示为另一独立变量的函数。所以当一个变量固定时（如压力或温度），二组分两相平衡关系可以用二维坐标图或列表表示。

（2）多组分体系

n 组分混合物两相平衡时的自由度为 n，即需要确定 n 个独立变量才能确定平衡系统的状态。才能通过适当的关系式算出所有过程变量的值。例如四组分混合物需要知道 4 个独立变量（例如压力，温度和两个组成）才能确定平衡状态的其他参数，才能算出其他参数的值。因此多组分两相平衡关系，一般不用图线或数据表来表示。

8.2.1.2 气液平衡关系的表示方式

气液平衡关系的表示方式通常有三种。

（1）直接列表或用坐标图表示气液相组成 y 与 x 的关系

二组分两相平衡关系可以方便地用这类方式表示。表 8-1 列出了若干重要的二组分体系的气液平衡数据。迄今，通过实验测定已经积累了大量气液平衡数据，需要时可查阅参考文献 [8]。

图 8-13 是等压条件下，三种典型的 T-x（y）和 y-x 图。图中（a）是最普通的情况，二组分间不形成共沸，这类混合物可以用一般蒸馏的方法将它们分离成两个纯组分。图（b）是具有最低沸点共沸液的体系，图（c）是具有最高沸点的共沸液体系，对于这两类体系，用一般蒸馏方法只能将它们分离成一个共沸液和一个纯组分。如要把它们分离成两个纯组分产物，必须采用特殊蒸馏。

（2）相对挥发度 α

相对挥发度为二组分的挥发度之比，也可定义为

表 8-1　恒压下若干二组分体系的气-液平衡数据

组分 A	组分 B	温度/℃	组分 A 的摩尔分数 液	组分 A 的摩尔分数 气	总压力/kPa	参考文献
丙酮	三氯甲烷	62.8	0.0817	0.0500	101.3	1
		62.82	0.1390	0.1000		
		63.83	0.2338	0.2000		
		64.30	0.3162	0.3000		
		64.37	0.3535	0.3500		
		64.35	0.3888	0.4000		
		64.02	0.4582	0.5000		
		63.33	0.5299	0.6000		
		62.23	0.6106	0.7000		
		60.72	0.7078	0.8000		
		58.71	0.8302	0.9000		
		57.48	0.9075	0.9500		
丙酮	甲醇	64.65	0.0	0.0	101.3	2
		61.78	0.091	0.177		
		59.60	0.190	0.312		
		58.14	0.288	0.412		
		56.96	0.401	0.505		
		56.22	0.501	0.578		
		55.78	0.579	0.631		
		55.41	0.687	0.707		
		55.29	0.756	0.760		
		55.37	0.840	0.829		
		55.54	0.895	0.880		
		55.92	0.954	0.946		
		56.21	1.000	1.000		
丙酮	水	74.80	0.0500	0.6381	101.3	3
		68.53	0.1000	0.7301		
		65.26	0.1500	0.7716		
		63.59	0.2000	0.7916		
		61.87	0.3000	0.8124		
		60.75	0.4000	0.8269		
		59.95	0.5000	0.8387		
		59.12	0.6000	0.8532		
		58.29	0.7000	0.8712		
		57.49	0.8000	0.8950		
		56.68	0.9000	0.9335		
		56.30	0.9500	0.9627		
四氯化碳	苯	80.0	0.0	0.0	101.3	4
		79.3	0.1364	0.1582		
		78.8	0.2157	0.2415		
		78.6	0.2573	0.2880		
		78.5	0.2944	0.3215		
		78.2	0.3634	0.3915		
		78.0	0.4057	0.4350		
		77.6	0.5269	0.5480		
		77.4	0.6202	0.6380		
		77.1	0.7223	0.7330		
三氯甲烷	甲醇	63.0	0.040	0.102	101.3	5
		60.9	0.095	0.215		
		59.3	0.146	0.314		
		57.8	0.196	0.378		
		55.9	0.287	0.472		
		54.7	0.383	0.540		
		54.0	0.459	0.580		
		53.7	0.557	0.619		
		53.5	0.636	0.646		
		53.5	0.667	0.655		
		53.7	0.753	0.684		
		54.4	0.855	0.730		
		55.2	0.904	0.768		
		56.3	0.937	0.812		
		57.9	0.970	0.875		
乙醇	苯	76.1	0.027	0.137	101.3	6
		72.7	0.063	0.248		
		70.8	0.100	0.307		
		69.2	0.167	0.360		
		68.4	0.245	0.390		
		68.0	0.341	0.422		
		67.9	0.450	0.447		
		68.0	0.578	0.478		
		68.7	0.680	0.528		
		69.5	0.766	0.566		
		70.4	0.820	0.615		
		72.7	0.905	0.725		
		76.9	0.984	0.937		
乙醇	水	95.5	0.0190	0.1700	101.3	7
		89.0	0.0721	0.3891		
		86.7	0.0966	0.4375		
		85.3	0.1238	0.4704		
		84.1	0.1661	0.5089		
		82.7	0.2337	0.5445		
		82.3	0.2608	0.5580		
		81.5	0.3273	0.5826		
		80.7	0.3965	0.6122		
		79.8	0.5079	0.6564		
		79.7	0.5198	0.6599		
		79.3	0.5732	0.6841		
		78.74	0.6763	0.7385		
		78.41	0.7472	0.7815		
		78.15	0.8943	0.8943		
乙酸乙酯	乙醇	78.3	0.0	0.0	101.3	8
		76.6	0.050	0.102		
		75.5	0.100	0.187		
		73.9	0.200	0.305		

续表

组分		温度	组分A的摩尔分数		总压力	参考
A	B	/℃	液	气	/kPa	文献
乙酸乙酯	乙醇	72.8	0.300	0.389	101.3	8
		72.1	0.400	0.457		
		71.8	0.500	0.516		
		71.8	0.540	0.540		
		71.9	0.600	0.576		
		72.2	0.700	0.644		
		73.0	0.800	0.726		
		74.7	0.900	0.837		
		76.0	0.950	0.914		
		77.1	1.000	1.00		
乙二醇	水	69.5	0.0	0.0	30.4	9
		76.1	0.23	0.002		
		78.9	0.31	0.003		
		83.1	0.40	0.010		
		89.6	0.54	0.020		
		103.1	0.73	0.06		
		118.4	0.85	0.13		
		128.0	0.90	0.22		
		134.7	0.93	0.30		
		145.0	0.97	0.47		
		160.7	1.00	1.00		
正己烷	乙醇	78.30	0.0	0.0	101.3	10
		76.00	0.0100	0.0950		
		73.20	0.0200	0.1930		
		67.40	0.0600	0.3650		
		65.90	0.0800	0.4200		
		61.80	0.1520	0.5320		
		59.40	0.2450	0.6050		
		58.70	0.3330	0.6300		
		58.35	0.4520	0.6400		
		58.10	0.5880	0.6500		
		58.00	0.6700	0.6600		
		58.25	0.7250	0.6700		
		58.45	0.7650	0.6750		
		59.15	0.8980	0.7100		
		60.20	0.9550	0.7450		
		63.50	0.9900	0.8400		
		66.70	0.9940	0.9350		
		68.70	1.000	1.0000		
甲醇	苯	70.67	0.026	0.267	101.3	11
		66.44	0.050	0.371		
		62.87	0.088	0.457		
		60.20	0.164	0.526		
		58.64	0.333	0.559		
		58.02	0.549	0.595		
		58.10	0.699	0.633		
		58.47	0.782	0.665		
		59.90	0.898	0.760		
甲醇	苯	62.71	0.973	0.907		
	乙酸乙酯	76.10	0.0125	0.0475	101.3	12
		74.15	0.0320	0.1330		
		71.24	0.0800	0.2475		
		67.75	0.1550	0.3650		
		65.60	0.2510	0.4550		
		64.10	0.3465	0.5205		
		64.00	0.4020	0.5560		
		63.25	0.4975	0.5970		
		62.97	0.5610	0.6380		
		62.50	0.5890	0.6560		
		62.65	0.6220	0.6670		
		62.50	0.6960	0.7000		
		62.35	0.7650	0.7420		
		62.60	0.8250	0.7890		
		62.80	0.8550	0.8070		
		63.21	0.9160	0.8600		
		63.90	0.9550	0.9290		
	水	100.0	0.0	0.0	101.3	13
		96.4	0.020	0.134		
		93.5	0.040	0.230		
		91.2	0.060	0.304		
		89.3	0.080	0.365		
		87.7	0.100	0.418		
		84.4	0.150	0.517		
		81.7	0.200	0.579		
		78.0	0.300	0.665		
		75.3	0.400	0.729		
		73.1	0.500	0.779		
		71.2	0.600	0.825		
		69.3	0.700	0.870		
		67.5	0.800	0.915		
		66.0	0.900	0.958		
		65.0	0.950	0.979		
		64.5	1.000	1.000		
乙酸甲酯	甲醇	57.80	0.173	0.342	101.3	14
		55.50	0.321	0.477		
		55.04	0.380	0.516		
		53.88	0.595	0.629		
		53.82	0.648	0.657		
		53.90	0.710	0.691		
		54.50	0.849	0.788		
		56.86	1.000	1.000		
正丙醇	水	100.00	0.0	0.0	101.3	15
		98.59	0.0030	0.0544		
		95.09	0.0123	0.1790		
		91.05	0.0322	0.3040		
		88.96	0.0697	0.3650		

续表

组分 A	组分 B	温度/℃	组分A的摩尔分数 液	组分A的摩尔分数 气	总压力/kPa	参考文献
正丙醇	水	88.26	0.1390	0.3840	101.3	15
		87.96	0.2310	0.3970		
		87.79	0.3110	0.4060		
		87.66	0.4120	0.4280		
		87.83	0.5450	0.4650		
		89.34	0.7300	0.5670		
		92.30	0.8780	0.7210		
		97.18	1.000	1.000		
异丙醇	水	100.00	0.0	0.0	101.3	16
		97.57	0.0045	0.0815		
		96.20	0.0069	0.1405		
		93.66	0.0127	0.2185		
		87.84	0.0357	0.3692		
		84.28	0.0678	0.4647		
		82.84	0.1330	0.5036		
		82.52	0.1651	0.5153		
		81.52	0.3204	0.5456		
		81.45	0.3336	0.5489		
		81.19	0.3752	0.5615		
		80.77	0.4720	0.5860		
		80.73	0.4756	0.5886		
		80.58	0.5197	0.6033		
		80.52	0.5945	0.6330		
		80.46	0.7880	0.7546		
		80.55	0.8020	0.7680		
		81.32	0.9303	0.9010		
		81.85	0.9660	0.9525		
		82.39	1.0000	1.0000		
四氢呋喃	水	73.00	0.0200	0.6523	101.3	17
		66.50	0.0400	0.7381		
		65.58	0.0600	0.7516		
		64.94	0.1000	0.7587		
		64.32	0.2000	0.7625		
		64.27	0.3000	0.7635		
		64.23	0.4000	0.7643		
		64.16	0.5000	0.7658		
		63.94	0.6000	0.7720		
		63.70	0.7000	0.7831		
		63.54	0.8000	0.8050		
		63.53	0.8200	0.8180		
		63.57	0.8400	0.8260		
		63.64	0.8600	0.8368		
		63.87	0.9000	0.8660		
		64.29	0.9400	0.9070		
		65.07	0.9800	0.9625		
		65.39	0.9900	0.9805		
水	乙酸	118.3	0.0	0.0	101.3	18
		110.6	0.1881	0.3063		
水	乙酸	107.8	0.3084	0.4467	101.3	18
		105.2	0.4498	0.5973		
		104.3	0.5195	0.6580		
		103.5	0.5824	0.7112		
		102.8	0.6750	0.7797		
		102.1	0.7261	0.8239		
		101.5	0.7951	0.8671		
		100.8	0.8556	0.9042		
		100.8	0.8787	0.9186		
		100.5	0.9134	0.9409		
		100.2	0.9578	0.9708		
		100.0	1.0000	1.0000		
	正丁醇	117.6	0.0	0.0	101.3	19
		111.4	0.049	0.245		
		106.7	0.100	0.397		
		102.0	0.161	0.520		
		101.0	0.173	0.534		
		98.5	0.232	0.605		
		96.7	0.288	0.654		
		95.2	0.358	0.693		
		93.6	0.487	0.739		
		93.1	0.551	0.751		
		93.0	0.580	0.752		
		92.9	0.628	0.758		
		92.9	0.927	0.758		
		93.2	0.986	0.760		
		95.2	0.993	0.832		
		96.8	0.996	0.883		
		100.0	1.000	1.000		
	甲酸	102.30	0.0405	0.0245	101.3	20
		104.60	0.1550	0.1020		
		105.90	0.2180	0.1620		
		107.10	0.3120	0.2790		
		107.60	0.4090	0.4020		
		107.60	0.4110	0.4050		
		107.60	0.4640	0.4820		
		101.10	0.5220	0.5670		
		106.00	0.6320	0.7180		
		104.20	0.7400	0.8360		
		102.90	0.8290	0.9070		
		101.80	0.9000	0.9510		
		100.00	1.000	1.000		
	甘油	278.8	0.0275	0.9315	101.3	21
		247.0	0.0467	0.9473		
		224.0	0.0690	0.9563		
		219.2	0.0767	0.9743		
		210.0	0.0901	0.9783		
		202.5	0.1031	0.9724		

续表

组分 A	组分 B	温度 /℃	组分A的摩尔分数 液	组分A的摩尔分数 气	总压力 /kPa	参考文献	组分 A	组分 B	温度 /℃	组分A的摩尔分数 液	组分A的摩尔分数 气	总压力 /kPa	参考文献
水	甘油	196.5	0.1159	0.9839	101.3	21	水	甘油	121.5	0.5633	0.9984	101.3	21
		175.2	0.1756	0.9899					112.8	0.7068	0.9993		
		149.3	0.3004	0.9964					111.3	0.7386	0.9994		
		137.2	0.3847	0.9976					106.3	0.8442	0.9996		
		136.8	0.3895	0.9878					100.0	1.0000	1.0000		
		131.8	0.4358	0.9976									

参考文献注：[1] Kojima，Kato，Sunaga and Hashimoto. Kagaku Kogaku，1968，32. 337.
[2] Marinichev and Susarev. Zh，Prikl. Khim.，38，378(1965)
[3] Kojima，Tochigi，Seki，and Watase. Kagaku Kogaku，1968，32：149.
[4] International Critical Tables. McGraw-Hill，New York，1928.
[5] Nagata. J. Chem. Eng. Data，1962，7：367.
[6] Ellis and Clark，Chem. Age India，1961，12：377.
[7] Carey and Lewis，Ind，Eng. Chem.，1932，24：882.
[8] Chu，Getty，Brennecke，Paul. Distillation Equilibrium Data，New York，1950.
[9] Trimble and Potts. Ind. Eng. Chem.，1935，27：66.
[10] Sinor and Weber. J. Chem. Eng. Data，1960，5：243.
[11] Hudson and Van Winkle. J. Chem. Eng. Data，1969，14：310.
[12] Murti and Van Winkle. Chem，Eng. Data Ser.，1958，3：72.
[13] Dunlop，M. S. thesis，Brooklyn Polytechnic Institute，1948.
[14] Dobroserdov and Bagrov. Zh. Prikl. Khim. (Leningrad). 1967，40：875.
[15] Smirnova，Vestn. Leningr. Univ. Fiz. Khim.，1959，81.
[16] Kojima Ochi，Nakazawa. Int，Chem. Eng.，1964，9：342.
[17] Shnitko and Kogan. J. Appl. Chem.，1968，41：1236.
[18] Brusset. Kaiser. Hocquel. Chim. Ind.，Genie Chim. 1968，99：207.
[19] Boublik，Collect. Czech. Chem. Commun.，1960，25：285.
[20] Ito and Yoshida. J. Chem. Eng. Data，1963，8：315
[21] Chen and Thompson. J. Chem. Eng. Data，1970，15：471.

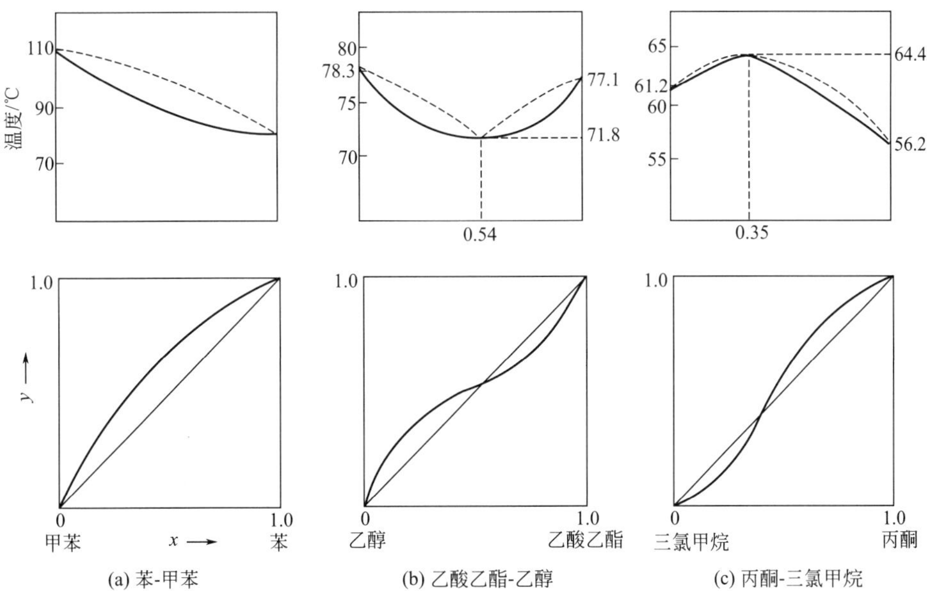

(a) 苯-甲苯　(b) 乙酸乙酯-乙醇　(c) 丙酮-三氯甲烷

图 8-13　三种二组分混合物的气液平衡关系图

$$\alpha=\frac{y_i/y_j}{x_i/x_j} \tag{8-3}$$

式中　y_i——气相中组分 i 的摩尔分数；

y_j——气相中组分 j 的摩尔分数；

x_i——液相中组分 i 的摩尔分数；

x_j——液相中组分 j 的摩尔分数。

相对挥发度表示二组分在气液两相中组成比差别的大小，式(8-3) 中 i 通常代表易挥发组分，所以 α 通常大于 1。α 愈大，二组分挥发性差别大，用蒸馏法分离愈容易。α 等于 1 为恒沸液，两相组成相同，不能用一般蒸馏方法分离。一般说 $\alpha<1.05$ 难以用蒸馏法分离。

对于理想溶液，相对挥发度为二纯组分蒸气压之比，

$$\alpha=p_i^{\circ}/p_j^{\circ} \tag{8-4}$$

式中，p_i° 与 p_j° 分别为纯组分 i 与 j 的蒸气压。

对于接近理想溶液的体系，在相当大的温度范围内，α 变化不大，此时可以取 α 的平均值作为常数，以计算气液平衡关系。

$$y=\frac{x}{1+(\alpha-1)x} \tag{8-5}$$

对于多组分体系，也可以用相对挥发计算气液两相的平衡关系。

$$y_i=\frac{\alpha_i x_i}{\sum_{i=1}^{n}\alpha_i x_i} \tag{8-6}$$

$$x_i=\frac{y_i/\alpha_i}{\sum_{i=1}^{n}y_i/\alpha_i} \tag{8-7}$$

式中，α_i 为任意组分 i 对某一指定的基准组分的相对挥发度。

(3) 相平衡常数 K

相平衡常数的定义为

$$K_i=y_i/x_i \tag{8-8}$$

对于易挥发组分，其相平衡常数大于 1。K 值愈大，该组分在两相中的平衡组成相差愈大，易挥发组分更易在气相中浓集。

实际上，K 并不是常数，它是混合物的压力、温度以及组成的函数，对于组分的分子结构及大小均类似的混合物，K 值主要取决于温度与压力，组成的影响较小，此时，在计算中忽略组成对 K 的影响，不致引起过大的误差，例如轻烃系统。

对于多组分体系，一般都应用相平衡常数进行蒸馏过程的计算。

8.2.1.3　气液平衡热力学的基本关系式

混合物气液两相平衡的基本条件是各组分在两相中的化学位或逸度相等，

$$\mu_i^{\mathrm{L}}=\mu_i^{\mathrm{V}} \tag{8-9}$$

$$f_i^{\mathrm{L}}=f_{\mathrm{i}}^{\mathrm{V}} \tag{8-10}$$

根据式(8-8) 和式(8-10)，可得

$$K_i=\frac{y_i}{x_i}=\frac{\gamma_i f_{i\mathrm{L}}^{\circ}}{\hat{\varphi}_{i\mathrm{V}}p}=\frac{\gamma_i p_i^{*}\varphi_i^{*}(pF)_i}{\hat{\varphi}_{i\mathrm{V}}p} \tag{8-11}$$

$$K_i=\frac{y_i}{x_i}=\frac{\hat{\varphi}_{i\mathrm{L}}}{\hat{\varphi}_{i\mathrm{V}}} \tag{8-12}$$

式中　γ_i——组分 i 的活度系数；

$f^{\circ}_{i\mathrm{L}}$——在体系的温度、压力下液相纯组分 i 的逸度；

p_i^*——在体系温度下，纯组分 i 的饱和蒸气压；

φ_i^*——在体系温度和 p_i^* 下，纯组分 i 的逸度系数；

$$(pF)_i=\exp\left[\int_{p_i^*}^{p}\frac{V_{i\mathrm{L}}}{RT}\mathrm{d}p\right]，定义为 Poynting 因子$$

$V_{i\mathrm{L}}$——液态组分 i 的摩尔体积；

p——气相总压；

$\hat{\varphi}_{i\mathrm{V}}$——气相混合物中组分 i 的逸度系数；

$\hat{\varphi}_{i\mathrm{L}}$——液相混合物中组分 i 的逸度系数。

式(8-11)与(8-12)是计算平衡常数的两个基本关系式，它们分别代表两种不同的计算方法。使用式(8-11) 时，气相用逸度系数，液相用活度系数。使用式(8-12) 时，气液两相均用逸度系数，用一个能同时适用于气液两相的状态方程计算 $\hat{\varphi}_{i\mathrm{V}}$ 与 $\hat{\varphi}_{i\mathrm{L}}$。这种方法具有两相一致性的优点，但目前，由于缺乏能同时适用于极性物质溶液的状态方程，这种方法还只限于用在非极性物质的混合物，多数情况，仍使用式(8-11)。

8.2.2　气液平衡关系的计算

目前，各种文献、手册已积累了大量气液平衡数据和图表，可供参考使用[9,10,11]。

对于轻烃系统常使用 Depriester K 值图。(图 8-14，图 8-15)。因为对于轻烃系统，组成对 K 的影响较小，故取其平均值，视其仅为温度与压力的函数。与实验数据比较，K 值的平均偏差为 6.4%左右。

对于多数情况，气液两相平衡数据需要根据热力学原理进行计算。

前面提到，对于 n 组分混合物气液两相平衡，其自由度为 n，因此需先给定 n 个独立变量，才能根据式(8-11) 或式(8-12) 和 $\Sigma x_i=\Sigma y_i=1$ 以及活度、逸度等关系式算出其他变量。气液平衡关系的计算，一般有下面 4 种情况。

(1) 给定压力 p 和液相组成 x_1，x_2，$\cdots x_{n-1}$，求泡点温度 T 和气相组成 y_1，y_2，$\cdots y_n$；

(2) 给定压力 p 和气相组成 y_1，y_2，$\cdots y_{n-1}$，求露点温度 T 和液相组成 x_1，x_2，$\cdots x_n$；

(3) 给定温度 T 和液相组成 x_1，x_2，$\cdots x_{n-1}$，求泡点压力 p 和气相组成 y_1，y_2，$\cdots y_n$；

(4) 给定温度 T 和气相组成 y_1，$y_2\cdots y_{n-1}$，求露点压力 p 和液相组成 x_1，$x_2\cdots x_n$。

计算中的关键问题是液相 γ_i，$f^{\circ}_{i\mathrm{L}}$或$\hat{\varphi}_{i\mathrm{L}}$和气相$\hat{\varphi}_{i\mathrm{L}}$的计算，它们的算法由气相与液相的性质决定。一般说，气相性质取决于压力的高低，而液相的性质取决于组分分子的结构特性。可以按压力高低分为以下几种情况讨论。

(1) 理想低压体系。

(2) 一般中低压体系。

(3) 高压体系。

8.2.2.1　理想低压体系的气液平衡计算

低压下 (如<200kPa) 气相接近于理想气体，逸度系数等于 1，$V_{i\mathrm{L}}/(RT)$ 一般很小，$(pF)_i\doteq 1$，因此式(8-11) 变为

$$K_i=\frac{y_i}{x_i}=\frac{\gamma_i p_i^*}{p} \tag{8-13}$$

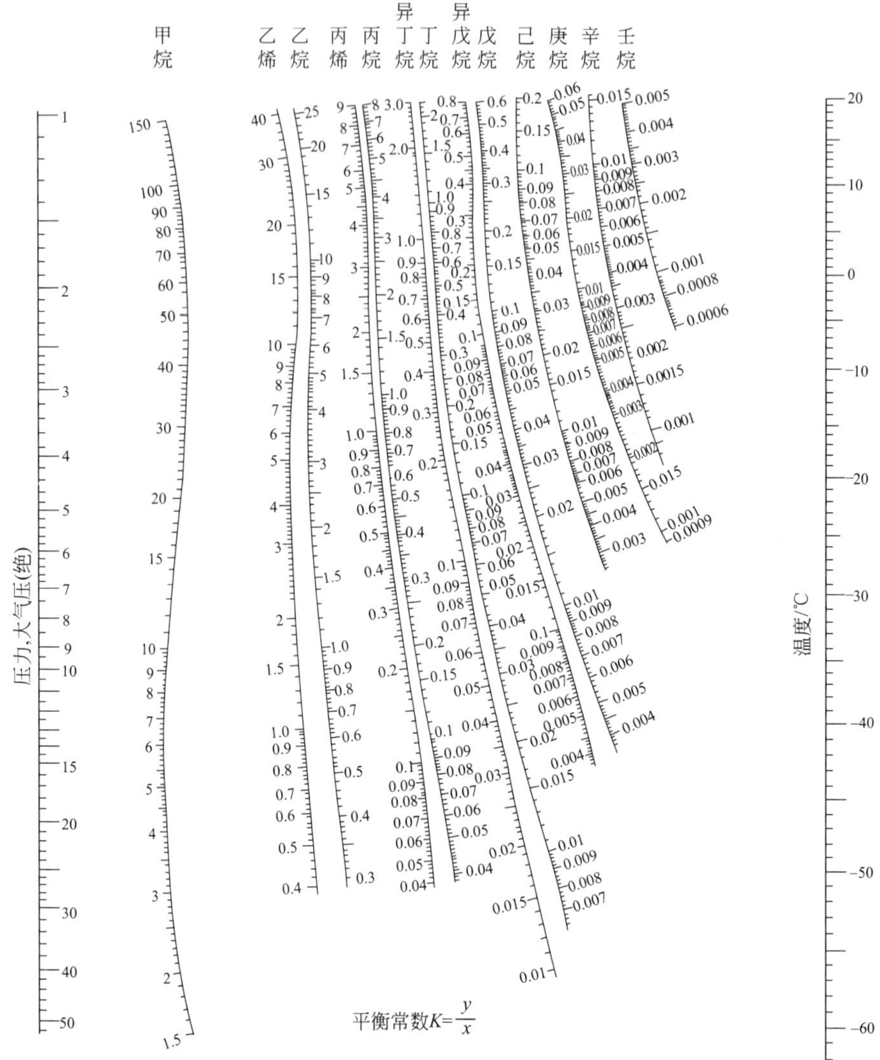

图 8-14 Depriester K 值图（$-65\sim20$℃）

或
$$py_i=p_i^*x_i\gamma_i$$

如果液相为理想溶液，活度系数为 1。则式(8-13a) 简化为 Raoult 定律

$$py_i=p_i^*x_i \tag{8-14}$$

一般化学结构近似的组分组成的溶液，如苯-甲苯、正庚烷-正己烷等体系，可按理想溶液处理。

式(8-14) 中，纯组分饱和蒸气压 p_i^* 只是温度的函数，可查有关手册或用 Antoine 方程式估算。

8.2.2.2 一般中低压体系的气液平衡计算

一般中低压下（1500～2000kPa），通常可以假设 Poynting 因子接近 1，式(8-11) 可简化为

$$py_i\hat{\varphi}_{i\mathrm{V}}=p_i^*\varphi_i^*x_i\gamma_i \tag{8-15}$$

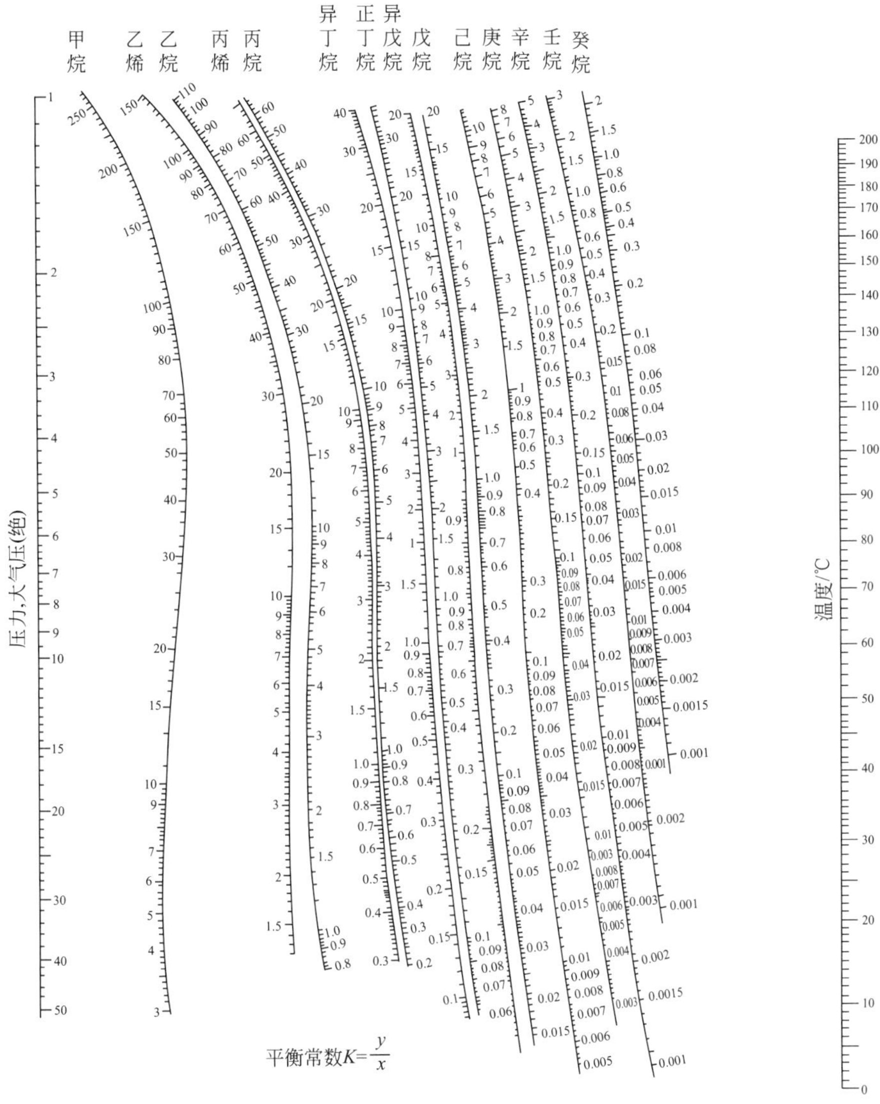

图 8-15 Depriester K 值图（−5～200℃）

式中的逸度系数 $\hat{\varphi}_{iV}$ 与 φ_i^* 可用两项式维里方程计算，因为在中低压条件下，两项式维里方程比较简便，又具有较好的精度。具体计算方法可参阅有关化工热力学的书籍。

活度系数 γ_i 的计算方法很多。对于二组分系统可以选用简便的 Wohl 型模型进行计算，如 van Laar 方程及 Margules 方程。对组分分子体积相差不很大的体系，可用 Margules 方程，否则选用 van Laar 方程。对于多组分系统，宜选 Wilson 方程以及 UNIFAC 基团模型等计算活度系数。表 8-2 与表 8-3 中列出了三种模型的计算公式及其对于若干体系的交互作用参数值。

表 8-2 Margules、van Laar 和 Wilson 方程

方程名称	可调整的模型参数	计算公式
Margules	$\bar{A}_{12}$ $\bar{A}_{21}$	$\ln\gamma_1=[\bar{A}_{12}+2(\bar{A}_{21}-\bar{A}_{12})x_1]x_2^2$ $\ln\gamma_2=[\bar{A}_{21}+2(\bar{A}_{12}-\bar{A}_{21})x_2]x_1^2$

续表

方程名称	可调整的模型参数	计算公式
van Laar	A_{12} A_{21}	$\ln\gamma_1=A_{12}\left(\frac{A_{21}x_2}{A_{12}x_1+A_{21}x_2}\right)^2$ $\ln\gamma_2=A_{21}\left(\frac{A_{12}x_1}{A_{12}x_1+A_{21}x_2}\right)^2$
Wilson	$\lambda_{12}-\lambda_{11}$ $\lambda_{21}-\lambda_{22}$	$\ln\gamma_1=-\ln(x_1+\Lambda_{12}x_2)+x_2\left(\frac{\Lambda_{12}}{x_1+\Lambda_{12}x_2}-\frac{\Lambda_{21}}{\Lambda_{21}x_1+x_2}\right)$ $\ln\gamma_2=-\ln(x_2+\Lambda_{21}x_1)-x_1\left(\frac{\Lambda_{12}}{x_1+\Lambda_{12}x_2}-\frac{\Lambda_{21}}{\Lambda_{21}x_1+x_2}\right)$
	式中 $\Lambda_{12}=\frac{V_2^L}{V_1^L}\exp\left(-\frac{\lambda_{12}-\lambda_{11}}{RT}\right)$；$\Lambda_{21}=\frac{V_1^L}{V_2^L}\exp\left(-\frac{\lambda_{21}-\lambda_{22}}{RT}\right)$； V_i^L=纯液体 i 的摩尔体积； λ_{ij}=组分 i 和 j 间的交互作用能，$\lambda_{ij}=\lambda_{ji}$	

表 8-3 Margules、van Laar 和 Wilson 方程的二组分交互作用参数

系统	Margules		van Laar		Wilson/(cal/mol)	
	$\bar{A}_{12}$	$\bar{A}_{21}$	A_{12}	A_{21}	$(\lambda_{12}-\lambda_{11})$	$(\lambda_{21}-\lambda_{22})$
丙酮(1),三氯甲烷(2)	−0.8404	−0.5610	−0.8643	−0.5899	116.1171	−506.8519
丙酮(1),甲醇(2)	0.6184	0.5788	0.6184	0.5797	−114.4047	545.2942
丙酮(1),水(2)	2.0400	1.5461	2.1041	1.5555	344.3346	1482.2133
四氯化碳(1),苯(2)	0.0948	0.0922	0.0951	0.0911	7.0459	59.6233
三氯甲烷(1),甲醇(2)	0.8320	1.7365	0.9356	1.8860	−361.7944	1694.0241
乙醇(1),苯(2)	1.8362	1.4717	1.8570	1.4785	1264.4318	266.6118
乙醇(1),水(2)	1.6022	0.7947	1.6798	0.9227	325.0757	953.2792
乙酸乙酯(1),乙醇(2)	0.8557	0.7476	0.8552	0.7526	58.8869	570.0439
正己烷(1),乙醇(2)	1.9398	2.7054	1.9195	2.8463	320.3611	2189.2896
甲醇(1),苯(2)	2.1411	1.7905	2.1623	1.7925	1666.4410	227.2126
甲醇(1),乙酸乙酯(2)	1.0016	1.0517	1.0017	1.0524	982.2689	−172.9317
甲醇(1),水(2)	0.7923	0.5434	0.8041	0.5619	82.9876	520.6458
乙酸甲酯(1),甲醇(2)	0.9605	1.0120	0.9614	1.0126	−93.8900	847.4348
1-丙醇(1),水(2)	2.7070	0.7172	2.9095	1.1572	906.5256	1396.6398
异丙醇(1),水(2)	2.3319	0.8976	2.4702	1.0938	659.5473	1230.2080
四氢呋喃(1),水(2)	2.8258	1.9450	3.0216	1.9436	1475.2583	1844.7926
水(1),乙酸(2)	0.4178	0.9533	0.4973	1.0623	705.5876	111.6579
水(1),正丁醇(2)	0.8608	3.2051	1.0996	4.1760	1549.6600	2050.2569
水(1),甲酸(2)	−0.2966	−0.2715	−0.2935	−0.2757	−310.1060	1180.8040

Wilson 方程的应用较广，其特点是模型参数 Λ_{ij} 可由二组分体系的数据确定，无需多组分体系的数据，它对含烃、醇、酮、醚、腈、酯、水和含硫、卤素化合物的互溶溶液均适用，但不适用于部分互溶溶液。在平田光穗编著的手册中[12]收集了很多体系的 Wilson 参数。

UNIFAC 基团模型[13]是目前广泛采用的一种计算活度系数的模型，它的突出优点是只需使用组分本身各基团的特征参数，该模型已在很多工程计算中成功应用，它适用于含烃、酮、醛、酸、醚、酯、脂、胺、水和含氯烃等互溶体系，也可用于部分互溶体系作近似估算。

8.2.2.3 高压体系的气液平衡计算

高压下气液平衡的计算更有其复杂性，简单的二项式维里方程已不适于表达蒸气的性质，

$(pF)_i$ 不能近似为 1，活度系数也受压力的影响。

对于烃类，1961 年 K. C. Chao 和 J. D. Seader[14] 提出著名的 CS 法，将式(8-11) 表示为

$$K_i=\frac{y_i}{x_i}=\frac{\gamma_i f_{iL}^{\circ}}{\hat{\varphi}_{iV}p}=\frac{\gamma_i\nu_i^{\circ}}{\hat{\varphi}_{iV}} \tag{8-16}$$

其中 ν_i° 为在系统的压力与温度下纯液体 i 的逸度系数，依据 pitzer 三参数对比态原理计算[15]，经 Grayson 和 Streed 修正提高了精度并可用于更高的温度与压力。式中的气相组分 i 的逸度系数 $\hat{\varphi}_{iV}$ 采用两参数 RK 方程计算，而液相组分 i 的活度系数则按正规溶液理论，即溶解度参数理论计算采用 Robinson 与 Chao（1971）[16] 和 Maffiolo 等人（1975）[17] 提出的扩展的 Scatchard-Hildebrand 方程计算，可以得到比较好的结果。

CS 法的应用范围如下。

（1）烃类（甲烷除外）

温度：$0.5<Tr_i<1.3$（对比温度按纯组分的临界温度计，并限制在 260℃ 以下）。

压力：6.89MPa 以下，不宜超过系统临界压力的 80%。

（2）对轻质气体（氢和甲烷）

温度：−73～260℃，不宜超过按分子平均的液体混合物虚拟临界温度的 93%。

压力：55MPa 以下。

（3）液相中甲烷含量（摩尔分数）<0.3，其他溶解气体量（摩尔分数）<0.2。

（4）当计算烷烃或烯烃的 K 值时，液相芳烃摩尔分数<0.5；当计算芳烃的 K 值时，液相芳烃的摩尔分数>0.5。

8.3 蒸馏过程计算的自由度分析[18,2]

8.3.1 自由度和设计变量

在蒸馏过程的设计中，设计者首先要确定必须先设定多少个过程变量才能得到一组唯一的过程结果，或者说得到一组确定的过程单值解，这个过程变量的数目叫做自由度，这些变量叫做设计变量（或称独立变量）。通过自由度分析，设计者可以确定设计变量的数目。

自由度（或设计变量数）可由下式确定。

$$N_f=N_v-N_c \tag{8-17}$$

式中，N_f 为自由度；N_v 为过程的所有变量（称为过程变量）的总数；N_c 是反映所有过程变量相互关系的独立方程的数目，也称为约束关系数。设计者只要设定 N_f 个过程变量的值，则其他所有的（N_v-N_f）个过程变量均可由联立解 N_c 个方程式求得。

8.3.1.1 过程变量

确定任何一股物流或一个过程必须指明一定数量的过程变量，它们包括：

（1）强度变量：如物流的组成、温度和压力等；

（2）广度变量：如物流的流量、传热量等；

（3）设备参数：如平衡级数（理论板数），进料板位置等。

物料的一些物性参数和热力学参数，因为它们是组成、压力和温度等的函数，都不作为过程变量。有的文献书籍中也把它们列为过程变量，但因同时也增加了相关的关系式，所以对自由度的数目没有影响。

8.3.1.2 约束关系式

约束关系式反映过程诸变量间的相互关系，它们包括：

(1) 过程的基本特征关系式，如从平衡级出去的气液两相的温度和压力相同，物流各组分的摩尔分数之和等于1等；

(2) 质量平衡关系，对于包括 C 个组分的系统，应该有 C 个质量衡算式，即 C 个组分的衡算式或（C-1）个组分的衡算式和一个总物料衡算式；

(3) 能量平衡关系，表示过程能量守恒的关系式；

(4) 相平衡关系，各组分在不同相间的平衡关系；

(5) 化学平衡关系。

作为约束关系式的方程式，必须都是独立的方程式。

8.3.1.3　设计变量

在设计中，在进行具体计算之前，必须根据过程特点与设计要求确定全部设计变量的值。设计变量的选取，根据设计要求的不同而异。对于设计型问题，它是为了完成一定分离任务而设计的一个新的精馏装置，其设计变量是产品的纯度及回收率等，精馏塔的理论板数，加料位置等则是需由约束关系式求解的非独立变量。对于应用已知精馏塔处理某种物料，要确定分离结果的操作型问题，理论板数与加料位置等是设计变量，而产品纯度与回收率则是需由约束关系求解的非独立变量。

8.3.2　操作元素的自由度分析

在进行操作单元的自由度分析时，首先要对构成操作单元的操作元素进行自由度分析。

8.3.2.1　单股均相流

单股均相流是最基本的操作元素。决定一股有 C 个组分组成的均相物料的过程变量有 C 个组分的组成和物料的流量、温度与压力等共 $C+3$ 个。其中存在一个约束关系式，即各组分的摩尔分数之和等于1。

$$\sum_{i=1}^{C} x_i = 1 \tag{8-18}$$

因此，其自由度 N_f^e

$$N_f^e = N_v - N_c = C+3-1 = C+2$$

8.3.2.2　分流器

分流器的作用是将一股物流分成二股或多股物流。精馏塔全凝器出口的分流器将冷凝液 L_C 分成馏出液 D 和回流液 L_R 两股液流（图8-16）。此分流器包括三股物流，还可能与外界有能量的交换，所以其过程变量 N_v^e 有

$$N_v^e = 3(C+3)+1 = 3C+10$$

其独立的约束关系式有

① 过程基本特征关系式

L_R 与 D 的温度与压力相同　$N_c=2$

L_R 与 D 中各组分的组成相同　$N_c=C-1$

三物流的组分摩尔分数之和等于1　$N_c=3$

② 物料平衡关系　$N_c=C$

③ 能量平衡关系　$N_c=1$

总约束关系式数为　$N_{c,总}^e = 2C+5$

所以分流器的自由度为

$$N_f^e = (3C+10)-(2C+5) = C+5$$

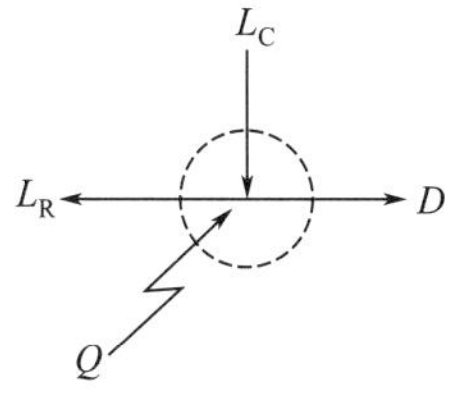

图 8-16　分流器

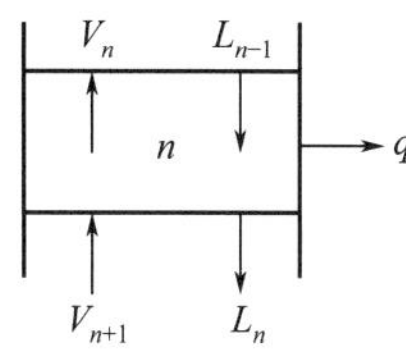

图 8-17　简单平衡级

因此，只要指定 $C+5$ 个设计变量，就可确定此分流器的全部过程变量。例如，指定 L_C 的全部过程变量（$C+2$）个，L_D/D 的比值、热损失 q 和 L_R 或 D 的压力，则根据这些变量值，可进行整个分流器的单值运算，确定 L_R 与 D 的流量、组成与温度。

8.3.2.3　简单平衡级（理论板）

图 8-17 所示的是没有加料和侧线出料的简单平衡级，其过程变量有

① 四股物流　$N_v=4(C+3)$

② 与外界的热交换　$N_v=1$

$$N_v^e=4C+13$$

过程的约束关系式有

① 过程基本特征关系式

流出的气液流的温度与压力相等　$N_c=2$

四物流的组分摩尔分数和等于 1　$N_c=4$

② 物料平衡关系　$N_c=C$

③ 热量平衡关系　$N_c=1$

④ 相平衡关系　$N_c=C$

总计　$N_c^e=2C+7$

所以简单平衡级的自由度为

$$N_f^e=(4C+13)-(2C+7)=2C+6$$

简单平衡级可以采用的设计变量有

① 进入的回流液 L_{n-1} 的流量、组成、温度与压力　$N_f=C+2$

② 进入的上升蒸气 V_{n+1} 的流量、组成、温度与压力　$N_f=C+2$

③ 流出的气液相的温度或压力　$N_f=1$

④ 热损失　$N_f=1$

因此，只要已知这些设计变量的值，就可以解上述约束关系式构成的联立方程，求出平衡级流出的气液相流量与组成。

蒸馏过程中常见的各种操作元素的自由度 N_f^e 列于表 8-4。

表 8-4　操作元素的自由度

操作元素	过程变量 N_v^e	约束关系 N_c^e	自由度 N_f^e
均相流股	$C+3$	1	$C+2$
分流器	$3C+10$	$2C+5$	$C+5$
流股混合器	$3C+10$	$C+4$	$2C+6$
泵	$2C+7$	$C+3$	$C+4$
加热器或冷却器	$2C+7$	$C+3$	$C+4$

续表

操作元素	过程变量N_v^e	约束关系N_c^e	自由度N_f^e
全凝器	$2C+7$	$C+3$	$C+4$
完全再沸器	$2C+7$	$C+3$	$C+4$
分凝器	$3C+10$	$2C+6$	$C+4$
部分再沸器	$3C+10$	$2C+6$	$C+4$
简单平衡级	$4C+13$	$2C+7$	$2C+6$
进料级	$5C+16$	$2C+8$	$3C+8$
侧线级	$5C+16$	$3C+9$	$2C+7$
绝热闪蒸级	$3C+9$	$2C+6$	$C+3$
等温闪蒸级	$3C+10$	$2C+6$	$C+4$

8.3.3 操作单元的自由度分析

操作单元由操作元素构成，操作单元的过程变量数 N_v^u 由下式决定。

$$N_v^u = N_r + \sum_{i=1}^{N} N_{fi}^e \tag{8-19}$$

式中 N_{fi}^e——操作元素 i 的自由度（设计变量数）；

N_r——组变量数。操作单元中相同的操作元素构成一个元素组，其中操作元素的数目称为该元素组的组变量。

操作单元的自由度，即设计变量数 N_f^u 为

$$N_f^u = N_v^u - N_c^u \tag{8-20}$$

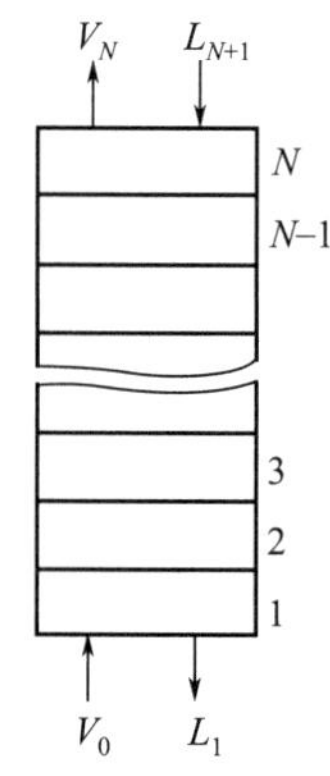

图 8-18 简单级联

式中，N_c^u 为操作单元的约束关系数，它不包括在计算其中各操作元素的自由度时已考虑过的约束关系，而只包括这些操作元素在构成操作单元时新出现的约束关系。因此，它们只是在各对相邻操作元素间各个物流中存在的恒等式。

8.3.3.1 简单级联

图 8-18 所示的简单级联表示一个吸收塔或精馏塔中的一个塔段，它由 N 个平衡级（理论板）组成，其中只有一个元素组，故 $N_r=1$，而每个平衡级的自由度为 $2C+6$，所以根据式(8-19)，简单级联的过程变量数为

$$N_v^u = 1 + N(2C+6)$$

其所增加的约束关系为各相邻平衡级间的 2 股物流中存在的恒等式。N 个平衡级共有级间物料 $2(N-1)$ 股，故总计有 $2(N-1)(C+2)$ 个恒等式，所以简单级联的自由度（设计变量数）N_f^u 为

$$\begin{aligned} N_f^u &= [1+N(2C+6)] - [2(N-1)(C+2)] \\ &= 2C+2N+5 \end{aligned}$$

对于操作型问题，可以选择下表中的变量为简单级联的设计变量。

设计变量	N_f^u
两股进料物料的流量、组成、温度、压力	$2(C+2)$
平衡级数	1
离开每级的物流的压力或温度	N
每级的热损失	N
总计	$2C+2N+5$

8.3.3.2 简单精馏塔

图 8-19 是简单精馏塔的示意图，它可以视为由精馏段 1、进料段 2、提馏段 3、部分再沸

器 4、全凝器 5 和回流分配器 6 等 6 个操作元素组成。这里由多个平衡级组成的精馏段与提馏段均视为操作元素。

此精馏塔的过程变量也按式(8-19) 计算，这里没有元素组，故 $N_r=0$，各个操作元素的自由度参见表 8-4 及 8.3.3.1，列表如下。

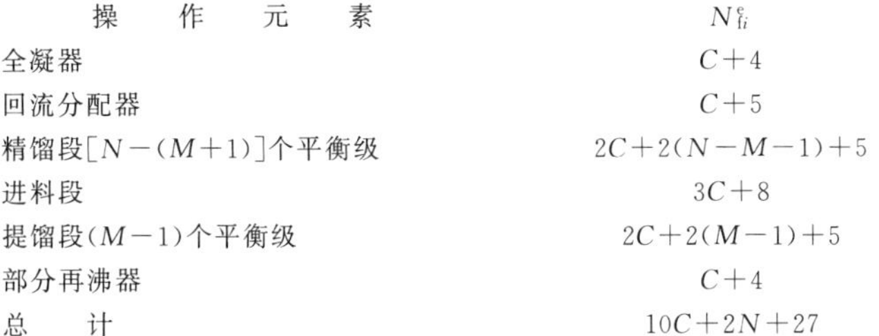

操作元素	N_{fi}^e
全凝器	$C+4$
回流分配器	$C+5$
精馏段[$N-(M+1)$]个平衡级	$2C+2(N-M-1)+5$
进料段	$3C+8$
提馏段($M-1$)个平衡级	$2C+2(M-1)+5$
部分再沸器	$C+4$
总计	$10C+2N+27$

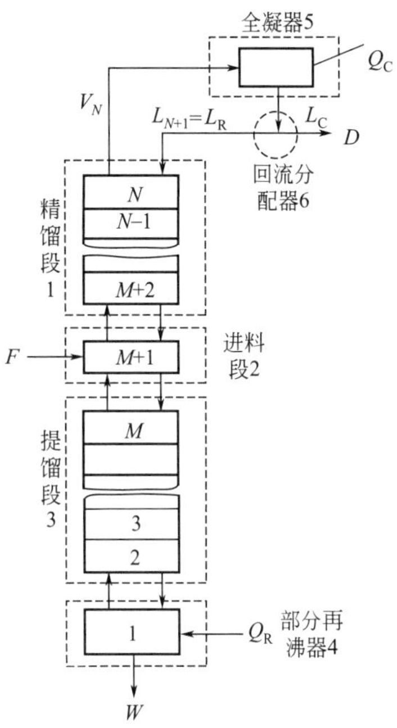

图 8-19　简单精馏塔

新增加的约束关系式为 6 个操作元素间的 9 股物流的恒等式，

$$N_c^u=9(C+2)$$

因此简单精馏塔的设计变量数为

$$N_f^u=N_v^u-N_c^u=(10C+2N+27)-(9C+18)$$
$$=C+2N+9$$

在用计算机解此精馏塔的方程组时，指定下列变量作为设计变量比较方便。

指定的设计变量	N_f^u
离开每一级的任一股物流的压力(包括再沸器)	N
离开全凝器的物流压力	1
离开回流分配器的任一股物流的压力	1
每段的热损失(不包括再沸器)	$N-1$
回流分配器的热损失	1
进料流率、组成、压力与温度	$C+2$
回流液温度	1
总级数	1
进料级以下的级数	1
馏出液速率 D/F	1
回流比 L_{N+1}/D	1
总计	$C+2N+9$

也可以指定其他变量作为设计变量。例如一个组分在塔顶馏出液 D 或塔底产品 W 中的含量，或一个组分在 D 或 W 中的回收率等。

8.3.3.3　其他单元和复合过程

一些操作单元的设计变量数列于表 8-5。

表 8-5　若干操作单元的设计变量数

操作单元名称	N_f^u	操作单元名称	N_f^u
精馏(部分冷凝器，仅有气相产品)	$C+2N+6$	吸收塔	$2C+2N+5$
汽提塔	$2C+2N+5$	有再沸器的吸收	$2C+2N+6$
有再沸器的汽提塔	$C+2N+3$	萃取精馏	$2C+2N+12$

对于前面没有提到的操作单元或复合过程，可以应用前面介绍的基本原理来确定其设计变

量，如在操作单元上增加一个进料，则应增加指定进料状态（流率、组成、温度、压力等）和进料位置等 $C+3$ 个设计变量 j 增加一个侧线出料应增加二个设计变量（流量与侧线位置）。

8.4 简单平衡蒸馏的计算

简单平衡蒸馏系指一混合物（气体或液体）经变更温度或压力，使其形成平衡的气液两相，从而使难挥发组分和易挥发组分部分分离的过程。常见的有平衡冷凝、平衡气化、绝热闪蒸和简单蒸馏等四种过程，计算这些过程的基本关系式是相平衡、物料衡算和焓衡算。在这类过程的计算以及其他蒸馏过程的计算中常要用到混合物泡点和露点的概念和计算。

8.4.1 泡点和露点状态的计算

一个组成为 x_i 的多组分液体混合物，在一定压力 p 下将其加热至刚形成微小气泡时的温度称为该液体混合物在该压力下的泡点温度。将此混合物继续加热，升温到使其液相的最后一滴液体消失时的温度称为该混合物在该压力下的露点温度。当混合物处于泡点或露点温度下，其气液两相呈平衡状态。对于任意基准量的混合物来说，在泡点或露点状态下的物系，共有 $2C+4$ 个（两相的组成，压力和温度）操作变量，其约束关系有

（1）过程基本特征关系式

两相温度，压力相等；

两相各组分的摩尔分数和为 1

$$\Sigma x_i=1,\Sigma y_i=1$$

（2）两相平衡

$$y_i=K_ix_i$$

因此过程的独立变量数 $N_f=(2C+4)-(C+4)=C$ 个。

所以，泡点与露点状态的计算必须指定 C 个独立变量的数值，也就是说，只要给定 C 个独立变量的数值，就可以确定其他变量。通常的计算是对已知组成的混合物求其在一定压力下的泡点和露点。

8.4.1.1 泡点温度的计算

已知液相组成和系统压力等 C 个独立变量，联立相平衡方程和气相各组分摩尔分数加和方程，可以解出泡点温度和气相组成。

相平衡方程 $$y_i=K_ix_i \quad 1\leqslant i\leqslant C \tag{8-21}$$

泡点方程 $$\Sigma y_i=\Sigma K_ix_i=1 \tag{8-22}$$

式(8-22) 可写为

$$F_B(T)=\Sigma K_ix_i-1=0 \tag{8-23}$$

式(8-23) 为非线性方程，可用任何一种数值计算方法求解。当相平衡常数只为温度 T 的函数时，可以用 Newton 迭代法求解泡点温度。牛顿迭代公式为

$$T^{k+1}=T^k-\frac{F_B(T^k)}{F'_B(T^k)} \tag{8-24}$$

式中

$$F'_B(T)=\sum_{i=1}^{c}x_i\frac{dK_i}{dT} \tag{8-25}$$

上标 k 表示迭代次数。迭代过程如下：先假设一个温度的初值 T°，求出 K°、$F_B(T^\circ)$ 和 $F'_B(T^\circ)$，用式(8-24) 求出 T'，重复进行上述迭代过程直到计算精度满足 $|F_B(T^k)|\leqslant\varepsilon$

的要求为止。求得泡点温度后，即可求得气相组成 y_i。

8.4.1.2 露点温度的计算

已知气相组成和系统压力等 C 个独立变量，联立相平衡方程和液相各组分摩尔分数加和方程，可以解出露点温度和液相组成。

相平衡方程
$$x_i=\frac{y_i}{K_i} \tag{8-26}$$

露点方程
$$\Sigma x_i=\Sigma\frac{y_i}{x_i}=1 \tag{8-27}$$

可写为
$$F_D(T)=\Sigma\frac{y_i}{K_i}-1=0 \tag{8-28}$$

同上，可以采用 Newton 迭代法求解（8-28）得露点温度，Newton 迭代公式为

$$T^{k+1}=T^k-\frac{F_B(T^k)}{F_B'(T^k)} \tag{8-29}$$

式中
$$F'_B(T)=-\sum_{i=1}^{c}\left(\frac{y_i}{K_i^2}\right)\left(\frac{dK_i}{dT}\right) \tag{8-30}$$

具体迭代方法同泡点温度的计算。

8.4.2 平衡气化和平衡冷凝过程的计算

平衡气化和平衡冷凝的典型流程如图 8-20 所示。在一定温度与压力下的流量 F，组成为 Z_i 的液相或气相混合物在压力 p 下加热或冷却到其泡点 T_B 与露点 T_D 间的某一温度，使其部分气化或部分冷凝，形成气液两相，在分离器中分离成气液两股产品，气相流量为 V，组成为 y_i，液相流量为 L，组成为 x_i。

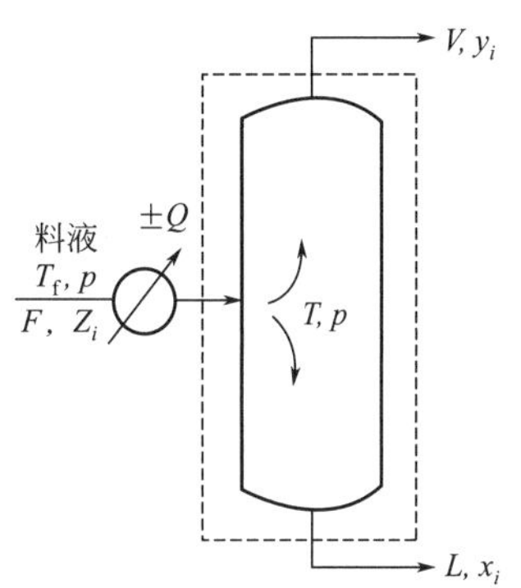

图 8-20 平衡气化与平衡冷凝过程

对于虚线所示的系统，过程变量为 $3(C+3)$ 个，约束关系为三物流的 T，p 相同，三物流的组分摩尔分数和为 1，及组分相平衡与物料平衡关系共 $2C+7$ 个，自由度为 $C+2$ 个，因此必须先指定 $C+2$ 个独立变量才能求解。

组分的物料平衡
$$FZ_i=Lx_i+Vy_i \tag{8-31}$$

物流摩尔分数加和方程
$$\Sigma x_i=\Sigma y_i=1 \tag{8-32}$$

组分的相平衡关系
$$y_i=K_ix_i \tag{8-33}$$

由式(8-31) 和式(8-33)，消去 y_i，并以气化率 $e=V/F$ 代入，可得

$$x_i=\frac{Z_i}{(K_i-1)e+1} \tag{8-34}$$

根据式(8-32) 和式(8-34)，可得

$$F(e\cdot T)=\sum_{i=1}^{c}\frac{Z_i}{(K_i-1)e+1}-1=0 \tag{8-35}$$

式(8-35) 是综合平衡气化与冷凝的有关基本方程而得的关系式，可据此进行平衡气化与冷凝的计算。通常有两种情况，已知 T，p，F 和料液组成 Z_i，计算气液两相的量 V，L（或气化

率 e）与组成 x_i 和 y_i；已知 F，Z_i，p 和要求的气化率求温度 T 与 x_i 和 y_i。前一种情况可用下列 Newton 迭代方程求解

$$e^{k+1}=e^k-\frac{F(e^k)}{F'(e^k)} \tag{8-36}$$

由已知的 T，p，求出各组分的气液平衡常数 K_i，即可用式(8-36) 进行迭代过程，先假设 e 的初值e°，由式(8-36) 求出 e'，按此重复迭代，直至 $|F(e^k \cdot T)|$ 小于指定的偏差 ε 为止。求出 e 后，即可根据式(8-34) 和式(8-33) 求出 x_i 和 y_i。

对于后一种情况，Newton 迭代式为

$$T^{k+1}=T^k-\frac{F(T^k)}{F'(T^k)} \tag{8-37}$$

先假设 T 的初值T°，进行迭代，具体方法与上述迭代过程类似。

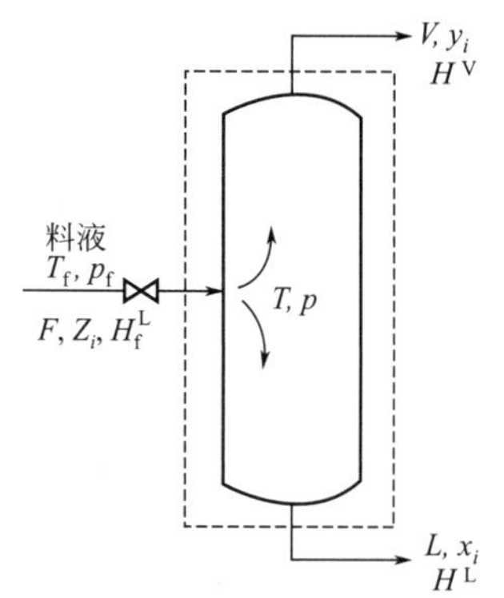

图 8-21　绝热闪蒸过程

8.4.3　绝热闪蒸过程计算

绝热闪蒸过程如图 8-21 所示。料液（温度 T_f、压力 p_f、流量 F，组分摩尔分数 Z_i）经减压阀绝热减压至压力 p，料液部分气化，得气相流量 V，组成 y_i，液相流量 L，组成 x_i，而温度降为 T。此过程的过程变量为 $3(C+3)$，约束关系为所得气液相温度、压力相同，三物流组分摩尔分数和为 1，组分的相平衡和物料平衡方程以及热衡算方程

$$FH_F^L=VH^V+LH^L \tag{8-38}$$

共 $2C+6$ 个。因此，需要指定 $C+3$ 个独立变量才能解此方程。通常是已知料液的 T_f、p_f、F 及 Z_i 和阀后的压力 p，计算 T、V、y_i、L、x_i。

为解此方程，取 $F=1.0$mol 为基准，将式(8-38) 改写为

$$F_1(T,V)=H^F-V(H^V-H^L)-H^L=0 \tag{8-39}$$

其余的关系式与推导式(8-35) 时所用的关系式相同，用导出式(8-35) 类似的方法可得

$$F(T,V)=\Sigma x_i-\Sigma y_i=\sum_{i=1}^{c}\frac{Z_i(1-K_i)}{1+V(K_i-1)}=0 \tag{8-40}$$

已有多种迭代方法联立式(8-39) 与式(8-40) 求解 V 和 T。通常用分割法很快就能收敛。对于进料组分的挥发度相差不大时，可先设 T 的初值，求解式(8-40)，得 V 值。然后用该 V 值迭代求解式(8-39)，得到一个新的 T 值，再用它作下一次重复计算，直至 T 和 V 收敛为止。但是当进料组分的挥发度相差较大时，最好颠倒上述计算次序，即先假设 V 的初值，解式(8-40)，得 T 值，再解式(8-39) 得 V，然后进行下一次计算。如果平衡常数和焓受气液相组成的影响较明显，则需用 Newton 或其他适当的迭代方法求解[19]。

8.4.4　复杂混合物平衡蒸馏的计算

对于组分很多的复杂的碳氢化物的混合物，往往不可能得到各个组分的具体组成，一种简化的办法是把它看成是若干假想组分组成的混合物，估算每个假想组分的摩尔分数和平衡常数 K 值，然后按照上述方法进行计算。Edmister 和 Maxwell[20] 提出过一些估算这种 K 的图表。

8.4.5　简单蒸馏的计算

简单蒸馏也称为微分蒸馏。其操作过程如下（参见图 8-22）：将组成为 x_0（易挥发组分的摩尔分数）的一批料液 W_0 kmol 加到蒸馏釜中，加热至其泡点后，继续加热，溶液气化，蒸

出的气体在冷凝器中冷凝成液体，此过程继续进行，直至蒸馏釜中液体量降为 W，或其中易挥发组分的组成降为 x_1 为止。

此过程为非定态过程，釜中液体和蒸出的蒸气组成随时间而变化（在每一时刻蒸出的蒸气与釜中液体呈平衡）。过程的计算是根据料液量与组成，确定馏出液与釜液的量和组成的关系。

对于蒸馏过程中的任一时刻，设馏出液的蒸出速率为 D(kmol/h)，组成为 y，釜液量为 W，组成为 x。此刻易挥发组分的

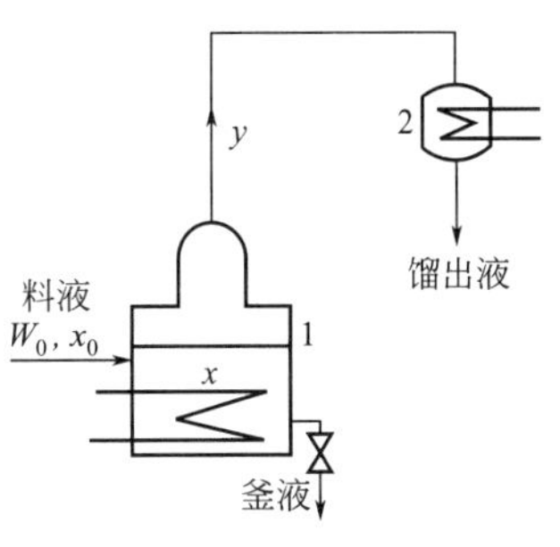

图 8-22 简单蒸馏

1—蒸馏釜；2—冷凝器

$$\text{馏出速率} = Dy = \frac{-\mathrm{d}}{\mathrm{d}t}(Wx)$$

$$\frac{\mathrm{d}}{\mathrm{d}t}(Wx) = Dy \tag{8-41}$$

以总物料平衡关系 $-\mathrm{d}W = D\mathrm{d}t$ 代入式(8-41)，从 W_0 到 W_1，x_0 到 x_1 积分得

$$\ln\frac{W_1}{W_0} = \int_{x_0}^{x_1}\frac{\mathrm{d}x}{y-x} \tag{8-42}$$

式中，y 与 x 互呈平衡，可按适当的平衡关系处理。对于平衡常数 K 近似恒定的情况，将平衡关系 $y=Kx$ 代入式(8-42)，积分得

$$\ln\frac{W}{W_0} = \frac{1}{K-1}\ln\frac{x}{x_0} \tag{8-43}$$

对于相对挥发度 α 为常数的二组分混合物，式(8-42) 积分可得

$$\ln\frac{W_1}{W_0} = \frac{1}{\alpha-1}\left[\ln\frac{x_1}{x_0} + \alpha\ln\frac{1-x_1}{1-x_0}\right] \tag{8-44}$$

对于气液平衡关系比较复杂的情况，式(8-42) 可用图解法或数值积分法求解。

求出 W_1 和 x_1 后，可以根据物料平衡关系计算馏出液量 D 和组成 y_1。

8.5 二组分精馏计算

8.5.1 基本概念

应用前一节简单平衡蒸馏的方法只能将二组分混合物进行粗分，得到一个易挥发组分浓度较高的产品和一个难挥发组分浓度较高的产品，不能得到纯的易挥发组分和难挥发组分的产品。对于二组分混合物，要想将它们完全分离得到两个纯组分的产品，必须采用如图 8-23 所示的具有回流 L 和上升蒸气 V 的气液逆流作用过程。图 8-23 表示的是一个典型的二组分精馏塔，它具有一个进料口，一个塔顶馏出液产品，一个塔底产品。回流 L 由上升蒸气经塔顶冷凝器冷凝产生，上升蒸气由回流液在塔底的部分再沸器蒸发产生。其分离原理可以按平衡级（理论板）概念建立的模型塔来说明。就塔中的第 n 个平衡级而言（图 8-24），从第 $n+1$ 级进来的易挥发组分组成 y_{n+1} 较低的上升蒸气 V_{n+1} 与第 $n-1$ 级来的易挥发组分组成 x_{n-1} 较高的回流液 L_{n-1} 接触，因为组分在此两相间不平衡，易挥发组分从液相气化到气相，难挥发组分从气相冷凝到液相，最后两相达到平衡，组成为 y_n 的气相 V_n 和组成为 x_n 的液相 L_n 分别离开第 n 级。这个级就是一个平衡级，或称一块理论板。从第 n 级出来的气相 V_n 上升至第 $n-1$ 级，而液相 L_n 则下流到第 $n+1$ 级。因此经过这一个平衡级的作用，上升的气相中易挥发组

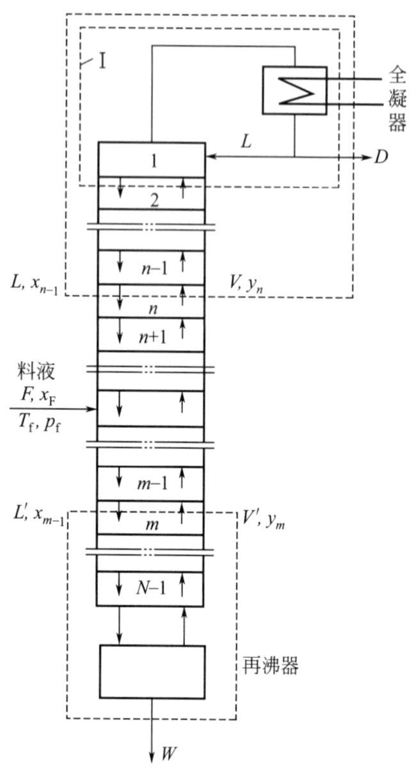

图 8-23　二组分精馏塔典型流程

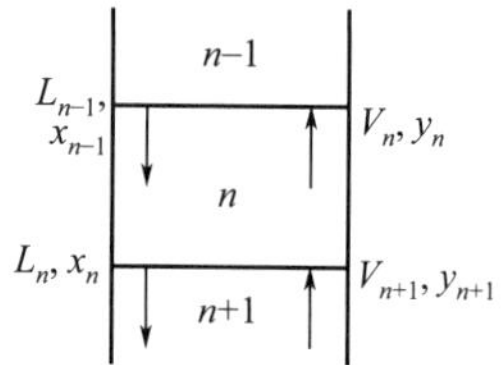

图 8-24　理论板

分的组成从 y_{n+1} 提高到 y_n，而下流的回流液中易挥发组分的组成则从 x_{n-1} 降低到 x_n，或者说难挥发组分的组成从（$1-x_{n-1}$）提高到（$1-x_n$）。这样上升蒸气每经一个平衡级，其中的易挥发组分组成提高一点，经过足够数量的平衡级而从塔顶出去时，可以得到比较纯的易挥发组分的产物。而回流的液体则每经一个平衡级，其中难挥发组分的组成提高一点，经过足够数量的平衡级而至塔底再沸器时，为比较纯的难挥发组分的产物。因此精馏塔的平衡级数（或理论板数）是将混合物分离为一定纯度的两个产品的必要条件。为了使混合物达到一定分离要求所需的平衡级数反映分离的难易程度和分离要求的高低，分离难、分离要求高所需的平衡级数多，分离容易与分离要求低所需的平衡级数少。一般实际所用板式精馏塔的塔板数比理论板多，表 8-6 列出了若干工业精馏塔的实际塔板数。

精馏塔的计算内容是求出精馏塔内各股物料的组成、温度、压力、流率和焓等，以满足工程设计、操作和控制的需要。通常可以归纳为两类。① 设计型计算。已知原料情况及产品质量要求等条件，求所需理论板数。② 操作型计算。已知含料情况与塔的理论板数等条件，求可能达到的产品组成。

表 8-6　若干工业精馏塔的实际塔板数[21]

关　键　组　分	典型的塔板数	关　键　组　分	典型的塔板数
碳氢化合物系统		苯-甲苯	34,53
乙烯-乙烷	73	苯-乙苯	20
丙烯-丙烷	138	苯-二乙苯	50
丙烯-1,3-丁二烯	40	甲苯-乙苯	28
1,3-丁二烯-乙烯基乙炔	130	甲苯-二甲苯	45

续表

关 键 组 分	典型的塔板数	关 键 组 分	典型的塔板数
乙苯-苯乙烯	34	含水的系统	
邻二甲苯-间二甲苯	130	氢氰酸-水	15
有机系统		乙酸-水	40
甲醇-甲醛	23	甲醇-水	60
二氯乙烷-三氯乙烷	30	乙醇-水	60
乙酸-乙酸酐	50	异丙醇-水	12
乙酸酐-亚乙基二乙酸酯	32	乙烯基乙酸酯-水	35
乙烯基乙酸酯-乙酸乙酯	90	环氧乙烷-水	50
1,2-亚乙基二醇-二甘醇	16	1,2-亚乙基二醇-水	16
异丙基苯-酚	38		
酚-乙酰苯	39,54		

根据自由度分析，如图 8-23 所示的精馏塔（一股进料，全凝器和部分再沸器），共有 $C+2N+9$ 个自由度，即必需指定 $C+2N+9$ 个设计变量，才能根据有关的约束关系式，计算出所要求的参数。对于设计型计算，可指定表 8-7 所列的设计变量，要求算出所需总级数及加料位置。对于操作型计算，则上述设计变量中的馏出液与塔釜液组成代之以总级数与加料位置，而要求计算的则是馏出液与塔釜液的组成。

表 8-7　二组分精馏计算的设计变量

设 计 变 量	N_i^u
每块理论板上的压力(包括再沸器)	N
每块理论板上的热损失(再沸器除外)	$N-1$
冷凝器的压力	1
回流分配器的压力和热损失	2
回流温度	1
回流比	1
进料流率、组成、温度与压力	$C+2$
塔顶流出液组成	1
塔釜液组成	1
再沸器的热负荷	1
总　计	$C+2N+9$

计算所根据的基本关系式包括摩尔分数加和式、物料恒算、焓衡算和相平衡关系。

二组分混合物的精馏过程原理也可以用连续逆流的传质模型来说明，此时用传质单元数来表示分离要求的高低和分离的难易程度。这种方法在吸收一章中有详细介绍，在蒸馏计算及蒸馏过程分析中用得较少，因此本章中不再介绍，需要时，读者可参考吸收一章及其他有关文献。

8.5.2　不计焓衡算的二组元精馏计算

8.5.2.1　恒摩尔流假设

恒摩尔流假设是指假设精馏塔中上下各塔板间流动的回流液和上升蒸气的摩尔流量不变。假设二组分的摩尔气化热相等，没有热损失和混合热与显热的影响，就是恒摩尔流的情况。两个沸点相近的同分异构物的精馏很接近恒摩尔流。假设为恒摩尔流时，可以不计焓衡算，大大简化精馏塔的计算。因而即使在与恒摩尔流有较大偏差的情况下，恒摩尔流假设也被广泛采用，进行精馏塔的粗略估算。

8.5.2.2 逐级计算原理

对于设计型问题，可以按图 8-23 所示模型塔根据平衡关系和物料衡算关系逐级计算求理论板数和加料位置。从塔顶开始计算。采用全冷凝时，馏出液组成与塔顶第一块理论板出去的气体组成 y_1 相同。根据理论板概念从第一块理论板流下的回流液的组成 x_1 可由气液平衡关系确定。以虚线框Ⅰ所示的包括第一块理论板的系统作易挥发组分的物料衡算

$$V_{y2}=Lx_1+Dx_D \tag{8-45}$$

在 V，L，D，x_D 已知的条件下，根据此式即可由 x_1 求得由第 2 块理论板上升蒸气的组成 y_2。已知 y_2，即可由平衡关系确定第 2 块理论板流下的回流液组成 x_2。已知 x_2 可以仿照上述的物料衡算，确定第 3 块理论板上升蒸气的组成 y_3。如此逐级向下计算，当 M 块板流出的 x_M 等于或接近 x_F 时，料液就从此处加入。如此继续往下逐级计算，当第 N 级流出的液体组成等于要求的 x_W 时，N 即为所求的理论板数。最后一块理论板实际上就是再沸器。

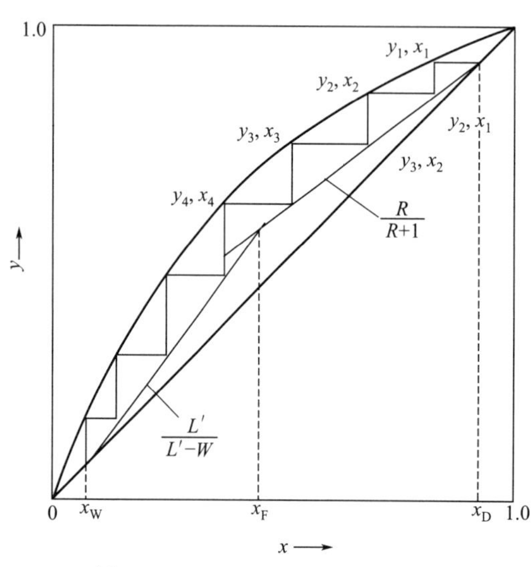

图 8-25 Mc Cabe-Thiele 图解法

8.5.2.3 Mc Cabe-Thiele 图解法[22]

上述逐级计算过程可以用 Mc Cabe-Thiele 图解法进行。在 y-x 图上绘出平衡线，同时绘出表示物料衡算关系的操作线。操作线的作法如下，以图 8-23 中精馏段第 n 块理论板以上的虚线框为系统作易挥发组分的物料衡算，得

$$Vy_n=Lx_{n-1}+Dx_D \tag{8-46}$$

根据系统的总物料衡算 $V=L+D$，式(8-46) 可改写为

$$y_n=\frac{L}{V}x_{n-1}+\frac{D}{V}x_D \tag{8-47}$$

式中，y_n 与 x_{n-1} 表示精馏段中任意两块理论板间相遇两气液相间的组成关系。因为回流比 $R(R=L/D)$ 是精馏塔中常用的概念，所以式(8-47) 常写为

$$y=\frac{R}{R+1}x+\frac{1}{R+1}x_D \tag{8-48}$$

式(8-47) 与式(8-48) 称为精馏段的操作线方程，它在 y-x 图上是通过对角线上的 (x_D, x_D) 点，斜率为$\frac{R}{R+1}$（即$\frac{L}{V}$）的直线（图 8-25）。

同上，对于进料口以下的提馏段，以第 m 块理论板以下的虚线框为系统作物料衡算：

$$L'x_{m-1}=V'y_m+Wx_W \tag{8-49}$$

由式(8-49) 可得提馏段操作线方程

$$y=\frac{L'}{L'-W}x-\frac{W}{L'-W}x_W \tag{8-50}$$

式中，y 与 x 表示在提馏段任意两理论板间相遇的气液两相的组成关系，它在 y-x 图上是通过（x_W，x_W）点，斜率为$\frac{L'}{L'-W}$的直线。

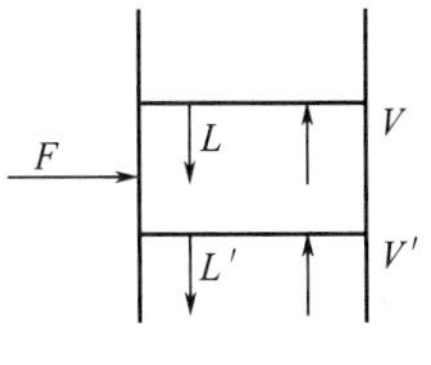

对加料板作物料衡算与焓衡算，可以确定精馏段与提馏段的回流液量 L 与 L'和上升蒸气量 V 与 V'的关系（图 8-26）。对于恒摩尔假设的情况，当进料为泡点状态下的饱和液体时，

图 8-26　加料板

$$L'=L+F \tag{8-51}$$

$$V=V' \tag{8-52}$$

在此情况下，两操作线的交点在 $x=x_F$ 处。

在 y-x 图上，根据逐级计算原理，从塔顶（x_D，x_D）点开始，在操作线与平衡线间作水平与垂直线构成的阶梯，直至 x_n 等于或小于 x_W 为止，n 即为所需理论板数。图 8-25 所示为 7 块。在画阶梯时应注意在精馏段应使用精馏段操作线，在提馏段应使用提馏段操作线，两段的分界处为两操作线交点，料液从此处加入。如图 8-25 所示，x_F 在 x_3 与 x_4 之间，因此在从上往下数的第 4 块理论板上加料。再沸器的作用相当于一块理论板，所以精馏塔本身所需理论板数应为 6 块。

8.5.2.4　进料状态的影响

进料状态不同，影响精馏段与提馏段气液流量间的关系，影响提馏段操作线斜率，因而影响两操作线交点的位置。进料状态可以用进料热状态参数 q 表征，q 的定义为

$$q=\frac{\text{将 1kmol 进料转化为饱和蒸气所需的热量}}{\text{进料的千摩尔气化热}} \tag{8-53}$$

有 5 种进料热状态，如表 8-8 所示。

表 8-8　进料热状态

序　号	进料热状态	q 值	序　号	进料热状态	q 值
1	过冷液体	$q>1$	4	饱和蒸气	$q=0$
2	饱和液体	$q=1$	5	过热蒸气	$q<0$
3	气液混合液	$0<q<1$			

根据 q 的定义式可得

$$L'=L+qF \tag{8-54}$$

$$V=V'+(1-q)F \tag{8-55}$$

求得精馏段与提馏段的操作线方程交点的轨迹，并代入式(8-54) 和式(8-55) 的关系，可得 q 线方程式

$$y=\frac{q}{q-1}x-\frac{x_F}{q-1} \tag{8-56}$$

它是一条通过对角线上点（x_F，x_F），斜率为$\frac{q}{q-1}$的直线。对表 8-8 所示 5 种加料热状态，可得 5 条不同的直线，它们分别表示不同加料热状态下，两条操作线交点的轨迹（图 8-27）。对于加料为饱和液体时，q 线为通过（x_F，x_F）的垂直线，表示此时两操作线相交于 $x=x_F$ 处。

8.5.2.5　进料板位置

两操作线的位置决定加料板的位置，在塔顶向下画阶梯时，当 $m-1$ 与 m 一级间的水平

段越过两操作线的交点时，则 m 块理论板为加料板（图 8-28）。因为此板上某处的气液组成正好与加料的气液组成相同。如果不在此板上加料，料液与板上气液组成不同，将引起此板上气液组成的改变，实质是引起塔内气液的纵向返混，导致分离效果的降低。

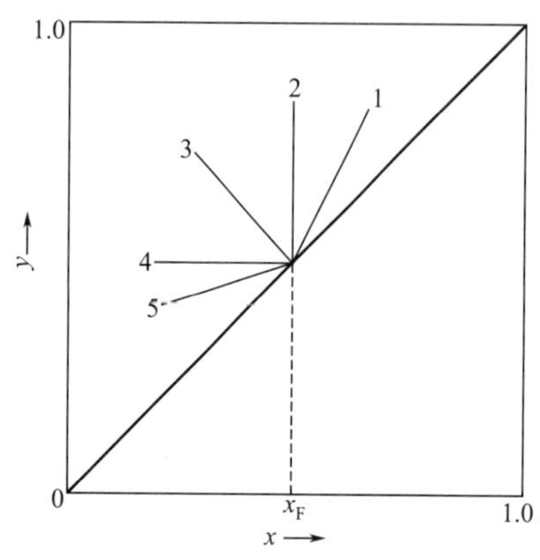

图 8-27　五种加料状态的 q 线

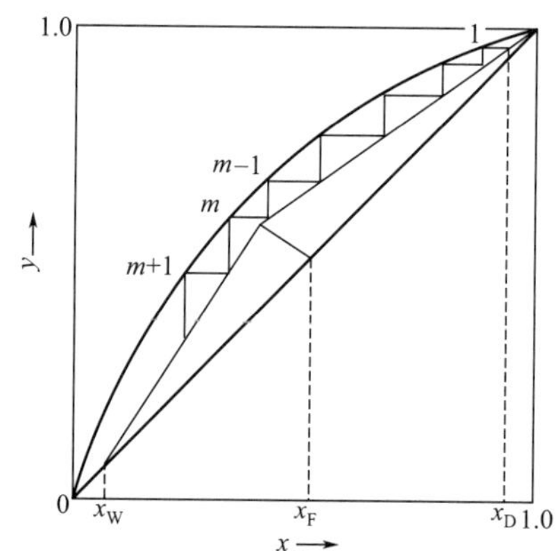

图 8-28　加料板位置

8.5.2.6　回流比的选择

选择合理的回流比，是精馏过程的重要内容。对于一定的产品质量要求，回流比的大小，直接决定了操作线的斜率，即操作线与平衡线之间的距离，因而决定了所需理论板的多少。

（1）全回流

当回流比 R 增大时，精馏段操作线斜率增大，操作线向对角线靠近，操作线与平衡线之间的距离增大，分离所需的理论板数减少。极限的情况是当回流比为无限大（称为全回流，此时不加料，无产品）时，操作线与平衡线间的距离最大（图 8-29），所以此时所需的理论板数为最少。

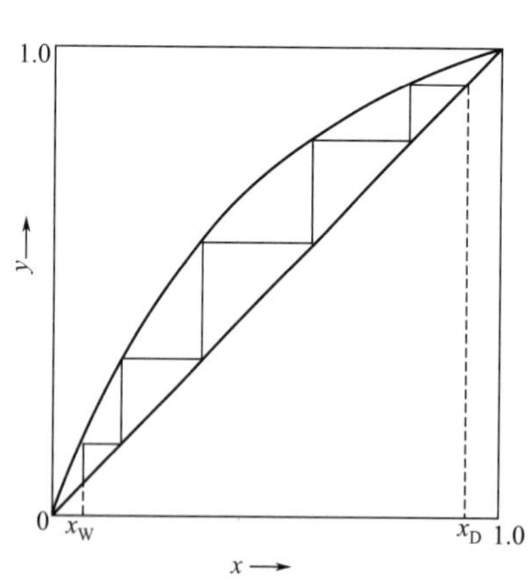

图 8-29　全回流时所需理论板数

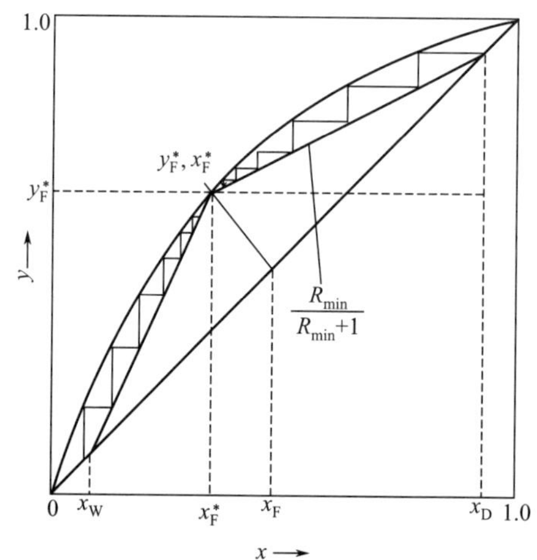

图 8-30　操作线与平衡线相交

（2）Fenske 方程

当溶液接近理想溶液，α 接近常数，则可以取其平均值作为常数处理，此时可用 Fenske 方程计算全回流条件下所需的理论板数 N_{min}（最小理论板数）[23]。

$$N_{min}=\frac{1}{\ln\alpha_{av}}\left[\ln\left(\frac{x_D}{x_W}\cdot\frac{1-x_W}{1-x_D}\right)\right] \tag{8-57}$$

式中，α_{av}为平均相对挥发度，可取

$$\alpha_{av}=(\alpha_{塔顶}\cdot\alpha_{塔底})^{1/2} \tag{8-58}$$

或

$$\alpha_{av}=(\alpha_{塔顶}\cdot\alpha_{塔中}\cdot\alpha_{塔底})^{1/3} \tag{8-59}$$

（3）最小回流比

当回流比 R 减小时，精馏段操作线的斜率减小，操作线向平衡线靠近，操作线与平衡线之间的距离减小，分离所需的理论板数增加。极限情况是两操作线与平衡线相交（图 8-30）或一根操作线与平衡线相切（图 8-31），此时，分离所需的理论板数为无穷大，相应的回流比为最小回流比。这个交点或切点称为夹紧点，紧靠加紧点的区域叫夹紧区，这一区域包含很大数量的理论板，在这些板上的气液相浓度几乎不变，故也称为恒浓区。

图 8-30 表示的是平衡线无拐点的情况，此时夹紧点是平衡线与操作线和 q 线的共交点，最小回流比 R_{min}与有关参数的关系为

$$\frac{R_{min}}{R_{min}+1}=\frac{x_o-y_F^*}{x_D-x_F^*} \tag{8-60}$$

$$R_{min}=\frac{x_D-y_F^*}{y_F^*-x_F^*} \tag{8-61}$$

式中，y_F^* 和 x_F^* 为共交点的坐标。

对于饱和液体加料：x_F^* 即 x_F

对于饱和蒸气加料：y_F^* 即 x_F

对于其他加料情况：
$$x_F^*=-\frac{u}{2}+\sqrt{\frac{u^2}{4}+v} \tag{8-62}$$

式中
$$u=\frac{1}{q}\left(\frac{\alpha}{\alpha-1}-q-x_F\right)$$

$$v=\frac{x_F}{q(\alpha-1)}$$

α 为相对挥发度。

图 8-31 表示平衡线有拐点的情况，此时在依次减小回流比时有可能在两操作线与平衡线相交前出现操作线与平衡线相切的情况，此时最小回流比需由此切线的斜率确定。

对于一定物系，最小回流比与分离要求，即产品的纯度 x_D 有关，x_D 不同，R_{min}不同。

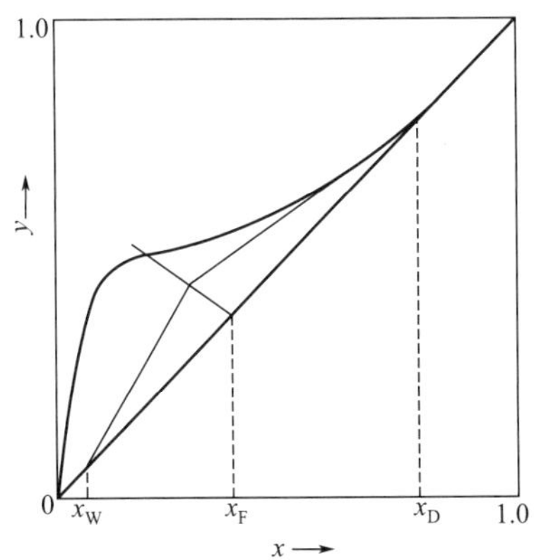

图 8-31 操作线与平衡线相切

（平衡线有拐点）

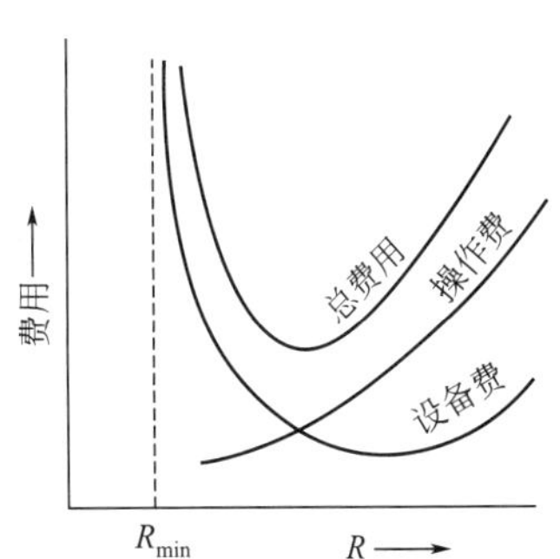

图 8-32 回流比的影响

（4）最宜回流比

实际所用的回流比，必须大于最小回流比。回流比的大小，影响生产费用的大小。如图 8-32所示，回流比增大，所需理论级数减少，即塔板数增大，但塔径要增大，冷凝器与再沸器的传热面增大，精馏设备的费用随 R 增大先减少后增大。另一方面回流比增大，回流液与上升蒸气量增大，加热与冷却所需的能耗增大，能耗增大因而操作费用增大。总费用是设备费与操作费的和，它与回流比的关系曲线，有一个最低点，其所对应的回流比，为最宜回流比。一般最宜回流比为最小回流比的 1.1～1.5 倍。

8.5.2.7　分离要求高时的图解算法

对于一个或两个产品纯度要求很高的情况，使用普通坐标在接近纯物质的一端很难作阶梯，此时可使用双对数坐标纸，作阶梯求级数。在普通坐标纸上，当 x、y 值很小时，平衡曲线通常可以视为过原点的直线，

$$y=mx$$

两边取对数，得

$$\lg y=\lg x+\lg m$$

所以它在双对数坐标纸上为一斜率为 1 的直线。因此只要已知平衡线上的一个点，即可画出此平衡线（参阅图 8-33）。根据对应的操作线方程，可以画出操作线（不是直线）。因为双对数纸可以延伸到任意要求的纯度。所以这种图解算法可以用于要求产品纯度很高的情况。

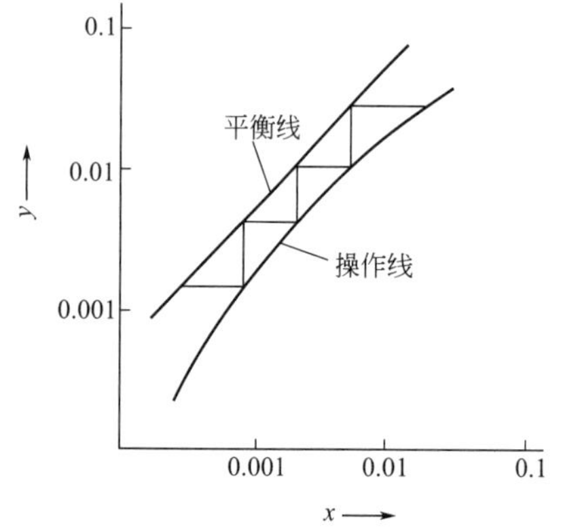

图 8-33　y、x 很小时的图解法

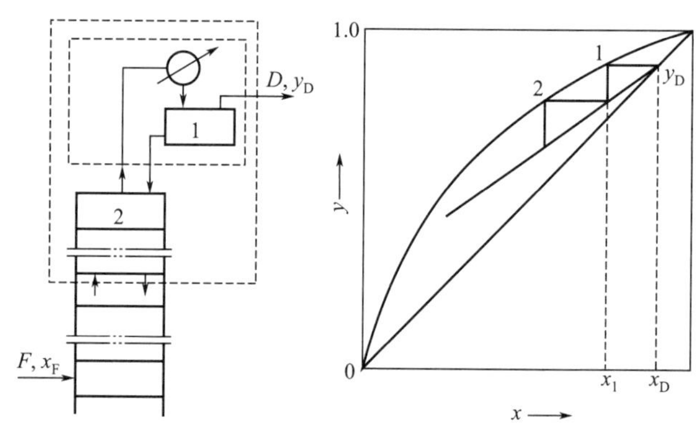

图 8-34　采用分凝器的精馏塔

8.5.2.8　各种复杂型式的精馏塔

根据物系性质与生产要求不同，二组分精馏塔可采用多股进料，侧线出料等各种复杂的型式，此时所需的理论板数仍然可以在平衡线与操作线作阶梯求出，但操作线却因塔中各段进出物料的不同，需分段做出。

（1）分凝器

当馏出液的泡点与露点相差较大时，精馏塔顶可采用分凝器。采用分凝器的精馏塔如图 8-34 所示。在分凝器中，塔顶最上一块理论板流出的蒸气部分冷凝，分离成互成平衡的蒸气与回流液，蒸气的组成为 $y_D=x_D$，分凝器相当于一块理论板。但此时，精馏段操作线的形式与采用全凝器相同。

（2）多股进料

当几种料液组成不同时，需采用多股进料。图 8-35 所示为具有两个加料口的精馏塔。两个加料口之间塔段的操作线可以用虚线框所示体系作物料衡算求出。如同前面讨论的那样，这

条操作线与其上下两个塔段操作线的交点位置与加料 F_1 和 F_2 的热状态有关，图示为两个加料均为饱和液体加料的情况。

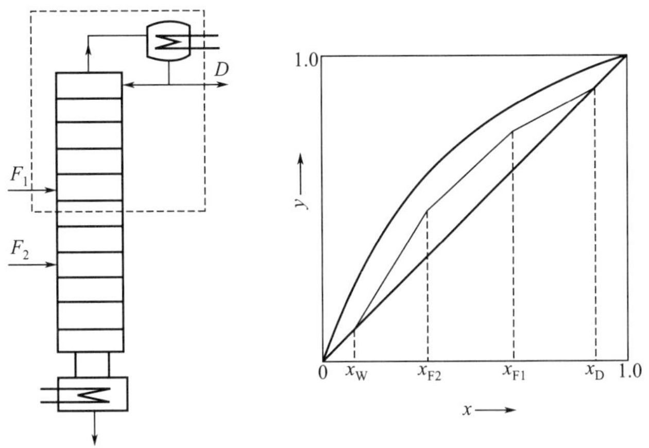

图 8-35　两股进料的精馏

(3) 侧线出料

图 8-36 所示为精馏段有一个液体侧线的情况。在侧线以下的物料进出情况与侧线以上不同，因此侧线以下塔段的操作线与其上段不同，对虚线框作物料衡算。

$$V_y = L'x + Sx_S + Dx_D$$

$$y = \frac{L'}{V}x + \frac{Sx_S + Dx_D}{V} \tag{8-63}$$

式(8-63) 表明，由于液体从侧线流出，回流液量由 L 减为 L'，操作线的斜率减小。

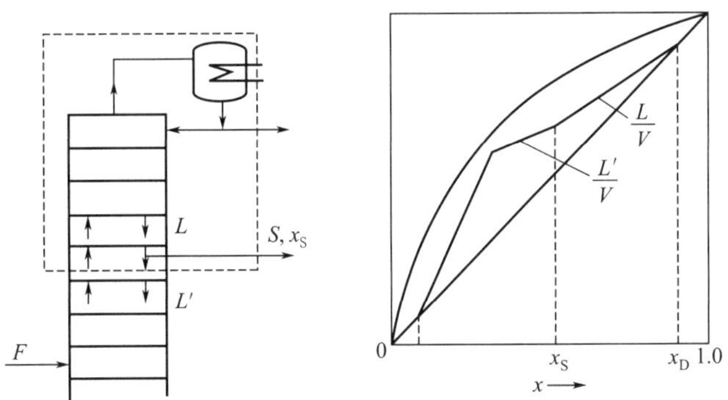

图 8-36　有侧线出料的精馏塔

(4) 有中间冷凝器与中间再沸器[24]

图 8-37 所示为精馏段有中间冷凝器，提馏段有中间再沸器的精馏塔。由于有中间冷凝器和中间再沸器，精馏段与提馏段均需分段按框Ⅰ、Ⅱ、Ⅲ、Ⅳ所示系统作易挥发组分的物料衡算以求得各段的操作线方程。从所得操作线方程可知精馏段的两段的操作线的斜率不等，但都通过对角线上的（x_D，x_D）点。同样提馏段两段的操作线的斜率也不等，但都通过对角线上的（x_W，x_W）点。

(5) 直接蒸气精馏塔

图 8-38 的精馏塔的塔底没有再沸器而直接通入蒸气作为上升蒸气，这时提馏段的操作线

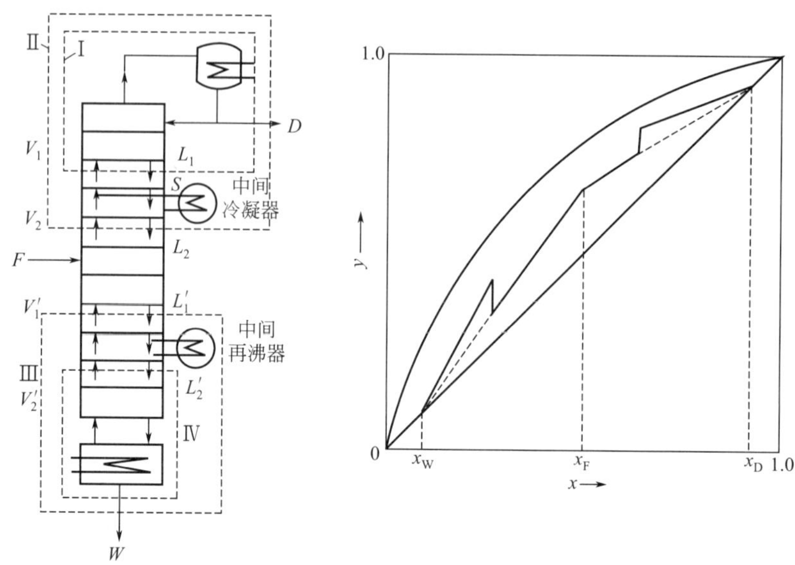

图 8-37　有中间冷凝器和中间再沸器的精馏塔

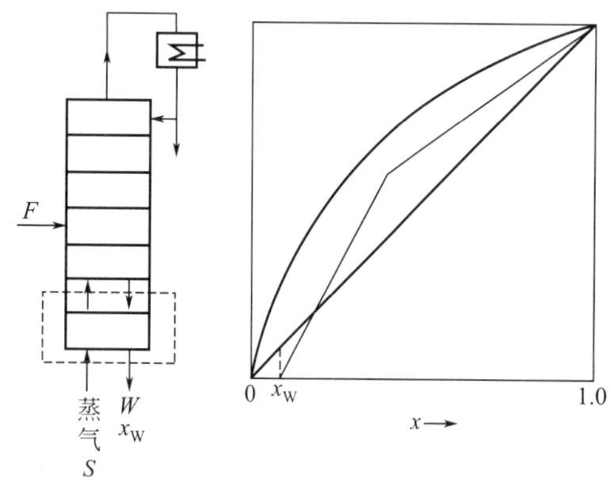

图 8-38　用直接蒸气的精馏塔

与有部分再沸器的情况不同，但其推导也是由虚线框所示系统作易挥发组分的物料衡算求得。所得操作线的特点是其与对角线的交点不是点（x_W，x_W）而是在此点的右方，在恒摩尔流的条件下，操作线与 x 轴上的交点为（x_W，0）。

8.5.2.9　板效率与实际塔板

在操作线与平衡线间作阶梯得到的级数是理论板数。实际上，在板式精馏塔中，通常每块塔板的分离效果达不到理论板的效果，其差距用板效率（或级效率）和全塔效率表示。板效率有几种定义，目前常用 Murphree 板效率[25]。

按气相组成变化定义的 Murphree 板效率为

$$E=\frac{y_n-y_{n+1}}{y_n^*-y_{n+1}} \tag{8-64}$$

式中，E 为第 n 块板的板效率，如图 8-39 所示，y_n^* 是与第 n 块塔板流出的液体（组成为 x_n）成平衡的气相组成，y_n 为第 n 块塔板上流出的蒸气的实际组成。考虑各块板的板效率，可以作出一条“似平衡线”，在似平衡线与操作线间作阶梯可得实际所需塔板数。例如全塔从上到下各块塔板的板效率均为 50%，则在平衡线与操作线之间作一系列垂直线段，标出其中点，连接这些中点，即得似平衡线。在似平衡线与操作线之间作阶梯即可得所需实际板数（见图 8-40）。需要注意的是部分再沸器一般相当于一块理论板，所以图 8-40 最下面 x_W 对应的一级，阶梯顶应落在平衡线上。

应用全塔效率确定实际塔板数时，应用下式

$$N_p=\frac{N_T-1}{E_T} \tag{8-65}$$

式中，E_T 为全塔效率；N_T 为理论板数，它包括再沸器，减 1 是表示减去再沸器的意思。

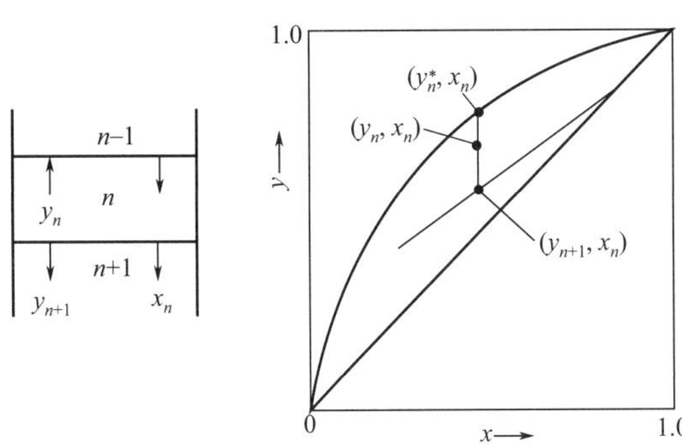

图 8-39　Murphree 板效率

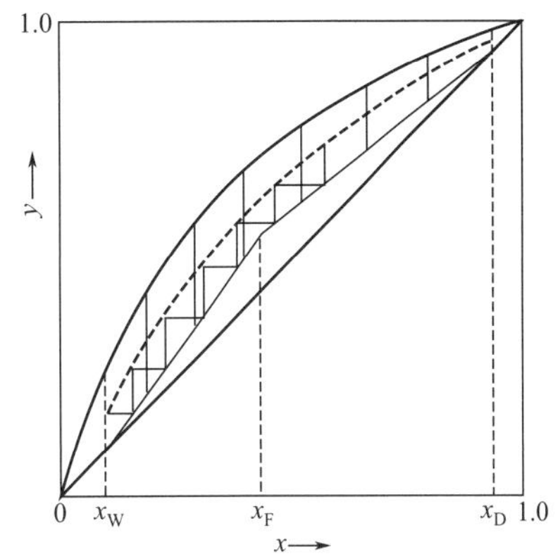

图 8-40　Murphree 板效率均为 50%时实际塔板数的求法

8.5.3　考虑焓衡算的二组元精馏计算

考虑焓衡算的非恒摩尔流的二组分精馏过程，目前多采用计算机求算，也可以采用图解法，即 Pon chon-Savarit 法和改进的 Mc Cabe-Thiele 法。

Ponchon[26] 和 Savarit 分别于 1921 年和 1922 年提出利用焓-浓图进行二组分的精馏计算。

8.5.3.1　焓-浓图

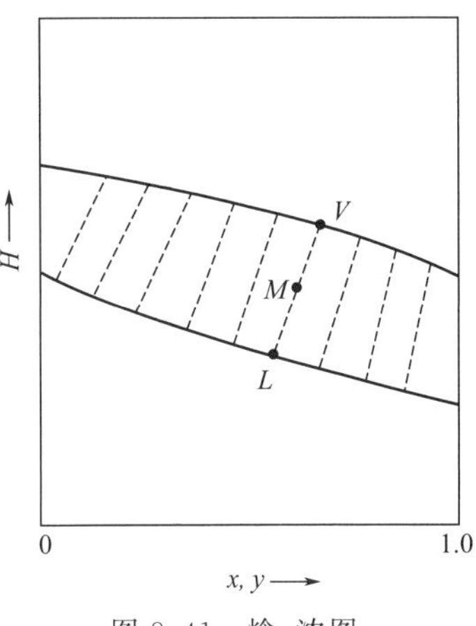

图 8-41　焓-浓图

图 8-41 为二组分物系的焓-浓图，其中横坐标表示液相和气相中易挥发组分的组成 x 或 y，纵坐标表示一定压力下液相和气相混合物的焓 H^{L} 和 H_{o}^{V} 图中上下两条曲线分别为饱和蒸气线（也称露点线）和饱和液体线（也称泡点线）。饱和蒸气线以上为气相区，饱和液体线以下为液相区。两线之间用一系列虚线所示的系线相联系，其两端表示一对互呈平衡的气液相。两线之间为两相区，其中任一点 M 表示一种气液混合物，其气液互呈平衡，其状态如系线两端点 V 与 L 所示，气液量可由杠杆定律确定

$$\frac{\text{气量}}{\text{液量}}=\frac{\overline{ML}}{\overline{MV}} \tag{8-66}$$

8.5.3.2　精馏段的操作线方程

对于图 8-42 所示的精馏塔的精馏段，以其中任意块板以上的部分（如框Ⅰ所示）为系统作物料衡算与焓衡算得

$$V=L+D \tag{8-67}$$

$$V_{y}=Lx+Dx_{D} \tag{8-68}$$

$$VH^{V}=LH^{L}+DH_{D}^{L}+Dq_{D} \tag{8-69}$$

式中，$q_{D}=\dfrac{Q_{c}}{D}$表示每千摩尔馏出液需从冷凝器移去的热量。将上述三式结合，消去其中气液流率，可得

$$\frac{(H_D^L+q_D)-H^V}{x_D-y}=\frac{H^V-H^L}{y-x} \tag{8-70}$$

式(8-70) 表示在精馏段任意两板间相遇的气液两相的组成与焓间的关系，所以称为精馏段的操作线方程。此式表示在焓-浓图上它是一条通过（$H_D^L+q_D$，x_D）、$V(H^V,y)$和$L(H^L,x)$三点的一条直线。其中点$V(H^V,y)$与$L(H^L,x)$分别在饱和蒸气线与饱和液体线上。点Δ_D（$H_D^L+q_D$，x_D）称为差值点，所有精馏段的操作线均通过此点。

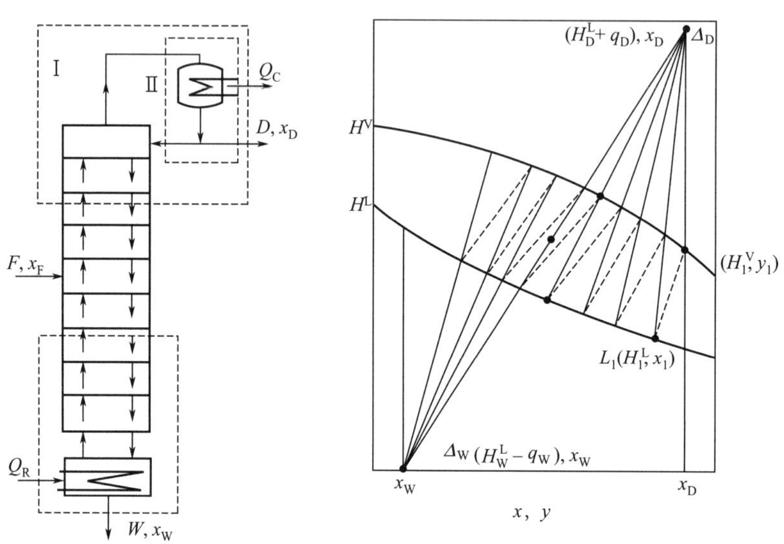

图 8-42　用焓-浓图的图解法

以虚线框Ⅱ为系统作物料与焓衡算，则与式(8-70) 类似可得

$$\frac{(H_D^L+q_D)-H_L^V}{x_D-y_1}=\frac{H_1^V-H_D^L}{y_1-x_D} \tag{8-71}$$

对于全凝器的精馏塔，$y_1=x_D$，所以式(8-71) 代表一条$x=x_D$的垂直线，它通过点Δ_D($H_D^L+q_D,x_D$)、$V_1(H_1^V,y_1)$和$L_0(H_D^V$、$x_D)$三点，相对应的回流比为

$$R=\frac{L}{D}=\frac{(H_D^L+q_D)-H_1^V}{H_1^V-H_D^L} \tag{8-72}$$

因此可以根据选定的R，确定差值点的位置。已知差值点的位置，即可按以下步骤在焓-浓图上作图求理论板数。如图 8-42，过$V_1(H_1^V,y_1)$点作系线，得L_1点，即第一块板流出的液体$L_1(H_1^L,x_1)$，连接Δ_D与L_1，得V_2点，此即进入第一块板的上升蒸气，……如此逐块向下，至加料板，可得精馏段所需的板数。

8.5.3.3　提馏段操作线方程

在图 8-42 中，以提馏段任意块板以下为系统按上述方法进行物料衡算与焓衡算，同样可得提馏段的操作线，这些操作线共交于一个差值点$\Delta_w(H_w^L-q_w,x_w)$，其中q_w为每千摩尔塔釜产品需从再沸器加入的热量。差值点确定后，即可与上述求精馏段理论板类似的方法求提馏段所需理论板数。差值点Δ_w可根据全塔衡算方程确定。

8.5.3.4　全塔衡算

对全塔作物料衡算与焓衡算，经推导可得

$$\frac{D}{W}=\frac{x_F-x_w}{x_D-x_F}=\frac{H_F-(H_w^L-q_w)}{(H_D^L+q_D)-H_F} \tag{8-73}$$

这条全塔衡算线在焓-浓图上是通过两个差值点及进料点 $F(H_F, x_F)$ 的一条直线，因此已知差值点 Δ_x 和进料点，就可确定差值点 Δ_w。

8.5.3.5 改进的 Mc Cabe-Thiele 法

这个方法可以说是 Mc Cabe-Thiele 法与 Ponchon-Savarit 法的结合。根据 Ponchon-Savarit 法，利用焓-浓图可以得到精馏段与提馏段中任意两块板间（即任意断面上）相遇的气液相间的组成关系，根据这些关系就可以在 y-x 图上作出精馏段与提馏段的操作线，在操作线与平衡线之间作阶梯，即可求出精馏塔所需理论板数。

8.6 多组分蒸馏的计算

多组分混合液精馏分离的原理与二组分混合物的精馏相同，计算所用的基本关系式也是相平衡、摩尔分数加和方程、物料衡算和焓衡算。但是，由于多组分系统气液平衡关系十分复杂，独立变量数多，且可采用各种复杂流程，所以多组分精馏计算要比二组分精馏复杂得多。值得庆幸的是，计算机的发展为解决复杂的多组分精馏的计算提供了有力的工具。目前，各种复杂的精馏计算问题都已有专门的软件可供使用。多组分精馏的计算方法可归为两类，近似的简化法和逐级的严格法。逐级的严格算法对每一个平衡级上的温度、压力、气液相流率和组成都进行计算，计算工作量大，计算结果比较精确，是目前主要应用的方法。近似的简化法则以整个精馏塔或一个塔段为系统，采取一些简化假设进行计算，虽然计算结果不够精确，但其计算工作量少，计算快，在某些情况下，例如进行设计方案的初步筛选、严格法计算初值的确定以及粗略分析精馏过程某些参数的影响时，仍然有它的价值。

8.6.1 多组分精馏的简化算法

多组分精馏计算有多种近似的简化算法，本章只介绍应用较多的 Smith-Brinkley 和 Fenske-Underwood-Gilliland 法。

8.6.1.1 Smith-Brinkley (SB) 法[27]

Smith 和 Brinkley 在 Kremser 提出的计算简单级联的关系式的基础上，提出了一个应用于吸收、萃取以及蒸馏过程的一般关系式，应用于图 8-23 所示的典型精馏过程时，对于每个组组分 i 该方程式的形式为

$$f_i=\frac{(1+S_r^M)+R(1-S_r)}{(1-S_r^M)+R(1-S_r)+hS_r^M(1-S_s^{N-M+1})} \tag{8-74}$$

式中 $f_i=\left(\frac{Wx_w}{Fx_F}\right)_i$ 留在塔底产品中组分 i 的分数；

$S_r=\frac{K_iV}{L}$ 精馏段的汽提因子；

$S_s=\frac{K_i'V'}{L'}$ 提馏段的汽提因子；

K_i——精馏段组分 i 的平均相平衡常数；

K_i'——提馏段组分 i 的平均相平衡常数；

V——精馏段上升蒸气流率。

V'——提馏段上升蒸气流率；

L——精馏段回流液流率；

L'——提馏段回流液流率；

$R=\frac{L_0}{D}$回流比；

N——精馏塔的总理论板数；

M——精馏段理论板数；

h 为与进料状态有关的参数，如果进料大部分是液体，进料板属于提馏段，则

$$h=\frac{K_i'L}{K_iL'}\left(\frac{1-S_r}{1-S_s}\right) \tag{8-75}$$

若进料大部分是气体，进料板属精馏段，则

$$h=\frac{L}{L'}\left(\frac{1-S_r}{1-S_s}\right) \tag{8-76}$$

对于采用分凝器的精馏塔，可以在总板数上加 1 进行近似计算。

SB 法适合于进行操作型计算，例如分析研究一个现有塔的操作效果。指定的参数可以是精馏段和提馏段的理论板数，塔中某特定位置处的最大容许的蒸气流率 V 或液体流率 L、进料状态、组成及流率和塔顶馏出液流率 D，估算塔顶与塔底产品的组成。

计算需用多次迭代法，步骤如下：根据上述已知条件可以确定 V、L、V'、L' 与 R。如果假设溶液近似理想溶液、K 值仅是温度与压力的函数，则 K 值主要依据精馏段与提馏段的平均温度估算。精馏段与提馏段的平均温度可分别取塔顶温度和塔底温度与加料处温度的平均值。因此，首先要假设塔顶蒸气与塔釜液的组成，作塔顶蒸气的露点计算确定塔顶温度 T_1，作塔釜液的泡点计算确定塔釜温度 T_N，根据加料状态确定加料级温度 T_M，则精馏段与提馏段的平均温度分别为

$$T_r=\frac{1}{2}(T_1+T_M) \tag{8-77}$$

$$T_s=\frac{1}{2}(T_N+T_M) \tag{8-78}$$

根据平均温度与操作压力可以确定 K_i 与 K_i'，从而得 S_r 与 S_s。将有关数据代入式(8-74)，就可以求出新的塔顶产品与塔底产品的量与组成。如果计算值与原假设的初值不等，就需要校正平均温度，重复进行上述计算，直到收敛，即塔顶塔底两个产品的组成和量与本次计算的初值符合为止。

【例 8-1】 SB 法计算示例：

某煤油厂的一个丁烷-戊烷精馏塔因故停车检修，拟用一备用塔顶替使用，根据经验，此备用塔有 10 块理论板（包括再沸器），加料口在塔中部，相当于精馏段与提馏段各有 5 块理论板，此塔的最大允许气液负荷与丁烷-戊烷精馏塔相同，需核算此塔是否适用。

原塔的操作参数如下：

加料流率 100kmol/h，泡点加料，组成为馏出液产率 $D/F=0.489$，塔顶部最大允许蒸气流率 175kmol/h，塔顶压力为 830kPa，塔顶产品中 i-C_5 的含量 $x_D<0.07$（摩尔分数），塔底产品中 n-C_4 的含量 $x_w<0.03$（摩尔分数）。

组　分	C_3	i-C_4	n-C_4	i-C_5	n-C_6	Σx
x_F 摩尔分数	0.05	0.15	0.25	0.20	0.35	1.00

解 假设为恒摩尔流，则塔中气液流率（kmol/h）如例 8-1 附表 1。

例 8-1 附表 1

精馏段	提馏段	精馏段	提馏段
$D=D/F\cdot F=48.9$kmol/h	$W=100-48.9=51.1$	$L=175-48.9=126.1$	$L'=L+F=226.1$
$V=175$	$V'=V=175$	$R=\frac{126.1}{48.9}=2.579$	$V'/L'=0.7739$
$L/L'=\frac{126.1}{226.1}=0.5577$			

初设塔顶与塔底产品组成，见例 8-1 附表 2。

例 8-1 附表 2

组　成	Fx_F	Dx_D	Wx_W	x_D	x_W
C_3	5	5.0	0.0	0.102	0.0
i-C_4	15	14.5	0.5	0.296	0.010
n-C_4	25	23.5	1.5	0.481	0.029
i-C_5	20	3.4	16.6	0.070	0.325
n-C_5	35	2.5	32.5	0.051	0.636
Σ	100	48.9	51.1	1.000	1.000

忽略塔的压力降，全塔压力均为 830kPa。根据塔顶蒸气组成与压力求露点，得塔顶温度为 347K。根据塔底产物组成与压力求泡点，得塔底温度为 386K。根据原料组成与压力，得泡点 358K，作为塔中部的温度。按式(8-77) 与 (8-78) 得

$$T_r=\frac{347+358}{2}\text{K}=352.5\text{K}$$

$$T_s=\frac{358+386}{2}\text{K}=372\text{K}$$

应用 Depriester 图（图 8-14，图 8-15），根据温度与压力，求出各组分的 K_i 与 K'_i，再计算汽提因子 S_{ri} 与 S_{si}，根据式(8-75) 算出 h_i，即可由式(8-74) 求出 f_i，进而算出 Wx_{Wi}，Dx_{Di} 与 x_{Di} 及 x_{Wi}。结果见例 8-1 附表 3。

例 8-1 附表 3　第一次计算结

组　分	K	S_r	K'	S_s	h	f	Wx_W	Dx_D	x_W	x_D
C_3	3.03	4.21	2.83	2.96	1.15	0.00125	0.006	4.994	0.000	0.114
i-C_4	1.53	2.12	2.07	1.60	1.41	0.0435	0.625	14.375	0.011	0.328
n-C_4	1.17	1.62	1.62	1.25	1.90	0.165	4.13	20.87	0.074	0.476
i-C_5	0.575	0.798	0.825	0.638	0.447	0.899	18.0	2.0	0.320	0.046
n-C_5	0.485	0.673	0.720	0.557	0.611	0.953	33.4	1.6	0.595	0.036
Σ							56.16	43.83	1.000	1.000

第一次计算结果，塔顶产品 D 显著低于要求值 48.9，x_W 与 x_D 的值也与初设值不符，需进一步计算。先以使 D 值与要求值相符为好，因 D 的计算值低，说明计算中所用的塔温偏低，需适当提高，故第二次计算取加料板的温度为 372K。塔顶塔底物流组成仍取原值，则

$$T_r=\frac{347+372}{2}\text{K}=359.5\text{K}$$

$$T_s=\frac{372+386}{2}\text{K}=379\text{K}$$

按与第一次计算相同的方法进行第二次计算，计算结果列于例 8-1 附表 4。

例 8-1 附表 4　第二次计算结果

组　成	f	Wx_W	Dx_D	x_W	x_D
C_3	0.000789	0.004	4.996	0.000	0.101
i-C_4	0.0232	0.348	14.65	0.007	0.296
n-C_4	0.0900	2.25	22.75	0.045	0.459
i-C_5	0.8125	16.25	3.75	0.322	0.076
n-C_6	0.9031	31.60	3.39	0.627	0.067
Σ		50.46	49.54	1.000	1.000

算后的 D 与要求值接近，但 x_W、x_D 与初始值尚有差距，需再进行计算。第三次计算以第二次计算结果的 x_W、x_D 值作为初值。根据露点泡点计算，求出塔顶温度与塔底温度分别为 346.1K 与 385K，加料板温度仍取 372K，故得 $T_r=359$K，$T_D=378.5$K。第三次计算结果列于例 8-1 附表 5。

例 8-1 附表 5　第三次计算结果

组　成	f	Wx_W	Dx_D	x_W	x_D
C_3	0.000825	0.004	4.996	0.000	0.102
i-C_4	0.0253	0.379	14.6	0.007	0.299
n-C_4	0.0964	2.41	22.6	0.047	0.462
i-C_5	0.8216	16.4	3.57	0.322	0.073
n-C_5	0.9098	31.8	3.16	0.624	0.064
Σ		51.0	48.9	1.000	1.000

计算结果 x_W 和 x_D 与本次计算的初始值接近，D 值与要求值接近，因此本次计算结果为最终结果。与任务要求的分离效果比较，塔顶产品中 i-C_5 的含量 0.073 高于要求值 0.07，塔底产品中 n-C_4 的含量 0.047 也高于要求值 0.03，二者均达不到要求。设想用增大 D 或改变加料板位置，增加提馏段板数来降低塔底产品中 n-C_4 的含量使之符合要求，但此做法将使塔顶产品中 i-C_5 的含量增大。反之，减小 D 或增加精馏段板数，虽可使塔顶产品中 i-C_5 含量降低，但塔底产品中 n-C_4 的含量将增加，因此备用塔不能满足生产要求。

8.6.1.2　Fenske-Underwood-Gilliand（FUG）法

FUG 法包括三步，第一步用 Fenske 方程计算在全回流条件分离所需的理论板数，即最小理论板数 N_{min}；第二步用 Underwood 方程确定最小回流比 R_{min}；第三步应用 Gilliand 的经验关联图，由选定的回流比 R 求实际所需理论板数 N 或根据 N 求 R。FUG 法适用于设计型计算。Chang 提出了 FUG 法的计算机程序[28]。

(1) 用 Fenske 方程计算 N_{min}[23]

进行多组分混合物精馏过程的设计时，首先应根据进料组成和分离任务的要求，确定轻、重两个关键组分 L 与 H 和它们之间的分割程度，即它们在塔顶产品和塔底产品中的组成。一旦这两个组分的分割程度确定后，其他组分的分割程度也就定了，不能再任意指定。其他组分的分割程度，即它们在塔顶产品与塔底产品中的组成需视具体情况，采用适当方法计算。轻、重关键组分是设计者要求分离开的两个组分，通常取混合物中沸点相邻的两个组分。

根据轻、重关键组分在塔顶与塔底产品中的组成，可以应用式(8-57) 计算所需的最小理论板数（包括再沸器）

$$N_{\min}=\frac{\lg\left(\frac{x_{\mathrm{LD}}}{x_{\mathrm{LW}}}\cdot\frac{x_{\mathrm{HW}}}{x_{\mathrm{HD}}}\right)}{\lg\alpha_{\mathrm{LH}}} \tag{8-79}$$

式中，x_{LD}、x_{LW}分别表示塔顶与塔底产品中轻关键组分的摩尔分数，x_{HD}，x_{HW}分别表示塔顶与塔底产品中重关键组分的摩尔分数。α_{LH}表示轻、重两关键组分在塔中的平均相对挥发度，可以用式(8-58) 或式(8-59) 计算。因为α_{LH}与温度有关，也就是说与塔顶、塔底产品的组成有关，因此需要采用迭代计算法，需要设定塔顶、塔底产品组成的初值。各个组分组成的设定需视其相对挥发度而定，当各组分与轻、重关键组分的相对挥发度相差很大时，可以近似的认为比轻关键组分轻（即沸点低）的组分均进入塔顶产品中，比重关键组分重（即沸点高）的组分均进入塔釜产品中。

当第一次计算出 $N_{\min}$后，则根据 Fenske 方程，各组分在塔顶、塔底产品中的组成分布可按下式计算

$$\frac{x_{i\mathrm{D}}}{x_{i\mathrm{W}}}=\frac{x_{\mathrm{rD}}}{x_{\mathrm{rW}}}(\alpha_{i\mathrm{r}})^{N_{\min}} \tag{8-80}$$

式中，x_{rD}与x_{rW}表示参考组分在塔顶与塔底产品中的摩尔分数，$\alpha_{i\mathrm{r}}$为组分 i 对参考组分的相对挥发度。通常选重关键组分为参考组分。

若计算结果，非关键组分的分割程度与初设值不一致，则要对设定的非关键组分的分割程度初值进行校正，随之校正塔顶、塔底温度和相对挥发度 α_{LH}，重作计算。如此逐次迭代计算，直至计算的非关键组分的分割程度与该次计算的初始值大致相同为止。

(2) 用 Underwood 方程确定最小回流比[29]

对于只有轻、重两个关键组分分布在塔顶和塔底两端的情况（这是最常见的情况）Underwood 提出用下列方程确定最小回流比

$$\sum_i\frac{\alpha_{i\mathrm{r}}x_{i\mathrm{D}}}{\alpha_{i\mathrm{r}}-\theta}=R_{\min}+1 \tag{8-81}$$

和

$$\sum_i\frac{\alpha_{i\mathrm{r}}x_{i\mathrm{F}}}{\alpha_{i\mathrm{r}}-\theta}=1-q \tag{8-82}$$

式中，$\alpha_{i\mathrm{r}}$为组分 i 对参考组分 r 的平均相对挥发度，通常可选重关键组分为参考组分。q 为进料热状态参数[定义见式(8-53)]，θ 为 Underwood 参数，是式(8-82) 的根，其数目与组分数相同，它的各个值在相邻组分的 α 值之间，所需要的根应在轻、重关键组分的 α 值之间。已知各组分的相对挥发度 $\alpha_{i\mathrm{r}}$，θ 值就可由式(8-82) 用迭代法求出。将由式(8-82) 求出的 θ 值代入式(8-81)，即可求得最小回流比 $R_{\min}$。

Underwood 方程的一个重要假设是恒摩尔流，如用于非恒摩尔流，可导致算出的 $R_{\min}$远低于实际值。关于这一点以及对于某些或全部非关键组分都分布在塔顶和塔底产品中的情况，可参考 Henley 和 Seader 的著作[2]。

(3) 用 Gilliand 经验关联图求理论板数或回流比

Gilliand 在总结实际数据的基础上提出了表示实际回流比 R 与实际所需理论板数 N 与

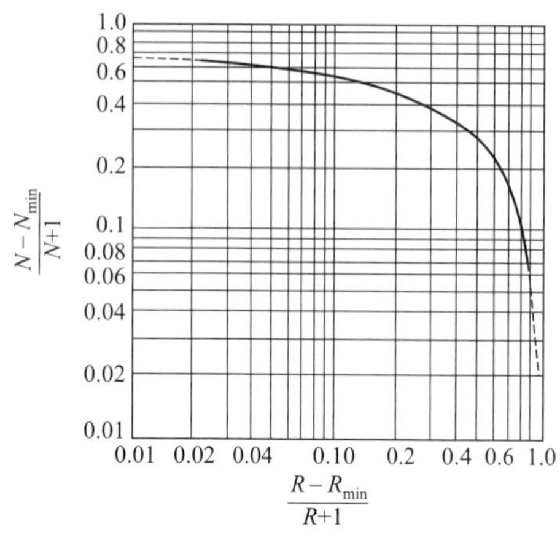

图 8-43　Gilliand 经验关联图

N_{min}和R_{min}的经验关联图（图 8-43）[30]。

Molokanov 等提出下列模拟方程[31]与 Gilliand 经验曲线非常吻合。

$$\frac{N-N_{min}}{N+1}=1-\exp\left[\left(\frac{1+54.4\psi}{11+117.2\psi}\right)\left(\frac{\psi-1}{\psi^{0.5}}\right)\right] \tag{8-83}$$

式中，$\psi=(R-R_{min})/(R+1)$。

应用 Gilliand 经验关联图，可以选定回流比求实际所需理论板数，也可以选定实际理论板数，求回流比。

根据选取适宜回流比的原则，取 $R/R_{min}=1.1\sim1.5$，具体数值视分离的难易程度而定。对于容易分离的物系，因所需要的理论板数少，取低值，如 $R/R_{min}=1.10$。对于难分离的物系，因为所需的理论板数多，取高值，如 $R/R_{min}=1.50$。中间情况，一般取 $R/R_{min}=1.30$。精馏过程实际使用的理论板数常取 $N_{min}/N=0.4\sim0.6$。

（4）进料板位置的确定

可以应用 Fenske 方程来确定进料板的位置

$$\frac{n}{m}=\lg\left[\left(\frac{x_{ld}}{x_{Hd}}\right)\left(\frac{x_{HF}}{x_{lF}}\right)\right]\Big/\lg\left[\left(\frac{x_{lF}}{x_{HF}}\right)\left(\frac{x_{HW}}{x_{lW}}\right)\right] \tag{8-84}$$

也可以应用 Kirkbride 提出的下列经验式[32]

$$\frac{n}{m}=\left[\left(\frac{x_{HF}}{x_{lF}}\right)\left(\frac{x_{lW}}{x_{HD}}\right)\left(\frac{W}{D}\right)\right]^{0.206} \tag{8-84a}$$

式中　n——精馏段的理论板数；　　m——提馏段的理论板数。

【例 8-2】 FUG 法示例

计算确定脱丁烷塔的理论板数与加料位置。该塔在 0.61MPa（绝）下操作，塔顶设全凝器，进料组成与流率见例 8-2 附表 2，进料温度为 53℃。q 为 1.17，异丁烷为轻关键组分，正丁烷为重关键组分。要求异丁烷在塔釜出料的流率为 15.1kmol，正丁烷在塔顶排出流率为 32.7kmol。在该塔操作条件下，各组分相对挥发度与温度间的关系见例 8-2 附表 1。

例 8-2 附表 1　各组分相对挥发度与温度间的关系

组　分	49℃	54℃	60℃	65.5℃	71℃
C_3	3.04	2.93	2.82	2.73	2.64
i-C_4	1.36	1.33	1.31	1.30	1.28
n-C_4	1.00	1.00	1.00	1.00	1.00
n-C_5	0.36	0.37	0.38	0.38	0.38
n-C_6	0.127	0.136	0.145	0.153	0.158

解　（1）用 Fenske 方程求 N_{min}

初设塔顶塔底组成，因非关键组分与轻重关键组分的相对挥发度相差较大，故假设 C_3 全部从塔顶排出，C_5，C_6 全部从塔釜排出，由此得物料衡算如例 8-2 附表 2。

例 8-2 附表 2　进料及塔顶、塔釜物料流率与组成表

组　分	进　料		塔　顶　出　料		塔　釜　出　料	
	流率/(kmol/h)	x_{iF}	流率/(kmol/h)	x_{iD}	流率/(kmol/h)	x_{iW}
C_3	6.64	0.01	6.64	0.02	0	0
i-C_4	302.6	0.456	287.5	0.88	15.1	0.045
n-C_4	255.2	0.385	32.7	0.10	222.5	0.661
n-C_5	82.2	0.124	0	0	82.2	0.244
n-C_6	16.7	0.025	0	0	16.7	0.050
总计	663.34	1.000	326.84	1.000	336.5	1.000

使用 Depriester 图进行塔顶蒸气露点与塔釜液泡点计算，得塔顶温度 44℃，塔底温度 67℃，α_{lh}分别为 1.39 与 1.29，故

$$\alpha_{lh}=(1.39\times1.29)^{1/2}=1.34$$

根据式(8-79)，得

$$N_{min}=\frac{\lg\left(\frac{0.88}{0.045}\cdot\frac{0.661}{0.1}\right)}{\lg1.34}=16.5$$

根据式(8-80)，核算塔釜液中 C_3 含量为 2.93×10^{-9}（摩尔分数），核算塔顶蒸气中 n-C_5 含量为 1.76×10^{-9}（摩尔分数），原假设 C_3 全部从塔顶排出，C_5、C_6 全部从塔釜排出正确。

(2) 用 Underwood 方程求 R_{min}

根据式(8-82)，应用牛顿逼近法计算 θ 值，其基本关系式为

$$f(\theta)=\sum\frac{\alpha_{ir}x_{iF}}{\alpha_{ir}-\theta}+q-1=0 \tag{8-85}$$

$$f'(\theta)=\sum\frac{d_{ir}x_{iF}}{(\alpha_{ir}-\theta)^2} \tag{8-86}$$

假设函数 $f(\theta)=0$ 的近似解（即解的初值）为 θ_0，则其更精确解 θ，应为

$$\theta_1=\theta_0+I_0 \tag{8-87}$$

$$I_0=-f(\theta_0)/f'(\theta_0) \tag{8-88}$$

计算各组分的平均相对挥发度，得 C_3、i-C_4，n-C_4，n-C_5，n-C_6 的 α 分别为 2.91，1.34，1.0，0.36 与 0.135 代入式(8-85)

$$f(\theta)=\frac{2.91\times0.1}{2.91-\theta}+\frac{1.34\times0.456}{1.34-\theta}+\frac{1.0\times0.385}{1.0-\theta}+\frac{0.36\times0.124}{0.36-\theta}+\frac{0.135\times0.025}{0.135-\theta}-1+1.17$$

$$=\frac{0.291}{2.91-\theta}+\frac{0.611}{1.34-\theta}+\frac{0.385}{1.0-\theta}+\frac{0.0446}{0.36-\theta}+\frac{0.00338}{0.135-\theta}+0.17 \tag{8-85a}$$

设第一个初值 $\theta_0=(1.34+1)/2=1.17$ 代入式(8-85a)和式(8-86)得

$f(\theta_0)=0.167+3.59-2.284-0.055-0.0033+0.17=1.5847$

$f'(\theta_0)=0.0961+21.14+13.32+0.068+0.00316=34.627$

由式(8-88)和(8-87)得

$$I_0=-\frac{1.5847}{34.627}=-0.04576$$

$$\theta_1=1.17-0.04576=1.124$$

进行第二次试算

$$f(\theta_1)=0.0518$$

$$f'(\theta_1)=38.3603$$

$$I_1=\frac{-0.0518}{38.3603}=0.00135$$

$\theta_2=1.124-0.00135=1.123$　与 θ_1 接近取 $\theta=1.12$ 代入式(8-81) 得

$$R_{\min}=\frac{2.91\times0.02}{2.91-1.12}+\frac{1.34\times0.88}{1.34-1.12}+\frac{1.0\times0.1}{1.0-1.12}-1=3.55$$

（3）用 Gilliand 经验关联图求 N

$$取\frac{R}{R_{\min}}=1.4\quad R=4.97$$

$$\frac{R-R_{\min}}{R+1}=\frac{4.97-3.55}{4.97+1}=0.238$$

查图 8-43，得

$$\frac{N-N_{\min}}{N+1}=0.42$$

所以

$$N=29.17\quad 取\ N=30$$

（4）求加料板位置

应用式(8-84)

$$\frac{n}{m}=\frac{\lg\left[\left(\frac{0.88}{0.10}\right)\left(\frac{0.385}{0.465}\right)\right]}{\lg\left[\left(\frac{0.456}{0.385}\right)\left(\frac{0.661}{0.045}\right)\right]}=\frac{0.871}{1.241}=0.7$$

故提馏段理论板数

$$m=17.6\quad 取\ 18$$

$$n=12$$

8.6.2　多组分精馏的严格算法

多组分精馏的严格算法需考虑各个平衡级（理论板）上温度、压力，气液流量等的变化，要算出每块理论板上的温度、压力、气液相流量和组成，计算过程往往非常复杂。另一方面要分离的混合物及其分离要求多种多样，混合物的组分有多有少，分离要求有高有低，面对这种情况人们对于多组分精馏的严格计算方法进行了广泛研究，提出很多种计算方法，有的方法经过不断改进。

按照计算的目的，精馏计算可分为操作型计算和设计型计算两大类，其中操作型计算发展比较成熟，应用较广泛。

按照计算方法，多组分精馏的严格算法主要有以下三类：

（1）逐板计算法；

（2）矩阵法；

（3）非稳态方法计算法。

各种算法各有特点和其适用场合，可根据要分离的混合物的具体情况选用适宜的方法。本章只介绍逐板计算法和三对角矩阵法。

8.6.2.1 逐板计算法

逐板计算法的具体做法是从一已知条件的板（如塔顶或塔底）开始，逐板应用相平衡方程、物料衡算方程、组分摩尔加和方程与焓衡算方程，计算各板的汽液流率、组成、温度等参数。

一般说，逐板计算法只适合于简单的多组分精馏塔。

对图 8-44 所示的简单精馏塔，直接进行自由度分析，其操作变量数如表 8-9 所示。

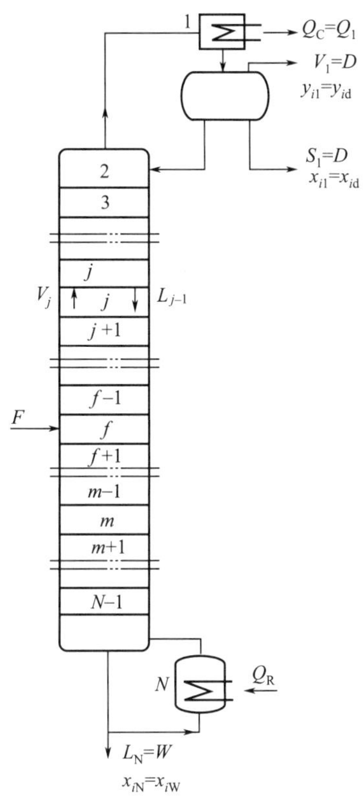

图 8-44 简单精馏塔

表 8-9 简单精馏塔的变量数

变量名称	变量数	变量名称	变量数
进料流量、组成、压力、温度	$C+2$	各板流出气、液相组成	$2CN$
全塔理论板数、加料位置	2	各板热损失	N
各板压力	N	冷凝器和再沸器热负荷 Q_C,Q_R	2
各板温度	N	Σ	$C+2CN+5N+6$
各板流出气、液相流量	$2N$		

各变量间的独立关系式，即约束关系式如表 8-10 所示，共 $2CN+3N$ 个，因此简单精馏塔的独立变量数 N_f^u 为

$$N_f^u=C+2CN+5N+6-2CN-3N=C+2N+6$$

通常各板热损失根据经验数据确定，或假设为零。各板间压力降可根据所用塔设备的具体情况计算，或取一定数值。排除这两方面参数，可以认为需指定的独立变量数为 $C+6$，因此，简单精馏塔计算中，一般指定以下独立变量：

表 8-10　简单精馏塔的约束关系式

约束关系式	数量
各板各组分的物料衡算方法	CN
各板各组分的相平衡方程	CN
各板热平衡方程	N
各板气液相加和方程$\Sigma x_i=\Sigma y_i=1$	$2N$
Σ	$2CN+3N$

进料流量、组成、温度；

全塔理论板数、加料位置；

塔顶产品产率 D/F；

回流量或回流比；

回流出罐压力；

逐板计算法分为两类：(1) Thiele-Geddes 法（TG 法），适合于操作型计算；(2) Lewis-Matheson 法（LM 法），可用于设计型计算。

(1) Thiele-Geddes（TG）计算法[33]

TG 法是在 1933 年发表的，这里介绍 Lyster[34]改进的 TG 法。

① 逐板计算的基本公式

TG 法计算中用组分的摩尔流率代替气、液相的摩尔流率和组成，用吸收因子$\left(A=\dfrac{L}{KV}\right)$或汽提因子$\left(S=\dfrac{1}{A}\right)$代替相平衡常数，用比流量关联物料衡算方程与相平衡方程。

对于图 8-44 所示的简单精馏塔，精馏段任意块塔板 j 上的相平衡方程为

$$y_{ij}=K_{ij}x_{ij}$$

可写成

$$y_{ij}V_j=\frac{K_{ij}V_j}{L_j}x_{ij}\cdot L_j$$

即

$$V_{ij}=\frac{1}{A_{ij}}l_{ij} \tag{8-89}$$

式中，V_{ij}与l_{ij}分别为从j 板流出的组分i 的气相与液相摩尔流率，用与塔顶产品中组分i 的摩尔流率$d_i(=x_{id}\cdot D)$之比(比流率)表示时得

$$\frac{l_{ij}}{d_i}=A_{ij}\frac{V_{ij}}{d_i} \tag{8-90}$$

精馏段第 j 板以上段的物料衡算关系为

$$y_{ij}V_j=x_{i,j-1}L_{j-1}+x_{id}D$$

同上，用组分 i 的比流率表示，则得

$$\frac{V_{ij}}{d_i}=\frac{l_{i,j-1}}{d_i}+1 \tag{8-91}$$

将式(8-90) 代入式(8-91)，可得进行逐级计算的工作方程。

$$\frac{l_{ij}}{d_i}=A_{ij}\left(\frac{l_{i,j-1}}{d_i}+1\right) \tag{8-92}$$

对于塔顶的一块板，即编号第 2 块板，$\frac{l_{i2}}{d_i}=A_{i2}\left(\frac{l_{i1}}{d_i}+1\right)$，采用全凝器$\frac{l_{i1}}{d_i}=R$，采用分凝器$\frac{l_{i1}}{d_i}=A_{i1}$。

对提馏段，任意板 m 上的相平衡方程为

$$y_{im}=K_{im}x_{im}$$

同上，可写成

$$V_{im}=S_{im}l_{im} \tag{8-93}$$

$$\frac{V_{im}}{W_i}=S_{im}\frac{l_{im}}{W_i} \tag{8-94}$$

提馏段第 m 块板以下段的物料衡算关系可表示为

$$l_{i,m-1}=V_{im}+W_i \tag{8-95}$$

用比流率表示为

$$\frac{l_{i,m-1}}{W_i}=\frac{V_{im}}{W_i}+1 \tag{8-96}$$

将式(8-94) 代入式(8-96)，得进行逐级计算的工作方程

$$\frac{l_{i,m-1}}{W_i}=S_{im}\frac{l_{im}}{W_i}+1 \tag{8-97}$$

对于塔底第 $N-1$ 块板

$$\frac{l_{i,N-1}}{W_i}=S_{i,N-1}+1 \tag{8-98}$$

② 计算步骤

用 TG 法对图 8-44 所示的简单精馏塔进行操作型计算时，通常指定的设计变量（独立变量）如 8.3.3.2 节所述，包括操作压力，理论板数，加料位置，加料流率、组成、温度和压力、塔顶馏出液流率、回流比以及热损失等。然后应用有关的约束方程式求解其他变量。

a. 首先，初设塔内温度分布 T_j 和气相流率分布 V_j，算出相应的液相流率分布，并确定各板上组分的相平衡常数。

b. 由塔顶冷凝器向下利用精馏段工作方程式(8-92)，进行逐板计算，至加料板，得 $l_{i,f-1}$。同时自再沸器向上，应用提馏段工作方程式(8-97)，进行逐板计算，至加料板，得 $l_{i,f-1}^*$。

c. 计算 d_i，W_i，并加以校正。为了计算 d_i 与 W_i，需先计算 W_i/d_i。由加料板上物料衡算的比流量形式，可以导出

$$\frac{W_i}{d_i}=\frac{l_{i,f-1}/d_i+l_{if}/Fx_{if}}{l_{i,f-1}^*/W_i-1+V_{if}/Fx_{if}} \tag{8-99a}$$

式中，l_{if}，V_{if}分别表示组分 i 在进料的气相与液相中的含量，Fx_{if}则是组分 i 在进料中的含量。若进料为饱和液体或过冷液体，$V_{if}=0$，$l_{if}=Fx_{if}$，则

$$\frac{W_i}{d_i}=\frac{(l_{j,f-1}/d_i)+1}{(l_{i,f-1}^*/W_i)-1} \tag{8-99b}$$

若进料为饱和蒸气或过热蒸气，$V_{if}=F_{if}$，$l_{if}=0$，则

$$\frac{W_i}{d_i}=\frac{(l_{i,f-1}/d_i)}{(l_{i,f-1}^*/W_i)} \tag{8-99c}$$

由式(8-99)求出$\frac{W_i}{d_i}$，即可由下式计算塔底塔顶两股产品的流率

$$d_i=\frac{Fx_{if}}{1+\left(\frac{W_i}{d_i}\right)} \tag{8-100}$$

$$W_i=\left(\frac{W_i}{d_i}\right)d_i \tag{8-101}$$

一般说，初设 T_j 和 V_j 总有偏差，所以在迭代计算收敛以前，$\sum d_i \neq D$，所以需要对计算的 d_i 值进行校正。

采用 Lyster 提出的 θ 法进行产品流率的校正，其关系式为

$$(d_i)_{\text{co}}=\frac{Fx_{if}}{1+\theta\left(\frac{W_i}{d_i}\right)_{\text{ca}}} \tag{8-102}$$

$$(W_i)_{\text{co}}=\theta\left(\frac{W_i}{d_i}\right)_{\text{ca}}(d_i)_{\text{co}} \tag{8-103}$$

式中，下标 ca 表示本次迭代计算的计算值，co 表示经过校正用于下一次迭代计算的校正值，θ 为校正系数，可以通过迭代计算，求出能满足

$$\sum(d_i)_{\text{co}}=\sum\frac{Fx_{if}}{1+\theta\left(\frac{W_i}{d_i}\right)_{\text{ca}}}=D$$

的 θ 值。所以收敛检验函数为

$$g(\theta)=\sum_{i=1}^{C}\frac{Fx_{if}}{1+\theta\left(\frac{W_i}{d_i}\right)_{\text{ca}}}-D=0 \tag{8-104}$$

可用牛顿逼近法计算 θ

$$\theta_{k+1}=\theta_k-\frac{g(\theta)_k}{g'(\theta_k)} \tag{8-105}$$

式中，θ 的下标表示迭代次数，可取 $\theta=0$ 为初值，进行迭代计算。

d. 根据校正的产品流率，计算新的各板液相组成、温度与流率分布。

精馏段各板液相组成

$$x_{ij}=\frac{(l_{ij}/d_i)(d_i)_{\text{co}}}{\sum\limits_{i=1}^{c}(l_{ij}/d_i)(d_i)_{\text{co}}} \tag{8-106}$$

提馏段各板液相组成

$$x_{im}=\frac{(l_{im}/W_i)(W_i)_{\text{co}}}{\sum\limits_{i=1}^{c}(l_{im}/W_i)(W_i)_{\text{co}}} \tag{8-107}$$

根据液相组成作泡点计算，求出各板上的温度与气相组成，由此可求出各板气液相的焓，然后由焓衡算求出各板新的气相流率。

精馏段：

全凝器
$$Q_c=V_2(H_2^{\text{V}}-H_{\text{D}}^{\text{L}}) \tag{8-108}$$

分凝器
$$Q_c=L_1(H_2^{\text{V}}-H_1^{\text{L}})+D(H_2^{\text{V}}-H_1^{\text{V}}) \tag{8-109}$$

$$V_{j+1}=\frac{D(H_D^L-H_j^L)+Q_c}{H_{j+1}^V-H_j^L} \quad (8\text{-}110)$$

提馏段：

$$Q_R=DH_D^L+WH_W^L+Q_c-FH_F \quad (8\text{-}111)$$

$$V_{m+1}=\frac{W(H_m^L-H_W^L)+Q_R}{H_{m+1}^V-H_m^L} \quad (8\text{-}112)$$

e. 根据新的 T_j，V_j 和 K_j，进行新一轮逐板计算，直至收敛为止。收敛判据为：

$$\left|\sum_{i=1}^{c}(d_i)_{ca}-D\right|<\text{容许误差} \quad (8\text{-}113)$$

用 TG 法，对于窄沸点进料能很快收敛，但对宽沸点进料收敛缓慢。

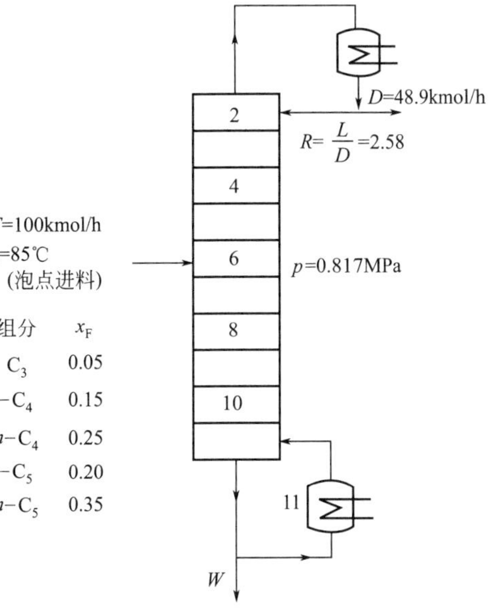

例 8-3 附图 1　精馏塔图示

【例 8-3】 TG 法示例

如附图 1 所示的丁烷-戊烷精馏塔，有 10 块理论板（包括再沸器），使用全凝器，在板号 6 的板上加料，指定的已知条件如附图 1 所示。应用 Lyster 改进的 TG 法，计算产品组成及各板的温度、气相流率和液相组成。

解 ① 初设各板温度分布、气相流率和液相流率，由 Depriester 图求 K，结果列于例 8-3 附表 1。

例 8-3 附表 1

塔板号 j	V_j /(kmol/h)	L_j /(kmol/h)	T_j	K_{ij}				
				C_3	i-C_4	n-C_4	i-C_5	n-C_5
1(冷凝器)	0	126.1						
2	175	126.1	73.1	2.77	1.38	1.04	0.500	0.420
3	175	126.1	81.4	3.10	1.60	1.22	0.590	0.495
4	175	126.1	88.5	3.40	1.78	1.37	0.685	0.585
5	175	126.1	94.5	3.63	1.94	1.49	0.770	0.660
F→6	175	226.1	98.9	3.84	2.06	1.60	0.825	0.702
7	175	226.1	102.4	4.00	2.21	1.73	0.895	0.765
8	175	226.1	105.4	4.15	2.28	1.80	0.925	0.800
9	175	226.1	107.4	4.28	2.36	1.88	0.965	0.835
10	175	226.1	110.2	4.36	2.43	1.94	1.000	0.870
11(再沸器)	175		112.2	4.42	2.50	1.99	1.030	0.890

② 由塔顶向下和由塔底向上分别进行逐板计算至加料板，计算结果列于例 8-3 附表 2 和附表 3。

例 8-3 附表 2　精馏段从塔顶向下逐板计算结果

组　　分	A_{i2}	$\frac{l_{i2}}{d_i}$	A_{i3}	$\frac{l_{i3}}{d_{i3}}$	A_{i4}	$\frac{l_{i4}}{d_{i4}}$	A_{i5}	$\frac{l_{i5}}{d_i}$
C_3	0.260	0.931	0.232	0.448	0.212	0.307	0.198	0.259
i-C_4	0.522	1.87	0.450	1.29	0.405	0.927	0.371	0.715
n-C_4	0.693	2.48	0.590	2.05	0.526	1.60	0.484	1.26

续表

组　分	A_{i2}	$\frac{l_{i2}}{d_i}$	A_{i3}	$\frac{l_{i3}}{d_{i3}}$	A_{i4}	$\frac{l_{i4}}{d_{i4}}$	A_{i5}	$\frac{l_{i5}}{d_i}$
i-C_5	1.44	5.16	1.22	7.52	1.05	8.95	0.936	9.31
n-C_5	1.72	6.16	1.46	10.50	1.23	14.1	1.09	16.5

例 8-3 附表 3　提馏段从塔底向上逐板计算结果

组 分	S_{i11}	$\frac{S_{i10}}{W_i}$	S_{i10}	$\frac{l_{i9}}{W_i}$	S_{i9}	$\frac{l_{i8}}{W_i}$	S_{i8}	$\frac{l_{i7}}{W_i}$	S_{i7}	$\frac{l_{i6}}{W_i}$	S_{i6}	$\frac{l_{i5}}{W_i}$
C_3	15.1	16.1	3.37	55.3	3.31	184.0	3.21	591.6	3.10	1835	2.97	5451
i-C_4	8.56	9.56	1.88	19.0	1.83	35.8	1.76	64.0	1.71	110.4	1.59	176
n-C_4	6.81	7.81	1.50	12.7	1.45	19.4	1.39	28.0	1.34	38.5	1.24	48.7
i-C_5	3.53	4.53	0.774	4.51	0.747	4.37	0.716	4.13	0.693	3.86	0.638	3.46
n-C_5	305	4.05	0.673	3.73	0.646	3.41	0.619	3.11	0.592	2.84	0.543	2.54

③ 应用式(8-99b) 计算$\frac{W_i}{d_i}$，应用式(8-100) 计算 d_i。因$\sum d_i \neq 48.9$，用 θ 法校正。按式(8-104)，用牛顿法求得 $\theta=1.25$。再按式(8-102)，式(8-103) 计算 $(d_i)_{co}$ 与 $(W_i)_{co}$，并计算塔顶塔底产品组成。计算结果列于例 8-3 附表 4。

例 8-3 附表 4

组　分	$\frac{W_i}{d_i}$	d_i	$(d_i)_{co}$	$(W_i)_{co}$	x_{id}	x_{iW}
C_3	0.000231	5.00	5.00	0.00144	0.102	0.000
i-C_4	0.00977	14.85	14.82	0.181	0.303	0.004
n-C_4	0.0474	23.88	23.60	1.40	0.482	0.027
i-C_5	4.19	3.85	3.21	16.79	0.066	0.329
n-C_6	11.4	2.82	2.30	32.7	0.047	0.640
		50.4	48.9	51.1	1.000	1.000

④ 根据校正的产品流率，按式(8-106) 与式(8-107) 计算各级板的液相组成。计算结果列于例 8-3 附表 5。

例 8-3 附表 5

组　分	x_{id}	x_{i2}	x_{i3}	x_{i4}	x_{i5}	x_{i6}	x_{i7}	x_{i8}	x_{i9}	x_{i10}	x_{iW}
C_3	0.102	0.038	0.019	0.013	0.012	0.011	0.004	0.001	0.000	0.000	0.000
i-C_4	0.303	0.228	0.162	0.120	0.097	0.085	0.052	0.030	0.016	0.008	0.004
n-C_4	0.482	0.481	0.410	0.331	0.271	0.230	0.176	0.124	0.081	0.049	0.027
i-C_5	0.066	0.136	0.204	0.252	0.273	0.277	0.311	0.335	0.346	0.334	0.329
n-C_5	0.047	0.117	0.204	0.284	0.347	0.397	0.147	0.510	0.557	0.599	0.640
Σ	1.000	1.000	1.000	1.000	1.000	1.000	1.000	1.000	1.000	1.000	1.000

根据附表 5 的液相组成，作泡点计算，求得各板的温度（见例 8-3 附表 6）和气相组成。然后进行焓衡算，应用式(8-110) 与式(8-112) 求出各板新的气相流率，再计算液相流率。焓衡算中气液相的焓可按理想溶液计算。

$$H_j^V=\sum H_i^V y_{ij} \qquad H_j^L=\sum H_i^L x_{ij} \tag{8-114}$$

式中，H_i^V 与 H_i^L 分别为纯组分 i 气态与液态的焓。

冷凝器的热负荷 Q_c 按式(8-108) 计算

$$Q_c=V_2(H_2^V-H_D^L)=(R+1)(H_2^V-H_D^L)=3.329\times10^6\,\text{kJ/h}$$

按式(6-37)计算再沸器的热负荷 Q_R

$$Q_R=DH_D^L+WH_W^L+Q_c-FH_F=3.450\times10^6\,\text{kJ/h}$$

焓衡算中的有关数据以及求出的各板的气相流率和根据物料衡算求出的液相流率列于附表 6。

⑤ 根据上述新求出的各板的温度 T_j 和气相流率 V_j，进行下一轮计算。如此多次迭代至收敛。本例第一轮逐板计算得到的与迭代计算最终得到的 T_j，V_j 值和迭代计算最终得到的各板上液相浓度分布示于本例的例 8-3 附图 2～4。

例 8-3 附表 6

塔段	板号 j	新的 T_j /℃	$H_D^L-H_{j-1}^L$ /(kJ/kmol)	$D(H_D^L-H_{j-1}^L)+Q_c$ /(kJ/h)	$H_j^V-H_{j-1}^L$ /(kJ/kmol)	V_j /(kmol/h)	L_j /(kmol/h)
精馏段	2	71.1	0	3329343	19024.8	175.0	124.7
	3	79.4	−2837.8	3190576	18375.4	173.6	120.2
	4	85.6	−5094.1	3080241	18212.6	169.1	118.3
	5	90.0	−7000.3	2986985	17863.8	162.2	114.8
	6	93.3	−8114.1	2932384	17910.3	163.7	214.8
塔段	板号 m	新的 T_m /℃	$H_{m-1}^L-H_W^L$ /(kJ/kmol)	$W(H_{m-1}^L-H_D^L)+Q_R$ /(kJ/h)	$H_m^V-H_{m-1}^L$ /(kJ/kmol)	V_m /(kmol/h)	L_m /(kmol/h)
提馏段	7	99.4	−5768.6	3155566	19073.4	165.4	216.9
	8	104.4	−4140.3	3238770	19538.5	165.8	217.6
	9	108.9	−2628.5	3316025	19910.7	166.5	223.0
	10	111.9	−1302.5	3383784	19678.0	171.9	226.2
	11	114.2	−488.6	3425376	18561.6	175.1	51.1

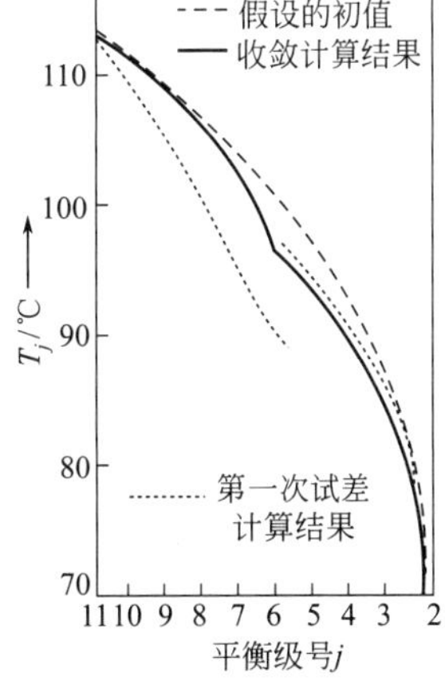

例 8-3 附图 2　温度分布

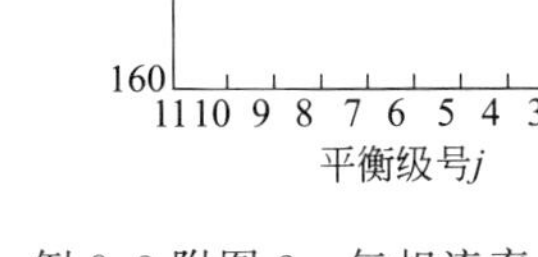

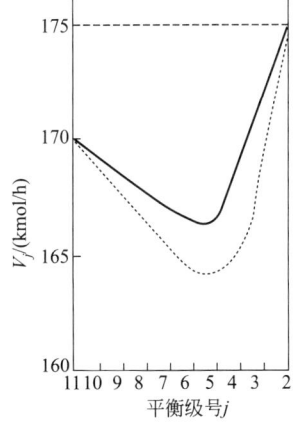

例 8-3 附图 3　气相流率分布

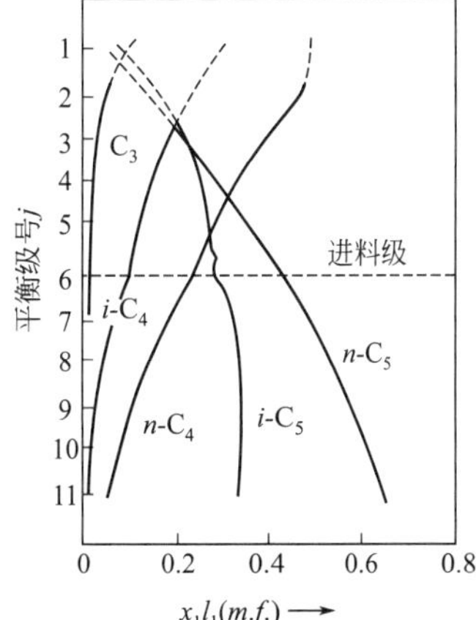

例 8-3 附图 4　最终解的液相浓度分布

（2）Lewis-Matheson 法（LM 法）

LM 法是在 1932 年发表的[35]，这里介绍 Bonner[36]改进的 LM 法。

（2.1）逐板计算的基本关系式

LM 法中用 α 表示相平衡关系。对于图 8-44 所示的简单精馏塔，对精馏段：任意板 j 的相平衡关系

$$\alpha_{ir}=\frac{y_i/x_i}{y_r/x_r}=\frac{y_i/x_i}{K_r}=\frac{K_i}{K_r}$$

故

$$x_i=\frac{y_i/\alpha_{ir}}{K_r} \tag{8-115}$$

式中，下标 r 表示参考组分。因为对液相有 $\sum_{i=1}^{c}x_i=1$，故

$$K_r=\sum\frac{y_i}{\alpha_{ir}} \tag{8-116}$$

代入式(8-115)，得

$$x_i=\frac{y_i/\alpha_{ir}}{\sum\frac{y_i}{\alpha_{ir}}}=\frac{V_i/\alpha_{ir}}{\sum V_i/\alpha_{ir}} \tag{8-117}$$

式(8-117) 即为精馏段的相平衡方程。

由精馏段第 j 块板以上段的物料衡算，得

$$V_{i,j+1}=l_{ij}+d_i \tag{8-118}$$

式(8-117)和式(8-118)就是精馏段逐板计算的工作方程。

对提馏段用类似的方法可导出其工作方程。

$$\frac{1}{K_r}=\sum\alpha_{ir}x_i \tag{8-119}$$

$$y_i=\frac{\alpha_{ir}x_i}{\sum\alpha_{ir}x_i}=\frac{\alpha_{ir}l_i}{\sum d_{ir}l_i} \tag{8-120}$$

$$l_{i,m-1}=V_{im}+W_i \tag{8-121}$$

（2.2）计算步骤

用 LM 法进行逐板计算时，指定的设计变量有操作压力、总理论板数、加料位置、加料条件、塔顶产品量和回流比等。求解产品组成、温度分布和气液相流率分布等。

① 初设塔内温度分布 T_j，确定各板上各组分的 K_i 和 α_{ir}。

② 初估塔顶和塔底产品的组成。

③ 由塔顶冷凝器开始，向下进行逐板计算。先由 x_{id} 和 L_1 计算 $l_{i,1}$，然后应用精馏段的工作方程式(8-118) 和式(8-117)，进行逐板计算，依次求出各板的液相组成 x_{ij}，直至 x_{if}。同时自再沸器向上，应用提馏段工作方程式(8-120) 和式(8-121)，进行逐板计算，依次求出 V_{im} 与 l_{im}，直至 x_{if}^{W}。比较 x_{if} 与 x_{if}^{W}，如果两者契合，说明初估的产品组成与温度分布 T_j 等正确，计算到此结束。通常，第一次计算两者多不符合，需对产品组成进行校正，估算新的温度和流量分布。

④ 进料板组成的契合校正。为了使计算的进料板组成契合，需对产品组成进行校正。Bonner 提出校正值的关系式为

$$\Delta d_i=\frac{x_{if}^{W}-x_{if}}{x_{if}/d_i-x_{xf}^{W}/W_i} \tag{8-122}$$

根据此式的推导过程，此式的含义是如果在下一次迭代中温度和流量分布仍保持原来值不变，则对 d_i（相应的对 W_i）作如上校正，可使 x_{if} 与 x_{if}^{W} 达到契合。实际上，在收敛前，各次迭代所用的 T_j 与 V_j 是变化的，所以一般均需经多次校正才能使 x_{if} 与 x_{xf}^{W} 契合。

因为 D 是指定的设计变量，所以 $\sum\Delta d_i=0$。但按式(8-122) 求出的各组分的 Δd_i 之和常不等于零，为使 $\sum\Delta d_i$ 为零，必须对算出的校正值进行一些修正。Bonner 建议，首先保证对最轻和最重组分作校正。因为它们对温度分布的影响较中间组分明显。塔底产品的校正值 ΔW_i，可由下式确定。

$$\Delta W_i=-\Delta d_i \tag{8-123}$$

⑤ 计算新的温度和流率分布。新的温度分布可以根据式(8-117) 和式(8-119) 确定。由本次计算得到的各块板的汽液相组成，用式(8-117) 和式(8-119) 分别求出精馏段和提馏段各板上的 K_r，然后由 K_r 反算该板的温度。例如对轻烃可以用 Depriester 图。

由计算出的新的温度和各板上的气液相组成，可分别求出气液相的焓。然后根据焓衡算式(8-110) 和式(8-112)，求出各板的气相流率。再根据物料衡算，计算各板的液相流率。

⑥ 根据校正的产品组成，新的温度分布与气液相流率分布，进行下一轮计算。如此多次迭代，直至收敛，即对所有组分在加料板处契合。

$$|x_{if}-x_{if}^{W}|\leqslant\varepsilon_{max}\quad l\leqslant i\leqslant c \tag{8-124}$$

ε_{max} 为指定的最大允许偏差值。

用 LM 法进行设计型计算时，先用简化法求出所需理论板数及加料位置，然后进行严格的逐板计算。

【例 8-4】 LM 法示例。

用 Bonner 改进的 LM 法，计算例 8-3 的丁烷-戊烷精馏塔。

解 (1) 初设塔内温度分布、气液流量分布，估算各组分的相对挥发度。结果列于例 8-4 附表 1。

例 8-4 附表 1 初始条件

塔板号 j	V_j /(kmol/h)	L_j /(kmol/h)	T_j /℃	α_{ir}(i-C_5 为 r 组分)				
				C_3	i-C_4	n-C_4	i-C_5	n-C_5
1(冷凝器)	0	126.1						
2	175		73.1	5.65	2.87	2.15	1.0	0.830
3			81.4	5.25	2.72	2.07		0.839
4			88.5	4.96	2.60	2.00		0.847
$F\xrightarrow{5}$		126.1	94.4	4.71	2.52	1.97		0.854
6		226.1	98.9	4.60	2.50	1.95		0.858
7			102.4	4.50	2.47	1.95		0.862
8			105.4	4.42	2.46	1.94		0.865
9			107.9	4.38	2.45	1.94		0.867
10		226.1	110.2	4.36	2.44	1.94		0.869
11(再沸器)	175		112.2	4.31	2.43	1.93		0.871

(2) 初估塔顶、塔底产品组成。其结果和相应的 $V_{i,2}$ 及 $y_{i,2}$ 列于例 8-4 附表 2。

例 8-4 附表 2　塔顶塔底产品初值

组　分 i	d_i /(kmol/h)	x_{id}	V_{i2} /(kmol/h)	y_{i2}	W_i /(kmol/h)	x_{iW}
C_3	4.996	0.102	17.9	0.102	0.00412	0.000
i-C_4	14.62	0.299	52.3	0.290	0.379	0.007
n-C_4	22.59	0.461	80.7	0.461	2.410	0.047
i-C_5	3.57	0.073	12.8	0.073	16.43	0.322
n-C_n	3.16	0.065	11.3	0.065	31.84	0.624
Σ	48.936	1.000	175.0	1.000	51.063	1.000

(3) 由塔顶向下应用精馏段工作方程，进行逐板计算，算出 x_{ij} 直至 x_{i6}。同时由再沸器向上应用提馏段工作方程，进行逐板计算，算出 y_{im}，直至 x_{i6}^{W}。计算结果列于例 8-4 附表 3 与附表 4。

例 8-4 附表 3　精馏段逐板计算结果

组　分	$\frac{V_{i2}}{\alpha_{i2}}$	x_{i2}	$\frac{V_{i3}}{\alpha_{i3}}$	x_{i3}	$\frac{V_{i4}}{\alpha_{i4}}$	x_{i4}	$\frac{V_{i5}}{\alpha_{i5}}$	x_{i5}	$\frac{V_{i6}}{x_{i6}}$	x_{i6}
C_3	3.17	0.0371	1.84	0.0175	1.45	0.0119	1.38	0.0104	1.37	0.0098
i-C_4	18.22	0.2135	15.27	0.1454	12.67	0.1041	11.01	0.0828	10.02	0.0714
n-C_4	37.54	0.4398	37.70	0.3590	33.93	0.2784	29.32	0.2206	25.85	0.1849
i-C_5	12.80	0.1500	22.48	0.2140	30.57	0.2513	35.26	0.2653	37.02	0.2648
n-C_5	13.62	0.1596	27.74	0.2641	43.04	0.3538	55.93	0.4209	65.54	0.4688
Σ	85.35	1.0000	105.03	1.0000	121.66	1.0000	132.9	1.0000	139.80	1.0000

例 8-4 附表 4　提馏段逐板计算结果

组分	$\alpha_{i11}l_{i11}$	y_{i11}	$\alpha_{i10}l_{i10}$	y_{i10}	$\alpha_{i9}l_{i9}$	y_{i9}	$\alpha_{i8}l_{i8}$	y_{i8}	$\alpha_{i7}l_{i7}$	y_{i7}	x_{i6}^{W}
C_3	0.0178	0.003	0.247	0.0011	0.805	0.0034	2.65	0.0097	7.67	0.0254	0.0196
i-C_4	0.921	0.0185	8.83	0.0380	17.22	0.0690	20.63	0.1123	49.47	0.1636	0.1283
n-C_4	4.65	0.0935	36.41	0.1568	57.91	0.2321	83.48	0.3059	109.1	0.3608	0.2900
i-C_5	16.43	0.3303	74.23	0.3197	72.38	0.2901	67.20	0.2463	59.53	0.1969	0.2251
n-C_5	27.73	0.5574	112.44	0.4844	101.10	0.4054	88.9	0.3258	76.59	0.2533	0.3370
Σ	49.75	1.0000	232.16	1.0000	249.46	1.0000	272.86	1.0000	302.36	1.0000	1.0000

(4) 比较 x_{i6} 与 x_{i6}^{W}，$x_{i6} \neq x_{i6}^{W}$，需按式(8-122) 对产品组成进行校正。校正计算结果列于例 8-4 附表 5。

例 8-4 附表 5　产品组成校正计算结果

组分	x_{if}^{W}	x_{if}	$x_{if}^{W}-x_{if}$	$\frac{x_{if}}{d_i}$	$\frac{x_{if}^{W}}{W_i}$	Δd_i	实际校正值	d_i 初设值	d_i 第一轮修正值	d_i 收敛计算值
C_3	0.0196	0.0098	0.0098	0.00196	4.76	0.00206	+0.002	4.996	4.998	4.998
i-C_4	0.1283	0.0717	0.0566	0.00490	0.339	0.165	+0.165	14.62	14.78	14.67
n-C_4	0.2900	0.1849	0.1051	0.00819	0.120	0.819	+0.819	22.59	23.41	23.10

续表

组分	x_{if}^{W}	x_{if}	$x_{if}^{W}-x_{if}$	$\frac{x_{if}}{d_i}$	$\frac{x_{if}^{W}}{W_i}$	Δd_i	实际校正值	d_i		
								初设值	第一轮修正值	收敛计算值
i-C_5	0.2251	0.2648	−0.0397	0.0742	0.0137	−0.452	−0.156	3.57	3.41	3.56
n-C_5	0.3370	0.4688	−0.1318	0.1484	0.0106	−0.830	3.16	3.16	2.33	2.61
Σ	1.0000	1.0000				−0.296	0	48.93	48.93	48.93

(5) 计算新的温度分布。应用式(8-117) 和式(8-119) 求 K_r。然后根据 K_r，由 Depriester 图求得新的温度分布。结果列于例 8-4 附表 6。

例 8-4 附表 6　新的温度分布

板号 j	$\sum\frac{V_i}{\alpha_i}$	$\sum\frac{y_i}{\alpha_i}=K_{i-C_5}$	$\sum\alpha_i l_i$	$\sum\alpha_i x_i$	K_{i-C_5}	新 T_j/℃
2	85.3	0.488				71.1
3	105.0	0.600				82.3
4	121.6	0.695				88.9
5	132.9	0.759				93.3
6	139.8	0.799				96.1
6			337.0	1.49	0.671	87.5
7			302.4	1.34	0.748	93.3
8			372.9	1.21	0.828	98.9
9			249.5	1.10	0.907	103.9
10			232.2	1.03	0.974	108.9
11			49.7	0.974	1.03	112.2

(6) 由新的温度分布和板上的气液相组成，计算各板上气液相的焓。应用式(8-110) 和式(8-112)，计算各板的气相流率，再求出液相流率。计算结果列于例 8-4 附表 7。

例 8-4 附表 7　气液相流率的校正值

板　号 j	$H_D^L-H_{j-1}^L$ /(kJ/kmol)	$D(H_D^L-H_{j-1}^L)-Q_c$ /(kJ/h)	$H_j^V-H_{j-1}^L$ /(kJ/kmol)	V_j/(kmol/h)	L_j /(kmol/h)
2	0	795200	4544.4	175.0	117.9
3	−688.9	761667	4566.7	166.8	116.0
4	−1388.9	727283	4411.1	164.9	113.2
5	−1844.4	705009	4350.0	162.1	115.1
6	−2266.7	684360	4172.2	164.0	
板　号 m	$H_{m-1}^L-H_W^L$ /(kJ/kmol)	$W(H_{m-1}^L-H_W^L)+Q_W$/(kJ/h)	$H_m^V-H_{m-1}^L$ /(kJ/kmol)	V_m /(kmol/h)	L_m /(kmol/h)
6					215.8
7	−1711.1	731863	4444.4	164.7	216.2
8	−1311.1	752303	4555.6	165.1	217.6
9	−922.2	772176	4638.9	166.5	217.3
10	−566.7	790342	4755.6	166.2	222.3
11	−233.3	807378	4716.7	171.2	51.1

(7) 根据校正的产品组成、新的温度与气液流率分布，进行新一轮迭代计算，直至所有组分在加料板处契合。最终的 d_i 计算值，列于例 8-4 附表 5 中。

本例精馏塔内温度与气相流率分布的初值、第一轮逐板计算结果以及迭代计算最终的收敛值都示于例 8-4 附图 1 和附图 2。

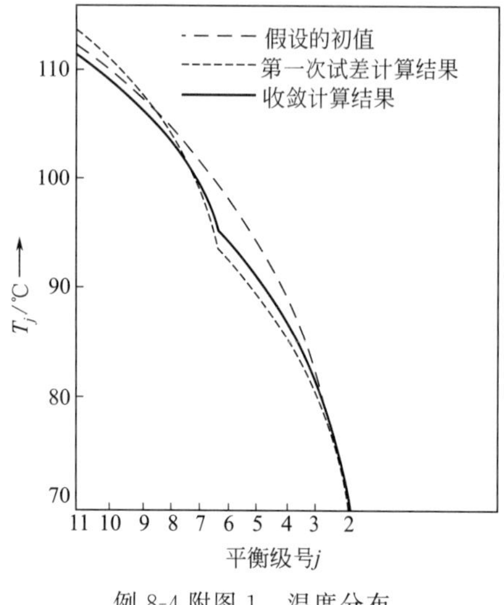

例 8-4 附图 1　温度分布

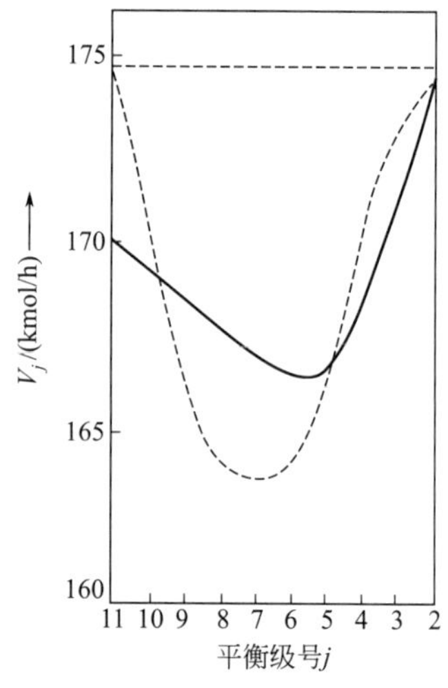

例 8-4 附图 2　气相流率分布

8.6.2.2　三对角矩阵法

对于有多股进料和多侧线等的复杂的多组分精馏塔，宜采用矩阵法进行计算。矩阵法有三对角矩阵法[37,38]，矩阵求逆法、C. M. B 矩阵法及多元 Newton-Raphson 法[39]等。本章只介绍应用较广的三对角矩阵法。

（1）通用模型塔

图 8-45 是对各种精馏过程普遍适用的通用模型塔，该模型塔包括冷凝器和再沸器在内共

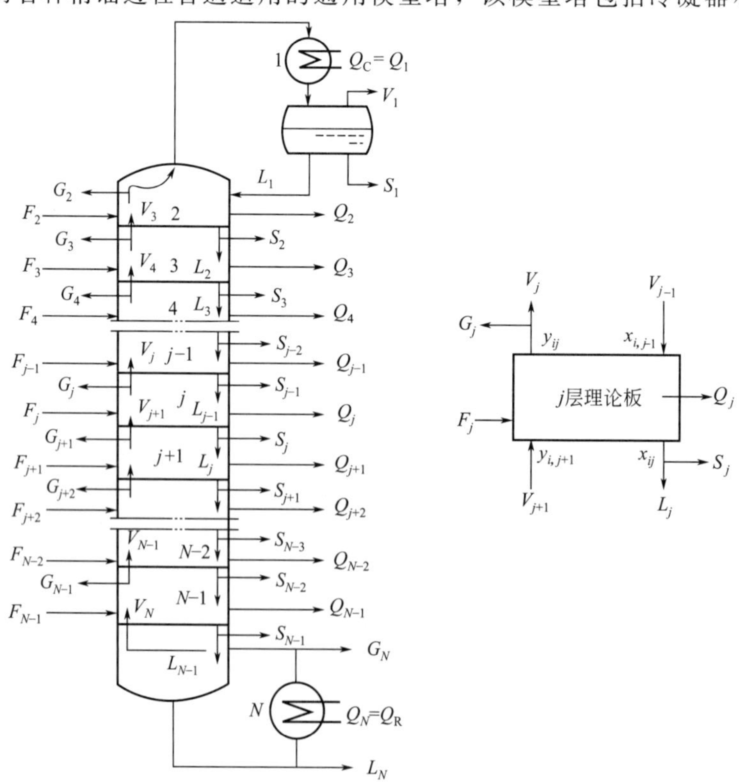

图 8-45　通用模型塔

N 块理论板，板的顺序由冷凝器开始，从塔顶往下数，冷凝器为第一块板，再沸器为第 N 块板。每块理论板 j，有一个进料 F_j，气相侧线出料 G_j，液相侧线出料 S_j 和输入或输出的热量 Q_j（指中间再沸器、中间冷凝器和热损失等）。图中单独示出任意板 j 的情况。如果只有一个进料，无侧线出料，各块板的 Q 亦为零，则图 8-45 即为图 8-23 所示的简单精馏塔。

（2）数学模型

描述上述通用模型塔的数学关系式有二类，一是基本关系式，二是物性与热力学性质关系式。

（2.1）基本方程组

对图 8-45 模型塔中任意理论 j，有以下 $2C+3$ 个独立的方程式。

组分相平衡关系式(E)：C 个

$$y_{ij}=K_{ij}x_{ij}=0 \quad i=1,2,\cdots\cdots C \tag{8-125}$$

组分的物料衡算方程式(M)：C 个

$$L_{j-1}x_{i,j-1}+V_{j+1}y_{i,j+1}+F_jZ_{ij}-(L_j+S_i)x_{ij}-(V_j+G_j)y_{ij}=0 \tag{8-126}$$

焓衡算方程式(H)：1 个

$$L_{j-1}H_{j-1}^{\mathrm{L}}+V_{j+1}H_{j+1}^{\mathrm{V}}+F_iH_j^{\mathrm{F}}-(L_j+S_i)H_j^{\mathrm{L}}-(V_j+G_j)H_j^{\mathrm{V}}-Q_j=0 \tag{8-127}$$

气-液相摩尔分数加和式(S)：2 个

$$\sum_{i=1}^{c}x_{ij}-1=0 \tag{8-128}$$

$$\sum_{i=1}^{1}y_{ij}-1=0 \tag{8-129}$$

对于 N 块理论板，共有 $N(2C+3)$个独立的方程式，为精馏过程的基本方程，通常称为 MESH 方程组。

（2.2）物性与热力学性质关系式

MESH 方程组中包含 K_{ij}，H_j^{V}，H_j^{L} 等都是温度、压力和混合物组成的函数。

$$K_{ij}=K_{ij}(T_j,P_j,x_{1j},x_{2j},\cdots x_{cj},y_{1j}\cdots y_{cj}) \tag{8-130}$$

$$H_j^{\mathrm{V}}=H_j^{\mathrm{V}}(T_j,P_j,y_{1j},y_{2j}\cdots y_{cj}) \tag{8-131}$$

$$H_j^{\mathrm{L}}=H_j^{\mathrm{L}}(T_j,P_j,x_{1j},x_{2j}\cdots x_{cj}) \tag{8-132}$$

它们是式(8-125)和式(8-127)中的系数，所以 MESH 方程组是一个非线性的联立方程组。

（2.3）自由度分析

对复杂精馏塔的自由度分析，可以在简单精馏塔的基础上进行。在简单精馏塔上每增加一个进料或增加一个侧线（汽相或液相）均增加两个独立变量，即流量与位置。同样，每增加一个中间换热设备也增加换热量与换热位置两个独立变量。显然，在设计中这些变量都应该是指定变量，因此，对于复杂精馏塔，除了上述这些附加的内容外，通常指定的独立变量仍然是进料流量、组成、温度、全塔理论板数、加料位置、产品产率或流率、回流量或回流比以及回流罐压力。已知这些量，求解 MESH 方程组，可得，产品组成、各板的温度、气液相流率和组成。

下面介绍求解 MESH 方程组的 Wang-Henke 对三对角矩阵法（泡点露点法）[40]。

（3）三对角矩阵法

在 MESH 方程组中，将 M 方程与 E 方程组合为工作方程，而把 S 方程与 H 方程作为收敛检验函数，来解 MESH 方程组。

将 E 方程式(8-125) 代入 M 方程式(8-126)，消去其中的 $y_{i,j}$ 和 $y_{i,j+1}$ 得 ME 方程（工作方程）。

$$L_{j-1}x_{i,j-1}-[(L_j+S_j)+K_{ij}(V_j+G_j)x_{ij}+K_{i,j+1}V_{j+1}x_{i,j+1}]=-F_jZ_{ij}$$

$$i=1,2,\cdots\cdots C;j=1,2,\cdots\cdots N \tag{8-133}$$

式中，K、L、V 都是未知数，且均与液相组成 x 有关。因此，这是一个非线性方程组。为使其线性化，一般采取以下方法，将 T_j 和 V_j 作为迭代变量，设定它们的初值，由 T 估算 K，式中的 L 则由总物料衡算方程计算。

对冷凝器作衡算

$$L_1=V_2-(V_1+S_1) \tag{8-134a}$$

对冷凝器至第 j 块板作衡算

$$L_j=V_{j+1}+\sum_{k=1}^{j}(F_k-G_k-S_k)-V_1 \tag{8-134b}$$

$$j=2,\ 3\cdots\cdots N-1$$

对全塔作衡算

$$L_N=\sum_{k=1}^{N}(F_k-G_k-S_k)-V_1 \tag{8-134c}$$

得到线性化的 ME 方程后，将其按组分分组，对每一组分 i，式(8-133) 为一组 N 个方程式，可写为

$$A_{ij}x_{ij-1}+B_{ij}x_{ij}+C_{ij}x_{ij+1}=D_{ij} \tag{8-135}$$

$$j=1,\ \cdots\cdots N$$

其中各项系数如下所示。

板　　号	A_{ij}	B_{ij}	C_{ij}	D_{ij}
$j=1$	0	$-[(L_1+S_1)+K_iV_1]$	$K_{i2}V_2$	0
$2\leqslant j\leqslant N-1$	L_{j-1}	$-[(L_j+S_j)+K_{ij}(V_j+G_j)]$	$K_{i,j+1}V_{j+1}$	$-F_jZ_{ij}$
$j=N$	L_{N-1}	$-[L_N+K_{iN}(V_N+G_N)]$	0	0

线性方程组式(8-135) 可以写成矩阵形式。

$$A_ix_i=D_i \tag{8-136}$$

式中　$x_i=(x_{i1},x_{i2}\cdots\cdots x_{iN})^T$

$$D_i=(-F_1Z_{i1},-F_2Z_{i2}\cdots\cdots-F_NZ_{iN})^T$$

$$A_i=\begin{bmatrix} B_{i1} & C_{i1} & & & & \\ A_{i2} & B_{i2} & C_{i2} & & & \\ & \ddots & & & & \\ & A_{ij} & B_{ij}C_{ij} & & & \\ & & \ddots & & & \\ & & A_{i,N-1} & B_{i,N-1} & C_{i,N-1} & \\ & & & A_{iN} & B_{iN} & \end{bmatrix}$$

线性方程组式(8-135) 的系数矩阵 A_i 为三对角线矩阵，它只在主对角线上和与其相邻的上下二条对角线上有非零元素，所以很容易用追赶法（Thomas 法[41]）求解，得到各块理论板的

液相组成 x_{ij}。

因为上述 ME 方程的线性化是在初设的 T_j 和 V_j 下得到的，因此，解出的 x_{ij} 通常不会满足 S 方程和 H 方程，需要应用 S 方程与 H 方程作为收敛检验函数来产生新的 T_j 与 V_j 的迭代值，这个过程需重复进行，直至收敛。

（4）Wang-Henke 三对角矩阵法的计算步骤。

① 假设各板上温度 T_j 与气相流率 V_j 的初值。温度 T_j 可按塔顶塔底温度的估算值的线性内插设定，流率 V_j 各按恒摩尔流确定。

② 根据压力与温度，求取各板上各个组分的平衡常数 K_{ij} 的初值。

③ 计算矩阵（8-136）中的元素 A_{ij}，B_{ij}，C_{ij}，其中 L 用式(8-134）求得。

④ 用追赶法求解矩阵（8-136）中的各个 x_{ij}。

⑤ 将计算所得的各 x_{ij} 值按下式作圆整处理，使圆整后的 x'_{ij}

$$x'_{ij}=\frac{x_{ij}}{\sum x_{ij}} \quad 1\leqslant j\leqslant N \qquad (8\text{-}137)$$

⑥ 由圆整得到的 x'_{ij} 作泡点计算，求出各板新的温度 T_j，并求得各组分新的平衡常数 K_{ij}。

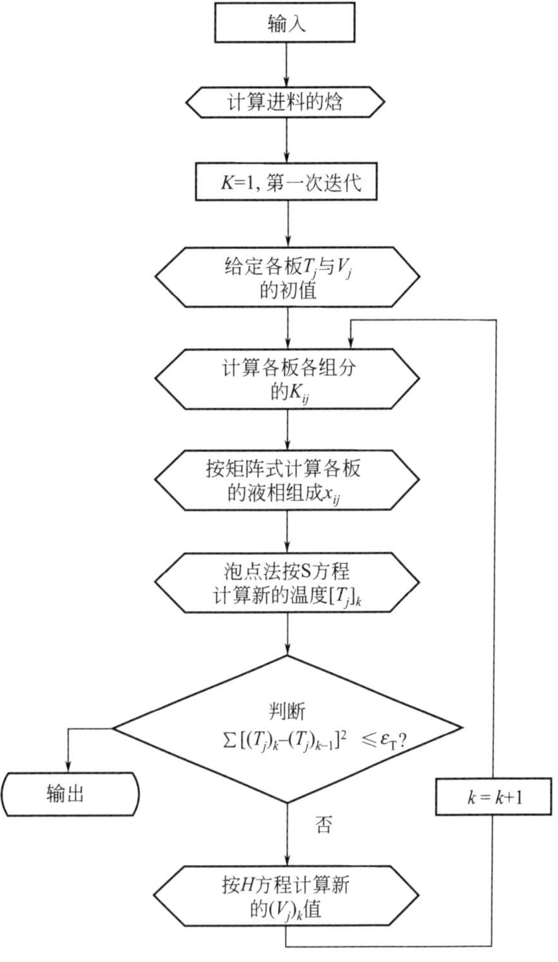

图 8-46　Wang-Henke 三对角矩阵法框图

⑦ 根据新的温度分布和各板气液相组成，求出各板上汽液相的焓 H_j^L 和 H_j^V，再由 H 方程式(8-127)，求出各板新的气相流率 V_j。

⑧ 重复③至⑦的计算，直至满足收敛条件

$$\sum_{j=1}^{N}[(T_j)_k-(T_j)_{k-1}]^2\leqslant \varepsilon_T \qquad (8\text{-}138)$$

式中，ε_T 为预先给定的允许误差，Wang 和 Henke 取 $\varepsilon_T=0.01N$。

对 V_j 的计算也要满足一定要求，一种可能的收敛判据是

$$\sum_{j=1}^{N}\left[\frac{(T_j)_k-(T_j)_{k-1}}{(T_j)_k}\right]^2+\sum_{j=1}^{N}\left[\frac{(V_j)_k-(V_j)_{k-1}}{(V_j)_k}\right]\leqslant 10^{-7}N \qquad (8\text{-}139)$$

上述计算过程的框图见图 8-46。

在上述迭代计算过程中迭代变量 T_j 与 V_j 可能会出现振荡变化，此时可以在下次（$k+1$ 次）迭代之前适当调整$(T_j)_k$ 与$(V_j)_k$ 之值。Orbach 和 Crowe 提出调整 T_j 和 V_j 的优势本征值法，一般能加速收敛。

8.7 萃取蒸馏

8.7.1 萃取蒸馏过程及特征

当混合液中二组分的沸点接近，或形成共沸物，而用普通精馏很难或不可能将它们分离成两个纯组分时，可以考虑采用萃取蒸馏，萃取蒸馏的原理是在精馏过程中外加一种与混合液中某一组分有较强亲和力的沸点较高的溶剂（或称萃取剂），使二组分间的相对挥发度增大，因而可以比较容易地用精馏方法分离。例如乙醇水形成恒沸液不能用普通精馏把它分离成无水乙醇与水，对此恒沸液，可以加入乙二醇，进行萃取精馏。因为乙二醇与水有较强的亲和力，它的加入使乙醇与水的相对挥发度增大，精馏结果可以得无水乙醇与水。再如甲基环己烷和甲苯的混合液，它们之间的相对挥发度小，在甲苯浓度低时，它们的相对挥发度小于1.01，分离十分困难，加入苯酚后，使它们间的相对挥发度增大，可以有效地降低分离所需的理论板数。

图8-47是萃取精馏的典型流程。它由萃取精馏塔A和溶剂回收塔B组成。萃取精馏塔由回收段1，精馏段2与提馏段3三段组成。为了保证精馏塔中主要作用区内都有溶剂的作用，溶剂必须在精馏段顶部加入。精馏段与提馏段中的作用情况与普通精馏塔中相同，与溶剂结合力小的组分1从塔顶分出，与溶剂结合力较强的组分2（相当于难挥发组分）则与溶剂一起从塔底再沸器分出，送至溶剂回收塔。溶剂回收塔实质上是一般的精馏塔，塔顶分出组分2产品，沸点较高的溶剂则从塔底放出，返回萃取精馏塔重复使用。

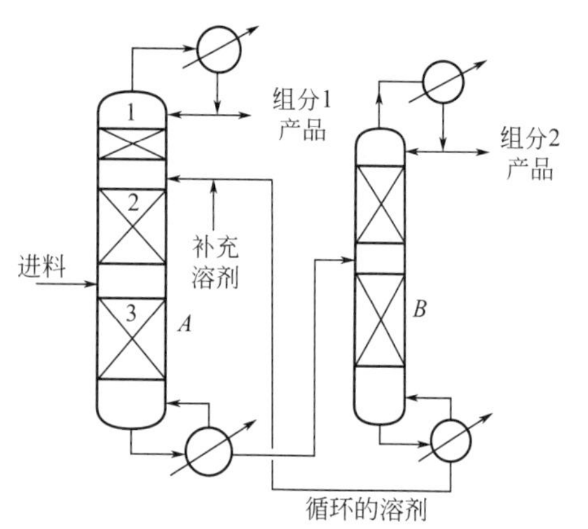

图8-47　萃取精馏的典型流程

与一般精馏塔比较萃取精馏塔中多了一个溶剂回收段，它的作用是除去被上升蒸汽向上带的溶剂，以降低其在组分1产品中的含量，保证产品质量，同时可减少溶剂的损失。回收段所需的理论板数（或填料高度）取决于溶剂与组分1的沸点差（或蒸气压差），沸点差大，所需板数少。

萃取蒸馏所用溶剂的沸点要比进料中组分的沸点高得多，所以在其从上向下流的过程中近于恒摩尔流，它在精馏段和提馏段中各塔板上的浓度几乎分别保持恒定。如果是气相进料，则精馏段与提馏段的回流液中溶剂的浓度相同。如果进料是液体，提馏段中向下流的总液量增大，溶剂的浓度降低。为了避免提馏段中溶剂被稀释对分离不利，可采用气相进料。

通常溶剂的加入量多，塔内液相中溶剂的浓度高，被分离组分间的相对挥发度大，所以溶剂的用量一般较大。溶剂量大的不利影响是使板效率降低，一般溶剂浓度在0.4～0.9（摩尔分数）。

对于普通精馏，增大回流比，使传质推动力增大，分离所需理论板数减少。对于萃取精馏，情况就不尽然。增大回流比，固然有其有利一面，但也有其不利一面。因为回流比增大，使板上的液体中溶剂的浓度降低，被分离组分间的相对挥发度减小。所以回流比的选择需要从这两方面综合考虑确定，通常存在一最佳回流比。

8.7.2 溶剂的选择

选择一种适当的溶剂是设计萃取精馏过程的关键。溶剂的选择需要考虑一系列因素，其中首要的是溶剂的选择性，要求在溶剂用量较少时就有较好的选择性，一般选择性大于2才能认为是较好的溶剂。

8.7.2.1　溶剂的选择性

（1）选择性的定义

萃取精馏溶剂选择性定义为有溶剂与无溶剂两种情况下轻重关键组分的相对挥发度之比

$$S_{ij}=\frac{(\alpha_{ij})_{有溶剂}}{(\alpha_{ij})_{无溶剂}} \tag{8-140}$$

因为萃取精馏通常在较低压力下进行，此时气相可认为是理想气体，所以一般只需考虑液相的非理想性，故式(8-140) 可表示为

$$S_{ij}=\frac{(\gamma_i p_i^{\circ}/\gamma_j p_j^{\circ})_{有溶剂}}{(\gamma_i p_i^{\circ}/\gamma_j p_j^{\circ})_{无溶剂}} \tag{8-141}$$

式中　γ_i，γ_j——组分 i，j 的活度系数；　　p_i°，p_j°——纯组分 i，j 的饱和蒸气压。

因为两个纯组分的饱和蒸气压的比值随温度的变化不大，而在无溶剂存在的情况下，沸点接近的组分的活度系数 γ_i 与 γ_j 均近似为 1，所以选择性 S_{ij} 可近似地由下式表示：

$$S_{ij}=\left(\frac{\gamma_i}{\gamma_j}\right)_{有溶剂} \tag{8-142}$$

即溶剂的选择性为有溶剂存在的条件下二组分的活度系数之比。因此溶剂的加入能使组分的活度系数有差异是萃取精馏的基础，只要知道轻重关键组分在溶剂中的活度系数，就可以确定该溶剂的选择性。

一般可以根据二组分在溶剂中的无限稀释活度系数来评价溶剂的选择性。

（2）选择性的估计

可以通过以下三种方法估计选择性的大小。

① 定性判断。定性判断是根据混合物组分与溶剂的分子结构特征，分析它们之间的差别，从而确定选择性的高低。以下分别就非烃类和烃类混合物两种情况来说明。

对于非烃类混合物有两种选择溶剂的方法：一种是在两关键组分的同系物中选择；另一种是根据组分的极性不同来选择溶剂。例如丙酮与甲醇的恒沸液，需要采用萃取精馏，可以从表 8-11 所列举的丙酮与甲醇同系物中选择溶剂，可以任选一种酮，也可以任选一种醇，但所选溶剂不能与甲醇或丙酮形成恒沸液。也可以按极性大小来选择溶剂。因分子结构不同，以下物质：碳氢化合物、醚、醛、酮、酯、醇、乙二醇、水，从左至右极性依次增大。对丙酮-甲醇混合物，如想提高极性较低的丙酮的相对挥发度，可选择极性最强的水作为溶剂。相反如果想提高极性较高的甲醇的相对挥发度，则可选择一个高沸点的碳氢化合物作为溶剂。

表 8-11

要分离的组分		溶　剂				
	丙　酮		甲基丁基酮	甲基丙基酮	甲基异丁基酮	甲基戊基酮
	甲　醇		乙　醇	丙　醇	水	丁　醇

对于烃类混合物，溶剂的选择首先根据烃类混合物两关键组分的分子体积差来判断。因为根据分子间的物理作用，溶剂选择性大小与溶剂的极性和被分离组分的分子体积差成正比，

$$\ln S_{ij}\alpha\tau_s^2(V_i-V_j) \tag{8-143}$$

式中　τ_s——溶剂的极性溶解度参数。

如果摩尔体积差（V_i-V_j）与 V_i 之比≥5%，则可以只考虑物理作用，选择极性高的溶剂，其选择性高。溶剂的极性大小可以从它的偶极矩测量。

如果分子体积差（V_i-V_j）之比<5%，即分子体积很接近，就应该考虑溶剂的络合作用。络合物的稳定性主要取决于电子供给体的电离势的大小和电子接受体的电子亲和能的大小，如果烃类混合物的电离势差别很大，则可以选择电子亲和能大的溶剂，其选择性较高。

② 定量估算。应用各类热力学模型计算被分离组分在溶剂中的无限稀释活度系数，可求得溶剂的选择性，但其计算工作量较大，在初选溶剂时可以用一些简化法作初步估算。下面介绍两种方法。

a. 基于正规溶液的溶解度参数法。对于非极性溶剂，按照正规溶液理论，组分 i 的无限稀释活度系数为

$$\ln\gamma_i^{\infty}=\frac{V_i(\delta_i-\delta_s)^2}{RT} \tag{8-144}$$

所以可用下式计算无限稀释时的选择性

$$RT\ln S_{ij}^{\infty}=V_i(\delta_i-\delta_s)^2-V_j(\delta_j-\delta_s)^2 \tag{8-145}$$

式中　S_{ij}^{∞}——无限稀释时溶剂的选择性；

V_i，V_j——组分 i，j 的摩尔体积；

δ_i，δ_j，δ_s——组分 i，j 和溶剂 s 的溶解度参数，可以由式(7-7) 估算

$$\delta_i=\left[\frac{\Delta H_i^{V}-RT}{V_i}\right]^{1/2} \tag{8-146}$$

式中，ΔH_i 为组分 i 的气化热。

用这种方法计算选择性，有时误差较大，对极性溶剂不适用。

对于极性溶剂，除了考虑分子间的色散力，还要考虑静电力和诱导力。所以，组分 i 的无限稀释活度系数可由下式计算[42]。

$$\begin{aligned}RT\ln\gamma_i^{\infty}=&V_s[(\lambda_i-\lambda_s)^2+(\tau_i-\tau_s)^2-2\psi_{is}]\\&+\left[\ln\left(\frac{V_s}{V_i}\right)+\left(1-\frac{V_s}{V_i}\right)\right]\end{aligned} \tag{8-147}$$

式中　λ——非极性溶解度参数；

τ——极性溶解度参数；

$$\tau_i=(\delta_i^2-\lambda_i^2)^{1/2} \tag{8-148}$$

ψ_{is}——是相互作用参数，与组分的结构有关，由实验测定，对于

饱和烃　$\psi_{is}=0.399(\tau_i-\tau_s)^2$

不饱和烃　$\psi_{is}=0.388(\tau_i-\tau_s)^2$

芳香烃　$\psi_{is}=0.447(\tau_i-\tau_s)^2$

非极性和极性溶解度参数，均可根据组分的物性（沸点、气化热、摩尔体积等）计算。

b. 基于分子结构的估算法。此法的基础是物质的各种性质可以看成是其各个结构基团作用的总和。这种根据结构基团的估算方法已成功地用于液体密度、热容、临界常数以及活度系数的估算。

对相似的同系物，无限稀释活度系数可用下式估算[43]。

$$\ln\gamma_i^{\infty}=A_{is}+\frac{B_s n_i}{n_s}+\frac{C_i}{n_i}+D(n_i-n_s)+\frac{F_s}{n_s} \tag{8-149}$$

式中，n_i、n_s 分别为组分 i 和溶剂 s 的碳原子数；常数 A_{is}是只与组分 i 与溶剂的结构基团有关的常数；B_s 是与溶剂的结构基团有关的作用参数；C_i 是与组分 i 结构基团有关的参

数；F_s 由溶剂的结构基团决定；D 是烃与烃基之间有关的作用参数。

③ 实验测定。实验测定的方法很多，用气相色谱测定关键组分在溶剂中的无限稀释活度系数 γ_i^{∞} 是比较简便实用的方法，近年提出的改进沸点计法测定 γ_i^{∞} 也是一种较好的方法[44]。

（3）影响选择性的因素

① 溶剂浓度。一般来说溶剂浓度高，选择性高。

② 待分离体系的组成。待分离组分的相对浓度对选择度有影响。如组分 i 和溶剂体系的非理想性大于组分 j 和溶剂体系的非理想性，则在溶剂浓度恒定的情况下，减小 x_i 对 γ_i 的影响要比减小 x_j 对 γ_j 的影响大，因此组分 i 的相对浓度小，选择性 S_{ij} 大。

③ 温度。根据活度系数与温度的关系可得

$$\frac{d(\ln S_{ij}^{\infty})}{d\left(\frac{1}{T}\right)}=\frac{d\left(\ln\frac{\gamma_i^{\infty}}{\gamma_j^{\infty}}\right)}{d\left(\frac{1}{T}\right)}=\frac{L_i^{\infty}-L_j^{\infty}}{R} \tag{8-150}$$

式中，L_i^{∞} 与 L_j^{∞} 分别为组分 i 与 j 在无限稀释时的偏摩尔溶解热。对烃类体系，在 0～100℃范围内，$L_i^{\infty}-L_j^{\infty}$ 近于常数，故通常温度升高，选择性减小。

8.7.2.2　对溶剂的其他要求

溶剂的选择，除了考虑溶剂的选择性外，还需要考虑以下诸方面。

（1）沸点适当的高，溶剂的沸点应比被分离组分的沸点高出足够大，以避免形成恒沸液，也便于溶剂的回收和减少溶剂的损失，但溶剂沸点不宜太高，否则溶剂回收塔的釜温高，有时就不得不采用减压蒸馏。此外回收塔釜温高，溶剂循环过程中的热量消耗大。

（2）与被分离组分的互溶性好，避免分层。

（3）容易回收循环使用。

（4）使用安全、毒性小、腐蚀性小、可燃性低。

（5）性能稳定。

（6）价格低，来源充足。

8.7.3　萃取精馏塔的计算

萃取精馏塔计算的基本原理与普通的二组分和多组分精馏计算基本相同，计算所用的基本关系式也是物料衡算、气液平衡、焓衡算和摩尔分数加和方程，但其中的溶剂回收段需独立考虑。通常采用的计算方法有简化的 M-T 图解法、简化法、简化逐板法、三元相平衡图解法及严格的逐板法等。可根据被分离混合物的情况和计算精度要求选取适当的计算方法。通常萃取精馏处理的混合物多为二组分溶液或以轻重两个关键组分为主可以作为二组分体系处理的混合物，所以这里只介绍三种简化的计算法。与普通精馏比较，萃取精馏加了一种溶剂，溶剂的浓度直接决定被分离二组分的相对挥发度，因此有必要在具体介绍塔的计算方法以前先介绍溶剂在塔中的流量和组成计算。

8.7.3.1　溶剂组成的计算

先讨论被分离组分和溶剂的平衡关系。令 M 代表组分 1 与 2 之和

$$x_M=x_1+x_2 \qquad y_M=y_1+y_2$$

则相平衡关系为

$$K_M=y_M/x_M \tag{8-151}$$

$$K_s=y_s/x_s \tag{8-152}$$

故溶剂对被分离组分的相对挥发度 β 为

$$\beta=\frac{K_{\mathrm{s}}}{K_{\mathrm{M}}}=\frac{y_{\mathrm{s}}/x_{\mathrm{s}}}{y_{\mathrm{M}}/x_{\mathrm{M}}}=\frac{x_1+x_2}{\alpha_{1\mathrm{s}}x_1+\alpha_{2\mathrm{s}}x_2} \tag{8-153}$$

在塔顶，
$$x_2\to 0,\ \beta=\frac{1}{\alpha_{1\mathrm{s}}}$$

在塔底，
$$x_1\to 0,\ \beta=\frac{1}{\alpha_{2\mathrm{s}}}$$

对全塔可取

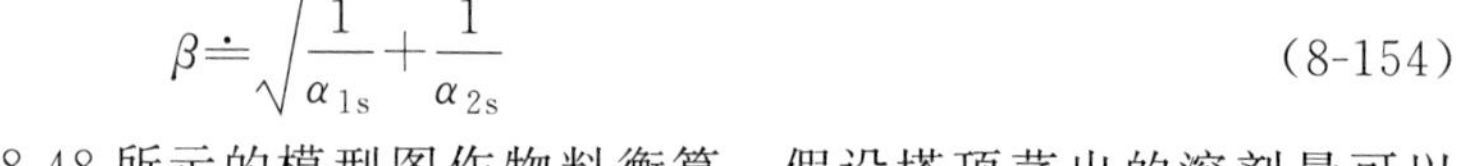

$$\beta\doteq\sqrt{\frac{1}{\alpha_{1\mathrm{s}}}+\frac{1}{\alpha_{2\mathrm{s}}}} \tag{8-154}$$

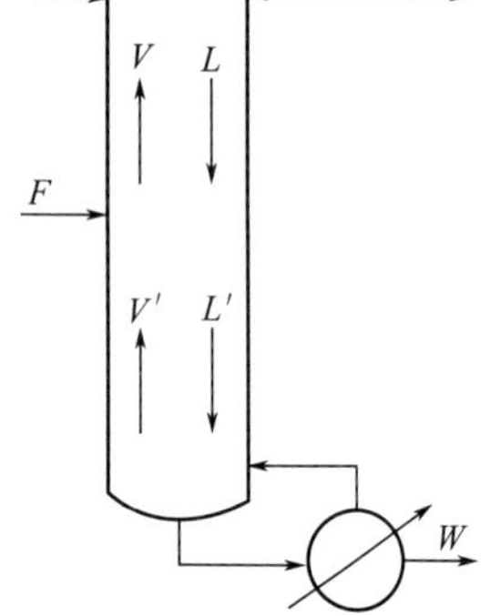

图 8-48　物料衡算模型图

对图 8-48 所示的模型图作物料衡算。假设塔顶蒸出的溶剂量可以忽略不计。

(1) 精馏段

溶剂向下的净流量

$$Lx_{\mathrm{s}}-Vy_{\mathrm{s}}=S \tag{8-155}$$

组分 1、2 向上的净流量

$$-Lx_{\mathrm{M}}+Vy_{\mathrm{M}}=D \tag{8-156}$$

将式(8-151) 和式(8-152) 的关系分别代入式(8-156) 和式(9-155)，所得二式消去 V 可得精馏段溶剂组成表达式

$$x_{\mathrm{s}}=\frac{S}{(1-\beta)L-\beta D/(1-x_{\mathrm{s}})} \tag{8-157}$$

(2) 提馏段

用上述类似的方法可得提馏段液相中溶剂组成的表达式

$$x'_{\mathrm{s}}=\frac{S}{(1-\beta)L'-\dfrac{(S-W)\beta}{1-x_{\mathrm{s}}}} \tag{8-158}$$

式(8-157) 与式(8-158) 中分母的第二项数值一般较小，当计算精度要求不高时可忽略，所以它们分别可简化为

$$x_{\mathrm{s}}=\frac{S}{(1-\beta)L}\text{或}\approx\frac{S}{L} \tag{8-159}$$

$$x'_{\mathrm{s}}=\frac{S}{(1-\beta)L'}\text{或}\doteq\frac{S}{L'} \tag{8-160}$$

对于恒摩尔流

$$L=RD+S \tag{8-161}$$

$$L'=RD+S+qF \tag{8-162}$$

(3) 萃取精馏塔内气液相流量

实际上由于萃取精馏塔内溶剂流率较大，它在向下流动的过程中温度逐渐升高，所以必然会有一部分蒸气冷凝来补偿这部分热量，引起气液流量增大。只计溶剂显热的影响，塔内第 n 块理论板（板数由塔釜向上计算）的气液相流率为

精馏段

$$L_n=RD+S+SC_{\mathrm{ps}}(t_n-t_{\mathrm{s}})/\Delta H_{\mathrm{v}} \tag{8-163}$$

$$V_{n-1}=L_n+D-S \tag{8-164}$$

提馏段

$$L_n' = RD + S + qF + SC_{ps}(t_n - t_s)/\Delta H_v \tag{8-165}$$

$$V_{n-1}' = L_n' - W \tag{8-166}$$

式中 C_{ps}——溶剂的等压热容，kJ/(kmol·℃)；

t_n——第 n 块板上的温度，℃；

t_s——溶剂的入塔温度，℃；

ΔH_v——被分离组分在溶剂中的溶解热，近似等于气相混合物的蒸发潜热，kJ/kmol；

D，W——塔顶，塔底出料流率，kmol/h；

S——溶剂流率，kmol/h。

8.7.3.2 简化的 M-T 图解法

假设为恒摩尔流，按二组分体系处理，计算步骤与普通二组分精馏类似。

(1) 根据分离要求，作物料衡算，确定溶剂用量、组成和塔顶、塔釜出料流率与组成。

(2) 在 y-x 图上作平衡线，用脱溶剂基的组成 y' 与 x' 表示

$$y_1' = \frac{y_1}{y_1 + y_2}$$

$$x_1' = \frac{x_1}{x_1 + x_2}$$

由平衡数据或相对挥发度作出组分 1、2 的平衡线，可逐点计算，也可用平均相对挥发度按下式作图

$$y_1' = \alpha_{12} x_1' / [1 + (\alpha_{12} - 1) x_1'] \tag{8-167}$$

因为相对挥发度与溶剂浓度的关系很大，所以精馏段与提馏段的平衡线将因加料状态不同而不同。对于饱和蒸汽加料，两段中溶剂的浓度相同，平衡线为一条连续的曲线（图 8-49）。对于饱和液体加料，两段中溶剂的浓度不同，精馏段与提馏段的平衡线为两条不同的曲线（图 8-50）。

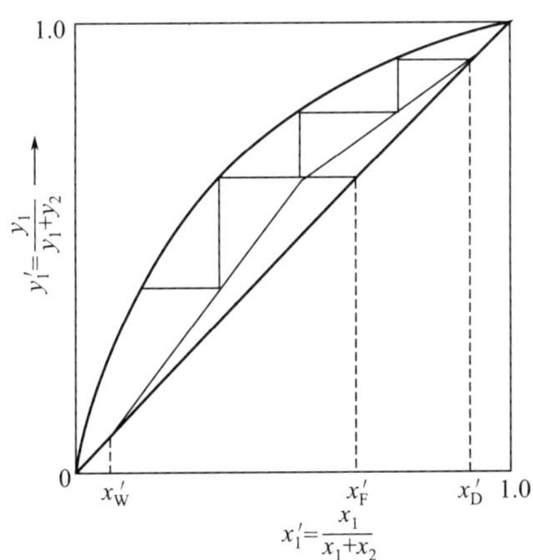

图 8-49 饱和蒸汽加料的 M-T 图

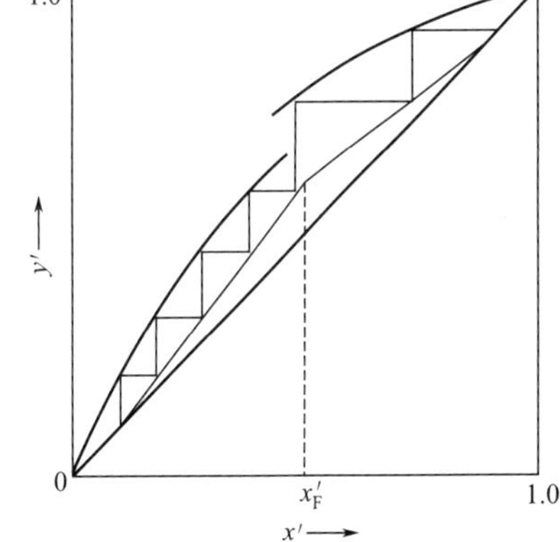

图 8-50 饱和液体加料的 M-T 图

(3) 在图上画出操作线，作阶梯，确定精馏段与提馏段的理论板数。

(4) 溶剂回收段的计算。

8.7.3.3 简化法

如同 8.6 节中介绍的 FUG 法。

(1) 确定塔顶、塔釜出料流量与组成和溶剂用量。

(2) 根据 Fenske 方程确定最少理论板数 $N_{\min}$。

$$N_{\min}=\left[\lg\left(\frac{x'_{1D}}{x'_{2D}}\,\frac{x'_{2W}}{x'_{1W}}\right)/\lg\alpha_{12}\right]-1 \tag{8-168}$$

α_1，x_1 下脚注 1 表示轻组分。

(3) 应用 Underwood 方程[45]计算最小回流比。

饱和液体加料时，$q=1$

$$R_{\min}=\frac{1}{\alpha_{12}-1}\left[\frac{x'_{1D}}{x_{1F}}-\frac{\alpha_{12}(1-x'_{1D})}{1-x_{1F}}\right] \tag{8-169}$$

饱和蒸汽加料时，$q=0$

$$R'_{\min}=\frac{1}{\alpha_{12}-1}\left[\frac{\alpha_{12}x'_{1D}}{y_{1f}}-\frac{1-x'_{1D}}{1-y_{1f}}\right] \tag{8-170}$$

气液混合物加料时，$0<q<1$

$$R''_{\min}=qR_{\min}+(1-q)R'_{\min} \tag{8-171}$$

(4) 由$R_{\min}$，R，$N_{\min}$应用 Gilliland 图求出实际所需理论板数。

(5) 溶剂回收段的计算

可利用 Underwood 关系式[45]计算回收段的理论板数。

$$\left(\frac{R}{R+1}\alpha\right)^{n-1}\left[\frac{1}{x_{sn}}-\frac{\alpha-1}{\alpha-(R+1)/R}\right]=\frac{1}{\alpha x_{sD}} \tag{8-172}$$

式中 R——回流比；

α——被分离组分对溶剂的相对挥发度；

x_{sD}——塔顶溶剂组成，摩尔分数；

x_{sn}——塔顶向下数第 n 块板流出液相中的溶剂组成，摩尔分数；

n——溶剂回收段的理论板数；

上式经整理，并以 $\beta=\dfrac{1}{\alpha}$代入得

$$n=-\lg\left[x_{sD}/\beta\left(\frac{1}{x_{sn}}-\frac{1-\beta}{1-(R+1/R)\beta}\right)\right]/\lg\left(\frac{R}{R+1}\cdot\frac{1}{\beta}\right)+1 \tag{8-173}$$

x_{sn}可根据回收段的物料衡算由精馏段顶流出的蒸气中溶剂含量 y_s 计算。y_s 由平衡关系计算

$$y_i=\frac{x_i\alpha_i}{\sum x_i\alpha_i} \tag{8-174}$$

当 x_i 及α_i 已知时，可求出 y_s。

8.7.3.4 简化的逐板计算法

简化的逐板计算仍假设为恒摩尔流，但考虑各板上被分离组分相对挥发度的变化。其步骤如下：

(1) 确定溶剂用量，塔顶、塔底出料流率及组成；

(2) 确定回流比，计算塔中各段的气液相流率；

(3) 列出塔中各段的操作线方程（按图 8-47 所示的萃取精馏塔考虑）。设塔板数由塔釜向上计算，以第 n 块板以上至塔顶为系统作物料衡算。

由此可得溶剂回收段操作线方程：

$$x_{i,n+1}=(V_n^{s}/L_{n+1}^{s})y_{in}-(D/L_{n+1}^{s})x_{iD} \quad (8\text{-}175)$$

精馏段操作线方程：

$$x_{i,n+1}=(V_n/L_{n+1})y_{in}+(F_s/L_{n+1})x_{is}-(D/L_{n+1})x_{iD} \quad (8\text{-}176)$$

从塔釜向上至第 n 块板为系统作物料衡算，得提馏段操作线方程：

$$x_{in+1}=(V_n'/L_{n+1}')y_{in}+(W/L_{n+1}')x_{iw} \quad (8\text{-}177)$$

式中　　F_s——溶剂进料流率，kmol/h；

L^s、L、L'——溶剂回收段、精馏段及提馏段的液相流率，kmol/h；

V^s、V、V'——溶剂回收段、精馏段及提馏段的汽相流率，kmol/h。

(4) 从塔釜向上交替使用操作线方程与相平衡关系作逐板计算，直至满足塔顶产品纯度要求为止。

对于各板上的相平衡关系，在求得组分的相对挥发度后，可由下式计算

$$y_{in}=(\alpha_i x_i)_n/\sum(\alpha_i x_i)_n \quad (8\text{-}178)$$

逐板计算中，进料位置按 8.5.2.4 节中所述原则确定。溶剂进料位置的确定，应使得塔顶产品中溶剂及重组分的组成，尽可能同时达到要求。

由于仍假设为恒摩尔流，简化的逐板计算的结果不十分精确，如欲得到较准确的流量与组成分布，应考虑焓平衡计算，采用严格的逐板法，用计算机求解。

【例 8-5】 用简化逐板计算法求理论板数。料液为甲基环己烷（组分 1）与甲苯（组分 2）的混合液，流率为 100kmol/h，组成为 $x_1=x_2=0.5$（摩尔分数），饱和液进料。要求甲基环己烷产品的组成为 0.95 摩尔分数，收率为 98.98%。采用酚作为溶剂（组分 3）进行萃取精馏。酚的进料流率为 330kmol/h，其组成见例 8-5 附表 1。

例 8-5 附表 1　进料及溶剂

组　分	进　料		溶　剂	
	x_F 摩尔分数	流率 F/(kmol/h)	x_s 摩尔分数	流率 F_s/(kmol/h)
1	0.5	50	0	0
2	0.5	50	0.009	2.97
3	0	0	0.991	327.03
Σ	1.0	100	1.0	330

要求塔顶产品中含酚不大于 0.002 摩尔分数。相对挥发度 α_{12}、α_{32} 见图 8-51 及图 8-52，用简化逐板计算法求所需理论板数。

解　(1) 作物料衡算确定塔顶、塔底产品流率与组成。

塔顶产品流率

$$D=\frac{50\times0.9898}{0.95}\text{kmol/h}=52.09\text{kmol/h}$$

其中，甲基环己烷　　$D_1=50\times0.9898\text{kmol/h}=49.49\text{kmol/h}$

酚　　$D_3=52.09\times0.002\text{kmol/h}=0.1\text{kmol/h}$

甲苯　　$D_2=(52.09-49.49-0.1)\text{ kmol/h}=2.5\text{kmol/h}$

塔底产品：

甲基环己烷　　$W_1=(50-49.49)\text{kmol/h}=0.51\text{kmol/h}$

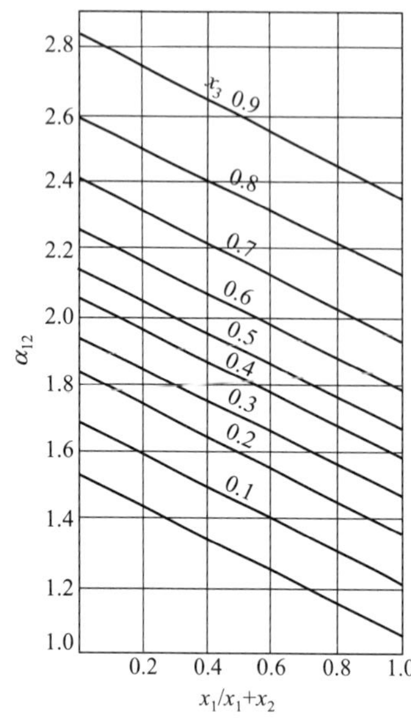

图 8-51 甲基环己烷对甲苯的相对挥发度

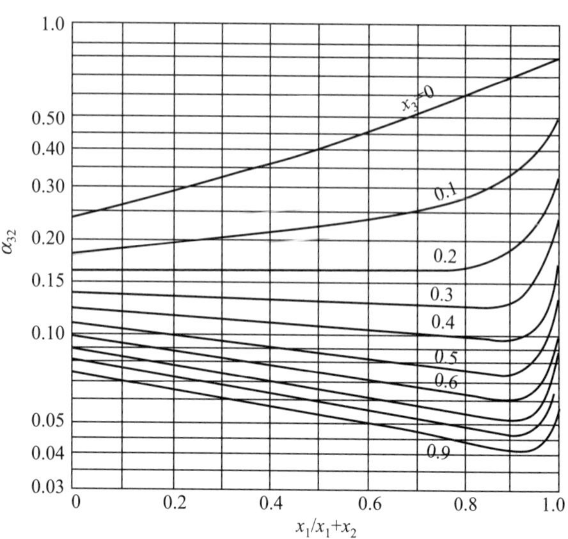

图 8-52 酚对甲苯的相对挥发度

甲苯 $W_2=(50+2.97-2.5)\text{kmol/h}=50.47\text{kmol/h}$

酚 $W_3=(327.03-0.1)\text{kmol/h}=326.93\text{kmol/h}$

塔顶、塔底产品流率及组成列于例 8-5 附表 2。

例 8-5 附表 2

组 分	D_i	x_{iD}	W_i	W_{iW}	$x'_{iD}=\dfrac{x_{iD}}{x_{iD}+x_{2D}}$	$x'_{iW}=\dfrac{x_{iW}}{x_{iW}+x_{2W}}$
1	49.49	0.95	0.51	0.0013	0.952	0.01
2	2.5	0.048	50.47	0.1336	0.048	0.99
3	0.1	0.002	326.93	0.8651		
Σ	52.09	1.0	377.91	1.0	1.0	1.0

(2) 确定各段气液相流率

按回流比约为 8 计，取提馏段气液相流率比 $L'/V'=1.8$

$$L'=V'+W=L'/1.8+377.91$$

$$\therefore \quad L'=850.3\text{kmol/h}$$

精馏段液相流率

$$L=L'-F=(850.3-100)\text{kmol/h}=750.3\text{kmol/h}$$

回流段液相流率

$$L^s=L'-F_s=(750.3-330)\text{kmol/h}=420.3\text{kmol/h}$$

饱和液体进料，按恒摩尔流计，各段气相流率相同

$$V=V'=V^s=L'-W=(850.3-377.91)\text{kmol/h}=472.4\text{kmol/h}$$

(3) 列出各段操作方程式

将上述气液流率值代入式(8-175)～式(8-177) 得各段操作线方程

溶剂回收段

$$x_{i,n+1}=1.124y_{in}-0.1239x_{iD}$$

精馏段

$$x_{i,n+1}=0.6296y_{in}+0.4398x_{iF}-0.06942x_{iD}$$

提馏段

$$x_{i,n+1}=0.5555y_{in}+0.4444x_{iW}$$

对于各组分，上述方程中的常数项数值列于例 8-5 附表 3。

例 8-5 附表 3

组　分	溶剂回收段 $0.1239x_{iD}$	精馏段 $0.4398x_{iF}-0.006942x_{iD}$	提馏段 $0.4444x_{iW}$
1	0.1177	−0.0659	0.0006
2	0.0059	0.0006	0.0594
3	0.0002	0.4357	0.3845

(4) 从塔釜开始作逐板计算，直至满足预定的分离要求，计算结果列于例 8-5 附表 4。

例 8-5 附表 4　计算结果

提馏段

板数	组分	液相组成 x	相对挥发度 α	气相组成 y	板数	组分	液相组成 x	相对挥发度 α	气相组成 y
1（塔釜）	1	0.0013	2.74	0.0175	6	1	0.1294	1.98	0.3411
	2	0.1336	1.0	0.6586		2	0.4488	1.0	0.5977
	3	0.8651	0.076	0.3239		3	0.4217	0.109	0.0612
	Σ	1.0000		1.0000		Σ	1.0000		1.0000
2	1	0.0103	2.205	0.0450	7	1	0.1901	1.93	0.4568
	2	0.4253	1.0	0.3432		2	0.3914	1.0	0.4874
	3	0.5644	0.10	0.1118		3	0.4185	0.107	0.0558
	Σ	1.0000		1.0000		Σ	1.0000		1.0000
3	1	0.0256	2.08	0.0842	8	1	0.2543		
	2	0.5278	1.0	0.8358		2	0.3301		
	3	0.4466	0.118	0.0800		3	0.4156		
	Σ	1.0000		1.000		Σ			
4	1	0.0474	2.05	0.1451	9	1	0.3117		
	2	0.5237	1.0	0.7819		2	0.2753		
	3	0.4289	0.114	0.0730		3	0.4130		
	Σ	1.0000		1.0000		Σ	1.0000		
5	1	0.0812	2.01	0.2318					
	2	0.4937	1.0	0.7012					
	3	0.4251	0.111	0.0670					
	Σ	1.0000		1.0000					

精馏段

板　数	组　分	液相组成 x	相对挥发度 α	气相组成 y
9	1	0.2867	1.87	0.6502
	2	0.2454	1.0	0.2976
	3	0.4679	0.092	0.0522
	Σ	1.0000		1.0000

续表

板　数	组　分	液相组成 x	相对挥发度 α	气相组成 y
10	1	0.3435	1.83	0.7330
	2	0.1881	1.0	0.2193
	3	0.4684	0.087	0.0477
	Σ	1.0000		1.0000
11	1	0.3956	1.77	0.7971
	2	0.1386	1.0	0.1578
	3	0.4654	0.085	0.0451
	Σ	1.0000		1.0000
12	1	0.4360	1.74	0.8452
	2	0.1000	1.0	0.1114
	3	0.4640	0.084	0.0434
	Σ	1.0000		1.0000
13	1	0.4662	1.71	0.8800
	2	0.0708	1.0	0.0781
	3	0.4630	0.082	0.0419
	Σ	1.0000		1.0000

溶剂回收段

板数	组分	液相组成 x	相对挥发度 α	气相组成 y	板数	组分	液相组成 x	相对挥发度 α	气相组成 y
14	1	0.8712	1.19	0.9070	16	1	0.9164	1.13	0.9294
	2	0.0819	1.0	0.0717		2	0.0686	1.0	0.0616
	3	0.0469	0.52	0.0213		3	0.0150	0.73	0.0090
	Σ	1.0000		1.0000		Σ	1.0000		1.0000
15	1	0.9016	1.15	0.9202	17	1	0.9268	1.13	0.9371
	2	0.0747	1.0	0.0663		2	0.0633	1.0	0.0566
	3	0.0237	0.64	0.0135		3	0.0099	0.71	0.0063
	Σ	1.0000		1.0000		Σ	1.0000		1.0000
18	1	0.9354	1.12	0.9435	20	1	0.9490	1.11	0.9545
	2	0.0577	1.0	0.0520		2	0.0475	1.0	0.0431
	3	0.0069	0.73	0.0045		3	0.0035	0.75	0.0024
	Σ	1.0000		1.0000		Σ	1.0000		1.0000
19	1	0.9426	1.11	0.9491	21	1	0.9550	1.11	0.9598
	2	0.0525	1.0	0.0476		2	0.0425	1.0	0.0385
	3	0.0049	0.74	0.0033		3	0.0025	0.76	0.0017
	Σ	1.0000		1.0000		Σ	1.0000		1.0000

（5）进料板位置的确定

进料液中组分 1，2 组成之比 $x_1/x_2=1$

第 8 块板流出的液相中组分 1，2 组成之比 $(x_1/x_2)_8=\dfrac{0.2543}{0.3301}=0.77$

第 9 块板流出的液相中组分 1，2 组成之比 $(x_1/x_2)_9=\dfrac{0.3117}{0.2753}=1.13$

进料液中二组分组成之比介于第 8 与第 9 两板流出液之间，故应在第 8 块理论板上加料，因此从第 9 块板开始应采用精馏段操作线进行计算。

（6）溶剂进料板位置

附表 4 中的数据表明，第 13 块板作为溶剂进料板，从第 21 板流出的气相中甲苯与溶剂的组成均与题给要求接近，也即它满足了各组分组成尽可能在同一板上同时达到的原则。如以第14块板作为溶剂的进料板，则除甲苯的要求可以较早达到，酚却需有更多的板才能达到要求。反之若以第12块板作为溶剂的进料板，则除酚的要求可以提前达到，甲苯却需要有更多的板才能达到。所以采取第13块板是溶剂的最佳进料位置，从第14块板开始应采用溶剂回收段操作线方程进行逐板计算。

8.8 恒沸精馏

8.8.1 概述

8.8.1.1 过程简述

恒沸精馏也是分离沸点相近组分的混合物和恒沸物的一种特殊精馏方法。与萃取精馏不同，它加入的溶剂与混合物中的一个或两个组分形成一个沸点与原组分或原恒沸液有一定差距的恒沸液，从而使原混合物的组分易于蒸馏分离。新形成的恒沸液的沸点可以低于原组分或原恒沸液的沸点，也可以高于原组分或恒沸液的沸点，但通常多数是低于原组分或原恒沸液的沸点。

恒沸精馏中加入的溶剂称为恒沸剂或夹带剂。

由于加入的恒沸剂与原混合液中的组分形成与剩余组分有一定沸点差的恒沸液，所以恒沸精馏实质是恒沸液与剩余组分间的精馏，塔顶得到接近于恒沸液的产品（少数情况是塔底得到近于恒沸液的产品），塔底得剩余组分。

非均相恒沸液分相后的液相蒸馏时，塔顶可以得到接近低沸点的恒沸液产物，塔底得到纯的剩余组分。例如含微量水的苯进行精馏时，塔顶蒸出近于苯水恒沸物蒸气，塔底得到脱了水的苯。这类蒸馏过程也可以认为是恒沸液与剩余组分间的分离，所以虽然它没有外加的恒沸剂，也把它归为恒沸精馏。还有一种情况，加入的夹带剂的作用是破坏原混合物可能形成的恒沸液，其作用与萃取精馏类似，但与萃取精馏不同，夹带剂是从塔顶蒸出，这种蒸馏过程也称为恒沸精馏。

8.8.1.2 恒沸现象

恒沸现象是指混合物气液两相平衡时，气液两相的组成相同，即各组分的相平衡常数 K 和相对挥发度都等于1。这样的混合物称为恒沸物，恒沸物不能用蒸馏方法分离。

恒沸现象是由于组成溶液的各组分分子间的作用力不同，在混合时引起与理想溶液的偏离所致。设气相混合物为理想气体，则二组分恒沸液的基本特征是

$$\gamma_1/\gamma_2 = p_2^{\circ}/p_1^{\circ} \tag{8-179}$$

式中，γ_1 与 γ_2 分别为恒沸组成下液体中组分1、2的活度系数，p_1°、p_2°分别为恒沸温度下纯组分1、2的饱和蒸气压。由式(8-179)可以预期，要形成共沸物，除了溶液的非理想性外，组分的沸点还应比较接近。一般当纯组分间的沸点差大于20～30℃时，难以形成共沸物。

恒沸是较普遍的现象，1973年Horsley[46]报道了8千多个恒沸物，其中多数是二组分恒沸物。四组分以上的恒沸物很少。表8-12～表8-14列出了一些较常见的二组分和三组分恒沸液。

恒沸现象受压力的影响，一般说恒沸组成随压力而变化，有时压力增加或降低，可使恒沸物消失或形成。

表 8-12　二组分正恒沸液（最低沸点恒沸液）[①]　　压力 760mmHg

系统 A	系统 B	A(摩尔分数)/%	温度/℃	系统 A	系统 B	A(摩尔分数)/%	温度/℃
水	乙醇	10.57	78.15	硝基苯	苯甲醇	39	204.3
	烯丙醇	54.50	88.20		2-茨醇	60	207.5
	丙酸	94.70	99.98		薄荷醇	60	207.9
	正丙醇	56.83	87.72	酚	溴甲苯(*p*)	58	176.2
	异丙醇	31.46	80.37		香芹烯	49.5	169.0
	甲基乙基酮	33.00	73.45		蒎烯(*α*)	25	152.75
	异丁酸	94.50	90.30	苯胺	香芹烯	48	171.35
	乙酸乙酯(2 相)	24.00	70.40	苯甲醇	邻甲氧基苯酚	38	204.4
	乙醚(2 相)	5.00	34.15		萘	64	204.3
	正丁醇(2 相)	75.0	92.25	乙酸	氯苯	72.5	114.65
	异丁醇	67.14	89.92		苯	2.5	80.05
	仲丁醇	66.00	88.50		甲苯	62.7	105.4
	叔丁醇	35.41	77.91		间二甲苯	40	115.38
	异戊醇(2 相)	82.79	95.15	乙醇	甲基乙基酮	45	74.8
	叔戊醇(2 相)	65.00	87.00		乙酸乙酯	46	71.8
	苯(2 相)	29.60	69.25		丙酸甲酯	67.5	73.2
	甲苯(2 相)	55.6	84.10		甲酸丙酯(*n*)	72	73.5
四氯化碳	甲醇	44.5	55.70		苯	44.8	68.24
	乙醇	61.3	64.95		环己烷	44.5	64.9
	烯丙醇	73.0	72.32		正己烷	33.2	58.68
	正丙醇	75.0	72.80		甲苯	81	76.85
	乙酸乙酯	43.0	74.75		正庚烷	67	72
二硫化碳	甲醇	72.0	37.65	烯丙醇	苯	22.2	76.75
	乙醇	86.0	42.40		环己烷	26.6	74
	正丙酮	61.0	39.25		正庚烷	6.5	66.5
	乙酸甲酯	69.5	40.15		甲苯	61.5	92.4
三氯甲烷	甲醇	65	53.5	丙酮	乙酸甲酯	61	56.1
	乙醇	84	59.3		异丁基氯	81	55.8
	异丙醇	92	60.8		乙二胺	43.5	51.5
正丁醇	环己烷	11	79.8	正丙醇	丙酸乙酯	64	93.4
	甲苯	37	105.5		苯	20.9	77.12
异丁醇	异戊基溴	60.0	103.8		正庚烷	6	65.65
	苯	10.0	79.84		甲苯	60	92.6
	甲苯	50.0	101.05	异丙醇	乙酸乙酯	30.5	
	蒎烯(*α*)	96.5	107.90		苯	39.3	71.92
正戊醇	异乙酸乙酯	96.4	131.3		正庚烷	29	61
	异丙酸丁酯	85	130.5		甲苯	77	86
异戊醇	氯苯	42	124.3	四氯乙烯	乙醇	6	77.95
	邻二甲苯	64	128		烯丙醇	27	94.0
	间二甲苯	58	127		丙酸	81	118.95
	对二甲苯	56	126.8		正丙醇	24	94

续表

系统 A	系统 B	A(摩尔分数)/%	温度/℃	系统 A	系统 B	A(摩尔分数)/%	温度/℃
四氯乙烯	异丙醇	8	81.7	甲醇	1,1-二氯乙烷	28.5	49.05
	正丁醇	47	110		乙基溴	14	34.95
	异丁醇	40	103.05		氯甲基醚	57.5	56
三氯乙烯	烯丙醇	70	80.95		碘化乙烯	52.5	54.7
	正丙醇	69	81.75		丙酮	20	55.7
	异丙醇	54	74		氟化乙烯	30.5	50.95
	异丁醇	86	85.4		乙酸甲酯	35	54.0
	叔丁醇	74	75		丙基溴(*n*)	49	54.1
	叔烯丙醇	83	84		丙基碘(*n*)	88	63.5
二氯乙烯	烯丙醇	76	79.6		甲醛缩二甲醇	34.5	41.82
		77	80		硼酸三甲酯	87	59
水合氯醛	环己烷	13	76		乙酸乙酯	91.7	62.3
溴化乙烯	乙酸	20.7	114.35		正戊烷	13	31
	丙酸	65	127.75		异戊烷	9	24.5
	异丁醇	22	106.2		苯	61.4	53.84
	异戊醇	52	123.2		环己烯	63.0	55.9
	乙苯	83.5	131.1		环己烷	61.0	54.2
甲醇	三氯乙烯	70	60.2		正己烷	51	50.6
	乙腈	84.5	63.45		正庚烷	83	60.5
	1,2-二氯乙烷	62	59.5		蒎烯	98.5	64.5

① 摘自 Internatconal Critical Tables，Mc Graw-Hill。

表 8-13　二组分负恒沸液（最高沸点恒沸物）[①]

A	B	A(摩尔分数)/%	温度/℃	压力/mmHg	A	B	A(摩尔分数)/%	温度/℃	压力/mmHg
水	氢氟酸	65.4	120	760	酚	苯甲醛	54	185.6	
	盐酸	88.9	110			苯甲醇	8	206.0	
	高氯酸	32.0	203		甲酚(邻位)	乙酰苯	24	203.7	
	氢溴酸	83.1	126			乙酸苯酯	42.5	198.6	
	氢碘酸	84.3	127			甲基乙基酮	97	191.5	
	硝酸	62.2	120.5	735		丁酸异戊酯	80	192.0	
	甲酸	43.3	107.1		甲酚(间位)	乙酰苯	54	209.0	
三氯甲烷	丙酮	65.5	64.5	760		乳酸异戊酯	60	207.6	
甲酸	二乙基酮	48	105.4		甲酚(对位)	苯甲醇	38	207.0	
	甲基、丙基酮	47	105.3			乙酰苯	52	208.45	
酚	环己酮	90	182.45			α-莰酮	38	213.15	

① 摘自 Internatconal Critical Tables，Mc Graw-Hill。

表 8-14　三组分恒沸物[①]　　760mmHg

组分 A(摩尔分数)/%[A=100−(B+C)]	组分 B 和 C	B 和 C(摩尔分数)/%	温度/℃	组分 A(摩尔分数)/%[A=100−(B+C)]	组分 B 和 C	B 和 C(摩尔分数)/%	温度/℃
水	四氯化碳	57.6	61.8	水	烯丙醇	9.5	68.3
	乙醇	23.0	2 相		苯	62.2	
	三氯乙烯	38.4	67.25		丙醇(*n*)	8.9	68.48
	乙醇	41.2	2 相		苯	62.8	
	三氯乙烯	49.2	71.4	二硫化碳	甲醇	24.1	33.92
	烯丙醇	17.3	2 相		乙基溴	35.4	
	三氯乙烯	51.66	71.55	甲酸甲酯	乙基溴	23.8	16.95
	丙醇(*n*)	16.6	2 相		异戊烷	31.0	
	乙醇	12.4	70.3		乙醚	7.2	20.4
	乙酸乙酯	60.1			正戊烷	48.2	
	乙醇	22.8	64.86	正乳酸丙酯	苯乙醚	35.2	163.0
	苯	53.9			蓋烯薄荷烯	34.1	

① 摘自 Internatconal Critical Tables，Mc Graw-Hill。

8.8.1.3 恒沸物的分类

可以从不同的角度，对恒沸物进行分类。

（1）正恒沸物和负恒沸物。对拉乌尔定律具有正偏差，即组分的活度系数 $\gamma>1$ 的体系称为正恒沸物，其特点是恒压下具有最低恒沸温度。对拉乌尔定律具有负偏差，即组分的活度系数 $\gamma<1$ 的体系称为负恒沸物，其特点是恒压下具有最高恒沸温度。实际存在的正恒沸物远多于负恒沸物。

（2）均相恒沸物与非均相恒沸物。只包含一个液相的恒沸物为均相恒沸物，如乙醇-水形成均相共沸物。二个或更多个液相共存的恒沸物称为非均相共沸物。例如苯-乙醇-水恒沸系统汽液平衡时有两个液相。硝基甲烷-水-正烷烃（含 7～12 个 C 原子）能够形成一系列具有三个液相的共沸物。非均相共沸物的特征是分层的液相具有相同组成的平衡气相，因此这类共沸物可以用普通蒸馏方法分离。

（3）绝对恒沸物和有限恒沸物。某些体系在各种温度（直到临界状态）下都可形成恒沸物，这类体系称为绝对恒沸物。另一类体系只在一定的温度（或压力）范围内才能形成恒沸物，称为有限恒沸物。可以根据这种性质，来设计恒沸物的分离过程。

（4）二组分恒沸物与多组分恒沸物。按恒沸物中所含组分的数目把恒沸物分为二组分、三组分……恒沸物。由四个或更多个组分形成恒沸物的可能性比较小，实际生产上还很少见。

8.8.1.4 恒沸数据的预测

已提出了不少预测恒沸情况的方法和计算恒沸数据的关联式。Gerster[47]提出根据液体形成氢键的情况预测它们形成恒沸液可能性的方法。Seader 在他编辑的“Perry 化学工程师手册（第六版）第 13 篇蒸馏”中对预测共沸数据的方法作了综述。

8.8.2 恒沸剂的选择

选择恒沸剂应考虑以下几方面。

（1）能形成使混合物易于分离的恒沸物，通常有 3 种情况。

① 恒沸剂与混合物中一个组分形成最低沸点恒沸物（正恒沸物）。

② 恒沸剂与混合物中两个待分离组分分别形成最低沸点恒沸物，其中一个恒沸物沸点比另一个恒沸液低得多。

③ 恒沸剂与混合物中的组分形成一个三组分最低沸点恒沸物，且此共沸物中待分离组分的摩尔比，与原料液中该二组分的摩尔比有较大差别。

可以从各种有关文献列举的恒沸物体系中寻找可能使用的恒沸剂，然后考虑其他因素，选出最适宜的恒沸剂。

（2）所形成的恒沸物中，要求恒沸剂的含量尽可能低，以减少恒沸剂的用量与损耗，降低气化所需热量和冷凝所需的冷剂用量。

（3）恒沸剂回收容易，恒沸剂回收的难易常常是决定恒沸精馏经济性的重要因素，是设计恒沸精馏流程的主要环节。通常最方便的情况是塔顶蒸出的是非均相恒沸液，冷凝后分为不互溶的两个液相，一个富含恒沸剂，返回恒沸精馏塔作为回流，另一个是富含被分离组分的液相，经脱去少量恒沸剂后，可得纯组分产品。若蒸出的是均相恒沸液，最好是恒沸剂溶于水，而被分离组分不溶于水，此时可用水洗法回收恒沸液。也可以采取其他溶剂萃取的方法回收恒沸剂。

（4）化学性能稳定，不与进料组分发生化学反应，热稳定性好。

（5）使用安全，毒性小，腐蚀性小，可燃性小。

（6）价格便宜，来源充足。

8.8.3 恒沸精馏的基本流程

根据料液与所用恒沸剂的不同，有多种流程，现举例说明如下。

(1) 利用不同压力分离恒沸物

如果二组分混合物具有图 8-53 所示的性质，即在不同压力下具有不同的恒沸组成，则不用恒沸剂，采用图 8-54 所示的在不同压力下操作的双塔流程就可以将混合物分离成两个纯组分产品。组成为 x_f 的二组分 A、B 的混合物进入塔 1，塔 1 在 p_1 下操作。由图 8-53 可知，精馏结果塔底可得纯组分 A 产品，塔顶可得接近于恒沸物 x_{D1} 的液体。一部分作为回流，一部分作为产品采出，而进入塔 2 分离。塔 2 在 p_2 下操作，塔底可得纯组分 B 的产品，塔顶可得接近于恒沸物 x_{D2} 的液体，一部分作为塔 2 的回流，另一部分返回塔 1 精馏段的适当位置，再进行分离。

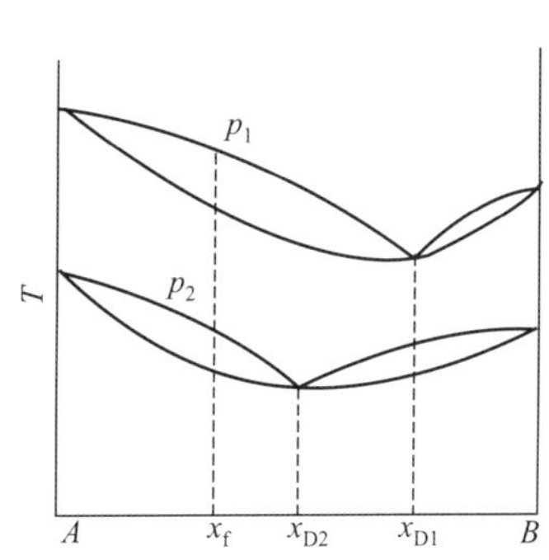

图 8-53 不同压力下的 T-x-y 图

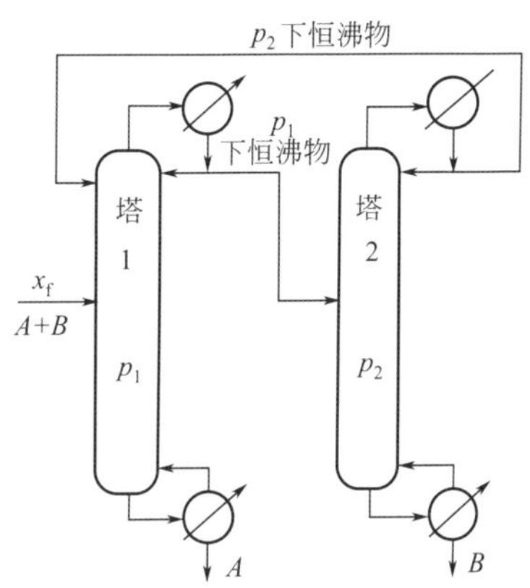

图 8-54 利用不同压力分离恒沸物的流程

(2) 自夹带非均相恒沸物流程

具有非均相恒沸物的二组分混合物，例如丁醇-水，其 T-x-y 图如图 8-55 所示。对它们进行精馏时，塔顶蒸出的恒沸物冷凝分层，因而可以采用图 8-56 所示的流程进行分离，不必使用恒沸剂。料液加入分层器或直接加入醇塔，由图 8-55 可知，在醇塔底得纯丁醇产品，塔顶蒸出的接近恒沸物 A 的蒸气在冷凝器中冷凝后，进入分层器分层，上层组成为 x_B 的富丁醇液，作为醇塔的回流。下层组成为 x_W 的富水液，作为水塔的回流。在水塔底部直接通入水蒸气（或用再沸器产生上升蒸气），在塔底排出水，塔顶蒸出接近于恒沸物 A 的蒸气，也进入冷凝器冷凝。料液加入的位置视其组成而定。如组成等于 x_B 或低于 x_B，则料液加入分层器。如组成高于 x_B（如 x_f），则可直接加入醇塔，具体位置视 x_f 的具体数值而定。

(3) 有夹带剂的非均相恒沸物流程

图 8-57 所示为使用夹带剂而生成二组元非均相恒沸物的流程。料液加入恒沸精馏塔 1，从塔顶蒸出组成接近恒沸物的蒸气，在冷凝器中冷凝后进入分层器分层。富有恒沸剂的一层液体作为恒沸精馏塔的回流，富有被夹带的易挥发组分的一层液体进入恒沸剂分离塔 2。在该塔底得易挥发组分产品，塔顶则蒸出组成接近恒沸物的蒸气，也进入冷凝器。在恒沸精馏塔塔底得含有恒沸剂的难挥发组分产品，进入恒沸剂回收塔 3 中回收恒沸剂。在该塔顶回收的恒沸剂返回恒沸精馏塔，在塔底则得到纯的难挥发组分产品。如果恒沸剂的加入量适当，在恒沸精馏塔底可以得到纯的难挥发组分产品，就可以不要恒沸剂回收塔 3。生产上为了得到不含恒沸剂的高质量的难挥发组分产品，在恒沸精馏塔前面设置恒沸剂回收塔的做法还是可取的。

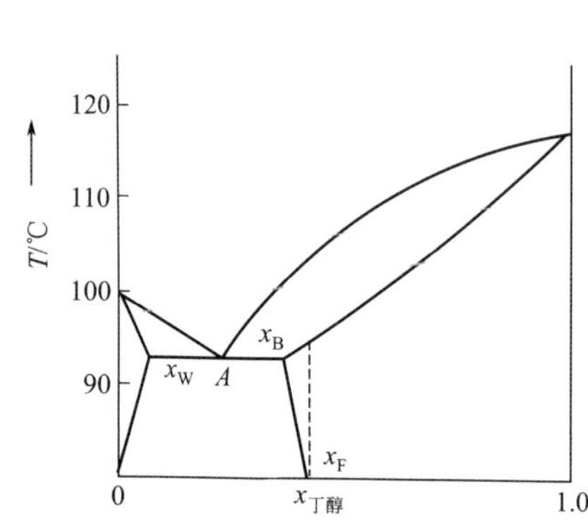

图 8-55　丁醇-水体系的 T-x-y 图

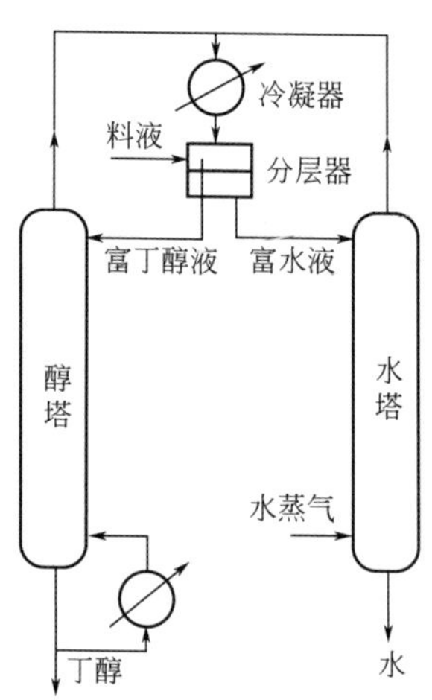

图 8-56　丁醇-水体系恒沸蒸馏流程

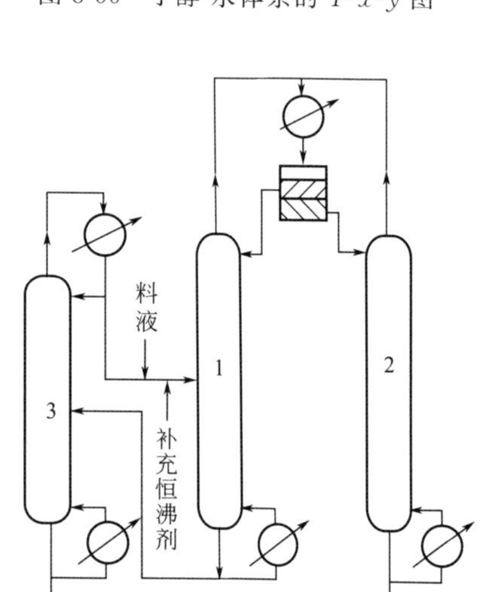

图 8-57　有恒沸剂的非均相恒沸物流程

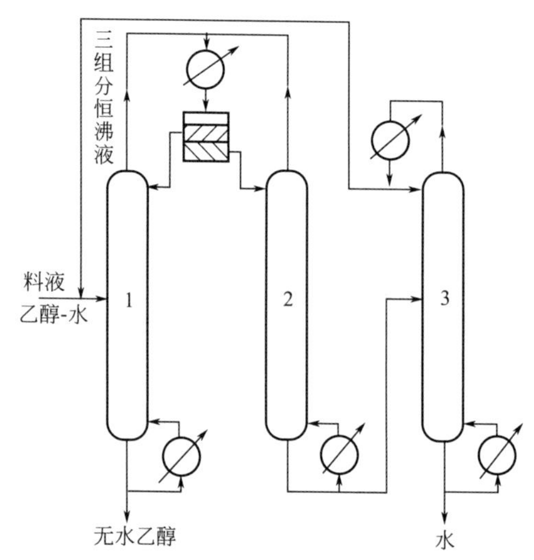

图 8-58　用苯为恒沸剂的乙醇脱水流程

（4）塔顶蒸出三组分恒沸物的流程

用苯为恒沸剂分离乙醇-水恒沸物制取无水乙醇属于这种流程，图 8-58 是它的流程图。近于乙醇-水恒沸液的料液加入恒沸精馏塔 1，塔底得无水乙醇，塔顶蒸出三组分恒沸物，冷凝后进入分层器分层。富苯层返回恒沸精馏塔，富水层送入苯回收塔 2，苯以恒沸物的状态从塔顶蒸出回到冷凝器。塔底得稀乙醇水溶液，送入乙醇回收塔 3，塔底引出水，塔顶回收的乙醇-水恒沸液，送入恒沸精馏塔 1。

（5）塔顶蒸出均相恒沸物的流程

这类恒沸精馏流程主要取决于蒸出的均相恒沸物的分离。图 8-59 所示为用甲醇为恒沸剂分离甲苯-烷烃的水洗流程。料液加入恒沸精馏塔 1，塔顶蒸出甲醇-烷烃恒沸物，它是均相恒沸物。利用甲醇溶于水，烷烃不溶于水的特性，用水萃取法在萃取塔 2 中使甲醇与烷烃分离，得烷烃产品。甲醇水混合液在甲醇脱水塔中分离，塔顶采出的甲醇，返回恒沸精馏塔，塔底得到的水返回水萃取塔。恒沸精馏塔底得到的含有少量恒沸剂甲醇的甲苯在除甲醇塔 4 中脱除甲醇后，得到纯甲苯产品，塔顶蒸出的甲苯-甲醇共沸物返回恒沸精馏塔。

8.8.4 恒沸精馏塔的计算

恒沸精馏塔的计算方法与一般精馏塔的计算原则上基本相同，但针对不同情况，需考虑一些特殊问题，采用适当的方法。对于不加入恒沸剂的恒沸精馏塔（如图 8-54，图 8-55 流程中的恒沸精馏塔）可以用一般二组分精馏塔的算法进行计算。对于有恒沸剂加入的恒沸精馏塔，则有一些特点，需要确定恒沸剂的用量和恒沸剂的加入位置。同时由于恒沸剂的加入，体系的非理想性大，各塔板上组分的活度系数或相对挥发度变化大，溶液的焓的变化也可能较大。因此通常采用的一些简化方法，例如采用平均相对挥发度和恒摩尔流假设等，将会导致计算结果的较大偏差。一般需要采用简化的逐板计算法或严格的逐板计算法等较严格的算法。此外，最小回流比的确定比较困难，常常采用先初步设定，经过几次试算调整后再确定的方法。下面就三个问题进行讨论。

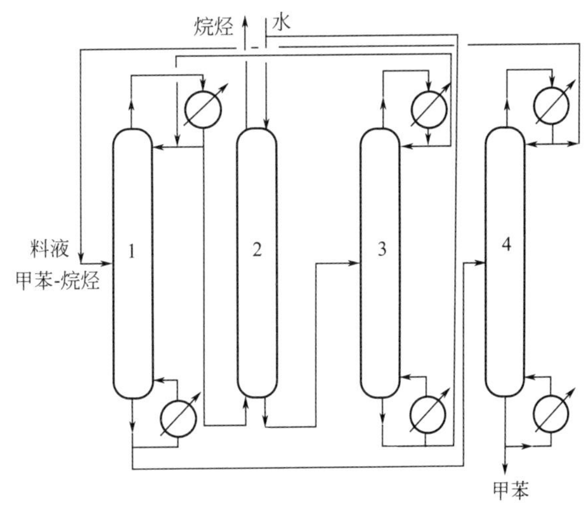

图 8-59 用甲醇为恒沸剂分离甲苯-烷烃的流程

8.8.4.1 恒沸剂用量的确定

恒沸剂的用量可根据恒沸物组成由物料衡算确定，它应使恒沸剂能将需夹带出的组分全部从塔顶带出，但本身没有富余而混入塔底产品。现举例说明如下，设恒沸精馏体系如图 8-60 所示，A 和 B 是欲分离的组分，S 为恒沸剂，恒沸剂与组分 B 形成二组分最低恒沸物 D，因为恒沸精馏塔塔顶蒸出的物料接近恒沸物，故塔顶产物可用 D 点表示。料液只含 A 和 B，不含恒沸剂，故可用 F 点表示。塔釜产品接近纯组分 B，用 B 点表示。连接 $\overline{FS}$ 和 $\overline{DB}$，得交点 P，P 点为恒沸剂 S 与料液 F 的合点。因此根据杠杆法则，恒沸剂的适宜用量为

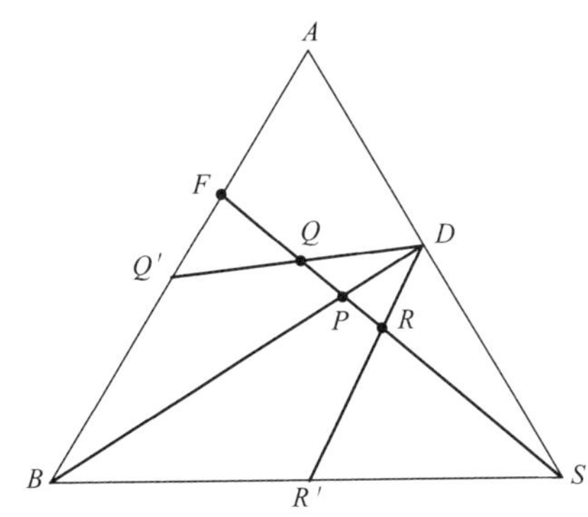

图 8-60 恒沸剂的适宜用量

$$S_{适}=\frac{\overline{PF}}{\overline{SP}}\cdot F \tag{8-180}$$

如恒沸剂的用量小于 $S_{适}$，则合点 P 向 F 点移动，如 Q 点。这时塔釜得到的不是纯 B，而是 A 与 B 的混合物 Q'。如果恒沸剂的用量过大，S 与 F 的合点为 R。此时塔釜得到的是 B 与 S 的混合物 R'。实际上为了保证组分 B 产品的纯度，有时选择恒沸剂的用量稍大于 $S_{适}$，而在恒沸精馏塔前面设置恒沸剂回收塔（见图 8-57）。

8.8.4.2 恒沸剂的加入位置

恒沸剂的进塔位置取决于它在塔中的浓度分布。通常希望在尽可能多的塔板上都能维持较高的恒沸剂浓度，以达到它促进组分间分离的最大效益。所以根据恒沸剂挥发性的不同，其进塔位置可分下述三种情况。

(1) 恒沸剂的挥发度与进料液相近，应与料液一起进塔。

（2）恒沸剂的挥发度小于料液，应在进料处以上，接近塔顶处加入。

（3）恒沸剂的挥发度大于料液，应在进料处下方入塔。一般应距塔釜有一段距离。这样既保证恒沸剂在塔内多数板上有一定浓度，又不至于使恒沸剂从塔釜排出。当然对于设有恒沸剂回收塔的流程，可以不考虑这一点。

8.8.4.3　恒沸精馏塔的计算

根据恒沸精馏的特点，为了获得比较准确的结果，应采用简化的逐板计算法和严格的逐板计算。简化的逐板计算法考虑各板上相对挥发度的变化，但忽略焓变引起的气液流量的变化。下面以苯作恒沸剂分离乙醇-水恒沸液制取无水乙醇为例说明这种方法的计算过程。

【例 8-6】 采用以苯为恒沸剂的恒沸精馏，分离含乙醇 89%（摩尔分数，以下同）的乙醇水溶液，制取无水乙醇。其流程如图 8-61 所示，其液液平衡相图见图 8-62。选取从恒沸精馏塔 1 的提馏段和苯回收塔 2 向下流的液体与上升蒸气的摩尔比为 1.25。塔 1 泡点进料，要求塔釜乙醇中的含水量不超过 0.01%，塔 2 的塔釜液中含醇不超过 0.01%。计算塔 1 和塔 2 所需的理论板数。

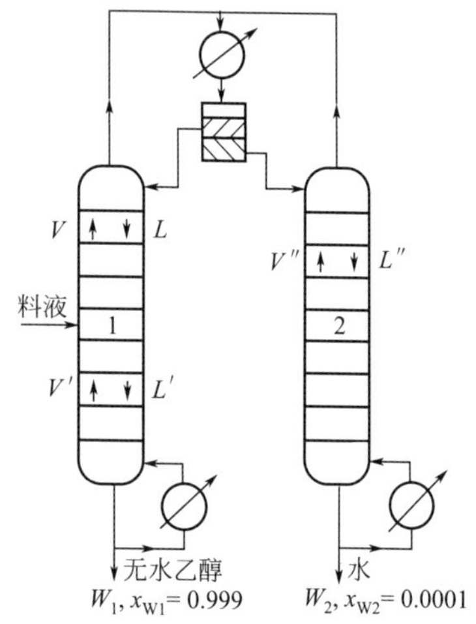

图 8-61　用苯作为恒沸剂分离乙醇-水的流程

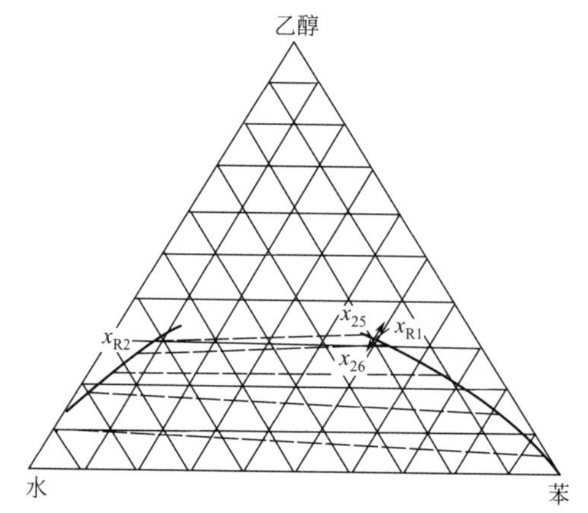

图 8-62　乙醇-水-苯液液平衡相图

解　（1）以 100kmol 料液为基准，作整个系统的物料衡算。

乙醇的衡算：

$$0.9999W_1+0.0001W_2=89$$

总物料衡算：

$$W_1+W_2=100$$

故得

$$W_1=89.1\text{kmol}$$

$$W_2=10.9\text{kmol}$$

（2）计算恒沸精馏塔 1 的理论板数

设塔 1 提馏段的回流液量为 L'，上升蒸气量为 V'。因为

$$L'/V'=1.25$$

而

$$L'=V'+89.1$$

所以

$$V'=356\text{kmol}$$

$$L'=445\text{kmol}$$

故提馏段操作线方程为

$$L'x_{m+1}=V'y_m+W_1x_W \text{（塔板序号由下向上数）}$$

即
$$x_{m+1}=0.8y_m+0.2x_{\mathrm{W}}$$

精馏段回流量液 L 与上升蒸气量 V 分别为

$$V=V'=356\mathrm{kmol}$$
$$L=L'-100=345\mathrm{kmol}$$

以精馏段第 n 块板以上，包括塔 2 为系统作物料衡算，得精馏段的操作线方程为

$$Vy_n=Lx_{n+1}+W_2x_{\mathrm{W2}}$$

即
$$x_{n+1}=1.032y_n-0.032x_{\mathrm{W2}}$$

各塔板上的平衡关系按式(8-174) 计算，

$$y_i=\frac{x_i\alpha_i}{\Sigma x_i\alpha_i} \tag{8-174}$$

其中的 α 从图 8-63 与图 8-64 求取。

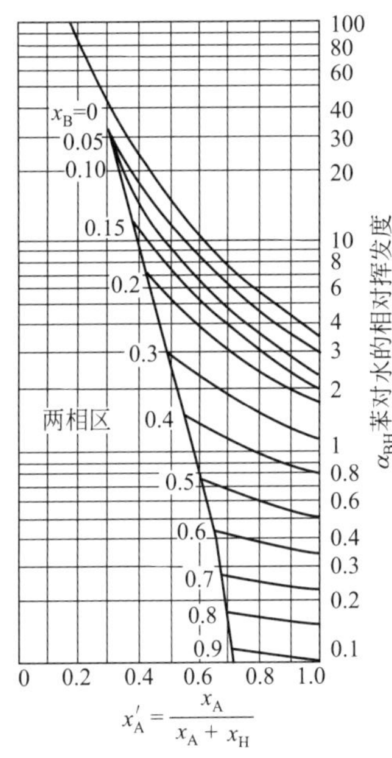

图 8-63　乙醇-水-苯平衡数据

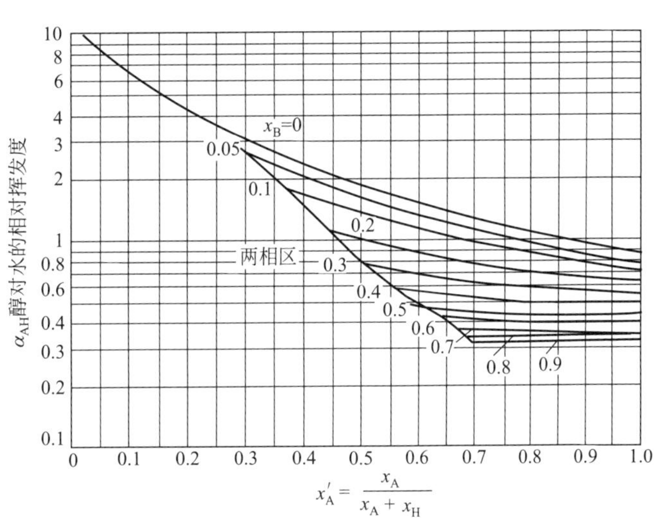

图 8-64　乙醇-水-苯平衡数据

从塔釜开始，交替应用平衡关系式(8-174) 与提馏段操作线向上进行逐板计算，计算结果列于例 8-6 附表 1。

例 8-6 附表 1　提馏段逐板计算结果

项目	塔釜			板 1			板 2			板 3		
	x_{W}	α	y_{W}	x_1	α	y_1	x_2	α	y_2	x_3	α	y_3
苯	0.0001	3.6	0.00040	0.00034	3.6	0.00139	0.00113	3.6	0.00455	0.00366	3.5	0.01453
乙醇	0.999	0.89	0.99858	0.9987	0.89	0.099760	0.9978	0.89	0.99425	0.9952	0.89	0.98400
水	0.0009	1.0	0.00102	0.00099	1.0	0.00101	0.00107	1.0	0.00120	0.00114	1.0	0.00147
项目	板 4			板 5			板 6			……		
	x_4	α	y_4	x_5	α	y_5	x_6	α	y_6	……		
苯	0.001172	3.4	0.04425	0.03542	3.2	0.12450	0.10	2.5	0.27500	中间数据略去		
乙醇	0.9871	0.89	0.95442	0.09638	0.82	0.87412	0.8998	0.73	0.72357			
水	0.00119	1.0	0.00133	0.00124	1.0	0.00138	0.00129	1.0	0.00143			

续表

项目	板 18			板 19			板 20		
	x_{18}	α	y_{18}	x_{19}	α	y_{19}	x_{20}	α	y_{20}
苯	0.389	0.76	0.47700	0.382	0.82	0.48100	0.385	0.82	0.48095
乙醇	0.585	0.51	0.47950	0.584	0.52	0.46575	0.573	0.52	0.45355
水	0.027	1.0	0.04350	0.035	1.0	0.05325	0.0431	1.0	0.06550
							水/醇$=\dfrac{0.0341}{0.573}=0.075$		

项目	板 21			板 22
	x_{21}	α	y_{21}	x_{22}
苯	0.385	0.82	0.47435	0.38
乙醇	0.563	0.53	0.44690	0.558
水	0.0526	1.0	0.07875	0.0632
	水/醇$=\dfrac{0.0526}{0.563}=0.0934$			水/醇$=\dfrac{0.0632}{0.558}=0.113$

在料液中水与醇的组成比为 11/89=0.123。在第 20、21、22 块理论板上，水与醇的组成比分别为 0.075、0.0935 和 0.113，其中第 22 块理论板上的水醇组成比与料液接近，第 22 块板可能为加料板。但试算结果说明从第 21 块板开始改变操作线，则所需总塔板数最少。其原因是在加料板以下，苯的浓度均低于 0.4，但在加料板以上，苯的浓度立即增至 0.45 以上，而苯浓度的提高将使水的相对挥发度增大，使水容易与乙醇分离。因此，在水醇组成比尚未达到料液的水醇组成比的第 21 块板上加料是最适宜的。从以下的计算可以看到，按精馏段操作线方程计算，第 22 块板流出的液相中苯的组成 $(x_{22})_{苯}=0.99$，远大于按提馏段操作线计算的值 $(x_{22})_{苯}=0.38$。

所以，从第 22 块板开始按精馏段操作线方程，逐板往上计算，结果列于例 8-6 附表 2。

例 8-6 附表 2　精馏段逐板计算结果

项目		板 22			板 23			板 24			板 25			板 26
	y_{21}	x_{22}	α	y_{22}	x_{23}	α	y_{23}	x_{24}	α	y_{24}	x_{25}	α	y_{25}	x_{26}
苯	0.47435	0.49	0.52	0.49052	0.507	0.475	0.47871	0.493	0.55	0.47868	0.495	0.69	0.50388	0.52
乙醇	0.44690	0.462	0.465	0.41413	0.428	0.46	0.38951	0.402	0.475	0.33721	0.548	0.52	0.26453	0.273
水	0.07875	0.0495	1.0	0.09535	0.0665	1.0	0.13178	0.104	1.0	0.18411	0.158	1.0	0.23159	0.207

塔顶蒸出的蒸气在冷凝器中冷凝后，分为平衡的两层。以苯层作为塔 1 的回流，回流液的组成点应落在图 8-62 中的双结点曲线上。从图中可以看出，若理论板为 24 块，回流液的组成为 x_{25}，组成点落在双结点曲线以外。若理论板为 25 块，回流液组成为 x_{26}，组成点在双结点曲线以内。两者均不能满足回流液组成点落在双结点曲线上的要求。作 x_{25} 点与 x_{26} 点的连线，由它与双结点曲线的交点，得出回流液的组成 x_{R1}，同时估计理论板数为 24.7 块。送入塔 2 的液体组成为 x_{R2}，它应与 x_{R1} 成平衡，其数值如下：

项目	x_{R1}	x_{R2}
苯	0.51	0.053
乙醇	0.298	0.282
水	0.192	0.665

(3) 计算苯回收塔 2 的理论板数

塔 2 的作用是将组成为 x_{R2} 的水层液中的苯与乙醇蒸出，因此只需提馏段。设板数从上向下计，以任意板以下的塔段为系统作物料衡算

$$L''x_m=V''+y_{m+1}+W_2x_W$$

因

$$L''/V''=1.25$$

$$L''=V''+W_2$$

所以

$$\frac{W_2}{L''}=1-\frac{1}{1.25}=0.2$$

代入上式，得塔 2 的操作线方程

$$y_{m+1}=1.25x_m-0.25x_W$$

由回流液（水层液）的组成 x_{R2}，根据操作线方程可求得 y_1，再由 y_1 根据平衡关系求得 x_1。因为图 8-63 与图 8-64 所给的 α 值均需由液相组成查得，所以由 y 求 x 时需先假设 x_1，由此定出 α，然后求得 y_1'。若 y_1' 与 y_1 一致，说明假设值正确，否则，需重设再算。如此逐板向下计算，直至 x_n 达到要求为止。逐板计算结果列于例 8-6 附表 3。可见 $(x_5)_{乙醇}$ 已低于要求值 0.01%（摩尔分数），故塔 2 需要 5 块理论板。

例 8-6 附表 3　塔 2 的逐板计算结果

项目	x_{R2}	板 1			板 2			板 3		
		y_1	α	x_1	y_2	α	x_2	y_3	α	x_3
苯	0.053	0.06625	150	0.0007	0.009	200	5×10^{-6}	6×10^{-6}	200	3×10^{-8}
乙醇	0.282	0.35250	8.0	0.070	0.0871	9.7	0.0097	0.0122	10	0.0012
水	0.665	0.58125	1.0	0.93	0.9120	1.0	0.99	0.9878	1	0.999

项目	板 4			板 5		
	y_4	α	x_4	y_5	α	x_5
苯	4×10^{-8}	200	2×10^{-10}	2×10^{-10}	200	10^{-12}
乙醇	0.0015	10	0.00015	0.000016	10	0.000016
水	0.9985	1	0.99985	0.99998	1	0.99998

8.8.5　恒沸精馏与萃取精馏的比较

恒沸精馏与萃取精馏比较，各有特点，综述如下。

(1) 可以用作萃取精馏萃取剂的溶剂较多，所以选择萃取剂的余地比恒沸剂大。

(2) 萃取剂在萃取精馏中汽化的量很少，而恒沸剂则以气态挟带组分从恒沸精馏塔顶流出。所以，一般说恒沸精馏的能耗较大。

(3) 恒沸精馏中恒沸剂适宜加入量的范围较窄，而萃取精馏中萃取剂的加入量可以在较大范围内变动，所以它的操作控制比较容易。

(4) 萃取精馏中使用的萃取剂沸点高，为了保证塔内从上到下的液相中均有适当的萃取剂含量，萃取剂需连续不断地从塔顶送入，所以它不适于间歇精馏。恒沸精馏可采用间歇精馏。

(5) 恒沸精馏的操作温度比萃取精馏低，故它适用于分离热敏性物质。

8.9　石油和复杂混合物的蒸馏

8.9.1　概述

8.9.1.1　石油的基本特征

多组分精馏的原理原则上适用石油和其他类似的复杂混合物的分离。但是由于石油的化学组成的复杂性和其产品的特点，石油精馏塔的设计有与一般精馏塔不同的特点。

天然石油通常是黑色的流动或半流动的黏稠液体，主要由碳氢化合物构成，相对密度一般小于 1，绝大多数在 0.8～0.98。我国一些主要油田，如大庆、胜利油田的原油的相对密度都在 0.86 以上，属于较重原油；也有一些油田产轻质原油。

世界各地原油的化学组成和物性差别很大，但它们的碳氢元素比却在一个比较窄的范围内变动，含 C 83%～89%，H 11%～14%，二者合计占 95%～99%。我国一些重要原油的氢/碳原子比较高。此外原油中还含有 S、N、O 及一些微量元素，它们均以碳氢化合物的衍生物的形态存在，它们对于石油的性质及其加工过程均有影响。

因为各地原油的化学组成与物性常常有较大差异，所以原油精馏塔的设计就要有一定的针对性及灵活性，当一个原油精馏塔要变动原料，处理另一个油田产的原油时，必需根据这种原油的特点对塔的操作条件，甚至塔的结构、流程作适当的改变。

8.9.1.2 *石油馏分*

石油是一种由很多组分组成的复杂混合物，其中主要是烷烃、环烷烃与芳烃。一般随着馏分的沸点增高，正构与异构烷烃的比例降低，环烷烃与芳烃的比例增大。

石油加工的第一步是蒸馏，按沸点高低把石油分割成不同沸点范围内的若干“馏分”，但每个馏分还是复杂的混合物。例如把石油分割成沸点＜180℃的汽油馏分（或低沸馏分），180～350℃的煤柴油馏分（或中间馏分），350～500℃左右的减压馏分（或称高沸点馏分）和＞500℃的渣油。馏分的划分没有严格规定，可以视具体情况而定。为了进行更仔细的研究，可以将某个沸点范围宽的馏分分割成沸点范围较窄的若干窄馏分。例如可以把汽油馏分分成＜60℃、60～95℃、95～122℃、122～150℃、150～200℃等几个窄馏分。

馏分并非就是石油产品，它必须经过加工处理，并满足油品的规格要求，才成为各种石油产品。

8.9.1.3 *石油和石油馏分的性质*

（1）沸程

在一定压力下，纯物质的沸点是一个常数。石油馏分与纯物质不同，在一定压力下加热气化时，其沸点随气化率的增加而升高，直到蒸干为止，表现为一定宽度的温度范围，称为沸程。油品的沸程因所用蒸馏设备不同而有所差别。常用的是恩氏蒸馏设备。当油品在恩氏蒸馏设备中按规定条件加热时，流出第一滴冷凝液时的气相温度称为初馏点。蒸馏过程中，其中组分按沸点由低到高顺序逐步蒸出，气相温度逐渐升高，当馏出物体积为 10%，20%，……，90%时的气相温度分别称为 10%点，20%点……90%点。蒸馏到最后达到的最高温度称为终馏点，或称干点。初馏点到干点这一温度范围称为沸程，或馏程。因为恩氏蒸馏设备基本上没有精馏作用，油品中最轻组分的沸点低于初馏点，最重组分的沸点高于干点，所以沸程不能代表油品组分的真正沸点范围。

（2）平均沸点

馏分的沸程不能在工艺计算中直接应用，因此提出平均沸点的概念，以表示馏分的沸点特点。油品的平均沸点有体积平均沸点 $t_{\rm v}$，重量平均沸点 $t_{\rm w}$，立方平均沸点 $t_{\rm cu}$，实分子平均沸点 $t_{\rm m}$ 和中平均沸点，它们各有不同的用途。

体积平均沸点 $t_{\rm v}$ 由恩氏蒸馏的 10%、30%、50%、70%、90%五个馏出点温度的算术平均求得

$$t_{\rm v}=\frac{t_{10}+t_{30}+t_{50}+t_{20}+t_{90}}{5} \tag{8-181}$$

其他四种平均沸点均可由 $t_{\rm v}$ 求得，具体方法可参见参考文献［48］。

对于沸程小于30℃的窄馏分，其各种平均沸点互相接近，用中平均沸点代替不会有大的误差。

(3) 密度和相对密度

密度是单位体积的质量，我国规定油品在20℃时的密度作为油品的标准密度。

液体的相对密度是液体的密度与一种参考物质的密度之比。我国规定以4℃水为参考物质，因此油品在t℃时的相对密度记作d_4^t，其数值即t℃时的密度。欧美各国常用15.6℃(60℉)的水作为参考物质，并常用比重指数$API°$表示液体的相对密度。

$$API°=\frac{141.5}{d_{15.6}^{15.6}}-131.5 \tag{8-182}$$

相对密度大，$API°$小。

油品的密度与组分的性质有关，对于C原子数相同的烃，烷烃密度小，芳烃密度最大。组分的分子量大，密度亦大。

(4) 特性因数

特性因数是表征石油馏分烃类组成的一种特性数据，其应用十分普遍，特性因数的定义式是

$$K=\frac{(T°R)^{1/3}}{d_{15.6}^{15.6}} \tag{8-183}$$

式中的温度最早用分子平均沸点，后改用立方平均沸点，近年来使用中平均沸点。

各族烃的特性因素K近似为常数。烷烃最大，芳烃最小，环烷烃介于其间。已知组成的烃类混合物，其特性因素可按重量可加性计算。对石油馏分可用K值表征其化学组成特性，富含烷烃的馏分，K值为12.5～13.0，富含芳烃的馏分，K值为10～11。

所以特性因素K是了解石油及其馏分的化学性质、进行分类和确定原油加工方案的重要参数，用它关联馏分油的物理性质和热性质，如分子量、气化热、热焓等能得到满意的结果。但对含大量烯烃、二烯烃或芳烃的馏分，会导致较大误差。

(5) 平均分子量

石油馏分的平均分子量是其中各组分分子量的平均值，可由有关文献手册中的图表或经验关联式求取。根据平均分子量可以求取石油馏分的气化热、蒸气体积、分压以及其他一些物化性质。

油品的分子量随其沸程升高而增大。各种油品的平均分子量大致为汽油100～120；煤油180～200；轻柴油210～240；低黏度滑润油300～360；高黏度润滑油370～500。

8.9.2 石油及石油馏分的气-液平衡

石油及其馏分都是包含很多组分的复杂混合物，以组分为基础用解析方法进行气-液平衡计算非常复杂，另一方面，炼油工业中的蒸馏产品仍然是复杂混合液，没有必要去做繁杂的计算。因此，通常以宏观的方法用蒸馏实验测定蒸馏曲线，或用假组分与假多组分系的方法来表示。

8.9.2.1 *石油及其馏分的蒸馏曲线*

用实验求取石油及其馏分的蒸馏曲线都是使用规格化的仪器，在规定的试验条件和方法下进行。共有三种蒸馏曲线：恩氏蒸馏曲线、实沸点蒸馏曲线和平衡气化曲线。

(1) 恩氏蒸馏曲线

恩氏蒸馏实验设备实质上是一个简单蒸馏器。将实验测得的馏出温度（气相温度）与馏出

量（体积分数）的关系作图，即得恩氏蒸馏曲线（图 8-65）。

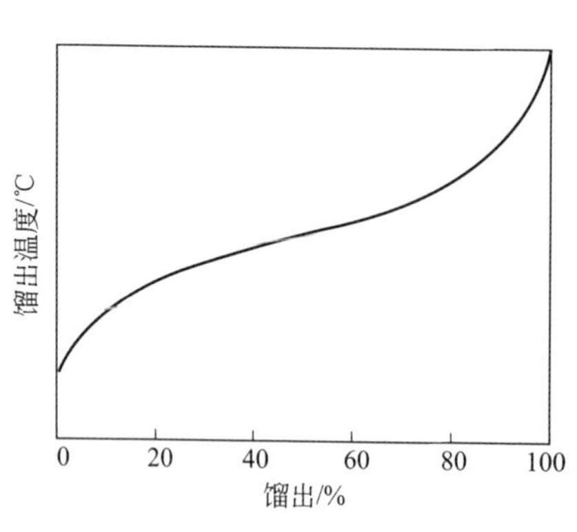

图 8-65　恩氏蒸馏曲线示意图

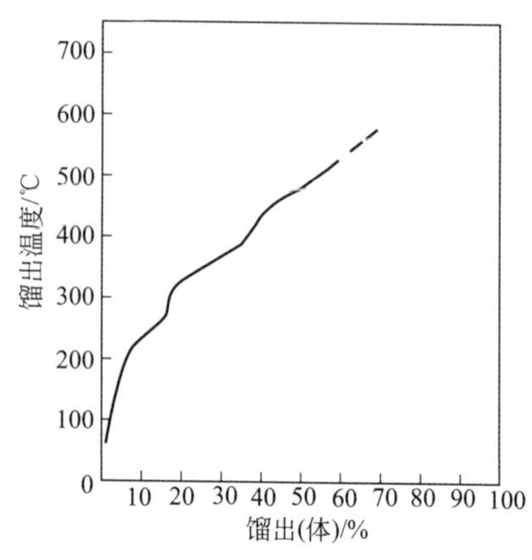

图 8-66　实沸点曲线示意图

恩氏蒸馏基本上没有精馏作用，因而不能显示油品中各组分的实际沸点，但它能反映油品在一定条件下的气化性能，而且简便易行，所以广泛用作反映油品气化性能的一种规格化试验。

（2）实沸点蒸馏曲线

实沸点蒸馏实验装置是一个间歇精馏柱，相当于有 17 块理论板，在规定的条件下进行实验，它也是测定馏出量与馏出温度的关系。因柱顶蒸出的蒸气的纯度较高，所以馏出温度接近蒸出的纯组分的沸点。图 8-66 所示为实沸点曲线示意图。理论上该曲线应呈阶梯形，实际上因为所含组分多，每个组分含量少，相邻的组分的沸点又十分接近，所以除了温度较低的部分外，基本上也是一条连续的曲线。

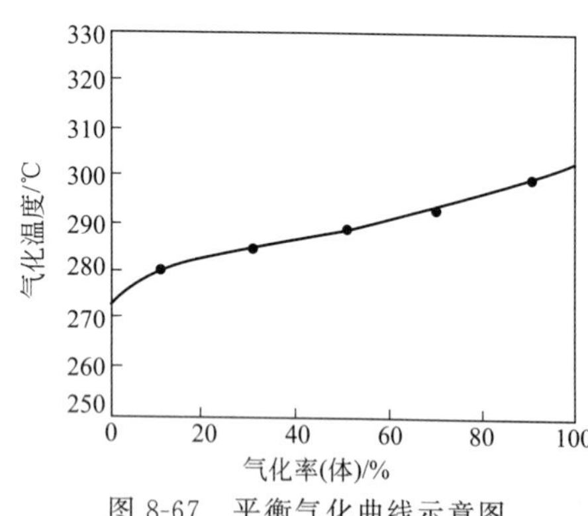

图 8-67　平衡气化曲线示意图

实沸点曲线主要用于原油评价。原油的实沸点蒸馏实验相当费时间，为了节省时间，近来用色谱分析法模拟，获取实沸点蒸馏数据。但此法不能获得一定数量的窄馏分，供测定各窄馏分的物性之用，所以它不能完全取代实沸点实验。

（3）平衡气化曲线

平衡气化曲线是利用平衡气化实验设备，进行平衡气化实验获取。将油品部分气化，使气液两相在恒定的温度与压力下密切接触足够长的时间，然后分离，测得该条件下的平衡气化率。一般在恒压下至少选择五个合适的温度进行试验。得到平衡气化率与温度的关系后，即可得平衡气化曲线（图 8-67）。根据平衡气化曲线可以确定油品在不同气化率时的温度（如精馏柱进料的温度）、泡点温度和露点温度等。

（4）三种蒸馏曲线的比较与相互换算

图 8-68 示出的同一种油品的三种蒸馏曲线。其中实沸点曲线最陡，平衡气化曲线最平坦。这实质上反映了三种实验装置的分离能力的大小。与以液相温度（釜温）为纵坐标的三种曲线（图 8-69）的比较可以明显看出这一点。平衡气化实验中气相与液相温度相同。恩氏实验中，由于蒸馏瓶颈散热产生的少量回流作用，釜中液体温度略高于气相温度。而实沸点实验中，因

为精馏柱中分离效果较好，釜中液相温度远高于馏出的气相温度。

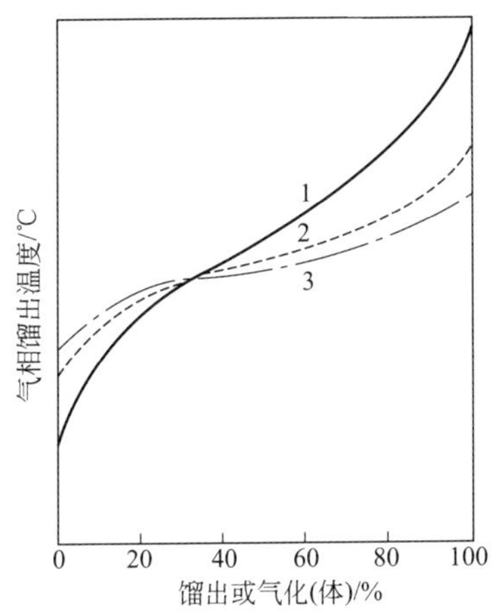

图 8-68　三种蒸馏曲线的比较
1—实沸点曲线；2—恩氏蒸馏曲线；
3—平衡气化曲线

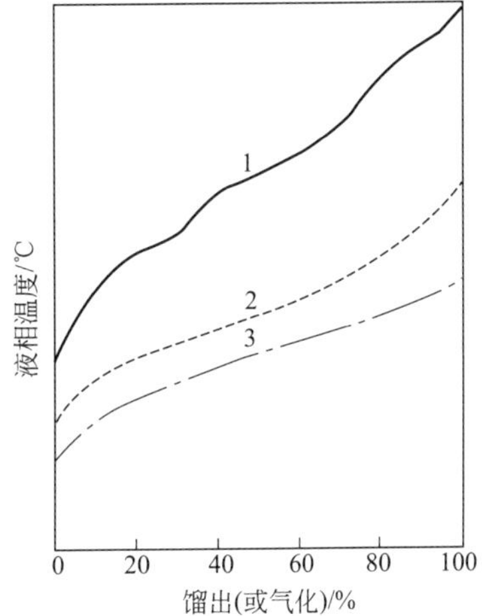

图 8-69　用液相温度为纵坐标的
三种蒸馏曲线的比较
1—实沸点曲线；2—恩氏蒸馏曲线；
3—平衡气化曲线

因为平衡气化实验很费时间，而在工艺过程的设计计算中又常遇到平衡气化的问题，所以从较易获得的恩氏蒸馏曲线或实沸点蒸馏曲线求取平衡气化数据很有意义。通过对大量实验数据的处理，找到了三种曲线间的关系，已制成图表，供换算之用[48]。但是，由于各地石油和石油馏分的性质差别很大，目前所得的经验图表都有一定局限性，使用时必然有一定误差，因此在使用时应注意它们的适用范围以及可能的误差。如有可能，应尽量采用实测的实验数据。

8.9.2.2　*假组分与假多组分系法*

(1) 假组分与假多组分系

上述蒸馏曲线迄今仍是处理石油馏分气液平衡的基本方法，但这种方法的精确性不高，而且不便用计算机计算。近年来，随着计算机应用的迅速发展，采用处理多组分气液平衡的方法来处理石油馏分气液平衡的研究工作有很大进展，提出了假多组分系法。这种方法把石油或石油馏分按沸程分为一系列窄馏分，每个窄馏分被看做一个组分，称为假组分或虚拟组分，并以窄馏分的平均沸点、密度、平均分子量等表征各假组分的性质。这样石油馏分这一复杂混合液就被视为由一定数量假组分构成的假多组分混合物，从而按一般多组元系的处理方法，进行气液平衡的计算。

作为假组分的窄馏分的划分，其馏分宽度和假多组分系所含假组分的数目视具体情况而定。馏分愈窄，愈接近真组分，计算误差愈小。但体系的假组分数目增多，计算工作量将成倍增加。根据石油馏分蒸馏计算的实际情况，窄馏分的切割宽度一般为 10～20℃，通常不超过 30℃。假馏分的具体切割可根据实沸点蒸馏曲线进行，窄馏分宽度可以相同，也可以不同。图 8-70 中将该馏分分成 19 个窄馏分。严格地说，每个窄馏分的平均沸点 t_1，t_2 等应按图解积分法求取。当窄馏分足够窄，在其沸程内的蒸馏曲线接近直线时，可取该窄馏分沸程的中点作为平均沸点。各假组分的含量可直接由横坐标读取，假组分的密度和平均分子量可采用实测数据或按有关文献介绍的方法求取。

(2) 气液平衡常数 K 的计算

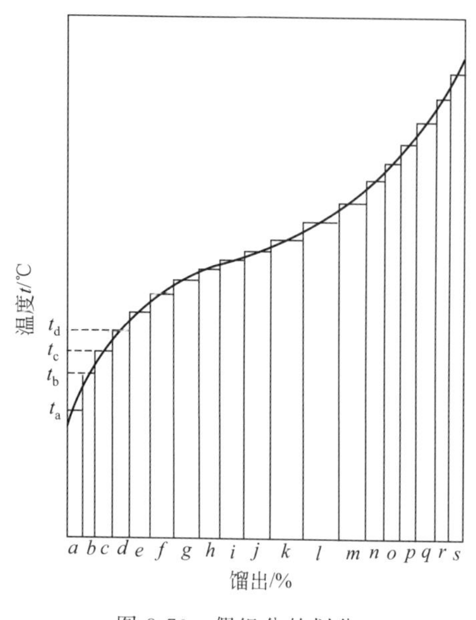

图 8-70　假组分的划分

与一般多组分体系气液平衡的计算一样，假多组分系法气液平衡计算的主要内容之一也是气液平衡常数的确定，其方法也类似。对于低压体系，如常减压蒸馏，可以按理想体系处理。当压力较高，假多组分系与理想溶液有显著偏差时，需按非理想体系进行气液平衡计算。求取非理想体系气液平衡常数 K 的方法主要有两类。

① 采用同时适用于气液两相的状态方程，计算气液两相各组分的逸度。如 Soave-RK 方程[49]，PR 方程[50]，BWR 方程和修正的 BWR 方程[51]。

② 分别用不同方法，求取气相与液相中各组分的逸度的混合模型，如 Chao-Seader 模型[14]、Grayson-Streed 模型[15]和 Lee-Erber-Edmister 模型[52]等。

8.9.3　石油蒸馏

8.9.3.1　*石油蒸馏的基本流程*

石油蒸馏的基本原理与前面介绍的一般蒸馏过程相同，但有它自己明显的特点。首先，石油是一个包括很多组分的复杂混合物，其中组分的沸点可以从零下到 500℃以上。其次，石油蒸馏只要求将原油分离成有一定沸程的馏分。此外，石油蒸馏的规模大，通常年处理量数百万吨乃至上千万吨。这些特点，决定了它采用侧线出料的复合塔来得到多种产品，用不同压力下操作的两个塔来完成其分离。图 8-71 是石油蒸馏的基本流程，原油经一系列换热器预热后，进入常压炉，加热至 370℃左右，而部分气化。部分气化的原油进入常压精馏塔。从常压塔顶馏出汽油馏分或重整原料油，从塔的侧线引出煤油、轻柴油和重柴油等侧线馏分，塔底产物为常压重油。为了把沸点高于 350℃的馏分从常压重油中分离出来，同时避免重油中一些不安定组分受高温而发生分解、缩合等反应，将常压重油送至减压精馏塔中进行精馏。减压精馏塔一般在 420℃以下操作，真空度通常为 0.0933MPa（700mmHg）或更高。减压塔顶蒸出的主要是裂化气、水蒸气以及少量油气。减压塔一般出三个侧线产品。作为制润滑油料或催化裂化的原料，塔底则出减压渣油。

（1）原油常压精馏塔

原油常压精馏塔在接近大气压力下操作。图 8-72 是它的示意图。它是一个复合塔，依靠多侧线出料，将原油分离成为汽油、煤油、轻、重柴油和重油等馏分。由于各侧线出料均带有较轻组分，故通常每一侧线均设有汽提塔，用过热水蒸气汽提，以提高侧线馏分的质量和轻组分的收率（也有使用再沸器的）。汽提的水蒸气用量通常为侧线流量的 2%～3%（质量）。塔底也通入过热水蒸气，对从原油加料板流下的油料进行汽提，以蒸出其中的轻组分，提高轻质油收率。所以常压塔加料板以下，不是通常精馏塔的提馏段，而是一个汽提段。一般水蒸气用量为下流油量的 2%～4%（质量）。

原油精馏塔没有一般精馏塔的再沸器，所以全塔热量主要来源于加热后的料液，汽提蒸气（一般 450℃左右）带入的热量所占比例很小。因此原油进料必须是气液混合物，其气化率只少应等于塔顶和各侧线产品产率之和，否则不能保证拔出率或轻油收率。实际上为了保证在进料板以上到最低的侧线间一段塔有一定的回流，进料的气化率应略大于塔顶和各侧线产品产率之和，高出的部分称为过气化量。它占进料的百分数称为过气化度，一般为 2%～4%。原油常压塔的这种供热方式决定了塔中的回流比完全由进料的气化率决定（或者说由热平衡决定），变动的余地很小，不像一般精馏过程的回流比由分离要求确定，通过再沸器的加热量可作大幅度的调节。

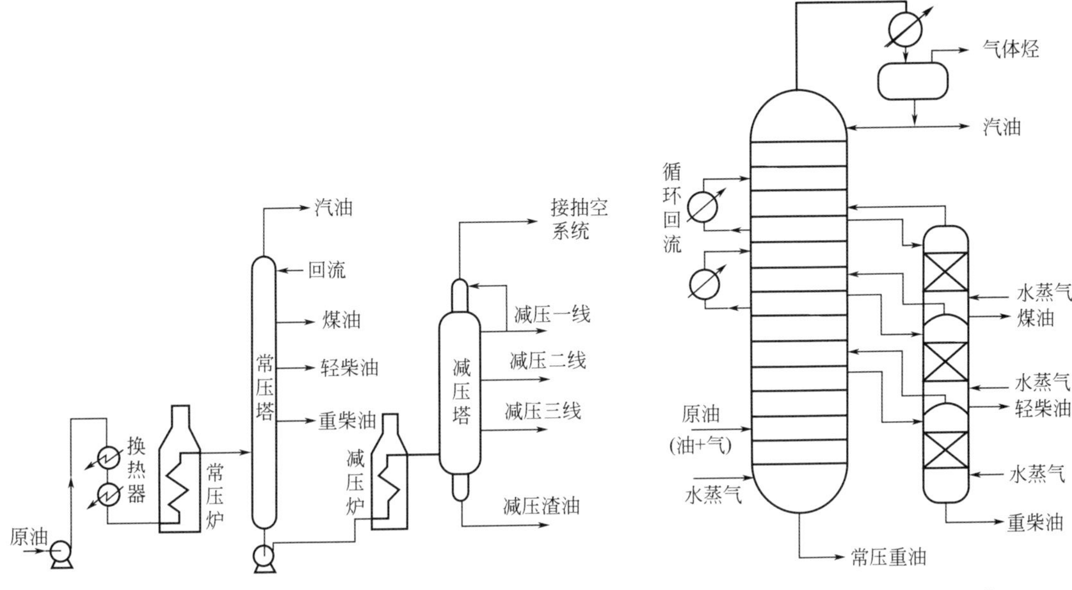

图 8-71 原油常减压蒸馏基本流程

图 8-72 原油常压精馏塔

因为原油中各组分的摩尔气化热相差较大，塔上下温度变化大，塔顶与塔底温度差可达250℃左右，所以塔内远离恒摩尔流。

从常压塔的热量衡算可以看出，如果只采用塔顶回流，则塔中以摩尔流量表示的气液相负荷自下而上逐渐增加，到塔顶第一二块塔板间达到最大。为了使塔中上下气液负荷比较均匀，减小塔径，石油精馏塔除了采用塔顶回流和塔顶循环回流外，通常还采用中段循环回流。中段循环回流除了可使塔内气液负荷趋于均匀外，还可以提高回收的回流热的温位，节约能量。设置中段回流也有不利的影响，首先使其上方回流比减小，塔板效率会有所降低。其次要增设换热塔板、循环泵和换热器。对于常压塔，中段回流的取热量一般以占全塔回流热的40%～60%为宜。

目前，石油精馏塔的塔板数主要还靠经验数据选用。表 8-15，表 8-16 是常压塔塔板数的参考值。

表 8-15 常压精馏塔塔板数国外文献推荐值

被分离的馏分	推荐板数	被分离的馏分	推荐板数
轻汽油-重汽油	6～8	轻柴油-重柴油	4～6
汽油-煤油	6～8	进料-最低侧线	3～6①
煤油-柴油	4～6	汽提段或侧线汽提	4

① 也可以用填料代替。

表 8-16 国内某些炼厂常压精馏塔塔板数①

被分离的馏分	东方红Ⅱ套	南京Ⅰ套	上海炼厂	被分离的馏分	东方红Ⅱ套	南京Ⅰ套	上海炼厂
汽油-煤油	8	10	9	重柴油-裂化原料	8	4	6
煤油-轻柴油	9	9	6	最低侧线-进料	4	4	3
轻柴油-重柴油	7	4	6	进料-塔底	4	6	4

① 表中板数均不包括循环回流的换热板数。

（2）原油减压精馏塔

常压重油是原油中沸点高于350℃的重组分，是润滑油和催化裂化、加氢裂化的原料。为了提高拔出率、降低蒸馏的操作温度，减少分解反应的发生，常压重油需在减压的条件下进行精馏。通常原油减压精馏塔的操作温度限制在420℃以下，真空度一般都在700mmHg左右或更高。

原油减压精馏塔的构成与常压塔类似，也是一个复合塔，用侧线出料将常压重油分离成几个馏分。进料也是汽液混合物，回流也是由全塔热平衡决定，也设置中段回流，使塔内汽液负荷均匀。

减压塔一般都要求有尽可能高的拔出率，为此除了选用适当的真空泵使塔顶保持较高真空度外，应采用低阻力的塔板或各种型式的散装和规整填料。

根据产品的不同，减压精馏塔分为润滑油型和燃料型两类。前者的产品为各种润滑油原料，这类塔的分离效果要求较高，要求所得馏分黏度适当，残碳值低，色度好，馏程窄。所以塔板数相对较多，一般各侧线间设3～5块塔板。燃料型减压塔生产裂化原料，对馏分组成要求不甚严格，只要求残碳值和重金属含量尽可能低。所以，相对于润滑油型塔，它的塔板数可以少一些。

减压塔底段传统上也使用过热蒸汽汽提，以提高拔出率。近年来，为了克服水蒸气汽提的缺点，干式减压精馏技术有很大发展。这种方法采用提高塔顶真空度和降低塔内压力降的方法来替代通入水蒸气，以降低油气分压。对于燃料型减压精馏塔，它已有取代通水蒸气汽提的湿式减压精馏的趋势。

8.9.3.2 *石油精馏塔的工艺计算*

（1）计算所需的基本数据

① 原料油的来源和性质，主要包括三种蒸馏曲线数据、密度、特性因数、分子量、含水量和黏度等；

② 原料油的处理量，包括最大和最小可能的处理量；

③ 根据正常生产与检修的情况，确定的年开工天数；

④ 产品方案及产品性质；

⑤ 汽提用水蒸气的温度与压力。

上述基本数据通常由设计任务给定。此外，应尽可能收集同类型生产装置和生产方案的实际操作数据作为参考。

（2）设计计算内容及步骤

① 根据原料油性质及产品方案，确定产品收率，作出物料衡算；

② 通过计算或用图表查定，列出有关各油品的性质；

③ 决定汽提方式，确定汽提蒸汽的用量；

④ 选择塔板的型式，并按经验数据确定各塔段的塔板数；

⑤ 画出精馏塔草图，其中包括进料及各侧线抽出的位置、中段回流的位置等；

⑥ 确定塔内各部位的压力和加热炉出口的压力；

⑦ 决定进料的过气化度，计算气化段温度；

⑧ 确定塔底温度；

⑨ 假设塔顶及各侧线抽出温度，作全塔热量衡算，算出全塔回流热。选择回流方式及中段回流的数量和位置，合理分配回流热；

⑩ 校核各侧线抽出温度和塔顶温度，若与假设值不符，应重新假设和计算；

⑪ 作出全塔气、液相负荷分布图，并将上述工艺计算结果填在草图上；

⑫ 计算塔径与塔高；

⑬ 作塔板的流体力学核算；

⑭ 若选用填料塔，应按经验数据相应地确定各塔段的填料层高度、选择气液分布器的形式、进行流体力学核算。

8.10 间歇精馏

8.10.1 概述

8.10.1.1 过程简述

间歇精馏也称分批精馏，它有多种结构流程和操作方式。图8-73是最常用的间歇精馏装置流程图，它由蒸馏釜、精馏塔、冷凝器和若干个馏出液罐组成，可用于分离二组分和多组分混合物。现分离一种二组分混合物。将一批料液加入蒸馏釜中，加热蒸馏，一般开始时采用全回流操作，当塔顶馏出物达到预定的质量要求时，开始采出产品，并将回流比调至规定值。随着易挥发组分不断蒸出，蒸馏釜中的液量逐步减少，其中易挥发组分的含量逐渐降低，难挥发组分的含量逐渐升高。与此对应，塔顶馏出液组成也将发生变化，当馏出液中易挥发组分的含量降至塔顶产品的规定值时，停止收集馏出液，将馏出液切换到另一受液罐，收集过渡馏分，直至蒸馏釜的液体中难挥发组分的含量达到规定要求为止。放出釜液产品，进行另一批料的蒸馏。收集过渡馏分的必要性是因为精馏塔中存在有一定量的液体，其组成介于塔顶馏出液和釜液之间，通常将它打回到料液罐。当分离多组分混合物时，各组分按其沸点从低到高依次从塔顶蒸出，得到各个产品，最后沸点最高的组分从蒸馏釜放出。在塔顶采出各个产品之间，通常都要取出一定量的过渡馏分，以保证各个产品的质量。各个过渡馏分一般都回到料液罐，加入下一批料液中。过渡馏分的采出与控制是间歇精馏装置设计中需要考虑的一个特殊问题。

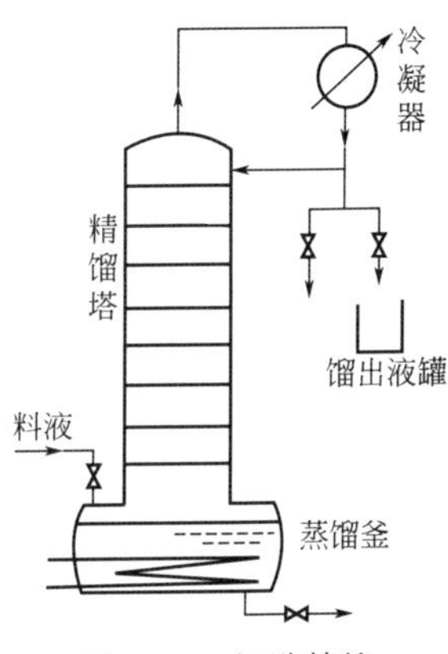

图 8-73 间歇精馏

8.10.1.2 过程特点

(1) 间歇精馏为非稳态操作。在精馏过程中，蒸馏釜中的液体和塔内各处的组成与温度等均随时间而变，这使得精馏过程的计算较为复杂。

(2) 随着操作的进行，蒸馏釜内液体中易挥发组分的含量逐渐降低，使塔顶馏出物中易挥发组分的含量也随之降低。因此，为使塔顶馏出物中易挥发组分的含量保持一定，必须增大回流比，基于这一特点间歇精馏采用不同的操作方法。

(3) 精馏塔内和冷凝器等的存液量对间歇精馏过程有重要影响。存液量对分离的影响表现在两方面。在开始蒸馏出塔顶产品时，塔中存液含有易挥发组分较多，使釜液中易挥发组分含量比无存液时低，导致塔顶得到同样组成的产品时的分离难度增大。另一方面塔中存液可以减慢组分的交换速率，阻滞组分当无存液时可能出现的迅速变化，因而有利于分离。这两种相反的影响同时存在，情况比较复杂，其结果是有利抑或有害，需经精确计算才能确定。一般说持液量少时，后一种影响占优势，持液量大时，前一种影响占优势。Pigford 对存液量的影响作了较为详细的论述[53]。一般说，存液量大，开工需要的时间长，采出过渡馏分需要的时间长，采出量大，应用简化法进行计算的误差大。所以间歇精馏宜选存液量少的塔型。

间歇精馏的优点是装置简单，操作容易，机动灵活，用一个塔就可以分离多组分混合物，可以适应料液品种与组成经常变化的情况。所以它适用于小批量、多品种的生产场合。此外，间歇精馏可处理含有非挥发性物质或焦油等的物料。

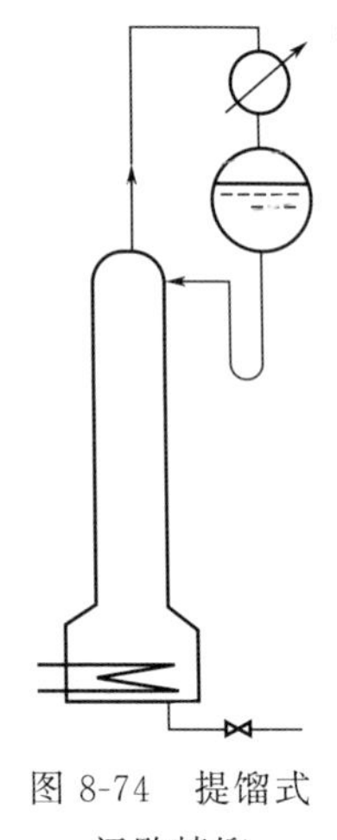
图 8-74 提馏式间歇精馏

8.10.1.3 间歇精馏的其他类型

除了图 8-73 所示的常用的结构流程外，还有一些适用于某些特殊场合的结构流程。图 8-74 所示为提馏式间歇精馏[54]。它的特点是在塔顶设储液罐，塔釜基本不存料液，以减少难挥发组分在釜中的停留时间。在精馏过程中按沸点高低，依次从塔底采出产品。这种装置适用于以提取难挥发组分为目标或难挥发组分为热敏性物质的情况。

8.10.2 间歇精馏的操作方法

间歇精馏有两种典型的操作方法。

（1）固定回流比操作。在操作中回流比固定不变，塔顶馏出液中易挥发组分的含量将随过程的进行而下降。为了保证塔顶馏出液的质量，应在其中易挥发组分的含量降至某设定值时，停止该产品的采出。这种操作方法便于控制，经常采用。

（2）固定塔顶馏出液组成操作。因为操作中塔釜液中易挥发组分含量不断下降，所以为了保持塔顶馏出液中易挥发组分含量不变，必须不断增大回流比。这种操作方法较难控制，实践中常以分段用不同的恒回流比来近似。

除了上述两种常用的操作方法外，还有一些方法，如：

（1）优化回流比操作[55,56]。以最大合格产品量或最短蒸馏时间等为目标函数，求得优化的回流比曲线，按此曲线进行操作。

（2）全回流浓缩，分批放料。这种方法要求在塔顶设置一定容量的回流液储罐，用全回流操作，待操作稳定，塔顶回流液储罐中液体易挥发组分含量达到一定值时，将它一次放出。接着再进行全回流操作。这种操作的优点是操作简单，易挥发组分被浓缩的倍数高，特别适用于除去混合物中少量杂质的情况。

（3）变压强-恒温操作[57]。因为釜液中易挥发组分含量随蒸馏过程的进行而下降，为使釜液温度不升高，以免引起不良反应，随着釜液中易挥发组分含量的降低，相应降低操作压力（一般是提高真空度）。这种方法与全程采用低压操作比较，其优点是操作前期压力高，塔的生产能力高。

间歇精馏的操作方法不同，其计算方法也不同。

8.10.3 间歇精馏的计算

间歇精馏的计算可分为两类：（1）不计塔内（包括冷凝器内）持液量的简化算法；（2）考虑持液的精确算法，考虑持液的间歇精馏的计算十分复杂，它们通常也多以简化算法为基础。本节主要介绍简化算法。

8.10.3.1 回流比恒定的间歇精馏的计算

间歇精馏的计算也分为设计型与操作型两种情况。两者的具体算法与步骤虽然不同，但所依据的原理和基本关系式是相同的。这里先按二组分混合物的操作型计算进行说明。

已知料液量 F，组成 x_F，取回流比 R_1，用有 N 块理论板，允许上升气量为 V kmol/h 的精馏塔进行间歇精馏。要求蒸馏釜液中易挥发组分的组成降至 x_{W_e}，计算塔顶馏出液的平均组

成 $\bar{x}_D$，馏出液量 D（或釜液量 W）和蒸馏时间 θ。

在不计塔内持液量的情况下、间歇精馏中物料蒸出的情况与简单蒸馏类似。所以可以应用类似式(8-41) 的关系式

$$\ln\frac{F}{W}=\int_{x_{We}}^{x_F}\frac{dx_W}{x_D-x_W} \tag{8-184}$$

式中，x_D 和 x_W 分别为精馏过程中任意瞬间馏出液和釜液的易挥发组分的组成（摩尔分数）。

解出式(8-184)，即可根据物料衡算，计算

$$D=F-W \tag{8-185}$$

$$\bar{x}_D=\frac{Fx_F-Wx_{We}}{D} \tag{8-186}$$

$$\theta=\frac{R+1}{V}D \tag{8-187}$$

计算式(8-184) 右边的积分，需要知道 x_D 与 x_W 的关系。这可以应用 McCabe-Thiele 图解法求得。如图 8-75 所示，当釜液组成为 x_F 时，已知回流比和理论板数，可以在操作线与平衡线作阶梯的方法，经试差求出馏出液组成 x_{D0}，图中按 4 块理论板计。然后，按一定间距取不同的馏出液组成 x_{D1}，x_{D2}……，作操作线与阶梯，可直接求出对应的釜液组成 x_{W1}，x_{W2}……，直到得到 x_{De}与 x_{We}为止。求出 x_W 与 x_D 的关系后，即可应用图解积分法（图 8-76）或数值计算法解出 W，从而根据式(8-185)～式(8-187)，求出 D，$\bar{x}_D$ 与 θ。

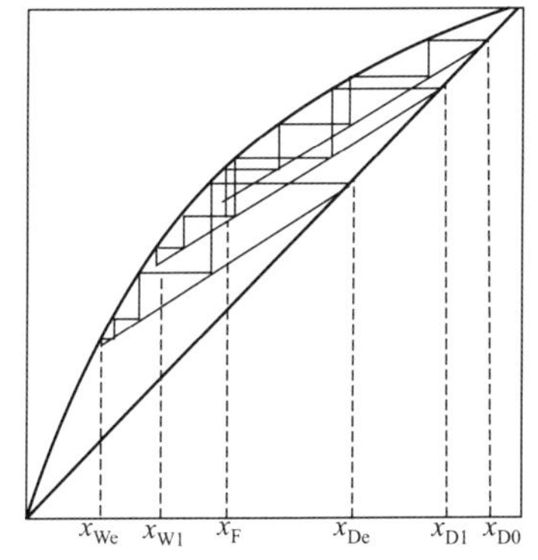

图 8-75 回流比恒定操作的图解法

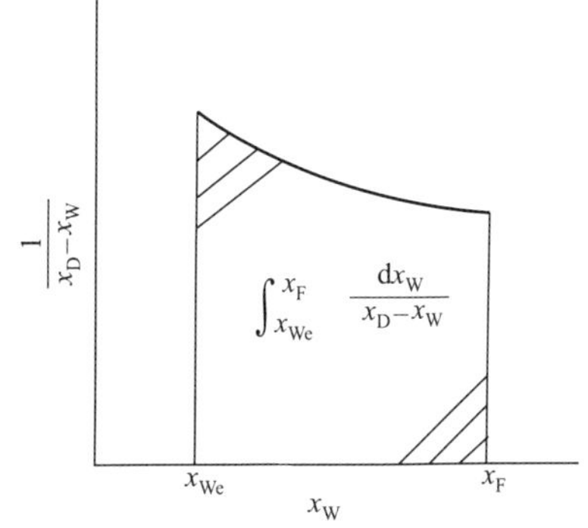

图 8-76 图解积分

对于设计型计算，已知料液量 F，组成 x_F，要求分离得组成为 x_{We}的釜液和平均组成为 $\bar{x}_D$ 的馏出液，计算所需的理论板数 N_T。这时可以采取以下计算方法与步骤。

① 根据$\bar{x}_D$，假设开始时的馏出液组成 x_{D0}，根据 x_{D0}与开始时的釜液组成 x_F，求出所需的最小回流比。据此确定操作回流比，作操作线，求出所需理论板数 N_T。

② 在釜液组成 x_F 与 x_{We}间，按一定间隔取 x_{W1}，x_{W2}……，求出对应的 x_{D1}，x_{D2}……

③ 根据式(8-184) 与第②步求出的 x_W与 x_D的关系，求出 W。

④ 根据式(8-186)，算出 $\bar{x}_D$。

⑤ 将算出的 $\bar{x}_D$ 与规定值比较，如相等，则第①步得到的 R 与 N 即为所求。否则另设 x_{D0}，重做第①步到第④步的计算，直至算出的 $\bar{x}_D$ 与规定值相等为止。

这里，需要提出的是计算中蒸馏釜中料液的初值问题。因为间歇精馏过程中为了保证产品

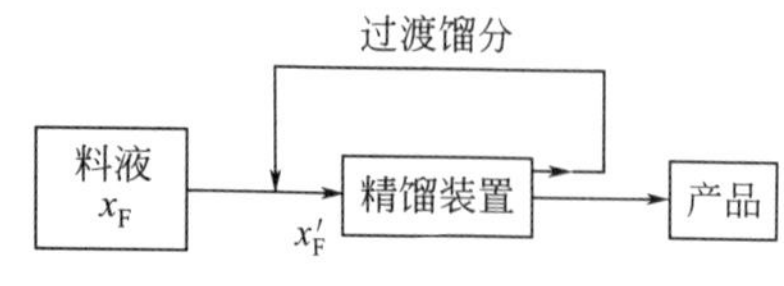

图 8-77　间歇精馏中过渡组分的循环

质量，一般要采出过渡馏分，它的组成介于馏出液与釜液之间。如图 8-77 所示，它的加入料液将使实际进入蒸馏釜的料液的组成提高为 x_F'。实际设计中应取 x_F'作为蒸馏釜液的初始组成，x_F'可以根据采出过渡馏分的情况确定。

8.10.3.2　馏出液组成恒定的间歇精馏的计算

以设计型计算为例进行说明。

已知料液量 F，组成 x_F，要求馏出液的组成为 x_D，釜液的最终组成 x_{We}，计算馏出液量 D，釜液量 W，回流比 R，理论板数 N_T 和过程总气化量 V。

（1）求 D 和 W

由系统的总物料衡算式与易挥发组分衡算式计算，即联立下述二式求得

$$F=D+W \tag{8-185}$$

$$Fx_F=Dx_D+Wx_{We} \tag{8-188}$$

（2）求 R 与 N_T

对于馏出液组成恒定的情况，在精馏过程中釜液组成不断降低，分离愈来愈困难、到过程终了时，分离最困难。因此回流比和理论板数的确定，应以此时的条件为准。

确定回流比与理论板数的方法与一般两组分连续精馏时的方法相同，即根据 x_D 与 x_{We}，求出最小回流比 R_{min}，然后确定适宜回流比。回流比确定后，作出操作线，即可求出理论板数（参见图 8-78）。

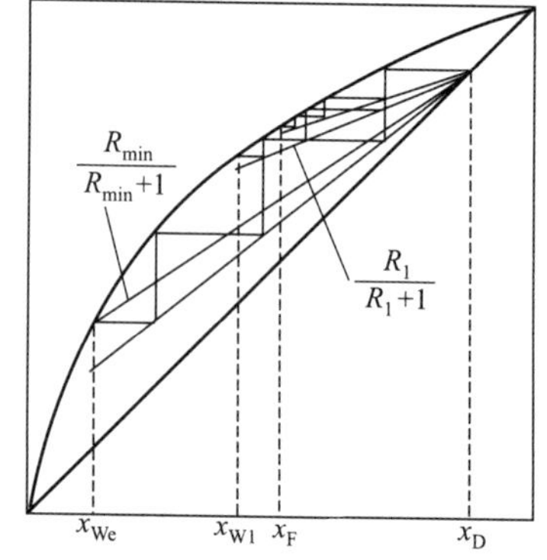

图 8-78　馏出液组成恒定时 N_T 与 R 和 x_W 的关系

（3）气化量的确定

Bogart 最早推导出计算总气化量的关系式[58]。

$$V=F(x_F-x_D)\int_{x_{We}}^{x_F}\frac{R+1}{(x_D-x_W)}dx_W \tag{8-189}$$

式中，R 为当釜液组成为 x_W 时，为使塔顶馏出液组成达到 x_D 所应采用的回流比。R 与 x_W 的关系可以用 McCabe-Thiele 图解法确定。具体做法如下：从 x_F 到 x_{We}间按一定间隔取不同的釜液组成 x_{W1}，x_{W2}……，对于每一个 x_W值，如 x_{W1}，过点（x_D，x_D）试作操作线，使从（x_D，x_D）点开始，在该操作线与平衡线间作阶梯，至 x_{W1}处的阶梯数恰为（2）中求得的理论板数 N_T 时，则该操作线所对应的 R_1 即为所求。用同样的方法求出与 x_{W2}，x_{W3}……对应的 R_2，R_3……，求得 R 与 x_W 的关系，就可用图解积分或数值积分等方法，算出式(8-189）右边的积分，从而算出 V。

馏出液组成恒定的间歇精馏的操作型问题是已知精馏塔的理论板数和蒸馏釜与冷凝器的传热能力，处理已知量与组成料液，计算分离效果。例如要求釜液组成为 x_{We}，计算馏出液可能达到的最高组成，或馏出液能否达到指定的组成和操作所需的时间。这些问题可以应用二组分精馏的原理与上面介绍的计算方法解决。

【例 8-7】 将二硫化碳和四氯化碳混合物进行馏出液组成恒定的间歇精馏。原料液量为 50kmol，其中 CS_2 的组成为 0.4（摩尔分数，以下同），馏出液组成为 0.95，釜液组成达到 0.079 时停止操作。设最终时操作回流比为最小回流比的 1.76 倍。试求：（1）理论板数；（2）总气化量。

操作条件下 CS_2-CCl_4 体系的平衡数据如下（CS_2 为易挥发组分）。

x	y	x	y
0	0	0.3908	0.6340
0.0296	0.0823	0.5318	0.7470
0.0615	0.1555	0.6630	0.8290
0.1106	0.2660	0.7574	0.8790
0.1435	0.3325	0.8604	0.9320
0.2580	0.4950	1.0	1.0

解 （1）在 y-x 图上绘平衡线（例 8-7 附图 1），在该图上读得当 $x_W=0.079$ 时，气相的平衡组成为 y_W 为 0.2，则

$$R_{\min}=\frac{x_D-y_W}{y_W-x_W}=\frac{0.95-0.2}{0.2-0.079}=6.2$$

所以

$$R=6.2\times1.76=10.9$$

操作线在 y 轴上的截距为

$$\frac{x_D}{R+1}=\frac{0.95}{10.9+1}=0.08$$

可得 b 点（0，0.08）。联 b 点与 a 点（0.95，0.95）得操作线，作阶梯，得知共需 7 块理论板（包括蒸馏釜）。

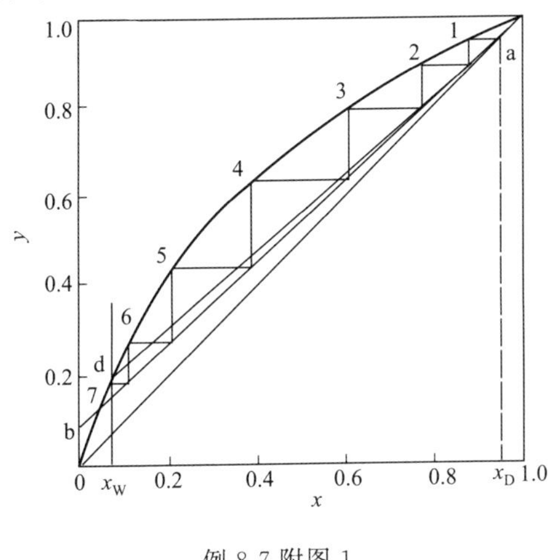

例 8-7 附图 1

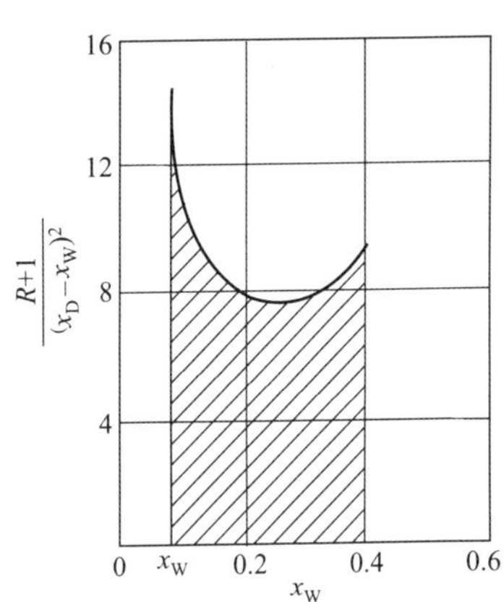

例 8-7 附图 2

（2）计算总气化量

应用式(8-189) 计算 V，首先需找出 R 与 x_W 的关系。用图解试差法，x_W 为 0.4～0.079 间，对若干个 x_W 值，在 y-x 图上试作操作线，使得从 a 点开始作 7 个阶梯，最后一级对应的液相组成正好为 x_W。这样就可得若干组 R 与 x_W 值，所得结果（附图 1 中未画出求算过程）如下。

x_W	R	$(R+1)/(x_D-x_W)^2$	x_W	R	$(R+1)/(x_D-x_W)^2$
0.4	1.75	0.09	0.185	3.75	8.12
0.312	2.26	8.01	0.126	5.79	10
0.258	2.80	7.94	0.079	10.9	15.7

在直角坐标图上标绘 x_W 与$(R+1)/(x_D-x_W)^2$ 的关系曲线，如附图 2 所示，由图得 x_W 从 0.079 到 0.4 曲线所包围的面积为 2.9，即

$$\int_{0.07}^{0.4}\frac{R+1}{(x_D-x_W)^2}\mathrm{d}x_W=2.9$$

所以 $$V=50\times(0.95-0.4)\times2.9=80\text{kmol}$$

8.10.3.3 考虑持液的严格算法

间歇精馏是一个非稳态过程，塔中各处持液量和组成均随时间而变，因此考虑持液的严格算法十分复杂，用手算法非常困难。所以直到20世纪60年代初，大型数字计算机的出现，才对考虑持液的间歇精馏严格算法的计算程序进行较多研究，Huckba 和 Danly 对于相对挥发度恒定的二组分混合物提出了一个计算机程序[59]。Meadows 提出了一个多组分混合物的间歇精馏模型[60]。Distefano 发展了 Meadows 的模型，开发了一个用计算机求解的程序，可以成功地模拟各种工业规模的间歇精馏塔[61]。最近 Boston 等人又进一步发展了上述模型[62]，读者需要时可参考这些文献。

8.11 蒸馏过程的传质

8.11.1 概述

目前，蒸馏过程的计算，一般都以平衡级模型为基础，用所需平衡级（理论板）的多少表示分离一种料液的难易程度，从而确定精馏塔的高低，需要的理论板数多，塔高。理论板数与塔高的关系由塔的结构与塔内汽液两相间的传质过程决定。

精馏塔有板式塔和填料塔两类。板式塔中从上到下设置若干块塔板，气板自下而上与从上往下流的液体在塔板上一级一级接触，进行传质，形式上与平衡级模型一致。实际上由于存在传质阻力，塔板上气液两相接触状况又与理想的模型完全不同，所以实际塔板与理论塔板有一定差距，这一差距用板效率表示。

$$N_pE=N_T \tag{8-190}$$

式中，N_p 为实际塔板数，E 为板效率，N_T 为与 N_p 等效的理论板数。板效率是反映塔板上气液两相传质效果的数据，已知板效率就可确定实际塔板数和塔高。除了平衡级模型外，研究者们还依据塔板上气液两相流动与传质机理用非平衡级模型来模拟板式塔中的传质过程[63~66]，但其成果离实际应用尚有一段距离。

填料塔中堆放填料，气体自下而上通过填料层，与从上往下流的液体连续接触。根据传质机理，这时最好用传质单元数而不是用理论板数来表示分离的难易程度

$$N_{oG}=\int_{y_b}^{y_T}\frac{dy}{y^*-y} \tag{8-191}$$

式中，y_b 与 y_T 分别为精馏塔填料层底与顶处的气相组成，y^* 为平衡气相组成，N_{oG} 为用气相组成表示推动力的总传质单元数。据此，填料层的高度为

$$Z=H_{oG}N_{oG} \tag{8-192}$$

式中，H_{oG} 为用气相组成表示推动力的总传质单元高度。

实际上填料精馏塔的设计也普遍采用平衡级模型，这里应用等板高度（$HETp$）的概念。它的定义是一个高度为等板高度的填料层的分离效果等于一块理论板。所以填料层的高度为

$$Z=(HETp)\times N_T \tag{8-193}$$

理论板数和传质单元数间有一定关系

$$N_{oG}=\frac{N_T\ln(mV/L)}{(mV/L)-1} \tag{8-194}$$

式中，m 是平衡线的斜率，V 和 L 分别是气体和液体的摩尔流率。当 mV/L（平衡线斜率与操作线斜率之比）为1时，一个传质单元与一块理论板相同。当 mV/L 介于0.9与1.1之间时，一个传质单元和一块理论板间的差别不大。此外，目前精馏过程多用板式塔，平衡级

模型计算法比较成熟，传质单元数的计算较为复杂，所以填料精馏塔的计算也多采用平衡级模型与等板高度法。

8.11.2 板效率的概念

总的说，板效率是用来表示塔板上传质效果的一种尺度，它由塔板上两相接触状况与传质速率决定。影响塔板效率的主要因素有：(1) 所处理物料的组成和物性；(2) 塔板的结构型式与尺寸；(3) 气液两相的流率及流动状态以及 (4) 操作条件、温度、压力等。

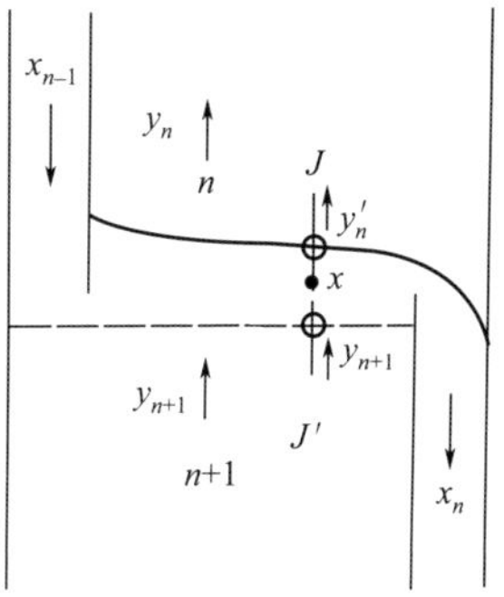

塔板效率有几种定义：板效率、点效率和全塔效率。

8.11.2.1 板效率

图 8-79 塔板效率模型说明

对于板效率已提出了几种定义，有 Murphree 板效率、Hausen 板效率[67]，Stondart 板效率[68]和 Holland 气化效率[69]等，其中应用最普遍的是 Murphree 板效率。Murphree 板效率的定义又是一块塔板进出的气相（或液相）的组成变化与此板为理论板时进出气相（或液相）的组成变化之比，它可以分别以气相或液相组成表示（参见图 8-79）。

对于气相，

$$E_{MV}=\frac{y_n-y_{n+1}}{y_n^*-y_{n+1}} \tag{8-195}$$

对于液相，

$$E_{ML}=\frac{x_{n-1}-x_n}{x_{n-1}-x_n^*} \tag{8-196}$$

式中 E_{MV}——气相 Murphree 板效率；

E_{ML}——液相 Murphree 板效率；

y_n，y_{n+1}——离开与进入第 n 板的气相平均组成，摩尔分数；

x_n，x_{n-1}——离开与进入第 n 板的液相平均组成，摩尔分数；

y_n^*——与离开第 n 板的液相 x_n 呈平衡的气相组成，摩尔分数；

x_n^*——与离开第 n 板的气相 y_n 呈平衡的液相组成，摩尔分数。

通过物料衡算，可推导出 E_{MV} 与 E_{ML} 的关系如下

$$E_{MV}=\frac{E_{ML}}{E_{ML}+\lambda(1-E_{ML})} \tag{8-197}$$

式中 $\lambda=m\dfrac{V}{L}$——平衡线斜率与操作线斜率之比，即解吸因子；

m——平衡线斜率；

V——气相流率，kmol/h；

L——液相流率，kmol/h。

当操作线与平衡线平行时，$\lambda=1$，$E_{MV}=E_{ML}$。

对于二组分系统，对任一组分表示之 E_{MV} 或 E_{ML} 值相同。对于多组分系统，一般以关键组分的板效率代表所有组分的效率。

板效率表示一块塔板整体的传质效果。应用板效率的数据，可确定实际塔板数（参见本章 8.5.2.9）。

8.11.2.2 点效率

点效率表示塔板上某个局部的传质效果。考虑塔板上垂直线 JJ' 穿过的位置处的传质（图8-79）。此处液相组成为 x，进入的气相组成为 y_{n+1}，离开此处液面的气相组成为 y_n'，则此处气相的点效率定义为

$$E_o=\frac{y_n'-y_{n+1}}{y^*-y_{n+1}} \tag{8-198}$$

式中，y^* 为与此处液相组成 x 呈平衡的气相组成。

点效率可与气液传质过程联系起来，推导出点效率与传质系数的关系[70,71]。板效率与点效率有关，这种关系主要取决于塔板上的气液流动状况。当板上液体完全混合时，Murphree 板效率 E_{MV} 与点效率 E_o 相同。在小塔中，液体在塔板上的流程短，液体基本上处于完全混合状态，所测得的板效率即点效率。因此只要得到点效率与板效率的关系，就可以用小塔的实验数据，推算大塔的板效率。

点效率也可以用液相组成表示，但用得较少。

8.11.2.3 全塔效率

全塔效率 E_T 的定义如下

$$E_T=\frac{\text{在一定操作条件与分离要求下所需的理论板数 } N_T}{\text{在同样情况下所需的实际板数 } N_P} \tag{8-199}$$

全塔效率反映一个精馏塔总体的传质效率，它可以直接由生产塔的操作数据计算求得。设计中常用它来确定实际所需的塔板数。

$$N_P=\frac{N_T}{E_T} \tag{8-200}$$

式中的 N_T 不包括再沸器。当塔中板效率变化较大时，可以分段应用全塔效率的概念。

对于二组分系统，若气液相流率为常数，平衡线为直线时，Murphree 气相板效率与全塔效率间存在下列关系。

$$E_T=\{\ln[1+E_{MV}(\lambda-1)]\}/\ln\lambda \tag{8-201}$$

当 $\lambda=1$，即操作线与平衡线平行时，$E_T=E_{MV}$。

实际上，在全塔范围内，λ 不是常数，E_{MV} 又是某一板的效率，它本身也是 λ 的函数，所以由上式求得的 E_T 只能是一个大概的值。

8.11.3 板效率的求取

精馏塔的板效率通常有三种途径获得。

(1) 由生产或实验装置的生产和试验数据直接得出；

(2) 经验关联式；

(3) 理论的或半理论的传质计算。

8.11.3.1 实际装置的数据

选取板效率的首选途径是生产装置的实际数据，因为影响板效率的因素很多，物料种类和性质，塔板型式、结构尺寸和操作条件都有影响，所以在选取实际数据时，应选同种物料，相同或相近的条件下的数据。

用实验装置进行塔板效率的测定是求取板效率的重要途径，但应尽可能采用接近生产实际情况的条件进行实验。小实验装置应采用标准 Oldershaw 蒸馏柱，这种蒸馏柱中的板上液体处于全混状态，其板效率等于点效率。测得点效率后，可以根据点效率与板效率和板效率与全

塔效率的关系估算板效率或全塔效率。

8.11.3.2　经验关联式

经验关联式都是基于一定数量的工业装置的实测数据，经分析归纳而得。

(1) Brickamer 和 Bradford 关联式[72]

根据大量烃类精馏工业装置的数据，归纳出如下计算全塔效率的关联式。

$$E_T = 0.17 - 0.616\log\Sigma(x_i\mu_L) \tag{8-202}$$

式中　x_i——料液中各组分的摩尔分数；

μ_L——在塔的平均温度下纯组分液体的黏度，(m·N·s)/m²。

(2) O'connell 关联式[73]

在 32 个工业塔和 5 个实验塔的研究基础上，总结出下式

$$E_T = 0.49(\alpha\mu_L)^{-0.245} \tag{8-203}$$

式中　α——塔顶与塔底平均温度下的相对挥发度，对多组分系统应取轻重关键组分间的相对挥发度；

μ_L——塔顶与塔底平均温度下进料液体的黏度，可按下式计算

$$\mu_L = \Sigma x_i\mu_{Li} \tag{8-204}$$

式中　x_i——料液中组分 i 的摩尔分数；

μ_{Li}——纯组分 i 液体的黏度，mPa·s。

目前，一般认为 O'connell 关联式是一个比较好的确定全塔效率的简易方法。

实际上，当塔板上的液流长度超过 1m 时，全塔效率比由式(8-203) 算出的大。

(3) Chaiyavech-Van Winkle 关联式[74]

在较宽广的物性范围内，应用因子分析进行关联，然后在计算及分析的基础上略去影响小的因素，得出下式

$$E_{MV} = A(\sigma/\mu_L u_g)^{0.643}(\mu_L/\rho_L D_L)^{0.19}\alpha^{0.056} \tag{8-205}$$

式中　A——常数，一般取 0.0691；

σ——表面张力，dyn/cm；

μ_L——液体黏度，cP；

u_g——气体空塔速度，ft/s；

D_L——液体的扩散系数，cm²/s；

α——相对挥发度；

ρ_L——液体密度，g/cm³。

(4) English-Van Winkle 关联式[75]

在式(8-205) 的基础上，再考虑一些塔板的结构参数和操作参数的影响，得出下式

$$E_{MV} = 10.84(F_A)^{-0.28}\left(\frac{L}{V}\right)^{0.024} h_W^{0.241} G^{-0.013}(\sigma/\mu_L u_g)^{0.044}(\mu_L/\rho_L D_L)^{0.137}\alpha^{-0.028} \tag{8-206}$$

式中　F_A——开孔面积分数（与塔截面积之比）；

h_W——堰高，in；

G——蒸气质量速度，lb/(ft²·h)；

L/V——液气摩尔流率比；

μ_L——液体黏度，P；

u_g——空塔气速，cm/s。

其余符号与式(8-205) 相同。

式(8-206) 的适用范围如下：塔型——泡罩塔与筛板塔；塔径——1～24in；开孔面积分数——0.027～0.185；板间距——2～36in；孔径——0.5～6in；气化或液体流量——100～1000lb/(ft² · h)；L/V——0.6～1.0。

8.11.3.3 AIChE 法[76]

美国化学工程师学会（AIChE）组织各方面力量，进行了多年工作，在深入研究塔板上两相流动与传质的基础上，提出了一套计算泡罩塔板效率的方法，其计算过程概述如下。

(1) 计算汽相传质单元数 $(NTU)_G$

$$(NTU)_G=\frac{0.776+0.116W-0.290F+0.0217L}{Sc^{1/2}} \tag{8-207}$$

式中 $Sc=\mu g/p_g D_g$，气相 Schmidt 数；

W——出口堰高度，in；

F——F 因子，定义为气速［ft³/(s · ft²）鼓泡区面积］与气体密度（lb/ft³）平方根的乘积；

L——液体流量，gal/(min · ft) 塔板上平均流道宽度。

(2) 计算塔板上的持液量 Z_c，以清液层高（in）表示，

$$Z_c=1.65+0.19W+0.02L-0.65F \tag{8-208}$$

(3) 计算塔板上平均液体接触时间 t_L，s

$$t_L=(37.4Z_cZ_L)/L \tag{8-209}$$

式中，Z_L 为塔板上液体的流程（ft），可取进出口堰间的距离。

(4) 计算液相传质单元数 $(NTU)_L$

$$(NTU)_L=(1.065\times10^4D_L)^{1/2}(0.26F+0.15)t_L \tag{8-210}$$

式中 D_L——液相扩散系数，ft²/h。

(5) 计算点效率 E_{OG}

$$\frac{1}{-\ln(1-E_{OG})}=\frac{1}{(NTU)_{OG}}=\frac{1}{(NTU)_G}+\frac{\lambda}{(NTU)_L} \tag{8-211}$$

式中 λ——平衡线斜率与操作线斜率之比，$\lambda=m/(L/V)$。

(6) 计算液体流动方向的有效扩散系数 De，ft²/s

$$D_e^{0.5}=0.0124+0.017u_G+0.0025L+0.015W \tag{8-212}$$

式中 u_G——气速，ft³/(s · ft²)（塔板鼓泡区）；

D_e——有效扩散系数，ft²/s。

上式适用于直径 3in 或更小的圆形泡罩塔板。对于 6.5in 直径的圆形泡罩，D_e 值要增加 33%。对于筛板塔板，D_e 为式(8-212) 的计算值乘以 1.25。

(7) 计算 Peclet 数

$$Pe=\frac{Z_L^2}{D_e t_L} \tag{8-213}$$

(8) 根据 E_{OG}，λ 与 Pe，应用下面的式(8-214) 与式(8-215) 或图 8-80，求得 E_{MV}/E_{OG}。

从而求得不计雾沫夹带的 Murphree 板效率 E_{MV}

$$\frac{E_{MV}}{E_{OG}}=\frac{1-e^{-(\eta+Pe)}}{(\eta+Pe)\{1+[(\eta+Pe)/\eta]\}}+\frac{e^{\eta}-1}{\eta\left\{1+\left[\frac{\eta}{\eta+Pe}\right]\right\}} \tag{8-214}$$

式中

$$\eta=\frac{Pe}{2}\left[\left(1+\frac{4\lambda E_{OG}}{Pe}\right)^{1/2}-1\right] \tag{8-215}$$

注意当 E_{mV}/E_{OG}大于 1.20，求直径大于 2m 的塔板性能时，应参考新近的研究成果[77]。

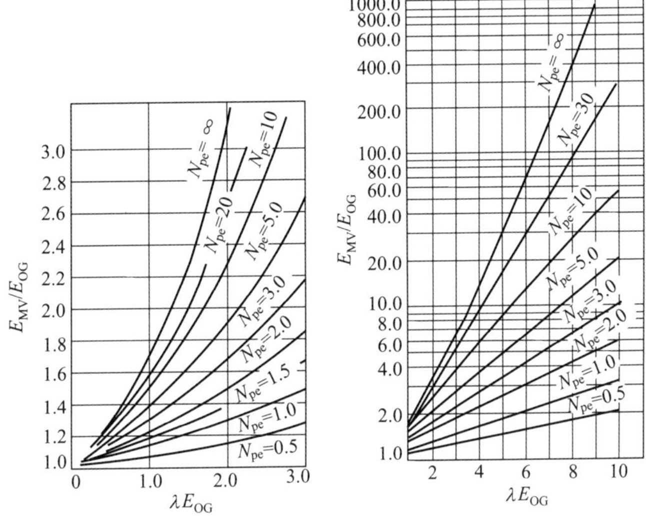

图 8-80 E_{MV}/E_{OG}与 Pe，λE_{OG}的关系

（式(8-214)，式(8-215) 的图解）

(9) 根据图 8-81 求得液泛气速，然后从图 8-82 求得雾沫夹带量 ψ。此处 L、G 均为质量流速 [lb/(h・ft^2)]。

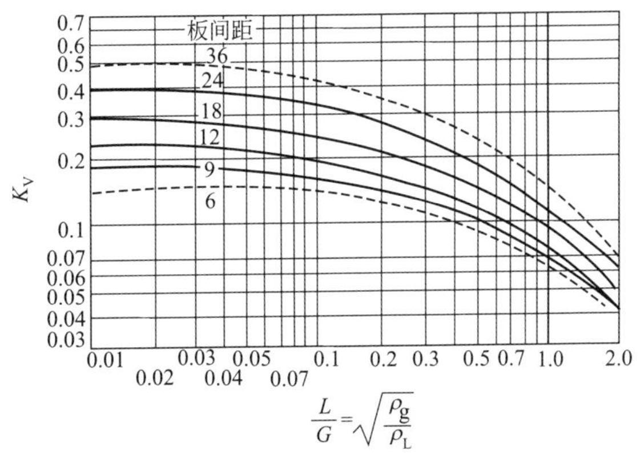

图 8-81 筛板塔的液泛极限

L——液相流量，lb/(h・ft^2)(空塔截面积)；

V——气相流量，lb/(h・ft^2)(空塔截面积)；

ρ_g——气相密度，lb/ft^3；

ρ_L——液相密度，lb/ft^3；

K_V——常数，用于计算液泛气速 u_f，$u_f=K_V[(\rho_L-\rho_g)/\rho_L]^{0.5}$

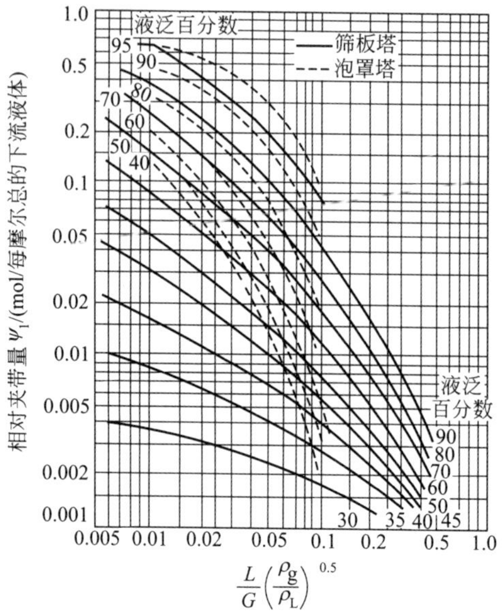

图 8-82　雾沫夹带关系

液泛百分数=实际气速/相同液气比下的液泛气速，其余符号说明同图 8-81

（10）根据 Colburn 方程，计算经雾沫夹带校正的 Murphree 板效率

$$E_a = E_{MV}/\{1+[\psi E_{MV}/(1-\psi)]\} \tag{8-216}$$

式中　ψ——雾沫夹带量，kmol/kmol 总的下流液量。

【例 8-8】 用 AIChE 法预计下列条件的泡罩塔板的板效率：塔径 $D=6\text{ft}$；堰高 $h_w=1.5\text{in}$；堰长 $l=4.8\text{ft}$，两堰间距离 $z_L=4.5\text{ft}$，鼓泡区面积 $A=24.4\text{ft}^2$，板间距 $S=24\text{in}$，泡罩直径 $d=4.0\text{in}$，总气体负荷 $Q_v=170\text{ft}^3/\text{s}$，总液体负荷 $Q_L=180\text{gal/min}$，$\mu_g=0.03\text{lb/(ft·h)}$，$\rho_v=0.095\text{lb/ft}^3$，$\rho_L=45.2\text{lb/ft}^3$，$m=dx/dy=0.85$，$D_L=8.6\times10^{-5}\text{ft}^2/\text{h}$，$D_g=0.0535\text{ft}^2/\text{h}$。

解　（1）求 $(NTU)_G$

$$F=(170/24.4)\times\sqrt{0.095}=2.15$$

$$L=180/[0.5\times(6+4.8)]=33.4$$

$$Sc=0.03/(0.095\times0.0535)=5.9$$

$$(NTU)_G=(0.776+0.116\times1.5-0.29\times2.15+0.0217\times33.4)/5.9^{0.5}=0.674$$

（2）求 z_c

$$z_c=(1.65+0.19\times1.5+0.02\times33.4-0.65\times2.15)\text{in}=1.2\text{in}$$

（3）求 t_L

$$t_L=37.4\times1.2\times4.5/33.4\text{s}=6.05\text{s}$$

（4）求 $(NTU)_L$

$$(NTU)_L=(1.065\times10^4\times8.6\times10^{-5})^{0.5}\times(0.26\times2.15+0.15)\times6.05=4.1$$

（5）计算 E_{OG}

$$L'=(180\times0.1334\times45.2)/(60\times72)\text{lbmol/s}=0.2512\text{lbmol/s}$$

$$V'=170\times0.095/68\text{lbmol/s}=0.237\text{lbmol/s}$$

$$\lambda=0.085\times0.237/0.2512=0.802$$

$$\frac{1}{-\ln(1-E_{OG})}=\frac{1}{0.674}+\frac{0.802}{4.1}=1.68$$

∴ $E_{OG}=0.449$

(6) 计算 D_e

$$D_e^{0.5}=0.0124+0.017\times(170/24.4)+0.0025\times33.4+0.015\times0.15=0.216$$

$$D_e=0.0467\text{ft}^2/\text{s}$$

(7) 计算 p_e

$$p_e=4.5^2/(0.0467\times6.05)=71.67$$

(8) 计算不计雾沫夹带的 E_{MV}

$$\lambda E_{OG}=0.802\times0.449=0.36$$

查图 8-80 得 $E_{MV}/E_{OG}=1.2$

$$E_{MV}=1.2\times0.449=0.54$$

(9) 求雾沫夹带量 ψ

$$\frac{L}{G}\left(\frac{\rho_V}{\rho_L}\right)^{1/2}=\frac{180\times0.1334\times45.2}{170\times0.095\times60}\times\left(\frac{0.095}{45.2}\right)^{1/2}=0.0513$$

查图 8-81，得

$$K_V=u_f[\rho_g/(\rho_L-\rho_G)]^{0.5}=0.37$$

$$u_f=0.37/0.0456=0.859$$

$$液泛率=(170/24.4)/8.11=0.859$$

查图 8-82，得 $\psi=0.102$

(10) 计算经雾沫夹带修正的 Murphree 板效率

$$E_a=0.449/[1+0.102\times0.449/(1-0.102)]=0.42$$

多年来，人们对于计算板效率（包括用非平衡级计算实际板数）进行了广泛研究，提出了不少方法，包括各种经验关联式和基于传质过程分析的计算式，但迄今还没有比较可靠的计算方法。板效率数据的首选途径仍是取自生产装置和实验装置的实际数据，即使有符合使用条件的适当的计算方法，但其计算结果最好也参考实际数据使用。

8.11.4 填料塔的等板高度

填料精馏塔的等板高度与（1）处理物料的组成和物性；（2）塔的直径、填料高度、填料型式和尺寸；（3）操作条件，气液流量、气液分布以及温度、压力等许多因素有关，迄今尚无完善的计算等板高度的关系式。因此设计中宜尽量采用取自生产装置的实测数据文献［78］中列出了 Cornell 和平田光穗收集的一些实验数据，可供参考。下面列举几种估算等板高度的经验关联式，它们都只能在一定的条件下使用。

(1) Murch 关联式[79]

Murch 根据大量填料精馏塔的实际数据，提出下列关联式。

$$HETP=38A(0.205G)^B(39.4D)^C\cdot z_o^{Y3}\left(\frac{\alpha\mu_L}{\rho_L}\right) \tag{8-217}$$

式中 $HETP$——等板高度，m；

G——气相质量流率，kg/(m^2·h)；

D——塔径，m；

α——被分离组分的相对挥发度；

μ_L——液体黏度，cP；

ρ_L——液体密度，kg/m^3；

z_0——每段填料高度，m。

A、B 和 C 三个系数，根据填料型式与尺寸而异，见表 8-17。

表 8-17 Murch 关联式中的 A、B、C 系数值

填料种类	填料尺寸/mm	A	B	C
拉西环	10	2.10	−0.37	1.24
	13	8.53	−0.24	1.24
	25	0.57	−0.10	1.24
	50	0.42	0	1.24
弧鞍形填料	13	5.62	−0.45	1.11
	25	0.76	−0.14	1.11
弧鞍形网	6.4	0.017	0.50	1.00
	10	0.20	0.25	1.00
	13	0.33	0.20	1.00
压延孔环	4	0.39	0.25	0.30
	6	0.076	0.50	0.30
	12	0.45	0.30	0.30
	25	3.06	0.12	0.30

式(8-217) 所使用的原始数据范围为：(1) 常压操作，气速为泛点速度的 25%～85%；(2) 塔径 500～800mm，大于填料尺寸的 8 倍，填料高度 1～3m；(3) 高回流比或全回流操作；(4) 相对挥发度在 3～4 以内，物系的扩散系数相差不大。

(2) Ellis 关系式[80]

Ellis 根据时瓷拉西环的数据，考虑气液负荷、平衡线斜率及塔高等因素的影响，提出下列计算式，

$$HETP=\{18d_p+0.305m[(G/L)-1]\}(Z/3.05)^{0.5}m \tag{8-218}$$

式中 d_p——填料尺寸，m；

m——操作的浓度范围内的平衡线斜率；

G/L——气液质量速度之比；

Z——填料高度，m。

(3) Delzenne 关系式[81]

Delzenne 根据拉西环的实验结果提出了 $HETP$ 与塔径和填料直径之间的关系：

$$(HETP)_1=(HETP)_2[1+0.7\lg(D_1/D_2)] \tag{8-219}$$

$$(HETP)_1=(HETP)_2(d_1/d_2)^{1/2} \tag{8-220}$$

式中 D——塔径；

d——填料直径。

上述两式适用于 70%载点速度的情况。

(4) 系统压力对等板高度的影响

设在压力 p_1 时测得的等板高度为 $(HETP)_1$，则在操作压力为 p_2 时的等板高度 $(HETP)_2$ 可用下式估算

$$\frac{(HETP)_2}{(HETP)_1}=p_1G_2/p_2G_1 \tag{8-221}$$

式中，G_1、G_2 分别表示压力为 p_1 和 p_2 时气相的质量流速，kg/(m^2·h)。

8.12 蒸馏过程的节能

蒸馏是一个有相变的过程，它依靠外界供给热能使混合物分离为纯组分，能耗较高。蒸馏又被广泛用于化工、石油、轻工、医药等工业企业中，因此其所消耗的能源在能源消耗的总量中占有相当大的比例。据资料统计[82]，美国蒸馏过程的能耗占其总能耗的 3%。蒸馏过程的热力学效率很低，仅为 5%左右，所以节能的潜力很大，是一个应该高度重视的问题。

8.12.1 蒸馏过程的热力学分析[77]

8.12.1.1 蒸馏过程所需功

根据热力学原理，在恒温、恒压下将均相混合物分离成纯组分产物所需的最小机械功为[83]

$$W_{\min,T}=-RT\Sigma x_{Fi}\ln(\gamma_{Fi}x_{Fi}) \tag{8-222}$$

式中 $W_{\min,T}$——每摩尔料液分离成纯组分产品所需最小功；

x_{Fi}——进料中组分 i 的摩尔分数；

γ_{Fi}——进料中组分 i 的活度系数。

当产物为不纯物时，分离所需的最小功为

$$W_{\min,T}=-RT\left[\sum_i x_{Fi}\ln(\gamma_{Fi}x_{Fi})-\sum_j\varphi_j\sum_j x_{ji}\ln(\gamma_{ji}x_{ji})\right] \tag{8-223}$$

式中 φ_j——产物 j 在料液中所占的摩尔分数；

γ_{ji}——产物中 j 组分 i 的活度系数；

x_{ji}——产物中 j 组分 i 的摩尔分数。

当分离过程的产物在不同于进料温度的温度下取出时，分离所需的最小功可以从产物相对于进料所增加的有效能求得。当热源和热阱都为 T_o 时，分离所需的最小功等于产物比进料所增多的有效能：

$$W_{\min,T_o}=\Delta B_{sep}=\Delta H-T_o\Delta S \tag{8-224}$$

式中，ΔB_{sep} 为分离产物比进料所增多的有效能。

分离所需最小功是一个分离过程必需消耗的能量的下限，通常实际分离过程的能耗 W_n 要比这个值大许多倍。

8.12.1.2 蒸馏过程的净功耗

蒸馏过程是依靠塔釜加入热量产生上升蒸汽和塔顶冷凝器取出热量产生回流来实现分离的，因此，过程能耗可以用净功耗表示，净功耗 W_n 的定义为（图 8-83）

$$W_n=Q_R\frac{T_R-T_o}{T_R}-Q_C\frac{T_C-T_o}{T_C} \tag{8-225}$$

式中，Q_R 为供给蒸馏系统的温度为 T_R 的热量；Q_C 为在温度 T_C 下从系统取出的热量。因此，$\left(Q_R\frac{T_R-T_o}{T_R}\right)$为供给系统的热量通过可逆热机所能得到的功，$\left(Q_C\frac{T_C-T_o}{T_C}\right)$是离开系

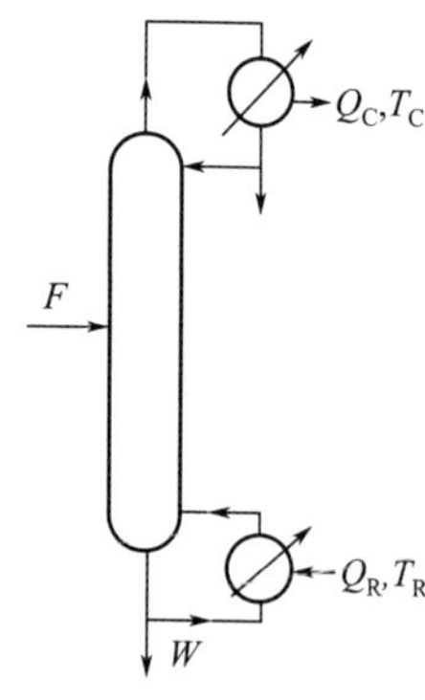

图 8-83 蒸馏过程示意

统的热量通过可逆热机可能得到的功。

蒸馏过程的热效率定义为分离所需最小功与实际消耗功之比。

$$\eta=\frac{W_{\min,T_0}}{W_n} \tag{8-226}$$

根据 $W_{\min,T_0}$ 与 W_n 的概念可知，为了提高蒸馏的热效率应从两方面着手：

（1）充分利用产物的有效能，减小 $W_{\min,T_0}$；

（2）降低过程的不可逆性，减小过程的净功耗。

8.12.2 蒸馏过程节能的基本方法

8.12.2.1 产物有效能的利用

（1）塔底产物的热能利用。一般塔釜采出的液体产物温度较高，可用来加热其他生产过程中的物料，最直接的应用是用它来预热蒸馏塔的进料。

（2）塔顶蒸气的利用。当塔顶出口的蒸气温度较高时，可以用它直接作为热源发生低压蒸气，或用它加热其他物料。

（3）多效蒸馏。多效蒸馏的节能原理与多效蒸发类似。它是将蒸馏塔顶蒸出的蒸气作为下一级蒸馏塔底再沸器的加热蒸气，从而降低塔顶蒸气有效能的损失。理论上效数越多，能耗越低。实际上，增加效数受到一些因素的限制，一般多采用双效蒸馏。图 8-84 是双效蒸馏的一种典型流程，两个塔在不同的压力下操作，此处为并联操作，料液同时进入两个塔中，分离成两种产品，高压塔顶的蒸气用作低压塔再沸器的加热蒸气。据报道某一甲醇水蒸馏装置采用这种流程的双效蒸馏，其能耗比单塔蒸馏降低 47%[78]。图 8-85 所示为空气分离的 Linde 双塔[84]，它是双效蒸馏的另一个例子，其中下塔在 0.55MPa 下操作，上塔在 0.15MPa 下操作。在下塔中将空气分离得富氧空气与纯氮，纯氮作为上塔底部的热源，产生上升蒸气（氧），本身冷凝成液氮。部分作下塔的回流，部分作为上塔的回流。上塔出纯氮与纯氧产品。

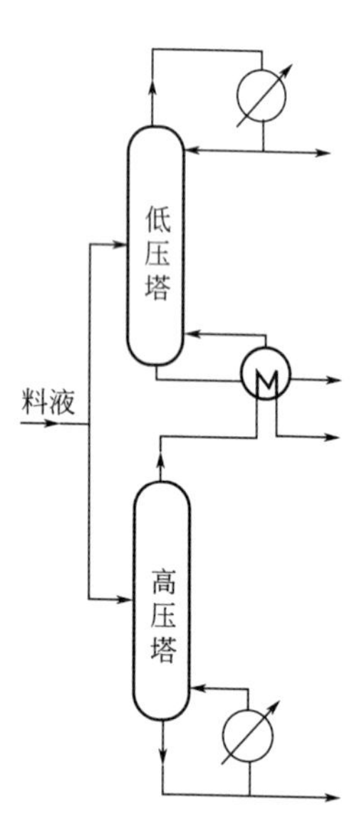

图 8-84 双效蒸馏流程

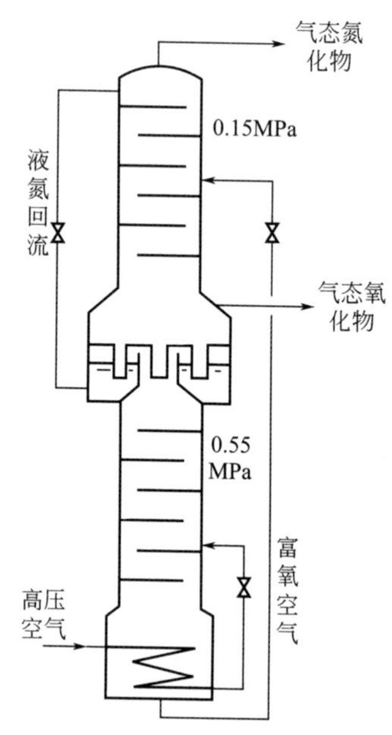

图 8-85 空气分离的 Linde 双塔

8.12.2.2 降低过程的不可逆性

(1) 热泵蒸馏。对于近沸点组分的混合物使用热泵蒸馏可以得到很好的节能效果[85]。图8-86为三种热泵蒸馏的流程。其中(a)为蒸气压缩热泵，塔顶出来的蒸气经压缩机压缩，将其冷凝温度提高到高于釜液的沸点后，送入再沸器，使釜液沸腾产生上升蒸气，本身则冷凝成液体。液体经减压闪蒸，所得液体作为回流液和塔顶产品。图中(b)是釜液闪蒸热泵，釜液经绝热减压，闪蒸降温后，送入塔顶冷凝器，釜液气化使塔顶蒸气冷凝得回流液，气化的釜液经压缩机压缩，提高压力与温度后送入塔底作为上升蒸气。图中(c)是使用外部介质的热泵，这种热泵可以防止产品受污染，但它多了一次间壁传热，相当于增大了塔上下的温差，使压缩机的功耗增加，其节能效果较差。

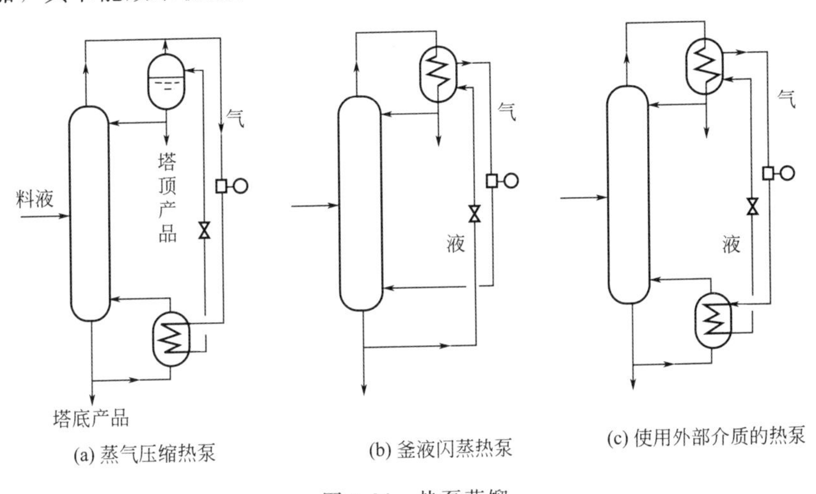

(a) 蒸气压缩热泵　(b) 釜液闪蒸热泵　(c) 使用外部介质的热泵

图 8-86 热泵蒸馏

(2) 适当减小回流比。在9.5.2.6一节中已对回流比对能耗的影响作了讨论。回流比的大小直接决定了单位产品所需再沸器的加热量和冷凝器的冷却量，由式(8-225)可知，它也就决定了净功耗的大小。另一方面从操作线与平衡线的关系看，回流比减小，操作线与平衡线之间的距离缩小，两相间的传质传热的推动力减小，这说明过程在更接近于可逆条件下进行，因而能耗较小，热效率较高。

(3) 设置中间再沸器和中间冷凝器，图8-87是一个设有中间再沸器和中间冷凝器的蒸馏塔。设置中间再沸器的目的是应由塔底再沸器产生的上升蒸气，分一部分在提馏段中间部位产生，因为这里的温度比再沸器低，可以用温度较低的加热剂(热源)来提供热量，所以可以节省能耗。从操作线的位置看(图8-88)，采用中间再沸器后，提馏段操作线分为两段，$\overline{Wa}$ 与 $\overline{bF}$。$\overline{Wa}$ 为塔底至中间再沸器间这一段的操作线，$\overline{bF}$ 为中间再沸器至加料段的操作线。与不设中间再沸器的提馏段操作线 $\overline{WF}$ 比较，操作线 $\overline{Wa}$ 更靠近平衡线，这就是说设置中间再沸器后，过程将在更接近于可逆的条件下进行。设置中间冷凝器的目的是本来应由塔顶冷凝器冷凝的上升蒸气，分一部分在精馏段中间部位冷凝。因为这里的温度比塔顶冷凝器高，取出的热量可以产生更多的有用功。所以，可以降低净功耗。从操作线的位置看，设置中间冷凝器后，塔顶至中间冷凝器段的操作线变为 $\overline{gD}$，比不设中间冷凝器时更靠近平衡线，所以设置中间冷凝器将使过程在更接近于可逆的条件下进行。由上面的说明可以推论，在一个精馏塔中，降低热力学不可逆性的极端情况是在精馏段每级都设置冷凝器，在提馏段每级都设置再沸器。图

8-89 就是这样一种接近于可逆精馏的方法，此时，其每级的操作线与平衡线几乎重合。显然设置中间冷凝器与中间再沸器后，所需的理论板数将随之增加，这将导致设备投资的增加。Kayihon 研究了增设中间再沸器和中间冷凝器的个数对提高热力学效率作了贡献[86]，King 等对乙烯厂的脱甲烷塔作了专题研究，评价了使用中间冷凝器的积极作用。

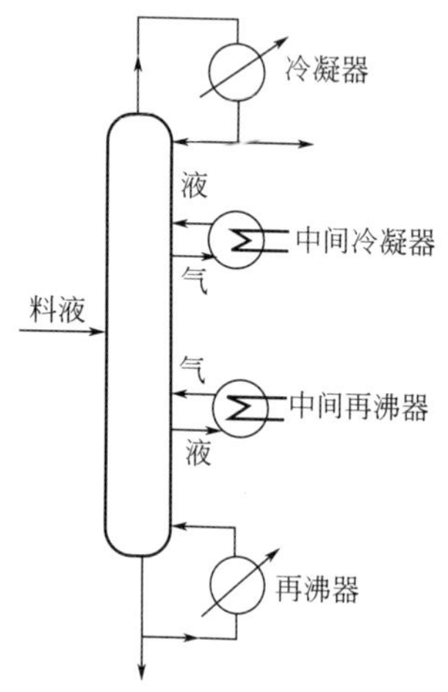

图 8-87 具有中间再沸器和中间冷凝器的蒸馏塔

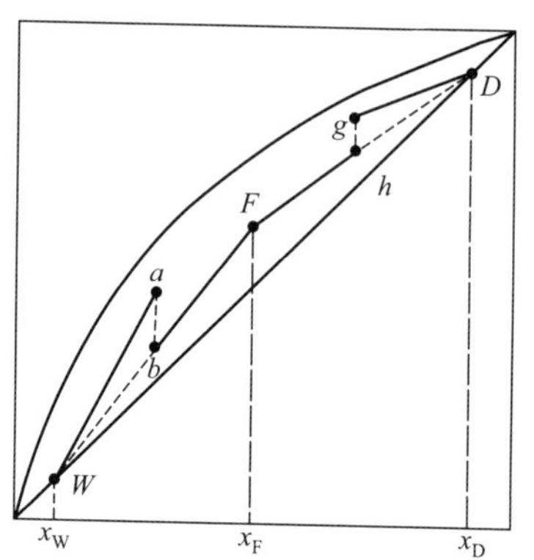

图 8-88 具有中间再沸器和中间冷凝器的蒸馏塔的操作线

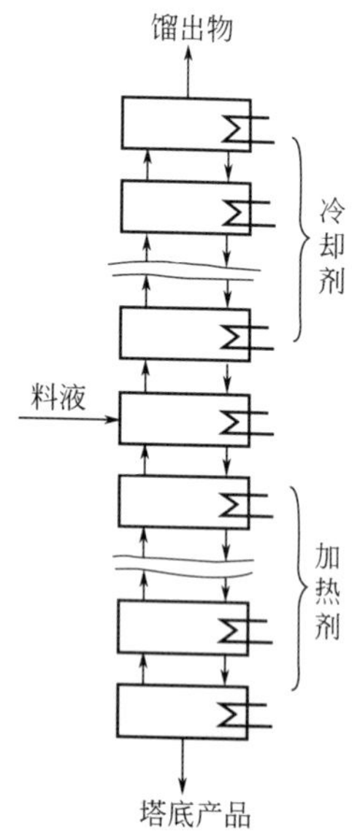

图 8-89 一种接近可逆精馏的方法

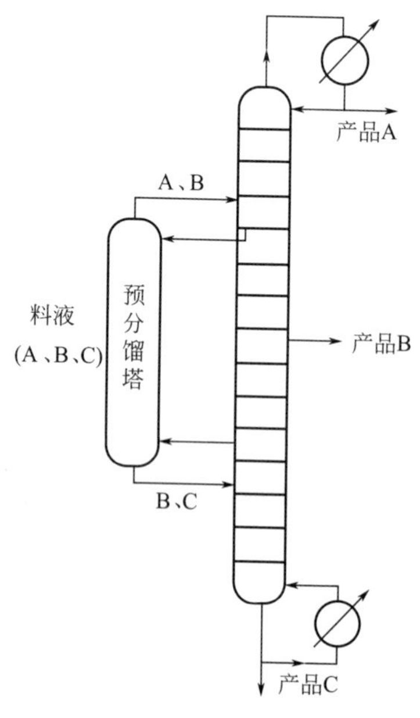

图 8-90 Petlyuk 塔

(4) 提高冷凝器和再沸器的传热效率，减小传热温差，可以降低再沸器加热剂的温度，提高冷凝器冷却剂的温度，因此，可以减小净功耗。

减小系统，包括蒸馏塔、再沸器连接管线等的热损失是降低能耗很重要的一环。因为损失的热都需由再沸器的加热剂提供。

(5) 热耦蒸馏。对于沸点接近的多组分混合物，采用图 8-90 所示的热耦蒸馏可以有效地降低能耗[87]。这种塔称为 Petlyuk 塔，用于分离三组分混合物。料液加入第一个预分馏塔，它的作用是把沸点最低的组分 A 和沸点最高的组分 C 分开，而沸点居中的组分 B 则一部分随组分 A 从塔顶出去，一部分随组分 C 从塔底出去。这两股物料分别进入第二个塔上下部的适当位置，同时从这里各引出一部分液体和蒸气作为预分馏塔的回流液和上升蒸气。第二个塔的上部将组分 A 与 B 分开，下部将组分 C 与 B 分开。因此，在第二塔的上、中、下部分别得到 A、B、C 三个产品。这个系统的特点是仅在第二塔设再沸器和冷凝器，与通常的三组分混合物分离的二塔流程比较少用一个冷凝器和一个再沸器，因此，少了两个传热温差所引起的能量损失。这种蒸馏系统的原则可扩展应用到更多组分的混合物的分离。

(6) 改进塔结构，采用高效低阻力的新型塔板或新型填料，降低塔的压降。可以降低再沸器的温度。因而可以采用温度较低的加热介质。

(7) 选择最佳进料位置和进料状态。进料位置应选在物料组成与料液组成相同的那一层塔板上。否则将引起物料组成返混，而使分离效率降低。通常精馏塔设置几个加料口，以便在操作中试验选择。

进料状态影响再沸器与冷凝器的相对负荷，从而影响过程的能耗，其影响随进料组成而异。图 8-91 为塔顶产品与塔底产品之比为 4∶1 时，进料状态与费用的关系。可见采用饱和蒸汽进料费用最低。如果塔顶产品与塔底产品之比为 1∶4 时，则对于用冷却水冷凝的精馏塔，当进料约含 40%气相时，年费用最低[88]。

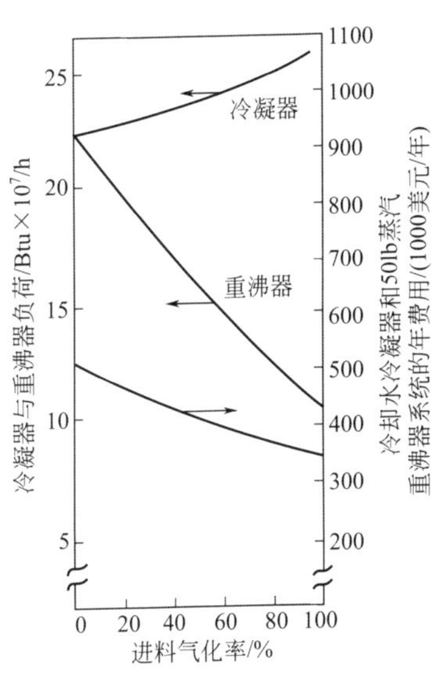

图 8-91　进料状态与费用的关系

8.12.2.3　多组分混合物精馏流程的优化

将 n 组分混合物分离成 n 个纯产品，需要 $n-1$ 个精馏塔。如何排列这些塔使其能耗最小是一个很复杂的问题。用严格的系统优化的方法去求得最佳的方案，常常效率不高。相反，用一些简单的直观法则推断可以容易地得到一些接近最佳的塔系。不少研究者研究了由简单精馏塔组成的不同排列的塔系的相对成本，根据这些研究结果，可以作出排列简单精馏塔的四条直观法则如下[77]。

(1) 当关键组分的相对挥发度近于 1 时，应使它们的分离在没有其他非关键组分的条件下来完成，换句话说，最难分离的一对组分应放在塔系的最后。因为，为了降低能耗，通常最好避免在再沸器与冷凝器之间温差大的塔内采用大的级间回流。

(2) 最好采用各组分逐个从塔顶蒸出的塔系，即图 8-92 所示的直行塔系流程。在此流程中各组分按挥发度高低，依次从各塔顶蒸出，因为塔顶产物中组分增加将使最小需要的级间流量增大。

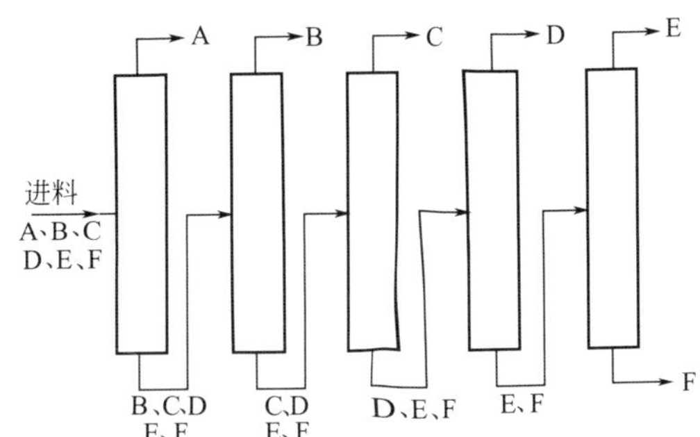

图 8-92　分离多组分混合物的直行塔系

(3) 在进料中占份额大的产物应该先分出去，或者，更一般地说，最好采用馏出物和塔底产物的流量近乎等摩尔分配的塔系。因为在这种条件下精馏段与提馏段的液气比较为均衡，整个精馏塔可以在更接近可逆的条件下进行。

(4) 应将回收率要求很高的组分的分离放在

塔系的最后。因为产品分离要求高，所需的塔板数多。如存在多个组分，势必增大塔径。这一条可以第（1）条合并而成为“将最难分离的组分放在最后完成”。

这四条关于排列塔系的直观法则常常会互相矛盾，例如根据一条法则推断出一种塔系，而另一条可能导出另一种塔系。因此，设计中常需考察几种不同的塔系，以便判别那些因素是主要的。Seader 和 Westerbery 在一个调优性的设计中提出了应用这些法则的系统的方法[89]。

8.13 蒸馏过程的计算机计算——化工流程模拟常用软件介绍

随着计算机与软件技术的发展，已经开发了一系列模拟化工过程的计算软件，可供计算各类蒸馏过程使用。本章对目前常用化工流程模拟软件作简单介绍。

8.13.1 PRO/Ⅱ[90～92]

PRO/Ⅱ是由美国科学模拟公司（Sim Sci Inc.）开发的大型化工流程模拟软件。Sim Sci 公司成立于 1966 年，1979 年推出 PROCESS（PRO/Ⅱ的前身）版本 0，之后，每年扩充和更新版本。1997 年推出 PRO/Ⅱ V5.0。2010 年 10 月推出 Creo™设计软件，标志着 PRO/E 正式更名为 Creo。

时间	版次	版号
	PROCESS	
1979 年 01 月	0	
1980 年 06 月	1	
1982 年 03 月	2	
1983 年 09 月	3	
1985 年 09 月	4	V1.01
1986 年 09 月	5	V2.01
1987 年 10 月	6	V3.01
1988 年 10 月	7	V4.01
	PRO/Ⅱ	
1994 年 09 月		V4.0
1997 年 12 月		V5.0
2010 年 10 月	Creo™	Creo Parametric 2.0
2012 年 3 月	Creo™ 2.0	Fooo

PRO/Ⅱ主要用于化工、石油化工、天然气和合成燃料工业。它有一个很大的化学组分库和热力学性质估算系统，具有先进和灵活的单元操作功能，可用于稳态过程的物料和能量平衡计算。以下介绍 PRO/Ⅱ的主要技术性能。

8.13.1.1 结构方面

组分、物流、单元和塔板数目均不受限制。

8.13.1.2 内装数据库

（1）1745种纯组分物性数据库。

（2）状态方程 SRK、PR 的二元交互作用参数；NRTL 和 UNIQUAC 的二元交互作用参数。

（3）专用数据包有关组分的专用二元参数：醇类物性数据包，乙二醇物性数据包，酸性水数据包，胺类物性数据包，气体在液体中的亨利常数。

（4）共沸点数据：用以增补二元参数。

8.13.1.3 热力学方法

通用关联方法	专用数据包	通用关联方法	专用数据包
Ideal	Alcohol	BWRS	PHSC
Grayson-Streed	Glycol	Lee-Kesler-Plöcker	
Chao-Seader	Sour	UNIWAALS	
Improved Grayson-Streed	GPA Sour Water	SAFT	
Grayson-Streed-Erbar	Amine	PHSC	
Chao-Seader-Erbar	电解质系统	活度系数法	
Brawn K10	Amine	NRTL	
状态方程法	Acid	UNIQUAC	
Soave-Redlich-Kwong	Mixed Salt	Wilson	
SRK-Kabadi-Danner	Sour Water	Van Laar	
SRK-Huron-Vidal	Caustic	Margules	
SRK-Panag. -Reid	Benfield	Regular Solution	
SRK-Modified Panag-Reid	Scrubber	Flory-Huggins	
SRK-SIMSCI	LLE and Hydrate	UNIFAC	
SRK-Hexamer	聚合物系统	UNIFAC TDep-1	
Peng-Robinson	Flory-Huggins	UNIFAC TDep-2	
PR-Huron-Vidal	UNIFAC Free Volume	UNIFAC TDep-3	
PR-Panag. -Reid	Advanced Lattice Model	UNIFAC Free Volume	
PR-Modified Panag. -Reid	SAFT		

8.13.1.4 单元操作模块

单元设备	模块名称	单元设备	模块名称
一般单元操作		固体处理	
闪蒸	FLASH	固体干燥器	DRYER
泵	PUMP	转鼓过滤器	RFILTER
阀门	VALVE	离心过滤器	FCENTRIFUGE
混合	MIXER	逆流倾析器	CCDECANTER
流股分割	SPLITTER	溶解器	DISSOLVER
压缩机	COMPRESSOR	结晶器	CRYSTALLIZER
膨胀机	EXPANDER	熔融/冻结	MELTER
蒸馏		动态单元	
简捷精馏	SHORTCUT	间歇精馏	BATCH
严格精馏	COLUMN	容器泄压	DEPRESURE
反应精馏	COLUMN	其他	
液液萃取	COLUMN	相包线计算	PHASE
换热器		水合物计算	HYDRATE
简单换热器	HX	设备尺寸	
多股流换热器	LNGHX	板式塔(筛板,泡罩,浮阀)	COLUME
反应器		填料塔(散装和规整)	COLUME
平衡反应器	EQUREACTOR	换热器	HXRIG
转化反应器	CONREACTOR	管线	PIPE
最小自由能反应器	GIBBS	控制单元	
活塞流反应器	PLUG	反馈控制	CONTROLLER
连续搅拌釜式反应器	CSTR	多变量控制	MVC
		最佳化控制	OPTIMIZER

8.13.1.5 算法

(1) PRO/Ⅱ提供了四种解严格精馏塔的算法。

IO 法

IO 法是 Russell 1983 年提出来的[93]。

IO 法有很多可贵的特点，它的收敛性能非常好，通常是收敛速度最快，应作为气液两相精馏的首选算法。该算法分成内外两圈循环，内圈用焓值和 K 值的简化热力学模型求解热量、物料和设计规定。由于采用了简化模型，因此内圈收敛很快、很稳定。而在外圈，则根据新的组成和严格的热力学方法对内圈的简化热力学模型的参数进行更新。当严格模型计算的焓值和 K 值与简化热力学模型计算的值相一致，并且设计规定满足时则得到解。IO 法不能做严格的三相精馏计算。

Sure 法[94]

Sure 法应用 Newton-Raphson 收敛技术，它可用于严格三相精馏。Sure 法特别适合存在游离水倾析的烃水系统。它允许任一块塔板都有游离水倾析（IO 法和 Chemdist 法都不允许），因此是解乙烯装置水激冷塔的最好算法。该法对大多数炼油和化学品系统都能得到稳定的收敛结果。它的广泛适用性和可靠性使它成为 PRO/Ⅱ的前身 PROCESS 的缺省算法。它的缺点是耗用机时较多，多数情况下比 IO 法慢，对非理想系统，通常比 Chemdist 法慢，是 IO 法和 Chemdist 法失败时的替代算法。

Chemdist 法[95～97]

Chemdist 法是牛顿法，它适用于解非理想性强的精馏塔，即化学品的精馏塔。Chemdist 法可处理气液平衡和气液液三相平衡以及带化学反应的塔。一般来说 Chemdist 法是解三相精馏塔的最好算法，它允许每一块塔板都存在两个液相。它也是当用 IO 法解两相精馏塔收敛产生困难时的最好算法。

ELDIST 法[97,98]

ELDIST 法适用于电解质系统，它是将 Chemdist 法解 MESH 的牛顿法与液相 Speciation 方程解法相结合的一种算法。在外圈用 Newton-Raphson 法解塔的 MESH 方程，而在内圈计算液相 Speciation 和 K 值。

(2) LLEX 法[96,99]

LLEX 法用于解液液萃取塔。它是 Newton-Raphson 的修正算法。

(3) 简捷精馏算法[23,29,30,100]

简捷精馏用 Fenske 法计算最小理论板数；Underwood 法确定最小回流比；Gilliland 法对一组实际回流比/最小回流比计算所需实际理论板数、实际回流比和冷凝器、再沸器负荷，再用 Kirbride 法确定最佳进料板位置。

(4) 排序

PRO/Ⅱ有对流程循环流股自动切断和排序的功能。排序有两种方法：PROCESS 法和 Simsci 法。PROCESS 法尽量参照用户输入的单元模块先后次序确定计算顺序。SmiSci 法则可提供切断流股数目最少的计算顺序。

(5) 循环切断流股收敛

对循环流股的收敛有直代法和 Wegstein，Broyden 两种加速收敛法。

8.13.1.6 其他配套软件

(1) 数据回归系统（Data Regression System）[101]

该系统能回归任何一种 PRO/Ⅱ所支持的热力学方法的参数。例如根据二元 PTXY 实验数据回归状态方程 SRK，PR 等的二元交互作用参数 K_{ij}，活度系数方程 NRTL，WILSON 等的二元参数，根据蒸气压实验数据回归 Antoine 方程的参数等。

(2) 电解质系统（ELTCTROLYTE）[102]

（3）聚合物系统（POLYMER）[103]

8.13.1.7　输入方式

PRO/Ⅱ有两种输入方式：关键字输入和图形用户界面输入。两种输入方式生成的文件可以互相转换。关键字输入方式对于有经验的人员和大型、复杂的流程模拟更为方便、适用，而图形用户界面输入方式对于初学者来说似乎更容易掌握。

PROCESS/PRO/Ⅱ流程模拟软件，经过多年的使用、改进和扩充后，功能逐渐完善。它的热力学系统较强，一般认为它的可靠性较好。另外，在使用的方便性上也是为用户所称道的。

8.13.2　ASPEN[104～106]

ASPEN（advanced system for process engineering）是1976年美国能源部委托麻省理工学院开发的流程模拟系统，于1981年完成，提交美国能源部。

1981年原ASPEN开发人员成立ASPEN技术公司，对ASPEN进行扩充和改进，称为ASPEN PLUS。从1982年到1988年每年都有更新版本，ASPEN PLUS的较新版本有：

Release 8	1988年8月
Release 9	1994年

以下介绍ASPEN PLUS的主要技术性能。

8.13.2.1　内装数据库

（1）PURECOMP有约1558种纯组分（多数是有机物）的物性参数。

SOLID有122种固体组分的参数。

AQUEOUS有262种离子的参数，用于电解质系统。

INORGANIC有约2450种组分（多数是无机物）的参数。

（2）BINARY库有

3600对　WILSON、NRTL、UNIQUAC VL二元参数

NRTL、UNIQUAC　　LL二元参数

（3）HENRY常数库有

1600组HENRY常数，约60种溶质在水中的HENRY常数。

8.13.2.2　热力学方法

通用关联方法	活度系数法
Ideal/Raoult's Law	UNIFAC
BK10	Wilson
Chao-Seader	Van Laar
Grayson-Streed	NRTL
状态方程法	UNIQUAC
Redlich-Kwong-Soave	**电解质系统**
Redlich-Kwong-Soave-Boston-Mathias	AMINES
Redlich-Kwong-Soave-Holderbaum-Gmehling	APISOUR
Redlich-Kwong-ASPEN	ELECNRTL
Redlich-Kwong-Soave-MHV2	ENRTL-HF
Redlich-Kwong-Soave-Wong-Sandler	PITZER
Redlich-Kwong-Soave-Schwarzentruber-Renon	B-PITZER
Peng-Robinson	
Peng-Robinson-Boston-Mathias	
Peng-Robinson-MHV2	
Peng-Robinson-Wong-Sandler	
BWR-Lee-Starling	
Perturbed-Hard-China	
Lee-Kessler-Plöcker	

8.13.2.3 单元操作模块

单元设备	模块名称	单元设备	模块名称
一般单元操作		反应器	
混合器	MIXER	化学计量反应器	RSTOIC
流股分割	FSPLIT	产率反应器	RYIELD
流股分割	SSPLIT	平衡反应器	REQUIL
组分分离器	SEP	最小自由能反应器	RGIBBS
两产物组分分离器	SEP2	连续搅拌式反应器	RCSTR
两相闪蒸	FLASH2	活塞流反应器	RPLUG
三相闪蒸	FLASH3	间歇反应器	RBATCH
倾析器	DECANTER	换热器	
泵	PUMP	加热器/冷却器	HEATER
压缩机/膨胀机	COMPR	换热器	HEATX
多级压缩机/膨胀机	MCONPR	多股流换热器	MHEATX
流股乘法器	MULT	固体处理	
流股复制器	DUPL	结晶器	CRYSTALLIZER
流股改变器	CLCHNG	粉碎机	CRUSHER
管线	PIPELINE	筛分	SCREEN
蒸馏		布袋过滤器	FABFL
简捷蒸馏设计型	DSTWU	旋风分离器	CYCLONE
简捷蒸馏操作型	DISTL	文丘里洗涤器	VSCRUB
复杂塔简捷计算	SCFRAC	电除尘器	ESP
严格蒸馏	RADFRAC	水力旋流器	HYCYC
复杂塔严格精馏	MULTIFRAC	离心过滤器	CFUGE
炼油塔	PETROFRAC	回转圆筒过滤器	FILTER
非平衡级模型精馏塔	RATEFRAC	固体洗涤器	SWASH
间歇精馏塔	BATCHFRAC	逆流倾析器	CCD
液液萃取塔	EXTRACT		

ASPEN PLUS 以固体处理，费用和经济评估系统，电解质，聚合物方面性能优越见长。其他如数据回归系统，流程自动切断，加速收敛，反馈/前馈控制，最佳化，反应精馏，有关键字和图形用户界面两种输入方式，并可互相转换等功能都跟 PRO/Ⅱ类似。它是目前能与 PRO/Ⅱ鼎足并立的化工流程模拟软件。

8.13.3 HYSYS[107]

HYSYS 是加拿大的 Hyprotech 公司于 1995 年推出的计算软件。它的前身是 HYSYM。这是第一个交互式的和建立在 PC 上的流程模拟软件。

该软件的特点是稳态和动态模拟集于一体，其优点是：

- 信息共享，不需通过文件的传递来交换信息
- 稳态和动态均使用共同的热力学模型
- 用户只需面对一个界面
- 随时可在稳态和动态模拟之间进行切换

它是用 C++写成的，只用图形用户界面方式输入。用户可以在任何时候包括计算正在进行的时候从模拟过程的任何部位传递信息。

HYSYS 目前跻身于三大流程模拟软件之一，它是以动态模拟见长的流程模拟软件。

8.13.4 Chem CAD Ⅲ[108]

Chem CAD Ⅲ是美国 CHEMSTATIONS 公司推出的流程模拟软件。它以图形用户界面方

式输入。该软件基本上具备以上介绍的 PRO/Ⅱ，ASPEN 软件的各种功能，可说是流程模拟软件的后起之秀。它价格比较低，比较适合中小公司使用，但它目前还不能跻身于上述几大软件之列。

8.13.5 精馏塔计算示例

设计一个脱乙烷塔，用以从轻烃气中脱除乙烷及比乙烷更轻的组分。塔的设计要求是塔底产品要回收进料中 99%的丙烷，产品纯度是乙烷与丙烷之比为 0.025。

进料流股的条件

压力：$31kg/cm^2$，	气化率 30%，	流率 400kgmol/h，
组成（摩尔分数,%）：	$N_2=0.03$	$n\text{-}C_4H_{10}=4.60$
	$CH_4=44.59$	$i\text{-}C_5H_{12}=1.68$
	$C_2H_6=19.83$	$n\text{-}C_5H_{12}=1.16$
	$C_3H_8=19.09$	$n\text{-}C_6H_{14}=2.96$
	$i\text{-}C_4H_{10}=4.16$	$n\text{-}C_7H_{16}=1.90$

其他工艺条件

冷凝器： 压力 $30kg/cm^2$，塔顶出料为饱和汽相（露点）；

塔顶： 压力 $30.3kg/cm^2$；

塔底： 压力 $31kg/cm^2$，塔底产品为饱和液相（泡点）。

模拟计算结果：

① 例题 1 简捷算法，$N_{min}=7.76505$，$q=0.69999$，$R_{min}=0.42766$，取 $R=0.725$，计算结果 $N=16$，$N_F=10$，$Q_1=-0.4843\times10^6$kcal/h，$Q_2=1.476\times10^6$kcal/h。这些结果可作为严格精馏计算的初值。(加料板 N_F 按从上向下计数，Q_1，Q_2 分别为冷凝器与再沸器的热负荷)。

② 例题 2 严格精馏，并进行进料板位置最佳化计算，最佳化的目标函数为回流比最小。根据最佳化计算确定进料板位置为 6。计算结果如下。

$N_r=16$ $N_F=6$

$Q_1=-0.4268\times10^6$kcal/h $Q_2=1.4180\times10^6$kcal/h

$RRATIO=0.725$

③ 例题 3 严格精馏，$N_r=16$，$N=6$，并进行塔的水力学设计计算，采用筛板塔。在进料位置上、下分两段设计，板间距 457mm，泛点率 78%。设计计算结果如下。

精馏段塔径：$D_1=762$mm

提馏段塔径：$D_2=1372$mm

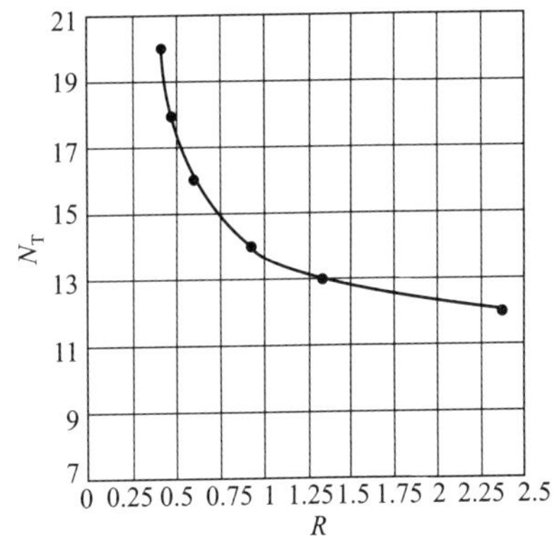

图 8-93 理论板数与回流比的关系

④ 例题 4 做精馏塔的 N-R 操作性能曲线（图 8-93），计算结果如下。

N_T	N_F	R	Q_1 /(10^6kcal/h)	Q_2 /(10^6kcal/h)	D_1 /mm	D_2 /mm
12	5.5	2.3664	−1.5598	2.5388	1372	1981
13	5.5	1.3278	−0.8801	1.8587	1067	1676
14	5.9	0.9328	−0.6207	1.5992	914	1524
16	6.2	0.6166	−0.4124	1.3903	762	1372
18	7.2	0.4917	−0.3300	1.3080	762	1372
20	8.0	0.4311	−0.2897	1.2676	762	1372

塔的价格主要由塔高和塔径确定，而操作费用主要由塔的热负荷确定，应该进行综合技术经济比较来确定最佳操作点。通常可从最小回流比与最小理论板的交点作一条到操作性能曲线长度最小的线，该线与曲线的交点为最佳操作点。

主要符号说明

A 吸收因子
B 有效能
C 独立组分数
C_p 等压热容，kJ/(kmol·K)
d 馏出液中组分的流率，kmol/h
填料直径
D 馏出液流量，kmol/h
扩散系数
塔径，m
e 气化率
E 板效率
E_o 点效率
E_p 全塔效率
E_{ML} 液相 Murphree 板效率
E_{MV} 气相 Murphree 板效率
f 逸度
f_{iL}^{0} 在体系的温度与压力下液相纯组分 i 的逸度
F 加料流量，kmol/h
自由度
F_s 溶剂加入量，kmol/h
G 蒸气质量速度，
气相侧线出料流量，kmol/h
h 与进料状态有关的参数
H 焓，kJ/kmol
H_{oG} 气相总传质单元高度，m
ΔH_i 组分 i 的气化热，kJ/kmol
K 常数，相平衡常数；特性因素
l 液相中组分的流率，kmol/h
L 液体流量，kmol/h
m 平衡线斜率；级数
M 组分的分子量
N 塔板数
N_c 约束关系数
N_f 自由度数
N_r 组变量数
N_v 过程变量总数
N_{oG} 气相总传质单元数
p 压力，Pa
相数
pF Poynting 因子
q 热流量，kJ/h
进料热状态参数
q_o 每千摩尔馏出液需从冷凝器移出的热量，kJ/kmol
q_w 每千摩尔塔底产品需从再沸器加入的热量，kJ/kmol
Q 热量，kJ
热流量，kJ/h
R 回流比
气体常数
S 汽提因子
萃取精馏溶剂选择性
侧线采出流量，kmol/h
溶剂、恒沸剂流量，kmol/h
t 时间，h
T 温度，K
u_g 空塔气速，m/s
v 气相中组分流量，kmol/h
V 体积，m^3
气体流量，kmol/h
摩尔体积，m^3/kmol
间歇精馏的总气化量，kmol
w 釜液中组分流率，kmol/h
W 塔釜液流量，kmol/h
简单蒸馏料液量，kmol
分离功，kJ
出口堰高，m
x 液相组成，摩尔分数
y 气相组成，摩尔分数
z 料液组成，摩尔分数
填料高，m
z_c 清液层高，m
α 相对挥发度
α_m 分子蒸馏的分离因素
β 溶剂对被分离组分的相对挥发度
γ 活度系数
δ 溶解度参数
λ 非极性溶解度参数
解吸因子

μ	化学位
	黏度
ν°_{o}	系统压力与温度下纯液体 i 的逸度系数
ρ	密度，kg/m^3
σ	表面张力
τ	溶剂的极性溶解度参数
ϕ	逸度系数
	产物在料液中所占的摩尔分数
ϕ_i^*	在体系温度和 p_i^* 下纯组分的逸度系数
$\hat{\phi}_{iL}$	液相混合物中组分 i 的逸度系数
$\hat{\phi}_{iV}$	气相混合物中组分 i 的逸度系数
ψ	相互作用参数

上、下标

av	平均
c	冷凝
e	操作元素
f	加料
F	加料
H	重组分
i	组分 i
j	组分 j
l	轻组分
L	液相
min	最小
p	实际
γ	精馏段；参考组分
R	回流
S	提馏段、溶剂、侧线
T	理想
U	操作单元
V	气相

参 考 文 献

[1] Barrows G. Molecular Distillation. Oxford：Clarendon Press，1960.

[2] Henley E J，Sender J D. Equilibrium-stage Separations in Chemical Engineering. New York：Wiley，1981.

[3] Meranda D，Furter W F. Can J. Chem. Eng. 1966，44：298.

[4] 段占庭等. 石油化工. 1980，9，6：253～350.

[5] Holve W A. Ind. Eng. Chem. Fundam. 1977，16，1：56～60.

[6] Smith L A，Huddleston M N. Hydrocar Process. 1982，61，3：121.

[7] 许锡恩等. 石油化工. 1985，14，8：480～486.

[8] Shuzo Ohe. Vapour-Liquid Equililbrium Data. New York：Elsevier，1990.

[9] Hala E，Wichterle I Polak，Boublik. Vapour-Liquid Equilibrium Data at Normal Pressures. Oxford：Pergamon，1968.

[10] Wichterle I，Linek J and Hala E. Vapour-Liquid Equilibrium Data Bibliography. Amsterdam：Elsevier，1973，Supplement I. 1976，Supplement Ⅱ. 1979.

[11] Gmehling I，Onken U. Vapour-Liquid Equilibrium Data Collection，DECHEMA Chemistry Data Ser. Vol. 1. Frankfurt：1977.

[12] 平田光穗. 電子計算器による气液平衡データ. 東京：東京講談社，1975.

[13] A・弗雷登斯兰德等编. UNIFAC 功能团法推算汽液平衡. 许志宏等译. 北京：化学工业出版社，1982.

[14] Chao K C，Seader J D. AICHE J. 1961，7：598.

[15] Grayson H G，Streed C W. 6th World Pet. Conf. 2-P07 Frankfort：June，1963.

[16] Robinson R L，Chao K C. Ind. Eng. Chem. Process Des. Dev. 1971，10：221～229.

[17] Maffiolo G J v，Asselineau L. Chem. Eng. Sci. 1975，30：625～630.

[18] Seader J D. Section 13 Distillation. in Green D W ed. Perr'ys Chemical Engineers' Handbook. 6th ed. McGraw-Hill，New-York，1984.

[19] Boston J F，Britt H I. Comput . Chem. Eng. 1978，2：109.

[20] Edmisten，Maxwell. Ing. Eng. Chem. 1955，47：1685；Data Book on Hydrocarbons. Prinston NJ：Van Nastrand，1958.

[21] Mix，Dweck，Weinberg，Armstrong. Am. Inst. Chem. Eng. J. Symp. Ser. 1980，76，192：10.

[22] McCabe W L，Thiele E W. Ind. Eng. Chem. 1925，17：605.

[23] Fenske M E Ind. Eng. Chem. 1932，24：482.

[24] Kayihan. Am. Inst. Chem. Eng. J. Symp. Ser. 1980，76：192，1.

[25] Murphree E V. Ing. Eng. Chem. 1925，17：747.

[26] Ponchon M. Tech. Mod. 1921，13，20：55.

[27] Smith B D，Blinkley W K. AICHEJ. 1960，6：446.

[28] Chang. Hydrocarbon Process. 1980，60，8：79.

[29] Underwood A J V. Chem. Eng. Prog. 1948，44：603.

[30] Gilliland E R. Ind. Eng. Chem. 1940，32：1220.

[31] Molokanov Y K，Korablina T P，Mazurina N I，Nikiforov G A. Int. Chem. Eng. 1972，12，2：209.

[32] Kirbride C G. Petroleum Refiner. 1944，23，9：87.

[33] Thiele E W，Gedds R L. Ind. Eng. Chem. 1933，25：289.

[34] Lyster W N，Sullivan S L，Billingsley D S，Holland C D. Petrol. Refiner. 1959，38，6：221.

[35] Lewis W K，Matheson G L. Ind. Eng. Chem. 1932，24：494.

[36] Bonner J S. Proc. Am. Petrol. Inst. 1956，36，Sec Ⅲ：236. Chem. Eng. Progr. Symp. Ser. 1959，55，21：87.

[37] Amundson N R，Pontinen A J. Ind. Eng. Chem. 1958，50：730.

[38] Sujuta A D. Hydrocarbon Processing. 1961，40，12：137.

[39] 郭天民等编. 多元汽液平衡和精馏. 北京：化学工业出版社，1983.

[40] Wang J C，Henke G E. Hydrocarbon Processing. 1966，45，8：155.

[41] Bruce G H，Peaceman D W Rachford H H. and Rice J D. Trans. AIME. 1953，198：79.

[42] Helpinstill J G，Van Winkle M. Ind. Eng. Chem. Process Des. Dev. 1968，7，2：213.

[43] Pierotti G J，Deal C H，Derr E L. Ind. Eng. Chem. 1955，51：95.

[44] 钱万成等. 石油化工. 1981，10，4：241～246.

[45] Underwood. Trans. Inst. Chem. Engr. London：1932，10：112～52.

[46] Horsley L H. Azeotropic Data Ⅲ，Washington：American Chemical Society，1973.

[47] Gerster J A，et al. Chem. Eng. Progr. 1969，65：43～68.

[48] 林世雄主编. 石油炼制工程・第2版・上册・北京：石油工业出版社，1988.

[49] Soave G. Chem. Eng. Sci. 1972，27：1197.

[50] Peng D K，Robinson D B. Ind. Eng. Chem. Fundam. 1976，15：59.

[51] Starling K E，Han M S. Hydroc. Proc. 1972，51，5：129.

[52] Lee B I，Erbar J H，Edmister W C. AICHEJ. 1973，19，2：349.

[53] Pigford R L. Ind. Eng. Chem. 1951，43，11：2592.

[54] 杨志才等. 石油化工. 1987，16，6：420.

[55] Robinson E R. Chem. Proc. Eng. 1971，52，5：47.

[56] Converse A O. Ind. Eng. Chem. Fund. 1963，2，2：217.

[57] 杨志才等. 化工学报. 1992，43(1)：47.

[58] Bogart. Trans. Am. Inst. Chem. Eng. 1937，33：139.

[59] Huckaba，Danly. Am. Inst. Chem. Eng. J. 1960，6：335.

[60] Meadows. Chem. Eng. Prog. Symp. Ser. 1963，46，59：48.

[61] Distefano. Am. Inst. Chem. Eng. J. 1968，14：190.

[62] Boston，et al. Fundations of Computer-Aided Chemical Process Design. Vol. Ⅱ. ed. by Mah and Seider. New York：American Institute of Chemical Engineering. 1981：p. 203.

[63] Krishnamurthy R，Taylor R. AICHEJ. 1985，31：449.

[64] Porter K E Lokett M J，Lim C T. Trans. Inst. Chem. Eng. 1972，50：91.

[65] 余国琮，顾芳珍. 化工学报. 1981，2：97.

[66] 余国琮，宋海华，黄洁. 化工学报. 1991，6：653.

[67] Hausen H. Chem. Ing. Tech. 1953，25：595.

[68] Standart G. Chem. Eng. Sci. 1965，20：611.

[69] Holland C D. Multicomponent Distillation Englewood Cliffs，NJ：Prentice-Hill，1963.

[70] Lewis W K. Ind. Eng. Chem. 1936，28：399.

[71] Gautreaux M F，O'Connell H E. CEP. 1955，51：232.

[72] Drickamer H G，Bradfford J R. Trans. AICHE. 1943，39：319.

[73] O'Connell H E. Trans. AICHE. 1946，42：741.

[74] Chaiyavech P，Van Winkle M. Ind. Eng. Chem. 1961，53：187.

[75] English G G，Van Winkle M. Chem. Eng. 1963，11：241.

[76] AIChE. Bubble-Tray Design Manual. New York：1958.

[77] King C J. Separation Processes. 2nd ed. New York：McGraw-Hill Book Company，1980.

[78] 兰州石油机械研究所主编. 现代塔器技术. 北京：烃加工出版社，1990.

[79] Murch D P. Ind. Eng. Chem. 1953，45：2616.

[80] Ellis R M. Chem. Eng. News. 1953，31，44：4613.

[81] Delzenne A. Gennie Chim. 1959，82，3：53.

[82] Mix T W，Dweck J S，Weinberg M，Armstrong R C. Chem. Eng. Prog. 1978，74，4：49.

[83] Hougen O A，Watson K M，Ragatz R A. Chemical Process Principles. 2nd ed. Vol. 2. New York：Wiley，1959，968～969.

[84] Latimer R E. Chem. Eng. Prog. 1967，63，2：35.

[85] Null H R. Chem. Eng. Prog. 1976，72，7：58.

[86] Kayihan F. AIChE Symposium Series. 1980，76，2：192.

[87] Stupin W J，Lockhart F J. Chem. Eng. Prog. 1972，68，10：71.

[88] Petterson W C，Wells T A. Chemical Engineering. 1977，84，20：78～86.

[89] Seader J D，Westerberg A W. AIChE J. 1977，23：951.

[90] Sim Sci Inc. PRO/Ⅱ Keyword Manual，December，1997.

[91] Sim Sci Inc. PRO/Ⅱ Reference Manual，May，1994.

[92] Sim Sci Inc. PRO/Ⅱ 5.0 User's Guide，1997.

[93] Russell R A. Chem. Eng. 1983，90，17：53.

[94] Wang Y L，Braunock N F，Verneuli V S. Chem. Eng Prog. 1977，73，10：83～87.

[95] Bondy R W. Physical Continuation Approaches to Solving Reactive Distillation problems，paper Presented at 1991 AIChE Annual meeting，1991.

[96] Bondy R W. A New Distillation Algorithm for Non-Ideal System，paper presented at AIChE 1990 Annuat meeting，1990.

[97] Shah V B and Bondy R W. A New Approach to Solving Electrolyte Distillation Problems，paper presented at 1991 AIChE Annual meeting，1991.

[98] OLI System Inc. PROCHEM User's Manuals，Version 9，Morris Plains，NJ，1991.

[99] Shah V B，Kovach J W，Bluck D A. A structural Approach to Solving Multistage Separation，paper presented at 1994 AIChE Spring Meeting，1994.

[100] Kirkbride C G. Petrol. Refiner. 1944，23：32.

[101] Sim Sci Inc. Regress User's Guide，July，1991.

[102] PRO/Ⅱ Electrolyte User's Guide，September，1995.

[103] PRO/Ⅱ Polymer User's Guide，March 1996.

[104] ASPEN PLUS Reference Manual-Volume 1，User Operation Models，ASPEN PLUS Release 9，1994.

[105] ASPEN PLUS Reference Manual-Volume 2，Physical Property Methods and Models，ASPEN PLUS Release 9，1994.

[106] ASPEN PLUS Reference Manual-Volume 3. Physical Property Data，ASPEN PLUS Release 9，1994.

[107] HYPROTECH，HYSYS Version 1.0，Reference，1995.

[108] CHEMSTAT10NS，Inc. CHEMCADⅢ Reference Manual，1997.

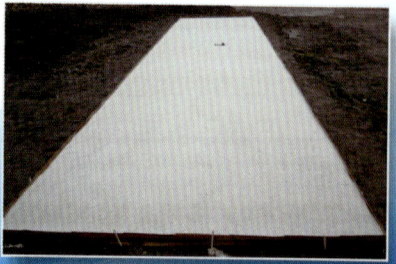

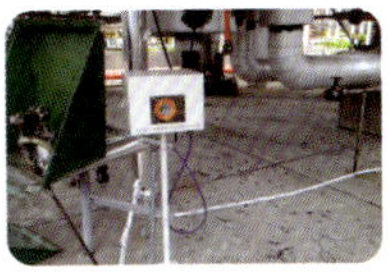